# Handbuch der mikroskopischen Anatomie des Menschen

Begründet von Wilhelm von Möllendorff

Fortgeführt von Wolfgang Bargmann

AF141403

2. Band

# Die Gewebe

5. Teil

# Karl-Heinrich Knese

# Stützgewebe und Skelettsystem

Mit 299 Abbildungen in 677 Einzeldarstellungen und 24 Tabellen

Springer-Verlag Berlin Heidelberg GmbH

Professor Dr. Drs. h. c. Wolfgang Bargmann

Anatomisches Institut der Universität, 2300 Kiel, Neue Universität

Professor Dr. Dr. Karl-Heinrich Knese

Institut für Histologie und Embryologie der Universität Hohenheim
Fruwirthstraße 16, 7000 Stuttgart 70

ISBN 978-3-662-01149-2    ISBN 978-3-662-01148-5 (eBook)
DOI 10.1007/978-3-662-01148-5

CIP-Kurztitelaufnahme der Deutschen Bibliothek. *Handbuch der mikroskopischen Anatomie des Menschen* / begr.
von Wilhelm von Möllendorff. Fortgef. von Wolfgang Bargmann. - Berlin, Heidelberg, New York: Springer.
Bd. 2, Die Gewebe
NE: Möllendorff, Wilhelm von [Begr.]; Bargmann, Wolfgang [Hrsg.]
Teil 5. → Knese, Karl-Heinrich: Stützgewebe und Skelettsystem. *Knese, Karl-Heinrich:* Stützgewebe und Skelettsy-
stem/Karl-Heinrich Knese. - Berlin, Heidelberg, New York: Springer, 1978. (Handbuch der mikroskopischen
Anatomie des Menschen: Bd. 2, Die Gewebe; Teil 5)

2122/3120-543210

# Vorwort

Dieser Beitrag bildet einen „Ergänzungsband" zu den Artikeln von JOSEPH SCHAFFER (1930), FRANZ WEIDENREICH (1930) und HANS PETERSEN (1930), die in diesem Handbuch veröffentlicht wurden. Seit ihrem Erscheinen hat sich die Thematik nicht nur erweitert, sondern auch durch neue Gesichtspunkte im Hinblick auf Bildung und Struktur der Interzellularsubstanzen der Knorpel- und Knochengewebe verandert. Der Versuch, die derzeitigen Kenntnisse über die Interzellularsubstanzen zu morphologischen Befunden in Beziehung zu setzen, hat den Abschluß des Manuskripts verzögert. Ich bin dem Herausgeber, Herrn Professor Dr Drs. h.c: Wolfgang Bargmann, und dem Verlag für die Geduld dankbar, die sie mir entgegengebracht haben. Mein Dank gebührt ferner allen meinen Mitarbeitern, die mich bei der Fertigstellung des Manuskripts unterstützten, Frau Dr. Margarete Mohn, Herrn Dr. Gerhard Fischer, Frau Charlotte Gramß, die das Manuskript geschrieben hat, Frau Irene Ackermann, Frau Hildegard Brandl, Frau Margot Harfold, Frau Gisela Schneider und Herrn Hilger Schäfer, der die Abbildungsvorlagen zeichnete.

K.-H. KNESE

# Inhaltsverzeichnis

# Einleitung

Früher erstreckten sich die Untersuchungen der Skelettgewebe weit gefächert über eine große Zahl von Spezies, deren Interzellularsubstanzen beschrieben wurden, um die Aufstellung eines logischen Systems (vgl. GEBHARDT, 1901) der Gewebe zu gewinnen, das von einfachen zu verwickelten Strukturverhältnissen führt (SCHAFFER, 1930). Dies gilt nicht nur für die Knorpelgewebe sondern auch für das Knochengewebe mit der Unterscheidung zwischen dem geflechtartigen, grobgebündelten und dem feingebündelten Schalen- oder Lamellenknochen (WEIDENREICH, 1930), ein Versuch, der fortgesetzt wurde (AMPRINO und GODINA, 1947; KNESE et al., 1954a; ERTELT, 1955). Es ist jedoch zweifelhaft, ob auf diesem Weg die Entwicklung eines natürlichen Systems gelingt (KNESE, 1970e), bereitet doch eine Reihe von Gewebeformen große Schwierigkeiten, die als Mischgewebe (DRAHN, 1922; WEIDENREICH, 1923b, c; SCHNEIDER, 1955, 1956; KNESE und BIERMANN, 1958) in den Bereich der sog. Faserknorpel gehören; sogar vom Pseudoknorpel (ZAWISCH, 1953b) wurde gesprochen.

Neuere Untersuchungen beschäftigen sich ausführlich mit der *Zytogenese* der Skelettzellen. Es liegt bereits genügend Material vor, um die Stationen von den Mesenchymquellen bis zu den reifen Skelettzellen zu verfolgen. Die Zahl der verfügbaren, im engeren Sinn morphologischen Methoden, d.h. der Untersuchungen am Schnitt, hat sich beträchtlich vermehrt, damit auch die Kenntnis vom *Feinbau und der Leistung der Skelettzellen.* Die Wege zur Synthese der verschiedenen organischen Interzellularsubstanzen konnten weitgehend geklärt werden. Für derartige Untersuchungen ist zu berücksichtigen, daß "... the cellular functions of multicellular organism cannot be understood fully without total knowledge of the structure and function of the intercellular matrix" (FAVILLI, 1970). Man kann heute die These vertreten, daß die Zellen den spezifischen Funktionszustand eines Stütz- und Bindegewebes durch Bildung und Abbau von Interzellularsubstanzen steuern.

Das Wissen über die Natur der *Interzellularsubstanzen*, selbst über die Fasern (vgl. u.a. WASSERMANN, 1929), war lange Zeit relativ gering. Das mangelnde Interesse an den Interzellularsubstanzen schreiben ROBB-SMITH (1954) und GIBIAN (1954) der Auswirkung der Zellenlehre zu. Dabei liegt nach ROBB-SMITH (1954) aber nicht ein Mangel an Kenntnissen, sondern ein gewisser wissenschaftlicher Isolationismus vor. Die Interzellularsubstanzen erschienen längere Zeit, im Gegensatz zu den Zellen (vgl. auch v. EBNER, 1875), als „tote" und unveränderliche Substanzen. Selbst in neuen Spezialuntersuchungen wird dieser Antagonismus betont (TONNA, 1965b). Eine solche Auffassung geht an den engen Beziehungen zwischen Zellen und Interzellularsubstanzen vorbei, die sich u.a. in einer Art Rückkoppelung dokumentieren.

Als Beginn der modernen Erforschung der Interzellularsubstanzen werden zwei Ereignisse angegeben: 1. die Entdeckung des *spreading factors* durch DU-RAN-REYNALS (1928, 1929), d.h. die veränderte Ausbreitung von Stoffen im Bindegewebe durch Testis-Extrakt (Hyaluronidase), 2. die Beobachtung von CHIEVITZ und HEVESY (1935), wonach $^{32}$P im Skelett abgelagert und nach kurzer Zeit abgegeben wird. Gegenüber der älteren, rein mechanischen Auffassung (u.a. SCHAFFER, 1930) setzte sich damit im Rahmen einer „connective tissue renaissance" (DURAN-REYNALS, 1950) eine *biologisch-dynamische* Betrachtung der Stütz- und Bindegewebe durch.

Die Ergebnisse der ausgedehnten Untersuchungen lassen sich vorläufig in folgenden Sätzen zusammenfassen:

1. Die Fasern sind ihrer Entstehung nach eng miteinander verwandte Elemente, die sich in spezieller Richtung weiterentwickeln;
2. bei der Faserentstehung ist zwischen einer Kollagenogenese, der Synthese des Proteingerüsts, und der Fibrillogenese, der Bildung einer komplexen Quartärstruktur, zu unterscheiden;
3. die Fasern sind durch die Bindung von Kohlenhydraten ein Glykoprotein (Kollagen) bzw. von Kohlenhydraten und Lipiden ein Lipoglykoprotein (Retikulumfaser, elastische Faser);
4. die lange Zeit als amorph bezeichneten Substanzen besitzen als Protein-Polysaccharide eine kennzeichnende Molekularstruktur; eine Unterscheidung zwischen (neutralen) Glykoproteinen und (sauren) Mukopolysacchariden ist nicht mehr berechtigt;
5. der anorganische Anteil ist durch eine bestimmte Kristallstruktur, die des Hydroxylapatits, charakterisiert.

Die Beobachtung der Entwicklung knorpeliger Skelettrudimente in vitro (STRANGEWAYS und FELL, 1926) und die folgenden Studien über die Organogenese und Histogenese des Skelettts haben zu der Vorstellung von einer durch ein *Programm* gesteuerten Entwicklung geführt, die mit den Mitteln der Kybernetik darstellbar ist. Dabei sind die Bildung einer bestimmten Gewebeform und einer Organform als Teilprozesse im Rahmen der Entwicklung des gesamten Organismus anzusehen (vgl. APTER, 1966; s.S. 593).

Auf dieser Basis gewinnen wir eine neue Einstellung zu den Vorgängen der *Knorpel- und Knochenbildung*. Beide erschienen als sehr mysteriöse Vorgänge: „Wenn man denkt, jetzt kommt es, dann steht dort das Wort ‚Verknöchern' und man ist genau so klug wie vorher" (PETERSEN, 1919). KEITH (1927) fragt: „Quid dicam de ossificatione?". LACROIX (1951a) schrieb noch: "The hypothesis of the active role of osteoblasts in deposition of interstitial substance has greater general explanatory value than any other". Mehrere *Phasen* der Knochenbildung wurden schon verschiedentlich in Betracht gezogen (SPULER, 1899; V. EBNER, 1906, 1909; V. KORFF, 1906, 1907b; PETERSEN, 1919, 1935; ROBINSON 1952; KNESE, 1956a). Knochenbildung, aber auch Knorpelbildung (KNESE und KNOOP, 1961c) erscheinen heute nicht mehr als „ein" Vorgang, sondern als topographisch und zeitlich korrelierte Prozesse der Bildung der verschiedenen Komponenten dieser Gewebeformen (KNESE, 1967b). Die Osteogenese ist nunmehr als die Bildung von Knochenfibrillen, Bindegewebspolysacchariden und als Mineralisation zu erörtern. Weiterhin ist davon auszugehen, daß weder die Bildung der Kollagenfasern, noch die Bildung der Gesamtheit der differenzierten Durchdringungsstruktur des Knochengewebes im Sinn der „explosionsartigen Entstehung eines fertigen Knochengewebes" vor sich geht (KNESE, 1956a).

Die Einsicht, daß Knorpel- und Knochenbildung spezielle Formen der Entstehung von Interzellularsubstanzen darstellen, zwingt zu einer Erörterung der Natur der *Interzellularsubstanzen*. Eine Reihe von Eigenschaften der Interzellularsubstanzen lassen sich nur mit einer Methode erkennen. Versuche, analytisch bestimmbare Kennzeichen mit anderen, z.B. histochemischen Methoden (GERSH und CATCHPOLE, 1949; SPICER et al., 1965) darzustellen, müssen fehlschlagen und wurden dementsprechend verurteilt (DORFMAN, bei DORFMAN und SCHILLER, 1958; MEYER, 1966). Analysen eines Gewebes sind damit aber für die Histochemie nicht wertlos, müssen allerdings in eine andere Sprache übersetzt werden. Nur analytisch läßt sich nachweisen, daß Knorpelfibrillen ein Kollagen besonderer Art sind. Diese Erkenntnis gestattet dann aber die Beurteilung der Struktur der Knorpelzelle als die einer kollagenbildenden Zelle. Auf der anderen Seite lassen sich „typisch" biochemische Untersuchungen auch am Schnitt ausführen; enzymhistochemische Aussagen sind anderen mitunter sogar eindeutig überlegen, da sie eine präzise Lokalisation ermöglichen und nicht über ein großes Gebiet integrieren.

Mitunter wurde die Ansicht vertreten, mit morphologischen Methoden könne kaum noch ein Beitrag zur Lösung moderner Probleme der Stütz- und Bindegewebe geliefert werden (SOGNNAES, 1955; MCLEAN, 1967/1968). Die ablehnende Haltung gegenüber morphologischen Befunden ist zwar verbreitet, aber nicht allgemein. MEYER (1952) hat sich für die Lokalisation der Polysaccharide der Interzellularsubstanzen bessere histologische Kenntnisse, z.B. über die metachromatische Farbreaktion, gewünscht: "As chemist, we take a tissue, grind and extract it. Where the substances which we isolate were located and what their function is, we can only guess". In bezug auf die Unklarheiten über die Histogenese des Knochengewebes sagte HINTZSCHE (1927b): „Diese mangelnden Kenntnisse werden nicht zum wenigsten der Anlaß sein, daß gerade die chemischen Untersuchungen der letzten Jahre oft ohne nähere Beziehung zur Morphologie ausgeführt werden." Der Versuch, die Probleme der Stütz- und Bindegewebe allein von einem zumeist methodisch bestimmten Ansatz zu diskutieren, ist bei der Natur der Substanz zum Scheitern verurteilt. Keine der beteiligten Disziplinen kann sich in das Ghetto ihrer Methoden zurückziehen. "Bone research is an interdisciplinary science" (TALMAGE, 1970). Im vorliegenden Falle kann demzufolge nicht die „Morphologie" isoliert abgehandelt werden; es muß die morphologische Seite komplexer Strukturelemente und der an sie gebundenen Vorgänge diskutiert werden.

Im Anschluß an die wiedergegebenen Zitate kann man zu dem morphologischen Bereich zunächst die eindeutige *Herkunftsdefinition* rechnen (WYCKOFF, bei LILLIE, 1952). In den umfangreichen Untersuchungen der Interzellularsubstanzen wurde häufig nicht berücksichtigt, daß „die" Kollagene und Bindegewebspolysaccharide Bestandteile, Komponenten von recht spezialisierten Gewe-

beformen sind. Der Histologe hat nicht selten den Eindruck, daß die Gewebe
als recht vage definierte, und damit recht unsaubere Materialquellen behandelt
wurden.

Zunächst mag es scheinen, daß damit der morphologische Beitrag in einer
Katalogisierung des Materials liegt. Über die Lokalisation werden aber Strukturen und Vorgänge als Teile einer bestimmten *Organisation* erkannt (vgl. auch
WEISS, 1965). Sie führt nach W.J. SCHMIDT (1957) zu den höheren Stufen in
der Strukturhierarchie bis zum ganzen Organismus: „Verfolgen der Struktur
*nur* in Richtung auf das *Kleinste* — so nötig es ist! — führt letzten Endes
zu Molekülen und Atomen, die als solche keinen Einblick in die Lebenser-
scheinungen zu geben vermögen" (W.J. SCHMIDT, 1957). Der bei analytischen
Untersuchungen unumgänglichen Isolierung von Teilen (der „Analyse") muß
die Synthese zu höheren Organisationsstufen folgen. NEEDHAM (1950) führt die
verschiedenen Ebenen von der subatomaren über das Molekül, die kolloidalen
Partikelchen, die lebenden Zellen, das Organ und den Organismus bis zu den
psychologischen und soziologischen (!) Gegebenheiten durch. Gesetze einer
Ebene können nicht auf die nächstniedere übertragen werden (vgl. WADDINGTON,
1966).

Auch der *molekulare* Bereich ist nunmehr morphologischen Untersuchungen
unmittelbar, z.T. mit Hilfe der Isotopen, zugänglich. Der Durchmesser eines
Moleküls der Bindegewebspolysaccharide, die die Struktur der früher als amorph
bezeichneten Interzellularsubstanzen bestimmen, beträgt in vivo etwa 4000 Å;
das Tropokollagenmolekül hat die Abmessungen $2800 \times 15$ Å (vgl. HALL, 1956).
Beide Werte liegen in Dimensionen, die mit dem Elektronenmikroskop erfaßbar
sind. Die „molekulare Lokalisation" (KNESE, 1971 a) ist damit in den Bereich
morphologischer Untersuchungen gerückt. Damit ist es heute möglich, eine
der von NEEDHAM (1950) in der Einleitung zu seiner "Biochemistry and Morphogenesis" genannten Brücken zwischen Morphologie und Biochemie zu schlagen.
Mit Bezug auf Aristoteles kommt er zu der Gegenüberstellung von *Form* und
*Materie*, ein Gesichtspunkt, der die u.a. bei Betrachtung des Skelettsystems
diskutierte Korrelation *Form* und *Funktion* entscheidend ergänzt. NEEDHAM
(1950) ist sich bewußt, daß diese Korrelation Morphologen und Biochemiker
ungewöhnlich anmutet. Der Morphologe mag (bei Lektüre seines Buches) den
Eindruck gewinnen, daß im Organismus nur Massen von Substanzen vorliegen.
Der Biochemiker darf nicht vergessen, daß die Moleküle einer Ordnung und
Organisation gehorchen: "Form is not the perquisite of the morphologist."
Diese Korrelation gewinnt bei der Betrachtung von *Prozessen* eine weitere Bedeutung. Vorgänge, anscheinend rein chemischer Natur, haben enge Beziehungen
zu Zellorganellen, worauf u.a. NORTHCOTE (1963, 1964) für die Synthese von
Polysacchariden hingewiesen hat. Das morphologische Stichwort wäre die in
ihrer Bedeutung erörterte Speicherung von Glykogen. Die Berücksichtigung
der Molekularbiologie ist heute für die Morphologie kein schmückendes Beiwerk
mehr. Die morphologische Lokalisation von „Molekülen" und Prozessen führt
von der Retorte und den Zellfragmenten zur individuell definierten Zelle und
zum Gewebeverband. Auf den fundamentalen Unterschied zwischen Zellstruktur
und den Untersuchungsbedingungen im Reagenzglas haben FELL (1957) und
KNESE (1971 b) hingewiesen.

Ein weiterer Gesichtspunkt bei der Betrachtung des Skeletts ergibt sich aus der Einlagerung von *Mineralien*. Die Skelettgewebe sind die "calcified (leider nicht mineralized) tissues"; eine Bezeichnung, die sich auch in der engeren Fachliteratur eingebürgert hat (Calcified Tissue Research, Calcified Tissue Abstracts; zur Kritik des Terminus „Kalk" vgl. BRANDENBERGER und SCHINZ, 1945). Die Mineralien verleihen als integrierende Komponenten den Skelettgeweben eine Sonderstellung unter allen Geweben. Sie wurden früher nur in ihrer Bedeutung für die mechanischen Eigenschaften des Knochengewebes gewürdigt. Wir wissen heute, daß sie das Skelett zu einem zentralen Organ des Mineralstoffwechsels des gesamten Organismus machen.

Dieser Überblick zeigt, daß sich seit 1930 eine entscheidend veränderte Betrachtungsweise im Hinblick auf die Skelettgewebe entwickelt hat.

Zusammenfassende Darstellungen über die verschiedenen Interzellularsubstanzen führen wir bei den entsprechenden Kapiteln auf. An Übersichten bzw. monographischen Darstellungen liegen vor: HUGGINS (1937), McLEAN (1943), MURRAY (1947), DALLEMAGNE (1950), LACROIX (1951a), AMPRINO (1955d, 1970), McLEAN und BUDY (1959), SCHILLER (1966). Monographische Abhandlungen stammen ferner von MURRAY (1936), WEINMANN und SICHER (1947, 1955), LACROIX (1949a, 1951a, 1961), McLEAN und URIST (1955, 1961), KNESE (1970c, e) und VAUGHAN (1970), Sammelwerke von BOURNE (1956, 1971) und von DIETHELM et al. (1970). Mit dem Stütz- und Bindegewebe im allgemeinen befassen sich Berichte von RAGAN (1952c), ASBOE-HANSEN (1954a, 1963), DORFMAN (1955/1956), DORFMAN und MATHEWS (1956), BAKER und ABRAMS (1955), WAGNER und SMITH (1967), CHVAPIL (1967), SCHUBERT und HAMERMAN (1968). Eine besondere Bedeutung haben Konferenzberichte gewonnen. Die "Metabolic Interrelations" (ed. REIFENSTEIN 1949, 1950, 1951, 1952, 1953) gaben den Anstoß zu vielen neuen Untersuchungen. Diesen Macy Conferences schlossen sich die Gordon Research Conferences, die nicht publiziert werden (vgl. McLEAN 1967/68), und weitere Konferenzen mit z.T. speziellen Themen an (RAGAN ed., 1951, 1952a, b, 1953, 1954; MINER ed., 1955; WOLSTENHOLME and O'CONNOR ed., 1956; TUNBRIDGE ed., 1957; PAGE ed., 1958; RODAHL, et al. ed., 1960; SOGNNAES ed., 1960; McLEAN ed., 1962; MARK ed., 1964; SOGNNAES ed., 1963; FROST ed., 1964a; FITTON-JACKSON et al. ed., 1965).

Im April 1963 fand The first European Symposium "Bone and Tooth" in Oxford statt (BLACKWOOD ed., 1964), dem jährlich weitere Konferenzen folgten (RICHELLE and DALLEMAGNE ed., 1965; FLEISCH et al. ed., 1966a; GAILLARD et al. ed., 1966; MILHAUD et al. ed., 1968; DYMLING and BAUER ed., 1968; AMPRINO et al. ed., 1970; MENCZEL and HARELL ed., 1971; CZITOBER and ESCHBERGER ed., 1973; KUHLENCORDT and KRUSE ed., 1975).

Seit 1963 erscheint ein "International Review of Connective Tissue" (ed. HALL, 1963, 1964, 1965, 1968; HALL and JACKSON, 1970, 1973, 1976). Im Jahr 1967/68 wurde eine eigene Zeitschrift gegründet "Calcified Tissue Research" (ed. ENGFELDT et al.). Eine Bibliographie von 1930–1953 mit 2970 Nummern gaben SPENCER und UHLER (1955) heraus. Einen Überblick über die zunehmende Literaturflut gewinnt man durch die für die "Calcified Tissue Abstracts" (ed. HODGKINSON et al., seit 1969) angegebenen Zahlen der Abstracts: Vol. 1:1109; Vol. 2:1546; Vol. 3:2111, die Zahl der Abstracts soll 2500 (!) jährlich erreichen. Der wünschenswerte Vergleich mit den Hartgeweben der *Zähne* verbietet sich wegen des Umfangs der Literatur. Es sei auf das Sammelwerk von MILES (1967) verwiesen.

# 1. Die Skelettzellen

Osteoblasten und Osteozyten, Chondroblasten und Chondrozyten sind hochspezialisierte Zellen, die als eine Zellrasse angesehen werden (u.a. LACROIX, 1949a, 1951a, b; McLEAN und URIST, 1955, 1961). In einem Stammbaum der Zellen der Stütz- und Bindegewebe leitet man sie von der undifferenzierten, pluripotenten Mesenchymzelle ab (u.a. BLOOM und FAWCETT, 1969; STARCK, 1975). Beziehungen zwischen den chondrogenen und osteogenen Zellen werden als fraglich hingestellt.

Gewisse Zweifel an der gerichteten Entwicklung auf *eine* reife Zellform traten zunächst bei der Untersuchung der Entstehung von Osteoklasten auf, die in diesem Schema keinen Platz fanden. Vor allem die Beobachtungen von Zelltransformationen unter experimentellen Bedingungen (BLOOM et al., 1941b; CLAVERT, 1948, 1950; HELLER, 1950; Legezyklus der Vögel, Parathormon; Abb. 1) sowie

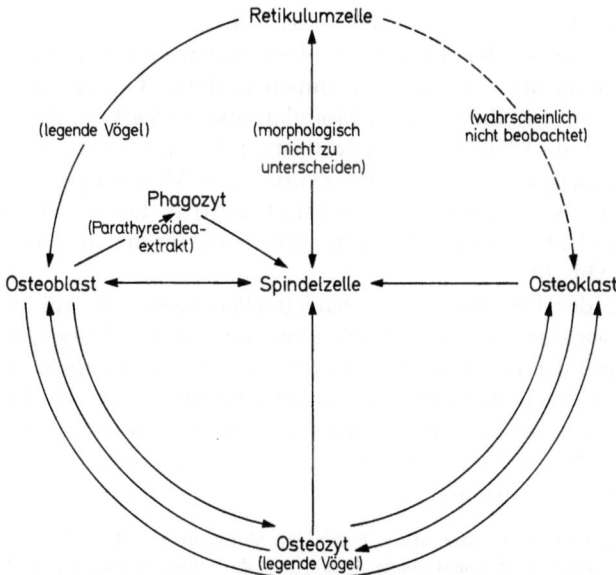

**Abb. 1.** Modulationswege zur Umwandlung von Skelettzellen ineinander. Angenommene Umwandlungen sind durch unterbrochene Linien gekennzeichnet. Aufstellung des Diagramms aufgrund der Beobachtungen am Legezyklus der Vögel und der Auswertung toxischer Dosen von Parathyreoidea-Extrakt bei Säugetieren (wenig veränderte Umzeichnung nach HELLER et al., 1950)

bei Transplantation, Regeneration und in Gewebekulturen (BASSETT, 1962) sprechen für Zelltransformationen, die nicht nur in einer Richtung ablaufen. Da
die Umwandlung einer Zellform in eine „primitivere" bzw. in eine andere hoch-
differenzierte dem angenommenen Wesen der Differenzierung widerspricht, wurden diese Vorgänge als *Modulation* (WEISS nach BLOOM, 1937) bezeichnet. Die
Skelettzellen werden z.T. als örtlich und zeitlich spezifische Modifikation einer
Zelle, des Mechanozyten (WILLMER, 1960), betrachtet.

Spätere zytogenetische Untersuchungen, auch mit Hilfe von Isotopen, kommen zu wenig modifizierten Schemata gegenüber denjenigen von HELLER et al.
(1950). An die Wurzel der Stammbäume wird eine undifferenzierte *Mesenchymzelle* gesetzt (u.a. KEMBER, 1960; YOUNG, 1962 a, b, c; FROST, 1964 a; TONNA,
1965 b; OWEN, 1970; FRIEDENSTEIN, 1976), offensichtlich eine rein hypothetische
Zellform, die undifferenziert und pluripotent sei und sich zu hochdifferenzierten
Formen entwickeln könne. Die Annahme einer jederzeit verfügbaren undifferenzierten Mesenchymzelle bzw. einer zu einem indifferenten Typ entdifferenzierten
Zelle (FELL, 1933) erinnert an die „Schlummerzellen" von GRAWITZ (nach
ERNST, 1915; MARCHAND, 1924). An den Beginn eines solchen Stammbaums
wird mitunter eine sog. *Stammzelle* bzw. *osteogene* Zelle gesetzt (u.a. YOUNG,
1963 b; HAM und HARRIS, 1971); auch diese Zellen wurden nicht näher definiert.
Mit dem Begriff *Mesenchym* wird sehr willkürlich umgegangen. MCMANUS
(1946) verwendet sogar die Begriffe Mesenchym und Bindegewebe identisch,
d.h. das Mesenchym umfaßt bei ihm alle spezifischen Zellformen und die gesamte
Interzellularsubstanz; dies gilt auch für die sog. universelle unspezifische Mesenchymreaktion (HAUSS und JUNGE-HÜLSING, 1961).

Die Ergebnisse von Knochen-Transplantationen in Leber, Milz, Niere usw.
zur Untersuchung der osteogenen Kompetenz dieser Organe führten zur Annahme einer ganzen Reihe von Zell-Modulations-*Zyklen* bzw. Zell-Populations-
*Shunts* (URIST et al., 1969; vgl. auch NOGAMI und URIST, 1970 a, b; URIST, 1970).
Bedeutsam ist hierbei, daß „derselbe" Zelltyp, z.B. Mesenchymzellen, Osteoblasten usw., in den verschiedenartigsten Shunts auftritt. Diese Zyklen haben eine
gewisse Ähnlichkeit mit den Entwicklungslinien, die für die „normale" Skelettbildung gelten (Abb. 6).

Die Frage der Entstehung von Skelettzellen kann nur auf der Basis der
gesamten Entwicklung des Skeletts diskutiert werden. Die Entwicklung des Skeletts beginnt mit der Determination von Keimbezirken als präsumptive Skelettanlagen. Die Mesenchymzellen dieser Anlagen stammen von verschiedenen Mesenchymquellen ab. In der embryologischen Literatur wird nicht immer zwischen
dem Keimblatt *Mesoderm* und dem Gewebe *Mesenchym* unterschieden, wodurch
manche Unklarheit entsteht.

Das Mesoderm ist nicht allein Mutterboden für Mesenchyme, Mesenchyme entwickeln sich
auch im Bereich anderer Embryonalgebiete. Dies ist seit der Untersuchung der „Ektomesenchyme"
bekannt. GROSSER (1939) gibt für den menschlichen Keimling als Quellen des „Mesoderms" an:
1. Morulamesoderm, 2. axiales Mesoderm (Primitivstreifen, Kopffortsatzmesoderm), 3. Dottersack-
mesoderm, 4. Mesoderm der prächordalen Platte, 5. Neuralleiste des Trigeminus, Facialis und Acu-
sticus in größerem Umfang, des Vagus geringer (ähnlich VEIT, 1918; POLITZER, 1933; BARTELMEZ
und EVANS, 1926). STARCK (1975) nennt folgende Mesenchymquellen: 1. Blastomeren, 2. Primitivstreifen, Chordafortsatz, 3. Trophoblast, 4. Entoderm des Dottersacks, 5. Protochondralplatte, 6. Somiten: Dermatom und Sklerotom, 7. Somato- und Splanchnopleura, 8. Neuralleiste und 9. Plakoden.

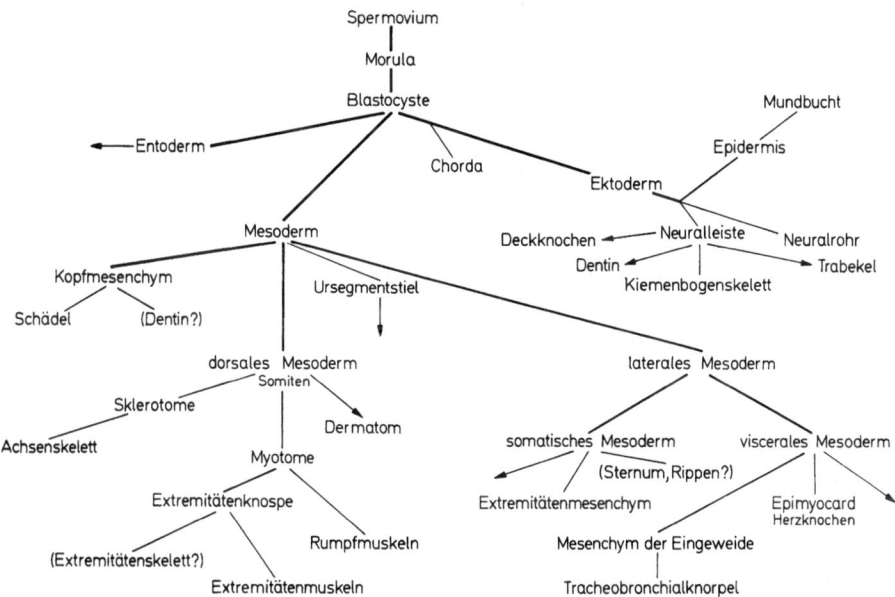

**Abb. 2.** Stammbaum der Zellen des Stütz- und Bindegewebes (z.T. erheblich veränderte Umzeichnung nach PATTEN, 1964)

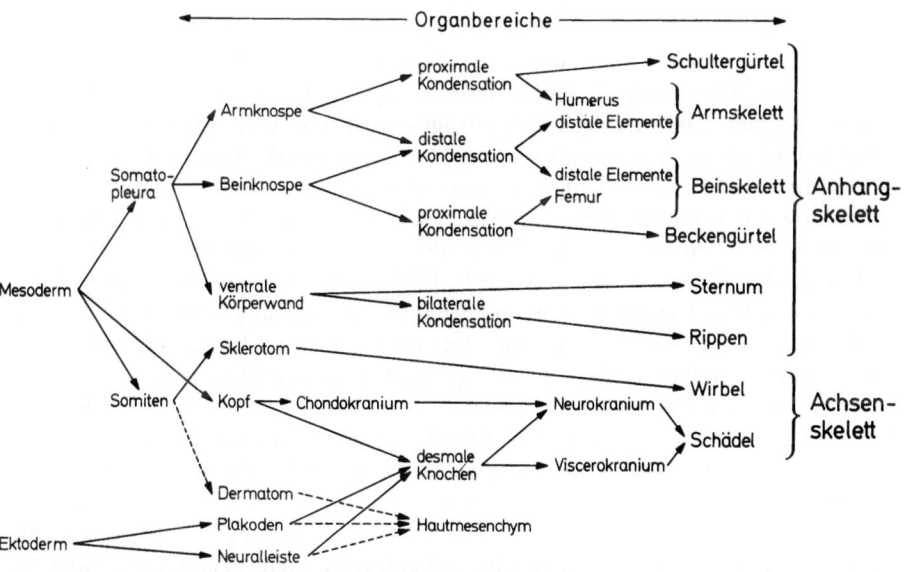

**Abb. 3.** Herkunft und Stammbaum der einzelnen Skelettabschnitte (wenig veränderte Umzeichnung nach ROMANOFF, 1960)

Die weitere Entwicklung des Skeletts wurde zunächst als *Organogenese* studiert. Stammbäume aufgrund der Keimblätter geben u.a. PATTEN (1951, 1964) und ROMANOFF (1960). Die einzelnen Skelettorgane folgen voneinander unabhängigen Entwicklungslinien (Abb. 2, 3). Innerhalb eines Organbereichs grenzen

sich die Teilbereiche gegeneinander ab (vgl. AMPRINO und CAMOSSO, 1958a;
STARK und SEARLS, 1973, 1974; AMPRINO, 1976, 1977b; Abb. 8; HAMPÉ, 1959;
Abb. 9). Damit liegen recht früh, bei *Amphibien* im Stadium der Neurula (NEED-
HAM, 1950), bei *Vögeln* zwischen Stadium 22 und 24 (STARK und SEARLS, 1974),
determinierte präsumptive Organbezirke für die einzelnen Skelettorgane, Schä-
del-, Achsen- und Extremitätenskelett usw. vor. Übersetzt man die Ergebnisse
des Studiums der Organogenese in die Sprache der *Histogenese*, so sind die
Chondroblasten und Osteoblasten nicht eine monophyletische, sondern eine
*polyphyletische* Zellrasse. Die Annahme der Abkunft *des* Osteoblasten von *einer*
Mesenchymzelle (s.o.) ist damit unberechtigt.

Eine ganze Reihe von Befunden spricht dafür, daß Mesenchyme nicht gegeneinander austauschbar sind, z.B. Kopfmesoderm und Rumpfmesoderm (HALL, 1937); Extremitätenmesenchym (CAIRNS,
1965), Ektomesenchym (STONE, 1926; HÖRSTADIUS, 1950), Ohrkapsel (BENOIT, 1960), Mesenchym
und Epithelien verschiedener Organsysteme (vgl. GROBSTEIN, 1959; SLAVKIN, 1971; MCLOUGHLIN,
1963). Auch innerhalb eines Skelettabschnitts besteht nur eine auf einen beschränkten Bereich
festgelegte Austauschmöglichkeit der Zellen, wie die Untersuchungen von FELL (1956) über das
Kniegelenk zeigen: In einem bestimmten Entwicklungsstadium sind Osteoblasten der Tibia oder
des Femurs vorhanden.

Die Mesenchymzellen sind also gemäß ihrer *prospektiven Bedeutung* als Zellen
eines Skelettbereichs kaum als indifferent anzusehen. Sie sind die Großmutterzellen der folgenden Knorpel- und Knochenzellen (KNESE, 1967a). Zur Zeit der
*Determination* ist nur eine kleine Anzahl von Zellen vorhanden, und keine dieser
Zellen dürfte im Augenblick des Beginns der Osteogenese noch als Individuum
vorhanden sein, sondern nur deren Abkömmlinge. So muß geschlossen werden,
daß die Determination zu einem bestimmten Skelettteil von der Mutterzelle
auf die Tochter- und Enkelzellen übertragen wird. Die Weitergabe der Determination von Zell- zu Zellgeneration ist wohl nur beschränkt mit einem genetischen
Kode für eine spezielle Proteinsynthese gleichzusetzen (vgl. MARKERT, 1968:
DNS, sowie u.a. GROSS, 1967; BROWN, 1967; GEORGIEV, 1967; BELL und MAC-
KINTOSH, 1967; BIRNSTIEL, 1967; PAUL, 1967). Die Determination betrifft jeden-
falls auch den Kern (BRIGGS und KING, 1959; FISCHBERG und BLACKLER, 1963;
GURDON, 1967). Determination und weitere Entwicklung sind nicht an eine
individuelle Zelle, sondern an eine statistisch zu betrachtende *Zellpopulation*
mit charakteristischer Verhaltensweise gebunden. Da die Mitoserate von Mechanozyten aus dem Periost und Knochen 5% beträgt und eine Mitose etwa eine
Stunde dauert, kann sich nach WILLMER (1960) die Größe einer solchen Population an einem Tag annähernd verdoppeln. Wenn die $G_1$-Phase der Skelettzellen
mit 30 Std (CAMERON, 1971) anzusetzen ist, können wir von einer Vergrößerung
der Population in absehbarer Zeit ausgehen. In Zellgruppen (vgl. GAILLARD,
1936; GROBSTEIN, 1959) entsteht eine zunehmende Heterogenität der Struktur
als Zeichen der Zytodifferenzierung (BLOOM, 1937; GROBSTEIN, 1959; LEVI-MON-
TALCINI und ANGELETTI, 1962).

Da eine Determinierung des Mesenchyms vorliegt, ist es schwer, ein Mesenchym als (absolut) indifferent zu bezeichnen. Weiter müssen die *Funktions*charakteristika der Zellen berücksichtigt werden. Die Zellen der Skelettanlage, das
Mesenchym, sind durch eine spezifische Tätigkeit, die *Produktion von Interzellularsubstanzen*, gekennzeichnet (KNESE, 1967a). Sie nehmen am Aufbau des Ske-

lettorgans und seiner Histogenese teil. Die von der Somatopleura abstammenden Zellen haben zunächst pseudoepithelialen Charakter. Die Zellen der Somatopleura zeigen beim *Hühnchen*, nach 42 Std Bebrütung, eine starke Basophilie, die der des Neuralrohrs etwa entspricht (Abb. 35, 15). Wenig später weisen sie mit Azur A bzw. Thionin färbbare intrazelluläre Granula auf, Vorstufen von Interzellularsubstanzen. Sehr bald treten nämlich gleichartig reagierende extrazelluläre Granula auf. Durch die Abgabe von Interzellularsubstanzen entstehen Interzellularräume, und damit wandelt sich der ursprünglich pseudoepitheliale Zustand in einen mesenchymalen um. Hierbei liegen offensichtlich gewisse Unterschiede – zumindest beim *Hühnchen* – in der Mesenchymentstehung im Bereich des Achsenskeletts, des Kopfmesenchyms und der Extremitäten vor (vgl. KNESE, 1963a, 1964c, 1965a, 1965b). In den Extremitätenanlagen finden zunächst keine eigentlichen Wanderbewegungen der Zellen statt, wohl aber in den anderen Skelettanlagen. Das Mesenchym muß als ein Gewebe angesehen werden, dessen Zellen *Mukopolysaccharide*, zunächst wohl Hyaluronsäure, dann Chondroitin-4-Sulfate bilden. Vermutlich ist die Bildung bzw. das Vorhandensein solcher MPS die Voraussetzung für die Entstehung der Interzellularräume.

Die folgenden Generationen der Skelettzellen sind damit im Zusammenhang mit ihren Interzellularsubstanzen zu betrachten, aber auch mit der Entwicklung der Struktur. Zunächst sind drei *Strukturstufen* zu unterscheiden (KNESE, 1965a): die Ausgangsstruktur (WEISS, 1926), die Zwischenstruktur und schließlich Endstruktur: omnis organisatio ex organisatione. Knochenbildung und damit endgültig die Bildung des Skelettorgans ist nicht nur Bildung spezifischer Substanzen sondern auch einer bestimmten Struktur (KNESE, 1956a, 1963a, 1963c, 1966a, 1970c; BAHLING, 1958; KNESE and TITSCHAK, 1962; KNESE und v. HARNACK, 1962). Die Fähigkeit zur Entwicklung einer bestimmten Struktur bleibt in der Kultur erhalten. WEISS und MOSCONA (1958) haben gezeigt, daß präkartilaginöses Gewebe der Extremitäten in wirbelartigen Mustern wächst, Skleralknorpel in einer etwa 4 Zellen dicken Platte. Die einzig plausible Erklärung sei die Annahme, daß die Produktion der „Grundsubstanz" in verschiedener architektonischer Gestalt im Hinblick auf die supramolekulare Organisation erfolge. Nach WEISS (1967) hat jeder Zelltyp die Fähigkeit zur Produktion einer für ihn charakteristischen Interzellularsubstanz. Sekundär ordnen sich die Knorpelzellen dem Muster ihrer Produkte unter. Der beste Beweis für diese Hypothese sei das normale „Experiment" des Embryos.

Die Entwicklung von „Zwischenstrukturen" wird in den Extremitäten erst relativ spät evident, dagegen recht früh bei der Bildung des Achsenskeletts. Um die Chorda (*Hühnchen*: KNESE, 1965a, 1967a) entsteht zunächst ein radiäres Netzwerk von Interzellularsubstanzen, deren Aufbau dem der Basallaminae entsprechen dürfte (Abb. 4). Diese radiär geordneten Interzellularsubstanzen bilden eine Art „Ausgangsstruktur", die von den wandernden Zellen des Sklerotoms als Leitstruktur (P. WEISS, 1924) benutzt wird. Als sog. Zwischenstruktur entsteht durch eine Umordnung eine zirkuläre Anordnung der Zellen um die Chorda (Abb. 18, 19). In der Anlage der Zwischenwirbelscheibe behalten die Zellen ihre ursprüngliche längliche Gestalt bei. Im äußeren Teil liegen die Zellen in bogenförmiger Ordnung, zentral in der zukünftigen lamellären Schichtung,

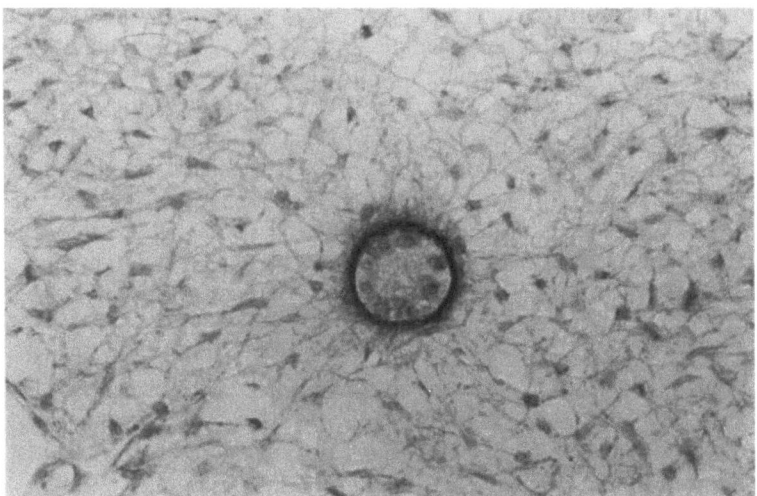

**Abb. 4.** Chorda, von radiär geordneten Sklerotomzellen umgeben. Hühnerembryo, 72 Std. alt, kolloidale Eisenreaktion nach Graumann, Obj. 40 (aus Knese, 1964a)

und zwar schräg, so daß sich die Zellachsen benachbarter Schichten überkreuzen
(Abb. 5). In der Gegend des Nucleus pulposus bleiben die Zellen mehr rundlich.

Mit diesem Beispiel gewinnen wir Anschluß an die allgemein bekannte Abfolge im histologischen Zustand des Skeletts, des mesenchymalen, knorpeligen
und knöchernen. Das Vorhandensein einer bestimmten Ordnung in Skelettanlagen läßt vermuten, daß das Schicksal der Zellen vom Zustand ihrer Entwicklung
und der aktuellen Position innerhalb des Skelettorgans abhängt (Knese, 1967a).
Die Koppelung von Zellreifung und zunehmender Organisation dürfte als Korrelat der fortschreitenden „Selbstdifferenzierung" (u.a. Murray, 1936; Fell, 1956)
anzusehen sein.

NANNEY (bei MARKERT, 1968) geht von Beobachtungen bei *Ciliaten* aus und meint, Zellen
hätten vermutlich ein *Programm*. Sie würden die Zahl der Zellteilungen zählen, auch würde eine
*mikroökologische* Veränderung der Zellumgebung stattfinden. Dieser Faktor bei der Differenzierung
neben dem Genom wird von MOSCONA (bei MARKERT, 1968) als Kommunikation (vgl. AMBROSE,
1967; SLAVKIN, 1971) der Zellen bezeichnet. Die Zelle „weiß", daß eine andere da ist, z.B. die
beiden ersten Blastomeren beim *Seeigel*. Die Annahme einer „Zelluhr", die ein Programm garantiert,
ließe viele Erscheinungen einer *Sequenz* bei der Skelettentwicklung verständlich erscheinen. In weiterem Umfang werden solche Probleme von APTER (1966) und GOODWIN (1963) als "Cybernetics
and development" verfolgt.

In der Epiphyse, aber auch im Periost (Abb. 6) wandelt sich die Zellgestalt,
so daß *Zellreihen* entstehen. Den sog. „Zwischenstadien" bei der Zytogenese
der Skelettzellen wurde geringe Aufmerksamkeit geschenkt. Die Transformation
der einen in die andere Zellform in Periost und Epiphyse könnte als programmge-
steuerter Vorgang angesehen werden. In den Entwicklungslinien wurde markiert
(×), bei welchen Zellformen Mitosen nachgewiesen bzw. wahrscheinlich sind.
Die Abkömmlinge eines Skelettblastems haben eine lange Geschichte hinter
sich, ehe sie in die letzte Phase ihrer Entwicklung, die Zytogenese der Osteoblasten, eintreten (Knese, 1967a; Knese und Geidel, 1972).

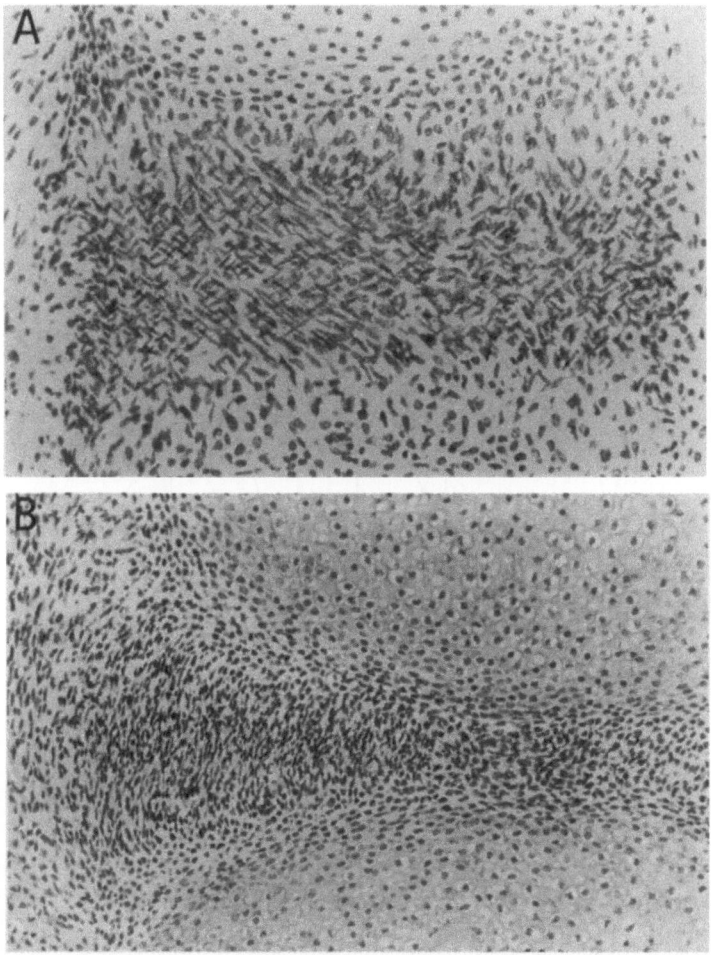

**Abb. 5.** Anlage der Zwischenwirbelscheibe. *A:* im Bereich des Anulus fibrosus mit sich überkreuzenden Fibroblasten. *B:* im zentralen Bereich mit Nucleus pulposus und senkrecht geschnittenen Lamellen des Anulus fibrosus. Rinderfet 39 mm SSL Gallocyanin, Obj. 16 (aus KNESE, 1964a)

Die Skelettzellen werden damit in jenen Rahmen gestellt, den COWDRY (1942, 1952) im Hinblick auf *Teilungsfähigkeit* und *Differenzierung* entworfen hat. Einen entsprechenden Versuch der Klassifikation der Skelettzellen haben TONNA und CRONKITE (1964) durchgeführt. COWDRY (1942a, 1952a) unterscheidet folgende Typen: 1. Vegetativ intermitotische Zellen sind relativ indifferent und vermehren sich stark; 2. sich differenzierende intermitotische Zellen mit zunehmender Spezialisierung sind Zwischenstufen zur Bildung postmitotischer Zellen; 3. postmitotische Zellen zeigen die Höhe der Spezialisierung in verschiedener Richtung; a) reversible postmitotische können sich teilen, b) den fixierten postmitotischen ist eine Teilung nicht mehr möglich. Eine solche Einteilung basiert auf der Betrachtung von *Zellpopulationen;* sie umfaßt das individuelle Leben der einzelnen Zelle, Lebensspanne, Alterung, Zelltod und den Übergang in die Tochterzellen.

Mit dieser al-fresco-Darstellung der Probleme, die sich beim Studium der Entwicklung des Skeletts stellen, wird der älteren „mechanischen" Betrachtung eine mehr *biologische* gegenübergestellt, wie sie u.a. von MURRAY (1936) und

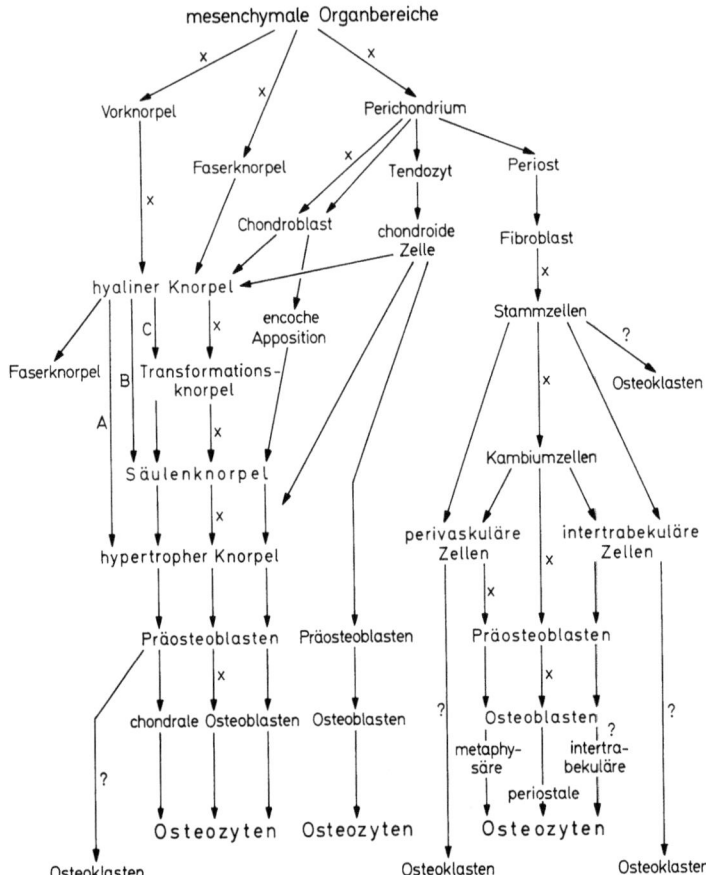

**Abb. 6.** Stammbaum der verschiedenen Typen von Skelettzellen innerhalb der mesenchymalen Organbereiche. Einzeichnung der verschiedenen Entwicklungslinien über Vorknorpel (Frühentwicklung) Faserknorpel (bestimmte Sehnenansätze), Chondroblasten (Perichondrium), chondroide Zellen (Sehnenansätze), Periost mit Aufteilung in die eigentlichen Periostzellen sowie jene Zellen, die mit Gefäßen in die Gefäßräume des Knochens einwandern, (perivaskuläre und intertrabekuläre Zellen). Angabe der Zelltypen mit den entsprechenden Metamorphoseschritten. × = Mitosen nachgewiesen bzw. wahrscheinlich. Die verschiedenen Herkunftslinien der sog. Osteoklasten wurden mit einem Fragezeichen versehen

FELL (bei RAGAN, 1953) vertreten wurde. Bei unserer Skizzierung der Entwicklung der Skelettzellen in situ haben wir den Begriff der Differenzierung weitgehend vermieden.

Für das Wesen der Differenzierung werden nur sehr allgemeine Kriterien angegeben (GROBSTEIN, 1959, 1965; BELL, 1965; DE REUCK und KNIGHT, 1967; GRAHAM, 1968). Die Differenzierung der einzelnen Zelle, die Zytodifferenzierung, ist Teil eines vielschichtigen Vorgangs (GROBSTEIN, 1959, 1965). GROBSTEIN (1959) hat die verschiedenen Annahmen über den Ablauf der Zytodifferenzierung formuliert. Hierbei fällt auf, daß von einer Reihe nicht näher definierter Prämissen ausgegangen wird; die eine ist der „Zelltyp", die zweite der „Differenzierungszustand", die dritte der Bezug auf die „individuelle Zelle".

Die Frage des *Zelltyps* ist überwiegend durch die Prinzipien unserer Gewebe-systematik bestimmt. Eine eindeutige Definition des Differenzierungszustands fehlt unseres Wissens bisher. Gegenüber der älteren Auffassung von einem be-stimmten morphologischen Habitus der Spezialisierung denkt man heute wohl mehr an eine spezielle Leistungsfähigkeit (Funktion). Dann fragt es sich aber, ob ein Wechsel der Tätigkeit, z.B. Umstellung von Kollagenproduktion auf solche der Mukopolysaccharide eine „Umdifferenzierung" ist (s.S. 585).

Gegen die Annahme, daß ein Differenzierungszustand nicht an die nächste Zellgeneration „vererbt" wird, spricht eine Betrachtung der Zellentwicklung mit Bezug auf die *Mitosen*. Nach COWDRY (1942, 1952) endet das Leben der individuellen Zelle mit der Mitose oder mit ihrem Tod. Während größerer Zeiträume der Entwicklung sind die Zellen wohl den vegetativ intermitoti-schen bzw. den sich differenzierenden intermitotischen zuzurechnen. Leider liegen derzeit noch keine Angaben über die prozentuale Anzahl von Mitosen u.a. in bezug auf das Lebensalter für das Skelettsystem (vgl. ROSENTHAL et al., 1942a, b) wie für Epithel-, Nerven- und Muskelgewebe vor (BUETOW, 1971). Dagegen wurde die Dauer der einzelnen Phasen bestimmt (CAMERON, 1971). Die $G_1$-Phase liegt mit ca. 30 Std wesentlich höher als bei vielen einschichtigen Epithelien (1–7 Std), etwa in der Größenordnung der Leber 8 Wochen alter Ratten. $G_1$ im Periost entspricht etwa dem Ösophagusepithel bzw. der Epidermis; in der Nebenniere werden sogar 1863 Std erreicht. Es wird zwar noch mitunter angenommen, daß eine Zelle zur Mitose „entdifferenziert". Während der Mitose wird die RNS-Synthese unterbrochen, doch ist keine neue RNS-Synthese für die $G_1$-Phase der nächsten Zellgeneration erforderlich (THRASHER, 1971). Während der S-Phase werden keine Polysaccharide gebildet (LIPPMAN, 1968). Man kann heute kaum daran zweifeln, daß sich „eine" Mesenchymzelle oder eine Zelle des Säulenknorpels teilt, d.h. Zellen bereits mit spezifischen Kennzeichen. So muß man davon ausgehen, daß eine determinierte, „sich entwickelnde" (self-reproduction) Zellpopulation vorliegt. Erst die Osteoblasten bzw. Osteozyten sind postmitoti-sche Zellen, vermutlich reversibel, wie Beobachtungen in der Kultur bzw. bei Regenerationen nahele-gen (vgl. CAMERON, 1971). Das Bild der Zytodifferenzierung der einzelnen Zelle ist nach P. WEISS (1962) mit der derzeitigen Vorstellung vom Zellmodell durchaus vereinbar. „Vexy" sei die Frage der Differenzierung der Familie einer Zellreihe. Die Entstehung der Mannigfaltigkeit ist an Zeit und Ort gebunden. Nach P. WEISS (1953) liegen hier Probleme der molekularen bzw. Zell-Ökologie in einer Gruppendynamik des Organismus, der Population und Spezies vor. "A cell is nothing but the population of component entities that constitute it." Damit kommt P. WEISS (1962) zur Frage der „Organisation", über deren Dynamik unser Wissen rudimentär ist.

Die Auffassung von einer sich entwickelnden, reifenden und alternden *Zellpo-pulation*, die in enger Relation zu der sie umgebenden Interzellularsubstanz steht, bildet eine neue Basis zur Diskussion über die Probleme der Histogenese. Hier ist die Brücke zur Erforschung der *Interzellularsubstanzen* zu schlagen. Die Interzellularsubstanzen sind nicht unveränderliche Elemente im Sinn LEVI's (1927), sondern zeigen einen Stoffumsatz, der durch ihre biologische Halbwerts-zeit charakterisiert wird. Damit sind grundsätzlich die Möglichkeiten zu einer Veränderung der Ordnung, Struktur, gegeben, wie sie vielfach beschrieben wurde.

Bei Berücksichtigung der polyphyletischen Entwicklung der Skelettzellen sind erhebliche Zweifel gegenüber dem Verfahren anzubringen, die Chondrogenese und Osteogenese beispielhaft an einem beliebigen Ort oder zu beliebiger Zeit zu untersuchen (vgl. KNESE, 1966a). Unser Wissen über diese Vorgänge in be-stimmten Gebieten, z.B. im Bereich der Schädelbasis, den Knochenkernen, Apo-physen und dem Diaphysenende, ist gering. Nun hat man die Meinung vertreten, daß sich zwar Osteoblasten polyphyletisch entwickeln, aber zum Schluß doch eine gleichartige Zellform repräsentieren. Dafür würden manche (jedoch nicht alle!) Ergebnisse der Regeneration bzw. Transplantation sprechen. Wir wissen noch zu wenig über die verschiedenen Osteoblastentypen, um sagen zu können, ob die Unterschiede allein innerhalb einer statistischen Schwankungsbreite liegen oder grundsätzlicher Natur sind.

Wir sind uns heute kaum noch der Vorstellungen und Voraussetzungen bewußt, unter denen die *Gewebesystematik* aufgestellt wurde. Eine entscheidende Voraussetzung bzw. Grundlage der Gewebelehre ist offensichtlich die Abstraktion vom Organ oder die Vernachlässigung der Lokalisation zweier morphologisch gleichartig erscheinender Zellen bzw. Gewebe. Anläßlich der Diskussion über die verschiedenen Arten des Knochengewebes sprach v. EBNER (1875) von der „Gattung" Knochengewebe (vgl. auch WILLMER, 1960) und hält die Umwandlung eines Dauergewebes in ein anderes für ebenso paradox „wie die Vorstellung, daß sich verwandte Tier- oder Pflanzenarten im ausgebildeten Zustande ineinander metamorphosieren können". GEBHARDT (1901) bezeichnet die verschiedenen Gewebeformen als logische Kategorien, ohne jeglichen Zusammenhang. Der strukturelle Unterschied zwischen primärem und sekundärem Knochengewebe schien unüberbrückbar (PETERSEN, 1919). Eine Diskussion der für die *Systematik* heranzuziehenden Merkmalgruppen läßt sich an den vielgestaltigen Knorpelgeweben durchführen. SCHAFFER (1930) hatte sich das Ziel gesetzt, ein logisch befriedigendes System aufzustellen. Alle neueren Untersuchungen weisen auf eine *biodynamische Mannigfaltigkeit* der Knorpelgewebe hin. In seiner Einteilung der Stützgewebe geht SCHAFFER (1930) von der einfachsten, seiner Meinung nach wohl phylogenetisch ältesten Form aus. Obwohl die fast allgemein anerkannte Systematik von SCHAFFER (1930) auf strukturellen Eigenschaften aufbaute, wurde sie wie ein natürliches System behandelt.

Auffällig ist die *Formdifferenz der Zellen* innerhalb der Epiphyse (Säulenknorpel usw.). Es ist immer „dieselbe Zelle" in verschiedener topographischer Position mit verschiedener Gestalt und unterschiedlichen Leistungsmerkmalen. Die Bestimmung „dieselbe" Zelle muß allerdings dahingehend ergänzt werden, daß es sich infolge mitotischer Vermehrung innerhalb der Epiphyse zum großen Teil um Abkömmlinge eines Chondroblasten handelt (KNESE, 1967a). Es liegt eine Population von sich differenzierenden intermitotischen Zellen (COWDRY, 1942, 1952) vor. Die morphologischen und funktionellen Kennzeichen der Epiphysenzellen würden im Bereich anderer Gewebe bzw. Organe genügen, um sie als wohl gesonderte Typen voneinander zu unterscheiden. Sie sind für die einzelne Knorpelzelle so kennzeichnend, daß eine nähere Beschäftigung mit ihnen erforderlich ist.

Die Untersuchung der *Dynamik* von Zellen hat aber noch in anderer Form dazu geführt, die bisherige Nomenklatur in Frage zu stellen. Es hat sich gezeigt, daß sich die Aufgabe der *Osteozyten* und der *Chondrozyten* nicht in der Aufrechterhaltung des Stoffwechsels der Gewebe erschöpft; beide weisen eine z.T. recht lebhafte *Stoffsynthese* auf. Die bisher als Chondrozyten bezeichneten Zellen sprach man nun als Chondroblasten an, womit Verwirrung gestiftet wurde. So sagte etwa FULLMER (1965), junge Knorpelzellen würden Chondroblasten, ältere Chondrozyten genannt. PRITCHARD (1952) unterscheidet nach dem morphologischen und histochemischen Erscheinungsbild folgende Stadien voneinander: die prächondroblastischen Mesenchymzellen, die Chondroblasten, die Chondrozyten und die hypertrophen Chondrozyten. GODMAN und LANE (1964) sprechen von Chondroblasten, bilden aber Chondrozyten ab.

Die unterschiedliche Entstehungsform der Knorpel und der Polymorphismus der Zellen, z.T. in enger Korrelation zur Entwicklung des Skeletts, lassen sich kaum befriedigend in einer Systematik berücksichtigen. Offensichtlich besitzt „die Knorpelzelle" eine besondere „Biodynamik", die zur Entstehung sehr differenter Zell- und Gewebeformen führt. Bereits BIEDERMANN (1914) hat das Knorpelgewebe als „vom zellularphysiologischen Standpunkt aus vielleicht interessanteste Gewebeform" bezeichnet; ähnlich äußern sich ERNST (1915) und SHEEHAN (1948).

Diese Erörterungen über die Biologie und Nomenklatur des Knorpelgewebes zeigen, welche Schwierigkeiten sich für die *Definition* der einzelnen *Gewebeformen* und der zugehörigen Zellbilder ergeben. Gleiches gilt im übrigen für das Knochengewebe. Man muß daher fragen, welche Gesichtspunkte bei einer Nomenklatur der Stütz- und Bindegewebe zu berücksichtigen sind. Diese Faktoren sind etwa folgende: 1. genetische, 2. topographische, 3. allgemeine morphologische Kennzeichen der Zellen, 4. funktionelle (biodynamische) Ausprägung der Zellstruktur und 5. quantitative und qualitative Zusammensetzung der Interzellularsubstanzen. Bei dem bisherigen System hat man sich überwiegend auf topographische Beziehungen (2.), morphologische Eigenheiten der Zellen (3.) und auf die Gestaltung der Interzellularsubstanzen (5.) gestützt. Es ist zweifelhaft, ob bei der sehr unterschiedlichen Natur der Teile eines Stützgewebes die Aufstellung eines befriedigenden „natürlichen" Systems überhaupt möglich ist (KNESE, 1970e). Unerläßlich ist jedoch, daß jedes Gewebe und jede Zelle topographisch nach *Organzugehörigkeit* und *Lebensalter* eindeutig gekennzeichnet wird. Auf diesem Weg werden Zellen und Gewebe sowohl unter dem Gesichtspunkt ihrer „Funktionscharakteristika" als auch ihres „topographischen (ortsgemäßen) Verhaltens" im Organverband beurteilt.

Die hier unter dem Gesichtspunkt der Nomenklatur der Knorpelgewebe angeschnittenen Fragen führen zu dem in letzter Zeit ausführlich diskutierten Problem der *Differenzierung* innerhalb der Skelettgewebe. Die Literatur über Wesen und Ablauf der Differenzierung (u.a. BLOOM, 1937; GROBSTEIN, 1959, 1965; WILLMER, 1960, 1965) zeigt, daß besonders die Vielfalt der Formänderungen von Zellen der Stütz- und Bindegewebsreihe und ihre Beziehungen zueinander eine Einordnung in einen gerichteten Ablauf erschweren. WILLMER (1960) sprach deswegen indifferent vom *Mechanozyten*. Die Beobachtungen an *Kulturen* verwirrten die Situation weiter. Die Vielgestaltigkeit und die zelluläre Heterogenität der meisten Embryonalanlagen gestatten analytische Untersuchungen nur in vitro (KONIGSBERG, 1970). Die mitgeteilten Ergebnisse überraschen durch die methodisch präzisen Aussagen. Allerdings sind die Kulturbedingungen der verschiedenen Laboratorien kaum miteinander vergleichbar (LASHER, 1971). Die Organkultur sieht BIGGERS (1963) als eine Technik an, deren Ergebnisse das Verständnis für Vorgänge im intakten Organismus fördern könne (vgl. DORFMAN, 1970): "... embryology would ultimately have to be studied in embryos" (EPHRUSSI, 1956). Die Gefahr, daß Untersuchungen in vitro zu einer Fehlbeurteilung führen können, hat WEISS (1962) betont. Die Berücksichtigung der Vorgänge in situ legt mitunter eine andere Beurteilung der Befunde nahe (z.B. HOLTZER, 1964; LASH, 1967, 1968a). Nach WEISS (1962) stehen viele neuere Auffassungen in auffallendem Gegensatz zu den Ergebnissen der sorgfältigen Untersuchungen der Vergangenheit. "This cautionary remark seems necessary in view of the express danger that the growing and enthusiastic collaboration modern cell biology is receiving from the physical sciences might be misdirected toward some false and fictitious notion of a cell and of what really is involved when cell fate is turned in one direction rather than another." Im übrigen wird auf zusammenfassende Berichte verwiesen (u.a. BLOOM, 1937; FELL, 1953a,b, 1956; RAY et al., 1954; GROBSTEIN, 1959; WILLMER, 1960; LEVINTOW und EAGLE, 1961; BASSETT, 1962; BIGGERS, 1965).

Zellen verlieren in Kulturen den größeren Teil ihrer morphologischen und physiologischen Spezialisation (WILLMER, 1960). Die Einstellung der Chondroitinsulfat-Synthese von Chondrozyten in der Kultur wurde als eine Dedifferenzierung gedeutet (HOLTZER et al., 1960; HOLTZER und ABBOTT, 1968). Später setzte sich die Auffassung durch (u.a. NANNEY, 1958; ABERCROMBIE, 1967), daß man zwischen einem *Genotyp* bzw. Epigenotyp und dem *Phänotyp* der Zelle unterscheiden müsse. Zellen in der Kultur würden demgemäß nur ihre phänotypischen Eigenschaften ändern (BLOOM, 1932; WEISS, 1950; COON, 1966; HOLTZER und ABBOTT, 1968; HOLTZER et al., 1970). Der „Knorpel" ist nicht durch die metachromatische Matrix gekennzeichnet, sondern durch ein Stoffwechselmuster mit einer Reihe von enzymatischen Schritten zur Produktion der Matrix (LASH, 1967, 1968a). Die Frage nach der Differenzierung liege darin, wie der Genotyp einen chondrozytischen Phänotyp hervorbringen kann. Hierbei wird auch über einen prädifferenzierten, protodifferenzierten und differenzierten Status, ähnlich wie beim Pankreas (RUTTER et al., 1968), diskutiert.

LASH (1967, 1968a) geht von der Vorstellung aus, vom Somiten führe die Entwicklung zielgemäß zum knorpeligen Wirbel (vgl. HALL 1977).

Die Potenz der Skelettzellen zur Produktion eines speziellen Proteins, des Tropokollagens, und eines Proteins als Akzeptor bei der Bildung der Protein-Polysaccharide läßt an die „Entwicklung" eines spezifischen *Gen*-Systems denken. Nach DUSPIVA (1969) spult der Keim von der Befruchtung an ein Programm der Proteinsynthese ab, bei dem fortlaufend neue Proteine mit neugebildeten messenger-RNS aktiviert werden. Er bezeichnet eine Zelle, die „im großen Umfang" Kollagen synthetisiert, als differenziert. Nach allen vorangegangenen Erörterungen würde sich diese Zelle aber weiter zu anderen „differenzieren". BRACHET (1967) meint, im Hinblick auf die Bildung spezifischer Proteine, daß wir jetzt gute biochemische Analysen über die Rolle der Gene bei der Differenzierung des Zytoplasmas benötigen (vgl. BRACHET und MALPOIX, 1971). Die genetische Kontrolle der Differenzierung, der RNS-Synthese und Proteinbildung wurde vielfach diskutiert (u.a. WRIGHT, 1963; LERNER et al., 1965; SCOTT und BELL, 1965; GROSS, 1967, 1968; BROWN, 1967; GEORGIEV, 1967; MARKERT, 1968; STREHLER, 1969). Die entsprechenden Erörterungen betreffen überwiegend die Frühentwicklung. Sie werden z.T. mit Skepsis als hypothetische Analogie zwischen der Molekulargenetik von Bakterien und der embryonalen Zytodifferenzierung betrachtet (HOLTZER, 1963; KONIGSBERG, 1970).

Die Untersuchungen des Skelettsystems in den letzten Dezennien führten zu einer Betrachtungsweise, die von jener der alten Skeletthistologie erheblich abweicht. Die Probleme der zytologischen Äquivalente einer *Zellaktivität* und ihrer Steuerung sind die gleichen wie in anderen Bereichen der Histologie. Eine Besonderheit des Skeletts besteht darin, daß diese Zellaktivität zur Produktion von *Interzellularsubstanzen* führt, die den Charakter des Gewebes bestimmen. Eine weitere Eigenheit der Skelettzellen ist die *Umstellung* von einer *Tätigkeitsform* zu einer anderen, und zwar verbunden bzw. in Korrelation mit einer Änderung der Zellstruktur. Zur Diskussion dieser Probleme wandten sich viele Autoren der Untersuchung der *Frühgeschichte* des Skeletts zu, unmittelbar oder mittelbar (in vitro). Die Entwicklung von Zellinien wird bis an deren „Quellen" herangeführt. Das bei solchen Untersuchungen gewonnene Bild vom Ablauf der Entwicklung in Zellpopulationen entspricht kaum noch den älteren Vorstellungen von der Differenzierung, wenn man darunter eine einseitige Spezialisierung versteht. Man hat infolgedessen zur Ordnung der Befunde immer mehr die Hypothese einer *Programm*entwicklung herangezogen. Dieser mitunter arg strapazierte Terminus besagt, daß eine Entwicklung in einer bestimmten Form abläuft. Vermieden wird die alte Voraussetzung der gerichteten Spezialisierung, aber auch die Suche nach einer unmittelbaren Ursache für die einzelnen Entwicklungsschritte. Dabei ist man sich wohl im allgemeinen klar darüber, daß die Bezeichnung Programm eine unendliche Vielfalt sog. endogener und exogener Faktoren umfaßt.

# 2. Organogenese und Histogenese des Skeletts

Die Einheit von Zyto-, Histogenese und Bildung der Gewebekomponenten im Zusammenhang mit der Organogenese wird bei Betrachtung der Frühentwicklung des Skeletts deutlich. Aus rein methodischen Gründen, u.a. wegen der unterschiedlichen Größendimensionen, werden im allgemeinen beide Bildungsvorgänge für sich untersucht. Hier soll die Entwicklung des Skeletts von der Entstehung „der" Mesenchymzellen an verfolgt werden.

## 2.1. Die skelettogenen Mesenchymquellen

Die skelettogenen Mesenchyme entstehen aus epitheloiden Schichten des frühen Keims. Die grundsätzlichen Vorstellungen über die Bildung der präsumptiven Organbereiche wurden an *Amphibien*keimen gewonnen. Nach SEIDEL (1960) sind die Pläne der präsumptiven Organanlagen, trotz großer Unterschiede der Eiform, vor allem im Hinblick auf den Dotter, bei den Spezies sehr ähnlich. Trotz grundsätzlich verschiedener Furchung – *Vögel*=diskoidal, *Säugetiere*: total-adäqual – sind sich die Keimscheiben bei beiden Klassen (morphologisch) recht ähnlich. Die an *Amphibien* beobachteten Entwicklungsprinzipien gelten, mit gewissen Einschränkungen, auch für *Vögel* (RAO, 1968; NICOLET, 1971; GALLERA, 1971). So können wir wohl von der These ausgehen, daß bei den Keimscheiben der *Säugetiere* vergleichbare Verhältnisse vorliegen. Skelettanlagen entstehen im Keimscheibenstadium und während der Entwicklung der Körpergrundgestalt.

Die *Gastrulation* bei den *Chordaten* ist durch drei Vorgänge gekennzeichnet (PASTEELS, 1936, 1940, 1943): 1. die Ordnung der präsumptiven Keimbezirke an der Oberfläche der Blastula, 2. morphogenetische Bewegungen und 3. die Bildung des primitiven Embryonalkörpers. Zeitpunkt der Zellverlagerung und örtliche Beziehungen der präsumptiven Organanlagen zueinander sind bei den Spezies aber verschieden (ROMANOFF, 1960). SEIDEL (1960) unterscheidet drei Perioden der Entwicklung, Furchung, Bildung der Körpergrundgestalt (Grundplan von LEHMANN, 1938) – Bildung des Plans der präsumptiven Organanlagen – und morphologische und histologische Sonderung der Organsysteme.

## 2.1.1. Die Anlagepläne und das Achsenskelett

### 2.1.1.1. Amphibien

Durch W. VOGT (1929), NAKUMURA (1938) und PASTEELS (1942) wurden die *prospektiven Regionen* der frühen Amphibienblastula aufgedeckt (vgl. NEEDHAM, 1950; LEHMANN, 1945; HOLTFRETER und HAMBURGER, 1955; KÜHN, 1955). Das Mesoderm der *Urodelen* entsteht durch Invagination, das der *Anuren* durch Delamination (HOLTFRETER, 1938a, b; SEIDEL, 1960). Die Gebiete der prospektiven Potenz sind größer als die der prospektiven Bedeutung (HOLTFRETER, 1936, 1938a, b). Auf die Untersuchungen der Abhängigkeit der Polarität des Mesoderms vom Entoderm bei *Urodelen* von NIEUWKOOP (1969a, b, 1970) und NIEUWKOOP und UBBELS (1972) sei verwiesen; danach ist die animale Hälfte der Blastula, die fast alle Strukturelemente des Embryos bilden kann, als pluripotent anzusehen. Das Chorda-Mesoderm-Feld zeigt im Explantat eine beachtliche *Selbstorganisation*, entwickelt sich in situ aber nur in Wechselwirkung mit Ekto- und Entoderm (BAUTZMANN, 1933; TÖNDURY, 1937; SHEN, 1937; HOLTFRETER, 1938b; DALCQ, 1940; WADDINGTON und YAO, 1950). Bei Ersatz des Kopfmesoderms einer frühen Gastrula durch prospektives Rumpfmesoderm erfolgt keine Regulation (HALL, 1937).

In der *Amphibien*-Neurula nimmt die Festigung der Determination zu. Das *Chorda*-Material sondert sich von dem restlichen Mesoderm ab (BAUTZMANN, 1928; YAMADA, 1939a; CHUANG, 1947). Für die *Ursegment*-Differenzierung ist die Chorda erforderlich, doch dürften noch andere Faktoren eine Rolle spielen (YAMADA, 1939b; HÖRSTADIUS, 1944; MUCHMORE, 1951). Die unterschiedlich starken Differenzierungstendenzen wurden im Sinn der morphogenetischen Potentiale oder Felder gedeutet (DALCQ und PASTEELS, 1937, 1938; YAMADA, 1940; MUCHMORE, 1951). Bei geschlossenem Blastoporus sind nur die ersten 6–8 Ursegmente mit dem anschließenden Mesoderm invaginiert (VOGT, 1926, 1929). Die restlichen Ursegmente folgen durch einen Invaginations- und Einfaltungsprozeß (CHUANG, 1947 u.a.). Damit gilt für Amphibien nicht die von HOLMDAHL (1939) angenommene Bildung eines indifferenten Wachstumszentrums für die Kaudalregion, vielmehr ist die Schwanzregion stärker determiniert und weniger zu Regulationen als die vorderen Mesodermanteile fähig (u.a. MANGOLD, 1932, 1933).

Nach Beendigung der Gastrulation ist das axiale Mesoderm in einen hinteren Abschnitt für Chorda und Ursegmente und einen vorderen, das *prächordale Mesoderm*, gegliedert. Letzteres besteht aus der mittleren prächordalen Platte und dem Mandibularmesoderm, das der Lage nach den Ursegmenten entspricht (VOGT, 1929; ADELMANN, 1932). Die mesodermalen Abschnitte unterscheiden sich in ihrer induktiven Kapazität (MANGOLD, 1933; TER HORST, 1948; OKADA und TAKAYA, 1942; LEHMANN, 1945 u.a.). Nach DALCQ (1946, 1947) liegt im prächordalen Mesoderm ein archencephaler Induktor, während ein unabhängiger deuteroencephaler fehlt.

Den Ablauf der Bildung der verschiedenen Anlagen hat HOLTFRETER (1938b) für *Triton,* unter Angabe der primären und sekundären *Induktoren* und der *Selbstorganisierung,* zusammengefaßt. Bekanntlich wurde bei der regionalspezifischen Induktion (NEEDHAM, 1931, 1950; BRACHET, 1944, 1960; LEHMANN, 1950; YAMADA, 1961; SAXÉN und TOIVONEN, 1962) zwischen einer *archencephalen* (Vorderhirn, Zwischenhirn, Auge: thermostabil), *deuteroencephalen* (Hinterkopf, Hinterhirn, Gehörbläschen, Kopfmuskulatur, Kopfmesenchym), *spinokaudaler* (Rumpf und Schwanz, Neuralrohr, Myotom, Chorda, Nierensystem: thermolabil) und noch evtl. mesodermalen (Myotom, Chorda, Nierensystem) Induktion unterschieden. Im Sinn der Zwei-Gradienten-Hypothese hat man die archencephale Induktion überwiegend als neurale und die spinokaudale als überwiegend mesodermale angesehen. Die Frage der Induktion erhielt durch die Untersuchung von *heterogenen* Induktoren (YAMADA, 1961; SAXÉN und TOIVONEN, 1962) entscheidende Anregungen, wenn auch z.B. BRACHET (1960) Zurückhaltung im Vergleich mit normalen Induktoren empfiehlt.

## 2.1.1.2. Vögel

Die Entwicklung der Vögel (Rudnick, 1944, 1955; Waddington, 1952; Romanoff, 1960; Nicolet, 1971) ist als Muster für die Vorgänge an einer Keimscheibe anzusehen. Hamburger und Hamilton (1951) haben für die Entwicklung des *Hühnchens* 46 Stadien angegeben. *Der Primitivstreifen* ist beim *Hühnchen* nach 8–9 Std Bebrütung anzutreffen und nach 16–20 Std voll ausgebildet. Wenn er etwa $^1/_3$ der Zona pellucida einnimmt, wandern einige Zellen am Vorderende und dann lateral aus dem Primitivstreifen aus und bilden das erste *Mesoderm* (Gräper, 1929; Wetzel, 1929; Pasteels, 1937; Jacobson, 1938; Spratt, 1946; Nicolet, 1970, 1971). Die Verkürzung des Primitivstreifens beginnt kurz nach Bildung des Chorda- bzw. Kopffortsatzes, d.h. nach 36–49 Std Bebrütung. Der Primitivstreifen wird dann zur Rumpfschwanz-Knospe (Holmdahl, 1935).

Die Anlage der *Chorda,* der Chorda- oder Kopffortsatz, tritt nach etwa 16 Std Bebrütung auf (Adelmann, 1922). Sie ist seitlich von Mesoderm umgeben und hat nach vorn Verbindung mit der prächordalen Platte (Adelmann, 1922). Das Mesoderm beiderseits des Kopffortsatzes ist vom Entoderm getrennt (Adelmann, 1922), im hinteren Anteil aber mit ihm verbunden (Wetzel, 1929). Der Primitivstreifen beginnt sich beim Hühnchen nach 36–49 Std zu verkürzen, und zwar in der hinteren Hälfte des Primitivstreifens; gleichzeitig verlängert sich die Chorda (Spratt, 1947; Spratt und Condon, 1947; Vakaet, 1960, 1962). Etwa im 20 Somiten-Stadium geht der Rest in die Rumpfschwanzknospe über (Holmdahl, 1935).

Die Eigenheiten der *Mesoderm*entwicklung bei *Vögeln* faßt Rudnick (1955) zusammen: Kurz nach Bildung des Entoderms durch Delamination erscheint der Primitivstreifen als unregelmäßige Verdickung, worauf die Invagination und Auswanderung des Mesoderms erfolgt. Das zuerst gebildete Mesoderm wandert nach lateral und hinten und wird extraembryonales Mesoderm. Der vordere Teil des Primitivstreifens ist der dorsalen Urmundlippe gleichzusetzen. Das vorderste axiale Mesoderm bildet den Primitivknoten. Weiterhin wird laterales und extraembryonales Mesoderm in den hinteren drei Vierteln des Primitivstreifens gebildet, während Chorda und Somiten sich vor dem Knoten differenzieren.

Mesoblast und Endoblast stammen aus einer beschränkten Region der Area pellucida (Pasteels, 1937; Malan, 1953). Vakaet (1962) hatte zwischen dem Endophyll, das vor der Gastrulation gebildet wird, und dem durch Gastrulation entstandenen embryonalen Endoblast unterschieden. Zwischen Stadium 2 und 4 erfolgt die Invagination aus dem vorderen Ende des Primitivstreifens, der aber auch Zellen des Mesoblasts enthält, und zwar im Stadium 2:1%, 3:20% und 4:40% (Nicolet, 1971). Im Stadium 4 liegen die Primordia entlang dem Primitivstreifen, zum großen Teil noch nicht invaginiert; die Chorda ist vollständig im Primitivknoten konzentriert (Abb. 7; Nicolet, 1971). Alle Mesodermanteile für die Kopfbildung liegen vor dem zurückwandernden Knoten. Die prächordalen Zellen hängen mit dem Dach des Vorderdarms zusammen, so daß wahrscheinlich beide zur gleichen Zeit eingewandert sind. Die restlichen Mesodermteile invaginieren in der Reihenfolge prospektive Somiten, Seitenplatten und extraembryonales Mesoderm. Das Areal der Ursegmente ist zunächst klein; es verschiebt sich später gegen das amniokardiogene Gebiet. Zwischen Stadium 6 und 9 verschwindet die hintere Hälfte des Primitivstreifens, so daß die Rumpfschwanzknospe aus seiner vorderen Hälfte entsteht. Die Lateralplatten sind vermutlich ausgebildet, bevor die gesamte Chorda und Somiten ihren Ort erreicht haben. Der zweiblättrige *Vogel*embryo ist der *Amphibien*-Blastula vergleichbar, da der embryonale Endoblast noch nicht invaginiert ist. Die Primordia sind bei *Vögeln* ähnlich angeordnet, aber auf einen kleineren Bereich zusammengedrängt. Die Anlagen entstehen bei beiden Klassen in gleicher Reihenfolge: 1. Vorderarm und prächordale Platte werden vor der Chorda gebildet; 2. Chorda-Zellen verbleiben im rückschreitenden Knoten, bei *Amphibien* während der Gastrulation in der dorsalen Urmundlippe; 3. die vorderen Ursegmente werden vor den hinteren invaginiert. Ein wesentlicher Unterschied, wie bei allen *Amnioten,* liegt darin, daß ein großer Teil des Mesoblasts zur Ausbildung der extraembryonalen Membranen herangezogen wird.

Die in der Literatur mitgeteilten Anlagepläne der präsumptiven Organbezirke weichen, besonders im Hinblick auf das prospektive *Mesoderm,* voneinander ab. Die von Gräper (1929) als

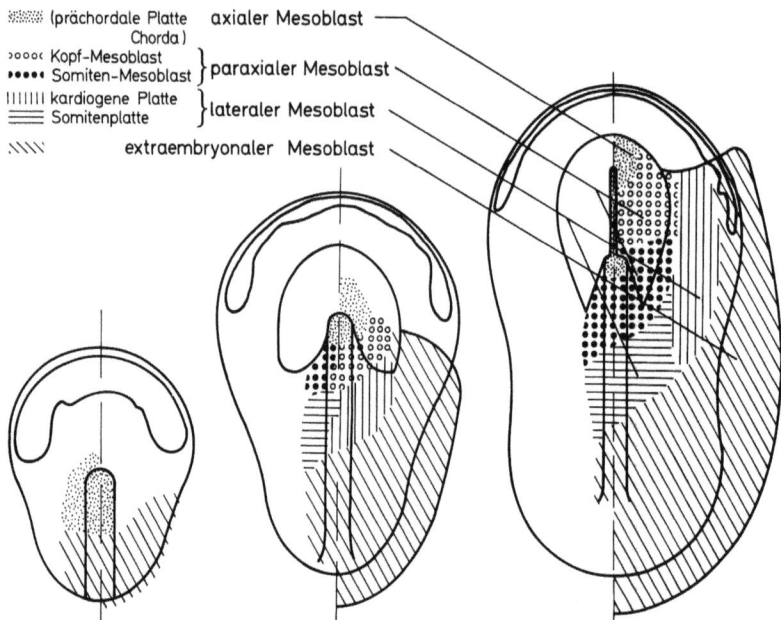

**Abb. 7.** Anlageplan der Hühnerkeimscheibe im Stadium 3, 4 und 5. Angabe der verschiedenen Mesenchymbereiche durch entsprechende Zeichen der Legende (veränderte Umzeichnung nach NICOLET, 1971)

Somitenmesoderm bezeichneten Gebiete werden von WETZEL (1929) als indifferentes Material angesehen. PASTEELS (1937) zieht eine scharfe Grenze zwischen präsumptiver Neuralanlage und Mesoderm. RUDNICK (1948), z.T. gestützt auf Untersuchungen von SPRATT (1946), gibt an, daß die präsumptiven Gebiete von Chorda und Mesoderm zunächst ziemlich weit lateral von dem Ort auftreten, den sie später einnehmen. Es findet eine Konvergenzbewegung des Mesoderms statt. Nach KOPSCH (1934) dagegen entsteht der Primitivstreifen in situ. Aus den ersten 0,4 mm des 2 mm langen Primitivstreifens stammen die ersten 6 Ursegmente, die nächsten 6 aus den folgenden 0,15 mm und das 13.–29. Ursegment aus den verbleibenden 0,45 mm. Die von WADDINGTON (1952) angegebenen Anlagepläne in verschiedenen Stadien haben eine gewisse Ähnlichkeit mit jenen von GRÄPER (1929).

## 2.1.2. Die Extremitäten

Die Extremitätenentwicklung haben u.a. BALINSKY (1931), NEEDHAM (1950), NICHOLAS (1955), ZWILLING (1961) und FABER (1971) geschildert. Bei den *Anuren* (TSCHERNOFF, 1907; DÜRKEN, 1912; HAMBURGER, 1925) erscheinen die *Extremitätenanlagen* als eine Mesenchymverdichtung zwischen Cölom und Epidermis. Die Beinknospe liegt in Höhe des 9. und 10. Spinalganglions, die sie später gemeinsam mit dem 8. versorgen. Die Vorknorpel- und Knorpelbildung setzt im Femur ein und schreitet in proximo-distaler Richtung fort (ROMEIS, 1911). Die Armknospe (*Bombinator pachypus*: BRAUS, 1909) tritt vor und ventral vor dem Vorderpol der Vorniere als Mesodermverdichtung auf. Zunächst erscheint die Vorknorpelanlage des Humerus, dann die des Vorderarms, Schultergürtels und der Hand. Bei den *Urodelen* wird die Armknospe vor der des Beins gebildet. Bei *Ambystoma* (HARRISON, 1915, 1918) ist die Armknospe eine Verdickung der Somatopleura lateral und ventral der Vorniere in Höhe des 3.–5. und des halben 6. Segmentes. Noch während der Ausbildung der Finger fehlen die Gelenke. Die Stellungsänderungen beruhen auf Wachstumsvorgängen (NICHOLAS, 1955).

An den Körperseiten der *Amphibien*-Neurula sind Territorien vorhanden, deren Material nur ein bestimmtes Glied bilden kann. Nach HARRISON (1917) ist die vordere Extremität der *Amphibien* ein *selbstdifferenzierendes* System. Die Extremitätenanlage stellt einen kreisförmigen Diskus mit ungleich großen Quadranten als Anlage der verschiedenen Teile dar (SWETT, 1923). Nach Entfernen des ursprünglichen Extremitätenmaterials wächst das umgebende Mesoderm ein, das normalerweise eine geringe Potenz zur Extremitätenbildung besitzt (HARRISON, 1917, 1918). Die Extremität bildet sich durch schnelle Vermehrung der Zellen der Extremitätenscheibe, nicht durch Einwanderung von Gewebe aus der Nachbarschaft. Damit zeichnet sich die Extremitätenregion durch eine hohe Zahl von Mitosen aus. Das Extremitätenmaterial ist ein äquipotentielles System (DRIESCH, 1905), wobei jeder Teil das Ganze bilden kann (HARRISON, 1918, 1921; SCHWIND, 1931).

In den Extremitätenanlagen läßt sich sehr früh eine *Polarität* nachweisen (HARRISON, 1921, 1925a; DETWILER, 1933). GRÄPER (1927) hat folgende Stufenfolge der Determination aufgestellt:

1. Blastemgruppen-Determination (?); ein Zustand, der sowohl vordere als auch hintere Extremität möglich macht,
2. Blastem-Determination zur vorderen und hinteren Extremität,
3. Einachsen-(vorn-hinten) Determination,
4. Zweiachsen-(Querschnitts) Determination,
5. Dreiachsen-(Polaritäts) Determination.

Die Anlage der Extremitäten bei *Tetrapoden*, mit Ausnahme der *Amphibien*, stellt eine Längsleiste dar, die lateral durch Verdickung der Somatopleura das Ektoderm aufhebt. Diese sog. *Wolffsche Leiste* zeigt später eine vordere und hintere Anschwellung, während der mittlere Teil zurücktritt. SCHMIDT-EHRENBERGER (1942) bildet diese Anschwellung für einen Dasypus-Embryo von 6,8 mm zwischen dem 5. und 13. und vom 22. oder 23. Somiten hin ab. Die vordere Extremität entwickelt sich bei der Maus in Höhe des 7.–12. Ursegments (JURAND, 1965).

Die Anlage der vorderen Extremität tritt beim *Hühnchen* (PATTEN, 1951; HAMILTON, 1952) kurz vor der der Beine nach 50 Std Bebrütung auf (HAMBURGER, 1938). WOLFF (1936) konnte durch Schädigung mit Röntgenstrahlen nachweisen, daß die Flügelknospe im Stadium von 15 Somiten hinter der segmentierten Mesodermplatte, bei 20 Ursegmenten seitlich vom 18. liegt. Der Vorderrand der Beinanlage befindet sich lateral vom 26. Ursegment (MURRAY, 1928). SAUNDERS (1948) gibt die Anlage des Flügels bei Vorliegen von 30 Somiten, etwa 52–64 Std Bebrütung, als Verdickung der Körperwand zwischen dem 14. bzw. 15. und 20. Somiten an. Die Mesenchymproliferation ist von einem *Epithel* überdeckt, das eine innere kubische und eine äußere epitrichiale Lage aufweist. An der Stelle der späteren *Ektodermleiste* ist das Epithel zylindrisch, später mehrreihig. Nach 72 Std Bebrütung sind die Mesenchymzellen an der Spitze der dorsalen und ventralen Seite dicht gepackt und färben sich stärker mit Hämatoxylin, zentral dagegen locker geordnet und mit geringer Farbaffinität. In der ektodermalen Leiste lassen sich Zellgrenzen nicht erkennen; es liegen etwa 4–5 Kerne in radiärer Ordnung übereinander. Eine Basallamina ist vorhanden. Bei Vorliegen von 40–43 Somiten (70–72 Std Bebrütung) ist die apikale Ektodermleiste endgültig ausgebildet. Die Armknospe reicht bei Keimen von 43–44 Somiten ($3^1/_2$ Tage) vom 16.–20. Somiten. Der weniger basophile zentrale Teil der Knospe ist jetzt kompakt und von vielen Blutgefäßen durchdrungen.

Im 2. Somitenstadium (Bebrütung etwa 24 Std) haben Ektoderm und Mesoderm ihre endgültige Lage zueinander erhalten (CHAUBE, 1959). Im Stadium 7–8 (23–29 Std Bebrütung) liegt das Extremitätenmaterial in der hinteren Hälfte des Sinus und wandert in den Stadien 9–13 nach vorn, bzw. der Primitivknoten nach hinten. Die anterior-posteriore Ausdehnung zwischen Stadium 7 und 13

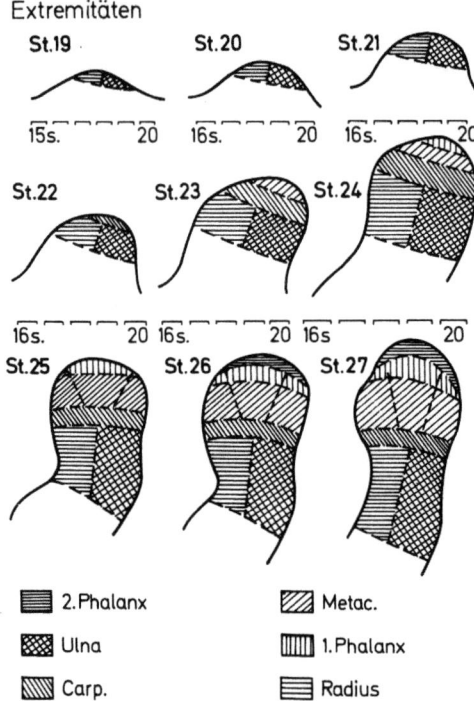

**Abb. 8.** Entwicklung der präsumptiven Anlagen in der Flügelknospe des Hühnchens im Stadium 19–27. Die Beziehung zu den Somiten 15–20 ist markiert (Umzeichnung nach AMPRINO und CAMOSSO, 1958a)

ist größer als die dorso-ventrale. Die von CHAUBE (1959) gefundene Lage in den Stadien mit 7–13 Somiten entspricht der Angabe von RUDNICK (1945a), die in den späteren mit 12–15 Somiten mehr der von WOLFF (1936) beschriebenen.

Die anterio-posteriore Achse der Extremität ist vor dem Stadium 11, d.h. etwa ab Stadium 8 (26–29 Std), festgelegt, aber noch nicht die dorso-ventrale, die wahrscheinlich der radio-ulnaren beim adulten Tier entspricht. Die dorso-ventrale Achse wird von der Umgebung beeinflußt (CHAUBE, 1959). Nach dem Stadium 11 (40–45 Std Bebrütung, 13 Somiten) ist die dorso-ventrale Achse ebenfalls bestimmt (vgl. HAMBURGER, 1938). Für die Achsenorientierung macht ZWILLING (1956a) das Mesoderm verantwortlich. SAUNDERS (1948) schloß aus Markierungsversuchen, daß die proximo-distale Ordnung durch das Ektoderm kontrolliert wird.

Die Flügelanlage hat die Fähigkeit der *Selbstdifferenzierung* (HAMBURGER, 1938, 1939; RUDNICK, 1945b). Für eine bestimmte Abfolge der fortschreitenden Determination der Extremitätenteile sprechen u.a. die phasenspezifischen Strahlenschäden (u.a. GOFF, 1962). BRADLEY (1970) hat die Selbstdifferenzierung von *Hühnchen*extremitäten auf der Chorio-Allantois sowie den Beginn der Knorpel- und Knochenbildung bei Fehlen der Innervation gezeigt. Die Flügelanlage besitzt eine *Mosaik*struktur (LILLIE, 1904; SPURLING, 1923; WARREN, 1934; SAUNDERS, 1947, 1948, 1950), so daß einzelne explantierte Anteile sich ihrer Herkunft gemäß entwickeln (MURRAY, 1926, 1928). Aus den Anlageplänen der präsumptiven Anteile der Flügelknospe (SAUNDERS, 1948, 1950; AMPRINO und CAMOSSO, 1958a; Abb. 8) und des Beins (HAMPÉ, 1959; Abb. 9) ergibt sich, daß an der Spitze

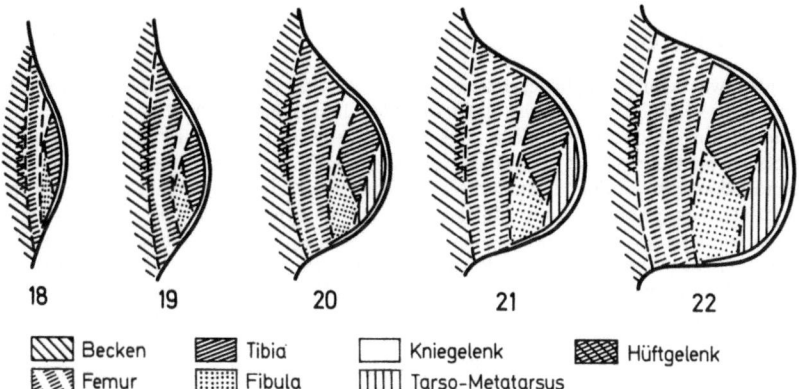

|  | Becken |  | Tibia |  | Kniegelenk |  | Hüftgelenk |
|---|---|---|---|---|---|---|---|
|  | Femur |  | Fibula |  | Tarso-Metatarsus |  |  |

**Abb. 9.** Präsumptive Anlagen in der Beinknospe des Hühnchens im Stadium 18-22 (Umzeichnung nach HAMPÉ, 1959)

der Knospe eine Region des apikalen Wachstums liegt, von der aus zunächst die proximalen und fortschreitend die distalen Teile mosaikartig gebildet werden. Die einzelnen Zellen sind in ihrer Potenz nicht starr fixiert. Die zukünftige Bedeutung der Zellen kann durch Veränderung der Lage zu den anderen Teilen geändert werden (SAUNDERS, 1947). Bei allen *Amnioten* läuft die Entwicklung der präsumptiven Extremitätenanteile in gleicher Form ab (SAUNDERS, 1948). Für das Vorliegen einer apiko-basalen Ordnung spricht ebenfalls das Bild der *Phokomelie,* die auch bei Vögeln auftritt (LANDAUER, 1927).

Die Ergebnisse der experimentellen Untersuchungen, vor allem an *Amphibien,* über die frühere Extremitätenentwicklung hat ZWILLING (1961) resümiert. Der Autor nimmt zu den Problemen der Beziehungen zwischen Epidermis und Mesenchym Stellung:

1. Zu Beginn der Entwicklung ist ein viel größeres Feld fähig, Extremitäten zu bilden, als in die Entwicklung tatsächlich einbezogen wird.

2. Die präsumptiven Extremitätengewebe sind relativ früh zur Extremitätenbildung determiniert. In der Zeitabfolge der Determination ergeben sich Unterschiede für die vordere und hintere Extremität. Weitgehend liegt die Fähigkeit zur Selbstdifferenzierung vor.

3. Zunächst werden die Charaktere der vorderen bzw. hinteren Extremität festgelegt, dann die der anterio-posterioren Achse, schließlich jene der dorsoventralen Achse (vgl. GRÄPER, 1927).

4. Anfangs besteht eine Äquipotenz der Teile in der Extremitätenanlage, d.h. ein Teil der Anlage kann unter bestimmten Umständen das Ganze bilden. Diese Äquipotenz der Teile dürfte, worauf ZWILLING (1961) allerdings nicht hinweist, bei der Entwicklung einer Reihe von Mißbildungen eine Rolle spielen.

5. Ein größerer Teil der Extremitäteneigenschaften ist an das Mesenchym gebunden, doch entwickelt sich das Mesenchym nur bei einer Bedeckung durch Ektoderm. In den Beziehungen zwischen Mesenchym und Epidermis ergeben sich, je nach Spezies und jeweiligem Entwicklungsstadium, erhebliche Differen-

zen. AMPRINO (1962/1963) spricht der Epidermis eine geringe Bedeutung im Verlauf der Extremitätenbildung zu.

Ähnlich wie bei der Amphibien-Extremität (SWETT, 1923; HARRISON, 1925a) zeigt die Flügelknospe ein *asymmetrisches Wachstum* (SEICHERT, 1966). In den Stadien 20–22 liegt die Wachstumsaktivität unter dem Ektoderm, besonders apikal und postaxial, wodurch es zu einer Verschiebung des Mesenchyms kommt. Fast die gesamte präaxiale Hälfte der Flügelknospe des Zeugopodiums und Autopodiums in Stadium 31 stammt von einem kleinen apikalen Mesenchymstreifen des Stadiums 20 ab. Von Stadium 23 an erfolgt das Wachstum symmetrisch. Das Übergewicht in der Wachstumsaktivität des postaxialen Mesenchyms im Stadium 20–22 bestätigt die Hypothese einer morphogenetischen Aktivität in dieser Region und entspricht der ungleichen Verteilung von alkalischer Phosphatase und Ribonukleinsäuren (MILAIRE, 1962a, 1963). Die apikalen, distalen Teile zeigen eine höhere Wachstumsaktivität als die basalen, proximalen, mit Ausnahme des Stadiums 20.

Etwas widersprechend, offensichtlich je nach Spezies verschieden, sind die Angaben, wieweit andere Mesenchymquellen am Aufbau des Extremitätenmesenchyms beteiligt sind. Von den *Ursegmenten* wird bei den *Amphibien* kein Material für die Muskulatur der Extremitätenknospe geliefert (BYRNES, 1898; LEWIS, 1910; DETWILER, 1918, 1929; vgl. dagegen FIELD, 1895). Nach AMANO (1960) spielt epibranchiales Somitengewebe eine Rolle. FINNEGAN (1963) führt die proximalen Teile auf die Somiten zurück. Nach CORNING (1900) und MILAIRE (1956, 1957) nehmen bei *Reptilien*, nach SAUNDERS (1948) bei *Hühnchen*, nach FISCHEL (1895) bei *Säugetieren* und *Vögeln*, sowie nach INGALLS (1907) und REITER (1944) beim *Menschen* die ventralen Teile der Dermomyotome an der Mesenchymbildung der Extremitäten teil. BARDEEN und LEWIS (1901), LEWIS (1901) und STREETER (1949) konnten beim *Menschen* keine Einwanderung von Ursegmentzellen beobachten. Beim *Maulwurf* scheinen, nach MILAIRE (1962a), Teile der Neuralleistenzellen, beladen mit alkalischer Phosphatase, in das Mesoderm der vorderen Extremität einzudringen.

Eine geringere Rolle spielte die Frage, ob innerhalb des Mesenchyms der Extremitätenknospe bereits eine Sonderung von *skelettogenen* und *myogenen* Teilen vorliegt. Ein größerer Teil der Autoren nahm wohl, wie STREETER (1949), an, diese Sonderung erfolge erst im Lauf der Entwicklung. Aufgrund deskriptiver Befunde wird eine Abkunft der Extremitätenmuskulatur von Myotomfortsätzen angenommen (u.a. HAMILTON et al., 1962; MILAIRE, 1956). Bei *Hühnchen*- und *Rinder*feten reicht das ventro-laterale, sich auflösende Ende des Dermatoms mit dem sekundären Myotom in die Basis der Extremitätenknospe hinein. Experimentelle Befunde sprechen gegen eine Abkunft der Muskulatur von den Somiten (BYRNES, 1898; LEWIS, 1901, 1910; DETWILER, 1934, 1955; SAUNDERS, 1948; AMPRINO und CAMOSSO, 1958a).

Gegenüber der früheren Auffassung, die Extremitätenknospe sei ein Mosaik von präsumptiven Regionen, wird heute mehr an ein sich *regulierendes* System gedacht. Nach ZWILLING (1961) besteht die frühe Knospe nur aus präsumptiven proximalen Anlagen und einem distalen Wachstumssystem. In der Longitudinalen sei die regulative Kapazität erheblich (AMPRINO und CAMOSSO, 1955a, b; HAMPÉ, 1959; KIENY, 1964). Die anterio-posteriore Achse entsteht im späteren Stadium unter der Kontrolle der *apikalen Ektodermleiste*. Ein weiterer polarisierender Faktor liegt im Mesoderm der Knospe an der hinteren Verbindung der Knospe mit der Körperwand.

Damit ergibt sich aber, daß die *Vogel*extremität, ähnlich wie die der *Amphibien* (GRÄPER, 1927), ein System fortschreitender Determinierung ist. Nicht nur in der Frühentwicklung (NICOLET, 1971) sondern auch später würden damit in beiden Klassen sehr ähnliche Abläufe zu registrieren sein.

Die *Regeneration* der Extremitäten soll ähnlich wie die Morphogenese ablaufen (FABER, 1971). Nach STOCUM (1968) und DE BOTH (1970) ist die regenerierende Extremität, wie die embryonale Knospe, im Hinblick auf die proximo-distale Organisation ein sich selbstorganisierendes System. DE BOTH (1970) zeigte, daß das amputierte distale Mesenchym eine ganze Extremität, und nicht nur distale Teile, bilden kann, wenn seine Masse nur groß genug ist (vgl. GOSS, 1969). Die morphogenetischen Probleme der Regeneration und Entwicklung sind im Hinblick auf eine Art *Ortsinformation* (WOLPERT, 1969) gleich (FABER, 1971), und zwar in der Geometrie des Mesenchym und in den topographischen Beziehungen zur apikalen Ektodermleiste.

Im Hinblick auf die Organogenese dürften wohl bei normaler Entwicklung und *Regeneration* ähnliche Faktoren wirken. Bei der *Histogenese* ergeben sich Differenzen, da die Ausgangsstrukturen (WEISS, 1926; KNESE, 1959a, 1960) in beiden Fällen verschieden sind, bei der normalen Entwicklung eine örtliche und determinierte Mesenchymquelle, bei der Regeneration ein „traumatisiertes" Gewebe unterschiedlichen Entwicklungs-(Differenzierungs-)zustands. Die Regeneration wird zu einem Gemisch *regulativer* und *determinierter* Entwicklung (NEEDHAM, 1950). Zur Regeneration gehören eine regressive und eine progressive Phase (THORNTON, 1968) bzw. ein Stimulus, eine Dedifferenzierung, Blastembildung, Differenzierung und Morphogenese (NICHOLAS, 1955; GOSS, 1961). Die Regeneration ist damit komplexer und grundsätzlich von der „normalen" Entwicklung verschieden. Sehr selten (HADHÁZY et al., 1968a) wird darauf hingewiesen, daß die Zellen bei einer Regeneration mit normalen Zellen in ihrer Struktur nicht vergleichbar sind; im Gegenteil wird es wohl häufig vorausgesetzt (z.B. REVEL und HAY, 1964).

Die Potenz zu einer Rekapitulation im Sinn der Regeneration ist nach Tierklasse und Organ verschieden. Als Regeneration bei *Säugetieren* und *Vögeln* sieht GOSS (1969) den Ersatz der epidermalen Gebilde, Haare, Nägel und Federn sowie die Geweihbildung an (vgl. NICHOLAS, 1955). Eine Art Regeneration ist die Neubildung des Meniscus nach Exstirpation (MANDL, 1929; FRIEDRICH, 1930; MÖLLER, 1930; STIEVE, 1939; vgl. KNESE, 1950c). Defekte werden bei diesen Klassen durch eine Wundheilung, am Knochen durch einen *Callus geschlossen. Auch die Verhältnisse bei der Callusbildung wurden zur Aufklärung „normaler" Entwicklungsvorgänge herangezogen. Im Prinzip sind hier ähnliche Phasen wie bei der Regeneration zu beobachten (vgl. u.a.* HAM, 1950, 1952; HAM und HARRIS, 1956, 1971; KROMPECHER und KERNER, 1967; MAATZ und HAASCH, 1970). Dabei ist allerdings zu berücksichtigen, daß die üblichen Stufen der Callusbildung (Bindegewebe, Knorpel oder Faser-Knochen) nicht bei einer sog. *stabilen Osteosynthese* auftreten. Der Frakturspalt wird direkt durch Lamellenknochen, evtl. von „regenerierenden Haversschen Systemen" ausgefüllt (SCHENK und WILLENEGGER, 1963, 1964, 1967).

Die Ergebnisse der experimentellen Entwicklungsmechanik lassen vermuten, daß die Fähigkeit zum *Defektschluß* bei vielen Klassen bereits in den Frühstadien der Keimbildung vorhanden ist. Dies scheint bei *Säugetieren* nicht der Fall zu sein, wie die Reaktionen von Keimen in utero auf Traumen zeigen. Intrauterine Operationen von Säugetieren nahmen WOLFF (1919), NICHOLAS (1925, 1926), BORS (1925), DEBRUNNER (1930), BARRON (1945), HESS (1954a, b, c, 1955a, b) und KNESE (1960) vor. Auf intrauterine Dekapitationen zum Zweck der Hypophysektomie und weitere Zerstörungen endokriner Organe sei hingewiesen (MAYER, 1915, 1918; WOLFF, 1919; TOBIN, 1939; JOST et al., 1946, 1947, 1948a, 1951; FOOTE und FOOTE, 1949; DOMM und LEROY, 1951, 1955; KITCHELL und WELLS, 1952; Zusammenfassungen: JOST, 1948b, 1954; WELLS, 1950; WILLIER, 1955; vgl. weiter WOERDEMAN, 1963). An *Meerschweinchen*feten, die zwischen dem 33. und 55. Tage der Tragzeit operiert wurden, findet HESS (1954b, 1955a, b) histologisch Heilungsvorgänge wie beim erwachsenen Tier. Bei *Goldhamster*feten, die zwischen dem 13.–15. Tage (Tragzeit 16 Tage) operiert wurden (Extremitätenamputationen und Rückenmarkläsionen) konnten grobe Störungen der Organo- oder Histogenese, mit Ausnahme der Muskulatur, nicht beobachtet werden; es ergab sich nur eine Retardierung der Histogenese (KNESE, 1960). Größere Gewebezerstörungen, Nekrosen, aber auch Regenerationsphänomene fehlen. Die Hautwunde wird durch einen Mesenchympfropf geschlossen, die knorpelige *Diaphyse* entwickelt sich im Anschluß an den Amputationsschnitt weiter (Abb. 10). Die Amputationsfläche wird von einer Art Perichondrium abgedeckt. An einer

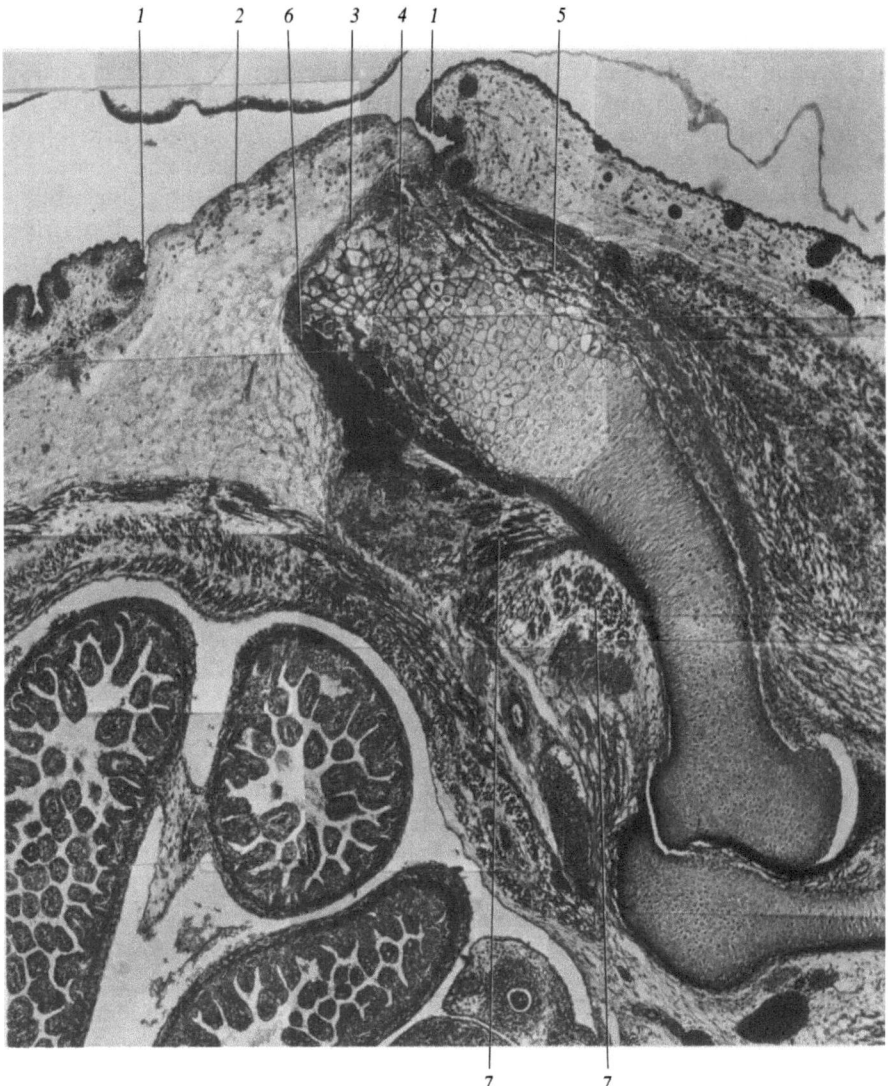

**Abb. 10.** Amputation des Femurs beim Goldhamster am 15. Tag, Femur längs geschnitten. *1)* Eingerollter Hautrand, *2)* Mesenchympfropf zum Hautverschluß, *3)* mesenchymale Abdeckung des Amputationsschnitts in der Art eines Periosts, *4)* hydropisierte Knorpelzellen, *5)* periostaler Knochen, *6)* Hämatom, *7)* Muskeldegenerationen. Azan, Obj. 10 (aus KNESE, 1960)

Tibia fand eine Bildung von Knochenbälkchen in der Form wie bei der Nagel-phalanx statt. Die periostale Osteogenese ist nur wenig gestört. Im Niveau der Wunde wird die Gelenkentwicklung fortgesetzt.

Die Operationstermine bei verschiedenen Spezies können nicht unmittelbar miteinander ver-glichen werden, da die einzelnen Phasen der Fetalzeit nicht absolut homologisierbar sind (z.B. OTIS und BRENT, 1954); u.a. ist der Reifezustand bei der Geburt (Nesthocker, Nestflüchter) verschieden. Die Operationen wurden von DEBRUNNER (1930) und HESS (1954a) zu einem relativ späten Termin der Schwangerschaft durchgeführt. Gewebe und Organe des Feten reagieren wie beim adulten Tier. Der Operationstermin lag bei KNESE (1960), bezogen auf den Entwicklungszustand, recht früh: Eine Wundheilung fehlt. Daraus schließt KNESE (1960), daß der Mechanismus des *Defektschlusses* erst in einer bestimmten Phase der Entwicklung des Säugetiers auftritt. Im vorliegenden Zusammenhang scheint von Bedeutung zu sein, daß die Wundheilung damit als ein Vorgang von eigener „prospektiver oder organogenetischer Bedeutung" anzusehen ist. Der Ablauf der Callus-Bildung verbietet also, diese Vorgänge als Modell für die Histogenese bei der (normalen) Entwicklung zu betrachten.

## 2.1.3. Sternum und Rippen

Im axialen Skelettbereich und in den Extremitäten läuft die Entwicklung der Zellen stetig ab. In manchen Regionen bleibt ein Zwischenstadium längere Zeit unverändert erhalten; die „Differenzierung" der Skeletteile setzt erst später ein. Dies gilt u.a. für die lateroventrale Rumpfwand, die Bildung von Rippen und Sternum. Die laterale Rumpfwand ist nach der Abfaltung und Bildung der Körperform aus einem lockeren Mesenchym aufgebaut. Die Zellen der Körperseitenwand stellen ihre Teilungen ein (SEARLS und JANNERS, 1971), lange bevor sie irgendwelche Zeichen der Differenzierung erkennen lassen. Über die Herkunft der Rippen liegen bis heute noch sehr widersprüchliche Aussagen vor, die gesonderte Entwicklung des Sternums ist nachgewiesen.

Aus den Somiten sollen nur die Rippen und die Muskulatur des dorsalen Drittels der Körperwand gebildet werden, aus den Seitenplatten die ventrale Hälfte der Rippe, das dazwischen gelegene Sechstel von beiden (STRAUSS und RAWLES, 1953). Nach DETWILER (1955) entstehen die Bauchmuskeln bei *Ambystoma punctatum* aus den Seitenplatten, ebenso bei *Rana pipiens* (LIEDKE, 1958). Die Befunde an Schnittserien von *Menschen* ließen THEILER (1957) schließen, daß die interkostale und abdominale Muskulatur auf die Bauchfortsätze der Somiten zurückgeht. SENO (1961) meint, daß die Somiten die gesamten Rippen-, Interkostal- und Bauchmuskeln bilden; Sternum und M. pectoralis major gehen aus den Seitenplatten hervor. SWEENEY und WATTERSON (1969), die Tantal-Plättchen bei *Hühnchen* eingesetzt haben, kommen zu folgenden Schlüssen: 1. Die originale Somatopleura nimmt nicht an der Bildung der vertebralen Rippenkomponenten teil; 2. sie spielt eine gewisse Rolle bei der Bildung der (3.–7.) sternalen Rippenkomponente, liefert wohl aber keine Chondroblasten und 3. der distale Anteil der Somatopleura trägt nicht zur Rippenbildung bei (vgl. ZWILLING, 1955; KIENY, 1960). Beim *Hühnchen* soll nach PINOT (1969) das gesamte Rippen- und intercostale Material sowie die Bauchmuskulatur vom Somiten-Mesenchym abstammen, nur Sternum und M. pectoralis von den Seitenplatten. Es liegt im übrigen eine erhebliche Potenz der dorso-lateralen Wachstumsbewegungen vor (FELL, 1939; DETWILER, 1955; KIENY, 1960; MURILLO-FERROL, 1963; PINOT, 1969). So bemerken SEARLS und JANNERS (1971), daß wir nicht wissen, ob die Zellen der Seitenplatten sich überhaupt differenzieren und was aus ihnen wird, falls sie es tun sollten.

Die Blasteme von *Wirbelkörper, Wirbelbogen* und dorsalem Anteil der *Rippen* stehen ursprünglich miteinander in Verbindung (Abb. 21 c). Alle drei erweisen sich als eigene Skelettbildungszentren. Beim Übergang zum Vorknorpel entsteht eine Zwischenschicht als Anlage der Verbindung Rippe-Wirbelkörper und Zwischenwirbelscheibe (Abb. 11). In dieser Schicht zeichnen sich die Begrenzung der Zwischenwirbelscheibe und die zukünftige Gelenkkapsel mit Übergang in das Perichondrium der Rippe durch eine differente Ordnung der Zellen ab. Der histogenetische Zustand, d.h. der Charakter des Vorknorpels, ist im Wirbelkörper und dorsalem Rippenteil gleich. Die ventralen Teile der Rippe zeigen zunächst mehr den Zustand eines „Zellknorpels". Demzufolge scheint, ähnlich

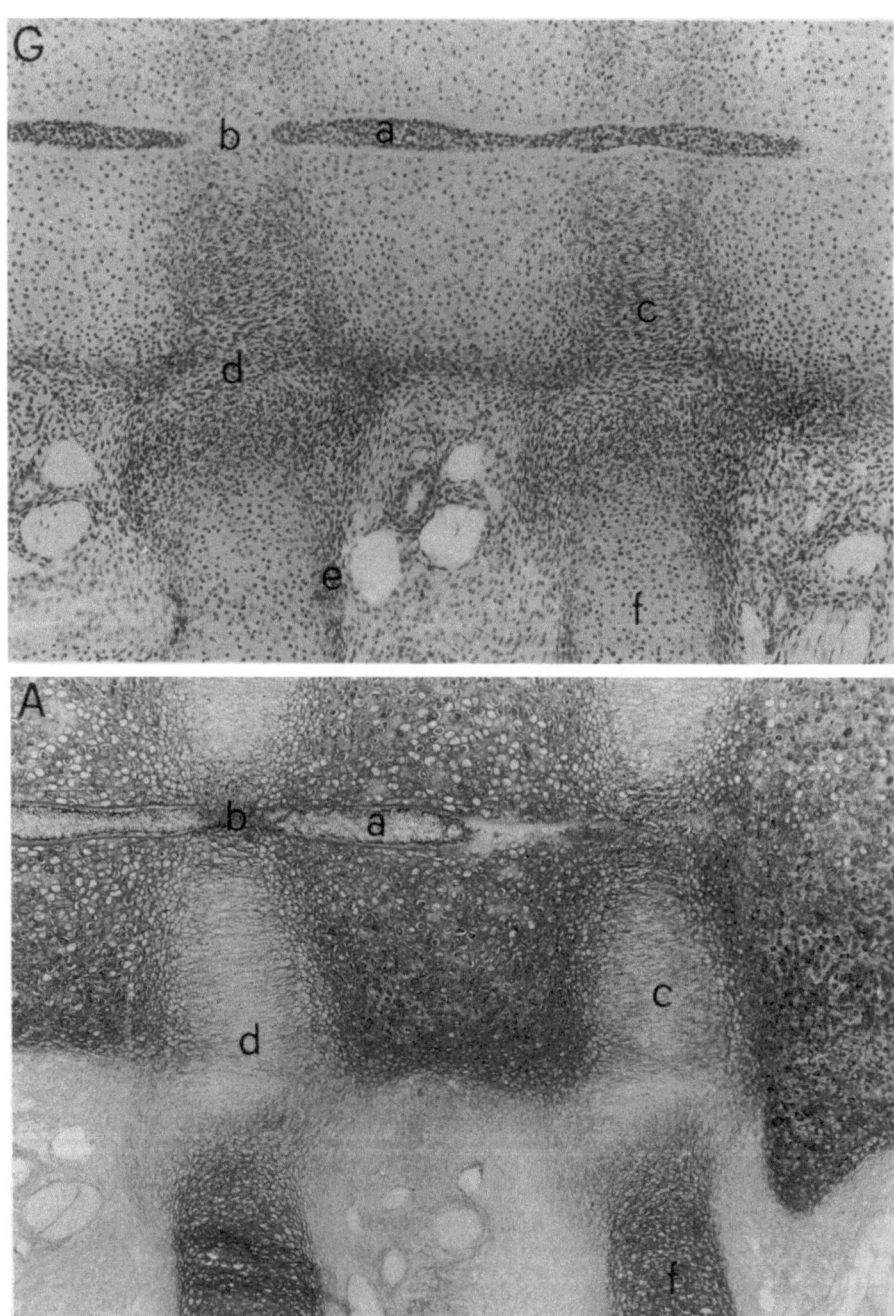

**Abb. 11.** Rinderfet 29 mm SSL, Wirbelrippenverbindung. *a)* Chorda, *b)* Anlage Nucleus pulposus, *c)* Anlage Anulus fibrosus, *d)* Wirbel-Rippenverbindung, *e)* Anlage Perichondrium, *f)* Rippe. Fixierung Formalin-Alkohol-Eisessig + Lilie, *G:* Gallocyanin, *A:* Alcianblau pH 2,1  - PAS, Obj. 10

wie beim Wirbelbogen, eine von dorsal nach ventral zu wandernde Transformation in Knorpel stattzufinden.

Die Entstehung des *Sternums* wurde lange Zeit auf eine Verschmelzung der Rippen in der Medianen zurückgeführt (vgl. ROMANOFF, 1960). Eine gesonderte Entstehung nehmen BRUCH (1852), PATTERSON (1907) und GLADSTONE und WAKELEY (1932) an. FELL (1939) und CHEN (1952) lieferten hierfür die experimentelle Bestätigung. Bei *Melopsittacus medullatus* entwickelt sich aus einer bilateralen mesenchymalen Anlage vom 6.–7. Tag der Bebrütung im Explantat, bei Abwesenheit von Rippen und Coracoid, ein Sternum (FELL, 1939). Die beiden Teile verschmelzen zunächst vorn am 8. Tage; zwischen dem 9. und 10. Tage liegt ein Vorknorpel vor. Nach HOMMES (1924) beginnt die Vereinigung bei *Hühnchen* und *Ente* am 9. Tage. In der lateralen Körperwand von 10–11 Tage alten *Mäuse*embryonen entwickeln sich nach CHEN (1952) innerhalb von 6–7 Kulturtagen Mesenchymverdickungen, die sich aufeinander zu bewegen. Sie verschmelzen zuerst am kranialen Ende und bilden das Sternum bei Fehlen von Rippen. Werden die Anlagen gedreht, so findet ein Wachstum nach lateral zu statt. Die Gliederung des Sternums ist auf die Verbindung mit den Rippen zurückzuführen. Während der Chondrogenese des Sternums sind die beiden knorpeltypischen Enzyme UDPG-4-Epimerase und UDPG-Dehydrogenase vorhanden (MARZULLO und DESIDERIO, 1972).

### 2.1.4. Das Ektomesenchym

Das sog. Ektomesenchym fungiert als Quelle eines erheblichen Anteils sowohl des *chondralen* wie *desmalen Schädels*. Dieses Mesenchym war nicht nur für die Diskussion der Keimblattlehre von besonderer Bedeutung, sondern auch für die Frage der Spezifität der Skelettmesenchyme. Das Ektomesenchym stammt von der *Neuralleiste* und den *Plakoden* ab, d.h. ektodermalen Verdickungen des Kopfbereichs.

Die Mesenchymquelle wurden zuerst bei *Selachiern* und *Vögeln* beschrieben (MARSHALL, 1878; VAN WIJHE, 1883; KASTSCHENKO, 1888; GORONOWITSCH, 1893a; PLATT, 1893, 1894, 1898). Die Bezeichnung *Ganglienleiste* geht auf SAGEMEHL (1882), *Neuralleiste,* „neural ridge", auf MARSHALL (1878), die Bezeichnung *Plakoden* auf KUPFFER (1894) zurück. Literaturübersichten geben STARCK (1937), HARRISON (1938), HÖRSTADIUS (1950), MANGOLD (1957), SCHARF (1958), WESTON (1970), über die Plakoden ARIENS-KAPPERS (1941) und ORTMANN (1943), über *Pigmentzellen* RAWLES (1955), WILDE (1961) und COHEN (1966). Die Neuralleiste wurde von HIS (1868, 1879) beim *Hühnchen* und von BALFOUR (1877, 1878) bei *Selachiern* beobachtet. Sie ist bei noch offener Neuralplatte vorhanden (BRACHET, 1908; *Rana:* RAVEN, 1931; BAKER und GRAVES, 1939; *Ambystoma:* HOLMDAHL, 1928; WAGNER, 1949: *Hühnchen*). Die verschiedenen Abschnitte der Neuralleiste bei *menschlichen* Embryonen beschrieben DAVIS (1923), CORNER (1929) und HEUSER (1930). BARTELMEZ (1922) sowie BARTELMEZ und BLOUNT (1954) geben für *Macacus, Cebus* und *Mikrocebus* die Abkunft von Neuralleistenzellen aus dem Augenbläschen an (vgl. BARTELMEZ, 1960). Diese Befunde stimmen mit älteren Angaben von CHIARUGI (1894) und DA COSTA (1920, 1931) beim *Meerschweinchen* und bei anderen Vertebraten überein.

Die Abgrenzung der Neuralleiste gegen die Umgebung bereitet Schwierigkeiten. Ihr Erscheinungsbild ist bei den einzelnen Spezies ungleichartig, da zeitliche Unterschiede in ihrem Auftreten gegenüber dem Verschluß des Neuralrohrs bestehen (ARIENS-KAPPERS, 1941). Im Facialisabschnitt beim *Menschen* (BARTELMEZ, 1922) und in der Mesencephalonregion mancher Säugetiere (HOLMDAHL, 1928) beginnt die Auswanderung der Zellen bei noch offener Neuralplatte, im allgemeinen jedoch erst bei der Trennung des Neuralrohrs von der Epidermis (HOLMDAHL, 1928). Beim *Hühnchen* geht die epitheliale Ordnung der Zellen verloren, eine hohe mitotische Aktivität erscheint (DI VIRGILIO et al., 1967). Mit Toluidinblau ergibt sich eine geringere Zytoplasmafärbung. Über die Zellen legt sich dann die Epidermis in einfacher Lage. Die Neuralleiste bildet eine Pyramide mit Spitze zum Neuralrohr und Basis zur Epidermis.

Die Neuralleiste wird z.T. als Bildung des Oberflächenektoderms (VEIT, 1924; NIESSING, 1932), z.T. als Abschnitt des Neuralrohrs angesehen (SOBOTTA, 1935). Sie ist bereits vor Schluß der Medullarrinne erkennbar (ADELMANN, 1932) und wurde von VOGT (1929) im Anlageplan des Blastulastadiums zwischen dem Gebiet der Neuralplatte und der Epidermis lokalisiert (vgl. PASTEELS, 1936; HARRISON, 1938). Manche Befunde sprechen dafür, daß nach Entfernung der Neuralleiste ein regulativer Ersatz durch die Neuralplatte bzw. das Ektoderm erfolgen kann (TWITTY, 1949; NIU, 1954; CHIBON, 1966). Auch innerhalb der Neuralleiste ist eine beträchtliche Regulationsfähigkeit vorhanden (TWITTY, 1949; LEHMANN und YOUNGS, 1952; BODENSTEIN, 1952; CHIBON, 1966, 1967; WESTON und BUTLER, 1966). Die Entwicklung der Neuralleiste erfolgt unter dem induktiven Einfluß des Chorda-Mesoderms (RAVEN und KLOOS, 1945; NIEUWKOOP, 1952). Die Abkömmlinge der Neuralleiste werden durch mediale wie laterale Teile des Urdarmdaches induziert, das Nervengewebe aber wohl nur durch die medialen (RAVEN und KLOOS, 1945). Bei Bildung der Neuralfalten ist die Induktion der Neuralleiste vollzogen (HARRISON, 1925a; RAVEN, 1931; HÖRSTADIUS und SELLMAN, 1946; NIU, 1947; HÖRSTADIUS, 1950). Die Bildung des *Visceral-Skeletts* erfordert eine Aktivierung durch das Pharynxentoderm, unter experimentellen Bedingungen durch die Chorda bzw. die Darmwand des Rumpfs (HÖRSTADIUS und SELLMAN, 1946).

Die Neuralleiste ist die Quelle von Zellen sehr unterschiedlicher Gewebeformen. Sie stellt ein relativ spät, während der Neurulation, auftretendes Gebilde dar, dessen Zellen — allerdings mit besonderer Kompetenz versehen — offensichtlich erst nach der Auswanderung zu einer Entwicklung in recht divergenten Richtungen determiniert werden.

Die *Ganglien* des Kopfes stammen sowohl von der Neuralleiste als auch von Plakoden und von Zellen des ventrolateralen und lateralen Teils des Neuralrohrs ab (HARRISON, 1904; STONE, 1922; MANGOLD, 1928; HÖRSTADIUS, 1950; über *vegetative* Ganglien vgl. STRUDEL, 1953; *intramurale* Ganglien ANDREW, 1969, 1971; *ultimobranchiale* C-Zellen PEARSE und POLAK, 1971). Die *Leptomeninx* wird überwiegend vom Ektomesenchym, die *Pachymeninx* vom Endomesenchym gebildet (HARVEY und BURR, 1926; HARVEY et al., 1933; RAVEN, 1936; vgl. HARRISON, 1938).

Der Beitrag der Neuralleiste zum *Schädelskelett* konnte bei *Amphibien* (RAVEN, 1933; WAGNER, 1949; HÖRSTADIUS, 1950; TOERIEN, 1963; CHIBON, 1966, 1967), *Neunauge* (NEWTH, 1956), *Teleostiern* (LOPASHOV, 1944) und *Vögeln* (HAMMOND und YNTEMA, 1953; YNTEMA und HAMMOND, 1954; JOHNSTON, 1966) nachgewiesen werden. Damit wird die Angabe, *Osteoblasten* stammten auch vom Ektoderm ab, bestätigt (PLATT, 1893; GORONOWITSCH, 1893a, b; KLAATSCH, 1894a, b, 1895; GEGENBAUR, 1901; VON SZILY, 1907a, b, 1908; GEGENBAUR-FÜRBRINGER, 1909; GEDDES, 1913; HALLER, 1914). Die *Odontoblasten* sind ebenfalls auf die kraniale Neuralleiste zurückzuführen (HOLTFRETER, 1935; HÖRSTADIUS und SELLMAN, 1946; DE BEER, 1947; HÖRSTADIUS, 1950; AVERY, 1954; WAGNER, 1955; KOCH, 1965; CHIBON, 1966; GAUNT und MILES, 1967).

Die Zellen der *Rumpfneuralleiste* bilden keinen Knorpel (*Ambystoma:* RAVEN, 1931, 1936; DETWILER und VAN DYKE, 1934; DETWILER, 1937); sie unterscheiden sich von der des Kopfes durch Mangel an chondrogener Potenz. Bei Ersatz der Schädelleiste durch die Rumpfleiste fehlen die Skelettelemente (HÖRSTADIUS und SELLMAN, 1946; HÖRSTADIUS, 1950; CHIBON, 1966). Offensichtlich verhindert ihre Gegenwart eine Regulation (WESTON, 1970).

Ein Teil der Neuralleisten-Zellen wandert sehr früh aus, bevor eine Abgrenzung der Leiste vorliegt (WESTON, 1963; CHIBON, 1966; JOHNSTON, 1966). Sie wandern vermutlich als Einzelindividuen, aber häufig in einer Gemeinschaft, die als kontinuierlicher Strom erscheint (Abb. 13; DETWI-LER, 1937; JOHNSTON, 1965). Die *Auswanderung* von Zellen setzt kranial im Mittelhirn ein, kurz danach im Vorderhirn und schließlich in den hinteren Regionen (HOLMDAHL, 1928; DETWILER, 1937). WESTON (1963) beschreibt beim Hühnchen zwei Ströme von Zellen, einen dorsolateral zum Oberflächenektoderm gerichteten und einen nach ventral in das Mesenchym zwischen Neuralrohr und Myotom ziehenden. HÖRSTADIUS und SELLMAN (1946) haben die Auswanderung der Ektomesen-chymzellen im Hinblick auf die Frage untersucht, woher die Zellen ihren Weg „wissen", bzw. ob sie durch andere Gewebe „gerufen" und „geführt" werden. Nach Transplantation vitalmarkierten Materials an die Ventralseite ergab sich, daß die Zellen nunmehr in einer dem normalen Wege entgegengesetzten Richtung nach dorsal wandern und ein regelrechtes Visceralskelett bilden. Den Auswanderungsmechanismus hat WESTON (1963) für die Rumpfneuralleiste näher untersucht, indem er Neuralrohr von Tritium-Thymidin markierten *Hühnchen* auf nicht markierte Wirte übertrug und das Schicksal der Rumpfneuralleiste verfolgte. Die Auswanderung von Zellen wird durch Zellansammlungen, wie Somitenmesenchym und Ektoderm, erhöht, jedoch nicht durch Oberflächen (Neuralrohr) gerichtet. Die Richtung der Auswanderung scheint von der Umgebung unabhängig zu sein. Damit könnten drei Faktoren die Auswanderung beeinflussen, zunächst (1.) eine Kontaktlei-tung, eine „contact guidance" (WEISS, 1958) durch den dorsalen Teil des Neuralrohrs, und zwar tangential dazu, (2.) weiterhin die Richtung der Zellbewegung und (3.) eine allgemeine Abgrenzung in einer orientierten Zellumgebung. TWITTY und NIU (1948), KOECKE (1960) und WESTON (1963) berichten von der Tendenz der Leistenzellen, von ihrer Quelle fortzuwandern.

Das Schicksal der aus dem Ektoderm auswandernden Zellen war z.T. schwer zu bestimmen, da sie vielfach nicht von der Umgebung zu unterscheiden sind (HÖRSTADIUS, 1950). LANDACRE (1921) konnte jedoch die Abkunft der ventralen Teile des Schädels von der Neuralleiste bei *Ambystoma* morphologisch feststellen. Von den knorpeligen *Trabecula cranii* ist der vordere Teil, ferner sind die *Visce-ralbögen*, mit Ausnahme des Basibranchiale 2, auf das Ektomesenchym zurück-zuführen (s.a. STONE, 1922, 1929; RAVEN, 1931; DE BEER, 1947). Demzufolge würden die *Parachordalia*, die *Basalplatte,* der hintere Anteil der Trabekel und die *Ohrkapsel* vom *Endomesenchym* abzuleiten sein. Die Grenze zwischen Ekto- und Endomesenchym in den Trabekeln liegt etwa am Durchtritt des 2. und 3. Hirnnerven (vgl. ORTMANN, 1943).

Die morphologischen Beobachtungen über das Verhalten des Ektomesenchyms wurden durch Defektexperimente (STONE, 1922, 1926, 1929; RAVEN, 1931; ICHIKAWA, 1937; HARRISON, 1938) bzw. durch heteroplastische Transplantationen (HARRISON, 1935, 1938) bestätigt. HÖRSTADIUS und SELLMAN (1946) haben mit wechselweiser Farbmarkierung (Neutralrot, Nilblausulfat) junger Neuru-lae von *Ambystoma* die Anlage der einzelnen Teile des Ektomesenchyms im Neuralwulst lokalisieren können. Wie für den Rumpf bekannt (vgl. HARRISON, 1938; nach RAVEN, 1931: 45% der Zellen), können am Kopf Zellen des Ektomesenchyms zur anderen Körperseite wandern; ihre Zahl ist mit 10-25% etwas geringer als beim Rumpf. Damit kann, nach Entfernen des Ektomesenchyms einer Seite, ein vollständiges Visceralcranium gebildet werden, während bei beiderseitiger Entfernung kein Visceralcranium entsteht, das Neurocranium aber normal erscheint. Durch Setzen von Defekten, Rotationsexperimenten usw., ließ sich zeigen, daß das Material der einzelnen Bögen *qualitative* Diffe-renzen aufweist. Das Ektomesenchym der Trabekel kann z.B. keine Kiemenbögen bilden. CHIBON (1966, 1967) hat eine Winkeleinteilung von einem Zentrum inmitten der Hirnplatte bei *Pleurodeles* vorgenommen, kommt aber im übrigen zu den gleichen Ergebnissen wie HÖRSTADIUS und SELLMAN (1946). Die Autoren unterscheiden 5 oder 6 qualitativ unterschiedliche Zonen der Neuralleiste: 1. Zone 1-2 bilden überwiegend Hirngewebe, das Ektomesenchym hat keine knorpelbildenden Poten-zen; 2. in der Zone 3 liegt das *trabekel*bildende Material, das an der Bildung von Visceralbögen nicht teilnehmen kann; 3. die Zone 4, vielleicht auch angrenzende Teile der Zone 3, stellen das Ektomesenchym des *Mandibulare* dar, das weder Trabekel noch Visceralbögen bilden kann und nicht zu einer Verschmelzung mit dem Basibranchiale fähig ist; in der Zone 3 und 4 liegt nach SELLMAN (1946) das Material für die *Zahn*bildung (vgl. über Zähne HÖRSTADIUS, 1950). 4. Das Material des *Hyoids* und der Kiemenbögen mit der Kapazität zur Verschmelzung mit dem Basibranchiale entstammt den Zonen 5-8. 5. Mit der Zone 8 beginnt die *Rumpfneuralleiste*, aus der sich Spinalganglien, vegetative Ganglien usw. bilden, die aber keine chondrogene Potenz mehr besitzt.

Nach JOHNSTON (1966) verhalten sich, aufgrund von Transplantations-Untersuchungen nach Markierung mit Tritium-Thymidin, die Zellen der Kopfneuralleiste des *Hühnchens* ähnlich wie bei den *Amphibien*. Das Ektomesenchym umgibt den größeren Teil des Auges, mit Ausnahme eines schmalen Streifens unterhalb, medial und hinter der Augenperipherie; hier befindet sich mesodermales Mesenchym in Verbindung mit jenem unterhalb des Gehirns.

Die Neuralleiste leistet auch einen Beitrag zum *desmalen* Schädelskelett. RAVEN (1931) fand bei seinen Übertragungen von Rumpfneuralleiste Defekte im Vomer, Pterygopalatinum und Spleniale. SELLMAN (1946) erhielt bei Verpflanzung von Neuralleiste und Mundentoderm in den Rumpf auch Knochen. Er nimmt deswegen an, daß der desmale Knochen der Kiefer vom Ektomesenchym abstammt. ANDRES (1946), DE BEER (1947) und WAGNER (1949) haben das Spleniale auf das Ektomesenchym zurückgeführt, WAGNER (1949, 1959) das Dentale, Spleniale, Prämaxillare, Vomer, Palatinum, Zahnpapillen und Dentin. MANGOLD (1961) weist auf den gestaltenden Einfluß des Gehirns für die Bildung der Knorpel hin. So muß man heute annehmen, daß die desmalen Knochen auf das Ektomesenchym zurückgehen (RAVEN, 1931; DE BEER, 1947; WAGNER, 1949, 1959; SCHOWING, 1968). Ein entsprechender Nachweis mit Hilfe von Isotopen ist wegen des Verdünnungseffekts durch wiederholte Zellteilungen nicht möglich (WESTON, 1970). Demzufolge bildet das *Endomesenchym* im Kopf, neben der Kiemenmuskulatur, die Chorda, die hinteren Trabekelteile und das Basibranchiale. Die prächordale Platte löst sich in Mesenchym auf und bildet u.a. den endomesenchymalen Kern des Mandibularbogens (ADELMANN, 1932; MANGOLD, 1957). Die Chondrozyten der Ohrkapsel von *Ambystoma* stammen nach TOERIEN (1963) aus drei Quellen, der Neuralleiste, vor allem aber der Ohrplakode und dem umgebenden Ektoderm sowie dem kranialen Mesentoderm (vgl. weiter YNTEMA, 1955).

Zur Frage, ob die knorpelbildenden Zellen der Kopfneuralleiste in einer *Selbstdifferenzierung* oder unter Einfluß der Umgebung Knorpel bilden, liegen ebenfalls Experimente vor (HARRISON, 1925 b; STONE, 1926, 1929; RAVEN, 1933, 1935; ICHIKAWA, 1937; HÖRSTADIUS und SELLMAN, 1946). Demnach muß die chondrogene Potenz der Neuralleistenzellen *aktiviert* werden, z.B. durch *Pharynxentoderm*. HÖRSTADIUS und SELLMAN (1946) meinen, Chorda und Darm könnten die Knorpelbildung veranlassen. Der Mandibularbogen kann sich indessen ohne Entoderm differenzieren (MANGOLD, 1936, 1950). BALINSKY (1948) behauptet, eine unabhängige Entwicklung für das Quadratum, das Mandibulare hänge dagegen vom Entoderm der Mundeinstülpung ab. Die Ausbildung des 1. Visceralbogens wird von der sich im Mesenchym auflösenden prächordalen Platte bestimmt (MANGOLD, 1957). MANGOLD (1961) sieht daher die prächordale Platte als Induktor des ersten Visceralbogens, des Mandibulare und Palatoquadratum an. FELL und ROBINSON (1930) zeigten, daß in Explantaten der Mandibula von $5^1/_2$-6 Tage alten *Hühnchen* eine Knorpel- und Knochenbildung stattfindet. JACOBSON und FELL (1940/1941) sprechen von einem gesonderten Ursprung der myogenen, chondrogenen und osteogenen Zellen. Die chondrogenen Zellen seien am 3., die osteogenen am 4. Tage determiniert.

Für einen Teil der Zellen, z.B. des Schädelknorpels (HÖRSTADIUS und SELLMAN, 1946; HÖRSTADIUS, 1950), ist also ein induktiver Einfluß anderen Gewebes zur Ausprägung des Phänotypus erforderlich. Andere Zellen entwickeln sich auch in vitro bzw. nach Transplantation in ihrer spezifischen Form (DORRIS, 1938, 1941; NIU, 1947; SENO und NIEUWKOOP, 1958; WILDE, 1961). Bei *Amphibien* erfolgt die Skelettdifferenzierung aus der Schädel-Neuralleiste nur in Gegenwart von pharyngealem Entoderm (HÖRSTADIUS und SELLMAN, 1946; SELLMAN, 1946; HÖRSTADIUS, 1950; NEWTH, 1954; OKADA, 1955; SENO und NIEUWKOOP, 1958; PETRICONI, 1964; HOLTFRETER, 1968; SCHOWING, 1968). Die kraniale Leiste hat offensichtlich eine entsprechende Kompetenz, die der

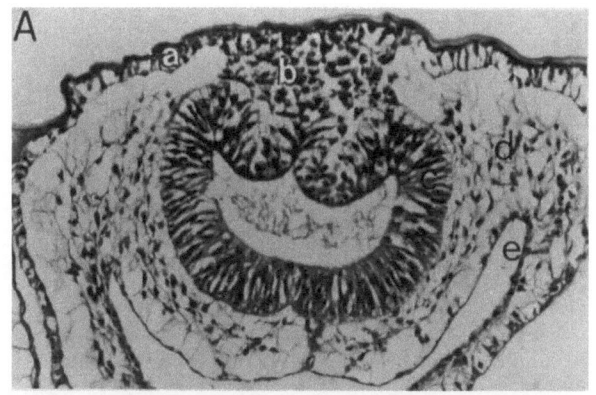

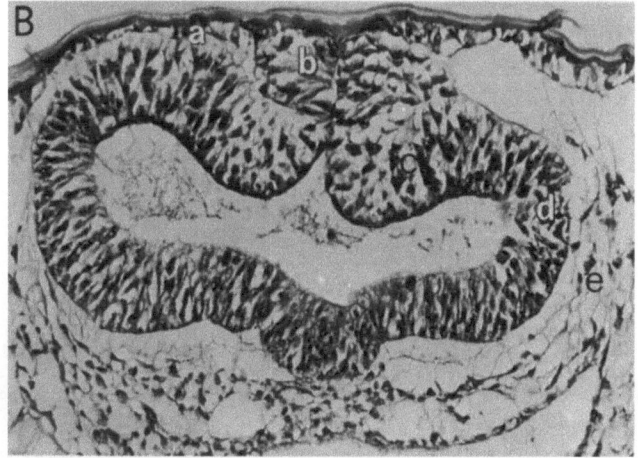

**Abb. 12.** Neuralleiste bei einer Hühnerkeimscheibe von 36 Std. *A:* im Bereich des Mesencephalon, *B:* im Bereich der Augenanlage. *A: a)* Ektoderm, *b)* Neuralleiste, *c)* Neuralrohr, *d)* Mesenchym mit fädiger Interzellularsubstanz in Verbindung mit den Basalmembranen, *e)* Kiementasche. *B: a)* Ektoderm, *b)* Neuralleiste, *c)* Zwischenzone, *d)* Augenanlage, *e)* Mesenchym. Fixierung Rossman, Bauer-Reaktion, Hämalaun, Obj. 16 (aus KNESE, 1964c)

Rumpfleiste fehlt. Nach BENOIT (1960) induziert eine diffundierbare Substanz die Knorpelbildung im Ohrmesenchym. Somiten haben keine Kompetenz, auf diese Substanz zu reagieren. Das Schicksal der auswandernden pluripotenten Zellen hängt vermutlich vom Grad der Dispersion in anderen embryonalen Geweben ab (WESTON und BUTLER, 1966). Es ist aber noch unklar, ob bereits ein bestimmter Phänotypus der auswandernden Neuralleistenzellen vorbestimmt ist (WESTON, 1970). Die *Determination* der Neuralleiste scheint *zunächst labil* zu sein, um fortschreitend *manifest* zu werden. Die Abkunft des Ektomesenchyms vom Mittelhirn und manchen Teilen des Hinterhirns ist leicht zu beobachten (BARTELMEZ, 1960). An der mesenchymbildenden Oberfläche des Neuralrohrs sind die mitotischen Figuren derart angeordnet, daß die Tochterzellen aus dem Epithel herausgelangen. Für die *Ratte* hat BARTELMEZ (1962) im 4–5 Somitenstadium die Anlage der Neuralleiste im Vorderhirn, Mittel- und Hinterhirngebiet als eine Übergangszone an der Grenze des Neuralepithels beschrieben. Die Auswanderung der Zellen aus der Leiste des Vorhirns beginnt bei Vorliegen von 5 Somiten und erreicht ihre Höhe im 6–7 Somitenstadium. Bei Erhebung der Neuralfalten und Ausbildung der Augenblase beschränkt sie sich auf die Lippen des vorderen Neuroporus. Dann beginnt die Auswanderung aus den primären Augenblasen.

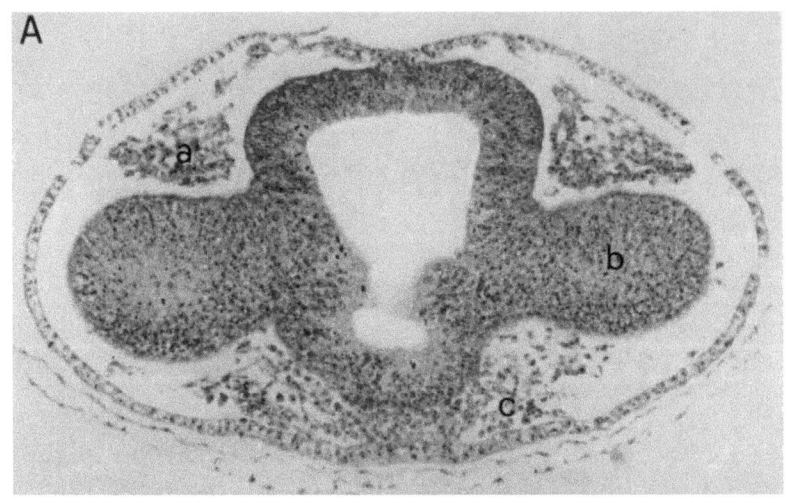

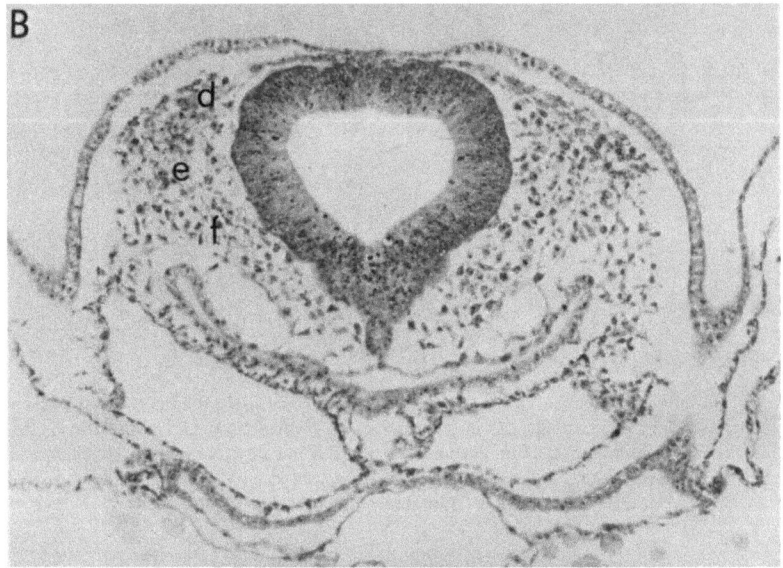

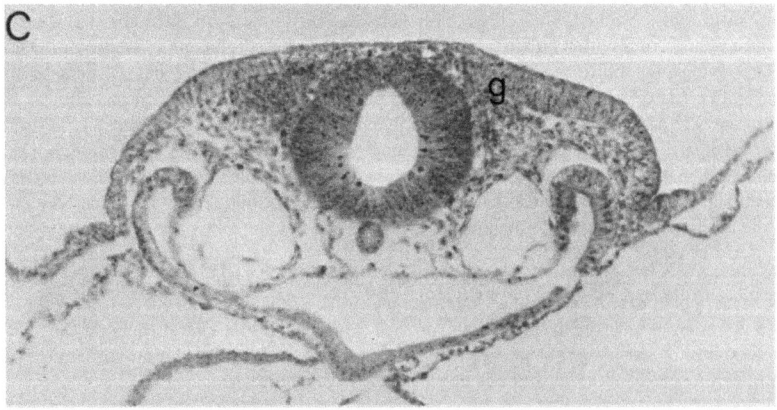

Die Zellen der Neuralleiste reagieren mit Toluidinblau (pH 3,2) schwach metachromatisch, die Neuroblasten aber orthochromatisch (KNESE, 1964c). Die plumpen Leistenzellen sind mit zipfligen Fortsätzen versehen und geben eine stärkere Kohlenhydrat-(Bauer-)Reaktion. Zwischen dem Neuralrohr und der Neuralleiste liegt eine Art Übergangszone (Abb. 12). In der Gegend der Augenanlage nimmt diese Zone die dorsale Wand des Neuralrohrs ein. Die mit einem großen Nukleolus versehenen Zellkerne sind rundlich-ovoid. Das Zytoplasma reagiert Bauer-positiv. Die nach lateral anschließenden spindelförmigen Mesenchymzellen liegen in mehreren Reihen etwa konzentrisch zum Neuralrohr, ihr Zelleib färbt sich bei der Bauer-Reaktion mit Hämalaun an. Die Mesenchymzellen sind in ein fädiges Netzwerk von Interzellularsubstanz eingebettet, das mit den Basallaminae in Verbindung steht. Die Gallocyanin-Reaktion der Zellen der Neuralleiste ist stärker als jene des (Endo-)Mesenchyms; zudem besitzen sie einen etwas größeren Zelleib als die Mesenchymzellen. Die interzellulären Lücken sind klein, mitunter bilden die Zellen sogar eine Art pseudoepithelialer Haufen (Abb. 13a). Die strukturellen Unterschiede zwischen Ekto- und Endomesenchym sind besonders deutlich bei isolierter Lagerung beider, z.B. dorsal und ventral der Augenanlage (Abb. 13; vgl. BARTELMEZ und BLOUNT, 1954; JOHNSTON 1966). Sind beide Mesenchyme in Kontakt miteinander, treten strukturelle Übergangsformen auf. Weitere Angaben macht KNESE (1964c) zur *Epibranchial-* und *Trigeminus-Plakode.* Die Zellen der sich einstülpenden Ohrblase, die denen des Neuralrohrs ähneln, sind hochzylindrisch mit länglich ovoidem Kern. Die Basallamina wird im Plakodenbereich bei Auswanderung von Zellen unterbrochen. Hier enthalten die Zellen vermehrt mit kolloidalem Eisen färbbare Granula. Die Reaktionsform der Zellen des Ektomesenchyms spricht für das Vorhandensein von Nukleinsäuren, Polysacchariden und Mukopolysacchariden. Zellgestalt und Reaktionsform ändern sich bei der Auswanderung und während der weiteren Entwicklung. DI VIRGILIO et al. (1967) beschreiben die deutlich abgegrenzten Zellen der Neuralleiste des *Hühnchens* (Färbung mit Toluidinblau, Versilberung) als oval mit bis zu zwei Fortsätzen. Ihr basophiles Zytoplasma besitzt Granula. Der zentral gelegene Kern ist groß und deutlich gefärbt. Im Gegensatz zu BARTELMEZ (1960, 1962) und KNESE (1964c) geben die Autoren an, die benachbarten Mesenchymzellen seien größer als die Zellen des Ektomesenchyms. Die Mesenchymzellen sind unregelmäßig gestaltet, flach, rundlich, oval-länglich bis spindelförmig, ihre dicken Fortsätze sind lang und zahlreich. Die Zellgrenzen sind undeutlich, das durchsichtige Zytoplasma enthält wenige Einschlüsse. Der dunkel gefärbte, ovale oder birnenförmige Kern liegt exzentrisch.

Das lockere Mesenchym des 5 Tage alten *Hühnchens* gibt eine positive Reaktion auf *alkalische Phosphatase* (MOOG, 1944), die später verloren geht und nur im Kopf, vermutlich in Gebieten der späteren Knochenbildung, erhalten bleibt. BUÑO und GONZALES-MARINO (1952) fanden bei 3 Tage alten *Hühnchen* eine *Lipase* im Kopfmesenchym, die sich später in Chordascheiden und dem Vorknorpel ausbreitet. ZACKS (1954) wies eine Aliesterase nach. MCKAY et al. (1955) fanden an einem menschlichen *Keim* von 5 mm (Entwicklungsstadium XII nach STREETER, 1951) histochemische bzw. zytochemische Differenzen in der Reaktion des Mesenchyms der verschiedenen Körperregionen. *Alkalische Phosphatase* ist in den Zellen der Pharynx-, Tracheal- und Ösophagusregion, um das Ohren- und Augenbläschen und in der Lungenknospe vorhanden. Eine schwächere Reaktion zeigen die Zellen des Mesenteriums. Das Mesenchym der Extremitätenknospe und der ventralen Körperwand sowie der Haftstiel geben keine Phosphatasereaktion. *Glykogen* fehlt dem Mesenchym der Extremitätenknospe. *RNS* erscheint in großer Menge in den Extremitätenknospen, Mesenterien, der ventralen Körperwand und dem Körperstiel. Am 3. Tage der Bebrütung verschwindet die *alkalische Phosphatase* in den meisten Organen. Sie bleibt nur in den dorsalen Teilen des Gehirns und in dem rostralen Abschnitt des Rückenmarks sowie in der Neuralleiste erhalten (MOOG, 1943, 1944). Für *Mäuse* und *Ratten* wurde eine starke Aktivität der alkalischen Phosphatase in der Neuralleiste von ihrem Erscheinen an, ebenso in den Plakoden nachgewiesen (MULNARD, 1954). Die Reaktion auf *Sulfhydrilgruppen* – wahrscheinlich durch Zytoplasma-RNS – ist in der Neuralleiste ebenfalls stark (BRACHET, 1940; BUÑO, 1951, 1954). In den Kopfganglien, der Ohrkapsel und Nasenplakode des *Hühnchens* ist die Reaktion auf *alkalische Phosphatase* am 4. Tage stark (MOOG,

---

◁ **Abb. 13.** Hühnerkeimscheiben. *A, B:* 42 Std. *C:* 48 Std. *a)* Ektomesenchym dorsal von der Augenblase, *b)* Anschnitt der Augenblase, *c)* Endomesenchym und Verbindung mit der prächordalen Platte, *d)* auswandernde Zellen der Neuralleiste des Mesencephalons, *e)* Grenze zum Endomesenchym *(f), g)* aus der Ohrplakode auswanderndes Ektomesenchym. Fixierung Stieve, Gallocyanin, Obj. 10

1944). In den Spinalganglien ist zwischen großen distalen Zellen, die reich an alkalischer Phosphatase sind, und kleinen negativ reagierenden Zellen zu unterscheiden (MOOG, 1943). Bei 9 Tage alten *Mäuse*embryonen ist ebenfalls noch eine alkalische Phosphataseaktivität vorhanden (CHIQUOINE, 1954). Alkalische und saure Phosphatase verhalten sich im Hinblick auf die Ganglien bei *menschlichen* Embryonen ähnlich (ROSSI et al., 1951, 1953).

Wie bei den Rippen tritt in der histogenetischen Entwicklung des Schädelskeletts ein *zeitlicher Hiatus* auf: Große Teile des Schädels erscheinen als ein lockeres, gegen die Umgebung nicht abgegrenztes sog. „undifferenziertes" Mesenchym. Die Chondrogenese beginnt basal um die Chorda, die desmale Osteogenese setzt, je nach Region verschieden, zu einem relativ späten Zeitpunkt ein. Der Zusammenhang mit den frühen Entwicklungsvorgängen läßt sich mit vielen Methoden, auch morphologischen, nicht erfassen.

## 2.2. Die Mesenchyme

Die vorgetragenen Fakten der Organogenese müssen in die Dimension der *Histogenese* übersetzt werden. Für jedes Skelettorgan(-element) wird im Sinn der fortschreitenden Determinierung ein bestimmter Bereich abgegrenzt. Die Determinierung des „Organfeldes" bedeutet aber auch, daß die zu ihm gehörigen Zellen eine entsprechende *Determination* besitzen. Eine Skelettzelle hat damit die prospektive Bedeutung eines Elements, endgültig z.B. der Tibia oder des Femur. Ihre prospektive Potenz ist vermutlich größer, doch sind sie sicher keine omnipotenten Skelettzellen, die jedes beliebige Element aufbauen können. Es ist möglich, daß eine sehr kleine Zahl von Zellen die Großmutterzellen eines Skelettstücks sind. MOORE und MINTZ (1972) haben ein clonales Modell für die Entstehung von Wirbeln und Teilen des Schädels entwickelt. Danach würde jeder Wirbel „multiclonal", aus nicht mehr als 4 mitotischen Zellinien entstehen.

Diese Feststellungen widersprechen der älteren Auffassung, die sich u.a. in der Gewebesystematik niedergeschlagen hat. WASSERMANN (1929) meinte, daß weder die örtliche noch zeitliche Abkunft aus verschiedenen Mutterböden zu einer genetischen Einteilung der Mesenchyme hinreicht, fährt dann aber fort, die allseitige histogenetische Potenz werde ortsgemäß gerichtet und beschränkt. Den Begriff „Mesenchym" schufen HERTWIG u. HERTWIG (1881) zur Unterscheidung zwischen epithelialen und nicht epithelialen Anteilen (ähnlich noch PATTEN, 1964); er ist zunächst überwiegend negativ bestimmt. Das Mesenchym ist, z.T. aus methodischen Gründen, ein Stiefkind der Histologie geblieben. Manche Autoren nehmen, im Sinn von MARCHAND (1924), die Erhaltung von Mesenchymzellen in adulten Organen an (vgl. BLOOM und FAWCETT, 1969). Sie seien kleiner als Fibroblasten, aber ihnen ähnlich, und lägen im lockeren perivaskulären Bindegewebe. Der Zeitpunkt des Übergangs in einen Fibroblasten könne nicht genau bestimmt werden, da sich ihre Struktur nicht merklich ändere. Die Verfasser führen Osteoblasten bei jungen Embryonen und bei ektopischer Knochenbildung auf solche Mesenchymzellen zurück. BUCHER (1977) beschreibt das Mesenchym als ein lockeres Schwammwerk von zytoplasmaarmen Zellen mit verzweigten Ausläufern; in den Lücken befindet sich eine mehr oder weniger flüssige, noch nicht speziell differenzierte Interzellularsubstanz. BARGMANN (1977) betont, stärker als andere Lehrbuchautoren, die verschiedene Herkunft der Mesenchyme. Die Zellen legen sich vermittels ihrer Ausläufer zu einem dreidimensionalen Gitterwerk zusammen. Lichtmikroskopisch lassen sich Zellgrenzen nicht ausmachen, elektronenmikroskopisch sind Kontakte der Zellfortsätze nachzuweisen. Die Gewebeflüssigkeit, von unbekannter Herkunft, sei eine Lösung von Salzen und Eiweißkörpern. Nach STARCK (1975) ist der Mesenchymbegriff rein funktionell-histologisch und nicht genetisch bestimmt. Es sei kein Synzytium, und die interzellulare Flüssigkeit habe Bedeutung für die Stoffbewegung und den Stoffaustausch; die Zellen seien amöboid beweglich, phagozytierten, strukturelle Besonderheiten beruhten auf Milieuänderungen.

Nach WASSERMANN (1929) entsteht das Mesenchym durch *Auflockerung* eines Zellverbandes oder durch den *Zusammenschluß* von Zellen, die aus einem Epithel ausgewandert sind. Es kann zunächst ein kernfreies Netz von Zellausläufern entstehen, in das sekundär Zellen einwandern. Dieses primäre Stützgewebe oder *Mesostroma* ist von v. SZILY (1908) als Grundlage des Glaskörpers beschrieben worden. Um die Chorda bildet sich ebenfalls ein zellfreies Netz aus (STUDNIČKA, 1907, 1912, 1926; Abb. 16). Es entsteht, bevor Mesenchymzellen vorhanden sind und stellt ein interzelluläres Sekretionsprodukt der Zellen dar. Später wandern Zellen in das Netz ein (BAITSELL, 1921, 1925; BAUER, 1934). Das Material soll ein Mukoprotein sein (BIANCHI, 1940).

Das mesenchymale Gewebe des Schädels wurde von WASSERMANN (1929), aufgrund der Beschreibung von HARTMANN (1910), als Typ eines undifferenzierten Mesenchyms geschildert. Bei *Rinderfeten* füllt es den Raum zwischen der Basallamina, der zweischichtigen mit interzellulären Lücken versehenen Epidermis und den Gefäßen aus, die das Gehirn umgeben (Abb. 32, 33; vgl. 229). In der Nähe beider Gebilde liegen die Zellen etwas dichter als dazwischen in der „osteogenen" Lage, auch ist die Zahl der Fibrillen etwas größer als in der mittleren Schicht. Bei Feten von 6 mm SSL sind *Fibrillen* mit einem Durchmesser von knapp 100 Å häufig, bei den größeren seltener, etwas dicker (130 Å) und mit undeutlich periodischer Struktur versehen. Daneben sind Fibrillen mit einem Durchmesser von 200–270 Å vorhanden, die vor allem bei größeren Feten eine, wenn auch nicht sehr ausgeprägte Periode zwischen 400–500 Å haben (Abb. 32). Fortsätze benachbarter Zellen nehmen miteinander sowie mit dem Perikaryon einer anderen Zelle Kontakt auf. Hierbei kann ein einfacher Kontakt des Plasmalemms stattfinden. Der interzelluläre Spalt ist annähernd 150 Å breit; doch sind Verdichtungen im benachbarten Hyaloplasma möglich, so daß es zu desmosomenähnlichen Bildungen kommt. Wenn das Plasmalemm auf große Strecken hin tangential geschnitten ist, kann der Eindruck entstehen, daß es fehle; hierauf beruht offensichtlich die Angabe, Mesenchymzellen besäßen kein Plasmalemm (JURAND, 1965; BÉRCZY, 1966; GOEL, 1970). An vielen Zellen treten Plasmalemmblasen auf (Abb. 32), die vermutlich präparatorische Artefakte darstellen (vgl. BÉRCZY, 1966). Das Plasmalemm kann sich nämlich mit anhaftender Rindenschicht und vielen Vesikeln (300–1000 Å Durchmesser) von dem restlichen Hyaloplasma lösen.

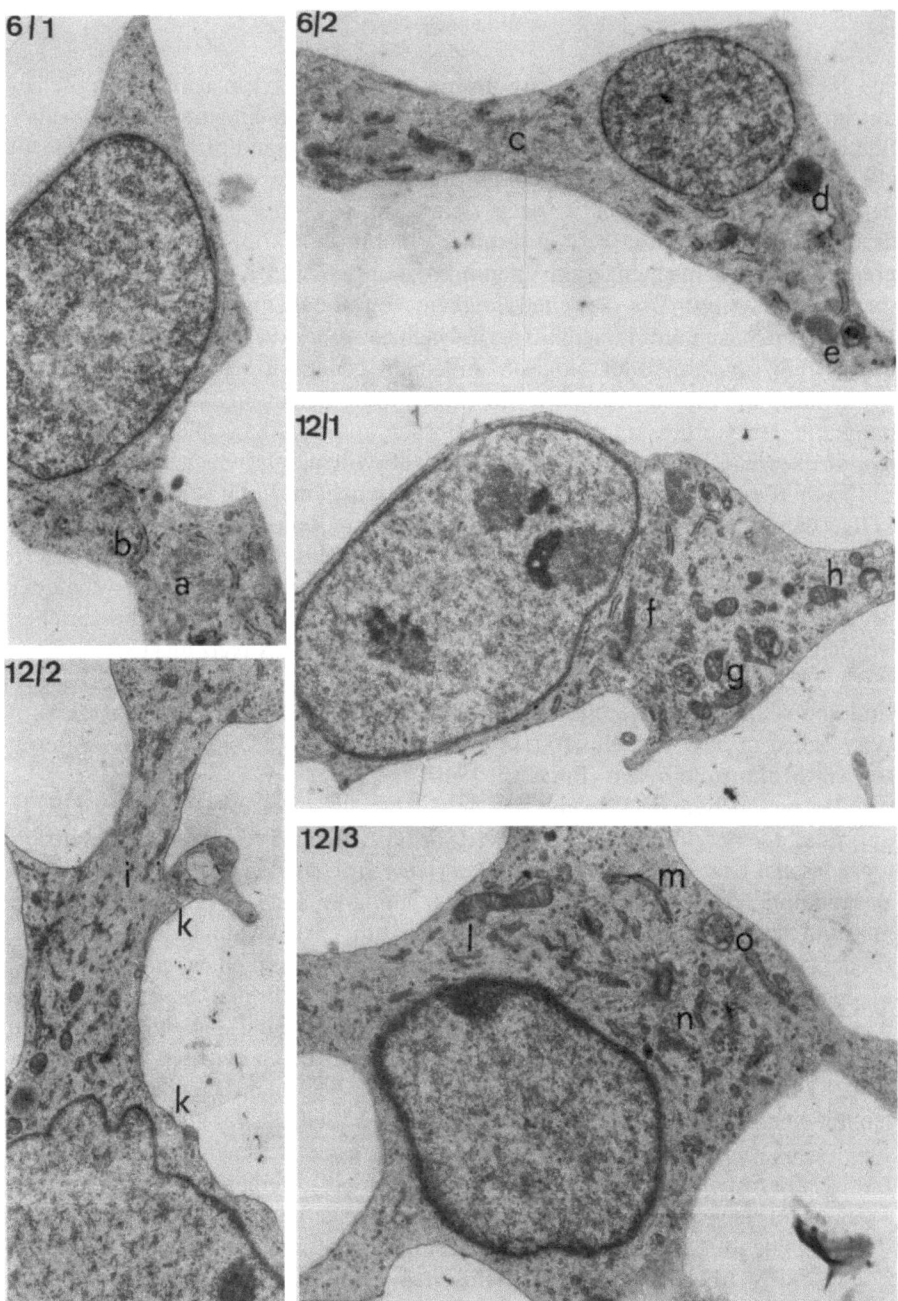

**Abb. 14.** Zellen aus dem Schädelmesenchym von Rinderfeten von 6 bzw. 12 mm SSL. *a)* Golgi-Feld, *b)* Membranstücke, *c)* Zytofilamente, *e)* osmiophiler Körper, *f)* Vakuolen mit feingranulärem bzw. dichtem Inhalt, *g)* Golgi-Feld, mit Membranpaaren und Vesikeln, *h)* Mitochondrien, *i)* Körper mit mehreren Lamellen (Myelinfigur?), *k)* kleine Vesikel unmittelbar unter dem Plasmalemm, *l)* schlauchförmiges Mitochondrium in Kontakt mit granulärem Membranstück, *m)* granuläre Membranstücke, *n)* Zentriol, vermutlich in einer Plasmalemmtasche, umgeben von radiär angeordneten Mikrotubuli, vermischt mit kleinvesikulären Gebilden, *o)* Vakuole mit feingranulärem Inhalt, Vergr. 9000 ×

Die *Kern-Plasma-Relation* ist, besonders bei Feten von 6 mm SSL, zugunsten des stark asymmetrisch gelegenen Kerns verschoben (Abb. 14). Es sind 0,5–1 µm lange *granuläre Membranpaare*, bis zu 0,8 µm große osmiophile, lysosomale Körper und Promitochondrien vorhanden. Die Mesenchymzellen des *Rinderfeten* von 12 mm SSL besitzen zahlreiche, z.T. ungewöhnlich geformte *Mitochondrien* mit Kristae in einer dichten Matrix. Es ist nicht ohne weiteres zu entscheiden, ob hier Teilungsbilder vorliegen, oder nur Anschnitte schlauchförmiger Mitochondrien (Abb. 14 l). Kleinere Vesikel (300–400 Å) mit dichtem Inhalt sowie *Golgi*-Lamellen in der Form des Dictyosoms sind reichlich vorhanden. Neben lysosomalen Körpern erscheinen phagosomenähnliche Vakuolen und Myelinkörper. Die Zahl der granulären Membranen ist nicht wesentlich vermehrt. Polyribosomen sind vorhanden, lassen aber selten eine bestimmte Ordnung erkennen. Weit verbreitet sind *Zytofilamente*, einzelne oder große Gruppen von *Mikrotubuli* (Abb. 14n). Dabei kann um ein Zentriol, vermutlich dicht unter dem Plasmalemm, eine radiäre Ordnung auftreten. Die Mesenchymzellen der Kopfwand besitzen damit eine recht beachtliche Menge von Strukturelementen, und in ihrer Nähe treten Fibrillen bzw. Filamente auf.

## 2.2.1. Die Frühentwicklung der präsumptiven Skelettbereiche

Am Beispiel des axialen und des Extremitätenmesenchyms soll der Übergang vom epithelialen zum mesenchymalen Zustand verfolgt werden. Ausgangsstadium ist die *Keimscheibe*.

### 2.2.1.1. Vögel

Für die frühe Keimscheibe der Vögel, besonders den Primitivstreifen, liegen einige histochemische Befunde vor, und zwar über die *Basophilie* (GALLERA, 1948; SPRATT, 1952), die *Ribonukleoproteine* (BRACHET, 1940, 1944; BUNO, 1951, 1954), die *Phosphatasen* (MOOG, 1944; MULNARD, 1954, 1955) und die $^{35}$*S-Ablagerungen* (JOHNSON und COMAR, 1957). Zunächst wird $^{35}$S in den axialen Teilen des Primitivstreifens und in der Tiefe der Primitivrinne abgelagert. Bei Vorliegen von 4 Somiten tritt der radioaktive Schwefel im Chordafortsatz, im Hensenschen Knoten, der Chorda und in jenem Mesenchym auf, das zu Knorpel determiniert ist. Die frühe Chordaanlage stimmt mit einem Ring überein, in dem in der Folge Chondroitinsulfat (Metachromasie) gebildet wird. Das anorganische Sulfat wird zunächst intrazellulär abgelagert, und zwar bevor eine metachromatische Reaktion durch Toluidinblau zu erzielen ist. Zukünftige Chondroblasten speichern $^{35}$S, ohne eine histologische Differenzierung erkennen zu lassen. Über den Stoffwechsel der Hühnerkeimscheibe berichten NEEDHAM (1932, 1950), SPRATT (1952), RAWLES und KARNOFSKY (ed. 1952), BARTH (1957), McELROY und GLASS (ed. 1958) sowie BENSON und McCANCE (1971).

Der Epiblast ist in Höhe der Primitivgrube relativ dick und mehrschichtig (Abb. 15/24/1, 24/2; Abb. 35/24). Die *Zytoplasmabasophilie*, stärker als in den beiden anderen Schichten, ist besonders intensiv basal in der Nachbarschaft von Primitivrinne und -knoten und im lateralen Teil apikal in der Epitrichialschicht. Der mediale Teil entspricht der Neuralanlage. In Höhe des Überdeckungsbereichs beider basophilen Anteile wölbt sich die Neuralfalte empor (Abb. 35/36). Der laterale Teil mit der apikalen Basophilie ist in den Primitivstreifen zu verfolgen (Abb. 35/36), dürfte aber überwiegend, wenn auch nicht ausschließlich, auf das Mesoderm zu beziehen sein. Mit dem Schluß des Neuralrohrs wird die Epidermis zweischichtig und im Bereich der Abfaltungsrinne

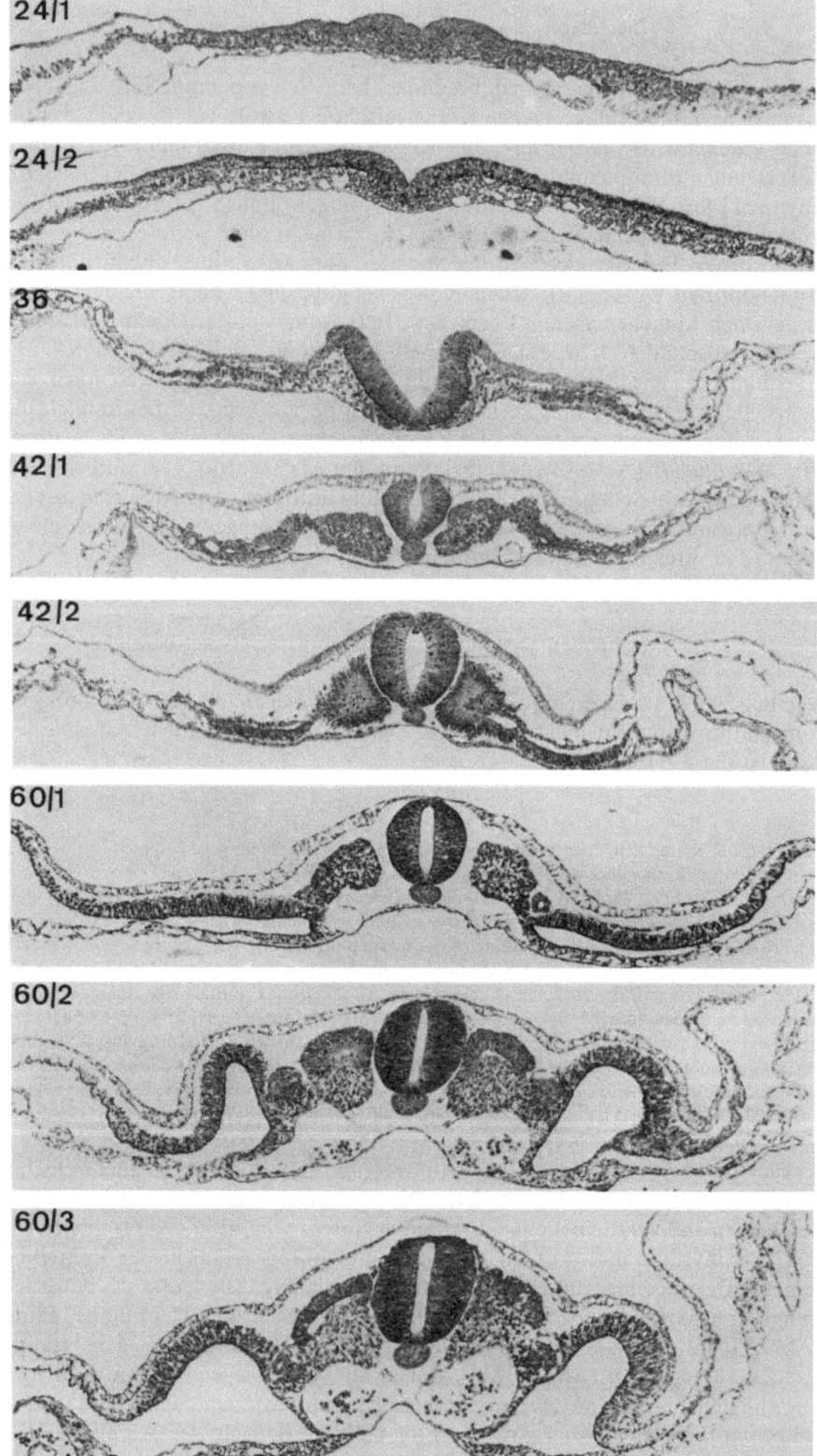

zu einer flachen Schicht (Abb. 15/42/1; Abb. 35). Die Basophilie der epitrichialen Schicht geht verloren, ebenso in den kaudalen Teilen der Keimscheibe mit dem Primitivstreifen. Die Zytoplasmabasophilie der Zellen im kompakten Teil des Primitivstreifens ist größer als bei den auswandernden Zellen und dem nicht kondensierten medialen Abschnitt des Mesoderms, auch in den Seitenplatten stärker (Abb. 15/36; Abb. 35/48). Die Methylenblaubasophilie geht durch Ribonuklease-Vorbehandlung fast vollständig verloren. Sie wird durch Hyaluronidase wenig beeinflußt (KNESE, 1959a); dies gilt ebenso für das Rückenmark. Nach Abgliederung von Neuralanlage und Primitivstreifen liegt eine zweischichtige Epidermis vor (Abb. 15/42/2; Abb. 35/48). Sie ist über dem Rückenmark recht niedrig und geht, unter Abnahme der Höhe, lateral in das Amnionepithel über; eine Zytoplasmabasophilie fehlt. Zwischen den basalen säulenförmigen Zellen liegen große Interzellularspalten, die vermutlich ein Polysaccharid enthalten.

Das Ektoderm enthält bei *Hühnchen Glykogen*, das bei der Invagination zu Entoderm und der Mesodermbildung verloren geht (JACOBSON, 1938). Primitivrinne und Primitivgrube bilden eine Grenze zwischen glykogenreichem Ektoderm und glykogenarmem Mesoderm. Im jungen Primitivstreifen findet man mitunter noch dotterreiche Zellen, die Glykogen aufweisen. Der Chordafortsatz ist frei von Glykogenen. Das Ektoderm, einschließlich der flachen Lage der Area opaca, das zylindrische präsumptive Neuralepithel und das nicht neurale Ektoderm besitzen dagegen Glykogene. Das Ektoderm ist während des frühen Primitivstreifenstadiums und in späteren Stadien, wenn bereits ein Kopffortsatz vorhanden ist, ebenfalls reich an *Lipiden* (JACOBSON, 1938). Der Primitivstreifen enthält vielleicht etwas mehr Fette als das Ektoderm. Im Mesoderm und Entoderm sind ebenfalls Fette nachzuweisen. Die Menge der Fette in den *Mesodermzellen* nimmt bei und nach der Invagination ab. Der Chordafortsatz verliert das Fett erst bei der Differenzierung zur Chorda. Nach der Invagination des Entoderms enthält das präsumptive Neuralmaterial reichlicher Lipide als das Ektoderm und ist weiterhin durch zahlreiche degenerierende Zellen gekennzeichnet. Nach KNESE (1965b) sind in den Stadien 6–7 mit der BTS-Reaktion *Kohlen*hydrate einmal apikal, in der epitrichialen Schicht, und dann basal in den Zylinderzellen, aber auch perinukleär nachzuweisen; wie eine Verdauung mit Speichel zeigt, handelt es sich überwiegend, aber nicht ausschließlich, um Glykogen. Bei den Zellen des Primitivstreifens und des auswandernden Mesoderms sitzen die Kohlenhydrate dem Kern als Haube in Richtung auf das Ektoderm auf. Im Stadium 10 sind in Nachbarschaft des Primitivstreifens Kohlenhydrate nur noch in den basalen Zellen vorhanden. Die dem Entoderm benachbarten ventralen Mesodermzellen enthalten *Polysaccharide*, die dorsalen in Nachbarschaft des Ektoderms dagegen nicht. Aus den ventralen Zellen wird bei Kondensation der Ursegmente das Sklerotom aus dem dorsalen Myotom und Dermatom.

Die *Cholinesterase*-Aktivität in der *Hühner*keimscheibe soll nach DREWS et al. (1967) mit der Bewegung von Zellverbänden im Zusammenhang stehen. Bis zum Erscheinen des Kopffortsatzes sind im Ektoderm einzelne flaschenförmige Zellen aktiv, die nach Abwanderung in Entoderm und Mesoderm ihre Aktivität verlieren. Nach Abschluß der Keimblattbildung tritt, im Zusammenhang mit der Ausbildung des Embryonalkörpers, nur in der kranialen Keimscheibenhälfte eine Aktivität auf. Mit der Regression des Primitivknotens (USADEL et al., 1967) erscheint in ihm eine Aktivität. Die Chorda ist vor ihrem Auftreten bis zum Stadium 12 aktiv. Bei Bildung der kaudalen Neuralanlage und der Somiten aus der Schwanzknospe tritt ebenfalls eine Cholinesterase-Aktivität auf.

Bei den elektronenmikroskopischen Studien der Keimscheibe und der auswandernden Mesodermzellen stand die Frage des *Zellkontaktes* im Vordergrund.

---

◁ **Abb. 15.** Hühnerkeimscheiben, Entwicklung der Ursegmente. Angabe der Bebrütung in Stunden, bei mehreren Schnitten der gleichen Keimscheibe bedeutet *1:* kaudal, *2:* bzw. *3:* mehr kranial. Fixierung Stieve, Gallocyanin, Obj. 10

Maculae adhaerentes (FARQUHAR und PALADE, 1963) bzw. Desmosomen, Zonulae adhaerentes und occludentes fehlen in der frühen Keimscheibe (BALINSKY und WALTHER, 1961; OVERTON, 1962; BELLAIRS, 1963; TRELSTAD et al., 1967). Sie entwickeln sich im Ektoderm lateral vom Primitivstreifen erst im Stadium 12. Allerdings erscheinen „tight junctions", aus denen sich eine Zonula entwickeln kann, schon früher (BALINSKY und WALTHER, 1961). Enge Verbindungen mit einem interzellulären, dichten Spalt von 25–100 Å Breite treten nach TRELSTAD et al. (1967) im Epi-, Meso- und Hypoblast auf. BALINSKY und WALTHER (1961) finden bei dem aus dem Primitivstreifen auswandernden Zellen eine Veränderung der ursprünglich Säulen- oder kubischen Gestalt zu einer mehr länglichen. Durch eine Art Zytoplasmaströmung wird die Zelle flaschenförmig, ähnlich wie im Blastoporus der Amphibien.

Nach TRELSTAD et al. (1967) werden Epiblast und Hypoblast von relativ undifferenzierten Epithelzellen aufgebaut. Sie haben einen bläschenförmigen Kern mit großem Nukleolus, eine umfangreiche apikale Golgi-Zone, freie Ribosomen, wenig Retikulum und eine mittlere Anzahl von Mitochondrien. Dotterplättchen und weitere Einschlüsse (BALINSKY und WALTHER, 1961; BELLAIRS, 1963) sind vorhanden. Die Basallamina ist im Stadium 4 unterbrochen. Sie erscheint zunächst als amorphes, viel später als filamentöses Material mit einer Dicke von ≈ 1000 Å. TRELSTAD et al. (1967) bezeichnen die aus der Mittellinie des Epiblasts auswandernden Zellen als *primäres Mesenchym*. Das *sekundäre Mesenchym* stammt von den mesodermalen Epithelien ab. Mesenchymzellen sind ebenfalls polar organisiert. Das vorausschreitende Ende der auswandernden Zelle ist durch die geringe Anzahl der Zellorganellen gegenüber den nachhinkenden ausgezeichnet, in der Golgiapparat und Zentriolen liegen (BALINSKY und WALTHER, 1961; TAYLOR und ROBBINS, 1963; DE HAAN und EBERT, 1964; TRELSTAD et al., 1967). Filopodien am Vorderende der Zelle enthalten Filamente von 50 Å Durchmesser.

Beim *Hühnchen* beginnt die *Gliederung* des *Mesoderms* nach 21–22 Std Bebrütung mit dem Auftreten querer Furchen zur Begrenzung des kranialen Endes des 1. *Ursegments* an dem derzeitigen Hinterende der Chorda, damit kurz vor dem Vorderende des Primitivstreifens (PATTERSON, 1907; WILLIAMS, 1910/1911). Die folgenden Ursegmente sind bei ihrer Entstehung bereits von den Nachbarsegmenten isoliert (PATTERSON, 1907). Das letzte Ursegment, beim Hühnchen etwa das 42., ist am 4. Tag gebildet. Nach HOLMDAHL (1935) entstammen die Segmente hinter dem 26. oder 27. – entsprechend dem 1. oder 2. Lumbosacralwirbel – aus den indifferenten Zellen der Rumpfschwanzknospe (vgl. NICOLET, 1971). Vor der Ursegmentbildung ist der mediale Teil des Mesoderms 4 Zellagen dick. Bei der Somitenbildung werden die Zellen spindelförmig und ordnen sich radiär in 2 gegenüberliegenden Schichten an. Während die vorderen Ursegmente erst nach ihrer Bildung einen Kern erhalten, haben die hinteren sofort ihre endgültige Form und einen Kern. Die Zellen des Somitenkerns besitzen runde Zellkerne. Während der Differenzierung wachsen die Ursegmente zu ihrer endgültigen Größe heran (HERRMANN et al., 1951). Die Sonderung in *Sklerotom*, *Dermatom* und *Myotom* ist beim 1., 9. und 24. im Stadium von 24 bzw. 30 und 33 Somiten vollzogen.

## 2.2.1.2. Mensch und Säugetiere

Bei menschlichen Keimlingen vom 9.–11. Tag sondern sich primitive extraembryonale Mesodermzellen von der Innenfläche des Zytoblasten ab (HERTIG und ROCK, 1941, 1949). Einige der kubischen Entodermzellen werden, unter Bildung der sog. *praechordalen Platte*, hochprismatisch; damit ist die Symmetrie- und anterio-posteriore Achse des Keims festgelegt (HUBRECHT, 1890; BONNET, 1901; ADELMANN, 1922; BRYCE, 1924; HILL und TRIBE, 1924; HILL und FLORIAN, 1931 a, b; HEUSER, 1932; HAMILTON, 1937). Am 16. Tag tritt am kaudalen Ende der birnförmigen Keimscheibe der Primitivstreifen auf (STREETER, 1927). Die Zellen des *Primitivstreifens* runden sich ab, verlieren ihre Basalmembran und werden, sich schnell teilend, zu Zellen des Primitivstreifen-Mesoderms. Die Ektodermzellen besitzen eine Basallamina. Sie fehlt jedoch den Zellen des Hensenschen Knotens und des Primitivstreifens (GLADSTONE und HAMILTON, 1941). Mitosen laufen in der Primitivgrube und an ihren Rändern ab. Von dieser Proliferationszone aus wird das *intraembryonale Mesoderm* gebildet. Am Vorderende des Primitivknotens sind Zellen mit Degenerationserscheinungen zu beobachten. Am Hinterende des Primitivstreifens kommt es durch Proliferationen ebenfalls zur Mesodermbildung. Das Mesoderm beiderseits des Primitivstreifens besteht im hinteren Anteil des 1,05 mm langen und 1,34 mm breiten Embryonalschildes aus einer kompakten Masse, im vorderen aus einzeln verteilten Zellen. Das embryonale Mesoderm breitet sich vom Primitivstreifen aus zwischen Ekto- und Entoderm aus. Einige Mesodermzellen wandern beiderseits zum Vorderende der Keimscheibe und verschmelzen vor der prochordalen Platte.

Am Vorderende des Primitivstreifens bildet sich der Primitivknoten aus. Durch Invagination von Ektoderm entsteht der Blastoporus. Von ihm aus schieben sich am 18. Tage Zellen als *Chordafortsatz* nach vorn, der dann mit dem Hinterende der Prochordalplatte Verbindung aufnimmt (STIEVE, 1926; GROSSER, 1931; FLORIAN, 1933). Aus dem Kopffortsatz wird eine geringe Menge „Mesoderm" gebildet (HILL und FLORIAN, 1931 a, b). Am 17. Tag ist der Kopffortsatz solide (THOMPSON und BRASH, 1923). Er erhält vom Blastoporus her eine Aushöhlung, den Chordakanal (INGALLS, 1918). Das vom Primitivknoten gebildete Mesoderm verbindet sich mit jenem aus dem Primitivstreifen. Der Chordafortsatz verschmilzt mit dem Entoderm und wird in das Entoderm einbezogen. Kurz nach Bildung des Primitivknotens (etwa bei 4 mm Länge) verkürzt sich der Primitivstreifen, und der Primitivknoten wandert kaudalwärts (STREETER, 1927; PASTEELS, 1937; SPRATT, 1947). Mit der Wanderung des Primitivknotens wird die Chordaplatte verlängert, die nun in das Entoderm eingelassen ist. Durch eine Einfaltung wird aus der Platte die endgültige Chorda, die sich vom Entoderm trennt (v. SPEE, 1889, 1896). Die Entwicklung der *Chorda* hat damit *3 Phasen*: Proliferation von Zellen des Primitivknotens, Einschluß der Chordaplatte in das Entoderm und Loslösung vom Entoderm. Mit der Wanderung des Primitivknotens entstehen in kranio-kaudaler Richtung die *Ursegmente*. Nach Bildung der größeren Zahl der Ursegmente wird aus dem verbleibenden Rest von Primitivknoten und -streifen eine kompakte Masse, die Rumpfschwanzknospe (GAERTNER, 1949; HOLMDAHL, 1935).

Das axiale bzw. paraxiale Mesoderm liegt neben der Chorda und verdünnt sich zu den Seiten hin. Das vom Primitivstreifen abstammende Mesoderm verbindet sich lateral mit dem extraembryonalen des Amnions und Dottersacks. Vom 21. Tag ab beginnt im mittleren Teil des axialen Mesoderms neben dem Kopffortsatz und später neben der endgültigen Chorda eine Abgliederung der etwa kubisch gestalteten *Ursegmente*. Zuerst entsteht das occipitale Ursegment (LUDWIG, 1928; AREY, 1938); in der 4. Woche ist die endgültige Zahl von 40 erreicht. Gleichzeitig wird das intraembryonale Cölom mit *Somatopleura* und *Splanchnopleura* gebildet. Ventrale und dorsale Längsfurchen trennen das Gebiet der Ursegmente von den Seitenplatten ab, d.h. die Abgrenzung erfolgt früher als beim Hühnchen (3 Ursegmente; WILLIAMS, 1910/11). Das Ursegment besteht aus rosettenförmig angeordneten Zellen. Nach STERNBERG (1927) tritt ein *Myocöl* erst bei Vorliegen von 7–8 Ursegmenten auf, und zwar teils durch Auswanderung seiner Zellen, teils durch Zellzerfall (vgl. DAVIS, 1923; SENSENIG, 1949). Durch das Myocöl wird das Ursegment in 3 Teile aufgegliedert, das laterale Dermatom (Kutisplatte), den medialen Teil — überwiegend Myotom — und das ventrale Sklerotom. In der 4. Woche setzt eine Proliferation im unteren und ventralen Teil ein, wobei die Zellen in das Myocöl eindringen.

Während der Sklerotomentwicklung in der Altersgruppe X–XII (menschliche

Embryonen von 2–4 mm SSL) geht nach SENSENIG (1949) die ursprünglich radiäre Ordnung der Zellen verloren. Die Sklerotomzellen mit großen und dunkel färbbaren Kernen liegen zunächst zwischen dem Neuralrohr und den Längsgefäßen und erreichen bei einem Embryo von 13 Segmenten die Chorda. Die Dichte der Zellagerung ist in Segmentmitte am größten und nimmt nach kranial und kaudal in gleicher Weise ab. Die Wanderungsrichtung ist nach dorsal und ventrolateral. Bei einem Embryo mit 17 Somiten steht die abgerundete Chorda noch mit dem Neuralrohr und dem Darm in Verbindung. Der Abstand zwischen dem Neuralrohr und den Längsgefäßen hat sich vergrößert; dieser Spalt wird mit Sklerotomzellen ausgefüllt. Die Sklerotomzellen erreichen bei Embryonen mit 20 Somiten die Chorda. In der Occipitalregion dringen sie auch dorsal von der Chorda vor. Die *Ganglienleiste* schiebt sich bei Embryonen mit 25–26 Ursegmenten zwischen den Somiten und dem Neuralrohr vor. Sklerotomzellen sind sub- und epichordal anzutreffen. Der Subchordalraum ist bei Vorliegen von 28–29 Ursegmenten — mit Ausnahme der Pharynx- und kaudalen Regionen — geweitet und mit Sklerotomzellen angefüllt. Die Anzahl der Zellen ist epichordal geringer, die Zellen sind *radiär* zur Chorda geordnet. In der Altersgruppe XIII–XIV (etwa 4–8 mm SSL) werden von der Medialseite des abgeplatteten und dorso-ventral verlängerten Myotoms weiter Zellen für die Wirbelsäulenanlage abgegeben (SENSENIG, 1949).

## 2.2.2. Vom Sklerotom zum Wirbel

### 2.2.2.1. Die Auflösung des Sklerotoms

Zur „Individualisierung" der frühen Anlagen, Neuralrohr, Chorda, Ursegmente usw., tragen *Basallaminae* bei, deren Entstehung die Frage nach den Mechanismen der *Bildung von Interzellularsubstanzen* aufwirft. Nach KNESE (1965b) tritt zunächst, neben dem Primitivstreifen, eine nur mit Alcianblau elektiv färbbare Basallamina auf. Mit der Konsolidierung der Ursegmente erhalten Neuralrohr, Chorda und Ursegmente eine Lamina (Abb. 16). Sie ist ab Stadium 9–10 mit der PAS- bzw. BTS-Reaktion, Toluidinblau und den kolloidalen Eisenreaktionen darzustellen. Die Basallaminae stehen mit den fädigen Interzellularsubstanzen, dem *Mesostroma* (v. SZILY, 1908; WASSERMANN, 1929) in Verbindung. Diese ersten Laminae unterscheiden sich von denen des adulten Tiers dadurch, daß sie u.a. keine oder nur eine schwache PAS-Reaktion geben. Die Laminae enthalten ein Glykoprotein mit Sialinsäure, Lipide (Phosphatide) und Tropokollagen

---

**Abb. 16.** Hühnerkeimscheiben, 42 bzw. 84 Std Bebrütung. Darstellung der Basallaminae und des ▷ Mesostroma. *42/1:* Neuralrinne, *42/2:* Neuralrohr kurz vor dem Schluß, *42/3:* Schluß des Neuralrohres, *84/1:* und *84/2:* Extremitätenknospe, Amnionfalte. *a)* Chorda, *b)* mediales, *c)* intermediäre, *d)* laterales Mesoderm, *e)* Ursegment, *f)* beginnende Teilung der Lateralplatte, *g)* Somatopleura, *h)* Splanchnopleura, *i)* Darmbucht, *k)* Wolffscher Gang, *l)* Schnitt durch das Ursegment Nähe der frontalen Wand, *m)* Schnitt durch die Mitte des Ursegments, *n)* Gefäße an der Basis der Extremitätenknospe, *o)* Mesostroma, *p)* Abfaltungsrinne. Fixierung Stieve, kolloidale Eisenreaktion (Graumann) — PAS, *84/2:* kolloidale Eisenreaktion (Müller) — PAS. Obj. 10

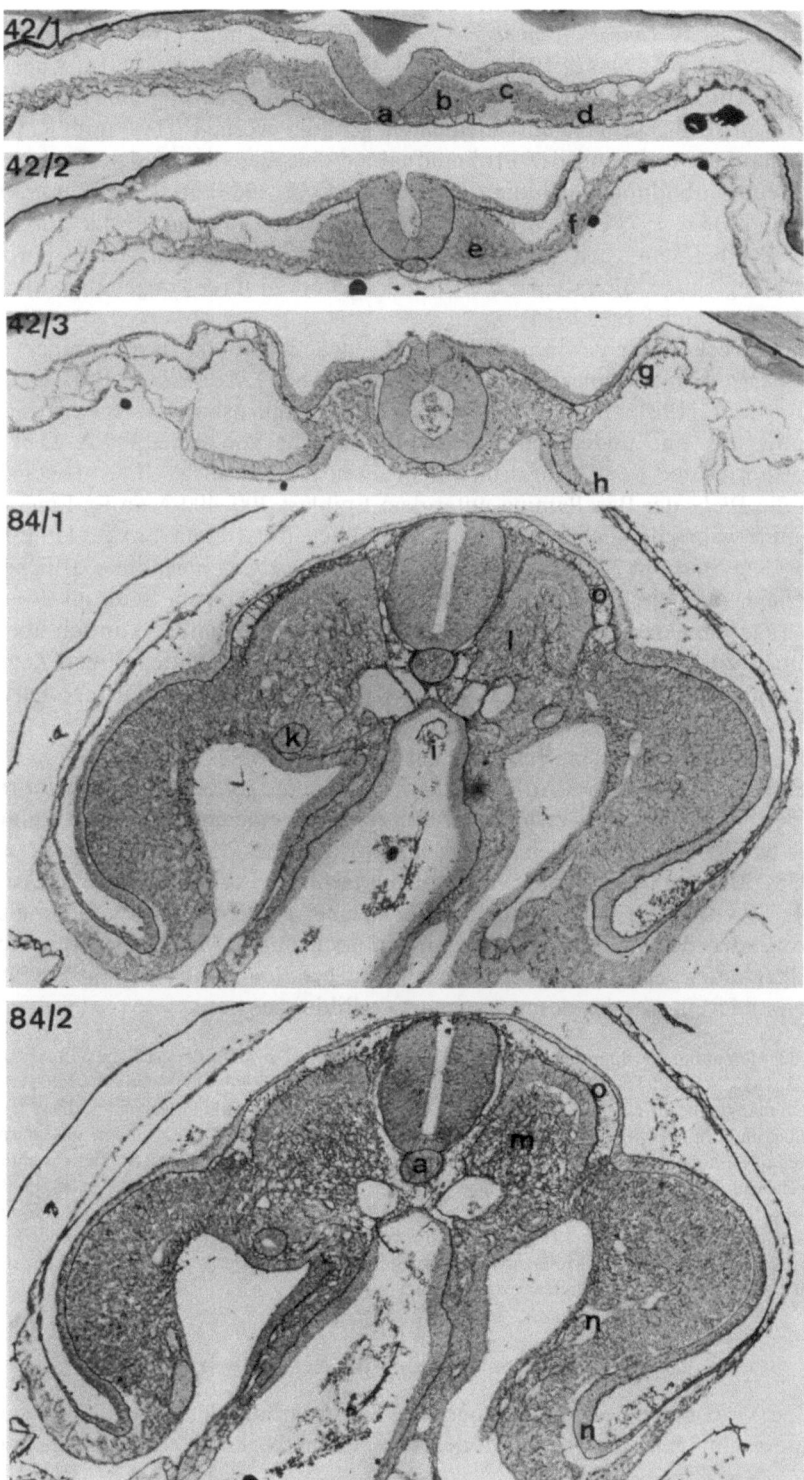

und werden als ein *Lipo-Polysaccharid-Polypeptid* angesehen (LOW, 1967; KUP-FER und GEYER, 1968; SPIRO, 1970a; PIERCE, 1970; KEFALIDES, 1970). Im Augenblick ihres Auftretens fehlen „mesenchymale" Elemente. Die Laminae können also nur von den „epithelialen" Elementen gebildet werden. HAY und REVEL (1963) behaupten aufgrund der Prolinaufnahme eine Beteiligung der *Epidermis* an der Membranbildung. Auch die *Chorda* (DEUCHAR, 1963) und das *Neuralrohr* (COHEN und HAY, 1971) zeigen eine Prolinmarkierung. Die Primordia dürften also selbst fähig sein, sich mit einer Basallamina zu umgeben. Die Chorda bildet Proteoglykane, die in vitro die Chondrogenese in ihrer Umgebung stimulieren (KOSHER und LASH, 1975).

Lichtmikroskopisch gewinnt man den Eindruck, daß die Basallaminae in unmittelbarem Kontakt mit dem „Mesostroma" stehen (STUDNIČKA, 1907, 1912, 1926; BAITSELL, 1921; KNESE, 1965d). Elektronenmikroskopisch erweist sich die Lamina als eine undeutlich abgegrenzte Schicht von etwa 300 Å Dicke, die der Chorda und dem Neuralrohr nicht unmittelbar anliegt. JURAND (1965) gibt für die *Dicke* der Basallamina unter dem Epiblast 300–400 Å an und meint, sie bestünde wahrscheinlich aus kurzen, faserähnlichen Partikeln. SEARLS (1965b) fand vor dem Stadium 22 ($3^1/_2$ Tage) eine starke $^{35}S$-*Ablagerung*, ohne örtlichen Unterschied, in allen Basallaminae; die Ablagerung wird vom Stadium 26 ab ($4^1/_2$–5 Tage) unbedeutend. Das Mesostroma ist elektronenmikroskopisch überhaupt nicht zu beobachten bzw. erscheint in der Form schattenartiger Züge, z.B. in radiärer Ordnung um die Chorda (Abb. 4), denen stäbchenförmige Partikel von 1–5000 Å oder gar bis 1 μm anliegen.

Die Ursegmentzellen sind infolge einer basalen Zytoplasma-*Basophilie polar* gestaltet (KNESE, 1965d). Bei Auflösung der Ursegmente geht die *Kohlenhydrat*reaktion der Sklerotomzellen verloren. Dafür erscheint eine entsprechende Anfärbung im basalen Teil der Zellen des Dermatoms und des Myotoms (vgl. JACOBSON, 1938). *Mitosen* treten zum Myocöl hin auf (Abb. 17; vgl. dagegen WILLIAMS, 1910/11; DAVIS, 1923). Die Somiten besitzen eine unvollständige Basallamina. Die auswandernden Zellen sind miteinander noch durch Maculae occludentes bzw. adhaerentes verbunden. Wir beobachteten bei *Rinder*feten nur im Bereich des Auswanderungsrandes desmosomenartige Bildungen.

Aus der Hemmung der Somitenbildung bei Hühnchen (32 Std) durch α-Bromäthylglycin (HERRMANN et al., 1955) schließt DEUCHAR (1960), daß der Beginn der Somitenbildung von einer *ATPase*-Aktivität abhängt, die in einem Teil der Zellen die Myosinsynthese ankündigen mag. DEUCHAR (1960) findet im Somiten-Mesoderm bei 45 Std Bebrütung die *Kathepsin*-Aktivität in den unsegmentierten Regionen höher als in den segmentierten. Auch ist die Leucin-Aktivität in den Somiten bei *Hühnchen* und *Xenopus* größer als in den übrigen Regionen des Embryos (DEUCHAR, 1960), die bei der Myoblastenbildung eine Rolle spielen könnte. An *menschlichen* Feten von 1,8–4,5 mm Länge haben ROSSI und REALE (1957) eine *alkalische Glyzerophosphatase*-Aktivität (Gomori) in den Somiten, dagegen nicht im Mesenchym beobachtet. Hier tritt sie erst später auf, z.B. in der Wolffschen Leiste und in Extremitätenanlage.

### 2.2.2.2. Die Zellentwicklung im Achsenskelett

Die frühe Organogenese und Histogenese des Achsenskeletts wird aufgrund von Untersuchungen in vivo als Modell der „Chondrogenese" angesehen, und

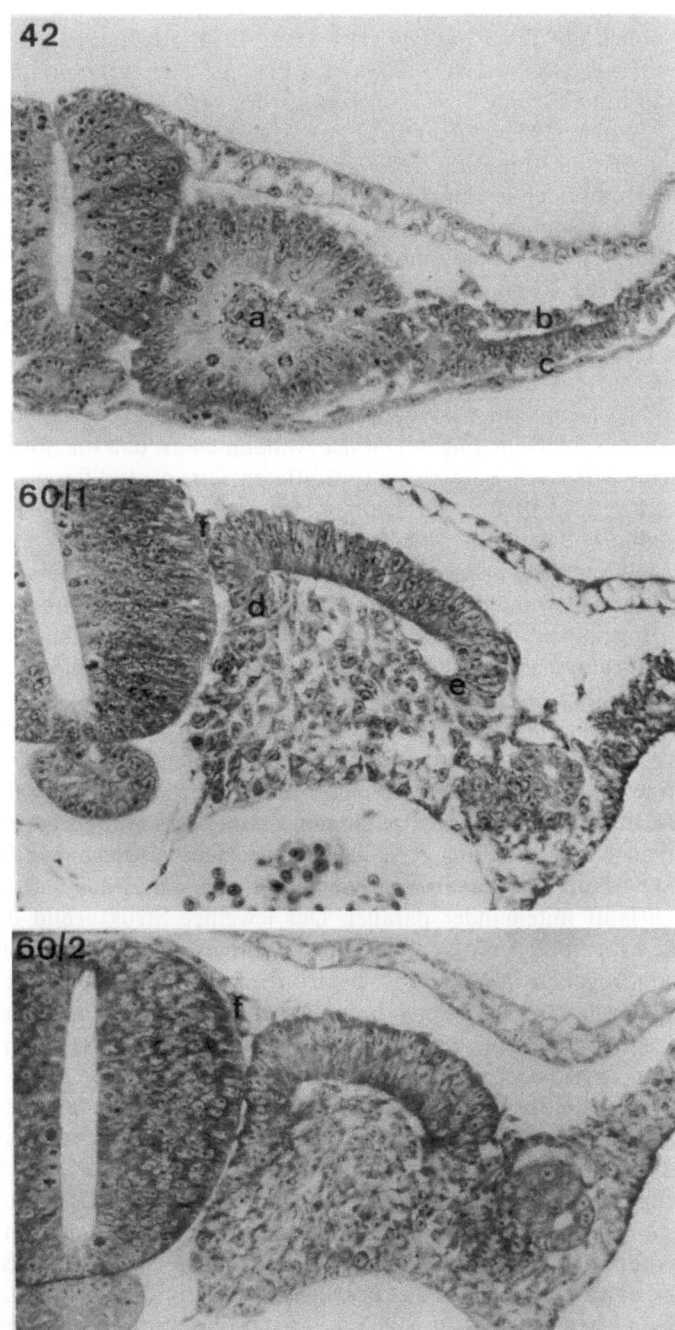

**Abb. 17.** Hühnerkeimscheiben 42 und 60 Std, Auflösung des Ursegments. *a)* Ursegmentkern, darum Mitosen in der Ursegmentwand, *b)* Somatopleura, *c)* Splanchnopleura, *d)* Myotom, *e)* sekundäres Myotom, *f)* Neuralleiste. Fixierung Stieve. *42, 60/1:* Gallocyanin, *60/2:* Methylenblau pH 4, 6, Obj. 25

zwar im Hinblick auf die *Induktion* (HOLTZER, 1954, 1963, 1964), den Ablauf der *Differenzierung* (LASH, 1967, 1968a; LASHER, 1971; LEVITT und DORFMAN, 1974) und die Entwicklung der *„chondrogenen Potenz"* (HOLTZER und MATHESON, 1970; LASHER, 1971; SEARLS, 1973). Als chondrogene Potenz wird die Fähigkeit zur Bildung von *Polysaccharid*komplexen bezeichnet. Mit der Bildung dieser einen Komponente kann die Chondrogenese jedoch nicht identifiziert werden. Zur Knorpelbildung gehört u.a. die Synthese eines später spezifischen *Kollagens*. Ohne Zweifel ist die Bildung der Polysaccharidkomplexe ein entscheidender Vorgang der Chondrogenese, wie auch aus elektronenmikroskopischen Untersuchungen geschlossen wurde (KNESE und KNOOP, 1961c), aber doch nicht die gesamte Chondrogenese. Auf der anderen Seite sind zahlreiche Zellen zur Mukopolysaccharid-Synthese fähig (z.B. Epidermis, Rückenmark, Entoderm, extraembryonale Membranen, Seitenplatten; HOLTZER und MATHESON, 1970).

Die erwähnten Arbeiten gingen von der Annahme aus, daß die Somitenzellen eine Reihe von *Differenzierungsstufen* (prädifferenziert, protodifferenziert, differenziert; LASH, 1967, 1968a) durchlaufen, bevor die Chondrogenese einsetzt. Diese Annahme widerspricht älteren Befunden (vgl. P. WEISS, 1962), die zu der Unterscheidung von prochondraler, protochondraler und metachondraler Zwischensubstanz bzw. dem transitorischen Zellknorpel als ontogenetischem Vorläufer des grundsubstanzreichen Knorpels führte (SCHAFFER, 1930). Hier liegen *prächondroblastische Mesenchyme* (u.a. PRITCHARD, 1952) vor, in denen alle Zellen die Fähigkeit zu chondroblastischer Aktivität haben. Erst nach der Individualisierung (NEEDHAM, 1950) bzw. Emanzipation (WEISS, 1939) des Knorpelstücks treten „Chondroblasten" an seiner Oberfläche auf. Vom Austreten der Sklerotomzellen an führt ein ununterbrochen fortschreitender Prozeß zu einem Wirbel aus Vorknorpel. Die genannten Stadien gehen fließend ineinander über, so daß die Unterscheidung verschiedenartiger Differenzierungsstufen unberechtigt ist. Die Zunahme der *Strukturmannigfaltigkeit der Zellen* und *Interzellularsubstanzen* läuft miteinander parallel. Das jeweilige Strukturbild der Zellen entspricht dem Umfang der augenblicklichen Synthese von Interzellularsubstanzen. Die Chondrogenese imponiert bei elektronenmikroskopischen Untersuchungen mehr als Fibrillogenese. Die erwähnten Arbeiten behandeln die „Chondrogenese" dagegen fast ausschließlich als Bildung von Mukopolysaccharid- bzw. Protein-Polysaccharid-Komplexen.

Bei *Auflösung* des Sklerotoms nimmt die Zytoplasma-*Basophilie* ab. Im Dermatom erfolgt eine Umverteilung (KNESE, 1965d); es erscheint eine basale Reaktion, die zur Epidermis hin schwächer wird (Abb. 17, 60/1, 60/2). Das zunächst lockere Gefüge der Sklerotomzellen wird dichter (Abb. 18/72); Mitosen sind vorhanden (Abb. 19/42; 18/96). Die medial gelegenen Zellen stehen mit ihrer Längsachse radiär zur Chorda. Sie fügen sich der Chordascheide zunächst ventral (Abb. 18/72), dann aber auch dorsal parallel an. Eine immer größere Zahl von Zellen wird umorientiert (KNESE, 1965a), so daß eine zirkuläre Ordnung der Zellen um die Chorda (Abb. 19/108, 120) entsteht. Ob diese Umlagerung mit der Zunahme des Durchmessers der Chorda in Verbindung steht, ist zweifelhaft, aber möglich; sie könnte durch die Segmentalarterien beeinflußt sein (KNESE, 1965a). Sobald die Umorientierung bei den zentralen Zellen vollzogen ist, ist zwischen ihnen eine *metachromatisch* reagierende Substanz vorhanden. Sie

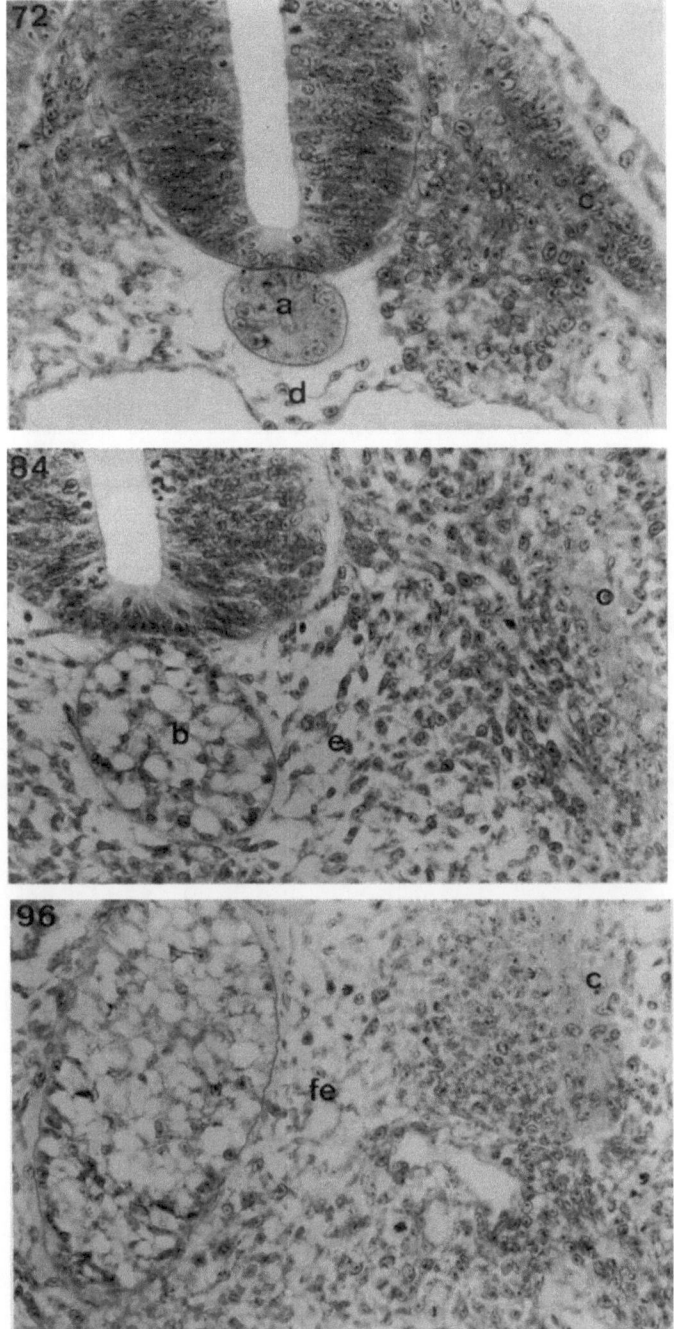

**Abb. 18.** Hühnerkeimscheibe 72, 84, 96 Std, Auflösung des Ursegments. *a)* Kompakte Chorda, *b)* vakuolisierte Chorda, *c)* Dermomyotom, *d)* erste Sklerotomzellen ventral von der Chorda, *e)* radiäre Ausrichtung der Sklerotomzellen zur Chorda, *f)* beginnende Umorientierung zur zirkulären Ordnung. Fixierung Stieve, Gallocyanin, Obj. 25

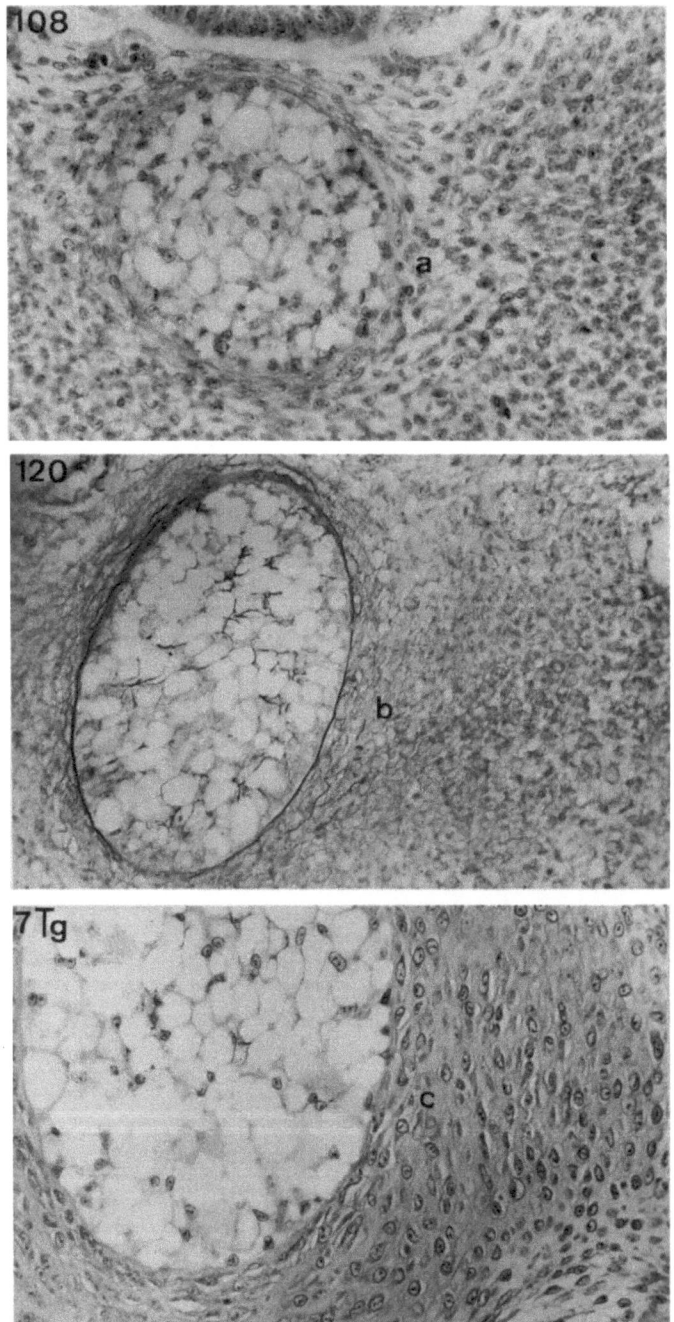

**Abb. 19.** Hühnerkeimscheibe, beginnende Vorknorpelbildung. *a)* Überwiegend zirkuläre Ordnung der Sklerotomzellen um die Chorda, *b)* Interzellularsubstanzen, *c)* Vorknorpelgewebe. Fixierung Stieve, *108* Std, *7 Tage:* Gallocyanin, *120* Std: Methylenblau pH 4, 6, Obj. 25

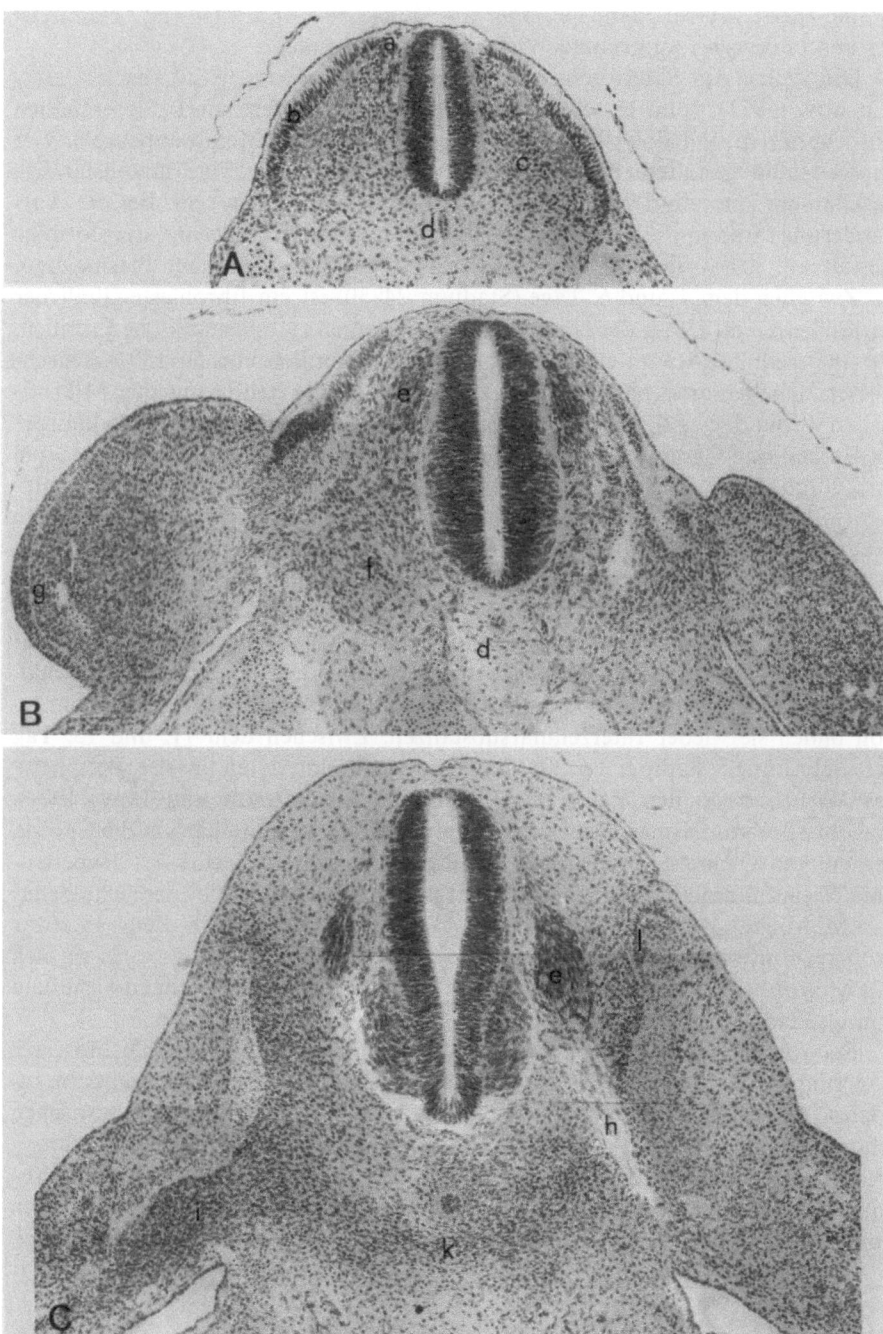

**Abb. 20.** Rinderfeten. *A:* 4 mm, *B:* 9 mm, *C:* 10 mm SSL. Umgestaltung im Bereich des Sklerotoms. *a)* Ganglienleiste, *b)* Dermatom, *c)* auswandernde Sklerotomzellen, *d)* Chorda, *e)* Ganglion, *f)* wandernde Sklerotomzellen, *g)* apikale Ektodermleiste, *h)* Spinalnerv, *i)* Rippenblastem, *k)* Sklerotomzellen ventral von der Chorda, *l)* Myotomfortsatz. Fixierung Stieve, Gallocyanin, Obj. 10

nimmt zuerst zentral, dann peripher an Menge zu (Abb. 19/7 Tg.). Damit ist der aus *Vorknorpel* aufgebaute Wirbelkörper entstanden.

Die Zellen des Sklerotoms sind beim *Hühnchen* von 36 Std, nach OLSON und LOW (1971), rund bis oval und nicht merkbar differenziert. Sie enthalten Mitochondrien und Polyribosomen, selten „Zisternen" (Membranpaare?). Der unregelmäßig gestaltete Kern besitzt deutliche Nukleoli. Eine unvollständige Basallamina kann an der Peripherie des Somiten vorhanden sein. Bei der Auswanderung (Stadium 11) nehmen die Zellen ohne Strukturänderung sternförmige Gestalt an. *Mikrofibrillen* und amorphes Material hängen dem Plasmalemm an. Zwischen dem 4. und 6. Tage (Stadium 24–30) ist ein fibroblastenähnlicher Zustand erreicht. Unter dem Plasmalemm erscheinen zytoplasmatische Fibrillen. Der interzelluläre Raum enthält reichlich Mikrofibrillen von 50–150 Å Durchmesser, daneben amorphes Material und Granula, die häufig mit den Mikrofibrillen verbunden sind. Der Wirbelkörper ist beim Hühnchen am 8. Tag knorpelig. Es sind nun Chondroblasten und Chondrozyten vorhanden; der Vorknorpel wird durch echten *Knorpel* ersetzt. Das granuläre Retikulum besteht aus irregulär geformten „Zisternen"(?) und ist mit Vesikeln verbunden, die elektronendichte „Sekretionsprodukte" enthalten. Fibrillenfreie Räume umgeben die Zelle. Nach $8^1/_2$ Tagen Bebrütung erscheinen in den Zellen reichlich kleine Vakuolen. Die extrazellulären Mikrofibrillen messen 130–150 Å. Nach STRUDEL (1969a, b) wird die Interzellularsubstanz des Knorpels aus dem Wirbelkörper 6 Tage alter Hühnchen in einer Kultur mit Kollagenase und Hyaluronidase abgebaut, doch behalten Chondrozyten ihre *sekretorische* Fähigkeit bei. Nach erneuter Transplantation bilden sie wieder Interzellularsubstanzen. Zwischen dem 11. und 13. Tag der Bebrütung (Stadium 36–39) ähneln die Chondrozyten in der Peripherie des Wirbels noch den Zellen in früheren Stadien (OLSON und LOW, 1971). Sowohl das Zytoplasma als auch der Kern der Zellen unmittelbar um die Chorda verlieren an Dichte. Sie zeigen bei 12,5 Tagen alten Stadien eine Art Hypertrophie. Viele Zisternen werden fragmentiert und bilden Vesikel. Größere extrazelluläre Matrixgranula (Durchmesser 4 300 Å) liegen in der Nähe der Zelle, in etwas größerer Entfernung wird ihr Durchmesser geringer (160–320 Å), wobei sie sich mit Mikrofibrillen verbinden können. Im übrigen beginnt im Wirbel die Bildung von Osteoid.

Bei *Rinderfeten* ist die Menge der Sklerotomzellen und die Dichte ihrer Lagerung etwas größer als beim Hühnchen (Abb. 20). Die Zellen wandern zunächst (4 mm SSL) an die Ventralseite der Chorda, später (9 mm SSL) zwischen Chorda und Rückenmark. Um die Chorda herum wird die radiäre Ordnung (Abb. 20 B) bald durch eine dichte Ansammlung abgelöst. Sehr früh (8 mm SSL) wird ein feines Gitterwerk von Interzellularsubstanzen gebildet, das sich nach dorsal schiebt (Abb. 21 B). Es entsteht eine dichte Anlage der Wurzel des *Wirbel-*

---

**Abb. 21.** Rinderfeten. *A, B:* 9 mm, *C:* 10 mm SSL, Umgestaltung im Bereich des Sklerotoms. ▷ *a)* Ganglion, *b)* Dermomyotom, *c)* Sklerotomzellen, *d)* Chorda, *e)* verdichtetes Sklerotommaterial zu beiden Seiten des Neuralrohrs, *f)* Gefäße im Extremitätenmesenchym, *g)* Auflockerung des Mesenchyms im dorsalen Bereich des Rückenmarkes, *h)* Auflockerung des Dermatoms, *i)* radiäre Ordnung der Sklerotomzellen um die Chorda, *k)* Rippenblastem. Fixierung Stieve, Methylenblau pH 5, 1, Obj. 10

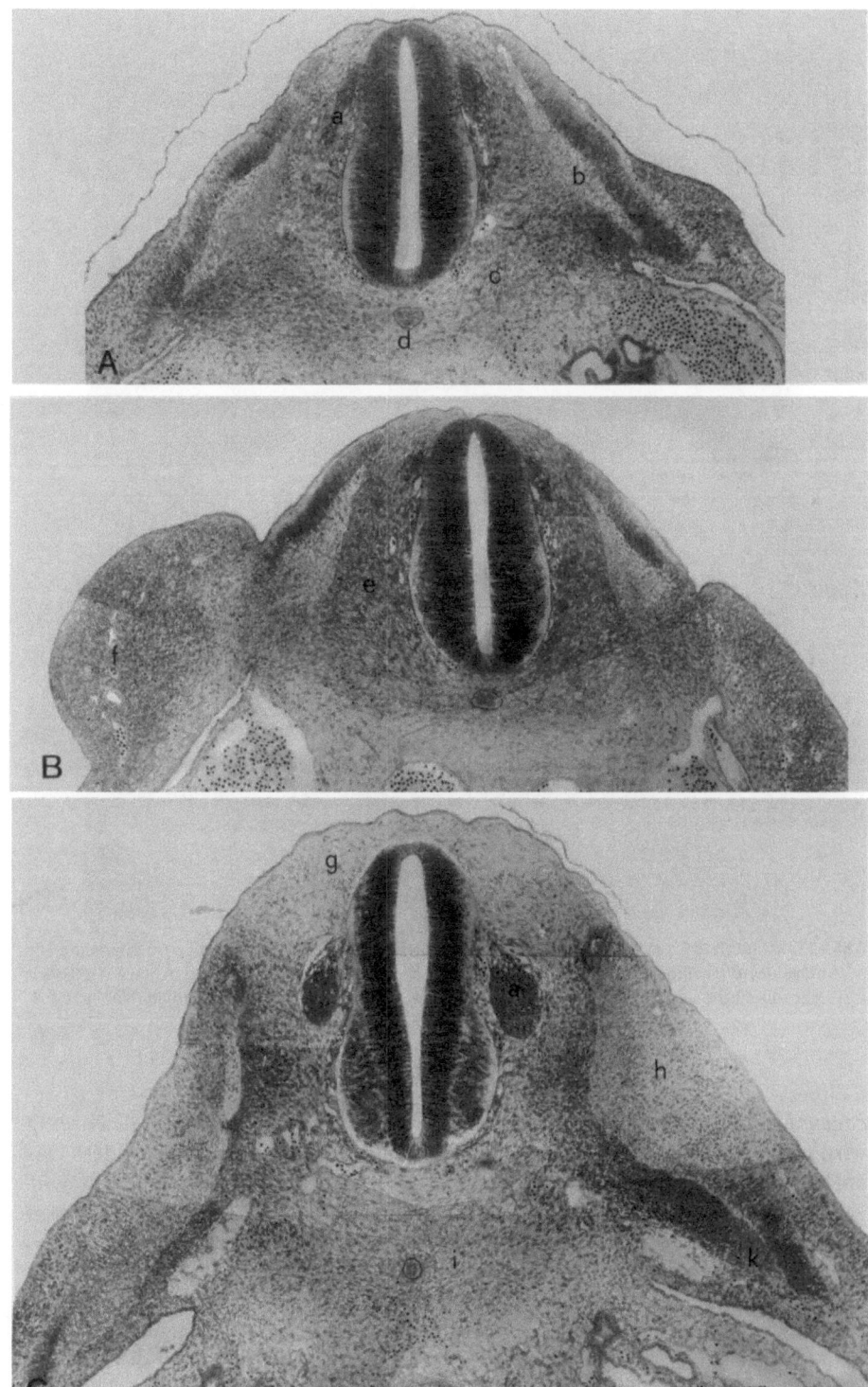

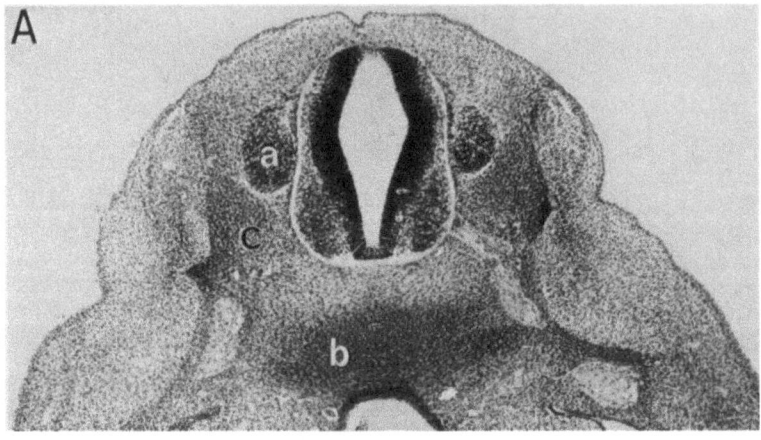

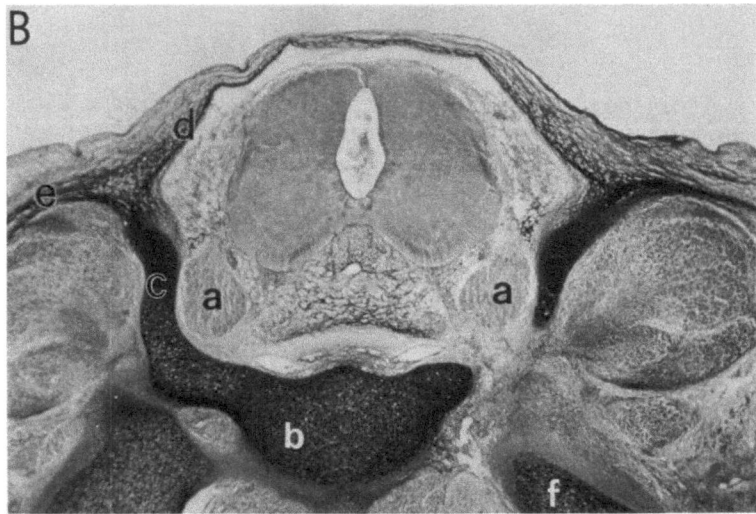

**Abb. 22.** Rinderfeten. *A:* 11 mm, *B:* 25 mm SSL, Frühanlage des Wirbels. *a)* Spinalganglien, *b)* Anlage des Wirbelkörpers, *c)* Anlage des Wirbelbogens, *d)* Deckmembran, *e)* Anlage der Fascie über der autochthonen Muskulatur, *f)* Rippenanlage. Fixierung Lillie, *A:* Methylenblau pH 4, 1, *B:* Müller-PAS, *A:* Obj. 6, 3, *B:* Obj. 4

*bogens* (Abb. 21 C), die mit dem Rippenblastem Verbindung besitzt. Gleichzeitig wird eine Grube mit dem Blastem der autochthonen Muskulatur gebildet. Das anfangs der Epidermis anliegende Rückenmark (Abb. 20 A) wächst durch Vergrößerung seines ventro-dorsalen Durchmessers aus der dichten Sklerotommasse nach dorsal heraus. Damit entsteht eine lockere, etwa das dorsale Drittel des Rückenmarks umgebende Mesenchymkappe (Abb. 20 C, 21 C). In ihr kommt es zur Bildung des Wirbelbogens über einer Art *Deckmembran*, die sich nach lateral in die Fascie fortsetzt (Abb. 22). Bemerkenswert sind die engen Nachbarbeziehungen zur Extremitätenanlage, deren Wand der ventro-laterale Fortsatz des Dermomyotoms anliegt. Bei Rinderfeten von 6–25 mm SSL verlaufen die

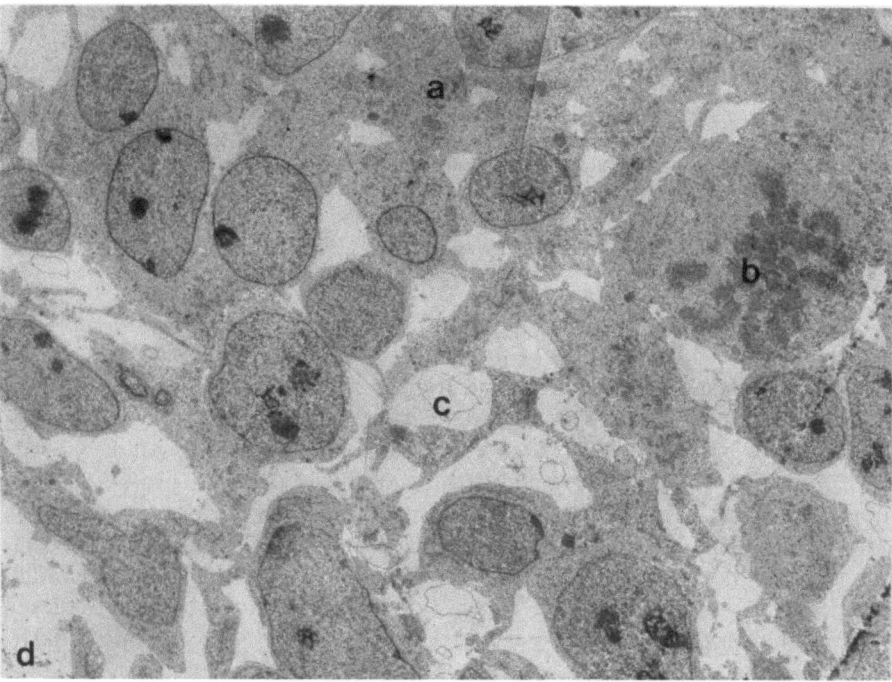

**Abb. 23.** Rinderfet, 6 mm SSL, Auflösung des Sklerotoms. *a)* Kompakter Teil des Sklerotoms, *b)* Mitose, *c)* Plasmalemmblase im Interzellularraum, *d)* erste Fibrillenbruchstücke, Vergr. 2700 ×

Vorgänge jenen beim *Hühnchen* analog. Die Menge der Sklerotomzellen ist allerdings wesentlich größer. Es schließt sich sofort die Bildung der Wirbelbögen an (Abb. 22).

Von einer *Basallamina* um das Ursegment sind beim 6 mm langen *Rinder*feten nur noch unbedeutende Reste vorhanden. Die länglichen Zellen mit großem ovoiden Kern senden plumpe, verzweigte Fortsätze aus, die bis an die Basallamina der zweischichtigen Epidermis heranreichen. Zwischen Sklerotom und Epidermis sind *Fibrillen*„bruchstücke" von etwa 1 000–4 000 Å Länge und 100–200 Å Dicke regellos verteilt. Unter der Basallamina der Epidermis werden die Fibrillen kondensiert; die Bruchstücke liegen annähernd parallel zu ihr.

In dem dichten Hyaloplasma der Dermatomzellen, aber auch des Sklerotoms (Abb. 23), liegen *Mitochondrien* mit dichter Matrix; Cristae mitochondrales sind nicht immer zu erkennen. Ferner kommen „Promitochondrien" (ROUILLER und BERNHARD, 1956) vor, die nicht eindeutig von zukünftigen *lysosomalen* Körpern zu unterscheiden sind (vgl. LEE, 1964). Manche Bilder könnte man als Äquivalente von Mitochondrienteilungen ansehen (vgl. hierzu GUSTAFSON, 1954; ROUILLER, 1960; NOVIKOFF, 1961; ROBERTSON, 1961; LEE, 1964; KORN, 1969a, b; ASHWELL und WORK, 1970). Fast regelmäßig sind den Mitochondrien kurze, wenig über 1 μm lange, *granuläre Membranpaare* angelagert, die das Mitochondrium vollständig umschließen können. Vielleicht stehen sie mit der extramitochondrialen Proteinbildung im Zusammenhang (KADENBACH, 1966; BEATTIE et al., 1966). Die äußere und innere Membran (SJÖSTRAND und HANZON, 1954; LEE, 1964) unterscheiden sich durch ihren Aminosäure-Stoffwechsel (BEATTIE et al., 1966; TAYLOR et al., 1967; BRUNNER und NEUPERT, 1968).

In den Dermatomzellen können einzelne, mitunter verzweigte *granuläre Membranpaare* bis zu 5 µm Länge vorhanden sein. Im Sklerotom, in dem solche Gebilde fehlen, erscheinen, neben den Mitochondrien, Golgi-Elemente, z.T. als kleine Vesikel, überwiegend in der Art des Dictyosoms, aber dann in großer Zahl, ferner Ansammlungen *lysosomaler* Körper. Sie sind offensichtlich das Korrelat u.a. der *Kathepsin*-Aktivität (DEUCHAR, 1960a). *Kohlenhydrat*-Granula sind regellos über die Zelle verteilt. *Cilien* sind kein konstanter Befund. Nach TRELSTAD et al. (1967) besitzt jede aus dem Ursegment auswandernde Mesenchymzelle eine Zilie. Desmosomenartige Strukturen finden sich nur in Nachbarschaft des Auswanderungsrandes (Abb. 24). Weit verbreitet, vom Dermatom über das Sklerotom und zu den auswandernden Zellen hin, sind große, optisch leere *Plasmalemmblasen*. Aufgrund von Befunden an Hühnerkeimscheiben wurde ein Zusammenhang mit der Extrusion von Mukopolysacchariden vermutet (KNESE, 1969b).

Die *Auswanderung* erfolgt entweder in Form der Herauslösung von einzelnen Zellen (Abb. 24) oder als *Auflockerung* des pseudo-epithelialen Verbandes. Merkbare Änderungen der Zellstruktur finden nicht statt. In den benachbarten *Myoblasten* erscheinen Bündel von Myofilamenten. *Kerndegenerationen* sind häufig (Abb. 24). Ebenso erscheinen *Mitosen*. Bei Annäherung der Zellen an die Chorda vermehren sich die kurzen *granulären* Membranpaare geringfügig. Gleichzeitig treten die ersten extrazellulären *Fibrillen*bruchstücke auf. In den abgerundeten zytoplasmareichen chordanahen Zellen liegen bereits recht ausgedehnte Membransysteme. Auch geringfügige Erweiterungen der mit dichtem Material gefüllten Zisternen kommen vor. Die bis zu 8 µm langen, etwas über 200 Å dicken Fibrillen haben z.T. Verbindung mit dem „Mesostroma", das den Interzellularraum in Form schattenhafter Stränge einnimmt.

Der sich in diesen frühen Stadien eines *Rinder*feten von 6 mm SSL abzeichnende *Gradient der Strukturausbildung* von Zellen in Abhängigkeit von ihrer Lage zur Chorda wird später (16 mm SSL) deutlicher (Abb. 25–27). Die Chorda zeigt nur noch Reste einer Basallamina und ist von einer „bindegewebigen" Scheide (Dicke etwa 6,5 µm) umgeben. Die noch nicht quergestreiften, längeren Fibrillen haben gegenüber denen des Feten von 6 mm SSL (100–200 Å) nur wenig an Dicke (150–250 Å) zugenommen. Fibrillen„bruchstücke" sind selten. Der *Chordascheide* liegen längliche, unregelmäßig gestaltete Zellen an, deren Kern mitunter lappig erscheint. Im dichten Hyaloplasma befinden sich annähernd gleichmäßig verteilte freie Ribosomen und Kohlenhydratgranula, im allgemeinen wenige kurze, mitunter aber auch eine ganze Anzahl längerer granulärer Membranpaare (Abb. 25) und nur einige Mitochondrien. Membranpaare haben Kontakt mit den Mitochondrien. Neben einigen dichten lysosomalen Körpern und einem Zentriol finden sich vielgestaltige *Vesikel* mit feinem bis grobgranulärem Inhalt. Mitunter gewinnt man den Eindruck, es handele sich bei den Vesikeln um veränderte Mitochondrien. Einzelne Mitochondrien können bis zu 3 µm Durchmesser anwachsen; ihr Inhalt entspricht dann etwa dem der „chondrogenen Granula" (GOEL, 1970). Ein *Golgi*-Apparat mit Doppelmembranen und Vesikeln ist vorhanden, ferner multivesikuläre Gebilde (KNESE, 1969b). Die erste perichordale Zellage wird peripher von einer *Faserschicht* umgeben. Zwischen den nach außen hin folgenden Zellen treten nur vereinzelt Fibrillen bzw. Fibrillengruppen auf, häufig in Zellnähe (Abb. 26). Im Hinblick auf Art und relative Menge der Strukturelemente gleichen diese Zellen den zentralen Elementen. Während die inneren Zellen noch mehr oder minder länglich sind, folgen fladenförmige Zellen; sie stehen in unmittelbarem Kontakt

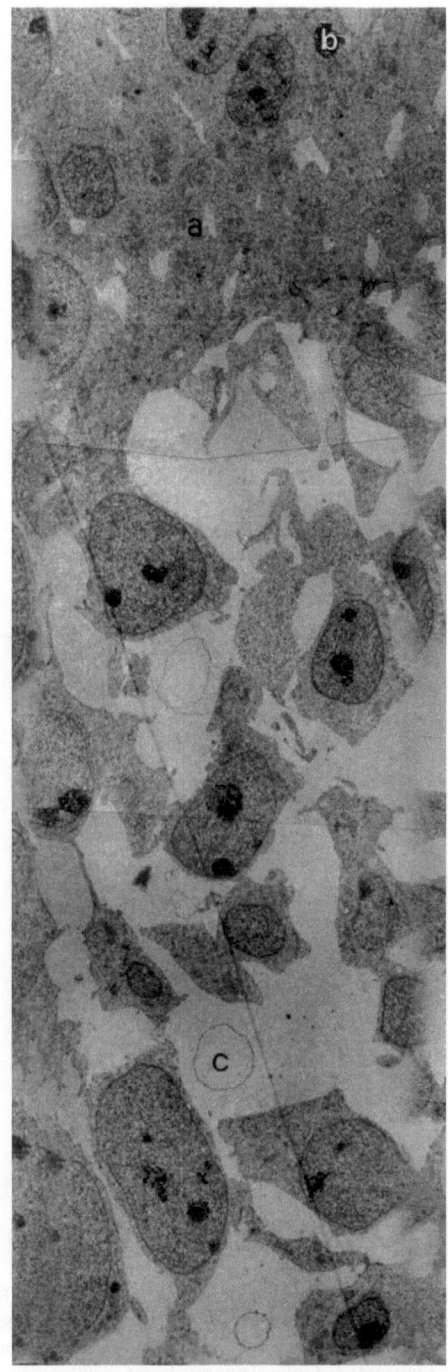

**Abb. 24.** Rinderfet, 6 mm SSL, einzeln auswandernde Sklerotomzellen. *a)* Kompakter Teil des Sklerotoms, *b)* Teil einer degenerierenden Zelle, *c)* Plasmalemmblase in den erweiterten Interzellularräumen, Vergr. 2400 ×

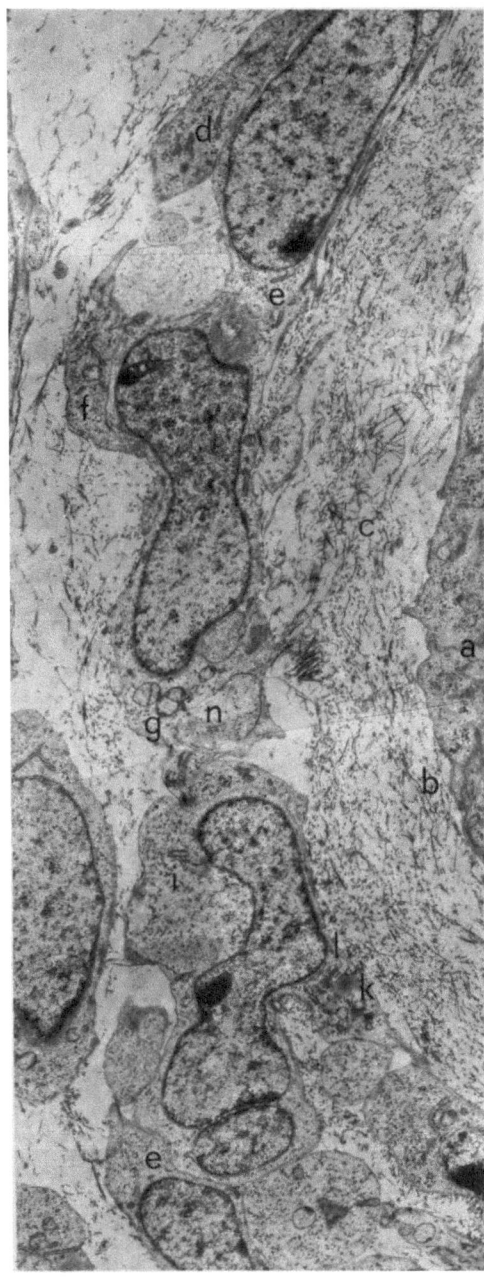

**Abb. 25.** Rinderfet, 16 mm SSL, faserige Chordascheide. *a)* Chorda, *b)* Reste der Basallamina, *c)* faserige Scheide, *d)* granuläre Membranpaare, *e)* Ausstülpung der äußeren Kernmembran, *f)* Mitochondrium, *g)* veränderte Mitochondrien (?), *h)* chondrogenes Granulum, *i)* Zentriol, *k)* Lysosom, *l)* Golgi-Apparat, Vergr. 4700 ×

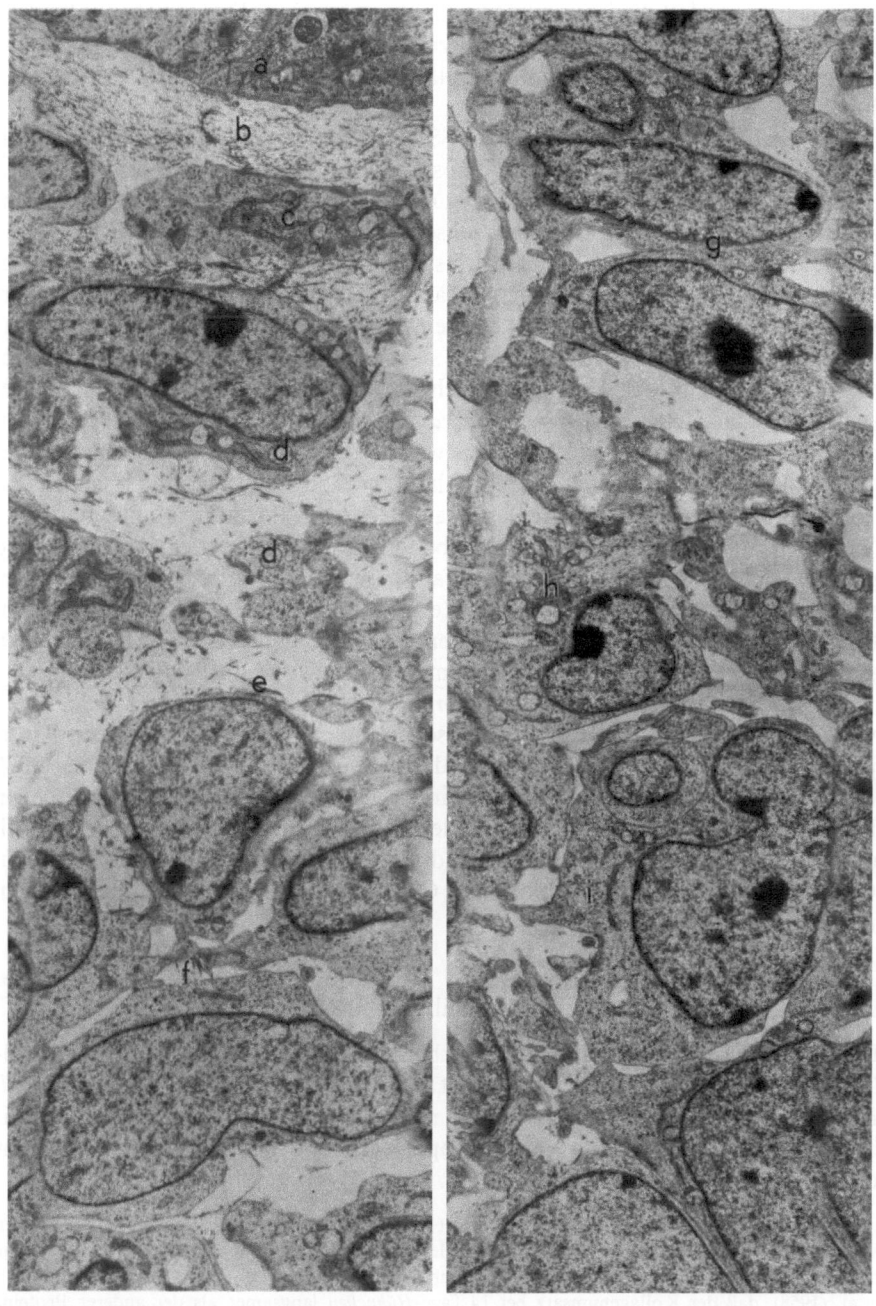

**Abb. 26.** Rinderfet, 16 mm SSL, Panorama der perichordalen Zellen in 4 Abschnitten (Fortsetzung Abb. 27). *a)* Chorda, *b)* Chordascheide, *c)* längere granuläre Membranen, *d)* Mitochondrien, verändert, *e)* kurze Fibrillenbündel, *f)* verengte Interzellularspalten noch mit einigen Fibrillenbündeln, *g)* Kontakt zwischen perichordalen Zellen, *h)* Ansammlung verschiedenartiger vesikulärer Gebilde, vergesellschaftet mit granulären Membranstücken, *i)* fladenförmige Zellen, *k)* geringe Zisternenerweiterungen, Vergr. 4200 ×

miteinander, so daß die interzellulären Spalten eng sind. Die peripher gelegenen länglichen Zellen haben längere Fortsätze, in denen sich Zellorganellen befinden; zwischen ihnen liegen weitere interzelluläre Spalten mit sporadisch auftretenden Fibrillen (Abb. 27).

Bei einem *Rinder*feten von 20 mm SSL ist die Entwicklung sowohl der Zellstruktur als auch der Interzellularsubstanz fast sprungartig vorangeschritten (Abb. 28). Der Gewebezustand ist als *protochondral* (SCHAFFER, 1930) zu kennzeichnen. Die zweite Fibrillenlage jenseits der zentralen Zellschicht hat eine Dicke von 3 µm erreicht und ist ähnlich strukturiert wie die Lage um die Chorda. Die Interzellularräume zwischen den äußeren Zellen sind erheblich erweitert und enthalten ein Geflecht von Fibrillen, das in allen Richtungen des Raums verläuft. Die Struktur der Zellen hat sich beträchtlich geändert. Das Hyaloplasma ist z.T. sehr locker gefügt. Verschieden große und dichte *Kohlenhydrat*depots erscheinen. Die *granulären Membranpaare* haben sich erheblich verlängert, doch nicht vermehrt. Fast alle Zellen weisen umfangreiche Erweiterungen der perinukleären Zisternen auf, deren Inhalt feinflockig bis granulär ist. In die Zisternen sind abgetrennte Teile des Hyaloplasmas in Form „hyaloplasmatischer Vakuolen" (vgl. KNESE, 1971 a) eingebettet. Golgi-Elemente, Lysosomen und größere Vesikel sind in gleichem Umfang wie in den vorangehenden Stadien vorhanden. Die locker strukturierten Kerne enthalten einige Chromatinverdichtungen und einen Nukleolus. Die Zellen der peripheren Lage (Abb. 29) haben sich gegenüber den frühen Phasen kaum verändert.

Ein früher *hyaliner* Knorpel bzw. *Vorknorpel* liegt im Wirbel eines *Rinder*feten von 30 mm SSL vor (Abb. 30). Er unterscheidet sich von echtem hyalinem Knorpel u.a. dadurch, daß neben den aperiodischen feinen Fibrillen solche von 300 Å Dicke mit einer *Periode* vorhanden sind. Die rundlichen bis ovoiden Zellen haben stellenweise Kontakt miteinander. Ein gut ausgeprägtes endoplasmatisches *Retikulum* und Kohlenhydrate sind vorhanden, aber kaum Mitochondrien, Golgi-Elemente und andere vesikuläre Gebilde bzw. Lysosomen treten absolut und relativ an Menge zurück.


### 2.2.2.3. Die Fibrillenbildung im Achsenskelett

Der Übergang vom Sklerotom zum Wirbelkörper ist mit der Bildung von Fibrillen und Mukopolysacchariden korreliert: Es entsteht schrittweise ein *Vorknorpel*. Der Untersucher wird also bereits in relativ frühen Entwicklungsstadien mit den Problemen der Bildung von Mukopolysacchariden und Fibrillen konfrontiert.

Typisches Kollagen fand FITTON-JACKSON (1956, 1958) elektronenmikroskopisch in Sehnen von *Hühnchen* vom 20. Tage an. In Muskel, Herz und Leber wird Kollagen erst vom 11. Tag an gebildet (HERRMANN und BARRY, 1955). Durch Verwendung von *Glycin* zeigten HERRMANN et al. (1958), daß der Kollagenumsatz bei 14 Tage-*Hühnchen* langsamer als der anderer Proteine vor sich geht. NEUMAN (1950) konnte Hydroxyprolin am 5. Tag, Lysin bereits vorher nachweisen. Eine *Prolin*-Aufnahme zeigen auch die Chorda (DEUCHAR, 1963) und das Neuralrohr (COHEN und HAY, 1971). Zellen aus den Ursegmenten von 2–3 Tage alten *Hühnchen*embryonen können Kollagen und Hyaluronsäure bilden (HOLTZER et al., 1957; ALLEN und PEPE, 1965). Mit den neueren Vorstellungen über die Kollagenogenese und Fibrillogenese ist die Annahme vereinbar, daß „Zellen" *lösliches Tropokollagen* in den Interzellularraum abgeben, das sich zu Fibrillen kristallisieren kann.

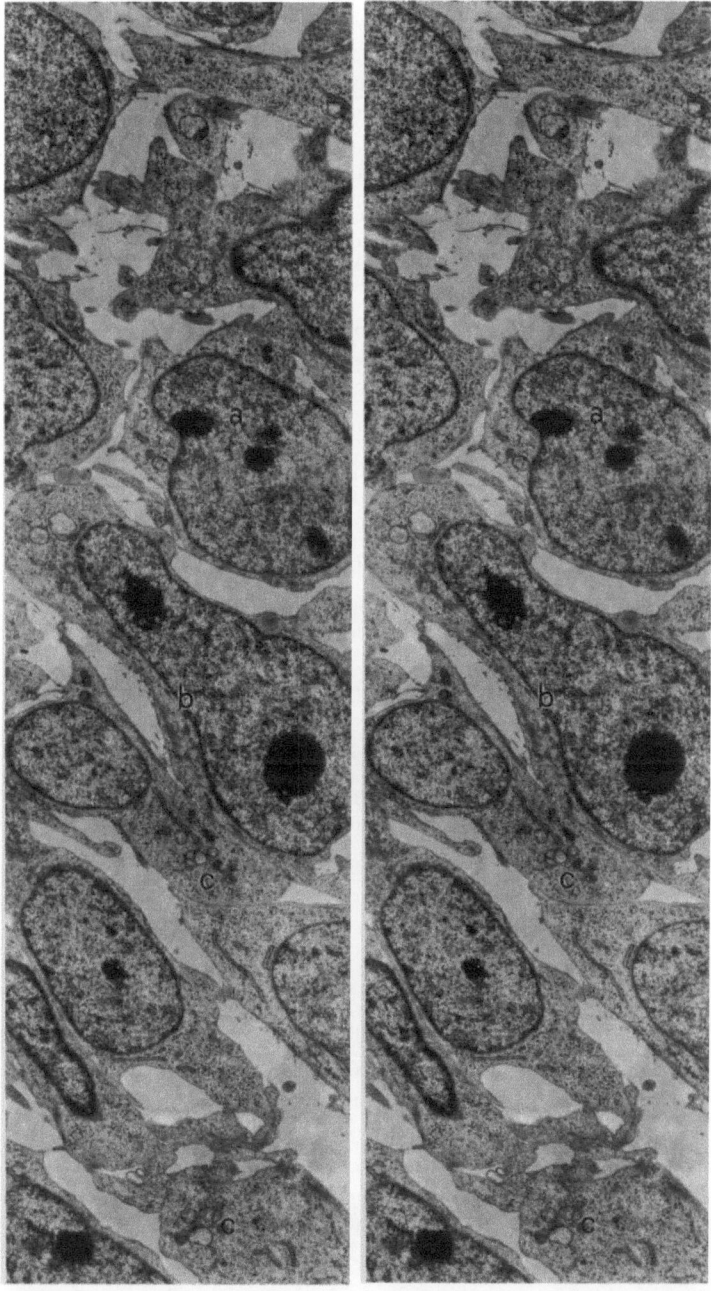

**Abb. 27.** Rinderfet, 16 mm SSL, Fortsetzung des Panoramas der perichordalen Zellen in einem 3. und 4. Abschnitt (vgl. Abb. 26). *a)* Fladenförmige Zellen, *b)* verlängerte Zellen, *c)* Ansammlung verschiedenartiger vesikulärer Elemente mit granulären Membranstücken, *d)* Erweiterung der interzellulären Spalten zwischen Zellen mit langen Fortsätzen, *e)* Ansammlung verschiedenartiger vesikulärer Elemente, Vergr. 4200 ×

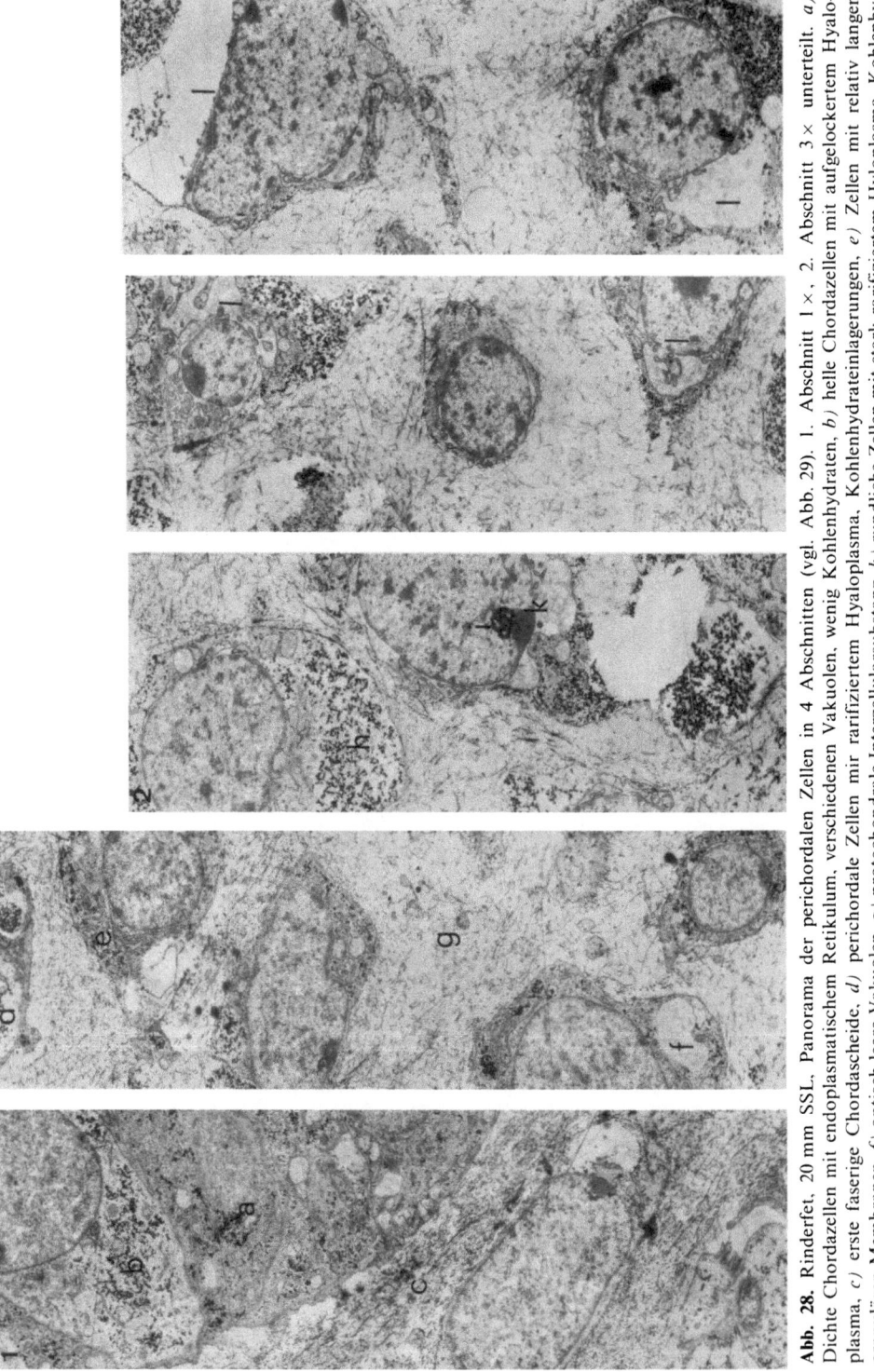

**Abb. 28.** Rinderfet, 20 mm SSL. Panorama der perichordalen Zellen in 4 Abschnitten (vgl. Abb. 29). 1. Abschnitt 1 ×, 2. Abschnitt 3 × unterteilt. *a)* Dichte Chordazellen mit endoplasmatischem Retikulum, verschiedenen Vakuolen, wenig Kohlenhydraten, *b)* helle Chordazellen mit aufgelockertem Hyaloplasma, *c)* erste faserige Chordascheide, *d)* perichordale Zellen mir rarifiziertem Hyaloplasma, Kohlenhydrateinlagerungen, *e)* Zellen mit relativ langen granulären Membranen, *f)* optisch leere Vakuolen, *g)* protochondrale Interzellularsubstanz, *h)* rundliche Zellen mit stark rarifiziertem Hyloplasma, Kohlenhydrateinlagerungen der äußeren Kernmembran. *i)* Nukleolus, *k)* große blasenartige Ausstülpungen der äußeren Kernmembran, *l)* seneartige Erweiterungen der perinukleären Zisternen. Vergr. 3400 ×

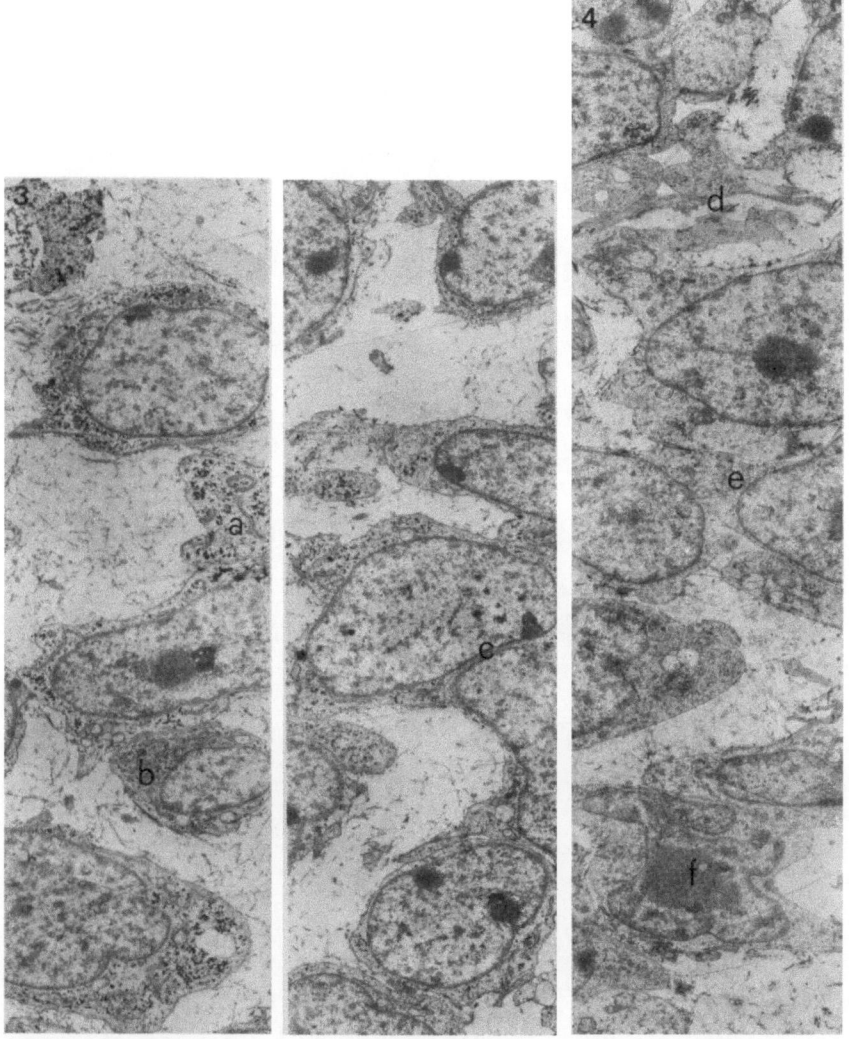

**Abb. 29.** Rinderfet, 20 mm SSL, Panorama der perichordalen Zellen (Fortsetzung von Abb. 28). 3. Abschnitt 1× unterteilt und 4. Abschnitt. *a)* Zellen mit rarifiziertem Hyaloplasma, *b)* dichte Zellen mit mehreren Membranpaare, *c)* unmittelbarer Kontakt zwischen perichordalen Zellen, *d)* Auftreten von längeren Zellfortsätzen, *e)* vesikuläre Ansammlungen, *f)* glatter Kern, Vergr. 3600×

Prolin wird, nach DEUCHAR (1963), am 3. Tage im Bindegewebe bzw. in den zukünftigen Knorpelgebilden, besonders deutlich in der Chordascheide, abgelagert. Die vom Sklerotom abstammende Zellscheide, die am 5.–6. (?; vgl. Abb. 18, 19) Tag vorliegt, zeigt im zentralen Teil eine stärkere Markierung als im peripheren. Nach DEUCHAR (1963) soll dies für einen Transport von Prolin von der Chordascheide zum Knorpel (?) sprechen. Gleichzeitig wird Prolin in steigendem Maß in den zentralen Chordazellen, wohl als Reserve

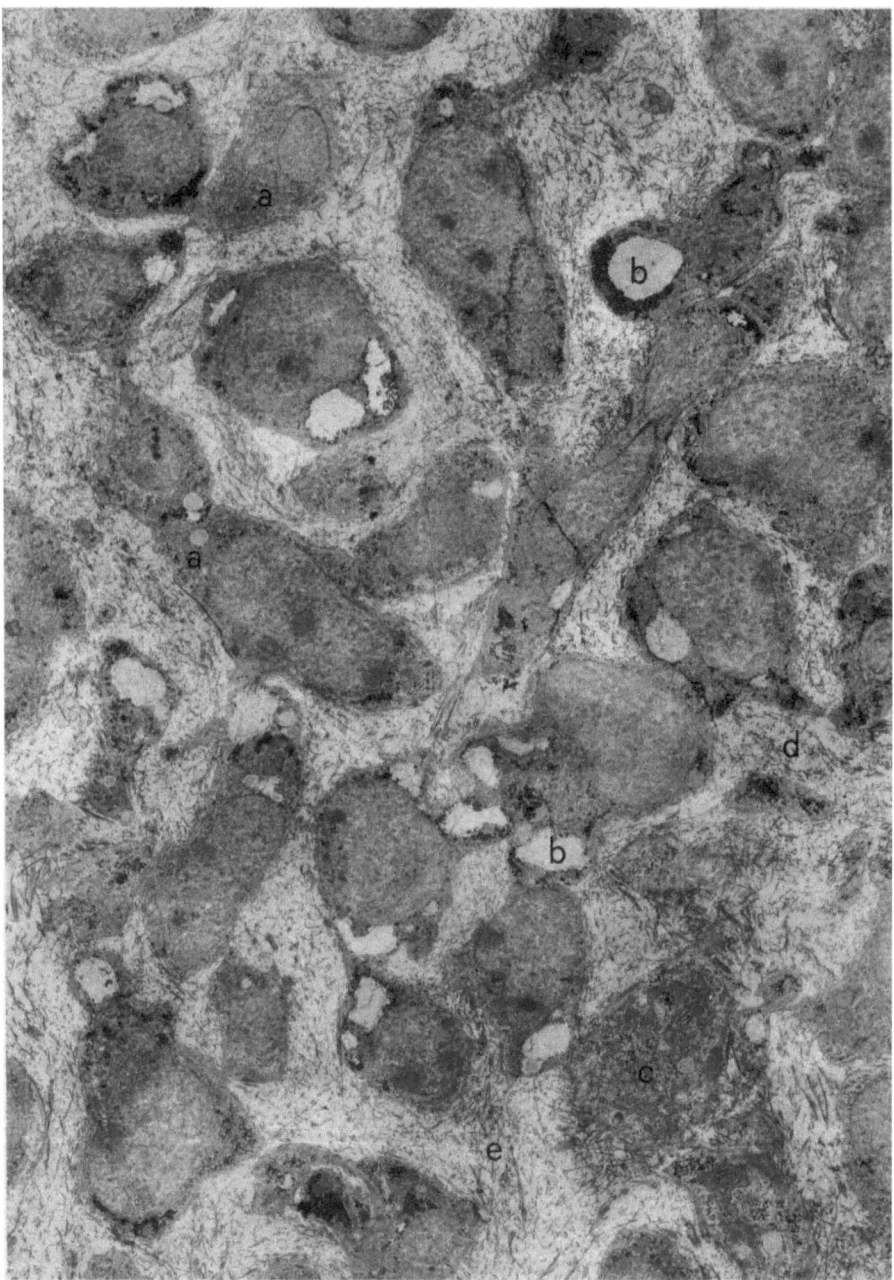

**Abb. 30.** Rinderfet, 30 mm SSL, früher hyaliner Knorpel aus der Wirbelsäule. *a)* Reichlich entwickeltes endoplasmatisches Retikulum in wirbelartiger Anordnung, *b)* Kohlenhydrat-Depots mit optisch leeren Defekten, *c)* Zelle mit unregelmäßig angeordnetem endoplasmatischem Retikulum, *d)* Fibrillen, vergesellschaftet mit einer größeren Anzahl von MPS-Granula, *e)* Fibrillen, vergesellschaftet mit einer geringen Anzahl von Granula, Vergr. 2300 ×

für den Knorpel, abgelagert. Diese Vorstellungen sind z.T. mit unserem Wissen über die Kollagenbildung nicht vereinbar. Auch im Zusammenhang mit dem Dermatom entsteht Kollagen. STRUDEL (1971) spricht von einer „Transformation" des perichordalen Materials in Knorpel. Nach LOW (1968) erscheinen beim *Hühnchen Primärfibrillen* von 40–45 Å Dicke bei frisch gelegten Eiern zuerst im Zusammenhang mit der *Basallamina* des Ektoderms. Freie Mikrofibrillen von 40–150 Å Durchmesser treten durch Delamination von den Basallaminae nach 24 Std Bebrütung auf. Nach 72 Std werden Mikrofibrillen durch *Mesenchymzellen* gebildet. Eine *Periodizität* der Fibrillen entwickelt sich langsam und hat nach 8 Tagen noch nicht die definitiven Werte erreicht. In der Umgebung der Chorda 48–96 Std alter *Hühnchen*embryonen treten Mikrofibrillen mit Durchmessern von 100 Å bzw. weniger und solche von 200 Å Durchmesser auf (LOW, 1968; FREDERICKSON und LOW, 1971); die dicken Fibrillen, die in einigem Abstand von der Chorda liegen, lassen mitunter eine Periodizität erkennen. Die dünnen Fibrillen werden durch Trypsin, Hyaluronidase und α-Amylase, aber nicht Kollagenase, angegriffen, die dicken dagegen nicht durch α-Amylase und schwächer durch Hyaluronidase. Es wird angenommen, daß sich die dicken Mikrofibrillen zu Kollagenfibrillen entwickeln können. Sie besitzen eine Mukopolysaccharid-Komponente und könnten als „junges" Kollagen angesehen werden. Die dünnen Mikrofibrillen treten um die dicken und mehr in der Nähe der Chorda auf. Durch Addition von Tropokollagen an ihre Oberfläche könnten, nach FREDERICKSON und LOW (1971), größere Fibrillen entstehen. Die Herkunft des Tropokollagens sei unklar, da alle Zellen um die Chorda undifferenziert sind. Im übrigen ist zu berücksichtigen, daß Knorpelfibrillen keine Periode besitzen.

### 2.2.2.4. Die MPS-Synthese im Achsenskelett

Saure *Mukopolysaccharide* lassen sich in geringem Umfang am zweiten Tag der Bebrütung an der ventralen Seite der Chorda des *Hühnchens* nachweisen (O'CONNELL und LOW, 1970). Am 3. Tage treten in den Chordascheiden Mukoproteine auf. Hyaluronsäure findet sich zunächst in den Chordascheiden, der Umhüllung des Rückenmarks und der Epidermis, später im Rückenmark und Sklerotom (KVIST und FINNEGAN, 1970a). Biochemisch (als Uronsäure/g Trokkengewicht) ist ein Gipfel der Hyaluronsäure-Konzentration in den axialen Geweben zwischen Stadium 21 und 25 nachzuweisen (KVIST und FINNEGAN, 1970b). Die Hyaluronsäure-Konzentration beträgt im Stadium 17 das 2,5fache jener der Chondroitinsulfate. Im Stadium 28 hat sich das Verhältnis beider fast vollständig umgekehrt. AMPRINO (1955c) fand in allen Stadien der Entwicklung des Hühnchens eine Speicherung von $^{35}$S im Vorknorpel- und Vorknochenmesenchym, bevor diese Anlagen eine spezifische Struktur aufweisen. Daraus schließt der Autor, daß die determinierten Zellen ihre biochemische Differenzierung vor der morphologischen vollziehen (vgl. HANSEN, 1899; HUXLEY, 1924). Beim Hühnchen ist am 4. und 5. Tag nach der Bebrütung die Verteilung von $^{35}$S recht gleichartig, jedoch im Mesenchym stärker als in den übrigen Geweben, vor allem im Zentrum der Gliedanlagen. Am 5. und 6. Tag wird die Verteilung ungleichmäßig. Das präkartilaginöse Blastem stellt eine Zusammenlagerung unregelmäßig gestalteter und stark gefärbter Zellen dar (AMPRINO, 1956). Zwischen den Zellen befindet sich ein Netzwerk von *acidophilen* und nicht metachromatischen Kollagenfasern. Die Zellen sind durch $^{35}$S stark, die Interzellularsubstanz nur schwach markiert. Diese Interzellularsubstanz wird am 6.–8. Tage *basophil* und reagiert *metachromatisch*. Der weiteren Aufnahme von Radio-Schwefel geht eine Zunahme der Interzellularsubstanz und der basophilen Reaktion parallel. Im Autoradiogramm ist das präkartilaginöse Blastem zunächst von der Umgebung durch eine Schicht mit geringerer Radioaktivität gesondert. In der weiteren Entwicklung wird diese Zone zum *Perichondrium*, in dem die $^{35}$S-Ablagerung geringer als im Knorpel, aber höher als im umgebenden Stützgewebe ist.

Die Chondrozyten von *Hühnchen*embryonen bilden nach SHULMAN und MEYER (1968, 1970a) Protein-Polysaccharide, überwiegend mit Chondroitin-4-sulfat, aber wenig Chondroitin-6-sulfat, und kein Keratansulfat, nach MATHEWS (1965b) sowie ROBINSON und DORFMAN (1969) auch Chondroitin-6-sulfat. Ein nicht sulfatiertes *Chondroitin* wurde in der Kultur (THORP und DORFMAN, 1963; MATHEWS, 1965b; ROBINSON und DORFMAN, 1969; SHULMAN und MEYER, 1970b) sowie in einem zellfreien System aus *Hühnchen*knorpel (SILBERT und DE LUCA, 1969) nachgewiesen. Es wird angenommen, es sei ein Vorläufer des Chondroitinsulfats. Nach SHAPOVALOV (1964) treten in den Skelettanlagen *menschlicher* Embryonen von 12–30 cm Länge zuerst Chondroitin-4/6-sulfat auf; Keratansulfat erscheint später.

Nach STOCKDALE et al. (1963) sind 80% der Knorpelzellen aus dem Wirbel 10 Tage alter *Hühnchen postmitotische* Zellen, die Mukopolysaccharide synthetisieren. Chondrozyten aus der Wirbelsäule von 10 Tage alten Hühnchen synthetisieren in der Kultur *Chondroitinsulfat* und *Kollagen* (HOLTZER, 1964; PROCKOP et al., 1964; DE LA HABA und HOLTZER, 1965; NAMEROFF und HOLTZER, 1967; HOLTZER et al., 1970). Die *Enzyme* zur Synthese von Chondroitinsulfaten konnten in den Somiten des Hühnchens nachgewiesen werden (FRANCO-BROWDER et al., 1963; MARCULLO und LASH, 1967), ebenso in den Extremitätenknospen (SEARLS, 1965b; MEDOFF, 1967; DORFMAN, 1970). BHATNAGAR und PROCKOP (1966) haben durch Anwendung spezifischer Inhibitoren nachgewiesen, daß die Synthese von Kollagen und Glykosaminoglykanen durch Knorpelzellen unabhängig voneinander erfolgen kann. Dem steht die Beobachtung gegenüber, daß *Ascorbinsäure*, die für die Hydroxylation von Prolin bei der Kollagensynthese erforderlich ist, die Bildung von Interzellularsubstanzen erhöht und ihre Organisation fördert (LEVENSON, 1969; LAVIETES, 1970). LAVIETES (1971) schließt daraus auf eine koordinierte Synthese von Kollagen und Chondroitinsulfaten. Die Spitze der *RNS-Synthese* liegt am 3. Kulturtag. Zunächst können größere Mengen von Chondroitinsulfat, wohl in Abwesenheit von Ascorbat, gebildet werden. Über den 5. Tag der Kultur hinaus sinkt jedoch die Chondroitinsulfat-Synthese ohne Ascorbat im Medium um 20–25% ab. Bei Vorhandensein von Ascorbat (LAVIETES, 1970) sind die Zellen in großen Mengen von metachromatischer Substanz eingebettet. LAVIETES (1971) nimmt an, daß die Chondroitinsulfate ohne Kollagen löslich bleiben und im Medium verloren gehen. Dieser Auffassung würde die Bildung eines *Gels* aus Lösungen von Kollagen und Protein-Polysacchariden entsprechen (MATHEWS, 1965a; DISALVO und SCHUBERT, 1966). Nach LAVIETES (1971) könnten Chondrozyten wegen des konstanten *DNS-Gehalts* nicht unbegrenzt Interzellularsubstanzen produzieren.

### 2.2.2.5. Die Steuerung der Chondrogenese im Achsenskelett

In vivo wurde eine *induktive* Beziehung zwischen spinaler Chorda und Somitenzellen festgestellt (Salamander, Hühnchen, HOLTZER, 1951; HOLTZER und DETWILER, 1953; WATTERSON et al., 1954; AVERY et al., 1956; HOLTZER, 1959). Sie ist offensichtlich bei allen Vertebraten vorhanden (HOLTZER, 1961). Eine Exstirpation von Rückenmark und Chorda führt dazu, daß sich keine Chondrozyten bilden. Nach ELLISON et al. (1969) werden die Somiten des *Hühnchens* vor dem Stadium 9 zur Knorpelbildung *determiniert*. Die Chondrogenese wird im Stadium 17 *manifest*. In der Kultur bildet sich Knorpel am 4. Tag. Die Induktion des Wirbelsäulenknorpels durch Rückenmark und Chorda ist sowohl in vivo als auch in der Kultur zu beobachten (GROBSTEIN und HOLTZER, 1955; AVERY et al., 1956; HOLTZER, 1959). Die Induktion erfolgt nach LASH und WHITEHOUSE (1960) in den ersten Stunden und führt zuerst zur Bildung von Enzymvorläufern und kleineren MPS-Molekülen, die aber während der analytischen Prozeduren verloren gehen. Eine MPS-Synthese mit Inkorporation von $^{35}$S und Auftreten von Uronsäure konnte nur nachgewiesen werden, wenn Interzellularsubstanzen vorhanden sind, so daß biochemische und morphologische Differenzierung als ein *einheitlicher* Prozeß anzusehen ist. Chondrozyten aus der Wirbelsäule des *Hühnchens* verlieren in der Kultur die Fähigkeit zur Synthese von Chondroitinsulfat (HOLTZER et al., 1960). Mit der Abnahme der MPS-Synthese steigt der Umfang der DNS-Synthese (STOCKDALE et al., 1963). Die Produktion der Interzellularsubstanzen unterliegt wohl der *Gen*-Kontrolle, erfordert aber bestimmte Bedingungen der *Umgebung*.

Von den $10^4$ bis $3 \times 10^4$ Zellen in den Somiten von 2–3 Tage alten *Hühnchen*embryonen sind über die Hälfte *myogene* Zellen (HOLTZER et al., 1957; ALLEN und PEPE, 1965), die anderen *fibrogene* Zellen, die Kollagen und Hyaluronsäure synthetisieren. Die *Sklerotom*zellen sind als Vorläufer der Chondrozyten der kleinste Anteil dieser Population. Die Induktoren wirken auf Somitenzellen, die determiniert oder fähig sind, auf den Induktor zu antworten (HOLTZER, 1963, 1968; HOLTZER und BISCHOFF, 1970). Zellen aus 2-Tage-Somiten können nach Trennung von den Induktoren Knorpel bilden, solche aus 3-Tage-Somiten dagegen nur unter bestimmten Kulturbedingungen (HOLTZER, 1964). Es liegt eine Folge von heterotypischen und homotypischen *induktiven* Wechselwirkungen im Embryo vor (HOLTZER und MATHESON, 1970). Die Wechselwirkung mit Chorda und Rückenmark ist nur einer der bestimmenden Faktoren; die Somitenzellen benötigen nämlich nach der Induktion noch 2–3 Tage, bis Knorpel gebildet wird.

Die *Induktion* der „Chondrogenese" in den Somiten durch Chordamaterial ist als relativ spezifisch anzusehen (HOLTZER, 1951; GROBSTEIN und HOLTZER, 1955; AVERY et al., 1956; LASH et al., 1957). Experimente mit der Induktion durch ein Milliporfilter haben gezeigt, daß die induktive Wirkung frühestens nach 10 Std auftritt (LASH et al., 1957). Die induzierenden Faktoren des Chorda-Rückenmark-Somitensystems wurden von LASH et al. (1962), HOMMES et al. (1962), ZILLIKEN (1963) sowie von STRUDEL (1962) isoliert. Es wurde angenommen, daß der *Induktor* Nucleotide enthält (LASH et al., 1962; LASH, 1963a, b, 1968a, b). THORP und DORFMAN (1967), HOLTZER (1964, 1968) sowie HOLTZER und MATHESON (1970) konnten jedoch keine Induktoren isolieren. Rückenmark und Chorda induzieren zwar die Nachkommen der Somitenzellen zur Differenzierung in Chondrozyten (HOLTZER und DETWILER, 1953; AVERY et al., 1956), doch induzieren beide keine Knorpelentwicklung an Extremitätengürtel, Rippen und Trachea. Nach HOLTZER (1964) muß also eine *größere* Zahl von *Knorpelinduktoren* vorhanden sein.

Das Kernproblem der Zelldifferenzierung bei der Chondrogenese liegt in der Entwicklung der endogenen Mechanismen, die (in Tochterzellen) genetische Informationen zugängig machen, die von den Mutterzellen noch nicht genutzt werden konnten (HOLTZER et al., 1972; vgl. SEARLS, 1973; LEVITT und DORFMAN, 1974). In diesem Zusammenhang ist zwischen der *proliferativen* Form des Zellzyklus, bei der die Tochterzellen den Phänotypus der Mutterzellen haben, und der *quantalen* mit Entstehung neuer Stoffwechselwege zu unterscheiden (HOLTZER und MATHESON, 1970). Bei diesem Zyklus tritt eine genetische Mannigfaltigkeit in dem sich vermehrenden System auf. Nach einer größeren Zahl von Zellgenerationen als Zwischenstadien der Differenzierung soll eine Zelle entstehen, die z.B. Myosin, Hämoglobin oder Chondroitin-4-sulfat bilden kann. Für den gesamten Organismus wären etwa 20 derartige verschiedene *Zellfamilien* erforderlich. In der Entwicklung besteht eine Abhängigkeit von der *Zeit,* die eigentlich nur auf den Zellzyklus bezogen werden kann.

Bei der Chondrogenese handelt es sich um die Produktion von „Luxus"-Molekülen, d.h. – im Gegensatz zu den „essentiellen" – um Moleküle, die für die Lebensfähigkeit der Zellen nicht erforderlich sind. LASHER und CAHN (1969) schlossen, daß bestimmte *Gene* für die Synthese von sog. Luxusproteinen, charakteristisch für die Differenzierung, verstärkt gebildet würden; diese DNS müßte außerhalb der S-Phase synthetisiert werden. Die Fähigkeit zur Bildung von Glykosaminoglykanen haben viele Zellen, doch könnte eine Spezifität im Hinblick auf den *Protein*anteil vorliegen; damit müßte an eine Aktivität differenter Gene gedacht werden. Die Spezifität der Knorpel-$\alpha_1$-Kollagen-Ketten (MILLER und MATUKAS, 1969; TRELSTAD et al., 1970) spricht für ein spezifisches „Knorpel"-Gen. HOLTZER et al. (1972) haben gezeigt, daß Bromdioxymidin bei Chorda-Somiten-Kulturen nur die Chondroitin-4-sulfat-Synthese beeinflußt. In Kulturen wird zunächst ein Glykoprotein, dann Hyaluronsäure gebildet, deren Synthese unbeeinflußt bleibt. Damit werden frühere Untersuchungen bestätigt (*Hühnchen*-Somiten: KVIST und FINNEGAN, 1970a, b; regenerierende *Molch*-Extremität: TOOLE und GROSS, 1971; *Hühnchen*-Cornea: TOOLE und TRELSTAD, 1971; vgl. weiter LOEWI und MEYER, 1958; COON, 1966). TOOLE und TRELSTAD (1971) halten die Hyaluronsäure für ein geeignetes Substrat der Zellwanderung während der Morphogenese. Dagegen meinen HOLTZER et al. (1972), daß die Zelle zunächst im Sinn des *Programms* Hyaluronsäure gebildet haben muß, bevor die Chondroitinsulfat-Synthese einsetzt. Nur dieses Zellstadium ist gegenüber Bromdioxymidin sensitiv. COLEMAN et al. (1969), BISCHOFF und HOLTZER (1970) sowie LASHER und CAHN (1969) fanden, daß die Differenzierung von Fibroblasten in Knorpelzellen durch Bromdioxymidin verhindert wird, das in die DNS eingebaut wird.

LASHER (971) diskutiert folgende Fragen: 1. Benötigt eine prä- oder postinduzierte Zelle eine *DNS-Synthese* und Replikation, damit eine Chondrogenese stattfinden kann? 2. Ist die Biosynthese von Chondroitinsulfat ein Charakteristikum der gesamten induzierten Somitenzellpopulation oder nur eine Eigenschaft der künftigen Knorpelzellen? Untersuchungen von ABBOTT und HOLTZER (1965) sowie HOLTZER (1968) mit Inhibitoren der Mitosen und/oder der DNS-Synthese lassen annehmen, daß einige für die Chondrogenese kritischen Vorgänge mit der *Mitose* und/oder der *DNS*-Synthese während der ersten 2 Tage nach der Induktion verbunden sind (vgl. WILCOX et al., 1969). Es sei zu vermuten, daß über die DNS-Synthese und Mitosen eine *Stammlinie* von Chondroblasten entsteht, in der die zunächst *allen Zellen* zukommende Fähigkeit zur Chondroitinsulfatsynthese stabilisiert und vergrößert wird. Dafür spricht u.a., daß die Biosynthese von MPS sowohl in *präinduzierten* Somitenzellen (MARCULLO und LASH, 1967; LASH, 1968a, b) als auch prädifferenzierten Zellen der Extremitätenknospe (SEARLS, 1965a, b; MEDOFF, 1967; ZWILLING, 1968) möglich ist. Bei Inkubation von *Hühnchen*somiten aus dem Stadium 16–17 (51–64 Std) ergibt sich eine „sichtbare" Chondrogenese nach 3–4 Tagen (LASH, 1968a, b), d.h. im gleichen Zeitraum wie in situ (Abb. 19). GLICK et al. (1963) wiesen in der Kultur von *Hühnchen*-Somiten (Stadium 16–17) in Gegenwart von Chorda bzw. Rückenmark die ATP-Sulfurylase und APS-Kinase nach, die beide zur MPS-Synthese erforderlich sind. Eine Protodifferenzierung bzw. *Stabilisierung* eines präexistenten Stoffwechselmechanismus bedeutet aber nichts weiter, als daß die Sklerotomzellen bei ihrer Umwandlung zur pro- bzw. protochondralen Zelle bereits *stoffwechselaktiv* sind. Sie differenzieren sich nicht nur, um dann plötzlich den „Knorpel" zu bilden.

Die *Kontrolle der Chondrogenese* erfordert nach HOLTZER (1964) einmal Mechanismen, die in Zellen die Produktion von Chondroitinsulfaten anregen und zum anderen Mechanismen, die die chondrogenetische Aktivität in den Chondrozyten aufrechterhalten. Für die Regulation der Chondrogenese ist damit (a) das Sichtwort aus der *Umgebung* von Bedeutung, das die in den prospektiven Chondroblasten gespeicherte genetische Information aktiviert, und (b) die *genetische* Kontrolle, die den Chondrozyten im Zustand der Chondroitinsulfatproduktion hält.

Aufgrund von Untersuchungen an Gewebekulturen wurden drei Stadien der Differenzierung von Chondrozyten angenommen. Im ersten undifferenzierten *„Fibroblasten"*-Stadium werden nicht sulfatierte Polysaccharide gebildet. Nach COON (1966), ABBOTT und HOLTZER (1968) ist dieses Stadium fähig, sich in ein weiteres umzuwandeln, das sulfatierte Polysaccharide bilden kann, wobei aber wiederum zwei Stadien zu unterscheiden sind. Der jüngere Typ synthetisiert fast allein Chondroitinsulfate, aber nur wenig Keratansulfat (NAMEROFF und HOLTZER, 1967; SHULMAN und MEYER, 1968). Der *ältere* Typ produziert außer Chondroitinsulfaten größere Mengen von Keratansulfat.

Die Untersuchungen von COOPER (1965) an *Mäusen* und *Hühnchen*embryonen, z.T. im Anschluß an GROBSTEIN und PARKER (1954) und GROBSTEIN und HOLTZER (1955), gehen durch die Einbeziehung von Rippe, Humerus und Trachea 12–15 Tage alter Mäuse über die hier zur Diskussion stehenden Stadien hinaus, werden aber wegen der Korrelation einer *stadienspezifischen* Induktion im Hinblick auf die Zytodifferenzierung herangezogen. Die Zellen des Chorda-Mesoderms unterscheiden sich von jenen des präkartilaginösen Mesenchyms durch die Fähigkeit zur MPS-Synthese mit Bindung von $^{35}$S an ein Protein. Weiter findet eine spezifische Aggregation sich abrundender Zellen zum präkartilaginösen Mesenchym statt. Die Form der Zellassoziation ist in diesen Stadien veränderlich (GROBSTEIN, 1955). Das dritte Phänomen ist eine bestimmte Folge zytologischer Veränderungen, die mit der Synthese und Sekretion der extrazellulären Komponenten korreliert ist (KNESE und KNOOP, 1961a). In der *Hühnchen*-Chorda tritt eine Vakuolenbildung im Sinn der Hypertrophie auf, wobei die Zisternen bis zum 5. Bebrütungstag ein dichtes Material (JURAND, 1962) enthalten. In späteren Stadien zeigen die Chondrozyten eine Hypertrophie. Da KNESE und KNOOP (1961c) eine Umwandlung von hypertrophen Zellen in Osteoblasten beobachtet haben, beschäftigt sich COOPER (1965) mit der Erhaltung von hypertrophen Zellen in Chorda und Knorpel in vitro und vivo (vgl. STUDITSKY, 1934c; WILLIAMS, 1942) und meint, es handle sich hierbei um eine Fortsetzung der synthetischen Aktivität.

Die Annahme einer *stadienspezifischen Induktion* liegt nach COOPER (1965) nahe, da sie mit einer *stadienspezifischen Synthese* verbunden ist. Die hypertrophierenden Chondrozyten dürften die Bildung von periostalem Knochen induzieren, wie u.a. Beobachtungen an Kulturen vermuten lassen (FELL, 1925, 1928/29; FELL und LANDAUER, 1935; HAMBURGER, 1941; RUDNICK, 1945b; LACROIX, 1951b; CHEN, 1953). Die Frage, wie diese stadienspezifische Induktion abläuft, ist offen. Die Korrelation zu anderen Gebilden während der Entwicklung ist wohl unerläßlich (z.B. SENO und BÜYÜKÖZER, 1958). Seit MURRAY und SELBY (1933) ist der fördernde Einfluß des Neuralrohrs der Knorpelbildung auf der Chorio-Allantois bekannt. Die Entwicklung der Somiten geht nicht isoliert vor sich, sondern nur in entsprechender Umgebung (MUCHMORE, 1951; Muskelentwicklung bei *Amphibien*). SENO und BÜYÜKÖZER (1958) beobachteten eine Differenzierung der Skelettgewebe bei frühen Embryonen (8–20 Somiten) in Abwesenheit des Neuralrohrs, aber in Gegenwart von Entoderm und Ektoderm. Die Autoren wollen aus diesem Befund nicht schließen, daß das Neuralrohr ohne Einfluß sei, doch beeinflussen noch andere benachbarte Gewebe die Differenzierung.

Im Vergleich mit den elektronenmikroskopischen und histochemischen Fakten (s.o.) zur Entwicklung des Wirbelkörpers muß man feststellen, daß die schrittweise Entwicklung in der „Familie der Knorpelzellen" mit einem ebenfalls *schrittweisen Aufbau der Organform* des Wirbels und der Interzellularsubstanzen verbunden ist. Man wird sich daher fragen müssen, ob die Induktion der „Chondrogenese" in den Somiten nicht eigentlich eine Induktion der *Wirbelsäule als*

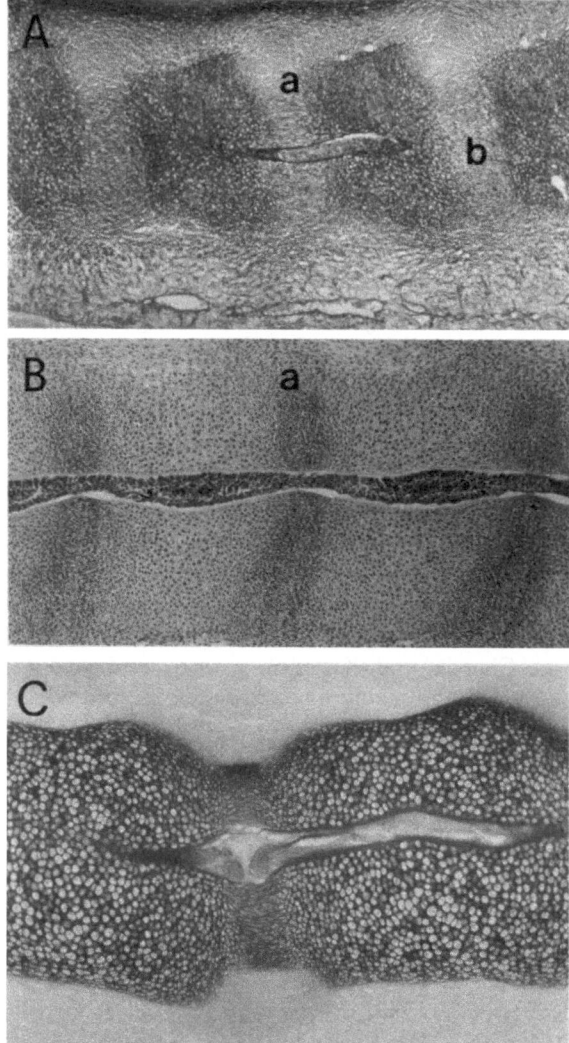

**Abb. 31.** Abgrenzung von Wirbelkörper und Zwischenwirbelscheibe. *A:* Rinderfeten 16 mm SSL,
*B:* 21,6 mm SSL, *C:* 40 mm SSL. Fixierung Rossman. *A:* PAS, *B:* PAS-Hämalaun, *C:* Kresylechtviolett pH 3, 1, Obj. 6, 3

*Organ* darstellt, deren zwangsmäßige Programmfolge auch eine Chondrogenese
ist. Ein weiterer Schritt wäre die Osteogenese, es sei denn, man nehme hierfür
einen besonderen Induktionsmechanismus an, wie das vielfach geschieht. Der
unterschiedliche Ablauf der Chondrogenese im Wirbelkörper und Wirbelbogen
(Abb. 32–34) spricht für diese Vermutung. In dem Somiten, genauer dem Sklerotom, wird nicht nur Knorpel induziert. Bekanntlich ist der Wirbelkörper um
etwa eine halbe Somitenbreite versetzt; er entsteht aus der kaudalen Hälfte
eines Ursegments und der kranialen des nächstfolgenden.

In Segmentmitte befindet sich die Anlage der *Zwischenwirbelscheibe* mit völlig abweichender histogenetischer Potenz (Abb. 31). Hier liegen Fibroblasten in einer spezifischen Ordnung, die bereits die spätere Faserstruktur der Zwischenwirbelscheibe vorzeichnet (KNESE, 1965a; vgl. Abb. 5). Ihr Zytoplasma gibt eine deutliche Gallocyanin-Reaktion, daneben eine PAS-Reaktion; eine Alcianophilie besitzen die Wirbelkörper. In Segmentmitte, im Anschluß an die Zwischenwirbelscheibe, folgt nach lateral die Rippe (Abb. 11). Es ist infolgedessen schwierig, das Induktionssystem auf eine bestimmte Form der Histogenese, die „Chondrogenese", noch dazu als MPS-Synthese, zu beziehen. Im übrigen dürfte es kaum gelingen, bei einer in vitro-Embryologie die Verhältnisse in situ zu imitieren.

### 2.2.2.6. Die Histogenese des Wirbelbogens

Die Ergebnisse des Versuchs, einen Entwicklungsvorgang biochemisch zu definieren (vgl. THORP und DORFMAN, 1967), lassen sich nur bedingt mit morphologischen Stadien korrelieren. Ein Mesenchym liegt nur im Augenblick der Auswanderung der Skelettzellen aus dem Sklerotom vor. Ein Fibroblasten-Stadium in engerem Sinn fehlt bei der Entstehung des Wirbelkörpers. Bei der Bildung der Wirbelbögen treten demgegenüber Mesenchymzellen und fibroblastenähnliche Elemente auf. Das „normale" Experiment des Embryos (WEISS, 1965) demonstriert, daß „die" Chondrogenese in einem verschiedenartigen Programm mit unterschiedlichen Ausgangs-, Zwischen- und Endstrukturen, und zwar *organabhängig* abläuft. Es mag dahingestellt sein, warum sich in Wirbelbogen und -körper derart verschiedenartige histogenetische Abläufe manifestieren. Bereits SENSENIG (1948) hat bei einem 12 mm langen *menschlichen* Feten zwei Arten von Vorknorpel beschrieben; ein Vorknorpel ohne vorausgehende Mesenchymkondensation kommt nur im Wirbelbogen vor.

Die Entwicklung der Wirbelsäule wird durch *zwei Induktionssysteme* gesteuert, wie die Defekt- und Transplantationsversuche bei *Amphibien* und *Vögeln* (FOWLER und WATTERSON, 1953; DETWILER und HOLTZER, 1954; STRUDEL, 1955) sowie an *Mäuse*embryonen (GROBSTEIN und PARKER, 1954; GROBSTEIN und HOLTZER, 1955) zeigen. Formbildung und Differenzierung der Neuralbögen werden vom *Neuralrohr* beeinflußt, Hämalbögen, Wirbelkörper und Zwischenwirbelscheibe werden von der *Chorda dorsalis* determiniert (STRUDEL, 1955). Bei *Anuren* wirkt das Neuralrohr als *Induktor* der Bogenknorpelzellen und die Chorda als jener der perichordalen Knorpelhülle und damit des zukünftigen Wirbelkörpers (KIEFER, 1959). Die knorpelinduzierende Aktivität des Neuralrohrs ist bei der *Maus* (GROBSTEIN und HOLTZER, 1955) und dem *Salamander* (HOLTZER, 1951) auf die ventrale oder motorische Hälfte beschränkt.

Der Wirbelbogen entsteht auf der Grundlage einer dorsalen Mesenchymschicht, einer Art *Deckmembran* (vgl. DÖNNEBRINK, 1973), die sich in den Kopfbereich als Anlage der „desmalen" Elemente fortsetzt. Anteile der Deckmembran werden Rückenfascie (Abb. 22); ferner sind Beziehungen zu den sich entwickelnden Rückenmarkhäuten wahrscheinlich. Innerhalb dieser Membran bildet sich der Wirbelbogen in der Form, daß spätere Stadien der Chondrogenese in Nähe des Wirbelkörpers, frühere zu den Seiten und dorsal vom Rückenmark auftreten. Das *Mesenchym* besteht aus sternförmigen Zellen, die weit auseinanderliegen und fast parallel zueinander angeordnet sind (Abb. 32); sie besitzen schmale (0,1–0,2 µm) und bis 20 µm lange Fortsätze. Die Struktur der ovoiden Zellkerne ist relativ dicht und homogen; ein Nukleolus ist vorhanden. Das endoplasmati-

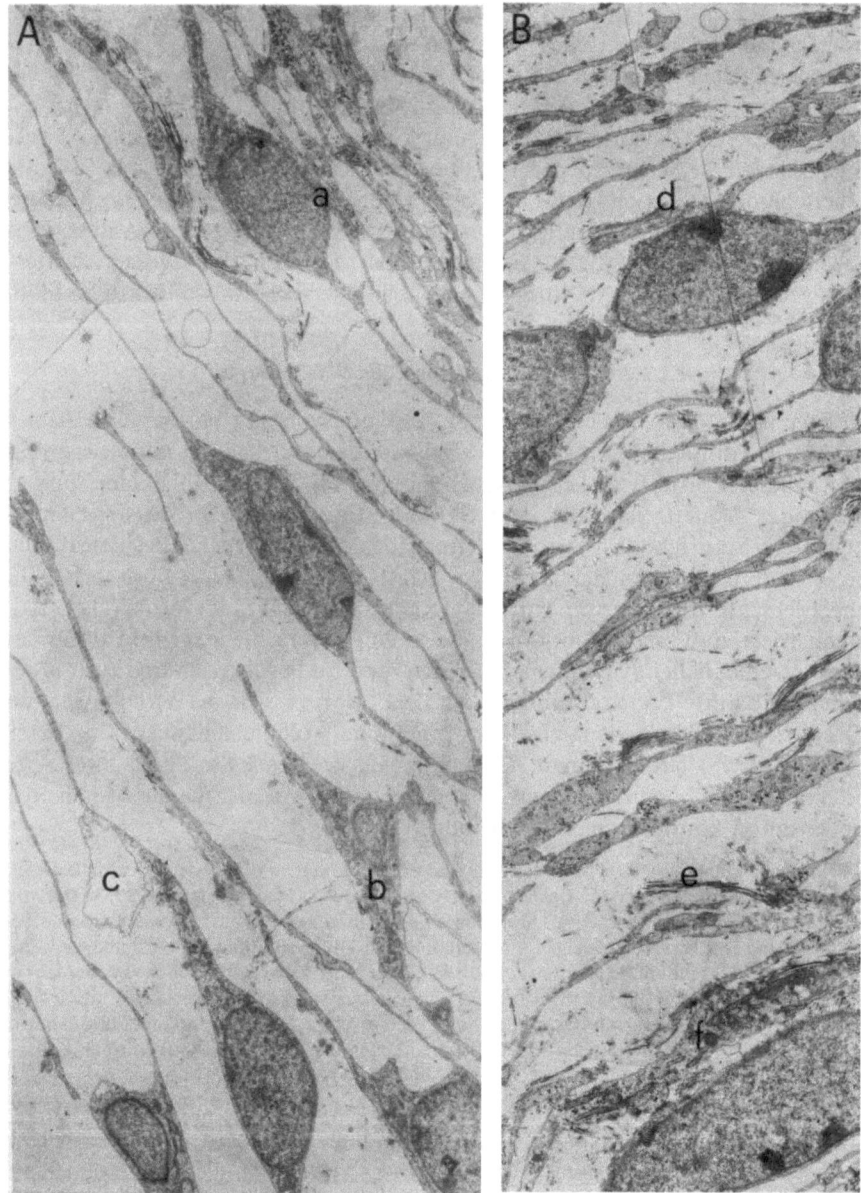

**Abb. 32.** Rinderfet, 30 mm SSL, Panorama der Entstehung des Wirbelbogens in 6 Abschnitten (Fortsetzung Abb. 33, 34). *A:* Mesenchymales Stadium, *B:* Übergang zu Fibroblasten. *a)* Äußere und dorsale Mesenchymzellen in etwas dichterer Lagerung, Zellfortsätze von einigen Fibrillen begleitet, *b)* Anschnitt eines Perikaryons der Zellen mit langen, schmalen Fortsätzen mit Mitochondrien und einzelnen Membranpaaren, *c)* abgehobene Plasmalemmblase, *d)* Übergang zu Fibroblasten mit verkürzten Zellfortsätzen, denen einzelne Fibrillenbündel anliegen, *e)* Fibrillenbündel, *f)* Teil einer Zelle mit längeren Membranpaaren, *g)* Mitochondrien, Vergr. 3500 × (Aufnahme Dr. Dönnebrink)

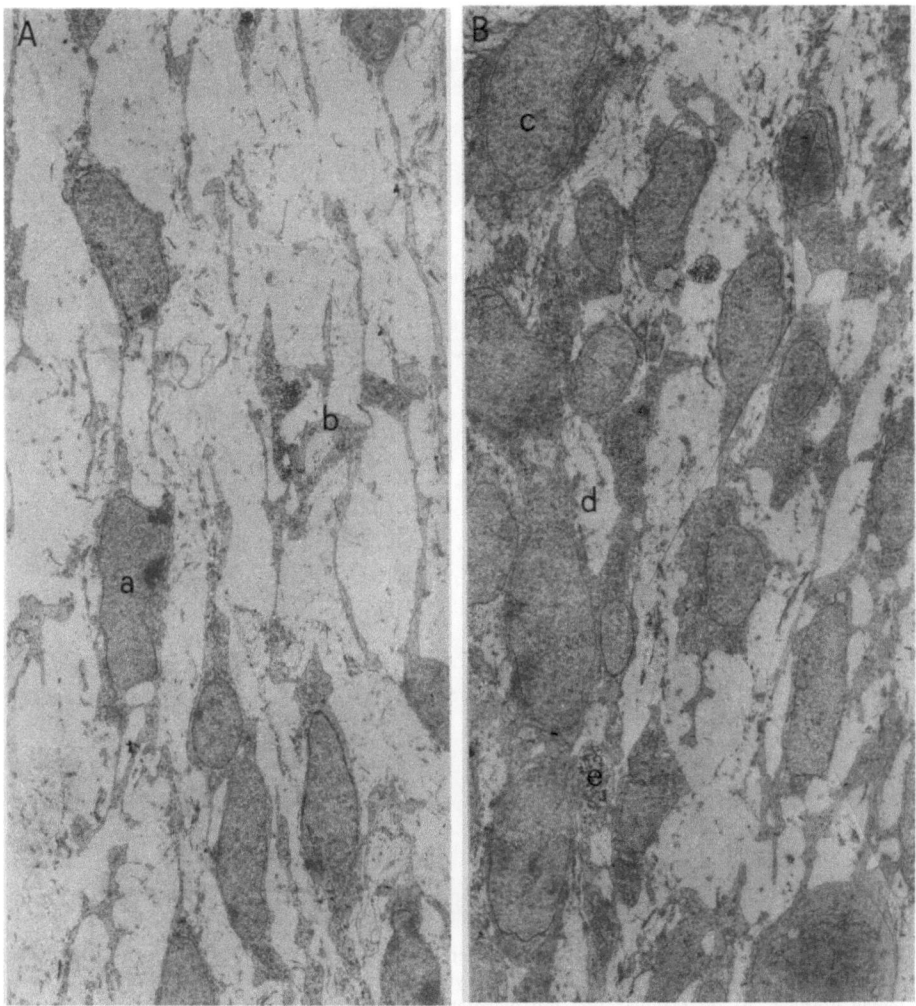

**Abb. 33.** Rinderfet, 30 mm SSL, Panorama der Entstehung des Wirbelbogens (Fortsetzung von Abb. 32). *A:* Region der Stammzellen, *B:* Region der sog. Kambiumzellen. *a)* Abgestumpfter Zellkern, *b)* unregelmäßig gestaltete Zellfortsätze in mehrfachem Kontakt miteinander, *c)* sog. Kambiumzellen mit ovoidem Kern, *d)* verengte Interzellularspalten, *e)* Einlagerung von Kohlenhydraten, Vergr. 2200 × (Aufnahme Dr. Dönnebrink)

sche Retikulum, das aus kurzen, granulären Membranpaaren besteht, liegt vor allem in den Zellausläufern, die sich mit Gallocyanin schwach anfärben. Nach lateral und ventral zu wird die Gestalt der Zellen *fibroblasten*ähnlich (Abb. 33). Die Zellen sind im Vergleich zum Mesenchym näher zusammengerückt, ihre nur noch 9 μm langen Ausläufer sind annähernd parallel orientiert. Neben einigen *Mitochondrien* treten reichlich kleinere, meist optisch leer erscheinende Vesikel auf; kurze granuläre Membranpaare sind selten. Der Existenz *freier Ribosomen* entspricht eine deutliche Reaktion mit Gallocyanin. Den Zellfortsätzen,

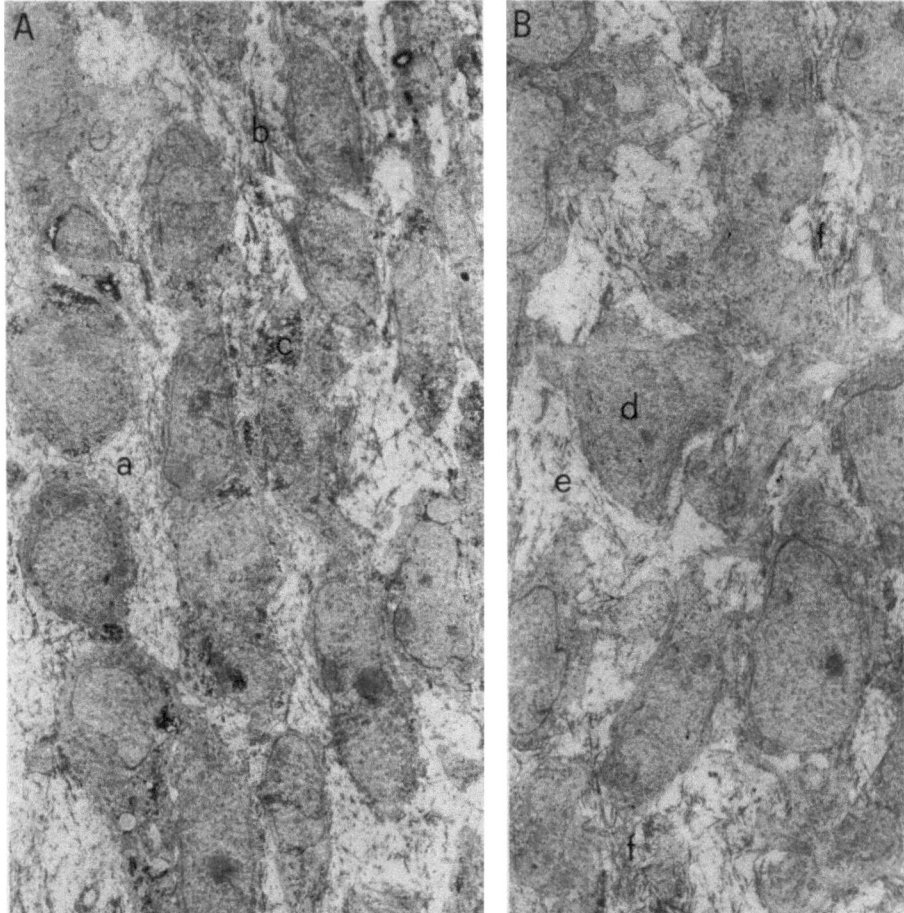

**Abb. 34.** Rinderfet, 30 mm SSL, Panorama der Bildung des Wirbelbogens (Fortsetzung von Abb. 32, 33). *A:* Übergang zu frühen Chondrozyten, *B:* Chondrozyten. *a)* Interzellularraum mit feinen Fibrillen, *b)* Interzellularraum mit dickeren Fibrillen, *c)* Glykogeneinlagerungen, *d)* frühe Chondrozyten mit regelmäßig gestaltetem Kern, *e)* Interzellularraum mit feinen Fibrillen, *f)* Interzellularraum mit größeren Fibrillen, Vergr. 2400 × (Aufnahme Dr. Dönnebrink)

selten dem Perikaryon, liegen einzelne kurze (um 1,0 µm lange, aber auch längere, bis 2 µm) *Kollagenfibrillen* an, wobei bis zu 7 Fibrillen zu einem Bündel vereint sind. Die anschließende Zellform hat eine gewisse Ähnlichkeit mit periostalen *Stammzellen* (KNESE, 1964a; KNESE und GEIDEL, 1972). Die Zellfortsätze sind weiter verkürzt, die Kerne plump walzenförmig und an den Enden abgestumpft. Die Zellen weisen nunmehr längere *granuläre Membranpaare* auf. Das Zytoplasma enthält einen umfangreichen *kleinvakuolären* Apparat und viele Vesikel. Die Zahl elektronenmikroskopisch nachweisbarer Granula ist im Vergleich mit den Fibroblasten erhöht und damit die PAS-positive Reaktion der Zellen. Durch einen weiteren Metamorphoseschritt entwickelt sich das *Vorknorpel*stadium mit einer Abrundung des Perikaryons und erheblicher Verkürzung, z.T.

sogar Schwund der Zellfortsätze (Abb. 34). Während sich die Kernstruktur kaum verändert, finden sich im Zytoplasma längere, z.T. *granuläre,* z.T. *agranuläre* Membranpaare. Glykogengranula treten häufig in größeren Komplexen auf. Einzelne Zellen sind ganz mit Glykogen gefüllt, das den Kern allseitig umgeben kann.

Die erste Etappe der Histogenese des Wirbelbogens endet mit der Entstehung eines frühen *hyalinen* Knorpels, der sich von einem typischen hyalinen Knorpel u.a. dadurch unterscheidet, daß die Fibrillen eine Periode besitzen. Im frühen hyalinen Knorpel ist die Parallelordnung der Zellreihen noch vorhanden. Die vielgestaltigen Zellen haben ihre Fortsätze verloren und fügen sich mit ihren Perikarien unmittelbar einander an. Alle Zellen haben Kohlenhydrate in unterschiedlicher Menge gespeichert. Die Zahl der Mitochondrien hat abgenommen, ebenso der Umfang des vesikulären Apparats. Die undeutlich quergestreiften Fibrillen liegen solitär und verlaufen in allen Richtungen des Raums. Um die einzelnen Zellen sind die *Fibrillen* annähernd zirkulär angeordnet, bilden aber keine Kapsel im engeren Sinn. Beim Übergang zum hyalinen Knorpel geht die bisherige Reihenanordnung der Zellen weitgehend verloren. Ohne wesentliche Änderung ihrer Struktur runden sich die Zellen zu Chondrozyten ab.

Beim Umwachsen des Rückenmarks durch den Wirbelbogen handelt es sich um einen von ventro-lateral nach dorso-medial *wandernden* Differenzierungs- bzw. *Metamorphosevorgang* der Zellen in der Deckmembran. Zellen in einer bestimmten Position zum Rückenmark, die ursprünglich als Mesenchym erscheinen, sind in einem nächsten Stadium fibroblastenähnlich und im folgenden Vorknorpelzellen. Die Chondrogenesefront schreitet von ventral nach dorsal fort und bildet dabei die Organform des Wirbelbogens aus. Diese über eine Zellpopulation hinwegwandernde Zellmetamorphose mit Aufbau eines wachsenden Organs erscheint uns als ein Modell für die Bildungsvorgänge im Perichondrium und Periost.

## 2.2.3. Die Extremitäten

### 2.2.3.1. Die apikale Ektodermleiste

Die Extremitäten als selbstdifferenzierende Systeme (HARRISON, 1917; HAMBURGER, 1938, 1939; RUDNICK, 1945a; BRADLEY, 1970; FABER, 1971) zeigen einen proximo-distalen Entwicklungsgradienten. Es wurde diskutiert, ob diese Differenzierungsrichtung unter dem Einfluß der apikalen Ektodermleiste steht. Die *apikale Ektodermleiste* tritt bei *Amnioten* auf und wurde beim *Menschen* (HIS, 1868; BLECHSCHMIDT, 1948, 1951a, b; O'RAHILLY et al., 1956), *Hühnchen* (KÖLLIKER, 1879; O'RAHILLY und GARDNER, 1956), *Reptilien* (MOLLIER, 1894; PETER, 1903; MILAIRE, 1957, 1961, 1962a, 1963) aber auch u.a. bei *Elasmobranchiern* (RABL, 1892/93) beschrieben. Weitere Studien widmeten sich der *Histochemie* (McKAY et al., 1955; HINRICHSEN, 1956; MILAIRE, 1961, 1962a; JURAND, 1965), und *Elektronenmikroskopie* (BÉRCZY, 1966) der apikalen Leiste. Die Extremitätenentwicklung aller *Amphibien* hängt nach HARRISON (1918, 1925a), SWETT (1927), ROTMANN (1931, 1933) und DETWILER (1933) nur vom Mesoderm ab. Die Leiste ist für die Entwicklung der *Amphibien*extremität ohne (FILATOW, 1928; STEINER, 1928; BALINSKY, 1935) bzw. nur von beschränkter Bedeutung (TSCHUMI, 1955, 1956, 1957; MICHAEL und FABER, 1971). AMPRINO und CAMOSSO (1955a, 1958a, b, 1959a, b) und AMPRINO (1962/63, 1975a, b, 1976, 1977a) glauben, daß für das *Hühnchen* kein endgültiger Beweis für die aktive Wirkung des Ektoderms als Induktor vorliege; dies gilt auch für die *Maus* (BERG et al., 1975). Andere Autoren (SAUNDERS, 1948; ZWILLING, 1955, 1956a, b, 1959; SAUNDERS et al., 1955; HAMPÉ, 1956; ZWILLING und HANSBOROUGH, 1956; SAUNDERS et al., 1957a; BELL et al., 1959; CAIRNS und ALLENSPACH, 1962; CAIRNS, 1965; STARK und SEARLS, 1973, 1974) nahmen demgegenüber eine Art von *induktivem* Einfluß der Epithelleiste auf das Mesenchym an.

Die Problematik der Extremitätenentwicklung hat ZWILLING (1961) zusammengefaßt:

1. Es fehlt an Kenntnissen über die Prozesse, die zur Einleitung der Extremitätenentwicklung führen, doch wissen wir, daß das präsumptive Extremitätenmesenchym zuerst aktiviert wird.

2. Im nächsten Schritt erfolgt eine Beeinflussung des darüber liegenden Ektoderms durch das Mesenchym, die zu einem System der *reziproken* Abhängigkeit beider führt. Als Zeichen der Beeinflussung des Ektoderms entwickelt sich bei den *Amnioten* und einigen *Anamniern* die apikale Epidermisleiste.

3. Im System Mesenchym-Epidermis werden die distalen Extremitätenstrukturen unter dem Einfluß der apikalen Ektodermleiste ausgebildet. Wird sie entfernt, so wachsen die bereits gebildeten Teile weiter, doch neue entstehen nicht.

4. Das Fortbestehen der ektodermalen Verdickung hängt vom Vorhandensein des Extremitätenmesenchyms ab (apical ectoderm maintenance factor). Für die Annahme eines solchen Erhaltungsfaktors sprechen folgende Beobachtungen:

a) In Abwesenheit eines Erhaltungsfaktors bildet sich die Epidermisverdickung durch Degeneration unter Abflachung zurück.

b) Der Erhaltungsfaktor ist asymmetrisch im Mesenchym verteilt, wodurch die normale Asymmetrie der Extremität entsteht.

c) Atypische Extremitätenausbildungen, wie Polydaktylie, Amelie, Ektromelie usw., hängen von einer atypischen Verteilung des Erhaltungsfaktors ab. Eine sekundäre Konzentration des Erhaltungsfaktors mit einer mehr prä- oder postaxialen Ausbildung führen zu überzähligen Gliedteilen.

d) Der Erhaltungsfaktor ist in proximo-distaler Richtung übertragbar.

e) Die Asymmetrien der Ektodermleisten entsprechen dem Verteilungsmuster des Erhaltungsfaktors im Extremitätenmesenchym.

5. Die Eigenheiten des Extremitätentyps (vordere oder hintere) sind an das Mesenchym gebunden.

### 2.2.3.2. Das Extremitätenmesenchym

### 2.2.3.2.1. Die Extremitätenknospe

Das Extremitätenmesenchym bildet sich in der *Somatopleura* in grundsätzlich anderer Form als jenes des Achsenskeletts, das durch Auswanderung von Zellen aus dem Sklerotom entsteht. In der verdickten, epitheloiden Somatopleura aus hohen palisadenähnlichen Zellen erfolgt eine *Auflockerung* mit Bildung von interzellulären Spalten durch die Produktion von Interzellularsubstanzen (KNESE, 1967a).

Die Flügelanlage erscheint beim *Hühnchen* nach 50 Std Bebrütung (30 Somiten: WOLFF, 1936; HAMBURGER, 1938, 1939; SAUNDERS, 1948; CHAUBE, 1959); sie reicht vom 14. oder 15. bis zum 20. Somiten. Das undifferenzierte Mesenchym ist im proximalen Bereich geringgradig kondensiert (FELL, 1925). Bei Vorliegen von 43–44 Somiten (Stadium 7) wird der Mesenchymkern von zahlreichen *Blutgefäßen* durchdrungen. Die Knospe wendet sich nach ventral und verlängert sich in der posterioren Hälfte. Bei 45 und mehr Ursegmenten ist der zentrale Teil von Zellen durch Blutgefäße begrenzt.

VAN WEEL (1948) meint, es zeichneten sich beim 3-Tage-Embryo noch keine morphologischen Unterschiede ab, doch könnten regionale Differenzen histochemisch nachgewiesen werden. Durch eine 15minütige Vitalfärbung mit basischen Farbstoffen (z.B. Toluidinblau) färben sich in der Epidermis und dem darunter gelegenen Mesenchym winzige Granula metachromatisch an, vor allem um die Golgi-Zone. Es mag sich hier um *Chondroitinsulfat* handeln. Das zentrale *chondrogene* Mesenchym reduziert die Osmiumsäure geringer als das periphere, doch sei die Reduktionskraft aller Mesenchymzellen größer als in den Zellen der Körperwand. Glykogen konnte nicht nachgewiesen werden.

Die Somatopleura ist im Bereich der Wolffschen Leiste beim 42 Std bebrüteten *Hühnchen*, im Gegensatz zum 36 Std alten Keim, bei Aufspaltung der Seitenplatten ebenso dick wie die Splanchnopleura (Abb. 15/42/1; 35/60) oder gar dicker (KNESE, 1967a). Die Zytoplasma-*Basophilie* bzw. die Stärke der Gallocyaninreaktion erreicht fast die der Zellen des Neuralrohrs. Mit der weiteren Aufwölbung der Knospe liegen die basophilen Zellen in der Peripherie der Knospe; sie stehen in Verbindung mit gleich reagierenden Zellen in der Rumpfseitenwand. An der Schulterwurzel der Knospe hat die periphere basophile Schicht Verbindung zum Dermatom, möglicherweise zum Myotom (Abb. 35/72). An der Wurzel der Knospe befindet sich ein lockerer, gefäßreicher Mesenchymzwickel, der in gleichartig gebaute Teile des Rumpfs, u.a. in das Achsenskelett übergeht. Seine absolute Größe ändert sich während des Wachstums der Knospe nur wenig.

Während der weiteren Entwicklung der Extremitätenknospe beschränkt sich die Basophilie immer mehr auf den peripheren *myogenen* Mantel und wird im zentralen, *chondrogenen* Kern geringer (Abb. 36). Sie ist am stärksten auf der medialen axillären bzw. inguinalen Seite und reicht in gleicher Stärke in die Rumpfwand hinein. Das subapikale Mesenchym setzt sich sowohl nach medial wie nach lateral recht deutlich von dem übrigen basophilen Mantel ab. Die Zellen des zentralen Kerns verlieren ab 100 Std Bebrütung die Basophilie und umgeben sich mit einem feinen Netz *metachromatischer* Interzellularsubstanz; es ist ein *Vorknorpel* entstanden. Das Gefäßnetz liegt ein wenig innerhalb der Grenze des stark basophilen Mantels. Es liegt nahe, zunächst die Verteilung der Basophilie mit dem asymmetrischen Wachstum in den Stadien 20–23 (70–96 Std) zu korrelieren, wie es SEICHERT (1966) beschrieben hat (vgl. MILAIRE, 1962a, b, 1963). Indessen ergeben sich bereits in dieser Phase Differenzen im Hinblick auf einen peripheren Mantel und einen zentralen Kern, die bei dem sich anschließenden symmetrischen Wachstum nach dem Stadium 23 deutlicher werden. So ist an die Scheidung der myogenen und chondrogenen Regionen zu denken. HINRICHSEN (1956) brachte die starke Basophilie mit der Muskelentwicklung in Zusammenhang.

Die *Muskel*entwicklung in der Flügelknospe beginnt etwa nach 5–6 Tagen Bebrütung (ROMER, 1926; FELL und CANTI, 1934; BARIL und HERRMANN, 1967; elektronenmikroskopisch: FISCHMAN, 1967). Myosin wurde von HOLTZER (1961) im Stadium 13 mit 48–52 Std Bebrütung gefunden, entsprechende Differenzierungen elektronenmikroskopisch beim 60 Std alten Keim (ALLEN und PEPE, 1965; DESSOUKY und HIBBS, 1965; PRZYBYLSKI und BLUMENBERG, 1966). Der Proliferationsindex nimmt in der myogenen Region weniger (auf 75–68%) als in der chondrogenen (auf 25%) ab (JANNERS und SEARLS, 1970). Myosinhaltige Zellen treten nach OKAZAKI und HOLTZER (1966) noch in die S-Phase ein. Die Angaben von MARCHOK und HERRMANN (1967) und SEARLS und JANNERS (1971) für die Generationszeit sind ähnlich: 10,5/10,1 Std ebenso für $G_1$:2,9/2,5; $G_2 + \frac{1}{2}$ M:1,75/$G_2$+M:2,0; S:5,85/5,6 Std.

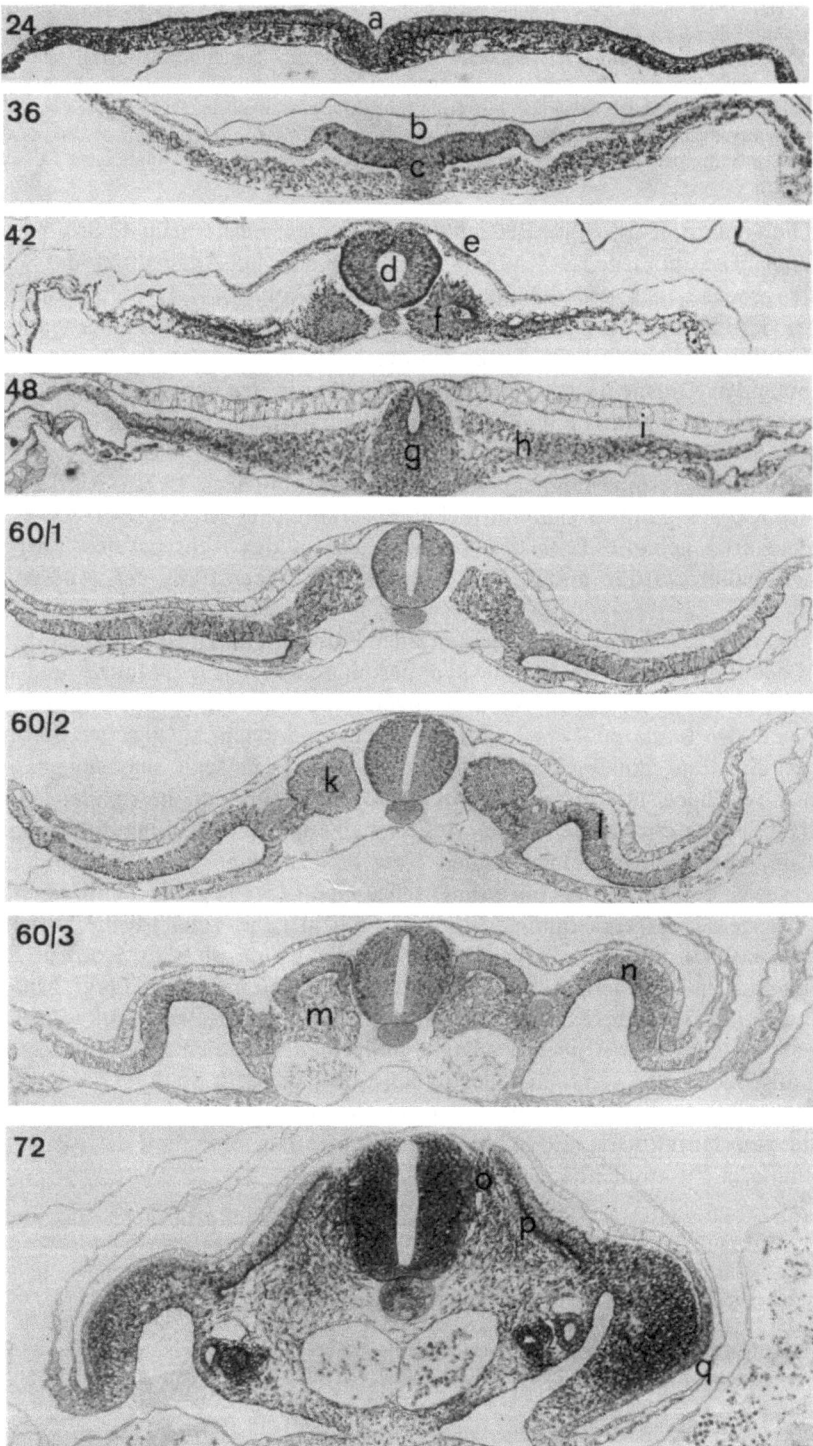

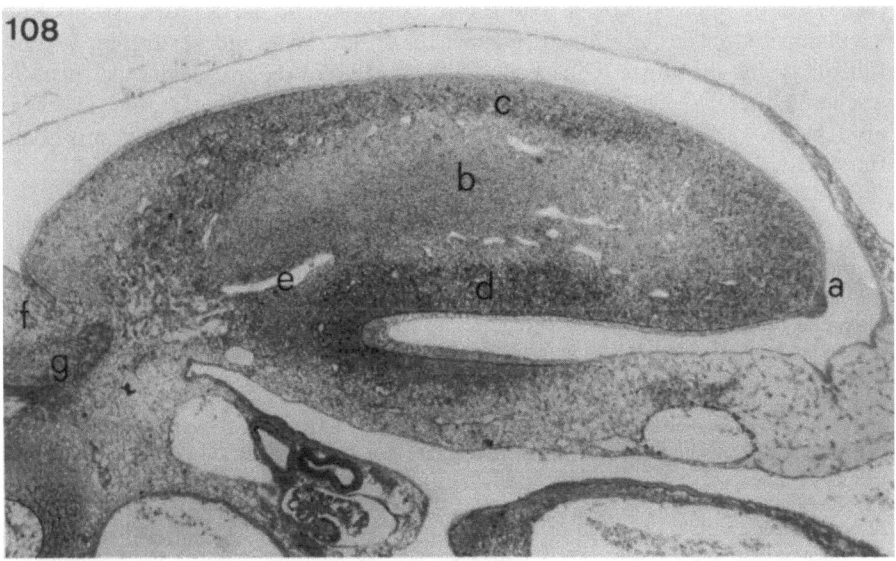

**Abb. 36.** Hühnerkeimscheibe, 108 Std Extremitätenknospe, Vorderbein. *a)* Apikale Ektodermleiste, *b)* chondrogener Kern, *c)* lateraler myogener Anteil mit geringer Basophilie, *d)* medialer myogener Anteil mit starker Basophilie, *e)* Gefäße an der Grenze des myogenen und chondrogenen Anteils, *f)* Mesenchym mit geringer Basophilie an der Wurzel der Extremität, *g)* Dermomyotom, Fixierung Stieve, Azur A, pH 4, 1, Obj. 6, 3

In der Wolffschen Leiste findet MILAIRE (1956, 1957, 1959, 1961, 1962 a, b, 1963, 1977) einen hohen *RNS*-Gehalt, bei *Maus* und *Maulwurf* zudem eine hohe Aktivität an *alkalischer Phosphatase*. Bei Abgliederung der Extremitäten-knospe und Verdichtung des äußeren Teils des Mesenchyms erfolgt eine Zunahme an RNS, bei Säugetieren stärker im ventralen als dorsalen Mesenchym (MILAIRE, 1957). In der Flügel- und Fußanlage ist im Stadium 14–18 (50–69 Std) eine nicht spezifische ATP-Phosphohydrolase-Aktivität vorhanden (MILAIRE, 1966). Die später auftretende AMP-Phosphohydrolase-Aktivität ist für das Extremitä-tenmesenchym kennzeichnend. Im Hinblick auf die mesodermale Asymmetrie bemerkt MILAIRE (1957, 1962a, b), daß der präaxiale, kraniale Teil nur in 2–10 Zellagen reich an Ribonukleinsäuren sei. Alkalische Phosphatase ist prä-axial nur proximal anzutreffen, postaxial über das ganze äußere Mesenchym ausgebreitet. Die Phosphatasen wurden mit einer Reihe von Substraten getestet

⊲ **Abb. 35.** Hühnerkeimscheiben, Aufspaltung der Seitenplatten in Somatopleura und Splanchnopleura sowie Entwicklung des Extremitätenwulstes. *a)* Primitivrinne, *b)* Neuralplatte, *c)* Chorda, *d)* Neural-rohr, *e)* basophile Epithrichialschicht, *f)* Ursegment, *g)* Primitivgrube mit Chorda, *h)* unsegmentier-ter Teil des medialen Mesoderms, *i)* Aufspaltung in Somato- und Splanchnopleura, *k)* Ursegment mit Ursegmentkern, *l)* Aufwölbung der Wolffschen Leisten, *m)* Auflösung des Sklerotoms, *n)* Aufwölbung der Wolffschen Leiste, *o)* Spinalganglien, *p)* Dermomyotom, *q)* apikale Ektodermleiste, Fixierung Stieve, Methylenblau pH 4, 6 (36, 48, 60 Std), pH 5, 1 (24, 42, 72 Std), Obj. 40

(McWHINNIE und SAUNDERS, 1966). Für jedes Gewebe der Knospe ist das Entwicklungsmuster des jeweiligen Enzyms spezifisch. Während der frühen Wachstumsphase hat die ganze Knospe eine hohe Aktivität, die mit Beginn der histologischen Differenzierung absinkt. Im Muskel fällt die Aktivität zum 11. Tage ab, lebt am 12.–16. noch einmal auf. Die Knochenphosphatase steigt mit höchster Aktivität parallel zur Mineralisation an.

Im Hinblick auf das *Wachstum* der Extremitätenknospe weisen SCHMALHAUSEN (1926) und SCHMALHAUSEN und STEPANOWA (1926) auf einen Wechsel von Wachstums- und Differenzierungsperioden hin. Beide Extrimitätenanlagen werden am 3. Tage deutlich und wachsen am 4. auf das 10fache ihrer Masse heran. Am Ende des 4. Tages wird Vorknorpelgewebe angelegt, die Wachstumsgeschwindigkeit sinkt. Es folgen Wachstumsperioden am 7., 11. und 13. Tag (vgl. SUMMERBELL, 1976). Durch Markierung mit Tritium-Thymidin bestimmten JANNERS und SEARLS (1970) die $G_2 + M$-Phase zu etwa 2,5 Std, die S-Phase zu 5,5 Std. Im proximalen Teil der Knospe nimmt der Markierungsindex mit Beginn des Stadiums 21 ab, wenn die morphologische Knorpeldifferenzierung (FELL und CANTI, 1934) beginnt und die $^{35}$S-Inkorporation ansteigt (SEARLS, 1965a, b). Die histologischen Charakteristika der chondrogenen Zellen treten aber erst 10 Std später auf. Zur Körperseite hin fällt der Markierungsindex zwischen Stadium 16 und 20 stark ab (SEARLS und JANNERS, 1971). Der Proliferationsindex sinkt von 100% im Stadium 16 auf 75% im Stadium 19, im Stadium 22 auf weniger als 50%. Während der Stadien 25 und 26 teilen sich noch etwa 25% der Zellen.

Nach SEARLS und JANNERS (1971) verdoppelt sich die Zahl der Zellen in der Somatopleura zwischen Stadium 11 und 13 (40–52 Std), so daß die kranio-kaudale Ausdehnung der Flügel- bzw. Körperwand zunimmt. Im Stadium 14 (50–53 Std) dehnt sich die flügelbildende Region nicht mehr aus. Zwischen Stadium 13–16 (48–56 Std) verdoppelt sich aber die Zahl der Zellen in der Flügelregion, so daß es zu einer *Verdichtung* des Mesoderms kommt. Die logarithmische Zunahme der Zellzahl führt zu einer *Vorwölbung* der Knospe. Der Proliferationsindex beginnt mit Stadium 20 (70–72 Std) zu sinken, doch teilen sich alle Zellen noch einmal bis zum Stadium 23. In der Körperseitenwand verdoppelt sich die Zellzahl zwischen Stadium 13 und 16. Die Zahl der Mitosen nimmt anschließend ab; damit wird das Wachstum der Körperwand geringer. Am Auswachsen der Extremitätenknospe scheinen demnach zwei Phänomene beteiligt zu sein: (a) die Unterdrückung einer Ausbreitung der Extremitätenregion; (b) die Herabsetzung der Zellteilung in der Körperseitenwand. SEARLS und JANNERS (1971) glauben, die beschriebenen Veränderungen seien eine allgemeine Erscheinung während der Embryogenese.

Anläßlich der Entwicklung eines *Computer*-Modells für die Extremitäten-Morphogenese stellen EDE und LAW (1969) fest, daß die Bestimmung biologischer Gestalten mit mathematischen Mitteln schwierig sei. Eine solche Beschreibung gebe nur über die Geometrie der Struktur, aber nicht über die zugrunde liegenden biologischen Prozesse Auskunft (vgl. auch KNESE und THEWS, 1960). Die während der Evolution vielfach variierte Form der adulten pentadaktylen Extremität ist im Stadium der Extremitätenknospe über 300 Millionen Jahre und seit der Entstehung der landlebenden Vertebraten gleich geblieben. Der „mysteriöse" morphogenetische Prozeß verliere viel von seinen Geheimnissen, wenn er als Produkt einer sich nach bestimmten *Regeln* ordnenden Population von Individuen, wie z.B. in einem „corps de ballet", angesehen wird. Die Regeln des Verhaltens der Zellen sind in der genetischen Instruktion *kodiert*. Im Digital-Computer können die Zellen als Zahlen, die genetischen Instruktionen als *Programm* simuliert werden. Folgende biologische Parameter führten EDE und LAW (1969) ein: 1. Zellzahl (Maximum: 6400; in Wirklichkeit mehrere Millionen); 2. Zellproliferation; 3. Zellposition; 4. Zellbewegung bzw. -wanderung, deren Vorhandensein teilweise bestritten wird; 5. Zellgröße, -gestalt, -dichte (wurden als konstant angesehen); 6. Oberflächenspannung (nicht berücksichtigt). Der Ausgang wird durch eine Basislinie repräsentiert, die von den „extremitätenkompetenten Seitenzellen" gebildet wird. Als vorläufige Hypothese wurde angenommen, daß in einem Frühstadium eine Proliferation ohne Bewegung stattfinde. Im nächsten Stadium, dem der Bildung der apikalen Ektodermleiste, ist distal eine größere Zellteilungsrate vorhanden, die später sinkt. Auf der Grundlage dieser einfachen Regeln läßt sich ein Bild ausdrucken, das die Gestalt der auswachsenden Knospe simuliert. Einfache Änderungen („Mutationen") führen zu dramatischen Änderungen der Gestalt (WILBY und EDE, 1975).

Neben der Zellvermehrung wird dem *Zelltod* eine „morphogenetische" Bedeutung zugesprochen (GLÜCKSMANN, 1951). Sein Erscheinungsbild ist bereits in der Frühentwicklung sehr variabel; ebenso unterschiedlich mag seine Bedeutung sein. Er wurde beschrieben in *Somiten* (Abb. 24; ERNST, 1926; KALLIUS, 1931; JACOBSON, 1932; GLÜCKSMANN, 1934a, b), im *protochondralen* Gewebe (SCHAFFER, 1897; zit. nach SCHAFFER, 1930), während der *Organogenese* des Skeletts (FELL, 1925; ERNST, 1926; JACOBSON, 1932; FELL und CANTI, 1934; GLÜCKSMANN, 1934a, b; SAUNDERS et al., 1957b; FORSTHOEFEL, 1959; SAUNDERS et al., 1962; MILAIRE, 1962a, b; SCHWEICHEL, 1972). BELLAIRS (1961) findet elektronenmikroskopisch dichte Klumpen in Zellen des *Hühnchens*, deren dichtes Zytoplasma Granula (500 Å) in unregelmäßiger Verteilung enthält, ferner abnorme Mitochondrien und große Räume im endoplasmatischen Retikulum. Die Zellmembran ist selbst bei größeren Schäden noch intakt.

Die örtliche und zeitliche Bindung des Zelltodes hat dazu geführt, ihm eine festgelegte Rolle während der Entwicklung zuzuerkennen und von einem *programmierten Zelltod* zu sprechen (WEBSTER und GROSS, 1970). Die Autoren haben das Auftreten eines Zelltodes unter dem Einfluß verschiedener Substanzen, u.a. Antibiotika, experimentell geprüft und meinen, daß eine Blockierung der normalen Entwicklung der Zelle stattfinde. Den Zelltod in der Nekrosezone im Bereich der hinteren Verbindung des Flügels mit der Körperwand (SAUNDERS et al., 1962) im Stadium 24 haben FALLON und SAUNDERS (1968) untersucht. Nach einer Art „Todesuhr" (death clock) erfolgt die Vorbestimmung im Stadium 17 und ist nach dem Stadium 21 irreversibel. Die Stoffwechselmaschinerie des morphogenetischen Untergangs ist temperaturabhängig; sie hört unter 20° auf zu wirken.

### 2.2.3.2.2. Die Bildung des Vorknorpels im Extremitätenskelett

Die Zellen der Extremitätenanlage weisen, wie alle „Mesenchymzellen", eine Verschiebung der Kern-Plasma-Relation zugunsten des Kerns auf. Bei Einsetzen der Verdickung der Somatopleura (Abb. 37) ist die Gestalt der Zellen annähernd epitheloid. Die Kerne sind rundlich-ovoid und besitzen 1–2 Nukleolen; das dichte Zytoplasma reagiert wenig stärker mit Gallocyanin als die Kerne. Anschließend (60 Std) nehmen die Zellen eine fast flaschenförmige Form mit der Längsachse senkrecht zur Epidermis an. Die Zytoplasma-Basophilie wird geringer, und es treten interzelluläre Spalten auf (KNESE, 1967a). In den folgenden Stadien (84 Std) herrscht im peripheren, *myogenen* Mantel eine epitheloide Konfiguration vor, während im zentralen *skeletogenen* Teil Interzellularräume deutlich sind. Das Zytoplasma färbt sich kaum noch mit Gallocyanin, auch nicht jenes von Zellen der sich entwickelnden Mesenchymkondensation (96 Std). Eine Abgrenzung der Zellen ist lichtmikroskopisch nicht auszumachen. Mitosen sind reichlich vorhanden. Bei *Rinder*feten beträgt die *Zahl* der Zellen je mm² Schnittfläche im Mesenchym 9 550 (17,5 mm SSL), während der Mesenchymkondensation 15 375 (17,5 mm SSL) und im Vorknorpel 6 250 (23,2 mm SSL; Tabelle 8; vgl. THOROGOOD und HINCHLIFFE, 1975).

Im sog. *Vorknorpelblastem* sind nur sehr feine Interzellularspalten vorhanden (KNESE und KNOOP, 1961a; *Ratten*feten). Der Zellkern besitzt einen großen Nukleolus und ein körniges, ungleichmäßig verteiltes Chromatin. Kernporen (Durchmesser 1000 Å) sind im Abstand von 0,2 µm zu finden. Das dichte Zytoplasma ist granulär strukturiert. In Kernnähe liegt ein Golgi-Feld mit Bläschen, größeren dunklen Körpern und glatten Membranen. Auch multivesikuläre Körper kommen vor (BERCZY, 1966). Das endoplasmatische Retikulum ist gering

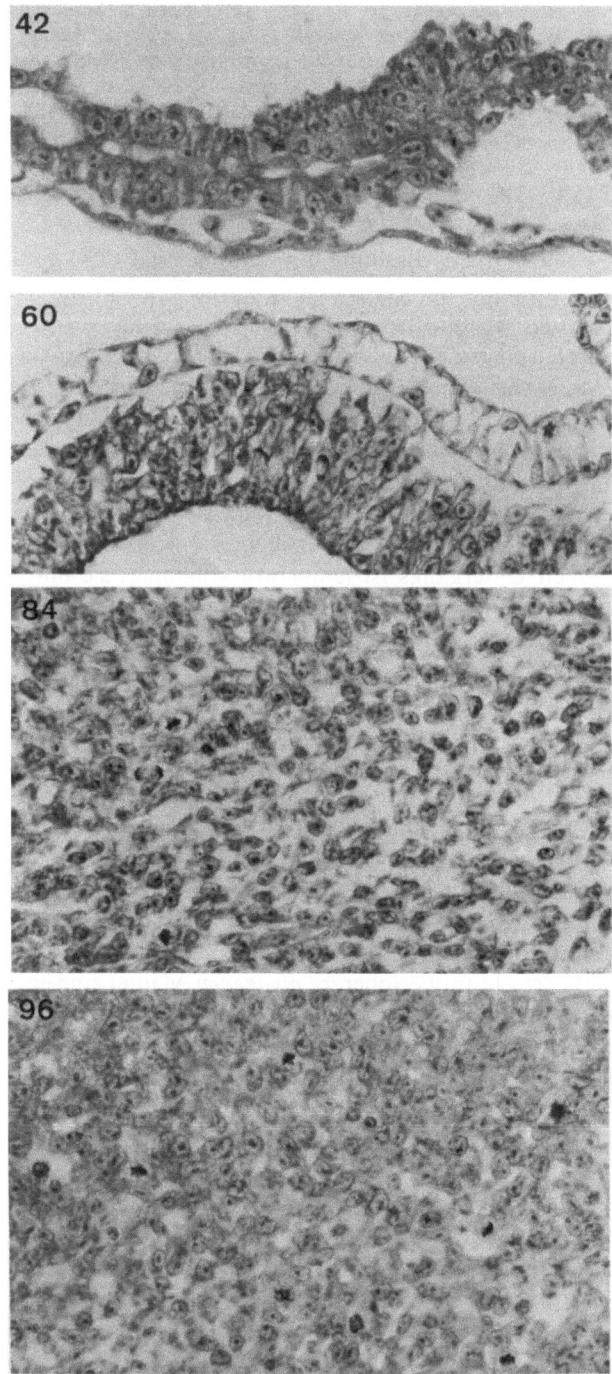

**Abb. 37.** Hühnerkeimscheibe, 42, 60, 84 und 96 Std Bebrütung. Zytologische Umgestaltung der Somatopleura zum Extremitätenmesenchym, bei 96 mit myogenem und chondrogenem Anteil (vgl. Text), Fixierung Stieve, Gallocyanin, Obj. 40

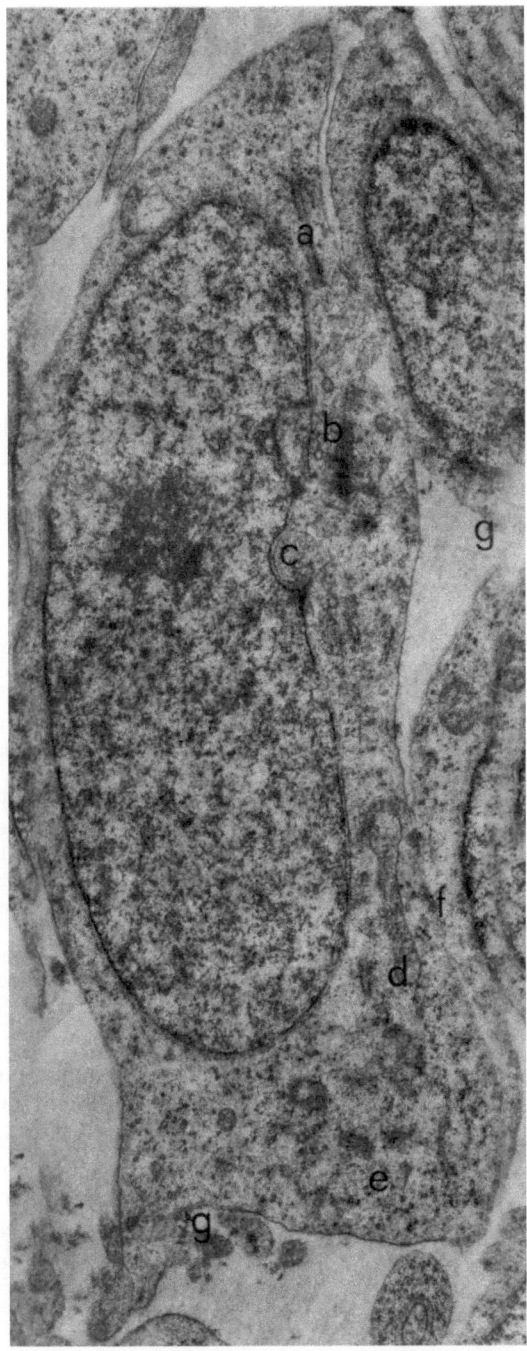

**Abb. 38.** Rinderfet, 16 mm SSL, Extremitätenknospe hinten, Mesenchymzellen im Kern der Knospe.
*a)* Granuläres Membranstück, *b)* Golgi-Feld mit längeren Membranen und Vesikeln, *c)* Kernbucht,
*d)* schlauchförmiges Mitochondrium, *e)* Glykogeneinlagerungen, *f)* dichter Zellkontakt zur Nachbarzelle, *g)* Fibrillenbruchstücke, Vergr. 9600 ×

entwickelt, doch wurden auch längere Membranpaare in Nachbarschaft von Chromosomen während der Mitose beobachtet. Feinere, stark kontrastierte Kohlenhydratgranula sind über das Zytoplasma verteilt, nach BERCZY (1966) aber nicht so reichlich wie MILAIRE (1956) angibt. Die Anzahl der rundlichen bis elliptoiden Mitochondrien mit Cristae ist beachtlich hoch, besonders während der Mitose. Die Mesenchymkondensation bietet damit das gleiche Bild wie im Achsenskelett (vgl. GOULD et al., 1972). Nexus zwischen den Zellen sind selten. Ähnlich gestaltete Zellen fanden wir bei einem *Rinder*feten von 16 mm SSL. Die Interzellularspalten sind hier z.T. nur wenig weiter (Abb. 38). Die Zellen besitzen wenige, sehr plumpe Fortsätze. Typische Mesenchymzellen mit langen Fortsätzen, die sich in alle Richtungen des Raums erstrecken, erscheinen im Gebiet des zukünftigen Perichondriums (Abb. 39). Die Fortsätze enthalten Zellorganellen, u.a. Mitochondrien, und treten nun in „dichten" Kontakt miteinander. Nexus sind bei Aneinanderlagerungen von Zelleibern zu beobachten. In weiteren Beschreibungen des chondrogenen Mesenchyms (GODMAN und PORTER, 1960; JURAND, 1965; BÉRCZY, 1966; GOEL, 1970; SURESH et al., 1975) wird auf Schäden der Zellmembran hingewiesen, deren Ursachen unbekannt sind.

Zu Beginn der Flügelbildung (Stadien 15-17) vom *Hühnchen* nehmen alle Zellen im gleichen Umfang $^{35}$S auf (SEARLS, 1965a, b), und zwar in gleicher Stärke wie die der Rumpfseitenwand. Die $^{35}$S-Ablagerung bleibt gleich bis zum Stadium 22 ($3^1/_2$ Tage), in dem sich proximal ein chondrogenes von dem peripheren myogenen Gebiet absondert. Die Entwicklung zu Knorpel bzw. Weichgeweben hängt von der *Zellposition* im Flügel ab (SEARLS, 1967), doch können noch im Stadium 24 (4 Tage) präsumptive myogene Zellen Knorpel in der Kultur bilden (ZWILLING, 1966). Mit dem Stadium 26 ($4^1/_2$-5 Tage) wird die $^{35}$S-Aufnahme in den myogenen Anlagen unbedeutend, in den chondrogenen stärker. Eine mittlere Markierung weist die subapikale Region auf, die sowohl myogene als chondrogene Komponenten enthält. Vom Stadium 25 ($4^1/_2$ Tage) an fehlt hier jede $^{35}$S-Ablagerung. Ein aus dem Stadium 22-23 isoliertes schwerlösliches Material hat ein Molekulargewicht von mehr als 8000 und ist zu 90% hyaluronidaseempfindlich (SEARLS, 1965a). Vermutlich handelt es sich um gebundenes *Chondroitin-4/6-sulfat* (vgl. FRANCO-BROWDER et al., 1963). Untersuchungen von MEDOFF (1967) sprechen dafür, daß vom Stadium 15 (50-55 Std) an Chondroitinsulfat vorhanden ist. Die MPS-synthetisierenden *Enzyme* nehmen zwischen Stadium 19 und 25 auf das 100fache zu (MEDOFF, 1967). Chondroitinsulfate würden demzufolge zwei Tage, bevor sie histologisch durch Metachromasie nachgewiesen werden können, vorhanden sein (vgl. GOETINCK et al., 1974; LINSENMAYER und TOOLE, 1977). Auch Hyaluronsäure wird gebildet (TOOLE, 1972). Mit dem Anstieg der $^{35}$S-Aufnahme fällt die Proliferationsrate ab (DONDUA, 1973).

Die Entwicklung vom Mesenchym bis zum hypertrophen Knorpel hat MILAIRE (1963; *Maus, Maulwurf*) in folgende Phasen unterteilt: a) kondensiertes Blastem, schlecht begrenzt; b) zunehmende Kondensation, Abgrenzung deutlicher; c) Spuren von Interzellularsubstanz, Perichondrium verdichtet; d) ausgebildeter Knorpel, geschichtetes Perichondrium; e) hypertropher Knorpel. Der Bestand an Ribonukleinsäure nimmt beim hypertrophen Knorpel ab, die Menge des Glykogens und der extrazellulären MPS in gleicher Richtung zu, ebenso

**Abb. 39.** Rinderfet, 16 mm SSL, Extremitätenknospe hinten, Mesenchymzelle an der Grenze von ▷ chondrogenem zu myogenem Anteil. *a)* Nukleolus, *b)* Mitochondrien, *c)* dichte Anlagerung zwischen Zellfortsätzen, *d)* dichte Anlagerung, die Desmosomen ähnlich erscheint, Vergr. 7900 ×

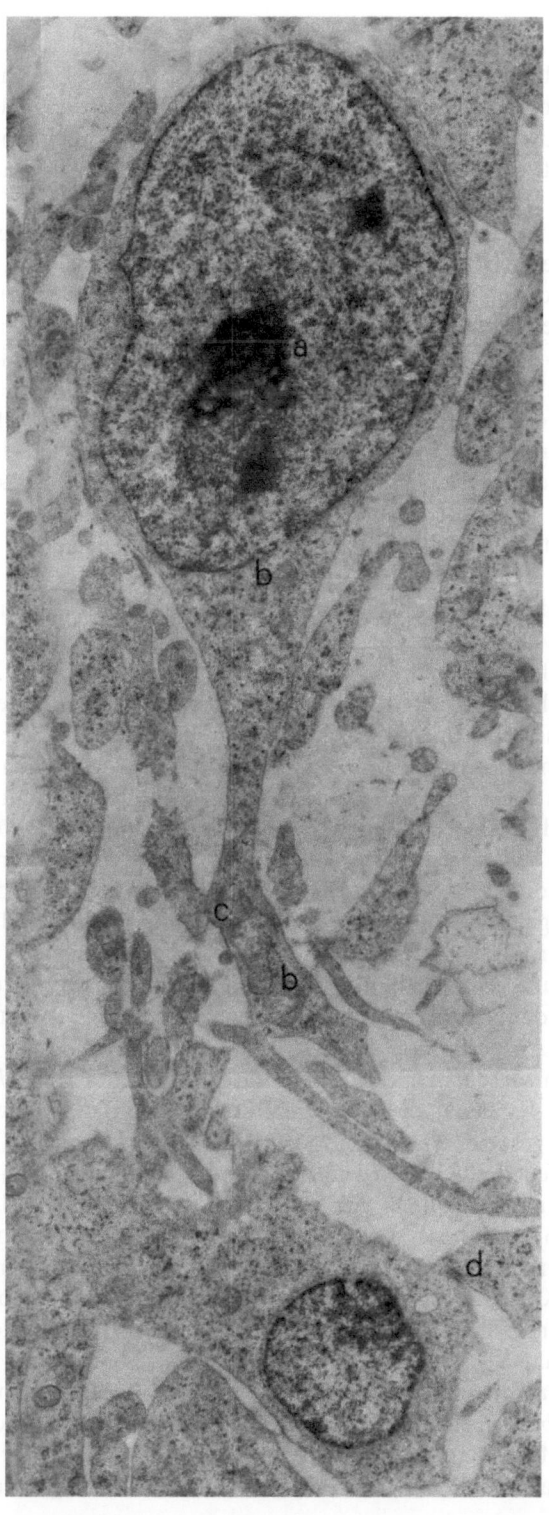

die Reaktion auf alkalische Phosphatase, während jene auf saure Phosphatase abnimmt. Der Übergang vom Mesenchym zum Vorknorpel zeichnet sich nach MILAIRE (1962a, b) durch eine Synthese von *Glykogen* bei der Zellkondensation und den Verlust der *alkalischen Phosphatase* aus. Nach einem weiteren Anstieg des Glykogens tritt extrazellulär ein speichelresistentes MPS auf, vielleicht *Chondroitinsulfat,* und gleichzeitig verringert sich das intrazelluläre Glykogen. Im Gehalt an Ribonukleinsäure ergeben sich keine signifikanten Veränderungen. Die Zellen um den Vorknorpel enthalten alkalische Phosphatase, wenig Ribonukleinsäuren und kein Glykogen und werden damit Zellen des Perichondriums. Die Fingerknospen enthalten beim *Maulwurf* RNS und Glykogen. Bei der Bildung der Carpal- bzw. Tarsal- und Metacarpal- bzw. Metatarsalelemente tritt in ihrem proximalen Anteil Glykogen auf, während zwischen ihnen eine kleine Gruppe von glykogenfreien Zellen liegt. Bei *Ratte* und *Maus* (MILAIRE, 1956, 1963) läßt sich eine fortlaufende proximo-distale Kondensation des basophilen Mesoderms feststellen. Nach BUNO und DALMONTE (1962) zeigt das präkartilaginöse Blastem am 4. Tag der Bebrütung eine *Esterase*-Aktivität; eine besonders starke Reaktion stellte BUNO (1965) an Gelenken des 19 Tage alten Meerschweinchens fest.

Die Bildung des Vorknorpels von *Ratten*feten ist nach KNESE und KNOOP (1961a) durch das Auftreten von Interzellularsubstanzen und damit Vergrößerung der interzellulären Spalten gekennzeichnet (Abb. 40). Die Zisternen des noch immer spärlich entwickelten *endoplasmatischen Retikulums* erweitern sich und enthalten eine elektronenmikroskopisch homogene Substanz; sie erreichen nach GODMAN und PORTER (1960) eine Größe von 0,3 μm, nach GOEL (1970) 0,3–0,6 μm. Nach GOEL sollen sie beim *Hühnchen* (Stadium 39) mit dem Plasmalemm in Verbindung stehen und sich zum Extrazellularraum öffnen. Zellen vom 4 Tage alten *Hühnchen*embryo haben etwa 5500 freie bzw. an Membranen gebundene Ribosomen je $\mu m^3$ (KERKIS und KRISTOLYUBOVA, 1975). Die Zellen besitzen viele kugelige, ovoide bzw. schlauchförmige Mitochondrien, die sich mitunter dem Kern anlegen; ihre Länge kann 1,25 μm erreichen (GODMAN und PORTER, 1960). Eine große Zahl von Kernporen ist bemerkenswert.

Die vorliegenden Beobachtungen sprechen für eine Korrelation zwischen der schrittweisen Ausgestaltung der Zellstruktur und der Bildung von Interzellularsubstanzen. Im Mesenchym der Extremitätenknospe des *Hühnchens* (Stadium 23–24) wird das Kollagen $(\alpha 1)_2 \, \alpha 2$ gebildet. Im Stadium 17 wird von den Zellen $^3$H-Prolin gespeichert (KELLEY, 1975). Mit Einsetzen der Chondrogenese (Stadium 25–26) entsteht zunächst überwiegend, dann ausschließlich $(\alpha 1)_3$, das die gleiche Zusammensetzung wie beim Adulten hat ($[\alpha 1 \, (II)]_3$; LINSENMAYER et al., 1973a, b; LINSENMAYER, 1974; VON DER MARK und VON DER MARK, 1977; LINSENMAYER und TOOLE, 1977). Bei Einsetzen der Osteogenese (Stadium 35–36) tritt das Knochenkollagen $[\alpha 1 \, (I)]_2 \, \alpha 2$ hinzu. Immunhistologisch ergab sich, daß im Knorpel Typ II- und im Perichondrium Typ I-Kollagen vorhanden ist (BARRACH et al., 1975).

Bei einem *Rinder*feten von 20 mm SSL haben die Zellen plumpe Fortsätze, denen einige *Fibrillen*bruchstücke anliegen (Abb. 41). Sie werden auch als 50–70 Å dicke Mikrofilamente beschrieben (SEARLS et al., 1972; vgl. BORCK, 1977). Im Zytoplasma fallen, neben Polyribosomen und wenig Membranpaaren,

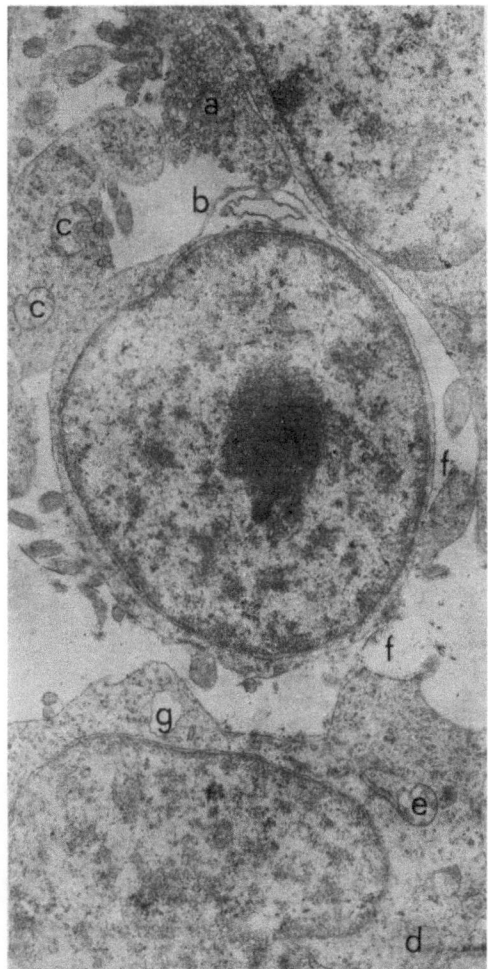

**Abb. 40.** Rinderfet, 20 mm SSL, Vorknorpelzellen. *a)* Kleinvesikuläre Ansammlung, *b)* abgehobenes Plasmalemm, *c)* vesikuläre Gebilde, die vermutlich mit Mitchondrien im Zusammenhang stehen, *d)* vesikuläres Gebilde mit dunkem Inhalt (Lysosom?), *e)* Mitochondrium, an das ein granuläres Membranpaar herantritt, *f)* Fibrillenbruchstück, *g)* vesikuläres Gebilde bzw. Plasmalemm-bucht(?), Vergr. 7900 ×

große membranumhüllte, optisch leere Blasen und Ansammlungen von kleinen Vakuolen unter dem Plasmalemm auf. Manche Vesikel könnten veränderte oder geschädigte Mitochondrien darstellen. Kleine *Vesikel*, dichte lysosomale Körperchen und kleine Myelinfiguren sind in Feldern zusammengefaßt. Daneben liegen Bündel gestreckter *Zytofilamente*, die mit dem Plasmalemm in Verbindung zu stehen scheinen. Das Plasmalemm ist scharf begrenzt; an der Basis von Buchten (vgl. GOEL, 1970) kann dichtes Material (GODMAN und PORTER, 1960) nach Art eines Ektoplasmas vorhanden sein. Bei *Hühnchen* (Stadium 39) besteht der Golgi-Apparat, gewöhnlich juxtanukleär gelegen, nach GOEL (1970) überwie-

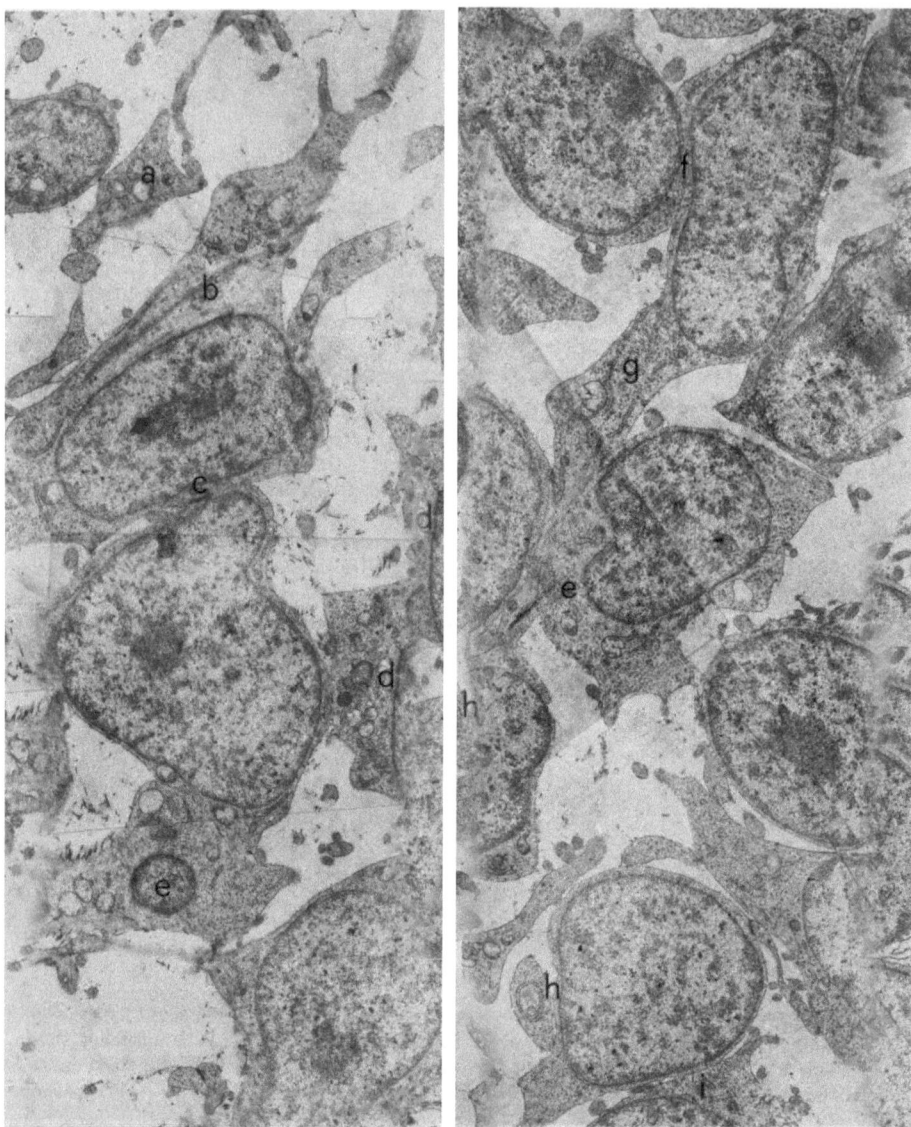

**Abb. 41.** Rinderfet, 20 mm SSL, Vorknorpelzellen der hinteren Extremität. *a)* Vesikuläre Gebilde, z.T. veränderte Mitochondrien, *b)* Zytofilamente, *c)* dichte Kontakte zwischen Zellen, *d)* Myelinfigur inmitten eines Golgi-Feldes mit Vesikeln und dunklen Lysosomen, *e)* lysosomaler Körper(?), *f)* dichte Kontakte zwischen Perikarien, *g)* längere granuläre Membranen, *h)* granuläre Membranen in der Form eines Ringes, *i)* Kontakte zwischen 2 Zellen, Vergr. 4500 ×

gend aus Vakuolen und wenigen Vesikeln bzw. Lamellen. Die Vakuolen enthalten ein „chondrogenes Granulum", das aus einer mäßig dichten amorphen Substanz mit fibrillären Elementen und kleinen elektronendichten Partikeln besteht; allerdings sind diese Elemente dünner bzw. kleiner als die entsprechenden

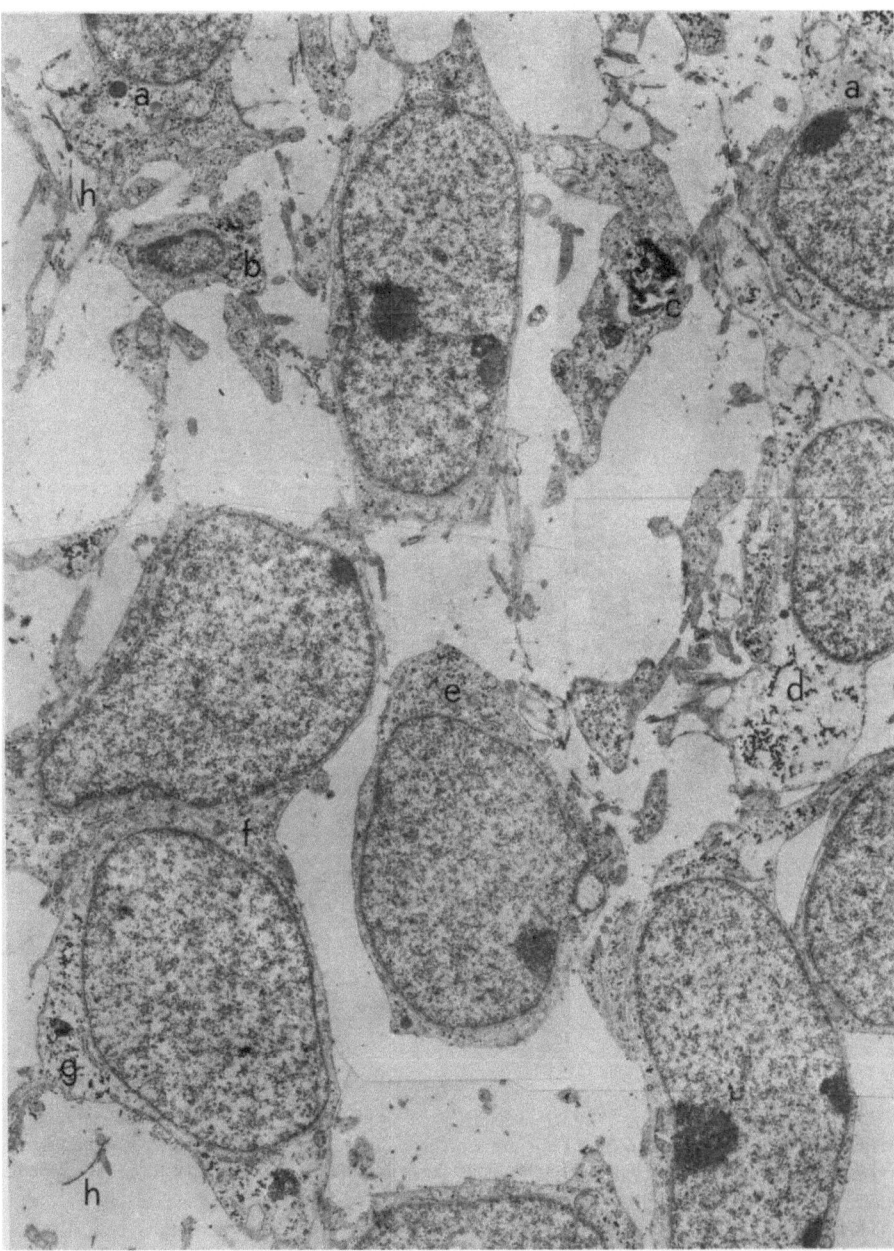

**Abb. 42.** Rinderfet, 30 mm SSL, Vorknorpelzellen der hinteren Extremität. *a)* Lysosomale Körper verschiedener Dichte, *b)* Glykogeneinlagerung, *c)* Detritus (Phagozytom?), *d)* rarifiziertes Hyaloplasma mit Glykogeneinlagerung, *e)* dichtes Zytoplasma mit kurzen Membranpaaren und Glykogengranula, *f)* dichtes Hyaloplasma einer Zelle, *g)* aufgelockertes Hyaloplasma derselben Zelle mit Glykogengranula und kurzen Membranstücken, *h)* Fibrillen, Vergr. 4 800 ×

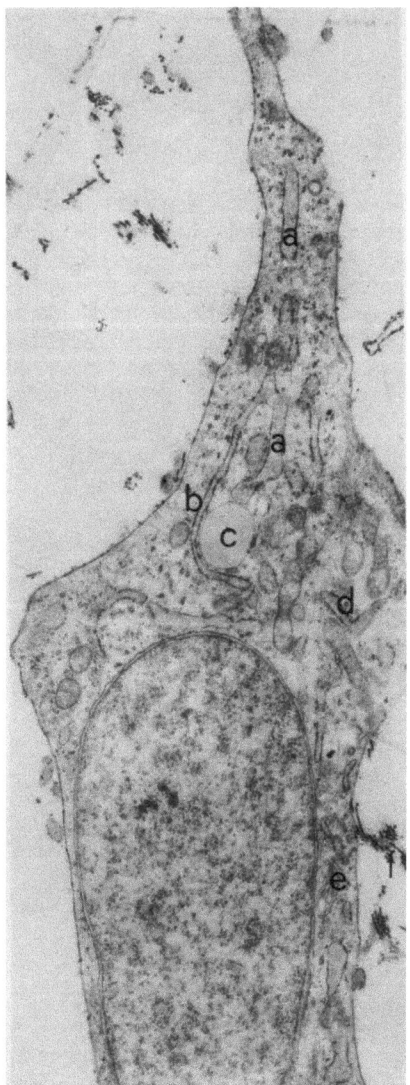

**Abb. 43.** Rinderfet, 30 mm SSL, Vorknorpelzelle aus der hinteren Extremität. *a)* Teilweise agranuläre Membranstücke, *b)* Teile der Membran mit unregelmäßigem Ribosomenbesatz, *c)* Vakuole, *d)* Feld mit Mitochondrien und einem Membranstück teils granulär, *e)* Golgi-Apparat, *f)* Fibrillenanschnitte, Vergr. 8 400 ×

extrazellulären Komponenten. Zytosomen enthalten wenige Vesikel oder lipidähnliche Substanzen.

Die weitere Entwicklung des Vorknorpels bei *Rinder*feten von 30 mm SSL ist durch eine starke bis vollständige Rarifizierung des hyaloplasmatischen Raums in den Zellen ausgezeichnet (Abb. 42). In ihm sammeln sich kleine Komplexe von Kohlenhydratgranula an. Große Plasmalemmblasen, z.T. mit Kohlen-

hydraten gefüllt, überragen die Oberfläche der Zellen (Abb. 42 d). Die verschiedenartigsten, optisch leeren Membrangebilde reichen in den Interzellularraum
hinein. Stark zurückgetreten sind die kleinen vesikulären Elemente. Kleinere
Golgi-Felder mit Membranpaaren sind selten. Auch degenerierende Kerne wurden beobachtet. Das endoplasmatische Retikulum ist gegenüber vorangehenden
Stadien wenig vermehrt, granuläre und agranuläre Abschnitte können mitunter
abwechseln (Abb. 43). Die Zisternen haben einen dichten Inhalt. Mitunter sind
in einem Felde vereinigte, z.T. schlauchförmige Mitochondrien mit einigen Cristae zu beobachten. Die nicht sehr zahlreichen kurzen extrazellulären *Fibrillen*
haben eine Dicke von nur 250–300 Å und eine undeutliche Periode von etwas
über 200 Å, sind also keine echten Knorpelfibrillen, sondern solche eines *Vorknorpels*. Beim *Hühnchen* sind die 200–250 Å dicken Fasern aus 3–5 Fibrillen
von 70–100 Å Durchmesser aufgebaut (GOEL, 1970); sie lassen mitunter eine
Periode von 90 Å (hell 30 Å, dunkel 60 Å) erkennen. Entlang den Fibrillen
liegen 200–450 Å große *Granula*, etwa in einem Intervall von 300 Å.

### 2.2.3.2.3. Die Anlage der Skelettelemente der Extremitäten

Im folgenden werden einige Daten über die Entwicklung einzelner Skelettelemente mitgeteilt. SCHMIDT-EHRENBERG (1942) hat an 15 Spezies von Säugetieren,
von *Didelphys* bis *Homo*, im Anschluß an STEINER (1921), im Hinblick auf
den Bauplan die Frühentwicklung der Extremität verfolgt. Die Extremität nimmt
nach SCHMIDT-EHRENBERG (1942) die Form einer horizontalen Platte an, die
sich über 8 Ursegmente erstreckt. Sie besteht aus einer kranio-kaudalen länglichen Mesenchymverdichtung, der *Basalplatte* (s.a. BRAUS, 1906). Die Basalplatte weist *Gefäß*durchbrechungen auf und zeigt keine Segmentierung. Von
kaudal her (z.B. bei *Cavia*, 6,3 mm) tritt eine Inzisur auf, so daß die Basis
der Extremität verschmälert wird. Ein vorderer kranialer Buckel nimmt an Größe
zu, der hintere verschwindet, so daß eine Abdrehung der Extremität folgt. Von
der Basalplatte zweigt sich in einem Winkel von 80° ein zweiter Strahl ab.
Im Winkel der dadurch entstehenden Gabel liegt ein ziemlich großes Gefäß.
Derartige Gefäße treten auch zwischen den später erscheinenden Strahlen auf
(s.a. RABL, 1901; *Amphibien*). Beim Übergang vom Vorknorpel zum Knorpel
und mit der Entwicklung einer stielförmigen Paddel kommt es nach SCHMIDT-EH-
RENBERG (1942) zur Ausbildung des endgültigen Skeletts. Gleichzeitig nimmt
die vordere Extremität eine Pronationsstellung ein. Aus der zum Basalstrang
umgebildeten Basalplatte werden *Humerus* und *Ulna* bzw. *Femur* und *Fibula*,
die sich in den 4. Strahl fortsetzen. Aus dem Seitenzweig entstehen *Radius*
bzw. *Tibia*. An der Extremitätenanlage sind eine vordere präaxiale und eine
hintere postaxiale, eine dorsale Streckseite und eine ventrale Beugeseite zu unterscheiden. Die Richtungen lassen sich an zylindrisch gestalteten bzw. torquierten
Anlagen mitunter nicht unmittelbar feststellen.

Die Skelettelemente des Beins erscheinen beim *Hühnchen* vor denen des Flügels und entwickeln
sich schneller (SCHMALHAUSEN und STEPANOWA, 1926). Scapula, Coracoid und Humerus entstehen
aus einer gemeinsamen mesenchymalen Ansammlung an der Basis der Flügelknospe und werden
erst bei Einsetzen der Knorpelbildung, am 7. Tage, voneinander getrennt (KNOPFLI, 1919; HOMMES,
1924). Am 8. Tag isolieren sich Coracoid und Scapula voneinander. Die Clavicula-Anlage zeigt

früh ein Knochenbildungszentrum (HILLEL, 1904; KNOPFLI, 1919). Am 9. Tag haben Scapula und Coracoid die Form wie beim Erwachsenen. Scapula und Coracoid sind am 10. Tag knorpelig; an der Scapula beginnt die periostale Osteogenese. Am 13. Tage erscheint die periostale Osteogenese am Coracoid; 3 Tage später sind Scapula und Coracoid voneinander getrennt. Der Humerus des Hühnchens ist am 6. Tage knorpelig, die Gelenkhöhlen des Schultergelenks und zum Radius sind am 10. vorhanden (KNOPFLI, 1919). Die periostale Osteogenese setzt am Humerus am 7. Tage ein (STRONG, 1902). Während der Entwicklung ändert sich das *Längen*verhältnis von Humerus, Radius und Hand zueinander; es beträgt am 5. Tage 1:0,69:1,29, beim Schlüpfen 1:1,27:2,43 und beim Erwachsenen 1:1,44:3,50; die absolute Länge des Humerus 0,86, 3,60 und 16,50 mm. Kurz vor dem Schlüpfen nimmt die Hand mehr an Länge zu als die restlichen Teile (ROMANOFF, 1960). Radius und Ulna sind am 4. Tage vorknorpelig, die Knorpelbildung setzt am 6. Tag ein (MONTAGNA, 1945); beide Elemente zeigen, ähnlich wie das Femur, Krümmungen (vgl. MURRAY, 1926). Die Entwicklung des Carpus und Metacarpus behandelt MONTAGNA (1945). Am 7. Tage ist der Metacarpus knorpelig (WARREN, 1934); die perichondrale Osteogenese des 3. beginnt am 7., des 4. am 8. Tag, des 2. erst 2 Tage nach dem Schlüpfen, des 5. Metacarpus sogar erst 1–2 Monate später (SCHINZ und ZANGERL, 1937). An den Phalangen beginnt die Osteogenese am 12. Tag.

Die Anlage des *Becken*gürtels erscheint beim *Hühnchen* am 4. (BUNGE, 1880; LEBEDINSKY, 1913) oder 5. Tag (JOHNSON, 1883; MEHNERT, 1887; FELL und CANTI, 1934; MURATORI und FRANCE-SCHINI, 1945) als eine Mesenchymverdichtung, die stark wächst und in der Gegend des zukünftigen Acetabulum mit der Femuranlage verbunden ist. Die Knorpelzentren werden am 6. Tag gebildet. Die Abtrennung des Beckens vom Femur durch eine dort gelagerte Mesenchymzone setzt am 5. Tag ein (O'RAHILLY und GARDNER, 1956). Die Knochenbildung beginnt am Ilium am 12., Pubis am 13. und Ischium am 15. Tage. Die Beinanlage enthält am 5. Tag eine Y-förmige Verdichtung (FELL und CANTI, 1934); sie ist in dem Teil, der zur Tibia und Fibula gehört, weniger dicht und wächst schnell heran. Die membranösen Vorläufer von Tarsus und Metatarsus sind am 6. Tag vorhanden (JOHNSON, 1883). Die Knorpelbildung in der Femurdiaphyse beginnt mit $5^1/_2$ Tagen (MURATORI und FRANCESCHINI, 1945), der Schaft wird am 6. Tag von periostalem Knochen umgeben (FELL, 1939), distale Condylen und eine Gelenkfläche für die Fibula sind vorhanden (O'RAHILLY und GARDNER, 1956). Die Markhöhle entsteht am 8. Tag (FELL, 1939). Am 5. Tag ist die vorknorpelige Anlage von Tibia und Fibula mit jenen von Femur und Metatarsus verbunden (JOHNSON, 1883). Die Knorpelbildung schreitet an der Fibula rascher voran als an der Tibia (FELL und CANTI, 1934). Die Skeletteile sind am 6. Tag voneinander getrennt und gleichzeitig entstehen Knochenbildungszentren (O'RAHILLY und GARDNER, 1956).

Nach KEIBEL und ELZE (1908: Normentafeln) erscheinen die Extremitätenknospen des *Menschen* bei 3–4 mm langen Keimen mit etwa 30 Ursegmenten. Bei 5 mm langen Embryonen mit 38 Somiten haben sie eine Länge von 1 mm. Femur und Humerus sind bei 7 mm langen Keimen als Mesenchymverdichtungen zu erkennen, ab 8–9 mm Länge beginnen sich die Hand- und Fußplatten auszubilden. Zu Anfang des 2. Fetalmonats sind Humerus, Radius, Ulna, Femur, Tibia und Fibula noch *Mesenchym*verdichtungen, die in der oberen Extremität deutlicher als in der unteren ausgebildet sind. Nunmehr kommt es zur Entwicklung der Phalangenanlagen. Jenseits einer Länge von 10 mm setzt die *Vorknorpel*bildung ein. Nach BARDEEN und LEWIS (1901) entsteht die Armknospe bei menschlichen Embryonen in Höhe des 5. Cervical- bis ersten Thoracalsegments. Zwischen der Basis der Arm- und Beinknospe liegen gewöhnlich 11 Segmente. Die Membrana reuniens verdickt sich in der zweiten Hälfte der 3. Woche zwischen dem 4. und 26. Ursegment zur Wolffschen Leiste, die besonders deutlich im Bereich der zukünftigen Extremität ausgebildet ist. Die Armknospe nimmt relativ rasch an Größe zu und wächst zunächst nach lateral, dann mehr kaudal. Wolffsche Leiste und Extremitätenknospe bestehen aus einem Mesenchym mit einem reichlich entwickelten Gefäßplexus zwischen Cölom und Ektoderm. Dieses

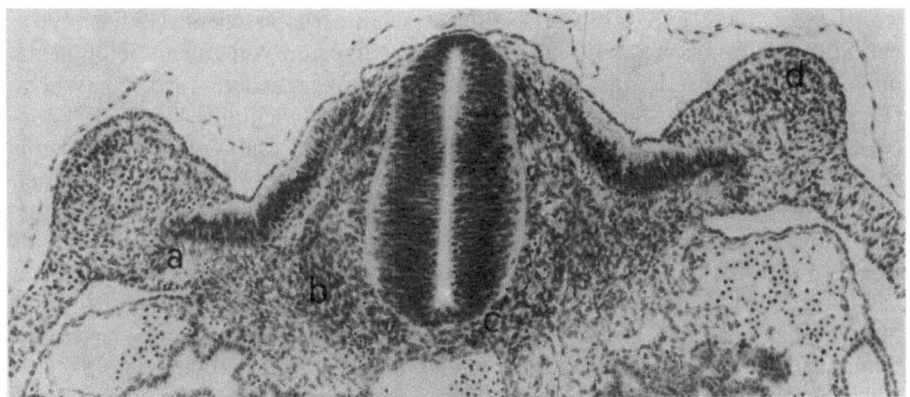

**Abb. 44.** Rinderfet, 8 mm SSL. *a)* Dermomyotom an der Basis der Extremitätenknospe, *b)* verdichtetes Sklerotom, *c)* Chorda, *d)* apikale Ektodermleiste, Fixierung Stieve, Gallocyanin, Obj. 10

Mesenchym stammt wahrscheinlich nur von der Somatopleura, aber nicht von den Ursegmenten ab. Die freie Kante des Ektoderms ist mehrschichtig.

Bei *Säugetieren* und *Vögeln* soll sich nach FISCHEL (1895) Myotommaterial unter die Derivate der Somatopleura mischen (Abb. 44). LEWIS (1901) findet die Knospe bei einem 3 Wochen alten menschlichen Keim (4,5 mm Länge) von einem Mesenchym erfüllt, das als Vorläufer von Skelett und Muskeln angesehen wird. Nerven sind in die Knospe noch nicht eingedrungen. Bei einem 5 mm langen Embryo ist das Mesenchym dichter gepackt, Mitosen sind reichlich vorhanden. Bei einem 7 mm langen Embryo ist das zentrale Mesenchym dichter als das periphere und stellt die Anlage des Humerus dar. Nach LEWIS (1901) gelangen keine Myotomzellen in die Armknospe.

Nach STREETER (1949) erscheint die *Arm*knospe zunächst bei den Embryonen des Horizonts XII mit 21–29 Somiten als Verdickung der Somatopleura gegenüber dem 5.–7. Cervicalsegment. In diesem Stadium beginnt das Auswachsen der Spinalnerven. STREETER (1949; s.a. LEWIS, 1901) konnte keine Einwanderung von Ursegmentzellen in die Armknospe beobachten. Dagegen ist die Möglichkeit eines — anscheinend geringen — Beitrages von Cölomepithel nicht ausgeschlossen. So sieht STREETER (1949) die unsegmentierte Somatopleura als Quelle des Extremitätenmesenchyms an. Das Mesenchym oder der Mesoblast (STREETER, 1949) ist unmittelbar unter dem Ektoderm dicht. Es sollen Unterschiede in der Verteilung der mitotischen Aktivität bestehen. Einzelne Zellen sind Vorgänger des sich in situ entwickelnden Kapillarnetzes (vgl. WOOLLARD, 1922), das später in die Kardinalvenen ableitet. Die Beziehungen zwischen den einwachsenden *Gefäßen* und *Nerven* und der Gliederung der Skelettanlage sind nicht endgültig geklärt (vgl. HOCHSTETTER, 1890a, b, c, 1891; ZUCKERKANDL, 1883, 1895a, b; E. MÜLLER, 1903; ELZE, 1907; EVANS, 1909a, b, 1911; MILAIRE, 1962a, b). Skelett- und Muskelblastem sind durch ein Gefäßnetz voneinander getrennt (Abb. 36). Unter der apikalen Ektodermleiste liegt ein venöser Randsinus. Über die avaskuläre Entwicklung in vitro berichtet SEARLS (1968). Im Horizont XV (6–11 mm) ist die Blutzirkulation ausgebildet, und die Nervenstämme sind in die Basis des Armes eingewandert. Nach STREETER (1949) liegt eine Skelettmuskelkondensation vor, da beide Teile nicht voneinander zu unterscheiden sind. Erst im Horizont XVI (7–12,2 mm) erfolgt die Trennung durch das massive Einwachsen von Nervenstämmen. Die Sonderung der Einzel*muskeln* läßt sich im Horizont XVII (8,6–14,5 mm) mit der Entwicklung der Hauptäste feststellen (LEWIS, 1901). Die Skelettkondensation als Skelettprimordium, Skelettblastem oder Skelettanlage ist einheitlich vom Vorderarm bis zur Scapula. Die Knorpelanlagen der Skelettelemente sind jedoch voneinander gesondert. Im Stadium XVIII (11,7–18,0 mm) weisen sie bereits die allgemeine Form der Skelettelemente auf.

Mit Beginn der *histologischen Differenzierung* in der 4. Woche sind außer dem Humerus die Anlage von Scapula, Ulna und Radius zu unterscheiden, wobei die größere Ulna als Fortsetzung des Humerus erscheint (LEWIS, 1901; vgl. SCHMIDT-EHRENBERG, 1942). Radius und Ulna sind von einem Gefäßplexus umgeben. Nach distal zu ist die Armplatte noch ungegliedert. In der 5. Woche (10,5 und 11 mm) tritt Knorpel auf; dabei eilt die Entwicklung des Hyalinknorpels im Humerus z.B. der in Wirbeln voraus. Knorpel und Vorknorpel umgibt ein dichtes Perichondrium, das in die Anlage des Carpus übergeht. Die noch vorknorpelige Scapula besitzt ein Acromion und einen Processus coracoideus. Die Clavicula ist erst in ihrem lateralen Drittel angelegt. Der Humerus als direkte Fortsetzung der Scapula — beide sind noch nicht durch Gelenkflächen bzw. eine Gelenkhöhle voneinander getrennt — zeigt eine distal weiter als proximal vorangeschrittene histologische Differenzierung. Damit manifestieren sich relativ frühzeitig Differenzen in der Entwicklung der beiden Enden eines Skelettstücks. Während die noch nicht durch ein Ellenbogengelenk abgesetzten Unterarmknochen in ihrer Mitte bereits Hyalinknorpel aufweisen, zeigen sich in der Handplatte nur Kondensationen als Anlage von Carpus und Metacarpus; eine Trennung in Finger und Metacarpus ist noch nicht zu erkennen. In der 6. Woche (16 und 14 mm) fand LEWIS (1901) die Scapula herangewachsen und knorpelig, die Clavicula erreicht nunmehr die Sternalanlage. Der Humerus hat sich verlängert und weist verdickte Enden auf. Im Bereich des späteren Schulter- und Ellenbogengelenks verkörpert die umhüllende Membran nunmehr die Anlage der Gelenkkapsel. Das Olecranon ist knorpelig. Die distale Carpalreihe ist vollständig vorhanden, in der proximalen bestehen Lunatum und Pisiforme nur aus verdichtetem Mesenchym. Der Metacarpus ist knorpelig, die erste Reihe der Phalangen ausgebildet. In der 7. Woche (20 und 18 mm) ist die Clavicula aus einem Knorpel besonderer Art aufgebaut, die Spina scapulae noch nicht vorhanden. Der knorpelige Humerus hat Tuberositäten und Condylen aus Knorpel oder verdichtetem Gewebe und besitzt die Bicepsrinne. An dem ebenfalls aus Knorpel bestehenden Radius und der Ulna sind Olecranon, Coracoid und Styloid vorhanden. Carpus, Metacarpus und die ersten 2 Reihen der Phalangen bestehen aus Knorpel.

Die *Bein*knospe liegt nach BARDEEN und LEWIS (1901) gewöhnlich in Höhe von 6 Somiten, nämlich der 5 lumbalen bis zum ersten sakralen. In der 5. Woche hat sich der *Plexus lumbosacralis* gebildet. Das zentrale kondensierte Mesenchym bildet die Anlage von Femur und Hüfte, wobei das Femurmesenchym schrittweise in das noch ungegliederte Mesenchym des distalen Beinteils übergeht. Die Aufteilung des Nervenplexus in die 4 Hauptnerven (N. obturatorius, femoralis, tibialis, fibularis) werde durch die Skelettmassen bedingt. Die Myotome entsenden keine Fortsätze in die Beinknospen. In der 6. Woche (11–15,5 mm) zeigt sich ein zentraler acetabulärer Teil, von dem Darmbein, Schambein und Sitzbein als Fortsätze ausgehen. Das Femur ist kurz und dick, Tibia und Fibula haben fast ihre endgültige Form erreicht, während das Fußskelett noch aus kondensiertem Mesenchym besteht. Nach BARDEEN (1905, 1910) schreitet die Differenzierung bei Feten von 11 mm SSL schneller nach distal als nach proximal vor. Bei Embryonen von 15–20 mm SSL bilden sich die 3 Beckenknorpel aus, die Symphyse wird gegen Ende des 2. Monats zunächst hyalinknorpelig angelegt und dann zu Faserknorpel umgewandelt. Die Knorpelbildung der Skelettanlagen setzt etwas distal von deren Mitte ein.

Den mesenchymalen Zustand des Extremitätenskeletts und die Bildung der einzelnen Skelettknorpel haben O'RAHILLY et al. (1957; vgl. GARDNER, 1956, 1971; JAVOR, 1974) für die einzelnen Entwicklungsstadien unter Beachtung der Variationen beschrieben:

*Stadium XV* (6–11 mm). Arm: Mesenchymale Verdichtungen sind etwa nur bei der Hälfte der Embryonen vorhanden, der zentrale Teil ist gefäßfrei. Bein: Bei 4 von 6 Embryonen ist das Mesenchym sehr gleichartig verteilt, bei 2 fanden sich zentral und proximal eine Verdichtung.

*Stadium XVI* (7–12,2 mm). Arm: Humerus, Radius und Ulna sind als mesenchymale Verdichtung angelegt, bei einem Humerus beginnt die Knorpelbildung. Bein: Nicht ganz die Hälfte der untersuchten Embryonen besitzt gefäßlose Mesenchymverdichtungen.

*Stadium XVII* (8,6–14,5 mm). Arm: Im Humerus und Radius findet stets, in der Ulna meist eine Knorpelbildung statt. Radius und Ulna liegen weit voneinander entfernt und sind distal durch Mesenchym verbunden, von dem die Fingeranlagen auswachsen. Der Daumen ist kurz oder fehlt, ähnlich verhält sich der 5. Finger. Knorpelbildung in den Metacarpen 3–4 setzt bei etwa ein Drittel der untersuchten Embryonen ein. Bein: Entspricht dem vorigen Stadium.

*Stadium XVIII* (11,7–18,0 mm). Arm: Der Carpus läßt die einzelnen Elemente noch nicht erkennen und befindet sich in einem blastematösen Zustand. Bei weiter vorangeschrittener Entwicklung sind alle Elemente, mit Ausnahme des Lunatum und Pisiforme, knorpelig, obwohl die Phalangen und Metacarpen noch fehlen. Bein: Die Knorpelbildung ist in der Tibia vorangeschritten, in der Fibula weniger ausgedehnt. Im Fuß wird noch kein Knorpel gebildet.

*Stadium XIX* (15,5–21,0 mm). Arm: Der Knorpel in Radius und Ulna hat in der Mitte das Stadium 3 von STREETER (1949), das der vermehrten Interzellularsubstanz, erreicht. Die Knorpelzentren von Capitatum und Hamatum sind besonders groß. Bein: Tibia und Fibula sind distal noch durch ein Blastem miteinander verbunden. Im Tarsus treten die ersten Knorpelkerne auf.

*Stadium XX* (18,5–25,0 mm). Arm: In der Mitte von Humerus, Radius und Ulna haben die Knorpelzellen ihre maximale Größe erreicht. Der Processus styloideus ulnae ist z.T. knorpelig und eng mit dem Triquetrum verbunden. Bein: Die Knorpelentwicklung hat in der Mitte der Tibia zur Bildung großer Zellen geführt. Die proximalen Phalangen sind knorpelig, die beiden übrigen nicht voneinander getrennt und mesenchymal.

*Stadium XXI* (19–26,4 mm). Arm: Der Humerus erhält bei 3 von 14, der Radius bei einem Feten eine Knochenschale. Die Metacarpen und proximalen Phalangen zeigen eine fortgeschrittene Knorpelentwicklung (Stadium 3 von STREETER, 1949). Bein: Bei einigen Embryonen sind Osteoblasten zu beobachten, aber noch kein Knochen. Die Patella ist knorpelig angelegt. Die Knorpelentwicklung in dem Metatarsus und proximalen Phalangen schreitet weiter voran.

*Stadium XXII* (23–27,5 mm). Arm: Der Humerus aller, Radius und Ulna fast aller Embryonen hat eine Knochenhülle. Alle anderen Skelettelemente befinden sich nun in einem knorpeligen Zustand. Bein: Im allgemeinen besitzen Femur und Tibia eine knöcherne Diaphyse, die Fibula aber noch nicht. Die Patella ist stets knorpelig, die distalen Phalangen noch mesenchymal.

*Stadium XXIII* (23–32,2 mm). Arm: Die Mineralablagerung im Knorpel beginnt, aber nur bei einem von 7 Embryonen liegt eine enchondrale Knospe an Humerus und Radius vor. Bein: Die Fibula besitzt noch keine Knochenschale, bei einer Tibia ist ein enchondraler Zapfen vorhanden.

Beim Keimling der *Ratte* von 9,6 mm SSL ist das Extremitätenskelett noch vorknorpelig, dagegen bei 12,7 mm SSL knorpelig (HENNEBERG, 1937). Die Knochenbildung ist beim *Meerschweinchen* (SCOTT, 1937) am 26. Tag, mit Ausnahme der 2 distalen Phalangen, in vollem Gang. Das *Kaninchen* (MINOT und TAYLOR, 1905) weist am 15. Tag in der vorderen Extremität ein knorpeliges, in der hinteren ein vorknorpeliges Skelett auf. Die Osteogenese beginnt am 18. Tag im Humerus, ist im Femur dagegen in den Anfangsstadien. Bei *Schaf*-Feten ist die Knochenbildung am 20. Tag im Bereich des Humerus, Radius, Ulna und Femur ausgeprägt, in der Tibia aber noch gering. Beim *Goldhamster* tritt die Knochenbildung in der Humerus-Diaphyse nach 12,5 Tagen, an Radius, Ulna, Femur, Tibia und Fibula nach 13 Tagen auf (BEYERLEIN et al., 1951; BOYER, 1953).

Dieser Überblick verdeutlicht die enge Korrelation zwischen *Organogenese* und *Histogenese* des Skeletts. Offensichtlich entspricht jeder Entwicklungszustand des Skeletts einer bestimmten Zellaktivität. FELL (1925) hat den Ablauf der Entwicklung eines Skelettstücks vom *Hühnchen*, der mit einigen Modifikationen auch für die Säugetiere gilt, folgendermaßen geschildert:

Stadium I: Kondensation des prächondralen Mesenchyms,

Stadium II: erstes Erscheinen der knorpeligen Interzellularsubstanz,

Stadium III: quere Verlängerung der Zellen in der Mitte der prächondralen Masse, erste Zeichen einer Abgrenzung des Perichondriums in der Mitte des Skelettstückes,

Stadium IV: Bildung dreier Zellzonen: Epiphyse, Säulenzellen und hypertrophe Zellen. Differenzierung des mittleren Teiles des Perichondriums in eine fibroblastische und osteoblastische Schicht. Erscheinen osteogener Fasern zwischen den Osteoblasten.

Stadium V: Vereinigung der faserigen Knochenlamellen zur Bildung eines Knochenzylinders, der den Knorpel umkleidet. Abgrenzung der Epiphyse vom umgebenden Mesenchym und Bildung eines rudimentären, faserigen Gelenkknorpels. Perichondrium im Gebiet der Epiphyse.

Stadium VI: Die Knorpelresorption beginnt in der Mitte des Schafts. Bildung von kurzen, radiären, intervaskulären Knochentrabekeln und Verdickung des zentralen Knochenzylinders. Fortschreitende Einschränkung der Zone des Säulenknorpels. Die zukünftige Grenzlinie zwischen Diaphyse und Epiphyse wird erkennbar.

Stadium VII: Der vom periostalen Knochen eingeschlossene Knorpel wird in den mittleren 2 Dritteln des Schafts vollständig ausgehöhlt und durch Knochenmark ersetzt. Erste Zeichen einer enchondralen Osteogenese treten im proximalen Teil des Knorpels auf. Die Epiphyse ist scharf von der Diaphyse getrennt. Die Zone der Säulenknorpelzellen wird zu einem wohlabgegrenzten Gebiet von Knorpel zwischen Epiphyse und Diaphyse reduziert. Die Osteoblasten- und Fibroblastenlage des Periostes ist erkennbar, soweit die Diaphyse reicht. In der mittleren Region des Schafts verdicken sich die intervaskulären Knochentrabekel und dehnen sich zur Bildung Haversscher Kanäle aus.

Der frühe Knorpel ist nach STREETER (1949) von einer Hülle undifferenzierter Zellen, dem *Perichondrium* umgeben, dessen Bedeutung mit dem Satz "thus far and no further" charakterisiert werden könnte. Diese Interpretation muß im Hinblick auf die Abgrenzung der Skelettelemente voneinander ergänzt werden. Die Individualisierung eines Skelettelements beginnt mit der Entstehung von Vorknorpel im Zentrum der Anlage und schreitet nach peripher im Sinn einer *Feldausbreitung* fort. Sie wird „begrenzt" durch die Gebiete der präsumptiven Gelenkregion und des Perichondriums. Den Mechanismus dieser Begrenzung kann man sich vielleicht geometrisch als Überlagerung zweier *Differenzierungsfelder* mit *entgegengesetzt gerichteten Gradienten* vorstellen. Im Areal, in dem sich die Felder berühren bzw. überdecken, entsteht die *Gelenkanlage*, und zwar nach der Manifestierung der Skelettelemente. Das Perichondrium wird zwischen dem Skelettfeld einerseits, dem Muskelfeld andererseits gebildet. Die Skelettelemente sind mit Einsetzen der Vorknorpelbildung in ihren Zentren etabliert. Das entstandene Knorpelskelett ist mehr als ein „Modell"; in ihm werden die histogenetischen und damit die organogenetischen Vorgänge in der Umgestaltung des Knorpels fortgesetzt. Die Knorpelzellen behalten ihre „chondroblastische" Fähigkeit bei; ihre Stoffwechselaktivität ist z.T. größer als die der Chondroblasten.

### 2.2.3.3. Die Extremitäten in vitro

Bereits in den vorangegangenen Kapiteln wurden in vitro erhobene Befunde herangezogen; hier fassen wir die Angaben zur *Formentwicklung* der Extremitätenelemente zusammen. Im Hinblick auf die spezifische Verhaltensweise der Gewebe und Organe in der Kultur muß auf die Literatur verwiesen werden (MURRAY, 1936; FELL, 1953a, b, 1956; BIGGERS, 1965). BIGGERS (1965) unterscheidet zwischen der Kultur von *Blastemen* (präsumptive Keimgebiete), *Primordia* (Organanlagen) und Teilen eines *Primordiums*.

An explantierten Extremitätenknospen von 72–80 Std bebrüteten *Hühnchen* haben STRANGEWAYS und FELL (1926) die Entstehung knorpeliger Skelettrudimente beobachtet, die sich über 7 Tage weiter entwickelten, aber keine Knochenbildung zeigten. Extremitätenknospen und Sternum wachsen zwar weiter (FELL 1956), ihre Gestalt weicht aber von der in vivo ab. Die histologische Differenzierung hört auf. Enthalten die Explantate bereits Knorpel (8 Tage Bebrütung), so wachsen sie auf das 3–4fache ihrer Größe heran. Femuranlagen (FELL, 1931a), die $5^1/_2$ Tage alt sind, wachsen in 27 Tagen um 226%, 6 Tage alte um 124%. Es werden Epiphysen gebildet, und die Knorpelzellen differenzieren sich bis zum hypertrophen Stadium. Die Epiphysen wachsen in vivo stärker als die Diaphyse. Die regionalen Wachstumsdifferenzen sind im Explantat stärker ausgeprägt. Die *Determination* der Epiphysen erfolgt zwischen dem 3. und 8. Tag der Bebrütung. Ferner findet bei der über 5 Wochen alten Kultur eine periostale Knochenbildung statt (FELL, 1928/1929), jedoch keine enchondrale. MURRAY (1926) und HUNT (1932) beobachteten in Kulturen auf der Chorio-Allantois eine fortschreitende histologische Differenzierung von Knorpel- und Knochengewebe, aber keine normale Größen- und Gestaltentwicklung. Hieraus wurde auf eine Möglichkeit der *Selbstdifferenzierung* der Skeletteile geschlossen. Für die Extremitätenknospen und andere Organanlagen bietet die Kultur im *Cölom* optimale Bedingungen (vgl. BORGHESE, 1958). Im Hinblick auf die Untersuchung teratogener Vorgänge hat MERKER (1975) die Bedingungen der Entwicklung von Extremitäten in vivo und in vitro, auch unter Berücksichtigung der Ultrastruktur, miteinander verglichen.

Die *Form des Knochenschafts* ist bereits in der mesenchymalen Kondensation vorgezeichnet, doch dürfte die Differenzierung etwas früher beginnen (MURRAY, 1936). Explantate der Extremitäten auf der Chorio-Allantois von 2 Tage alten *Hühnchen*embryonen zeigen Knorpelbildung; der Schaft bildet Gelenkflächen aus (MURRAY, 1926, 1928). In Studien, die MURRAY und SELBY (1930) im Anschluß an FELL und ROBINSON (1929) an Femurexplantaten von 6–7 Tage alten *Hühnchen* durchführten, zeigte sich, daß an den größeren Explantaten Köpfe, Trochanteren und Condylen entstanden, doch fehlten die tiefe Rinne am Kopf für das Ligamentum acetabuli und die Fossa intercondylica (vgl. FELL, 1931a). MURRAY (1936) folgert, daß sich die grobe Form eines Skelettstücks in der Frühphase im Sinn einer *Selbstdifferenzierung* entwickelt; die *äußeren Faktoren* schaffen die Bedingungen, unter denen die inneren Faktoren zur Auswirkung kommen. In späteren Stadien nimmt die Bedeutung der äußeren Faktoren zu. MURRAY (1926) sowie MURRAY und SELBY (1930) haben auch die Entwicklung der *Krümmung* des Femurs an Explantaten von Extremitätenknospen des 4. und 5. Tages auf der Chorio-Allantois sowie an isolierten Femora von 6 Tage alten Embryonen untersucht. Es entsteht ein normal gekrümmtes Femur; bei 6 Tage alten Keimlingen treten neben normal gekrümmten, abnorm gekrümmte Femora auf.

In Organkulturen läuft die Entwicklung der Skelettelemente in individueller Form ab (FELL, 1954, 1956). Bereits in einem normalen Medium verhalten sich die verschiedenen Skelettrudimente unterschiedlich (FELL und MELLANBY, 1955; vgl. FELL, 1925). Am 6. Tag der Kultur ist die Hypertrophie der Knorpelzellen im Femur am weitesten fortgeschritten. Es folgen Humerus, Tibia und Ulna, während der Gestaltwandel der Knorpelzellen beim Radius noch nicht begonnen hat. Humerus- und Tibiaknospe zeigen in der Kultur regelmäßiger eine Knorpelreifung und Knochenbildung als Femur, Radius und Ulna, die gewöhnlich nach 2 Wochen des Lebens in der Kultur noch aus kleinen Zellen bestehen und keine Osteogenese aufweisen (FELL, 1956). Nach Zusatz von *L-Thyroxin* zum Kulturmedium kommt es zur *Beschleunigung* der Differenzierung und mitunter des Wachstums, später zur *Hemmung* des Wachstums, mitunter verbunden mit Zelldegenerationen (FELL, 1954, 1956; FELL und MELLANBY, 1955). An Extremitätenknospen von $4–4^1/_2$ Tagen ist die Phase der Differenzierung des Humerus und mitunter der Tibia beschleunigt. Keine oder nur eine geringe Wirkung ergibt sich an Femur, Radius und Ulna. Differenzierung und Wachstum des Radius vom 6. Tage werden beschleunigt. Das gilt zunächst auch für die Differenzierung von Humerus und Ulna; es folgt eine Herabsetzung des Wachstums und eine Degeneration. Die Wachstumsraten von Tibia und Femur sinken. Der Zusatz von übermäßigen Mengen von *Vitamin A* zum Kulturmedium (FELL und MELLANBY, 1950; vgl. FELL, 1954, 1956; FELL und RINALDINI, 1965) führt bei Extremitätenknospen vom 6. Tag zu einem Verlust der Metachromasie im Schaft, auch in den Epiphysen. Die Wirkung ist bei Femur und Tibia am stärksten; es folgen Humerus, Radius und Ulna. Nach *Insulin*beigabe zum Kulturmedium tritt eine Verzögerung des Längenwachstums des Schafts auf; der Knorpel wird weich und biegsam (CHEN, 1954; FELL, 1954, 1956). Die Enden der Knochen sind verdickt. Die Differenzierung der Gewebe ist gehemmt. Die stärkste Wirkung zeigt der Humerus, gefolgt von Tibia und Femur, während Radius und Ulna nur gering beeinflußt werden.

Nach FELL (1954) besitzen die einzelnen Skelettelemente eine *physiologische Individualität*, die die Reaktion auf verabreichte Agentien bestimmt. Bemerkenswert erscheint, daß sich sowohl bei der normalen Entwicklung wie unter Einwirkung von Insulin, L-Thyroxin ($4-4^1/_2$ Tage Knospen) und Vitamin A eine bestimmte *Reihenfolge* ergibt: Femur, Tibia, Humerus stehen an erster Stelle, Radius und Ulna bilden stets den Schluß der Reihe. Dies spricht für eine Sonderstellung von Radius und Ulna in der Entwicklung, die in der späteren Entwicklung deutlich wird (vgl. BAHLING, 1958). Auch im Hinblick auf die Längenvariation unterscheiden sich Radius und Ulna (einfache log-normale Verteilung) von Femur, Humerus und Tibia (mehrkollektivische Verteilungen; KNESE, 1958 b).

Die Entwicklung von Skelettblastemen und Primordia in der Kultur spricht nach MURRAY (1936) und BIGGERS (1965) dafür, daß zur Zeit der Explantation ein *Anlageplan*, eine Art Plan- oder Wachstumsmuster, in dem Skelettmesenchym vorhanden ist. Nach MURRAY (1936) wird die bereits vorliegende Differenzierung manifest. BIGGERS (1965) meint, daß genetische Faktoren und solche der Umgebung zusammenwirken. Die voneinander getrennten Paarlinge des Tibio-tarsus 7 Tage alter *Hühnchen*-Embryonen zeigen über 5 Kulturtage hin die gleiche Längenentwicklung (BIGGERS, 1963). Dieses Ergebnis ist nur in dem Sinn zu deuten, "that the common genetic and environmental history of each pair of rudiments plays a considerable role in their responses after explantation" (BIGGERS, 1965).

Eine Bestätigung für diese Vermutungen geben Beobachtungen von WEISS und MOSCONA (1958) über die *Reaggregation* von Knorpelzellen nach Trennung durch Trypsin. *Extremitäten*mesenchym von $3^1/_2$–4 Tage alten *Hühnchen*-Embryonen bildet klumpige Knoten wirbelartig geordneter Zellen; sie können zu Zellmassen werden, die jenen im normalen Skelett ähnlich sind. *Skleral*mesenchym 6–7 Tage alter *Hühnchen* bildet dagegen flache Platten mit einer Pseudoschichtung, etwa wie im Skleralknorpel. Unmittelbar vor der Skelettkondensation in der Extremitätenknospe können sich die Mesenchymzellen in verschiedener Richtung entwickeln. Ihr Schicksal nach einer Dissoziation hängt von der jeweiligen Aggregatform ab (UMANSKY, 1966). Zellen können wieder ein Aggregat bilden und sich weiter differenzieren (MOSCONA und MOSCONA, 1952; MOSCONA, 1960), wobei Fragen des Zellkontakts eine Rolle spielen (u.a. CURTIS, 1960, 1961; COON, 1964). Im kompakten Aggregat entsteht Knorpel, im einschichtigen (monolayer) Aggregat Bindegewebe als Substrat einer Myogenese (UMANSKY, 1966). Die weitere Entwicklung des Mesenchyms hängt von der Dichte der Zellpopulation ab.

### 2.2.3.4. Die Gliederung des Skeletts durch Gelenke

Die Gliederung des Skeletts in einzelne Elemente wird mit dem Auftreten von *Gelenken* evident. Jedes Skelettelement stellt ein *Entwicklungsfeld* dar, wobei die Zellen im Zentrum dieses Feldes gegenüber den peripheren eine stärkere

Gallocyanin- und PAS-Reaktion zeigen (KNESE, 1970e, Abb. 125) sowie vermehrt $^3$H-Thymidin speichern (MAZHUGA et al., 1970). Aufgrund der Beobachtungen von FELL und CANTI (1934/1935) ist anzunehmen, daß Teile benachbarter
Felder sich gegenseitig vertreten können. Im Sinn einer fortschreitenden Individualisierung der Anlagen entsteht nach der Emanzipation der Skelettelemente
an den „Feldgrenzen" ein Gelenkblastem.

Bereits BERNAYS (1878) unterschied (1.) zwischen Anlage und erster Entwicklung sowie (2.)
endgültiger Ausgestaltung eines Gelenks. Die Form der Gelenke ähnelt vor der Entstehung der
Gelenkhöhle und vor Einsetzen der Muskelaktivität der beim Erwachsenen (vgl. weiter SCHULIN,
1879; HAGEN, 1900; BARDEEN, 1905; HESSER, 1926; LANGER, 1929; MARTIMO, 1935; MCDERMOTT,
1943; HAINES, 1947; GRAY und GARDNER, 1950). A. FICK (1859) und R. FICK (1890, 1921, 1928)
haben versucht, die Formentwicklung mechanisch zu erklären. R. FICK (1921) hat zu diesem Zweck
den Abschliff von gegeneinander bewegten Gipsblöcken untersucht. Die Frage, warum bestimmte
Knochen (Femur, Humerus) an beiden Enden konvexe, andere (Tibia, Radius, Ulna) dagegen
konkave, bzw. fast ebene Gelenkflächen besitzen, wurde bisher nicht diskutiert. MURRAY (1936)
hielt es für wahrscheinlich, daß die Funktion die Bildung der Gelenkhöhlen unterstützt, aber nicht
verursacht, und die Verschmelzung der Teile verhindert (vgl. GLÜCKSMANN, 1939). Nach morphologischen Untersuchungen von SCÉKELY (1943) ist die Bewegungsmöglichkeit zur Zeit der Sehnenentwick-
lung bei menschlichen Feten gering, später größer. HESSER (1926) wies darauf hin, daß die sich
entwickelnden Gelenkflächen ein „unverletztes" Mesenchym besitzen; eine Gestaltung durch mechanische Faktoren sei daher nicht anzunehmen. Das Fehlen der Funktion führt in späteren Stadien
der Entwicklung zum Verschwinden der Gelenke. Bei gelähmten regenerierenden Extremitäten des
Axolotls (SCHMALHAUSEN, 1925) und von Triton (BRUNST, 1927, 1932), seltener von Fröschen (HAM-
BURGER, 1928) und Hühnchen-Explantaten (FELL und CANTI, 1934) sind Verschmelzungen benachbarter Skeletteile nicht ungewöhnlich, doch handelt es sich hierbei um eine sekundäre Erscheinung
(BRUNST, 1927, 1932; FELL und CANTI, 1934). CHAUBE (1959) beobachtete eine Verschmelzung
bei langen Knochen häufiger als bei den Phalangen. BRADLEY (1970) fand im Chorio-Allantois-
Explantat eine fast vollständige Gelenkentwicklung, dann aber Verschmelzungen. Bei der Verschmelzung erscheint faseriges Gewebe und kein Knorpel (FELL, 1925; STRANGEWAYS und FELL, 1926;
FELL und CANTI, 1934/1935; CHAUBE, 1959). Nach GRÜNDISCH (1943) liegt hierbei eine histiotypische
Proliferation vor. Die Verschmelzung bleibt aus, wenn die Kulturstücke bewegt werden. LELKES
(1958) erhielt bei 7 von 20 Extremitäten eine vollständige Trennung von Femur und Tibia durch
eine Gelenkhöhle; 13 hatten gut geformte Gelenkflächen, zwischen denen sich etwas lockeres Gewebe
befand. Von den 20 Kontrollen wiesen 9 eine komplette Knorpelverschmelzung auf, 11 eine irreguläre
histiotypische Proliferation des Epiphysenknorpels.

Die fortlaufende Spezialisierung der Skeletteile im Zusammenhang mit der Gelenkentwicklung
haben FELL und CANTI (1934/1935) gezeigt. In Explantaten der Beinknospe des Hühnchens vom
4. Tage mit Mesenchymkondensationen entstehen in 17 Tagen Kultur knorpelige Anlagen von
Femur, Tibia und Fibula, zwischen denen eine mesenchymale Zone als Anlage des Kniegelenks
vorliegt. Nach 4 Tagen tritt die Gelenklinie auf. Nach 6 Tagen schwindet der Gelenkknorpel,
und die Gelenkanlagen verschmelzen miteinander. Präsumptives, vom übrigen Skelettblastem isoliertes Gelenkgewebe entwickelt sich in vitro nur zu einem knieähnlich gestalteten Knorpel, d.h.
zur Gelenkentwicklung ist das Vorhandensein von Diaphysenblastem erforderlich. Wird nun Gelenkblastem zwischen die Hälften des Tibia- und Fibulablastems transplantiert, entsteht ein Gelenk
inmitten des Schafts. Nach Entfernung des Gelenkblastems und Aneinanderfügens des verbleibenden
Blastems kommt es wohl zur Gelenkbildung, doch fehlt der distale Teil des Femurs. Bei fortgeschrit-
tener Gelenkentwicklung mit Beginn der Knorpelbildung kann nur wenig mesenchymales Gewebe
entfernt werden. Wird das ganze Gelenk-Mesenchym entfernt, verschmelzen Femur, Tibia und Fibula
miteinander. Diesen Ergebnissen von FELL und CANTI (1934/1935) stellt MURRAY (1936) die Theorien
von CAREY (1921, 1922) gegenüber, dessen Hypothesen über die Gestaltung der Gelenkflächen
er ablehnt. Nach CAREY (1921, 1922) wird ein dichtes Blastem durch den Druck der wachsenden
knorpeligen Diaphyse abgeflacht und in Bögen angeordnet. Auf diesem Weg werden zwei einander
gegenüberstehende Bögen gebildet, und das Gelenk entsteht in ihrer Übergangszone.

Die Region der Gelenkbildung ist im Extremitätenmosaik nicht starr lokalisiert; es ist beim Hühnchen nach MURRAY (1936) am 4. Tag, vermutlich aber

bereits am 3. oder gar 2. Tag, festgelegt. Die prospektive Potenz der Skelettzellen in diesem Mosaik ist etwas größer als ihre prospektive Bedeutung. FELL und CANTI (1934/1935) demonstrierten weiter, daß *Osteoblasten* des Femurs und der Tibia in regionaler Differenzierung gebildet werden, die sich nur in einem beschränkten Bereich vertreten können (KNESE, 1967a). Die Osteoblasten sind ortsgemäß für ein Skelettelement entsprechend den präsumptiven Skelettbereichen (Abb. 8, 9) determiniert.

Nach MACEVEN (1907, 1912, 1923) soll ein diaphysärer Osteoblast nur Diaphysenknochen, ein epiphysärer nur Epiphysenknochen bilden können. Im übrigen bestätigen die Untersuchungen von FELL und CANTI (1934/1935) die Hypothese, daß die Skelettstücke als Felder entstehen. Im Überdeckungsbereich können sich die Skelettzellen benachbarter Felder in einem bestimmten Entwicklungszustand noch vertreten.

Ein *dreischichtiges Gelenkblastem* wurde verschiedentlich beschrieben (BERNAYS, 1878; SCHULIN, 1879; LANGER, 1929; HAINES, 1947; GRAY und GARDNER, 1950). Die Kapsel scheint für die Entwicklung der Strukturen des Kniegelenks nicht verantwortlich zu sein, denn ihre Entstehung ist zeitlich sehr variabel (GRAY und GARDNER, 1950). Das weitere Wachstum der Gelenkflächen besteht nach GRAY und GARDNER (1950) auf der mitotischen Aktivität der Knorpelzellen (ELLIOTT, 1936) und der Knorpelbildung durch intrakapsuläres Perichondrium. BERNAYS (1878) war der Meinung, daß das Gelenkzwischengewebe zum Knorpelwachstum beiträgt. Auch HAINES (1947) glaubte, daß ein Teil davon Gelenkfläche wird. Nach SCHULIN (1879), BARDEEN (1905), HAINES (1947) und GRAY und GARDNER (1950) entstehen in situ aus diesem Gewebe auch die *Synovialgewebe, Kreuzbänder* und *Menisci* (vgl. SANTO, 1935) sowie das Lig. teres des Hüftgelenks (STEWART, 1935; STRAYER, 1943; GARDNER und GRAY, 1950). Ebenso entsteht die Sehne des Caput longum m. bicipitis in situ (SIMON, 1923; NEALE, 1937; GARDNER und GRAY, 1953). WELCKER (1878) hatte eine Einwanderung in die Kapsel angenommen. Ein Faserknorpel bildet sich in den Menisci nach MCDERMOTT (1943) in den ersten drei Lebensjahren. Der äußere Teil der Menisken ist in der 12. Fetalwoche vaskularisiert (GRAY und GARDNER, 1950).

Über die *Herkunft der intraartikulären Elemente* hat ANDERSEN (1961) eine z.T. von HAINES (1947) abweichende Auffassung (Abb. 45). Der Beitrag des umgebenden „Mesenchyms" zur Gelenkbildung ist nicht endgültig geklärt. ANDERSEN (1961) geht von der Beobachtung aus, daß Patella, Femur, Tibia, Fibula und Menisken bei *menschlichen* Feten, vermutlich auch die Kreuzbänder, aus dem gleichen Blastem entstehen. HAINES (1947) hatte aufgrund der Befunde von HAGEN-TORN (1882) eine Abkunft von intraartikulären Gebilden (Kreuzbänder, Menisken) von dem umgebenden synovialen Mesenchym angenommen; dies wurde für einfache Gelenke, aber nicht für das Kniegelenk teilweise bestätigt. Dem widersprechen die Befunde von BERNAYS (1878), SCHULIN (1879), GRAY und GARDNER (1950), BARDEEN (1905), MCDERMOTT (1943) sowie EBERL-ROTHE und SONNENSCHEIN (1950). Das synoviale Mesenchym unterscheidet sich von dem umgebenden durch seine starke $\gamma$-Metachromasie und die Fähigkeit zur Produktion von Chondroitinsulfaten. Die Menge dieser Substanzen nimmt vor Inkorporation der Zwischenschicht in die chondrogene Lage unmittelbar

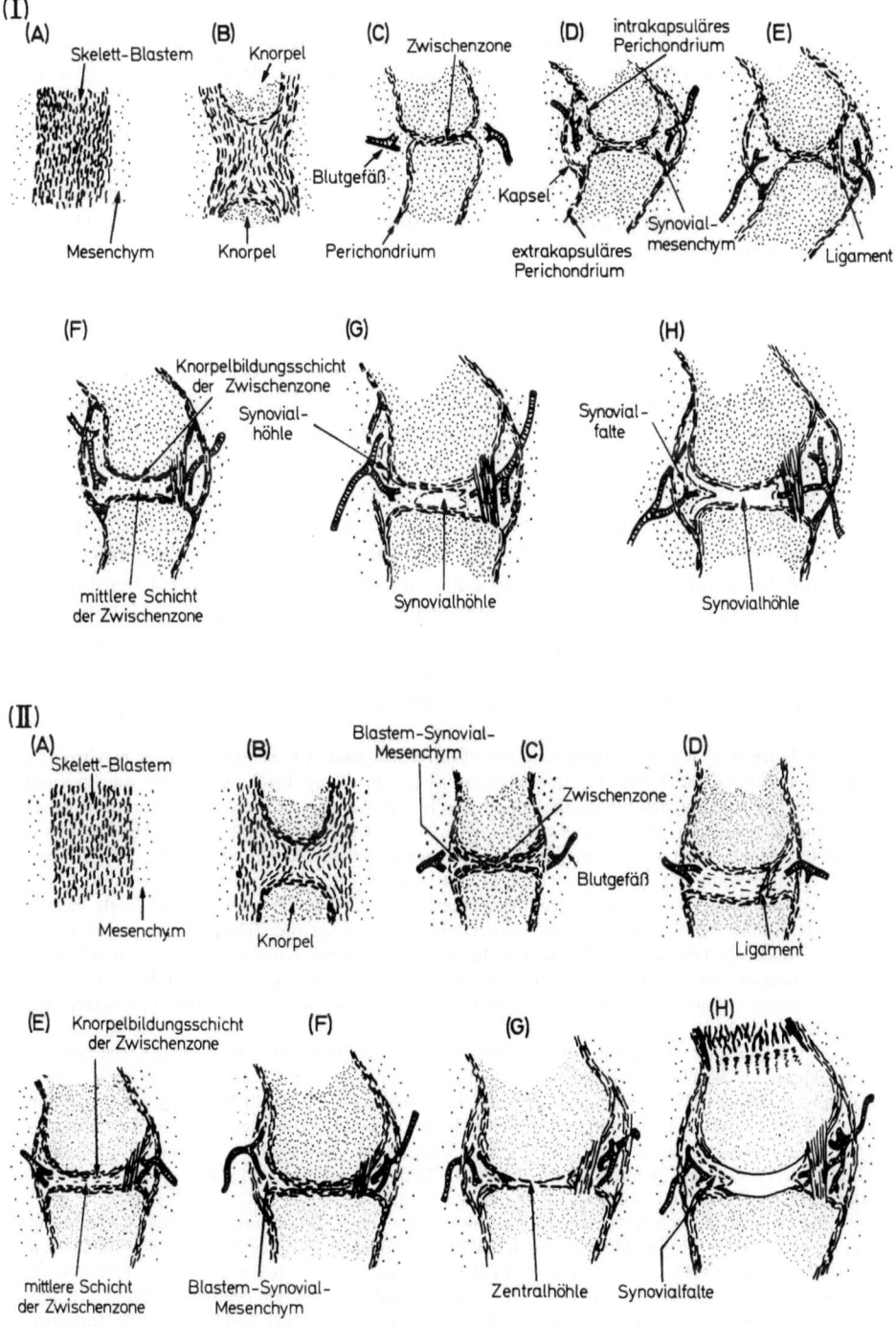

**Abb. 45.** Schematische Darstellung der Entstehung eines Gelenks, vor allem der intraartikulären Elemente, *I:* Auffassung von HAINES (1953), *II:* Auffassung von ANDERSEN (1961), vgl. Text (Umzeichnung nach ANDERSEN, 1961)

vor der Höhlenbildung zu (ANDERSEN und BRO-RASMUSSEN, 1961). Die Bedeutung der *degenerativen* Veränderung in der oberflächlichen Schicht (z.B. EBERL-ROTHE und SONNENSCHEIN, 1950) wird von ANDERSEN (1961) in Frage gestellt (s.a. KNESE und KNOOP, 1961c). Ein besonderes Problem bildet die Herkunft der *Patella*. Sie sollte unabhängig von der Sehne (BERNAYS, 1878; EBERL-ROTHE und SONNENSCHEIN, 1950; ANDERSEN, 1961), in der Sehne (BARDEEN, 1905, WALMSLEY, 1940) bzw. periartikulär (O'RAHILLY und GARDNER, 1956) entstehen. NIVEN (1933) züchtete präsumptives Patellamesenchym von 9 Tage alten Hühnchen und erhielt nach 3 Tagen Knorpel, nach 20 Knochen.

Die Frühentwicklung eines Gelenks ist mit der Ausbildung der sog. *Tangentialschicht* und der Umgestaltung der Zytoarchitektur der Skelettelemente verbunden (KNESE, 1966b; Abb. 46). Um den mittleren Teil eines Skelettstücks sind die Zellen in bogenförmigen Reihen angeordnet. Die Konvexität der Zellbögen in benachbarten Elementen ist aufeinander zugerichtet; zwischen ihnen liegt das Gelenkmesenchym. Beim Übergang zum hyalinen Epiphysenknorpel werden die Zellen rundlich und beladen sich stark mit Glykogen. Je nach Gelenk etwas verschieden, wird aus dem Gelenkmesenchym eine Schicht tangential geordneter Zellen, die kaum Glykogen enthalten. Mit Toluidinblau und den kolloidalen Eisenreaktionen ist eine geringe Menge von Interzellularsubstanzen nachzuweisen. In diesem Stadium bildet sich in einzelnen Teilen, häufig zentral beginnend, der Gelenkspalt aus (Abb. 46). Später dürfte eine Art Funktionsumkehr der Tangentialschicht erfolgen. Ihr Eiweißumsatz ist größer als der in der Radiärschicht, zeigt aber — im Gegensatz zu den tiefen Schichten (KOBURG, 1960) — keine $^{35}$S-Aufnahme mehr (AMPRINO, 1955c).

Die Zellen des Gelenkmesenchyms unterscheiden sich nach VAUBEL (1933) auch in vitro von Fibroblasten durch die Fähigkeit zur Auflösung von Fibrin und Produktion einer mucinartigen Substanz. Die Bildung des Gelenkspalts soll durch Auflösung der Interzellularsubstanzen durch Hyaluronidase vor sich gehen (MUNARON, 1954). Das Gelenkblastem soll eine an Hyaluronsäure reiche Interzellularsubstanz bilden, die u.a. keine Bewegung der Anlage ermöglicht (PÜSCHMANN, 1975). Elektronenmikroskopisch lassen sich bei Rattenfeten Zelldegenerationen nachweisen (KNESE und KNOOP, 1961c), die an einen programmierten Zelltod (WEBSTER und GROSS, 1970) denken lassen. Die Bilder vom Zellzerfall sind schwer zu beurteilen, da die Zellorganellen zerstört sind oder nur noch als Trümmer vorliegen. Der Kern wird an seiner Längsseite von einem schmalen Zytoplasmasaum überzogen. Im Zytoplasma an den Kernpolen sind noch Membranpaare und Mitochondrien vorhanden. In der Gelenkoberfläche liegen aus Granula und Bläschen bestehende Zellreste.

Diese allgemeine Schilderung der Histogenese der Gelenke soll durch einige Angaben zur Entwicklung der einzelnen Gelenke beim *Menschen* ergänzt werden. Nach BARDEEN (1905) sowie GARDNER und GRAY (1950) beginnt die Bildung der Höhle des *Hüftgelenks* bei Feten von 20–30 mm SSL (8–9 Wochen); sie ist vollständig bei 50 mm langen Feten. Die Entwicklungsfolge ist: Acetabulum 13–15 mm; Fossa acetabuli: 22–25 mm; Femurkopf und -hals: 22–25 mm; Lig. teres: 22–25 mm; Trochanter: 28 mm; Fovea capitis: 37–39 mm (GARDNER und GRAY, 1950; vgl. SCHUSTER, 1878; DESANTO und COLONNA, 1939 und STRAYER, 1943).

Eine einfache Zwischenzone im *Kniegelenk* entsteht nach GRAY und GARDNER (1950) beim $7^{1}/_{2}$ Wochen alten Embryo; Menisci und Kreuzbänder bilden sich in der 8. Woche vor Erscheinen der Gelenkhöhle, die bis zur 9. Woche auftritt und in der 14. zu einer einheitlichen Höhle wird. Die Gelenkflächen von Femur und Tibia sind zunächst flach; dazwischen liegt eine einfache Scheibe. Bald bilden sich die Condylen aus, und in dem lockeren, nun vaskularisiertem Gewebe entstehen die Kreuzbänder. Die entscheidenden Entwicklungsvorgänge laufen innerhalb von drei Wochen ab (vgl. BERNAYS, 1878; KAZZANDER, 1894; LANGER, 1929; McDERMOTT, 1943; EBERL-ROTHE und SONNENSCHEIN, 1950; HAINES, 1953; O'RAHILLY und GARDNER, 1956; ANDERSEN, 1961).

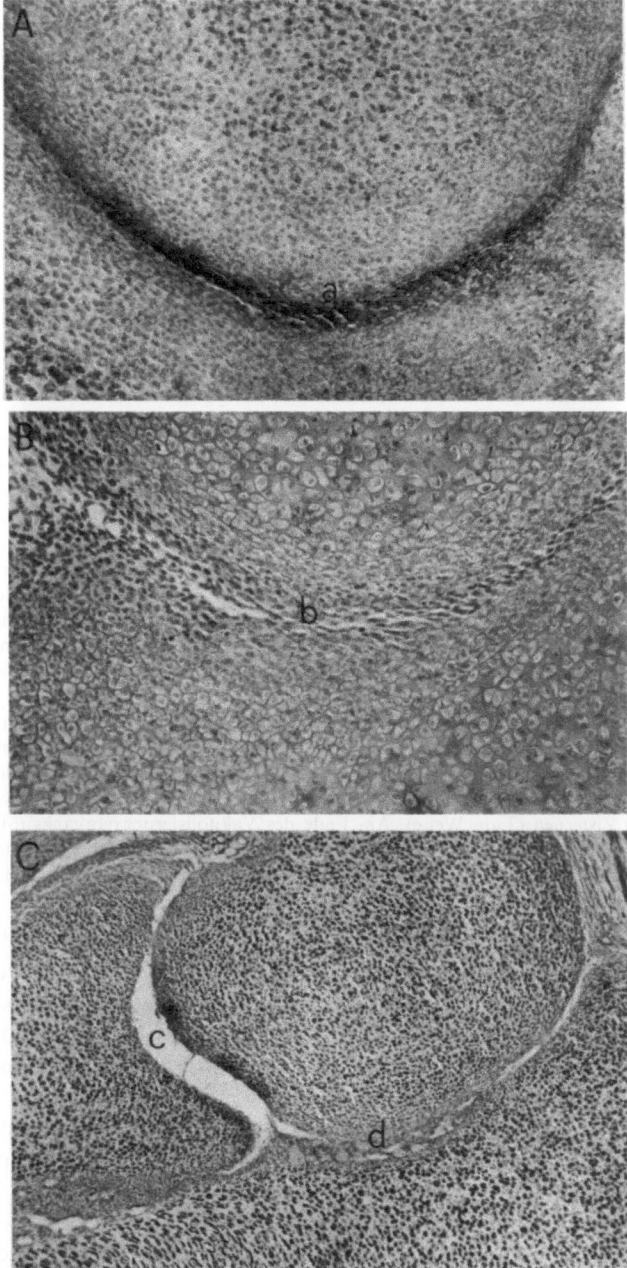

**Abb. 46.** Rinderfet, 45 mm SSL *(A, B)* bzw. 52 mm SSL *(C)*. Entwicklung des Gelenkspalts. *a)* Anlage des Gelenkspalts, *b)* beginnende Auflösung des Gelenkspalts, *c)* mehrfach unterbrochene Gelenkhöhle, *d)* vollkommen eröffneter Gelenkspalt. *A:* Zehengrundgelenk: kolloidale Eisenreaktion (Müller), *B:* Interkarpalgelenk: Kresylechtviolett pH 3, 2, *C:* Ellbogengelenk, kolloidale Eisenreaktion (Graumann), *A, B:* Obj. 16, *C:* Obj. 6, 3 (aus KNESE, 1966 b)

Im *Schultergelenk* zeichnet sich die Pfanne bei etwa 22–24 mm langen Embryonen ab (SIMON, 1923; HESSER, 1926). Die Gelenkhöhle ist bei einem Feten von 34 mm SSL vorhanden (HAINES, 1947). Die Zwischenzone entsteht beim 20 mm langen Keim. Kurz danach (22 mm SSL) ist die Form der Gelenkkörper ausgebildet (GARDNER und GRAY, 1953). Die Entwicklung des *Ellenbogengelenks* wurde von SCHULIN (1879), HULTKRANZ (1897), HAGEN (1900), LEWIS (1901), HESSER (1926), HAINES (1947) sowie GRAY und GARDNER (1951) studiert. Die Gelenkhöhle erscheint etwa bei 14 mm und ist bei 30–39 mm vollständig. Nach GRAY und GARDNER (1951) liegt die Form der Gelenkkörper bei 30 mm langen Feten fest. Die Elemente der Handwurzel sind bei etwa 12–20 mm langen Embryonen vorhanden (LEBOUCQ, 1884; BARDEEN und LEWIS 1901; LEWIS, 1901; HESSER, 1926; HAINES, 1947; GRAY et al., 1957) und noch durch homogene Zwischenzonen verbunden. Die Angaben über die Entstehung der Gelenkhöhlen variieren; sie sind nach GRAY et al. (1957) bei Embryonen von 30–50 mm SSL, in der 9.–11. Fetalwoche, vorhanden (vgl. ANDERSEN und BRO-RASMUSSEN, 1961).

## 2.2.4. Die Chorda

Die Chorda eilt allen anderen Stützgeweben in der Differenzierung voraus (HENNEGUY, 1907). Bei *Urodelen* ist in den Zellen der Chorda zunächst ein Ergastoplasma von geringem Umfang vorhanden, das mit der Kernmembran in Verbindung steht (WADDINGTON und PERRY, 1962). Die Membranen und Vesikel sind sehr dünn und tragen etwas kleinere Ribosomen von 100–150 Å. Gleichzeitig treten große, mit Flüssigkeit gefüllte intrazelluläre Vakuolen auf. Mit dem Wachstum der Vakuolen verschwindet dieser Membrantyp und wird durch einen zweiten ersetzt, der besonders gut in den peripheren Chordazellen in der Nähe der Scheiden ausgebildet ist. Die mit größeren Ribosomen (150–200 Å) besetzten Membranen umschließen flache Zisternen mit einem elektronendichten Inhalt. Die Autoren nehmen an, daß diese Zellen mit der Bildung der Scheiden in Zusammenhang zu bringen sind. Erst kurz vor dem Schlüpfen und bei der Larve hat die Chorda eine Stemmkörper-Stützfunktion (CLAES, 1965; *Rana temporaria*).

In der Chorda des *Hühnchens* fand JURAND (1962) im Stadium 17–18 pyroninpositive und schwach gefärbte Zellen. Etwa 30% der Zellen sind im Stadium 20 pyroninpositiv; sie liegen in der Peripherie und bilden das sog. *Chorda-Epithel.* Der Golgi-Apparat ist bereits im frühen Stadium stark entwickelt, das endoplasmatische Retikulum wird erst ab Stadium 15 umfangreicher und zeigt bald Zisternen (3 μm Weite). Am Ende des Vakuolisierungsvorgangs (Stadium 26) verschwinden die Zisternen. Die pyroninpositiven Zellen haben ein elektronendichtes Zytoplasma. Die hellen Zellen unterscheiden sich von ihnen nur graduell, da die gleichen Zellbestandteile nur in geringer Zahl vorhanden sind.

In der Chorda von *Rinder*feten von 6 mm SSL stehen die Zellen bei einer Breite des interzellulären Spalts von etwa 200 Å in unmittelbarem Kontakt miteinander. Vor allem in der Peripherie sind Maculae adhaerentes von 1,2 μm Länge vorhanden, die parallel zur Zelloberfläche von einer fast 1000 Å dicken Schicht von Zytofilamenten begleitet werden. Die Filamente biegen in Bündeln bogenförmig aus, um nunmehr in spitzem bzw. rechtem Winkel in die Zelle zu verlaufen. In dem dichten Hyaloplasma treten membranumhüllte Körper, kleine Golgi-Vesikel, Mitochondrien und unterschiedlich lange granuläre Membranpaare auf (Abb. 47).

Alle Zellen enthalten Kohlenhydratgranula und optisch beinah leere, unterschiedlich große Vakuolen, die fast stets in den Kohlenhydratdepots liegen. Eine umhüllende Membran hat sich vermutlich durch die Fixierung von den Kohlenhydraten gelöst und stellt ein gewelltes Gebilde dar. Die Zahl der Strukturelemente hat sich bei Feten von 16 mm SSL etwas erhöht (Abb. 48). Auch bei Rinderfeten sind mehr dichte und locker strukturierte Zellen vorhanden. Allerdings sind zwei Typen der helleren Zellen zu unterscheiden (Abb. 49), nämlich Zellen mit größeren membranumhüllten Vakuolen und andere mit einer

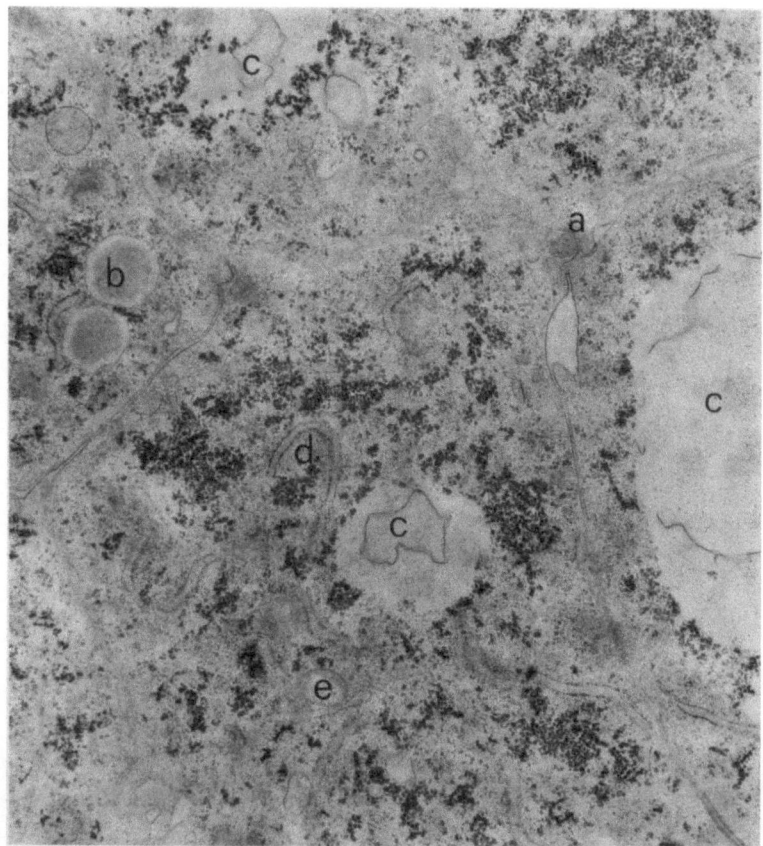

**Abb. 47.** Rinderfet, 6 mm SSL, Chordazellen. *a)* Verzahnung des Plasmalemms benachbarter Zellen, *b)* lysosomale Körper, *c)* Vakuolen verschiedener Größe, inmitten von Kohlenhydratdepots mit Membranen, *d)* kurze Membranpaare, überwiegend granulär, *e)* Mitochondrium, Vergr. 13500×

Rarifizierung des Hyloplasmas, wie es bei den hypertrophen Chondrozyten weit verbreitet ist. Die Chorda der Rinderfeten von 30 mm SSL ist durch eine gesteigerte Kohlenhydrateinlagerung in die Zellen und das Auftreten weiterer interzellulärer Spalten mit Kollagenfibrillen ausgezeichnet (Abb. 50).

Die segmentalen *Wellen* der Chorda (MINOT, 1907; DAWES, 1930; SENSENIG, 1943) sind nach BAUER (1967) ein Schnittartefakt. VERBOUT (1971) faßt dagegen die Wellen der Chorda als ein intravitales Phänomen auf. Sie lassen sich an unfixiertem Material präparatorisch darstellen. Die Zellen der Chorda von *menschlichen* Feten von 3,5 und 17,5 mm liegen in einer radiären und geldrollenartigen Ordnung (MARTIN et al., 1961), haben eine hochentwickelte Struktur und zeigen eine Strukturentwicklung, die der Hypertrophie der Chondrozyten in der Epiphyse ähnlich ist. Eine mechanische Funktion im engeren Sinn kann man bei *Amnioten* physikalisch ausschließen, z.T. auch bei entsprechenden Stadien der *Amphibien* (WADDINGTON und PERRY, 1962; CLAES, 1965).

Die Bildung von *Kollagen* durch Chordazellen steht wohl außer Zweifel (DUNCAN, 1957; DEUCHAR, 1963), doch ist nicht zu entscheiden, ob die Höhe der Strukturentwicklung der Zellen mit dem Umfang der Kollagensynthese

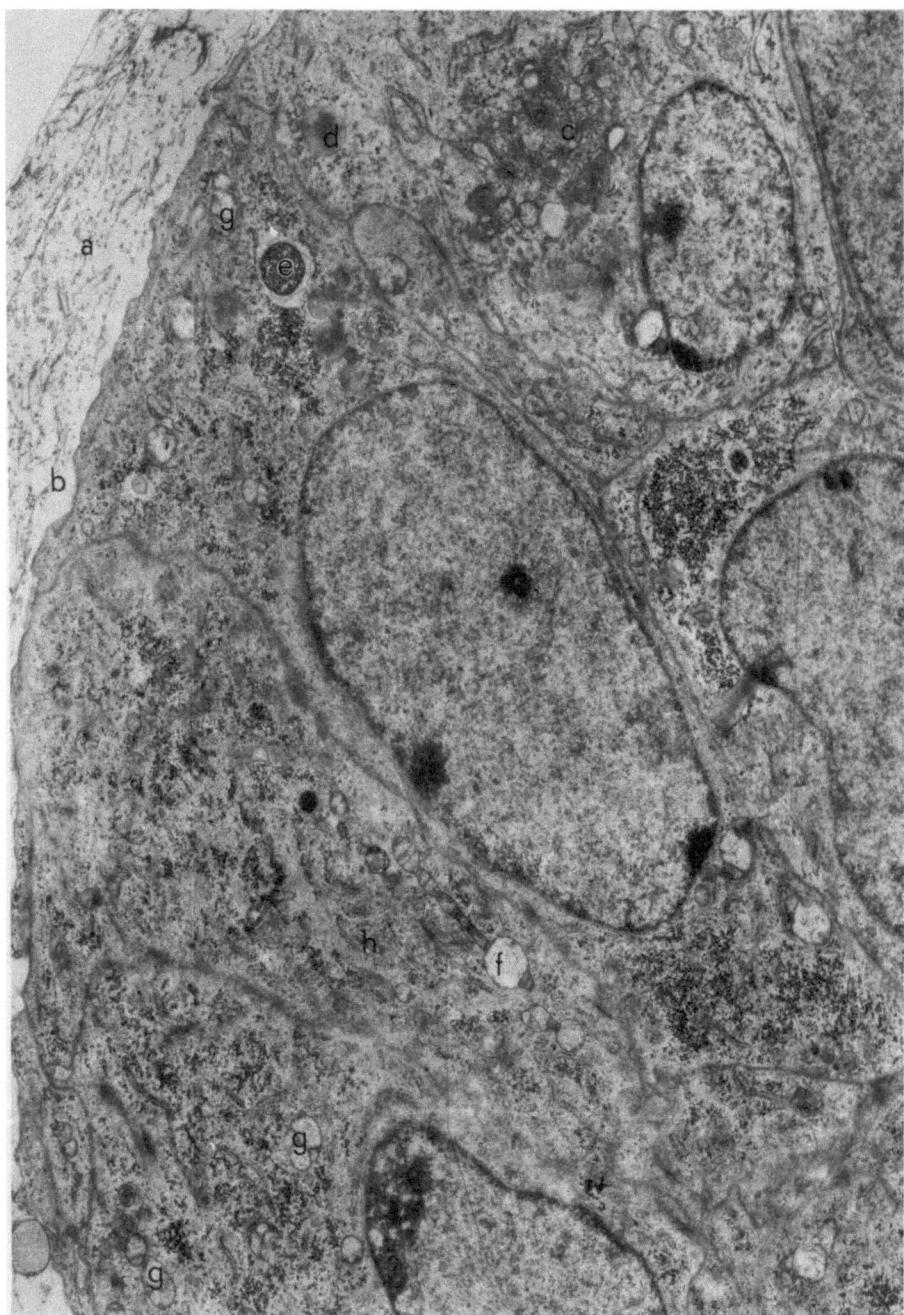

**Abb. 48.** Rinderfet, 16 mm SSL, Chorda. *a)* Perichordale Fibrillen, *b)* Reste der Basallamina *c)* Golgifeld mit Doppelmembranen und Vesikeln sowie einigen quergeschnittenen zilienartigen Gebilden, *d)* Lysosomen, *e)* Einschlüsse in ein Kohlenhydratdepot, *f)* schlauchförmiges, mehrfach aufgetriebenes Mitochondrium mit einer Blase, *g)* blasige, z.T. mehrkammerige Gebilde, *h)* Golgifeld, Vergr. 7200 ×

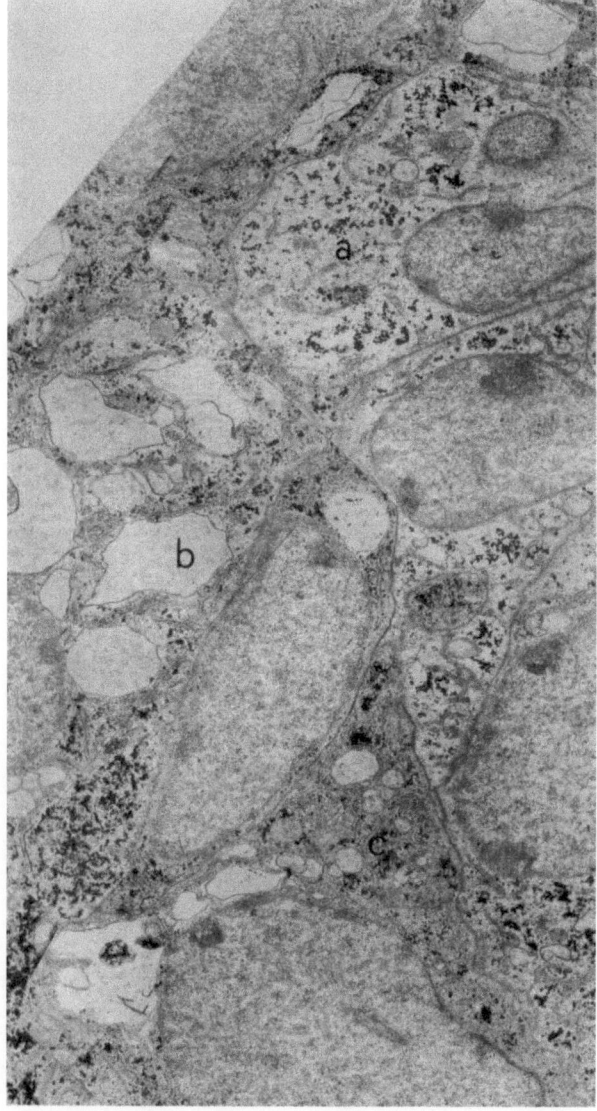

**Abb. 49.** Rinderfet, 20 mm SSL, Chordazellen. *a)* Zelle mit rarifiziertem Hyaloplasma, einzelnen längeren granulären Membranpaaren und Kohlenhydraten, *b)* Ansammlungen von praktisch leeren Vakuolen, *c)* dichte Zelle mit granulärem Retikulum und Kohlenhydrateinlagerungen sowie einigen Mitochondrien und Vakuolen, Vergr. 5200 ×

korreliert ist. Vermutlich werden Bindegewebspolysaccharide im Zusammenhang mit der Vakuolisierung gebildet, wobei das Maximum dieser Synthese offensichtlich jener vom Kollagen folgt. Zur Spekulation regt die zeitliche Korrelation der Strukturentwicklung mit der Fähigkeit zur Förderung des Knorpelwachstums an. Sie liegt nach GROBSTEIN und HOLTZER (1955) zwischen dem 9. und

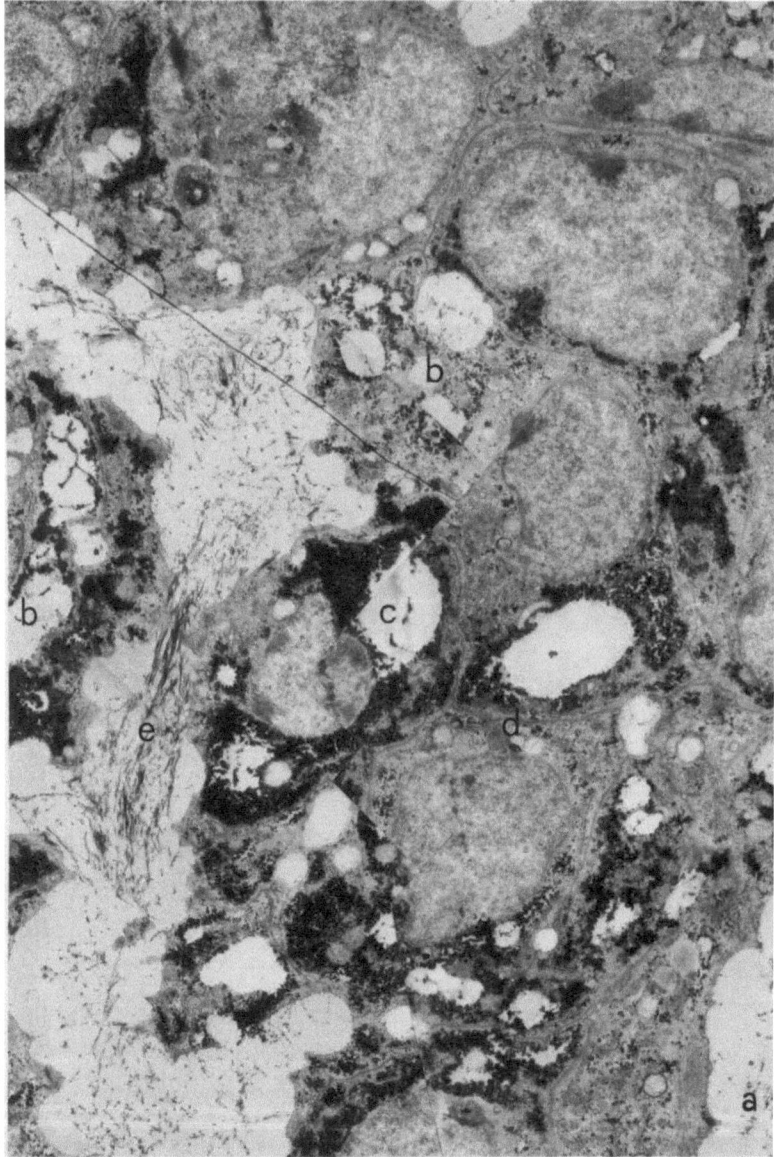

**Abb. 50.** Rinderfet, 30 mm SSL, Chorda. *a)* Perichordale Fasern, *b)* Zellen mit geringeren Kohlenhydrateinlagerungen, *c)* Zelle mit sehr starken Kohlenhydrateinlagerungen; in allen Kohlenhydrateinlagerungen befinden sich Vakuolen, *d)* lysosomale Körper, *e)* interzelluläre Fasern, Vergr. 4900 ×

11. Tag und nimmt bis zum 15. Tag ab. JURAND (1962) gibt als Lebensdauer der Chorda beim *Hühnchen* den 2.–11. Tag an. Das Auftreten von *Mukopolysacchariden* in der Chordascheide (u.a. GRAUMANN, 1952b; MANFREDI-ROMANINI, 1956; BUÑO, 1954; SEO, 1955; LEESON und LEESON, 1958; LEESON und THREADGOLD, 1960, 1961) ist wohl z.T. als erstes Zeichen einer *Chondrogenese* anzusehen.

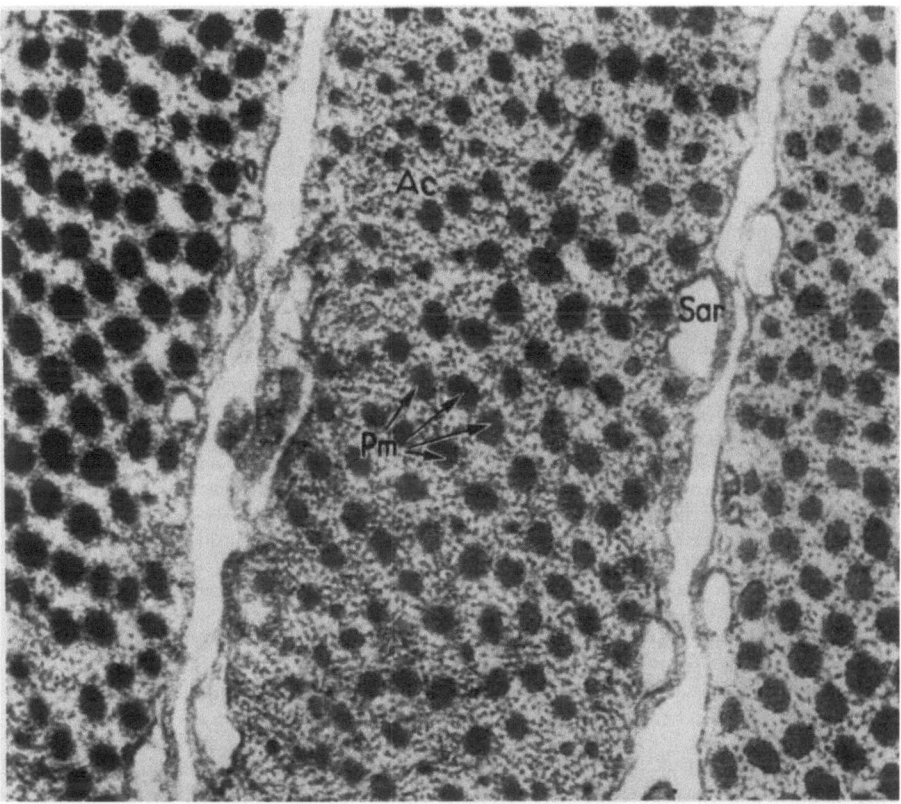

**Abb. 51.** Sagittalschnitt durch die Chorda dorsalis von Branchiostoma lanceolatum. In den querge-schnittenen Chordaplatten sind die dicken Paramyosinfilamente *(Pm)* von dünnen Actinfilamenten *(Ac)* umgeben. An der Peripherie sind Anschnitte des sarkoplasmatischen Retikulums *(Sar)* getrof-fen. Vergr. 42000 × (aus WELSCH, 1968)

Die Chordascheide des *Hühnchens* besteht aus Lipiden, Kohlenhydraten und Proteinen, in die die Fibrillen eingebettet sind (LEESON et al., 1961).

Die Chorda ist, je nach Spezies, recht unterschiedlich strukturiert. Es wurde sogar von modifizierten Epithelzellen gesprochen (SCHWARZ, 1961). Die Ultra-struktur der Zellen der Chorda der Aszidie *Boltenia villosa* ist u.a. durch das Auftreten von Zytofilamenten charakterisiert (CLONEY, 1969). Auch die Zellen der Chordaplatten von *Amphioxus* enthalten nach EAKIN und WESTFALL (1962) Fibrillen, die in transversal geordneten Schichten zwischen den Zellorganellen liegen. Nach WELSCH (1968) haben die Chordaplatten von *Branchiostoma lan-ceolatum* keine Ähnlichkeit mit den Chordazellen der Wirbeltiere. Sie gleichen vielmehr der quergestreiften Muskulatur von Anneliden und Mollusken (Abb. 51). Ihre Filamente umgibt ein endoplasmatisches Retikulum. Das Chor-daepithel und die Chordoblasten von *Petromyzon* zeichnen sich nach SCHWARZ (1961) durch eine starke Entwicklung des granulären Retikulums aus, das an jene eiweißsezernierender Drüsenzellen erinnert. SCHWARZ (1961) hält einen Zusammenhang mit der Produktion von Tonofilamenten für möglich.

## 2.2.5. Die Whartonsche Sulze

Die wasserreiche Whartonsche Sulze der Nabelschnur wird als eine embryonale Gewebeform betrachtet. Die gallertige Konsistenz beruht auf ihrem Reichtum an Hyaluronsäure.

Aus der Nabelschnur hat VIRCHOW (1851) mit Hilfe von Eisessig und Äthanol zuerst gelatinöses Material gewonnen. In der Folgezeit (vgl. SZIRMAI, 1965) wurde in Extrakten Protein und ein geringer (1–1,7%) Betrag von Schwefel nachgewiesen. MEYER und PALMER (1936) erkannten die extrahierte Substanz als *Hyaluronsäure*, und zwar 2,1 g je 100 g Trockensubstanz (vgl. SUZUKI, 1938). Mit Hilfe proteolytischer Enzyme bestimmten HADIDIAN und PIRIE (1948a) eine Hyaluronsäure-Konzentration von 6–8%. MEYER und PALMER (1936) fanden den Schwefel an Galaktosamin gebunden, das sich als Bestandteil eines *Chondroitin-6-sulfats* erwies (MEYER und RAPPORT, 1951; MATHEWS, 1958; ADAMS, 1959a). Es macht etwa 10–20% der Kohlenhydrate aus (JEANLOZ und FORCHIELLI, 1950; WEISSMANN et al., 1953). Der *Wasser*gehalt der Nabelschnur beträgt 89–91% (RUNGE et al., 1928; MISCHEL, 1959). Nach MOORE und SCHOENBERG (1957) ist Hyaluronsäure auch in der Venenwand und dem äußeren Teil der Arterien vorhanden. Chondroitinsulfat befindet sich nur im inneren Abschnitt der Arterienwand. In der Nabelschnur treten *Mastzellen* und damit *Heparin* auf (LEHNER, 1924; SUNDBERG et al., 1954; MOORE und SCHOENBERG, 1957). Die Frage, ob die Hyaluronsäure eine *metachromatische* Reaktion gibt, wird unterschiedlich beantwortet. WISLOCKI et al. (1947a), LILLIE (1951), HAMERMAN und SCHUBERT (1953) geben eine positive, DAVIES (1943) eine negative Reaktion an. Das Fehlen einer Färbung bzw. Metachromasie unter pH 4 (DEMPSEY et al., 1947; BREWER, 1951; ROMANINI, 1951) spricht für das Fehlen von Sulfatgruppen. Die metachromatische Reaktion wird durch Hyaluronidase unterbunden (WISLOCKI et al., 1947a; BUNTING, 1950; BREWER, 1951).

An die Hyaluronsäure ist das *Wasser* gebunden. In die dadurch entstandene gelartige Substanz sind *Kollagen*fibrillen in Längsachse der Nabelschnur eingelagert, denen *elastische* Fasern annähernd parallel verlaufen (KNESE, 1971b). Der A. umbilicalis schließen sich nach GOERTTLER (1951) flächenhaft konzentrisch geordnete Verschiebeschichten an, die in radiärer Richtung aufeinanderfolgend in die Wand eingebaut sind. Die Ordnung und die Muskelarchitektur der Arterienwand sollen die Arterien offen halten. Bei Dehnung der Blutgefäße erscheint die Whartonsche Sulze als eine Art Adventitia der Gefäße (REYNOLDS, 1952; CHACKO und REYNOLDS, 1954).

Befunde an Rinderfeten sprechen dafür, daß die gewebliche Grundform bereits bei 10–12 mm SSL vorliegt, d.h. zu einer Zeit, in der in den Skelettorganen noch keine vergleichbare histogenetische Entwicklung festzustellen ist. Nach SCHOENBERG et al. (1960) sowie MOORE und SCHOENBERG (1960) sind die Kollagenfibrillen vorhanden, bevor saure Polysaccharide histochemisch extrazellulär nachweisbar sind; beide würden von den gleichen Zellen gebildet. Vorläufer der Polysaccharide soll ein Tri- oder Tetrasaccharid sein (MOORE und SCHOENBERG, 1957; SCHOENBERG und MOORE, 1957, 1958), das nicht Hyaluronidase-, wohl aber $\beta$-Glucuronidase-sensitiv ist.

Die Zellen in der Nabelschnur eines 12 mm SSL langen *Rinder*feten enthalten in einem dichten Hyaloplasma lange, miteinander verbundene granuläre Membranpaare, zudem mögen agranuläre Teile vorhanden sein (Abb. 52). Die Zisternen haben einen elektronendichten Inhalt. Fast auf ihrer ganzen Länge stehen den Ribosomen einzelne Kohlenhydratgranula gegenüber, Gruppen von Kohlenhydratgranula sind seltener. Felder von kleinen Vesikeln können mit wenigen Golgi-Doppelmembranen vergesellschaftet sein. Einzelne größere, dichte, lysosomale Körper und Myelin-Membranen sind ebenfalls vorhanden. Die *Mitochondrien*, deren Zahl von Zelle zu Zelle wechselt, sind sehr vielgestaltig, seltener oval-rundlich, im allgemeinen länglich mit Einschnürungen oder in gabelförmige Spaltungen. In ihrer dichten Matrix liegen nicht allzu zahlreiche, unregelmäßig gestaltete Cristae. Auffällig sind die z.T. großen Mengen von *Zytofilamenten*, die bis an den Zellkern herantreten. Ihre periodische Struktur von etwa 100 Å entsteht durch den Wechsel von hellen und dunklen, wenig dichteren Abschnitten. Zwischen den Filamenten liegen Kohlenhydratgranula. Einzelne *Mikrotubuli* von 200 Å Durchmesser sind zu beobachten.

Die Zellen der Nabelschnur sind, ähnlich wie die Chordazellen, in früher Embryonalzeit hoch strukturiert. Ihnen kann die *Synthese* von *Kollagen* und *Hyaluronsäure* zugeordnet werden. Vielleicht ist der geringe Chondroitinsulfat-Anteil bei der Hyaluronsäure-Synthese als ein Akzeptor erforderlich.

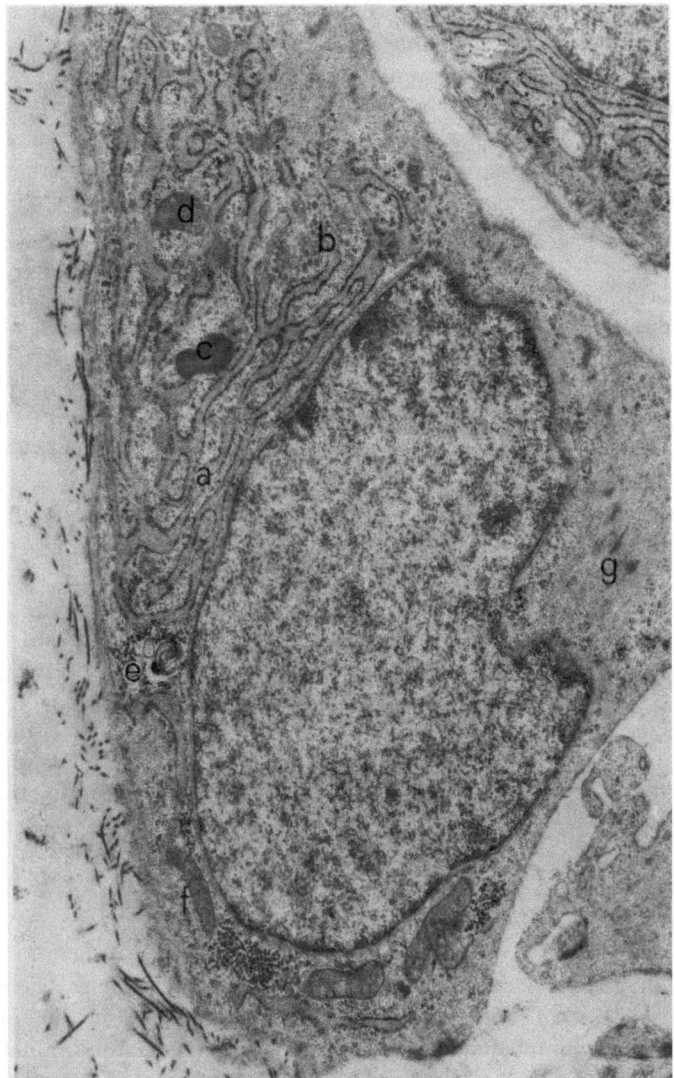

**Abb. 52.** Rinderfet, 12 mm SSL, Zelle aus der Nabelschnur. *a)* Stark verzweigtes, umfangreiches granuläres Retikulum, *b)* Feld mit kleinvesikulären Körpern und einigen Golgi-Membranen, *c)* Lysosom, *d)* Mitochondrium, *e)* Myelinkörper, *f)* schlauchförmige Mitochondrien, *g)* Zytofilamente, Vergr. 12600 ×

## 2.3. Die Struktur der Skelettzellen während der Organo- und Histogenese

Die Frühgeschichte der Skelettzellen demonstriert, daß eine Untersuchung der Skelettbildung, die bei den Chondroblasten und Osteoblasten beginnt, nur einen kleinen Teil der Skelettentwicklung erfaßt. In den einzelnen Skelettorganen liegen Zellpopulationen vor, die nicht nur verschiedenen Mesenchymquellen entstammen, sondern sich auch sehr different verhalten. In den Skelettbereichen, z.B. den Extremitäten, erfolgt eine *schrittweise Determination* für die einzelnen Unterabschnitte (Femur, Tibia usw.). Die histologisch faßbare Abgrenzung dieser Abschnitte geht von einem Zentrum der Anlage aus. Die Determination zu Skelettzellen kann mitunter recht spät erfolgen, z.B. bei den Abkömmlingen der Neuralleiste.

Man kann das Strukturbild der Zellen in verschiedenen Regionen beschreiben und annähernd parallele Entwicklungsprofile miteinander vergleichen. Am Anfang der Entwicklung stehen Zellpopulationen, die nur in bestimmten Regionen (Schädeldach, Wirbelbogen, Brustwand) dem sog. undifferenzierten Lehrbuch-Mesenchym z.T. entsprechen. Ein solches *Mesenchym* ist als ein Gewebe im *Wartestadium* aufzufassen. Aber auch in derartigen Mesenchymen treten *Fibrillen* auf. Man muß für die Gestaltung dieser Mesenchyme eine Korrelation zum Wachstum anderer Organe annehmen (Rückenmark, Leber, Herz bzw. Gehirn; s.S. 470). Nach dem unterschiedlichen Wachstum dieser Organe beginnt der Start zur Skelettbildung etwa in dieser Reihenfolge. Im Bereich der zukünftigen *Wirbelkörper* weisen ausgewanderte Sklerotomzellen eine zunehmende Ausgestaltung ihrer Zellstruktur im Zusammenhang mit der Bildung von Interzellularsubstanzen auf. Hierbei liegt ein Strukturgradient von der Chorda zur Peripherie vor, dem eine Umgestaltung in eine Art Vorknorpelgewebe entspricht. Nicht alle Komponenten des Gewebes entstehen also zur gleichen Zeit. Die Sequenz der Zelltransformationen und damit die Bildung der Interzellularsubstanzen im *Wirbelbogen* läßt sich diesen Vorgängen nur bedingt parallelisieren. Ähnliches gilt für die Rippenbildung. In den *Extremitäten* fehlt ein echtes mesenchymales Stadium. Aus der pseudoepithelial erscheinenden „Mesenchym"kondensation heraus wird der Vorknorpel, ohne fibroblastisches Zwischenstadium, gebildet.

Die vorliegenden Befunde widersprechen der z.T. noch gemachten Voraussetzung, daß sich zunächst eine systematisch definierte Zellform heraus*differenzieren* müsse und dann erst eine „Chondrogenese" stattfinden könne. Die interzelluläre Organisation wird schrittweise aufgebaut. Für spätere Entwicklungsphasen und das adulte Stadium nehmen wir an, daß die Bildung der Interzellularsubstanzen auf eine einzelne Zelle zu beziehen ist. Hierfür sprechen zahlreiche Befunde. In den Frühstadien fehlt eine topographische Nachbarschaft z.B. von „fibroblastischen" Zellen und Fibrillen an vielen Orten. Wir unterscheiden heute — etwas vereinfacht formuliert — zwischen einer intrazellulären *Kollagenogenese* und einer extrazellulären *Fibrillogenese*. So können wir annehmen, daß verschiedenartige Zellformen Kollagen bilden und abgeben. Die Fibrillen kristallisieren sich im Interzellularraum, unabhängig von Zellen, aus. Die Lokalisation der Bildung der Polysaccharid-Komponenten bereitet noch größere Schwierigkeiten als die der Fibrillen. Vor allem ist zu bedenken, daß sehr viele Zellen in den zur Erörterung stehenden Stadien diese Stoffe bilden können. Der Stoffwechsel, z.B. der Kohlenhydrate während der Embryonalzeit, wird als *Energiequelle* für morphogenetische Prozesse angesehen (u.a. NEEDHAM, 1932, 1950; SPRATT, 1952; O'CONNOR, 1957; VAN DETH, 1963; CHOKSHI, 1965; CHOKSHI und RAMAKRISH-

NAN, 1967). Ein Bezug zur Bildung polysaccharidhaltiger Gewebekomponenten wurde seltener diskutiert (vgl. SLAVKIN, 1971).

Nach elektronenmikroskopischen Untersuchungen besitzen die Skelettzellen eine Struktur, eine Zellmaschinerie (THORP und DORFMAN, 1967), zur *Produktion von Interzellularsubstanzen*. Allerdings läßt sich z.Z. keine unmittelbare Korrelation zwischen Zellstruktur und interzellulärer Organisation mit Sicherheit nachweisen. Der Morphologe steht vor der Frage, ob aus einer Struktur auf eine bestimmte Leistung geschlossen werden kann. Bezüglich der Bedeutung der Ultrastruktur der *Chordazellen* erwägen WADDINGTON und PERRY (1962) die Hypothese, daß sie vollkommen irrelevant sein könnte: "The main, and perhaps the only attraction of this hypothesis is that it makes the world safe for biochemists. The general experience of biologists, surely, is that structures have functions ...". Für die hochorganisierten Bindegewebszellen der Whartonschen Sulze ist aber eine Korrelation zu der ebenfalls hochentwickelten Interzellularsubstanz anzunehmen.

Die Frage *Zellstruktur* und *Differenzierungszustand* haben HAY (1958) und SALPETER und SINGER (1960) für die regenerierende *Urodelen*-Extremität erörtert. Am Rande sei bemerkt, daß auch hier der Begriff „Mesenchym" recht willkürlich als Synonym für die Zellen des Regenerats gebraucht wird. Die Zellen im Regenerations-Blastem von *Ambystoma*larven haben in einem stark entwickelten Zytoplasma reichlich freie Ribosomen und ein diskontinuierliches, vesikuläres Retikulum (HAY, 1958), die von adulten Tieren (*Triturus*) ein umfangreiches Retikulum (SALPETER und SINGER, 1960). Dementsprechend könnten die Zellen von Larven leichter zum embryonalen Typ zurückkehren; die anderen Zellen wären adulte (?) Mesenchymzellen. SALPETER und SINGER (1960) meinen, das endoplasmatische Retikulum ändere seine Form und seinen Umfang je nach den augenblicklichen Erfordernissen. Es stellt im Sinn von PORTER und MACHADO (1960) eher ein *Instrument der Differenzierung* als ihr Produkt dar. Seine unterschiedliche Gestalt bei Larven und Adulten entspricht einer jeweils verschiedenen Phase der sekretorischen Aktivität.

Eine einheitliche Form des Mesenchyms liegt nach elektronenmikroskopischen Untersuchungen nicht vor, selbst wenn man sich auf die Embryonalzeit beschränkt. Eine willkürliche Anwendung des Terminus „Mesenchym" auf alle sog. undifferenzierten Bindegewebe ist nicht berechtigt. Aber auch die Vorstellung von — stark simplifiziert ausgedrückt — *Differenzierungsphasen* und *Leistungsphasen* der Zellen verliert für die Stütz- und Bindegewebe ihre Berechtigung. Es bürgert sich derzeit die Vorstellung von der Realisierung eines *Programms* ein. Eine Diskussion der möglichen Mechanismen zur Realisation des Programms ist müßig. Wir gebrauchen diesen Begriff mehr indifferent als einen Leitfaden für die Koppelung morphologischer Befunde im Sinn eines Vorgangs.

In den auf die verschiedenen Mesenchymquellen zurückgehenden Zellinien tritt eine annähernd konvergente Entwicklung auf, die zu Knorpel- bzw. Knochenzellen führt. Innerhalb einer Zellinie entwickelt sich aufgrund eines *Organ-Programms* eine strukturelle *Mannigfaltigkeit* bzw. *Komplexität* der Zellen. Die Entwicklung läßt Stadien oder Phasen erkennen, die wir als chondrale, periostale oder desmale Osteogenese bezeichnen. Das bereits vorhandene Skelettorgan wird geweblich ausgestaltet; ein Programm wird fortgesetzt bzw. vollendet. Die Existenz solcher Zellinien läßt die Entstehung *ektopischer* Knochen verständlich erscheinen; sie treten nur in eng umschriebenen Gebieten auf (u.a. Mm. adductores, M. deltoideus, im Zusammenhang mit dem Übergangsepithel: BRIDGES, 1959; OSTROWSKI und WŁODARSKI, 1971). Diese Zellinien haben ebenfalls eine

„osteogene Potenz". Ungeklärt bleibt, warum sich die Potenz realisiert. Ektopische Knochen kommen bereits in der Fetalzeit vor. Bei einem weiblichen Feten von 323 mm SSL (vermutlich mit einer Periostitis ossificans syphilitica) wurde ein „Exerzierknochen" im M. deltoideus und ein „Reitknochen" in den Adduktoren gefunden (KNESE, 1956b).

Häufig wird von Zellpopulationen gesprochen, meist wohl um anzudeuten, daß die Entwicklung nicht Einzelzellen, sondern Zellgesellschaften betrifft. Zellpopulationen sind allerdings nur sehr grob mit Individualpopulationen vergleichbar. Entwicklungsschritte sind nicht oder relativ selten an den Übergang von einer zur nächsten Generation durch Mitose gebunden, wie mitunter angenommen wird (u.a. HOLTZER und MATHESON, 1970). Bereits in einer Zellgeneration entwickeln sich neue Zelltypen. Dieser Vorgang wird uns noch verschiedentlich beschäftigen. Er wurde als *Metamorphose* bezeichnet (KNESE, 1956a, 1967a, b; KNESE und BIERMANN, 1958; KNESE und GEIDEL, 1972). Die Metamorphose kann innerhalb einer Population von allen Zellen fast gleichzeitig vollzogen werden (Epiphyse), doch können zeitliche Differenzen auftreten (Periost).

# 3. Die Interzellularsubstanzen

Die Organisation eines Stütz- und Bindegewebes ist dadurch gekennzeichnet, daß den Zellen ein *Interzellularraum* gegenübersteht, der die *Interzellularsubstanzen* enthält; sie werden auch als Gewebekomponenten bezeichnet (u.a. SCHAFFER, 1930; ROBINSON, 1952; SOGNNAES, 1955; KNESE, 1956a, 1970c). Zwischen dem Netzwerk der Fibrillen entsteht ein *interfibrillärer Raum*. Die nicht faserigen Komponenten befinden sich z.T. in dem Interfibrillärraum, z.T. umschließen sie die Fibrillen in Form eines Mantels. Es wurde daher zwischen *Interfibrillärsubstanzen* und *Perifibrillärsubstanzen* unterschieden (KNESE, 1963b, 1970c; vgl. auch KOBAYASHI, 1971). Unserer Darstellung legen wir diese topographische Gliederung des Bindegewebes zugrunde und vermeiden in Zukunft den Terminus „Grundsubstanz" bzw. „Matrix". Durch die gewonnenen Kenntnisse über Organisation und strukturellen Aufbau der Interfibrillärsubstanzen haben beide Bezeichnungen endgültig ihren Sinn verloren (vgl. KNESE, 1970c). Die derzeitigen Vorstellungen über die Organisation des interzellulären Raums weichen von älteren erheblich ab und erfordern u.a. eine grundsätzlich andere Anwendung des *Struktur*begriffs.

Die heute noch im Hinblick auf die Interzellularsubstanzen interessierenden Fragen hat bereits ERNST (1915) gestellt: Welchen Anteil haben die Zellen an der Bildung der Interzellularsubstanzen? In welcher Form werden die Interzellularsubstanzen von den Zellen abgegeben? Sind sie abhängig oder unabhängig von den Zellen? Geht die Gestaltung der Interzellularsubstanzen (funktionelle Strukturen) auf dem Umweg über die Zellen vor sich?

Eine Basis zur teilweisen Beantwortung der erwähnten Fragen ist inzwischen entwickelt worden: Im Sinn einer *connective tissue renaissance* (ROBB-SMITH, 1954; vgl. KNESE, 1970c) sind wir aus dem Stadium der Vermutungen und Spekulationen in das der „Realitäten" (DURAN-REYNALS, 1950), der genaueren Kenntnisse über die Beziehungen zwischen den Zellen- und Interzellularsubstanzen getreten. Die derzeit möglichen Antworten auf die erwähnten Fragen werden thesenartig vorangestellt, um zu zeigen, welche „Bereiche" der Morphologie zugängig sind und welche nicht, jedoch bei morphologischen Untersuchungen berücksichtigt werden müssen:

1. Die Stütz- und Bindegewebe erfüllen, mit Hilfe der Interzellularsubstanzen, spezifische Leistungen, die den Zellen selbst nicht unmittelbar möglich sind. Dies gilt sowohl für die Fasern als auch die Bindegewebspolysaccharide und die Kristalle.

2. Die organischen Interzellularsubstanzen sind Produkte der Zellen; die Mitwirkung der Zellen bei der Mineralisation ist umstritten.

3. Abbau und Neusynthese von Interzellularsubstanzen führen zu einer unterschiedlich langen biologischen Halbwertszeit: für Polysaccharide von wenigen Tagen, für Kollagenfibrillen bis zu 300 Tagen, für elastische Fasern von der Lebenszeit des Individuums, für Kristalle (Ca) — neben einer schnell austauschbaren Fraktion — etwa 260 Tage.

4. Mit morphologischen Methoden lassen sich die Interzellularsubstanzen nur in bestimmten Bereichen ihrer Struktur (Fasern, Kristalle) bzw. nur beschränkt (Bindegewebspolysaccharide) untersuchen.

5. Synthese, Abbau und Neusynthese der organischen Interzellularsubstanzen sind als Leistungen der Zelle Domäne der Zytologie im weitesten Sinn. Eine Diskussion der zytologischen Äquivalente der Synthese und des Abbaus ist nur bei hinreichender Berücksichtigung des Aufbaus der Interzellularsubstanzen befriedigend durchzuführen. Das der Skelettmorphologie wohlbekannte Problem der funktionellen Gestaltung kann von der Mechanik (vgl. KNESE, 1970c) zur Molekularbiologie und vom Bereich der Makroskopie in die Dimension der Zelle erweitert werden.

6. Nach SIEKEVITZ (1962) sind die Begriffe ,,Struktur" und ,,Funktion" weder im physiologischen noch im biochemischen Sinn voneinander zu trennen. Wenn nun NEEDHAM (1950) Form und Materie gegenüber stellt, ergibt sich die Trias ,,Materie-Struktur-Funktion".


## 3.1. Die Massenrelation Zelle — Interzellularsubstanz


Die Bedeutung der Interzellularsubstanzen für die mechanischen und Stoffwechselaufgaben der Knorpel- und Knochengewebe steht außer Zweifel. Wir haben heute recht präzise Vorstellungen darüber, in welcher Form Zellen diese Interzellularsubstanzen bilden. Der Umfang der Zelleistung läßt sich beurteilen, wenn man die *Masse von Zellen und Interzellularsubstanzen* miteinander vergleicht.

Im *Knorpelgewebe* stehen einer Zellmasse von 25–45% die Interzellularsubstanzen mit 75–55% gegenüber. Hierbei ergeben sich beträchtliche Unterschiede je nach Art des Knorpels, d.h. Gelenk-, Rippen- bzw. Epiphysenknorpel. Die Zellmasse besteht zu einem größeren Teil aus *intrazellulärem Wasser*. Nur 5–10% der Gesamtmasse entfallen auf die ,,festen" Substanzen der Zelle, d.h. 14–35% der Zelle sind feste Substanzen. Recht groß ist beim Knorpelgewebe der extrazelluläre, an Fasern und Chondroitinsulfate gebundene Wasseranteil (EICHELBERGER, 1960). Die ,,Trocken"masse des Chondroitinsulfats kommt jener der Zellen gleich; das Kollagen stellt etwa das Doppelte dar. Man könnte hieraus schließen, daß die Knorpelzellen etwa das *Dreifache* ihrer Masse an Interzellularsubstanzen produzieren. Dieser Wert ist jedoch viel zu niedrig angesetzt, da die biologische Halbwertszeit der Chondroitinsulfate zwischen 3 und 16 Tagen liegt (s.S. 221). Für das Knorpelkollagen sind keine entsprechenden Werte bekannt; die Halb-

Tabelle 1. Zusammensetzung des kompakten Knochengewebes (nach ROBINSON, 1960; DULCE, 1970)

| | Wasser | | Organischer Teil | | Anorganischer Teil | |
|---|---|---|---|---|---|---|
| Fetus | 37 | | 24 | | 39 | |
| 4 Jahre | 27 | | 25 | | 48 | |
| Erwachsener | 13 | | 25 | | 62 | |
| (% fettfreie Frischsubstanz) | | | | | | |
| | Massen% | Vol% | Massen% | Vol% | Massen% | Vol% |
| Interzellularsubstanz | 3,40 | 6,97 | 22,31 | 32,44 | 66,67 | 45,56 |
| Mark-Gefäß-Osteozytenraum | 6,70 | 13,74 | 0,87 | 1,26 | 0,05 | 0,03 |

wertszeit des Kollagens in der Epiphyse könnte etwa 4 Tage betragen (GERBER et al., 1960). Um allein die „Menge" der bereits vorhandenen Interzellularsubstanzen aufrechtzuerhalten, ist die Syntheseleistung von Knorpelzellen auf ein Vielfaches ihrer Masse zu veranschlagen: Sie sind *hochaktive* Zellen.

Über die Massenverhältnisse der Komponenten des *Knochengewebes* hatten wir lange Zeit unzutreffende Vorstellungen (ROBINSON, 1960). Bei älteren Angaben (u.a. bei ARON und GRALKA, 1925) wird nicht berücksichtigt, daß sich ein großer Teil des Wassers im *Mark-Gefäß-Osteozyten-Raum* befindet. Ein auch morphologisch befriedigender Überblick über die Zusammensetzung der Interzellularsubstanz des Knochengewebes ist nur unter Bezug auf das *Volumen* zu gewinnen (Tabelle 1). Der organische Teil besteht zu 95% aus Kollagen (ROGERS et al., 1952; EASTOE und EASTOE, 1954; EASTOE, 1956); er macht 32,44% des Volumens aus. Ihm stehen 1,26 Vol% organischer Anteil des Mark-Gefäß-Osteozyten-Raums gegenüber, der nur zu einem kleinen, bisher nicht errechneten Teil auf die Knochenzellen zu beziehen ist. Der Zelle steht damit ein mehr als *30faches Volumen an Kollagen* gegenüber; entsprechend hoch ist die Syntheseleistung zu kalkulieren.

Die hier verwendete indifferente Beziehung „Knochenzellen" und „Knorpelzellen" soll der Tatsache gerecht werden, daß nicht nur die Osteoblasten und Chondroblasten, sondern auch die Osteozyten und Chondrozyten zur Synthese von Interzellularsubstanzen fähig sind.

## 3.2. Der Strukturbegriff

Eine befriedigende morphologische Untersuchung der Interzellularsubstanzen ist nur unter Berücksichtigung ihrer allgemeinen „Molekularbiologie" möglich. Eine erweiterte Betrachtung der Biologie der Interzellularsubstanzen ergibt sich bereits aus einer Veränderung des Begriffs „Struktur". Dies zeigt sich z.B. im Vergleich zwischen älteren (u.a. PLENCK, 1927; WASSERMANN, 1929; STUDNIČKA, 1952; RAGAN, 1952c) und späteren Zusammenfassungen (WASSERMANN, 1956). Ursprünglich war die Kennzeichnung der Struktur identisch mit der Möglichkeit der Darstellung mit „morphologischen" Methoden. Infolgedessen wurde ein Teil der Interzellularsubstanzen als „amorph" bezeichnet.

Als Modellbeispiel für die Erweiterung des bisherigen Strukturbegriffs bietet sich das *Kollagen* an (Abb. 53). Über eine ganze Reihe von *Ordnungsstufen* der Strukturhierarchie können wir vom Molekül über die Aminosäuren, die primäre, sekundäre, tertiäre usw. Struktur des Proteins eine Reihe aufbauen, die zur Fibrille, Faser und dem Faserbündel führt, damit zu morphologisch faßbaren Ordnungsstufen. Stark vereinfachend könnte man versuchen, die Struk-

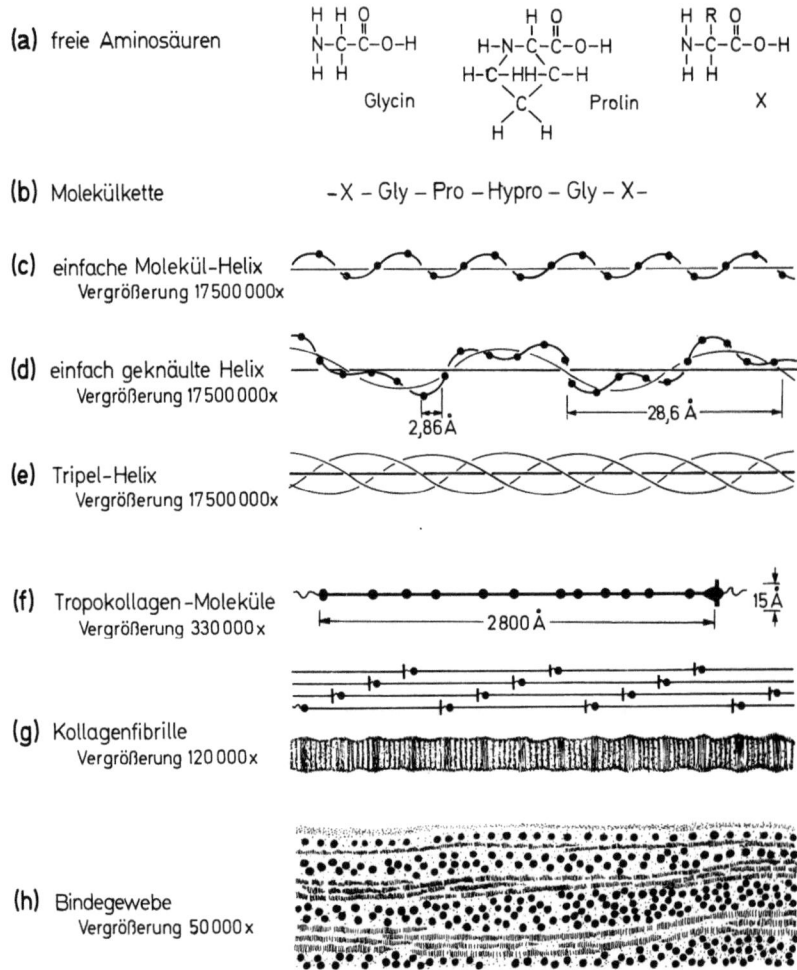

**Abb. 53.** Strukturhierarchie des Kollagens in 7 Stufen von der Aminosäure bis zum „Bindegewebe" (Umzeichnung nach GROSS, 1961)

turhierarchie des Kollagens in je einen Bereich der chemischen und der morphologischen Struktur zu unterteilen. Beide Bereiche werden aber nur durch die jeweilige Methode festgelegt. Bei einer solchen Einstellung würde man übersehen, daß die morphologische Struktur nicht ohne die chemische möglich ist. Beiden Bereichen liegt das gleiche sterische oder räumliche Ordnungssystem zugrunde. Es wäre unbiologisch gedacht, wenn man bei einer Untersuchung morphologisch faßbarer Stufen des Kollagens seine anderen Organisationsstufen negierte.

Eine Diskussion über den Begriff Kollagen bei LILLIE (1952) zeigt, daß wir bei der Beschreibung einer Gewebekomponente wie des Kollagens überwiegend methodisch vorgehen. Wir können nach FREMONT-SMITH (alle bei LILLIE, 1952) 25 Definitionen geben, von denen jede aber nur für einen speziellen Zweck zutrifft. Den Begriff Kollagen verbinden Morphologen zunächst mit der Vorstellung einer gewellten Faser, die beim Kochen Leim gibt (LILLIE). „Kollagen" würde in dieser Form als eine Ursprungsdefinition anzusehen sein (WYCKOFF). Das so definierte Kollagen kann mit anderen Methoden weiter untersucht werden, wobei sich z.B. eine bestimmte Aminosäuren-Zusammensetzung und Röntgenbrechung ergibt (FREMONT-SMITH). Morphologisch gleichartig erscheinendes Kollagen verhält sich z.B. hinsichtlich der Löslichkeit sehr verschieden (WYCKOFF, MEYER, BAUER). Es empfiehlt sich also der Gebrauch des Ausdrucks „Kollagene" (Plural!, MEYER, vgl. bei MEYER, 1952). Diese auszugsweise aufgeführte Diskussion ergibt, daß sich alle Definitionen auf bestimmte Eigenschaften stützen, die mit entsprechenden Methoden zu beobachten sind; aber keine der Definitionen kann ein Gebilde zweifelsfrei mit allen seinen Eigenschaften kennzeichnen. SCHUBERT und HAMERMAN (1968) geben für das Kollagen 14 Kennzeichen an. Bei der Diskussion über die Knorpelfibrillen werden wir auf den zunächst vielleicht spitzfindig erscheinenden Streit um die Definition des Kollagens zurückkommen. Eine Entscheidung darüber, ob die Knorpelfibrillen den „Kollagenen" zuzurechnen sind oder nicht, ist nur durch Berücksichtigung aller ihrer Eigenschaften möglich. Eine erweiterte Strukturbestimmung hebt die Grenze zwischen biochemischer und morphologischer Betrachtung auf, so daß sich nur noch eine methodische Unterscheidung ergibt, indem die zur Untersuchung der jeweiligen Ordnungsstufe geeigneten Methoden mit einer bestimmten „Auflösung" (KNESE, 1970c) gewählt werden.

Bei der gekennzeichneten Einstellung zum Strukturbegriff wird die Untersuchung der bisher als amorph betrachteten Interzellularsubstanzen wesentlich erleichtert. Die amorphen Interzellularsubstanzen haben nämlich ebenfalls eine bestimmte Struktur: Ein Proteinkern mit peripher angefügten Ketten von Aminozuckern bildet ein Makromolekül mit einer bestimmten „Domäne" (Abb. 65). Allerdings ist die chemische Struktur dieser Substanzen, der Protein-Polysaccharide, derart, daß sie bei Untersuchungen mit morphologischen Methoden nicht mehr in ihrer in vivo-Struktur, sondern in einer völlig neuen, der Fixierungsstruktur (KNESE, 1972b) erscheinen.

Analytisch gewonnene Ergebnisse über die Interzellularsubstanzen sind für die Morphologie, bei genauer Angabe der Materialquellen, von besonderem Wert. Eine genaue Definition des untersuchten Materials wird häufig noch versäumt, obwohl in einer ganzen Reihe von Untersuchungen ein morphologischer Bezug gesucht wird. Es wurde versucht, die morphologische Definition z.T. durch eine chemisch-physikalische Bestimmung anhand der durchgeführten Fraktionierung zu ersetzen (EICHELBERGER et al., 1958; EICHELBERGER et al., 1951; EICHELBERGER, 1960).

Die „topographische" Bestimmung besagt aber mehr, bringt sie doch die Rückkehr von der Molekularbiologie der isolierten Komponenten zur Organisation der Gewebe und Organe. In der „... Strukturhierarchie vollbringen die höheren Stufen neuartige, d.h. den tieferen nicht mögliche Leistungen" (W.J. SCHMIDT, 1957; vgl. KNESE, 1970c). So setzt WEISS (1965) die Strukturreihe von der Aminosäure zu den Kollagenfibrillen bis zur Organisation des Fibrillenwerks der Basalmembranen bei Amphibien fort (vgl. WEISS und FERRIS, 1954), an deren Stelle als Beispiel die Knochenlamellen gesetzt werden könnten (KNESE und v. HARNACK, 1962). Die Basalmembran ist als ein Beispiel fortschreitender Organisation anzusehen: Keine ihrer Komponenten kann für sich das vorliegende Muster erzeugen. Die in den *Vielkomponentensystemen* vorliegenden Wechselwirkungen zwischen den Komponenten können im Augenblick nur empirisch beschrieben werden; es ist nicht möglich, sie anhand ihrer „Molekularbiologie" allein zu deuten.

Die Betrachtung der Gewebeorganisation allein von den Interzellularsubstanzen her bleibt unvollständig. Es muß der Bezug zu den örtlich zugehörigen *Zellpopulationen* (KNESE, 1963c) gesucht werden. Diese Zellen sind als die „macromolecular fabrics" (WEISS, 1957) mit einer entsprechenden „cellular machinery" versehen (THORP und DORFMAN, 1967), die sie zu den „Produzenten" der (organischen) Interzellularsubstanzen macht. Das Problem der Charakterisierung einer speziellen Zellpopulation wurde vielfach diskutiert. Wir kennzeichnen sie derzeit nach ihrer Herkunft aus den verschiedenen Mesenchymquellen, im Hinblick auf die Organzugehörigkeit und die morphologischen Eigenheiten. Eine Definition mit „biochemical terms" (THORP und DORFMAN, 1967) bereitet noch erhebliche Schwierigkeiten.

Ein erweiterter Strukturbegriff hat sich für die Betrachtung der Zelle durchgesetzt und gibt die Basis für die Diskussion über den Ablauf und die Lokalisation von *Prozessen*. Wenn RASMUSSEN und DE LUCA (1963) sagen, der Biochemiker sehe die *Zellen* als einen Haufen von *Enzymen*, der Physiologe als einen Haufen von *Ionen* an, übersehen sie, daß die Zellen im herkömmlichen wie im neueren Sinn eine räumliche Ordnung, eine *Struktur* aufweisen (vgl. KNESE, 1969b). Enzyme sind z.B. strukturgebunden und werden damit zu *Leitenzymen* bei Zellfraktionierung (u.a. WEISS, 1965; RODÉN, 1968; SIEBERT, 1968). Die Bedeutung einer räumlichen Ordnung für den Ablauf bzw. die Lokalisation von Prozessen wurde immer wieder betont (u.a. WEISS, 1965; SIEBERT, 1968; HORWITZ und DORFMAN, 1968; KNESE, 1969b, 1971a). Zugehörige Reaktionsabläufe können anhand dieser räumlichen Ordnung „in der richtigen Reihenfolge" (SIEBERT, 1968) ablaufen. Als ein Beispiel gekoppelter Prozesse ist die Bildung der Protein-Polysaccharide anzusehen, die dementsprechend zu lokalisieren ist (HORWITZ und DORFMAN, 1968; KNESE, 1969b, 1971a).

## 3.3. Die Fasern

Die Fasern bilden die Gerüstsubstanzen der Organe (u.a. GRASSMANN und TRUPKE, 1951; HARKNESS, 1961). Sie sind in reifem Zustand schwer- oder unlöslich und besitzen eine lange biologische Halbwertszeit (Tabelle 6; zur Faserarchitektur verschiedener Organe vgl. HARKNESS, 1961, 1968; RHODIN, 1967). Die Struktur des Knochengewebes in seinen verschiedenen Ordnungsstufen beruht auf einer bestimmten Zusammenlagerung von Kollagenfibrillen. Über die Bedeutung der Faserstruktur des Knorpelgewebes sind wir immer noch schlecht unterrichtet. Vor allem ergab sich im Knorpelgewebe eine abweichende Erscheinungsform der Fasern (Maskierung, Mangel der Periode).

Etwa 20–25% der Körperproteine sind Kollagene (NEUBERGER, 1955; HARKNESS et al., 1958). Nach GRASSMANN (1965) ist das Kollagen eine Schlüsselsubstanz für die Architektur gewisser Organe (er schreibt „organisms"), sicher auch des Knochens. Es ist mit 3000 Å Länge und 15 Å Dicke das *längste* aller Proteinmoleküle, steif wie eine Rute und bietet damit besondere Probleme der Bildung sowie der Stabilität seiner Tertiärstruktur. Wir meinen, daß — wie bei den Bindegewebspolysacchariden — neben den physikochemischen die *morphologischen* Aspekte des Kollagens nicht übergangen werden können. Die Untersuchung der Fasern, voran des Kollagens, erfolgt heute, ähnlich wie bei den Bindegewebspolysacchariden, in Form eines z.T. aus den verschiedensten Quellen isolierten „Materials" aus der Haut oder der Sehne bzw. als rekonstituiertes Material. Das Fasermaterial wurde damit überwiegend per se, weniger als Teil eines Gewebes, betrachtet. Erst in jüngster Zeit hat man sich speziell mit dem Kollagen von Knochen- und Knorpelgewebe befaßt.

Für die Morphologie hat sich die Problematik der Fasern (u.a. WASSERMANN, 1929, 1956; SNESSAREW, 1932; PLENK, 1927; RAGAN, 1952c; STUDNIČKA, 1906, 1907) zwar nicht grundsätzlich verändert, doch wurde sie im Hinblick auf die Ultrastruktur und die Molekularbiologie erweitert. Auch die Fasern erfordern eine „biodynamische" Betrachtung; sie erscheinen nur noch als ein *relativ konstantes* Gerüst, allerdings mit einer längeren Zeitkonstante (Halbwertszeit; Tabelle 6, vgl. LOWTHER, 1963). So ergaben sich völlig unerwartete Grundlagen zur Beurteilung der alten Fragen der Aus- und Umgestaltung von Geweben, d.h. der Strukturentwicklung. Den Ausgangspunkt hierfür geben u.a. $^{14}$C-Glycin-Untersuchungen am Knochenkollagen ab (NEUBERGER und SLACK, 1953).

Eine Darstellung der gesamten Kollagen-Problematik ist in diesem Rahmen nicht erforderlich [Zusammenfassungen: BORASKY, 1950; RAGAN (ed.), 1951, 1952a, b, 1953, 1954; BEAR, 1952; RANDALL (ed.), 1953; ASBOE-HANSEN, 1954b, 1963; BAKER und ABRAMS, 1955; DORFMAN und MATHEWS, 1956; GUSTAVSON, 1956; ROUILLER, 1956; TUNBRIDGE (ed.), 1957; HALL, 1959; HARRINGTON und VON HIPPEL, 1961a; HARKNESS, 1961; FITTON-JACKSON et al. (ed.), 1965; CHVAPIL, 1967; RAMACHANDRAN (ed.), 1967; GOULD (ed.), 1968; SCHUBERT und HAMERMAN, 1968; BALAZS (ed.), 1970a].

Die Frage, ob eine Verwandtschaft zwischen den Fasern besteht, wurde seit langem für die Kollagenfasern und die Retikulumfasern diskutiert. Vor allem elektronenmikroskopische Untersuchungen über die Entwicklung elastischer Fasern haben gezeigt, daß Kollagenfasern und elastische Fasern nicht nur miteinander auftreten, sondern auch eng miteinander verwandt sind, wie bereits vermutet wurde (MAXIMOW, 1927; WASSERMANN, 1954). Wir müssen die *drei Faserarten als Angehörige einer genetisch zusammenhängenden Familie* ansehen (HALL, 1959: ... as a group, and not as individuals), wobei jedes dieser Mitglieder morphologisch, mechanisch und chemisch charakteristische Eigenschaften entwickelt (vgl. VIIDIK, 1973; GOSLINE, 1976).

### 3.3.1. Die Kollagenfasern und Kollagene

Die Definition der Kollagenfasern und der Kollagene bereitet erhebliche Schwierigkeiten; sie sind differenzierter aufgebaut als ursprünglich angenommen wurde.

Zunächst ist zwischen den physiko-chemisch zu definierenden *Kollagenen* und den *Fasern* zu unterscheiden (vgl. bei LILLIE, 1952; MEYER, 1952). Das Kollagen ist infolge Bindung von Zuckern ein *Glykoprotein*, das zusammen mit weiteren Mukopolysacchariden die höhere Struktureinheit der Kollagenfaser aufbaut.

Auf die bekannte Unterteilung zwischen Filament, Mikro- bzw. *Primärfibrille* ($\approx 100$ Å), *Fibrille* (100–1 500 Å, vgl. Tabelle 4), *Faser* ($> 0,3$ μm) und *Faserbündel* (2 μm) soll nur hingewiesen werden. Das „Kollagen" erfordert aber noch eine weitere Kennzeichnung. Die *Dicke* der Kollagenfibrillen ändert sich mit dem Lebensalter, ist zudem organspezifisch (HARKNESS, 1961; Tabelle 4). Die *biologische Halbwertzeit* variiert nach Alter und Organ zwischen 1 und 630 Tagen, beim Knochen zwischen 3 und 480 Tagen (WOESSNER, 1968; Tabelle 6). Wir müssen daher annehmen, daß die Kollagene in mancherlei Beziehung organspezifischen Charakter aufweisen (zur vergleichenden Anatomie u.a. RUDALL, 1968). Als *natives Kollagen* wird eine Faser bezeichnet, die vom anhängenden Gewebe befreit wurde (VEIS, 1967). Werden die Polysaccharide und Nicht-Kollagen-Proteine entfernt, so entsteht das *intakte Kollagen*. Schließlich wird als *Matrixkollagen* jenes bezeichnet, bei dem alle kovalent gebundenen Nicht-Kollagenkomponenten, wie Polysaccharide, erhalten sind, dem aber die löslichen Kollagene entzogen wurden. Wir halten es für zweckmäßig, nicht von einem nativen „Kollagen", sondern von einer *nativen Faser* zu sprechen. Die verschiedenen Eigenheiten von Fibrillen einer bestimmten Region, wie Molekularstruktur, Dicke, Periode, biologische Halbwertszeit usw., können als der jeweilige *Fibrillencharakter* bezeichnet werden (KNESE, 1978).

Von vielen Autoren wurde aufgrund licht- und elektronenmikroskopischer Studien angegeben, daß Fasern von einem besonderen Mantel oder einer Scheide umgeben sind (JORDAN-LLOYD und MARRIOTT, 1935; BLIX, 1951; FRANCOIS et al., 1953; FITTON-JACKSON und SMITH, 1955; ROUILLER, 1956; SHELDON und ROBINSON, 1957; POLATNICK et al., 1957a, b; KNESE und KNOOP, 1958; TAKUMA, 1963; ROBERT und DISCHE, 1963; KWON et al., 1964; CIFERRI und RAJAGH, 1964; BALAZS, 1965; HANCOX und BOOTHROYD, 1965; SERAFINI-FRACASSINI und SMITH, 1966; MYERS et al., 1969; EISENSTEIN et al., 1970; LUFT, 1971; EISENSTEIN und KUETTNER, 1971; ROSENBERG, 1973; MYERS et al., 1973; MYERS, 1976). Dieser Mantel wurde der restlichen Interfibrillärsubstanz als *Perifibrillärsubstanz* gegenübergestellt (KNESE, 1963b; vgl. KOBAYASHI, 1971). SINEX (1968) weist darauf hin, daß bei jüngeren Tieren das lockere Bindegewebe sulzig erscheint und die Fasern von der anhängenden Substanz schwer zu trennen sind. Mit der Alterung wird das Gewebe dichter (PORTER, 1964; VERZÁR und HUBER, 1958) und weniger hydratisiert; dies gilt auch für das Knochengewebe (GLIMCHER und KRANE,1968). Es ist derzeit nicht zu entscheiden, ob und welche Beziehungen dieser Mantel zu den „Struktur"polysacchariden hat, die als Bestandteil der Fibrille anzusehen sind. Im hyalinen Knorpelgewebe dürfte eine *sterische Assoziation* zwischen Fibrillen und Proteoglykanen vorliegen (vgl. MYERS et al., 1969; SMITH, 1970; KHAN und OVERTON, 1970). Eine kovalente oder mechanische Bindung der Polysaccharide nehmen PARTRIDGE (1948, 1968), DORFMAN (1962), MATHEWS (1965a, 1968), eine elektrostatische QUINTARELLI und DELLOVO (1970) an. BLIX (1951) spricht von einem hydratisierten Molekül, das die Fibrille als ultrastrukturelles Netzwerk umgibt. Nach FITTON-JACKSON (1968) würde durch den Mantel um die Fibrillen ein *Zwei-Phasensystem* entstehen. Ein Teil der Bindegewebspolysaccharide ist direkt mit den Fasern assoziiert, der andere erscheint als dreidimensionale begleitende kohärente Struktur. Nach KNESE (1963 b) würden in der Perifibrillärsubstanz der Knochenfibrillen die Kristalle abgelagert, und zwar durch Ersatz des dort gebundenen Wassers (ROBINSON und ELLIOT, 1957; NEUMAN und NEUMAN, 1958).

### 3.3.1.1. Knochen- und Knorpelfibrillen

Die Kollagenfibrillen des Knochengewebes wurden zuerst von v. EBNER (1875) polarisationsoptisch als *positiv einachsig* doppelbrechende Elemente nachgewiesen. In der Folge wurde durch Untersuchungen im polarisierten Licht der Faserverlauf in den Strukturelementen des reifen Knochengewebes studiert (Überblick bei PETERSEN, 1930; ROUILLER et al., 1952; KNESE et al., 1954a; KNESE, 1958, 1959b, c, 1970c), nur selten das neugebildete Knochengewebe (KNESE, 1956a, 1957).

Lichtmikroskopisch bestehen keinerlei Zweifel darüber, daß *Knochenfibrillen* echte Kollagenfibrillen sind. Dies wurde elektronenmikroskopisch durch das Vorhandensein der Periode von 640 Å bestätigt (WOLPERS, 1949; HUBER und ROUILLER, 1951; ROBINSON, 1951; ROBINSON und WATSON, 1952, 1955; SCHWARZ und PAHLKE, 1953; ASCENZI, 1955a; KNESE und KNOOP, 1958; SHELDON und ROBINSON, 1961). Die Frage, ob die Knochenfibrillen ein *besonderes* Kollagen darstellen, tauchte erst im Zusammenhang mit der Diskussion der ersten Stadien der Mineralisation, der Kernbildung, auf (u.a. GLIMCHER, 1959, 1960; GLIMCHER und KRANE, 1968; s. S. 616, 674).

Als eine besondere Art von Fasern werden mitunter die *Sharpeyschen Fasern* angesehen. SHARPEY (1856) beschreibt Fasersysteme, welche die äußeren Tangentiallamellen oder Generallamellen durchkreuzen (entsprechende Bilder bei SCHAFFER, 1933; LEVI, 1954). VON EBNER (1875) bezeichnet diese Systeme als inkonstante Gebilde von untergeordneter Bedeutung. Die Verwirrung scheint durch KOELLIKER (1860) entstanden zu sein, der bei Fischen Fasern beobachtet hat. Er hat sie SHARPEY gezeigt, der sie „anerkannte". Hierbei handelt es sich wahrscheinlich um die v. Korffschen Fasern. KOELLIKER (1886, 1889) bezeichnete später alle Fasern bzw. Faserbündel, die nicht in Lamellen geschichtet sind, als Sharpeysche Fasern. SHARPEY selbst scheint an seiner älteren Darstellung nicht festgehalten zu haben. VON EGGELING (1911) lag die 8. Auflage von QUAINS Anatomy (1876) vor, in der SHARPEY die isolierten Knochenlamellen aus netzförmig verbundenen Fibrillen aufgebaut schildert. Er beschreibt offensichtlich nun die von v. EBNER (1875) nachgewiesenen Kollagenfasern des Knochens. Daneben gebe es aber noch „perforating fibers". Nach v. EGGELING (1911) sollen die Lamellen durchbohrende Fasern als Sharpeysche Fasern bezeichnet werden. Sie sind wohl auf v. Korffsche Fasern zurückzuführen. Auf keinen Fall ist zu empfehlen, alle Faserverbindungen zwischen dem Knochen und der Umgebung als Sharpeysche Fasern zu bezeichnen; dies gilt besonders für die Fasern im Bereich von Sehnen- und Bandansätzen (BIERMANN, 1957; KNESE und BIERMANN, 1958).

Bis in die neuste Zeit reichen die Erörterungen, ob die *Knorpelfibrillen* den Kollagenfibrillen zuzurechnen sind, bzw. ob sie ein Kollagen besonderer Art darstellen.

Den ersten Hinweis auf die Natur der Knorpelfibrillen gibt FÜHRER (1853); er fand, daß die Fasern unter der Einwirkung von Essigsäure unsichtbar werden. TILLMANNS (1874, 1877a, b) stellte die Fibrillen durch Mazeration bzw. Digestion mit Trypsin dar. Die Ursachen für die *Maskierung* (LEBOUCQ, 1877; HANSEN, 1899) der Knorpelfibrillen konnten nicht geklärt werden. Eine *Färbung* der Knorpelfibrillen mit den für Kollagen üblichen Methoden ist nach RUTH (1946) und AMPRINO (1948a) erst nach Entfernung der Proteine und der Chondroitinsulfate möglich. Zu diesem Zweck wurden Trypsin (BENDITT und FRENCH, 1953; FAWNS und LANDELLS, 1953a), Chymotrypsin und Papain (THOMAS, 1956), Hyaluronidase (WISLOCKI et al., 1947a; SCHAJOWICZ und CABRINI, 1955) bzw. Alkali (RUTH, 1946) verwandt. Die Empfindlichkeit der Knorpelfibrillen gegen Trypsin (MARTIN, 1953a, b) führte zur Annahme, daß kein typisches Kollagen vorliegt (DRESNER und SCHUBERT, 1955). FITTON-JACKSON (1965) nimmt wegen dieser abweichenden Eigenschaften an, es handle sich bei den Knorpelfibrillen nicht um Kollagen.

Auch elektronenmikroskopische Untersuchungen ergaben, daß sich die *Knorpelfibrillen* von anderen Fibrillen unterscheiden. Knorpelfibrillen haben einen geringeren *Durchmesser* von etwa 100–250 Å (MARTIN, 1954; SCOTT und PEASE, 1956; ROBINSON und CAMERON, 1957; TOUSIMIS und FOLLIS, 1958; ZELANDER, 1959; FITTON-JACKSON, 1960; TAKUMA, 1960b; DAVIES et al., 1962; CAMERON, 1963; LUFT, 1965; ANDERSON und COULTER, 1965; ANDERSON und PARKER, 1968), seltener werden Dicken bis 800 Å angegeben (GODMAN und PORTER, 1960; ANDERSON und PARKER, 1968). Die Knorpelfibrillen wurden infolgedessen als *Mikrofibrillen* angesehen (OLSON und LOW, 1971), wie sie an anderen Orten beschrieben werden (u.a. JAKUS, 1954; ROBERTSON, 1956; KARRER, 1958, 1060a; LOW, 1961; BATTIG und LOW, 1961). Da die Dickenvariation der Knorpelfibrillen erheblich ist, sollte keine künstliche Grenze zwischen Mikrofibrillen bzw. Filamenten und Fibrillen gesetzt werden (KNESE, 1978). Die Knorpelfibrillen lassen eine *Querstreifung* vermissen (MARTIN, 1953a, b; SCOTT und PEASE, 1956; ROBINSON und CAMERON, 1957; TOUSIMIS und FOLLIS, 1958; ZELANDER, 1959; KNESE und KNOOP, 1961a). Mitunter wird von Fibrillen mit Perioden zwischen 80–220 Å berichtet (MARTIN, 1954; MALAVISTA und SCHUBERT, 1958; TAKUMA, 1960b; FITTON-JACKSON, 1960; CAMERON, 1963; ANDERSON und PARKER, 1968; LUFT, 1971). MARTIN (1953a, b), ZELANDER (1959) und ANDERSON und PARKER (1968) erwähnen sogar Perioden bis 580–640 bzw. 690 Å. KNESE und KNOOP (1961a) fanden bei Formalin-Fixierung eine Querstreifung, bei Osmium-Behandlung dagegen nicht und dachten an einen Fixierungseinfluß. ZBINDEN (1953a, b) sah auch bei Osmiumfixierung eine Periode. Der Fibrillencharakter ist offensichtlich für den einzelnen hyalinen Knorpel charakteristisch (KNESE, 1978). Im Vorknorpel treten quergestreifte Fibrillen auf (Abb. 30): Bei kleineren Rinderfeten sind die Fibrillen dicker (130 Å) als bei etwas größeren (60–80 Å; Abb. 54; KNESE, 1978). Gleichzeitig ändert sich die Weite der interfibrillären Räume. Im hyalinknorpeligen perichordalen Zapfen der Zwischenwirbelscheibe (s.S. 479; PEACOCK, 1951) werden die Fibrillen bei Herabsetzung der Zellzahl je mm² von 3971 auf 1789 dünner, und zwar nimmt der Durchmesser von 200–220 Å auf 70–80 Å ab (Abb. 54). Dazwischen liegen einzelne dickere Fibrillen. Im Hüftgelenk von *Beagles* sind bei jüngeren Tieren die Fibrillen dünner und nicht so dicht gelagert (LUST und SHERMAN, 1973). Die Fibrillen werden im Trachealknorpel von *Ratten* mit dem Alter dicker und zeigen eine Periode (BONUCCI et al., 1974). Man muß infolgedessen annehmen, daß sich Hyalinknorpel nicht nur im Hinblick auf ihr MPS-Profil (MEYER, 1959) sondern auch in ihrem Fibrillencharakter voneinander unterscheiden (KNESE, 1978).

Von der Ultrastruktur her war nicht zu entscheiden, ob die Knorpelfibrillen den Kollagenfibrillen zuzurechnen sind. Erst Untersuchungen ihrer Molekularstruktur ergaben mit dem Nachweis von *Hydroxyprolin* (CURZON, 1954), daß ein Kollagen vorliegt.

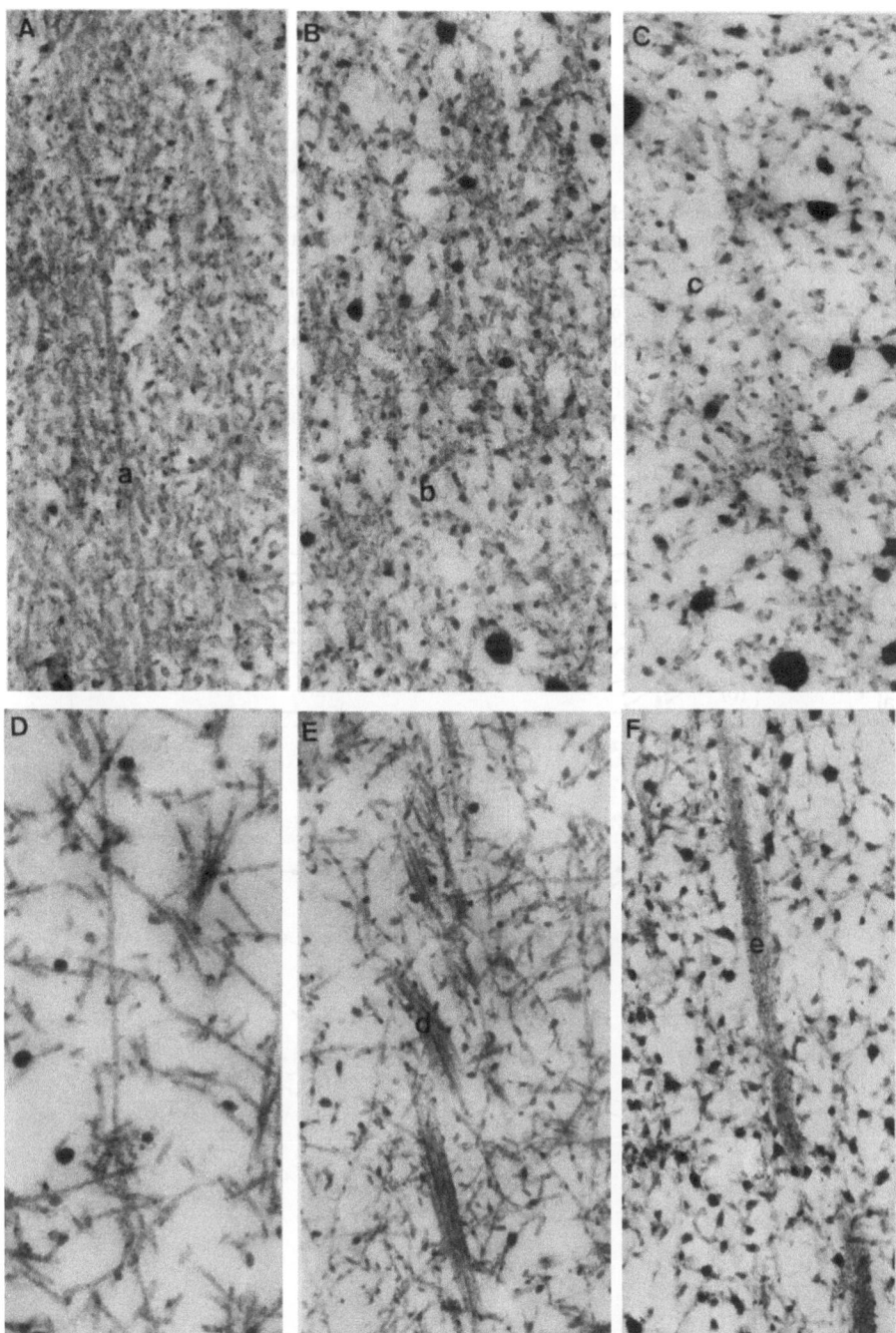

**Abb. 54.** Katze, 1. Tag. Zwischenwirbelscheibe *D–F:* Rinderfetenepiphyse. Aufbau der hyalinen Interzellularsubstanz. Interzellularsubstanz in der Nähe der Einstrahlung bei dichter Lagerung der Zellen *(A)*, bei verminderter Zelldichte *(B)* und mit weiterhin vergrößerten Interfibrillärräumen *(C)*. *a)* Fibrillendicke 20 – 22 nm, *b)* Fibrillendicke etwa 10 nm, *c)* Fibrillendicke 7 –8 nm. *D –F:* Umwandlung von dickeren in dünnere Fibrillen mit Verkleinerung der interfibrillären Räume in der Epiphyse von Rinderfeten, *d)* parallel liegende Fibrillen, *e)* parallele Ordnung von Fibrillen bzw. Filamenten in der Erscheinungsform des elastischen Materials. *D:* 30 mm SSL, *E:* 46 mm SSL, *F:* 120 mm SSL. *A –F:* Vergr. 57600 × (aus Knese, 1977b)

## 3.3.1.2. Die Kollagene

### 3.3.1.2.1. Systematik der Kollagene

Seit langem ist bekannt, daß sich ein Teil der Kollagenfibrillen in Säure löst und wieder erscheint, wenn man das Medium neutralisiert (NAGEOTTE, 1927; HARKNESS et al., 1954; KÜHN et al., 1959a; KÜHN und ZIMMER, 1961; HARKNESS, 1961; GRASSMANN et al., 1962, 1963; ältere Lit. bei CHVAPIL, 1967; GOULD, 1968). Die weitere Untersuchung einer solchen *Rekonstitution* von Fibrillen in vitro aus Kollagenlösungen (GROSS, 1956; GROSS und KIRK, 1958; WOOD, 1964) führte zur Unterscheidung von mehreren Kollagenen (Abb. 55; OREKHOVITCH und CHPIKITER, 1957; PIEZ, 1967). Weiterhin ergab sich, daß nicht alles Kollagen als Faserkollagen in Form von Fibrillen auftritt (SCHMITT et al., 1953; GROSS, 1958a, b; JACKSON und BENTLEY, 1960). Neben Fasern ist in der Interzellularsubstanz ein Skleroproteinmolekül vorhanden, das *Tropokollagen* (GROSS et al., 1954).

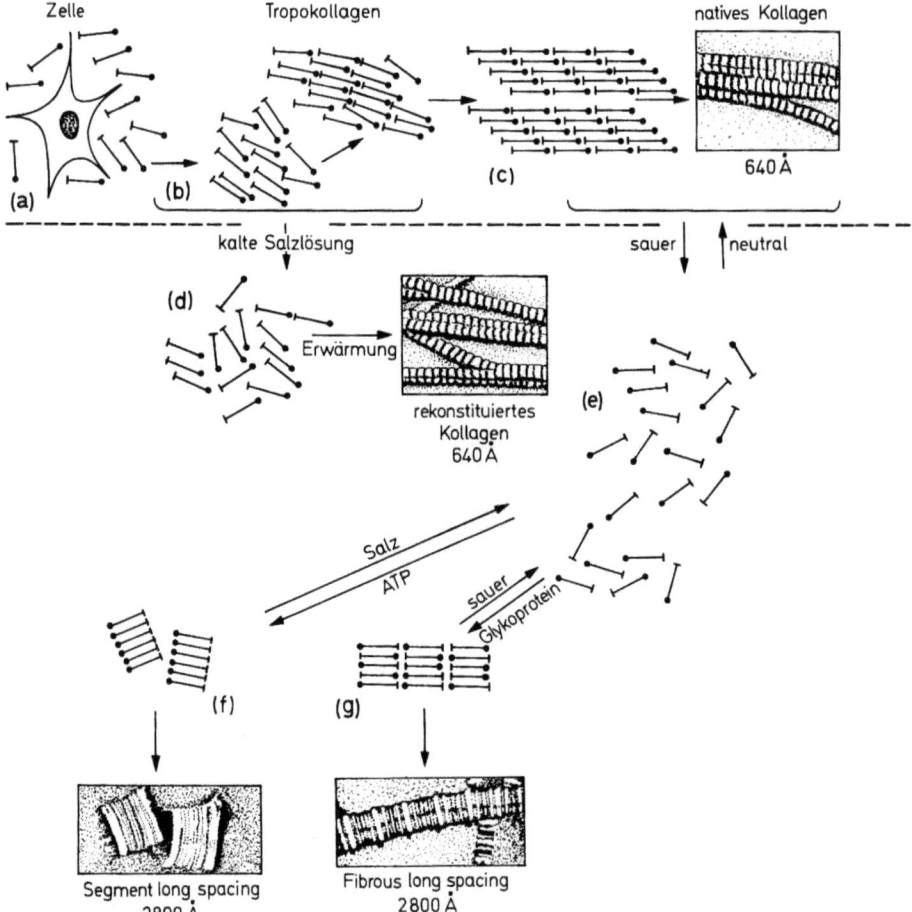

**Abb. 55.** Rekonstitution von Kollagen. *a)* Zelle, die Tropokollagen abgibt, *b)* ungeordnete Tropokollagen-Moleküle, *c)* natives Kollagen, mit Ordnung der Molekülketten und elektronenmikroskopischem Bild, *d)* Auflösung frisch gebildeten Tropokollagens in kalter Salzlösung, durch Erwärmung rekonstituiertes Kollagen mit Periode 640 Å, *e)* Lösung des Kollagens in Eisessig, *f)* Bildung von SLS Form, *g)* Bildung der FLS Form (wenig veränderte Umzeichnung nach GROSS, 1961)

Nach PIEZ (1967) sollte man nur zwischen *löslichen* Kollagenen und *Faserkollagen* unterscheiden. Vor allem bei jüngeren Tieren lösen sich etwa 1–10% des gesamten Kollagens in einer kalten Neutralsalzlösung (0° C; pH 7, 0,14 M NaCl); die restlichen Kollagene bleiben dabei unverändert (HARKNESS, 1961; PIEZ, 1967). Diese Fraktion wird *Tropokollagen* genannt. Eine weitere, durch verdünnte Säuren (0° C; pH 3–4; Salzkonzentration 0,1 M) extrahierbare Fraktion des Kollagens ist das *Prokollagen* (OREKHOVITCH, 1952; OREKHOVITCH et al., 1960). Sie ist nach Lebensalter unterschiedlich groß und beträgt bis zu 20% des gesamten Kollagens (HARKNESS, 1961). Der *Knorpel* enthält etwa 3–15% säurelösliches Kollagen (GRASSMANN, 1956; KÜHN et al., 1959a), *Knochen* 2% (ROGERS et al., 1952). Der dritte Kollagentyp, das *Faserkollagen*, ist in alkalischem wie in saurem Milieu unlöslich (GUSTAVSON, 1955; FITTON-JACKSON, 1957a).

Die Herstellung von Leim setzt eine Vorbehandlung mit Alkalien voraus. Der *Leim* ist, je nach Extraktionsmethode, etwas unterschiedlich zusammengesetzt (vgl. LOWTHER, 1963), entspricht aber in keinem Fall der hochviskösen, oben beschriebenen Tropokollagenlösung (HIPPEL, 1967; VEIS, 1967). Leim ist das wasserlösliche Produkt des aufgelösten, desorganisierten und abgebauten wasserunlöslichen nativen Kollagens.

### 3.3.1.2.2. Aminosäurenzusammensetzung des Kollagens

Die Aminosäurenzusammensetzung des Kollagens (EASTOE, 1956, 1967; vgl. die Tabelle von LOWTHER und RAMACHANDRAN bei LOWTHER, 1963) ist, unabhängig von der Quelle, recht gleichartig (zur vergleichenden Biochemie; KULONEN und PIKKARAINEN, 1970). Besonders kennzeichnend ist der hohe Anteil an Glycin (23–29%), Prolin (15–16%) und Hydroxyprolin (11–14%).

Das Kollagen enthält sowohl 70% des *Glycins* als auch des *Prolins*, sowie fast das gesamte Hydroxyprolin des Körpers (NEUMAN, 1949; TRISTRAM, 1953; EASTOE, 1956). Nur im Elastin ist noch eine geringe Menge (1–2%) Hydroxyprolin vorhanden. Diese spezifische Zusammensetzung des Kollagens eröffnet die Möglichkeit, seine Bildung und seinen Stoffwechsel mit markiertem Glycin oder Prolin zu untersuchen. (Prolin: STETTEN und SCHOENHEIMER, 1944; für Osteoblasten: SMITH und FITTON-JACKSON, 1957; Glycin: PIEZ und LIKINS, 1957; PROCKOP und KIVIRIKKO, 1968; ADAMS, 1970; KIVIRIKKO, 1970). Immunchemische Untersuchungen versprechen weitere Klärungen des Stoffwechsels der Prokollagene und Kollagene (FURTMAYER und TIMPL, 1976).

Von 1000 Aminosäureresten sind 81 negativ und 82 positiv geladen, d.h. das Kollagen ist elektrisch fast neutral (SCHUBERT, 1964). Infolgedessen können die kationischen Gruppen die anionischen Farben (Pikrinsäure, Anilinblau usw.) erst bei einem pH unter 4 binden (vgl. LILLIE, 1952). Bei einem pH von 2,5–3,0 liegt das Maximum der Farbbindung bei einem Milliäquivalent je Gramm Trockenkollagen; es entspricht damit der Zahl der Millimol von kationischen Aminosäureresten (EINBINDER und SCHUBERT, 1951).

### 3.3.1.2.3. Die Molekularstruktur des Kollagens

Die Aminosäuresequenz eines Proteins wird als seine *Primärstruktur* bezeichnet. Beim Kollagen liegt diese Primärstruktur in den α-Ketten vor. Jede der monomeren Polypeptid-Ketten ist in einer linksgedrehten *Helix* gewunden (BEAR, 1952; RICH und CRICK, 1955; RAMACHANDRAN, 1963, 1967). Die schraubenförmige

Konfiguration stellt die *Sekundärstruktur* dar. Eine Zusammenlagerung von jeweils drei α-Ketten ergibt die *Tertiärstruktur* des Tropokollagenmoleküls. In der nächsthöheren Ordnungsstufe, der *Quartärstruktur,* kommen wir zur Fibrille. Im Rahmen dieser sich folgenden Prozesse werden intra- und intermolekulare Vernetzungen aufgebaut (NIMNI, 1975).

Das *Tropokollagen* mit etwa 3000 Aminosäureresten ist ein Fadenmolekül von etwa 2800–3000 Å Länge und 14 Å Durchmesser (GALLOP et al., 1967; SCHUBERT, 1969). Sein *Molekulargewicht* beträgt 300000. Die α-Ketten bestehen aus ca. 1000 Aminosäureresten (EASTOE, 1956; LOWTHER, 1963; RAMACHANDRAN, 1963). In den Molekülketten nimmt das Glycin jede 4. Stelle ein (GRASSMANN et al., 1960; HANNIG und NORDWIG, 1967; CARVER und BLOUT, 1967; BORNSTEIN und KANG, 1970; BUTLER, 1970; GALLOP et al., 1972; FIETZEK und KÜHN, 1976). Die α-Ketten sind nicht ganz gleichartig aufgebaut (GALLOP et al., 1967). Im allgemeinen ist eine $\alpha_1$- und $\alpha_2$-Kette, in einigen Fällen noch eine $\alpha_3$-Kette vorhanden (DOTY und NISHIHARA, 1958; PIEZ et al., 1960; PIEZ, 1967; VEIS, 1967; GOULD, 1968). Zunächst fügen sich 2 α-Ketten zu einer *dimeren β*-Kette mit dem Molekulargewicht 200000 zusammen (PIEZ et al., 1963; PIEZ, 1965; GLIMCHER, 1968; JACKSON und STEVEN, 1969). Das Tropokollagenmolekül ist die *trimäre γ*-Kette mit dem Molekulargewicht 300000.

Da verschiedene Formen von α-Ketten vorliegen, ergeben sich mehrere Möglichkeiten zur Bildung des primären Tropokollagens (vgl. GALLOP et al., 1972). Weit verbreitet ist der Aufbau aus zwei $\alpha_1$- und einer $\alpha_2$-Kette; diese Form wird als $[\alpha_1 \text{ (I)}]_2 \; \alpha_2$ gekennzeichnet. Es können drei verschiedene Ketten vorhanden sein $[(\alpha_1) \; (\alpha_2) \; (\alpha_3)]$, bzw. drei identische Ketten nach dem Muster $[\alpha_1 \text{ (I)}]_3$ bzw. $[\alpha_1 \text{ (II)}]_3$ oder $[\alpha_1 \text{ (III)}]_3$. Abweichende Kollagentypen kommen in der Aorta $\alpha_1$ (III) und in der Basallamina des Glomerulus $\alpha_1$ (IV) vor (GRANT et al., 1975).

### 3.3.1.2.4. Die Molekularstruktur der Knochen- und Knorpelkollagene

Die Frage, inwieweit Knochen- und Knorpelkollagene jenen aus anderen Quellen gleichen, ist für das Knorpelgewebe wegen der abweichenden Struktur seiner Fibrillen von besonderer Bedeutung. Morphologisch und elektronenmikroskopisch gleicht das Knochenkollagen anderen Kollagenen (EASTOE, 1956; PIEZ und LINKINS, 1960; GLIMCHER und KRANE, 1968).

Aus dem Knochengewebe kann ein citratlösliches (pH 3,7) Kollagen (sog. Eukollagen) nach Behandlung mit verdünnter NaOH unter Zusatz von $Na_2SO_4$ zur Verhinderung der Quellung der Kollagenfibrillen gewonnen werden (COURTS, 1961; HEY und STAINSBY, 1965). Es ist dem Tropokollagen ähnlich (HIGGS und REED, 1963). Nach ROUILLER (1956) sind die Fasern der Knochen von Säugetieren gegenüber Salpetersäure stark, gegen Salzsäure weniger empfindlich. Trypsin oder Papain ändert die Erscheinungsform der Kollagenfasern im menschlichen Knochen nicht; Pepsin zerstört deren Periodizität. Eine Methode zur Lösung von Knochenkollagen haben GLIMCHER et al. (1965) angegeben (vgl. HIGGS und REED, 1963). Knochenkollagen ist nur *geringfügig löslich*. Die übliche Unterscheidung der Kollagene nach ihrer Löslichkeit wie bei den Weichgeweben ist infolgedessen nicht möglich. Neugebildetes Knochenkollagen kann vom reifen Kollagen nur aufgrund der *Knochendichte* unterschieden werden (GLIMCHER, 1959, 1960; GLIMCHER und KRANE, 1968). Die höchste $^{14}$C-Glycin-Aktivität liegt im Knochen geringer Dichte; nach Wochen ist die Aktivität in den Knochen höherer Dichte gewandert (LAPIÈRE et al., 1966). Allerdings ist die Dichte von Kollagen (1,28–2 g/ml) und Prokollagen (0,56–0,83 g/ml) nach HEIDEMANN und RIESS (1963) grundsätzlich voneinander verschieden. GLIMCHER und KRANE (1968) glauben, daß der fortlaufende Wasserverlust bei der Mineralisation (vgl. DEAKINS, 1942; ROBINSON, 1960) mit einer fortschreitenden Perfektion der Aggregation benachbarter Moleküle der Fibrillen verbunden ist. Die intermolekulare Vernetzung ist für Knochen und Knorpelkollagen kennzeichnend (FOWLER und BAILEY, 1972; MILLER, 1973); sie nimmt mit dem Alter zu (FUJII et al., 1976). Aus *Hühnchen*knochen läßt sich mit kalten Salzlösungen bei neutralem pH eine Gelatine gewinnen, die drei verschiedene α-Ketten, $\alpha_1$, $\alpha_2$ und $\alpha_3$ enthält (FRANCOIS und GLIMCHER, 1967; MILLER et al., 1967; MILLER et al., 1969). LANE und MILLER (1969) fanden in Knochenkollagen zwei identische $\alpha_1$- und eine $\alpha_2$-Kette.

Die strittige Frage, wie die Natur der *Knorpelfibrillen* zu beurteilen ist, wurde aufgrund der Molekularstruktur geklärt. CURZON (1954) fand in den Knorpelfibrillen Hydroxyprolin. Im Nasenknorpel des *Rinds* sind 5% der Trockensubstanz Hydroxypolin (MALAWISTA und SCHUBERT, 1958); dieser Wert entspricht etwa 40% Kollagen. So meinen CAMPO und TOURTELOTTE (1967), daß wohl keine Periode vorhanden sei, aber biochemisch die Natur des Kollagens nachgewiesen ist. Nach MILLER et al. (1971) enthält das Knorpelkollagen eine Reihe enger Verwandter ($\alpha_1$-Kollagene), die speziell für den Knorpel adaptiert sind. Das Kollagen aus Rippen- und Tibiaknorpel des Hühnchens enthält nach MILLER und MATUKAS (1969, 1970) überwiegend $\alpha_1$- und wenig $\alpha_2$-Ketten. Das einfachste Bild für die Aggregation wäre $[\alpha_1 (I)]_2 \alpha_2$, sowie $[\alpha_1 (II)]_3$ im Sinn zweier verschiedener Kollagene, nämlich ein Typ I- und ein Typ II-Kollagen. Von den Kollagenen des Knorpels wäre damit eines identisch mit dem aus Haut und Knochen. Ein zweites, allein aus $\alpha_1$-Ketten aufgebautes Kollagen ist spezifisch für den Knorpel (MILLER, 1971, 1973). Damit würde sich das Knorpelkollagen nicht nur durch den Mangel einer Querstreifung, sondern auch durch seinen molekularen Aufbau von anderen Kollagenen unterscheiden. Das Kollagen $[\alpha_1 (II)]_3$ wurde im Knorpel von *Hühnchen* (MILLER und MATUKAS, 1969; TRELSTAD et al., 1970; MILLER, 1971; SEYER et al., 1974b), des *Menschen* (MILLER et al., 1971) und Gelenkknorpel des *Rinds* (STRAWICH und NIMNI, 1971; SEYER et al., 1974a) nachgewiesen. Beim *Schwein* enthält der Meniscus nur Kollagen vom Typ I, der elastische Ohrknorpel und die hyalinen Knorpel des Nasenseptums, des Schildknorpels und des Gelenkknorpels Typ II (EYRE und MUIR, 1975). Rekonstituierte Knorpelfibrillen haben ein schräges Streifungsmuster mit einer regelmäßigen axialen Verschiebung benachbarter Subfibrillen von 89 Å (BRUNS et al., 1973).

### 3.3.1.2.5. Die Bestandteile der Kollagenfaser

Die Kollagenfaser bzw. -fibrille ist nicht mit dem Protein Kollagen identisch. Die Kollagenfibrille besteht aus einem Protein-„Kern". In der hierarchischen Folge von der Primär- zur Quartärstruktur werden in den verschiedenen Strukturstufen Polysaccharide an das Protein gebunden. Diese verschiedenartige strukturelle Korrelation mit Kohlenhydraten erschwert die Beurteilung der Bedeutung dieser Verbindungen. Histochemische Untersuchungen haben bereits gezeigt, daß die Kollagenfaser Kohlenhydrate enthält. Sie weist u.a. eine PAS-Reaktion auf, die allerdings schwächer als bei der Retikulumfaser ausfällt (vgl. MCMANUS, 1954; GRAUMANN, 1954, 1957; FULLMER, 1965). Eine PAS-positive Reaktion kann auch beim Knochen auftreten (WISLOCKI et al., 1947a; VINCENT, 1954a). Der sog. nicht lamelläre Knochen färbt sich stärker an als der lamelläre. Lamellenknochen zeigt dagegen eine kräftige Ninhydrin-Schiff-Reaktion der Proteine (KNESE, 1959b).

Die *native* Kollagenfaser enthält Nicht-Kollagen-Proteine, Zucker, Mukopolysaccharide, Polynukleotide und Lipide. Der *Kohlenhydrat*anteil ist mit 1% relativ gering (GRASSMANN und SCHLEICH, 1935; BEEK, 1941a, b; BANGLE und ALFORD, 1954; MOSS, 1955; GLYNN und READING, 1956; BLUMENFELD et al., 1963; LOWTHER, 1963; SPIRO, 1970a). Er ist bei den löslichen Kollagenen mit 6–8% etwas höher (LOWTHER, 1963; GRANT und JACKSON, 1968). Es wurden Glucose und Galaktose (GRASSMANN und SCHLEICH, 1935; GALLOP et al., 1967) in äquimolaren Mengen (BEEK,

1941 a, b), Mannose (GROSS et al., 1952), Fucose (GLEGG et al., 1953) und Glucosamin (SCHNEIDER, 1940) nachgewiesen. Da Glucuronsäure fehlt, dürfte es sich um Glykoproteine handeln. Kollagen ist als ein *Glykoprotein* anzusehen, da Mono- oder Disaccharideinheiten an die Hydroxylgruppe des Hydroxylysins in der Peptidkette gebunden sind (LOWTHER, 1963; BUTLER und CUNNINGHAM, 1966; JACKSON und STEVEN, 1969; SPIRO, 1970a). Andere Beobachtungen sprechen ebenfalls dafür, daß ein Glykoprotein integrierender Bestandteil der Kollagenstruktur ist (ONESON und ZACHARIAS, 1960; GLEGG und LEBLOND, 1953; MOSS, 1955). Es ist an intermolekularen Ester- und Glykosidbindungen beteiligt und spielt bei der Alterung eine Rolle (VERZAR, 1964). Bei Fehlen dieser Bindungen ist das Kollagen säurelöslich (HAFTER und HOERMANN, 1963). Es wurde in diesem Zusammenhang von *Strukturglykoproteinen* gesprochen (ROBERT et al., 1970; MOCZAR und MOCZAR, 1970). Man kann das Glykoprotein nur durch eine gleichzeitige Zerstörung des Kollagens gewinnen (JACKSON und BENTLEY, 1968; STEVEN, 1970). Im übrigen sind „Mukoide" mit dem Kollagen verbunden (BANGA und BALO, 1957), wofür das Vorhandensein von Hexosaminen spricht. JACKSON (1953) hatte eine Stabilisierung der Sehnenstruktur durch Chondroitinsulfate angenommen. Bei der Wechselwirkung zwischen Kollagen und *Proteoglykanen* dachte man an elektrostatische (PARTRIDGE, 1948, 1968; MATHEWS, 1965a, 1968) bzw. kovalente Bindungen oder mechanische Durchmischung (SCHUBERT, 1964; JACKSON, 1953). Nach JACKSON und BENTLEY (1968) sollen die Glykoproteine das Kollagen stabilisieren. Ihre Menge nimmt im Lauf des Lebens zu (QUINTARELLI und DELLOVO, 1966). Nach QUINTARELLI und DELLOVO (1966, 1970) wird die PAS-Reaktion im Lauf des Lebens stärker. QUINTARELLI und DELLOVO (1966, 1967, 1970) und STEVEN et al. (1968) haben u.a. durch histochemische Untersuchungen wahrscheinlich gemacht, daß Kollagene von Glykoprotein in einer noch unbekannten Weise begleitet werden. Diese Glykoproteine verhindern die Hydrolyse durch eine Kollagenase.

Eine Vorstellung von den Beziehungen zwischen den *Chondroitinsulfaten* und den *Kollagen*molekülen haben MATHEWS und LOZAITYTE (1958) sowie MATHEWS (1962, 1965a, 1968, 1970) entwickelt. Die Grundeinheit des Chondroitinsulfat-Makromoleküls besteht aus einem Proteinkern von etwa 4000 Å Länge mit kovalent gebundenen 60 Chondroitinsulfat-Ketten und einer durchschnittlichen Länge von 1000 Å. Die Chondroitinsulfat-Ketten sind entlang der Achse der Kollagenfibrillen ausgerichtet. Das Glykoprotein soll für die strukturelle Stabilität des unlöslichen Kollagens mitverantwortlich sein. Nach JACKSON und BENTLEY (1968) liegt der Proteinkern des Glykoproteins dem Tropokollagenmolekül parallel und besitzt relativ kurze Kohlenhydratketten mit 2–17 Hexoseeinheiten (Abb. 56). Bei der Stabilisierung größerer Fibrillenkomplexe ist ein längerer Chondroitinsulfat-Protein-Komplex mit 150–160 Hexosen als Seitenketten beteiligt.

Eine Kollagenfaser enthält stets nicht gebundene *Tropokollagen*moleküle und *Prokollagen*moleküle, die vor allem in den Außenschichten der Fibrillen auftreten (FITTON-JACKSON und SMITH, 1955). Das Verhältnis löslicher zu unlöslichen Kollagenen in Knochen (KAO et al., 1965) läßt die Aktivität der Knochenzellen abschätzen. Schließlich sind sog. *Nicht-Kollagen-Proteine* vorhanden; ihre Menge beträgt etwa 1 mg je g Kollagen. Nicht-Kollagen soll in diesem Zusammenhang heißen, daß das Protein kein Hydroxyprolin enthält, aber etwa zu $^1/_3$ aus Glycin aufgebaut ist.

### 3.3.1.2.6. Elektronenmikroskopie des Kollagens

Die optische Aktivität der Kollagenfibrillen — sie ist positiv einachsig *doppelbrechend* — spricht für das Vorliegen einer Eigendoppelbrechung und einer Formdoppelbrechung (V. EBNER, 1874, 1875; ROULET, 1937; PFEIFFER, 1943; BEAR, 1952; ROLLHÄUSER, 1952). Mit Hilfe der *Röntgenbrechung* (KRATKY und SEKORA,

1943; BEAR, 1944; vgl. ASTBURY, 1950/51; BEAR, 1952; FREY-WYSSLING, 1953; RAMACHANDRAN, 1967; GUSTAVSON, 1956) und des *Elektronenmikroskops* (WOLPERS, 1943; SCHMITT et al., 1942, 1945) wurde eine *periodische* Struktur der Mikrofibrille mit der Länge 640 Å (400–1000) aufgedeckt. Die gleiche Periode besitzt die Kollagenfibrille des reifen Knochengewebes (WOLPERS, 1949; RUTISHAUSER et al., 1950; KELLENBERGER und ROUILLER, 1950; HUBER und ROUILLER, 1951; ROBINSON, 1951; ROBINSON und WATSON, 1952, 1955; MARTIN, 1953a; SCHWARZ und PAHLKE, 1953; ASCENZI, 1955a).

Die Kollagenperiode (vgl. ROUILLER, 1956; HODGE, 1967) stellt sich als Folge dunkler und heller Streifen der *Makroperiode* dar. Die Teile wurden von SCHMITT et al. (1942) als A- und B-, von WOLPERS (1943) als D- und H-Streifen bezeichnet. Der A(H)-Teil mißt etwa 400 Å. Nach Kontrastierung mit Osmiumsäure fanden WOLPERS (1944, 1948), mit Phosphorwolframsäure SCHMITT et al. (1942), mit Uranylacetat NUTTING und BORASKY (1948) 5 *intraperiodische* Streifen (A: a, b, c, d; B: e). Schließlich wurden 3–7 (GROSS und SCHMITT, 1948) bzw. 8–13 (HOFMANN et al., 1952) solcher Streifen angegeben, die z.T. eine Breite von nur 8–10 Å besitzen. Die Kollagenfibrillen des *Knochens* zeigen 5 (ROBINSON und WATSON, 1955; SHELDON und ROBINSON, 1961) bzw. bis zu 16 Streifen (Abb. 175; KNESE, 1976).

Neben Fibrillen mit einer Periode von 650 Å, beschrieb WYCKOFF (1952) solche mit der *Periode 210 Å* (vgl. PORTER und VANAMEE, 1949; PORTER, 1952; RANDALL et al., 1952; RANDALL, 1953, 1954; MARTIN, 1953a; WASSERMANN, 1954; FITTON-JACKSON, 1955). Im präossalen Gewebe der Tibia von *Ratten*feten mißt die Periode der Fibrillen 290 Å $\pm$ 18, im entkalkten jungen periostalen Knochen etwa 500 Å, im chondralen etwa 400 Å (KNESE und KNOOP, 1958, 1961c). Die Kollagenperiode im Schädelknochen *menschlicher* Feten beträgt 520–540 Å (SCHWARZ und PAHLKE, 1953; ASCENZI und BENEDETTI, 1959). Die Periode wächst vom Fetalleben zum postfetalen von 450 auf 640 Å an (SCHWARZ und PAHLKE, 1953).

Durch Zusammenlagerung von Tropokollagenmolekülen in verschiedener sterischer Ordnung entstehen mehrere Typen von Kollagenfibrillen (Abb. 54), die *native* Fibrille (640 Å), die Fibrille mit einer Periode von 210 Å (PORTER, 1952; RANDALL et al., 1952) und schließlich die *FLS*- und *SLS*-Formen (SCHMITT, 1956, 1959; GRASSMANN et al., 1960; SCHMITT und HODGE, 1960; HARRINGTON und VON HIPPEL, 1961b; RAMACHANDRAN, 1963; WOOD, 1964; HODGE, 1967). Parallel zueinander liegende Tropokollagenmoleküle von 2800 Å Länge, ohne Verschiebung gegeneinander, ergeben als einzelnes Segment die *SLS*-Form und als Fibrille die *FLS*-Form. Bei der nativen Fibrille mit 640 Å wird gemäß der Überlappungs-(quarter-stagger) Theorie eine Verschiebung der Tropokollagenmoleküle um ein Viertel ihrer Länge gegeneinander angenommen (SCHMITT et al., 1955; HODGE und SCHMITT, 1960; KÜHN et al., 1970). Die Fibrillen mit der Periode 210 Å hätten eine Versetzung von $^{1}/_{12}$ der Länge des Tropokollagenmoleküls.

### 3.3.1.3. Die Fibrillogenese und die Kollagenogenese

Die Entstehung von Fasern war fast 100 Jahre lang heiß umstritten. Die Kontroverse betraf nur einen kleinen Abschnitt der Bildung der Faserproteine, d.h. die Frage, wo dieses Protein als Fibrille zuerst morphologisch nachweisbar ist. Die Frage der Fibrillogenese wurde nach JACKSON und STEVEN (1969) mitunter zu einfach oder gar naiv gesehen, "with a few outstanding exceptions the bulk of the biochemical studies has either been too naive or done at a time when too little was known about these proteins …". Dies gilt offensichtlich nicht nur für biochemische sondern auch morphologische Untersuchungen, die versäumen, die verschiedenen Anteile des Vorgangs zu berücksichtigen. Es erscheint heute zweckmäßig, zwei Prozesse zu unterscheiden: die *Kollagenogenese* als Bildung des Kollagenmoleküls und die *Fibrillogenese*, die Bildung der Fibrille als höher organisierte Struktureinheit, die neben dem Glykoprotein-Molekül und Tropokollagen weitere Kohlenhydratmoleküle enthält. Die *Quartärstruktur* der Fibrille tritt außerhalb der Zelle auf; aber nicht jedes extrazelluläre „Kollagen" ist Bestandteil von Fibrillen. Auf der anderen Seite sind in der Zelle vermutlich Strukturen vorhanden, die größer als ein Tropokollagen-Molekül sind (FITTON-JACKSON, 1960).

Ursprünglich glaubte man, nur die sog. Fibroblasten seien zur Faserbildung fähig. Als *Fibroblasten* werden sehr unterschiedliche Zelltypen zusammengefaßt (PARKER, 1929; BRANWOOD, 1963; PORTER, 1964; ROSS, 1968), wie auch TONNA und CRONKITE (1964) anhand der von COWDRY (1952) durchgeführten Klassifizierung von Zellen zeigten (vgl. KNESE, 1971 b). Die früher eindeutige Unterscheidung zwischen Fibroblasten und *Fibrozyten* ist kaum noch möglich, da nicht zu entscheiden ist, ob und wann die Zellen die Fähigkeit zur Kollagensynthese verlieren. Wir wissen heute, daß eine große Zahl von Bindegewebszellen Kollagen bilden können, u.a. *Retikulumzellen, Chondroblasten, Chondrozyten, Osteoblasten, Osteozyten* und *Odontoblasten* und andere Zellen (Epidermiszellen: HAY und REVEL, 1963; KALLMAN und GROBSTEIN, 1965; Neuralrohr: COHEN und HAY, 1971; Pankreas- und Speicheldrüsenepithel: BERNFIELD, 1970).

### 3.3.1.3.1. Die Biosynthese des Kollagens

*a) Die Synthese des Tropokollagens: Die Kollagenogenese.* Neuere Untersuchungen über die Fibrillogenese gehen von Beobachtungen über Löslichkeit und Präzipitierung des Kollagens aus, präzisieren die älteren Vorstellungen über die extrazelluläre Entstehung der Fasern aus einem Kollagensol (v. EBNER, 1897, 1906, 1909; HERINGA und LOHR, 1926; HUZELLA, 1932; NAGEOTTE und GUYON, 1934; ROULET, 1937; POLICARD, 1952; FITTON-JACKSON und SMITH, 1957; KUWABARA, 1959) und haben gezeigt, daß es sich bei diesem Kollagensol um Tropokollagene handelt.

Das Tropokollagenmolekül wird, wie andere Proteine, im Zusammenhang mit den *Ribosomen* synthetisiert (PROCKOP et al., 1962; KRETSINGER et al., 1964; ROHR und WENDT, 1965; GOULD, 1968; HARWOOD et al., 1975). Kollagenbildende Zellen sind durch ein *granuläres Retikulum* von verschieden großem Umfang ausgezeichnet (ROSS, 1968), das sich annähernd gleichmäßig über die Zelle verteilt. In Mesenchymzellen treten die ersten etwa 0,5 μm (z.T. weniger) bis 1 μm langen granulären Membranpaare mit (oder unmittelbar vor?) den ersten Fibrillen auf.

Die intrazelluläre Biosynthese des Kollagens (CHVAPIL, 1967; GOULD, 1968; PROCKOP, 1970; KIVIRIKKO, 1974) umfaßt folgende Schritte (Abb. 56): die Bildung des Protokollagens, reich an Prolin und Lysin, am Ribosom; die *Hydroxylierung* beider und die *Glykosylation* einiger Hydroxylysinreste zu Galaktosylhydroxylysin und Glucosylgalaktosylhydroxylysin (PETERKOFSKY und UDENFRIEND, 1963; SCHUBERT, 1969). Das Prokollagen wird aus der Zelle abgegeben (vgl. weiter GRANT et al., 1975). Das Prokollagen als Transportform ist etwas größer

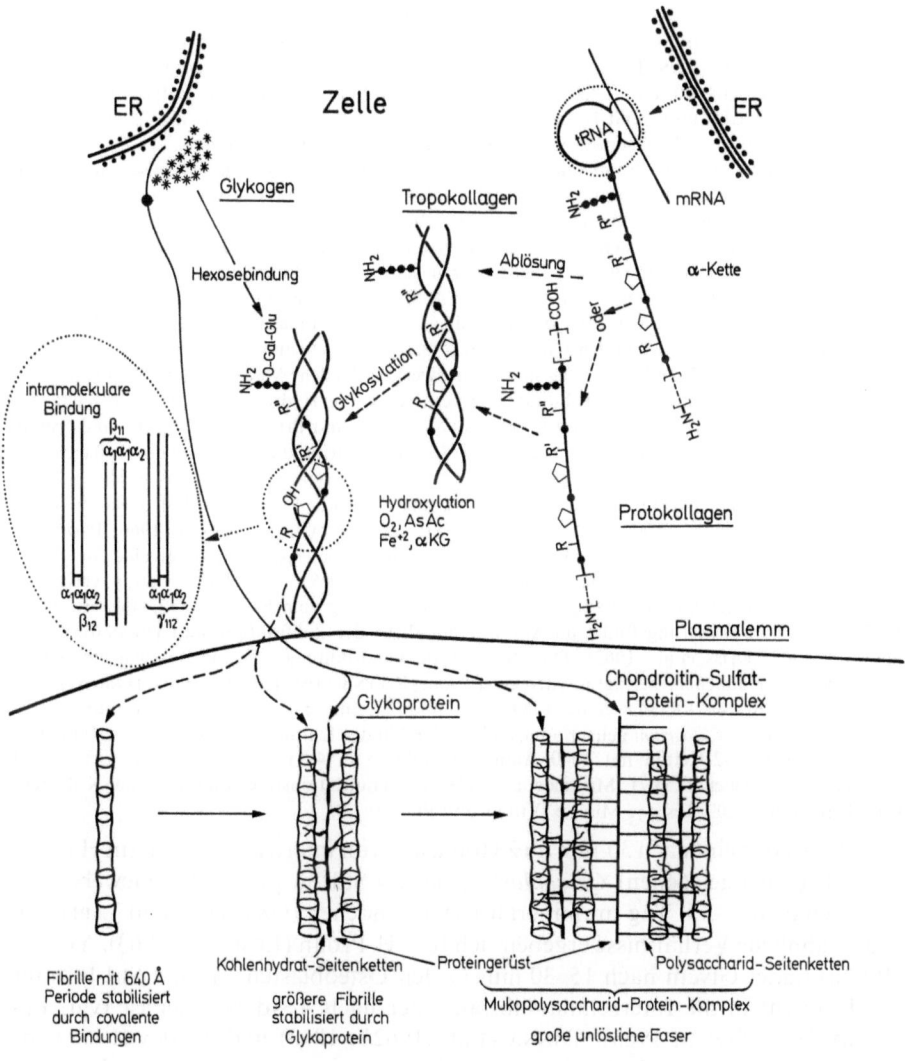

**Abb. 56.** Diagramm der Kollagenogenese und Fibrillogenese aufgeteilt auf Zelle und Interzellular-raum, Beschreibung der einzelnen Schritte vgl. Text (entworfen unter Benutzung der Abbildungen von ROSENBLOOM und PROCKOP, 1969; JACKSON und STEVEN, 1969; JACKSON und BENTLEY, 1968)

als die α-Ketten (KIVIRIKKO, 1974). Von der Synthese der mRNS bis zur Bildung der Fibrille sind 12 Teilprozesse zu unterscheiden (NIMNI, 1975).

Die Peptid-Untereinheiten am Ribosom sollen nach ROBERTSON (1964) etwa 250 Aminosäuren enthalten und ein Molekulargewicht von 30000 besitzen. Die an Ribosomen gebildeten α-Ketten wären mit 100000 Molekulargewicht im Hinblick auf den *genetischen Kode* von extremer Länge (LOWTHER, 1963; GALLOP et al., 1967; GOULD, 1968). CHVAPIL (1967) meint, daß etwa 100 Ribosomen eine ausreichende Kodeinformation zur Bildung des ganzen Tropokollagenmoleküls und der gleichzeitigen Synthese aller 3 Ketten der Helix enthalten. FERNÁNDEZ-MADRID (1967) hat am Hühnchen-Corium nach Gabe von $^{14}$C-1-Prolin festgestellt, daß die Kollagensynthese überwiegend an *Polyribosomen* mit der Sedimentationskonstante von $\approx$ 350-1600 S, weniger an die $\sim$ 180-200 S gebunden ist. GOLDBERG und GREEN (1967) fanden in Mäusefibroblasten Polyribosomen von 210–220 S. Nach LAZARIDES und LUKENS (1971) müssen die Polysomen mehr als 23 und weniger als 50–60, vermutlich 30 Ribosomen zur Bildung einer Kollagenkette enthalten.

In die α-Kette werden Prolin und Lysin eingebaut (Abb. 56). Auf diese Weise entsteht ein *Protokollagen* (JUVA und PROCKOP, 1966; JACKSON und STEVEN, 1969). Etwa $^1/_3$ des Prolins und $^1/_6$ des Lysins werden hydroxyliert (UDENFRIEND, 1966; SCHUBERT, 1969). In vitro erfolgt diese *Hydroxylierung* etwa 30 min nach Inkorporation von Prolin und Lysin (PETERKOFSKY und UDEN-FRIEND, 1963; PROCKOP und KIVIRIKKO, 1968). Hierzu ist ein Enzymsystem (PROCKOP, 1970) erforderlich, das neben einer Prolin- bzw. Lysin-Hydroxylase, $O_2$, Ascorbinsäure, γ-Ketoglutarat und Eisen (Fe$^{++}$) benötigt (Abb. 56). Die Hydroxylase soll an das Grundplasma (COOPER und PROCKOP, 1968) bzw. an Ribosomen gebunden sein (PETERKOFSKY und UDENFRIEND, 1965).

*Proteinsynthese* und *Hydroxylierung* sind damit zwei verschiedene Mechanismen. Die Proteinsynthese wird durch Puromycin und Ribonuklease verhindert, die Hydroxylation dagegen nicht; für sie sind jedoch $O_2$ und Ascorbinsäure (FERNÁNDEZ-MADRID und PITA, 1970; FESSLER und SMITH, 1970) erforderlich. In der Kultur der Tibia von *Hühnchen* bleibt die Bildung von Kollagen bei Ascorbinsäuremangel aus (u.a. JEFFREY und MARTIN, 1966; LAVIETES, 1971). Das gleiche gilt für $O_2$-Mangel (VAES und NICHOLS, 1962a; FLANAGAN und NICHOLS, 1962). Die Hydroxylation kann erst an Ketten von über 10000 Molekulargewicht erfolgen (JUVA und PROCKOP, 1966; PROCKOP, 1970). Gleichzeitig werden die Hexosen an die Hydroxylgruppe von Hydroxylin durch eine O-glykosidische Bindung gebunden (Abb. 56; JACKSON und STEVEN, 1969). Die Hydroxylation vermittels einer Hydroxylase erfolgt nach PROCKOP (1970) nach Ablösung vom Ribosom (BHATNAGAR et al., 1967b). Die Hydroxylierung findet im *Knochen* innerhalb der Zellfraktion statt (FLANAGAN und NICHOLS, 1962; DEISS et al., 1962). Die *Zeit* zur de novo-Bildung eines Protokollagenmoleküls im Knorpel des Hühnchens beträgt in vitro etwa 1 min (ROSENBLOOM et al., 1967), die Hydroxylation dauert länger (BLUMENKRANTZ et al., 1969). Zur Bildung einer α-Kette werden vermutlich etwa 10 min benötigt. Im *Calvarium* neugeborener Ratten und in der Kultur des *Sternums* von Hühnchen werden α-1 bzw. α-2-Ketten mit 1040 Aminosäureresten in 4,8 min gebildet (vgl. VUUST und PIEZ, 1970; MÜLLER et al., 1971; MILLER et al., 1973). Die Translationsrate von mRNS zur Kollagenkette beträgt etwa 209 Reste je Minute (VUUST und PIEZ, 1972).

*Glycin* erscheint nach 30 min im Zytoplasma von intertrabekulären (in Haversschen Kanälen gelegenen) *Osteoblasten*, nach 4 Std im präossalen Gewebe und zwischen dem 7.–45. Tag im mineralisierten Knochen (CARNEIRO und LEBLOND, 1959); ähnliche Verhältnisse ergeben sich für $^3$H-Prolin (LEBLOND, 1963). YOUNG (1962a) findet Glycin nach 15–30 min in den Osteoblasten; nach 1 Std beginnt der Übertritt in die Interzellularsubstanz, der nach 4 Std beendet ist (vgl. LE-BLOND, 1963; OWEN, 1963). TONNA et al. (1962b, 1963) und TONNA (1965a, b) konnten Glycin und Prolin bereits nach 5 min in Osteoblasten nachweisen. In der primären Tibiaspongiosa der *Ratte* erscheint nach ROHR (1965a) das $^3$H-Prolin nach 15 min über dem endoplasmatischen Retikulum der Osteoblasten, nach 20–30 min über den Zisternen und nach 4 Std über dem präossalen Gewebe. Das Golgifeld ist nur gering markiert. Die Ausscheidung des Kollagens findet über die Zisternen und nur z.T. über das Golgifeld statt. ROHR und GEBERT (1967) unterscheiden daher, nach Untersuchungen an *Knorpel*zellen der Tibia von *Ratten*, zwischen einer ergastoplasmatischen Phase (5–15 min), einer Golgi-Phase (30–60 min) und der Ausschleusungsphase (120–240 min). In vitro liegen, nach FLANAGAN und NICHOLS (1962), 70% der Prolinaktivität im alkalilöslichen unreifen Kollagen, 12% im reifen unlöslichen, 18% im $CO_2$.

*b) Die morphologischen Äquivalente der Kollagensynthese.* Die ältere Diskussion um die Fibrillogenese betrifft nur einen kleinen Abschnitt dieses Prozesses, die Entstehung der „sichtbaren" Fibrillen. Für die Morphologie ergeben sich heute folgende Fragenkomplexe:

1. Intrazelluläre Äquivalente der Kollagensynthese: Kollagenogenese
2. Modus der Extrusion des Kollagens
3. Ort der Fibrillenkristallisation: Fibrillogenese
4. Wachstum, Reifung und Alterung der Fibrillen
5. Entwicklung der Faserstruktur („funktionelle" Struktur)
6. Umsatzrate und Abbau des Kollagens.

*c) Intrazelluläre Äquivalente der Kollagenogenese.* Die Suche nach intrazellulären, morphologisch darstellbaren Vorstufen des „Kollagens" erscheint auch nach den neueren Untersuchungen über die Biosynthese nicht völlig abwegig. Die *elektronenmikroskopische Autoradiographie* hat gezeigt, daß mit Prolin bzw. Glycin markierte Tropokollagenmoleküle in der Zelle nachweisbar sind. Die Untersuchungen über die Biosynthese geben aber noch keine klare Auskunft über den Zustand des Kollagens, das aus der Zelle abgegeben wird. Sie besagen, es handle sich um ein diffundierbares monomeres, lösliches Tropokollagen (FITTON-JACKSON und SMITH, 1957; REVEL und HAY, 1963; GOLDBERG und GREEN, 1964; KALLMAN und GROBSTEIN, 1965; LUKENS, 1966; BHATNAGAR et al., 1967a; REITH, 1968; COOPER und PROCKOP, 1968; KIVIRIKKO, 1974).

Von Elektronenmikroskopikern wurde ebenso angegeben, daß bereits intrazellulär *Filamente* zu beobachten sind (JACKSON, 1953; YARDLEY et al., 1960; AVERY und HAN, 1961; ROSS und BENDITT, 1961; MERKER und STRUWE, 1971), doch konnte dieses Material nicht als Kollagen indentifiziert werden (LOWTHER, 1963). In perichondralen und subperichondralen Zellen wurden Vesikel mit quergestreiften Fibrillen beschrieben, die teilweise durch Kollagenase abzubauen sind (DEARDEN, 1975). Die Beschreibung intrazellulärer Vorstufen der Faserbildung mögen z.T. *Zytofilamente* betreffen (YARDLEY et al., 1960; GIESEKING, 1960, 1966; CHAPMAN, 1961); solche Filamente wurden auch für *Osteoblasten* beschrieben (CAMERON, 1961a; TAKUMA, 1963; HANCOX und BOOTHROYD, 1965; BONUCCI, 1965). Zytofilamente von 50–80 Å Durchmesser sind in faserbildenden Zellen häufig (FITTON-JACKSON, 1954a, 1957a; KAJIKAWA et al., 1959; ROSS und BENDITT, 1961; FERNANDO und MOVAT, 1963) aber wohl nicht die Regel; sie fehlen in Osteoblasten oder sind selten. Sie liegen in *Chondrozyten* des Faser- und Ohrknorpels (Abb. 57), auch in der Zellperipherie und können in erheblichem Umfang in Kernnähe auftreten (Abb. 58). REITH (1968) findet sie in *Odontoblasten* sowohl bei der Kollagenproduktion wie bei deren Fehlen. Zytofilamente erscheinen in Mesenchymzellen erst im Augenblick der Faserbildung (Abb. 14). Zytofilamente (Meniscus Rinderfet 350 mm SSL) mit einem Durchmesser von etwa 65 Å können eine Periode von rund 200 Å aufweisen. Obwohl aufgrund der Molekülgröße die Möglichkeit der Präzipitierung von Tropokollagen in der Zelle besteht, kann z.Z. nicht entschieden werden, ob bestimmte Filamente auf Kollagen zurückzuführen sind.

Es wurde erwogen, ob dichte *Granula* als Kollagenvorläufer anzusehen sind. Sie sind aber kein hervorstechendes Merkmal von *Fibroblasten* (AVERY und HAN, 1961; WASSERMANN, 1954; PORTER, 1964; ROSS und BENDITT, 1965; GRIFFIN und HARRIS, 1966; GREENLEE und ROSS, 1967; RHODIN, 1967), *Chondroblasten* (GODMAN und PORTER, 1960; REVEL und HAY, 1963), bzw. *Osteobla-*

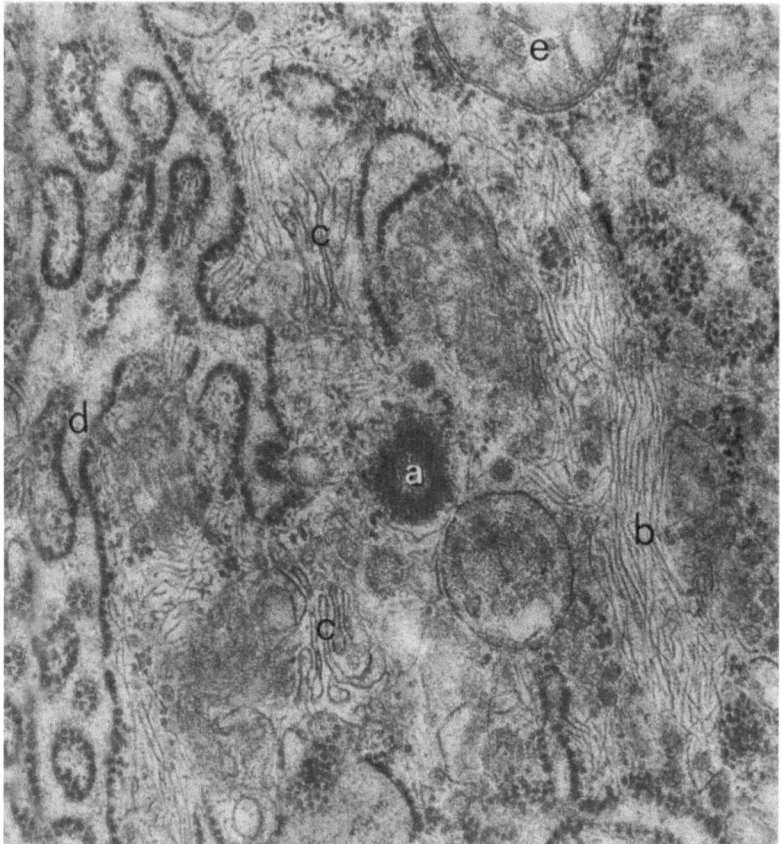

**Abb. 57.** Rinderfet, 350 mm SSL, Zellen aus dem Meniscus, Zytofilamente. *a)* Zentriol, *b)* Zytofilamente, *c)* Golgi-Lamellen, *d)* granuläres Retikulum, *e)* Mitochondrien. Vergr. 30 400 ×

*sten* (SCOTT und PEASE, 1956; ASCENZI und BENEDETTI, 1959; CAMERON, 1961a; DUDLEY und SPIRO, 1961; RHODIN, 1967).

Über die Bedeutung von *Mikrotubuli* bei der Kollagensynthese wurde ebenfalls diskutiert. Sie werden mit Zytoplasmaströmungen (LEDBETTER und PORTER, 1963; REITH, 1968), dem Stofftransport (REITH, 1968), der Zellwandbildung (HEPLER und NEWCOMB, 1964), Bildung von Filamenten (BYERS und PORTER, 1964; PETERS und VAUGHAN, 1967), Zellbewegungen (BYERS und PORTER, 1964) und der Strukturerhaltung (TANDLER und MORIBER, 1966; TAYLOR, 1966) in Zusammenhang gebracht. Im Hinblick auf die Möglichkeit eines Transports ist zu berücksichtigen, daß in der Zelle die Bedingungen der freien Diffusion vorliegen (THEWS, 1966). Die Beziehungen von *Mikrotubuli* zur Kollagensynthese sind schwer vorstellbar, doch treten solche Tubuli von ca. 200 Å Durchmesser zusammen mit Zytofilamenten von einer Dicke von annähernd 60 Å auf.

*d) Extrusion des Tropokollagens.* Die Extrusion des Tropokollagens aus der Zelle geht in sehr unterschiedlicher Form vor sich (WASSERMANN, 1956; PORTER, 1964). Es wird im allgemeinen an der gesamten Oberfläche der Zelle abgegeben, bei Osteoblasten allerdings nur in der Knochenbildungsfront, bei Odontoblasten (REITH, 1968) im Bereich ihrer Fortsätze.

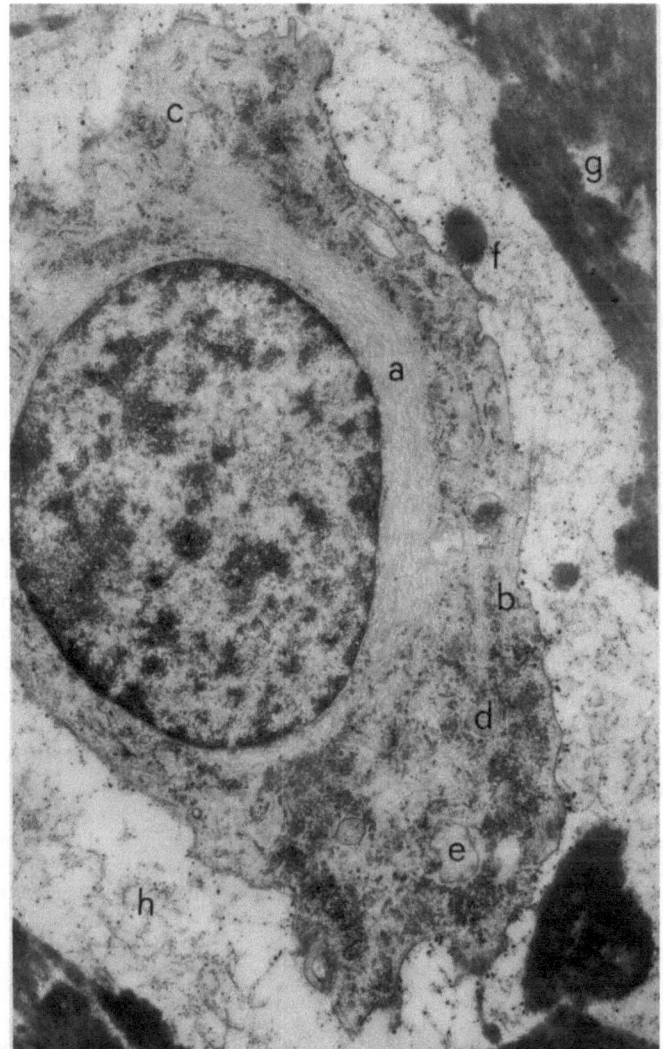

**Abb. 58.** Rinderfet, 350 mm SSL, Zelle aus dem Ohrknorpel. *a)* Zytofilamente in Kernnähe, *b)* Zytofilamente unter dem Plasmalemm, *c)* Retikulum, *d)* Phagosom (?), *e)* Vakuole mit doppelter Wand, *f)* elastische Faser in Kontakt mit dem Plasmalemm, *g)* netzförmig verzweigte elastische Fasern, *h)* Kollagenfibrillen mit angelagerten MPS-Granula, Vergr. 10 500 ×

In Anlehnung an die von CARO und PALADE (1964) beschriebenen Verhältnisse in der exokrinen Pankreaszelle, wurde ein Transport von Kollagenen durch *glattwandige Vesikel* in Betracht gezogen (u.a. REVEL und HAY 1963; ROHR, 1965a; ROHR und GEBERT, 1967; FRANK et al., 1968a; FRANK und FRANK, 1969). Dabei könnte es sich um Abkömmlinge des Retikulums oder des Golgi-Apparats handeln (KARRER, 1960b; REVEL und HAY, 1963; GOLDBERG und GREEN, 1964; GRIFFIN und HARRIS, 1966). Viele kollagenbildende Zellen lassen einen umfangreichen *Golgi*-Apparat vermissen, z.B. Osteoblasten, so daß dieser Extrusionsweg u.a. nach CAMERON (1963, 1968) nicht in Betracht kommt. Die von FRANK et al. (1968a) und FRANK und FRANK (1969) in Osteoblasten festgestellten Vesikel könnten als Bestandteil des agranulären Retikulums angesehen werden. Die eindeutige Zuordnung vesikulärer Gebilde dürfte häufig kaum mit genügender Sicherheit gelingen. PORTER (1964) findet Prolin nach 1 Std in erweiterten Zisternen. SHELDON und KIMBALL (1962) berichten über LS-Fibrillen von 2000 Å Periode in Golgi-Vakuolen von Knorpelzellen. Die Markierung des Golgi-Apparats mit Prolin führen ROSS und BENDITT (1965) auf Proteine des Polysaccharid-Protein-Komplexes zurück. Nach MALAWISTA und SCHUBERT (1958) treten 8% des Knorpelprolins im Chondromuko-protein, 93% in einer unlöslichen Fraktion auf, die zu 75% Kollagen ist. Nach JUVA et al. (1966) sind 33% des im Knorpel aufgenommenen Prolins in Kollagenvorläufern zu finden. ROSS und BENDITT (1965) nehmen eine Kollagensynthese in den Zisternen (?) an. Zu einer ähnlichen Auffassung kommt ROHR (1965a) für *Osteoblasten*. Einige Autoren sind der Meinung, daß sich die Zisternen zum extrazellulären Raum hin öffnen und ihr Material abgeben (SHELDON, 1960; KARRER, 1960a; MERKER, 1961; ROHR, 1965a; ROHR und WENDT, 1965).

Kollagen wird erst aus der Zelle abgegeben, wenn Hydroxyprolin und glyko-syliertes Hydroxylysin vorhanden sind (KIVIRIKKO, 1974; NIMNI, 1975). Eine Reihe von Befunden spricht dafür, daß das Tropokollagenmolekül das *Plasma-lemm durchwandert*. SALPETER (1968) hat im Knorpel der regenerierenden Extre-mität von *Triturus viridescens* nach 15 min bis 1,2 Std die höchste Prolinaktivität über dem granulären Retikulum gefunden, ihm folgten freie Ribosomen und Grundplasma. Die fortlaufende direkte Ausschleusung aus der Zelle entlang der Oberfläche sei nicht auszuschließen. COOPER und PROCKOP (1968) haben die Extrusion aus dem Grundplasma bei *Chondrozyten* 10 Tage alter Hühnchen-embryonen wahrscheinlich gemacht. Die Autoren erzeugten durch Inkubation ohne $O_2$ mit $^3$H-Prolin eine Ansammlung von Protokollagen im Grundplasma. Etwa $^1/_2$–$^2/_3$ des Prolins werden in das Protokollagen bzw. Kollagen eingebaut. Durch anschließende Exposition mit $O_2$ entsteht das hydroxylierte Tropokolla-gen, dessen Menge im Hyaloplasma (von 54 auf 33%) abnimmt und vermehrt (von 12 auf 29%) in der Interzellularsubstanz erscheint. Die Aktivität über den Zisternen bzw. Golgi-Vakuolen ändert sich nicht.

Zahlreiche Autoren berichten, daß bei einer Kollagenausschüttung ein Plasmalemm nicht zu beobachten ist (STEARNS, 1940; WASSERMANN, 1954, 1956; FITTON-JACKSON, 1954b, 1957b, 1960, 1964; FITTON-JACKSON und RANDALL, 1956; KNESE und KNOOP, 1958; GODMAN und PORTER, 1960; KARRER, 1960a; GIESEKING, 1960; YARDLEY et al., 1960; TAKUMA, 1963; PORTER, 1964; ROBINSON und CAMERON, 1964).

### 3.3.1.3.2. Die Fibrillogenese

*a) Die Kristallisation der Fibrille*. Die Zusammenlagerung von Tropokollagen-molekülen zur Fibrille ist als eine Art *Kristallisation* (HUZELLA, 1932) anzusehen. Wie bei jeder Kristallisation (s. Knochenmineral) ist zwischen *Kernbildung* und *Wachstum* des Kristalls zu unterscheiden (BENSUSAN und HOYT, 1958; WOOD, 1960b; WOOD und KEECH, 1960; JACKSON und BENTLEY, 1968). Im Hinblick auf die Entstehung von Fibrillen ist von Bedeutung, daß ein *neutralsalzlösliches* Kollagen im Gewebe vorhanden ist, bevor Fibrillen im Elek-tronenmikroskop sichtbar werden (FITTON-JACKSON und SMITH, 1955; HARKNESS et al., 1954; JACKSON, 1957), wie es für die *Knochenbildung* gezeigt wurde (FIT-TON-JACKSON und SMITH, 1957; SMITH und FITTON-JACKSON, 1957). Säurelösliche Prokollagene erscheinen, wenn neugebildete Fibrillen vorhanden sind. In der Abfolge der Teilprozesse, die zur Fibrillogenese gehören, treten die Bedingungen zur Faserkristallisation offensichtlich durch einen *Milieuwechsel* auf. Es liegt nahe, diesen Milieuwechsel mit dem Übertritt des Tropokollagenmoleküls von der Zelle in den Interzellularraum in Verbindung zu bringen. Die Bedingungen der extrazellulären Aggregation in vivo werden denen in vitro als ähnlich angesehen (LOWTHER, 1963).

Seit langem wird vermutet, daß *Mukopolysaccharide* bei der Faserkristallbildung eine Rolle spielen. Hierfür spricht u.a., daß zunächst eine für die MPS charakteristische *metachromatische* Reaktion vorhanden ist, die dann verschwindet (ERNST, 1905; FAURÉ-FREMIET, 1933; BENSLEY, 1934; COHEN, 1942; RAGAN, 1952c; FOLLIS, 1952a; EASTOE, 1956; ROUILLER, 1956; SYLVÉN, 1956; WOOD, 1964). Die Bildung der *Glykosaminoglykane* geht der Faserbildung voraus (u.a. KODICEK und LOEWI, 1955). WOOD (1960a, b, 1964) und WOOD und KEECH (1960) zeigten, daß geringe Konzentrationen (weniger als 0,5%) von Chondroitin-4-sulfat und Chondroitin-6-sulfat die Rate der Kernbildung des Kollagens erhöhen, aber die Wachstumsrate erniedrigen; es entstehen viele dünne Fasern. Dermatansulfat, Hyaluronsäure und Heparin haben keinen Effekt auf die Kernbildung. In ihrer Gegenwart entstehen infolgedessen wenige dicke Fasern (KEECH, 1961). Allerdings müssen die genannten Mukopolysaccharide bereits ein hohes Molekulargewicht besitzen. Ein nativer Chondroitinsulfat-Protein-Komplex führt zu keiner Faser-, sondern nur zu einer Gel-Bildung (vgl. SNELLMAN, 1965; ÖBRINK, 1970; LOWTHER et al., 1970).

Aufgrund der experimentellen Studien in vitro wurden die Beziehungen zwischen *Kollagen-* und *Proteoglykansynthese* untersucht. Fibroblasten geben auch Hyaluronsäure und Chondroitinsulfate ab (VAUBEL, 1933; GROSSFELD et al., 1955, 1956; BERENSON et al., 1958). PROCKOP et al. (1964) stellten die Fähigkeit von Chondrozyten zur Kollagen- und MPS-Synthese fest. Im allgemeinen wird angenommen, daß beim Knorpel Kollagen- und Proteoglykansynthese zur Aufrechterhaltung einer „normalen" Matrix eng miteinander korreliert sind (u.a. HALL, 1970a). Nach BHATNAGAR und PROCKOP (1966) sind jedoch die Synthese von Kollagen und Glykosaminoglykanen nicht unbedingt gekoppelt.

Verschiedentlich wurde versucht, die einzelnen Stadien der Fibrillogenese gegeneinander abzugrenzen. PORTER (1964) spricht von einer „postsekretorischen" Entwicklung des Kollagens. SCHUBERT und HAMERMAN (1968) setzen den Beginn des „further life of collagen" früher an, nämlich nach der Bildung der α-Ketten. Die Fibrillenbildung ist ein fortschreitender Prozeß. Durch fortlaufende Aggregation von Tropokollagenmolekülen wird die Dimension erreicht, die zu den im Elektronenmikroskop sichtbaren Fibrillen führt. Das Dickenwachstum erfolgt im Sinn der Apposition durch Aufnahme löslicher Moleküle (WOOD, 1958), ein nicht enzymatischer Vorgang, der aber unter exakter Kontrolle steht (SCHUBERT und HAMERMAN, 1968). Neu gebildete Fibrillen in Zellnähe haben häufig einen Durchmesser, der 100 Å nur wenig überschreitet (Knorpel: GODMAN und PORTER, 1960; ROSS und BENDITT, 1961; REVEL und HAY, 1963). Sie lassen mitunter eine Querstreifung vermissen, bzw. ist diese undeutlich (Periode etwa 200 Å). Solche Fibrillen sind im Mesenchym z.T. nur 1000–5000 Å lang (Abb. 40). So betrifft das Wachstum der Fibrille vermutlich sowohl deren Dicke wie deren Länge. Eine *Querstreifung* ist — mit Ausnahme der Knorpelfibrillen — bei Fibrillen mit einem Durchmesser von mehr als 100 Å zu beobachten. Nach ROSS und BENDITT (1961) müssen zumindest 5 Reihen mit je 5 Tropokollagenmolekülen nebeneinander liegen, wenn eine Periode auftreten soll.

Die Proto- bzw. Mikro- oder Primärfibrillen haben eine Dicke von 80–100 Å und bestehen nach STEVEN (1970) aus 4–5 Tropokollagenmolekülen. Bei dem ersten Stadium der Kollagenbildung wurde von der Anwesenheit solcher *Mikrofibrillen* (Low, 1962) berichtet (KARRER, 1960a; CHAPMAN, 1961; PEACH et al., 1961; ROSS und BENDITT, 1961, 1964; FERNANDO und MORVAT, 1963); sie treten auch beim Kollagenabbau am Rande der „Kollagenoklasten" auf (KNESE, 1972b). Mikrofibrillen erscheinen regelmäßig als erste Anlagen elastischer Fasern. Nach GREENLEE et al. (1966) sowie ROSS und GREENLEE (1966) sind diese Mikrofibrillen im Querschnitt tubulär, im Längsschnitt perlschnurartig gestaltet.

*b) Ort der Fibrillenkristallisation.* Nach älterer Literatur sollen Kollagenfasern *epizellulär* bzw. in einem *Exoplasma* entstehen (ZIEGLER, 1876, 1901; WOLFF, 1889; HANSEN, 1899; MAXIMOW, 1902, 1927; RANKE, 1913; HUECK, 1920; WASSERMANN, 1924, 1954; LAGUESSE, 1926; FITTON-JACKSON, 1956; PORTER und PAPPAS, 1959; AVERY und HAN, 1961). Beide Lokalisationen werden hier zusammen erörtert, da der Begriff Exoplasma in sehr unterschiedlichem Sinn gebraucht wurde. Die Annahme einer epizellulären Entstehung der Fibrillen beruht auf der Beobachtung, daß Fasern häufig in unmittelbarem Kontakt mit der Zelle stehen. Die Vorstellung wurde unter dem Begriff der *Ekdysis* neu belebt (PORTER und PAPPAS, 1959; GODMAN und PORTER, 1960; YARDLEY et al., 1960; CHAPMAN, 1961; PORTER, 1964; GOEL, 1970). In diesem Zusammenhang wurde nach Besonderheiten der Cortex der Zellen gefahndet. Nach SALPETER (1968) ist die Prolin-Aktivität in der Zellperipherie von Chondrozyten bei *Triturus* nicht größer als im übrigen Zytoplasma. ROHR und GEBERT (1967) fanden nach 60 min zwar Silberkörner in der Peripherie der Zelle, aber nicht „in der Zellmembran nahe der Matrix".

Die Beziehungen zwischen Fibrillen und *Plasmalemm* sind elektronenmikroskopisch im allgemeinen nicht eindeutig zu beurteilen (PORTER und VANAMEE, 1949; PORTER, 1952, 1961; GROSS et al., 1952; WASSERMANN, 1954; MARTIN, 1954; FITTON-JACKSON, 1954a, b, 1955, 1968; ROUILLER, 1956; FITTON-JACKSON und SMITH, 1957; PORTER und PAPPAS, 1959; GODMAN und PORTER, 1960; ROSS, 1968a). GODMAN und PORTER (1960) erwägen jedoch, ob im Exoplasma von Chondrozyten Primärfibrillen von weniger als 100 Å Dicke vorhanden sind, die als neue Matrix-Fibrillen abgegeben werden. Hiermit im Zusammenhang erfolgte eine Rarifizierung des Exoplasmas. PORTER (1964) meint, daß Primärfibrillen von der Zelloberfläche abgelöst (separated) werden, deren Durchmesser durch oberflächliche Anlagerung von löslichem Kollagen heranwachsen. Die Primärfibrillen scheinen ein Produkt der Zelloberfläche oder des darunter liegenden Cortex zu sein (PORTER, 1952; PORTER und PAPPAS, 1959; YARDLEY et al., 1960). Als elektronenmikroskopisches Äquivalent der Ekdysis oder Excortication bzw. Delamination von Fibrillen sieht GOEL (1970) die Vergesellschaftung der Zellmembran mit faserigen extrazellulären Elementen. Durch die Präzipitation von sezerniertem Tropokollagen als Gel an der Oberfläche von Zellen durch sulfatierte Proteoglykane kann eine bestimmte Orientierung erfolgen (GOLDBERG und GREEN, 1964; PORTER, 1964). Die sulfatierten Proteoglykane würden die neugebildeten Fasern zu größeren Aggregaten zusammenbinden und somit für die weitere Organisation der Interzellularsubstanz eine Bedeutung gewinnen (PARTRIDGE, 1948; HIGHBERGER et al., 1951; JACKSON und BENTLEY, 1968).

An vielen Orten der Faserbildung bestehen keine unmittelbaren Beziehungen zwischen Fibrillen und Zellen. Hierbei liegen die Bedingungen vor, die als Voraussetzung für eine extrazelluläre Entstehung von Fibrillen angesehen wurden (DOLSCHANSKY und ROULET, 1935; ROULET, 1937; PORTER und VANAMEE, 1949; RAGAN, 1952c; ROUILLER, 1956; GROSS, 1956; FITTON-JACKSON und SMITH, 1957; SCHMITT et al., 1958; KAJIKAWA et al., 1959; KUWABARA, 1959; COOPER und PROCKOP, 1968; SALPETER, 1968).

Die drei Teilprozesse: Kollagenogenese, Extrusion und Fibrillogenese, sind nicht deutlich voneinander abgesetzt. Dem einzelnen Tropokollagenmolekül steht ein sehr unterschiedliches Schicksal bevor. Es kann nach der Extrusion unmittelbar an einer epizellulären Fibrillenbildung beteiligt sein. Das Molekül kann aber auch ein „lösliches" Kollagen bleiben, das extrazellulär an eine bestehende Fibrille aggregiert wird, die in einem erheblichen Abstand von der Zelle liegt. So wurde darüber diskutiert, wie ein Tropokollagenmolekül seinen Weg durch das Netz der Polysaccharide zum Kristallisationsort findet (STOCKWELL und SCOTT, 1965; LAURENT, 1968; HOFFMANN und MASHBURN, 1970). Fibrillen kristallisieren im allgemeinen in einer bestimmten Ordnung. Zu der strittigen Frage, ob eine epizelluläre oder extrazelluläre Fibrillogenese stattfindet, muß gesagt werden, daß beides möglich ist.

*c) Die Entwicklung der Faserstruktur (funktionelle Struktur).* Die Ordnung der Kollagenfibrillen innerhalb eines Organs folgt bestimmten Prinzipien. Mitunter ist diese Ordnung sehr augenfällig, wie bei den parallel verlaufenden Sehnenbündeln. In anderen Organen treten Schichten von Kollagenfasern auf, die man als Lamellen bezeichnet, wie in der Sklera des Auges, im Knochengewebe und im Anschluß an Basalmembranen bei *Amphibien* (s.u.). Die Frage, wie eine solche Ordnung, eine funktionelle Struktur, entsteht, wurde vielfach erörtert (WEISS, 1965; FITTON-JACKSON, 1968), vor allem für die *Basalmembran* (PORTER, 1956, 1964; WEISS und FERRIS, 1956; EDDS und SWEENY, 1961; HAY und REVEL, 1963). Gleiche Probleme bietet die Bildung der *Knochenlamelle* (KNESE und v. HARNACK, 1962; s.S. 672). Wir wollen hier von der älteren Hypothese der Auswirkung mechanischer Kräfte absehen, obwohl in erweiterter Form solche Einflüsse wieder erwogen wurden (LAPIÈRE et al., 1975; s.S. 590).

Lichtmikroskopisch beobachtet man, daß die Kollagenfasern den länglichen Fibroblasten parallel verlaufen (vgl. MAXIMOW, 1902, 1927; WOLBACH, 1933; RAGAN, 1952c; POLICARD, 1952; PORTER und PAPPAS, 1959; LOWTHER, 1963; REITH, 1968). Elektronenmikroskopisch ergibt sich, daß die Fibrillen der Zelllängsachse mit einer verschieden großen statistischen Abweichung folgen. Mitunter zeichnet die Lagerungsform der Zellen die spätere Verlaufsrichtung von Fasern bereits vor. Bei der Entwicklung der Wirbelsäule liegen im Bereich der *Zwischenwirbelscheibe* längliche Zellen in Schichten, deren Längsachse kreuzförmig gegeneinander versetzt ist (KNESE, 1965a, Abb. 5, 59). So scheint hier die spätere Lamellenstruktur der Zwischenwirbelscheibe durch die Zellrichtung vorbestimmt zu werden. Die Beobachtungen an der Zwischenwirbelscheibe lassen vermuten, daß Zellen einen *richtenden* Einfluß auf die Fibrillenkristallisation haben können. Dieser Einfluß führt aber nicht zur Ausbildung einer einzigen Form des Faserverlaufes, sondern zur Entstehung eines differenzierten *Fasersystems*. Diese Vermutung wird durch Befunde an anderen Zell-Faser-Systemen

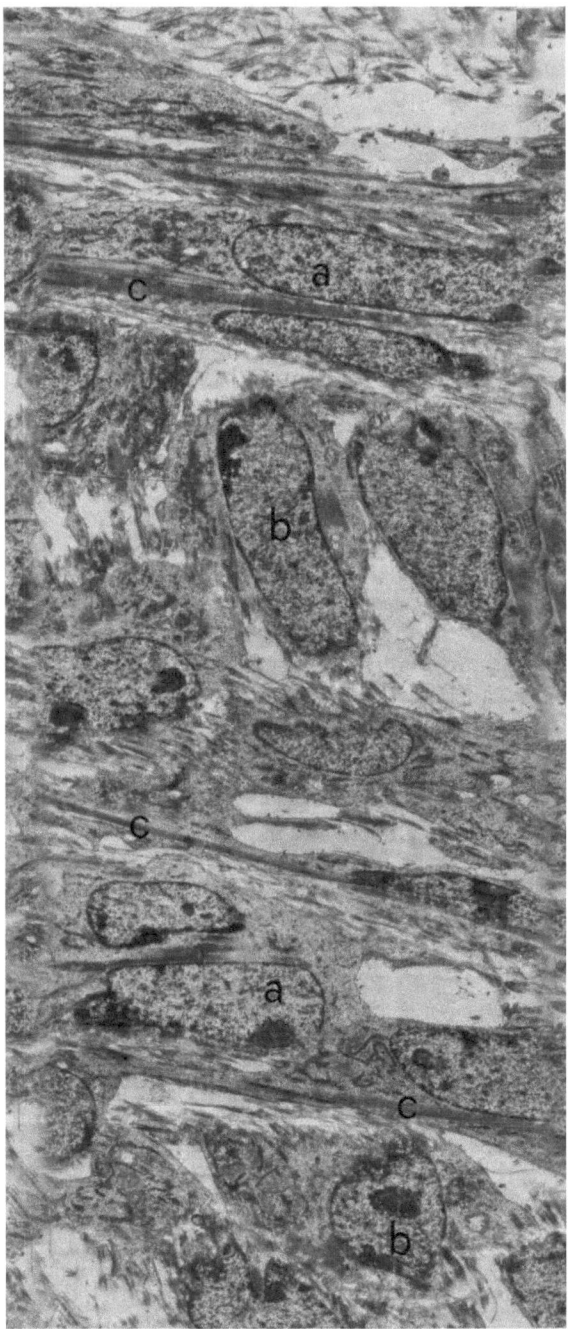

**Abb. 59.** Rinderfet, 46 mm SSL, lamelläre Struktur der Zwischenwirbelscheibe. *a)* Längsgeschnittene Lamellen, *b)* quergeschnittene Lamellen, *c)* Anlage von elastischen Fasern in dem Kollagenfasernetz. Vergr. 3000 ×

bestätigt. Dem Plasmalemm von Chondrozyten im Wirbelkörper liegen z.B. Fibrillen in *Kreuz*systemen an. Der jeweilige Zelltyp scheint also einen Einfluß auf die Ordnung der Fibrillen zu haben.

In manchen Regionen ist eine Beziehung zwischen der Zellgestalt und der Ordnung der Fasern nicht ohne weiteres zu erkennen. Dies gilt für die Entstehung der verschiedenartigen *Lamellen*. Es wurde vermutet, daß für die Kristallisation der Fibrillen in Lamellen Mukopolysaccharide von Bedeutung sind (PARTRIDGE, 1948; HIGHBERGER et al., 1951; WEISS und FERRIS, 1954; SYLVÉN und AMBROSE, 1955; WEISS, 1956; THIELE und LANGMAACK, 1957; JACKSON und BENTLEY, 1968). Die gerichtete Kristallisation sollte nach WEISS (1956, 1957) aufgrund einer makrokristallinen Grundstruktur (macorcrystallinity) entstehen, die nicht an die Fibrille gebunden ist. Für die Entstehung der Knochenlamellen wurde eine *rhythmische Tätigkeit* der Osteoblasten verantwortlich gemacht (GEGENBAUR. 1864; WALDEYER, 1865a, b; WEIDENREICH, 1930). Jedoch können in einer Lamelle einige Fasern eine grundsätzlich andere Verlaufsweise gegenüber allen anderen zeigen; sie wirken als *Umschnürungsfasern* und verhindern das Ausknikken des Hauptsystems (KNESE und v. HARNACK, 1962). Ein solcher Befund spricht gegen die Annahme, daß allein eine rhythmische Tätigkeit der kollagenbildenden Zellen für die Lamellenbildung verantwortlich ist (vgl. JONES und BOYD, 1976; LAPIÈRE et al., 1975).

Über die Entstehung der Systeme höherer geometrischer Ordnung, die das Strukturgefüge eines Organs bestimmen, haben wir derzeit keinerlei Vorstellung. Wir befinden uns nach WEISS (1957) im Dilemma, zwischen dem „Organismus als ganzem" und einer künstlichen und absurd starken Vereinfachung (oversimplification) zu wählen. Im Prinzip handelt es sich um Fragen der extrazellulären Steuerung oder *Kodierung der Strukturbildung*, die auch für die Elastogenese diskutiert wurden (u.a. PARTRIDGE, 1970); bisher ist nur eine DNS-Kodierung bekannt.

*d) Wachstum, Reifung und Alterung der Fibrillen.* Die Fibrillogenese geht nicht unterscheidbar in Vorgänge über, die als Wachstum und Reifung bezeichnet werden.

Die noch nicht ausgereiften Fasern wurden als *präkollagene* Fasern bezeichnet (u.a. RANKE, 1913, 1914; PETERSEN, 1919; PLENK, 1927; MAXIMOW, 1927, 1928; SNESSAREW, 1932; HERINGA, 1933; GROSS, 1950; FOLLIS, 1952a; PAHLKE, 1954; MARTIN, 1954; ENGHUSEN, 1955; JORPES und YAMASHINA, 1956; GILLMAN, 1968; RAMACHANDRAN, 1967). Sie sind wie die Retikulumfasern, argyrophil. Als Zeichen der Reifung wurden der Verlust der Argyrophilie und die Färbbarkeit mit typischen Kollagenfärbungen angesehen (u.a. MAXIMOW, 1927, 1928; WASSERMANN, 1929; MCKINNEY, 1930; LILLIE, 1953).

Die *Argyrophilie* (vgl. KRAMER und LITTLE, 1953; BAIRATI, 1955, 1956, 1958) wird u.a. auf den KH-Anteil der Fasern zurückgeführt (vgl. SCHWARZ und MERKER, 1959). Der Versuch, das unterschiedliche Verhalten der Fibrillen elektronenmikroskopisch auf eine Innen- bzw. Außenversilberung zurückzuführen, zeigt kein eindeutiges Ergebnis (DETTMER et al., 1951/1952; v. HERRATH und DETTMER, 1951; DETTMER und SCHWARZ, 1954; PAHLKE, 1954; SCHWARZ, 1960). Die bei *menschlichen* Feten von etwa 170 mm SSL auftretenden v. Korffschen (1906, 1907a) Fasern sind argyrophil (KNESE, 1956a).

Die *Retikulumfasern* besitzen ein Grundgerüst aus Tropokollagen und sind quergestreift. Sie haben nach GALINDO und IMAEDA (1962) enge Verbindung zu Zellfortsätzen, die eine Art umhüllende Röhre bilden. Bereits GLEGG et al. (1953) gaben an, daß Retikulin mehr Galaktose, Glucose, Mannose und Fucose enthält als Kollagen (vgl. WINDRUM et al., 1955; SCHMITZ-MOORMANN, 1961;

MELCHER, 1965, 1966; CHVAPIL, 1967; SCHUBERT und HAMERMAN, 1968). Der *Kohlenhydrat*bestand
ist mit 4,2% relativ hoch, ebenso der Anteil an *Fettsäuren* (10,9%), wovon 95% auf die Myristinsäure
und 5% auf die Palmitinsäure entfallen. Nur etwa 85% des Trockengewichts bestehen aus Protein
(95–98% beim Kollagen). Die *Aminosäuren*analyse ergibt geringere Werte für Alanin, Glycin, Prolin,
Arginin und Lysin, etwas höhere für Hydroxyprolin und Hydroxylysin (BOWES und KENTEN, 1949).
Damit erscheint die Retikulumfaser als ein Gebilde, das sich durch die Art der Koppelung der
Tropokollagenanteile mit Kohlenhydraten und Lipiden von Kollagen unterscheidet. Die Retikulumfaser ist ein *Lipoglykoprotein* (EASTOE, 1967a).

Mit Hilfe des Elektronenmikroskops ist ein Heranwachsen der Fibrillen
zu beobachten. Die *Dickenzunahme* der Kollagenfibrillen führt zu einem für
das einzelne Organ kennzeichnenden Grenzwert (Tabelle 4), auch im Knochengewebe. Aus den Werten von HUBER und ROUILLER (1951) errechnet KNESE (1959b)
die Fibrillendicke bei einem 3 Monate alten Kind zu 704, beim Erwachsenen
zu 975 Å. Nach SCHWARZ und PAHLKE (1953) beträgt der Fibrillendurchmesser
bei einem Feten von 17 cm: 288 Å und im 74. Jahr 577 Å. Die Fibrillendicke
geben ROBINSON und WATSON (1955) für das Kind mit 180–530 Å, für Individuen
im mittleren Lebensalter mit 800 und für das Greisenalter mit 1 000–1 500 Å
an. KNESE und KNOOP (1958) haben die Dicke der Fibrillen in der Nachbarschaft
von *Osteoblasten* in drei aufeinanderfolgenden Streifen von 0,75 μm Breite gemessen; der Durchmesser nimmt von 300 auf 356 und schließlich auf 430 Å
zu. Im entkalkten periostalen Knochen lag die Dicke ebenfalls über 400 Å,
im enchondralen dagegen bei 800 Å.

Auch über Veränderungen der *Kollagenperiode* wurde berichtet. ASCENZI
und BENEDETTI (1959) haben für den 5. und 6. Fetalmonat die Periode an
Schädelknochen *menschlicher* Feten zu 520–540 Å (Mittel: Parietale $5^1/_2$ FM.
534 Å, Grenzwerte: 491/581, KNESE, 1959b) gemessen. SCHWARZ und PAHLKE
(1953) geben ein Anwachsen der Periode vom fetalen zum postfetalen Leben
von 450 auf 640 Å an. Die Periode im präossalen Gewebe der Tibia von *Ratten*feten wurde statistisch zu 290 Å ± 78 bestimmt (KNESE und KNOOP, 1958). In
entkalktem jungem periostalem Knochen der *Ratte* beträgt sie etwa 500 Å,
im chondralen etwa 400 Å (KNESE und KNOOP, 1961c).

Das *Wachstum* besteht in der Aufnahme löslicher Tropokollagenmoleküle,
die sich in den interfibrillären Räumen befinden. WASSERMANN (1956) hat für
die Dickenzunahme von Sehnenfibrillen von 500 auf 2 000 Å eine Vergrößerung
des Querschnitts auf das 16fache und eine Vermehrung der Polypeptidketten
von 2000 auf 30000 errechnet. Die *Volumenzunahme* einer Fibrillenperiode von
640 Å durch Materialaufnahme nach ihrer Bildung beträgt für eine Fibrillendicke
von 800 Å 93,6% und bei 1 000 Å Dicke 95,9% des endgültigen Volumens
einer Periodenlänge (KNESE und TITSCHAK, 1962); über die Reifung der Knochenfibrillen (s. S. 676; Abb. 293).

Nicht nur die einzelne Fibrille reift, sondern das gesamte „Gewebe". Die
Art dieser Veränderungen läßt sich u.a. als Anzahl der *Fibrillen je Flächeneinheit*
des Schnitts ausdrücken. In etwa 2 μm Abstand vom Osteoblastenrand legen
sich die Fibrillen zu Bündeln, d.h. Fasern zusammen (KNESE und KNOOP, 1958).
Die Zusammenlagerung erfolgt, wie es von der quergestreiften Muskulatur her
bekannt ist, derart, daß die einander entsprechenden Periodenabschnitte auf
gleicher Höhe liegen (ROBINSON, 1951; KNESE, 1959b); dabei treten auch Verschiebungen der Fasern gegeneinander auf, die — ähnlich wie bei quergestreiften

Muskelfasern — zu Noniusperioden führen. Durch den Zuwachs der Fibrillen an Dicke wird ihre Zahl je Flächeneinheit des Schnitts herabgesetzt. Diese *Flächendichte* beträgt bei der *Ratte* in Osteoblastennähe 340 Fibrillen je 1 μm² im Abstand von 1,5–2,25 μm 300, im noch nicht mineralisierten präossalen Gewebe 220/μm², im entkalkten periostalen Knochen 90/μm² (Abb. 259; KNESE und KNOOP, 1961 c; KNESE und v. HARNACK, 1962; KNESE, 1963 d); Werte für den Menschen liegen nicht vor.

Über die Faktoren, die das *Fibrillenwachstum* steuern, bestehen nur Vermutungen (WOOD, 1958, 1964; HARKNESS, 1961, VERZAR, 1964; CLAUSEN, 1966; PROCKOP und KIVIRIKKO, 1968; SINEX, 1968; JACKSON und STEVEN, 1969). Die Wachstumsrate der Kollagenfibrillen hängt zunächst vom Umfang der *Kollagensynthese* durch Zellen ab. Die Reifung scheint zellabhängig zu sein (TSURUFUJI und OGATA, 1965). Ein Aussetzen der Kollagensynthese, mit der Alterung (SINEX, 1968) bzw. genetisch bedingt, beschränkt das Wachstum und die Neubildung von Fibrillen. Im Hinblick auf die *genetische* Kontrolle ist vielleicht die Beobachtung von HAYFLICK (1964) zu werten, daß menschliche Fibroblasten junger Individuen in der Gewebekultur die definierte Lebensspanne von 48–52 Generationen haben. Beobachtungen von DORFMAN (1970) über Alterung von Chondrozyten nach 30 Teilungen mit Bildung von 10⁹ Zellen könnten vielleicht ähnlich interpretiert werden. In der Kultur nimmt die Synthese von Chondroitinsulfat und Kollagen mit der Zeit nach LAVIETES (1971) ab. Die Zelle kann nicht ad infinitum Interzellularsubstanzen produzieren; hierin liegt ein regulativer Faktor. Dementsprechend können ältere Zellen, die von ihren Kapseln befreit werden, sich weder teilen noch Interzellularsubstanzen produzieren (FELL, 1925). Weiter wurde ein Einfluß von seiten der Interfibrillärsubstanzen, der Proteoglykane, erwogen, die nach Abschluß des Kollagenwachstums erheblich an Menge abnehmen (SINEX, 1968).

Die *Alterung* des Kollagens (BANFIELD, 1954; VERZAR, 1964; SINEX, 1964, 1968) ist nicht nur mit dem Verschwinden des löslichen Kollagens und einer Dickenzunahme der Fibrillen verbunden. Weitere Veränderungen wurden auf die Zunahme der Vernetzung zurückgeführt (VERZAR, 1964, NIMNI, 1975; FUJII et al., 1976). Die Möglichkeit zur Ausbeute von Leim wird geringer (SINEX, 1968), die Schwellfähigkeit nimmt ab, die Wärmeschrumpfung tritt erst bei einer höheren Temperatur auf. Dieses Verhalten läßt sich durch Formalin-Fixierung imitieren (ELDEN, 1968).

### 3.3.1.4. Der Abbau von Kollagen

Über den Abbau von Kollagen sind wir noch nicht hinreichend unterrichtet. Bisher steht keine Methode zum eindeutigen Nachweis des Abbaus zur Verfügung; Fehlinterpretationen sind nicht sicher auszuschließen. Der Abbau von Kollagen hat eine sehr unterschiedliche Bedeutung. WOESSNER (1968) führt 64 normale und pathologische Vorgänge auf, bei denen ein Kollagenabbau erfolgt.

Recht schwierig ist die Frage zu beantworten, ob jede *Formänderung* mit einem grundsätzlichen Umbau des Kollagengerüsts verbunden ist. Wachstum ist bekanntlich nicht nur Massen- bzw. Größenzunahme, sondern Umgestaltung der Form. Während des Wachstums verändern sich die Proportionen, aber auch die Größenrelation der Organe zueinander, ebenso ihr Bestand an Kollagen (HARKNESS, 1961; CHVAPIL, 1967). Die Zunahme der Größe führt bereits auf der Grundlage einfacher geometrischer Verhältnisse zu Formänderungen. Bei Vergrößerung einer Kugel wird die Krümmung ihrer Oberfläche geringer. Stellt man sich nun vor, daß die Oberfläche dieser Kugel von einem Fasernetz gebildet wird, z.B. in einer Organkapsel oder beim Schädel, ändern sich zwangsmäßig

Verlauf und Lage der Fasern zueinander. Für Formänderungen des Kollagengerüsts sprechen die relativ langen biologischen Halbwertszeiten des Kollagens
wie Vorgänge der Faserreifung, die im Vergleich zur Wachstumsgeschwindigkeit
über relativ lange Zeit ablaufen. Das Netz der Kollagenfibrillen ist auf keinen
Fall starr, sondern durch die begleitenden Mukopolysaccharide ausgesprochen
plastisch.

Für *resorptive* Vorgänge im Rahmen der normalen Entwicklung und bei pathologischen Prozessen liegt eine Fülle von „Indizien" vor. Eine sichere Grundlage für die Beurteilung des Umbaus
im Bindegewebe gewinnt man nur durch gleichzeitige Berücksichtigung der Struktur und der vorhandenen Menge des Kollagens. Einmal ist die *Menge* des aus einem Organ isolierten Kollagens
zu bestimmen. Auf der anderen Seite kann mit markierten Aminosäuren der *Stoffwechsel* (turnover)
des Kollagens untersucht werden. Schließlich wurde aus dem Nachweis von Hydroxyprolin im
Blut oder Urin auf einen Kollagenabbau geschlossen, da Hydroxyprolin vom Organismus nicht
unmittelbar aufgenommen wird, sondern nur bei der Kollagensynthese entsteht. Aus den Ergebnissen
dieser Untersuchung können drei Möglichkeiten im Sinn einer *Bilanz* ins Auge gefaßt werden
(WOESSNER, 1968): 1. Kollagensynthese und Abbau halten sich das Gleichgewicht: keine Veränderungen im Gesamtkollagen; 2. Abbau überwiegt gegenüber der Neusynthese: Absinken des Gesamt-
kollagens; 3. Synthese überwiegt gegenüber dem Abbau: Ansteigen des Kollagenbestands. Derartige
Angaben zur Bilanz des Kollagens sind recht bedeutsam, geben aber keine endgültige Auskunft
über die Frage der Strukturbildung bzw. Strukturänderung.
     Die angegebenen *Mechanismen* für den Kollagenabbau sind so mannigfaltig "that the reader
must wonder, if there is any hope of finding underlaying principles..." (WOESSNER, 1968). Der erste
Schritt des Kollagenabbaus besteht nach Untersuchungen u.a. am Uterus (WOESSNER, 1968) vermutlich darin, daß das neutralsalzlösliche bzw. säurelösliche Kollagen oder beide im Gewebe vermehrt
werden. Nur eine kleine Fraktion (< 15%) des frei werdenden Hydroxyprolins erscheint im Urin.
Die Ausscheidungsgröße hängt noch von der Rückresorption in der Niere ab. Sehr häufig handelt
es sich beim abgebauten Kollagen um solches, das kurz zuvor gebildet wurde und infolgedessen
wenig Brückenbindungen besitzt, z.B. im Uterus. Auch defektes Kollagen ist für einen Abbau
prädisponiert. Bei der Resorption des Schwanzes der *Kaulquappe* wird jedoch erst das alte Kollagen
abgebaut.
     Die erwähnten sehr differenten Hypothesen betreffen den Mechanismus des *Kollagenabbaues.*
Kollagen wird durch die üblichen proteolytischen Enzyme nicht angegriffen. Eine *Kollagenase* aus
*Clostridium* ist seit langem bekannt (HARKNESS, 1961; MANDL, 1961; WOESSNER, 1965; PIEZ, 1967;
CHVAPIL, 1967). Die zunächst für den Kaulquappenschwanz beschriebene Kollagenase (GROSS und
LAPIÈRE, 1962) wurde auch im *Knochen* nachgewiesen (WALKER et al., 1964; FULLMER und GIBSON,
1966; BUETNER et al., 1966), ebenso in der Synovialmembran (EVANSON et al., 1967). Die Wirkungs-
weise der Kollagenase ist umstritten; z.T. wird an das Aufbrechen von Bindungen bzw. Störung
der allgemeinen Struktur gedacht (JACKSON und STEVEN, 1969). Eine *lysosomale* Theorie des Kollagenabbaus, vor allem im Hinblick auf das auch im Skelettsystem nachgewiesene Kathepsin (vgl.
Tabelle 12), hat WOESSNER (1965, 1968) vorgelegt. Nach WOODS und NICHOLS (1965a) sind Kollagenasen in Knochen als Bestandteil der lysosomalen Enzyme anzusehen (vgl. VAES, 1965b, 1969).
Mit den verschiedenen Berichten über Kollagenasen, u.a. im Knochen, setzen sich FULLMER (1965)
und FULLMER und LAZARUS (1969) kritisch auseinander. Das von ihnen nachgewiesene Enzym
wirkt im pH 7–9 und mag von Osteoklasten, Osteoblasten oder Osteozyten abstammen. Die Autoren
haben die Wirkung an Kollagen vom SLS-Typ u.a. elektronenmikroskopisch untersucht.

Die Herkunft der *Kollagenasen* ist noch umstritten. Sie soll in Lysosomen
vorhanden sein (WOODS und NICHOLS, 1965a; VAES, 1969) oder von speziellen
Zellen de novo gebildet werden (WALKER et al., 1964). Nach KNESE (1972a)
treten im Skelett besondere „Kollagenoklasten" auf (Abb. 206). Nach den morphologischen Befunden von KNESE (1972b) erfolgt extrazellulär nur eine Strukturänderung mit teilweiser „Auflösung" des Kollagens. Der endgültige Abbau
findet intrazellulär statt. Eindeutige Zeichen einer Phagozytose sind nicht vorhanden. Der Abbau des Kollagens dürfte nach der Art des Kollagens, u.a.

nach dem Grad der Vernetzung, unterschiedlich ablaufen; eine Spezifität der Enzyme ist anzunehmen (WEISS, 1976). Vermutlich liegt eine Spezifität der Enzyme für Knochen- und Knorpelkollagen vor (ROBERTSON und MILLER, 1972).

### 3.3.2. Die elastischen Fasern

Trotz recht unterschiedlicher Ansatzpunkte ergänzen sich morphologische und analytische Untersuchungen des Kollagens in entscheidender Form. Dies kann man leider für die elastischen Fasern nicht feststellen; es ergeben sich sogar erhebliche Widersprüche. Die Gegensätze werden besonders bei Betrachtung der Histogenese auffällig. Ähnlich wie beim Kollagen wird zwischen der morphologischen Erscheinungsform und den Bestandteilen des elastischen Materials unterschieden (HALL, 1957, 1959; vgl. HASS, 1939; LANSING, 1952, 1955 (Alterung); DEMPSEY und LANSING, 1954; PARTRIDGE, 1962, 1966; BALÓ, 1963; LOEVEN, 1963; AYER, 1964; ROSS, 1968; BALAZS (ed.), 1970a; SANDBERG, 1976). Die *elastische Faser* ist das intakte faserige Element; das *elastische Gewebe* ist reich an elastischem Material; *Elastin* ist das Protein und *Elastomucin* (HALL et al., 1952) die in der Faser enthaltenen Protein-Polysaccharide.

### 3.3.2.1. Die morphologische Erscheinungsform der elastischen Faser

Umfangreiche Literaturzusammenstellungen über Fixierung und Färbung des elastischen Materials geben DEMPSEY und LANSING (1954). HALL (1959) und AYER (1964). Elastisches Gewebe widersteht der Fixierung mit Formalin: Aorten aus Museumspräparaten behielten ihre Elastizität bei (AYER, 1964). Osmiumtetroxyd führt zu geringer Fixierung (PEARSE, 1961).

Ihren Namen verdanken die elastischen Fasern der großen *Dehnungsfähigkeit*, die jener von Gummi entspricht; sie erreicht 120–130% der Ausgangslänge und ist 20–30mal größer als beim Kollagen (vgl. HALL, 1959; AYER, 1964; HARKNESS, 1961; GOSLINE, 1976). Die Zugfestigkeit der elastischen Fasern beträgt etwa $10 \text{ kg} \cdot \text{cm}^{-2}$, die des Kollagens $1000 \text{ kg} \cdot \text{cm}^{-2}$. Die Elastizität nimmt beim *Menschen* bereits vom 25. Lebensjahr an ab, steigt dagegen bei der *Ratte* mit dem Alter an (WEIS-FOGH und ANDERSEN, 1970; VOLPIN und CIFERRI, 1970).

Die Grundstruktur des elastischen Materials ist wahrscheinlich ein *Netz* (AYER, 1964); es erscheint stark gestreckt (Ligamentum nuchae), so daß scheinbar parallele *Fasern* vorliegen, oder ist in einer Ebene als *Membran* ausgebreitet. Die *Faserdicke* beträgt in der Haut und im Mesenterium 0,5–1,5 µm, im Ligamentum nuchae 4–5 µm (DEMPSEY und LANSING, 1954). Die größeren Fasern von 4–5 µm Durchmesser sind aus kleineren Bündeln von 2 µm, diese wieder aus solchen von 1 µm Durchmesser aufgebaut. Die netzartige Struktur (Abb. 60) des elastischen Materials wurde auch elektronenmikroskopisch nachgewiesen (WOLPERS, 1944; GROSS, 1949; FRANCHI und DE ROBERTIS, 1951; LANSING et al., 1952; Hall et al., 1952; AYER und FELDMANIS, 1958). Über *elastische Knorpel* berichten SHELDON und ROBINSON (1958), DAVIES et al. (1962), ANDERSON (1964), SHELDON (1964a, b).

Die elastische Substanz wurde z.T. als ein *homogenes* System (WOODSIDE und DALTON, 1958; KARRER, 1958; FLOREY et al., 1959; COX und LITTLE, 1961), z.T. als ein *Zweiphasen*system mit Fibrillen und einer Matrix angesehen (GROSS, 1949; LANSING et al., 1951; BAHR, 1951; RHODIN und DALHAMN, 1955; HALL, 1957; GOTTE et al., 1965). Das Modell von HALL (1957) entspricht weitgehend dem elektronenmikroskopischen Schnittbild: Die innere und äußere Phase der Faser

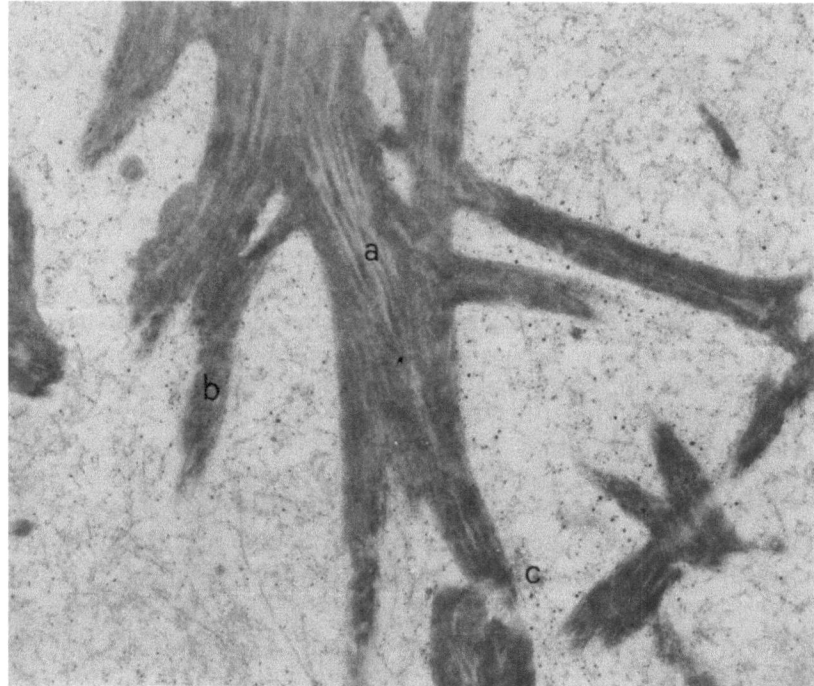

**Abb. 60.** Rinderfet, 350 mm SSL, Ohrknorpel, netzförmige Struktur des elastischen Materials inmitten von Kollagenfibrillen. *a)* Übergang zum inneren amorphen Kern, *b)* fibrillärer äußerer Mantel, *c)* Matrixvesikel (!), Vergr. 11 700 ×

sind aus gleichartigen Proteinuntereinheiten aufgebaut, die äußere enthält zusätzlich eine geringe Menge Polysaccharide.

Die elastische Faser zeigt elektronenmikroskopisch einen *inneren Anteil*, der annähernd amorph und wenig kontrastiert erscheint (Abb. 60). Ein äußerer *Mantel* besteht aus einer verschieden großen Zahl von Fibrillen, die eine Dicke von etwa 100–120 Å aufweisen (Cox und Little, 1961; Haust, 1965; Greenlee et al., 1966; Ross und Greenlee, 1966; Fahrenbach et al., 1966; Greenlee und Ross, 1967; Ross, 1968; Knese, 1971 b). Die *Mikrofibrillen* zeigen eine Affinität zu kationischen Farben wie Blei- oder Uranylacetat, der amorphe Abschnitt zu anionischen, wie Phosphorwolframsäure (Greenlee et al., 1966). Der amorphe Kern erscheint bei jüngeren Fasern weniger homogen; Mikrofibrillen können in ihn eingelagert sein.

Im Rahmen von Studien über die Möglichkeit der Färbung von Kollagen mit Elastica-Farben (Fullmer und Lillie, 1956, 1957) haben Fullmer und Lillie (1958) sowie Fullmer (1958, 1965) eine *Oxytalan*faser im Periodontium, Sehnen usw. beschrieben. Der Name wurde gewählt, um auf die Widerstandsfähigkeit gegen Säure hinzuweisen. Weitere Untersuchungen zeigten, daß es sich bei den Oxytalanfasern vermutlich um unreife bzw. speziell modifizierte elastische Fasern handelt (Fullmer, 1960a, b, 1963, 1965).

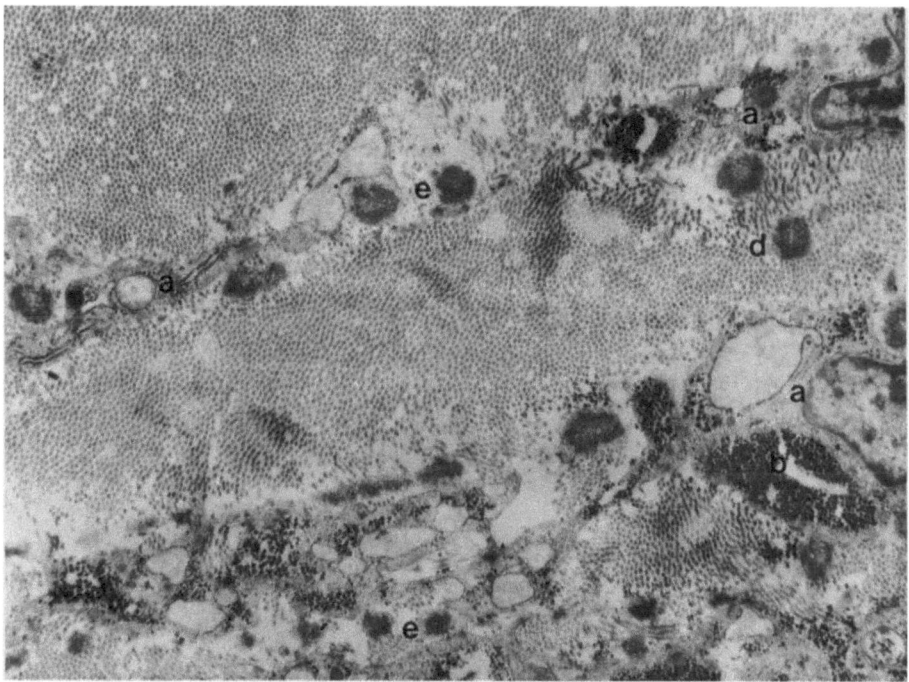

**Abb. 61.** Rinderfet, 340 mm SSL, Fibroelastica des Metacarpus. *a)* Fibroblasten, *b)* große Kohlen-hydratdepots, *c)* in Reihen angeordnete elastische Fasern, *d)* elastische Fasern inmitten von Kolla-genfibrillen, *e)* junge elastische Fasern in Zellnähe, Vergr. 12200 ×

### 3.3.2.2. Die Histogenese der elastischen Faser

Die morphologischen und biochemischen Beobachtungen über die Entstehung des elastischen Materials lassen sich derzeit noch nicht auf einen Nenner bringen. Wir erörtern diese Probleme deswegen in zwei Kapiteln: „Histogenese" und „Elastogenese".

Während der Histogenese des elastischen Materials lösen sich Kollagenfibril-len in *Mikrofibrillen* auf, aus denen die elastische Faser entsteht (DEMPSEY und LANSING, 1954; KEECH, 1960; KARRER, 1960a, 1961; LOW, 1962; GREENLEE et al., 1966; KNESE, 1971 b). Das Vorhandensein einer Querstreifung der Mikrofi-brillen (SCHWARZ und DETTMER, 1953) wurde später von DETTMER (1956) in Frage gestellt (vgl. KAWASE, 1962). FAHRENBACH et al. (1966) beschrieben erneut Filamente von 130 Å Durchmesser mit einem Bandmuster aus Segmenten von 50 bzw. 130 Å Länge.

Im Ligamentum nuchae des Rinds sind im 1.–2. Fetalmonat nur Kollagenfibrillen vorhanden (GREENLEE et al., 1966). Im Lauf des 2. Fetalmonats treten die Mikrofibrillen auf, die von Kollagenfi-brillen mit einem Durchmesser von 300 Å begleitet sind. Im 9. Fetalmonat haben die elastischen Fasern eine Dicke von 1–2 μm erreicht. Nach WIRTSCHAFTER et al. (1967) wächst die Zahl der elastischen Fasern im Ligamentum nuchae vor allem in den ersten 6 postfetalen Monaten (vgl. CLEARY et al., 1967).

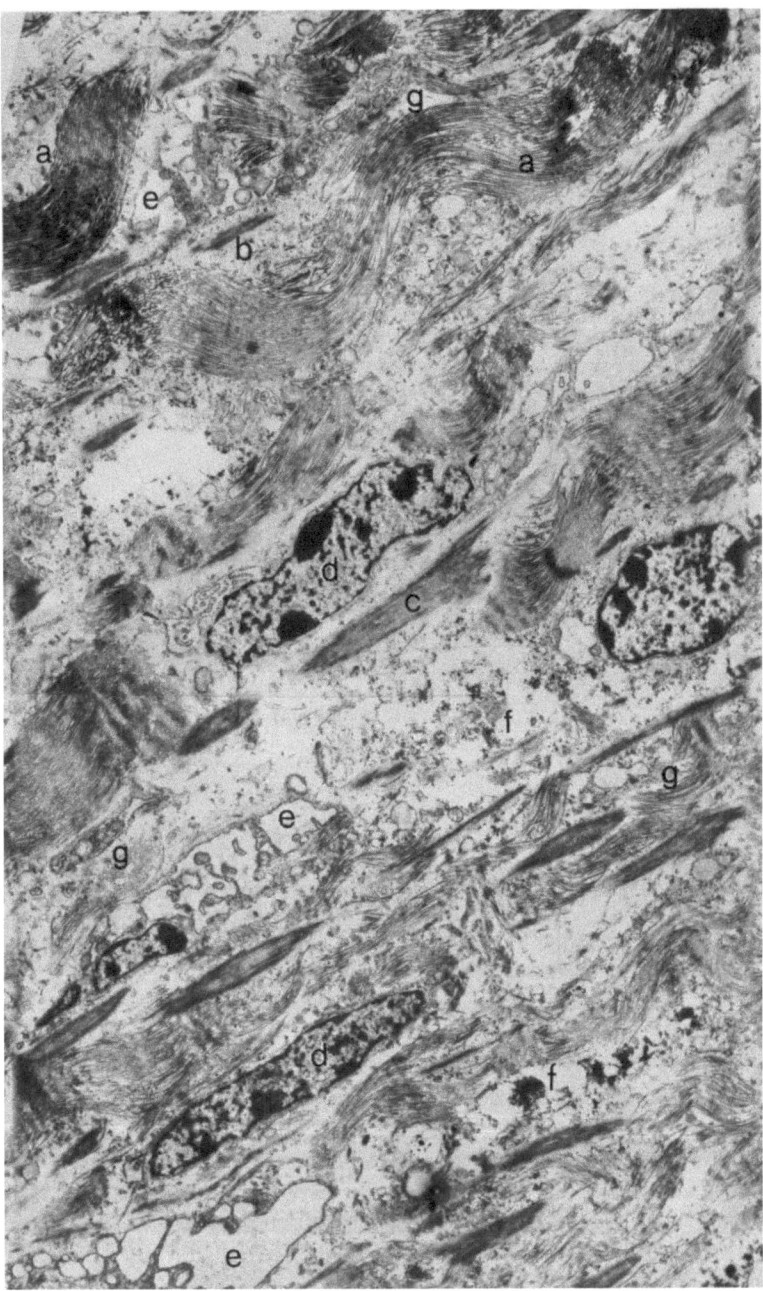

**Abb. 62.** Rinderfet, 340 mm SSL, Periost. *a)* Wellenförmig verlaufende Bündel von Kollagenfibrillen, *b)* dünnere elastische Fasern, *c)* dickere elastische Fasern, *d)* Zellkern im Perikaryon, *e)* Zisternenerweiterungen, *f)* Kohlenhydrateinlagerungen, teilweise herausgelöst, *g)* Zellfortsätze zwischen Faserbündeln, Vergr. 3700× (aus KNESE, 1971 b)

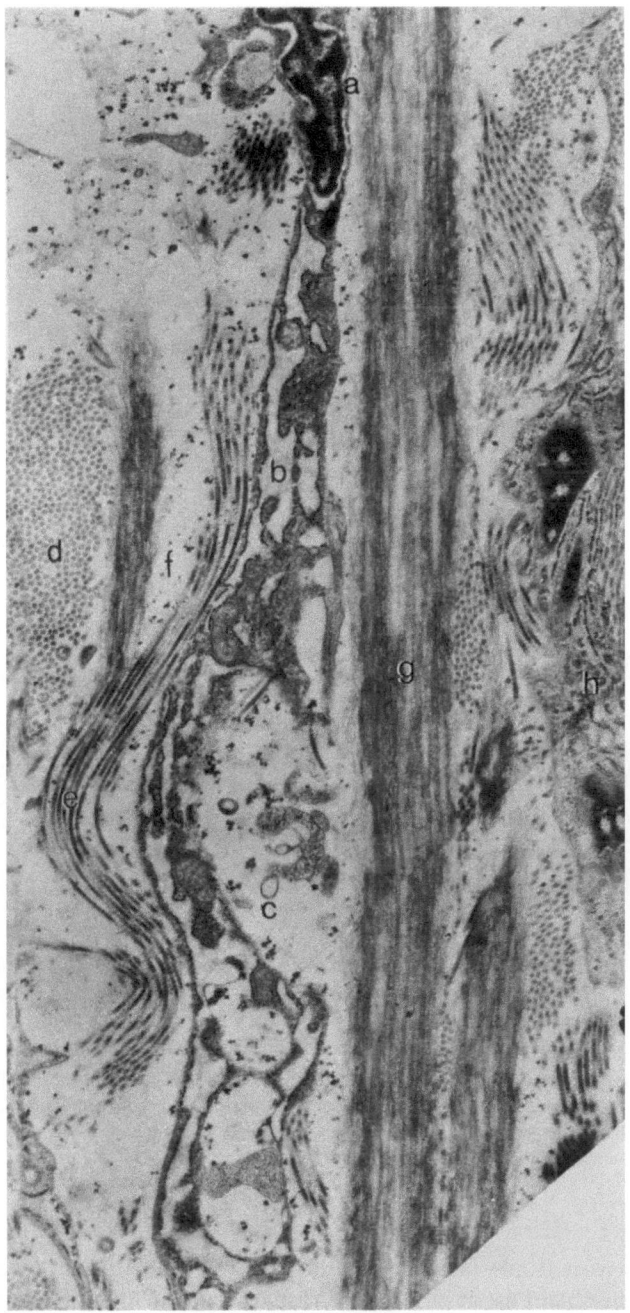

**Abb. 63.** Rinderfet, 340 mm SSL, Periost mit elastischen Fasern. *a)* Zellkern, *b)* erweiterte Zisternen, *c)* Vesikel am Plasmalemm, *d)* quergeschnittene Kollagenfibrillen, *e)* längsgeschnittene Kollagenfibrillen, *f)* Aufspaltung in Mikrofibrillen, *g)* dickere elastische Fasern, *h)* Zellfortsätze, Vergr. 12000× (aus KNESE, 1971 b)

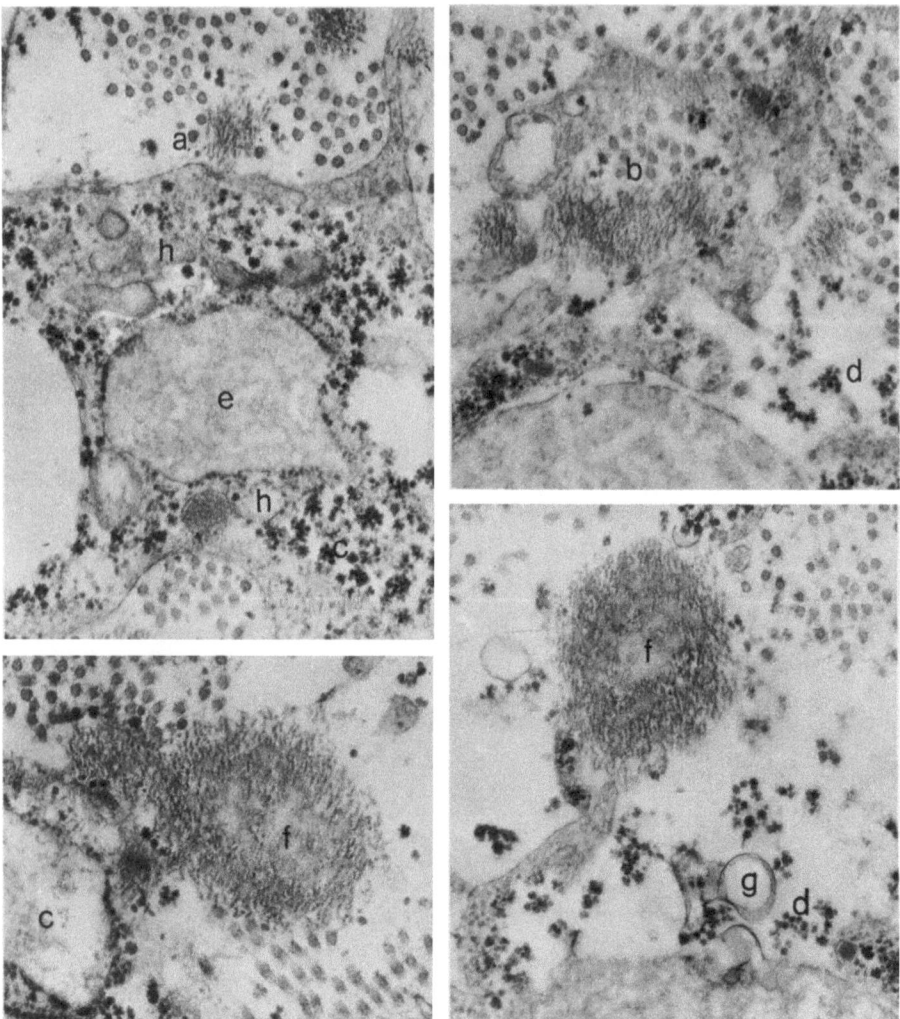

**Abb. 64.** Rinderfet, 340 mm SSL, quergeschnittene elastische Fasern in ihren Beziehungen zu den Zellen. *a)* Elastische Fasern, durch amorphe Substanzen von der Zelle getrennt, *b)* Kollagenfibrillen zwischen einem Bündel von Mikrofibrillen und der Zelloberfläche, *c)* intrazelluläre Kohlenhydratgranula, *d)* extrazelluläre Kohlenhydratgranula, *e)* erweiterte Zisternen, *f)* Entwicklung des amorphen Anteils in einer dickeren elastischen Faser, *g)* Vesikel am Plasmalemm, *h)* intrazelluläre Vesikel, Vergr. 32800 × (aus KNESE, 1971 b)

Im Periost von Rinderfeten (etwa 100 mm SSL) und Ratten liegen die sich bildenden elastischen Fasern in Reihen (Abb. 61) zwischen den Kollagenfibrillen (KNESE, 1971 a). Dabei treten die elastischen Fasern entweder in der Mitte von größeren Bündeln von Kollagenfibrillen oder mehr an deren Rand auf (Abb. 62). Die Kollagenfibrillen umgeben die junge elastische Faser und sind mit ihrer Oberfläche unmittelbar verbunden. An der Kontaktfläche löst sich die Kollagenfibrille in Mikrofibrillen von 80–100 Å auf, die nun die periphere Lage der elastischen Faser bilden. Der zentrale amorphe Anteil ist zunächst von geringem Umfang. Auf Faserlängsschnitten ist die Auflösung der quergestreiften Kollagenfibrille in Primärfibrillen ohne Periode zu beobachten (Abb. 63). Die Primärfibrillen haben den bekannten drahtigen Verlauf, wie ihn die elastische Faser zeigt. Die sich entwickelnden elastischen Fasern können in Zellnähe liegen, haben jedoch anscheinend keinen Kontakt mit der Zelloberfläche (Abb. 64). Zwischen Zelle und Faser liegen amorph-granuläre Massen bzw. einige Mikrofibrillen oder gar Kollagenfibrillen.

### 3.3.2.3. Die Molekularstruktur des elastischen Materials

Die elektronenmikroskopischen Beobachtungen über den unmittelbaren Übergang zwischen Kollagen und Mikrofibrillen der elastischen Fasern werfen Fragen auf, die anhand der derzeitigen Kenntnisse über die Aminosäurenzusammensetzung und Molekularstruktur des Elastins kaum zu beantworten sind.

Der Proteingehalt des elastischen Materials beträgt etwa 15,6–16,9% (LANSING, 1952). Mit der Schwierigkeit, elastisches Material zu Analysen zu gewinnen, setzt sich PARTRIDGE (1970) auseinander. ADAIR et al. (1951) sowie PARTRIDGE und DAVIS (1955) hatten eine lösliche Komponente als α-Elastin, die unlösliche als β-Elastin bezeichnet (vgl. GOTTE et al., 1970). In der Aminosäurenzusammensetzung ergeben sich zwischen elastischem Material und Kollagen (dessen Werte unten in Klammern aufgeführt werden) erhebliche Differenzen (vgl. DEMPSEY und LANSING, 1954; LANSING, 1955; HALL, 1959; AYER, 1964; GOTTE et al., 1965; EASTOE, 1967a; BENTLEY und HANSON, 1969; PETRUSKA und SANDBERG, 1968; STEVEN und JACKSON, 1968; PARTRIDGE, 1970). Gemeinsam ist beiden Faserarten in hoher Gehalt an Glycin 26–30% (28) und Prolin 9–16% (15). Etwas höher ist der Gehalt des elastischen Materials an *Tyrosin* 1,5–4,5% (1), bedeutend höher der an *Alanin* 19–25% (9). Die elastische Faser ist besonders reich an *Valin* (11–21%), relativ arm an Hydroxyprolin (1,5%), aber auch Serin und Threonin. ROSS und BORNSTEIN (1969, 1970) haben die beiden Komponenten aus dem Ligamentum nuchae gesondert untersucht und meinen, daß die Mikrofibrillen ein Glykoprotein darstellen. Der amorphe Anteil entspricht in seiner Aminosäurezusammensetzung dem Elastin. KNESE (1971b) vermutet, daß die bisherigen Aminosäureanalysen des Elastins nur eine Komponente und nicht das Material der ganzen Faser erfaßt haben (vgl. PARTRIDGE, 1970). Für die Struktur des Elastins soll ein *Desmosin* bzw. Isodesmosin bedeutsam sein, das wahrscheinlich aus 4 Lysinresten gebildet wird (PARTRIDGE et al., 1964, 1965a; FRANZBLAU et al., 1970; vgl. EASTOE, 1967a; MANDL et al., 1970; GALLOP et al., 1972).

Bereits aufgrund der *Farbreaktion* (PAS, Metachromasie, kolloidales Eisen) wurde das Vorhandensein von *Kohlenhydraten* angenommen (u.a. HALL, 1951, 1957, 1959; BANGA und BALÓ, 1957; GILLMAN et al., 1957; VERZAR, 1957); ihre Menge beträgt im Ligamentum nuchae 0,25–1,25% (0,8) (PARTRIDGE und DAVIS, 1955; LANSING, 1955). Der Anteil an gebundenen *Lipiden* erreicht 0,5–1% (SAXL, 1957; LABELLA, 1957, 1958, 1961; HALL, 1958, 1961). LANSING et al. (1952) bringen die Lipide in Zusammenhang mit der amorphen Zementsubstanz. PARTRIDGE und DAVIS (1955). WOOD (1958), PARTRIDGE et al. (1963) sowie AYER (1964) glauben jedoch, daß weder die Lipide noch die Polysaccharide für die Integrität der gereinigten elastischen Fasern verantwortlich sind. Andere Autoren meinen, die elastische Faser sei von einer perifibrillären Hülle aus einem Glykolipoprotein umgeben (SAXL, 1957; HALL, 1958). Die feste Bindung der Kohlenhydrate an das elastische Material hat dazu geführt, von einem besonderen *Elastomucin* (HALL, 1959) zu sprechen. Das Vorhandensein von Lipiden bedingt die Anfärbung der elastischen Faser mit Sudanschwarz. Die *Orceinfärbung* ist unterhalb pH 8,5 nicht mehr pH-abhängig. Sie soll aufgrund des aromatischen Ringes in einer Bindung an die Aldehydgruppen beruhen (vgl. DEMPSEY und LANSING, 1954; HALL, 1959; AYER, 1964).

### 3.3.2.4. Die Elastogenese

Bisher ist es nicht gelungen, die Vorstellungen über die Biosynthese des Elastins mit den elektronenmikroskopischen Befunden in Einklang zu bringen. Bereits

UNNA (1883) hatte eine ähnliche Entwicklung von Kollagen und Elastin vermutet (vgl. weiter MAXIMOW, 1927; WASSERMANN, 1954). Dieses Konzept der Abkunft von Kollagen im Sinn der *Konversions*-Hypothese wurde von BURTON et al. (1955) wieder aufgenommen. Die Entwicklung der elastischen Fasern ist nach HASS (1939), ROBB-SMITH (1954, 1957) und HALL (1959) mit jener der Kollagenfibrille vergesellschaftet und folgt ihr. Die Bildung von Elastin nur in Gegenwart von Zellen wird allgemein anerkannt. Eine spezifische Zelle, ein Elastoblast (LOISEL, 1897) wurde nicht nachgewiesen (u.a. AYER, 1964; PARTRIDGE et al., 1965a). Bisher konnte nicht gezeigt werden, auf welchem Weg sich Kollagen in Elastin umwandelt (HALL, 1956, 1959; CLEARY und JACKSON, 1965; SMITH et al., 1968; SANDBERG et al., 1969; SANDBERG, 1976).

Die Elastin-*Biosynthese* verläuft nach CHVAPIL (1967) folgendermaßen: 1. Synthese eines löslichen Proelastins mit Lysin, aber ohne Desmosin (s.u.); 2. Oxydation der $\alpha$-Aminogruppe des Lysins unter Kontrolle eines kupferhaltigen Enzymsystems (u.a. O'DELL et al., 1961; WEISSMAN et al., 1963; COULSON und CARNES, 1963); 3. Kondensation des Lysins zu Desmosin und Verbindung mit dem Elastinprotein. Neuerlich wird einem *Desmosin* und Isodesmosin eine besondere Rolle zugeschrieben (PARTRIDGE et al., 1964; PARTRIDGE, 1965, 1970). Beide Isomere entstehen aus 4 Lysin-Resten in einer präexistierenden Peptidkette eines Elastinvorläufers. Die Verwendung von $^{14}$C-Lysin ergab, daß zunächst Lysin und dann Desmosin und Isodesmosin markiert sind (MILLER et al., 1964; PARTRIDGE et al., 1965a). Der Einbau des markierten Lysins in Desmosin verläuft sehr langsam, nämlich in 17 Tagen. Im Hinblick auf ein lösliches Tropoelastin und einen Vergleich der Bindungen bei Kollagen und Elastin sei auf GALLOP et al. (1972) verwiesen.

Nach CLEARY et al. (1967) erscheint das Kollagen im Ligamentum nuchae des *Rinds* vor dem Elastin und nimmt in der Mitte der Gravidität ab. Die Menge des unlöslichen Elastins steigt jenseits des 7. Fetalmonats erheblich an. Die Zuwachsrate an Elastin bleibt in den folgenden 10–12 Wochen hoch, so daß die Werte des Erwachsenen erreicht werden. Die maximale Rate der Kollagenproduktion und der Ablagerung von Elastin liegt zwischen dem 235. Schwangerschaftstag und dem ersten postfetalen Monat; in diesen Perioden ist ein löslicher Elastin-Vorläufer zu gewinnen. Die zuerst im *Periost* entstehenden Fasern mit einem Durchmesser von etwa 350 nm wachsen bereits bei *Rinder*feten von 300 mm SSL auf 8000 Å heran (KNESE, 1971b). Der zunächst noch kleine, amorphe Kern der Faser nimmt an Dicke zu. Reife elastische Fasern bestehen überwiegend aus amorphem Material mit wenig Mikrofibrillen (HAUST et al., 1965; GREENLEE et al., 1966; ROSS und GREENLEE, 1966). Das Verhältnis Mikrofibrille zu amorpher Substanz ändert sich offensichtlich nach Herkunftsart der Faser und Alter des Individuums (KNESE, 1971b). Mikrofibrillen bilden einen sehr dünnen Mantel um diesen Kern. So könnte man eine Konversion der Mikrofibrillen in „amorphe" Anteile annehmen. Nach ROSS und BORNSTEIN (1970) soll mit zunehmendem Alter von Zellen eine amorphe Komponente sezerniert und zwischen bzw. um die Fibrillen abgelagert werden.

### 3.3.2.5. Die biologische Halbwertszeit und der Abbau des Elastins

Das Elastin der Aorta von Ratten zeigt nach 1–3 Tagen, ähnlich wie Kollagen, eine geringe $^{14}$C-Glycin-Aktivität (SLACK, 1954). Die *biologische Halbwertszeit* des Elastins entspricht etwa der Lebenszeit eines Individuums, d.h. eine einmal gebildete elastische Faser bleibt zeitlebens bestehen (SLACK, 1954, 1959; LANSING, 1955; PARTRIDGE, 1962), wenn sie nicht im Lauf eines pathologischen

Prozesses abgebaut wird. Die Altersveränderungen sind mit einer Veränderung der Aminosäurenzusammensetzung verbunden (HALL, 1957, 1959), u.a. mit einem Anstieg im Hydroxyprolingehalt. Eine *Lösung* des elastischen Materials (über Extraktion s. u.a. AYER, 1964, PARTRIDGE, 1970) nach vorheriger Schwellung ist durch kochende Essigsäure oder warme Ameisensäure möglich. Eine völlige Trennung vom Kollagen gelingt nicht. Eine spezifische *Elastase* wurde aus *Pseudomonas* und *Flavobacterium*, eine nicht spezifische aus dem Pankreas gewonnen (LANSING et al., 1952; BANGA und BALÓ, 1954, 1962; HALL, 1955, 1962, 1965; HALL und GARDINER, 1955; LOEVEN, 1963; KELLER und MANDL, 1965; CHVAPIL, 1967; ROBERT et al., 1970). Die Elastasen greifen Kollagen nicht an, wie umgekehrt Kollagenase das Elastin nicht hydrolysieren. Im einzelnen wird zwischen Elastoproteinasen und Elastomucasen unterschieden (LOEVEM, 1963).

## 3.4. Die Interfibrillärsubstanzen

Struktur und Organisation des interfibrillären Raums werden überwiegend durch die Bindegewebspolysaccharide bestimmt. MEYER (1945) meinte, das Wissen über diese Substanzen sei nicht Allgemeingut, und dies gilt noch heute. Morphologisch wurde über diese Substanzen im Rahmen des *Metachromasie*-Problems diskutiert. Als sog. *amorphe* Interzellularsubstanzen gehörten sie bisher nur bedingt in den Bereich morphologischer Untersuchungen.

Auf recht verschlungenen Wegen setzte sich die Erkenntnis durch, daß die *Zellstruktur* ein Korrelat der fortlaufenden *Produktion* von Interzellularsubstanzen ist. Die interfibrillären Gewebekomponenten stehen nach dem Prinzip der *Rückkoppelung* mit den Zellen in Wechselwirkung. Die Wechselwirkung zwischen Zelle und Interzellularsubstanz gibt damit eine Basis für die Diskussion der „funktionellen" Struktur der Skelettzelle ab. Das vorliegende Kapitel ist somit als eine allgemein-funktionelle Morphologie der Bildung von Interfibrillärsubstanzen anzusehen, auf der die speziellen Erörterungen über die Skelettgewebe aufbauen.

Bei einer solchen Korrelation ist die *Struktur der interfibrillären Substanzen* zu berücksichtigen. Eine morphologische Betrachtung muß von *Gestalt* und *Größe* des *Makromoleküls* der Bindegewebspolysaccharide ausgehen. Hieran schließt sich die Frage, ob und in welcher Form die Makromoleküle in unseren Schnittpräparaten erscheinen. Erst in den nächsten Schritten interessieren der Aufbau des Makromoleküls und die Eigenheiten seiner Untereinheiten, vor allem im Hinblick auf die morphologisch-färberische Darstellung (u.a. Metachromasie). Mit dieser Disposition weichen wir nicht unbeträchtlich von der üblichen Darstellungsform in der Spezialliteratur über die Bindegewebspolysaccharide ab, welche die schrittweise Strukturaufklärung in den Vordergrund stellt; das Vorgehen ist historisch und methodisch bedingt. Dabei erwies sich ihre chemische Untersuchung nicht weniger schwierig als die morphologische. Die Strukturaufklärung hat aber gezeigt, warum sich die Kohlenhydrate entweder der morphologischen Untersuchung entziehen — sie sind *leicht löslich* — oder in unseren Schnittpräparaten in einer Form erscheinen, die von ihrer in vivo-Struktur erheblich abweicht. Wir verfügen noch über keine morphologischen

Methoden, die es gestatten, chemisch charakterisierte Kohlenhydrate mit Sicherheit im Schnitt nachzuweisen.

Man kann sich bei einer Eörterung über die Bindegewebspolysaccharide im Rahmen einer „Mikroskopischen Anatomie" — wie es McLean (1967/68) angedeutet hat — fragen, ob die biochemischen Kenntnisse schon so umfangreich sind, daß nach den zugehörigen morphologischen Korrelaten gesucht werden kann. Zunächst konnte die alte These, diese Gewebekomponenten seien nur „Materie" ohne „Struktur" (amorph), als unzutreffend erwiesen werden. Wir haben den Eindruck, daß eine hinreichende Kenntnis vom Aufbau der einzelnen knorpeligen Elemente in ihrer Verschiedenartigkeit nur zu gewinnen ist, wenn von biochemischer Seite morphologische und von der Histologie biochemische Aspekte berücksichtigt werden.

Eine Fülle von Berichten über das Gesamtgebiet der Bindegewebspolysaccharide dokumentiert die verschlungene Geschichte ihrer Erforschung: (Levene, 1925; Meyer, 1945; Stacey, 1946; Blix, 1951; Gibian, 1954, 1959; Dorfman, 1955/56; Dorfman und Mathews, 1956; Montreuil, 1957; Manners,, 1957, 1962; Bescol-Liversac, 1958; Bettelheim-Jevons, 1958; Delaunay und Bazin, 1958; Wolstenholme und O'Connor (ed.), 1958; Bazin und Delaunay, 1959; Stary, 1959; Clark und Grant, 1961; Stacey und Barker, 1962; Dorfman, 1963; Jeanloz, 1963; Ashwell, 1964; Brimacombe und Stacey, 1964; Brimacombe und Webber, 1964; Fitton-Jackson, 1964; Muir, 1964; Northcote, 1964; Schubert, 1964; Strominger, 1964; Fitton-Jackson (ed.), 1965; Jeanloz und Balazs (ed.) 1965, 1966, 1969; Neufeld und Ginsburg, 1965; Salton, 1965; Buddecke, 1966; Gottschalk (ed.), 1966a; Sharon, 1966; Wood, 1966; Caputto et al., 1967; Chvapil, 1967; Quintarelli (ed.), 1968; Schubert und Hamerman, 1968; Scrutton und Utter, 1968; Ginsburg und Neufeld, 1969; Balazs (ed.), 1970a; Marshall und Neuberger, 1970; Spiro, 1970c; Villar-Palasi und Larner, 1970; Heath, 1971; Kobayashi, 1971; Marshall, 1972).

*a) Nomenklatur der Bindegewebspolysaccharide.* Eine voll befriedigende Nomenklatur für die komplexen Kohlenhydrate konnte bisher nicht entwickelt werden (K. Meyer, 1945, 1966; Stacey, 1946; Blix, 1951; Jeanloz, 1960; Balazs, 1970b).

Die große Zahl von Substanzen, die *Aminozucker* enthalten, wurden als Mukopolysaccharide, Mukopolyuronide, Mukoproteine, Mukoide, Mucine, Glykoproteine, Glykopolypeptide, Polysaccharide des Bindegewebes, Polysaccharide des Bluts, Blutgruppensubstanzen usw. bezeichnet. Dem von Meyer (1938) geprägten Terminus „Mukopolysaccharide" werden ferner die verschiedenartigsten Bedeutungen unterlegt (Stacey, 1943, 1946; Meyer, 1945; Pigman und Goepp, 1948; Fishman, 1951; Kent und Whithouse, 1955; Jeanloz, 1956; Bettelheim-Jevons, 1958; Whistler und Smart, 1958; Gibian, 1959). Die Bezeichnung „Muko" wurde als irreführend angesehen, da die epithelialen Schleime als Glykoproteine eine Struktur aufweisen, die von jener vieler Bindegewebspolysaccharide abweicht.

Die Nomenklaturkommission für Polysaccharide der American Chemical Society bezeichnet die Aminozucker enthaltenden Substanzen als *Glykosaminoglykane* (Jeanloz, 1960). Neben neueren Termini gebrauchen wir noch den in der Histologie gut eingeführten Ausdruck *Mukopolysaccharide* (MPS), vor allem bei Erörterung älterer Untersuchungen. Mitunter verwenden wir den recht indifferenten und umfassenden Terminus *Bindegewebspolysaccharide* (Buddecke, 1966), da die Glykosaminoglykane eine im Körper weitverbreitete Stoffgruppe darstellen, aber hier nur Vertreter interessieren, die in den Binde- und Stützgeweben auftreten. Gegenüber der Bezeichnung Mukopolysaccharide (MPS) wird hiermit eine eindeutige Abgrenzung gegen die epithelialen Schleime angedeutet. Den sauren Mukopolysacchariden werden die Glykoproteine gegenübergestellt.

*b) Systematik der Glykosaminoglykane.* Die Nomenklaturkommission für Polysaccharide (vgl. JEANLOZ, 1960) hat 5 Stoffgruppen unterschieden:

1. Reine Polysaccharide: Sie wurden bisher z.T. als saure *Mukopolysaccharide* (MPS) im engeren Sinn bezeichnet; es sind die *Glykosaminoglucuronoglykane.* Sie treten als Polysaccharidketten auf, die aus *Disaccharideinheiten* zusammengesetzt sind.

2. Kohlenhydrate, die durch eine weiche Bindung (Salz- oder Wasserstoffbindung) an Polypeptide gebunden sind; die Kohlenhydrate werden durch Angehörige der Gruppe 1 gebildet. Diese Substanzen sind die *Polysaccharid-Protein-Komplexe,* im speziellen Fall z.B. ein Chondroitinsulfat-Protein-Komplex. Der *Proteingehalt* wechselt innerhalb dieser Substanzgruppe zwischen 1–2% (Hyaluronsäure) und 15–20% bei den Chondroitinsulfat-Molekülen (SCHUBERT, 1964; TOOLE-LOWTHER, 1968) und erreicht bei den Keratansulfat-Verbindungen 50%. Die Verbindungen wurden früher, z.T. noch heute, *Mukoproteine* genannt. Da die Moleküle auch Oligosaccharide (u.a. MEYER, 1966) enthalten, wurden die Termini *Komplexe Kohlenhydrate* bzw. *Kohlenhydrat-Protein-Komplexe* (u.a. JEANLOZ, 1960; DORFMAN, 1963) empfohlen. Viel gebraucht wird die Bezeichnung *Protein-Polysaccharid-Komplex* (PP; GERBER et al., 1960). Aus dieser Verbindung können durch Sedimentation mehrere *Fraktionen* gewonnen werden: 1. die leichte und die leicht lösliche: PP-L; 2. die schwere und schwer lösliche: PP-H und 3. die Restfraktion: PP-R. Diese Fraktionen lassen sich in Unterfraktionen aufteilen (vgl. u.a. SCHUBERT und HAMERMAN, 1968). BALAZS (1970b) schlug den einfachen Namen *Proteoglykane* vor, der sich gut eingeführt hat.

3. Kohlenhydrate, die durch eine starke Bindung (kovalent) an Proteine gebunden sind: Es sind die *Glykoproteine* (Glykopeptide, Glykopolypeptide), die früher als *neutrale* Mukopolysaccharide oder als neutrale Heteropolysaccharide bezeichnet wurden. Kohlenhydrate mit Sialinsäure beschrieb man als *Sialoproteine.* Das Kollagen ist durch die Anfügung der Hexose ebenfalls als ein Glykoprotein anzusehen.

4. Kohlenhydrat-Lipide: Sie wurden in der Epiphyse nachgewiesen.

5. Lipo-Polysaccharid-Polypeptide sind Substanzen, die die 3 genannten Stoffgruppen enthalten. Hierher gehören u.a. die Retikulumfasern und das elastische Material.

Die Art der Bindung zwischen Kohlenhydraten und Protein ist nach GOTT-SCHALK (1962, 1966b, c) kein zweckmäßiges Kriterium zur Unterscheidung der genannten Gruppen 2 und 3. Sie sollten durch die Art des Kohlenhydratanteils gekennzeichnet werden. Hyaluronsäure und die Chondroitinsulfate sind lineare *Diheteroglykane* aus Hexosamin und Hexuronsäure. Die prosthetische Gruppe der *Glykoproteine* besteht dagegen aus 2–6 verschiedenen Zuckern, wobei keine sich wiederholenden Einheiten vorhanden sind. Die beiden Gruppen unterscheiden sich zudem durch die Zahl der Monosaccharid-Reste; bei der Hyluronsäure sind es mehrere Tausend, bei den Chondroitinsulfaten etwa 150, bei den Glykoproteinen zwischen 2 und 17. Das Keratansulfat besitzt Charaktere beider Gruppen, es hat sich wiederholende Einheiten, aber nur geringe Mengen von Galaktosamin, Fucose und Sialinsäure.

Weitere Strukturuntersuchungen haben ergeben, daß sowohl bei den Glykoproteinen als auch den Proteoglykanen eine *kovalente* Bindung der Kohlenhydratketten an bestimmte Aminosäuren (Bindungsregion) der Polypeptidketten vorliegt. Von der unterschiedlichen (*biologischen?*) Natur von Proteoglykanen und Glykoproteinen sind alle Autoren überzeugt. Es ist bisher jedoch nicht gelungen, diese Unterschiede auch in einer treffenden chemischen Charakteristik zu formulieren. Im übrigen hat sich gezeigt, daß die Synthese von Glykoproteinen und Proteoglykanen sehr ähnlich abläuft (GINSBURG und NEUFELD, 1969; KNESE, 1969b, 1971a). Die Proteoglykane, überwiegend also die Bindegewebspolysaccharide, werden nun als ein spezialisiertes Mitglied der Glykoprotein-Familie angesehen (GINSBURG und NEUFELD, 1969; SPIRO 1970c). Die

*Proteoglykane* sind *Glykoproteine* mit *Uronsäure* (SHARON, 1966; MARSHALL
und NEUBERGER, 1970) und „langen" Polysaccharidketten (GOTTSCHALK, 1962,
1966c; GINSBURG und NEUFELD, 1969; SPIRO, 1970c; HEATH, 1971). Die Proteoglykane sind Diheteroglykane (GOTTSCHALK, 1962, 1966c) mit nur zwei Zuckern.

### 3.4.1. Die Proteoglykane als Makromolekül

### 3.4.1.1. Die Gestalt der Proteoglykanmoleküle

Für eine morphologische Betrachtung ist zunächst die *Form* des Makromoleküls
der Protein-Polysaccharid-Komplexe von größerer Bedeutung als dessen Zusammensetzung (vgl. OGSTON, 1970).

Vorstellungen über Gestalt und Größe des Protein-Polysaccharid-Makromoleküls wurden aufgrund von physikochemischen Untersuchungen, wie Sedimentations-, Viskositäts- und osmometri-
schen Studien, Gelfiltration usw. entwickelt (WEBBER und BAYLEY, 1956; BERNARDI, 1957; MATHEWS
und LOZAITYTE, 1958; MUIR, 1958; PARTRIDGE et al., 1961; PARTRIDGE und ELSDEN, 1961; HJERT-
QUIST, 1964a; MARLER und DAVIDSON, 1965; CESSI und BERNARDI, 1965; FITTON-JACKSON, 1965;
PARTRIDGE et al., 1965b; GREGORY, 1968; SAJDERA et al., 1970).

Das Makromolekül der Proteoglykane besteht aus einem *Proteinkern,* an
den die *Polysaccharidketten* in Form von Fadenmolekülen gebunden sind, es
entsteht ein Knäuel (random coil; Abb. 65). Die Glykosaminoglykane bilden
lange flexible Kettenmoleküle mit einer Zufallsorientierung; sie sind verzweigt

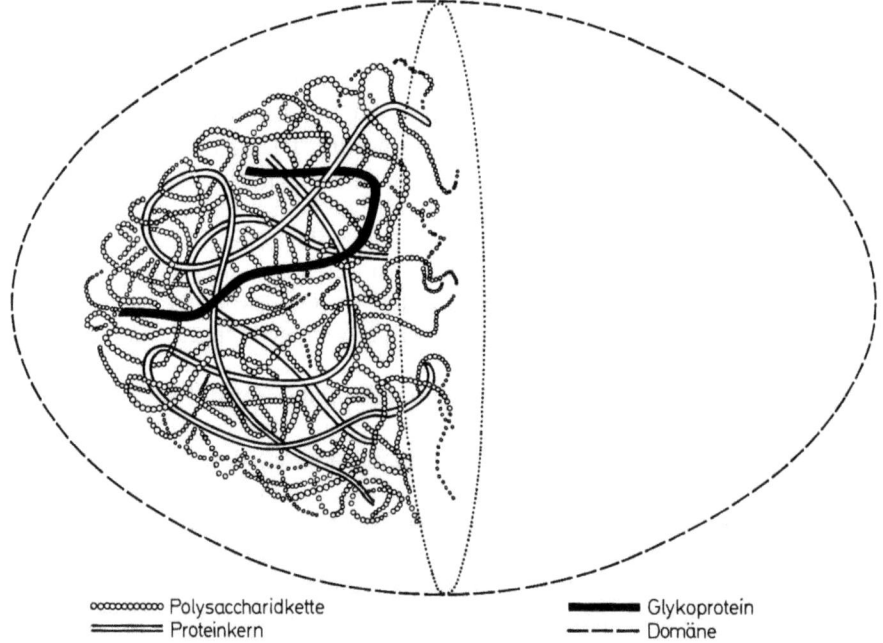

oooooooooo Polysaccharidkette         ▬▬▬ Glykoprotein
═══════ Proteinkern                — — — Domäne

**Abb. 65.** Modell eines Proteoglykanmoleküls, teilweise dehydriert, bestehend aus 4 bis 5 Proteinkernen, jede versehen mit 100 Seitenketten Chondroitinsulfat, von denen jede wiederum aus 40 Disaccharideinheiten besteht (Umzeichnung nach LUSCOMBE und PHELPS, 1967b)

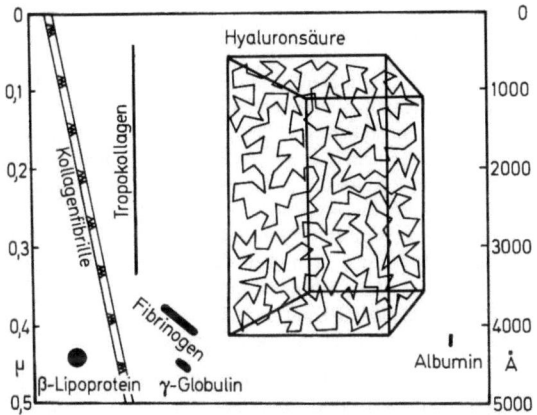

**Abb. 66.** Darstellung des Volumens, das ein Hyaluronsäuremolekül einnimmt, zum Vergleich die Größe anderer Moleküle, u.a. Tropokollagen (Abb. von BALAZS, wiedergegeben bei LAURENT, 1970, Umzeichnung)

oder linear, mehr oder minder stark geladen. Nach MATHEWS (1968) beträgt die *Länge* eines *Protein*kerns im Chondroitinsulfat-Proteinmolekül etwa 4000 Å. An ihn sind annähernd 60 *Chondroitinsulfat-Ketten* vom Molekulargewicht 50000 mit einer durchschnittlichen Länge von 1000 Å gebunden. LUSCOMBE und PHELPS (1967a) haben bei einem Molekulargewicht von $3,2 \times 10^6$ angenommen, daß das Makromolekül aus 4–5 Proteinkernen besteht, an die 100 Ketten von Chondroitinsulfat aus jeweils 40 Disaccharideinheiten gebunden sind. Für jedes Molekül sind 8–9 Chondroitinsulfat-Komplexe anzunehmen (PARTRIDGE, 1968). In freier Lösung müßte das Molekül etwa eine *sphärische Konfiguration* besitzen, wobei der hydrophobe Proteinanteil mehr im Zentrum liegt. In dieses Gefüge sind globuläre Proteinmoleküle eingebaut. Die relativen Größenverhältnisse der Bindegewebskomponenten haben SCHUBERT und HAMERMAN (1968) sowie LAURENT (1970) dargestellt (Abb. 66). Im *Knorpel* und *Nucleus pulposus* sind die hybriden Proteoglykanmoleküle (etwa 10–20) mit einem Ende an *Hyaluronsäure* mittels eines kleinen Bindungsproteins (2,7S) gebunden. Auf diesem Weg entstehen Aggregate von erheblichen Umfang (70S; HARDINGHAM und MUIR, 1972, 1974; ROSENBERG, 1973, 1975; WIEBKIN und MUIR, 1975). Das Verhältnis Hyaluronsäure zu Chondroitinsulfat ist etwa 1:100 (HASCALL und HEINEGARD, 1974). Der Abstand der Bindungsregion am Hyaluronsäuremolekül beträgt mindestens 500 nm, bei Keratansulfaten von 600 nm Länge 800–1000 nm, bei Chondroitinsulfaten von 4000–5000 nm Länge mindestens 2400 nm (ROSENBERG, 1975).

### 3.4.1.2. Das Wasser und das effektive hydrodynamische Volumen

Das Wasser bzw. die sog. Gewebeflüssigkeit gehört zu den vernachlässigten Gewebekomponenten, u.a. wegen der Schwierigkeit der topographischen Lokalisation. Im Gewebe ist nur gebundenes Wasser vorhanden. Es ist überwiegend *interfibrillär* lokalisiert und wird von den MPS gehalten, bestimmt aber seinerseits das *Volumen eines MPS-Moleküls*. Ein kleiner Teil ist an die Fibrillen und an Kristalle gebunden. Das Wasser beträgt $^1/_5$ des Körpergewichts und $^1/_3$ aller Flüssigkeit (GIBIAN, 1954) und übernimmt den Stofftransport.

Der Flüssigkeitswechsel im extrazellulären Raum (NETTER, 1959) erfordert täglich eine Abgabe von 300–600 l Flüssigkeit aus den Kapillaren (errechnet aus dem Zuckerbedarf bei 0,1% Blutzucker). Dabei wird das gesamte Gefäßsystem täglich von 7000 l Blut durchströmt. Die extrazelluläre Flüssigkeit von 16,5 l wird demzufolge an einem Tag zwischen 18- und 36mal „erneuert". Davon werden nur 50–75 l durch *Filtration*, der Rest durch *Diffusion* an den Interzellularraum abgegeben (für Knorpel- und Knochengewebe vgl. COWDRY, 1942, 1952; GAUDINO, 1954). Nach BROOKES (1971) beträgt die *Blut*-Stromrate für das *Skelett* 1,575 ml/min, etwa $^1/_4$ des Herz-Ausstoßes; bei einem Skelettgewicht von 8500 g wurde für den Menschen der Blutstrom im Knochengewebe zu 19 ml/ 100 g/min errechnet. Als *Wassergehalt* der einzelnen Organe wurden angegeben (u.a. HUNGERLAND, 1954; KLINKE, 1954): Zähne 5%, Skelett-Kind: 31,81%, Erwachsen: 13%, Fettgewebe 50,09%, Haut 64,68%, Lunge 83,74%; in allen anderen Organen zwischen 70 und 79%.

Das Knochengewebe gehört damit zu den wasserarmen Organen. Nach älteren Angaben (vgl. ARON und GRALKA, 1925; EASTOE, 1956) besitzt der fetale Knochen etwa 70%, der adulte 20%, der senile 10% Wasser (ROBINSON, 1952). Die Aufteilung auf die einzelnen Kompartimente ist beim Reichtum des Knochengewebes an Gefäßkanälen unerläßlich und zwar in *Massen*-% und *Volumen*-% (ROBINSON und ELLIOTT, 1957; ROBINSON, 1960). Die Volumen-% sind für die histologische Beurteilung besonders bedeutungsvoll (Tabelle 1): In der *Interzellularsubstanz* sind 3,40 bzw. 6,97 und im *Mark-Gefäß-Osteozyten*-Raum 6,70 bzw. 13,74% auf das Wasser zu beziehen. Nach Bestimmungen am Schnitt nehmen Zellen, ihre Lakunen und die Zellfortsätze in den Kanälen etwa 10–15% des Volumens ein; dagegen variiert das Volumen der Gefäßkanäle erheblich (ROBINSON, 1960). Angaben über das *spezifische Gewicht* und die *Dichte* des Knochengewebes haben STEINDLER (1936), ROBINSON (1960) und VINZ (1970a) zusammengestellt.

Die Wasserverteilung im Knochen wurde von ARNOLD und TONT (1967) mit Hilfe der Differentialzentrifuge bestimmt. Das Wasser aus Lakunen, Kanälchen und den Geweberäumen ist bei 27000 g nicht zu entfernen, vermutlich erst bei 800000 g. Die Autoren nehmen an, daß das Wasser durch Kapillarkräfte festgehalten wird. SMITH (1964) stellt die Wasserverteilung an getrockneten Schnitten (105°) durch Füllung der Räume mit Sudan-4 bzw. Jod-Alkohol dar.

Das Wasser hat Bedeutung für die *Mechanik* und den *Stoffwechsel* des Knochengewebes. Seit RAUBER (1876) ist bekannt, daß die „Feuchtigkeit" die „Festigkeit" beeinflußt (vgl. KNESE, 1970d). Es wurde beobachtet, daß der Wassergehalt im Knochen während der Entwicklung abnimmt (JACKSON und SMITH, 1931). Während der Entwicklung nimmt das extrazelluläre Wasser stärker als das intrazelluläre ab (IOB und SWANSON, 1938; Tabelle 2). Der Gehalt der Tibia an intrazellulärem Wasser ist geringer als der des Femurs (unterschiedliche Zellzahl?). VINZ (1970a, b) hat in der postnatalen Phase bis zum 85. Jahr die Abnahme des Wassergehalts und die Zunahme des Mineralgehalts in der Femurcompacta dargestellt. Die Verteilung des Wassers im Knochen ist noch nicht endgültig geklärt (TIMMINS und WALL, 1977).

Während der *Mineralisation* bleibt die Menge des organischen Materials, des Kollagens, konstant, das Wasser dagegen nimmt ab (DEAKINS, 1942; DEAKINS und BURT, 1944; ROBINSON und ELLIOTT, 1957; SEVASTIKOGLOU, 1958; NEUMAN und NEUMAN, 1958; ROBINSON, 1960). Das *Wasservolumen* wird durch das *Mineralvolumen* ersetzt (ROBINSON und ELLIOTT, 1957; NEUMAN und NEUMAN, 1958); das Wasser ist eine Art Platzhalter. Die Veränderung der Volumenverhältnisse dürfte aber im einzelnen verwickelter sein (KNESE, 1963b). Das Wasser müßte überwiegend an die *MPS*

Tabelle 2. Extrazelluläres und intrazelluläres Wasser im fetalen Knochen in % (IOB und SWANSON, 1938)

| Geburtsgewicht g | Gesamtwasser % | Extrazelluläres Wasser % | Intrazelluläres Wasser % |
|---|---|---|---|
| 650– 920 | 46,8 | 40,0 | 6,8 |
| 1230–2340 | 43,4 | 36,1 | 7,3 |
| 2790–4030 | 43,4 | 32,1 | 11,3 |

gebunden sein, so daß eine Veränderung ihrer Hydratisierung während der Mineralisation wahrscheinlich ist. Es ist erwägenswert, ob hierin der viel diskutierte Einfluß der MPS auf die Mineralisation liegt.

Das *Knorpelgewebe* mit einem Wassergehalt von z.T. über 75% gehört zu den wasserreichen Geweben (MIYAZAKI, 1934a, b; MEYER und SMYTH, 1937; IOB und SWANSON, 1938; EINBINDER und SCHUBERT, 1950; EICHELBERGER et al., 1951; HUNGERLAND, 1954; LOEVEN, 1955; EICHELBERGER et al., 1958; EICHELBERGER, 1960; HOWELL et al., 1960). Das totale und das extra- und intrazelluläre Wasser geben IOB und SWANSON (1938) für die Epiphyse *menschlicher* Feten mit 84,6 (47,0/37,6)% und den Rippenknorpel mit 81,7 (33,1/48,6)% an. Auch beim Hund fand EICHELBERGER (1960) Differenzen beider Knorpel, vor allem im Hinblick auf das Alter. Ein Teil des extrazellulären Wassers – im allgemeinen weniger als ein Drittel, selten über die Hälfte (Rippe *Hund* 17.–20. Woche) – ist an Fibrillen gebunden, der größere Teil des Wassers ist mit den Bindegewebspolysacchariden vergesellschaftet.

Wassergehalt und Wasseraufnahmevermögen der Femurkondylen nimmt nach MAKOWSKY (1949) von etwa 86% beim Kind auf weniger als 70% beim Greis ab. Überwiegend auf Druck beanspruchte Teile haben einen geringeren Gehalt und ein höheres Wasseraufnahmevermögen, Flächen gleitender Reibung einen höheren Wassergehalt und geringes Aufnahmevermögen. LEMPERG et al. (1971) haben den Wassergehalt des Gelenkknorpels der Femurkondylen in den drei Altersstufen Kalb, Färse und adultes Tier untersucht. In der oberflächlichen Schicht ergaben sich folgende Werte in % Feuchtgewicht: 81,10/72,90/71,10, in der mittleren: 74,70/69,90/72,60 und in der tiefen 71,80/60,70/65,93. Der Wassergehalt nimmt damit einmal von der Oberfläche zur Tiefe hin und etwas unterschiedlich mit dem Alter ab.

Bei den Extremitätenknochen von *Rinder*feten im 7.–9. Monat hat WUTHIER (1969/70) den Wassergehalt der verschiedenen Schichten der *Epiphyse* in % Frischgewicht und als g/Liter (in Klammern) bestimmt: Hyaliner Epiphysenknorpel: 84,5 (889); Säulenknorpel: 88,0 (928); Hypertropher Knorpel: 82,5 (888); mineralisierter Knorpel: 55,8 (718); Spongiosa: 32,9 (516); Compacta: 31,7 (536). Der Wassergehalt ist im Säulenknorpel am höchsten und nimmt mit der Mineralisation ab.

Das interzelluläre Wasser hat enge Beziehungen zu den Proteoglykanen. Das Protein-Polysaccharid-Molekül ist nämlich kein kompaktes Molekül, sondern ein *hoch diffuses offenes Molekül*, das sich über ein größeres Volumen seines Lösungsmittels erstreckt, seine sog. *Domäne* (SCHUBERT, 1964). Damit ist das zwischen den netzartig verhakten Molekülfäden liegende Lösungsmittel immobilisiert (BUDDECKE, 1966). Es liegt ein stark hydratisiertes Molekül vor. Dabei dürften sich, je nach Lösungsfähigkeit (PP-L bzw. PP-H oder PP-R), noch nicht näher bekannte Differenzen ergeben (SCHUBERT, 1964). Das Verhält-

nis von *Volumen* zu Molekulargewicht für ein kompaktes Molekül, das Tropokollagen, und ein offenes Molekül, die Hyluronsäure, beschreibt SCHUBERT
(1964). Ein Hyaluronsäuremolekül mit dem Molekulargewicht $10^6$ hat eine sphärische Domäne mit dem Durchmesser von 4000 Å und ein Volumen von
$330000 \times 10^{-19}$ ml. Ein Molekül löslichen *Kollagens* mit dem Molekulargewicht
345000 bildet einen starren Zylinder von einem Durchmesser von 14 Å, der
Länge von 2800 Å und dem Volumen von $4,3 \times 10^{-19}$ ml. Demzufolge würden
3 solcher Kollagenmoleküle das Molekulargewicht des Hyluronsäuremoleküls
haben, aber das Hyaluronsäuremolekül nimmt ein 25000mal größeres Volumen
ein. Auf der Basis dieser Angaben hat KNESE (1971a) die Größe des *fixierten
Moleküls* zu etwa 300 Å errechnet (s.S. 175). Der interfibrilläre Raum erscheint
im elektronenmikroskopischen Bild als relativ weit, und der Volumenanteil der
PP übersteigt offensichtlich jenen an Fibrillen (KNESE, 1966b). Nach Angaben
von EICHELBERGER (1960) über die Wasserverteilung ist das Volumen-Verhältnis
von Fibrillen zu Chondroitinsulfaten etwa 1:2. Legt man die Angabe von MA-
ROUDAS (1970b) zugrunde, daß nur 1% Wasser an das Kollagen gebunden
ist, verschiebt sich das Verhältnis noch weiter zugunsten der Proteoglykane.

Die Größe des Moleküls hängt von der Menge des Lösungsmittels ab. Als
Maß der Hydratisierung wird das *effektive hydrodynamische Volumen* mit der
Dimension ml Wasser/g Trockensubstanz angegeben: Es besagt, wieviel gebundenes Wasser das Teilchen im solvatierten Zustand enthält. Das hydrodynamische Volumen kann bei der Hyaluronsäure 200–500 ml (BALAZS, 1958), beim
Chondroitinsulfat bis zu 100 ml/g erreichen (BUDDECKE et al., 1963). LAURENT
(1970; vgl. LAURENT und GERGELY, 1955; OGSTON und STANIER, 1953) entwarf
ein Modell für das hydratisierte Hyaluronsäuremolekül im Vergleich mit anderen
Molekülen (Abb. 66), das auch eine Vorstellung über die Größenbeziehungen
zwischen den Kollagenfibrillen und den Makromolekülen gibt. Eine 1%ige Pro-
teoglykanlösung erreicht eine Domäne von etwa 50 oder mehr ml/g (GERBER
und SCHUBERT, 1964; LUSCOMBE und PHELPS, 1967a). Die Domäne desselben
Moleküls im *Knorpelgewebe* beträgt aber weniger als 7 ml/g; damit wäre das
Proteoglykan im Knorpel *unterhydriert*. Das Gewebe hätte demnach eine Art
inneren Druck osmotischen Ursprungs, der seine mechanischen Eigenschaften
bedingt. Knorpelschnitte, aus denen die Proteoglykane entfernt sind, lassen
sich leichter verformen (SAJDERA, 1969). Eine Überlappung von benachbarten
Domänen ist nach SCHUBERT und HAMERMAN (1968) infolge des Umeinander-
schlingens der Polysaccharidketten benachbarter Moleküle möglich.

### 3.4.1.3. Der Stofftransport

Das dreidimensionale Netzwerk der Hyaluronsäureketten wirkt als ein Filter
für andere Moleküle; es entsteht ein *Siebeffekt* (LAURENT, 1970). Die Domäne
des diffusen Moleküls ist mit einem Zaun oder einem Schaumgummi vergleichbar, sie hat eine bestimmte *Porosität*. Die Möglichkeit der Durchwanderung
durch andere Moleküle hängt mehr von deren Größe und Gestalt als von deren
chemischem Charakter ab (SYLVÉN, 1951; OGSTON und SHERMAN, 1961; DZIE-
WIATKOWSKI, 1962b; ELMORE et al., 1963; SCHUBERT, 1964; LAURENT, 1964,
1965, 1968; LINN und SOKOLOFF, 1965; BUDDECKE, 1966). Nach MAROUDAS

(1970 b) steht das gesamte Wasser des Knorpels als Lösungsmittel für kleine Moleküle zur Verfügung. *Der Diffusionskoeffizient* ist bei Glukose auf $^1/_3$ des Wassers herabgesetzt. Das Dextranmolekül ist nur 7mal größer als jenes der Glukose, hat aber einen 50mal kleineren Diffusionskoeffizient. Der Diffusionskoeffizient für Glukose in geringer Konzentration in wässeriger Lösung bei 37° beträgt $6,8 \cdot 10^{-6}$ cm²/sec, im Zytoplasma etwa $5 \cdot 10^{-7}$ cm²/sec (weitere Angaben bei THEWS, 1966), im Bindegewebe des Tentorium cerebelli nach LAURSEN und KIRK (1955) dagegen nur $2 \cdot 10^{-6}$ cm²/sec. Aufgrund von Diffusionsuntersuchungen könnte das Molekulargewicht eines *neugebildeten Proteoglykanmoleküls* nicht mehr als 60000–80000 betragen (MAROUDAS, 1970 b). Die intrazellulären Proteoglykane haben ein Molekulargewicht von 16000–40000 (RICHMOND et al., 1973a). Die endgültige Aggregation oder Polymerisation der Proteoglykankomplexe muß also im Interzellularraum stattfinden; von der Zelle werden MPS-„Vorstufen" abgegeben (KNESE, 1969b, 1971a, b).

### 3.4.1.4. Die Molekularstruktur der Bindegewebspolysaccharide

Retrospektiv erscheint es fast unverständlich, daß die Bindung der Kohlenhydrate an Proteine sowohl bei der Synthese (RODÉN, 1970) als auch bei der gesamten Strukturuntersuchung lange Zeit nicht berücksichtigt wurde. Nach SHARON (1966) hat man die Entfernung des Proteins zunächst als eine Reinigung der Polysaccharide angesehen. Unerwartet war der Befund, daß ein Makromolekül nicht nur eine Form von Polysacchariden, sondern verschiedene enthält; es liegen *hybride* Makromoleküle vor.

### 3.4.1.4.1. Die reinen Polysaccharide

Die Molekularstruktur des Kohlenhydratanteiles der Glykosaminoglykane ist hinreichend — mit Ausnahme jener des Heparins — aufgeklärt. Die Disaccharideinheiten bestehen bei der Hyaluronsäure aus Glucosamin und D-Glucuronsäure, bei den Chondroitinsulfaten aus Galaktosamin und Glucuronsäure, bei Keratansulfat aus Glucosamin und Galaktose und bei dem Dermatansulfat aus Galaktosamin und L-Iduronsäure.

Die Glykosaminoglykane sind *lineare Polyelektrolyte von Aminozuckern*, d.h. Zuckern, die eine $NH_2$-Gruppe am C2 besitzen. Sie sind aus Disaccharideinheiten aufgebaut, bei denen Monosaccharide wechselweise aneinandergefügt werden. Es sind einerseits *Hexosamine*, Glucosamin und Galaktosamin, und andererseits die *Glucuronsäure*, beim Keratansulfat die Galaktose, und im Falle des Dermatansulfates die Iduronsäure. Bei den Chondroitinsulfaten und dem Keratansulfat ist an das Hexosamin eine *Sulfatgruppe* gebunden; sie wurden daher als Sulfo-MPS bezeichnet. Damit sind in einer Disaccharideinheit der Chondroitinsulfate *zwei elektronegative Gruppen* vorhanden, die Carboxylgruppe der Hexuronsäure und die Sulfatgruppe des Hexosamins.

Bei den *Polyelektrolyten* wird zwischen Polyanionen, Polykationen und Polyampholyten unterschieden (DUNSTONE, 1962; SCHUBERT, 1964; KATCHALSKY, 1964; SCOTT, 1968). Auf dem Vorhandensein der elektronegativen Gruppen beruht die *basophile* Reaktion der „sauren" Mukopolysaccharide, die heute im allgemeinen nach DEMPSEY und SINGER (1946) mit gepufferten *Methylenblau*lösungen geprüft wird. Die Methylenblaufärbung ist damit keine spezifische Reaktion auf Glykosaminoglucuronoglykane. In der Zelle konkurrieren mit den sauren MPS die Nukleinsäuren, im Interzellulärraum die „neutralen" Glykoproteine, soweit sie Sialinsäure enthalten. Die *Glykoproteine* sind ebenfalls Polyelektrolyte mit Überwiegen der anionischen Gruppen (GOTTSCHALK und NEUBERGER, 1966).

*a) Hyaluronsäure.* Die *Länge* eines Hyaluronsäuremoleküls (vgl. OGSTON und STANIER, 1950, 1952; BLUMBERG und OGSTON, 1958) wird mit 4800 Å (BLIX und SNELLMAN, 1944, 1945), 7000–10000 Å (BRUNISH et al., 1954; VARGA und GERGELY, 1957) angegeben. Elektronenmikroskopisch wurde die Länge zu 1000 Å, die Dicke zu 30 Å gemessen (ROWEN et al., 1956). Es wird angenommen, daß alle Präparate polydispers sind (LAURENT, 1955; VARGA und GERGELY, 1957; FESSLER, 1960). Bei einem Molekulargewicht von $2 \cdot 10^6$ (vgl. CLELAND, 1970) würde eine Hyaluronsäurekette etwa aus 5000 *Disaccharideinheiten* bestehen. Die Hyaluronsäure macht bis zu 5% des Trockengewichts eines Gewebes aus, ihre höchste *Konzentration* erreicht sie in der Nabelschnur (0,3% Frischgewicht; LAURENT, 1970), dem Glaskörper (0,02%) und der Synovia (0,14–0,36%; Tabelle 13, 15). Sie kommt aber in allen Bindegeweben (BALAZS, 1965), der Haut, Cornea, Knochen, Herzklappen, Venenwand und dem äußeren Anteil der Arterien sowie dem Liquor folliculi vor. Hyaluronsäure wird von Fibroblasten in der Kultur gebildet (GROSSFELD, 1957; GROSSFELD et al., 1957; MORRIS, 1960), und zwar von Fibroblasten aus den verschiedensten Quellen (CASTOR et al., 1962). Die Hyaluronsäure überwiegt gegenüber anderen MPS in *embryonalen Geweben* und nimmt z.B. in der Haut mit dem Alter ab (LOEWI und MEYER, 1958). Es ist anzunehmen, daß Hyaluronsäure der interzelluläre Hauptbestandteil des *Mesenchyms* ist. Im Knorpel sind die Proteoglykane an Hyaluronsäure gebunden (HARDINGHAM und MUIR, 1974; HASCALL und HEINEGARD, 1974).

*b) Chondroitin-4-sulfat und Chondroitin-6-sulfat.* Man hat 3 Chondroitinsulfate, A, B und C unterschieden, wobei A und C sich als sehr ähnlich erwiesen (DAVIDSON und MEYER, 1954; ORR, 1954; HOFFMAN et al., 1956; MATHEWS, 1958). Beim Chondroitinsulfat A liegt die *Sulfatgruppe* in der Position 4, bei C in der Position 6 (HOFFMAN et al., 1958). Man hat deshalb die Positionsangabe zur Unterscheidung beider Chondroitinsulfate gewählt. Einen anderen Aufbau zeigt das Chondroitinsulfat B, das heute *Dermatansulfat* (JEANLOZ, 1960) genannt wird. In einer *Kette* des Chondroitinsulfats mit einer Länge von 800 Å sind 80 Disaccharideinheiten vorhanden (MATHEWS, 1956, 1959, 1968); ihr Molekulargewicht beträgt 13000–29000 (SPIRO, 1970c). Es besteht also ein grundsätzlicher Unterschied der Molekularstruktur gegenüber der Hyaluronsäure mit einem Molekulargewicht von 2 Millionen, einer Kettenlänge von 5 µm und 5000 Einheiten.

Protein-Polysaccharide (PP) wurden im Knorpel nachgewiesen (SHATTON und SCHUBERT, 1954; MATHEWS und LOZAITYTE, 1958; PARTRIDGE und DAVIS, 1958; MALAWISTA und SCHUBERT, 1958; MUIR, 1958; GERBER et al., 1960; JOHNSON und SCHUBERT, 1960; PARTRIDGE et al., 1961; SCHENTHAL und SCHUBERT, 1963; FITTON-JACKSON, 1965; MUIR, 1968; PEDRINI und PEDRINI-MILLE, 1968). Der Aufbau der zugehörigen *Polypeptidketten* ist recht unterschiedlich (MUIR, 1958; CASTELLANI et al., 1962a; ANDERSON et al., 1963; MUIR und JACOBS, 1967; HOFFMAN, 1968; TSIGANOS und MUIR, 1969; GREILING, 1970). Nach PEDRINI und PEDRINI-MILLE (1968) sind mindestens 2–3 Protein-Polysaccharid-Fraktionen vorhanden, die sich in ihrer Aminosäurenzusammensetzung, im Hinblick auf das Chondroitin-6- bzw. 4-sulfat und das Keratansulfat voneinander unterscheiden. Im menschlichen Rippenknorpel (Autopsien 22–69 J) beträgt die *Extraktions*ausbeute eines wasserlöslichen Protein-Polysaccharids, d.h. eines PP-L, nach ROSENBERG et al. (1969) 7%, aus dem Nucleus pulposus des *Rinds* 45% und dem Rindernasenknorpel 37%. Im Gelenkknorpel des Menschen kommt überwiegend Chondroitin-6-sulfat vor, in der Epiphyse gleiche Mengen von Chondroitin-4- bzw. 6-sulfat; nach Abschluß der Mineralisation ist fast nur noch Chondroitin-6-sulfat vorhanden (MOURÃO et al., 1976).

Die bisher vorgelegten analytischen Untersuchungen haben den Charakter von Beispielen, die — morphologisch gesehen — ohne Systematik ausgewählt wurden. Sie haben aber gezeigt, daß die *Struktur* des PP-L-Makromoleküls nach *Gewebe, Alter* und *Species variiert* (u.a. MATHEWS und LOZAITYTE, 1958; FITTON-JACKSON, 1964, 1965; SCHUBERT, 1964, 1965; MATHEWS, 1965b, 1968; CESSI und BERNARDI, 1965; RUDALL, 1965; MEYER et al., 1965; DI FERRANTE, 1968; CIFONELLI, 1968; CASTELLANI, 1968). Auch in neueren Untersuchungen vermißt man z.T. die systematische Auswahl des Materials im Sinn einer vergleichenden Biochemie. Die hyalinen Knorpel weisen, wie MEYER (1959) dies zuerst angab, einen sehr unterschiedlichen Aufbau ihrer Polysaccharide auf; dies gilt ebenfalls für die Fibrillen (KNESE, 1978). Der *euhyaline* Knorpel von SCHAFFER

(1930) bedarf damit auch morphologisch einer vollständigen Neuuntersuchung, die zu einer „funktionellen" Deutung der verschiedenen Typen des hyalinen Knorpels — nicht nur des *permanenten* und *transitorischen* — führt.

Die Untersuchung des Proteinanteils der Proteoglykane wurde durch *immunologische* Methoden entscheidend gefördert. Es werden Antikörper präzipitiert und eine Hypersensibilität immunisierter Tiere erzeugt (SAUNDERS et al., 1962; WHITE et al., 1963; DI FERRANTE, 1964; SCHUBERT, 1964; LOEWI und MUIR, 1965; vgl. weiter ROBERT et al., 1965; DI FERRANTE und PAULING, 1964; ROBERT et al., 1970; BRANDT et al., 1970; DI FERRANTE, 1970; KURANARI et al., 1971; BRANDT et al., 1973).

### 3.4.1.4.2. Die hybriden Protein-Polysaccharide

Weitere Analysen zeigten, daß die Protein-Polysaccharide sehr verschiedenartige Zucker enthalten: Es liegen *hybride Moleküle* vor. Im Chondromukoprotein wurden Mannose, Fucose, Galaktose und Glucose gefunden, d.h. Zucker, die für die *Glykoproteine* kennzeichend sind (HERRING und KENT, 1958). Die Analyse eines Chondromukoproteins ergab, neben dem Chondroitinsulfat, ein Glykoprotein mit Keratansulfat; die Bindung des letzteren ist gegen Alkali resistenter (PARTRIDGE und ELSDEN, 1961). Daraus wurde geschlossen, daß *Chondroitinsulfat* und *Keratansulfat* an das gleiche Polypeptid, aber an verschiedener Stelle gebunden sind (vgl. GREGORY und RODÉN, 1961).

*a) Das Keratansulfat.* Das Keratansulfat wurde bisher systematisch unter den reinen Polysacchariden aufgeführt. Die chemische Struktur des Keratansulfats ist nach JEANLOZ (1963) jener der Glykoproteine recht ähnlich, allerdings enthält es eine Sulfatgruppe. Es wird nun als sulfatiertes Glykoprotein angesehen (SPIRO, 1970c).

Im Knorpel von weniger als 15 Tage alten Hühnchen fanden LASH und WHITEHOUSE (1960) *kein* Keratansulfat. Die Zunahme des Keratansulfats im *menschlichen* Gelenkknorpel während der *Alterung* haben KUHN und LEPPELMAN (1958), STIDWORTHY et al. (1958), KAPLAN und MEYER (1959) im menschlichen Rippenknorpel, ANNO und SENO (1962) bei *Walen* und BERTOLIN und MATTUCCI (1962) in menschlichen Wirbeln nachgewiesen. Nach ANSETH (1961) erscheint im Nucleus pulposus Keratansulfat, im allgemeinen als Komplex mit Chondroitinsulfaten verbunden. CASTELLANI (1968) zeigte, daß im Rippenknorpel einjähriger nur eine PP-L-Fraktion vorhanden ist; bei 73jährigen *Menschen* tritt, neben einem Chondro-Mukoprotein, ein Kerato-Mukoprotein auf. Der Gehalt des Kerato-Mukoproteins an Proteinen ist relativ hoch (vgl. PEDRINI und PEDRINI-MILLE, 1968). WORTMAN und STROMINGER (1957) beobachteten am Knorpel und RODÉN (1956a) am Nucleus pulposus in vitro die Einverleibung von $^{35}$S in ein *Hyaluronidase-resistentes* Polysaccharid.

Bei den Keratansulfaten überwiegt unter den Aminosäuren das *Threonin* gegenüber Serin (MUIR, 1958; CASTELLANI et al., 1962a; ANDERSON et al., 1963; RODÉN et al., 1963; BUDDECKE et al., 1963; ANDERSON et al., 1965); das Threonin stellt vermutlich die Bindungsregion für das Keratansulfat dar. Es besteht eine *obligatorische* Verbindung von *Keratansulfat* und *Chondroitin-6-sulfat*; dies zeigt sich im gleichartigen Altersanstieg beider im Knorpel und im Nucleus pulposus (MEYER, 1970; MATHEWS, 1970).

*b) Die Glykoproteine.* Die Glykoproteine wurden früher auch als *neutrale* Mukobzw. Heteropolysaccharide bezeichnet (u.a. ASHWELL, 1964; NORTHCOTE, 1964; NEUFELD und GINSBURG, 1965; SALTON, 1965; SHARON, 1966; GOTTSCHALK, 1966a; GINSBURG und NEUFELD, 1969; MARSHALL und NEUBERGER, 1970; SPIRO, 1970c; HEATH, 1971; MARSHALL, 1972). EYLAR (nach SHARON, 1966) hat darauf hingewiesen, daß die *extrazellulären* Proteine Glykoproteine sind, die Mehrzahl der intrazellulären dagegen nicht.

Bei *Homogenität* der Aminosäurensequenz von Glykoproteinen besteht *Heterogenität* im Hinblick auf die Kohlenhydratanteile. Eine Kohlenhydratkette enthält im allgemeinen nicht mehr als 15 Zuckerreste (MARSHALL und NEUBERGER, 1970), beim Glykoprotein der Submaxillaris allerdings 800 (GRAHAM und GOTTSCHALK, 1960). Im *Kollagen* ist nur ein Monosaccharid vorhanden: Dabei variiert die Zahl der Aminosäuren je Kohlenhydrateinheit zwischen 173 und 1000 (SPIRO, 1970c). Die Hyaluronsäurekette besteht vergleichsweise aus 5000, eine Seitenkette der Chondroitinsulfate aus 80 Resten (MATHEWS, 1956, 1959). Die Menge des Kohlenhydrats wechselt zwischen 0,8% beim Kollagen und 80% bei den Blutgruppensubstanzen (SPIRO, 1970c; MARSHALL und NEUBERGER, 1970).

Die Glykoproteine im engeren Sinn enthalten als *Heteropolysaccharide* D-Mannose, D-Galaktose und L-Fucose neben D-Glucosamin und D-Galaktosamin sowie *Sialinsäure*. Das Vorhandensein der Sialinsäure führte zu der nicht empfehlenswerten Bezeichnung „Sialoproteine". Im Kollagen tritt Glucose auf. Glykoproteine mit Uronsäure wären nach neuerer Auffassung (SHARON, 1966; MARSHALL und NEUBERGER, 1970) *Proteoglykane*, die einen relativ großen Kohlenhydratanteil in den Seitenketten haben (Molekulargewicht 10000–30000; GINSBURG und NEUFELD, 1969; SPIRO, 1970c; HEATH, 1971).

*c) Die hybriden Knorpelpolysaccharide.* Die lange Zeit auch im Hinblick auf das *färberische* Verhalten übliche Unterteilung zwischen „neutralen" und „sauren" Polysacchariden verliert immer mehr an Boden. Vor allem im Knorpel weisen die Makromoleküle einen sehr komplexen Bau auf (vgl. ROSENBERG und SCHUBERT, 1970; ROSENBERG, 1975). Bei den Erörterungen über die Färbungsmechanismen ist die Kenntnis der Komponenten der Polysaccharid-Moleküle eine der Grundlagen zur Beurteilung des Färbungsmusters. Auf dieser Basis ist die Entwicklung spezieller Darstellungsmethoden erst in Angriff zu nehmen.

*Hybride Polysaccharidmoleküle* wurden bereits von MEYER (1960) angenommen. Die gleichzeitige Anwesenheit von Chondroitin-4- und 6-sulfat wurde von HJERTQUIST (1964a, b) sowie CASTELLANI (1968) nachgewiesen. KLEINE und HILZ (1968; vgl. KLEINE et al., 1971) haben 5 verschiedene *Proteoglykan-Fraktionen* gefunden. Die verschiedenen Fraktionen des Epiphysenknorpels weisen eine unterschiedliche *Stoffwechselaktivität* auf (BENTLEY und ROKOSOVA, 1970). Nach GREGORY und RODÉN (1961) sowie PARTRIDGE und ELSDEN (1961) ist Keratansulfat mit Chondroitin-4-sulfat nach ROSENBERG et al. (1967) und FRANCK und DUNSTONE (1967) mit Chondroitin-6-sulfat verbunden. Chondroitinsulfate und Keratansulfat sind in einem Komplex miteinander vergesellschaftet (GREGORY und RODÉN, 1961; PARTRIDGE und ELSDEN, 1961; CASTELLANI et al., 1962b; GREILING et al., 1964; SENO et al., 1965; CASTELLANI, 1968; PEDRINI und PEDRINI-MILLE, 1968; GREILING und STUHLSATZ, 1969). Keratansulfat spielt beim Aufbau größerer Moleküle eine Rolle (TSIGANOS und MUIR, 1970). Dabei ist wohl davon auszugehen, daß Chondroitinsulfatkomplexe ohne Keratansulfat (MUIR und JACOBS, 1967) vorhanden sind, aber das *Keratansulfat stets mit Chondroitinsulfaten* vergesellschaftet ist (PEDRINI, 1969). Neben Chondroitinsulfat und Keratansulfat ist in der PP-L-Fraktion *Sialinsäure* vorhanden (PARTRIDGE und ELSDEN, 1961; ANDERSON, 1961a, 1962; SCHEINTAL und SCHUBERT, 1963; GREGORY et al., 1964; ROSENBERG et al., 1965; PAL et al., 1966; CAMPO und TOURTELLOTTE, 1967).

Gegenüber der urspünglichen Annahme einer gewissen Uniformität der Polysaccharide ist heute die *Heterogenität* der Proteoglykane gesichert (RODÉN, 1970; ROSENBERG, 1975); sie sind als eine Familie naher Verwandter, aber voneinander verschiedener Substanzen anzusehen (MEYER, 1970). Die Proteoglykane des *Knorpels* enthalten eine große Anzahl Fraktionen, die sich im Hinblick auf den Bestand an Chondroitinsulfaten, Keratansulfaten mit einer differenten Aminosäurenzusammensetzung voneinander unterscheiden (SCHUBERT und HAMERMAN, 1968; TSIGANOS und MUIR, 1970; HOFFMAN und MASHBURN, 1970). Es sind *hybride Kohlenhydrat-Polysaccharide* (MATHEWS, 1962, 1965b; SANDSON und HAMERMAN, 1962; BUDDECKE et al., 1963; JACOBS und MUIR, 1963; ANDERSON et al., 1965; DORFMAN, 1965a, b; SERAFINI-FRACASSINI und SMITH, 1966; HOFFMAN, 1968).

Nach SAJDERA et al. (1970) sind 85% der Proteoglykane ohne Zerstörung extrahierbar. Dabei dürften 2 Makromoleküle vorliegen: 1. ein chondroitinsulfatreiches Proteoglykan; 2. kleinere proteinreiche Glykoproteine, die etwa zu $^3/_4$ Proteine enthalten; das Polysaccharid enthält Chondroitin-4-sulfat und Keratansulfat, ist also kein echtes Glykoprotein. Zwei unlösliche Glykoproteine A und G mit Sialinsäure unterscheiden sich im Hinblick auf ihren Gehalt an α-Hexosen und Aminosäuren (SHIPP und BOWNESS, 1975). Diese Glykoproteine lassen sich u.a. mit Blei, Rutheniumrot kontrastieren und haben Beziehungen zur Oberfläche der Kollagenfibrillen (vgl. EISENSTEIN und KUETTNER, 1971; ROSENBERG, 1973). Für morphologische Untersuchungen ergibt sich, daß wohl an keinem Ort mit „einfachen" Bindegewebspolysacchariden zu rechnen ist. Von dieser Tatsache muß die Beurteilung des topochemischen Färbungsmusters ausgehen.

### 3.4.2. Die Molekularstruktur der Proteoglykane als histologisches Problem

Die auf alle Details verzichtende Übersicht über den molekularen Aufbau der komplexen Kohlenhydrate mag verwirrend erscheinen, vor allem, wenn man sich fragt, welches *histologische Korrelat* hierfür zu finden ist. Eine kritische Würdigung zeigt jedoch, daß ein nicht unerheblicher Teil der Verwirrung durch mangelhafte Berücksichtigung der „Gewebetopographie" entsteht. MEYER (1953) spricht der Histologie bei den zu lösenden Bindegewebsproblemen eine besondere Rolle zu; dabei ist für ihn Histologie Bestimmung der *Lokalisation* und der *Quantität* der Substanzen in einer *Region*. Es ist nicht erstaunlich, daß diese Probleme wiederum zu einer lebhaften Diskussion über die Tragfähigkeit der verschiedenen Methoden geführt haben.

Die Isolierung der Makromoleküle der Polysaccharid-Protein-Komplexe ergab, daß deren Aufbau viel verwickelter ist, als ursprünglich vermutet wurde. Es handelt sich um hoch *komplexe, polydisperse und heterogene, polymorphe, lineare Polyanionen* von großer Variabilität (DORFMAN, 1965a; MEYER, 1966, 1970; MUIR, 1968; RODÉN, 1970; OGSTON, 1970). Die Vermehrung unserer Kenntnisse über diese Substanzen ist immer noch wesentlich geringer als z.B. jener über die Faserproteine; dies ist nach MEYER (1964) nicht darauf zurückzuführen, daß die Untersucher weniger tüchtig (smart) sind, sondern auf die extrem komplexe Struktur der Substanzen. Die Untersuchung der Proteoglykane und Glykoproteine stellt noch ein relativ junges Feld gegenüber jener der Proteine und Nukleinsäuren dar; sie sind immer noch die armen Verwandten der beiden. Er wirft die Frage auf, warum der Organismus eine solch große Anzahl ähnlicher, aber doch deutlich voneinander unterschiedener, anionischer Polymere aufbaut. MEYER (1970) glaubt nicht, daß Heterogenität, Polymorphismus und Variabilität der Glykosaminoglykane nur Rudimente einer langen Entwicklung seien, obwohl die Substanzen phylogenetisch sehr alt sind (vgl. BIEDERMANN, 1914; ERNST, 1915; MATHEWS, 1965b; FITTON-JACKSON, 1967; KROMPECHER, 1967; HUNT,

1970). Weiterhin bedauert MEYER (1970) in diesem Zusammenhang, daß die Proteoglykane der frühen Embryonalentwicklung noch weitgehend unbekannt sind.

Der *Polymorphismus der Bindegewebspolysaccharide* erscheint weniger verwunderlich, wenn man gleichzeitig den *Polymorphismus der Zellen* berücksichtigt, die die verschiedenartigen Kohlenhydrate bilden (KNESE, 1969b, 1971a; vgl. RODÉN, 1970). Die Interzellularsubstanzen wurden weitgehend für sich und nicht als Komponenten von Geweben untersucht. So weist WEISS (1965) darauf hin, daß die moderne Biochemie und Enzymologie sich überwiegend mit der Zusammensetzung und Reaktion von Zellen und Geweben in der artifiziellen Isolierung beschäftigt haben. Kollagen und MPS könnten nicht für sich allein nur physikochemisch und chemisch definiert werden, sondern müßten z.B. als Callus oder wohlgeformtes Skelettstück beschrieben werden. Es sei irreführend, die Zelle als eine isolierte Einheit ohne Beziehung zu ihrer Umgebung zu betrachten: "Both cells and what surrounds them are integral parts of a continuum" (WEISS, 1965). Gestalt und Funktion können nur in der Beziehung eines Zelltyps zu seiner Umgebung eindeutig definiert und beschrieben werden. Hiermit klingen Gedanken an, wie sie u.a. von HUZELLA (1941) als „zwischenzellige Organisation" diskutiert wurden. Die *Organisation* ist nach WEISS (1965) nicht als ein mystisches Symbol anzusehen, sondern als ein Objekt ernsthafter Forschung und Beschreibung. So müßte z.B. das zusammengesetzte System von Zelle-Interzellularsubstanz in seiner Gesamtheit betrachtet werden. Damit kommt der Morphologie, trotz vieler skeptischer Äußerungen, noch heute eine bedeutsame Rolle zu, denn eine ihrer Aufgaben ist die Erforschung der komplexen *Organisation der Gewebe.* Erst in den höheren Organisationsstufen treten Korrelationen zutage, die als *Rückkoppelung* eine Rolle spielen (WEISS, 1947, 1952, 1955, 1962; WEISS und KAVANAN, 1957; FITTON-JACKSON, 1968).

Nach MATHEWS (1970) haben die Untersuchungen intakter Gewebe zu einer Fülle von deskriptiven Ergebnissen geführt, gestatten aber nur eine geringe Einsicht in die prinzipiellen molekularen Beziehungen. Aus diesem Grund hätten sich viele Untersucher Modellsystemen der isolierten Komponenten zugewandt; Untersuchungen an der isolierten Zelle bzw. der isolierten Interzellularsubstanz können die Verhältnisse in vivo nicht voll erfassen (FERRER, 1955; WEISS, 1965).

Der *Methodenstreit,* der zur Kennzeichnung der Situation hier angedeutet werden mußte, führt in dieser Form in der Sache nicht weiter. Vernichtenden Urteilen von chemischer Seite über die „ungesunden" histochemischen Methoden (z.B. DORFMAN bei DORFMAN und SCHILLER, 1958, im Hinblick auf GERSH und CATCHPOLE, 1949) stehen andere gegenüber, die die Bedeutung morphologisch-histochemischer Befunde betonen (z.B. MEYER, 1966). Topochemische und analytisch-chemische Untersuchungen stehen bezüglich ihrer Naturtreue eigentlich auf einer Ebene. Die Topochemie erhält den Organverband, kann aber keine klaren stofflichen Aussagen machen; die analytische Chemie zerschlägt den Gewebeverband und ist dann fähig, sog. saubere Analysen durchzuführen (KNESE, 1970e).

Ursprünglich war MEYER (1959) der Meinung, alle *hyalinen Knorpel* wären von gleichartiger Zusammensetzung. Bei Untersuchungen an *Neugeborenen* hatte er überwiegend Chondroitinsulfat A gefunden. Die Polysaccharidfraktion des Rippenknorpels von zwei 23 Jahre alten *Männern* enthielt aber 30% Keratansulfat, neben Chondroitinsulfat A und wenig C. Da die Annahme von der Gleichartigkeit der hyalinen Knorpel offensichtlich falsch ist, wäre eine Nachuntersuchung vieler Probleme erforderlich. DI FERRANTE (bei GREGORY, 1968) betont, daß für alle Befunde Spezies und Alter anzugeben sind. Es fehlt nicht an Versu-

chen, sich bei analytischen Untersuchungen der histologischen Dimension anzu-
nähern, d.h. die Materialmenge aus einem möglichst kleinen, örtlich definierten
Gebiet zu gewinnen (HJERTQUIST, 1964a, b; GARDELL, 1965; SZIRMAI et al., 1967;
LINDENBAUM und KUETTNER, 1967). Die Methoden der Wahl zur Untersuchung
der *einzelnen* Zelle mit ihren kleinsten Elementen und des Gewebeverbandes
in seinem komplexen topographischen Aufbau bleiben die morphologischen
Verfahren. Sie können allerdings keine Aussagen über den molekularen Aufbau
machen. Ein entsprechender Versuch von SPICER et al. (1965) wurde mit Recht
kritisiert (MEYER, 1966).

### 3.4.2.1. Die Fixierung der Bindegewebspolysaccharide

Eine histologische Untersuchung der Bindegewebspolysaccharide ist nur möglich, wenn sie im Schnitt erhalten bleiben, d.h. fixiert sind. Die Bedeutung
der *Fixierung der Kohlenhydrate* wurde wenig beachtet bzw. unterschiedlich beurteilt (CASSELMAN, 1954; KELLY, 1958; CURRAN, 1961); ein erstaunliches Faktum,
da diese Probleme für das Glykogen ausführlich diskutiert wurden. Die Betrachtung der Makromolekularstruktur und der Wasserspeicherung hat gezeigt, daß
bei einer Fixierung die in vivo-Struktur nicht erhalten werden kann. Dabei
ist anzunehmen, daß — je nach den verwandten Fixierungsmitteln — die Fällung,
Fixierung, der Proteoglykane von einer *Dehydrierung* begleitet ist bzw. daß
diese während der Einbettung erfolgt.

Die histologische Präparationstechnik unterscheidet sich grundsätzlich von
der analytischen, die zunächst eine Herauslösung eines in seiner Struktur und
Zusammensetzung möglichst wenig veränderten Proteoglykan-Moleküls an-
strebt; erst anschließend wird das Proteoglykan zur weiteren Untersuchung
gefällt. Trotz verschiedener Ziele läßt sich damit zwanglos eine Korrelation
zwischen beiden Präparationsmethoden herstellen: *Mittel, die Proteoglykane lösen, sind für die Fixierung ungeeignet, Mittel, die Proteoglykane fällen, wären
ideale Fixierungsmittel.* Allerdings lassen sich aus dieser banalen Feststellung
nicht ohne weiteres verläßliche histologische Methoden entwickeln. Auch die
Fixierung der Proteoglykane im Gewebe bleibt noch ein Feld empirischer Versuche (SINGER, 1952; WOLMAN, 1955; KNESE, 1977). Aus dem unterschiedlichen
Lösungs- und Fällungsverhalten der Proteoglykane läßt sich ein anderer
Gesichtspunkt ableiten, nämlich die Unterscheidung der an bestimmten Orten
auftretenden Bindegewebspolysaccharide im Hinblick auf ihre *Fällbarkeit* (Fixierung) bzw. *Löslichkeit* (KNESE, 1972b, 1977). Bei der Beurteilung des Fixie-
rungserfolgs wird im allgemeinen zwischen der Erhaltung im Interzellularraum
und in der Zelle nicht unterschieden. Die Bedingungen zur Erhaltung sind in
beiden Kompartimenten zumindest aus zwei Gründen recht verschieden. Die
*intrazellulären* MPS-Vorstufen sind wesentlich kleiner als die *extrazellulären* Moleküle (RICHMOND et al., 1973a; Molekulargewicht: 16000–40000 gegenüber
mehreren Millionen). Die interzellulären Proteoglykanmoleküle werden an ihrem
Ort durch den Verbund mit Fibrillen festgehalten (JACKSON und BENTLEY, 1968;
BARRET, 1968; GREGORY et al., 1970). Nach BALAZS (1968) bestehen die grundsätzlichen Schwierigkeiten der Polysaccharid-Histochemie darin, daß bisher nicht
bestimmt wurde, in welchem Umfang welche Arten von Polysacchariden wäh-

rend der histologischen Präparation entfernt wurden. Eine systematische Überprüfung des *Fixierungsverlusts* durch die Untersuchung der in der Fixierungsflüssigkeit gelösten Substanzen (z.B. SCHNEIDER und SCHNEIDER, 1967) ist nicht einfach, da absolut vergleichbares Material schwer zu erhalten ist, in der Epiphyse aber auch sehr starke lokale Differenzen bestehen.

### 3.4.2.2. Fixierungsstruktur der Proteoglykane

Die Frage, in welcher Form (Struktur) die Proteoglykane in unseren histologischen Präparaten auftreten, wurde erst im Rahmen elektronenmikroskopischer Untersuchungen gestellt. In der Diskussion über die verschiedenen Fixierungstheorien („Fixierung und Artefaktbildung" vgl. u.a. ZEIGER, 1938, 1958; SCHIEBLER ed., 1958; NETTER, 1958) wurde nach den Umsetzungen gefragt, die eine Struktur erfährt, und welchen Widerstand sie gegen die Fixierung leistet. Eine Erweiterung der Betrachtungsweise zeigte sich in der Formulierung des *Äquivalentbildes*, das die Erscheinungsform im Lichtmikroskop und im Elektronenmikroskop kennzeichnen soll. Wir kommen damit auf die Trias Substanz (Materie) – Form – Funktion zurück. Die alte Unterscheidung von REGAUD und POLICARD (1913) „fixation morphologique" und „fixation de substances" ist nur noch z.T. berechtigt. Interfibrillärsubstanzen sind aufgrund ihrer in vivo-Struktur nur unter einer verschieden starken *Strukturänderung* zu erhalten. Seit langem ist bekannt (u.a. SYLVÉN und AMBROSE, 1955; SZIRMAI, 1956; SCHMIDT-MATHIESEN, 1957, 1958), daß durch Fällung von Hyaluronsäure und Chondroitinsulfat fibrilläre Strukturen zu erzeugen sind (vgl. SZIRMAI, 1956; SCHMIDT-MATHIESEN, 1958).

Bei der Fixierung sind Strukturänderungen in Betracht zu ziehen, sie wurden für die Proteine näher untersucht. Der Ablauf und das Ergebnis der Proteinfixierung, weniger deren „Mechanismus", dürften bei Vorliegen eines Faserkristallits und den Proteinen des offenen Moleküls der Proteoglykane verschieden sein. Die beiden Beispiele sind als Extreme von Proteinstrukturen anzusehen. Man muß heute davon ausgehen, daß eine Fixierung bestimmter Proteingebilde nur mit einer Strukturänderung möglich ist. Aus der Darstellung von JOLY (1965, vgl. NETTER, 1958) über die *Denaturierung* der Proteine sollen einige Punkte aufgeführt werden, die für die histologische Fixierung bedeutsam sind. Die *Denaturierung* ist ein schrittweiser Übergang von einem (zumeist unbekannten) nativen Status durch Modifikation der primären, sekundären, tertiären und quartären Struktur der Moleküle. Die Denaturierung führt zu Veränderungen in folgenden Bereichen: der Struktur, dem Molekularvolumen (Volumenkontraktion, vgl. Proteoglykane), der Molekularform, Assoziation bzw. Polymerisation, der Aggregation bzw. Koagulation, der Phase (Gel, Koagulat), der Hydration, Löslichkeit, Säurebindungsfähigkeit, Farbstoffbindung, Enzymempfindlichkeit und Änderung der Viskosität. Die Änderung der Struktur in ihren verschiedenen Bereichen ist im einzelnen schwer zu beurteilen. ZEIGER (1935, 1938, 1949) hat *fixationsstabile* und *fixationslabile* Strukturen unterschieden. Im Fall des Kollagens liegt eine hohe Stabilität und Widerstandsfähigkeit der sekundären und tertiären Struktur vor. Das elastische Material widersteht der Fixierung weitgehend bzw. ist es kaum „fixierbar" (PEARSE, 1961; AYER, 1964). Andere Proteine, u.a. des Proteoglykans, leisten der Strukturänderung einen geringeren oder gar keinen Widerstand.

Die Struktur des denaturierten Proteins ist eine Zufallsstruktur. Sie ist nicht mehr genbedingt, da sie eine Disorganisation zeigt (JOLY, 1965). Durch Denaturierung entsteht eine neue Struktur, die *Fixierungsstruktur*, u.a. in Abhängigkeit vom Fixierungsmittel (KNESE, 1972b, 1977). Dabei taucht die Frage auf, inwieweit eine in vivo-Struktur durch eine methodisch bedingte Struktur (HASELMANN, 1951a, b) überlagert wird.

Der Zustand der Protein-Polysaccharide im elektronenmikroskopischen Bild wurde zunächst als annähernd amorph bezeichnet (ROBINSON und CAMERON, 1956; SCOTT und PEASE, 1956; TOUSIMIS und FOLLIS, 1958; GODMAN und PORTER, 1960; FITTON-JACKSON, 1960).

Sehr frühzeitig wurden amorphe, *opake Schichten* in der Nachbarschaft von Osteoblasten erwähnt (ROBINSON und WATSON, 1955; SHELDON und ROBINSON,

1957; FITTON-JACKSON, 1957a; KNESE und KNOOP, 1958). Das Wesen dieser auch der Lichtmikroskopie bekannten *hyalinen* Gebiete ist noch heute unklar. Nach KNESE und KNOOP (1958) sind die Kollagenfibrillen im präossalen Gewebe von einer Substanz mit geringerer elektronenmikroskopischer Dichte umgeben. Im Gebiet der Knorpelmineralien bleiben nach deren Entfernung durch Titriplex (Versen) *granuläre* bzw. *fibrilläre Strukturen* zurück, die auf MPS zu beziehen sind (KNESE und KNOOP, 1961b; KNESE, 1970c). Die fibrillären Strukturen gleichen Filamenten, die FITTON-JACKSON (1964) elektronenmikroskopisch in Fraktionen aus Hühnchenknorpel dargestellt hat. Die Autorin findet in einer 20S-Fraktion aus *Hühnchen*knorpel Ringe aus 5–6 Untereinheiten, die um einen zentralen Kern angeordnet sind. Die Restfraktion enthält zahlreiche lange Filamente, die aus gesonderten Untereinheiten von 45–55 Å Durchmesser zusammengesetzt sind. Gelegentlich wurden elektronendichte Granula beschrieben (ROBINSON und CAMERON, 1956; GODMAN und PORTER, 1960; TAKUMA, 1960a,b; REVEL und HAY, 1963).

Gegenüber den älteren Kontrastierung (vgl. PEASE, 1964; REIMER, 1959) mit *Phosphorwolframsäure* (HALL et al., 1945; WOHLFART-BOTTERMANN, 1956; WATSON, 1958) entwickelte sich eine neue Situation durch Weiterentwicklung von Kontrastierungsmitteln, u.a. *Uranylacetat* und *Bleicitrat* bzw. *Bleihydroxyd* (WATSON, 1958; KARNOVSKY, 1961; vgl. SERAFINI-FRACASSINI et al., 1970). Im allgemeinen sind Doppel-Kontrastierungen durchzuführen (PEASE, 1964); eine Kontrastierung mit Bleicitrat ist von geringem Erfolg. Mit ihnen gelang die Darstellung von Glykogengranula. LOMBARDI et al. (1971) fanden, daß Uranylacetat eine Affinität zu Nukleinsäuren, – COOH – und freien Aminogruppen hat. Verschiedenartige Methoden wurden zur Darstellung der MPS verwandt (vgl. GEYER, 1977): Das *kolloidale Eisen* (CURRAN et al., 1965; WETZEL et al., 1966; ARNOLD und HAGER, 1969), Alcianblau (TICE und BARRNETT, 1962; OHKURA, 1966), *Wismut* (DOGANGES und SCHUBERT, 1964; SERAFINI-FRACASSINI und SMITH, 1966; SMITH et al., 1967), *Rutheniumrot* (LUFT, 1964, 1965, 1966, 1968, 1971; BROOKS, 1969), *Thorotrast* (REVEL, 1964) sowie *Lantanum* (KHAN und OVERTON, 1970). Keine der empfohlenen Methoden ist ein spezifischer Nachweis der MPS. PEASE (1966), MARINOZZI (1968) und RAMBOURG (1969) haben die Phosphorwolframsäure zur Darstellung von MPS empfohlen. Die Verwendung der Phosphorwolframsäure bzw. Phosphormolybdänsäure als Beize z.B. bei der *Azanfärbung* war stark umstritten (vgl. SEKI, 1935; KÜHN et al., 1959b; NEMET-SCHEK et al., 1955). Die Bindung von Phosphorwolframsäure und Phosphormolybdänsäure an Heteropolyacide führt zu deren Darstellung mit kationischen Farben (LINZ und COPPER, 1939; für Azan: TERNER et al., 1964). Nach QUINTARELLI et al. (1971) reagiert die Phosphorwolframsäure mit positiv geladenen Gruppen, nicht aber mit dem Zuckerhydroxyl. REVEL (1964) fand nach *Thorotrast*-Kontrastierung ein netzartiges Muster von stärker und weniger stark kontrastierten Untereinheiten von 15–20 Å Durchmesser. Ähnliche Untereinheiten stellten SAUNDERS und SILVER-MANN (1967) im Nasenseptum des Rinds dar.

Kleine *Granula* im Knorpelgewebe, die sich überwiegend den Fibrillen anlegen, wurden als ein Teil des Mukopolysaccharid-Protein-Komplexes gedeutet (KNESE, 1966). Aus der Weite des verbleibenden interfibrillären Raums ergibt sich, daß der Volumenanteil des Mukopolysaccharid-Protein-Komplexes erheblich jenen der Kollagenfibrillen übersteigt. Mit Rutheniumrot hat LUFT (1966, 1971) Granula mit einem Durchmesser von 200–300 Å gefärbt, die im Abstand von 800 Å voneinander liegen. MATUKAS et al. (1967) stellten in der *Hühnchen*tibia mit Hilfe von kolloidalem Eisen nach Präzipitation durch Cetylpyridinchlorid Granula dar, die im Gebiet des Gelenkknorpels fehlen. Die Granula sind entweder mit den Fibrillen vergesellschaftet oder liegen frei im Interzellularraum. Sie sind in der hypertrophen Zone mit Durchmesser von 200–700 Å größer als im übrigen Epiphysenknorpel, wo sie nur Werte von 200–400 Å erreichen.

Eine Analyse auf Hexosamin und Radiosulfat zeigt eine direkte Korrelation zwischen Größe und Zahl der Granula und Sulfatgehalt in der hypertrophen Zone bzw. im übrigen Epiphysenknorpel. In den mineralisierten Teilen nehmen die Granula an Größe ab. MATUKAS und KRIKOS (1968) denken deswegen im Zusammenhang mit der Mineralisation an eine Veränderung der Protein-Polysaccharid-Komplexe. EISENSTEIN et al. (1970) kritisieren die Verwendung des Cetylpyridins durch MATUKAS et al. (1967), da mit den relativ kleinen Kationen die anionischen MPS in situ präzipitieren. Sie führten zu einer erheblichen Verknäuelung der Kette und damit zu einem falschen Eindruck von ihrer Gestalt und Ausdehnung. Die Autoren verwenden infolgedessen ein *Lysozym*, durch das im perizellulärem Raum sehr feine Granula darzustellen sind (EISENSTEIN und KUETTNER, 1971). Im allgemeinen wird eine granuläre Gestalt der fixierten Proteoglykane angegeben (MONGA et al., 1972; CAMPO und PHILIPS, 1973; THYBERG et al., 1973b; QUINTARELLI et al., 1975; RUGGERI et al., 1975; GOEL und JACOB, 1976; SHEPARD und MITCHELL, 1977). In einem Ausstrich extrahierter Knorpelproteoglykane erscheint der Hyaluronsäurekern als Faden von 400–4000 nm Länge. Die Länge des daran hängenden Proteoglykanunterteils variiert zwischen 100–400 nm (ROSENBERG et al., 1975; THYBERG et al., 1975a).

Die Kontrastierung durch *kolloidales Eisen* (CURRAN et al., 1965; MATUKAS et al., 1967; FRITSCH, 1967) ist unbefriedigend (KNESE, 1969b). Das kolloidale Eisen wurde sowohl am Block wie am Schnitt angewandt. Bei Blockkontrastierung treten im Periost interzelluläre, aber nicht intrazelluläre Ablagerungen, bei Schnittkontrastierung auch interzelluläre Niederschläge auf, die zur Vorsicht bei der Beurteilung lichtmikroskopischer Befunde mit Hilfe der Eisenreaktionen mahnen. Im übrigen dringen die Eisenverbindungen beschränkt in das Gewebe ein (ARNOLD und HAGER, 1969).

Ferner wurde von KNESE (1969b) ein Vergleich mit der Darstellung *intrazellulärer Kohlenhydrate* durchgeführt. Bei Fixierung mit Glutaraldehyd-Osmiumsäure treten intrazellulär rosettenförmige Granula von geringer Größe (250–450 Å) auf, die aus Untereinheiten von 40–50 Å Durchmesser aufgebaut sind. Die Granula erscheinen nach Formalinfixierung als rundliche Gebilde. Neben diesen „Glykogen"-Partikeln treten in Chondrozyten bei Glutaraldehyd-Osmium-Fixierung rundlich-ovale „MPS"-Granula auf, die größer als 450 Å (meist 500–600 Å) sind. Aus diesem Grund spricht KNESE (1969b) häufig nur von intrazellulären Kohlenhydraten, wobei offen bleibt, inwieweit noch Glykogen oder bereits *MPS-Vorstufen* vorhanden sind. Nicht alle rosettenförmig erscheinenden Granula können als Glykogen angesehen werden, da sie im Periost auch extrazellulär anzutreffen sind. Extrazelluläre Kohlenhydratgranula sind kein Glykogen; es dürfte sich um andere Kohlenhydrate handeln, vermutlich MPS-Vorstufen. Rundliche Granula in der sog. Perizellulärsubstanz sind mitunter recht groß. Hier dürften jüngere MPS vorliegen, die ein Molekulargewicht von nur 60–80000 haben (MAROUDAS, 1970); wahrscheinlich läuft die Fixierungsaggregation in diesem Bereich anders ab als in der eigentlichen Interzellularsubstanz mit den Knorpelfibrillen.

Bei Behandlung mit *Wismutnitrat* (SERAFINI-FRACASSINI und SMITH, 1966) finden SERAFINI-FRACASSINI et al. (1970) Granula mit Durchmesser von etwa 30 Å, die jedoch nicht die Originalmaße der aufgeknäulten Polysaccharidkette hätten. Nach Kontrastierung mit Bleicitrat und Uranylacetat zeigt sich ein Netzwerk sternförmiger Partikel, das durch feine Filamente miteinander verbunden ist. Smith und Serafini-Fracassini (1968) haben diese Granula auch mit Bleinitrat kontrastieren können. Nach Färbung mit Wismutnitrat erscheint jedes Partikel dicht aus Granula von 30 Å Dicke gepackt, wie sie auch im unfixiertem Rinderknorpel gezeigt werden konnten. Die Partikel liegen den Kollagenfibrillen an. Die Autoren nehmen an, daß die Proteoglykan-Makromoleküle bestimmten Stellen der Kollagenperiode tangential anliegen und im rechten Winkel zu der Fibrillenachse in den interfibrillären Raum hineinreichen. Es ergeben sich beim Proteoglykan Brücken im rechten Winkel zum Verlauf der Kollagenfilamente, durch die eine regelmäßige Periode hergestellt wird. Im Nucleus pulposus junger Kaninchen ist das Kollagen von langen, 50 Å breiten Filamenten umhüllt.

Die elektronenmikroskopisch zu beobachtenden Granula entsprechen nicht der Form des Makromoleküls, wie sie mit anderen Methoden wahrscheinlich gemacht wurde. Knese (1971 a) hat versucht, die Erscheinungsform der Granula als Ergebnis der *Entwässerung* eines hydratisierten Moleküls zu deuten. Den Ausgangspunkt für diese Interpretation bildet die Angabe von Schubert (1964), ein Hyaluronsäuremolekül habe einen sphärischen Durchmesser von 4000 Å und ein Volumen von $330000 \times 10^9$ ml. Eine vollständige Entwässerung würde zu einem Durchmesser des Moleküls von etwa 300 Å führen, der den Beobachtungen der Elektronenmikroskopie entspricht. Zu der Schrumpfung durch Dehydrierung im Sinn einer *Volumenkontraktion* (Joly, 1965) tritt, neben anderen Veränderungen, eine Art *Aggregation*. Als bevorzugte „Kristallisations"orte für die Aggregation wirken die Fibrillen, besonders Zwickel bei Fibrillenüberkreuzungen (Abb. 67). Dies mag z.T. darauf beruhen, daß Polysaccharidketten eines Proteoglykan-Moleküls Fibrillen umschlingen können. Die Beziehung beider Komponenten wurde als eine sterische Assoziation angesehen (Myers et al., 1969; Smith, 1970; Khan und Overton, 1970). Die aggregierten Moleküle erscheinen mehr tropfenförmig um eine Fibrille oder unregelmäßig polyedrisch im Zwickel. Vermutlich besteht eine Beziehung zur Dichte des Fibrillenwerks. In einem lockeren Fibrillengefüge bzw. in Abwesenheit von Fibrillen entstehen größere Aggregate (Abb. 68). Die Form des Aggregats hängt zudem von der Art des Fällungsmittels ab (Knese, 1977). Mit Formalin entstehen ähnliche Aggregate wie mit Glutaraldehyd-Osmium. Bleinitrat (Abb. 69) erzeugt polyedrische Gebilde; auch legt sich den Fibrillen ein Schleier an, so daß rundliche interfibrilläre Räume entstehen. Nach Fixierung mit basischem Bleiacetat findet man feinste Granula in ein sehr feines Fibrillenwerk eingebettet. Nach Rossman-Behandlung erscheint die gesamte Interzellularsubstanz als ein homogenes Aggregat, nach Champy-Fixierung sind, neben einem Fibrillenwerk, nur noch staubförmige Granula aufzufinden.

Nach Ort des Auftretens der Proteoglykane (Zelle, Perizellulärsubstanz, Interzellulärsubstanz mit Kollagenfibrillen) und nach Art der Fixierung ist die Erscheinungsform der Proteoglykan-Moleküle in unseren Präparaten sehr unterschiedlich. Es ist daher zweifelhaft, ob allein aus der „Fixierungsstruktur" der Proteoglykan-Moleküle auf ihre Struktur in vivo geschlossen werden kann, wie es versucht wurde (u.a. Fitton-Jackson, 1964; Serafini-Fracassini und Smith, 1966; Partridge, 1968).

### 3.4.2.3. Lösung, Fällung, Fixierung der Proteoglykane

Für jede histologische Untersuchung ist von Bedeutung, daß die Bindegewebspolysaccharide relativ *leicht löslich* sind. Hyaluronsäure, mitunter Chondroitinsul-

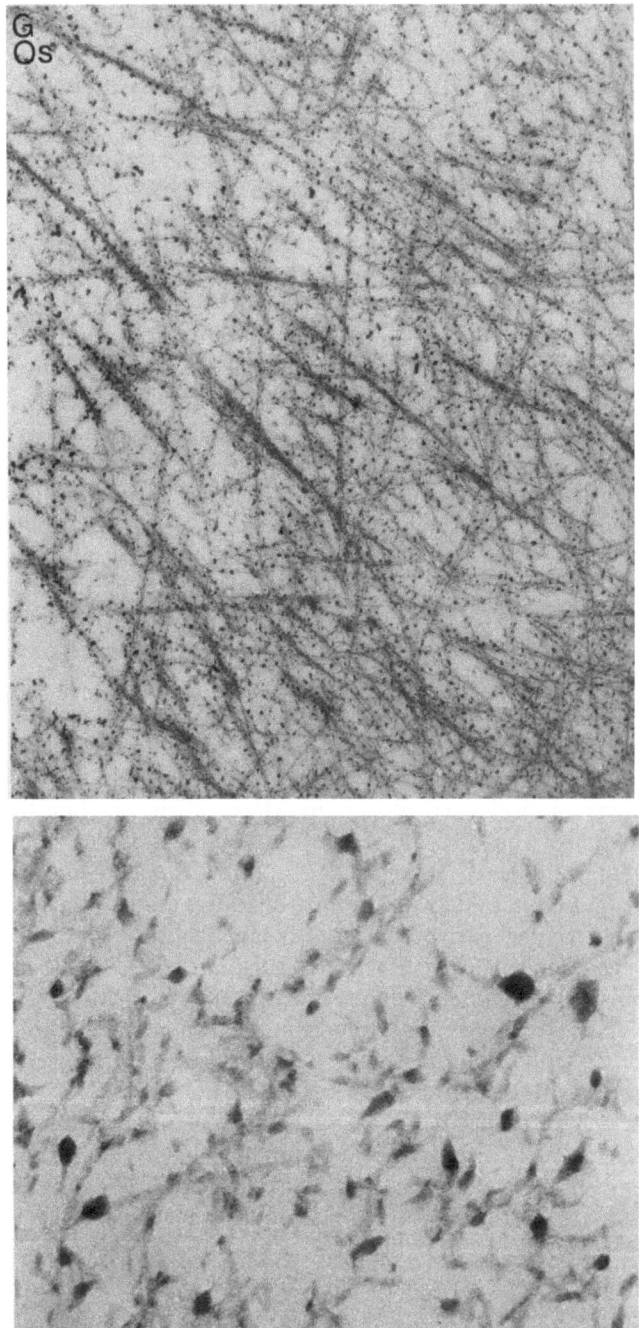

**Abb. 67.** Erscheinungsform der Proteoglykane nach Fixierung mit Glutaraldehyd-Osmiumsäure, oben Rinderfet 350 mm SSL, Nasenscheidewand, Vergr. 12600×, unten Rinderfet 110 mm SSL, prox. Epiphyse des Metatarsus, Vergr. 140000×

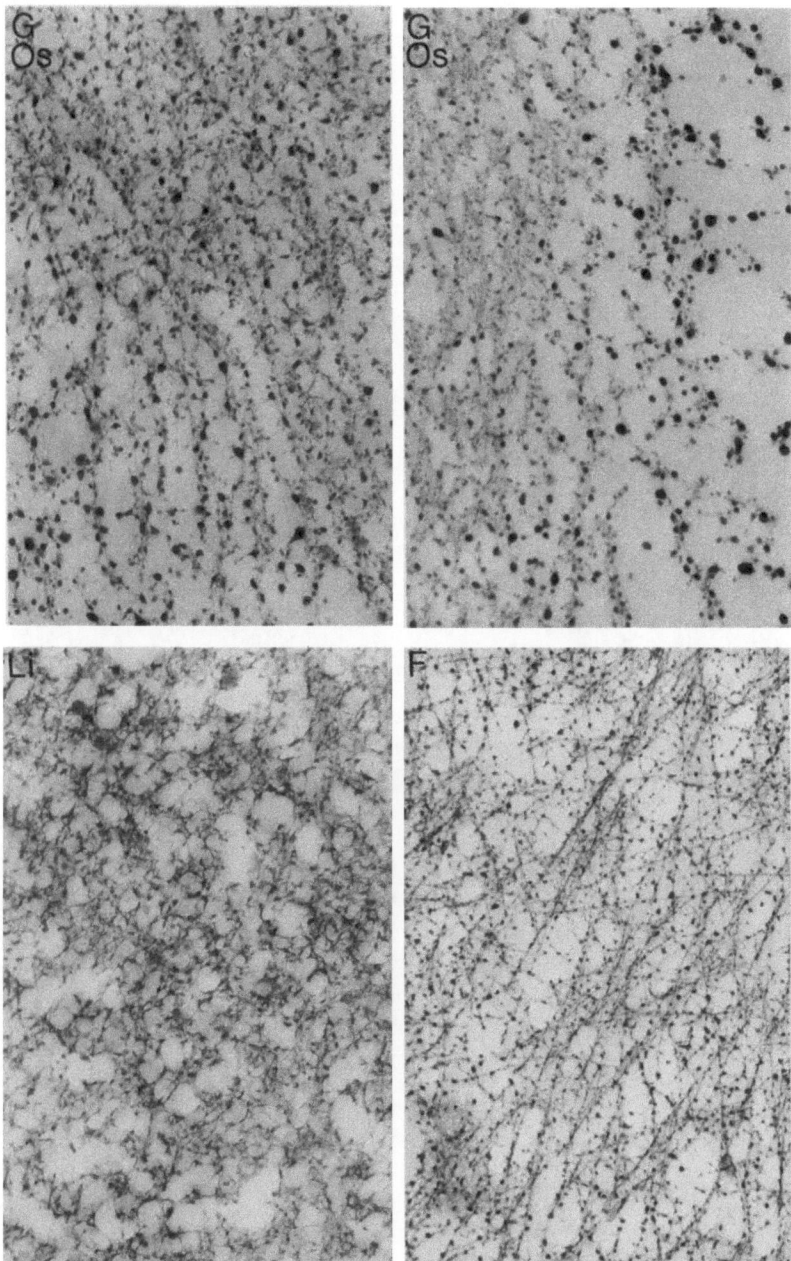

**Abb. 68.** Erscheinungsform der Proteoglykan-Moleküle bei verschiedenartiger Fixierung. Glutaraldehyd-Osmiumsäure oben links: im Bereich der Interterritorialsubstanz. Oben rechts: Übergang der Interzellularsubstanz zur Perizellularsubstanz. Fixierung Li Lillie, F Formol, Vergr. 25 000 ×

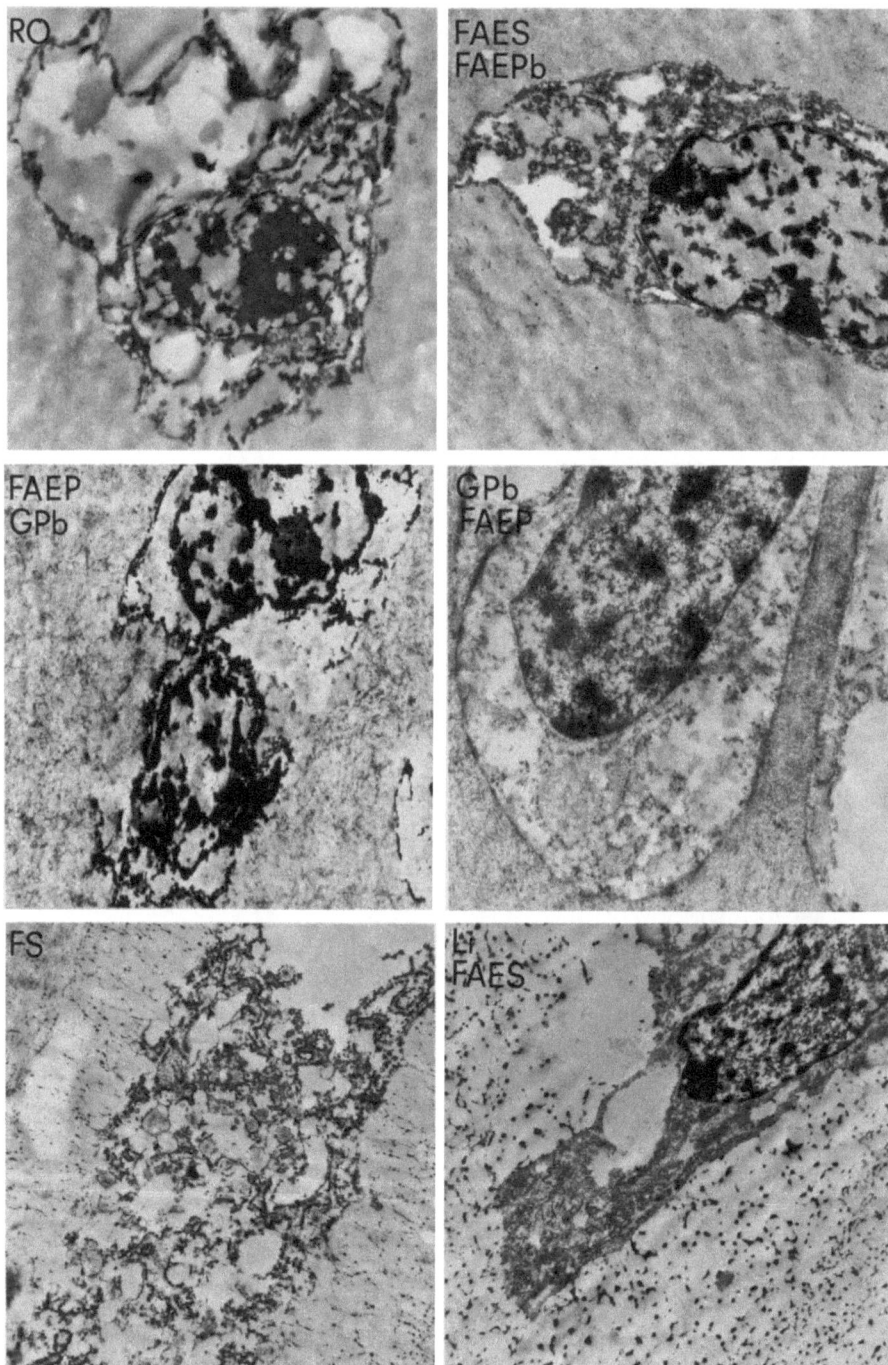

**Abb. 69.** Elektronenmikroskopische Kontrolle der Erhaltung der Zellstruktur und des Zustands der Interzellularsubstanz bei verschiedenartiger Fixierung. *RO:* Rossman, *FAEP − GPb:* Formol-Alkohol-Eisessig-Phosphorwolframsäure + Glutaraldehyd-basisch Bleiacetat, *FS:* Formalin-Sublimat, *FAES-FAEPb:* Formol-Alkohol-Eisessig-Sublimat + Formol-Alkohol-Eisessig-basisch Bleiacetat, *GPb-FAEP:* Glutaraldehyd-basisch Bleiacetat + Formol-Alkohol-Eisessig-Phosphorwolframsäure, *Li-FAES:* Lillie + Formol-Alkohol-Eisessig-Sublimat, Vergr. 9300 ×

fat lassen sich bereits mit Wasser extrahieren (BLIX, 1940; BLIX und SNELLMAN, 1945), evtl. sogar als Proteinkomplex (SHATTON und SCHUBERT, 1954). Auch mit *Äthanol* bzw. *Formalin* (SZIRMAI, 1963) können MPS aus dem Schnitt herausgelöst werden. Umfangreiche Studien über die Extraktion von Bindegewebspolysacchariden geben Anhaltspunkte, in welcher Reihenfolge und Menge und durch welche Mittel die Substanzen gelöst werden.

Die Ausbeute an Chondroitinsulfaten hängt von dem jeweiligen Extraktionsmittel ab. Sie erreicht bei einer *alkalischen* Extraktion (JORPES, 1929; FÜRTH et al., 1937; BRAY et al., 1944; MEYER et al., 1948; STRANDBERG, 1950) 32%; mit *Wasser* bzw. 10%igem Natriumchlorid (JORPES, 1929) und 30%igem Kaliumchlorid (EINBINDER und SCHUBERT, 1950) ist sie geringer, mit Calciumchlorid (MEYER und SMYTH, 1937; BLIX und SNELLMAN, 1945; MATHEWS und DORFMAN, 1953) höher. In neutralem Calciumchlorid sind weniger als 10% Chondroitinsulfat löslich (MATHEWS und DORFMAN, 1953). Mit steigendem pH (9,0–11,6) wird eine erhöhte Menge von MPS gelöst (ANDERSON, 1961 b); gleichzeitig erfolgt ein geringer *Abbau*, da auch Chondroitinsulfate mit geringem Molekulargewicht auftreten (MATHEWS und DORFMAN, 1953). Bei der alkalischen Extraktion erfolgt eine *Abspaltung vom Protein* (GREILING, 1966; SHARON, 1966) unter alkalischer Zerstörung der Serinbindung. Die Extraktionsausbeute beträgt 80–85% (SAJDERA und HASCALL, 1969; ROSENBERG, 1973). Der Rest kann erst nach verschiedenartigem Abbau extrahiert werden; es liegt dann eine dissoziative Extraktion vor (vgl. GREGORY et al., 1970). Bei älteren Kaninchen sind nur etwa 10% zu extrahieren (QUINTARELLI et al., 1975). Die Extraktion ist nach MEYER und RAPPORT (1951) bereits als eine Fraktionierung anzusehen. Bei kurzer *Extraktionszeit* werden nach TSIGANOS und MUIR (1970) die kleineren Moleküle, erst bei längerer die größeren aus dem Knorpel herausgelöst; gleichzeitig treten mehr Proteine und Glucosamine sowie Keratansulfat auf. Durch eine Reihe einander folgender Extraktionen erhält man Moleküle wechselnder Größe, wobei die größeren Moleküle mehr Protein enthalten. Nach KLEINE und HILZ (1970) beruht die differente Löslichkeit nicht auf einer Artefaktbildung; sie betrifft verschiedene Komponenten des Gewebes.

Leicht *löslich* ist nach HALLÉN (1970) die Hyaluronsäure; es folgt Chondroitin-6-sulfat, schließlich Keratansulfat und Dermatansulfat. Die Löslichkeit von Chondroitin-4-sulfat ähnelt wahrscheinlich der von Chondroitin-6-sulfat. Die Löslichkeit scheint umgekehrt proportional zu dem *Proteingehalt* der Proteoglykane zu sein. Die Hyaluronsäure enthält weniger als 1%, die Chondroitinsulfate 10–20% Proteine, und das Dermatansulfat hat mehr als 50% (TOOLE und LOWTHER, 1968). Ferner scheint die Löslichkeit mit der biologischen *Halbwertszeit* in Verbindung zu stehen. Schließlich besteht eine Altersabhängigkeit (MUTHIAH et al., 1973; vgl. dagegen VAN DER KORST et al., 1974). Die unterschiedliche Löslichkeit der Polysaccharide im Epiphysenknorpel, u.a. in Abhängigkeit von der molaren Konzentration von $MgCl_2$ der Bindegewebspolysaccharide, wurde zur Kennzeichnung verschiedener Regionen genutzt (HJERTQUIST, 1964a; SZIRMAI et al., 1967; vgl. weiter SCHULTZ-HAUDT, 1973). Schwer lösliche Proteoglykane kommen in der Transformations- und Mineralisationszone der Epiphyse vor, bei anderem Knorpel nur perilakunär (CAMPO, 1974).

Die Betrachtungen über die Löslichkeit der Proteoglykane zeigen, daß mit erheblichen *Materialverlusten* bei der Fixierung zu rechnen ist, ein schwer löslicher Rest aber erhalten bleibt. Der Verlust beim Vergleich verschiedenartigen Materials — besonders von verschieden alten Tieren — ist unterschiedlich groß. Mit dem Alter ändert sich das *MPS-Profil*. Die Keratansulfat-Komplexe nehmen zu, aber auch die Menge des Proteins; die lösliche Fraktion (PP-L) wird kleiner, die schwere (PP-H) größer (MATHEWS, 1965b; ROSENBERG et al., 1965).

Über eine *adäquate Fixierung* der Proteoglykane besteht keine Einigkeit (vgl. CURRAN, 1961, 1964). Neben *Äthanol* und *Formalin*, z.T. als Gemisch, wurden spezielle Fällungsmittel verwandt, u.a. *basisches Bleiacetat* (HOLMGREEN und WILANDER, 1937), *Bleinitrat* (LILLIE, 1965) und *Cetylpyridinchlorid* (WILLIAMS und JACKSON, 1956). Es wurde kaum berücksichtigt, daß die Fixierung intrazellulärer Proteoglykane noch schwieriger ist als die extrazellulärer. Die intrazellulären Kohlenhydrate haben ein geringes Molekulargewicht und sind nicht mit einem Fibrillennetz verbunden. Eine befriedigende Fixierung der intrazellulären Kohlenhydrate mit einem einfachen Gemisch ist nicht zu erreichen. KNESE (1972b, 1977) hat versucht, beide Anteile der Proteoglykane, das Protein und das Polysaccharid, gesondert zu fixieren. In einer *Sukzessiv-* bzw. *Doppelfixierung* wurde eine „spezifische" *Kohlenhydrat-* und *Proteinfixierung* vorgenommen. Als Kohlenhydrat-Fixans hat sich das Gemisch von LILLIE mit Bleinitrat und ein Formalin-basisches Bleiacetat bewährt, als Protein-Fixans ein Gemisch aus Formalin-Alkohol-Eisessig-Sublimat.

Keines der 44 geprüften Fixierungsmittel, auch nicht die Sukzessiv-Fixierungen, erhalten alle Zellen der Epiphyse in gleicher Form (Abb. 70). Man muß daraus schließen, daß die *Lösungs-* und *Fällungseigenschaften* der Polysaccharide in den Chondrozyten der Epiphyse von unterschiedlicher Natur sind; das gilt ebenfalls für Zellen des Periosts (KNESE, 1972b). Die Zellen des *hyalinen* Epiphysenknorpels sind zu fixieren nach ROSSMAN, CARNOY und nach *Lillie*+Formalin-Alkohol-Eisessig-Sublimatgemisch, die der *Transformationszone* nach *Lillie* +Formalin-Sublimat, die des *Säulenknorpels* am besten nach STIEVE (ohne Alkohol!) sowie mit Formalin-Alkohol-Eisessig-Sublimat, die *Hypertrophen* mit einem Gemisch aus Formalin-Alkohol-Eisessig-Sublimat + Formalin-basischem Bleiazetat, z.T. nach CARNOY. Es besteht die Möglichkeit, daß durch die jeweilige Fixierung verschiedenartige Substanzen bzw. Substanzanteile erhalten bleiben oder deren Reaktionsfähigkeit beeinflußt wird (KNESE, 1972b). Wenn auf diesem Weg auch nicht die chemische, sondern nur die physikalische Natur der Kohlenhydrate gekennzeichnet wird, so ist die „*Fixierbarkeit*" als eine histologische Reaktion anzusehen, die neben dem färberischen Verhalten zu beachten ist. Entsprechende Untersuchungen wurden am Periost (KNESE, 1966a, 1972b) u.a. mit Äthanol bzw. Formalin-fixierten Substanzen durchgeführt. Die Fixierbarkeit ist als ein Gegenstück für das *Löslichkeitsprofil* anzusehen. Durch eine verschiedenartige Fixierung wird die Färbbarkeit, besonders aber ihre Reaktion gegenüber enzymatischen und chemischen Kontrollen (u.a. Methylierung) der Polysaccharide verändert.

Bei einer Beschäftigung mit den intrazellulären Kohlenhydraten ist die Frage der Erhaltung der *Zellstruktur* zu beachten. Eine gleichzeitige Erhaltung der Lipoproteinmembranen (Lipoidfassade; ZEIGER, 1958) und der Kohlenhydrate

---

**Abb. 70.** Erhaltung der Knorpelzellen bei verschiedenartiger Fixierung. 1−4 Einbettung Epon, Dick- ▷ schnitte auf Ultramikrotom, Phasenkontrast. *1)* Cha.: Champy (110 mm SSL) *2)* Wi./Ja.: Williams/ Jackson (85 mm SSL), *3)* Ro.: Rossman (120 mm SSL), *4)* GOs: Glutaraldehyd-Osmium (110 mm SSL), 5−8 Einbettung Paraffin, Färbung Alcianblau PAS, *5)* Li-Lillie (124 mm SSL), *6)* Li-FAES: Lillie+Formol-Alkohol-Sublimat-Eisessig (100 mm SSL), *7)* FAEP-Li: Formol-Alkohol-Eisessig-Phosphorwolframsäure + Lillie (160 mm SSL), *8)* FAEP−GPb: Formol-Alkohol-Eisessig-Phosphorwolframsäure + Glutaraldehyd-basisches Bleiacetat (150 mm SSL), Obj. 25

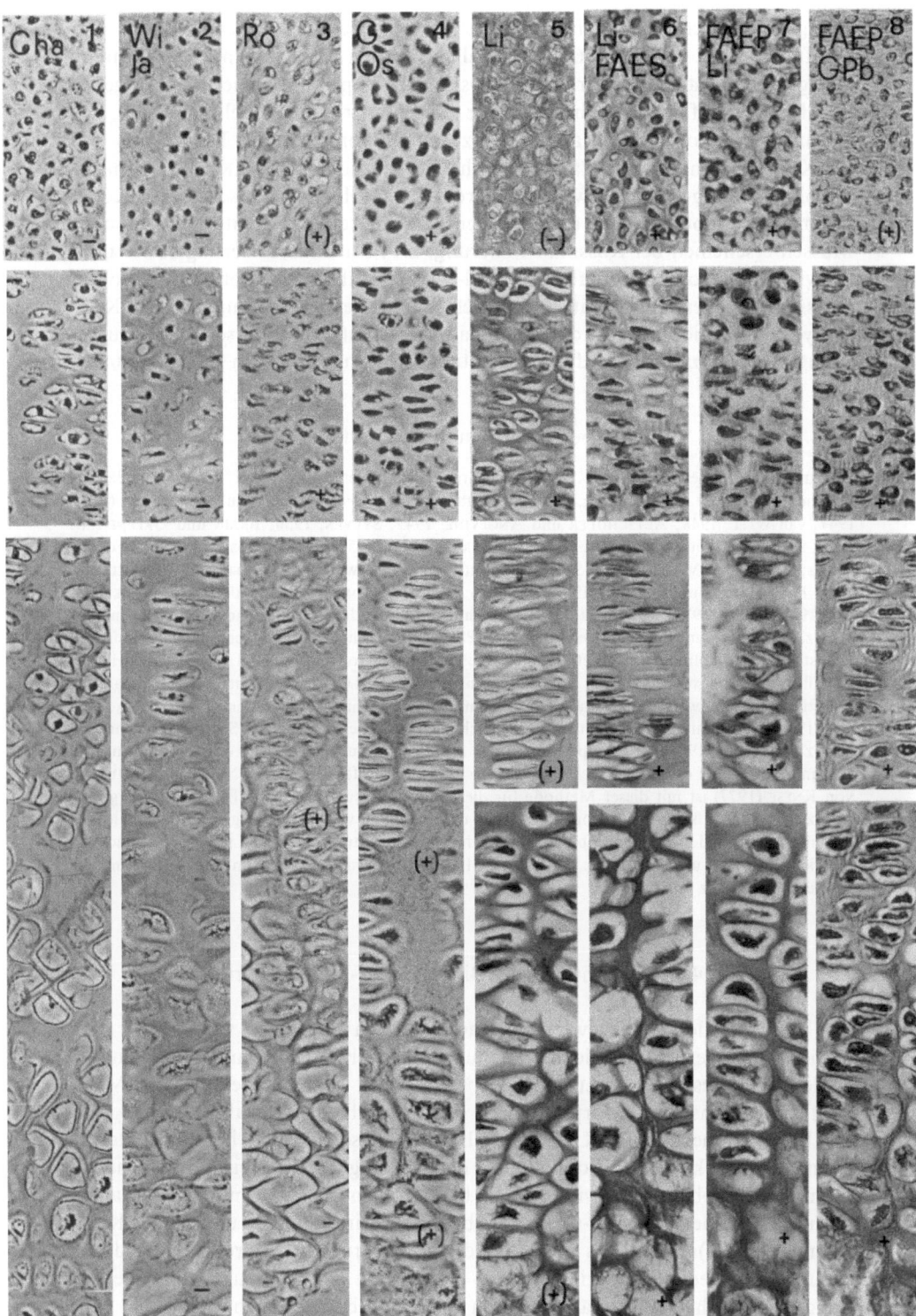

gelingt schwerlich, da es sich um Stoffe mit grundsätzlich verschiedenen Eigenschaften handelt (KNESE, 1969 b). Vor allem werden Membranen durch Äthanol angegriffen. Fast alle elektronenmikroskopisch geprüften Fixierungen ergeben im Hinblick auf die Membransysteme ein katastrophales Zellbild (Abb. 69). Mitunter sind noch Membranreste aufzufinden, vor allem des Retikulums und des Kerns. Bei manchen Fixantien (nach KOLATSCHEW, ROSSMAN, mit Formalin-Alkohol-Eisessig-Phosphorwolframsäure + Glutaraldehyd-basischem Bleiacetat) treten Verklumpungen auf, die auch den Kern betreffen. Eigentümliche hyaline Massen erscheinen bei Rossman-Fixierung, z.T. bei Lillie-Fixierung sowie nach Einwirkung    von    Formalin-Alkohol-Eisessig-Sublimat + Formalin-Alkohol-Eisessig-basischem Bleiacetat. Das verschiedenartige Erscheinungsbild der Kohlenhydrate im Lichtmikroskop dürfte damit z.T. auf eine unterschiedlich ausgedehnte *Membranzerstörung* durch Fixantien zurückzuführen sein (KNESE, 1969 b).

### 3.4.2.4. Überlebendes und unfixiertes Gewebe

Die große Löslichkeit der MPS-Komplexe während der Fixierung oder bei der anschließenden Behandlung war die Veranlassung, Gefrierschnitte von *unfixiertem Gewebe* zu untersuchen (LIEB, 1947; van WEEL, 1948; ALTSCHULER und ANGEVINE, 1949; SYLVÉN, 1950; BRAIN und GREENFIELD, 1950; BUNTING, 1950; FRIBERG et al., 1951; CARNES et al., 1951/1952; LANDSMEER, 1951; FOLLIS, 1952 a; SYLVÉN und MALMGREN, 1952; SCHILLER et al., 1952; FAWNS und LANDELLS, 1953 b; SZIRMAI, 1956, 1963; BALAZS und SZIRMAI, 1958 a; PEARSE, 1960; HIRSCHMAN, 1967; VAUGHAN und WILLIAMSON, 1968; KNESE, 1977). Jedoch ist damit zu rechnen, daß bei den anschließenden Nachweismethoden, z.B. der Färbung im wäßrigen Milieu, MPS verloren gehen. Nun bilden sich mit basischen Farbstoffen, wie Toluidinblau, Methylviolett, bei genügender Ionenstärke und geeignetem pH evtl. ausfallende Komplexe. Dabei kann jedoch nicht immer (vgl. SCHAFFER, 1930), eine metachromatische Reaktion auftreten, wie bereits TERRAZAS (1896) mit wäßriger Thioninlösung demonstrierte. BRODERSEN (1914) färbte mit Toluidinblau. Die Möglichkeit zur Fixierung von MPS in Gefrierschnitten hat SZIRMAI (1956, 1963) zur Präzipitation in situ ausgenutzt. Auf diesem Weg werden Schrumpfungen und die Lösung durch andere Mittel als durch die Farbstoffe vermieden. Nach Beobachtungen von KNESE (1977) ist mit dieser Methode für die Interzellularsubstanz ein befriedigendes Ergebnis zu erzielen, doch läßt die Erhaltung der MPS in den Zellen zu wünschen übrig. Bei einer Fixierung mit einem Glutaraldehyd-Toluidinblau O ist eine licht- und elektronenmikroskopische Untersuchung möglich (SHEPARD und MITCHELL, 1976 a, b). Hierbei lassen sich Granula in den Zellen und die Perizellularsubstanz darstellen.

### 3.4.3. Die Synthese der Bindegewebs-Polysaccharide

Die Synthese der Bindegewebs-Polysaccharide in der Zelle wird unter dem Gesichtspunkt erörtert, welche Beziehungen zwischen Form und Funktion der Skelettzellen bestehen. FOLLIS (1952 a) hatte noch gemeint, der Ort der MPS-Synthese sei unsicher. Morphologisch recht verschieden gestaltete Zellen sind zur MPS-Synthese fähig (KNESE, 1969 b). Aus diesem Grund hat die Untersuchung der strukturellen Äquivalente der Bildung der Protein-Polysaccharid-Komplexe erhebliche Schwierigkeiten bereitet. Andererseits muß man fragen, ob nicht vor allem in MPS-reichen Gebieten, wie im Knorpel und in der Kambium-(Schleim-)schicht des Periosts, die strukturellen Differenzen Ausdruck einer unterschiedlichen Tätigkeitsform sind. Weist die Zellstruktur auf die Bildung von verschiedenartig aufgebauten Bindegewebs-Polysacchariden hin? Eine

Bestätigung dieser Hypothese würde uns ein besseres Verständnis für die Vielgestaltigkeit der Skelettzellen eröffnen. Wir würden die Zellen nicht mehr nur topographisch bzw. als kennzeichnend für eine spezielle Gewebeform, sondern auch nach ihrer jeweiligen Leistung voneinander unterscheiden können.

### 3.4.3.1. Die Synthese der Bindegewebspolysaccharide in der Zelle

In älteren Untersuchungen wurde nach dem Wesen und Ablauf der „Knorpelbildung" gefragt, nicht nach der MPS-Synthese, denn die MPS wurden noch nicht als wohlkonfigurierte Substanzen angesehen. Die bei der Knorpelbildung schrittweise zunehmende Menge an Interzellularsubstanzen hat allerdings an eine Zellleistung denken lassen. Vor allem fiel auf, daß sich die Interzellularsubstanzen in ihrem Färbungscharakter ändern; die Bezeichnungen „prochondral" und „protochondral" (SCHAFFER, 1930) nehmen hierauf Bezug.

Die Untersuchungen der Zelleistung bei der Bildung *komplexer Polysaccharide* traten in eine neue Periode, als McMANUS (1946) und HOTCHKISS (1948) die Perjodsäure-Oxydation als histochemische *PAS*-Technik ausarbeiten. Die ersten Untersuchungen betrafen aber nicht das Perichondrium, das sich gegenüber vielen Färbungen refraktär verhält, sondern *Fibroblasten* (GERSH und CATCHPOLE, 1949; BUNTING, 1951; CURRAN, 1953; CURRAN und KENNEDY, 1955; TAYLOR und SAUNDERS, 1957). Die Markierung von Fibroblasten aus verschiedenen Quellen mit $^{35}$S weist auf intrazellulär sulfatierte Polysaccharide hin (GROSSFELD et al., 1955; KLING et al., 1955; KLING und CAMERON, 1955; BASSET und MEYER, 1956; MANCINI et al., 1956; TAYLOR und SAUNDERS, 1956; GROSSFELD, 1957; GROSSFELD et al., 1957; CASTOR, 1957; YIELDING et al., 1957; BERENSON et al., 1958). Histochemische Befunde an der *menschlichen Nabelschnur* deuten SCHOENBERG und MOORE (1957, 1958) und MOORE und SCHOENBERG (1957) im Sinn der *Bildung von Oligosacchariden* als Vorläufer von MPS. In feinen Granula der Fibroblasten sollte ein Di- oder Tetrasaccharid vorliegen, das nicht sulfatiert ist, weil es erst nach Sulfurierung eine metachromatische Reaktion gibt. Diese Granula verschwinden bei Bildung hochmolekularer MPS, die nicht durch β-Glucuronidase, aber durch Hyaluronidase hydrolysiert werden. Die MPS sind sulfatiert und geben eine metachromatische Reaktion. Die Verfasser sehen daher die Fibroblasten als Produzenten der Hyaluronsäure und des Chondroitinsulfats an, wobei ein Vorläufer von niederem Molekulargewicht auftritt.

Auf die Diskussion, ob *Mastzellen* die Produzenten der sulfatierten Polysaccharide sind, sei hingewiesen (vgl. ASBOE-HANSEN, 1954a). EHRLICH (1877) hatte an den Granula zuerst die Erscheinung der *Metachromasie* beschrieben. Es dürfte unbestritten sein (u.a. RILEY, 1959; SMITH, 1963; SCHAUER, 1964), daß Mastzellen *Heparin* produzieren und in diesem Zusammenhang $^{35}$S einlagern können. Wahrscheinlich liegt das Heparin als *Proteinkomplex* vor; der Proteinanteil beträgt 13,12% (bei Chondroitinsulfaten etwa 14,2%).

Die Synthese der komplexen Kohlenhydrate in den *Chondrozyten* ist allgemein anerkannt (CURRAN, 1953; LEBLOND et al., 1959; KNESE und KNOOP, 1959; 1961a, b; SHELDON und KIMBALL, 1962; DZIEWIATKOWSKI, 1962a, b; CAMERON, 1963; REVEL und HAY, 1963; FEWER et al., 1964; ROHR und WALTER, 1966; URIST, 1966; BONUCCI, 1967; MATUKAS et al., 1967; SMITH und SERAFINI-FRACASSINI, 1967; HADHÁZY et al., 1968a, b; HORWITZ und DORFMAN, 1968; MATUKAS und KRIKOS, 1968; SCHERFT, 1968a, b; SHULMAN und MEYER, 1968; SERAFINI-FRACASSINI und SMITH, 1966; SMITH und SERAFINI-FRACASSINI, 1968). Eine nächste Phase der Untersuchungen ist durch den Versuch gekennzeichnet, den „Ort" der MPS-Synthese in der Zelle zu bestimmen. Im einzelnen wurden sehr unterschiedliche Ansatzpunkte für die Bestimmung gewählt. Neben morphologischen Befunden erwies sich die Berücksichtigung des Ablaufs der Biosynthese als unerläßlich.

Die Bedeutung des *endoplasmatischen Retikulums* für die Synthese von Protein-Polysacchariden wurde relativ früh erörtert (KNESE und KNOOP, 1958, 1959, 1961a; GODMAN und PORTER, 1960; CAMPBELL, 1961), zumal ein „Protein"-Polysaccharid gebildet wird. Zunächst war aber unklar, welcher Schritt der MPS-Synthese mit dem endoplasmatischen Retikulum verbunden ist. Für die Gestaltung des granulären Retikulums konnten mehrere Typen nachgewiesen werden (KNESE, 1969b, 1970d, 1971a).

Sodann wurde berücksichtigt, daß die ersten Schritte des *glykolytischen* Zyklus und der MPS-Bildung von gleicher Natur sind (GANSLER und ROUILLER, 1956; GRAFFI und SCHNEIDER, 1956; HADHÁZY et al., 1962; HOLLMANN, 1964; ZAMBOTTI und BOLOGNANI, 1967; ANDERSON und GREEN, 1967; KNESE, 1969b). HADHÁZY et al. (1968a) lokalisieren daher die Bildung der MPS in das *Hyaloplasma*. Die Enzyme des Glykogenstoffwechsels sind jedoch allgemein an das *Polymer des Glykogens* (STETTEN und STETTEN, 1960; GOLDEMBERG, 1966) bzw. an *Membranen* gebunden, z.B. die Glukose-6-Phosphatase (vgl. HORWITZ und DORFMAN, 1968; KNESE, 1969b).

Als Ort der Biosynthese von Protein-Polysacchariden wurde schließlich der *Golgi-Apparat* angesehen (SHELDON und KIMBALL, 1962; REVEL und HAY, 1963; FEWER et al., 1964; GODMAN und LANE, 1964; PETERSON und LEBLOND, 1964a, b; ROHR und WALTER, 1966; NEUTRA und LEBLOND, 1966a, b; RAMBOURG et al., 1969). Das an den Ribosomen gebildete Protein werde zum Golgi-Komplex transportiert, wo die Heteropolysaccharidketten angefügt werden. Ein solcher Mechanismus mag nach DORFMAN (1970) für die Synthese von Glykoproteinen und Glykolipiden gelten. Die entsprechenden Organellen könnten *Glykosidosynthesomen* genannt werden (WARSHAWSKY und LEBLOND, 1961; CARO, 1961; ROSS und BENDITT, 1962a, b; WARSHAWSKY et al., 1963; VAN HEYNINGEN, 1964; ROSS, 1968; LEVAI und MARX, 1969b; REVEL, 1970; GOEL, 1970). Die Fähigkeit des Golgi-Apparats zu dieser Tätigkeit wurde bezweifelt, da entsprechende Enzyme (SCHNEIDER und KUFF, 1954; KUFF und DALTON, 1959; REID, 1967; SIEBERT, 1968; BEAMS und KESSEL, 1968; HORWITZ und DORFMAN, 1968; KNESE, 1969b) und eine Metachromasie fehlen (ROSE, 1961). Die autoradiographischen Befunde mit *markierter Glucose* bzw. Galaktose u.a. von PETERSON und LEBLOND (1964a, b), GODMAN und LANE (1964) sowie von FEWER et al. (1964) sind nach LAWFORD und SCHACHTER (1966) mit anderen Befunden über die Proteoglykansynthese nicht vereinbar. So ist wohl eine weitere Beschäftigung mit diesen Beobachtungen erforderlich, zumal in manchen Zellen, z.B. im Säulenknorpel des *Rinds*, ein umfangreicher vakuolärer Apparat elektronenmikroskopisch nicht nachzuweisen ist (KNESE, 1969b). Zur Aufklärung der Bedeutung des Golgi-Apparats bei der MPS-Synthese sind Beobachtungen an Drüsenzellen bei der Bildung epithelialer Schleime (u.a. PETERSON und LEBLOND, 1964a, b; OTERO-VILARDEBO et al., 1964; ROHR et al. 1965; SCHMALBECK und ROHR, 1967) vermutlich wenig geeignet.

### 3.4.3.2. Die Biosynthese der Polysaccharide

Die Biosynthese der Bindegewebspolysaccharide ist ein komplexer Vorgang; die Geschichte seiner Erforschung ist dementsprechend verwickelt (WHISTLER und OLSON, 1957; DORFMAN und SCHILLER, 1958; STARY, 1959; BAZIN und DELAUNAY, 1959; DORFMAN, 1963, 1964, 1965a, 1970; MUIR, 1964; BRIMACOMBE und WEBBER, 1964; DAVIDSON, 1964; BUDDECKE, 1966; BOSTRÖM und RODÉN, 1966; JACOBSON, 1970; RODÉN, 1970; RODÉN und SCHWARTZ, 1974). Ursprünglich nahm man eine voneinander unabhängige Bildung des Kohlenhydrat- und des Proteinanteils sowie die Kombination (die Polymerisation) beider an. Zahlreiche morphologische Untersuchungen gingen von der Voraussetzung *zweier weitgehend isolierter Prozesse* aus. Erstaunlich spät wurde der Zusammenhang zwischen der Protein- und Kohlenhydratsynthese erkannt (vgl. RODÉN, 1970). Die Synthese der Glykosaminoglykane scheint zunächst ein einfacherer Vorgang zu sein als jene der Nukleinsäuren (BOSTRÖM und RODÉN, 1966). Trotzdem ist unser Wissen darüber wesentlich geringer. Inwieweit für die Bildung der Proteoglykane ein *genetischer Kode* in Frage kommt, wurde diskutiert (vgl. MEYER, 1970; TSIGANOS und MUIR, 1970). Ein Kode für die Synthese der Proteinkomponente der Glykoproteine dürfte gesichert sein (u.a. MARSHALL und NEUBERGER, 1970; HEATH, 1971).

Für morphologische Untersuchungen ergibt sich ein spezieller Ansatzpunkt aus der Tatsache, daß Hexosamin und Hexuronsäure aus *Glucose* ohne Zufuhr vom Blut gebildet werden (BAZIN und DELAUNAY, 1959; STARY, 1959; LUCY et al., 1961 b; DORFMAN, 1963; DRAPER und KENT, 1963; DAVIDSON und SMALL, 1963a; MUIR, 1964; WARREN, 1966). Die Bildung der Glucuronsäure in der Leberzelle hängt von deren *Glykogen*gehalt ab (DZIEWIATKOWSKI und LEWIS, 1944). Hexosamin und Hexuronsäure entstehen aus der Glucose, ohne Spaltung der Kohlenstoffkette (u.a. BECKER und DAY, 1953; DORFMAN und SCHILLER, 1958; RIEDER und BUCHANAN, 1958). Die Neuraminsäure als häufiger Bestandteil der Glykoproteine ist auf die Glucose zurückzuführen (WARREN, 1966; BUDDECKE, 1966).

Da die Glucose nicht auf dem Blutweg zugeführt wird, ist anzunehmen, daß sie aus dem in Skelettzellen gespeicherten *Glykogen* befreit wird. Die Speicherung der „paraplasmatischen" Substanz Glykogen wurde in ihrer Bedeutung sehr unterschiedlich beurteilt. Neben skeptischen Äußerungen über das Wesen der Glykogenablagerung in Knorpelzellen (u.a. SCHAFFER, 1930; NEEDHAM, 1931) wurde auch eine Beziehung zur Interzellularsubstanzbildung in Erwägung gezogen (u.a. SUNDBERG, 1924; GENDRE, 1938; COBB, 1953; ZELANDER, 1959; FOLLIS, 1960; KNESE und KNOOP, 1961c; BONA et al., 1965a; GREENSPAN und BLACKWOOD, 1966; KNESE, 1969b, 1971a, 1972b; TOWNSEND und GIBSON, 1970). Nach BESCOL-LIVERSAC (1958) wird $^{35}$S im Knorpel und in der Schmelzpulpa an Orten abgelagert, an denen sich zuvor Glykogen befand. Im Hinblick auf die Bedeutung des Glykogens für die Synthese der Bindegewebspolysaccharide und die Tatsache, daß der Nachweis des Glykogens zu den histologischen Routinemethoden gehört, soll in das Kapitel der Biosynthese die Betrachtung des Glykogens einbezogen werden.

Unter morphologischen Aspekten sind folgende Prozeßgruppen zu unterscheiden: 1. Der Glykogenstoffwechsel, 2. die Bildung der Monosaccharide (Aminozucker), 3. die Sulfatbindung, 4. die Proteinsynthese, 5. die Kettenbildung am Proteinakzeptor, 6. die zytologischen Äquivalente der Synthese und 7. die Extrusion.

### 3.4.3.2.1. Das Glykogen

Unsere Vorstellungen über den Aufbau des *Glykogenmoleküls*, die *Glykogensynthese* und den *Glykogenabbau* wurden fast ausschließlich durch Untersuchungen an der Leber, dem Muskel und an Bakterien gewonnen (MEYER, 1943; STARY, 1956; MANNERS, 1957, 1962; STETTEN und STETTEN, 1960; STACEY und BARKER, 1962; ASHWELL, 1964; NEUFELD und GINSBURG, 1965; WOOD, 1966; BARTELHEIMER et al., 1966; CAPUTTO et al., 1967; SCRUTTON und UTTER, 1968; VILLAR-PALASI und LARNER, 1970; RYMAN und WHELAN, 1971). Es ergaben sich nicht unbeträchtliche Unterschiede zwischen dem Glykogenstoffwechsel im Muskel und in der Leber, u.a. im Hinblick auf die Enzyme.

Die Glykogenspeicherung in *Skelettzellen* wird in der allgemeinen Glykogenliteratur kaum erwähnt. Die Besonderheiten der Skelettzellen im Vergleich mit Leber- und Muskelzellen liegen darin, daß sie nur in einem definierten Entwicklungszustand und damit in einer begrenzten Region einen beachtlichen Glykogenstoffwechsel aufweisen. Die „Menge" des in Skelettzellen gespeicherten, histologisch nachweisbaren Glykogens ändert sich in bestimmten Regionen nicht merklich, z.B. im hyalinen Epiphysenknorpel im engeren Sinn. Man muß daher annehmen, daß das Glykogenmolekül bei der *Abgabe* von Glucosemolekülen als solches erhalten bleibt; diese Möglichkeit ist nach dem Aufbau des Moleküls gegeben. Um so bedeutungsvoller erscheint die *de novo-Synthese* von Glykogen in Anschluß an den Appositionsknorpel sowie der fast vollständige Glykogenverlust im mittleren Teil des Säulenknorpels (Abb. 91) mit folgender Neusynthese beim Übergang zur hypertrophen Region. Solch drastischen Veränderungen könnten als grundsätzliche Umstellung der Syntheseleistung der Zelle angesehen werden.

Einen Überblick über die Nutzung des *Glucose-Pools* für den Einbau in verschiedene Gewebekomponenten geben die Untersuchungen an den *Kniegelenks*epiphysen (Femur distal, Tibia proximal) von GURI und BERNSTEIN (1967). Der Glucoseeinbau in Gewebekomponenten ist im Bereich des Knochenkerns am größten; es folgen der Gelenkknorpel, die Epiphysenscheibe und die Metaphyse. Der größere Teil der Glucose tritt in die mit Alkali extrahierbaren *Bindegewebspolysaccharide* ein. Unterschiedlich groß ist die Bindung an *Kollagen*, erstaunlich hoch die Aktivität der *Lipide*. Ein erheblicher Anteil der Glucose wird zur *Lactat*produktion, ein kleiner zu der von $CO_2$ verwandt, und zwar im Gelenkknorpel zu 60,0/7,67%, Knochenkern 57,9/13,39%, Epiphysenscheibe 58,1/5,68% und Metaphyse 54,2/11,20%.

Auf das Glykogen bzw. die Glucose sind im Rahmen der MPS-Synthese folgende Substanzen zurückzuführen (Abb. 71): 1. Die *Aminozucker*, 2. die *Nukleotide*, die als „carrier" auftreten, und 3. die *Nukleinsäuren*. Die beiden letzteren entstehen über den Pentosephosphatzyklus. Auch in die Lipidsynthese geht Glucose ein, eine Tatsache, die allerdings noch wenig beachtet wurde.

*a) Struktur des Glykogen-Moleküls.* Das Glykogen besitzt kein bestimmtes *Molekulargewicht*; es ist polydispers mit einem Molekulargewicht zwischen 1 und 100 Mio (STETTEN und STETTEN, 1960; STACEY und BARKER, 1962; MANNERS, 1962). Für die Molekularstruktur des Glykogens (vgl. MANNERS, 1957, 1962) wird mit MEYER und FULD (1941) angenommen, daß es sich um eine kompakte, vielfach verzweigte *Baumstruktur* handelt (Abb. 72). Bei mehreren hundert Ketten mit jeweils (6–) 10–14(–18) D-Glucoseresten besteht das Molekül aus etwa 31 000 D-Glucoseresten. Dabei sind verschiedene Kettentypen zu unterscheiden. Bei der Bindung von Glykogen an *Proteine* (WILLSTÄTTER und RHODEWALD, 1934) dürfte es sich z.T. um eine Verbindung mit *Enzymen* handeln (STETTEN und STETTEN, 1960; RYMAN und WHELAN, 1971), u.a. die *Glykogensynthetase* und die *Glykogenphosphorylase* (GOLDEMBERG, 1966).

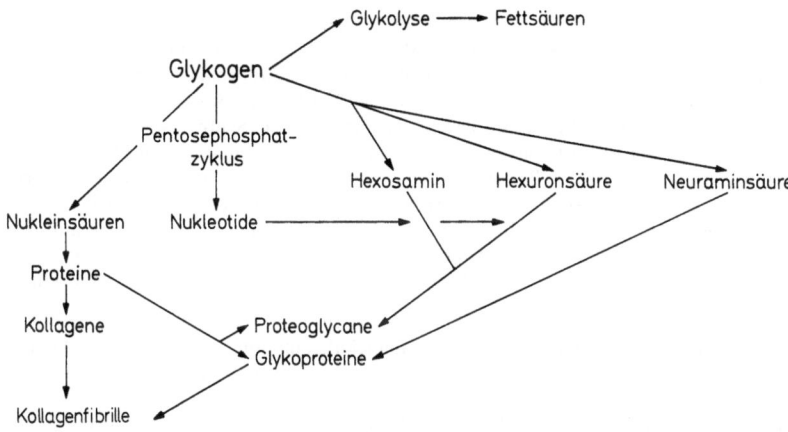

**Abb. 71.** Stark schematisierte Darstellung der Vorgänge, bei denen Glykogen als Muttersubstanz auftritt

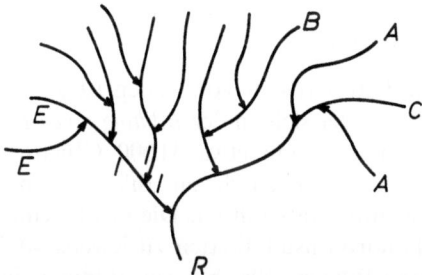

**Abb. 72.** Baumförmige Struktur des Glykogens (bzw. Amylopeptin) R: Freie reduzierende Gruppe, A- oder Seitenketten, B- oder Hauptketten, C-Ketten mit nur einer freien reduzierenden Gruppe, E- äußeren und I- inneren Ketten (Umzeichnung nach MANNERS, 1957)

*b) Glykogensynthese und Glykolyse.* Einige Fragen der Glykogensynthese und der Glykolyse, die für die Morphologie des Glykogens bedeutsam sind, sollen hier zusammen erörtert werden (vgl. u.a. STETTEN und STETTEN, 1960; STACEY und BARKER, 1962; MANNERS, 1962; GOLDEMBERG, 1966; RYMAN und WHELAN, 1971). Beide Vorgänge werden jeweils durch zwei Enzyme gesteuert.

Die Glykogensynthese wird durch eine *Glykogensynthetase*, die UDPG:Glykogen-α-4-Glukosyl-transferase, bewirkt. Das Enzym liegt, wie die Glykogen-Phosphorylase, in der *löslichen* Phase des Zytoplasmas und ist an das Glykogen adsorbiert (GOLDEMBERG, 1966). Die Glykogensynthetase katalysiert als eine Glykogen-UDP-Glykosyl-Transferase die Übertragung eines α-D-Glykosyl-Rests von Uridin S-(D-Glykosyl-pyrophosphat) zu einem Akzeptor, der (1→4) gebundene α-D-Glucosereste enthält. Als *Donor* tritt die UDP-Glucose, aber auch die ADP (Adenosin-diphospho)-Glucose auf (RYMAN und WHELAN, 1971). Der *Akzeptor* ist ein hochmolekulares Polysaccharid, im allgemeinen ein Glykogenpolymer. Das Enzym tritt in zwei Formen auf. Die D-Form ist phosphoryliert und enzymatisch weniger aktiv, die höher aktive I-Form ist dephosphoryliert. Die Aktivität der D-Form wird durch Glucose-6-phosphat auf das 50fache erhöht, jene der I-Form bleibt unverändert (vgl. GOLDEMBERG, 1966). Die Bedeutung der *Glucose-6-phosphatase* bei der Glykogensynthese ist nicht völlig geklärt (RYMAN und WHELAN, 1971; vgl. auch SCRUTTON und UTTER, 1968); die Wirkungsweise der Glucose-6-phosphatase, die 7 verschiedene Prozesse katalysiert, ist vermutlich recht komplex. Beide Enzyme benötigen als Akzeptor ein verzweigtes Polysaccharid, so daß die de novo-Synthese von Glykogen recht unklar erscheint (MANNERS, 1962; RYMAN und WHELAN, 1971). Verschiedentlich wurde erwogen (u.a. PARODI, 1967), ob durch die mikrosomale α-Amylase *Starter-Moleküle* gebildet werden können, wie es GAHAN und CONRAD (1968) für Bakterien vermuten.

Das abbauende Enzym, die *Phosphorylase*, gehört, wie die Synthetase, der *löslichen* Phase des Zytoplasmas an und ist ebenfalls an das Glykogenpolymer gebunden. Die Phosphorylase tritt in zwei Formen auf. Die aktive Phosphorylase a besitzt gegenüber der inaktiven b-Form eine Phosphatgruppe (vgl. VILLAR-PALASI und LARNER, 1970). Als weiteres abbauendes Enzym tritt ein *Entnetzungs-(debranching)-enzym* hinzu, die Amylo-1,6-Glucosidase. Im Hinblick auf die weiteren Enzyme des Glykogenstoffwechsels wird auf die genannte Literatur (u.a. VILLAR-PALASI und LARNER, 1970) verwiesen; ein großer Teil dieser Enzyme wurde im Skelettsystem nachgewiesen (Tabelle 11).

*c) Das Glykogen als Muttersubstanz.* Das Glykogenmolekül kann durch *Verkürzung* der Außenketten Glucosemoleküle abgeben; eine merkliche morphologische Veränderung des Glykogenbestands ist hierbei nicht erforderlich. Nach RYMAN und WHELAN (1971) stehen an den nicht reduzierenden Enden des Moleküls etwa 10% der Glucoseeinheiten zur Umwandlung in Glucose-1-phosphat zur Verfügung; d.h. eine Menge, die selbst bei ausgefeilter Meßtechnik und nicht nur visueller Abschätzung dicht an der Fehlergrenze liegt. COIMBRA (1969) hat am Zungenmuskel mit elektronenmikroskopischer Autoradiographie und Färbung gezeigt, daß $^3$H-Glucose nach 20 min eingebaut wird und nach 90 min wieder abnimmt. Hierbei ändert sich weder die PAS-Reaktion noch die Größe der elektronenmikroskopisch zu beobachtenden Granula. Die Silbergranula erscheinen über und in der Nähe bestehender Granula.

Im Hinblick auf die Ultrastruktur von Zellen ist zu fragen, wie groß etwa der Bereich in einer Zelle ist, der sich an der *Bildung eines Proteoglykan-Moleküls* beteiligt. Ein Glykogenmolekül mit etwa 31 000 Glucoseeinheiten (MANNERS, 1957, 1962) kann 3 100 Reste abgeben, die zur Bildung von rund 1 500 Disaccharideinheiten des Chondroitinsulfats führen. Die Größe eines Proteoglykanmoleküls wurde mit 100 Chondroitinsulfatketten zu jeweils 40 Disaccharideinheiten angesetzt (LUSCOMBE und PHELPS, 1967b). Zur Bildung dieser 4 000 Disaccharideinheiten eines Makromoleküls reichen die 10% verfügbaren Glucosemoleküle eines Glykogenpolymers nicht aus; es müßten etwa *drei Glykogenmoleküle* an der Bildung *eines Proteoglykanmoleküls* beteiligt sein. Eine ähnliche Kalkulation für den Proteinkern (s.S. 203) läßt vermuten, daß die Zahl der beteiligten Glykogenmoleküle größer ist und die 10% verfügbare Glucose nicht voll genutzt werden. Der vollständige Abbau eines Glykogenmoleküls, wie er zu Beginn des Säulenknorpels erfolgt, liefert die Kohlenhydratketten für *drei* Proteoglykanmoleküle.

### 3.4.3.2.2. Die Bildung der Aminozucker

Die Bildung der Aminozucker erfolgt in einer Reihe von Schritten (u.a. DELAUNY und BAZIN, 1958; WARREN, 1966; DAVIDSON, 1966; HORTON, 1969). Es zeigt sich, daß „junge" Zellen die Synthesereihe nur bis zu UDP-N-Acetylglucosamin und damit zur *Hyaluronsäure* durchführen können; „ältere" Zellen sind zur Bildung von Acetylgalaktosamin und *Chondroitinsulfaten* fähig. Damit wird in sog. „biochemical terms" (THORP und DORFMAN, 1967) ein Gegenstück zu der morphologisch zu beobachtenden „Differenzierung" gewonnen; so ist es erforderlich, die Schritte der Synthese kurz zusammenzufassen.

Bei der *Hexosaminbildung* liegen folgende Schritte vor:
1. Das Glykogen wird zu Glucose-1-Phosphat *phosphoryliert*, jenes wird dann in Glucose-6-

Phosphat umgebildet. Die MPS-Synthese ist durch das Glucose-6-Phosphat eng mit dem Ab- und Aufbau des Glykogens korreliert.

2. Es folgt eine *Amination* zu Glucosamin-6-Phosphat.

3. Durch eine *Acetylierung* entsteht ein Acetyl-Glucosamin-6-Phosphat, das wiederum in ein entsprechendes 1-Phosphat umgewandelt wird.

4. Durch eine Bindung an UTP wird ein UDP-N-Acetylglucosamin gebildet, das für eine Hyaluronsäuresynthese zur Verfügung steht. Die Bedeutung der Uridin-*Nukleotide* als Glykosyl-Donator für Di-Saccharide wurde von LELOIR (1964; vgl. DORFMAN, 1963; STROMINGER; 1964, 1969; SALTON, 1965; THORP und DORFMAN, 1967) erkannt. Die Nukleotide sind die „carrier" für die kleinen Moleküle bei der Biosynthese. Eine zentrale Stellung bei den Aminozuckern nimmt das UDP-Acetylglucosamin ein (STROMINGER, 1964; STACEY, 1946; THORP und DORFMAN, 1967).

5. Durch eine *Epimerisierung* wird das UDP-N-Acetylgalaktosamin für die Chondroitinsulfate gebildet; es kann auch unmittelbar aus Galaktosamin entstehen.

6. Mit Hilfe eines *aktiven Sulfates* (PAPS; s.u.) wird $SO_4$ gebunden; damit ist die eine Komponente, das UDP-Acetylglucosaminsulfat entstanden.

Die Biosynthese der *Hexuronsäure* aus Glykogen oder Glucose (u.a. DOUGLAS und KING, 1953a, b) läuft über die Bildung einer UDP-Glucuronsäure (STROMINGER, 1964; BOSTRÖM und RO-DÉN, 1966). Sie umfaßt folgende Schritte:

1. Phosphorylierung des Glykogens zu Glucose-1-Phosphat;
2. Bindung an UDP mit Entstehung der UDP-Glucose;
3. Oxydation zur UDP-Glucuronsäure.

Die Kohlenhydrat-Komponenten sind einander sehr ähnlich, aber doch voneinander verschieden (vgl. auch MEYER, 1970). Die möglichen verwandtschaftlichen Beziehungen haben BOSTRÖM und RODÉN (1966) diskutiert (ähnlich SCHUBERT und HAMERMAN, 1968; vgl. KNESE, 1970e). Diese Beziehungen im Hinblick auf die Differenzierung in der Bindegewebsreihe erörtern ausführlich THORP und DORFMAN (1967).

Die drei Reaktionen, in denen die *Sialinsäure* gebildet wird, faßt WARREN (1966; vgl. GOTT-SCHALK, 1960; ASHWELL, 1964) zusammen. Es handelt sich um die Kondensation von Phosphoenol-pyruvat mit N-Acetyl-D-Mannosamin-6-phosphat oder N-Acetyl-D-Mannosamin und eine durch die Aldolase katalysierte Reaktion zwischen Pyruvat und N-Acetylmannosamin. Der Einbau von [14]C-Glucose, Galaktose und Glucosamin wurde nachgewiesen (BRUNETTI et al., 1962; KOHN et al., 1962).

### 3.4.3.2.3. Die Sulfatbindung an die Proteoglykane

Die autoradiographischen Untersuchungen über die Ablagerung von [35]S haben zuerst ein Bild von der regionalen Verteilung der MPS-Synthese, vor allem in der Epiphyse, und deren zeitlichem Ablauf gegeben (s.S. 323). Die Bindung der Sulfatgruppe an das Galaktosamin ist zwar nur ein Teilvorgang der Proteo-glykan-Synthese, die Markierung mit [35]S wurde aber fast zu einer Routineme-thode (vgl. BOSTRÖM und RODÉN, 1966). Umstritten ist immer noch der Zeitpunkt der Sulfatbindung.

Zusammenfassende Darstellungen der älteren Untersuchungen geben DZIEWIATKOWSKI (1958) unter topographischen Gesichtspunkten und BESCOL-LIVERSAC (1958) unter spezieller Berücksichti-gung der Technik und der MPS-Bildung im eigentlichen Sinn. Im Rahmen der früheren Untersuchun-gen wurde vor allem geklärt, inwieweit eine [35]S-Ablagerung für die MPS-Synthese kennzeichnend ist [SHINGER und MARINELLI, 1945; DZIEWIATKOWSKI, 1949; LAYTON, 1950; CAMPBELL und PERSSON, 1951; DZIEWIATKOWSKI, 1952a, b; BOSTRÖM und MÅNSSON, 1952a, b; BOSTRÖM et al., 1952; VERNE et al., 1952; BOSTRÖM und ÅQVIST, 1952; ODEBLAD und BOSTRÖM, 1952; BOSTRÖM, 1952; EVERETT und SIMMONS, 1952; LAYTON et al., 1952; BOSTRÖM, 1953; BOSTRÖM und ODEBLAD, 1953; DZIEWIAT-KOWSKI, 1953; BOSTRÖM und MÅNSSON, 1953; MEYER et al., 1953; ENGFELDT et al., 1954; BOSTRÖM und JORPES, 1954; BOYD und NEUMAN, 1954; DAVIDSON und MEYER, 1954; LOWE und ROBERTS, 1955; MACHLIN et al., 1955; AMPRINO 1955c; RODÉN, 1956c, d; MEYER (bei BÉLANGER, 1956); CREMER und DITTMANN, 1956; CHAPEVILLE und FROMAGEOT, 1957; COHEN et al., 1957; GREULICH und FRIBERG, 1957; FRIBERG, 1958; ADAMS, 1959a, b; WHITEHEAD und WEIDMANN, 1959b; KENT, 1961; WORTMAN, 1961; FRANCO-BROWDER et al., 1963; ADAMSON et al., 1964].

Die biologsiche Halbwertszeit des [35]S ist auf etwa 16 Tage anzusetzen (BO-
STRÖM, 1953). In den ersten 24 Std ist die [35]S-Aufnahme im Rippenknorpel
und Trachealknorpel verschieden stark, nach 16 Tagen aber fast gleich. Nach
24–48 Std ist die Hauptmenge des [35]S in dem Chondroitinsulfat enthalten. Diese
Beobachtungen weisen darauf hin, daß die Aufnahme von [35]S und damit der
*Stoffwechsel der einzelnen Knorpelgebiete unterschiedlich* ist. Nach DAVIES und
YOUNG (1954) ist am 6. Tag nach der Injektion die Abnahme der Konzentration
im oberen Ende des Humerus stärker als im unteren Ende des Femurs oder
dem oberen Ende der Tibia, besonders in der Zone der Säulenknorpelzellen.
Beim 20 Tage alten *Ratten*-Embryo ist die [35]S-Konzentration im Humerus 30mal
größer als im mütterlichen Sternum (DZIEWIATKOWSKI, 1953). Die postnatalen
Differenzen der [35]S-Fixierung hat DZIEWIATKOWSKI (1954a) an 10, 30 und
300 Tage alten *Ratten* nach Gabe einer einmaligen Dosis untersucht. Die Konzentration ist in den Femurenden 4mal größer als im Femurschaft. Die proximale
Epiphyse des Humerus zeigt bei 30 Tage alten *Ratten* eine höhere Aktivität
als die distale, was den morphologischen Befunden entspricht. Die distale Epiphyse schließt sich mit 14 Tagen, die proximale ist noch bei 1 200 Tagen offen
(SIMPSON et al., 1950). Die Altersdifferenzen sind direkt auf den [35]S-Spiegel
der Mukopolysaccharide zu beziehen und nicht auf die Serumkonzentration.

Als biologischer Sulfatträger, enzymatisch gebildet in Extrakten aus Knorpel und Leber, erwies
sich nach ROBBINS und LIPMANN (1956) das *aktive Sulfat*, ein Adenosin-3-Phosphat-5-Phosphosulfat
(*PAPS*). Es wird nach ROBBINS und LIPMANN (1956) in zwei Schritten gebildet, die durch die
ATP-Sulforylase bzw. APS-Kinase katalysiert werden. D'ABRAMO und LIPMANN (1957) konnten
die Chondroitin-Sulfat-Synthese in zellfreien Multi-Enzymsystemen aus embryonalem Knorpel von
Hühnchen bzw. Rindern in Gegenwart von 3-Phospho-Adenosin-5-Phospho-[35]S-Sulfat (PAPS),
ATP, Cystein und Mg beobachten.
    Das Enzym für die Sulfatierung verlangt das Vorhandensein eines Chondroitin-Protein-Komple-
xes; sie ist am isolierten Chondroitin des Knorpels nicht möglich (KANTOR und SCHUBERT, 1957;
ADAMS, 1960, 1963; MEEZAN und DAVIDSON, 1967a, b). Es ist anzunehmen, daß für die verschiedenen
sauren MPS spezifische *Sulfotransferasen* vorhanden sind (GREILING und BAUDITZ, 1959; SUZUKI
und STROMINGER, 1960a, b, c; SUZUKI, 1960; KENT, 1961; SUZUKI et al., 1961; WHITEHOUSE und
LASH, 1961; STROMINGER, 1962; PASTERNAK et al., 1963; BALASUBRAMANIAN und BACHHAWAT, 1964;
WORTMAN, 1964; BUDDECKE, 1966; MEEZAN und DAVIDSON, 1967b).

Eine *Sulfotransferase*-Aktivität wurde in einer *mikrosomalen* Partikelfraktion
nachgewiesen (SILBERT, 1964; PERLMAN et al., 1964; TELSER et al., 1965; DE LUCA
und SILBERT, 1968; SILBERT und DE LUCA, 1968; LASH, 1968a; ROBINSON, 1969).
Nach HORWITZ und DORFMAN (1968) liegt eine Bindung an die *glatten* Membranen des endoplasmatischen Retikulums vor.


### 3.4.3.2.3. Proteinsynthese und Kettenbildung der Polysaccharide

Während die Bildung der Aminozucker weitgehend geklärt werden konnte, bereitet die Frage, wie die *Polysaccharidketten* entstehen, Schwierigkeiten. Erst die
Erkenntnis, daß *Protein- und Polysaccharid-Synthese korreliert* ablaufen, hat
uns ein — wenn auch noch nicht vollständiges — Bild von der Entstehung
des gesamten Makromoleküls gegeben. Im übrigen ist der Ablauf der Synthese
der *Proteoglykane* und *Glykoproteine* als recht *ähnlich* anzusehen (EYLAR und
COOK, 1965; MOLNAR et al., 1965; NEUFELD und GINSBURG, 1965; SARCIONE

und CARMODY, 1966; SPIRO und SPIRO, 1966; GINSBURG und NEUFELD, 1969; SPIRO, 1970b; MARSHALL und NEUBERGER, 1970; HEATH, 1971; MARSHALL, 1972), so daß wir hier beide Vorgänge berücksichtigen. Für die Glykoproteine ohne Uronsäure wurde seit längerem eine Ablösung des Polypeptids vom Ribosom und eine Einfügung der Zucker angenommen (SHARON, 1966). Die Untersuchungen der Glykoprotein-Synthese waren richtungsweisend für die Vorstellungen über die Bildung der Proteoglykane.

Durch gleichzeitige Verabreichung von $^{35}$S und $^{14}$C markierten Aminosäuren wurde die Bildung eines *Protein-Polysaccharid-Komplexes* wahrscheinlich gemacht (SCHILLER et al., 1956: Haut; GROSS et al., 1960: Chondroblasten). Der Chondroitinsulfat-Protein-Komplex soll von der Zelle als ein Molekül mit dem Molekulargewicht von $4 \cdot 10^6$ abgegeben werden. CAMPO und DZIEWIATKOWSKI (1962) haben zunächst Schnitte vom Rippenknorpel des *Rinds* mit gepufferten Lösungen von $^{35}$S-Sulfat und $^{14}$S-L-Leucin oder $^{14}$C-L-Phenylalanin inkubiert. Die Substanzen werden innerhalb von 2–4 Std überwiegend in den Chondrozyten abgelagert. Die spezifische Aktivität des Proteins und Polysaccharids steigt zeitlich parallel an, so daß die gleichzeitige Synthese von Protein und Polysaccharid anzunehmen ist. Eine geringe Menge Kollagen mag mit dem Protein-Polysaccharid verbunden sein. Ebenso war das intrazelluläre Kollagen markiert. Die gleichen Substanzen haben CAMPO und DZIEWIATKOWSKI (1963) anschließend saugenden *Ratten* verabreicht. Nach 24 Std sind die Aminosäuren und das Sulfat in der Interzellularsubstanz um die proliferierenden und hypertrophen Knorpelzellen anzutreffen. In den nächsten 48 Std verschwinden die $^{14}$C-Ablagerungen, die $^{35}$S-Ablagerungen bleiben erhalten. Die Ablagerungen um den *Knochenkern* verhalten sich ähnlich wie die in der Epiphysenplatte. Nach 72 Std ist das $^{35}$S in der Interzellularsubstanz um die degenerierenden Zellen noch zu beobachten, das $^{14}$C aber nur noch in den Zellen. So ist anzunehmen, daß die $^{14}$C-markierten Komponenten aus der Interzellularsubstanz verschwunden sind.

Die Synthese des *Protein*anteils der Glykoproteine entspricht jener einfacher Proteine (SINOHARA und SKY-PECK, 1965; SHARON, 1966; WARREN, 1966; GINSBURG und NEUFELD, 1969; SPIRO, 1970b; MARSHALL, 1972). Die unterschiedliche Zusammensetzung der Proteinketten der Proteoglykane (u.a. MEYER, 1970) könnte vermuten lassen, daß die Regulation der Bildung spezifischer Makromoleküle über einen entsprechenden *Kode* erfolgt. Die Knorpelzelle müßte demnach über verschiedene mRNS verfügen (THORP und DORFMAN, 1967). Dafür spricht, daß sich die Proteoglykane des Kehlkopfknorpels von *Schweinen* im Hinblick auf die Länge der Proteine und die Verteilung der Zahl der gebundenen Kohlenhydratketten voneinander unterscheiden (TSIGANOS et al., 1971).

Weitere Untersuchungen gingen von der Tatsache aus, daß eine spezifische *Bindungsregion* für die Polysaccharid-Seitenketten am Protein vorliegt. In den Makromolekülen ist, neben Protein und Chondroitin-4-sulfat, stets *Xylose* vorhanden (LEVENE, 1925; MEYER et al., 1937; PARTRIDGE, 1948; BLIX, 1951; MEYER, 1952, 1953; JORPES und YAMASHINA, 1956; JACOBS und MUIR, 1963; BUDDECKE et al., 1963; ANDERSON et al., 1963; MUIR, 1964; SCHUBERT, 1964, 1966; RODÉN und SMITH, 1966; MEYER et al., 1965; HOFFMAN, 1968; CASTELLANI, 1968). Sie bildet als 3-0-β-D-Galaktosyl-4-0-β-D-Galaktosyl-D-Xylose die *Brücke* zwischen der Hydroxylgruppe des Serins und den Polysaccharid-Ketten (MUIR, 1958; GREGORY et al., 1964; ANDERSON et al., 1963, 1965; RODÉN und ARMAND, 1966; RODÉN und SMITH, 1966; LINDAHL und RODÉN, 1966; HELTING und RODÉN, 1968). Von den 7 Aminosäuren, die in der Bindungsregion der Glykoproteine auftreten (SPIRO, 1970b; MARSHALL, 1972), ist im Hinblick auf das Keratansulfat noch das *Threonin* zu nennen. Die kovalente Bindung der Xylose an das Serin mit Anschluß von zwei Galaktose-Resten führte dazu, die Proteoglykane als spezialisierte Glykoproteine anzusehen (SPIRO, 1970b).

Eine Reihe von Untersuchungen hat endgültig klargestellt, daß bei der Proteoglykan-Synthese zunächst ein *Proteinakzeptor* gebildet werden muß (SILBERT, 1964; MARLER und DAVIDSON, 1965; DE LUCA und SILBERT, 1968; SILBERT

und DE LUCA, 1968). Dies zeigt sich vor allem durch die Hemmung der Protein-
Polysaccharidbildung mit Hilfe von *Puromycin* (vgl. TELSER et al., 1966; THORP
und DORFMAN, 1967; für Glykoprotein vgl. SPIRO, 1970b; MARSHALL, 1972).
Dabei mag zwischen den beiden Makromolekülen eine Art *Rückkopplungs*kontrolle vorliegen. Die Bindung von Hexosamin durch das an Mikrosomen gebundene Protein hatten schon ROBINSON et al. (1964), die Bindung von Galaktose
und Glucosamin an das am Ribosom gekoppelte Polypeptid SARCIONE (1964)
nachgewiesen.

Die erste Reaktion bei der Bildung einer Chondroitinsulfat-Kette ist damit der *Transfer von
Xylose zum Serin*; eine entsprechende *Xylosyltransferase* wurde im embryonalen *Hühnchen*knorpel
gefunden (ROBINSON et al., 1966). Ebenso wurde die Spezifität dieser Reaktion für den (Rippen-,
Kehlkopf- und Nasen-) Knorpel aufgezeigt (MARLER und DAVIDSON, 1965; GREBNER et al., 1966a;
TSIGANOS und MUIR, 1969; HASCALL und SAJDERA, 1969, 1970; TSIGANOS et al., 1971). Im *Hühnchen*-
embryo ist eine Transferase vorhanden, die D-Galaktose an die D-Xylose überträgt und eine spezifische Struktur des Akzeptors verlangt (HELTING und RODÉN, 1969a, b).

Das *Wachstum* der Kohlenhydratketten erfolgt durch den Transfer von Mo-
nosacchariden, die als Uridin-Di-Phosphatzucker aktiviert sind, zu den nicht
reduzierenden Enden der Kette (RODÉN, 1970; DORFMAN, 1970; RODÉN und
SCHWARTZ, 1974). Hierbei wirken Enzyme, die eine Spezifität des Akzeptor-
und Spendermoleküls voraussetzen. An der Kettenbildung nehmen 6 verschiedene *Glykosyltransferasen* teil (Abb. 73). Das Enzym zur Bildung der Glucuron-

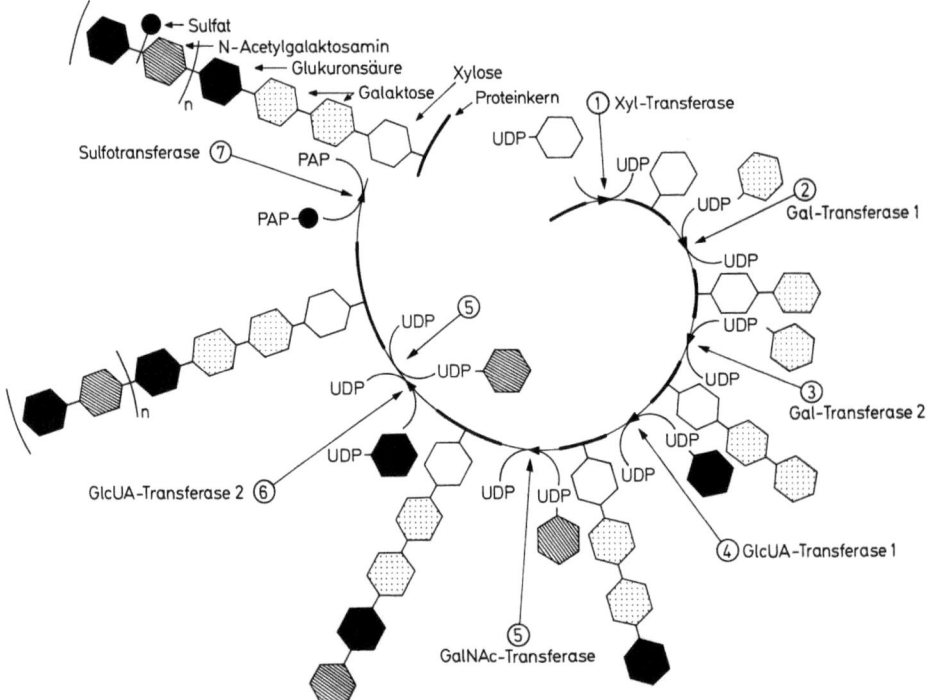

**Abb. 73.** Schema der Biosynthese des Chondroitin-4-sulfats in 7 Schritten sowie Ablösung des Proteins
mit einem Kettenanfang. Angabe der entsprechenden Transferasen (Umzeichnung nach RODÉN,
1970)

säure in der Nähe der Kohlenhydrat-Peptidbindung ist wahrscheinlich von jenem verschieden, das bei der Kettenverlängerung auftritt. Die Kettenverlängerung scheint der Sulfatierung voranzugehen (SILBERT, 1964; SILBERT und DE LUCA, 1969; vgl. PERLMAN et al., 1964). Dagegen soll die *Ketten*verlängerung der Polysaccharidkomponenten mit ihrer Sulfatierung gekoppelt sein (KLEINE et al., 1968). Ebenso besteht eine Rückkopplung zwischen Sulfopolysaccharidsynthese und dem Serineinbau in die Bindungsregion. KLEINE et al. (1968) bestätigen damit die Befunde von CAMPO und DZIEWIATKOWSKI (1962) und GROSS et al. (1960). Diese stehen im Gegensatz zu den Beobachtungen von TELSER et al. (1965, 1966) an zellfreien Systemen; die Autoren haben eine Dissoziation von Polysaccharidbildung, Sulfatierung und Akzeptorproteinsynthese gefunden. Nach SILBERT und DE LUCA (1968) findet in einer partikulären Fraktion die Polymerisation der Kohlenhydrate und die Sulfatierung in der Zelle statt.

Die Synthese der *Hyaluronsäure* ist u.a. wegen der Art der Bindung an den geringen (1–2%) Proteinanteil noch unklar (THORP und DORFMAN, 1967; DORFMAN, 1970). Sie wurde in neuerer Zeit vor allem am Glaskörper und *Hahnen*kamm untersucht (u.a. WHISTLER und OLSON, 1957; STACEY und BAKER, 1962; JACOBSON, 1970). Transferasen sind in partikulären und löslichen Zellfraktionen vorhanden. Der Golgi-Apparat wurde als Ort der Synthese angesprochen. Die Frage, ob die Synthese mittels abgegebener Vesikel auch extrazellulär erfolgen kann, scheint zu verneinen zu sein (JACOBSON, 1970). In den Zellen der *Warthon*schen Sulze fanden wir, den granulären Membranen benachbart, kleine Ansammlungen von Glykogengranula. Zwischen ihnen und den Ribosomen treten feingranuläre Kontaktzonen auf, wie sie für die Proteoglykan-Synthese beschrieben wurden (KNESE, 1969b). Ähnliche Befunde sind an den Mesenchymzellen zu erheben. Wir möchten aufgrund dieser morphologischen Befunde vermuten, daß der geringe Proteinanteil des Hyaluronsäure-Komplexes überwiegend die Aufgabe des Akzeptors hat.

Die Bildung von *Keratansulfat* konnte noch nicht an zellfreien Systemen studiert werden (RODÉN, 1970). Nach DAVIDSON und SMALL (1963c) entsteht zunächst ein Chondroitinsulfat-Protein als Akzeptor und dann erst das Keratansulfat. THORP und DORFMAN (1967) meinen, daß die Fähigkeit zur Xylosebindung während der Alterung verloren geht und infolgedessen die Synthese von Keratansulfat ansteigt.

Die *Proteoglykan-Synthese* wird heute als ein *Spezialfall der Glykoproteinsynthese* angesehen (GINSBURG und NEUFELD, 1969; MARSHALL und NEUBERGER, 1970; SPIRO, 1970b; MARSHALL, 1972). Unter diesem Gesichtspunkt ergibt sich für den Ablauf der Synthese folgendes Bild:

1. Die Biosynthese der Polypeptidketten mit einer eindeutigen Aminosäuresequenz erfolgt an den Polyribosomen.

2. Noch auf der polyribosomalen Ebene werden die Aminosäurenreste modifiziert (MARSHALL, 1972); hierzu gehört u.a. die Glykosylierung von Serin, Threonin, Asparaginsäure, im Fall des Kollagens von Lysin. Die Aminosäure fungiert als Akzeptor. Es handelt sich um eine *enzymatische Reaktion*, deren Mechanismus damit grundsätzlich von jenem der Proteinsynthese abweicht (SPIRO, 1970b). Wirksam sind Transferasen, deren Spezifität sowohl auf die Zuckernukleotide wie den Akzeptor ausgerichtet ist. Die Hemmung der Synthese durch Puromycin spricht dafür, daß diese Vorgänge am Ribosom stattfinden.

3. Wenig Klarheit herrscht über die *post-ribosomalen* Vorgänge, d.h. die Prozesse nach Ablösung der Kette vom Ribosom (MARSHALL und NEUBERGER, 1970; SPIRO, 1970 b). Die Sulfatierung, vermutlich aber auch eine weitere Kettenverlängerung, erfolgt offensichtlich post-ribosomal (LAWFORD und SCHACHTER, 1966; RODÉN, 1970). Hierbei mag die eine Reaktion die folgende u.a. durch Bildung eines spezifischen Akzeptors bestimmen (SPIRO, 1970 b). Extrazellulär erfolgt eine Aggregation der sog. Untereinheiten zum Makromolekül (WELLS und SERAFINI-FRACASSINI, 1973).

Der allgemeine Gang einer Untersuchung zur *Lokalisation* der Synthese von Bindegewebspolysacchariden, z.B. in der Epiphyse oder im Periost, ist durch die angedeuteten Zusammenhänge vorgezeichnet. Mit Hilfe der bekannten Färbemethoden zur Darstellung des Glykogens bzw. anderer Kohlenhydrate ist, unter Berücksichtigung autoradiographischer Befunde, zunächst die „Stoff"verteilung innerhalb einer Region zu beschreiben. Durch den Nachweis der *Glykogensynthetasen* (TETTAMANTI und BERTONA, 1962; GRILLO et al., 1964; TOWNSEND und GIBSON, 1970; FISCHER, 1973) bzw. von *Glykogen-Phosphorylasen* (GUTMAN und GUTMAN, 1941; COBB, 1953; DULCE, 1960c; CIPERA und WILLMER, 1962; TOWNSEND und GIBSON, 1970) werden die Orte des Auf- und Abbaus von Glykogen gekennzeichnet. In weiteren Schritten ist durch die Bestimmung der *Glucose-6-phosphat-Dehydrogenase* (KUHLMAN, 1960; BALOGH et al., 1961; WALKER, 1961; HEKKELMAN, 1963; BALOGH, 1964; FULLMER, 1964c; BALOGH und HAJEK, 1965; BONA et al., 1965a; TAKADA, 1966; FISCHER, 1973/1974) die Korrelation zum *Pentosephosphat-Zyklus* und damit zur Synthese von Proteinen und Nukleotiden herzustellen. Schließlich können durch die Lokalisation der *UDP-Glucose-Dehydrogenase* (ZAMBOTTI und BOLOGNANI, 1967; BALOGH und COHEN, 1961; SILBERBERG und LESKER, 1971; FISCHER, 1973/1974) bzw. der *Hexosaminsynthetase* (CASTELLANI und ZAMBOTTI, 1956) die Zellen mit einer MPS-Synthese bestimmt werden.

### 3.4.3.3. Zytologische Äquivalente der Protein-Polysaccharid-Synthese

#### 3.4.3.3.1. Die Bildung des Proteoglykanmoleküles

Als „Ort" der Protein-Polysaccharid-Synthese in der Zelle wurden das endoplasmatische Retikulum, das Hyaloplasma oder der Golgi-Apparat angesehen (s.a. S. 184). Diese widersprüchlichen Auffassungen beruhen z.T. darauf, daß die MPS-Biosynthese erst in neuester Zeit geklärt werden konnte. Andererseits wurden Einzelbefunde verallgemeinert. Eine Reihe der Untersuchungen zum Zweck dieser Lokalisation wurden nämlich exemplarisch an einer Zellart durchgeführt. *MPS-produzierende Skelettzellen* weisen jedoch eine sehr *unterschiedliche Struktur* auf (KNESE, 1969 b). Die jungen hypertrophen Chondrozyten in der Mitte des Skelettstücks vor der Bildung der Markhöhle (Abb. 292a) und manche Kambiumzellen des Periosts sind stark mit Kohlenhydraten beladen und besitzen nur eine geringe Anzahl von granulären Membranen und Golgi-Elementen (Abb. 77, 78). Große Kohlenhydratdepots und ein mäßig entwickeltes endoplasmatisches Retikulum kennzeichnen die Chondrozyten des Proliferationsknorpels (Abb. 252) und einen Teil der Kambiumzellen des Periosts. In den Chondrozyten der Encoche-Apposition (Abb. 76) und der hypertrophen Region sind wenige Kohlenhydratgranula über die Zelle verteilt, das granuläre Retikulum erscheint netzartig ausgebildet (Abb. 137). Die Säulenknorpelzellen der *Ratte* besitzen einen stark entwickelten Golgi-Apparat, die von *Rinder*feten dagegen nur wenig oder überhaupt keine Golgi-Elemente.

Von den Zellen der Epiphyse, des Gelenkknorpels, aber auch in Mikrosomenpräparationen werden Proteoglykane gebildet, die sich im Hinblick auf ihr Molekulargewicht, ihre biologische Halbwertszeit, Aufbau und den Sulfatgehalt voneinander unterscheiden (WELLS und SERAFINI-FRACASSINI, 1973; KIMATA et al., 1974; MANKIN, 1975). Unklar ist, ob die gleiche Zelle verschiedenartige Proteoglykane bildet oder ob es sich um eine unterschiedliche Tätigkeit der Zellen innerhalb einer Population handelt; morphologische Untersuchungen sprechen z.T. für die zweite Möglichkeit.

Angesichts der Vielgestaltigkeit MPS-produzierender Zellen ist die Untersuchung einer einzigen Zellform kaum dazu geeignet, verbindliche Schlüsse über die Lokalisation der Proteoglykansynthese zu ziehen. Im übrigen muß eine Korrelation zwischen *Zellstruktur und Ablauf der MPS-Biosynthese* hergestellt werden. Auch bei biochemischen Untersuchungen wird die Lokalisierung von Stoffen bzw. Prozessen in den Elementen der Zelle angestrebt. Faßt man biochemische und morphologische Befunde als verschiedene Aspekte der Zellstruktur auf, so ist die *Zellstruktur als ein Äquivalent für den Ablauf von Prozessen* anzusehen. Die räumliche Ordnung gewährleistet das Zusammenwirken der Zellstrukturen (KNESE, 1971 b) und damit den Ablauf des Vorgangs in der „richtigen" Reihenfolge (SIEBERT, 1968). Bei einer Korrelation biochemischer und morphologischer Befunde ist zu bedenken, daß ein fundamentaler Unterschied zwischen den strukturellen Gegebenheiten in der Zelle und den Untersuchungsbedingungen im Reagenzglas besteht (u.a. FELL, 1957). Häufig wurde, in Anlehnung an die Bedingungen im Reagenzglas, in den Zellen nach einem entsprechend abgeschlossenen Raum für die MPS-Synthese gesucht, z.B. den Zisternen oder dem Golgi-Apparat. Biochemische Untersuchungen abstrahieren aber, anhand der Beobachtungen im Reagenzglas, auf das einzelne *Molekül* (KNESE, 1971 b). So liegt der Versuch nahe, das „Molekül" morphologisch zu lokalisieren. Es ist bekannt, daß die primären Vorgänge der Proteinsynthese und des Glykogen-Stoffwechsels an die Ribosomen bzw. an das Glykogenpolymer gebunden sind. In Parallelität hierzu wurde die Kontaktzone von Ribosomen und Kohlenhydraten als Ort der ersten Syntheseschritte von Protein-Polysacchariden bestimmt (KNESE, 1969 b, 1971 b; Abb. 74).

Bei der Diskussion des Orts der Proteoglykan-Synthese wird selten berücksichtigt, daß dieser Vorgang aus einer Reihe dem Wesen nach sehr *differenter Teilprozesse* besteht. Keine der Pauschalangaben, *das* endoplasmatische Retikulum, *der* Golgi-Apparat, *das* Hyaloplasma, wird der Komplexität der Vorgänge gerecht. Der unterschiedliche Mechanismus der einzelnen Schritte spricht sogar dafür, daß die „Synthese" nicht an *einem* Orte abläuft. Das Makromolekül wird nicht sofort in seiner endgültigen Konfiguration aufgebaut, sondern gewinnt sie erst während des „extrazellulären Lebens" (SCHUBERT und HAMERMAN, 1968). Unter Berücksichtigung dieser langen „Entwicklungs"spanne eines Protein-Polysaccharids könnte man, z.T. in Ablehnung an die Verhältnisse beim Kollagen (vgl. GINSBURG und NEUFELD, 1969), von einer *Kernbildung*, der Kombination von Protein und Polysaccharid, und dem *Molekülwachstum* sprechen. MARSHALL und NEUBERGER (1970) haben den genetisch gesteuerten Vorgängen die postribosomalen gegenübergestellt. Am Ribosom entsteht der Protein-Akzeptor, dem der Kohlenhydrat-Donator des Glykogenpolymers gegenübersteht. Bei dieser Betrachtungsweise ergibt sich, daß ein Teil der Literaturangaben nur das Molekülwachstum, die postribosomalen Stadien der Synthese und den Modus der Extrusion, ähnlich wie beim Kollagen, betrifft.

Enge Beziehungen zwischen den *Ribosomen und Kohlenhydratgranula* kennzeichnen alle MPS-bildenden Zellen. In den Chondrozyten der Transformationszone und des Säulenknorpels von *Rinderfeten* und *jungen Ratten* fand KNESE (1969b) einen unmittelbaren Kontakt zwischen Kohlenhydratgranula mit dem Durchmesser von 250–450 Å und Ribosomen (Abb. 74). Jede Kohlenhydratrosette besteht wiederum aus Granula von 40–50 Å Durchmesser. Sehr häufig schiebt sich zwischen die rosettenförmigen Granula und die Ribosomen eine Zone ein, in der die Kohlenhydratgranula in kontrastärmere Untereinheiten aufgelöst sind, die noch eine Gruppierung erkennen lassen. Vor allem bei Zurücktreten bzw. Verschwinden der rosettenförmigen Granula erscheinen rundliche bis ovaläre, homogene, dichte und stark kontrastierte Gebilde mit einem Durchmesser von mehr als 450 Å. Sie treten bevorzugt zwischen Plasmalemm und benachbartem Retikulum auf und wandern anschließend durch das Plasmalemm hindurch (Abb. 75). In den hypertrophen Zellen enthält der optisch leere hyaloplasmatische Raum ähnliche Granula von bis zu 600 Å Durchmesser (Abb. 76). Den Chondrozyten der Transformationszone ist ein Teil der Cambiumzellen des Periosts (KNESE, 1966c, 1967a, b, 1969b) recht ähnlich (Abb. 77), andere mit lakunenartig erweiterten Zisternen (Abb. 78) gleichen den ,,Glykoprotein produzierenden" Zellen des Knorpels. Die Kontaktzonen zwischen den Kohlenhydraten und dem gering entwickelten granulären Retikulum sind weniger deutlich. Die Zellen wurden von KNESE (1969b) mit den von LAWFORD und SCHACHTER (1966) beschriebenen, sich entwickelnden Hepatozyten verglichen. Sie produzieren vermutlich einen proteinarmen Komplex, der sich mit Alkohol, aber nicht mit Formalin fixieren läßt (KNESE, 1966a). Durch enzymatische Kontrolle ihres färberischen Verhaltens wurde wahrscheinlich gemacht, daß die Cambiumzellen, neben Glykogen, Proteoglykane und Glykoproteine enthalten (KNESE, 1972b).

Eine *sterische* Zuordnung von Glykogengranula zu den Membranen des granulären Retikulums erscheint bereits im Hinblick auf den Glykogenstoffwechsel erforderlich. Die im Kohlenhydratstoffwechsel eine zentrale Stellung einnehmende *Glucose-6-phosphatase* ist das *Leitenzym* der *Membranen des Retikulums*. Vom Glucose-6-phosphat geht auch die Hexosamin- und Glucuronsäure-Synthese aus (nach STARY, 1959):

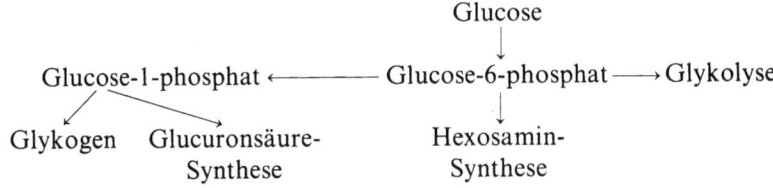

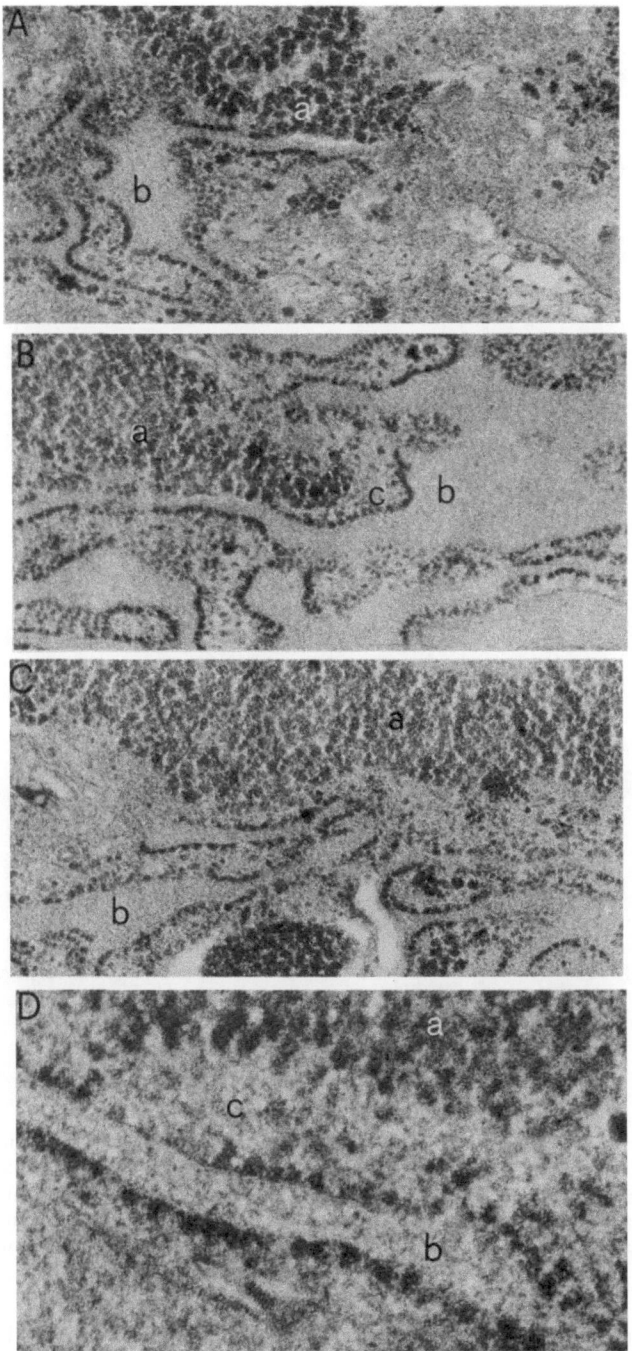

**Abb. 74.** Rinderfet, 110 mm SSL, prox. Epiphyse des Metatarsus, Beziehungen zwischen den Ribosomen und den Glykogengranula. *A:* z.T. unmittelbarer Kontakt, *B:* Bildung einer Zwischenzone, *C:* Erweiterung der Zwischenzone, *D:* ausgebildete Zwischenzone. *a)* Ansammlung von Glykogengranula, *b)* z.T. erweiterte Zisternen mit feingranulärem Inhalt, *c)* schmale Zwischenzone, *d)* verbreiterte Zwischenzone, *e)* ausgebildete Zwischenzone, Vergr. *A, B, C:* 39 900 ×, D: 140 000 ×

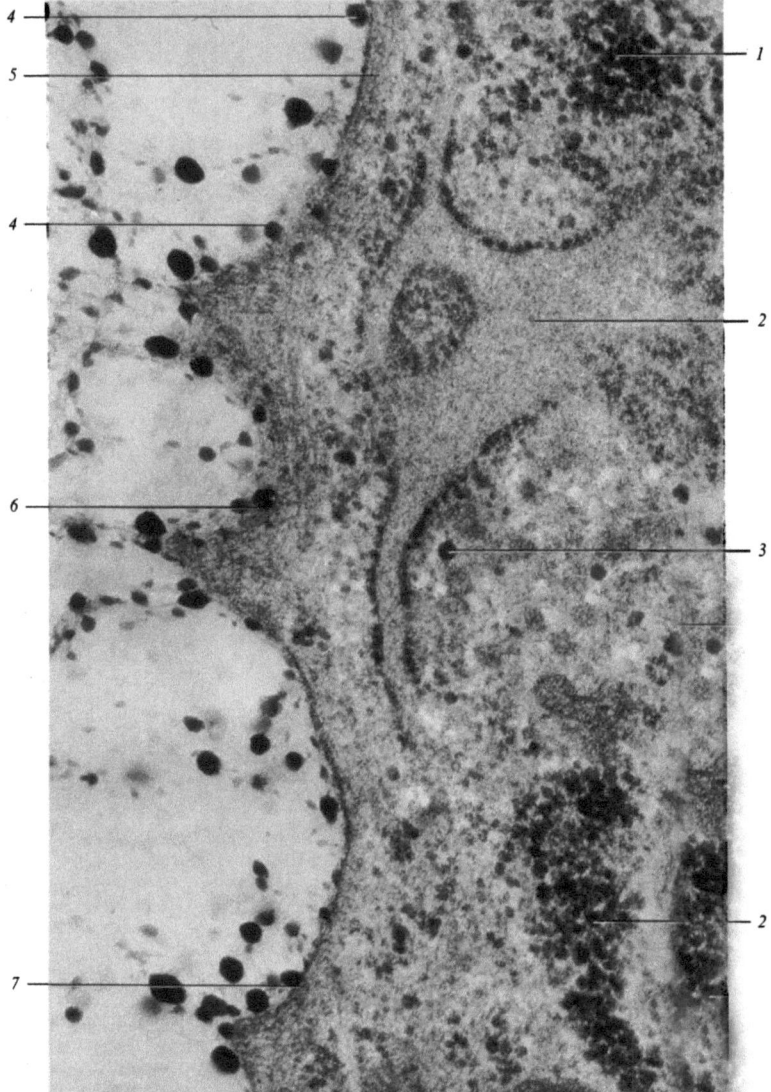

**Abb. 75.** Rinderfet, 110 mm SSL, Chondrozyt der Transformationszone. *1)* Kohlenhydratgranula verschiedener Größe und von unterschiedlichem Kontrast, *2)* dichter Zisterneninhalt, *3)* größeres, stark kontrasiertes Granulum, *4)* Granulum in Verbindung mit dem Plasmalemm, *5)* Krusta-ähnliche Verdichtung unter quergeschnittenem Plasmalemm, *6)* Tangentialschnitt durch das Plasma-lemm mit eingelagerten Granula, *7)* quergeschnittenes Plasmalemm, mit dem Granula in Kontakt stehen, Vergr. 49 500 × (aus KNESE, 1969b)

Daher hat SIEKEVITZ (1959) angenommen, daß sich initiale Schritte des Glucose-Stoffwechsels an der Oberfläche des endoplasmatischen Retikulums abspielen. Die Glykogensynthetase (UDP-Glucose: Glykogen-α-4-Glucosyltransferase) und die abbauende Phosphorylase sind mittelbar an das Glykogenpolymer gebunden (LELOIR und GOLDEMBERG, 1960).

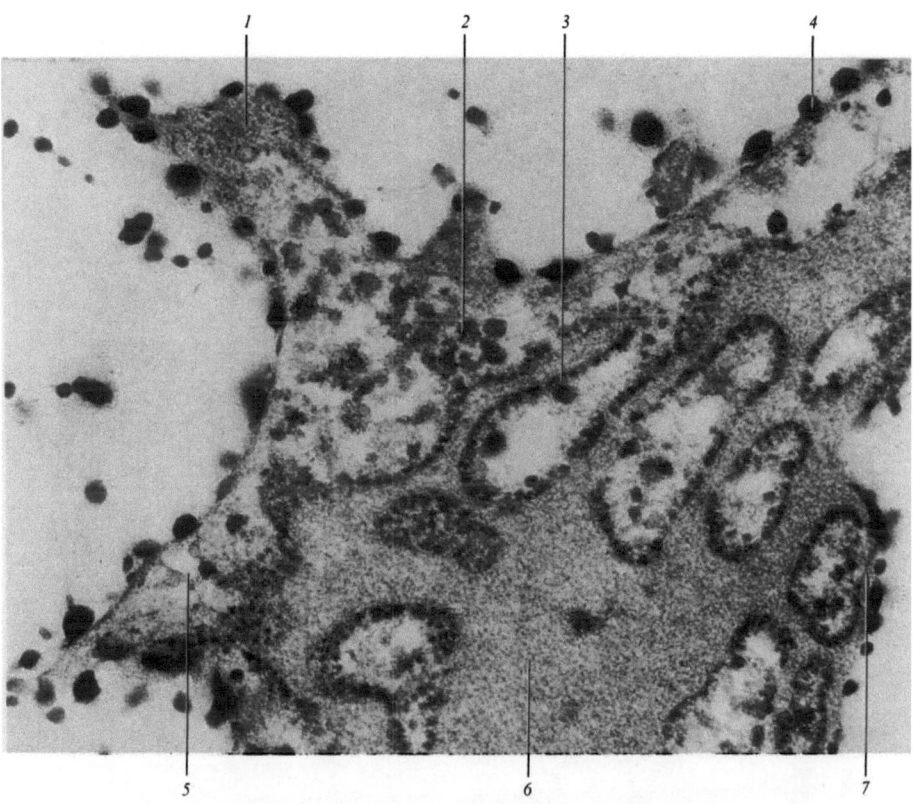

**Abb. 76.** Rinderfet, 110 mm SSL, prox. Epiphyse des Metatarsus. Chondrozyt der Enchoche-Apposition. *1)* Tangentialschnitt durch die Kursta mit Plasmalemm und Kohlenhydratgranula *2)* unterschiedlich große intrazelluläre Kohlenhydratgranula, *3)* Kohlenhydratgranula in Kontakt mit dem Plasmalemm, *4)* Granulum in Kontakt mit dem Plasmalemm, *5)* optisch leeres Hyaloplasma, *6)* erweiterte Zisternen mit feingranulärem Inhalt, *7)* Anlagerung des endoplasmatischen Retikulums an das Plasmalemm, Vergr. 55200 × (aus KNESE, 1969b)

Im *Zellsaft* bzw. an die *Membran* sind Enzyme der Proteoglykan-Synthese gebunden. Viele Angaben beruhen auf Untersuchungen an der Leberzelle. Andererseits betrifft ein Teil der Befunde die gleichartig ablaufende Synthese der Glykoproteine. Die *UDP-Glucose-Dehydrogenase*, die die Bildung der *Glucuronsäure* katalysiert, ist in der löslichen Phase (STROMINGER et al., 1957) bzw. in der Mikrosomenfraktion (METZGER et al., 1965) lokalisiert. Im Zellsaft findet die *Aminierung* von Glucose-6-phosphat statt (POGELL und GRYDER, 1957), die *Sulfataktivierung* (KENT und PASTERNAK, 1958), die *Sulfatveresterung* (GRIMES, 1959), die *Sulfatübertragung* von aktivem Sulfat (PAPS: D'ABRAMO und LIPMANN, 1957), die Synthese der *Bindungsregion* zwischen Polysaccharid und Protein (TELSER et al., 1965; ROBINSON et al., 1966), mittels einer *Xylosyltransferase* (HORWITZ und DORFMAN, 1968), die *alternative Bindung* von N-Acetylgalaktosamin und Uronsäure (PERLMAN et al., 1964; TELSER et al., 1966). Nach PERLMAN et al. (1964) kann eine zellfreie Partikelpräparation aus der Epiphyse von 13 Tage alten *Hühnchen*embryonen saure MPS bilden. Tritium-UDP-N-Acetylglucosamin wird in ein saures, nicht dialysierbares Polysaccharid eingebaut. Durch zweimaliges Waschen kann die Sulfotransferase und Epimerase entfernt werden; die Polymerase bleibt erhalten. Für Enzyme muß ein *Ortswechsel* in Betracht gezogen werden; dies gilt bereits für die Enzyme des Glykogenstoffwechsels (LELOIR und GOLDEMBERG, 1960). HORWITZ und DORFMAN (1968) fanden zunächst die Sulfotransferase in der überstehenden Fraktion, dem Zellsaft, vor allem aber in der

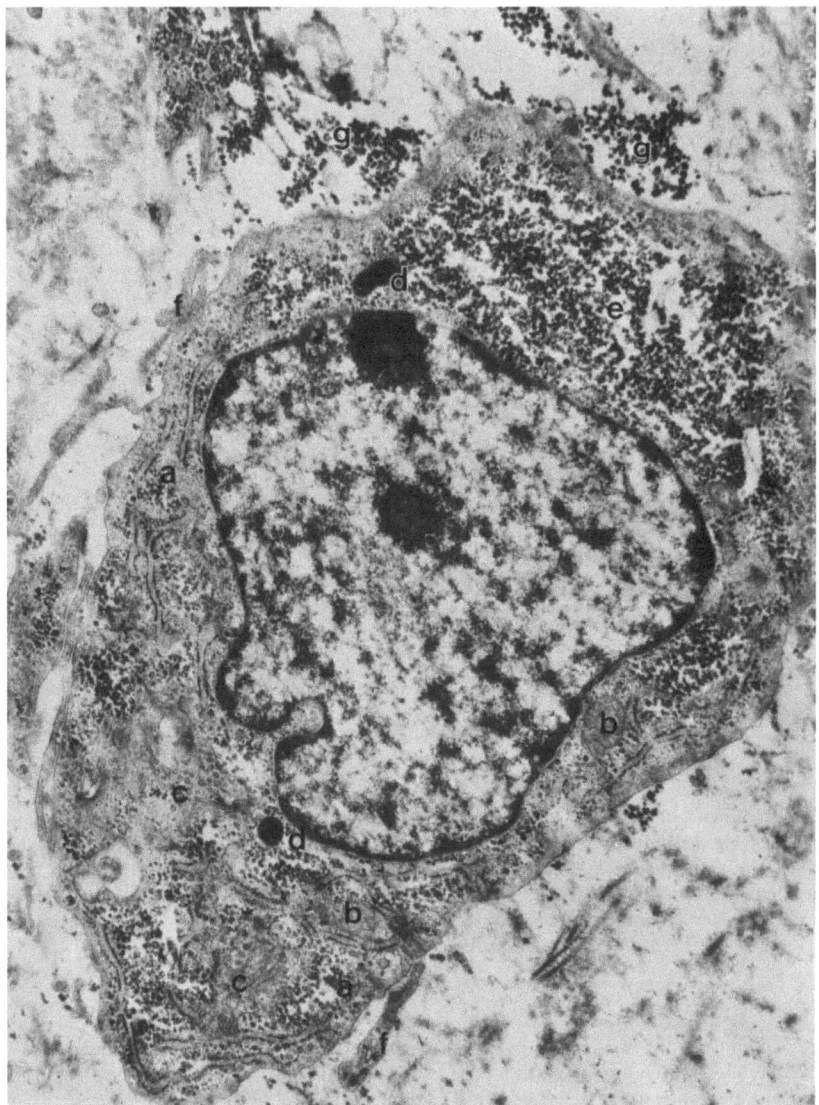

**Abb. 77.** Rinderfet, 104 mm SSL, Kambiumzelle. *a)* Membran des granulären Retikulums, umgeben von Kohlenhydratgranula, *b)* Mitochondrien, *c)* Golgifelder, *d)* Lysosomen, *e)* umfangreiche Kohlenhydrateinlagerung, *f)* Zellfortsätze, *g)* extrazelluläre Kohlenhydratgranula. Vergr. 16800 ×

agranulären, weniger in der granulären Fraktion. De Luca und Silbert (1968) erwägen, ob die Sulfotransferase von den Mikrosomen in die lösliche Phase übertritt.

Nach Bildung eines Proteinakzeptors (Abb. 73; Rodén, 1970; Dorfman, 1970) sind 7 *enzymatische Schritte* zur Bildung des Moleküls erforderlich. Die hierbei wirksamen Transferasen wurden überwiegend in der partikulären Fraktion der Zelle gefunden (Perlman et al., 1964; Silbert, 1967). Die Bildung

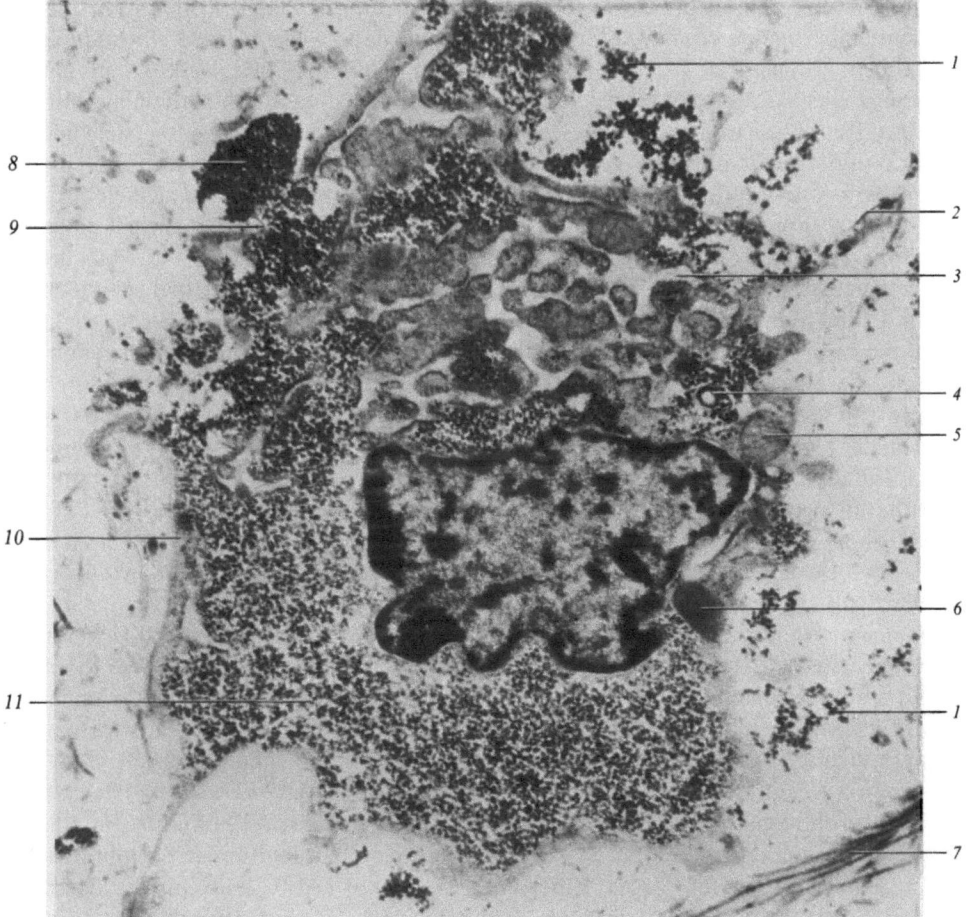

**Abb. 78.** Rinderfet, 110 mm SSL, Periost des Metacarpus, Kambiumzelle. *1)* Extrazelluläre Kohlen-hydratgranula, *2)* Plasmalemmblase, *3)* erweiterte Zisternen, *4)* dicke, kontrastreiche Membran (Myelinfigur), *5)* Mitochondrium, *6)* Lysosom, *7)* Kollagenfibrillen, *8)* Ausstoß einer größeren Gruppe von Kohlenhydratgranula, *9)* Aufwölbung des Plasmalemms in Zusammenhang mit der Extrusion, *10)* hyaloplasmatischer Streifen unter dem Plasmalemm, *11)* große Kohlenhydratan-sammlungen, ohne endoplasmatisches Retikulum, Vergr. 12100 × (aus KNESE 1969b)

eines *Proteinkerns*, dann einer *Xylosebrücke* und schließlich der wechselnden Bindung der *Disaccharid*komponenten wurde in *mikrosomalen* Fraktionen des Hühnchenknorpels von TELSER et al. (1965) und DE LA HABA und HOLTZER (1965) nachgewiesen. Das Enzym für die alternierende Anlagerung von N-Acetyl-Galaktosamin und Glucuronsäure ist nach HORWITZ und DORFMAN (1968) so-wohl im *granulären* wie im *glatten Retikulum* vorhanden. Die enzymatische Aktivität für die Anlagerung der Xylose und Galaktose ist dagegen in dem granulären Retikulum größer als im glatten. Die Bindung an die Membranen würde eine größere Effizienz bei der Synthese gegenüber einem System in freier Lösung bedeuten. SILBERT (1964) und DE LUCA und SILBERT (1968) fanden die Bildung eines Chondroitinsulfats in einer mikrosomalen Präparation aus dem embryonalen *Hühnchen*-Epiphysenknorpel. Überwiegend wird ein 6-Sulfat gebildet (SILBERT et al., 1970). HELTING und RODÉN (1969a, b) konnten mit artefiziellen Akzeptoren zeigen, daß die Glykosyltransferasen im glatten, agranulären Retikulum und in der schweren Fraktion vorhanden sind. Die überstehende Fraktion enthält nur eine geringe Aktivität der Glykosyltransferase, aber die größere Aktivität der *Sulfotransferase*. Die lösliche Fraktion erwies sich elektronenmikroskopisch nach DORFMAN (1970) frei von Membranen und enthält dabei einige Partikel von etwa 200 Å Durchmesser. So schließt DORFMAN, daß die Transferasen zur Bildung von Protein-Chondroitinsulfaten an Partikel gebunden sind, die Membranen anliegen. Die Sulfotransferase läßt ich dagegen leicht von diesem Material trennen. Dem Chondroitin ähnliche, an Membranen gebundene Saccharide sind zur einen Hälfte durch Alkali und zur anderen durch Proteolyse zu lösen (DERGE und DAVIDSON, 1972). In einer Mikrosomenpräparation der *Hühnchen*epiphyse stellen etwa 20–25% ein neu gebildetes Glykosaminoglykan dar (Molekulargewicht $\approx 35\,000$); 50–75% sind als eine Chondroitinsulfatanlage (primer) anzusehen (Molekulargewicht $\approx 25\,000$; RICHMOND et al., 1973 b).

Die Beteiligung eines *agranulären*, tubulären Retikulums wurde sowohl bei der Synthese des Glykogens als auch der komplexen Kohlenhydrate angenommen (REVEL et al., 1960; PORTER und BRUNI, 1959; COIMBRA und LEBLOND, 1966). HORWITZ und DORFMAN (1968) berichten, daß die Sulfotransferaseaktivität und der Gehalt an Uronsäure in der agranulären Fraktion etwa viermal größer sei als in der granulären. Hiermit könnte die auffällige Entwicklung agranulärer Membranschnitte in Skelettzellen im Zusammenhang stehen (KNESE, 1969 b).

Morphologisch erscheinen *granuläres* und *agranuläres* Retikulum im allgemeinen nicht als getrennte Systeme; nur einzelne Abschnitte der Membranen in den Chondrozyten lassen Ribosomen vermissen (Abb. 79). Von LAWFORD und SCHACHTER (1966) wurde ein Übertritt des neu synthetisierten Proteins zum glatten Retikulum angenommen. Diesem Übergang stellen die Autoren die von MANGANIELLO und PHILLIPS (1965) erwähnte Möglichkeit gegenüber, daß die Membranen ihre Ribosomen verlieren. Nach KNESE (1969 b) sprechen zytologische Befunde für diese Möglichkeit. Der nur teilweise bestehende Besatz der Retikulum-Membranen mit Ribosomen ist besonders deutlich in frühen histogenetischen Stadien, die an das Mesenchym anschließen (Abb. 80). Hier ist eine Bildung großer, von glatten Membranen umhüllter vakuolärer Zisternenerweiterungen zu beobachten, die sich z.T. in Kohlenhydratdepots erstrecken (Abb. 81). Die *Membranen* dürften bei der Synthese der Bindegewebspolysaccharide eine vielfältige Bedeutung besitzen. Sie fungieren einerseits als *Enzym-„Donator"*, andererseits enthalten an freien Ribosomen gebildete Proteine (u.a. Hämoglobin, Actomyosin) keine Kohlenhydrate (BIRBECK und MERCER, 1961). Nach REDMAN und CHERIAN (1972) werden N-Acetyl-Glucosamin, Mannose und Galaktose bei der Glykoproteinbildung nur in Proteine eingebaut, die an membrangebundene Polyribosomen entstehen.

Für morphologische Untersuchungen ist von Interesse, wie groß das intrazelluläre „Areal" für die Synthese eines Proteoglykan-Moleküls ist. Für den Koh-

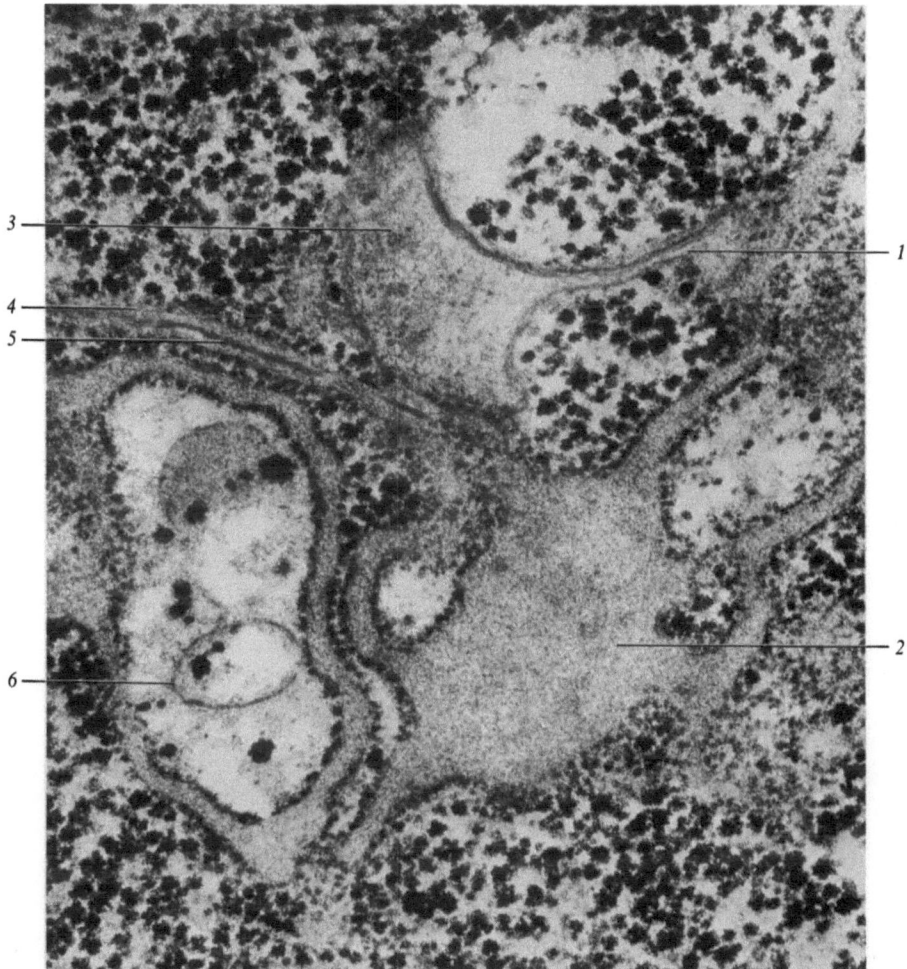

**Abb. 79.** Rinderfet, 110 mm SSL, proximale Epiphyse des Metatarsus, Chondrozyt am Übergang vom Säulen- zum hypertrophen Knorpel. *1)* Agranulärer Verbindungsgang zu einem Vesikel, *2)* Zisternensack mit feingranulärem Inhalt, *3)* Vesikel, umhüllt von einer agranulären Membran, *4)* Streifen, der agranuläre Membranen begleitet, *5)* agranuläre Membran, die gegenüberliegende besitzt noch Ribosomen, *6)* Vesikel mit einigen größeren Kohlenhydratgranula, Vergr. 50 600 × (aus KNESE 1969 b)

lenhydratanteil wurde aus dem Aufbau des Glykogen-Moleküls geschlossen, daß mehr als drei Moleküle erforderlich sind (s.S. 188). Eine ähnliche Kalkulation für den Proteinkern kann man bisher nur anhand der Angaben für das Kollagen durchführen. Man muß dabei voraussetzen, daß für die Bildung des Proteinkerns mit der Länge von 4000 Å annährend die gleiche Zahl an Ribosomen erforderlich ist wie für das Tropokollagenmolekül mit einer Länge von 2800 Å, nämlich 30–60 (CHVAPIL, 1967; FERNANDEZ-MADRID, 1967; LAZARIDES und LUKENS, 1971; GALLOP et al., 1972). Diese Kalkulation über die mögliche

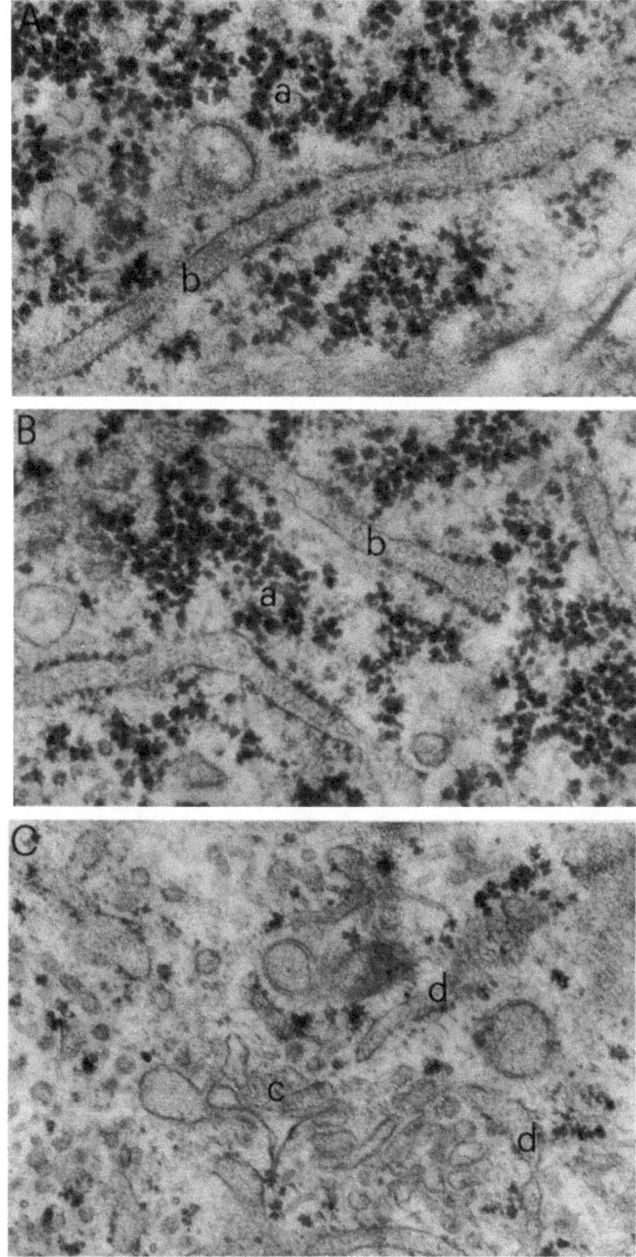

**Abb. 80.** Rinderfet, 30 mm SSL, Vorknorpelzellen aus der Wirbelsäule. *A, B:* Membranpaare mit teilweisem Besatz von Ribosomen, *C:* Membranpaare in der Nähe eines Golgifeldes mit nur einzelnen Ribosomen. *a)* Glykogengranula, *b)* teilweise agranuläre Abschnitte von Membranpaaren, *c)* Golgifeld, *d)* Membranpaare, mit wenigen Ribosomen besetzt, Vergr. 45000 ×

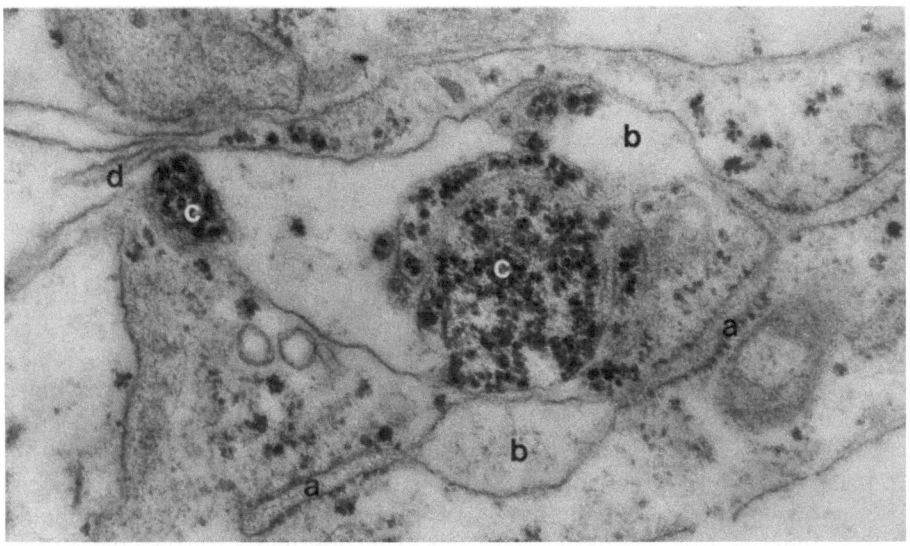

**Abb. 81.** Rinderfet, 30 mm SSL, Chondrozyt aus der hinteren Wirbelsäule, Übergang von granulären in agranuläre Abschnitte des Retikulums. *a)* Mit Ribosomen besetzte Teile des Retikulums, *b)* Übergang in blasige Erweiterungen der Zisternen, umhüllt von agranulären Membranen, *c)* Phagosom (?), das in Verbindung steht mit *(d)* einer Einrollung des Plasmalemms, Vergr. 39 900 ×

Anzahl von Ribosomen bzw. Glykogenpolymeren, die an der Bildung eines Proteoglykan-Moleküls beteiligt sind, läßt vermuten, daß ein relativ *großes Areal* der Zelle in die Synthese einbezogen ist. In den Chondrozyten der Transformationszone liegen innerhalb der Kontaktzone zwischen Ribosomen und Glykogengranula Körnchen, die größer sind als 450 Å und als „MPS-Vorstufen" angesprochen wurden (KNESE, 1969 b). Ihre Zahl ist gering, ihr *Abstand* voneinander beträgt etwa 2000 Å. Dieser große Abstand könnte ein Äquivalent des oben skizzierten Zellareals darstellen. 90% der intrazellulären Chondroitinsulfate haben ein Molekulargewicht von 16000–40000; bei den restlichen 10% kann das Molekulargewicht bis 2000 abfallen (RICHMOND et al., 1973a).

Die vorangehenden Erörterungen über die Kernbildung bei der Proteoglykansynthese demonstrieren, daß der Bezug auf nur ein Strukturelement der Zelle unzulässig ist: Der Molekülkern entsteht in der sterischen Zuordnung von Ribosomen und Glykogenpolymeren unter Mitwirkung der benachbarten Membranen und hyaloplasmatischen Bezirke.

Die Enzyme der Glykogen- und Stärkesynthese (LELOIR und GOLDEMBERG, 1960; LELOIR et al., 1961) sind an ihre *Polymere* gebunden. Man hat auch erwogen, ob die Enzyme an das neu gebildete MPS-Polymer gebunden sind und mit ihm in den Interzellularraum abgegeben werden können, z.B. bei der Synthese von Hyaluronsäure (ÖSTERLIN und JACOBSON, 1968). Ein Enzym-Substratkomplex könnte über die Golgi-Vesikel in den extrazellulären Raum gelangen. Die Abgabe solcher Vesikel haben TOTH et al. (1959) wahrscheinlich gemacht. ÖSTERLIN und JACOBSON (1968) halten jedoch eine derartige extrazelluläre Synthese für wenig wahrscheinlich. Die Frage, wie eine solche *enzymatisch* gesteuerte Reaktion ablaufen kann, wurde nur z.T. am Rande berücksichtigt.

### 3.4.3.3.2. Die Extrusion — Sekretion der Proteoglykane

Die Protein-Polysaccharide werden nach Angaben der Literatur auf sehr verschiedene Weise abgegeben (Extrusion). Es ist nicht zu erkennen, welche Faktoren hierfür bestimmend sind, d.h. ob eine Beziehung zur Art des Moleküls, zur Zellform usw. vorliegt; Spezies-Differenzen (*Ratte, Rinder*feten, KNESE, 1969 b) sind ebenfalls nicht auszuschließen. Die Ausschleusung der Proteglykanmoleküle aus dem hyaloplasmatischen Raum kann im Sinn eines *Membrantransports* (u.a. STEIN, 1967) bei Knorpelzellen und Cambiumzellen von *Rinder*feten (KNESE und KNOOP, 1961 a; KNESE, 1969 b, 1971 a; Abb. 82) erfolgen. Hierbei ist eine strukturelle Veränderung des Plasmalemms nicht auszuschließen (KNESE und KNOOP, 1961 a). Unklar ist, ob mit durchtretenden Granula Teile der Membran im Sinn einer *mikroapokrinen Extrusion* (KUROSUMI, 1961) abgeschnürt werden (Abb. 83 h). Auf der anderen Seite ist ein Aufreißen des Plasmalemms (Abb. 83 i) bei Kambiumzellen des Periosts nicht auszuschließen (KNESE, 1969 b). Für die Abgabe der Mukopolysaccharide wurde auch eine umgekehrte *Pinozytose* (Abb. 83 g; GODMAN und PORTER, 1960; HADHÁZY et al., 1968 a), eine holokrine, apokrine bzw. merokrine *Sekretion* (SHELDON und KIMBALL, 1962) bzw. die Aggregation von sekretorischen Granula (HORWITZ und DORFMAN, 1968; HADHÁZY et al., 1968 a; ROSS, 1968) angenommen.

Eine größere oder kleinere Zahl von *Vesikeln* an der Oberfläche von Mesenchymzellen, Fibroblasten, Stamm- und Cambiumzellen des Periosts sind optisch leer; sie treten u.a. in der Nähe von Chondrozyten und in der hyalinen Interzellularsubstanz auf. Die Bedeutung der sog. *Matrixvesikel* (BONUCCI, 1967, 1970; ANDERSON, 1967, 1969; KNESE, 1969 b; THYBERG und FRIBERG, 1970; SILBERMANN und FROMMER, 1974 c) ist umstritten; sie wurden auch mit der Mineralisation in Zusammenhang gebracht (s.S. 339). Andererseits wurde vermutet, daß diese Blasen lösliche Kohlenhydrate enthalten, da einige lichtmikroskopische Beobachtungen dafür sprechen, daß extrazelluläre Kohlenhydrate des Periosts von einer Lipoproteinmembran umgeben sein können (KNESE, 1966 c). Zahlreiche Autoren haben Vakuolen mit sehr different erscheinendem Inhalt und deren Öffnung an der Zelloberfläche beobachtet (u.a. SCOTT und PEASE, 1956; TAKUMA, 1960 b; GODMAN und PORTER, 1960; SHELDON, 1960; CAMERON, 1968; KNESE, 1969 b; GOEL, 1970; THYBERG und FRIBERG, 1971; DEARDEN und BONUCCI, 1975). Dabei ist zweifelhaft, ob es sich um echte Golgi-Elemente handelt. In Zellen der Zwischenwirbelscheibe mit stark erweiterten Zisternen wurden Extrusionsvakuolen gefunden, vermutlich umgewandelte Hyaloplasmavesikel (KNESE, 1971 a, Abb. 83 A, C). Eine unmittelbare Kommunikation zwischen den Zisternen des endoplasmatischen Retikulums und dem extrazellulären Raum halten GODMAN und PORTER (1960) für unwahrscheinlich. *Zisternenöffnungen* wurden dagegen von SHELDON (1960), KARRER (1960 a), KNESE und KNOOP (1961 a), MERKER (1961), ROHR (1965 b), ROHR und WENDT (1965) sowie KNESE (1969 b) beschrieben. An Zellen der Zwischenwirbelscheibe findet KNESE (1971 a) ein Aufreißen der extrem erweiterten lakunären Zisternen.

Häufig wird die Extrusion der Bindegewebspolysaccharide als *Sekretion* bezeichnet. Vor allem für Osteoblasten wurde erörtert, ob ihre Tätigkeit der Sekretion von Drüsenzellen vergleichbar sei (vgl. KNESE und KNOOP, 1961 b; KNESE,

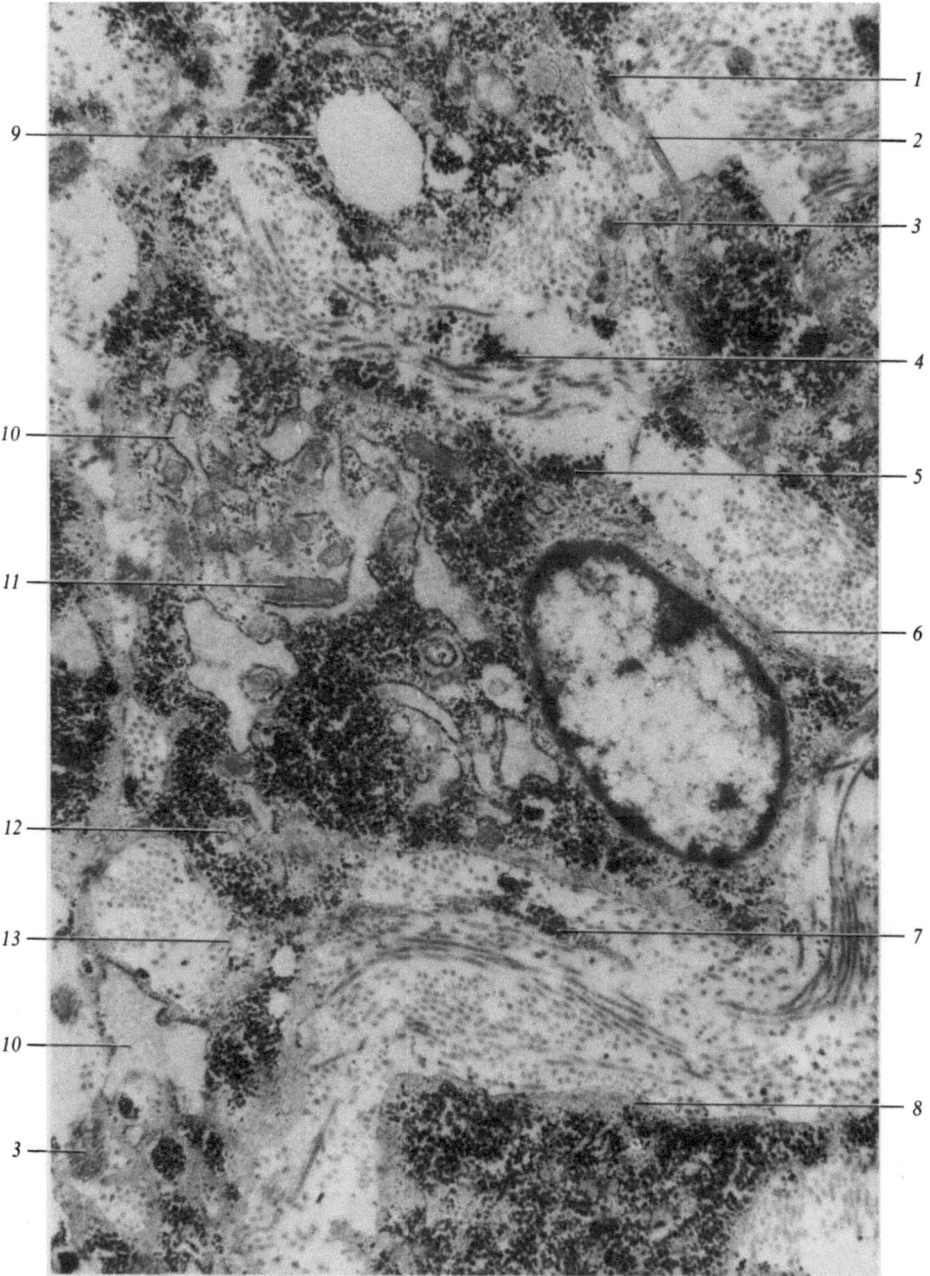

**Abb. 82.** Rinderfet, 340 mm SSL, Periost des Metacarpus, Kambiumzelle. *1)* Lysosom, *2)* fingerförmige Zellfortsätze, *3)* junge elastische Faser, *4)* Kohlenhydratgranula an Kollagenfibrillen, *5)* extrazelluläre Kohlenhydratgranula in Kontakt mit quergeschnittenem Plasmalemm, *6)* Zellfortsatz, der sich an eine andere Zelle anlegt; *7)* Zellfortsatz mit Kohlenhydratgranula, *8)* hyaloplasmatische Schicht unter dem Plasmalemm eines Zellteils mit großen Kohlenhydratdepots, *9)* optisch leere Vakuole, von einer Membran umgeben, innerhalb eines Kohlenhydratdepots, *10)* erweiterte Zisternen, *11)* Mitochondrien in einem Zellabschnitt, fast ohne Kohlenhydratgranula, *12)* kleine Vesikel innerhalb von Kohlenhydratansammlungen, *13)* Vesikel im Zusammenhang mit dem Plasmalemm, Vergr. 19 200 × (aus K̲NESE, 1969b)

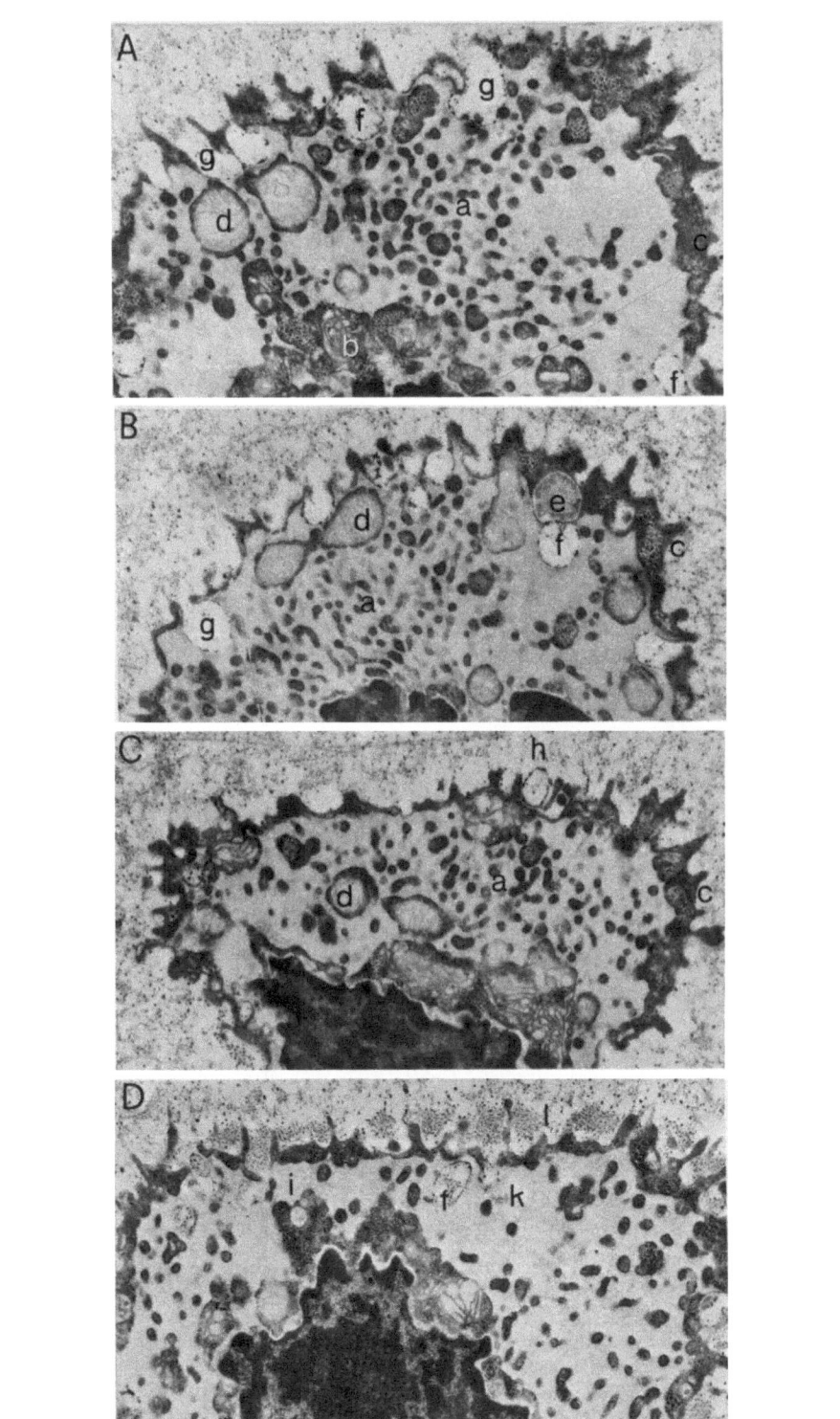

1967b, 1969b). Als Kennzeichen der Sekretion sah man lange Zeit die Abgabe von Stoffen an. Die unterschiedenen Extrusionsmodi wurden anhand elektronenmikroskopischer Befunde u.a. von Bargmann et al. (1961) sowie Kurosumi (1961) näher präzisiert. Der Nachweis einer Extrusion von Stoffen allein berechtigt noch nicht, von einer Sekretion zu sprechen. Das Produkt von Drüsenzellen verläßt den Organverband; die von Bindegewebszellen abgegebenen Interzellularsubstanzen bestimmen den Charakter des Stützgewebes. Im übrigen steuert das extrazelluläre Syntheseprodukt die weitere Zelltätigkeit über eine *Rückkoppelung* (Weiss und Kavanan, 1957; Weiss, 1962; Fitton-Jackson, 1968, 1970). Dies konnte u.a. durch die Neusynthese von Proteoglykanen nach Verabreichung von Papain nachgewiesen werden (Guri und Bernstein, 1967; Bosmann, 1968).

## 3.5. Die Organisation der Interzellularsubstanzen

Der summarische Überblick über die Natur der Interzellularsubstanzen ergibt, daß im Interzellularraum eine *bestimmte sterische Ordnung* vorliegt und daß die Interzellularsubstanzen einen *komplexen molekularen Aufbau* besitzen. Ihre Molekularstruktur konnte in den Grundzügen aufgeklärt werden. Unsere Kenntnisse von der Organisation einzelner Gewebe bzw. Teile, z.B. der Epiphyse, sind dagegen noch gering. Die vorliegenden Ergebnisse warnen eindeutig vor einer zu einfachen Betrachtung eines Gewebeverbandes. Die Stütz- und Bindegewebe führen, im Vergleich zu anderen Geweben, als „arme Verwandte" (Meyer, 1970) im Bereich der Histologie ein recht isoliertes Leben (Robb-Smith, 1954). Die Sonderprobleme der Bindegewebe können von den Histologen nur auf einer methodisch breiten Basis bearbeitet werden. Die gewonnenen Vorstellungen von der Organisation der Interzellularsubstanzen lassen den weiteren Gebrauch der Begriffe *Grundsubstanz* und *Matrix* (vgl. Knese, 1970c) nicht mehr zu. Diese Termini sind für viele ein „rotes Tuch" (Follis bei Meyer, 1952). Sie werden leichtfertig gebraucht und führen zu einer Verwirrung der Begriffe (Dorfman, 1954, 1955/56). In den vergangenen fast 150 Jahren wurden recht unterschiedliche Bestimmungen für „die" Grundsubstanzen gegeben. Wir verzichten hier auf die Diskussion der Semantik (Hall, 1959) des Begriffs, da sie in der Sache nicht weiterführt. In einem Katalog wurden die im Interzellularraum auftretenden Substanzen zusammengefaßt (u.a. Eastoe, 1956; Gersh und

---

◁ **Abb. 83.** Rinderfet, 350 mm SSL, Zwischenwirbelscheibe. *A—D:* verschiedene Extrusionsformen. *a)* Hyaloplasmatische Vakuolen, *b)* Golgifeld, umgeben von Kohlenhydratgranula, *c)* Kohlenhydratgranula unter dem Plasmalemm, *d)* hyaloplasmatische Vakuolen mit membranösem Inhalt, *c)* Vakuolen mit granulärem Inhalt, *f)* optisch fast leere Vakuolen mit granulärem Wandbelag, *g)* Extrusion aus Vakuolen, *h)* Extrusion einer ganzen Vakuole, *i)* Eröffnung einer Zisterne in den Interzellularraum, *k)* gleichartige Eröffnung (ehemalige Vakuole?), *l)* feinkörnige Interzellularsubstanz mit einigen kommaförmigen Einlagerungen, Vergr. 12400 × (aus Knese, 1971a)

CATCHPOLE, 1960; KNESE, 1970c; KOBAYASHI, 1971). Demgegenüber sollen einige Fragen der *Organisation* der Interzellularsubstanzen aufgeführt werden, wobei wir den Knorpel- und Knochengeweben andere Bindegewebe gegenüberstellten. Es zeigt sich dann nämlich, daß die Bindegewebe nicht nur eine „Füll"masse als Nachfolger des „Mesenchyms" darstellen. Die Betrachtung der *Bindegewebe als integrierender Bestandteile der Organe* mit eigenen Funktionen erfordert ein Umdenken, nicht nur für das Skelettsystem.

### 3.5.1. Prinzipien der Organisation der Interzellularsubstanzen

#### 3.5.1.1. Das Ausschlußvolumen des Makromoleküls

Zunächst mag es scheinen, daß die Vorstellung vom *offenen Molekül* mit großem effektivem hydrodynamischem Volumen nur eine geringfügige Änderung gegenüber dem älteren Konzept der Gewebeflüssigkeit bringt. Dieses Konzept weist aber auf eine definierbare Organisation bzw. Struktur und die grundlegenden Bedingungen für die Funktion hin. Ein offenes Molekül schließt andere Moleküle vom eingenommenen Volumen aus: Es liegt ein sog. *Ausschlußvolumen* (excluded volum) vor (OGSTON, 1958; vgl. LAURENT, 1968). Der Exklusionseffekt beruht auf der Tatsache, daß ein Molekül mit einer bestimmten Größe einen bestimmten *Raum* einnimmt, der einem anderen Molekül nicht mehr zur Verfügung stehen kann. Das Ausschlußvolumen beruht auf einem sterischen und einem energetischen Effekt, wobei die sterische Komponente morphologisch stärker interessiert. Der Originalzustand eines Gewebes entzieht sich wegen seiner Komplexität noch weitgehend einer direkten experimentellen Untersuchung und rechnerischen Aufarbeitung. Die entsprechenden Grundvorstellungen wurden daher aufgrund von Untersuchungen in vitro entwickelt, zum größten Teil an der proteinarmen Hyaluronsäure.

Makromoleküle immobilisieren innerhalb ihrer Domäne partiell das *Lösungswasser;* sie entziehen es anderen gelösten Substanzen (vgl. BUDDECKE, 1966). Auf die Gegenwart der Polysaccharide im Stützgewebe wird die *Verteilung der Proteine* auf Blut und Gewebe zurückgeführt (OGSTON und PHELPS, 1961; SCHUBERT, 1964; LAURENT, 1968). Die Konzentration der Plasmaproteine ist in den Bindegeweben niedriger als im Blut: Die größeren Plasmaproteine werden aus dem Bindegewebe ausgeschlossen. Das Verhältnis von Albumin zu $\gamma$-Globulin ist in der Synovia größer als im Blutplasma (SCHMID und MACNAIR, 1958); das Blutplasma enthält 7% Proteine, die Gelenkflüssigkeit 2% (SCHUBERT, 1964). Demnach werden hochmolekulare Substanzen im Blut festgehalten und ihre Verdünnung durch Übertritt in den umfangreichen Interzellularraum verhindert.

Die Fähigkeit der Polysaccharide, die Löslichkeit anderer Makromoleküle herabzusetzen, kann eine *Präzipitation* von Substanzen im Bindegewebe veranlassen (LAURENT, 1963, 1968). Als Präzipitationsvorgänge sind die *Fibrillenbildung* (u.a. WOOD, 1960b), die *Mineralisation* (u.a. WEIDMAN, 1963), die Immunpräzipitation und die Fettablagerung bei der Arteriosklerose anzusehen. STOCKWELL und SCOTT (1965) sind der Meinung, die *Kollagenverteilung* im Knorpel sei auf das *Exklusionsvolumen* der Chondromukoproteine zurückzuführen. Nach LAURENT (1968) könnte es auch für die Präzipitation der Kollagenfibrillen zwischen den Chondrozyten verantwortlich sein.

Der wechselweise Ausschluß von Molekülen in einem Lösungsgemisch hat zur Folge, daß der *osmotische Druck* höher als die Summe der gelösten Stoffe gleicher Konzentration ist (OGSTON, 1970). Mit diesem Effekt hat LINN (1968) das Verhalten des Gelenkknorpels unter Belastung erklärt; er sieht ihn als eine verformbare und sich selbst unter Druck haltende Oberfläche an (vgl. MAROUDAS, 1975b).

Auf dem Ausschlußeffekt beruht die *Schmiermittelwirkung* der Bindegewebs-polysaccharide (OGSTON und STANIER, 1953; MCCUTCHEN, 1962; DOWSON, 1966/67; LINN, 1968). Die Kohlenhydrat-Protein-Komplexe besitzen eine hohe *Viskosität* (BUDDECKE, 1966: $[\eta] = c \to 0$, wobei $c = g/100$ ml: Hyaluronsäure 10–40, Chondroitinsulfate 0,3–0,7, Heparin 0,3). Die Viskosität der Hyaluron-säure ist 10–200mal größer als die des Wassers. Nach BALAZS und GIBBS (1970) tritt beim pH 2,5 eine gewisse Steifheit der Hyaluronsäure-Ketten auf. Sie haben die elastischen Eigenschaften einer viskoelastischen Paste (BALAZS, 1966). BALAZS (1969) glaubt, eine der hauptsächlichsten Funktionen der Interzellularsubstanz sei die *Absorption mechanischer Energie*. Diese Aufgabe erfüllen alle Proteogly-kane, während die Kollagenfibrillen die eigentlichen „last"tragenden Elemente sind. Ein Schmiermitteleffekt liegt nicht nur bei der Synovia der Gelenke vor, sondern auch an der Oberfläche der *serösen Säcke* und in den sog. *Verschiebe-schichten* des lockeren Bindegewebes.

### 3.5.1.2. Fasern und Interfibrillärsubstanzen

Unter nativem Kollagen verstehen wir mit VEIS (1967) eine Faser, die vom anhängenden Gewebe befreit ist. Die Beziehungen zwischen dem nativen Kolla-gen und den umgebenden Proteoglykanen werden im folgenden behandelt. Dabei wird die *Perifibrillärsubstanz* als Bestandteil der nativen Faser angesehen (s.S. 124).

Fasern und Polysaccharide haben organisatorische bzw. sterische Beziehun-gen zueinander, so daß ein *Multikomponenten-System* entsteht. Dieses *Organisa-tionsproblem* (WEISS, 1965) war nur z.T. Gegenstand von Untersuchungen; lange Zeit stand die Betrachtung der einzelnen isolierten Komponenten im Vorder-grund. Die angesprochenen Beziehungen bilden im *hierarchischen Bindegewebssy-stem* die Grundlage für die mechanischen und „sterischen" Funktionen der Interzellularsubstanzen. So sind nach JACKSON und BENTLEY (1968) und BASSETT (1968) die sterischen Faktoren für die Organisation des Knorpels von besonderer Bedeutung: Es liegt eine wechselweise Durchmischung und ein Volumenaus-schluß von Kollagen, Proteoglykanen und anderen Makromolekülen vor. Für diese Auffassung spricht, daß der größere Teil der Proteoglykane vom Kollagen-netzwerk durch Agentien isoliert werden kann, die keine kovalenten Bindungen aufbrechen (STEVEN et al., 1969; STEVEN, 1970; SAJDERA und HASCALL, 1969; HOFFMAN und MASHBURN, 1970; GREGORY et al., 1970). Die Struktur des Binde-gewebes wird durch das relativ *grobe Netzwerk der Fasern* festgelegt; die Netzma-schen sind vom feineren molekularen *Netzwerk der Polysaccharidketten* ausge-füllt (FESSLER, 1957; MAROUDAS, 1975 b). Schlingen von Polysaccharidketten können dabei Fibrillen umfassen (SCHUBERT und HAMERMAN, 1968). Diese Ver-bindung ist bei der Deutung von Fixierungsbildern zu berücksichtigen. Anderer-seits werden Form und Abmessung der Proteoglykandomänen durch die Gestalt des Maschenwerks der Kollagenfibrillen mit verschieden großen und unter-schiedlich gestalteten Lücken bestimmt.

An einem Modell hat FESSLER (1960) das *Zusammenspiel* von Fibrillen und Polysacchariden studiert. Er ließ Kollagen als Lösung für sich allein und zusam-men mit Hyaluronsäure präzipitieren. Im letzteren Fall war das entstandene

Gelkügelchen infolge vermehrten Wassergehalts 5mal schwerer. Das Kügelchen leistet gegen eine Kompression im Sedimentationsfeld einen größeren Widerstand als Kollagen allein. Die elastischen Eigenschaften gehen nach Verdauung mit Hyaluronidase verloren: Die Domäne des Hyaluronsäuremoleküls widersteht der Kompression (SCHUBERT, 1964; vgl. DISALVO und SCHUBERT, 1966; MAROUDAS, 1975 b). Damit wurde experimentell ein Verbundsystem aus verschiedenen Materialien geschaffen, wie es KNESE (1958 a, 1970 d) für das Knochengewebe als vorgespanntes Material beschrieben hat. Aufgrund von Beobachtungen an Sehnenansätzen (BIERMANN, 1957; KNESE und BIERMANN, 1958) wurde angenommen, daß der *Vorspann* der Kollagenfibrillen durch Quellung im Sinn des sog. Quellzements entsteht (vgl. MCCUTCHEN, 1975). Die Quellung ist auf die *wasserspeichernden Mukopolysaccharide* zurückzuführen. Der Vorspann wird später durch den Mineralmantel aufrechterhalten (KNESE, 1958 a); damit liegt ein Verbundsystem von Kollagenfasern und Kristallen vor. CURREY (1962 a, b, 1964 b) hat dieses System des Knochens mit durch Glasfaser verstärktem Epoxyharz verglichen, ein Bild, das wohl mehr dem des Knorpelgewebes als des Knochengewebes ähnelt.

### 3.5.2. Das physiko-chemische Profil der Interzellularsubstanzen

Das *physiko-chemische Profil* (ENGEL et al., 1960) bzw. das *„make-up"* (DURAN-REYNALS, 1942) der Interzellularsubstanzen eines Organs beruht auf der Art, Menge und Verteilung von Fasern und Bindegewebspolysacchariden (Tabelle 3;

Tabelle 3. Kollagen-, Elastin- und Mukopolysaccharid- bzw. Hexosamingehalt verschiedener Organe

| | Kollagen % FG [a] g/100 g TG [b] | Elastin [c] g/100 g TG [d] g/100 g BG [e] | Hexosamin: mg-% FG [f] MPS: g/100 TG [g] |
|---|---|---|---|
| **Bewegungsapparat** | | | |
| Knochen | 10–20 | | |
| | 20 24,2 | | 2,6 |
| Knorpel | 10–20 | | 226 [h] |
| | 29–70 [i] | | 18,3–25,1 |
| Sehne | 23–25 | 1–5 | 0,1–2 |
| | 86–92 | 2–6 | 1,0–2,2 |
| Lig. nuchae | | 31,7 | |
| | 17,0 | 82 | 0,1–0,8 |
| Skelettmuskel | 1–2 | | 28 |
| | 3,5 | | |
| **Haut** | 20 [j] | 0,6 | 76 |
| | 64,3–72,1 | 3,5 | 7,1 |
| **Kreislauforgane** | | | |
| Herzmuskel | | 0,7 | 45 [h] |
| | 1,93–7,0 | 28,5 | |

| | | 28–47 | |
|---|---|---|---|
| Aorta | 12,0–31,0 | 50–65 | 5,2 |
| Blutgefäße | 5–12 | | |
| Milz | | 0,44–1,25 | 80 |
| | 2,4–4,8 | 15–33 | |
| Lunge | | 1,6–7 | 112 |
| | 8,6–10,3 | 20–22 | 6,3 |
| Verdauungsapparat | | | |
| Submaxillaris | | | 334 |
| Duodenum | 12,0 | | |
| Magen | 23,6 | | |
| Pylorus | 13,8 | | |
| Leber | 0,01–10 [k] | 0,16–0,30 | 48 |
| | 0,64–3,9 | 20–36 | |
| Urogenitalapparat | | | |
| Niere | 1 | 0,16– 1,65 | 121 |
| | 1,8–5,28 | 15   –37 | |
| Hoden | | | 50 |
| Cervix uteri | 42,9 | | |
| Corpus uteri | 34,5 | | |
| ZNS/Sinnesorgane | | | |
| ZNS (Blutgefäße) | 0,2 –0,4 | | 78 [l] |
| | 0,22–1,22 | | |
| Glaskörper | 0,01–0,05 | | |
| Cornea | | | 2,2–5,0 |
| Sklera | | | 0,29–1,3 |
| Thymus | | | 81 |
| Bindegewebe | | | 580 |

[a] Obere Zeile: % Frischgewicht, überwiegend nach HARKNESS (1961).
[b] Untere Zeile: g/100 g Trockengewicht nach CHVAPIL (1967).
[c] Nach CHVAPIL (1967).
[d] Obere Zeile: g/100 g Trockengewicht.
[e] Untere Zeile: g/100 g des gesamten Bindegewebes.
[f] Obere Zeile: Hexosamin in mg-% Frischgewicht: Ratte nach BOAS (1953).
[g] Untere Zeile: g/100 g Trockengewicht nach CHVAPIL (1967).
[h] Meerschweinchen nach STARY und BILEN (1956).
[i] HOFFMAN und MASHBURN (1970); vgl. Tabelle 15.
[j] Nach CHVAPIL (1967).
[k] Fetale Ratte und Elefant.
[l] Einschließlich Mukolipide.

vgl. HARKNESS, 1961; CHVAPIL, 1967; SCHUBERT und HAMERMAN, 1968; ANDER-
SON, 1976).

### 3.5.2.1. Die Fasern

Im Rahmen der mikroskopischen Anatomie werden die *Menge* und *Verteilung
von Fasern* als Grundlage der Architektur eines Organs beschrieben. Die Werte
der Tabelle 3 stellen eine Ergänzung durch eine quantitative Formulierung dar.
Der Bezug auf das Frischgewicht berücksichtigt den *Wassergehalt.* Ein Vergleich
mit Bezug auf das Trockengewicht ergibt beim Knochen annähernd gleiche
Werte, da er ein wasserarmes Gewebe ist. Leider liegen nur für das Knochengewebe Werte unter Bezug auf die Masse und das Volumen vor (Tabelle 1). Es
zeigt sich, daß der *Volumenanteil* des Kollagens größer und der des Minerals
kleiner ist als ihr Anteil an der Masse. Die architektonische Gliederung eines
Organs wird allein durch die Volumenverhältnisse zutreffend erfaßt.

Angaben für das *Knochengewebe* unter Bezug auf das *Frischgewicht* machen folgende Autoren:
LOGAN (1935), RUIZ-GIJON (1941), NEUMAN und LOGAN (1950a), ROGERS et al. (1952), SOBEL et al.
(1954), EASTOE und EASTOE (1954), ROBINSON und ELLIOT (1957), WOODARD (1962), Bezug auf
das *Trockengewicht*: SOBEL et al. (1954), CHVAPIL (1967), NEUMAN und LOGAN (1950b), Analysen
am *Knorpel* beziehen sich überwiegend auf das *Frisch*gewicht: LOWRY et al. (1941), EICHELBERGER
und BROWN (1945), NEUMAN und LOGAN (1950a), ROBERTSON (1950), EICHELBERGER und ROMA
(1953), SOBEL et al. (1953), STARY und BILEN (1956), EICHELBERGER et al. (1958), EICHELBERGER
(1960). Die Menge des Kollagens im Knorpel, bezogen auf das Trockengewicht, variiert stark
(HOFFMAN und MASHBURN, 1970; Tabelle 3, 15).

Durchschnittlich werden 24–35% des gesamten Körpereiweißes vom *Kollagen*
gestellt (NEUBERGER, 1955). Eine Analyse für ein ganzes Tier liegt nur für die
*Maus* vor (HARKNESS, 1961). Bei ihr macht das Kollagen 20% des gesamten
Proteins aus, davon liegen 43% in der Haut, 3% in den Eingeweiden und
54% in Knochen und Muskel, im Femur allein 1,49%. Der Kollagengehalt,
bezogen auf Frischgewicht, fällt in der Reihe: Sehne, Knochen, Knorpel, Haut
ab und ist in allen anderen Organen gering; auf bedeutsame Differenzen (Leber,
Magen, Uterus) sei nur hingewiesen. Bei Bezug auf das Trockengewicht ändert
sich die Reihenfolge in Sehne, Haut, Knorpel und Knochen. Diese Werte gewinnen an Bedeutung, wenn die Veränderungen im Lauf der Entwicklung berücksichtigt werden (HARKNESS, 1961; CHVAPIL, 1967). Während des *Wachstums*
nimmt das Körpergewicht weniger zu als der prozentuale Gehalt an Kollagen
(HARKNESS, 1961; CLAUSEN, 1966). Eine *Konzentrations*zunahme des Kollagens
lassen Skelett- und Herzmuskel sowie Cornea vermissen. In der Milz wurde
eine Abnahme an Kollagen beobachtet. CHVAPIL (1967) kommt anhand der
Angaben der Literatur zur Feststellung, daß die Differenz zwischen Wachstum
und Kollagenzunahme in der Lunge 55%, in der Leber 25%, in der Niere
10%, im Knochen (SOBEL et al., 1954: Ratte Femur) 5% und im ganzen Körper
bei der *Ratte* 66% und dem *Hühnchen* 30% beträgt.

In der kompakten *Knochen*substanz des Menschen bleibt der Anteil *organischer Substanzen* vom Fetus bis zum Erwachsenen mit 24% des Frischgewichts
gleich (Tabelle 1; ROBINSON, 1960; DULCE, 1970), davon sind 90–95% Kollagen.
Der *Mineralgehalt* steigt (39 auf 62%), der *Wassergehalt* fällt ab (von 37 auf
13%). Nach Angaben von WOODARD (1962, 1964) für menschliche Knochen
in zwei Altersgruppen (2–19 und 20–74 Jahre) erscheint — bezogen auf das

Gewicht und das Volumen — die Zunahme an Mineralien (Asche) und die
Abnahme an Wasser etwas geringer. Nach CHEEK et al. (1965) nimmt bei der
*Ratte* von der 1. zur 8. Woche die Menge des Kollagens im Skelett und den
Sehnen linear von 64 auf 2 367 mg, d.h. um 360% zu. Das mit beiden verbundene
Wasser steigt nur bis zur 6. Woche stärker an, dann aber in Abhängigkeit
von der zunehmenden Mineralisation geringer. ROBINSON und ELLIOT (1957)
haben an der Tibia von *Hunden* die Variation folgender Parameter für g/100 cm³
feuchten Knochen bestimmt: *Dichte* (1,30–2,10), *Wasser* (75,9–17,1), *Asche*
(33,8–127,9), *organische Substanzen* (15,7–47,2) und die sog. $CO_2$-*Räume*
(4,6–17,8). Mit zunehmender Dichte des Knochens steigt der Gehalt an organischen Substanzen auf das 3fache, der an Mineralien auf das 4fache an, das
Wasser sinkt auf $^1/_4$ ab.

Die Zusammensetzung des *Knorpels* hängt vom Alter ab (EICHELBERGER,
1960). Im Gelenkknorpel nimmt der Kollagengehalt von 104 auf 154 g/1 000 g,
im Rippenknorpel von 94 auf 129 zu, ebenso das an die Fibrillen gebundene
Wasser (von 163 auf 242 bzw. von 148 auf 203). Der Gelenkknorpel des Rinds
enthält nach SMITH et al. (1967) 72,4%, der Nasenknorpel 34,5% Kollagen;
ähnlich liegen die Werte von HOFFMAN und MASHBURN (1970, Tabelle 15).

Es fragt sich, ob die *Konzentrationsänderung* des Kollagens in vielen Organen
auf Faservermehrung, Faserwachstum oder auf beiden Vorgängen beruht. Nach
HARKNESS (1961) soll die Zahl der Fibrillen, je Volumen, während des Wachstums konstant bleiben. Nach elektronenmikroskopischen Untersuchungen des
Knochengewebes ist jedoch mit dem *Dickenwachstum* der Fibrillen eine *Verringerung der Zahl*, je Volumen, anzunehmen (KNESE, 1963 d).

Die *Dicke* der Kollagenfibrillen ist für die einzelnen Organe kennzeichnend
(Tabelle 4). Dicke Fibrillen finden sich in Organen, in denen das Kollagen
eine „spezifische" Komponente darstellt, und zwar in der abnehmenden Reihe:
Knochen, Sehne, Haut. Eine Ausnahme macht die Cornea. In Organen mit
hohem Bestand an Bindegewebspolysacchariden, voran Knorpel und Glaskörper, liegen sehr dünne Fibrillen von 100–200–300 Å Durchmesser vor. Nehmen
wir an, daß neugebildete Fibrillen eine geringe Dicke haben, so ist die *Wachs-*

Tabelle 4. Dicke der Kollagenfibrillen in verschiedenen Organen. (Überwiegend nach HARKNESS,
1961: Mensch)

| | Å | | Å |
|---|---|---|---|
| Knochen[a] | | Milz (Rind) | 650 |
| Kind | 150– 400 | Lunge | 200–500 |
| adult | 800 | Arachnoidea | 450 |
| Greis | 1 000–1 500 | Arachnoidea (Ratte) | 500–700 |
| Knorpel[b] | 100– 200 | Epineurium | 800 |
| Sehne | 300–1 300 | Glaskörper | 100–300 |
| Haut | 600–1 100 | Cornea | 200–400 |
| Aortenklappen | 200– 300 | | |

[a] Nach Zusammenfassung von KNESE (1959b, c; 1970c).
[b] Vgl. ANDERSON und PARKER (1968): bei Vorhandensein einer Querstreifung bis 800 Å.

*tumsrate* der Kollagenfibrillen organabhängig und dürfte nicht von den Eigenschaften des Kollagens selbst bestimmt sein.

### 3.5.2.2. Die Bindegewebspolysaccharide

Der Begriff des „make up" wurde für den Zustand der Polysaccharide geprägt; wir haben ihn hier in etwas weiterem Sinn aufgefaßt. Ursprünglich sollte der Polymerisationsgrad der Interfibrillärsubstanz gekennzeichnet werden (GERSH und CATCHPOLE, 1949), ein Versuch, der heftig kritisiert wurde (DORFMAN, 1955/56); auch die Einschränkung auf die sog. „Aggregation" (GERSH und CATCHPOLE, 1960) erscheint heute wenig glücklich. Wir müssen uns auf die Angaben der *Menge* der MPS und das Vorkommen der reinen Polysaccharide beschränken. Die Menge der Bindegewebspolysaccharide in einem Organ läßt ihre Bedeutung für die Architektur nicht erkennen (Tabelle 5, 3), da das offene Molekül mit einem hohen Wassergehalt nur durch den *Volumen*anteil zu charakterisieren ist. Dies zeigt bereits das MPS-reichste Gewebe, der Knorpel, mit seinen weiten Interfibrillärräumen (KNESE, 1966 b); Chondroitinsulfate und Wasser stellen hier fast $^2/_3$ der Interzellularsubstanzen.

Die *Gesamtmenge* der Polysaccharide im Körper ist recht gering. Sie beträgt nach SCHUBERT und HAMERMAN (1968) für ein mittleres Körpergewicht mit 10 kg Haut und 100 g Knorpel (beide frisch) etwa 10 g. Die tägliche Exkretion beläuft sich auf 10 mg.

Die Menge des *Chondroitinsulfats* wechselt nach Art des Knorpels. Sie nimmt beim *Rind* (Tabelle 15), nach HOFFMAN und MASHBURN (1970), in der Reihe: Nasenknorpel, Rippe und Gelenk ab, ähnlich beim *Menschen*. SMITH et al. (1967) geben für das Rindergelenk 14% und den Nasenknorpel 41,7% des Trockengewichts an. Eine gleichartige Verteilung liegt beim *Hund* vor (EICHELBERGER, 1960). Die Abnahme des Hexosamins und damit des Chondroitinsulfats mit der *Alterung*, z.T. gleichzeitig eine Kollagenzunahme, wurde verschiedentlich nachgewiesen, und zwar für den *Rippenknorpel* (LOEWI, 1953; SHETLAR und MASTERS, 1955; STIDWORTHI et al., 1958; KAPLAN und MEYER, 1959; MATHEWS und GLAGOV, 1966), die *Femurkondylen* (LOEWI, 1953; LEPPELMANN, 1959) und das *Rattenfemur* (SOBEL et al., 1954). ANDERSON et al. (1964) bestätigen diesen Altersgang für den Gelenkknorpel, weisen aber auf eine große Variationsbreite hin. Im Mittel sind zwischen dem 10.–90. Jahr 56,4% Kollagen, 20,3% Mukopolysaccharide und 22,8% des Trockengewichts Nicht-Kollagen-Proteine vorhanden.

Die Verteilung der „reinen" Polysaccharide ist kennzeichnend (Tabelle 5). An Hyaluronsäure reich sind Glaskörper, Synovia, Nabelschnur und Haut (*Schweine*embryo). In Haut und Aorta sinkt die Menge der Hyaluronsäure während der Alterung ab. Im Lauf des Lebens nimmt die Menge des Chondroitin-6-sulfats und des Keratansulfats in Rippe und Zwischenwirbelscheibe zu. Im Nucleus pulposus des Rinds sind Chondroitinsulfat und Keratansulfat in gleicher Menge vorhanden, im Nasenknorpel ist nur Keratansulfat nachzuweisen (ROSENBERG et al., 1967; ROSENBERG et al., 1969). Die Variationsbreite der Polysaccharide im Nasenseptum von *Rinder*feten reicht von Proteoglykanen mit einem geringen Proteingehalt und weniger als 2% Keratansulfat bis zu solchen mit 10fachem Proteingehalt, wobei die Konzentration des Keratansulfats mehr als doppelt so hoch ist als jene des Chondroitinsulfats (HOFFMAN et al., 1975).

Bisher ist nicht geklärt, ob und wie weit die Veränderung des Profils der Bindegewebspolysaccharide ein Phänomen der *relativen* (im Vergleich zu anderen

Tabelle 5. Zusammensetzung der Bindegewebspolysaccharide in verschiedenen Organen[a]

| | MPS % TG[b] | Hya-luron-säure | Chon-dro-itin-4-Sul-fat | Chon-dro-itin-6-Sul-fat | Der-matan-sulfat | Hepa-ran-sulfat | Hepa-rin | Kera-tan-sulfat |
|---|---|---|---|---|---|---|---|---|
| Knorpel | 12–40[f] | | | | | | | |
| Epiphyse[g] | 24 | 2 | 98 | | | | | (5) |
| Nasenknorpel[h] | 19–39 | <1 | 82 | | | | | 15 |
| Rippe | | | | | | | | |
| Mensch, 20 J. | 15–20 | | 85 | | | | | 15 |
| Mensch, 80 J. | 10 | | | 55 | | | | 45 |
| Discus intervertebralis | | | | | | | | |
| Mensch, Neonatus | 30 | | 45 | | | | | 50 |
| Mensch, 80 J. | 2,7[j] | | 90 | 5 | | | | 5 |
| Knochen | | | | | | | | |
| Rind | 0,25 | | 100 | | | | | |
| Mensch | 0,2 | | + | | | | | + |
| Sehne | 0,2–0,7 | + | | + | + | | | |
| Synovia | 0,2–0,4[g] | 100 | | | | | | |
| Haut | | | | | | | | |
| Schwein, Embryo | | 78 | | 20 | 5–12 | (12,5)[j] | | |
| Schwein, erwachsen | | 30 | | 1 | 64 | | | |
| Aorta | | | | | | | | |
| Mensch, 20 J. | 0,85–1,2 | 20 | | 65 | 8 | 5 | | |
| Mensch, 75 J. | | 12 | | 52 | 15 | 22 | 20 | |
| Uterus | | | | | | | | |
| Mensch | 200[h] | | | 40 | 45 | 15 | | |
| Glaskörper | 0,034[i] | 100 | | | | | | |
| Nabelschnur | | 80–90 | | 10–20 | | | | |

[a] Nach Zusammenstellung von BUDDECKE (1966) und JACKSON und BENTLEY (1968) ergänzt.
[b] MPS in % des Trockengewichts.
[c] Katze (HIRSCH, 1944; EINBINDER, SCHUBERT, 1950) frisch: 4–13%.
[d] Hund 3 Mon. (HJERTQUIST, 1964 b).
[e] Pferd 3 J. (ANTONOPOULOS et al., 1964).
[f] Frisch: (MALMGREN und SYLVÉN, 1952).
[g] Frisch: (SUNDBLAD, 1953; MEYER und SMYTH, 1937).
[h] mg/100 g entfettetes Trockengewicht.
[i] mg/100 g Frischgewicht.
[j] Rattenhaut.

Organen) bzw. *absoluten* (d.h. des Individuums) *Alterung* ist. Für die Individual-entwicklung ist von Bedeutung, daß sich das Verhältnis von Chondroitin-4-sulfat zu Chondroitin-6-sulfat im Lauf des Lebens ändert (MATHEWS, 1965 b). Beim *Menschen* nimmt das Chondroitin-4-sulfat zugunsten des Chondroitin-6-sulfats und der sulfatierten Keratansulfate nach der Geburt ab. In der Fetalzeit des *Rinds* und postnatal beim *Kaninchen* steigt dagegen der Gehalt an Chondroitin-4-sulfat. Hierbei verschiebt sich das Verhältnis von Protein zu Chondroitinsulfat und Keratansulfat (ROSENBERG et al., 1965). Im Gelenkknorpel des *Schweins* vermehrt sich zwischen der 10. Woche und dem 5. Jahr das Glucosamin auf das 5fache, und der Proteingehalt verdoppelt sich (ŠIMUNEK und MUIR, 1972).

Die Veränderung des Bestands an reinen Polysacchariden war Anlaß zu anatomischen bzw. *phylogenetischen* Überlegungen. Eine vergleichende Studie über die molekulare Entwicklung der Bindegewebe, vor allem der sauren Mukopolysaccharid-Protein-Komplexe hat MATHEWS (1965b) vorgelegt, umfassende Darstellungen der sauren Mukopolysaccharide bei den *Vertebraten* HUNT (1970) und KROMPECHER (1967).

Eine Altersabhängigkeit der *Synthese* der Polysaccharide ist bekannt. Zunächst werden Hyaluronsäure bzw. nicht sulfatierte Polysaccharide gebildet (u.a. LOEWI und MEYER, 1958; COON, 1966; ABBOTT und HOLTZER, 1968). Im nächsten Entwicklungsschritt steht die Bildung von *Chondroitin-4-sulfat* im Vordergrund (HOFFMAN et al., 1958; ROBINSON und DORFMAN, 1969; SHULMAN und MEYER, 1970b). Schließlich folgt die Synthese von *Chondroitin-6-sulfat* (MEYER et al., 1958; KAPLAN und MEYER, 1959; MATHEWS und GLAGOV, 1966; MANKIN, 1975), sowie die des *Keratansulfats* (KUHN und LEPPELMANN, 1958; KAPLAN und MEYER, 1959). Entsprechende histochemische Untersuchungen wurden u.a. von JOEL et al. (1956) sowie QUINTARELLI und DELLOVO (1966) durchgeführt. Der Knorpel des Kniegelenks und der Rippe ist mit dem Alter weniger hyaluronidase-empfindlich.

Die Alterung der Bindegewebspolysaccharide läßt sich z.T. mit der veränderten *hormonellen* Situation erklären (CLAUSEN, 1966). Testosteron wirkt unmittelbar auf die Knorpelzellen und führt zur Degeneration und Alterung des Gelenkknorpels (TARSOLY, 1975). Nach SINEX (1968) führen Abnahme von Insulin, Oestrogen, Androgen, Thyreotropin, Zunahme von Glucocorticoiden und Thyroxin zur Abnahme von Mukopolysacchariden und infolgedessen zu einem dichten und aggregierten Kollagen; die genannten hormonellen Veränderungen sind charakteristisch für alternde Individuen. Die Mukopolysaccharide ziehen sich von den Fasern zurück (SINEX, 1968); das Gewebe ist weniger hydratisiert, die Fasern treten in den Vordergrund (PORTER, 1964; VERZAR und HUBER, 1958). Im übrigen wird im Greisenalter die Synthese von MPS ebenso wie die des Kollagens herabgesetzt. Die Folge sind die bekannten Konsistenzunterschiede der Gewebe: In der Jugend erscheinen sie sulzig und wasserreich, im Alter geschrumpft und wasserarm.


### 3.5.3. Die biologische Halbwertszeit der Interzellularsubstanzen

Der quantitative und qualitative Vergleich des Aufbaus der Interzellularsubstanzen ergibt, daß sich während der Alterung das Verhältnis zwischen Fasern und Interfibrillärsubstanzen verschiebt. Die *Fasern* nehmen an *Dicke* zu, ihr Charakter verändert sich durch *Verminderung der löslichen* und *Vermehrung der unlöslichen Kollagene*. Die Menge der Bindegewebspolysaccharide wird verringert; an die Stelle von Hyaluronsäure und Chondroitin-4-sulfat treten Chondroitin-6-sulfat und Keratansulfat. Bei Berücksichtigung der Struktur der hybriden Moleküle ist anzunehmen, daß bereits gebildete Makromoleküle durch anders gestaltete ersetzt werden (DAVIDSON und SMALL, 1963c).

Die Interzellularsubstanz erfährt einen „*Umbau*". Der Morphologie sind Veränderungen der Interzellularsubstanz mit Strukturveränderungen während der Entwicklung und der Alterung bekannt. Nur wenige ältere Äußerungen stehen dieser Auffassung gegenüber, so die Annahme eines „schleichenden Ersatzes" oder einer „heimlichen Substitution" (BARTH, 1895; MARCHAND, 1901; LEXER, 1924) bei der Organisation von Transplantaten, bei der heterotropen Knochenbildung (MCEWEN, 1912; GEDDES, 1913; RHODE, 1924; LEXER, 1924) sowie der Faserknochenbildung (M.B. SCHMIDT, 1921; WJERESZINSKI, 1924; LUBOSCH, 1928) und im Bereich der Epiphyse (HAINES, 1933). Wie ein solcher schleichender Ersatz vonstatten geht, konnte nicht angegeben werden.

In einer Diskussion über den Ablauf der *Strukturentwicklung* und der *Strukturänderung* müssen die *Eigenschaften der Interzellularsubstanzen* berücksichtigt werden. Auf der Basis der Ultrastruktur und der Molekularbiologie der Gewebekomponenten (KNESE, 1963c, 1970c) haben KNESE und TITSCHAK (1962) versucht, eine Baugeschichte des Knochengewebes zu entwickeln (s.S. 667); allerdings erregte dieser Versuch Widerspruch (AMPRINO, 1963). Hierbei wurde die Frage gestellt, ob die Kollagenfaser als bestimmendes Strukturelement zu den *bleibenden* bzw. *unvergänglichen* Elementen im Sinn LEVIS (1927) gehört. Mit Hilfe der Markierung konnte nachgewiesen werden, daß die Gewebekomponenten eine sehr unterschiedliche *biologische Halbwertzeit* besitzen. Elemente mit einer biologischen Halbwertzeit, entsprechend der Lebensspanne des Individuums, sind nur die elastischen Fasern (SLACK, 1954, 1959; LANSING, 1955; PARTRIDGE, 1962). Kollagen und Bindegewebspolysaccharide haben eine kürzere und voneinander abweichende Lebensspanne bzw. biologische Halbwertzeit.

Die Bestimmung der biologischen Halbwertzeit des Kollagens beruht auf Untersuchungen mit markiertem *Glycin* (PERRONE und SLACK, 1951; ROBERTSON, 1952; NEUBERGER und SLACK, 1953; NEUBERGER, 1955). THOMPSON und BALLOU (1954, 1956) stellten an embryonalen *Ratten* fest, daß 72% des Kollagens eine biologische Halbwertzeit von mehr als 500 – etwa 1000 – Tagen haben, im *Knochen* aber von nur 240 Tagen; vermutlich untersuchten die Autoren eine unlösliche Fraktion (GERBER et al., 1960). Daneben tritt nach PROCKOP und KIVIRIKKO (1968), ein Kollagen mit der Halbwertzeit von 15 Tagen auf. GERBER et al. (1960) bestimmten die Halbwertzeit des Kollagens in verschiedenen Organen; sie schwankt zwischen 4 (Knochen) und 300 Tagen (Niere). Man muß daraus auf ein unterschiedliches Verhalten der Kollagene schließen. Der Umsatz geht dem Stoffwechsel- bzw. der Zellaktivität (turnover), mit Ausnahme des Knochens, parallel. Bei jungen *Ratten* (130 g) fanden die Autoren für die lösliche Kollagenfraktion des *Knochens* eine biologische Halbwertzeit von 4 Tagen, für die unlösliche von ≈40 Tagen. Es wurde erwogen, ob die kurzen Werte die *Epiphyse* betreffen; damit würden sich die Angaben eigentlich auf das Kollagen des Knorpels beziehen. Dies erschient im Hinblick auf die Zeitdimension der in der Epiphyse ablaufenden Vorgänge durchaus möglich. Alte *Ratten* von 18 Monaten weisen, nach PIERCE et al. (1964), eine biologische Halbwertzeit des *unlöslichen Kollagens* von 480 Tagen auf. Vergleichsweise soll erwähnt werden, daß $^{45}$Ca beim Erwachsenen die Halbwertzeit von 260 Tagen hat (BRONNER et al., 1956); nur 5 g gehören zum schnell austauschbaren Pool.

Die für das Knochenkollagen aufgeführten Werte gewinnen erst Bedeutung, wenn sie mit jenen des Kollagens anderer Organe verglichen werden, wobei wir uns auf die Ausführungen von WOESSNER (1968) stützen. Die biologische Halbwertzeit ist in den einzelnen *Organen verschieden groß* (Tabelle 6). Im übrigen ändert sich das Verhältnis von löslichen zu unlöslichen Kollagenen

Tabelle 6. Biologische Halbwertszeit des Kollagens. (Nach WOESSNER, 1968: Ratte)

|  | Alter | Halbwertszeit in Tagen |
|---|---|---|
| Ganzer Körper |  |  |
| labile Fraktion | (3–6 Wo.) | 1– 5 |
| stabile Fraktion | (3–6 Wo.) | 50–100 |
| alt | (15 Mo.) | 300 |
| Knochen |  |  |
| labile Fraktion | (2 Mo.) | 3 |
| stabile Fraktion | (2 Mo.) | 28 |
| unlöslich adult | (18 Mo.) | 480 |
| Sehne (Schwanz) |  |  |
| löslich | (5 Wo.) | 20 |
| unlöslich | (5 Wo.) | 65 |
| Muskel | (2 Mo.) | 35 |
| Haut |  |  |
| jung, löslich | (5 Wo.) | 17 |
| jung, unlöslich | (5 Wo.) | 28 |
| jung, total | (5 Wo.) | 100 |
| adult, total | (18 Mo.) | 240–300 |
| Niere | (2 Mo.) | 210 |
| Lunge |  |  |
| unlöslich | (18 Mo.) | 630 |
| Leber |  |  |
| normal | (2 Mo.) | 21 |
| Zirrhose, irreversibel |  | 160 |
| Uterus |  |  |
| löslich + unlöslich |  | 11–12 |
| post partum | (Ratte 3 Mo.) | 1– 2 |
| post partum | (Mensch) | 7– 8 |

auch organspezifisch (CHVAPIL 1967). Mit dem Wachstum sinkt die in Neutral-salz lösliche *Kollagenfraktion* etwa von 10% auf 1% ab. Bei 3–6 Wochen alten *Ratten* zeigt die labile lösliche Kollagen-Fraktion eine biologische Halbwertszeit von 1–5 Tagen, die unlösliche von 50–100 Tagen. Sie verlängert sich bei älteren Tieren auf 300 Tage. Bei jungen Tieren (5–8 Wochen) ergibt sich für die lösliche Fraktion des Knochens die sehr kurze Halbwertszeit von 3 Tagen, für Sehne und Haut von 20 bzw. 17 Tagen. Die Halbwertszeit für die unlösliche Fraktion bei Jungtieren beträgt etwa 21–28 Tage, bei der Sehne bereits 65 Tage, für den erwachsenen Hund wurden 10 Jahre errechnet (MAROUDAS, 1975c). Die Halbwertszeit im Knochen erreicht bei erwachsenen Tieren 480 Tage, in der Haut 240–300 Tage. Noch höher liegt die Halbwertszeit des Kollagens mit 630 Tagen in der Lunge, kürzer ist sie mit 210 Tagen in der Niere. Im Verlauf von Erkrankungen (z.B. Leberzirrhose) wird die Halbwertszeit heraufgesetzt.

Diese Übersicht zeigt, daß der *Kollagenstoffwechsel nach Lebensalter und Organ sehr unterschiedlich* ist. Auf keinen Fall aber kann das Kollagen als im Stoffwechsel inaktiv angesehen werden (JACKSON, 1957). Seine Umsatzrate hängt vom Wachstum ab (MANKIN und BARON, 1965). Etwas vereinfachend kann man sagen, daß die biologische Halbwertszeit bei jungen *Rattten* für neutralsalzlösliches Kollagen 1 Tag, für säurelösliches 5 und unlösliches 75 Tage beträgt. Bei alten *Ratten* liegt ein Pool von unlöslichem Kollagen mit der Halbwertszeit von 300 Tagen vor. Allerdings ist dies ein Mittelwert, da die Halbwertszeit bei einzelnen Organen darunter (z.B. Uterus), bei anderen darüber liegt (z.B. Knochen, Lunge). Der Kollagenumsatz kann auch durch die Menge des im *Urin* ausgeschiedenen *Hydroxyprolins* bestimmt werden. Da der Organismus kein Hydroxyprolin aufnimmt, sondern nur Prolin hydroxyliert, ist die Ausscheidung etwa ein Maß für den *Kollagenumsatz* (PROCKOP und KIVIRIKKO, 1968; ADAMS, 1970). Beim *Menschen* liegt die höchste Ausscheidung zwischen dem 11. und 14. Jahr und sinkt dann ab, um nach der zweiten Dekade ihr Minimum zu erreichen.

Die biologische Halbwertszeit der *Bindegewebspolysaccharide* ist wesentlich kürzer als die des Kollagens. Sie beträgt für *Hyaluronsäure* 2–6 Tage (SCHILLER et al., 1952; DORFMAN, 1954; SCHILLER et al., 1954; SCHILLER et al., 1956; DORFMAN und SCHILLER, 1958; DAVIDSON und SMALL, 1963b), für *Chondroitinsulfate* 7–17 Tage (BOSTRÖM et al., 1952; ODEBLAD und BOSTRÖM, 1952; BOSTRÖM, 1954; DORFMAN und SCHILLER, 1958; HAUSS und JUNGE-HÜLSING, 1961; SCHUBERT und HAMERMAN, 1968), für *Chondroitin-6-sulfat* 3–5 Tage, für *Keratansulfat* mehr als 60, etwa 120 Tage (DAVIDSON und SMALL, 1963a), für das *Dermatansulfat* werden 25 Tage (DAVIDSON und SMALL, 1963b) bzw. 8–11 Tage (BOSTRÖM und GARDELL, 1953) angegeben. HALLÉN (1970) weist darauf hin, daß eine Korrelation zwischen *Löslichkeit* und *Größe* der Halbwertszeit besteht. Beim *Meerschweinchen* werden zwei Fraktionen mit unterschiedlicher Halbwertszeit gefunden, ein Chondroitinsulfat mit schnellem (3 Tage) und eins mit langsamem Umsatz (Rippe: 80, Nasenseptum: 40, Nucleus pulposus: 30 Tage). Das Keratansulfat hat in der Rippe eine Halbwertszeit von 4 bzw. 9 Tagen; im Nucleus pulposus ist nur eine Fraktion mit dem Umsatz von 90 Tagen vorhanden (LOHMANDER et al., 1973). Die Fraktion mit dem schnellen Umsatz macht etwa 5% der gesamten Proteoglykane aus (MANKIN, 1975). Im Epiphysenknorpel der neugeborenen *Ratte* ist die Halbwertszeit des Chondroitinsulfats 70 Std, die der Hyaluronsäure 120 Std (HANDLEY und PHELPS, 1972). Die biologische Halbwertszeit verändert sich im Lauf des Lebens. Die Halbwertszeit der Proteoglykane im Gelenkknorpel des Femurkopfs beträgt beim erwachsenen *Hund* zwischen 45 und 150 Tagen, beim *Menschen* 800 Tage, in den Femurkondylen nur 300 Tage (MAROUDAS, 1975a). Die Halbwertszeit erreicht bei Adulten noch höhere Werte, beim *Menschen* 2–5 Jahre, beim *Hund* 1–1$^1/_2$ Jahre und beim *Kaninchen* 9–12 Monate (MAROUDAS, 1975c).

In einer umfangreichen Studie haben DAVIDSON und SMALL (1963a,b,c) die *biologische Halbwertszeit der Polysaccharide* im Nucleus pulposus, der Haut und dem Rippenknorpel von *Kaninchen* verschiedenen Alters nach Gabe von $^{14}$C-Glucose untersucht (Abb. 84). Die Aktivitätskurven von Chondroitin-6-sulfat und Keratansulfat im *Nucleus pulposus* haben eine verschiedene Gestalt, ihre Form hängt vom Lebensalter ab (Abb. 84A). Unter dem Einfluß von *Wachstumshormon* und *Östrogenen* wird die Halbwertszeit von Chondroitin-6-sulfat heraufgesetzt (Abb. 84B), die des Keratansulfats aber verkürzt (Abb. 84C). *Cortison* ändert die Halbwertszeit von Chondroitin-6-sulfat nicht, verringert aber die des Keratansulfats auf 5 Tage. Beide Komponenten wurden zur gleichen

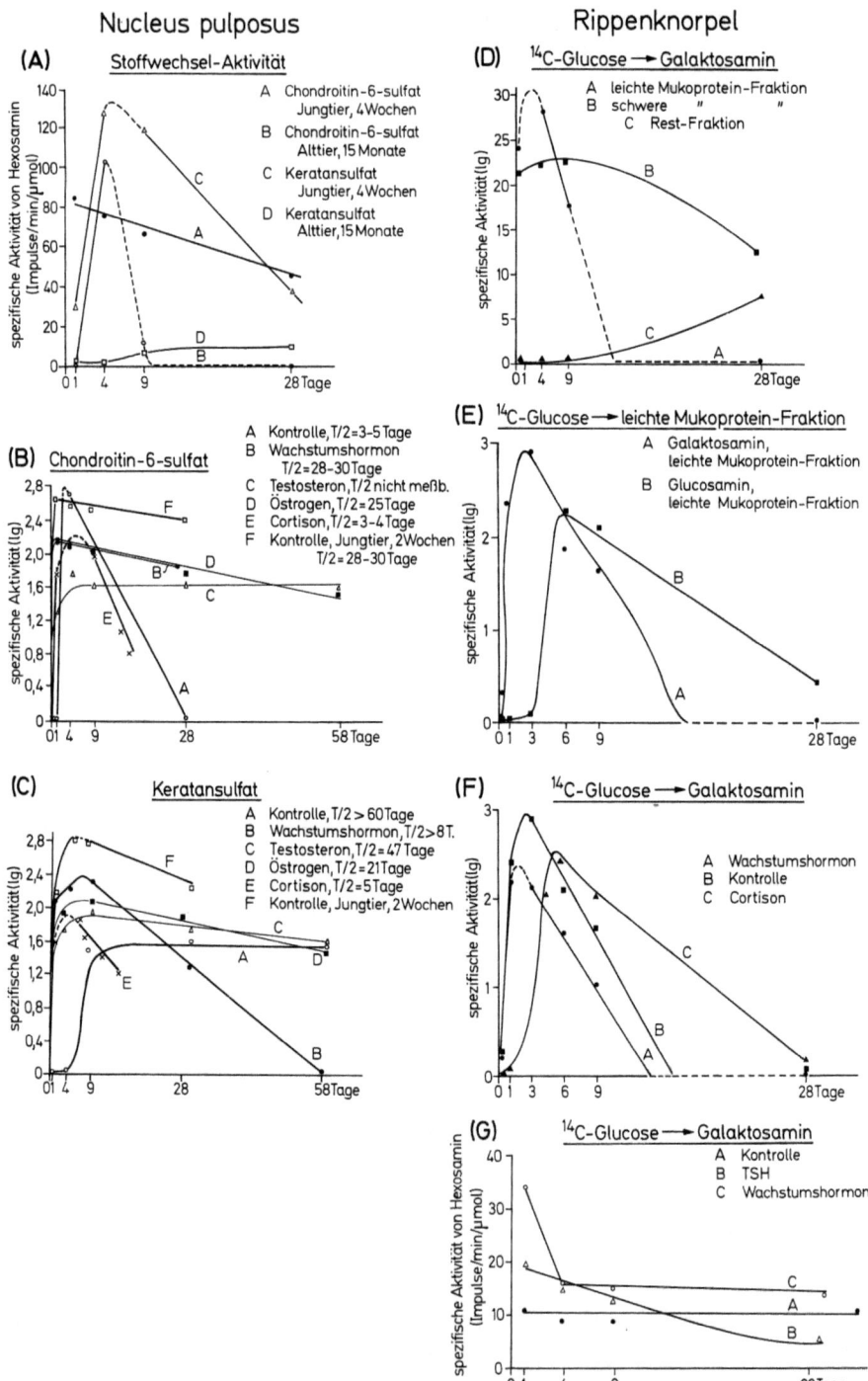

**Abb. 84.** Stoffwechsel der Bindegewebspolysaccharide, deren biologische Halbwertszeit und der Einfluß von Hormonen (veränderte Umzeichnung nach DAVIDSON und SMALL, 1963a, c)

Zeit markiert, d.h. gebildet. Der Überdeckungsbereich der Kurven läßt erkennen, daß sich die *Zusammensetzung der Interzellularsubstanz*, dank der unterschiedlichen Halbwertszeit, bereits bei *gleichartiger Ausgangssituation ändert*. Die verschiedenartige Wirkung von Hormonen auf die Polysaccharide gestaltet die Interzellularsubstanz vollkommen um. Die Verschiedenartigkeit des Effekts ist mit ein Grund dafür, daß die Hormonwirkung so komplex ist und schwer beurteilt werden kann. Beim *Rippenknorpel* des *Kaninchens* bestimmten DAVIDSON und SMALL (1963c) den Einbau der $^{14}$C-Glucose in eine leichte und schwere sowie eine Restfraktion (Abb. 84D). Die Restfraktion ist relativ groß; ihre schwer bestimmbare Halbwertszeit dürfte bei 4 Monaten liegen. Die Aktivitätskurven des Galaktosamins und Glucosamins der leichten Fraktion sind voneinander verschieden (Abb. 84E). Ebenso ergaben sich Differenzen der Hormonwirkung bei der Untersuchung des Galaktosamins der leichten Fraktion (Abb. 84F) und des Galaktosamins insgesamt. Ein derartig detailliert durchgearbeitetes Beispiel läßt eine vollständige *Umgestaltung der Interzellularsubstanz* erkennen, für die u.a. morphologische Äquivalente gesucht werden müssen.

## 3.6. Die Zellaktivität im Bindegewebe

Die Reifung des Kollagens mit Ansteigen des Fibrillendurchmessers im Sinn des Zuwachses sowie der „Ersatz" des Kollagens im Rahmen des turnover mit unterschiedlich langer, aber meßbarer Halbwertszeit verlangen die *Neusynthese von Tropokollagen*. Da die Kollagene sich sehr unterschiedlich verhalten, sind lokale Differenzen anzunehmen, die morphologisch von besonderem Interesse sind. Die z.T. erheblich geringere Halbwertszeit der Bindegewebspolysaccharide erfordert eine gesteigerte Neusynthese. Man möchte fast vermuten, daß Zellen länger zur Synthese von Polysacchariden als zu der von Tropokollagen fähig sind, doch scheint diese Synthese zu einem vollen „Ersatz" der Polysaccharide nicht auszureichen. So nimmt die Menge des Kollagens wie die des Keratansulfats mit einer langen Halbwertszeit während der Alterung zu.

Die Interzellularsubstanzen sind ein Produkt der Zelle und werden durch von der Zelle gebildete Enzyme abgebaut. Umfang der Neubildung und des Abbaus wird mit dem *Bilanzbegriff* der biologischen Halbwertszeit gekennzeichnet (KNESE, 1978). Die Halbwertszeit ist damit ein Maß der jeweiligen Zellaktivität; sie nimmt im Lauf des Lebens ab, und die Halbwertszeit verlängert sich (vgl. MANKIN, 1975). Über den Mechanismus des physiologischen Abbaus von Kollagen und Glykosaminoglykanen wissen wir noch wenig (WOESSNER, 1968; WEISS, 1976; BUDDECKE und KRESSE, 1974). Die Folge dieser Vorgänge ist eine *Veränderung der Zusammensetzung der Interzellularsubstanz*. Es ist zweifelhaft, ob auf die molekularen Vorgänge alte Begriffe angewandt werden können, die von anderen Voraussetzungen ausgingen. Der „Abbau" im Rahmen des turnover erfolgt „schleichend" und nicht durch eine „lakunäre" (VOLKMANN, 1863) bzw. „lineare" Resorption (KASSOWITZ, 1881; vgl. BIDDER, 1906; WEIDENREICH, 1930).

Nicht nur der *Abbau* sondern auch die *Neusynthese* gehen innerhalb des

Organverbandes vor sich. Seit langem ist bekannt, daß beim Übergang von der Mesenchymkondensation zum Vorknorpel bzw. Knorpel die eingeschlossenen Zellen weiterhin aktiv sind. Die Chondrozyten bleiben Zellen mit der Fähigkeit zur Bildung von Interzellularsubstanzen. Dieser Vorgang führt zu dem *expansiven* oder *intussuszeptionellen Wachstum.* Wir können die Interzellularsubstanzbildung aber nicht mehr als ,,Chondrogenese" im eigentlichen Sinn ansehen. Man könnte sich natürlich fragen, ob es für die Deutung der Vorgänge nicht einfacher wäre, nur von Interzellularsubstanz bildenden Zellen verschiedener Art, Chondrozyten und Chondroblasten, zu sprechen. Wohl aus ähnlichen Erwägungen, allerdings ohne eine Begründung dafür anzugeben, sagt FULLMER (1965), junge Knorpelzellen würden Chondroblasten, ältere Chondrozyten genannt. Auch PRITCHARD (1952) meint, nach morphologischer und histochemischer Erscheinung seien folgende Stadien der Knorpelzellen zu unterscheiden: prächondroblastische Mesenchymzellen, Chondroblasten, Chondrozyten und hypertrophe Chondrozyten. GODMAN und LANE (1964) sprechen von Chondroblasten, mitunter von Zellen mit chondroblastischen Eigenschaften, bilden dann aber Chondrozyten ab; derartige nomenklatorische Eigenwilligkeiten können Verwirrung stiften.

*Chondrozyten* sind hochaktive Zellen. Autoradiographische Untersuchungen, vor allem mit $^{35}$S, haben gezeigt, daß die Aufnahme und Weiterverarbeitung von Substanzen durch Chondrozyten wesentlich intensiver ist als durch die Chondroblasten (vgl. z.B. DZIEWIATKOWSKI, 1951, 1952 b; AMPRINO, 1955 b, c, 1956). Die Tatsache, daß einer Zellform bisher nicht erkannte Eigenschaften zugesprochen werden müssen, sollte nur ausnahmsweise nomenklatorisch berücksichtigt werden. Der *Chondroblast* ist zudem topographisch, d.h. durch seine Lage an der Oberfläche des Skelettstücks charakterisiert. Man könnte argumentieren, daß die *Gewebebildung de novo* nach noch heute berechtigter Definition von Chondro*blasten* bzw. Osteo*blasten* vorgenommen wird, die *Neusynthese von Gewebekomponenten* von den entsprechenden ,,zyten".

Eine solche Erweiterung der ,,Funktions"angabe ist auch für die *Osteozyten* erforderlich. Nach elektronenmikroskopischen Beobachtungen können Osteozyten Fibrillen bilden (KNESE und v. HARNACK, 1962). Dafür sprechen Untersuchungen über den Transport von Aminosäuren bzw. deren Verarbeitung an isolierten Knochenzellen oder Knochenfragmenten, die vom Periost befreit sind (u.a. YOUNG, 1963 a, b; TONNA, 1965 b; FINERMAN und ROSENBERG, 1966; ROSENBUSCH et al., 1967; HAHN et al., 1969 a, b). Die Neusynthese von Tropokollagen kann mit der Reifung der Knochenfibrillen und mit einer Struktur,,änderung" zusammenhängen (s.S. 672).

Morphologische Untersuchungen der Skelettzellen müssen davon ausgehen, daß bereits zur *Erhaltung* eines Gewebezustandes, aufgrund der unterschiedlichen Halbwertszeiten der Interzellularsubstanzen, eine fort*laufende Neusynthese* von Stoffen vor sich geht (KNESE, 1971 b). Es wurde in diesem Zusammenhang versucht, die differente Gestalt von Fibroblasten in Periost, Cornea und Sklera zu deuten. Andererseits besteht die Möglichkeit, daß ein *Gewebe seinen Charakter verändert* (KNESE, 1978). Hierzu ist eine Umstellung der Zellaktivität erforderlich. Über die wirksamen Mechanismen der ,,Steuerung" haben wir keinerlei Vorstellung.

# 4. Die Epiphyse

Die knorpelige Epiphyse, Gegenstand vielfältiger Untersuchungen, hat im Vergleich mit anderen „hyalinen" Knorpeln das Material zur Untersuchung der Protein-Polysaccharide und ihrer Synthese geliefert. Häufig wurde die Epiphyse als das Muster eines „verknöchernden" Systems angesehen, vor allem von biochemischer Seite, wobei nicht immer eindeutig zwischen *Epiphyse* und *Meta-physe*, dem Gebiet der primären Spongiosa und damit dem Ort der Osteogenese, unterschieden wurde. Die Vorgänge innerhalb der Epiphyse wurden überwiegend auf die *Mineralisation* (Verkalkung) bezogen.

Trotz der umfangreichen Literatur über die Epiphyse und mancher Hypothesen fehlt noch immer eine befriedigende Konzeption, die über MÜLLERS (1858) Angaben hinaus die Epiphyse mit der anschließenden metaphysären enchondralen Osteogenese in Zusammenhang bringt. WEIDENREICH (1930) kam ebenfalls zur Feststellung, daß den Darstellungen von MÜLLER (1858), LIEBERKÜHN (1862, 1876) und KOELLIKER (1867) zwar eine Reihe von Einzelheiten hinzugefügt wurde, die Nachprüfungen von BIDDER (1906), TODD (1913), STUMP (1925) und FELL (1925) aber keine nennenswerte Bereicherung unserer Kenntnisse über die Epiphyse gebracht haben. Dieses Urteil mag hart klingen. Bei der Beurteilung der Vorgänge innerhalb des Epiphysenknorpels und ihrer Beziehung zur sog. „enchondralen" Osteogenese liegt noch immer eine Reihe von Widersprüchen vor (KNESE, 1963d). Ihre Aufklärung setzt die Beantwortung folgender Fragen voraus:

1. Welches Schicksal haben die Knorpelzellen?
2. Was wird aus der knorpeligen Interzellularsubstanz?
3. Woher stammen die metaphysären Osteoblasten?
4. Welche Bedeutung hat die von den metaphysären Osteoblasten gebildete sog. primäre Spongiosa?
5. Welche Bedeutung hat die Metamorphose der Zellgestalt, durch die eine regionale Gliederung entsteht?
6. Welche Beziehungen bestehen zwischen der Zellvermehrung und dem Längenwachstum des Skelettstücks?
7. Welche Bedeutung kommt der Synthese von Interzellularsubstanzen (der „chondrogenen" Potenz) durch die Chondrozyten innerhalb der Epiphyse zu?
8. Welche Bedeutung hat die Mineralablagerung im Knorpel für die Osteogenese?
9. Stellt die Epiphyse gleichzeitig ein Zellreservoir für die metaphysäre (enchondrale) Osteogenese dar?
10. Sind die metaphysären Osteoblasten eine monophyletische oder polyphyletische Zellpopulation, d.h. stammen sie sowohl von Markelementen wie von Chondrozyten der Epiphyse ab?

Dieser Fragenkatalog enthält 3 Fragengruppen, nämlich die Fragen nach

1. der Bedeutung der Veränderung, Metamorphose, der Zellgestalt,
2. der Umgestaltung der Interzellularsubstanzen nach Menge und Zusammensetzung,
3. dem Mechanismus und der Bedeutung beider Erscheinungen, insbesondere danach, ob hierbei eine Korrelation zwischen Zellen und Interzellularsubstanzen besteht.

Die Fragen zu 2 und 3 lassen sich nach Untersuchungen am Schnitt, d.h. unter weitgehender Berücksichtigung der gesamten „Organisation" (vgl. WEISS, 1965), nur beschränkt beantworten. Der damit gegebene methodische Zwang führte zu einer *isolierten* Untersuchung der Teile. Die Basis für die Betrachtung der Epiphyse als eines komplexen Systems wurde durch die Untersuchung ihrer Teile, besonders der Gewebekomponenten, erheblich verbreitert. Im Abschnitt über die Epiphyse ist von den isoliert untersuchten Teilen zu ihrer topographisch-morphologischen Korrelation überzugehen.

Im Anschluß an die morphologisch-topographische Beschreibung der Epiphyse muß sich die Erörterung nach den jeweiligen Äquivalenten einer bestimmten Tätigkeit richten, der Synthese von Protein bzw. von Kohlenhydraten. So sind die Basophilie, das Ergastoplasma, das Glykogen und die morphologischen Erscheinungsformen der Mukopolysaccharide im Zusammenhang mit autoradiographischen und anderen Befunden zu untersuchen. Die Zellaktivität ist zu der regionalen Gliederung der Epiphyse in Beziehung zu setzen. Damit gewinnen zunächst rein deskriptiv erscheinende Untersuchungen über die Gliederung der Epiphyse eine andere Bedeutung, aber auch die Untersuchungen an isolierten Zellen, deren Ergebnisse — für sich betrachtet — nicht mehr als bemerkenswerte Befunde darstellen.

Aus dem Vergleich morphologischer, topochemischer und autoradiographischer Befunde ist zu schließen, daß die *Zellmetamorphose* kein kontinuierlicher Vorgang ist, sondern (mindestens) zwei Schritte umfaßt. Der eine Schritt betrifft die Herausbildung der hyalinen Epiphysenknorpelzelle, der zweite die Umwandlung dieser reifen Zelle in eine solche des Transformations-, bzw. Säulen- und hypertrophen Knorpels. GREULICH (1956a) hat aufgrund seiner Befunde über die Ablagerung von $^{14}$C-Bikarbonat gemeint, es seien drei Zonen zu unterscheiden, die des ruhenden Knorpels, der Hypertrophie, einschließlich der Säulen- und der echten hypertrophen Zellen, und drittens die Zone des degenerierenden und mineralisierenden Knorpels. Die nach Lebensalter und Art der Epiphyse unterschiedliche Zytoarchitektur der Epiphyse hat dazu geführt, daß die Unterscheidung zwischen diesen Vorgängen bisher nicht mit aller Deutlichkeit erkannt wurde. Man muß diese Zonen als *morphologische Manifestierung bestimmter Vorgänge* ansehen.

Gegenüber dem ersten Vorgang, der zunächst als *Knorpelbildung* erscheint, ist der zweite als die *Vorbereitung zur metaphysären Osteogenese* anzusehen. Zwei Bereiche, Kompartimente, lassen sich als Korrelat zweier Vorgänge vor allem aus der *Kohlenhydratverteilung* ablesen. Obwohl Methoden zum Nachweis von Glykogen seit langem zur Verfügung stehen, begnügte man sich mit der Angabe, das Glykogen nehme mit der Reifung der Knorpelzellen zu. Das Interesse beschränkte sich damit auf die Verhältnisse bei den sog. hypertrophen Knorpelzellen, in denen sich ohne Zweifel ein hoch „dramatisches", in seinem Wesen umstrittenes Stadium der Skelettentwicklung manifestiert. Indessen ist der Übergang vom Appositions- zum Epiphysenknorpel bzw. vom Epiphysenknorpel zur Transformationszone und zum Säulenknorpel für das Schicksal der Zellen sicherlich nicht weniger entscheidend. Bei Untersuchung der Kohlenhydrat (Glykogen)-Verteilung ist zwischen der knorpeligen *Epiphyse,* ohne Knochenkern, und der *Epiphysenscheibe,* nach Entwicklung des Kerns, zu unterscheiden. In den hyalinen Epiphysenknorpelzellen von Rinderfeten von 100 mm bis etwa 130 mm SSL wurden PAS-positive Granula von 0,8–3,5 µm Durchmesser festgestellt (KNESE und KNOOP, 1961 a). Die Granula verschwinden in den proximalen Zellen des Säulenknorpels und treten in den distalen beim Übergang zu den hypertrophen Zellen wieder auf (Abb. 91).

Mit der Entwicklung des *Epiphysenkerns* sind zwei dem Wesen nach verschiedene, obwohl miteinander verbundene Gebilde entstanden. Die *Epiphysenscheibe* kann aber nur mit gewissen Einschränkungen als Teil der hyalinen Epiphyse angesehen werden; sie ist ihr Nachfolger und zeigt in den Säulenknorpelzellen eine abweichende Kohlenhydratverteilung: Die Kohlenhydrate fehlen an der Spitze der Säule, erscheinen erst in deren Mitte und nehmen zu den hypertrophen Zellen hin zu (Abb. 86). Daher können Vorgänge in der knorpeligen Epiphyse nur bedingt mit jenen innerhalb der Epiphysenscheibe verglichen werden.

Die Vorbereitungen zur metaphysären Osteogenese innerhalb der Epiphyse lenkten den Blick besonders auf die Zellvermehrung. Die Epiphyse wurde zu den *Zellerneuerungssystemen* gerechnet (LEBLOND und WALKER, 1956). Obwohl man ein Abwandern von Chondrozyten in die Metaphyse und eine Regression der Eröffnungszone annahm (KEMBER, 1960), wurde die Epiphyse nicht eigentlich als *Zellreservoir* (KNESE, 1963 d) für die metaphysäre (enchondrale) Osteogenese angesehen. Die Umgestaltung von Form und Struktur der Chondrozyten kann aber nicht allein auf die mitotische Aktivität zurückgeführt werden, die auf den Säulenknorpel beschränkt ist. Im Vergleich mit dem Periost könnte man annehmen, daß die Zellmetamorphose innerhalb der Epiphyse z.T. jener bei der Entwicklung von Osteoblasten im Periost entspricht (Abb. 252). Die Osteogenese ist als Summe von Vorgängen über eine Reihe von Zelltypen verteilt (KNESE, 1967 b, 1969 a). Die Osteoblasten bilden nicht alle organischen Komponenten des Knochengewebes. Im Periost ist die Synthese von Kohlenhydraten überwiegend in der Zellreihe Fibroblast/Stammzelle/Kambiumzelle/Präosteoblast lokalisiert (KNESE, 1967 b, 1969 b, 1972 b). Derartige „Entwicklungsstadien" fehlen anscheinend den im Markraum gelegenen metaphysären Osteoblasten. Damit bestünde die Möglichkeit, daß entsprechende Entwicklungsstadien der metaphysären Osteoblasten in den Chondrozyten zu suchen wären, die zur Polysaccharidsynthese fähig sind. Jedoch dürften die Vorgänge innerhalb der Epiphyse im ganzen komplexer sein. Auf jeden Fall liegt es nahe, einen Teil der epiphysären Zellen, etwa vom Säulenknorpel ab, in ihrer Bedeutung für die Osteogenese den periostalen Zellen an die Seite zu stellen.

Die Vielfalt der mit der Epiphyse zusammenhängenden Probleme hat ihren Niederschlag in einer weit verstreuten Literatur gefunden. Während WEIDENREICH (1930) die Epiphyse noch auf 9 Seiten darstellte, müssen wir ihr heute ein umfangreiches Kapitel widmen. Allerdings können wir uns dabei nicht immer auf die Epiphyse beschränken. Untersuchungen an anderen *hyalinen Knorpeln:* Rippe, Trachea, Nasenknorpel usw., müssen vergleichsweise herangezogen werden. Sehr eng sind die Beziehungen zwischen der Epiphyse und dem *Gelenkknor-*

*pel,* der als „Rest" der Epiphyse und des hyalinen Epiphysenknorpels erscheint. So empfiehlt es sich, bei der Darstellung nach Möglichkeit für jeden Befund das untersuchte Material anzugeben, weil erst dann unterschieden werden kann, ob Gleichartigkeiten oder Verschiedenartigkeiten vorliegen. Eine Zusammenfassung ohne Angabe der Materialquelle könnte täuschend sein.

## 4.1. Die regionale Gliederung der Epiphyse

Der Aufbau der knorpeligen Enden der Skelettstücke wird als recht gleichartig beschrieben; die von den einzelnen Autoren gebrauchte Terminologie ist jedoch z.T. sehr unterschiedlich. Mit der Nomenklatur setzt sich HANSSON (1967) auseinander; soweit es sich nur um verbale bzw. Formulierungsdifferenzen handelt, verweisen wir auf das Original.

Die Bezeichnung Epiphyse wurde früher häufig (vgl. HAINES, 1937/38, 1942), neuerlich seltener (RING, 1955a; ANDERSON, 1964) für das „sekundäre" Knochenbildungszentrum gebraucht (über Apophyse und Epiphyse bei GALEN vgl. WATERMANN, 1966a). ANDERSON (1964) beschreibt als Epiphyse das Gebiet des zukünftigen Knochenkerns, einschließlich des Gelenkknorpels und des sog. ruhenden Knorpels. Er stellt dem die Epiphysenplatte gegenüber, die mit der sog. Proliferationszone beginnt. Vergleichende anatomische Untersuchungen an niederen Vertebraten haben das Interesse auf den gesamten Knorpel als „Epiphyse" in seiner Bedeutung für die enchondrale Osteogenese und die Trabekelbildung gerichtet. Mitunter wurden die *Apophysen,* die Gebiete sog. punktförmiger Muskelansätze, als Epiphysen beschrieben. Die Epiphysen mit den Gelenkknorpeln wurden von PARSONS (1905), SALTER und HARRIS (1963) sowie HALL (1965) als *Druckepiphysen,* die Apophysen als *Zugepiphysen* gekennzeichnet; letztere sieht HALL (1965) gleichzeitig als atavistische Epiphysen an. Die Struktur dieser Knorpelgebiete ist z.T. jener in den echten Epiphysen recht ähnlich; allerdings zeigen sich Differenzen, die SCHAFFER (1888a) mit der Unterscheidung zwischen einer *intrakartilaginösen* und *intramedullären* Knochenbildung beschrieb.

Wir übernehmen jene Termini, die dem zeitlich differenten Aufbau gerecht werden. Als *Epiphyse* bezeichnen wir das gesamte knorpelige Ende des Skelettstücks; in den folgenden Stadien unterscheiden wir zwischen dem *Knochenkern,* der sich zur knöchernen Epiphyse entwickelt, und der *Epiphysenscheibe.*

Von den Bezeichnungen der Knorpelscheibe zwischen der knöchernen Epiphyse und der knöchernen Diaphyse nennen wir *Epiphysenplatte* oder *Epiphysenscheibe* (u.a. LEBLOND et al., 1950; TRUETA und MORGAN, 1960; MESSIER und LEBLOND, 1960; LEBLOND und GREULICH, 1961; GARDNER, 1961, 1963; SALTER und HARRIS, 1963; HAM und LEESON, 1965; HARRIS et al., 1965; HALL, 1965) bzw. *Epiphysenlinie* (SALTER und HARRIS, 1963). Von Interesse sind die Bezeichnungen *Diaphysenlinie* (KEITH, 1919, 1920, 1948) bzw. Diaphysenknorpel; sie sollen besagen, daß dieser Anteil für das Längenwachstum der Diaphyse, aber nicht für das Wachstum der Epiphyse verantwortlich ist. Andere mehr indifferente Bezeichnungen sind *Wachstumsknorpel* (TRUETA und MORGAN, 1960; TRUETA und LITTLE, 1960; LACROIX, 1961; TROUPP, 1961), *Wachstumsplatte* (TRUETA und TRIAS, 1961; HANSSON, 1967) oder *Wachstumsscheibe* (KEITH, 1919, 1920, 1948).

Von besonderer Bedeutung ist die Abgrenzung einer *Metaphyse* mit der primären Spongiosa als Ort der eigentlichen Knochenbildung (LACROIX, 1951a; HAM und LEESON, 1965; HALL, 1965). SCHAFFER (1933) hatte diese „Ossifikationszone" mit der Eröffnungszone in Verbindung gebracht. Eine Unterscheidung zwischen Epiphyse und Metaphyse wird im Rahmen biochemischer Untersuchungen mitunter versäumt, so daß entsprechende Angaben über die „Osteogenese" (den „verknöchernden" Knorpel) kaum zu verwerten sind. Die Eigenheit des hier zu beobachtenden Osteogenesemodus in bezug auf die Bildung des Skelettstücks, insbesondere die Diaphyse, wurden bereits früher behandelt (ZAWISCH-OSSENITZ, 1929; KNESE, 1957; PRATT, 1957; BAHLING, 1958). Die metaphysäre Region steht mit der Bildung des *Trichters* in Verbindung, des obersten Abschnitts der Diaphyse (LEBLOND et al., 1950; LEBLOND und GREULICH, 1961; ENLOW, 1963; HALL, 1965). Infolgedessen wurde als *Diaphyse* im eigentlichen Sinn nur der mittlere Teil der Diaphyse angesehen (BHASKAR et al., 1950; BRODIN, 1955; LEBLOND und GREULICH, 1961; ENLOW, 1963; SALTER und HARRIS, 1963). Der metaphysäre Teil wurde als die Wachstumsplatte der Diaphyse bezeichnet (LEVENE, 1964; JOHNSON, 1964); sie tritt relativ früh auf (GARDNER, 1961, 1963) und erscheint auch dort, wo keine eigentliche knorpelige Epiphysenplatte entwickelt wird (SIFFERT, 1966).

Epiphyse und Epiphysenscheibe weisen eine *regionale Gliederung* auf. Form und Größe der Zellen und ihrer Höhlen sind innerhalb der einzelnen Regionen verschieden. Ebenso verändert sich die Relation zwischen den Zellen und der Menge der Interzellularsubstanzen, wiederum sowohl regional wie dem Lebensalter nach; auf die Bedeutung dieser Massenrelation haben bereits DODDS und CAMERON (1934) hingewiesen. Das Grundprinzip der Epiphysengliederung wird vielfach variiert. Die Variation ist offensichtlich ein Spiegel der *unterschiedlichen Aktivität* im Hinblick auf das Wachstum und die Produktion von Interzellularsubstanzen. Eine allgemein übliche Nomenklatur für die Regionen hat sich bisher nicht eingebürgert, was u.a. darauf beruht, daß Aussagen über die Vorgänge in einer Region versucht werden.

Sieben verschiedene Zonen in der Epiphyse unterschied KASSOWITZ (1879), und zwar Zone A: des allseitig wachsenden Knorpels; B: der einseitigen Zellproliferation; C: der Zellvergrößerung; D: der Knorpelverkalkung; E: der Gefäß- und Markraumbildung; F: der metaplastischen Knochenbildung und G: der neoplastischen Knochenbildung. Für das Hühnchen gibt FELL (1925) 3 Zonen an, die eigentliche epiphysäre Zone, die Zone der flachen Zellen und diejenige der hypertrophen. STREETER (1949) unterscheidet 5 Stadien bei der Entwicklung des Knorpelmodells (s.S.675). Von 4 Reifungsgraden spricht FOLLIS (1949b, d), wobei der letzte, der hypertrophe Zellen, die höchste Phosphataseaktivität hat.

In einem Diagramm der Verteilung der Skelettzellen hat KNESE (1964a, 1966a, c), in Anlehnung an häufig gebrauchte Termini, sowohl englische als auch deutsche Bezeichnungen vorgeschlagen (Abb. 85):

|                    | Chondroblasten/chondroblasts |
| ------------------ | ---------------------------- |
| *Periphere Zellen:* | Gelenkknorpel/articular cartilage |
|                    | Appositionsknorpel/apposition zone |
|                    | schmale Chondrozyten/thin chondrocytes |
| *Zentrale Zellen:* | Epiphysenknorpel/epiphysial cartilage |
|                    | Transformationszone/transformation zone |
|                    | Säulenknorpel/column cartilage |
|                    | hypertrophe Zone/hypertrophic cartilage |
|                    | Mineralisationszone/mineralized cartilage |
|                    | Eröffnungszone/opening zone |
| *Osteoblasten:*    | Metaphysäre Osteoblasten/metaphysial osteoblasts |
|                    | Markosteoblasten/marrow osteoblasts |

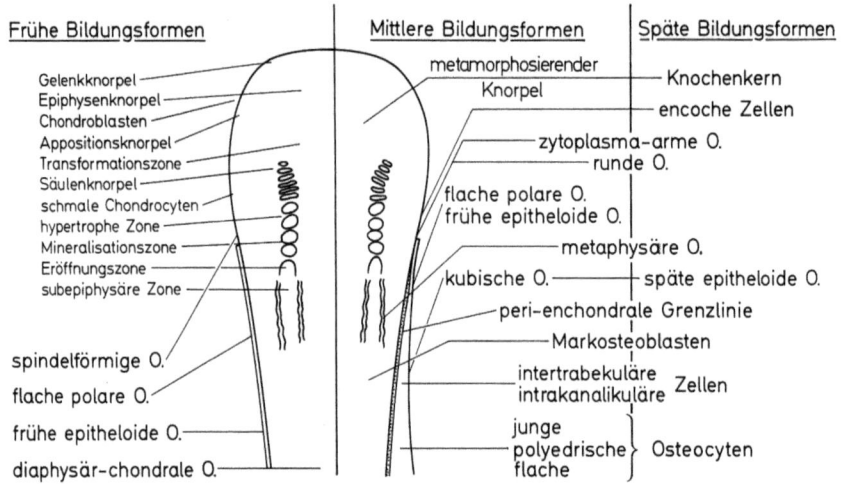

**Abb. 85.** Schema der verschiedenartigen Skelettzellen, aufgeteilt nach frühen, mittleren und späten Bildungsformen (aus KNESE, 1966a)

Der gelenknahe Teil der Epiphyse ist den permanenten hyalinen Knorpeln sehr ähnlich und wird deswegen als hyaliner Epiphysenknorpel bezeichnet (u.a. WEIDENREICH, 1930; CHEVREMONT, 1966). Vom wachsenden Hyalinknorpel spricht BARGMANN (1977). Der Epiphysenknorpel wurde ferner als *Keimzone* (germinative cells) beschrieben (u.a. DODDS und CAMERON, 1934; BERTHOLD, 1954; Trueta und MORGAN, 1960; LACROIX, 1961; HANSSON, 1967), bzw. als *Reservezone* (RING, 1955a; MOSS, 1966), als *„progenitor cartilage"* (WUTHIER, 1968), als *ruhender* (resting) Knorpel (HAM und LEESON, 1965; TRUETA und LITTLE, 1960; BUCHER, 1977), als *undifferenzierter* Knorpel (TRUETA und MORGAN, 1960) oder als *Basalzone* (LACROIX, 1951a, 1961). Recht unglücklich ist die Bezeichnung des hyalinen Epiphysenknorpels als „resting cartilage" (s.S. 358). Das zunächst vorherrschende Wachstum läßt die Bezeichnung *wachsender Knorpel* (growing cartilage) empfehlen. Aufgrund der erheblichen Umgestaltung, Metamorphose, der Zellen und Interzellularsubstanzen bei der Bildung des Knochenkerns, worüber wir in Kürze berichten werden, ist vom wachsenden Knorpel der *metamorphosierende Knorpel* (metamorphosing cartilage) zu unterscheiden (s. S. 233).

Als eine besondere Region zwischen hyalinem Knorpel und Säulenknorpel wurde die Transformationszone beschrieben (vgl. KNESE, 1969b). Nur einige Autoren geben klare Hinweise auf ihre Eigenheiten (SILBERBERG und SILBERBERG, 1941c; HEKKELMAN, 1961; HERRMANN-ERLEE, 1964; HJERTQUIST, 1964a). Ursprünglich war der Terminus „Proliferationszone" vorgesehen, da in diesem Gebiet lebhaft Interzellularsubstanz gebildet wird. Zahlreiche Autoren beziehen jedoch die Proliferation auf die Zellvermehrung im Säulenknorpel, so daß endgültig die Bezeichnung Transformationszone gewählt wurde, die im allgemeinen als Gebiet der Umgestaltung vom hyalinen Epiphysenknorpel zum Säulenknorpel angesehen wird.

Die auf die Transformationszone folgende Region der flachen Zellen hat bereits in den frühesten Untersuchungen (u.a. KOELLIKER, 1889) wegen der Gestalt und eigentümlichen Anordnung, der *Säulen*ordnung der Zellen, besondere Beachtung gefunden (WEIDENREICH, 1930; SCHAFFER, 1933; TRUETA und MORGAN, 1960; KNESE und KNOOP, 1961a; BUCHER, 1962; TAILLARD und MORSCHER, 1965; MORSCHER et al., 1965); auf die flache Gestalt der Zellen wurde ebenfalls hingewiesen (DODDS und CAMERON, 1934). Eine Säulenordnung zeigt bei älteren Epiphysen auch die hypertrophe Region (Abb. 91), die als unmittelbare Fortsetzung des eigentlichen Säulenknorpels erscheint, besonders in der Epiphysenplatte (Abb. 86). Eine *Ballen*ordnung (Abb. 92) im Bereich des Säulenknorpels beschrieben KOELLIKER (1889), DODDS (1930), DODDS und CAMERON (1934), BERTHOLD (1954), WEINMANN und SICHER (1947), MCLEAN und URIST (1961), SALTER und HARRIS (1963). Die Ballenordnung tritt auch in *Apophysen* auf (KNESE, 1957; KNESE und BIERMANN, 1958). Von vielen Autoren wurde die *Proliferation* bzw. Zellwucherung in den Vordergrund gestellt (u.a. HAM und LEESON, 1965; LACROIX, 1951a; TRUETA und MORGAN, 1960; RIGAL, 1962; COPENHAVER, 1964). Die Untersu-

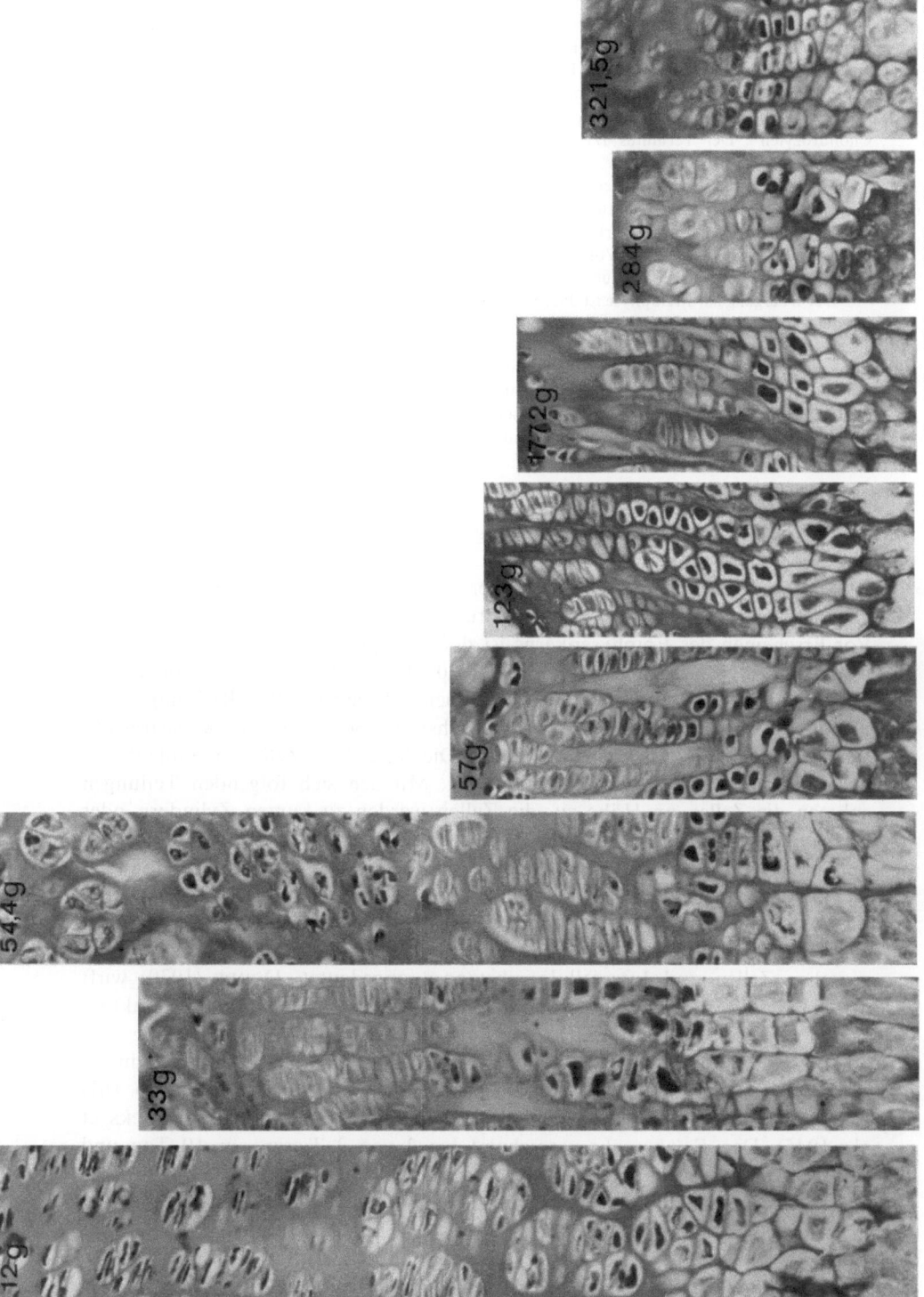

**Abb. 86.** Umgestaltung der prox. Humerusepiphyse der Ratte zu einer Epiphysenscheibe bei Tieren von 12—321 g. Fixierung Lillie+Formol-Alkohol-Eisessig-Sublimat (12, 33, 54), Rossman (alle übrigen) BTS-Reaktion, Obj. 16

chungen mit markiertem Tritiumthymidin haben gezeigt, daß nur in einem Teilbereich des Säulen-knorpels eine Zellvermehrung bzw. Proliferation stattfindet; deswegen ist die Bezeichnung des ganzen Gebildes als eines proliferierenden Knorpels nicht zu empfehlen.

Die letzte, distale Region in der Epiphyse ist relativ scharf gegen den Säulenknorpel abgesetzt (Abb. 91), in der Epiphysenscheibe bildet sie aber das Ende einer Säule sich vergrößernder Zellen (Abb. 86). Auf die Zellvergrößerung bezieht sich die weitverbreitete Bezeichnung „hypertrophe Chondrozyten". Der Terminus *Hypertrophe* ist nicht befriedigend, da an einen pathologischen Vorgang gedacht werden könnte. Die Bezeichnung Blasenknorpel ist ebenfalls mißverständlich, da manche Knorpelformen niederer Tiere (vgl. SCHAFFER, 1930) ähnlich bezeichnet werden. Die Klassifizierung als *reifender* (maturing) Knorpel bietet sich fast als Terminus der Wahl an, wenn hiermit nicht die Vorstellung verbunden wäre, daß die Reifung zur Degeneration führte, wie es bereits HAM (1932) formulierte. Von der hypertrophen Region verschieden, auch in der histochemi-schen Reaktionsform und Struktur der Zellen, ist das Gebiet der *Mineralisationszone.*

Der Übergang zur Metaphyse ist durch die Eröffnung der Knorpelhöhlen und das Herausschlüp-fen der Chondrozyten (KNESE, 1970e) charakterisiert. Die *Eröffnungszone* (MÜLLER, 1858; GEGEN-BAUR, 1864; SCHAFFER, 1933; KNESE und KNOOP, 1961c) wurde als *Erosionslinie* (CAMERON, 1961b), Zone des *Knorpelabbaus* (DODDS und CAMERON, 1934; GARDNER, 1961), die Basis der Knorpelplatte (KEMBER, 1960) bzw. die Erosionszone (BLOOM und FAWCETT, 1969; CHEVREMONT, 1966; MORSCHER et al., 1965) bezeichnet. Ähnlich wie SCHAFFER (1933), der von der *Eröffnungs-* und *Ossifikationszone* spricht, kennzeichnet BUCHER (1977) die Region als Zone des Knorpelabbaus und der enchondralen Knochenbildung.

### 4.1.1. Die Gestaltung einzelner Epiphysen

Außer der Erörterung des Prinzips der regionalen Gliederung wurden kaum systematische Studien über die Gestaltung einzelner Epiphysen durchgeführt. Vor Erscheinen des Epiphysenkerns ist der Knorpel als ein primitiver Typ des hyalinen Knorpels anzusehen (DODDS, 1930). Die Zellen sind klein, annähernd gleich groß und abgerundet. Die *Mitose*ebenen liegen in allen Richtungen des Raums. Neben diesem *interstitiellen* Wachstum spielt sich eine *appositionelle* Vergrößerung vom Perichondrium her ab. Die Anzahl der Zellen im Säulenknor-pel ist für die einzelne Epiphyse konstant. Mit den sich folgenden Teilungen nehmen die Zellen an Höhe zu, die Zellen werden zu kurzen Zylindern oder Prismen, es kommt zum *Längenwachstum* des Skelettstücks. Da die Säulenord-nung erhalten bleibt, werden die Reihen und damit der gesamte Knorpel länger. Der Zellvermehrung und dem Zellwachstum muß eine „Anpassung" der zugehö-rigen Zellhöhlen und der umgebenden Interzellularsubstanz entsprechen (DODDS, 1932; DODDS und CAMERON, 1934). Damit wird die Frage der *Rückkoppelung* zwischen Zellen und Interzellularsubstanzen angedeutet. DODDS (1930) wirft die Frage auf, ob die Verlängerung der Längsbalken durch Materialproduktion erfolgt oder ob die Verdünnung der Längsbalken zu einer Verlängerung aus-reicht, so daß die Menge des Materials gleich bleibt, aber eine Umordnung stattfindet. Die distalen 7 Zellen im proximalen Ende der *Tibia* (Abb. 161) weiblicher *Ratten* stellen die Anlage der hypertrophen Region dar (BECKS et al., 1945). Der *Epiphysenkern* erscheint bei 2 von 3 Tieren am 10. Tag und ist am 15. Tag ausgebildet. Die Säulenordnung flacher Zellen ist nunmehr ein-deutig, etwa die letzten 6–7 Zellen sind als hypertrophe vergrößert. Am 42. Tag besteht die hypertrophe Zone nur noch aus 3–4 Zellen. Bis zum 74. Tag erfolgt eine Verschmälerung der Epiphysenscheibe, und zwar durch Verringerung der Zellgröße und der Zahl der Zellen, besonders im Säulenknorpel, weniger im hypertrophen. Die einzelne Säule enthält bei 123 Tagen alten Weibchen nur noch 4–12 Zellen. Es bildet sich die von DAWSON (1929) beschriebene *konische* Ordnung unregelmäßig angeordneter Reihen aus. Ähnliche Verhältnisse zeigen das distale Humerusende und der dritte *Metacarpus* der weiblichen *Ratte* (BECKS et al., 1948a, b).

Vor der Entwicklung der *Epiphysenscheibe* in der proximalen Humerusepiphyse von Ratten ist das unregelmäßig gestaltete Gebiet der hypertrophen Region mit 5–6 Zellen relativ hoch (Abb. 86, 161, 164). Der Säulenknorpel weist eine Ballenanordnung auf. Die Transformationszellen sind reich an *Kohlenhydraten*. Die Polysaccharide gehen in den proximalen Zellen der Säule verloren und erscheinen an ihren distalen Enden wieder. Bei 25 Tage alten Tieren von 54,4 g markiert sich der Übergang zur Epiphysenscheibe dadurch, daß Säulen- und hypertrophe Knorpel eine *durchgehende Säulenordnung* aufweisen; Größenzunahme und Formänderung der Zellen erscheinen als ein progredienter Vorgang. Bei Tieren von 57 g an unterscheiden sich die hypertrophen Zellen von den eigentlichen Säulenknorpelzellen nur noch durch einen wechselnd starken Verlust an Kohlenhydraten. Die gesamte Säule enthält 20–25 Zellen (vgl. KEMBER, 1960). Am Ende der Entwicklungsreihe (321,5 g) sind es etwa nur noch 10 Zellen, deren Breite von 20 μm den Verhältnissen bei jungen Tieren kaum verändert ist, ihre Höhe mißt nur noch 10 μm. Das gesamte distale „Reifungsgebiet" der hypertrophen Region ist stark reduziert oder fehlt. An der proximalen Spitze der Säule bleiben einige kohlenhydratreiche Zellen erhalten, die als Nachfolger der Transformationszellen anzusehen sind.

Im Zentrum des *metamorphosierenden* Knorpels, wo der *Knochenkern* entsteht, runden sich die Chondrozyten mit Speicherung von Kohlenhydraten und Vermehrung des endoplastischen Retikulums ab (proximale Humerusepiphyse der Ratte). Die Bildung des Knochenkerns im Zentrum des Epiphysenknorpels wird durch Ausbildung einer länglichen Zellgestalt eingeleitet. Die Zellen ordnen sich zirkulär um das Gebiet des Kerns an, degenerieren, verlieren Kohlenhydrate, schrumpfen und zerfallen zu granulären Massen. Gleichzeitig setzt eine Desintegration der Interzellulärsubstanz ein, vermutlich durch Auflösung zu einem Kollagen-Proteoglykan-Sol. In der Folge bildet sich eine Höhle, die mit einem Gefäßkanal in Verbindung steht. Die das Gefäß begleitenden Zellen gleichen Bildungszellen. Die Zellen um die Höhle nehmen den Charakter von hypertrophen Zellen an. Es kommt zur Eröffnung der Knorpelhöhlen und einer Regression der Eröffnungsfront (s.S. 406) in Richtung auf den sich ausbildenden Gelenkknorpel (s. S. 431) und die nunmehr entstandene Epiphysenscheibe. In die bei der Eröffnung stehenbleibenden Knorpelsepten werden Mineralien eingelagert.

Durch Osteoblasten werden die Knorpelspangen von Knochengewebe überzogen. Anschließend entwickeln sich Epiphysenscheibe und Knochenkern mit umgebendem Gelenkknorpel zunächst weitgehend unabhängig voneinander. Erst beim Schluß der Epiphysenfuge tritt eine Korrelation der Knochenbildung in beiden Gebieten ein.

Die *Dicke der Epiphysenplatte* im proximalen *Tibia*ende ändert sich nach DODDS und CAMERON (1934) bei 4–12 Wochen alten *Ratten* wenig und beträgt im Mittel 350 μm (250–450). Die distale Scheibe ist 210 μm dick. Die proximalen wie distalen hypertrophen Zellen messen zu dieser Zeit

25 µm, ihre Größe nimmt aber zur 10. Woche hin auf 15 µm ab. Nach KEMBER (1971) beträgt die durchschnittliche Größe einer hypertrophen Zelle in der Tibia 6 Wochen alter Ratten 30 µm, in der 18. Woche 20 µm, bei hypophysektomierten Tieren 25 µm. Demnach würde ein jüngeres Tier 50% schneller wachsen als ein altes. Die Breite der Epiphysenscheibe der Tibia beträgt bei der *Maus* im zweiten Monat 160–170 µm, im dritten 110–130, im vierten 80–90 µm (SILBERBERG und SILBERBERG, 1954).

Nach BECKS et al. (1941) ist die *Länge der Säulen* ein Zeichen für die *Wachstumsaktivität*. Das stärkste Wachstum findet bei der *Ratte* zwischen dem 25. und 40. Tag statt (PETKÓ et al., 1970). Die Länge der Zellsäulen nimmt nach HANSSON (1964) beim *Kaninchen* zwischen dem 20. und 70. Lebenstag in der proximalen Epiphysenplatte der Tibia von 670 auf 753 zu, dann auf 591 µm ab. In der distalen Epiphysenplatte ist eine Verkürzung von 621 auf 460 µm zu beobachten. In der proximalen Epiphysenplatte des Radius nimmt die Länge der Säulen von 242 auf 171 µm ab, in der distalen von 606 zunächst auf 660 zu, dann auf 542 ab. Weiter vergleicht HANSSON (1967) die Wachstumsrate der Epiphysenplatte von Tibia, Fibula und Radius mit dem Längenwachstum der jeweiligen *Diaphyse*. Die Wachstumsrate der proximalen Epiphysenplatte der Tibia liegt über jener der distalen und trägt mehr als 50% zur *Verlängerung* der Diaphyse bei. Ähnlich liegen die Verhältnisse bei der Fibula. Beim Radius dagegen überwiegt eindeutig das Wachstum der distalen Epiphysenplatte. Vom Wachstum der Radius-Diaphyse sind am 20. Tag nur 27,6%, am 70. Tag 7,7% auf die proximale Epiphysenplatte zu beziehen. Nach HANSSON (1967) soll die untersuchte Altersperiode des *Kaninchens* etwa dem 2.–8. Lebensjahr des *Menschen* entsprechen; ein Tag im Leben des Kaninchens würde etwa 40 Lebenstagen des Menschen gleichzusetzen sein (HEIKEL, 1960).

Die *Rückbildung* der oberen *Tibia*epiphyse der *Maus* beginnt in der 7. Woche (SILBERBERG und SILBERBERG, 1941 c). Im 4.–5. Monat stehen 5–6 Säulenzellen nur noch 2–3 hypertrophen gegenüber. Infolge regressiver Veränderungen nimmt die Zahl der Säulen ab, wobei einzelne Reihen in amorphe Massen umgewandelt sein können. Die Säulenordnung wird unregelmäßig. Auf diese degenerativen Prozesse waren bereits SCHMORL (1928 a), ERDHEIM (1931) und BOEHMIG (1930) eingegangen. Im 8.–9. Monat ist die Degeneration weiter fortgeschritten. Im Alter von einem Jahr fehlt die Säulenordnung, die Knorpelzellen erscheinen nunmehr als Zellen vom Typ des reifen hyalinen Knorpels. Es haben sich *Knochenplomben* gebildet, die vom subepiphysären Bereich in die Epiphyse hineinreichen. Dünne Kapillaren, begleitet von Markzellen, durchdringen die Knochenplomben und deuten die Vereinigung von Epiphyse und Diaphyse an. Bis zum 2. Lebensjahr bleiben unveränderte Reste des hyalinen Epiphysenknorpels erhalten. Im 3. Jahr liegt eine unterbrochene, dünne transversale Platte mit geringen Resten hyalinen Knorpels vor. Die Veränderungen sind in der unteren *Femur*epiphyse ähnlich, hinken jedoch jenen in der Tibia zeitlich etwas nach. Die histogenetischen Prozesse verlaufen bei den *Geschlechtern* im Prinzip gleichartig, doch ist die Dauer der einzelnen Perioden verschieden lang (SILBERBERG und SILBERBERG, 1941 c). Das weibliche Skelett altert im ersten Lebensjahr schneller als das männliche, wobei die Differenz etwa 2–3 Wochen beträgt; zu Beginn des ersten Jahres sind keinerlei Unterschiede mehr festzustellen (vgl. HAMMETT, 1925 und SPARK und DAWSON, 1928). Die Unterschiede zwischen verschiedenen *Mäuse*stämmen sind, im Gegensatz zur *Ratte* (DAWSON 1934 a, b), erheblich. Der *Schluß der Epiphysenfuge* am 3. Metacarpus der *Ratte* erfolgt zwischen dem 90. und 110. Tag (BECKS et al., 1948 a). Die bereits bestehenden Unregelmäßigkeiten im Verlauf der Eröffnungszone werden verstärkt; Kapillaren wandern durch die ganze Dicke des Knorpels hindurch; das Knochenmark dringt vor. Der größere Teil des zentral gelegenen Knochens in der Metaphyse verschwindet;

der periphere Anteil verbindet sich mit der Diaphyse. Zunächst bleibt noch eine Knochenbrücke erhalten, die die Markhöhlen von Epiphyse und Diaphyse voneinander trennt; sie wird später fragmentiert und verschwindet. Das Längenwachstum des Metacarpus ist am 70. Tag beendet, d.h. 20 Tage vor dem Epiphysenschluß (100 ± 10 Tage). Bei der männlichen *Maus* ist Skelettwachstum im Alter von 20 Wochen abgeschlossen, die proximale Epiphysenscheibe des Humerus bleibt jedoch bis zum Alter von 15 Monaten erhalten (SILBERMANN und KADAR, 1977b).

Bisher fehlen *vergleichende* Untersuchungen über die regionale Struktur *verschiedener Epiphysen* bei einer Spezies bzw. einem Individium, obwohl über deren verschieden starkes Wachstum viel diskutiert wurde. Beim Vergleich der Epiphysen eines *menschlichen* Feten von 105 mm SSL ergibt sich eine sehr unterschiedliche Breite und Schärfe der Abgrenzung der einzelnen Regionen gegeneinander (Abb. 87, 88). Die hypertrophe Zone ist beim Femur proximal, beim Humerus proximal, bei der Ulna distal relativ scharf, beim Radius weniger deutlich distal abgesetzt. Bei den anderen Epiphysen geht der Säulenknorpel allmählich in den hypertrophen über. Die Länge der *hypertrophen* Region läßt keine klaren Beziehungen zu der Gesamthöhe der Epiphyse bzw. zu der Höhe des Säulenknorpels erkennen; dies ergibt z.B. der Vergleich zwischen proximaler und distaler Humerusepiphyse. Die Höhe der hypertrophen Zone schwankt stark; sie beträgt im Humerus proximal 1,3 mm, im Femur proximal 0,95 mm und im Humerus distal 0,12 mm sowie in der Ulna proximal 0,15 mm. Sehr unterschiedlich gestaltet ist der *Säulenknorpel*. Er ist beim Femur distal, bei der Tibia proximal und im Radius proximal klar begrenzt. Bei recht differenter Zellgestaltung und nicht voll ausgebildeter Säulenordnung erreicht er in der Tibia distal eine Höhe von 2,0 mm, im Humerus proximal, in der Ulna distal sowie im Radius distal 1,1 mm, im Femur proximal 0,7 mm und im Humerus distal 0,5 mm. Eine klar erkennbare proximale *Transformationszone* besitzen Tibia und Ulna. Sie mißt im Humerus distal fast 0,9 mm, in der Tibia distal 0,35 mm. Als echte Übergangsregion zwischen zwei Hauptkompartimenten zeigt die Transformationszone, im Hinblick auf die Gestaltung der Zellen und Begrenzung gegen die Nachbarabschnitte, eine große Variabilität.

Ähnlich different in ihrem Aufbau sind die Epiphysen einer *Ratte* von 12 g (Abb. 89, 90). Ein echter *Säulenknorpel* ist nur proximal in Humerus und Tibia, weniger eindeutig distal am Radius vorhanden. Dagegen ist die *Transformationszone* als gesonderte Region in den Epiphysen aller langen Knochen markiert. Die *hypertrophe* Region variiert in ihrer Höhe, wobei sich eine Korrelation zu der intrazellulären Kohlenhydratverteilung ergibt: Breite hypertrophe Zonen weisen nur in den proximalen Zellen in der Nähe des Säulenknorpels Kohlenhydrate auf, schmale hypertrophe Regionen (Ulna im Bereich der Incisur zum Olecranon, Trochanter major, Acetabulum, Wirbel) enthalten bis zur Eröffnungszone Kohlenhydrate. Die differente Wachstumsrate der Epiphysenplatte ist bereits in frühen fetalen Stadien vor Ausbildung der endgültigen Epiphysenplatte festgelegt (MOSS-SALENTIJN, 1974). Ein Vergleich der Länge des Säulenknorpels und der hypertrophen Region bei männlichen Ratten zwischen 6,5 und 225,0 g ergab: Am Beginn der Reihe (Ratte 6,5 g) ist der Säulenknorpel 2–3mal so lang als die hypertrophe Zone, am Ende der Reihe (225 g) schwankt seine

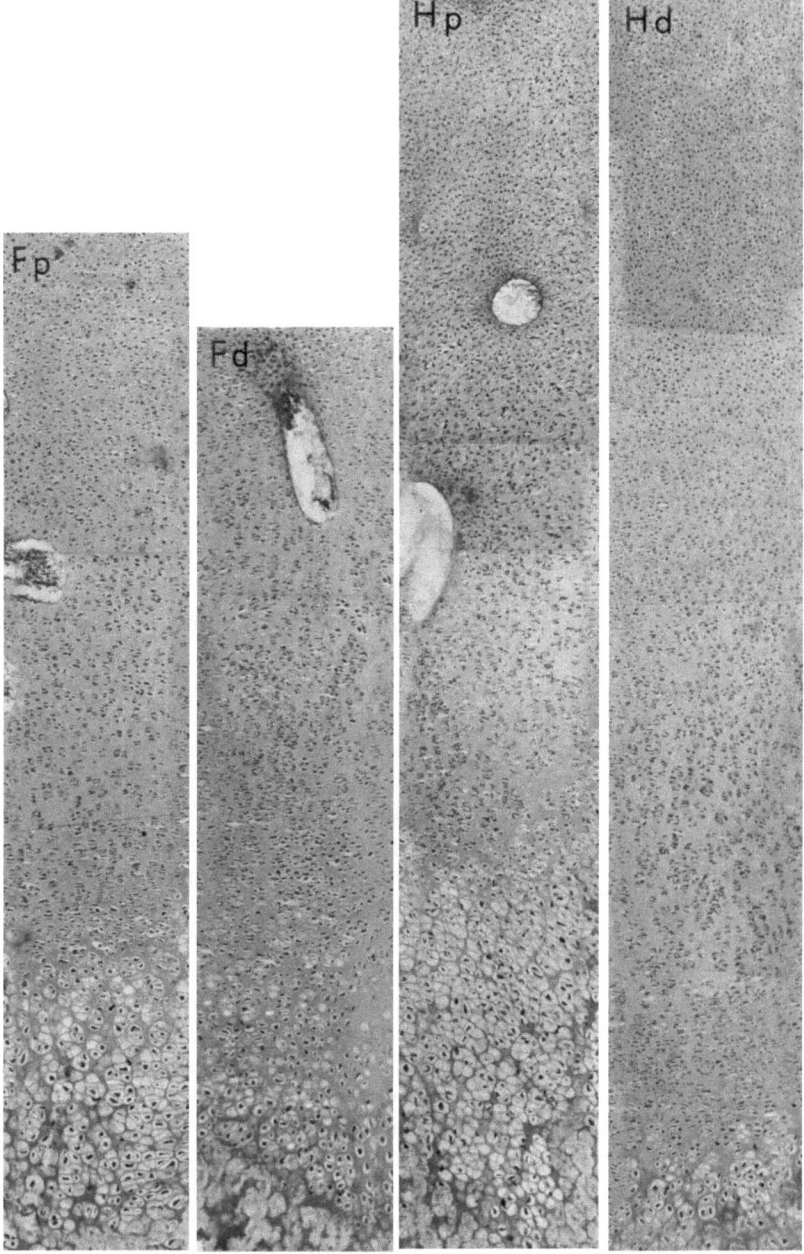

**Abb. 87.** Menschlicher Fet von 105 mm SSL. Vergleich der Epiphysengestaltung. *Fp:* Femur prox.,
*Fd:* Femur distal, *Hp:* Humerus prox., *Hd:* Humerus distal; Fixierung Formmalin-Alkohol-Eisessig-
Sublimat + Lillie, BTS-Reaktion, Obj. 10

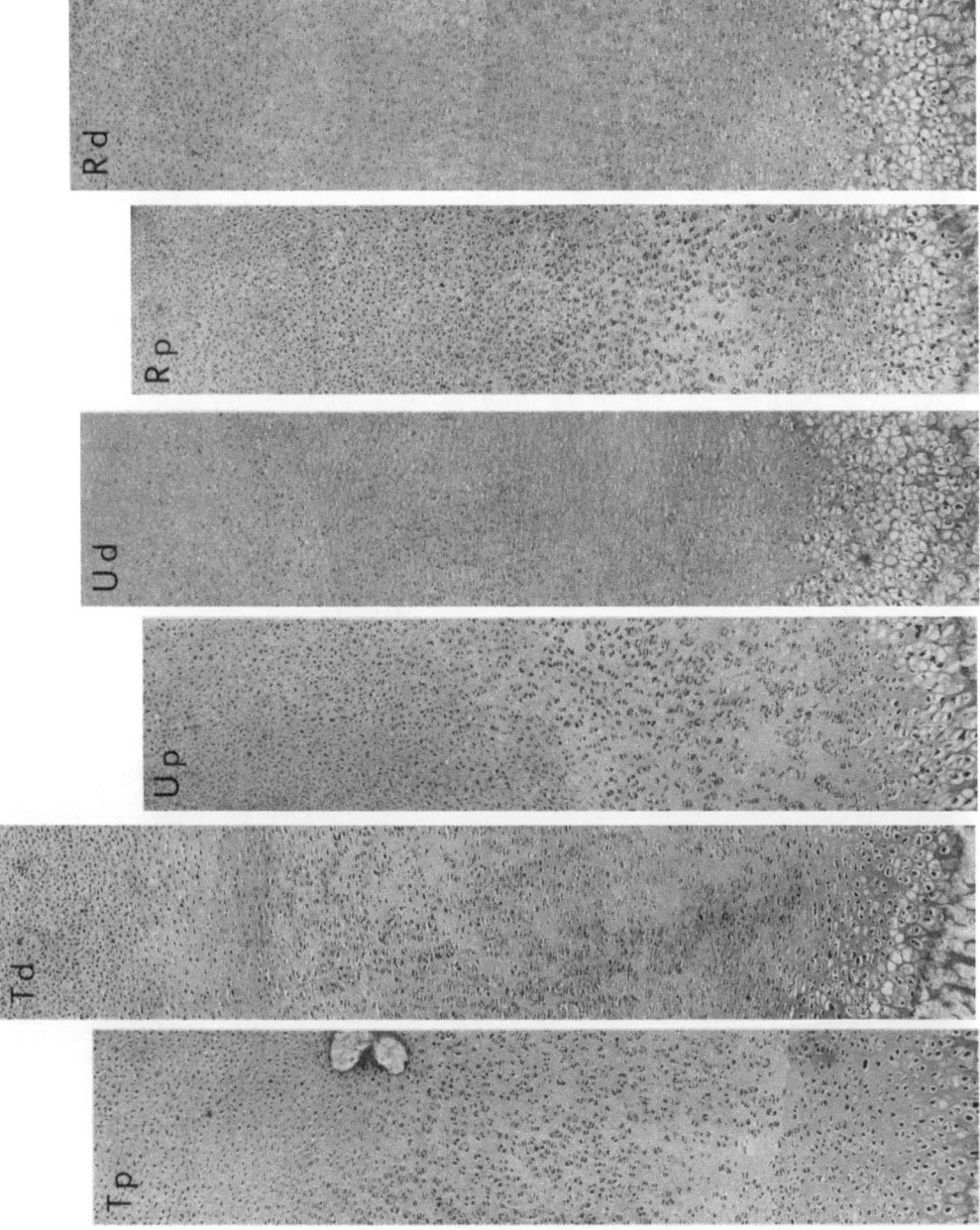

**Abb. 88.** Menschlicher Fet von 105 mm SSL. Vergleich der Gestaltung verschiedener Epiphysen. *Tp:* Tibia prox., *Td:* Tibia distal, *Up:* Ulna prox., *Ud:* Ulna distal, *Rp:* Radius prox., *Rd:* Radius distal; Fixierung Formalin-Alkohol-Eisessig-Sublimat + Lillie, BTS-Reaktion, Obj. 10

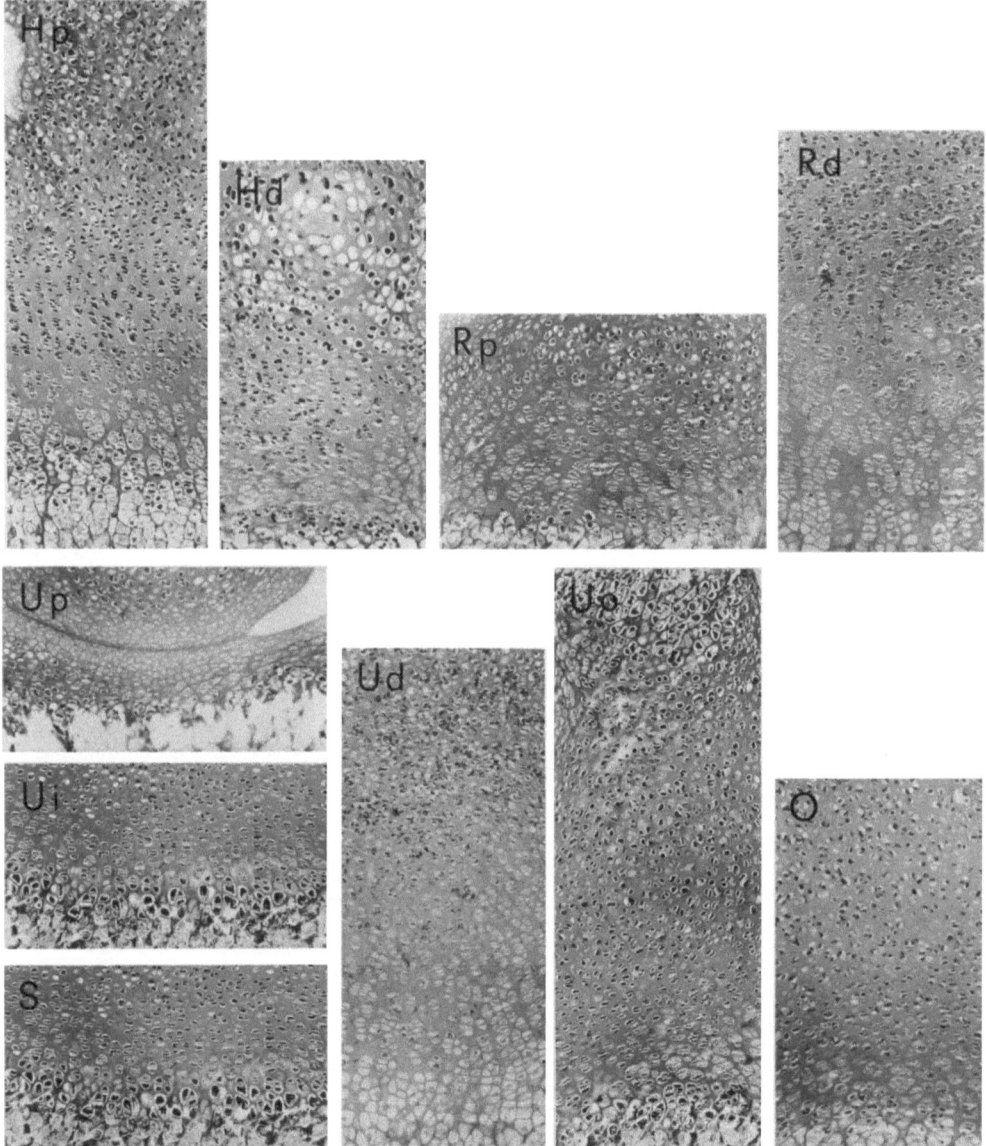

**Abb. 89.** Vergleich der Gestaltung verschiedener Epiphysen bei einer Ratte von 12 g. *Hp:* Humerus prox., *Hd:* Humerus distal, *Rp:* Radius prox. *Rd:* Radius distal, *Up:* Ulna prox., *Ue:* im Bereich der Inzisur, *Ud:* Ulna distal, *Uo:* im Bereich des Olecranons, *O:* Olecranon, *S:* Scapula; Fixierung Lillie + Formalin-Alkohol-Sublimat-Eisessig, BTS-Reaktion, Obj. 10

Höhe zwischen 52,6% (Femur distal) bzw 53,8% (Tibia distal) und 80% (Humerus distal) derjenigen der hypertrophen Zellen. Im Femur proximal sind beide Zonen gleich hoch, bei der proximalen (110%) und distalen Ulnaepiphyse (122%) ist der Säulenknorpel länger als die hypertrophe Region.

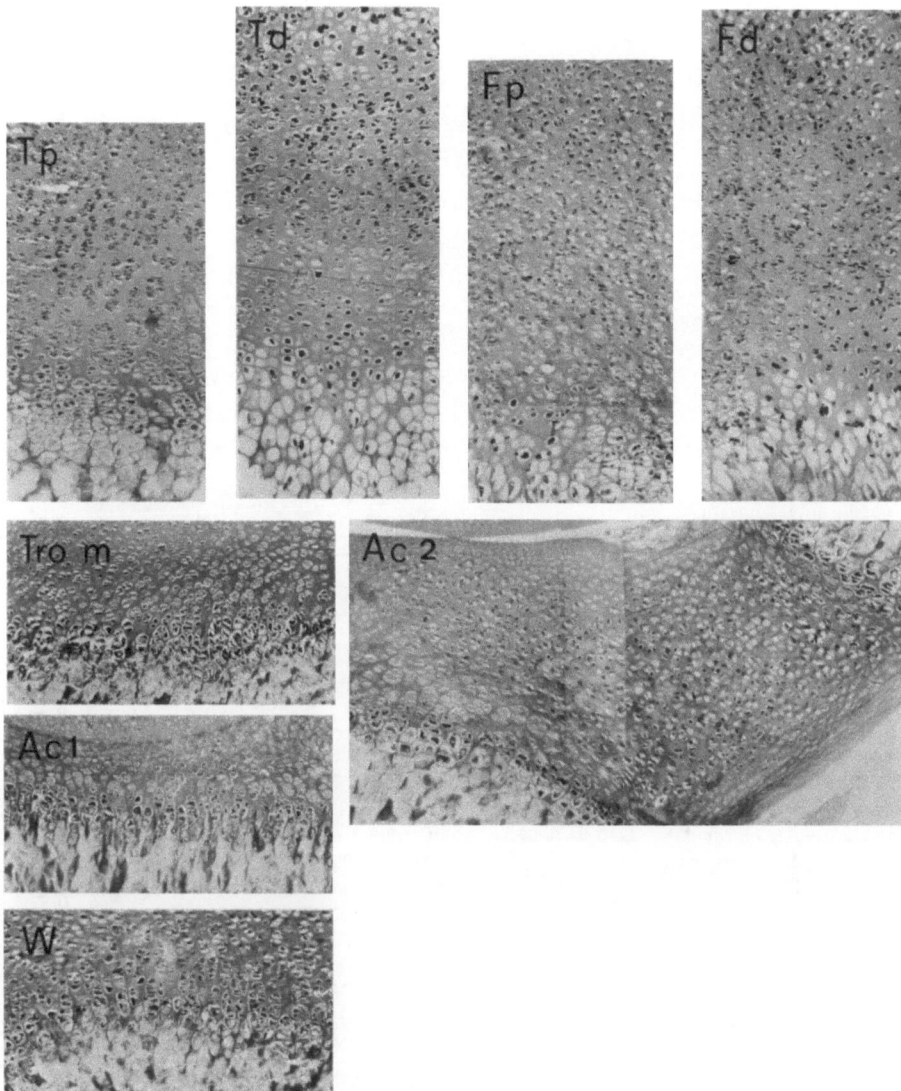

**Abb. 90.** Vergleich der Gestaltung einzelner Epiphysen bei einer Ratte von 12 g. *Tp:* Tibia prox., *Td:* Tibia distal, *Fp:* Femur prox., *Fd:* Femur distal, *Tro:* Trochanter-Apophyse, *Ac:* Acetabulum, *W:* Wirbelendplatte; Fixierung Lillie + Formol-Alkohol-Sublimat-Eisessig, BTS-Reaktion, Obj. 10

Die Entwicklung einer Epiphyse über einen größeren Lebensabschnitt schildern wir am Beispiel der proximalen Epiphyse des Metacarpus von Rinderfeten (Abb. 91, 92). Die vorgelegten Bilder ergeben keine eindeutige morphologische Reihe. Neben einer individuellen Variation (vgl. die beiden Epiphysen von 85 mm SSL) und möglicherweise nicht korrespondierenden Schnittebenen (die Schnitte wurden nicht zum Zweck dieses Vergleichs angefertigt) ist im Vergleich mit Untersuchungen über die mitotische Aktivität und Abwanderung von Zellen,

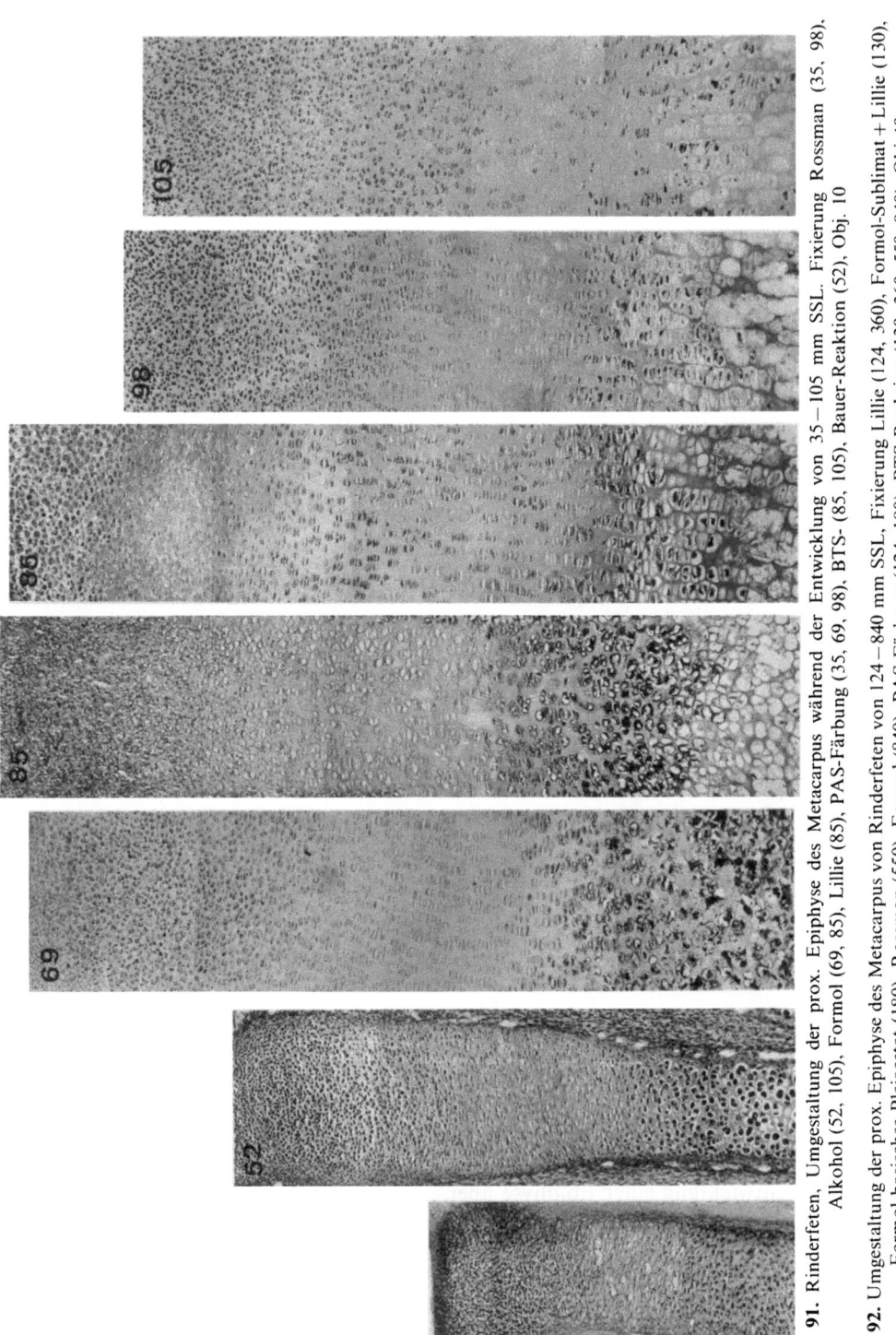

**Abb. 91.** Rinderfeten, Umgestaltung der prox. Epiphyse des Metacarpus während der Entwicklung von 35—105 mm SSL. Fixierung Rossman (35, 98). Alkohol (52, 105), Formol (69, 85), Lillie (85), PAS-Färbung (35, 69, 98), BTS- (85, 105), Bauer-Reaktion (52), Obj. 10

**Abb. 92.** Umgestaltung der prox. Epiphyse des Metacarpus von Rinderfeten von 124—840 mm SSL. Fixierung Lillie (124, 360), Formol-Sublimat + Lillie (130), Formol-basisches Bleiacetat (180), Rossman (550), Formol (840), PAS-Färbung (124, 180), BTS-Reaktion (130, 360, 550, 840), Obj. 10

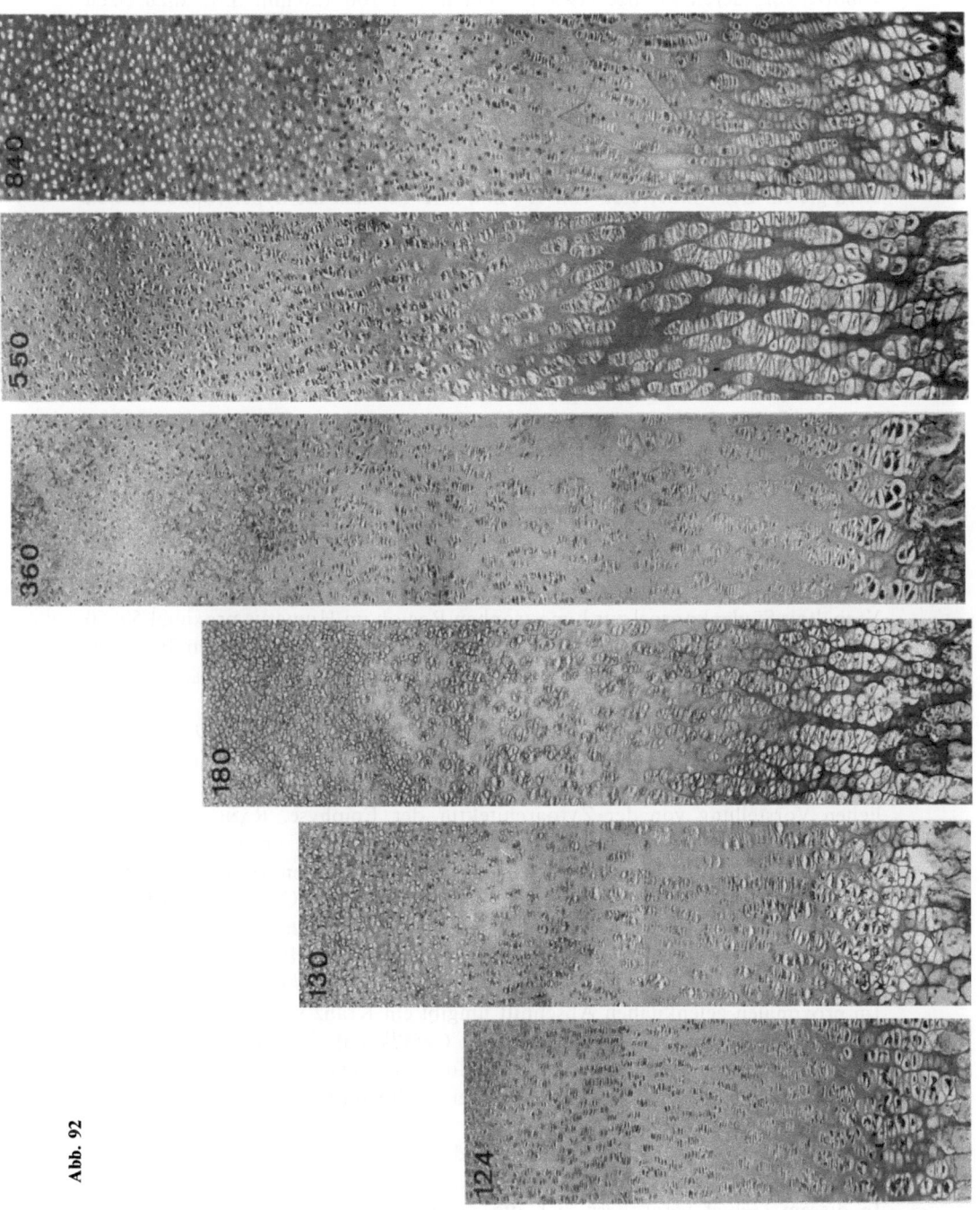

Abb. 92

auf eine *Umgestaltung* bzw. Neugestaltung der Epiphyse im Sinn der gleitenden Kompartimente zu schließen (s.S. 268). Dabei liegen aber *zwei Entwicklungsabschnitte* vor, deren Grenze etwa bei Feten von 100–120 mm SSL anzusetzen ist (vgl. KNESE und KNOOP, 1961 a). Die Höhe des Säulenknorpels nimmt von 0,2 mm (35 mm SSL) auf 0,9 mm (85 mm SSL) zu, gleichzeitig grenzt sich die Transformationszone scharf ab. Die Ordnung der Säulen mit trennenden Längsbalken bildet sich aus. Die zunächst rundlichen, unregelmäßig verteilten hypertrophen Zellen erhalten abgerundete rechteckige Höhlen, nun ebenfalls in einer Säulenordnung. Die Höhe der hypertrophen Zone bleibt mit 0,2 bis 0,25 mm etwa gleich. Bei Rinderfeten von 130 mm SSL nehmen die hypertrophen Zellen noch einmal eine mehr rundliche Gestalt an; allerdings sind zwischen ihnen Längssepten vorhanden. Die Höhlen werden anschließend abgerundet keilförmig oder mehr rechteckig (s.a. BERTHOLD, 1954: *Mensch*). Über ein wenig geordnet erscheinendes Säulenknorpelstadium (180 mm SSL) entsteht eine Ballenordnung, die sowohl den Säulen- als auch den hypertrophen Knorpel umfaßt. Beim Feten von 840 mm SSL zeigt sich eine Säulenordnung, die bis in das hypertrophe Gebiet reicht. Die unscharf begrenzte Transformationszone behält während der Entwicklung ihren Durchmesser von etwa 0,25 mm bei. Das Säulenknorpelgebiet wird auf annähernd 0,6 mm Höhe beschränkt. Für die *Ratte* werden in einer sog. Säule, d.h. einschließlich der hypertrophen Region, etwa 20–25 Zellen angegeben (KEMBER, 1960). Die *Zellzahl* läßt sich bei den Epiphysen größerer Spezies nicht mit Sicherheit bestimmen. Sie beträgt im Metacarpus der *Rinder*feten von 85, 125 und 840 mm SSL in der hypertrophen Region 15, im Säulenknorpel 55–65 Zellen. Beim *menschlichen* Feten von 105 mm SSL ergibt sich für das Verhältnis Säulenknorpel zur hypertrophen Region im Humerus proximal 50:50 und im Humerus distal 80:10 Zellen. Bei 5–8jährigen Kindern stehen 36 Zellen im Säulenknorpel 24 in der hypertrophen Region gegenüber (KEMBER und SISSONS, 1976).

Erstaunlich ist, daß keine Untersuchungen über die *regionale Ordnung* anhand von *Querschnitten* durch Epiphysen vorliegen. Erst die Kombination zwischen dem Längs- und Querschnittsbild gestattet die Entwicklung einer räumlichen Vorstellung von der Zytoarchitektur der Epiphyse. RANG (1969) gibt nur einige Bilder der verschiedenen Regionen wieder. Im übrigen wurden bei Studien über die Zellteilungen Querschnitte herangezogen (DUBREUIL, 1934; LACROIX, 1945 b). Sie lassen erkennen, daß zur bekannten Gliederung in Längsrichtung 2 weitere Ordnungsfaktoren treten: eine *konzentrische,* von peripher nach zentral und in den proximalen Abschnitten bis zum Beginn des hypertrophen Knorpels eine *radiäre* Ordnung in bezug auf *Gefäßkanäle* (Abb. 93, 94). Im proximalen gelenknahen Abschnitt umgibt ein Kranz von etwa 20 kleineren Kanälen einen zentralen Gefäßkanal. Die Gefäßkanäle haben am proximalen, gelenknahen Ende der Epiphyse Verbindung zu *Gefäßen des Perichondriums.* Sie enden blind innerhalb der Epiphyse, der größte am Beginn der hypertrophen Region. Der große Gefäßkanal bildet den Mittelpunkt des hyalinen Epiphysenknorpels, die kleinen Kanäle bezeichnen die Grenze einer Übergangszone zwischen der Appositionszone und dem eigentlichen hyalinen Epiphysenknorpel. In diesem Gebiet vergrößern sich die Zellen durch vermehrte *Kohlenhydrat*-Einlagerungen. Die Appositionsschicht im engeren Sinn ist etwa 0,1 mm breit.

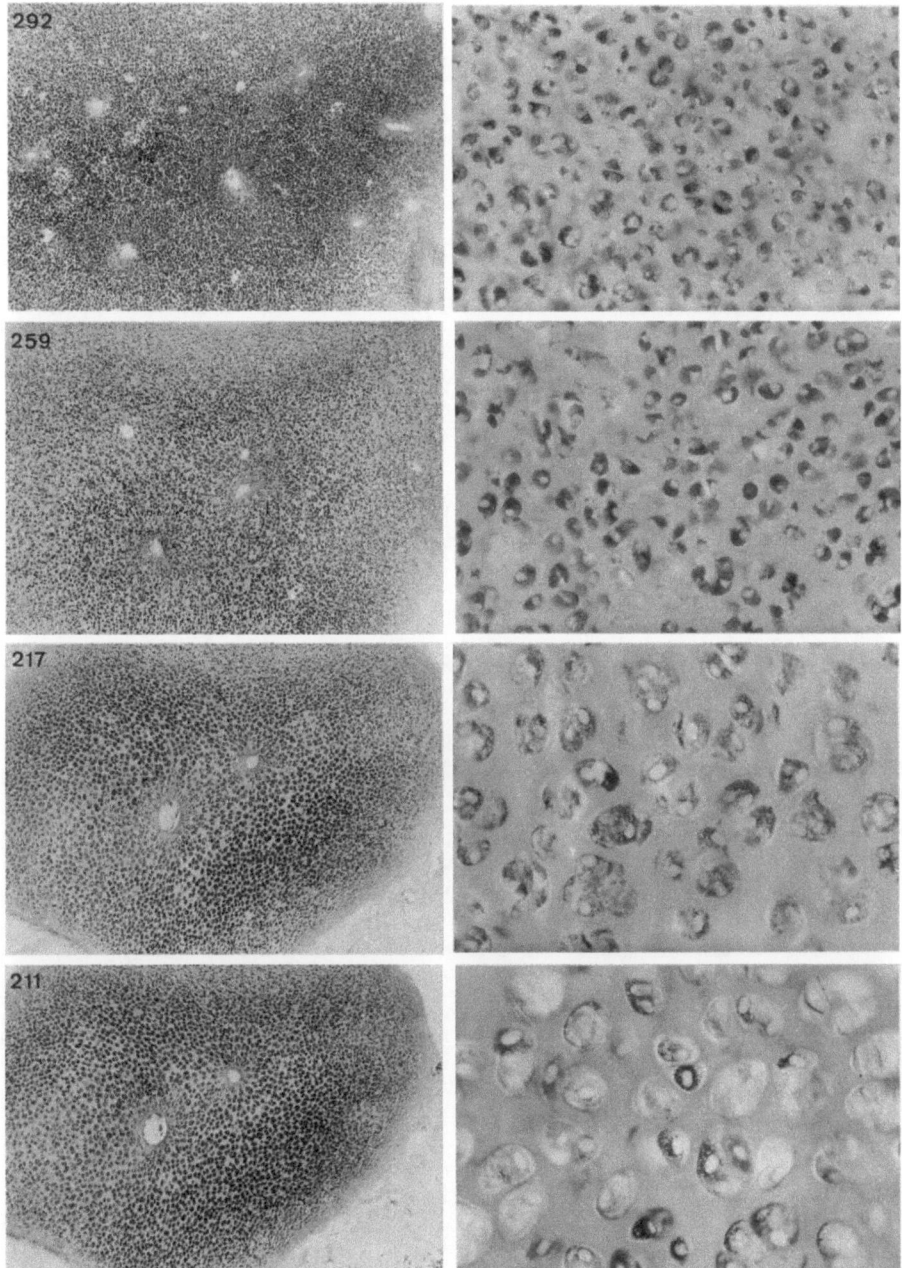

**Abb. 93.** Rinderfet, 182 mm SSL Querschnitte durch die prox. Epiphyse des 3. Metacarpus. Die Schnitte von 9 µm Dicke beginnen in der Metaphyse und wurden durchnumeriert. *Links:* Übersicht über den ganzen Metacarpus, Obj. 6, 3, *rechts:* Ausschnitt, Obj. 40. 292 hyaliner Epiphysenknorpel, 259 Transformationszone, 217 Übergang zum Säulenknorpel, 211 mittlerer Anteil des Säulenknorpels, Fixierung Rossman, BTS-Reaktion

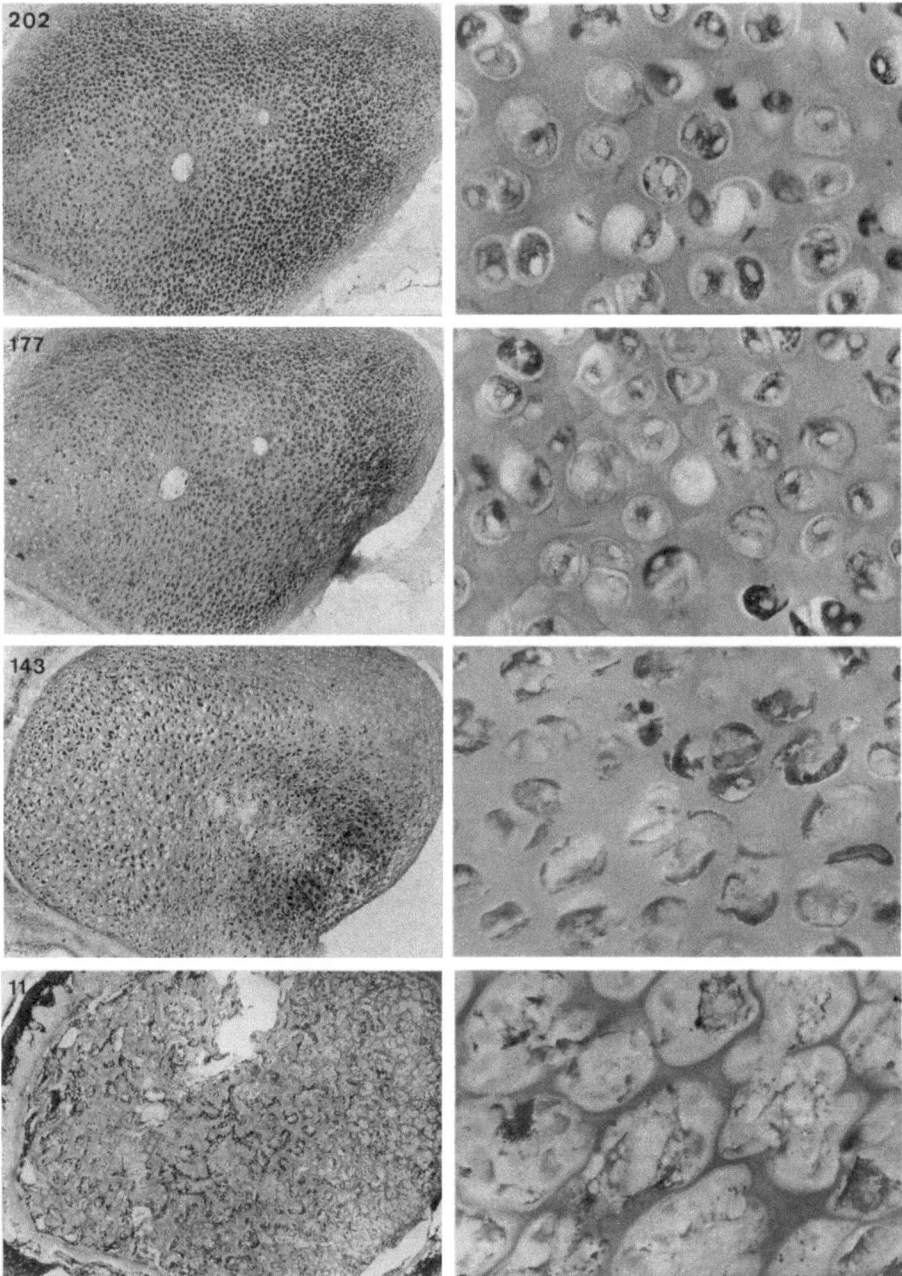

**Abb. 94.** Rinderfet, 182 mm SSL Querschnittserie (vgl. Angaben bei 93) 202 distaler Teil des Säulenknorpels, *177* Übergang zu den Hypertrophen, *143* hypertrophes Gebiet, 11 Metaphyse

Die Knorpelhöhlen sind in Reihen radiär um die Gefäße angeordnet; der Radius für die *angioarchitektonische* radiäre Ordnung hängt von der Größe des jeweiligen Gefäßkanals ab. Die Zellen liegen in Gruppen zusammen. Zur *Transformationszone* hin (Abb. 93/259) wird die Zahl der angeschnittenen Gefäßkanäle verrringert: Zwei größere Kanäle, die noch im Säulenknorpel vorhanden sind, werden von 5 kleineren umgeben. Im Zentrum beginnt die Umwandlung zur Transformationszone. Die Zellen liegen jetzt überwiegend isoliert in Höhlen; ihr Kohlenhydratbestand ist erheblich; die Menge der Interzellularsubstanzen ist vermehrt.

Der Übergang zum *Säulenknorpel* (Abb. 93/217) beginnt zentral um die Gefäßkanäle und dehnt sich nach peripher zur Kontaktfläche mit dem Metacarpus 4 aus. Somit wird der Säulenknorpel nur noch auf der Vorder- und Hinterfläche des Metacarpus von der *Encoche-Apposition* (s.S. 353) umgeben. Im Bereich der Encoche-Apposition spielt sich in einer schmalen Schicht von 0,2–0,3 mm Breite ein starkes Wachstum der Zellen mit gleichzeitiger Vermehrung der Kohlenhydrate ab. Der Durchmesser der Knorpelhöhlen verdoppelt sich von etwa 15 µm im Transformationsgebiet auf etwa 30 µm im Säulenknorpel. Die Höhlen sind zunächst unregelmäßig ovoid (Abb. 93/211), werden dann rundlich (Abb. 94/202). Der Wand der Höhlen liegen im peripheren Gebiet bis zu 5, im zentralen im allgemeinen nicht mehr als 3 ovoide Kerne an (Abb. 109). Es ist anzunehmen, daß die stumpfen Enden der keilförmigen Zellen zur Peripherie der Höhle, die Schneiden zum Zentrum hinweisen. Die *Kohlenhydrate* erscheinen im proximalen Teil der Säulen annähernd gleichmäßig innerhalb der Zelle verteilt; nur selten sind größere Klumpen vorhanden. Die Zellen im Bereich des mittleren Säulenknorpels (Abb. 93/211) verarmen weitgehend an Kohlenhydraten. Die im distalen Anteil der Säulen erneut zu beobachtenden Kohlenhydrateinlagerungen (Abb. 94/202) scheinen aus etwas größeren Granula als jene in den proximalen Zellen aufgebaut zu sein. Mit dem Übergang zum hypertrophen Knorpel (Abb. 94/177) entwickeln sich in einzelnen Zellen recht massive Einlagerungen. Bereits im distalen Anteil der Säulen (Abb. 94/202) dehnt sich die Säulenregion zur vorderen Seite des Metacarpus, unter Verschmälerung der Appositionsgebiete, weiter aus. Die Apposition beschränkt sich schrittweise auf die Hinterwand und geht schließlich, zu Beginn des hypertrophen Gebiets (Abb. 94/143), verloren. Die *hypertrophen* Zellen sind ziemlich unregelmäßig über die Schnittfläche verteilt, z.T. liegen die Zellen, getrennt durch eine geringe Menge Interzellularsubstanzen, in unregelmäßigen Gruppen zusammen, z.T. befinden sich zwischen ihnen dickere Längsbalken. Der Übergang zur *Eröffnungszone* erfolgt ebenfalls zuerst im vorderen Anteil des Metacarpus; die hintere Wand enthält noch hypertrophe Zellen. In den primären *Markräumen* der Metaphyse (Abb. 94/11) liegen mit Kohlenhydraten beladene große, von kohlenhydratarmen Osteoblasten umgebene Chondrozyten.

Die beispielhafte Betrachtung einer Querschnittsserie durch eine Epiphyse zeigt, daß ein Bild vom Aufbau der Epiphyse, das vom Längsschnitt ausgeht, einseitig ist. Die einzelnen Regionen grenzen sich gegeneinander nicht in einer horizontalen Querschnittsebene ab. Die Grenzfläche ist konisch gestaltet, und die Spitze des Konus weist gelenkwärts. Diese Form der regionalen Begrenzung ist allerdings z.T. auch an Längsschnitten zu erkennen.

Aus den vorliegenden Angaben muß man schließen:

1. Die regionale Gliederung jeder Epiphyse ist individuell gestaltet; unter Berücksichtigung unserer Kenntnisse vom Verhältnis der Zellen zu den Interzellularsubstanzen ist hierin ein Ausdruck unterschiedlicher *Zellaktivität* zu sehen.

2. Es liegt ein Entwicklungsparameter vor, der von der hyalinen Epiphysenknorpelzelle zur hypertrophen führt.

3. Ein weiterer Parameter für die Zellmetamorphose und damit die regionale Gliederung ergibt sich durch die verschiedenen *Lebensalterstufen*.

### 4.1.2. Vergleichende Anatomie der Epiphyse

Die Architektur der Epiphyse ist eine sehr alte Vertebratenkonstruktion, da sie bereits bei *Knochenfischen* und wahrscheinlich vor dem *Devon* auftritt. In vergleichend-anatomischen Studien wurde versucht, den phylogenetischen Entstehungsweg der Epiphysenarchitektur zu klären. Es wurde gefragt, ob die z.T. bei niederen Vertebraten, wie den *Amphibien*, zu beobachtende Gestaltung primitiv ist, oder ob sie eine spezielle Modifikation des Grundtypus darstellt. Zudem mußte die Bedeutung der Knochenbildung im Inneren des ursprünglich knorpeligen Skelettstücks diskutiert werden. Im Anschluß an GEGENBAUR (1898) haben v. EGGELING (1911) die *Urodelen*, LUBOSCH (1924) die *Vögel*, FROBÖSE (1927) und HEIDSIECK (1928) *Reptilien* (Eidechsen) und HAINES (1942) *Fische* untersucht. GEGENBAUR (1898) sah die *enchondrale Osteogenese* historisch als einen Endvorgang an, wobei Osteoblasten im Kern des Skelettstücks tätig sind. Die enchondrale Osteogenese ist phylogenetisch *nicht jünger* als die periostale (HAINES, 1942). Enchondraler Knochen wurde bereits bei *Cephalaspiden* (STENSIÖ, 1932) gefunden. Die Epiphyse ist vermutlich ebenso alt wie die *Knochenfische* selbst, müßte also vor dem Devon entstanden sein (HOLMGREN und STENSIÖ, 1936).

Einen Versuch, die Grundarchitektur der Epiphysen zu deuten, hat HAINES (1942) auf der Basis einer umfangreichen vergleichend-anatomischen Untersuchung unternommen. Allerdings wurde dem Zusammenspiel mit den diaphysären Bildungsvorgängen nicht genügend Rechnung getragen. Eine befriedigende Interpretation der Epiphyse gelingt nur, wenn die verschiedenartigen Mechanismen der diaphysären und epiphysären Form- und Gewebebildung als Teile der Entwicklung eines Skelettstücks erfaßt werden (s.S. 675).

### 4.1.2.1. Fische

Bereits bei Knochenfischen, z.B. *Trigla* (Abb. 95A), ist die Epiphyse wie ein Pfropf in den Schaft eingesetzt (HAINES, 1942). Die Zonengliederung entspricht dem bekannten Bild, wobei eine Encoche-Apposition (vgl. KNESE, 1969b) auftritt. Die Fibroelastica des Periosts sichert als eine Röhre für den Muskelansatz zugleich das epiphysäre Wachstum. In einigen Epiphysen, z.B. von *Sciaena hololepidota* und *Gadus morrhua* (Abb. 95B), findet sich im zentralen Teil des undifferenzierten Knorpels eine Mineralisation, die nach Lage und Erscheinung dem sekundären Zentren des Knochenkerns der *Tetrapoden* entspricht. Bei kleineren Fischen, wie *Clinus* (Abb. 95C), fehlt enchondraler Knochen in allen langen Skelettstücken, doch sind die Regionen des Epiphysenknorpels ausgebildet. Bei den Stammformen der *Chondrostei* und *Dipnoi* war enchondraler Knochen vorhanden, ist aber bei den rezenten Formen reduziert oder verloren gegangen (WATSON und GILL, 1923; WATSON, 1925). Durch den Schaft geht bei *Acipenser ruthenus* der Knorpel ohne Unterbrechung hindurch (Abb. 95D). Es handelt sich offenbar um eine sekundär primitive, aber nicht primäre Struktur.

### 4.1.2.2. Amphibien

Die frühen Tetrapoden haben knorpelige Epiphysen wie die Fische, doch treten sekundäre Zentren erst am Ende des Perms auf. Von den Rezenten haben die *Cheloniidae* und *Crocodylia* noch die ursprüngliche Struktur der Epiphysen, bei den *Amphibien* und *Vögeln* liegen Spezialisierungen vor. Die übliche Ordnung der Zellen ist erhalten (WALLIS, 1927; HAINES, 1937, 1938; Abb. 95E), doch ist der Umfang des undifferenzierten hyalinen Epiphysenknorpels reduziert. Die Zellen innerhalb des hyalinen Epiphysenknorpels liegen weniger regellos, meistens in Gruppen, zusammen. Die Zellsäulen sind bei jüngeren Tieren wohl angedeutet, werden aber erst mit zunehmendem Alter deutlicher. Eine Säulenordnung lassen die hypertrophen Zellen erkennen. Die regelmäßige Ordnung der metaphysären Bälkchen hängt von jener der Zellen im Knorpel ab. Die Epiphyse der *Urodela* (v. EGGELING, 1911) ist als hochspezialisiert anzusehen. Bei *Salamandra* (Abb. 95F) entspricht die Ordnung dem primitiven Typ (KLINTZ, 1911; RETTERER, 1917). Die Menge des hyalinen Epiphysenknorpels ist recht erheblich, die Säulen sind schwach entwickelt. Die regelmäßige Anordnung der flachen Zellen ist bei den *Cryptobranchidae* und *Perennibranchidae* (Abb. 95G,H) verloren gegangen. Von der Markhöhle her wird an verschiedenen Stellen Knorpel abgebaut, aber nie die Kontinuität des embryonalen Knorpelstabes vollständig unterbrochen. Enchondraler Knochen wird in Form einzelner Inseln gebildet, hat indessen oft keine Verbindung zum periostalen. In den größeren Knochen von *Proteus* ist die Markhöhle weiter ausgebreitet. VON EGGELING (1911) führte die komplexeren Typen auf die Epiphysenstruktur von *Proteus* zurück. Im Hinblick auf die nunmehr bekannte Epiphysenstruktur bei Fischen und den primitiven Tetrapoden sind die Verhältnisse bei *Proteus* nach HAINES (1942) als eine spezialisierte Seitenlinie der Entwicklung anzusehen. Die Faktoren, die zum Verlust des enschondralen Knochens bei *Dipnoi*, *Chondrostei* und *Urodela* führten, sind unbekannt.

Die Epiphysen der *Anuren* sitzen wie ein Streichholzkopf dem Schaft auf (KASTSCHENKO, 1881; v. EGGELING, 1911; FROBÖSE, 1927; LUBOSCH, 1927; HAINES, 1937/38, 1942; Abb. 95I,J). Zwischen dem überlappenden Epiphysenteil und dem Schaft liegt eine stark vaskularisierte Lage, die teils als Periost, teils als Perichondrium für den überlappenden Epiphysenknorpel aufzufassen ist. Die Fibroelastica des Periosts setzt am freien Teil des Epiphysenrandes an. Der überlappende Epiphysenteil fehlt jungen Tieren und ist nicht bei allen Knochen vorhanden, z.B. nicht am distalen Humerusende. Im Bereich des hyalinen Epiphysenknorpels und in den überhängenden Partien ist der Knorpel mineralisiert. Die Wachstumszone (Säulenknorpel) liegt also zwischen dem mineralisierten Teil und der mineralisierten hypertrophen Zone. Die Entwicklung von enchondralem Knochen ist nach HAINES (1942) weitgehend unbekannt, im übrigen sind starke Speziesunterschiede vorhanden. Die streichholzkopfförmige Epiphyse ist als eine rezente Spezialisation im Hinblick auf die springende Fortbewegung anzusehen.

## 4.1.2.3. Reptilien

Der primitivste lebende Tetrapode mit sekundärem Knochenzentrum ist *Sphenodon* (HAINES, 1939; Abb. 96A), der älteste bekannte, *Sapheosaurus* (FUCHS, 1908), stammt aus dem Jura. Das Zentrum mit stark mineralisierter Interzellularsubstanz dehnt sich unregelmäßig im Knorpel aus. Die Verhältnisse bei den *Eidechsen* entsprechen jenen bei *Sphenodon*. Die Epiphysen sind denen der *Eidechsen*, *Vögel* und *Säugetiere* ähnlich, so daß diese vielleicht früher ein *Sphenodon*-ähnliches Stadium durchlaufen haben. Die sekundären Zentren (Knochenkerne) der *Lacertilia* (DOLLO, 1884; MOODIE, 1907/08; VIALLETON, 1924; WALLIS, 1928; HEIDSIECK, 1928; NAUCK, 1936, 1938; HAINES, 1940, 1942) bestehen zunächst aus einer diffus verteilten Mineralisationszone, in die von Chondroklasten begleitete Markfortsätze eindringen (Abb. 96B). Als Markfortsätze werden die von verschiedenartigen Zellen begleiteten Gefäße bezeichnet, die gegen die Epiphyse vordringen. Später wird enchondraler Knochen gebildet. *Varanus* (Abb. 96D; PARSONS, 1905; MOODIE, 1907/08; FUCHS, 1908; HAINES, 1942) besitzt ein wohlentwickeltes System von *Knorpelkanälen*. So kann die knorpelige Epiphyse zu einer erheblichen Größe, ohne Entstehung eines sekundären Zentrums, heranwachsen.

## 4.1.2.4. Vögel

Über die Epiphysen der Vögel liegen zahlreiche Angaben vor (SCHÖNEY, 1876; KASSOWITZ, 1881; VAN DER STRICHT, 1890; BRACHET, 1893; DANTSCHAKOFF, 1909; VIALLETON, 1919; LUBOSCH, 1924; HAINES, 1937/38, 1942; LUTFI, 1970a, b; vgl. ROMANOFF, 1960). Beim *Hühnchen* hält der Abbau des Knorpels mit der Neuentstehung an der Proliferationsgrenze nicht Schritt (LUBOSCH, 1924). Es entsteht ein langer, mineralisierter, also nicht mehr wachsender Achsenknorpel in der Markhöhle, dessen Resorption 14 Tage nach dem Schlüpfen abgeschlossen wird. Damit entsteht erst jetzt eine „(sekundäre) Ossifikationszone", die der Säugetier-„Diaphyse" vergleichbar ist. Beim Hühnchen bleiben, im Gegensatz zum Säugetier, zellhaltige Richtungsbalken erhalten (vgl. LUTFI, 1970b).

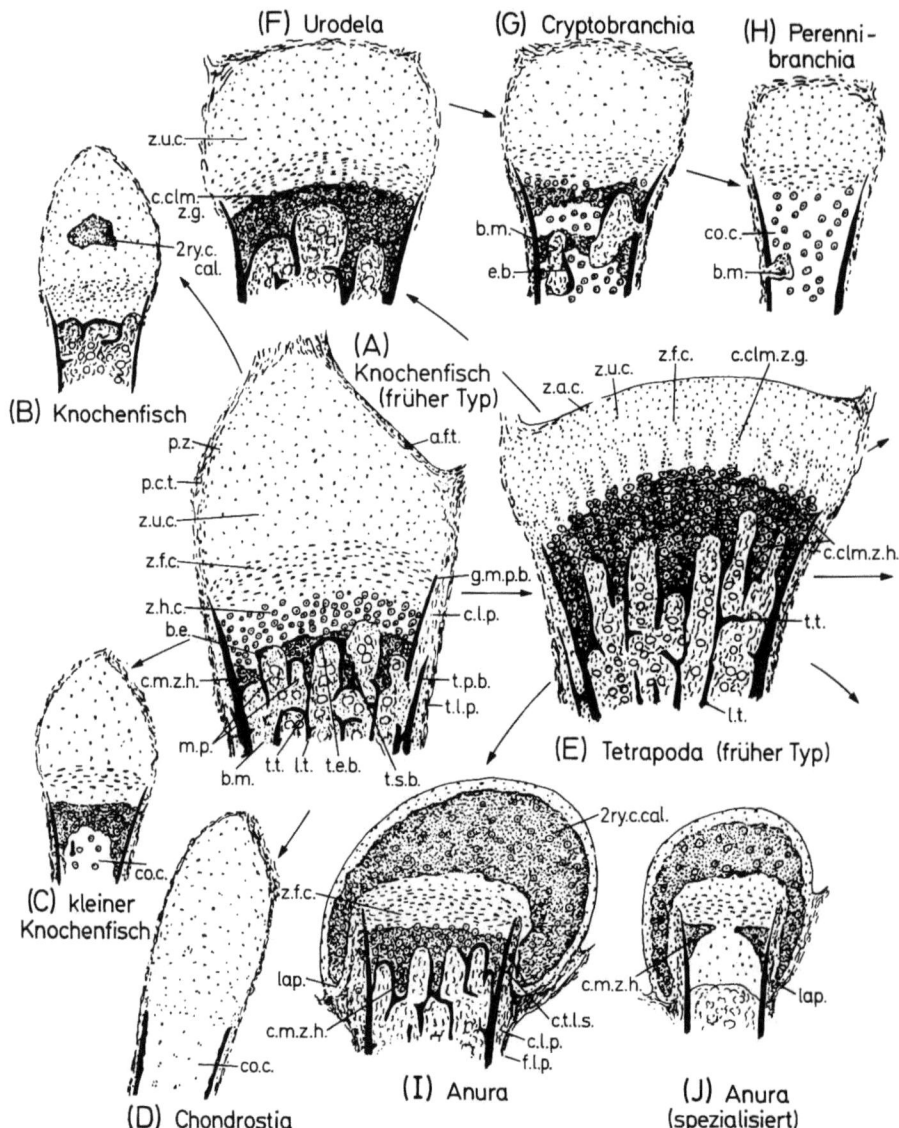

**Abb. 95.** Übersicht der Gestaltung der Epiphysen bei Fischen und Amphibien. Erläuterung: br.c. Art des Knorpelkanals, cal.m.2ry.c. verkalkte Grundsubstanz des Epiphysenkerns, c.can. Knorpelkanal, c.clm.z.g. Säulenknorpel der Wachstumszone, cen.can. Zentrifugalkanal, e.b.can. enchondraler Knochen um den Kanal, e.b.per.c. enchondraler Knochen in perforierendem Kanal, e.b.2ry.c. enchondraler Knochen im Epiphysenkern, en.2ry.c. Gewebeeintritt, Epiphysenkern-bildend, per.c. eindringender Kanal, u.c. nicht erodierter Knorpel, 2ry.c.cal. zum Zentrum der Verkalkung, 2ry.c.os. zum Zentrum der Ossifikation, be. Erosionsbucht oder Howshipsche Lakune, bm. Knochenmark, c.clm.z.g. Säulenknorpel der Wachstumszone, c.clm.z.h. Säulenknorpel der hypertrophen Zone, c.l.p. Zellschicht des Periosts, c.m.z.h. verkalkte Grundsubstanz der hypertrophen Zone, co.c. Knorpelkern, c.t.l.s. Bindegewebe, e.b. enchondraler Knochen, f.l.p. fibröse Schicht des Periosts, g.m.p.b. wachsende Wand des periostalen Knochens, lap. Haut, l.t. Längstrabekel, m.p. Markraum, p.c.t. perichondrales Gewebe, p.z. periphere Zone, t.e.b. Trabekel am Lakunenende, t.p.b. Trabekel im periostalen Knochen, t.s.b. Trabekel an Lakunenseite, t.t. Transversaltrabekel, z.a.f. Gelenkknorpelzone, z.f.c. Zone der abgeflachten Zellen, z.h.c. Zone der hypertrophen Zellen, z.u.c. Zone der undifferenzierten Zellen, 2ry.c.cal. zum Zentrum der Verkalkung (Umzeichnung nach Haines, 1942)

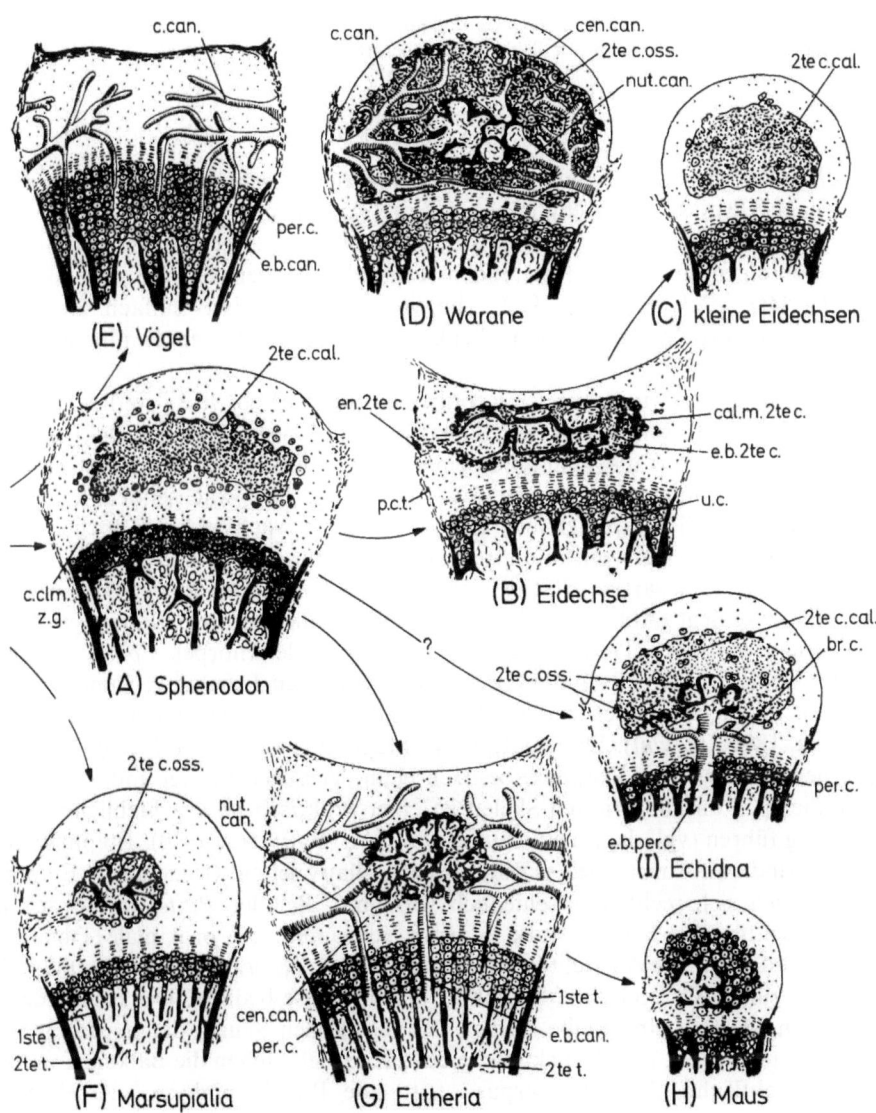

**Abb. 96.** Erläuterung vgl. Abb. 95 (Umzeichnung nach HAINES, 1942)

Bei den Säugetieren liegt die *Eröffnungszone* stets dicht unterhalb des Endes der periostalen Knochen-hülle, im unmittelbaren Anschluß an die Vermehrungszone. Beim Hühnchen und bei den Nicht-Säugetieren überhaupt (LUBOSCH, 1924) fallen Vermehrungszone und Ossifikations- (Eröffnungs) Zone während einer längeren Zeit nicht zusammen. Der mineralisierte Achsenknorpel reicht weit in die Hülse des periostalen Knochens. Infolgedessen liegt eine Glykogenverteilung vor, die von jener der Säugetiere abweicht (SURESH et al., 1975). Die bei Vögeln wohlentwickelten Knorpelkanäle (HAINES, 1942; Abb. 96E) treten vom Perichondrium her ein und wenden sich, wie bei Säugetieren, als perforierende Kanäle in Richtung der Markhöhle. Später als bei Säugetieren verlieren die Kanäle die Verbindung zur Markhöhle. Der Epiphysenknorpel wird, unter Verlust der Kanäle, zu einem schmalen Streifen in Verbindung mit dem Gelenkknorpel. Ein sekundäres Knochenbildungszentrum wurde nur für das obere Ende der Tibia beschrieben (SHUFELDT, 1886; PARSONS, 1905; FUCHS, 1908).

### 4.1.2.5. Säugetiere

In den Condylen des Femurs und am Kopf des *Monotremen Echidna* findet sich nach HAINES (1942) ein mineralisierter Anteil, der zur Gelenkfläche hin konvex, auf der anderen Seite konkav ist (Abb. 96 I). Der Wachstumsknorpel wird von einem großen perforierenden Kanal durchzogen. Die Epiphysenstruktur der *Marsupialia* (HAINES, 1942; Abb. 96 F) ist noch relativ einfach. Sie besitzen keine Knorpelkanäle, die Knochenkerne sind scharf begrenzte mineralisierte Gebiete.

Markfortsätze, wie sie bei den Reptilien auftreten (Abb. 96 B), sind bei Säugetieren selten (z.B. *Rinder*feten, KNESE und KNOOP, 1961 b). HAINES (1942) betont, daß bei Säugetieren die Zellhöhlen einer Querschnittsebene der Epiphyse zur gleichen Zeit aufgebrochen werden, so daß bei schnell wachsenden Knochen keine Knorpelzellen erhalten bleiben. Bei langsam wachsenden Knochen mag der Aufbruch weniger vollständig sein. Die Eröffnungsfront bildet keine ebene, sondern eine konusartige Fläche, deren Spitze annähernd in der Mittelachse der Epiphyse liegt (Abb. 94, 143). Annähernd parallel zu dieser Fläche verläuft die Grenze zwischen Transformationszone und Säulenknorpel. *Epiphysenfugen* sind im übrigen nie vollständig eben, sondern besitzen Erhebungen und Vertiefungen, mit denen knöcherne Diaphyse und Epiphyse ineinandergreifen (vgl. SOLGER, 1899; *Elefant*). Die der Epiphysenfuge zugewandten Flächen der knöchernen Epiphyse und Diaphyse besitzen beim *Menschen* Buckel und Vertiefungen, die auch am mazerierten Skelett zu einer praktisch unverschieblichen Verzahnung führen (vgl. dagegen GEBHARDT, 1911 b; PAUWELS, 1960). Epiphysenlösungen sind, mit Ausnahme des Radius, auch relativ selten. Benachbarte Epiphysen können sich recht unterschiedlich verhalten. Bei der *Ratte* ist die distale Epiphysenfuge des Femurs stark S-förmig gekrümmt, die proximale Tibiafuge annähernd eben. Die Ausrichtung der *metaphysären Trabekel* der primären Spongiosa ist zunächst durch die Architektur der Epiphyse bedingt. Der enchondrale Knochen begrenzt eine Reihe kleiner Tubuli, die den Säulen der hypertrophen Zellen entsprechen; mit Zurückweichen des Knorpels stehen die Bälkchen radiär zur Gelenkfläche. Am Metacarpus I tritt eine Pseudoepiphyse auf (HAINES, 1974).

Die Ordnung der primären Spongiosa (Abb. 96 F, G) wurde u.a. von LESER (1888) und BIDDER (1906) beschrieben. HARRIS (1933) meint, es seien auch quere Bälkchen vorhanden, doch ist dies nach DODDS (1930) und HAINES (1942) unwahrscheinlich. Bei der Entwicklung sekundärer Trabekel, ohne Knorpelreste, kommt es nach SCHAFFER (1888a) zur Zerstörung der primären Bälkchen. ZIBA (1911) und MJASSOJEDOFF (1922) haben an eine Metaplasie von Knorpel in Knochengewebe gedacht, wie sie als Sklerose des Knorpels für *Amphibien* und *Reptilien* von v. EGGELING (1911), FROBÖSE (1927) und HEIDSIECK (1928) beschrieben wurde. Eine dritte Möglichkeit, die des schleichenden Ersatzes, nahmen MARCHAND (1901) und HAINES (1933) an.

Die Knorpelkerne der *Eutheria* sind jenen bei den *Varaniden* ähnlich, aber weniger verzweigt (Abb. 96 G; HINTZSCHE, 1928, 1931; HINTZSCHE und SCHMID, 1933; HURRELL, 1934; HAINES, 1933, 1937/38, 1942), doch dringen die Kanäle bei den Säugetieren in einem bestimmten Entwicklungszustand durch die Epiphysenscheibe und erreichen z.T. die Markhöhle. Das Wachstum der *perforierenden Kanäle* ist nach HAINES (1942) durch eine Verschiebung der Wachstumszone wahrscheinlich passiv. HINTZSCHE (1928) glaubt an einen aktiven Vorgang, der vom Mark her ausgeht; später erfolge eine Obliteration der Kanäle. Nach Entwicklung des Knochenkerns schaffen die perforierenden Kanäle eine Verbindung zur Markhöhle. Im Zusammenhang mit der Knochenbildung wurden sie von BIDDER (1906) als „canales vasculosi ossificantes" bezeichnet. Knorpelkanäle fehlen den *Marsupialia* und den kleinen *Eutheria*, wie *Ratte* und *Maus* (Abb. 96 H).

Als *Markknochen* wird heute ein Knochen bezeichnet, der bei Vögeln im Rahmen des Legezyklus entsteht. Von einer Markknochenbildung sprach LUBOSCH (1924) im Anschluß an SCHAFFER (1888a), der nach Untersuchung der akzessorischen Knorpelkerne im Meckelschen Knorpel zwischen einer intramedullären und intrakartilaginösen Ossifikation unterschieden hatte. Sie kommt u.a. in den kurzen Knochen und Apophysen vor, ferner in den Dornfortsätzen des *Pferdes* und in den Rippen. Nur bei den *Edentaten*, *Carnivoren* und *Ungulaten* ist hier eine typische Ossifikation zu beobachten (RICHTER, 1922; nach LUBOSCH, 1924). Bei dieser Osteogeneseform ist die Bildung von Säulenknorpel wenig deutlich, doch sind Zellnester vorhanden (vgl. KASSOWITZ, 1881; BIDDER, 1906). Apophysäre und intratendinöse Zentren sind bereits bei *Sphenodon* und den *Eidechsen* vorhanden (HAINES, 1942).

### 4.1.3. Bedeutung der Epiphyse

Vergleichende anatomische Studien bestätigen, daß in der Epiphyse ein Prinzip der regionalen Gliederung verwirklicht ist. Die ihr zugrundeliegende *Zytomorphose* kann nur das Abbild von Vorgängen sein, die einen Teil der Osteogenese darstellen, und zwar sowohl im Sinn der *Histogenese* wie der *Organogenese* eines Skelettstücks. Dieses Prinzip ist mit Hilfe der vergleichenden Morphologie nicht zu erkennen. Das Wesen der Zytomorphose (SHEEHAN, 1948) muß untersucht werden. Ein Längenwachstum findet aber auch bei Fehlen einer Epiphysenscheibe statt, und zwar trägt das proximale Ende des 3. Metatarsus der *Ratte* 16% zum Längenwachstum bei (JUSTER et al., 1975b). Die Epiphyse ist nach HAINES (1942) als eine Ausgleichsstruktur (compromise arrangement) anzusehen, die gleichzeitig Wachstum und Funktion des Skelettstücks erlaubt. Ein Wachstum ist nur über Apposition und nicht durch interstitielle Expansion möglich. Das primitive Skelettstück besteht aus zwei Knorpelanteilen, die durch die Fibroelastica des Periosts miteinander verbunden sind. Dabei wirkt der Schaft des Skelettstücks als ein Stab, der den Abstand beider Epiphysen voneinander gewährleistet (vgl. LUTFI, 1974b).

Das Studium der Ontogenese der Epiphyse zeigt, daß im Knorpelmodell ursprünglich ein einheitliches hypertrophes Gebiet vorhanden ist (Abb. 292). Seine hypertrophen Zellen unterscheiden sich aber in ihrer Ultrastruktur und Reaktionsform von den späteren der Epiphyse. Die Kohlenhydrate sind diastasesensitiv, aber hyaluronidaseresistent (KNESE, 1969b). Dieses Gebiet wird in zwei Abschnitte unterteilt, die jeweils einer Epiphyse zugeordnet werden. Zwischen beiden Teilen treten Zellveränderungen auf, die vermutlich nicht nur als Ausdruck einer Degeneration im Verlauf der *Markraumbildung* anzusehen sind. Sie führen zur *diaphysär-chondralen* Osteogenese (KNESE, 1957). Damit kommt

es zu einem Aufbau des Skelettstücks von innen her (GEGENBAUR, 1898). Die
Vorgänge im „Inneren" des Skelettstücks müssen für die Organogenese des
Skeletts von besonderer Bedeutung sein. Dies zeigen die Veränderungen in der
Epiphyse bei Störungen des Hormon- und Vitaminhaushalts. Die Beurteilung
der chondralen Osteogenese ist deswegen schwierig, weil die Organbildung, d.h.
Bildung der Form des Skelettstücks, von der Histogenese unterschieden werden
muß (KNESE, 1957). Eine Formänderung, z.B. die Bildung der Markhöhle, ist
als ein organogenetischer Vorgang anzusehen. Die Bildung der Markhöhle wird
jedoch durch histogenetische Vorgänge eingeleitet. Die differente Form der Entwicklung der Markhöhle und das Einsetzen der metaphysären Osteogenese bei
Vögeln und Säugetieren (LUBOSCH, 1928) sind ein Beispiel dafür, wie eng organogenetische und histogenetische Vorgänge im Knorpelmodell gekoppelt sind
(s. S. 676).

   Im einzelnen ist das Zusammenspiel der verschiedenen Osteogeneseorte noch
nicht klar, doch können wir wohl davon ausgehen, daß die *primäre Spongiosa*
als Trichter in die Diaphyse eingebaut wird (LEBLOND et al., 1950). Auf diesem
Weg liefert die Epiphyse die Grundlage zur *Verlängerung* der Diaphyse, denn
auf die Trichterbälkchen wird periostaler Knochen abgelagert (KNESE, 1957).
Der Beitrag der Epiphyse zum Längenwachstum wäre z.T. mittelbar, indem
ein sich verlängerndes Modell für die periostale Osteogenese aufgebaut wird.


### 4.1.4. Die Zeitrelationen in der Epiphysenentwicklung

Die *Knochenkerne* (s.S. 233) und die *Epiphysenfuge* entwickeln sich nach einem
bestimmten Zeitplan. Aus klinischen Beobachtungen möchte man schließen,
daß diese Chronologie in engem Zusammenhang mit der Formentwicklung des
Skeletts steht.

   Für die Chronologie verweisen wir auf KEIBEL und MALL (1910), PATERSON (1929), TODD
und WINGATE (1937), VOGT und VICKERS (1938), ELGENMARK (1946), SCHMID (1949), SCHMID und
HALDEN (1949), GREULICH und PYLE (1950), NOBACK und ROBERTSON (1951), GREULICH et al.
(1953), PATTEN (1953), v. LANZ und WACHSMUTH (1955, 1959), O'RAHILLY und MEYER (1956),
GRAY et al. (1957), GARDNER et al. (1959), LAURENSON (1964 a, b), O'RAHILLY und GARDNER (1965),
GARDNER und O'RAHILLY (1968), GARDNER (1971). Für *Primaten* u.a. VAN WAGENEN und ASLING
(1964; *Macaca mulatta*), *Rind:* WINTER (1923), *Schwein:* STÖCKLI (1922), SURBER (1922), *Pferd:*
SAARNI (1921), *Vögel:* ROMANOFF (1960), SCHUHMACHER und WOLFF (1967a, b; *Gallus domesticus,
Larus ridibundus, Larus canus*).

   Die *Einstellung des Wachstums* und der *Schluß* der Epiphyse sind *zwei*
voneinander *unabhängige Phänomene* (STEVENSON, 1924; vgl. BECKS et al.,
1948a). Im Hinblick auf den Epiphysenschluß sind beim *Menschen* zwei Typen
zu unterscheiden (STEVENSON, 1924): (1.) Epiphysen der langen Knochen mit
bemerkenswerter *Zeitkonstanz* und (2.) Epiphysen der Scapula, Rippe, Clavicula
mit individueller *Variation*. Ähnlich liegen die Verhältnisse bei anderen Säugetieren (z.B. der *Ratte*) auch in bezug auf die zeitliche Folge (DAWSON, 1925,
1927, 1934a, b; Tabelle 7). Abweichungen in der Reihenfolge gegenüber dem
Menschen zeigen der mediale Epicondylus des Humerus, das Olecranon und
Kopf sowie Trochanter major des Femur, die erst später verschmelzen.

Tabelle 7. Reihenfolge des Epiphysenschlusses bei Mensch und Ratte. (Aus DAWSON, 1925)

| Epiphysen | Mensch (STEVENSON, 1924) | Ratte (DAWSON, 1925) | |
| --- | --- | --- | --- |
| | Jahre | Tage | Reihenfolge |
| 1. Humerus distal | 14–15 | 31– 42 | 1 |
| 2. Epicond. med. hum. | 16 | 130– 158 | 5 |
| 3. Olecranon | 16–17 | 940 | 6 |
| 4. Radiuskopf | 18 | 83– 92 | 2 |
| 5. Femurkopf | 18 | 1 006–1 091 | 7 |
| 6. Troch. maj. fem. | 18 | 1 006–1 091 | 8 |
| 7. Tibia und Fibula distal | 18 | 92– 98 (Tibia) | 3 |
| | | 98– 130 (Fibula) | 4 |
| 8. Tibia proximal | 19 | 1 135 | 10 |
| 9. Fibula proximal | 19 | 1 135 | 11 |
| 10. Femur distal | 19 | 1 135 | 9 |
| 11. Radius und Ulna distal | 19 | 1 135 | 12 |
| 12. Humeruskopf | 20 | 1 135–1 270 | 13 |

Beim *Menschen* zeigt zuerst die Clavicula, dann Mandibula und Maxilla eine Knochenbildung (STRONG, 1925). Sie beginnt beim Menschen im 2. Fetalmonat, bei der *Ratte* weniger als eine Woche vor der Geburt; damit entspricht das letzte Drittel der intrauterinen Entwicklung der *Ratte*, im Hinblick auf die Osteogenese, dem zweiten Fetalmonat des *Menschen*. Der Zustand des menschlichen Skeletts im 3. FM gleicht jenem der *Ratte* bei der Geburt, doch schreitet die Entwicklung bei der Ratte, entsprechend der kürzeren Lebenszeit, schneller voran. Die *Epiphysenkerne* erscheinen bei ihr relativ früher als beim Menschen. In der Entwicklung eilen die vordere Extremität, die vorderen Rippen und der kraniale Teil der Wirbelsäule den jeweiligen hinteren Abschnitten voraus (vgl. SPARK und DAWSON, 1928). Ein persistierender Epiphysenknorpel, der durch lamelliertes Knochengewebe von den Markhöhlen der Epiphyse und der Diaphyse getrennt ist, zeigt bei der Ratte (DAWSON, 1929) ein wohl entwickeltes Fasersystem. Vermutlich werden Knorpelzellen direkt in Knochenzellen transformiert.

## 4.1.5. Massenrelation Zelle — Interzellularsubstanz in der Epiphyse

Beim Übergang von einer *Region* zur nächsten ändern sich die *Massenrelationen* zwischen Zellen und Interzellularsubstanzen. Solche Relationsverschiebungen ergeben sich auch in bezug auf das *Lebensalter*. Eine Untersuchung der Massenrelationen führt zu einer *biodynamischen* Betrachtung der Epiphyse. Eine Verschiebung der Relation tritt auf, wenn sich das *Volumen* der Zellen oder des Interzellularraums bzw. beider in ungleichartiger Form ändert. Eine Vergrößerung des Interzellularraums ist durch *Produktion* von Interzellularsubstanz bzw. erhöhte *Wasserspeicherung* möglich. Bei einer Verkleinerung des Interzellularraums ist an einen Abbau von Interzellularsubstanzen zu denken. Eine exakte quantitative Erfassung der Massenverhältnisse wird durch die verwickelte Zellgestalt erschwert. Ein Überblick über die Massenrelationen läßt sich aus der Untersuchung einer Schnittfläche, im allgemeinen des Längsschnitts, gewinnen.

Die *Zelldichte* (vgl. Tabelle 8) im Extremitätenmesenchym, d.h. die Zellzahl
je mm² Schnittfläche, beträgt etwa 9 550. Bei der folgenden Mesenchymkondensation steigt die Zelldichte auf 15 375 und sinkt bei der Vorknorpelbildung
auf 6 250 ab. Im ausgebildeten hyalinen Epiphysenknorpel beträgt die Zelldichte
für ein Stadium von 35 mm SSL: 8 150, 120: 4633 und 310: 3650. Während der
Entwicklung kommt es schrittweise zu einer *Verminderung* der Zellzahl je Flächeneinheit (vgl. HARTING, 1840). Beim *Kaninchen* wird die Zelldichte während
der Entwicklung vom Fetus zum Adulten auf weniger als die Hälfte herabgesetzt
(BYWATERS, 1937). Eine Verringerung der *Zelldichte* ergibt sich beim einzelnen
Feten zudem im Übergang vom hyalinen Epiphysenknorpel zum hypertrophen,
und zwar bei Stadien von 35 mm Länge von 8 150 auf 2 750, bei 120 mm langen
Feten von 4633 auf 1 313 und bei 310 mm langen von 3650 auf 1 214. Gegenüber
diesen vom Längsschnitt ausgehenden Werten ergeben sich etwas abweichende
Zahlen bei Betrachtung des *Querschnitts* der Epiphyse. Die Zellzahl erscheint,
im Vergleich mit dem Längsschnitt (Feten von 182 bzw. 120 mm SSL), im hyalinen Knorpel etwas größer (5 120: 4633), in der Transformationszone kleiner
(3 040: 3 616), bedeutend geringer im Säulenknorpel (1 365: 2 913) und wiederum
nur wenig kleiner im hypertrophen Knorpel (1 090: 1 313). Die Zahl der
Markräume im Metaphysenquerschnitt beträgt 480 mm².

Für Feten von 120 mm SSL wurde der prozentuale *Flächenanteil der Zellen*
an der Schnittfläche errechnet: Er beträgt im hyalinen Epiphysenknorpel 31,4%,
in der Transformationszone 16, im Säulenknorpel wiederum 33,7 und steigt
schließlich im hypertrophen Knorpel auf 66% an. Eine einwandfreie Umrech-
nung der Flächenwerte auf Volumenwerte ist nicht möglich. Im distalen Femur-
gelenkknorpel von *Kaninchen* nehmen die Zellen in der oberflächlichen Lage
35% des Schnitts ein, was ungefähr 20% des Volumens entspricht, in der unteren
Lage 8% des Schnitts = 2% des Volumens (DAVIES et al., 1962; vgl. GREER
et al., 1968). Die Zellzahl sinkt in der distalen Femurepiphyse von menschlichen
Feten und Säuglingen von 8,5 bis 70 cm SFL von 5 300 auf 1 400–1 100 ab
(BERTHOLD, 1954). Die Menge der Interzellularsubstanzen im Säulenknorpel
beträgt bei kleineren Feten etwa 40% der Schnittfläche, um die Geburt 70–75%.
In der proximalen Tibiaepiphyse von *Ratten* verringert sich die Dicke der Epiphysenscheibe in 4 Wochen um etwa 100 µm; die Dickenabnahme der hypertrophen Zone verläuft hierzu nicht proportional (MANNHART, 1970). Der Anteil
der Zellen an der Fläche nimmt zu den hypertrophen Region hin zu, die der
Interzellularsubstanzen ab. Der prozentuale Anteil der Interzellularsubstanz am
Gesamtvolumen (?) verringert sich im Säulenknorpel von etwa 72% auf 65%
bei den Männchen, zeigt bei den Weibchen keine Änderung, steigt im hypertrophen Knorpel von unter 30% auf fast 40% an.

Die *Größe der Knorpelhöhlen* im hyalinen Epiphysenknorpel bleibt bei *Rinderfeten* von 35–310 mm SSL mit etwa 11 × 8 µm konstant. Der größere Durchmesser der Knorpelhöhle quer zur Epiphyse wächst im Transformationsknorpel
wenig, im Säulenknorpel stärker und erreicht bei Feten von 120 und 310 mm SSL
das Dreifache gegenüber dem hyalinen Epiphysenknorpel; beim 35 mm langen
Fet steigt er nur um etwa 50% an. Der kleinere Durchmesser in Längsachse
der Epiphyse verändert sich zunächst wenig, er wird erst beim Übergang zum
hypertrophen Knorpel vergrößert.

Tabelle 8. Zahl und Größe der Chondrozyten in der Epiphyse von Rinderfeten

| | 35 mm SSL | | 120 mmSSL | | | 310 mm SSL | | 180 mmSSL quer |
|---|---|---|---|---|---|---|---|---|
| | Flächendichte | Größe μm | Flächendichte | Größe μm | Prozentualer Anteil an der Schnittfläche | Flächendichte | Größe μm | Flächendichte quer |
| Epiphysenknorpel | 8150 | 11×8,5 | 4633 r: 73,4% b: 26,6% | 12×7,2 | 31,4% | 3650 r: 79,1% b: 20,9% | 10,3×8,3 | 5120 |
| Transformationszone | | | 3616 r: 49,7% b: 50,3% | 13,9×3,6 | 16% | 3055 | 15,2×10,8 | 3040 |
| Säulenknorpel | 3833 | 17,5×6,1 | 2913 p: 3383 m: 3140 d: 2216 | 27,8×5,3 | 33,7% | 2558 | 38,7×9,3 | 1265 |
| Hypertrophe Zellen | 2750 | 16,6×12,7 | 1313 p: 1650 d: 975 | 31,4×20,4 | 66% | 1214 | 34×17,8 | 1090 |
| | | | | | | | | Markräume 480 |

r: PAS-positiv; b: Alcianblau-positiv; p: proximale Teile; m: mittlere Teile; d: distale Teile.

Im Gelenkknorpel der Articulationes metacarpo-phalangeae bzw. metatarso-phalangeae von *Rindern* erfolgt eine *Verminderung* der Zahl der Zellen von 133 auf $34 \cdot 10^3/\text{mm}^3$ (ROSENTHAL et al., 1941). Die Zellzahl bei alten Rindern (8–11 Jahre) beträgt damit nur noch 25,6% jener bei Kälbern. Die Größe der *Zellkerne* bleibt unverändert. Bei *wachsenden* Kaninchen ist der prozentuale Gehalt des Knorpels „an zellulärer Substanz" im Knorpel der Gelenkköpfe gewöhnlich größer als in dem der Gelenkpfannen (HOLMDAHL und INGELMARK, 1948). Die Knorpel der größeren Gelenke haben gewöhnlich einen niedrigeren Zellgehalt als jene der kleineren Gelenke. In der Anzahl der Zellen pro Chondron haben sich bei zueinander gehörigen Gelenkköpfen und -pfannen keine Unterschiede ergeben. Es ist die Tendenz vorhanden, daß die großen Gelenke Chondrone mit mehr Zellen haben als die kleineren Gelenke. Im Hinblick auf die *Zellgröße* konnten keine Differenzen festgestellt werden. Die *Zelldichte* im Gelenkknorpel des Kaninchens sinkt zwischen dem 9. Monat und $6^1/_2$ Jahren von 16 auf 7 Zellen je 100 μm² Schnittfläche (BARNETT et al., 1963). Knorpel kleinerer Spezies enthalten mehr Zellen als die größerer. Die *Zellzahl* im Knorpel kleiner Gelenke von größeren Tieren entspricht jener in den großen Gelenken von kleinen Tieren. Die *Kerngröße* nimmt bei Kaninchen vom 2. Monat bis zum 2. Jahr von 5,0 über 4,5 auf 3,5 μm ab (MANKIN und BARON, 1965). Die Zellzahl sinkt je mm³ von 2,55 auf 1,92 bzw. je mg Frischgewicht von 2,12 auf 1,53. Der *DNS-Gehalt* je Zelle wurde zu 6,9; 6,3 bzw. 6,75 μg bestimmt, Werte, die jenen von McINDOE und DAVIDSON (1952) entsprechen und etwas höher sind als jene von VENDRELEY und VENDRELEY (1949). Eine Abnahme des *Zellgehalts* von peripher nach zentral wurde sowohl für den Gelenkknorpel (STOCKWELL, 1967a) als auch für andere hyaline Knorpel (GALJAARD, 1962) nachgewiesen. Der *Gelenkknorpel* der menschlichen Patella und des Humerus enthält in einer oberflächlichen Schicht von 0,25 mm Dicke 27–26 Zellen je $^1/_{16}$ mm², damit 2–3mal mehr als in der Tiefe (10–12 Zellen; MEACHIM und COLLINS, 1962). Die Zahl der Zellen im Gelenkknorpel des *Kaninchens* nimmt mit dem Alter ab; im 2. Monat sind es $2,55 \times 10^5/\text{mm}^3$, im 6. Monat $2,26 \times 10^5/\text{mm}^3$ und im 18. Monat $1,92 \times 10^5$ Zellen/mm³ (MANKIN, 1968; vgl. VIGNON et al., 1976). DNS und RNS nehmen mit dem Alter der *Kaninchen* ab; die DNS-Konzentration ist proportional der Zahl der Zellen; die DNS-Synthese nimmt mit dem Alter ab (TELHAG und HAVDRUP, 1975).

Die *Zelldichte* nimmt nach STOCKWELL (1971b) mit der Entfernung von der Gelenkoberfläche ab, sie schwankt zwischen 330000/mm³ bei der *Maus* und 14000/mm³ beim *Menschen* und verhält sich umgekehrt proportional zum Körpergewicht und zur Knorpeldicke. Die *Dicke* des *Knorpels* variiert von 0,05 mm bei der *Maus* bis zu 2,3 mm beim *Menschen*, und zwar proportional zum Körpergewicht. Nur die Dicke des menschlichen Gelenkknorpels weicht von dieser allometrischen Relation ab (wahrscheinlich wegen der Bipedie). Die Beziehung zwischen Zelldichte und Knorpeldicke ist sehr gleichartig, und zwar sowohl für dasselbe Gelenk bei verschiedenen Spezies wie für verschiedene Gelenke bei der gleichen Spezies (s. oben). In der Tiefe des Gelenkknorpels ist die Zellzahl gleich, wenn auch mit einer relativ großen Variation, nämlich $25500 \pm 8800$.

Durch die Veränderung der Massenrelation Zelle:Interzellularsubstanz im Lauf der Alterung bzw. von Region zu Region in der Epiphyse ergibt sich ein Unsicherheitsfaktor bei der Auswertung einer Reihe analytischer Untersuchungen. Die *DNS-Abnahme* und *Protein-Zunahme* in menschlichen Knorpeln (PLATT und DORN, 1968; PLATT, 1970) könnte allein oder weitgehend auf der Zellverarmung beruhen. Sie ist bei Abnahme der Enzymaktivität zu berücksichtigen, ebenso bei der Verminderung des Glykogens (ELLIS et al., 1953). Ebenfalls nicht ohne weiteres erkennbar ist der Anteil der Zellen bzw. der Interzellularsubstanz in den Zonen des Epiphysenknorpels im Hinblick auf den prozentualen *Wassergehalt* (WUTHIER, 1969/70) und die *Aminosäuren*zusammensetzung der Protein-Komponente des Proteoglykans (LINDENBAUM und KUETTNER, 1967). Die Vermehrung der niedermolekularen Proteoglykane in der hypertrophen Region (HJERTQUIST, 1964a, b) mag teilweise mit der Vergrößerung des Zellvolumens zusammenhängen.

Eine Verminderung der Zellzahl je Flächeneinheit ist im allgemeinen auf eine Produktion von *Interzellularsubstanzen* zurückzuführen. Die *tägliche* Zuwachsrate an Interzellularsubstanz je Chondrozyt haben TOWNSEND und GIBSON (1970) für den Meckelschen Knorpel und das Angulare des *Hühnchens* zwischen dem 8. und 15. Tag errechnet (Abb. 97). In den zentralen Teilen dieser Elemente erhalten die Autoren die bekannte S-förmige Wachstumskurve; sie ist im peripheren Teil etwas modifiziert. Der tägliche Zuwachs entspricht einer Glockenkurve, deren Gipfel etwa am 14. Tag liegt. Im Angulare ist der Zuwachs in der Peripherie größer als im Meckelschen Knorpel.

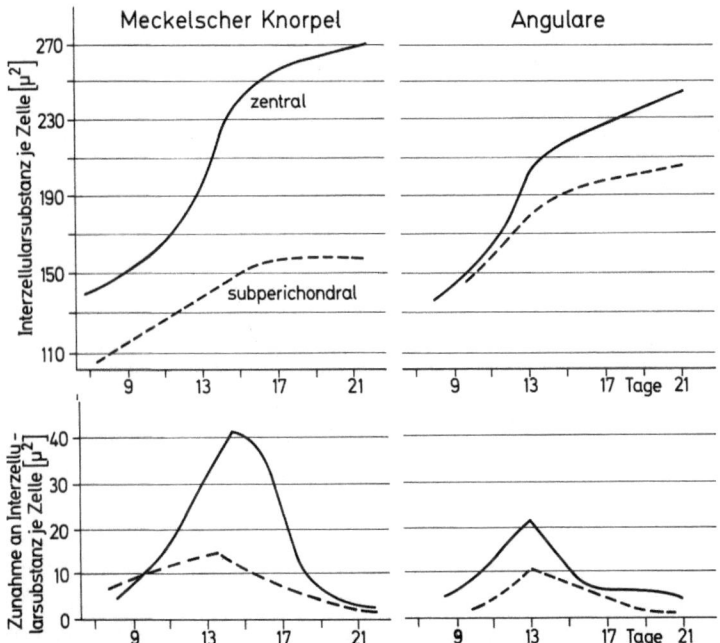

**Abb. 97.** Tägliche Wachstumsrate im Meckelschen Knorpel des Hühnchens zwischen dem 8. und 15. Tag Bebrütung, bezogen auf die Zelle sowie Menge der je Zelle produzierten Interzellularsubstanz (veränderte Umzeichnung nach TOWNSEND und GIBSON, 1970)

Die Angaben über die *Zelldichte* beziehen sich auf ein nach Spezies und Knorpelart recht differentes Material. Die Zelldichte dürfte im übrigen mit einer Reihe verschiedenartiger Faktoren korreliert sein. Einmal wurde angenommen, daß die Produktion von Interzellularsubstanzen beendet wird, wenn ihre Menge den jeweils zu erreichenden *mechanischen* Erfordernissen entspricht. STOCK-WELL (1971) meint, es sei eine doppelte Relation zwischen Zelle und Menge der Interzellularsubstanz und der Tragfähigkeit oder Belastbarkeit eines Gelenks vorhanden. Die Chondrozyten könnten als Rezeptoren für die inneren Spannungen dienen, die eine Produktion von Interzellularsubstanzen auslösen (vgl. BASSETT und HERRMANN, 1961). Als spezifische Rezeptororganellen sollen die mitunter zu beobachtenden Zilien von Chondrozyten fungieren (STOCKWELL, 1971; s.S. 338). Eine solche mechanisch-funktionelle Beziehung dürfte für den Epiphysenknorpel nur beschränkt bestehen, da die Zellzahl in seinen Regionen stark wechselt. Annähernd gleichartige Bedingungen für alle Knorpel mögen im Hinblick auf den *Stofftransport* und damit die sog. *kritische Schichtdicke* vorliegen. Für die Diffusion von Glucose wird eine kritische Dicke von 3 mm angenommen (BYWATERS, 1937; MAROUDAS et al., 1968). Dieser Wert wird bei den *menschlichen* Gelenkknorpeln nicht überschritten; beim Gelenkknorpel des *Kaninchens* ist er mit 1 mm geringer (BYWATERS, 1937). Die *Glykolyserate* je Chondrozyt ist recht gleichartig und unabhängig von Spezies und Gelenk (BYWA-TERS, 1937; ROSENTHAL et al., 1941). Die relative Verminderung der Zellzahl führt MANKIN (1964) auf die ungewöhnliche *Länge* des *mitotischen Zyklus* der Chondrozyten zurück. Sie wurde für den Gelenkknorpel des Kaninchens auf 6 Jahre berechnet.

### 4.1.6. Die Mitosen im Epiphysenknorpel

Über Vorkommen, Verteilung und Häufigkeit von Mitosen im Epiphysenknorpel liegen ältere lichtmikroskopische Beobachtungen und Studien mit Hilfe von *Thymidin*-Markierungen vor. Vor allem mit Hilfe von Markierungsversuchen wurde nicht nur die Verteilung, sondern auch die *Häufigkeit* der Mitosen untersucht; dabei sind auch Befunde am Gelenkknorpel zu berücksichtigen.

Mitosen im *Säulenknorpel* haben LESER (1888), RETTERER (1900), RENAUT und DUBREUIL (1908), HAM (1932), DUBREUIL (1934), SILBERBERG und SILBERBERG (1941 c) und LACROIX (1945 b) beobachtet. Zellteilungen im *hyalinen* Epiphysenknorpel und in der Transformationszone wurden gelegentlich erwähnt (u.a. DODDS, 1930); auch wir fanden einige Mitosen. BRACHET (1893), DANTSCHAKOFF (1909) und MAXIMOW (1910/11) berichten über Mitosen im *hypertrophen* Knorpel.

Die Mitosenachse steht nach DODDS (1930) und RING (1955a) im allgemeinen senkrecht zur Knochenlängsachse. Die Teilungsebene soll nach HAM (1932) zum größeren Teil diagonal zum Längsdurchmesser des Knochens verlaufen, nach SILBERBERG und SILBERBERG (1941 c) parallel zur Längsachse des Säulenknorpels. Die Zellteilungen breiten sich zu Beginn des Säulenknorpels in einer Ebene genau parallel zur Eröffnungszone aus (DUBREUIL, 1934; LACROIX, 1945 b). Die Mitosen treten erst im Zentrum der Epiphyse auf, wo sie dann verschwinden und nun in einem Ringe liegen, der sich dem Perichondrium annähert. Von den 1662 in der proximalen Tibia-Diaphyse von Kaninchen gezählten Mitosen liegen in der genannten Querebene am 5. Lebenstag 85,6%, am 8. 80,8 und am 12. 87,7% (LACROIX, 1945 b). In der proximalen Epiphyse der Tibia 4–6 Wochen alter Mäuse treten die Mitosen im proximalen und mittleren Drittel des Säulenknorpels auf (SILBERBERG und SILBERBERG, 1941 c).

Elektronenmikroskopische Bilder von einer Säulenknorpelzelle in Mitose (Abb. 98) zeigen, daß das granuläre Retikulum überwiegend in der Peripherie der Zellen unverändert erhalten bleibt. Einzelne Membranen umschließen Mitochondrien, andere nähern sich den Chromosomen. Inmitten des chromosomalen Apparats liegen, dicht gedrängt, freie Ribosomen und Kohlenhydrat-Granula. Die Perizellulärsubstanz unterscheidet sich nach Menge und Zahl der Granula kaum von der anderer Zellen.

Die methodischen Voraussetzungen, Technik und Auswertung der Tritiumthymidinmarkierung von Knorpelzellen hat KEMBER (1971, vgl. auch MANKIN, 1964) zusammengefaßt. Im allgemeinen wurden *Mäuse* und *Ratten* untersucht, ferner *Hühnchen* (BÉLANGER und MIGICOVSKY, 1963), *Meerschweinchen* (ÖBERG et al., 1967), *Kaninchen* (OWEN, 1963) und *Hund* (DE PALMA et al., 1966). Eine Stunde nach der Applikation ist der sog. *Markierungsindex* festzustellen, da die Zellen noch in ihrer gewöhnlichen Erscheinungsform auftreten. Die Dauer der *DNS-Synthese* ist 6–7mal länger als die der Mitose. Der Markierungsindex hängt jedoch von der Dauer der S-Phase ab. Bei hypophysektomierten Ratten ist er auf 10–12 Std verlängert. Demnach beträgt der Index 20% jener normaler Ratten, die Proliferationsrate aber nur 12%. *Tageszeitliche* Schwankungen im Mitoseindex (BULLOUGH, 1948; HALBERG, 1953; MESSIER und LEBLOND, 1960) wurden von SIMMONS (1964) für die Epiphyse bestätigt. Anläßlich der Erörterung der Mitosen im Periost wurde vermutet (KNESE, 1966 a; KNESE und GEIDEL, 1972), daß ein individueller *Mitoserhythmus* zu berücksichtigen sei. Die synthetische Aktivität der Zellen zeigt ebenfalls eine Tagesschwankung (SIMMONS, 1974). Auf der anderen Seite muß bei derartigen Untersuchungen über eine gewisse Zeit angenommen werden, daß die markierten Zellen aus der Schicht, in der die Markierung bzw. Mitosen auftraten, herausgewandert sind. So wird man, außer der Markierung mit Thymidin, stets die *Stratigraphie* der Mitosen unmittelbar bestimmen müssen.

Nach GREULICH et al. (1961) wird bei erwachsenen *Mäusen* der Generationszyklus durch Thymidin beeinflußt, vielleicht durch eine Verkürzung der DNS-Synthese-Periode. Bei einer langen intermitotischen Phase kann eine Strahlenschädigung der Zellen auftreten (LAJTHA et al., 1954; vgl. RIGAL, 1962). Der Markierungsindex des Periosts und der Epiphyse hängt bei Mäusen von der Dosis des $^3$H-Thymidin ab (MANSPEIZER und TONNA, 1967); erforderlich sind 1,0 μCi/g Körpergewicht; geringere Dosen ergeben zu niedrige Werte. Mit Tritium-Thymidin markierte Femora einen Tag alter *Ratten*, die als Iso- bzw. Homotransplantate subkutan verpflanzt worden waren, zeigen Zellteilungen, aber nur eine beschränkte Entwicklung (RAY und SABET, 1963).

Die Synthese von DNS und RNS wurde durch Markierung mit Tritium-Thymidin bzw. $^3$H-Cytidin an entwöhnten Ratten verfolgt (MANKIN et al., 1968).

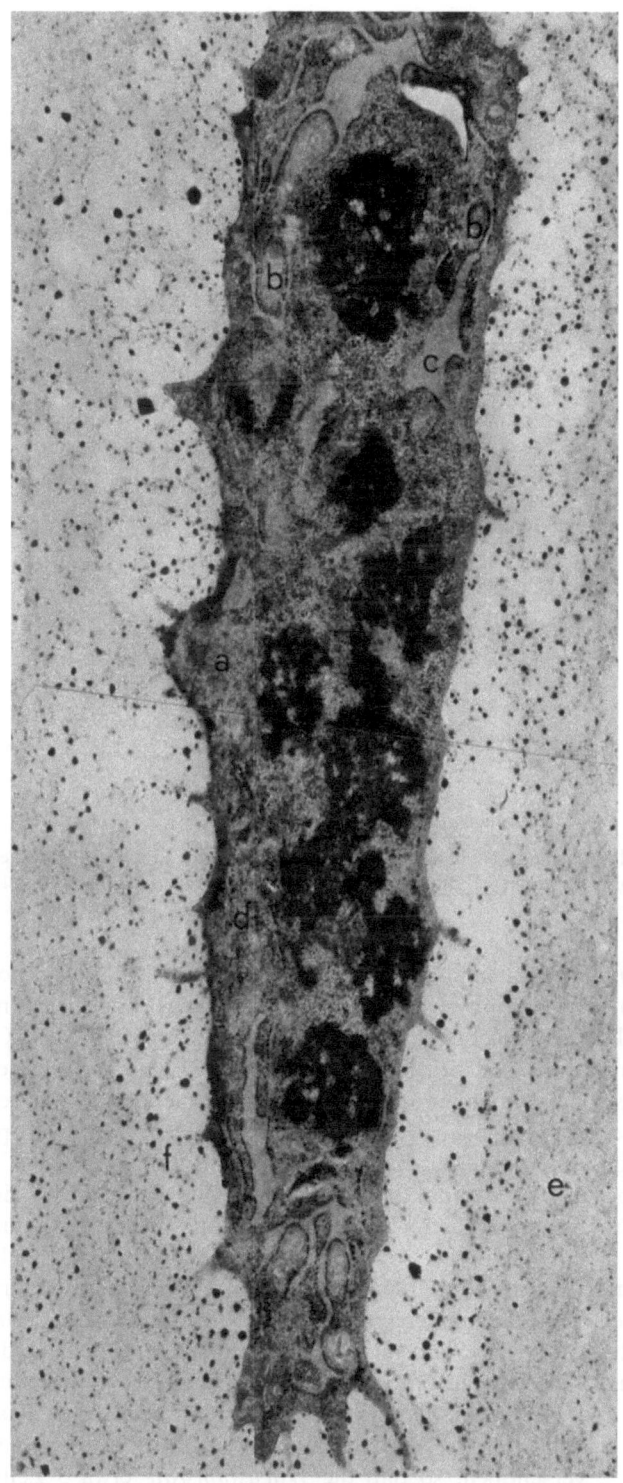

**Abb. 98.** Rinderfet, 110 mm SSL prox. Epiphyse des Metacarpus, Säulenknorpelzelle in Mitose.
*a)* Zentriol, *b)* Mitochondrien, *c)* lakunäre Zisternenerweiterungen, *d)* Glykogeneinlagerungen,
*e)* Wand der sog. Kapseln mit Fibrillen, *f)* Perifibrillärsubstanz; Vergr. 14000 ×

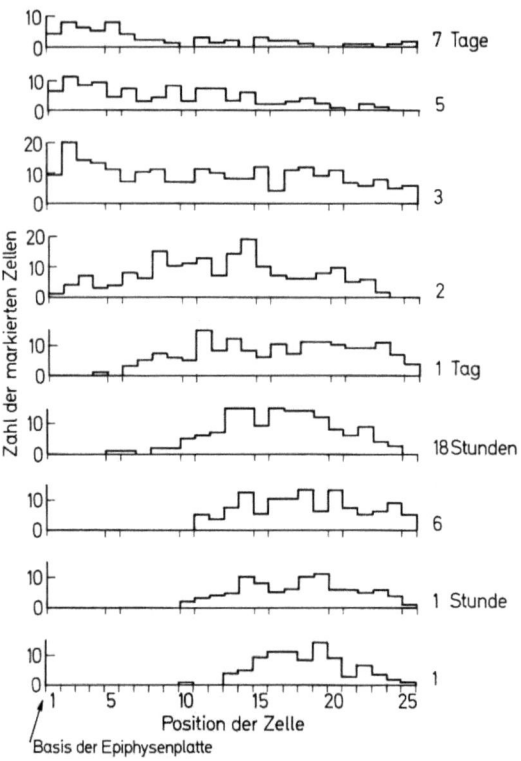

**Abb. 99.** Verteilung der mit Thymidin markierten Zellen in der Epiphysenplatte der Ratte (prox. Tibiaepiphyse) zwischen 1 Std und 7 Tg. (vgl. Text, Umzeichnung nach KEMBER, 1960)

Tritium-*Thymidin* war allein über der mittleren Zone des Säulenknorpels, dann erst wieder in der Metaphyse abgelagert. Eine Markierung dicht unterhalb der Gelenkoberfläche beobachteten MESSIER und LEBLOND (1960; vgl. OTTE, 1965), der Transformationszone SHIMOMURA et al. (1973). Kurz nach der Injektion erscheint das Thymidin über der Proliferationszone der Epiphysenplatte der Tibia und des Femurs, nach 3 Tagen in der Zone der Hypertrophie. In der Mineralisationszone verlieren die Zellen die Markierung. Nach 9 Tagen sind nur noch Spuren der Radioaktivität erhalten. Zur Bestimmung des Orts der Zellteilung in der proximalen Tibiaepiphyse von *Ratten* bezeichnet KEMBER (1960, 1971) die unterste hypertrophe Knorpelzelle als 1 (Abb. 99). Die Stellung einer markierten Zelle innerhalb dieser Säule wird von ihm auf einen Mittelwert von 25 Zellen je Säule umgerechnet, so daß z.B. eine als 12/20 bestimmte Zelle im Histogramm als 15/25 eingetragen wird. Eine Stunde nach der Injektion sind kaum markierte Zellen unter Position 12 zu finden. Die Teilungen liegen zwischen 15 und 25, d.h. im *epiphysennahen Teil der Säule* (vgl. ROHR, 1963b). Nach einem Tag hat sich die Markierung bis zur Position 6 und nach 2 Tagen zur Position 2 verschoben, so daß die *Wachstumsrate* etwa 5 Zellen pro Tag beträgt. Da eine hypertrophe Knorpelzelle etwa 25 µm mißt, beträgt die Wachstumsrate $5 \times 25 = 125$ µm pro Tag. Bei 5–8jährigen Kindern beträgt die Größe der hypertrophen Zellen $33 \pm 5$ µm (KEMBER und SISSONS, 1976). Im Einstunden-histogramm sind die Zellen in der Position 23–25 nicht so häufig markiert wie in 12–22. So könnte die *Generationszeit* in diesen drei letzten Zellpositionen länger sein als in den restlichen. Zur Klärung der Frage wurden wiederholte Injektionen in 6 Std Abstand durchgeführt (KEMBER, 1960). Nach einem Tag sind 60% der Kerne in der Position 16–20 markiert. Dieser Wert fällt auf ein Drittel für die Zellen in Position 25 ab, deren Generationszyklus ist demnach dreimal länger als bei den Positionen bis zu 20. Am 3. Tage sind 90% der Kerne in Position 13–20 markiert, dagegen nur 50% der in Position 25 befind-lichen Kerne. Der mittlere Generationszyklus in der Region mit lebhafter mitoti-scher Aktivität liegt zwischen einem und drei Tagen. Die Zellen teilen sich innerhalb eines Tages nur einmal. Zwischen dem ersten und dritten Tage müssen sich einige Zellen in der Position 12–25 ein zweites Mal teilen, so daß vor Beendigung des 3. Tages alle Zellen eine zweite Teilung durchgemacht haben. Der Mittelwert für den Generationszyklus liegt demnach etwa bei 2 Tagen. Zwischen verschiedenen Tieren ergeben sich Unterschiede von $\pm 30\%$ (KEMBER, 1972; vgl. WALKER und KEMBER, 1972a, b). Die *Ruheperiode* $G_2$ beträgt zwischen 1 und 2 Std, die *Dauer der Mitose* M 41 min und die Zeit der *DNS-Duplikation* S 8,5 Std. Bei rachitischen Ratten sind in den Säulen durchschnittlich 45 Zellen vorhanden (ROHR, 1963b). 40 min nach Thymidin-Injektion sind die Zellen in Position 32–45 markiert; das Maximum liegt bei Position 36–41. Bei einem Vergleich mehrerer Epiphysen bei 3 Ratten wurde die Injektion morgens durch-geführt, so daß der Markierungsindex etwa 10% unter dem Mittelwert der Tagesschwankungen liegt (KEMBER, 1972; vgl. SIMMONS, 1964). Die drei Para-meter, Länge der Proliferationszone, Markierungsindex und Höhe der hypertro-phen Zellen, variieren von Epiphyse zu Epiphyse. Der *Markierungsindex* nimmt mit der Länge des Säulenknorpels zu. Die kalkulierte Wachstumsrate entspricht etwa der unmittelbar gemessenen. Die Differenzierung läuft also in jeder Epi-physe in charakteristischer Weise ab. Für die distale Femurepiphyse von 5–8jäh-rigen Kindern errechnen KEMBER und SISSONS (1976) eine Wachstumsrate von 1,4 cm/Jahr bzw. 38 µm/Tag und die Neubildung von 1,2 Zellen je Tag, so daß sich jede Zelle alle 20 Tage einmal teilen müßte.

Das *Abwandern* der Knorpelzellen in die Metaphyse bestimmt ROHR (1963b) durch Ermittlung der Halbwertszeit, d.h. der Zeitspanne, in der die Hälfte der Zellen in die Metaphyse übergetreten ist. Nach 24 Std sind 7,5% der markier-ten Zellen abgewandert, nach 48 Std 50%, nach 72 Std 68%, bei der rachitischen Ratte dagegen erst 31,5%. Demnach betrüge die *Halbwertszeit* bei der normalen Ratte 48 Std, bei der rachitischen etwa 4 Tage. Die Spitze der markierten Zellen rückt täglich um 5–7 Zellen vor, was gleichzeitig den täglichen Zellzuwachs bedeutet; bei der rachitischen Ratte sind es nur 4 Zellen. Die *Lebensdauer* der intermitotischen Knorpelzellen errechnet sich somit für die normale Ratte zu 1,7–2,4, für die rachitische Ratte zu 3,5 Tagen, wobei die Generationszeit für beide zwischen 3 und 8 Tagen liegt. Das würde den Werten für die intermitoti-sche Knorpelzelle entsprechen, die COWDRY (1942, 1952) angegeben hat. Die Lebensdauer der ausreifenden postmitotischen Knorpelzellen berechnet ROHR (1963b) mit 2–2,8 Tagen, bei der rachitischen Ratte mit 8 Tagen. Unter der Voraussetzung, daß zur DNS-Synthese 7–8 Std benötigt werden, hatte KOBURG

(1962) die Lebenspanne einer Knorpelzelle mit 9 Std errechnet. Die Übereinstimmung der Lebensdauer der inter- und postmitotischen Zellen mit etwa 2,8 Tagen soll nach ROHR (1963 b) zu einer konstanten Dicke (er schreibt: Länge) der Epiphysenfuge während des Wachstums führen. Dies gilt, wie deskriptive Untersuchungen der Epiphysenentwicklung zeigen, offensichtlich nur für einen kurzen Entwicklungsabschnitt. Die Verlängerung der Lebensdauer der postmitotischen Zellen bei Rachitis auf 8 Tage führt zu einer Verzögerung der Ausreifung und einer Verbreiterung der Epiphysenfuge.

Bei 5 Wochen alten *Mäusen* hat TONNA (1961) die Verteilung mit Thymidin markierter Zellen im Zeitraum von einer Stunde bis zu 25 Tagen verfolgt. Markierte Zellen wandern vom Perichondrium zur Gelenkfläche des distalen Femurendes und in die Epiphysenscheibe, und zwar vermehrt an der hinteren Fläche des Femurs. Markierte Knorpelzellen liegen in der Nähe des Perichondriums, das seinerseits stärker als das Periost markiert ist. Die Markierung der Zellen des Gelenkknorpels konnte bis zum 10. Tag verfolgt werden. Danach wird die Thymidin-Verdünnung infolge der Zellteilungen so stark, daß sie kaum noch festzustellen ist. Im Epiphysenknorpel sind eine Woche nach der Geburt 5,4% der proliferierenden und hypertrophen Zellen markiert. Die Anzahl der Zellen ist nach 5 Wochen auf 4,8%, nach 8 Wochen auf 1,8, 26 Wochen 0,2% und nach 52 Wochen˙ auf 0 abgesunken. Im Periost nimmt die Markierung von 8,5 auf 2,7% der Zellen bereits zwischen der ersten und 5. Woche ab.

Die Aufnahme von Tritium-Thymidin durch Knorpelzellen hat RIGAL (1962) an *Ratten* von 35–60 g und *Kaninchen* von 330–800 g unter folgenden 4 Bedingungen verfolgt: 1. an der oberen Tibiaepiphyse in vitro; 2. in vivo; 3. nach Verabreichung von Colchicin oder Colchimid, um die Metaphase zu fixieren und 4. in vivo in der Duthie-Kammer (Kaninchen). Die Markierung des Säulenknorpels verhält sich bei beiden Spezies unterschiedlich. Beim *Kaninchen* sind die proximalen Zellen häufig markiert; bei der Ratte aber nicht. Im mittleren Teil des Säulenknorpels liegen dagegen ähnliche Verhältnisse vor. Nach einer Stunde können sowohl in vitro als auch in vivo sämtliche Zellen einer Säule markiert sein, während benachbarte Säulen keinerlei Granula aufweisen. Alle Zellelemente einer Säule sollen von einer *Stammzelle* abstammen und synchron die verschiedenen Phasen des Mitosezyklus durchlaufen. Eine Behandlung mit Colchicin zeigt jedoch, daß die Synchronie nicht vollständig ist. Die *hypertrophen* Zellen haben in vivo nach einer Stunde noch keine Markierung; sie erreicht nach 24 Std die letzte hypertrophe Zelle, aber nicht die Mineralisationszone. In der Synchondrosis spheno-occipitalis der *Maus* werden die zentralen hyalinen Zellen zuerst mit ³H-Thymidin markiert. Sie wandern nach beiden Seiten zu den hypertrophen Zellen (SERVOSS, 1973). Da das Wachstum der Synchondrose auch in der Kultur zu beobachten ist, muß eine inhärente Potenz angenommen werden.

Den *tageszeitlichen Rhythmus der Mitosen* hat SIMMONS (1964) experimentell an 150–170 g schwere *Ratten* und *Mäusen* geprüft. Sie wurden während 2 Wochen wechselweise einer Lichtperiode von 12 Std (9.00–21.00) und Dunkelheit (21.00–9.00) ausgesetzt. Die höchste ($\approx 6\%$) mitotische Aktivität lag bei 18.00 Uhr. Untersuchungen an mit Colchicin behandelten *Mäusen* zeigten eine mitotische Aktivität zwischen 2.00–10.00, weniger zwischen 15.00–23.00 Uhr. Chondrozyten reagieren vermutlich auf Mitosegifte tageszeitlich verschieden.

Mit Hilfe der Thymidin-Markierung lassen sich die *Häufigkeitsverteilung* der Mitosen bestimmen. BIZZOZERO (1894) hat die Gewebe nach der Teilungsfähigkeit ihrer Zellen in 3 Klassen unterteilt: 1. Gewebe mit *labilen* Zellen, die sich während der ganzen Lebenszeit teilen; 2. Gewebe mit Zellen, die sich nach Entwicklung spezifischer Eigenschaften nicht mehr teilen (u.a. Bindegewebe, Knorpel, Knochen) und 3. Gewebe mit *stabilen* Zellen, deren Teilungsfähigkeit bereits in der Embryonalzeit verloren geht (vgl. COWDRY, 1942; FINERTY und COWDRY, 1953; LEBLOND und WALKER, 1956; PATTE und QUASTLER, 1963). In etwas anderer Form unterscheiden MESSIER und LEBLOND (1960) *statische* (u.a. Retina), sich *erneuernde* (Epidermis, Ösophagusepithel usw.) und sich *ausdehnende* (u.a. Hautbindegewebe, Pankreas- und Leberzellen usw.) Zellpopulationen. Der größere Teil der *Chondrozyten, Odontoblasten* und *Osteoblasten* ist den sich ausdehnenden Zellpopulationen zuzurechnen, einige den sich erneuernden Populationen mit einer beschränkten Proliferationsrate.

Die unterschiedliche mitotische Aktivität der Zellkompartimente demonstrieren Langzeitbeobachtungen. Bei *Ratten,* die 24 Std nach der Geburt Tritium-Thymidin erhielten, war nach 9 Monaten nur noch in der Fibroelastica des Periosts, in Knorpelzellen am freien Rand der Gelenkflächen und an metaphysären Osteozyten sowie im Faserknorpel des Ligamentum patellae eine Markierung vorhanden (TONNA et al., 1962). Diese Zellen müßten zur Zeit der Markierung entstanden sein und haben sich nicht mehr geteilt; sie sind als quasi „unsterbliche Zellen" anzusehen. Sie werden entweder überhaupt nicht oder erst nach längerer Zeit ersetzt. Skelettzellen mit bleibender Markierung (TONNA, 1961a; TONNA und CRONKITE, 1961a, b, 1962, 1964; TONNA et al., 1962a) sollen einer Kategorie von Zellen mit *träger Proliferation* angehören. Andere Skelettzellen der *Maus* zeigen dagegen eine *lebhafte Proliferation,* die allerdings in den ersten 8 Lebensmonaten stark absinkt (TONNA, 1961). Bei 8 Tage alten *Mäusen* ist daher zwischen einem lebhaften und trägen Kompartiment der Skelettzellen zu unterscheiden. Eine Stunde nach Verabreichung von Thymidin sind im metaphysären Endost 27,60%, im Säulenknorpel der Epiphyse 16,50, in der osteogenen Lage des Periosts 11,72, im Gelenkknorpel 8,35 und in der Fibroelastica 5,89% der Zellen markiert (TONNA und CRONKITE, 1964). Nach einem Tag steigt die Markierung auf ihren maximalen Wert an und erreicht im metaphysären Endost 58,00%. Auffällig stark ist die Markierung an der hinteren Fläche sowie am oberen und unteren Rand der Patella; ebenso sind die langen Säulen der *Faserknorpelzellen* des Ligamentum patellae markiert. Am 6. Tag nimmt die Markierung ab, in der Epiphysenplatte hat sie sich zur hypertrophen Zone verschoben. Nach 14 Tagen fällt die Markierung weiter ab, besonders im metaphysären Endost (6. Tag: 48,80%; 14. Tag: 0,33%; 1 Monat: 0%). Die hypertrophen Zellen zeigen keine Markierung mehr. Nach 1–9 Monaten sind nur noch einzelne Zellen des trägen Kompartiments markiert, vor allem jene des Gelenkknorpels (8,85–7,73%), weniger die der Fibroelastica des Periosts (2,50–4,50%). Im übrigen sind *Osteozyten* des epiphysären (metaphysären) Bereichs markiert (DIXON, 1970). Die Zykluszeit ist in der Transformationszone (renewal compartment) 2–3mal größer als im Säulenknorpel (multiplication compartment).

Wir gehen noch auf einige Untersuchungen am *Gelenkknorpel* ein, die über die Teilungsfähigkeit von Knorpelzellen weitere Auskunft geben. Vom Knorpel des Condylus mandibularis werden sowohl Gelenk- als auch Wachstumsknorpel gebildet. Nach BLACKWOOD (1966) tritt das Thymidin bei jungen *Ratten* in einer Proliferationsregion auf, es wandert dann, wie bei der Tibia, in die hypertrophe Zone ein. Im Gelenkknorpel sind nur wenige Zellen markiert. Eine ähnliche Verteilung fanden ÖBERG et al. (1967) beim Meerschweinchen. Die Bestimmung des Zellzyklus von FOLKE und STALLARD (1967) mit 100 Std ist nach KEMBER (1971) vermutlich etwas zu hoch angesetzt, doch gibt MANKIN (1964) für den Gelenkknorpel noch höhere Werte an. Die faserige Gelenkschicht ist offensichtlich von der Proliferationszone unabhängig. Mit einem Markierungsindex von 20% fanden FROMMER et al. (1968) eine recht hohe Aktivität bei 17 Tage alten *Mäuse*feten; der Index fällt auf 1,5% bei 3 Wochen alten Mäusen ab, der Markierungsindex in der chondrogenen Lage betrug einen Tag nach der Geburt 25%, nach 3 Wochen 6%. Da die Untersuchungen von TONNA (1960b) sowie WALKER und LEBLOND (1958) gezeigt haben, daß bei intraperitonealer oder intravenöser Injektion nur wenig Tritium-Thymidin im Gelenkknorpel abgelagert wird, hat MANKIN (1962a, b, 1964) Kaninchen das Thymidin intraartikulär injiziert, weil der Gelenkknorpel durch Diffusion über die Synovialmembran ernährt wird. Die Ablagerung tritt in 2 Zonen auf. Unter der Gelenkoberfläche liegt eine Zone interstitiellen Wachstums (vgl. ELLIOTT, 1936; HARRIS und RUSSELL, 1933; OTTE, 1965), eine zweite Zone entspricht dem *Epiphysenkern*. Bei dieser Applikationsart wurden keine Markierungen in der Epiphysenscheibe und in der Metaphyse bzw. im Markraum beobachtet. Diese Gebiete schnellen Wachstums werden über den Gefäßweg ernährt.

Bei älteren, aber noch unreifen *Kaninchen* (1700 g) findet man in der oberflächlichen Lage des Gelenkknorpels keine Proliferation mehr (MANKIN, 1964). Sie ist auf die basale Lage beschränkt. Mitosen treten auch *perivaskulär* auf. Diese Zellen sind morphologisch als *Osteoblasten* anzusehen und begleiten osteoide Säume. Damit würde die Hypothese unterstützt, Osteoblasten gingen durch „Metaplasie" aus Gefäßkomponenten hervor. Bei 5 kg schweren Kaninchen konnten, trotz genauester Untersuchung, keine Thymidinablagerungen mehr gefunden werden. Allerdings mögen Mitosen so selten sein, daß sie sich der Beobachtung entziehen. Es könnten *Amitosen* vorliegen, deren Ablauf und Bedeutung MANKIN (1963b) ausführlich erörtert, vor allem weil dieser Teilungsmodus den derzeitigen genetischen Theorien der DNS-Vermehrung widerspricht. Amitosen würden nämlich eine Abnahme des chromosomalen Materials im Kern bedeuten. Dies könnte nicht zutreffen, wenn zuvor eine Verdoppelung des Chromosomensatzes im Sinn der Polyploidie erfolgt (vgl. LINZBACH, 1955). Nach MANKIN (1964) muß bezweifelt werden, daß die Amitose eine Form der Proliferation (vgl. auch MASSHOFF, 1955) des Gelenkknorpels erwachsener Kaninchen ist. Das Auftreten von Amitosen wurde jedoch von NOWIKOFF (1909), FLEROFF (1929/30), ELLIOTT (1936), CLARK und CLARK (1942), GEY et al. (1954) und IMERLISHVILI (1957) angenommen.

Bei neugeborenen *Kaninchen* zeigt der gesamte Gelenkknorpel am distalen Femurende eine mitotische Aktivität (MANKIN, 1964). Während des Heranwachsens sind die erwähnten 2 Zonen festzustellen. Die Mitosen liegen bei älteren Kaninchen in der Nähe des mineralisierten Knorpels. Ihre prozentuale Häufigkeit beträgt bei 100 g schweren Tieren 0,160, bei 600–800 g schweren 0,01, bei 2,0–2,5 kg wiegenden Kaninchen 0,03%. Für die mittlere Altersklasse und die einzelnen Regionen gelten folgende Werte: Oberfläche 0,070, um den Epiphysenkern 0,085, Epiphyse 0,670%. Die *Mitosedauer* beträgt für die mittlere Altersklasse im Gelenkknorpel 24 Std, für die Epiphyse 19 Std. Die direkte Zählung ergibt also, daß sich die Zellen des *Epiphysenknorpels* des heranwachsenden Kaninchen *20mal häufiger* teilen als die des Gelenkknorpels; demnach müßte der Epiphysenknorpel 20mal stärker wachsen als der Gelenkknorpel. Im Gelenkknorpel sinkt der Mitoseindex mit zunehmendem Alter gegen 0 ab. Der Thymidin-Markierungsindex ist 10mal größer als der Mitoseindex; beide sind jedoch nicht identisch. Der Mitoseindex ist direkt proportional der Mitosedauer und hängt von der Gesamtzeit des Teilungszyklus ab. Beim Markierungsindex sind zwei zusätzliche Faktoren zu berücksichtigen, die Zeit der DNS-Synthese, gefolgt von der postsynthetischen Phase und das Fortbestehen der Markierung nach der Mitose, wodurch eine geometrische Zunahme der Zahl markierter Zellen erfolgt. Die *Mitosedauer* ist nach MANKIN (1964) mit etwa 20 min bis zu 3 Std im Epiphysenknorpel 6mal, im Gelenkknorpel 8mal *länger* als in anderen Zellen. Die stathmokinetischen Erhebungen mit Hilfe von Colchicin ergeben, daß die Dauer des Mitosezyklus für den *Gelenkknorpel 6 Jahre* beträgt. Jede Zelle teilt sich alle 6 Jahre, d.h. zur Erneuerung der gesamten Zellpopulation werden 6 Jahre benötigt. Diese Zeit, die angesichts der Lebensdauer des Kaninchens bedeutungslos erscheinen mag, besagt, daß die Zellen des Gelenkknorpels ihre mitotische Aktivität im 2.–4. Lebensmonat einstellen; damit ist der mitotisch aktive *Chondroblast* in den inaktiven *Chondrozyten* übergegangen. Derartige Überlegungen mögen nach MANKIN (1964) spekulativ erscheinen, tragen aber zum Verständnis folgender Befunde bei:

1. Mitotische Teilungen wurden im adulten Knorpel nicht beobachtet (HARRIS und RUSSELL, 1933; ELLIOTT, 1936; CLARK und CLARK, 1942; CRELIN 1957a, b; MANKIN, 1963b).

2. Adulte Knorpelzellen nehmen kein Thymidin auf (MANKIN, 1963b).

3. Der Gelenkknorpel verdünnt sich mit zunehmendem Lebensalter, und die Zahl der Zellen nimmt im Verhältnis zur Interzellularsubstanz ab (s.S. 256).

4. Die Reibung im Gelenkknorpel dürfte so gering sein, daß eine Abnutzung nicht erfolgt.

Die Zellen am proximalen Ende der Säule teilen sich selten oder haben eine kürzere S-Phase (KEMBER, 1971), und zwar sowohl die Zellen der Säulenspitze wie der (Transformations-?) Zone. Sie sind noch nach 7 Tagen markiert, während in anderen Regionen keine Ablagerung mehr vorhanden ist. Im Hinblick auf diese Feststellungen betrachtet KEMBER (1971) diese Zone als ein Kompartiment von *langsam* sich teilenden Zellen (s.a. MESSIER und LEBLOND, 1960: *Mäuse;* BÉLANGER und MIGICOVSKY, 1963: *Hühnchen;* RIGAL, 1962: *Kaninchen*). Allerdings bestehen Differenzen im Detail, z.B. findet sich beim jungen Kaninchen eine größere, aktivere Stammzone. Bei Dauerinfusionen von Mäusen fanden TONNA und CRONKITE (1968), daß ein Teil der Zellen dieser Zone nicht zum Proliferationspool gehört.

In einem *Computermodell* der Epiphysenplatte hat KEMBER (1969, 1971) die Zellverteilung, ausgehend von einer einzelnen Zelle an der Spitze der Säule, dargestellt (Abb. 100). In einem Abstand von etwa 11 Tagen gehen fast alle

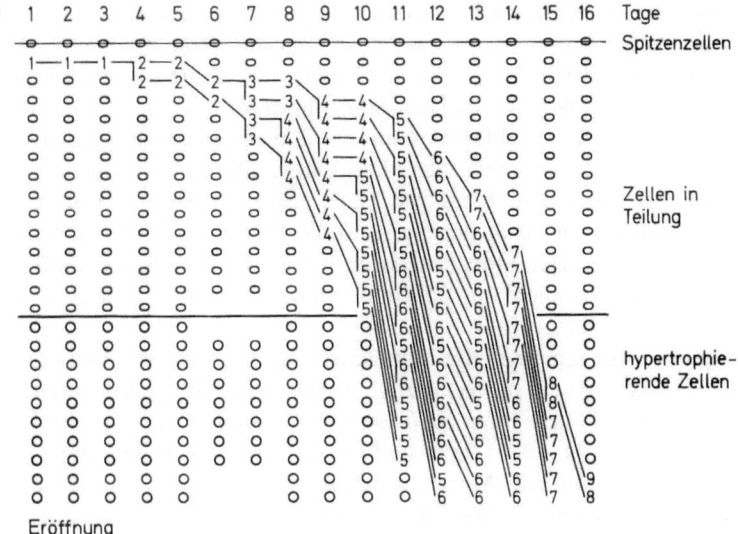

**Abb. 100.** Computermodell der Abstammung von Zellen innerhalb der Epiphysenplatte, ausgehend von einer einzigen Spitzenzelle in der Zeit von 16 Tagen, (vgl. Text, Umzeichnung nach KEMBER, 1971)

Zellen der Epiphysenscheibe aus dieser einzigen Zelle hervor. Demnach liefert jede Spitzenzelle etwa 29 Zellen oder trägt, gemäß der Größe der hypertrophen Zellen ($29 \times 30$ µm), zum *Längenwachstum* des Knochens 0,9 µm bei. Für das gesamte Wachstum der *Rattentibia* sind etwa 40–50 Teilungen der Spitzenzellen erforderlich. Nach 5–8 Teilungen erreichen die Zellen die hypertrophe Region. Das Knochenwachstum kann also nicht durch die Begrenzung der Zellteilung kontrolliert werden; es müssen noch andere Auslöser für die Einstellung der Zellteilung und den Beginn der Zellreifung vorhanden sein. Das Computermodell wurde entwickelt, um den Effekt von Zelltötungen durch verschieden hohe Strahlendosen zu erfassen (KEMBER, 1967). Um die experimentell gewonnenen Kurven zu reproduzieren, war es notwendig, abortive Zellteilungen, beschleunigte Zellproliferationen, abnorme Schwellungen und die Selektion sich schnell teilender Säulen anzunehmen. Experimentelle Daten für alle diese Faktoren mit großer Variationsbreite liegen nocht nicht vor. Damit ist nach KEMBER (1971) das Computermodell nicht mehr als eine kostspielige Beschreibung in Fortran statt in Englisch. Wir möchten demgegenüber sagen, daß die Simulation eines Vorganges auf dem Computer demonstriert, daß wir immer noch versuchen, *Viel-Parameter-Systeme* allzu einfach zu betrachten.


### 4.1.7. Die Epiphyse als mehrgliedriges System

Aus den Untersuchungen über die Verteilung und Häufigkeit von Mitosen in der Epiphyse ergibt sich ein recht unterschiedliches Verhalten der Chondrozyten, doch können ihre Resultate allein den Mechanismus der *Zellmetamorphose* nicht erklären, wie DODDS (1930) erhofft hatte. Auf dem Weg vom Chondroblasten zum hypertrophen Chondrozyten verändert sich die Teilungsbereitschaft der Epiphysenzellen. Im hyalinen Epiphysenknorpel findet man eine „träge" Proliferation; die Zellen könnten als *vegetative intermitotische* Elemente (COWDRY, 1952) angesehen werden. In der Transformationszone ist die Proliferationsrate vermutlich wenig größer. Die meisten Säulenknorpelzellen gehören einem Kompartiment mit lebhafter Proliferation an; sie sind mit gewissen Einschränkungen als *intermitotische Zellen* anzusehen. Die Umwandlung zur Säulenknorpelzelle hängt aber nicht mit dem Einsetzen einer erhöhten Proliferation zusammen, liegt diese doch erst jenseits der Spitzenzelle (Position 25) in den Positionen 13–20 (s.S. 260). Die Metamorphose ist mit einer *Verarmung an Kohlenhydraten* verbunden, wahrscheinlich im Zusammenhang mit einer lebhaften *Extrusion von Interzellularsubstanzen.*

   Die Beobachtungen über die Verteilung der mitotischen Aktivität führten dazu, die Epiphyse als ein *mehrgliedriges System* von Kompartimenten aufzufassen. Die Epiphyse wurde den *Zellerneuerungssystemen* (cell renewal systems; LEBLOND und WALKER, 1956; PATT und QUASTLER, 1963) zugeordnet: Die Proliferation ist größer, als zur Aufrechterhaltung des Wachstums erforderlich ist. In solchen Systemen sind *mehrere Kompartimente* oder Klassen von Zellen nach Form, Funktion oder Lage zu unterscheiden. In der Regel sind die proliferierenden und die funktionierenden Zellen voneinander getrennt. Dem Proliferationskompartiment folgt durch Reifung das Funktionskompartiment. Als Beispiel sei das Dünndarmepithel mit Proliferation und Reifung in den Krypten und Funktion an den Zotten genannt. Wenn die reifenden Zellen von den beiden anderen Formen zu unterscheiden sind, entsteht ein System von drei Kompartimenten. Für relativ kurze Zeit, die tageszeitliche Schwankungen ausschließt, bleibt die Zahl der Zellen in einem Kompartiment gleich. Als Systeme, in denen ein Kompartiment in seinem Status verharrt, führen PATT und QUASTLER (1963) die *Epiphysenplatte* und das Meristem der Pflanzen auf: Proliferations- und Übergangskompartiment der heranreifenden Zellen bleiben gleich groß. Als Kompartiment der Zellreifung oder der Funktion sind in den Epiphysen die hypertrophen Zellen anzusehen.

Diese Betrachtung beschränkt sich auf den Säulen- und den hypertrophen Knorpel. Die *Epiphyse* mit ihren wohldefinierten Regionen ist aber ein *vielgliedriges System,* bei dem nur Säulenknorpel und hypertrophe Zellen dem Schema der Vermehrungszone und der Funktionszone entsprechen. Ihnen sind weitere Systeme vorgeschaltet, wie Perichondrium, Appositionszone, hyaliner Epiphysenknorpel und Transformationszone; es handelt sich um Kompartimente mit träger Proliferation. Es fragt sich, ob die hypertrophen Chondrozyten als fixierte postmitotische Zellen (COWDRY, 1952; s.S. 13) das endgültige Funktionskompartiment darstellen. Zur Beantwortung dieser Frage ergibt sich folgende Alternative:

1. Die hypertrophen Zellen sind sterbende Zellen;

2. Die hypertrophen Zellen sind ein Reifungs-, d.h. Durchgangsstadium zu anderen funktionierenden Zelltypen, nämlich den metaphysären Osteoblasten. Im Zusammenhang mit der Abwanderung von Zellen in die Metaphyse und der endgültigen Umwandlung in Osteoblasten, für die auch Markierungen mit Thymidin sprechen (u.a. KEMBER, 1960; ROHR, 1963b; HOLTROP, 1966), müßten die *hypertrophen* Chondrozyten als *reversible postmitotische* Zellen klassifiziert werden. Bei einer solchen Betrachtung der Epiphyse als Teil des sich entwickelnden Skelettstücks kann die hypertrophe Zone nicht als das Funktionskompartiment im engeren Sinn angesehen werden.

Die Proliferations-Kompartimente einer Reihe von Erneuerungssystemen sind topographisch abgegrenzte Gebiete (z.B. Darmkrypten oder Blutbildungsstätten), aus denen Zellen an die funktionierenden Regionen (Darmzotten, strömendes Blut) abgegeben werden. Aufgrund der Untersuchungen mit Hilfe von Tritium-Thymidin wurde ebenfalls ein *Übertritt* oder eine *Abwanderung* vom Säulenknorpel in die hypertrophe Region angenommen, doch ist zu bezweifeln, ob beide Kompartimente als topographisch definierte Orte den genannten anderen Systemen vergleichbar sind. Zu dieser Frage wird in der Literatur nicht eindeutig Stellung genommen. Indessen scheint die Auffassung vorzuherrschen, es handele sich um eine Wanderung von Zellen von Kompartiment zu Kompartiment (vgl. Abb. 100). Auf der anderen Seite berücksichtigt KEMBER (1960) bei der Untersuchung der Verteilung markierter Zellen in der Metaphyse ein *Zurückweichen der Eröffnungszone,* d.h. die Verschiebung einer Kompartimentgrenze (Abb. 158). Eine solche „Regression" bedeutet aber, daß z.B. in der Position 1 der letzten hypertrophen Zelle (vgl. KEMBER, 1960; ROHR, 1963b) in *aufeinander folgenden Stadien jeweils eine andere Zelle* liegt. Wenn sich in Position 1 jeweils ein anderes Zellindividuum befindet, so ergibt sich zwangsläu-

fig der Schluß, daß auch alle anderen davor liegenden Positionen des hypertrophen und Säulenknorpels von sich ablösenden Zellindividuen eingenommen werden. Die Zellen, die die Wachstumszone bilden, sind während der gesamten
Wachstumsperiode nicht dieselben Individuen (HAINES, 1942). Die *Wachstumszone wandert* langsam durch den Knorpel hindurch. Im Hinblick auf das Zellindividuum ist die Zuordnung zu einer Position bzw. Region eine *relative* Angabe.
Die Chondrozyten „wandern" z.B. nicht von der Teilungszone in das Reifungs-
kompartiment, sondern die *Grenzen der Regionen verschieben* sich. Außer der
*relativen* Position einer Zelle in einer Region muß ihre *absolute* Position berücksichtigt werden, die durch die *Knorpelhöhle* repräsentiert wird. Die Vorstellung
der Wanderung von Zellen durch die Epiphyse hindurch würde bedeuten, daß
eine Zelle von einer Höhle zur anderen wandert; das wurde aber nie beobachtet.
Der Chondrozyt schlüpft erst in der Eröffnungszone aus seiner Höhle. So müssen
also der Chondrozyt und seine Höhle gleichzeitig ihre Form ändern (vgl. DODDS
und CAMERON, 1934), um im Sinne einer *Metamorphose* die Gestalt einer Zelle
der nächsten Region anzunehmen. Die Zellmetamorphose führt zu einer schrittweisen Verschiebung, einem Gleiten der Regionengrenzen.

Die *gleitenden Kompartimente* können an dem Computermodell von KEMBER
(1971) mit fest gefügten Regionengrenzen durch Umschreiben dargestellt werden
(Abb. 101). Wir haben das Computermodell von KEMBER (1969, 1971; Abb. 100)
so umgezeichnet, daß die absolute Position der „Stammzelle" erhalten bleibt.
Gegenüber den Ausgangsstadien wird die Position „0" in den folgenden nicht
mehr von der Stammzelle selbst, sondern von einer ihrer Tochterzellen eingenommen. Zur Vereinfachung des Modells haben wir die distale Tochterzelle in Position 0 festgehalten. Ob dies vollauf berechtigt ist, kann bei Diskussion des
Prinzips außer acht gelassen werden. Die Tochter-Tochter-Zellen *verschieben
sich immer weiter gelenkwärts.* Damit entsteht ein Eindruck davon, wie die
epiphysären Vorgänge zum *Längenwachstum* beitragen und sich die Epiphysen
voneinander entfernen. Gleichzeitig nähert sich die Eröffnungszone durch
schrittweises Abwandern von Zellen in die Metaphyse der Position 0, erreicht
sie und geht schließlich über sie gelenkwärts hinaus. Die Kompartimentgrenzen
gleiten damit über die Zellpopulation der Epiphyse hinweg. Es liegen *gleitende
Kompartimente* vor, die durch Chondrozyten mit bestimmten morphologisch-
funktionellen Charakteristika gebildet werden. Die durch Markierung mit Tritium-Thymidin ermittelten Zeitrelationen geben also keine Wanderungsgeschwindigkeit der Zellen, sondern die *Umwandlungs-* bzw. *Metamorphosege-
schwindigkeit* der einzelnen Zelle an.

Bei Betrachtung eines relativ kurzen Entwicklungsabschnittes entsteht der
Eindruck einer über die Zeit konstanten regionalen Gliederung der Epiphyse
(vgl. ROHR, 1963b). Das vorgelegte Modell impliziert demgegenüber, daß die
Regionen der Epiphyse *fortlaufend neu aufgebaut* werden, eine Voraussetzung,
die voll durch die sich in größeren Entwicklungsabschnitten veränderte Mikroar-
chitektur der Epiphysen bestätigt wird. Besonders eindrucksvoll ist die Umgestaltung im Bereich der hypertrophen Zellen. Die zunächst mehr rundlichen und
wenig streng geordneten Höhlen werden polygonal, es entstehen kurze „Säulen"
oder Balken, die schließlich durch längere Säulen abgelöst werden (Abb. 91,
92), ein Vorgang, den BERTHOLD (1954) für *menschliche* Epiphysen geschildert

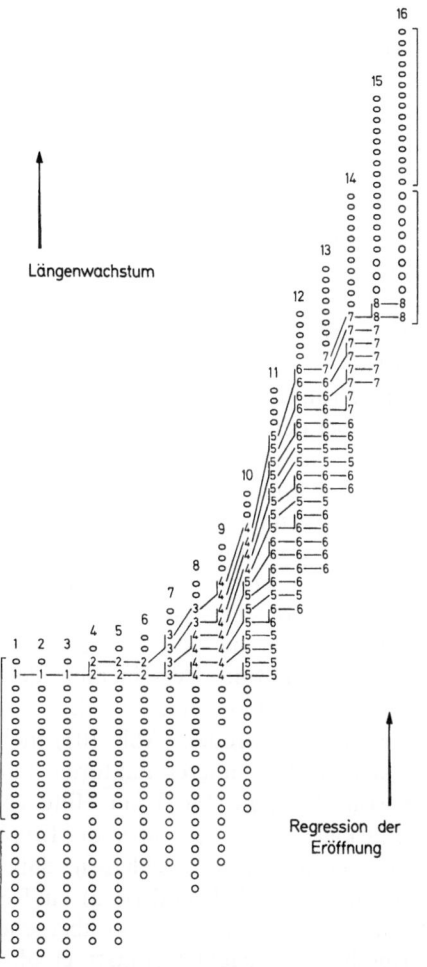

**Abb. 101.** Umzeichnung des Computermodells von Kember (1971; Abb. 100) unter Berücksichtigung des Schlüpfens, Austretens von Zellen in der Eröffnungszone und damit einer Regression der Eröffnungszone. Damit ergibt sich der Beitrag der Epiphyse zum Längenwachstum des Skelettstücks

hat. Eine Konstanz des morphologischen Aspektes der regionalen Gliederung der Epiphyse liegt also nur in einem beschränkten Zeitraum vor, solange nämlich Mitosengeschwindigkeit und Umwandlungsgeschwindigkeit gleich sind (Rohr, 1963 b). Eine *Veränderung* der *Relation von Mitosen- und Umwandlungsgeschwindigkeit* zueinander ist aber offensichtlich der Weg zur Umgestaltung der regionalen Gliederung der Epiphyse, wie deskriptive Untersuchungen aufzeigen (Abb. 91, 92, 86). Eine Erhöhung der Mitosengeschwindigkeit führt zu einer Vergrößerung bzw. Verdickung der Epiphyse, eine Verringerung oder gar Einstellung der mitotischen Aktivität im Verlauf der Alterung zu einer Verschmälerung der Epiphysenscheibe. Sie ist durch eine Reduktion der Länge der Säulen gekennzeichnet. Das differente Längenwachstum der einzelnen Knochen der Ratte im Zusammenhang mit der Dicke der Epiphysenscheibe ist vermutlich mit der jeweiligen Länge der G-1-Phase der Mitose in Zusammenhang zu bringen (Moss-Salentijn, 1974). Mit der Skelettreifung nimmt die Dicke der Platten ab. Die proximale Epiphysenscheibe des Humerus der männlichen *Maus* behält während des stärksten Längenwachstums zwischen der 3. und 6. Woche ihre Dicke (Silbermann und Kadar, 1977a) bei. Die folgende Verschmälerung der Epiphysenscheibe, die bis zum Alter von 15 Monaten erhalten bleibt (Silbermann und Kadar, 1977b) beruht überwiegend auf einer Reduktion der Zahl der Säulenknorpelzellen, aber nicht der hypertrophen Zellen. Nachdem alle vorhandenen Zellen ihre Umwandlung vollzogen haben, ist das Zellreservoir der Epiphyse erschöpft (Knese, 1963c, 1967b). Derzeit fehlen uns Angaben über die Geschwindigkeit der Zellmetamorphose für Epiphysen mit größerem Zellbestand *(Mensch, Rind)*.

Bei den bisherigen Erörterungen waren wir überwiegend von der Proliferation ausgegangen. Wir können aber den Chondrozyten in seiner Höhle mit der umgebenden Interzellularsubstanz als eine Einheit ansehen, die topographisch etwa dem älteren Begriff des *Chondrons* entspricht. Diese Einheit (vgl. S. 442) ist relativ genau zu definieren. Wenn man die Strukturänderung der Zellen als Äquivalent ihrer Aktivität zum turnover der Interzellularsubstanzen in Beziehung setzt, erkennt man, daß eine *Veränderung innerhalb der Interzellularsubstanzen mit der Zellmetamorphose* korreliert ist (vgl. Engfeldt und Westerborn, 1960). Diese Vorgänge beeinflussen auch die Massenrelation Zelle-Interzellularsubstanzen, außerdem das Ausmaß der Verschiebung der Regionengrenzen. In welcher Größenordnung der Einfluß liegt, ist schwer zu kalkulieren; dieser Faktor konnte infolgedessen beim Modell (Abb. 101) nicht berücksichtigt werden. Einen Anhalt für den Einfluß anderer Faktoren, außer der Proliferation, geben Untersuchungen von Hansson (1967) mit Hilfe von Oxytetracyclin, die die Verschiebung von Markierungsbändern über die Epiphyse hin beschreiben. Man kann aus Hansson's (1967) Werten schließen, daß sich beim Wachstum der Epiphysenplatte Proliferation (Zellwanderung) zu Reifung (Hypertrophie) wie 1:5 verhalten. Zunächst wurde nur eine vorübergehende Ablagerung von *Tetracyclinen* in der Epiphyse beobachtet (Frost et al., 1960, 1961; Hulth und Olerud, 1962; Urist und Ibsen, 1963). Bei 6 Wochen alten *Kaninchen* erfolgt eine Markierung mit Oxytetracyclin in den ersten 10 min zunächst in der Peripherie der Epiphysenplatte und dann in deren Zentrum (Hansson, 1964). Sie wird zwischen der 6.–12. Std schwächer; geringe Mengen bleiben über mehrere Tage erhalten. Nach 6 Tagen hat die Markierung die Markhöhle erreicht. Der zentrale Anteil wird nun resorbiert, der periphere in die Diaphyse eingebaut. Die Ablagerung in der Metaphyse entfernt sich mit der Zeit von der Epiphyse, da sich die Epiphysenplatte gelenkwärts verschiebt. Injektionen an verschiedenen Tagen führen zur Bildung mehrerer bandförmiger Ablagerungen. Hieraus ließ sich bestimmen, daß die *Wachstumsrate* verschiedener Epiphysenplatten zwischen 100 und 600 μm je Tag beträgt. Die Wachstumsrate der „Epiphyse", aus dem Abstand zum Gelenkknorpel erschlossen, variiert zwischen 20 und 120 μm je Tag.

Aus verschiedenartigen Untersuchungen wurden die *Zeitverhältnisse* für die Zellwanderung, d.h. die *Verschiebung der Kompartimente* kalkuliert. Aus dem Längenwachstum und der Größe der hypertrophen Zellen hat Sissons (1955) einen Verschiebungsbetrag von $7^1/_2$ Zellen pro Tag errechnet. Über eine Verschiebung des $^{14}$C-Bicarbonats nach 4 Std bzw. 24 Std in das subepiphysäre Gebiet berichten GREULICH und LEBLOND (1953). Die Umwandlungszeit für den Übergang von der Säulen- zur hypertrophen bzw. mineralisierten Zone beträgt nach FOLLIS (1960) und CAMPO und DZIEWIATKOWSKI (1963) 48 Std. Für die Wanderung von Epiphysenknorpel zur Eröffnungszone werden etwa 60 Std benötigt (ENGFELDT und WESTERBORN, 1960). Die Interzellularsubstanz ist am 7. Tag noch mit $^{35}$S markiert, die Chondrozyten aber nicht mehr. Demnach müßte das Chondroitinsulfat vor 5–7 Tagen gebildet worden sein. Die Eröffnungszone verschiebt sich gegenüber der Skelettmitte in 28 Tagen um 2700 µm also etwa 100 µm/Tag (KEMBER, 1960). Die Wachstumsrate beträgt 5 Zellen. Bei einem Durchmesser der hypertrophen Zelle von 25 µm ist das Längenwachstum mit 125 µm je Tag anzusetzen. Im Rahmen seiner Studien über den *Glykogengehalt* errechnet EEG-LARSEN (1956) den Beitrag der Epiphyse zum Längenwachstum auf 0,47 mm je Tag oder 0,02 mm je Stunde. Bei einem Durchmesser der hypertrophen Zellen von etwa 30 µm würden $1^1/_2$ Zellen je Stunde auswandern. Wenn in einer Säule 20 bis 30 Zellen liegen, ergeben sich für die einzelnen Regionen folgende Zeitrelationen: Für die Durchwanderung des *Säulenknorpels* würden 30–45 Std benötigt. In der *hypertrophen* Zone mit 25–10 Zellen verbliebe die einzelne Zelle $7^1/_2$ bis 15 Std (Mittel 11 Std). Der Aufenthalt in der *Mineralisationszone* mit 2–3 Zellen beträgt 3–$4^1/_2$ Std. Weiter würden nach EEG-LARSEN (1956) in 20–30 Std 30–40 mg *Glykogen* gebildet. Das Glykogen wird am Anfang der Mineralisationszone in 4–12 Std (Mittel 8 Std) abgebaut.

Diese Zeitangaben, alle für die *Ratte,* weichen stark voneinander ab, ob allein methodisch bedingt, können wir nicht sagen. Nach KEMBER (1960, 1971) wandern in 13 Tagen 51 Zellen in die Metaphyse ab, der Verschiebungsbetrag bzw. die Regression der Eröffnungszone beträgt 1275 µm. Aus den Werten von SISSONS (1955) läßt sich eine *Abwanderung* von 98 Zellen und eine Verschiebung von 2480 µm errechnen, aus jenen von EEG-LARSEN (1956), etwa in Übereinstimmung mit den Befunden von HANSSON (1964), 470 Zellen mit einer Regression von 11750 µm. Die Menge der von der Epiphyse in die Metaphyse entlassenen Zellen hängt von der Flächengröße der Eröffnungsfront und der Proliferationsrate ab. Zur Bestimmung der Größenordnung kann man von 1000 hypertrophen Zellen je mm$^2$ Querschnitt (Tabelle 8) und täglich 5 aus einer Säule abwandernder Zellen ausgehen. Setzt man die Flächengröße sämtlicher Epiphysen beider Extremitäten eines Neonatus auf etwa 50 cm$^2$ an, beträgt die *Abwanderung 2,5·10⁹ Zellen je Tag.* Diese Zellproduktion läßt sich mit jener im Rahmen der Hämatopoese vergleichen (vgl. ROHR, 1960; BIERMAN, 1961), die bei der Erythropoese in der Größenordnung von 23·10$^{10}$, der Granulopoese von 3·10$^{11}$ und der Lymphopoese (vgl. EVERETT und TYLER, 1967) von 9,5·10$^7$–1,7·10$^9$ je Tag liegt. Allerdings ist die Lebensdauer der produzierten Skelettzellen bedeutend länger, z.T. sind sie als quasi „unsterbliche Zellen" (TONNA et al., 1962a; MANKIN, 1964) anzusehen. Diese aus den verschiedensten Angaben errechnete Abwanderung stellt natürlich nur eine grobe Kalkulation dar, da sie sich nach Alter und Species (Wachstumsschübe; vgl. HELWIN und PEIL, 1977) ändert (vgl. KEMBER und SISSONS, 1976).

## 4.2. Der hyaline Epiphysenknorpel im Vergleich mit anderen hyalinen Knorpeln

Der hyaline Epiphysenknorpel ist jener Abschnitt der Epiphyse, der gegen das Perichondrium durch den Appositionsknorpel, gegen das Gelenk durch den Gelenkknorpel und gegen den restlichen Teil der Epiphyse durch die Transformationszone begrenzt ist (KNESE, 1964a, 1966a). Der *transitorische* Epiphysenknorpel wird mit morphologisch ähnlich erscheinenden *permanenten* Geweben, wie dem Rippenknorpel, den Knorpeln des Atmungstraktes einschließlich eines Teils der Nasenknorpel, dem *typischen Hyalinknorpel* oder *Euhyalinknorpel* zugerechnet (SCHAFFER, 1930). Alle diese Knorpel erscheinen lichtmikroskopisch als sehr ähnliche Gewebeformen. Wenn über Fett- und Glykogenbestand, Golgi-Apparat, Mitochondrien usw. der hyalinen Knorpelzellen berichtet wird, sind die Angaben nur z.T. miteinander vergleichbar, weil unterschiedliches Material untersucht wurde (SCHAFFER, 1930; OINUMA, 1939). Eine derartige zusammenfassende Betrachtung der verschiedenen hyalinen Knorpel ist heute nicht mehr zulässig (vgl. MEYER, 1959; KNESE, 1978). Allerdings konnte noch nicht geklärt werden, welche Differenzen zwischen beiden Knorpelarten bestehen und warum im transitorischen Epiphysenknorpel eine Osteogenese vorbereitet wird. Ähnliche Veränderungen treten, z.T. in modifizierter und abortiver Form, in den permanenten Knorpeln mit erheblicher zeitlicher Versetzung auf (vgl. KNESE und BIERMAN, 1958). Sie werden deswegen als pathologische Erscheinungen oder solche der Alterung betrachtet.

Die Chondrozyten im permanenten und transitorischen Knorpel lassen sich aufgrund ihrer Ultrastruktur in Typen einteilen. Dabei ist noch nicht endgültig geklärt, ob die Variation der Ultrastruktur gewebe- oder funktionsspezifisch bzw. zugleich beides ist. Es gelingt uns nicht oder nur beschränkt, die Entwicklung dieser Zellformen im Epiphysenknorpel zu verfolgen, dagegen in anderen Knorpelformen (vgl. KNESE, 1971a). Unter Berücksichtigung der Mitose- und Umwandlungsgeschwindigkeit kann man annehmen, daß sie in der Epiphyse innerhalb weniger Stunden abläuft. In anderen Knorpeln erstreckt sich derselbe Vorgang über einen so langen Zeitraum, daß die Stadien einer morphologischen Reihe nebeneinander zu beobachten sind. Damit werden entsprechende Befunde zu einem Modell, das zur Betrachtung der Vorgänge in der Epiphyse herangezogen werden kann.

Die zytologische Untersuchung der Knorpelzellen ist sehr schwierig, da ihre adäquate *Fixierung* kaum möglich ist. Infolgedessen beschränkt sich die ältere Literatur auf die Beschreibung von Einschlüssen in Knorpelzellen (vgl. HEIDENHAIN, 1911). Als typischen hyalinen Knorpel beschreibt SCHAFFER (1930) jenen im Oberschenkelkopf des *Frosches*. Die Knorpelzellen sollen, im Gegensatz zu den fast homogen erscheinenden *chondroiden* Zellen, eine ausgesprochen verwickelte Zytoplasmastruktur besitzen. Darauf beruht ihre Empfindlichkeit gegenüber äußeren Einflüssen und die Erscheinung der *Retraktion,* die für die echte hyaline Knorpelzelle charakteristisch sei. Außer dem typischen Euhyalinknorpel hat SCHAFFER (1930) noch das „grundsubstanzreiche Knorpelgewebe mit „verästelten oder spindligen Zellen" beschrieben. Solche Zellen treten bei *Selachiern, Ganoiden* und *Cephalopoden* (SCHAFFER, 1930), im Wirbelkörper, aber nicht im Wirbelbogen eines 12 mm langen menschlichen Keimlings (SENSENIG, 1948) auf, jedoch im Wirbelkörper älterer *menschlicher* Feten (KNESE, 1970e) und im Nasenseptum von *Rinder*feten in der Peripherie ballenförmiger Chondrone. In den Epiphysen eines *menschlichen* Feten von 105 mm SSL schließen sich die spindeligen Zellen unmittelbar an den Gelenkknorpel mit rundlichen Chondrozyten an. Das Zytoplasma zeigt eine relativ stark positive Ninhydrin-Schiff-Reaktion, eine Gallocyanin-Reaktion sowie eine starke Anfärbbarkeit mit Kresylechtviolett. Bei Kohlenhydrat-Reaktionen (BTS, PAS-Alcianblau) verhalten sich die Zellen sehr wechselnd. Da die spindelförmigen Zellen unmittelbar in rundliche Chondrozyten übergehen, ist es zweifelhaft, ob hier wirklich eine eigene Gewebeform vorliegt. Elektronenmikroskopisch erweisen sich die geschwänzten Chondrozyten im Nasenseptum von Rinderfeten als sehr vielgestaltig. In einem dicken, kopfartigen Teil der Zelle liegt eine dichte Ansammlung von Kohlenhydratgranula, die vom Plasmalemm durch eine schmale Schicht von Zytofilamenten getrennt ist. Der schwanzartige Abschnitt enthält wenige Elemente des Retikulums mit erweiterten Zisternen und dichte lysosomale Körper.

## 4.2.1. Die Retraktion der Chondrozyten

An den Zellen des hyalinen Epiphysenknorpels zeigt sich häufig die Erscheinung der sog. glatten Retraktion mitunter mit einer Verdichtung der Zellperipherie („Exoplasmasaum"; SCHAFFER, 1930). Bei dem Versuch, die elektronenmikroskopischen Äquivalente für das lichtmikroskopische Bild zu finden, wurde mit der Erscheinung der Retraktion die Frage nach der *Kapsel* verbunden. Einige Autoren haben angenommen, der bei der Retraktion entstandene Hof sei ein Äquivalent für die Kapsel (SCOTT und PEASE, 1956). Die Breite des Hofs schwankt bei *Meerschweinchen, Mäusen* und *Ratten* zwischen 0,1 und 1 µm. Er ist von geringer elektronenmikroskopischer Dichte und enthält wenig oder keine fibrillären Strukturen, jedoch Zytoplasmafortsätze der Chondrozyten von 0,36 µm Länge und 0,06 µm Durchmesser (ZELANDER, 1959). Hier treten die feinsten Fibrillen von $85 \pm 5$ Å Durchmesser auf. Die folgende, 2–4 µm dicke Region, mit Fibrillen ohne Querstreifung (SCOTT und PEASE, 1956), sei das Territorium.

Von einer starken *Schrumpfung* der Knorpelzellen durch Formalinfixierung, die zu ihrer Verklumpung und einem Abreißen von den umgebenden Fasern führt, berichtet ZBINDEN (1953a, b). Jeder Kontakt mit Wasser zieht nach DURNING (1958) eine Schrumpfung der Knorpelzellen, Zurückziehen der Fortsätze, Verlust der Feinstruktur und Herauslösung von Material nach sich. Die Schrumpfung der Knorpelzelle ist auf ihren relativ hohen Wassergehalt zurückzuführen. Im Durchschnitt kann der Gehalt einer Körperzelle an *Wasser* auf 66% veranschlagt werden (vgl. HUNGERLAND, 1954). In Chondrozyten steigt der prozentuale Anteil an Wasser auf 74–85%, je nach Lebensalter, an (IOB und SWANSON, 1937; EICHELBERGER, 1960). Sie ist damit schrumpfungsanfälliger als andere Zellen. Von einem Graben um die Knorpelzellen sprechen CAMERON und ROBINSON (1958). Er sei besonders stark in der Proliferations-, hypertrophen und degenerativen Zone ausgebildet und enthält wenig amorphes Material und einige Fibrillen. Synthetisierende Knorpelzellen würden die Höhle vollständig ausfüllen. Bei Einstellung der Produktion ziehen sich die Zellen von der Grundsubstanz zurück oder schrumpfen. Der Graben fehlt im Ohrknorpel des Kaninchens und bei den peripheren Zellen des Gelenkknorpels (SHELDON und ROBINSON, 1958). Nach Osmiumfixierung sind Zytoplasmafortsätze der Zellen durch *Haftpunkte* mit der Interzellularsubstanz verbunden (KNESE und KNOOP, 1961a). Dazwischen zieht sich die Zellmembran durch

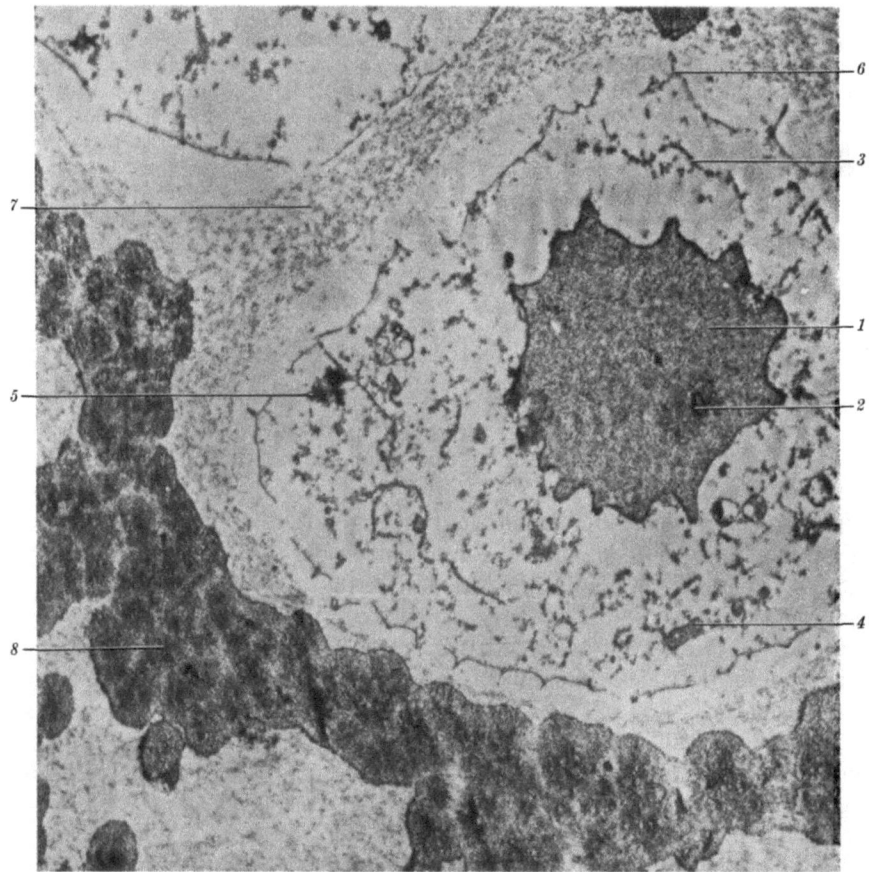

**Abb. 102.** Zelle aus der Mineralisationszone. *1)* Zellkern, *2)* Nukleolus, *3)* Membranen des endoplasmatischen Retikulums, *4)* Mitochondrien, *5)* osmiophile Einlagerungen, *6)* Zellmembran mit Füßen, *7)* faserige Interzellularsubstanz, *8)* Kalkeinlagerung mit scharfer Umgrenzung, Vergr. 5000 × (aus Knese und Knoop, 1961 b)

Schrumpfung, je nach Zellart, verschieden stark zurück. Die Schrumpfung ist bei den Zellen des Appositionsknorpels gering oder fehlt vollständig; sie ist stärker beim hyalinen Epiphysenknorpel und noch stärker beim Säulen- bzw. hypertrophen Knorpel (Abb. 102). Im Knorpel der Rippe und Trachea der *Ratte* ist elektronenmikroskopisch keine Retraktion zu beobachten. Nur die Zellen des epiphysären Rippengebiets verhalten sich wie jene in der Epiphyse langer Knochen. Die Retraktion kann damit kaum als allgemeines Kennzeichen der Zellen des hyalinen Knorpels angesehen werden. Sie ist, aufgrund mangelhafter Fixierung, ein systematisch auftretendes *Artefakt* (vgl. Cameron und Robinson, 1958).

Die glatte Retraktion ermöglicht die *Isolierung* von Knorpelzellen zum Studium ihrer Gestalt (vgl. Schaffer, 1926b). Sie gelingt durch Zerzupfen frischer oder fixierter Schnitte oder, wenn der Schnitt mit der Nadel abgehoben wird, so daß Zellen, wie bei einem Ausstrich, auf dem

Objektträger haften bleiben. Ein Herauslösen aus den Höhlen und Abschwimmen von Zellen tritt bei mangelhafter Fixierung der Perizellularsubstanz, besonders bei den hypertrophen Elementen auf. Vermutlich sind die Berichte über *leere Höhlen* (BRODERSEN, 1912; MAXIMOW, 1910/11; BERTHOLD, 1954; IRVING, 1964) auf dieses Phänomen zu beziehen. Isolierte Knorpelzellen hat KAWIAK (1963a, b) auf ihren Gehalt an MPS untersucht.

An Chondrozyten wurden auch *Desmosomen* beobachtet (PALFREY und DAVIES, 1966; LEVAI und MARX, 1969a, b). Bei benachbarten Chondrozyten des *Kaninchens* ist die Plasmamembran über eine Länge von 0,4–0,7 µm durch eine dichte Platte von 450 Å Dicke ersetzt; der interzelluläre Spalt mißt 440 Å. Das 180 Å dicke Zentrum ist aus elektronendichterem Material aufgebaut. Mikrotubuli oder Fibrillen treten nicht an die Desmosomen heran. PALFREY und DAVIES (1966) nehmen an, daß die benachbarten Zellen sich gerade geteilt haben.

### 4.2.2. Der hyaline Epiphysenknorpel

Die lichtmikroskopisch gleichartig erscheinenden Zellen des hyalinen Epiphysenknorpels zeigen elektronenmikroskopisch eine *erhebliche Variation ihrer Struktur*. Aus den wenigen widersprüchlichen Angaben ist nicht zu ersehen, ob sie topographisch, durch Funktion, Alter oder Spezies bedingt ist. Untersuchungen am Gelenkknorpel (SILBERBERG et al., 1961, 1964; ANDERSON, 1964; SILBERBERG, 1968) sprechen dafür, daß alle diese Faktoren zu berücksichtigen sind.

Die Umgestaltung von der schlanken *Appositionszelle* zu der elliptoiden oder rundlichen hyalinen Knorpelzelle führt zu einer Vergrößerung des Zelleibs, die fast ausschließlich auf Kosten des Hyaloplasmas erfolgt (KNESE und KNOOP, 1961a). Die Formänderung beginnt mit der Ausbildung einer kantigen, im Schnitt vielfach dreieckigen Zellgestalt. Eine Fläche der Zelle liegt der Oberfläche des Skelettstücks parallel, die gelenknahe quer und die markwärts gerichtete schräg. Die dreieckige Gestalt ist besonders deutlich im Bereich der Encoche-Apposition. Form und Menge des endoplasmatischen Retikulums scheinen sich beim Gestaltwandel nicht zu ändern. Die Appositionszellen haben ein dichtes Hyaloplasma und ein endoplasmatisches Retikulum, das nur vereinzelt erweiterte Zisternen aufweist. Das häufig gut ausgebildete Golgifeld enthält größere dunkle Körper, Bläschen und Lamellen. Wenig tiefer im hyalinen Epiphysenknorpel erscheinen einzelne sackartig *erweiterte Zisternen,* deren Oberfläche regelmäßig Mitochondrien dicht benachbart sind. Die Säcke können bis auf 1–2,9 µm Weite anschwellen, während die Zisternen im restlichen endoplasmatischen Retikulum ihre ursprünglichen Durchmesser beibehalten. Eine gleichartige Struktur besitzen auch die Zellen des wachsenden Knorpels bei Rinderfeten von 520 mm SSL. Größere feingranuläre bzw. annähernd homogene Bezirke wurden für Glykogen gehalten (KNESE und KNOOP, 1961a; ZELANDER, 1959), was sich später bestätigte. Vereinzelt im hyalinen Epiphysenknorpel, vermehrt in der Transformationszone, im Säulen- und hypertrophen Knorpel erscheinen Chondrozyten mit einer *lakunären* Erweiterung der Zisternen (Abb. 137; KNEESE und KNOOP, 1961a; KNESE, 1970e, 1971a); das Hyaloplasma wird auf kleine Bereiche zusammengedrückt.

Bei der *Regeneration* der Extremitäten von *Ambystoma* liegen in sog. jungen Knorpelzellen die Membranen in parallelen Reihen, bei längeren Zellen in Richtung vom Zellkern zu den Spitzen der Zellfortsätze, in weniger langen, mehr parallel zur Kernoberfläche (HAY, 1958; REVEL und HAY, 1963). Das verzweigte Zisternensystem bildet mit der perinukleären Zisterne ein Kontinuum. Die runden oder ovoiden bis spindelförmigen Chondrozyten im Gelenkknorpel der Phalangen 1–8 Tage alter *Mäuse* besitzen ebenfalls ein endoplasmatisches Retikulum aus parallelen Membranpaaren. In einigen Gebieten finden sich Erweiterungen der Zisternen. TAKUMA (1960b) setzt die erweiterten Zisternen den rundlichen Körpern in Odontoblasten gleich, die NYLEN und SCOTT (1958) beschreiben.

In der morphologischen Reihe Mesenchym, Prächondroblast, Chondroblast ist der reife Chondrozyt von *Ratten*feten von 12–16 Tagen durch eine Kondensation sowohl des Kerns wie des Zytoplasmas ausgezeichnet (GODMAN und PORTER, 1960). Obwohl alle Organellen, wie beim Chondroblasten, vorhanden sind, liegen — nach Meinung der Autoren — Zeichen einer *veränderten Sekretion* und eines verminderten Wachstums vor. Einige Vakuolen wandern aus der juxtanukleären Golgiregion aus und konzentrieren sich subkortikal oder in einer ektoplasmatischen Region der Zelle. Die Verdichtung im kortikalen Ektoplasma der Chondrozyten ist breiter als in jüngeren Zellstadien. Die Bezeichnungen „Exoplasma" oder „Ektoplasma" dürfen nicht zu einer Verwechselung mit dem „Ektoplasma" älterer Autoren führen (vgl. WASSERMANN, 1929), die hierunter die Anlage der späteren Grundsubstanzen verstehen. Die *subkortikalen Vakuolen* sind mit peripher gelegenen Glykogendepots untermischt und mit irregulär gestalteten leeren oder fast leeren Räumen, die keine Membranen umgrenzen sollen. Die Autoren halten diese Räume für verschmolzene ehemalige Golgivakuolen, die ihre Membranen verloren haben, da Reste solcher Membranen mitunter anzutreffen sind.

Bisher liegen nur wenige Angaben zur Zytologie des metamorphosierenden Knorpels vor. Die Zellen im Zentrum des zukünftigen Epiphysenkerns 15 g schwerer *Ratten* unterscheiden sich nach ANDERSON (1964) von jenen des Gelenkknorpels. Sie besitzen ein ausgedehntes endoplasmatisches Retikulum mit erweiterten Zisternen, die eine dichte Substanz enthalten. Das Hyaloplasma erscheint „blaß" mit homogenen Glykogeneinlagerungen. Bei 40 g schweren Ratten liegt eine Übergangszone zwischen Gelenkknorpel und äußerer Zone des Epiphysenkerns vor, dessen Zellen jenen junger Ratten im Zentrum des Kerns gleichen. In der äußeren Zone liegen große Zellen einzeln, zu zweit oder zu dritt, wobei unter ihnen *zwei Typen* zu unterscheiden sind. Bei der einen weit verbreiteten Zellform wird eine mehr oder minder zentrale Zone frei von Organellen von Glykogen eingenommen (vgl. FÖLDES et al., 1963). Die Organellen, einschließlich des endoplasmatischen Retikulums, liegen an einer Seite unter dem Plasmalemm oder bilden eine Art Halbinsel, die in das Glykogen hineinreicht. Mitunter befindet sich der Kern an der Spitze der Insel bzw. in ihr selbst, in anderen Schnitten erscheint er von ihr isoliert. Der bizarr gestaltete Kern hat ein dichtes Chromatin. Der exzentrisch gelegene Nucleolus ist anscheinend ein zylindrisches Gebilde. Die Zahl der *Mitochondrien* ist geringer als in anderen Chondrozyten. Zudem wurden atypische kleine Mitochondrien festgestellt (FÖLDES et al., 1963). Vereinzelt finden sich innerhalb des Glykogens unregelmäßig geschrumpfte Lipidvakuolen. Von diesen Zellen sind andere dichte Zellen zu unterscheiden, die sowohl ein dichtes Hyaloplasma als auch ein eng gepacktes endoplasmatisches Retikulum, ohne erweiterte Zisternen, besitzen. Glykogeneinlagerungen, evtl. kombiniert mit Lipidvakuolen, sind scharf abgegrenzt. Diese Zellen treten als Paarlinge, kombiniert mit einer Zelle vom anderen Typ, auf.

Aus den bisherigen Untersuchungen ist zu schließen, daß die *Gestalt* und *Struktur* der hyalinen Epiphysenknorpelzellen einmal von ihrer *Lage* abhängt, d.h. davon, ob sie sich peripher an den Appositionsknorpel anschließen, dem Gelenkknorpel oder der Transformationszone benachbart sind oder sich schließlich im Zentrum der Epiphyse befinden; zum anderen zeigen nebeneinander liegende Zellen erhebliche strukturelle Differenzen.

Recht wenig sind wir über die Zusammenhänge zwischen *Lebensalter* und Struktur unterrichtet (vgl. SILBERBERG et al., 1964; s.S. 279). In den Epiphysenknorpelzellen jüngerer Rinderfeten (45 mm SSL) ist das mäßig ausgebildete Retikulum mit blasenförmigen Erweiterungen mit granulärem Inhalt versehen (Abb. 103). Umfangreiche Kohlenhydratdepots und die Gebiete mit dem Retikulum sind mehr oder minder voneinander gesondert. Einzelne Kohlenhydratdepots schieben sich zwischen die Membranpaare. Auffällig ist ein großer, ebenfalls wohl ausgebildeter Golgi-Komplex, der bei

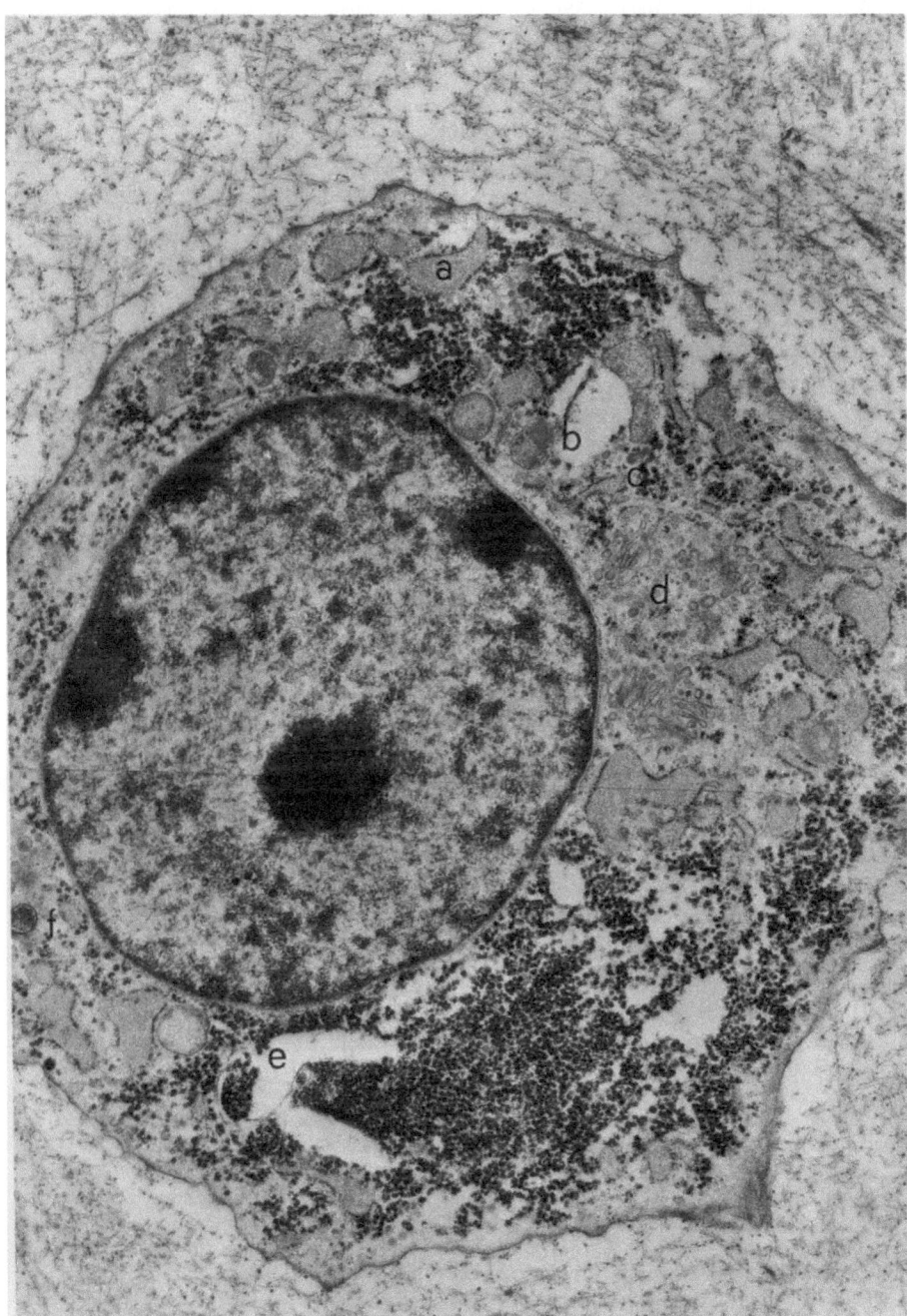

**Abb. 103.** Rinderfet, 45 mm SSL, Vorknorpelzelle aus dem Metatarsus. *a)* Blasenförmig erweiterte Zisternen, *b)* kleiner Myelinkörper, *c)* Mikrotubuli, *d)* Golgi-Apparat, *e)* Höhlen mit Membranen innerhalb eines großen Glykogendepots, *f)* quergeschnittene Zilie im Golgifeld; Vergr. 13500 ×

größeren Rinderfeten, um 100 mm SSL und mehr, nicht vorhanden ist (KNESE, 1969 b). Im übrigen enthält die abgebildete Zelle eine quergeschnittene Cilie.

### 4.2.3. Der Gelenkknorpel

Die Beschreibung der hyalinen Epiphysenknorpelzelle wird durch Befunde am Gelenkknorpel ergänzt. Die Chondrozyten des Gelenkknorpels junger erwachsener *Kaninchen* (62–74 Tage) sind in den peripheren gelenknahen und tieferen Schichten unterschiedlich gestaltet (DAVIES et al., 1962). Eine oberflächliche azelluläre Lage ist 2–3 μm dick. Die gelenknahe Oberfläche der Zellen der ersten Schicht ist im allgemeinen glatt und zeigt nur gelegentlich kurze, dicke Fortsätze (vgl. GHADIALLY und ROY, 1966; SILBERBERG, 1968). Die wenigen Membranen des granulären Retikulums sind kurz. Die etwa 420 Å weiten Zisternen enthalten ein Material von der Dichte des umgebenden Hyaloplasmas. Mit Cristae versehene *Mitochondrien* sind in großer Zahl vorhanden. Kleine ovale Vesikel in der Nähe der Zellmembran sollen mitunter durch Poren zur Oberfläche der Zelle hin geöffnet sein. Der Durchmesser der größten Vesikel beträgt 550–850 Å, der der kleineren 400–600 Å. Der Übergang zur *mittleren* Zone des Gelenkknorpels ist ziemlich scharf. Die stärker abgerundeten Zellen messen etwa $11 \times 6$ μm und besitzen an ihrer gesamten Oberfläche längere, unregelmäßig gestaltete und häufig verzweigte Fortsätze. Das granuläre Retikulum ist stärker entwickelt. Der Zisternenspalt ist mitunter von elektronenmikroskopisch dichterem Inhalt erfüllt. Fetttröpfchen treten auf. Die kleinen ovalen Vesikel unter der Zellmembran sind nicht ganz so reichlich wie in den oberflächlichen Zellen. Golgivakuolen sind an einer Seite des Kerns zu beobachten und enthalten partikuläres Material. Die Oberfläche der Zellen in der 3. Zone weist muschelförmig gestaltete, große (0,5–2 μm) Buchten auf, in denen ein granuläres oder retikuläres Material liegt. Weitere Einbuchtungen entstehen durch zahlreiche unregelmäßig verzweigte Fortsätze. Das granuläre Retikulum der Chondrozyten der 3. Zone ist stark entwickelt, besonders in der Umgebung des Kerns. Freie Ribosomen erwähnen GHADIALLY und ROY (1966). Viele Zellen enthalten membranumhüllte Fetttröpfchen und homogene, dichte sphärische Körper von 1–2 μm Größe. Die Mitochondrien sind meist kleiner als in den Zellen der oberflächlichen Schicht.

Die an einem Ende der Zelle gelegenen Golgivakuolen sollen häufig zum Interzellularraum geöffnet sein. In der Nähe der Golgimembranen erscheinen auch agranuläre Membranen. Die starke Entwicklung des granulären Retikulums in den Zellen der mittleren Zone ist als Zeichen für die *Bildung von Fasern* oder einer dichten interfibrillären Substanz anzusehen. Die Struktur des Retikulums in den Zellen der tiefen Lage und das Auftreten isolierter Ribosomen beurteilen GHADIALLY und ROY (1966) als *degenerative Veränderung*. Die Ansammlung von dichtem Material in den Zisternen könnte mit einer Speicherung oder dem Transport von Sekret zusammenhängen. Das Auftreten von Fetttröpfchen mit hochaktiven Zellen spricht für einen Zusammenhang mit der *metabolen Aktivität* der Zellen. Die Zellen der oberflächlichen und mittleren Zone besitzen Mitochondrien, die in der tiefen Zone degenerieren und sollen sich in dichte Körper umwandeln (vgl. GHADIALLY und ROY, 1966). Die kleineren Vesikel, nahe der Zellmembran, werden als pinozytotische Bläschen gedeutet (vgl. SILBERBERG et al., 1964; GHADIALLY et al., 1965; PALFREY und DAVIES, 1966; ROY und MEACHIM, 1968). Da sie den Bläschen in mesothelialen Zellen (vgl. ODOR, 1956) ähnlich sind, halten die Autoren die Vesikel für ein Zeichen der Substanzaufnahme aus der Synovia (vgl. EKHOLM, 1955). Die in menschlichen Chondrozyten beobachteten intrazytoplasmatischen *Filamente* sollen aus der Zelle abgegeben werden (BARNETT et al., 1963).

Mit fortschreitendem Alter zeigen die Chondrozyten des Femurkopfs der *Maus* eine Hypertrophie und Alterung (SILBERBERG et al., 1961). Am Kern treten keine wesentlichen Veränderungen auf. Die Zisternen des Ergastoplasmas verschwinden in Richtung auf die Knochenbildungszone; das Retikulum zeigt dann einen parallelen Verlauf der Membranen. Die während der Hypertrophie auftretenden Vakuolen drängen das Hyaloplasma zusammen. Die Zahl der Mitochondrien ist gering. Die Veränderungen lassen sich in Form eines *Zellzyklus* darstellen. Während der *aufsteigenden* Phase der Entwicklung entsteht eine zunehmende Komplexität der Zellorganisation. Dies zeigt sich im Erscheinen zahlreicher langer Zellfüße, einer fortlaufenden Ausgestaltung des endoplasmatischen Retikulums und des Golgi-Apparates, einer Steigerung der Pinozytose, einer Vermehrung der Mitochondrien und multivesikulären Körper. Beim feingranulären Material, das die Zellfüße begleitet, soll es sich um präfibrilläre Elemente handeln (SILBERBERG et al., 1961). Auf der *Höhe der Entwicklung* erscheint Glykogen. Der *absteigende* Teil der Entwicklungskurve wird durch eine Steigerung der Pinozytose eingeleitet, das Auftreten dichter Tröpfchen und das Zusammenballen des Glykogens. Damit treten endoplasmatisches Retikulum und Golgi-Apparat zurück. Die folgende *Hydratisierung* und Schwellung des Zytoplasmas verursacht ein Reißen des Plasmalemms und Austreten von Zytoplasmapartikeln. Mit dem Abschluß des Wachstums verlieren die Differenzen zwischen den Zellen in den einzelnen Lagen des Gelenkknorpels an Deutlichkeit. Aufnahme und Abgabe von Material durch die Zellen mag durch die Zytoplasmafüße erleichtert werden. Junge Zellen mit wenigen Fortsätzen sollen nur einen geringen Austausch zur Interzellularsubstanz hin vornehmen. Die höchste *Syntheserate* scheint in der mittleren Zellschicht stattzufinden; sie ist mit einer guten Entwicklung des endoplasmatischen Retikulums und dem Auftreten freier Ribosomen verbunden. Im Gegensatz zu GODMAN und PORTER (1960), konnten SILBERBERG et al. (1961) nur selten eine Öffnung der multivesikulären Körper an der Zelloberfläche beobachten. Die Zelleistung läßt sich mit den Veränderungen im Aufbau der Interzellularsubstanz in Zusammenhang bringen. So haben COLLINS und McELLIGOTT (1960) eine erhöhte Aufnahme von [35]S durch alte Chondrozyten nachgewiesen. Der Hexosamingehalt der Interzellularsubstanz älterer Tiere nimmt ab, während der Gehalt an Keratansulfat ansteigt (KAPLAN und MEYER, 1959; LASH und WHITEHOUSE, 1960). Schließlich sind Änderungen der Hydratisierung oder der Polymerisation zu beobachten (COLLINS und McELLIGOTT, 1960; SILBERBERG und SILBERBERG, 1961). Die Struktur der oberflächlichen Chondrozyten bei älteren Tieren spricht dafür, daß sie nun die Aufgabe der Zellen der mittleren Zone bei Jungtieren übernommen haben. Die Vermehrung der *Mitochondrien* in den Knorpelzellen der tieferen Lagen ist schwer zu interpretieren. Die Struktur der oberflächlichen Knorpelzellen alter Tiere und das Erscheinen von perizellulären Interzellularsubstanzen sehen die Autoren als Zeichen einer atypischen Funktion an. Die länglichen Zellen der oberflächlichen Lage sind Abkömmlinge der Zellen der mittleren Zone, die allein sich teilen können. Man muß annehmen, daß die Zellen in die obere Lage einwandern und eine einfachere Organisation gewinnen. Diese Zellen könnten auch persistierende Elemente aus früher Jugendzeit und damit die *ältesten* Chondrozyten des Gelenkknorpels sein. Damit würde die Erscheinungsform der Mitochondrien in den Oberflächenzellen übereinstimmen, die jener in alten Zellen anderer Gewebe entspricht (vgl. ROUILLER, 1960; NOVIKOFF, 1961).

Bei 4–6 Wochen alten *Mäusen* treten in der mittleren Zone des Knorpels erweiterte Zisternen des endoplasmatischen Retikulums auf (SILBERBERG et al., 1964). Bei Zellen in der Tiefe des Gewebes ist der Golgi-Apparat stärker entwickelt. In der tiefen Lage, benachbart der Mineralisationszone, sind das endoplasmatische Retikulum und der Golgi-Apparat auf eine Zone beschränkt, die auch die großen geschwollenen, vakuolisierten oder zerfallenden Mitochondrien enthält; der Rest des Zelleibes wird von Glykogen eingenommen. Im Alter von 6 Monaten schließt sich an den Knorpel Spongiosa an. In der verdünnten Knorpellage liegen weniger Zellen als in früheren Stadien, sind aber zu größeren Territorien mit gleichzeitiger Vermehrung der interterritorialen Substanz vereint (SILBERBERG et al., 1961). Die Gelenkoberfläche kann bei einjährigen *Mäusen* durch Zellen vorgewölbt werden. Die Zellzahl hat im Vergleich zur Menge der Interzellularsubstanz abgenommen. Die Schicht des nicht mineralisierten Knorpels ist in manchen Gebieten weniger als 35 μm dick und enthält nur 2 Zellagen. Einige der Zellen besitzen zweilappige oder doppelte *Kerne* und viele *multivesikuläre Körper* (SILBERBERG et al., 1964), andere zeigen Zeichen der *Degeneration*, andere wieder gleichen denen der mittleren Zone. Mit 22–27 Monaten erscheinen degenerierende Zellen; es wurden auch Teile zerfallender Zellen und des endoplasmatischen Retikulums frei in der Interzellularsubstanz beobachtet (SILBERBERG et al., 1961).

### 4.2.4. Andere Knorpel

Über die Ultrastruktur der Chondrozyten des *permanenten Knorpels*, wie der Nasenscheidewand, der Trachea, des elastischen Knorpels und der sog. Faserknorpel, der Zwischenwirbelscheibe und des Meniscus, liegen nur wenige Befunde vor. Die Zellen des *Faser*knorpels sind ebenfalls *echte Chondrozyten.*

Die Chondrozyten der *Trachea* junger *Ratten* (15 g) reichen nach ANDERSON (1964) mit Fortsätzen in die Interzellularsubstanz hinein. Ihre Kerne besitzen gleichmäßig verteiltes Chromatin. Die Zisternen des locker gestalteten endoplasmatischen Retikulums sind stellenweise erweitert. Zahlreiche kleinere Mitochondrien finden sich in der ganzen Zelle. Mitunter treten juxtanukleär gelegene Golgisäcke auf, ebenso Lipidtropfen und Glykogen. Bei größeren *Ratten* (40 g) erscheint das Hyaloplasma weniger dicht. Die Zahl der Mitochondrien ist reduziert, das Glykogen vermehrt. Neben diesen Chondrozyten tritt eine andere, elektronenmikroskopisch *dichte Zellform* auf, deren Kern kaum zu erkennen ist. Diese Zellen enthalten Lipidvakuolen und reichlich Granula, aber keine Membranen. Die äußeren Zellen in der Trachea sind länglich, besitzen kein Glykogen, jedoch Lipidtropfen. PORTER und BONNEVILLE (1965) bilden aus dem Trachealknorpel der *Fledermaus* einen Chondrozyten ab, der eine riesige Fettvakuole enthält (s.a. PELC und GLÜCKSMANN, 1955; Ohrknorpel der *Maus*, Abb. 104). Das Perichondrium der Trachea einer 143 g schweren *Ratte* enthält längliche dicht aneinander gelegene *Chondroblasten* mit mäßig entwickeltem endoplasmatischem Retikulum ohne Zisternenerweiterungen und einige dichte Körper. Auch in der peripheren Tangentialschicht liegen ähnlich gestaltete Zellen. Alle Chondrozyten schmiegen sich der Kapselwand, *ohne Retraktion*, unmittelbar an. Die *Kapsel* ist durch eine besondere Faserdichte ausgezeichnet. Im Zelleib der rundkernigen Chondrozyten sind kurze granuläre Membranpaare, auffällig viele dichte Körper und einzelne Kohlenhydratgranula verteilt. Im dichten Hyaloplasma finden sich nur einzelne Vesikel und nicht näher bestimmbare länglich filamentöse bzw. unregelmäßig geformte Einschlüsse. Die Chondrozyten des Rippenknorpels zeigen keine Retraktion. Im Hinblick auf die Struktur des endoplasmatischen Retikulums sind zwei Formen von Chondrozyten zu unterscheiden, solche mit sackartigen und andere mit lakunären Erweiterungen der Zisternen (s.S. 289). Die Kohlenhydrateinlagerungen bilden mittelgroße Komplexe, die z.T. den Kern berühren, z.T. in der Nähe des Plasmalemms liegen.

Als vielgestaltig erweisen sich die Chondrozyten im Nasenseptum eines *Rinder*feten von 350 mm SSL, die von Perizellularsubstanz (s.S. 435) umgeben sind und Retraktionsfüße besitzen. Lange Appositionszellen sind fast vollkommen mit Kohlenhydratgranula gefüllt; ähnliche Granula erscheinen extrazellulär in Zellnähe. Lakunenartig erweiterte Zisternen in tiefer gelegenen Zellen

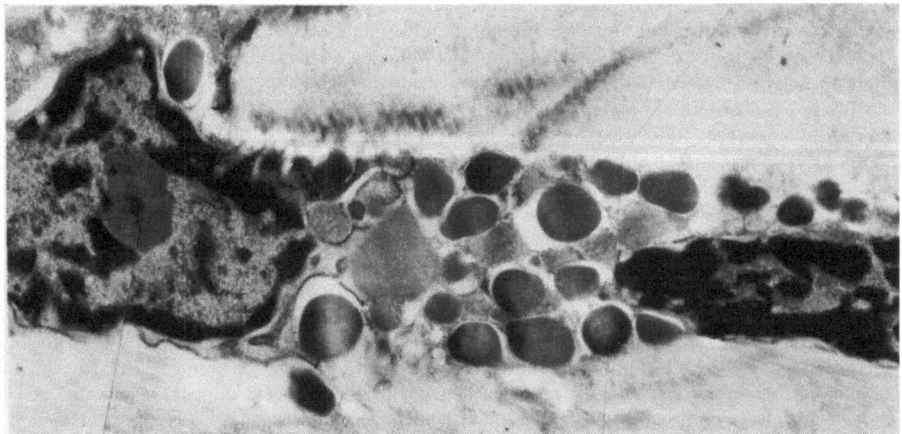

**Abb. 104.** Ratte, 399 g, Ohrknorpel, Zellen mit plurivakuolärer Fetteinlagerung. Vergr. 13000 ×

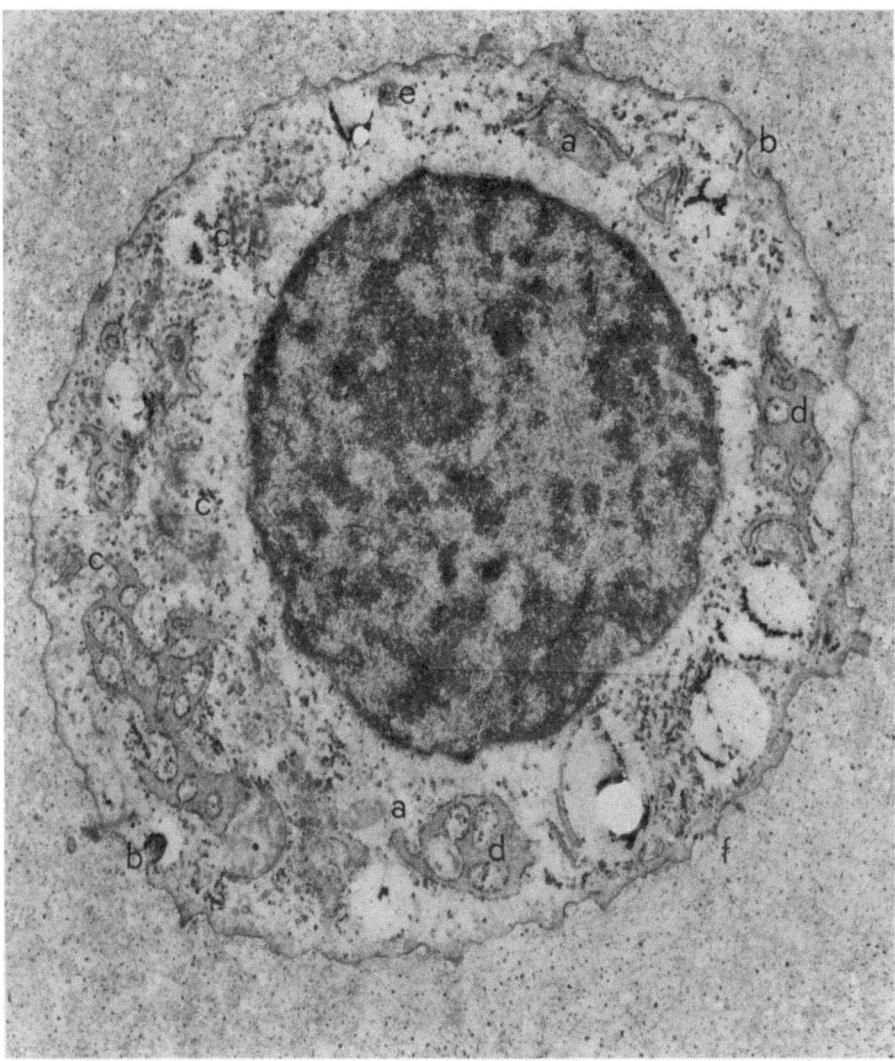

**Abb. 105.** Rinderfet, 350 mm SSL, Chondrozyt der Wirbelsäule. *a)* Mitochondrien, *b)* Extrusionsvakuolen, *c)* Golgilamellen, *d)* mäanderartig gestaltetes endoplasmatisches Retikulum, *e)* Extrusions-
vakuole (?), unter dem Plasmalemm, *f)* dichter Kontakt mit der Interzellularsubstanz, z.T. durch
Haftfüße, Vergr. 12000 ×

umschließen kleine hyaloplasmatische Bezirke (vgl. KNESE und KNOOP, 1961a; KNESE, 1971a).
In einigen Zellen mit lakunenartigen Zisternenerweiterungen sind Vesikel, wenige kurze Golgi-
Lamellen und zahlreiche dichte Körper vorhanden. In der *Rippe* des *Meerschweinchens* ist zwischen
peripheren flachen und mittleren rundlich-ovalen Chondrozyten zu unterscheiden; beide besitzen
ein ausgedehntes granuläres Retikulum, einen Golgi-Komplex und Mitchondrien (THYBERG et al.,
1973a). Die zentral gelegenen Zellen werden als stoffwechselinaktiv angesehen.

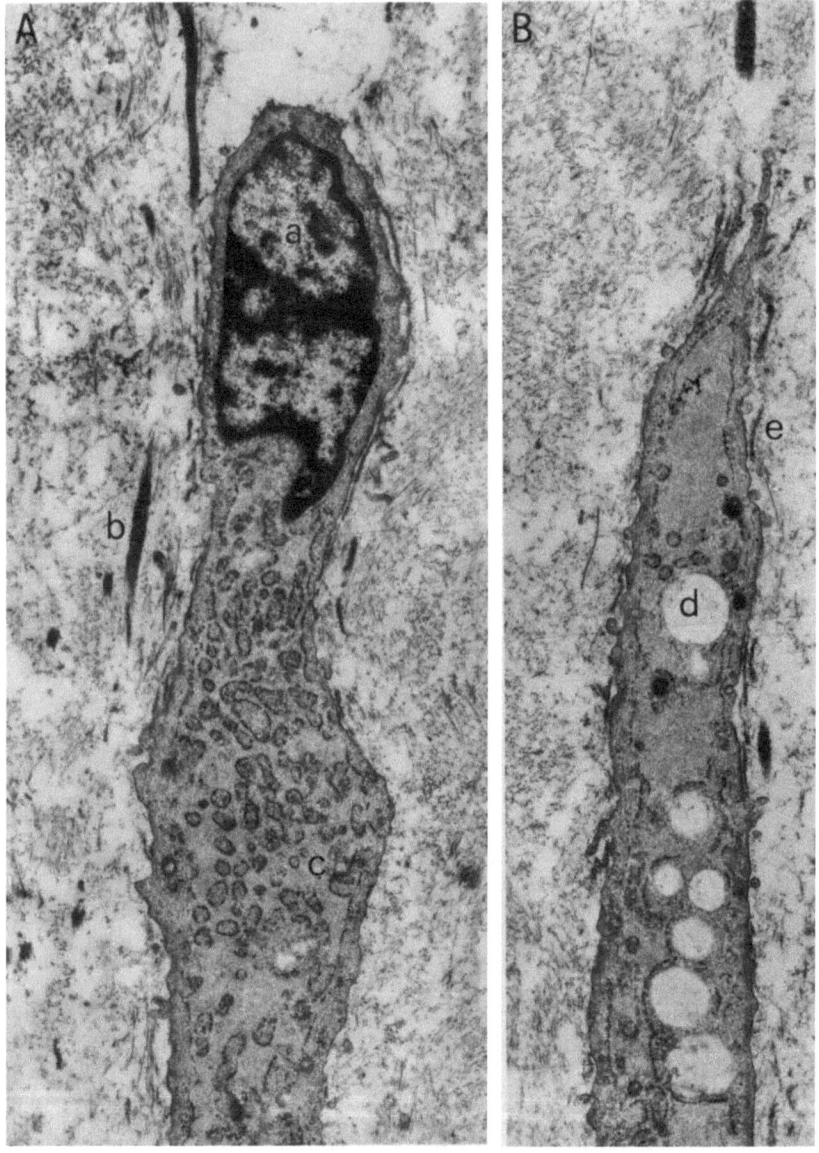

**Abb. 106.** Rinderfet, 350 mm SSL, Chondrozyten aus der Zwischenwirbelscheibe in zwei Abteilungen *(A, B)*. *a)* Polarverlagerter Kern, *b)* elastische Fasern, *c)* erweiterte lakunäre Zisternen mit hyaloplasmatischen Bezirken, *d)* optisch leere Vesikel, z.T. mit Membranen im Hyaloplasma, *e)* elastische Fasern in Zellnähe, Vergr. 9000 ×

Ein Teil der Zellen der Zwischenwirbelscheibe ist jenen in der Trachea ähnlich (Abb. 105), andere, länglich gestaltete Chondrozyten mit polar gelagertem Kern, weisen beträchtliche Zisternenerweiterungen auf (Abb. 106). Im *elastischen Ohrknorpel* eines Rinderfeten von 350 mm SSL sind die Zellen mit den verschieden-

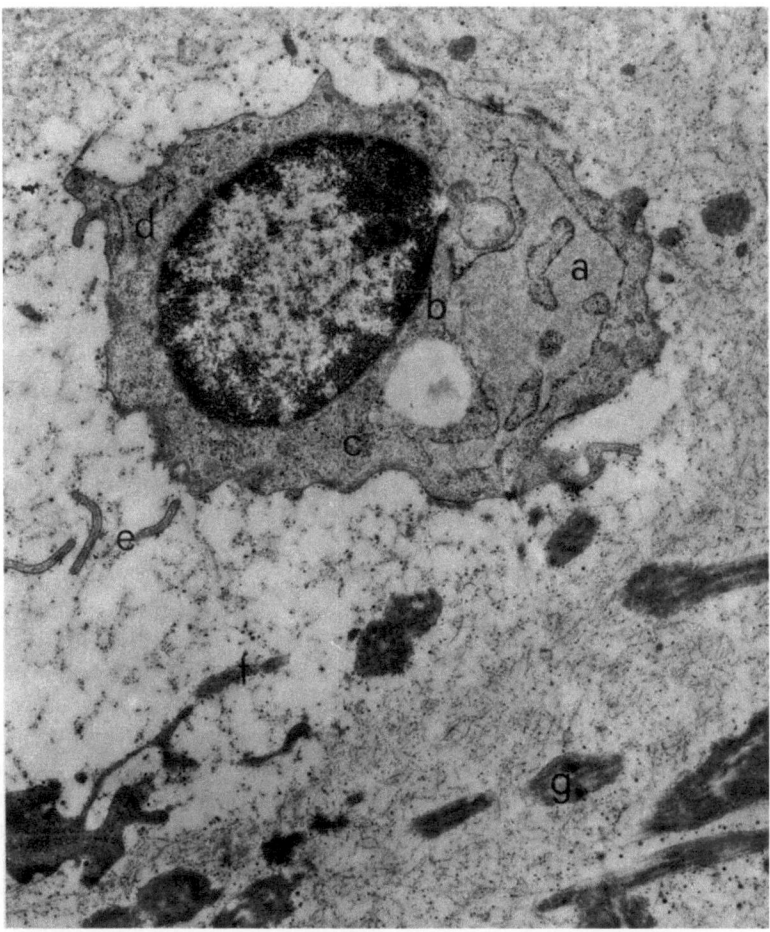

**Abb. 107.** Rinderfet, 350 mm SSL, Chondrozyt aus dem Ohrknorpel. *a)* Erweiterung der Zisterne, Mittelform zwischen sackartiger und vakuolärer Erweiterung, *b)* Zytofilamente, *c)* kleine Kohlenhydrateinlagerungen, *d)* kurzes granuläres Membranstück, *e)* Zellfüße, *f)* elastische Fasern in der Perizellularsubstanz, *g)* dickere elastische Fasern in der Interzellularsubstanz, Vergr. 14400 ×

artigsten Formen lakunärer Zisternenerweiterungen häufig (vgl. KNESE, 1971a). Andere Zellformen zeichnen sich durch ungewöhnlich lange, fingerförmige Fortsätze (Durchmesser 600–1000 Å) aus. Sie durchsetzen den perizellulären Hof bis zur Interzellularsubstanz, an der sie mit Haftpunkten enden (s.S. 273, Abb. 107). Bereits innerhalb des Hofes treten elastische Fasern, z.T. in Kontakt mit der Zelle auf (vgl. BRADAMANTE et al., 1975). Dieser Zelltyp enthält sporadisch verteilte Kohlenhydratgranula, ein dichtes feingranuliertes Hyaloplasma und wenige granuläre Membranen. Die Zisternen sind unterschiedlich weit, ihr feingranulierter Inhalt ist wenig dichter als das Hyaloplasma. Mitunter sind reichlich Mitochondrien und in einigen Zellen kleinere dichte Körper vorhanden, ferner Lysosomen. Auch wenige Golgi-Membranen konnten wir feststellen. Fast stets enthalten die Zellen Areale mit Zytofilamenten, die überwiegend perinukleär liegen. Chondrozyten vom Ohrknorpel des *Kaninchens* bilden auch in der Kultur elastische Fasern (MOSKALEWSKI, 1976).

Ein Vergleich der verschiedenen hyalinen Knorpel läßt Zellen mit *sackartig erweiterten Zisternen* und Chondrozyten mit lakunenartig vergrößerten Zisternen erkennen (KNESE, 1971 a; s.S. 289). Die Struktur jeder dieser Zellformen variiert stark. In der Zellpopulation eines Knorpels kommen diese Formen verschieden häufig vor; Zählungen wurden jedoch noch nicht durchgeführt. Vermutlich synthetisieren Chondrozyten mit lakunären Zisternenerweiterungen proteinreiche Kohlenhydrate mit Sialinsäure, die mit sackartigen Zisternen Proteoglykane (KNESE, 1971 a; s.S. 295). So liegt die Annahme nahe, daß die jeweilige Häufigkeit der beiden Zellformen die Zusammensetzung (das „make up"; s.S. 212) der Interzellularsubstanz bestimmt.

In allen genannten Knorpelgeweben treten die gleichen *Aminozucker* auf. Für das einzelne Knorpelelement ist die relative Häufigkeit der einzelnen Polysaccharide charakteristisch (s.S. 216). Aus dem Brutto-Mengenverhältnis der Polysaccharide zueinander und der zugehörenden Proteine ist zu schließen, daß die Gestaltung der jeweiligen *Makromoleküle* recht unterschiedlich ist. Das Mengenverhältnis der Polysaccharide und der Aufbau der Makromoleküle sind auf eine unterschiedliche Zelleistung in den verschiedenen Knorpelformen zurückzuführen. Die Einheit von Zelle und sie umgebenden Interzellularsubstanzen, das „Chondron", bestimmt die Art eines Knorpels (transitorischer Epiphysenknorpel oder permanenter Knorpel). Für diese Auffassung sprechen u.a. Beobachtungen über [35]S-Ablagerungen (PELC und GLÜCKSMANN, 1955), den pH (BOLLET und MITCHELL, 1969) und einen Rückkoppelungsmechanismus (GREER et al., 1968) zwischen Zelle und Interzellularsubstanz.

## 4.3. Zytologie der Chondrozyten

### 4.3.1. Der Zellkern der Chondrozyten

Über den Zellkern der Chondrozyten liegen nur wenige systematische Studien vor. Aufgrund der Anfärbung mit der *Feulgen*reaktion bzw. *Gallocyanin* nehmen BONA et al. (1964) an, daß im Hinblick auf die DNS keine Unterschiede zwischen Chondrozyten und Chondroblasten bestehen. Die Kerne enthalten vermutlich nur wenig RNS, dagegen reichlich *Nukleohistone*, nachgewiesen mit Fastgreen. Tyrosin und Arginin tritt in den Kernen auf, aber kein Tryptophan.

Das *Volumen* der Kerne bleibt bei *Rindern* von der 6. Woche bis zum 11. Jahr mit $85,6 \pm 26,0 \ \mu m^3$ etwa gleich groß (ROSENTHAL et al., 1941). Der *Zellge-*

*halt* je mm³ Volumen nimmt dagegen stark ab. Er beträgt bis zu einem halben Jahr $133,0 \times 10^3$, zwischen dem 1. und 7. Jahr 47,2 und zwischen dem 8. und 11. Jahr $34,0 \times 10^3$. Er sinkt also vom Kalb bis zum erwachsenen auf 35,5% und zum alten Tier auf 25,6% ab. Auch bei *Mäusen* sind keine Altersveränderungen des Kerns zu beobachten (SILBERBERG et al., 1964). Dagegen wird von MANKIN und BARON (1965) für *Kaninchen* eine Verkleinerung des Kerndurchmessers vom 2. Monat bis zum 5. Jahr von 5 μm auf 3,5 μm angegeben. Die von PLATT und DORN (1968) und PLATT (1970) festgestellte DNS-Abnahme im *menschlichen* Knorpelgewebe könnte weitgehend auf der Herabsetzung der Zellzahl je Gewebevolumen beruhen.

Querschnitte durch die Epiphyse lassen auffallende Änderungen der Größe, Form und Struktur der Zellkerne in den Regionen erkennen (Abb. 93, 94). Man könnte vermuten, daß hier ähnliche Metamorphosen stattfinden, wie sie für die Kerne der Periostzellen beschrieben wurden (KNESE und GEIDEL, 1972). Die annähernd *rundlichen* Kerne der Chondrozyten im *Epiphysenknorpel* und der Transformationszone haben ein feinkörniges, dicht verteiltes Chromatin und im allgemeinen zwei Nukleolen. Ihre Größe schwankt zwischen 4 und

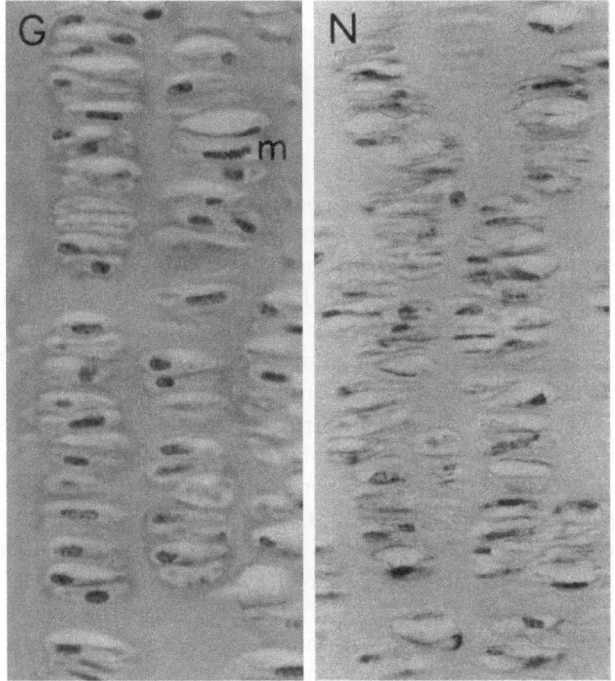

**Abb. 108.** Rinderfet, 89 mm SSL, prox. Epiphyse des Metacarpus, Fixierung Formol-Sublimat, *G:* Gallocyanin, *N:* Ninhydrin-Schiff-Reaktion, verschiedenartiges Kernbild, *m:* Mitose, Obj. 40

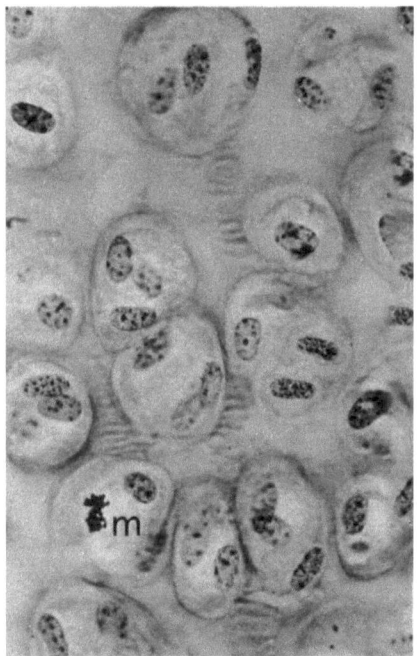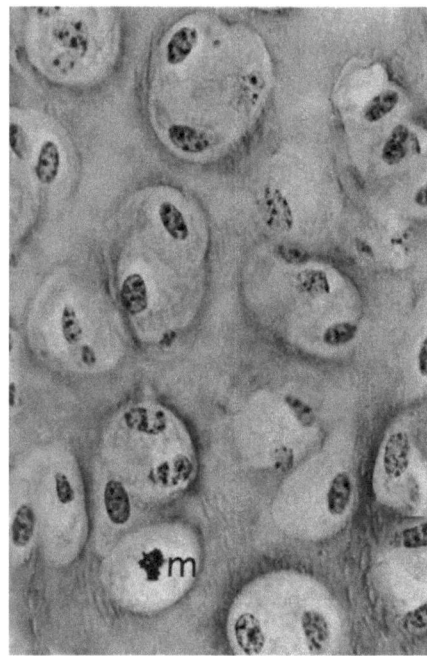

**Abb. 109.** Rinderfet, 182 mm SSL, distale Epiphyse des Metacarpus, Querschnitt durch den Säulenknorpel in Nähe der Encoche-Apposition, *m:* Mitosen, Fixierung Formol-Sublimat, Gallocyanin,
Obj. 40

7,5 µm. In Längsschnitten mit geringer Fixierungsschrumpfung erscheinen
die Kerne der *Säulenknorpel*zellen (Abb. 108) sehr vielgestaltig: Neben rundlichen, bzw. rundlich-keilförmigen liegen fast stäbchenförmige Profile vor.
In Querschnittsbildern erweisen sich die Kerne als recht gleichartig ovoid
(Abb. 109), leicht gekrümmt, mitunter annähernd napfförmig (Durchmesser
5–7,5 × 10–12,5 µm). In den Epiphysenlängsschnitten liegen daher Schnitte durch
das Kernellipsoid in verschiedener Richtung vor. Recht different im Hinblick
auf Größe (3,75–12 µm), Gestalt und Struktur sind die Kerne der *hypertrophen*
Knorpelzellen. Sie sind entweder groß, blasenförmig und recht chromatinarm,
stets mit einem Nucleolus versehen, oder klein, unregelmäßig gestaltet und fast
pyknotisch dicht (BORGHESE, 1954; KNESE, 1971a). Ferner liegt eine Veränderung
der *Kern-Plasma-Relation* vor (THYBERG und FRIBERG, 1971). Bei elektronenmikroskopischen Untersuchungen wurde bemerkt, daß die Kerne häufig lappige
Gestalt besitzen (u.a. KNESE und KNOOP, 1961a, b; ANDERSON, 1964; SILBERBERG
et al., 1964), besonders in der hypertrophen Region (KNESE, 1968b). Das schrittweise Auftreten von Chromatinverklumpungen ist bei der Entwicklung der lakunären Zisternenerweiterungen zu beobachten (KNESE, 1971a). Es wurde an eine
verstärkte Proteinsynthese im Kern gedacht. Zellen mit sackartigen Zisternen
lassen keine Kernänderungen erkennen.

### 4.3.2. Das endoplasmatische Retikulum und die Proteinsynthese
### der Chondrozyten

Das endoplasmatische Retikulum erreicht in den Chondrozyten nur einen mäßigen Umfang, zeigt aber Modifikationen, die einen Zusammenhang mit einer spezifischen Funktion der Zelle vermuten lassen, nämlich die Synthese des Kollagens und der Proteine der Proteoglykane. Außerdem bestehen Beziehungen zum Kohlenhydratstoffwechsel. Das Leitenzym der Membranen ist die Glucose-6-Phosphatase. Damit ist ein Zusammenhang mit der Bildung der komplexen Kohlenhydrate, u.a. der Chondroitinsulfate, anzunehmen (KNESE, 1969 b).

#### 4.3.2.1. Zytoplasmareaktion der Chondrozyten

Nur wenige lichtmikroskopische Angabe lassen sich auf Zytoplasma-Ribonukleoproteine beziehen. Nach Fixierung mit Formol-Sublimat reagieren die Zellen des Säulenknorpels mit *Gallocyanin* schwach, ähnlich mit *Methylenblau* pH 4,1. Nur der Säulenknorpel gibt eine schwache Ninhydrin-Schiff-Reaktion (Abb. 108 N). Für das Zytoplasma der Zellen des Epiphysen- und Säulenknorpels geben BONA et al. (1964) eine ausgesprochene Pyronophilie, aber keine Methylenblau-Reaktion an, die nach Ribonukleasebehandlung verschwindet. Nukleohistone (Fastgreen-Färbung) sind nur gering vertreten. Die Menge der Proteine (Ninhydrin-Schiff-Reaktion, Bromphenolblaufärbung nach Extraktion der Nukleinsäuren) ist in den hypertrophen Zellen genauso groß wie in allen anderen Regionen. Tyrosin tritt sowohl in den Kernen wie im Zytoplasma, vor allem des Säulenknorpels, auf, Tryptophan im Zytoplasma, Arginin dagegen in den Kernen.

#### 4.3.2.2. Das granuläre endoplasmatische Retikulum der Chondrozyten

In den Chondrozyten aller Knorpelelemente, einschließlich der elastischen und Faserknorpel, lassen sich im Hinblick auf die Gestaltung des endoplasmatischen Retikulums drei Formen unterscheiden: 1. Chondrozyten mit unterschiedlich stark entwickeltem endoplasmatischem Retikulum, das aus *parallel* verlaufenden Membranen besteht; 2. Chondrozyten mit verschieden großen *blasigen* Erweiterungen einzelner Zisternenabschnitte, die durch schmale Kanäle miteinander verbunden sind; 3. Chondrozyten mit extrem *lakunenartigen* Erweiterungen des Zisternenraums (KNESE, 1971 a) und einem auf schmale Straßen zusammengedrängtem Hyaloplasma. Diese Grundformen werden in den einzelnen Knorpelstücken bis zu einem gewissen Grad modifiziert (KNESE, 1969 b, 1971 a).

So mag es sich um eine funktionsgebundene Gestaltung mit einer entsprechenden *regionalen Verteilung* handeln (KNESE und KNOOP, 1961 a, b; Abb. 110). Die Zisternen der Chondroblasten sind perlschnurartig erweitert, im Appositionsknorpel laufen die Membranpaare parallel zueinander. In den Zellen des hyalinen Epiphysenknorpels treten einzelne rundliche Zisternensäcke mit dichtem Inhalt hinzu. Die Zellen des *Säulenknorpels* haben parallel verlaufende, miteinander verbundene granuläre Membranen, deren Enden über größere Verbindungssäcke miteinander kommunizieren (Abb. 136). Im hypertrophen Knor-

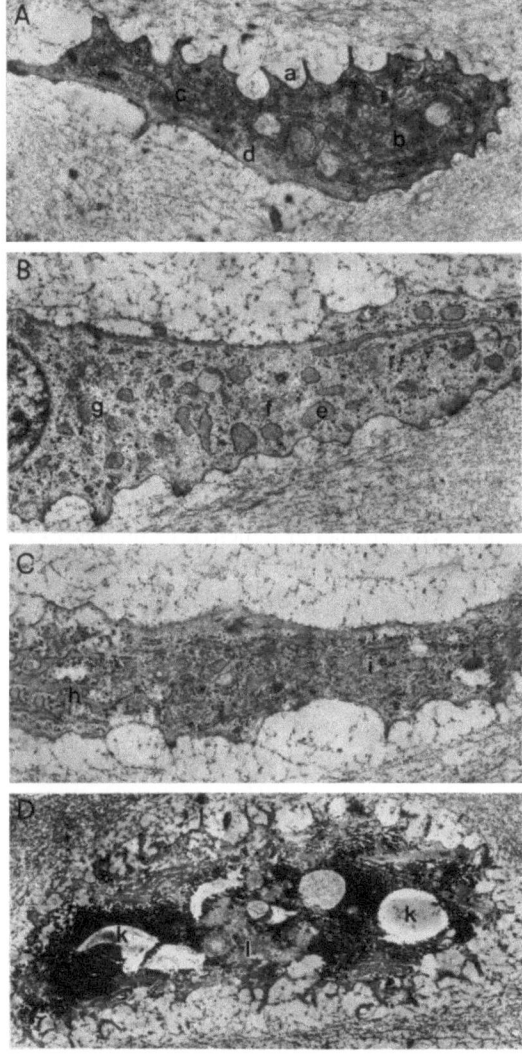

**Abb. 110.** Rinderfet, 46 mm SSL, prox. Epiphyse des Metatarsus, Chondrozyten. *A:* Appositions-knorpel, *B:* Übergang zum hyalinen Epiphysenknorpel, *C:* Säulenknorpel, *D:* Übergang zu den Hypertrophen, *a)* Haftfüße, *b)* Polyribosomen, *c)* granuläre Membranstücke mit engen Zisternen, *d)* Zytofilamente, *e)* rundliche Zisternenerweiterungen, *f)* Golgimembranen, *g)* kleinvesikuläre An-sammlungen, *h)* mäanderförmig verbundene Membranpaare, *i)* kleine Kohlenhydrateinlagerungen, *k)* Kohlenhydrateinlagerungen mit Rarifizierungsvakuolen, *l)* Golgifeld; Vergr. *ABC:* 7800 ×, *D:* 4500 ×

pel wird die Zahl der parallelen Membranstücke stark verringert, dafür treten Zisternenerweiterungen und Säcke auf.

Der *Durchmesser* der granulären Membranpaare beträgt $850 \pm 25$ Å, die Breite der Zisterne $420 \pm 16$ Å, die Membranen messen $50–60$ Å und der Gra-nula-Durchmesser ist $160 \pm 3$ Å (ZELANDER, 1959). Zisternenerweiterungen bzw.

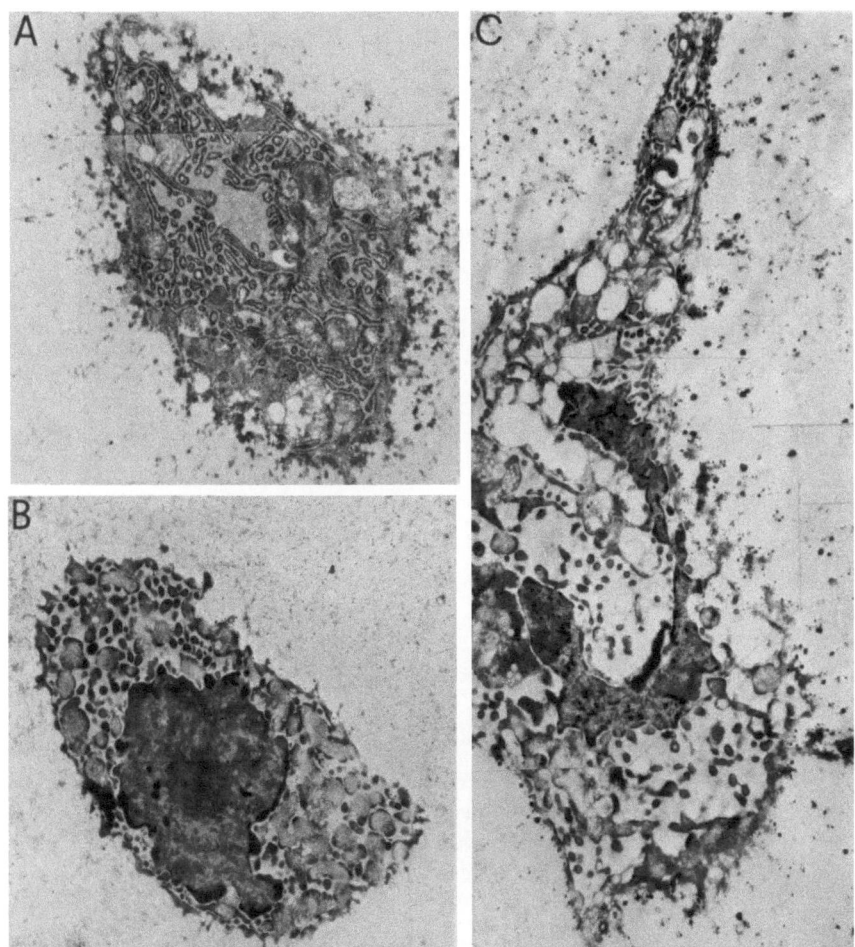

**Abb. 111.** Ratte, Chondrozyten aus der hypertrophen Zone nach Gabe von Parathormon, *A)* 3 Std nach Injektion (61 g, 1000 USP), *B)* 6 Std nach Injektion (51 g, 800 USP), *C)* 36 Std nach Injektion (12,5 g, 75 USP); Vergr. 6700 × (aus KNESE 1969a, vgl. Abb. 161)

*Zisternensäcke* werden häufig erwähnt (ZELANDER, 1959; TAKUMA, 1960b; DA-VIES et al., 1962; FÖLDES et al., 1963; ANDERSON, 1964; SILBERBERG et al., 1964; THYBERG und FRIBERG, 1971; HOLTROP, 1972a,b; SILBERMANN und FROMMER, 1974a). Verbindungen der Zisternen zu einer erweiterten perinukleären Zisterne sind häufig (KNESE und KNOOP, 1961b; KNESE, 1966c, 1967b).

Neben sackartigen Erweiterungen der Zisternen in hypertrophen Zellen und im Säulenknorpel (KNESE, 1969b) kommen ausgedehnte, lakunenartige Erweiterungen vor, durch die das Hyaloplasma auf kleinere Bezirke beschränkt wird (KNESE und KNOOP, 1961a). Die Erscheinungsform der Zelle mit einem derart gestalteten endoplasmatischen Retikulum wurde auch als Degenerationsbild gedeutet (SILBERBERG et al., 1961; PALFREY und DAVIES, 1966). Die geschilderte

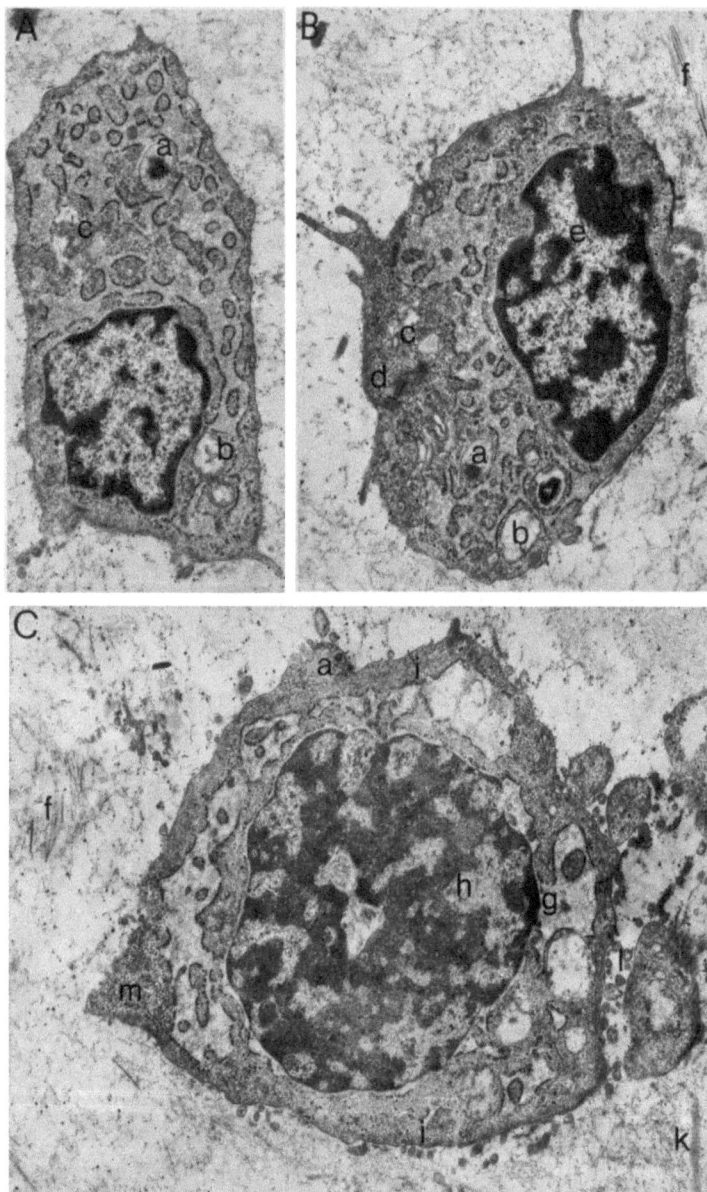

**Abb. 112.** Rinderfet, 350 mm SSL, Zwischenwirbelscheibe. *A − C:* fortschreitende Erweiterung der Zisternen mit gleichzeitiger Auflockerung ihres Inhaltes. *a)* Vakuolen mit verschiedenartigem Inhalt, *b)* Vakuolen mit doppelter Membranumhüllung (Mitochondrien?), *c)* Golgifeld, *d)* Diplosom, *e)* zunehmende Verklumpung des Kernmaterials, *f)* quergestreifte Kollagenfibrillen, *g)* Verbindung der perinukleären Zisterne mit denen des endoplasmatischen Retikulums, *h)* netzartige Verdichtungen im Zellkern, *i)* Zytofilamente, *k)* Aggregation von Filamenten, ähnlich einer elastischen Faser, *l)* Querschnitte durch verschieden große Zellfortsätze, *m)* Kohlenhydratgranula von geringem Kontrast; Vergr. 12600× (aus Knese 1971a)

Strukturform des Retikulums kommt u.a. in den *Kambiumzellen* des Periosts vor; sie tritt vermehrt in Epiphysen unter der Einwirkung toxischer Dosen von Parathyreoideahormon auf (KNESE, 1966c, 1967b, c, 1969a; Abb. 111).

Die Entwicklung der *lakunären* Erweiterung von Zisternen wurde an Zellen in den peripheren Anteilen der Zwischenwirbelscheibe von *Rinder*feten und der *Ratte* verfolgt (KNESE, 1971a). Sie verläuft folgendermaßen (Abb. 112, 113, 114): 1. Der Kern des Chondrozyten zeigt eine grobe netzartig geordnete Verdichtung seines Materials; 2. die perinukleäre Zisterne und Zisternen des endoplasmatischen Retikulums erweitern sich gleichmäßig und bilden einen einheitlichen See; 3. der dichte Zisterneninhalt lockert sich auf; 4. das Hyaloplasma besteht aus einer Randschicht unter dem Plasmalemm und „vakuolen"-artigen Bezirken, die im Zisternensee schwimmen; 5. in einer Verdickung der peripheren Hyaloplasmalage liegen schwach kontrastierte Golgi-Membranen und das Diplosom; 6. zunächst sind auch freie Ribosomen und Polyribosomen vorhanden; 7. Mitochondrien sind selten anzutreffen; 8. nach Ausbildung der lakunenartigen Erweiterungen erscheinen im Hyaloplasma erneut Kohlenhydratgranula. Nach Einsetzen der Kohlenhydratspeicherung kommt es zur Extrusion von Interzellularsubstanz.

Im Anschluß an die mehr peripher in der Zwischenwirbelscheibe gelegenen Zellen mit lakunenartig erweiterten Zisternen, mitunter auch in unmittelbarem Kontakt mit ihnen, befinden sich im zentralen Teil Zellen, die schrittweise eine Ausbildung von *sackartigen Zisternen* aufweisen (Abb. 115). Ihre Anfangsstadien liegen mehr peripher, die Endstadien zum Nucleus pulposus hin. Diese Verteilung spricht dafür, daß es sich nicht nur um eine morphologische Reihe, sondern um eine *Entwicklungsreihe* handelt. Die Anfangsglieder dieser morphologischen und topographischen Reihe unterscheiden sich von den Zellen mit lakunenartigen Zisternen durch ihre sehr differenzierte Struktur. Neben einem mäßig entwickelten endoplasmatischen Retikulum und Polyribosomen sind sehr viele Golgi-Elemente vorhanden, ferner Vesikel mit verschiedenartigem Inhalt, Kohlenhydratgranula und ein Diplosom. In dieser Reihe sind einzelne schlauchförmige Mitochondrien vorhanden, während sie in der Zellreihe mit lakunären Erweiterungen selten sind. Einzelne Abschnitte der Zisternen erweitern sich zu Säcken, die durch enge endoplasmatische Kanäle miteinander verbunden sind (Abb. 116). Es erfolgt dann eine Auflockerung des Hyaloplasmas und der Abstand zwischen den Membranpaaren des endoplasmatischen Retikulums wird größer.

Die Golgi-Elemente verschwinden weitgehend und die Zahl der Kohlenhydratgranula wird vermehrt. So entsteht ein Zellbild, das dem einer hypertrophen Zelle der Epiphyse sehr ähnlich ist. Unter dem Plasmalemm und zwischen den peripher gelegenen Anteilen des endoplasmatischen Retikulums erscheinen Kohlenhydratgranula von etwa 450–500 Å Durchmesser. Die Struktur der Zellen der Zwischenwirbelscheibe unterscheidet sich von der der Epiphyse. Die Zellen der Epiphyse mit sackartigen Zisternen besitzen wesentlich dichtere Kohlenhydrateinlagerungen (KNESE und KNOOP, 1961b; KNESE, 1968b) und stets einen stark gelappten Kern.

*Sackartige Zisternen* und enge Kanäle fanden wir weiter in der Sehne des Musculus quadriceps bei der *Ratte.* In anderen Sehnenzellen sind mehr lakunen-

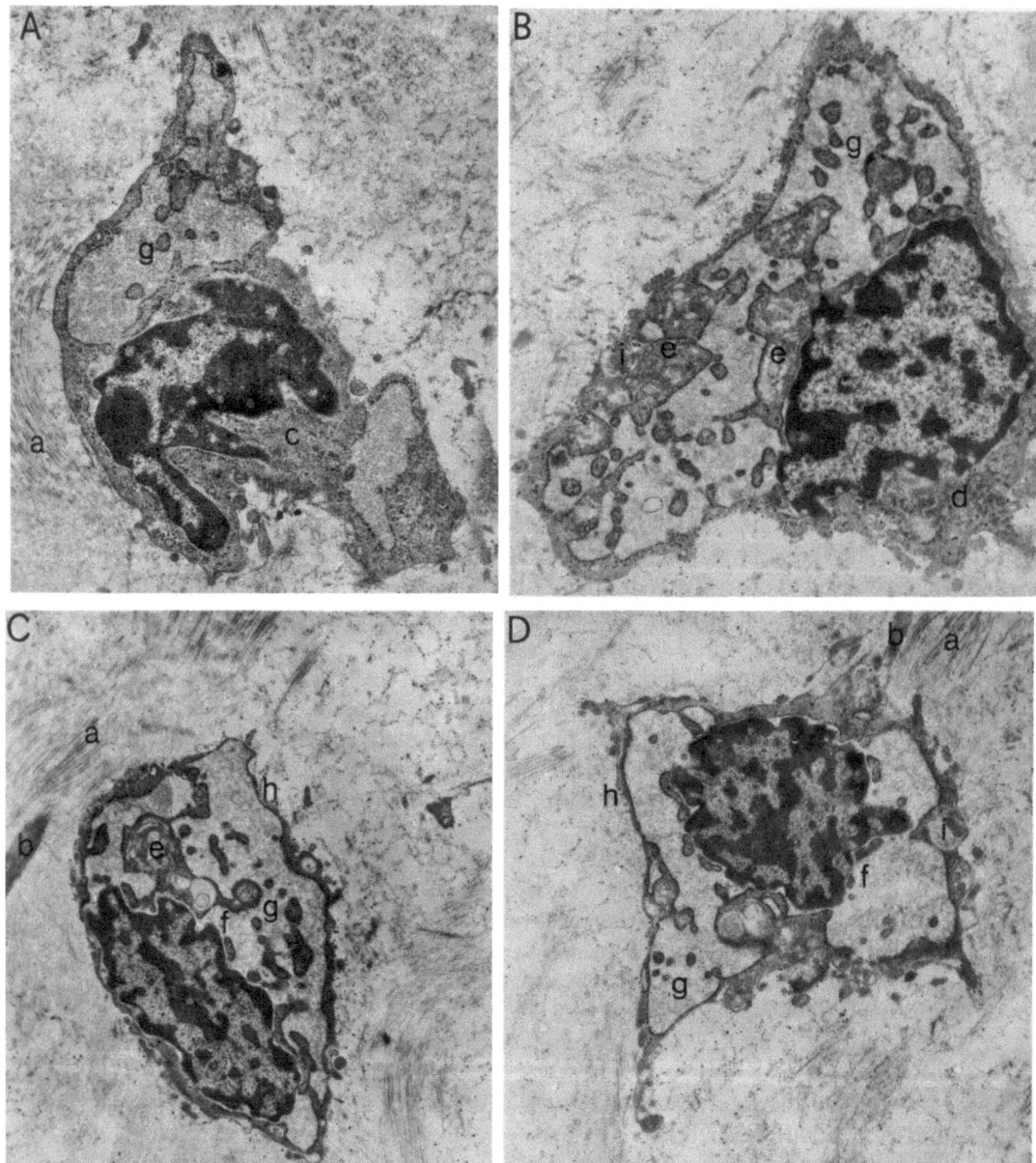

**Abb. 113.** Rinderfet, 350 mm SSL, Zwischenwirbelscheibe, *A — D:* fortschreitende Vergrößerung der
Zisternen. *a)* Kollagenfibrillen mit Querstreifung, *b)* Aggregate von Filamenten im Sinn der Zusammenlagerung einer jungen elastischen Faser, *c)* Ansammlung von Kohlenhydratgranula und Zytofilamenten; *d)* Polyribosomen, *e)* Golgifeld, *f)* Zusammenfließen von perinukleärer Zisterne und Zisterne
des endoplasmatischen Retikulums, *g)* hyaloplasmatischer Bezirk im Zisternensee. *h)* schmale hyaloplasmatische Schicht zwischen Plasmalemm und granulären Membranen. *i)* Vakuolen; Vergr.
12600 × (aus Knese, 1971a)

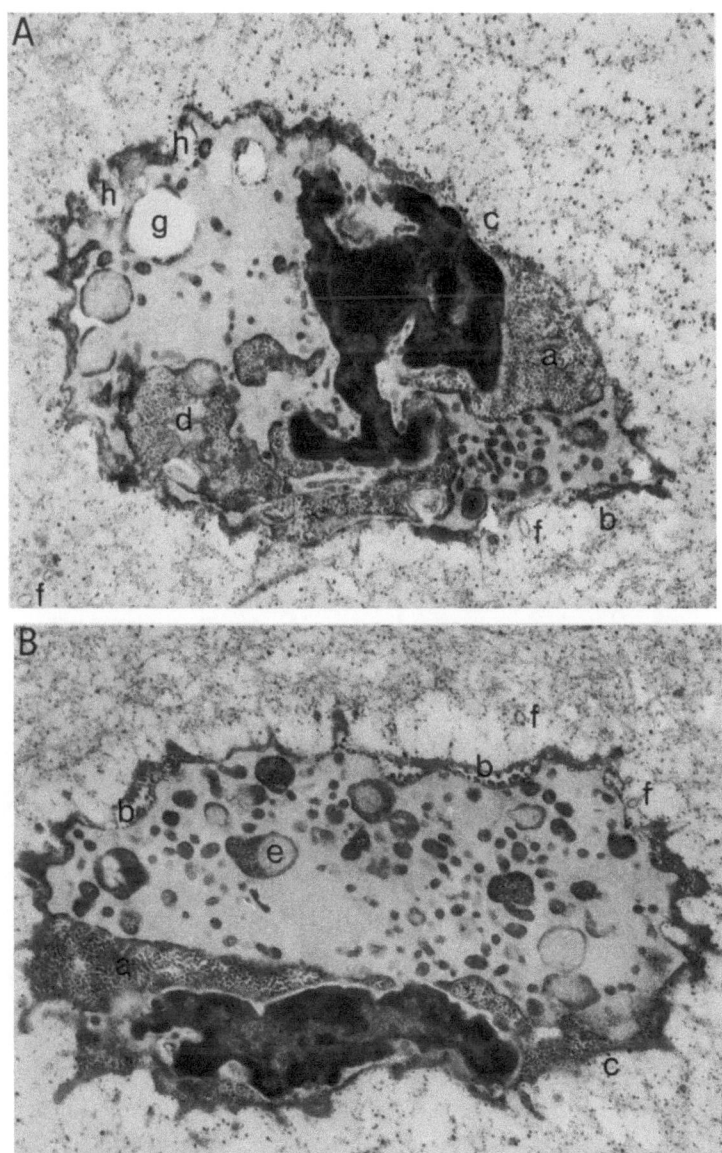

**Abb. 114.** Rinderfet, 350 mm SSL, Zwischenwirbelscheibe, *A* und *B:* starke Verklumpung der Kernarchitektur. *a)* Kohlenhydrateinlagerungen mit etwas stärkerem Kontrast, *b)* Kohlenhydrateinlagerungen unter dem Plasmalemm, *c)* direkte Extrusion von Kohlenhydratgranula durch das Plasmalemm, *d)* Golgivakuolen, *e)* hyaloplasmatische Bezirke mit Kohlenhydratgranula und Resten von Golgilamellen (?), *f)* Extrusion von Vakuolen, *g)* optisch leere Vakuolen mit einem dunklen Randbelag, *h)* Extrusion aus Vakuolen, Vergr. 12 600 × (aus KNESE, 1971a)

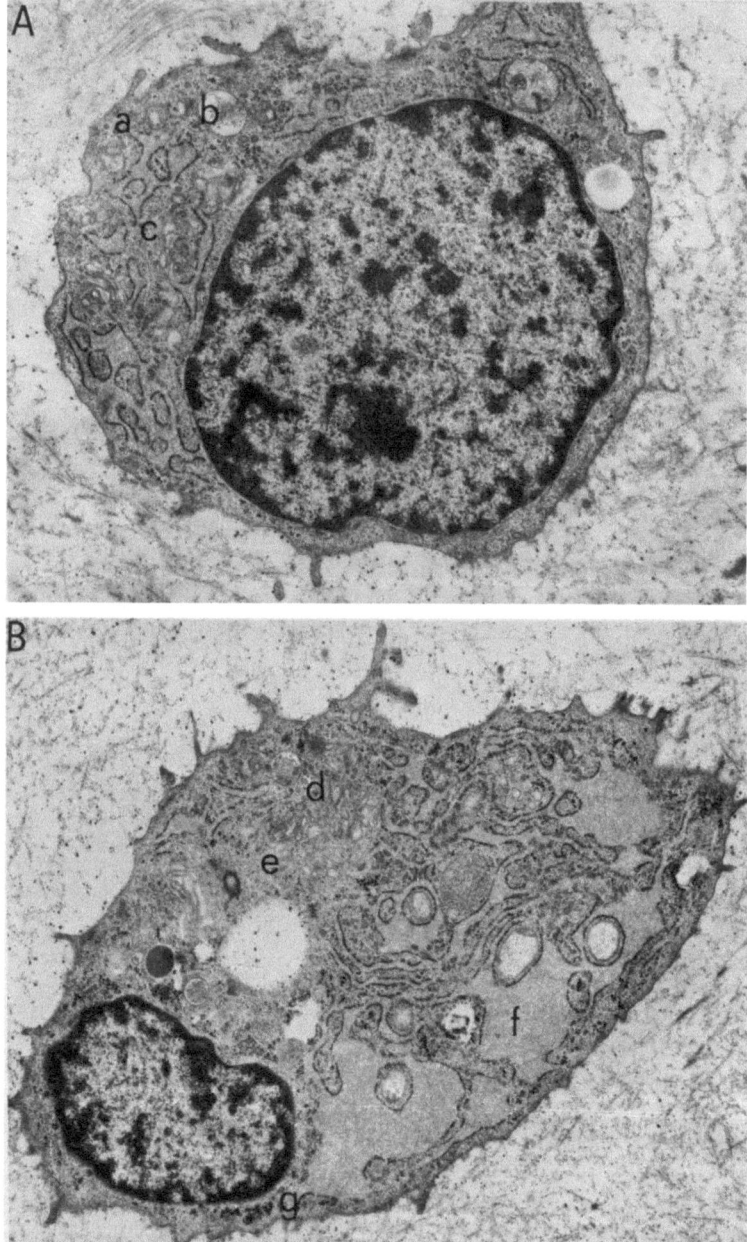

**Abb. 115.** Rinderfet, 350 mm SSL, Chondrozyten mit schrittweiser Entwicklung sackartiger Zisternen. *a)* Quergeschnittene Zilie, *b)* Vakuole mit feingranlärem Inhalt, *c)* Golgifeld mit Membranen und Vakuolen, *d)* Golgifeld mit größeren Vakuolen, *e)* Zentriol, *f)* sackartige Erweiterung der Zisternen, *g)* Kohlenhydrateinlagerungen; Vergr. 9000x

artige Erweiterungen vorhanden, so daß das Hyaloplasma nur noch in Spuren zu erkennen ist. Diese *vesikulösen* oder *chondroiden* Zellen haben wie Osteoblasten eine größere Zahl von Mitochondrien. Mitunter findet man auch Osteoblasten mit lakunenartigen Zisternen.

Es fehlt nicht an Versuchen, die Umgestaltung des endoplasmatischen Retikulums *funktionell* zu deuten. Es wurde eine *Glucosespeicherung* in erweiterten Zisternen angenommen (SIEKEVITZ, 1959), doch ist dies zweifelhaft (KNESE, 1969b), da sie an das Polymer des bereits vorhandenen Glykogens im Hyaloplasma gebunden wird (u.a. STETTEN und STETTEN, 1960). Nach LAWFORD und SCHACHTER (1966) wird in den Kanälen des granulären und agranulären Retikulums $^{14}$C-Glucosamin in das Protein gebundene Hexosamin inkorporiert. Die Kohlenhydrat-Ketten sollen während des Transports durch die Kanäle des endoplasmatischen Retikulums verlängert werden (SPIRO, 1970c; vgl. dagegen SARCIONE et al., 1964; SINOHARA und SKY-PECK, 1965). Eine *Material-speicherung* in den erweiterten Zisternen wurde verschiedentlich erwogen (KNESE und KNOOP, 1958, 1959, 1961a; FÖLDES et al., 1963; KNESE, 1969b). Alle Deutungen beziehen sich auf das postribosomale Molekülwachstum, über das wir noch wenig orientiert sind.

Unter Berücksichtigung anderer Befunde wurde angenommen, daß die Zellen mit lakunenartig erweiterten Zisternen ein *Glykoprotein*, d.h. ein an Proteinen reiches Kohlenhydrat synthetisieren (KNESE, 1970b, 1971a). Sie sind u.a. in dem distalen Abschnitt des hypertrophen Knorpels recht reichlich vertreten (KNESE und KNOOP, 1961a). In dieser Region erscheinen stark Ninhydrin-Schiff-positive Zellen (KNESE, 1968b); die Reaktion verschwindet nach Trypsin-Behandlung fast vollständig, nach Neuraminidaseeinwirkung weitgehend. *Unmittelbar proximal* von diesen proteinreichen Zellen ist eine stärkere Reaktion auf *Glucose-6-phosphat-Dehydrogenase* zu beobachten (BALOGH et al., 1961; MORI et al., 1965; TAKADA, 1966; FISCHER, 1973), die auf eine *Proteinsynthese* über den Pentose-Phosphat-Zyklus hinweist. Dagegen fehlt den distalen hypertrophen Zellen das Enzym zur Bildung der Glucuronsäure, die UDP-Glucose-Dehydrogenase (FISCHER, 1973), ein Enzym der Proteoglykan-Synthese. Im Bereich der Hypertrophen ist eine steigende Konzentration von radioaktiver *Aminosäure* (CAMPO und DZIEWIATKOWSKI, 1963) und eine Zunahme der *Sialinsäure* (JIBRIL und LINDENBAUM, 1965) zu beobachten. Die Methylenblau-Reaktion pH 4,6 der Interzellularsubstanz widersteht der Behandlung mit Testis-Hyaluronidase. Daher vermutet KNESE (1971a), daß in Skelettzellen mit lakunenartig erweiterten Zisternen *proteinreiche Kohlenhydrate* gebildet werden. Man könnte weiter annehmen, daß in Skelettzellen mit sackartigen Zysternenerweiterungen überwiegend eine MPS-Synthese im eigentlichen Sinn stattfindet.

### 4.3.2.3. Autoradiographische Untersuchungen des Proteinstoffwechsels der Chondrozyten

Die Ablagerung von $^{14}$C-Bicarbonat, verabreicht an *Ratten* 12 Std nach der Geburt, ist im Zytoplasma von Knorpelzellen nach 4 Std nachzuweisen (GREULICH und LEBLOND, 1953; GREULICH, 1956). Die Stärke der Reaktion nimmt von den Epiphysenknorpelzellen zu den Hypertrophen hin zu, fehlt jedoch oder ist gering in der Mineralisationszone. Nach 24 Std ist die Reaktion in den Zellen weitgehend geschwunden, dafür aber in der Interzellularsubstanz aufgetreten, wo sie bis zu 72 Std nachzuweisen ist. Die Breite der nicht reagierenden Zone in der Gegend der Mineralisation nimmt dabei gegenüber dem Verhältnis bei 4 Std ab. Die $^{14}$C-Aufnahme und -Abgabe zeigt nicht nur der Epiphysenknorpel, sondern auch jene Knorpel, die keine Knochenbildung aufweisen (z.B. Trachea, Ohrmuschel). Der Umsatz ist so groß, daß er nicht nur auf das interstitielle

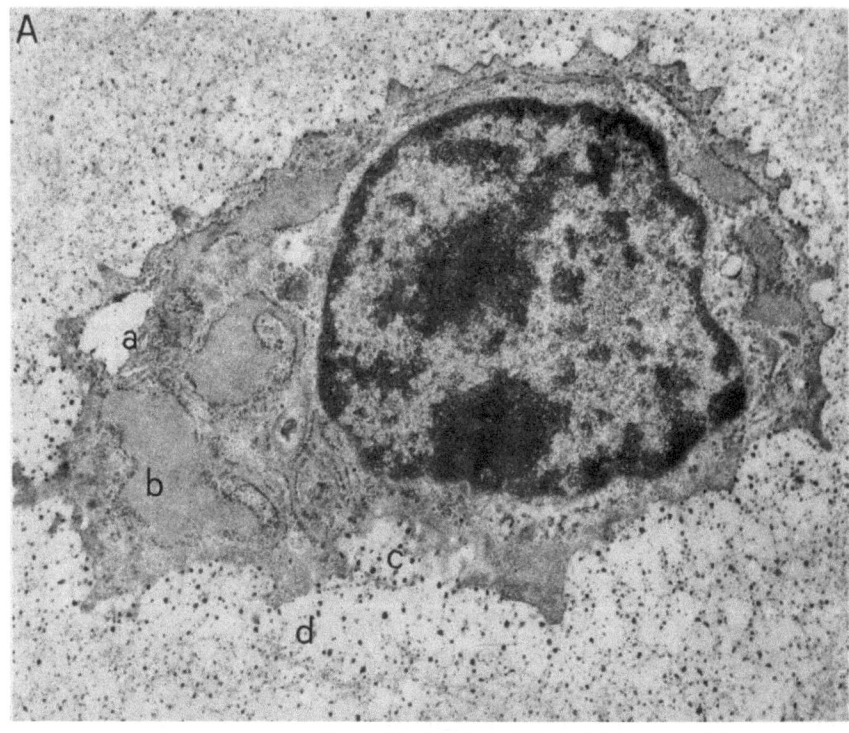

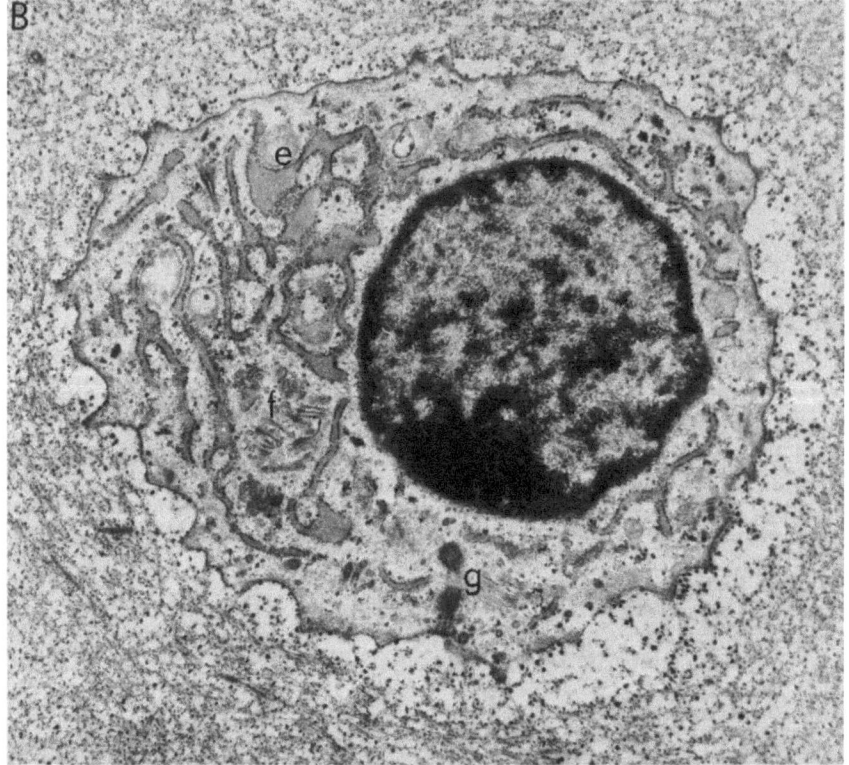

Wachstum bezogen werden kann. Die Autoren haben damit die *Umsatzrate* im Zusammenhang mit dem turnover nachgewiesen, ein Punkt, der später kaum beachtet wurde.

Bei *Ratten* und *Mäusen* ist die Ablagerung von $^3$H-Leucin, $^{35}$S-Thioaminosäuren und $^{14}$C-Aminosäuren im Epiphysenknorpel gering, stärker im Säulenknorpel und nimmt zur Mineralisationszone hin ab (KOBURG, 1961, 1962). Aber noch Zellen, die bereits deutlich regressive Veränderungen aufweisen, besitzen Silberkörnchen. Die Silberkornzahl pro Zellquerschnitt steigt zu den hypertrophen Zellen hin an, die Silberkorndichte dagegen fällt ab. Daraus ist auf einen fortlaufenden Anstieg der $^3$H-Leucin-Aufnahme je Zellvolumen zu schließen. Stark geschwärzte Säulenknorpelzellen nehmen ähnlich wie die Osteoblasten innerhalb von 24 Std infolge des Abbaus des Proteins stark an Markierung ab, weniger geschwärzte Zellen, wie die hypertrophen Knorpelzellen und die Osteozyten, dagegen weniger. Die Häufigkeit der Silberkornzahl je Zelle entspricht der Poissonschen Verteilungskurve. Die Silberkorndichte ist ein Maß für die Größe des *Eiweißumsatzes* pro Volumeneinheit der Zelle. Der Eiweißstoffwechsel würde von den Säulenknorpelzellen an pro Volumeneinheit mit der Größenzunahme der Zellen zu den Hypertrophen absinken. Da aber eine Vergrößerung des Zellvolumens vorliegt, *steigt der Eiweißstoffwechsel* bis zur Mineralisation an (MAURER, 1960). Der Eiweißstoffwechsel der Säulenknorpelzellen und junger Osteozyten ist etwa halb so groß wie jener der kubischen metaphysären Osteoblasten, der exokrinen Pankreaszellen, Ganglienzellen und Zellen der Nebennierenrinde und entspricht jenem in den Lieberkühnschen Krypten (vgl. NIKLAS und OEHLERT, 1956; MAURER, 1960). Der Eiweißumsatz der hypertrophen Knorpelzellen gleicht dem der Oberflächenepithelien des Magen-Darm- und Respirationstrakts. Entsprechend der Eiweißumsatzrate verhält sich die mittlere *Lebensdauer* des Zellproteins. Sie beträgt für die metaphysären Osteoblasten etwa 6–10 Std, für die Proliferationszellen etwa 14 Std und für den Gelenkknorpel 20–30 Tage.

Bei der Verwendung von markierten Aminosäuren ist zwischen dem *Zellumsatz*, repräsentativ für die Produktion von Interzellularsubstanzen, und dem *Zytoplasmaumsatz* zu unterscheiden (TONNA, 1965b). Der Bedarf für den Zytoplasmaumsatz ist gering. Das markierte Protein der Interzellularsubstanz ist auf Kollagen und den Mukopolysaccharid-Protein-Komplex zu beziehen. Der größere Teil des mit $^3$H-Glycin, Histidin und Prolin markierten Materials stellt Kollagen dar. Das Verhältnis Kollagen zum Mukopolysaccharid-Protein-Komplex beträgt im Knochen 79:1 und im Knorpel 1:1 (TONNA, 1964). Damit würden beim Knochen 1% der Silbergranula den MPS zuzuordnen sein, beim Knorpel aber 5% des Glycins, 33% des Histidins, 8% des Prolins und 17% des Lysins.

Die Säulen- und hypertrophen Zellen zeigen nach 5–15 min eine Markierung mit Glycin, nach 30 min ist die Interzellularsubstanz um die Zellen markiert (TONNA et al., 1962b, 1963). Die Markierung der Interzellularsubstanz mit Glycin ist nach einer Stunde diffus. Histidin tritt ebenfalls nach einer Stunde in

◁ **Abb. 116.** Rinderfet, 350 mm SSL, *A:* sackartige Erweiterung der Zisternen, *B:* Rarifizierung des Hyaloplasma. *a)* Verquollene, wenig kontrastierte Glykogeneinlagerungen, z.T. mit Rarifizierung, *b)* sackartig erweiterten Zisternen, *c)* Extrusion von MPS Granula, vermutlich durch Aufreißen des Plasmalemms, *d)* Perizellularsubstanz, *e)* Mitochondrien, *f)* Golgifeld, *g)* Diplosom, ein Zentriol in Kontakt mit dem Plasmalemm; Vergr. 12 600 ×

den genannten Zellen auf, wird aber in den peripheren Zellen stärker als in den zentralen abgelagert. Nach 4 bzw. 8 Std geht das Histidin in die Interzellular-substanz über, bleibt in den Zellen aber von gleicher Stärke, während die Glycin-markierung abnimmt. Gleichzeitig verschiebt sich die Markierung zu den hyper-trophen Zellen und jenen der Mineralisationszone. Nach 24 Std nimmt die Mar-kierung beider Aminosäuren über den Zellen ab und ist nach 2–4 Tagen nicht mehr nachzuweisen. Die Glycinaufnahme ist bei 52 Wochen alten Mäusen der beschriebenen Verteilung zwar ähnlich, aber wesentlich niedriger und bleibt im Gelenkknorpel erhalten (TONNA, 1965b, 1971a, b). Die *Aktivität der Protein-synthese* durch die Zellen hat erheblich abgenommen. Bei weißen *Kaninchen* ist die Aufnahme von $^3$H-Glycin und damit die Proteinsynthese am höchsten im 2. Monat und nimmt zum 6. Monat merkbar ab, um später annähernd konstant zu bleiben (MANKIN und BARON, 1965; MANKIN, 1975). Zur Aufnahme von Prolin sind alle Knorpelzellen fähig, wenn auch in unterschiedlichem Maß (SILBERMANN und FROMMER, 1972b).

Die Ablagerung von $^{14}$C-Phenylalanin und $^{14}$C-L-Leucin erfolgt nach CAMPO und DZIEWIATKOWSKI (1963) bei 8–10 Tage alten *Ratten* nach 4 Std in den proliferierenden und hypertrophen Chondrozyten in gleicher Verteilung wie $^{35}$S-Methionin (BÉLANGER, 1958), $^3$H-Histidin (TONNA et al., 1962b) und $^{14}$C-Prolin (RAY et al., 1962). Bis zu 96 Std nach Injektion nimmt die $^{14}$C-Konzentration im Säulenknorpel und den hypertrophen Knorpelzellen ab, doch ist eine auffal-lende Zunahme der Konzentration in den degenerierenden Chondrozyten nicht zu beobachten. Im Gegensatz zu $^{35}$S-Sulfat verschwindet in den folgenden 48 Std das $^{14}$C aus der Interzellularsubstanz, bleibt aber in den degenerierenden Chon-drozyten noch erhalten. Ähnliche Beobachtungen wurden bei der Bildung des sekundären Knochenbildungszentrums gemacht. Das $^{14}$C-markierte Material der Interzellularsubstanz geht verloren. Mit dem Übergang in die hypertrophe Zone ist eine *Abnahme* der Konzentration des Chondroitinsulfats und Proteins in der Interzellularsubstanz verbunden (vgl. FITTON-JACKSON, 1960). Diese Er-gebnisse widersprechen z.T. den Befunden von GREULICH (1956) mit $^{14}$C-Bicar-bonat, der nach 72 Std in den Zellen kein $^{14}$C mehr fand, dagegen in der Interzellularsubstanz, einschließlich jener um die Mineralisationszellen.

*Kollagen* wird auch in *Knorpelexplantaten* gebildet (PROCKOP und UDENFRIEND, 1960). Isolierte Chondrozyten aus der Wirbelsäule 10 Tage alter *Hühnchen*embryonen nehmen $^{35}$S und $^3$H- bzw. $^{14}$C-Prolin auf (PROCKOP et al., 1964), d.h. die Zellen bilden zur gleichen Zeit sulfatierte MPS und Kollagen. In entdifferenzierten Chondrozyten wird kein $^{35}$S eingelagert, sie bilden, trotz Auf-nahme von Prolin, kein *Hydroxyprolin*. Dagegen wird von anderen Autoren über die Produktion von $\alpha_1$- und $\alpha_2$-Ketten in der Kultur berichtet (u.a. HANDLEY et al., 1975). Von der Interzellularsub-stanz getrennte Chondrozyten produzieren in vitro ein Glycosaminoglykan, das sich elektrophore-tisch wie ein Chondroitinsulfat verhält, aber statt Galaktosamin Glucosamin aufweist (GLICK und STOCKDALE, 1964). Eine *Hemmung* der Kollagensynthese durch Dipyridil beeinflußt die Einverleibung von $^{14}$C-Glucosamin und $^{35}$S-Sulfat nicht (BHATNAGAR und PROCKOP, 1966). Ebenso hat die Hem-mung der MPS-Synthese keinen Einfluß auf die Biosynthese von Kollagen. Autoradiographisch ließ sich keine Wirkung der MPS auf die Extrusion des Kollagens in den Interzellularraum nachwei-sen. Es dürfte keine essentielle Bindung zwischen beiden Syntheseprozessen bestehen. Obwohl die Makromoleküle extrazellular in einem bestimmten Verhältnis zueinander auftreten, erfolgt ihre Synthese und Abgabe nicht in diesem Verhältnis (vgl. BOSMANN, 1968). Die Protein-Polysaccharide werden als eine Einheit gebildet. Durch Puromycin wurden bei der Kollagensynthese *unvollständige Polypeptide* gebildet, die reich an Prolin sind, aber kein Hydroxyprolin enthalten (BHATNAGAR et al., 1967b). Normalerweise kommen die Kollagenvorläufer erst nach Hydroxylation des Lysins und Prolins zur Extrusion. Unter Puromycin-Einwirkung werden die Polypeptide jedoch in den Interzellularraum abgegeben. Unter Einfluß von Dipyridil gebildetes *Protokollagen* verbleibt bis zu 72 Std in der Zelle, normales Kollagen kommt sofort zur Extrusion (BHATNAGAR et al., 1968). Die Hemmung der Kollagensynthese durch Dipyridil hat zunächst eine geringe Wirkung auf die Chondroitinsulfat-Synthese, doch wird später die Aufnahme von Glucose reduziert (ROKOSOVÁ-CMU-CHALOVÁ und BENTLEY, 1968). Als Hemmer der *MPS-Synthese* wurden Salizylate herangezogen, die vermutlich u.a. die Synthese von Glucosamin-6-phosphat hemmen. Eine gewisse Verbindung zwischen Biosynthese von Kollagen und Chondroitinsulfaten ist wahrscheinlich, wenn die einzelnen Fraktionen des Kollagens berücksichtigt werden, was bei den erwähnten Untersuchungen jedoch nicht der Fall war (PROCKOP et al., 1962, 1963; EBERT und PROCKOP, 1963; MANNER und GOULD, 1963; KRETSINGER et al., 1964; ROSENBLOOM et al., 1967; ROHR und GEBERT, 1967; SALPETER, 1968; COOPER und PROCKOP, 1968).

Die *nukleäre Proteinsynthese* ist etwa proportional zum Kernvolumen, die Syntheserate im gesamten Zytoplasma ist um einen fast konstanten Faktor größer als im Kern (CITOLER et al., 1966). Wird die Korndichte in der Leberzelle $\cong 100$ gesetzt, beträgt sie im Knorpel 12. Vergleichsweise sei erwähnt, daß sie im Unterhautbindegewebe 34, in den Hauptzellen des Magens 304, im Kleinhirnmark 9 und in den Erythrozyten 0 beträgt. Ein aktiver Transport ist u.a. für Prolin anzunehmen (OXENDER und CHRISTENSEN, 1963; CHRISTENSEN und LIANG, 1965; ADAMSON et al., 1966; ADAMSON und INGBAR, 1967). Das Prolin wird an ein Membrantransportsystem gebunden (ADAMSON et al., 1972).

Die Ablagerung von *Cytidin* entspricht jener der Aminosäuren (KOBURG, 1962). Der Proteinumsatz geht nicht allein einem entsprechenden Bestand an RNS, sondern auch dem *RNS-Umsatz* parallel (vgl. SCHULTZE und OELERT, 1960). Nach intraartikulärer $^3$H-Cytidin-Injektion in das Kniegelenk von *Kaninchen* fand MANKIN (1963a, 1975) nach einer Stunde eine Markierung fast aller Knorpelzellen, mit Ausnahme jener der Mineralisationszone bei erwachsenen Tieren. So dürften alle Chondrozyten zur RNS-Synthese befähigt sein. Nach 4 Std waren Kern und Zytoplasma markiert, nach 12 Std nur das letztere. Dieser zeitliche Verteilungsmodus ist bei jungen (600–800 g) und erwachsenen (3,5–5,0 kg) Kaninchen gleich. Bei jungen Kaninchen ist im Gelenkknorpel die Zone der hypertrophen, Glykogen enthaltenden Zellen stärker markiert als jene der Oberfläche. In der schmalen Zone des hyalinen Epiphysenknorpels, des Säulenknorpels und oberen Anteiles der hypertrophen Region liegt das Cytidin nach einer Stunde überwiegend im Zellkern, nach 2–4 Std über die ganze Zelle verteilt (MANKIN et al., 1968). Im unteren Anteil des hypertrophen Knorpels findet sich nach einer Stunde wesentlich weniger Isotop, und die Ablagerung ist zeitlich verzögert; anschließend steigt die Markierung an. In vielen Zellen der Mineralisationszone fehlt eine Ablagerung während der ersten Stunde, doch sind nach 4 Std viele Zellen markiert. Damit ist für einen größeren Teil der Epiphysenzellen eine RNS-Synthese anzunehmen; abweichend verhält sich der distale Teil der Hypertrophen und die Mineralisationszone.

### 4.3.2.4. Enzyme des Proteinstoffwechsels in Chondrozyten

Das Vorhandensein (vgl. Tabelle 12) von Glutamat-Dehydrogenase, Glutamat-Oxalacetat-Transaminase, Glutamat-Pyruvatkinase weisen auf Verbindungen zwischen Kohlenhydrat- und Proteinstoffwechsel hin (DELBRÜCK, 1970). Die Glucose-6-phosphat-Dehydrogenase-Aktivität der einzelnen Knorpelarten ist recht unterschiedlich (vgl. KUHLMAN, 1960).

Im *Hexosemonophosphat-Shunt* wird phosphorylierte Pentose für die Biosynthese der Nukleotide und Nukleinsäuren, ferner das NADPH gebildet; im übrigen stellt er eine Energiequelle dar. Er wurde im Epiphysenknorpel, in der Metaphyse und im Rippenknorpel nachgewiesen (BOLOGNANI und FERRI, 1958). Die Konzentration des *ATP* ist im Säulenknorpel etwas niedriger, im hypertrophen höher als im hyalinen Epiphysenknorpel und wesentlich geringer in der primären Spongiosa. Für die Synthese der Glykosaminoglykane ist bedeutsam, daß die Knorpelpyruvatkinase ATP und UTP katalysieren kann (EYRING et al., 1963; KUHLMAN und MCNAMEE, 1970). Von den Enzymen des Pentosephosphatzyklus wurden in Knorpelzellen Phosphogluconat-Dehydrogenase und *Glucose-6-phosphat-Dehydrogenase* histochemisch nachgewiesen (WALKER, 1961; FULLMER, 1964c; FISCHER, 1973). Diese beiden NADP-abhängigen Dehydrogenasen treten in den hypertrophen Knorpelzellen auf (BALOGH et al., 1961; WALKER, 1961; FISCHER, 1973; Tabelle 10, 12). Zu nennen ist zudem die Glycerinaldehyd-3-phosphat-Dehydrogenase (HIMMELHOCH und KARNOWSKY, 1961). Im Hinblick auf die Stärke der Aktivität weichen die Angaben von BONA et al. (1964) und von BONA und STĂNESCU (1966) etwas voneinander ab. Die Glucose-6-phosphat-Dehydrogenase nimmt bereits im Säulenknorpel an Menge ab. Nach TAKADA (1966) ist eine starke Aktivität der Glucose-6-phosphat-Dehydrogenase nur im hypertrophen Knorpel vorhanden, wiederum – nach seiner Abbildung zu schließen – nur im ersten und zum Teil im zweiten Drittel (vgl. MORI et al., 1965).

Die Glucose-6-phosphatase ist nach BONA und STĂNESCU (1966) im Säulen- und hypertrophen Knorpel stärker vertreten als im Epiphysenknorpel. Die *NAD*-abhängigen Dehydrogenasen (Lactat-, Malat-, Glutamat- und $\beta$-Hydroxybutyrat-Dehydrogenase) sind im Säulenknorpel, die *NADP*-abhängigen Dehydrogenasen (Isocitrat- und Glucose-6-phosphat-Dehydrogenase und Aconitase) im hypertrophen Knorpel konzentriert. Die NADP-abhängigen Enzyme, vor allem die Glucose-6-phosphat-Dehydrogenase in den hypertrophen Knorpelzellen sprechen für einen erhöhten Stoffwechsel der Pentosen und damit die *Synthese von Nukleinsäuren* (TAKADA, 1966). Mikrochemisch läßt sich in der distalen Femurepiphyse von jungen *Hunden* ein geringer Anstieg der Glucose-6-phosphat-Dehydrogenase zur hypertrophen Region hin und eine Verdoppelung der Aktivität in der primären Spongiosa feststellen (KUHLMAN, 1960). Die Enzymaktivität ist bei *Lathyrismus* erniedrigt (KUHLMAN, 1961). Bei *Meerschweinchen* sinkt die Aktivität der Glucose-6-phosphat-Dehydrogenase in den ersten $2^1/_2$ Jahren auf etwa $^1/_5$ ab und verdoppelt sich bis zum 6. Lebensjahr (SILBERBERG und LESKER, 1971).

Die Chondrozyten und das Perichondrium sind *Aminopeptidase*-aktiv (BURSTONE, 1960a). Dieses Enzym ist in allen Regionen etwa gleich stark, bzw. im Säulenknorpel etwas schwächer vertreten. Die *5'-Nukleotidase* ist im Säulenknorpel reichlicher vorhanden. Die Monoamin-Oxydase nimmt zu den hypertrophen Zellen an Aktivität zu, fehlt aber in der Eröffnungszone (BONA et al., 1964; BONA und STĂNESCU, 1966). Die 5'-Nukleotidase wurde auch in den Chondrozyten der äußeren Lage des Gelenkknorpels in frischen Schnitten gefunden (OTTE, 1958). Über ein gegensinniges Verteilungsmuster der ATPase und der 5'-Nukleotidase berichten GIBSON und FULLMER (1967). In der Epiphysenscheibe reagieren die hyalinen Knorpelzellen stark, die des Säulenknorpels und des hypertrophen Knorpels ein wenig schwächer. Bei Verwendung verschiedener 5'-Nukleotide ergeben sich geringe Unterschiede. Die 5'-Nukleotidase-Aktivität ist im Knorpel ähnlich verteilt wie die alkalische Phosphatase (BURSTONE, 1960a).

## 4.3.3. Die Golgi-Elemente und der vakuoläre Apparat der Chondrozyten

Die Literaturangaben über den Golgi-Apparat der Chondrozyten sind im Hinblick auf seine Erscheinungsform und seine Aufgabe sehr widersprüchlich. In Anlehnung an die Vorschläge von HIRSCH (1955) und BAKER (1957) berichten wir über die *osmiophilen Körper* in Chondrozyten, zudem über ihren *vakuolären Apparat* (vgl. SCHMIDT, 1965; DALTON, 1952, 1961; DALTON und FELIX, 1953, 1956; BOURNE und TEWARI, 1964; REID, 1967; BEAMS und KESSEL, 1968).

### 4.3.3.1. Die osmiophilen Körper in den Chondrozyten

Das Netzwerk des Golgi-Apparats wurde in Chondrozyten verschiedentlich nachgewiesen (v. BERGEN, 1904; DUBREUIL, 1911; DEINEKA, 1916; PARAT und GODIN, 1925; SCHAFFER, 1930; DAWSON, 1931; OINUMA, 1939). Bei der Hypertrophie der Chondrozyten wurde eine Vergrößerung des Golgi-Apparats (FELL, 1925) sowie sein Zerfall behauptet (FANAÑAS, 1912; PRITCHARD, 1952). In Chondrozyten der *Ratte* ist auch eine äußere osmiophile bzw. chromophile und eine innere osmiophobe oder chromophobe Substanz zu beobachten (SHEEHAN, 1948). Die regionale Verteilung der osmiophilen Körper (Methode Kolatschew-Kopsch) in den Chondrozyten der Epiphyse entspricht nicht jener des vakuolären Apparats (KNESE, 1969 b).

### 4.3.3.2. Elektronenmikroskopie des vakuolären Apparates der Chondrozyten

Neben Golgi-Elementen sind in Chondrozyten stets weitere Vakuolen und Vesikel von beträchtlicher Größe vorhanden. Häufig werden alle diese Vakuolen als Teile des Golgi-Apparats angesehen (u.a. SCOTT und PEASE, 1956; TAKUMA, 1960 b; GODMAN und PORTER, 1960). Andere Autoren betonen, daß ein Teil der Vakuolen Abkömmlinge des Retikulums sind, und daß sog. Extrusionsvakuolen verschiedenartiger Herkunft und pinozytotische Vesikel vorkommen (ZELANDER, 1959; SHELDON und KIMBALL, 1962; ROY und MEACHIM, 1968; KNESE, 1969 b, 1971 a; GOEL, 1970; HOLTROP, 1972 a, b). Auch innerhalb großer Kohlenhydratdepots können von glatten Membranen umgebene Vakuolen, evtl. als multivesikuläre Körper, vorhanden sein (Abb. 117). Da vermutlich Vakuolen verschiedenartiger Herkunft in den Chondrozyten nebeneinander auftreten, empfiehlt es sich, allgemein von einem vakuolären Apparat der Knorpelzellen zu sprechen (vgl. SCHMIDT, 1965). Multivesikuläre Körper reichen bis in die Interzellularsubstanz (SILBERMANN und FROMMER, 1974 a).

Die Chondrozyten in der Epiphyse von *Nagetieren* (*Ratte, Meerschweichen, Maus*) zeigen regional eine unterschiedliche Gestaltung des Golgi-Apparats (KNESE und KNOOP, 1961 a; KNESE, 1969 b; THYBERG und FRIBERG, 1971; HOLTROP, 1972 a, b). In den Epiphysenzellen von *Rinderfeten* ist der Golgi-Apparat nur schwach entwickelt (Abb. 118; KNESE, 1969 b, 1971 a). Die Chondrozyten der Appositionsschicht in der Tibiaepiphyse von *Rattenfeten* besitzen ein Golgi-Feld mit konzentrisch verlaufenden Lamellensystemen, Bläschen und Lysosomen (KNESE und KNOOP, 1961 a). Im hyalinen Epiphysenknorpel ist der Golgi-Apparat gering (KNESE und KNOOP, 1961 a; THYBERG und FRIBERG, 1971), in den Zellen der Transformationszone und des Säulenknorpels stärker entwickelt (KNESE, 1969 b, 1971 a; HOLTROP, 1972 a). Neben Lamellenpaaren sind kleine Vesikel mit feingranulärem Inhalt vorhanden (Abb. 119), größere Vakuolen in der Peripherie des Golgi-Feldes mögen Abkömmlinge der kleineren sein (Abb. 120). Größere Vakuolen stehen aber auch mit dem Retikulum in Verbin-

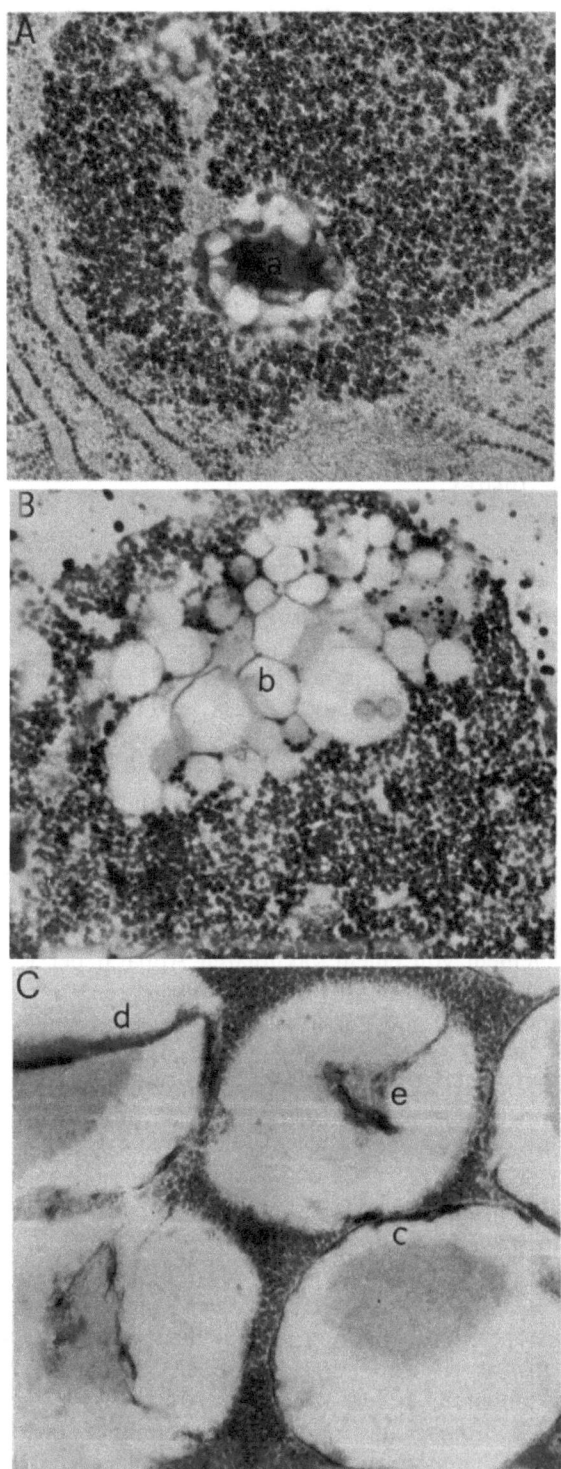

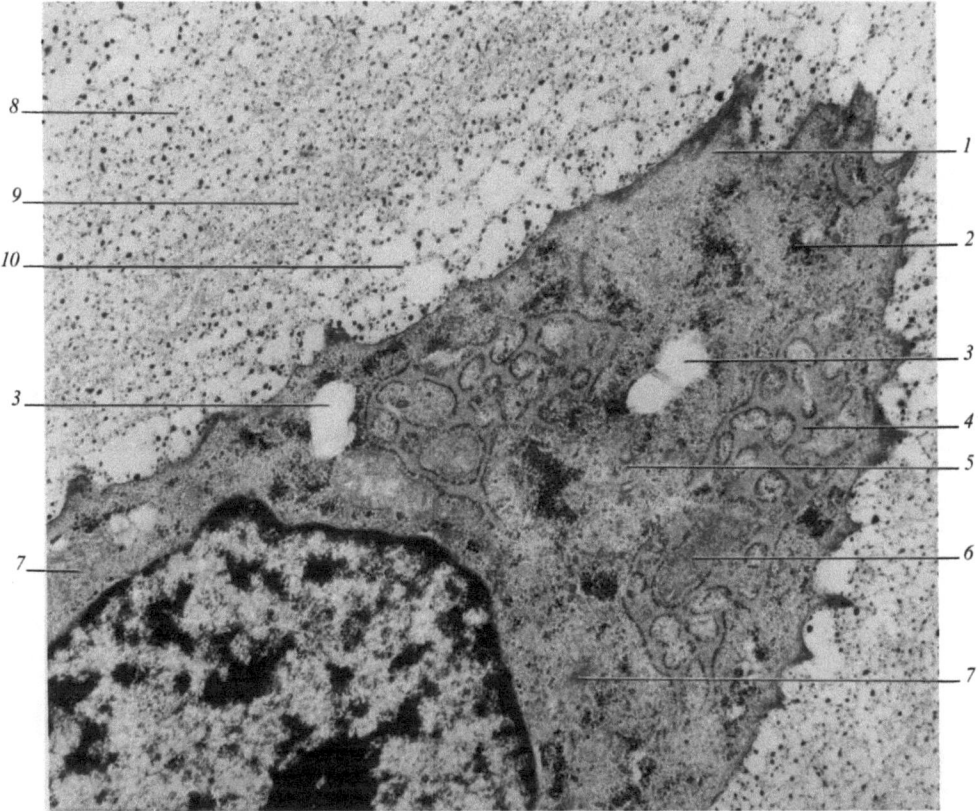

**Abb. 118.** Rinderfet, 110 mm SSL, prox. Epiphyse des Metatarsus, Chondrozyt der Transformationszone. *1)* Crusta-ähnliches „Ektoplasma", *2)* Kohlenhydrateinlagerung, *3)* optisch leere Vesikel, an der Membran einzelne Risosomen, *4)* Zisternen des endoplasmatischen Retikulums mit dichtem Inhalt, *5)* Diplosom, *6)* Mitochondrium, *7)* Golgielemente, *8)* Interzellulärsubstanz, wobei den Fibrillen stark kontrastierte MPS-Granula anliegen, *9)* kapselartige Verdichtung der Interzellulärsubstanz, *10)* Perizellulärsubstanz, teilweise mit größeren Granula; Vergr. 13 500 × (aus KNESE, 1969 b)

dung (Abb. 79). Neben dem Kern der Säulenknorpelzellen gelegene Vakuolen erscheinen lichtmikroskopisch vermutlich als metachromatisch reagierende Zellabschnitte (KNESE und KNOOP, 1961 a). In der Peripherie der Zellen der Transformationszone und des Säulenknorpels sind Vakuolen verschiedenartiger Herkunft gelegen, die man wohl als Extrusionsvakuolen auffassen kann (s.S. 206). Die Vakuolen sind nach Durchbrechen eines peripheren hyaloplasmatischen Saums

◁ **Abb. 117.** Vakuoläre Elemente innerhalb von Kohlenhydratdepots. *A:* 46 g Ratte, distale Femurepiphyse, *B:* Rinderfet 120 mm SSL, distale Epiphyse des Metatarsus, *C:* Ratte 62 g, prox. Humerusepiphyse. *a)* Annäherend homogene, z.T. mit Vakuolen versehene Körper, *b)* multivesikuläres Gebilde mit Membranumhüllungen, *c)* Membran einer Vakuole, homogener Inhalt teilweise geschrumpft, *d)* teilweise abgehobene Membran einer Vakuole, *e)* vermutlich völlig zusammengeklumpte Membranen; Vergr. *A, C:* 37 600 × , *B:* 17 800 ×

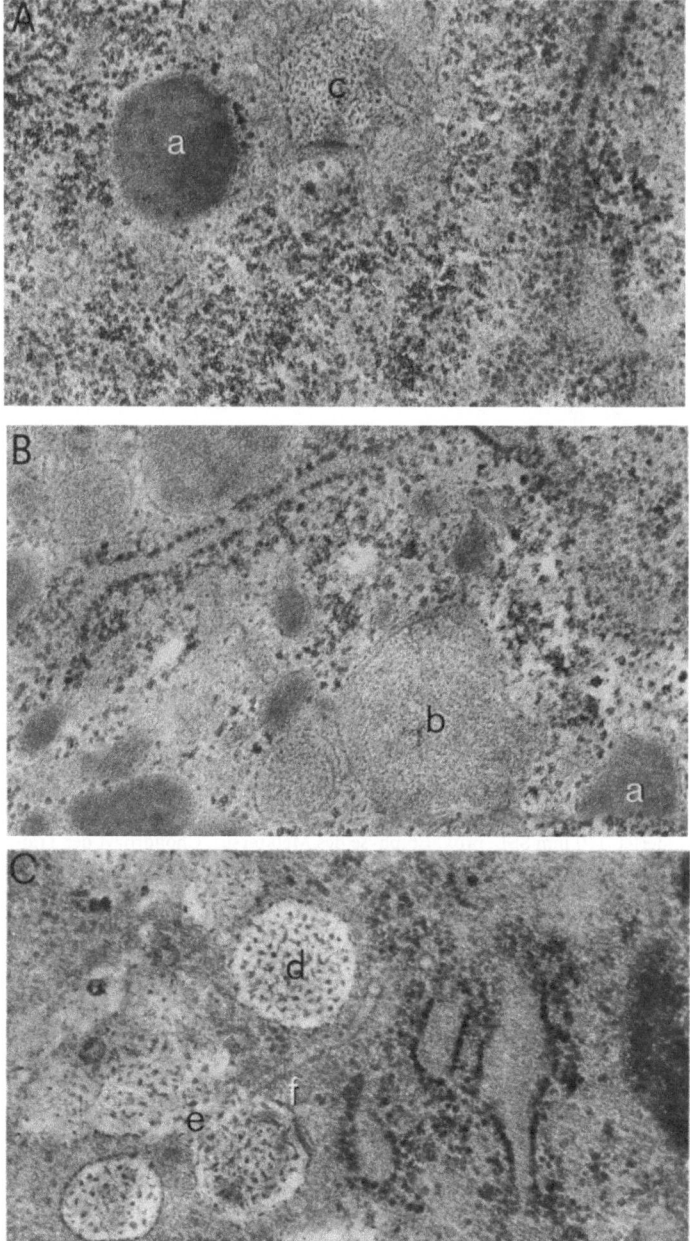

**Abb. 119.** Vesikulärer Apparat; *A, C:* Ratte, 62 g prox. Humerusepiphyse, *B:* Rinderfet,
110 mm SSL, prox. Epiphyse des Metatarsus. *a)* Osmiophile lysosomale Körper, *b)* dichtere Körper,
z.T. von Doppelmembranen umhüllt, *c)* Vakuolen mit feingranulärem Inhalt, *d)* Vakuole mit
grobgranulärem Inhalt, *e)* offene Verbindung (?) mit dem Hyaloplasma, *f)* Verbindung mit agranulä-
rem (?) Retikulum; Vergr. 42700 ×

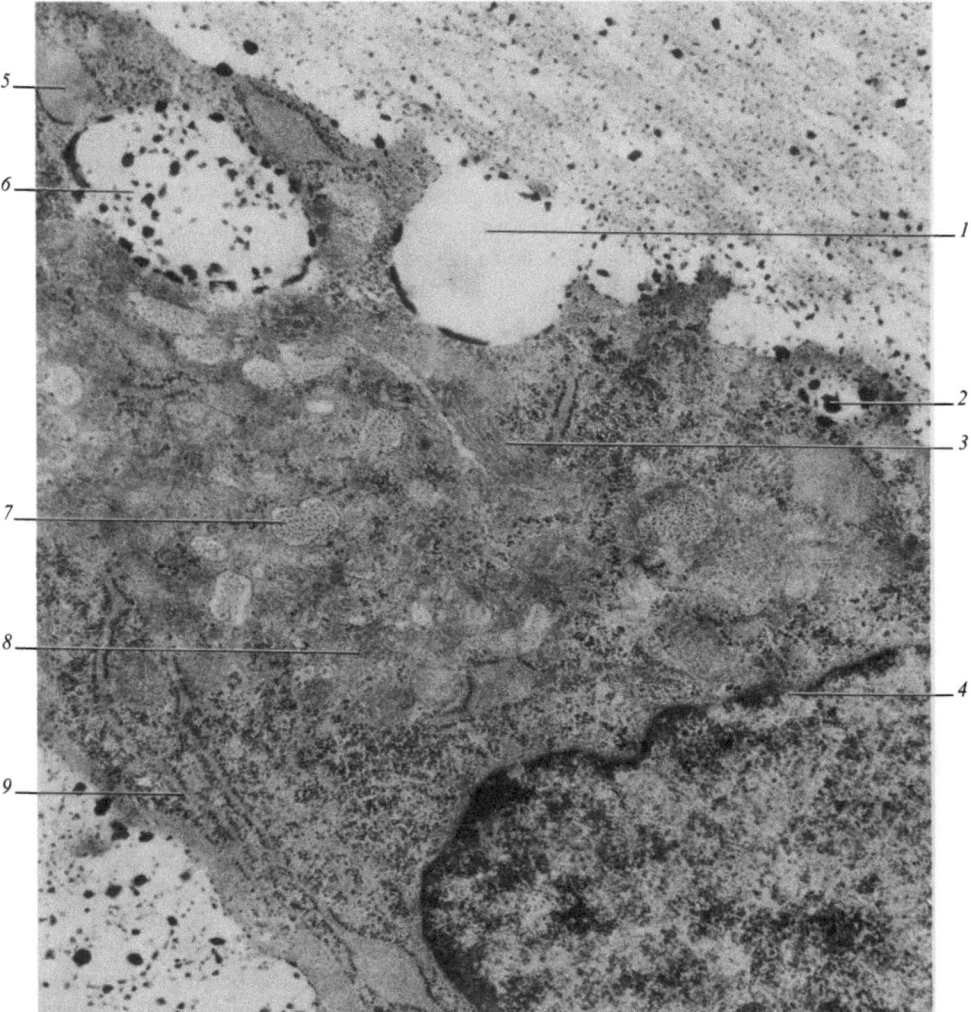

**Abb. 120.** Ratte, 46 g, Femur-Epiphyse Säulenknorpelzelle. *1)* Zur Perizellularsubstanz geöffneter Vesikel, *2)* stark kontrastierte, große Kohlenhydratgranula, *3)* Doppellamellen des Golgi-Apparats, *4)* Kernpore, *5)* Zisternensack, der einem großen Vesikel benachbart liegt, *6)* Vesikel mit größeren, stark kontrastierten Kohlenhydratgranula, *7)* größere Vesikel des Golgi-Apparats mit kleingranulärem Inhalt, *8)* vesikulärer Teil des Golgi-Apparats, *9)* endoplasmatisches Retikulum; Vergr. 20000 × (aus KNESE, 1969b)

zum Interzellularraum geöffnet (Abb. 83). In den Zellen der *hypertrophen* Region ist der vakuoläre Apparat schwach entwickelt (KNESE, 1961a; THYBERG und FRIBERG, 1971; HOLTROP, 1972b).

Ein Golgi-Apparat wurde auch in den sich differenzierenden Knorpelzellen bei der Extremitätenregeneration (*Ambystoma*; HAY, 1958) und im Knorpelcallus beobachtet (CAMERON, 1968). Im Gelenkknorpel von *Kaninchen* soll ein Golgi-Apparat nur in den Zellen der mittleren Zone vorhanden sein (PALFREY und DAVIES, 1966; vgl. ROY und MEACHIM, 1968).

Die Vakuolen erscheinen optisch leer — vermutlich durch Herauslösung ihres Inhalts während der Präparation — oder enthalten ein annähernd homogenes bzw. fein- bis grobgranuläres, mehr fädiges Material. Bei diesem Material soll es sich um MPS oder Proteoglykane und Kollagen handeln (SHELDON und KIMBALL, 1962; CAMERON, 1968; THYBERG und FRIBERG, 1971; DEARDEN und BONUCCI, 1975; DEARDEN, 1975). Fädiges Material mit einer Periode von 2000 Å, entsprechend der des long-spacing-Kollagens (FLS), wurde ebenfalls beschrieben (SHELDON und KIMBALL, 1962). Der Inhalt der Vakuolen soll nach GOEL (1970; *Hühnchen*) elektronendurchgängig sein und zentral ein fibrilläres Material aus Protein-Polysacchariden enthalten; diesen Inhalt bezeichnet GOEL (1970) als *chondrogenes Granulum.*

Die Aufgabe des Golgi-Apparats der Chondrozyten läßt sich morphologisch nicht eindeutig bestimmen, noch bringt der Nachweis einer Ablagerung markierter Substanzen (Zucker, $^{35}$S) eine endgültige Klärung. Markierte Glucose und Galaktose wird in der Golgi-Region der Chondrozyten von *Ratten* abgelagert (PETERSON und LEBLOND, 1964a; ROHR et al., 1965; NEUTRA und LEBLOND, 1966a,b; ROHR und WALTER, 1966; MORIMOTO, 1967; BARLAND et al., 1968). Dabei soll in der Golgi-Region die Bindung der Monosaccharide aneinander und an die Proteinfraktion erfolgen. Das markierte Material ist zunächst gegen Hyaluronidase resistent. In sog. aktiven „Chondroblasten" des Epiphysenknorpels, vermutlich Zellen des Säulenknorpels, tritt nach 3–5 min das $^{35}$S in den juxtanukleären Golgibläschen auf und ist nach 20–30 min an die Zellperipherie verschoben (OTERO-VILARDEBO et al., 1964; FEWER et al., 1964; vgl. MORIMOTO, 1967). Eine unterschiedliche Markierung der Knorpelzellen spricht für eine asynchrone Funktion der Chondrozyten (GODMAN und LANE, 1964). Das Sulfat soll vom Golgi-Apparat aufgefangen werden (GODMAN und LANE, 1964). Nach 15 Std ist 50% des $^{35}$S markierten Materials extrazellulär gelegen.

Die Gegenwart von Glykosaminoglykanen mit hoher Ladung im Golgi-Apparat der Chondrozyten besagt aber nach REVEL (1970) noch nicht, daß diese hier gebildet werden. Eine Bestimmung der Korndichte nach Markierung mit Galaktose bei regenerierenden *Salamander*-Extremitäten ergibt, daß die Ablagerung im Golgi-Apparat stets 5–6mal höher als im Zytoplasma ist. Ein Teil der Markierung befindet sich im endoplasmatischen Retikulum. Im Anschluß an HORWITZ und DORFMAN (1968) meint REVEL (1970), daß der Beginn der Kettenbildung am endoplasmatischen Retikulum stattfindet. Der Golgi-Apparat soll aber an der Synthese der komplexen Kohlenhydrate beteiligt sein. Die autoradiographischen Befunde sind schwer mit den derzeitigen Vorstellungen über die Synthese der Proteoglykane vereinbar (s.S. 190). Die Synthese geht überwiegend, vielleicht ausschließlich, von gespeichertem Glykogen aus (s.S. 188). So ist zu fragen, inwieweit die momentane Materialzuführung bei der Autoradiographie Vorgänge in vivo „imitiert" (KNESE, 1969b). Die Beteiligung des vakuolären Apparats bei der Extrusion ist gesichert (s.S. 206).

Bemerkenswert ist die starke Entwicklung des Golgi-Apparats bei hormonell ausgelöster Störung der Proteoglykansynthese, und zwar durch *Somatotropin* (SILBERBERG et al., 1965a) bzw. *α-Östradiolbenzoat* (SILBERBERG et al., 1965b). Nach 16–24 Std werden durch die Hypertrophie des Golgi-Apparats alle anderen Zellorganellen überdeckt. Östradiol ist ein Hemmer des Knorpelwachstums (SILBERBERG und SILBERBERG, 1956) und setzt nach PRIEST und KOPLITZ (1962) die Aufnahme von $^{35}$S und damit die Synthese von Chondroitinsulfat herab. So nehmen die Autoren eine *Störung* der Polysaccharidsynthese an, die sich in einem hypertrophierten Golgi-Apparat abzeichnet. Während der Auflösung der Interzellularsubstanz nach *Papainwirkung* erscheinen in den Chondrozyten des Ohrknorpels Vakuolen (SHELDON, 1960). Es ist unklar, ob die Vakuolen für einen Transport von der Zelle zur Interzellulärsubstanz oder umgekehrt sprechen.

### 4.3.4. Die Mitochondrien und der Tricarbonsäurezyklus der Chondrozyten

#### 4.3.4.1. Die Mitochondrien der Chondrozyten

Mitochondrien sind in vielen Chondrozyten nur in geringer Zahl vorhanden. Unterschiede zwischen der Epiphyse und dem Gelenkknorpel dürften vorliegen. Chondrozyten in der Nähe des Appositionsknorpels enthalten einige Mitochondrien, denen granuläre Membranen anliegen (TAKUMA, 1960b; KNESE und KNOOP, 1961a). Die Zellen im hyalinen Epiphysenknorpel besitzen eine kleine Zahl von Mitochondrien (SHELDON und ROBINSON, 1958; TAKUMA, 1960b; KNESE und KNOOP, 1961a; ANDERSON, 1964; SILBERBERG et al., 1964; THYBERG und FRIBERG, 1971). Die Mitochondrien nehmen erst im Säulenknorpel und hypertrophen Knorpel etwas an Menge zu, in der Mineralisationszone wieder ab (KNESE und KNOOP, 1961b). In Zellen mit lakunären Erweiterungen der Zisternen sind Mitochondrien selten (KNESE, 1971a), in Zellen mit sackartigen Zisternen-Auftreibungen häufiger. Im *Gelenkknorpel* von Kaninchen ist die Zahl der Mitochondrien nach DAVIES et al. (1962) beachtlich, nach ZELANDER (1959) dagegen gering. Ihre Größe wechselt in den einzelnen Schichten des Gelenkknorpels. Eine Zunahme der Mitochondrienzahl in den tieferen Schichten fanden SILBERBERG et al. (1964). Sie werden im Femurkopf der *Maus* mit dem Alter seltener.

Die dichte *Matrix* der Mitochondrien enthält *dunkle Körper* (HAY, 1958; GHADIALLY und ROY, 1966; MATTHEWS et al., 1971; HOLTROP, 1972b). In den Mitochondrien des Säulenknorpels sind nur wenige Granula (1,5 je Mitochondrium) in der Zone der Reifung mehr (6,3) vorhanden (GHADIALLY und ROY, 1966; MARTIN und MATTHEWS, 1969). In den Mitochondrien der Mineralisationszone ist die Dichte der Granula reduziert. Die Zahl der Granula beträgt nur die Hälfte jener im Reifungsgebiet. Eine elektronenmikroskopische Autoradiographie nach Inkubation mit $^{47}Ca$ zeigt Ablagerungen in der Matrix der Mitochondrien und den Membranen des endoplasmatischen Retikulums. Aus der Zunahme der Granula zum Gebiet der *Mineralisation* hin wird auf einen Einfluß der Mitochondrien auf die Mineralisation der Interzellularsubstanz geschlossen. Die dichten Körper enthalten mehr Ca und P als die umgebende Interzellularsubstanz (SUTFIN et al., 1971). *Atypische* Mitochondrien fanden FÖLDES et al. (1963).

#### 4.3.4.2. Der Tricarbonsäurezyklus und die Atmungskette in den Chondrozyten

Längere Zeit wurde die Meinung vertreten, im Knorpel überwiege die *anaerobe Glykolyse* (BYWATERS, 1937; LUTWAK-MANN, 1940; ROCHE und DELTOUR, 1943a–d; GUTMAN und YÜ, 1949). Diese Auffassung beruht nach WHITEHEAD und WEIDMANN (1959b) darauf, daß man nur den Stoffwechsel des Gelenkknorpels, aber nicht jenen der Epiphyse untersuchte. CARTIER (1951a) führte die relativ große Menge von Milchsäure im Knorpel auf die geringe Sauerstoffaufnahme zurück.

Der *Glykolyse-Quotient* des Epiphysenknorpels liegt in der *Größenordnung* desjenigen *parenchy-matöser Organe*, die Atmung 1–2 Zehner-Potenzen darunter (SCHÜTTE, 1956). Bezieht man diese Werte auf die Zellen der Epiphyse, so scheinen sie hinsichtlich der Glykolyse sehr aktiv zu sein und in der *Atmung* anderen Zellen nicht wesentlich nachzustehen. WHITEHEAD und WEIDMANN (1959b) diskutieren, ob die gemessene Atmung, soweit nicht nur Gelenkknorpel sondern auch die Epiphyse untersucht wurde, nicht allein auf die *hypertrophen* Zellen zu beziehen sei. Die oxydativen Enzyme treten nämlich überwiegend in der hypertrophen Zone auf, so daß die Werte nicht auf den ganzen Schnitt umgerechnet werden können. Wenn die Werte allein auf die hypertrophen Zellen bezogen werden, könnte die Atmung wesentlich höher und mit jener der Leber vergleichbar sein. Über den *Tricarbonsäurezyklus* und die *Atmungskette* liegt eine ganze Reihe von manometrischen Untersuchungen vor (CACIOPPO et al., 1958; WHITEHEAD and WEIDMANN, 1959b; TANCREDI et al., 1961; AUVERGNAT und GUIRAUD, 1962; GURI et al., 1967). Die Angaben über die Atmung im Knorpel variieren recht erheblich, z.T. aufgrund des unterschiedlichen Materials und der Methodik (BYWATERS, 1937; LUTWAK-MANN, 1940; ROSENTHAL et al., 1941; LASKIN et al., 1952; BOYD und NEUMAN, 1954; WHITEHEAD und WEIDMANN, 1959b; HAGERTY et al., 1960; RUCKERS und REISSLAND, 1960; OTTE, 1961). Gegenüber BYWATERS (1937), der am Gelenkknorpel einen $Q_{O_2}$ von 0,005 gemessen hatte, fanden BOYD und NEUMAN (1954) sowie WHITEHEAD und WEIDMANN (1959b) wesentlich höhere Werte, nämlich 2,2 bzw. 0,5–0,9.

Die *Enzyme der Atmungskette* (Tabelle 9) liegen überwiegend im *hypertrophen* Knorpel (DIXON und PERKINS, 1952; BURSTONE, 1960a; FINE und PERSON, 1963). Im wachsenden Knorpel und Epiphysenknorpel wurde eine erhöhte Atmungsaktivität nachgewiesen (LASKIN et al., 1952; BOYD und NEUMAN, 1954; GURI und BERNSTEIN, 1967). Die *Cytochromoxydase*-Aktivität (LUTWAK-MANN, 1940; BOYD und NEUMAN, 1954) ist in der Epiphyse höher als im Processus xiphoideus (FINE und PERSON, 1963). Im Knorpelhomogenat von *Kaninchen* von 165–2205 g bleibt ihre Aktivität in der Epiphyse annähernd gleich, im Processus xiphoideus und im Ohrknorpel nimmt sie ab (vgl. KIRK und FROM-HANSEN, 1952; PERSON und FINE, 1959). Nach BURSTONE (1960a) ist die Cytochromoxydase-Aktivität im Perichondrium und besonders in den hypertrophen Zellen, nach GOIDANICH und MANARESI (1959) im Gelenkknorpel lokalisiert.

Von den *Enzymen* des *Krebszyklus* (vgl. Tabelle 9) wurde u.a. die Aktivität der Isocitrat-Dehydrogenase mit jener der Malat-Dehydrogenase verglichen. Die *Alters*veränderungen im Gelenkknorpel des *Meerschweinchens* im Hinblick auf anaerobe und aerobe Glykolyse lassen sich nämlich durch das Verhältnis von Malat-Dehydrogenase/Lactat-Dehydrogenase angeben: 2 Wochen: 0,46; 12 Wochen: 0,32; 1 Jahr: 0,12; $2^1/_2$ Jahre: 0,28; und $5^3/_4$ Jahre: 0,11; d.h. das Verhältnis beider Enzyme zueinander nimmt ab, die *anaerobe Glykolyse* nimmt mit dem *Alter* zu (SILBERBERG et al., 1970; SILBERBERG und LESKER, 1971). Die Aktivität der *Malat-Dehydrogenase* im Gelenkknorpel steigt nach DELBRÜCK (1964) während der Entwicklung an, die der *Isocitrat-Dehydrogenase* dagegen nicht. Die *Malat-Dehydrogenase* nimmt zur hypertrophen Region und zur primären Spongiosa hin an Aktivität zu, sowohl bei Bezug auf das Trockengewicht wie auf das säurelösliche Material (KUHLMAN, 1960). Die Aktivität der *Isocitrat-Dehydrogenase* (KUHLMAN und MCNAMEE, 1970) ist im Säulen- und hypertrophen Knorpel bedeutend höher als im hyalinen Epiphysenknorpel und wenig niedriger in der primären Spongiosa.

Für die *Succinat-Dehydrogenase* bei Nagern hatten TAKADA et al. (1962) eine Aktivität des Perichondriums, der Zellen des Säulenknorpels und der hypertrophen Zone angegeben. Die Reaktion auf Succinat-Dehydrogenase ist bei neugeborenen *Ratten* fraglich (FISCHER, 1975). Die geringe Aktivität der Succinat-Dehydrogenase würde mit der geringen Anzahl der Mitochondrien übereinstimmen (vgl. SHELDON und ROBINSON, 1958; TAKUMA, 1960b; KNESE und KNOOP, 1961a; vgl. CASTELLANI und ZAMBOTTI, 1954; WHITEHEAD und WEIDMANN, 1959a, b; BALOGH et al., 1961; TAKADA und OSANAI, 1962; MORI et al., 1965).

Die *regionale* Verteilung der Enzymaktivität (BALOGH et al., 1961; BONA et al., 1964; BONA und STAÑESCU, 1966; Abb. 121) ist nach TAKADA (1966) dadurch charakterisiert, daß die *NAD-abhängigen Dehydrogenasen* (u.a. Lactat-, Malat-, Glutamat- und β-Hydroxybuttersäure-Dehydrogenase) stärker im Säulenknorpel, die *NADP-abhängigen Dehydrogenasen* (Isocitrat-, Glucose-6-phosphat-Dehydrogenase und Aconitase) stärker in den hypertrophen Zellen vertreten sind. Im kultivierten Radius von *Mäuse*embryonen ist nach HERRMANN-ER-

Tabelle 9. Enzyme des Tricarbonsäurezyklus und der Atmungskette. (Zusammenstellung von Dr. G. FISCHER, unter Benutzung der Angaben von ZAMBOTTI und BOLOGNANI, 1967)

| | Knorpel | Knochen | |
|---|---|---|---|
| Citrat-Synthase (Citrogenase)* | + | + | DIXON und PERKINS (1952) |
| | + | | VAN REEN (1959) |
| | + | + | NORMAN und DELUCA (1964) |
| Aconitat-Hydratase | + | | ROSENTHAL et al. (1942a, b) |
| | + | + | DIXON und PERKINS (1952) |
| | + | | VAN REEN (1959) |
| | | + | HEKKELMAN (1963) |
| | + | | TAKADA (1966) |
| Isocitrat-Dehydrogenase | + | | ALBAUM et al. (1952b) |
| | + | + | DIXON und PERKINS (1952) |
| | + | | FOLLIS und MELANOTTE (1956) |
| | | + | VAN REEN und LOSEE (1958) |
| | + | | WALKER (1961) |
| | | + | HEKKELMAN (1963) |
| | | + | BALOGH (1964) |
| | + | | DELBRÜCK (1964) |
| | | + | BALOGH und HAJEK (1965) |
| | + | | TAKADA (1966) |
| | + | | DIXIT (1969) |
| | + | | KUHLMAN und McNAMEE (1970) |
| Succinat-Dehydrogenase | + | | FOLLIS (1949a) |
| | + | | FOLLIS und BERTRONG (1949) |
| | + | | VIERNSTEIN (1959) |
| | + | | PADYKULA (1952) |
| | + | | BOYD und NEUMAN (1954) |
| | + | | CASTELLANI und ZAMBOTTI (1954) |
| | + | | FOLLIS und MELANOTTE (1956) |
| | + | | LASKIN und ENGEL (1956) |
| | + | | NACHLAS et al. (1957) |
| | + | | ZAMBOTTI (1957) |
| | + | | SCHAJOWICZ und CABRINI (1960) |
| | + | + | BALOGH et al. (1961) |
| | + | | OTTAVIANI (1961) |
| | | + | CABRINI et al. (1962) |
| | + | | TAKADA und OSANAI (1962) |
| | | + | TAKADA et al. (1962) |
| | | | PUTZKE (1963) |
| | | + | BALOGH (1964) |
| | + | | FULLMER (1964c) |
| | + | | BONA et al. (1965a) |
| | + | | FULLMER (1966) |
| | + | | TAKADA (1966) |
| Fumarat-Hydratase (Fumarase)* | + | | KUHLMAN (1960) |
| Malat-Dehydrogenase | + | | FOLLIS und MELANOTTE (1956) |
| | + | | VIERNSTEIN (1959) |
| | + | | KUHLMAN (1960) |
| | + | | WALKER (1961) |
| | | + | BALOGH (1964) |
| | + | | DELBRÜCK (1964) |
| | + | | FULLMER (1964c) |
| | + | | TAKADA (1966) |
| | + | | DIXIT (1969) |
| | + | | KUHLMAN und McNAMEE (1970) |

Tabelle 9 (Fortsetzung)

| | Knorpel | Knochen | |
|---|:---:|:---:|---|
| NADH-Cytochrom-c-Reduktase | + | + | BALOGH et al. (1961) |
| | + | | FINE und PERSON (1963) |
| | | + | HEKKELMAN (1963) |
| NADH-Diaphorase | + | | VIERNSTEIN (1959) |
| | + | | WALKER (1961) |
| | | + | BALOGH (1964) |
| | + | | FULLMER (1964c) |
| NADPH-Cytochrom-c-Reduktase | + | + | BALOGH et al. (1961) |
| | | + | HEKKELMAN (1963) |
| | | + | BALOGH (1964) |
| Succinat-Cytochrom-c-Reduktase | | + | HEKKELMAN (1963) |
| Pyridinnukleotid-Transhydrogenase | | + | HEKKELMAN (1963) |
| Cytochrom-c-Oxydase | | + | CABRINI (1961) |
| | | | FINE und PERSON (1963) |
| Cytochrom-Oxydase | + | | BOYD und NEUMAN (1954) |
| | + | | GOIDANICH und MANARESI (1959) |
| | + | | WHITEHEAD und WEIDMAN (1959b) |
| | + | | BURSTONE (1960a) |
| | + | | FINE und PERSON (1970) |
| Cocarboxylase | + | | ZAMBOTTI (1957) |

Anmerkung: Benennung der Enzyme nach „Enzyme Nomenclature" 1972; * nicht empfohlene Namen in Klammern.

LEE (1962) die Aktivität der Succinat-Dehydrogenase grundsätzlich, der Isocitrat-Dehydrogenase z.T., im Epiphysenknorpel größer als im Knochen. Die Aktivität der Lactat-Dehydrogenase ist in der Epiphyse wesentlich, die des Malatenzyms nur geringfügig höher. HEKKELMAN (1961) zeigte den Einfluß des Parathormons auf den NADP-Stoffwechsel (vgl. auch LASKIN und ENGEL, 1956; BORLE et al., 1960; GAILLARD, 1961).

Die Bedeutung des *Tricarbonsäurezyklus* soll u.a. darin bestehen, daß große Mengen von *ATP* für andere Stoffwechselvorgänge zur Verfügung gestellt werden (ZAMBOTTI und BOLOGNANI, 1967). WHITEHEAD und WEIDMANN (1959b) haben nach Untersuchungen des Einflusses von Parathyreoidea-Extrakt auf den ATP-Stoffwechsel auf die mögliche Bedeutung der *oxydativen Phosphorylation* im Knorpel hingewiesen. Im Hinblick auf die Produktion von ATP im Bereich der hypertrophen Zellen nimmt TAKADA (1966) einen Zusammenhang mit der Mineralablagerung an (vgl. TAKADA et al., 1962). Die Konzentration des ATP ist, vor allem in der Mineralisation des Epiphysenknorpels, recht hoch (CARTIER, 1951b, 1952), am höchsten in der *Eröffnungszone* (CARTIER und PICARD, 1955) und erreicht hier Werte der Leber (ALBAUM et al., 1952b). Elektronenmikroskopisch wurde die Bindung der ATPase an die Plasmamembran und die umhüllenden Membranen der Matrixvesikel nachgewiesen (MATSUZAWA und ANDERSON, 1971). Die Enzymaktivität ist in der hypertrophen Zone am größten. In manchen Kernen degenerierender Zellen wurde nach 30 min Inkubation eine geringe Reaktion angetroffen. Bei *Mäuse*keimen fanden HEYDEN und FROM (1970) am 15. Tag eine ATPase-Aktivität der Chondrozyten des Meckelschen Knorpels; bei der Hypertrophie am 17. Tag geht diese verloren. Ähnlich liegen die Verhältnisse im Bereich des Nasenseptums. Eine Abnahme der ATPase-Aktivität mit dem Alter stellten BARBIERI und RONCHETTI (1958) fest. Dem Tricarbonsäurezyklus wird zudem eine Bedeutung bei der Hydrolysierung des Proteins während der Kollagensynthese zugesprochen (KUNIN und KRANE, 1965; KRANE et al., 1967; KUHLMAN und McNAMEE, 1970).

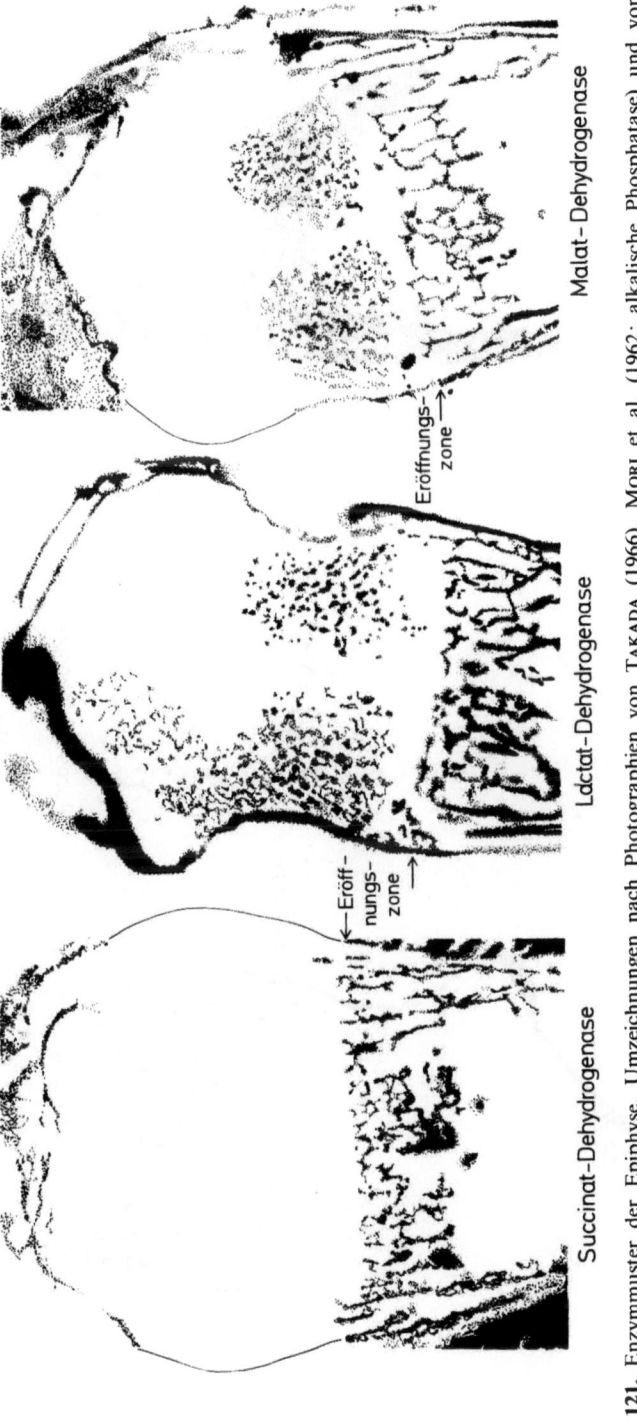

**Abb. 121.** Enzymmuster der Epiphyse. Umzeichnungen nach Photographien von Takada (1966), Mori et al. (1962; alkalische Phosphatase) und von Fischer (persönliche Mitteilung: UDP-Glykogen-Glykosyl-Transferase und UDP-Glucose-Dehydrogenase)

Malat-Dehydrogenase

Lactat-Dehydrogenase

Succinat-Dehydrogenase

Eröffnungs-zone

Eröff-nungs-zone

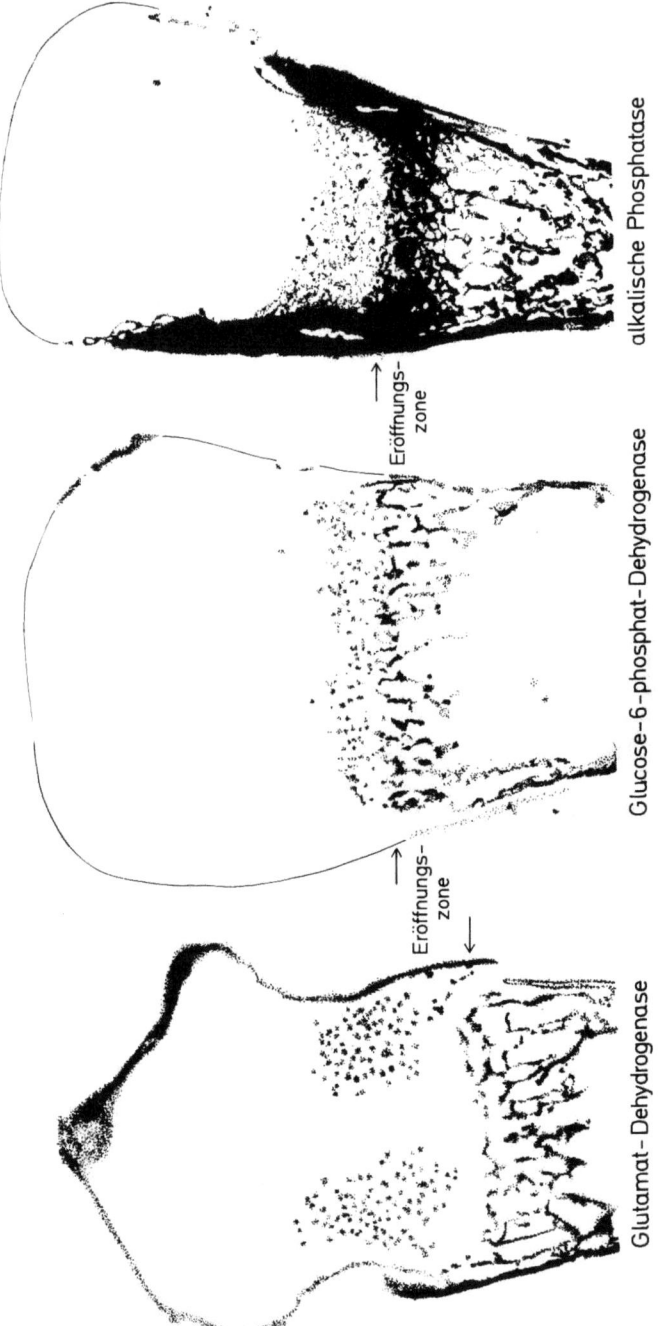

alkalische Phosphatase

Eröffnungs-zone

Glucose-6-phosphat-Dehydrogenase

Eröffnungs-zone

Glutamat-Dehydrogenase

**Abb. 121**

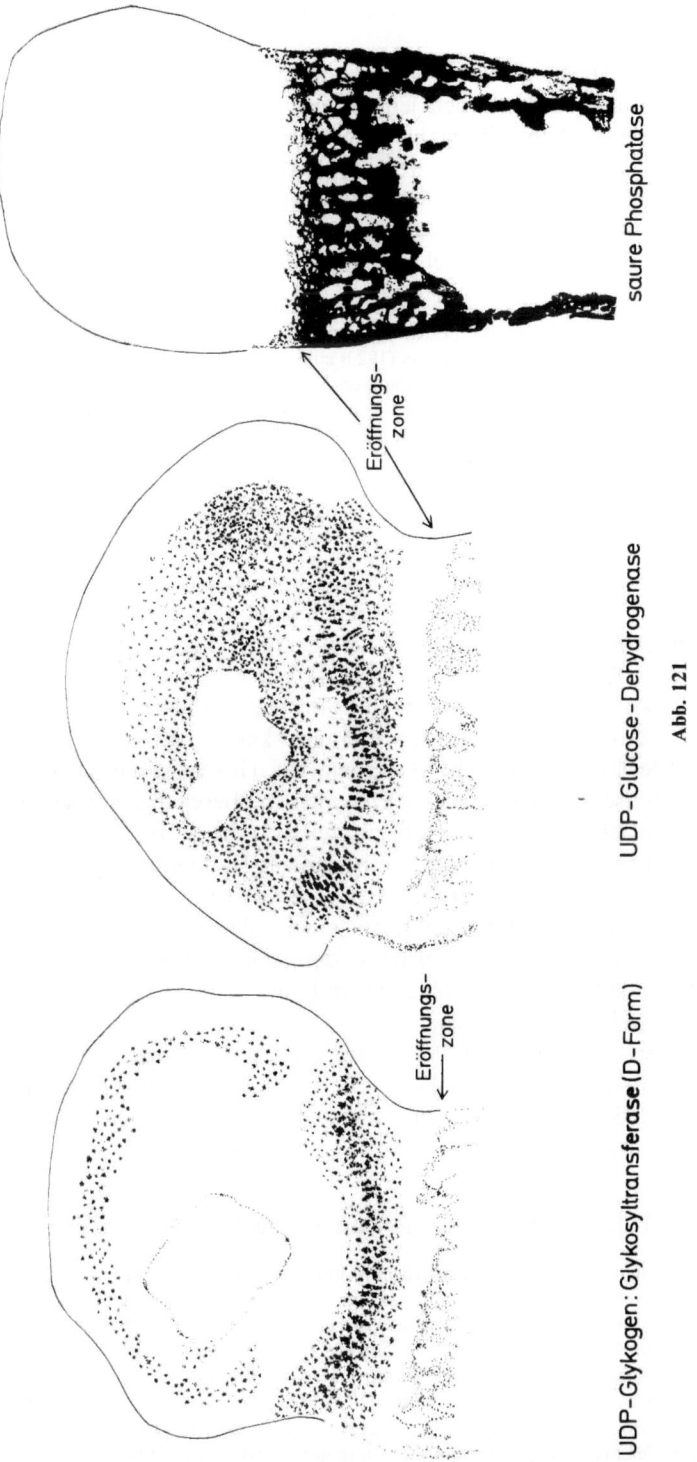

saure Phosphatase

UDP-Glucose-Dehydrogenase

Abb. 121

UDP-Glykogen: Glykosyltransferase (D-Form)

## 4.3.5. Das Glykogen in den Chondrozyten

Chondrozyten färben sich, wenn auch unterschiedlich stark, bei allen Kohlenhydratreaktionen an, erweisen sich jedoch gegenüber vielen anderen Farbreaktionen als refraktär. Beim Übergang vom Vorknorpel zum knorpeligen Skelettstück und schließlich bei der Entstehung gesonderter Epiphysen ist die Ausbildung der Regionen mit der Entwicklung einer kennzeichnenden Kohlenhydratverteilung verbunden. Das Glykogen, ein Charakteristikum der Knorpelzelle, muß daher in ihrem Stoffwechsel eine große Rolle spielen (s.S. 186).

Bei der Beurteilung des Glykogenbestandes im Knorpel wurde, unter der Vorstellung vom sog. zweiten Mechanismus, über die Beziehungen zwischen dem Glykogen und der *Mineralisation* des Knorpels diskutiert. Nachdem ROBINSON (1923) eine Verbindung zwischen der *alkalischen Phosphatase* und der Mineralablagerung angenommen hatte, sahen HARRIS (1932), HOFFMANN et al. (1928), GLOCK (1940), ENGEL und FURUTA (1942) im Glykogen den vermutlich chemischen Vorläufer des von ROBINSON (1923) als Substrat für die alkalische Phosphatase postulierten Hexosephosphatesters an. SUNDBERG (1924) nahm eine Beziehung zwischen dem Glykogen und dem Aufbau der *Interzellularsubstanzen* an (vgl. GENDRE, 1938). Im neueren Schrifttum wird die Verbindung zur Bildung der Bindegewebspolysaccharide als gegeben angesehen (u.a. ZELANDER, 1959; COBB, 1953; KNESE und KNOOP, 1961a; KNESE, 1969b, 1971a; TOWNSEND und GIBSON, 1970).

Einen Ansatz zur Diskussion über das Knorpelglykogen gewinnt man, wenn man von den Vorgängen ausgeht, bei denen Glykogen als Glucosespender eine Rolle spielt (Abb. 71). Man kommt zu folgender Gliederung: 1) Glykogensynthese; 2) anaerobe; 3) aerobe Glykolyse; 4) Synthese von Bindegewebspolysacchariden; 5) Pentosephosphatzyklus (u.a. Proteinsynthese).

Die Beziehung zu Stoffwechselvorgängen kann u.a. durch den Nachweis entsprechender Enzyme aufgedeckt werden (u.a. HORWITZ und DORFMAN, 1968). Der histochemische Nachweis von Enzymen im Bereich der Skelettgewebe ist z.T. recht schwierig. Man möchte bezweifeln, ob die derzeit für Schnittuntersuchungen zur Verfügung stehenden Methoden zur Darstellung geringerer Enzymaktivitäten geeignet sind. Es liegen z.B. nur wenige Angaben über die Enzymausstattung des hyalinen Epiphysenknorpels vor, der daher als ein „ruhender" Knorpel angesehen wurde. Im wachsenden Epiphysenknorpel erfolgt jedoch eine zunehmende Glykogenspeicherung und eine MPS-Produktion mit Vermehrung der Interzellularsubstanzen.

Eine Vorstellung von den Prozessen, die für die einzelnen Regionen der Epiphyse charakteristisch sind, läßt sich durch eine vergleichende Kartierung der Verteilung des Glykogens, der verschiedenartigen Bindegewebspolysaccharide und der Enzyme gewinnen.

### 4.3.5.1. Lichtmikroskopische Darstellung des Knorpelglykogens

Zunächst bezog man z.B. ein Färbungsergebnis nur auf „das" Glykogen. Indessen werden, je nach Art der angewandten Kohlenhydratreaktion, unterschiedliche Mengen färbbarer Substanz sichtbar. Ihre Quantität nimmt in der Reihe Bestsches Karmin, Bauer-, PAS- und BTS-Reaktion zu (vgl. KNESE und KNOOP, 1961a). Da es sich um *Gruppenreaktionen* handelt, wurden als Glykogen die diastaseempfindlichen Substanzen angesehen. Nach Aufdeckung der komplexen Natur der Protein-Polysaccharid-Verbindungen und ihrer Vorstufen darf man wohl voraussetzen, daß jede Farbreaktion an einem komplexen Makromolekül vor sich geht. Morphologische Untersuchungen bedürfen daher der Ergänzung oder Parellelisierung mit analytischen Studien.

Über das Glykogen im hyalinen Epiphysenknorpel unterrichten zusammenfassende Darstellungen (SCHAFFER, 1930; OINUMA, 1939; GRAUMANN, 1964), da der Nachweis von Knorpelglykogen zu den ältesten histochemischen Befunden gehört (ROUGET, 1859; BERNARD, 1859). Dabei wurde der hyaline Epiphysenknorpel mit allen anderen Knorpeln auf eine Ebene gestellt. Die Gleichsetzung verschiedener hyaliner Knorpel im Hinblick auf das Verhalten ihrer Zellen ist irreführend, da man mit Differenzen rechnen muß, auch im Hinblick auf ihr Lebensalter. Nach CREIGHTON (1896) und SEBRUYNS (1950) besitzen permanente Knorpel nur relativ wenig Glykogen; allerdings meint GRAUMANN (1964), daß solche Beobachtungen nicht verallgemeinert werden sollten. Das frühe Erscheinen von Knorpelglykogen wurde u.a. von CREIGHTON (1896), GIERKE (1905; *Schwein*) LUBARSCH (1906; *Kaninchen, Meerschweinchen, Mensch 9 Wochen*), GAGE (1906; *Mensch 56 Tage*), KLESTADT (1911; *Mensch 7 Wochen*), LIVINI (1920; *Mensch*), SUNDBERG (1924; *Mensch 15–40 mm*), GRAUMANN (1952; *Maus*) beschrieben. Im Vorknorpel-Mesenchym (VAN WEEL, 1948) fehlt Glykogen; es tritt nur im frühen Knorpel auf (MILAIRE, 1962a). Bei *Rinder*feten sind mit der PAS-Reaktion Granula von 0,8–3,5 µm Durchmesser darzustellen (KNESE und KNOOP, 1961a). Mit Hilfe der BTS-Reaktion sind solche Granula (Größe bis zu 6,5 µm) bis dicht unter den Gelenkknorpel zu beobachten. Die Chondroblasten im Perichondrium zeigen keine Reaktion. Im Femurkopf der *Ratte* findet ANDERSON (1964) Glykogen in den Zellen der äußeren Zone des Epiphysenkerns. Die degenerierenden Zellen an der Grenze zur inneren Zone enthalten nur wenig Glykogen. Im Gelenkknorpel besitzen nur die dem Epiphysenkern benachbarten Zellen Glykogen. Ferner tritt es in den proximalen Zellen der Säule auf. Bei den hypertrophen Zellen zeigen einige eine Färbung, andere nicht.

Im Meckelschen Knorpel des *Hühnchen*-Feten finden TOWNSEND und GIBSON (1970) in den zentralen Chondrozyten eine Zunahme an Glykogen zwischen dem 7. und 13. Tag, eine Abnahme zwischen dem 14.–16. Im Zentrum des Knorpels bleibt Glykogen erhalten, in der Appositionsschicht dagegen nicht. Die Autoren vergleichen diese Verteilung mit der Zunahme an Interzellularsubstanz sowie dem Auftreten von Glykogensynthetase und Phosphorylase (Abb. 97). Das Glykogen nimmt in der Tibia weiblicher *Ratten* bis zum 20. Tag zu, fällt zwischen dem 20.–26. Tag ab, bleibt bis zum 45. annähernd konstant, um dann abzusinken (ELLIS et al., 1953). Im Vergleich mit der Zellverteilung bei der Ausbildung des Knochenkerns und der Epiphysenscheibe sowie der Herabsetzung der Wachstumsaktivität möchten wir annehmen, daß die Menge des Glykogens je Zelle etwa konstant bleibt, die Zahl der glykogenhaltigen Zellen jedoch abnimmt. Der mittlere *Glykogengehalt* in der Epiphysenscheibe der *Ratten*tibia beträgt nach EEG-LARSEN (1956) 10–12 mg/g, wobei das Maximum mit 30–40 mg/g im Säulenknorpel liegt. Im hyalinen Epiphysenknorpel der distalen Femur-Epiphyse des *Kaninchens* beträgt die Menge der Glucose 9,27 µm Mol/mg Trockengewicht (KUHLMAN und MCNAMEE, 1970). Für die anschließenden Regionen ergeben sich folgende Glukosewerte: Säulenknorpel 7,52, hypertropher Knorpel 14,23, primäre Spongiosa 6,75 µm Mol/mg.

Die *PAS*-positive Reaktion der Chondrozyten verschwindet durch *Acetylierung* und Ptyalase-Behandlung. Sie wird durch Hyaluronidaseeinwirkung im

Säulenknorpel stärker, in den hypertrophen Zellen aber schwächer (s.a. KNESE und KNOOP, 1961a; BONA et al., 1964). FÖLDES et al. (1965) fanden dagegen keine Veränderung durch die Acetylierung. Eine Beeinflußbarkeit durch *Speichel* ist nur im hyalinen Epiphysen- und Säulenknorpel festzustellen. Bei 85 Tage alten Tieren fehlt die Reaktion im hypertrophen und mineralisierten Knorpel, mit Bestschem Karmin auch bei 30 Tage alten Tieren.

Die Färbbarkeit von Polysacchariden wie der Ausfall von Kontrollreaktionen (enzymatische Digestion, Sulfurierung, Methylierung usw.) hängt von der jeweiligen *Fixierung* ab (KNESE, 1972b). Die Verteilung der PAS-positiven Substanzen ist, nach Anwendung der Fixantien absoluter *Alkohol*, Gemisch von *Rossman* und *Carnoy*, sehr ähnlich (KNESE 1977a; Abb. 70). Der Transformations- und Säulenknorpel zeigt nach Alkoholfixierung kaum PAS-positive Einlagerungen. Nach Alkohol-Sublimat-Fixierung reagieren alle Zellen des Säulenknorpels PAS-positiv, nach Alkohol-Bleinitrat und Alkohol-Cetylpyridin-chlorid nur der Transformationsknorpel und das erste Drittel des Säulenknorpels. Bei einer Doppelfixierung (s.S. 180) zuerst mit dem Gemisch von LILLIE und anschließend mit Formol-Sublimat nimmt die PAS-positive Reaktion der Zellen des wachsenden Epiphysenknorpels zentripetal an Stärke zu. In stark reagierenden Zellen, vor allem in Richtung auf die Transformationszone zu, treten einzelne größere *Vakuolen* auf. Manche Zellen lassen hier überhaupt keine PAS-Reaktion mehr erkennen. Ein größerer Teil der Zellen im peripheren Anteil der Epiphyse ist von einer Alcianblau-positiven *Perizellularsubstanz* umgeben. Im zentralen Teil sind etwa 25% der Zellen von einer Perizellulärsubstanz umhüllt, und zwar jene, die eine Vakuolisierung aufweisen. In Richtung auf den Transformationsknorpel nimmt die Zahl der Zellen mit Perizellularsubstanz erheblich (auf 50%) zu. In den Zellen der Transformationszone treten z.T. beiderseits neben dem Kern abgeflachte Vakuolen auf (vgl. KNESE und KNOOP, 1961a). Beim Übergang zum Säulenknorpel verschieben sich die PAS-positiven Einlagerungen an eine Seite der Zelle. Deutlicher als bei der PAS-Reaktion ergeben sich Unterschiede in der BTS-Reaktion benachbarter Chondrozyten. Diese Differenzen werden noch auffälliger bei Vorfixierung der Proteine mit Formol-Alkohol-Eisessig-Sublimat und Nachfixierung nach LILLIE (s.S. 180). Man muß daraus folgern, daß neben Glykogen andere „Polysaccharide" vorhanden sind. Der Vergleich zwischen den Epiphysen eines Individuums (Abb. 87, 88) und während der Entwicklung (Abb. 91, 92) läßt keine auffälligen Differenzen im wachsenden Epiphysenknorpel, aber wohl in den anderen Regionen erkennen.

Da die Kohlenhydratreaktionen Gruppenreaktionen sind, kann die Frage, ob neben Glykogenen andere Polysaccharide vorhanden sind, nur durch *enzymatische Kontrollen* beantwortet werden. Nach Fixierung mit absolutem Alkohol und nach ROSSMAN lassen sich nach *Diastase*-Vorbehandlung keine PAS-positiven Substanzen mehr darstellen. Bei einer Doppelfixierung (s.S. 180), zuerst Formalin-Sublimat anschließend mit dem Gemisch von LILLIE, bleiben geringe Mengen in den 3 Zonen des Säulenknorpels erhalten. Werden die beiden Gemische in umgekehrter Reihenfolge angewandt, zeigt sich eine Abnahme der PAS-positiven Substanzen nach Diastaseeinwirkung, vor allem in wachsenden Epiphysenknorpel und in etwas unterschiedlicher Form im hypertrophen Knorpel. Nach Fixierung nach ROSSMAN bleibt die Menge der PAS-positiven Substanzen im oberen Teil der Epiphyse nach Hyaluronidase-Einwirkung unverändert oder erscheint geringfügig erhöht. Im Säulenknorpel und in den hypertrophen Zellen fällt die PAS-positive Reaktion dagegen verstärkt aus. Die Färbungsergebnisse nach Digestion mit *β-Glucuronidase* sind jenen nur z.T. ähnlich, die man mit *Hyaluronidase* erhält. Im 1. und 3. Drittel des Säulenknorpels ist fast durchwegs eine Verstärkung der PAS-Reaktion zu beobachten. Bei allen miteinander verglichenen Fixierungen hat die *Trypsin*behandlung keinen Einfluß auf die PAS-Reaktion der Knorpelzellen.

Die enzymatische Kontrolle der PAS-Reaktion ergibt, daß sich die erhaltenen und färbbaren Substanzen nach Fixierung unterschiedlich verhalten. Es besteht die Möglichkeit, daß *verschiedenartige Substanzen* bzw. Substanzanteile erhalten bleiben oder daß deren Reaktionsfähigkeit beeinflußt wird (KNESE, 1972b, 1977). Man muß aber annehmen, daß die Zellen neben Glykogen noch andere Kohlenhydrate enthalten, vermutlich *MPS-Vorstufen.* Im übrigen verhalten sich benachbarte Chondrozyten z.T. recht verschiedenartig; sie dürften sich in unterschiedlicher Stoffwechselsituation befinden.

### 4.3.5.2. Elektronenmikroskopie des Knorpelglykogens

Elektronenmikroskopische Untersuchungen erlauben z.Z. nur Aussagen über die *Verteilung* von Glykogenen in der Zelle. Die Versuche einer spezifischen Darstellung der verschiedenen Kohlenhydrate haben bisher nicht zur Entwicklung einer brauchbaren Methode geführt. Zunächst erschienen die Glykogeneinlagerungen als homogene Gebiete (u.a. ZELANDER, 1959; GODMAN und PORTER, 1960; KNESE und KNOOP, 1961a). Mit Doppelkontrastierungen konnten Granula dargestellt werden, die sich in Größe (mehr als 150 Å) und Gestalt (Glutaraldehyd-Osmium: rosettenförmig) eindeutig von den Ribosomen unterscheiden. Granula der beschriebenen Form werden im allgemeinen als Glykogengranula angesprochen (u.a. REVEL et al., 1960; SILBERBERG et al., 1961; FÖLDES et al., 1963). Morphologisch gleich erscheinende Granula können aber auch *extrazellulär* auftreten, so daß Zweifel an dieser Deutung berechtigt sind (KNESE, 1969b). Bei geringer Kohlenhydratspeicherung sind die 250–450 Å Granula in großen Gruppen von 2–3 unregelmäßig über die Chondrozyten verteilt (KNESE, 1969b). Große, geschlossene Einlagerungen von 0,2–0,3 µm Durchmesser können winkelförmige oder bumerangähnliche Schrumpfungsspalten und Gebiete enthalten, aus denen ein Teil des Materials herausgelöst ist. Jedes einzelne Granulum von 250–450 Å Durchmesser besteht aus mehreren kleinen Granula von 40–50 Å Größe (s.S. 174). In jungen hypertrophen Chondrozyten kleinerer *Rinder*feten kann die ganze Zelle bis an den Kern mit Kohlenhydraten beladen sein. Die wenigen restlichen Zellelemente, Membranpaare mit mäßig erweiterten Zisternen, liegen unter dem Plasmalemm.

### 4.3.5.3. Die Glykogensynthese in Chondrozyten

Während über den Glykogenabbau eine Fülle von Untersuchungen vorliegen, wurde der Verteilung der Glykogensynthese über die einzelnen Regionen der Epiphyse kaum Beachtung geschenkt. Nach EEG-LARSEN (1956) werden in der

Epiphyse der *Ratten*-Tibia in 20–30 Std 30–40 mg Glykogen gebildet. Die Kohlenhydratverteilung spricht dafür, daß eine Neusynthese von Glykogen in den
Zellen der Appositionsschicht erfolgt. FISCHER (persönliche Mitteilung) konnte
hier eine *Glykogensynthetase* nachweisen (Abb. 121). In den übrigen Zonen
dürfte der Ersatz für „verbrauchte" Glucose im Vordergrund stehen. Eine Synthese de novo ist nach Maßgabe der Kohlenhydratverteilung nur im Säulenknorpel anzunehmen.

Die Synthese von Glykogen aus UDP-Glukose fanden GRILLO et al. (1964)
nur im mittleren Teil der Extremitätenknospe eines 8 Tage alten *Hühnchen*embryos. Die Phosphorylaseaktivität erstreckt sich dagegen über die ganze Länge
des Knorpels. Nach TOWNSEND und GIBSON (1970) zeigen nur einige Zellen
im Meckelschen Knorpel des *Hühnchen*feten zwischen dem 8. und 15. Tag eine
Glykogensynthetase-Aktivität. Die Verteilung und Aktivität der Glykogensynthetase (UDPGGT; s.S. 187) in der Epiphyse von *Ratten* hat FISCHER (1973)
mit jener der UDP-Glucose-Dehydrogenase, die zur Glucuronsäure führt, und
eines Enzyms des Pentosephosphatzyklus, der Glucose-6-phosphat-Dehydroge-
nase (Tabelle 10), verglichen. Dabei wurde zwischen der Glucose-6-phosphat
abhängigen D-Form der UDPGGT, die neusynthetisiertes Glykogen darstellt,
und der vom Glucose-6-phosphat unabhängigen I-Form des UDPGGT, die
das präexistente Glykogen kennzeichnet, unterschieden. Die Reaktion auf die
D-Form der Glykogensynthetase fällt bei neugeborenen *Ratten* im Gebiet des
zukünftigen Knochenkerns positiv aus. Schwach reagieren die Zellen der Transformationszone und des Säulenknorpels, mit Ausnahme seines mittleren Drittels.
Die Reaktion ist im proximalen Anteil der hypertrophen Region deutlich positiv,
fehlt aber den distalen Zellen der Mineralisationszone. Bei 8–30 Tage alten
Tieren ist die Reaktion für die D-Form der Glykogensynthetase im gesamten
Säulenknorpel, einschließlich des mittleren Drittels, und in der hypertrophen
Zone stärker. In den distalen Gebieten des hypertrophen Gebiets findet keine
Glykogensynthese mehr statt. Die Verteilung der Glykogensynthetase ändert
sich bei Ausbildung des *Epiphysenkerns* und der Entstehung einer Epiphysenscheibe, die bei 8 Tage alten *Ratten* beginnt. Dem mittleren Drittel des Säulenknorpels fehlt in allen Altersklassen die I-Form der Glykogensynthetase, die
D-Form nur beim Neonatus. Dementsprechend ist hier nur eine geringe Menge
von Kohlenhydraten färberisch nachweisbar (KNESE und KNOOP, 1961a). Mit
der Ausbildung einer Epiphysenscheibe und des Epiphysenkerns ist das proximale Drittel des Säulenknorpels praktisch frei von Kohlenhydraten. Sie treten
erst im mittleren Drittel auf und nehmen zu den hypertrophen Zellen an Menge
zu, wobei wiederum die Zellen der Mineralisationszone kein Glykogen enthalten.
Auch diese Verteilung läßt sich den Befunden über das Auftreten der D-Form
gegenüberstellen. Es ist anzunehmen, daß die im proximalen Drittel des Säulenknorpels nachweisbaren Enzyme die Glykogensynthese in den folgenden Teilen
einer Zellsäule vorbereiten oder erst ermöglichen.

### 4.3.5.4. Die Glykolyse in Chondrozyten

Die Bedeutung der *Glykolyse* im Knorpel wurde in der Gewinnung eines organischen Phosphats
gesehen, das für die Mineralisation erforderlich ist (CREIGHTON, 1896; HOFFMANN et al., 1928;

Tabelle 10. Verteilung und Aktivität[a] von Enzymen des Kohlenhydratstoffwechsels in der Humerusepiphyse. (Aus FISCHER, 1973)

| | UDPGGT (D-Form) | | | | UDPGGT (I-Form) | | | | UDP-Glucose-Dehydrogenase | | | | Glucose-6-phosphat-Dehydrogenase | | | |
|---|---|---|---|---|---|---|---|---|---|---|---|---|---|---|---|---|
| | Neonatus | 8d | 30d | 60d | Neonatus | 8d | 30d | 60d | Neonatus | 8d | 30d | 60d | Neonatus | 8d | 30d | 60d |
| Transformationszone | + | + | + | + | 0 | ± | + | 0 | ++ | ++ | ++ | ++ | 0 | 0 | ++ | ++ |
| Säulenknorpel | | | | | | | | | | | | | | | | |
| proximale Zellen | + | ++ | ++ | + | + | ± | ++ | 0 | 0 | ++ | + | + | 0 | 0 | + | 0 bis + |
| mittlere Zellen | 0 | ++ | ++ | ++ | 0 | ± | 0 | 0 | 0 | ++ | ++ | + | 0 | 0 | + | 0 bis + |
| distale Zellen | + | ++ | ++ | + | ++ | ± | ++ | ++ | ++ | ++ | + | + | 0 | 0 | ++ | ++ |
| Hypertrophe Knorpelzellen | | | | | | | | | | | | | | | | |
| proximaler Abschnitt | ++ | ++ | ++ | + | ++ | ± | ++ | ++ | ++ | ++ | ++ bis + | ++ bis + | ++ | ++ | ++ | ++ |
| distale Zellen | | | | | | | | | 0 | 0 | bis + | bis + | | | | |
| Mineralisationszone | 0 | 0 | 0 | 0 | 0 | 0 | 0 | 0 | 0 | 0 | 0 | 0 | 0 | 0 | 0 | 0 |
| Metaphyse | 0 | 0 | 0 | 0 | 0 | 0 | 0 | 0 | 0 | 0 | + | + | ++ | ++ | ++ | ++ |

[a] von 0=negativ bis ++=deutlich positiv; ±=diffuse Anfärbung.

HARRIS, 1932a; GLOCK, 1940; GUTMAN und GUTMAN, 1941; COBB, 1953). Einige Angaben sprechen dafür, daß sich der sog. *permanente* Knorpel (Nase, Trachea) von dem Epiphysenknorpel unterscheidet. Im permanenten Knorpel fehlt eine Phosphorylase (GUTMAN und GUTMAN, 1941; DULCE, 1960a, 1970), an deren Stelle eine Diastase tritt (LUTWAK-MANN, 1940). Vermutlich wird diffundierte Glucose, die nicht direkt vom Glykogen abstammt, in die Glykolyse eingeführt (DULCE, 1970). In der Epiphyse wird Glucose aus dem Glykogen über die Hexokinase durch Phosphorylase für die Glykolyse gewonnen. Das Enzymmuster verschiedenartiger Knorpel (vgl. FULLMER, 1964a, 1966) kann im Augenblick nur z.T. miteinander verglichen werden (vgl. PATZSCHKE und DELBRÜCK, 1967; DELBRÜCK, 1970). Nach ALBAUM et al. (1952a) ähneln das glykolytische System im Muskel und mineralisierendem Knorpel einander sehr.

Als *metabolische Quotienten* für den Epiphysenknorpel werden angegeben (vgl. SCHÜTTE, 1956) $Q_G^{N_2} = 0{,}7$–5 (parenchymatöse Organe 3–4, Milz, Hoden 8) $Q_G^{O_2} = 1{,}22$–1,27; die Atmung beträgt $Q_{O_2} = 0{,}01$–1,0–2,22 (parenchymatöse Organe 4–12–21). Nach BYWATERS (1937) liegt der $Q_G^{N_2}$ für den Kniegelenkknorpel junger *Kaninchen* etwa bei 4,5 bzw. 6,6. Die glykolytische Aktivität je Zelle sei für Knorpel und andere Gewebe gleich. Die $O_2$-Aufnahme des Knorpels beträgt etwa 1/50–1/100 anderer Gewebe. Sauerstoff hemmt die Glykolyse nur geringfügig (DICKENS und NEIL-MALHERBE, 1936). Ihre Geschwindigkeit bleibt proportional zum Zellgehalt des Knorpels (vgl. ROSENTHAL et al., 1941) und ist vom Alter abhängig. Die Geschwindigkeit der Sauerstoffaufnahme vermindert sich dagegen stärker als der Zellgehalt des Knorpels. Die respiratorische Kraft adulter Knorpelzellen ist um 30%, die alter Knorpelzellen um 60% niedriger als die junger Zellen. Die $Q_{O_2}$ für embryonale Knorpel von 14–20 Tage alten *Hühner*embryonen bestimmten BOYD und NEUMAN (1954) zu 2,2 und damit 200mal größer als bei Adulten.

Verschiedentlich wurde der *Milchsäurebildung* im Epiphysenknorpel besondere Aufmerksamkeit zugewandt (HOFFMANN et al., 1928; DICKENS und NEIL-MALHERBE, 1936; BYWATERS, 1937; LUTWAK-MANN, 1940). Nach EEG-LARSEN (1956) bleibt der Milchsäuregehalt der *Ratten*tibia in den ersten 4 Lebenswochen mit 0,6–0,7 mg/g Frischgewicht gleich hoch, obwohl der Glykogengehalt nach 7 Tagen von 4,25 mg/g auf 2 mg/g absinkt. In 20–30 Std werden 30–40 mg Glykogen gebildet. Der mittlere Glykogengehalt des Knorpels beträgt 10–12 mg/g. Der größere Teil des Glykogens liegt in der proximalen Epiphyse. Da das Glykogen im Knorpel unregelmäßig verteilt ist, kann seine Menge in der Säulenzone auf etwa 20 mg/g angesetzt werden. Nach EEG-LARSEN (1956) zeichnen sich der Epiphysenknorpel wie Embryonal- und Tumorgewebe durch eine hohe anaerobe Glykolyse aus. Die Epiphyse behält ihren embryonalen Stoffwechsel bei, wenn der übrige Körper das Embryonalstadium bereits verlassen hat.

Über die im Knorpel nachgewiesenen *glykolytischen Enzyme* unterrichtet die Tabelle 11 (vgl. ZAMBOTTI, 1957; ZAMBOTTI und BOLOGNANI, 1967). Eine Phosphorylase-Reaktion tritt nach TOWNSEND und GIBSON (1970) im zentralen Anteil des Meckelschen Knorpels am 8. Tag auf, verstärkt sich bis zum 13. und fällt später ab. Glykogenphosphorylase fehlt in den Zellen der Mineralisationszone (FISCHER, 1975). Im hyalinen Epiphysenknorpel und der primären Spongiosa ist die Aktivität der Lactat-Dehydrogenase und Phosphoglucoisomerase geringer als in anderen Regionen (KUHLMAN, 1960). Bei Bezug auf das totale Trockengewicht ist die Aktivität im Säulenknorpel bezüglich des säurelöslichen Materials dagegen in der hypertrophen Region höher. Die Aktivität der oxydativen Enzyme nimmt zu dem hypertrophen Knorpel hin ab, so z.B. die NADH-Diaphorase und NADPH-Diaphorase (BALOGH et al., 1961).

### 4.3.6. Die komplexen Kohlenhydrate in den Chondrozyten

Die Glykogenspeicherung in der Knorpelzelle steht mit der *Synthese von Bindegewebspolysacchariden* im Zusammenhang. Auf der synthetischen Aktivität der Chondrozyten beruht das „intussuszeptionelle" Wachstum (chondroblastische Tätigkeit) und der Umsatz, die Neubildung von Polysacchariden im Rahmen des turnover (s.S. 221). Befunde an der Epiphyse haben beigetragen, den Ablauf der Bildung komplexer Kohlenhydrate zu klären. Bei der Synthese der MPS ist zwischen einer Kernbildung und einem Molekülwachstum zu unterscheiden (s.S. 196).

Tabelle 11. Enzyme der Glykolyse und Gluconeogenese. (Zusammenstellung von Dr. G. FISCHER, unter Benutzung der Angaben von ZAMBOTTI und BOLOGNANI, 1967)

| | Knorpel | Knochen | |
|---|---|---|---|
| Glykogen-Phosphorylase | + | | LUTWAK-MANN (1940) |
| | + | | GUTMAN und GÜTMAN (1941) |
| | + | | COBB (1953) |
| | + | | DULCE (1960a, b) |
| | + | | DULCE (1970) |
| Glykogen-Phosphorylase | + | | CIPERA und WILLMER (1962) |
| | + | + | TOWNSEND und GIBSON (1970) |
| Phosphoglucomutase | | + | CABRINI (1961) |
| Hexokinase | + | | GUTMAN und YÜ (1949) |
| | + | | GUTMAN und YÜ (1950) |
| | + | | KUHLMAN (1960) |
| | + | | MEYER und KUNIN (1969) |
| Glucokinase | + | | MEYER und KUNIN (1969) |
| Glucose-phosphat-Isomerase (Phosphohexose-Isomerase)[a] | + | | ALBAUM et al. (1952a) |
| Phosphofructokinase | + | | ALBAUM et al. (1952a) |
| | + | | MEYER und KUNIN (1969) |
| Ketose-1-phosphat-Aldolase | + | | ALBAUM et al. (1952a) |
| (Aldolase)[a] | + | | KUHLMAN (1960) |
| | + | | MEYER und KUNIN (1969) |
| Triosephosphat-Isomerase | + | | ALBAUM et al. (1952a) |
| Triosephosphat-Dehydrogenase | + | | ALBAUM et al. (1952a) |
| Phosphoglycerat-Kinase | + | | DELBRÜCK (1964) |
| | + | | DELBRÜCK (1970) |
| Glycerat-Phosphomutase (Phosphoglycerat-Mutase)[a] | + | | DELBRÜCK (1964) |
| Phosphopyruvat-Hydratase (Enolase)[a] | + | | ALBAUM et al. (1952a, b) |
| Pyruvat-Kinase | + | | EYRING et al. (1963) |
| | + | | DELBRÜCK (1964) |
| | + | | MEYER und KUNIN (1969) |
| Lactat-Dehydrogenase | + | | LUTWAK-MANN (1940) |
| | + | | ALBAUM et al. (1952a, b) |
| | + | | LUSKIN et al. (1952) |
| | + | | VIERNSTEIN (1959) |
| | + | | KUHLMAN (1960) |
| | | + | BALOGH et al. (1961) |
| | + | | WALKER (1961) |
| | | + | BALOGH (1964) |
| | + | | DELBRÜCK (1964) |
| | + | | FULLMER (1964c) |
| | + | | BONA et al. (1965a) |
| | + | | MORI et al. (1965) |
| | + | | TAKADA (1966) |
| | + | | DIXIT (1969) |
| | + | | MEYER und KUHN (1969) |
| Glycerinaldehyd-3-phosphat Dehydrogenase | + | | HIMMELHOCH und KARNOVSKY (1961) |
| α-Glycerophosphat- Dehydrogenase | + | | BONA et al. (1965b) |
| | + | | MORI et al. (1965) |
| | + | | TAKADA (1966) |

[a] Nicht empfohlene Namen von Enzymen in Klammern.

Während des ersten ribosomalen Stadiums werden an den Proteinkern als Akzeptor Kohlenhydrat-Seitenketten gebunden (Abb. 73), die auf das Glykogen als Spender der Glucose zurückzuführen sind (s.S. 188). Die regionale Verteilung der zugehörigen Enzyme (vgl. Abb. 121; Tabelle 10) läßt annehmen, daß die *Proteoglykansynthese der Glykogensynthese* folgt. Im vorliegenden Zusammenhang sind vor allem die Verteilung der MPS-Synthese über die Regionen der Epiphyse, ihr zeitlicher Ablauf und die Altersabhängigkeit zu berücksichtigen.

### 4.3.6.1. Intrazelluläre MPS im Knorpel

Intrazelluläre MPS können u.a. durch Färbung und Autoradiographie nachgewiesen werden. Die bisher vorliegenden Ergebnisse mit färberischen Methoden, vor allem der metachromatischen Reaktion, sind gegenüber jenen durch Markierung mit $^{35}$S enttäuschend. Hierfür könnte die Schwierigkeit einer adäquaten Fixierung der Chondrozyten verantwortlich sein (s.S. 180).

Die ältere Literatur enthält eine Reihe von Angaben über *metachromtisch* reagierende Granula in Knorpelzellen (vgl. SCHAFFER, 1926b, 1930), und zwar bei Färbung mit *Indigokarmin* (GERLACH, 1875, 1879; ARNOLD, 1875, 1876, 1878; KÜTTNER, 1875), *Methylenblau* (SCHULTZE, 1887; MITROPHANOW, 1889/90; RENAUT, 1893, 1911; MAYER, 1896; HENNEGUY, 1896; ARNOLD, 1900, 1908, 1914; FISCHEL, 1901), *Toluidinblau* (SCHAFFER, 1905; BRODERSEN, 1914), *Azur* (ARNOLD, 1908) und *Bismarckbraun* (FISCHEL, 1901; NOWIKOFF, 1908). Aus Mangel an Kenntnissen der metachromatischen Reaktion und der Polysaccharide konnten diese Befunde nicht befriedigend interpretiert werden.

Mit Toluidinblau (pH 2,6–4,1) *metachromatisch* reagierende Granula nehmen an Größe und Zahl vom Appositionsknorpel zur Mitte des Epiphysenknorpels zu (KNESE und KNOOP, 1961a); diese Metachromasie bleibt nach Hyaluronidase- und Diastasebehandlung aus. Die Granula reagieren auch mit PAS und erscheinen bei der BTS-Reaktion weiter nach peripher in und bis dicht unter den Gelenkknorpel. Die genannten Reaktionen verschwinden nach Diastase-, nicht aber nach Hyaluronidasebehandlung. Das nach Hyaluronidaseeinwirkung unterschiedliche Verhalten der Granula gegenüber Toluidinblau und PAS ist nicht ohne weiteres erklärbar. Diese Körnchen reagieren schließlich mit Hales kolloidaler Eisenlösung blauschwarz. Nach einer Überprüfung von 400 Epiphysen von *Rinderfeten* müssen wir hinzufügen, daß wir diese Granula nur in 5–6 Fällen fanden. Weitere Studien über die Fixierung lassen uns annehmen, daß solche Granula z.T. *Fixierungsartefakte* darstellen, die infolge der Material-Konzentration (Aggregation) eine deutliche metachromatische Reaktion geben (KNESE, 1968b, 1969b, 1972b). Auch GODMAN und LANE (1964) finden nur ausnahmsweise hyaluronidaseempfindliche metachromatische Granula in der Peripherie der Zellen; sie meinen, die Substanzen seien durch Fixierung schwer zu erhalten. In frischen, nicht gefrorenen Schnitten findet HIRSCHMAN (1967), nach Färbung mit Toluidinblau (0,01%, pH 4,5), große β-chromatische Granula im Säulenknorpel, aber kleinere γ-metachromatische Körnchen in den hypertrophen Zellen und beide Formen in der Übergangszone (s.S. 375). Die Veränderung von Größe und Färbbarkeit der Granula wird als Zeichen der Veränderung der Proteinpolysaccharide innerhalb der Epiphyse gedeutet. Nach Untersuchung der chemischen Eigenschaften und des Reinheitsgrades verschiedener metachromatischer Farbstoffe kommen HIRSCHMAN und MCCABE (1969) zum Schluß, daß die Färbung vom pH und dem Molekulargewicht des Farbstoffs abhängt. Die Färbung weist im übrigen auf Polysaccharide hin (vgl. HIRSCHMAN und MCCABE, 1974).

Über eine Reaktion der Säulenknorpelzellen mit Toluidinblau, Alcianblau und Hales Eisenreaktion berichten BONA et al. (1964) bei 15 Tage alten *Ratten*; alle anderen Regionen verhalten sich negativ. Nach Susa-Fixierung fanden FÖLDES et al. (1965) in allen Zonen der Epiphyse bei 30 Tage alten *Ratten* eine positive MPS-Reaktion, die am stärksten im Säulenknorpel und noch beträchtlich in der hypertrophen Region ist. Hier fehlt eine Reaktion bei 85 Tage alten Tieren; sie ist in den anderen Regionen etwas schwächer. Bei jungen

*Hunden* reagiert die Hälfte der Chondrozyten mit Alcianblau, die andere nicht (WILSMAN und VAN SICKLE, 1971). Aus Paraffinschnitten isolierte Chondrozyten lassen sich mit Alcianblau und metachromatisch mit Toluidinblau anfärben (KAWIAK, 1963a). Nach kurzer Inkubation wird $^{35}$S perinukleär abgelagert, vermutlich entsprechend der Golgi-Region. Nach 20 min ist das Isotop über das ganze Zytoplasma verteilt. Aus den isolierten Knorpelzellen hat KAWIAK (1963b) das Chondroitinsulfat mit dem Mikromanipulator extrahiert. Die intrazelluläre Synthese von Chondroitinsulfaten sei damit gesichert.

### 4.3.6.2. Die $^{35}$S-Ablagerungen im Knorpel

Mit Hilfe von $^{35}$S kann die intrazelluläre Entstehung der „Sulfo"-Mukopolysaccharide eindeutig nachgewiesen werden (s.S. 189). Die Untersuchungen ließen die Bedeutung einer Reihe methodischer Fragen erkennen, die z.B. bei den färberischen Studien wenig beachtet wurde. Es zeigt sich nämlich ein eindeutiger *Verlust* des Isotops bei Verwendung von Mitteln, die Polysaccharide lösen. Der Verlust war augenfällig, da das nachzuweisende Sulfat zuvor appliziert wurde. Andererseits können *Lösungsmittel* auch herangezogen werden, um zu zeigen, daß bestimmte Polysaccharide vorliegen. Diese Befunde gaben z.T. den Anlaß, das Fixierungsverhalten, die Löslichkeit bzw. Fällung, der Polysaccharide im Schnitt zu untersuchen (KNESE, 1968b, 1969b, 1977).

Die Untersuchungen mit Hilfe von $^{35}$S beschäftigen sich mit der Frage, in welcher Form das $^{35}$S fixiert wird, und wie es zu erhalten ist. Es folgt die Bestimmung der *Zelleistung* bei der Sulfatfixierung. Die stärkste Ablagerung von $^{35}$S erfolgt bei 7 Tage alten Ratten 24 Std nach Injektion im *Säulen-* und *hypertrophen* Knorpel, weniger über den Zellen der Mineralisation. Sie ist sowohl in den *Zellen* als auch in der *Interzellularsubstanz* festzustellen (DZIEWIATKOWSKI, 1951). Mit 96 Std beginnt eine Abnahme der Aktivität. Bei Auftreten eines Knochenkerns nimmt die $^{35}$S-Konzentration ab. DZIEWIATKOWSKI (1951, 1952a) hat die $^{35}$S-Radioautogramme nach Fixierung mit Formalin bzw. Formalin gesättigt mit Bariumhydroxyd, das MPS löst (s.S. 179), untersucht. Die Metachromasie des Knorpels ist nach Fixierung mit Formalin-Bariumhydroxyd gering. Die Verteilung des in Formalin unlöslichen Schwefels entspricht den mit Toluidinblau metachromatisch reagierenden Gebieten, so daß es sich um den an das Chondroitinsulfat gebundenen Schwefel handelt. Der in Formaldehyd-Bariumhydroxyd unlösliche Schwefel gehört vermutlich einer anorganischen Fraktion an, die in steigendem Grad bei Entwicklung des Knochenkerns zu beobachten ist, ebenso in der Metaphyse und im Knochenschaft, wo sie mindestens bis zum 12. Tag nachzuweisen ist. Das radioaktive Material ist mit einer Pufferlösung von pH 10 nicht aus dem Knorpel herauszulösen. Dies spricht dafür, daß das Chondroitinsulfat eine Verbindung mit Proteinen eingegangen ist, die nicht mehr leicht löslich sind (DAVIES und YOUNG, 1954).

Über die Art der *Bindung* des $^{35}$S bestand längere Zeit keine Klarheit (BÉLANGER, 1954, 1956; AMPRINO, 1955c, 1956; ENGFELDT und WESTERBORN, 1960; CAMPO und DZIEWIATKOWSKI, 1961; DZIEWIATKOWSKI, 1962b). DZIEWIATKOWSKI et al. (1957a) haben den Anteil des anorganischen Schwefels am Gesamtschwefel mit etwa 9–22% bestimmt; 89% des gesamten Schwefels sollen im Chondroitinsulfat enthalten sein (DZIEWIATKOWSKI, 1962a). Bei Fixierung unter weitgehender

Erhaltung beider Schwefelfraktionen, z.B. mit Formalin, Bariumacetat oder gleichen Teilen absoluten Äthanols und Methanols wird die Reaktion des Autoradiogramms stärker. Aus Beobachtungen 30, 60 und 120 min nach Applikation wird geschlossen, daß das anorganische Sulfat schnell in den Knorpel eindringt, in den *Zellen gespeichert* und dann in das Chondroitinsulfat eingebaut wird (DZIEWIATKOWSKI, 1962b; vgl. BÉLANGER, 1953, 1954). Unmittelbar nach einer einzigen Injektion kommt $^{35}$S nur in den Zellen vor (VERNE et al., 1956), nach 24 Std in der umgebenden Interzellularsubstanz. Die Knorpelzellen sind damit das Zentrum der Fixation von $^{35}$S (vgl. AMPRINO, 1956).

Im Knorpel von *Hühner*embryonen wird zunächst $^{35}$S sehr gleichmäßig abgelagert (AMPRINO, 1955c). In Knorpeln, die nicht durch Knochen ersetzt werden, hängen die Änderungen in der Radiosulfatverteilung von den topographischen Verhältnissen des Knorpelwachstums ab. Die Abnahme der Radioaktivität in der Mitte eines Skelettstücks beruht auf zwei Prozessen: 1) bestimmt die Hypertrophie der Chondrozyten die Abnahme an Radiosulfat je Volumeneinheit des Gewebes; 2) nimmt die Fähigkeit der Chondrozyten, Chondroitinsulfat zu bilden, schrittweise ab. In der entstehenden metaphysären Region steigt dagegen die Synthese an. Die Chondrozyten der mittleren Zone verlieren die Fähigkeit zur Chondroitinsulfatsynthese, bevor der Knorpel verschwindet. Stets ist die Ablagerung im Diaphysenknorpel höher als im Epiphysenknorpel. An den Wirbeln und Schädelknochen setzt während der letzten 6–7 Tage der Bebrütung die Knochenbildung ein. In kurzen Knochen scheint die Synthese von Chondroitinsulfat auch dann fortgesetzt zu werden, wenn bereits der perichondrale Zapfen eingedrungen ist und der Knorpel teilweise zerstört wird. Die Synthese hört nur in den bereits mineralisierten Gebieten auf.

Die weitere Entwicklung der Epiphysen hat AMPRINO (1955c) an 56 Tage alten *Meerschweinchen*feten und etwa 50 Tage alten *Ratten* untersucht. Die Verteilung des Radiosulfats ist vor Einsetzen der enchondralen Osteogenese annähernd gleichmäßig. Die Ausbildung des Säulen- und hypertrophen Knorpels ist mit einem Ansteigen der *Chondroitinsulfatsynthese* und der Basophilie der Interzellularsubstanz verbunden. Ein sekundärer *Verlust* der Radioaktivität tritt bei der Mineraleinlagerung in die knorpelige Interzellularsubstanz auf, auch bei der Entwicklung des Knochenkerns. Mit dem Wachstum des Kerns nimmt die umgebende Lage hoch radioaktiver hypertropher Knorpelzellen an Dicke ab. Die $^{35}$S-Ablagerungen werden immer mehr auf die zukünftige Epiphysenplatte beschränkt, und die Aktivität nimmt ziemlich abrupt zur eigentlichen Epiphyse hin ab. Manche Epiphysen weisen zwei Maxima der Radioaktivität auf, eines im Säulenknorpel und eines in Nachbarschaft der Eröffnungszone. Ein *neuer Verteilungsmodus* des $^{35}$S erscheint, wenn die Knochenbildung in der Epiphyse annähernd abgeschlossen ist. Die Epiphysenplatte, in Verbindung mit den Knochen, behält die Fähigkeit, Radiosulfat aufzunehmen. Nunmehr wird im *Gelenkknorpel* $^{35}$S abgelagert, besonders in der Tiefe von Gebieten, die als eine Art Kambiumschicht erscheinen. Dies weist auf ein relativ starkes Wachstum hin. VERNE et al. (1956) bestätigen die geringe $^{35}$S-Aufnahme im Gelenkknorpel, entsprechend der ebenfalls herabgesetzten metachromatischen Reaktion (vgl. TONNA und CRONKITE, 1960). Die Autoren meinen, die Chondrozyten in der oberflächlichen Faserzone, deren Gestalt jener der Fibrozyten ähnelt, könnten kein Chondroitinsulfat mehr bilden.

Im *Säulenknorpel* wird $^{35}$S innerhalb von 4 Std fixiert (DAVIES und YOUNG, 1954). Gleichzeitig wird die markierte Substanz in der tiefen Lage des Perichondriums abgelagert, nicht nur in der Epiphyse sondern in allen wachsenden Knorpeln, z.B. im oberen Teil des Nasenseptums und in den Wachstumsknorpeln der Schädelbasis. Im Gelenkknorpel fehlt die Ablagerung im Bereich der Zellteilungen oder des mitotischen Ringes (HARRIS, 1933). Im faserigen Gewebe, den intermuskulären Septen, Gelenkkapseln, Sehnen, Bändern und der Sklera, ist die Markierung stärker als in Muskel, Knochenmark, Leber und Niere. Je dichter das Gewebe, desto stärker die Ablagerung von $^{35}$S. Die Ablagerung in Periost, Perichondrium und Sehnen entspricht etwa jener in den Gelenk-kapseln und Bändern. Im Ansatzgebiet der Sehnen am Knochen wird ihre Intensität aber stärker. Die Konzentration in der Synovialmembran ist geringer. Die Menisci verhalten sich etwa so wie die Bänder. Mehr oder minder homogen ist die Ablagerung im Nasenseptum, den Nasenflügeln und im Ohrknorpel. Am 4. und 6. Tag ist die Ablagerung im lockeren und dichten Bindegewebe nicht mehr nachzuweisen, im Ohrknorpel gering, im Knorpel aber erhalten.

Radioaktiver Schwefel ist 1–2 Std nach der Injektion in den *hypertrophen* Knorpelzellen und z.T. im anschließenden Säulenknorpel nachzuweisen (BÉLANGER, 1953, 1954). Nach 2 Std tritt eine geringe Reaktion in der Nachbarschaft der Zellen auf, nach 48 Std ist sie in den Zellen und der Interzellularsubstanz gleich groß, und nach 6 Tagen nur noch extrazellulär zu finden. Radioaktive Trabekel in der Metaphyse sind mit Knochen überkleidet. Durch Hyaluronidase wird das $^{35}$S tragende Material entfernt, aber nicht durch Entmineralisierung; es ist also ein Chondroitinsulfat. $^{35}$S-Methionin erscheint nach BÉLANGER (1954) bereits 1 Std nach subkutaner Injektion über den hypertrophen Knorpelzellen. Die Reaktion ist nach 6 Std verstärkt, und nach 2 Tagen liegt das Methionin in der hypertrophen Zone außerhalb der Zellen. So zeigen die hypertrophen Knorpelzellen alle Stadien eines sekretorischen Prozesses.

Untersuchungen von LAYTON et al. (1952), DZIEWIATKOWSKI (1953, 1954a,b,c), BOSTRÖM und MANSSON (1953) haben gezeigt, daß die MPS-Synthese mit dem *Alter* abnimmt. In den Femurepiphysen der Ratte steigt die $^{35}$SO$_4$-Aufnahme von der 1. bis zur 5. Woche an, bleibt bis zur 8. etwa gleich, wird zur 26. Woche erheblich vermindert, ist am Ende des Jahres fast unverändert und erscheint nach 2 Jahren geringer als in allen vorhergehenden Lebensstadien (TONNA und CRONKITE, 1960). Der Umfang der $^{35}$S-Fixierung in den einzelnen Zonen der Epiphyse bleibt recht ähnlich. Die geringste Aufnahme liegt in dem sog. ruhenden Knorpel, die höchste in den jungen proliferieren-den Knorpelzellen und in den reifen hypertrophen Zellen. In der Epiphysenscheibe älterer Tiere ist die Zahl der markierten Zellen geringer als in der 5. und 8. Lebenswoche. Die Region der proliferierenden und hypertrophen Zellen der älteren Ratte zeigt nicht die gleiche Verteilung des Isotops wie bei jüngeren. Es liegt im wesentlichen um die Zellen, nicht in der gesamten Interzellular-substanz; die Verteilung ist ungleichmäßig (s.a. AMPRINO, 1955c). Die Ablagerung erfolgt in der Peripherie in der Nähe des Periostes bzw. Perichondriums. Auch in den Zellen der permanenten Knorpel, Trachea, Ohr und Schwertfortsatz der *Maus*, ist nach 2 Std die $^{35}$S-Ablagerung stärker als in der Interzellularsubstanz, im Perichondrium oder subperichondral (PELC und GLÜCKSMANN, 1955). Innerhalb der Chondrone geben die zentralen Zellen eine geringe Reaktion, zudem sind Differenzen zwischen den Chondronen zu beobachten. Nach 16–24 Std erreicht die zelluläre Ablage-rung ihr Maximum und hat an Intensität über der Interzellularsubstanz zugenommen. In den zentralen Teilen des Knorpels ist die Aktivität geringer, aber immer noch stärker als subperichondral oder im Perichondrium. Nach 11 Tagen können noch einige Zellen stärker als die Interzellularsub-stanz markiert sein. Als Besonderheit erwähnen die Autoren, daß in der Mitte der Chondrozyten des Zellknorpels *des Ohrs* ein Fetttropfen liegt und das umgebende Zytoplasma das $^{35}$S enthält. Der vordere Teil des *Schwertfortsatzes* besteht aus hyalinem Knorpel, der hintere, nahe der Spitze aus Faserknorpel, mit reichlich elastischen Fasern. Die hinteren Zellen enthalten einen zentralen Fetttropfen, die vorderen hyalinen wenig Fett, aber mehr Glykogen. Die $^{35}$S-Ablagerung beschränkt sich jeweils auf die zytoplasmatischen Teile der Zellen. Die *Stärke der Ablagerung* nimmt in der Reihe Ohrknorpel, Faserknorpel und Hyalinknorpel des Xiphoids sowie Trachealknorpel zu. In derselben Reihenfolge nimmt die Menge des Glykogens zu, die des Fettes ab.

Aus der unterschiedlichen Aufnahme von $^{35}$S in den Rippen von *Ratten* und *Maus* geht hervor, daß an der Knorpel-Knochengrenze eine aktive Zone mit doppelter Inkorporationsrate liegt und eine inaktive Zone dem Sternum genähert ist (LINDAHL und WASTESON, 1970). Die Chondroitinsulfate der aktiven Zone haben ein höheres Molekulargewicht als die der inaktiven Zone. Dies spricht dafür, daß die verschiedenen Knorpelanteile Chondroitinsulfate mit unterschiedlicher Kettenlänge produzieren. Mit zunehmendem Alter nimmt das Molekulargewicht der Chondroitinsulfate, besonders in der inaktiven Zone der Rippe, ähnlich wie im menschlichen Gelenkknorpel ab. Die Unterschiede im

Molekulargewicht bei fortlaufendem Abau der Polysaccharidketten weisen auf eine Korrelation zwischen *Biosynthese* und Abbau hin.

Im Epiphysenknorpel vom Metatarsus entwöhnter *Kaninchen* steigt die Sulfataufnahme in den Epiphysenzellen bei Aufhören der *Mitosen* und bei beginnender Hypertrophie an (GREER et al., 1968). Die Protein-Polysaccharid-Synthese, gemessen an der $^{35}$S-Aufnahme, wird gesteigert; die höchsten Werte je Zelle entfallen auf die hypertrophen Zellen. Dagegen nimmt der Gehalt der Interzellularsubstanz an Protein-Polysacchariden, bestimmt durch das Hexosamin, in Richtung auf die hypertrophe Region fortlaufend ab (vgl. WUTHIER und KING, 1966; WUTHIER, 1969/70). Die *zunehmende Sulfataufnahme* in der Zelle und die *Abnahme der Hexosaminkonzentration* in der Interzellularsubstanz muß als Ausdruck steigenden *Abbaus* der Protein-Polysaccharide gedeutet werden. Hierfür dürfte sprechen, daß in den hypertrophen Zellen proteinabbauende Enzyme vorhanden sind (HIRSCHMAN, 1966; GRANDA und POSNER, 1968). So könnte ein *Rückkoppelungs*mechanismus zwischen der Interzellularsubstanz und der synthetischen Leistung der Zelle vorliegen. Für das Zusammenwirken von Zelle und Interzellularsubstanz, etwa im Sinn des Chondrons, sprechen noch andere Beobachtungen. BOLLETT und MITCHELL (1969) konnten in vitro an mit $^{35}$S markierten Chondrozyten zeigen, daß die Zellen die extrazelluläre Wirkung der Hyaluronidase durch Schaffung des entsprechenden pH-Optimums, z.B. durch Lactat, beeinflussen können. Dies gilt auch für das Kathepsin (ALI, 1967). Jedoch wird die Hyaluronidase kaum durch Chondrozyten produziert. Sie ist in der Synovialflüssigkeit vorhanden und dringt durch Diffusion in den Knorpel ein.

Die Angaben über den *zeitlichen Ablauf* der $^{35}$S-Einlagerung in der Epiphyse bzw. die Veränderung der Verteilung ähneln sich sehr. Eine Verschiebung der $^{35}$S-markierten Interzellularsubstanz zur Metaphyse beschreiben ENGFELDT und WESTERBORN (1960). Auch beim *Kaninchen* ist nach 2 Std eine Markierung der Zellen des Säulenknorpels und am Übergang zur hypertrophen Zone festzustellen. Die stark vakuolisierten hypertrophen Zellen zeigen keine Reaktion. Nach 6 Std tritt eine diffuse Markierung in einem schmalen Gebiet der *Eröffnungszone* auf, wo die Kapillaren einwandern. Diese an der Tibia deutliche Markierung ist an Rippen schwer aufzufinden. Nach 24 Std erscheint die Einlagerung vor allem in den peripheren Teilen der Zellen und in der benachbarten Interzellularsubstanz. Nunmehr sind auch die vakuolisierten hypertrophen Chondrozyten radioaktiv. Ebenso ist in der Eröffnungszone bzw. der Metaphyse eine Markierung festzustellen. 4 Tage nach der Injektion ergeben sich zwischen den einzelnen Tieren einige Differenzen. Wenn auch noch eine Markierung der Zellen vorliegt, ist der größere Teil des Materials in die Interzellularsubstanz verlagert. Auch in den *metaphysären* Bälkchen ist $^{35}$S vorhanden. Nach 7 Tagen zeigen die Zellen fast keine Aktivität mehr. Die höchste Aktivität ist nunmehr zur Metaphyse hin verschoben. Mit dem folgenden Wachstum wird die stark markierte Interzellularsubstanz des Knorpels zur Metaphyse verschoben.

Nach ENGFELDT und WESTERBORN (1960) ist die Radioaktivität der Interzellularsubstanz 7 Tage nach Injektion bemerkenswert, da die benachbarten Chondrozyten zu dieser Zeit kaum noch aktiv sind. Die Autoren erinnern daran, daß die Zellen in etwa 60 Std vom Epiphysenknorpel zur Eröffnungszone verschoben werden. Im allgemeinen wird angenommen, daß die Interzellularsubstanz mit den Zellen zusammen wandert. Wenn das zutrifft, müßte die Interzellularsubstanz Chondroitinsulfat enthalten, das zwischen dem 5. und 7. Tag gebildet wurde. Dabei ist zu berücksichtigen, daß die $^{35}$S-Konzentration im Blut zu dieser Zeit sehr niedrig ist. Wir möchten noch auf eine andere Möglichkeit der Interpretation dieses Befundes hinweisen. Die Wanderungsgeschwindigkeit wurde bisher nur an den Zellen bestimmt (s.S. 268). Die sog. *Wanderung* muß jedoch als eine Zellmetamorphose mit Verschiebung der Regionengrenzen angesehen werden. Die Zellmetamorphose besteht in einer beträchtlichen Form- und Größenänderung der Zellen, die mit qualitativen und quantitativen Umgestaltungen der Interzellularsubstanz korreliert ist. Bliebe die Masse der Interzellularsubstanzen während der Größenmetamorphose der Zellen gleich, müßte es zu Verschiebungen zwischen den Zellen und der Interzellularsubstanz kommen, wie bereits MÜLLER (1858) angenommen hatte. Jedoch sind die Verhältnisse komplizierter, da eine recht lebhafte Synthese von Interzellularsubstanzen, voran MPS, aber auch Skleroproteine, durch die Zellen vorliegt. Die Volumenzunahme, z.B der Interzellularsubstanz, durch Neusynthese könnte geringer als die Volumenzunahme der benachbarten hypertrophen Knorpelzellen sein. Zudem findet ein „Abbau" von Interzellularsubstanzen im Gebiet der hypertrophen Zellen statt (HJERTQUIST, 1964 a, b; HIRSCHMAN und DZIEWIATKOWSKI, 1966; LINDENBAUM und KUETTNER, 1967). In diesem Fall käme es zu einer relativen Verschiebung zwischen Zellen und Interzellularsubstanz. Markierte Interzellularsubstanz liegt neben nicht markierten Zellen, die erst nach Applikation und nach Abfall der $^{35}$S-Konzentration im Blut in die Umwandlung eingetreten sind. Ob diese Interpretation zutrifft, kann nur aufgrund einer schwierigen Volumenkalkulation der einzelnen Gewebeanteile ermittelt werden. Auf jeden Fall führt ein Vergleich zwischen morphologischen und autoradiographischen Befunden von einer rein statischen Betrachtung zu einer dynamischen, die dem örtlichen Geschehen, hier im Bereich der Epiphyse, offensichtlich mehr gerecht wird. Im Hinblick auf die $^{35}$S-Ablagerung führen TONNA und CRONKITE (1960) aus, daß die Zellen bei dem schnellen Wachstum junger Tiere nicht lange genug in der Epiphyse verbleiben, um Altersveränderungen zeigen zu können. Die *Geschwindigkeit der Zellmetamorphose* nimmt jedoch mit dem Alter ab. Da nun bei älteren Tieren weniger Zellen zur Mitose fähig sind und demzufolge weniger Zellen für die enchondrale Knochenbildung benötigt werden, verbleiben die Zellen länger in der Epiphyse als bei jüngeren Tieren. Während dieser langen Periode des Aufenthalts in der Epiphyse zeigen sich Altersveränderungen der Zellen, die mit einer Verminderung der $^{35}$S-Aufnahme einhergehen.

### 4.3.6.3. Die Enzyme des Proteoglykanstoffwechsels in den Chondrozyten

Eine Lokalisation der MPS-Synthese ist auch aufgrund des Studiums der *Enzym*verteilung möglich. Zunächst wurden die Enzyme in der gesamten Epiphyse nachgewiesen, dann erst in ihrer Verteilung über die Regionen. Die topographische Verteilung ergibt das *Enzymmuster* der Epiphyse (vgl. Abb. 121; Tabelle 12). Zytologisch ist nämlich von Interesse, welche Prozesse von einer Zelle, die durch ihre Lage und Struktur bestimmt ist, enzymatisch bewältigt werden kön-

Tabelle 12. Weitere Enzyme des Knorpel und des Knochengewebes. (Zusammenstellung von Dr. G. FISCHER, unter Benutzung der Angaben von ZAMBOTTI und BOLOGNANI, 1967)

| | Knorpel | Knochen | Periost | |
|---|:---:|:---:|:---:|---|
| Adenylat-Kinase | + | | | EYRING (1963) |
| Alkohol-Dehydrogenase | + | | | HERRMANN-ERLEE (1962) |
| Aminopeptidase | + | | | BURSTONE (1960c) |
| Arylsulfatase | + | | | ZAMBOTTI und BOLOGNANI (1967) |
| Aryl-Sulfotransferase (Sulfat-Kinase) | + | | | D'ABRAMO und LIPMAN (1957) |
| Aspartat-amino-Transferase (Glutamat-Oxalacetat-Transaminase) | + | | | DE BERNARD und LORENZI (1955) |
| ATPase | + | | | CARTIER (1952) |
| | + | | | OTTE (1958) |
| | + | + | | DULCE (1960a, b) |
| | + | | | CIPERA und WILLMER (1962) |
| | + | | | GIBSON und FULLMER (1967) |
| | + | + | | HEYDEN und FROM (1970) |
| | + | | | MATSUZAWA und ANDERSEN (1971) |
| Hexosaminsynthetase | + | | | CASTELLANI und ZAMBOTTI (1956) |
| | + | | | CIPERA et al. (1960) |
| Carbonat-Dehydratase | | + | | DULCE (1961) |
| | | + | | KÖRBER (1964) |
| | | + | | ELLISON (1965) |
| Katalase | | + | | VAES (1965b) |
| Kathepsin | | + | | VAES (1965b) |
| (Carbonanhydrase) | + | | | DE BERNARD und LORENZI (1955) |
| Kathepsin D | | | | WOESSNER (1967) |
| | | | | ALI und EVANS (1969) |
| | | | | MORRISON (1970) |
| Chondroitinsulfatase | + | | | LUCY et al. (1961a) |
| | | | | CHRISMAN et al. (1963) |
| | | | | ALI (1964) |
| | | | | COWEY und WHITEHOUSE (1966) |
| | | | | ALI (1967) |
| Desoxyribonuklease + Ribonuklease (DNAse und RNAse) | | + | | VAES (1965b) |
| Esterasen | + | | | BURSTONE (1957) |
| | + | | | TAKADA et al. (1962) |
| | + | | | MORI et al. (1965) |
| | + | | | BONA et al. (1966) |
| $\beta$-Galaktosidase | + | | | SCHLAGER (1959) |
| | + | | | SCHLAGER (1960) |
| | + | | | TAKADA et al. (1962) |
| | | + | | VAES (1965b) |
| | + | | | BONA et al. (1965b) |
| Gluconat-6-Dehydrogenase | + | | | BONA et al. (1965b) |
| Glucosaminidase | + | | | PUGH und WALKER (1961a, b) |
| Glucose-6-phosphatase | + | | | EYRING et al. (1963) |
| | + | | | BONA et al. (1965b) |
| Glucose-6-phosphat Dehydrogenase | + | | | KUHLMAN (1960) |
| | + | + | | BALOGH et al. (1961) |
| | + | | | WALKER (1961) |
| | | | + | HEKKELMAN (1963) |

Tabelle 12 (Fortsetzung)

| | Knorpel | Knochen | Periost | |
|---|:---:|:---:|:---:|---|
| | | + | | BALOGH (1964) |
| | + | | | FULLMER (1964c) |
| | | + | | BALOGH und HAJEK (1965) |
| | + | | | BONA et al. (1965a) |
| | + | | | TAKADA (1966) |
| | + | | | FISCHER (1973) |
| β-Glucuronidase | + | | | LORENZI (1952) |
| | + | | | BILLET und MULHERKAR (1958) |
| | + | | | MONESI und BEKINI (1958) |
| | | + | | CABRINI (1961) |
| | + | | | GUBISCH und SCHLAGER (1961) |
| | | + | | CABRINI (1961) |
| | + | | | CAGNAZZO (1963) |
| | | + | | VAES (1965b) |
| | + | | | BONA et al. (1965b) |
| Glutamat-Dehydrogenase | + | | | VIERNSTEIN (1959) |
| | + | | | WALKER (1961) |
| | + | | | FULLMER (1964c) |
| | + | | | TAKADA (1966) |
| Hyaluronidase | | + | | VAES (1965b) |
| UDP-Glucose | + | | | ZAMBOTTI und BOLOGNANI (1967) |
| β-Hydroxybutyrat-Dehydrogenase | | + | | WALKER (1961) |
| | + | | | BONA et al. (1965a) |
| | + | | | MORI et al. (1965) |
| | + | | | TAKADA (1966) |
| Inorg. Pyrophosphatase (Pyrophosphatase) | + | + | | DULCE (1960c) |
| | + | | | CIPERA und WILLMER (1962) |
| Lipase | + | | | BARBIERI (1958) |
| Lysozym | + | + | | HANSCHKE und HEILMANN (1970) |
| Monoaminooxydase | + | | | BONA et al. (1965a) |
| 5-Nukleotidase | + | | | KOBURG (1960) |
| | + | | | BONA et al. (1965b) |
| | + | | | GIBSON und FULLMER (1967) |
| Phosphoamidase | | + | | CABRINI et al. (1962) |
| | | + | | SCHAJOWICZ und CABRINI (1964) |
| | | + | | PEARSE (1966) |
| Phosphogluconat-Dehydrogenase (6-Phosphoglucon-säure-Dehydrogenase) | | + | | HEKKELMAN (1963) |
| Sulfatase | | | + | FOLLIS (1951a) |
| | + | | | CURRAN und GIBSON (1956) |
| | + | | | BIANCO et al. (1957) |
| | + | | | SILBERBERG und LESKER (1971) |
| Transketolase | + | | | BOLOGNANI und FERRI (1958) |
| UDP-acetylgalaktosamin-Epimerase | + | | | SILBERT (1964) |
| | | | | LASH (1968b) |
| Dehydrogenase | + | | | BALOGH et al. (1961) |
| | + | | | FISCHER (1973) |
| UDPG-Glykogen-Glucosyltransferase | + | | | TETTAMANTI und BERTONA (1962) |
| | + | | | GRILLO et al. (1964) |
| | + | | | TOWNSEND und GIBSON (1970) |
| | + | | | FISCHER (1973) |
| β-Xylosidase | | | | FISHER et al. (1967) |

nen. Hierfür besitzt die Zelle eine *Enzym-Kollektion*, die in Zusammenhang mit den Baustoffen gesehen werden muß. Die Koppelung und Steuerung von Umsetzungen mit einem Überschuß an Enzymbestand läßt allerdings nur den Schluß zu, daß diese Zelle zu bestimmten Leistungen fähig ist. Durch eine solche Betrachtung werden den Zellen einer Region bestimmte Leistungen zugeordnet.

### 4.3.6.3.1. Hexosaminsynthese in Chondrozyten

Die Bildung von Glucosamin und Galaktosamin in der Epiphyse wurde von MURPHY et al. (1956) aufgezeigt. Die *Hexosaminsynthese*aktivität der Epiphyse ist hoch (CASTELLANI und ZAMBOTTI, 1956; CIPERA et al., 1960; DULCE, 1960a,b,c; CIPERA und WILLMER, 1962). Ein Zwischenprodukt bei der Hexosaminbildung ist die UDP-Glucose, die aus dem Glucose-1-Phosphat und UTP hervorgeht. Im Epiphysenknorpel soll die UDP-Glucose direkt aus dem Glykogen durch eine Transglykosylation gebildet werden (TETTAMANTI, 1961; TETTAMANTI und BERTONA, 1962). Das würde bedeuten, daß die UDP-Glucose, ohne Verbrauch von ATP oder UTP, allein durch die Energie der glykosidischen Bindung in den Glykogenmolekülen entsteht. Diese Möglichkeit würde ein besonderes Licht auf die Bedeutung von Glykogenspeicherungen werfen.

### 4.3.6.3.2. Glucuronsäuresynthese in Chondrozyten

Die Synthese von Glucose zu *Glucuronsäure* verläuft bis zur UDP-Glucose analog der Glykogensynthese. CASTELLANI et al. (1957) fanden alle Enzyme der UDP-Glucuronsäuresynthese aus Uridin-5-triphosphat im Epiphysenknorpel des *Kaninchens*. Eine Steigerung der Aktivität der UDP-Glucose-Dehydrogenase findet nach BALOGH (1963) beim rachitischen *Schwein* (Rippe, Tibia) statt. Die Aktivität der UDP-Glucose-Dehydrogenase verändert sich beim *Meerschweinchen* während der ersten $2^1/_2$ Jahre wenig, steigt aber bis zum 6. Jahre erheblich an (SILBERBERG und LESKER, 1971). Eine Aktivität der UDP-Glucose-Dehydrogenase fand FISCHER (persönliche Mitteilung) im Humerus der *Ratte* am Übergang des Appositionsknorpels zum hyalinen Epiphysenknorpel. Ebenso sind positiv reagierende Zellen um den entstehenden Knochenkern anzutreffen (FISCHER, 1973). Das Enzym ist bei Neugeborenen nur im distalen Drittel und der anschließenden hypertrophen Region nachzuweisen und fehlt in der Mineralisationszone (Tabelle 10; Abb. 121).

### 4.3.6.3.3. Sulfat-Stoffwechsel der Chondrozyten

Das Vorhandensein von verschiedenen Sulfo-Transferasen zur Sulfatierung am C4 bzw. C6 machten DELBRÜCK und LIPMANN (1960) sowie HASEGAWA et al. (1961) wahrscheinlich. Sulfatasen bzw. Chondroitinsulfatasen sind im Knorpel vorhanden (Tabelle 12). Die Aktivität der Sulfatase bleibt beim *Meerschweinchen* nach SILBERBERG und LESKER (1971) bis zu $2^1/_2$ Jahren etwa konstant und steigt dann an. Die Aktivität der α-*Glucosidase* nimmt mit dem Alter ab. Mit diesem Befund würde die erhöhte [35]S-Aufnahme *menschlicher* Knorpel im Alter (MEHLER et al., 1948) sowie der Verlust an Chondroitinsulfaten (ROY, 1953) parallel gehen. Die Aktivität des *Kathepsins* nimmt während des Wachstums ab, um im Alter leicht anzusteigen.

### 4.3.6.3.4. Glykosidasen in Chondrozyten

Von den Glykosidasen treten β-*Galaktosidase* (SCHLAGER, 1959, 1960) und β-*Glucuronidase* (GUBISCH und SCHLAGER, 1961) im Säulenknorpel auf und werden zum hypertrophen Knorpel hin schwächer (vgl. TAKADA et al., 1962). Die Aktivität beider Enzyme ist bei *Ratten*, älter als 40 Tage, stärker (FISCHER, 1976). Nach MONESI und BETTINI (1958) ist im hyalinen Epiphysenknorpel die β-Glucuronidase gering vertreten, nimmt im Säulenknorpel ab und im hypertrophen erheblich zu. Die $\beta$-Glucuronidase-Aktivität ist bei erwachsenen *Ratten*, nach MORI et al. (1965), in allen Zellen der Epiphyse gleich hoch. Im menschlichen Kniegelenkknorpel nimmt die Aktivität der $\beta$-Glucuronidase und $\beta$-Azetylglucosaminidase während der Alterung ab; sie liegt im Kniegelenk z.T. über der in der Rippe (PLATT und DORN, 1968; PLATT, 1970).

### 4.3.6.3.5. Degradierende Enzyme im Knorpel

Die Bedeutung der degradierenden Enzyme im Knorpel dürfte vielfältig sein. Viel diskutiert wurde die Frage der *Abnahme* an Protein-Polysacchariden im hypertrophen Knorpel vor Einsetzen der Mineralisation (s.S. 378). Weniger Beachtung fand die Tatsache, daß die relativ kurze *biologische Halbwertszeit* der Polysaccharide (s.S. 221) ebenfalls einen Abbau verlangt.

Bereits ältere Untersuchungen sprechen für das Vorhandensein von degradierenden Enzymen im Knorpel (EINBINDER und SCHUBERT, 1950; LUCY et al., 1961 a). Schon FLEMING (1922), der das *Lysozym* entdeckt hat, konnte nachweisen, daß im Gelenkknorpel der Patella die höchste lytische Aktivität aller Säugetiergewebe vorliegt. Es wurde angenommen, daß dieses Enzym als basisches Protein mit den sauren Mukopolysacchariden in Verbindung tritt (SCHUBERT und FRANKLIN, 1961). Es besteht eine Wechselwirkung zwischen dem polykationischen Lysozym und den polyanionischen Mukoproteinen (KUETTNER et al., 1968 a). Nach WOLINSKY und COHN (1966) ist das Enzym im distalen Teil des *Kaninchen*femurs vorhanden (vgl. MEYER und HAHNEL, 1946; KUETTNER et al., 1968 b). Die Lysozymkonzentration in der Scapula des *Kalbs* nimmt zur hypertrophen Zone signifikant zu (KUETTNER et al., 1968 a). Es ist in relativ geringer Konzentration im Nasenknorpel vorhanden (vgl. KUETTNER et al., 1968 b). Lysosomale Enzyme wurden im Knorpel- oder Knochengewebe mehrfach nachgewiesen (REITH und COTTY, 1962, 1967; TEN CATE, 1963; JEFFREE, 1964; WOESSNER, 1965; VAES und JACQUES, 1965 a, b; VAES, 1965 a, b, 1966 a, 1967, 1968; BEVELANDER und NAKAHARA, 1966; FRANK und NALBANDIAN, 1967; KATCHBURIAN et al., 1967; GARANT und NALBANDIAN, 1968; ELWOOD und BERNSTEIN, 1968; SCHRODT et al., 1968; KUETTNER et al., 1968 a; SCOTT, 1969; HANSCHKE und HEILMANN, 1970). Die degradierenden Enzyme sind in den *Lysosomen* zu lokalisieren (GINSBURG und NEUFELD, 1969), in denen auch die $\beta$-Glucuronidase (ARONSON und DE DUVE, 1968) und die Hyaluronidase (HUTTERER, 1966) auftreten.

Die knorpelige Interzellularsubstanz wird durch eine *saure Protease*, vermutlich das lysosomale *Kathepsin-D*, abgebaut (DINGLE, 1961; LUCY et al., 1961 a; FELL und DINGLE, 1963; vgl. MORRISON, 1970; ALI und EVANS, 1969; WOESSNER, 1967, 1973). Die lysosomalen sauren Proteasen bauen die Protein-Polysaccharide (PPL), vor Einsetzen der *Mineralisation*, ab (TOURTELOTTE et al., 1963; DZIE-WIATKOWSKI et al., 1968). Mit der Vereinfachung der Proteoglykanstruktur verliert die Knorpelflüssigkeit die Fähigkeit, eine Mineralisation zu verhindern (PITA et al., 1975). Der Abbau beginnt in vivo mit einer Proteolyse, d.h., die enzymatische Degradation geht in zwei Schritten vor sich (MORRISON, 1974). Inwieweit in dem Abbauprodukt Keratansulfat vorkommt, wird ausführlich von GREGORY (1968) diskutiert. HAVIVI (1971) findet beim *Hühnchen* (Tibia) eine Zunahme der lysosomalen Enzyme, Glucosidasen, Galaktosidasen u.a. in der Reihe „ruhender", „ossifizierender" Knorpel und neuem Knochen. Die Aktivität von Hyaluronidase und Kathepsin-D ist im ossifizierenden Knorpel am höchsten. Ein Antiserum des Kathepsins-D verhindert den autolytischen Abbau des Chondroitinsulfats (WESTON et al., 1969). Nach MORRISON (1970) sei nur ein geringer proteolytischer Effekt erforderlich, um die Proteoglykane aus der Interzellularsubstanz zu befreien. Dabei scheint Kathepsin-D eines der

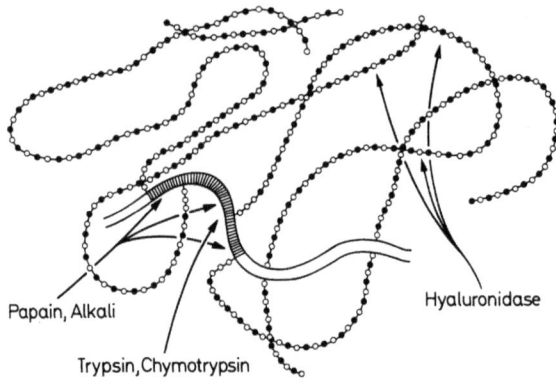

Papain, Alkali

Hyaluronidase

Trypsin, Chymotrypsin

**Abb. 122.** Angriff degradierender Enzyme an einem Protein-Polysaccharid-Molekül (Umzeichnung nach Luscombe und Phelps, 1967 b)

primären Agentien zu sein. Faserknorpel und Synovia enthalten keine Lysozyme (Greenwald et al., 1972).

Unter dem Einfluß von *Vitamin A* wird in der Kultur von Extremitäten (Fell, 1956; Fell et al., 1956) zunächst der Übertritt von Sulfat aus der Zelle in die Interzellularsubstanz verhindert, dann verschwindet das Sulfat auch aus der Interzellularsubstanz. Dieser Vorgang ist reversibel (Herbertson, 1955). Es konnte in der Kultur gezeigt werden (Fell und Thomas, 1960), daß Papain direkt auf die Interzellularsubstanz, Vitamin A aber auf die Zelle wirkt. Das Vitamin A befreit eine saure Protease aus den Chondrozyten (Dingle, 1961).

Nach Thomas (1956) führt die intravenöse Injektion von *Papain* bei *Kaninchen* zum Herabhängen der Ohren; nach mehreren Tagen richten sie sich infolge von Veränderungen der Ohrknorpel wieder auf. Das Papain baut die Polysaccharide ab, wie Untersuchungen in vivo und vitro bestätigten (Abb. 122; Hulth, 1958 b; Lack und Rogers, 1958; Muir, 1958; Engfeldt et al., 1959; Weissmann et al., 1959; Engfeldt und Westerborn, 1960; McElligott und Potter, 1960; Fell und Thomas, 1960; Merkow und Lalich, 1961; Westerborn, 1961, 1965; Hjertquist und Westerborn, 1962; Fell, 1964; van den Hooff, 1964; Cessi und Bernardi, 1965; Houck et al., 1965; Guri und Bernstein, 1967; Gregory, 1968; Rodén, 1968). Es kommt zu einer Erhöhung des Chondroitinsulfatspiegels im Blut (Bryant et al., 1958) und entsprechender Ausscheidung im Urin (Tsaltas, 1958).

Zehn Minuten nach intravenöser Injektion von Papain kommt es zur Abgabe von Chondroitinsulfaten oder Chondromukoproteinen (Westerborn, 1965). Eine Wirkung auf das Kollagen ist nicht zu beobachten. Zur selben Zeit oder kurz danach werden die Chondrozyten klein, vakuolisiert und verklumpt; sie haben die Fähigkeit zur $^{35}$S-Aufnahme verloren. Nach 2 Std zeigt der gesamte Knorpel nur eine geringe oder überhaupt keine *Basophilie* mehr. Nach 12 Std ist die Höhe der Zellsäulen auf etwa 50% reduziert, und die Zahl der Zellen geringer. In der *Metaphyse* sind die Bälkchen etwas kürzer und plumper. Die Wirkung des Papains auf den Epiphysenknorpel hält etwa 20 bis 24 Std an. In den nächsten 7–14 Tagen kommt es zu einer *Regeneration*. Nach 24 Std werden die proliferierenden Chondrozyten wieder größer, und die Basophilie erscheint erneut. Basophilie und Metachromasie treten zunächst in den Zellen, danach in der Interzellularsubstanz auf. Die Zahl der Zellen nimmt in den Säulen wieder zu. In der Metaphyse setzt die Knochenbildung ebenfalls nach 24–48 Std ein. Bei mit Papain behandelten Tieren lagert sich das $^{35}$S nicht in den Knorpelzellen, sondern diffus, über den ganzen Knorpel, verteilt ab. Aus diesen Befunden ergibt sich, daß die Chondrozyten nicht fähig sind, das $^{35}$S festzuhalten.

Nach Papaingaben kann in vitro eine Erholung auftreten (FELL und THOMAS, 1960; GIRARD, 1962). In vivo wird das verlorene Material durch eine steigende *Neusynthese* und Aufnahme von $^{35}$S ersetzt (MCELLIGOTT und POTTER, 1960; GURI und BERNSTEIN, 1967). Eine längere Zufuhr von Papain führt zu *irreversiblen* Veränderungen der Epiphysenplatte und Zwischenwirbelscheibe sowie zur Herabsetzung der enchondralen Knochenbildung (MERKOW und LALICH, 1961). Wiederholte Injektionen führen bei *Kaninchen, Mäusen, Ratten, Meerschweinchen, Katzen* und *Hunden* zu einem *frühzeitigen Schluß* der Epiphysenfugen und Verkürzung der Knochen (HULTH, 1958 a, b; ENGFELDT et al., 1959; HULTH und WESTERBORN, 1959 a, b).

Durch *Kollagenase* wird in der Kultur sowohl die Bildung des Hexosamins als auch des hydroxyprolinhaltigen Materials gesteigert (BOSMANN, 1968). Somit ist eine positive *Rückkoppelung* für die Synthese durch die Mikroumgebung der Zelle anzunehmen. Die Konzentration bestimmter Makromoleküle mag die Syntheserate direkt kontrollieren. Mit Hyaluronidase behandelte Tibien sind nach 2 Kulturtagen geschrumpft, behalten aber ihre Form, während die mit Kollagenase behandelten in Größe und Gestalt verändert sind. Bei einer anschließenden 5tägigen Erholungsphase sind die mit Hyaluronidase behandelten Tibien von den Kontrollen nicht mehr zu unterscheiden. Die mit *Kollagenase* behandelten Explantate verlieren vollkommen ihre morphologischen Charakteristika und weisen deformierte Epiphysen auf. 50% des Hexosamin enthaltenden Materials können entfernt werden, ohne daß es zu einer wesentlichen Veränderung der Form der Epiphyse kommt. Die Entfernung von 30% des Hydroxyprolins und etwa 40% des Hexosamins führt zu einer bleibenden *Änderung der Gestalt*, obwohl die fehlenden Komponenten während der Erholungsphase neu gebildet werden. Demnach spielen die Glykosaminoglykane keine entscheidende Rolle *ei der Aufrechterhaltung der Gestalt einer Tibia. Die strukturelle Organisation des Kollagens* ist für die der Knorpelgestalt entscheidend. Papain löst das Protein der Proteoglykane, die bei hohen Dosen als große Moleküle in das Medium diffundieren. Gleichzeitig gehen etwa 50% der Zellen verloren. Die Rate der Neusynthese ist gegenüber der Kontrolle erhöht. Die strukturelle Organisation der Makromoleküle ist so gestört, daß sie nicht in die „Matrix" aufgenommen werden können: Syntheserate und Inkorporation in die Matrix sind voneinander unabhängige Vorgänge. Nach FITTON-JACKSON (1970) ist die strukturelle Organisation und das Wachstum des Knorpels das Produkt eines genauen Ablaufs der Synthese einer Anzahl differenter Makromoleküle. Daraus ergibt sich die Hypothese, daß Änderungen in der Konzentration der Makromoleküle in der Mikroumgebung der einzelnen Skelettzellen Änderungen in der synthetischen Aktivität der Zelle hervorrufen.

Von den weiteren im Knorpel nachgewiesenen Enzymen (vgl. Tabelle 12) seien die *Esterasen* erwähnt. *Unspezifische Esterasen* sind in allen Chondrozyten vorhanden (BONA und STAŇESCU, 1966), besonders stark allerdings in den hypertrophen Zellen. TAKADA et al. (1962) beobachteten in allen Chondrozyten und in der Interzellularsubstanz des gesamten Knorpels eine schwache Esterase-Aktivität, eine stärkere im Bereich der Mineralisation (vgl. BURSTONE, 1957). Bei erwachsenen *Ratten, Meerschweinchen* und *Mäusen* finden MORI et al. (1965) eine geringe Esterase-Aktivität.

## 4.3.7. Die Phosphatasen im Knorpel

Mit einiger Verlegenheit widmen wir den Phosphatasen einer ubiquitär verteilten Enzymgruppe ein abgeschlossenes Kapitel. Trotz einer ungewöhnlich umfangreichen Literatur konnte ihre Bedeutung für die Osteogenese nicht geklärt werden. Zusammenfassende Berichte mit Diskussion der verschiedenartigen Hypothesen geben KAY (1932), ROBISON (1932), BOURNE (1943), MOOG (1944), ROCHE (1946, 1947), MOOG (1946), MAJNO und ROUILLER (1951), BORGHESE (1953), BOURNE (1956), HENRICHSEN (1958).

### 4.3.7.1. Die alkalische Phosphatase im Knorpel

Seit MARTLAND und ROBISON (1924), ROBISON und SOAMES (1924), ROBISON und ROSENHEIM (1934), MCFARLANE et al. (1934), ROCHE et al. (1937), ROCHE und MOURGUE (1942a,b), die *alkalische Phosphatase* in den Knorpelzellen nachgewiesen haben, wurde das Auftreten von alkalischer Phosphatase in den Säulenknorpelzellen und ihre Zunahme zu den Hypertrophen hin vielfach bestätigt. Alle Autoren stimmen darin überein, daß die alkalische Phosphatase zuerst im *Zellkern* erscheint, dann in das *Zytoplasma* und schließlich in die *Interzellularsubstanz* übertritt. Der bereits u.a. von CIPERA und WILLMER (1962) nachgewiesenen *Pyrophosphatase* wurden umfangreiche Studien im Hinblick auf die Calcium-Homeostasis und Mineralisation gewidmet (FLEISCH, 1964; FLEISCH et al., 1966b,c); ihre Rolle konnte nicht endgültig geklärt werden. TANAKA (1965) zeigte elektronenmikroskopisch, daß die alkalische Phosphatase im Bereich des Säulen- und hypertrophen Knorpels vermutlich an das *endoplasmatische Retikulum* gebunden auftritt, während *saure* Phosphatase fehlt. Diese tritt in den Zellen der Mineralisationszone im granulären Retikulum auf, wo die alkalische Phosphatase fehlt; mitunter ist sie an lysosomale Strukturen gebunden. MATSUZAWA und ANDERSON (1971) fanden die alkalische Phosphatase und Adenosintriphosphatase elektronenmikroskopisch in der proximalen Tibiaepiphyse der *Maus* mit der Plasmamembran der Chondrozyten und den Membranen von Matrixvesikeln vergesellschaftet. Die Vesikel, welche die frühesten erkennbaren Ablagerungen von *Hydroxylapatit* enthalten, mögen die Mineralisation aktiv fördern, die Aktivität beider Enzyme ist in der hypertrophen Zone am höchsten.

### 4.3.7.2. Die saure Phosphatase im Knorpel

Eine geringe Aktivität der *sauren Phosphatase* im Knorpel wurde von MORI et al. (1962) und von TAKADA et al. (1962) beschrieben, von anderen Autoren aber vermißt. So fehlt nach BURSTONE (1959, 1960b) saure Phosphatase im Perichondrium, im hyalinen Epiphysenknorpel und in den hypertrophen Chondrozyten. BONA und STAŇESCU (1966) beobachteten saure Phosphatase in allen Chondrozyten. MORI et al. (1962) finden eine hohe Aktivität an saurer Phosphatase in der *Interzellularsubstanz* um die hypertrophen Zellen (vgl. GREENSPAN und BLACKWOOD, 1966) und in der primären Spongiosa sowie im mineralisierten Knorpel. Im Bereich des Meckelschen Knorpels sind nur die Zellen im mineralisierenden Teil aktiv, die anderen nicht. Bei erwachsenen *Ratten, Mäusen* und *Meerschweinchen* finden MORI et al. (1965) alkalische und saure Phosphatase im Säulenknorpel, weniger dagegen im hypertrophen, während die Zellen des Gelenkknorpels beide Enzyme aufweisen. Die saure Phosphatase ist nach MATSUZAWA und ANDERSON (1971) elektronenmikroskopisch an *dichte Körper* gebunden, die mit 0,5 µm Durchmesser größer als Matrixvesikel sind und keine Reaktion auf alkalische Phosphatase und Adenosintriphosphatase geben. In den Zellen, besonders den hypertrophen Chondrozyten, sind 0–5–6 lysosomale Körper vorhanden; sie verschwinden bei Einsetzen der Degeneration. Die *Matrixvesikel* dagegen lassen keinerlei Reaktion erkennen. Bei Inkubation mit $\beta$-Glycerophosphat fanden sich einige Bleidepots in und um die Vesikel in der Mineralisations- und Reservezone. Der Verlust der sauren Phosphatase in der Zelle ist vielleicht mit ihrer Abgabe an die Interzellularsubstanz verbunden, wo sie nach MATSUZAWA und ANDERSON (1971), vermutlich aufgrund ihrer Löslichkeit, nicht nachweisbar ist. Die Autoren bringen das Enzym mit dem Verlust von Proteoglykanen vor der Mineralisation in Zusammenhang (u.a. HIRSCHMAN und DZIEWIATKOWSKI, 1966; JIBRILL, 1967a,b; MATUKAS und KRIKOS, 1968).

### 4.3.8. Altersgang der Enzyme im Knorpel

In der Enzymkollektion der Zellen in der Epiphyse ist ein *Altersgang* nachzuweisen (u.a. BARBIERI und RONCHETTI, 1958; SILBERBERG et al., 1970; FINE und PERSON, 1970; BLATT, 1970; SILBERBERG und LESKER, 1971; ENG und ESTERLY, 1972; FISCHER, 1973). Allerdings ist die Korrelation zwischen Zellstruktur und Enzymkollektion nicht ohne weiteres klar zu erkennen (SILBERBERG und LESKER, 1971). Von den an die *Mitochondrien* und/oder *Mikrosomen* gebundenen Enzymen ist mit dem Alter eine Abnahme von Glutamat-, Oxalacetat-Transaminase, Glutamat-Dehydrogenase und alkalischer Phosphatase zu beobachten, während die Aktivität der Malat-Dehydrogenase gesteigert ist. Von den *ribosomalen Enzymen* nimmt die Aktivität der Sulfatase erheblich, die von $\alpha$-Glucosidase und Kathepsin weniger ab. Für $\beta$-Galaktosidase, $\alpha$-Mannosidase, $\beta$-Acetylglucosaminidase und saure Phosphatase sind keine signifikanten Änderungen im Hinblick auf das Alter festzustellen (vgl. FISCHER, 1976). SILBERBERG und LESKER (1971) schließen daher, daß sich die Aktivität der einzelnen Enzyme *unabhängig* voneinander während des Alterns verändert. Succinatdehydrogenase nimmt mit dem Alter zu, Glykogenphosphorylase ab (FISCHER, 1975).

### 4.3.9. Die Lipide im Knorpel

Chondrozyten des *hyalinen* Knorpels enthalten einzelne oder mehrere *Lipid*tropfen (LEIDY, 1849; LEYDIG, 1854; ANDERSON, 1964; COLLINS et al., 1965; PALFREY und DAVIES, 1966; ROY und MEACHIM, 1968), ebenso jene des *Faserknorpels* (KRAUSS, 1939; HEINLEIN und KRAUSE, 1953; PUTSCHAR, 1931a, 1960; BECKERT und DOMINOK, 1969). Die Lipidtropfen haben mitunter eine *Membran*umhüllung (PELC und GLÜCKSMANN, 1955; DAVIES et al., 1962; PORTER und BONNEVILLE, 1965; Abb. 104). Die Speicherung von Lipiden in Chondrozyten ist nicht als ein Zeichen der *Degeneration anzusehen* (SACERDOTTI, 1900; BELL, 1909; CLARK und CLARK, 1942; CARLSON, 1957; BARNETT et al., 1961). Die Randlippe der Haftscheibe des *Schiffshalters* (*Echeneis naucrates*) besteht aus einem hyalinzelligen Chondroidgewebe, das sich im Zentrum des Reifens zu einem univakuolären Fettgewebe differenziert (BARGMANN, 1973). Die Erscheinungsform der Lipide hängt von der angewandten Methode ab (BORGHESE, 1936). Durch verschieden lange Behandlung (bis 16 Std) mit heißem Pyridin kann die Markierung der intrazellulären sudanophilen Granula in den Chondrozyten der Epiphyse aufgehoben werden; sie erscheinen dann in gleicher Form wie in den Mineralisationsgebieten (IRVING, 1959, 1960, 1963a, 1965b). Behandlung über 24 Std führt zum Verschwinden der Granula in den Epiphysenzellen, aber nicht in den Zellen der mineralisierten Zone. Die Lipide in diesen beiden Regionen dürften verschiedener Natur sein.

Die Lipidspeicherung in Chondrozyten zeigt einen *Altersgang*. Mit Sudan III sind bei *menschlichen* Feten Lipide in den *Chondrozyten* zuerst im 4. Fetalmonat nachweisbar, im 7. Monat in der Epiphyse und im Sternum, bei $1^1/_2$ Monate alten *Schweinefeten* und bei *Kaninchen* am 15.

Tag in Schädelknorpeln, Becken und Sternum, aber nicht in Wirbelsäule und Rippe, am 22. Tag schließlich in allen Knorpeln (NAGY et al., 1953). Da das *Glykogen* vor den Lipiden erscheint, hat MONTAGNA (1949) eine Umwandlung des Glykogens in Lipide angenommen.

Nach FOLLIS (1948) sollen sich *Lipid-* und *Glykogengehalt* in den Chondrozyten gegensätzlich verhalten; sie treten aber im Gelenkknorpel nebeneinander auf (STOCKWELL, 1967). MONTAGNA (1949) findet in der Zwischenwirbelscheibe des *Neugeborenen* reichlich Lipide, bei Erwachsenen nur kleine Tropfen um den Kern. Nach BECKERT und DOMINOK (1969) fehlen extrazelluläre Lipide in den ersten Lebensjahrzehnten; sie treten in Rippe und Meniscus im 2., im Gelenkknorpel im 3. und in der Epiglottis erst im 4. Dezennium auf. Die Autoren finden eine oberflächliche Lipidimprägnation im Gelenkknorpel, perifibrillär im Meniscus und jenseits des 30. Lebensjahrs auf dessen Oberfläche; sie halten sie nicht für pathologisch. Es liege ein fortschreitender Alterungsprozeß vor. Mit zunehmendem Alter nehmen die *extrazellulären* Lipide zu (PUTSCHAR, 1931a; SCHOTT, 1963; STOCKWELL, 1967b; BONNER et al., 1975). PUTSCHAR (1931a) hält das Auftreten extrazellulärer Lipide für pathologisch.

Im Lauf der Entwicklung treten verschiedene Formen der Lipide auf. Während der Zellproliferation in sich entwickelnden Knorpeln sind intrazellulär *Phospholipide* gespeichert (ELLIOTT, 1936; HAM und LEESON, 1961). Nach MONTAGNA (1949) und STOCKWELL (1967b) sind große Lipidtropfen in adulten Chondrozyten neutrale Lipide, feine Partikel Phospholipide (vgl. HILL, 1936). *Neutrale Lipide* erscheinen erst einige Zeit nach der Geburt; sie ersetzen saure Lipide (FÖLDES et al., 1973), doch fand sie SHEEHAN (1948) bereits in der Epiphyse neugeborener *Ratten*. Perizellulär liegen Phospholipide (ZBINDEN, 1953b; SCHOTT, 1963; STOCKWELL, 1967b) und Cholesterol (SCHULTZ, 1925). LORENZI (1956) beobachtete eine Abnahme an Ketonsäure mit dem Alter.

Die Angaben über die Verteilung der Lipide in der *Epiphyse* sind widersprüchlich. Einmal wird über eine Zunahme der Lipide zu den hypertrophen Chondrozyten (BORGHESE, 1936; LUPULESCU, 1961; IRVING, 1965b; RÖNNING et al., 1967), zum anderen von ihrer Abnahme berichtet (FOLLIS und BERTHRONG, 1949; BONA et al., 1964). Einen Anstieg der Lipide in der Epiphyse des Kalbs findet vom Säulenknorpel zur Mineralisationszone hin etwa auf das 4–6fache statt, während in der Metaphyse eine geringere Menge vorhanden ist (WUTHIER, 1968). EISENBERG et al. (1970) haben 8 Wochen alten *Hühnchen* [35]S-Orthophosphat verabreicht und die Lipide bis zu 169 Std danach untersucht. Der Lipidgehalt der gesamten Epiphysen beträgt 1,35–4,52% des Trockengewichts der entmineralisierten Matrix. Etwa die Hälfte sind Phospholipide. Nach Entmineralisieren ist die Menge der Phospholipide größer als zuvor; bei den neutralen Phospholipiden ist die Ausbeute jedoch umgekehrt. Die Zusammensetzung der Knorpellipide unterscheidet sich eindeutig von jener der Serumlipide, so daß eine *Neusynthese* und nicht die Speicherung von zirkulierenden Lipiden anzunehmen ist (WUTHIER, 1968). Die Lipide des Knochens weisen einen höheren Gehalt an Sphingomyelin und Serin-Phospholipiden auf. Ein Teil der Lipide läßt sich erst nach Entfernung des Calciums extrahieren. Die histologischen Befunde von IRVING (1963a, 1965b) sprechen dafür, daß die vor der Demineralisation extrahierbaren Lipide überwiegend *intrazelluläre*, die danach gewonnenen *extrazelluläre* Stoffe sind. Es ist anzunehmen, daß die Sudanophilie auf mehrere, jedoch wohl überwiegend saure Lipide zu beziehen ist. Die *Stoffwechsel-Aktivität* der einzelnen Lipide ist sehr unterschiedlich. Bei Inkubation von Kniegelenksepiphysen von 21 Tage alten *Ratten* in vitro mit 1–$^{14}$C Palmitinsäure fanden HAVIVI und BERNSTEIN (1969) in der freien Fettsäure 64,6%, in Triglyceriden 19,2%, in Phospholipiden 12,8% und in Cholesterol sowie Cholesterolestern 6,2% der markierten Substanz. Eine Alterszunahme des Cholesterins in der Zwischenwirbelscheibe fanden HEVELKE und HEVELKE (1960) und BÜRGER (1960) im hyalinen Knorpel. In den Kniegelenksepiphysen des *Hühnchens* wiesen WOLINSKY und GUGGENHEIM (1970) die Gesamtmenge der Lipide, Triglyceride und Phospholipide nach, und zwar im Knorpel 5,20/1,46/0,53 mg/g und im Knochen 7,50/1,81/1,02 mg/g. Bei *Kalbs*feten im 8. Monat findet WUTHIER (1969/70) zur Mineralisationszone hin eine Zunahme der Lipide von 1,00 auf 8,50% Trockengewicht des organischen Teils; in der Spongiosa sind es 0,61%.

Während BONA et al. (1964) eine Zunahme der α-*Glycero-phosphat-Dehydrogenase* bis zur Eröffnungszone feststellen, ist das Enzym bei den hypertrophen Zellen nicht mehr vorhanden (BONA et al., 1966). Eine schwache α-Glycerophosphat-Dehydrogenase-Reaktion beobachtete TAKADA (1966) in Säulen- und hypertrophen Knorpelzellen. Ebenso fand der Autor β-*Hydroxybuttersäure-Dehydrogenase* in den hypertrophen Zellen, eine schwache Reaktion im Säulenknorpel. Mit fortschreitender Reifung der Knorpelzellen tritt nach FULLMER (1966) eine Abnahme der β-Hydroxybuttersäure-Dehydrogenase auf. Sie ist also in den hypertrophen Knorpelzellen schwach vertreten. Die NAD-abhängige β-Hydroxybuttersäure-Dehydrogenase-Aktivität ist bei erwachsenen Nagetieren nach MORI et al. (1965) gering; sie ist im Säulenknorpel am höchsten.

Die Vermehrung der *Lipide* zum *hypertrophen* Knorpel hin wurde mit der *Mineralisation* in Zusammenhang gebracht (WELLS, 1940; IRVING, 1958, 1959, 1960, 1963a, 1963b, 1965a, b; IRVING und WUTHIER, 1961; KIMIZUKA und KOKETSU, 1962). Nach WUTHIER (1968) ist ein Zusammenwirken zwischen den sauren Lipiden, den neugebildeten Mineralien und den Protein-Polysacchariden anzunehmen (DI SALVO und SCHUBERT, 1967), wobei an ein amorphes Calciumphosphat (TERMINE et al., 1967) zu denken ist. Die Lipide sind überwiegend an Matrixvesikel gebunden (WUTHIER, 1976).

## 4.3.10. Weitere Zellstrukturen in den Chondrozyten

In Chondrozyten wurden Strukturen gefunden, deren Bedeutung z.T. unklar ist. Recht weit verbreitet, allerdings weniger häufig als im Mesenchym, sind *Zytofilamente* (Abb. 57; SHELDON und ROBINSON, 1960; REVEL und HAY, 1963; BARNETT et al., 1963; MEEK, 1965; PALFREY nach PALFREY und DAVIES, 1966). PALFREY und DAVIES (1966) beobachteten in der größeren Zahl der Zellen der mittleren, seltener in der oberflächlichen Zone des Gelenkknorpels, zytoplasmatische *Fibrillen*, die parallel in kleinen Gruppen um oder zwischen den anderen Organellen, seltener als aufgeknäulte Massen um den Kern (vgl. GHADIALLY und ROY, 1966) oder den Golgi-Apparat liegen. Die in Quer- und Längsschnitten anzutreffenden Fibrillen sind von gleicher Dichte, nicht verzweigt und 120 Å dick. Wenn nur wenige Fibrillen vorhanden sind, sind sie nach PALFREY und DAVIES (1966) in Form einer perinukleären Manschette angeordnet (vgl. Abb. 58). Perinukleäre Filamente in größeren Mengen sind nach ROY und MEACHIM (1968) als Altersdegeneration zu werten. BARNETT et al. (1963) sahen bei älteren *Kaninchen* ebenfalls mehr Filamente als bei jüngeren Tieren.

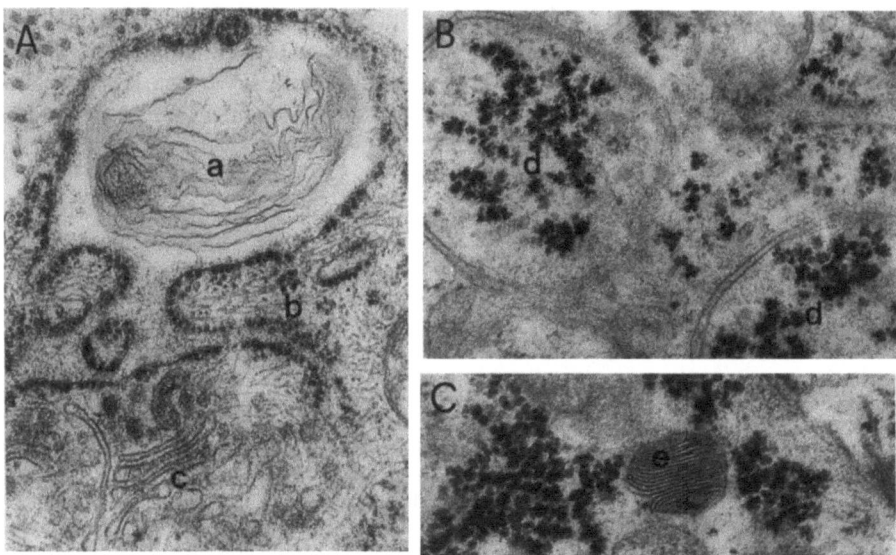

**Abb. 123.** Verschiedenartige Einschlüsse in Knorpelzellen. *a)* Multilamellärer Körper innerhalb einer Zisterne, *b)* Zytofilamente, *c)* Golgi-Apparat, *d)* doppelwandige Vakuolen, die Kohlenhydratgranula enthalten, *e)* parakristalliner Körper innerhalb eines Kohlenhydratdepots. *A:* Rinderfet, 350 mm SSL, Meniscus. *B, C:* Rinderfet, 30 mm SSL, vorknorpeliger Zwischenwirbelkörper. Vergr. *A, C:* 41000, B: 34200 ×

Auch *Mikrotubuli* wurden in Chondrozyten des Gelenkknorpels beschrieben (SANDBORN et al., 1964; BEHNKE, 1964; PALFREY und DAVIES, 1966; GHADIALLY und ROY, 1966). Ein *Zentriol* bzw. Diplosom wurde verschiedentlich in Chondrozyten beobachtet (u.a. SHEEHAN, 1948; GHADIALLY und ROY, 1966; CAMERON, 1968; KNESE, 1969b). Es liegt nicht immer inmitten des Golgifeldes, sondern sehr häufig in der Nähe des Plasmalemms (Abb. 98, 118). Mitunter tritt ein Zentriol als Basalkörperchen einer mehr oder minder gut ausgebildeten *Zilie* auf (GHADIALLY und ROY, 1966; SCHERFT und DAEMS, 1967; CAMERON, 1968; WILSMAN und FLETCHER, 1978). Es ist unbekannt, welche Bedeutung den Cilien zukommt; STOCKWELL (1971) denkt an eine Rezeptorfunktion.

Mitunter wird über eine *Pinozytose* der Chondrozyten berichtet (DAVIES et al., 1962; SILBERBERG et al., 1964; ROY und MEACHIM, 1968). Wir konnten hierfür keine eindeutigen Zeichen finden. Sehr selten sind *doppelwandige Bläschen* (jüngere Rinderfeten) zu beobachten, die größere Granula (Kohlenhydrate?) enthalten (Abb. 123; KNESE, 1969b). Gelegentlich kommen *parakristalline* Körper vor (kleinere Rinderfeten, Abb. 123).

Recht schwierig zu beurteilen sind sog. *Degenerationsbilder von Mitochondrien* (SILBERBERG et al., 1964; GHADIALLY und ROY, 1966). Auch wir beobachteten ähnliche Gebilde in Knorpelzellen, mehr aber im Periost. Die z.T. sehr unterschiedliche Erscheinungsform benachbarter Mitochondrien, zuweilen in ein und derselben Zelle, ist nicht zu interpretieren. Man sollte in diesem Zusammenhang an die relativ kurze halbe *Lebensdauer* der Mitochondrien (rund 16 Tage) und ihrer Komponenten denken (10 Tage; SIEBERT, 1968). Weit verbreitet sind *Lysosomen* (u.a. GODMAN und PORTER, 1960; KNESE und KNOOP, 1961a; PALFREY und DAVIES, 1966; KNESE, 1969b). SCOTT (1967b), die sie vom Golgi-Apparat ableitet, hält sie für ein Charakteristikum der Osteoklasten. Indessen sind Lysosomen in allen Chondrozyten anzutreffen (KNESE, 1969b). Dies gilt auch für *Myelin*figuren (PITHA, 1968) bzw. „lysosomal residual bodies" (SILBERBERG et al., 1964; SCOTT, 1967b; ROY und MEACHIM, 1968; SCHECK et al., 1975). Umfangreiche Membrangebilde oder *multilamelläre* Körper sind in Chondrozyten relativ selten (Abb. 123).

## 4.3.11. Die Zell-Degeneration im Knorpel

In der folgenden Erörterung werden die hypertrophen Knorpelzellen nicht berücksichtigt. Das *Verdämmern* von Zellen (SCHAFFER, 1905, 1930) bzw. der Zellschwund wurde als Resultat einer chondromukoiden Metamorphose von Zellen angesehen. Eine einfache Atrophie oder Hypoplasie von Zellen ist, besonders in permanenten Knorpeln, Nasenscheidewand und älteren Rippenknorpeln, zu beobachten (vgl. LEWKE, 1957; Aryknorpel). Elektronenmikroskopische Untersuchungen von degenerierenden Mesenchymzellen (Abb. 24) und Osteoblasten (Abb. 223) lassen beträchtliche Störungen des Zellgefüges erkennen. Eine Desintegration von Knorpelzellen, der sog. schmalen Zellen, tritt im Bereich des Appositionsknorpels von *Ratten* und *Rinder*feten auf (s.S. 352; KNESE und KNOOP, 1961 c). Die Schrumpfung einer großen Zahl von Zellen, unter Verlust der Kohlenhydrate und schließlich ein Zerfall zu einem Detritus leitet die Bildung des Knochenkerns ein (s.S. 233). Einzelne degenerierende Zellen wurden im Gelenkknorpel beschrieben (DAVIES et al., 1962; GHADIALLY und ROY, 1966).

## 4.3.12. Die sog. Matrixvesikel im Knorpel

Die sog. *Matrixvesikel*, osmiophile Körper und Bläschen, wurden verschiedentlich in der Interzellularsubstanz gefunden (BONUCCI, 1967, 1970; ANDERSON, 1967, 1969; KNESE, 1969 b). Sie besitzen nach ANDERSON (1967) und BONUCCI (1970) eine dreischichtige *Membran* (s.u.) und werden als Abkömmlinge von Zellen angesehen (vgl. KNESE, 1969 b). Perizellulär findet BONUCCI (1967, 1969) osmiophile, aber Sudanschwarz-B-negative, PAS-positive, Hyaluronidase- und Papain-empfindliche rundliche Körper von 500–2500 Å Durchmesser. Die Mineralisation setzt innerhalb dieser Gebilde ein, die anschließend miteinander verschmelzen und von Kollagenfibrillen umgeben sind. Ein Teil der runden Körper in der hypertrophen Zone besteht aus amorphen Substanzen, andere enthalten kleine nadelartige *Kristalle*. Nach der Mineralisation treten *Schattenstrukturen* gleicher Gestalt an die Stelle der Mineralien. THYBERG und FRIBERG (1970, 1972) und THYBERG (1974) haben zwei Typen von „Matrixvesikeln" in der Tibia von 200–300 g schweren *Meerschweinchen* unterschieden. Der *erste Typ* ist rund oder oval, mit einem Durchmesser von 1 000–3 000 Å, aber auch 500 Å bis 1 µm und besitzt einen feingranulären elektronendichten Inhalt. Dieser Typ tritt überwiegend in den Längssepten der Mineralisationszone, in dichter Nachbarschaft von Mineraldepots auf. Der *zweite Typ* von annähernd gleicher Größe (500–5 000 Å) ist unregelmäßig gestaltet und enthält ein weniger dichtes Material sowie alkalische Phosphatase. Er erscheint überwiegend perizellulär. Den ersten Typ setzen die Autoren den osmiophilen und PAS-positiven Körpern von BONUCCO (1967, 1970) gleich. Nach THYBERG und FRIBERG (1970, 1972; vgl. THYBERG, 1974) entsprechen den Vesikeln vom Typ I dichte zytoplasmatische Körper, die u.a. eine positive Reaktion auf saure Phosphatase geben und daher als Lysosomen angesehen werden können (s.u.). Eine Extrusion der Körper wurde allerdings nicht beobachtet. Intrazytoplasmatische dichte Körper wurden als Vorläufer der extrazellulären Partikel angesehen (THYBERG und FRIBERG,

1970). Die runden bzw. ovalen oder unregelmäßig geformten Körper von 500 Å
bis 1 μm Durchmesser (im Mittel 3 000 Å) haben eine dreischichtige Membran.
Bis zu 20 von einem feingranulären Material erfüllte Körper treten besonders
häufig in den Zellen der hypertrophen sowie der Mineralisationszone auf; in
anderen Chondrozyten findet man selten mehr als 5. Die vom Plasmalemm
abstammenden Vesikel sollen innerhalb von 6 Std entstehen (WUTHIER, 1975,
1976). Dabei wird $^{32}$P Orthophosphat in eine Phospholipidfraktion aufgenommen (WUTHIER et al., 1977).

Die *Membranen* der Matrixvesikel (MATUKAS und KRIKOS, 1968; THYBERG
und FRIBERG, 1970) geben eine positive Reaktion auf alkalische Phosphatase
und Adenosintriphosphatase (MATSUZAWA und ANDERSON, 1971). Die Vesikel
können also nicht als lysosomale Körper angesehen werden; sie haben auch
eine geringere Spezifität für saure Phosphatase (ALI et al., 1970). Vesikel mit
1000 Å Durchmesser im Knorpel, Knochen und Dentin besitzen, nach ANDER-
SON (1973), alkalische Phosphatase, ATPase, anorganische Pyrophosphatase und
Lipide. Isolierte Matrixvesikel weisen eine Phosphatase auf, die im neutralen
pH verschiedenartige Phosphate enthaltende Substrate hydrolysiert (ALI, 1976).
Sie unterscheiden sich damit von Lysosomen. In den Vesikeln sind Calcium
und Phosphat gespeichert, in den hypertrophen Zellen wenig. Die ATPase der
Matrixvesikel wird nicht durch Calciumionen stimuliert. Dieser Befund unterstützt nicht die „Spekulationen" über die Konzentration des Calciums über
einen energieabhängigen Prozeß, wie er im Plasmalemm und Sarkoplasma gefunden wurde (SAJDERA et al., 1976).

Die Vesikel sollen, wie oben angedeutet, mit *der Kristallbildung* in Zusammen-
hang stehen (HIRSCHMAN und DZIEWIATKOWSKI, 1966; BONUCCI, 1967, 1970;
MATUKAS et al., 1967; GREER et al., 1968; MATUKAS und KRIKOS, 1968; WU-
THIER, 1969/70; ANDERSON, 1969; THYBERG und FRIBERG, 1970; KASHIWA und
KOMOROUS, 1971), doch zeigt die umfangreiche Diskussion bei ANDERSON (1973),
daß ihre Beziehungen zur Mineralisation noch problematisch sind (s.S. 340).
Bisher wurde nicht geprüft, inwieweit es sich bei den „Vesikeln" um Anschnitte
von Zellfortsätzen handeln könnte. Es gibt sehr verschiedene Klassen von Ma-
trixvesikeln mit unterschiedlicher biologischer Funktion (SLAVKIN et al., 1976).
Bereits im Mesenchym sind solche Vesikel vorhanden (s.S. 54).

## 4.4. Die Regionen der Epiphysen

### 4.4.1. Perichondrium und Appositionsknorpel

Die ersten Vorgänge der Chondrogenese laufen inmitten der Anlage des
Skelettstücks ab. Die „chondrogene" Potenz, d.h., die Fähigkeit zur Produktion
von Interzellularsubstanzen, bleibt den *Chondrozyten* erhalten. Diese Produktion
wird als ein Teil des *intussuszeptionellen Wachstums* angesehen. Nach Ausbildung
des *Perichondriums* (s.S. 98) wird die Chondrogenese als Gewebebildung de
novo an die Oberfläche verlegt und durch Chondroblasten bewerkstelligt.

Die Auffassungen über Wesen und Bedeutung des *Perichondriums* sind ähnlich wechselnd wie die über das Periost. Beide werden häufig als vom Skelett gesonderte Gebilde betrachtet, da man zum Ausgangspunkt der Betrachtung den trockenen Sammlungsrückstand, ein Kunstprodukt, entstanden durch Mazeration, „ein Bruchstück eines sinnvollen Gefüges" (PETERSEN, 1930) wählte. Beide Häute sind aber sowohl biologisch als auch mechanisch als Bestandteil des Skelettsystemes anzusehen. Unter diesem Gesichtspunkt betrachten wir Perichondrium und Appositionsknorpel als zueinander gehörig. Zur Terminologie bemerken KNESE und KNOOP (1961 c), daß die Umhüllung eines Skelettstücks bisher als *Perichondrium* bezeichnet wurde, wenn das Skelettelement aus Knorpel aufgebaut ist. Demgemäß beschrieb man z.B. die erste Knochenbildung als „perichondrale" Osteogenese. Erst nach Ablagerung der periostalen Grundschicht wurde die Hülle Periost genannt. Elektronenmikroskopisch zeigen die Zellen der Skeletthülle aber einen unterschiedlichen Bau, je nachdem, ob eine Knorpel- oder Knochenbildung erfolgt; die Hülle enthält Chondroblasten bzw. Osteoblasten. Die Autoren empfehlen, von einem *Perichondrium* zu sprechen, wenn *Chondroblasten* und von einem *Periost*, wenn *Osteoblasten* vorliegen. Diese Definition von Periost und Perichondrium beschreibt die Bedeutung der Häute genauer als die topographische Angabe einer präparierbaren Haut. Die Verwendung des Begriffs „Periost" oder „Perichondrium" ist bei den periostalen und chondralen Sehnenansätzen besonders zu diskutieren (vgl. BIERMANN, 1957; s.S. 463).

Während die Osteogenese sehr ausführlich mit den unterschiedlichsten Methoden bearbeitet wurde, ist die Zahl der Arbeiten über die *appositionelle Knorpelbildung* im engeren Sinn relativ klein. Die Gründe hierfür sind z.T. sachlicher, z.T. methodischer Natur. Die Knorpelbildung durch das Perichondrium läuft histologisch im Hinblick auf die Struktur- und Reaktionsform der „Chondroblasten" so unauffällig ab, daß man zum Schluß nur das Vorhandensein der hyalinen Interzellularsubstanz feststellen kann. Rein methodisch bereitet die Untersuchung des appositionellen Knorpelwachstums, d.h. der Chondrogenese durch das Perichondrium, große Schwierigkeiten, da sich Prächondroblasten und Chondroblasten gegenüber vielen Färbemethoden refraktär verhalten (KNESE und KNOOP, 1961 a, c). Färberisch eignen sich zur Untersuchung dieser Gebiete nur manche metachromatischen Farbstoffe, Azure, Thionin mit hohem pH und kolloidale Eisenreaktionen (KNESE, 1964 b, 1966 a). Doch ist die $^{35}$S-Ablagerung im Perichondrium gering und nicht leicht von der hohen Radioaktivität des Knorpels zu unterscheiden (AMPRINO, 1955 a–d).

### 4.4.1.1. Die Chondrogenese

Im Hinblick auf die ältere Literatur, als Basis für die weiteren Untersuchungen über die Chondrogenese, können wir die Darstellung von SCHAFFER (1930) kurz zusammenfassen. Er unterscheidet 3 Entstehungsformen des typischen Hyalinknorpels: 1) über ein Zellknorpelstadium, 2) über spindelförmige Zellen und 3) durch eine unmittelbare Umwandlung eines embryonalen Mesenchyms. Im *transitorischen Zellknorpel* bildet die Interzellularsubstanz nach SCHAFFER (1930) scharfe Trennwände, wodurch jeder Kern einem polyedrischen Zytoplasmabereich zugeordnet ist. Diese Interzellularsubstanz ist oxyphil, die Anlage wird als *Vorknorpel*, die Zwischensubstanz als *prochondral* bezeichnet. Die Bezeichnung Vorknorpel wurde von STUDNIČKA (1897) für das Schädelskelett von *Myxine* gebraucht. SCHAFFER (1930) verwendet den Ausdruck „prochondral" nur für die Interzellularsubstanz. Die Zwischensubstanz wird bald basophil, verliert ihren homogenen Charakter und erscheint fibrillär. Die Fibrillen werden durch eine chondromukoide Kittsubstanz maskiert. Damit ist aus der prochondralen Substanz eine *protochondrale* geworden. Beim weiteren Zellwachstum nimmt die Interzellularsubstanz an Menge zu. Es entsteht das Bild eines *typischen Zellknorpels* mit dünnwandigen basophilen Scheidewänden. Bei der zweiten Bildungsform nehmen Zellen eine unregelmäßige, spindelförmige bis verästelte Gestalt an (PETERSEN, 1924; LEVI, 1927); durch Vermehrung der Zwischensubstanz rücken sie auseinander. Für die 3. Form der Knorpelbildung stützt sich SCHAFFER (1930) auf Befunde von v. EBNER (1892) und STUDNIČKA (1903, 1911 b) an *Frosch*larven bzw. von *Lophius*. Im Bereich der Knorpelbildung vermehren sich die *Mesenchym*zellen, so daß sich ihre Zellbrücken stark verkürzen. Sodann bildet sich an der Oberfläche der einzelnen Zellen eine Kapsel.

Bemerkenswert an der Darstellung von SCHAFFER (1930) erscheint uns, daß die wesentlichen Vorgänge der „Chondrogenese" in den *Appositionsknorpel* lokalisiert werden. Eine *Knorpelbildungsfront*, entsprechend der Knochenbildungsfront, wird im allgemeinen nicht angenommen. Im übrigen läuft die Bildung des Appositionsknorpels sehr unterschiedlich ab. *Sternförmige* Zellen kommen z.B. im Wirbelkörper, aber nicht in den Wirbelbögen eines *menschlichen* Keimlings von 12 mm 55 L (SENSENIG, 1948), ferner im Wirbelkörper von *Rinder*- und *Goldhamsterfeten* und im Bereich der Ohrkapsel eines Rinderfeten von 37 mm SSL vor (KNESE, 1970e; Abb. 124). Die Knorpelanlage für die Kapsel von Utriculus, Sacculus und Bogengängen ist von Mesenchymzellen umgeben, deren Form, Größe und Ordnung der in anderen Skelettanlagen gleicht. Mit geringer Verengung der Interzellularspalten ordnen sich die Zellen mit ihrer Längsachse parallel zur Oberfläche der Ohrkapsel an. Bei *Rinder*feten (größer als 30 mm SSL) geben die meisten Mesenchymzellen bereits eine positive *PAS*-Reaktion. Im Appositionsknorpel weisen die Zellen, neben kleineren, recht große *Granula* auf, die den Zelleib mitunter prall anfüllen. Die Bildung des Appositionsknorpels ist mit einer Abrundung der Zellen verbunden. Bei Färbung mit Methylenblau (pH 4,1) und mit alkoholischer Toluidinblaulösung tritt eine *metachromatische Reaktion der Interzellularsubstanz* auf. An anderen Orten der Ohrkapsel und den Anlagen des Temporale entsteht ein *Perichondrium* bzw. Periost mit sehr dichter Lagerung der Zellen; die Zellgrenzen sind nicht zu erkennen. Bei der PAS-Reaktion erscheint das Perichondrium als eine einheitlich stark angefärbte Schicht. Die Kerne der *Chondroblasten* sind wesentlich kleiner als die der umgebenden Mesenchymzellen. Bei Bildung des Appositionsknorpels entstehen aus den flachen Chondroblasten, nicht wie sonst flache, sondern rundliche Chondrozyten mit relativ großen Kernen. Die Zellen sind von einer schmalen Schicht Interzellularsubstanz umgeben, so daß das Bild eines echten Zellknorpels vorliegt.

Für diese Formen der verschiedenartigen Chondrogenese stellt KNESE (1970e) eine *morphologische Reihe* auf: 1. Chondrogenese ohne Größenänderung des Interzellularraums des Mesenchyms, 2. mit Verschwinden des Interzellularraums, aber ohne wesentliche Änderung der Zellgestalt und 3. mit Änderung der Zellgestalt. Diesen morphologischen Differenzen entspricht u.a. eine unterschiedliche PAS-Reaktion der Prächondroblasten und Chondroblasten. Gleich bleibt nur das Erscheinen der metachromatischen Interzellularsubstanz in der Knorpelbildungsfront.

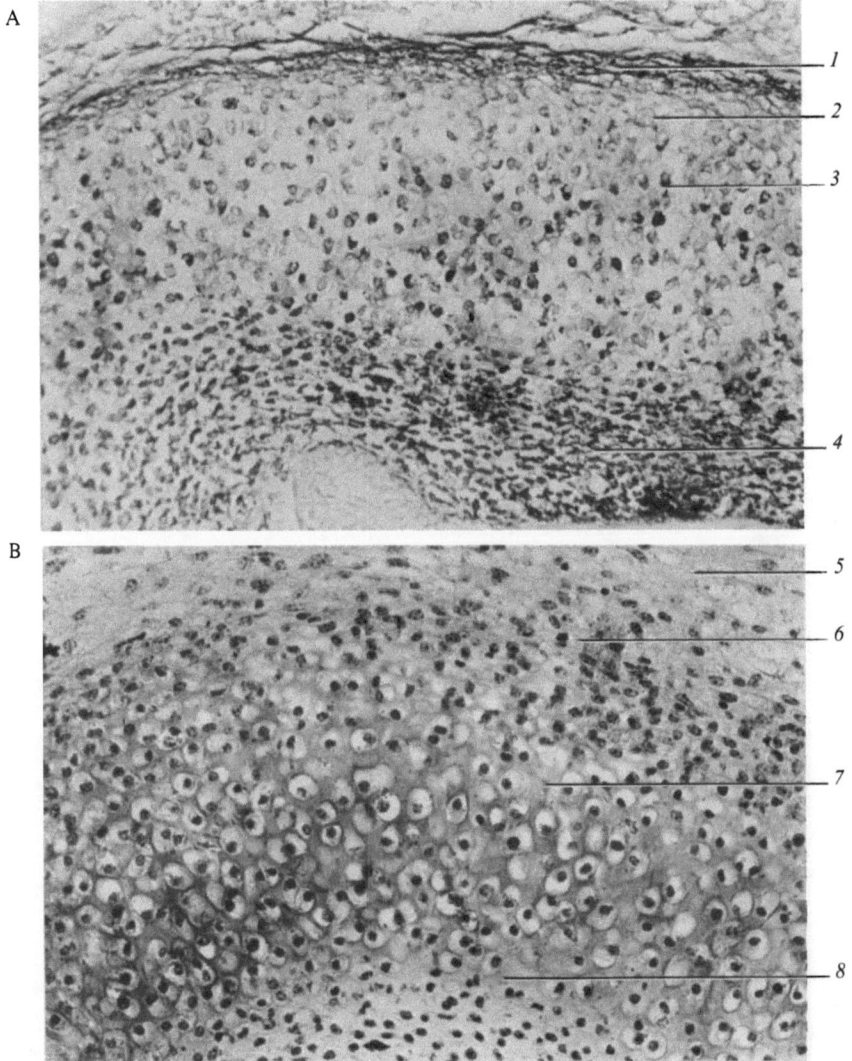

**Abb. 124.** Rinderfet, 37 mm SSL, Bildung der Ohrkapsel. *A)* PAS-Reaktion, *B)* alkoholisches Toluidinblau, *A: 1)* Perichondrium, *2)* Appositionsknorpel, *3)* Knorpelzellen mit großen PAS-positiven
Granula, *4)* Zellen des Verknorpelblastems in Nachbarschaft des Bogenganges, beladen mit PAS-
positiven Granula, Abstand der Zellen voneinander in gleicher Größe wie im Mesenchym, *B: 5)*
Mesenchym, *6)* dichte Lagerung der Zellen in der Anlage des Perichondriums, *7)* zunehmende
metachromatische Reaktion der Interzellularsubstanz, *8)* Auftreten der metachromatischen Interzellularsubstanz an der Grenze zum Vorknorpelblastem, Obj. 16 (aus K NESE, 1970e)

Bei Entstehung des ersten Knorpels (FELL, 1925; *Hühnchen*) geht das *Perichondrium* schrittweise in das undifferenzierte Mesenchym über. In der Mitte
des Schafts entsteht es durch Ausbildung flacher Zellen, die in der Längsachse
des Skelettstücks orientiert sind. Beiderseits der mittleren Region des Schafts
geht die Individualität dieser Schicht durch Übergang in die Masse des embryo-

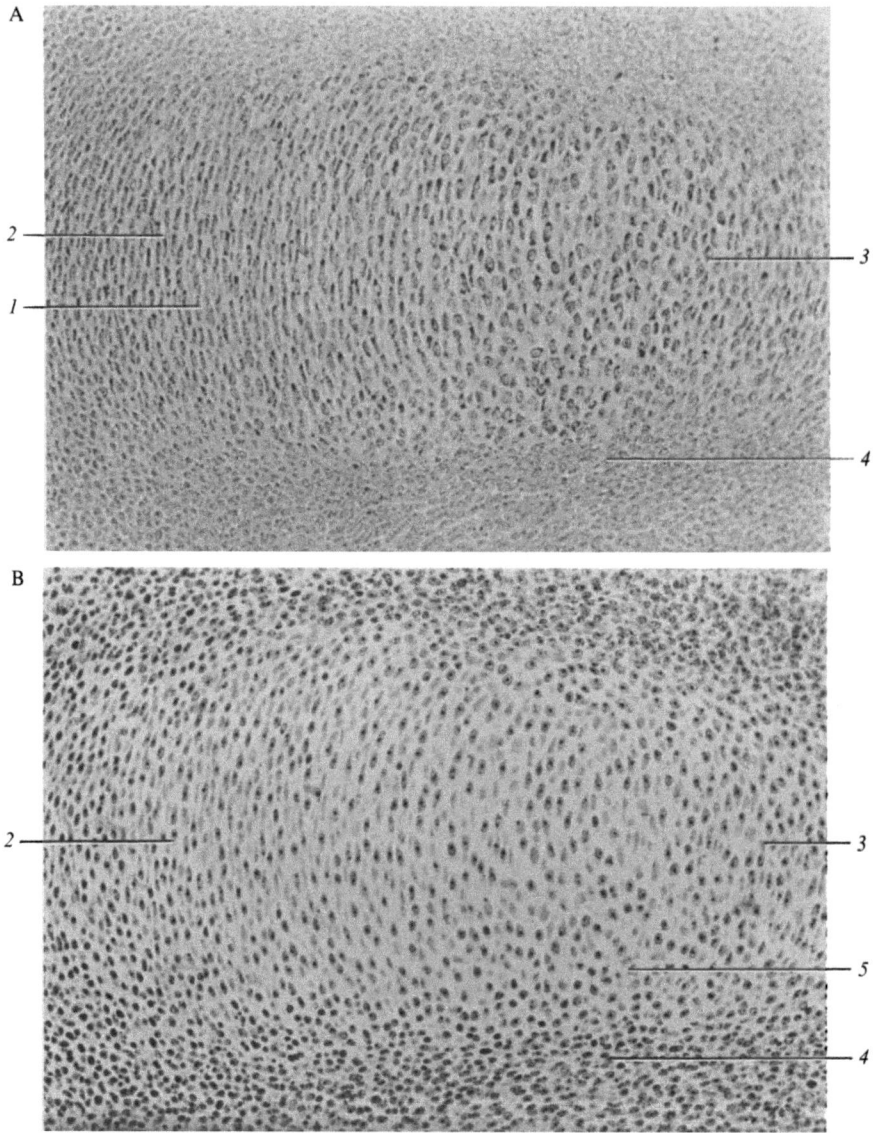

**Abb. 125.** Rinderfet, 21,6 mm SSL, Anlage der Tibia. *A)* PAS-Reaktion, *B)* Gallocyanin, *A: 1)* Vorknorpelzellen mit PAS-positiven Granula, *2)* Zellreihen nach proximal konvex, *3)* Zellreihen nach distal konvex, *4)* Anlage des Perichondriums, *B: 5)* Zellen in bogenförmiger Anordnung, vom Perichondrium ausgehend, Obj. 16 (aus K̲ɴᴇsᴇ, 1970e)

nalen Bindegewebes verloren. Das den mittleren Teil des Knorpels umhüllende „rudimentäre" Perichondrium wird bald zweischichtig. In der Anlage des Perichondriums der Tibia eines *Rinder*feten (21,6 mm SSL) sind die Interzellularspalten relativ eng (K̲ɴᴇsᴇ, 1970e; Abb. 125). Die Zellen sind mit ihrer Längsachse in Längsachse des Gliedes ausgerichtet. Die Kerne der Perichondriumzellen zeigen die gleichen Größen- und Formverschiedenheiten wie die der umgebenden Mesenchymzellen. Beim Übergang zum Knorpel werden die Zellen und deren Kerne rundlich, der Nucleolus nimmt an Größe zu, die Zellen rücken, infolge Ausbildung von Interzellularsubstanz, auseinander. Zur Mitte der Skelettanlage werden die Zellen flacher und stellen sich mit ihrer Längsachse etwa quer zum Skelettstück. Dabei bilden sie *bogenförmige Reihen*, deren Konvexität im distalen Stück nach distal, im proximalen nach proximal weist. Das Zytoplasma der jungen Knorpelzellen färbt sich nicht mit *Gallocyanin* an; nur bei einigen zentral gelegenen Chondrozyten ist eine schwache Graufärbung zu beobachten. Bei Färbung mit alkoholischer Toluidinblaulösung reagiert die neugebildete Interzellularsubstanz schwach *metachromatisch*. PAS-positive Granula treten vereinzelt in den tiefen Schichten des Perichondriums wie in den Mesenchymzellen auf (KNESE und KNOOP, 1961a). Die Chondrozyten enthalten PAS-positive Granula in größerer Zahl. Die Zellen im Innern der Knorpelanlage speichern stärker $^{3}$H-Thymidin als die äußeren, so daß das Wachstum der Anlagen von innen her überwiegt (MAZHUGA et al., 1970). Das Perichondrium ist noch nicht in *Fibroelastica* und Kambiumschicht gegliedert, obwohl sich eine solche Teilung damit anbahnt, daß die peripher gelegenen Zellen nach Hyaluronidasedigestion KH-positiv, die der Knorpelbildungsfront nahen Chondroblasten KH-negativ reagieren (KNESE, 1966a; Abb. 126; vgl. PRITCHARD, 1956a). Die Anlage der Gelenkkapsel setzt sich über die äußeren Schichten des Perichondriums in die Fibroelastica des Periosts fort. Zwischen ihr und dem Kambium ist eine weitere Lage von Zellen mit kleinen KH-Granula eingeschaltet. Sie ist die Fortsetzung der dem Appositionsknorpel unmittelbar benachbarten Chondroblasten. Der Übergang vom Perichondrium zum Periost bedeutet eine Abhebung dieser Schicht mit Auftreten einer spezifischen Kambiumschicht des Periosts. Sie ist, ähnlich wie die Diaphysenröhre, sanduhrförmig gestaltet, d.h. sie nimmt von den Enden der Diaphyse zur Mitte etwas an Dicke zu. Der Übergang zwischen Perichondrium und Periost ist durch das Auftreten kleiner, mit Bestschem Karmin, mit der PAS- und BTS-Reaktion färbbarer *Granula* in den Kambiumelementen und den Präosteoblasten gekennzeichnet.

*Chondroblasten* sind im allgemeinen frei von *Glykogen* (NEUMANN, 1870; RABE, 1910; GENDRE, 1938; PRITCHARD, 1952; RIZZOLI und MASTROBUONO, 1953; AKAMINE et al., 1954; SCHAJOWICZ und CABRINI, 1958a); mitunter wurden einige Glykogengranula beschrieben (MANCINI, 1948; MONTAGNA, 1949; BEVELANDER und JOHNSON, 1950a). Es fehlt eine *Phosphatase-Aktivität*, hydrolytische Enzyme sind vorhanden (SILBERMANN und FROMMER, 1974b). Mit einer wässerigen Toluidinblaulösung (pH 4,1) färbt sich das Zytoplasma der knorpelnahen Chondroblasten von Rinderfeten *schwach metachromatisch* an (KNESE und KNOOP, 1961a). Die kolloidale Eisenreaktion von HALE führt bei den knorpelnahen Chondroblasten zu zarter Blaufärbung des Zytoplasmas einzelner Zellen. Dagegen ist mit dem Ferrihydroxydsol nach MÜLLER (1955/56) eine schwache Blaufärbung der Interzellularsubstanz zu erzielen. Bei Behandlung mit Ferrihydroxydsol-Eisessig 10:4 werden die Zelleiber der Chondroblasten zart blau gefärbt, jede Zelle ist von einem hellen Hof umgeben. Im Appositionsknorpel hebt sich die dunkelgefärbte *Knorpelkapsel* von dem etwas helleren Zytoplasma ab. Eine schwache Zytoplasmabasophilie zeigen die Chondroblasten mit Methy-

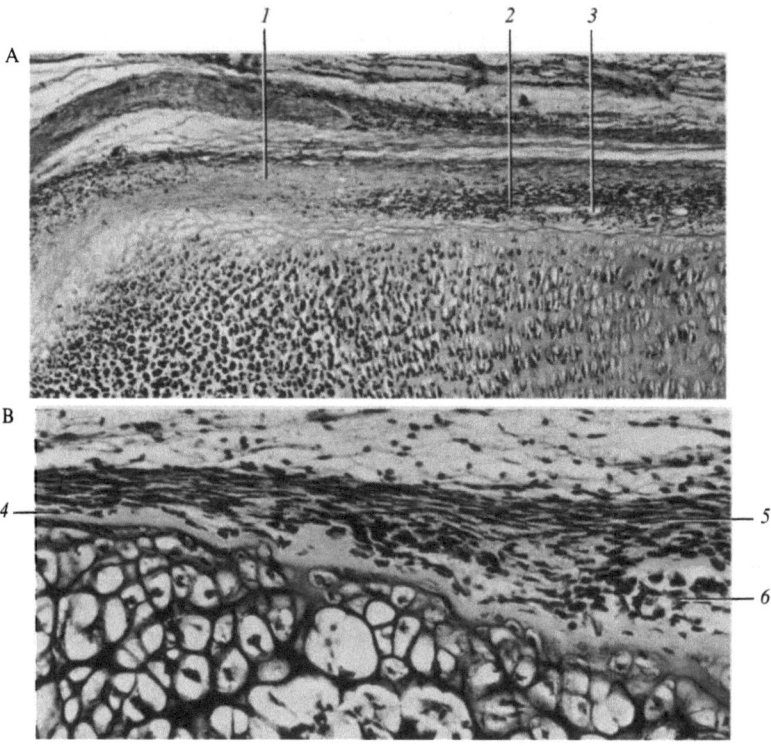

**Abb. 126.** Rinderfet, *A:* 75 mm SSL, *B:* 85 mm SSL. Übergang vom Perichondrium zu Periost mit Bildung einer Kambiumschicht. *1)* Übergang vom Perichondrium zum Periost, *2)* Kambiumschicht, *3)* Blutgefäße, *4)* spindelförmige Osteoblasten, *5)* Fibroelastica, *6)* Kambiumschicht. Fixierung *A:* Alkohol, *B:* Formalin, *A:* BTS-Reaktion Hyaluronidase, *B:* Kresylechtviolett pH 1,6, *A:* Obj. 10, *B:* Obj. 16 (aus KNESE, 1966a)

lenblau bei pH 3,6; sie wird bei pH 4,1 stärker, bei pH 4,7 recht kräftig (vgl. PRITCHARD, 1952). Diese Reaktion verschwindet nach Vorbehandlung mit *Ribonuklease.* Nach Hyaluronidase-Vorbehandlung und Methylenblau-Färbung (pH 4,7) tritt die *fibrilläre Struktur* des Perichondriums und Appositionsknorpels wie des Periosts deutlicher hervor (KNESE und KNOOP, 1961 c). Im Perichondrium dürfte ein Hyaluronidase-sensitives Polysaccharid vorhanden sein, das vermutlich mit dem Polysaccharid des Knorpels nicht identisch ist, wie die weiteren Bildungsvorgänge annehmen lassen. Bei *Rinder*feten (100–150 mm SSL) reagiert das Perichondrium bei Färbung mit alkoholischer Toluidinblaulösung orthochromatisch (KNESE und KNOOP, 1961 c; KNESE, 1959 a). Im Bereich der Verbindung mit faserigen Gebilden, Bändern und der Gelenkkapsel ist dagegen nach Toluidinblaufärbung eine Metachromasie der Zelleiber zu beobachten, die durch Hyaluronidase-Vorbehandlung abgeschwächt wird. In diesen Zonen geht nach BÉLANGER (1956) die $^{35}SO_4$-Markierung durch Hyaluronidasebehandlung nicht verloren.

Die vorliegenden Untersuchungen mit $^{35}$S (vgl. DZIEWIATKOWSKI, 1958) sind im Hinblick auf das Perichondrium enttäuschend, zeigen aber, daß die MPS-Synthese, vor allem der hypertrophen Knorpelzellen, wesentlich größer ist. In der Knorpelbildungsfront unter dem Perichondrium wird vermutlich ein Knorpelgewebe gebildet, das noch wesentlich ausgestaltet wird. BÉLANGER (1956) beobachtet die Ablagerung von $^{35}$S-Methionin nach 1 Std im Perichondrium 8 Tage alter *Ratten*, besonders in der Gegend des Ranvierschen Ringes. Das präkartilaginöse Blastem umgibt einen Saum von Zellen, die sich zu Vorknorpelelementen transformieren (AMPRINO, 1955a,b,c, 1956). Aus diesem Saum geringerer $^{35}$S-Radioaktivität entwickelt sich das Perichondrium. Zum Vergleich weisen wir darauf hin, daß nach PELC und GLÜCKSMANN (1955) die Ablagerung von $^{35}$S in Trachea, Ohrknorpel und Schwertfortsatz erwachsener *Mäuse* (3 Monate) subperichondral oder im Perichondrium geringer ist als in den tieferen Teilen der Knorpel. Nach DAVIES und YOUNG (1954) ist die $^{35}$S-Markierung von Faserknorpel (Menisci) geringer als im hyalinen, hier besonders im Säulenknorpel, noch geringer im Fasergewebe. Auf elektronenmikroskopischen $^{35}$S-Autoradiogrammen fanden GODMAN und LANE (1964) nur wenige Granula im Perichondrium und den „oberflächlichen proliferierenden Chondroblasten". Nach Verabreichung von $^{14}$C-L-Phenylalanin haben CAMPO und DZIEWIATKOWSKI (1963) eine starke Ablagerung im perichondralen Ring saugender *Ratten* gefunden, die stärker ist als im Proliferations- und hypertrophen Knorpel.

Über *Zellteilungen* im Bereich des Perichondriums liegen sehr wenig Untersuchungen vor (Abb. 129). Nach Markierung mit Tritium-Thymidin findet TONNA (1961) bei *Mäusen* die größte Zahl markierter Zellen im Perichondrium, besonders an der hinteren Fläche des Femurs junger Tiere. Zwischen einer Stunde und 25 Tagen wandern markierte Zellen aus dieser Region zum Gelenkknorpel des distalen Femurendes und in die Epiphysenscheibe. Die Markierung ist etwa bis zum 10. Tag in Richtung auf die Gelenkoberfläche hin zu verfolgen. RIGAL (1962) beschreibt die Markierung der Zellen des perichondralen Ringes mit Tritium-Thymidin.

Nach der gegebenen Definition von *Perichondrium* und *Periost* ist der Übergang von einem zum anderen von Interesse, da die Ablösung von Chondroblasten durch Osteoblasten eine *Umstellung der Funktion* mit sich bringt. Form und Verteilung der Zellen dieser Region sind u.a. bei Färbung mit Gallocyanin gut zu beurteilen (KNESE und KNOOP, 1961c; Abb. 127), da die Chondroblasten ungefärbt bleiben und die sich polar differenzierenden Osteoblasten einen leichten Grauton annehmen. Die Chondrozyten des *Appositionsknorpels* sind *längliche* Zellen mit einem länglichen ovoiden Kern, die benachbarten Chondroblasten von plump ovoider Gestalt. Das Perichondrium in Höhe des hyalinen Epiphysenknorpels ist locker strukturiert. Etwa vom Proliferationsknorpel ab ist eine zarte Anfärbung der Perichondriumzellen mit Berlinerblau festzustellen. Diaphysenwärts folgen Zellen mit schlankem Zellkörper (Abb. 127). Der Interzellularraum zwischen diesen Zellen ist breiter als in den übrigen Abschnitten des Perichondriums. Das Perichondrium ist damit in den einzelnen Höhen des Epiphysenknorpels recht *unterschiedlich* gestaltet. Der Übergang zum Periost ist durch das Fehlen der weiten, intrazellulären Spalten gekennzeichnet. Hier bildet sich die „encoche d'ossification" aus (s.S. 522). In den peripheren Anteilen des Perichondriums befinden sich den *Fibroblasten* ähnliche Zellen mit großem, stäbchenförmigem, häufig exzentrisch gelegenem Kern (KNESE und KNOOP, 1961a). Die Zytoplasmahauben an den Kernpolen enthalten wenige Membranpaare, noch seltener Mitochondrien (Abb. 128) und einige Granula. In Höhe des hyalinen Epiphysenknorpels zeigen die Zellen eine rhombische oder ovoide Gestalt. Sie können als eine Art *Prächondroblasten* bezeichnet werden (Abb. 129). Vereinzelt fanden wir *Mitosen*. Im Interzellularraum ist eine unterschiedlich große Zahl von Kollagenfibrillen, z.T. in Bündeln geordnet, vorhanden. Unmit-

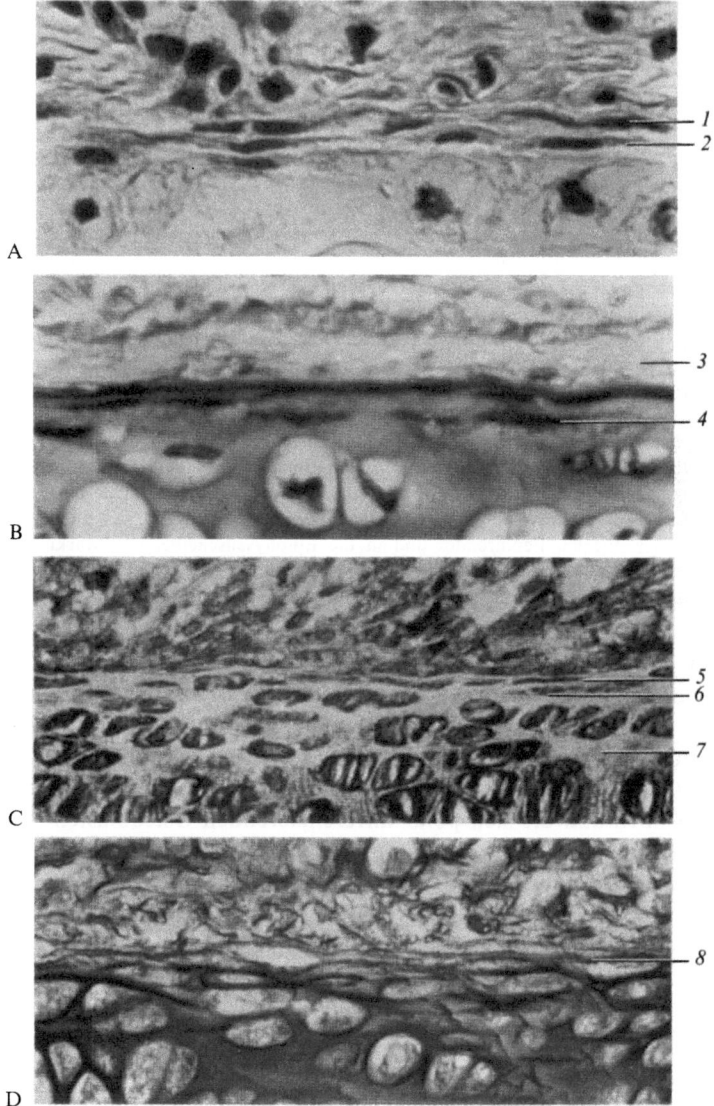

**Abb. 127.** Flache Zellen bei verschiedenartiger Färbung. Rinderfet, 126 mm *(A, C, D)* und 132 mm SSL *(B)*. *A:* Gallocyanin: *1)* Flache Zellen, deren Zytoplasma ebenfalls angefärbt ist, *2)* Zelle ohne Zytoplasmafärbung, *B:* Toluidinblau in wäßriger Lösung pH 4,1: *3)* Ungefärbte Knochenschicht, *4)* Dunkelviolett gefärbte flache Zellen, eingebettet in hellrotviolette Interzellularsubstanz, *C:* Polysaccharid-Eisen-Reaktion (Graumann), *5)* Flache Zellen mit gleichmäßiger dunkler Anfärbung, *6)* Zelle mit unterschiedlicher Kern- und Zytoplasmafärbung, *7)* ungefärbte Interzellularsubstanz, *D:* Polysaccharid-Eisen-Reaktion (Müller), *8)* Dunkelblau tingierte Interzellularsubstanz, Zellen praktisch ungefärbt, Obj. 40 (aus Knese und Knoop, 1961c)

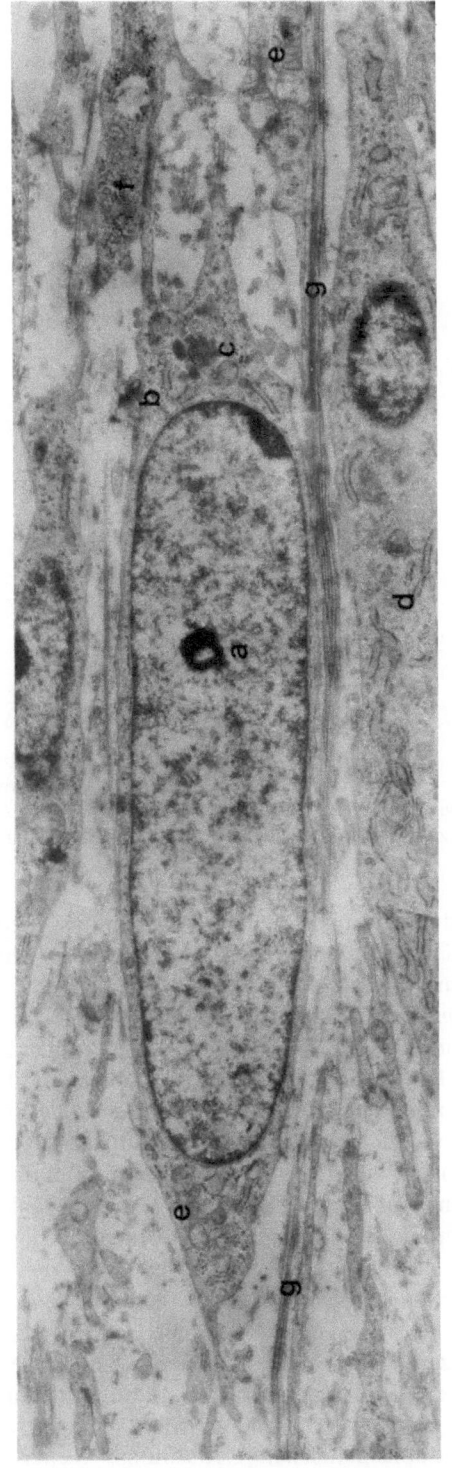

**Abb. 128.** Rinderfet, 46 mm SSL Fibroblast aus dem Perichondrium. *a)* Nukleolus, *b)* Zentriol unter dem Plasmalemm (Abgang einer Zilie?), *c)* Golgi-Apparat mit größeren lysosomalen Vesikeln, *d)* Golgi-Apparat mit Doppellamellen, *e)* Mitochondrien, *f)* Kohlenhydrate, *g)* Zellfortsätze, denen Kollagenfibrillen anliegen; Vergr. 8000 ×

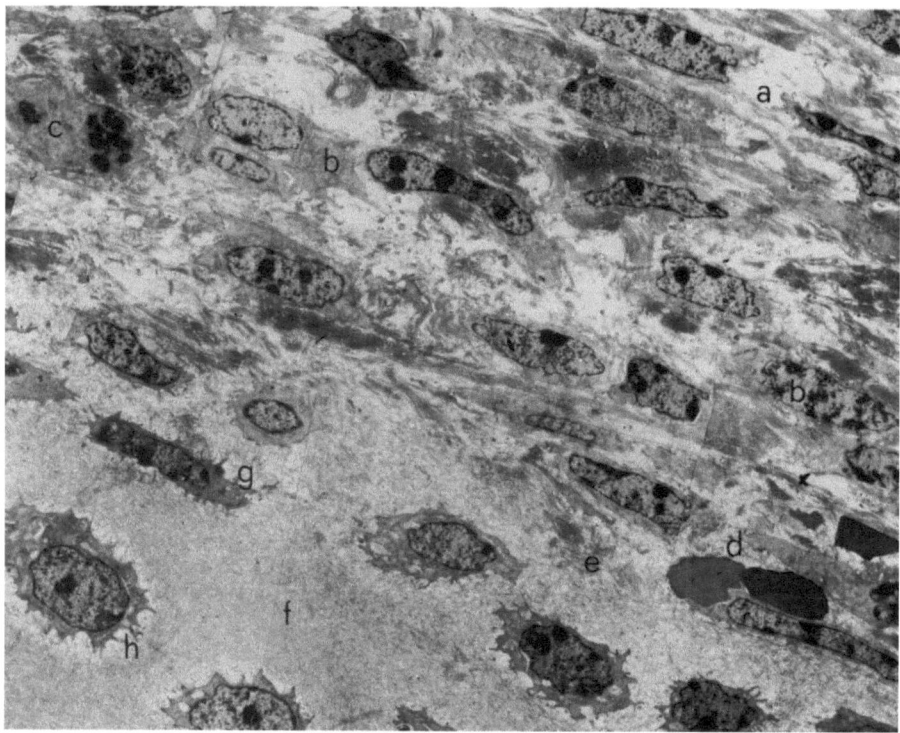

**Abb. 129.** Rinderfet, 110 mm SSL Perichondrium. *a)* Fibroblasten, *b)* Prächondroblasten, *c)* Mitose, *d)* Kapillare mit Erythrozyten, *e)* quergestreifte Kollagenfibrillen, die in den Appositionsknorpel eintreten, *f)* Knorpelfibrillen, zwischen denen MPS-Granula liegen, *g)* schlanke Appositionszellen, *h)* Umwandlung zu hyalinen Epiphysenknorpelzellen; Vergr. 2200 ×

telbar vor der Knorpelbildungsfront beobachteten wir immer wieder *Kapillaren* mit Erythrozyten. In der Knorpelbildungsfront liegen die unregelmäßig gestalteten Chondroblasten mit ihren plumpen Fortsätzen.

Die knorpelnahen *Chondroblasten* sind mehr oder minder langgestreckt, ihr Kern ist rundlich bis ovoid. Das Chromatin liegt der Kernmembran in mäßig dicker Schicht an, kleinere Brocken sind über das Kernareal verteilt. Die verbreiterten Interzellularräume enthalten einige *Kollagenfibrillen*. Die Erweiterung des Interzellularraums beruht möglicherweise auf einer Stoffproduktion der Zellen (KNESE und KNOOP, 1961 a). Bei den Chondroblasten kommt es zu einer Erweiterung der *Zisternen* in Form von Blasen. Die Zisternen beschränken schließlich die hyaloplasmatischen Anteile auf kleine Bezirke. Jungen Knorpelzellen, d.h. Appositionszellen, fehlen Zisternen; sie treten wieder bei den hypertrophen Knorpelzellen auf. Die Orte des Auftretens und Verschwindens von Zisternen stimmen mit jenen der Einlagerung von $^{35}$S in Zellen und der Bildung „amorpher" Interzellularsubstanzen überein. So lag die Vermutung nahe, die beobachteten Zisternenerweiterungen stünden mit der MPS-Bildung im Zusammenhang. Die Erweiterung der Zisternen auf 3000–4000 Å führt zunächst zu einem perlschnurartigen Bild des endoplasmatischen Retikulums. Weiter zum Knorpel hin enthält das Perichondrium Zellen, deren Zytoplasma zum größeren Teil von Zisternen eingenommen wird. Ihr Hyaloplasma ist auf kleine Bezirke beschränkt, die isolierte Ribosomen oder Mitochondrien enthalten können. Daneben treten andere Zellen auf, deren Zytoplasma keine oder nur wenig Doppelmembranen enthält, aber annähernd regelmäßig verteilte Ribosomen, einzelne Mitochondrien und z.T. osmiophile Einlagerungen, vermutlich Lipide.

Während der Chondrogenese und Osteogenese werden nicht nur Interzellularsubstanzen in unterschiedlicher Menge und von differenter Molekularstruktur gebildet. Diese Synthese ist vielmehr nach Ort und Zeitpunkt verschieden (KNESE und KNOOP, 1961 c). Es liegt eine kennzeichnende *topographische* und *zeitliche Korrelation* der zu beiden Bildungsvorgängen gehörenden Einzelsynthesen vor (vgl. KNESE, 1967 b): Die Gewebekomponenten werden in verschiedener Reihenfolge gebildet; die Komponenten entstehen an einander nicht entsprechenden (homologen) Orten. Die Knorpelfibrillen entstehen im Perichondrium, die Knochenfibrillen in der Bildungsfront, die hochmolekularen Interfibrillarsubstanzen in der Knorpelbildungsfront. Die Bindegewebspolysaccharide werden während der Osteogenese bereits in den Kambiumzellen des Periosts und nicht erst von den Osteoblasten produziert (KNESE, 1966 a, 1967 b).

In Richtung auf die Diaphyse zur *encoche d'ossification* hin besteht das Perichondrium aus langen schmalen Zellen, zwischen denen die Fibrillen in Längsrichtung des Skelettstücks ausgerichtet sind. In der Peripherie des Perichondriums weisen die „Fibroblasten" die verschiedenartigsten Bilder von Zisternenerweiterungen auf. Auch Zellen mit lakunär erweiterten Zisternen und sehr dichtem Hyaloplasma sind anzutreffen, andere enthalten große Kohlenhydrat-Depots. Bei Annäherung an die Knorpelbildungsfront werden die Zellen schmäler, zeigen eine Fülle von Fortsätzen und rücken unter Verschmälerung der interzellulären Spalten, dichter zusammen. Ein Teil der Zellen vor der Knorpelbildungsfront bildet sich zu *schmalen Chondrozyten* aus, die in den Appositionsknorpel eingeschlossen werden. Die schmalen Chondrozyten liegen als Fortsetzung des Appositionsknorpels z.T. noch unter der Anlage der Diaphysenschale (KNESE und KNOOP, 1961 c; KNESE, 1964 a, 1966 a). Sie reichen bis über die Eröffnungszone und verschwinden bei weiterer Verdickung der Diaphysenschale. Die schmalen Chondrozyten haben relativ wenig Beachtung gefunden (u.a. BORN, 1876; ZAWISCH-OSSENITZ, 1929; DODDS, 1932; BAST, 1944; LUTFI, 1970 a, b, c). Ihre isolierte Darstellung (Abb. 127) in der Übergangszone zwischen Perichondrium und Periost gelingt nach Färbung mit dem Ferrihydroxyd-Sol nach GRAUMANN (1958 a, b). Mit Toluidinblau reagieren sie bei pH 4,1 schwach metachromatisch; mit dem Ferrihydroxyd-Sol nach MÜLLER (1955/56) färbt sich allein die umgebende Interzellularsubstanz (KNESE und KNOOP, 1961 a). Auf der perichondralen Seite der schmalen Chondrozyten enthält die Interzellularsubstanz relativ dicke Fibrillen (400–600 Å, z.T. bis 800 Å; Abb. 130). An die Kernpole schließen sich lang ausgezogene, schmale Zytoplasmahauben an. Die schmalen Chondrozyten (Breite etwa 1 µm) besitzen ein zartkörniges dichtes Grundplasma mit einzelnen Granula und wenigen Mitochondrien. Ein endoplasmatisches Retikulum fehlt oder besteht lediglich aus sehr kurzen Membranen. Der Kern ist schmal und lang, das Chromatin liegt der Kernmembran in groben Ballen an, der perinukleäre Raum ist erweitert.

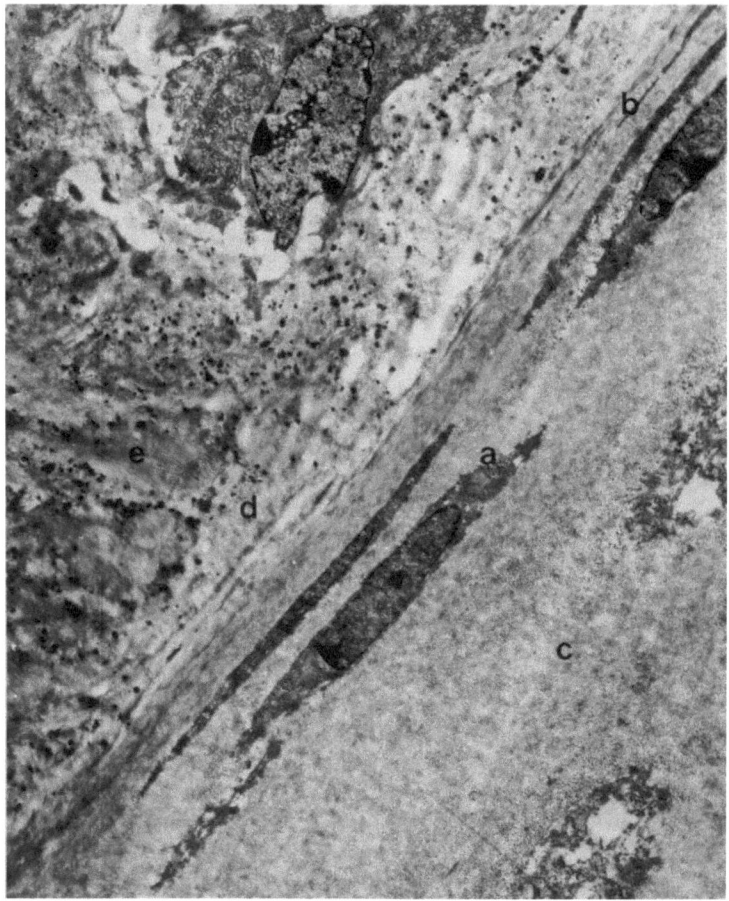

**Abb. 130.** Rinderfet, 120 mm SSL, distale Epiphyse des Metatarsus, schmale Chondrozyten. *a)* Tiefer gelegener, schmaler Chondrozyt, dessen Zellkern von einem schmalen Zytoplasmasaum umgeben wird, *b)* Ausläufer eines sehr schmalen Chondrozyten, *c)* Epiphyse, *d)* präossales Gewebe mit überwiegend quergeschnittenen Kollagenfibrillen, *e)* überwiegend längsgeschnittene Kollagenfibrillen, das präossale Gewebe enthält unregelmäßig verteilte Mineraldepots von chondroidem Charakter, *f)* Osteoblast; Fixierung Formol, Vergr. 3700 ×

In diesem Abschnitt des Appositionsknorpels sind verschieden weit vorangeschrittene Bilder des *Zelluntergangs* zu beobachten, die sich zu einer morphologischen Reihe ordnen lassen (KNESE und KNOOP, 1961 c). An ihrem Anfang stehen Zellreste mit einzelnen Organellen, Mitochondrien und osmiophilen Einlagerungen, die noch von Plasmalemm umschlossen sein können. Das Ende der Reihe bilden Trümmerzonen, deren Herkunft aus Zellorganellen kaum noch zu erkennen ist. Es handelt sich um Granula oder Bläschen (Golgi-Elemente?) bzw. um eine dichte, strukturlose Substanz in bandförmiger Anordnung. Fragmente von Kernen wurden nicht beobachtet. Die geringe Größe dieser Elemente (Breite 1 000–2 000 Å) läßt lichtmikroskopisch den Eindruck von *verdämmernden Zellen* entstehen (SCHAFFER, 1930). Ferner kommen schmale, zwischen 1 300 und 2 700 Å breite, bandartige Gebilde vor, deren feinkörniges, bzw. fast homogenes Zytoplasma Ribosomen enthält. Gelegentlich sind diese Gebilde durch stark geschädigte Mitochondrien aufgetrieben. Weitere Bilder des Zelluntergangs treten an der Grenze zwischen Knorpel und präossalem Gewebe vor. Die Kerne solcher schmalen Chondrozyten können, bei einem Durchmesser von etwa 2 400 Å, eine Länge von 46 000 Å erreichen.

### 4.4.1.2. Die „encoche d'ossification"

Bei Erörterung des Übergangs vom Perichondrium in das Periost ist die „encoche d'ossification" zu berücksichtigen (RANVIER, 1889). Eine Untersuchung ihrer Zytologie über einen größeren Entwicklungsraum am Metacarpus von *Rinderfeten* (70–330 mm SSL) ergibt, daß die typische „encoche" mit „fibres arciformes" erst bei Feten von 300 mm SSL auftritt (KNESE, 1968a; s.S.     ). Fast alle Arbeiten gehen von diesem Stadium aus (SCHÄFER, 1878; KOELLIKER, 1889; VAN DER STRICHT, 1889; STUDNIČKA, 1906; BIDDER, 1906; VON EGGELING, 1911; PETERSEN, 1919; LERICHE und POLICARD, 1934). Einigkeit besteht darin, daß hier eine besondere „Wachstumszone" vorliegt, deren Bedeutung aber unterschiedlich beurteilt wurde. Man dachte an ein besonderes *Blastem* (LACROIX, 1949c, 1951a; BAUSENHARDT, 1951; KNESE und BIERMANN, 1958; Abb. 179), dem nach WEIDENREICH (1923a, c, 1930) und DAHL (1936) Osteoblasten fehlen sollen. Auch von einer *Chondrolyse* wurde berichtet (LACROIX, 1949c, 1951a). KROMPECHER (1937) nahm einen Druck von der Epiphyse in Richtung Diaphyse an. Verschiedentlich wurde darauf hingewiesen, daß die peripheren Säulen schräg eingestellt sind. Die so entstehende *konische Ordnung* (DAWSON, 1929; BECKS et al., 1945; BERTHOLD, 1954) wurde auf die Encoche-Apposition zurückgeführt (u.a. KOLLATH, 1932; DAHL, 1936; POLICARD, 1941). Ein besonderes Problem beim Versuch, die Encoche als Wachstumsorgan zu deuten, bildete die sehr unterschiedliche Verbindung zwischen Schaft und Epiphyse bei den verschiedenen Klassen der Vertebraten (BAUSENHARDT, 1951). Wenig berücksichtigt wurde die Beziehung zu den anschließenden freien chondralen Flächen (KOELLIKER, 1873; STRELZOFF, 1873a, b; KNESE, 1957; BAHLING, 1958), die von LEBLOND et al. (1950) als Trichterregion beschrieben wurde.

In umfangreichen experimentellen Studien hat sich LACROIX (1949d, 1951a) mit der Bedeutung der Encoche beschäftigt. Die unter die Nierenkapsel bei *Kaninchen* verpflanzte Epiphyse entwickelt sich in den ersten drei Wochen normal. Anschließend hört die Proliferation in ihrem Zentrum auf, doch befinden sich in der Peripherie eine typische Ossifikationsgrube und wohlentwickelte Säulen. Das *transversale Wachstum* der Epiphyse geht von dieser peripheren Zone aus. Der periostale Ring besitzt gewisse „embryonale" Züge und übt eine *induktive* Wirkung aus. Nach LACROIX (1949c, 1951a, 1959) ist die *endochondrale Ossifikation* ein *autonomer Vorgang,* der weder durch äußere Faktoren ausgelöst und aufrechterhalten, noch durch andere Gewebe induziert wird. Im einzelnen ist eine Diskussion der von LACROIX (1949a, 1951a; vgl. AMPRINO, 1973) gezogenen Schlüsse recht schwierig. Bedeutungsvoll erscheint uns die Feststellung, daß die Zelltransformation im mittleren Teil der Epiphyse autonom, d.h. im Sinn eines Programms zu einer enchondralen Osteogenese führt. Der periphere Anteil der Epiphyse ist demgegenüber eine Sondereinrichtung. Eine Überpflanzung der Epiphyse ins Gehirn führt zu einer herabgesetzten Proliferation in den Säulen, der transversale Durchmesser der Epiphyse wird nicht vergrößert, und die Zellen des Perichondriums entwickeln sich zu Osteoblasten statt zu Chondroblasten (MEIKLE, 1975). Die mangelhafte transversale Vergrößerung soll, nach autoradiographischen Studien, auf der herabgesetzten Proliferation und nicht dem Fehlen der perichondralen Apposition beruhen. Die Existenz

von *osteogenen Substanzen* wurde bisher nicht bestätigt (BERTELSEN, 1944; HELL-
STADIUS, 1947; TEUCQ, 1948; LACROIX, 1949d, 1951a; HANCOX, 1949a, b; WEIL,
1951; PRITCHARD, 1956a; MCLEAN und URIST, 1961).

Als eigene Form der Chondrogenese, neben der eigentlichen perichondralen,
hat KNESE (1969b) die *Encoche-Apposition* angesehen. Sie ist in Höhe des Säulenknorpels bei *Rinder*feten unter 200 mm SSL besonders deutlich. Von diesem
Zeitpunkt an bildet sich die „encoche d'ossification" aus (KNESE, 1968a). Die
Zellen der Encoche sind, wie jene der Transformationszone, 2 Std nach $^3$H-
Thymidininjektion markiert (SHIMOMURA et al., 1973). Bei der Encoche-Apposition werden längliche Zellen mit ihrer Längsachse in Richtung der Längsachse
des Skelettstücks eingeschlossen. Diese Zellen werden unmittelbar zu *Säulenknorpelzellen*, in dem sie eine kantige, im Schnitt vielfach eine dreieckige Gestalt
annehmen (Abb. 131; KNESE und KNOOP, 1961a). Sie werden schließlich in
die quergestellten Säulenknorpelzellen umgewandelt. Die Zellen überspringen
damit das Stadium des hyalinen Epiphysenknorpels und der Transformationszone, das von den Chondrozyten, die vom gelenknahen Perichondrium abstammen, durchlaufen wird. Im Bereich der hypertrophen- und Eröffnungszone nehmen die Abkömmlinge der Encoche-Apposition etwa das *periphere Viertel* des
Epiphysen-Durchmessers ein; die beiden zentralen Viertel stammen vom hyalinen Epiphysenknorpel ab. Die von der Encoche abstammenden Zellen unterscheiden sich auch *topochemisch* von den entsprechenden zentral gelegenen Zellen
durch umfangreiche *Kohlenhydrat*-Einlagerungen. Die *Basophilie* der Encoche-
Apposition ist ebenfalls stärker und erstreckt sich auf eine etwa sanduhrförmig
begrenzte Zone (Abb. 142). Die Zisternen des Retikulums bilden ein *seenartig*
miteinander verbundenes System und umschließen kleine rundliche Inseln von
Hyaloplasma (Abb. 76). Das optisch leere Hyaloplasma enthält bis zu 600 Å
große unterschiedlich dichte Granula, die z.T. in Kontakt mit den Ribosomen,
z.T. isoliert liegen. Dem Plasmalemm schließt sich eine crustaähnliche Zone
an. Die Granula stehen mit ihr in Kontakt, so daß an eine Extrusion zu denken
ist. Die Zellen enthalten Succinat-Dehydrogenase und $\beta$-Galaktosidase (TAKADA
et al., 1962; TAKADA, 1966; Abb. 121).

Bei der Diskussion über die Encoche wurde immer wieder die Frage nach
der *transversalen Vergrößerung* der Epiphyse gestellt. Die mitotische Vermehrung
der Chondrozyten ergibt eine „Verlängerung" der Säule. Im Zusammenhang
mit der Abwanderung von Zellen in die Metaphyse und der Verschiebung der
Regionen (Abb. 101) führt sie zu einem Längenwachstum. Der „Mechanismus"
des Querschnittswachstums durch perichondrale Apposition wird mit der
Umordnung der Zellen zu Säulen wirkungslos. Es wird ein *zweites Appositions-
zentrum* mit der Encoche aufgebaut, das sofort Säulen liefert. Die Zellen der
Encoche zeigen 2 Std nach der Injektion von $^3$H-Thymidin eine starke Markierung (SHIMOMURA et al., 1973). Geometrisch läßt sich der Betrag dieser Apposi-

---

**Abb. 131.** Rinderfet, 110 mm SSL, Encoche-Apposition. *a)* Fibroblasten, zwischen den reichlich ▷
längs verlaufende Kollagenfibrillen liegen, *b)* Prächondroblasten, *c)* schmale Chondrozyten, *d)*
Einstrahlung quergestreifter Kollagenfibrillen in den Knorpel, *e)* Umwandlung der Zellgestalt von
der flachen Zelle zur Säulenknorpelzelle, *f)* Säulenknorpelzellen; Vergr. 2400 ×

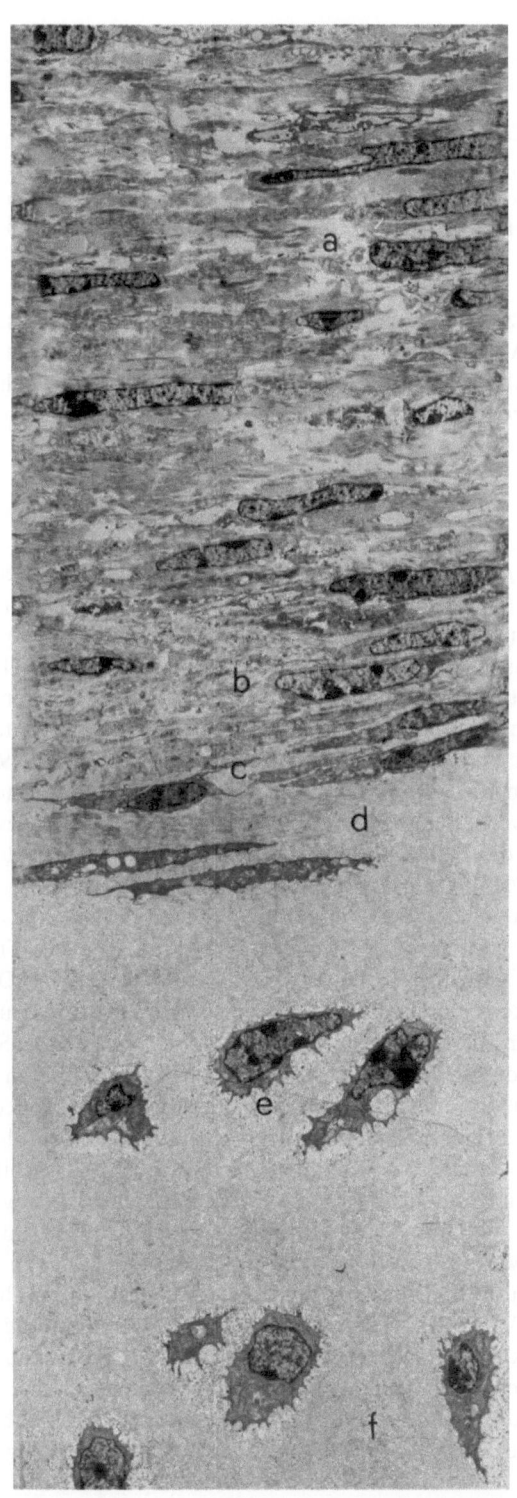

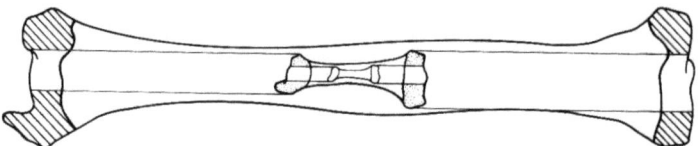

**Abb. 132.** Ineinanderzeichnung der Tibia in verschiedenen Entwicklungsstadien (275 mm SSL, Neonatus, Adultus; vgl. Abb. 299) zur Abschätzung des Umfangs der Encoche-Apposition

tion bei Ineinanderzeichnung eines einfach gestalteten Knochens, wie der Tibia, etwa abschätzen (Abb. 132). Die „Encoche"-Säulen werden „perichondral" ergänzt und weitergebaut. Vermutlich wird auch das Dickenwachstum der Diaphyse über den osteogenen Teil der Encoche, im Zusammenhang mit der Einverleibung der Spongiosa als Trichter in die Diaphyse, gesteuert.

### 4.4.1.3. Das prächondrale Gewebe

*Prächondrales* und *präossales* Gewebe unterscheiden sich entsprechend der Verschiedenheit von Knorpel und Knochengewebe voneinander. Man könnte einen Unterschied zunächst in der Tatsache sehen, daß der Osteoblast polar organisiert ist, der Chondroblast aber nicht. Er gibt nach allen Seiten Interzellularsubstanzen ab und wird damit zum Chondrozyten. Indessen sind zwischen die typischen Chondroblasten und epitheloiden Osteoblasten anders gestaltete Osteoblasten geschaltet, die eine Polarität vermissen lassen. KNESE (1964a, 1966a) hat diese Osteoblastenformen als zytoplasmaarme und runde Osteoblasten beschrieben (s.S. 522, 525). Die verhalten sich beim Einschluß in ein Knochengewebe, das rundliche Maschen um die Zellen bildet, ähnlich wie die Chondrozyten des Appositionsknorpels (KNESE, 1956a; Abb. 222).

Die Appositionsschicht des Nasenknorpels des *Pferds*, die hypoperichondrale, oxyphile bzw. prochondrale Schicht, besteht zu 90% des Trockengewichts aus Kollagen und anderen Proteinen (SZIRMAI et al., 1967). Diesem Aufbau entspricht die stärkere Anfärbung mit anionischen Farbstoffen und die geringe mit kationischen im niederen pH (SZIRMAI und DOYLE, 1961; SZIRMAI, 1963). Der *Wasser*gehalt dieser Region ist relativ hoch; er erreicht im Nasenknorpel junger *Pferde* bis zu 90%, bei älteren 65–80%. Elektronenmikroskopisch zeichnet sich die Zone durch die Vergrößerung des Interzellularraums infolge Vermehrung der Interzellularsubstanzen aus, die mit einer erhöhten Wasserbindung verbunden ist. Die Substanzvermehrung könnte auf einer Vergrößerung des effektiven hydrodynamischen Volumens des einzelnen Moleküls mit Anwachsen seiner Domäne beruhen. Vermutlich findet auch die Bildung der großen knorpelspezifischen Aggregate durch Bindung der Proteoglykanketten an Hyaluronsäure statt (s.S. 161). Es ist möglich, daß aufgrund dieser Molekülgestaltung die knorpeltypischen Proteoglykane im fixierten Zustand als „MPS-Granula" erscheinen (s.S. 174). Ein weiteres Kennzeichen der prächondralen Schicht ist die strukturelle Veränderung des *Kollagens*; die quergestreiften Kollagenfibrillen verlieren ihre Periode. Diese „Umwandlung" geht nicht immer sprungartig vor sich.

Wie im Vorknorpel (Abb. 30), sind in der Appositionsschicht, neben Knorpelfi-brillen (s.S. 126), immer wieder quergestreifte Fibrillen anzutreffen (Abb. 129). Die chemischen Grundlagen dieser Umwandlung sind nicht bekannt (s.a. Histogenese des elastischen Materials, s.S. 151). Eine Aufspaltung dicker Kollagenfibrillen des Faserrings der Zwischenwirbelscheibe bei der Einstrahlung in den hyalinknorpeligen Zapfen wurde beobachtet (KNESE, 1978). Mit dieser Aufspaltung müßte eine Veränderung der *Molekularstruktur* verbunden sein. Das Knorpelkollagen zeigt neben der Aggregation $[\alpha_1 \ (I)]_2 \ \alpha_2$ die charakteristische Form $[\alpha_1 \ (II)]_3$, d.h. den Aufbau aus drei gleichen $\alpha_1$-Ketten (MILLER und MATUKAS, 1969, 1970). Im prächondralen Gewebe spielen sich damit in ihrem Wesen noch unbekannte Umgestaltungen der Interzellularsubstanzen ab.

Die besondere Natur der Appositionsschicht wird bei *fermentativen Kontrollen* deutlich. Mit der PAS- bzw. BTS-Reaktion zeichnet sich diese schmale Zone als ein zart strukturiertes Netzwerk ab. Die Anfärbung wird durch α-Amylase, β-Glucuronidase, Hyaluronidase bzw. eine Kombination der beiden letzteren Enzyme, ferner durch Trypsin, β-Galaktosidase + Neuraminidase, Lipase und Kollagenase kaum verändert. Eine Acetylierung verstärkt die PAS-Reaktion. Durch eine Sulfurierung vor der Alcianblau-PAS-Reaktion wird das Perichondrium blau, der Appositionsknorpel rot und blau gefärbt. Die Stärke der Methylenblau-*Basophilie* hängt von der Fixierung ab (Tabelle 14); das Perichondrium reagiert in einem weiten Bereich negativ. Die Basophilie auch der unmittelbar anschließenden Schicht ist etwas geringer als die des hyalinen Epiphysenknorpels (Abb. 142), ebenso die metachromatische Reaktion (Abb. 143). Sie geht durch Behandlung mit Hyaluronidase, Trypsin und Papain vollkommen verloren, bei niederem pH der Farbflotte auch durch β-Galaktosidase + Neuraminidase. Bei Färbung mit Alcianblau-PAS ist an manchen Orten, vor allem an der intercarpalen Seite des Metacarpus von *Rinder*feten, im Perichondrium, neben der Rotfärbung, ein zartes, blaues Netz zu beobachten. Der Appositionsknorpel und die angrenzende Übergangsschicht färben sich rein blau, im Bereich der Encoche dagegen überwiegend rot. Eine Rotfärbung der interterritorialen Substanz tritt erst im hyalinen Epiphysenknorpel auf. Nach einer Methylierung (48 h) wird die Appositionsschicht als schmales Band stark rot tingiert. Eine Acetylierung führt zu einer gleichmäßigen und zarten Blautönung der gesamten Epiphyse, eine Sulfurierung (5 h) zur Blautönung der Appositionsschicht. Das Perichondrium zeigt keine Farbstoffaufnahme nach Acetylierung, eine starke PAS-Reaktion nach Methylierung. Nach Sulfurierung ist der periphere Teil des Perichondriums intensiv blau gefärbt, der intercarpale rein rot: Das Perichondrium verhält sich je nach Ort sehr verschieden.

Die Appositionsschicht stellt damit eine Art „prächondrales Gewebe" dar, das sich von dem restlichen Knorpel vermutlich *qualitativ* unterscheidet; sie zeigt eine geringere $^{35}$S-Ablagerung (AMPRINO, 1955c). Wegen Fehlens einer Eisenreaktion nahm GRAUMANN (1958a, b) eine mangelnde Sulfatierung an. In Appositionszellen (8 Tage alte *Ratten*; FISCHER, persönliche Mitteilung) tritt nur eine geringe, bei älteren eine stärkere, wenn auch wechselnde Aktivität der *Uridindiphosphat-Glucose-Dehydrogenase* auf. Das Enzym katalysiert die Glucuronsäurebildung und weist damit auf eine MPS-Synthese hin.

### 4.4.2. Der hyaline Epiphysenknorpel

Im Übergangsfeld vom Appositionsknorpel zum Zentrum der Epiphyse verändern sich die Methylenblau-Bindung (Abb. 142), die metachromatische Reaktion (Abb. 143) und die Art der Eisenbindung der Interzellularsubstanz (Abb. 144), aber auch das Verhalten gegenüber einer enzymatischen Degradation (Tabelle 14). Diese Veränderungen sind auf die Aktivität der Chondrozyten zurückzuführen. Im Zusammenhang mit der Produktion von Interzellularsubstanz steht eine *Glykogenspeicherung* (s.S. 318). Im Übergangsfeld und um den zukünftigen Knochenkern ist Glykogensynthetase vorhanden (FISCHER, 1973, persönliche Mitteilung). Zur Glykogensynthese muß Glucose an die Zelle herantransportiert werden. Der Diffusionskoeffizient für Glucose im Knorpel beträgt $1/3$ von dem des Wassers (MAROUDAS, 1970b; vgl. weiter THEWS, 1966). Als kritische Schichtdicke wird 3 mm angegeben (BYWATERS, 1937). Glucose kann die Zellen in „kleinen" Epiphysen durch Diffusion erreichen, vermutlich von den perichondralen Gefäßen aus (Abb. 129, 165; RIGAL, 1962). Von einer bestimmten Größe der Epiphysen an findet eine *Vaskularisierung* statt (s.S. 423).

Im Hinblick auf die mögliche Bedeutung des Knorpel-Glykogens wurden zunächst die *Glykolyse*, der Tricarbonsäure-(Citrat-)zyklus und die *Atmung* untersucht. Die entsprechenden Enzyme konnten nur z.T. histochemisch (TAKADA, 1966; s.S. 318), jedoch alle mikrochemisch nachgewiesen werden (KUHLMAN, 1960; KUHLMAN und MCNAMEE, 1970). Die Enzymaktivität zeigt, gegenüber den anderen Regionen der Epiphyse, nur graduelle Unterschiede. Die Aktivität der Glucose-6-phosphat-Dehydrogenase ist in allen Regionen praktisch gleich groß. Damit ist auf eine Protein- und Proteoglykan-Synthese über den Pentose-phosphat-Zyklus zu schließen (s.S. 318). Der Kollagengehalt des hyalinen Epiphysenknorpels ist größer als in allen anderen Abschnitten der Epiphyse (WUTHIER, 1969/70; VITTUR et al., 1971). Im Humerus 8 Tage alter *Ratten* wies FISCHER (1973) um den zukünftigen Knochenkern die UDP-Glucose-Dehydrogenase nach. DZIEWIATKOWSKI (1951, 1952a, b) sowie TONNA und CRONKITE (1960) beobachteten z.T. erhebliche $^{35}$S-Ablagerungen. Die Zellaktivität nimmt vor und während der Bildung des *Knochenkerns* zu, so daß jetzt von einem *metamorphosierenden Knorpel* gesprochen werden sollte (s.S. 233).

Zur Beurteilung der zytologischen Potenz der Chondrozyten des Hyalinknorpels können Beobachtungen an *Zellkulturen* herangezogen werden. Kultiviert wurden Chondrozyten des Hyalinknorpels. Aufgrund der Ergebnisse muß man ihnen, außer der Fähigkeit des Energiestoffwechsels, die Potenz zur Bildung aller Gewebekomponenten, einschließlich der sog. Sialoproteine, zusprechen. Abweichend verhalten sich Zellen des Säulenknorpels, die mehr Sauerstoff benötigen und in kleinen, voneinander getrennten Kolonien wachsen (CORVOL et al., 1975). Bemerkenswert ist, daß Schnitte vom Gelenkknorpel des *Kaninchens* Typ II-Kollagen bilden, isolierte Chondrozyten aber Typ I und Typ III (CHEUNG et al., 1976).

### 4.4.3. Die Transformationszone

Zwischen dem hyalinen Epiphysenknorpel und dem Säulenknorpel ist die bisher wenig beachtete *Transformationszone* (s.S. 230; KNESE, 1964a, 1966a, 1969b) eingeschaltet. Sie erscheint in der Epiphyse erst nach Ausbildung der Markhöhle und ist bei den einzelnen Epiphysen etwa unterschiedlich ausgebildet (Abb. 87–92). Es wurde von einer abweichenden *Gestalt* der Zellen (SILBERBERG und SILBERBERG, 1941 a; SHEEHAN, 1948; BERTHOLD, 1954; FÖLDES et al., 1963; SHIMOMURA et al., 1973), *Färbung* der Interzellularsubstanz (HJERTQUIST, 1964 a) und *Enzymaktivität* berichtet (HERRMANN-ERLEE, 1962).

In der Transformationszone zeigt sich eine *Vermehrung* der *Interzellularsubstanz* mit *Verringerung* der *Zellzahl* (Tabelle 8). Als ein Zeichen der Proteoglykan-Synthese in den Chondrozyten wurde das Auftreten der *Perizellularsubstanz* angesehen (Abb. 133). Im hyalinen Epiphysenknorpel haben nur 26,6%, in der Transformationszone dagegen 50,3% der Zellen einen mit Alcianblau angefärbten Hof (KNESE, 1969 b; Tabelle 8; vgl. KINCAID et al., 1972). Die z.T. solitär liegenden rundlichen Zellen sind stark mit Kohlenhydraten beladen und nehmen $^{35}$S auf (CAMPO und DZIEWIATKOWSKI, 1961). Der Ablauf der Synthese ist nicht so langsam wie im hyalinen Epiphysenknorpel, aber auch nicht so schnell wie im Säulenknorpel. Damit sind diese Zellen besonders zur Untersuchung der zytologischen Äquivalente der Proteoglykan-Synthese geeignet (Abb. 75; KNESE, 1969 b). Die Proteoglykane der Transformationszone sind schwer löslich (CAMPO, 1974).

### 4.4.4. Der Säulenknorpel

Der Säulenknorpel wurde lange Zeit nur unter dem Gesichtspunkt der *Zellvermehrung* betrachtet. Die Struktur seiner Zellen, die Enzymverteilung und sein Stoffwechsel sprechen jedoch dafür, daß die Aufgaben dieser Region damit ungenügend gekennzeichnet sind. Die Verminderung der Zellzahl (Tabelle 8) läßt bereits annehmen, daß die in der Transformationszone begonnene *Extrusion von Interzellularsubstanzen* im großen Umfang fortgesetzt wird.

Außer deskriptiven Untersuchungen über die Proliferation sind Studien über die *Regulation* der Zellteilungsrate, die Auslösung der Zellreifung und den Stillstand der Teilungen notwendig (KEMBER, 1971). Hierbei ist u.a. der Einfluß des *Wachstumshormons* zu diskutieren (ASLING und NELSON, 1962; BOIS et al., 1963; MÜLLER, 1964; RIGAL, 1964; MURAKAWA und RABEN, 1968). Es zeigt sich, daß der Markierungsindex bei hypophysektomierten Tieren auf etwa 20% der Norm reduziert ist. Bei der Verabreichung von Wachstumshormon steigt der Markierungsindex nach 24 Std, bei wiederholten Injektionen nach 48 Std an (DAUGHADAY und REEDER, 1966). Bei rachitischen Ratten fand ROHR (1963 a, b) eine Vergrößerung der hypertrophen Zellzone und eine geringere Verkleinerung des Säulenknorpels; der Markierungsindex ist etwas herabgesetzt. Der Nachweis von thymidinmarkierten Zellen in der hypertrophen Zone des rachitischen Knorpels (MANKIN und LIPIELLO, 1969) würde allerdings zu der Vorstellung einer unveränderten Proliferation nicht passen. Es könnte sich nach KEMBER (1971) um Regenerationsversuche handeln. Auch die *Corticoide* setzen den Markierungsindex herab (ROHR, 1964; YOUNG und CRANE, 1964; SIMMONS und KUNIN, 1967), die Veränderungen liegen überwiegend in der hypertrophen Zone. Eine Verabreichung von *antithyreoidalen Substanzen* (KEMBER, 1971) führt zu einer Reduktion der Säulenlänge auf $^3/_4$ der Norm.

Das Knochenwachstum variiert nach RANG (1969) mit der Breite und dem Wachstum des Epiphysenknorpels. Nach KEMBER (1971) liegt hier jedoch keine Korrelation von Ursache und Wirkung vor. Die Größe der Proliferationszone variiert nicht proportional mit der Breite der Epiphysenplatte; die Rate der Zellproliferation ist nicht konstant. Dagegen mag die Breite der Epiphysenplatte

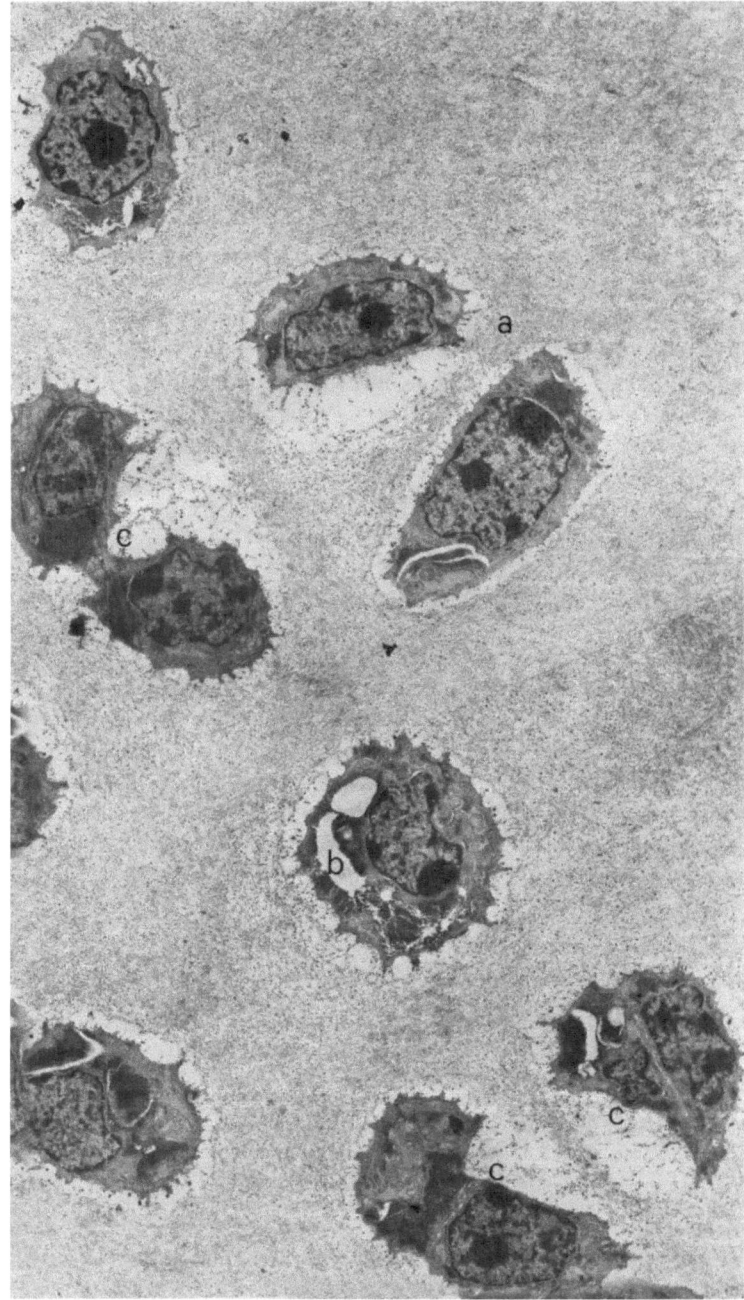

**Abb. 133.** Rinderfet, 110 mm SSL, proximale Epiphyse des Metatarsus, Transformationszone. *a)* Zellen mit geringer Kohlenhydratspeicherung, *b)* Zellen mit starker Kohlenhydratspeicherung, *c)* 2 Zellen in einer Knorpelhöhle. Sämtliche Zellen sind von Perizellularsubstanz umgeben; Vergr. 3 500 ×

durch ein langsameres Wachstum geringer werden, wenn die Invasion von der Metaphyse her konstant bleibt. Indessen sprechen die deskriptiven Untersuchungen für das Vorliegen einer größeren Anzahl von Parametern.

Die Menge der Interzellularsubstanz zwischen den Säulen ist 7 Tage nach Hypophysektomie, wie bei der Alterung, erheblich vermehrt (KEMBER, 1971). RIGAL (1962) hat bei jüngeren Tieren nach entsprechenden Alterungserscheinungen gefahndet, sie aber nur bei dreidimensionaler Rekonstruktion finden können. Als Stütze seiner Hypothese sieht KEMBER (1971) die Feststellung von WELLS (1969) an, daß bei bestrahlten Mäusen z.Z. der Bestrahlung keine merklichen Veränderungen im Wachstum auftreten. Das Wachstum hört jedoch vorzeitig auf, vermutlich infolge einer Reduktion der Zahl der Stammzellen (PHILLIPS und KIMELDORF, 1964a, b). Bestrahlung reduziert den Markierungsindex (KEMBER, 1962, 1971), doch können einige abortive Erholungsvorgänge in den ersten 2–3 Tagen auftreten. Es folgt eine Periode der Herabsetzung der Zellteilungen, deren Dauer von der Strahlendosis und dem Wiederaufleben intakter Zellen abhängt. Bei Dosen über 1500 rad finden sich einzelne Gruppen von Zellen, die nach 10–30 Tagen wieder aufleben. Sie stammen von den verschiedensten Teilen der Knorpelplatte ab. So hat offensichtlich jede Zelle die Fähigkeit zur Erholung und einer Neubevölkerung der Knorpelplatte. Bei längeren Ganzkörperbestrahlungen ergab sich, daß etwa die Hälfte der Zellen noch Thymidin aufnimmt.

Morphologisch ist der Übergang von der Proliferationszone zum Säulenknorpel dadurch gekennzeichnet, daß die bisher „regellos" erscheinende Lagerung der Zellen zugunsten der Säulenordnung aufgegeben wird. Die Umlagerung der Zellen ist nicht auf die mitotische Aktivität zurückzuführen; Mitosen sind in den ersten Säulenzellen selten (Abb. 99). Man muß wohl eher an einen veränderten *Extrusionsmodus* der Interzellularsubstanzen denken. Sie werden vermutlich nicht mehr am ganzen Umfang der Zelle abgegeben, sondern nur in der Weise, daß Längsbalken entstehen. Morphologisch eindeutige Befunde, die diese Annahme bestätigen, fehlen allerdings. Man könnte die sog. Ballenordnung (s.S. 230; DODDS, 1930) als eine Zwischenform zwischen der regellosen Verteilung und der Säulenordnung ansehen.

Im proximalen Teil der Säule sind die *Zellen* flach, distal infolge Zunahme ihres senkrechten Durchmessers größer (SILBERBERG und SILBERBERG, 1942a, b). Bei Abnahme der Säulenlänge mit fortschreitendem Alter sinkt die Zahl der flachen Säulenknorpelzellen, während die der größeren vesikulösen Zellen wächst. Die Säulenknorpelzellen in der Femurepiphyse von *menschlichen* Feten nehmen nach BERTHOLD (1954) kommaförmige Gestalt an. Ihre Ordnung ist zunächst nestförmig und vor allem in jüngeren Stadien mehrreihig. Die Zytoarchitektonik des Säulenknorpels verändert sich in der Fetalentwicklung auffällig. Bei den jüngsten Stadien (8,5–15 cm SFL) sind locker geschichtete Säulen mit zytoplasmareichen Zellen vorhanden. Die Grenze der einzelnen Säulen ist recht unscharf, sie gehen stellenweise sogar ineinander über. Zur Zeit der Geburt sind die nun plasmaarmen Zellen dicht gepackt und zwischen den Säulen treten breite Streifen von Interzellularsubstanz auf. Im frischen Zustand erscheinen die spatenförmigen Zellen der präserialen Zone, d.h. etwa der sog. Transformationszone, den kleinen Zellen der Appositionszone sehr ähnlich (SHEEHAN, 1948). In der Nähe des Kernes oder über die Zelle verteilt, liegen einige doppelbrechende Lipidtröpfchen. Die flachen Zellen des eigentlichen Säulenknorpels besitzen im frischen Zustand einen dichten Kern, ihr Zytoplasma ist dunkler und mehr homogen. Zu Seiten des Kerns liegen doppelbrechende Tröpfchen. Querschnitte durch die Epiphyse (Abb. 109) zeigen, daß die Kerne der Zellen in einer Höhle der Wand nahe liegen, im Mittelpunkt der Höhle überdecken sich die Zellen keilförmig.

Bei geeigneter Fixierung (Formol-Sublimat) und geringer Schrumpfung geben die Zellen des Säulenknorpels eine schwache *Gallocyanin*-Reaktion (Abb. 108). Den Kernpolen der Säulenknorpelzellen schließen sich *metachromatische Hauben* an (KNESE und KNOOP, 1961a), deren Reaktion bei pH 2,6–4,1 der Farbflotte an Intensität zunimmt. Die Reaktion bleibt nach Hyaluronidase bzw. Diastase-Vorbehandlung aus. In die metachromatische Substanz sind scharf begrenzte, orthochromatische, bläschenartige Bezirke eingelassen. Ferner kann man mit der *BTS*-Reaktion in allen Zellen des Säulenknorpels, stets in der Nähe des hypertrophen Knorpels, Granula in größerer Menge nachweisen; nur in der Mitte der Epiphyse, dem eigentlichen Bereich der Proliferationszone, fehlen sie (Abb. 91). Die Granula sind dagegen nicht mit PAS darzustellen bzw. reagieren erst nach Vorbehandlung mit Hyaluronidase. Die Deutung dieser Befunde ist nicht einfach, weist doch die BTS-Reaktion auf das Vorhandensein von Hydroxysäuren, die PAS-Reaktion auf $\alpha$-Amino-Alkohol-Radikale hin (LIPP, 1954a). Die Granula lassen sich auch mit der Haleschen kolloidalen Eisenreaktion in gleicher Verteilung wie bei BTS-Reaktion darstellen. Nach Behandlung mit Ferrihydroxydsol erscheint das Zytoplasma diffus blauschwarz.

Der Säulenknorpel hat die stärkste Methylenblau-Basophilie der Interzellularsubstanz (Abb. 142; Tabelle 14); sie ist stark sensitiv für Hyaluronidase. Der drastische Glykogenabbau im mittleren Teil der Säule ist mit einer lebhaften *Proteoglykansynthese* zu korrelieren (KNESE und KNOOP, 1961a). Der *Glykogenverlust* ist bei den einzelnen Epiphysen verschieden groß (Abb. 89, 90); auch Lebensaltersdifferenzen bei der gleichen Epiphyse kommen vor (Abb. 91, 92).

Die *intrazellulären Kohlenhydrate* geben, je nach Fixierung, eine verschiedene Reaktion. Bei Vorfixierung der Polysaccharide nach Lillie in einer Doppelfixierung (s.S. 180) fehlt die BTS-Reaktion, ist aber bei Vorfixierung der Proteine mit Formalin-Alkohol-Sublimat-Eisessig vorhanden; bei beiden Fixierungen reagieren sie stark positiv mit Ninhydrin-Schiff. Diese BTS-Reaktion verschwindet bei Vorbehandlung mit $\alpha$-Amylase und Lipase, sie wird schwächer nach Einwirkung von $\beta$-Glucuronidase; nach Hyaluronidasebehandlung erscheint das Feld der reagierenden Zellen größer. Eine PAS-positive Reaktion nach Lillie-Vorfixierung tritt nach Vorbehandlung mit *zwei Enzymen* auf, wenn eines der Enzyme $\beta$-Glucuronidase ist. Die Deutung dieser Befunde im Hinblick auf die Art der intrazellulären Kohlenhydrate ist nicht einfach (vgl. KNESE, 1972b). Man kann auf jeden Fall schließen, daß intrazellulär nicht nur Glykogen vorhanden ist.

Im Säulenknorpel wurden *Malat*- und *Lactat*-Dehydrogenase (MORI et al., 1965), Malat-Dehydrogenase (BALOGH et al., 1961), *Succinat*-Dehydrogenase

---

**Abb. 134.** Rinderfet, 110 mm SSL, proximale Epiphyse des Metatarsus, Säulenknorpel. Die Zellkerne ▷ liegen, entsprechend der keilförmigen Gestalt der Zellen (vgl. Abb. 108), einmal mehr an dem einen Ende der Zelle *(a)* zur linken Seite des Bildes bzw. an den anderen *(b)* rechte Seite des Bildes, c) Perizellularsubstanz mit relativ kleinen MPS-Granula, d) Perizellularsubstanz mit relativ großen MPS-Granula, e) benachbarte Zellen in einer Höhle mit verschieden engem Zellkontakt: Vergr. 2300 ×

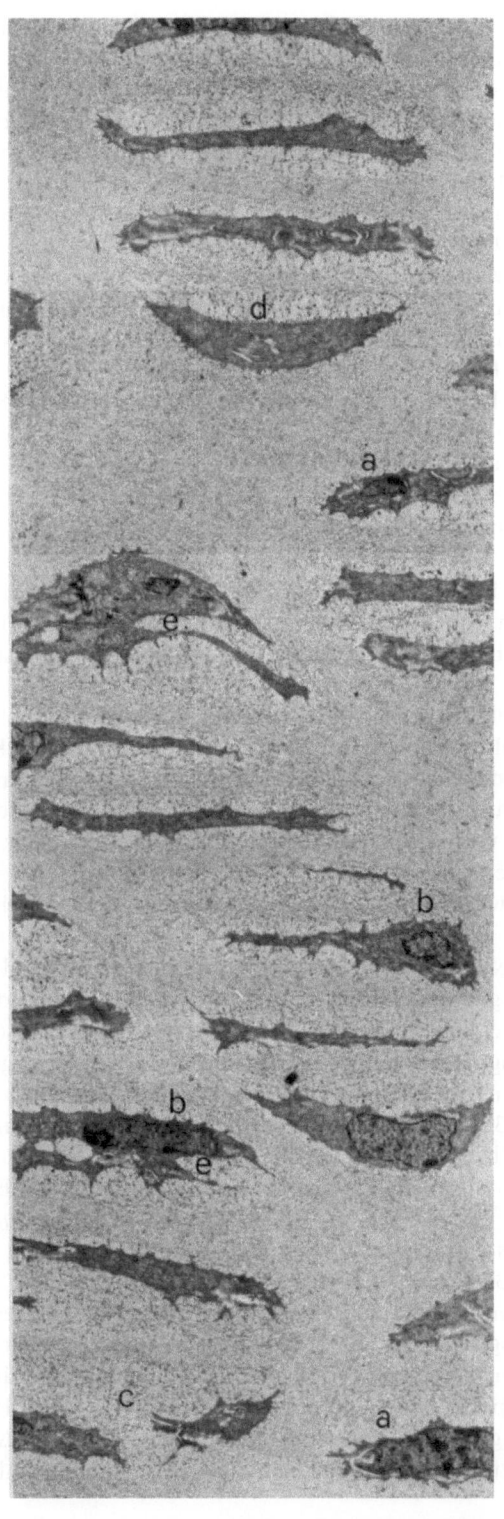

(OTTAVIANI, 1961; TAKADA, 1966) sowie β-Glucuronidase und β-Galaktosidase (GUBISCH und SCHLAGER, 1961; TAKADA et al., 1962; FISCHER, 1976) nachgewiesen. Nach TAKADA (1966; Abb. 121) sind im Säulenknorpel alle Dehydrogenasen, aber in verschiedenem Umfange, vertreten. Es überwiegen die *NAD-abhängigen Dehydrogenasen* (Lactat-, Malat-, Glutamat-, β-Hydroxybuttersäure-Dehydrogenase) und damit der Tricarbonsäurezyklus (s.S. 307). Der ATP-Gehalt des Säulenknorpels ist etwas niedriger als der des hypertrophen (KUHLMAN und MCNAMEE, 1970).

Die Chondrozyten des Säulenknorpels sind durch ein stark entwickeltes *endoplasmatisches Retikulum* gekennzeichnet (Abb. 134; SCOTT und PEASE, 1956; TOUSIMIS und FOLLIS, 1958; KNESE und KNOOP, 1961a; TAKUMA, 1963; FÖLDES et al., 1963; ANDERSON, 1964; GODMAN und LANE, 1964; KNESE, 1969b). Das endoplasmatische Retikulum ist als ein zusammenhängendes System mit labyrinthartigen, erweiterten Zisternen über große Teile der Zelle zu verfolgen (Abb. 135). Der Zisterneninhalt erscheint homogen und bei Formalinfixierung dichter als bei solcher mit Glutaraldehyd-Osmiumsäure. Zwischen den Zisternen bestehen Verbindungen (Abb. 136). Agranuläre Teile können sich anschließen. *Sackartige Erweiterungen* der Zisternen (s.S. 291) treten vereinzelt auf (SCOTT und PEASE, 1956; KNESE und KNOOP, 1961a; FÖLDES et al., 1963; ANDERSON, 1964). Auch Zellen mit einer lakunenartigen Erweiterung der Zisternen kommen vor (KNESE, 1969b). Auf Tangentialschnitten durch Membranen findet man die *Ribosomen* in Reihen von 5–15 angeordnet, auch freie Ribosomen sind vorhanden. Bei relativ wenigen Zellkernen erscheint ein mäßig dichtes, sehr gleichmäßig verteiltes Chromatin. Ballen von Chromatin in Kontakt mit der Kernmembran sind selten. Bei anderen Kernen ist die Chromatindichte größer. Daneben treten Chromatinballen vor allem an der Innenseite der Kernmembran auf; Nucleoli sind vorhanden. Schließlich enthalten die Säulenknorpelzellen verschieden große Felder mit schwach kontrastierten, dünnen, membranartigen Gebilden, die teilweise in der Form kleinster Vesikel erscheinen. Sie werden überwiegend dem *Golgi-Apparat* (s.S. 301) zugerechnet (FÖLDES et al., 1963; GODMAN und LANE, 1964; THYBERG und FRIBERG, 1971; HOLTROP, 1972a). Am Rand der Golgifelder, z.T. in sie hineinreichend, liegen Kohlenhydrateinlagerungen, ferner schließen sich ihnen Teile des endoplasmatischen Retikulums an. Nur geringfügig ist der Golgi-Apparat bei *Rinder*feten ausgebildet. Die *Glykogen*einlagerungen, deren Menge geringer ist als in den Zellen der Transformationszone (Abb. 135), bilden zusammenhängende Komplexe in allen Zellbereichen, z.T. unmittelbar unter dem Plasmalemm. „MPS"-Granula (s.S. 174) stehen in Kontakt mit dem Plasmalemm und liegen perizellulär in den Buchten zwischen den Zellfortsätzen (KNESE, 1969b). Relativ kleine *Mitochondrien* sind in rundlichen Buchten des endoplasmatischen Retikulums anzutreffen (TAKUMA, 1963; FÖLDES et al., 1963; KNESE, 1969b).

Die Entwicklung des granulären Retikulums und die ausgeprägten Nucleoli sind als morphologische Zeichen einer *Proteinsynthese* zu betrachten. MANKIN et al. (1968) fanden eine starke $^3$H-*Cytidin*-Ablagerung im Säulenknorpel und zu Beginn der hypertrophen Region. Nach KOBURG (1961, 1962) ist die $^3$H-Leucin-Markierung am stärksten im Säulenknorpel. Der *Eiweißstoffwechsel* sinkt von den Säulen- zu den hypertrophen Zellen pro Volumeneinheit ab. Da aber

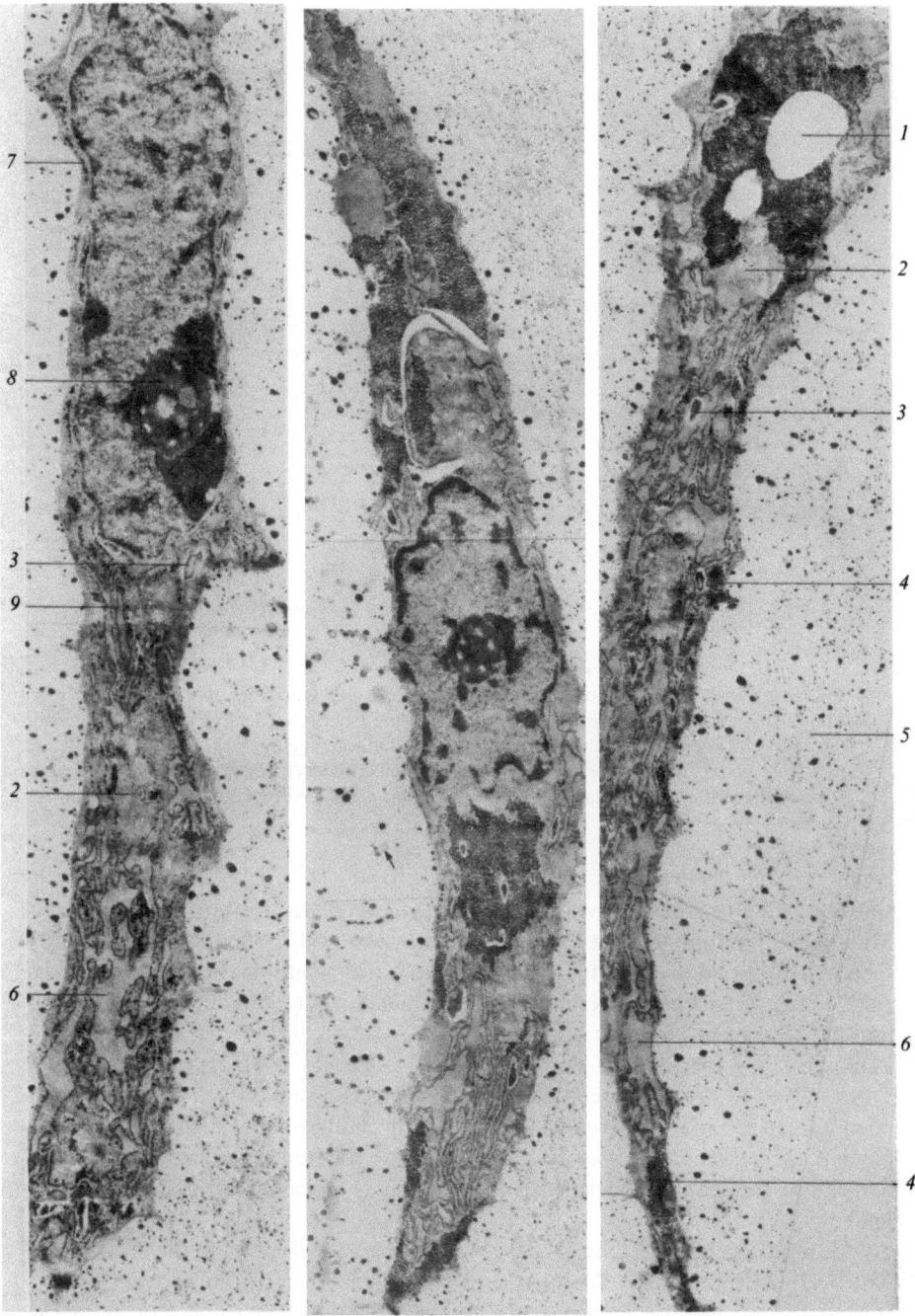

**Abb. 135.** Rinderfet, 110 mm SSL, drei Säulenknorpelzellen. *1)* Vakuole mit einem größeren Kohlen-hydratdepot, *2)* kleines Golgifeld, *3)* Myelinfigur, *4)* Kohlenhydrate unter dem Plasmalemm, *5)* Vesikel der Interzellularsubstanz, *6)* lakunenartige Zisternen, *7)* Kohlenhydratgranulareihe zwischen Kern und Plasmalemm, *8)* Nukleolus, *9)* stark kontrastierte Lamellen (Vorstadien der Myelinfigu-ren?),↑ Vesikel in der Perizellularsubstanz; Vergr. 8400 × (aus KNESE, 1969b)

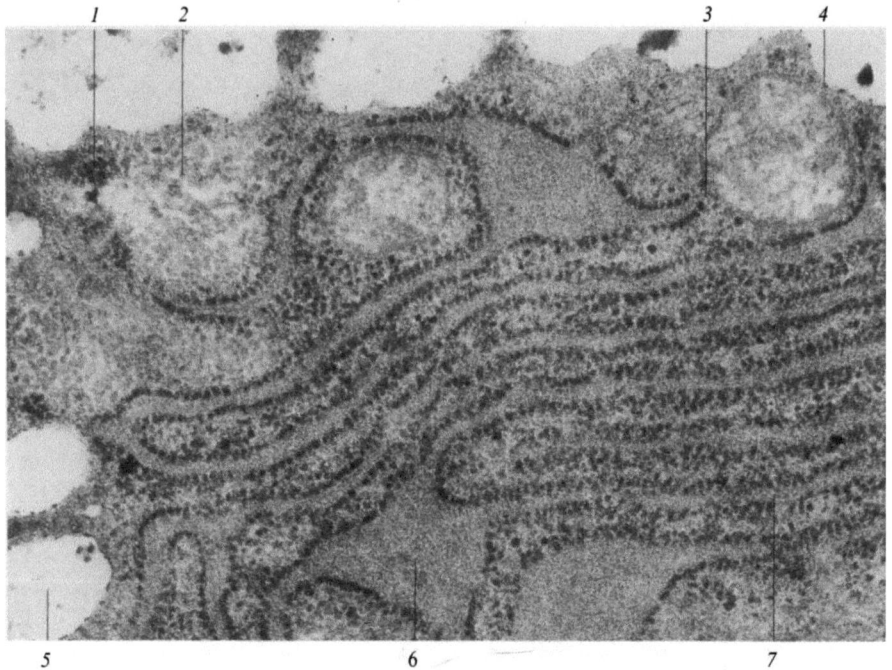

**Abb. 136.** Ratte 46 g, Femur-Epiphyse, Säulenknorpelzelle am Übergang zum Knochenkern. *1)* Stark kontrastierte Kohlenhydratgranula, *2)* schwach kontrastierte Kohlenhydratgranula, *3)* Übergang einer Zisterne in einen doppelwandigen Vesikel, *4)* Öffnung dieses Vesikels zum Plasmalemm, *5)* optisch leere Vesikel mit Membranhüllen, *6)* Kommunikationssack zwischen schmalen Zisternen, *7)* parallel geordnetes endoplasmatisches Retikulum; Vergr. 38000 × (aus KNESE, 1969b)

eine Vergrößerung des Zellvolumens vorliegt, steigt der Eiweißstoffwechsel zur Mineralisationszone an. Die Befunde von CAMPO und DZIEWIATKOWSKI (1963) sprechen dafür, daß Protein- und Polysaccharid-Synthese der Proteoglykane zur gleichen Zeit erfolgen. Nach NIKLAS und OEHLERT (1956) beträgt der Eiweißumsatz des Säulenknorpels ein Drittel von dem in den Drüsenepithelien des Pankreas, im hypertrophen Knorpel nur $^1/_{50}$. TONNA et al. (1962b, 1963) und TONNA (1965b) beobachteten eine *Glycin*-Ablagerung im Säulen- und hypertrophen Knorpel. Eine $^{14}$C-*Prolin*-Markierung im Säulen-, aber nicht im hypertrophen Knorpel sahen RAY et al. (1962). Damit dürften die Chondrozyten des Säulenknorpels zur *Kollagensynthese* fähig sein, nicht aber mehr die Hypertrophen.

Als relativ sicherer Nachweis der *Proteoglykan-Synthese* kann die Ablagerung von $^{35}$S in den Zellen des Säulenknorpels und der Übertritt in die Interzellularsubstanz angesehen werden (DZIEWIATKOWSKI, 1951; DAVIES und YOUNG, 1954; AMPRINO, 1955c; ENGFELDT und WESTERBORN, 1960; TONNA und CRONKITE, 1960). Die Autoradiogramme von DZIEWIATKOWSKI (1958) und CAMPO und DZIEWIATKOWSKI (1961) zeigen nach einer Stunde das Maximum der Markierung in der Mitte der Säule. Distal nimmt die $^{35}$S-Ablagerung in der hypertrophen

Region abrupt ab, proximal ist ein Übergang in eine fleckige, schwächere Markierung der Transformationszone vorhanden, die später stärker wird. Der *Sulfatgehalt* des Säulenknorpels ist höher als in allen anderen Zonen (WEATHERELL und WEIDMANN, 1963; WUTHIER, 1969/70). Die Reaktion mit *UDP-Glucose-Dehydrogenase* (FISCHER, 1973; Tabelle 10) weist auf eine Glucuronsäure-Synthese hin. Nach WUTHIER (1969/70) enthält der Säulenknorpel weniger *Kollagen* als der hyaline Epiphysenknorpel, aber ein Maximum an Chondromukoproteinen und eine beachtliche Menge an *Sialoproteinen*. Nach HJERTQUIST (1964a) unterscheidet sich der Säulenknorpel in seinem *Löslichkeitsprofil* der Proteoglykane (s.S. 180) von den anderen Zonen; es sind zwei Spitzen bei den Werten der $MgCl_2$-Konzentration vorhanden, bei 0,300–0,325 und 0,350–0,375.

Aufgrund der lebhaften synthetischen Aktivität mit Produktion von Interzellularsubstanzen und der Glykolyse kann man den Säulenknorpel nicht mehr allein unter dem Gesichtspunkt der Zellvermehrung betrachten. Allerdings haben wir keine Vorstellung über die Bedeutung dieser Vorgänge. Sicher dienen sie nicht nur der Mineralisation, sondern auch der anschließenden metaphysären (enchondralen) Osteogenese. Bemerkenswert ist, daß die Zellen sich lebhaft teilen und einen starken Synthesestoffwechsel aufweisen. Während der Mitose bleiben große Teile u.a. des endoplasmatischen Retikulums und der Kohlenhydrate erhalten (Abb. 98).

### 4.4.5. Die hypertrophe Region

Eine hypertrophe Region ist in den Epiphysen aller Vertebraten, wenn auch in etwas unterschiedlicher Gestaltung, vorhanden (Abb. 95, 96). Wenig Beachtung fanden die Differenzen, die sich bei demselben Individuum von Epiphyse zu Epiphyse ergeben (*Mensch*: Abb. 87, 88; *Ratte*: Abb. 89, 90), ebenso die Spezies- und Lebensaltersdifferenzen (Abb. 91, 92). Über den Umfang der Region liegen unterschiedliche Angaben vor; sie besteht z.T. nur aus einer (TRUETA und MORGAN, 1960) bzw. aus mehreren Zellen (DODDS und CAMERON, 1934; LACROIX, 1951a, 1961; HAM und LEESON, 1965; MCLEAN und URIST, 1961; ANDERSON, 1964; MOSS-SALENTIJN, 1974). Manche voneinander abweichenden Angaben mögen darauf beruhen, daß versäumt wurde, zwischen einer rein knorpeligen Epiphyse und einer Epiphysenscheibe (Abb. 86) zu unterscheiden (s.S. 228).

Mitunter wird zwischen einer hypertrophen Region im engeren Sinn und einer *Mineralisationszone* unterschieden. Eine detaillierte Analyse muß *drei* Unterregionen unterscheiden: die proximale erste Zone, in der sich die „Hypertrophie" abspielt, die mittlere Zone der vollen Hypertrophie und die dritte, distale Zone der Mineralisation (vgl. auch DIXON, 1970). Da diese Zonen aber das Äquivalent eines fortlaufenden „Reifungsvorganges" (s.S. 232) sind, behandeln wir sie nicht gesondert. Die Mineralablagerung in der letzten Zone hat vielfach dazu verleitet, von „verknöcherndem Knorpel" zu sprechen. Bei zahlreichen Angaben, z.B. über die Bedingungen der Mineralisation, läßt sich überhaupt nicht klären, ob eine Mineralisation des Knorpels oder des Knochens gemeint ist. Besonders prekär wird die Situation, wenn Mineralisation und

Osteogenese gleichgesetzt werden, wie es bei vielen Untersuchungen über die Wirkung von Hormonen und Vitaminen auf „die Knochenbildung" der Fall ist. Die Tatsache, daß auch im Knorpelgewebe die letzte Komponente der Skelettgewebe, das Mineral, eingelagert wird (KNESE und KNOOP, 1961c), macht indessen aus Knorpelgewebe noch kein Knochengewebe.

Die unterschiedliche Auffassung über die Bedeutung dieses Gebiets schlägt sich z.T. in der *Nomenklatur* nieder. Für die Zellen dieser Region wurde überwiegend die Bezeichnung „hypertrophe Zellen" gebraucht (TRUETA und MORGAN, 1960; TRUETA und LITTLE, 1960; LACROIX, 1951a, 1961; HALL, 1965), von anderen die Bezeichnung *Riesenzellen* (TRUETA und LITTLE, 1960; TRUETA und MORGAN, 1960). Schließlich wurde noch von einer *Reifung* gesprochen (SCOTT und PEASE, 1956; HAM und LEESON, 1965, „voll herangewachsene Zellen", DODDS und CAMERON, 1934). Andererseits ist von einer Zone der *degenerativen* Zellen die Rede (u.a. PARK, 1954; TRUETA und MORGAN, 1960; TRUETA und LITTLE, 1960; MCLEAN und URIST, 1961; SISSONS, 1961); von Zelldegeneration und vaskulärer Invasion spricht MOSS (1966). Die Chondrozyten weisen eine *lakunäre* (COPENHAVER, 1964) bzw. *vesikuläre Vergrößerung* auf (BECKS et al., 1945); sie wurden auch als *ödematöse* Zellen bezeichnet (BHASKAR et al., 1950). Von *großblasigem Knorpel* (WEIDENREICH, 1930; BUCHER, 1962) wurde ebenfalls gesprochen. Der letzte, distale Abschnitt wurde schließlich *Zone der Mineralisation* (DODDS und CAMERON, 1934; LACROIX, 1951a, 1961; KNESE und KNOOP, 1961b; HAM und LEESON, 1965) oder der *provisorischen Verkalkung* (BLOOM und FAWCETT, 1969) genannt.

### 4.4.5.1. Die Formentwicklung der Zellen in der hypertrophen Region

Die Hypertrophie der Chondrozyten schreitet vom Säulenknorpel aus voran (ECKERT-MÖBIUS, 1924a; STUMP, 1925; DODDS, 1930; LACROIX, 1945b; SILBERBERG und SILBERBERG, 1941c; BERTHOLD, 1954; RING, 1955a). Der Zelldurchmesser in Längsachse der Epiphyse erreicht den queren oder übersteigt ihn sogar, die Knorpelhöhlen sind zunächst oval und werden dann mehr viereckig (BERTHOLD, 1954). Nach DODDS (1930) muß dem Zellwachstum eine Verlängerung und Wachstum der *Interzellularsubstanz* entsprechen. Dabei ist die Frage, ob die Verlängerung der Längsbalken durch Hinzufügen von Material entsteht, oder ob die Verdünnung der Trabekula ausreicht, um die Verlängerung auszugleichen. Die Gesamtmenge des Materials bliebe dann die gleiche, die Verlängerung würde durch eine *Umordnung* des Materials entstehen (vgl. MÜLLER, 1858; STUMP, 1925).

Bei der *Vergrößerung* der Zellen nimmt die Menge der Zellorganellen im Vergleich zum Zellvolumen ab (SCOTT und PEASE, 1956; HAY, 1958; TAKUMA, 1960a, b; GODMAN und PORTER, 1960; KNESE und KNOOP, 1961a, b; ANDERSON, 1962, 1964; KNESE, 1968b, 1969a, b; THYBERG und FRIBERG, 1971; HOLTROP, 1972b). In der hypertrophen Region treten *zwei Zelltypen* auf, solche mit sackartig erweiterten Zisternen und andere mit lakunenartigen Erweiterungen (s.S. 291; Abb. 137; KNESE, 1971a). Beim ersten Zelltyp erweitern sich Teile der Zisternen zu *Säcken* von 4–6 µm Durchmesser (KNESE und KNOOP, 1961a; KNESE, 1968b).

---

**Abb. 137.** Rinderfet, 120 mm SSL, distale Epiphyse des Metatarsus: Distale hypertrophe Region. ▷ *a)* Kohlenhydratreiche Zellen mit einzelnen blasigen Erweiterungen der Zisternen, *b)* kohlenhydratarme Zellen (Fixierungsverlust?) *c)* Zellen mit lakunärer Erweiterung der Zisternen, unmittelbar vor der Eröffnung, *d)* Eröffnungsfront, *e)* Mineralien. Sämtliche Zellen sind von Perizellularsubstanz umgeben; Vergr. 7800 ×

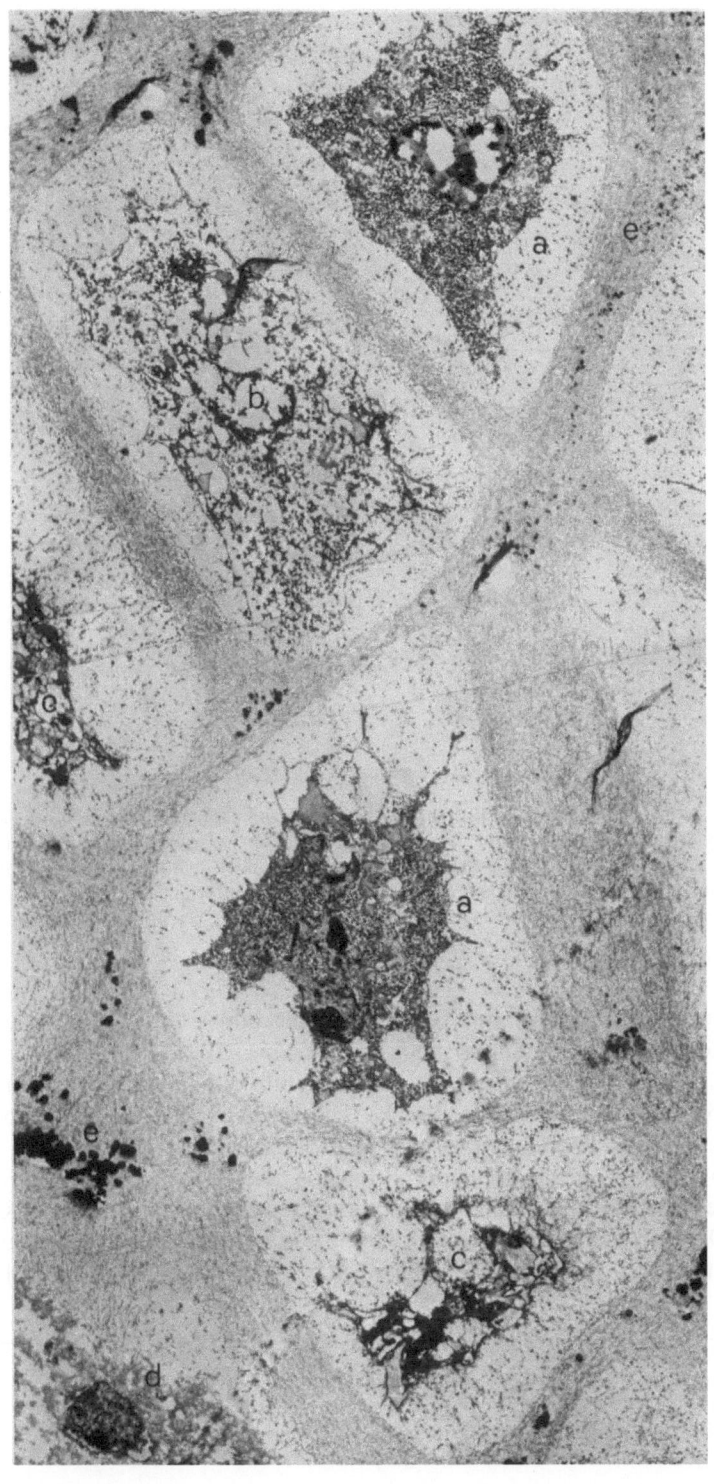

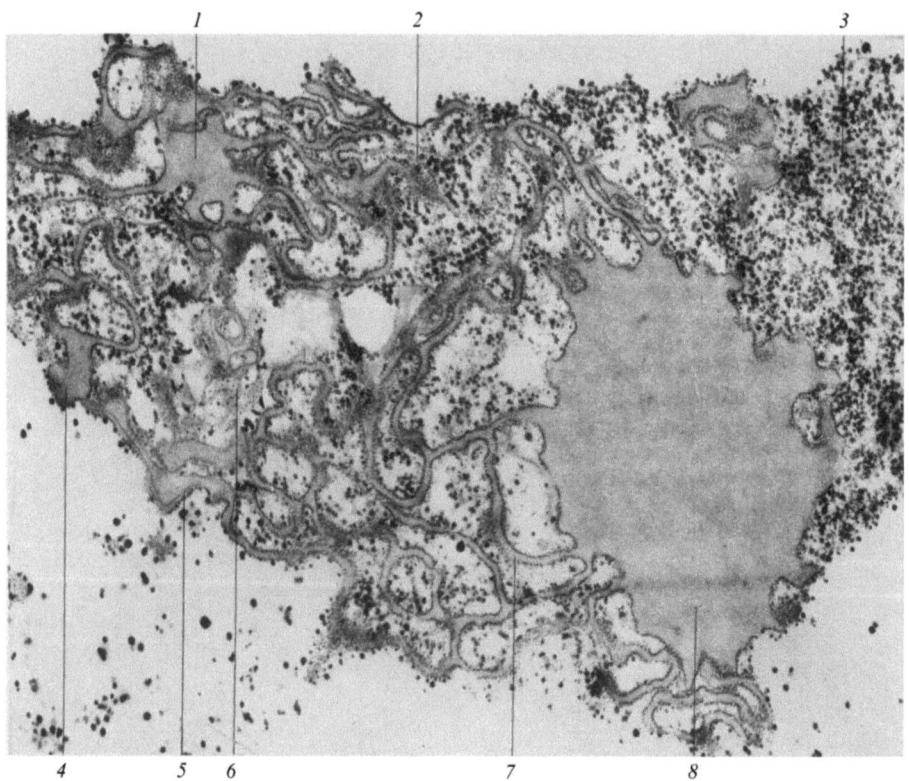

**Abb. 138.** Rinderfet, 110 mm SSL, Zelle mit großer sackartiger Erweiterung der Zisternen. *1)* Kommunikationssack zwischen Zisternen, *2)* agranuläres Retikulum, *3)* Kohlenhydrate in einem Zellabschnitt ohne endoplasmatisches Retikulum, *4)* Zisternensäcke unter dem Plasmalemm, *5)* agranuläres Retikulum unter dem Plasmalemm, *6)* Golgifeld, *7)* bogenförmig verlaufende Zisterne. *8)* großer Zisternensack mit fast homogenem Inhalt; Vergr. 13200 × (aus KNESE, 1969 b)

Der restliche Anteil des granulären Retikulums bildet ein anastomosierendes Kanalsystem (Abb. 138), dem auch agranuläre Teile angeschlossen sind (Abb. 79; vgl. KASHIWA et al., 1975). Kurze Membransegmente wurden erwähnt (HAY, 1958; KNESE und KNOOP, 1961 b). Die Hypertrophie dieser Zellform ist mit einer steigenden Kohlenhydratspeicherung verbunden (Abb. 139). Mit Annäherung an die *Mineralisationszone* sind nur noch Reste der intrazellulären Polysaccharide elektronenmikroskopisch nachweisbar (Abb. 102; KNESE und KNOOP, 1961 b). Die Entstehung des zweiten Zelltyps mit *lakunären* Zisternenerweiterungen konnte zunächst nicht aufgeklärt werden (KNESE und KNOOP, 1961 a). In

**Abb. 139.** Rinderfet, 110 mm SSL, hypertrophe Zellen mit umfangreicher Kohlenhydrateinlagerung. ▷
*a)* Sackförmige Erweiterungen der Zisterne, *b)* schlauchförmige Anteile des Retikulums, *c)* Zellfortsatz mit Teilen des Retikulums, *d)* Zellfortsatz, begleitet von Perizellularsubstanz, *e)* Zellfuß;
Vergr. 10100 ×

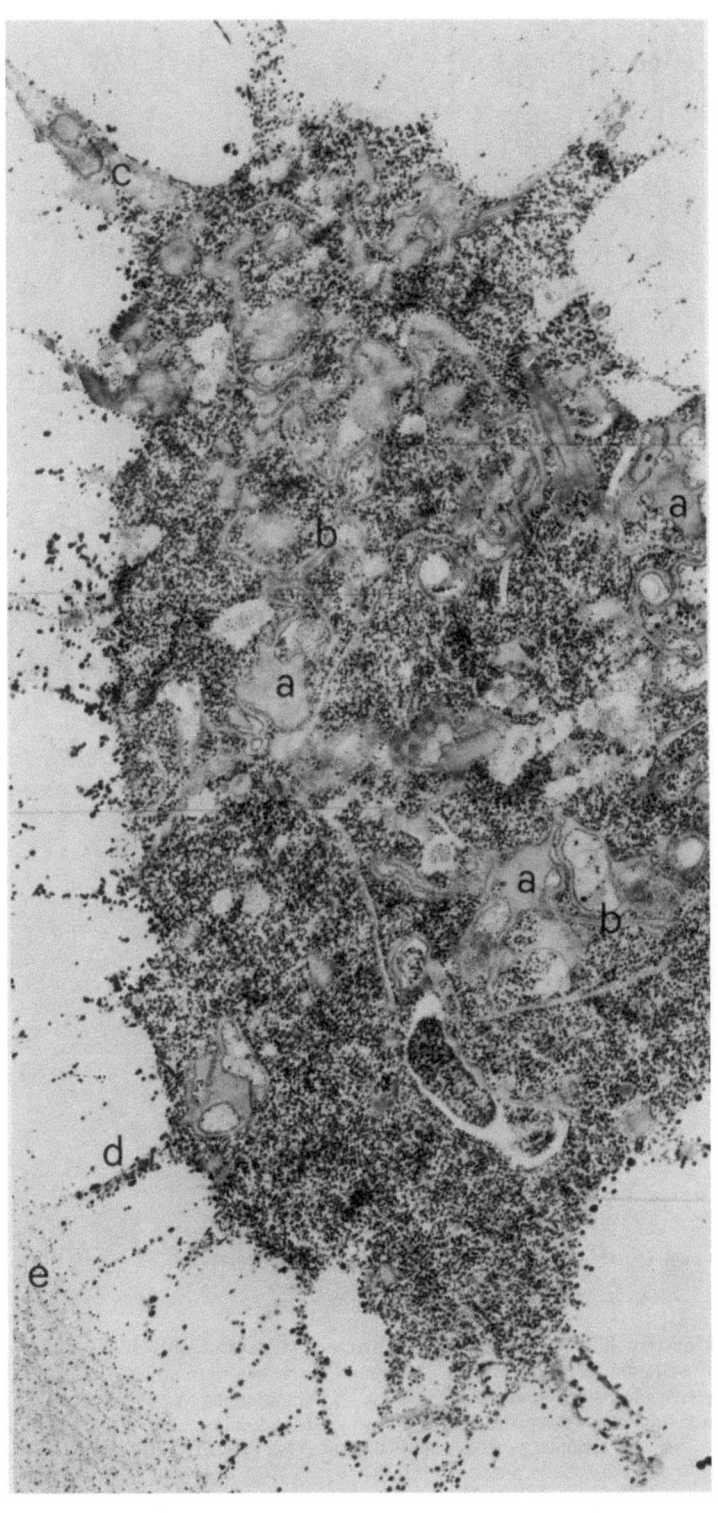

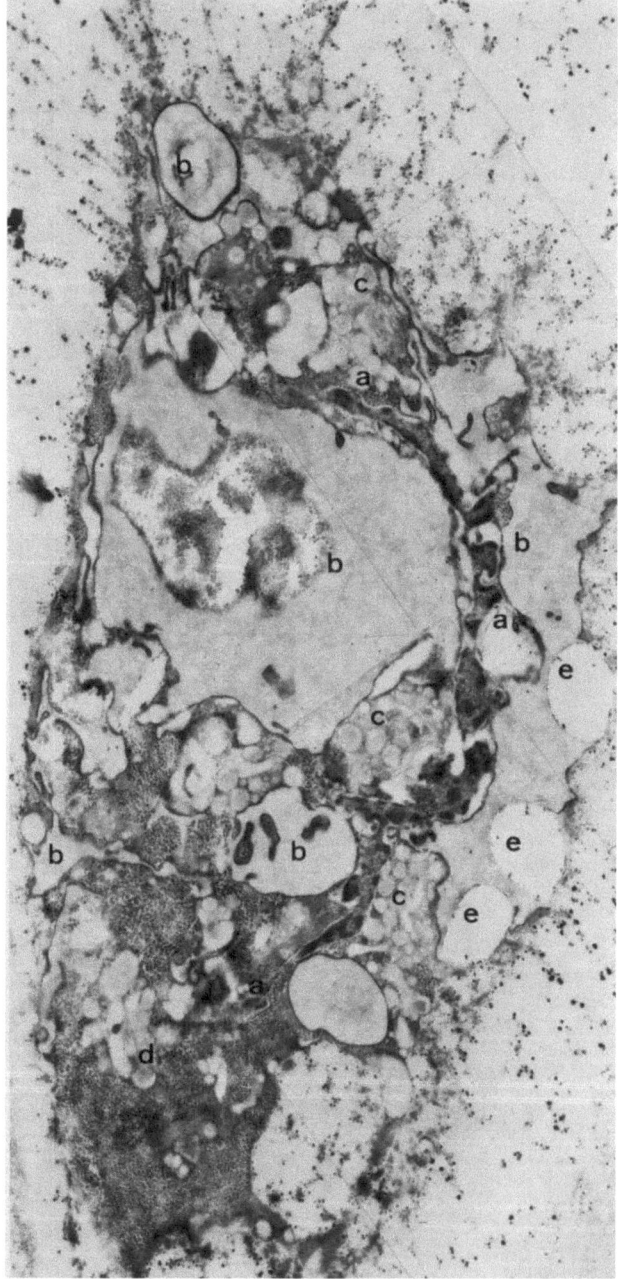

**Abb. 140.** Rinderfet, 120 mm SSL, distale Epiphyse des Metatarsus: Distale hypertrophe Zelle mit lakunärer Erweiterung der Zisternen. *a)* Anschnitt durch den vermutlich napfförmig gestalteten Kern, *b)* verschieden stark erweiterte Zisternen, *c)* Ansammlung von Vesikeln, z.T. mit einem feingranulären Inhalt (Golgi-Apparat?), *d)* größere Kohlenhydratansammlung mit verklumpt erscheinenden Granula, *e)* Extrusionsvakuolen (vgl. Abb. 83: Vergr. 8000 ×)

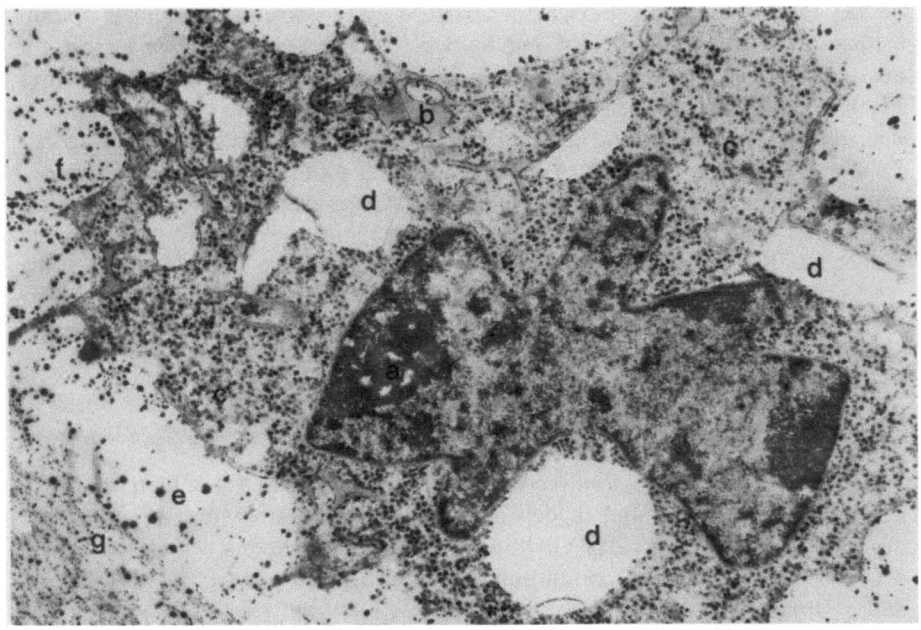

**Abb. 141.** Rinderfet, 120 mm SSL Metatarsus, hypertrophe Knorpelzelle mit stark gelapptem Kern.
*a)* Nukleolus, *b)* sackartig erweiterte Zisterne, *c)* aufgelockerte Kohlenhydratdepots, *d)* vermutlich herausgelöste Kohlenhydrate, *e)* Perizellularsubstanz, *f)* Perizellularsubstanz mit Filamenten, *g)* Interzellularsubstanz; Vergr. 11000 ×

der Zwischenwirbelscheibe wurden alle Stadien der schrittweise erfolgenden Zisternenvergrößerung beobachtet (s.S. 291; Abb. 140; KNESE, 1970b). Zellen mit lakunären Zisternenerweiterungen treten vermehrt vor der Eröffnungszone auf und produzieren vermutlich proteinreiche Polysaccharide, sog. Glykoproteine (KNESE, 1971a; vgl. SILBERMANN und FROMMER, 1972a, 1974a). Dieser Zelltyp wurde auch als degeneratives Element gedeutet (s.S. 289).

Der unregelmäßig gelappte, mit langen, plumpen Ausläufern versehene *Kern* besitzt Nukleolen (Abb. 141; SCOTT und PEASE, 1956; ZELANDER, 1959; KNESE und KNOOP, 1961a, b; FÖLDES et al., 1963; ANDERSON, 1964; THYBERG und FRIBERG, 1971; HOLTROP, 1972b; LUTFI, 1974a). Das Chromatin ist gleichmäßig über den Kernraum verteilt. Eine Verdichtung der Kernstruktur wurde als Pyknose angesehen (SCOTT und PEASE, 1956), von einer abnehmenden Dichte berichtet TAKUMA (1960a, b). Die Verdichtung der Kernstruktur tritt bei Chondrozyten mit lakunären Zisternenerweiterungen schrittweise auf (KNESE 1971a; Abb. 112–114), bei den Zellen mit sackartigen Zisternen ist das Chromatin gleichmäßig über das Kernareal verteilt (Abb. 116). *Mitochondrien* unterschiedlicher Größe kommen in Zellen mit sackartigen Zisternen vor, jedoch sehr selten in Zellen mit lakunenartigen Zisternenerweiterungen (KNESE und KNOOP, 1961a; KNESE, 1971a). Eine Zerstörung der Mitochondrien beschreibt TAKUMA (1960a, b), von geschwollenen Mitochondrien berichten THYBERG und FRIBERG (1971). Nach GODMAN und PORTER (1960) nimmt die Zahl der Mitochondrien bei der Hypertrophie ab. Verschiedenartige *Vesikel* sind nur in geringer Anzahl vorhanden (HAY, 1958; KNESE und KNOOP, 1961a). Der *Golgikomplex* besteht aus vergrößerten Vesikeln (GODMAN und PORTER, 1960), von denen viele dichtes Material enthalten, das sich offensichtlich durch Schrumpfung von den Membranen abhebt (vgl. KASHIWA et al., 1975). Die Vesikel haben Verbindung zur Zelloberfläche (vgl. HOLTROP, 1972b). Die Golgivakuolen lagern sich dicht zusammen und verschmelzen miteinander. Der Golgi-Apparat nimmt nach THYBERG und FRIBERG (1971) während der Hypertrophie an Größe ab. Selten treten *lysosomale* Körper auf, die saure Phosphatase enthalten (KNESE und KNOOP, 1961a; THYBERG und FRIBERG, 1970, 1971). Auch Myelinfiguren sind vorhanden (THYBERG und FRIBERG, 1971). Zeichen einer Autophagozytose sind hin und wieder zu beobachten.

#### 4.4.5.2. Die intrazellulären Kohlenhydrate der hypertrophen Zellen

In der Epiphyse sind zwei Zentren der *Glykogen*ablagerung vorhanden, im hyalinen Epiphysenknorpel und in den hypertrophen Chondrozyten; in der Mitte des Säulenknorpels fehlt das Glykogen (Abb. 91). Während der Hypertrophie der Chondrozyten kommt es zu einer Glykogenspeicherung (u.a. MARCHAND, 1885; SUNDBERG, 1924; HARRIS, 1932a, 1933; GENDRE, 1938; LUTWAK-MANN, 1940; FOLLIS, 1948, 1949d, 1951b; FOLLIS und BERTHRONG, 1949; MONTAGNA, 1949). Die Zunahme der Zellgröße beruht auf einer Vermehrung von Glykogengranula, jedoch nicht auf einem Ansteigen der Konzentration je Zytoplasmavolumen (GLOCK, 1940; SCHAJOWICZ und CABRINI, 1958a). Das Glykogen *verschwindet* abrupt beim Übergang zum mineralisierten Knorpel, so daß im allgemeinen in den letzten Reihen des hypertrophen Knorpels Glykogen fehlt (u.a. HOFFMANN et al., 1928; HARRIS, 1932a; GLOCK, 1940; HOROWITZ, 1942; SCHAJOWICZ und CABRINI, 1954, 1958a). Hierbei ergeben sich *Differenzen* von Epiphyse zu Epiphyse und damit im Hinblick auf die Wachstumsgeschwindigkeit (SCHAJOWICZ und CABRINI, 1958a). Bei einem *menschlichen* Feten von 105 mm ist die Kohlenhydratbeladung in beiden Radius-Epiphysen und der distalen Ulna-Epiphyse gering. In der proximalen Humerus-Epiphyse nimmt der Bestand in den letzten Zellen der Mineralisationszone deutlich ab, in anderen nicht (Abb. 87, 88). Stärkere Differenzen wurden bei einer *Ratte* von 12 g (Abb. 89, 90) festgestellt. Die Mineralisationszonen von Humerus distal, Trochanter, Incisura ulnae, Scapula, Acetabulum, Wirbel und proximales Femurende enthalten wenig Kohlenhydrate; sie fehlen in den übrigen Epiphysen. In einer Lebensalter-Reihe von *Rinder*feten (Abb. 91, 92) treten bei Stadien von 100 und 360 mm SSL die Kohlenhydrate weiter distal auf. Bei Umgestaltung der proximalen Humerusepiphyse zu einer Epiphysenplatte sind bei *Ratten* Polysaccharide bis vor die Eröffnungszone zu beobachten, in der distalen Femurepiphyse vor allem bei Tieren zwischen 177 und 264 g. Vermutlich repräsentieren derartige Verteilungsunterschiede auch Funktionsdifferenzen.

Der *Glykogengehalt* des Knorpels nimmt nach GLOCK (1940) bis zum 10. Lebenstag der *Ratte* in der vorderen und hinteren Extremität zu und fällt dann auf einen konstanten Wert von 0,07% ab, der zwischen dem 26. und 50. Tag zu beobachten ist. Bei 7 Tage alten *Ratten* beobachtete EEG-LARSEN (1956) in der Tibia einen Glykogengehalt von 4,24 mg/g, er sinkt bis zu 28 Tagen auf 1,94. Zwischen dem 7. und 11. Tag entwickeln sich in den Kniegelenksepiphysen hypertrophe Knorpelzellen, am 11. Tag tritt primäres Knochenmark auf. In dieser Zeit nimmt der Glykogengehalt zu. In der 3. Woche enthält die proximale Tibiaepiphyse 9,14 mg/g Glykogen, die distale 3,12 mg/g und die Diaphyse 0,65 mg/g. In der proximalen Hälfte der oberen Tibiaepiphyse ist der Glykogengehalt höher als in der distalen. Mikrochemisch wiesen KUHLMAN und MCNAMEE (1970) eine Abnahme der *Glucose* vom hyalinen Epiphysenknorpel (9,27) zum Säulenknorpel (7,52) nach, einen Anstieg zu den hypertrophen und einen erneuten Abfall in der primären Spongiosa.

Neben Glykogen sind *andere Polysaccharide* in den hypertrophen Zellen nachweisbar. Bei Färbung mit Toliudinblau pH 2,6–4,1 ergibt sich eine zunehmende *Metachromasie* ihres Zytoplasmas, die im höheren pH einen schwarzvioletten oder braunschwarzen Ton annimmt. Dabei erscheint ein perinukleärer Hof (KNESE und KNOOP, 1961a). Mit dem Ferri-Hydroxydsol reagiert das Zytoplasma in einem dunkelgrünen bzw. braunen oder blauschwarzen Farbton. Mit der Haleschen kolloidalen Eisenlösung können relativ große Granula dargestellt werden (vgl. FÖLDES et al., 1965). Die hypertrophen Zellen reagieren *acidophil* (Orange G oder Lichtgrün), geben eine positive *Ninhydrin*-Schiff-Reaktion, eine solche für SH-Gruppen (Reaktion BARRNETT-SELIGMAN) und Tyrosin (MILLON-Reaktion); sie enthalten demnach *basische Proteine* (KNESE, 1968b). Die Veränderung der Färbbarkeit der intrazellulären Kohlenhydrate nach Enzymdigestion läßt sich im Augenblick nur dahingehend deuten, daß eine Substanz mit einer bestimmten *Ferment-Sensibilität* vorliegt (WALKER, 1961; KNESE, 1972b). Die Ergebnisse der Digestionsversuche lassen folgende Stoffverteilung in der hypertrophen Zone annehmen: Am Übergang zum Säulenknorpel überwiegen die *Glykogene*. In der Mitte des hypertrophen Knorpels liegen Substanzen vor, die stärker auf $\beta$-Glucuronidase und Hyaluronidase, sehr stark auf $\alpha$-Amylase und Diastase reagieren; hier sind vermutlich Glykogene und niedermolekulare *MPS-Vorstufen* (KNESE, 1969b, 1971a, 1972b) vorhanden. Die Zellen der Mineralisationszone reagieren stark auf $\beta$-Galaktosidase + Neuraminidase- und Trypsinbehandlung; sie enthalten vermutlich eine Art *Glykoprotein*, aber kein Glykogen (KNESE, 1971a).

### 4.4.5.3. Die zytologischen Äquivalente der Zellaktivität in der hypertrophen Region

Seit KOELLIKER (1873) wird aufgrund des Erscheinungsbildes der hypertrophen Knorpelzellen in Lehrbüchern (HAM und LEESON, 1965; BLOOM und FAWCETT, 1969; MOSS, 1966, BUCHER, 1977) angegeben, daß diese Zellen *degenerieren* und verschwinden. BARGMANN (1977) sieht dagegen die Gestaltung der Zellen als einen Ausdruck *gesteigerter Aktivität* und nicht der Katabiose an. Die Auffassung vom Absterben der hypertrophen Zellen wurde lange Zeit auch in der speziellen Literatur vertreten (SUNDBERG, 1924; LACROIX, 1951a; SCOTT und PEASE, 1956; ZELANDER, 1959; TAKUMA, 1960b; ANDERSON, 1962, 1964; FÖLDES et al., 1963; SCHENK et al., 1967; THYBERG und FRIBERG, 1971). Im Kopf der Mandibula findet keine Degeneration statt (SILBERMANN und FROMMER, 1974a).

Die Vorstellung, die hypertrophen Chondrozyten seien degenerierende Elemente, wurde durch ihr desolates Bild in den üblichen Präparaten begünstigt.

Auch die übrigen Chondrozyten sind nicht viel besser erhalten, doch fallen hier die Fixierungsschäden u.a. aufgrund des geringen Kohlenhydratgehalts der Zellen weniger auf. Bereits DANTSCHAKOFF (1909) hatte erwogen, ob die Schrumpfung der Knorpelzellen auf der Fixierung beruhe. RÖHLICH (1933) spricht von einer Vakuolisierung der Zellen, die zu einer schlechten Fixierarbeit führt (vgl. KUHLMAN und McNAMEE, 1970). Bei der elektronenmikroskopischen Präparation bleiben die Membransysteme erhalten, der restliche Zellraum erscheint weitgehend ohne Inhalt. Es wurde daher vermutet, daß diese Leere durch Verlust von *leicht löslichen Polysacchariden* während der Präparation verursacht wird (KNESE und KNOOP, 1961a; KNESE, 1968b, 1969b). Über Versuche, eine adäquate Fixierung der intrazellulären Kohlenhydrate zu erzielen, wurde berichtet (s.S. 175).

Einen Ansatzpunkt zur Untersuchung der Aktivität der hypertrophen Chondrozyten geben das in ihnen gespeicherte *Glykogen* und Prozesse, denen Glykogen bzw. Glucose als Substrat dient (Abb. 71; s.S. 188). Die Glykogenspeicherung wurde früher auch als Zeichen der Degeneration gewertet (HARRIS, 1932a; POLICARD, 1941).

Das Verschwinden des Glykogens kurz vor der Eröffnungsfront, die gleichzeitige Erhöhung der Aktivität der *alkalischen Phosphatase* und die beginnende Mineralablagerung wurden im Sinn eines sog. zweiten Mechanismus der *Mineralisation* gedeutet (s.S. 334; u.a. ROBINSON und ROSENHEIM, 1934; GUTMAN und GUTMAN, 1941; GUTMAN et al., 1942; GUTMAN, 1946; GUTMAN und JONES, 1949; GUTMAN und YU, 1949, 1950; MARKS und SHORR, 1950; BOYD und NEUMAN, 1951; NEUMAN et al., 1951). Der endgültige Nachweis für den Zusammenhang des glykolytischen Zyklus mit der Mineralisation fehlt jedoch (SOBEL et al., 1957).

Durch den Nachweis von *Glykogensynthetase* im proximalen Abschnitt der hypertrophen Zone (FISCHER, 1973) ist die Glykogensynthese als eine erste synthetische Leistung dieser Zellen sichergestellt. Die häufig für ganze Epiphysen bestimmten *Atmungswerte* sind nach WHITEHEAD und WEIDMANN (1959b) auf den hypertrophen Knorpel zu beziehen, da *Cytochromoxydase* nur in hypertrophen Zellen auftritt (s.S. 308). Die Enzyme der Atmungskette konnten z.T. nachgewiesen werden (DIXON und PERKINS, 1952; BURSTONE, 1960a; FINE und PERSON, 1963), ebenso Succinat-Dehydrogenase (DUNAJ, 1975). Der Bestand an ATP ist in der hypertrophen Region höher als im Säulenknorpel (CARTIER, 1952; CIPERA und WILLMER, 1962; TAKADA, 1966; KUHLMAN und McNAMEE, 1970). Die hohe Aktivität des Kohlenhydratstoffwechsels mit Vorhandensein entsprechender Beträge an Glucose, ATP und Lactat sprechen nach KUHLMAN und McNAMEE (1970) gegen die Annahme, daß die hypertrophen Zellen sterbende und zerfallende Zellen sind. Die Autoren sehen den morphologischen Zustand dieser Zellen als ein *Fixationsartefakt* an. Nach TAKADA (1966) zeigen die hypertrophen Knorpelzellen eine deutliche Aktivität aller *NADP-abhängigen Dehydrogenasen*, d.h. es überwiegt der *Pentosephosphat-Shunt* und der Tricarbonsäurezyklus (s.S. 308). Das Vorhandensein von Glucose-6-phosphat-Dehydrogenase (KUHLMAN, 1960; WALKER, 1961; TAKADA, 1966; FISCHER, 1973; Tabelle 10) weist auf einen Protein-Stoffwechsel hin. Hydrolytische Enzyme, u.a. β-Glucuronidase und β-Galaktosidase sind in den proximalen, z.T. auch distalen hypertrophen Zellen vorhanden (SILBERMANN und FROMMER, 1974b; FISCHER, 1976).

Wenn man vom Glykogen ausgeht (Abb. 71), ist ein Bezug zur *MPS-Synthese* naheliegend. UDP-Glucose-Dehydrogenase (s.S. 330) ist sowohl im Säulenknorpel wie im proximalen Teil der Hypertrophen vorhanden (FISCHER, 1973; Tabelle 10). Unmittelbar nach Applikation ist $^{35}$S im Säulenknorpel nachweisbar (DZIEWIATKOWSKI, 1951; s.S. 323). Für die hypertrophe Region wird eine starke Ablagerung von $^{35}$S angegeben (FOLLIS und BERTHRONG, 1949; BÉLANGER, 1954; AMPRINO, 1955c; LEBLOND und GREULICH, 1956; TONNA und CRONKITE, 1960; CAMPO und DZIEWIATKOWSKI, 1963; ADAMSON et al., 1964). Die Markierung ist z.T. auf die *Verschiebung* der Regionengrenzen zurückzuführen (s.S. 268; Abb. 101). Als Ausdruck der Verschiebung könnten die Befunde von ENGFELDT und WESTERBORN (1960) interpretiert werden, daß nach 7 Tagen noch die Interzellularsubstanz, aber nicht mehr die Zellen markiert sind (s.S. 326).

Mit dem Aussetzen der mitotischen Aktivität und Beginn der Reifung kommt es zu einer steigenden *Synthese* von *Protein-Polysacchariden* (GREER et al., 1968). Gleichzeitig nimmt der Hexosamingehalt der umgebenden Interzellularsubstanz ab, so daß vermutlich eine Rückkopplungsbeziehung besteht. Die geringe Sulfataufnahme im proliferierenden Säulenknorpel hängt mit der herabgesetzten Proteinsynthese zusammen (GREER et al., 1967). Eine Zunahme des *Proteinstoffwechsels* im Gebiet der hypertrophen Zellen fand KOBURG (1961) bei Bezug auf das Zellvolumen, bei Bezug auf die Volumeneinheit dagegen eine Abnahme. RAY et al. (1962) zeigten, daß *kein* $^{14}$*C-Prolin* in den hypertrophen Chondrozyten abgelagert wird, also keine Kollagensynthese mehr stattfindet. Durch das Aussetzen der Kollagenbildung könnte eine *Desintegration* der Interzellularsubstanzen eingeleitet werden, ohne daß ein Abbau erforderlich ist. Nach Versuchen mit *Papain* (BOSMANN, 1968) muß man das Kollagen für die strukturelle Organisation des Knorpels als verantwortlich ansehen (s.S. 333). Eine Proteinsynthese ist dann aber auf die Bildung von proteinreichen Glykoproteinen mit *Sialinsäure* und evtl. Keratansulfat zu beziehen (KNESE, 1971a); sie führt dazu, daß die distalen Zellen unmittelbar vor der Eröffnungszone eine besondere Reaktionsform aufweisen (Abb. 148). Eine Reihe von Untersuchungen spricht für die Bildung von *Sialoproteinen, Lipoproteinen* (IRVING, 1960) und neutralen Heteropolysacchariden, z.T. in Verbindung mit den Faserproteinen (HELLER-STEINBERG, 1951; BRADEN, 1955; DISCHE et al., 1958; BANGA und BALÓ, 1960; HERRING und KENT, 1963; VAN DEN HOOFF, 1964; VAN DEN HOOFF et al., 1966). Wahrscheinlich sind diese Komplexe mit dem Elastoid von URIST (1964a) identisch. Histochemisch konnten STANESCU et al. (1968) mit Hilfe einer Digestion mit Sialodase alcianophiles Material aus dem Säulenknorpel entfernen, jedoch nicht aus der hypertrophen Zone. MATUKAS et al. (1967) fanden in dem distalen Ende der *Hühnchentibia* zur hypertrophen Zone hin eine Zunahme des Hexosamins und des Sulfats. Auch ein *RNS-Stoffwechsel* konnte durch Ablagerung von $^{3}$H-Cytidin nachgewiesen werden (MANKIN et al., 1968). Die Ablagerung von Cytidin als Zeichen einer RNS-Synthese in den hypertrophen Zellen ist schwer mit der Vorstellung vereinbar, daß hier sterbende Zellen vorliegen. Die *DNS-Synthese* der einzelnen Regionen wurden in vitro mit Hilfe von $^{3}$H-Thymidin bestimmt; sie ist am größten im Säulenknorpel (GREER et al., 1968). Mit $^{3}$H-Thymidin markierte hypertrophe Zellen sind zuerst 2 Tage nach der Injektion nachweisbar und bleiben etwa 12 Tage erhalten (SHIMOMURA et al., 1973). In bezug auf die Ablagerung von $^{35}SO_4$ steht die hypertrophe Zone obenan. Als Index der Protein-Polysaccharid-Konzentration wurde der *Hexosamin*-Gehalt bestimmt und mit der $^{35}SO_4$-Aufnahme je 100 Zellen als Maß der Synthese von MPS verglichen. Der Hexosamin-Gehalt nimmt vom Säulenknorpel zur hypertrophen Zone ab, die *Sulfat*-Aufnahme aber zu; eine ähnliche Hexosaminabnahme wurde von WUTHIER (1969/70) festgestellt, aber nicht von VITTUR et al. (1971).

*Die Interzellularsubstanz* der hypertrophen Region unterscheidet sich in ihrer Zusammensetzung und färberischen Reaktion von jener der anderen Regionen (s.S. 386). Dieser Unterschied beruht auf einem *veränderten Synthesemuster* der Zellen und auf einem *Abbau* von Polysacchariden (CAMPO und DZIEWIATKOWSKI, 1963; DZIEWIATKOWSKI, 1964, 1966; HIRSCHMAN und DZIEWIATKOWSKI, 1966). Vor der Mineralisation gehen 75% der sulfatierten Polysaccharide und der größere Teil der Proteine verloren. Eines der beim Abbau entstehenden Produkte mit höherer Löslichkeit hat weniger Protein (11–12% gegenüber 15–16%) und mehr Protein als das PP-L, von dem es abstammt. In vitro ließ sich eine *Protease* nachweisen, die etwa 25% des Proteins der PP-L abbauen kann (vgl. ALI, 1964; HIRSCHMAN, 1966; JIBRIL, 1967a; GRANDA und POSNER, 1968; LOHMANDER und HJERPE, 1975). Auch eine *saure Phosphatase* (GREENSPAN und BLACKWOOD, 1966; KUHLMAN und MCNAMEE, 1970) konnte nachgewiesen werden. Eine Zunahme der lysosomalen Enzyme zu den hypertrophen Zellen hin fand HAVIVI (1971). Die durch Protease teilweise abgebauten Proteoglykane werden in den Chondrozyten durch eine Endopolysaccharidase und eine Sulfatase, vermutlich lysosomalen Ursprungs, abgebaut (AMADO et al., 1974).

Die hypertrophen Chondrozyten weisen einen *RNS-, Protein-, Enzym-, Lipid-* und sehr verschiedenartigen *Polysaccharidstoffwechsel* auf, der vom Glykogen ausgeht. Sie speichern eine große Menge von Substanzen in einem weiten hyaloplasmatischen Raum, der nur von wenigen Membranelementen durchzogen wird. Damit ist keine Grundlage mehr dafür vorhanden, diese Zellen als degenerierende bzw. sterbende Zellen anzusehen.

### 4.4.6. Die regionale Gliederung der Interzellularsubstanz der Epiphysen

Bei der Aufklärung der regionalen Kennzeichen der Epiphysen müssen folgende Punkte berücksichtigt werden: (1) Der Knorpel stellt ein *Multikomponenten*-System dar, das aus Zellen, Fibrillen und Bindegewebspolysacchariden besteht; damit liegen auch Differenzen im Wassergehalt, der Elektrolytbindung usw. vor. (2) Das Multikomponentensystem ist *instabil,* da seine Teile eine unterschiedliche biologische Halbwertszeit besitzen. Die Zusammensetzung und Organisation der Interzellularsubstanz kann mittelbar oder unmittelbar durch die Aktivität *ihrer* Zellen verändert werden. (3) Der Knorpel hat eine *hierarchische Organisation,* deren Komponenten zueinander in Beziehung stehen: (a) die Gliederung in Zelle, Perizellularsubstanz, Kapsel, Territorium und Interterritorium; (b) die höheren Organisationsstufen der Regionen, Appositionsschicht usw.

Tabelle 13. Zusammensetzung des Knorpels von Ratten (% Trockengewicht). (Nach Rönning et al., 1967)

| | Gesamt | | Chondroitinsulfat (Extrakt) | | | |
|---|---|---|---|---|---|---|
| | Hydroxy-prolin | Hexos-amin | Hexos-amin | Uron-säure | Sulphat | Stick-stoff |
| Condylus mandibularis | 4,0 | 2,48 | 0,28 | 0,20 | 0,023 | 0,01 |
| Schädelbasis | 5,0 | 3,82 | 0,90 | 0,62 | 0,59 | 0,017 |
| Fibula prox. | 5,6 | 2,76 | 0,69 | 0,46 | 0,44 | 0,015 |
| Femur dist. | 6,0 | 5,84 | 2,00 | 2,50 | 0,70 | 0,01 |
| Radius dist. | 6,0 | 3,52 | 1,69 | 0,97 | 0,70 | 0,04 |
| Ulna dist. | 6,0 | 3,44 | 1,27 | 0,70 | 0,24 | 0,015 |
| Tibia prox. | 6,1 | 5,62 | 1,89 | 2,20 | 1,24 | 0,05 |
| Humerus prox. | 6,4 | 6,30 | 2,70 | 3,30 | 1,37 | 0,06 |

prox. = proximal; dist. = distal

Die Epiphysen eines Individuums haben eine spezifische Architektur (Abb. 87, 88) und eine spezifische Brutto-*Zusammensetzung* (Rönning et al., 1967; Tabelle 13). Ihr Hydroxyprolin-Gehalt als Indikator des Kollagens variiert (4,0–6,4) weniger als der Hexamingehalt als Maß des Chondroitinsulfates (2,48–6,30%; vgl. Strider et al., 1975). Die Werte von Rönning et al. (1967) sprechen zugunsten einer verschiedenen *Wachstumsaktivität* der Epiphysen. Die Umsatzrate des Kollagens, dokumentiert durch die biologische Halbwertszeit, ist geringer als die der MPS: Die *Stoffwechselaktivität* einer Epiphyse mit hohem MPS-Gehalt müßte demnach größer sein. Das Verhältnis Kollagen: MPS könnte also, neben der mitotischen Aktivität, ein Zeichen der Wachstumsaktivität sein.

Vergleichende *färberische Studien* über das Verhalten der verschiedenen Epiphysen bei einem Individuum fehlen noch. Untersuchungen über die regionalen Differenzen in Epiphysen wurden bisher nicht systematisch durchgeführt. Über die sog. *Kohlenhydrat-Reaktionen* (Bauer-, PAS-, BTS-Reaktion) liegt eine umfangreiche Literatur vor (Bauer, 1933; Wallraff und Beckert, 1939; McManus, 1946, 1962; Lillie, 1947, 1950, 1951, 1965; Hotchkiss, 1948; Romeis, 1948; Crippa, 1951; Gomori, 1952; Gedigk, 1952; Singer, 1952; Jordan und McManus, 1952; Shimizu und Kumamoto, 1952; Glegg et al., 1953; Graumann, 1953a, b; Halmi und Davies, 1953; Lipp, 1954a; Curran und Kennedy, 1955; Wolman, 1956; Hale, 1957; Casselman, 1959; Pearse, 1961; Lison, 1960; Kasten, 1960; Knese und Knoop, 1961a; Zugibe, 1963; Curran, 1964; McManus und Mowry, 1964; Bradbury und Stoward, 1967; Thiery, 1967; Arnold, 1968). Eine große Zahl von Substanzen (Kasten, 1960) gibt eine *positive PAS- bzw. BTS-Reaktion,* viele Polysaccharide (u.a. Glykogen), Glykoproteine (Kollagen, Retikulin), einschl. der Glykoproteine mit Sialinsäure, Glykolipide, Phospholipide usw. Als *PAS-negativ* wurden die sauren MPS, Chondroitinsulfate und Hyaluronsäure bezeichnet (Davies, 1952; Glegg et al., 1952; Braden, 1955; Hooghwinkel und Smits, 1957; Leblond et al., 1957). Nach Gersh (1947) und Pearse (1951) sollte die Hyaluronsäure PAS-positiv reagieren, wie es für die Chondroitinsulfate angenommen wurde (Stoughton und Wells, 1950; Wolfrom et al., 1952). Dies wird von anderen Autoren aber bestritten (Jorpes et al., 1948; Meyer et al., 1948; Jeanloz und Forchielli, 1951; Glegg et al., 1952). Davies (1952) und Braden (1955) führen die Reaktion auf Beimengungen von neutralen Polysacchariden zurück (vgl. weiter Hale, 1957). Nach Braden (1955) treten im Gewebe neutrale und saure MPS zusammen auf. Überwiegend wird nun die Auffassung vertreten, daß die *sauren Mukopolysaccharide* PAS-negativ reagieren (Hooghwinkel und Smits, 1957; Leblond et al., 1957; Hoffman und Meyer, 1962; Kobayashi, 1964; Dahlqvist et al., 1965; Palladini und Lauro, 1968; Scott und Harbinson, 1968, 1969; Scott und Dorling, 1969).

Eine PAS-positive Reaktion geben die neutralen *Mukopolysaccharide* (LISON, 1932, 1953; HAR-
TER, 1948; GERSH und CATCHPOLE, 1949; STOUGHTON und WELLS, 1950; LILLIE, 1950; DAVIES,
1952; JOEL et al., 1956; HOOGHWINKEL und SMITS, 1957; ZUGIBE et al., 1959; KROMPECHER, 1960;
QUINTARELLI et al., 1964a; QUINTARELLI und DELLOVO, 1965). Auch die *Sialoproteine* mit Neuraminsäure sind PAS-positiv (HERRING, 1964a, b, 1968). Von SPICER und JARRLES (1961) und SPICER
(1961, 1962) wurde eine *Diamin*-Variante zum Nachweis von neutralen MPS entwickelt, die nach
CURRAN (1964) und unseren Erfahrungen nicht spezifischer ist als Alcianblau-PAS. Nach ZUGIBE
(1963) reagiert auch *Keratansulfat* PAS-positiv (vgl. dagegen QUINTARELLI, 1968; BRADEN, 1955).
Eine Depolymerisation der Grundsubstanz sollte nach GERSH und CATCHPOLE (1949), LOEWI (1953)
und HALE (1955) die PAS-Reaktion verstärken.

Eine starke *PAS-positive* Reaktion gibt nur der hypertrophe Knorpel (IRVING,
1960; KNESE und KNOOP, 1961 c; FÖLDES et al., 1965). BONA et al. (1964) berichten demgegenüber von einer Abnahme der PAS-Reaktion zu den hypertrophen
Zellen hin. Die Interzellularsubstanz der Epiphyse färbt sich nach VAN DEN
HOOFF (1964) zunächst überwiegend mit Alcianblau an. Mit dem Alter nimmt
die Alcianophilie ab, die PAS-Reaktion aber zu. Die stärkere BTS-Reaktion
der Interzellularsubstanz des Knorpels soll auf dem Vorhandensein von α-Hydro-
xysäuren beruhen (GRAUMANN, 1953 b). Bei Fixierung mit Formol-basischem
Bleiacetat und der BTS-Reaktion ist die Anfärbung der Interzellularsubstanz
im Appositionsknorpel gering und nimmt im hyalinen Epiphysenknorpel etwas
zu. In der Transformationszone geht die Färbungsintensität zurück, um beim
Übergang zum hypertrophen Knorpel wieder anzusteigen, der allein eine starke
PAS-positive Reaktion gibt (KNESE und KNOOP, 1961 a). Nach *Kollagenase*behandlung wird im Appositionsknorpel ein schwach rötlich gefärbtes Maschenwerk deutlich, die Anfärbung im hyalinen Epiphysenknorpel ist geringer. Der
Säulenknorpel erscheint ohne jede Reaktion, die des hypertrophen ist schwach.
FAWNS und LANDELLS (1953 a) finden, daß Kollagenase auf den Knorpel nur
nach vorheriger Behandlung mit Hyaluronidase wirkt. Bei mineralisiertem Knorpel muß vorher noch entmineralisiert werden. O'DELL (1965) hat Kollagenase
zur Isolierung von Knorpelzellen verwandt.

Die *basophile* Reaktion der Interzellularsubstanz in den Regionen der Epiphyse ist recht unterschiedlich. Für den Metacarpus von *Rinder*feten ergibt
sich ein Maximum der Färbbarkeit mit Methylenblau im Säulenknorpel im
Bereich pH 4,7–5,3 (Abb. 142), im hypertrophen bei 5,3 (KNESE und KNOOP,
1961 a). Eine zur hypertrophen Zone steigende Methylenblau-Basophile finden
BONA et al. (1964), und zwar mit Verschiebung des pH zu niederen Werten
und einer verstärkten Farbstoffaufnahme. In gleicher Weise verstärkt sich die
Reaktion mit Toluidinblau, Alcianblau und der Hale-Methode. Diese Befunde
weichen z.T. erheblich von jenen anderer Autoren ab. Ein Vergleich der Methylenblau-Basophilie von Epiphysen des *Rinder*-Metacarpus (160 bzw. 165 mm
SSL) zeigt, daß bei Fixierung mit Formalin-Sublimat + Lillie die Farbstoffaufnahme um 1–2 pH-Stufen gegenüber jener nach unten verschoben ist, die sich
mit Formalin-basischem Bleiacetat erzielen läßt (Tabelle 14). Die Basophilie
des Säulenknorpels ist stärker als die der anderen Regionen (Abb. 142), die
der Appositionsschicht geringer. Bei Fixierung mit Formalin-basischem Bleiacetat nimmt der zentrale Teil des Säulenknorpels im pH 1,6 eine geringe Menge
Farbstoff auf. Mit steigendem pH 3,6–4,1 markiert sich die Transformationszone
als ein durch zwei parallele Bögen begrenztes Gebiet. Durch Vorbehandlung

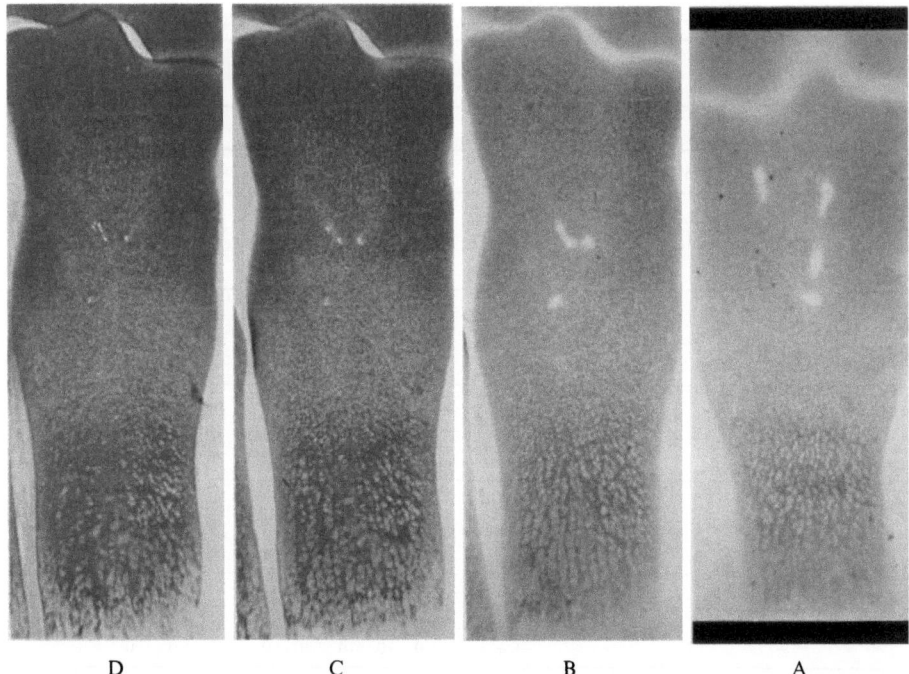

D             C             B             A

**Abb. 142.** Rinderfet,125 mm SSL, Metacarpus, distale Epiphyse. Fixierung basisches Bleiacetat-Formol., Farbbindung von Methylenblau in verschiedenen pH *A:* 2,1, *B:* 2,6, *C:* 3,6, *D:* 4,1; Obj. 32

mit *Hyaluronidase* wird die Farbstoffaufnahme bis zum pH 4,1 vollständig, mit *Papain* bis zum pH 3,6 verhindert. Der Einfluß von *β-Glucuronidase* ist im Gebiet des hyalinen Epiphysenknorpels beträchtlich, in der hypertrophen Zone geringer; Appositionszone und Säulenknorpel sind etwas widerstandsfähiger, d.h. weniger sensitiv. Die Wirkung von *β-Galaktosidase + α-Neuraminidase* ist im Säulenknorpel geringer als in der Hypertrophen, stärker in den drei restlichen Schichten. Bei Heraufsetzung der pH auf 4,6 bzw. 5,1 ergibt sich, daß mit Ausnahme des Säulenknorpels ein *hyaluronidaseresistentes* Material vorhanden ist. Bemerkenswert ist die Resistenz in den Längsbalken, im distalen hypertrophen Abschnitt, die sich stärker werdend in die Knorpelbalken der primären Spongiosa fortsetzt. Man möchte vermuten, daß in diesen Regionen hyaluronidaseresistente Keratansulfat-Komplexe vorhanden sind.

Das *Metachromasie*-Problem stellt sich derzeit in der Literatur überwiegend als eine Frage des *Verhaltens bestimmter Farbstoffe* dar. Die Substrat- bzw. *Chromotrop-Spezifität* wird nur am Rand abgehandelt. Es zeigt sich nämlich, daß unter sehr verschiedenen Bedingungen eine Metachromasie auftritt (LISON, 1935; SINGER, 1952; SCHUBERT und HAMERMAN, 1956; KELLY, 1956; HALE, 1957; CURRAN, 1964; PADDAY, 1970; TOEPFER, 1970). Die metachromatische Reaktion im Sinn einer „histochemischen Färbungsmethode" (SZIRMAI, 1963) wird als eine Art Basophiliereaktion mit gepufferten Lösungen von verschiedenem pH durchgeführt (DEMPSEY et al., 1947; BALL und JACKSON, 1953; STENRAM, 1953; KRAMER und WINDRUM, 1955; BALAZS und SZIRMAI, 1958a, b; KNESE und KNOOP, 1961a; KNESE, 1964b, 1966a, 1972b, 1977). Unfixiert geschnittener Knorpel verliert die Färbbarkeit mit Toluidinblau, wenn nach Extraktion nur noch 42% des ursprünglichen

Tabelle 14. Methylenblau-Basophilie der

| | Kontrolle | | | | | | Hyaluronidase | | | | | β-Glucuronidase | | | | |
|---|---|---|---|---|---|---|---|---|---|---|---|---|---|---|---|---|
| | pH | | | | | | pH | | | | | pH | | | | |
| | 1,1 | 1,6 | 2,1 | 2,6 | 3,6 | 4,1 | 1,6 | 2,1 | 2,6 | 3,6 | 4,1 | 1,6 | 2,1 | 2,6 | 3,6 | 4,1 |
| **Appositionszone** | | | | | | | | | | | | | | | | |
| 1. | ++ | ++ | +++ | +++ | ++++ | ++++ | ∅ | ∅ | ∅ | ∅ | ∅ | ∅ | ∅ | ∅ | ∅ | (+) |
| 2. | | ± | ± | | + | ++ | ∅ | ∅ | ∅ | ∅ | ∅ | ∅ | (±) | + | + | +/++ |
| **Hyaliner Knorpel** | | | | | | | | | | | | | | | | |
| 1. | ++ | ++ | +++ | +++ | ++++ | ++++ | ∅ | ∅ | ∅ | ∅ | ∅ | ∅ | ∅ | ∅ | ∅ | (+) |
| 2. | | (+) | + | | + | ++ | ∅ | ∅ | ∅ | ∅ | ∅ | ∅ | ∅ | (+) | (+) | + |
| **Transformationszone** | | | | | | | | | | | | | | | | |
| 1. | ++ | ++ | +++ | +++ | ++++ | ++++ | ∅ | ∅ | ∅ | ∅ | ∅ | ∅ | ∅ | ∅ | ∅ | (+) |
| 2. | | ± | (+) | | + | ++ | ∅ | ∅ | ∅ | ∅ | ∅ | ∅ | ∅ | (+) | (+) | + |
| **Säulenknorpel** | | | | | | | | | | | | | | | | |
| 1. | +++ | +++ | ++++ | ++++ | ++++ | ++++ | ∅ | ∅ | ∅ | ∅ | ∅ | ∅ | ∅ | ∅ | ∅ | + |
| 2. | | | + | + | ++ | +++ | ∅ | ∅ | ∅ | ∅ | ∅ | (±) | (+) | + | ++/+ | ++ |
| **Hypertrophe Zone** | | | | | | | | | | | | | | | | |
| 1. | ++ | ++ | +++ | +++ | ++++ | ++++ | ∅ | ∅ | ∅ | ∅ | ∅ | ∅ | ∅ | ∅ | ∅ | 0 |
| 2. | | ± | (+) | | + | +++ | ∅ | ∅ | ∅ | ∅ | ∅ | ∅ | ∅ | ∅ | + | +/++ |

1. Obere Reihe: Metacarpus 160 mm SSL: Formol-Sublimat + Lillie.
2. Untere Reihe: Metacarpus 165 mm SSL: Formol-basisch Bleiacetat.

Hexuronsäuregehaltes vorhanden ist (POOLE, 1970). Die häufig geübte Färbung in einer einzigen pH-Stufe läßt kaum Aussagen zu (vgl. KNESE, 1966a). Eine Veränderung des pH ermöglicht die Prüfung der Reaktion der verschiedenen Gruppen des Chromotrops, ist also auf das den Histologen interessierende Substrat gerichtet (vgl. ARNOLD, 1966). Der Wert der Methode (PISCHINGER, 1926; LISON, 1953; Toluidinblau) wird z.B. von TOEPFER (1970) bestritten. Es ist zu empfehlen, von der häufig gebrauchten Färbungszeit von nur 10 min (u.a. GURR, 1958; PEARSE, 1961; KNESE und KNOOP, 1961a, c; McMANUS und MOWRY, 1964; LILLIE, 1965; KNESE, 1966a; ARNOLD, 1968) zu einer *Langzeitfärbung* von 24 Std, wie beim Methylenblau, überzugehen (vgl. SINGER, 1952; KRAMER und WINDRUM, 1955; KNESE, 1972b, 1977). Die metachromatische Reaktion der *Hyaluronsäure* ist umstritten. Eine positive Reaktion wurde u.a. von WISLOCKI et al. (1947a), ALTSCHULER und ANGEVINE (1949), BOAS (1949), BUNTING (1950), LILLIE (1951), HAMERMAN und SCHUBERT (1953) angegeben, eine negative von DAVIES (1943).

Mit alkalischer *Toluidinblau*lösung wird die metachromatische Reaktion zum hypertrophen Knorpel hin stärker (KNESE und KNOOP, 1961a); nach Färbung mit wässeriger Toluidinblaulösung in verschiedenem pH hebt sich der Säulenknorpel gegenüber allen anderen Zonen ab. Im Säulenknorpel tritt eine γ-Metachromasie mit Toluidinblau auf (vgl. FÖLDES et al., 1965), ebenso eine Anfärbung mit Alcianblau und Astrablau (vgl. PIOCH, 1957; BLOOM und KELLY, 1960; KNESE und KNOOP, 1961a). Mit Kresylechtviolett pH 1,6 (Abb. 143) zeichnet sich ein im Schnitt etwa linsenförmig begrenzter zentraler Teil des Säulenknorpels ab. Gegenüber dem negativ reagierenden Appositionsknorpel ist eine schwache Reaktion des peripheren Anteils des hyalinen Epiphysenknorpels, u.a. der Gegend der Encoche-Apposition zu verzeichnen. Bei Steigerung des pH auf

Epiphyse bei verschiedener Fixierung

| Trypsin | | | | | Papain | | | | | β-Galaktosidase +α-Neuraminidase | | | | |
|---|---|---|---|---|---|---|---|---|---|---|---|---|---|---|
| pH | | | | | pH | | | | | pH | | | | |
| 1,6 | 2,1 | 2,6 | 3,6 | 4,1 | 1,6 | 2,1 | 2,6 | 3,6 | 4,1 | 1,6 | 2,1 | 2,6 | 3,6 | 4,1 |
| (+) | + | + | + | ++ | ∅ | ∅ | ∅ | (+) | + | ∅ | (+) | (+) | ++ | ++++ |
| ∅ | ∅ | ∅ | ∅ | ∅ | ∅ | ∅ | ∅ | ∅ | ∅ | ∅ | ∅ | ∅ | ± | + |
| (+) | + | + | + | ++ | ∅ | ∅ | ∅ | (+) | + | (+) | + | + | ++ | ++++ |
| ∅ | ∅ | (±) | (±) | (+) | ∅ | ∅ | ∅ | ∅ | ∅ | ∅ | ∅ | (+) | + | + |
| ± | (+) | + | + | ++ | ∅ | ∅ | ∅ | ∅ | (+) | + | + | + | ++ | ++++ |
| | | ∅ | (±) | (±) | ∅ | ∅ | ∅ | ∅ | ∅ | ∅ | ∅ | + | (+) | + |
| + | ++ | ++ | ++ | +++ | ∅ | ∅ | ∅ | ∅ | + | ++ | ++ | ++ | ++ | ++++ |
| ∅ | ∅ | ± | (±) | (+) | ∅ | ∅ | ∅ | ∅ | ∅ | (+) | + | + | ++ | ++ |
| ± | (+) | (+) | (+) | + | ∅ | ∅ | ∅ | ∅ | ∅ | (+) | (+) | (+) | +++ | ++++ |
| ∅ | ∅ | ∅ | ∅ | ∅ | ∅ | ∅ | ∅ | ∅ | ∅ | ∅ | (+) | (+) | ++ | ++ |

2,6 findet eine Ausdehnung dieser Färbungsfelder statt, nämlich vom Säulenknorpel in Richtung Oberfläche und hypertropher Knorpel, weniger zur Transformationszone und zum Zentrum des hyalinen Epiphysenknorpels. Die Transformationszone bleibt in der Farbstoffaufnahme zurück.

Den Erörterungen über die Metachromasie schließen wir einige Angaben über die Verwendung von kolloidalen Eisenlösungen und Alcianblau an. Die *kolloidale Eisentechnik* (HALE, 1946) durch Bindung von trivalentem Eisen an saure Gruppen wurde mehrfach variiert (RITTER und OLESON, 1950; RINEHART und ABU'L HAY, 1951; GOMORI, 1954; MÜLLER, 1955/1956, 1965; GRAUMANN und CLAUSS, 1959; GRAUMANN, 1958a, b; MOWRY, 1958, 1963). Auch weitere Metallkolloide (Gold, Silber, Kupfer) wurden angewandt (WOLMAN, 1956, 1961; FÖLDES et al., 1965; MODIS et al., 1965). Neben Chondroitinsulfaten soll im niederen pH auch Hyaluronsäure reagieren (ZUGIBE, 1963; vgl. dagegen MÜLLER, 1955/1956). WIGGLESWORTH (1952), DAVIES (1952) und BRADEN (1955) fanden eine Reaktion von Proteinen, Nukleinsäuren und Kollagen, WAGNER und SHAPIRO (1957) von Nukleoproteinen (LISON, 1953). Praktisch bedeutsam ist, daß die *neutralen Mukopolysaccharide* (BRADEN, 1955; ZUGIBE, 1963) und die *Sialomuzine* (GASIC und GASIC, 1962) aufgrund ihres Gehalts an Sialinsäure positiv reagieren. Von den Kupferphthalocyanin-Derivaten wird vor allem das *Alcianblau* verwendet (HADDOCK, 1948; STEEDMAN, 1950; MOWRY, 1956, 1960; BLOOM und KELLY, 1960); seine Spezifität war lange Zeit umstritten (LISON, 1954; BRADEN, 1955; CURRAN und KENNEDY, 1955; RIZZOLI, 1955; WAGNER und SHAPIRO, 1957; PEARSE, 1961; KOBAYASHI, 1964; MUGIYA, 1966; PALLADINI und LAURO, 1968; SCOTT, 1970b). Die Alcianblau-Färbung ist pH-abhängig (LISON, 1954; MOWRY, 1956; WAGNER und SHAPIRO, 1957; WARREN und SPICER, 1961; QUINTARELLI, 1961, 1963, 1968; QUINTARELLI et al., 1964a, b; LEV und SPICER, 1964; KNESE, 1966a). Eine Differenzierung zwischen den verschiedenen Typen der Glykosaminoglykane durch Hinzufügen von *Neutralsalzen* versuchten KELLY et al. (1963), sowie SAUNDERS (1964). Eine weitere Erhöhung der Spezifität der Alcianblau-Färbung wurde durch Berücksichtigung der kritischen Elektrolytkonzentration des

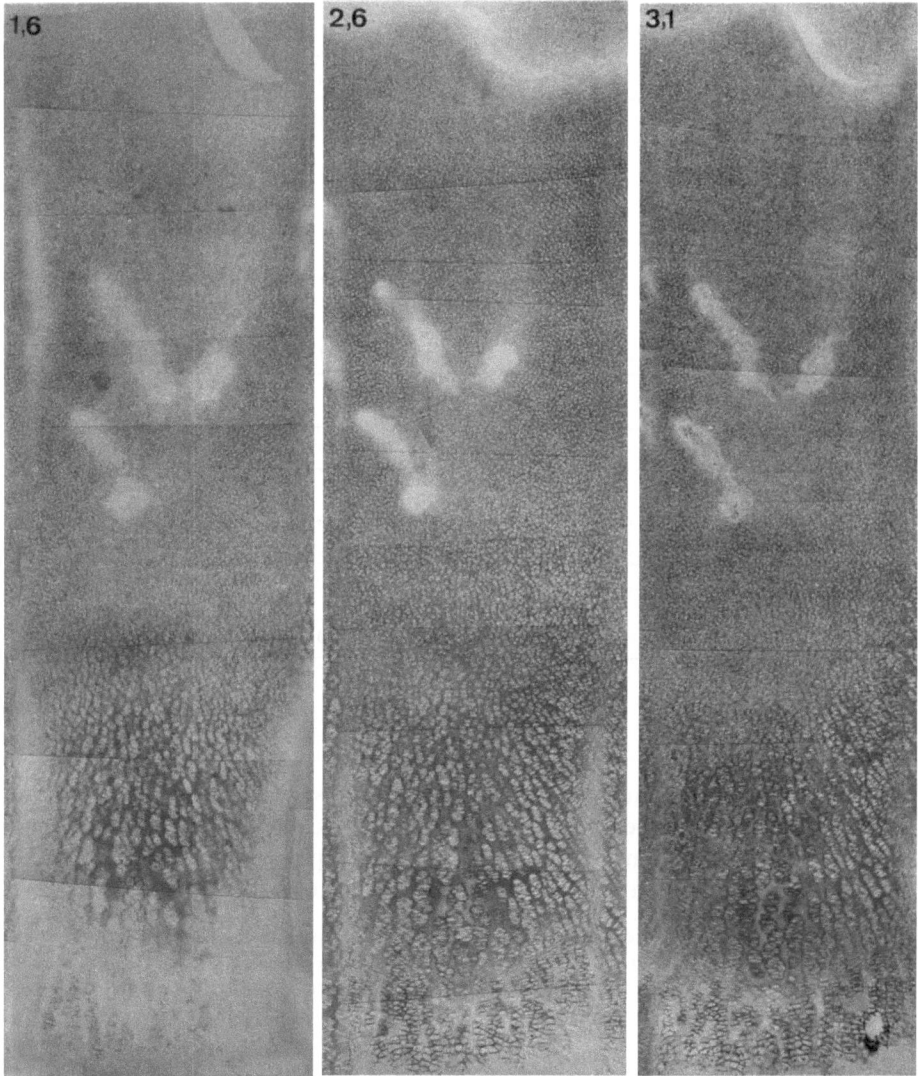

**Abb. 143.** Rinderfet, 125 mm SSL, Metacarpus, dist. Epiphyse. Fixierung basisches Bleiacetat-For-mol, Farbbindung von Kresylechtviolett in verschiedenen pH, *1,6; 2,6; 3,1;* Obj. 3,2

Färbungssystems angestrebt (QUINTARELLI et al., 1964a, b; SCOTT et al., 1964a, b; SCOTT und DORLING, 1965; SPICER et al., 1965; STOCKWELL und SCOTT, 1965; SCOTT, 1968a, 1970a). Alcianblau mit einem Zusatz von 0,4 M $MgCl_2$ färbt Chondroitinsulfat und Keratansulfat; mit 0,9 M $MgCl_2$ wird nur das hochmolekulare Keratansulfat angefärbt. Wir fanden, daß die Chondrozyten bei 0,9 M eine erhebliche Farbstoffaufnahme zeigen und möchten bezweifeln, ob hier nur Keratansulfat vorliegt. Besonders beliebt ist die Kombination von *Alcianblau* mit der *PAS-Reaktion* (MOWRY und WINKLER, 1956). Alcianblau wurde auch in der Elektronenmikroskopie verwendet (TICE und BARNETT, 1962, 1965; YAMADA, 1970; BEHNKE und ZELANDER, 1970; GEYER, 1971).

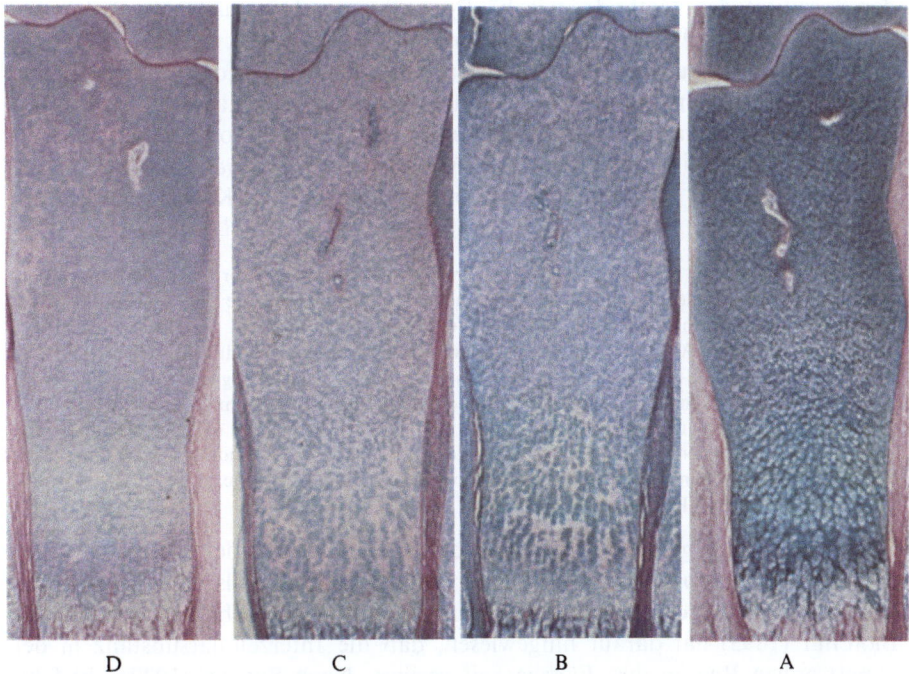

D                        C                        B                        A

**Abb. 144.** Rinderfet, 125 mm SSL, Metacarpus, distale Epiphyse. Fixierung basisches Bleiacetat-Formol, *A:* Rinchart-PAS, *B:* Graumann-PAS, *C:* Müller-PAS, *D:* Alcianblau (pH 2,1)-PAS, Obj. 3,2

Das Färbungsmuster bei den *Eisenreaktionen* (Abb. 144) gleicht nur z.T. der Verteilung der metachromatischen Reaktion (Abb. 143) und der Basophilie (Abb. 142; KNESE und KNOOP, 1961a). Bei allen Reaktionen färbt sich das Gebiet des *Säulenknorpels* an, aber in verschiedenem Umfang. Eine beträchtliche Farbstoffaufnahme ergibt sich bei Anwendung der Methode von RITTER und OLESON (1950); eine Verstärkung der Reaktion ist am Beginn, eine Abschwächung in der zweiten Hälfte der hypertrophen Region zu beobachten. Bei der Modifikation von GRAUMANN färben sich die beiden Abschnitte weniger an. Stärker ist die Farbstoffaufnahme im Säulenknorpel und zu Beginn der hypertrophen Zone bei der Reaktion nach MÜLLER. Bei Färbung mit *Alcianblau* (pH 2,1)-*PAS* zeichnet sich der Säulenknorpel durch einen fast reinen, zarten Blauton aus. Eine Verstärkung mit einer zusätzlichen PAS-Reaktion der Interterritorialsubstanz ergibt sich für die proximale Hälfte der hypertrophen Zone. Transformationszone und hyaliner Epiphysenknorpel verhalten sich recht gleichartig.

Das Ergebnis verschiedener Färbemethoden an den Schnitten einer (!) Serie ist nicht völlig identisch. Diese Erfahrung warnt davor, aus der Reaktion bei Anwendung einer Methode an beliebigem Material bindende Schlüsse zu ziehen. Angesichts des *verwickelten Aufbaus des Chromotops* und der etwas voneinander abweichenden Bedingungen der Farbreaktion ist ein gleichartiges Färbungsmuster kaum zu erwarten. In weiteren Analysen muß versucht werden, die vorliegenden Reaktionen zu interpretieren. Die Analyse betrifft nicht nur die Prüfung der Spezifität der Methode, wie häufig geübt, sondern auch die Diskussion der *chemischen* und *morphologischen Struktur* des Materials.

Regionale Färbungsdifferenzen der Interzellularsubstanz des Epiphysenknorpels fordern zu einer Interpretation heraus. Auch nach enzymatischen Kontrollen (Hyaluronidase, Diastase, Pepsin, Ribonuklease, Desoxyribonuklease) erscheint es nicht gerechtfertigt, bestimmte Aussagen über die *stoffliche Zusammensetzung* bzw. den Zustand der Interzellularsubstanz zu machen (KNESE und KNOOP, 1961 a).

BONA et al. (1964) sind der Ansicht, daß im hyalinen Epiphysenknorpel Glykoproteine oder Mukoproteine, im Säulenknorpel saure MPS und im hypertrophen saure und neutrale MPS mit verringertem Proteingehalt vorkommen. Nach FÖLDES et al. (1965) weist der Einfluß von Pepsin und Trypsin, sowie der Acetylierung, auf das Vorhandensein von Kohlenhydraten und proteinartigen Substanzen in den PAS-positiven Zonen hin. Uns scheint die Verstärkung der *PAS*-Reaktion bei älteren Tieren bemerkenswert, ebenso die, wenn auch z.T. geringe, Abnahme der typischen MPS-Reaktionen (vgl. LOTHE und RÜTTNER, 1971). VAN DEN HOOFF (1964) bezieht die Färbungsdifferenzen zwischen dem „ruhenden" Knorpel und dem Säulenknorpel auf eine Veränderung des Verhältnisses von Kollagen zu sauren MPS. Bis zu einem gewissen Grad liegt eine reziproke Verteilung sog. saurer und neutraler MPS vor.

Besonderes Augenmerk wurde auf die Veränderungen der Interzellularsubstanz in der *hypertrophen* Region gerichtet, die allgemein als *verkalkungsfähige Grundsubstanz* mit der Mineralisation in Zusammenhang gebracht wird. Bereits BRACHET (1893) hat darauf hingewiesen, daß die Interzellularsubstanz in der hypertrophen Region ihre Färbbarkeit verliert. Nach SYLVÉN (1947a, b) fehlt dem mineralisierten Knorpel eine Metachromasie. FOLLIS (1951 b) sprach von einer Depolymerisation der Chondroitinsulfate. Nach SLEDGE (1968) reagieren die vertikalen Balken stärker basophil und metachromatisch, vermutlich aufgrund höherer Dichte der Matrix und eines sekundären Wasserverlustes. Unmittelbar vor der Mineralisation geht die Metachromasie verloren, die PAS-Reaktion bleibt erhalten, und es kommt zu einer sich verstärkenden Kollagenfärbung (FAWNS und LANDELLS, 1953a; FOLLIS und BERTHRONG, 1949; CABRINI, 1961). Dies deutet entweder auf einen Verlust an Matrix oder auf eine molekulare Umordnung, hervorgerufen durch eine Spaltung mittels eines lysosomalen Enzyms, möglicherweise Kathepsin D (SLEDGE, 1968). Die Veränderungen scheinen durch die sich annähernden Gefäße ausgelöst zu werden.

Den Befunden über das Färbungsmuster der Regionen werden einige *analytische* Daten gegenübergestellt (vgl. auch s.S. 440). Der Kollagengehalt der *Hühnchen*-Tibia vor und nach dem Schlüpfen nimmt in allen Regionen mit dem Lebensalter zu, in der hypertrophen Region und dem Säulenknorpel jedoch weniger (FITTON-JACKSON, 1960). Der Hexosamingehalt steigt zum Säulenknorpel zu an und nimmt dann wieder ab. In der Crista iliaca des Menschen kommt es, nach PONSETI et al. (1968), ebenfalls mit dem Alter zu einer Vermehrung des Kollagens; in den ersten 6 Monaten steigt der Kollagengehalt von 5,75% Trockengewicht auf 8,25, d.h. um 40%, an und bleibt dann konstant. Glucosamin nimmt bis zum 16. Jahr zu (0,81 auf 1,01), Galaktosamin dagegen ab. Der „verknöchernde Knorpel" in der Scapula des *Kalbes* enthält nach JIBRIL (1967a) 80% extrahierbares *Wasser*, 14% organische und 6% anorganische Substanzen, ruhender Knorpel dagegen 69% Wasser, 28% organische und 3% anorganische Substanzen. Nach WUTHIER (1969/70) nimmt das Wasser in Richtung auf die Mineralisationszone von 84,5% auf 55,8% ab, die organische Substanz von 93,9 auf 18,6%, das *Kollagen* von 40,7 auf 22,1. Die Menge der *Chondromukoproteine* und des *Sulfats* vermehren sich im Säulenknorpel und werden dann stark verringert. Im Gegensatz zu WUTHIER (1969/70), finden VITTUR et al. (1971) in der hypertrophen Region eine Zunahme von MPS und Wasser. Da gleichzeitig die anderen Proteine und die Sialinsäure zu der hypertrophen

Region zunehmen, glauben die Autoren an eine Vermehrung der Chondromukoproteine und *Sialo-proteine* (vgl. LINDENBAUM und KUETTNER, 1967). Eine Verminderung des organisch gebundenen Sulfats findet in der Transformationszone, eine Vermehrung im Säulenknorpel statt (WEATHERELL und WEIDMANN, 1963). Im hypertrophen Knorpel setzt ein rapider Abfall der Sulfatkonzentration ein. Die Epiphysenplatte enthält, im Vergleich zur Spongiosa und Compacta, mehr Chondroitinsulfat (CAMPO, 1970), mehr Glucose und Galaktose (CURZON, 1954). Durch Mikropunktur aus ruhendem Knorpel gewonnene extrazelluläre Flüssigkeit hat einen Proteingehalt von 1,2 g/ml, im hypertrophen Knorpel von 2,6 (HOWELL et al., 1968).

Die Vermutung, daß die hypertrophen Zellen leicht lösliche *niedermolekulare* Substanzen enthalten (KNESE und KNOOP, 1961 c; KNESE, 1963 d, 1968 b), wird durch die Untersuchung des *Löslichkeits-profils* bestätigt (s.S. 367; HJERTQUIST, 1964 a, b; HJERTQUIST und VEJLENS, 1968). Das Löslichkeits-profil der Cetylpyridin-Galaktosaminoglykan-Komplexe, in Abhängigkeit von der molekularen Konzentration von $MgCl_2$, kennzeichnet die einzelnen Regionen der Epiphyse. Eine in allen Regionen ähnliche Löslichkeitsspitze liegt bei 0,400–0,425 $MgCl_2$. Eine weitere Spitze tritt in der hypertrophen Region bei 0,325–0,350 und in der Mineralisationszone bei 0,350–0,375 auf (vgl. EISENSTEIN et al., 1973). Nach CAMPO (1974) enthält die Mineralisationszone schwer lösliche Proteglykane. Während der Entwicklung tritt, nach HUFFER (1970), keine Veränderung des Löslichkeitsprofils der Glykosaminoglykane auf. Das mittlere Molekulargewicht der Chondroitinsulfate nimmt mit dem Abstand von der Gelenkfläche zu (JONES und LEMPERG, 1975). Die aus dem hypertrophen Gebiet extrahierbare *Mukoproteinfraktion* ist größer als die aus anderen Regionen erhältliche (LINDENBAUM und KUETTNER, 1967). Bezogen auf das Trockengewicht, nehmen die Galaktosaminoglykane zu. Gleichzeitig steigt das Äquivalentgewicht an, die sauren Gruppen einschließlich des Sulfats, werden reduziert, das austauschbare Sulfat nimmt von 8,5 auf 6,2% ab. Im übrigen fanden die Autoren eine Veränderung der Aminosäurenzusammensetzung. Wahrscheinlich liegt in dieser Fraktion ein *Sialoprotein* oder *Keratansulfat* vor. Mit dem Einsetzen der Mineralisation verliert der Knorpel etwa die Hälfte seiner Proteoglykane (LOHMANDER und HJERPE, 1975). Nach CAMPO und TOURTE-LOTTE (1967) enthält die Epiphyse mehr (4,36%) Keratansulfat als der Gelenkknorpel (3,69), aber auch mehr Sialinsäure (0,69 bzw. 0,52%). Histochemische Befunde sprechen dafür, daß Keratansul-fat-Komplexe im Säulenknorpel fehlen und erst in der hypertrophen Zone erscheinen (vgl. Tabelle 14). In den Extremitäten von 15 Tage alten *Hühnchen* verteilt sich die Sialinsäure auf das Glyko-protein (27%), die Lipidfraktion (5,1%) und das nicht extrahierbare Material (67,9%; BOLOGNANI et al., 1966). Das Glykoprotein enthält 11,5% Hexosamin, 11,2% Uronsäure, 0,5% Sialinsäure, 6,4% Hexose, 2% Fucose und 37,5% Protein. JIBRIL und LINDENBAUM (1965) wiesen in der Epiphyse der Scapula des *Kalbs* 4,1–8,1 µMol/g Trockengewicht Sialinsäure nach, in der hypertrophen Region 12,6–22,4, d.h. eine Steigerung um das Dreifache; 68% der gebundenen Sialinsäure sitzen in einer terminalen Position am Makromolekül. Die Zunahme der Sialinsäure zur hypertrophen Region hin wurde bestätigt (WUTHIER, 1969/70; CAMPO, 1970). VAUGHAN und WILLIAMSON (1968) schließen aus der Färbung unfixierter Gefrierschnitte, daß in der hypertrophen Region nicht sulfatierte Substanzen mit sauren Gruppen vorhanden sind, die Farbstoffe und andere Kationen binden können, vermutlich ein Sialomuzin.

### 4.4.7. Die Knorpelmineralien

Die Mineralablagerung im Epiphysenknorpel ist keine „Verknöcherung" des Knorpels. Ihre Bedeutung für die Sekelettentwicklung ist ungeklärt (KNESE, 1970 e). Die Diskussion über Ursachen und Ablauf der Mineralisation („Verkal-kung"), untersucht am Beispiel der Knorpelmineralisation, nimmt einen großen Raum ein. Wir gehen hierauf im einzelnen nicht ein, da die sehr widersprüch-lichen Hypothesen sich kaum auf morphologische Gegebenheiten beziehen. Die Untersuchung der Mineralien konnte durch das Elektronenmikroskop entschei-dend erweitert werden, da die Gestalt der Kristalle und ihre Beziehungen zu den anderen Gewebekomponenten nun unmittelbar zu beobachten ist. Wir wid-men uns hier nur der *Morphologie der Mineralien* und der Mineralisation (Über-

blicke KNESE, 1963b; CAMERON, 1963; SHELDON, 1964b; ANDERSON und PARKER,
1968; BONUCCI, 1971; ALCOCK, 1972; TERMINE, 1972; IRVING, 1973). Die ältere
Versilberungsmethode nach v. KOSSA (1901) hat nur noch historische Bedeutung
(vgl. u.a. BLOOM und BLOOM, 1940; MCLEAN und BLOOM, 1940; GLOCK, 1940;
FOLLIS und BERTHRONG, 1949; MCLEAN und URIST, 1955).

Weitere Untersuchungen der Knorpelmineralien wurden mit Hilfe von *Radioisotopen* (u.a. LE-
BLOND et al., 1950; COMAR, 1953; PONLOT, 1960; vgl. AMPRINO, 1970), der *Mikroradiographie*
(OWEN et al., 1955; WALLGREN, 1957b; vgl. ENGSTRÖM, 1970) und mit *Tetracyclinen* (FROST et
al., 1960, 1961; HANSSON, 1964; SMEENK et al., 1965) durchgeführt.

Die *Höhe* des mineralisierten Teils des Epiphysenknorpels wird mit etwa
1–4 Zellen angegeben (DODDS und CAMERON, 1934; BLOOM und BLOOM, 1940;
MCLEAN und BLOOM, 1940; LACROIX, 1951a, 1961; ROBINSON und CAMERON,
1956; DURNING, 1958; PONLOT, 1960; TRUETA und MORGAN, 1960; TRUETA
und LITTLE, 1960; MCLEAN und URIST, 1961; HAM und LEESON, 1965). Die
Mineralablagerung findet überwiegend in den *Längssepten* statt (MCLEAN und
BLOOM, 1940; ROBINSON und CAMERON, 1956; SCOTT und PEASE, 1956; TAKUMA,
1960b; FOLLIS, 1960; LACROIX, 1961; CAMERON, 1963). Sie betrifft überwiegend
das Zentrum des Septums, weniger die peripheren Anteile (ROBINSON und CAME-
RON, 1956; DURNING, 1958; TRUETA und LITTLE, 1960). Die Ablagerungen in
*Quersepten* sind von geringem Umfang (BLOOM und BLOOM, 1940; MCLEAN
und BLOOM, 1940; LACROIX, 1951a; WEINMANN und SICHER, 1955; SCOTT und
PEASE, 1956; DURNING, 1958; PONLOT, 1960; TRUETA und LITTLE, 1960; HAM
und LEESON, 1965; ANDERSON und PARKER, 1968; HÖHLING et al., 1976). Von
anderen Autoren (u.a. DODDS, 1930, 1932; DODDS und CAMERON, 1934; ROBIN-
SON und CAMERON, 1956; SCOTT und PEASE, 1956; KNESE und KNOOP, 1961b;
VAN DEN HOOFF, 1964; SCHENK et al., 1967) werden solche Ablagerungen nicht
beschrieben bzw. für unerheblich angesehen.

Das Mineral des Knorpels ist ein *Hydroxylapatit* (BRANDENBERGER und
SCHINZ, 1945; BONUCCI, 1967; HJERPE et al., 1973). Der Knorpel hat, gegenüber
dem vollständig mineralisierten Knochen, mehr Calcium je Volumeneinheit,
die Röntgenabsorption ist entsprechend größer (OWEN et al., 1955; WALLGREN,
1957b; PONLOT, 1960). Eine Zunahme an Masse je Flächeneinheit des Schnitts
fanden HOWELL und CARLSON (1968). Es bestehen keine Beziehungen zwischen
den Kristallen und den Fibrillen.

Im Knorpelgewebe treten, wie im Knochengewebe, die Mineralien in der
Form von *Kristallnadeln* auf. Die Größe der Kristalle wird sehr unterschiedlich
angegeben, und zwar $250–750 \times 50–75$ Å (ROBINSON und CAMERON, 1956),
$400–500 \times 50$ Å (SCOTT und PEASE, 1956), $220–1000 \times 35–65$ Å (DURNING, 1958),
$50 \times 200–800$ Å (TAKUMA, 1960b). Länge und Dicke der leicht gekrümmten,
kümmelkornartigen Nadeln hat KNESE (1963b; vgl. KNESE und KNOOP, 1961b)
variationsstatistisch untersucht und mit den entsprechenden Werten für die Nadeln im Knochengewebe und in der Nähe der Mineraloklasten verglichen. Die
Knorpelnadeln sind besonders lang [390 Å (218/614)], die an den Mineraloklasten [240 Å (131/441)] und im Knochengewebe [184,5 Å (92,5/368)] kürzer. Die
Dicke der Knorpelnadeln ist mit 20,0 Å (12,3/35,2) gering, stärker sind die
nahe den Mineraloklasten gelegenen mit 24,3 (13,0/45,3) und jene im Knochen

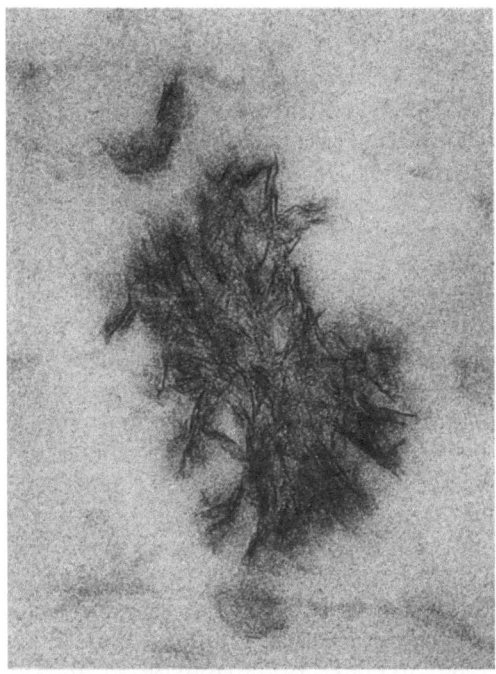

**Abb. 145.** Ratte, Epiphyse. Kleine Mineraleinlagerung des Knorpels, aufgebaut aus regellos liegenden Nadeln umgeben von gering verdichteter Interfibrillärsubstanz, Vergr. 110 000 × (aus KNESE, 1970e; vgl. KNESE, 1959b)

54,4 Å (38,7/76,6). Diese Befunde ließen sich bisher nicht deuten. Bemerkenswert sind die abweichenden Maße der Kristalle in Nähe der Mineraloklasten. Die Kristalle haben nach SCHENK et al. (1967) die Abmessungen von 300–1 200 × 50 Å, in Kontakt mit dem Bürstensaum 2 500 × 50 Å. Nach BONUCCI (1967) ist die Dicke mit 18 Å sehr gleichmäßig, die Länge dagegen wechselt zwischen 500–1 600 Å. In der Peripherie von Kristallhaufen sind die Kristalle dicker, etwa 25 Å (18–32).

Im Zentrum der Längsbalken und den Ecken der Querbalken erscheinen zunächst einzelne Kristalle oder kleine Gruppen (ROBINSON und CAMERON, 1956; SCOTT und PEASE, 1956). Eine Beziehung zu den Fibrillen besteht nicht. Im Zentrum der Haufen zeigen die Kristalle eine Zufallsordnung; in der Peripherie sind sie radiär eingestellt. Die Knorpelmineralien weisen ein grundsätzlich anderes Strukturbild als die im Knochen auf (KNESE, 1959b, c, 1963b; Abb. 145). Die zunächst kleinen Depots wachsen durch periphere, annähernd konzentrische Anlagerungen an Größe heran und können zu colonförmigen Gebilden verschmelzen (Abb. 102). Die Begrenzung eines Mineraldepots ist nach Entmineralisierung eindeutig festzustellen und dürfte aus dicht zusammengelagerten *Kollagenfibrillen* bestehen (KNESE und KNOOP, 1961 b, c; BONUCCI, 1967; KNESE, 1970e). SCHERFT (1968a) findet um die girlandenförmigen Mineralien nach Entmineralisierung einen etwas dichteren Rand fein granulären oder filamentösen

Materials, innerhalb dessen ein lockeres Maschenwerk von dünnen Kollagenfibrillen, ohne Periode, liegt. Nach Behandlung mit Thorotrast (nach REVEL,
1964) ergibt sich eine Kontrastierung des Zentrums, aber nicht des Randes,
der demnach wohl keine MPS enthält.

Das Gebiet der Mineralablagerung enthält einige fädige bzw. granuläre Gebilde (SCOTT und PEASE, 1956; TAKUMA, 1960a; KNESE und KNOOP, 1961b,
c; vgl. KNESE, 1970e). Die erste Mineralisation findet, nach CAMERON (1963),
auf dem Hintergrund eines amorphen Materials geringer Dichte statt. Zur Frage
des elektronenmikroskopischen Nachweises amorphen Materials im Bereich der
Mineralisierung nehmen ANDERSON und PARKER (1968) kritisch Stellung. Die
Bildung von Kristallhaufen erfolgt nach mehreren Autoren (TAKUMA, 1960a;
FITTON-JACKSON, 1960; CAMERON, 1963; ANDERSON, 1964; BONUCCI, 1967, 1969;
MATUKAS und KRIKOS, 1968) auf der Grundlage eines elektronendichten Mate-
rials. Bei einer Entmineralisierung, nach Einbettung und Kontrastierung mit
Uranylacetat, findet BONUCCI (1967) stark kontrastierte, undeutlich begrenzte
Inseln, die er Kristallschatten (ghosts) nennt. Sie umgeben und begleiten die
Nadeln in Form eines granulären Materials (Abb. 145) und sollen überwiegend
aus sauren Polysacchariden bestehen bzw. aus einem Protein mit wenig sauren
Polysacchariden (APPLETON, 1970, 1971; THYBERG, 1974). Die Kristallschatten
sollen aus sog. Matrixvesikeln entstehen (s.S. 339), die als der initiale Ort der
Mineralisation angesehen werden (u.a. BONUCCI, 1967, 1971; SCHERFT, 1968a,
1970; ANDERSON, 1969; ALCOCK, 1972; HÖHLING et al., 1974a, b, 1976). Die
zelluläre Abkunft der Vesikel ist noch nicht gesichert (u.a. BONUCCI, 1971;
ANDERSON, 1973), ebenso nicht der Ablauf der Mineralisation.

Die Mitwirkung von Zellen bei der Mineralisation ist noch ungeklärt. FOLLIS (1960) sagt,
daß sich 100 Jahre nach VIRCHOW (1858) der Ausspruch „Omnis cellula e cellula" mehr als bestätigt
habe. Vielleicht sei auch die Feststellung angebracht: „Nulla calx sine cellula"; die Zeit werde
darüber entscheiden. Die Mitwirkung der Zellen wird überwiegend als eine mittelbare, und zwar
durch die Bildung einer mineralisationsfähigen Interzellularsubstanz angesehen. Eine unmittelbare
Beteiligung der Zellen über die sog. Matrixvesikel (s.S. 339) und über Mitochondrien (s.S. 307)
wurde ebenfalls angenommen. Im sekundären Knorpel des Mandibulakopfes sollen die initialen
Stadien der Mineralisation in den nicht degenerierenden hypertrophen Zellen liegen (SIBLERMANN
und FROMMER, 1974a). Gedanken von WATT (1928) aufgreifend, haben KASHIWA (1966, 1968,
1970) und KASHIWA und KOMORUS (1971) mit einer Glyoxal- bzw. Silber-Methode zum Nachweis
von Calcium, Phosphaten und Carbonaten im Zytoplasma Kügelchen von 0,5–1 bzw. 2–3 μm
Durchmesser dargestellt, die eine organische metachromatisch reagierende, aber nicht PAS-positive
Hülle umgibt (vgl. KASHIWA und PARKER, 1976). Die Sekretion der Granula konnte jedoch nicht
nachgewiesen werden. Mit Hilfe der elektronenmikroskopischen Autoradiographie haben MATHEWS
et al. (1968) $^{45}$Ca zuerst in Verbindung mit den Zellen im Säulen- und hypertrophen Knorpel
der *Ratten*tibia gefunden. Ca ist an die Membranen des Retikulums und des Golgi-Apparats gebunden, wie es auch für ATP, MPS und Phosphatasen angegeben wurde. Die Membranen sind, nach
Meinung der Autoren, damit der Ort der primären Kernbildung; die Markierung tritt in die Interzellularsubstanz über. HOWELL und CARLSON (1968) fanden bei einer Elementaranalyse (Röntgenbrechung) am Rand der letzten Zellen des Säulenknorpels eine Phosphatkonzentration, die für die
Bildung eines Vorläufers der Mineralphase in der Zelle spricht.

Bei der Diskussion über die Bedingungen der Mineralisation wurde fast
vollständig übersehen, daß es sich um einen Vorgang von erheblicher Dynamik
handelt, der in einer kurzen Zeitspanne abläuft (vgl. ROBINSON und CAMERON,
1956). Nach FOLLIS (1960) ist die Mineralisation mit dem kurzen, aber sehr
aktiven Leben der Chondrozyten verbunden. Diese Zellen hätten bei jungen

*Ratten* in der oberen Tibiaepiphyse eine Lebensspanne von etwa 48 Std; die Zellen, die sich an diesem Morgen zur Teilung anschicken, wachsen, reifen und sterben übermorgen. Es handelt sich um einen Knorpel, für den gilt: ,,here today, gone tomorrow". Seine einzige Aufgabe ist, eine Blaupause (FOLLIS, 1960) und ein Gerüst für die Entwicklung des Skeletts zu bilden. Nach den Erörterungen über die ,,Zeitrelationen" (s.S. 270) kann man für das Erreichen der vollen Mineralisation wenige Stunden, etwa 4, ansetzen. Aus den Untersuchungen von LEBLOND et al. (1950) und KEMBER (1960) möchte man abschätzen, daß die Auflösung der Mineralien durch Mineraloklasten etwa in 8 Tagen oder wenig mehr erfolgt. Die *Lebenszeit* der Knorpelmineralien ist somit auf *Tage* anzusetzen. Sie könnten wirklich nicht viel mehr als ein Teil des Gerüsts (FOLLIS, 1960), allerdings ein sehr aufwendiges, für die Bildung der metaphysären, primären Spongiosa sein. Bisher ist nicht geklärt, ob die Knorpelmineralien auch eine Rolle im Rahmen des Stoffwechsels während der metaphysären Osteogenese spielen.

## 4.5. Die Metaphyse — Die Eröffnungszone

An die Epiphyse schließt sich die Metaphyse (s.S. 228) mit der primären Spongiosa an. Sie beginnt mit der *Eröffnungszone* und geht, unscharf begrenzt, in die *primäre Markhöhle* über. Als Gebiet der sog. ,,enchondralen" Osteogenese wird ihre auffälige Struktur in Lehrbüchern abgehandelt und stellt für viele biochemische Untersuchungen das Muster der Osteogenese dar. Wie bei der Epiphyse haben sich unsere Einzelkenntnisse erheblich vermehrt, aber ein Konzept, das die Metaphyse in das gesamte Gefüge des sich entwickelnden Skelettstücks stellt, fehlt. Der Aufbau der Metaphyse ist topographisch und im Hinblick auf die hier versammelten Zellpopulationen, zumeist ,,freie" Zellen, ungewöhnlich verwickelt.

Im Zusammenhang mit der Metaphyse sind sehr unterschiedliche Fragen zu diskutieren:

1. Der Modus der Eröffnung der Knorpelhöhlen.
2. Das Ausschlüpfen der bisher hypertrophen Chondrozyten in die primäre Markhöhle.
3. Das Schicksal der geschlüpften Chondrozyten (Degeneration bzw. Zerfall oder Transformation zu metaphysären Osteoblasten).
4. Die Herkunft der metaphysären Osteoblasten; sind sie eine monophyletische oder polyphyletische Zellpopulation?
5. Das Schicksal der knorpeligen Interzellularsubstanz und damit die Beziehungen zwischen ,,knorpeliger" und ,,knöcherner" Interzellularsubstanz.
6. Der Aufbau der primären Spongiosa.
7. Das Schicksal der primären Spongiosa und ihre Bedeutung für den Aufbau des Skelettstücks.

Nicht auf alle diese Fragen kann eine Antwort erteilt werden. Die Zellen der Metaphyse sind, wie die hypertrophen Chondrozyten, schlecht zu fixieren (KNESE, 1968b). Die älteren Autoren (vgl. WEIDENREICH, 1930) haben klargestellt, daß die Ablagerung von Knochen auf die verkalkten Knorpelbälkchen eine Neubildung ist. Schwierigkeiten bereiten Stellen, wo die Auflösung des Knorpels nicht weit vorangeschritten ist und Knochen in mehr oder minder abgeschlossenen Höhlen abgelagert wird. Es entstehen *Knochenkugeln, Globuli ossei.* Keine einheitliche Auffassung wurde dagegen über das Schicksal der Chondrozyten erzielt. Wir nennen folgende Ansichten:

1. Die Osteoblasten entstehen aus Chondrozyten, die aus ihren Höhlen befreit wurden (MÜLLER, 1858; BRACHET, 1893; SPULER, 1897; 1899; RETTERER, 1898, 1900, 1917, 1918; HANSEN, 1899; ZIBA, 1911, vgl. z.B. LUBOSCH, 1924; ROULET, 1935; MCLEAN und URIST, 1955; KNESE und KNOOP, 1961b; KNESE, 1963d, 1968b, 1970e; KAHN und SIMMONS, 1975). Im sekundären Knorpel werden aus Chondrozyten Knochenzellen (HALL, 1972; SILBERMANN und FROMMER, 1974a).
2. Die Chondrozyten *entdifferenzieren* sich zu Embryonalzellen, aus denen Osteoblasten entstehen (RANVIER, 1875; VAN DER STRICHT, 1890; RETTERER, 1906; MCEWEN, 1920; RÖHLICH, 1933; HOLTROP, 1966; CRELIN und KOCH, 1967; LUTFI, 1971).
3. Die Chondrozyten degenerieren (s.S. 368).

Die *metaphysären Osteoblasten* wurden von Zellen sehr verschiedenartiger Natur abgeleitet (u.a. DIBBELT, 1911; LEBLOND und GREULICH, 1956; HAMILTON et al., 1962; LANGMAN, 1963; AREY, 1963, 1965; HAM und LEESON, 1965; MOSS, 1966), wobei folgende Ursprungspopulationen angegeben wurden:

1. Die metaphysären Osteoblasten entwickeln sich aus Endothelzellen (HÄGGQVIST, 1929; WILTON, 1937).
2. Die Osteoblasten entstehen aus undifferenzierten *Markzellen*, die den Kapillaren folgen (SCHAFFER, 1888b; HAMMAR, 1901; JACKSON, 1904; BIDDER, 1906; MAXIMOW, 1910/11; KLINTZ, 1911); PETERSEN, 1924; STUMP, 1925; DAHL, 1936; POLICARD, 1941; MCLEAN und BLOOM, 1940; GARDNER, 1956; CHEVREMONT, 1956; SISSONS, 1955).
3. Die Osteoblasten wandern mit den Gefäßen aus dem *Periost* ein (STRELZOFF, 1873a,b; FELL, 1925; FELL und ROBISON, 1929).
4. Die Osteoblasten entstehen aus *Fibroblasten* (TODD, 1913; SYLVÉN, 1947b).
5. Osteoblasten stellen *Modifikationen* verschiedenartiger Bindegewebszellen dar (PORTER und VANAMEE, 1949).
6. Die Ansicht von DUBREUIL (1913a), die metaphysären Osteoblasten stammten von Lymphozyten ab, wird in etwas anderer Form von WERNER (1954) vertreten.

## 4.5.1. Die Zellen der Metaphyse

Die Metaphyse der verschiedenen Skelettstücke desselben Individuums ist unterschiedlich gestaltet (Abb. 146). Bei einem menschlichen *Feten* von 105 mm SSL dringen „fibroblastenähnliche" Zellen in der distalen Femurmetaphyse weit in die Eröffnungszone vor, im distalen Humerusende dagegen nicht. Die Osteoblasten erscheinen in verschieden großem Abstand von der Eröffnungszone. Damit ist es fast unmöglich, zu einer verallgemeinernden Aussage über den Aufbau der Metaphyse zu kommen.

In der subepiphysären Zone finden sich jenseits der Eröffnungszone Zellhaufen, die aus *verschiedenen Zellformen* gebildet werden. Einmal sind locker strukturierte Zellen mit ovoidem Kern vorhanden, deren Zytoplasma mit Kresylechtviolett pH 3,2–4,1 braun metachromatisch reagiert. Andere dunklere Zellen mit kleinem runden Kern färben sich mit Kresylechtviolett orthochromatisch blau an. Die perivaskulären *Fibroblasten* besitzen Glykogen, das auch noch in

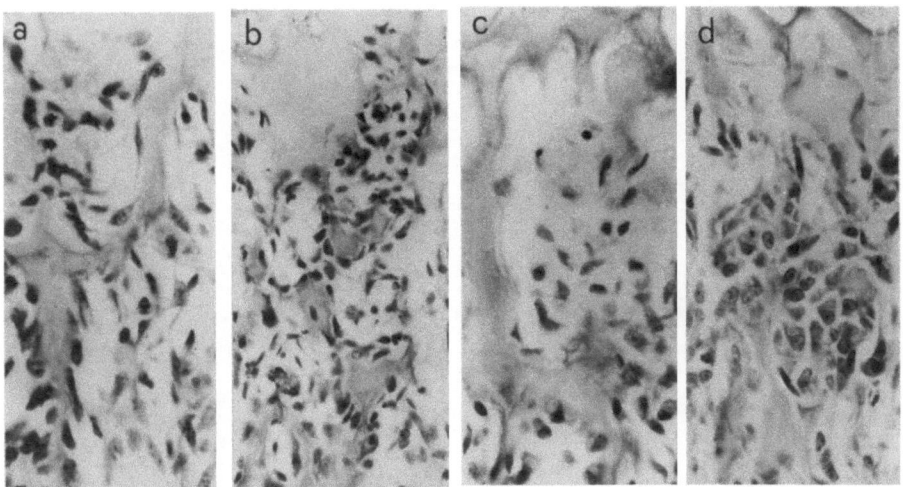

**Abb. 146.** Menschlicher Fet von 105 mm SSL, Metaphyse des Humerus proximal *(a, d)* Humerus distal *(c)* und des Femur distal *(b)*. *a)* Überwiegen freier größerer fibroblastenähnlicher Elemente, *b)* Überwiegen kleinerer fibroblastenähnlicher Elemente, *c)* mehr „epitheloide" freie Elemente in geringer Zahl, *d)* überwiegend osteoblastenähnliche Elemente in der Metaphyse. Fixierung Formalin-Alkohol-Eisessig-Sublimat + Lillie, Gallocyanin, Obj. 40

einem Teil der Präosteoblasten vorkommt, den benachbarten Osteoblasten aber fehlt. An die Zellhaufen schließen sich die epithelialen Zellreihen der *Osteoblasten* an. Reaktionsform und topographische Beziehungen der Zellen zueinander sprechen dafür, daß die der subepiphysären Zone benachbarten Osteoblasten Abkömmlinge der Knorpelzellen sind; die markwärts gelegenen Osteoblasten stammen dagegen von perivaskulären Zellen ab (KNESE, 1963d).

Vereinzelt sind mit Glykogen beladene *Knorpelzellen* anzutreffen; ihre granulären Einlagerungen reagieren mit kolloidalem Eisen (KNESE, 1963d). Während es auf Längsschnitten durch die Epiphyse recht schwierig ist, Zellen mit dem Habitus von Knorpelzellen zu finden, gelingt dies ohne weiteres auf Querschnitten (Abb. 147). Im Zentrum der Eröffnungshöhle liegen 20–30 μm große Zellen mit hellem, z.T. blasigem Kern. Mit der BTS-Reaktion sind in ihnen entweder Granula oder ein positiv reagierendes Netzwerk darzustellen (Abb. 147). Die Anfärbung der Zellen durch Ninhydrin-Schiff-Reaktion ist gering, durch Gallocyanin sehr schwach. Diese „Knorpelzellen" sind von einem Kranz von Osteoblasten umgeben, die den Knorpelsparren anliegen.

Eine „drastische" Fixierung mit Phosphorwolframsäure-Glutaraldehyd-Gemischen (s.S. 180) erhält die Zellform, läßt aber keine spezifischen Reaktionen (u.a. Basophilie) mehr zu (Abb. 148). Bei dieser Fixierung erscheint das Zytoplasma der Zellen in den letzten Knorpelhöhlen dichter und homogen; sie haben mitunter unmittelbaren Kontakt zur knorpeligen Interzellularsubstanz (vgl. Abb. 149). In eröffneten Höhlen bzw. Höhlen, die schon als Teil des Metaphysenraums anzusehen sind, befinden sich wohl abgegrenzte blasse Zellelemente und andere, die glasig, homogen erscheinen.

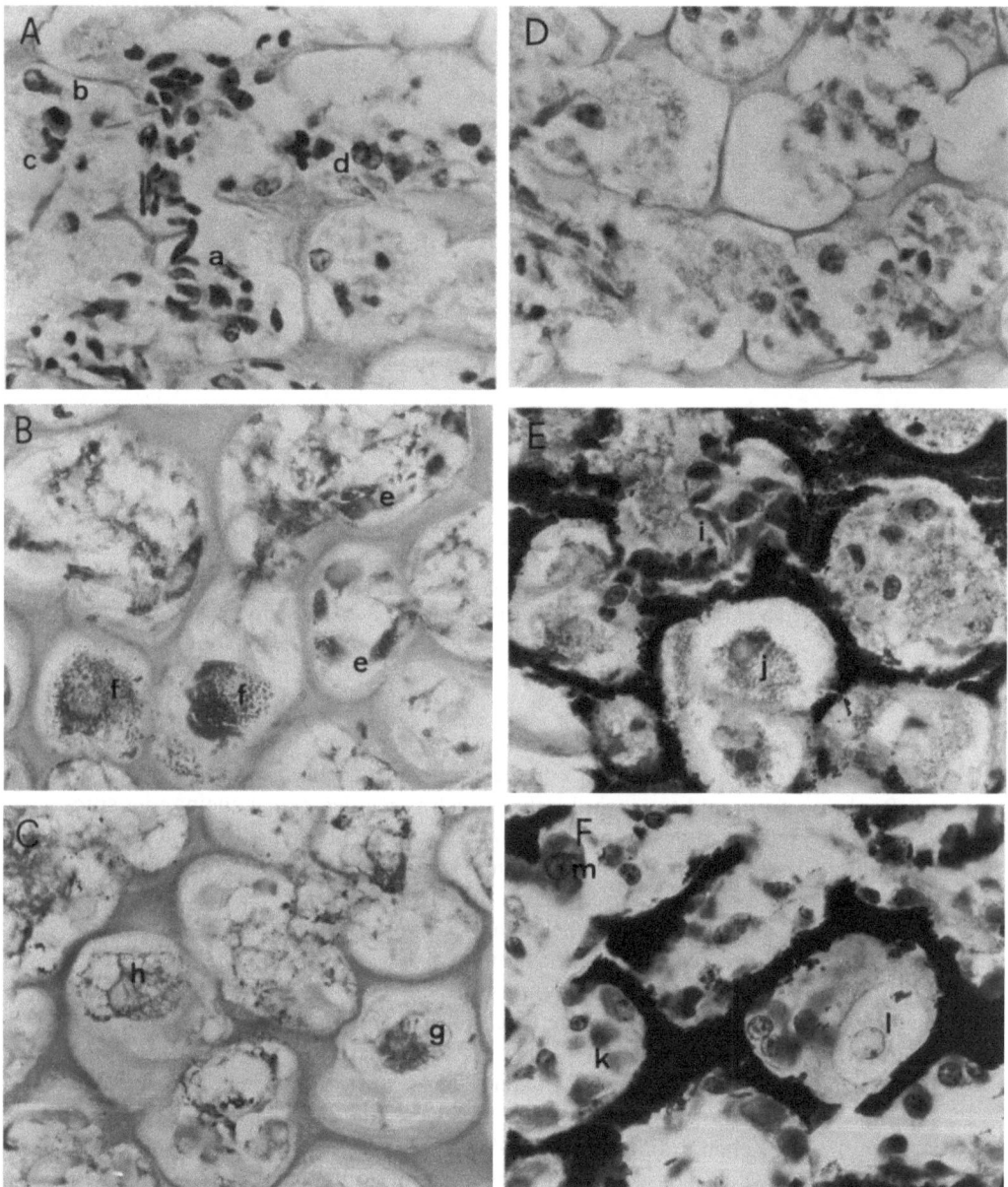

**Abb. 147.** Rinderfet, 182 mm SSL, Querschnitte durch die Metaphyse. *A:* Gallocyanin, *a)* Haufen freier Zellen, *b)* geschlüpfte Zellen der Eröffnungshöhle, *c)* Erythrozyten, *d)* Osteoblasten, *B:* BTS-Reaktion, *e)* Osteoblasten, *f)* geschlüpfte Chondrozyten, reichlich mit Kohlenhydratgranula beladen, *C:* BTS-Reaktion, *g)* geschlüpfte Chondrozyten mit teils granulärer, teils vakuolärer Zytoplasmastruktur, *h)* geschlüpfte Chondrozyten mit vakuolärer Zytoplasmastruktur, *D:* Ninhydrin-Schiff-Reaktion: Sämtliche Zellelemente lassen eine Zytoplasmareaktion vermissen, *E:* Kresylechtviolett, *i)* Osteoblasten, *j)* geschlüpfte Chondrozyten mit granulärer Struktur, *F: k)* Osteoblasten mit dichtem Zytoplasma, *l)* Chondrozyt mit blasig erscheinendem Kern und Zytoplasma, *m)* mehrkernige Zelle. Die dichten Massen in *E* und *F* stellen Knorpelmineralien dar. Fixierung *A, B:* Formalin-Sublimat, *B, C:* Rossmann, *E, F:* Formalin-Alkohol-Eisessig-Sublimat + Formalin-Alkohol-basisches Bleiacetat, Obj. 40

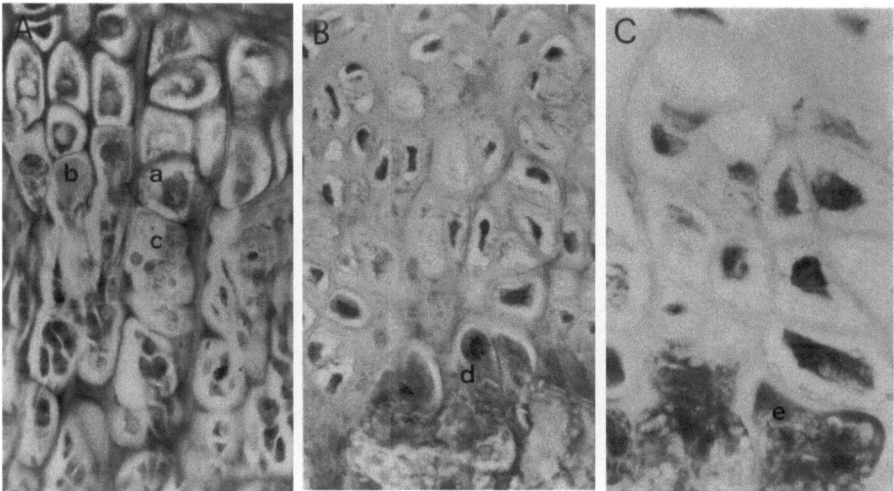

**Abb. 148.** Übergang von Epiphyse zur Metaphyse. *A:* Ratte 52 g; (fixiert Phosphorwolframsäure-Formol-Eisessig + Glutaraldehyd-basisches Bleiacetat), *B, C:* menschlicher Fet, 105 mm SSL (fixiert Formalin-Alkohol-Sublimat-Eisessig + Lillie) *a)* Dichte Zellen in den Knorpelhöhlen, *b)* schlüpfende Zellen, *c)* blasig erscheinende geschlüpfte Zellen, *d)* schlüpfende Zellen, deren Zytoplasma, ebenso wie die umgebende Perizellularsubstanz (vgl. Text), mit dem kolloidalen Eisen reagiert, *e)* starke PAS positive Reaktion des Inhalts der Eröffnungshöhlen; Vergr. *A, C* Obj. 40, *B* Obj. 25

Auch elektronenmikroskopisch lassen sich verschiedene Zellformen nachweisen (KNESE und KNOOP, 1961 b). An die Querbalken der knorpeligen Interzellularsubstanz treten *Gefäßsprossen* heran (Abb. 150). Ihre langgestreckten Endothelzellen besitzen ein recht dichtes Hyaloplasma, ein spärlich entwickeltes endoplasmatisches Retikulum und einzelne Mitochondrien. Ausläufer dieser Zellen stehen in unmittelbarem Kontakt mit der organischen Interzellularsubstanz des Knorpels. Die Endothelzellen nehmen enge Beziehungen zu den Knorpelmineralien auf. Sie „umfließen" Mineraldepots; abgesprengte Teile der Depots werden in vakuoläre Räume eingeschlossen. Fortsätze der Endothelzellen oder aus dem Endothelverband gelöste Zellen scheinen die relativ dünnen Querwände der knorpeligen Interzellularsubstanz zu durchbrechen und damit Knorpelhöhlen zu eröffnen.

Im Eröffnungsgebiet sind Zellformen verschiedenartiger Herkunft zu beobachten. Zum Teil handelt es sich um perivaskuläre Zellen (Abb. 151); sie enthalten fast kein endoplasmatisches Retikulum, jedoch eine Reihe ovoider oder stäbchenförmiger Mitochondrien (Cristatypus). In der Nähe von Mineraleinlagerungen in den Knorpellängssparren ist ihr Zytoplasma häufig homogen oder feinkörnig strukturiert. Neben Zellen, die sich den Knorpelspangen anlegen, und Gefäßsprossen findet sich in der Eröffnungszone eine Ansammlung *isolierter Zellen.* Ihre Isolation kann durch Schrumpfung vorgetäuscht sein. Die Möglichkeit, daß es sich sich um wandernde oder frei bewegliche Zellen handelt, läßt sich nicht ausschließen. Reife, aber vermutlich nichttätige *Markosteoblasten* besitzen ein stark entwickeltes endoplamatisches Retikulum mit einigen Zister-

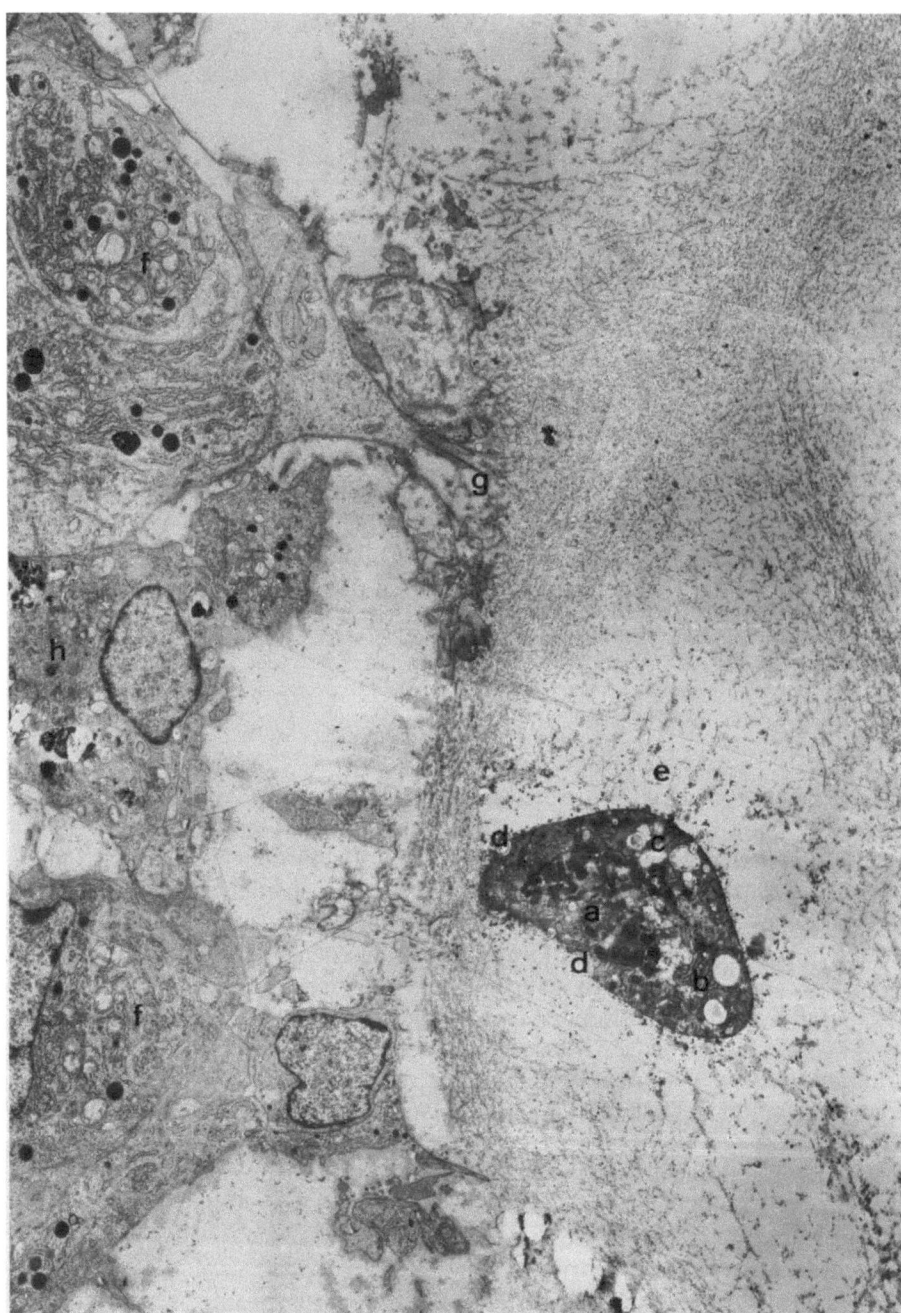

**Abb. 149.** Rinderfet, 105 mm SSL, Eröffnungsfront im Rippenknorpel, dichte Zellen in der Knorpelhöhle, *a)* Kern mit verdichtetem Chromatin, *b)* endoplasmatisches Retikulum und Vakuolen, *c)*
multilamellärer Körper, *d)* Extrusionsvakuolen, *e)* Perizellularsubstanz. Anschnitte durch Chondroklasten *(f)* mit Kontaktzone zur knorpeligen Interzellularsubstanz *(g)*, die teilweise eine Desintegration der Fibrillen zeigt. Die Chondroklasten besitzen ein reichlich entwickeltes endoplasmatisches
Retikulum, Mitochondrien und viele lysosomale Körper. Anschnitt durch einen Mineraloklasten
*(h)* mit gering entwickeltem Retikulum, reichlich Mitochondrien, einigen lysosomalen Körpern;
Vergr. 5200 ×

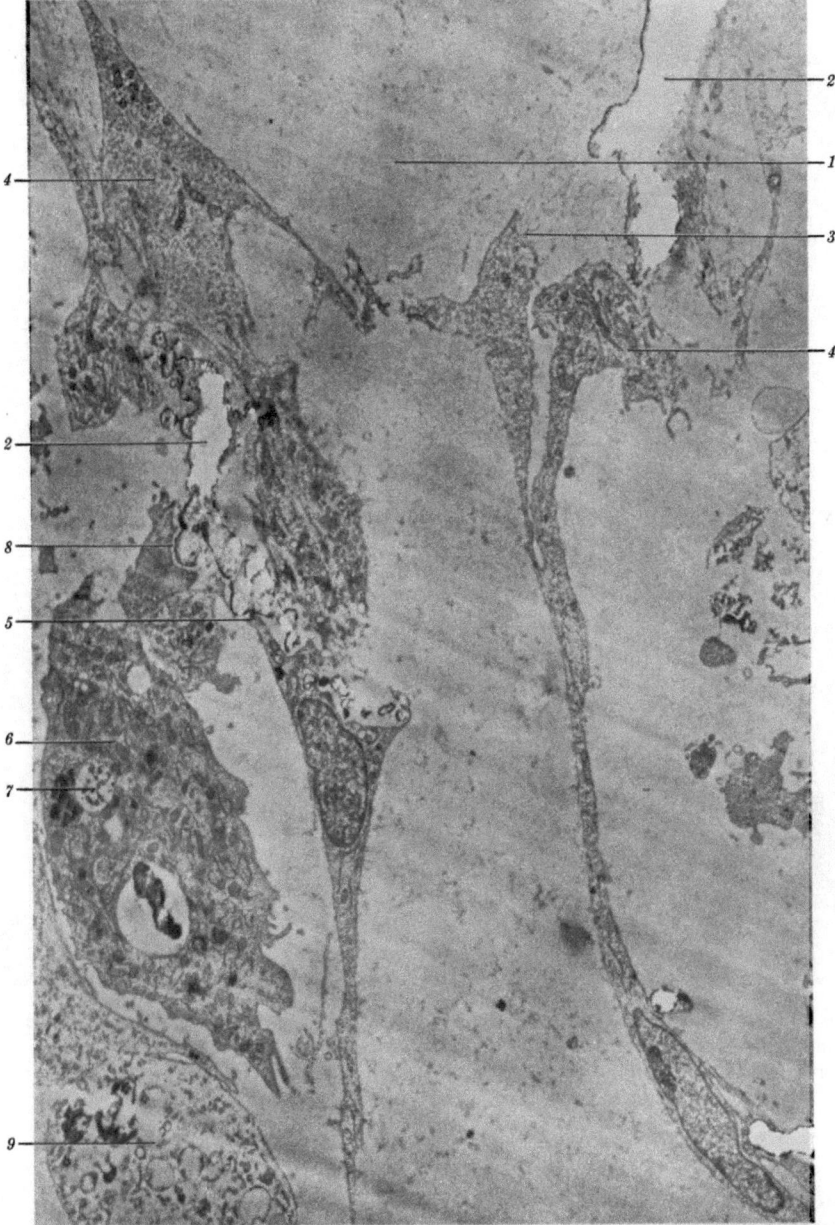

**Abb. 150.** Gefäßsprossen an Querwänden in der Eröffnungszone. *1)* Knorpelhöhle, *2)* Längsbalken, Mineral herausgefallen, *3)* Interzellularsubstanz mit einer Endothelzelle, *4)* aus dem Verband gelöste Endothelzelle, *5)* Endothelzelle in Verbindung mit Knorpelmineral, *6)* graue Zelle mit Vakuolen, Mitochondrien, wenig Membranen des endoplasmatischen Retikulums, *7)* Vakuolen mit organischem Detritus (?; vgl. Abb. 210), *8)* Anlagerung der grauen Zelle an Knorpelmineralien, *9)* helle Zelle (im Zerfall?); Vergr. 3600 × (aus Knese und Knoop, 1961 b)

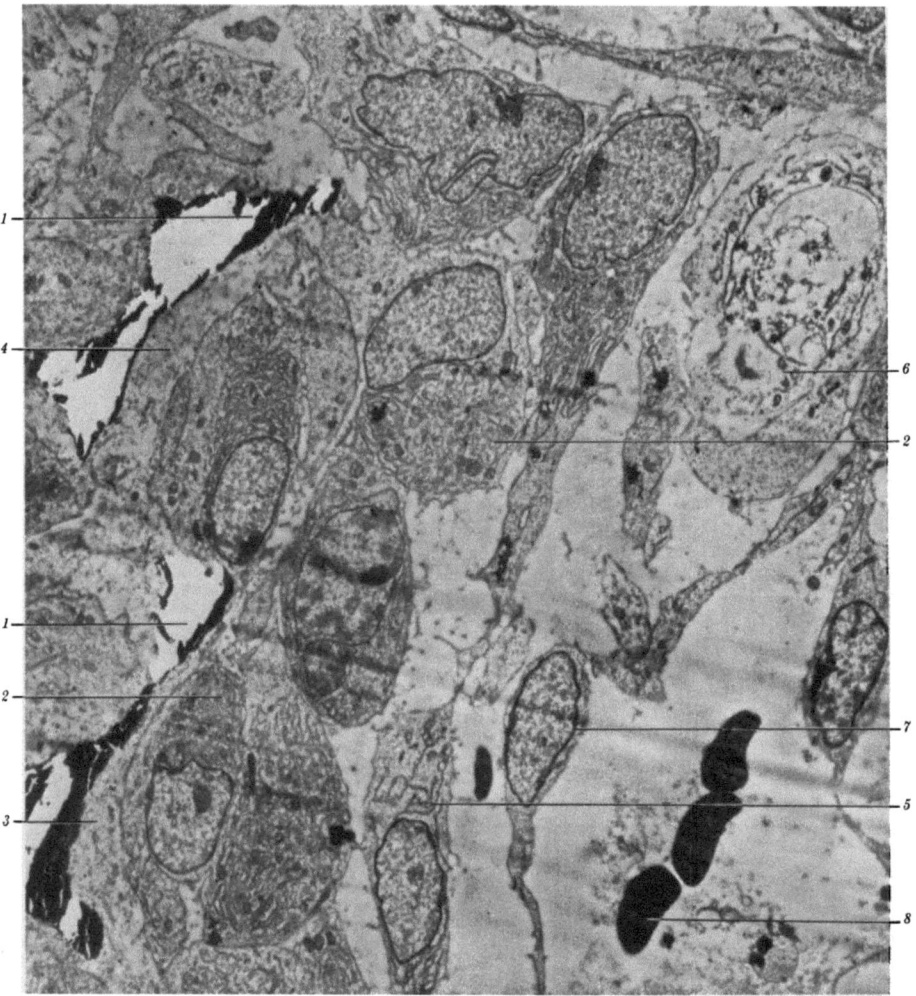

**Abb. 151.** Markosteoblasten auf einem Knorpellängsbalken. *1)* Knorpelmineral, teilweise herausgefallen, *2)* Schicht der Markosteoblasten, *3)* präossales Gewebe, *4)* homogene Schicht auf dem Knorpelmineral, *5)* Fibroblast, *6)* helle Zelle, vielleicht in Zerfall, *7)* Gefäßendothel, *8)* Erythrozyt; Vergr. 4200 × zur Reproduktion verkleinert (aus KNESE und KNOOP, 1961 b)

nen, größere z.T. schlauchförmige Mitochondrien und osmiophile Körper. Die Kerne aktiver Markosteoblasten weisen ein gröberes brockenartiges, über den Kernraum verteiltes Chromatin und einen recht dichten Nukleolus auf. Die Anzahl der erweiterten Zisternenabschnitte hat sich vermehrt. Das Hyaloplasma besitzt eine gröbere granuläre Struktur.

Neben Zellen, die sich den Knorpelspangen anlegen, sind zwei Formen isolierter Zellen zu beobachten, sog. helle und graue Zellen. *Helle Zellen*, die den hypertrophen Knorpelzellen sehr ähneln, besitzen einen größeren ovalen oder langgestreckten Zellkörper und einen häufig exzentrisch gelegenen Kern

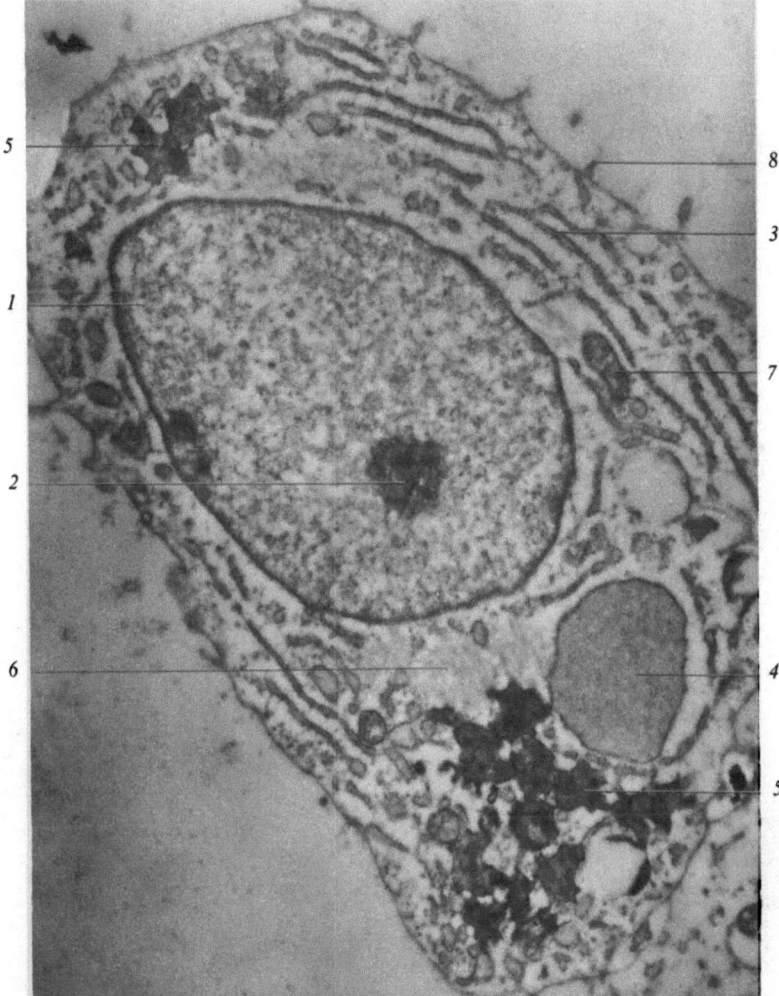

Abb. 152. Helle Zelle. *1)* Zellkern, *2)* Nukleolus, *3)* Membranen des endoplasmatischen Retikulums, *4)* Zisternensack, *5)* osmiophile Einlagerung, *6)* Bezirke homogenen Grundplasmas, *7)* Mitochondrien, *8)* Zellwand mit Füßen; Vergr. 8500 × (aus KNESE und KNOOP, 1961 b)

mit Nucleolus (Abb. 152). Ihr Grundplasma erscheint etwas dichter als das der hypertrophen Knorpelzellen. Die Zisternen des granulären Retikulums sind mit einer dichten Substanz angefüllt und zeigen mitunter kleinere Erweiterungen, aber auch größere Säcke, wie in den Knorpelzellen (KNESE und KNOOP, 1961 a). Die beschriebene Zellform ist ein Glied einer morphologischen Reihe, die mit den Zellen des mineralisierten Knorpels beginnt und mit denen des enchondralen Osteoblasten endet. Die Variation der Zellstruktur innerhalb dieser Reihe ist erheblich. Einmal gehören dazu Zellen, deren Hyaloplasma elektronenmikroskopisch leer erscheint (Abb. 153), andere Zellen dieser Reihe besitzen ein dichteres homogenes oder granuläres Grundplasma.

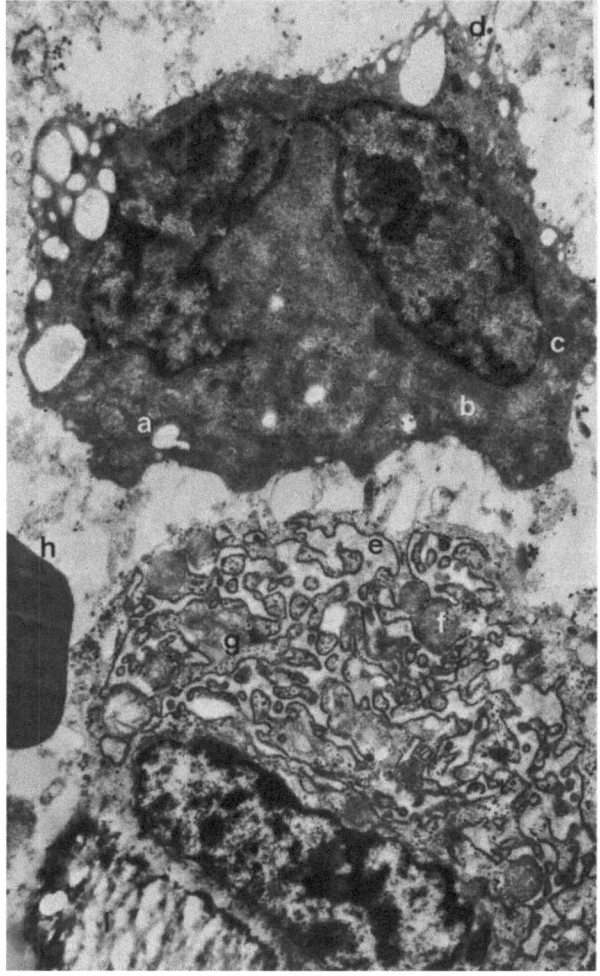

**Abb. 153.** Rinderfet, 120 mm SSL, distale Epiphyse des Metatarsus. Graue und helle Zelle in der Eröffnungszone. *a)* Endoplasmatisches Retikulum, *b)* Mitochondrium der grauen Zelle, *c)* lysosomaler Körper, *d)* Zellfortsätze, *e)* erweiterte Zisternen des endoplasmatischen Retikulums, *f)* Mitochondrien, *g)* Golgifeld, *h)* freier Erythozyt in der Markthöhle, *i)* Knorpelmineralien; Vergr. 10 500 ×

Die *grauen Zellen* sind bereits in den soeben eröffneten Knorpelhöhlen zu beobachten, wo sie sich den hypertrophen Knorpelzellen anlagern. Sie treten perivaskulär auf. Der meist eingebuchtete Kern ist im Vergleich zur Zellgröße relativ klein. Das Chromatin legt sich der Kernmembran in einer dicken, dichten Schicht an und ist im übrigen über den Kernraum unregelmäßig netzartig verteilt; ein Nucleolus kann vorhanden sein. Der Zellkörper besitzt verschieden große, mitunter lappenförmige Fortsätze. Das ungewöhnlich dichte Zytoplasma besteht aus einem feinkörnigen Grundplasma, in das größere Granula (Ribosomen?) eingelagert sind. Die „grauen Zellen" im Bereich der Eröffnungszone

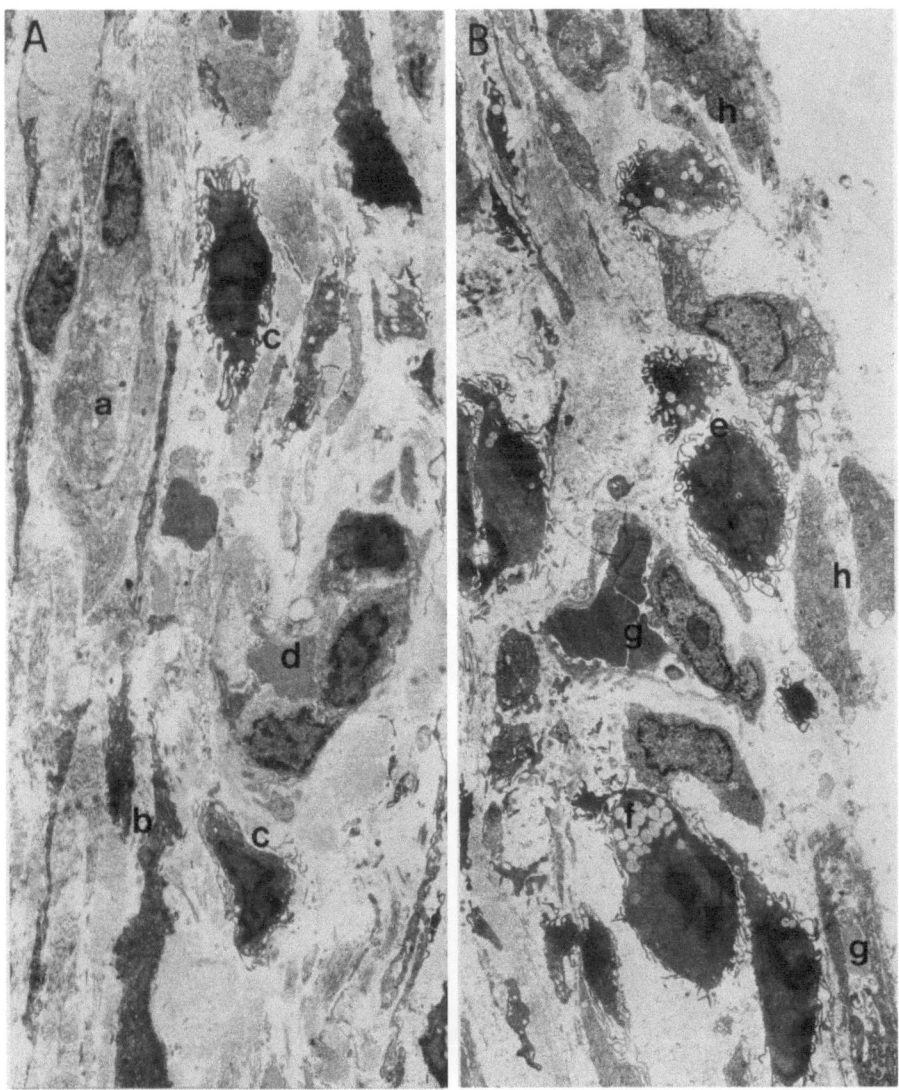

**Abb. 154.** Ratte, 62 g, Humerusepiphyse. *A:* Entwicklung makrophagenähnlicher Zellen im Periost, *B:* Auswanderung der Makrophagen aus dem Periost. *a)* Fibrozyten, *b)* Zellen in Entwicklung zu Makrophagen, *c)* makrophagenähnliche Zellen mit Zellfortsätzen, die der Zelle anliegen, *d)* Kapillare, *e)* makrophagenähnliche Zelle, die aus dem Periost auswandert, mit Aufrichtung der Zellfortsätze, *f)* Zelle mit Speichervakuolen, *g)* Kapillaren, *h)* Präosteoblasten (?); Vergr. 2800 ×

enthalten eine größere Anzahl von rundlichen bis länglich-ovalen Mitochondrien mit Cristae und einer dichten Matrix. Nur vereinzelt treten granuläre Membranen auf. In der Eröffnungszone können jeweils eine graue und eine helle Zelle auf eine größere Strecke hin mit ihren Zellmembranen Kontakt aufnehmen (Abb. 153). Später hat KNESE (1972b) wahrscheinlich gemacht, daß die grauen

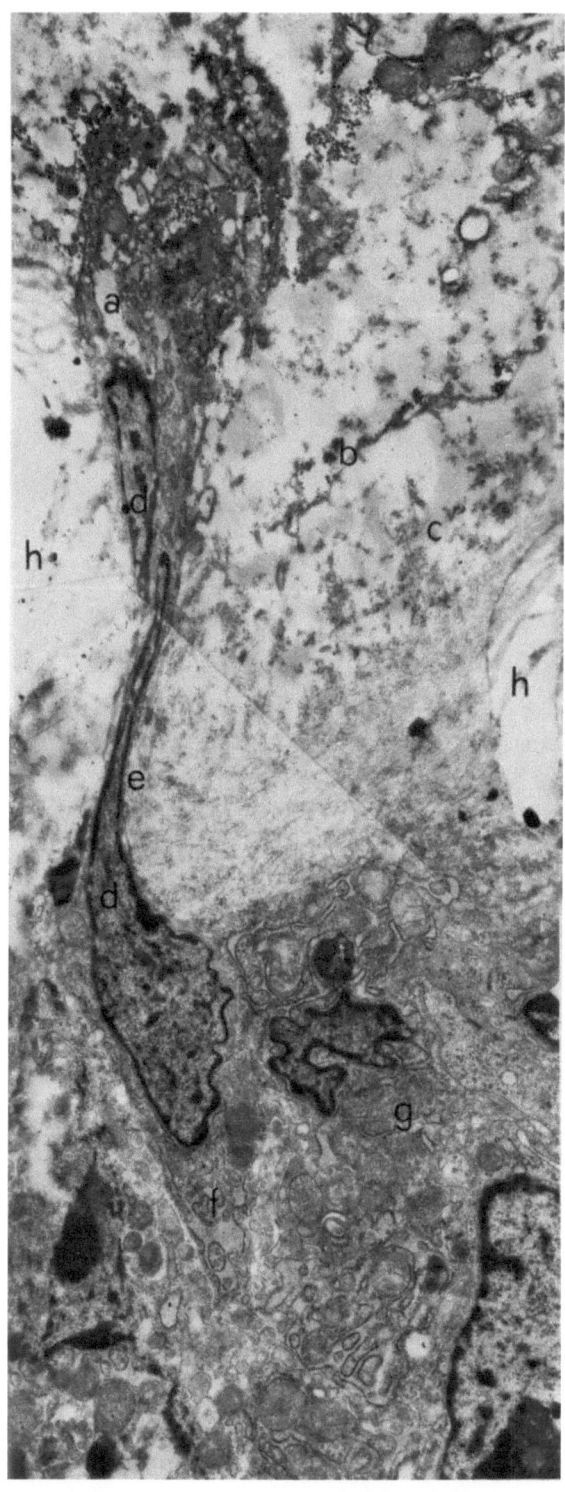

Zellen aus dem *Periost* der Trichterregion stammen. Hier liegen neben Fibroblasten Zellen, die wie Makrophagen (vgl. YOUNG, 1964) an der ganzen Oberfläche fingerförmige Fortsätze tragen (Abb. 154). Diese Zellen wandern vermutlich in den Markraum der Metaphyse ein. Die fingerförmigen Fortsätze richten sich hierbei auf, ein Teil von ihnen scheint sich zurückzubilden. Die Zelloberfläche mit wohlerhaltenen Fortsätzen nimmt Kontakt mit der Spongiosa auf. Die Struktur der Makrophagen gleicht entweder jener der Mineraloklasten oder der der Kollagenoklasten (s.S. 498). In der Regel besitzen die grauen Zellen eine, mitunter zwei Vakuolen (KNESE und KNOOP, 1961b); sie erscheinen elektronenmikroskopisch leer oder enthalten eine fädig-granuläre Substanz. In einiger Entfernung von der Eröffnungszone haben nur noch die inzwischen zu Mineraloklasten umgestalteten grauen Zellen Beziehungen zu den Mineraldepots.

Die freien Zellen und Erythrozyten sind in eine feine, granuläre Substanz eingelagert, die SCHENK et al. (1967) für einen Abkömmling des Blutplasmas halten. Nach unseren Beobachungen handelt es sich zu einem beträchtlichen Teil um einen Abkömmling der *Perizellularsubstanz*, die bei der Eröffnung der Knorpelhöhlen frei wurde (Abb. 157). Bei Fixierung mit Formol-Alkohol-Sublimat-Eisessig + *Lillie* erscheint sie als eine annähernd homogene Substanz, die sich bei der Ninhydrin-Schiff-Reaktion und den Eisenreaktionen anfärbt (Abb. 148).

Die Eröffnungsfront bildet die Grenze zwischen Epiphyse und Metaphyse. In den benachbarten Knorpelhöhlen liegen Zellen mit sackartigen Zisternen, die entweder reich mit Kohlenhydraten beladen sind oder nur noch Reste von Polysacchariden aufweisen, und Zellen mit lakunären Zisternen (Abb. 140). Bei beiden Zellformen ist der Spalt zwischen Zelle und Knorpelkapsel von Perizellularsubstanz angefüllt (s.S. 435). Daneben treten einzelne kleinere, sehr dichte Zellelemente auf, die in Kontakt mit den Quersepten stehen (Abb. 149). Sie enthalten reichlich Lysosomen. Auf der Metaphysenseite treten *Chondroklasten* an die Quersepten heran. In der Nachbarschaft von Chondrozyten, die aus ihrer Höhle schlüpfen, sind im allgemeinen keine Chondroklasten zu finden. Wir nehmen daher an, daß die Chondrozyten selbst die Septen durchbrechen. *Die Eröffnung des Querseptums* scheint entweder durch Bildung eines schmalen, etwa 0,4–0,5 μm messenden Kanals oder seltener auf breiter Front vor sich zu gehen. Durch den engen Kanal zwängt sich die Knorpelzelle unter Verformung ihres Kerns hindurch (Abb. 155, 156). An dem noch in der Knorpelhöhle befindlichen Zellteil kann das Plasmalemm zerissen sein; wir vermuten hier ein Artefakt. Bei breiter Eröffnung des Querseptums verbleiben in der Knorpelhöhle noch homogen erscheinende Massen (Abb. 157). In den Eröffnungshöhlen sind auch Haufen von membranösen Zellelementen, Mitochondrien und Kohlen-

___

◁ **Abb. 155.** Schlüpfende Knorpelzellen (Wirbelkörper) einer 8 Tage alten Katze. *a)* Teil der Zelle in der Knorpelhöhle, *b)* vermutlich teilweise zerrissenes Plasmalemm der Zelle, *c)* Perizellularsubstanz, *d)* zwei Anschnitte durch den Zellkern, der sich durch das Loch im Querseptum *(e)* hindurchzwängt, *f)* Zellteil in der Eröffnungszone, *g)* Zellansammlung in der Eröffnungszone, *h)* herausgebrochene Knorpelmineralien; Vergr. 11 200 ×

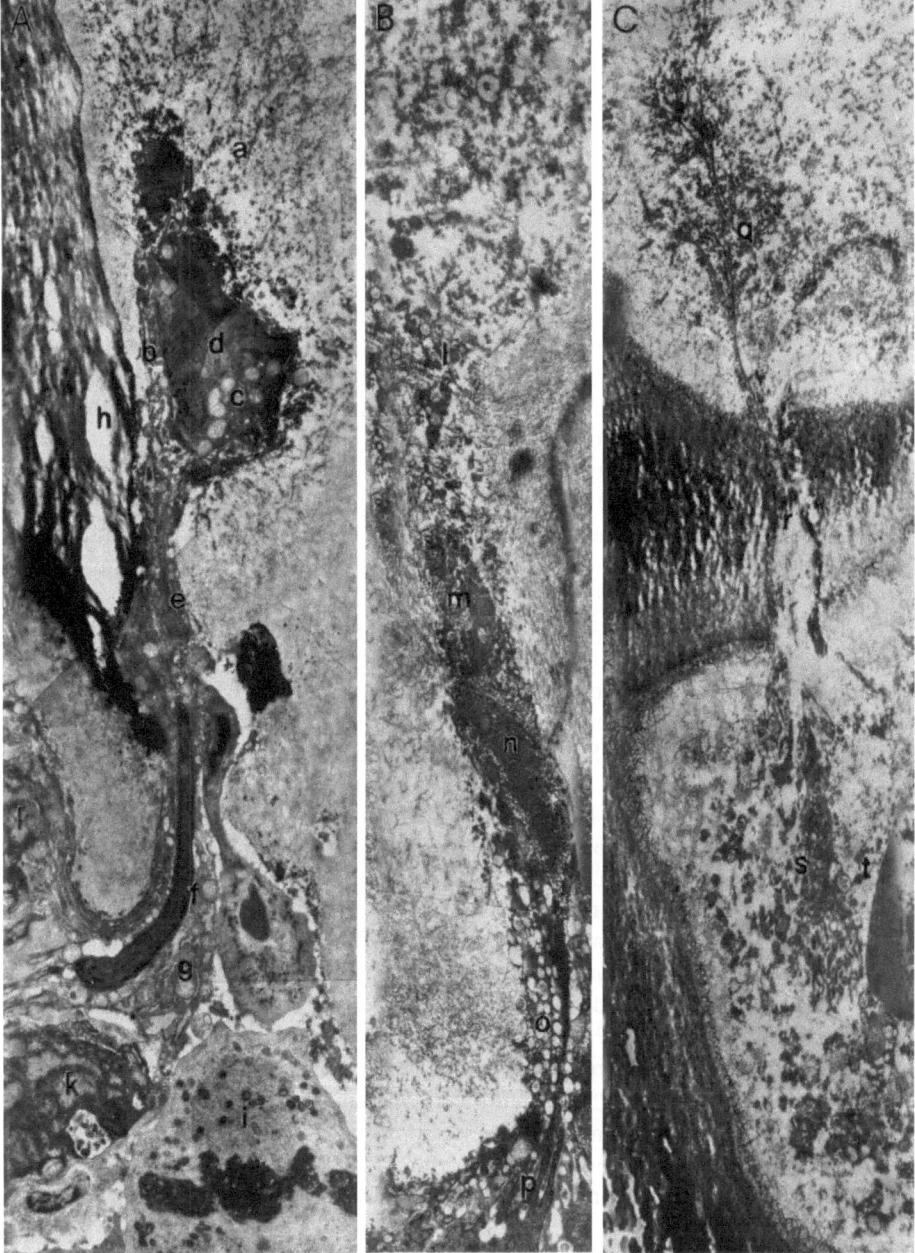

**Abb. 156.** Katze, 8 Tage, schlüpfende Zellen bei der Bildung des Wirbelkörpers. *A:* Zelle vollständig erhalten, *B:* geschlüpfter Zellkern, fast vollständig erhalten; Abschnitt im Schlupfloch unter der Knorpelhöhle, teilweise zerstört (vermutlich Artefakt), *C:* Desintegration der Zelle beim Schlüpfen (vermutlich Artefakt). *a)* Perizellularsubstanz, b) endoplasmatisches Retikulum, *c)* Mitochondrien, *d)* Kernanschnitt, *e)* schlüpfender Teil der Zelle, *f)* weiterer Kernanschnitt im Schlupfloch, *g)* Mitochondrien und endoplasmatisches Retikulum, *h)* Knorpelmineral, *i)* Myelozyt mit Mitose, *k)* sog. graue Zelle, *l)* teilweise zerstörte Zelle beim Schlüpfen, *m)* Kernanschnitt, umgeben von

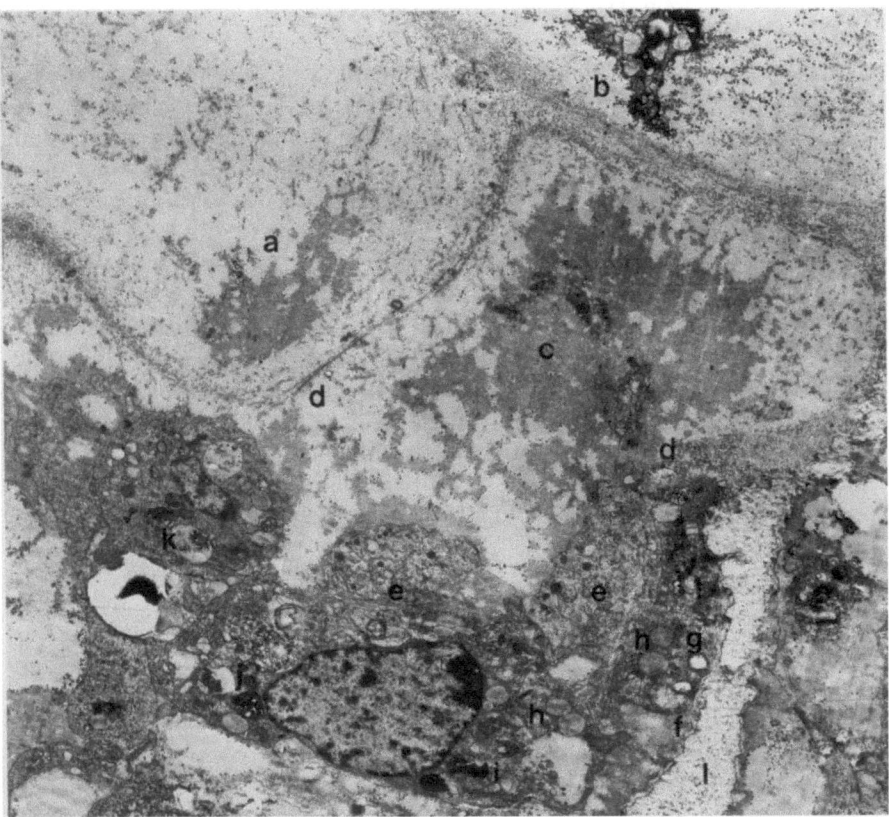

**Abb. 157.** Rinderfet, 105 mm SSL, Rippenknorpel, Schlüpfen einer Zelle durch eine breite Eröffnung der Knorpelhöhle. *a)* Verdichtete Perizellularsubstanz, *b)* Knorpelzelle mit lakunärer Erweiterung der Zisternen, *c)* verdichtete Perizellularsubstanz der schlüpfenden Zelle mit einigen Membranen, *d)* Schlupfloch, *e)* endoplasmatisches Retikulum, vergesellschaftet mit einigen dunklen Körpern, *f)* Mitochondrium, *g)* Kohlenhydrateinlagerung, *h)* blasige Zisternenerweiterungen, *i)* dichte lysosomale Körper, *j)* dichte Einschlußkörper (vgl. Abb. 210), *k)* Vakuolen mit z.T. dichterem Inhalt in einer benachbarten Zelle, *l)* Knorpelmineral; Vergr. 3000 ×

hydrate anzutreffen. Wir können nicht entscheiden, ob diese Haufen als Fixierungsartefakte oder Degenerationsbilder anzusprechen sind, vermuten aber ein Artefakt (vgl. Hanaoka, 1976). Eine Phagozytose von solchen Zellresten durch benachbarte Zellen ist relativ selten zu beobachten (Abb. 210).

Mitochondrien und Membranen, *n)* größere Kohlenhydrateinlagerung, *o)* vakuoläre Gebilde, *p)* Kern mit einer Reihe schmaler Fortsätze, umgeben von einigen Membranen des Retikulums bzw. Polyribosomen, *q)* weitgehend durch Fixierung zerstörte Zellteile in der Höhle, *r)* Zellteil im Schlupfloch, *s)* Zellabschnitt in der Eröffnungshöhle, umgeben von Perizellularsubstanz, *t)* Erythrozyt; Vergr. 4600 ×

### 4.5.2. Der Stammbaum der Metaphysenzellen

Zur Untersuchung des Stammbaums der Metaphysenzellen können auch Markierungen mit ³H-Thymidin herangezogen werden. Allerdings werden nur jene Zellen erfaßt, die sich im Augenblick der Thymidin-Applikation zur Teilung anschicken. Die Entwicklung einer Zellform im Sinne der Zellmetamorphose bzw. Modulation setzt jedoch keine mitotische Aktivität der zugehörigen Stammzellen voraus (s.S. 69).

Die Untersuchungen von KEMBER (1960) mit Hilfe von Tritiumthymidin über die Mitosen in der Epiphyse (Abb. 99) und Metaphyse (Abb. 158) geben die Möglichkeit zu kalkulieren, wieviel markierte Osteoblasten auf Stammzellen der Metaphyse und wieviel auf Chondrozyten zurückzuführen sind. Als Bezugspunkt wählt KEMBER (1960) die Eröffnungszone. In dem Beobachtungszeitraum von 28 Tagen entfernt sich die Eröffnungszone, die Position Null, um etwa 2700 µm von der Ausgangsposition eine Stunde nach der Injektion. Nach den Untersuchungen an der Epiphyse (s.S. 260) erreicht eine kleinere Zahl von markierten Chondrozyten die Eröffnungszone zwischen dem 1. und 2. Tag. Eine

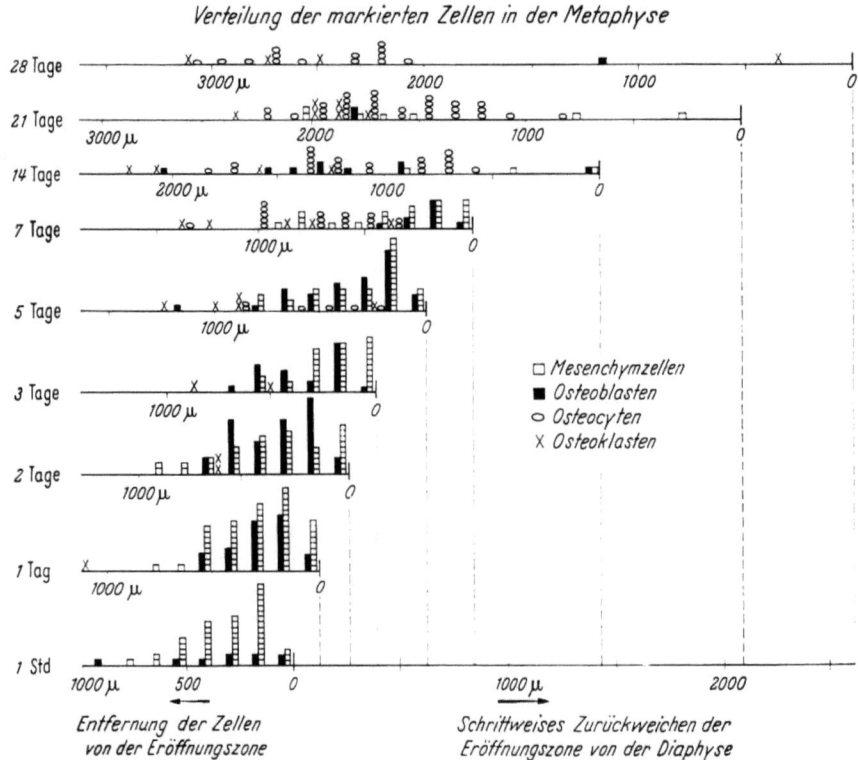

**Abb. 158.** Verteilung der mit Thymidin-³H markierten Mesenchymzellen, Osteoblasten, Osteozyten und Osteoklasten in der Tibiametaphyse von Ratten zu verschiedenen Zeiten. Mit 0 wird die Eröffnungszone angegeben. Abstand der markierten Zellen von dieser Eröffnungszone in µm (Umzeichnung nach KEMBER, 1960)

Stunde nach Injektion sind überwiegend sog. *Stammzellen* (Mesenchymzellen) markiert, und zwar in einer schiefen Verteilung, die von der Eröffnungszone bis zum Abstand von 150 μm ansteigt und dann langsam abfällt. Am 2. Tag tritt eine zweigipflige Verteilung der Stammzellen auf; der eine Gipfel, vermutlich der bisher beobachtete, hat sich auf 300 μm verschoben, ein neuer ist in der Eröffnungszone aufgetreten. Dieser Gipfel verschiebt sich am 3. Tag auf etwa 600 μm. Gleichzeitig nimmt die Zahl der markierten Stammzellen in der Nähe der Eröffnungszone zu. Die Verteilungskurve erscheint somit U-förmig gestaltet. Man könnte die vom 2. Tag an in der Nähe der Eröffnungszone auftretenden Stammzellen als „entdifferenzierte" *Chondrozyten* ansehen. Auch bei den markierten *Osteoblasten* ist nämlich vom 2. Tage an eine zweigipflige Häufigkeitsverteilung zu beobachten. Von der Eröffnungsfront steigt die Kurve zu einem Maximum bei 150 an, fällt dann ab und erreicht ein 2. Maximum bei etwa 600 μm Abstand von der Eröffnungsfront. Man kann damit wohl annehmen, daß *2 Populationen* von Osteoblasten vorliegen; Abkömmlinge von perivaskulären Stammzellen und von befreiten Chondrozyten. KEMBER (1960) selbst glaubt, daß das Auftreten von markierten Osteoblasten 1 Std nach der Applikation von Thymidin auf eine mitotische Aktivität dieser Zellen hinweist. Der Anstieg der markierten Osteoblasten zu späteren Zeiten sei dagegen auf Stammzellen zurückzuführen. Ein großer Teil der Stammzellen (Mesenchymzellen; Reservezellen) kann sich innerhalb von 3 Tagen nur einmal teilen. Die Osteoblasten zeigen einen ziemlich langsamen *Umsatz*; etwa ein Viertel der aktiven Population wird alle 3 Tage erneuert (vgl. hierzu auch OWEN, 1965). Viele dieser neuen Zellen sind ein Ersatz für Osteoblasten, die als Osteozyten eingemauert worden sind. Markierte *Osteozyten* treten erst am 5. Tag auf und sind am 7.–21. Tag wesentlich vermehrt. Auch für die Osteozyten glaube ich in dem Diagramm von KEMBER (1960) eine zweigipflige Verteilung zu erkennen.

Die Verteilung mit ³H-Thymidin markierter Zellen beschreibt YOUNG (1962 a, c) in einer proximalen, mittleren und distalen Zone der *Ratten*-Metaphyse. Die verglichenen Zonen sind zu Beginn der Untersuchung und nach 14 Tagen, infolge der Verschiebung der Eröffnungszone, *nicht mehr homolog*. Einzelne markierte Osteoblasten treten in der Metaphyse relativ früh (1 Std) auf. Der Anstieg markierter Zellen beginnt jenseits der 9. Std und erreicht einen ersten Gipfel in der Rippenmetaphyse zwischen 24 und 28, in der Tibiametaphyse nach 36 Std. Bis annähernd 100 Std bleibt die Zahl der markierten Osteoblasten zwischen 20 und 25% annähernd konstant und fällt nach 170 Std steiler, anschließend langsamer ab. Wird nun die zeitliche Häufigkeitsverteilung der markierten Zellen des proximalen und distalen Drittels der Metaphyse miteinander verglichen, so steigt die Häufigkeit in der proximalen Zone steiler als in der distalen Zone an, und hier wieder bei der Rippe steiler als bei der Tibia. Nach 14 Tagen sind keinerlei Zellen mehr in der Metaphyse zu beobachten, die 4 oder mehr Granula aufweisen. Die zeitliche Häufigkeitsverteilung markierter Osteoblasten zeigt im *Endost* und *Periost* einen annähernd gleichartigen Verlauf, sie sind nur zeitlich und der Höhe nach gegeneinander versetzt. Die Häufigkeitsverteilung der Osteoblasten in der Metaphyse weist jedoch einen *zusätzlichen Gipfel* bei 30–170 Std auf. Zu den metaphysären Osteoblasten, die von perivaskulären Stammzellen abstammen, treten hier nach unserer Auffassung Osteoblasten hinzu, die auf Knorpelzellen der Epiphyse zurückzuführen sind (vgl. KNESE, 1963 d). Es liegen *zwei Kollektive* von Zellen vor. Die Verteilungskurve· erhält damit einen zusätzlichen Gipfel.

In der Rippe steigt die Zahl der markierten Osteoblasten wesentlich früher als bei der Tibia an. Offensichtlich werden am Ende des ersten Tages schon chondrogene Osteoblasten frei; die Markierung der endostalen und periostalen Osteoblasten schreitet langsamer voran, erreicht aber etwa zur gleichen Zeit wie in der Tibia, d.h. nach 120 Std, das Maximum. Den Mitosegipfel zwischen 36 und 40 Std führt YOUNG (1962a) auf eine zweite Teilung bereits markierter Zellen zurück; späterhin soll sich die Mitoserate auf einen Wert einstellen. Diese Einstellung betrachtet YOUNG (1962a) als Zeichen dafür, daß die markierten Osteoblasten aus einem Stammzellpool (progenitor pool) stammen. Die Zeit, in der markierte Osteoblasten und Stammzellen im Gleichgewicht stehen, beträgt etwas weniger als 2 Tage. Die Spezialisierung zu Osteoblasten setzt die Rate des Verdünnungseffektes für das Thymidin herunter, da sich diese Zellen im allgemeinen nicht mehr teilen können. So ist die Markierung der spezialisierten Osteoblasten und Osteozyten in späterer Zeit stärker als die der Stammzellen. YOUNG (1962a) schließt die Teilung von Osteoblasten nicht aus. Die Umwandlung von Stammzellen in spezialisierte Knochenzellen ist als *Modulation* und nicht als Differenzierung anzusehen. Aus Beobachtungen am Periost schließt YOUNG (1962a), daß diese Modulation während der DNS-Synthese erfolgt. So ergibt sich die Möglichkeit, daß die Zellen nach der Mitose entweder in der Stammzellenpopulation verbleiben oder eine Modulation zum Osteoblasten oder Osteoklasten durchmachen. Schließlich bestünde die Möglichkeit, daß Osteoblasten und Osteoklasten durch Modulation in den Stammzellenpool zurückkehren.

Ein *Nachschub von Osteoblasten aus der Epiphyse* läßt sich aus den Langzeitversuchen mit Tritiumthymidin von TONNA und CRONKITE (1964) erschließen (vgl. TONNA, 1961). Die Autoren geben nämlich an, daß nach Verabreichung an neugeborene *Mäuse* die Markierung im metaphysären Endost von 27,60 (1 Std), auf 58,00 (1 Tag) und 48,80% (6 Tage) ansteigt, nach 14 Tagen auf 0,33% abfällt. Nach ihrer Meinung liegt ein Kompartiment mit *lebhafter Proliferation* vor. Man könnte vermuten, daß der starke Anstieg der metaphysären Markierung auf der Speisung aus zwei Quellen beruht, der Epiphyse und den perivaskulären Zellen. Bei nur einmaliger Markierung und der hohen Umwandlungsrate in Osteoblasten sowie dem Verdünnungseffekt des Thymidins ist das markierte Zellreservoir nach 14 Tagen erschöpft. Ein Teil der Zellen ist in markierte *Osteozyten* umgewandelt, deren Zahl in der Metaphyse besonders hoch ist.

Die Frage, inwieweit Chondrozyten sich in Osteoblasten umwandeln können, hat HOLTROP (1966) mit Hilfe intramuskulärer Transplantationen von Rippenstücken bei *Mäusen* untersucht. Im Transplantat entsteht nach 2 Wochen eine Zone mit enchondraler Knochenbildung. Zur Unterscheidung von Spender und Gastzellen wurden die Spendermäuse vor der Transplantation mit $^3$H-Thymidin markiert. Allerdings besteht hierbei die Möglichkeit, daß Thymidin durch Absterben der Spenderzellen von Gastzellen aufgenommen wird (vgl. TRINKAUS und GROSS, 1961). 12 Tage nach der Transplantation fehlt die starke Markierung in den Zellsäulen, doch zeigen sie einige Osteoblasten und Osteozyten. Die Knochenbildung durch Spenderzellen ist damit erwiesen, aber noch nicht, daß diese Zellen vom Perichondrium oder vom Knorpel oder von beiden abstammen. Die Entfernung des Perichondriums gelang am Rippenfragment der *Ratte.* Nach 2 Wochen waren ebenfalls stark markierte Osteoblasten und Osteozyten aufzufinden, die offensichtlich von den Knorpelzellen abstammten. Jedoch finden sich im Bereich der umhüllenden Knochenkappe auch stark markierte periostale

Zellen. So kommt HOLTROP (1966) zum Schluß, die Knorpelzellen könnten sich erst zu Bindegewebszellen des Perichondriums oder Periosts „entdifferenzieren" und dann Knochen bilden. Die Angaben von HOLTROP (1966) haben BENT-LEY und GREER (1970; *Kaninchen*) nachgeprüft, indem sie aus dem Kopf des Metatarsus die Epiphyse vom Säulenknorpel an isoliert und vom Perichondrium befreit, mit Thymidin markiert und in die Rückenmuskeln des gleichen Tieres transplantierten. Die enchondrale Osteogenese beginnt nach 4 Tagen. Die Markierung wandert vom Säulenknorpel zu den hypertrophen und verschwindet aus den Knorpelzellen nach 10 Tagen. Eine Markierung von Knochenzellen wurde nicht beobachtet, so daß die Autoren eine Herkunft von Osteoblasten aus Zellen der Epiphyse für unwahrscheinlich halten. Die Osteoblasten stammten demnach von primitiven Mesenchymzellen ab. Nach Untersuchung des Os pubis der *Maus* in vivo und vitro, auch nach Markierung mit $^3$H-Thymidin, kommen CRELIN und KOCH (1965, 1967) zum Schluß, daß Chondroblasten, Chondrozyten und Chondroklasten sich aus demselben Grundtyp wie Knochenzellen entwikkeln und daß Chondrozyten zu Knochenzellen und Chondroklasten werden; die Chondroklasten können sich zu Knochenstammzellen zurückentwickeln. Chondrozyten des „Wachstums"knorpels, aber nicht die des sog. ruhenden Knorpels, zeigen in vitro eine osteogene Potenz (SHIMOMURA et al., 1975).

Aufgrund einer elektronenmikroskopischen Untersuchung mit $^3$H-Thymidin markierter Ratten unterscheidet SCOTT (1967a) in der Metaphyse *zwei Zelltypen*. Eine spindelförmige (A) Zelle zeigt die Charakteristika der Matrix-Produktion mit einem ausgedehnten Retikulum und umfangreicher Glykogenspeicherung. Als isolierte endostale Zellen liegen die Zellen entlang der Knochentrabekel, die ein Streifen von Kollagenfibrillen von 2–5 µm Breite begleitet. Das Retikulum besteht aus parallelen Lamellenpaaren und z.T. erweiterten Zisternen. Die A-Zellen stellen Präosteoblasten dar. Der runde (B) Typ ist sich entwickelnden neutrophilen Leukozyten mit freien Ribosomen, Mitochondrien, Golgi-Apparat und lysosomalen Körpern ähnlich. Der große rundliche Kern mit unregelmäßig gestalteter Oberfläche liegt exzentrisch. Das Chromatin ist dichter als bei den A-Zellen, von denen sie sich außerdem durch die freien Ribosomen und die große Zahl meist rundlicher Mitochondrien unterscheiden. Die B-Zellen sind wohl den „grauen" Zellen gleichzusetzen (vgl. KNESE und KNOOP, 1961 b; KNESE, 1972a; s.S. 400). Nach SCOTT (1967a) geht die Spezialisierung der osteogenen Zellen zu Osteoblasten und Osteozyten auf verschiedenem Wege vor sich.

Die mitgeteilten Befunde sprechen dafür, daß die Osteoblasten der Metaphyse sowohl von Chondrozyten als auch perivaskulären Elementen abstammen, d.h. *keine monophyletische Zellrasse* darstellen, wie angenommen wurde (u.a. YOUNG, 1962a; BINGHAM et al., 1969; KEMBER, 1971). Die der Eröffnungszone nahegelegenen Osteoblasten sind vermutlich auf Chondrozyten, die etwas ferner gelegenen, auf die perivaskulären Elemente zurückzuführen (KNESE, 1963d). Gegenüber den widersprüchlichen Hypothesen über die Herkunft der Osteoblasten könnte man sagen, es gibt kein „entweder oder", sondern ein „sowohl als auch" (vgl. SHIMOMURA et al., 1973). Weitere Metaphysenzellen stammen von Chondroklasten, vermutlich auch Mineraloklasten (KNESE, 1972a), dem *Endothel* und dem *Periost* der Tunnelregion ab. In der Metaphyse entsteht eine *Mischpopulation* von Zellen (vgl. SIMMONS, 1963), wie an anderen Orten des Skeletts auch, z.B. in der Mischung von Endo- und Ektomesenchym in bestimmten Schädelbereichen. Hier gelang es u.a. durch Defekt-Experimente, die Bedeutung, das Schicksal der einzelnen Populationen zu ermitteln (s.S. 33). Für die Metaphyse wäre von Interesse, den Anteil zu bestimmen, der den einzelnen *Ursprungsquellen* der Zellen zukommt. Die Markierungsexperimente, an die man in diesem Zusammenhang denkt, geben keine klare Auskunft. Sie erfordern eine (quasi mathematische) Analyse, die im Sinne der Wahrscheinlichkeit zu deuten ist, aber keine unmittelbare „Evidenz" besitzt. Vor allem fehlt in den bisherigen Untersuchungen eine gleichzeitige Einbeziehung von Epi- und Metaphyse. Die getrennten Untersuchungen von KEMBER (1960, 1969, 1971) an beiden Regionen ergänzen sich teilweise.

Die *Umwandlung geschlüpfter Chondrozyten* zu metaphysären Osteoblasten stellt einen weiteren Schritt der Zellmetamorphose dar, die von den Chondroblasten ausgeht und über die verschiedenen Formen der Epiphysenzellen zu den hypertrophen Chondrozyten führt. Mit dieser Transformation der Zellgestalt ist eine Regression der Eröffnungszone verbunden (Abb. 101). Aber auch in der Metaphyse wandert eine entsprechende Transformationswelle über die Zellen zur Entwicklung von Osteoblasten hinweg (vgl. Abb. 146, 158). In den Eröffnungshöhlen liegen Zellen mit dichtem Kern und einem Retikulum mit weiten Zisternen. In den sich markwärts anschließenden Zellen nimmt die Erweiterung der Zisternen ab (Abb. 159). Es folgen Zellen mit kleinem Kern, deren Zelleib sich, unter Vermehrung des Retikulums, vergrößert hat; die Zahl der Mitochondrien ist erhöht. Die Zellen liegen in Gruppen zusammen. Noch weiter zur Markhöhle hin legen sich die Zellen den Knorpelspangen an. Diesen Zellen unmittelbar benachbart folgen zunächst inaktive Osteoblasten. Die anschließenden aktiven Osteoblasten bilden die präossalen Säume mit Kollagenfibrillen, die den Knorpelresten aufgelagert sind (Abb. 160).

Aus den *perivaskulären* Elementen entwickeln sich ohne zytogenetische Zwischenstadien, wie sie z.B. im Periost auftreten (Abb. 252), Osteoblasten (STUMP, 1925; SCOTT, 1967a). Die perivaskulären Zellen wurden als undifferenzierte Zellen angesehen (s.S. 407; u.a. KEMBER, 1960; YOUNG, 1962a, c, 1964; OWEN, 1965, 1970, 1971; FROST, 1966a) und als Mesenchymzellen (u.a. KEMBER, 1960), als osteogene Zellen (u.a. YOUNG, 1963b) oder als „germinal cells" (HALL, 1970a, b) bezeichnet. Die Annahme, daß undifferenzierte Zellen vorliegen, basiert auf der Voraussetzung, daß die Differenzierung eines spezialisierten Zelltypus, nämlich des Osteoblasten, nur von einer „undifferenzierten" Zelle ausgehen kann. Zunächst muß bemerkt werden, daß einer Zelle nicht anzusehen ist, inwieweit sie für eine Spezialisierung determiniert ist (s.S. 115). Die Rückführung der Osteoblasten unmittelbar auf „Mesenchymzellen" übersieht die lange Geschichte eines Skelettelements und seiner Zellen mit fortlaufender Spezialisierung seiner Teile, sie betrachtet die Osteogenese als einen isolierten Vorgang, der unabhängig von den Organogenese abläuft. Die entwicklungsgeschichtlichen Untersuchungen lassen es als höchst zweifelhaft erscheinen, daß undifferenzierte Mesenchymzellen als Schlummerzellen in einer Art *Mesenchymbahn*, etwa im Sinn der Keimbahn, erhalten bleiben, um eines Tages Osteoblasten zu werden (KNESE, 1967a). Damit taucht die Frage auf, woher diese perivaskulären Zellen

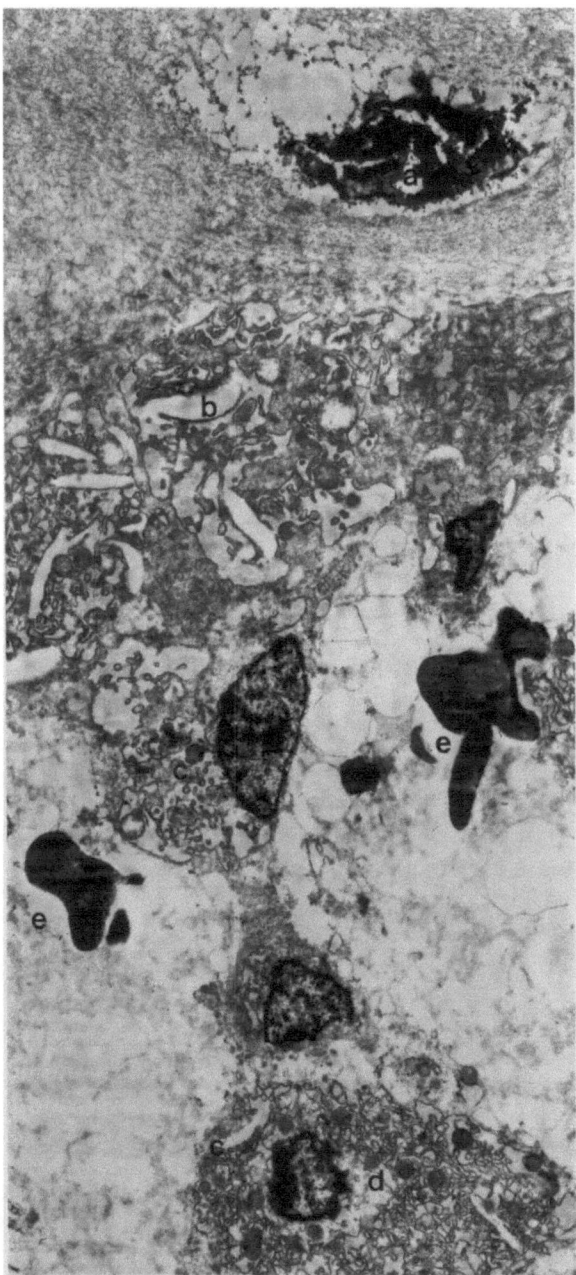

**Abb. 159.** Rinderfet, 110 mm SSL, proximale Metaphyse. Umwandlung geschlüpfter Zellen in Osteoblasten, *a)* Zellen mit lakunärer Erweiterung in der Knorpelhöhle, *b)* geschlüpfte Zelle mit stark erweiterten Zisternen im endoplasmatischen Retikulum, *c)* Zellen mit Verengung der Zisternen und Vermehrung der Mitochondrien, *d)* Zelle mit weiterer Verengung der Zisternen des vermehrten granulären Retikulums sowie Vermehrung der Mitochondrien (Präosteoblast), *e)* freie Erythrozyten in der Eröffnungshöhle; Vergr. 3500 ×

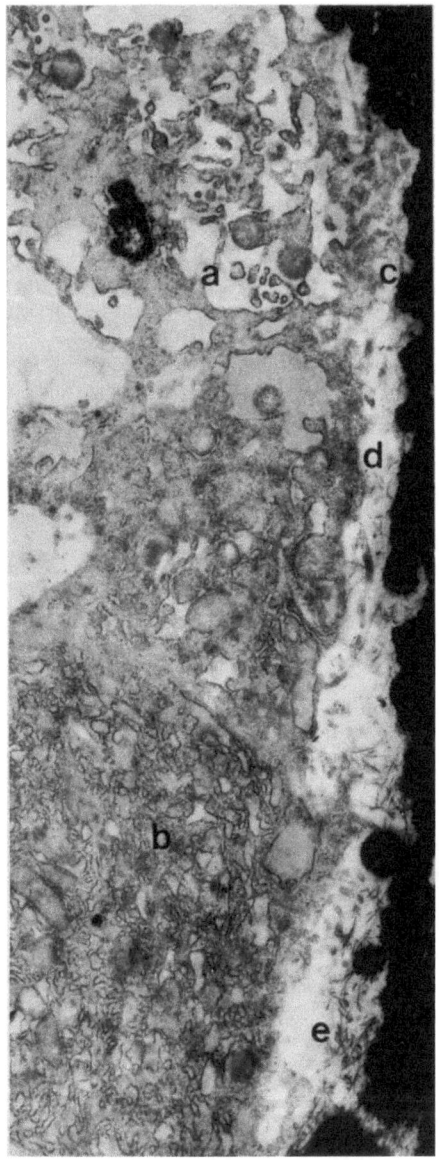

**Abb. 160.** Rinderfet, 110 mm SSL, proximale Metaphyse des Metatarsus. Entwicklung reifer metaphysärer Osteoblasten. *a)* Präosteblasten mit stark erweiterten Zisternen, *b)* reife Osteoblasten mit reichlich entwickeltem endoplasmatischem Retikulum und Mitochondrien, *c)* Knorpelmineralien, *d)* Bildung der ersten dünnen Fibrillen des präossalen Gewebes, *e)* dickere Fibrillen des präossalen Gewebes auf Knorpelmineralien aufgelagert; Vergr. 5700 ×

kommen; es wird u.a. angenommen aus dem Periost (s.S. 177; u.a. auch CRELIN und KOCH, 1967).

Die bisher vorliegenden Untersuchungen lassen nicht erkennen, wie groß der jeweilige Anteil von Osteoblasten ist, der von der Epiphyse bzw. perivaskulären Zellen abstammt (vgl. S. 407). Die bekannten Störungen des Größen- und Formwachstums des Skeletts bei verändertem *Hormon*- und *Vitamin*haushalt (u.a. WEINMAN und SICHER, 1955; PUTSCHAR, 1960; RANG, 1969; Tabelle 18) führen zu der Vermutung, daß die Epiphyse ein Zellreservoir von besonderer Bedeutung ist. Eine Möglichkeit zur Bestimmung der Herkunft der Osteoblasten besteht in der mehr oder minder gezielten Beeinflussung der Ursprungspopulationen, u.a. durch Hormone, z.B. des *Parathyreoideahormons*, unter dessen Einfluß HELLER et al. (1950; Abb. 1) und andere Autoren (u.a. KROON, 1958; YOUNG, 1964) die Zelltransformationen im Knochen studierten.

Neben dem Einfluß auf den *Calcium*-Stoffwechsel ist die Wirkung des Parathyreoideahormons recht komplex und nicht geklärt (Tabelle 18; vgl. JAFFE et al., 1932; SHELLING, 1935; SELYE, 1942; BARTTER, 1954; ENGFELDT und HJERTQUIST, 1954a; ENGFELDT und ZETTERSTRÖM, 1954; McLEAN, 1956, 1957, 1963; GAILLARD, 1961; RASMUSSEN, 1961; TALMAGE et al., 1970). Das Parathyreoideahormon beeinflußt auch den Stoffwechsel der *Polysaccharide* (z.B. ENGEL, 1952; BRONNER, 1960; VAES, 1968; HJERTQUIST und VEJLENS, 1968), der *Nukleinsäuren* (OWEN und BINGHAM, 1968; BINGHAM et al., 1969) und des *Kollagens* (GREEP und TALMAGE, 1961; FLANAGAN und NICHOLS, 1964, 1965a, b; TALMAGE und BÉLANGER, 1968; TALMAGE und MANSON, 1972).

Für eine Wirkung des Parathyreoidea-Extrakts auf die Epiphyse sprechen Untersuchungen von GAILLARD (1962), der in der Kultur des Radius von *Mäuse*feten eine qualitativ ähnliche Wirkung von Thyroxin und Parathyreoidea-Extrakt gefunden hat. Im Bereich der hypertrophen Zellen erfolgt eine konische Transformation, Abnahme der Zahl der hypertrophen Zellen und Verschwinden der Azurophilie der Interzellularsubstanz; im Knochengewebe tritt ein Verlust von Osteoblasten auf. Ein Vergleich der Metaphyse und der Epiphyse unter Parathyreoidea-Wirkung ergibt parallel ablaufende Veränderungen (Abb. 161, 162). Zu Beginn der Hormonwirkung vermehren sich die kohlenhydratreichen Zellen. Es treten Zellen mit lakunärer Erweiterung der Zisternen auf (KNESE, 1969a; Abb. 111). Dann findet eine Speicherung von Polysacchariden in den distalen Säulenzellen (4 Tage) unter Entwicklung einer mehr kubischen Zellform statt (vgl. BRONNER, 1960). Diese Zellen rücken in die hypertrophe Region vor (7 Tage), und nach 14 Tagen ist eine Normalisierung der Epiphyse zu beobachten. Das Hormon beeinflußt damit nicht nur den Stoffwechsel, sondern auch Gestalt und Struktur von Zellen, wie es z.B. CAMERON et al. (1967) für Osteoklasten beschrieben haben.

Die Untersuchungen am Mark- oder *Follikulinknochen* der *Vögel* (KYES und POTTER, 1934; BLOOM et al., 1941; CLAVERT, 1948, 1950; HELLER et al., 1950; McLEAN und URIST, 1955; BLOOM et al., 1958; LINDQUIST et al., 1960; BÉLANGER und MIGICOVSKY, 1961) haben dazu geführt, die Wirkung der *Östrogene* auf die Zellpopulationen der Metaphyse zu untersuchen (Tabelle 16). Die unterschiedliche topochemische Reaktionsform von Follikulinknochen und „Skelettknochen" wurde bisher nicht näher untersucht. Der Follikulinknochen färbt sich mit Methylenblau (ab pH 4,1), Alcianblau und den kolloidalen Eisenreaktionen an; er reagiert PAS-positiv und metachromatisch. Versuche mit markiertem

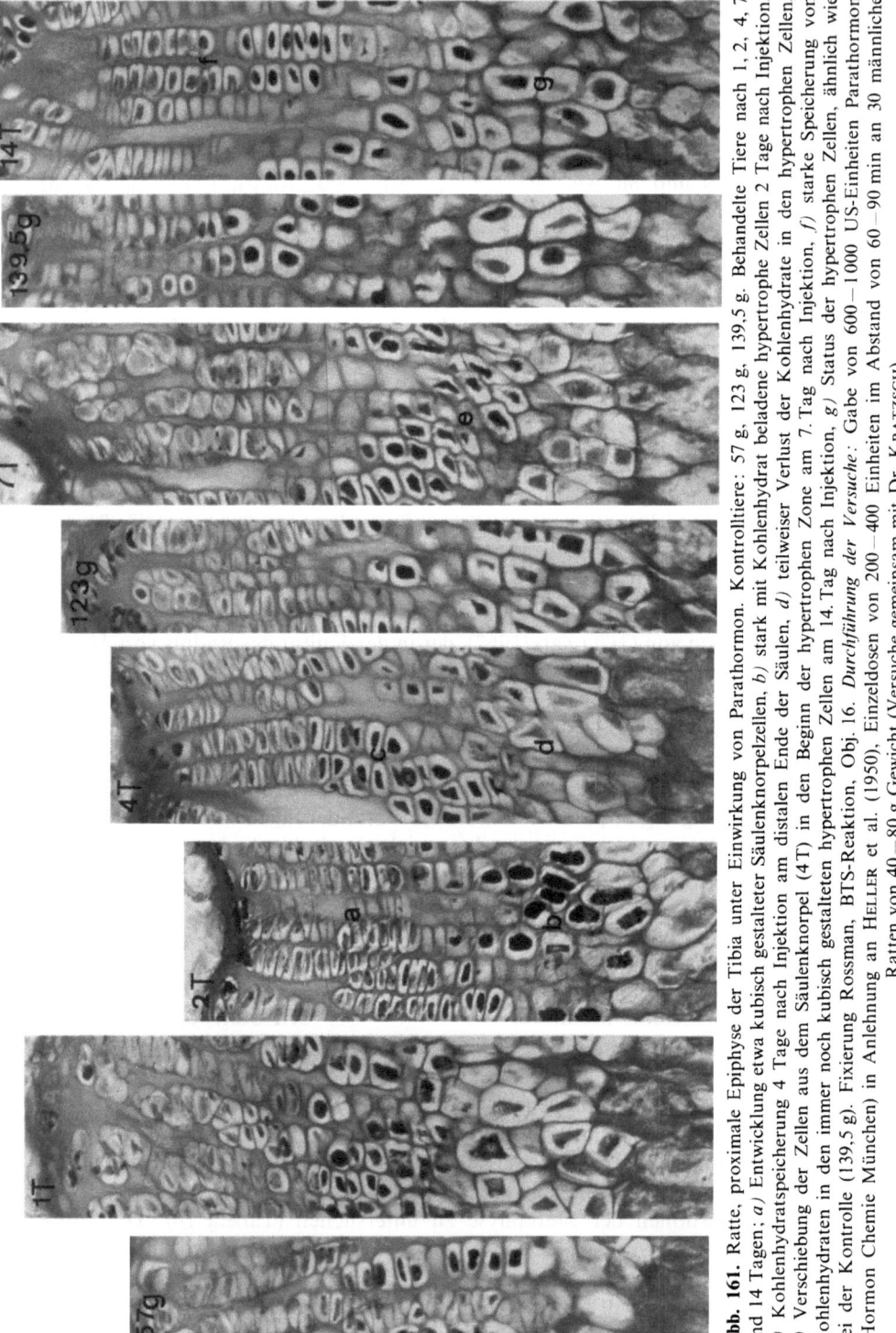

**Abb. 161.** Ratte, proximale Epiphyse der Tibia unter Einwirkung von Parathormon. Kontrolltiere: 57 g, 123 g, 139,5 g. Behandelte Tiere nach 1, 2, 4, 7 und 14 Tagen; *a)* Entwicklung etwa kubisch gestalteter Säulenknorpelzellen, *b)* stark mit Kohlenhydrat beladene hypertrophe Zellen 2 Tage nach Injektion, *c)* Kohlenhydratspeicherung 4 Tage nach Injektion am distalen Ende der Säulen, *d)* teilweiser Verlust der Kohlenhydrate in den hypertrophen Zellen, *e)* Verschiebung der Zellen aus dem Säulenknorpel (4T) in den Beginn der hypertrophen Zone am 7. Tag nach Injektion, *f)* starke Speicherung von Kohlenhydraten in den immer noch kubisch gestalteten hypertrophen Zellen am 14. Tag nach Injektion, *g)* Status der hypertrophen Zellen, ähnlich wie bei der Kontrolle (139,5 g). Fixierung Rossman, BTS-Reaktion, Obj. 16. *Durchführung der Versuche:* Gabe von 600—1000 US-Einheiten Parathormon (Hormon Chemie München) in Anlehnung an HELLER et al. (1950), Einzeldosen von 200—400 Einheiten im Abstand von 60—90 min an 30 männliche Ratten von 40—80 g Gewicht (Versuche gemeinsam mit Dr. KRATZSCH)

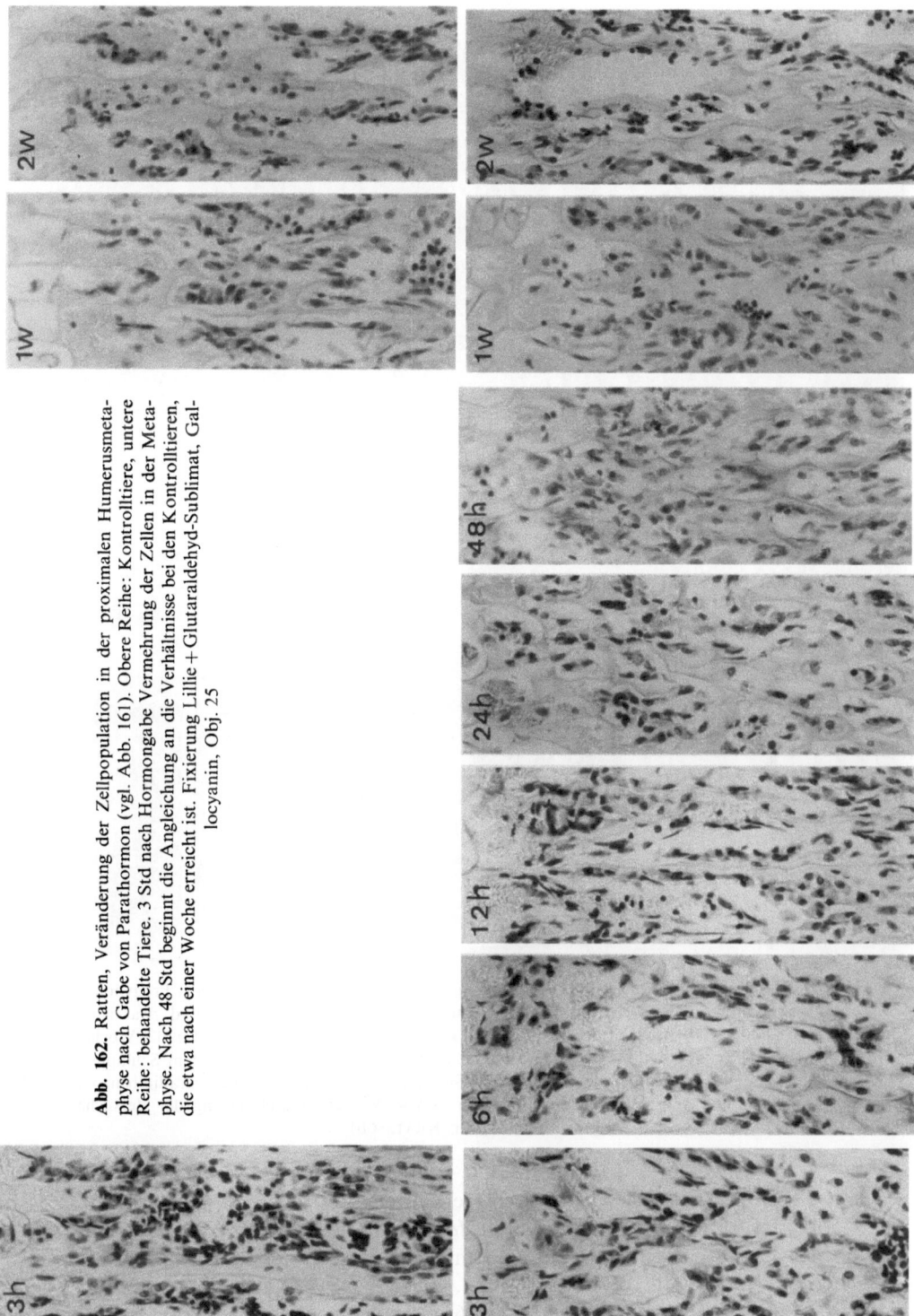

**Abb. 162.** Ratten, Veränderung der Zellpopulation in der proximalen Humerusmetaphyse nach Gabe von Parathormon (vgl. Abb. 161). Obere Reihe: Kontrolltiere, untere Reihe: behandelte Tiere. 3 Std nach Hormongabe Vermehrung der Zellen in der Metaphyse. Nach 48 Std beginnt die Angleichung an die Verhältnisse bei den Kontrolltieren, die etwa nach einer Woche erreicht ist. Fixierung Lillie + Glutaraldehyd-Sublimat, Gallocyanin, Obj. 25

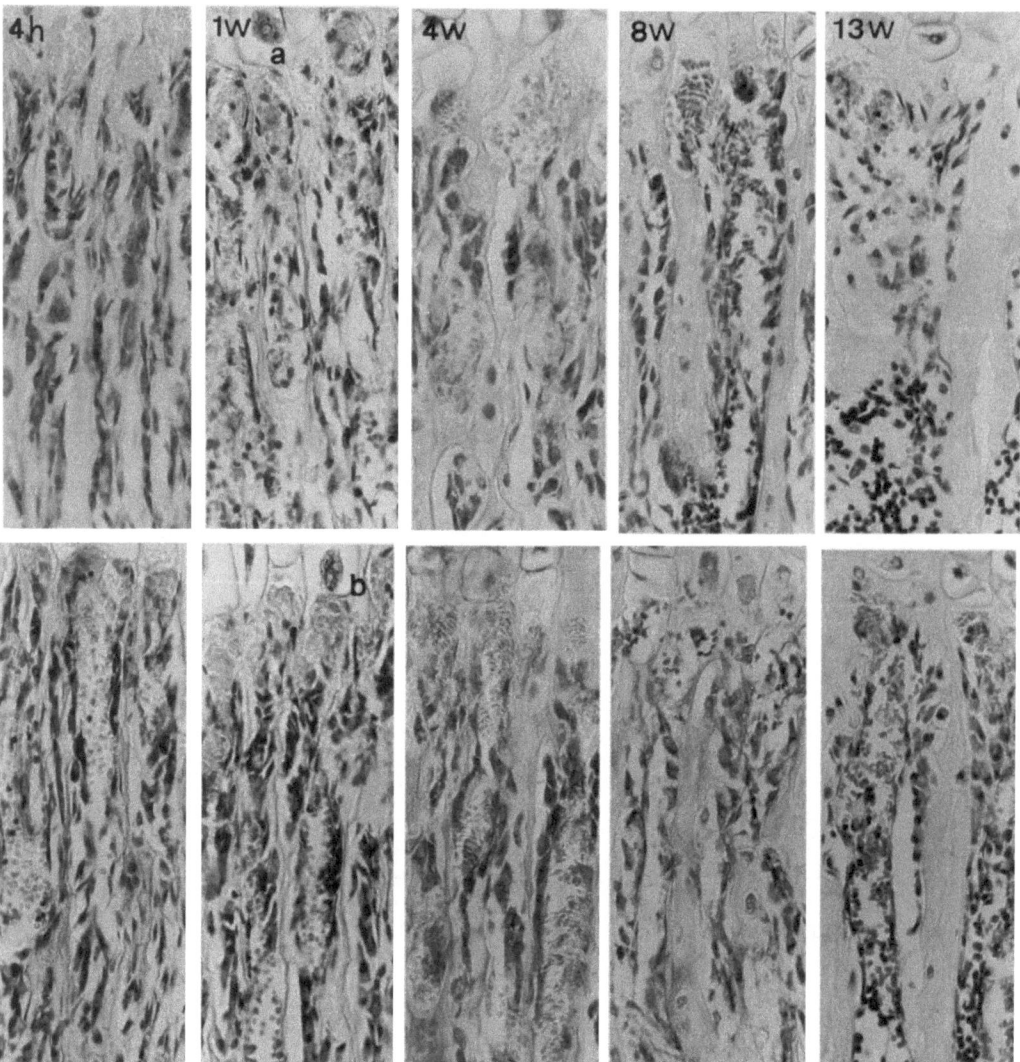

**Abb. 163.** Ratte, obere Tibiametaphyse. Auswirkung von Östrogen (Östradiolbenzoat: Progynon B oleosum, Schering). Obere Reihe: Kontrolltiere, untere Reihe: behandelte Tiere, und zwar nach 4 Std, 1, 4, 8 und 13 Wochen. Vermehrtes Auftreten kleinzelliger Elemente nach 4 Std und 1 Woche, Angleichung der Zellpopulationen aneinander etwa nach 8 Wochen. *a)* Zelle vor dem Schlüpfen, *b)* Zelle im Schlüpfen. *Durchführung der Versuche:* Subkutane Injektion von 5 mg Östradiolbenzoat an 21 männliche und 4 weibliche Ratten im Alter von 4 Wochen (Durchführung der Versuche gemeinsam mit Dr. KRATZSCH)

Östron sprechen für eine selektive Ablagerung des Östrons im Endost (BUDY, 1955, 1956, 1960, 1962). Während es bei *Mäusen* zur Neubildung von endostalem Knochen kommt, zeigen *Ratten* eine verminderte Resorption des metaphysären Knochens (URIST et al., 1948; BUDY et al., 1952; Abb. 163). Andererseits haben SILBERBERG und SILBERBERG (1941b, 1956, 1971) gezeigt, daß die Proliferation des Epiphysenknorpels herabgesetzt, die Reifung der Chondrozyten beschleunigt ist. Die Produktion von MPS nimmt ab (u.a. DZIEWIATKOWSKI, 1964). Mit den z.T. widersprüchlichen Auffassungen über den Östrogen-Effekt, ebenso über Spezies, Geschlechts- und Altersdifferenzen usw. (HOLTER, 1965) setzen sich SILBERBERG und SILBERBERG (1971) auseinander. Die Zunahme an Osteoblasten soll auf einer vermehrten Umwandlung von undifferenzierten Markzellen beruhen (SIMMONS, 1963). In der distalen Femurepiphyse (Abb. 164) tritt 4 Std nach Östrogenapplikation bei männlichen Ratten eine verstärkte, zwischen dem 1. und 7. Tag eine verminderte Speicherung von Kohlenhydraten auf. Erst nach der 17. Woche entspricht das Gefüge der Epiphysenplatte etwa dem der Kontrolltiere. Die komplexe und sehr differente Wirkung des Östrogens betrifft damit wohl nicht ein einziges Zellkompartiment. Weiterhin wird nicht nur die Proliferation bzw. die Zytogenese beeinflußt, sondern auch der Stoffwechsel der Zellen; es treten vermehrt Zellen mit lakunären Erweiterungen — wie bei Parathormongaben — auf (vgl. Abb. 111). Damit ist weder durch Östrogen noch durch Parathormon eine isolierte Beeinflussung der Ursprungspopulationen der metaphysären Osteoblasten möglich.

### 4.5.3. Die metaphysäre (enchondrale) Osteogenese

Die Osteoblasten und der Ablauf der Osteogenese werden auf S. 513 geschildert. Hier sollen nur die speziellen topographischen Verhältnisse der Metaphyse dargestellt werden.

Die Architektur der Metaphyse wurde *lichtmikroskopisch* (HARRIS, 1926; DODDS und CAMERON, 1934; SILBERBERG und SILBERBERG, 1941b; INGALLS, 1941; LACROIX, 1951a; KNESE, 1957; RIGAL, 1962; YOUNG, 1962a, c, 1964) und *elektronenmikroskopisch* (SCOTT und PEASE, 1956; ROBINSON und CAMERON, 1956, 1958; SHELDON und ROBINSON, 1957; TAKUMA, 1960b, 1963; KNESE und KNOOP, 1961b; CAMERON, 1961a, 1963; SHELDON, 1964a, b; ANDERSON und PARKER, 1966, 1968) untersucht. Die *autoradiographischen* Untersuchungen mit $^{35}$S (AMPRINO, 1955c; DZIEWIATKOWSKI, 1962b), $^{32}$P (LEBLOND et al., 1950) und $^{45}$Ca (PONLOT, 1960; LACROIX, 1960) wurden durch mikroradiographische Studien (WALLGREN, 1957a; VINCENT und DEHM, 1960) ergänzt.

Ein besonderes Augenmerk war auf die Beziehung zwischen den *Gefäßen* und der primären Spongiosa gerichtet, auch auf die Frage, ob die Kapillaren Knorpelhöhlen eröffnen (s.S. 420; KROMPECHER, 1937; BECKS et al., 1945; MORGAN, 1959; TRUETA und MORGAN, 1960; TRUETA und LITTLE, 1960; TRUETA und AMATO, 1960; KNESE und KNOOP, 1961b; TRUETA und BUHR, 1963; BROOKES und LANDON, 1964; IRVING, 1964; HANSSON, 1967; SLEDGE, 1968; DURKIN et al., 1969; LARSSON, 1976). Die Gefäße werden als mehr oder minder U-förmige Schlingen beschrieben (u.a. RANVIER, 1875; DOAN, 1922; MORGAN, 1959; BROOKES und LLOYD, 1961; IRVING, 1964; BROOKES, 1971). Das Gefäßsystem in der Rippe entspricht dem der Epiphyse (IRVING, 1964).

Eine Reihe von Autoren vertritt die Ansicht, die *Kapillaren* der Metaphyse seien eröffnet (z.B. VAN DER STRICHT, 1892; LEWIS, 1956; TRUETA und MORGAN, 1960). Von BROOKES und LANDON (1964) und IRVING (1964) wurde dagegen ein *geschlossener Kreislauf* angegeben; die Autoren sehen in den juxtaepiphysären Gefäßen ein irreguläres Netzwerk von *Sinusoiden*, versorgt von Endarterien

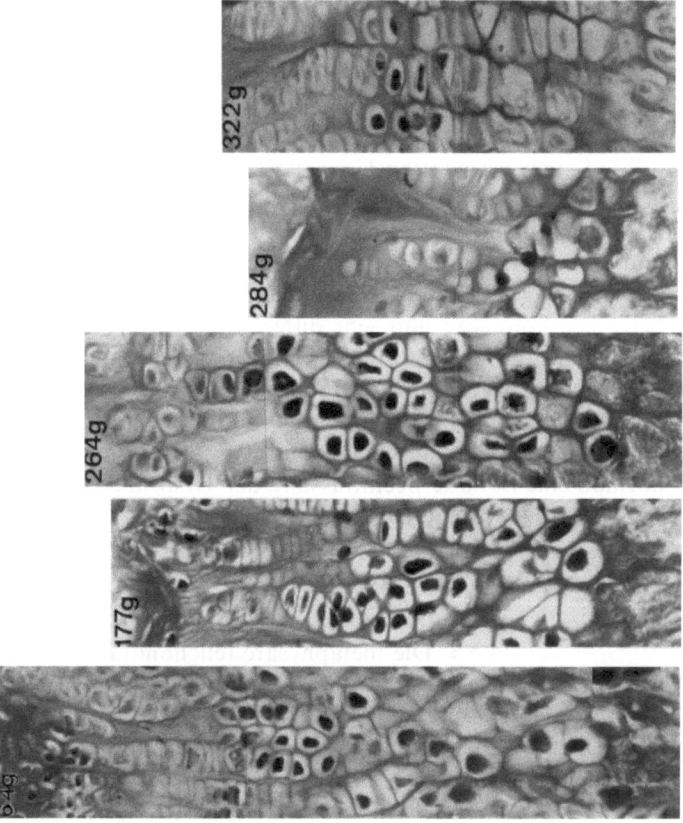

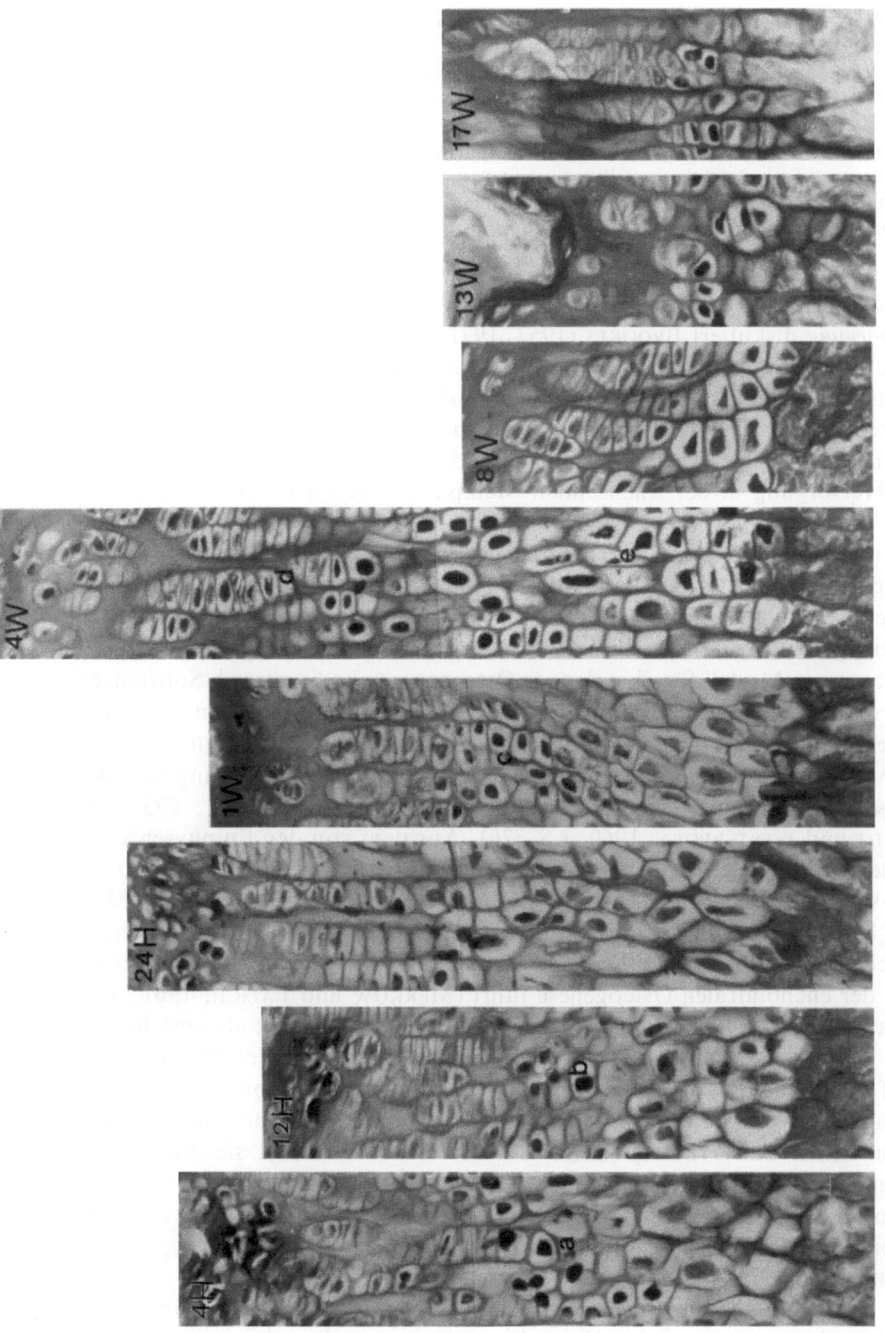

**Abb. 164.** Ratten, distale Femurepiphyse unter Einwirkung von Östrogen (vgl. Abb. 163). *Obere Reihe*: Normaltiere 57, 64, 177, 264, 284, 322 g; *untere Reihe*: Hormonwirkung nach 4, 12, 24 Std, sowie nach 1, 4, 8, 13 und 17 Wochen. *a*) 4 Std nach der Injektion Verkleinerung der proximalen Zellen der hypertrophen Region, *b*) Verschwinden der Zellen mit Kohlenhydratspeicherung nach 12 bzw. 24 Std, *c*) weitere Verkleinerung und Kohlenhydratverarmung der Zellen am Übergang vom Säulenknorpel zum hypertrophen Knorpel, *d*) nach 4 Wochen Neuauftreten von Kohlenhydraten im distalen Anteil des Säulenknorpels, *e*) Auftreten von stark mit Kohlenhydraten beladenen Zellen in der hypertrophen Region 4 Wochen nach Hormongabe. Angleichen an die Verhältnisse der Norm bei 13 bzw. 17 Wochen. Fixierung Rossman, BTS-Reaktion, Obj. 16

mit Abfluß in metaphysäre Sinusoide. Auf auswandernde Endothelzellen haben KNESE und KNOOP (1961 b) hingewiesen (Abb. 150). ANDERSON und PARKER (1966) setzen sich mit den Fragen des *Kapillarwachstums* auseinander (vgl. KEMBER, 1971). Das Endothel ist morphologisch von den begleitenden Mesenchymzellen verschieden. Die Autoren sind der Auffassung, daß die Umgrenzung der Kapillaren an der Spitze der einwandernden Gefäße unvollständig sei und daß Blutelemente außerhalb des Lumens liegen. Eine Öffnung der Kapillaren könne nur kurze Zeit bestehen, vom Alter abhängen, z.T. ein Artefakt darstellen. Nach SCHENK et al. (1967, 1968) bestehen die Kapillaren aus einem dünnen, von Poren durchsetzten Endothel mit einer unvollständigen Lage perivaskulärer Zellen. Durch die Lücken können Erythrozyten austreten. Eine Basallamina fehle häufig.

Die z.T. widersprüchlichen Ansichten über die Bedeutung der *metaphysären Blutversorgung* diskutiert BROOKES (1957, 1971). In den fetalen Perioden halten die metaphysären Gefäße, unterstützt von Knorpelkanälen, die volle Ernährung der Epiphyse aufrecht. Postnatal wird die Proliferationszone durch die epiphysäre subchondrale Zirkulation versorgt; die metaphysäre subchondrale Zirkulation erhält die Zellen der hypertrophen und mineralisierten Zone. Die Rate der Blutversorgung in der wachsenden Metaphyse und im Cortex verhält sich wie 2:1. HANSSON (1967) hat nach Plombieren der Markhöhle mit homologen Knochentransplantaten und Markierung mit Oxytetracyclin eine Herabsetzung der Wachstumsrate und der Länge der Zellsäulen in der Epiphyse (*Kaninchen*) festgestellt.

Offen ist die Frage, ob die in *Längsbalken* erhaltene knorpelige Interzellularsubstanz nur ein Modell für die folgende Osteogenese abgibt oder ob Substanzen in die Osteogenese eingehen. Bereits LOGAN (1935) fand am Epiphysen-Metaphysen-Übergang eine Herabsetzung des Sulfats auf $^1/_5$ (vgl. WEATHERELL und WEIDMANN, 1963). Auch über eine *Verschiebung* der *Sulfat*ablagerung von der Epiphyse zur Metaphyse wurde berichtet (DZIEWIATKOWSKI et al., 1957a, b; ENGFELDT und WESTERBORN, 1960; s.S. 326). Aus dem von den Epiphysenzellen gebildeten Proteoglykan wird das Protein entfernt (s.S. 191; CAMPO und DZIEWIATKOWSKI, 1963). Nach SIFFERT (1951) und GODARD (1951) sollen die MPS für die Knochenbildung genutzt werden. Hierfür scheinen die Beobachtungen zu sprechen, daß eine Degeneration der Epiphyse durch *Papain* zu einer Herabsetzung der enchondralen Osteogenese führt (MERKOW und LALICH, 1961; WESTERBORN, 1965). Faßt man die Zelle und Interzellularsubstanz als eine höhere Einheit (z.B. als Chondron; s.S. 442) auf, liegt eine solche Vermutung nahe. KNESE (1967b) meinte, die Epiphysenzellen seien nicht nur Chondrozyten, sondern *Vorfahren* (progenitor cells) der metaphysären Osteoblasten, ähnlich den Kambiumzellen und Präosteoblasten des Periosts (Abb. 252); sie würden im Rahmen der metaphysären Osteogenese die MPS-Synthese übernehmen, die im Periost die Kambiumzellen durchführen. In der Metaphyse findet eine Glykogen-Lipidsynthese sowie die Bildung von Kollagen und MPS statt (vgl. PECK und DIRKSEN, 1966).

Mit Hilfe von Radioisotopen wurde die Bildung der Interzellularsubstanzen durch *Osteoblasten* untersucht. Unter Einwirkung von Parathyreoideahormon hat YOUNG (1964) die Ablagerung von 13 Aminosäuren in Rippe und Tibia der *Ratte* studiert. Unter dem Hormoneinfluß ist die Zahl der mit $^3$H-Thymidin markierten Zellen nur im Endost, nicht aber in der Metaphyse etwas größer als bei Normaltieren. Osteoblasten und Osteoklasten bilden voneinander verschiedene Proteine. Nur die Osteoblasten synthetisieren Kollagen und Chondroitinsulfate. Die Proteinsynthese nimmt bei 52 Wochen alten *Mäusen* in allen Skelettzellen erheblich ab; sie erreicht in den metaphysären Osteoblasten nach etwa 30 min zwei Drittel derjenigen bei jüngeren Mäusen (TONNA, 1965 a). Die Markierung mit $^3$H-Glycin sinkt nach 4–7 Tagen etwa auf einen Betrag ab, der bei jüngeren Mäusen gefunden wird. Nach TONNA et al. (1962 b, 1963) werden Histidin und Glycin in den metaphysären Osteoblasten stärker als in anderen Zellen abgelagert, Glycin bereits nach 5 min. Die maximale Ablagerung liegt nach 30 min vor. 2–4 Tage nach Applikation sind die Aminosäuren in den metaphysären Osteoblasten nicht mehr nachzuweisen, treten jetzt aber in den Trabekeln auf. Die Trabekel sind nach 11 Tagen als Trichter (vgl. LEBLOND und GREULICH, 1961) in die Diaphyse eingebaut. Nach 14tägiger Fütterung mit einer rachitogenen Diät an 3–4 Wochen alte *Ratten* hat ROHR (1965 b) $^3$H-Glycin verabreicht. Die Zahl der Osteoblasten der primären Spongiosa pro Flächeneinheit ist etwa doppelt so groß wie bei normalen Ratten. Bei rachitischen und normalen Ratten sind 90% der Osteoblasten nach 30 min markiert, wobei die Silberkörner auf der Knochenseite der Osteoblasten liegen. Nach 1 Std sind bei den normalen Ratten 30%, bei den rachitischen dagegen nur noch 10% markiert. Die Glycin-Markierung rückt nach 6 Std von den Osteoblasten ab. Die Ergebnisse sprechen dafür, daß die Kollagensynthese bei der experimentellen Rattenrachitis rascher abläuft und daß mehr Osteoblasten zum Einsatz kommen. Markiertes Phenylalanin und Leucin liegen 4 Std nach der Injektion in der Metaphyse in Nachbarschaft der Epiphyse (CAMPO und DZIEWIATKOWSKI, 1963). Diese Schicht von $^{14}$C ist nach 72 Std in Richtung zur Markhöhle hin verlagert. Eine ähnliche Verschiebung erfahren $^{45}$Ca-Ablagerungen (vgl. auch BRONNER, 1958). Die metaphysären Osteoblasten sind nach 5 min stärker als andere Skelettzellen mit Histidin, Glycin und Prolin markiert (TONNA, 1965b). Die frühe Markierung wird auf die bessere Blutversorgung der Metaphyse zurückgeführt. Das Maximum der Ablagerung von Glycin liegt bei 15 min, bei den anderen Aminosäuren erst nach 30. Eine Sonderstellung der metaphysären Osteoblasten kommt bei älteren Tieren darin zum Ausdruck, daß sie sich, im Gegensatz zu anderen Skelettzellen, genau so stark markieren wie bei jüngeren. Der Aminosäuretransport bei Knochenzellen der Metaphyse (ROSENBUSCH et al., 1967) erfolgt gegen einen Konzentrationsgradienten, ist temperatur- und energie (O$_2$)-abhängig und verlangt intakte Zellmembranen. Es mögen verschiedene Mechanismen vorliegen, z.T. abhängig, z.T. unabhängig von der Na- und K-Konzentration; die „Skelett"-Ionen, Mg, PO$_4$, Ca, sind ohne Einfluß.

Den Übergang vom Knorpel zum Knochengewebe im Bereich der Epiphyse hat SEVASTIKOGLOU (1958) beim *Hühnchen* in vivo und vitro miteinander verglichen. In der Kultur vermehrt sich zunächst während der Proliferation das Chondroitinsulfat. Mit der Differenzierung von Osteoblasten erhöht sich die Aktivität der alkalischen Phosphatase. Anschließend steigen der Kollagengehalt und die Aktivität der sauren Phosphatase an. In vivo bleibt die Aktivität der alkalischen und sauren Phosphatase über längere Zeit hin konstant, um dann anzusteigen. Konstant bleibt der Kollagen-(Prolin-) Gehalt. Der Chondroitinsulfat-(Galaktosamin-)Gehalt sinkt nach dem Schlüpfen, zuvor aber schon die $^{35}$S-Aufnahme. SEVASTIKOGLOU (1958) meint, die hohe Aktivität der alkalischen Phosphatase in Osteoblasten und hypertrophen Zellen sei für die Osteogenese gleich bedeutsam.

# 4.6. Die Knorpelgefäße und Knorpelkanäle

Schon SCHAFFER (1930) stellte fest, daß der Knorpel vielfach als *gefäßlos* bezeichnet wird, obwohl in ihm seit langem (u.a. HUNTER, 1743; WEBER, 1827; KOELLIKER, 1889; VIRCHOW, 1853; MÜLLER, 1858; BIDDER, 1906) *Blutgefäße* nachgewiesen waren. In vielen Lehrbüchern (u.a. HAM und LEESON, 1965; COPENHAVER, 1964; GRAY, 1964; MOSS, 1964; BARGMANN, 1977; BUCHER, 1977) und in Spezialarbeiten (BERTRAND, 1923; NUSSBAUM, 1923; HARRIS, 1929; HURRELL, 1934; LEWIS, 1956; HARALDSSON, 1962) wird der Knorpel als avaskulär bezeichnet. Auf der Basis dieser Anschauung wurde angenommen, daß eine Knorpelbildung ursächlich durch $O_2$-Mangel veranlaßt wird (BASSETT, 1962; SLEDGE, 1968). Leider werden noch heute die gleichen Hypothesen wie früher über Entstehung und Bedeutung der *Knorpelkanäle*, ohne wesentliche neue Gesichtspunkte diskutiert (Übersichten u.a. TILLING, 1958; BROOKES, 1971).

Mitunter wurde von einer Ernährung des avaskulären Knorpels über *Saftbahnen* berichtet (u.a. BÉLANGER und MIGICOVSKY, 1961): die beschriebenen Spalten sind jedoch Artefakte (vgl. SCHAFFER, 1926 b). Der Knorpel ist reich an Proteoglykanen, die den extravaskulären Stoffstrom regulieren (vgl. auch SYLVÉN, 1951; PAULSON et al., 1951; BRODIN, 1955). Infolgedessen erreicht die *kritische Schichtdicke* einen relativ hohen Wert. Setzt man mit BYWATERS (1937) die kritische Schichtdicke des Knorpels mit etwa 3 mm an, ist eine Gefäßversorgung nur für alle größeren Knorpelgebilde zur Ernährung erforderlich. Dünne Knorpelplatten sind nach SCHAFFER (1930) gefäßfrei, voluminöse Knorpel (Rippenknorpel des *Elefanten*) haben Gefäße. Nur bei einem bestimmten *Mindestvolumen* ist der Knorpel vaskularisiert (vgl. weiter GARDNER und GRAY, 1950, 1953; GRAY und GARDNER, 1950, 1951, 1969; GRAY et al., 1957; MASHUGA, 1961; WATERMANN, 1963, 1966 b; NOVAK, 1964; JOHNSON, 1966; WILSMAN und VAN SICKLE, 1970). Gefäße treten erst auf, wenn der Knorpel nicht mehr vom Perichondrium her ernährt werden kann (LANGER, 1876; KASSOWITZ, 1879; BIDDER, 1906; ECKERT-MÖBIUS, 1924a, b; HINTZSCHE, 1927a, b). Nach WILSMAN und VAN SICKLE (1970) dringt bei jungen Hunden alle 1,2–1,5 mm ein Gefäß vom Perichondrium in den Knorpel ein. Die Schichtdicke ist im Vergleich mit anderen Organen allerdings so erheblich, daß die Angioarchitektur des Knorpels in ihrer Bedeutung leicht zu übersehen ist. Nicht nur in der *Epiphyse* sind Gefäße vorhanden sondern auch im *permanenten Knorpel* (LEYDIG, 1854; KOELLIKER, 1867; SCHAFFER, 1930; NOVAK, 1964), weiter in *Apophysen* (BIDDER, 1906; TILLING, 1958), in *Menisci* (TOBLER, 1933; WLADIMIROV, 1971), in den Endplatten der Lendenwirbelsäulen (BÖHMIG, 1930; DONISCH und TRAPP, 1971) und in den Synchondrosen der Schädelbasis (MOSS-SALENTIJN, 1975).

Ein Teil der Kontroversen über die Gefäßversorgung des Knorpels dürfte rein methodisch bedingt sein, da sich die Gefäße z.T. nicht oder nur schwer mit Injektionen, aber auch nicht durch Rekonstruktion darstellen lassen. Es liegen nur wenige Studien vor, die einen größeren Entwicklungszeitraum umfassen. Nach LEVENE (1964) wurde im allgemeinen Material aus zu späten Entwicklungsstadien untersucht (LEXER et al., 1904; HARRIS, 1929; HAINES, 1933; TRUETA, 1957; HARALDSSON, 1962).

Bei *Ratten* ist der Knorpel bis zur 8. Woche avaskulär (IRVING, 1964). Die knorpeligen Epiphysen des Kniegelenks des Menschen werden von der 12. Woche ab vaskularisiert (GRAY und GARDNER, 1950), die des Hüftgelenks bei etwa 50 mm (GARDNER und GRAY, 1950), des Ellenbogengelenks mit 73 mm (GRAY und GARDNER, 1951), in der proximalen Humerusepiphyse bereits bei 37 mm, d.h. 2 Wochen vor der proximalen Femurepiphyse (GARDNER und GRAY, 1953). Nach NOVÁK (1964) treten in der Epiphyse Kanäle zwischen 50–60 mm SSL, im permanenten Rippen- und Ohrknorpel zuerst bei 25–29 cm der Gesamtlänge auf, nach LINBERG (1925) im Rippenknorpel erst während der Kindheit. FRIEDLÄNDER (1904) und HINTZSCE (1927a, b, vgl. HINTZSCHE und SCHMID, 1933) meinen daher, die Entwicklung der Gefäßversorgung in der oberen Extremität eile jener in der unteren voran.

Die frühe Blutversorgung des Knorpels steht mit der Bildung der zu viel späterer Zeit auftretenden Knochenkerne nicht im Zusammenhang. Die Entwicklung der Knochenkerne setzt erst ein, wenn mehrere Gefäßgebiete den Knorpel zerstört und eine einheitliche Markhöhle gebildet haben (HINTZSCHE, 1928; vgl. WATT, 1928). Nach WAUGH (1958), VAN SICKLE (1966), CAFFEY (1967) und WILSMAN und VAN SICKLE (1970) sind mehrere Verkalkungspunkte um Gefäßkanäle vorhanden, die zu einem einheitlichen Knochenkern verschmelzen.

In welcher Form sich die *Gefäßkanäle* bilden, ist umstritten. Während FRIEDLÄNDER (1904), BIDDER (1906) und HINTZSCHE (1928, 1931) an das *Eindringen* von Bindegewebe vom Perichondrium her unter Auflösung der Interzellularsubstanz denken, glaubt HAINES (1933, 1942) eher an einen *Einschluß* von perichondralem Gewebe ohne Zerstörung von Interzellularsubstanzen (vgl. BERTHOLD, 1954). Zunächst dienen die Kanäle der Ernährung des Knorpels und erst sekundär stehen sie mit der Knochenbildung in Verbindung und werden somit zu einem Transportweg für junge undifferenzierte Zellen. Aber die Bedeutung dieser „Einführung" neuen Knorpels in das Innere des alten Modells ist nicht zu erkennen. LEVENE (1964) meint, der Verlauf der Kanäle könne nicht allein als Ergebnis eines passiven Einschlusses von perichondralen Gefäßen durch Knorpel gedeutet werden. Bei dem weiteren Wachstum der Kanäle wurde eine *Chondrolyse* angenommen (KAJAVA, 1919; ECKERT-MÖBIUS, 1924a, b; STUMP, 1925; HINTZSCHE, 1928; HURRELL, 1934; WATERMANN, 1966b; LUTFI, 1970a). Die kleinen, durch Injektion schwer darstellbaren perichondralen Gefäße (IRVING, 1964) wurden von uns elektronenmikroskopisch untersucht (Abb. 129). Vor allem in Gelenknähe sahen wir bei Feten von *Mensch* und *Rind* (Abb. 165) die Ummauerung von *perichondralen Gefäßen*, ähnlich wie sie im Periost vor sich geht. Die Kanäle haben mitunter nur einen Durchmesser von 10 µm. Die Gefäße verlaufen zunächst überwiegend in Längsachse des Skelettstückes (Abb. 93, 94, 166). Kleinere Kanäle umgeben einen größeren in der Form eines Ringes. Die Zellen um sie herum sind radiär angeordnet, wie es auch SPIRA et al. (1963) ohne besondere Beschreibung abbilden. Sehr bald treten größere Querkanäle hinzu.

Die Untersuchungen über die Herkunft der Gefäße und die Beziehungen der epiphysären, perichondralen und metaphysären Stromgebiete zueinander nehmen einen breiten Raum ein (DE MARNEFFE, 1951a; BRODIN, 1955; TRUETA und MORGAN, 1960; HAM und LEESON, 1965; IRVING, 1964). Nach BROOKES (1971) gehen die epiphysären Gefäße von Arkaden wie bei den Mesenterialgefäßen aus, die an jenen Flächen der Epiphyse liegen, die nicht zum Gelenk gehören (Abb. 271). Die metaphysären Gefäße gehen im peripheren Teil von einem Circu-

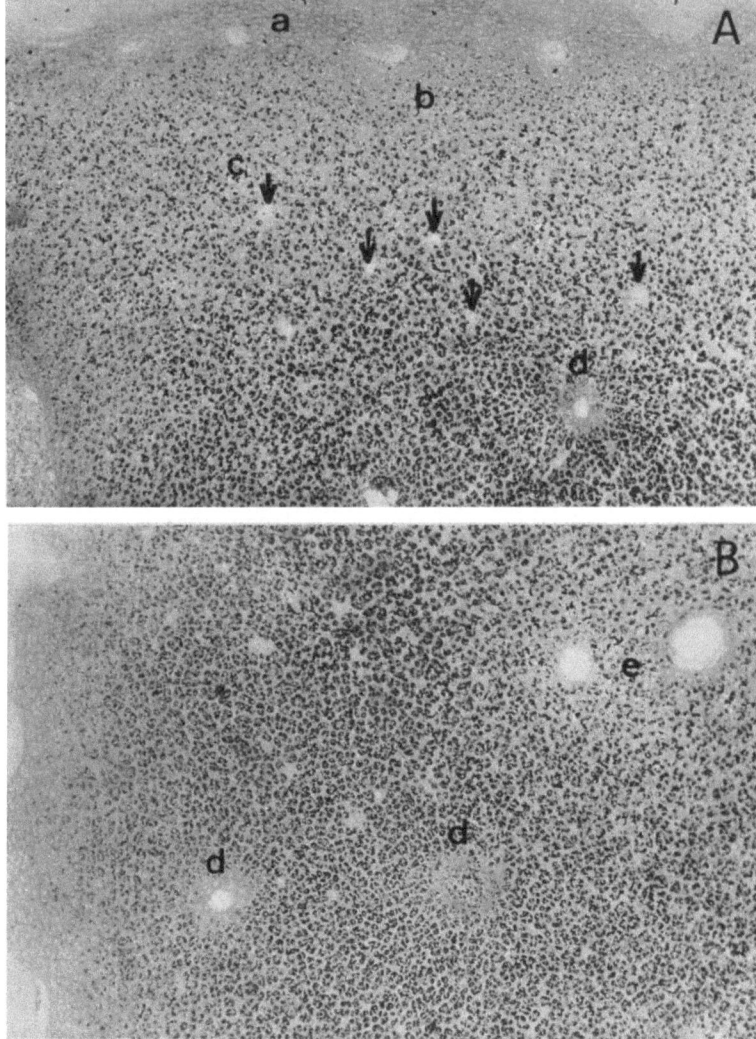

**Abb. 165.** Rinderfet, 182 mm SSL, Querschnitt durch die proximale Epiphyse des Metacarpus. *A:* Einschluß von Gefäßen in den Appositionsknorpel, *B:* Gefäße im Epiphysenknorpel *a)* Reihe von 5 Gefäßen mit verschieden weitem Einschluß in den Appositionsknorpel mit Zellen, die noch keine Kohlenhydrate gespeichert haben, *b)* zunehmende Speicherung von Kohlenhydraten beim Übergang vom Appositions- zum hyalinen Epiphysenknorpel, *c)* (Pfeile) Knorpelkanäle mit kapillären Gefäßen, *d)* radiäre Ordnung der Zellen um die Gefäßkanäle, wobei die Zellen in der Nähe des Gefäßkanals sehr wenig Kohlenhydrate besitzen, *e)* größere Gefäßkanäle mit Kohlenhydratverarmung der umgebenden Zellen. Fixierung Rossmann, BTS-Reaktion, Obj. 10

lus vasculosus articuli (HUNTER, 1743) aus, im zentralen Anteil aus der Arteria nutritia.

Eine Versorgung des Epiphysenknorpels durch epiphysäre und metaphysäre, aber auch periphere Gefäße schildern MORGAN (1959) und MCLEAN und URIST (1961). Die A. nutritia soll den zentralen Teil, die metaphysären Gefäße die Peripherie (GRÉGOIRE und CARRIÉRE, 1921; REICHEL, 1947;

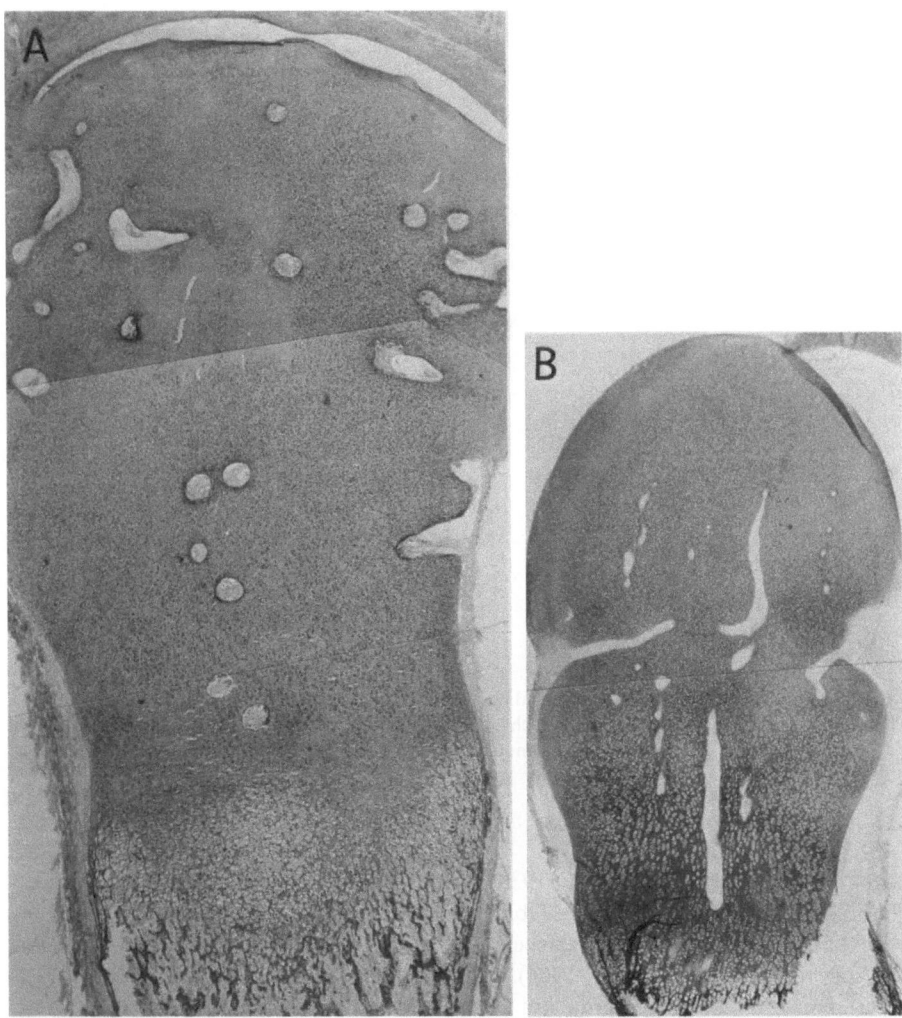

**Abb. 166.** Gefäßversorgung der Epiphyse. *A:* menschlicher Fet, 105 mm SSL, Humerus proximal; *B:* Rinderfet, 165 mm SSL, Metatarsus distal. *A:* Fixierung Formalin-Alkohol-Eisessig-Sublimat + Lillie, BTS-Reaktion, *B:* Bleiacetat-Formol, Methylenblau pH 4,1, Vorbehandlung mit β-Gluku-ronidase, Obj. 2,5

DE MARNEFFE, 1951 b) versorgen; LEXER et al. (1904) nehmen nur metaphysäre, HINKEL (1943) nur einen periostalen Zufluß an. Verbindungen epiphysärer und metaphysärer Gefäße werden immer wieder beschrieben (LANGER, 1876; BIDDER, 1906; LEXER, 1904; LEXER et al., 1904; HURRELL, 1934; GILL, 1940; TUCKER, 1949; RING, 1955b, c; KNESE, 1957; TILLING, 1958; SPIRA et al., 1963). Die Epiphysenfuge wurde von anderen als Barriere zwischen den Gefäßen der Epiphyse und Diaphyse angesehen (NUSSBAUM, 1923; RUBASCHEWA und PRIWES, 1932; DE MARNEFFE, 1951a; DALE und HARRIS, 1958; SCAPINELLI, 1968). Bei Erwachsenen werden die Epiphysen von der Markhöhle her versorgt (RUTISHAUSER et al., 1954).

Die Frage, ob die Verteilung der Gefäße und Kanäle im Knorpel eine be-stimmte Architektur erkennen läßt oder rein zufällig ist, kann nicht einfach

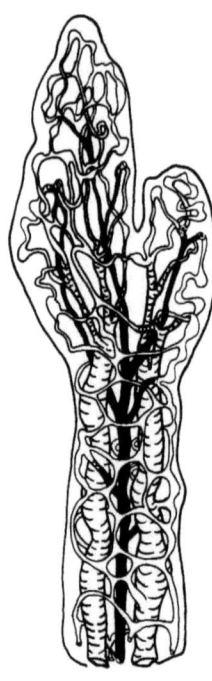

**Abb. 167.** Gefäße in einem Knorpelkanal, eine sog. Karunkula. Aufzweigung der Arteriolen in sinusoidal erweiterte Kapillaren, die nach rückwärts zum perivaskulären Kapillarnetz Kontakt haben (Umzeichnung nach WATERMANN, 1966 b)

beantwortet werden. HURRELL (1934) fand beim *Menschen* kein besonderes Verteilungsprinzip. In der oberen Tibiaepiphyse ist das Kanalsystem vor der Entwicklung des Knochenkerns artspezifisch gestaltet, konstant im Prinzip mit Variationen im Detail (LEVENE, 1964). Die Veränderung der Angioarchitektur während der Entwicklung wurde am *proximalen Femurende* untersucht (TRUETA, 1957; MATTICK, 1958). Bis zum 3.–4. Jahr fehlt eine Versorgung des Kopfes über das Lig. teres. Nach dem 4. Jahr verlieren die metaphysären Gefäße für den Zufluß zum Femurkopf an Bedeutung; er wird vom 8.–9. Jahr an nur noch über das Lig. teres versorgt. Mit dem Verschwinden der Epiphysenfuge verbinden sich die drei Gefäßgebiete miteinander.

Angesichts der skizzierten Situation ist es nicht erstaunlich, daß die Ansichten über die Bedeutung der Gefäßkanäle weit auseinandergehen (vgl. HINTZSCHE, 1928; BROOKES, 1971). Einmal wird angenommen, es beständen Beziehungen zur Osteogenese (HAINES, 1933; HURRELL, 1934; RUTH, 1946; RING, 1955b, c; GRAY et al., 1957; BOURNE, 1960; LEVENE, 1964; JOHNSON, 1966; AREY, 1968; TRUETA, 1968), andererseits wird ein Einfluß auf die Knochenbildung für möglich gehalten (WAUGH, 1958; MASHUGA, 1961; HARALDSSON, 1962; VAN SICKLE, 1966; GRAY und GARDNER, 1969; LUTFI, 1970a; WILSMAN und VAN SICKLE, 1970). Die Gegensätzlichkeiten der Auffassung zeigen sich zudem in der Frage der Beziehung zwischen Blutversorgung und Einleitung der Osteogenese. HAINES (1933), HURRELL (1934), RING (1955b, c) und TRUETA (1968) u.a. nehmen z.B. eine *Ischämie* an, HARALDSSON (1962) dagegen eine gute Blutversorgung.

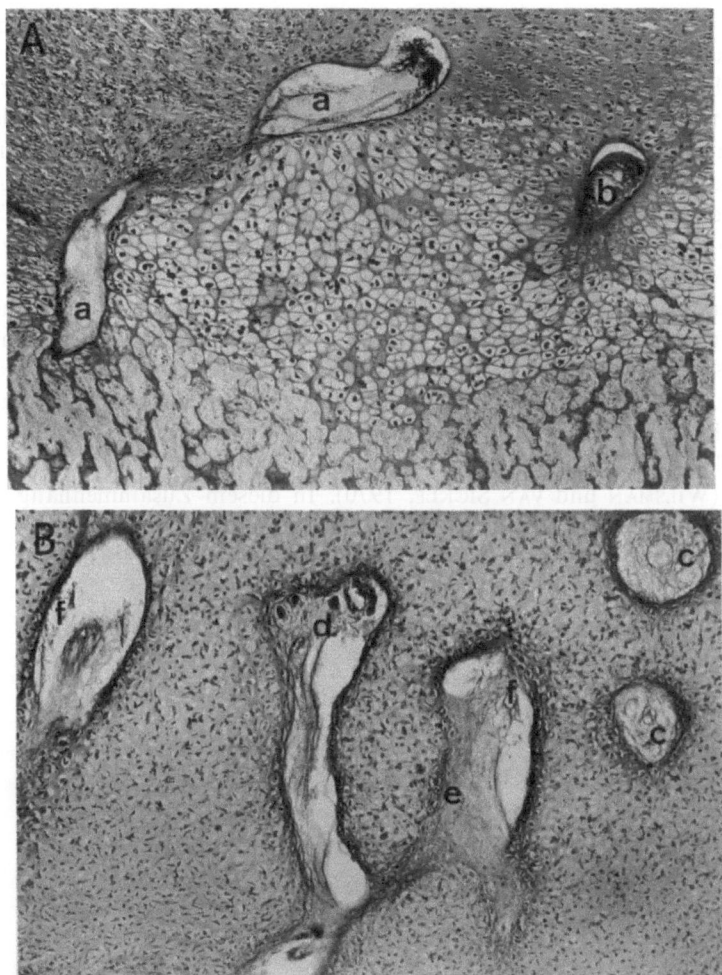

**Abb. 168.** Menschliche Feten von 105 mm SSL, Knorpelkanäle. *a)* Knorpelkanal, der zur Metaphyse hin Verbindung besitzt, *b)* Knorpelkanal mit reichlich perivaskulären Elementen, *c)* Knorpelkanal mit zentralem Gefäß umgeben von weiteren kleinen Gefäßen (Abb. 167 sog. Karunkula), *d)* Gefäßkanal mit Chondroklasten, *e)* Knorpelbildung (?), *f)* fragliche Chondrolyse im Knorpelkanal. Fixierung Formalin-Alkohol-Eisessig-Sublimat + Lillie. *A:* Femur proximal, BTS-Reaktion, Obj. 6,3, *B:* Humerus proximal, Eisenreaktion nach Müller − PAS, Obj. 10

Die Knorpelkanäle enthalten, außer Gefäßen, sehr unterschiedlich gestaltete perivaskuläre Elemente verschiedenartiger Natur. Die Arterien sollen Endarterien (BIDDER, 1906; TILLING, 1958; WILSMAN und VAN SICKLE, 1970) mit einem kapillaren Glomerulus sein (vgl. NOVAK, 1964). Daneben tritt aber ein perivaskuläres Kapillarnetzwerk (MASHUGA, 1961; WATERMANN, 1964, 1966b) auf (Abb. 167). Die Gefäße sind zudem von perivaskulären Zellelementen begleitet; auch marklose Nervenfasern treten auf (STOCKWELL, 1971a). Dieses Knorpelmark (MIESCHER, 1836) wurde bereits früher als feinfaseriges, zellreiches Gewebe beschrieben, das z.T. als aufgelöster Knorpel (u.a. VIRCHOW, 1853; MÜLLER, 1858; KASSOWITZ, 1879), z.T. als aktiv eingedrungenes Perichondriumgewebe (STIEDA, 1872; STRELZOFF, 1872; KOELLIKER, 1873) angesehen wurde. Eine Übersicht der neueren Literatur von BROOKES (1971) ergibt keine Klärung der Kontroverse. Ein Vergleich der Zellpopulationen der verschiedenen Kanäle bei dem gleichen Individuum läßt erkennen, daß morphologische Zeichen für eine Chondrolyse, aber auch für Bildungsvorgänge vorhanden sind. Sogar im gleichen Kanal (Abb. 168) sind, neben vermutlich einkernigen Chondroklasten mit großen Vakuolen, chondroblastische Elemente vorhanden. Zur hypertrophen Region hin nimmt das perivaskuläre Gewebe mehr den Charakter eines „Blastems" an. WILSMAN und VAN SICKLE (1970) führen Knochenstammzellen sowohl auf perivaskuläre Mesenchymzellen als auch auf Chondroblasten zurück (vgl. CRELIN und KOCH, 1967). Von diesen Zellen der Gefäßkanäle wird Knochengewebe (KNESE, 1957; VAN SICKLE, 1966; GRAY und GARDNER, 1969) und Knorpelgewebe gebildet (WILSMAN und VAN SICKLE, 1970). In diesem Zusammenhang müssen die Angaben über den Verschluß von Kanälen durch chondroides oder Knorpelgewebe (UEBERMUTH, 1929; SCHAFFER, 1930; BÖHMIG, 1930; PUTSCHAR, 1931 b) oder Knochengewebe (KNESE, 1957, 1970 e) genannt werden.

# 5. Permanente und transitorische Knorpel

Die Aufklärung der grundsätzlichen Organisation der Interzellularsubstanz erforderte eine isolierte Untersuchung der in ihrem Wesen sehr unterschiedlichen Komponenten, besonders der Fibrillen und der Bindegewebspolysaccharide. Erst auf diesem Boden konnte das Zusammenwirken der Komponenten in der nächsten Stufe der Organisationshierarchie, aber auch das Zusammenwirken mit den Zellen im Sinn einer Art Rückkoppelung diskutiert werden (s.S. 443). Wir haben darauf hingewiesen, daß diese Arbeiten nur als Vorstudien zur Beschäftigung mit biologisch zu definierenden Gebilden (z.B. Epiphyse, Rippenknorpel) anzusehen sind, die im Organismus eine bestimmte Funktion erfüllen. Eine abgeschlossene Darstellung der verschiedenen Knorpelelemente ist nicht möglich, da die vorliegenden Befunde zu einer systematisch befriedigenden Kennzeichnung noch nicht ausreichen (vgl. S. 216; Tabelle 3, 5). Für eine vergleichende Betrachtung der verschiedenen Knorpelformen ergibt sich jedoch eine Reihe von Ansatzpunkten (s.u.).

## 5.1. Die Faserarchitektur des Knorpels

Im Sinn der funktionellen Anatomie wurde, überwiegend anhand polarisationsoptischer Befunde, versucht, im Epiphysenknorpel eine bestimmte *Faserordnung* nachzuweisen (MOLLIER, 1910; ROMEIS, 1911; SCHAFFER, 1911; GEBHARDT, 1911; PAUWELS, 1960; FRANCESCHINI, 1946). Für den Tracheal- und Gelenkknorpel hat BENNINGHOFF (1925a) funktionelle Faserverläufe beschrieben. Der von ihm geprägte Begriff des *Chondrons* wurde von SCHAFFER (1930) und W.J. SCHMIDT (1957) als unberechtigt abgelehnt (vgl. S. 442). Hierbei sollen Wickelungen im Sinne verschiedener Ordnungsstufen einander folgen (Zweier-, Vierer- usw. Pakkungen). Zirkuläre Wickelungen konnten von anderen Autoren nicht gefunden werden (BORMUTH, 1933; BUCHER, 1942; STAUB, 1950). Untersuchungen von BORMUTH (1933), LEPPERT (1934), LUBOSCH (1938), BARGMANN (1939, 1973), BUCHER (1942) und KNESE (1966b) an stabförmigen Knorpeln bzw. am Gelenkknorpel sprechen für einen *S-förmigen* Verlauf der Fasern, wobei zwei entgegengesetzt gerichtete Systeme einander spitzwinklig unter 20–30–45° schneiden

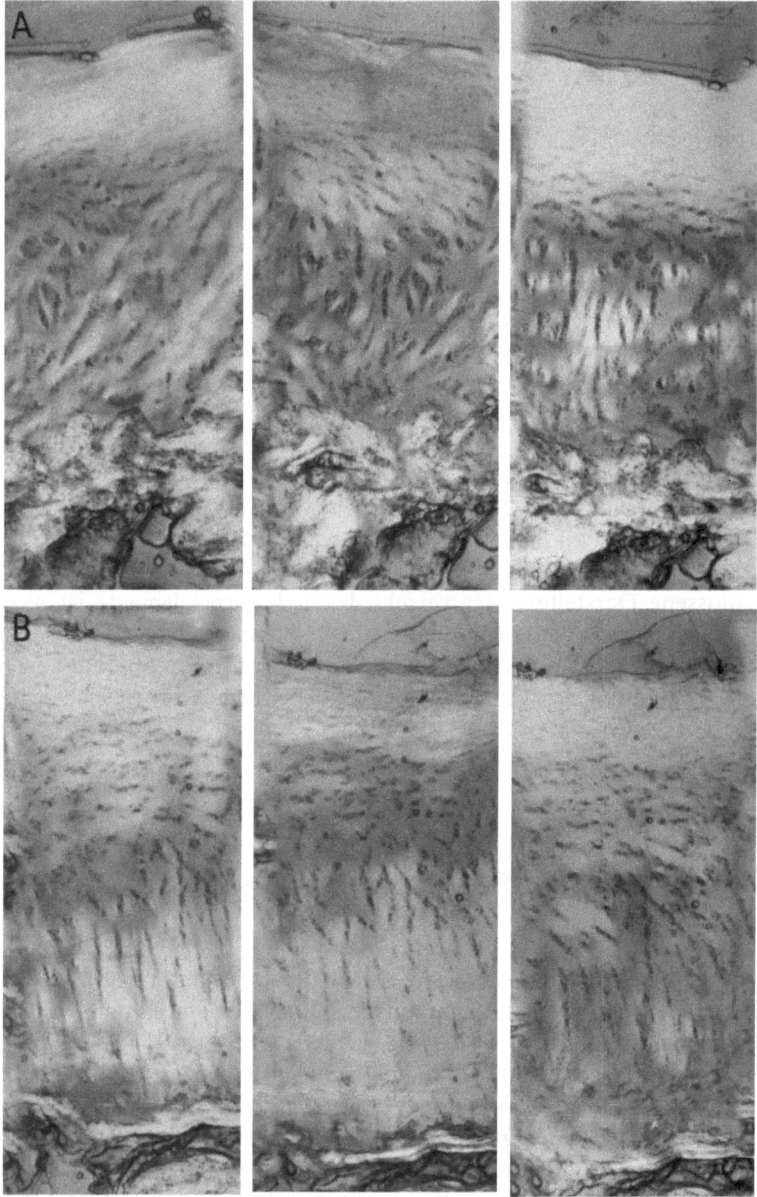

**Abb. 169.** Mann, 42 Jahre, zwei verschiedene Stellen des Gelenkknorpels vom Olecranon zur Demonstration des Faserverlaufs. Polarisiertes Licht mit Quarzrot I in verschiedener Einstellung der Schwingungsebene. *A:* In der sog. Radiärschicht verlaufen Faserbündel, die in einem Winkel zwischen etwa 30 und 70° aufsteigen. In der relativ breiten Übergangszone erfolgt die Verflechtung der Faserbündel und schließlich der Übergang in die oberflächliche Tangentialschicht. *B:* In der Radiärschicht verlaufen die Faserbündel relativ steil aufsteigend. Am Übergang zur Übergangsschicht entstehen sehr wechselnde Faserverläufe, die zwischen 30 und 50° wechseln. In der Übergangsschicht verlaufen die Fasern annähernd tangential und gehen daher allmählich in die Oberfläche der Tangentialschicht über. Die Tangentialschicht ist durch kleinere Chondrone mit flachen Chondrozyten ausgezeichnet, Obj. 2,5 (aus Knese, 1966 b)

(Abb. 169). Auch der Verlauf der Knorpelfibrillen im *elastischen* Knorpel entspricht diesem Prinzip (SCHAFFER, 1907; BUCHER, 1942; STAUB, 1950). Die elastischen Fasern bilden Netzwerke, deren Hauptrichtung, ähnlich wie bei den Kollagenfibrillen, verläuft.

Für den *Gelenkknorpel* hatte BENNINGHOFF (1925a) bügelförmige Fasersysteme angenommen, die senkrecht auf der Knorpelknochengrenze stehen. Dabei wurden 4 Zonen unterschieden: 1. die oberflächliche Tangentialschicht mit Ausrichtung der länglichen Zellen parallel zur Gelenkoberfläche; 2. die Übergangszone mit rundlichen Zellen; 3. die Radiärzone mit länglichen Zellen, deren Längsachse senkrecht zur Oberfläche steht; 4. der mineralisierte Streifen. Die Einstellung der Bügelebene ist nach PAUWELS (1959) in den Gelenken verschieden und noch nicht genügend geklärt. Die Faserarchitektur des Gelenkknorpels entspricht jedoch im Prinzip der anderer Knorpelelemente (Abb. 169). Nach Untersuchungen der Beanspruchung des Hüftgelenks (KUMMER, 1965, 1968; AMTMANN und KUMMER, 1968; TILLMANN, 1969, 1972; MOLZBERGER, 1973) des Ellenbogengelenks (PAUWELS, 1954, 1963; TILLMANN, 1971) und der Schulterpfanne (PAUWELS, 1959) hat TILLMANN, (1978) u.a. im Hinblick auch auf die variable Gestaltung der Gelenkflächen, deren Spaltlinienmuster und die Knochendichte unter den Gelenkflächen mit den spannungsoptisch ermittelten Isochromaten verglichen und kommt zu der Feststellung, daß eine funktionelle Anpassung im Sinne PAUWELS (1960) vorliege.

Nach AMPRINO (1938) durchziehen die Fasern den Gelenkknorpel während der Fetalzeit in wechselnder Richtung. Die Anlage der Gelenke annähernd in der für den Adulten kennzeichnenden Form erfolgt durch Ausbildung einer Tangentialschicht (s.S. 104; Abb. 46). Während der Metamorphose des Knorpels zum Knochenkern wird auch der Gelenkknorpel abgegrenzt (s.S. 233). Der metamorphosierende Knorpel unterscheidet sich von dem wachsenden Knorpel durch die Ausbildung von 5 zirkulär angeordneten Zonen, von denen die beiden äußersten sich zum Gelenkknorpel entwickeln und bereits beim Neonatus eine Lamina splendens (s.u.), angedeutet ist. In der zentralen 5. Schicht erfolgt die Desintegration zur Höhle des Knochenkerns (proximale Humerusepiphyse der Ratte). Die Zonen unterscheiden sich voneinander durch die Größe und Struktur der Zellen sowie die Zahl der Zellen je Einheit der Schnittfläche. In der Zone 3 und 4 speichern die Zellen, wie die hypertrophen Zellen der Epiphysenplatte, Kohlenhydrate und schlüpfen aus ihren Höhlen in den Markraum, so daß es zu einer Regression (s.S. 267) dieser Eröffnungsfront in Richtung auf den Gelenkknorpel kommt. Die Tangentialschicht behält bei Ratten von 3,5–42 Tagen Alter ihre Dicke von 0,018 mm bei, die Zahl der Zellen je Flächeneinheit verringert sich aber auf die Hälfte (von 8869/mm² auf 4793/mm²; s.u.). Eine geringe Dickenzunahme der zweiten Gelenkschicht (von 0,054 mm auf 0,082 mm) mit Abnahme der Flächendichte der Zellen (von 6210/mm² auf 4985/mm²) ist bis zum 28. Lebenstag festzustellen. Bei Annäherung der Eröffnungsfront an diese Schicht bei 35 und 42 Tage alten Tieren gliedert sich diese Zone in einen schmalen (0,029 mm) peripheren Streifen mit rundlichovoiden Zellen, deren Längsachse parallel zur Oberfläche läuft und in einen breiteren (0,061–0,071 mm) Streifen, in dem die etwas größeren Zellen eine länglich-ovoide Gestalt annehmen, wobei die Längsachse senkrecht zur Gelenkoberfläche eingestellt ist. Die Verringerung der Flächendichte der Zellen beruht auf deren synthetischer Aktivität, die sich morphologisch durch eine Speicherung von Kohlenhydraten und Entwicklung eines endoplasmatischen Retikulums dokumentiert. Während bei der neugeborenen Ratte aperiodische Knorpelfibrillen eine wenig deutliche Tangentialschicht bilden, tritt bei 5 Tage alten Ratten ein Netz von tangential verlaufenden Fibrillen auf, die vereinzelt eine periodische Streifung erkennen lassen. Erst bei der 5–7 Wochen alten Ratte grenzt sich die Tangentialschicht endgültig ab und besteht aus sich überkreuzenden Kollagenfaserbündeln (s.u.), die aus Fibrillen sehr unterschiedlicher Dicke, überwiegend mit Periode, aufgebaut sind (s.S. 126). Zwischen den rundlichen Zellen und jenen, die senkrecht zur Oberfläche orientiert sind, liegen überwiegend aperiodische Knorpelfibrillen, die noch keine eindeutige Orientierung erkennen lassen, wobei aber eine steil zur Gelenkoberfläche geneigte Verlaufsrichtung angedeutet ist. Bei Ratten von 290 g (etwa 110 Tage alt) hat der Gelenkknorpel eine Knochenplatte mit unregelmäßig gestalteter Oberfläche als Unterlage. Dabei besitzen die tiefer gelegenen Zellen noch einige Kohlenhydratgranula, die dann (Ratte 343 g, etwa 130 Tage alt) in den Zellen der mittleren Zone und schließlich (Ratten 391 g, 10–12 Monate alt) nur noch in den Chondrozyten der Tangentialschicht auftreten.

Eine normale, glatt erscheinende Gelenkfläche zeigt zu ihrer primären Krümmung sekundäre Unregelmäßigkeiten von ca. 0,2–0,5 mm Größe, tertiäre Höhlen mit dem Durchmesser von 20–45 µm und der Tiefe von 0,5–2 µm sowie quartäre Furchen von 1–4 µm Durchmesser und 1300–2750 Å Tiefe (LONGMORE und GARDNER, 1975; vgl. CLARKE, 1971 b; Mow et al., 1974). Auch mit der Scanning-Elektronenmikroskopie konnte die Orientierung der Fasern in der oberflächlichen Schicht des Gelenkknorpels bisher nicht endgültig geklärt werden (MCCALL, 1968, 1969; CLARKE, 1971 a; HUNTER und FINLAY, 1973). An der Oberfläche des Gelenkknorpels liegt ein membranartiges Gebilde, die *Lamina splendens* (Dicke 40–100 Å; LANE und WEISS, 1975; APPLETON, 1975; WOLF, 1975 a, b). Sie ist von der eigentlichen Tangentialzone ablösbar. Die etwa 5–40 µm dicke Tangentialschicht wird aus sich überkreuzenden und überlappenden Fibrillenschichten aufgebaut, wobei eine erhebliche Variation der Struktur vorliegt (MEACHIM und ROY, 1968; MUIR et al., 1970; ORTMANN, 1975). Die *Spaltlinien* sollen annähernd den Faserverlauf der Tangenitalzone wiedergeben (MEACHIM et al., 1974) Der Kreuzungswinkel der Fasern kann bis zu 45° ansteigen (BULLOUGH und GOODFELLOW, 1968; CLARKE, 1971; Mow et al., 1974, ORTMANN, 1975). Im Femurkopf von Feten und Neugeborenen verläuft das Fibrillennetz etwa radiär zum Ansatz des Lig. teres (LITTLE und PIMM, 1956). In den tiefen Schichten des Gelenkknorpels liegt eine Zufallsorientierung der Fibrillen vor (LITTLE et al., 1958; DAVIES et al., 1962; KNESE, 1966 b; WEISS et al., 1968). In einer Übergangszone haben die Fibrillen eine geringere Dicke (600 Å). Es folgt eine Zone mit mehr radiärer Ordnung der Fibrillen und schließlich die Mineralisationszone mit reifem Kollagen, das senkrecht zur Knochenoberfläche orientiert ist (LANE und WEISS, 1975; VIGNON, 1971; REDLER et al., 1975). Der Kollagengehalt des Gelenkknorpels nimmt jenseits der Tangentialschicht stark ab, der an Glykosaminoglykanen aber zu; die große Variabilität beider Komponenten läßt keine Beziehungen zum Alter erkennen (MUIR et al., 1970).

Der polarisationsoptisch beobachtete S-förmige Verlauf von Fibrillen muß aufgrund vorstehender Befunde als eine Addition über einen großen Bereich des Faserwerks angesehen werden und betrifft damit vermutlich eine höhere Stufe der Fibrillenordnung (vgl. KNESE, 1970c). In den niederen Ordnungsstufen findet eine erhebliche statistische Abweichung von der Hauptverlaufsrichtung statt.

*Knorpelspangen* betrachtet BENNINGHOFF (1925a) als biegungsfeste Stäbe, deren Faserarchitektur der Bauweise des Betons entspricht. Diese Vorstellung wurde u.a. von BORMUTH (1933), HEIDSIECK (1934) und STAUB (1950) kritisiert. Die Konstruktion wurde mit der des vulkanisierten Kautschuks verglichen (vgl. WÖHLISCH et al., 1926). Das *Verbundsystem* im Knorpel ist sicher anders beschaffen als das im Knochen (KNESE, 1958a). Die Polysaccharid-Protein-Komplexe mit der Fähigkeit zur Wasseraufnahme befinden sich in gelartigem Zustand und sind mit den Knochenmineralien nicht vergleichbar (KNESE, 1966b; s.S. 212; vgl. FESSLER, 1957, 1960; SCHUBERT, 1964; DI SALVO und SCHUBERT, 1966; LINN, 1968; BALAZS, 1969; KEMPSON, 1975). Die Besonderheiten des Verbundsystems Knorpel zeigen die Elastizitätsstudien von SOKOLOFF (1963, 1966). Die Deformierbarkeit des Gelenkknorpels der Tibia von *Hunden* steigt mit der Aufnahme von Kationen, und zwar stärker durch polyvalente als monovalente (SOKOLOFF, 1963). Gegenüber dem Rippenknorpel ändert sich beim Gelenkknorpel die gesamte bzw. herauspreßbare Flüssigkeit während des Lebens kaum. Die Flüssigkeit entspricht in ihrem geringen Proteingehalt und in ihrer Viskosität der Synovia (LINN und SOKOLOFF, 1965). Der Rippenknorpel des *Menschen* ist weniger deformierbar als der Gelenkknorpel der Patella; die Lebensalterdifferenzen sind gering (SOKOLOFF, 1966).

Bei Betrachtung der Faserarchitektur des Knorpels ist auch die *Menge* des *Kollagens* zu berücksichtigen; leider liegen keine auf das Volumen bezogenen Werte vor. Nach FOLLIS und TOUSIMIS (1958) bestehen im Epiphysenknorpel der *Ratte* 17–18% des Trockengewichtes aus Kollagen. Der Knorpel des Kniegelenks des Menschen enthält im Mittel etwa 56,4% Kollagen und 22,8% Nichtkollagenproteine (ANDERSON et al., 1964). Im Nasenknorpel sind etwa 5% des Trockengewichtes Hydroxyprolin, das entspricht etwa 40% Kollagen (MALAVISTA und SCHUBERT, 1958). Der Hydroxyprolingehalt nimmt in der Crista iliaca mit dem Alter von 6,75 auf 8,95% zu (PONSETI et al., 1968). Er zeigt bei verschiedenen Epiphysen der *Ratte* eine Variation von 4,0 bis 6,4% (RÖNNING et al., 1967; Tabelle 13). Der Kollagengehalt des Gelenkknorpels vom *Rind* ist doppelt so hoch wie im Nasenknorpel (SMITH et al., 1967). Das Kollagen nimmt in den Epiphysen zum Mineralisationsknorpel hin ab (WUTHIER, 1969/70; VITTUR et al., 1971). Elektrophoretisch getrockneter Knorpelpuder verschiedener Quellen zeigt eine sehr unterschiedliche Zusammensetzung (HOFFMAN und MASHBURN, 1970; Tabelle 15; EICHELBERGER, 1960). Der Proteingehalt variiert mit 40–85% erheblich. Ebenso groß ist die Variation des Hydroxyprolins als Indikator für das Kollagen (49–90%). Das Galaktosamin — als Indikator für Chondroitinsulfat — variiert zwischen 30–470 µm/g. Das Nasenseptum des *Rinds* zeigt den höchsten Wert an Chondroitinsulfat; im Alter nimmt er nur geringfügig ab. Der Gehalt des Rippen- und Gelenkknorpels an Chondroitinsulfat ist wesentlich geringer und sinkt mit dem Alter merklich. Der Glucosamingehalt variiert zwischen 14 und 234 µm/g. Die Änderungen in dem Verhältnis Chondroitinsulfat zu Keratansulfat ist im Rippenknorpel des *Menschen* während der Alterung erheblich, im Rippenknorpel des *Rindes* geringer. HOFFMAN und MASHBURN (1970) folgern, daß eine große *Variabilität* in der Zusammensetzung der verschiedenen Knorpelgewebe vorliegt.

Tabelle 15. Geschätzte Zusammensetzung des Knorpels aufgrund einer Analyse von Knorpelpuder. (Nach HOFFMAN und MASHBURN, 1970)

| | Rind | | | | | | | | Mensch | | | |
|---|---|---|---|---|---|---|---|---|---|---|---|---|
| | Nasenseptum | | | Rippe | | Gelenk | | Zwischen-wirbelscheibe | Rippe | | Gelenk | |
| | | | | | | | | | | | Adult | |
| | Fetal | Kalb | Adult | Kalb | Adult | Kalb | Adult | Adult | Neon. | Adult | Normal | Arthritisch |
| Kollagen (%) | 29 | 29 | 30 | 55 | 66 | 66 | 70 | 45 | 40 | 35 | 61 | 45 |
| A. Nichtkollagene Proteine (%) | 16 | 23 | 22 | 12 | 8 | 14 | 14 | 17 | 22 | 37 | 13 | 8 |
| B. Hexosamin (µm/g) | 520 | 484 | 425 | 382 | 318 | 233 | 172 | 491 | 282 | 202 | 118 | 44 |
| $\dfrac{A}{B} \times 100$ | 3,1 | 4,8 | 5,2 | 3,1 | 2,5 | 6,0 | 8,0 | 3,5 | 7,5 | 18,3 | 11,0 | 18,2 |

## 5.2. Die Perizellularsubstanz — die Kapsel

Der Kontakt zwischen Zellen und der Wand der Knorpelhöhle ist je nach Gewebeart verschieden innig (vgl. S. 273/Retraktion). Chondrozyten liegen der Wand unmittelbar an oder zwischen beiden befindet sich ein „Spaltraum", der auch elektronenmikroskopisch beobachtet wurde (u.a. Scott und Pease, 1956; Cameron und Robinson, 1958; Sheldon und Robinson, 1958; Zelander, 1959; Knese und Knoop, 1961a). Dieser Raum wurde z.T. als Kapsel, z.T. als Artefakt betrachtet. Der Umfang der *Schrumpfung* von Chondrozyten ist unterschiedlich. Ein Teil der Chondrozyten ist vermutlich wasserreicher als andere Zellen, besonders die hypertrophen. Nach Fixierung mit dem Vernetzungsmittel Desmodur sind die Höhlen völlig ausgefüllt (Abb. 170), da das Wasser offensichtlich mit gebunden wird (vgl. Kashiwa et al., 1975). Über den Grad der Schrumpfung von Zellen bei der Fixierung und noch mehr bei der Einbettung und Färbung haben wir unzureichende Vorstellungen (vgl. Hydén, 1960; Ner-

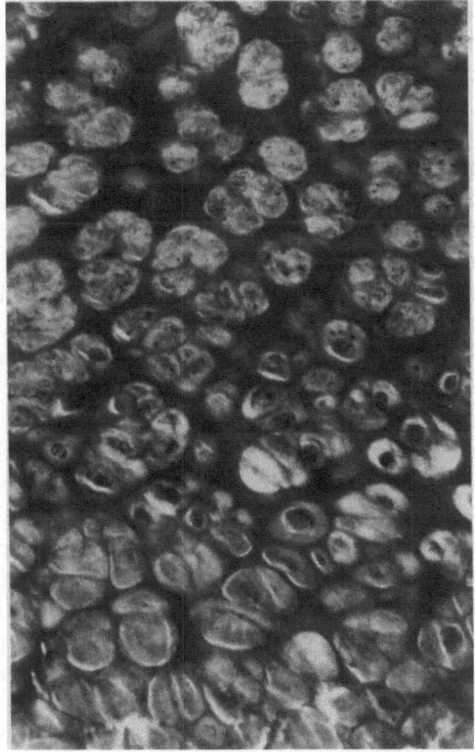

**Abb. 170.** Ratte, 60 g, 12 Std nach Parathormongabe (vgl. Abb. 161). Fixierung mit Desmodur 44 (Diphenylmethan / 4,4-Diisozyanat, Bayer) das zur Herstellung verschiedener Polyurethan-Elastomere verwendet wird (vgl. Knese, 1977a). Fast vollständige Ausfüllung der Knorpelhöhlen, da das Wasser offensichtlich mit gebunden wird. Färbung nach Ritter-Oleson, Obj. 16

venzellen). BAKER (1950) gibt bei Fixierung mit Formalin und Einbettung in
Paraffin eine Schrumpfung der hypertrophen Zellen von 40% an. Nach Ross-
manfixierung nehmen die hypertrophen Chondrozyten nur etwa 7–35% des
Volumens der zugehörigen Kapsel ein (KNESE, 1968b). Ein echter Substanzver-
lust dürfte vorliegen, wenn die Kohlenhydrate während der Fixierung aus der
Zelle herausgelöst werden; er ist bei den „chondroiden" und ihnen ähnlichen
Zellen mit stärker entwickeltem endoplasmatischem Retikulum und geringer
Kohlenhydratspeicherung praktisch gleich Null; ihnen fehlt die „Retraktion".

Eine besondere *Perizellularsubstanz* um die Chondrozyten beschrieb NEU-
MANN (1870). Die Auffassungen über ihre Natur gehen weit auseinander (STREL-
ZOFF, 1873a; KASSOWITZ, 1879, 1881; SCHAFFER, 1889). Bei der Retraktion
der Zellen soll Flüssigkeit aus der Zelle gepreßt werden oder aus der Grundsubstanz einströmen (RANVIER, 1875; SCHAFFER, 1930). Die Perizellularsubstanz
wurde auch als Absonderung der Zelle betrachtet (DEKHUYZEN, 1889; HANSEN,
1905).

Eine Reihe neuerer Angaben bezieht sich auf das abweichende *färberische*
Verhalten der Zellumgebung, wobei allerdings nicht klar ist, ob die Kapsel
oder die Perizellularsubstanz beschrieben wird (HIRSCH, 1944; FOLLIS, 1952b;
FAWNS und LANDELLS, 1953a; BARRNETT und SELIGMAN, 1958; KARNOVSKY
und MANN, 1961; BÉLANGER und MIGICOVSKY, 1961; CONKLIN, 1963; SCHUBERT
und HAMERMAN, 1965; BARLAND et al., 1966). Bei vielen Färbungen ist die
Perizellularsubstanz lichtmikroskopisch — vor allem bei geringer Menge —
weder von der Zelle noch von der Kapsel eindeutig zu unterscheiden. Im Bereich
des hyalinen Epiphysenknorpels gelingt dies bei der PAS-Reaktion der Zellen
und Gegenfärbung mit Alcianblau (KNESE, 1968b) besonders gut an Querschnitten, weniger an Längsschnitten durch die Epiphyse. Die Alcianblaufärbung der
Perizellulärsubstanz bleibt nach Vorbehandlung mit $\beta$-Glucuronidase und Hyaluronidase aus. Die Substanz um die hypertrophen Zellen läßt sich mit der
Eisen-Reaktion darstellen, wobei ein strukturgebundener Niederschlag vorliegen
mag (KNESE, 1969b). Im hyalinen Epiphysenknorpel des Metacarpus von *Rinderfeten* von 120 mm SSL (Tabelle 8) sind 26,6% der Zellen von Perizellularsubstanz umgeben, in der Transformationszone 50,3% und in der hypertrophen
Zone alle Chondrozyten.

Perizellulär finden SMITH et al.. (1967) unregelmäßig gezeichnete, feine *Fäserchen* von 100–250 Å Durchmesser. Obwohl sie nicht die Färbungseigenschaften
des nativen Kollagens aufweisen, halten die Verfasser sie für Kollagen. Die
wahre Natur der Fäserchen ist aber schwer auszumachen. Kleine, unregelmäßig
verteilte Partikel stellen Protein-Polysaccharide dar, die nach Behandlung mit
Hyaluronidase verschwinden. Den annähernd radiär orientierten Filamenten
liegen mit Bleicitrat kontrastierbare Aggregate an. Nach KNESE (1969b) sind
die perizellulären Aggregate im allgemeinen wesentlich größer als jene der eigentlichen Interzellularsubstanz. Das Vorliegen einer „Fixierungsstruktur" (s.S. 172;
KNESE, 1972b) und nicht eines in vivo-Abbilds, wie es wohl SMITH et al. (1967)
annehmen, zeigt die feingranuläre Erscheinungsform der Perizellularsubstanz
nach Behandlung mit Lysozym (EISENSTEIN et al., 1970). Nach rasterelektronen-
mikroskopischen Beobachtungen (MCCALL, 1969) ziehen einzelne Fasern durch
den perizellulären Hof hindurch. Die Wand der Höhle scheint, nach der Abbil-

dung von MᴄCᴀʟʟ zu urteilen, z.T. durch Umbiegen der Fibrillen in eine Fläche zu entstehen.

Ein eleganter, aber in seiner Bedeutung nicht erkannter Nachweis der besonderen Natur der Perizellularsubstanz wurde von Lᴏᴇᴡɪ (1965) *immunhistochemisch* geführt. Antikörpereigenschaften sind nur auf den Proteinanteil des Chondromukoproteins zu beziehen (s.S. 167; Mᴜɪʀ, 1958; Lᴏᴇᴡɪ und Mᴜɪʀ, 1965). In dem lakunären Kranz fand Lᴏᴇᴡɪ (1965) eine Fluoreszenz, in der umgebenden „Matrix" weniger, z.T. fluoreszieren die interterritorialen Regionen. Alcianblau (0,5 M MgCl$_2$) gibt im allgemeinen mit der Anfärbung einer mäßig breiten perilakunären Zone und mit geringer interterritorialer Aufnahme ein zur Fluoreszenz umgekehrtes Bild. Durch Hyaluronidasebehandlung werden Intensität und Ausdehnung der Fluoreszenz vermehrt, besonders an unfixierten Schnitten, die Alcianblaufärbung dagegen wird verhindert. Nach Abbau der Polysaccharide durch Hyaluronidase sollen die Proteine vermehrt Antikörper aufnehmen. Die beobachteten Reaktionen deutet Lᴏᴇᴡɪ (1965) in dem Sinne, daß perilakunär ein relativ polysaccharidreicher, aber proteinarmer Komplex vorhanden ist, interterritorial aber ein umgekehrtes Verhältnis vorliegt. Nach Bᴏʟʟᴇᴛ (1967) und Bᴏʟʟᴇᴛ und Mɪᴛᴄʜᴇʟʟ (1969) hat das Chondroitinsulfat in der perizellulären Region, vor allem in der Nähe der Gelenkfläche, ein niedrigeres Molekulargewicht. Bemerkenswert ist, daß sich die verschiedenen Knorpel bei der Bindung von Antikörpern unterschiedlich verhalten. Die beschriebenen zonalen Unterschiede sind in der Rippe und den tiefen Schichten des Gelenkknorpels des *Schweins* zu beobachten, aber nicht im Trachealknorpel. In der Femurepiphyse von Schweineembryonen sind breite Fluoreszenzringe und eine annähernd gleichmäßige, punktförmige Reaktion der umgebenden Interzellularsubstanz vorhanden, während die starke Alcianblauaufnahme keine regionalen Differenzen zeigt.

Die ältere Histologie hat aufgrund färberischer Beobachtungen die Existenz einer *Kapsel* der Knorpelzelle (vgl. Sᴄʜᴀꜰꜰᴇʀ, 1930) angenommen. Der *Zellhof* ist die Zone, die eine Kapsel oder ein Territorium umschließt. Die *Interterritorialsubstanz* bildet das verbindende Alveolenwerk von unterschiedlicher Wanddicke. Dabei hat Sᴄʜᴀꜰꜰᴇʀ (1903, 1930) – sehr modern – die Kapsel als eine Schicht der Grundsubstanz beschrieben, die sich durch ihr optisches, physikalisches oder mikrochemisches Verhalten von der unmittelbaren Umgebung unterscheidet; sie kann aber mitunter isoliert werden. Dies gilt besonders für die *definitive Kapsel*, die damit der Wand der Knochenlakune ähnlich ist. Die *transitorische* Kapsel ist jene neu gebildete Grundsubstanz, die durch weitere Wachstumsvorgänge von den Zellen abgedrängt wird und hierbei ihr physikalisches und mikrochemisches Verhalten ändert (Sᴄʜᴀꜰꜰᴇʀ, 1930). Regressive, stark basophile Kapseln entstehen bei kataplastischen Veränderungen mit einer Verflüssigung der Grundsubstanz. Da sich die Kapsel mit basischen Farbstoffen darstellen läßt (Sᴄʜᴀꜰꜰᴇʀ, 1926b), muß sie Sitz von Chondromukoiden sein. Die Untersuchungen von Sᴄʜᴀꜰꜰᴇʀ (1930) wurden u.a. an Präparaten durchgeführt, die mit phosphormolybdänsaurem Ammonium fixiert und mit Thionin gefärbt waren.

Eine detaillierte Studie über das Verhalten der *Kapsel* und Interterritorialsubstanz am Trachealknorpel von adulten *Affen* und *Ratten* (Fixierung mit Cetylpyridin-chlorid-Formalin; Wɪʟʟɪᴀᴍs und Jᴀᴄᴋsᴏɴ, 1956) hat Cᴏɴᴋʟɪɴ (1963) durchgeführt. Subperichondral ist wenig Chondroitinsulfat vorhanden; es tritt

nur eine Reaktion mit Lichtgrün und PAS auf. Die Anfärbung der Kapsel-
und Territorialregion bei der kolloidalen Eisenreaktion weist auf Chondroitinsulfate in freiem Status ohne Protein hin. Hier liegen die von der Zelle produzierten
MPS. CONKLIN (1963) glaubt daher, die Proteinbildung erfolge sekundär was
jedoch nicht zutrifft (s.S. 190). Im *Epiphysen*knorpel ist nach KNESE und KNOOP
(1961a) eine Kapsel nur bei *Rinder*feten unter 100 mm SSL im Säulen- und
hypertrophen Knorpel bei Anwendung der Methode von HALE und des Ferrihy-
droxydsol-Verfahrens nach MÜLLER (1955/56) und GRAUMANN (1958a;
Abb. 144) angedeutet. Die unterschiedliche Anfärbung der Interzellularsubstanz
mit Alcianblau (pH 5,8; $MgCl_2$ 0,4 bzw. 0,9 M führen STOCKWELL und SCOTT
(1965) auf die Verteilung des Keratansulfats zurück. Im kindlichen Knorpel
ist kaum *Keratansulfat* vorhanden; von der 2. Dekade an tritt es in der interterritorialen Substanz auf. Im zentralen Anteil des reifen Rippenknorpels ist Keratansulfat in der territorialen Substanz vorhanden; die interterritoriale zeigt nur
eine geringe Reaktion. Im Gelenkknorpel reagieren vor allem die tieferen Anteile
von der vierten Dekade an.

Die vorliegenden Befunde sprechen dafür, daß nur die Knorpelzellen des
*permanenten*, aber nicht die des transitorischen Knorpels von einer Kapsel umgeben sind. Eine Bestätigung dieser Annahme geben Beobachtungen an der Rippe,
bei der ein unmittelbarer Übergang vom permanenten Rippenknorpel zu einer
Epiphyse an der Knorpelknochengrenze stattfindet. Die Territorien im permanenten Rippenknorpel einer *Ratte* von 80 g verhalten sich bei Doppelfixierung
mit Formalin-Alkohol-Eisessig-Sublimat + Formalin-Alkohol-basisches Bleiacetat mit Methylenblau pH 1,1 basophil, die Interterritorialsubstanz dagegen nicht.
Die Reaktion in der Übergangzone zur Rippen-Epiphyse ist schwach; die Interzellularsubstanz der Epiphyse zeigt eine annähernd gleichmäßige Methylenblau-
aufnahme. Die Epiphyse färbt sich mit Alcianblau, die Übergangsregion ist
PAS-positiv (Abb. 171). Im Rippenknorpel sind die Kapseln mit Alcianblau
angefärbt, die Interterritorialsubstanz dagegen mit PAS. Bei Anwendung der
BTS-Reaktion färbt sich jedoch die gesamte Interzellularsubstanz des Rippenknorpels an; die Reaktion wird in der Übergangzone zur Epiphyse schwächer
und ist im Gebiet der hypertrophen Region gering. Die Anfärbung des Tracheal-
knorpels (*Meerschweinchen, Katze*) entspricht jener der Rippe. Nach QUINTARELLI
(1968) reagiert der äußere Teil des Knorpels der fetalen *menschlichen* Rippe bei Anwendung der Eisen-PAS-Methode mit dem Eisen (Basophilie), während der innere
Teil nicht gefärbt ist oder haufenförmig verteilte blaue Partikel zeigt. Im Meta-
physenknorpel der drei Tage alten *Ratte* ist der größere Teil der Interzellularsubstanz PAS-positiv, die Eisenreaktion erscheint im Gebiet der hypertrophen
Chondrozyten. Das Färbungsmuster der Rippe läßt sich mit der unterschiedlichen Stoffwechselaktivität korrelieren, die HERBAI und LINDAHL (1970) an
verschiedenen Segmenten der *Mäuse*rippe durch die Inkorporation von [3]H-
Acetat und [35]S-Sulfat nachgewiesen haben. Die Inkorporationsrate nimmt in
den ersten 2 Std ab und bleibt dann etwa konstant; sie ist höher in der Nähe
der Knochenknorpelgrenze. Im epiphysären Teil der Rippe werden mehr Chondroitinsulfate als in den restlichen Abschnitten gebildet.

Die sog. Kapsel ist als eine Zone der Interzellularsubstanz mit abweichender
Farbreaktion aufzufassen. Eine eigene *Kapselfaserung* ist im Schnitt selten zu

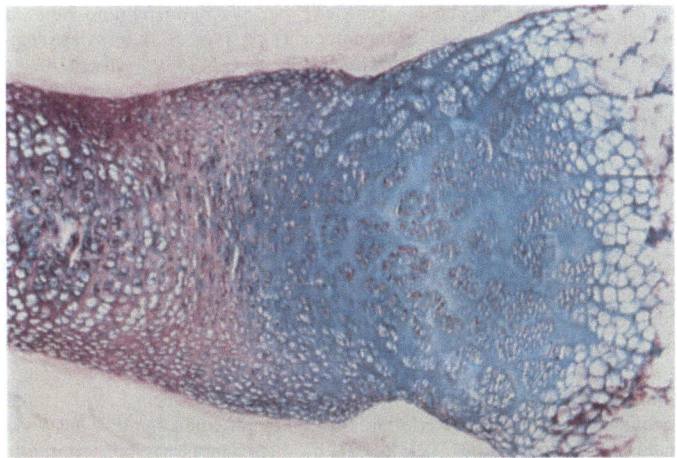

**Abb. 171.** Ratte, 80 g, Rippenknorpel mit Übergang zum epiphysären Gebiet, das einen Säulen- und hypertrophen Knorpel enthält. Fixierung Formalin-Alkohol-Sublimat-Eisessig + Formalin-basisches Bleiacetat, Alcianblau pH 2,1 − PAS, Obj. 10

beobachten und läßt sich mit Hilfe der Rasterelektronenmikroskopie nicht nachweisen (ZIMMY und REDLER, 1972; CLARKE, 1974). Die topochemischen Befunde sprechen dafür, daß die ausgeprägte Gliederung in Kapsel, Territorium und Interterritorium ein Charakteristikum des permanenten Knorpels ist. Im transitorischen hyalinen Epiphysenknorpel fehlt eine Kapsel, im Säulenknorpel ist sie nur angedeutet. Ein interterritoriales Gebiet wird erst im Zusammenhang mit der Mineralisation in den distalen Abschnitten der Epiphyse abgegrenzt. Im transitorischen Knorpel sind die Zellen von einer Perizellularsubstanz umgeben, aber nicht im permanenten.

## 5.3. Die regionale Verteilung der Bindegewebspolysaccharide im Knorpel

Die unterschiedliche Farbreaktion der Interzellularsubstanz des Knorpels wird auf das jeweilige MPS-Profil (s.S. 216) einer Region zurückgeführt. Hierbei können qualitative und quantitative Differenzen vorliegen. Da die Chondroitinsulfate Bestandteil der Proteoglykanmoleküle sind (s.S. 160), richtet sich das Interesse auf die Keratansulfatkomplexe und die Glykoproteine. Bei der Beurteilung älterer Arbeiten ist zu berücksichtigen, daß man früher zwischen den reinen Polysacchariden und jenen mit einer Proteinbindung unterschied (s.S. 159). Von den *Chondroitinsulfaten* sind nur etwa 5% *frei* und nicht an Protein gebunden (SCHUBERT, 1965). Sie entstehen durch Abbau im Rahmen des turnover (s.S. 221, biologische Halbwertszeit) und werden über das sog. Ausschlußvolumen abgegeben.

Bei *färberischen* Studien ergibt sich die Schwierigkeit, *Glykoproteine* und *Keratansulfate* von den Proteoglykanen mit Chondroitinsulfat zu unterscheiden (vgl. S. 169). Außerdem darf nicht übersehen werden, daß im allgemeinen wohl *hybride* Moleküle (s.S. 168) vorliegen, die keine eindeutige und „einfache" Farbreaktion geben, sich aber auch sehr different gegenüber einer enzymatischen Digestion verhalten (KNESE, 1972b). Nach SENO et al. (1965) sowie GREILING und STUHLSATZ (1966, 1969) und GREILING et al. (1970) kommen im hyalinen Knorpel verschiedene Proteokeratansulfate vor. Die Angaben von SENO et al. (1965), TSIGANOS und MUIR (1967) sowie GREILING et al. (1970) sprechen für ein hybrides Proteokeratan-Chondroitinsulfat. Die Glykoproteine sollen eine *PAS*-positive Reaktion geben (s.S. 379). Dabei wird auch angenommen, daß die Sialinsäure für diese Reaktion verantwortlich ist (MONTREUIL und BISERTE, 1959). Nach LEBLOND et al. (1957) bleiben nach Digestion von Glykogen durch Amylase allein die Glykoproteine als PAS-positive Substanzen zurück. Einige Methoden wurden zum Nachweis von *Sialomucinen* angegeben (QUINTARELLI et al., 1964b; SCOTT und DORLING, 1965; SPICER, 1965; STOWARD, 1967). Als Kennzeichen der „Sialomuzine" gibt CURRAN (1964) an: hohe Viskosität, starke Reaktion mit Alcianblau und kolloidalem Eisen, geringe PAS- und metachromatische Reaktion. Sie sind hyaluronidasesensitiv (Verlust der Basophilie, einschließlich der Färbbarkeit mit Alcianblau und kolloidalem Eisen). Durch eine milde Methylierung geht der saure Charakter verloren. Ferner kommt eine Digestion mit $\beta$-Galaktosidase und Neuraminidase in Frage (KNESE, 1971a, 1972b). Für Komplexe mit Keratansulfat spricht wohl eine *Resistenz* gegen Hyaluronidase (KNESE, 1971a).

Das *MPS-Profil* ist *altersabhängig* (s.S. 218); der Bestand an Chondroitinsulfaten und die Metachromasie des Knorpels nehmen ab (LOEWI, 1953; SHETTLAR und MASTERS, 1955). Der Bestand an Uronsäure sinkt von 7,8% auf 1,3% des Trockengewichtes ab, die des Chondroitinsulfats von 19,1 auf 3,2% (SHETTLAR und MASTERS, 1955). Die Abnahme an Hexosamin ist geringer. Wenn nun errechnet wird, welche Menge Hexosamin auf das Chondroitinsulfat entfällt, bleibt ein Überschuß, der den *neutralen* Polysacchariden zuzuschreiben ist. Letztere nehmen während des Lebens von 1% auf 4,3% zu. Die Menge an Uronsäure und Chondroitinsulfat sinkt bis zum 6. Lebensjahr stark, dann langsamer. Das Hexosamin außerhalb des Chondroitinsulfats erreicht zwischen dem 25. und 40. Jahr mit 4,3% den höchsten Wert, der sich dann nicht mehr verändert. Rippenknorpel von *menschlichen* Neugeborenen enthält 15–19% Chondroitinsulfat, im Alter von 85 Jahren nur noch 2% (JOEL et al., 1956). Analysen ergeben einen nach Knorpel und Lebensalter verschiedenen Gehalt an Chondroitinsulfaten und Keratansulfat. Der Polysaccharidgehalt der *menschlichen* Rippe beträgt 17%; davon sind 70% Chondroitin-6-sulfat und 30% Keratansulfat (MEYER et al., 1958). Nach ROTSTEIN et al. (1962) sollen die neutralen Kohlenhydrate z.T. als Oligosaccharide vorliegen, die an unlösliche Komponente der Interzellularsubstanz gebunden sind. Im Gelenkknorpel (Knie-Femur) und Rippe des Menschen nimmt der Gehalt an PP-H von der Kindheit bis zum 73. Jahr zu (ROSENBERG et al., 1965). Die PP-L-Fraktion enthält bei Erwachsenen mehr Protein, Hexose und Sialinsäure. Das Verhältnis Chondroitinsulfat zu Keratansulfat ist etwa 1,5. Die PP-H und PP-L-Fraktionen der *menschlichen* Knorpel unterscheiden sich von jenen des Nasenknorpels des *Rinds* durch höheren Gehalt an Protein und Keratansulfat. Nach SMITH et al. (1967) enthält der Gelenkknorpel des *Rinds* mehr Kollagen aber weniger Chondroitinsulfat als der Nasenknorpel. BOLLET und NANCE (1966) fanden zwischen dem 30. und 80. Jahr keine Veränderung der Kettenlänge der Chondroitinsulfate. In Hydrolysaten von Knorpeln des *Neugeborenen* fanden KUHN und LEPPEL-MANN (1958) 10,8% Galaktosamin und 1,38% Glucosamin, bei älteren Individuen dagegen 2,27% Galaktosamin und 2,1% Glucosamin. CASTELLANI et al. (1962a) wiesen in der Epiphyse neugeborener *Schweine* 5% Keratansulfat nach. BOWNESS (1963) bestimmte bei *Hunden* das molare Verhältnis von Glucosamin zu Galaktosamin zu 0,05. HJERTQUIST (1964b) fand kein Keratansulfat, dagegen Hyaluronsäure neben Chondroitin-4- und -6-sulfat. Bei *menschlichen* Feten oder Neugeborenen wurden allein Chondroitinsulfat-Protein-Polysaccharide nachgewiesen (HOFFMAN et al., 1967). Der Gehalt an Keratansulfat ist bei *Kaninchen* in der Rippe höher als im Gelenkknorpel (OLÁH et al., 1970). In der Zwischenwirbelscheibe sind neben Chondroitin-4- und -6-sulfat eine der Hyaluronsäure ähnliche Komponente und Keratansulfat zu finden. Erstaunlich erscheint uns, daß Epiphyse und Ohrknorpel sich sehr ähnlich verhalten. Ketten des Chrondroitin-4-sulfats im Knorpel des *Menschen* und *Rinds* haben nach GREILING et al. (1964) eine Länge von 13–42 Disaccharideinheiten. Der *Sulfat*gehalt wechselt. Er beträgt im allgemeinen 4,5–5,5%, kann aber bis zu 1,7% absinken. Im Trachealknorpel fanden die Autoren Chondroitin-4-sulfat (6,8%), -6-sulfat (8,4%) und Keratansulfat (4,5%). Der *menschliche* Kniegelenkknorpel eines 20jährigen Mannes 6,4%, der eines 52jährigen enthält 6,8% MPS/Trockengewicht; der Gehalt an Keratansulfat beträgt 2,5 bzw. 3,6%. Dies bedeutet ein Absinken des Chondroitinsulfats von 58,2% auf 44,2% und einen Anstieg des Keratansulfats von 39,3 auf 53,0%. Den höchsten prozentualen Anteil an *Sialinsäure* fanden TANCREDI und PECO- RELLI (1966) in den Gewicht tragenden Teilen des menschlichen Hüftgelenks (591 mg/100 mg); er ist geringer in den Teilen, die kein Gewicht tragen (358) und im Schultergelenk (237).

Die verschiedenen Bindegewebspolysaccharide des Knorpels unterscheiden sich im Hinblick auf ihre *Stoffwechselaktivität.* GERBER et al. (1960), SCHEINTAL und SCHUBERT (1963) isolierten eine leichte PP-L-, schwere PP-H- und Rest PP-R-Fraktion. KLEINE und HILZ (1970) *gelang* eine weitere Aufteilung dieser Fraktionen an den Proteoglykanen der *Kalbs*rippe. Durch mehrfache Markie- rung der Aminosäuren von Kohlenhydratkomplexen und mit Hilfe von $^{35}$S stellten sie zwischen den Fraktionen *Stoffwechselunterschiede* fest, die sowohl die Kohlenhydratseitenketten als auch das Protein, damit das gesamte Molekül einer Fraktion betreffen. Eine unterschiedliche Stoffwechselaktivität der Chon- droitinsulfate aus dem Epiphysenknorpel des *Hundes* wiesen auch BENTLEY und ROKOSOVA (1970) nach. Die Autoren finden in vivo wie in vitro mindestens 2 stoffwechselmäßig differente Fraktionen, wobei die stoffwechselaktive Frak- tion im Ohrknorpel des *Kaninchens* ein höheres Molekulargewicht aufweist. In der 40 μm dicken Oberflächenschicht des Gelenkknorpels ist das Molekularge- wicht der Chondroitinsulfate größer als im restlichen Gelenkknorpel, hier aber kleiner als in der Epiphyse (JONES und LEMPERG, 1975). Mit zunehmendem Abstand von der Gelenkoberfläche nimmt die Konzentration der Glykosamino- glykane zu (LEMPERG et al., 1974). Bei *Kälbern* und *Färsen* handelt es sich um Chondroitinsulfat, bei älteren Kühen um Keratansulfat und Glykoprotein (vgl. BJELLE et al., 1976). In der Tiefe haben die Proteoglykane ein höheres Molekular- gewicht und größere Ladungsdichte. Die Chondroitinsulfate lassen sich, im Ge- gensatz zur Epiphyse, bei jüngeren Tieren nicht auswaschen; bei erwachsenen *Kühen* gehen Chondroitinsulfate und Keratansulfate der mittleren und tiefen Lagen verloren. In allen Altersstufen wird in die 40 μm dicke Schicht vermehrt $^{35}$S eingebaut (LARSSON und LEMPERG, 1974).

Mit dem Alter nehmen die Keratansulfatkomplexe zu. Inwieweit Unterschiede zwischen *perma- nentem* und *transitorischem* Knorpel bestehen, ist nicht geklärt. Über regionale Differenzen des MPS-Profils liegen nur wenige Angaben vor. Im Nasenseptum des *Pferdes* findet beim Übergang von der Appositionsschicht zum hyalinen Knorpel entsprechend der Steigerung der Basophilie eine Zunahme der Chondroitinsulfate und eine Abnahme der Proteine statt (SZIRMAI et al., 1967). Im übrigen ergaben sich an Schnitten und an gepudertem Material (ANTONOPOULOS et al., 1964) Differenzen im *Löslichkeitsprofil* und im Infrarotspektrum der MPS, die allerdings schwer zu inter- pretieren sind. Hauptbestandteil der MPS ist ein Chondroitin-4-sulfat; das Chondroitin-6-sulfat macht weniger als 10% aus. In der Tiefe des Nasenseptums alter (über 8 Jahre) *Pferde* fanden SZIRMAI et al. (1967) entsprechend der Degeneration (metachondrale Schicht; SCHAFFER, 1930) ein färberisches Verhalten, das weitgehend dem der Appositionsschicht mit geringer Aufnahme kationi- scher Farben im niedrigen pH entspricht. Auch die positiven PAS- und Proteinreaktionen weisen auf das Vorhandensein von Proteinen hin (SZIRMAI und DOYLE, 1961). Die Autoren fanden eine erhöhte Konzentration (40% des Trockengewichts) von nichtkollagenen Proteinen. Der geringe Kollagengehalt spricht gegen die Hypothese (GALJAARD und SZIRMAI, 1961), für das veränderte färberische Verhalten sei das Kollagen verantwortlich. In diesem Gebiet sind Keratansulfat und Glykoproteine vorhanden, außerdem ein noch unbekanntes gelbes *Pigment.* Die Verteilung leicht löslicher und schwer extrahierbarer (resistenter) *Proteoglykane* hat CAMPO (1974) bei *Ratten* unter- sucht. Die Extraktion wurde als Ausbeute von Uronsäure bestimmt, die resistenten Proteoglykane durch Toluidinblau im Schnitt nachgewiesen. Im Nasen-, Rippen-, Ohr- und Gelenkknorpel kommen resistente Proteoglykane nur perilakunär vor, hier möglicherweise an die feinen Fibrillen, vermutlich

Kollagen, gebunden. In der Epiphyse sind resistente Proteoglykane auch extraterritorial vorhanden, aber infolge der Säulenbildung bei jüngeren Individuen nicht präzis zu lokalisieren. In älteren Epiphysen des *Menschen* und *Schweins* sind sie an der Grenze vom ruhenden zum proliferierenden Knorpel und am Anfang der Säulen nachweisbar, dann wieder in der Zone der provisorischen Mineralisation.

# 5.4. Das Chondron

Die Betrachtung der Gestaltung und Umgestaltung der Interzellularsubstanz wirft die Frage nach den zugrunde liegenden Mechanismen und damit den Beziehungen bzw. Wechselwirkungen zur Zelle auf. Der Umgestaltung der Interzellularsubstanz in der Epiphyse bei Verschiebung der Regionengrenzen geht eine Transformation der Zellgestalt und -struktur mit Änderung der Zellaktivität parallel. Die Annahme korrelierter Prozesse liegt nahe. Gegenüber der häufig geübten isolierten Betrachtung der Gewebe„komponenten" ist eine Zusammenfassung von Zellen und Interzellularsubstanzen zu einer höheren Einheit erforderlich, um zu den weiteren Organisationsstufen des Gewebes und der Skelettorgane zu gelangen. Hierfür bieten sich die Zellen und ihre Umgebung an, Komplexe, die man als *Chondrone* ansehen kann (KNESE, 1978). Der Terminus „Chondron" wird damit in einem anderen Sinn als von BENNINGHOFF (1925b) gebraucht, nicht als Baueinheit, sondern als *Einflußsphäre* von Zellen. Man kann nämlich nicht von der einzelnen Zelle, sondern muß von der gesamten Zellpopulation einer Region ausgehen. In Analogie zum Chondron hat KROMPECHER (1937) die Osteozyten mit der zugehörigen Interzellularsubstanz als *Zytoosteon* bezeichnet.

In der Einleitung zum Kapitel Interzellularsubstanzen (s.S. 117) wurde festgestellt, daß in den Stütz- und Bindegeweben mit Hilfe der Interzellularsubstanzen spezifische Leistungen vollbracht werden, die den Zellen selbst nicht *unmittelbar* möglich sind, und daß die organischen Interzellularsubstanzen Produkte der Zellen sind. Mit der Gestaltung und Umgestaltung ihrer sie umgebenden Interzellularsubstanzen steuern die Zellen u.a. die Wasser- und Elektrolytspeicherung und den Stofftransport im Interzellularraum.

Bei der Erörterung der Organisationsstufe des Chondrons ist zu klären, ob und in welcher Form das extrazelluläre Leben (SCHUBERT und HAMERMAN, 1968) der Interzellularsubstanzen von der Zelle abhängt. Auf der anderen Seite beeinflußt die Interzellularsubstanz die Tätigkeit der Zellen. Isolierte Chondrozyten des Gelenkknorpels von *Kaninchen* bilden nicht das spezifische Typ II-Kollagen, sondern Typ I und Typ III neben anderen (CHEUNG et al., 1976). Isolierte Chondrozyten synthetisieren ein Glykosaminoglykan, das sich elektrophoretisch wie ein Chondroitinsulfat verhält, aber als Hexosamin überwiegend Glucosamin enthält (GLICK und STOCKDALE, 1964). Die Rückkoppelung (s.u.) beeinflußt nicht nur den Grad der Aktivität, sondern auch die Art des Syntheseprodukts. Ein Teil der interzellulären Veränderungen ist wohl kaum auf die Zelle zu beziehen, z.B. der Umfang der Wasserspeicherung bzw. der Elektrolytbindung. Diesen Vorgängen könnte allerdings eine Umgestaltung des molekularen Gefüges zugrunde liegen. Eine Veränderung des *Faser*bestandes ergibt sich durch Aussetzen der Kollagensynthese: dies gilt wahrscheinlich für die hypertrophe Region (RAY eI al., 1962). Ein „Abbau" des Kollagens im Rahmen des turnovers tritt hinzu. Vermutlich beträgt die biologische Halbwertszeit des Kollagens (Tabelle 6) in der Epiphyse nur 4 Tage (GERBER et al., 1960).

Ein Proteoglykan-Molekül schließt andere Moleküle am gleichen Ort aus. Es ergibt sich demnach eine bestimmte *Verteilung von Molekülen*, die man mit der histologischen Gliederung: Perizellularsubstanz, Kapsel, Territorium und Interterritorium, in Zusammenhang bringen möchte. Leider wissen wir darüber noch sehr wenig. Einige Angaben über die MPS-Konzentration liegen vor (vgl. bei LAURENT, 1968). Die Domäne des Proteoglykan-Moleküls im Knorpel beträgt weniger als 7 ml/g (SAJDERA, 1969), das Maximum der möglichen Konzentration liegt bei 100 ml/g (BUDDECKE et al., 1963). Man könnte eine solche Konzentrationsdifferenz z.T. auf die Perizellularsubstanz bzw. die Knorpelkapsel beziehen. Die verschiedene Proteoglykan-Konzentration kann die Diffusion und Präzipitation über den Siebeffekt steuern. Noch nicht geklärt ist, ob die Verteilung der verschiedenen *Proteoglykanfraktionen* (PP-L, PP-H, PP-R) der territorialen Gliederung entspricht (vgl. CAMPO, 1974). Nach den Vorstellungen über das Ausschlußvolumen müßte sie an verschiedenen Orten liegen. Die Fraktionen haben eine unterschiedliche *Stoffwechselaktivität* (KLEINE und HILZ, 1970), auch in der Epiphyse (BENTLEY und ROKOSOVA, 1970). Sie ist in der Rippe in Nähe der Knorpel-Knochen-Grenze höher als in den übrigen Teilen (HERBAI und LINDAHL, 1970; vgl. Abb. 171). Vielleicht liegen die stoffwechselaktiven Proteoglykane in Zellnähe. Dafür spricht die regional spezifische $^{35}$S-Bindung (vgl. auch VERNE et al., 1956; PELC und GLÜCKSMANN, 1955). Die Chondroitinsulfate der aktiven Zone der Rippe haben ein höheres Molekulargewicht (LINDAHL und WASTESON, 1970).

Eine Reihe von Befunden spricht für einen *Rückkoppelungs*mechanismus zwischen Interzellularsubstanz und Zelle (FOLLIS, 1952a; McELLIGOTT und POTTER, 1960; WESTERBORN, 1965; GURI und BERNSTEIN, 1967; THORP und DORFMAN, 1967; BOSMANN, 1968; GREER et al., 1968; MORRISON, 1970; FITTON-JACKSON, 1970). Dabei ist die Rückkoppelung ein komplexer regulativer Vorgang, wie das mathematische Modell für das kompensatorische Wachstum von Niere und Leber von KAVANAU (1964) zeigt. Die Rückkoppelung hält ein gewisses *Gleichgewicht* aufrecht. Der Mechanismus setzt aus bzw. wird umgestellt, wenn die Zelle die Produktion von Interzellularsubstanzen verändert, z.B. herabsetzt bzw. degradierende Enzyme bildet, wie am Übergang vom Säulenknorpel zu den Hypertrophen (s.S. 378). Die Zellen können für die Hyaluronidase das erforderliche pH-Optimum schaffen (BOLLET und MITCHELL, 1969). Bei einer Erhöhung des pH von 7,0 auf 8,0 steigt die Synthese auf das Dreifache an, umgekehrt steigt bei der Senkung des pH die Extrusion an (SCHWARTZ et al., 1976).

Aus den erwähnten Befunden muß man schließen, daß die *Zelle mit ihrer Interzellularsubstanz im Gleichgewicht* steht. Das Gleichgewicht wird aber durch die Aktivität der Zelle bestimmt und damit der Aufbau der umgebenden Interzellularsubstanz verändert, ein Vorgang, der der älteren Histologie unvorstellbar war. Man glaubte, daß die einmal aufgebaute Interzellularsubstanz praktisch nur in toto abgebaut und durch eine vollständig neu gebildete ersetzt werden kann. Der Prozeß findet auch in Gebieten statt, die bisher nicht unter diesem Gesichtspunkt betrachtet wurden, z.B. am Übergang von einer Region der Epiphyse in die anschließende. Infolge der verschiedenen biologischen Halbwertszeit der Komponenten erweist sich der *Umbau* als ein recht verwickelter Vorgang. Er betrifft zunächst die stoffwechselaktiven Polysaccharide mit einer kurzen Halbwertszeit. Die relativ langlebige Komponente, das Kollagen, garantiert die Organform, doch wird auch dieses Kollagengerüst, allerdings in einer anderen Zeitdimension, umgebaut.

Stützgewebe stellen keine *invariante Einheit* dar, d.h. sie verbleiben nicht in der ursprünglich gebildeten Struktur und Zusammensetzung (KNESE, 1978). Die umfangreichen analytischen *Bilanzuntersuchungen* haben in allen Geweben eine altersabhängige qualitative und quantitative Veränderung der Gewebekomponenten nachgewiesen. Ein Maß für die Geschwindigkeit des Umbaus ist die *biologische Halbwertszeit*. Doch konnten hierbei nicht die Mechanismen der Umgestaltung geklärt werden. Morphologische Befunde sprechen dafür, daß die einzelnen Moleküle bzw. Molekülgruppen, die eine Strukturkomponente bilden, verändert werden. Faserwachstum und -reifung wurden bereits erörtert (s.S. 146). Einige Überlegungen über die *Umgestaltung einzelner Proteoglykan-Moleküle* knüpfen sich an die Vermehrung des Keratansulfats während der Alterung und das Auftreten in der Interterritorialsubstanz an. Ein besonderer Mechanismus der Sekretion, der die Verteilung regelt, scheint nach STOCKWELL und SCOTT (1965) nicht vorzuliegen. Nach Degradationsstudien nimmt HOFFMAN (1967) an, daß der Molekülkern, nach Abspaltung der Chondroitinsulfat-Seitenketten, als ein hochmolekulares Keratansulfat-Protein übrigbleibt. Im jungen Gewebe sind die Chondroitinsulfatketten für die Wasserspeicherung und das Fehlen von Calciumphosphat-Ablagerungen verantwortlich. Die Umgestaltung des Moleküls würde in relativ weitem Abstand von der Zelle stattfinden. Ob damit die Disposition zur Umgestaltung gegeben ist, kann z.Z. nicht entschieden werden. Die Umgestaltung der Interzellularsubstanz durch Aufbau und Abbau wird von den Zellen vermutlich nach einem gewissen Zeitplan durchgeführt. Hierfür wurden die Vorstellungen von der Zelluhr und dem Abspulen eines *Programms* neu entwickelt (s.S. 15). Ein Muster für ein solches Programm mit Veränderung von Gestalt, Struktur und Aktivität — einschließlich mitotischer — der Zelle sowie Umgestaltung der Interzellularsubstanz stellt die Epiphyse dar.

# 6. Die Faserknorpel und Sehnenansätze

In diesem Kapitel fassen wir „Mischgewebe" (u.a. DRAHN, 1922) zusammen, die einer Systematik größte Schwierigkeiten bereiten. Neben dem Faserknorpel im engeren Sinn sind es die *sekundären* Knorpel, ferner die chondralen und die periostalen *Sehnenansätze*, damit auch das *chondroide Gewebe*. Über diese Gewebe liegen, mit Ausnahme der Zwischenwirbelscheibe, relativ wenig Arbeiten vor (vgl. PRADER, 1947a,b; KNESE und BIERMANN, 1958). Das Interesse gilt mehr den sog. „typischen" Geweben (vgl. KNESE, 1966a). Dem weit verbreiteten Mischgewebe kann man aber keine geringere Bedeutung als anderen Geweben, z.B. dem hyalinen Knorpel, zusprechen.

Die *Materialauswahl* für unsere Untersuchungen ist für die Häufigkeit des Vorkommens der einzelnen Gewebetypen im Sinn der Statistik nicht repräsentativ. „Der Ersatz des primären Skeletts durch ein sekundäres, knöchernes kann nicht richtig verstanden werden ohne Kenntnis der am Skelett sich anheftenden Muskulatur und der Art der Befestigungsweise der aktiven Bewegungsorgane an die passiven" (SCHUBERT, 1931). Allen hier zusammengefaßten Geweben ist gemeinsam, daß Fasern und Proteoglykane annähernd in einem Gleichgewicht stehen. Dem versuchte die Nomenklatur mit dem umstrittenen Terminus *Faserknorpel* gerecht zu werden (vgl. SCHAFFER, 1930; KROMPECHER, 1938; KNESE und BIERMANN, 1958). Dabei zeigt sich aber, daß es *den* Faserknorpel nicht gibt. Es handelt sich um keine gleichartigen Gewebeformen; die Variabilität der Gestaltung ist groß und entspricht der jeweiligen Entstehungsform und Aufgabe.

## 6.1. Die Sehnen- und Bandansätze

Knochen und Muskeln bzw. deren Sehnen haben in ihren ersten Anlagen keine Beziehungen zueinander. Erst während der Entwicklung des Perichondriums (s.S. 98) wird die Verbindung zwischen Skelett und Sehnen hergestellt (CAREY, 1920; BIERMANN, 1957). Die sich aus dem Studium der Sehnenansätze ergebenden Fragestellungen lassen sich in folgenden Punkten zusammenfassen: 1) Konstruktion der Ansatzzone, 2) mechanische Bedeutung dieser Konstruktion, 3) Beziehungen zwischen Sehnen und Knorpel- bzw. Knochengewebe und 4) Wachstum des Knochens und der Sehnenansätze.

### 6.1.1. Die Ansatzstruktur

Im diaphysären Bereich wird zwischen einem *fleischigen* Ansatz am Periost und einem *sehnigen* an Kanten, Leisten oder Höckern unterschieden. Da auch bei den fleischigen Ansätzen Sehnenfasern unmittelbar vor dem Periost auftreten, empfiehlt BIERMANN (1957), von *zirkumskripten* und *flächenhaften* Ansätzen zu sprechen. Im Hinblick auf die Entstehung des Knochens unterscheidet PETERSEN (1930) zwischen einer Compacta- und Spongiosatuberosität. Ein Faserknorpel, der vom hyalinen Primordialknorpel abstammt, vermittelt den Ansatz an der Spongiosatuberosität. Die Rauhigkeiten der Compactatuberosität sind auf den *Einstrahlungsknochen*, auf Resorptionslakunen und Gefäßlöcher zurückzuführen. Hier tritt verkalktes Bindegewebe mit Randosteonen in Verbindung. Die Knochenstruktur, d.h. die Compacta-Spongiosa-Verteilung innerhalb der Ansatzgebiete, zeigt eine beträchtliche individuelle Variation (LAUX, 1930; DOLGOSABUROV, 1935; SCHABADASCH, 1935; DIAMANT, 1940; FILOGAMO, 1945; KNESE et al., 1954b; BIERMANN, 1957). Es wurde angenommen, daß die Osteonordnung unter Sehnenansätzen eine „Störung" erfährt (GEBHARDT, 1901; AMPRINO und CATTANEO, 1937; FILOGAMO, 1946a, b), was bereits von SOLGER (1899) bezweifelt wurde.

#### 6.1.1.1. Die periostalen Ansätze

Die Faserkonstruktion der Ansatzgebiete wird recht unterschiedlich beurteilt. Muskel- und Sehnenfaserbündel sollen *parallel* verlaufen (KÖRNER, 1939; MACHADO DE SOUSA, 1955), sich *verflechten* (WEISS und ROUVIERE, 1914; LUBOSCH, 1937; MOLLIER, 1937) oder *fächer*förmig aufteilen (MOLLIER, 1937; JIPP, 1960; ALTMANN, 1963). Es wurde angenommen, daß die Faserkonstruktion die verschiedenartige Zugrichtung der Muskeln ausgleicht, eine Deutung, die JIPP (1960) für unwahrscheinlich hält. Eine Einpflanzung des Sehnenkabels in den Knochen mit Übergang des Peritendineum externum in das Periost nimmt SCHNEIDER (1956a) an. Die Verlaufsweise der Sehnenfasern hängt auch von der Architektur des zugehörigen Muskels ab (JIPP, 1960).

Im Bereich der *Tuberositas deltoidea* des *Neugeborenen* und des 3 Monate alten *Kindes* strahlen die Sehnenfasern spitzwinklig in eine relativ dicke Fibroelastica ein (BIERMANN, 1957; Abb. 172). Kollagenfasern und die große Zahl der elastischen Fasern verlaufen in der Fibroelastica überwiegend parallel zur Knochenlängsachse mit einer geringfügigen Verschränkung im Sinn eines räumlichen Netzwerks. Aus der Fibroelastica schwenken Kollagenfasern spitzwinklig aus und in eine *Kambiumschicht* hinein. Elastische Fasern treten nicht in die Kambiumschicht. Die Kollagenfasern stammen nicht nur aus der jeweils getroffenen Längsschnittebene; sie geben ihren zunächst welligen oder spiraligen Verlauf bei Annäherung an den Knochen auf und sind nun, als Fasern „vorgespannt", gestreckt (KNESE und BIERMANN, 1958; KNESE, 1958, 1970d). Zwischen den Fasern liegen rundliche Zellen, deren Anzahl zum Knochen hin zunimmt; mit-

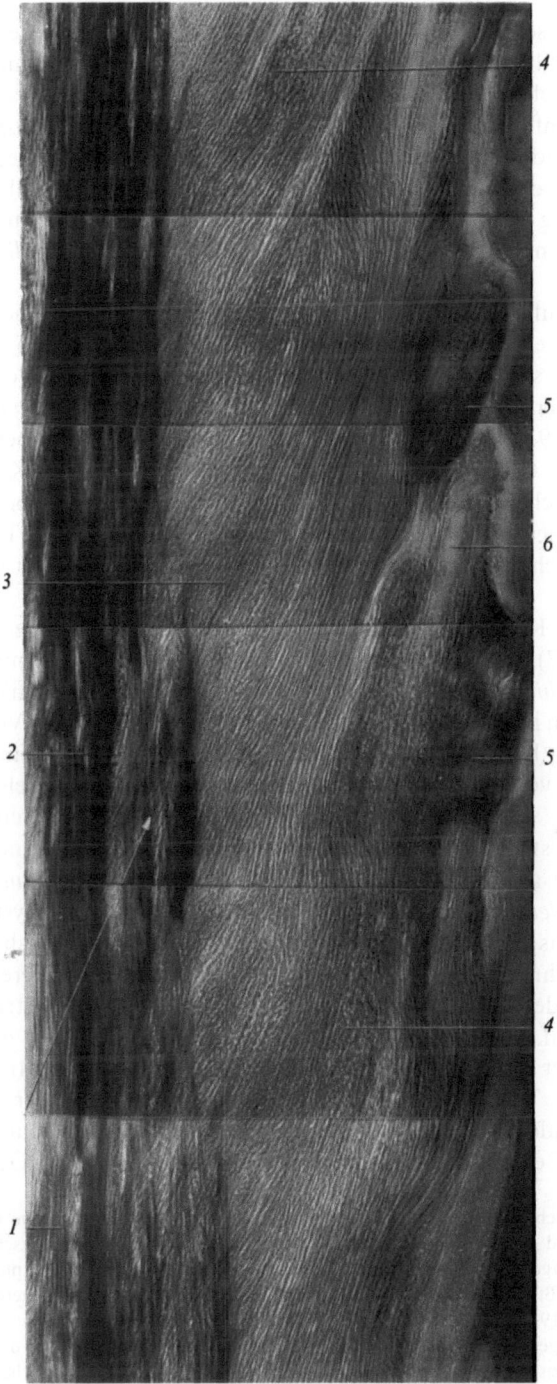

**Abb. 172.** Kind, 3 M., Tuberositas deltoidea, Längsschnitt in Einstrahlungsrichtung des M. deltoideus. *1)* M. deltoideus, *2)* Fibroelastica, *3)* Kambiumschicht, *4)* Inseln, reich an Zellen, aber arm an Fasern („Blasteminseln"), *5)* neugebildete Knochenbälkchen, *6)* Gefäßräume; Resorcin-Fuchsin, Obj. Ph 10 (aus BIERMANN, 1957)

unter sind in dieser „Kambiumschicht" Blasteminseln vorhanden, die reichlich
Blutgefäße enthalten. Die Grenze zwischen Kambiumschicht und Knochengewebe liegt im Gebiet, in dem die Zellen zum größeren Teil verschwunden sind
und die Kollagenfasern dicht verklebt erscheinen. An der *Linea aspera* (Einstrahlung der Mm. adductores und Mm. vasti) weichen die aus der Fibroelastica
austretenden Fasern nach proximal und distal, aber auch nach tibial und fibular
ab. Die Faserung ist im Einstrahlungsknochen mit seinen großen, jungen, rundlichen Osteozyten z.T. bis zu einem in der Tiefe gelegenen *hyalinen* Streifen zu
verfolgen.

Die Kollagenfasern der Sehne verlassen die Fibroelastica nicht in ihrer ursprünglichen Streichrichtung (BIERMANN, 1957), sondern bilden ein räumliches
Gitter, aus dem sich die Fasern herauslösen (Tuberositas ulnae). Die Sehnen-
bzw. Muskelfaserbündel gehen spitzwinklig und sich *pinselförmig* verbreiternd
(vgl. MOLLIER, 1937) in ein Gitterwerk über, das der Knochenoberfläche parallel
liegt. Aus diesem Gitter treten Fasern annähernd senkrecht zur Knochenoberfläche in die zellreiche Kambiumschicht. Kurz vor der Knochenoberfläche kommt
es erneut zu einer vielfachen Überkreuzung der Fasern. Ein Teil der Fasern
tritt in den Knochen, andere durchziehen Lakunen oder eine Art von intertrabekulären Spalten.

Sehnen und Knochen verbinden sich durch eine besondere *Ansatzstruktur*
(BIERMANN, 1957). Bei Kindern erscheint sie als eine Art *Periost* mit *Fibroelastica*
und *Kambiumschicht*. Beim Erwachsenen gehen die zunächst annähernd paral-
len Sehnenfasern in der Nähe der Linea aspera (Abb. 173) in ein Verflechtungssystem. Aus einem Kollagenfaserbündel entstehen zwei Fasersysteme. Jedes dieser
neuen Systeme vereinigt sich mit einem ähnlichen Halbbündel der Nachbarschaft. Erst die sekundären Faserbündel sind in den Knochen eingepflanzt.
An den Fasersystemen an der Tuberositas radii, tibiae, calcanei und glutaea
sowie der Linea aspera unterscheidet JIPP (1960) zwischen *Primär-, Sekundär-*
und *Tertiärbündeln* sowie sog. *Endpinseln.* Das Verflechtungssystem wird vielfach variiert. Das *Peritendineum* internum zeigt eine maschendrahtähnliche Ordnung um die Sehnenfasern; es umschlingt Kreuzungen bzw. Vereinigungen und
Aufspaltungen der Sehnenbündel. Die Sehnenfasern sind konstruktiv mit dem
Bewehrungsstahl, die Peritendineumfasern mit dem Bindedraht des Stahlbetons
vergleichbar; der Bindedraht sichert das Verflechtungssystem. In den Knochen
dringen erst die Tertiärbündel bzw. die Endpinsel ein. Die Art des auf diese
Weise entstehenden Knochengewebes wird sehr verschieden beurteilt, vor allem
im Hinblick auf die Frage nach der Fibrillenbildung in diesen Gebieten.

Die in den Knochen einstrahlenden Fasern werden mitunter als *Sharpeysche* Fasern angesehen
(u.a. WEINMANN und SICHER, 1947; PETERSEN, 1930). Der Terminus „Sharpeysche Fasern" sollte
jedoch endgültig aufgegeben werden, da sehr verschiedenartige Fasersysteme unter dieser Bezeichnung zusammengefaßt werden, wodurch Verwirrung entsteht (s.S.125). Seit längerem (u.a. DIBBELT,
1911; PETERSEN, 1919, 1930; WEIDENREICH, 1922, 1923b,c, 1930) wird von einem *geflechtartigen*
oder Faserknochen gesprochen, der jedoch nicht dem geflechtartigen Knochen der Fetalzeit (BIER-
MANN, 1957) gleichzusetzen ist. Nach WEIDENREICH (1923b,c) ist der Faserknochen kein verkalktes
Bindegewebe. Von einem sekundären Periostknochen mit „Bindegewebsverknöcherung" ohne Osteoblasten spricht PETERSEN (1930). Die große Menge der Sharpeyschen Fasern bildet einen *Einstrahlungsknochen*, eine Bezeichnung, die den strukturellen Besonderheiten dieser Regionen gerecht wird
(BIERMANN, 1957).

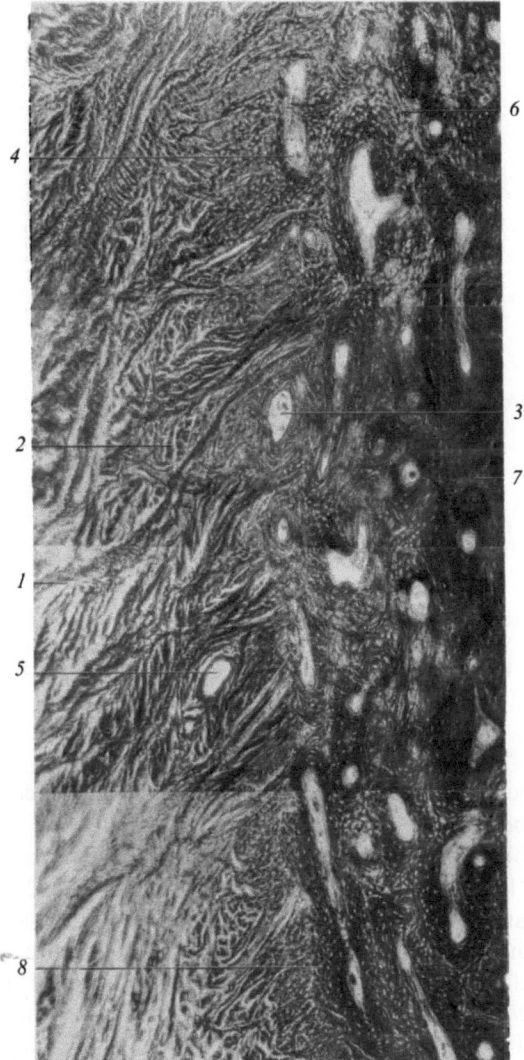

**Abb. 173.** Mann, 25 J., Linea aspera, quer. *1)* Sehnenbündel, *2)* Teilung der primären Sehnenbündel in Halbbündel und daraus Bildung von sekundären Bündeln, *3)* Randosteon, *4)* Bildung einer Knochenschicht um Gefäßkanal, *5)* längs verlaufender Gefäßkanal innerhalb der Sehne, *6)* Bildungsgewebe, *7)* lamelläres Knochengewebe, *8)* Übergang der Sehneneinstrahlung in das Periost. Azan, Obj. Ph 10 (aus BIERMANN, 1957)

Im *Einstrahlungsknochen* liegen Faserbündel zwischen den Randosteonen (PETERSEN, 1930; BIERMANN, 1957). Sie können aber auch unmittelbar in lamellären Knochen übergehen, z.B. in die Wand eines Haversschen Kanals (Abb. 173). Bei Kindern findet ein Übergang in sog. Faserfilze (KNESE et al., 1954a) statt, die mit einem Osteonbildungsgewebe aus Kleinstosteonen vermischt sind. Beim Erwachsenen ist der Übergang von der Sehne zum Einstrahlungsknochen durch

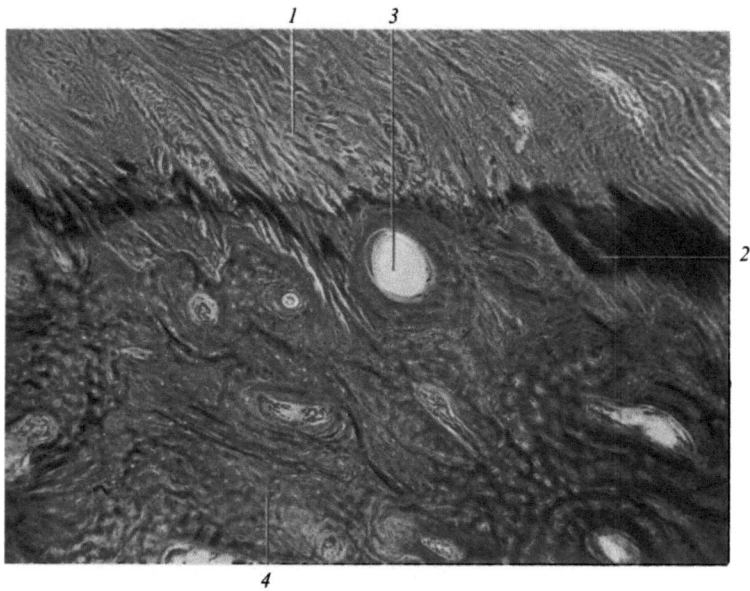

Abb. 174. Mann, 43 J., Crista tuberculi maj. et min. humeri. *1)* Sehne mit teilweise blasig vergrößerten, reihenförmig gelagerten Sehnenzellen, *2)* eingemauerter, knöcherner Anteil der Ansatzstruktur jenseits der Grenzlinie, *3)* Randosteon, *4)* überwiegend lamellärer Knochen. Azan, Obj. Ph 10 (aus BIERMANN, 1957)

eine verschieden deutlich ausgebildete *Grenzzone* gekennzeichnet, die durch eine Grenzlinie gegenüber der eigentlichen Sehne abgesetzt wird (Abb. 174). Die mit Azokarmin färbbare Grenzschicht wird als eine Zone der Verkalkung angesehen (HEITZMANN, 1873; LANGER, 1876; MATSCHINSKY, 1892; WEIDENREICH, 1923 b; DOLGO-SABUROV, 1930; SCHNEIDER, 1955, 1956; SLEDGE, 1968). Die Kollagenfasern können schon vor der Grenzlinie den Karminton des Knochens annehmen. Die Zellen der Sehne und des Periosts schwellen an und ähneln damit jungen *Knochenzellen* (BIERMANN, 1957). Für die periostalen Sehnenansätze beschreibt VIS (1957) ein direktes Eindringen der Sehnenfaser in den Knochen. Die Knochenzellen seien mit den Sehnenzellen identisch. Der Ansatz des Lig. nuchae (*Rind, Hund*) an den Dornfortsätzen wird allein von den Kollagenfibrillen gebildet. In etwa 2 mm Entfernung vom Ansatz verschwinden die elastischen Fasern. Die Kollagenfasern bilden einen Faserknorpel (s.a. SLIJPER, 1946; *Pferd*). In einer verkalkten Zone folgen parallele Fasern, zwischen denen vesikuläre Zellen liegen.

Abb. 175. Mineralisation an der Grenze von Zwischenwirbelscheibe zu Wirbelkörper bei einjähriger ▷ Katze. *A:* Übergangsgebiet, *a)* Fibrillen des Faserknorpels, *b)* verquollene Fibrillen, *c)* chondroide Mineraleinlagerungen, *d)* Knochenfibrillen, *e)* überwiegend amorphe Einlagerungen, *f)* benachbartes homogenes Gebiet der Zwischenwirbelscheibe; *B:* homogenes Gebiet der Zwischenwirbelscheibe mit chondralen Einlagerungen, z.T. einzelne Nadeln. *C:* homogenes Feld mit rundlichen Maschen

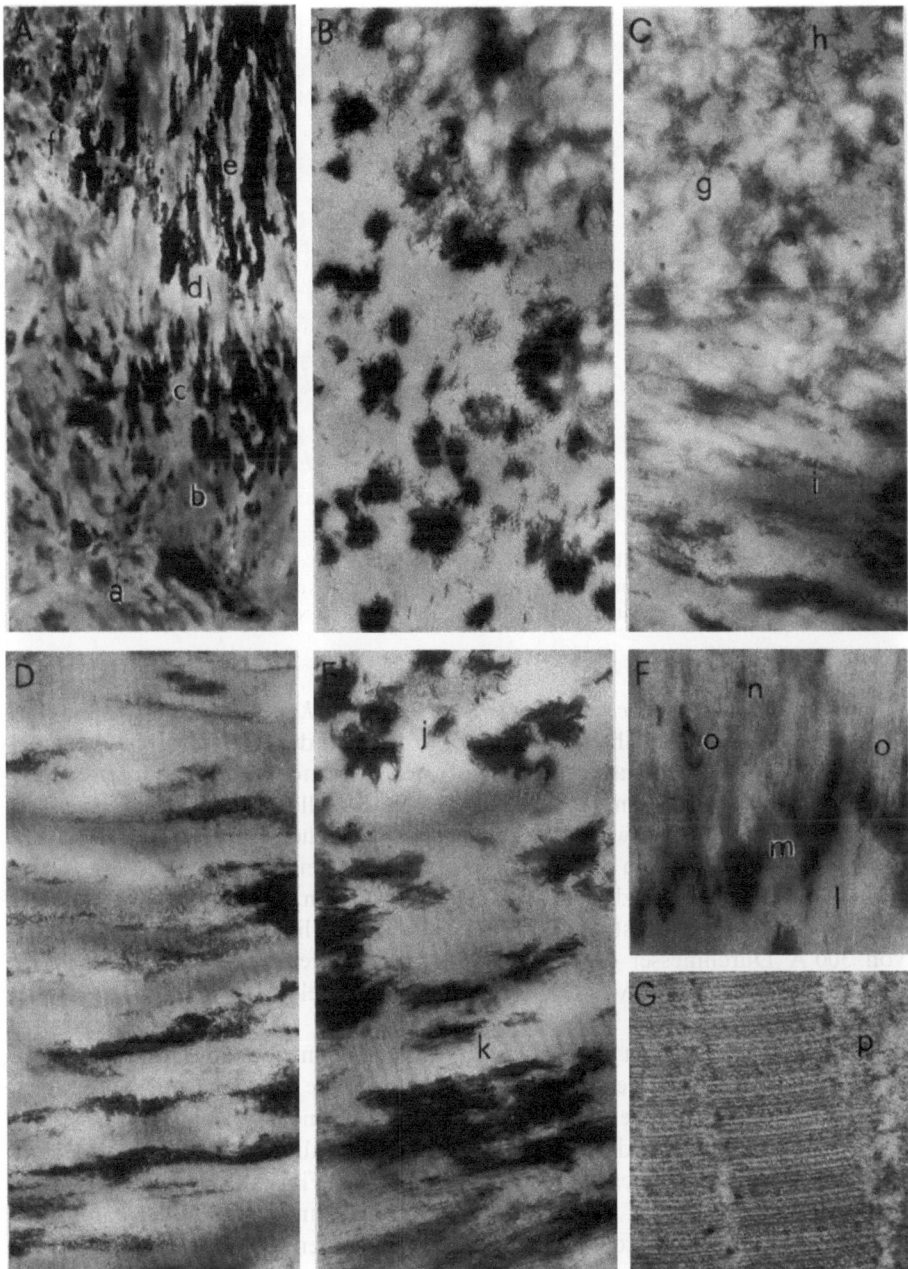

*(g)* und Mineraleinlagerungen *(h), i)* Fibrillen, begleitet von Nadeln. *D:* Knochenfibrillen in der Nähe des Übergangsfeldes, begleitet von amorphen Kristalleinlagerungen, in denen nur einzelne Nadeln zu erkennen sind; *E:* chondrale Mineralien in homogenen Gebieten *(j)* in der Nachbarschaft von Fibrillen mit ossalen Mineralien *(k)*; *F:* Übergang von der Zwischenwirbelscheibe zum Knochen, *l)* verquollene Fibrillen, *m)* Mineraleinlagerungen, *n)* Knochenfibrillen mit Periode, *o)* Mineraleinlagerungen; *G:* Längsschnitt durch Knochenfibrillen, *p)* Polysaccharidgranula; Vergr. A 9000 ×, B, C, D, E, F, 45000 ×, G 126000 × (aus Knese, 1976)

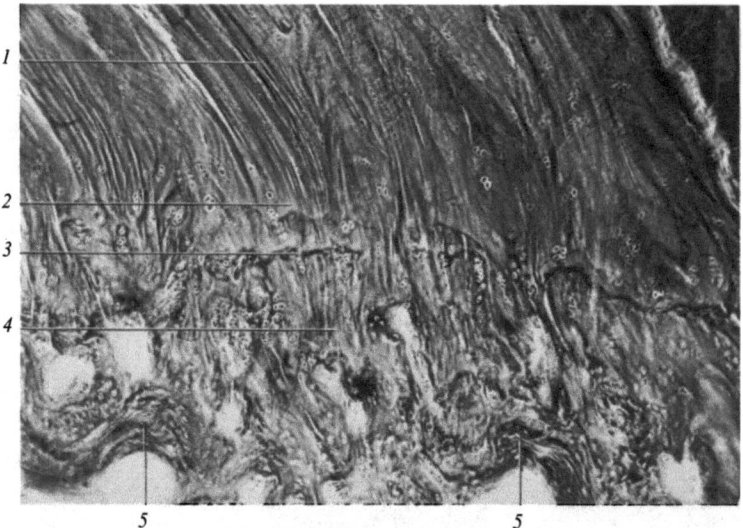

**Abb. 176.** Mann, 25 Jahre, Tuberositas radii. *1)* Sehne des M. biceps, *2)* Zone mit einzelnen chondroiden Zellen, *3)* Grenzlinie, *4)* Einstrahlungsknochen mit knorpelähnlichen Zellen zwischen lamellären, *(5)* Knochenstrukturen. Azan, Obj. Ph 10 (aus Knese und Biermann, 1958)

Ein unmittelbarer *Übergang* von *Fibrillen in den Knochen* ist an der Grenze von Zwischenwirbelscheibe und Wirbelkörper bei der *Katze* zu beobachten (Knese, 1976). Dem erwachsenen Tier fehlen die knorpeligen Endplatten der Wirbelkörper (Butler und Smith, 1965). Die Fibrillen sind im Bereich eines hyalinen Streifens von etwa 4 µm schwach, im Knochen stark doppelbrechend. Elektronenmikroskopisch erscheinen sie in diesem Streifen verquollen bzw. hyalinisiert. Jenseits der Grenzlinie sind die 1000 Å breiten Fibrillen mit der Periode von 400 Å scharf kontrastiert (Abb. 175); zwischen ihnen liegen MPS-Granula von 300 Å Durchmesser (s.S. 174). Im hyalinen Streifen treten *Kristallnadeln* (Länge 400 Å, Dicke 40 Å) in Nestern wie im Knorpel auf (s.S. 389). Die ossale Mineralisationsform mit Nadeln (Länge 600–700 Å, Dicke 30 Å), die parallel zu den Fibrillen orientiert sind, erscheint von der Grenzlinie ab. Diese Mineralisationszone ist 4–5 µm breit. Anschließend werden die Fibrillen nur von einigen amorphen Mineraleinlagerungen begleitet. Erst in einem Abstand von 1–2 mm von der Grenzlinie setzt die endgültige ossale Mineralisation wie im präossalen Gewebe mit Bildung eines Mineralmantels um die Fibrillen ein (s.S. 618). Die Mineralisation im Gebiet der Grenzlinie ist somit, ähnlich wie in der Epiphyse, eine *provisorische.* Über das Schicksal der Mineralien liegen bisher keine Beobachtungen vor.

### 6.1.1.2. Die chondralen Ansätze

Neben rein periostalen und chondralen Ansätzen gibt es solche, die eine Art Zwischenstellung einnehmen (Knese und Biermann, 1958). Am Tuberositas radii eines 3 Monate alten *Kindes* schließen sich an die Sehnen Zonen an,

**Abb. 177.** Kind, 1 Jahr 2 Monate. Tuberositas tibiae. *1)* Lig. patellae, *2)* knorpelige Apophyse, *3)* unvollständige Maskierung der Kollagenfasern am Ende der Apophyse mit deutlich erkennbarer Richtungsänderung des Faserverlaufs, *4)* aus der Apophyse entlassene Faserung des Lig. patellae, *5)* Faserstrom in Richtung der Fibroelastica, *6)* Bildungsschicht mit dichten Zellansammlungen und Gefäßen, *7)* periostale Knochenbildung nach dem Modus v. Korff, *8)* distales Ende der Blasteminsel zwischen Apophyse und Säulenknorpel, *9)* zellreicher Knochen, gebildet von der Blasteminsel; Azan, Obj. Ph 10 (aus KNESE und BIERMANN, 1958)

die den periostalen Ansätzen gleichen. Dann folgt auf die Kambiumschicht eine Art Faservorknorpel (PRADER, 1947a) mit größeren chondroiden Zellen zwischen parallel gerichteten Fasern. Im mittleren Lebensalter ist der parallelfaserige Faserknorpel auch am *Tuberositas radii* zu finden (Abb. 176). Jenseits der Grenzschicht greift die Ansatzstruktur in die Knochenoberfläche ein, die

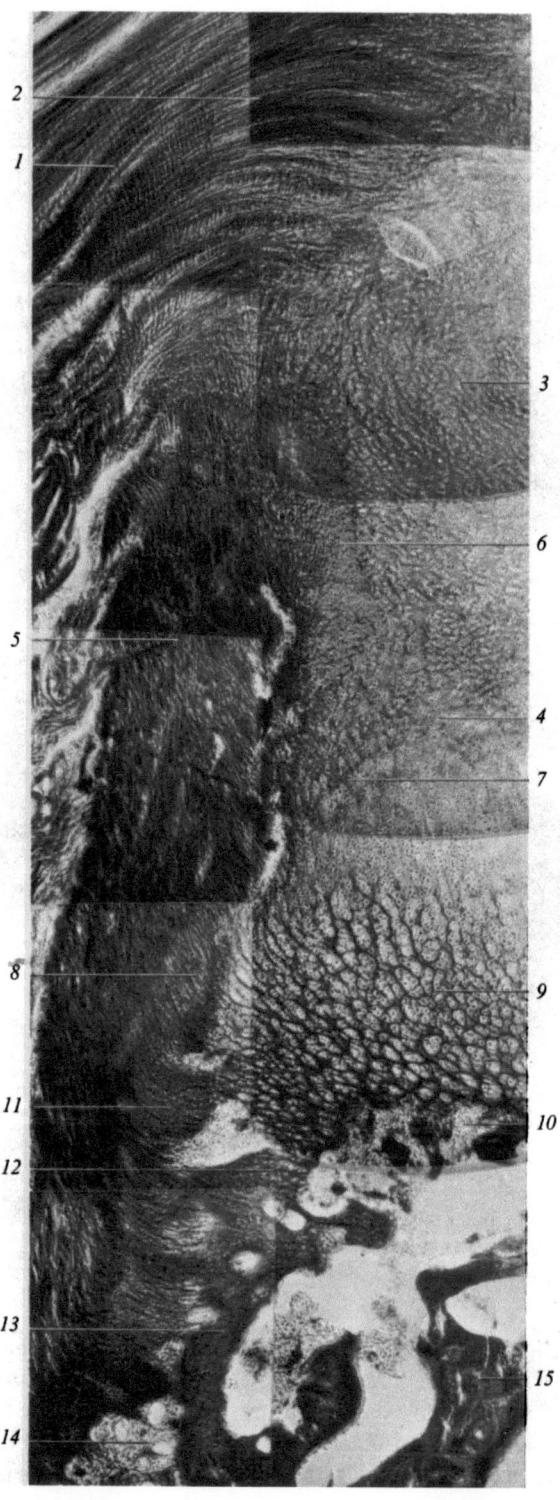

durch Randosteone buckelig gestaltet ist. SCHNEIDER (1956) vergleicht diese Oberflächengestaltung mit dem Papillarkörper der Haut. In der Knorpeloberfläche von *Olecranon* und *Crista iliaca* bildet sich bei Kindern eine netzförmige Verflechtung von Fasern aus; unmittelbar vor dieser Schicht verschwinden die elastischen Fasern. Am *Trochanter minor* wird die Faserverflechtung in den Ansatzknorpel verlegt. Ein Teil der Fasern zieht senkrecht in den Knorpel, andere umwickeln zunächst den Trochanter, so daß im Knorpel ein spitzwinkliges Überkreuzungssystem entsteht, in dessen Maschen die Knorpelzellen liegen. Die schräg zur Oberfläche der *Tuberositas tibiae* verlaufenden Fasern des Ligamentum patellae biegen zum Knorpel um und treten fast senkrecht in ihn. Hier durchflechten sie sich spitzwinklig (Abb. 177). In einem weiteren Verflechtungssystem treten Fasern aus dem Knorpel aus und verlaufen annähernd parallel durch eine Periostschicht auf den Knochen zu (vgl. BIDDER, 1906). Die Fasern der Sehne, des Peritendineums und Perichondriums gleichen sich aneinander an, verlieren ihre Wellung und verlaufen gestreckt. Vermutlich werden die Fasern durch eine erhöhte Wasseraufnahme in der Interfibrillärsubstanz im Sinn des Quellzements vorgespannt (KNESE, 1958e).

Beim *Neugeborenen* ist der Apophysenknorpel des *Trochanter minor* relativ dick (Abb. 178), bei *Kindern* (Abb. 179; 7 Jahre) dünner. Er ist durch einen Einschnitt von der knorpelig neugebildeten Schaftwand abgesetzt. In der Schaftwand ist zunächst eine Säulen-, dann Ballenordnung zu beobachten, die schließlich zu einer modifizierten hypertrophen Zone mit folgender Osteogenese führt. Der Endzustand ist dem bei periostaler Anlage ähnlich. Es liegt ein *parallelfaseriger Faserknorpel* vor, der an Lamellensysteme herantritt, denen zentralwärts Lakunen folgen. Wie bei den periostalen Ansätzen bleibt das Grundprinzip der chondralen Ansatzstruktur während der postnatalen Entwicklung erhalten. Die Masse des Ansatzknorpels verändert sich jedoch, und die einzelnen Gewebekomponenten zeigen einen verschiedenen Reifungszustand. Es entsteht das Bild einer *fließenden Gewebeveränderung* (KNESE und BIERMANN, 1958)

### 6.1.1.3. Die Mechanik der Ansatzstruktur

Bei den Versuchen, die *mechanische* Bedeutung der Faserkonstruktion zu deuten (TRIEPEL, 1903; DOLGO-SABUROV, 1930; PETERSEN, 1930; SCHUBERT, 1931;

◁ **Abb. 178.** Neonatus, ventraler Teil des Trochanter minor mit angrenzender Schaftwand. *1)* Sehne des M. iliopsoas, Fasern gewellt, *2)* Zone der gestreckten Sehnenfasern, *3)* knorpelige Apophyse, *4)* Zwischenschicht zur knorpeligen Schaftwand, *5)* Periost, *6)* ventrale Apposition an die knorpelige Apophyse vom Perichondrium ausgehend, *7)* knorpelige Apposition der Schaftwand aus einem abgegrenzten Wachstumsgebiet heraus, *8)* knorpelige Apposition des Schafts aus einer subperiostalen Faserlage, *9)* Säulenknorpel, *10)* Eröffnungszone und enchondrale Verknöcherung, *11)* periostale Knochenbildung nach dem Modus v. Korff, *12)* unmittelbare Verbindung zwischen periostalem Knochen und Knorpelknochen, d.h. einem Gewebe, das in seinem Zellbestand weitgehend Knorpelzellen gleicht, in der Interzellularsubstanz dagegen weitgehend knöcherne Eigenheiten aufweist, *13)* periostale Knochenbalken, *14)* eingeschlossene Gefäßgruppe; das obere Gefäß wird durch 2 sich gegenüberstehende Zapfen von den übrigen abgetrennt, *15)* chondraler Knochenbalken mit z.T. lamellärer Struktur und Resten von Knorpelgrundsubstanz; Azan, Obj. Ph 10 (aus KNESE und BIERMANN, 1958)

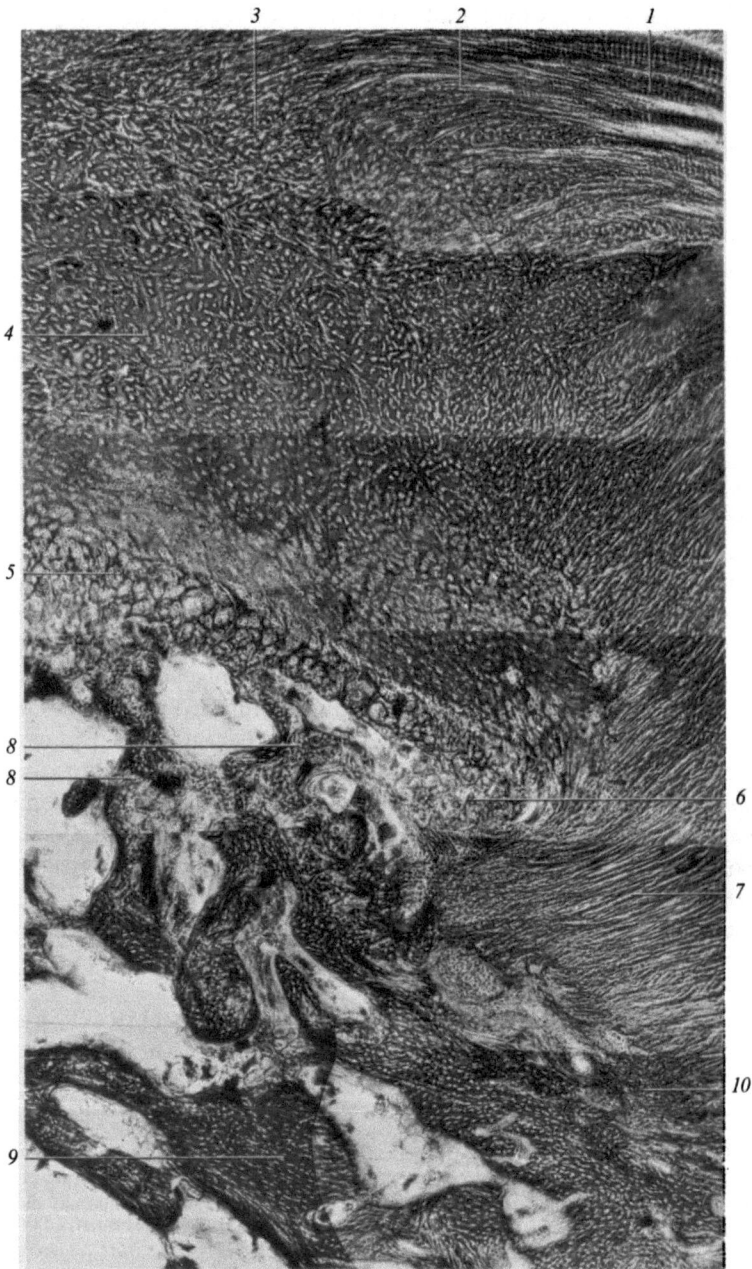

**Abb. 179.** Kind, 7 Jahre, ventraler Teil des Trochanter minor. *1)* Sehne des M. iliopsoas, *2)* Zone der gestreckten Sehnenfasern, *3)* faserknorpelige Ansatzzone, *4)* knorpelige Apophyse, *5)* präparatorische Veränderungen des Knorpels zur Verknöcherung, *6)* Differenzierungsgebiet, aus dem nach oben ein abgewandelter Säulenknorpel, nach unten periostaler Knochen gebildet werden, *7)* periostale Faserung, *8)* Knochenbalken in Verbindung mit Knorpel, in Knorpelnähe Reste von Knorpelgrundsubstanz, die etwas weiter entfernt davon fehlen, *9)* periostale Knochenbalken mit teilweiser Lamellierung, *10)* periostale Knochenbalken mit hyalinen Streifen. Azan, Obj. Ph 10 (aus KNESE und BIERMANN, 1958)

KÜHN, 1933; AMPRINO und CATTANEO, 1936; MOLLIER, 1937; SCHNEIDER, 1956), geht JIPP (1960) auf *muskelphysiologische* Fragen ein, u.a. auf die Entladungsfrequenz der *motorischen Einheiten*. Bei annähernd gleicher Zugfestigkeit von Sehne und Knochen (1000 kg/cm$^2$) unterscheiden sich beide im Elastizitätsmodul um eine 10er-Potenz; die Ansatzstrukturen haben die Aufgabe eine *Elastizitäts-* oder *Dehnungsdämpfung* bzw. *-bremsung* (BIERMANN, 1957; KNESE und BIERMANN, 1958). Bei jüngeren Individuen könnte die große Zahl der elastischen Fasern des Periosts dämpfend wirken (BIERMANN, 1957). Nach JIPP (1960) wird die Ansatzplatte durch die wechselnde Tätigkeit der motorischen Einheiten von einem Kräftehagel überfallen, der als *Wechsellast* aufzufassen ist. Das Ansatzgebiet würde in Schwingungen geraten, die zu einer Kontinuitätstrennung durch Zerrüttung disponieren. Durch das Vernetzungssystem der Sehnenfasern wird die muskelphysiologisch bedingte Wechsellast in eine Dauerlast umgewandelt, die 1 g/200 μm$^2$ Fläche, entsprechend dem Durchmesser eines Tertiärbündels, erreichen kann (vgl. KNESE, 1970c).

Im Bereich *chondraler* Ansätze ist die Dehnungs- und Elastizitätsbremse nach einem anderen Prinzip konstruiert, da elastische Fasern hier selten sind (KNESE und BIERMANN, 1958). Jede *Dehnung* in Längsrichtung ist mit einer *Querkürzung* verbunden. Wird die Querkürzung verhindert, so wird die Längsdehnung herabgesetzt. In den faserknorpeligen Ansatzstrukturen übernehmen diese Aufgaben die zwischen den Sehnenfasern eingelagerten chondroiden Zellen; sie halten den Sehnenquerschnitt annähernd konstant. Auch der hyaline Ansatzknorpel stellt eine entsprechende Konstruktion dar. Im allgemeinen wird nur der druckfeste bzw. druckelastische Knorpel berücksichtigt. Die Verbundkonstruktion (s.S. 212) läßt zudem den Aufbau eines *zugelastischen* Knorpels zu, der z.T. als sekundärer Knorpel angesehen wird. Im Ansatzknorpel bilden die Kollagenfibrillen Netze mit rhombischer Maschengestalt. Sie entstehen durch Aufteilung der Sehnenbündel und Verflechtung der Halb-(Sekundär-)bündel oder seltener, z.B. am Trochanter minor, durch Eintritt von Sehnenfasern an zwei Flächen des Knorpels. In den Netzlücken liegen solitär längliche Knorpelzellen, die zusammen mit der Interfibrillärsubstanz die Formänderung des Kollagenfasernetzes einschränken oder verhindern.

### 6.1.2. Die Histogenese im Bereich von Sehnenansätzen

Die Ansatzzone ist im Hinblick auf ihre mechanisch-funktionelle Konstruktion und den geweblichen Aufbau überaus verwickelt gebaut. Infolgedessen ergeben sich bei der Analyse der in ihnen ablaufenden *histogenetischen* Vorgänge, voran der Knochenbildung, erhebliche Schwierigkeiten. In der Ansatzzone fehlen die epitheloiden Osteoblasten (u.a. BIDDER, 1906), die als conditio sine qua non einer Osteogenese angesehen wurden (vgl. MCLEAN und BLOOM, 1940). Die Knochenbildung erscheint in diesen Regionen nicht als einheitlicher Vorgang, wie das bei Vorhandensein von Osteoblasten angenommen wurde. Im Hinblick auf die Mechanik, die Festigkeit des Knochengewebes wurde von einem Verbund verschiedener Komponenten, von einer *Summenstruktur* gesprochen (KNESE, 1958, 1970d, 1978); ein Verbund verschiedener Komponenten liegt auch im

Knorpelgewebe vor. Während der Chondrogenese und Osteogenese der sog. typischen Gewebeformen werden die Summanden in einer bestimmten räumlichen und zeitlichen Folge zusammengefügt (s.S. 553). In den Sehnen- und Bandansätzen liegen Beispiele einer völlig anderen *Summierungsfolge* vor, die aber — soweit wir das beurteilen können — schließlich zur gleichen Endsumme, dem gleichen Gewebe, führen. Bei einer veränderten Sequenz der Bildung der Komponenten müssen *ortsspezifische Zellen* auftreten, die den sog. typischen Bildungszellen, Chondroblasten und Osteoblasten, nicht mehr gleichen.

### 6.1.2.1. Die chondroiden Zellen und der Sehnenknochen

Sehnenzellen wandeln sich im Ansatzgebiet in chondroide Zellen um (RANVIER, 1875–1882; SCHAFFER, 1903, 1930; RETTERER, 1920; DOLGO-SABUROV, 1930; PETERSEN, 1930; HÄGGQVIST, 1931; AMPRINO und CATTANEO, 1937; MCLEAN und BLOOM, 1940; LEUTERT, 1955, 1959, 1960a, b; VIS, 1957; KNESE und BIERMANN, 1958). Zunächst hatte SCHAFFER (1903) von *vesikulösen* Zellen gesprochen; eine Verwechselung mit Knorpelzellen sei möglich. Die Zellen treten auch in Sehnen (DRAHN, 1922; WEIDENREICH, 1923c; VIS, 1957; KNESE und BIERMANN, 1958; LEUTERT, 1958, 1960a, b) sowie in Sehnenfurchen bei Gleitsehen auf (NAUCK, 1938; STILWELL und GRAY, 1954a, b; BALOGH und FÖLDES, 1955; LEUTERT, 1955, 1959; MEYER und SICK, 1961). Durch Verlagerung der Sehnen des M. flexor digitorum bei *Kaninchen* wird aus der Gleitsehne eine Zugsehne, und die chondroiden Zellen nehmen im Sinn einer funktionalen Anpassung die Gestalt von Sehnenzellen an (PLOETZ, 1937/38).

Der mit chondroiden Zellen versehene Abschnitt der Sehnen geht in *Faserknorpel* über. Der Faserknorpel ist in chondroiden Ansätzen Nachfolger eines hyalinen Knorpels, ähnlich wie in der Symphyse (ZULAUF, 1901). PRADER (1947a, b) hat bereits darauf hingewiesen, daß Faserknorpel aus hyalinem Knorpel entstehen kann. Den chondroiden Zellen fehlt eine Kapsel. Sie zeigen keine Retraktion (SCHAFFER, 1930; LEUTERT, 1955). Elektronenmikroskopisch sind um die chondroiden Zellen feine Fasern zu beobachten, eine Art Perizellularsubstanz, die der sog. Kapsel des Faserknorpels der Zwischenwirbelscheibe ähnlich ist (Abb. 198). Bei der Vergrößerung der Sehnenzellen zu chondroiden Elementen wird der schlanke, stäbchenförmige, dichte Kern rundlich bzw. ovoid; er ist auch weniger dicht (Abb. 180; KNESE, 1970e) und besitzt einen Nucleolus. Während den Sehnenzellen beiderseits der Kernpole eine Zytoplasmahaube aufsitzt, ist der Kern der chondroiden Zelle allseitig von Gallocyanin-positivem Zytoplasma umgeben. Ribonukleinsäuren und ein endoplasmatisches Retikulum mit

---

**Abb. 180.** Ratte, 105 mm SSL, Sehne des M. triceps und Olecranon. *A)* Gallocyanin, *B)* PAS- ▷ Reaktion, *C)* Ninhydrin-Schiff-Reaktion. *A: 1)* Sehnenzellen, *2)* chondroide bzw. vesikulöse Zellen mit Gallocyanin-positiver Reaktion des Zytoplasmas, *3)* Muskelfasern, *4)* Zellen des Muskelbindegewebes, *5)* Chondrozyten, die von Zellen des Muskelbindegewebes abstammen, *6)* „Appositionsknorpel", *7)* Knorpelterritorien, Kapsel und Hof mit Chromalaun gefärbt, *B: 8)* PAS-positive Kapseln des Appositionsknorpels, *C: 9)* Ninhydrin-positive Kapseln am Übergang der Sehne in den Knorpel; Obj. 16 (aus KNESE, 1970e)

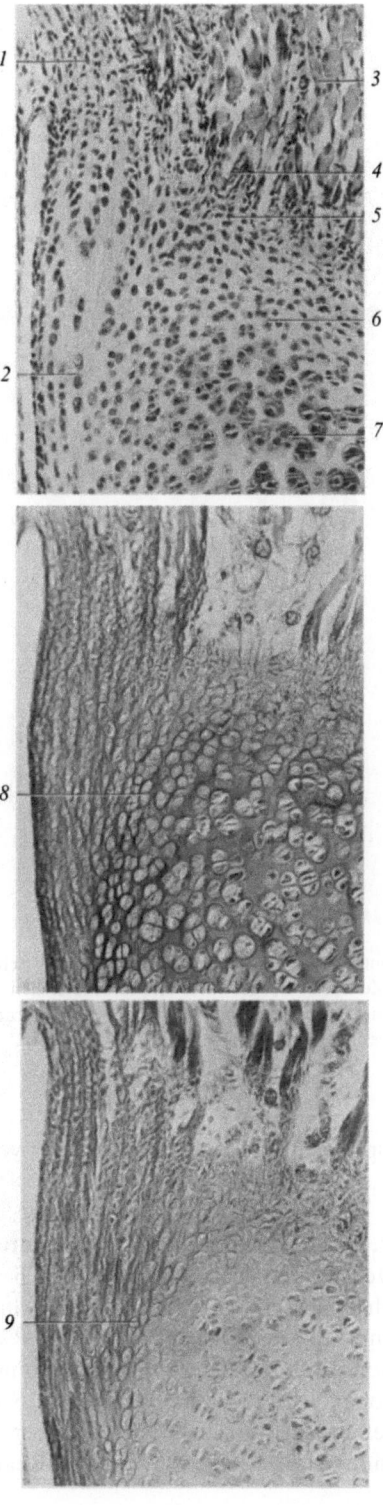

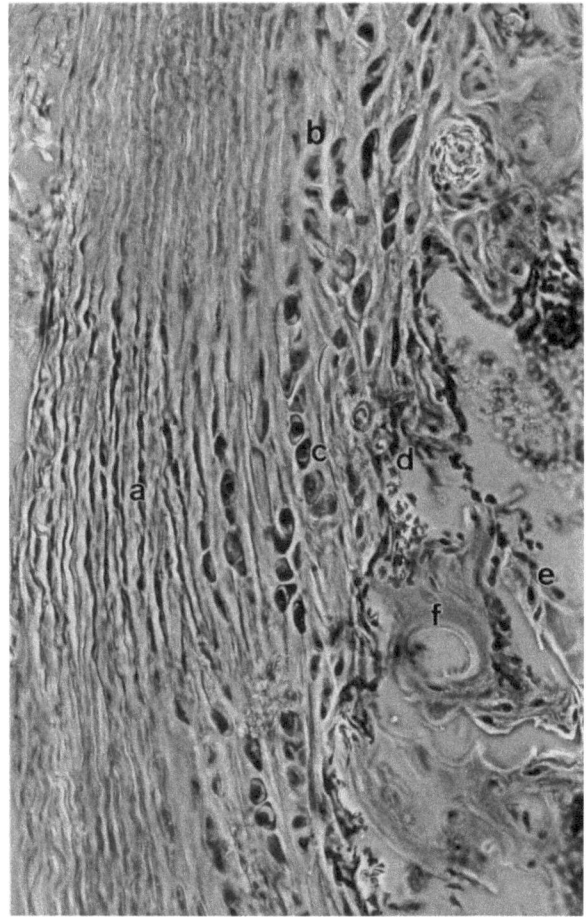

**Abb. 181.** Ratte, 127,5 g, Sehne des M. quadriceps und Patella. *a)* Sehnenfasern mit Tendozyten, *b)* Entwicklung chondroider Zellen, *c)* ausgebildete chondroide Zellen, *d)* schlüpfende chondroide Zellen, *e)* Osteoblasten im Markraum, *f)* chondraler Knochen. Fixierung Formalin-Alkohol-Phos-phorwolframsäure-Eisessig + Glutaraldehyd-basisches Bleiacetat. Gallocyanin, Obj. 16

erweiterten Zisternen sprechen für eine Produktion von Proteinen (KNESE, 1970e).

Beim Übergang der Tricepssehne in das knorpelige *Olecranon* werden aus den chondroiden Zellen, unter Verlust der Gallocyaninreaction, Knorpelzellen (Abb. 180; KNESE, 1970e). Sie liegen in Gruppen von 3–4 in Höhlen, die sich mit Chromalaun metachromatisch rotbraun färben. Ähnlich gestaltete Zellen treten im Bereich des muskulären Tricepsansatzes in Reihenordnung auf, die für eine Abkunft der chondroiden Zellen vom Muskelbindegewebe spricht. Auf die Art der von den chondroiden Zellen produzierten Stoffe läßt sich aus der Farbreaktion der Interzellularsubstanz schließen. Die begleitenden Sehnenfasern zeigen bis zum Appositionsknorpel eine starke PAS-Reaktion. Mit alkalischer

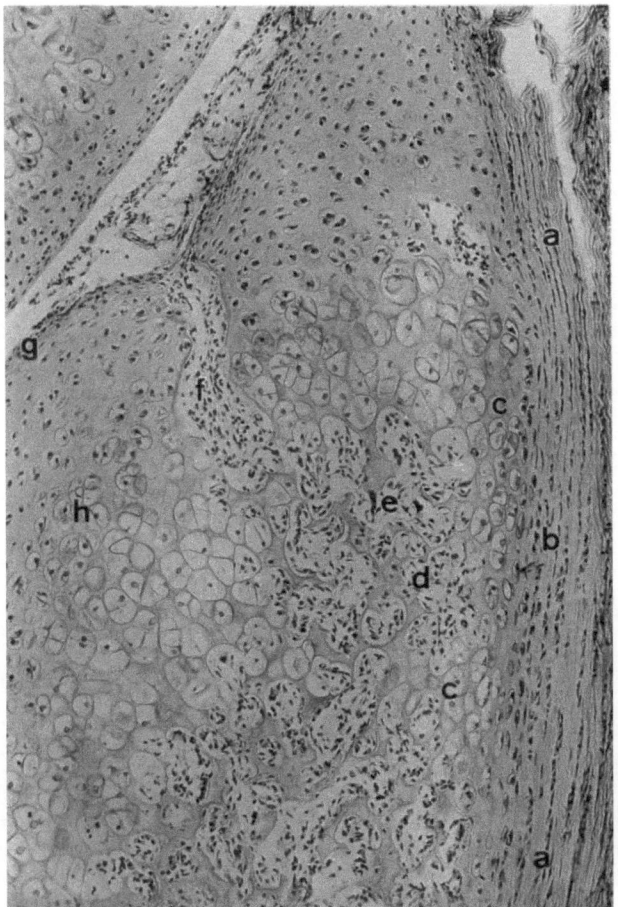

**Abb. 182.** Ratte, 127,5 g, proximales Ende der Patella. *a)* Sehnenfasern, begleitet von Chondrozyten, *b)* chondroide Zellen, *c)* hypertrophierende chondroide Zellen, *d)* Markräume, *e)* mehrkernige Chondroblasten, *f)* Gefäßkanal, *g)* Tangentialschicht auf der Gelenkseite der Patella, *h)* hypertrophierende Chondrozyten. Fixierung Formalin-Alkohol-Phosphorwolframsäure-Eisessig+Glutaraldehyd-basisches Bleiacetat. Gallocyanin, Obj. 10

Toluidinblaulösung reagieren die chondroiden Zellen selbst orthochromatisch, die dünnen Kapseln und die Sehnenfasern metachromatisch, die Fasern geben eine schwache Ninhydrin-Schiffreaktion. Die chondroiden Zellen bilden wahrscheinlich *Mukopolysaccharide*, die die Interzellularsubstanz verändern.

Am oberen und unteren Pol der *Rattenpatella* gehen chondroide Zellen in hyalinen Knorpel über, der sich auch auf der Gelenkseite findet (Abb. 181, 183); ihm schließt sich, wie im Knochenkern, eine chondrale Osteogenese an. Im Knochenkern der Patella fanden McLean und Bloom (1940) keine Gefäße; wir beobachteten jedoch Gefäße am oberen Pol (Abb. 182). Zwischen den peripheren Fasern an der Vorderseite der Patella liegen schmale Tendozyten, in der Tiefe chondroide Zellen (Abb. 183). Ein Teil dieser Zellen mag, unter Verän-

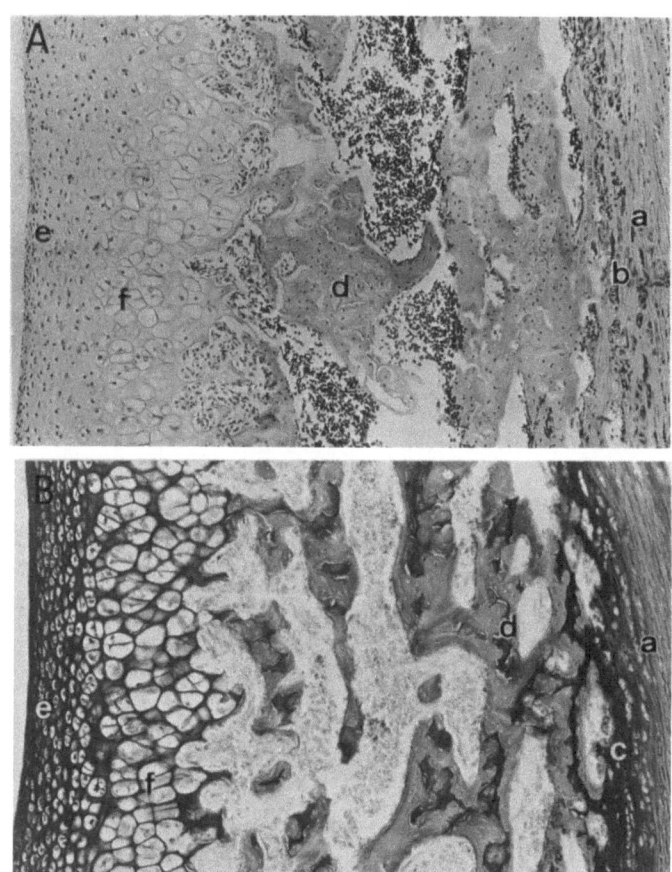

**Abb. 183.** Ratte, 127 g, Patella. *a)* Sehnenfasern begleitet von Tendozyten, *b)* chondroide Zellen, *c)* stark PAS-reagierende zentral gelegene Sehnenfasern mit Übergang in die Knorpelreste des chondralen Knochens, *d)* chondraler Knochen mit Knorpelresten, *e)* Gelenkknorpel, *f)* hypertrophierender Gelenkknorpel mit Eröffnung der Knorpelhöhlen von der Markseite her. Fixierung Formalin-Alkohol-Phosphorwolframsäure-Eisessig + Glutaraldehyd-basisches Bleiacetat. *A:* Gallocyanin, *B:* PAS-Reaktion, Obj. 10

derung der Zellgestalt, wie in der Eröffnungsfront der Epiphyse, in die Markhöhle der Patella auswandern (Abb. 182). An den chondroiden Faserknorpel schließt sich ebenfalls eine Bildung von spongiösen Knochenbälkchen an.

*Sehnenknochen* weisen in ihrer endgültigen Form eine Osteonstruktur auf (*Reptilien:* BROILI, 1922; *Vögel:* LIEBERKÜHN, 1860, 1863, 1864; LESSING, 1861; LANDOIS, 1866; STRELZOFF, 1873a; v. EBNER, 1875; WEIDENREICH, 1923c; AMPRINO, 1948b; *Känguruh:* KOCH, 1926/27). Die Vogelsehnen bestehen anfangs aus einem parallelfaserigen Knochengewebe, teils einem sehnenartigen Knochengewebe (v. EBNER, 1875; AMPRINO, 1948b). Die im unverknöcherten Teil leicht gewellten Fasern verlaufen beim Übergang in den verknöcherten gestreckt. Nach Bildung von Markräumen, im Zusammenhang mit Gefäßen und Resorption von Sehnengewebe, entsteht *lamelläres Knochengewebe* (WEIDENREICH, 1923c). Die Sehne hat drei Schichten, außen Sehnengewebe, dann parallelfaseriges Knochengewebe und schließlich Markräume, umgeben von Lamellen. In das parallelfaserige Knochengewebe der Flexorensehne des *Huhns* sind Osteone von 5–6 mm Länge eingebaut (AMPRINO,

1948b). Da die Sehne eine Länge von 5-6 cm besitzt, müßten 20-25 Osteone hintereinander geordnet sein.

Neuere Untersuchungen an *Vogelsehnen* befassen sich überwiegend mit den Voraussetzungen der *Mineralisation* (JOHNSON, 1960; LIKINS et al., 1960; NYLEN et al., 1960; URIST et al., 1964; JETHI und WADKINS, 1971). Bei der Knochenbildung in den Sehnen des *Truthahns* finden ENGEL und ZERLOTTI (1967) eine Abnahme des Wassers, Erhöhung der Schrumpfungstemperatur und Veränderung der Doppelbrechung des Kollagens. Die Fibroblasten werden zu kubischen Zellen. Die intrazellulären *Lipide* nehmen zu, wahrscheinlich werden *Glykoproteine* und Lipide gebildet. Mit Reifung des Sehnenknochens und Erscheinen von Osteozyten nimmt die PAS-Reaktion der Interzellulärsubstanz ab. Die abnehmende Bindung von Ca fördert die Präzipitation der Mineralien.

## 6.1.2.2. Die tendinöse Osteogenese

Im Ansatzgebiet von Sehnen soll ein *Periost* fehlen (u.a. KOELLIKER, 1889; WEIDENREICH, 1923c; WEINMANN und SICHER, 1947). Nach SCHNEIDER (1956) geht das Periost in das Peritendineum externum über. Eine Aufteilung des Periosts in einem peripheren Anteil, der in das Peritendineum übergeht und in einen Teil, der als weitmaschige Basalschicht (vgl. BIERMANN, 1957) die Ansatzfläche überzieht, beschreibt JIPP (1960). Damit wird ein aus verschiedenen Quellen gespeistes Netzsystem gebildet. Nach WEINMANN und SICHER (1947) werden die Aufgaben des Periostes vom interstitiellen Bindegewebe des Muskels oder der Sehne übernommen. Das Periost ist nicht nur eine begrenzende Membran, sondern hat auch *skelettogene* Potenzen. Im Bereich der Sehnenansätze wird durch eine *tendinöse Osteogenese* der Einstrahlungsknochen gebildet (BIERMANN, 1957; VIDEMAN, 1970a). Während der Entwicklung ist eine besondere Kambiumschicht vorhanden; sie soll nach-KASSOWITZ (1879) allerdings fehlen.

Die tendinöse Osteogenese ist mit jener beim Modus v. KORFF vergleichbar (s.S. 547; KNESE, 1956a); auch sind die zwischen den Fibrillen gelegenen Bildungszellen bei beiden Modi ähnlich gestaltet. Die *Kambiumschicht* nimmt mit dem Alter an Dicke ab. Sie mißt bei Kleinstkindern an der Linea aspera, Tuberositas deltoidea usw. bis zu 600 µm, bei 7jährigen 30-50 µm und fehlt beim Erwachsenen als Bildungsschicht vollkommen. Eine derartige Entwicklung ist auch beim sog. typischen Periost zu beobachten. Die spezifische lamelläre Struktur differenziert sich im Einstrahlungsknochen z.T. in erheblicher Entfernung von der Knochenoberfläche (Abb. 184). Als Zeichen eines Umbauvorganges im submikroskopischen Bereich sind u.a. *hyaline Streifen* in der Tiefe des Knochengewebes aufzufassen (vgl. KNESE, 1976). Die histologischen Befunde über eine tendinöse Osteogenese (BIERMANN, 1957) wurden durch Markierungsexperimente am *Kaninchen* ergänzt (VIDEMAN, 1970a, c). $^{35}$S ist zwischen 1,6–24 Std in der Sehne, später im Ansatzknochen vorhanden. Im Ansatzgebiet wächst die Sehne proportional zum Epiphysenwachstum in die Länge, Sehnengewebe wird direkt in Knochen inkorporiert. Nach Verabreichung von $^3$H-Thymidin wurde eine lebhafte Proliferation im Bindegewebe des Insertionsgebietes und im Bereich des Knochens nachgewiesen. Der Übergang von Fibroblasten in Präosteoblasten und Osteoblasten sei wahrscheinlich.

In den Kreis dieser Untersuchungen wurden die *Sesambeine* einbezogen (u.a. LUNGHETTI, 1909; RAY, 1959; SCAPINELLI, 1960, 1963; WIRTSCHAFTER und TSUJIMURA, 1961a,b), die aus lamellärem, spongiösem Knochen (WEIDENREICH,

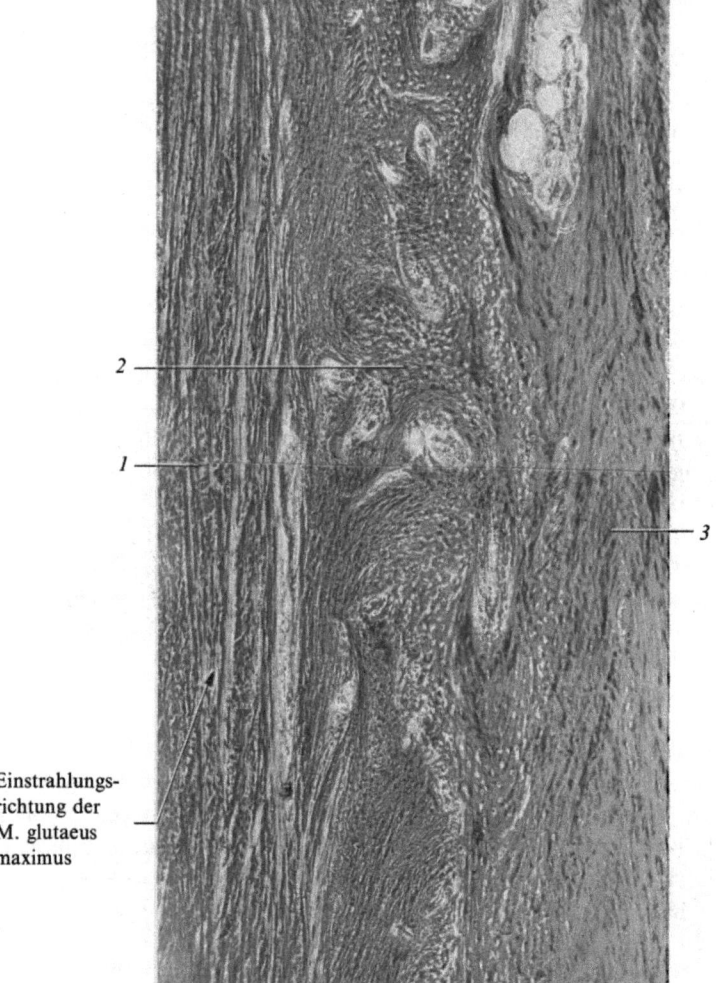

Einstrahlungs-
richtung der
M. glutaeus
maximus

**Abb. 184.** Kind, 7 Jahre, Tuberositas glutaea, längs. *1)* Ansatzstruktur, *2)* Bildungsschicht mit bereits osteonartigen Gebilden, *3)* überwiegend lamellärer Knochen. Azan, Obj. Ph 10 (aus BIER-
MANN, 1957)

1923c; BIERMANN, 1957; LEUTERT, 1958), Faserknochen oder verkalktem Sehnengewebe aufgebaut sind. Nach WEIDENREICH (1923c) fehlt im *Os peronaeum*
hyaliner Knorpel; es entsteht als reine Sehnenverknöcherung, in der durch Resorption Markräume und schließlich lamellärer Knochen gebildet werden. Am
Ansatz der Sehne an die *Fabella* vergrößern sich die Zellen; auf der Gelenkseite
ist hyaliner Knorpel bzw. parallelfaseriger Knorpel vorhanden (BIERMANN, 1957).
Der Aufbau des Ansatzes entspricht dem der diaphysären Tuberositäten.

Über die Entstehung der Sesambeine herrscht keine Klarheit. Bei den *Apophysen* soll es sich
um Sesambeine handeln, die mit dem Knochen sekundär verbunden sind (PARSONS, 1904, 1908;
BARNETT und LEWIS, 1958). Demgegenüber glauben PEARSON und DAVIN (1921a, b), Sesambeine

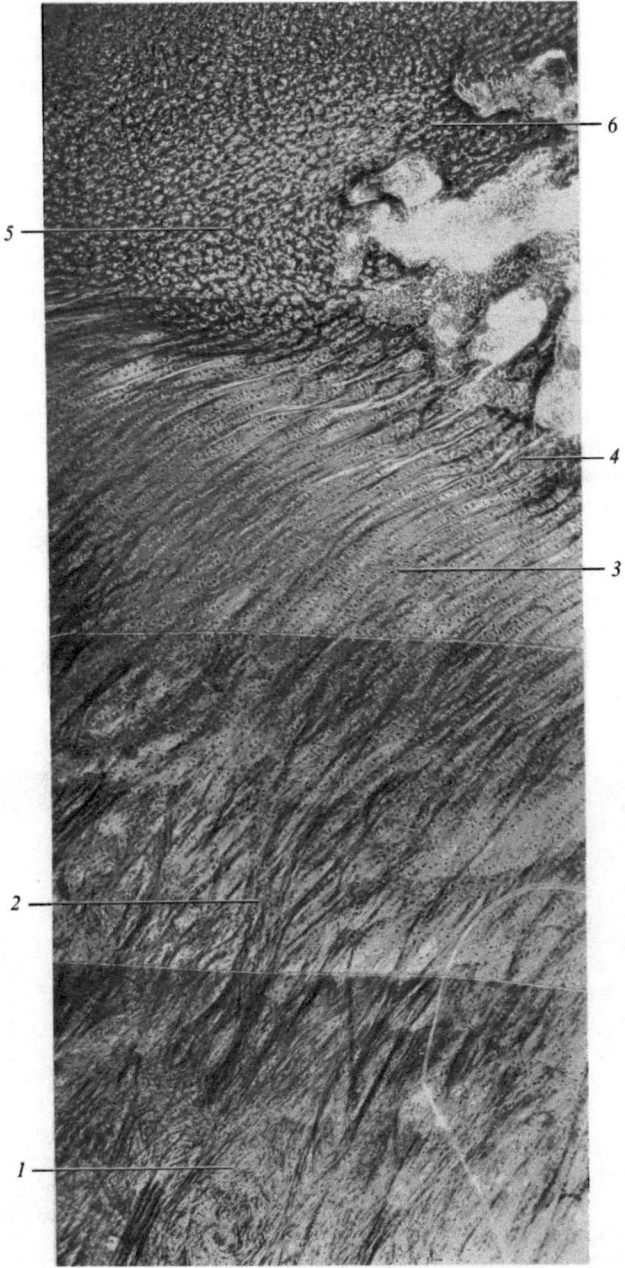

**Abb. 185.** Kind, 1 Jahr 2 Monate, Spinca iliaca anterior inferior. *1)* Faserung des M. rectus femoris und des Lig. iliofemorale, *2)* Ansatzstruktur, *3)* Säulenknorpel, *4)* enchondrale Verknöcherung, *5)* Blasteminsel, bestehend aus Zellen, die indifferenten oder vesikulösen bzw. chondroiden Charakter haben, und mit Eindringen dieser Zellen zwischen die parallel ausgerichtete Faserung des Säulenknorpels, *6)* periostale Knochenbildung. Azan, Obj. Ph 10 (aus KNESE und BIERMANN, 1958)

entstünden durch Abspaltung von Knochen. Schließlich hält HAINES (1940, 1942) Apophysen und Sesambeine für Gebilde, die sich unabhängig voneinander entwickeln. Am Os peronaeum beobachtet LEUTERT (1958) sowohl desmale als auch chondrale Knochenbildung und meint, daß die Differenzen auf einer Knochenbildung in verschiedenen Schichten der Sehne mit unterschiedlicher Beanspruchung beruhen. Damit würde die Auffassung von KROMPECHER (1937) bestätigt, daß durch Druck eine chondrale, durch Zug eine desmale Osteogenese ausgelöst werden (s. S. 591).

### 6.1.2.3. Die chondrale Osteogenese in den Apophysen

In den Apophysen treten sehr verschiedene Ausprägungen des Knorpelgewebes auf. Entsprechend vielgestaltig sind die Bilder der Osteogenese (KNESE und BIERMANN, 1958). Eine Umwandlung von Sehnenzellen in Chondrozyten wurde mehrfach beschrieben (RANVIER, 1875–1882; KAPSAMMER, 1897; v. EGGELING, 1911; DOLGO-SABUROV, 1930). Andere Autoren nahmen an, daß die Sehnenzellen zugrunde gehen (POMMER, 1881; MATSCHINSKY, 1892; BIDDER, 1906).

In den chondralen Ansatzgebieten lassen sich verschiedene Formen der Osteogenese unterscheiden, die in einer Apophyse nebeneinader auftreten können (KNESE und BIERMANN, 1958). Eine Osteogenese auf *faserknorpeliger* Grundlage findet u.a. an der Tuberositas radii und ulnae statt (Abb. 176). In der Fetalzeit sind die Ansätze rein periostal. Die Zellen zwischen den Fasern an der Spina iliaca anterior inferior verhalten sich bei Kindern mit ihrer Reihenordnung und Hypertrophie wie alle Knorpelzellen (Abb. 185). Man kann darüber streiten, ob chondroide Zellen oder Knorpelzellen vorliegen. Bei der *Ratte* wer-

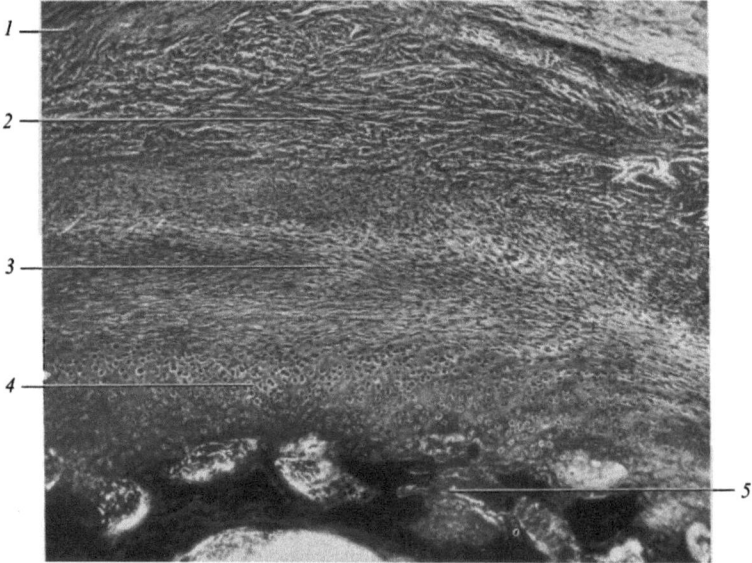

**Abb. 186.** Kind, 4 Jahre 9 Monate, Tuberositas radii. *1)* Sehne des M. biceps, *2)* Periost, *3)* Bildungsschicht, *4)* knorpelähnliches Gewebe, *5)* Knochengewebe mit weit verbreiteten Inseln, deren Interzellularsubstanz sich stärker mit Azokarmin anfärbt gegenüber den übrigen, mehr blauvioletten Gewebeanteilen. Azan, Obj. Ph 10 (aus KNESE und BIERMANN, 1958)

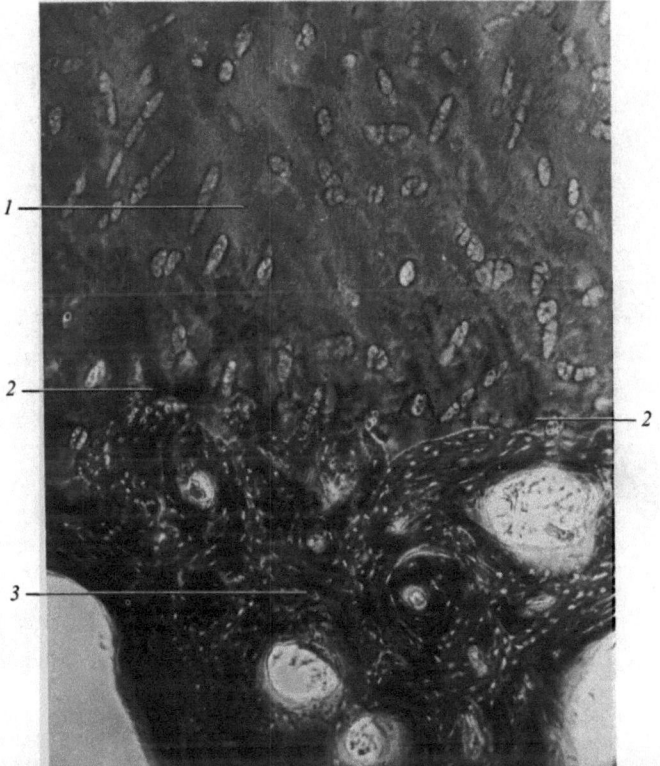

Abb. 187. Mann, 29 Jahre, Condylus lateralis femoris. *1)* Knorpel, überwiegend mit Reihenordnung der Zellen, teilweise Ballenanordnung, *2)* Eintauchen von Knorpelzellen in Knochen, *3)* lamellärer Knochen. Azan, Obj. Ph 10 (aus Knese und Biermann, 1958)

den Bandabschnitte Bestandteil des Knorpels (Abb. 188) und verschmelzen mit dem Knochen des Epiphysenkerns.

Eine periostale, *tendinöse Osteogenese* spielt sich an der Tuberositas tibiae ab, nachdem die Fasern aus dem hyalinen Knorpel ausgetreten sind (Abb. 177), doch können auch chondroide Zellen auftreten (Badi, 1972). Die Faserung geht an Knochenbälkchen heran, so daß ein parallel-faseriger Knochen (v. Ebner, 1875; Smith, 1960a) entsteht. Die sich ergebenden Verhältnisse sind als eine abgewandelte „encoche d'ossification" anzusehen. Nach Smith (1962a, b) besteht die Tuberositas tibiae aus groben Bündeln von Kollagenfasern. In jeder Faserplatte ist eine Proliferationszone mit Fibroblasten vorhanden; derartige Blasteminseln, die der Encoche entsprechen, wurden in verschiedenen Ansatzgebieten gefunden (Knese und Biermann, 1958).

In Teilen der Tuberositas radii von Kindern verbindet sich die Bicepssehne mit einer Art Fibroelastica (Abb. 186; Knese und Biermann, 1958). Ihr folgt eine zellreiche Bildungsschicht, die in ein knorpelähnliches Gewebe übergeht. Dieses steht wiederum mit Knochengewebe in Verbindung. Am Condylus lateralis femoris und Tuberculum supraglenoidale greifen beim Erwachsenen knorpe-

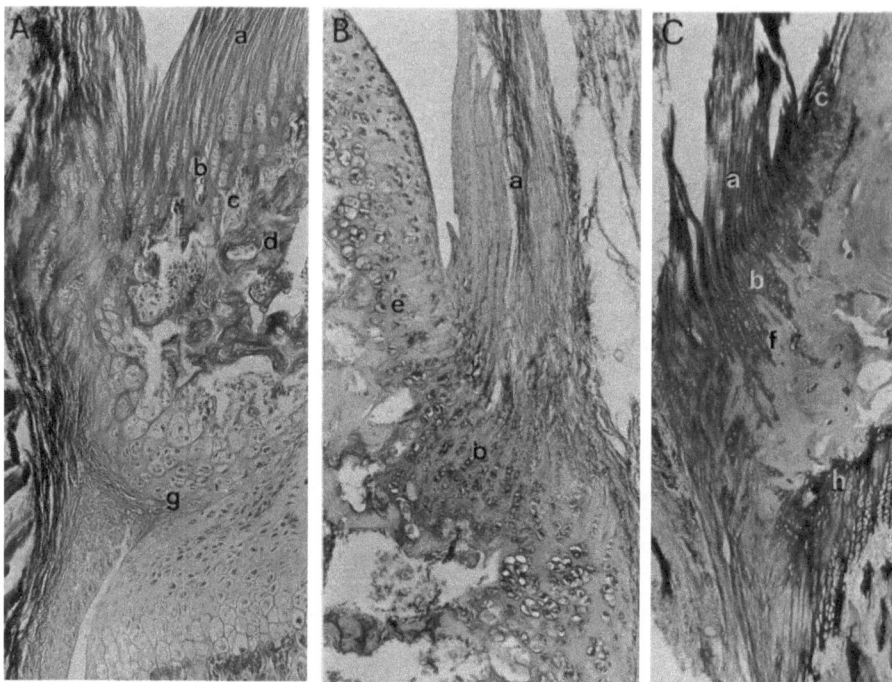

**Abb. 188.** Ratte, *A:* 113 g, *B:* 127,5 g, *C:* 284 g. Übergang des vorderen bzw. hinteren Kreuzbandes in den Gelenkknorpel bzw. Epiphysenknochen der Tibia. *a)* Fasern des Bandes begleitet von Tendozyten, *b)* Entwicklung chondroider Zellen, *c)* Eröffnung der Höhlen der chondroiden Zellen mit Übergang in Markräume, *d)* Knochen, *e)* Übergang des Bandes in hyalinen Knorpel, *f)* Eingreifen der Bandenden in den Epiphysenknochen, *g)* Grenze zwischen Epiphyse und Diaphyse, *h)* Epiphysenplatte. Fixierung *A, B:* Formalin-Alkohol-Phosphorwolframsäure-Eisessig + Glutaraldehyd-basisches Bleiacetat, *C:* Rossman, *A:* Ninhydrin-Schiff-Reaktion, *B:* Graumann-PAS, *C:* Alcianblau-PAS. *A, B:* Obj. 10, *C:* Obj. 6,3

lige und knöcherne Teile mit Zacken ineinander. Der Knorpel kann noch eine Grenz-(Verkalkungs-)linie zeigen, Knorpelzellen tauchen in den Knochen ein (Abb. 187). In den Knorpel sind Osteone eingelassen. Gefäßkanäle sind auf der einen Seite von Knorpel, auf der anderen von Knochen umgeben. Ein Bild der Umwandlung von Knorpel in Knochen ergibt sich auch am Ansatz des Lig. cruciatum der *Ratte* (Abb. 188). Die in Reihen angeordneten Knorpelzellen treten in den Knochen ein, lösen sich aus dem Verbande und bilden Haufen. Dabei machen sie eine Metamorphose von der Knorpelzelle zur Knochenzelle durch.

Am Trochanter minor von *Kindern* ist die ganze Spielbreite der Stützgewebe mit kontinuierlichem Übergang ineinander zu beobachten (Abb. 178). Die Sehnenfasern des M. iliopsoas treten über einen parallel-faserigen Faserknorpel in den sekundären Knorpel der Apophyse ein. Der Apophysenknorpel wandelt sich in einen stark modifizierten Säulenknorpel und hypertrophen Knorpel. Vom Perichondrium her bilden sich Apophysenknorpel und Säulenknorpel. Aus dem anschließenden Periost treten Fasern nach dem Muster periostaler Ansätze

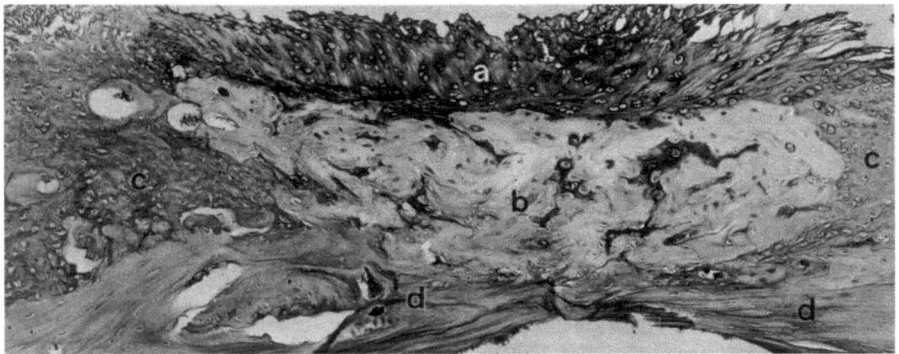

**Abb. 189.** Ratte, 296 g (13 Wochen nach Östrogengabe). Übergang der Bicepssehne in das Tuberculum radii. *a)* Sog. verkalkter Endteil der Sehnen, *b)* Ansatzgebiete der Sehne aufgebaut aus chondralen Knochen, *c)* umgebender chondroider Knochen, *d)* lamellärer Knochen der Schaftwand. Fixierung Rossman, Müller-PAS, Obj. 10

in Spongiosabalken ein. An der Markseite vieler Apophysen, u.a. Tuber ischiadicum, Crista iliaca, Spina iliaca anterior inferior usw., spielt sich eine abgewandelte *enchondrale Osteogenese* ab. Ihre Grundlage ist ein hyaliner oder sekundärer Knorpel. Der Endzustand ist spongiöser, z.T. mehr kompakter Knochen mit Knorpelresten (Abb. 189).

### 6.1.3. Die Sehnenansätze und das Längenwachstum der Knochen

Sehnen- und Bandansätze erscheinen als Sondereinrichtung eines Skelettelements mit Beziehungen zur Nachbarschaft. Es wurde die Frage aufgeworfen, wie diese Ansatzgebiete während des *Längenwachstums* ihre relative topographische Lage beibehalten und welche Vorgänge hierbei ablaufen. Eine Beantwortung erwies sich als schwierig, da jeder Methode zur Untersuchung des Wachstums Grenzen gesetzt sind (SARNAT, 1958); sie kann entweder die Orte des Wachstums, oder deren Rate bzw. Richtung angeben. Eine solche Untersuchung muß sich aber von dem trockenen Sammlungsrückstand des Skeletts (PETERSEN, 1930) lösen und die Korrelationen zur Nachbarschaft einbeziehen (KNESE und TITSCHAK, 1962), wie dies VIRCHOW (1875) im Hinblick auf die Zähne, mit Nerven und Gefäßen, beim Wachstum des Unterkiefers festgestellt hatte.

Für den Musculus pronator quadratus und die zugehörigen Skelettelemente nimmt WOLFF (1868) ein proportionales proximo-distales Wachstum an. KOELLI-KER (1873) beschreibt eine *Verlagerung* der Tuberositas deltoidea beim *Rind* durch unterschiedliches Wachstum der beiden Epiphysen. Die Entfernung von den Knochenenden, die sich zunächst wie 1 : 1,62 verhält, ändert sich zu 1 : 1,19. Die Intensität des Wachstums von M. deltoideus und Humerus sei gleich. Zur Erhaltung der typischen Knochenform findet nach KASSOWITZ (1879), KAPSAMER (1897) und LACROIX (1948, 1949a, 1951b, 1960) an der einen Seite der Tuberositäten *Neubildung*, an der anderen *Resorption* statt.

Mit unterschiedlichen *Markierungen* wurde versucht, den Wachstumsmodus zu klären (vgl. SARNAT, 1968), sei es durch *direkte Messung* (HALES, 1727; DUHAMEL, 1742/43; HUNTER, 1770; HUMPHRY, 1864; GUDDEN, 1874; WOLFF, 1885; GIBLIN und ALLEY, 1942; ROY und SARNAT, 1956) oder durch *röntgenologische* Kontrolle (DUBREUIL, 1913b; GATEWOOD und MULLEN, 1927; GANS und SARNAT, 1951; SELMAN und SARNAT, 1953, 1955, 1957; SISSONS, 1953; ROBINSON und SARNAT, 1955). WARWICK und WILES (1934) haben versucht, das „puzzle of bone growth" experimentell beim *Kaninchen* zu lösen, indem sie Bohrungen mit Silberdrähten anbrachten. Die Autoren stellten fest, daß die Entfernung zwischen Bohrmarken (Silberdrähte) während des Wachstums gleichbleibt (vgl. BISGARD und BISGARD, 1935) und meinen, es bestehe keine Schwierigkeit für die Verschiebung gegenüber dem Knochen, wenn ein Ligament nur am Periost angeheftet ist. Die Befestigung an den Knochen müsse durch die „schnelle" Fixierung mit Hilfe neuer Sharpeyscher Fasern vor sich gehen (LACROIX, 1951b). Beim Eintritt von Sehnen und Bändern mit perforierenden Fasern dürften immer neue Insertionen gebildet werden. Eine Periostverschiebung schließt VIDEMAN (1970a) bei rein periostalen Ansätzen, deren Existenz wir bezweifeln, nicht aus; dies gilt aber nicht für andere Ansatzformen. Ein Metalldraht als Markierung verhindert nach VIDEMAN (1970b) die normale Verschiebung des Sehnenansatzes. Durch die Markierung werde die tendinöse Osteogenese behindert. Eine Zone des Längenwachstums liegt vermutlich auch im Ansatzgebiet.

Ein Umbau an Tubera und eine Verschiebung des Periosts würde, nach KNESE und TITSCHAK (1962), bei den differenzierten strukturellen Verhältnissen *mechanisch* eine Störung bzw. Unterbrechung der Kraftübertragung vom Muskel auf den Knochen nach sich ziehen. Mit dem Abbau der Tubera an einer Seite verlieren die zugehörigen *Muskelfasern* ihren Ansatz; dafür müssen neue Muskelfasern einen Ansatz an der anderen Seite gewinnen.

Eine isolierte Betrachtung des Wachstums des Skeletts, besonders bei Untersuchung von Muskelansätzen, wird den *Beziehungen* zu *anderen Organsystemen* nicht gerecht. Als Folge des Umbaus an Tuberositäten würde das Gefüge der *motorischen Einheit* gestört, ein Vorgang, dem Umbauten im Zentralnervensystem entsprechen müßten (KNESE und TITSCHAK, 1962). Die Beziehungen zwischen Muskel- und Nervensystem, die LEVI (1925) als Organe mit unvergänglichen Elementen ansah, manifestieren sich in der motorischen Einheit (SHERRINGTON, 1925). Diese Korrelation hat zuerst LESSHAFT (1892) mit der Bestimmung des Verhältnisses der Zahl von Nerven- und Muskelfasern verfolgt; es beträgt bei der oberen Extremität 1:12,4, beim M. gastrocnemius 1:2370. Motorische Einheiten haben eine unterschiedliche Größe (CLARK, 1931; BUCHTHAL et al., 1956; BUCHTHAL, 1958). Sie überlappen bzw. durchdringen sich in einem Muskel (FEINDEL, 1954; BUCHTHAL et al., 1957; KRNJEVIC und MILEDI, 1958). Enge Beziehungen zwischen *Muskelentwicklung* und Differenzierung des *Nervensystems* haben ANGULO und GONZALES (1927) und TSANG (1939) nachgewiesen. Eine Verminderung der Zahl der Nervenzellen in den Spinalganglien und den zugehörigen Rückenmarksegmenten ergibt sich bei Amputation der vorderen Extremität (BARRON, 1945, *Schaf*feten; HALL und SCHNEIDERHAN, 1945, *Ratten*feten).

## 6.2. Die Schädelnähte und die sekundären Knorpel

Der Aufbau der Schädelnähte hat manche Ähnlichkeit mit den Sehnenansätzen. Ihre Bedeutung für die Knochenbildung und das Wachstum der Schädelknochen ist z.T. umstritten.

Die zentrifugale Ausdehnung der Schädelknochen wird als Reaktion auf die Ausdehnung des *Gehirns* angesehen (HAUSCHILD, 1921; WEINNOLDT, 1922; LOESCHCKE und WEINNOLDT, 1922; MAIR, 1926; SITSEN, 1933; MASSLER und SCHOUR, 1951; MOSS, 1954, 1961). Diese Korrelation hatten wir bereits im Zusammenhang mit dem zeitlichen Hiatus in der Weiterentwicklung des Mesenchyms zu Knochenzellen angenommen (s.S. 38). Nach TROITZKY (1932) hängt die Konfiguration des Schädeldachs von der Konfiguration der *Dura* und diese von der Form des Gehirns ab. Das Calvarium ist als ein Teil der gesamten Konstruktion aus Schädelgewölbe, Dura und der Schädelbasis anzusehen (VAN DER KLAAUW, 1946, 1952; HOFER, 1952, 1954; KUMMER, 1952; STARCK, 1953; MOSS, 1955, 1956, 1957, 1958 a, c, 1959, 1961; MOSS und YOUNG, 1960; vgl. DULLEMEIJER, 1971; MOYERS und KROGMAN, 1971).

Die Bedeutung der *Schädelnähte* für das Knochenwachstum ist umstritten. Vor allem herrscht keine Einigkeit darüber, wie eine Osteogenese im Bereich der Nähte mit jener auf der periostalen bzw. desmalen Seite des Schädels korreliert ist. Einige Autoren verglichen die Suturen mit der Epiphysenplatte (u.a. MAIR, 1926; WEINMANN und SICHER, 1955; MEDNICK und WASHBURN, 1956; KJAER, 1975). Andere Autoren halten diesen Vergleich für unzulässig (BRASH, 1934; MOSS, 1954, 1957, 1961). Das Nahtgewebe entspricht nach PETERSEN (1930) der Kambiumschicht des Periosts. Einmal wurde ein Wachstum der Schädelknochen im Bereich der Nähte angenommen (GIBLIN und ALLEY, 1942; MASSLER und SCHOUR, 1951; BAER, 1954; MEDNICK und WASHBURN, 1956; MOSS, 1956; MOSS und BAER, 1956), von anderen aber verneint (MIJSBERG, 1932; BRASH, 1934). Die Nähte sollen sogar eine Barriere für das Knochenwachstum darstellen (TROITZKY, 1932). Experimentell wurde gezeigt, daß bei Schädigung eines Nahtrandes der Knochen der anderen Seite über die Nahtregion hinauswächst und der Schädel seine symmetrische Gestalt behält (GIRGIS und PRITCHARD, 1958; SARNAT, 1958). Während THOMA (1924) ein *interstitielles* Schädelwachstum annahm, wurde das Wachstum häufig auf eine *ektokraniale Apposition* und *endokraniale Resorption*, ohne entscheidende Mitwirkung der Nähte, zurückgeführt (MIJSBERG, 1932; BRASH, 1934; LE GROS CLARK, 1939; GRANT, 1952). Demgegenüber konnte jedoch eine endokraniale Apposition, z.T. im Zusammenhang mit der Dura, nachgewiesen werden (BLUNTSCHLI, 1925; HOCHSTETTER, 1939; DEGGLER, 1941; WIMMER, 1952; MOSS, 1954; YOUNG, 1962a). Bei den dickwandigen Schädeln größerer Spezies ist das Wachstum der *Tabula interna* mit dem Hirnwachstum korreliert. Die *Tabula externa* entwickelt sich u.a. unter dem Einfluß der Muskelansätze (MEDNICK und WASHBURN, 1956; MOSS, 1959, 1961; vgl. auch MAIR, 1926; KNESE, 1970d). Am dünnwandigen Schädel des Menschen überwiegt das Nahtwachstum. Im übrigen muß berücksichtigt werden, daß ein Element, z.B. das Frontale, durch Verschmelzung einer Reihe voneinander getrennter Abschnitte entsteht, die verschieden reagieren. Beim Hydrocephalus und Mikrocephalus zeigen sich Veränderungen im Hirnteil des Frontale, der dem Parietale ähnelt, aber nicht im Gesichtsteil (MEDNICK und WASHBURN, 1956). Die Eigenständigkeit der Elemente des Splanchnocraniums bzw. Neurocraniums und ihre unterschiedliche konstruktive Zusammenfassung zu einem Gesamtschädel im Rahmen der Wirbeltierreihe hat VEIT (1947) dargestellt (zur Konstruktion des menschlichen Schädels vgl. KNESE, 1970d). Bei peruanischen Turmschädeln ist das Calvarium verformt, aber nicht die Schädelbasis (KNESE, 1959a).

Nach TROITZKY (1932) bestehen *Periost* wie *Dura* aus einer *Fibroelastica* und einer *Kambiumschicht* mit kubisch gestalteten Osteoblasten. Die Faserschicht geht von einem zum anderen Knochen über die Naht hinweg, an die sie Fasern abgibt. Die Kambiumschicht der Dura zieht um den Knochenrand herum in die Kambiumschicht des Periosts. Die Zahl der *Schichten*, die eine Naht bilden, wurde unterschiedlich angegeben (SITSEN, 1933; BERNSTEIN, 1933; WEINMANN und SICHER, 1947; MOSS, 1954; SCOTT, 1954; ČERVENÝ, 1965). Nach Untersuchung mehrerer Spezies beschreiben PRITCHARD et al. (1956) 5 Schichten, da jeder Nahtrand eine Kambiumschicht und eine *Kapselschicht* besitzt und eine *Mittelschicht* hinzutritt. Die Kambiumschicht zeigt Phosphatase-Aktivität und Glykogenspeicherung. Im Gesichtsschädel sind Kambium- und Kapselschicht bei der Nahtbildung bereits vorhanden, die Mittelschicht entstammt dem Mesenchym. Im Hirnschädel bilden sich die Nähte erst während der Annäherung der Knochen aus. Die Mittelzone entsteht aus Abspaltungen der faserigen Ektomeninx. Bei der weiteren Entwicklung wird die Kambiumschicht auf eine Lage flacher Osteoblasten reduziert, die Kapsellage verdickt sich, die Mittelschicht wird vaskularisiert. Da überraschend wenig Zeichen einer *osteoklastischen* Erosion vorliegen, muß vor allem an einen unterschiedlichen Anbau gedacht werden (s. hierzu MAIR, 1926; BERNSTEIN, 1933; MASSLER und SCHOUR, 1951; BAER, 1954). Die Knochenbildung wurde nun z.T. auf das Zwischengewebe der Sutur (WEIDENREICH, 1930; BERNSTEIN, 1933; GIBLIN und ALLEY, 1944; WEINMANN und SICHER, 1947), z.T. auf die Kambiumschicht zurückgeführt (TROITZKY, 1932; MASSLER und SCHOUR, 1951; MOSS, 1954; SCOTT, 1954; PRITCHARD et al., 1956).

Die oben erwähnte Schichtenfolge gibt die Nahtverhältnisse etwas vereinfacht und z.T. stark schematisiert, ohne Berücksichtigung von Altersdifferenzen, wieder. Bei kleinen Laboratoriumstieren (*Ratte, Goldhamster*; Abb. 190) werden die zuerst rein trabekulären Knochenanlagen durch eine unterschiedlich dicke *Faserschicht* miteinander verbunden.

Innerhalb dieser Schicht bauen epitheloide Osteoblasten kleine Knochenbälkchen auf. Die ursprünglich einheitliche Faserschicht (Deckmembran; s.S. 73) wird damit in Dura und Periost aufgegliedert. Wenn sich die Bildung der Bälkchen der Nahtregion genähert hat, liegen die von PRITCHARD et al. (1956) geschilderten Verhältnisse vor.

Bei *menschlichen* Feten ist im Bereich der Pfeilnaht bis zu 74 mm SSL eine relativ dicke periostale Fibroelastica vorhanden, die sich im Bereich der Naht verbreitert und auflockert (Abb. 191). Auf der *duralen* Seite tritt nur eine lockere, mit einem dickeren Kambium verbundene Faserschicht auf. Zwischen beiden Systemen entstehen inmitten von Osteoblasten kleine Knochenbälkchen. Bei einem Feten von 172 mm sind lateral bis zu 3 Bälkchen vorhanden, in der Nähe der Naht dagegen nur ein einziges. Die recht kräftige Fibroelastica des Periosts entsendet Fasern in die Zwischenschicht. Die relativ dicke undeutlich abgegrenzte Kambiumschicht enthält auf der periostalen Seite epitheloide Osteoblasten, auf der duralen beginnt die Umstellung zur Osteogenese nach dem Modus v. KORFF. Intertrabekuläre *Gefäße* werden periostal wie subdural (240 mm SSL), später (335 mm SSL) wohl überwiegend subdural eingebaut. Tabula interna und externa sind durch die Anlage der Diploë voneinander getrennt. Bei einem Feten von 247 mm SSL treten von der periostalen Seite frontal verlaufende Fasern in die Pfeilnaht. Auf der duralen Seite umzieht die frontale Faserung die Naht bogenförmig. Im Bereich der Zwischenschicht der Naht ist überwiegend eine sagittal verlaufende Faserung vorhanden, die von

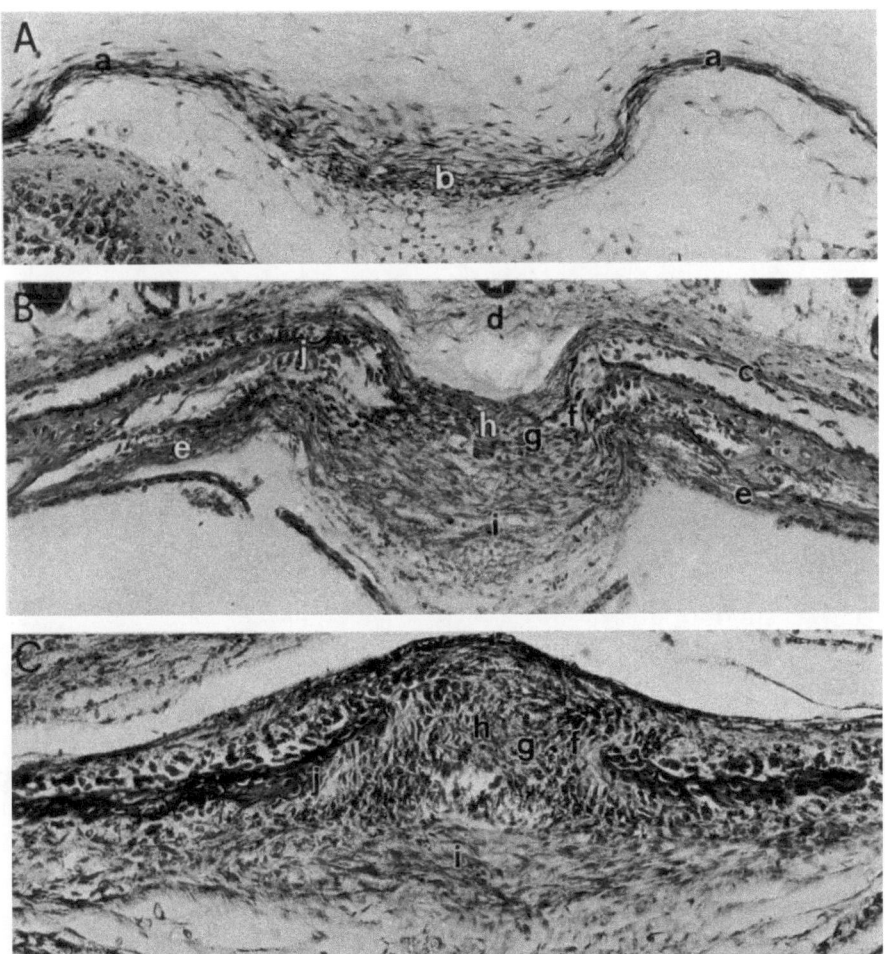

**Abb. 190.** Anlage der Schädelknochen und damit Bildung der Pfeilnaht in der Deckmembran des Schädels. *A:* Goldhamsterfet, 12 Tage, *B, C:* geburtsreife Ratten. *a)* Deckmembran, *b)* Auflockerung im Bereich der zukünftigen Naht, *c)* Periost, *d)* Schädelhaut, *e)* Dura, *f)* Kambiumschicht, *g)* Kapselschicht, *h)* Mittelschicht der Pfeilnaht, *i)* Fasern der Dura, die die Naht überspringen, *j)* Schädelknochen mit Osteoblasten. Fixierung: *A:* Stieve, *B, C:* absoluter Alkohol. *A, C:* Azan, *B:* Versilberung nach Bodian, Obj. 10

einzelnen Bündeln durchkreuzt wird und über die Knochenränder ragt. Lateral folgt in Knochennähe ein sich stark überkreuzendes Fasersystem. Die Kambiumschicht ist nicht scharf begrenzt. Auf der periostalen Seite sind noch wenige epitheloide Osteoblasten vorhanden. In Nahtnähe überwiegt aber der Modus v. KORFF. Die Knochenbildung am Nahtrand erscheint damit als Einbau vorgebildeter Fasern (s.S. 547), doch ist nicht zu entscheiden, ob nur v. Korffsche Fasern oder auch Fasern der Naht inkorporiert werden (Abb. 192). Im letzteren Fall läge eine Art tendinöse Osteogenese vor, bei der Fasern aus der Naht in die Knochenbälkchen eintreten; sie lassen sich durch die anschließenden

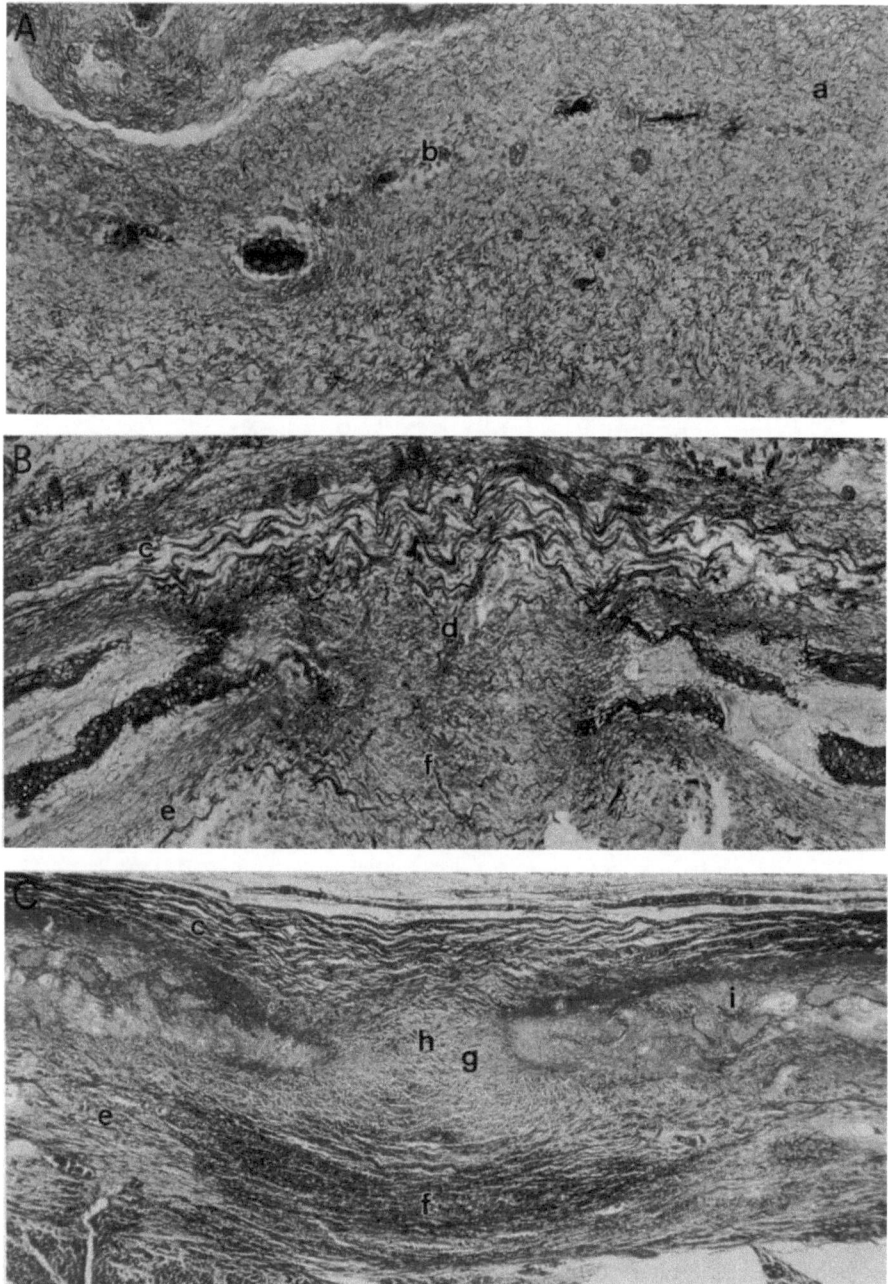

**Abb. 191.** Pfeilnaht und angrenzendes Parietale bei menschlichen Feten. *A:* 74 mm SSL, *B:* 172 mm SSL, *C:* 247 mm SSL. *a)* Gemeinsame Anlage von Dura und Periost, *b)* einzelne Knochenbälkchen in der gemeinsamen Anlage, *c)* Periost, *d)* vom Periost in die mittlere Schicht der Pfeilnaht eindringende Fasern, *e)* Dura, *f)* Fasern der Dura, die die Pfeilnaht überspringen, *g)* Kambiumschicht der Pfeilnaht, *h)* Mittelschicht der Pfeilnaht, *i)* Kambiumschicht auf der periostalen Seite der Deckknochen mit Gefäßen. Fixierung Formalin-Alkohol. Azan, *A:* Obj. 10, *B, C:* Obj. 2,5

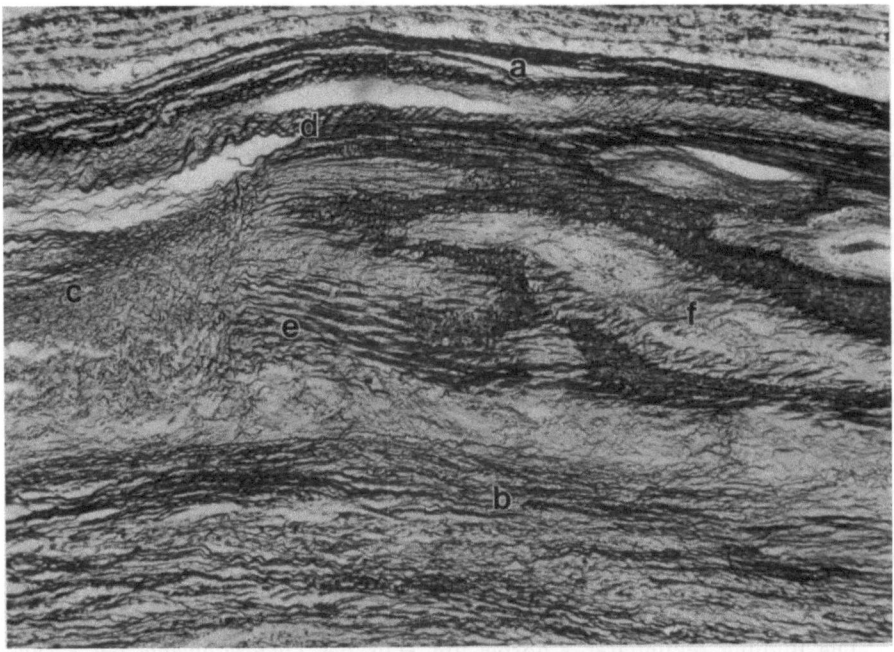

**Abb. 192.** Kind, 3 Monate alt, Pfeilnaht mit angrenzendem Parietale. *a)* Periost, *b)* Dura, *c)* Pfeilnaht, *d)* Periostfasern, die an die Knochenbälkchen herantreten, *e)* Fasern der Pfeilnaht, die in Knochenbälkchen hineintreten, *f)* Fasern des Nahtgewebes, die nach Art der von Korffschen Fasern durch intertrabekuläre Spalten hindurchlaufen. Fixierung Formalin-Alkohol. Versilberung nach Bodian, Obj. 6,3

intertrabekulären Spalten und Bälkchen auf 15 mm hin verfolgen. Daneben erscheint auch chondroider Knochen.

Die an die Nähte angrenzenden Ränder der Knochen bestehen beim 8monatigen *menschlichen* Feten zunächst nur aus einem, dann aus 2–3 Bälkchen (SITSEN, 1933). Beim Neugeborenen sind 5–7 Bälkchen aus Faserknochen, z.T. mit Knorpel gemischt, vorhanden. Fasern setzen sich in die Knochenspitze fort. Knorpel bildet eine Deckschicht auf dem Knochen; von dieser Seite aus dringen Blutgefäße in den Knorpel. Vom 15. Monat an bleibt dieser Aufbau erhalten, allerdings fehlt der Knorpel. Osteoklasten wurden nur selten gefunden.

Im Bereich der Schädelnähte, aber auch des Unterkiefers, treten *sekundäre Knorpel* auf (HINTZSCHE, 1927a; SCHAFFER, 1930; DE BEER, 1937; MURRAY, 1947, 1963; SYMONS, 1952; DIXON, 1953; PRITCHARD, 1956a; HALL, 1970a, b). Es sind zwei Typen von sekundärem Knorpel zu unterscheiden (PRITCHARD et al., 1956; MOSS, 1958b). Im *definitiven* sekundären Knorpel (MOSS, 1958b) sind die Zellen ähnlich geordnet wie in der Epiphyse, und es tritt eine enchondrale Osteogenese auf (vgl. MOHAMMED, 1957). Der *intermediäre* sekundäre Knorpel (MOSS, 1958b) besitzt große, von nur wenig Interzellularsubstanz umgebene Zellen in unregelmäßiger Lagerung; eine enchondrale Knochenbildung findet nicht statt, sondern ein *direkter* Übergang in Knochen. Hierbei sind alle Übergänge von undifferenziertem Nahtgewebe zu definitivem Knochen zu finden; ähnliche Bilder wurden von FELL (1933), PRITCHARD und RUZICKA (1950) sowie YAMAGISHI und YOSHIMURA (1955) bei der *Fraktur*heilung beschrieben. Bei einer direkten Transformation in Knochen schrumpfen die hypertrophen Chondrozyten und ähneln dann Osteozyten, während die Interzellularsubstanz die Färbungscharakteristika von Knochen annimmt (YOUNG, 1959). Der aus dem sekundären Knorpel entstehende Knochen wurde als *chondroider Knochen* bezeichnet. Er ist im Unterkiefer (SCHAFFER, 1888a), in der *Clavicula* (ZAWISCH, 1953b) und unter dem *Trochanter minor* beim 3 Monate alten Kind vorhanden (KNESE, 1957; KNESE und BIERMANN, 1958). Übergänge von Fasern in chondroide Knochen zeigt die *Symphysis mentis* (vgl. BERTOLINI, 1967; KJAER, 1975; TREVISAN und SCAPINO, 1976), die bei jungen Feten aus einem stark durchflochtenen, straffen Fasersystem aufgebaut ist. Bei einem Feten von 247 mm SSL wurde wenig chondroider Knochen, aber auch echter hyaliner Knorpel gefunden, bei 282 mm SSL ein ausgedehnter sekundärer Knorpel (Abb. 193). Beim Neugeborenen und 3 Monate alten Kind (Abb. 194) beobachteten wir Sehnenfasern des M. geniohyoideus, die z.T. durch eine schwammige Kambiumschicht unmittelbar in chondroiden Knochen eintreten, der mit sekundärem Knorpel vermischt ist. Es kommt daneben eine Durchkreuzungsschicht vor, die, wie bei anderen Sehnenansätzen, parallel zur Oberfläche des Knochens liegt.

Die Bildung sekundärer Knorpel am Hals des *Quadratojugale* bei 8 Tage alten *Hühner*keimen beginnt mit der Entwicklung von Chondroblasten aus Stammzellen (MURRAY, 1957, 1963). Vom 11. Tag an lassen sich erste Zeichen einer Chondrogenese erkennen. Die Zellen runden sich ab und sind von metachromatischer Substanz umgeben. Anschließend kommt es zur Hypertrophie, Knorpel wird an der vorderen, medialen und hinteren Fläche des Quadratojugale gebildet, Knochen an der seitlichen Fläche und im Kamm des Halses. Hier liegen Zellen, die nach ihrer Abwanderung entweder auf Chondrogenese oder Osteogenese umschalten (switch; MURRAY und SMILES, 1965; vgl. STUTZMANN und PETROVIC, 1975). Der sekundäre Knorpel hat dieselben histochemischen Eigenschaften wie primärer Knorpel (HALL, 1969).

Zur Frage der Bildung sekundärer Knorpel meint HALL (1970a, b) im Anschluß an frühere Untersuchungen (HALL, 1968b; HALL und SHOREY, 1968), daß die Weiche in der Differenzierung von Osteogenese zur Chondrogenese durch das Verhältnis von Produktion saurer MPS zu Kollagen gestellt würde. Elektronenmikroskopisch unterscheiden sich benachbarte chondrogene und osteogene Zellen durch die Menge des zwischen ihnen gelegenen Kollagens (HALL und SHOREY, 1968). Die Synthese von Kollagen begünstigte die Osteogenese, die von Chondroitinsulfat die Chondrogenese (JOHNSON, 1964; HALL, 1969). Wir möchten bemerken, daß die Synthese von Chondroitinsulfaten noch keine Chondrogenese bedeutet. Die Bildung von Chondroitinsulfaten bzw. Kollagen demonstriert allein, daß die *Zellen* im Sinn des einen oder anderen Vorgangs eine bestimmte Synthese von Interzellularsubstanzen bevorzugen. Die Bildung der sekundären Knorpel ist auf einen bestimmten Zeitraum beschränkt.

Aufgrund ihres Baus und ihrer Funktion wurden die Nähte als eine Art Gelenk betrachtet (PRITCHARD et al., 1956). Als kontrollierender Faktor der Osteogenese in den Nähten sollte ein Zug durch den interkraniellen Druck wirken (WEINNOLDT, 1922; LOESCHCKE und WEINNOLDT, 1922; MASSLER und SCHOUR, 1951; MOSS, 1954, 1960). Nach anderer Auffassung haben die sekundären Knorpel in den Suturen eine mechanische Bedeutung (SITSEN, 1933; DE BEER, 1937; PRITCHARD et al., 1956). Mechanische Reize könnten Stammzellen dazu induzieren, sich von einer Osteogenese

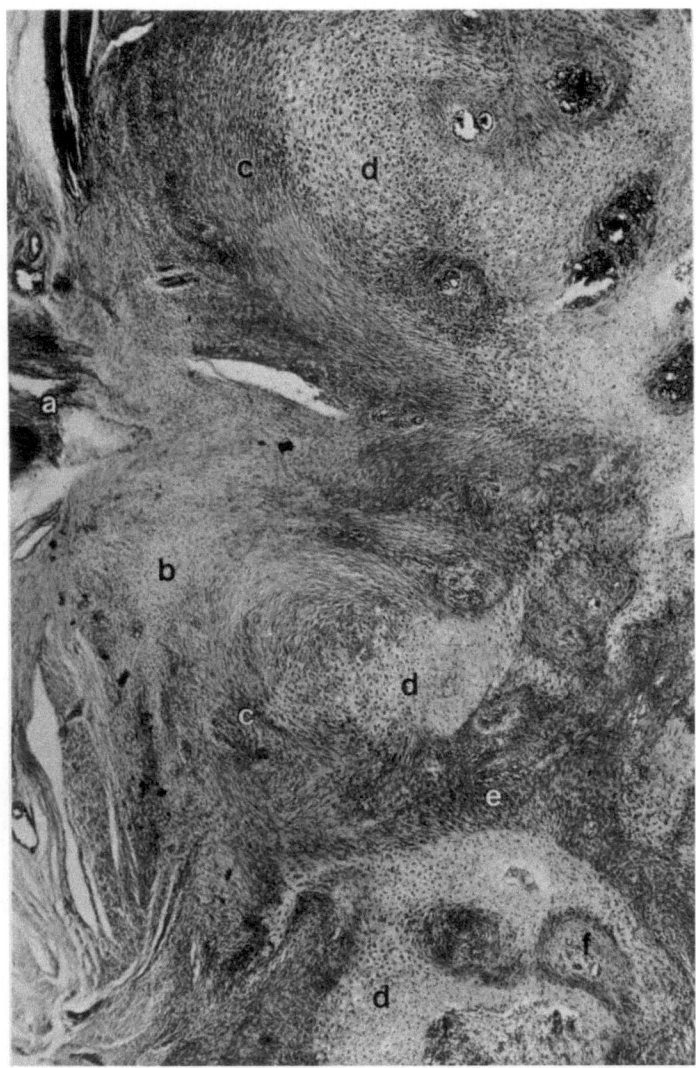

**Abb. 193.** Menschlicher Fet, 282 mm SSL, Kinn mit Ansatz des M. geniohyoideus. *a)* M. geniohyoideus, *b)* Durchkreuzungsschicht der einstrahlenden Fasern mit weitgehender Verquellung, *c)* zurücktretende Verquellung in den Faserschichten, *d)* sekundäre Knorpel, *e)* Übergang zu Knochengewebe, *f)* zellreiches Knochengewebe um Gefäßkanäle. Fixierung Formalin-Alkohol. Azan, Obj. 4

auf eine Chondrogenese umzustellen (MURRAY und SMILES, 1965; HALL, 1967, 1968a); dabei spielt der Wechsel von Druck und Zug an Gelenkteilen eine Rolle. Auch eine Hypoxie mag von Bedeutung sein (HALL, 1969). Die Bildung des sekundären Knorpels oder eines ähnlichen Gewebes bei der *Frakturheilung* wurde im allgemeinen mit der Pluripotenz der Skelettzellen erklärt (u.a. KASSOWITZ, 1879; SCHAFFER, 1888a, 1916; FELL, 1933; STUDITZKY, 1933, 1934a, b, 1936; ROULET, 1935; MURRAY, 1936; LACROIX, 1949a, 1951b; HAM, 1952; ZAWISCH, 1953a, 1954; KNESE, 1956a; KNESE und BIERMANN, 1958; JOHNSON, 1964; HALL, 1969, 1970a, b).

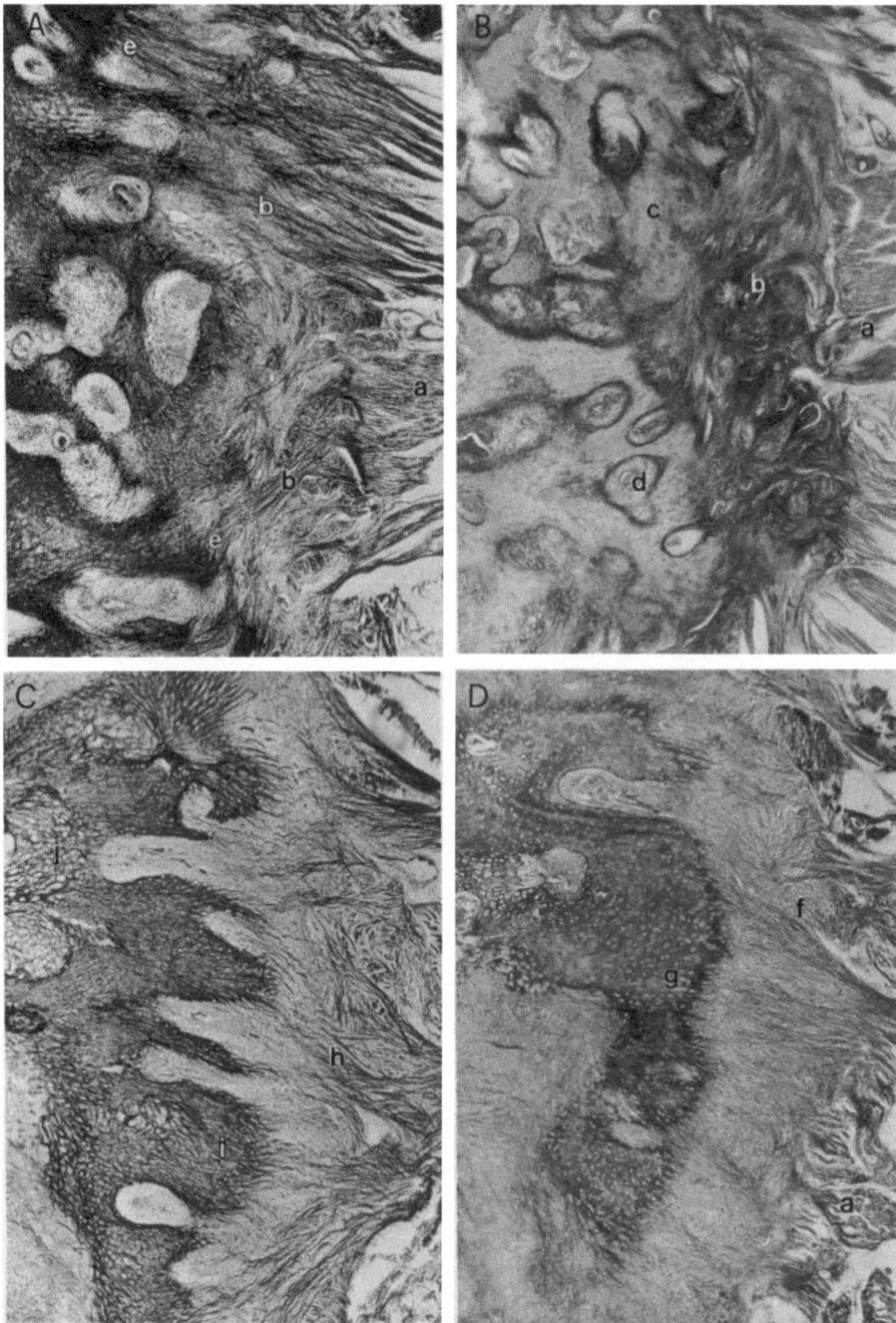

**Abb. 194.** Menschlicher Fet, 335 mm SSL (*A, B*), und Kind, 3 Monate alt, 421 mm SSL (*C, D*). Ansatz des M. geniohyoideus am Kinn. *a)* Faserung des M. geniohyoideus, *b)* Durchflechtungsschicht in der Peripherie des Knochens, *c)* chondroider Knochen, *d)* Gefäßräume im chondroiden Knochen, *e)* Übertritt von Sehnenfasern in Knochen, *f)* Verzweigungsschicht der Sehnenfasern

## 6.3. Die Zwischenwirbelscheibe

Die Untersuchungen der Zwischenwirbelscheibe umfassen die gesamte Entwicklung von den Mesenchymquellen (s. S. 73) bis in das hohe Alter hinein. Die Zwischenwirbelscheibe bietet das am besten bekannte Beispiel der Entwicklung funktioneller Strukturen, deren Fasersystem schon frühfetal angelegt wird (BROCKMANN, 1942; TÖNDURY, 1944, 1958; PRADER, 1947b; PEACOCK, 1951; BRETTSCHNEIDER, 1952; vgl. dagegen ÜBERMUTH, 1929). Die Zwischenwirbelscheibe ist aber nur ein Teil des Achsenskeletts. So fanden LIPPERT und LIPPERT (1960a), nach Untersuchung der Wachstumsgradienten der Wirbel, bei Feten von 9–35 cm SSL ein Wachstumsprofil, das dem der postnatalen Entwicklung entspricht. Die Wirbelsäule des Feten weist grundsätzlich alle Charakteristika des Erwachsenen auf, die sich im Zug eines kontinuierlichen Differenzierungsprozesses weiter entwickeln (LIPPERT und LIPPERT, 1960b; DZIALLAS und LIPPERT, 1960; LIPPERT und DZIALLAS, 1961; LIPPERT, 1962).

### 6.3.1. Strukturentwicklung der Zwischenwirbelscheibe

Die Anlage der Zwischenwirbelscheibe stellt das dichte Gewebe kranial und kaudal von der Intervertebralspalte dar (V. EBNER, 1888; REMANE, 1936; REITER, 1942; SENSENIG, 1943, 1949; PRADER, 1947a; PEACOCK, 1951). Die Entwicklung des Discus intervertebralis ist durch histogenetische Zwischenstadien gekennzeichnet (SMITH, 1931; KEYES und COMPÈRE, 1932; REITER, 1942, 1944; PRADER, 1947b; TÖNDURY, 1947, 1958; PEACOCK, 1951; KNESE, 1965a; POPOVA-LATKINA, 1967; vgl. S. 11). Bei Feten von 12 mm SSL gliedert sich die zuvor einheitliche Blastemanlage in eine Außen- und Innenzone; die äußere ist mesenchymatös, die innere vorknorpelig (PRADER, 1947b). Die Lage der Zellen — schräg zu den Wirbelkörpern in konzentrischen Schalen — deutet die Grundzüge des späteren Bauplanes an (Abb. 5, 11, 31, 59). Die entstehenden Lamellen sind zwiebelschalenartig gekrümmt, die inneren stärker. Die äußeren Lamellen sind faserreich und zellarm, die inneren faserarm, breiter und locker. Die perichordalen Zellen bilden bei Feten von 12–15 mm SSL den hyalin-knorpeligen perichordalen Zapfen (vgl. SCHULTZE, 1896; SCHAUINSLAND, 1906; MÜLLER, 1906; REITER, 1942; PRADER, 1947b; PEACOCK, 1951; TÖNDURY, 1958), so daß die ganze Wirbelsäule nun ein Knorpelstab ist. Wir fanden ihn noch bei einer 16 Tage alten Katze. In der Peripherie dieses Knorpels treten Fasern auf (70–100 mm SSL); zentral grenzt sich die Masse des Nucleus pulposus ab, der zur Zeit der Geburt, nach BRETTSCHNEIDER (1952) jedoch erst am Ende des ersten Lebensjahrs, endgültig ausgebildet ist. Der innere Anteil der angrenzenden Au-

---

des M. geniohyoideus, g) Übergang in den chondroiden Knochen, h) Sehnenfasern, die an den Knochen herantreten, i) Einbau der Fasern im Sinne von Korffscher Fasern, j) sekundäre Knorpel. Fixierung Formalin-Alkohol. A, C: Versilberung, B, D: Azan, Obj. 6,3

ßenzone besteht aus einer Art Faservorknorpel (PRADER, 1947b). Faserknorpel entsteht in der Außen- und Innenzone, d.h. sowohl auf faseriger als auch hyaliner Grundlage.

Bei Feten von etwa 80 mm SSL erscheint im Wirbelkörper der *Knochenkern*. Ein knorpeliger Rest verbleibt als *Endplatte* (TÖNDURY, 1944; PRADER, 1947b; PEACOCK, 1951). In der Endplatte sind die Fasern der Außenzone verankert. Die zunächst horizontal orientierten Knorpelzellen ordnen sich später in Richtung der einstrahlenden Fasern an. In dem Gebiet der Endplatte findet das aktive Wachstum der Zwischenwirbelscheiben statt (AMPRINO und BAIRATI, 1934). Nach COVENTRY et al. (1945a, b) soll die Proliferation etwa bis zum 14.–16. Jahr fortdauern. Bei der *Katze* fehlen die knorpeligen Endplatten der Wirbelkörper (BUTLER und SMITH, 1965; vgl. Abb. 175), die bei *Mensch* (u.a. COVENTRY et al., 1945a, b; BRADFORD und SPURLING, 1947) und *Hund* (HANSEN, 1952) vorhanden sind. Beim Erwachsenen sind die äußeren Fasern des Ansatzes in einen Epiphysenring eingebettet (SCHMORL, 1928a, b; FRAZER, 1940; PEACOCK, 1952), der Vorgänger der Randleiste ist (vgl. BRETTSCHNEIDER, 1952). Die knorpelige Endplatte fungiert als Epiphyse für den Wirbelkörper (KEYES und COMPÈRE, 1932). Nach SZIRMAI (1970) sind beim Neugeborenen senkrecht orientierte Gruppen von Chondronen vorhanden, die zum Discus in eine Tangentialschicht übergehen.

### 6.3.2. Die Struktur der Zwischenwirbelscheibe

Die äußerste Lage der adulten Zwischenwirbelscheibe besteht aus nicht ganz regelmäßig verlaufenden Bindegewebszügen, in denen schon vereinzelte Knorpelzellen vorhanden sind (Abb. 195; FICK, 1904; PETERSEN, 1930; COVENTRY et al., 1945a, b; PEACOCK, 1952). Die folgenden, geschichteten Lamellen (bis zu 70) werden nach innen zu breiter, die Zahl der Knorpelzellen vermehrt sich (vgl. KNESE, 1978). Die Kreuzung der Fasern in den Lamellen findet wohl unter einem rechten Winkel statt (STRASSER, 1913; FRANCESCHINI, 1948, 1957; BRETTSCHNEIDER, 1952; NAYLOR, 1962). Bei *Rinder*embryonen und *Katzen* beobachteten wir elektronenmikroskopisch *elastische* Fasern. Lichtmikroskopisch konnten wir das elastische Material, nach Verquellung des Kollagens mit 1%iger Essigsäure, mit Orcein färben. In der zentralen Hälfte des Discus der *Katze* wechseln elasticareiche und -arme Lamellen miteinander ab. Bei *Rinder*feten sind nur sehr feine Fasern vorhanden; im Ochsenschwanz ist eine ähnliche Ordnung wie bei der Katze festzustellen. Der *Gallert*kern besteht aus undeutlich faseriger, körniger, schleimig-weicher Substanz mit wenigen rundlichen oder sternförmigen Zellen. *Chorda*reste sind bis zum 7., selten bis zum 60. Jahr nachzuweisen;

---

**Abb. 195.** Katze, $3^1/_2$ Wochen alt, Anulus fibrosus. *a)* Längsgeschnittene Fibrillen, *b)* quergeschnittene Kollagenfibrillen, *c)* elastische Fasern, *d)* endoplasmatisches Retikulum, *e)* Mitochondrien, *f)* -Golgifelder, *g)* Höfe der Zellen mit feingranulärem bzw. feinfilamentösem Material. Vergr. 8 000 ×

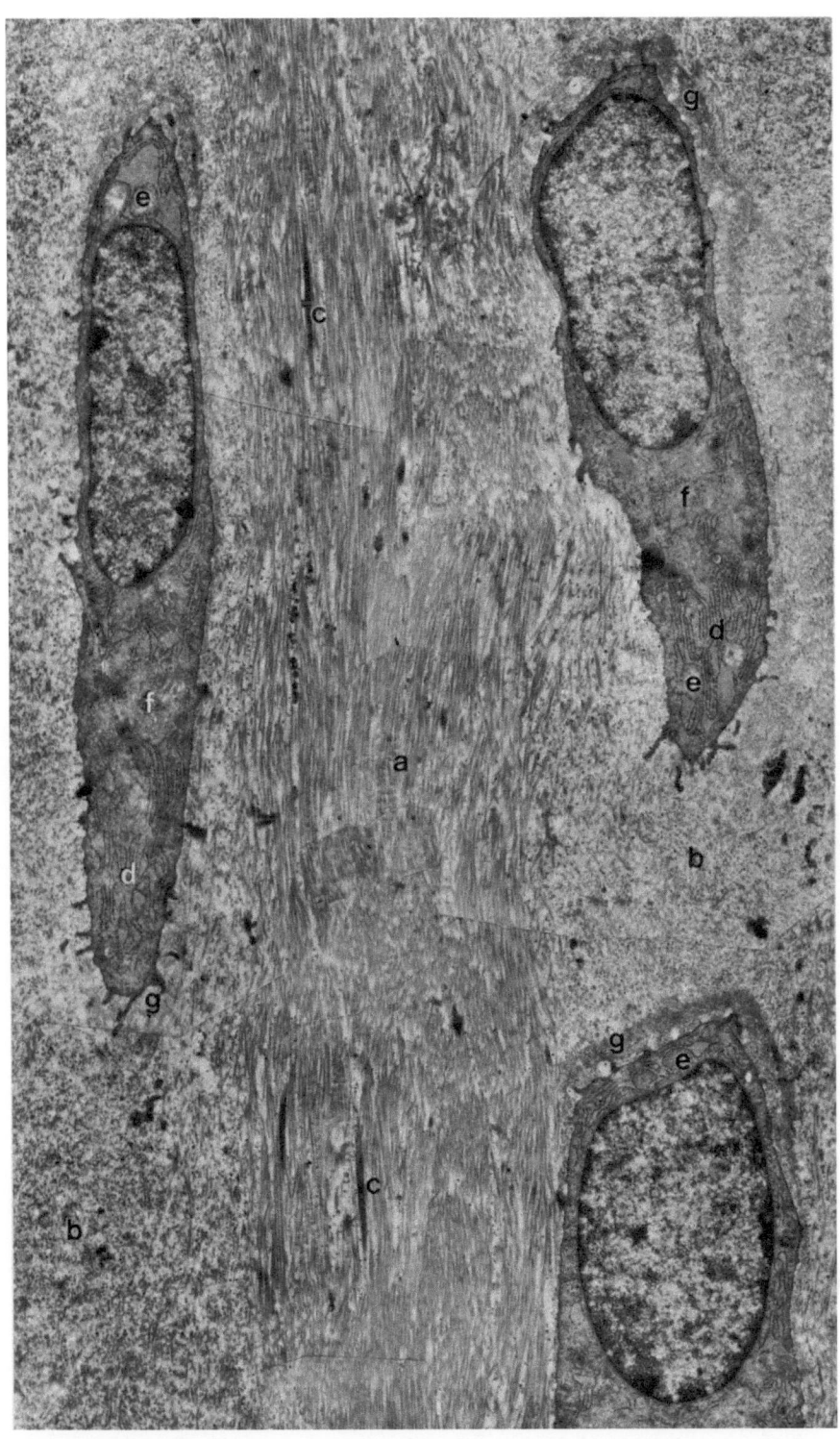

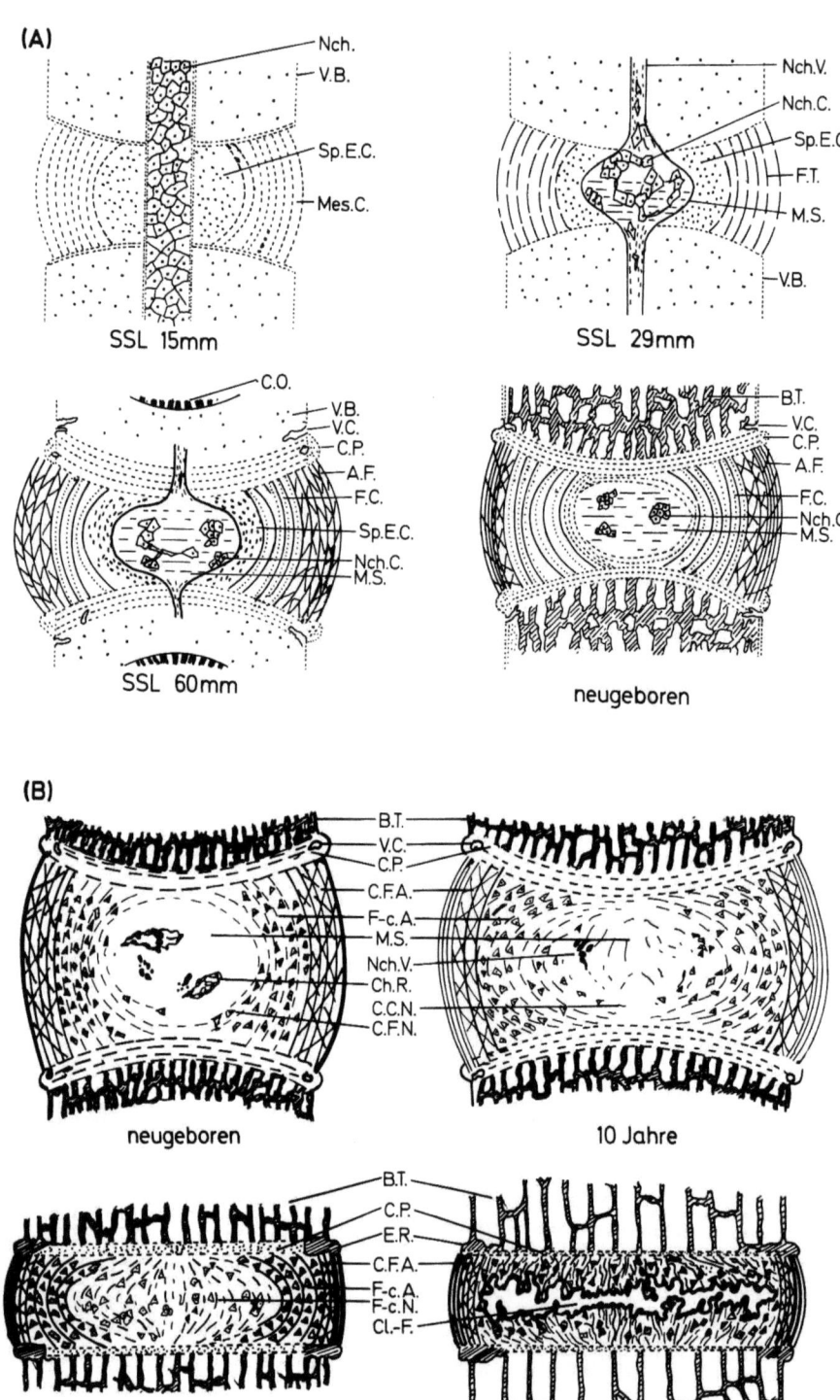

**(A)**

SSL 15mm

Nch.
V.B.
Sp.E.C.
Mes.C.

SSL 29mm

Nch.V.
Nch.C.
Sp.E.C.
F.T.
M.S.
V.B.

SSL 60mm

C.O.
V.B.
V.C.
C.P.
A.F.
F.C.
Sp.E.C.
Nch.C.
M.S.

neugeboren

B.T.
V.C.
C.P.
A.F.
F.C.
Nch.C.
M.S.

**(B)**

neugeboren

B.T.
V.C.
C.P.
C.F.A.
F-c.A.
M.S.
Nch.V.
Ch.R.
C.C.N.
C.F.N.

10 Jahre

33 Jahre

B.T.
C.P.
E.R.
C.F.A.
F-c.A.
F-c.N.
Cl.-F.

80 Jahre

sie bilden eine Art Zellknorpel oder vesikulären Knorpel (BRETTSCHNEIDER, 1952). In der Zwischenwirbelscheibe unterscheidet PEACOCK (1952) 4 Zonen. Außen liegt der Anulus fibrosus mit einer faserigen und einer faserknorpeligen Zone; die letztere bildet mit ihren Lamellen den Hauptanteil. In ihr spielen sich überwiegend die Altersveränderungen ab. Eine Übergangsregion ist nach PEACOCK (1952) als Grenzzone zwischen dem Faserknorpel und dem chondralen Teil des Nucleus pulposus anzusehen (Abb. 196). Man findet demzufolge Übergänge von Fasergewebe zu Faserknorpel wie zu hyalinem Knorpel, mit entsprechender Transformation der Zellgestalt und des Fibrillencharakters (KNESE, 1978). Aus den Zellen des Faserringes, mit der Gestalt von Flügelzellen, entwickeln sich in beiden Fällen Zellen mit einem ausgedehnten endoplasmatischem Retikulum, das für eine besondere Zellaktivität spricht. Die Knorpelbestandteile der inneren Lamellen werden in den Gallertkern einbezogen (BRETTSCHNEIDER, 1952). Der Anteil der Chorda am Nucleus pulposus stellt sich beim Neonatus in Form multizellulärer epithelialer Strukturen dar (WOLFE et al., 1965; MEACHIM und CORNAH, 1970).

Die *Alters*veränderungen gewannen ein besonderes Interesse im Hinblick auf die Pulposus-Hernie (u.a. TÖNDURY, 1944, 1955; COVENTRY et al., 1945b; PEACOCK, 1952; HANSEN, 1952; BRETTSCHNEIDER, 1952; WALMSLEY, 1953; KÜNZEL, 1960; BUTLER und SMITH, 1965). Nach PEACOCK (1952) wird vom 4. Jahr an die Abgrenzung zwischen Anulus fibrosus und „Chorda"gebiet weniger deutlich und stellt im 10. Jahr ein Gebiet der Verflüssigung und Durchweichung der Komponenten dar (Abb. 196). Mit 33 Jahren wird die histologische Unterscheidung beider Gebiete schwierig, und mit 50 gleicht der innere Anteil des Anulus dem Nucleus pulposus. Mit der Alterung und bei Discushernien treten lysosomale Enzyme auf (PEARSON et al., 1974).

Der *Anulus fibrosus* enthält etwa 16% des Feuchtgewichts Kollagen (HALLÉN, 1962; DICKSON et al., 1967; GALANTE, 1967). Die Menge der Glykosaminoglykane beträgt 2–3% des Trockengewichts. Beim *Neugeborenen* sind überwiegend (90%) saure Mukopolysaccharide vorhanden. Zwischen dem 60. und 80. Jahr macht Keratansulfat 50% und Chondroitinsulfat 46% aus (vgl. Tabelle 5; Abb. 84). Mit dem Alter nimmt der Gehalt an Glykosaminoglykanen ab, der an Kollagen zu (DAVIDSON und WOODHALL, 1959; MITCHELL et al., 1961; NAYLOR, 1962; SOLHEIM, 1965). Im *Nucleus pulposus* bestehen nur 15–90% des Trockengewichts aus Kollagen (HALLÉN, 1962). Die Konzentration der Glykosaminoglykane nimmt von 14% des Trockengewichts in der ersten Dekade auf 6% bei 90 Jahren ab (HALLÉN, 1958), der Wassergehalt sinkt von 88% auf 69% (PÜSCHEL, 1930; KEYES und COMPÈRE, 1932; SCHÜMMELFEDER und SCHÜMMELFEDER, 1949; HEVELKE und HEVELKE, 1960).

---

**Abb. 196.** Entwicklung der Zwischenwirbelscheibe. *A:* Von einem Feten von 15 mm SSL bis zum Neugeborenen (nach PEACOCK, 1951), *B:* vom Neugeborenen bis zum 80. Lebensjahr (nach PEACOCK, 1952). Abkürzungen *A.F:* Anulus fibrosus, *B.T:* Knochenbälkchen, *C.C.N:* Knorpelzellen des Nucleus pulposus, *C.F.A:* Kollagenfasern des Anulus fibrosus, *C.F.N:* Kollagenfasern des Nucleus pulposus, *C.O:* Zentrum der Knochenbildung, *C.P:* Knorpelplatte, *Ch.R:* Chorda-Retikulum, *Cl.F:* Spaltbildung, *E.R:* Epiphysenring, *F.C:* Faserknorpel, *F.T:* Fasergewebe, *Fc.A:* Faserknorpel des Anulus fibrosus, *Fc.N:* Faserknorpel des Nucleus pulposus, *Mes.C:* Mesoderm-Mesenchymzellen, *M.S:* mucoide Substanz, *Nch:* Chorda, *Nch.V:* Chordascheide, *Sp.E.C:* spezialisierter embryonaler Knorpel, *V.B:* Wirbelkörper, *V.C:* Gefäßkanal (Umzeichnung nach PEACOCK, 1951, 1952)

### 6.3.2.1. Topochemie der Zwischenwirbelscheibe

Bei Jugendlichen reagiert die Interzellularsubstanz des *Anulus* fibrosus sowohl mit Alcianblau als auch PAS stark und diffus positiv (VAN DEN HOOFF, 1964). Während der *Alterung* verschwindet die PAS-positive Komponente um die Zellen; sie reagiert nun mit Alcianblau. Die Zellen sind reich an Glykogen und Glykolipiden (MALINSKY, 1957b, 1959). Eine Abnahme der Metachromasie mit dem *Alter* wurde beim *Menschen* (NAYLOR und HORTON, 1955; MALINSKY, 1957a, b) und *Hund* (HANSEN, 1952; PETISCA, 1958), aber nicht bei der *Katze* (BUTLER, 1968), beobachtet. Im inneren Anteil des Faserrings der *Katze* reagieren die Fasern basophil, und die Zellen degenerieren am Ende des ersten Jahres zu hypertrophen Zellen (BUTLER und SMITH, 1965). Die interfibrilläre Substanz ist durch eine steigende Basophilie bis zum 3. Jahr ausgezeichnet. Bei einjährigen Katzen reagieren 80–90% des Discus metachromatisch; im inneren Anteil des Anulus nimmt die Stärke der Alcianblau-Färbung bis zum 5. Jahr zu und bleibt bis zum 18. Jahr konstant (BUTLER, 1968). Im Anulus betrifft die hyaluronidase-resistente Toluidinblau-Metachromasie die Fibrillen und die Räume zwischen den Lamellen, wo sie am stärksten ist (SZIRMAI, 1970) und die Verschiebeschichten andeutet. Im *Nucleus pulposus* färben sich die Fibrillen metachromatisch.

### 6.3.2.2. Die Ultrastruktur der Zwischenwirbelscheibe

Jenseits des *mesenchymalen* Stadiums des Achsenskeletts (Abb. 25) treten in der Zwischenwirbelscheibe *Fibroblasten* auf (Abb. 59) und schließlich *Knorpelzellen*, die jenen der Epiphyse gleichen (Abb. 112–116). Die Fibrozyten des Faserrings haben die Gestalt von Flügelzellen (Abb. 197). Die flügelförmigen Fortsätze schieben sich zwischen die Fasermassen und nehmen an Dicke ab (bis auf 700 Å). Beim Übergang zum Faserknorpel verringert sich die Länge der Zellen, und sie werden von einem Hof umgeben. Gleichzeitig vergrößern sich die interfibrillären Räume. Unmittelbar vor der Chorda schrumpfen die Zellen. Im großen Hof liegen Anschnitte von Fortsätzen und rundliche Körper (Abb. 198; KNESE, 1978). Nach Abschluß der Entwicklung liegt in den äußeren Teilen der Zwischenwirbelscheibe ein Faserknorpel vor. In das Faserwerk quergestreifter Fibrillen sind Zellen, umgeben von Kapseln und Höfen, eingelassen

---

**Abb. 197.** Katze, Zwischenwirbelscheibe. Transformation von Zellen des Anulus fibrosus in solche ▷ des Faserknorpels. *A:* Anulus fibrosus. 1 Tag. *a)* Perikarion der Flügelzellen, *b)* flügelförmige Fortsätze, *c)* überwiegend quergeschnittene Kollagenfibrillen, *d)* überwiegend längsgeschnittene Kollagenfibrillen. *B:* Beginnende Transformation der Zellen mit Vergrößerung des Zelleibes und Verlust der flügelförmigen Fortsätze. 8 Tage. *e)* Zellen mit lakunären Erweiterungen, *f)* Zelle mit reichlichem endoplasmatischem Retikulum und dichtem Hyaloplasma, *g)* Golgi-Apparat, *h)* Zellfortsätze, *i)* Bildung eines Zellhofs. *C:* Zelle mit reichlich kurzen Zellfortsätzen und Erweiterung der interfibrillären Räume. 6 Wochen. *k)* Zellkern mit feinkörnigem Chromatin, *l)* Vakuolen, *m)* kurze Zellfortsätze, *n)* vermutlich von der Zelle getrennte und degenerierende Zellfortsätze, *o)* Zellhof. *D:* Reife Faserknorpelzelle unmittelbar vor der Chorda. 6 Wochen. *p)* Zellanschnitte, *q)* vergrößerter Zellhof, *r)* vermutlich degenerierende Zellfortsätze. *A–D:* Vergr. 4700 × (aus KNESE, 1977b)

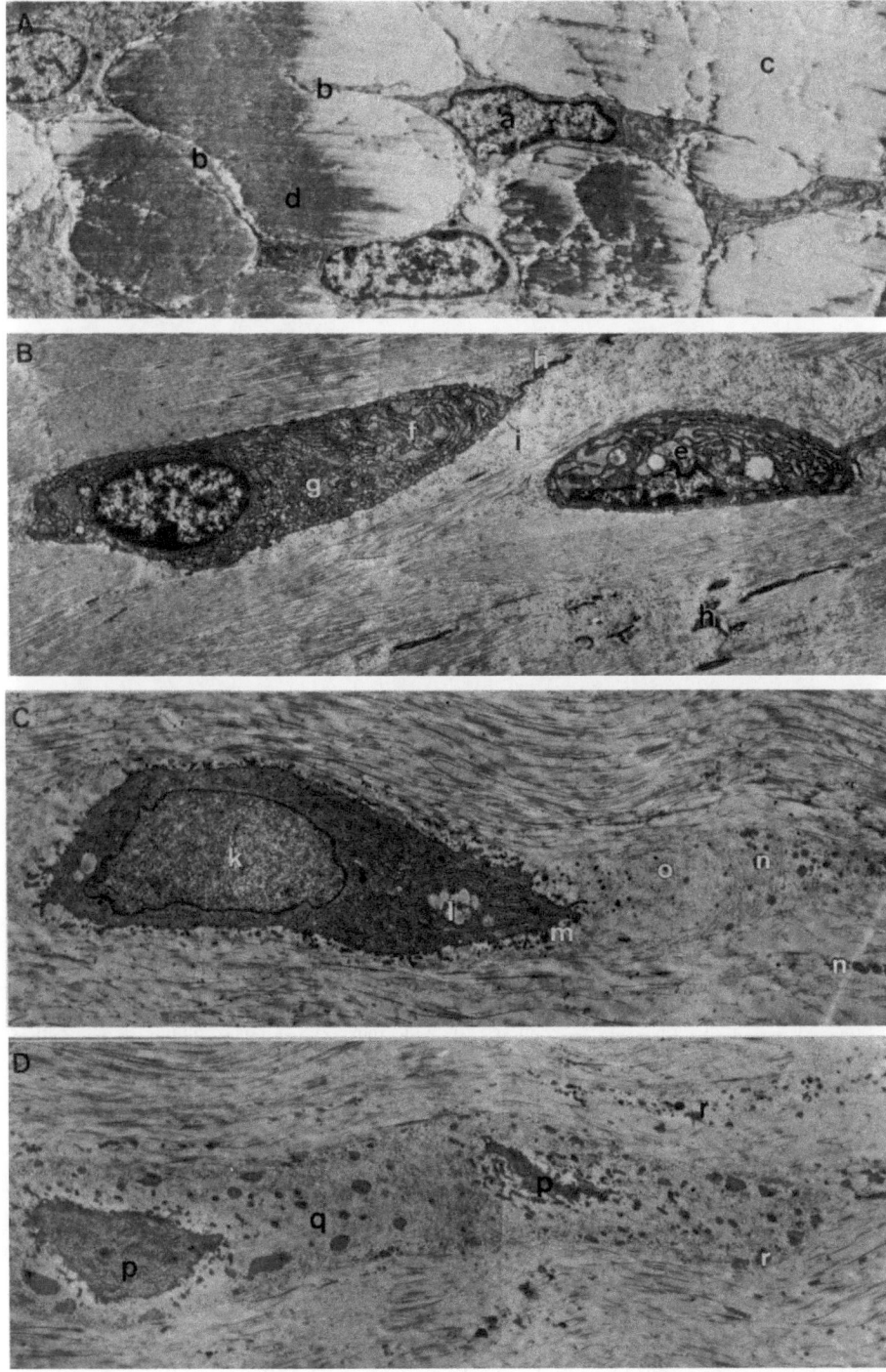

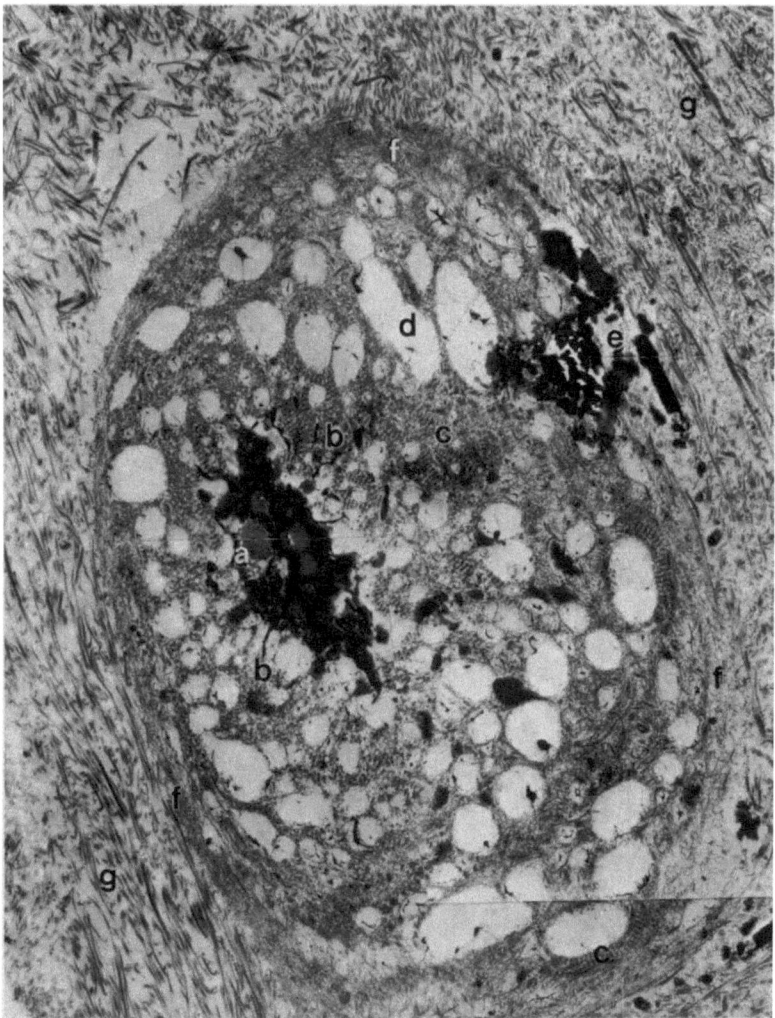

**Abb. 198.** Katze, 1 Jahr alt, Knorpelzelle des Faserknorpels. *a)* Stark verdichtete Zelle, *b)* Zellfortsätze, *c)* periodische Elemente im Zellhof (vgl. Abb. 199), *d)* vakuoläre Bildungen im Zellhof, *e)* dichte Elemente unbekannter Natur, *f)* Übergang feiner Filamente in Kollagenfibrillen, *g)* Kollagenfasern in der umgebenden Interzellularsubstanz. Vergr. 8400 ×

(vgl. SCHAFFER, 1930). Die Zellen ähneln den Chondrozyten mit lakunären Erweiterungen (s.S. 291; Abb. 112–114); sie haben lange, dünne Fortsätze. Einzelne Zellen zeigen Zeichen der Degeneration mit Verschwinden des endoplasmatischen Retikulums und geschrumpften Kernen, andere Zellen sind zu einem Detritus zerfallen (KNESE, 1978). Die Kapsel bzw. der *Hof*, mit einem Durchmesser von mehr als 10 × 15 µm, ist aus feinen Filamenten von verschiedenem Durchmesser (um 50 Å) aufgebaut, die ein unregelmäßig gestaltetes Netzwerk bilden (Abb. 198). Dabei entstehen dichtere Stränge, die rundliche Höhlen um-

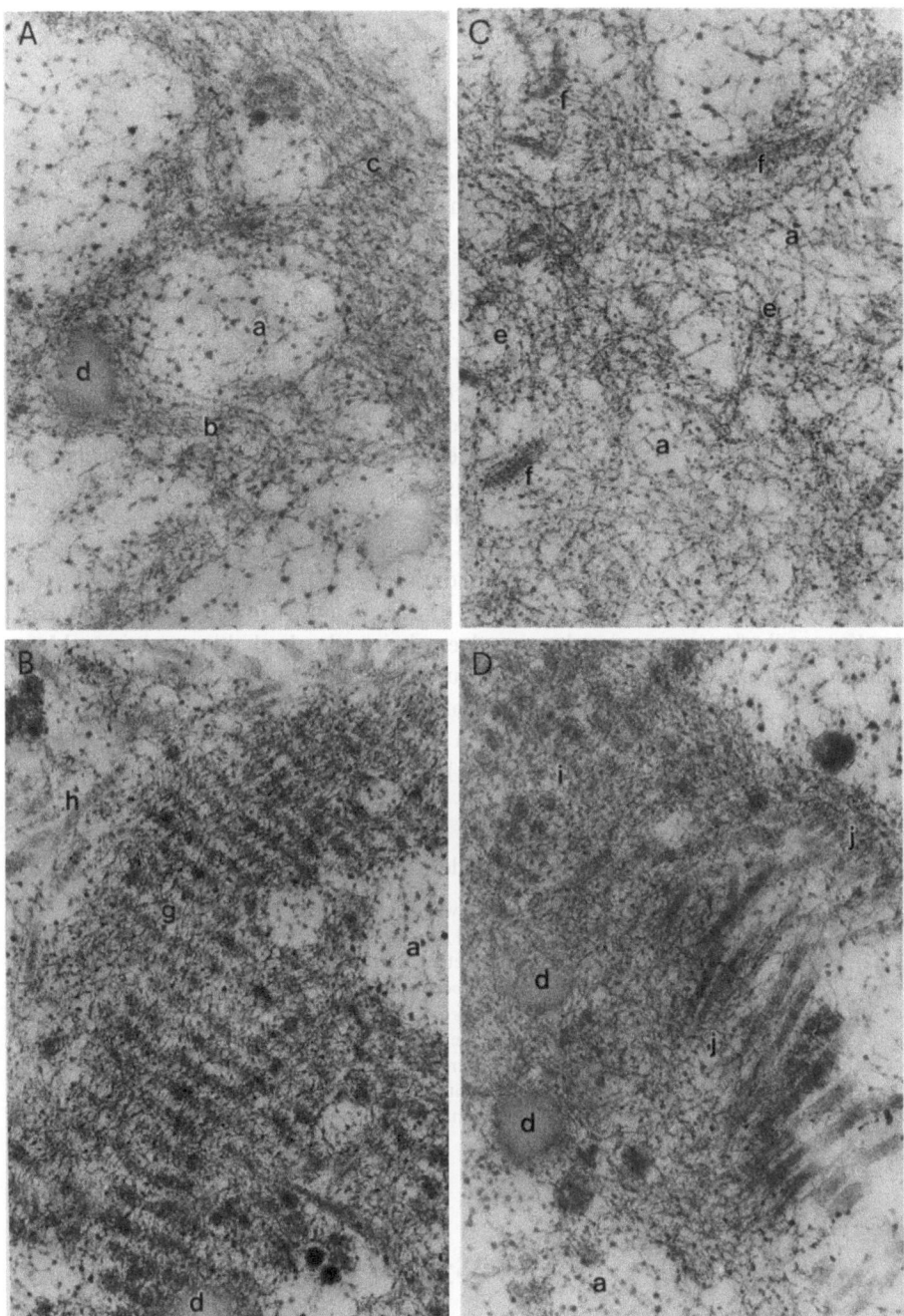

**Abb. 199.** Katze, 1 Jahr alt, Struktur der Substanz des Knorpelhofes. *a)* Feine Filamente, denen MPS-Granula anliegen, *b)* Verdichtung der filamentösen Struktur, wodurch rundliche Maschen gebildet werden, *c)* Zusammenlagerung der Filamente in periodischer Serie von etwa 540 Å, *d)* opake Massen, die etwa sich entwickelndem elastischem Material entsprechen, *e)* Filamente mit einer angedeuteten periodischen Struktur, *f)* Filamentenbündel, *g)* größeres Areal mit periodischer Struktur der Filamente, *h)* Kollagenfibrillen, *i)* periodische Struktur, *j)* Übergang von Filamenten in Kollagenfibrillen. Vergr. 59000 ×

schließen. Den Filamenten, vor allem in Netzwinkeln, liegen Granula von 100–300 Å Durchmesser an, die als *MPS-Granula* anzusehen sind (s.S. 174). In dieses Filamentenwerk sind unterschiedlich große, fein homogene bzw. granuläre Areale eingelassen, die den Zusammenlagerungen bei der Elastogenese ähnlich sind (vgl. Abb. 199). In den dichten Strängen des Hofs verlaufen die Filamente häufig parallel zueinander, wobei über eine kürzere oder längere Strecke eine *periodische Gliederung* von 600 Å erscheint. Beim *Menschen* und *Kaninchen* treten faserige Elemente auf, die eine Periode von 1 000 Å haben (MEACHIM und CORNAH, 1970; CORNAH et al., 1970). Die Autoren sprechen von geometrisch regelmäßigen Aggregaten, die möglicherweise eine Art Kollagen darstellen. Im Randgebiet des Hofs stehen die Filamente mit etwa 400 Å dicken Kollagenfibrillen in Verbindung. Aufgrund der Periode und des unmittelbaren Übergangs in Kollagenfibrillen vermuten wir, daß eine *Aggregation* von Mikrofibrillen zu Fibrillen stattfindet (KNESE, 1978). Bisher liegen nur wenig Angaben über das Auftreten von Mikrofibrillen bei der Fibrillenbildung vor (s.S. 142). Die Fibrillenkristallisation wird bekanntlich durch das örtliche MPS-Profil beeinflußt (s.S. 141). Man könnte annehmen, daß die in den Knorpelhöfen des Faserknorpels vorhandenen Proteoglykane die Bildung von Mikrofibrillen begünstigen. Im Knorpelhof treten vereinzelt amorph erscheinende, dunkel kontrastierte Massen ungeklärter Natur und Herkunft auf (vgl. MEACHIM und CORNAH, 1970). Vermutlich handelt es sich um abgestoßene und degenerierende Zellfortsätze (KNESE, 1978). Bei der Einstrahlung von Kollagenfaserbündeln in den hyalinen Knorpel spalten sich dicke (400–500 Å) in dünnere (80–100 Å) Fibrillen auf (KNESE, 1978).

### 6.3.2.3. Gefäßversorgung der Zwischenwirbelscheibe

Die Angaben zur *Gefäß*versorgung der Zwischenwirbelscheibe sind widersprüchlich. Einmal wird berichtet, daß beim Erwachsenen Gefäße fehlen (KEYES und COMPÈRE, 1932; BRETTSCHNEIDER, 1952), während andere Autoren Gefäße beobachteten (BÖHMIG, 1930), z.T. nur im Anulus fibrosus (FICK, 1904; BRACK, 1929; PEACOCK, 1952) bzw. bei Jugendlichen im Gebiet der Endplatte (ÜBERMUTH, 1929, 1930; COVENTRY et al., 1945a). Die *fetale* Bandscheibe hat, vor allem dorsal, reichlich Blutgefäße (BRETTSCHNEIDER, 1952), die aus der Gegend um die Foramina intervertebralia stammen (TÖNDURY, 1958). Der Gallertkern wird nicht versorgt. Beim Neugeborenen dringen die Gefäße von der Peripherie in die oberflächlichen Schichten ein. Sie bilden sich vom 2. Jahr an zurück und fehlen nach dem 4. Das ist der erste Schritt zur Altersinvolution (vgl. BRETTSCHNEIDER, 1952).

## 6.4. Die Symphyse

Der *Faser*verlauf im Symphysenknorpel konnte bisher nicht endgültig geklärt werden (LUSCHKA, 1854; AEBY, 1858; ZULAUF, 1901; FICK, 1904; LOESCHCKE, 1912; EYMER und LANG, 1929; PETERSEN, 1930; PUTSCHAR, 1930, 1931b; HASLHOFER, 1930, 1931; GATTA, 1934; AMPRINO und BAIRATI, 1934; BAER, 1949; FRANCESCHINI, 1955; SCHMIDT, 1956). Die schräg von einer zur anderen Seite absteigenden Fasern kreuzen sich in verschiedenen Richtungen (FICK, 1904;

PETERSEN, 1930), haben einen S-förmigen Verlauf und gehen in das Perichondrium über (BAER, 1949; SCHMIDT, 1956; FRANCESCHINI, 1955, 1957). Die Fasersysteme der Symphyse stehen mit dem umgebenden Bindegewebe in Verbindung (SCHMIDT, 1956). Das *Cavum symphyseos* wird in einem elliptischen Bogen von Fasern umzogen (HASLHOFER, 1931; FRANCESCHINI, 1957). Das bei beiden Geschlechtern vorhandene Cavum symphyseos bildet sich bis zum 2. Jahr aus; unter 18 Feten und Neugeborenen fehlt es bei 5 (FICK, 1904). Da über die Art der Belastung der Symphyse keine befriedigende Vorstellungen entwickelt werden konnten (FICK, 1904; WALKHOFF, 1904; STRASSER, 1908; BRAUS, 1929; BAER, 1949), auch nicht über jene unter der Geburt (FICK, 1911; SCHMIDT, 1956), blieben auch die Beziehungen zwischen Faserstruktur und *Belastung* der Symphyse ungeklärt.

Die Symphyse besteht bis zum 7. Fetalmonat aus *hyalinem Knorpel* (AMPRINO und BAIRATI, 1934). Die Ausbildung von zwiebelschalenartigen Lamellen beginnt im 7. Monat, die des *Faservorknorpels* (PRADER, 1947b) z.Z. der Geburt (BAER, 1949; vgl. ZULAUF, 1901; FICK, 1904; PUTSCHAR, 1931b; RUTH, 1932, 1936, 1937a, b; CRELIN, 1963). Beim *Meerschweinchen* ergeben sich schon in der Histogenese Geschlechtsunterschiede (RUTH, 1936, 1937a, b). Der Endzustand ist bei Männchen eine teilweise oder vollständige knöcherne Vereinigung der Schambeine, bei Weibchen eine fibrös-ossale Verbindung, die während der Gravidität unter Proliferation von Bindegewebszellen stärker vaskularisiert wird. Die Veränderungen der Symphyse im Sinn einer sog. Auflockerung unter hormonellen Einflüssen wurden verschiedentlich untersucht (Zusammenfassung bei VERNE und MAROIS, 1957), und zwar der *Sexualhormone* (u.a. HISAW, 1926; COURRIER, 1941a, b; HALL, 1950, 1956; CRELIN, 1954, 1956a, b) und der *Relaxine* (u.a. TALMAGE, 1947; CRELIN, 1954, 1956a, b, c; CRELIN und GRILLO, 1957).

## 6.5. Die Disci articulares

Die Systematik der Knochenverbindungen in den Pariser Nomina Anatomica mit der Unterscheidung von Juncturae fibrosae, cartilagineae und synoviales (vgl. KOPSCH, 1957) ist im Hinblick auf jene Verbindungen, in denen Faserknorpel auftritt, unbefriedigend. In der allgemeinen Literatur über *Gelenke* werden diese Verbindungen kaum erwähnt (u.a. BAUER et al., 1940; GHADIALLY und ROY, 1969; WRIGHT et al., 1973). Es läßt sich nämlich eine durchgehende Reihe aufstellen, die von der Faserverbindung zum Gelenkspalt führt. Als Übergangsform zwischen den kontinuierlichen *Synarthrosen* und den diskontinuierlichen *Diarthrosen* hatte LUSCHKA (1858) *Halbgelenke* angegeben. Sie haben einen Spalt, einen faserigen bzw. faserknorpeligen Überzug und keine Synovialmembran. Der Begriff der Halbgelenke wurde auch abgelehnt; diese Verbindungen wurden als Synchondrosen aufgefaßt (SCHULIN, 1879; PETERSEN, 1930). Ein Beispiel der verschiedenen Verbindungsmöglichkeiten sind die Sternochondralgelenke, die vollkommen geschlossen sind oder eine unterbrochene bzw. vollständige

Gelenkhöhle aufweisen (GRAY und GARDNER, 1943; WILLIAMS, 1957). Diesen Verhältnissen würde die Unterscheidung zwischen Synarthrose, *Schizarthrose* (einzelne Spalträume) und Diarthrose gerecht (LUBOSCH, 1928). Die Rippenknorpelgelenke am Rippenknie von *Rind* und *Schwein* zeigen alle Übergänge von der Diarthrose über verschiedene Formen der Hemidiarthrose zur Synarthrose (KÜNZEL, 1956). Disci articulares sind in manchen Gelenken vorhanden, in anderen nicht. Im Sternoclaviculargelenk des Menschen fanden BEAU et al. (1956) einen vollständigen (44%), einen unvollständigen (52%) bzw. überhaupt keinen Discus articularis (4%); der Discus ist recht unterschiedlich gestaltet.

Während der *Entwicklung* der Gelenke (Abb. 45) wird die kontinuierliche Verbindung zwischen Skeletteilen zunächst teilweise unterbrochen, bis schließlich ein vollkommener Gelenkspalt entsteht (s.S. 104). Es liegt also die Reihe: Synarthrose, Hemidiarthrose und Diarthrose vor. In den *echten* Gelenken treten aber auch Faserknorpel als *Disci articulares* auf. Die Anlagen der *Menisci* sind vor Ausbildung des Gelenkspalts bei 26–32 mm SSL vorhanden (HESSER, 1926; LANGER, 1929; GRAY und GARDNER, 1950), sie haben bei Embryonen von 37 mm SSL ihre endgültige Form erreicht (LANGER, 1929). Etwas unterschiedlich ist die Angabe, wann ein *Faserknorpel* vorliegt; er wurde bei Feten von 54 mm SSL (EBERL-ROTHE und SONNENSCHEIN, 1950), oder erst jenseits des 3. Jahres (MCDERMOTT, 1943) festgestellt. Im 8.–10. Jahr sei stets Faserknorpel vorhanden (BENNETT et al., 1942). Bei $2^1/_2$ Monate alten Feten ist nach RASZEJA (1938) der Meniscus aus kompaktem Mesenchym aufgebaut. Später tauchen Fibroblasten und Kollagenfasern auf (Abb. 200). Nach der Geburt erscheint eine amorphe basophile und metachromatische Substanz; damit ist der Übergang zum Faserknorpel vollzogen. Die ersten *elastischen Fasern* wurden bei einem Feten von 20 cm Länge gefunden. Die Fasern verlaufen im Meniscus zunächst überwiegend parallel zu den Rändern des Meniscus, in der Ansatzzone überkreuzen sie sich spitzwinklig (REINBACH, 1954). In späteren Stadien werden sie zu Bündeln zusammengefaßt, die durch lockeres interstitielles Gewebe getrennt sind. Die Randzone der Menisci ist stark aufgelockert und vaskularisiert. Die Disci articulares besitzen an der freien Fläche ein Gleitpolster, das neben ovalären Fibroblasten überwiegend *chondroide Zellen* aufweist (RING, 1970). Bei *Ratten* von 84 g sahen wir einen aus *hyalinem* Knorpel aufgebauten Meniscus, der einige Markräume besitzt (Abb. 201). Die Markräume vergrößern sich, und es kommt zu einer Osteogenese (203,8 g). Die Kontaktflächen zu Femur und Tibia sind nach dem Muster des Gelenkknorpels aufgebaut. Die dicht verfilzten Fasern der Peripherie des Meniscus gehen zum Zentrum in hyalinen Knorpel über. In Kontakt mit den Knochenbälkchen ist die BTS-Reaktion der Fasern wenig verstärkt; die Zellen werden rundlich und speichern Kohlenhydrate. Menisci werden beim *Menschen* von der 12. Woche an von *Gefäßen* versorgt (GRAY und GARDNER, 1950; TOBLER, 1933; REINBACH, 1954). Knochenbildung kann sich auch im Discus des Sternoclaviculargelenks des *Menschen* abspielen (BEAU et al., 1956). Dieser Befund zeigt, daß das Gelenkblastem eine Teilpopulation der Skelettzellen ist. Die Zellen haben die Potenz, Skelettgewebe vom hyalinen Knorpel bis zum Knochengewebe zu bilden. Bei der Regeneration des Meniscus soll nach STIEVE (1939) zunächst Fettgewebe entstehen, das sich in ein verfilztes Bindegewebe und schließlich in Faserknorpel umwandelt.

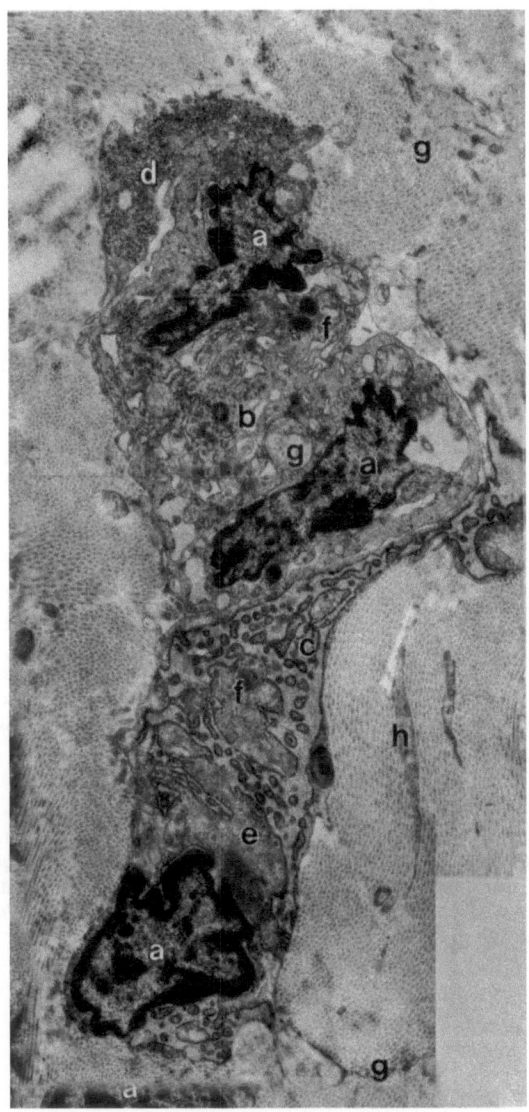

**Abb. 200.** Rinderfet, 350 mm SSL, Zellen während des faserigen Zustands des Meniscus. *a)* Stark gelappte Zellkerne, *b)* Zentriol, *c)* endoplasmatisches Retikulum mit stark erweiterten Zisternen, *d)* Kohlenhydrateinlagerungen, *e)* Golgifelder mit Doppelmembranen, *f)* lysosomale Körper, *g)* Mitochondrien, *h)* Zellfortsätze, die sich nach dem Muster der Flügelzellen zwischen die Fibrillen schieben. Vergr. 8 400 ×

Die Menisci zeigen eine straffe Bündelung dicht gelagerter Fasern. Die Kollagenfibrillen, deren Bündel spiralig verlaufen, bilden ein Raumgitter. Das Maximum der Fibrillendicke liegt bei 400 Å, die Periode bei 550 Å; beide Werte sind bei degenerierten Menisci herabgesetzt. Das Röntgenweitwinkeldiagramm zeigt eine Abnahme der Textur mit Desorientierung der gebündelten Fibrillen. Das Auftreten dünner Fibrillen wird als Zeichen einer Degeneration oder Reparation gedeutet (DAHMEN

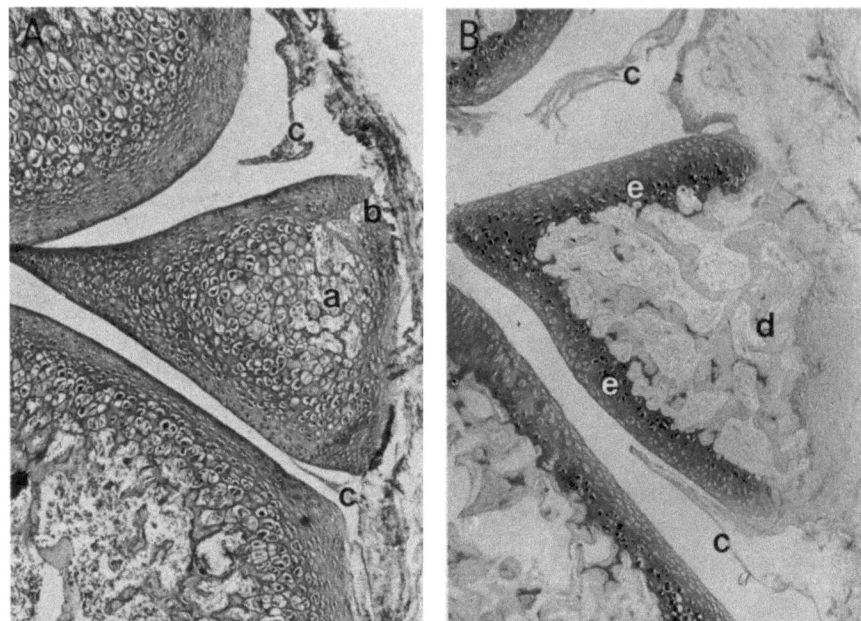

**Abb. 201.** Ratte, *A :* 64 g, *B :* 177 g, Meniscus. *a)* Höhlen im knorpeligen Meniscus, *b)* Gefäßeintritt von der Seite der Kapsel her, *c)* Synovialfalten, *d)* spongiöser Knochen im Meniscus mit Knorpelresten, *e)* Überzug des Meniscus mit dem Bau eines Gelenkknorpels. Fixierung Rossman. *A :* Müller-PAS, *B :* BTS-Reaktion, Obj. 6,3

und Höhling, 1962). Die Menisci enthalten 77,9% des Trockengewichts Kollagen, 8,1% Nichtkollagen-Protein und 1% Hexosamine (Ingman et al., 1974). Im Alter nimmt das Kollagen zu, bei Degeneration ab. Im menschlichen Meniscus tritt ein Dermatansulfat-Chondroitinsulfat-Polymer auf, das sich eindeutig von anderen MPS unterscheidet (Habuchi et al., 1973). Über eine *Innervation* menschlicher Menisci berichten Wilson et al. (1969).

# 7. Osteoklasten, Chondroklasten, Mineraloklasten, Kollagenoklasten

Die Hypothese von dem Antagonismus Apposition durch Osteoblasten und Resorption durch Osteoklasten als Mechanismus der Entwicklung des Skelettorgans (KOELLIKER, 1873) hat durch „the prestige of their originator" (AREY, 1920a) während 100 Jahren den Ansatz vieler Arbeiten bestimmt und eine unvoreingenommene Untersuchung weitgehend verhindert. Die sog. Osteoklasten sind schon als Riesenzellen rätselhafte Strukturen (HANCOX, 1949b). KOELLIKER (1889) ist sich über Art und Wirkung der Osteoklasten nicht klar. Er spricht von einer Hypothese, hält aber den Gegensatz von Apposition und Resorption für die einzige Denkmöglichkeit. Viele spätere Autoren haben sie als Dogma übernommen, wie AREY (1920a) kritisiert: "It should be kept clearly in mind, however, that his opinions were almost wholly inferential. He neither offered direct proof of the origin nor of their fate ..." Die Auffassung von KOELLIKER (1873) blieb nicht ohne Widerspruch (Übersichten: AREY, 1920a; ZAWISCH-OSSENITZ, 1931; JAFFE, 1930, 1933; GLÄTTLI, 1947; HANCOX, 1949b, 1956; SOGNNAES ed., 1963; VAES, 1969). Die Vermehrung unserer Kenntnisse über die Riesenzellen blieb erstaunlich gering: "Observations and speculations on the giant-cells of normal bone development, of bone tumors, and those of other pathological origins so overlap that a complete literature review would be tedious and unprofitable" (AREY, 1920a); dies gilt noch heute.

Da das Knochengewebe kein homogenes Material ist, wurde nach der Möglichkeit des Abbaus seiner einzelnen Komponenten, vor allem Kollagenfibrillen und Mineralien, gefahndet. Hierbei sind ihrer Bedeutung nach unterschiedliche Prozesse zu berücksichtigen. Ein echter Abbau könnte im Rahmen der *Strukturentwicklung* erfolgen. Der *turnover* der Komponenten umschließt eine Degradation und einen Ersatz (vgl. S. 223). Dieser Vorgang ist bereits beim Kollagen wegen der langen und veränderlichen Halbwertszeit (Tabelle 6) schwer zu beurteilen. Die Untersuchung des *Austausches* am *Mineral*-Anteil hat eine umfangreiche Literatur hervorgerufen, deren Berücksichtigung den Rahmen dieses Beitrags überschreitet. Dabei sei zwischen *Ca-Homeostasis* und *Knochenresorption* zu unterscheiden (NICHOLS, 1963, 1970). Die Osteozyten können durch ihre hohe Lactatproduktion in den Calciumstoffwechsel eingreifen (Abb. 255; TALMAGE et al., 1960; FROST, 1963a; VINCENT, 1962; BÉLANGER, 1965). Bereits früher wurde ein Abbau von Knochengewebe auf unterschiedlichen Wegen in Betracht gezogen, da an vielen Orten, an denen Osteoklasten eigentlich zu erwarten wären, diese fehlen. Man dachte an eine *lakunäre Resorption* durch Osteozyten

(POMMER, 1881; KAUFMANN, 1907; JAFFE, 1930) oder an eine *glatte Resorption* (BUSCH, 1877) bzw. eine *heimliche Substitution* des Knochengewebes (BARTH, 1895; MARCHAND, 1901; LEXER, 1924; LUBOSCH, 1928; HAINES, 1933).

## 7.1. Verbreitung der Riesenzellen

Riesenzellen erscheinen während der normalen Entwicklung nur zu *bestimmten Zeiten* (HEUBERGER, 1875) und an *bestimmten Orten*. Mit der Beschreibung der *Resorptionsflächen* gibt KOELLIKER (1873) die Verbreitung der periostalen Riesenzellen an (vgl. SAVOSTIN-ASLING und ASLING, 1973). Im Periost des distalen Femurendes von *Ratten* fand TONNA (1960b) Osteoklasten zwischen der 5. und 8. Woche, nicht in der 1. Woche und jenseits der 26. Woche. Bei der *Maus* erscheinen sie von der 2. Woche an und sind bis zur 10., wenige noch über die 26. Woche hinaus erhalten (Abb. 202). Am Schädel der *Maus* sind supravital mit Neutralrot gefärbte Osteoklasten über ein großes Gebiet eines Knochens verteilt; sie sparen das Zentrum und die Ränder aus (BARNICOT, 1947). Am Parietale nehmen sie in der ersten Woche nach der Geburt an Zahl zu, zum 14. Tag ab; es liegt also eine logarithmische Verteilung vor.

In der *Metaphyse* sind Riesenzellen erst in einiger Entfernung von der Eröffnungszone zu beobachten (WALDEYER, 1865a, b; KOELLIKER, 1873; ZAWISCH-OSSENITZ, 1931; DODDS, 1932; GARDNER, 1956; KNESE, 1957; KNESE und KNOOP, 1961b). Nach WEINMANN und SICHER (1947) und PRITCHARD und RUZICKA (1950) erscheinen *Chondroklasten* erst, wenn der Knorpel verkalkt ist und fehlen bei mangelnder Mineralablagerung (DODDS, 1932; WEINMANN und SCHOUR, 1945; WOLBACH, 1947; BENOIT und CLAVERT, 1947; SAVOSTIN-ASLING und ASLING, 1973). Nach DODDS (1932) liegen sie den verkalkten Längswänden, aber

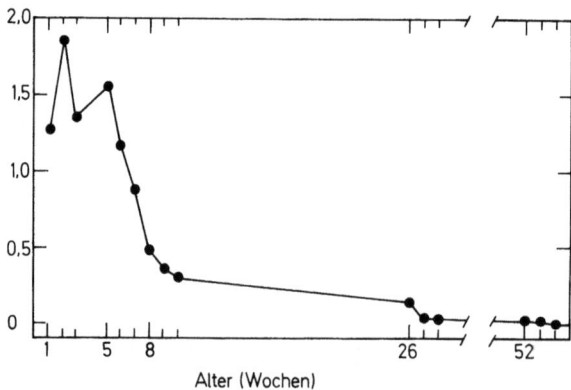

**Abb. 202.** Verteilung der Riesenzellen in der distalen Femurepiphyse der Maus in verschiedenem Lebensalter. Angabe der Zahl der Osteoklasten je Querschnittseinheit 6400 mµ² (Umzeichnung nach TONNA, 1960b)

auch den Enden von Bälkchen an, bevor überhaupt Knochen gebildet wurde (KNESE, 1957). Riesenzellen sind bei den ersten Stadien der *Markraumbildung* und der starken Erweiterung der Markhöhle in der zweiten Hälfte der Schwangerschaft kaum anzutreffen. In größeren Mengen sind sie nur bei menschlichen Feten von 58–105 mm SSL zu finden (KNESE, 1957). Die Zahl der Osteoklasten nimmt in der Metaphyse ds Condylus mandibularis des *Meerschweinchens* zwischen der Geburt und der 24. Woche stark ab (MYERS et al., 1959). Eine logarithmische Häufigkeitsverteilung in bezug auf die postnatale Entwicklungszeit zeigen die Osteoklasten in der distalen Femurmetaphyse der *Maus* (TONNA, 1960b; Abb. 202). Die größere Zahl der Osteoklasten liegt an der endostalen Oberfläche des Femurs, wenige in Haversschen Kanälen; nur eine kleine Zahl ist isoliert anzutreffen (BINGHAM et al., 1969). Unter *Parathyreoidea*-Wirkung nimmt die Zahl der beiden letzteren Populationen zu, die an der endostalen Fläche ab. Im übrigen liegen Riesenzellen nicht immer in *Howshipschen Lakunen* (u.a. MATSCHINSKI, 1892; HARTMANN, 1910; JAFFE, 1930), sondern auch am Ende von Bälkchen der primären Spongiosa (KNESE, 1957).

## 7.2. Der Bürstensaum der Riesenzellen

An den Oberflächen der Osteoklasten gegenüber dem Knochengewebe befindet sich ein sog. *Bürstensaum* (KOELLIKER, 1872, 1873: wimperartige Härchen, Fäden; WEGNER, 1872; MAXIMOW, 1910/11; AREY, 1920a; JAFFE, 1930). Die heute übliche Bezeichnung „Bürstensaum" (brush border) fehlt noch bei WEIDENREICH (1930). Erwägungen wurden laut, ob der Saum ein konstantes Gebilde sei, zumal er an frei liegenden Osteoklasten fehlt (BRUNO, 1937; GLÄTTLI, 1947; HANCOX, 1956). Die Möglichkeit von Artefakten der elektronenmikroskopischen Methodik haben HANCOX und BOOTHROYD (1961, 1963) erörtert. JORDAN (1918) hält den Saum für homogen, POMMER (1885, 1925) bringt ihn mit der Auflösung der Knochensubstanz in Verbindung; er mag aus Fibrillen bestehen (s.a. JAFFE, 1930; HAM, 1952). Der Bürstensaum der Osteoklasten sollte auch durch Zytoplasmausläufer gebildet werden, die in die Knochensubstanz eindringen, wodurch der Knochen vakuolenartig verflüssigt wird. Der Bürstensaum ist nicht mit jenem von Epithelien zu vergleichen, da eine PAS-Reaktion und eine Reaktion auf alkalische Phosphate fehlt (KROON, 1954), doch wird von einer verstärkten *PAS*-Reaktion des *Knochens* in der Nähe von Osteoklasten berichtet (HELLER-STEINBERG, 1951; VAUGHAN, 1956; YAEGER, 1959; WILLIAMSON und VAUGHAN, 1964). Beobachtungen an Zellkulturen ergaben, daß Riesenzellen sich *bewegen* und ihre Form ändern (HAM, 1932; HANCOX, 1946, 1956, 1965; GAILLARD, 1955, 1957, 1959, 1961). Die Zellen bewegen sich gegenüber der Knochenoberfläche vorwärts und rückwärts.

*Elektronenmikroskopische* Untersuchungen des Bürstensaums (SCOTT und PEASE, 1956; KNESE und KNOOP, 1961b; GONZALES und KARNOVSKY, 1961; HANCOX und BOOTHROYD, 1961, 1963; DUDLEY und SPIRO, 1961; CAMERON,

1963; CAMERON et al., 1964; BAUD, 1966; SCOTT, 1967b; SCHENK et al., 1967; LUCHT, 1972a) wiesen z.T. recht regelmäßige, z.T. vielfach gewundene, im allgemeinen dicht stehende *Plasmalemmfalten* nach (Abb. 203). Zwischen ihnen befindet sich ein Spaltraum, dessen Breite SCOTT und PEASE (1956) mit 65–85 Å angeben; wir haben 250 Å und z.T. mehr gemessen. Die Länge bzw. Höhe der Falten erreicht 2–3 µm, ihr Durchmesser 300–500 Å (KNESE, 1963d). Um den Anteil der Osteoblastenoberfläche mit dem Bürstensaum liegt eine unterschiedlich gestaltete Zone, die homogen erscheint bzw. Vesikel oder auch eine Vorstufe des Bürstensaums aufweist (HANCOX und BOOTHROYD, 1963; MALKANI et al., 1973; HOLTROP et al., 1974). In dem bei den einzelnen Riesenzellen sehr unterschiedlich gestalteten Kontaktbereich mit der Interzellularsubstanz sind die Mineraldepots stark aufgelockert, die einzelnen Nadeln treten deutlich hervor (Abb. 204). Die *Kristallnadeln* sind länger (240 Å) als im präossalen Gewebe (184,5 Å; KNESE und KNOOP, 1959), und kürzer als im hypertrophen Knorpel (390 Å), aber von gleicher Dicke (20–24 Å) und damit dünner als im präossalen Gewebe (KNESE, 1963b). Zwischen den Falten des Bürstensaums liegen Nadeln in Gruppen oder einzeln und sind in peripheren *Vesikeln* der Zelle wiederzufinden (Abb. 203; u.a. CAMERON und ROBINSON, 1958; KNESE und KNOOP, 1961b; GONZALES und KARNOVSKY, 1961; DUDLEY und SPIRO, 1961).

Da im Kontaktbereich nur *Kristalle* auftreten (SCOTT und PEASE, 1956; CAMERON und ROBINSON, 1958; KNESE und KNOOP, 1961b; GONZALES und KARNOVSKY, 1961; HANCOX und BOOTHROYD, 1961; DUDLEY und SPIRO, 1961; KNESE, 1963b), wurde angenommen, daß zuerst eine *Lösung des Kollagens* erfolgt sei. KNESE und KNOOP (1961b) und KNESE (1963b) haben darauf hingewiesen, daß die Mineralien ihrer Struktur nach mit der regellosen Lagerung von Kristallnadeln ohne begleitende Kollagenfibrillen dem *Knorpel-* und nicht dem Knochengewebe zugehören. Die Zellen sind *Mineraloklasten* (KNESE, 1972a) und keine Osteoklasten.

Nur wenige Beobachtungen an Riesenzellen sprechen für die Resorption von Kollagen. Zwischen den Falten des Bürstensaums findet CAMERON (1963) Kristalle und Fibrillen. Eine Resorptionszone aus isolierten Fragmenten von mineralisiertem Kollagen und freien Kristallen beschrieben DUDLEY und SPIRO (1961). Riesenzellen mit warzenförmigen Ausstülpungen in Kontakt mit Kollagenfibrillen beobachtete KNESE (1963d). Der Fibrillendurchmesser ist in Zellnähe geringer (200 Å) als in größerem Abstand (600 Å), so daß an einen Fibrillenabbau zu denken ist. In der Nachbarschaft von Riesenzellen, ohne Bürstensaum, in der Kultur von *Hühnchenknochen* liegen nach HANCOX und BOOTHROYD (1961,

---

**Abb. 203.** Rinderfet, 107 mm SSL, Mineraloklasten am Parietale. *A:* Zelle ohne Bürstensaum (Über- ▷ gang zu einem Kollagenoklasten?), *B:* den Plasmalemmfalten liegen nur einige Kristallnadeln an, *C:* dichte Anfüllung der Plasmalemmfalten. *a)* Annähernd homogen erscheinende Interzellularsubstanz mit rundlichen Lücken (vgl. Abb. 233), *b)* regellos liegende Mineralien, *c)* Kristallnadeln im Hyaloplasma (?), *d)* endoplasmatisches Retikulum, *e)* Mitochondrien, *f)* Zytofilamente, *g)* Kristallnadeln in Kontakt mit dem Plasmalemm, *h)* Kristallnadeln zwischen Plasmalemmfalten, *i)* angeschnittene Vakuole mit Nadeln, *j)* dichte Anfüllung der Plasmalemmfalten, *k)* Tangentialschnitt durch Vakuole mit Kristallnadeln, Vergr. 70000 ×

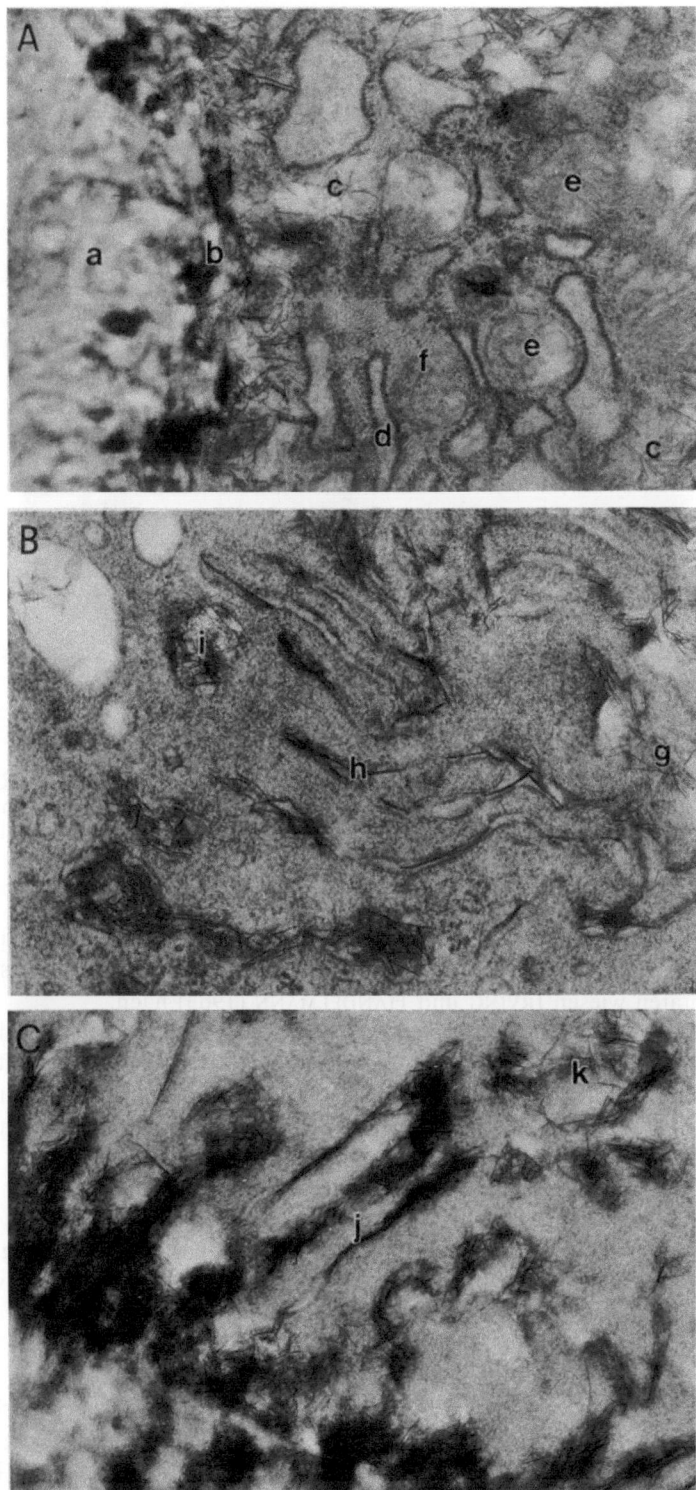

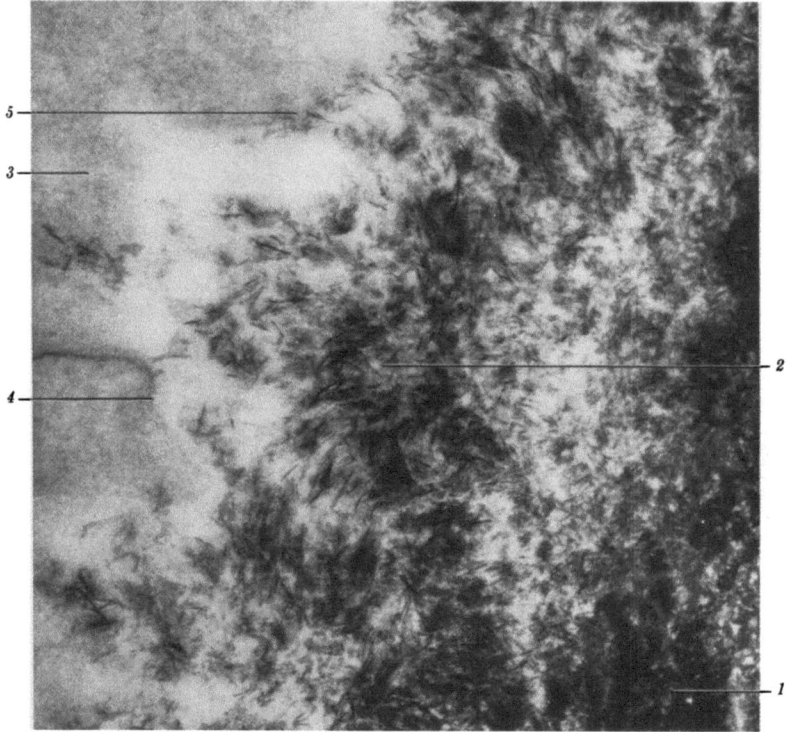

**Abb. 204.** Teil einer Riesenzelle mit homogenem Randsaum. *1)* Knorpelmineralien, *2)* Mineral in Auflösung, *3)* homogener Randsaum, *4)* Zellmembran, *5)* Kristallnadeln in unmittelbarem Kontakt mit dem homogenen Randsaum. Vergr. 100000 × (aus KNESE und KNOOP, 1961 b)

1963) Kollagenfibrillen; die Autoren nehmen an, daß zuerst die Mineralien abgebaut werden. Die Resorption organischer Komponenten durch Riesenzellen in Implantaten wiesen IRVING und HANDELMANN (1963) nach.

Kollagene und Proteoglykane werden bei der *Eröffnung* der nicht mineralisierten Quersepten (s.S. 388) der *Knorpelhöhlen* abgebaut. In Kontakt mit einkernigen *Chondroklasten* wird zuerst das Gefüge der Kollagenfibrillen desintegriert (Abb. 205, 149; KNESE, 1970 b). Die ursprünglich parallel zur Knorpelhöhle orientierten Fibrillen stellen sich senkrecht zur Zelloberfläche ein, als würden die Zellen die Fibrillen aus der Interzellularsubstanz herausziehen. Der Durchmesser der Fibrillen nimmt ab. Daneben erscheinen granuläre Massen, die vielleicht teilweise eine Präzipitation gelöster Skleroproteine durch Fixierung darstellen. Die MPS-Granula in diesen Arealen sind infolge der Trennung von den Fibrillen größer. Weder bei den einkernigen noch mehrkernigen Chondroklasten ist ein Bürstensaum vorhanden, so daß die sich auflösenden Fibrillen mit den peripheren Teilen der Zellen in Kontakt stehen (KNESE, 1972 a).

Relativ selten werden in der Metaphyse Kollagenfibrillen in Verbindung mit Riesenzellen angetroffen (KNESE, 1972 a; *Rinder*feten, *Ratten*). Diese Riesenzellen müssen als *Kollagenoklasten* angesehen werden; ihnen fehlt ein Bürsten-

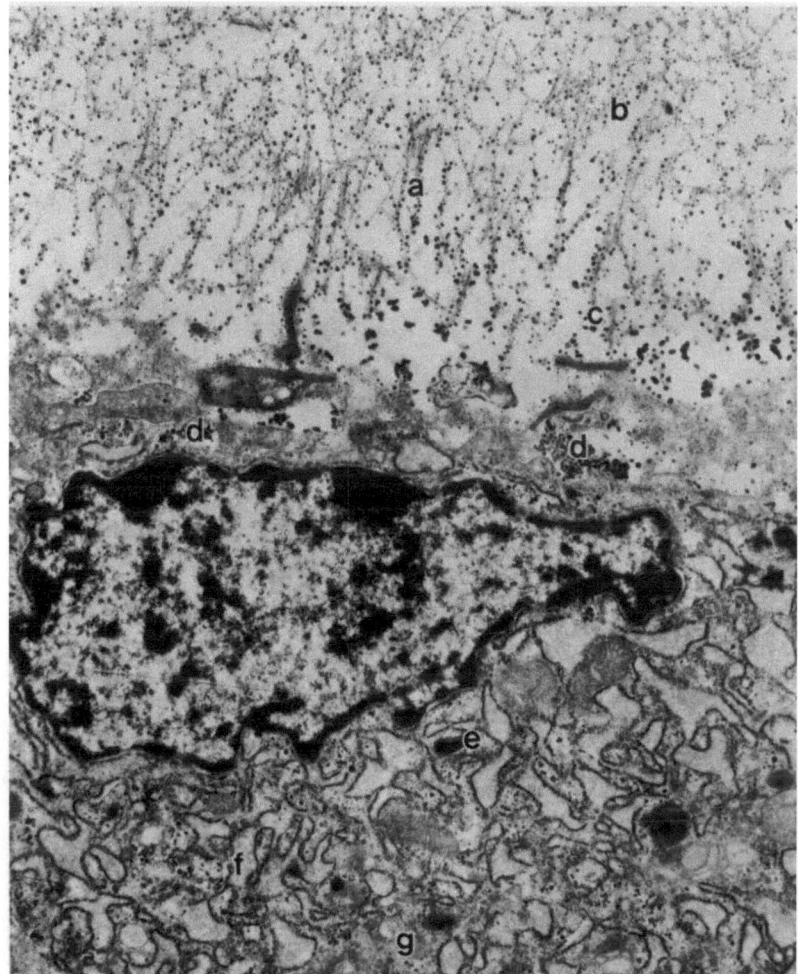

**Abb. 205.** Rinderfet, 120 mm SSL, Metatarsus distal, Eröffnungszone Chondroklast. *a)* Knorpelfibrillen, die senkrecht auf den Chondroklasten zuziehen, *b)* kleine MPS Granula in Begleitung der Knorpelfibrillen, *c)* größere MPS-Granula, unmittelbar vor der Kontaktzone mit dem Chondroklasten, *d)* Kohlenhydratgranula (resorbierte Granula?), *e)* lysosomale Körper, *f)* endoplasmatisches Retikulum mit teilweise erweiterten Zisternen, *g)* Golgi-Apparat. Vergr. 12 600 ×

saum, nur plumpe Zellfortsätze und warzenförmige Vorwölbungen sind vorhanden (KNESE, 1963d). Ferner treten Fibrillen, ähnlich wie bei den Chondroklasten, in eine Randschicht der Zelle aus feingranulärer Substanz mit einzelnen Membranresten ein (Abb. 206). Die Fibrillen verlaufen senkrecht auf die Zelle zu, verlieren an Dicke, behalten aber ihre periodische Streifung bei. Auch abgebrochene Enden von Kollagenfibrillen, wie nach Behandlung mit Kollagenogenase (FULLMER und LAZARUS, 1969), können vorliegen. Feine Fibrillen (Mikrofibrillen) lassen sich vom Extrazellularraum bis in die Zelle hinein verfolgen. Auf die veränderte Fibrillenstruktur dieser Streifen ist vermutlich die *Argyrophilie*

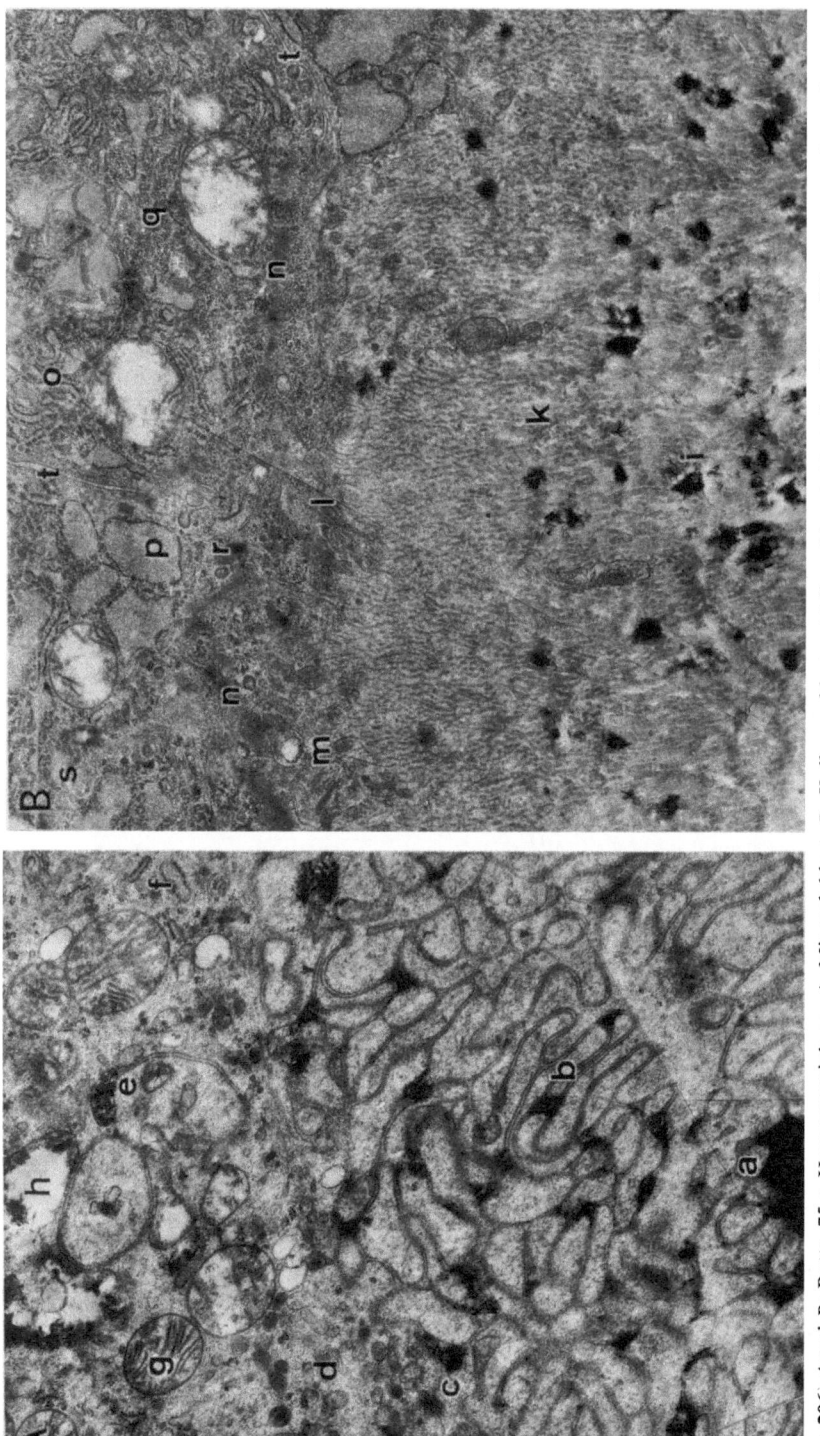

**Abb. 206.** *A* und *B*: Ratte, 75 g, Humerusepiphyse. *A*: Mineraloklast, *B*: Kollagenoklast. *a*) Mineraldepot, *b*) stark gefalteter Bürstensaum mit angelagerten Kristallnadeln, *c*) Kristallnadeln, *d*) Feld mit Lysosomen, *e*) in die Tiefe der Zellen hineinreichende Bucht des Plasmalemms und Kristalle, *f*) granuläres Retikulum, *g*) Mitochondrien, *h*) Vesikel, *i*) dickere Kollagenfibrillen, begleitet von einzelnen Kristallnestern, *k*) Zone der Verschmälerung von Kollagenfibrillen, *l*) Zellrand mit Membranresten und verschiedenartigen Granula, *m*) Membranteile in der Art eines veränderten Bürstensaums, *n*) streifige Zone in der Zelle, *o*) granuläres Retikulum, *p*) rundlich erweiterte Zisternen, *q*) Polyribosomen, *r*) Lysosomen, *s*) angeschnittenes Zentriol, *t*) Plasmalemm, Vergr. *A*: 9700 ×, *B*: 14600 × (aus K.NESE, 1972a)

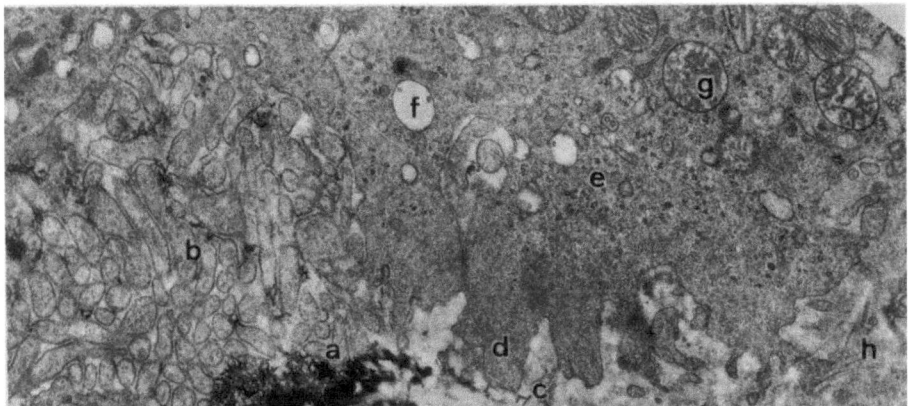

**Abb. 207.** Ratte, 75 g, Humerusepiphyse, Riesenzellen mit Bürstensaum und warzenförmigen Fortsätzen. *a)* Mineraldepot, *b)* Bürstensaum, *c)* demineralisierter Knorpel, *d)* warzenförmige Fortsätze, *e)* Kohlenhydratgranula, *f)* Vesikel, *g)* Mitochondrien, *h)* Kollagenfibrillen verschiedener Dicke. Vergr. 12600× (aus KNESE, 1972a)

(KNESE, 1957; KROON, 1958) des sog. Bürstensaums zurückzuführen. *Mikroradiographisch* ist ein etwa 1–1,5 μm breiter Streifen besonderer Dichte nachzuweisen (GREULICH, 1961).

Bei der *Resorption* von Knochengewebe werden zuerst die *Mineralien*, dann die Knochenfibrillen abgebaut. Die Reihenfolge der Resorption der Komponenten verhält sich damit im Vergleich zu ihrer Bildung bei der Osteogenese spiegelbildlich (HANCOX und BOOTHROYD, 1961; KNESE, 1963d, 1972a; REYNOLDS, 1968; BONUCCI, 1974). Der Mechanismus der Resorption der Komponenten ist, ähnlich wie der ihrer Bildung, verschieden. Zunächst treten Mineraloklasten, dann Kollagenoklasten auf, die sich voneinander durch die Gestaltung der verschiedenen Zellränder und ihrer Zellstruktur unterscheiden. Es ist anzunehmen, daß eine Zelle zunächst als Mineraloklast und anschließend, unter Änderung ihrer Struktur, als Kollagenoklast tätig ist. Übergangsstadien zwischen beiden Tätigkeitsformen wurden beobachtet (KNESE, 1972a; Abb. 207). In der Kultur nimmt die Zahl der Osteoklasten mit einem Bürstensaum unter Einfluß von Parathormon zu und bei Gegenwart von Calcitonin ab (HOLTROP et al., 1974). Die Osteoklasten im Bereich des Markknochens der japanischen *Wachtel* (*Coturnix coturnix japonica*) verändern im Lauf des Legezyklus ihre resorbierende Oberfläche (MILLER, 1977). Während der Schalenbildung haben sie, wie Osteoklasten an anderen Orten, einen Bürstensaum und ziehen sich anschließend von der Knochenoberfläche, unter Verschwinden des Bürstensaums und Bildung fingerförmiger Fortsätze, zurück.

## 7.3. Struktur der Riesenzellen

Die *variable Struktur der Osteoklasten* (POMMER, 1881; KOELLIKER, 1889) ließ vermuten, daß *verschiedene Formen von Riesenzellen* zu unterscheiden sind (BID-

DER, 1906; AREY, 1920a; KNESE, 1957). Schwierig einzuordnen sind multinukleare Massen, die kaum Charaktere der anderen Riesenzellen aufweisen (WALDEYER, 1865a, b; BIDDER, 1906; HARTMANN, 1910; AREY, 1920a; HANCOX, 1946; KNESE, 1957; KOJIMA und OGATA, 1960); sie können als eine Art Brücke zwischen Bälkchen der primären Spongiosa auftreten. Ihre Bedeutung ist unklar. Verschiedentlich wurden *einkernige Osteoklasten* erwähnt (JAFFE, 1929; CH'UAN, 1931; BRASH, 1934; BENOIT und CLAVERT, 1943; GLÄTTLI, 1947; TONNA, 1960a; WALKER, 1961; TANZER und HUNT, 1963; FULLMER et al., 1964).

Die *Größe* der Riesenzellen wird etwas unterschiedlich angegeben: Länge 43–91 μm, Breite 30–40 μm, Dicke 16–17 μm (KOELLIKER, 1889); $85 \times 105$ μm (AREY, 1920a); lange Achse 110 μm (HANCOX, 1949a). Das Volumen der Zellen hat HANCOX (1956, 1965) zu 200000 $μ^3$ errechnet, wobei eine Schrumpfung durch Fixierung usw. um 10% angenommen wird.

Die Zahl der *Kerne* ist verschieden groß: 50 (KOELLIKER, 1873; *Mensch*); 100 (AREY, 1920a; *Schwein*); 6–125 (HANCOX, 1946; *Hühnchen*); 10 (BARNICOT, 1947; *Maus*); 40–100 (SUNDBERG und HODGSON, 1955; Knochenmark), im allgemeinen wohl 6–10. Der Zentralwert der Häufigkeitsverteilung der *Volumina* der Kerne von Osteoklasten der Ratte liegt bei 130 $μm^2$, der untere 4%-Punkt bei 65 $μm^3$, der obere 3%-Grenzwert bei 260 $μm^3$; es liegt eine einheitliche Population vor (GLÄTTLI, 1947). Die Kerne junger Osteoklasten sind eingekerbt (BENOIT und CLAVERT, 1952), diejenigen ausgebildeter Zellen oval und vesikulär (JAFFE, 1930; HANCOX, 1956). Sie besitzen 1–2 Nukleolen (SUNDBERG und HODGSON, 1955). Die Kerne sind grob gelappt, enthalten Nukleolen und eine geringe Chromatinanlagerung an die Kernmembran (KNESE und KNOOP, 1961b; Abb. 208, 212).

Zweierlei Arten von *Granula*, helle und dunkle, wurden bereits von KOELLIKER (1889) in den Osteoklasten gesehen. Das körnige Zytoplasma (JAFFE, 1930) enthält mit Silber schwärzbare Granula, daneben Vakuolen und Fett. Granula mit der Größe von 0,3–0,6 μm geben eine PAS-Reaktion (HELLER-STEINBERG, 1951; KROON, 1954; KNESE, 1957; TONNA, 1960b). *Polysaccharide* wurden in Osteoblasten auch durch eine Metachromasie bzw. Eisenreaktion (KNESE, 1957; TONNA, 1960b) und durch Markierung mit $^{35}$S nachgewiesen (TONNA, 1960b). Markiertes *Glucosamin* tritt eine Stunde nach Injektion auf der Knochenseite von endostalen Osteoklasten auf (OWEN und SHETLAR, 1968; BINGHAM et al., 1969); nach 6 Std befindet es sich im Knochengewebe, aber nicht direkt an der Kontaktfläche, sondern zu den Seiten des Osteoklasten. Die Autoren nehmen die Bildung eines Sekrets an.

Die Reaktion des *Zytoplasmas* wird im allgemeinen als *acidophil* angegeben (JAFFE, 1930; WEINMANN und SICHER, 1947), während der Embryonalzeit auch als nicht acidophil (WEIDENREICH, 1930; HANCOX, 1946; TONNA, 1960b). Nach anderen Autoren (ASKANAZY, 1902; DANTSCHAKOFF, 1909; MAXIMOW, 1910/11; PRENANT, 1911b; BENOIT und CLAVERT, 1952) zeigen die heranwachsenden Zellen eine *Basophilie*, die später verloren geht. *Basophile* Zellen sind als *Kollagenoklasten*, *oxyphile* als *Mineraloklasten* anzusehen (KNESE, 1972a). Der Gehalt der Zellen an RNS wechselt stark (MORSE und GREEP, 1960). Die Basophilie geht durch Ribonukleasevorbehandlung verloren (BHASKAR et al., 1956). Riesenzellen des Markraums geben eine Reaktion auf SH-Gruppen (BARRNETT und SELIGMAN, 1952) und eine positive Millon-Reaktion (KNESE, 1957). Osteoklasten nehmen nur geringe Mengen von Aminosäuren auf, z.B. *Histidin* (TONNA et al., 1962b),

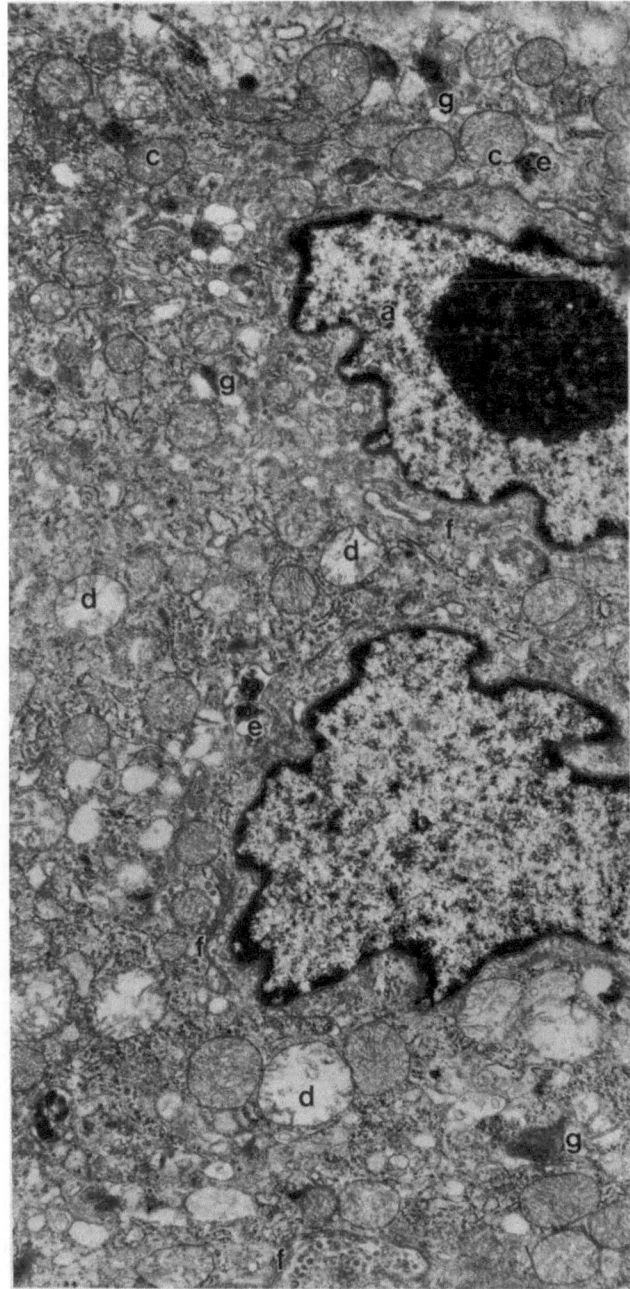

**Abb. 208.** Ratte, 62 g, Mineraloklast aus der proximalen Humerusmetaphyse. *a)* Zellkern mit großem Nukleolus, *b)* Kern ohne Nukleolus, *c)* Mitochondrien mit dichter Matrix, *d)* Mitochondrien mit rarifizierter Matrix (Degeneration?), *e)* Vakuolen mit z.T. membranösem Einschluß (vgl. Abb. 209), *f)* Golgimembranen, an deren Enden z.T. Vakuolen liegen, umgeben von einigen dichten Körpern, *g)* Lysosomen. Vergr. 11 300 ×

*Glycin (*TONNA et al., 1962b; YOUNG, 1962c), *Prolin* (TONNA, 1965b) und *Leucin*
(BINGHAM et al., 1969). Die *RNS-Synthese* im Kern ist so lebhaft wie bei Osteoblasten, langsamer im Zytoplasma (YOUNG, 1962a, b). Durch Actinomycin D
wird die Resorption verzögert (RAISZ, 1965).

Das *endoplasmatische Retikulum* wird als sehr unterschiedlich gestaltet beschrieben (CAMERON, 1963). In Mineraloklasten ist es nicht sehr umfangreich,
liegt im knochenfernen Teil der Zelle (KNESE und KNOOP, 1961b) und besteht
aus einzelnen, kurzen Membranpaaren (KNESE, 1972a). In den Kollagenoklasten
reicht das stark ausgebildete endoplasmatische Retikulum mit rundlichen Zister-

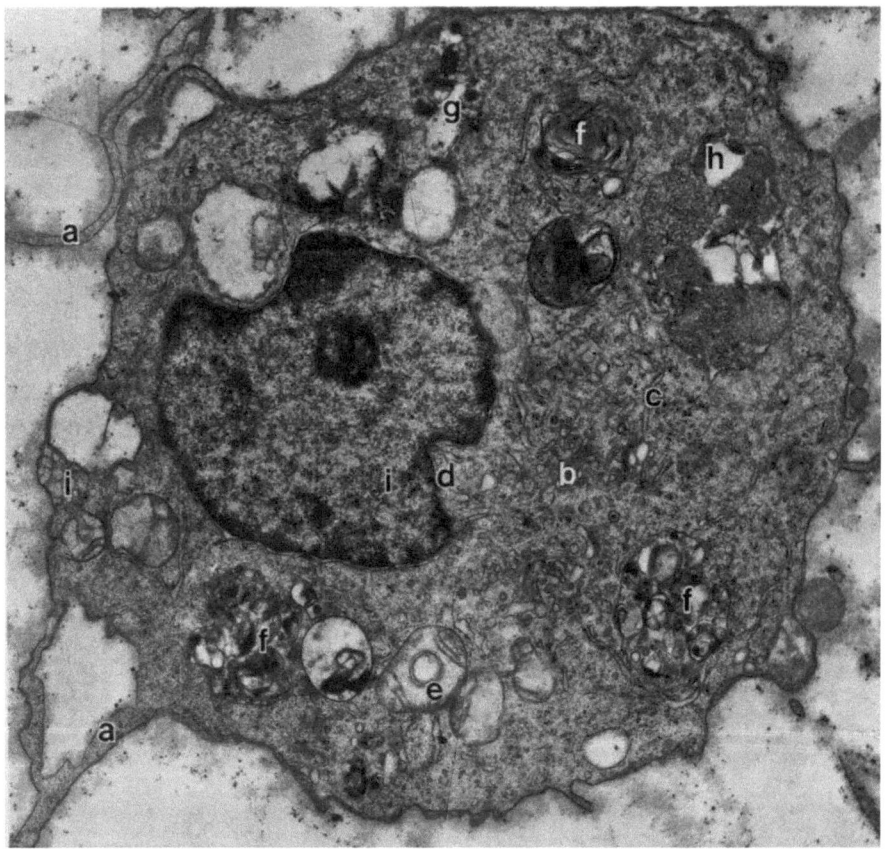

**Abb. 209.** Rinderfet, 105 mm SSL, Eröffnungszone der Rippe. Zelle, vermutlich Abkömmling einer
sog. grauen Zelle (vgl. Abb. 153) mit Einschlußvakuolen. *a)* Zellfüße, *b)* großes Golgifeld mit
Doppelmembranen, Vesikeln und einzelnen dichten Körpern, *c)* kurze Membranpaare des granulären Retikulums, *d)* Teil des granulären Retikulums in Verbindung mit der äußeren Kernmembran
und perinukleären Zisternen, *e)* degenerierendes (?) Mitochondrium mit Membraneinschlüssen,
*f)* Vakuolen mit verschiedenartigen Membraneinschlüssen, die teils zirkuläre Lamellen bilden,
z.T. als einzelne Vesikel erscheinen, *g)* Einschlüsse dichter Körper in Vesikel, *h)* angeschnittene
Zellbucht mit feingranulärer Substanz angefüllt, *i)* Vesikel unmittelbar unter dem Plasmalemm.
Vergr. 12600 ×

nen bis in den Randsaum. Auch Polyribosomen und freie Ribosomen kommen vor (Abb. 206).

Bei einem flächenhaften Kontakt der Riesenzellen mit dem Knochen schließt sich an den Bürstensaum ein homogener Saum an (Abb. 203; KNESE und KNOOP, 1961 b). Es folgt eine *vakuoläre Zone* mit einigen Mitochondrien und schließlich ein Zellbereich mit dem endoplasmatischen Retikulum und vielen *Mitochondrien* (vgl. HANCOX und BOOTHROYD, 1961, 1963; vgl. DUBREUIL, 1910 b). Die *Vakuolen* in der Gegend des Bürstensaums erscheinen im Phasenkontrastmikroskop (HANCOX, 1956) und elektronenmikroskopisch optisch leer (KNESE und KNOOP, 1961 b); sie werden mitunter als Teil eines weit ausgedehnten Golgi-Apparates angesehen (CAMERON, 1968; vgl. DUBREUIL, 1913 a; JORDAN, 1925; CH'UAN, 1931). Die Vesikel mit den *Kristallen* stammten aber vom Plasmalemm ab. Sie werden als eine Art von *Phagosomen* oder *Zytolysosomen* beurteilt (DE DUVE, 1959; NOVIKOFF, 1960; ESSNER und NOVIKOFF, 1962; HANCOX und BOOTHROYD, 1963). Nach Größe, Inhalt und Membranumhüllung werden verschiedenartige Vakuolen und Körper unterschieden (LUCHT, 1972 b). Das Golgisystem der Osteoklasten zeigt, im Gegensatz zu anderen Zellen, histochemische Reaktionen, die auf eine Produktion von lysosomalen Enzymen hinweisen (DOTY und SCHOFIELD, 1972). Hydrolytische Enzyme kommen zudem im Zusammenhang mit multivesikulären Körpern und dem agranulären Retikulum vor. Dichte *osmiophile* Einlagerungen sind in größerer Zahl vorhanden (KNESE und KNOOP, 1961 b; HANCOX und BOOTHROYD, 1963; SCOTT, 1967 b; SCHENK et al., 1967; CAMERON, 1969; KNESE, 1972 a). *Myelinfiguren* sieht SCOTT (1967 b; vgl. PITHA, 1968) als charakteristisch für Osteoklasten an (Abb. 209). Sie treten in gleicher Form und Häufigkeit aber auch in Chondrozyten, Kambiumzellen des Periostes und Mensenchymzellen auf (KNESE, 1969 b). Zahlreiche kleine, rundlich-ovale *Mitochondrien,* zumeist mit dichter Matrix, sind für die Mineralkosten kennzeichnend (Abb. 208); in Kollagenoklasten sind sie selten (KNESE, 1972 a).

## 7.4. Enzyme der Riesenzellen

Der Abbau der Interzellularsubstanz erfordert bestimmte *Enzymsysteme.* Die Tatsache, daß diese Enzyme nicht nur in Osteoklasten vorhanden sind (Tabelle 12, 16), weist jedoch darauf hin, daß auch andere Zellen, z.B. Osteozyten, Interzellularsubstanz abbauen können. Der Knochenabbau soll durch eine Art *Proteolyse* oder durch ein *saures Sekret* (AREY, 1917) bzw. durch „*chelating agents*" (MCLEAN und URIST, 1961; JENKINS und DAWES, 1963) bewirkt werden. Nur wenige Autoren (JORDAN, 1921; LERICHE und POLICARD, 1926; WEIDENREICH, 1930) berichten von einer *Phagozytose*, die aber von anderen abgelehnt wird (u.a. BLOOM et al., 1941; WEINMANN und SICHER, 1947; HELLER, 1950; KNESE, 1972 a). Relativ dichte Einschlüsse mit Membranresten unbekannter Herkunft sind selten (KNESE und KNOOP, 1961 b; Abb. 210). Mitunter enthalten diese ovalären Körper granuläre Membranen und Reste von Mitochondrien (Autophagosomen).

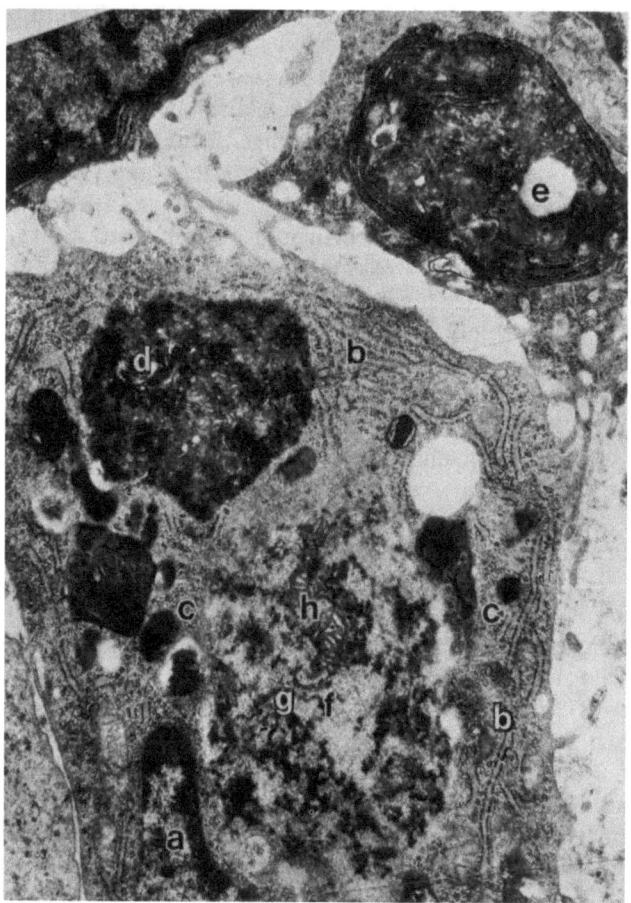

**Abb. 210.** Ratte, 62 g, Zelle aus der proximalen Humerusmetaphyse mit ovalären Einschlüssen. *a)* Zellkern, *b)* endoplasmatisches Retikulum, *c)* lysosomale Körper, *d)* größere ovaläre Einschlüsse, die aus Membranen bestehen, *e)* ovalärer Einschluß, der in seiner Peripherie Doppelmembranen enthält, die vermutlich noch von Ribosomen besetzt sind, so daß es sich hierbei um phagozytierte Zellteile handeln könnte, *f)* relativ locker strukturierter ovalärer Einschlußkörper, der *(g)* Teile des Retikulums bzw. *(h)* von Mitochondrien enthält. Vergr. 13500 ×

Osteoklasten geben eine schwache (LORCH, 1947; GREEP et al., 1948; MAJNO und ROUILLER, 1951) oder keine *alkalische Phosphatase*-Reaktion (BOURNE, 1956). Cytochromoxydase ist vorhanden (BURSTONE, 1960a, 1961). Die *Dehydrogenase*-Aktivität ist relativ hoch, ausgenommen die der Glucose-6-phosphat-Dehydrogenase und Gluconat-6-Dehydrogenase (FULLMER, 1964c). Die Osteoklasten der Metaphyse sind stark Succinat-Dehydrogenase-aktiv (SCHAJOWICZ und CABRINI, 1958b, 1960; GOLDHABER und BARRNETT, 1960; BURSTONE, 1960a; YOSHIKI, 1962; MORI et al., 1965; TAKADA, 1966; FULLMER, 1966). Die Succinat-Dehydrogenase-Aktivität der Osteoklasten ist stärker als jene der Osteoblasten und Osteozyten. Ebenso ist die Malat-Dehydrogenase-Aktivität recht hoch. In Osteoklasten sei der Krebszyklus zur Bildung von Lactaten und Citraten auf Kosten des Pentose-phosphat-Shunts modifiziert (WALKER, 1961). Die β-Hydroxybutyrat-Dehydrogenase ist in den Osteoklasten der Metaphyse wesentlich stärker als in den Osteoblasten vertreten (FULLMER, 1966; vgl. BALOGH et al., 1961; WALKER, 1961).

Tabelle 16. Verteilung der hydrolytischen Enzyme in Knochenzellen (histochemischer Nachweis).
(Nach VAES, 1969)

| Enzyme | Osteo-klasten | Osteo-blasten | Osteo-zyten | Literatur |
|---|---|---|---|---|
| a) Saure Hydrolasen | | | | |
| Saure Phosphatase | + + | + | + | 2–7, 10–12, 14, 19–22 |
| Phosphoamidase | + + | + | 0 | 5, 15 |
| β-Glucuronidase | + + | + | + | 4, 5, 9, 22 |
| β-Galaktosidase | + + | + | + | 16 |
| β-Glucosidase | + | + | + | 17 |
| b) Andere Hydrolasen | | | | |
| Protease (Gelatinase) | 0 | 0 | + | 1 |
| Alkalische Phosphatase | 0 | + + | + | 2–4, 6, 11, 12 |
| Aminopeptidase | + + | + | + | 2, 3, 13, 22 |
| 5'-Nukleotidase | 0 | + | + + | 2, 8 |
| Adenosintriphosphatase | + | + | + | 2, 7, 18 |

Symbole: 0 = keine Aktivität, + = Aktivität, + + = mehr Aktivität.

Literatur: 1. BÉLANGER und MIGICOVSKY (1963); 2. BURSTONE (1960a); 3. BURSTONE (1960b); 4. CABRINI (1961); 5. CABRINI et al. (1962); 6. CHANGUS (1957); 7. DOTY et al. (1968); 8. GIBSON und FULLMER (1967); 9. GUBISCH und SCHLAGER (1961); 10. HANDELMAN et al. (1964); 11. JEFFREE (1960); 12. JEFFREE (1962); 13. LIPP (1959); 14. SCHAJOWICZ und CABRINI (1958b); 15. SCHAJOWICZ und CABRINI (1964); 16. SCHLAGER (1959); 17. SCHLAGER (1960); 18. SEVERSON et al. (1967); 19. SUSI et al. (1966); 20. TONNA (1958a); 21. VAES und JACQUES (1965a); 22. WARNER (1964).

*Hydrolytische* Enzyme wurden biochemisch (u.a. VAES, 1965a, b, 1969; VAES und JACQUES, 1965a, b) und zytochemisch in Riesenzellen nachgewiesen (Tabelle 16). Saure Hydrolasen treten nach zytochemischen Untersuchungen auch in anderen Knochenzellen auf (TONNA, 1958a; SCHAJOWICZ und CABRINI, 1958b; BURSTONE, 1959; SCHLAGER, 1959; ROSE, 1961; CABRINI, 1961). Osteoklasten enthalten β-Galaktosidase und β-Glucosidase (SCHLAGER, 1959; GUBISCH und SCHLAGER, 1961). Die Osteoklasten sind durch eine starke *saure Phosphatase*-Aktivität ausgezeichnet (SCHAJOWICZ und CABRINI, 1957, 1958a, b, 1959; BURSTONE, 1959, 1960a; FULLMER, 1964a, b); die saure Phosphatase tritt auch extrazellulär auf (BURSTONE, 1960a; WARNER, 1964; HANDELMAN et al., 1964; SUSI et al., 1966; DOTY et al., 1968; LUCHT, 1971). Vermutlich haben die verschiedenartigen hydrolytischen Enzyme differente Aufgaben (DOTY und SCHOFIELD, 1972, 1976). Über *Kollagenasen* wurde verschiedentlich berichtet, allerdings dürften die Enzyme nicht ganz gleich sein (s.S. 148; WALKER et al., 1964; KAUFMAN et al., 1965; WOODS und NICHOLS, 1965a, b; WALKER, 1966; FULLMER und LAZARUS, 1967; STRAUCH et al., 1968; PUZAS und BRAND, 1976).

In welcher Form die degradierenden Enzyme auf das Knochengewebe einwirken, ist noch nicht geklärt. Es wurde an eine *Sekretion* der Enzyme gedacht (NORDIN, 1957; NEUMAN und NEUMAN, 1958; BORLE et al., 1960; VAES und NICHOLS, 1961, 1962a, b, c; SCHARTUM und NICHOLS, 1961; FORSCHER und COHN, 1963; JOWSEY, 1963) bzw. eine Exozytose durch den Bürstensaum hindurch (VAES, 1966b, c; 1968), die zu einer extrazellulären Digestion führe. Die entstehenden Fragmente könnten durch Pinozytose aufgenommen werden. Inwieweit extra- und intrazelluläre Prozesse zusammenwirken, lassen ANDERSON und PARKER (1968) dagegen offen. Die elektronenmikroskopischen Befunde über die Aufnahme von Kristallnadeln in Vesikel sprechen gegen die angenommene extrazelluläre Auflösung des Minerals. Die morphologische Erscheinungsform der Resorptionszonen läßt folgende *Teilprozesse* vermuten (KNESE, 1972a): (1) extrazelluläre Auflockerung und Strukturänderung des Gefüges der Interzellularsubstanzen, beim Kollagen mit einer teilweisen Auflösung verbunden, (2) Vermischung von Zellelementen und Kollagenfibrillen und (3) endgültiger intrazellulärer Abbau sowohl der Mineralien als auch der Fibrillen. Lysosomem verschmelzen mit Vakuolen an der Basis des Bürstensaums und geben hydrolytische Enzyme zum Abbau des Vakuoleninhalts ab. Bei Eröffnung der Lysosomen am Ende der Plasmalemmfalte fließt das Enzym auf die Knochenoberfläche zu (DOTY und SCHOFIELD, 1972; vgl. LUCHT und NØRGAARD, 1976).

Nach dem *Verbleib* des *resorbierten Materials* wurde auch *autoradiographisch* gefahndet. Nach ASKANAZY (1902) und BLOOM et al. (1941) geben Osteoklasten keine Reaktion mit der Kossa-Methode (vgl. dagegen JAFFE, 1930). Indessen wurde durch die Aufnahme von *Plutonium* in Riesenzellen (ARNOLD und JEE, 1957) und *Yttrium* (JOWSEY et al., 1956; JOWSEY, 1958; NEUMAN et al., 1960) die Resorption des Mineralanteils demonstriert. Es gelang jedoch nicht, die Aufnahme von *Kollagen* bzw. dessen Abbauprodukten in Osteoklasten autoradiographisch nachzuweisen (YOUNG, 1963a; TONNA et al., 1963; IRVING und HEELEY, 1970; BIRKEDAHL-HANSEN, 1974), vermutlich deswegen, weil die größere Zahl der untersuchten Zellen Mineraloklasten sind. Zehn Tage nach einer $^3$H-Prolininjektion ergab sich keine deutliche Prolinaufnahme durch die Osteoklasten (BIRKEDAHL-HANSEN, 1974). Aufgrund anderer Untersuchungen (vgl. WOESSNER, 1968) ist anzunehmen, daß Kollagen resorbiert wird, wenn es sich um neu gebildetes oder verändertes Kollagen handelt (Osteoporose: LITTLE et al., 1962). In der Metaphyse müßte bei einer Osteoklasie junges Kollagen vorliegen (KNESE, 1972a).

## 7.5. Herkunft, Entwicklung und Schicksal der Osteoklasten

Über die *Herkunft* der Osteoklasten werden kontroverse Ansichten geäußert, wobei für jede der Angaben diskussionwürdige Befunde vorgelegt werden:

1. *Mesenchymzellen* bzw. kleinere spindelförmige Zellen (KOELLIKER, 1873, 1889; MORRISON, 1873; JACKSON, 1904; DANTSCHAKOFF, 1909; MAXIMOW, 1910/11; JORDAN, 1925; DODDS, 1932; BARNICOT, 1941; BLOOM et al., 1941; HELLER et al., 1950; HELLER-STEINBERG, 1951; YOUNG, 1962a; SCOTT, 1967a; BINGHAM et al., 1969).

2. *Osteoblasten* (vgl. Abb. 1) (WALDEYER, 1865a, b; KOELLIKER, 1873; POMMER, 1881; HOWELL, 1890; AREY, 1920a; FELL, 1925; PARK, 1954; TONNA, 1960b; TONNA und CRONKITE, 1961a; FULLMER et al., 1964).

3. *Osteozyten* (KASSOWITZ, 1879; LÖWE, 1879; LEWIS, 1913; RETTERER, 1917; LANG, 1925; BLOOM et al., 1941).

4. *Knorpelzellen* (KAZZANDER, 1882; GEDDES, 1913; KINGERY, 1924).

5. *Endothel* (vgl. S. 417) (WEGNER, 1872; MORRISON, 1873; MAAS, 1877; SCHAFFER, 1888b; BIDDER, 1906; KNESE und KNOOP, 1961b; CAMERON, 1961b; YOUNG, 1963a; SCHENK et al., 1967; ANDERSON und PARKER, 1968).

6. *Histiozyten* bzw. Makrophagen (WEGNER, 1872; POMMER, 1883; RANVIER, 1889; RENAULT, 1893; DUVAL, 1897; MALLORY, 1911; HAYTHORN, 1928; BLOOM et al., 1941; HANCOX, 1946; HELLER et al., 1950; WEINMANN und SICHER, 1955; ANDERSON und PARKER, 1968; KNESE, 1972a; KAHN und SIMMONS, 1975; MERGENHAGEN et al., 1975; THYBERG et al., 1975b).

Aufgrund von Markierungen mit $^3$H-Thymidin wird eine Abkunft der Osteoklasten von kleinen sog. *Stammzellen* angenommen (TONNA und CRONKITE, 1961a; YOUNG, 1962a), da die Häufigkeit markierter Osteoklasten und Stammzellen nach der Injektion annähernd in gleicher Form zunimmt. Die größte Zahl markierter Osteoklasten tritt in der Rippe der *Ratte* nach 40 Std, in der Tibia nach 122 Std auf (YOUNG, 1962a).

Die Abkunft der Osteoklasten von Zellen, die *Histiozyten* bzw. Makrophagen gleichen (u.a. BLOOM et al., 1941), war umstritten (CAMERON, 1963). Die sog. grauen, mitochondrienreichen Zellen (KNESE und KNOOP, 1961b; s.S. 400, Abb. 153) sind als eine Art Makrophagen anzusehen, die sich zu mehrkernigen Zellen entwickeln. Sie umfließen und umschließen Knorpelmineralien. Ähnliche Zellformen beschreiben YOUNG (1964), SCOTT (1967a) und ANDERSON und PARKER (1968). Diese Zellen erscheinen auch im *Periost* der Trichterregion, wobei die fingerförmigen Fortsätze durch die großen Fasermassen der Zelle anliegen (KNESE, 1972a; Abb. 154). Möglicherweise wandern die Zellen in den Markraum der Metaphyse ein, wo sie als „graue" Zellen erscheinen. Ihre fingerförmigen Fortsätze richten sich auf und bilden sich z.T. zurück. Die Zelloberfläche mit den wohlerhaltenen Fortsätzen nimmt Kontakt mit der Spongiosa bzw. den Knorpelmineralien auf (Abb. 211). Die aktiven Osteoklasten gehören aber nicht zu der Familie der Markmakrophagen, da ihnen eine Esterase fehlt (DOTY und SCHOFIELD, 1972).

Die Osteoklasten — wie die Osteoblasten keine einheitliche Zellrasse (KNESE, 1972a) — entstehen *polyphyletisch*, d.h. als Abkömmlinge verschiedenartiger Skelettzellen. Wir möchten aufgrund der mitgeteilten Befunde annehmen, daß an bestimmten Skelettorten und zu bestimmten Zeiten eine Zellform bestimmter Abkunft überwiegt. Nur so sind die sehr widersprüchlichen Angaben über ihre Abstammung zu verstehen, d.h. sie betreffen nicht miteinander vergleichbares Material.

Die *Entstehung der Vielkernigkeit* der Riesenzellen ist umstritten. Es wurde einmal an *Kern*teilungen gedacht (BREDICHIN, 1867; WEGNER, 1872; KOELLIKER, 1873, 1889; MORRISON, 1873; JORDAN, 1918, 1925; Amitosen: JACKSON, 1904). Bisher überwiegt die Annahme, daß die Riesenzellen durch *Verschmelzung* entstehen (u.a. MORRISON, 1873; DANTSCHAKOFF, 1909; MAXIMOW, 1910/11; HANCOX, 1946, 1949a; TONNA und CRONKITE, 1961a; YOUNG, 1962a; SCOTT, 1967a; BINGHAM et al., 1969). Für eine Verschmelzung soll u.a. die Tatsache sprechen, daß die Zellen zahlreich Zentriolen enthalten können (Abb. 212; vgl. MATHEWS et al., 1967; CAMERON, 1969; LUCHT, 1973).

Die *Lebensdauer* der *Riesenzellen* wird als sehr kurz angegeben (SANDISON, 1928; KIRBY-SMITH, 1933; BAKER, 1939; TOTO und MAGON, 1966); sie beträgt vermutlich nur Stunden (HANCOX, 1946, 1949a, 1956, 1965). In der Kultur

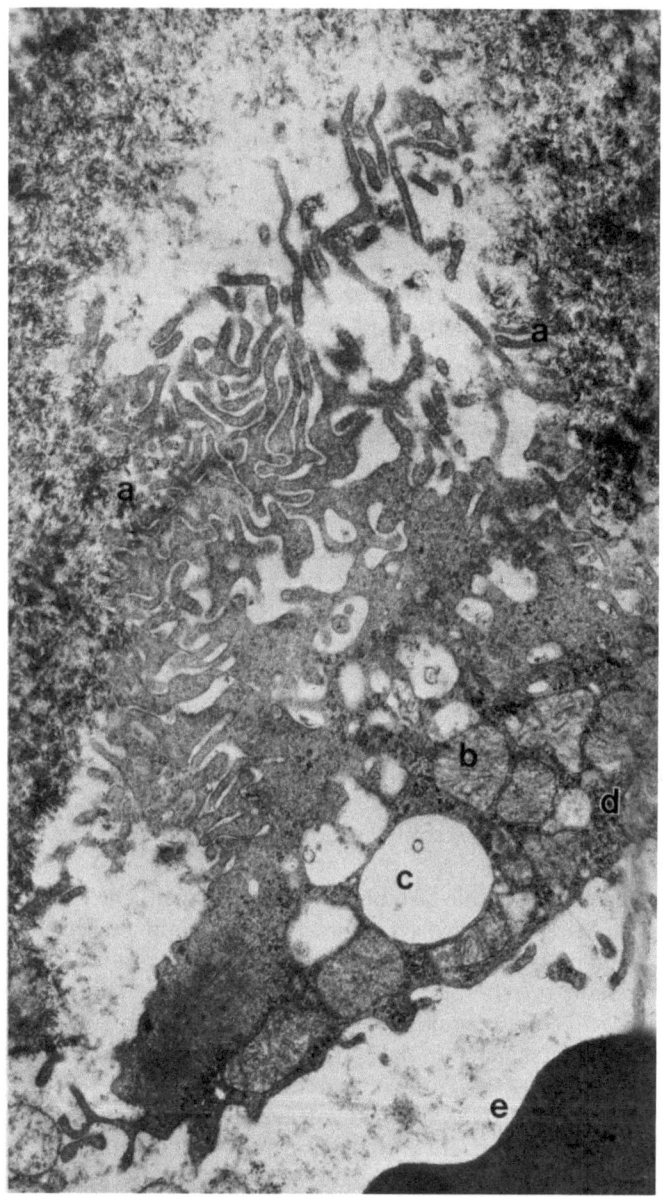

**Abb. 211.** Ratte, 62 g, proximale Humerusepiphyse. Mineraloklast als Abkömmling der makrophagen-ähnlichen grauen Zellen. *a)* Zellfüße, in Kontakt mit Knorpelmineralien, *b)* Mitochondrien, *c)* Vakuolen, z.T. mit Membranresten, *d)* einzelne Kohlenhydratgranula, *e)* Erythrozyt frei in der Markhöhle. Vergr. 13500 ×

---

**Abb. 212.** Ratte, 75 g, proximale Humerusmetaphyse. Mineraloklast mit mehreren Zentriolen. *a)* ▷ Ansammlung der Zentriolen, *b)* Mitochondrien mit dichter Matrix, *c)* einzelne Membranpaare des granulären Retikulums, *d)* Kohlenhydratgranula. Vergr. *A:* 8600 × , *B:* 41000 ×

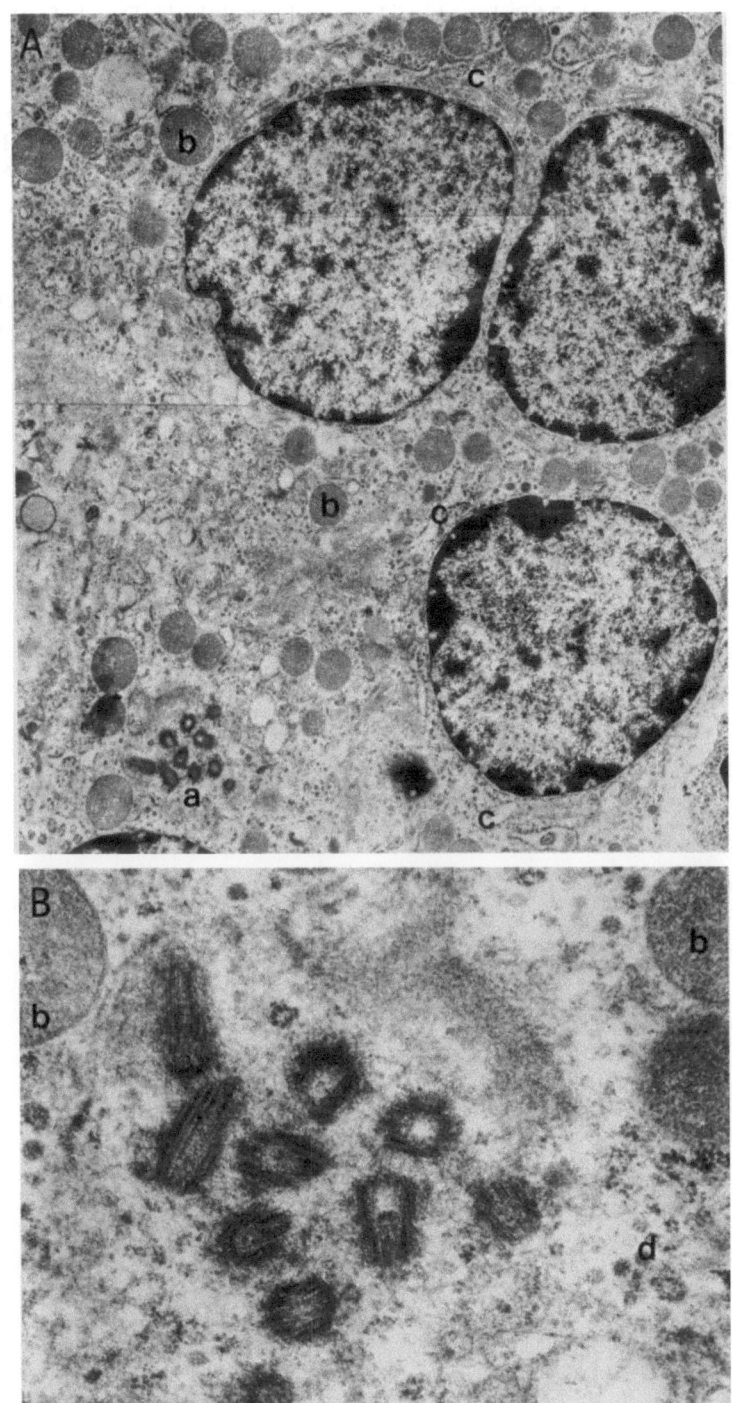

degenerieren sie nach 24 Std und sterben nach 48 Std ab. Durch fortlaufende Aufnahme neuer Kerne soll die Lebensdauer der Zelle verlängert werden (YOUNG, 1962b, 1963a). Auch das *Schicksal* der Riesenzellen ist völlig unklar. Eine Rückverwandlung in Osteoblasten wurde für möglich gehalten (WEGNER, 1872; KOELLIKER, 1873; POMMER, 1883; BLOOM et al., 1941; TONNA, 1960b); dies hält HANCOX (1946, 1949a) jedoch für unwahrscheinlich. Andere Autoren sprechen von einer Degeneration der Riesenzellen (MORRISON, 1873; MAXIMOW, 1910/11; AREY, 1920a; HANCOX, 1949a; BARNICOT, 1947; GLÄTTLI, 1947). Schließlich wurde ihr Eintreten in Gefäße in Erwägung gezogen (AREY, 1920b; JAFFE, 1930; HANCOX, 1956). Nach der Resorption zeigen die Osteoklasten rückläufige Veränderungen und verschwinden durch Degeneration (AREY, 1920a).

# 8. Die Osteoblasten und das Periost

Die Osteoblasten sind eine *heterogene Zellpopulation*. Die Heterogenität betrifft 1) die Herkunft aus verschiedenen Mesenchymquellen, sie sind eine polyphyletische Zellrasse, 2) die Zugehörigkeit zu bestimmten Skelettelementen, 3) die unterschiedlichen zytogenetischen Zwischenstadien ihrer Entwicklung und 4) die jeweilige Entwicklungsphase des Skelettorganes. Es wurde versucht, einen Teil dieser Charaktere durch die Unterscheidung zwischen *periostalen, desmalen* und *enchondralen* Osteoblasten zu erfassen. Diese Bezeichnungen betreffen allerdings *organogenetische* Abläufe, über deren Prinzipien wir wenig wissen. WEIDENREICH (1930) vertritt die Meinung: „Die übliche Darstellung der Bildung des Knochengewebes stellt die Entwicklung des Knochens als Individuum in den Vordergrund." Die aufgeführte Dreigliederung war in der älteren Literatur üblich (u.a. KOELLIKER, 1889; PETER, 1920/21; SCHAFFER, 1933; HINTZSCHE, 1927a; GOERTTLER, 1969). Sie ist unvollständig, da viele Orte der Knochenbildung, wie an Sehnen und Bandansätzen, unberücksichtigt bleiben (s.S. 457). Neben den topographischen Gesichtspunkten wird auf Unterschiede in den Initialstadien hingewiesen. In den neueren Lehrbüchern werden nur zwei Formen unterschieden, die in der deutschsprachigen (BARGMANN, 1977; BUCHER, 1977) als desmale und chondrale Osteogenese, in der englischen (HAM und LEESON, 1965; BLOOM und FAWCETT, 1969; COPENHAVER, 1964; MOSS, 1966) als intramembranous bzw. membranous und intracartilaginous bzw. endochondral osteogenesis bezeichnet wurden. Die Frühentwicklung der perichondralen bzw. periostalen läuft jedoch anders ab als die der desmalen Osteogenese am Schädel (s.S. 536). Später sind die Vorgänge wohl annähernd gleichartig.

## 8.1. Die Osteoblasten

Bei der Erörterung der Funktion der Osteoblasten steht, wie bei allen anderen Binde- und Stützgeweben, die Interzellularsubstanzbildung und das Verhältnis der Zellen zu den Interzellularsubstanzen im Vordergrund. Die lichtmikroskopischen Untersuchungen fanden ihre Grenzen bei der Untersuchung der Frage, in welcher Form und welche Interzellularsubstanzen von den Osteoblasten gebil-

det werden. Damit entstand die Diskussion über die *Osteoblastenlehre*, die
HINTZSCHE (1927a) dargestellt hat. Die Elektronenmikroskopie zeigte, daß entscheidende Prozesse der Knochenbildung in einem Streifen von weniger als
1 μm Breite (KNESE und KNOOP, 1958, 1961 c; KNESE, 1963 d, 1967 b) bzw. 2 μm
(ROBINSON und CAMERON, 1956) oder 500 Å–2 μm (CAMERON und ROBINSON,
1958) stattfinden und sich damit der lichtmikroskopischen Untersuchung entziehen. WEIDENREICH (1930) hat dem Osteoblasten, von verstreuten Bemerkungen
abgesehen, $2^{1}/_{4}$ Seiten in Kleindruck gewidmet und rief so den Eindruck hervor,
die Zelle spiele bei der Osteogenese ein recht untergeordnete Rolle.

Die Beurteilung der zytologischen Eigenheiten der Osteoblasten und der Struktur des präossalen
Gewebes führte schrittweise zu einer genaueren Definition des Begriffs „Knochenbildung". Aus
der vor- und frühmikroskopischen Ära stammt der Terminus „verknöchern" (ossification). Man
darf ihn wohl (Angaben z.T. nach BIDDER, 1906) auf den „verbeinernden Saft" von NESBITT (1731)
„succus ossificans" oder „suc gélatineux" von A. v. HALLER, das „ossifizierende Blastem" von
KOELLIKER (1889), die „osteogene Substanz" von H. MÜLLER (1858) und ähnliche Bezeichnungen
zurückführen. Die Beschreibung von dünn- und dickflüssigeren oder zellreichen Exsudaten (BIDDER,
1906; vgl. auch GEGENBAUR, 1864) gibt aber eindeutig die Konsistenz des frühen *Periosts* wieder,
in dem *Schleimstoffe*, d.h. bestimmte Polysaccharide, eine Rolle spielen. Außerhalb der Morphologie
wird der Terminus „verknöchern" immer noch recht häufig gebraucht. Bevorzugt wird nunmehr
der Ausdruck „Knochenbildung" bzw. Osteogenese (osteogenesis), und zwar unter der Annahme,
daß die Geweberteile ad hoc bei der Knochenbildung entstehen, wie es zuerst GEGENBAUR (1864)
dargestellt hat.

Die Knochenbildung stellt sich als eine Reihe korrelierter Prozesse dar:
1. Metamorphose von Osteoblasten zu Osteozyten,
2. Kollagenogenese und Fibrillogenese,
3. Polysaccharidsynthese,
4. Mineralisation.
Verschiedentlich wurde versucht, das Zusammenspiel der Vorgänge in einem
Schema zusammenzufassen (u.a. ZAMBOTTI, 1957; RICHTERICH, 1958; DEISS,
1966; Abb. 213; ZAMBOTTI und BOLOGNANI, 1967).

### 8.1.1. Die Osteoblastenlehre

Am Anfang der Diskussion über den Ablauf der Knochenbildung steht der
Gegensatz der Auffassungen von GEGENBAUR (1864) und WALDEYER (1865a, b).
GEGENBAUR spricht von einer *sekretorischen Tätigkeit* der Osteoblasten, WAL-
DEYER von einer ganzen oder teilweisen *Umwandlung* des Zytoplasmas in
„Grundsubstanz". Die Annahme, daß bei der Knochenbildung eine Art Sekretion vorliege (u.a. GEGENBAUR, 1864, 1867; STUDNIČKA, 1907; PETERSEN, 1930;
GREULICH und LEBLOND, 1953; BÉLANGER, 1954, 1956; KNESE, 1956a, 1966a,
1967b, 1969b; KNESE und KNOOP, 1961c) ist verständlich, da Drüsenzellen
und Osteoblasten sich strukturell ähneln; beide Zelltypen produzieren Stoffe,
die von der Zelle abgegeben werden. Osteoblasten und exokrine Pankreaszellen
sind sich auch in ihrem elektronenmikroskopischen Erscheinungsbild sehr ähnlich (SHELDON und ROBINSON, 1957; KNESE und KNOOP, 1958). KNESE und
KNOOP (1961c) und KNESE (1966a, 1969b) haben im speziellen diskutiert, inwie-
fern die Zellstruktur skelettogener Zellen der von Drüsenzellen gleicht. Die

## Synthese

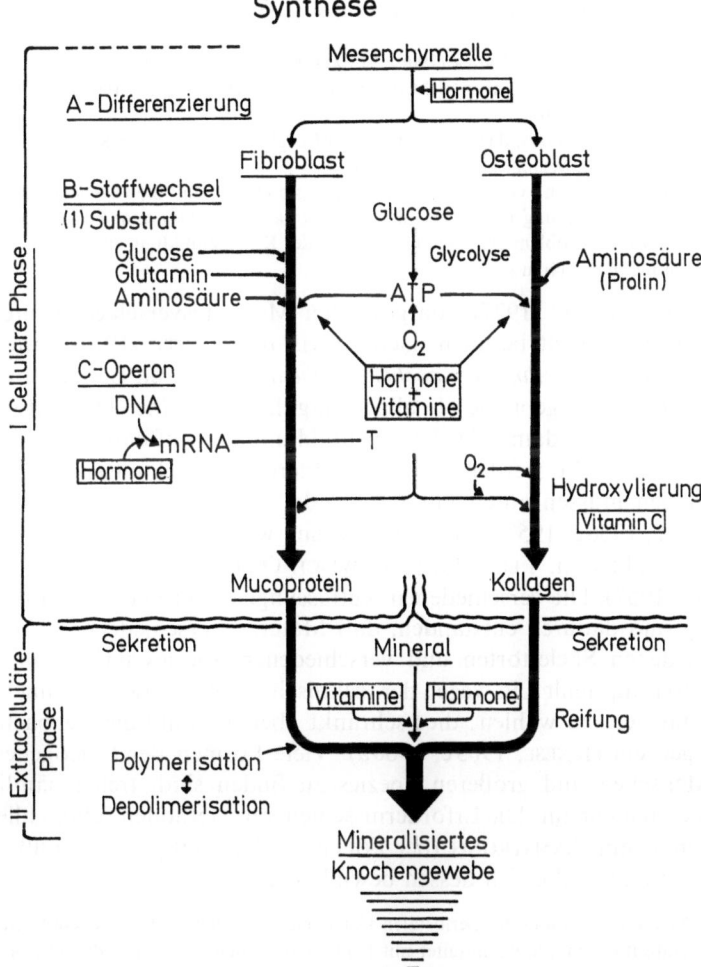

**Abb. 213.** Graphische Darstellung der Prozesse, die zusammen die Osteogenese darstellen (Umzeichnung nach DEISS, 1966)

Auffassung, es gebe nur eine osteogene Zelle, den „Osteoblasten", geht u.a. auf v. EBNER (1875) zurück. SCHAFFER (1916) meinte, „Knochengewebe werde überall und immer auf dieselbe Weise, nämlich durch spezifische Knochenbildungszellen, die Osteoblasten GEGENBAURS erzeugt" (vgl. u.a. WEIDENREICH, 1923a; v. KORFF, 1930/31; PETERSEN, 1935; WEINMANN und SICHER, 1955). Man fand jedoch in osteogenen Zonen Zellen sehr verschiedener Form. Damit begann die Suche nach „einem" Typus der Osteogenese, auf den andere zurückgeführt werden könnten (vgl. BIDDER, 1906; HINTZSCHE, 1927a; KNESE, 1956a).

In bezug auf die verschiedenartigen Formen der Osteogenese hat HINTZSCHE 5 Anschauungen unterschieden (ergänzt):

1. *Sekretionstheorie:* GEGENBAUR (1864, 1867), STUDNIČKA (1907), MAXIMOW (1910/11), SPULER (1914).

2. *Umwandlungstheorie:* WALDEYER (1865a, b), DISSE (1908, 1909), NOWIKOFF (1909), POMMER (1925), LANG (1925), LUBOSCH (1928).

3. *Kutikulare Abscheidung:* v. EBNER (1906), SCHAFFER (1888a, 1933), PETERSEN (1935).

4. Bildung der *Kittsubstanzen*, aber nicht der Fibrillen: v. KORFF (1906, 1907a, b), STUDNIČKA (1907, 1917), HARTMANN (1910).

5. Abscheidung eines *Sekrets*, das aus der Gewebsflüssigkeit Fibrillen und Kittsubstanzen differenziert: NAGEOTTE (1918), WEIDENREICH (1923a–e).

Erwähnt sei die Auffassung von LERICHE und POLICARD (1926), daß die Osteoblasten als Reaktionsformen der Knochenbildung anzusehen sind. HINTZSCHE (1927a) faßt seine Diskussion dahingehend zusammen, daß das Problem der Osteoblasten und der Knochenbildung anhand der bisherigen Literaturangaben nicht zu klären sei.

Die von HINTZSCHE (1927a) dargestellten Meinungsverschiedenheiten über die Osteoblastentätigkeit beruhen nach ZAWISCH-OSSENITZ (1929) darauf, daß jeder Autor nur eine *bestimmte Knochengewebeart* und deren Entstehung untersucht hat und seine Ergebnisse als allgemeingültig hinstellte. Die Entwicklung des Skelettorgans und damit die Knochenbildung kann offensichtlich nicht an *Stichproben* untersucht werden; wie bei anderen entwicklungsgeschichtlichen Untersuchungen müssen aufeinander folgende *Stadien* miteinander verglichen werden (KNESE, 1956a, 1957). Dieser Forderung werden nur sehr wenige Untersuchungen gerecht (u.a. FELL, 1925; ZAWISCH-OSSENITZ, 1929; KNESE, 1956a, 1957; PRATT, 1957). Die verschiedenen Auffassungen über den Ablauf der Knochenbildung sind dadurch entstanden, daß Material verschiedener Lebensalter, von verschiedenen Skelettorten und verschiedenen Spezies untersucht wurde. CABRINI (1961) empfiehlt z.B. wegen der technisch leichteren Bearbeitung kleinere Laboratoriumstiere zu wählen; dies schränkt aber die Zahl der beobachtbaren Erscheinungen ein (KNESE, 1963c, 1966a). Viele Formen der Osteogenese, wie sie beim Menschen und größeren Spezies zu finden sind, treten nämlich bei diesen kleineren nicht auf. Die Erfordernisse neuerer Methoden führen allerdings dazu, daß man mit ARMSTRONG (bei FOLLIS, 1953) häufig sagen muß: „I am a rat doctor"; man sollte sich dessen bewußt sein.

Bei einer Nachuntersuchung der periostalen Osteogenese an den großen Extremitätenknochen während der Fetalzeit bis zum Säuglingsalter mit Routinemethoden zeigte sich, daß alle beschriebenen Modi der Knochenbildung beim *Menschen* in einer bestimmten ontogenetischen und topographischen Verteilung (BAHLING, 1958) zu beobachten sind. Für die Modi wurden von KNESE (1956a) in Anlehnung an die oben genannte Literatur folgende Bezeichnungen gewählt:
a) Knochenbildung durch sog. Umwandlung ganzer Zellen im Sinn einer holokrinen Sekretion oder holoplasmatischen Differenzierung,
b) Knochenbildung durch spezifische polare Bildungszellen (Osteoblasten) in der Art einer apokrinen Sekretion,
c) Knochenentstehung unter Vorbildung von (v. Korffschen) Fasern im Periost,
d) Bildung periostaler Tangentiallamellen,
e) Bildung periostaler Kleinstosteone.

Nach Untersuchungen der Osteogenese bei *Rinder*feten von 17,5–840 mm SSL mit topochemischen Methoden wurde folgendes Schema der Verteilung der Osteoblasten nach topographischen und entwicklungszeitlichen Gesichtspunkten gegeben (KNESE, 1963d, 1964a, 1966; Abb. 85, 214):

*Frühe Bildungsformen* (early bone formation)
Spindelförmige Osteoblasten (spindle shaped osteoblasts)

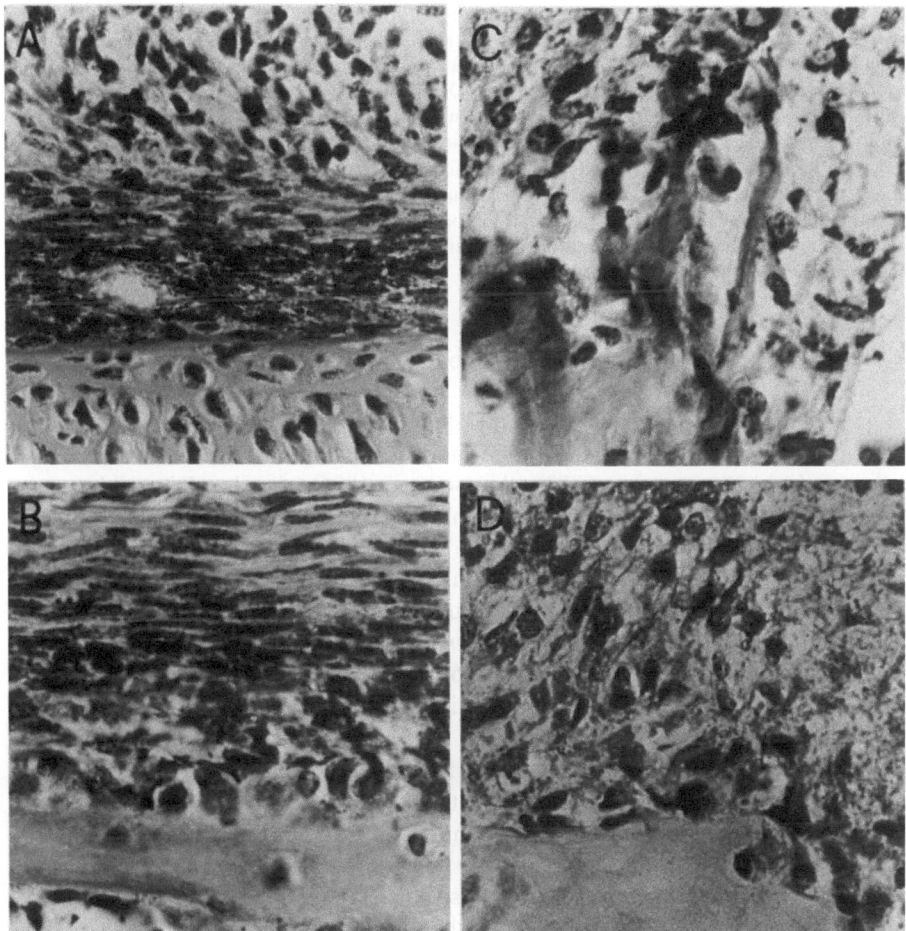

**Abb. 214.** Osteoblasten in sich folgenden Entwicklungsphasen des Skeletts beim Rinderfeten.
*A)* Spindelförmige Osteoblasten, 52 mm SSL, *B)* frühe epitheloide Osteoblasten, 151 mm SSL, *C)* v.
Korffsche Fasern und kubische Osteoblasten, 206 mm SSL, *D)* späte epitheloide Osteoblasten,
450 mm SSL. Fixierung Rossman, Bestsches Karmin, Obj. 40 (aus K NESE, 1963 d)

Flache polare Osteoblasten (flat polar osteoblasts),
Frühe epitheloide Osteoblasten (early epitheloid osteoblasts)

*Mittlere Bildungsformen* (intermediate bone formation)
Encoche-Zellen (encoche cells)
Zytoplasmaarme Osteoblasten (small osteoblasts)
Runde Osteoblasten (round osteoblasts)
Kubische Osteoblasten (cuboidal osteoblasts)

*Späte Bildungsformen* (late bone formation)
Späte epitheloide Osteoblasten (late epitheloid osteoblasts)

Von den genannten Zellen gehören die spindelförmigen, die zytoplasmaarmen und runden Osteoblasten zu dem oben zitierten Modus der Knochenbildung durch sog. Umwandlung ganzer Zellen. Die flachen polaren und frühen epitheloiden Osteoblasten entsprechen dem Modus der Knochenbildung durch polare Bildungszellen. Die kubischen Osteoblasten treten zusammen mit Fibroblasten auf, die v. Korffsche Fasern bilden. Die späten epitheloiden Osteoblasten sind der Bildung periostaler Tangentiallamellen und periostaler Kleinstosteone zuzuordnen. Ein größerer Teil der Befunde, die mit neueren Methoden gewonnen wurden, bezieht sich auf *epitheloide Osteoblasten* und hier wiederum auf postnatale Erscheinungsformen. Mitunter läßt sich den Angaben der Autoren überhaupt keine nähere Orts- und Zeitbestimmung entnehmen. Infolgedessen beschreiben wir die verschiedenen Osteoblastenformen und fassen dann alle speziellen Angaben über Basophilie usw. in einem gesonderten Kapitel zusammen.


## 8.1.2. Die frühen periostalen Bildungsformen

Die ersten Vorgänge der periostalen Osteogenese führen zur Bildung einer dünnen Diaphysenschale, die das Knorpelmodell des langen Knochens als *periostale Grundschicht* (STRELZOFF, 1873a, b; BIDDER, 1906) umgibt. Die Bildung des ersten periostalen Knochens erfolgt durch die sog. frühen Osteogeneseformen (early bone formation; KNESE, 1964a, 1966a). Sie sind beim *Menschen* und *Rinder*feten noch bis zu 100 mm SSL in etwas abgewandelter Form am Diaphysenende zu beobachten. Die hierbei auftretenden Osteoblasten sind lang und spindelförmig und wurden deswegen *spindelförmige Osteoblasten* (spindle shaped osteoblasts) genannt (KNESE, 1964a, 1966a). Die dicht aneinandergefügten spindelförmigen Osteoblasten erschienen vielen älteren Untersuchern als eine Art Synzytium (MÜLLER, 1858; STRELZOFF, 1873a, b; MALL, 1902; DANTSCHAKOFF, 1909; STUDNIČKA, 1912; RANKE, 1913; PETERSEN, 1919), das LUBOSCH (1928) als „Knochenprimitivorgan" bezeichnete.

Bei jüngeren *menschlichen* Feten schließt sich an fibroblastenähnliche Zellen zum Knorpelmodell eine Schicht von hellen Zellen mit vergrößerten Kernen an, die einen deutlichen Nucleolus besitzen (KNESE, 1956a). In der Nähe des Knorpels werden die Maschen des Verbandes enger, die Kerne rücken dichter aneinander (Abb. 215), vergrößern sich und weisen Chromatinanlagerungen an die Kernmembran auf. Bei der weiteren Verengung der Netzmaschen werden die Umrisse der Kerne undeutlich; es entsteht das Bild der „verdämmernden" Zellen (SCHAFFER, 1901). Die angrenzende homogene Schicht nimmt bei Azanfärbung einen zarten blauen Farbton an; d.h. es liegt nun eine zellose Knochensubstanz vor, die doppeltbrechend ist (Abb. 216; vgl. auch KNESE und KNOOP, 1961c). Bei *Rinder*feten liegen sehr ähnliche Verhältnisse wie bei menschlichen Keimlingen vor (Abb. 220). Obwohl in dieser Region der späteren Encoche zunächst keine ausgesprochene Schichtung der Zellen vorliegt, entsteht schrittweise eine Zellage, die 5–7 Zellen dick ist; die Ausdehnung entlang der Diaphyse beträgt etwa 15–30 Zellen (KNESE und KNOOP, 1961c). Der Kern (Länge 5,8 µm, Dicke 2 µm) dieser Zellen ist vom Zytoplasma umgeben, das sich mit Gallocyanin schwach anfärbt, eine Reaktion, die nach Ribonukleasebehandlung ausbleibt. Das elektronenmikroskopische Bild läßt vermuten (Abb. 217), daß die Zellen sehr lange, schmale Fortsätze in Richtung der Zellachse besitzen. Das schwach entwickelte endoplasmatische Retikulum hat wenig erweiterte Zisternen. In den zentral gelegenen Zellen treten einige Kohlenhydratgranula auf. Der Abstand

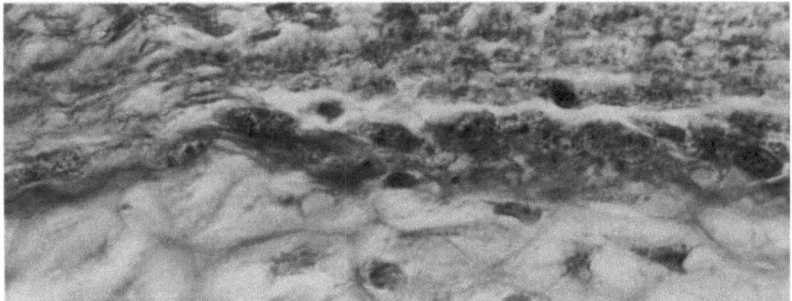

Abb. 215. Menschlicher Fet, 34 mm SSL, Humerus. Zusammenschluß der Knochenbildner mit dichter Lagerung der Kerne. Azan, Obj. 100 (aus KNESE, 1956a)

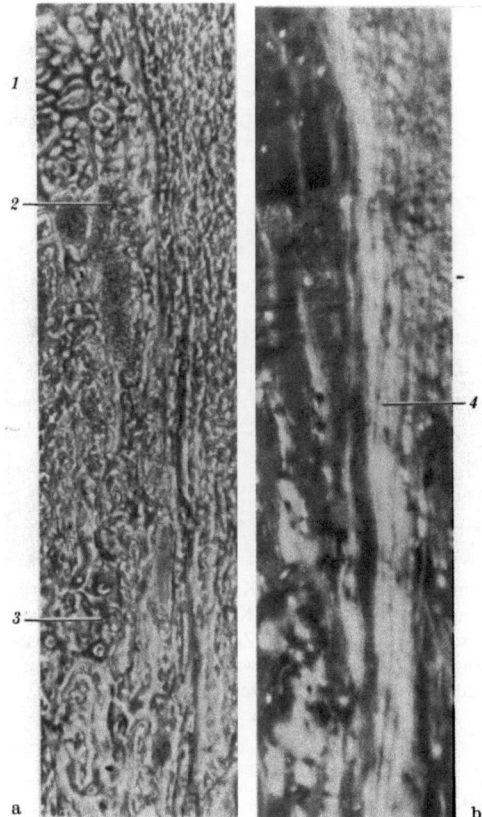

Abb. 216. Rinderfet, 190 mm SSL, Ende der Diaphysenschale im Längsschnitt. *a:* Mit Phasenkontrastverfahren, *b:* in polarisiertem Licht. *1)* hypertrophe Knorpelzellen, *2)* Eröffnungszone, *3)* chondraler Knochen, *4)* periostale Knochenschale mit lamellärer Schichtung. Obj. 10 (aus KNESE und KNOOP, 1961c)

**Abb. 217.** Rinderfet, 88 mm SSL. Frühe periostale Knochenbildung. *a)* Knorpelgewebe, *b)* präossales Gewebe mit einer Mineralisation, die jener im Knorpelgewebe ähnlich ist (vgl. KNESE, 1959b), *c)* schwach mineralisiertes präossales Gewebe, *d)* Zelle, die durch Osteoblasten eingeschlossen wird, *e)* den Präosteoblasten ähnliche Zellen in der Umwandlung zu Osteoblasten, *f)* Zellen, die aufgrund der Zisternenerweiterungen als frühe Kambiumzellen anzusprechen sind, *g)* frühe Stammzellen, *h)* Fibroblasten. Vergr. 4200×

zwischen den Zellen ist im peripheren Teil des Periostes noch relativ groß; im Interzellularraum liegen einige Kollagenfibrillen. In der Nähe des Knorpelmodells werden die interzellulären Spalten schmäler und enthalten kaum noch Fibrillen. Die zentralen Zellen legen sich der Interzellularsubstanz des Knorpels an. Die benachbarten Knorpelzellen haben die Gestalt der sog. schmalen Chon-

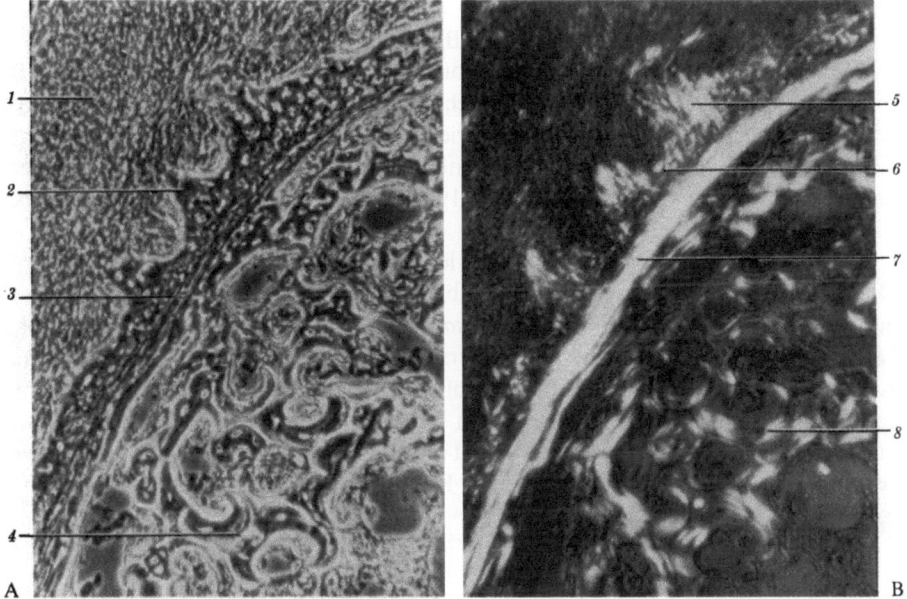

**Abb. 218.** Rinderfet, 190 mm SSL, Metacarpus im Querschnitt. *A:* Mit Phasenkontrastverfahren, *B:* in polarisiertem Licht. *1)* Periost, *2)* radiäre Bälkchen, *3)* perienchondrale Grenzschicht, *4)* chondraler Knochen mit Knorpelresten, *5)* radiäre Lamellen der Bälkchenanlage, *6)* Umbiegen der Lamellen in eine zirkuläre Verlaufsweise, *7)* periostaler Knochen mit z.T. kenntlicher Schichtung, *8)* chondraler Knochen mit Lamellen. Obj. 10 (aus KNESE und KNOOP, 1961c)

drozyten (Abb. 130; s.S. 351; KNESE und KNOOP, 1961c; KNESE, 1964a, 1966a). Nach unseren Beobachtungen ist die spindelförmige Gestalt dieser Osteoblasten bei *Ratten* weniger deutlich als bei größeren Spezies ausgeprägt (vgl. PRATT, 1957; TAKUMA, 1963). Die peripher anschließenden, ebenfalls spindelförmigen Zellen wurden dem „Periost" zugerechnet (KNESE, 1956a; TAKUMA, 1963; DEKKER, 1966).

Die Interzellularspalten zwischen den Osteoblasten sind bei *Rinderfeten* von mehr als 70 mm SSL sehr eng (Abb. 214, 220). Es entsteht eine Lage von Osteoblasten, die früher als *Osteoblastensynzytium* angesehen wurde. Die Größe der Osteoblastenkerne variiert erheblich; sie besitzen Vorwölbungen und lappenartige Fortsätze. Die Osteoblastenschicht kann peripher von einer Knochenlage begleitet sein, auf der eine weitere Osteoblastenschicht liegt (KNESE und KNOOP, 1961c). Lange, relativ platte Osteoblasten sind mit ihrer Schmalseite durch Aus- und Einbuchtungen der Zellen verzahnt. Die Längsachse der Zellen verläuft jener des Skelettstücks parallel; der Kern ist an einer Seite der länglichen Zellen verschoben. Diese etwa 30 µm breite Schicht aus Zellen und präossalem Gewebe ist das elektronenmikroskopische Äquivalentbild der ursprünglich vermuteten Umwandlung eines Osteoblastensynzytiums in Knochengewebe.

Das erste das Knorpelmodell umgebende *Knochengewebe* erscheint lichtmikroskopisch *homogen* (MÜLLER, 1858; GEGENBAUR, 1864; ROLLET, 1871; KASSOWITZ, 1879; SCHAFFER, 1888a; KOELLIKER, 1889; MALL, 1902; DISSE, 1908,

1911; HARTMANN, 1910; RENAUT und DUBREUIL, 1910; MAXIMOW, 1910/11;
v. EGGELING, 1911; DIBBELT, 1911; BAITSELL, 1921; WEIDENREICH, 1923b,
1930; FELL, 1925; LUBOSCH, 1928; ROULET, 1935). Diese Schicht wurde primäre Periostlamelle (LOVÉN, 1863; nach BIDDER, 1906), perichondrale Grundschicht (STRELZOFF, 1873a, b) bzw. perichondrale Ossifikationslamelle genannt
(BIDDER, 1906). Der neu gebildete Knochen zeigt *Doppelbrechung* mit einer
*lamellären Schichtung* (KNESE, 1956a, 1957; KNESE und KNOOP, 1961c; Abb.
216).

Die Entstehung der ersten periostalen Grundschicht stellt als Anlage der
Diaphysenschale nicht nur eine Gewebebildung sondern auch eine *Organbildung*
dar. Es schließt sich die Bildung von *radiären Knochenzapfen* an (vgl. MÜLLER,
1858; GEGENBAUR, 1864), die auf der ersten Knochenschicht senkrecht stehen;
zwischen ihnen liegen Gefäße. Ihre Einpflanzung in die periostale Grundschicht
erweist sich polarisationsmikroskopisch (Abb. 218; KNESE und KNOOP, 1961c)
und elektronenmikroskopisch als recht ähnlich. Die Zapfen sind mit einem
verbreiterten Fuß in dem annähernd zur Knochenoberfläche parallelen Fibrillenwerk verankert (Abb. 219).

### 8.1.3. Die Osteoblasten in der „encoche d'ossification"

Verschiedentlich wird über Osteoblasten berichtet, die eine epitheloide Gestalt
vermissen lassen. Sie wurden als *atypische* Osteoblasten (ZAWISCH-OSSENITZ,
1929) oder *Präosteoblasten* angesehen (PRATT, 1957). Als in toto verdämmernde
Kapselbildner sollen sie zum Chondroidknochen gehören (ZAWISCH-OSSENITZ,
1927, 1929). Die kleinen runden Osteoblasten (KAPSAMMER, 1897; KNESE, 1956a)
liegen am Ende des Diaphysenendes (BIDDER, 1906; BAST, 1944) dicht zusammen
und besitzen nur einen feinen perinukleären Zytoplasmasaum.

Diese Sonderformen von Osteoblasten sind auf eine Region beschränkt,
in der sich später die von RANVIER (1875–1882) beschriebene *„encoche d'ossification"*entwickelt (KNESE, 1968a; Abb. 220, s.S. 353). Neben *spindelförmigen* Osteoblasten treten am Diaphysenende zuerst bei *Rinder*feten von 75 mm SSL Zellen
mit gering entwickeltem Zytoplasma auf, die *zytoplasmaarmen Osteoblasten*
(small osteoblasts; KNESE, 1964a, 1966a). Mit ihrer Entwicklung wird das Periost
in Höhe des Säulenknorpels wesentlich dicker; es enthält, neben Stammzellen,
echte Präosteoblasten. Die zytoplasmaarmen Osteoblasten sind durch weite Interzellularräume voneinander getrennt und liegen in 4–5 Schichten übereinander
gestapelt. Sie erreichen etwa die Größe von $8–9,5 \times 5$ µm; die Abmessungen
ihrer Kerne sind mit $2,5–5,5 \times 6–8,5$ µm recht wechselnd. Die rundlich oder
ovoid bzw. unregelmäßig gelappten Kerne besitzen 1–2 relativ große Nukleolen,
Chromatinbrocken legen sich der Kernmembran an. Elektronenmikroskopisch
erweisen sich die zytoplasmaarmen Osteoblasten als sehr vielgestaltig (Abb.
221). Die eingebuchteten, vermutlich degenerierenden Kerne sind z.T. nur auf
einer Seite vom Zytoplasma mit einigen Membranen umgeben. Anschnitte durch
diesen kernhaltigen Teil (KNESE und KNOOP, 1958; vgl. KNESE, 1956a) ergeben
vermutlich das Bild der mehrfach beschriebenen sog. *nackten* Kerne (KASSOWITZ,
1879; BIDDER, 1906; HARTMANN, 1910; DISSE, 1911; ZAWISCH-OSSENITZ, 1927).

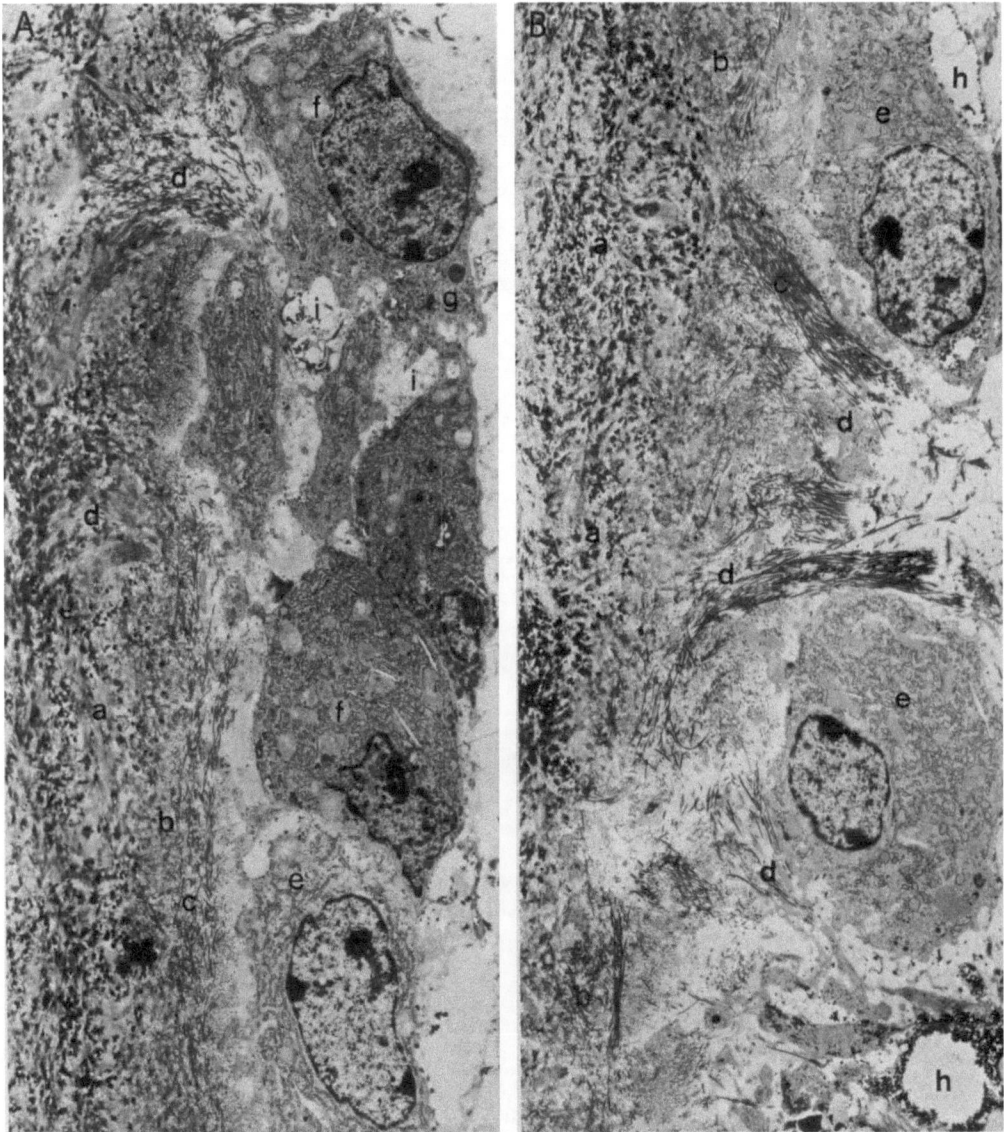

**Abb. 219.** Rinderfet, 130 mm SSL, Metatarsus, Bildung radiärer Bälkchen. *a)* Knochengewebe mit einer fleckig verteilten Mineralisation, die jener im Knorpelgewebe ähnlich ist, *b)* quergeschnittene Fibrillen des präossalen Gewebes, *c)* längsgeschnittene Fibrillen des präossalen Gewebes, *d)* radiärer Zapfen, der mit einem Fuß in die Knochenoberfläche umbiegt, *e)* Osteoblasten mit einem relativ gering entwickelten endoplasmatischen Retikulum, *f)* Osteoblasten mit dichtem Hyaloplasma, reichlich endoplasmatischem Retikulum und Mitochondrien, *g)* lysosomale Körper, *h)* Kohlenhydrateinlagerungen, z.T. mit Vakuolen in benachbarten Präosteoblasten, *i)* Plasmalemmblasen an der Oberfläche von Zellen. Vergr. 3400 ×

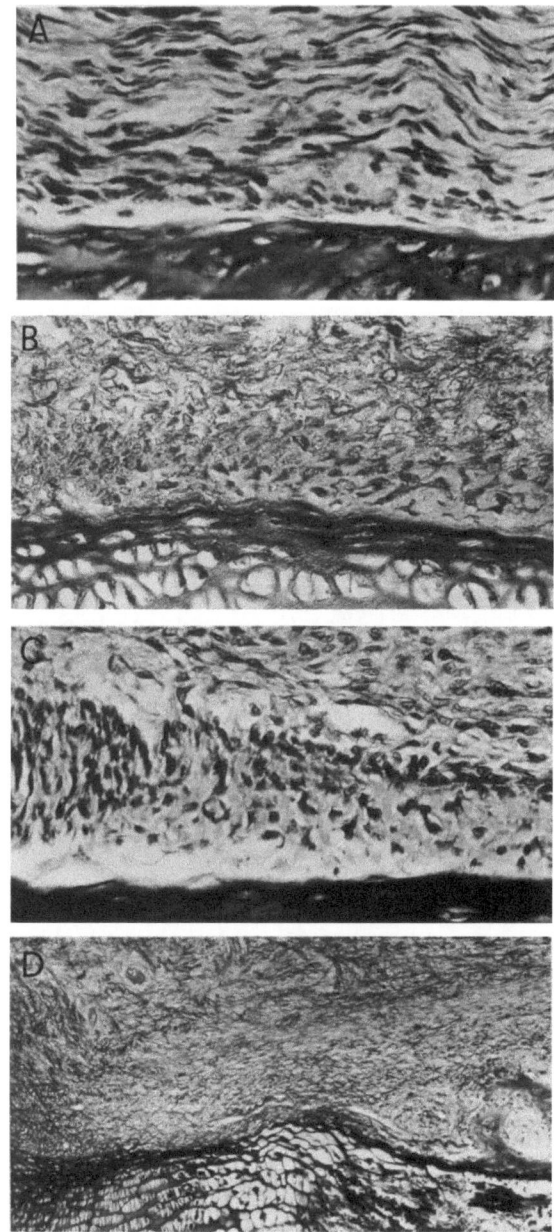

**Abb. 220.** *A:* Rinderfet, 200 mm SSL, *B:* 340 mm SSL, *C:* 240 mm SSL, *D:* 330 mm SSL. Entwicklung der „encoche d'ossification". *A)* Schmale Schicht zytoplasmaarmer Osteoblasten am Diaphysenende, *B)* zytoplasmaarme (links) und runde Osteoblasten (rechts), teilweise eingeschlossen in wabig strukturiertes Knochengewebe, *C)* Encoche-Zellen (links), zytoplasmaarme (Mitte) und runde Osteoblasten (rechts). *D)* Übergang zu einer faserigen Encoche. Fixierungen: *A:* Rossman, *B:* Formalin, *C, D:* Lillie. *A:* Kresylechtviolett pH 3,2, *B:* PAS-Eisenhämatoxylin, *C:* Thionin pH 4,1, *D:* PAS. *A, B:* Obj. 40, *C:* Obj. 25, *D:* Obj. 6,3 (aus KNESE, 1968a)

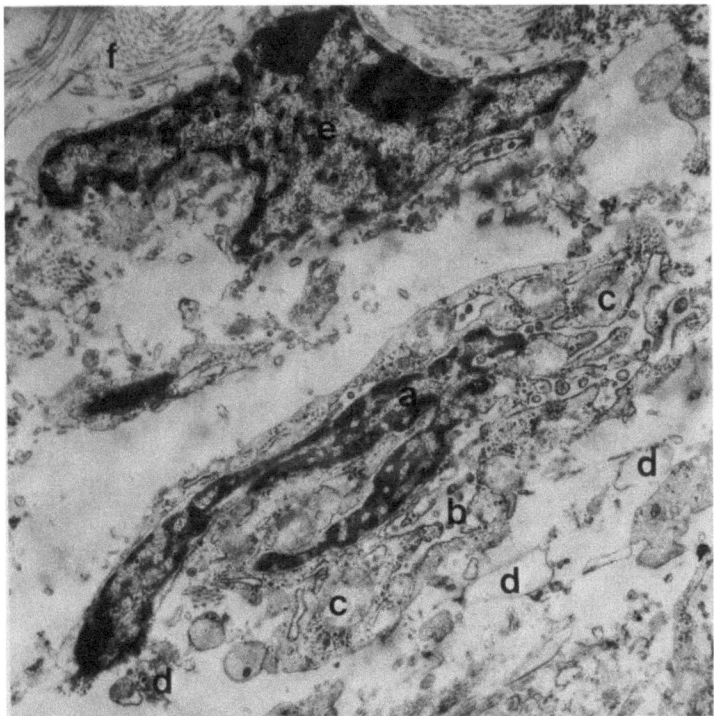

**Abb. 221.** Rinderfet, 88 mm SSL, Periost mit sog. nackten Kernen. *a)* Stark gelappter Kern einer Zelle, *b)* endoplasmatisches Retikulum mit erweiterten Zisternen, *c)* Mitochondrien, *d)* Plasmalemmblasen, *e)* Zellkern einer Zelle, die nur ein gering entwickeltes Zytoplasma aufweist, *f)* Kollagenfibrillen. Vergr. 14400 ×

Bei Rinderfeten von 150–200 mm SSL schließen sich an die zytoplasmaarmen sog. *runde Osteoblasten* an, die sich wie die epitheloiden Osteoblasten aus Stammzellen entwickeln (KNESE, 1966a, 1968a). Auf die Stammzellen folgt eine Lage von Zellen mit relativ großem Kern (8–9,7 μm). Bei der Umwandlung zu den eigentlichen runden Osteoblasten wird der Kern kleiner (3–6,5 μm), ist aber meist noch größer und regelmäßiger gestaltet als bei den zytoplasmaarmen. Das Zytoplasma umgibt den annähernd rundlichen Kern als etwa gleich breiter Saum. Um die rundlichen Osteoblasten entsteht ein aus *rundlichen Waben* aufgebautes Knochengewebe (KNESE, 1956a). Die Kollagenfaserbündel verlaufen in den verschiedensten Richtungen des Raums (KNESE, 1968a; Abb. 222). Einlagerungen von Mineralien wurden nicht beobachtet. In diesen Fasermassen liegen regellos verstreut Zellen, die man als *Osteozyten ansehen muß. Einzelne Zellen* haben einen gelappten Kern. Die Zellen enthalten ein stark entwickeltes endoplasmatisches Retikulum. Die Zisternen bilden ein unregelmäßig gestaltetes Maschenwerk und hängen mit der perinukleären Zisterne zusammen. An den blinden Enden des Retikulums geht das granuläre in agranuläres Retikulum über. Golgi-Elemente sind nur in sehr geringem Umfang vorhanden. Die Mitochondrien besitzen eine dichte Matrix und Cristae. Schließlich sind Mikrotubuli

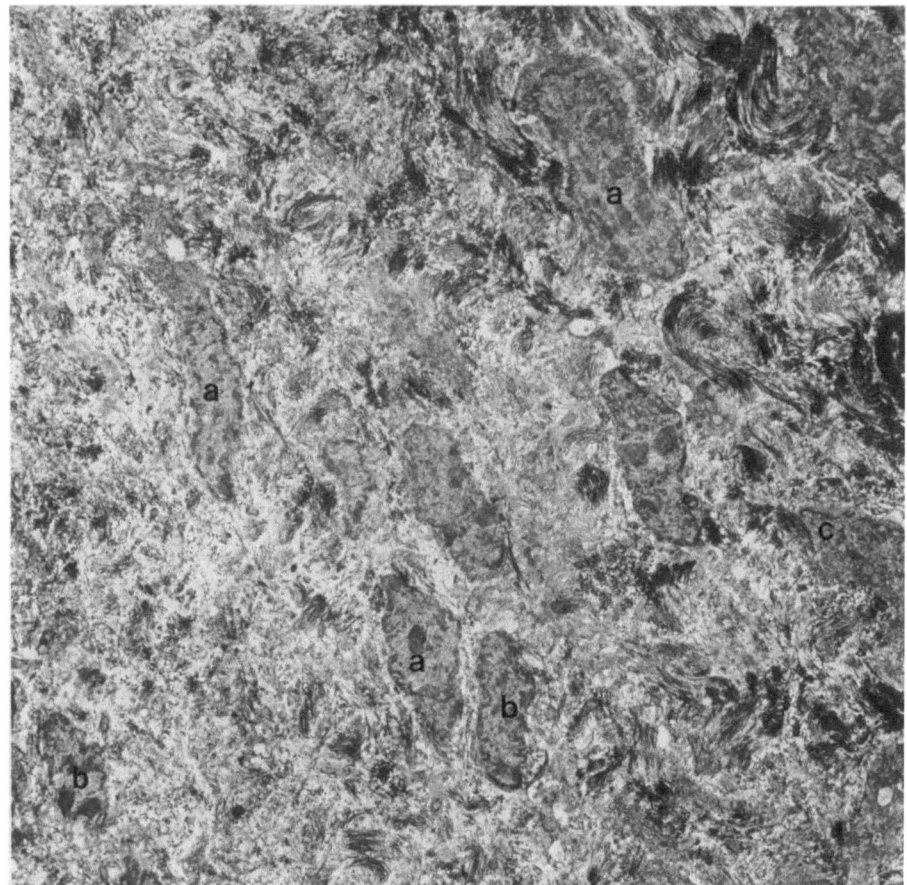

**Abb. 222.** Rinderfet, 104 mm SSL, Knochengewebe, aufgebaut aus rundlichen Maschen, das durch sog. runde Osteoblasten gebildet wird. *a)* Den Zellkernen schließen sich an einer Seite noch zytoplasmatische Anteile an, *b)* Zellkerne, die kaum noch von zytoplasmatischen Teilen umgeben sind, *c)* Zelle mit etwas ausgedehnterem Zytoplasma, der dichte Faserfilz der Kollagenfibrillen weist keine Mineralisation auf. Vergr. 3700 ×

vorhanden. Die Zellstruktur und die innigen topographischen Beziehungen zwischen Zelloberfläche und Fibrillen lassen vermuten, daß diese Zellen *Fasern bilden,* ihrer Lage im Knochengewebe nach sind es Osteozyten.

Im Anschluß an die runden Osteoblasten in Richtung Diaphyse und vor der Entwicklung der eigentlichen „encoche d'ossification" tritt eine dritte Zellform auf, die *Encoche-Zellen,* die sich unmittelbar an den vertieften Knorpelring anschließen (KNESE, 1964a, 1966a). Es handelt sich um schmale, an beiden Enden zugespitzte Zellen, deren Kern etwa $13 \times 1,5\,\mu m$ mißt (Abb. 220). Ihr peripherer Fortsatz ist zunächst nach der Diaphyse gewandt, so daß sie mit ihrer Längsachse spitzwinklig der Knochenoberfläche aufsitzen; später stehen sie fast senkrecht zu ihr. Die Encoche-Zellen bilden eine geschlossene Gruppe von etwa 15–30 Zellen in der Längsachse des Skelettstücks (vgl. KNESE und

KNOOP, 1961 c). Es entsteht der Eindruck, daß sie ähnlich wie die Zellen eines mehrreihigen Epithels angeordnet sind und daß die Kerne in 5–7 Reihen übereinander liegen. Tangentialschnitte durch diese Regionen zeigen, daß es sich um eine Zusammenlagerung von etwa *bandartig* gestalteten Zellen handelt, die den Epiphysenknorpel zirkulär umgeben. Zwischen den Encoche-Zellen entstehen später einzelne Fasern. Bei dem Einsetzen der Knochenbildung nach dem Modus v. KORFF (s.S. 547) werden auf der periostalen Grundschicht neue Knochenbälkchen aufgebaut. An die peripheren Bälkchen treten Fasern heran, zwischen denen kubische Osteoblasten liegen. Die *v. Korffschen Fasern* reichen wie an anderen Orten bis in die Fibroelastica des Periosts. Die Fibroelastica des Periosts hat hier Verbindung zum Perichondrium und zu der sich verbreiternden Epiphyse. Damit ist das von RANVIER (1875–1882) beschriebene Bild der „encoche d'ossification" entstanden. Die Besonderheit der Encoche besteht darin, daß sich in der Tiefe des Knorpelringes ein Lager von rundlichen „indifferenten" Zellen befindet. Ein Teil dieser Zellen ist für die Encoche-Apposition des Epiphysenknorpels verantwortlich (vgl. Blasteminseln: KNESE und BIERMANN, 1958; KNESE, 1969b). Die diaphysenwärts gelegenen Zellen liefern weiter runde Osteoblasten, die an der Verlängerung der periostalen Grundschicht teilhaben, wie Untersuchungen mit Hilfe von Tetracyclinen zeigten (HANSSON et al., 1972).

### 8.1.4. Verdämmernde Zellen

Die sog. Umwandlung von Zellen in Knochengewebe, d.h. die holoplasmatische Differenzierung wurde, offensichtlich auch in der Encoche, verschiedentlich als Zelluntergang beschrieben. SCHAFFER (1901, 1911, 1930) hat diesen Vorgang beim Knorpel als eine *kataplastische* Erscheinung angesehen und den Begriff der *verdämmernden* Zellen geprägt (SCHAFFER, 1933).

Verdämmernde Zellen wurden in *osteogenen* Zonen von zahlreichen Autoren beobachtet (WALDEYER, 1865a, b; LANDOIS, 1866; v. BRUNN, 1874; KASSOWITZ, 1879; KAPSAMMER, 1897; HANSEN, 1899; v. EBNER, 1906; BIDDER, 1906; STUDNIČKA, 1907, 1912; HARTMANN, 1910; MOLLIER, 1910; DISSE, 1911; DIBBELT, 1911; ZAWISCH-OSSENITZ, 1927, 1929; LUBOSCH, 1928; MODELL und NOBACK, 1931; TÖRÖ, 1935; WISLOCKI et al., 1947b; KNESE, 1956a). Das Verdämmern von Osteoblasten sollte den Unterschied der Zellzahl im Periost und Knochen bedingen (MOLLIER, 1910; HARTMANN, 1910; LACOSTE, 1923). Degenerierende Osteoblasten an Orten des beendeten Knochenwachstums beschreibt LACOSTE (1923) als kugelige Zellen mit pyknotischem Kern und eosinophilem, homogenem Zytoplasma. Nach HARTMANN (1910) kommt eine allmähliche Auflösung oder Verquellung der Zellen nicht vor, auch keine Karyolyse. Der Kern sei bis zuletzt deutlich sichtbar, eine Beobachtung, die immer wieder auch von uns gemacht wurde. Auf die verschiedenen Versuche, das Verdämmern von Zellen (s.S.339) bei der Knochenbildung zu interpretieren (ERNST, 1926; GLÜCKSMANN, 1930, 1951; KALLIUS, 1931; JACOBSON, 1932; KNESE, 1956a; KNESE und KNOOP, 1961c), gehen wir hier nicht ein.

Manche Angaben über ein Verdämmern von Osteoblasten beruhen wohl auf der mangelnden Auflösung des Lichtmikroskops. In der Encoche von Rinderfeten im Bereich der runden Osteoblasten sind jedoch elektronenmikroskopische Äquivalentbilder für das sog. Verdämmern zu beobachten (KNESE, 1968a). An die Enden der länglichen Kerne einiger Zellen schließen sich zytoplasmatische Elemente an, die elektronenmikroskopisch keinerlei Zeichen einer Degeneration

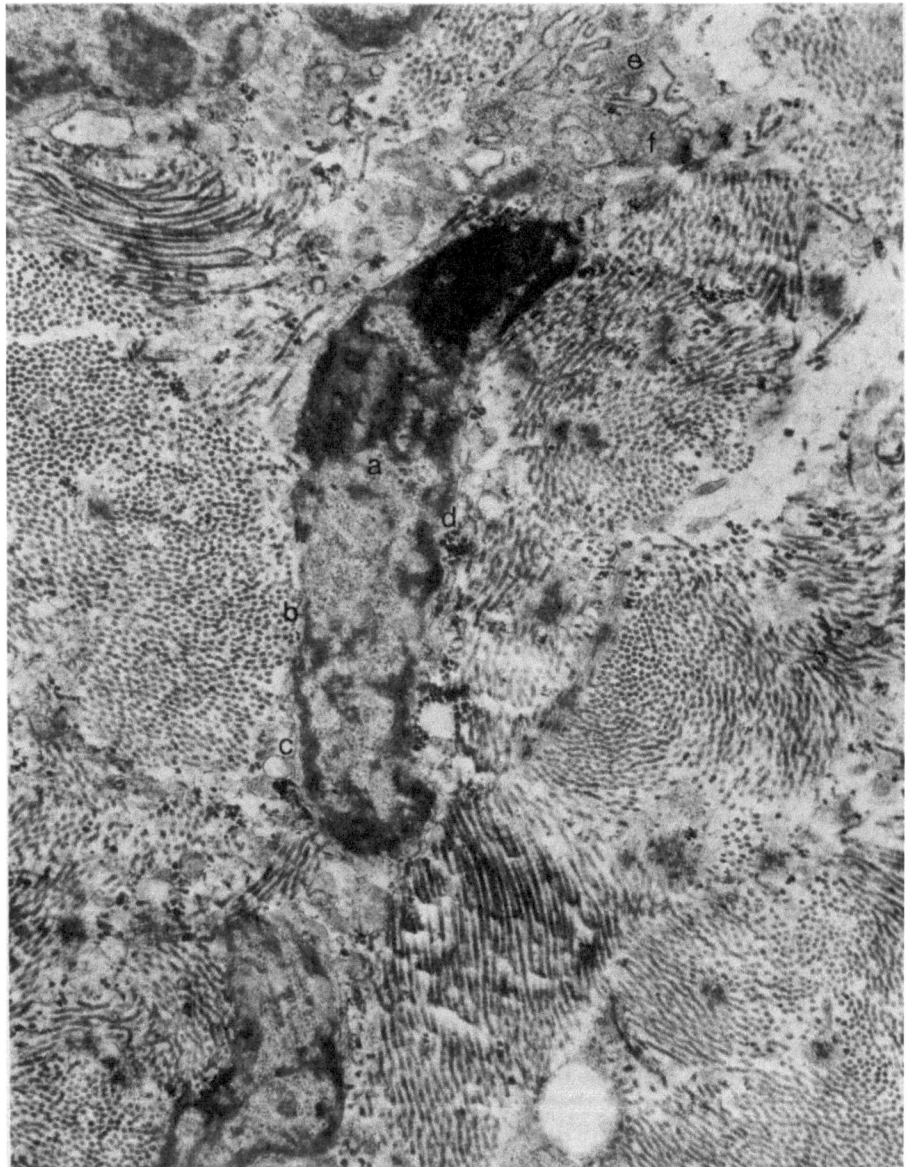

**Abb. 223.** Rinderfet, 104 mm SSL, verdämmernde Zellen, *a)* Zellkern mit wechselnd stark verklumptem Chromatin, *b)* Kollagenfibrillen im Querschnitt in Kernnähe, *c)* Membranstrukturen zwischen Kern und Kollagenfibrillen, *d)* Kohlenhydratablagerung in Kernnähe, *e)* Zytoplasmahaube mit endoplasmatischem Retikulum und dichtem Grundplasma, degenerierender Mitochondrien. Vergr. 17000 × (aus KNESE, 1968a)

erkennen lassen. An den Längsseiten der Kerne sind Membranelemente unklarer Natur vorhanden, an die Kollagenfibrillen herantreten. In den Zytoplasmaresten sind verschieden große Ansammlungen von Kohlenhydratgranula anzutreffen. In manchen Zellkernen, deren chromosomales Material etwas verschwommen

erscheint, sind ebenfalls mit Blei kontrastierbare granuläre Einlagerungen vorhanden. Bei anderen Zellen mit einer weiteren Reduktion der zytoplasmatischen
Anteile liegen Fibrillen, besonders eindeutig zu erkennen an Fibrillenquerschnit-
ten, unmittelbar der Kernmembran an (Abb. 223). Man findet zudem Teile des
endoplasmatischen Retikulums, mit dessen Ribosomen Kollagenfibrillen in Kontakt stehen. Schließlich erscheinen „nackte" Kerne, deren äußere Kernmembran
Ribosomen trägt; ihnen sind Kollagenfibrillen unmittelbar angelagert. Ferner
sind Zellelemente vorhanden, deren Membranen recht undeutlich erscheinen;
dies gilt zunächst für die Membranen des Retikulums, dann aber auch für
jene des Kerns. Erst bei solchen Elementen sind Veränderungen der Chromatin-
struktur zu beobachten (Abb. 223); die Chromatingranula sind mitunter in
Reihen angeordnet und scheinen an fädige Elemente gebunden zu sein. An
manchen Orten findet man eine innige Vermischung zwischen Zellelementen
und Kollagenfibrillen, ohne daß man den Bereich einer Zelle abzugrenzen ver-
mag. PETERSEN (1935) hatte vermutet, daß bei dem Verdämmern eine *letzte
sekretorische* Leistung der Zelle vorliegt. Es handelt sich um die Synthese von
Substanzen, u.a. von Proteinen, die mit einer Erschöpfung des ribosomalen
Apparats verbunden ist. Die Degradation der Zellstrukturen, vor allem des
ribosomalen Materials, führt zu einer Vermehrung der *agranulären* Membranen.
Schließlich werden die Membranen des Retikulums und der Kerne abgebaut.
Bemerkenswert ist, daß diese Fibrillogenese ohne Extrusion der Skleroproteine
aus der Zelle erfolgt. Mit der Ablösung des Proteins vom Ribosom kann bereits
die Kristallisation des Skleroproteins zu Kollagenfibrillen erfolgen, da den Ribosomen Fibrillen anliegen. Dies bedeutet aber, daß die physikalisch-chemischen
Bedingungen zur Kristallisation, die sonst nur im Interzellularraum vorliegen,
bereits unmittelbar neben den Ribosomen gegeben sind.

Der Literatur über den *Zelltod* ist zu entnehmen, daß er bei den verschiedenen Zellformen
nicht gleichartig abläuft. Elektronenmikroskopisch hat BELLAIRS (1961) in der Area pellucida und
der Area opaca der *Hühner*keimscheibe in den Kernen dichte Klumpen, im Zytoplasma größere
Granula von 500 Å Durchmesser in Bändern gefunden. Ebenso sind abnorme Mitochondrien, größere endoplasmatische Räume und Fetttropfen vorhanden. Ähnlich wie LEUCHTENBERGER (1950)
für die Pyknose, nimmt BELLAIRS (1961) eine Störung des Proteinstoffwechsels an; dies dürfte
auch bei den Knochenzellen der Fall sein. Die Erschöpfung des ribosomalen Apparates in den
Knochenzellen läßt daran denken, daß der Nachschub von RNS aus dem Kern *genetisch* bedingt
aussetzt. In dieser Richtung weisen die Ausführungen von BIGGERS (1964), der u.a. Chondrozyten
zwar nur am Rand erwähnt, sich im übrigen aber mit dem Vaginalepithel und der Entwicklung
des Genitalapparats beschäftigt. Beim Zelltod, als einem „normalen Vorgang", muß die Zelle zu
einem bestimmten Zeitpunkt sterben; ihr Weiterleben ist, ebenso wie ihr zu früher Tod, ein pathologi-
scher Vorgang. Der Autor unterscheidet zwischen sich teilenden Zellen, die eine bestimmte Generationszeit haben, und den zum Sterben ausersehenen Zellen mit einer *bestimmten Lebensspanne.*
Beide Zellarten stellen Mengen mit einem teilweisen Überdeckungsbereich dar, d.h. bestimmte
Zellen können sowohl zu der einen wie zu der anderen Gruppe gehören. Für den Zelltod im
Rahmen der Formbildung in der Extremitätenknospe des *Hühnchens* zu einer festgelegten Zeit
(SAUNDERS et al., 1962) wurde ebenfalls eine genetische Kontrolle angenommen (s.S. 83).

## 8.1.5. Die epitheloiden Osteoblasten

Bei den sog. „typischen" epitheloiden Osteoblasten lassen sich aufgrund der
differenten topochemischen Reaktion in verschiedenen Entwicklungsphasen

*frühe* und *späte epitheloide* Osteoblasten unterscheiden (KNESE, 1964a, 1966a; Abb. 214). Die frühen epitheloiden Osteoblasten treten beim *Menschen* und beim *Rind* in der Diaphysenmitte bei Feten von etwa 70 bis 170 mm SSL auf (KNESE, 1956a, 1966a; Abb. 224). Zu dieser Gruppe von Osteoblasten gehört, der Reaktionsform nach, der größere Teil von Zellen, die bei *kleineren Laboratoriumstieren* über die gesamte Entwicklungsspanne zu beobachten sind. Die in der Literatur mitgeteilten topochemischen, elektronenmikroskopischen und autoradiographischen Befunde beziehen sich überwiegend auf diesen Zelltyp. Sehr wenig ist über die Reaktionsform der späten epitheloiden Osteoblasten bekannt, die bei *Menschen-* und *Rinderfeten* jenseits von 250 mm SSL erscheinen (KNESE, 1963d, 1964a, 1966a). Durch sie werden anfänglich Trabekel gebildet, später periostale Kleinstosteone und periostale Tangentiallamellen (KNESE, 1956a). Vermutlich sind die Osteoblasten, die postnatal „Osteoid" bilden, diesen Zellen sehr ähnlich.

Ein Teil der Osteoblasten, die als *ruhende* Osteoblasten angesehen werden, löst sich durch Schrumpfung leicht vom Knochen. Andere Zellen sind mit ihm fest verbunden und gelten als die *aktiven* Elemente (DISSE, 1908, 1909, 1911; LUBOSCH, 1928; ÖKLAND, 1939; PRITCHARD, 1952, 1956a, b; KNESE, 1956a). In der Kontaktzone zwischen aktiven Osteoblasten und Knochengewebe wurde ein *hyaliner Streifen* beobachtet (KASSOWITZ, 1879; DISSÉ, 1908, 1909, 1911; DIBBELT, 1911; STUDNIČKA, 1912; RANKE, 1913; LUBOSCH, 1928). Im übrigen wurden hyaline Bezirke in osteogenen Zonen verschiedentlich beschrieben (V. KORFF, 1914; FELL, 1931b; ROULET, 1935, 1937; POLICARD und ROCHE, 1937; WEINMANN und SICHER, 1947; SCHMIDT, 1949; McLEAN und URIST, 1961). Im Azanpräparat geht das Rot im Bereich des Kontaktstreifens über Violett in Blau über (KNESE, 1956a). Bei Anwendung vieler metachromatischer Farbstoffe, aber auch der Eisenreaktionen (KNESE, 1966a), ist zwischen die Osteoblasten einerseits, das präossale Gewebe andererseits eine schmale, weniger als 1 µm dicke, meist ungefärbte Zone eingeschaltet. Für den hyalinen Streifen ist nur mitunter ein elektronenmikroskopisches Äquivalent zu beobachten (ROBINSON und WATSON, 1955; SHELDON und ROBINSON, 1957; FITTON-JACKSON, 1957a; KNESE und KNOOP, 1958; KNESE, 1969a). Den Osteoblasten liegen Fibrillen an, die in einem gewissen Abstand Gruppen bilden. Die Fibrillen verlaufen annähernd parallel zueinander (TAKUMA, 1963). In wechselnder Entfernung vom Osteoblasten (s.S. 623) treten einzelne Kristallanlagerungen auf.

Die *Oberfläche* des Osteoblasten, die an das präossale Gewebe angrenzt, ist sehr unterschiedlich gestaltet. Einmal wurde von einem mangelhaft abgrenzbaren *Plasmalemm* berichtet (FITTON-JACKSON, 1954b; KNESE und KNOOP, 1958; TAKUMA, 1963; ROBINSON und CAMERON, 1964), ein anderes Mal wurden *fingerförmige Fortsätze* der Osteoblasten in der Knochenbildungsfront beschrieben (DUDLEY und SPIRO, 1961; KNESE und KNOOP, 1961c; CAMERON, 1961a; TAKUMA, 1963; ROBINSON und CAMERON, 1964; KNESE, 1967b). Wir fanden besonders lange Fortsätze bei intertrabekulären Osteoblasten (Abb. 225). Die Oberfläche des Osteoids soll einen siebartigen Charakter haben (HANCOX und BOOTHROYD, 1965). Die Fortsätze wurden mit der Orientierung der Fibrillen bzw. Sekretion in Verbindung gebracht; vielleicht dienen sie auch der Aufnahme extrazellulärer Substanzen, wie es für die im allgemeinen etwas längeren Fort-

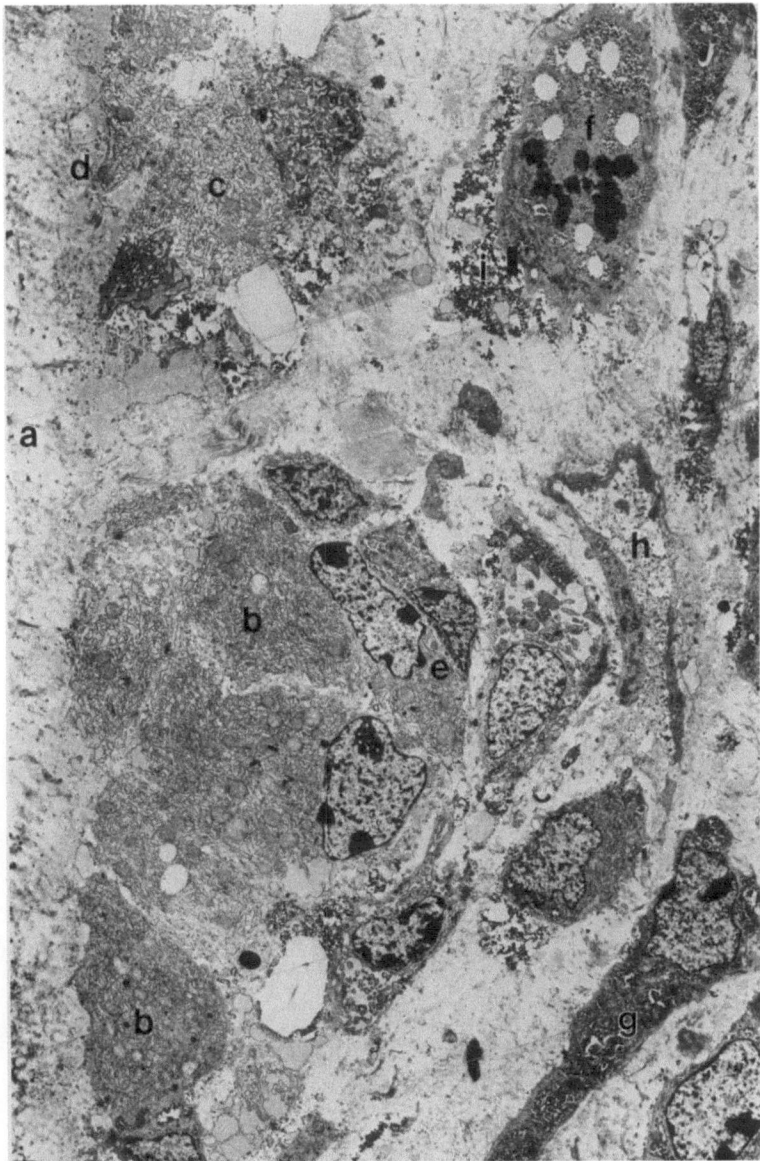

**Abb. 224.** Rinderfet, 104 mm SSL, frühe epitheloide Osteoblasten. *a)* Wenig mineralisiertes präossales Gewebe, *b)* reife frühe epitheloide Osteoblasten, *c)* vermutlich noch nicht voll aktiver Osteoblast, *d)* feingranulärer Streifen des präossalen Gewebes mit wenigen Fibrillen, *e)* Präosteoblasten, *f)* Mitose, die Zelle zeigt Kohlenhydrateinlagerungen und ein endoplasmatisches Retikulum, *g)* Kambiumzellen, *h)* Kapillare, *i)* extrazelluläre Kohlenhydrate. Vergr. 2800 ×

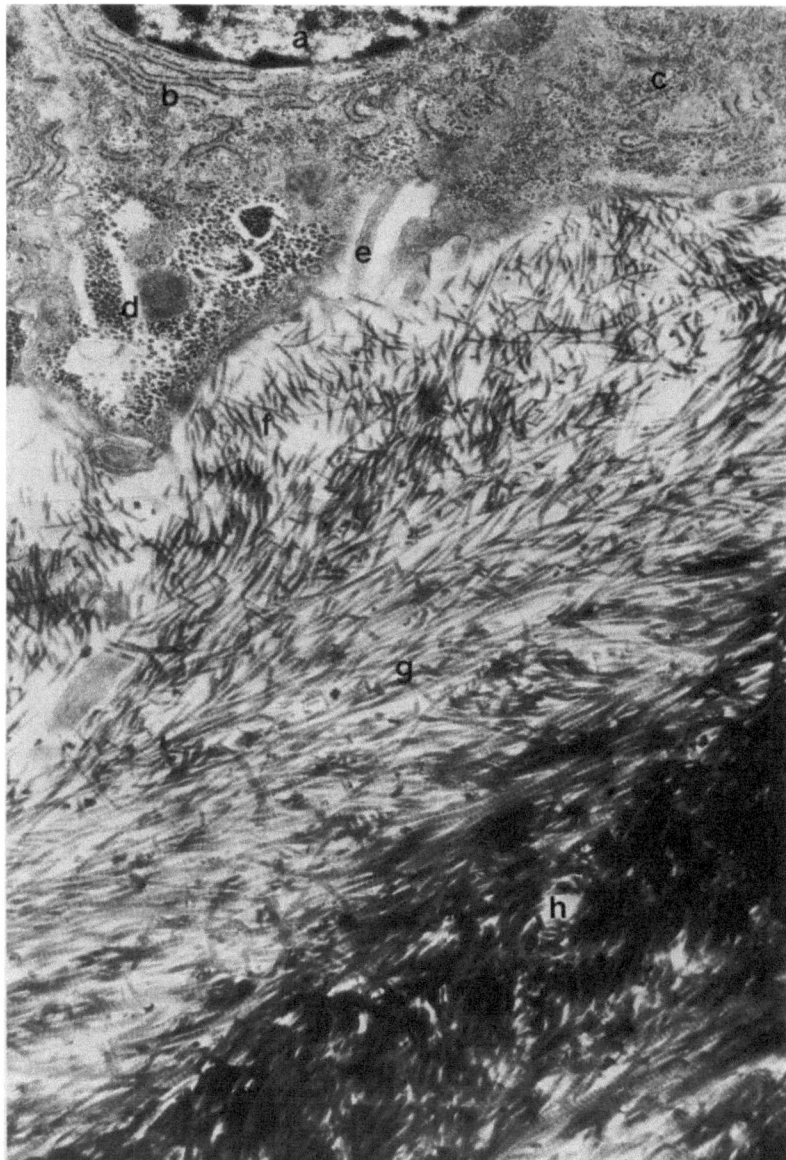

**Abb. 225.** Rinderfet, 320 mm SSL, Metacarpus. Osteoblast auf der zentralen Seite des ersten Bälkchens. *a)* Kern, *b)* granuläre Membranen, *c)* Polyribosomen, *d)* Einlagerung von Kohlenhydraten, *e)* fingerförmige Fortsätze des Osteoblasten, *f)* Fibrillen des präossalen Gewebes in Nähe des Osteoblasten, z.T. mit einem Durchmesser von nur 250 Å, *g)* Fibrillen, deren Dicke auf 400 Å angewachsen ist, *h)* dichter Fibrillenfilz, aus Fibrillen von etwa 800 Å Durchmesser. Das Gewebe läßt auf etwa 8–10 μm hin Mineraleinlagerungen vermissen. Vergr. 12 600 ×

sätze der Präosteoblasten erwogen wurde (KNESE, 1967b). Mit dem Einsetzen der Mineralisation wird die Zahl der Fortsätze verringert. Auch eine Zonula occludens an den Berührungsflächen von Osteoblastenfortsätzen wurde beobachtet, die etwa 1 μm lang ist (DUDLEY und SPIRO, 1961; vgl. ROSS und GREEN-LEE, 1966; DECKER, 1966; JAKUBOWSKI, 1967 nach CAMERON, 1969; WHITSON, 1972). In anderen Fällen, wobei die Kontaktfläche etwa 0,1–0,3 μm lang ist, erscheint das Plasmalemm relativ dick; im engen Interzellularspalt befindet sich ein dichteres Material. CAMERON (1961a) hat dagegen keine Desmosomen beobachtet. Morphologisch läßt sich schwer entscheiden, ob im Einzelfall ein *ruhender* oder *tätiger* Osteoblast vorliegt. Benachbarte Osteoblasten weisen z.T. starke Variationen ihrer Ultrastruktur auf, z.B. des endoplasmatischen Retikulums (KNESE und KNOOP, 1958; Abb. 236). Eine geringe Ausbildung des granulären Retikulums dürfte dafür sprechen, daß der Osteoblast die Kollagenbildung noch nicht aufgenommen hat. Neben wohlentwickelten Membransystemen können relativ viele *freie Polyribosomen* vorhanden sein. Die Diskussion über die ruhenden und aktiven Osteoblasten macht deutlich, daß der Knochenoberfläche aufliegende Zellen im einzelnen daraufhin untersucht werden müssen, ob sie Knochen bilden oder nicht. Dies wurde häufig, vor allem bei Untersuchungen der postnatalen Osteogenese, versäumt (vgl. KNESE, 1963c; MAROTTI et al., 1976).

Die *epitheloiden Osteoblasten* sind durch eine mehr oder minder *polare Organisation* ausgezeichnet (SCHAFFER, 1888a). Eine polare Gestaltung ist unter Bindegewebszellen relativ selten (LUBOSCH, 1925). Während der Osteogenese treten an die Stelle der spindelförmigen Osteoblasten zunächst *flache polare Osteoblasten* von kugel-kalottenförmiger Gestalt (Durchmesser 21 × 4 μm), ihr exzentrisch liegender *Kern* erreicht die Größe 8–11 × 3–3,3 μm (KNESE, 1964a, 1966a; vgl. KNESE und KNOOP, 1958). Die flachen polaren Osteoblasten sind bei kleinen Laboratoriumstieren recht weit verbreitet. Die Gestalt der epitheloiden Osteoblasten wird als kubisch, rundlich oder flaschenförmig mit einem spitzen Fortsatz zum Knochen hin beschrieben (LUBOSCH, 1928; ZAWISCH-OSSENITZ, 1929; PRITCHARD, 1952; KNESE, 1956a). Mitunter liegen schlankere Zellen, wie die Halme einer Kornähre, zusammen oder die Osteoblasten fügen sich dachziegelartig aneinander. An radiären Zapfen, die der Knochenoberfläche aufsitzen bzw. in der Gegend der Linea aspera vorkommen (vgl. KNESE, 1956a), treten solche birnen- bzw. flaschenförmige Zellen auf. PRITCHARD (1952) spricht von einer Rosettenbildung birnförmiger Osteoblasten (vgl. auch RODOVA, 1948). An gut orientierten Quer- bzw. Längsschnitten durch ganze Skelettelemente erscheinen benachbarte Osteoblasten einander recht ähnlich gestaltet. Man findet eine gewisse Variation der kubischen Grundgestalt, so daß einige Zellen im Schnitt annähernd quadratisch, andere mehr trapezförmig erscheinen. Auch in der Beziehung zum präossalen Gewebe verhalten sich die Osteoblasten eines kleinen Areals häufig gleichartig; alle Zellen sind entweder mit der Knochenoberfläche fest verbunden oder lösen sich als eine fast einheitliche Tapete ab. Dieser Befund dürfte dafür sprechen, daß sich unmittelbar benachbarte Osteoblasten im gleichen Funktionszustand befinden; sie bilden eine Zellpopulation oder ein Team (KNESE, 1963c; JOHNSON, 1964).

Bei der Beurteilung der Gestalt der Osteoblasten muß beachtet werden, in welcher Form Knochengewebe gebildet wird. Durch epitheloide Osteoblasten

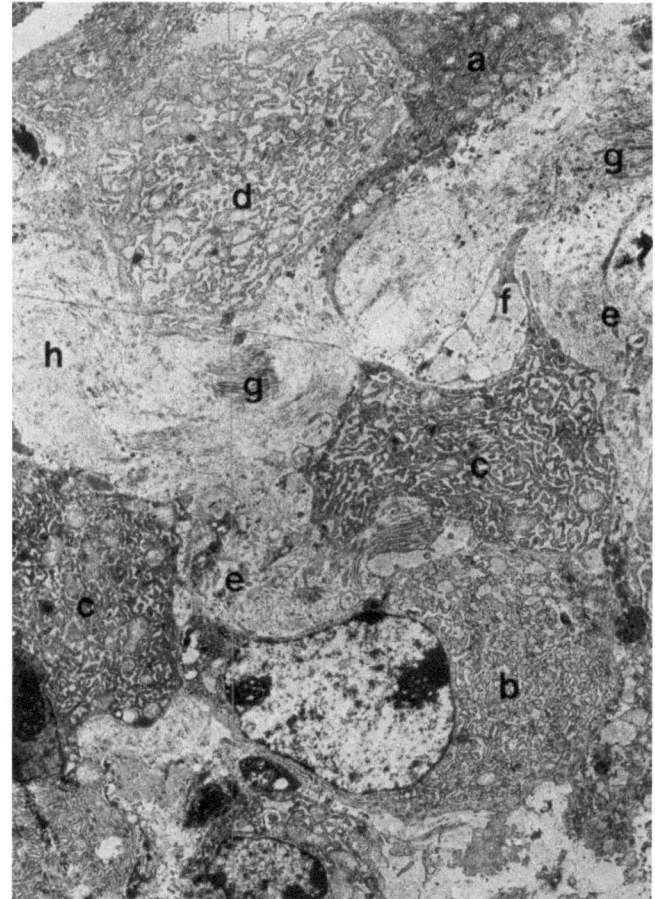

**Abb. 226.** Rinderfet, 340 mm SSL, Zusammenlagerung von Osteoblasten, in deren Mitte ein Knochenbälkchen entsteht. *a)* Osteoblasten mit parallel verlaufenden Membranen des granulären Retikulums, *b)* Osteoblasten mit geringfügiger Erweiterung der Zisternen, *c)* Osteoblasten mit stärker erweiterten Zisternen, *d)* Osteoblasten mit extrem erweiterten Zisternen, *e)* fingerförmige Osteoblastenfortsätze, *f)* vakuolär gestalteter Zellanschnitt, *g)* längsgeschnittene Fibrillen des präossalen Gewebes, *h)* quergeschnittene Fibrillen des präossalen Gewebes. Vergr. 2800 ×

werden die Knochenbälkchen, denen sie aufsitzen, dicker. Bei *Anlage* eines *neuen Bälkchens* treten dagegen spindelförmige Osteoblasten auf. Die Ordnung der Osteoblasten bestimmt die Form des neu zu bildenden Bälkchens (LUBOSCH, 1928; KNESE, 1956a). In einem gewissen Abstand von der bisherigen Osteogenesefront legen sich länglich gestaltete Osteoblasten, deren Längsachse zur Knochenfläche parallel orientiert ist, in einer Gruppe zusammen (Abb. 226; KNESE, 1966a). In ihrer Mitte entsteht das Knochenbälkchen. Dem Bälkchen können auf der peripheren Seite noch längliche Osteoblasten aufliegen, während die Zellen auf seiner zentralen Seite bereits epitheloide Gestalt haben. Wenn das Knochenbälkchen eine gewisse Dicke erreicht hat, weisen alle Osteoblasten eine

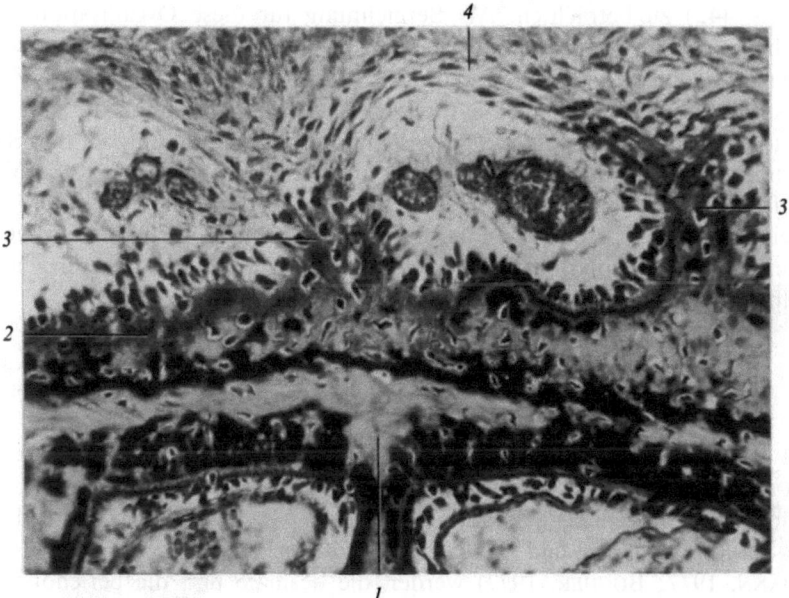

**Abb. 227.** Menschlicher Fet, ganze Länge 36 cm, Tibia. Arkadenbildung: Bildung von Bälkchen durch bandartig gestreckte Zellen, *1)* Enchondraler Knochen, *2)* periostaler Knochen mit dunkelblauen Appositionssäumen, *3)* radiäre Knochenbälkchen in verschieden weit vorangeschrittenem Aufbau, *4)* bandartige Zellen, in einer Lagerung, die die Bälkchenordnung in die Kambiumschicht fortsetzt. Dadurch werden intertrabekuläre Spalten mit Gefäßen aus der Kambiumschicht abgegliedert. Azan, Obj. 20 (aus KNESE, 1956a)

epitheloide Gestalt auf. Im Bereich einer Bälkchenanlage verliert das Periost seine kennzeichnende Schichtung. An vorhandene Bälkchen können sich zuerst auch *radiäre Bälkchen* anlegen (Abb. 218, 219; MÜLLER, 1858; GEGENBAUR, 1864; ROLLET, 1871; BIDDER, 1906; HARTMANN, 1910; MAXIMOW, 1910/11). Die Spitzen zweier radiärer Bälkchen werden durch leicht girlandenförmig eingesunkene Zellagen miteinander verbunden. Hierbei werden Gefäße mit perivaskulären Zellen eingeschlossen (Abb. 227). Sobald innerhalb einer solchen Lage von spindelförmigen Osteoblasten Knochensubstanz gebildet ist, sind die beiden radiären Zapfen durch eine tangentiale Brücke miteinander verbunden und der rundliche oder mehr längliche *Intertrabekulärraum* wird abgeschlossen (KNESE, 1956b, 1966a). Bei der Bildung kurzer radiärer Knochenzapfen wird die Kambiumschicht schmaler (KNESE, 1966a). Die Bildung neuer Bälkchen zeigt, daß die Knochenbildung nicht nur die Synthese spezifischer Substanzen, sondern auch die Bildung einer bestimmten Struktur darstellt.

Die Zusammenhänge zwischen der Ordnung und Zahl der Zellen des „Knochenprimitivorgans" und dem Wachstum bzw. der Ordnung der Bälkchen hielt bereits LUBOSCH (1928) für ungeklärt. Die Gestalt der Osteoblasten (epitheloid bzw. spindelförmig) kann bei seiner isolierten Untersuchung nicht befriedigend gedeutet werden. Der Osteoblast ist — ähnlich wie der Chondrozyt — mit der angrenzenden Interzellularsubstanz als eine übergeordnete hierarchische

Stufe (s.S. 442) zu betrachten. Als Bezeichnung für diese Organisationsstufe wurde beim Knorpel der Terminus Chondron gewählt, beim Knochengewebe könnte man bereits beim Osteoblasten mit KROMPECHER (1937) von einem *Zytoosteon* sprechen. Die Beziehung zur Interzellularsubstanz bestimmt die *Polarität* des Osteoblasten (vgl. KNESE, 1966a). Der Osteoblast gibt nur an der Seite zum Knochengewebe Interzellularsubstanz ab. Diese Polarität ist bei Osteoblasten auf der peripheren Periostseite eines Bälkchens in Richtung auf die Markhöhle eingestellt, bei Osteoblasten auf der Markseite des Bälkchens entgegengesetzt gerichtet. Eine Polarität weisen auch die in Gruppen zusammenliegenden spindelförmigen Osteoblasten bei der Bälkchenneubildung auf.

## 8.1.6. Die desmale Osteogenese

Die auf der Grundlage eines Knorpelmodells entstandenen Skelettstücke bezeichnet KOELLIKER (1889) als primären Knochen, die in einem weichen Blastem entstandenen desmalen als sekundären Knochen. In den Lehrbüchern (HAM und LEESON, 1965; BLOOM und FAWCETT, 1969; COPENHAVER, 1964; MOSS, 1966; BARGMANN, 1977; BUCHER, 1977) werden die desmale und die perichondrale bzw. periostale Knochenbildung heute überwiegend als desmale oder intramembranöse Osteogenese zusammengefaßt. Die Initialstadien der desmalen Osteogenese sind jedoch durch die unmittelbare Umwandlung von Mesenchymzellen in Osteoblasten gekennzeichnet, erst späterhin gleichen sich periostale und desmale Osteogenese.

In einem Mesenchym werden nach HARTMANN (1910) und MOLLIER (1910) zu Beginn der desmalen Osteogenese Fibrillenbündel gebildet; sie umschließen die Zellen knorpelartig. Anschließend wandeln sich Zellen zu Osteoblasten um, dabei vergrößert sich ihr Zellkern und wird polar verlagert, das Zytoplasma färbt sich stärker (vgl. PRITCHARD, 1952, 1956a). Die Wahl sehr früher Stadien zur Untersuchung der desmalen Osteogenese hält WEIDENREICH (1923a, b) für unnötig, da frühe Stadien nur über die Entstehung des Bindegewebes Auskunft geben könnten. Bei dem rein *bindegewebig präformierten* Knochen und der periostalen Osteogenese handelt es sich nach WEIDENREICH (1930) um „metaplastisch ossifiziertes Bindegewebe" im Sinn LUBOSCHS (1928). Nur Schalen- oder Lamellenknochen wird durch spezifische Osteoblasten gebildet. Die Entstehung der desmalen Knochenbälkchen erfolge auf der Grundlage von spiralig gedrehten Fibrillenbündeln, die außerhalb des Knochenbälkchens in Bindegewebsfasern übergehen (vgl. RANKE, 1913). Die Fasern werden durch große zytoplasmareiche Elemente mit großen ovalen Kernen auseinandergedrängt, die in Reihen oder Nestern liegen, den sog. Osteoblasten.

An Epon-Dickschnitten gewinnt man mit dem Phasenkontrastverfahren einen etwas abweichenden Eindruck von den ersten Stadien der desmalen Osteogenese (Abb. 228; KNESE, 1976). Die länglichen Mesenchymzellen liegen annähernd parallel in einem ziemlich weiten Abstand voneinander. Durch eine *Mesenchymkondensation* verschwinden die Interzellularraume. Dabei verkürzen sich die Zellen zu etwa polyedrischen Elementen, und nehmen schließlich eine *epitheloide* Gestalt an. Es liegen sich zwei Schichten von Epithel gegenüber. Zwischen ihnen tritt Interzellularsubstanz auf, ohne daß eine Faserverbindung zur Umgebung auffällt. Der Vorgang gleicht der Bälkchenbildung an anderen Orten der Knochenbildung (s.S. 533). Die weiteren Stadien erscheinen im Eponschnitt in gleicher Form wie in den üblichen lichtmikroskopischen Präparaten.

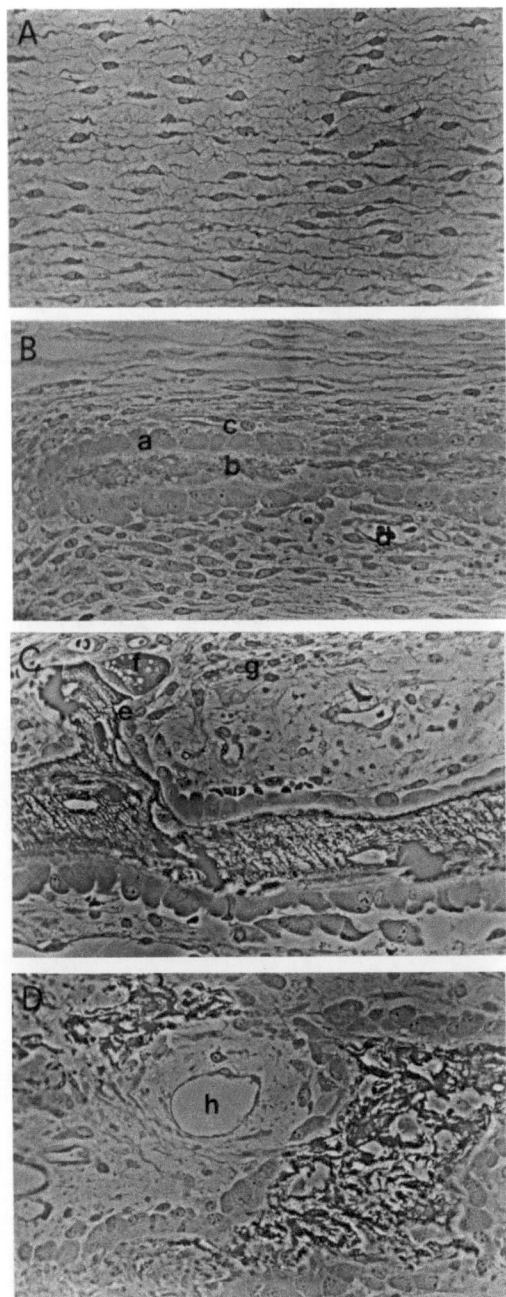

**Abb. 228.** Rinderfeten *A, B:* 38 mm, *C:* 50 mm, *D:* 85 mm SSL, Bildung des Parietale. *A:* Mesenchymaler Zustand, *B:* Bildung von Osteoblasten und eines Knochentrabekels. *a)* Osteoblasten, *b)* Knochenbälkchen, *c)* Kapillare auf der periostalen Seite, *d)* Kapillaren auf der duralen Seite. *C:* Bildung eines radiären Zapfens, *e)* radiäre Zapfen, *f)* Mineraloklasten, *g)* Zusammenlagerung von Osteoblasten zur Bildung eines weiteren Bälkchens, *D:* Abschluß eines Gefäßraums, (*h*) Obj. Ph 40

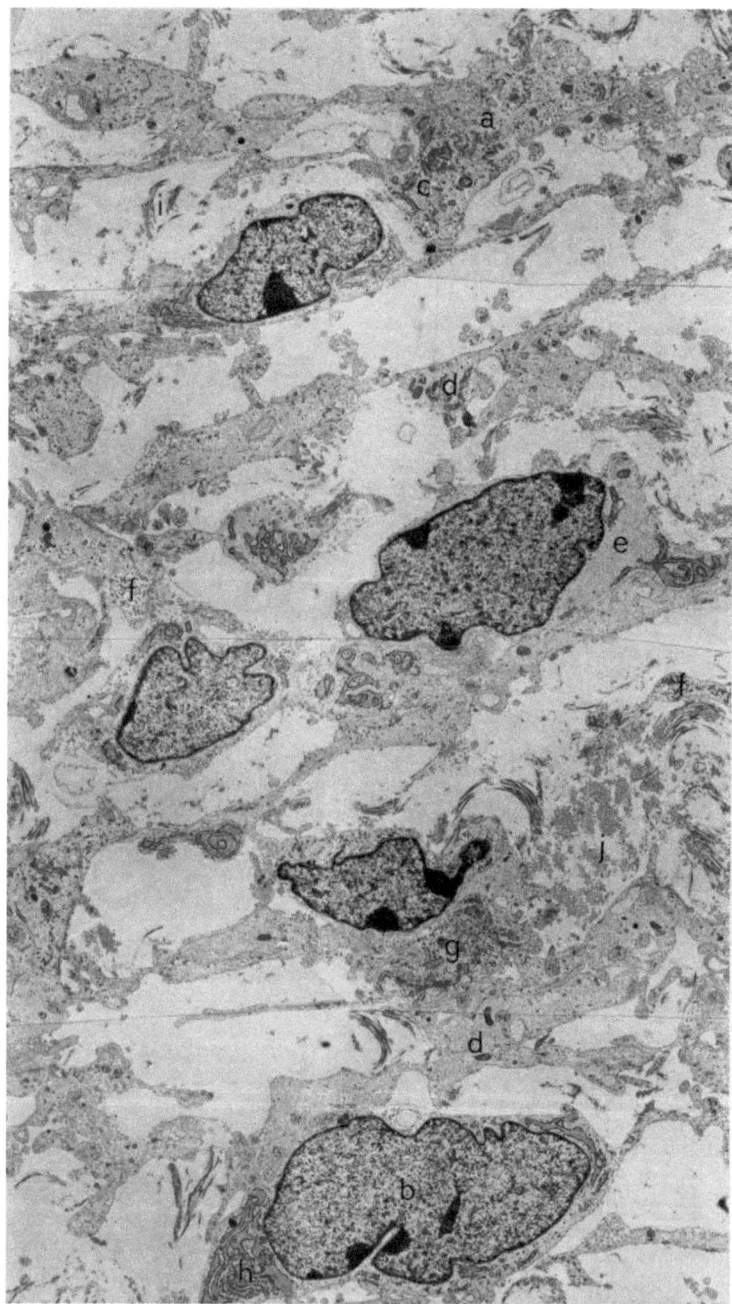

**Abb. 229.** Rinderfet, 38 mm SSL, Parietale, Osteogenes Mesenchym. *a)* Periphere Mesenchymzellen, *b)* Mesenchymzellen vor der Kondensation, *c)* gering entwickeltes granuläres Retikulum, *d)* Mitochondrien, *e)* Zytofilamente, *f)* Kohlenhydrate, *g)* Zentriol, *h)* stark entwickeltes granuläres Retikulum, *i)* geringe Anzahl von Fibrillen in der Nähe der peripheren Mesenchymzellen, *j)* größere Fibrillenansammlung. Vergr. 4200 × (aus KNESE, 1976)

Das *Mesenchym* des Schädels ähnelt jenem bei der Bildung der Wirbelbögen (Abb. 229). Lang ausgezogene Zellen liegen in einem weiten Interzellularraum, der wenig Fibrillen mit einem Durchmesser von ca. 250 Å enthält. Bei der Mesenchymkondensation entwickeln die Zellen eine Fülle von Fortsätzen in alle Richtungen des Raumes (Abb. 230). Die eingebuchteten ovoiden Kerne nehmen den größeren Teil der Zelle ein. Im relativ dichten Hyaloplasma liegen nur wenige Membranpaare, die Zisternen mit dichtem Inhalt umschließen. Neben sehr reichlich auftretenden *Zytofilamenten* ist eine wechselnde Menge von *Polysacchariden* vorhanden. Die Zahl der Kollagenfibrillen nimmt erst zu, wenn sich die Zellen zu Osteoblasten weiterentwickelt haben (Abb. 231). Das osteogene Mesenchym zeigt eine hohe Aktivität der *alkalischen Phosphatase* (HOROWITZ, 1942; BEVELANDER und JOHNSON, 1950a, 1951; PRITCHARD, 1952, 1956a). *Glykogen* ist nach BEVELANDER und JOHNSON (1950a, 1951) in Zellen vorhanden, die etwas differenzierter als Fibroblasten, aber noch nicht Osteoblasten sind. Bei Bildung einer Bälkchenanlage verlieren die Osteoblasten ihr Glykogen; es tritt in ihnen und den Osteozyten unmittelbar vor der Mineralisation wieder auf. Die Osteoblasten besitzen ein ausgedehntes endoplasmatisches Retikulum aus kurzen Membranpaaren (Abb. 231). Häufig sind die Zisternen mit dichtem Inhalt zu kugeligen oder unregelmäßig geformten Gebilden angeschwollen. In dichtem Hyaloplasma liegen einzelne oder kleine Gruppen von Kohlenhydratgranula. Die in nicht allzu großer Zahl auftretenden kleinen *Mitochondrien* sind unterschiedlich gestaltet. Kleine Golgifelder, Zytofilamente und Mikrotubuli sind unregelmäßig über die Zelle verteilt. Der *Kern* besitzt ein bis zwei deutlich strukturierte Nucleoli. Zwischen den sich annähernd gegenüberliegenden Osteoblasten, weniger zwischen benachbarten Osteoblasten, erscheinen Fibrillen von etwa 200–300 Å Dicke und einer Periode von ca. 400 Å. Die Fibrillen werden von den Osteoblasten gebildet, wie FRANK et al. (1968a) und FRANK und FRANK (1969) durch elektronenmikroskopische Autoradiographie mit *Prolin* nachgewiesen haben. Ihre Zahl vermehrt sich erheblich. Große Fibrillenbündel liegen parallel zur Osteoblasten-Oberfläche, d.h. in der Fläche der Schädelwölbung (Abb. 236). Hinzu treten Bündelsysteme, deren Verlauf schwer zu beurteilen ist.

Die anschließenden Stadien sind durch eine stark veränderte Struktur der Interzellularsubstanzen gekennzeichnet. Es taucht z.T. in Zellnähe eine annähernd *homogene* Substanz mit unregelmäßig rundlichen Maschen auf (Abb. 232, 233). Die Fibrillenstruktur verschwindet in großen Bereichen, vermutlich durch Quellung. Dieser Befund läßt keine Angabe über die Natur der vorliegenden Substanzen, bzw. deren Organisation zu. Im Vergleich mit der Fixierungsstruktur der Proteoglykane (Abb. 67, 68) möchte man annehmen, daß hier nicht streng organisierte Makromoleküle vorliegen. Im Hinblick auf das Unsichtbarwerden und spätere Wiedererscheinen von Kollagenfibrillen ist an eine Art *Gel* zu denken, vielleicht an ein nicht fibrilläres Gel von Kollagen, das in Gegenwart von hochmolekularen sulfatierten Proteoglykanen zu nativen Fibrillen umgeordnet werden kann (LOWTHER et al., 1970; in vitro). In diesem Fall läge, außer einer Verquellung, eine (partielle oder totale?) *Lösung* des Kollagens vor. Für eine Synthese von *Proteoglykanen* durch die Osteoblasten spricht die Zunahme der $^{35}$S-Ablagerung bei Umwandlung der Spindelzellen in Osteoblasten

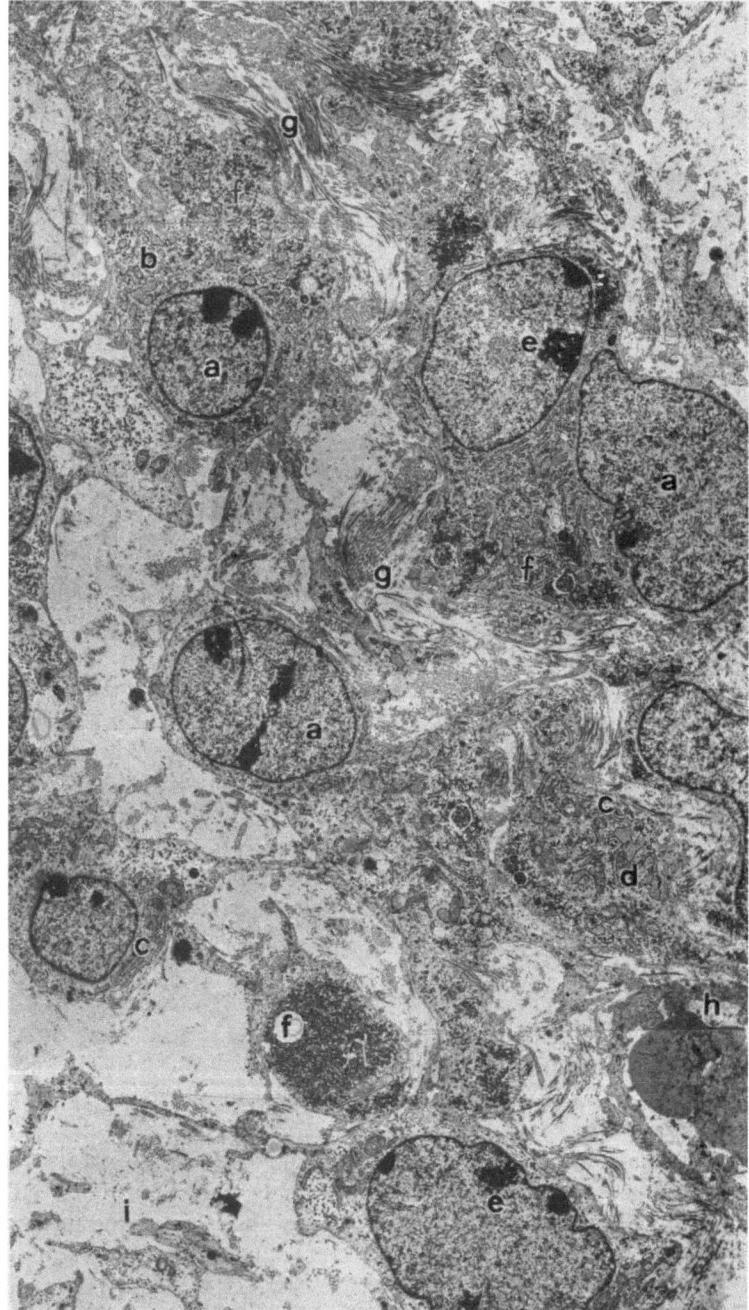

**Abb. 230.** Rinderfet, 38 mm SSL, Parietale, Mesenchymkondensation. *a)* Einander gegenüberliegende junge Osteoblasten, *b)* kurze Membranpaare, die rundliche Zisternen umschließen, *c)* längere Membranpaare, *d)* Mitochondrien, *e)* Nukleolus, *f)* intrazelluläre Kohlenhydrate, *g)* geringe Anzahl von Knochenfibrillen, *h)* Gefäß, *i)* angrenzende Mesenchymzellen. Vergr. 4200 × (aus KNESE, 1976)

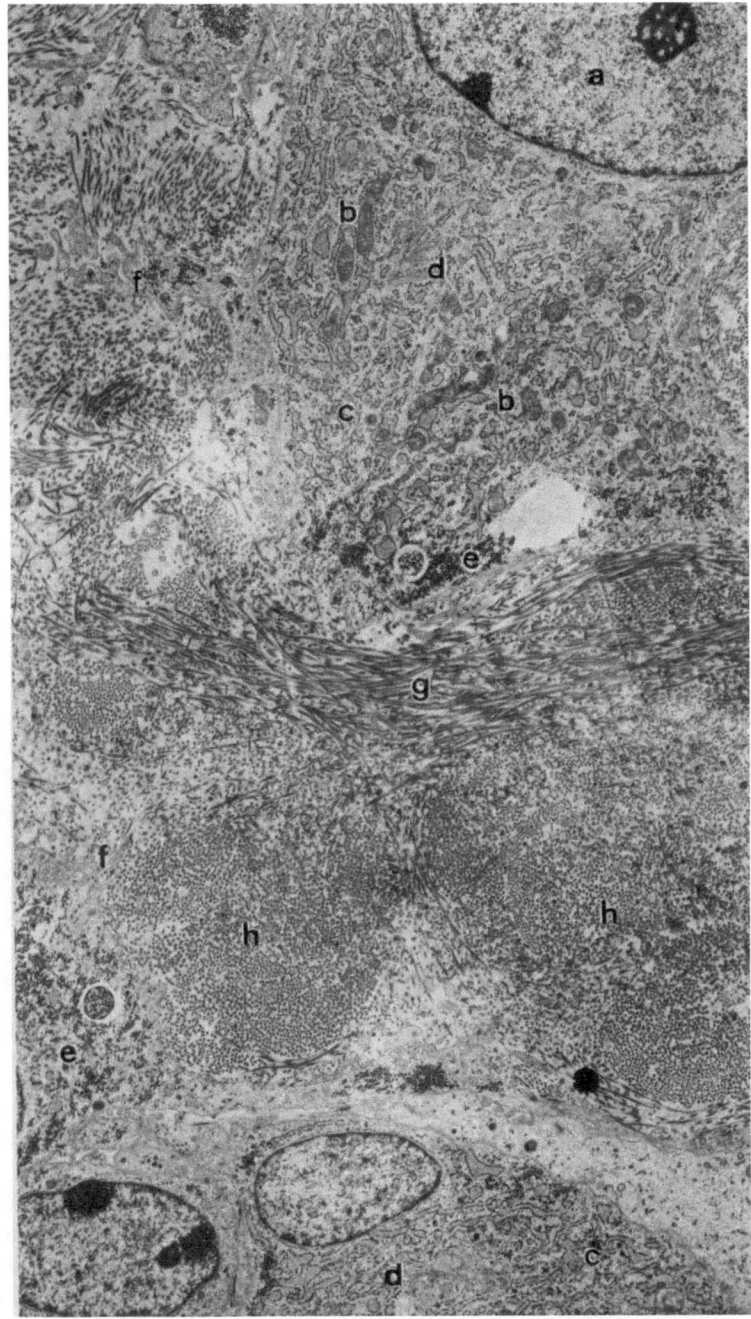

**Abb. 231.** Rinderfet, 38 mm SSL, Parietale, Osteoblasten und Knochenfibrillen. *a)* Kern mit Nukleolus, *b)* Mitochondrien, *c)* granuläres Retikulum, *d)* Golgifelder, *e)* intrazelluläre Kohlenhydrate, *f)* Fortsätze der Osteoblasten, *g)* längsgeschnittene Kollagenfibrillen, *h)* quergeschnittene Kollagenfibrillen. Vergr. 6 300 × (aus KNESE, 1976)

**Abb. 232.** Rinderfet, 50 mm SSL, Bildung des Parietale, unkontrastierter Schnitt. *a)* Kern des Osteoblasten mit Nukleolus, *b)* endoplasmatisches Retikulum, *c)* Mineraleinlagerung in der Nähe der Zelle, *d)* Mineraleinlagerung um verquollene Fasern, *e)* Mineraleinlagerung in annähernd homogenen Gebieten mit rundlichen Maschen, *f)* unmineralisierte, zellferne Teile. Vergr. 6300 ×

(AMPRINO, 1955c). Die Markierung wird noch stärker, wenn das präossale Gewebe gebildet wird (vgl. FRIBERG und RINGERTZ, 1956).

In unmittelbarem Kontakt mit der Zelle liegen lange Kristallnadeln (Länge 12 000–14 000 Å, Dicke 40 Å) in sternförmiger Ordnung. Diese Mineralisationsform ist für den Knorpel charakteristisch (u.a. KNESE und KNOOP, 1961 b; KNESE, 1959 b, c, 1976). In kontrastierten Präparaten hat der Stern einen dichten Kern, in nicht kontrastierten Vergleichsschnitten eine Höhlung (Abb. 232, 233). So ist zu vermuten, daß sich in diesem Gebiet Kontrastmittel als Zeichen für die Möglichkeit einer Kernbildung niederschlagen (vgl. hierzu WASSERMANN und KUBOTA, 1956). Im übrigen ist an Kristallschatten zu denken (BONUCCI, 1967, 1970; APPLETON, 1970, 1971). Die Zellnähe erinnert an den Ausspruch von

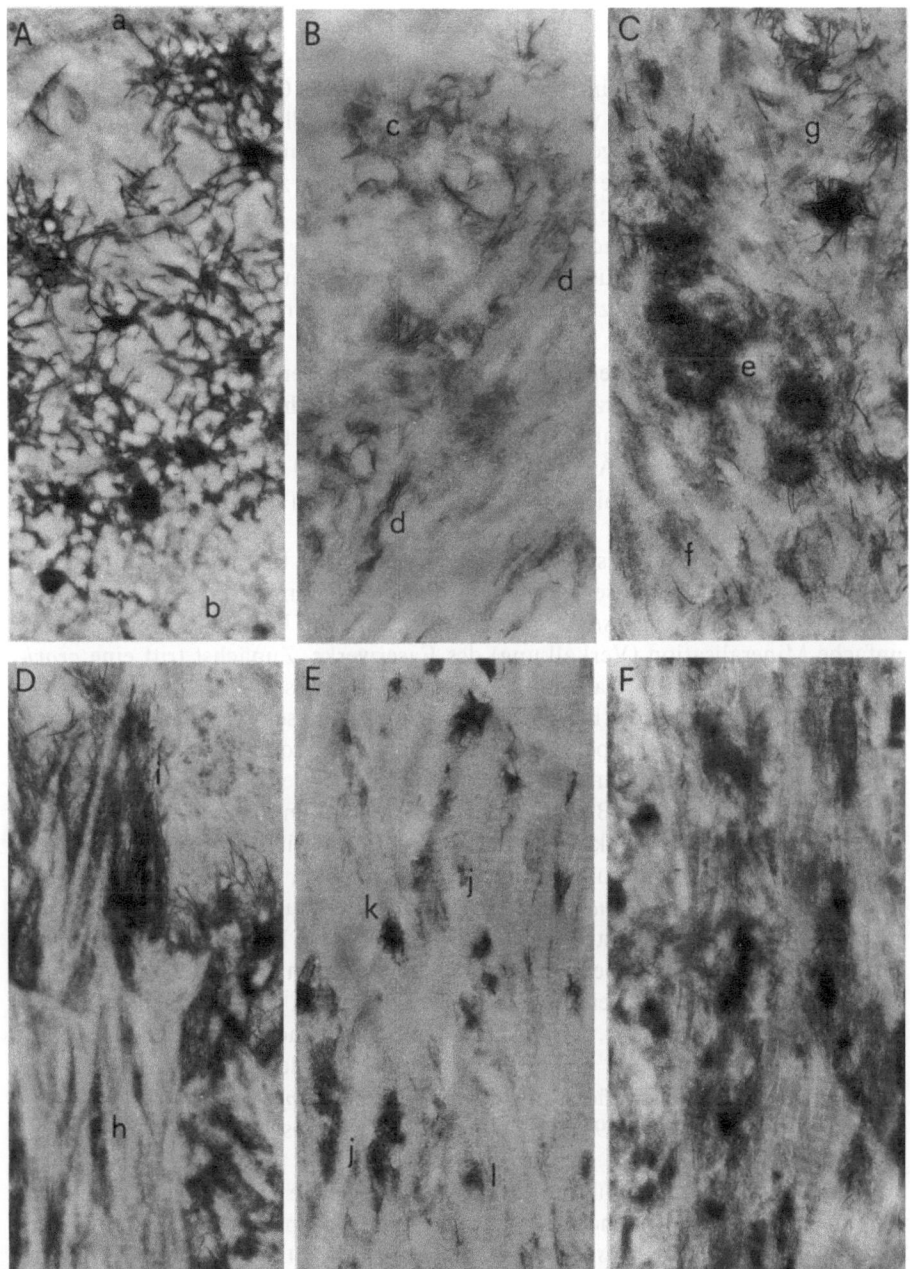

**Abb. 233.** Rinderfeten, *B, C:* 50 mm SSL, *A, D, F:* 62 mm SSL, *E:* 115 mm SSL, Mineraleinlagerungen bei der desmalen Osteogenese. *A:* Chondroide Kristallsterne in der Nähe von Zellen, *a)* Zellrand, *b)* homogene Substanz mit Maschen. *B:* unkontrastierter Schnitt, *c)* chondroide Einlagerungen, *d)* beginnende Faserkristallisation mit ossalen Nadeln, *C:* beginnende Kristallisation von Fibrillen, *e)* homogene Gebiete mit Kristallnestern, *f)* beginnende Faserkristallisation, *g)* fortgeschrittene Faserkristallisation. *D:* fortgeschrittene Faserkristallisation, *h)* Fibrillen mit undeutlicher Periode, *i)* ossale Kristalle in Zellnähe, *E:* fortgeschrittene Faserkristallisation, *j)* einzelne Nadeln, *k)* Kristallnester, *l)* teilweise amorphe (?) Kristallnester mit einzelnen Nadeln, *F:* ausgebildete Fibrillenstruktur mit verschieden weit vorangeschrittener ossaler Mineralisation.
Vergr. *A, D, E, F:* 36 000 × , *B, C:* 48 000 × (aus KNESE, 1976)

FOLLIS (1960): Nulla calx sine cellula. So erhalten z.B. Osteozyten eine Kristall-schale (vgl. KNESE, 1966c), während die übrige Interzellularsubstanz mineralfrei ist. Später treten gleichartige Kristalldrusen, im Zusammenhang mit Kollagenfi-brillen, auf (Abb. 233). Die Menge der Nadeln nimmt zu; es bilden sich unter-schiedlich dichte und breite Mineraldepots.

In einem weiteren Stadium zeichnen sich relativ breite *Kollagenfibrillen* (400–600 Å) mit Querstreifung (ca. 400 Å; Abb. 233) zunächst undeutlich, später immer schärfer ab. Es ist zweifelhaft, ob hier eine reine Entquellung vorliegt; man könnte auch an eine Rekonstitution aus einem Gel bei der Dicke der Fibrillen bis zu 600 Å denken. Gleichzeitig legen sich den Fibrillen *Kristallnadeln* in Längsachse an. Der Interzellularsubstanz wird weiterhin von den Osteoblasten ein *präossales Gewebe,* wie an anderen Orten, aufgelagert. Die Periode der Fibril-len beträgt nun etwa 600 Å, ihre Dicke z.T. über 400 Å. Die Markierung des Zahnfaches von Ratten mit $^{32}P$ ist über 8 Tage hin nachweisbar (LEBLOND et al., 1950).

Die Initialstadien der desmalen Osteogenese, die der Bildung eines präossalen Gewebes vorausgehen, lassen vermuten, daß auf diesem Wege eine *mineralisa-tionsfähige Interzellularsubstanz* geschaffen wird. Auf keinen Fall erfolgt eine einfache Mineralisation (Verkalkung) des Faserwerks. Zunächst tritt eine *prov-isorische*, chondroide Mineralisation auf, ihr folgt die ossale. Die Sequenz Kno-chen auf Knorpel ist bei der metaphysären Osteogenese selbstverständlich. Indes-sen treten auch die ersten periostalen Mineralien in Kontakt mit Knorpel und Knorpelmineralien auf (KNESE, 1959b,c; Abb. 130). Vielleicht liegt die Sequenz Knorpel-Knochen bei der Bildung des Schädeldaches in abgekürzter Form vor. Zudem besteht die Möglichkeit, daß die Bedingungen für eine ossale Mineralisa-tion erst über das chondrale Frühstadium geschaffen werden (KNESE, 1976).

Die Mineralien des *chondroiden* Gewebes werden durch *Mineraloklasten* ab-gebaut (Abb. 204). Eine Osteoklasie mit Mineral- und Kollagenabbau konnten wir bei *Rinder*feten nicht beobachten. Dieser speziellen Aufgabe entspricht die beschränkte zeitliche Verteilung der Riesenzellen am Schädeldach (s.S. 494; Abb. 202; BARNICOT, 1947). Damit kann ein Schädelknochen mit seinen Osteo-blasten und „Osteoklasten" keinesfalls als Muster für den Ablauf der Vorgänge bei Bildung eines Skelettstücks mit dem Widerspiel *Apposition* und *Resorption* (s.S. 658; u.a. MIJSBERG, 1932; BRASH, 1934; LE GROS CLARK, 1939; GRANT, 1952) angesehen werden.

Nach Abschluß dieser für die desmale Osteogenese spezifischen Vorgänge, verläuft die weitere Knochenbildung im Sinn einer periostalen Osteogenese. Sie geht sowohl vom *Periost* wie von der *Dura* aus (BLUNTSCHLI, 1925; MAIR, 1926; PETERSEN, 1930; TROITZKY, 1932; MOSS, 1954; MASSLER und SCHOUR, 1951), wie die Ablagerungen von $^{14}C$-Bicarbonat (GREULICH, 1955) und $^3H$-*Glycin* (YOUNG, 1962a) zeigen. In Gebieten, denen Knochenbälkchen noch feh-len, ist eine einheitliche Fibroelastica vorhanden (Abb. 191). In deren Mitte werden Zellen zu Osteoblasten, eine *Kambiumschicht* entwickelt sich beiderseits. Die Schicht wird durch Knochenbälkchen in ein Periost und eine Dura auseinan-der „gedrängt" (Abb. 190, 191; vgl. DISSE, 1909). Das Fasergewebe bildet den Rahmen für die Osteogenese, ohne daß die Fasern in den Knochen einbezogen werden. Die Bindegewebsknochen treten nicht in Strukturen von Membrancharakter auf, sondern in Auflockerungszonen zwischen divergent verlaufenden festen Grenzlamellen (GRAUMANN, 1951). Die entstandene Kambiumschicht zeigt die gleiche Gliederung wie im Periost. Die Osteoblasten haben, wie die späten epitheloiden, reichlich Glykogen gespeichert; ultrastrukturell ähneln sie den periostalen Osteoblasten (ASCENZI und BENEDETTI, 1959; FRANK, 1960, 1963). Lipide sind in Präosteoblasten häufiger als in Osteoblasten anzutreffen (BONUCCI, 1965).

### 8.1.7. Die intertrabekulären und intrakanalikulären Zellen

Durch die Bildung von Knochenbälkchen werden Zellen des Periostes zugleich mit Gefäßen eingeschlossen. Die entstehenden *intertrabekulären Spalten* werden später, zunächst im zentralen Anteil des Knochenquerschnitts, eingeengt und damit zu *Knochenkanälen* (Haverssche Kanäle). Die in diesen Räumen befindlichen Zellen wurden in dem Schema der Skelettzellen (Abb. 85) als intertrabekuläre bzw. intrakanalikuläre aufgeführt (KNESE, 1964a, 1966c). Die Reifungsvorgänge im Knochengewebe werfen die Frage auf, inwieweit sie auf die Knochenzellen selbst (intraossal: KNESE und v. HARNACK, 1962; KNESE, 1966c) bzw. auf die intertrabekulären und intrakanalikulären Zellen zu beziehen sind. Eine besondere Aktivität dieser Zellen liegt vermutlich bei der primären Knochenheilung nach einer *Druckplattenosteosynthese* vor (SCHENK und WILLENEGGER, 1964).

Gestalt und Farbreaktion der *intertrabekulären Osteoblasten* hängen von ihrer Lage im Knochenquerschnitt ab. In den peripheren intertrabekulären Spalten haben die Zellen noch epitheloide Form, in den zentralen Spalten ähneln sie den flachen polaren Osteoblasten. Mit der Änderung der Zellgestalt nimmt die Färbbarkeit mit Gallocyanin und Methylenblau ab. Zwischen den Gefäßen und den intertrabekulären Osteoblasten befindet sich eine Art Kambiumschicht mit wenigen perivaskulären Fibroblasten, die häufig einige Glykogengranula enthalten. Die umgebende Interzellularsubstanz ist faserarm, aber MPS-reich; sie reagiert metachromatisch und färbt sich bei der kolloidalen Eisenreaktion und mit Alcianblau an. Am ersten, subperiostalen Bälkchen (Metacarpus eines *Rinder*feten) sind nicht selten die auf der intertrabekulären Seite gelegenen Osteoblasten etwas größer als die auf der periostalen Seite; sie weisen eine ungewöhnliche große Zahl von spiralig angeordneten Polyribosomen auf (Abb. 236). In großen Haversschen Kanälen des Kaninchens besitzen aktive Osteoblasten eine ausgedehnte Golgizone und ein granuläres Retikulum (LUK et al., 1974a, b). An der Knochenoberfläche fehlt eine *Lamina limitans* (SCHERFT, 1972), eine intraossale, osmiophile (Appositions-) Kittlinie. Die Wand mittlerer und kleinerer Kanäle ist von ruhenden Osteoblasten mit wenig Zellorganellen und einigen mit Glykogen beladenen Präosteoblasten und Präosteoklasten ausgekleidet. Die Wand des Knochens hat eine Lamina limitans.

Die morphologischen Befunde lassen vermuten, daß die *Aktivität* der intertrabekulären Zellen im Knochenquerschnitt von peripher nach zentral und bei Verengung der Spalten zu Kanälen abnimmt. Durch Markierung mit $^3$H-*Glycin* wurde die Kollagensynthese durch intrakanalikuläre Osteoblasten nachgewiesen

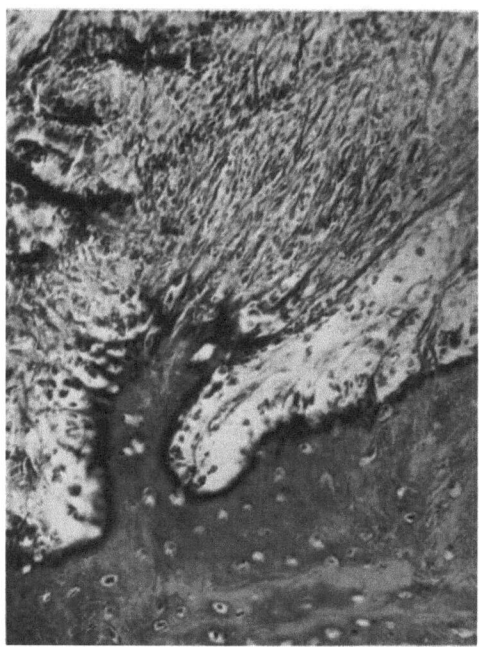

**Abb. 234.** Menschlicher Fet, 247 mm SSL, Radius. Große Fasermasse der Kambiumschicht an ein radiäres Bälkchen herantretend, Fasern argyrophil. Azan, Obj. 10 (aus KNESE, 1956a)

(LEBLOND et al., 1959). Die Ablagerungen befinden sich im peripheren Drittel des Querschnitts, überwiegend in Periostnähe, ebenso die von $^{45}$Ca (LEA und PONLOT, 1958; PONLOT, 1960). Die oben getroffene Feststellung über die Aktivitätsverteilung wird damit bestätigt.

### 8.1.8. Osteogenese unter Einbau von Fasern: Modus v. Korff

Verschiedentlich werden im Periost vorhandene Fasern in das Knochengewebe eingeschlossen (GEGENBAUR, 1864, 1867; WALDEYER, 1865a,b; LANDOIS, 1965a,b; KASSOWITZ, 1879; POMMER, 1881; SCHAFFER, 1888a; SPULER, 1899; MALL, 1902; STUDNIČKA, 1907). Die *Fasern* erscheinen zur Fibroelastica hin *pinselförmig* ausgefasert (Abb. 234); sie werden als v. Korffsche Fasern bezeichnet. Bei der Bildung von *Dentin* und Knochen sollten nach v. KORFF (1906, 1907a,b, 1914) zuerst diese Fibrillen entstehen, die in einem zweiten Stadium durch eine homogene Interfibrillärsubstanz maskiert werden. Nach v. EBNER (1906, 1909) sind die Fasern nicht immer bei der Dentin- und Knochenbildung vorhanden. Sie sind in Diaphysenmitte bei *menschlichen* Feten vom 4. FM (170 mm SSL) bis zur Geburt, am Diaphysenende noch darüber hinaus zu beobachten. Im Bereich des Schädels treten sie früher (50 mm SSL) auf (KNESE, 1956a) und sind bei kleineren Spezies wie der *Ratte* selten. Die v. Korffsche

Faser besteht aus Fibrillen (Periode 500 Å) mit einem Durchmesser von 346 Å (*Ratte*) bzw. 807 Å (*Rinder*feten; KNESE und v. HARNACK, 1962). Eine nichtfibrilläre Natur der v. Korffschen Fasern beim Dentin wurde von TEN CATE et al. (1970) aufgrund lichtmikroskopischer und elektronenmikroskopischer Beobachtungen behauptet; es solle sich um eine Silberimprägnation der Grundsubstanz handeln. Die Beobachtung einer Knochenbildung unter Einschluß v. Korffscher Fasern führten v. EBNER (1906, 1909) und PETERSEN (1919, 1935) dazu, von mehreren Phasen der Knochenbildung zu sprechen, d.h. zu der Erkenntnis, daß Knochenbildung kein einheitlicher Vorgang ist. Im übrigen stellte PETERSEN (1919) diese Bildungsform als Modus v. Korff jener durch Osteoblasten gegenüber.

Die *v. Korffschen Fasern* färben sich mit Anilinblau an und sind argyrophil (STUDNIČKA, 1907; KNESE, 1956a); sie werden in Knochenbälkchen eingemauert. Mitunter wird um eine Faser in einem bestimmten Abstand von einem älteren Bälkchen ein neues Bälkchen aufgebaut. Die v. Korffschen Fasern ziehen durch die intertrabekuläre Spalte hindurch und verbinden zwei Bälkchen (LANDOIS, 1865b; KNESE, 1956a). Die Fibrillen der Fasern treten annähernd senkrecht in den Knochen ein und verlaufen damit senkrecht zu den benachbarten Knochenfibrillen (Abb. 235; KNESE und v. HARNACK, 1962). Den Fibrillen der v. Korffschen Fasern fehlt, im Gegensatz zu den benachbarten „Knochen"fibrillen, eine Mineralüberkleidung (vgl. SHACKLEFORD, 1973). Ein Teil der peripheren Fibrillen löst sich aus der Formation der v. Korffschen Fasern unter Vergrößerung des interfibrillären Abstandes und erhält einen *Mineral*mantel: Die Faser wird eingemauert. Der gleiche Vorgang spielt sich am Ende der Faser ab. Die in den Knochen eingeschlossenen v. Korffschen Fasern unterliegen den allgemeinen humoralen und lokalen Bedingungen der Mineralisation, verhalten sich zunächst aber wie Kollagenfibrillen an anderen Orten des Körpers, die nicht mineralisieren. Ihnen fehlt vermutlich jene „Substanz" (MPS?), die zur Mineralisation erforderlich ist. Weitere Untersuchungen haben gezeigt, daß die v. Korffschen Fibrillen wie jene bei der Lamellenbildung (s. S. 672) in Mikrofibrillen aufgespalten und offensichtlich zu knochenspezifischen Fibrillen neu rekonstituiert werden.

Die Struktur des *Periosts* während der Bildung v. Korffscher Fasern ist recht verwickelt (KNESE, 1966a). Der Fibroelastica benachbart treten in der Kambiumschicht *Stammzellen* auf (s.S. 568). Im inneren Teil der Kambiumschicht sind den v. Korffschen Fasern *Fibroblasten* mit kleinem ovidem Kern und starker Kohlenhydratbeladung angelagert (KNESE, 1956a; KNESE und v. HARNACK, 1962). Bei Annäherung an die Knochenoberfläche werden die Kerne der Fibroblasten dicht, fast pyknotisch. Zwischen den v. Korffschen Fasern und den ihnen angeschlossenen Fibroblasten liegen *Präosteoblasten* mit rundlich-ovalem, chromatinarmem Kern und einigen Glykogengranula. Vor der Knochenbildungsfront wandeln sich die Präosteoblasten zu kubischen Osteoblasten (KNESE, 1963d; Abb. 214), deren Gestalt gedrungener ist als die der epitheloiden Osteoblasten (Maße: $6,3-8 \times 7,5-12\,\mu$m). Die *kubischen Osteoblasten* geben eine PAS-Reaktion und zeichnen sich durch eine Methylenblau-Basophilie bei pH 3,6 aus (frühe epitheloide: 4,1, späte epitheloide: 3,1; KNESE, 1964a, 1965a).

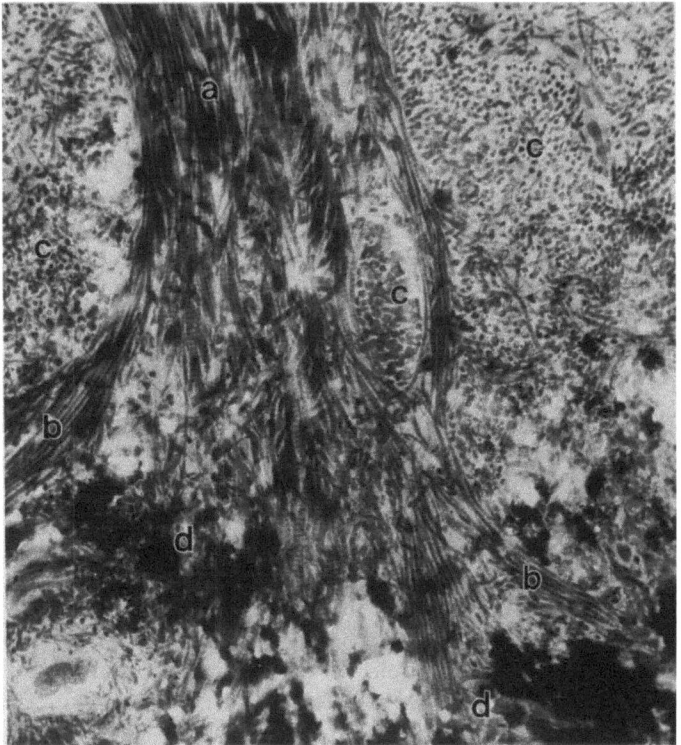

**Abb. 235.** Rinderfet, 340 mm SSL, Metacarpus. Eintritt einer v. Korffschen Faser in ein Knochenbälkchen. *a)* Fibrillen der v. Korffschen Fasern, *b)* ausscherende Fibrillenbündel, *c)* Knochenfibrillen, *d)* beginnende Mineralisation. Vergr. 9000 ×

### 8.1.9. Die Struktur der Osteoblasten

### 8.1.9.1. Der Zellkern der Osteoblasten

Die Größe des Osteoblasten-*Kerns* wurde mit 5–10 µm (ÖKLAND, 1939),
14 × 11 µm (SUNDBERG und HODGSON, 1955) angegeben. Die lange Achse des
ovoiden Kerns ist wie bei den anderen Periostzellen parallel zur Längsachse
des Skelettstücks orientiert (Abb. 248). Die Länge der Achsen beträgt $6,1 \pm 1,4$
und $4,5 \pm 1,2$ µm, das Volumen $63,5 \pm 24,8$ µm$^3$, die Oberfläche $77,1 \pm 27,5$ µm$^2$
und das spezifische Volumen V/O $0,84 \pm 0,19$ (KNESE und GEIDEL, 1972). Bei
der Untersuchung von 1098 Kernen im Metacarpus von 5 Rinderfeten von
105–330 mm SSL konnte keine signifikate Altersabhängigkeit der Kerngröße,
ähnlich wie bei den Knorpelzellen festgestellt werden (Abb. 249; vgl. ROSENTHAL
et al., 1941). Neben ovoiden Kernen wurden gelappte beobachtet (KNESE und
KNOOP, 1958). Das *Chromatin* ist in manchen Kernen relativ fein verteilt
(Abb. 224), in anderen fast verklumpt, wobei sich eine starke Schicht randständi-
gen Chromatins bildet (ÖKLAND, 1939; CAMERON, 1961 a, 1963, 1969; DECKER,
1966). Diese beiden Strukturformen wurden den ruhenden bzw. tätigen Osteobla-

sten zugeordnet (KNESE und KNOOP, 1958). Im allgemeinen sind ein bis zwei *Nucleoli* nachweisbar (ÖKLAND, 1939; SUNDBERG und HODGSON, 1955; KNESE und KNOOP, 1958; CAMERON, 1961a, 1963, 1969). *Kernporen* konnten nur gelegentlich beobachtet werden (ROBINSON und CAMERON, 1964). Angaben über die Feulgen-Reaktion der Kerne stammen von HAMBERGER und HYDÉN (1947, auch UV-Absorption), CAPPELLIN (1949), PRITCHARD (1952, 1956a), KNESE (1957) und MONESI und BETTINI (1958).

### 8.1.9.2. Die Mitochondrien der Osteoblasten

Die Mitochondrien der Osteoblasten haben die Form von Granula, Stäbchen oder faserartigen Gebilden (DUBREUIL, 1913a; DEINEKA, 1914; FELL, 1925; HILL, 1936; FISCHER, 1948; PRITCHARD, 1952). Die *Zahl* der Mitchondrien je Osteoblast (Femur der *Ratte*) steigt bis zur 5. Woche an (TONNA und PILLSBURY, 1959a, b). Bis zur 8. Woche sinkt die Zahl der Mitochondrien auf etwa die Hälfte. Sie nehmen in den ersten 8 Wochen etwa 28% an Länge ab. Bezogen auf einen periostalen Osteoblasten liegt ein Verlust von 83% der Oberfläche und 85% des Volumens der Mitochondrien vor. Annähernd parallel zur Zahl der Mitochondrien je Osteoblast verläuft die Aktivitätskurve für *Succinatdehydrogenase* und *Cytochromoxydase* (TONNA, 1958a, b; 1959). Die Aktivität nimmt vor der Reduzierung der Zahl der Osteoblasten mit Beginn der 8. Woche ab. Die höchste Zahl an Osteoblasten und Mitochondrien und das Maximum der Enzymaktivität fallen mit der Periode der lebhaften Knochenbildung zusammen.

Elektronenmikroskopisch erscheinen die Mitochondrien (Crista-Typus) im allgemeinen als ovaläre Gebilde. Ihre Zahl ist gering (ROBINSON und CAMERON, 1958). Form, Größe und Zahl der Mitochondrien sind in Chondroblasten und Osteoblasten etwa gleich (KNESE und KNOOP, 1961c). Sie bevorzugen die der Knorpel- und Knochenbildungsfornt benachbarten Abschnitte der Zelle. Die metaphysären Osteoblasten der *Ratten*-Tibia besitzen mehr, z.T. schlauchförmig gestaltete Mitochondrien (KNESE und KNOOP, 1961b). Von den Enzymen der Atmungskette wurde Cytochrom-c-Oxydase nachgewiesen (FOLLIS, 1948; FOLLIS und BERTHRONG, 1949; Tabelle 9).

### 8.1.9.3. Die juxtanukleäre Vakuole und der Golgi-Apparat der Osteoblasten

Ein großes, helles Gebiet neben dem Kern der Osteoblasten wurde als *juxtanukleäre Vakuole* bezeichnet (SPULER, 1899; ASKANAZY, 1902; SACERDOTTI und FRATTIN, 1902/03; MAXIMOW, 1910/11; DUBREUIL, 1913a; SCHAFFER, 1933). Die Vakuole ist auch mittels UV-Absorption nachzuweisen (HAMBERGER und HYDÉN, 1947). Ein oder zwei basophile Einschlüsse in der Vakuole wurden als *Zentrosomen* angesehen (DUBREUIL, 1913a; DEINEKA, 1914; SCHAFFER, 1933; FELL, 1925). Ein *Zentriol* ist in Osteoblasten relativ selten zu beobachten (Abb. 236). Mitunter treten Zilien auf (TONNA und LAMPEN, 1972). Mit Golgi-Methoden (DE FANO, AOYAMA) konnte in Kernnähe ein fädiges Netzwerk dargestellt werden (FELL, 1925; PRITCHARD, 1952), das auch über die ganze Zelle verteilt sein kann (HILL, 1936). Tröpfchen in lebenden Osteoblasten sah ROSE (1961) ebenfalls als Golgi-Apparat an.

Das Gebiet der juxtanukleären Vakuolen nehmen *agranuläre Membranen* ein, die Verbindung zu granulären haben (SCOTT und PEASE, 1956; CAMERON, 1961a, 1963, 1969; ROBINSON und CAMERON, 1964). In reifen Osteoblasten ist der *Golgi-Apparat* mit Doppelmembranen und Vesikeln schwächer als in Fibroblasten (FITTON-JACKSON, 1956; PORTER und PAPPAS, 1959) oder Chondroblasten (GODMAN und PORTER, 1960; vgl. KNESE und KNOOP, 1961 a, c; KNESE, 1969 b) entwickelt (YOUNG, 1962 a; CAMERON, 1968; vgl. HILL, 1936). Der Golgi-Apparat der Osteoblasten besteht aus vielgestaltigen Vesikeln von 0,5 μm Größe, flachen Säcken, häufig von den Vesikeln isoliert, und Haufen kleinerer Vakuolen (CAMERON, 1968). In kleiner Zahl finden sich um die Golgizone dichte Körper, die *Lysosomen* bzw. Sekretgranula oder multivesikulären Körper ähneln. In den Golgikomplex tauchen granuläre Membranen mit glatten Enden ein, die kleinen Golgibläschen benachbart sind. Vesikel, die zum Golgiapparat gehören mögen, befinden sich auch inmitten des endoplasmatischen Retikulums. In keinem Teil der Golgikomponenten sind morphologische Zeichen dafür anzutreffen, daß hier ein sekretorisches Produkt als Vorläufer der extrazellulären Substanzen vorliegt, wie u.a. Markierungsversuche zeigen (CAMERON et al., 1964; ROBINSON und CAMERON, 1964; PORTER, 1966). ³H-*Prolin*, das in der basophilen Zone des Zytoplasmas nach 7 min erscheint, wird zwar nach 20 min über der blassen juxtanukleären Vakuole aufgefunden, doch konnten elektronenmikroskopisch keine Beziehungen zu den Membranen festgestellt werden (LIU und CAMERON, 1965). Die Granula erscheinen nach 45 min in der Interzellularsubstanz. Nach CAMERON (1968, 1969) sind keine Zeichen für eine sekretorische Tätigkeit vorhanden, selbst wenn Vesikel das Plasmalemm erreichen. Die Vesikel verschmelzen auch nicht mit dem Plasmalemm; vor allem liegen sie auf der dem Osteoid abgewandten Seite (vgl. dagegen DECKER, 1966).

### 8.1.9.4. Äquivalente des Proteinstoffwechsels der Osteoblasten

#### 8.1.9.4.1. Die Zytoplasmabasophilie der Osteoblasten

Die Osteoblasten bilden Kollagen und andere Proteine (LIPP, 1966, 1967; KNESE, 1970 c). Die reifen Osteoblasten sind durch ein *basophiles Zytoplasma* ausgezeichnet (ASKANAZI, 1902; SACERDOTTI und FRATTIN, 1902/03; MAXIMOW, 1910/11; WEIDENREICH, 1923 a–e; STUMP, 1925; ÖKLAND, 1939); sie beruht auf dem Vorhandensein von *RNS* (BRACHET, 1941, 1959; CASPERSSON, 1941). In Fibroblasten kommen RNS selten vor (CAPPELLIN, 1948 a–c). Zur osteogenen Lage hin wurden ein zunehmender Reichtum des *Nucleolus* an Nukleinsäuren und einige Granula im Kern beobachtet. Anschließend erscheinen RNS im Zytoplasma, und zwar zunächst in der perinukleären Zone. Das Zytoplasma wird schnell mit RNS angefüllt. Gleichzeitig beginnt die Ablagerung der Interzellularsubstanz. Die Anfärbung der Osteoblasten mit *Pyronin* oder *Methylenblau* unterbleibt nach Ribonukleasevorbehandlung (FOLLIS und BERTHRONG, 1949; CLAVERT, 1950; FOLLIS, 1952 a, b; PRITCHARD, 1952). Zum Nachweis der Nukleinsäuren (DNS, RNS) hat sich als progressive und gegen Entwässerung sehr widerstandsfähige Färbung die *Gallocyanin*-Chrom-Alaun-Methode bewährt (EINARSON, 1951; vgl. PEARSE, 1961; LIPP, 1954 a). Die Osteoblasten in Diaphysenmitte färben sich mit Gallocyanin fast schwarz an, die flachen polaren bzw. spindelförmigen Osteoblasten am Diaphysenende reagieren schwächer (KNESE, 1959 a; KNESE und KNOOP, 1961 c). Eine schwache Reaktion liegt auch bei den Zellen der

Encoche vor, fehlt aber dem Zytoplasma aller anderen Zellen des Periosts (KNESE, 1966a).

Zur Bestimmung der unterschiedlichen Zytoplasmabasophilie eignet sich die *Methylenblaufärbung* in verschiedenem pH (DEMPSEY und SINGER, 1946; DEMPSEY et al., 1947; DEMPSEY et al., 1950). Statt der aufwendigen *Spektrophotometrie* zur Bestimmung der Basophilie, hat PEARSE (1961) vorgeschlagen, als *Maß der Basophilie* den Endpunkt der virtuellen Extinktion der Farbstoffbindungsfähigkeit für Methylenblau anzugeben. In Skelettzellen können verschiedene *basophile Substanzen* auftreten, die sich durch das Maß ihrer Basophilie voneinander unterscheiden (DEMPSEY und SINGER, 1946; PEARSE, 1961; BRESLAU, 1962; SZIRMAI, 1963). Eine Basophilie im pH 4,5 spricht für *Ribonukleinsäuren*, Polysaccharide mit Carboxyl-, Phosphat- und Sulfatgruppen. Bei pH 3,2 verlieren die Nukleinsäuren ihre Färbbarkeit, unter pH 2 färben sich die *Polysaccharide* mit Carboxyl- und Phosphatgruppen nicht mehr an, sondern nur noch solche mit *Sulfat*gruppen. Da die Farbstoffaufnahme von der Art der *Fixierung* abhängt (ZEIGER, 1930; YASUZUMI, 1933a,b; DEMPSEY et al., 1950; LIPP, 1954a; CURRAN, 1964; KNESE, 1966a), empfiehlt sich die Kontrolle durch Vorbehandlung mit *Ribonuklease* und *Hyaluronidase*.

Eine unterschiedliche Zytoplasmabasophilie der Osteoblasten wurde verschiedentlich beobachtet (HELLER et al., 1950; FOLLIS, 1951b, 1952a; PRITCHARD, 1952; KNESE, 1957, 1959a). Eine differente Farbstoffaufnahme zeigen die Osteoblasten an den verschiedenen *Orten* eines Skelettstücks (KNESE, 1959a). Die basophile Reaktion ist bei den Osteoblasten in der Diaphysenmitte etwas geringer als bei jenen am Diaphysenende, so daß eine *Dreigliederung* des *Periosts* vorliegt, wie sie autoradiographisch von LEBLOND et al. (1950) beschrieben wurde. Die *metaphysären* Osteoblasten im Bereich der primären Spongiosa färben sich stets kräftiger an als die periostalen. Die endostalen und diaphysärchondralen Osteoblasten reagieren z.T. stärker basophil als die periostalen.

Eine Vorbehandlung mit *Ribonuklease* verhindert die basophile Reaktion der Osteoblasten in Diaphysenmitte, aber nicht am Diaphysenende. Demgegenüber fehlt nach *Hyaluronidase*digestion die Anfärbung am Diaphysenende bzw. wird sie stark herabgesetzt. Bei einer Hydrolyse mit beiden Fermenten am gleichen Präparat bleibt die Farbreaktion aus (KNESE und KNOOP, 1961c). Unter Berücksichtigung der jeweiligen Stärke der Gallocyaninreaktion wurde daher angenommen, daß die *Osteoblasten* am *Diaphysenende* überwiegend *MPS*, in Diaphysenmitte aber *RNS* enthalten (KNESE, 1959a; KNESE und KNOOP, 1961c; KNESE, 1961c). Diese Angabe stimmt mit der Feststellung überein, daß die *Eiweißumsatzrate* spindelförmiger Osteoblasten nur 76% von jener der kubischen beträgt (KOBURG, 1961). Die Basophilie der Osteoblasten ist um 1,5–2,0 pH-Stufen geringer als jene der knorpeligen Interzellularsubstanzen im gleichen Präparat. So wäre zu vermuten, daß MPS mit einer geringeren Anzahl von Sulfatgruppen, d.h. untersulfatierte, vorhanden sind. Unter der Annahme, daß es sich um Polysaccharid-Protein-Komplexe handele, lag eine Prüfung mit *Papain* nahe, das für die Digestion dieser Proteine als spezifisch gilt (BOSMANN, 1968; Abb. 122). Nach Papain-Digestion zeigt das Zytoplasma eine vakuoläre Struktur, ähnlich wie nach Hyaluronidasebehandlung. Schließlich wurde geprüft, ob mit der Gegenwart von *Glykoproteinen* zu rechnen ist (KNESE, 1972b). Hierzu ist eine Digestion mit β-Galaktosidase und Neuraminidase durchzuführen (SPIRO, 1966; SHARON, 1966). Die Behandlung führt zu einer beträchtlichen Verstärkung der Basophilie. Man muß daher wohl annehmen, daß Glykoproteine das Farbstoffbindungsvermögen der Nukleinsäuren einschränken können.

Die Stärke der Zytoplasmabasophilie der Osteoblasten ändert sich während der Entwicklung. Bei erwachsenen *Meerschweinchen* und *Kaninchen* färben sich die Osteoblasten mit Methylenblau im pH 4,00–4,25, bei älteren Feten im pH 3,75–4,00 an (STURM, 1935). Demgegenüber ist die Anfärbung der Osteozyten in beiden Altersstufen mit pH 4,75–5,00 gleich. Zwischen den Zellen besteht ein Unterschied in der elektrischen *Ladung* des Zelleiweißes. Der Umladepunkt ist für Osteoblasten gleich der Wasserstoffzahl $c_H = 5,6 \cdot 10^{-5}$, für Osteozyten $c_H = 10^{-5}$ (STURM, 1935). Die verschiedenen *Osteoblastentypen* zeigen eine wechselnde Stärke der basophilen Reaktion (KNESE, 1963d, 1964a, 1965c, 1966a, c, 1970e), angegeben durch den Endpunkt der Farbstoffbindung nach Formolfixierung: *Spindelförmige* 4,7, *frühe epitheloide* 4,1, *kubische* 3,6, *späte epitheloide* 2,2–3,1 und *metaphysäre* (KNESE, 1966c) 3,6. Bei den späten epitheloiden Osteoblasten verschiebt sich der pH nach Alkoholfixierung auf 3,6. Die Anfärbbarkeit geht in diesen angegebenen pH-Stufen nach Ribonukleasebehandlung verloren; bei Färbung in einem höheren pH wird sie dagegen nur herabgesetzt.

Die *verschieden starke basophile* Reaktion der Osteoblasten läßt sich derzeit nicht befriedigend interpretieren. Eine Abhängigkeit von der Gestaltung des endoplasmatischen Retikulums ist nicht ohne weiteres nachzuweisen. Beim endoplasmatischen Retikulum imponieren die strukturellen Differenzen. Die basophile Reaktion beruht dagegen auf den qualitativen und quantitativen Unterschieden der vorliegenden Substanzen. Es wurde allerdings vermutet, daß die verschiedenartige Reaktion der Osteoblasten eine voneinander abweichende Tätigkeitsform dokumentiert (KNESE, 1965c).

Die *Zytoplasmastruktur* der Osteoblasten wurde unterschiedlich beschrieben, z.T. als körnig (ROLLET, 1871; VAN DER STRICHT, 1889; SPULER, 1897; ASKANAZY, 1902; v. KORFF, 1906; SACERDOTTI und FRATTIN, 1902/03; MAXIMOW, 1910/11; DUBREUIL, 1910a, 1912; PETERSEN, 1919; BAST, 1921a; STUMP, 1925; PRITCHARD, 1952, 1956a; PRATT, 1957), z.T. als *wabig* mit bläschenförmigen Vakuolen bzw. als schaumig (GARDNER, 1906; HARTMANN, 1910; MOLLIER, 1910; RANKE, 1913; LUBOSCH, 1928; WEIDENREICH, 1930). Bereits bei Färbung mit Methylenblau und Gallocyanin zeigt sich eine eigentümliche Netzstruktur des Zytoplasmas. Das Netzwerk reagiert mit den metachromatischen Farbstoffen orthochromatisch, die Netzmaschen metachromatisch; durch Ribonukleasebehandlung wird die orthochromatische Reaktion herabgesetzt, der Einfluß von Hyaluronidase ist wechselnd, z.T. wird die Netzstruktur wesentlich deutlicher. Das färberisch darstellbare orthochromatische Netzwerk in den Osteoblasten könnte ein Äquivalent des endoplasmatischen Retikulums darstellen (KNESE und KNOOP, 1961a, 1961c; vgl. KNESE, 1963d, 1970e).

### 8.1.9.4.2. Der Nukleinsäurestoffwechsel der Osteoblasten

Die Ausführungen (s.o.) über die basophile Reaktion und den Nachweis von RNS durch Vorbehandlung mit Ribonuklease sollen nun durch spezielle Untersuchungen der *RNS* und ihres *Umsatzes* ergänzt werden. Die UV-Absorptions-Spektra des Osteoblasten zeigen den Nukleinsäuren entsprechend ein Maximum bei 2600 Å und ein zweites bei 2800 Å, das auf die zyklischen *Aminosäuren*, Tyrosin, Tryptophan, Phenylalanin, zurückzuführen ist (HAMBERGER und HYDÉN, 1947); demgemäß liegt eine hohe Konzentration von Polynukleotiden und Proteinen vor. Der geringen Zellzahl entsprechend ist der Gehalt des Knochens an *DNS* relativ gering, doch ist der Bestand an RNS bezogen auf die DNS relativ hoch (BURCKARD und MANDEL, 1958). Das Verhältnis von RNS/DNS beträgt beim *Kaninchen* $2,37 \pm 0,37$ und der *Ratte* $2,27 \pm 0,30$.

Der *RNS-Umsatz* ist lebhaft. $^{32}$P zur Markierung der Phosphatgruppen der Nukleinsäuren tritt nach einer halben Stunde im Zellkern, nach 24 Std im

Zytoplasma auf und kann durch Ribonuklease entfernt werden (BURCKARD et al., 1959). Die Markierung erreicht ihr Maximum bei 24 Std, ist aber noch nach 8 Tagen nachweisbar. Die Einlagerung von $^3$H-*Cytidin* im Zellkern und der Übertritt ins Zytoplasma spricht nach YOUNG (1963 b) dafür, daß eine Bildung von Messenger-RNS vorliegt. $^3$H-Cytidin verbleibt mehrere Tage im Osteoblasten, während $^3$H-Glycin den Osteoblasten nach 1–4 Std verläßt (YOUNG, 1962 a). Auch *Uridin* erscheint zunächst im Kern der Osteoblasten und erreicht hier nach 1–2 Std eine maximale Konzentration, die über 4 Tage etwa konstant bleibt (OWEN, 1966). Die Markierung des Zytoplasmas erreicht ihr Maximum erst nach 24 Std und nimmt am 3. und 4. Tage ab. Die Osteoblasten an der Knochenoberfläche und die in den Haversschen Kanälen, die intertrabekulären (s.S. 545), verhalten sich ähnlich. Die Konzentration des Uridins im Zytoplasma der Präosteoblasten ist geringer. Obwohl der Umsatz durch Abbau verändert wird, schließt OWEN (1966), daß etwa 25% der markierten RNS in 3 Tagen umgesetzt werden. In *Ratten*knochen ist die Konzentration an Nukleinsäuren und Proteinen von der Geburt bis zum 3. Tag, vom 8.–13. und 18.–21. Tag höher als in der übrigen Zeit (KUFTINEC und MILLER, 1973).

### 8.1.9.4.3. Das endoplasmatische Retikulum der Osteoblasten

Die unterschiedliche Struktur von *Osteoblasten* und *Chondroblasten* läßt Schlüsse auf den jeweiligen Ablauf der Bildungsvorgänge bei der *Osteogenese* und *Chondrogenese* zu (KNESE und KNOOP, 1961 c; vgl. KNESE, 1964a, 1966a). Die Interzellularräume zwischen den Chondroblasten sind relativ weit und enthalten Kollagenfibrillen. Zwischen den Osteoblasten fehlen sie dagegen; sie erscheinen erst im präossalen Gewebe. In der Knorpelbildungsfront nehmen die bisherigen perichondralen Kollagenfibrillen den Charakter von „Knorpelfibrillen" an. So ist aus der Struktur der Chondroblasten und Osteoblasten und dem Auftreten der Interzellularsubstanzen zu schließen: (1) Die *Fibrillogenese* setzt bei der *Chondrogenese* bereits im Perichondrium ein, sie findet bei der *Osteogenese* erst in der *Knochenbildungsfront* statt. (2) Während der Chondrogenese werden die *Proteoglykane* von den Chondroblasten, während der Osteogenese von den Kambiumzellen im Periost gebildet (KNESE, 1966a, 1967a, b; s.S. 196). (3) Die Chondrogenese ist durch die Bildung der organischen Interfibrillarsubstanz, die Osteogenese (vgl. KNESE und TITSCHAK, 1962) durch die von Kollagenfibrillen gekennzeichnet. 4) Die *Mineralien* sind als eine von den organischen Interzellularsubstanzen abhängige Komponente anzusehen (KNESE, 1956a; s.S. 624).

Verschiedentlich wurde auf eine mehrzeitige Entwicklung des Knochengewebes hingewiesen (SPULER, 1899; v. EBNER, 1906, 1909; v. KORFF, 1906, 1907a; PETERSEN, 1919, 1935; ROBINSON, 1952; KNESE, 1956a). Aufgrund neuerer Kenntnisse über die Interzellularsubstanzen müssen wir hinzufügen, daß jede Komponente des Knochen- und Knorpelgewebes in einem eigenen Bildungsweg entsteht (KNESE, 1956a). Durch die *Summierung* differenter Vorgänge entsteht die komplexe Struktur des *Multikomponentensystems* der Knorpel- und Knochengewebe. Die Teilprozesse der Chondro- und Osteogenese zeigen in der Verteilung über die verschiedenen Abschnitte des Periosts bzw. Perichondriums, unter Einschluß des präossalen (s.S. 618) und prächondralen (s.S. 356) Gewebes, eine für sie charakteristische raumzeitliche Korrelation (KNESE, 1967b). Die Abfolge der Bildungsvorgänge in Sehnen- und Bandansätzen gehorcht jedoch einem eigenen Programm (s.S. 458).

Bei den weiteren Untersuchungen der Ultrastruktur der Osteoblasten wurde das endoplasmatische Retikulum im Hinblick auf die *Proteinsynthese* studiert. Umfang und Gestalt des endoplasmatischen Retikulums der Osteoblasten wird von der Mehrzahl der Autoren mit jenem in exokrinen Pankreaszellen verglichen (u.a. CAMERON, 1961a; BONUCCI, 1965). Die Zahl der Membranen ist bei späten epitheloiden Osteoblasten größer als bei frühen (KNESE, 1968a). Parallel zueinander verlaufende Membranpaare sind selten (Abb. 236). In manchen Osteoblasten sind die Zisternen, die kaum Material enthalten, seenartig erweitert, während das Hyaloplasma auf schmale Straßen beschränkt ist. Sackartige Zisternenerweiterungen treten häufig auf (KNESE und KNOOP, 1958, 1961b,c; ASCENZI und BENEDETTI, 1959; DUDLEY und SPIRO, 1961; BONUCCI, 1965). In frühen desmalen Osteoblasten erscheinen überwiegend rundliche Zisternen. In einigen Osteoblasten weisen die Membransysteme quere Verbindungen auf, so daß ein mäanderartiges Bild, z.T. mit weiten Zisternen, entsteht. Verbreitet ist der Übergang *granulärer* in *agranuläre* Membranen (SCOTT und PEASE, 1956; SHELDON und ROBINSON, 1957; FITTON-JACKSON, 1957a,b; DUDLEY und SPIRO, 1961; CAMERON, 1963; ROBINSON und CAMERON, 1964; DECKER, 1966). Größere Mengen von *freien Polyribosomen* sind in Osteoblasten gegenüber den Chondroblasten (vgl. KNESE und KNOOP, 1961a) selten (SHELDON und ROBINSON, 1957); ein Teil von ihnen ist unregelmäßig verteilt. Überwiegend sind aber Polyribosomen in Form von Doppelreihen (Länge 10–110 µm) vorhanden, die bogenförmig oder mehr geradlinig verlaufen.

Eine Reihe von Autoren haben in den Randzonen der Osteoblasten nach morphologischen Äquivalenten der Kollagensynthese gefahndet (s.S. 137). Unter dem mitunter doppelt erscheinenden *Plasmalemm* fand CAMERON (1961a) eine Rindenzone von 0,5 µm Breite, die feine Fibrillen enthält. Ähnliches fibrilläres Material und Granula in sackartig erweiterten Zisternen könnten Tropokollagen darstellen (vgl. TAKUMA, 1963). Die mitunter fein quergestreiften Filamente bilden Bündel (Durchmesser von 70 Å) und lassen sich bis in die Zytoplasmafortsätze verfolgen (HANCOX und BOOTHROYD, 1965). Eine Extrusion wurde nicht beobachtet. Die Dicke der Filamente soll weit weniger als 50–60 Å betragen (BONUCCI, 1965).

### 8.1.9.4.4. Der Aminosäurestoffwechsel der Osteoblasten

*Autoradiographische* Untersuchungen über die Dynamik des Aminosäurenstoffwechsels von Osteoblasten haben vor allem unser Wissen über den *zeitlichen* Ablauf (LEBLOND, 1965) der Kollagensynthese und die örtlich verschieden umfangreiche Osteogenese erweitert.

Einen Überblick über die topographische Verteilung von organisch gebundenem [14]C geben GREULICH und LEBLOND (1953) und GREULICH (1955, 1956a,b). Natrium-[14]C-*Bicarbonat* wird in den tiefen Lagen des Periosts und am Schädeldach abgelagert. 4 Std nach Injektion ist die periostale Markierung stärker als die metaphysäre. Die osteoiden Ränder sind wahrscheinlich auch aktiv. Nach 24 Std hat sich die Markierung im Bereich der Diaphyse verdickt. Während die Reaktion an den subepiphysären Knochenbälkchen nach 72 Std verringert ist, bleibt sie in der Diaphyse zunächst bestehen. Die markierten Zonen dehnen sich nach zentral zu aus, so daß fast die ganze Dicke der Schaftwand markiert ist. In manchen Abschnitten der Diaphyse, besonders in Schaftmitte, sind die peripheren Zonen nach 72 Std nicht mehr markiert; diese peripheren Lagen sind nach

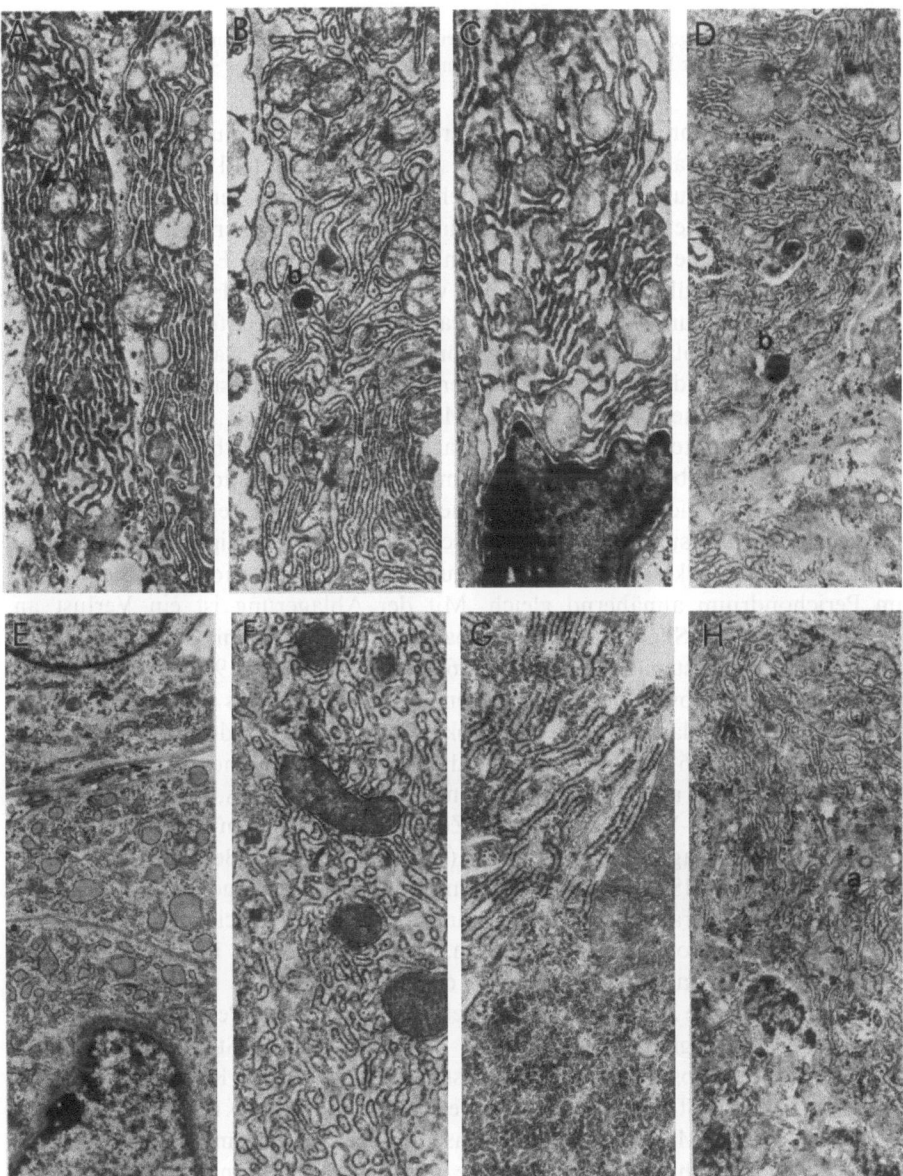

**Abb. 236.** Rinderfeten, *E:* 38 mm SSL, Schädeldach, *C, D, F, H:* 104 mm SSL, Metacarpus, *B:* 290, *G:* 320, *A:* 340 mm SSL Metacarpus, Gestaltung des endoplasmatischen Retikulums der Osteoblasten. *A:* Annähernd parallel verlaufende Membranen des Retikulums mit sehr schmalem, dichtem Hyaloplasma, *B:* annähernd parallel verlaufende granuläre Membranen, Hyaloplasma und Zisternen halb elektronendurchgängig, *C:* erweiterte Zisternen eines nicht ganz regelmäßig gestalteten endoplasmatischen Retikulums, Hyaloplasma elektronendicht, Zisternen elektronendurchgängig, *D:* mäanderartig gestaltetes endoplasmatisches Retikulum. Hyaloplasma und Zisternen annähernd von gleicher Dichte, im Hyaloplasma Kohlenhydratgranula, *E:* rundliche Aufwölbung der mit annähernd homogenem Inhalt gefüllten Zisternen des granulären Retikulums, *F:* seenartig miteinander kommunizierende Zisternen, *G:* größere Menge von Polyribosomen, *H:* endoplasmatisches Retikulum mit queren Verbindungen zwischen benachbarten Membranpaaren, *a)* Diplosom, *b)* lysomale Körper. Vergr. *A:* 5700×, *B, C, D, F, G, H:* 10600×, *E:* 6200×

der Markierung abgelagert worden. Die Markierungen an der inneren und äußeren Fläche des Schädeldachs und an der Mandibula entsprechen in ihrem zeitlichen Ablauf jenen an der Diaphyse.

Die Bindung von Natrium-$^{14}$C-Bicarbonat erfolgt vermutlich überwiegend am Kollagen, aber auch an Chondroitinsulfate (GREULICH, 1956a). Die Verteilung von Aminosäuren ist recht ähnlich. Ein Vergleich der Ablagerung von $^{14}$C markiertem Phenylalanin und Leucin sowie $^{35}$S-Sulfat ergibt, daß die $^{14}$C-Konzentration in der periostalen Region größer als in der Epiphysenplatte ist, während das $^{35}$S-Sulfat sich umgekehrt verhält (CAMPO und DZIEWIATKOWSKI, 1963). Die Ablagerungen befinden sich nach 24 Std direkt unter oder im Periost, nach 48 Std in größerer Entfernung vom Periost. 5 min nach der Gabe von *Histidin*, *Glycin* und *Prolin* sind die periostalen und endostalen Osteoblasten sowie Präosteoblasten 5 Wochen alter Mäuse stark markiert, die metaphysären weniger. Die stärkste Markierung liegt nach 30 min vor, tritt bei den metaphysären Osteoblasten aber bereits nach 15 min auf. Nach Histidinzufuhr ist nach 1 Std die Fibroelastica geringfügig markiert. Zu dieser Zeit beginnt der Übertritt in die Interzellularsubstanz, und es erscheint eine bandartige Ablagerung im Knochen. Die Markierung nimmt bis zum 7. Tage im Periost ab, bleibt aber im Perichondrium annähernd gleich. Mit der Ablagerung ist ein Verlust an Markierung in den Skelettzellen zu beobachten, mit Ausnahme der reifen Osteozyten und Fibroblasten (TONNA et al., 1962b, 1963; TONNA, 1965a, b). Die osteogene Lage des Periosts in der proximalen Hälfte des Femurs zeigt eine Produktion von Interzellularsubstanz, das subkortikale Endost jedoch nicht (TONNA und CRONKITE, 1962). Dagegen sind die subkortikalen endostalen Zellen in der distalen Hälfte aktiv, die periostalen aber nicht (TONNA, 1971a, b; 1974c). Dabei ist die *RNS*-Verteilung in den Zellen über den Femurenden mit jener der $^{3}$H-Glycin-Ablagerung vergleichbar (TONNA, 1965a, b). Bei 52 Wochen alten *Mäusen* ist die RNS-Aktivität vor allem im Periost, weniger im Endost und der Metaphyse herabgesetzt. Die Aminosäuren, u.a. Glycin, werden in den metaphysären Osteoblasten nach 30 min, in den periostalen nach 4 Std abgelagert. Die Markierung mit $^{3}$H-*Glycin* in der *Sutura* sagittalis und dem *Parietale* betrifft zunächst die Zellen des Nahtgewebes, dann jene des Periosts und Endosts (YOUNG, 1962b; vgl. GREULICH, 1955; s.S. 554). Nach 1 Std verläßt ein Teil der markierten Substanz den Osteoblasten und ist an der Knochenoberfläche zu finden. Nach 4 Std ist fast die gesamte Aktivität auf den Knochen übergegangen. Eine leichte Markierung des Kerns wie des Zytoplasmas läßt sich noch nach 2 Tagen nachweisen. Eine starke Markierung der Interzellularsubstanz des Knochens ist noch 3–6 Wochen nach Injektion zu beobachten. Die Markierung der Nähte ist zum großen Teil an die Kollagenfasern gebunden. Bei Tieren, die mehrere Injektionen erhalten haben, ist die Markierung des Periosts, Endosts und der Nähte stärker. In der Interzellularsubstanz finden sich mehrere markierte Streifen.

Zum Unterschied von den zeitlich-topographischen Untersuchungen der Aminosäureablagerung bezogen sich andere mehr auf den *Aminosäureumsatz* der Zellen. Die Stärke der Ablagerung von $^{3}$H-Leucin und $^{35}$S-Thioaminosäure nimmt von der Peripherie des Periosts zur Knochengrenze zu (KOBURG, 1960, 1961). Die Markierung des Periosts ist geringer als die der metaphysären Osteoblasten, deren Eiweißstoffwechsel mit jener in Ganglienzellen und Drüsenepithelien vergleichbar ist. Die Interzellularsubstanz des wachsenden Knochens und Dentins nimmt $^3$H-Glycin stärker als $^3$H-Methionin oder $^3$H-Leucin, aber auch stärker als $^{14}$C-Bicarbonat oder Glucose auf (CARNEIRO und LEBLOND, 1959). Das $^3$H-Glycin erscheint nach 5–30 min in den intertrabekulären bzw. metaphysären Osteoblasten, z.T. bereits im präossalen Gewebe, wo es nach 4 Std aufzufinden ist, während die Osteoblasten kaum noch $^3$H-Glycin enthalten (LEBLOND, 1963). Eindeutig für eine *Kollagenbildung* spricht nur die Aufnahme von markiertem *Glycin* (NEUBERGER und SLACK, 1953) oder *Prolin* (STETTEN, 1949). In Osteoblastenkulturen wird $^{14}$C-L-Prolin in $^{14}$C-Hydroxyprolin umgewandelt (SMITH und FITTON-JACKSON, 1956). Das proteingebundene Hydroxyprolin je mg Trockengewicht des Gewebes bleibt nach 15 Std des Lebens in der Kultur konstant (FITTON-JACKSON und SMITH, 1957). Elektronenmikroskopisch-autoradiographisch fanden FRANK et al. (1968a) und FRANK und FRANK (1969) an neugeborenen *Katzen* während der 1. Std eine Abnahme der Markierung mit Tritium-Prolin über dem endoplasmatischen Retikulum, dagegen eine Zunahme bei vesikulären Gebilden, die sie für den Golgiapparat halten. Diese Strukturen sind nach Meinung anderer Autoren (s.S. 550) eher als Teil des agranulären Retikulums bzw. als erweiterte Zisternen anzusehen. Aufgrund der Glycinabgabe errechnet OWEN (1963), daß an einem Tage ein 78 µm breiter Streifen Interzellularsubstanz gebildet wird. Innerhalb von 10 Tagen erreicht das Glycin die Endostfläche. Die Kontaktfläche eines Osteoblasten zum Knochen mißt nach rasterelektronenmikroskopischer Messung 154 µm$^2$ (136–177). Bei einer Apposition von 3,12 µm beträgt die tägliche Produktion von Interzellularsubstanz 470 µm$^2$ (JONES, 1974). Die Aufnahme von Aminosäure ist nicht nur auf die Produktion von Interzellularsubstanz, sondern auch auf den Umsatz der *Zellproteine* zu beziehen (TONNA, 1965a, b). Die Kornzahlverteilung über der Zelle spricht für eine aus 2 Komponenten bestehende Exponentialkurve mit 2 biologischen Halbwertszeiten. Die kürzere Zeit ist dem Umsatz der interzellulären Proteine, die längere jenem der Zellproteine zuzuordnen.

Wir müssen annehmen, daß die *Proteinsynthese* der Osteoblasten, wie in anderen Zellen auch, *genetisch* gesteuert wird (YOUNG, 1962a). Andererseits spielt die Aufnahme von Aminosäuren eine Rolle. An isolierten Zellen und Knochenfragmenten wurde der *aktive Transport* von Aminosäuren untersucht. Die Beobachtungen beziehen sich z.T. auf die Osteozyten. Wir gehen auf einige dieser Befunde ein, da die Ergebnisse an verschiedenartigen Zellsystemen nach ROSENBUSCH und NICHOLS (1967) sehr ähnlich sind und Auskunft über einen allgemeinen Zellmechanismus geben (s.S. 608). Indessen spielen sich verschiedenartige Transportmechanismen für Aminosäuren an fetalen Schädelknochen und adulten Diaphysen ab (HAHN et al., 1969b). Die Prolinaufnahme der Zelle hängt von der umgebenden *Prolinkonzentration* ab, die im menschlichen Plasma etwa 0,2 mM erreicht (FINERMAN et al., 1967). So ist anzunehmen, daß die Veränderung der intrazellulären Prolinkonzentration zur Regulation der Prolinsynthese beiträgt. Weiter ist an eine Art negativen *Rückkopplungs*prozeß bei den kollagenbildenden Zellen zu denken.

### 8.1.9.4.5. Enzyme des Proteinstoffwechsels in den Osteoblasten

Der *Pentosephosphatzyklus* wurde für Knochen von Säugetieren nachgewiesen (COHN und FORSCHER, 1962). Eine hohe Aktivität der Glucose-6-phosphat-Dehydrogenase zeigen die Osteoblasten von Ratten von der Geburt bis zum 8. Tage

(FISCHER, 1974; Tabelle 17). Die Aktivität der Aminopeptidase (LIPP, 1959; FULLMER, 1964a) ist in der äußeren Lage des Periosts gering (TAKADA et al., 1962).

### 8.1.9.5. Der Polysaccharidstoffwechsel der Osteoblasten

Die verschiedenen Polysaccharide, d.h. Glykogene, Proteoglykane (MPS) und Glykoproteine, werden in Osteoblasten durch färberische Methoden und durch spezifische Markierungen, voran $^{35}$S, nachgewiesen. Die vorliegenden Angaben widersprechen sich z.T. erheblich. Bisher fehlen biochemisch-analytische Untersuchungen über die Natur der Kohlenhydrate im Periost (KNESE, 1966a, 1972b). Diese Lücke in unserem Wissen ist im Hinblick auf bestimmte Hypothesen über die Mitwirkung von Kohlenhydraten bei der Mineralisation (s.S. 616) zu bedauern.

### 8.1.9.5.1. PAS-positive Substanzen in den Osteoblasten

Kohlenhydrateinlagerungen beim Einsetzen der *desmalen Osteogenese* wurden verschiedentlich beschrieben (s.S. 539; PARVIS, 1938; HOROWITZ, 1942; BUJARD, 1949; BEVELANDER und JOHNSON, 1950a, b; PRITCHARD, 1952; SCHAJOWICZ und CABRINI, 1954, 1958a; GRAUMANN, 1951, 1952; CABRINI, 1961). Bereits die Untersuchungen über die Verteilung der Kohlenhydrate in den Mesenchymen (JACOBSON, 1938; MOOG, 1944; MCKAY et al., 1955; MILAIRE, 1962a) lassen vermuten, daß ein einfacher Bezug des Glykogens auf osteogene Gebiete, vor allem im Schädel, kaum zulässig ist (vgl. PRITCHARD, 1956a; SCHAJOWICZ und CABRINI, 1958a).

Bei der desmalen und der periostalen Osteogenese nimmt die Zahl der *Glykogen*granula bei der Ausbildung der Präosteoblasten an Menge zu; die *reifen* epitheloiden Osteoblasten enthalten jedoch kein Glykogen mehr. Mitunter wurde in Osteoblasten eine geringe Menge von Glykogen festgestellt (HARRIS, 1932a, b; HILL, 1936; GENDRE, 1938; PARVIS, 1938; HOROWITZ, 1942; FOLLIS und BERTHRONG 1949; BUJARD, 1949; BEVELANDER und JOHNSON, 1950a, b; PRITCHARD, 1952; SCHAJOWICZ und CABRINI, 1954, 1958a; CABRINI, 1961). Im Gegensatz zu den epitheloiden Osteoblasten enthalten flache, wenig aktive Osteoblasten im desmalen Bereich sehr reichlich Glykogen (SCHAJOWICZ und CABRINI, 1958a). Auch CABRINI (1961) sah in kubischen Osteoblasten mit unregelmäßig verteilter Basophilie und in den benachbarten Präosteoblasten Glykogen. Bei neugeborenen *Ratten* geben alle Zellen des Periosts, speziell die Osteoblasten, eine positive PAS-Reaktion (TONNA und CRONKITE, 1959). In der 5. Lebenswoche färben sich die Osteoblasten intensiver an, danach nimmt ihre Anfärbbarkeit ab. Nach COBB (1953) enthalten metaphysäre Osteoblasten kein oder wenig Glykogen; die Zellen an älteren Bälkchen im größeren Abstande von der Epiphyse sind dagegen reich an Glykogen. In Markosteoblasten treten reichlicher PAS-positive Granula als in den periostalen auf (KNESE, 1959a, 1963d, 1964a, 1965c, 1972b; vgl. KNESE und KNOOP, 1961a).

Die z.T. widersprüchlichen Angaben beruhen vermutlich darauf, daß die *verschiedenen* Osteoblastentypen (s.S. 516; Abb. 214) in *unterschiedlicher* Menge

Glykogen speichern. Die voneinander abweichende Glykogenspeicherung und Zytoplasmabasophilie (s.S. 552) der Osteoblasten führte zur Unterscheidung mehrerer Zelltypen. Die *spindelförmigen* Osteoblasten enthalten nur einige Granula, die sich mit Bestschem Karmin, aber nicht bei der PAS und BTS-Reaktion anfärben. Die *frühen epitheloiden* Osteoblasten besitzen einige PAS-positive Granula. Die *kubischen* Osteoblasten und die Fibroblasten in Verbindung mit den v. Korffschen Fasern zeigen eine starke KH-Reaktion, ebenso die *späten epitheloiden* Osteoblasten. Eine weitere Beschäftigung mit den Kohlenhydraten des Periostes (topochemisch: KNESE, 1964a, 1966a, 1967a, 1969a; elektronenmikroskopisch: KNESE, 1966c, 1967c, 1969b, 1972b) führte aufgrund morphologischer Befunde zur Auffassung, daß sich der entscheidende Anteil des Kohlenhydratstoffwechsels nicht in Osteoblasten, sondern in den anderen Zellen des Periosts abspielt (s.S. 568).

Verschiedentlich wurde versucht, u.a. durch *enzymatische* Digestion, die Natur der PAS-positiven Substanzen zu bestimmen. Da die PAS-positiven Granula durch Speichelverdauung verschwinden, müßte es sich nach SCHAJOWICZ und CABRINI (1958a) um Glykogen handeln, das aber dem Glykogen der hypertrophen Knorpelzellen nicht gleichzusetzen ist (BEVELANDER und JOHNSON, 1950a). Weit verbreitet ist die Meinung, in den Granula liege ein *Heteropolysaccharid*, ein neutraler Polysaccharidproteinkomplex, vor (GERSH und CATCHPOLE, 1949, 1960; HELLER, 1950; HELLER-STEINBERG, 1951; MOOG und WENGER, 1952). Diese Substanz soll ein Polysaccharid sein, das neben Hexosamin 30% Protein enthält (FITTON-JACKSON und SMITH, 1955). Die färbbaren Kohlenhydrate der frühen epitheloiden Osteoblasten lassen sich durch $\alpha$-Amylase und $\beta$-Galaktosidase abbauen (KNESE, 1972b). Durch Hyaluronidase und Papain ist nur die Methylenblaubindung herabzusetzen; sie wird durch Neuraminidase $+ \beta$-Galaktosidase verstärkt. Die Kohlenhydrate der reifen Osteoblasten unterscheiden sich in ihrer Farbreaktion und Enzymempfindlichkeit von jenen in allen anderen Periostzellen (s.S. 565). Neben *Glykogen* könnten für die Osteoblasten (und die Osteogenese?) spezifische Proteoglykane und Glykoproteine vorhanden sein (KNESE, 1972b).

Die Angaben über Kohlenhydrate in Osteoblasten sind widersprüchlich, sowohl über die Menge wie über die Natur der Polysaccharide. Da die angewandten Methoden zum Nachweis von Kohlenhydraten standardisiert sind, muß man vermuten, daß die *Stoffwechsellage* der Osteoblasten, je nach Material, Alter, Ort, Spezies, recht unterschiedlich ist. Die Osteoblasten sind in ihrer *Funktion nicht vollständig gleichartig.* Bei der komplexen Natur der Kohlenhydrate ist anzunehmen, daß sie für eine ganze Reihe von Prozessen eine Bedeutung haben; diese Vermutung wird durch den Nachweis der entsprechenden *Enzyme* bestätigt. Zunächst ist bemerkenswert, daß den reifen Osteoblasten eine *Glykogensynthetase* fehlt (FISCHER, 1974; Tabelle 17), d.h. eine Glykogensynthese findet vermutlich nicht mehr statt. Über den Pentose-Phosphatzyklus geht das Glykogen in die Nukleinsäuresynthese ein. Die Aktivität der *Glucose-6-phosphat-Dehydrogenase* nimmt jenseits des 30. Tages ab. Die UDP-Glucose-Dehydrogenase ist nur bis zum 8. Tag nachzuweisen, d.h. die Osteoblasten können nur in diesem Zeitraum Glucuronsäure und damit Proteoglykane bilden. Auch die Enzyme des *Energiestoffwechsels* sind vorhanden, u.a. Lipoamid-Dehydrogenase, Proteindisulfid-Reduktase, Succinat-Dehydrogenase, Malat- und Lactat-Dehydrogenase sowie Glucose-6-phosphat-Dehydrogenase (WALKER, 1961; BALOGH et al., 1961; BALOGH, 1962; FULLMER, 1964a, b, c), ferner Isocitrat-Dehydrogenase (DIXON und PERKINS, 1952; FREEMAN, 1956; VAN REEN und LOSEE, 1958; VAN REEN, 1959; BALOGH et al., 1961; FULLMER, 1965) und Glutamat- sowie Phosphogluconat-Dehydrogenase (FULLMER, 1964a, b, c). Schließlich konnten die degradierenden Glykosidasen, $\beta$-Glucuronidase, $\beta$-Galaktosidase und $\beta$-Glucosidase nachgewiesen werden (SCHLAGER, 1959, 1960; YOSHIOKA et al., 1960; GUBISCH und SCHLAGER, 1961; MORI et al., 1965; FISCHER, 1977).

### 8.1.9.5.2. Die metachromatische Reaktion der Osteoblasten

Obwohl verschiedentlich Thionin zur Färbung von Knochenzellen empfohlen wurde (u.a. FUCHS, 1907; SCHAFFER, 1926a), hat nur RANKE (1913) Thionin färbbare *Granula* in Knochenzellen beschrieben, die als MPS anzusehen sind. Mit der kolloidalen *Eisenreaktion* nach HALE konnten in den Osteoblasten kurze Stäbchen und Granula gefärbt werden (FITTON-JACKSON und SMITH, 1955; FITTON-JACKSON und RANDALL, 1956; TONNA und CRONKITE, 1959). Durch Hyaluronidase wird nur das extrazelluläre, nicht das intrazelluläre Material entfernt. In der 5. Lebenswoche der *Ratte* nehmen die intrazellulären Granula an Menge zu, von der 8. Woche an ab. Die Reaktion der Osteoblasten mit dem Ferrihydroxyd-Sol hängt von der Menge des zugesetzten Eisessigs ab (KNESE, 1966a). Beim Verhältnis Sol zu Eisessig wie 10:1 (MÜLLER, 1955/56) fanden wir eine fast gleichartige Blaufärbung des Zytoplasmas, beim Verhältnis 10:4 (GRAUMANN, 1958a) eine grünlich-gelbliche Tönung mit Einlagerung einzelner Granula. Osteoblasten am Diaphysenende reagieren mit alkalischer *Toluidin*blaulösung stark metachromatisch; die Reaktion bleibt nach Hyaluronidase-Vorbehandlung aus, durch Ribonuklease wird sie wenig beeinflußt (KNESE, 1959a). Ursprünglich haben wir (KNESE, 1966a), wie üblich, in Anlehnung an PISCHINGER (1926) und LISON (1953) Kurzfärbungen von 10 min vorgenommen, später (KNESE, 1972b, 1977) wie mit Methylenblau über 24 Std bei herabgesetzter Farbstoffkonzentration (vgl. SINGER, 1952) gefärbt. Bei Färbung mit verschiedenen metachromatischen Farbstoffen im niederen pH zeigen die Osteoblasten eine rein *orthochromatische* Reaktion (vgl. TONNA und CRONKITE, 1959). Mit steigendem pH der Farbflotte tritt zu der orthochromatischen eine metachromatische Reaktion des Zytoplasmas hinzu (KNESE, 1957, 1966a, 1970c; KNESE und KNOOP, 1961a, 1961c). Die orthochromatische Reaktion der Osteoblasten wird bei *Ratten* mit zunehmendem Alter durch eine $\beta$-metachromatische abgelöst (TONNA und CRONKITE, 1959).

### 8.1.9.5.3. Die Ablagerung von [35]S in Osteoblasten

[35]S wird im *Periost* abgelagert (DZIEWIATKOWSKI, 1951, 1952a; ENGFELDT und HJERTQUIST, 1954b; ENGFELDT et al., 1954; BÉLANGER, 1954, 1956; DUTHIE und BARKER, 1955a; TONNA und CRONKITE, 1960), doch fehlen z.T. genauere Angaben über den Ort der Markierung. Die Ablagerung in den tiefen osteogenen Lagen des Periosts entspricht in ihrer Intensität fast jener im Säulenknorpel (DAVIES und YOUNG, 1954; BÉLANGER, 1954; AMPRINO, 1955c). 4–10 Tage nach der [35]S-Applikation sind Periost und Endost überhaupt nicht oder nur sehr wenig radioaktiv (AMPRINO, 1955c). Die Menge des radioaktiven Schwefels nimmt in den periostalen Osteoblasten der *Ratte* von der 1.

zur 5. Lebenswoche zu, in der 8. und 26. Woche ab (TONNA und CRONKITE, 1959). Das Periost um die Tuberositas glutaea und die Fibroelastica des Periosts enthalten ebenfalls $^{35}SO_4$. Periphere neue Bälkchen mit benachbarten Osteoblasten und die Haversschen Kanäle sind markiert, anderen Trabekeln und Kanälen fehlen jedoch Ablagerungen. Nach Ansicht der Autoren produzieren die Osteoblasten und die anderen Zellen des Periosts MPS, speichern aber keine größeren Mengen von MPS.

### 8.1.9.6. Weitere Charakteristika der Osteoblasten

In Osteoblasten können *Lipid*-Vakuolen auftreten (DUBREUIL, 1910a; HILL, 1936; BORGHESE, 1937; PRITCHARD, 1952, 1956a; ROSE und SHINDLER, 1960; KNESE und v. HARNACK, 1962; BONUCCI, 1965). Es handelt sich um ungesättigte, saure Lipide, z.T. um Phospholipide.

Eine hohe Aktivität der *alkalischen Phosphatase* wurde als bezeichnend für Osteoblasten angesehen (u.a. ROBISON, 1923, 1932; MARTLAND und ROBISON, 1924; FELL und ROBISON, 1930, 1933; GOMORI, 1939, 1943; FREEMAN und MCLEAN, 1941; KABAT und FURTH, 1941; HOROWITZ, 1942; RODOVÁ, 1948; FOLLIS und BERTHRONG, 1949; FOLLIS, 1949b, c; BEVELANDER und JOHNSON, 1950a; KROON, 1952; HINRICHSEN, 1956; BURSTONE, 1960b, 1961; MORI et al., 1965). Die Phosphatase tritt erst in *Kern* und Zytoplasma auf und geht dann in die Interzellularsubstanz über (BOURNE, 1943, 1956; PRITCHARD und RUZICKA, 1950; PRITCHARD, 1952, 1956a). Sie liegt extrazellulär in Gebieten der Mineralisation (LORCH, 1947; GREEP et al., 1948; BEVELANDER und JOHNSON, 1950b; PRITCHARD, 1952). Osteoblasten besitzen im allgemeinen eine geringere oder gar keine Aktivität *hydrolytischer Enzyme* (Tabelle 16, BURSTONE, 1959, 1960b; MORI et al., 1962; FULLMER, 1965; MORI et al., 1965). In Osteoblasten wurden zudem Esterasen gefunden (BURSTONE, 1957, 1960b; TAKADA et al., 1962; FULLMER, 1965). Esterasen und alkalische Phosphatase sind gegensinnig verteilt (BURSTONE und KEYES, 1957). Osteoblasten enthalten $\beta$-Hydroxybutyrat-Dehydrogenase (BALOGH et al., 1961; FULLMER und MARTIN, 1964; FULLMER, 1965, 1966) und geben eine schwache Reaktion auf Glycerinaldehyd-3-phosphat-Dehydrogenase (TAKADA, 1966).

# 8.2. Das Periost und die Zytogenese der Osteoblasten

## 8.2.1. Das Periost

Mit KOELLIKER (1889) und PETERSEN (1930) fassen wir das Periost als *integrierenden Bestandteil* des Skelettorgans auf. Über seine Bedeutung, besonders für die Osteogenese, bestehen z.T. recht widersprüchliche Auffassungen (BIDDER, 1906; MCEWEN, 1912; KEITH, 1919; GALLIE und ROBERTSON, 1919; HINTZSCHE, 1927a; HARRIS, 1928; WEIDENREICH, 1930; HAM, 1930, 1934). Ältere Autoren (BILLROTH, 1862; SCHULZ, 1895) haben *drei Schichten* im Periost unterschieden, eine *Adventitia,* die eine Verbindung zur Nachbarschaft herstellt, die *Fibroelastica* und die *Kambium-* bzw. *Osteoblasten*schicht. Die Osteoblastenschicht schwindet mit Abschluß des Wachstums (WEIDENREICH, 1930). BIDDER (1906) findet, daß nur die Fibroelastica von Epiphyse zu Epiphyse reicht, während die zellreiche Osteoblastenschicht nicht über die „encoche d'ossification" hinausgeht (vgl. KNESE, 1966a; Abb. 126). Vier Zonen unterscheidet PRITCHARD (1952): 1) Eine Zone periostaler Fibroblasten und tangential verlaufender grober Kollagenfasern; 2) Zone der proliferierenden und sich differenzierenden Präosteoblasten in einem Netzwerk feiner Kollagenfasern; 3) Zone der definitiven periostalen

Osteoblasten entlang radiär verlaufenden Kollagenfibrillen, die in die Trabekel der Knochen einstrahlen. 4) Das Netzwerk des primären trabekulären Knochens mit Höhlen, in denen Markosteoblasten liegen. Nach HARRIS (1928) wurde von GREW und DUHAMEL für die tiefe Lage der Periosts, in Analogie zu der proliferierenden Schicht bei Pflanzen, die Bezeichnung *Kambiumschicht* gewählt (vgl. BILLROTH, 1862). Für SCHAFFER (1888a) erfolgt von hier aus der Zellnachschub. Die Kambiumschicht wurde auch als *Schleimschicht* bezeichnet (VIRCHOW, 1853), wobei Bezeichnungen wie „verbeinernder Saft" (NESBITT, 1731, 1736), „couches ostéogène" (OLLIER, 1867), „moelle sous-periostique" (RANVIER, 1889) gebraucht wurden (vgl. BIDDER, 1906). Bei der Untersuchung der Osteogenese beschränkte man sich auf die Osteoblasten, ohne die Bedeutung dieser sog. Schleimschicht zu diskutieren (vgl. KNESE, 1966a).

Der Übergang vom *Perichondrium* zum *Periost* läßt sich anhand der Kohlenhydratverteilung verfolgen (KNESE, 1966a; Abb. 126). Beim Perichondrium vermißt man eine Gliederung in Fibroelastica und Kambiumschicht. Eine Aufteilung bahnt sich allerdings damit an, daß die peripher gelegenen Zellen schwach kohlenhydratpositiv, die der Knorpelbildungsfront nahen Chondroblasten dagegen kohlenhydratnegativ reagieren. Die Anlage der Gelenkkapsel geht über die äußeren Schichten des Perichondriums in die Fibroelastica des Periosts ein. Das Perichondrium im engeren Sinne setzt sich in die Fibroelastica des Periosts fort. Bei Auftreten der epitheloiden Osteoblasten entsteht eine Kambiumschicht. Die *Dicke* des Periosts wechselt örtlich; bei Erwachsenen ist sie 2–3mal so dick wie beim Neugeborenen (WEIDENREICH, 1930). Die Kambiumschicht im Bereich der Linea aspera mißt beim Kleinstkind 600 µm, beim 7jährigen 30–50 µm und fehlt dem Erwachsenen (BIERMANN, 1957). Bei *Mäusen* nimmt die Dicke der Fibroelastica von der 1. zur 52. Woche um 42%, die der Kambiumschicht um 81% ab (TONNA und CRONKITE, 1961b; TONNA, 1974a, c).

Die Gliederung des Periosts wirft folgende Fragen auf: 1) Welche Beziehungen bestehen zwischen Fibroelastica und Kambiumschicht, 2) welche Bedeutung haben die Schleimstoffe der Kambiumschicht, 3) welche Zellformen liegen in der Kambiumschicht neben den reifen Osteoblasten vor und 4) in welcher Form läuft die Zytogenese der Osteoblasten ab?

### 8.2.1.1. Die Fibroelastica des Periosts

Die Fibroelastica bildet am Metacarpus von *Rinder*feten von etwa 100 mm SSL eine einheitliche Schicht, in der die Fasern annähernd in der Längsachse des Skelettstücks verlaufen (KNESE, 1966a). Zwischen den dicht gelegenen Kollagenfibrillen entstehen *elastische Fasern* (Abb. 61, 62; vgl. TONNA, 1974b). Bei Feten von 300 mm SSL ist eine dünnere, äußere Schicht nur mit Fasern in zirkulärer Ordnung und eine dickere, innere mit mehr längsverlaufenden Fasern vorhanden.

Die *Fibroblasten* der umgebenden faserarmen *Adventitia* erscheinen im Querschnitt durch das Periost von *Rinder*feten als spindelförmige Zellen mit langen Fortsätzen (KNESE, 1971b; Abb. 237). Beim Übergang zur Fibroelastica werden die Zellen sternförmig und haben kürzere Fortsätze. Vom Perikaryon der Fibroblasten der Fibroelastica gehen schmale, blatt- oder *flügelförmige* Fortsätze aus,

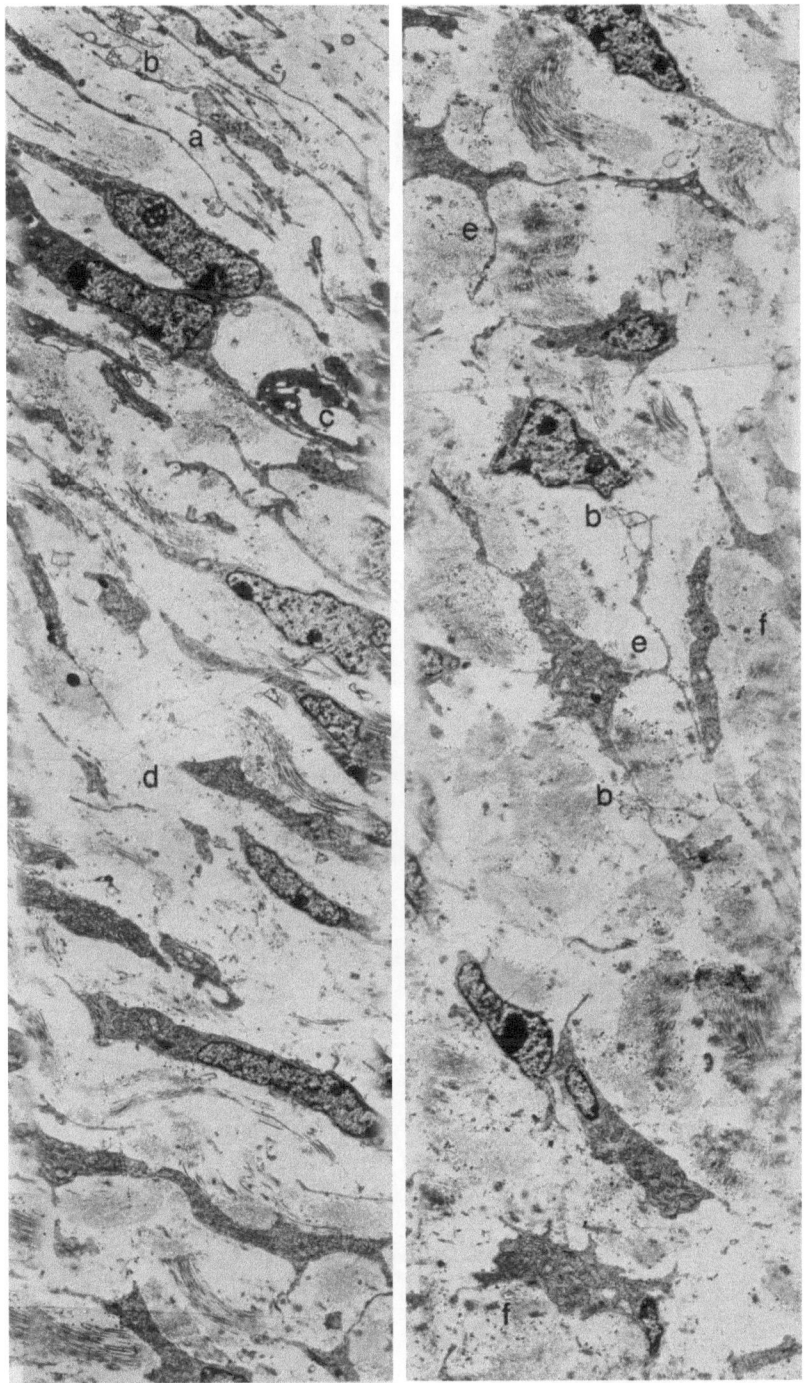

**Abb. 237.** Rinderfet, 104 mm SSL, Periost Querschnitt. *a)* Fibroblasten des lockeren Bindegewebes mit langen Fortsätzen, *b)* multivesikuläre Körper, *c)* Kapillare, *d)* Übergang zum Periost, *e)* flügelförmige Fortsätze, *f)* junge elastische Fasern. Vergr. 3500 × (aus KNESE, 1971 b)

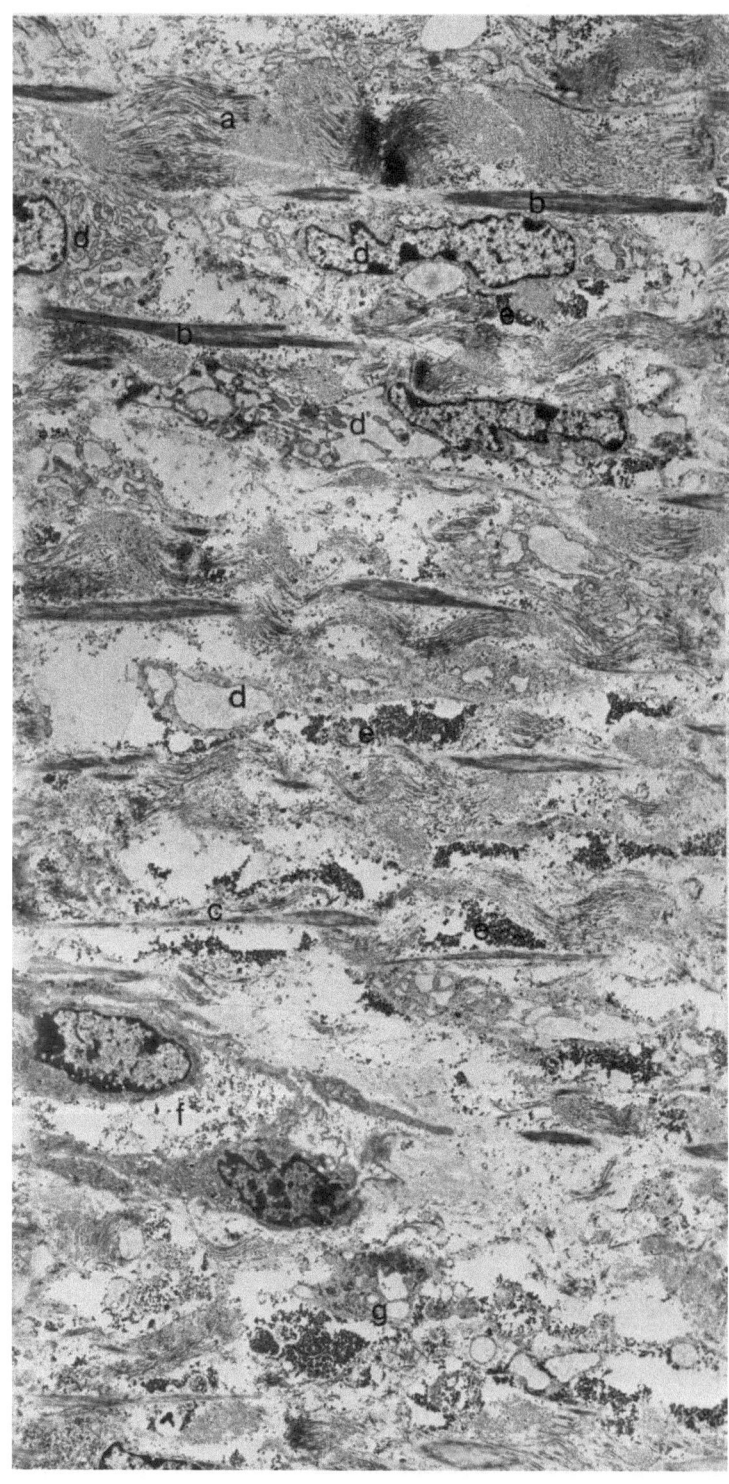

die zur Längsachse des Perikaryons annähernd parallel orientiert sind. Die Gestalt dieser Zellen entspricht jener der Flügelzellen in der Sehne; sie sind in der Sklera gleichartig gestaltet, aber nicht in der Cornea (KNESE, 1971 b). Die Fibroblasten junger Rinderfeten haben ein gering ausgebildetes Retikulum, wenige Kohlenhydratgranula und Mitochondrien. Im Zusammenhang mit den Zellfortsätzen treten multivesikuläre Körper auf. Bei größeren Rinderfeten sind die Zisternen des Retikulums erweitert (Abb. 238). Die zentral in Nähe der Kambiumschicht gelegenen Zellen weisen umfangreiche *Kohlenhydratdepots* auf (KNESE, 1966a, c, 1969a), die wie Glykogen amylaseempfindlich sind, aber auch auf Neuraminidase und $\beta$-Glucuronidase stark, auf Papain und Hyaluronidase weniger reagieren (KNESE, 1972b). Die Kohlenhydrate der Fibroblasten sind folglich als *Glykogene,* z.T. aber auch als *Glykoproteine* anzusehen; Proteoglykane (MPS) dürften nur in geringer Menge vorhanden sein.

### 8.2.1.2. Die Kambiumschicht des Periosts

Die Zytologie der Kambiumschicht wurde sehr stiefmütterlich behandelt. Mitunter wird nur von Präosteoblasten gesprochen. Zu ihnen rechnet PRITCHARD (1952) (1) kleine rundliche, dicht aneinander gelagerte Zellen mit hoher Mitoserate und beachtlichem Glykogengehalt und (2) Zellen, die zu den reifen Osteoblasten überleiten, mit herabgesetzter Mitoserate, verminderter Glykogenspeicherung und zunehmender Zytoplasma-Basophilie; beide Zellen enthalten wenige Mitochondrien. Die faserarme Interzellularsubstanz ist *ödematös* und reagiert *metachromatisch.* Im allgemeinen unterscheidet man heute folgende Zellformen im Periost: 1) Fibroblasten in der Fibroelastica, 2) Stammzellen oder osteogene Zellen bzw. Mesenchymzellen in der Kambiumschicht und 3) die Präosteoblasten (KEMBER, 1960; YOUNG, 1962a, b, c, 1963a; FROST, 1964a; TONNA, 1965b; OWEN, 1970). Die Stammzellen wurden von YOUNG (1963a) „osteoprogenitor cells" (vgl. u.a. CAMERON et al., 1964; HANDELMAN et al., 1964; SEDLIN, 1964; BALOGH und HAJEK, 1965), von HALL und SHOREY (1968) und HALL (1970a) „germinal cells" genannt.

Das Zellbild des Periosts ist recht vielgestaltig. Allerdings bereitet die Untersuchung infolge der engen Vergesellschaftung von Zellen und kohlenhydratreicher Interzellularsubstanz technische Schwierigkeiten (vgl. KNESE, 1966a, 1969b; FISCHER, 1974). Untersuchungen über die Kohlenhydratverteilung im Periost (KNESE, 1966a, 1972b) sowie die Ultrastruktur der Periostzellen (KNESE, 1966c, 1967a, b, c, 1969b, 1971b) führten dazu, in der Kambiumschicht zwischen *Stammzellen, Kambiumzellen* und *Präosteoblasten* zu unterscheiden. Enzymatische Kontrollen mit $\alpha$-Amylase, $\beta$-Glucuronidase, Hyaluronidase, Papain, Trypsin, Neuraminidase, $\beta$-Galaktosidase, sowie Methylierung, Sulfurierung und Acetylierung sprechen dafür, daß neben Glykogenen vermutlich *hybride Proteo-*

---

◁ **Abb. 238.** Rinderfet, 340 mm SSL, zentraler Anteil der Fibroelastika. *a)* Dicke Kollagenfaserbündel, *b)* dickere elastische Fasern, *c)* dünne elastische Fasern beim Übergang zur Kambiumschicht, *d)* Fibroblasten in Umwandlung zu Stammzellen mit stark erweiterten Zisternen, *e)* extrazellulär gelegene Kohlenhydratgranula, *f)* Kapillare, *g)* Anschnitte durch eine Stammzelle. Vergr. 3500 ×

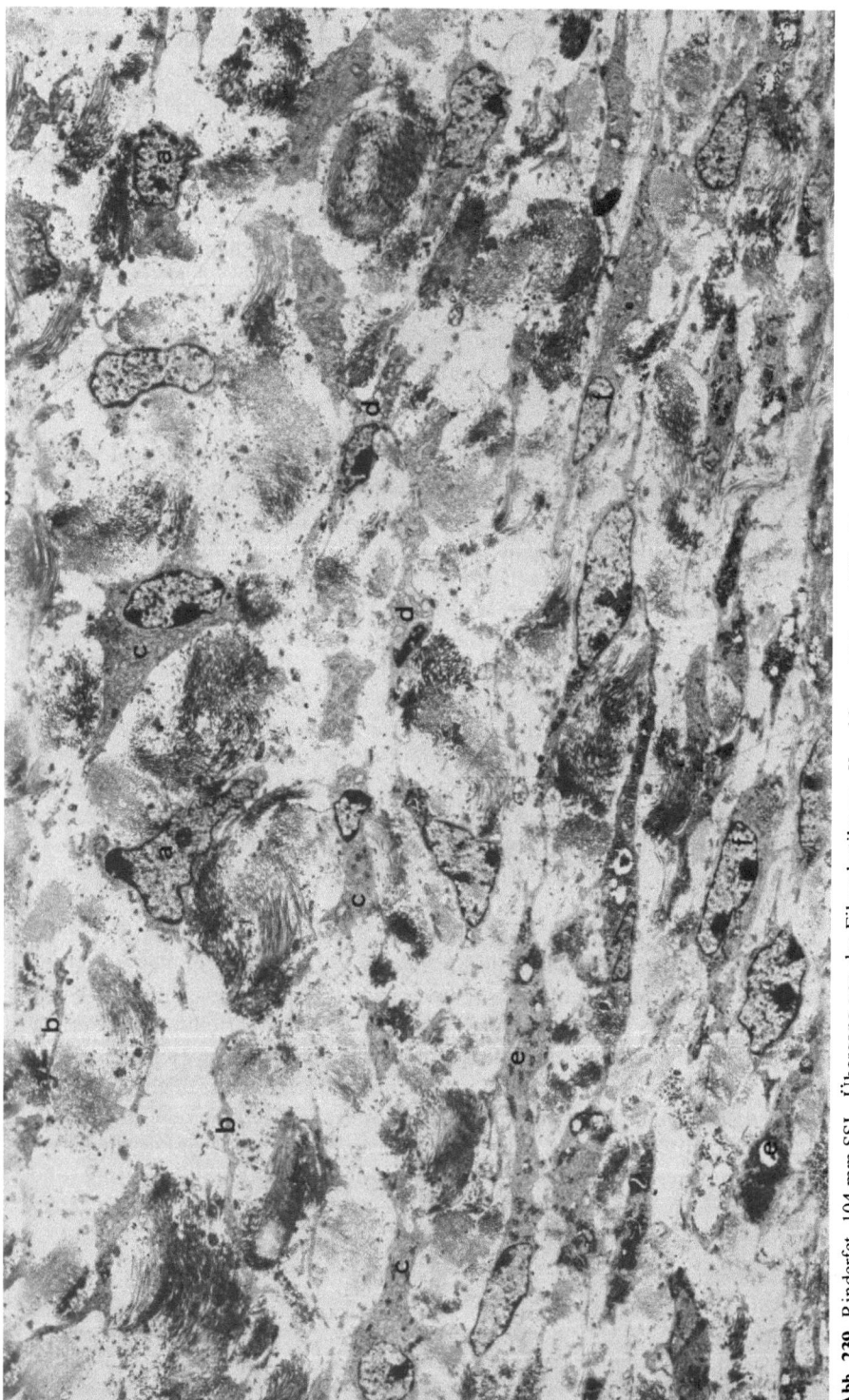

**Abb. 239.** Rinderfet, 104 mm SSL, Übergang von der Fibroelastika zur Kambiumschicht. *a)* Fibroblasten mit gering entwickeltem Zytoplasma, *b)* Anschnitt durch flügelförmige Fortsätze der Fibroblasten, *c)* Fibroblasten in Umwandlung zu Stammzellen mit reichlich ausgebildetem endoplasmatischem Retikulum, *d)* Fibroblasten in Umwandlung zu Stammzellen mit relativ stark entwickelten Zisternen, *e)* sich entwickelnde Stammzellen mit reichlich Kohlenhydraten, *f)* Stammzellen mit stärker entwickeltem endoplasmatischem Retikulum, aber geringer Kohlenhydrateinlagerung. Vergr. 3 500 ×

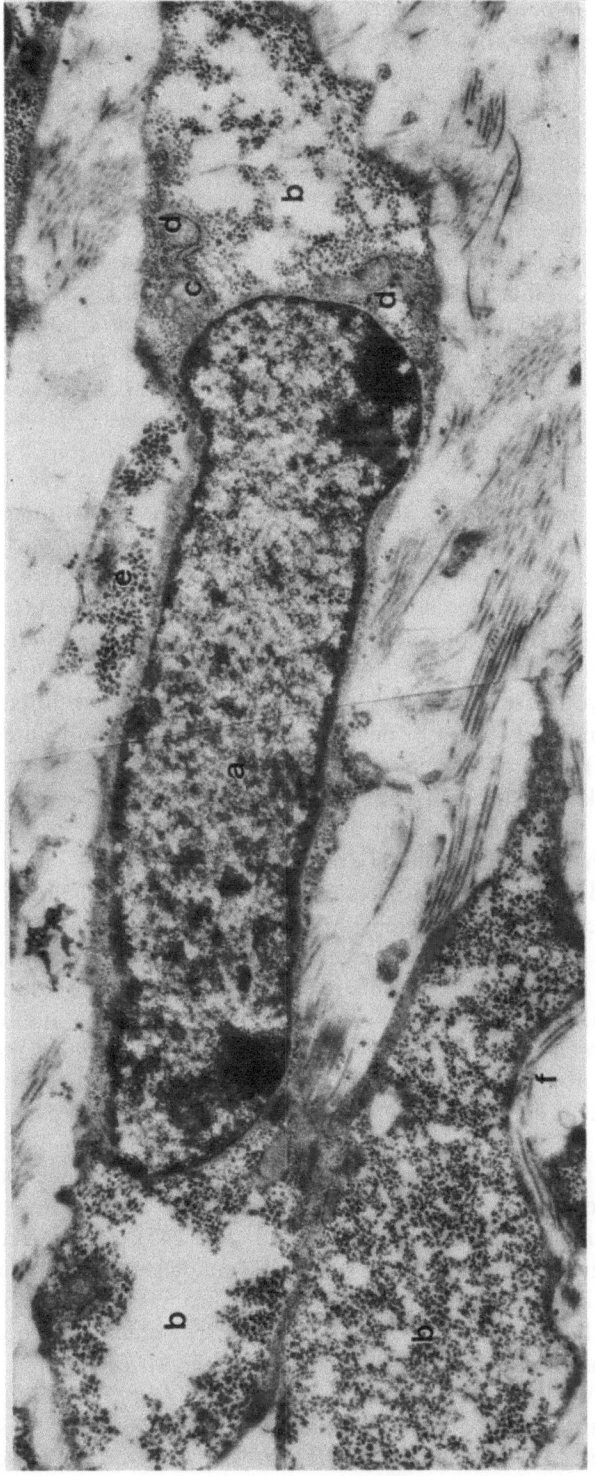

**Abb. 240.** Rinderfet, 130 mm SSL, Stammzelle. *a)* An den Enden abgestumpfte Kerne, *b)* Kohlenhydrateinlagerungen, z.T. durch Fixierung rarifiziert, *c)* kurze Membranen des endoplasmatischen Retikulums, *d)* Mitochondrien, *e)* extrazelluläre Kohlenhydratgranula, *f)* Plasmalemmblase. Vergr. 12200 ×

*glykane* und *Glykoproteine* vorliegen (KNESE, 1972b). Weiter ist mit Substanzgemischen zu rechnen, die teilweise als „MPS"-Vorstufen anzusehen sind.

An der Grenze von Fibroelastica zur Kambiumschicht sinkt die Zahl der *Kollagenfibrillen;* sie sind gegenüber denen der Fibroelastica unregelmäßig verteilt. Die Zellen werden spindelförmig, die Zahl ihrer Fortsätze geringer, der in den Fibroblasten spindelförmige Kern wird kurz, zylindrisch (Abb. 239): es haben sich *Stammzellen* entwickelt. Gleichzeitig setzt eine beträchtliche Kohlenhydratspeicherung ein (Abb. 240). Sie erfolgt bei *Rinder*feten von 300 mm SSL bereits im inneren Anteil der Fibroelastica; diese Zellen sind damit keine echten Fibroblasten mehr, sondern schon Stammzellen (Abb. 238). Die Kohlenhydrate der Stammzellen erweisen sich bei der enzymatischen Kontrolle als Amylase- und Neuraminidase-sensitiv, dagegen als resistent gegen $\beta$-Glucuronidase und Papain; durch Hyaluronidase wird die PAS-Reaktion verstärkt. Aus dem Verhalten gegenüber der enzymatischen Digestion wurde geschlossen, daß die Stammzellen Kohlenhydrate mit der Natur der *Glykogene* und *Glykoproteine* enthalten (KNESE, 1972b).

Aus den Stammzellen werden rundliche, stark mit Kohlenhydraten beladene *Kambiumzellen* (KNESE, 1966a; Abb. 241). In den Kambiumzellen wird die PAS-positive Reaktion der Kohlenhydrate durch Amylase, Neuraminidase, $\beta$-Glucuronidase, und Papain herabgesetzt, durch Hyaluronidase verstärkt. In ihnen dürften also Kohlenhydrate mit der Natur der *Glykogene, Proteoglykane* und *Glykoproteine* auftreten (KNESE, 1972b). Die *extrazellulären Proteoglykane* lassen sich durch Hyaluronidase abbauen. Elektronenmikroskopisch wurden bei *Rinder*feten von 100 mm SSL zwei Formen von Kambiumzellen beobachtet (KNESE, 1969b; Abb. 242); bei der einen sind die Granula schwach (Abb. 77), bei der anderen stark kontrastierbar (Abb. 78). Die zweite Form mit extrem erweiterten Zisternen des Retikulums gleicht einigen Zellformen in der Epiphyse und Zwischenwirbelscheibe (KNESE und KNOOP, 1961a; KNESE, 1971a). Es wurde angenommen, daß diese Zellen ein proteinreiches Polysaccharid, eine Art *Glykoprotein* produzieren. Bei Rinderfeten von 300 mm SSL ist nur dieser Zelltyp vorhanden (Abb. 243). Alle Kambiumzellen haben viele lange, schmale Fortsätze, so daß die Abgrenzung des Zellareals lichtmikroskopisch kaum gelingt. Aufgrund der Reaktion und Struktur der Zellen ist anzunehmen, daß die Kambiumzellen, aber nicht mehr die Präosteoblasten, *MPS produzieren* und in den Interzellularraum abgeben (KNESE, 1966a, 1967a, b, 1969b). Die Schicht der Kambiumzellen stellt die *Schleimschicht* des Periosts im engeren Sinn dar (vgl. TONNA, 1974b).

Im Periost von *Rinder*feten von 100 mm SSL treten rundliche bis ovoide PAS- und BTS-positive *extrazelluläre Granula* auf, die im niederen pH auch metachromatisch reagieren (KNESE, 1966a; Abb. 244, 245). Mit steigendem pH der Farbflotte nimmt die metachromatische Reaktion dieser extrazellulären Granula ab bzw. verschwindet vollständig. Die Metachromasie der Granula kann teilweise durch Hyaluronidasebehandlung verstärkt werden. Im übrigen erscheinen die extrazellulären Granula, aber nicht die intrazellulären, z.T. als doppelbrechend. Vielleicht besitzen die Granula eine *Lipoproteinhülle* (KNESE, 1966a); später wurden Membranen gefunden, die vermutlich vom Plasmalemm abstammen (KNESE, 1969b). Nicht alle *intrazellulären Granula* weisen neben

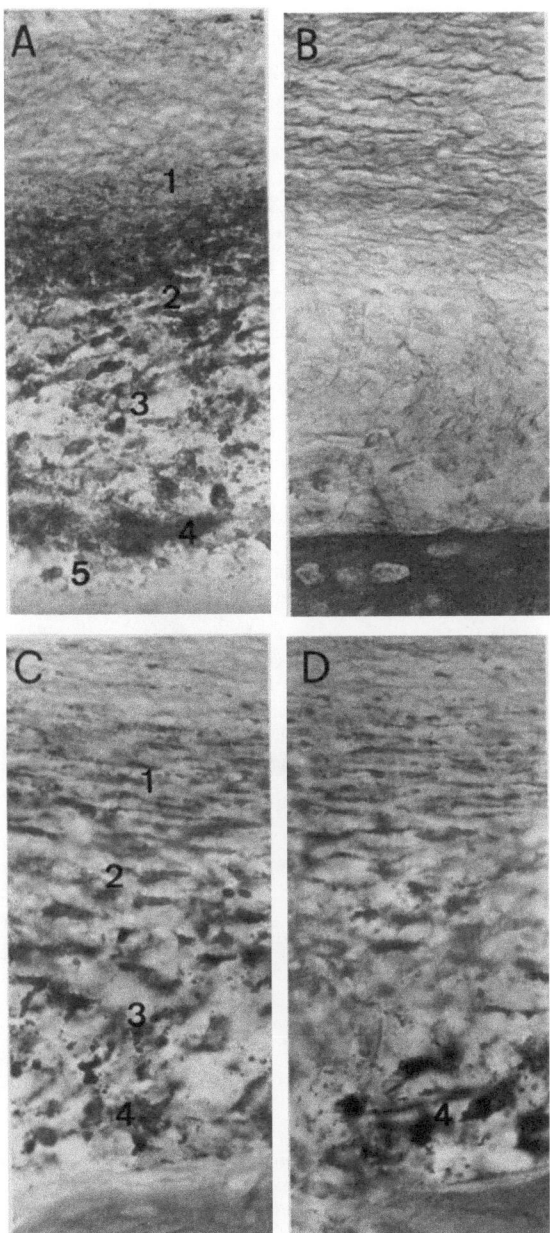

**Abb. 241.** Periost vom Rinderfet, BTS-Reaktion. Fixierung, *A, B:* Rossman, *C, D:* Lillie + Formol-Alkohol-Eisessig-Sublimat, *B:* α-Amylase, *D:* Hyaluronidase, *A, B:* 120 mm SSL, *C, D:* 155 mm SSL. *1)* Fibroblasten, *2)* Stammzellen, *3)* Kambiumzellen, *4)* Präosteoblasten, *5)* Osteoblasten. Obj. 16 (aus KNESE, 1972b)

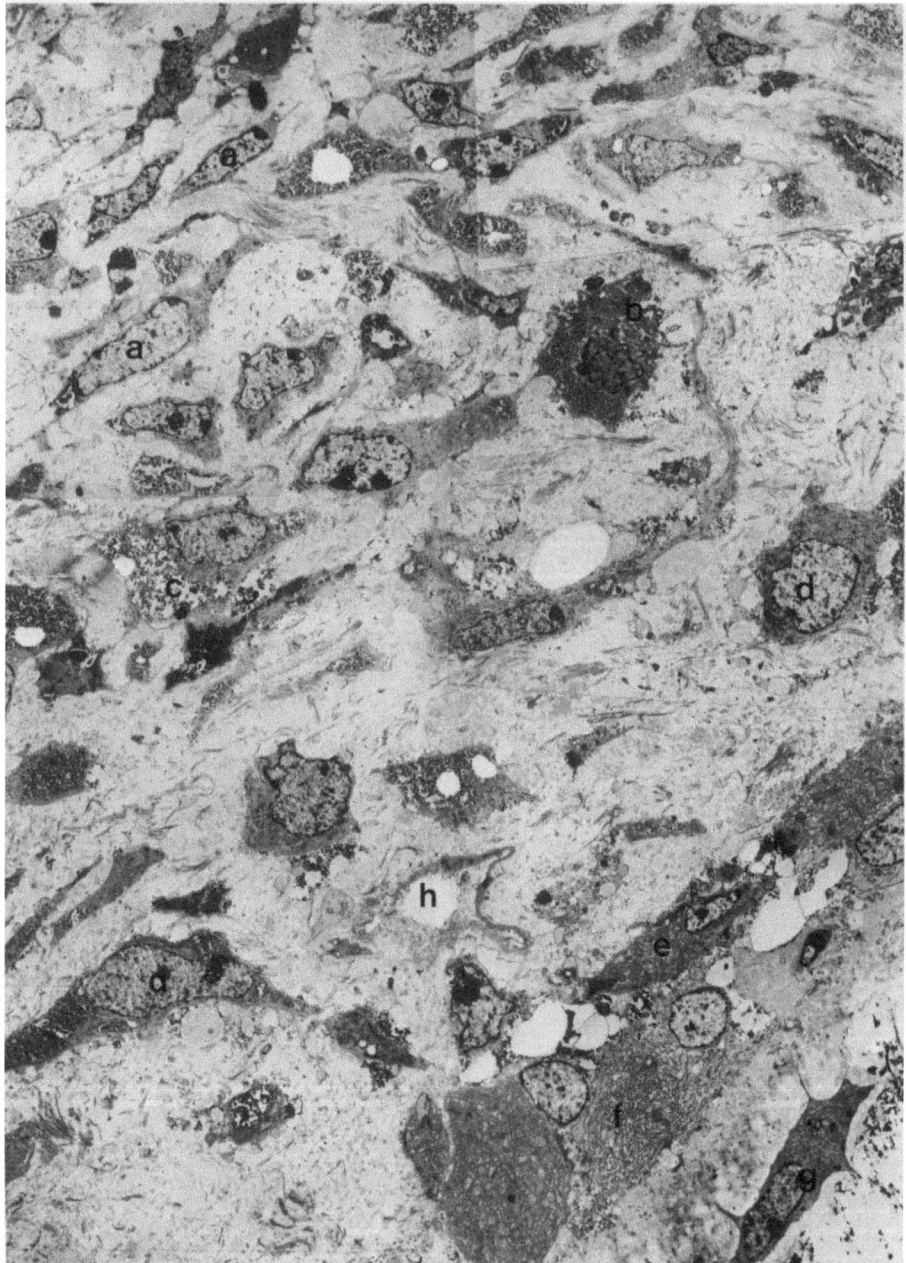

**Abb. 242.** Rinderfet, 104 mm SSL, Kambiumschicht. *a)* Stammzellen, *b)* Kambiumzelle mit stark kontrastierten Kohlenhydratgranula (vgl. Abb. 78), *c)* Kambiumzelle mit schwach kontrastierten Kohlenhydratgranula (vgl. Abb. 77), *d)* Zellen in Umwandlung zu Präosteoblasten, *e)* Präosteoblast, *f)* reife Osteoblasten, *g)* Osteozyt, *h)* Kapillare. Vergr. 2600 ×

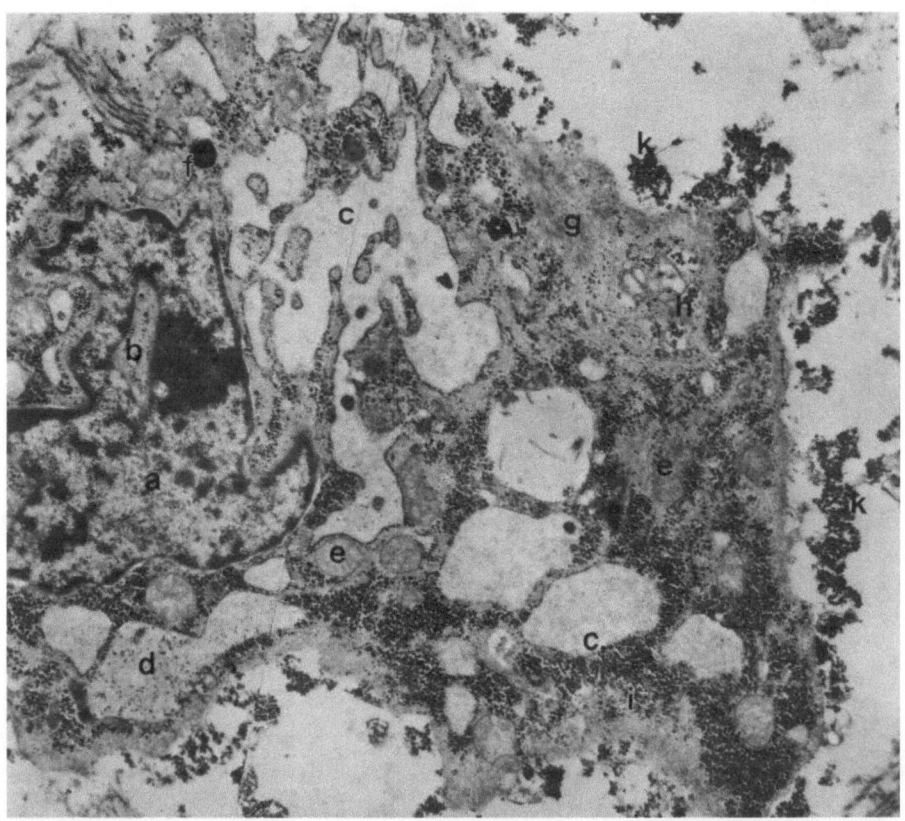

**Abb. 243.** Rinderfet, 340 mm SSL, Kambiumzelle. *a)* Zellkern, *b)* Zellbucht, *c)* extrem erweiterte Zisternen des endoplasmatischen Retikulms, *d)* Zisterne mit granulärem Inhalt, *e)* Mitochondrien, *f)* Lysosomen, *g)* Zytofilamente, *h)* Vakuolen mit granulärem Inhalt (Autophagosom ?), *i)* Kohlenhydratgranula, *k)* extrazelluläre Kohlenhydratgranula. Vergr. 12400 ×

der PAS-Reaktion auch eine metachromatische auf, so daß in den Zellen nur z.T. saure MPS vorliegen. Extrazellulär sind dagegen wohl überwiegend saure, an Proteine gebundene Polysaccharide, d.h. *Proteoglykane* vorhanden. Die extrazellulären MPS bleiben bei einer Doppelfixierung weitgehend erhalten (s.S. 180), wenn nämlich zuerst die Kohlenhydrate durch ein Gemisch mit Bleinitrat bzw. basischem Bleiacetat, anschließend die Proteine durch ein Sublimatgemisch fixiert werden (Abb. 246; KNESE, 1972b). Nach Hyaluronidasebehandlung und Methylenblaufärbung pH 4,7 wird die *fibrilläre* Struktur des Perichondriums und Periosts deutlicher. Dies gilt ebenso für die Interzellularsubstanz des Appositionsknorpels und die Ränder der Knochenbälkchen. Die Breite der aufgelockerten Trabekelränder entspricht etwa derjenigen mit Toluidin metachromatisch reagierenden Säume (KNESE und KNOOP, 1961c).

Aus den rundlichen Kambiumzellen entstehen die spindelförmigen, dicht zusammenliegenden *Präosteoblasten* (Abb. 247; KNESE, 1966c, 1967a, b), die

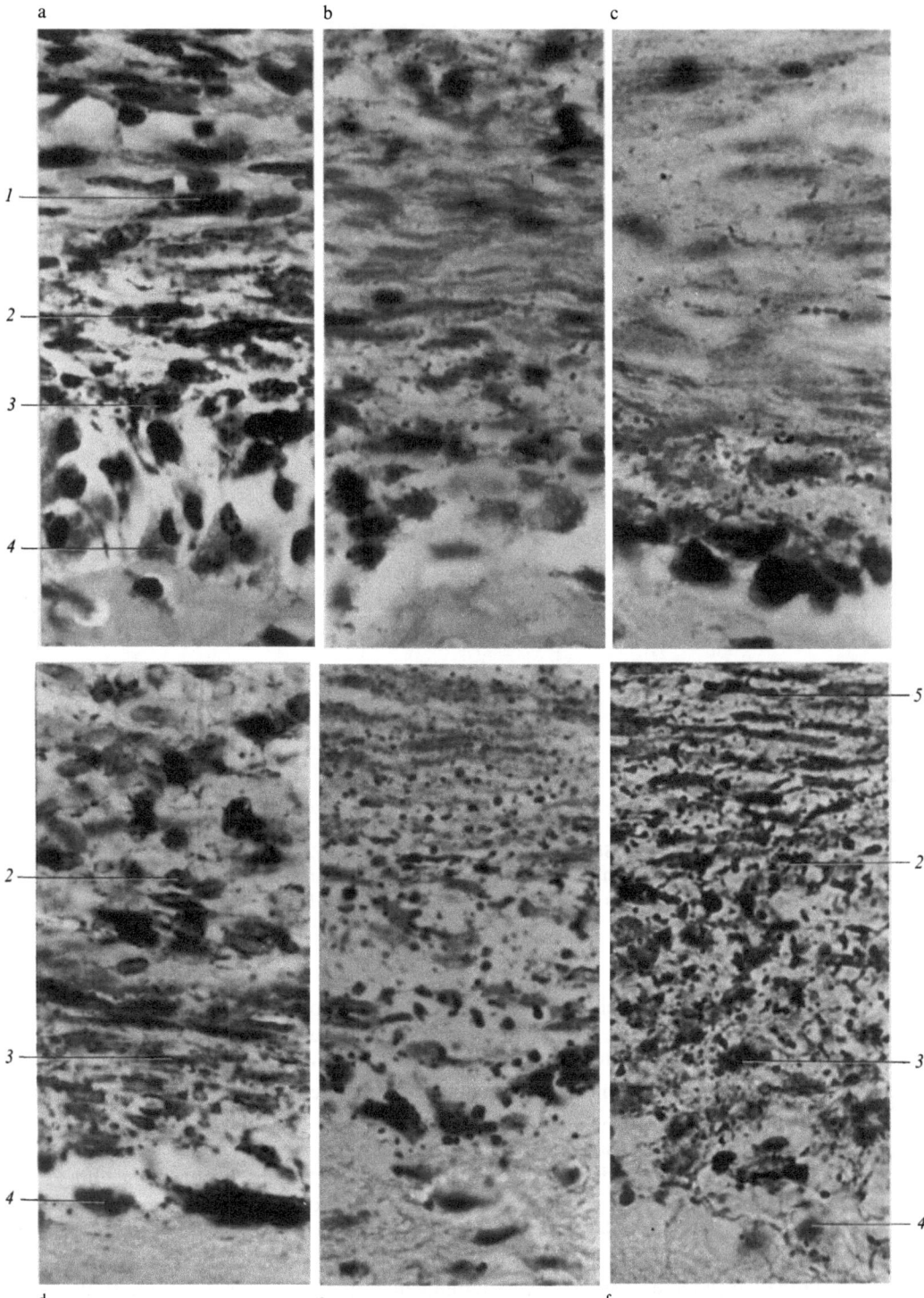

**Abb. 244.** Rinderfet, a 75 mm SSL, Alkohol, b–f 85 mm SSL, Formalin, Entparaffiniert im Vakuum. *a)* Bauer-Reaktion, *b)* Brillantkresylblau pH 2,6, *c)* Azur A pH 3,2 (595 nm), *d)* Azur A pH 3,6 (535 nm), *e)* Thionin pH 2,6, *f)* Graumann, Hyaluronidase. Verteilung der intra- und extrazellulären Granula. *1)* Stammzellen, *2)* Kambiumzellen, *3)* Präosteoblasten, *4)* reife Osteoblasten, *5)* Fibrozyten. Obj. 40 (aus KNESE, 1966a)

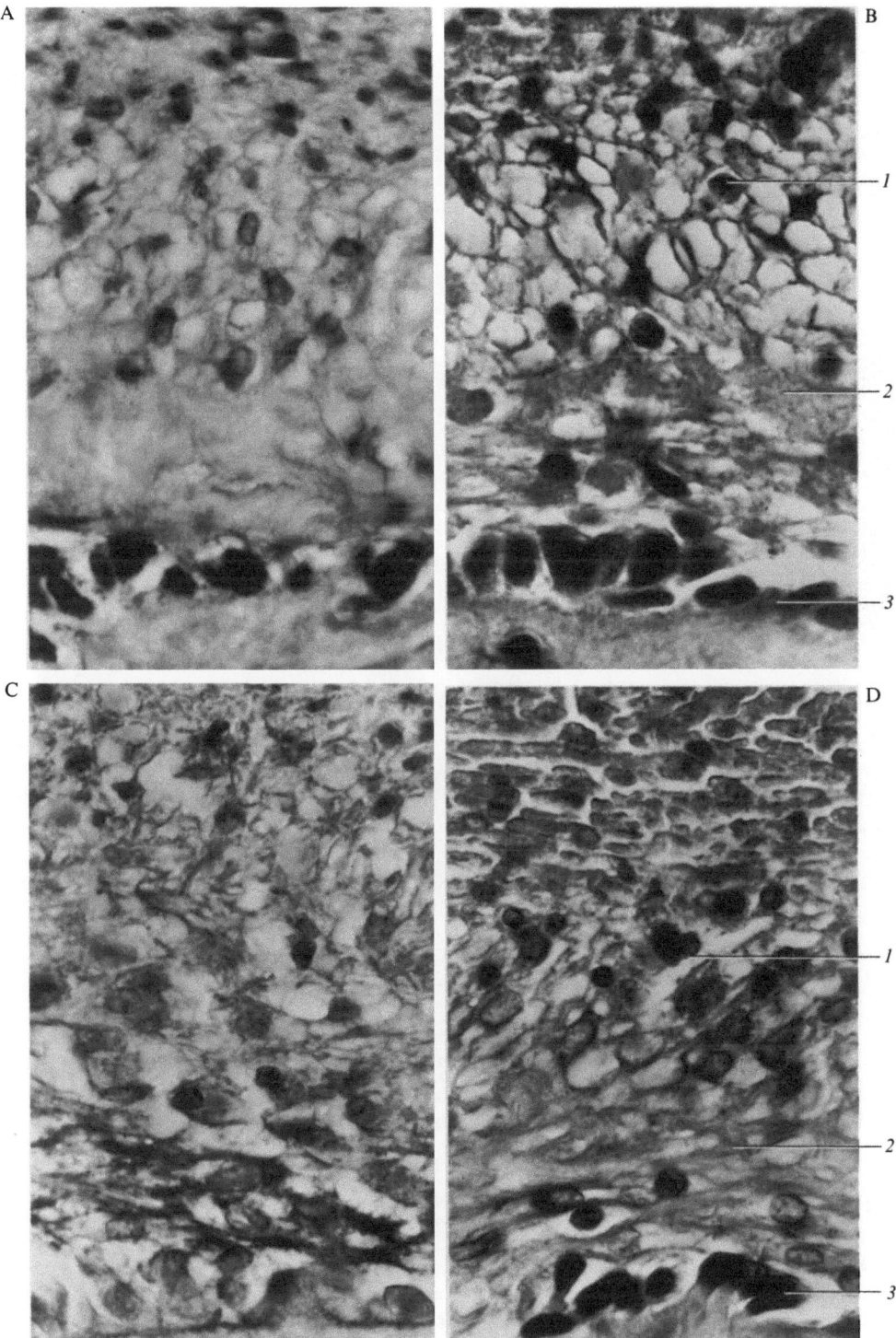

**Abb. 245.** Rinderfet, 290 mm SSL, Formol. *1)* Unterschiedliche Erscheinung der Kambiumschicht, *2)* Präosteoblasten und *3)* der reifen Osteoblasten. *A)* Toluidinblau pH 4,7, mehr homogene Struktur, *B)* Kresylechtviolett pH 4,7, angedeutete faserige Struktur, *C)* kolloidale Eisenreaktion 10:1, faserige Struktur im Bereich der Präosteoblasten, *D)* Azur B pH 4,7, faserige Struktur im Bereich der Präosteoblasten. Obj. 40 (aus KNESE, 1966a)

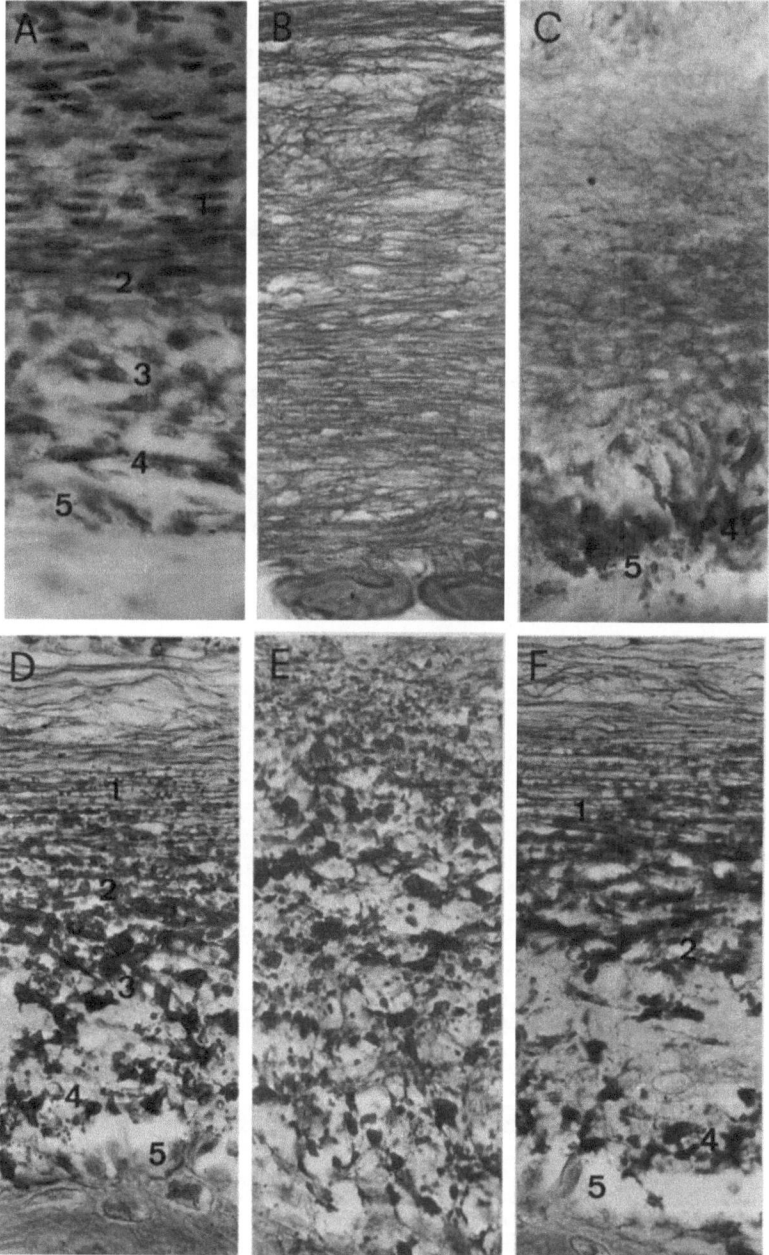

**Abb. 246.** Periost vom Rinderfet. *A:* Bestsches Karmin-Hämalaun, *B–F:* Alcianblau pH 2,1-PAS, *B, E:* Sulfurierung, *C, F:* Methylierung. Fixierung: *A:* Formol-Alkohol-Bleiacetat + Formol-Alkohol-Eisessig-Sublimat, *B:* Lillie, *C:* Lillie + Formol-Alkohol-Eisessig-Sublimat, *D F:* Rossman. *A:* 120 mm SSL, *B:* 115 mm SSL, *C:* 155 mm SSL, *D, F:* 220 mm SSL, *E:* 280 mm SSL (Hinweisziffern vgl. Abb. 241); Obj. 16 (aus KNESE, 1972b)

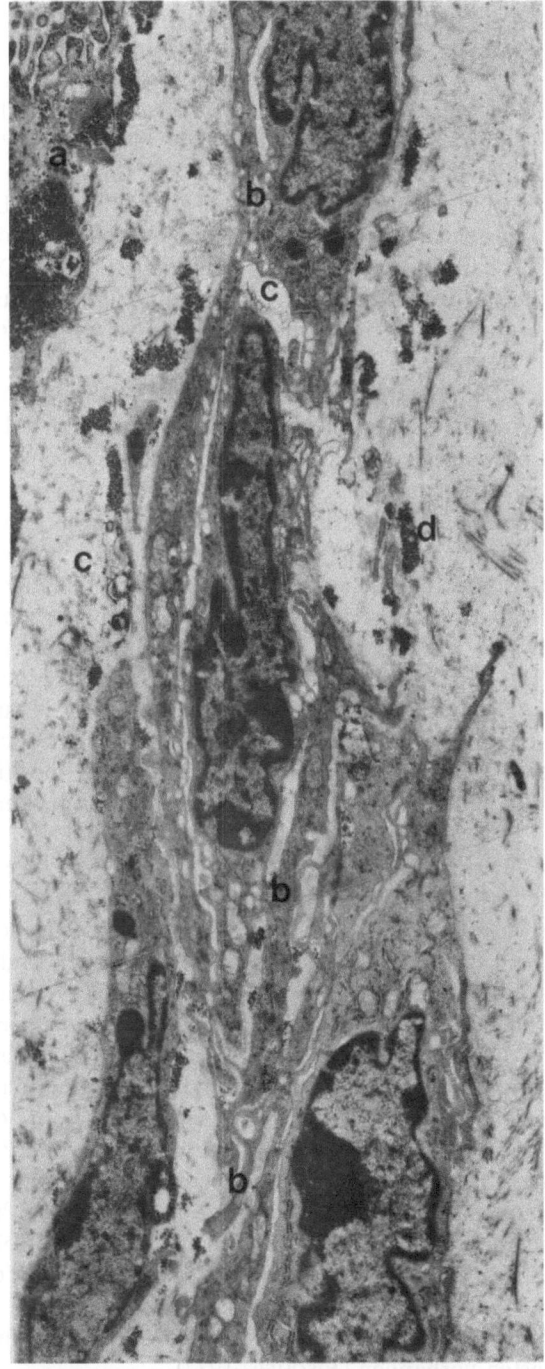

**Abb. 247.** Rinderfet, 340 mm SSL. Präosteoblastenschicht. *a)* Benachbarte Kambiumzelle, *b)* blattartige Fortsätze der Präosteoblasten mit granulären Membranen und Mitochondrien, *c)* multivesikuläre Körper im Zusammenhang mit dem Plasmalemm, *d)* extrazelluläre Kohlenhydrate. Vergr. 9 600 ×

häufig in einer geschlossenen Schicht auftreten. Die Präosteoblasten haben einige fingerförmige Zellfortsätze, ein mäßig entwickeltes Retikulum mit stark erweiterten Zisternen. Der Golgiapparat ist schwach ausgebildet. Mitochondrien sind selten. In den Präosteoblasten sind gegenüber Diastase sensitive Kohlenhydrate vorhanden (KNESE und KNOOP, 1961 c). Die Zahl der in den Präosteoblasten färbbaren Granula hängt von der angewandten Färbung ab; sie nimmt in der Reihe Bestsches Karmin, Bauer-, PAS- und BTS-Reaktion zu. Die Kohlenhydrate der Präosteoblasten sind gegenüber Amylase und Neuraminidase empfindlich, reagieren aber kaum auf β-Glucuronidase und Papain. Dem entspricht eine mangelnde Beeinflußbarkeit durch eine Methylierung. Aufgrund dieser Reaktion ist zu vermuten, daß die Kohlenhydrate überwiegend *Glykogene* und *Glykoproteine* sind (KNESE, 1972 b).

Zu den von den Kambiumzellen gebildeten MPS tritt zwischen den frühen Präosteoblasten ein *weiteres* Polysaccharid hinzu, das nach Alkoholfixierung in Form einer fädigen metachromatisch reagierenden Substanz erscheint. Die Interzellularsubstanz färbt sich mit Kresylechtviolett braun und bei den kolloidalen Eisenreaktionen dunkelblau an, nach Fixierung in Alkohol mit Toluidinblau rot. Ihre faserige Natur wird nach Hyaluronidasebehandlung deutlicher (s.u.). Diesem Polysaccharid dürften metachromatisch reagierende fädige Interzellularsubstanzen zwischen den Präosteoblasten größerer Rinderfeten (um 300 mm SSL) ähnlich sein, die jedoch durch Formalin und Alkohol zu fixieren sind (KNESE und KNOOP, 1961 c; Abb. 245). Aus dem unterschiedlichen Verhalten gegenüber der *Fixierung* (s.S. 80) wurde geschlossen, daß die Natur der Polysaccharide bei kleineren und größeren Rinderfeten unterschiedlich sei (KNESE, 1966 a). Bei größeren Rinderfeten sind unterschiedliche PAS-positive Substanzen in Form von Granula selten; sie geben keine metachromatische Reaktion (KNESE, 1966 a).

Die Zellen des Periosts verhalten sich im Hinblick auf die Aktivität der *Enzyme* des Kohlenhydratstoffwechsels sehr unterschiedlich (FISCHER, 1974; Tabelle 17). Die *Glykogensynthetase* fehlt als D-Form bei neugeborenen Ratten, zwischen dem 8. und 60. Tag ist sie stärker in Fibroblasten und Stammzellen, schwächer in Kambiumzellen und Präosteoblasten vertreten; die Osteoblasten sind frei davon. Die *UDP-Glucose-Dehydrogenase,* die die Glucuronsäuresynthese ermöglicht, ist vor allem in Kambiumzellen und Präosteoblasten nachweisbar. Diese Zellen wie die Osteoblasten junger und die Fibroblasten älterer Tiere, können *Proteoglykane* synthetisieren. Die Aktivität der *Glucose-6-phosphat-Dehydrogenase* (Pentosephosphat-shunt) ist in Kambiumzellen und Präosteoblasten mit der Bildung des Protein-Akzeptors, in den anderen auch mit der Kollagensynthese in Zusammenhang zu bringen. Eine Markierung der Präosteoblasten und Osteoblasten, aber nicht der Fibroblasten mit *Histidin* erfolgt nach 1 Std und ist nach 24 Std noch nachweisbar (TONNA et al., 1962 b; TONNA, 1965 b). Die Aktivität der β-Glucuronidase und β-Galaktosidase wird zu den Osteoblasten hin stärker. Succinatdehydrogenase ist nur in Kambiumzellen, Präosteoblasten und Osteoblasten vorhanden (FISCHER, 1977).

Die Zellen des Periosts sind durch Form, Struktur und enzymatische Aktivität wie durch die *Form* ihrer *Kerne* gekennzeichnet (KNESE, 1966 a). Die Kerne

Tabelle 17. Verteilung und Aktivität[a] von Enzymen des Kohlenhydratstoffwechsels im Humerusperiost. (Nach Fischer, 1974)

| Zellen des Periosts | UDPGGT (D-Form) | | | | UDPGGT (I-Form) | | | | UDP-Glucose Dehydrogenase | | | | Glucose-6-phosphat-Dehydrogenase | | | |
|---|---|---|---|---|---|---|---|---|---|---|---|---|---|---|---|---|
| | Neon. | 8d | 30d | 60d | Neon. | 8d | 30d | 60d | Neon. | 8d | 30d | 60d | Neon. | 8d | 30d | 60d |
| **Fibroelastica** | | | | | | | | | | | | | | | | |
| Fibroblasten | 0 | + | + bis ++ | + bis ++ | 0 | 0 | + bis ++ | + bis ++ | 0 | 0 | + | + | ++ | + | + | + |
| **Kambiumschicht** | | | | | | | | | | | | | | | | |
| Stammzellen | 0 | + | + bis ++ | + bis ++ | 0 | 0 | + | + bis ++ | 0 | + | 0 | 0 | 0 | + bis ++ | 0 | 0 |
| Kambiumzellen | 0 | + | + | + | 0 | + bis ++ | + | + | + | + | + | + | ++ | + bis ++ | + | + |
| Präosteoblasten | 0 | + | + | + | 0 | 0 | + | + | + | + | + | + | ++ | ++ | + bis ++ | + bis ++ |
| Osteoblasten | 0 | 0 | 0 | 0 | 0 | 0 | 0 | 0 | + | + | 0 | 0 | ++ | ++ | + bis ++ | + bis ++ |

[a] Von 0 = negativ bis ++ = deutlich positiv.

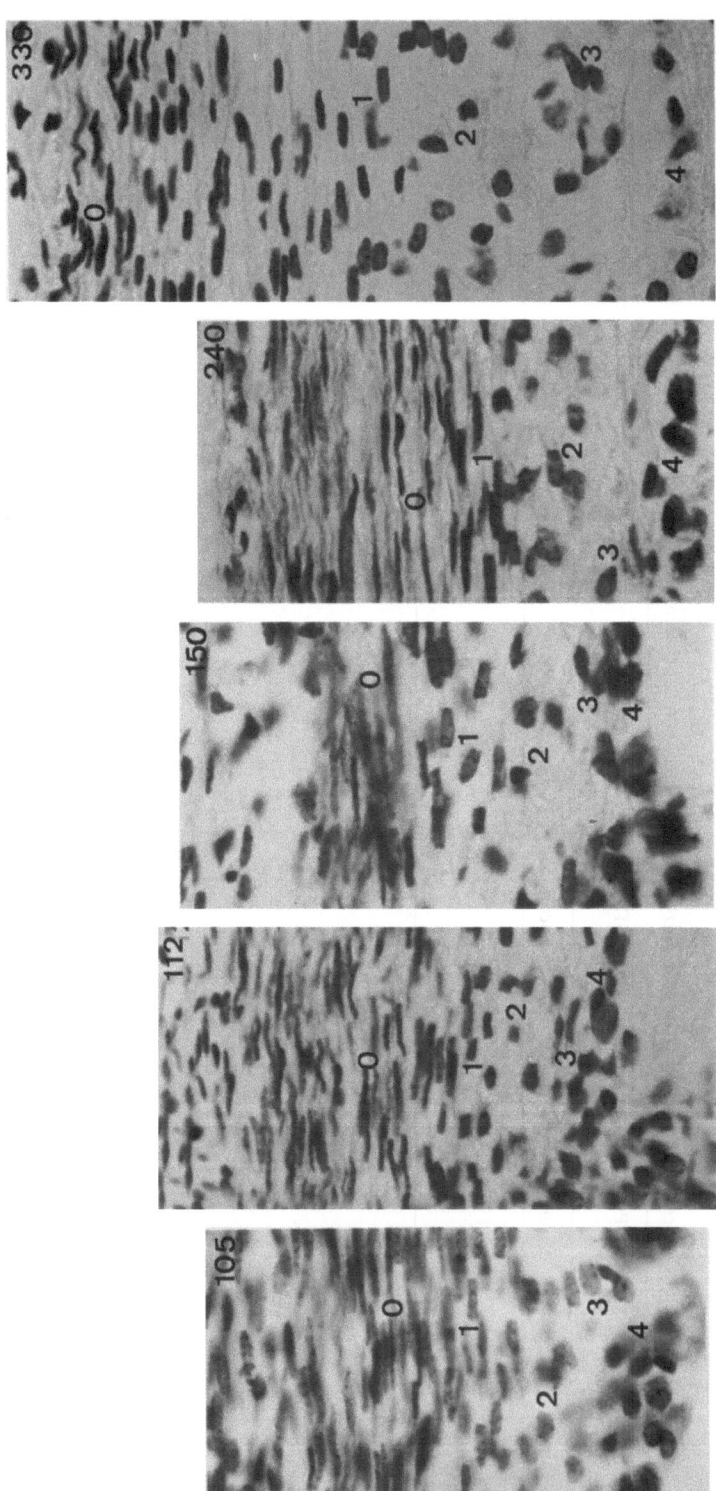

**Abb. 248.** Übersicht über das Periost von Rinderfeten von 105–330 mm SSL. Färbung: Ribonuklease + Gallocyanin, Obj. 40, Erläuterung der Ziffern vgl. Abb. 249. (Aus KNESE und GEIDEL, 1972.)

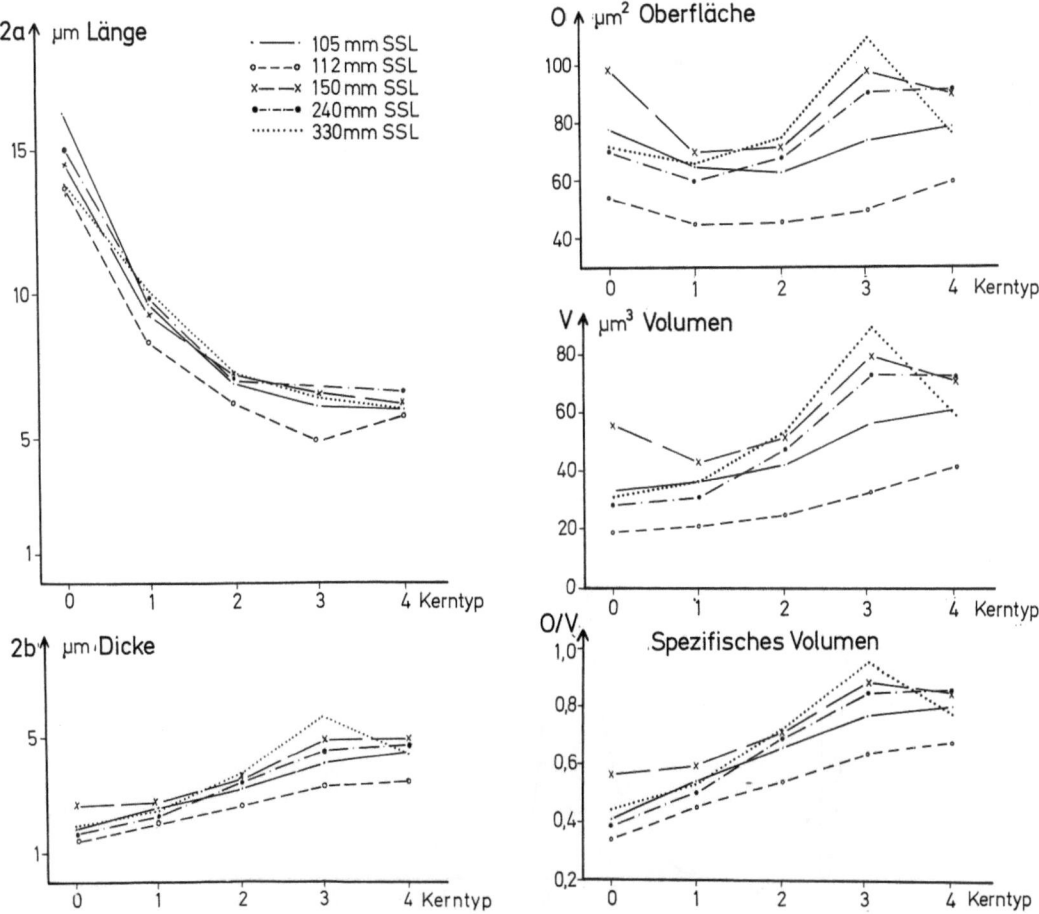

**Abb. 249.** Länge, Dicke, Oberfläche, Volumen, spezifisches Volumen (V/O) der Zellkerne von *0)* Fibroblasten, *1)* Stammzellen, *2)* Kambiumzellen, *3)* Präosteoblasten, *4)* Osteoblasten (aus KNESE und GEIDEL, 1972)

der Fibroblasten sind lang, stäbchenförmig und zugespitzt, die der Stammzellen an den Enden abgestumpft und recht dicht, die der Kambiumzellen unregelmäßig ovoid, schwach färbbar und mit einigen Chromatinbrocken versehen. Die Kerne der Präosteoblasten sind mehr ellipsoid und haben vermehrt dichte Einlagerungen. Schließlich folgen die mehr rundlichen Osteoblastenkerne (Abb. 248). Eine biometrische Untersuchung von 5185 Kernen bei 5 *Rinder*feten von 105–330 mm SSL ergab, daß die *Länge* des Zellkerns von den Fibroblasten zu den Osteoblasten parallel zur Knochenoberfläche von 14,6 auf 6,1 μm abnimmt, die *Dicke* senkrecht dazu von 2,0 auf 4,5 μm anwächst (Abb. 249; KNESE und GEIDEL, 1972). Das *Volumen* vergrößert sich bis zu den Präosteoblasten von 33,2 auf 72,9 μm³, nimmt bei den reifen Osteoblasten auf 63,5 μm³ ab. Die *Oberfläche* nimmt zu den Kambiumzellen ab (von 73,7 auf 64,3), dann

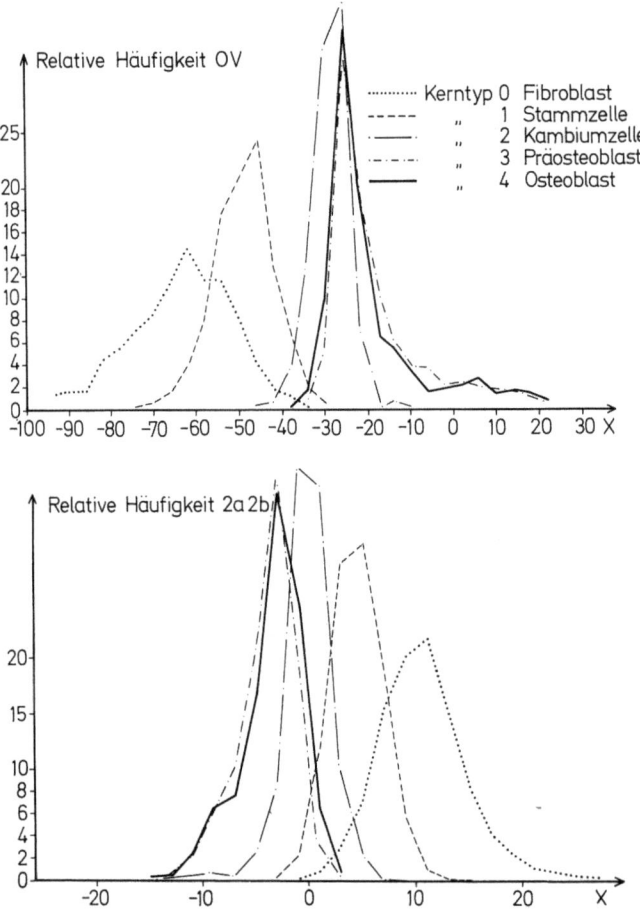

**Abb. 250.** Häufigkeitsverteilung der X-Werte der Trennfunktionen (vgl. Text) für die untersuchten Kerntypen 0–4 des Periosts (vgl. Abb. 249) unter Zugrundelegung von 2a (Länge), 2b (Dicke), bzw. O (Oberfläche), V (Volumen) (aus KNESE und GEIDEL, 1972)

wieder zu, und zwar Präosteoblasten: 86,9, Osteoblasten: 77,1 µm². Das *spezifische Volumen* V/O wächst in der Reihe gleichmäßig an (0,42 auf 0,84).

Mit der Feulgenreaktion (vgl. PRITCHARD, 1952; KNESE, 1957; KNESE und GEIDEL, 1972) wurden die Kerne der Fibroblasten und Präosteoblasten als *diploid* bestimmt (BONUCCI, 1962). Einige Präosteoblasten haben, entsprechend der mitotischen Aktivität, tetraploide Kerne. Die Osteozytenkerne besitzen nur 87% des *DNS*-Gehalts der Periostzellen, vielleicht wegen ihrer geringen Aktivität. Präosteoblasten und Fibroblasten weisen die gleiche Affinität für Fastgreen (Histone) auf; sie nimmt zu den Osteoblasten zu und zu den Osteozyten wieder ab, wobei allerdings die Bestimmungen für die Osteoblasten methodisch (Trichloressigsäure) nicht ganz sicher sind.

Es wurde geprüft, ob die Parameter für die Kerngröße und -form der Periostzellen für die einzelnen Zellformen statistisch kennzeichnende *Kollektive* darstellen. Hierbei mußte eine Diskriminanzanalyse, ein Trennverfahren, aufgebaut auf zwei Merkmalen, 2a und 2b bzw. V und O, herangezogen werden (KNESE und GEIDEL, 1972; Abb. 250). Für die ermittelten Häufigkeitsverteilungen wurde der Überdeckungsbereich, die Koinzidenz bestimmt (vgl. KNESE und THEWS, 1960). Im Hinblick auf Länge (2a) und Dicke (2b) erscheinen die Kerne der Fibroblasten, Stammzellen und Kambiumzellen als eigene Typen. Eine Differenz zwischen den Kernen der Präosteoblasten und Osteoblasten besteht nicht. Geht man vom Volumen und der Oberfläche der Kerne aus, so erweisen sich Fibroblasten und Stammzellen als eindeutig different; die Kerne der Kambiumzellen erscheinen denen der Präosteoblasten und Osteoblasten ähnlicher.

Die Untersuchung der Größenparameter der Zellkerne läßt vermuten, daß die *Umwandlung* von einer zur anderen Zellform des Periosts *saltatorisch* vor sich geht (KNESE und GEIDEL, 1972). Die Metamorphose betrifft im allgemeinen Zellkern und Struktur des Zytoplasmas, u.a. im Hinblick auf den Bestand an Kohlenhydraten bzw. Nukleinsäuren. Präosteoblasten und Osteoblasten unterscheiden sich durch ihren Gehalt an Nukleinsäuren und den Umfang des granulären Retikulums. Zellen mit der Struktur der Präosteoblasten können der Knochenoberfläche anliegen und sind wohl z.T. als *inaktive* Osteoblasten anzusehen (s.S. 530).

### 8.2.2. Die Zytogenese der Osteoblasten

Die Metamorphose von Präosteoblasten zu reifen Osteoblasten ist durch den Übertritt von *Ribonukleinsäuren* aus dem Kern in das Zytoplasma und die Entwicklung des umfangreichen granulären Retikulums gekennzeichnet. Nach Skelettart und Entwicklungszustand verschieden wird die Menge des *Glykogens* gegenüber den Präosteoblasten vermindert. Die überwiegend von den Kambiumzellen produzierten *Proteoglykane* werden nach vorübergehender extrazellulärer Speicherung (KNESE, 1966a), bei der Umwandlung von Präosteoblasten zu Osteoblasten, wieder von den Zellen aufgenommen. Die fingerförmigen Fortsätze der Präosteoblasten mögen einer solchen Materialaufnahme dienen (Abb. 247). Die Zusammenführung der genannten Substanzen in einer Zelle läßt den reifen Osteoblasten entstehen. In der Knochenbildungsfront werden das Skleroprotein, Kollagen, und die Polysaccharide ausgeschüttet (KNESE, 1967b).

Häufig wurde angenommen, daß die Entwicklung zu Osteoblasten, die Zytogenese, mit einer *Mitose* beginnt (u.a. HOLTZER, 1968). Aus Thymidinmarkierungen wurde sogar geschlossen, daß drei nicht ineinander umwandelbare, gleich hoch spezialisierte Zellen vorhanden sind: Osteoblasten, Osteoklasten und Osteozyten (YOUNG, 1966). Gegen diese Auffassung sprechen viele Beobachtungen, u.a. die Umwandlung von Osteoblasten in Osteozyten. Bei Zelltransformationen spielen Mitosen eine untergeordnete Rolle (Abb. 1; HELLER et al., 1950). JOHNSON (1964) gibt eine Zusammenstellung von Zellsequenzen, einer sog. Metaplasie, ohne Zellteilungen. Einige Autoren berichten von Mitosen in Osteoblasten (GEGENBAUR, 1864, 1867; WALDEYER, 1865a, b; RENAUT und DUBREUIL, 1909; MAXIMOW, 1910/11; DEINEKA, 1914; BLOOM et al., 1941; HELLER et al., 1950; NOWIKOFF, 1910) von Amitosen. Mitosen treten in einiger Entfernung von Knochenbälkchen, d.h. im Gebiet der sog. Präosteoblasten auf (HARTMANN, 1910; PRITCHARD und RUZICKA, 1950; PRITCHARD, 1952; PRATT, 1957; KNESE und KNOOP, 1958; Abb. 224).

Markierungen der Osteoblasten des Periosts mit Tritium-Thymidin ergaben starke lebenszeitliche Unterschiede (TONNA, 1961). Bei eine Woche alten *Mäusen*

sind in der distalen Hälfte des Femurs 8,5%, bei 8 Wochen alten Tieren 0,7%
der Zellen, vor allem Präosteoblasten markiert (vgl. TONNA, 1960a, 1965a, b;
TONNA und CRONKITE, 1961b; EDWARDS und KLEIN, 1961). Bei neugeborenen
Mäusen ergab sich 1 Std nach Thymidininjektion kein eindeutiger Unterschied
zwischen der Fibroelastica und der osteogenen Lage (TONNA und CRONKITE,
1964). 9 Monate später ist eine Markierung nur noch in den Zellen der Fibroelastica des Gelenkknorpels und den metaphysären Osteozyten nachweisbar
(TONNA et al., 1962a). Diese Zellen sind als *unveränderliche* bzw. *unsterbliche*
Zellen anzusehen. Die Fibroelastica hat eine *träge,* die osteogene Lage eine
*lebhafte* Proliferation.

Die Zahl der mit Thymidin markierten Zellen, bezogen auf den Zeitpunkt
der Injektion, ist unterschiedlich hoch. Die zeitliche *Häufigkeitsverteilung* stellt
bei der Metaphyse eine links-schiefe, dem Endost eine fast symmetrische und
dem Periost eine rechts-schiefe Kurve dar (YOUNG, 1962a, b). Markierte Osteoblasten können unmittelbar nach ihrem Auftreten wieder verschwinden (KEMBER,
1960; MESSIER und LEBLOND, 1960; YOUNG, 1962a). YOUNG (1963a, b) vermutete, daß sie in den Stammzellenpool zurückkehren, besonders unter Einwirkung
von *Parathormon* (HELLER et al., 1950; HELLER-STEINBERG, 1951; KROON, 1958;
YOUNG, 1961). Bei einer S-Periode von 8 Std errechnet YOUNG (1962a, b) die
Zykluszeit T für Metaphyse (36 Std), Endost (62 Std) und Periost (133 Std)
der Tibia und zu 32, 57 und 200 Std für die gleichen Regionen der Rippe.
Die $G_2$-Periode ist im Periost der Tibia und Rippe mit 1,5–2 Std etwas länger
als in der Metaphyse und im Endost. Die geringe Zahl markierter Zellen im
Periost könnte auf einem längeren Generationszyklus oder einer kleineren Zahl
von Stammzellen beruhen. Das relativ späte Auftreten markierter Osteoblasten
spricht dafür, daß sie von markierten „Stammzellen" abstammen.

Eine Stunde nach der Gabe von Thymidin sind von den Präosteoblasten
10%, den Osteoblasten 4%, den Fibroblasten 1–2 % und den Osteozyten 0%
markiert (OWEN, 1963, 1965, 1970; OWEN und MACPHERSON, 1963). Die Fibroblasten spielten demnach nur eine unwesentliche Rolle bei der Zellvermehrung
des Periosts. Um das Schicksal der Zellen in den 5 Tagen nach der Injektion
zu verfolgen, wurde die periostale Oberfläche zu Beginn des Experiments gleichzeitig mit Tritium-Glycin markiert (OWEN, 1963, 1965). Berücksichtigt wurde,
daß die Knochenoberfläche 3% je Tag an Umfang zunimmt. Die Präosteoblasten
an der Periostoberfläche nehmen um 33% je Tag zu. Etwa 31% der Osteoblasten
verlassen an einem Tage die Knochenoberfläche; sie werden Osteozyten oder
Osteoblasten in Haversschen Kanälen. Die Osteoblasten verbleiben im Durchschnitt 3 Tage an der Periostoberfläche. Markierte Osteozyten (8,5%) treten
erst 3 Tage nach der Injektion auf.

Bei den Untersuchungen mit Thymidin-Markierungen (TONNA, 1961; TONNA
und CRONKITE, 1961b; YOUNG, 1962a; OWEN, 1963, 1965, 1970; OWEN und
MACPHERSON, 1963) wurde nur zwischen Fibroblasten, Präosteoblasten und
Osteoblasten unterschieden. Diese Aufteilung wird der tatsächlichen morphologischen Verschiedenartigkeit der Zellen im Periost nicht gerecht (vgl. KNESE,
1966a). Die Angabe, nur eine bestimmte Zellform des Periosts sei zur Mitose
fähig, ist mit Skepsis zu betrachten. Hierfür spricht der Befund der genannten
Autoren, daß nur etwa 4–8% der Osteoblasten mit Thymidin markiert sind.

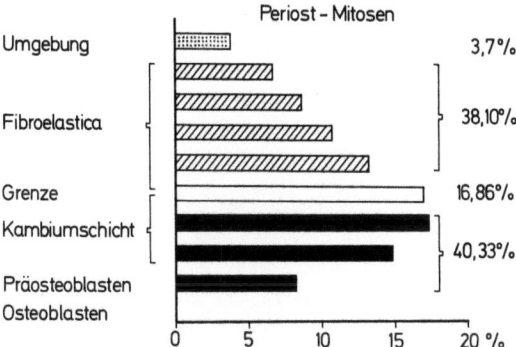

**Abb. 251.** Prozentuale Verteilung der Mitosen in den einzelnen Schichten des Periosts bei einem Rinderfeten von 280 mm SSL (aus KNESE und GEIDEL, 1972)

Alle Zellen des Periosts, die sich *ohne* vorherige Teilung zu Osteoblasten umwandeln (vgl. HELLER et al., 1950), wurden bei der Thymidinmarkierung nicht erfaßt. Im übrigen wird die Abwanderung von Zellen von einer Schicht zur anderen bei Markierungsexperimenten nicht berücksichtigt. Die ältere Methode der Lokalisierung von Mitosen im Schnitt wird dadurch erschwert, daß nur selten eine genügend große Zahl von Mitosen zu beobachten ist (Abb. 251; KNESE und GEIDEL, 1972). Die Mitosen sind nicht auf die sog. Stammzellen beschränkt. Ihre Häufigkeit nimmt am Übergang von der Fibroelastica zur Kambiumschicht gegenüber den peripheren und zentralen Schichten zu. Fibroelastica und Kambiumschicht, jeweils zusammengefaßt, haben eine gleich hohe Teilungsrate. Mitosen reifer Osteoblasten fanden wir nicht.

# 9. Der Aktionsmodus der Skelettzellen

Skelettzellen produzieren von ihrem ersten Auftreten als Mesenchymzellen bis zu ihrem (Zell-)Tode Interzellularsubstanzen, Protein-Polysaccharide und Tropokollagen und die für ihre Synthese erforderlichen Enzyme (vgl. JOHNSON, 1964; HALL, 1970b). Bei den *Polysacchariden* handelt es sich um eine Gruppe eng verwandter Stoffe, die sich chemisch nur geringfügig voneinander unterscheiden (s.S. 169), vielleicht aufgrund der beschränkten Potenz der Zellen.Das *Tropokollagen*-Molekül ist Ausgangsmaterial für alle drei Fasertypen: Kollagen-, Retikulum- und elastische Fasern (s.S. 123). Es liegt also auch in dieser Beziehung eine sehr *beschränkte Potenz* vor. Von der Leistung her gesehen, stehen Mesenchymzellen, Knorpel- und Knochenzellen auf einer Stufe; sie unterscheiden sich nur graduell voneinander. Dies gilt ebenso für den Aufbau der *Interzellularsubstanzen*; sie unterscheiden sich im Hinblick auf eine qualitative Variation der Komponenten nur graduell (s.S. 212).

Zur Kennzeichnung der augenblicklichen Leistung einer Zelle wurde bei Untersuchung der Induktion der Chondrogenese (u.a. HOLTZER, 1963; LASHER, 1971) zwischen dem *Genotyp* und *Phänotyp* einer Zelle unterschieden (s.S. 17; NANNEY, 1958; ABERCROMBIE, 1967). Bei Berücksichtigung der gesamten Entwicklung muß man jedoch eine Skelettzelle, die aus einer Mesenchymquelle stammt, als *genotypisch* für eine *Skelettregion* bestimmt ansehen (s.S. 71). Als *phänotypische* Erscheinungsformen treten die verschiedenen Zelltypen während der Entwicklung als Knorpelzellen, Osteoblasten, Osteozyten usw. auf. In diesem Sinn spricht JOHNSON (1964) von bevorzugten *Modulations-Sequenzen* des Mesenchyms (Histiozyten, Fett-, Skelettzellen usw.). Die Modulation sei zeit- und ortsspezifisch. Die Zellaktivität wird geregelt und kontrolliert durch das *Feld*, in dem die Zellen tätig sind (WEISS, 1939). Damit erscheint es als unzulässig, die Interzellularsubstanzen bei einer Erörterung der Entwicklungs- und Stoffwechseldynamik der Stützgewebe als entscheidendes Kennzeichen anzusehen. Der „Knorpel" ist nach LASH (1967, 1968b) nicht durch die Matrix, sondern durch ein bestimmtes *Stoffwechselmuster* der Zellen zur Produktion der Matrix gekennzeichnet; das Gewebe ist durch die Potenz seiner Zellen charakterisiert. Angelpunkt der Diskussionen ist die Frage nach der *chondrogenen* bzw. *osteogenen Potenz* von Zellen. Es erscheint zweifelhaft (und widerspricht vielen Befunden), daß eine Skelettzelle erst zu einem indifferenten Stadium zurückkehren muß, um eine neue Potenz zu entwickeln (YOUNG, 1962a, b, 1964) oder gar erst eine Zellteilung durchmachen muß (HOLTZER, 1968). Von der Leistung

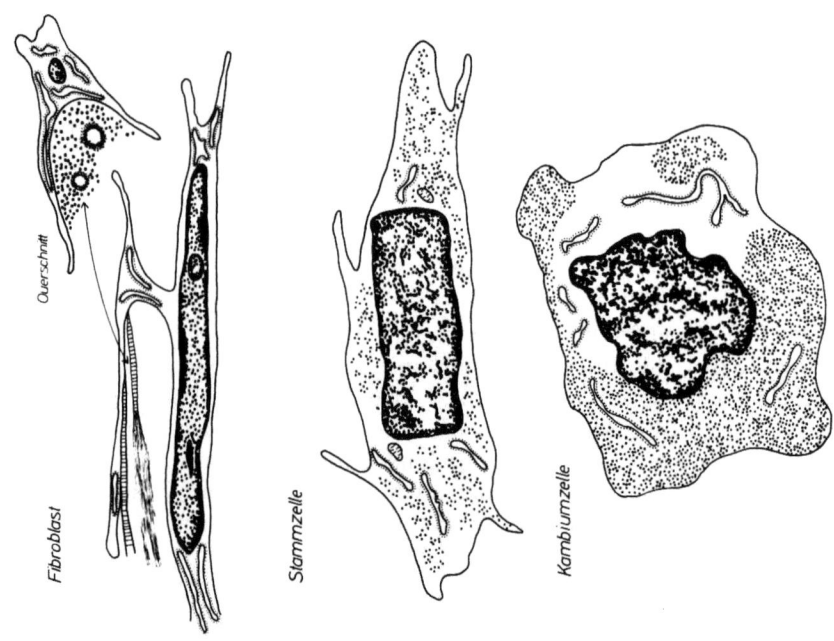

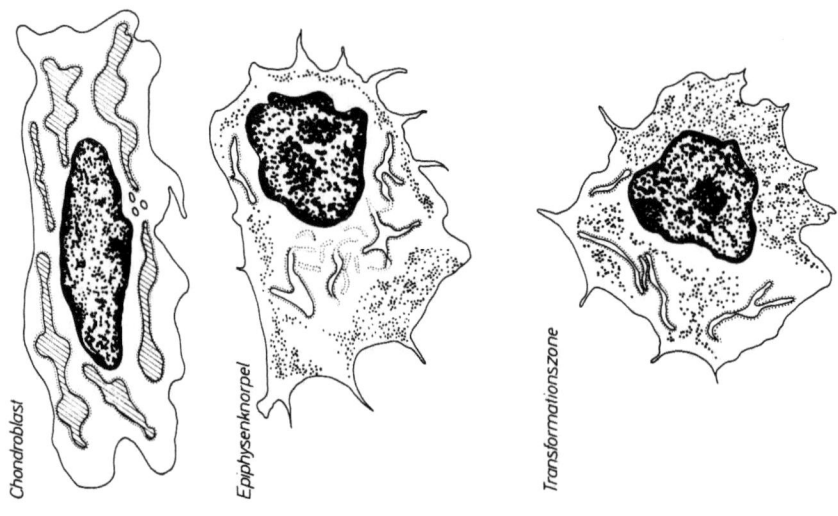

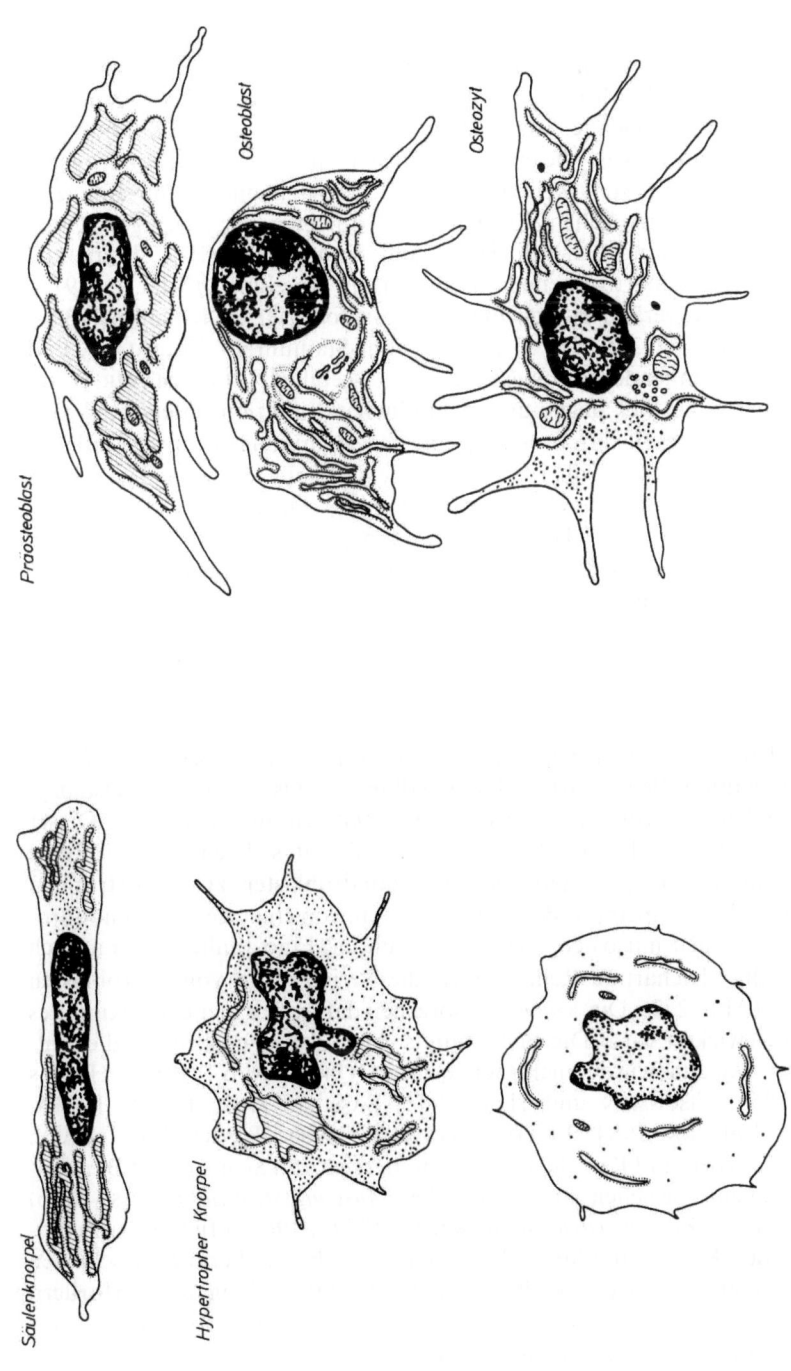

**Abb. 252.** Schematische Darstellung der Zellmetamorphose in der Epiphyse und im Periost. Angabe von Zell- und Kernform, Umfang und Gestaltung des endoplasmatischen Retikulums, Menge der Kohlenhydrateinlagerungen sowie Auftreten der Mitochondrien in Präosteblasten, Osteoblasten und Osteozyten. Darstellung des Fibroblasten im Längs- und Querschnitt mit blattförmigen Zellfortsätzen in der Art der Flügelzellen sowie Angabe der Kollagenfibrillen mit Konversion in elastisches Material (Pfeil)

her gesehen, sind Skelettzellen *bipotentiell*, sie können Bindegewebspolysaccharide und Tropokollagen bilden. Gehen wir davon aus, daß Knorpel überwiegend (nicht ausschließlich, z.B. HOLTZER et al., 1972) durch Proteoglykane, Knochen durch Kollagen gekennzeichnet ist, so überwiegt einerseits die Produktion von Polysacchariden, andererseits diejenige von Proteinen. Zwischen chondrogener und osteogener Potenz besteht kein absoluter Gegensatz, sondern nur eine *relative Aktivitätsdifferenz* der Zellen. Ein Unterschied liegt in der jeweiligen Kollagenproduktion, beim Knochen $[\alpha 1 \, (I)]_2 \alpha 2$ und Knorpel $[\alpha 1 \, (II)]_3$. Man muß hierfür eine verschiedenartige genetische Steuerung annehmen (MILLER, 1973). In der Skelettanlage verändert sich die Art des produzierten Kollagens. Beim Hühnchen (Stadium 23–24) wird $\alpha_1$ und $\alpha_2$, vom Stadium 25–33 an $(\alpha_1)_3$ und danach mit der beginnenden Osteogenese $(\alpha_1)_2\alpha_2$ gebildet (LINSENMAYER et al., 1973a, b). Aber auch hier liegt nur ein gradueller Funktionsunterschied vor, da die Knorpelzelle, evtl. durch eine spezifische Hemmung, kein $\alpha_2$-Kollagen bildet. Dafür spricht, daß isolierte Chondrozyten Kollagen vom Typ I und III, aber nicht II bilden (CHEUNG et al., 1976). Eine Umstellung von Chondrogenese auf Osteogenese bedarf keiner neuen Zellpopulation mit anderer Potenz. Hierfür sprechen viele Befunde, besonders im Bereich von Sehnenansätzen sowie bei der chondralen Osteogenese in der Abfolge Epiphyse-Metaphyse. Den isolierten Zellkomplexen, wie sie bei molekularbiologischen Untersuchungen bevorzugt wurden, ist die *Zellpopulation in situ,* in einer Organisation in ihrem raumzeitlichen Lebensschicksal, gegenüberzustellen (vgl. WEISS, 1962; BIGGERS, 1963).

Skelettzellen zeigen einen bemerkenswerten *Form-* und *Strukturwandel.* Ein allgemein anerkanntes Beispiel ist die Umwandlung der Osteoblasten in Osteozyten, d.h. der Übergang von einer spezialisierten Zellform in eine andere. Dieser Vorgang ist nicht einmalig. In der Epiphyse vollzieht sich eine ganze Reihe solcher Umwandlungen (s.S. 266), die von Chondroblasten zur hypertrophen Zelle und schließlich zu metaphysären Osteoblasten, von einer Zelle mit chondrogener zu einer solchen mit osteogener Potenz führen. Eine ähnliche, wenn auch nicht vollständig gleichartige Reihe bilden die Periostzellen von Fibroblasten zu Osteozyten (Abb. 252). Die *Sequenzen* sprechen dafür, daß hier ein bestimmtes *Programm* abgewickelt wird. Die Bedeutung solcher Zellsequenzen für die Entwicklung des Skeletts wurde mehrfach erörtert (PRITCHARD, 1956a; HARRIS und HAM, 1956; FISCHMAN und HAY, 1962; BASSETT, 1962; FROST, 1963b; URIST, 1963; JOHNSON, 1964; FRIEDENSTEIN et al., 1966; TONNA, 1966; HALL, 1970b). Die Knorpel- und Knochenbildung im Bereich von Sehnen- und Bandansätzen folgt einem speziellen Programm. Die *Ausgangsstruktur* (WEISS, 1926) der Sehnen und die *Zwischenstrukturen* (KNESE, 1959a, 1965a) führen zu Zellsequenzen bei der Knochenbildung, die von jenen z.B. im Periost verschieden sind. Die Bedingungen in der Kultur, bei der Frakturheilung usw. erfordern ebenfalls eigene Entwicklungsprogramme. Knochen und Knorpel können auf sehr unterschiedlichen Wegen gebildet werden.

Schwierig zu beantworten ist die Frage, ob die Mitglieder einer Zellreihe als wohl *definierte* Zelltypen, als eine *temporäre Modulation* bzw. ein ausdifferenziertes *Endstadium* anzusehen sind. Die Antwort hängt z.T. von der nomenklatorischen Definition des Zelltypus in unserer Gewebesystematik ab (s.S. 16). Rein morphologisch sind etwa die Säulenknorpelzellen nicht schlechter definiert als Zellen anderer Gewebe. Der Formwandel der Zelle wurde als *Modulation* bezeichnet (WEISS nach BLOOM, 1937; WILLMER, 1960; YOUNG, 1964). Nimmt man dagegen eine programmierte Sequenz an, könnte von definierbaren *Entwicklungsstadien* der Zelle, wie bei Raupe, Puppe und Imago, gesprochen werden. Der Formwandel ist als eine *Zellmetamorphose* anzusehen (s.S. 227; KNESE, 1956a, 1967a, b; KNESE und BIERMANN, 1958). Dabei kann ein Stadium eine kurze Entwicklungsphase oder einen Dauerzustand darstellen (KNESE und GEIDEL, 1972).

Den Vorgängen der Zellmetamorphose sind die Veränderungen der *Interzellularsubstanzen* gegenüberzustellen. Hier liegt ebenfalls im Rahmen der „Alterung" eine bestimmte Sequenz in der Abfolge Hyaluronsäure, Kollagene + Chondroitinsulfate und Keratansulfate vor. In dieser einfachen Form ist die Sequenz nicht mit der Zellmetamorphose in einem Skelettstück zu korrelieren. Nur wenige Zelltypen sind auf einen bestimmten *Synthesetyp* (überwiegend) *spezialisiert*, z.B. die Osteoblasten auf die Kollagenogenese, die Kambiumzellen des Periosts und die Chondrozyten der Transformationszone auf die Bildung von Protein-Polysacchariden. Bemerkenswert ist, daß bestimmte *Zelltypen* als eine Art *Funktionszustand* an verschiedenen Orten (Epiphyse, Periost, Zwischenwirbelscheibe) wiederkehren (Abb. 78, 112). Auch die spindelförmigen Stammzellen (germinal cells) sind sich nach HALL (1970b) an den verschiedenen Orten sehr ähnlich, wobei die *genetische* Information dieser Zellen gleich sei, so daß Knochen und Knorpel durch Zell- und Gewebe(!)-transformation leicht ineinander übergeführt werden können. Dabei soll das Verhältnis Kollagen zu Chondroitinsulfat die folgende Differenzierung kontrollieren. Exogene Faktoren, das *mikroenvironment* (vgl. FELL und MELLANBY, 1952; WILLMER, 1960; JOHNSON, 1964), mögen die Osteo- bzw. Chondrogenese einleiten. Gegen HALL (1970b) muß z.T. im Sinn von LASH (1967, 1968b) eingewendet werden, daß die überwiegende Produktion von Chondroitinsulfaten einerseits bzw. Kollagen andererseits ein Zeichen für den Übergang zur Chondrogenese bzw. Osteogense darstellt und nicht kontrolliert.

Während der Entwicklung stellen Zellmetamorphose und Synthesesequenzen kein Zufallsgeschehen dar: Sie sind an Ort und Zeit gebunden (vgl. JOHNSON, 1964). Die Zellen stehen über eine *Rückkoppelung* mit ihren Interzellularsubstanzen in Verbindung (s.S. 443), wodurch ihre Aktivität beeinflußt wird. Als Einheit von Zelle und Umgebung, der *Zellökologie* und *Gruppendynamik* der Zellpopulation (WEISS, 1939, 1953, 1962) bzw. der *mikroökologischen* Situation (NANNEY, MOSCONA, beide bei MARKERT, 1968), werden das *Chondron* (s.S. 442) und das *Zytoosteon* (s.S. 595) angesehen.

Bei der Synthese von Kollagen und Protein-Polysacchariden (u.a. DEISS, 1966) ist eine *genetische* Steuerung anzunehmen (RICHANY et al., 1956; BAUME, 1962; DAWSON, 1962; MOFFETT et al., 1964; LEVY, 1964; DU BRUL, 1964; FROMMER, 1964; MOFFETT, 1965; BLACKWOOD, 1965; FURSTMAN, 1966). Hier sind die Knorpelbildungen im *Periost* zu nennen (HEITZMANN, 1973; KASSOWITZ, 1879; SCHAFFER, 1897, 1916; STUDITZKY, 1933, 1934a, 1936; ROULET, 1935; PRITCHARD, 1936; MURRAY, 1936; LACROIX, 1949b; FELL, 1956). Indessen ist eine umwegige Entwicklung mit den derzeitigen Vorstellungen über die genetische Steuerung der Zelltätigkeit vereinbar, wenn bedacht wird, daß nicht nur bei der Kollagen-, sondern auch bei der Protein-Polysaccharidsynthese *Proteine* gebildet werden. Für proteinproduzierende (sezernierende) Zellen ist seit langem ein Tätigkeitsrhythmus bekannt. Viele Beobachtungen sprechen dafür, daß Bindegewebszellen nach einer inneren Uhr (DANIELLI, 1958; NANNEY bei MARKERT, 1968) zuerst Proteine als Akzeptoren für Polysaccharide, dann das Glykoprotein Kollagen bilden, womit ein Wechsel in der Proteinsynthese vorliegt. Eine ähnliche Umstellung der Synthese könnte bei der Bildung sekundärer Knorpel vorliegen.

Außer nach der genetischen Steuerung der Skelettentwicklung wurde nach *Faktoren* gesucht, die zur Knochenbildung führten. Mitunter wurde angenommen, daß die Knochenbildung durch spezifische oder unspezifische *osteogene Substanzen* induziert wird (PRITCHARD, 1936; LEVANDER, 1938, 1940a, b; ANNERSTEN, 1940, 1941; BERTELSEN, 1944; LACROIX, 1945a, 1947, 1959; HELLSTADIUS, 1947; TEUCQ, 1948; PFEIFFER, 1948; WEIL, 1951; BUCHER und WEIL, 1951; DE BRUYN und KABISCH, 1955; DANIS, 1956; MOSS, 1960; GOLDHABER, 1961b; FRIEDENSTEIN, 1968; HADHÁZY et al., 1968b); doch wurde die Existenz osteogener Substanzen auch bezweifelt (HANCOX, 1947). Für die Bildung *ektopischer* Knochen sollen u.a. osteogene Substanzen verantwortlich sein (URIST und McLEAN, 1952; RAY und SABET, 1963; BURWELL, 1964, 1966; Übersichten: BRIDGES, 1959; OSTROWSKI und WLODARSKI, 1971). Eine Kompetenz für die Wirkung der osteogenen Substanzen ist erforderlich (URIST et al., 1969; (vgl. YOUNG, 1963a, b, 1964, 1966), wobei Messenger-RNA nachgebildet werden müssen, so daß eine Respezialisierung durch Übergang von einem Gensatz zu einem anderen erfolgen kann (YOUNG, 1966). Damit könnte der Schritt zu einer *Programmsequenz* eröffnet werden. Das Operon als Einheit aus Strukturgen und Operator wird von den Regulatorgenen beherrscht. Bei der Regulation der Regulatorgene denkt YOUNG (1966) an das komplexe mikroenvironment. Repressormoleküle könnten spezifische Metaboliten als Effektoren erkennen und eine Kombination zwischen ihnen und dem Operator herstellen. Wenn die kritische Information bereits in den DNS-Molekülen niedergelegt ist, könnte sie nicht nur einen Vorgang, sondern auch eine Folge von Vorgängen betreffen. Zellsequenzen als Abbild einer Reihe von Vorgängen in der Epiphyse bzw. im Periost wären als Realisierung eines genetischen Programms zur Bildung eines Skelettelements anzusehen.

In einigen Gebieten sind umwegige Entwicklungen zu beobachten, z.B. bei der Bildung der *sekundären Knorpel* (s.S. 475; FAWCETT, 1905; SCOTT, 1951; SYMONS, 1952; NOGAMI und URIST, 1970a, b), so daß zwischen induzierbaren und bereits determinierten Knochenzellen zu unterscheiden ist (OWEN, 1970; FRIEDENSTEIN, 1973).

Die Ansichten über die sog. *Ursache* der Osteogenese gehen weit auseinander (Überblicke: MURRAY, 1936, 1947; BOURNE, 1956; FELTS, 1961; FROST, 1964b, c; ALTMANN, 1964; HALL, 1970b). Überwiegend wurde der *Gefäßversorgung* (s.S. 426) und im Gefolge von ROUX (1895) den *mechanischen Kräften* eine ursächliche Bedeutung für die Art der Gewebebildung zugesprochen. Die These von der funktionellen Anpassung bzw. Causal Morphology (ROUX, 1895; vgl. weiter PAUWELS, 1968; KUMMER, 1959a, 1959b, 1961, 1962; JOHNSON, 1964) als entscheidender Faktor für die Formentwicklung des Skeletts wurde durch die Ergebnisse der ebenfalls von ROUX (1895) inaugurierten Entwicklungsmechanik nicht bestätigt. Die Entwicklung gehorcht anderen Prinzipien als die endgültige Funktion (MURRAY, 1936; s.S. 657). Diese Feststellung bedeutet natürlich nicht, daß auch mechanische Faktoren in die Steuerungsvorgänge der Entwicklung eingehen (s.u.). Weit verbreitet ist die Auffassung, daß *Knorpel* unter *Druck*, evtl. kombiniert mit Schub entstehen kann (BENNINGHOFF, 1924; SITSEN, 1933; GLÜCKSMANN, 1938, 1942; PAUWELS, 1940, 1960; MURRAY, 1947, 1954, 1957, 1963; WASHBURNE, 1947; GLEGG und LEBLOND, 1953; HAM und HARRIS, 1956; GIRGIS und

PRITCHARD, 1958; MOSS, 1958b; MELCHER und IRVING, 1962; FROST, 1964b, c; URIST et al., 1965; MURRAY und SMILES, 1965; HALL, 1967, 1968c). Die Auswirkung von *Zugkräften* mag von der Größe der Kräfte abhängen (KROMPECHER, 1937; GLÜCKSMANN, 1939; WEISS und AMPRINO, 1940; SHAW und BASSETT, 1964). ALTMANN (1964) würdigt die ältere Literatur kritisch unter dem Gesichtspunkt der funktionellen und afunktionellen Chondrogenese. Zur Beschränkung auf das Mechanisch-Kausale muß ausgeschaltet werden, was mit „Ganzheit" zu tun hat, d.h. die gesamte embryonale Formentwicklung. Bei Erörterung der mechanischen Ursachen der Knorpel- und Knochenbildung wurde im allgemeinen von Spannungsverhältnissen ausgegangen, die für *feste* Körper gelten (vgl. KNESE, 1970d). In den „schleimigen" Bildungsregionen liegen jedoch die Verhältnisse der Mechanik *unelastischer* Flüssigkeiten vor (KNESE, 1959a). Im übrigen entwickeln sich Embryo und Fetus in dem wässerigen Milieu der Amnionflüssigkeit. Die besonderen Materialeigenschaften der Bildungsregionen führten dazu, auch dem hydrostatischen Druck im Gewebe eine ursächliche Bedeutung zuzusprechen (KUMMER, 1959; PAUWELS, 1960; ALTMANN, 1964). Durch mechanische Energie sollen im Sinn der *Piezoelektrizität* elektrische Potentiale entstehen, die u.a. pH und die Orientierung von Makromolekülen beeinflussen (BASSETT, 1966, 1968; GJELSVIK, 1973a, b)

Eine *Ischämie* sollte die *Knorpelbildung* (HAM, 1930, 1952; HAM und HARRIS, 1956; HARRIS und HAM, 1956; PRITCHARD et al., 1956; RICHANY et al., 1956; GIRGIS und PRITCHARD, 1958; BASSETT und HERRMANN, 1961; BASSETT, 1962, 1964; HADHÁZY et al., 1963; KROMPECHER und TOTH, 1964; OLAH et al., 1965; CRELIN, 1967; SHAW und BASSETT, 1967; HALL, 1969), eine hinreichende *Blutversorgung* die *Knochenbildung* hervorrufen (PRITCHARD und RUZICKA, 1950; GINSBURG, 1958; LINGHORNE, 1960; MENDLOWITZ und LESLIE, 1962; TALLQVIST, 1962; TRUETA, 1963; GOLDHABER, 1963a, b; BROOKES, 1966; SALAH ABU BAKR, 1967). Eine kritische Prüfung dieser Hypothesen ergab, daß Explantate aus dem reich vaskularisierten Knochen mehr osteogene Zellen produzieren, als solche aus den avaskulären Sehnen (BASSETT, 1962). Da die Kulturbedingungen für beide Materialien gleich waren, schließt der Autor auf die Erhaltung einer in vivo-*Information* in der Kultur. Dies würde aber gegen einen unmittelbaren Einfluß der O$_2$-Spannung sprechen. Knorpel- bzw. Knochenbildung sollten durch mehrere Faktoren hervorgerufen werden (BASSETT und HERRMANN, 1961; BASSETT, 1962): 1) Dichte Zusammenlagerung und hohe Sauerstoffspannung führten zur Knochenbildung, 2) dichte Zusammenlagerung und niedere Sauerstoffspannung zur Knorpelbildung und 3) Zug und hohe Sauerstoffspannung zur Faserbildung (BASSETT und HERRMANN, 1961; BASSETT, 1962).

Bei vielen Untersuchungen über die Ursachen der Knochen- und Knorpelbildung ist nicht sicher, ob berücksichtigt wurde, daß ein *Multi-Komponenten-System* von einem *Multi-Faktoren-System* gesteuert wird. Daran denkt WEISS (1955): "Simplicity, and not complexity ist the illusion". In diesem Zusammenhang sei an die tabellarische Darstellung der Komplexität von Entwicklungsvorgängen durch NEEDHAM (1950) erinnert wie an jene von DANIELLI (1958) über die Komplexität der Signale, auf die eine Zelle in verschiedenen Ebenen reagiert. Alle Hypothesen über die kausale Genese bestimmter Gewebeformen durch adäquate Reize (z.B. PAUWELS, 1960) stehen damit vor der Schwierigkeit, die Frage zu beantworten, auf welchem Wege ein solcher Reiz den komplexen Mechanismus mit einer genetisch erforderlichen Kodierung (u.a. Kollagene) der verschiedenartigen Synthesevorgänge auslöst, der zur Bildung der qualitativ differenten Komponenten dieses speziellen Gewebes in einer bestimmten räumlich-zeitlichen Ordnung führt. Beim Herausbrechen eines Faktors aus dem *regulatorischen System,* das möglicherweise bis zum Zusammenbruch gestört wird, könnte der Eindruck entstehen, man habe die Ursache für einen Vorgang gefunden. Von der Komplexität des Systems gibt die Wirkung der *Hormone* und *Vitamine* Auskunft, die z.T. *Bildung* und *Abbau* der Komponenten des Knorpel- und Knochengewebes in gegensätzlicher Form beeinflussen; sie greifen an der Zelle an

Tabelle 18. Einfluß der Hormone und Vitamine auf Knorpel- und Knochengewebe. (Zusammengestellt nach BRUNISH 1966, NORDIN 1966, DULCE 1970)

| | Kollagen-Synthese | Kollagen-Abbau | MPS-Synthese | MPS-Abbau | Matrix-proteinsynthese | Matrix-Proteolyse | MPS-Knochen Epiphyse | Metaphyse | Diaphyse |
|---|---|---|---|---|---|---|---|---|---|
| **Hormone** | | | | | | | | | |
| Parathormon | ↓ | ↑ | ↑ | | | ↑ | ↓ | ↑ | |
| Calcitonin | | | | | | | | | |
| Glucocorticoide | ↓ | | ↓ | | | | | | |
| Östrogene | | | | | ↑ | | ↓ | | |
| Androgene | | | | | ↑ | | ↑ | | |
| Somatotropes Hormon | ↑ | | ↑ | | | | | | |
| Schilddrüsenhormon | | | ↑ | | | | [a] ↑ [b] | | [a] ↓ |
| Insulin | | | | | | | | | |
| Corticotropin | | | | | | | [a] ↓ | | |
| Prolactin | | | | | | | | | |
| **Vitamine** | | | | | | | | | |
| Vitamin A | | | ↑ | | ↑ | | | | |
| Vitamin C | ↑ | | | | | | | | |
| Vitamin D | | | ↑ | | | | | | |

| | MPS-Knorpel | Mineralisation | Knochenmineral-mobilisierung | Knochen-resorption | Plasma Ca-Zunahme | Ca-Abnahme | P-Zunahme | P-Abnahme |
|---|---|---|---|---|---|---|---|---|
| **Hormone** | | | | | | | | |
| Parathormon | | | ↑ | | + | | | |
| Calcitonin | | ↑ | | | | + | | + |
| Glucocorticoide | | | | ↑ | | + | | + |
| Östrogene | | ↑ | | ↓ | | + | | |
| Androgene | | ↑ | | | | | | |
| Somatotropes Hormon | [a] [c] ↑ | | | ↑ | + | | + | |
| Schilddrüsenhormon | [a] ↓(?) [b] ↑ | | | ↑ | + | | normal | |
| Insulin | [c] | | | | | | | |
| Corticotropin | [a] ↓ [c] ↓(?) | | | | | | | |
| Prolactin | [a] [c] ↓ | | | | | | | |
| **Vitamine** | | | | | | | | |
| Vitamin A | | | | | | | | |
| Vitamin C | | | | | | | | |
| Vitamin D | | | | | | | | |

| | Harn | | | | | Darm-Ca-Absorption | Darm-P-Absorption | Ca-Bilanz | P-Bilanz |
|---|---|---|---|---|---|---|---|---|---|
| | Ca-Zunahme | Ca-Abnahme | P-Zunahme | P-Abnahme | Harnzitrat | | | | |
| *Hormone* | | | | | | | | | |
| Parathormon | + | | + | | | ↑ | ↑ | ↓ | ↓ |
| Calcitonin | | | | | | | | ↑ | |
| Glucocorticoide | + | | | ↑ | ↓ | ↑ *Sekretion* ↑ | | ↓ | |
| Östrogene | | + | + | | ↑ | ↑ | | ↑ | |
| Androgene | | | + | ↑ | | | | ↑ | |
| Somatotropes Hormon | + | | | | normal | ↑? *Sekretion* ↑ | ↓ | ↓ (erwachsen) | ↑ |
| Schilddrüsen- hormon | + | | | | normal | ↓ | | ↓ | |
| Insulin | | | | | | | | | |
| Corticotropin | | | | | | | | | |
| Prolactin | | | | | | | | | |
| *Vitamine* | | | | | | | | | |
| Vitamin A | | | | | | | | | |
| Vitamin C | | | | | | | | | |
| Vitamin D | | ↑ | | ↓ | | ↑ | ↑ | ↑ | ↑ |

[a] normales Tier
[b] thyreoidektomiert
[c] hypophysektomiert

oder verändern die innere Umwelt, das „milieu intérieur" (BERNARD, 1878; MCLEAN, 1960). Hierbei ist eine Selbstregulation biologischer Prozesse zu beobachten, die *Homeostase* (CANNON, 1929), die mit den Mitteln der Kybernetik (GOLDMAN, 1960) in Form eines abstrakten Modells dargestellt werden kann (SOLOMON, 1960; z.B. RICHELLE und ONKELINX, 1969; RICHELLE et al., 1966, 1967).

Die Behandlung der angeschnittenen Fragen der hormonellen Steuerung überschreitet den vorliegenden Rahmen, da für viele Befunde noch kein befriedigendes morphologisches Korrelat vorliegt (Übersichten: Hormone: ALBRIGHT, 1947; LI und EVANS, 1947; GREEP, 1948; PEARSON, 1956; WHEDON, 1956; IRVING, 1957; RUSSELL und WILHELMI, 1958; GREEP und TALMAGE, 1961; TALMAGE, 1962; BUDY, 1962; MUNSON et al., 1964; ASBOE-HANSEN, 1966; SILBERBERG und SILBERBERG, 1971; BOURNE, 1971; Vitamine: IRVING, 1957; HARRISON, 1959; FANCONI, 1959). Wir geben eine Zusammenstellung der Wirkung der Hormone und Vitamine auf die Stützgewebe nach Angaben von BRUNISH (1966), NORDIN (1966) und DULCE (1970; Tabelle 18). Bei als gleich anzunehmendem Milieu ergeben sich örtlich (ASBOE-HANSEN, 1966) und nach Gewebeform sehr unterschiedliche Reaktionen. So kommt man schließlich in irgendeiner Form wieder auf die Zelle zurück, die sich die regelnden Mechanismen „aussucht".

Ausgehend von einer kritischen Diskussion der verschiedenartigen Faktoren, die für den Ablauf der Entwicklung verantwortlich gemacht werden, hat APTER

(1966) die Möglichkeit einer *kybernetischen* Betrachtung der Entwicklung erörtert und kommt zu folgenden grundsätzlichen Feststellungen, die sicher nicht nur für den traditionell abgegrenzten Bereich der Frühentwicklung, sondern auch für die postnatale Entwicklung gelten: Die Einheit der Entwicklung ist die Zelle mit ihrer genetischen Instruktion; der Organismus entwickelt sich durch self-reproduction der ihn aufbauenden Zellen; die Entwicklung wird entscheidend durch die Kommunikation zwischen den Zellen beeinflußt; der Organismus kontrolliert die entscheidenden Aspekte seiner Entwicklung selbst, mit anderen Worten, er realisiert ein bestimmtes Programm. In diesem Sinne haben wir die Zellen mit den sie umgebenden Interzellularsubstanzen in den Mittelpunkt unserer Betrachtung gestellt, aber gleichzeitig Organogenese und Histogenese als miteinander korrelierte Prozesse behandelt und das Skelett in seiner Beziehung zu den Muskeln (s.S. 445) und damit auch dem Nervensystem (s.S. 470), sowie benachbarten Organen (Gehirn, s.S. 470; Thoraxeingeweide, s.S. 29) abgehandelt. Die Realisierung des Programmes (s.S. 18, 72) der Organo- und Histogenese des Skeletts erfolgt vermutlich im Sinne der *Prozeßsteuerung* mit den verschiedenartigsten Stellgrößen (genetische Information, microenvironment, Eingliederung in den gesamten Organismus u.a. über die topographische und funktionelle Beziehung zu anderen Organsystemen, die hormonelle Situation, die Blut- und Nervenversorgung (vgl. SUNDÉN, 1967) sowie exogene Faktoren usw.), zwischen denen eine Rückkoppelung (s.S. 443) besteht. Der Umfang der Informationen innerhalb des Systems ändert sich während der Entwicklung und wurde für das Säugetierei auf $10^{15}$ bits und für den Adulten auf $10^{25}$ bits geschätzt (RAVEN, 1961). Bereits relativ einfache Computermodelle für die Extremitätenknospe (EDE und LOW, 1969; WILBY und EDE, 1975; s.S. 82) und die Epiphysenscheibe (KEMBER, 1969, 1971; Abb. 100, 101; s.S. 265) vertiefen die Einsicht in Vorgänge, die anhand rein morphologischer Untersuchungen nicht zu erkennen sind. Das Körperlängenwachstum, das überwiegend auf einem *Längenwachstum* des Skeletts beruht, erfolgt in Schüben, darstellbar als Tangenshyperbolicus-Funktionen, die vermutlich auf noch nicht geklärte Veränderungen in den steuernden Regelkreisen beruhen (HELWIN und Peil, 1977). Auf den 1. Embryonalschub folgt ein 2. Fetalschub, der abgebremst werden muß, da die Geburtswege der Größenzunahme der Frucht eine Grenze setzen. Trotzdem erfolgt 2 Monate vor der Geburt durch die plazentären Veränderungen ein Schub, der durch das stärkere Wachstum der unteren Extremitäten zu Proportionsänderungen führt. Der postnatale Wachstumsschub scheint überwiegend durch die jeweilige Ernährung bestimmt zu sein. Die für den Mineralstoffwechsel entworfenen kybernetischen Modelle, z.B. unter Einfluß des Parathyreoideahormons, setzen ebenfalls die Zelle als Angriffsort ein. Dem Morphologen fällt derzeit mit der Vorstellung von der Programmentwicklung in pectore die Aufgabe zu, wie es bereits HINTZSCHE (1973b) gefordert hat, über das einfache Lehrbuchschema Osteoblast, Osteozyt, Chondroblast, Chondrozyt usw. hinaus. hinaus, den *Polymorphismus der Skelettzellen* über ihre ganze Lebenszeit mit den morphologischen Äquivalenten der Zellaktivität unter detaillierter Bestimmung von Zeit und Ort zu untersuchen.

# 10. Das Knochengewebe

Einen besonders breiten Raum bei der Untersuchung des Knochengewebes nehmen die *Mineralien* ein, die allerdings weitgehend unabhängig von den übrigen Komponenten des Knochengewebes betrachtet wurden. Andere Studien beschäftigten sich mit den Beziehungen zwischen den *Osteozyten* und der Interzellularsubstanz. Ältere Autoren berichten von einer Aktivität der Osteozyten, die u.a. zu einer Formänderung der Lakunen führt (MÜLLER, 1858; KOELLIKER, 1873). Später waren einige Autoren der Meinung, über die Funktion der Osteozyten seien keine Aussagen möglich (PRITCHARD, 1956b; HANCOX, 1956), andere sehen den Osteozyten und seine Umgebung als eine funktionelle Einheit an (ZAWISCH-OSSENITZ, 1926; ACHARD, 1935; RUTISHAUSER und MAJNO, 1951; LIPP, 1954b). Den Osteozyten mit seiner umgebenden Interzellularsubstanz faßt KROMPECHER (1937) als Funktionseinheit auf, das *Zytoosteon*, eine Einheit, die jener des Chondrons an die Seite zu stellen ist (s.S. 442). Während eine *lytische* Aktivität der Osteozyten seit längerem angenommen wird (s.S. 502), wurde erst in neuerer Zeit von einer *synthetischen* Aktivität der Zellen berichtet. Im Vergleich mit dem Knorpelgewebe ergibt sich, daß erst in jüngster Zeit in den Chondrozyten degradierende Enzyme nachgewiesen wurden (s.S. 331).

Die Produktion von Interzellularsubstanzen durch Knorpelzellen ist die Grundlage des *intussuszeptionellen Wachstums*, durch das die Massenrelation zwischen Zelle und Interzellularsubstanz verändert wird (Tabelle 8); die Menge der Interzellularsubstanz nimmt zu, und der *Abstand* zwischen den *Chondrozyten* wird größer. Aber auch während der Reifung des Knochengewebes vergrößert sich der Abstand zwischen den *Osteozyten*, ihre Zahl je Flächeneinheit oder Volumen wird kleiner (Abb. 254; Tabelle 19), so daß — wie beim Knorpelgewebe — ein interstitielles Wachstum anzunehmen ist. Die Möglichkeit eines intussuszeptionellen Wachstums des Knochengewebes (vor allem des Schädels; u.a. WOLFF, 1868, 1870, 1885, 1888; STRELZOFF, 1873b, 1874; SCHACHOWA, 1873; SCHULIN, 1876; BAST, 1921a, b; THOMA, 1922/23, 1924; LEXER, 1924) wurde lange Zeit aufgrund der Natur des Knochengewebes als mineralisierten Hartgewebes bezweifelt (vgl. WEIDENREICH, 1930; KNESE und TITSCHAK, 1962; AMPRINO, 1962/63; KNESE, 1963c). Es sei angemerkt, daß aufgrund elektronenmikroskopischer Untersuchungen beim Wachstum der Trachea eine Apposition durch das äußere und eine Resorption durch das innere Perichondrium angenommen wurde, d.h. ein Umbau (YAJIMA, 1976).

Bei Vorliegen einer synthetischen und lytischen Aktivität der Knochenzellen mit entsprechenden Veränderungen der Interzellularsubstanz ist das *Knochenge-webe* als *spezielle Variante* der *Stützgewebe* anzusehen (vgl. auch LIPP, 1954b). Die Tätigkeit der Osteozyten ist mit den bekannten Reifungsvorgängen der Interzellularsubstanzen in Verbindung zu bringen.

## 10.1. Die Osteozyten und Lakunen

Fast alle neueren Untersuchungen der Osteozyten wurden unter funktionellen Gesichtspunkten durchgeführt, so daß wir, nach einer allgemeinen Formbe-schreibung der Osteozyten und ihrer Lakunen, die Befunde unter dem Aspekt der synthetischen und lytischen Aktivität der Zellen zusammenfassen. Im all-gemeinen wurde die Form des Osteozyten und der Lakunen gemeinsam abgehan-delt.

Seit GEGENBAUR (1864) und WALDEYER (1865a, b) gilt als sicher, daß Osteozy-ten aus Osteoblasten durch *Einschluß* in Knochengewebe entstehen. Bisher ist nicht endgültig geklärt, ob die Zellen nur von der benachbarten Osteoblastenge-neration eingemauert werden oder selbst an der Bildung der Lakunenwand beteiligt sind, was wahrscheinlich ist (vgl. KNESE und KNOOP, 1958; KNESE und v. HARNACK, 1962). Umstritten war, wie sich die *Kanälchen* und Fortsätze bilden. Die Knochenkanälchen sollten durch Resorption entstehen (GEGENBAUR, 1864; v. BRUNN, 1874; FELL, 1925) bzw. bei der Knochenbildung ausgespart werden (SCHAFFER, 1888b; MOLLIER, 1910; HARTMANN, 1910). Von einer Ver-mehrung der Osteozytenausläufer wurde ebenfalls berichtet (VEIT, 1935). Nach DEINEKA (1914) sind die Osteozytenfortsätze nicht mit denen der Osteoblasten vergleichbar; ihre Zahl ist verschieden groß (Osteoblasten: 5–6, Osteozyten: 20–30). Osteoblasten haben nur zur Knochenbildungsfront fingerförmige Fort-sätze, junge eingeschlossene Osteozyten jedoch nach allen Seiten (KNESE und KNOOP, 1958).

### 10.1.1. Form, Größe und Zahl der Osteozyten und Lakunen

Nach älteren Angaben ändern Osteozyten während der Reifung des Knochenge-webes ihre *Form* (MÜLLER, 1858; KOELLIKER, 1873, 1889; DISSE, 1911; BAST, 1921a, b; MULLER und RAZEMON, 1923; KNESE, 1956a). Die Zellen nach dem Einschluß wurden als *junge* Osteozyten bezeichnet (KNESE, 1963c, d, 1964a, 1966a, c; Abb. 85). Die Osteozyten im sog. Geflechtknochen und dem „Zwi-schengewebe" (KNESE, 1956a, 1963c, Abb. 253) sind *polyedrische* Osteozyten. In lamellärem Knochen liegen *flache* Osteozyten mit der bekannten mandelkern-förmigen Gestalt. Zwischen den polyedrischen und flachen Osteozyten sind viel-fältige Zwischenformen möglich. Gegenüber dieser entwicklungsgeschichtlich orientierten Einteilung wurden weitere vorgeschlagen, die z.T. die Form der

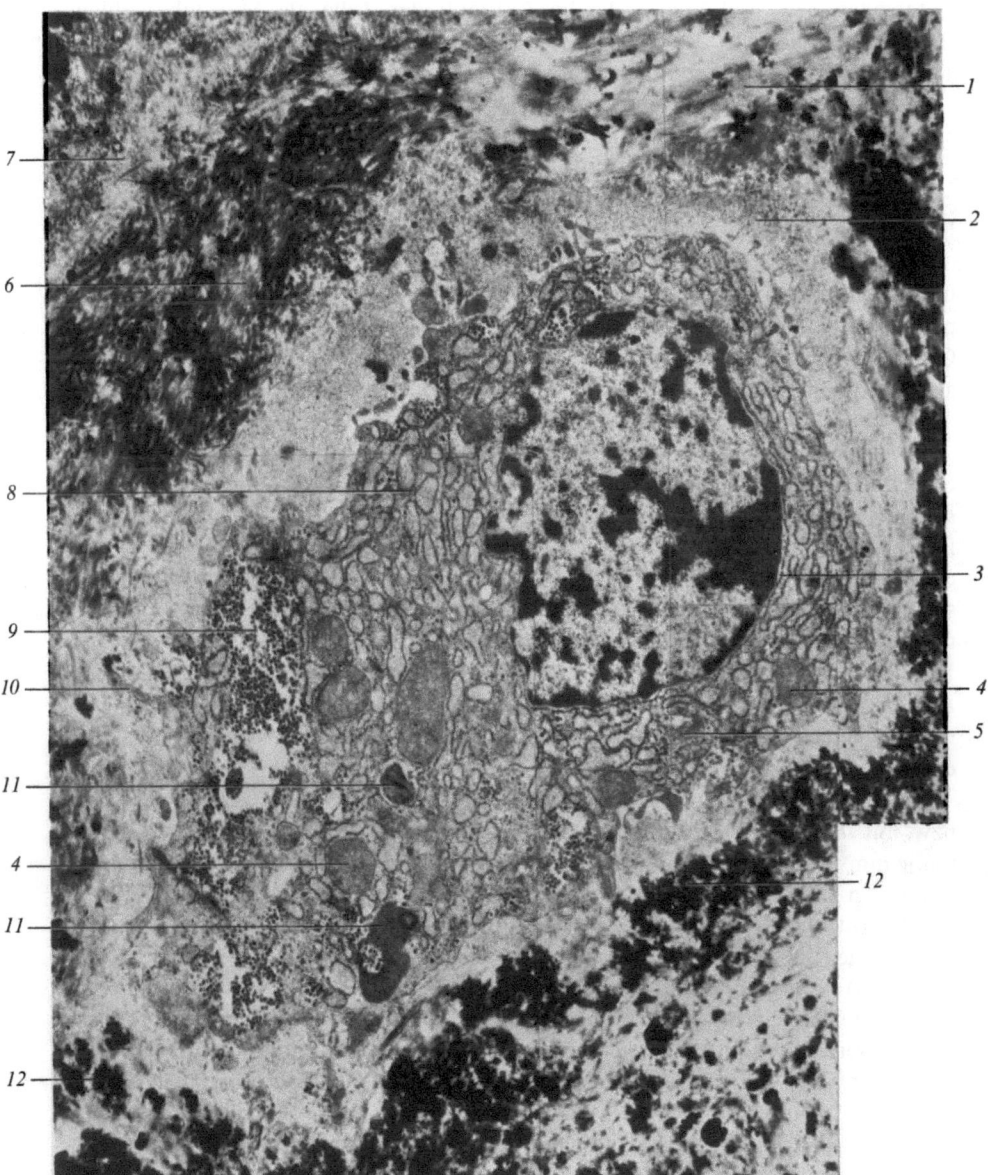

**Abb. 253.** Rinderfet, 104 mm SSL, Osteozyt. *1)* Kollagenfibrillen mit Querstreifung, *2)* granuläres Material um den Osteozyten (Proteoglykanmantel), *3)* äußere Kernmembran mit Verbindung zum endoplasmatischen Retikulum, *4)* Mitochondrium, *5)* Golgifeld, *6)* Eigenfaserung des Knochenhöhlchens (vgl. KNESE und v. HARNACK, 1962), *7)* Übergang von der Eigenfaserung zum umgebenden Knochengewebe, *8)* reichlich entwickeltes endoplasmatisches Retikulum mit mäßig erweiterten Zisternen, *9)* Kohlenhydrateinlagerung, *10)* Osteozytenfortsatz, *11)* Lysosom, *12)* größere Mineraleinlagerungen im Bereich der Eigenfaserung. Vergr. 3 700 (aus KNESE, 1966c)

Osteozyten bzw. Lakunen, z.T. die Aktivität der Zelle als Maßstab wählen. BAUD und WEBER-SLATKINE (1961), BAUD und DUPONT (1962) sowie BAUD (1962, 1968) unterscheiden vier Formen der Lakunen und Osteozyten:

1. Kleine Lakunen mit glattem Rand und homogener Scheide; aktive Osteozyten mit geringem Zytoplasma und dunklem Kern;

2. vergrößerte Lakunen mit unregelmäßiger Begrenzung; Osteozyt mit weniger dichtem Kern, ausgedehntem Zytoplasma mit reichlich Mitochondrien und Lysosomen: Bild der perilakunären Resorption (Osteolyse);

3. vergrößerte Lakunen mit Interzellularsubstanz im Stadium der Bildung und Mineralisation; Osteozyt mit reichlich granulärem Retikulum; Bild der perilakunären Anlagerung (Osteoplasie); große irreguläre Osteozyten sind in Geflechtknochen, Frakturcallus und an anderen Orten lebhafter Osteogenese anzutreffen (JOWSEY, 1968);

4. leere Lakunen mit Zellresten.

Von verschiedenen *Lebensphasen* der Osteozyten sprechen JANDE und BÉLANGER (1971, 1973) und BÉLANGER (1971). In einer *Bildungsphase* (formative phase) sind die Zellstrukturen wohl ausgebildet. Der Osteozyt ist von einer dünnen Lage unreifer, wahrscheinlich nicht verkalkter Substanz umgeben, die durch eine dünne, unterbrochene osmiophile Lage gegen die übrige Interzellularsubstanz abgegrenzt ist. In der *Resorptionsphase* (resorptive phase) liegt eine Abnahme der Zellorganellen mit Überwiegen von Lysosomen vor. Die begrenzende Hülle besteht aus einem Material geringer Dichte, das eine MPS-Reaktion gibt. Die Lakunen sind unregelmäßig begrenzt. In der Degenerationsphase (degenerative phase) erscheinen Vakuolen im Golgiapparat und den Mitochondrien sowie eine Kernpyknose.

Die *Zahl der Osteozyten* wurde mit 910 (709–1120)/mm² (HARTING, 1845) bzw. mit 740 (680–800)/mm² (WELCKER, 1862) angegeben. Die Zahl der Osteozyten je mm² Schnittfläche, d.h. die *Flächendichte*, nimmt von einem *menschlichen* Feten von 250 mm SSL bis zum 43jährigen Mann um $^1/_3$ ab (Tabelle 19; KNESE und v. HARNACK, 1962; KNESE, 1963c). Ein Vergleich der Form der Häufigkeitsverteilungen ergibt, daß ein *Grenzwertproblem* vorliegt, wobei der untere Grenzwert (5%) bei etwa 300, der obere (95%) bei 200 liegt (Abb. 254). Bei annähernd festgehaltenem Grenzwert (vgl. KNESE und THEWS, 1960) verschieben sich die Zentralwerte nach links, zu den niederen Werten. Zahl und damit Abstand der Osteozyten voneinander sind endgültig mit dem *Diffusionsradius* bzw. der *kritischen Schichtdicke* in Zusammenhang zu bringen. Der Abstand des Osteozyten von der *Kapillare* beträgt nicht mehr als $^1/_{10}$ mm (HAM, 1953; HURLEY und MILLER, 1959; FROST, 1961c) bzw. in der Spongiosa 200 µm und in der Compacta 300 µm (VOSS, 1954). Der größte *Abstand* und damit die kleinste *Fläche*ndichte der Osteozyten liegt nach unseren Ermittlungen erheblich niedriger. Der Abstand d der Osteozyten voneinander läßt sich nach der Formel $d = 1/\sqrt{FD}$ aus der Flächendichte (FD) errechnen. Eine graphische Darstellung der Beziehung zwischen d und FD ergibt ein scharfes Umbiegen der Kurve bei d = 0,1 mm. Der Verlauf der Kurve spricht dafür, daß jenseits dieses Wertes eine genügende Versorgung durch Diffusion kaum noch möglich ist.

Die Flächendichte der Osteozyten zeigt *lebenszeitliche* und *topographische* Unterschiede. Sie ist im zentralen Teil des Knochenquerschnitts geringer als

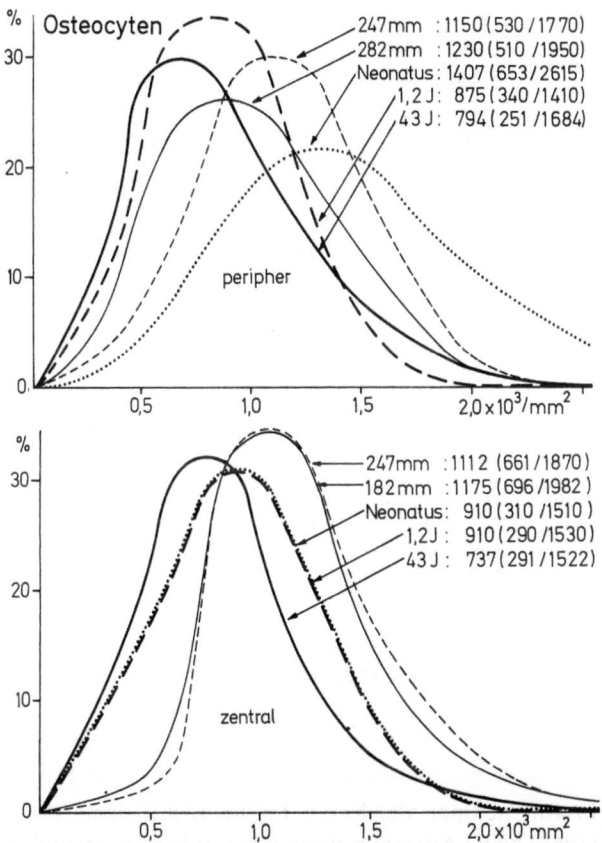

**Abb. 254.** Flächendichte je mm² für periphere und zentrale Schnitthälfte der Osteozyten in einem Schnitt durch die Mitte der menschlichen Tibia. Häufigkeitsverteilungen bei numerischer Ordinate und Abszisse. Angabe der auf Wahrscheinlichkeitspapier ermittelten Parameter: Median- oder Zentralwert (unterer/oberer Grenzwert; aus KNESE, 1963c)

im peripheren (Tabelle 19; KNESE, 1963c). Die Häufigkeitsverteilungen für die Flächendichte lassen erkennen, daß die Dichte im Lauf des Lebens zentral kontinuierlich abnimmt; in der peripheren Schnitthälfte ist außerdem die fortlaufende periostale Apposition zu berücksichtigen. Zudem ist die Zahl der Osteozyten im Bereich der Osteone größer als in den Tangentiallamellen. Im Lamellenknochen beträgt die Zahl der Osteozyten nach FROST (1960d, 1961c) 20000/mm³, im Faserknochen 80000/mm³. Entsprechend der Unterteilung zwischen kleinen und großen Lakunen (BAUD, 1968; s.S. 598) geben BAUD und AUIL (1971) an, daß sich die Zahl der kleinen Lakunen zunächst (bis 36–45 Jahre) vermehrt, dann abnimmt; spiegelbildlich dazu verhalten sich die vergrößerten Lakunen. In der Nähe des Haversschen Kanals und in der Peripherie der Osteone sind die Lakunen größer als im mittleren Teil (YAEGER et al., 1975). Die Zahl der *leeren Lakunen* beträgt etwa 5%. Im interstitiellen Gewebe überwiegen die großen gegenüber den kleinen Lakunen; leere Lakunen sind recht häufig (20%).

Tabelle 19. Flächendichte der Osteozyten. (Nach KNESE, 1963c)

| | Flächendichte/mm$^2$ | | Abstand μm | |
|---|---|---|---|---|
| | peripher | zentral | peripher | zentral |
| 247 mm SSL | 1150 | 1112 | 21,2 | 26,8 |
| | 530/1770 | 661/1870 | 19,4/22,8 | 20,7/32,9 |
| 282 mm SSL | 1230 | 1175 | 22,6 | 25,6 |
| | 510/1950 | 696/1982 | 20,5/25,0 | 20,7/31,8 |
| Neonatus | 1407 | 910 | 24,3 | 25,0 |
| | 653/2615 | 310/1510 | 18,1/30,5 | 23,4/26,6 |
| Zwischengewebe | 1850 | | | |
| | 1000/3420 | | | |
| 1, 2 Jahre | 875 | 910 | 25,1 | 24,1 |
| | 340/1410 | 290/1530 | 23,7/26,7 | 22,2/26,1 |
| 43 Jahre | 794 | 737 | 30,3 | 30,8 |
| | 251/1684 | 291/1522 | 21,7/42,4 | 23,2/40,8 |
| Osteone | 976 | | | |
| | 404/2014 | | | |
| Tangentiallamellen | 583 | | | |
| | 215/1215 | | | |

Median- oder Zentralwerte, untere/obere Grenzwerte.

Nach FROST (1960b) nehmen die leeren Lakunen mit dem Alter zu, dagegen findet VITTALI (1968) keine Altersvariation. Große Osteozyten und leere Lakunen treten vermehrt in den äußeren Lamellen eines Osteons und in dem interstitiellen Gewebe auf (URIST et al., 1963; URIST, 1964b). Die Ausfüllung von Lakunen mit Mineralien wurde verschiedentlich beschrieben (SHERMAN und SELAKOVICH, 1957; KELLY et al., 1961; FRANK et al., 1968b). Diese recht seltene *Mikropetrosis* kommt vor allem im interstitiellen Knochen vor (FROST, 1960c; JOWSEY, 1960; MJÖR, 1962; JOWSEY et al., 1964).

Die *Größe der Osteozyten* wurde mit längster Abmessung 34–60, mittlerer 6–12 und kurzer 3,5–6 μm (V. EBNER, 1874), bzw. 22–52, 6–14 und 4–9 μm (KOELLIKER, 1889) oder 24–28, 10–14 und 4–6 μm (WEIDENREICH, 1930) angegeben. Nach GRAY (1941) bestehen bei den Abmessungen der Osteozyten Spezies-unterschiede; sie sind im *menschlichen* Femur länger als bei *Hund, Katze* und *Meerschweinchen*. Zahl und Größe der Osteozyten bzw. Lakunen sind in jungem Faserknochen und im alten Lamellenknochen recht verschieden (FROST, 1960d, 1961a).

Eine Untersuchung des *Volumens* sowie der *Oberfläche* der Lakunen und der Kanälchen führt zu einer Kalkulation der Verteilung des *Calciums* in den Kompartimenten des Knochens (ROBINSON, 1964; Abb. 255). Diese Stoffwech-selwege gelten aber in gleicher Form für alle organischen Substanzen. Die *Aus-tauschfläche* der Kanälchen und Lakunen (vgl. BAUD und MORGENTHALER, 1964) beträgt für einen *Menschen* von 70 kg bei glatter Oberfläche der Wände

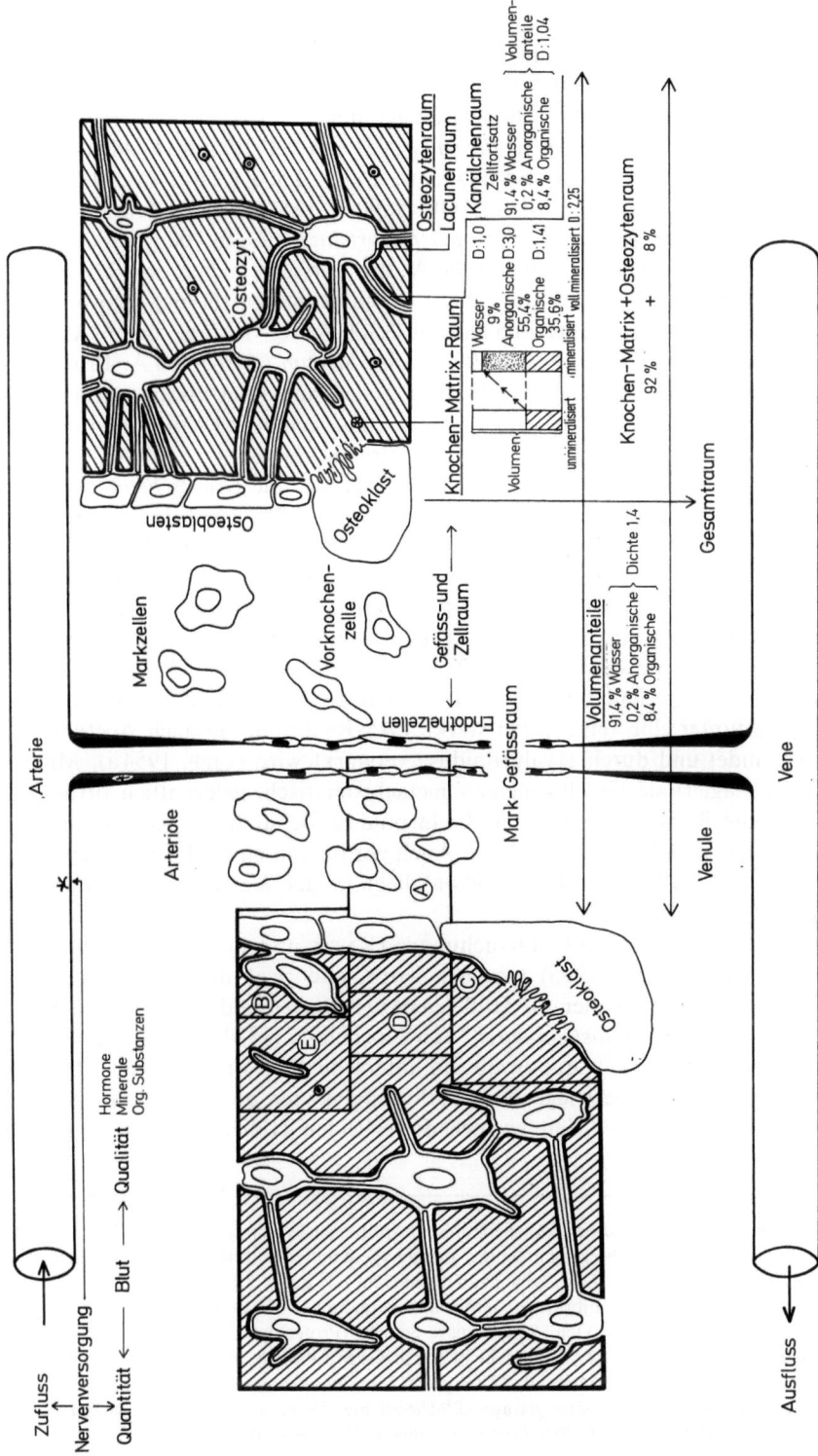

**Abb. 255.** Darstellung des Knochens als physiologische Einheit. Auf der linken Seite folgende physiologische Kompartimente („boxes"). *A*: vom Endothel über die extrazellulären Räume bis zum Osteoblasten. *B*: Osteoblast und präossales Gewebe, *C*: Osteoklast und benachbartes Knochengewebe, *D*: vollmineralisiertes Knochengewebe, *E*: Knochenkanälchen mit umgebendem Knochengewebe. Rechts von der Kapillare Darstellung der verschiedenen Räume im Knochen mit Angabe der Aufteilung auf Wasser und organische Substanzen (Umzeichnung nach Robinson, 1964)

700–1100 m$^2$; davon entfallen nur 2–3 m$^2$ auf die Haversschen Kanäle. Da die Oberflächen der Lakunen- und Kanälchenwände jedoch nicht glatt sind, ist die Austauschfläche auf 1500–5000 m$^2$ anzusetzen. FROST (1961 c) versuchte, diese Frage über das sog. „halo volume" anzugreifen.

Der *Durchmesser der Knochenkanälchen* wurde mit 1,1–1,9 µm (KOELLIKER, 1889), 1000–2500 Å (ROBINSON und WATSON, 1952), 1500 (750–2500; BAUD, 1960), 0,35–0,45 µm (FROST, 1961 c), 4000–5500 Å (2800–7600; KNESE und v. HARNACK, 1962) angegeben. Die *Zytoplasmafortsätze* messen 700 (350–1200) Å bzw. 800–1500 Å, in Zellnähe auch 2000 Å; die Fortsätze haben evtl. blasenförmige Auftreibungen bis zu 4 µm Größe. Nach ROBINSON (1964) schwankt der Kanaldurchmesser zwischen 1500 und 8800 Å; er beträgt beim *Kind* 3000–3500, bei jungen *Erwachsenen* 8800 und im *Senium* 6000–6500 Å. In den Kanälchen stehen die Fortsätze benachbarter Zellen mit ihren Plasmalemmata in Kontakt (COOPER et al., 1966), wobei eine Zonula occludens (WHITSON, 1972) bzw. Nexus (HOLTROP und WEINGER, 1972) auftreten können.

Als Umhüllung der Lakunen und Kanälchen wurde eine *Grenzscheide* (VIRCHOW, 1850; BROESIKE, 1882) oder *Kapsel* (ROUGET, 1858; NEUMANN, 1863) angenommen. Über den Aufbau der Kapsel wurden sehr unterschiedliche Auffassungen vertreten. Sie sollte aus nicht fibrillärer, präkollagener Substanz bestehen (v. EBNER, 1874; SCHAFFER, 1933), keine Fibrillen enthalten (WEINMANN und SICHER, 1955), bzw. aus Fibrillen aufgebaut sein (WEIDENREICH, 1930) und eine Doppelbrechung aufweisen (W.J. SCHMIDT, 1959). Auch *saure MPS*, alkalische Glycerophosphate und Lipide sollten vorhanden sein (LORBER, 1951). Die Kapsel gibt mitunter eine verschieden starke PAS-Reaktion, die nach Acetylierung verschwindet und durch Hyaluronidase verstärkt wird (LIPP, 1954 a). Mit Toluidinblau reagiert sie im allgemeinen metachromatisch, gelegentlich orthochromatisch; die Reaktion fehlt nach Hyaluronidase-Behandlung. Mit Methylenblau tritt eine Anfärbung ab pH 3 auf. Auch wir fanden eine sehr wechselnde Anfärbung der Kapsel. Nach LIPP (1954 a) liegt in der Kapsel ein Komplex von Protein-Polysacchariden vor.

Elektronenmikroskopische Untersuchungen (KNESE und v. HARNACK, 1962; WASSERMANN und YAEGER, 1965) sprechen dafür, daß *zwei,* ihrer Natur nach unterschiedliche Strukturformen die Hülle eines Osteozyten und seiner Fortsätze bilden. Das eine ist die „*Knochenkapsel*" von KOELLIKER (1889), ein besonderer Teil der Interzellularsubstanz, das zweite ein unterschiedlich strukturierter *Mantel aus Polysacchariden*, überwiegend wohl Proteoglykanen und jungen, dünnen Kollagenfibrillen. In neuerer Zeit wurden diese beiden Hüllen der Osteozyten

---

**Abb. 256.** Ratte, 69 mm SSL, Wand des Knochenhöhlchens mit einer Eigenfaserung. *a: 1)* Fibrillen ▷ mit geringer Durchflechtung, *2)* Übergang in schräg- und quergeschnittene Fibrillen, *3)* umfangreiche Fibrillenverbindung zur Umgebung, *b: 4)* Schicht aus dünneren, z.T. quer-, z.T. schräggeschnittenen Fibrillen, *5)* Schicht aus dickeren Fibrillen, *6)* Fibrillenübergang zur Umgebung, *c: 7)* Osteozyt mit Fortsätzen, *8)* Kern des Osteozyten, *9)* granuläre Schicht (Proteoglykanmantel), *10)* lockere Innenschicht aus dünnen Fibrillen, *11)* Außenschicht aus dickeren Fibrillen, die überwiegend längsgeschnitten sind, *d: 12)* granuläres Material, *13)* Eigenfaserung ohne deutliche Abgrenzung gegen das Nachbargewebe, *14)* Faserung sehr geringer Flächendichte. Vergr. *a:* 22100×, *b:* 16200×, *c:* 10400×, *d:* 21400× (aus KNESE und v. HARNACK, 1962)

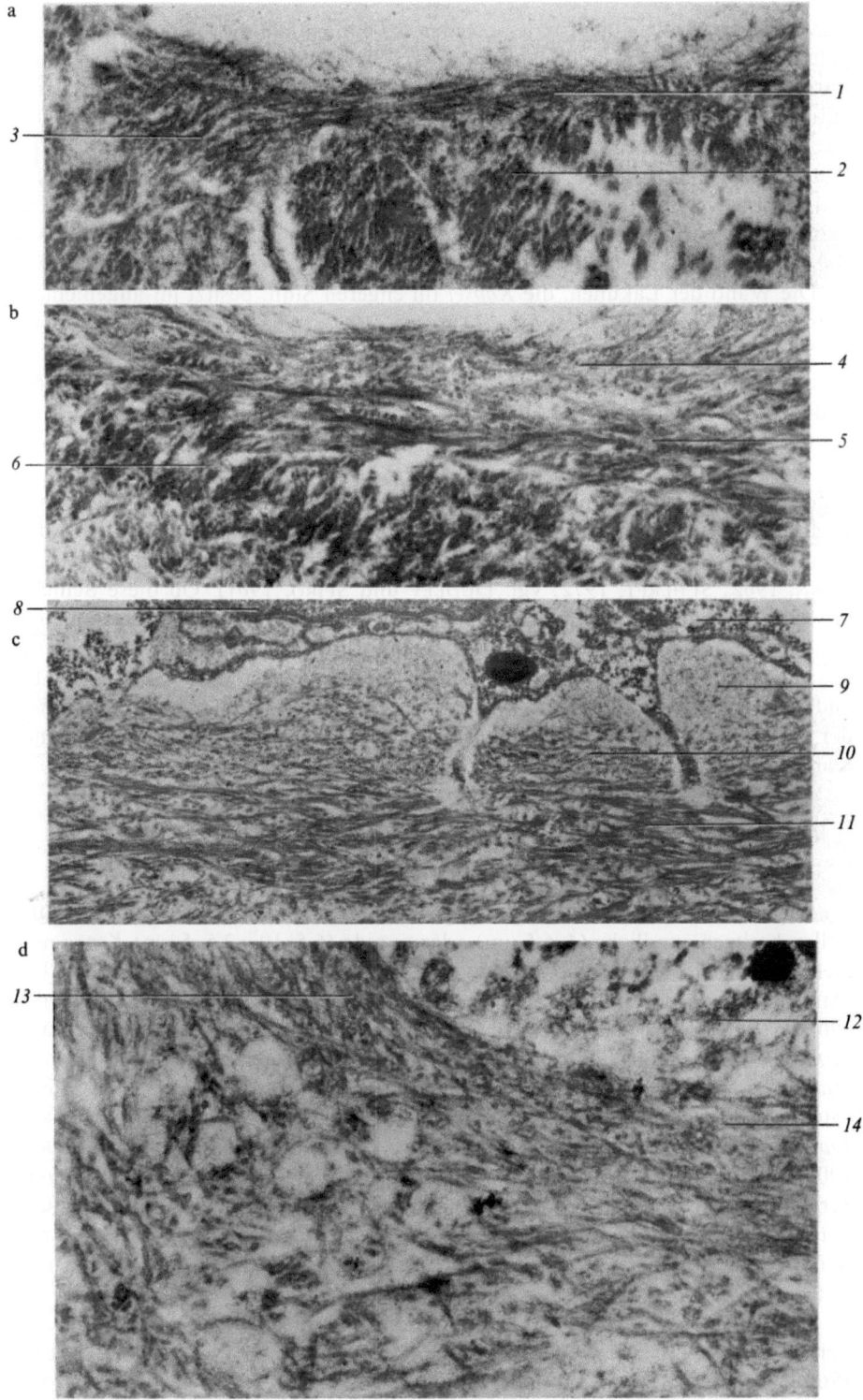

nicht eindeutig voneinander unterschieden, so daß einmal die angrenzende Interzellularsubstanz, zum anderen der Proteoglykanmantel als Kapsel bezeichnet
wurden. Der *Proteoglykanmantel* erscheint elektronenmikroskopisch als ein peri-
zellulärer Bereich von 0,7 μm (0,1–2,0) Breite (vgl. KNESE und KNOOP, 1958;
BAUD, 1960, 1962; BAUD und DUPONT, 1961; BAUD und WEBER-SLATKINE, 1961;
DUDLEY und SPIRO, 1961; WASSERMANN, 1962; CAMERON, 1963; WASSERMANN
und YAEGER, 1965; JANDE und BÉLANGER, 1973). Neben einer fein granulären
Substanz treten in diesem Bereich Fibrillen mit einem Durchmesser von etwa
200 Å auf (KNESE und v. HARNACK, 1962; WASSERMANN und YAEGER, 1965).
   Die Wand der Lakunen, die *Kapsel* im engeren Sinn, besitzt im allgemeinen
eine *Eigenfaserung* (KNESE und v. HARNACK, 1962; WASSERMANN und YAEGER,
1965; vgl. BOYDE und HOBDELL, 1969). Die Flächendichte der Fibrillen in der
Wand ist größer als in der anschließenden Interzellularsubstanz, aus der Fibrillen
in die Kapselwand eintreten (Abb. 256). Die Ordnung der Fibrillen in der Lakunenwand ist sehr unterschiedlich, annähernd zirkulär um die Wand verlaufend,
evtl. in sich überkreuzenden Schichten oder in einer Art Fischgrätmuster angeordnet. Mikroradiographisch erweist sich die Lakunenwand von besonderer
Dichte (AMPRINO und ENGSTRÖM, 1952; MJÖR, 1962). Zur Lakune besitzt die
Wand eine osmiophile Schicht von 50 μm Dicke, eine *Lamina limitans* (WASSER-
MANN, 1962; SCHERFT, 1972; vgl. DUDLEY und SPIRO, 1961). Ob diese Schicht
in vivo vorhanden ist, konnte nicht geklärt werden. Die *Kanälchenwände* haben
häufig eine Eigenfaserung (Abb. 257). Die dicht gelagerten Fibrillen scheren
aus der Umgebung aus und verlaufen in Längsrichtung des Kanälchens. In
anderen Fällen sind nur dichte Packungen von Fibrillen mit der Verlaufsweise
der umgebenden Fasern vorhanden. Der Aufbau der Wand der Lakunen und
Kanälchen ist also nicht gleichartig.

### 10.1.2. Die synthetische Aktivität der Osteozyten

Eine synthetische Aktivität zeigen jugendliche, polyedrische Osteozyten. Die
Zellen besitzen rundliche (4–6,5 μm) oder ovoide (6,5–10 × 2,5–5 μm) *Kerne* mit
mehreren Nucleoli; seltener sind zweikernige Osteozyten (vgl. LIPP, 1954b).
Das *Zytoplasma* der jungen Zellen reagiert basophil (SACERDOTTI und FRATTIN,
1902/03; SCHAFFER, 1933; ÖKLAND, 1939; CAPPELIN, 1949; CLAVERT, 1950; PRIT-
CHARD, 1952; SOLARINO, 1961). In ihrer Basophilie unterscheiden sie sich nur
quantitativ von den Osteoblasten (LIPP, 1954b, c, 1956). In jugendlichen Osteozyten kann ein *Zentriol* vorhanden sein (LIPP, 1954b). Diese Zellen enthalten
*Lipid*tropfen (DUBREUIL, 1910a; RUPPRICHT, 1913; LIPP, 1954b), keine (GIERKE,
1905) oder nur wenig *Kohlenhydrat*granula (LIPP, 1954c). In den peripheren
periostnahen Osteozyten des fetalen Knochens sind kaum PAS-positive Granula
vorhanden; sie nehmen in den Zellen des marknahen Teils des Knochens zu.
Bei Färbung mit metachromatischen Farbstoffen reagiert das Zytoplasma der
Osteozyten sehr variabel.
   Osteozyten besitzen ein *granuläres Retikulum* (Abb. 253), das bei jungen
Zellen dem der Osteoblasten ähnlich ist (KNESE und v. HARNACK, 1962; BAUD,
1962, 1964, 1966, 1968; KNESE, 1963d, 1966c; CAMERON et al., 1964; ROBINSON,

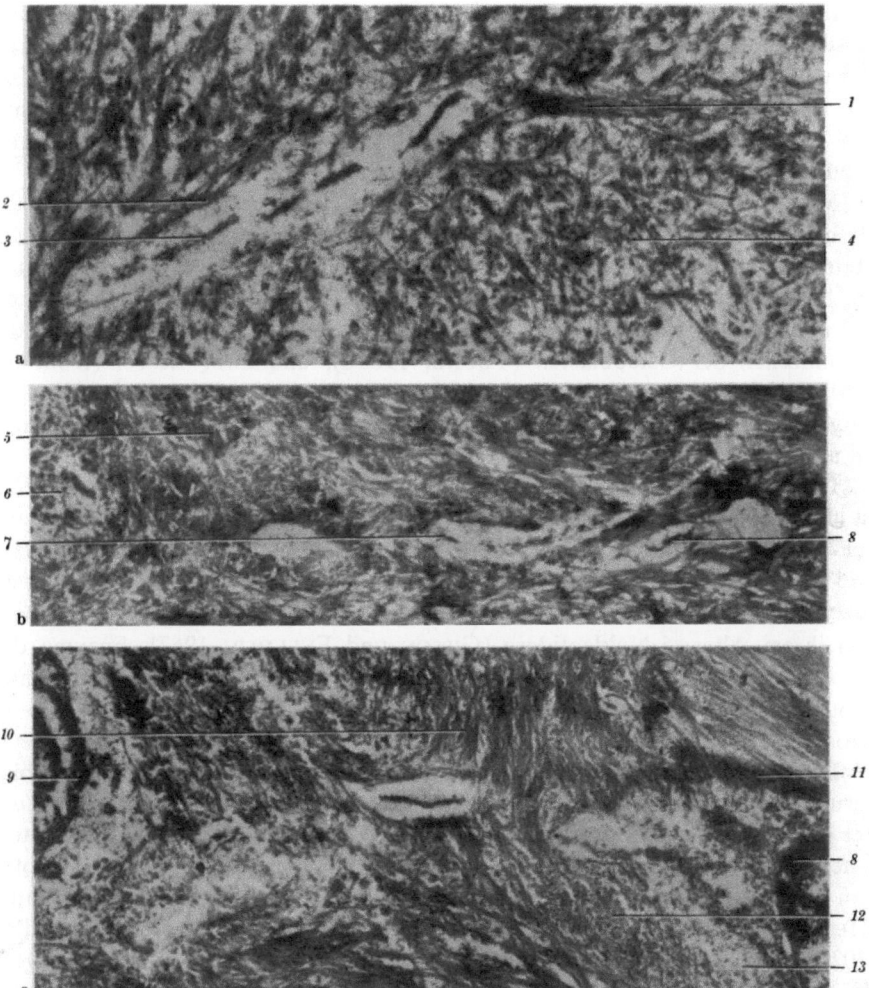

**Abb. 257.** Knochenkanälchen mit Zytoplasmafortsätzen, Längsschnitte. *a:* Ratte, 69 mm SSL, *1)* Tangentialschnitt durch die Wand des Kanälchens mit längsverlaufenden Fasern, *2)* Querschnitt durch die Wand des Kanälchens, *3)* mehrfach angeschnittener Zytoplasmafortsatz, *4)* umgebendes weitmaschiges Knochengewebe, *b:* Ratte, 72,5 mm SSL, *5)* Knochengewebe mit längsgeschnittenen Fibrillen, *6)* Osteozytenhöhlchen, *7)* Zytoplasmafortsatz dieses Osteozyten, *8)* Zytoplasmafortsatz eines (vermutlich) benachbarten Osteozyten, *c:* Ratte, 72,5 mm SSL, *9)* Osteozyt, *10)* Knochengewebe mit Fibrillen senkrecht zum Knochenkanälchen, die z.T. in die Längsachse des Kanals umbiegen, *11)* Eigenfaserung des Osteozytenhöhlchens mit hoher Flächendichte, z.T. senkrecht einstrahlend, *12)* Fibrillenquerschnitte, *13)* granuläre Schicht. Vergr. *a:* 25 000 ×, *b:* 12 500 ×, *c:* 16 500 zur Reproduktion verkleinert (aus KNESE und v. HARNACK, 1962)

1964; WASSERMANN und YAEGER, 1965; BÉLANGER et al., 1966; LUK et al., 1974 b). Es kann aus unterschiedlich langen Membranpaaren bestehen; auch eine relativ gleichmäßige Erweiterung der Zisternen kommt vor (vgl. BAUD und DUPONT, 1961; WASSERMANN und YAEGER, 1965). Die *Mitochondrien* (vgl. DUBREUIL, 1910 b, 1913 a; MEVES, 1910; DEINEKA, 1914; LIPP, 1954 b) werden als klein und rundlich oder als groß (LUK et al., 1974b) bzw. schlauchförmig, mit dichten Körpern (BAUD und DUPONT, 1965) beschrieben. Der juxtanukleären Vakuole (SACERDOTTI und FRATTIN, 1902/03; SCHAFFER, 1933) entspricht ein z.T. umfangreicher *Golgi*apparat aus Lamellenpaaren, kleinen Vesikeln und einigen Vakuolen (BAUD, 1968). Osmiophile oder lysosomale Körper sind häufig anzutreffen (KNESE und KNOOP, 1958; BAUD, 1962; ENLOW et al., 1965).

Mit *Thymidin* markierte Osteozyten treten nach YOUNG (1962b, 1963a) nach 50 Std im Schaft und in der Metaphyse auf. Während die Markierung in den Stammzellen durch Teilungsverdünnung abnimmt, steigt sie in den Osteozyten an. Nach 2 Wochen ist keine Markierung mehr vorhanden. Unreife Osteozyten nehmen, ähnlich wie Osteoblasten, Aminosäuren stärker auf als reife bzw. die Stammzellen der Osteoblasten (YOUNG, 1963b), und zwar *Leucin* (KOBURG, 1961), *Histidin, Glycin* und *Prolin* (TONNA et al., 1962b; TONNA, 1965a). In jungem Knochen sind alle Lakunen mit *Glycin* markiert, in älterem nur einige (YOUNG, 1962b; BAUD und DUPONT, 1965).

Das *Enzymmuster* der Osteozyten entspricht etwa dem der Osteoblasten, ist allerdings von etwas geringerer Aktivität (FULLMER, 1964a, b, c). Osteozyten der Diaphyse in der Nähe des Periosts langer Knochen wachsender *Ratten* und *Meerschweinchen* und in den metaphysären Trabekeln weisen eine höhere Enzymaktivität auf als ältere Osteozyten. Die Osteozyten enthalten, unabhängig von ihrem Alter, 5-Nukleotidase (GIBSON und FULLMER, 1967). Enzyme des *Energiestoffwechsels* sind vorhanden, und zwar Lipoamid-Dehydrogenase, Protein-disulfid-Reduktase, Succinat-, Lactat-, Malat-, Isocitrat- und Glucose-6-phosphat-Dehydrogenase (BALOGH et al., 1961; WALKER, 1961).

Die Nukleolen, die Zytoplasmabasophilie, das granuläre Retikulum die Ablagerung von Aminosäuren und das Enzymmuster sprechen für einen *Stoffwechsel* der jungen Osteozyten, der sich nur graduell von jenem der Osteoblasten unterscheidet. Der Osteozyt sollte Vorstufen der Knochengrundsubstanz in Form von Protein-Polysaccharid-Komplexen bilden, die als PAS-positive Granula (HELLER-STEINBERG, 1951) erscheinen können (LIPP, 1954c). Dünne Fibrillen (202; 112/292 Å) in der Nähe von Osteozyten, die unmittelbar in dickere (415; 256/673 Å) übergehen, weisen auf eine *Fibrillogenese* als Teil einer *intraossalen Osteogenese* hin (Abb. 258; KNESE und v. HARNACK, 1962). Bei der sekundären perilakunären Matrixbildung (Osteoplasie) besitzt die Lakunenwand geringere Dichte und dünnere Fibrillen als die umgebende Substanz (BAUD und MORGEN-THALER, 1963; BAUD, 1966, 1968).

Durch Untersuchungen von *Knochenfragmenten* (PECK und DIRKSEN, 1966) und *isolierten Zellen* (FLANAGAN und NICHOLS, 1963; PECK et al., 1964) in vitro konnte in den Osteozyten eine *Glykolyse* (FLANAGAN und NICHOLS, 1965a), *Bildung* von *Kollagen* und komplexen *Kohlenhydraten* sowie eine *Fettsynthese* nachgewiesen werden. Ein Teil dieser Prozesse ist eng miteinander korreliert. $^{14}$C-Glucose wird in Glucosamin und Galaktosamin eingebaut (DEISS et al., 1962; DEISS, 1966). Die spezifische Aktivität ist an den Enden des Femurschafts 10mal höher als in der Mitte des Knochens bzw. im Calvarium. Es erfolgt aber nicht nur ein Einbau in Mukoprotein, sondern auch in Kollagen (FLANAGAN und NICHOLS, 1964). Der Hexosemonophosphat-Shunt ist vorhanden (COHN und FORSCHER, 1962; NICHOLS, 1965). $^{14}$C-Prolin wird in das Hydroxyprolin des Knochenkollagens umgewandelt, wobei die Hydroxylierung des Prolins durch Glucose gefördert, durch Jodacetat gehemmt wird (DEISS et al., 1962). Die Kollagensynthese erfolgt in den ersten 8 Std der Inkubation, aber nicht mehr nach 12 Std, obwohl noch andere Proteine gebildet werden (BIRGE und PECK,

**Abb. 258.** Ratte, 69 mm SSL, Osteozyt mit umgebenden Fibrillen. *1)* Rand des Osteozyten, *2)* Fortsatz mit Verzweigungen, *3)* angeschnittener Fortsatz, *4)* dünne Kollagenfibrillen in Kontakt mit der Osteozytenmembran, *5)* Verdichtung des Zytoplasmas (Ribosomen?), *6)* dünne Fibrille mit deutlicher Querstreifung, *7)* Übergang in dickere Fibrillen, *8)* anschließendes Knochengewebe mit dickeren Fibrillen in hoher Flächendichte. Vergr. 25000 zur Reproduktion verkleinert (aus KNESE und v. HARNACK, 1962)

1966). Ältere Zellen sind zur Synthese nicht mehr fähig (FLANAGAN und NICHOLS, 1963). Bei
der Aufnahme von Aminosäuren handelt es sich nicht um eine einfache Absorption oder unspezifische Bindung an Kollagen; sie hängt von der *Integrität* der Zellen und einem intakten System
der aeroben und anaeroben *Glykolyse* ab (FINERMAN und ROSENBERG, 1966). Nicht ohne weiteres
zu deuten ist die Abhängigkeit von Na$^+$; Glycin wird wie α-Aminobuttersäure in Abwesenheit
von Na$^+$, Prolin nur dagegen in Abhängigkeit von Na$^+$ aufgenommen. Der Einbau von Glycin
in lösliches und unlösliches *Kollagen* ist verschieden hoch (KAO et al., 1965). Im Schädel wird
das Glycin am ersten Tage in die lösliche Kollagenfraktion eingebaut. Bei 5 Wochen alten *Ratten*
findet eine umfangreiche Synthese von unlöslichem Kollagen statt. Die Aufnahme von Prolin in
das Calvarium des *Hühnchens* ist bei Rachitis in vivo und in vitro erhöht (PATERSON und FOURMAN,
1968). Unter dem Einfluß von *Parathyreoidea*-Hormon nimmt das lösliche Kollagen in den ersten
6 Std ab, das unlösliche zu, und zwar nach Skelettelement verschieden (vgl. SMITH und ARMSTRONG,
1961; MILLS und BAVETTA, 1969). Die beschleunigte Kollagenreifung muß bei der Kürze der Zeit
auf einer Wirkung des Hormons auf die Zelle beruhen. Bei gleichzeitiger Verabreichung von $^{48}$Ca
und $^{14}$C-Prolin ergibt sich eine höhere spezifische Aktivität des distalen als des proximalen Femurendes (FIRSCHEIN und MILLER, 1966; FIRSCHEIN, 1969). Unter normalen Bedingungen ist die Dynamik,
der *Umsatz*, von Kollagen und Mineral gleich (FIRSCHEIN, 1969; FIRSCHEIN und ALCOCK, 1969).

Der *aktive Transport* von *Aminosäuren* soll nach ROSENBUSCH et al. (1967) an allen Zellsystemen
gleichartig ablaufen. Demgegenüber fanden HAHN et al. (1969 b) verschiedene Transportmechanismen in fetalem Deckknochen und adulten Diaphysen, Insulin kann die Aminosäureaufnahme in
die Zellen des Calvariums unter bestimmten Bedingungen steigern. Neutrale Aminosäuren und
Iminosäuren (Prolin) haben den gleichen Transportmechanismus, so daß die eine die andere behindert (HAHN et al., 1969 a). Im Vergleich mit den Ergebnissen von ADAMSON und INGBAR (1967)
am embryonalen Becken (trabekulärer Knochen?) könnten Gewebedifferenzen zwischen Deckknochen und trabekulärem Knochen vorliegen. Die Veränderung der *intrazellulären Prolinkonzentration*
ist als ein Mittel zur *Regulation* der Kollagensynthese anzusehen (FINERMAN et al., 1967). Die
Aufnahme von Prolin in den freien Gewebepool erreicht nach 90 min ein hohes Plateau; der
Einbau in das Hydroxyprolin steigt während der ersten 120 min linear an. Dies entspricht Beobachtungen an anderen Zellsystemen (HEINZ, 1954; HEINZ und WALSH, 1958; JACQUEZ, 1961). Die
Prolinaufnahme in das totale Protein hängt von der freien Prolinkonzentration ab. Sie erfolgt
erst jenseits einer Konzentration von 0,05 mM und erreicht einen gleichbleibenden Wert bei 0,15.
Bis zu diesem Wert hängt die Kollagensynthese von der Prolinaufnahme ab. Es ist anzunehmen,
daß dieser Wert im menschlichen Plasma mit 0,2 mM erreicht wird (STEIN und MOORE, 1954).
Ein aktiver *Rückkoppelungs*mechanismus mag bei kollagenbildenden Zellen vorliegen.

Im Hinblick auf den *Nukleinsäure*-Stoffwechsel ergibt sich, daß das Uridin
zuerst (2 Std) als Kern-RNS erscheint (STEINBERG und NICHOLS, 1967). Es folgt
ein langsamer Übertritt der RNS in das Zytoplasma und die Mikrosomen.
Durch Sedimentation wurden 28S-, 18S- und 4S-, aber nicht 45S-RNS nachgewiesen. Die 28- und 18S-RNS haben eine *biologische Halbwertszeit* von 4,3
Std (ähnlich in den Fibroblasten; BLOOM et al., 1965). Sie sind damit vermutlich
die Kollagen-RNS. Das erforderliche RNS-template zur Bildung einer α-Kette
mit 250 Aminosäureresten ist nämlich mit 95 bzw. 185-RNS anzusetzen. Ein
Vergleich der Markierung von AMP und RNS mit $^{32}$P in Niere und Knochen
zeigt, daß die RNS-Synthese in beiden ähnlich verläuft, im Knochen aber doppelt
so hoch ist (STEINBERG und NICHOLS, 1971).

Morphologische und biochemische Befunde über die *synthetische* Aktivität
der Osteozyten ergänzen sich entscheidend. Sie führen nicht nur zu einer veränderten Auffassung über die Bedeutung der Osteozyten sondern auch über die
Vorgänge innerhalb der Interzellularsubstanzen. Wir gewinnen eine erweiterte
Grundlage zur Beurteilung der *Strukturentwicklung* des Knochengewebes, wenn
die synthetische Aktivität der Osteozyten im Zusammenhang mit den Veränderungen der Interzellularsubstanzen während der Reifung des Gewebes gesehen

wird. Die Aktivität der Osteozyten dürfte einmal mit dem *Umsatz*, dem turnover, der Interzellularsubstanz zusammenhängen, zum anderen ist aber an eine *Neubildung* zu denken (KNESE, 1966c). Häufig wird angenommen, es komme durch die Produktion von Interzellularsubstanzen zu einer intralakunären Apposition (Osteoplasie) und Verkleinerung der Knochenlakunen (LIPP, 1954c; BAUD, 1968; BÉLANGER, 1971). Die *Kollagenfibrillen* des Knochens nehmen jedoch im Lauf des Lebens an *Dicke* zu (Tabelle 4), und ihre biologische Halbwertszeit (Tabelle 6) wird länger. Eine Vergrößerung des Querschnitts der Sehnenfibrillen setzt eine Vermehrung der Polypeptidketten von 2000 auf mehr als 30000 voraus (WASSERMANN, 1956). Aus der Dicke der jungen und alten Knochenfibrillen läßt sich errechnen, daß etwa 93,7 bzw. 86,4% des Volumens einer Fibrillenperiode nach der Fibrillenkristallisation auf einem solchen *Zuwachs* an Material beruht (KNESE und TITSCHAK, 1962; KNESE und v. HARNACK, 1962; KNESE, 1963c). Die Materialanlagerung ist als eine Aufnahme von monomerem, löslichem Tropokollagen anzusehen, dessen Vorhandensein schon länger vermutet wurde (u.a. POLICARD, 1952; GLASS, 1958). Im Rinderknochen sind 84% gebundene und 16% freie *Aminosäuren*, davon über 50% Glycin, vorhanden (LEAVER und SHUTTLEWORTH, 1968). Die Kollagenogenese zur Reifung der Knochenfibrillen übertrifft dem Umfang nach jene bei der linearen Apposition durch Osteoblasten und muß überwiegend auf die Osteozyten bezogen werden. Andererseits ist die Möglichkeit zu bedenken, daß nur ein Teil des von den Osteoblasten gebildeten Kollagens zur Fibrille kristallisiert, ein anderer Teil als „lösliches" Kollagen erhalten bleibt. Das Verhältnis löslicher zu unlöslichen Kollagenen ändert sich im Lauf des Lebens (JACKSON, 1957; MANKIN und BARON, 1965). Ein *Zuwachs*, eine Dickenzunahme der Fibrillen, und die Veränderung ihrer Zahl je Fläche, der *Flächendichte* (Abb. 259), die auch mit einer steigenden Mineralisation verbunden ist, ändert das Volumenverhältnis der Zellen zur Interzellularsubstanz. Sie führt zur Verringerung der Flächendichte der Osteozyten (Tabelle 19; Abb. 254). Diese Veränderungen, die Reifung des Kollagen, sind in einem nächsten Schritt, in einer höheren Ordnungsstufe, mit der *Strukturentwicklung* des Knochengewebes zu korrelieren (s.S. 672).

Es taucht die Frage auf, ob die Osteozyten die *Mineralisation* beeinflussen, da der Grad der Mineralisation des Knochengewebes während der Reifung zunimmt (u.a. ROBINSON, 1960; Abb. 255). Für eine Beteiligung der Osteozyten am Mineralstoffwechsel spricht eine Reihe von Befunden. Der Gehalt der Osteozyten an Calcium ist 10–50mal größer als in Zellen der Weichgewebe (NICHOLS et al.,1971). Die Interzellularsubstanz in der Umgebung junger Osteozyten weist häufig nur im Bereich der Kapsel größere Mengen von Mineralien auf, so daß ein zentrifugales Fortschreiten der Mineralisation von den Osteozyten aus anzunehmen ist (Abb. 253, 232; KNESE und KNOOP, 1958). Mikroradiographisch überschreitet der Grad der Mineralisation an der Oberfläche der Osteozyten und Kanälchen die der angrenzenden Gewebe bei weitem (JOWSEY et al., 1964). Die Verteilung von $^{45}$Ca folgt den Kanälchen und Lakunen (SALOMON und RAY, 1966). Perizellulär ergibt sich eine wechselnde *Tetracyclin*-Fluoreszenz (HANSSON, 1964). Mit einer modifizierten Kossa-Technik sind vor allem im Bereich der Fortsätze Granula darzustellen, die KASHIWA (1968) für Phosphate und Carbonate hält; sie sind wegen Bindung an Proteine oder Mukoproteine nicht diffundibel. Teile eines *fluorochrom*markierten homologen Blutserums erscheinen subperiostal um Kanäle, um Osteozyten, in der Compacta, in der Spongiosa und um die Knorpelsubstanz, die einen fast durchgehenden Rand erhält (LIPP, 1966, 1967; vgl. KNESE, 1957). Die Markierung bleibt lange Zeit erhalten und widersteht der Fixierung und Entkalkung. Sie fehlt im unverkalkten rachitischen Osteoid. Es könnte sich um ein calciumtragendes *Serumprotein* handeln, das von den Zellen abgegeben wird und die Mineralisation in Gang setzt. Ähnliche Befunde erhält WOLFF (1966) bei heterotoper Mineralisation. Im Rahmen einer Gliederung des Knochengewebes in mehrere Kompartimente wird den Osteozyten eine besondere Rolle für den Calciumtransport zugesprochen (u.a. NEUMANN et al., 1969; TALMAGE, 1970; TALMAGE et al., 1970). Die Kompartimente sind 1) die extrazelluläre Flüssigkeit, 2) die Osteoblasten, 3) die Knochenflüssigkeit in Kanälchen, 4) die Interzellularsubstanz des Knochens, 5) die Lakunenflüssigkeit und der Osteozyt (vgl. Abb. 255). Von den Osteoblasten, die Calcium aufnehmen können (HARELL et al., 1976), soll über den Kontakt der Fortsätze gebundenes Calcium zu den Osteozyten transportiert werden.

### 10.1.3. Die lytische Aktivität der Osteozyten

Auf sehr unterschiedlicher Basis wurde über eine *Resorption* durch Osteozyten diskutiert (ZAWISCH-OSSENITZ, 1927; AMPRINO, 1950; HELLER-STEINBERG, 1951; KIND, 1951; RUTH, 1954, 1961; LIPP, 1954c, 1956; BAUD, 1962, 1966; BÉLANGER et al., 1963; BAUD und DUPONT, 1965; BÉLANGER et al., 1967; BÉLANGER, 1971). Unregelmäßig gestaltete Lakunen wurden als Zeichen einer Resorption angesehen (LIPP, 1954b, c; BAUD und WEBER-SLATKINE, 1961; BAUD, 1962, 1968; BÉLANGER und MIGICOVSKY, 1963; BÉLANGER, 1965; WALKER, 1966; CAMERON et al., 1967). Zuerst sollten die Kristalle bei der Resorption verschwinden und eine Regeneration sich anschließen (BAUD und MORGENTHALER, 1963; VITALI, 1966, 1968; BAUD, 1968), die jedoch von JANDE und BÉLANGER (1971) verneint wird.

Die *Osteolyse* wurde als ein physiologisches Phänomen betrachtet (RUTISHAUSER und MAJNO, 1951; MAJNO und ROUILLER, 1951; BÉLANGER et al., 1963), aber von vorübergehender Natur (FROST et al., 1968). Auch anhand *mikroradiographischer* Befunde (BÉLANGER et al., 1963; JOWSEY et al., 1964; DURIEZ et al., 1965; BÉLANGER und DROUIN, 1966; HEUCK, 1966, 1967, 1968, 1969, 1970; DURIEZ und CAUCHOIX, 1967; DURIEZ und FLAUTRE, 1968; DURIEZ et al., 1968) und solcher mit der *Tetracyclin-Fluoreszenz* (HARRIS et al., 1962; HULTH und OLERUD, 1962; URIST et al., 1962; BAUD und DUPONT, 1965; VITTALI, 1966) wurde von einer Osteolyse bzw. Resorption berichtet. Die Angaben zur Zytologie resorbierender Osteozyten sind recht widersprüchlich. Die Zellen sollen groß sein und in der Tiefe des Knochens, umgeben von metachromatischem Material, dicht zusammenliegen. Die Zellfortsätze nehmen an der Osteolyse teil (JANDE und BÉLANGER, 1971), die Fortsätze verschwinden, ein fleckiges Material bleibt in den Kanälchen erhalten. Die Kanälchenweite wurde in der Resorptionsphase (1588 ± 130 Å) und in der Degenerationsphase der Osteozyten (2216 Å ± 433) als voneinander verschieden bestimmt (JANDE et al., 1970). Nach LUK et al. (1974b) sind die resorbierenden Zellen dagegen kleiner als die aktiven, haben wenig Mitochondrien und ein gering entwickeltes Retikulum, die Golgizone ist unverändert; ein Zentriol ist vorhanden. Die perilakunäre Höhle mit flockigem Material ist weit und besitzt eine osmiophile Lamina limitans. Die degenerierenden Osteozyten besitzen Vakuolen mit einem Inhalt unterschiedlicher Dichte. Die Osteozyten sollen schließlich verschwinden, wodurch azelluläre Lakunen entstehen.

Trotz einer umfangreichen Literatur sind die Angaben über die Bedeutung der lytischen Aktivität der Osteozyten wenig ergiebig. Neben der *Umgestaltung* der Lakunenform wurde überwiegend an *regressive* Veränderungen gedacht, vor allem unter hormonellen Einflüssen (vgl. BÉLANGER, 1971). Osteozyten werden als Endstadien einer Zellentwicklung, ohne Möglichkeit der Verjüngung (Osteoplasie), angesehen (JANDE und BÉLANGER, 1973). Über einen *Osteozytentod* liegen seit langem Angaben vor (BROESIKE, 1882; RANVIER, 1889; LEVI, 1954; SCHAFFER, 1916; JAFFE und POMERANS, 1934; RUTISHAUSER und MAJNO, 1951; ROWLAND et al., 1959; JOWSEY, 1960; SISSONS, 1962). SCHAFFER (1893) fand bis zum 50. Lebensjahr intakte Zellen, FROST (1960b, 1963a) gibt eine Zunahme sterbender Zellen mit dem Alter an; außerhalb der Haversschen Systeme sind mehr leere Lakunen anzutreffen. Die *Halbwertszeit* der Osteozyten wurde von FROST (1963a) über die Tetracyclin-Markierung mit 25 Jahren errechnet. Ein Zentriol in der Nähe des Golgi-Komplexes haben bei Mäusen im Alter von 5 Wochen 2,6% der Osteozyten, 9,2% bei 52 Wochen und 60% bei 104 Wochen (TONNA und LAMPEN, 1972). Einzelne Zilien wurden beobachtet. Bei *Knochenfischen* kommt ein azellulärer Knochen vor (MOSS, 1963, 1965).

Die lytische Aktivität der Osteozyten muß auch im Zusammenhang mit dem *Umsatz* (turnover) des *Kollagens* und der *Kohlenhydrate* gesehen werden. Die entsprechenden hydrolytischen *Enzyme* sind in den Zellen vorhanden (Tabelle 16) u.a. *saure Phosphatase* (GOMORI, 1943; BEVELANDER und JOHNSON, 1950a; RUYTER, 1964; MANNING und BUTLER, 1965), *hydrolytische* (BÉLANGER und MIGICOVSKY, 1963) und *proteolytische* Enzyme (BÉLANGER, 1965; SEMBA et al., 1966) sowie *Kollagenasen* (WOODS und NICHOLS, 1965a). Auch β-Galaktosidase, β-Glucosidase, β-Glucuronidase wurden, vor allem in jüngeren Osteozyten, gefunden (SCHLAGER, 1959, 1960; GUBISCH und SCHLAGER, 1961). Allerdings liegen bisher keine speziellen Untersuchungen über die Aktivität der Osteozyten im Hinblick auf den Umsatz der organischen Komponenten vor.

## 10.1.4. Der Lipidstoffwechsel des Knochengewebes

Bei den Untersuchungen über den Lipidstoffwechsel des Knochengewebes wurden nur z.T. Beziehungen zu den Osteozyten gesucht, doch ist anzunehmen, daß die in der Interzellularsubstanz auftretenden Lipide ein Produkt der Osteozyten sind (vgl. PECK und DIRKSEN, 1966). Feine, mit Ölrot O dargestellte Lipidtropfen erscheinen in Osteozyten des primären und sekundären Knochens (vgl. DUBREUIL, 1910a; RUPPRICHT, 1913; LIPP, 1954b; KNESE und KNOOP, 1958) und entsprechen in ihrer Erscheinungsform denen in hypertrophen Knorpelzellen (ENLOW et al., 1965). Die Verteilung der lipidhaltigen Zellen folgt keinem bestimmten Muster, doch sind sie den Gefäßkanälen benachbart. Relativ große Lipidmassen sind in einigen *Gefäß*kanälen, Lakunen und Canaliculi, vor allem des Haversschen Knochens, zu finden; die Lage (extra- bzw. intrazellulär) wurde nicht bestimmt. Eine Beziehung zur Osteozyten-Nekrose konnte nicht festgestellt werden. Die Lipide in den Kanälchen und die intrazellulären Ablagerungen entstehen nach der Knochenbildung. Lipide sind im Osteoid bei der Mineralisation in der *Truthahn*-Sehne vorhanden (JOHNSON, 1960). Nach PONLOT (1958) färben sich nur jene Lamellen mit Sudanschwarz B, die bereits erheblich mineralisiert sind. Feingranuläre, homogene Ablagerungen von Ölrot O treten in der interzellulären Matrix der Compacta auf, besonders in den verschiedenen Formen des Nicht-Haversschen Knochens periostaler Herkunft (ENLOW et al., 1965). Im Haversschen Knochen ist der Lipidgehalt gering; eine Schichtung ergibt sich durch die verschiedene Dichte der Lamellen. 65% der Lipide lassen sich vor der Entmineralisierung extrahieren und bestehen zu 94% aus *Triglyceriden* (SHAPIRO, 1971). Nach dem Entmineralisieren sind vor allem Cholesterolester zu finden; 8% sind nur nach saurer Hydrolyse zu gewinnen. In Calvarien von *Ratten* oder Zellkulturen wird $^{32}$P-Orthophosphat in Phospholipide, besonders Lecithin, $^{14}$C-Serin in verschiedene Lipide eingelagert (DIRKSEN et al., 1970). Die Bedeutung des Lipidstoffwechsels des Knochens ist noch unklar (PECK und DIRKSEN, 1966), doch wurde an einen Zusammenhang mit der Mineralisation gedacht (WELLS, 1914; HASS, 1956).

## 10.2. Die Polysaccharide und die Färbbarkeit des Knochengewebes

Die organische Substanz des Knochens besteht zu 90–95% aus *Kollagen*, der Rest verteilt sich auf *Mukoproteine* und *Sialoproteine* (MEYER et al., 1956; HERRING und KENT, 1963; HERRING, 1964c; ANDREWS und HERRING, 1965; WILLIAMS und PEACOCK, 1965), dazu *Lipide*, einschließlich Phospholipide (IRVING, 1959, 1963a; CRUESS und CLARK, 1965). Die Kohlenhydrate des Knochens wurden zuerst als *Osseomukoid* beschrieben (GIES, 1900; HAWK und GIES, 1901; SEIFERT und GIES, 1904). Im kompakten Knochen sind etwa 0,1–0,2% Hexosamin je g Trockengewicht vorhanden (ROGERS, 1949; EASTOE und EASTOE, 1954; KASAVINA und ZENKEVICH, 1961). Der *Hexosamin*gehalt des Knochengewebes nimmt mit dem Alter ab (ROGERS, 1949; DULCE, 1960a, b; KASAVINA und ZENKEVICH, 1961; BANERJEE und GHOSH, 1961; BOLOGNANI, 1961; ZENKEVICH und KASAVINA, 1962; KAO et al., 1962; BALAZS und ROGERS, 1965), und zwar etwa von 0,2 auf 0,1 g je 100 g Trockengewebe. Die Angaben von KAO et al. (1962) für die *Ratte* sprechen im übrigen dafür, daß der Hexosamingehalt der verschiedenen Knochen auch verschieden hoch ist.

Neben *Chondroitinsulfaten* kommen im Knochengewebe *drei* Protein-Polysaccharid-Komplexe vor: ein alkalilösliches Mukoprotein, ein alkaliunlösliches Mukoprotein und ein *Sialoprotein* (EASTOE, 1967a; HERRING, 1968). Die Chondroitinsulfat-Fraktion besteht aus 26,8% Galaktosamin, 26,8% Glucuronsäure, 5,8% Schwefel, 6,3% Acetyl und 3,6% Stickstoff (HISAMURA, 1938), bzw. 1,8% Schwefel und 13% Stickstoff, daneben u.a. Glucosamin, Galaktosamin, Fucose, Mannose, Glucuronsäure (UTSUSHI, 1949; ROGERS, 1951; MASAMUNE et al., 1951; EASTOE und EASTOE, 1954; GLEGG und EIDINGER, 1955; MEYER, 1956; MEYER et al., 1956). Die *Aminosäuren*zusammensetzung ist von der des Kollagens verschieden und ähnelt jener der Blutserumproteine (EASTOE und EASTOE, 1954). Menge und Molekülgröße der Glykosaminoglykane nimmt mit steigender Mineralisation ab (ENGFELDT und HJERPE, 1976). Auch Keratansulfat ist vorhanden (MEYER, 1956). Die Aufnahme von $^{35}$S in das Glykosaminoglykan ist nach TAKEMITSU (1961) bei 7 Tage alten *Ratten* nach 18 Std am höchsten und hat eine Halbwertszeit von 6,7 Tagen. Bei älteren Tieren wird die Halbwertszeit verlängert, das Maximum der Aufnahme liegt bei 48 Std. Der Epiphysenknorpel zeigt eine höhere spezifische Aktivität und eine kürzere Halbwertszeit.

Die Gegenwart von Fucose, Galaktose, Mannose und Glucosamin im sog. Osseomukoid spricht dafür, daß ein *Glykoprotein* vorhanden ist (HISAMURA, 1938; GLEGG et al., 1954; GLEGG und EIDINGER, 1955; HERRING, 1964b). Das Glykoprotein mit Sialinsäure ist dem Orosomukoid sehr ähnlich (HERRING und KENT, 1963). Galaktose, Glucose und Mannose treten im molaren Verhältnis von 8:1:5 auf (vgl. DISCHE et al., 1958; HERRING und KENT, 1963; HERRING, 1964a, b, c, 1968; ZAMSCIANYK und VEIS, 1966; BURCKARD et al., 1966). Das *Sialoprotein* mit Chondroitin unterscheidet sich eindeutig von den Protein-Polysaccharid-Komplexen der Epiphyse (CASTELLANI, 1965). Nach CAMPO und TOURTELLOTTE (1967) ähnelt das Sialoprotein aus der Spongiosa des *Kalbs* jenem im Knorpel, doch ist sein Proteingehalt mit 7% geringer als in der Epiphyse mit 27%. Nach RODÉN (1970) ist der Sialingehalt in Skelettgeweben höher als in anderen Organen. Hier ist eine größere Widerstandsfähigkeit gegen die proteolytische Digestion vorhanden als in der Cornea. Glykosaminoglykane, überwiegend als Proteoglykane mit Chondroitin-4-sulfat machen nur 5–7% der Nicht-Kollagen-Proteine aus. Der größere Teil anionischer Glykoproteine und Phosphoproteine enthält auch Kollagen-Begleiter (IWATA und URIST, 1972; LEAVER et al., 1975).

Die *Farbreaktion* der Interzellularsubstanz des Knochens beruht z.T. auf dem Vorhandensein von *Polysacchariden*, doch ist ihr Mechanismus noch nicht geklärt. Die Chondroitinsulfate sollen metachromatisch, die Glykoproteine PAS-positiv reagieren (GLEGG et al., 1954; GLEGG und EIDINGER, 1955). Glykoprotein und Sialoprotein reagieren PAS-positiv (EASTOE, 1967a; HERRING, 1968). Die Zusammensetzung des Sialoproteins spricht dafür, daß es auch *Kationen* binden kann (VAUGHAN, 1956; HERRING et al., 1962; WILLIAMSON und VAUGHAN, 1964). Damit läßt sich die PAS-Reaktion und die Bindung basischer Farbstoffe nicht eindeutig auf eine der Kohlenhydratkomponenten beziehen. Die *PAS*-positive Reaktion der Interzellularsubstanz des Knochens ist verschieden stark (LEVINE et al., 1949; BEVELANDER und JOHNSON, 1950a; HELLER-STEINBERG, 1951; WISLOCKI et al., 1947a; VINCENT, 1954b), ROGERS (1949) fand überhaupt keine. Der nicht lamelläre Knochen färbt sich stärker als der lamelläre, der dagegen eine kräftige *Ninhydrin-Schiff*-Reaktion zeigt (KNESE, 1959b, c). Die PAS-Reaktion der Bälkchenränder bleibt nach Hyaluronidase-Behandlung aus. Am entkalkten Material findet VINCENT (1960) im osteoiden Saum eine PAS-Reaktion, die bei Einsetzen der Mineralisation verloren geht.

Die Interzellularsubstanz des Knochens gibt mit Methylenblau nur eine *basophile* Reaktion (SOGNNAES, 1955). Nach VINCENT (1955) färbt sich oberhalb pH 6 der ganze Schnitt an, unterhalb pH 6 die stark mineralisierten Osteone und das interstitielle Gewebe, unterhalb pH 5,6 die gering mineralisierten Osteone und unter pH 4,0 nur die präossalen Ränder.

Nach einer Reihe von Angaben fehlt mineralisiertem Knochen eine *Metachromasie* (SYLVÉN, 1947a, b; WISLOCKI et al., 1947b; RUBIN und HOWARD, 1950; WISLOCKI und SOGNNAES, 1950; SIFFERT, 1951; PRITCHARD, 1952; LIPP, 1954b). Dagegen zeigen die innerste Lamelle des Haversschen Kanals, das Periost und Endost eine Metachromasie (ENGFELDT und HJERTQUIST, 1955; VINCENT, 1957), die als Zeichen einer Neubildung angesehen wird. Im entmineralisierten Knochen ist dagegen eine Metachromasie zu beobachten. Es wurde angenommen, daß die Säurebehandlung Kationen, u.a. Ca, von den Glykosaminoglykanen frei macht, wodurch eine Bindung von Farbmolekülen möglich wird (LEVINE et al., 1949; RUBIN und HOWARD, 1950; FOLLIS, 1952b; FAWNS und LANDELLS, 1953b; SOBEL, 1955). Auch Proteine können die Aufnahme von kationischen Farbstoffen blockieren, da nicht entmineralisierter Knochen nach Behandlung mit Trypsin eine stärkere Basophilie aufweist (AMPRINO, 1955c). Eine Färbung des Knochengewebes tritt bereits nach kurzer Behandlung mit verdünnter Salpetersäure auf (LEVINE et al., 1949; HOWARD, 1951a, b) und ist pH-abhängig (HELLER-STEINBERG, 1951). Auf dieser Farbstoffaufnahme beruht die *Schmorlsche* Färbung (vgl. SCHAFFER, 1926a). Auch die orthochromatische Reaktion mit *Janusgrün* in höherem pH (4,0–6,0) fällt bei den verschiedenen Anteilen des Knochengewebes unterschiedlich aus (KNESE, 1963c). Die blasse Mittellinie (KOELLIKER, 1889) der Knochentrabekel färbt sich stärker als das lamelläre Gewebe, die Appositionssäume reagieren metachromatisch.

# 10.3. Die Mineralien und die Mineralisation des Knochengewebes

Der Mineralstoffwechsel gehört zu den Domänen der Biochemie und Klinik. Die Untersuchungen erfolgten im Sinn von *Bilanzerhebungen* über Mineralverschiebungen zwischen verschiedenen Kompartimenten (SOLOMON, 1960). Die Mineralien sind aber ein Teil der *komplexen Organisation* eines organischen Gebildes. Die Beziehungen zu den organischen Komponenten wurden überwiegend als die Vorbedingungen der Mineralisation im Sinn der *verkalkungsfähigen Grundsubstanz* untersucht. Die Mineralien haben zum größeren Teil als Kristalle eine bestimmte *Gestalt* und stehen in engen topographischen Beziehungen zu den anderen Komponenten der Interzellularsubstanz, die nur elektronenmikroskopisch befriedigend zu untersuchen ist. Der *Chemie* der Mineralien kann damit eine *Morphologie* der *Mineralien* an die Seite gestellt werden. Auf die Bedeutung der Mineralien im Hinblick auf die Calcium-Homeostase, die Erhaltung der Calciumkonzentration in den extrazellulären Flüssigkeiten, einschließlich des Bluts, kann nur hingewiesen werden (NICHOLS und WASSERMAN, 1971; ROOT und HARRISON, 1976).

### 10.3.1. Zusammensetzung der Mineralien und die Bedingungen der Mineralisation

Für die Mineralogie und Biochemie der Mineralien und der Mineralisation liegt eine Reihe zusammenfassender Darstellungen vor (LOGAN, 1935; SENDROY, 1945; BRANDENBERGER und SCHINZ, 1945; MAYNARD und SMITH, 1947; HEVESY, 1948; McCLURE, 1949; HOWARD, 1951 b; ROBINSON, 1952; NICOLAYSEN et al., 1953; DAVIS und LOOSLI, 1954; SCHÜTTE, 1954; HOLTZ und SCHÜTTE, 1954; DALLEMAGNE, 1956; ROBINSON und CAMERON, 1956, 1957, 1958; CLARK und IBALL, 1957; IRVING, 1957; WALLGREN, 1957 b; ENGSTRÖM und FINEAN, 1958; NEUMAN und NEUMAN, 1958; LINDQUIST, 1959; FORBES, 1959; NORDIO und DE PRÀ, 1959; FOURMAN, 1960, 1963; COMAR und BRONNER, 1960, 1961; RASMUSSEN und DeLUCA, 1963; KNESE, 1963 b; McLEAN und BUDY, 1964; LICHTWITZ und PARLIER, 1964; IBALL, 1970; SIMPSON, 1972).

Früher sprach man ganz allgemein von *Kalk* und *Verkalkung.* Kalk im eigentlichen Sinn ist nur gebrannter oder gelöschter Kalk ($CaO$ bzw. $Ca(OH)_2$; vgl. BRANDENBERGER und SCHINZ, 1945). Trotzdem haben sich diese Bezeichnungen im Sprachgebrauch erhalten, auch im englischen (calcified tissue, calcification). Ursprünglich hatte man sich vorgestellt, der Kalk sei in *fein verteilter* Form oder *kolloidal* im Gewebe vorhanden (z.B. GEBHARDT, 1911 a; WATT, 1924, 1928; LERICHE und POLICARD, 1926; SCHMIDT, 1947). Röntgenographisch und elektronenmikroskopisch wurde gezeigt, daß nadelförmige Kristalle von submikroskopischer Größe vorhanden sind. Allerdings liegt eine durch *Absorption* bzw. *Substitution* von Ionen modifizierte Kristallstruktur vor; schließlich tritt noch eine *metastabile Phase* hinzu. Die *Elementaranalyse* ergibt folgende Bausteine: Calcium: 34–37, anorganisches Phosphat: 48–51, Carbonat: 6–7, Natrium: 0,4–0,8, Kalium: 0,2, Fluor: 0,01–0,3, Chlor: 0,1, Blei: 0,001, Wasserstoff: 0,2, Hydroxylionen: 3 und Citrat: 1%.

Es handelt sich bei den Knochen- und Knorpelmineralien um ein *hexagonales Apatitgitter,* wobei die Achsenlänge a = 9,42–9,44 Å und c = 6,88 Å ist. Als sog. *Einheitszelle* bezeichnet man das kleinstmögliche Paralleliped, das alle diese dem Raumgitter zukommenden Symmetrien und die Anordnung der Ionenpunkte enthält. Für den Kristall sind die Komponenten der *Basisstruktur* kennzeichnend. Innerhalb eines Gitters können aber *Leerstellen* auftreten, d.h. es fehlen Ionen, auf der anderen Seite werden Ionen substituiert. Infolge der Möglichkeit der Substitution liegt ein Gemisch im Knochen vor, das aus *Hydroxylapatit* ($Ca_{10}(PO_4)_6 \cdot (OH)_2$), *Carbonatapatit* ($Ca_{10}(PO_4)_6 \cdot CO_3$), *carbonatsubstituiertem Hydroxylapatit* ($Ca_{10}(PO_4CO_3)_6 \cdot (OH)_2$) und *Fluorapatit* ($Ca_{10}(PO_4)_6F_2$) besteht. Daneben ist ein sog. *Defektapatit*, das $\alpha$-*Tricalciumphosphat* ($Ca_9H_2$ $(PO_4)_6 \cdot (OH)_2$) vorhanden. Schließlich werden 2% durch ein *Oktacalciumphosphat* ($Ca_8H_2$ $(PO_4)_6 \cdot 5H_2O$) gebildet, der ein anderes hexagonales Gitter besitzt (a: 19,87, b: 9,63, c: 6,88 Å). In jugendlichen Knochen überwiegt der Defektapatit, der im Alter in den Hydroxylapatit übergeht.

Von den Knochenmineralien liegen etwa 60% in kristalliner und 40% in metastabiler mikrokristalliner Form vor. Bei der *Größe* der Mikrokristalle von $200 \times 50$ Å beträgt ihre Dicke nur wenige Einheitszellen, so daß etwa $^1/_3$ bis $^2/_3$ der Einheitszellen bzw. 14% der Ionen an der Kristalloberfläche liegen. Die Kristalle haben also im Vergleich zur Masse eine große *Oberfläche* ($40 \times 10^{-11}$ cm$^2$). Ein Gramm Knochenmineralien besitzt eine Oberfläche von 100–300 m$^2$ (ROBINSON, 1952, 1964); die gesamte Oberfläche der Kristalle eines Mannes von 70 kg beträgt etwa 110000–330000 m$^2$. Für einen schnellen Austausch stehen aber nur ca. 3120 m$^2$ zur Verfügung. Dieser Fläche stehen etwa 1,5–3 l Wasser im Knochengewebe und eine Kanälchenoberfläche von 1500–5000 m$^2$ gegenüber (vgl. NEUMANN, 1964).

Das *Wasser* hat für die Einfügung der Kristalle in die Durchdringungsstruktur des Knochengewebes eine besondere Bedeutung (s.S. 162), auch bei der Mineralisation (Abb. 264). Die Kristalle liegen in der *Perifibrillärsubstanz* und sind hier von einer *Wasserschale* umgeben. In dieser Wasserschale können Ionen gebunden werden, in einem äußeren Teil mehr locker, im inneren Teil fest; dabei handelt es sich vor allem um $K^+$, $Na^+$, $Mg^{2+}$, $Cl^-$ und $Citrat^{2-}$. Darauf folgt eine Lage der hydratisierten Ionen und schließlich die Kristalloberfläche, an der $Na^+$ bzw. $CO_3^{2-}$ gebunden werden. In das Kristallinnere, d.h. in das Gitter, können $Sr^{2+}$, $Ra^{2+}$, $^{45}Ca^{2+}$, $^{32}PO_4^{2-}$, $F^-$ eindringen.

Die jeweilige Lage der Ionen beeinflußt die Schnelligkeit des *Austausches*. Zunächst stellte man fest, daß nur ein relativ kleiner Anteil der Mineralien austauschbar ist. Für diese Formulierung austauschbar / nicht austauschbar läßt sich weder eine befriedigende chemische noch morphologische Definition geben, obwohl beides versucht wurde. Weiter ergab sich, daß bestimmte Stoffe „bone seeker" sind (Krapplack, Tetracycline s.S. 661 $^{65}Cn$, $^{90}Sr$, $^{137}Cs$). Verschiedene Formen des Ionenaustausches sind zu unterscheiden: 1) Ein Eindringen von Ionen in die Wasserschale (Hydrathülle) und Absorption an der Oberfläche und 2) ein gleichioniger Austausch (isomorph) an der Oberfläche. Beide Vorgänge sind konzentrationsabhängig und reversibel. 3) Durch das Eindringen von Ionen in Fehlstellen wird eine Idealisierung des Gitters im Sinn der Ausbildung eines Hydroxylapatits erreicht; dieser Vorgang ist konzentrationsunabhängig und irreversibel. Die Fähigkeit zur Aufnahme von Ionen ist in vivo größer als in vitro, vor allem bei neu gebildetem, d.h. jugendlichem Knochen. Einige Verwirrung hat ein Prozeß hervorgerufen, der als „recrystallization" bezeichnet wurde. Dabei handelt es sich wahrscheinlich um eine Umkristallisation, z.T. um den Übergang des metastabilen mikrokristallinen Zustandes in den kristallinen.

Bei der Bildung eines Kristalls ist mineralogisch zwischen der *Kernbildung* (nucleation) und dem *Kristallwachstum* zu unterscheiden. Die Kernbildung ist auch bei Bildung von Kristallen in der unbelebten Natur nicht zu erfassen; sie entzieht sich der Röntgenbrechungsanalyse. Dagegen ist das Kristallwachstum zu beobachten. Es wird von der Umgebung mitbestimmt (z.B. Lösungsgenossen). Zur Mineralisation ist eine genügend hohe *Konzentration* an Calcium- und Phosphationen am Ort erforderlich. Bei allen derzeit vertretenen Hypothesen über den Ablauf der Mineralisation wird eine sog. mineralisationsfähige Interzellularsubstanz angenommen, durch die ein entsprechendes *Ionenprodukt* erreicht werden kann. Allerdings herrschen sehr verschwommene Auffassungen darüber, worauf diese Eigenheit beruht.

Mitunter wurde angenommen, daß das *Kollagen* als Kristallit ein Substrat für die Kernbildung darstellt (s.S. 624; u.a. GLIMCHER, 1959). Der Ablauf der Knorpelmineralisation spricht allerdings dagegen, daß dem Kollagen eine grundsätzliche Bedeutung bei der Kernbildung zukommt (KNESE, 1963b). Eine Mineralisation soll nur stattfinden, wenn entsprechende Räume vorhanden sind (BACHRA, 1966, 1967). Eine elektrostatische Erklärung der Mineralisation wurde ebenfalls erwogen (DIGBY, 1965, 1966; LANG, 1966; BASSETT, 1968). Eine Beteiligung der *Glykosaminoglykane* bei der Mineralisation wurde verschiedentlich angenommen (BOURNE, 1956; WEATHERELL und WEIDMANN, 1963; MCLEAN und URIST, 1968; EASTOE, 1968). Vor Einsetzen der Mineralisation ist eine *metachromatische* Farbreaktion des präossalen Gewebes vorhanden, die mit der Mineralisation verschwindet. Dieser Befund wurde gegensätzlich interpretiert. Die Glykosaminoglykane sollten als *Förderer* (SOBEL, 1955, 1961), als *Hemmer* (GLIMCHER, 1959, 1960) bzw. als Förderer *und* Hemmer (BOWNESS, 1968) wirken. Nach KOBAYASHI (1971) ist noch unklar, ob die sauren Mukopolysaccharide für die Mineralisation notwendig sind oder nicht. Im allgemeinen wurde bei Untersuchungen über den Ablauf der Mineralisation nicht berücksichtigt, daß Knorpel- und Knochengewebe in ihrem organischen Anteil eine unterschiedliche Zusammensetzung aufweisen (vgl. KNESE, 1963b, 1976). Nach Meinung einiger Autoren sind grundsätzlich alle Gewebe mineralisationsfähig, d.h. es müssen hemmende Faktoren vorhanden sein, z.B. Chondroitinsulfat (GLIMCHER, 1959, 1960). PP-L (WEINSTEIN et al., 1963), Pyrophosphat (FLEISCH und NEUMAN, 1961; FLEISCH und BISAZ, 1962a, b; SIMKISS, 1964; BISAZ et al., 1968) oder Plasmin (LACK und ROGERS, 1958; HOWARD et al., 1967; WADKINS, 1968).

## 10.3.2. Morphologie der Mineralien des Knochengewebes

Morphologisch wurde die Gestalt der Kristalle und ihre Beziehung zu den Fibrillen untersucht, d.h. ein Teil der Struktur 5. Ordnung (s.S. 625; Abb. 264). Ältere Diskussionen betrafen die Frage, ob die *Fasern* selbst verkalkt sind (KOELLIKER, 1886), oder ob die Mineralien in interfibrillären Räumen liegen (V. EBNER, 1887). Der *interfibrilläre* Raum innerhalb eines Faserquerschnitts wurde von ZIEGLER (1906) zu etwa 80% der Fläche errechnet. Die Zahl der Fibrillen, die *Flächendichte*, in Osteoblasten-Nähe beträgt 238/µm², in jungem periostalen Knochen 90/µm² (KNESE, 1963b; Abb. 259). Das Verhältnis der Querschnittsfläche der Fibrillen zu jener der interfibrillären Fläche ändert sich während der Reifung des Knochengewebes. Im präossalen Gewebe nehmen die Fibrillen 24% und der interfibrilläre Anteil 76%, im jungen periostalen Gewebe 13% bzw. 87% der Flächeneinheit ein. Die Flächendichte der Fibrillen wird durch die *Dicken*zunahme der *Fibrillen* und eine *Vergrößerung* des interfibrillären Raumes herabgesetzt. Dieser Vorgang beruht neben der Reifung der Kollagenfibrillen auf einer Zunahme des Kristallvolumens (KNESE, 1963c). Die Mineralisation schreitet zuerst schnell, dann langsamer voran (AMPRINO und ENGSTRÖM, 1952). Die Mineralien umgeben die Fibrillen in Form eines Mantels (WOLPERS, 1949; ASCENZI, 1949, 1955a; BARBOUR und COOK, 1954). Es wird angenommen, daß das Wasser als Platzhalter für die Kristalle fungiert (s.S. 162; u.a. DEAKINS, 1942; ROBINSON, 1960). Die Veränderungen der Flächendichte lassen jedoch vermuten, daß der ursprünglich vorhandene Wasserraum für die volle Mineralisation nicht ausreicht. Eine Einlagerung von Kristallen in die sog. „holes" der Fibrillen wurde im Zusammenhang mit der Mineralisation diskutiert.

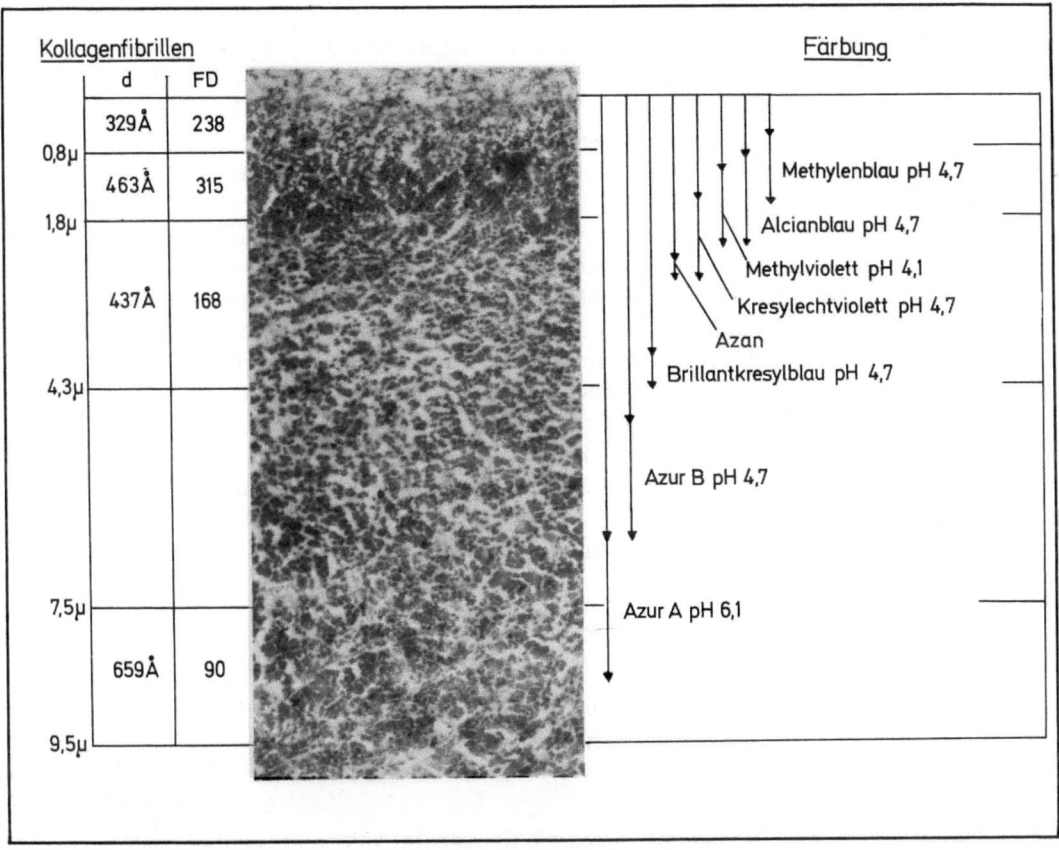

**Abb. 259.** Rinderfet, 360 mm SSL, Metacarpus, Fibrillenstruktur und topochemische Reaktion des präossalen Gewebes. Aufteilung in 5 Zonen. Breite in $\mu$. d Medianwerte des Fibrillendurchmessers. FD Medianwerte der Flächendichten: Anzahl der Fibrillen je $\mu^2$ (Ratte, 72 mm SSL, Tibia, Vergr. 7000 ×). Rechts: Angabe der Breite des durch verschiedene Farbstoffe darstellbaren Appositonssaumes durch Pfeile (aus KNESE, 1963d)

Die *Gestalt* der Mineralien wurde zunächst als plattenförmig beschrieben (ROBINSON, 1952; ROBINSON und WATSON, 1952, 1953); sie sollten entsprechend der Periodizität den Kollagenfibrillen angelagert sein (vgl. BECHER et al., 1954). Alle späteren Untersuchungen haben gezeigt, daß die Kristalle eine *nadelförmige* Gestalt haben, und zwar aufgrund elektronenmikroskopischer Untersuchungen (SCOTT und PEASE, 1956; ROBINSON und CAMERON, 1956; FERNANDEZ-MORAN und ENGSTRÖM, 1956, 1957; CAGLIOTI et al., 1957; FERNANDEZ-MORAN und ENGSTRÖM, 1957; KNESE und KNOOP, 1958, 1961b, c; GLIMCHER, 1959, 1960, 1966; JOHANSEN und PARKS, 1960; MOLNAR, 1960; ROBINSON, 1960; FRANK, 1960/61; ASCENZI, 1964; ASCENZI et al., 1965) und röntgenologischer Studien (ENGSTRÖM und FINEAN, 1953; CARLSTRÖM und FINEAN, 1954; CARLSTRÖM, 1955). Die *Größe* der Nadeln wurde mit $25–40 \times 200–400–1\,000$ Å gemessen.

Die Kristalle im Knochen sind dicker (54,4 Å; 38,7/71,6) als im Knorpel (20,0 Å; 12,3/35,2) und kürzer (Knochengewebe: 184,5 Å, 92,5/368; Knorpelgewebe: 390 Å; 298/614), im frühen desmalen Knochen aber länger (700–1400 Å; KNESE und KNOOP, 1958, 1961b; KNESE, 1963b, 1976). Jeweils 3 Nadeln sollen der Länge einer *Kollagenperiode* entsprechen (FINEAN und ENGSTRÖM, 1953; CARL-STRÖM, 1955; FERNANDEZ-MORAN und ENGSTRÖM, 1957) und sowohl in der Fibrille selbst wie an ihrer Oberfläche liegen (ROBINSON und WATSON, 1955; FITTON-JACKSON, 1957a; SHELDON und ROBINSON, 1957). Untersuchungen von voll mineralisiertem Knochen sprechen für eine vollständige Umhüllung der Fibrillen (GLIMCHER, 1960, 1968; MEYER, 1961; ASCENZI, 1964; ASCENZI et al., 1965, 1967, 1968). Die Längsachse der Nadeln weicht in statistischer Orientierung nur gerüngfügig nach beiden Seiten von der Längsachse der Fibrillen ab. Aus der Dicke der Fibrillen, einschließlich der Perifibrillärsubstanz mit den Kristallen, ist zu schließen, daß die Kristalle eine Fibrille etwa in 5–10 Schichten umhüllen (KNESE, 1963b). Die Nadeln fügen sich zu Ketten zusammen, wobei zwischen je 2 Ketten ein freier Raum verbleibt, der etwas schmäler als die Nadeldicke ist. Innerhalb einer Kette ist Anfang und Ende der Einzelkristalle nicht mit Sicherheit zu bestimmen, da sehr viele Nadelanschnitte vorliegen.

## 10.4. Das präossale Gewebe und die Mineralisation des Knochengewebes

Das *physiologische Osteoid* bzw. *präossale Gewebe* (in Anlehnung an das Prädentin; KNESE und KNOOP, 1958) ist unter sehr verschiedenartigen Gesichtspunkten zu erörtern, nämlich der Fibrillenbildung und -reifung und der Mineralisation. Die Untersuchung der Verteilung und Dicke der osteoiden Säume gab den Ausgangspunkt zur Entwicklung einer sog. Knochendynamik, wobei die Apposition als einzige Möglichkeit der Knochenneubildung der Resorption gegenübergestellt wurde (s.S. 656; ROWLAND et al., 1959; JOWSEY, 1960, 1963; FROST, 1963a).

Über das *physiologische Osteoid* liegt eine umfangreiche, z.T. kontroverse Literatur vor (POMMER, 1881, 1885, 1925; STUDNIČKA, 1906; DIBBELT, 1911; HINTZSCHE, 1927a; WEIDENREICH, 1923a; LANG, 1925; McLEAN und BLOOM, 1940; BLOOM und BLOOM, 1940; BLOOM et al., 1941; POLICARD, 1941; McLEAN, 1943; AMPRINO, 1950; BEVELANDER und JOHNSON, 1951; AMPRINO und ENGSTRÖM, 1952; FOLLIS, 1952b; COMAR, 1953; LIPP, 1954a, b; PARK, 1954; WATSON und AVERY, 1954; EASTOE, 1956). Die osteoiden Säume wurden zwar für ein Kunstprodukt gehalten (WEIDENREICH, 1923a), sind aber überall vorhanden (LACROIX, 1954; VINCENT, 1954b, 1955; LÖE, 1959; FROST, 1963c).

Die *Dicke* der osteoiden Säume wird mit 2–10 µm (WIELAND, 1909) bzw. 5–30 µm angegeben (LERICHE und POLICARD, 1926); sie beträgt mit 20–30 Jahre 10,9 mit 70–80 Jahre 6,7 µm (MERZ und SCHENK, 1970) und ist nach LANG (1925) im enchondralen Knochen schmäler als im periostalen. LÖE (1959) unterteilt das Osteoid in eine innere Zone in Osteoblastennähe, eine äußere und eine Übergangszone.

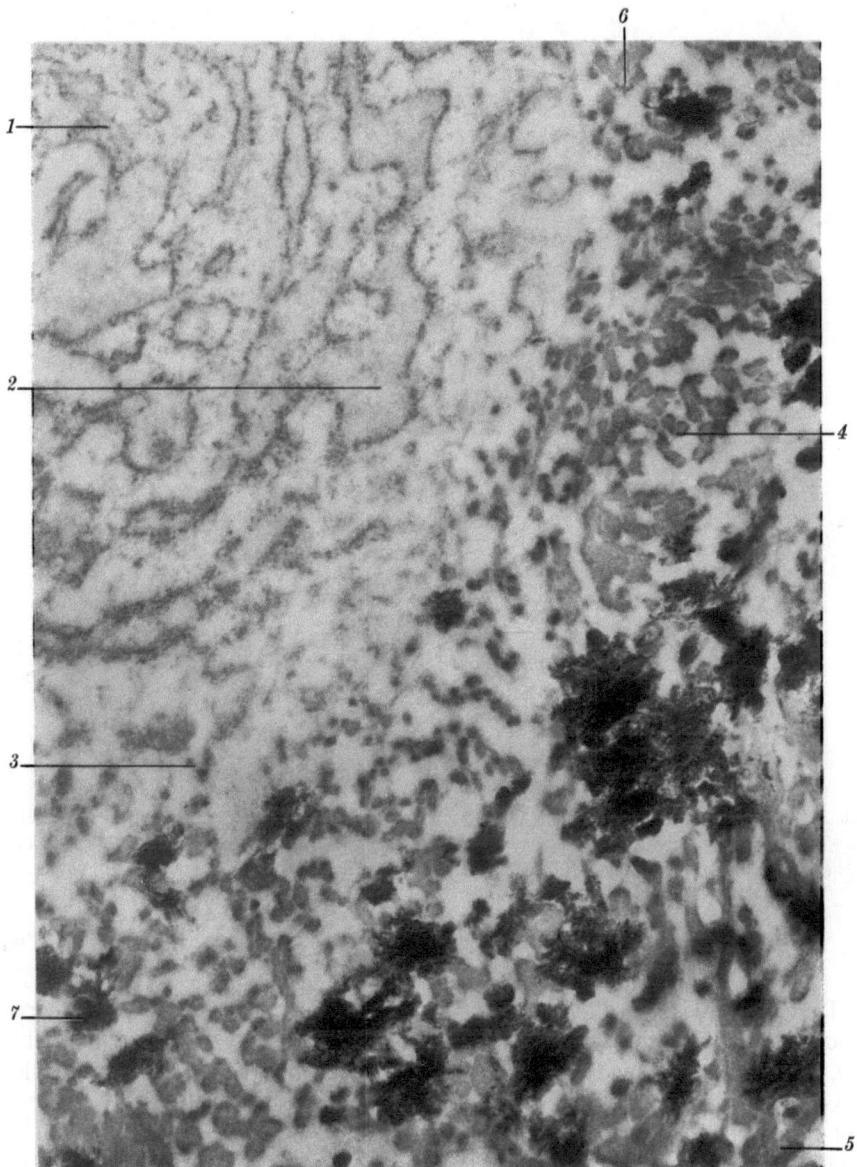

**Abb. 260.** Osteoblast und präossaler Gewebestreifen. *1)* Endoplasmatisches Retikulum mit wenig Zwischensubstanz zwischen den Membranen, *2)* endoplasmatisches Retikulum mit starker Anhäufung von Zwischensubstanz, *3)* dünne Fasern in Osteoblastennähe, *4)* dickere Fasern in der Mineralisationszone, *5)* Faserlängsschnitte, *6)* Einzelkristalle, *7)* Kristalldrusen. Vergr. 43000 zur Reproduktion verkleinert (aus KNESE und KNOOP, 1958)

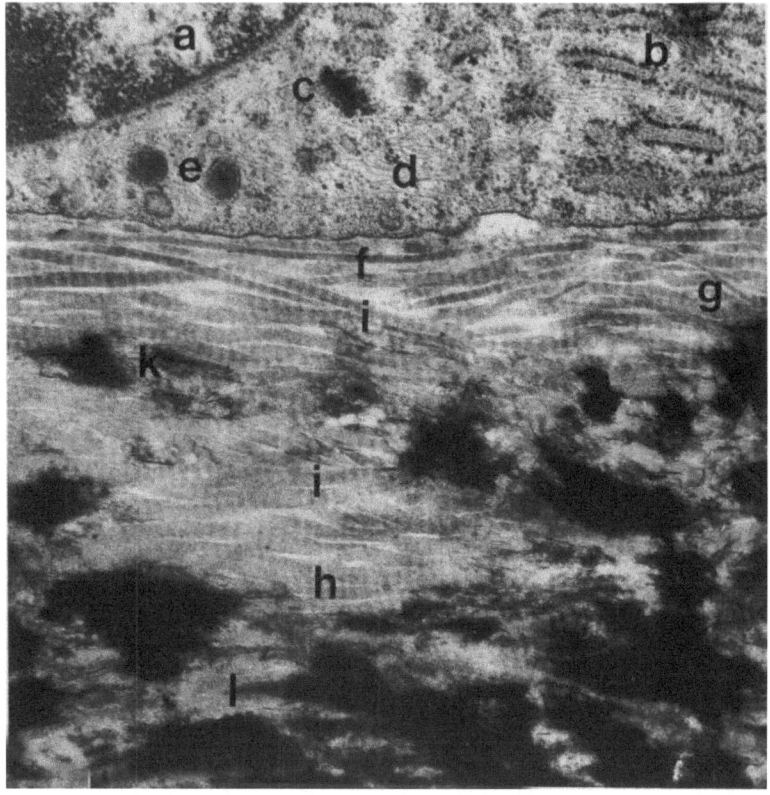

**Abb. 261.** Rinderfet, 73 mm SSL, präossales Gewebe am Parietale. *a)* Zellkern, *b)* endoplasmatisches Retikulum, *c)* Kohlenhydrate, *d)* Zytofilamente, *e)* Lysosomen, *f)* Fibrillen von 300 Å Dicke, *g)* Fibrillen von 450 Å Dicke, *h)* Fibrillen von 550–650 Å Dicke, *i)* einzelne Kristallnadeln, *k)* Kristallnester, *l)* fast vollständiger Überzug der Fibrillen. Vergr. 30000 ×

Den Osteoblasten schließen sich *Fibrillen* an, die vermutlich annähernd gleichartig ausgerichtet sind (Knese und Knoop, 1958; Takuma, 1963; Abb. 260, 261). Mit zunehmendem Abstand von den Osteoblasten werden die Fibrillen dicker (Abb. 259; von 329 Å auf 659 Å; vgl. Decker, 1962, 1966; Hancox und Boothroyd, 1965); sie bilden Gruppen und ihre Anzahl je Schnittfläche, die Flächendichte, nimmt ab ( von 238 auf 90 je $\mu m^2$; Abb. 259; Knese, 1963d). An die Fibrillogenese schließt sich somit die Fibrillenreifung an (s.S. 145). Am entmineralisierten Knochen ist in benachbarten Lagen ein schichtweiser Wechsel der Verlaufsrichtung der Fibrillen zu beobachten, wobei die Fibrillen innerhalb einer Schicht ein Mattenwerk mit spitzwinkligen Maschen bilden (Knese und Knoop, 1961c). Von den Osteoblasten wird demnach eine Art von *Mikrolamellen* von 7000–15000 Å Dicke gebildet. Die Fibrillenordnung der Lamellen entspricht jener im lamellären Knochen (Knese und v. Harnack, 1962); diese Schichten wurden aber auch als Faserbündel eines Geflechtknochens angesehen (Ascenzi et al., 1967).

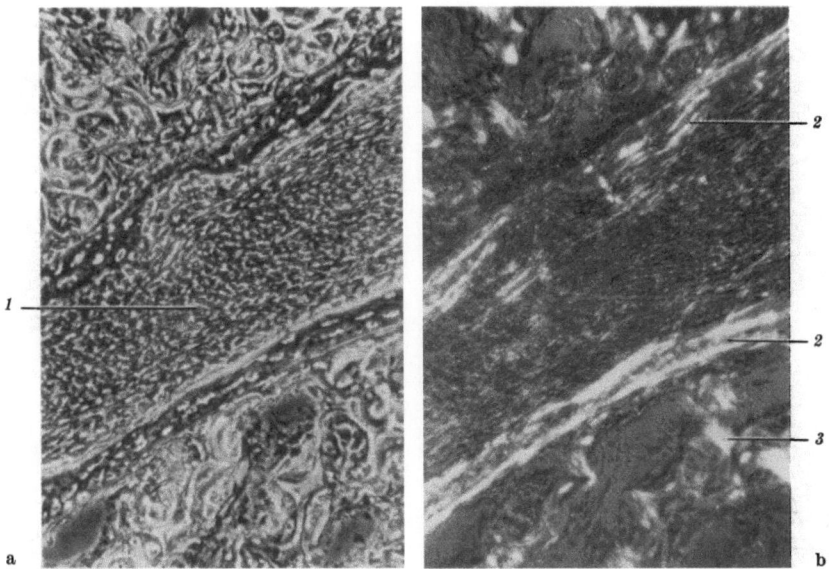

**Abb. 262.** Rinderfet, 113 mm SSL, Metacarpus im Querschnitt. *a:* Mit Phasenkontrastverfahren, *b:* in polarisiertem Licht, *1)* periostale Zwischenschicht zwischen Metacarpus *3* und *4, 2)* periostaler Knochen mit lamellärer Schichtung, *3)* chondraler Knochen mit Lamellen. Obj. 10 (aus KNESE und KNOOP, 1961 c)

Die Fibrillenkristallisation erfolgt in einer *gerichteten Kristallisation* unter Bildung von Mikrolamellen. Es ist zweifelhaft, ob die ältere Unterscheidung zwischen neu gebildetem, *geflechtartigem* Knochen und *lamellärem* Knochen noch aufrechterhalten werden kann (KNESE und v. HARNACK, 1962). Durch die sich anschließende Fibrillenreifung entstehen die nun auch lichtmikroskopisch zu beobachtenden Lamellen (s.S. 672). Das Knochengewebe junger Rinderfeten von 113 bzw. 190 mm SSL in der Mitte der Diaphyse bzw. am Diaphysenende zeigt polarisationsmikroskopisch bereits eine lamelläre Struktur (Abb. 262, 218). Die Lamellen im periostalen Knochen der Diaphyse des Metacarpus von Rinderfeten von 380 mm SSL messen etwa 2–4 µm, die im chondralen 5–8 µm (KNESE und KNOOP, 1961c; Abb. 263). Zwischen je 2 lamellären Gefäßwänden liegt ein Zwischengewebe aus Faserbündeln, besser wohl Lamellen, deren Ordnung schwer zu erkennen ist; es handelt sich um die sog. *blasse Mittellinie* von KOELLIKER (1889). Die Lamellen-Differenzierung ist nahe der Markhöhle weiter vorangeschritten. Das Knochengewebe des Rinds wurde als „in toto konzentrischer Knochen" bezeichnet (KOELLIKER, 1889; GEBHARDT, 1906; PETERSEN, 1930; AMPRINO und GODINA, 1947; Großlamellen: ERTELT, 1955). Es handelt sich aber um einen trabekulären Knochen von besonders regelmäßiger Anordnung. Der junge chondrale Knochen läßt polarisationsmikroskopisch eine deutliche Fibrillenordnung erkennen (KNESE et al., 1954a; KNESE, 1957; KNESE and KNOOP, 1961c).

Die Befunde über eine lamelläre Schichtung des subperiostalen Knochens widersprechen der allgemein vertretenen Auffassung, es handele sich um einen

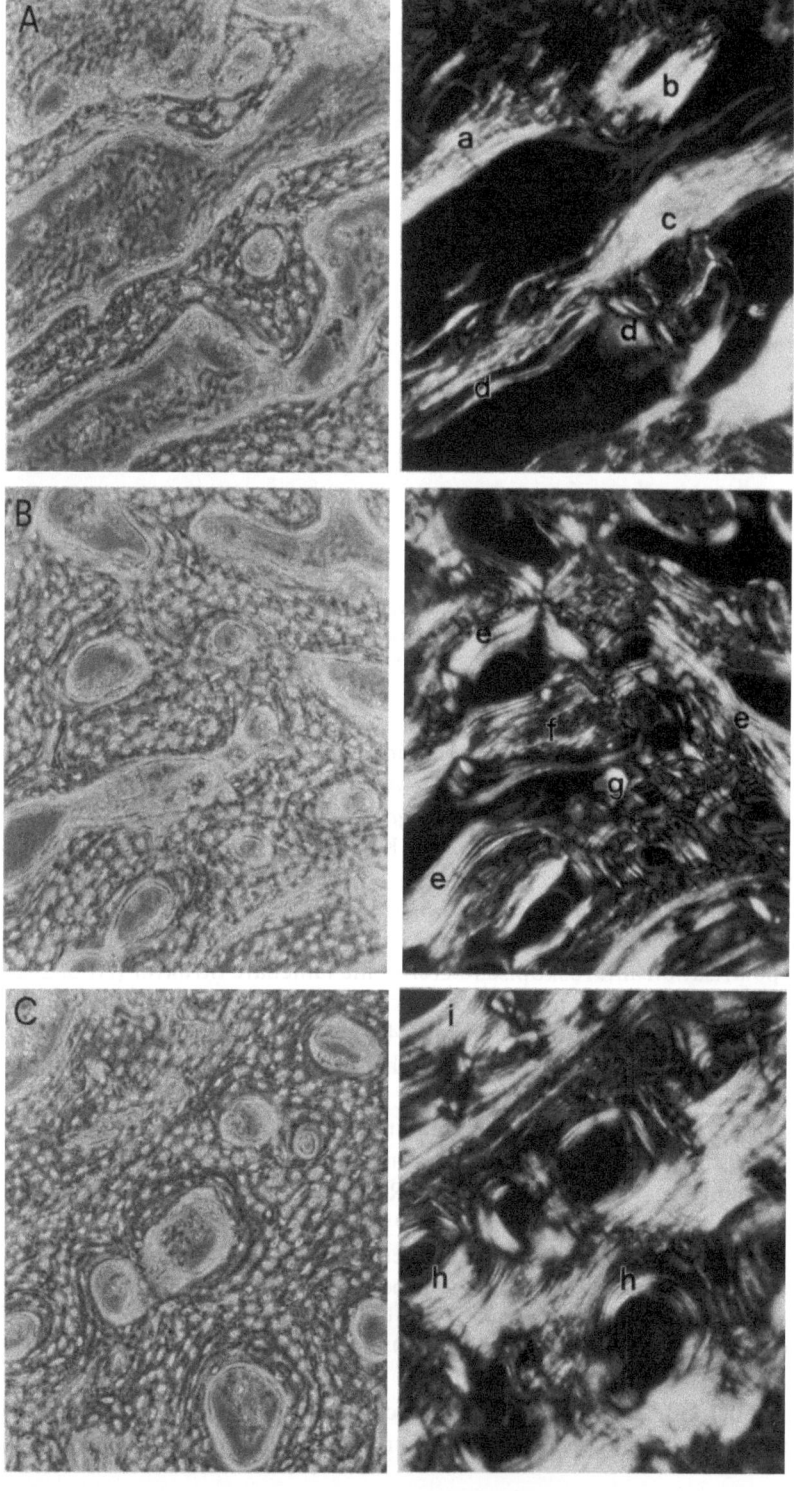

sog. *primären Geflechtknochen.* Es wurde sogar angenommen, daß die Ablagerung dieses Geflechtknochens zwangsläufig einen Umbau unter Bildung von Resorptionslakunen nach sich ziehe. In den Lakunen sollte dann — ebenfalls über osteoide Säume — lamellärer Knochen entstehen, d.h. durch eine gerichtete Fibrillenkristallisation würde der endgültige, sekundäre Knochen gebildet werden (s.S. 661). Folgt man dieser Auffassung, müßte es zwei verschiedene Formen von osteoiden Säumen geben, *subperiostale* und *intralakunäre.* Sieht man weiter die Produktion von Interzellularsubstanzen als Leistung von Zellen an, ergibt sich, daß der zum Untergang verurteilte primäre Geflechtknochen durch hoch aktive Osteoblasten (Basophilie, granuläres Retikulum) gebildet wird, der endgültige, sekundäre, lamelläre Knochen aber durch Zellen, die strukturell den Fibroblasten ähneln (s.S. 545; vgl. Strukturentwicklung; Knese, 1963c).

Das präossale Gewebe ist durch seine *Mineralisationsfähigkeit* ausgezeichnet (u.a. Scott und Pease, 1956; Robinson und Cameron, 1958; Molnar, 1959; Johnson, 1960; Kobayashi, 1971). Dabei wird von einer sog. *Mineralisationsfront* gesprochen (u.a. Lacroix, 1954; Robinson und Watson, 1955; Löe, 1959; Bassett, 1962; Frost, 1963a, 1964b; Vincent, 1955). Allerdings ist bisher unklar, worauf diese Mineralisationsfähigkeit beruht (s.S. 616). Isolierte, überlebende Periostzellen speichern u.a. Calcium und Phosphat (Harell et al., 1976).

Die vom übrigen Knochengewebe abweichende *Farbreaktion* der osteoiden Säume wird als Ausdruck ihrer besonderen Natur angesehen. Das präossale Gewebe zeigt erst nach Entkalkung eine *metachromatische,* je nach Farbstoff sehr verschiedene Reaktion (Howard, 1951a, b; Knese, 1963d; Abb. 259). Die osteoiden Säume wurden als eine *PAS-positive* (auch elektronenmikroskopisch: Scherft, 1970), orthochromatische Lage mit alkalischer Phosphatase beschrieben, die $^{35}$S aufnimmt (Pritchard, 1952; Vincent, 1954b, 1955; Engfeldt et al., 1954; Lacroix, 1954, 1956; Lea und Vaughan, 1957; Löe, 1959). Die Säume enthalten feingranuläres Material, das mit Phosphorwolframsäure zu kontrastieren ist (Takuma, 1963), bzw. vakuoläres Material (Yaeger, 1961; Zerlotti und Yaeger, 1967), jedoch ist zweifelhaft, ob das granuläre Material als *Polysaccharid* anzusehen ist (Hancox und Boothroyd, 1965). Nach umfangreichen färberischen Studien nimmt Johnson (1964) das Vorliegen einer „*phosphate ridge*" an. Die osteoiden Säume färben sich mit basischem *Fuchsin* (Frost, 1958, 1963a) und werden mit *Tetracyclin* markiert (s.S. 661; Frost und Villanueva, 1960; Frost et al., 1961; Frost, 1963a, 1965b). Die Tetracyclinmarkierung wird als Zeichen der osteoblastischen Aktivität angesehen, aber nur an 29% von 121 Säumen sind Osteoblasten nachweisbar (Schen et al., 1965). Der Rest der Säume sei jedoch auch bei Bildung von Haversschen Systemen aktiv, wie aus anderen Zeichen zu schließen sei (s.S. 661). Die Oberflächenausdehnung der osteoiden Säume mit Osteoblasten nimmt von $6,8 \pm 4,5\%$ in der ersten

---

◁ **Abb. 263.** Rinderfet, 290 mm SSL, Metacarpus. *A:* Subperiostale Bälkchen, *B:* Mitte des Querschnittes, *C:* zentral in Marknähe. *a)* Subperiostale Bälkchen, *b)* Einbau eines Gefäßes, *c)* faserfilzähnliche Struktur, *d)* erste Lamelle um intertrabekuläre Spalten, *e)* Lamellen um Gefäßkanäle, *f)* blasse Mittellinie, *g)* Zwischengewebe mit z.T. lamellärer Struktur, *h)* primäre Osteone, *i)* Lamellen des Zwischengewebes im Sinn der Tangentiallamellen, linke Reihe: Phasenkontrast, rechte Reihe: polarisiertes Licht. Obj. 10

Lebensdekade auf 0,9 ± 0,6% im 40. Lebensjahr ab (DELLING und SCHULZ, 1973). Die Säume werden späterhin *PAS-negativ* und nehmen Ca auf (VINCENT, 1955), nachdem eine weitere präossale Schicht aufgelagert wurde.

Über die Form der ersten *Mineralien* im präossalen Gewebe liegen unterschiedliche Angaben vor. Es wurde von Körnchen gesprochen (FITTON-JACKSON und RANDALL, 1956; GLIMCHER, 1960; BASSETT, 1962), von einer undeutlich *kristallinen* Struktur (ROBINSON, 1952; DUTHIE und BAKER, 1955b; ROBINSON und WATSON, 1955) oder von *amorphen* Ablagerungen (MOLNAR, 1959; LUBEN et al., 1973). Im allgemeinen wird aber angegeben, daß die Kristalle bei der Mineralisation sofort als *Nadeln* erscheinen (WOLPERS, 1948; CARLSTRÖM et al., 1955; SCOTT und PEASE, 1956; ROBINSON und CAMERON, 1956; SPECKMAN und NORRIS, 1957; FERNÁNDEZ-MORÁN und ENGSTRÖM, 1957; DURNING, 1958; KNESE und KNOOP, 1958; KNESE, 1963b). Die Kristalle sind zunächst als einzelne Nadeln, regellos verteilt, den *Kollagenfibrillen* angelagert (ROBINSON und CAMERON, 1956; KNESE und KNOOP, 1958; ASCENZI und BENEDETTI, 1959; vgl. dagegen DECKER, 1962, 1966). Um solche einzelnen Kristalle legen sich weitere Kristalle, so daß zunächst getrennte Haufen entstehen (Abb. 260, 261). Durch weitere Anlagerungen werden die Lücken zwischen den Haufen geschlossen und der vollständige Kristallmantel ist entstanden. Dieses Bild ist bei Mineralisation in der Nähe, bei etwa 1,5 µm Abstand, vom Osteoblasten zu beobachten (KNESE und KNOOP, 1958). Liegt die Mineralisationsfront in einem größeren Abstand vom Osteoblastenrand, treten sofort Haufen von Kristallen in so dichter Lagerung auf, daß Einzelheiten nicht zu erkennen sind. Aufgrund der unterschiedlichen Lage der Mineralisationsfront wurde die Frage aufgeworfen (KNESE, 1965c), ob hierin ein Zeichen eines verschiedenartigen Ablaufs der Knochenbildung zu sehen ist. In den zuletzt genannten Haufen ist, vor allem wenn die benachbarten Kollagenfibrillen quer geschnitten sind, keine Ordnung zu erkennen. Es wurde nun angenommen, daß hier eine sog. primäre Mineralisation über Matrixvesikel unabhängig von Kollagenfibrillen erfolgt (u.a. SCHERFT, 1968a, 1970; BERNARD, 1969; BERNARD und PEASE, 1969; BONUCCI, 1969; GAY, 1977). Die geringe Schnittdicke läßt häufig nicht eindeutig erkennen, ob die großen Mineralaggregate Beziehungen zu Fibrillen haben oder nicht. Es ist zweifelhaft, ob hiermit der Mineralisationsvorgang endgültig geklärt ist (BONUCCI, 1971; TERMINE, 1972; IRVING, 1973; HOWELL, 1976; SAJDERA et al., 1976; s.S. 340). Sekundär greift dann die Mineralisation auf die Kollagenfibrillen über, und zwar innerhalb der Fibrillen, den sog. „holes" (u.a. GLIMCHER, 1959; HÖHLING, 1963; GLIMCHER und KRANE, 1968; HÖHLING et al., 1970, 1971, 1974a, b; KATZ und LI, 1973). Etwa 50% der Mineralphase sollen in diesen Leerstellen abgelagert werden können. Dies würde dem mikroradiographischen Wert der primären Mineralisation (AMPRINO, 1952a, b) entsprechen. Über das Schicksal der primären Mineralisationszentren wurde nicht diskutiert (vgl. HOWELL, 1976; KNESE, 1976).

Die Erscheinungsform der Mineralien ist im Knorpel- und Knochengewebe grundsätzlich verschieden. Im Knochengewebe sind die Kristallnadeln den Fibrillen angeschlossen, im Knorpel liegen die Nadeln bei Einsetzen der Mineralisation in unregelmäßig sternförmiger Ordnung (s.S. 389; KNESE, 1959a, b, 1963b, 1976). Im Hinblick auf die jeweilige Erscheinungsform der Mineralien ist zu bedenken, daß bei der Kristallisation zwischen *Keim- bzw. Kernbildung* und *Kristallwachstum* zu unterscheiden ist, wobei sich die Keimbildung der Beobachtung entzieht (vgl. KNESE, 1963b). Das Wachstum der Kristalle wird von der Umgebung beeinflußt, dies dürfte auch für die Skelettmineralien zutreffen. Bei der frühen *desmalen* Osteogenese (*Rind, Ratte*; s.S. 542) und beim Übergang der Fibrillen des Anulus fibrosus in den knöchernen Wirbel (Katze; s.S. 452) wurden unmittelbar benachbart drei Mineralisationsformen, in Abhängigkeit von der jeweiligen Struktur der organischen Interzellularsubstanz, beobachtet (Abb. 233; KNESE, 1976). Bei Vorliegen einer annähernd homogenen, knorpelähnlichen Interzellularsubstanz, die teilweise durch Verquellung der Kollagenfibrillen entsteht, liegen die Nadeln in sternförmiger Ordnung; im benachbarten präossalen Gewebe sind sie den Fibrillen angeschlossen. Daneben waren mitunter annähernd *amorphe* interfibrilläre Ablagerungen zu finden.

## 10.5. Die Knochenstruktur

Im Knochengewebe sind die Komponenten, Fasern und Kristalle, unter Einbeziehung der Gefäßkanäle, in einem differenzierten *Gefüge* angeordnet, das von der makroskopischen bis in die molekulare Dimension reicht (Abb. 264; ROLLET, 1871). In diesem Gefüge wurde eine besondere Ordnung erkannt, die zur Aufstellung einer Reihe hierarchisch geordneter *Ordnungsstufen* führte (PETERSEN, 1927, 1930; KNESE et al., 1954a):

1. Compacta-Spongiosaverteilung,
2. topographische Anordnung der Lamellensysteme,
3. Lamellensysteme: Osteone und Tangential-(General-)Lamellen,
4. Lamellen,
5. Fasern und Kristalle,
6. Molekularstruktur.

Den einzelnen Ordnungsstufen ist festigkeitstheoretisch nach dem Muster des *Verbundbaus* (Stahlbeton) eine eigene Bedeutung zuzuschreiben (KNESE, 1958a, 1970d). Die Eigentümlichkeit einer hierarchischen Strukturordnung besteht darin, daß jede nächst höhere Ordnung mehr leistet als die Summe der niederen Ordnung ergeben würde (vgl. W.J. SCHMIDT, 1957). Aufbau und Gefüge der niederen Ordnungsstufen, Molekularstruktur und Lamellenstruktur, lange Zeit unbekannt, konnten morphologisch erst mit Hilfe des Elektronenmikroskops untersucht werden. So wurde darüber diskutiert, ob einzelne Stufen, z.B. die *Lamellen* (u.a. FILOGAMO, 1964a) oder das *Osteon* (u.a. GEBHARDT, 1906; BIEDERMANN, 1914; BENNINGHOFF, 1925a; FILOGAMO, 1946a; AMPRINO, 1948b; BLECHSCHMIDT, 1948; KOLTZE, 1951; COHEN und HARRIS, 1958) als *individuelle* Gebilde aufzufassen sind. Diese Vorstellungen sind nicht nur historisch von Interesse, sondern haben die Auffassung über die Baugeschichte des Knochens entscheidend geprägt, weil man von einer Ordnungsstufe, z.B. dem Osteon als *Baustein*, ausging und alle darunter liegenden Strukturelemente unberücksichtigt

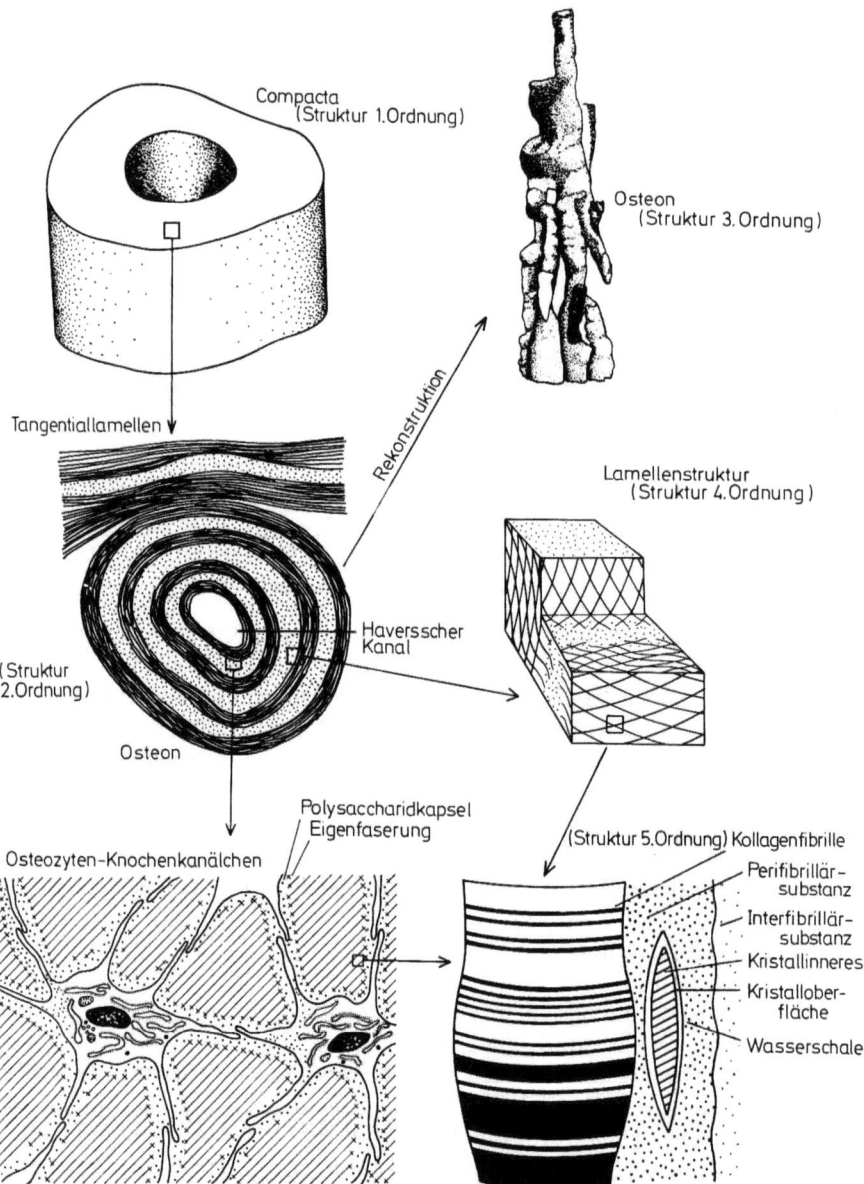

**Abb. 264.** Schematische Darstellung der Beziehungen zwischen den Ordnungsstufen der Knochenstruktur. Osteozyten und Knochenbälkchen mit Proteoglykanmantel (Punkte) und Eigenfaserung (Kreuze). Osteonrekonstruktion: wenig veränderte Umzeichnung nach COHEN und HARRIS (1958); Lamellenstruktur (Struktur 4. Ordnung): vereinfachte Umzeichnung nach KNESE (1959b); Struktur 5. Ordnung: veränderte Umzeichnung nach KNESE (1963b)

ließ. Veränderungen in einer Ordnungsstufe setzen aber stets Vorgänge in allen folgenden niederen Ordnungsstufen voraus. Erst nach Untersuchung der niederen Ordnungsstufen (4.–6.), auch jener der Molekularstruktur derKomponenten, setzte sich die Erkenntnis endgültig durch, daß im Knochengewebe eine sehr verwickelte, z.T. von der Angioarchitektur abhängige, *Faserstruktur* vorliegt, der die Kristalle angeschlossen sind. Weder die Lamellen noch die Osteone sind individuelle Bausteine (KNESE et al., 1954; KNESE, 1958b).

## 10.5.1. Die Lamellen

Die erste Stufe der Zusammenfügung von Kollagenfibrillen mit ihrem Kristallmantel wird als Lamelle bezeichnet. Eine *homogene* und eine *granuläre* Schicht sollten nach TOMES und DE MORGAN (1853) zusammen eine Lamelle bilden. Auch RANVIER (1889) beschrieb *gestreifte* und *homogene* Lamellen. Andererseits wurde zwischen *gestreiften* und *gepunkteten* Lamellen unterschieden (v. EBNER, 1887; RANVIER, 1875–1882; WEIDENREICH, 1930), da einmal die Kollagenfibrillen annähernd längs, zum anderen quer geschnitten sind. Die *Dicke* der Lamellen beträgt 4,5–11 µm (KOELLIKER, 1889) 3–5 µm (v. EBNER, 1875), 3,5 µm (2–5 µm; WEIDENREICH, 1930).

Alle Angaben über den Verlauf der Fibrillen gelten auch für die Ausrichtung der *Kristalle*, die mit gewissen statistischen Abweichungen parallel zur Längsachse der Kollagenfibrillen liegen. Die Menge der organischen Substanzen bleibt über allen Lamellen eines Skelettorts gleich (DAVIES und ENGSTRÖM, 1954), der Mineralgehalt, überwiegend mikroradiographisch gemessen, wechselt erheblich (W.J. SCHMIDT, 1933; AMPRINO und ENGSTRÖM, 1952; AMPRINO, 1952a, b, 1955c; COHEN und LACROIX, 1953; ENGSTRÖM und ENGFELDT, 1953; DAVIES und ENGSTRÖM, 1954; VINCENT, 1954a; FRANK et al., 1955a, b). Die Faserrichtung in benachbarten Lamellen sollte um 45° (v. EBNER, 1875; KOELLIKER, 1886) oder gar 0–90° (GEBHARDT, 1906) gegeneinander versetzt sein. Da eine genauere Bestimmung des Steigungswinkels der Fibrillen polarisationsoptisch nicht möglich ist, kam man zu der einfachen Unterscheidung zwischen *flach* und *steil* gewickelten Lamellen (KOELLIKER, 1886; GEBHARDT, 1906; BIEDERMANN, 1914; PETERSEN, 1924, 1930; BURKHARDT, 1929; KNESE et al., 1954a).

Abweichend von dieser Auffassung wurde behauptet, daß zwischen fibrillären, *anisotropen* Lamellen und *isotropen* Zementlamellen zu unterscheiden ist (Abb. 266; RUTH, 1947; ROUILLER et al., 1952). Die *Zementlamelle* werde von Fasern durchzogen, die von den fibrillären Lamellen abgehen. Demnach müßten alle bisher als steil bezeichneten Lamellen als Zementlamellen angesehen werden (KNESE et al., 1954a). Ein Längsschnitt durch eine Knochenregion der Tibia, die überwiegend steil gewickelte Osteone besitzt, zeigt jedoch die Kollagenfasern flach angeschnitten. Elektronenmikroskopisch konnten keine Zementlamellen nachgewiesen werden, wohl aber eine *interlamelläre Zementzone*, die sich infolge der Zufallsorientierung der Fibrillen im polarisierten Licht isotrop verhält (ASCENZI et al., 1965; vgl. BOYDE und HOBDELL, 1969). Vermutlich handelt es sich bei dieser Zone um die Schicht zwischen zwei Lamellen, in der ein Faseraustausch erfolgt (KNESE und v. HARNACK, 1962).

Die Lamellenränder sind durch Fasern, die von einer zur anderen Lamelle übertreten gesägt (v. EBNER, 1875; BURKHARDT, 1929; PETERSEN, 1935; ROUILLER et al., 1952; TISCHENDORF, 1952, 1954; KNESE et al., 1954a). Die *Faserkämme*

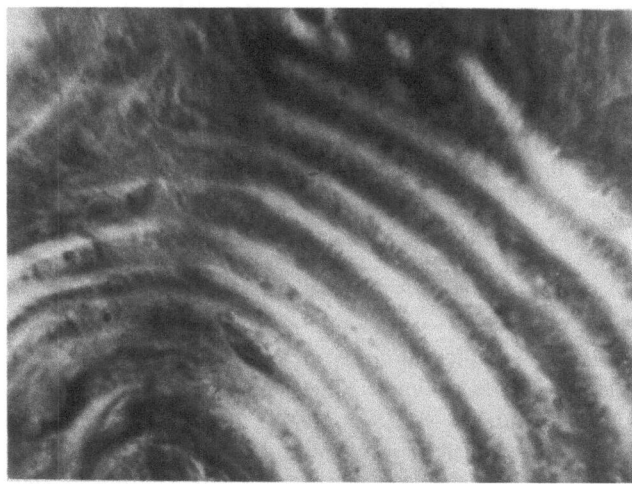

**Abb. 265.** Ausschnitt aus einem Osteon mit Faserübertritten, Einstiegwinkel wechselnd. Polarisiertes Licht, Obj. 100. (Sammlungsfemur; aus KNESE et al., 1954a)

oder gezähnten Ränder erscheinen mitunter nur als Randunschärfe der Lamellen; häufig ergibt sich jedoch ein bestimmter Winkel (Einstiegwinkel) zwischen dem Faserkamm und dem zentralen Lamellenanteil (KNESE et al., 1954a). Bei den senkrechten oder normalen Einstiegen haben die Lamellen ein verbreitertes Füßchen. Es fragt sich, ob die Fasern, die in die Lamelle übertreten, sowohl im Uhrzeigersinn als auch entgegengesetzt weiterlaufen. Da die überwiegende Anzahl der Lamellen verschieden gerichtete Fasereinstiege aufweist (Abb. 265) bilden die sich kreuzenden Fasern wahrscheinlich ein rhombusartiges *Maschen*- oder *Mattenwerk*, dessen Längsachse bei den steil gewickelten Lamellen fast in der Längsachse des Knochens, in den flach gewickelten Lamellen mehr in der Querschnittsebene liegt (Abb. 266). Jede Lamelle würde in ihrer Mitte aus einem kompakten Faserpaket bestehen; zentral und peripher folgen aufgelockerte Zonen mit den Faserübertritten. Die darin enthaltenen Fasern verlieren sich in der Nachbarlamelle oder gehen bogenförmig bis zur übernächsten (vgl. KNESE, 1958b). Zwischen gefiederten Lamellen und intermediären Lamellen mit bogenförmigem Faserverlauf unterscheiden FRANK et al. (1955a, b). Bei *gefiederten* Lamellen verlaufen die Fasern von einem Zentrum schräg nach außen und verflechten sich mit benachbarten Fibrillen. Durch annähernd *bogenförmig* verlaufende Fibrillen können benachbarte Lamellen miteinander verbunden sein.

Nur wenige Autoren (GEBHARDT, 1906; FURUTA, 1949) waren der Meinung, daß die Fasern in einer Lamelle *parallel* zueinander verlaufen, überwiegend wurde ein *mattenartiges* Geflecht der Kollagenfibrillen angenommen (Abb. 266; v. EBNER, 1875; KOELLIKER, 1886; WEIDENREICH, 1923a; HUBER und ROUILLER 1951; ROUILLER et al., 1952; ROBINSON und WATSON, 1952, 1953; TISCHENDORF, 1952, 1954; KNESE et al., 1954a; KNESE, 1958b, 1959b, c; KNESE und v. HARNACK, 1962). Mitunter kann in diesem Geflecht eine Faserrichtung dominieren. Daneben sind Fasern mit unterschiedlicher Verlaufsrichtung vorhanden (KNESE

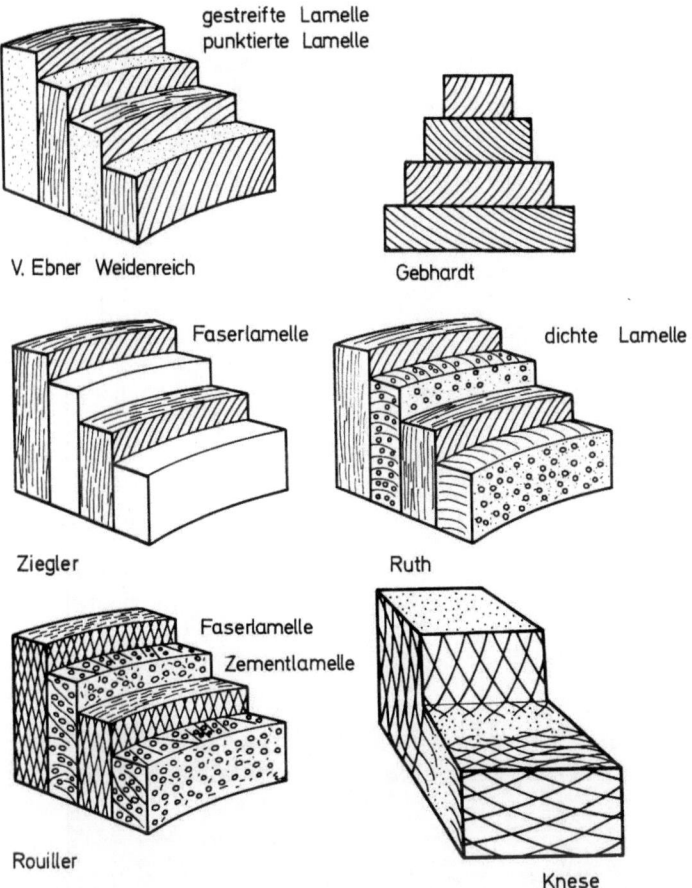

**Abb. 266.** Darstellung der verschiedenen Auffassungen über den Aufbau der Lamellen eines Osteons. (Umzeichnung nach ROUILLER et al., 1952; ergänzt durch ein vereinfachtes Schema nach KNESE, 1959 b)

et al., 1954a). Das angenommene mattenartige Geflecht der Fibrillen konnte elektronenmikroskopisch nachgewiesen werden (ROBINSON und WATSON, 1952, 1953; KNESE und v. HARNACK, 1962). Die Fibrillen innerhalb einer Lamelle sind auf eine verschieden lange Strecke durch einen interfibrillären Raum voneinander getrennt, biegen dann aus ihrer Richtung aus und legen sich spitzwinklig mit anderen Fibrillen zu Bündeln zusammen, die bis zu 5 Fibrillen enthalten (Abb. 267). Anschließend weichen die Fibrillen wieder auseinander. So lassen sich einzelne Fibrillen oder Fibrillengruppen bis auf 3 µm verfolgen. Relativ selten sind in solchen Schichten einzelne Fibrillen oder kleinere Fibrillengruppen mit anderer Verlaufsrichtung eingebaut. An der seitlichen Begrenzung einer Lamelle verflechten sich Fibrillen benachbarter Lamellen, doch ist der Vereinigungswinkel bei der Fibrillenanlagerung wesentlich größer als im Lamellenzentrum (Abb. 267). Einzelne Fibrillen scheren bogenförmig in die Nachbarlamelle ein.

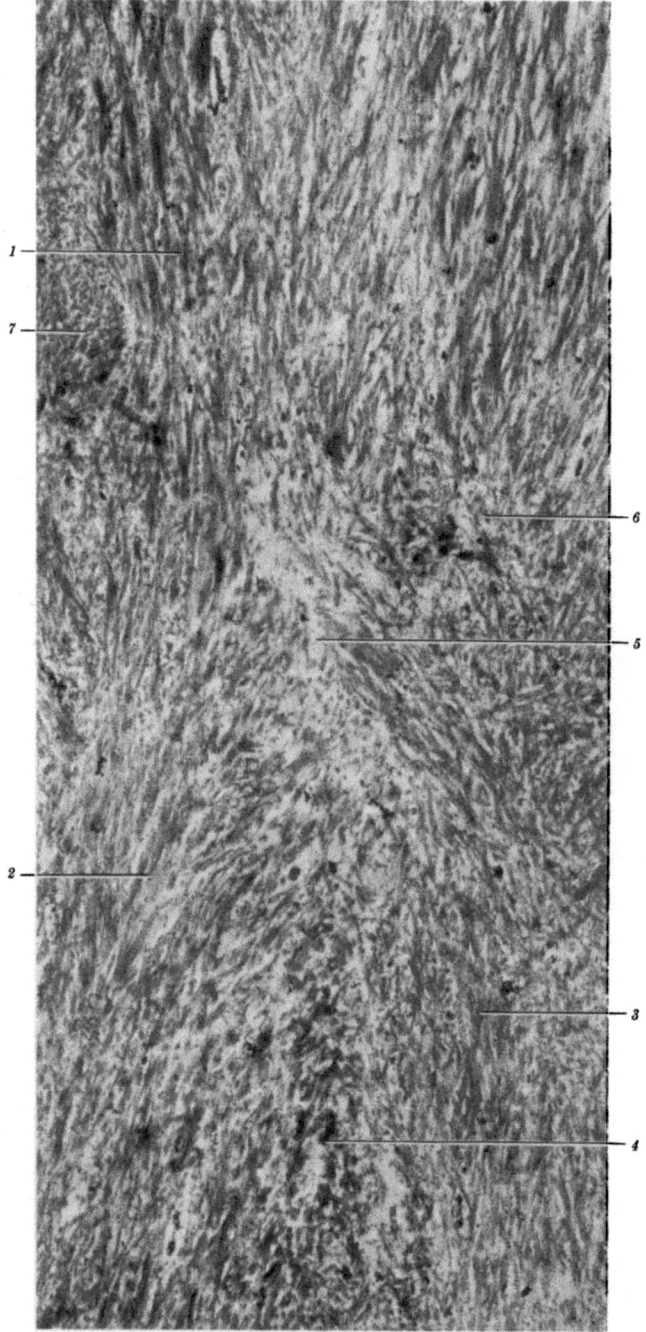

**Abb. 267.** Ratte, 69 mm SSL, Lamellenverflechtung. *1)* Lamelle mit längsgeschnittenen Fibrillenbündeln, *2)* unterer Anteil dieser Lamelle, *3)* Nachbarlamelle, *4)* Fibrillenverflechtung zwischen diesen
beiden Lamellen, *5)* Bildung einer Fibrillenarkade, *6)* Übergang von Fibrillen der einen Lamelle
*(3)*, in die zweite *(1)*, *7)* Bündel quergeschnittener Fibrillen. Vergr. 13000 zur Reproduktion verkleinert (aus KNESE und v. HARNACK, 1962)

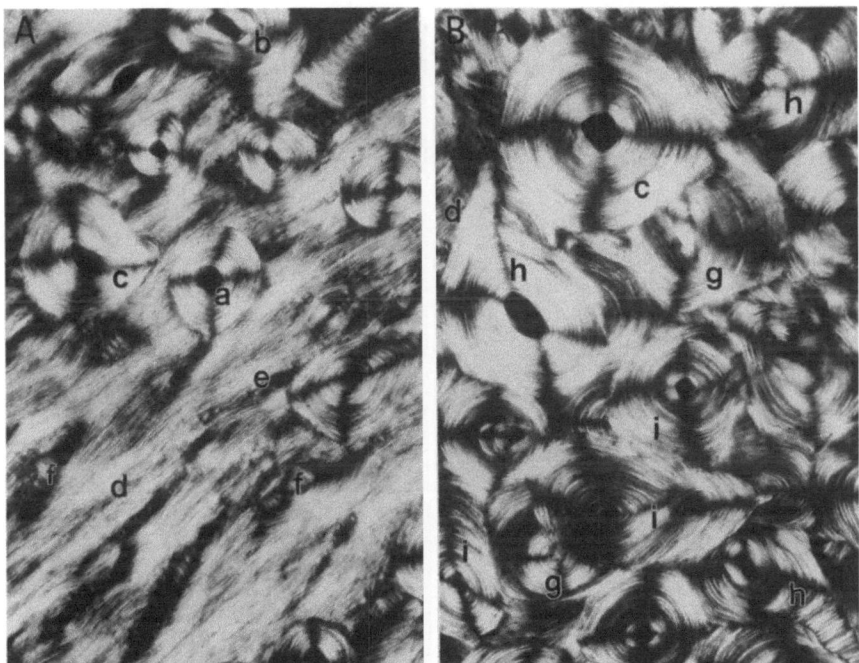

**Abb. 268.** Mann, 27 Jahre alt, Mitte des Femur. *A:* Tangentiallamellen mit eingelassenen Osteonen, *B:* Osteonknochen. *a)* Rundes Osteon, *b)* ovales Osteon, *c)* asymmetrisches Osteon, *d)* Tangential-(Schalt)Lamellen, *e)* Gefäßkanäle in den Tangentiallamellen ohne eigene Wand, *f)* Gefäßkanäle in den Tangentiallamellen mit teilweiser eigener Wand, *g)* halbes Osteon, *h)* gepanzertes Osteon, *i)* Schalenosteon. Polarisiertes Licht, Obj. 10

Das unmittelbare Studium der Fibrillenstruktur des Knochengewebes bestätigt die anhand polarisationsoptischer Untersuchungen vermutete *mangelnde Individualität* der Lamellen (BURKHARDT, 1929; KNESE et al., 1954a). Im Knochengewebe liegt eine *Fibrillenstruktur* mit wechselnder Ordnung der Fasern vor. Ein dichter Anteil des Gefüges mit annähernd gleichartiger Streichrichtung der Fibrillen stellt eine Lamelle dar.

*Lamellen* können auch unmittelbar abbrechen, auskeilen (PETERSEN, 1930; KNESE et al., 1954a), bzw. benachbarte Systeme können mit ihren Lamellen fast senkrecht aufeinander treffen, wobei mitunter ein Faseraustausch festzustellen ist (KNESE und v. HARNACK, 1962). Im allgemeinen brechen jedoch die Lamellen des einen Systems zugespitzt unter Bildung einer treppenartigen Struktur ab (Abb. 268). Auf der anderen Seite können Teile einer Lamelle bogenförmig ausbiegen und sich unter Bildung einer kuppelartigen Faserstruktur einander zuwenden. Neben Fibrillen in der Hauptrichtung der Lamelle kommen einzelne Fibrillen oder Fibrillengruppen vor, die senkrecht dazu oder in einem Bogensystem verlaufen. Sie stellen eine Art *Umschnürung* und damit Querbewehrung dar, die das Ausknicken der Hauptfaserung verhindert (vgl. KNESE, 1958b).

Mitunter lassen Osteonquerschnitte eine lamelläre Gliederung vermissen (Abb. 269f); diese Strukturform wurde als *Faserfilz* bezeichnet (KNESE et al., 1954a). Die Menge der Faserfilzosteone wechselt von Knochen zu Knochen

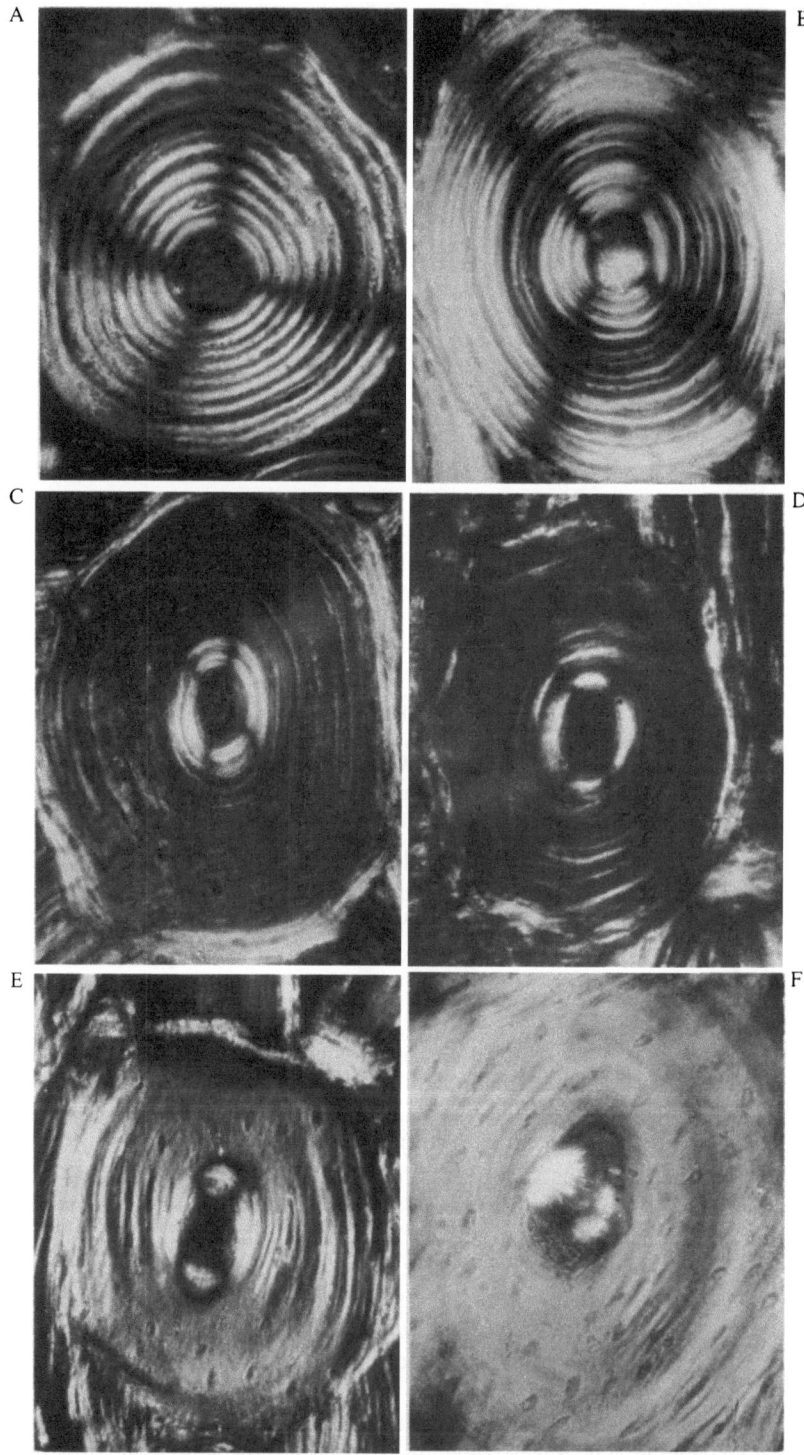

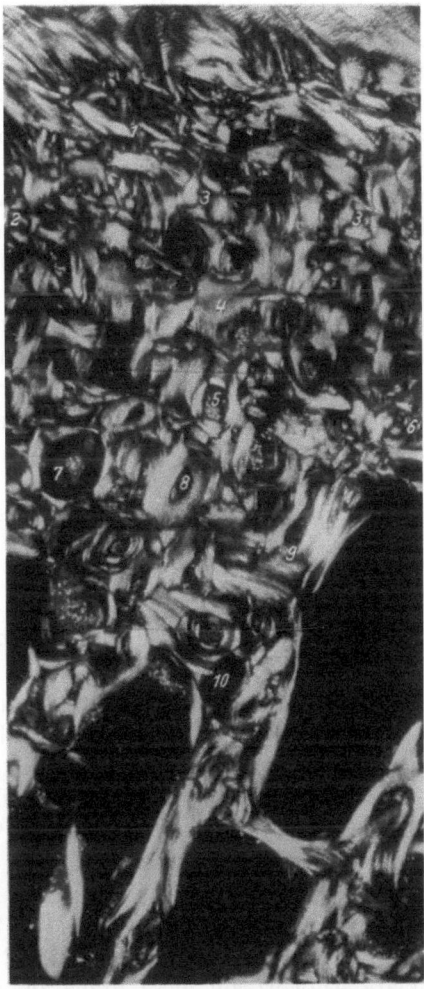

**Abb. 270.** Schnitt durch die Ulna eines 43jährigen Mannes. Besonders peripher stark verschieden gerichtetes strähnenartiges Knochengewebe. Zentralwärts reichliche Faserfilze, z.T. als Osteone, z.T. im Sinn der Tangentiallamellen, vereinzelt Lamellierungen. *1)* Einstrahlung des M. brachialis, *2)* Gefäßkanal mit Faserfilzumhüllung, *3)* Faserfilzosteon, *4)* ungegliederte interstitielle Knochengebiete, *5)* mittelgroßer lakunärer Raum mit teilweise lamellierter Wand im Sinn des gepanzerten Osteons, *6)* rundes Osteon flach-steil-flach, *7)* Lakune mit Faserfilzwand, *8)* reines Faserfilzosteon, *9)* teilweise lamellierte interstitielle Gebiete, *10)* Spongiosa. Lupe 24 mm (aus KNESE et al., 1954a)

◁ **Abb. 269.** Osteonquerschnitte, Steigungsfolgen. *A:* Regelmäßig (Tibia), *B:* überwiegend flach (Humerus), *C:* überwiegend steil (Humerus), *D:* fast nur steil (Tibia), *E:* Faserfilz mit Lamellen (Humerus), *F:* fast reines Faserfilzosteon (Femur). *A:* 7 Jahre, *B–F:* 43 Jahre. Polarisiertes Licht, Obj. 40 (aus KNESE et al., 1954a)

(Abb. 274, 287, 288). Die Fibrillenstruktur dieser Gebiete wurde erst kürzlich geklärt (s.S. 672). Vermutlich entsprechen den Faserfilzen die von v. EBNER (1875) bei *Vögeln* beschriebenen parallelfaserigen Osteone. Die Faserfilzstruktur ist bei kleineren Tieren häufig (ERTELT, 1955). Kleine Osteone mit Faserfilzen wurden z.T. als sog. primäre Osteone bezeichnet (s.S. 656). Im übrigen sind bei kleinen Osteonen Übergänge von der Faserfilzstruktur zu einer Lamellierung zu beobachten; diese Osteone wurden als *Entwicklungs*formen zusammengefaßt (Abb. 272; s.S. 634). Der Häufigkeit und Verteilung der Entwicklungsformen ist bei der Untersuchung der Strukturentwicklung des Skelettes besondere Beachtung zu schenken (s.S. 667).

Im Felsenbein fand MEYER (1927) eine Strukturform, die er als *strähnenartiges Knochengewebe* bezeichnet, um sie von dem periostalen Geflechtknochen zu unterscheiden; er glaubt, es handele sich um enchondralen Knochen. Diese Strukturform tritt beim *Menschen*, vor allem an den Schaftenden in Form von dichten Faserpaketen auf, die über größere Strecken hin zu verfolgen sind, oder von kürzeren Zügen, deren Enden mehr oder minder spitz auslaufen (Abb. 270; KNESE et al., 1954a). Die Faserpakete weisen vermutlich eine verwikkelte räumliche Verflechtung auf (ERTELT, 1955).

### 10.5.2. Die Angioarchitektur des Knochens

Die Osteonstruktur kann nur im Zusammenhang mit der *Angioarchitektur* des Knochens betrachtet werden. Die Frage nach der Anzahl der *Osteone* ist auch die nach der Zahl der Gefäße (ARMSTRONG, bei LACROIX, 1960). Die Ordnung des *fetalen Trabekelwerks* wird aber ebenfalls durch die Gefäße bestimmt (DZIALLAS, 1952, 1957, 1958; BROOKES, 1958b, 1963; KNESE, 1966a). Es liegt damit nahe, nach Beziehungen zwischen fetaler und postfetaler Gefäßarchitektur und der davon abhängigen Knochenstruktur zu suchen. Die Untersuchungen über die Blutversorgung des Knochens, die seit SCHWALBE (1877) erheblich an Umfang zugenommen haben (Überblicke: RUTISHAUSER et al., 1954; BROOKES, 1964, 1971), lassen keine klare Antwort auf diese Frage zu, da die Angaben sich z.T. widersprechen. Die Rekonstruktionen von PINARD (1952, Abb. 278) an fetalen Knochen und von COHEN und HARRIS (1958, Abb. 264) von Osteonen beim *Hund* zeigen eine Verbindung vom Periost zur Markhöhle hin. Die Untersuchungen von ANSEROFF (1934), DALE und HARRIS (1958) sprechen für eine differente Blutversorgung des Knochens in einzelnen Lebensabschnitten. Im fetalen Knochen liegen *drei* Versorgungsfelder vor, das *periostale, enchondrale* und *endostale* (BROOKES, 1958b, 1963), *postfetal* sind 4 Versorgungsgebiete vorhanden. und zwar das der *Arteria nutricia* und jene der *metaphysären, epiphysären* und *periostalen* Gefäße (Abb. 271; LANGER, 1876; LEXER, 1904; BIDDER, 1906; POLSTER, 1968; BROOKES, 1971). Zahl und Eintrittsort der Aa. nutriciae in der Compacta variieren, besonders bei der Fibula, erheblich (KAWAHARA et al. 1967). Anastomosen zwischen diesen Stromgebieten treten erst im Laufe der Entwicklung auf (RUBASCHEWA und PRIWES, 1932). Vor allem wird angegeben, daß die Compacta von der Markhöhle her versorgt wird, und daß periostale Gefäße nur bei der Versorgung der oberflächlichen Teile eine Rolle

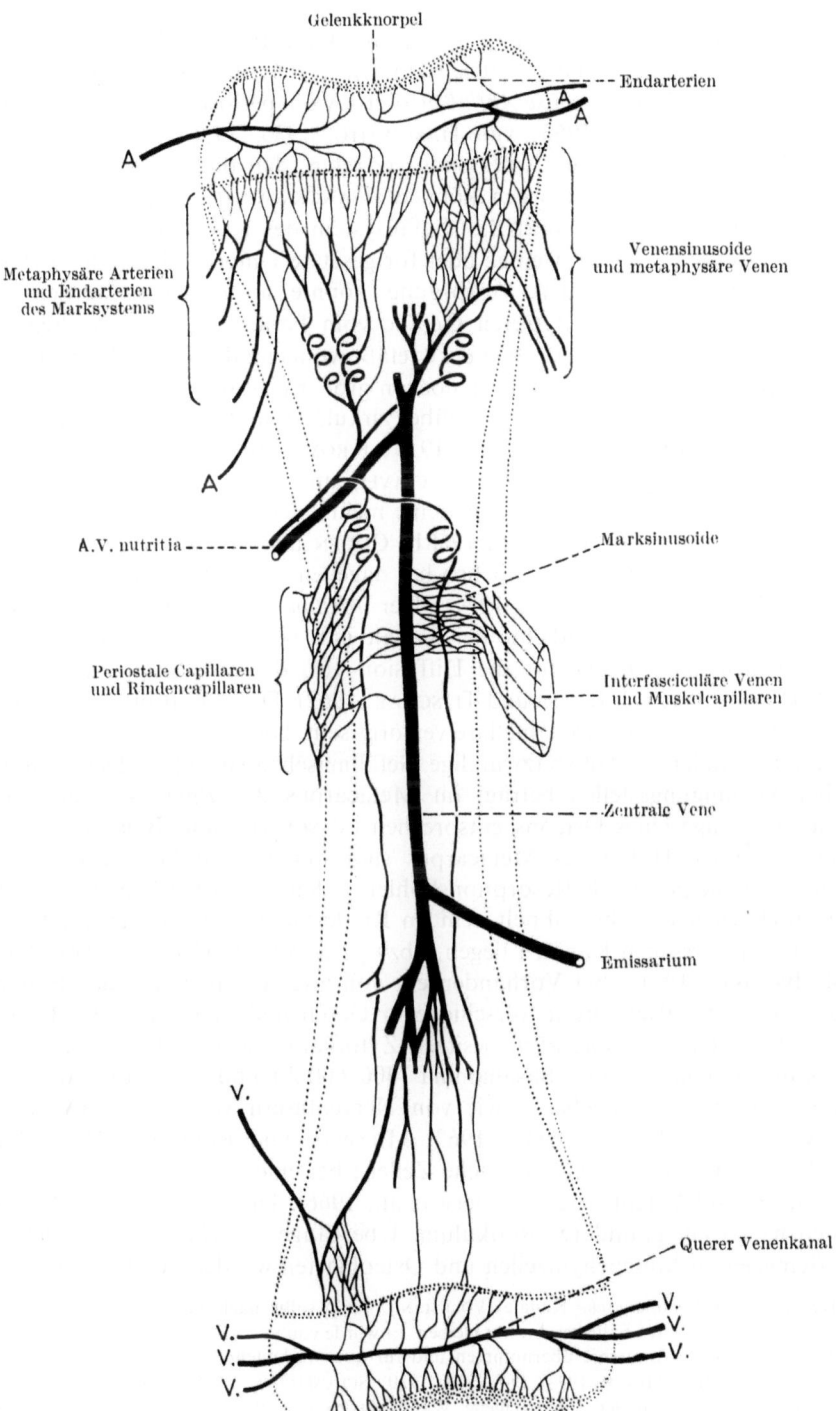

**Abb. 271.** Diagramm der Gefäßversorgung eines Knochens der Ratte im Längsschnitt (aus BROOKES, 1958a)

spielten (BROOKES und HARRISON, 1957; BROOKES, 1958a, 1971; vgl. RUTIS-
HAUSER et al., 1954; TILLING, 1958; TRUETA, 1963; JOHNSON, 1968; HORN
und DVOŘÁK, 1974). Der *venöse Abfluß* erfolgt sowohl periostal als auch medullär
(KELLY und PETERSON, 1963; vgl. HASHIMOTO, 1935, 1936; ECOIFFIER et al.,
1957). Andererseits wird die Auffassung vertreten, daß die periostalen Gefäße
die gesamte Compacta versorgen können (DANCKWARDT-LILLIESTRÖM, 1969).
Nach LARSON et al. (1961) darf das Gefäßsystem des Knochens nicht statisch
betrachtet werden. Eine zeitweilige oder fortgesetzte Unterbrechung der Arteria
nutritia und der periostalen Versorgung könnte ausgeglichen werden. In
der Fetal- und Postfetalzeit treten Gefäße vom Periost in den Knochen ein
(Abb. 271), doch wird der *Abstand* der Gefäße voneinander durch Vermehrung
der Knochenmasse im kompakten Knochen größer (s.S. 670).

In der *Compacta* überwiegen gegenüber zirkulären und radiären die *Längskanäle* (PETERSEN, 1930; SCHUMACHER, 1935; KROMPECHER, 1937; BARTOLI und
VASCIAVEO, 1957; CURREY, 1960; VASCIAVEO und BARTOLI, 1961; HAM und
LEESON, 1965; GRAY, 1964); sie haben eine mehr oder minder schräge Verlaufsrichtung (KOLTZE, 1951; BROOKES, 1958b; COHEN und HARRIS, 1958; DE MAR-
NEFFE, 1951b). Der *endostale* Knochen hat dagegen mehr radiär orientierte Kanäle (PAYTON, 1934; BROOKES, 1971). Der *Abstand* der Kanäle voneinander
ergibt sich aus der Flächendichte der Kanäle (s.S. 669). Hierbei tritt die Frage
der *kritischen Schichtdicke* für die Diffusion auf, die mit 500 µm angegeben
wurde (VOSS, 1954; vgl. KNESE und TITSCHAK, 1962). Der sog. primäre Knochen
soll besser als der sekundäre lamelläre versorgt sein. Die Längskanäle anastomo-
sieren miteinander, so daß spitzwinklige Gefäßmaschen entstehen. Der Abstand
solcher Vereinigungsstellen beträgt im Metacarpus des *Rinds* 4 5 mm; dies
würde der Länge eines Osteons entsprechen (VASCIAVEO und BARTOLI, 1961).
In der zentralen Hälfte des Metacarpus sind weitere und kürzere (1,5 mm)
Räume vorhanden, die als Resorptionshöhlen gedeutet wurden. Das Gefäßnetz
im menschlichen Knochen ähnelt dem im Rinderknochen (ALBU et al., 1973).

In den Haversschen Kanälen liegen 1 bzw. 2 *Kapillaren* (RUTISHAUSER et al.,
1954; BROOKES, 1971). Bei Vorhandensein von zwei Gefäßen soll das Blut in
entgegengesetzter Richtung in verschiedener Geschwindigkeit strömen (BRANE-
MARK, 1959). Die *Endothelzellen* besitzen Zytofilamente (COOPER et al., 1966).
Die Kapillaren haben eine Basallamina (400–600 Å) und sind von Perizyten
und Kollagenfasern umgeben sowie von Nervenfasern vom Typ C (MULLER
und KASAHARA, 1963; SHERMAN, 1963; MILGRAM und ROBINSON, 1965). Die
Kanäle reifer Osteone enthalten flache Zellen; bei einer Resorption erscheinen
in geringer Zahl Osteoklasten (COOPER et al., 1966). Die relativ flachen Osteoblasten haben ein granuläres Retikulum. Übergänge zwischen Endothelzellen,
undifferenzierten Mesenchymzellen und Osteoblasten wurden beschrieben.

Der Terminus *Volkmannsche* Kanäle (VOLKMANN, 1863) sollte nach JAFFE (1929) auf die beschriebenen pathologischen Fälle beschränkt bleiben. Er wurde von SCHWALBE (1877) und KOELLIKER
(1889) in die normale Anatomie übernommen und für quer verlaufende Kanäle ohne besondere
Wand gebraucht (u.a. MEYER, 1923; PETERSEN, 1930; SCHUMACHER, 1935; COHEN und HARRIS,
1958). Die Zahl von Kanälen, ohne eigene Wand, ist recht groß. Diese Kanäle werden als
Anastomosen mit relativ geringem Durchmesser zwischen den Haversschen Kanälen angesehen
(ALBU et al. 1973). Für die Beschreibung des Gefäßsystems ist der Begriff Volkmannsche Kanäle
unwesentlich oder gar verwirrend.

Bei *Hunden* umfaßt das *Blutvolumen* der Compacta 88,64 ± 1,97% des ganzen Femurs, des Markraumes 11,54 ± 1,97% (RAY et al., 1967). Mit Hilfe von Isotopen wurde der *Blutdurchfluß* bei *Hunden* 8,22 ± 0,46 ml/min/100 g errechnet (RAY et al., 1967); dieser Wert entspricht 5,48 ± 1,15% des gesamten Herzausstoßes. Für *Ratte, Kaninchen, Hund* und *Mensch* wurden 4–10% angegeben (SHIM, 1968). Der Blutzufluß soll beim Menschen 19 ml/min/100 g betragen (BROOKES, 1971). Die einzelnen Anteile des Femurs haben einen verschieden hohen Blutzustrom, und zwar Kopf (18 cm$^3$/ min/g), Trochanter (10), Diaphyse (7) und Condylen (12 cm$^3$/min/g); somit ist die Diaphyse am geringsten versorgt (SHIM et al., 1971).

## 10.5.3. Die Lamellensysteme

### 10.5.3.1. Die Osteone

An Rekonstruktionen erscheinen Haverssche Systeme oder *Osteone* (BIEDER-MANN, 1914) als individuelle Struktureinheit nur von einer bis zur nächsten Gefäßverzweigung (FILOGAMO, 1945; AMPRINO, 1948 b: *Hühner*sehne; BLECH-SCHMIDT, 1948; KOLTZE, 1951; COHEN und HARRIS, 1958). Beim *Hund* verlaufen die Osteone vom Periost spiralig zur Markhöhle (Abb. 264: COHEN und HARRIS, 1958). Ihre Form wechselt und sie haben Verbindung zu Schaltlamellen. Osteone können balkonartige Absätze aufweisen. Der Faserverlauf bleibt innerhalb eines Osteones im allgemeinen gleich, bei 20% tritt ein Faserwechsel auf (FILOGAMO, 1964c). Für die *Länge* eines Osteons wurden 3–4 cm (BENNINGHOFF, 1925a), 10 mm (FILOGAMO, 1946a, b), 3 mm (KOLTZE, 1951) oder 4–5 mm (VASCIAVEO und BARTOLI, 1961) oder bis zu 2 cm (FRASCA et al., 1976) angegeben. Dies dürfte festigkeitstheoretisch ohne Belang sein (KNESE et al., 1954a). Im Bereich der Kanalverzweigung entstehen recht verwickelte Querschnittsbilder der Osteone (Abb. 272).

Außer der seit langem geübten morphologischen Klassifizierung der Osteone anhand ihrer *Querschnittsbilder* wurden *genetische* Gesichtspunkte und die Beziehungen zu anderen Typen des Knochengewebes berücksichtigt. Der Reihenfolge des Auftretens nach unterscheidet SMITH (1960 b) die Strukturformen: 1) Geflechtknochen, 2) primäre Osteone (s.S. 656), 3) Oberflächenknochen, 4) sekundäre Osteone und 5) interstitiellen Knochen. ENLOW (1962) schildert folgende Typen: 1) Primäre Osteone, 2) sekundäre Osteone mit Ersatz von nekrotischem Knochen, 3) sekundäre Osteone bei der Verdichtung des endostalen Geflechtknochens, 4) sekundäre Osteone bei der Muskel-verlagerung (relocation) und 5) bei der periostalen Resorption und dem metaphysären Umbau. Nach mikroradiographischen und polarisationsoptischen Untersuchungen kommt YAMAMOTO (1970) zur Beschreibung von 5 Osteontypen: 1) Das stark mineralisierte System hat einen engen Zentralka-nal. Im eiweißfreien Knochenschliff hat die innere Lamelle die geringste Röntgen-Durchlässigkeit, die äußere eine stärkere. 2) Die schwach mineralisierten Systeme sollen nach JOWSEY (1960) Vorläufer des Typ 1 sein. Ihr Kanal ist weit, die innerste Lamelle unterscheidet sich nicht von den anderen. 3) Das System mit einem Ring um den Kanal: Dieser Ring zeigt eine geringe positive Doppelbre-chung, aber eine starke Mineralisation. 4) Bei dem Haversschen System mit sekundären Systemen ist der innere Teil stärker mineralisiert und schwächer doppelbrechend. 5) Das System mit verstopf-tem Zentralkanal ist klein, mit einer breiten inneren Lamelle von schwacher Doppelbrechung; Kanal und Lamelle haben die gleiche Röntgendurchlässigkeit. Nach AMPRINO und ENGSTRÖM (1952) ist nur ein kleiner Teil der Osteone zu weniger als 94% *mineralisiert*; im allgemeinen beträgt die Mineralisation zwischen 92–96% (vgl. FROST, 1960a). Calcium-Ionen wandern in voll mineralisierten Knochen ein (TOMLIN et al., 1955). Die Aufnahme von Ca erfolgt rund um den Havers'schen Kanal; in einigen Tagen wandert das Calcium in die Peripherie des Osteons (ROWLAND, 1964). Diese Aufnahme erfolgt überwiegend bei Osteonen mit geringer Mineralisation.

Morphologische Untersuchungen der Osteone gehen von der *polarisationsoptisch* zu beobachtenden *Verlaufsweise* der Kollagenfibrillen aus. Nach dem Verhältnis zwischen steil und flach gewickelten Lamellen (s.S. 627) hatte GEBHARDT (1906) 5 Osteonformen unterschieden: 1) Osteone, die keine Lamellierung erkennen lassen; 2) Osteone mit steiler Verlaufsweise der Fasern in allen Lamellen; 3) Osteone mit durchweg schwach ansteigender, annähernd zirkulärer, sog. flacher Wirkung; 4) Osteone mit regelmäßigem Wechsel zwischen steil und flach gewickelten Lamellen und 5) kombinierte Typen. Dieses Schema entspricht nicht der Vielfalt der Wicklungsformen (BURKHARDT, 1929; PETERSEN, 1930). *Flach* gewickelte Lamellen sind z.T. sehr schmal (V. EBNER, 1875) und verlieren sich in den steilen Lamellen. In die Masse der *steil* gewickelten Fibrillen sind häufig nur einige flache Fibrillenzüge eingeschlossen (BURKHARDT, 1929). Alle Autoren sind sich darin einig, daß der Lamellenaufbau von Haversschen Systemen im Hinblick auf die Wicklungsform der Kollagenfibrillen ungewöhnlich vielfältig ist. Berücksichtigt man weiterhin die *Größe* der Osteonquerschnitte, d.h. die

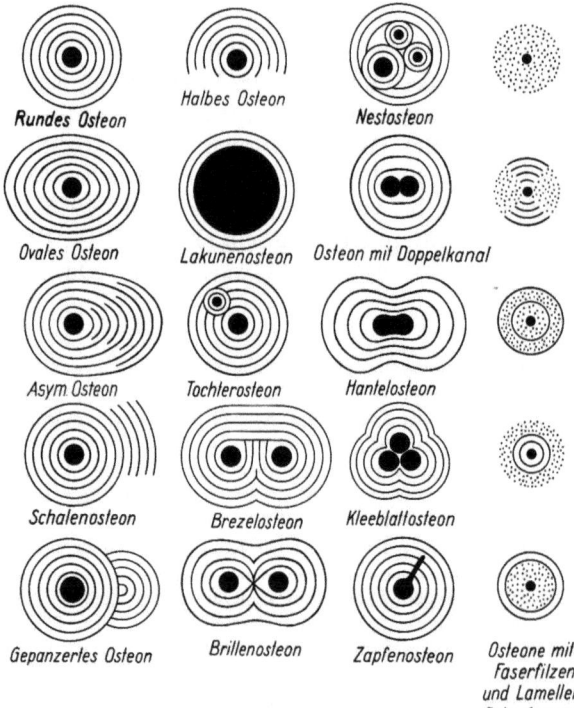

Rundes Osteon    Halbes Osteon    Nestosteon

Ovales Osteon    Lakunenosteon    Osteon mit Doppelkanal

Asym Osteon    Tochterosteon    Hantelosteon

Schalenosteon    Brezelosteon    Kleeblattosteon

Gepanzertes Osteon    Brillenosteon    Zapfenosteon    Osteone mit Faserfilzen und Lamellen Entw.-formen

**Abb. 272.** Schematische Darstellung der Form von Osteonquerschnitten. Beim asymmetrischen Osteon liegt auf einer Seite des Haversschen Kanals eine größere Anzahl von Lamellen als auf der gegenüberliegenden. Dem Schalenosteon und dem gepanzerten Osteon sind in unterschiedlicher Form bogenförmige Lamellen angeschlossen. Tochterosteon, Brezelosteon usw. geben die unterschiedliche Lamellenordnung im Bereich von Gefäßverbindungen wieder. Das Zapfenosteon zeigt ein senkrecht vom Haversschen Kanal abgehendes Gefäß ohne Lamellenumhüllung. In der 4. letzten senkrechten Reihe die Kleinstosteone mit einem Wechsel von Lamellen und Faserfilzen (gepunktet) (aus KNESE und TITSCHAK, 1962)

Lamellenzahl, die Form der Osteone und ihre Lage, steht man einer Vielfalt von Merkmalen gegenüber, die sich einer direkten Beurteilung durch Beobachtung entzieht.

Ein verläßlicher Eindruck vom Osteonaufbau läßt sich nur durch den Einsatz technischer Hilfsmittel in Form einer *Bevölkerungsstatistik der Osteone* mit Hilfe des Lochkartenverfahrens (Hollerith) gewinnen (KNESE et al., 1954a; AUERBACH, 1957; KNESE und TITSCHAK, 1962). Die morphologische Beschreibung liegt in der Aufstellung des *Schlüssels*, d.h. einer möglichst vollständigen Katalogisierung aller Eigenheiten, die ein Osteonquerschnitt aufweisen kann. Die Osteone wurden nach ihrer Lage im Querschnitt (peripher, zentral) und nach ihrer Form gekennzeichnet (Abb. 272), die Größe über die Anzahl der Lamellen. Die absolute Größe läßt sich anschließend aus der Flächendichte der Osteone errechnen (Abb. 254). Als besonders schwierig erwies sich die Beschreibung des Faserverlaufs, der sog. *Steigungsfolge* (Abb. 273). Es wurden Obergruppen aufgestellt, überwiegend flach bzw. steil, Zwischengruppen und Untergruppen. Diese Methode erlaubte eine Untersuchung von 47690 Osteonquerschnitten (43jähriger *Mann*: 11000; 34 *Tibiae*: 16472; je 13 Metacarpen von *Haus-* und *Wildschweinen*: 20128).

Die Osteostatistik ergab, daß die *kleineren* Osteone überwiegend in der peripheren Schnitthälfte liegen (Abb. 274; KNESE et al., 1954a; vgl. ALBU et al., 1971). Weiter bestehen Beziehungen zwischen Osteongröße und Steigungsfolge. Die regelmäßige *Steigungsfolge* nimmt von den kleineren zu den größeren von 62,6 auf 20,3% ab. Umgekehrt nimmt die überwiegend steile Verlaufsweise von den kleineren zu den größeren runden Osteonen von 4 auf 39,7% zu. Zu den *größeren* Formen sinkt die Zahl jener Osteone, die eine lamelläre Gliederung vermissen lassen, während die Zahl jener zunimmt, bei denen Lamellen und Faserfilzbezirke wechseln. Der Vergleich des Osteonaufbaus beim *Menschen* und bei den *Haus-* und *Wildschweinen* ergab, daß man die Haversschen Systeme von der Spezies unabhängig als eine statistische Population betrachten kann, die sich im Lauf der *Alterung* ändert (Tabelle 20). Bei der Alterung nehmen die Osteone mit flacher Wicklung auf das 3fache zu (von 13,79 auf 39,7%), die mit steiler Wicklung um ein Drittel (von 31,9 auf 42,4%) und die Osteone mit sog. Faserfilzen (s.S. 631) sinken auf etwa ein Drittel ab (von 50,5 auf 18%).

Besondere Beachtung fanden die *innerste Lamelle* unmittelbar um den Gefäßkanal und die äußere Begrenzung des Haversschen Systems. Nur sehr wenigen Haversschen Systemen fehlt diese innere Lamelle. Die Zahl solcher Osteone ist bei den 3 Materialgruppen gleich groß: bei einem 43jährigen *Mann* (KNESE et al., 1954a) sind es 4,41%, bei der Tibia des *Menschen* (AUERBACH, 1957) 4,39%, bei dem *Hausschwein* 4,87% und den *Wildschweinen* 3,42%. Dagegen sind die Verhältnisse der *äußeren* Begrenzung eines Osteons sehr unterschiedlich (KNESE, 1958b; vgl. TOMES und DE MORGAN, 1853). Äußere flache Wicklungen fehlen beim 43jährigen Mann bei 21,39, der menschlichen Tibia bei 5,03, dem Hausschwein bei 1,3 und dem Wildschwein bei 0,36% der Systeme.

Das Auftreten einer *inneren Lamelle* wurde vielfach beschrieben (DEMETER und MATYAS, 1928; SCHMIDT, 1933; DALLEMAGNE und MELON, 1945; RUTH, 1947; AMPRINO und ENGSTRÖM, 1952; KNESE et al., 1954a; YAMAMOTO, 1970). Sie wurde als *homogen*, glasartig, mit einem Faserverlauf, der sich jeder Beschrei-

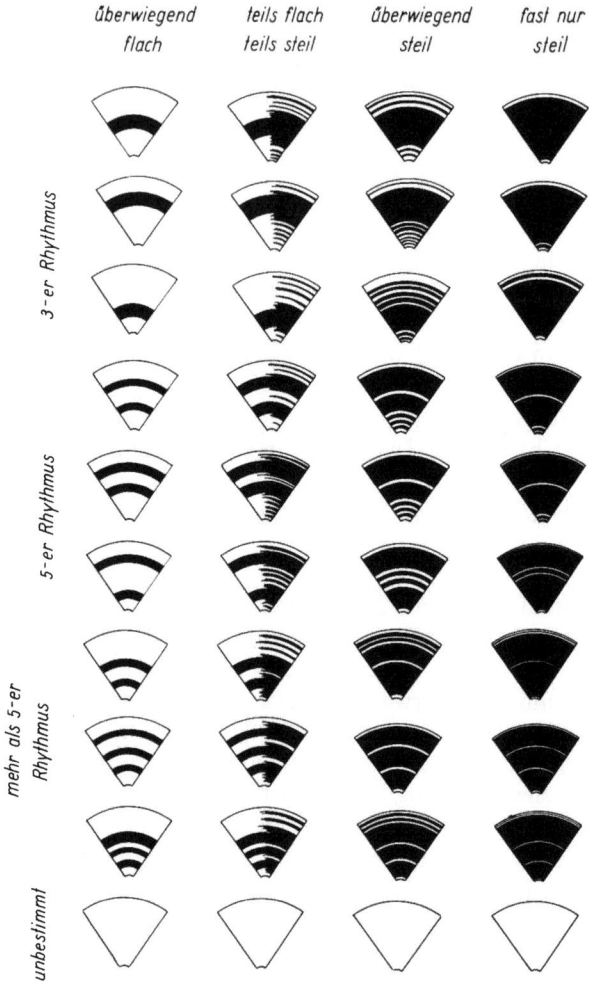

**Abb. 273.** Schematische Darstellung der Steigungsfolgen in einem Sektor des Osteonquerschnittes. Hell: flach und dunkel: steil gewickelte Lamellen. Überwiegend flache; teils überwiegend flach, teils überwiegend steil; überwiegend steil und fast nur steil gewickelte Lamellen, 0–2) verschiedene Formen des 3er-Rhythmus, 3–6) verschiedene Formen des 5er-Rhythmus, 7–8) verschiedene Formen des mehr als 5er-Rhythmus, 9) davon abweichende seltene Steigungsformen. Die Ziffern geben die Schlüsselzahlen der Lochkarte an (aus KNESE und TITSCHAK, 1962)

bung entzieht, geschildert (KOELLIKER, 1886; vgl. TOMES und DE MORGAN, 1853). Die volle Ausreifung der Kollagenfasern mag fehlen (KNESE, 1956a; vgl. FRANK et al., 1955a, b). Bei der Schmorlschen Färbung stellt sich die innerste Lamelle als gelblich gefärbter Ring dar (KNESE und KNOOP, 1958). Mit dem sehr auffälligen Befund, daß bei so verschiedenartigen Materialien bei einer gleich großen Anzahl von Osteonen eine innere Lamelle fehlt, haben sich KNESE und TITSCHAK (1962) im Hinblick auf die Baugeschichte des Knochens beschäftigt; sie sehen sie als das ehemalige Kleinstosteon an (s.S. 667).

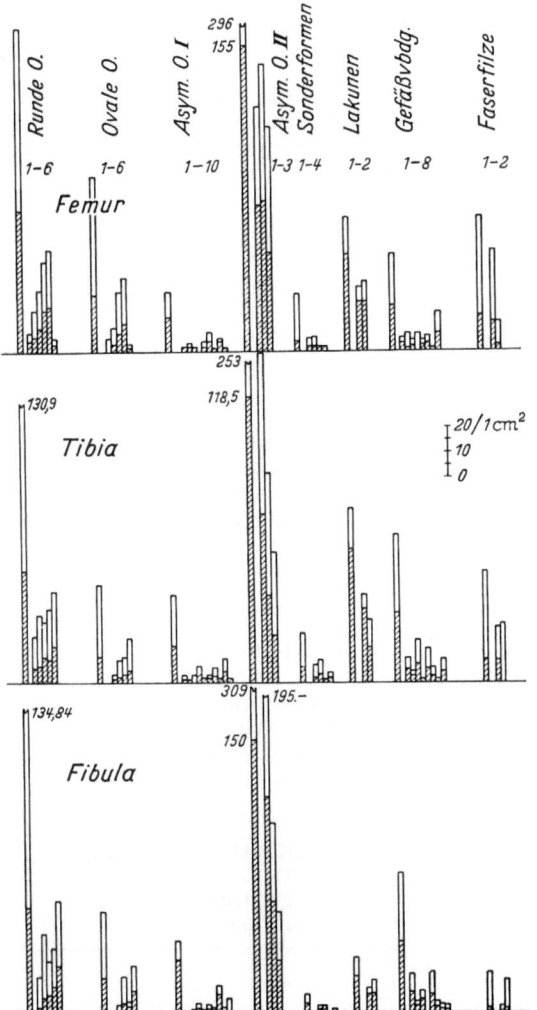

**Abb. 274.** Osteonzahlen pro Quadratzentimeter für Femur, Tibia und Fibula. Für jede Osteongruppe Gesamtbeteiligung und Aufteilung in Größenklassen. Unter asymmetrische Osteone II wurden zusammengefaßt: Schalen-, gepanzertes- und halbes Osteon. Lakunen 1 mit Lamellen, Lakunen 2 ohne Lamellen. Gefäßverbindungen: *1)* Tochterosteon, *2)* Brezelosteon, *3)* Brillenosteon, *4)* Nestosteon, *5)* Doppelkanal, *6)* Hantelosteon, *7)* Kleeblattosteon, *8)* Zapfenosteon. Schrägschnitte: Stark ovaler Haversscher Kanal. Faserfilze 1: Osteone mit und ohne Lamellen, 2: Osteone mit homogener Wand. Balken gestrichelt: Osteone in der zentralen, weiß: in der peripheren Schnitthälfte (aus KNESE et al., 1954a)

Die Osteonquerschnitte sind von sehr wechselnder *Größe* und ihre Zahl je Querschnittsfläche, die *Flächendichte* verändert sich dementsprechend (Tabelle 24). Die Flächendichte nimmt vom Neonatus ($2\,270/\mathrm{cm}^2$) bis zu 58,6 Jahre auf 970 ab und liegt bei *Schweinen* höher. Der Abstand der Kanäle voneinander und damit die Osteongröße beträgt in der Tibia 351 µm (Grenzwerte 309 bzw. 418 µm, AUERBACH, 1957). Der Durchmesser der Haversschen Systeme beträgt nach FROST (1961b) im Mittel 246 µm, nach JOWSEY (1966) 250 µm und nach CURREY (1964a) 154–258 µm. Als *Durchmesser* der *Haversschen Kanäle* wurden angegeben 71 µm (FROST, 1961b), 36 (*Ratte*), 173 (*Mensch*), 213 µm (*Rind;* JOWSEY, 1966), 41–114 µm (CURREY, 1964a) und 20–300 µm (ALBU et al., 1975).

Tabelle 20. Prozentuale Verteilung der Steigungsfolgen bei Haus-, Wildschwein- und menschlichen Extremitätenknochen. (Aus KNESE und TITSCHAK, 1962; vgl. KNESE, 1958a)

| Steigungsfolge | Hausschwein | Wildschwein | 43 Jahre | Tibia 58,6 Jahre |
|---|---|---|---|---|
| | % | % | % | % |
| flach | 13,79 | 23,60 | 28,81 | 39,70 |
| steil | 31,91 | 39,91 | 44,94 | 42,36 |
| mit Faserfilzen | 50,49 | 35,15 | 26,26 | 17,95 |

Table 21. Durchmesser der Haversschen Kanäle sowie deren prozentualer Anteil an der Querschnittsfläche. (Aus KNESE und TITSCHAK, 1962)

| Femur | Kanaldurchmesser in µm | Prozent an Querschnittsfläche |
|---|---|---|
| Entwicklungsformen | 11,0 (5,2/23,6) | 0,2 |
| Neonatus | 21,0 (8,1/53,7) | 0,9 |
| 3 Monate | 31,4 (16,9/55,7) | 1,5 |
| 1 Jahr, 2 Monate | 38,9 (19,4/78,1) | 2,2 |
| 4 Jahre, 9 Monate | 33,3 (17,1/64,8) | 1,0 |
| 18 Jahre | 44,0 (24,9/77,8) | 1,5 |
| 25 Jahre | 38,7 (24,1/65,5) | 1,0 |
| 43 Jahre | 35,5 (19,1/65,8) | 0,9 |
| | | |
| Tibia | | |
| gesamt | 37,3 (12,2/114,3) | 2,2 |
| peripher | 25,0 (7,0/88,7) | |
| medial | 41,0 (12,1/140,6) | |
| zentral | 52,3 (4,9/149,7) | |

In der Femur- und Humeruscompacta ist die Variation des relativ geringen Kanaldurchmessers klein, in der Ulna und Fibula mit weiten Kanälen größer (ALBU et al. 1975). Die Kanäle werden im Lauf des Lebens im Femur weiter, aber nicht in der Rippe (JOWSEY, 1966). Die Variationsstatistik des Kanaldurchmessers ergibt, daß die Weite der Haversschen Kanäle bis zum 18. Jahre zu- und dann abnimmt, die Kanäle werden vom Periost zur Markhöhle hin größer (KNESE und TITSCHAK, 1962; Tabelle 21). Dementsprechend ist die Variation des Kanaldurchmessers peripher gering, perimedullär aber größer (ALBU et al., 1975).

## 10.5.3.2. Die Tangentiallamellen

Innere und äußere *General-* und *Schaltlamellen* (RAUBER, 1876; KOELLIKER, 1889; MATSCHINSKY, 1892; PETERSEN, 1930; SMITH, 1960a) laufen annähernd der Knochenoberfläche parallel und wurden deswegen als *Tangentiallamellen* zusammen-

**Abb. 275.** Mensch, Neonatus, Tibia, Mitte zirkuläre Kollagenfaseranordnungen mit Differenzierungsgefälle von zentral nach peripher. Links oben Auflagerung periostaler Tangentiallamellen und reihenweise angeordneter Kleinosteone. Ungefärbt, polarisiertes Licht, Obj. 10 (aus KNESE, 1956a)

gefaßt (KNESE et al., 1954a). Die äußeren Tangentiallamellen entstehen durch periostale Ablagerung (Abb. 275; KNESE, 1956a). Die Entwicklung der inneren Generallamellen ist nicht voll geklärt (vgl. Abb. 276). Die Generallamellen umziehen *nie* den ganzen Knochenquerschnitt und bilden häufig ein im Querschnitt uhrglasförmig begrenztes Gebiet. Bei jugendlichen Knochen sind sie in Diaphysenmitte anzutreffen (Abb. 288, 277), beim Erwachsenen im allgemeinen nur in Epiphysennähe und in platten Knochen, z.T. in Verbindung mit Spongiosa-Einstrahlungen. In diesem Fall ist der sonst streng parallele Verlauf der Lamellen vielfach verändert. Die Flächendichte der *Osteozyten* ist in den Tangentiallamellen geringer (583/mm$^2$; 215/1215) als in den Osteonen (976/mm$^2$; 404/2014; KNESE, 1963c). Sehr kleine *Gefäßkanäle* liegen in Reihen zwischen den Lamellen. Auf der Grundlage dieser Kanäle entstehen reihenweise Osteone (Abb. 268, 288). Dabei ergeben sich sehr verwickelte Beziehungen zwischen den Lamellensystemen (Abb. 268, 289; vgl. auch AREY, 1920b).

### 10.5.4. Die Struktur 2. Ordnung

„Varium et mutabile semper femina, aber es könnte noch besser auf die Knochen angewandt werden" (VIRCHOW, 1875). Die Zusammenlagerung der Lamellensysteme folgt keiner statistischen Zufälligkeit, sondern bestimmten *topographischen Faktoren.* Das Ordnungssystem von PETERSEN (1930) mußte daher durch Einfügung der Ordnungsstufe 2 für diese topographische spezifische Struktur des Knochens erweitert werden (KNESE et al., 1954a). Bei Betrachtung ganzer (!) Querschnittsbreiten durch den Knochen, nicht von Proben, ergeben sich mannig-

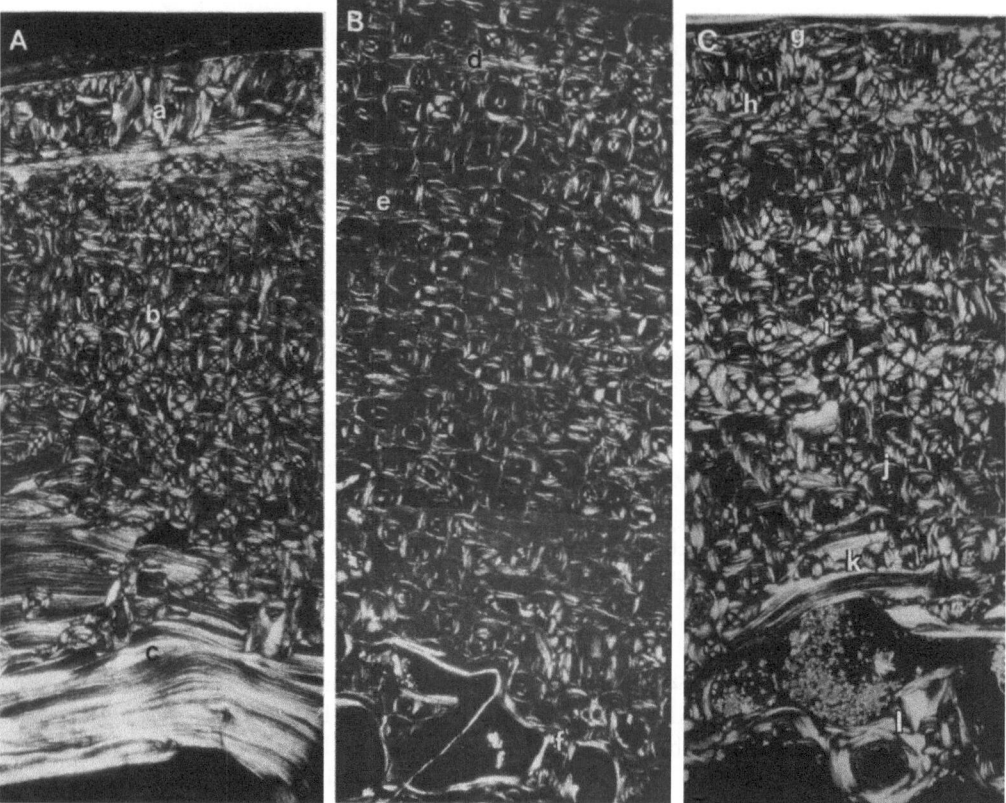

**Abb. 276.** *A:* Mann, 25 Jahre alt, Tibia, distales Drittel, Facies posterior, nicht voll ausgereifter Knochen. *a)* Äußere Tangentiallamellen mit Ersatz durch Osteone, *b)* mittlerer Teil des Knochenquerschnitts mit nicht voll ausgereiften Osteonen, *c)* innere Tangential-(General-)Lamellen mit Einbau einzelner Osteone. *B:* Mann, 43 Jahre, Femur, distales Drittel, Facies anterior, überwiegend steil gewickelte Osteone über die gesamte Querschnittsbreite. *d)* Reste der äußeren Tangentiallamellen, *e)* Schaltlamellen, *f)* Spongiosa. *C:* Mann, 43 Jahre, Femur, distales Drittel, Facies medialis, ganze Querschnittsbreite überwiegend aus flach gewickelten z.T. nicht voll ausgereiften Osteonen aufgebaut, *g)* Reste der Tangentiallamellen mit z.T. eingelagerten kleineren Osteonen, *h)* größere Osteone in den Tangentiallamellen, *i)* mittlerer Anteil des Knochenquerschnitts mit überwiegend flach gewickelten Osteonen, *j)* einige steil gewickelte Osteone in Marknähe, *k)* innere Tangentiallamellen mit einigen Osteonen, *l)* Spongiosa, Polarisiertes Licht, Lupe 24 mm

faltige Strukturbilder. Die ganze Breite wird von Osteonen mit geringer Lamellierung eingenommen, von fast nur steil bzw. flach gewickelten Osteonen (Abb. 276). In anderen Querschnitten nehmen Tangentiallamellen die ganze Querschnittsbreite oder nur den äußeren Teil ein, wobei einzelne Osteone in die Lamellenpakete eingelassen sind (Abb. 268, 277, 288). In den verschiedenen Skelettstücken treten die einzelnen Osteonformen in unterschiedlicher Häufigkeit auf (Abb. 274; KNESE et al., 1954a). Die Analyse nach Querschnitthöhe im Knochen und Lage im Querschnitt definierter Regionen brachte folgendes Ergebnis (KNESE et al., 1954b): 1) Typen einer Struktur 2. Ordnung, die an verschiede-

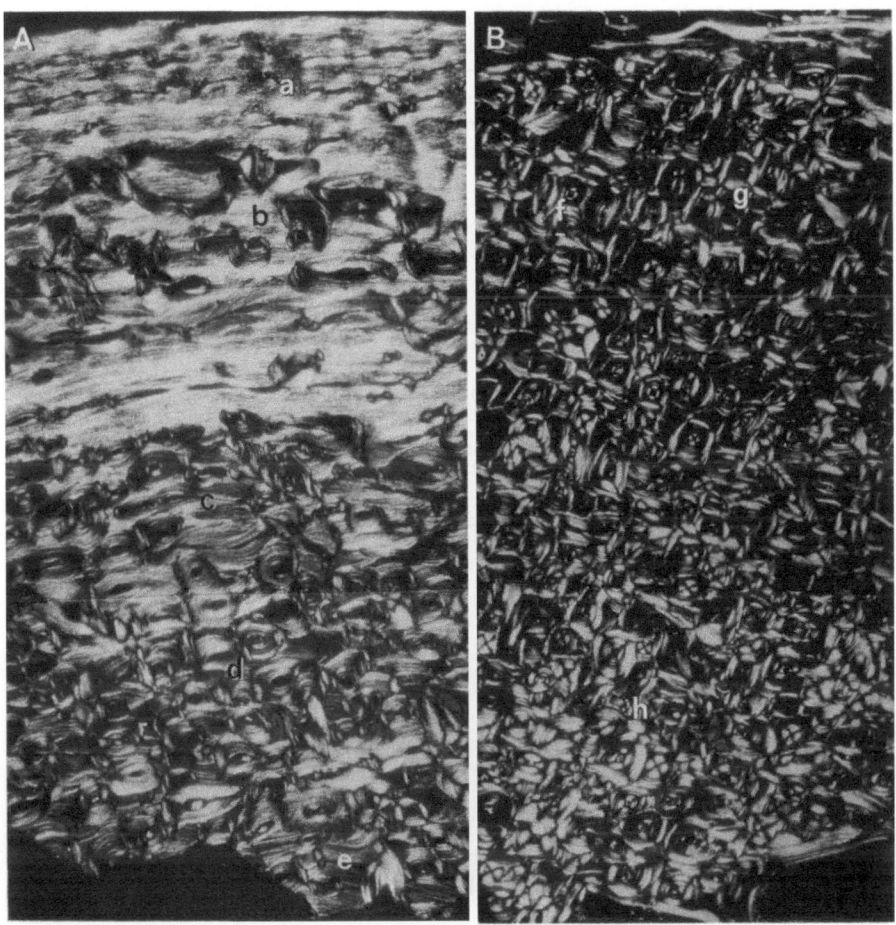

**Abb. 277.** *A:* Mann, 18 Jahre alt, Mitte des Femur, Facies medialis, äußere Hälfte des Querschnitts aus Tangentiallamellen aufgebaut, in der inneren Hälfte schrittweiser Ersatz der Tangentiallamellen durch mangelhaft ausgereifte Osteone. *a)* Gefäßkanäle in mehreren Schichten parallel zur Knochenoberfläche, *b)* Entwicklung einiger größerer Osteone inmitten der Tangentiallamellen, *c)* sog. Schaltlamellen und Osteone, *d)* überwiegend mangelhaft ausgereifte Osteone, *e)* Reste der inneren Tangentiallamellen. *B:* Mann, 43 Jahre. Femur prox. Viertel, Facies medialis. Äußere Hälfte des Querschnittes, überwiegend aus steilen Osteonen, innere Hälfte aus flach gewickelten Osteonen aufgebaut, *f)* steil gewickelte Osteone begleitet von einigen flach gewickelten, *g)* überwiegend steil gewickelte Osteone, die in der Pheripherie einige flache Lamellen besitzen, *h)* zentral gelegene überwiegend flach gewickelte Osteone von sehr unterschiedlicher Größe. Polarisiertes Licht, Lupe 24 mm

nen Skelettelementen wiederkehren, existieren nicht. 2) Jedes Skelettstück besitzt in seinen verschiedenen Anteilen einen individuellen Bau. 3) Die Verteilung der Strukturform ist als Funktion (im mathematischen Sinn) des Querschnitts anzusehen. 4) Asymmetrische Osteone haben Verteilungsschwerpunkte an den Flächen, runde und Osteonschrägschnitte an den Kanten. 5) In einem Skelettstück herrscht eine Steigungsfolge vor; gleichartige Wicklungsformen finden

Tabelle 22. Flächendichte und Zahl der Osteone im Extremitätenskelett eines 43jährigen Mannes.
(Nach Knese et al., 1954a)

|          | Flächendichte Osteone/cm$^2$ | Osteonzahl im Querschnitt |
|----------|-----------------------------|---------------------------|
| Femur    | 1 120                       | 4 838                     |
| Tibia    | 880                         | 3 520                     |
| Fibula   | 850                         | 500                       |
| Humerus  | 970                         | 2 454                     |
| Radius   | 750                         | 938                       |
| Ulna     | 830                         | 1 245                     |

Tabelle 23. Häufigkeitsverteilung der Osteone in der Tibia. (Nach Auerbach, 1957)

|                                    | Querschnittsdrittel | | |
|------------------------------------|-----------------|-----------------|-----------------|
|                                    | peripher        | medial          | zentral         |
| Osteone                            | 950             | 850             | 675             |
|                                    | ±272            | ±315            | ±285            |
| Ovale Osteone[a] mit 6–10 Lamellen | 43 (17,5/108)   | 42 (14,5/125)   | 43 (17,2/110)   |
| 12–14 Lamellen                     | 64 (18,5/225)   | 56 (18/175)     | 48 (15/155)     |
| 16–20 Lamellen                     | 36,5 (11/120,2) | 47 (20,3/107)   | 44 (15/130)     |
| über 20 Lamellen                   | 37,5 (19,2/74)  | 46,5 (20/110)   | 38 (15/97)      |

[a] Die Häufigkeitsverteilung ist log-normal (linksschief; vgl. Knese und Thews, 1960); angegeben sind Zentralwert und Grenzwert: C (g5/g95).

sich z.T. in gegenüberliegenden Regionen. 6) Die Zahl der Osteone je Querschnittsfläche ist verschieden (Tabelle 22).

*Variationsstatistisch* hat Auerbach (1957) die Osteonverteilung in 34 Querschnitten durch die Mitte der Tibia von 22 Individuen untersucht. Die Flächendichte der Osteone beträgt $810 \pm 240$/je cm$^2$. Auch alle anderen Merkmale lassen sich in ihrer Variationsform formulieren (Tabelle 23). Die Häufigkeitsverteilungen für die Flächendichte einzelner Osteonformen (in der Tabelle der ovalen Osteone) sind überwiegend log-normal (linksschief), d.h. der Zentralwert (c) ist dem unteren Grenzwert (g 5) angenähert (vgl. Knese und Thews, 1960). Die überwiegend steil gewickelten Osteone beherrschen an den Flächen der Tibia den gesamten Querschnitt, an den Kanten nur die Peripherie.

Weder das *Osteon* noch die *Lamelle* stellen einen *Baustein* dar. Jedes Skelettstück besitzt eine *spezifische Faserstruktur*, Kollagenfibrillen begleiten in ortsspezifischer Ordnung (Wickelung) den Gefäßbaum. Das hierbei entstehende Osteon erfüllt durch die besondere Anordnung der Fibrillen und der sie begleitenden Kristalle eine bestimmte Festigkeitsaufgabe (Knese, 1958 a).

## 10.5.5. Vergleichende Anatomie der Knochenstruktur

Die Struktur des Knochengewebes, u.a. mit Lamellen und Osteonen, hat sich seit dem ersten Auftreten bei den *Agnatha* im *Ordovicium* (350–500 Millionen Jahre; STENSIÖ, 1927; ORVIG, 1954; MOSS, 1961; ROMER, 1963; TARLO, 1964) kaum verändert. Die Zusammensetzung des Knochens und der Aufbau des Kollagens sind gleich geblieben (ABELSON, 1957; COOK und HEIZER, 1959; BAUD und MORGENTHALER, 1959; MOSS, 1961; DOBERENZ, 1967; WYCKOFF und DOBERENZ, 1965a, b; HO, 1967). Die Ultrastruktur des Knochens der *Neandertaler* entspricht jener des rezenten Menschen (ASCENZI, 1955b, 1969; ASCENZI und BENEDETTI, 1959; WYCKOFF und DOBERENZ, 1965a; SERGI et al., 1972).

Vergleichend-anatomische Untersuchungen verfolgen die Frage, ob es eine *artspezifische* Knochenstruktur gibt (GEBHARDT, 1906; FOOTE, 1913; PETERSEN, 1927, 1930; DEMETER und MATYAS, 1928; CRAWFORD, 1939; VIGNOLO-LUTATI, 1940; AMPRINO und GODINA, 1947, 1954; ERTELT, 1955) oder ob die Struktur von der *Körpergröße* abhängt (Allometrie; u.a., GEBHARDT, 1906; DUBOIS-REYMOND, 1928; V. HAUSSEN, 1930; KREUZER, 1932; BOGDASCHEW, 1935; EWALD, 1950; ERTELT, 1955). Auch bei den Tieren treten die gleichen Strukturformen wie beim Menschen auf, Osteone, Tangentiallamellen, Faserfilzosteone und strähnenartiges Knochengewebe (ERTELT, 1955). Osteone fehlen den *kleinen* Tieren, sie treten bei *größeren* Tieren in Diaphysenmitte häufiger als am Diaphysenende auf, beim *Pferd* häufiger im Metatarsus als im Femur. Die Knochenstruktur der *Primaten* ist jener des Menschen ähnlich. Kennzeichnend ist die Struktur 2. Ordnung, wobei die Verteilung der Strukturformen über den Querschnitt vermutlich eine festigkeitstheoretische Deutung zuläßt. Ein systematischer Einfluß auf die Ausbildung der Knochenstruktur ist möglich. Bei den *Huftieren* tritt z.B. der in toto konzentrische Knochen auf (GEBHARDT, 1906; PETERSEN, 1930; VIGNOLO-LUTATI, 1940; AMPRINO und GODINA, 1947). KOELLIKER (1889) meinte, daß er auch beim Menschen vorkommt. ZAWISCH-OSSENITZ (1929) und ERTELT (1955) vermuten jedoch eine Materialverwechslung mit einem Kalbsknochen.

# 11. Die Strukturentwicklung des Skeletts

Die *Histogenese* des Skeletts kann nur im Zusammenhang mit der Organogenese betrachtet werden (s.S. 19), wobei wir uns auf die Entwicklung der Diaphyse (s.S. 229) und des kompakten Knochens beschränken. Wie üblich, verfolgen wir die Entwicklung von der frühesten Anlage der Diaphyse an. Durch die frühe periostale Osteogenese entsteht der sog. trabekuläre Knochen. Auf die periostale Grundschicht (s.S. 522) werden zunächst radiäre Bälkchen aufgebaut (Abb. 218, 219), dann folgt eine weitere, annähernd zirkulär verlaufende Trabekelschicht. Die Bälkchenbildung schreitet von der Mitte der Diaphyse zu den Enden fort, so daß in der Diaphysenmitte eine größere Zahl von Bälkchen als an ihrem Ende vorhanden ist (ZAWISCH-OSSENITZ, 1929; BHASKAR et al.,

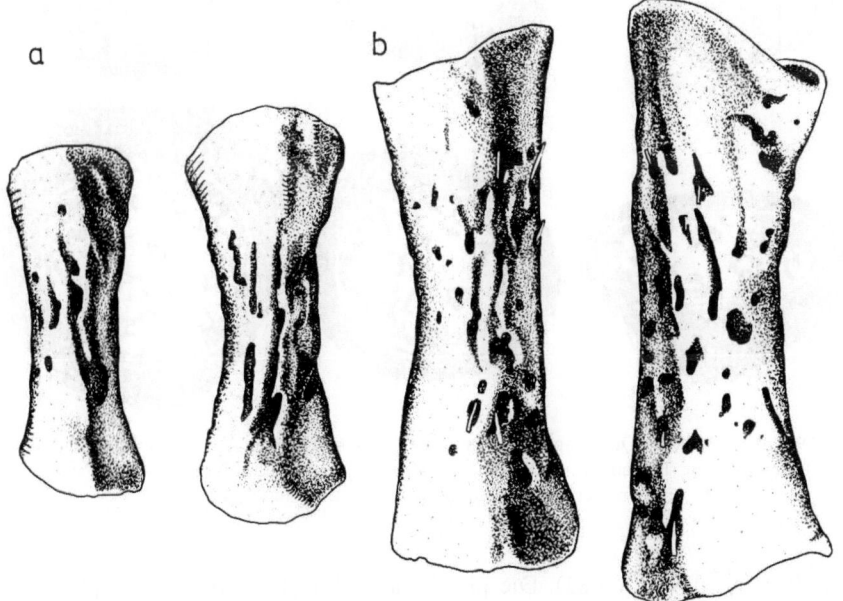

a    b

**Abb. 278.** Rekonstruktion der periostalen Knochenschale. *a:* Fet, 107 mm SSL, Metatarsus des linken Fußes. Links: 5. Metatarsus, innere Ansicht; rechts: 4. Metatarsus, äußere Ansicht. *b:* Fet, 132 mm SSL, links: 5. Metatarsus, dorsal äußere Fläche. Rechts: 4. Metatarsus, dorsale und innere Fläche. In die Kanäle sind Sonden eingeführt (veränderte Umzeichnung nach PINARD, 1952)

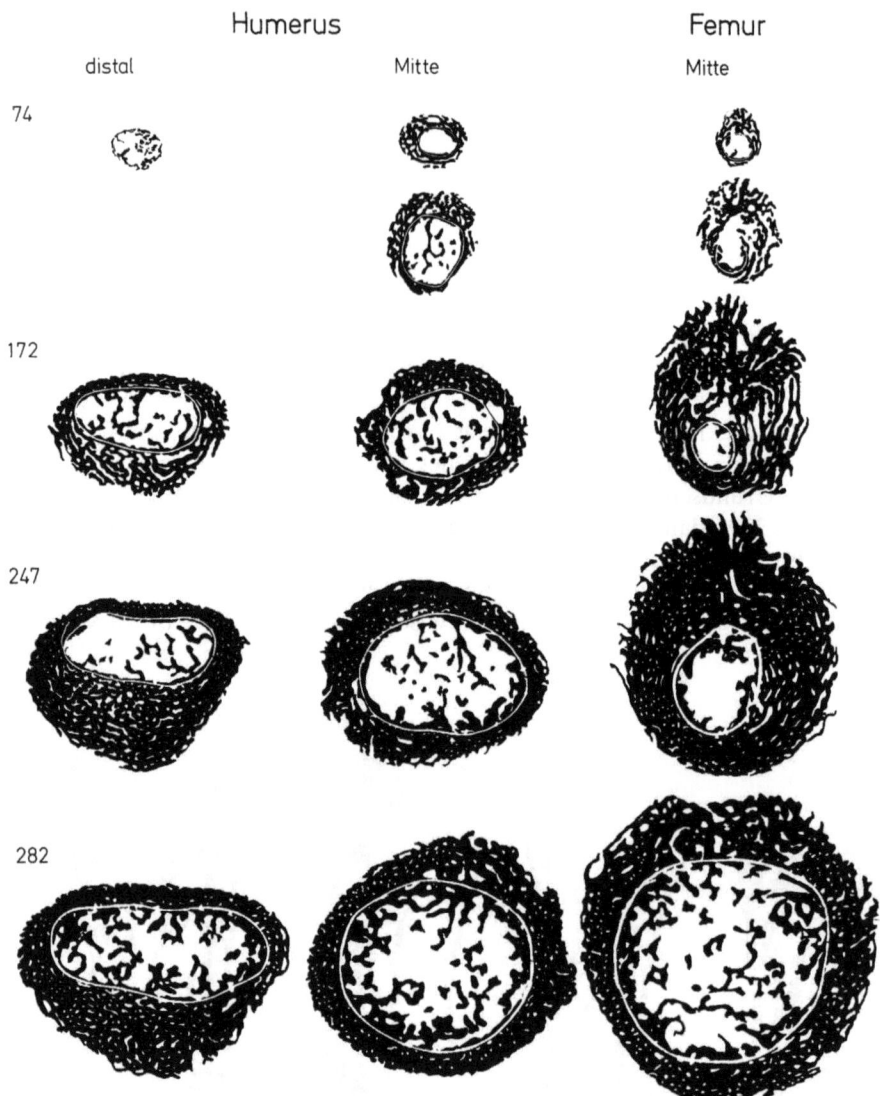

**Abb. 279.** Entwicklung des Querschnitts im Humerus (Mitte und distales Viertel) und Femur während der Fetalzeit. Rechte Extremität. Bälkchennetz gezeichnet nach Photographie. Angabe der SSL in mm (veränderte Umzeichnung nach BAHLING, 1958)

1950; PRATT, 1959; s.S. 682). Die plastische Rekonstruktion der Diaphyse läßt erkennen, daß die Bälkchen Schnitte durch ein Plattensystem darstellen, wobei die *intertrabekulären Spalten* vom Periost schräg zur Markhöhle hin verlaufen (Abb. 278; PINARD, 1952).

Die schrittweise Entwicklung des *Trabekel*werks kann an korrespondierenden Querschnitten durch Skelettstücke verfolgt werden (BAHLING, 1958); häufig wurden nur einzelne Querschnitte studiert. Die Bälkchen werden nicht regellos

proximal Mitte

105

122

172

247

282

335

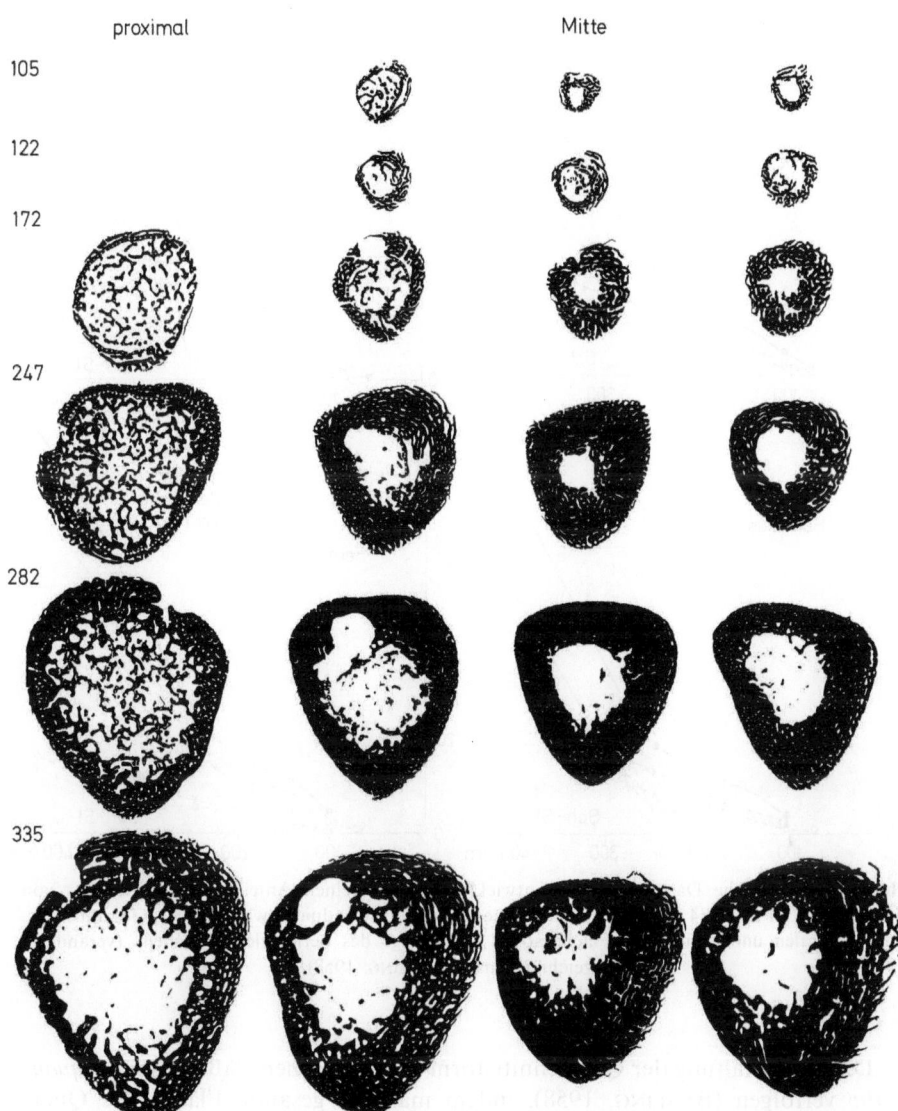

**Abb. 280.** Entwicklung des Tibia-Querschnitts im proximalen 2. Drittel bis zur Geburt. Linke Extremität. Bälkchennetz gezeichnet nach Photographie. Angabe der SSL in mm

am Umfang des Knochens angelagert (vgl. WALLGREN, 1957a; DZIALLAS und LIPPERT, 1960), sondern so, daß bei Humerus, Femur (Abb. 279) und Tibia (Abb. 280) bis zur Geburt der bekannte mehr rundliche Querschnitt des Femur, der dreieckige der Tibia und der querovale des Humerus entsteht (vgl. KNESE, 1970d). Bei der Entwicklung von Radius, Ulna und Fibula ist das Prinzip der Bälkchenapposition an Knochenquerschnitten nicht ohne weiteres zu erkennen; sie folgen vermutlich einem anderen Entwicklungsprogramm als Tibia, Femur und Humerus (s.S. 100).

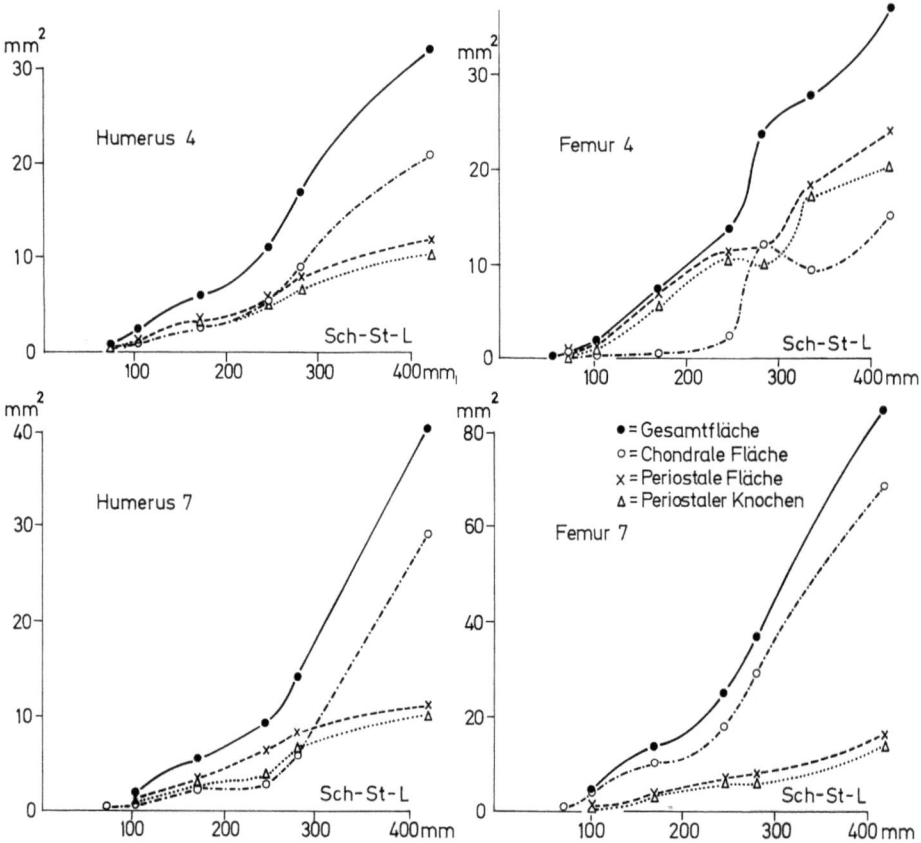

**Abb. 281.** Graphische Darstellung der Entwicklung der einzelnen Anteile des Querschnitts von Humerus und Femur (4 Mitte, 7 distales Viertel). Unterscheidung zwischen der Gesamtfläche, der chondralen und periostalen Fläche sowie der Menge des periostalen Knochens (veränderte Umzeichnung nach Bahling, 1958)

Die Ausgestaltung der Querschnittsform eines Knochens läßt sich auch *quantitativ* verfolgen (Bahling, 1958), indem man die gesamte Fläche des Querschnitts bestimmt, dann die periostale Fläche zwischen der perienchondralen Grenzlinie (s.S. 678) und dem äußeren Umfang im Bereich des periostalen Knochens und die Flächenmenge des periostalen Knochens planimetriert. Die Differenz zwischen periostaler Fläche und periostalem Knochen ergibt mit den Spalten und Kanälen das Porenvolumen (vgl. Knese, 1970d). Die perienchondrale Linie begrenzt die chondrale Fläche (Abb. 281). Der Vergleich dieser vier Parameter zeigt, daß die Vergrößerung des Knochenquerschnitts in unterschiedlicher Form auf Vergrößerung des chondralen Teils (Weitung der Markhöhle, s.S. 676) und der periostalen Fläche beruht. Gleichzeitig wird die Masse des periostalen Knochens, unter Verengung der intertrabekulären Spalten, zu Kanälen, besonders im zentralen Querschnittsteil, vergrößert, so daß der trabekuläre Knochen schrittweise in kompakten übergeht.

Bei der Apposition entstehen zunächst relativ schmale Bälkchen, wodurch der Querschnitt des Skelettstücks vergrößert wird. Die Bälkchen werden anschließend dicker, die intertrabekulären Spalten eingeengt. *Neubildung* und *Dickenwachstum* der Bälkchen wechseln miteinander ab. Bis zu Entwicklungsstadien von 150 mm SSL überwiegt die Anlagerung von Bälkchen, die durch weite Spalten voneinander getrennt sind. Bei menschlichen Keimlingen zwischen 250–300 mm SSL findet ein erhebliches Dickenwachstum der Bälkchen statt, wodurch zunächst zentral eine kompakte Knochenmasse entsteht. Der periostale Knochen besetzt in dieser Entwicklungsperiode etwa 85–90% der periostalen Fläche. Jenseits 300 mm SSL erfolgt wieder eine stärkere Bälkchenbildung. Zur Zeit der Geburt macht der periostale Knochen etwa 95% der periostalen Fläche aus.

Subperiostal wird bei *Hunden* $^{32}$P und $^{45}$Ca abgelagert (LEA und PONLOT, 1958; LACROIX, 1960; PONLOT, 1960), auch an der Begrenzung der ersten intertrabekulären Spalten (LACROIX, 1960). Entsprechende Befunde wurden mit $^{32}$P bei *Ratten* (LEBLOND et al., 1950), an *Schweinen* mit $^{32}$P, $^{45}$Ca, $^{89}$Sr (COMAR et al., 1952) und an *Ratten* mit $^{45}$C (TOMLIN et al., 1953) erhoben. Die mikroradiographische Untersuchung der Bälkchenbildung bei 9,5–24 Wochen alten *Feten* ergibt, daß auf die stark mineralisierte perienchondrale Grenzlinie zunächst gering mineralisierter periostaler Knochen aufgelagert wird (WALLGREN, 1957 b). Bei Vermehrung der Bälkchenzahl nimmt die *Mineralisation* der zentralen Bälkchen zu. Im Femur des Feten von 40 Wochen ist ein Mineralisationsgefälle von zentral nach peripher zu beobachten. Die blasse Mittellinie innerhalb eines Bälkchens ist stärker mineralisiert als die (z.T. wohl bereits lamelläre) Umgrenzung der intertrabekulären Spalten bzw. Kanäle.

Die organogenetische Entwicklung des sog. Trabekelwerks ist mit einer histogenetischen Ausgestaltung des Knochengewebes korreliert. Der Ultrastruktur des ersten Knochengewebes wird keine der vorgeschlagenen Bezeichnungen gerecht. Die Termini *Wurzelstock* (GEGENBAUR, 1867), *Faserknochen* (KOELLIKER, 1886; WEIDENREICH, 1923a, 1930), *geflechtartiger* Knochen (V. EBNER, 1875), *grob gebündelter* Knochen (WEIDENREICH, 1930), primärer Faserknochen bzw. *präkollagenes Faserwerk* (KNESE, 1956a) sind wenig glücklich gewählt, wie die Resultate elektronenmikroskopischer Untersuchungen über das präossale Gewebe lehren. Die überwiegende Anzahl der elektronenmikroskopischen, aber auch der analytischen Befunde, wurden am frühen Knochengewebe erhoben. Sowohl im primären Geflechtknochen als auch im sekundären Osteonknochen sind die Kollagenfibrillen von einen Kristallmantel umgeben, sie gleichen einander in der Struktur 5. und 6. Ordnung. *Differenzen* zwischen den verschiedenen Typen von Knochengewebe bestehen erst in der Struktur 4. Ordnung, die im Bereich des Osteonknochens als Lamelle erscheint, doch treten auch andere Zusammenlagerungen von Fibrillen auf, die sog. Faserfilze und das strähnenartige Knochengewebe. Wahrscheinlich sind hier auch weitere sog. Typen von Knochengewebe aufzuführen (u.a. SMITH, 1960a, b; PRATT, 1959; s.S. 682). Die Komponenten des Knochengewebes (6. Ordnung), Fibrillen, Polysaccharide und Mineralien, machen nach ihrer Bildung eine *Reifung* durch. Die Annahme liegt nahe, daß Strukturänderungen in einer höheren Ordnung (Osteonstruktur, 2. und 3. Ordnung) auf solchen Reifungsvorgängen in den niederen Ordnungen beruhen (KNESE und TITSCHAK, 1962; KNESE und v. HARNACK, 1962; KNESE, 1963 b).

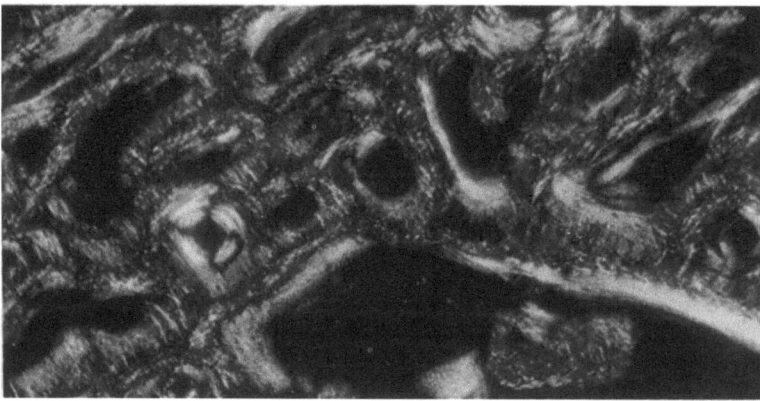

**Abb. 282.** Menschlicher Fet, 323 mm SSL, Tibia, Mitte, Osteonbildung mit Differenzierungsgefälle von zentral (unten) nach peripher (oben), hier ein Streifen Periost. Ungefärbt, polarisiertes Licht, Obj. 10 (vgl. Knese, 1956a)

Während der fortschreitenden Bälkchenbildung entwickelt sich das Knochengewebe *kontinuierlich* zu *lamellärem* Knochen, wie aus Untersuchungen mit dem Phasenkontrastverfahren und im polarisierten Licht hervorgeht (Abb. 263; Knese, 1956a, 1957). Bei Färbung mit Toluidinblau pH 4,7 zeigen die osteoiden Säume um die intertrabekulären Spalten eine geringere Farbstoffaufnahme als die periostalen. Mit Azur A im höheren pH färben sich die osteoiden Säume orthochromatisch blau und die *blasse Mittellinie* (Koelliker, 1889) in der Mitte eines Bälkchens metachromatisch rot an. In der blassen Mittellinie ist der Gehalt am Gesamtstickstoff, Hydroxyprolin und Nicht-Kollagen-Proteinen gegenüber dem interstitiellen Knochen geringer (Pugliarello et al., 1973). Mit dem Einsetzen der Verengung der intertrabekulären Spalten treten um die Kanallumina homogene, stärker doppelbrechende Verdichtungen auf (Abb. 282). Dabei ergeben sich bei Untersuchung mit dem Phasenkontrastverfahren zwei verschiedenartige Bilder (Abb. 283). Einmal sind die Ringe um Gefäßkanäle nicht gegen das übrige Knochengewebe deutlich abgegrenzt, so daß im Hinblick auf den Kanal eine *zentrifugale* Differenzierung eines Osteons anzunehmen ist. Bei anderen Ringen findet sich eine dunkle Grenzlinie, die eine zentripetale Differenzierung mit Ablagerung von Knochen vom Haversschen Kanal her vermuten läßt. Sehr bald schließen sich diesem Ring flache Osteozyten an (Knese, 1963c, 1964a, 1966c).

Die weitere Gewebeentwicklung führt zur Ausbildung der Strukturen 3. Ordnung, der Osteone und Tangentiallamellen (Knese, 1956a). Es treten noch wenig scharf begrenzte *Lamellen* auf, die den sog. Faserfilzen ähneln (s.S. 631; Knese et al. 1954a). Dabei erscheinen im zentralen Querschnittsanteil größere tangential verlaufende Streifen mit entsprechender Ausrichtung der eingelagerten Zellen, wahrscheinlich die Vorläufer der inneren Generallamellen. Zirkuläre Kollagenfaseranordnungen um enge Osteonkanäle und um weitere lakunäre Spalten, umgreifen zunächst nicht den ganzen Kanal (vgl. Yamamoto, 1970). Faserbeziehungen zum umgebenden Knochengewebe sind vorhanden, so daß eine *geneti-*

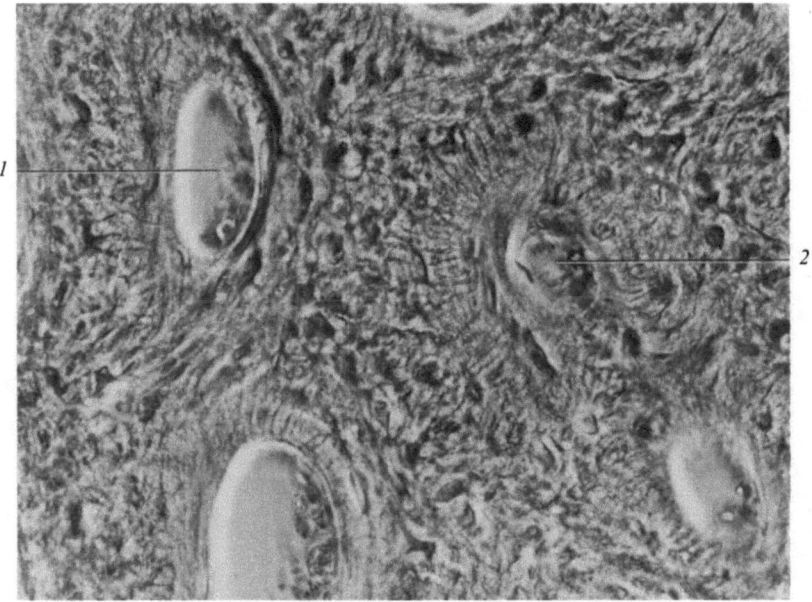

**Abb. 283.** Menschlicher Fet, 282 mm SSL, Humerus, distal, regellose Lage der Zellen im primären Faserknochen, beginnende Osteonbildung. Ablagerung von Knochen vom Haversschen Kanal aus, Unterbrechungskittlinie (zentripetale Differenzierung), 2) Bildung von Osteozyten mit Fortsätzen (zentrifugale Differenzierung) um einen engen Kanal vom Bälkchengewebe her. Fixierung Formalin, H.E., Phasenkontrast, Obj. 40 (aus KNESE, 1956a)

*sche* Beziehung zwischen diesen verschiedenen Gewebeformen anzunehmen ist. Ein *Differenzierungsgefälle* vom Markraum zum Periost hin ergibt sich dadurch, daß die kanalumhüllenden Fasermassen in der Nähe der Markhöhle dicker sind. Vereinzelt treten, bereits vor der Geburt, vermehrt bei einem 3 Monate alten Kind, *Kleinstosteone* auf, deren Wand aus mehreren Lamellen besteht (Abb. 284). Am Ende der Fetalzeit werden periostal kaum noch Bälkchen gebildet; es entsteht kompakter Knochen in Form der äußeren Tangentiallamellen und von Kleinstosteonen, die reihenweise in annähernd tangential verlaufenden Lamellen eingebettet sind (KNESE, 1956c; Abb. 276, 288). Den subperiostalen Einschluß von Gefäßschichten des Periostes hat auch MEYBURG (1904) geschildert. Nach DEMETER und MÁTYÁS (1928) erfolgt eine wechselnde Apposition von Lamellen und Gefäßen. Die Gefäßkanäle sind nicht von Speziallamellen umgeben. Durch eine schnelle Knochenbildung soll ein plexiform bone mit Kleinstosteonen (primären Osteonen) entstehen (ENLOW, 1969). Diese Osteone fehlen bei der *Ratte,* so daß eine Beziehung zur Körpergröße anzunehmen ist. Dagegen glaubt HAM (1950, 1952), daß subperiostale Osteone nur durch Ausfüllung von Resorptionslakunen entstehen, in die Gefäße eingelagert werden. Die Kleinstosteone haben einen Durchmesser von etwa 70 µm, bei ovalen $50 \times 110$ µm (KNESE, 1958a); festigkeitstheoretisch handelt es sich vermutlich um die geringste mögliche Wandstärke eines Osteons. Der Abstand der Osteone voneinander, parallel zur Knochenoberfläche, beträgt 70–200 µm, radiär von

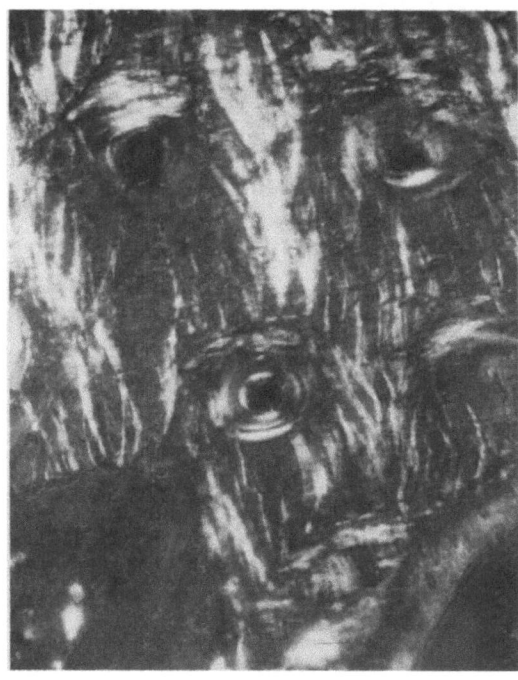

**Abb. 284.** Kind, 3 Monate, 421 mm SSL, Tibia, distal, verschiedene Stadien der Osteondifferenzie-
rung innerhalb des primären Faserknochens. Die rechte und linke untere Bildecke wird von Knochen
chondraler Herkunft besetzt. Ungefärbt, polarisiertes Licht, Obj. 20 (aus KNESE, 1956a)

einer zur nächsten Reihe 70–140 μm, selten mehr (KNESE und TITSCHAK, 1962).
Ihre *Flächendichte,* d.h. die Anzahl je Quadratzentimeter, beträgt 2500 und
der mittlere Abstand von einem zum anderen Kanal 200 μm. Die Menge des
Gewebes zwischen den Kleinstosteonen macht etwa 90% der Fläche aus.

Die nun auch für die Fetalzeit beschriebenen *Kleinstosteone* (KNESE, 1956a;
YAMAMOTO, 1970) sind als *primäre Osteone* (GROSS, 1934; *Stegocepahlen*) im
postfetalen Knochen seit langem bekannt (TOMES und DE MORGAN, 1853; MÜL-
LER, 1858; AEBY, 1976; AMPRINO und BAIRATI, 1936; ENLOW, 1963). Diese
ersten Osteone nehmen an Größe zu und verdrängen den geflechtartigen Knochen. Vom zweiten Lebensjahr an werden sie aber, nach einer Resorption,
durch *sekundäre* ersetzt (AMPRINO und BAIRATI, 1936). Den *primären Osteonen*
werden damit sekundäre gegenübergestellt (GROSS, 1934; AMPRINO und BAIRATI,
1936; MCLEAN und URIST, 1961; AMPRINO, 1963; ENLOW, 1963), wobei sich
primäre und sekundäre Osteone nicht in ihrer Konstruktion, sondern durch
ihre Bildungsform voneinander unterscheiden sollen.

Weit verbreitet ist die Auffassung, daß durch einen *Umbau,* Bildung Haversscher Räume und deren Ausfüllung, der sekundäre Knochen entsteht, und
zwar im Sinne einer *Revolution* (VIRCHOW, 1875) und nicht in einer *progredienten
Entwicklung.* Eine mehrfache Wiederholung des Umbaus wird für die Bildung
komplizierter Osteonquerschnittsbilder verantwortlich gemacht (NICOLAS, 1899;
PRENANT, 1911a). Dabei wird auf die heute noch lesenswerte Arbeit von TOMES
und DE MORGAN (1853) zurückgegriffen.

Die Knochenstruktur des Menschen um die Geburt erscheint — vor allem, wenn sie nicht polarisationsmikroskopisch untersucht wird — grundsätzlich von dem sekundären Haversschen Knochen verschieden. Als einzig mögliche Erklärung für die starke Veränderung der Knochenstruktur im Lauf des Lebens sahen TOMES und DE MORGAN (1853) die Resorption einer Strukturform und Ersatz durch eine andere an. Die Autoren finden es aber schwer verständlich, warum an einem Ort die Resorption zu bestimmten Zeiten aufhört und eine Knochenbildung einsetzt. POLICARD (1941) spricht von einem paradoxen Vorgang, auch andere kritische Bemerkungen wurden gemacht (STRELZOFF, 1873a, b; V. EBNER, 1875; VIRCHOW, 1875; AMPRINO und GODINA, 1954). Eine wesentliche Stütze gewann die Hypothese von Resorption und Apposition durch die Lehre von der *funktionellen Anpassung*. PETERSEN (1927, 1930) kam zur Auffassung, daß der Umbau ein „hoffnungsloses Hinterherrennen der immer wieder zerstörten und veränderten Struktur hinter dem ausweichenden Spannungszustand darstellt." „Mit keinem Material schaltet der Körper so frei wie mit dem seiner mechanischen Systeme, das er tatsächlich aus allen Teilen des alten Grundsystems hervorzaubert, wenn die allerdings noch größtenteils unbekannten Bedingungen dazu gegeben sind" (PETERSEN, 1930).

Bereits MURRAY (1936) hat nach der Diskussion über die Entwicklungsmechanik und funktionelle Anpassung des Knochens festgestellt: "It is assumed that, if a bony structure has an architecture which is brought in existence in response to mechanical conditions, the bone must have been produced by the same factors ... But here there is a confusion of tought ... factors other than mechanical are responsible for the development of bone, although mechanical factors are paramount in determining the structural arrangement of the bone ...". Das die Entwicklung kontinuierlich von der ersten Anlage (s.S. 675) bis zur endgültigen Form (s.S. 99) zu Skelettelementen führt, die nach Form und Materialeigenschaften ihrer mechanischen Aufgabe voll gerecht werden, wurde in den letzten hundert Jahren durch Untersuchungen mit adäquaten physikalisch-technischen Methoden, d.h. mit Maß und Zahl, nachgewiesen (Übersicht: KNESE, 1970d). Schwieriger zu beantworten gestaltet sich die Frage nach der „Textur" oder Struktur dieses Materials, da die Struktur in einer *umwegigen Entwicklung*, also nicht sofort in ihrer endgültigen Form entsteht. Es wurde der Versuch unternommen, aufzuzeigen, daß bei dem vorliegenden Verbundbau mit der Kombination zweier Materialien verschiedener Eigenschaften (Kollagenfibrillen und Kristalle) die Möglichkeit besteht, daß eine unterschiedliche Textur durchaus fähig ist, annähernd gleichartige mechanische Leistungen zu vollbringen (KNESE, 1958). Die Aufrechterhaltung einer ausreichenden Knochenfestigkeit dürfte auch als Stellgröße dafür verantwortlich sein, daß die Entwicklung der endgültigen Struktur, der Osteonstruktur, nicht völlig synchron über den Querschnitt des Knochens verteilt abläuft (s.S. 667). Im übrigen kann nach der erweiterten Betrachtungsweise Materie-Form (Struktur)-Funktion die Struktur nicht nur unter mechanischen Gesichtspunkten diskutiert werden, da im Skelett als Ionen-pool auch eine genügend große Austauschfläche erforderlich ist (s.S. 600; vgl. KNESE, 1959a). Man muß also ein recht verwickeltes Steuerungssystem (s.S. 594) postulieren, das während des Wachstums (Längen- und Massenwachstum sowie Histogenese) die mechanische Leistung und jene im Rahmen des Stoffwechsels garantiert.

Ausgehend von der Struktur 2. bzw. 3. Ordnung sehen viele Autoren die über alle Zweifel gesicherte Ausfüllung von Lakunen im Sinn des Umbaus als *einzigen* Mechanismus der Bildung der Osteonstruktur (u.a. POMMER, 1881; MATSCHINSKY, 1892; GEBHARDT, 1902; JAFFE, 1929; AMPRINO und ENGSTRÖM, 1952; PETERSEN, 1930; ZEIGER, 1933; BENOIT und CLAVERT, 1943; LACROIX, 1951a, 1960; AMPRINO und GODINA, 1954; ARMSTRONG, 1955; AMPRINO, 1963, 1970; MAROTTI, 1963; FROST, 1963a; JOWSEY, 1963). Der Aufbau sekundärer Osteone stellte einen inneren Gewebeersatz, ohne Störung der äußeren Form, dar (ENLOW, 1962). Wir beziehen uns hier nur auf den inneren Umbau und nicht jenen beim Wachstum, der eigentlich die Folge des ersteren sein muß. FROST (1963a) definiert die Umbaurate als den Betrag der Bildung von neuem Knochen und der Resorption je Jahr. Die Skelett-Bilanz ist die Differenz zwischen beiden Vorgängen.

Die Tatsache, daß an einem Ort zunächst eine *Resorption*, dann eine *Apposition* erfolgt, läßt sich schwer erklären (vgl. JOHNSON, 1971). Eine Resorption soll sich in gefäßarmen Gebieten mit einer ausgedehnten nicht pathologischen Osteozytennekrose abspielen, evtl. kombiniert mit Verkalkung der Kanäle (ENLOW, 1962). Im metaphysären Knochen mit unregelmäßigen (brecciated) Osteonen sollen keine Nekrosen erforderlich sein. Der stärkere Umbau in der Metaphyse wurde verschiedentlich betont (LACROIX, 1956; MAROTTI, 1963; AMPRINO und MAROTTI, 1964). Die Blutversorgung soll im primären Knochen derart verändert werden, daß es zum Absterben und zur Resorption kommt (CURREY, 1960), doch ist die Lebensspanne des primären Knochens sehr variabel (VASCIAVEO und BARTOLI, 1961). Resorptionshöhlen liegen zumeist im primären Knochen (CURREY, 1964a), unterbrechen seine Blutversorgung und führen damit zum Zelltode und zum Umbau. Die Menge an Nicht-Haversschen Anteilen nimmt nach CURREY (1964a) im Alter zu, die Osteone werden verkleinert und vermehrt; damit werde ein großer Teil des Knochengewebes von der Blutversorgung abgeschnitten. Nach JEE (1964) sei es schwierig, experimentell Daten über die Beeinflussung des Umbaus zu gewinnen. Die Abnahme durchgängiger Gefäßkanäle und lebender Osteozyten soll den Umbau in der Tibia des *Hundes* fördern. Da Resorptionshöhlen aber 2–4 Gefäße enthalten, ist die Versorgung besser als in den Osteonen (COHEN und HARRIS, 1958; VASCIAVEO und BARTOLI, 1961; MCCLUGAGE und MCCUSKEY, 1973). Aufgrund der Untersuchung des *Markknochens* der *Vögel* (BLOOM et al., 1941; MCLEAN und URIST, 1961) wurde eine hormonelle Steuerung des Umbaus erwogen (ALBRIGHT und REIFENSTEIN, 1948; REIFENSTEIN, 1956, 1957). Sexualhormone bewirken aber keinen Knochenaufbau bei *Mäusen* (BUDY, 1956). Ein Einfluß der Parathormone auf die Strukturbildung wurde vielfach diskutiert, da dieses Hormon Knochenzellen angreift (Überblick: PARFITT, 1976a, b, c).

Bisher ist es nicht gelungen, *Mechanismen* zu finden, welche die Resorption und folgende Apposition steuern. Umfangreich sind die Untersuchungen, die sich mit der *Bilanz* von Resorption und Apposition begnügen. Die Baugeschichte des Knochengewebes wurde damit nach der Forderung von v. EBNER (1875) aus dem Endzustand rekonstruiert. Dieses geologischen Methoden (VIRCHOW, 1875) ähnliche Verfahren ist mit erheblichen Unsicherheiten belastet. Das Muster einer solchen Untersuchung lieferten PETERSEN und BURKHARDT (1928). Entscheidend ist die Frage nach der *Anzahl* und der *Verteilung* der Haversschen *Lakunen*. Nach TOMES und DE MORGAN (1853) sowie HEITZMANN (1873) sind Lakunen relativ selten, im Humerus in Höhe der Tuberositas deltoidea häufiger (SCHABADASCH, 1935; vgl. KNESE et al., 1954b; BIERMANN, 1957). Das Hohlraumbzw. das Porenvolumen des Knochens ist beim 25jährigen kleiner als beim Neugeborenen und vergrößert sich nach Skelettstück verschieden bis zum 82jährigen um den Faktor 1,41–3,6, d.h. in einer Zeit, in der kaum noch eine Osteonvermehrung erfolgt (KNESE 1970d; Tabelle 24). Der hohe Grad der Porosität des Knochens bei jüngeren Individuen wurde als Zeichen der Osteonbildung angesehen (Abb. 285; JOWSEY, 1960). Der Umbau wird bei jungen Erwachsenen herabgesetzt, nur wenige Systeme haben eine Mineralisation, die geringer ist als 75%. Wir bemerken, daß dieser Lebensabschnitt durch eine erhebliche Vermehrung der Osteone ausgezeichnet ist (Abb. 290). Im späteren Leben tritt vor allem im „endostalen" Bereich eine Vermehrung der Lakunen auf, so daß etwa 25% der Knochenfläche von 70 Jahre alten Menschen von Resorptionslakunen eingenommen werden. Betroffen wären damit die „alten" zentralen Anteile des Querschnitts, nicht die jüngeren peripheren. Da die Osteonbildung im Laufe des 4. Lebensjahrzehntes praktisch abgeschlossen ist, muß bezweifelt werden, ob diese zentral gelegenen Lakunen überhaupt mit der normalen Ent-

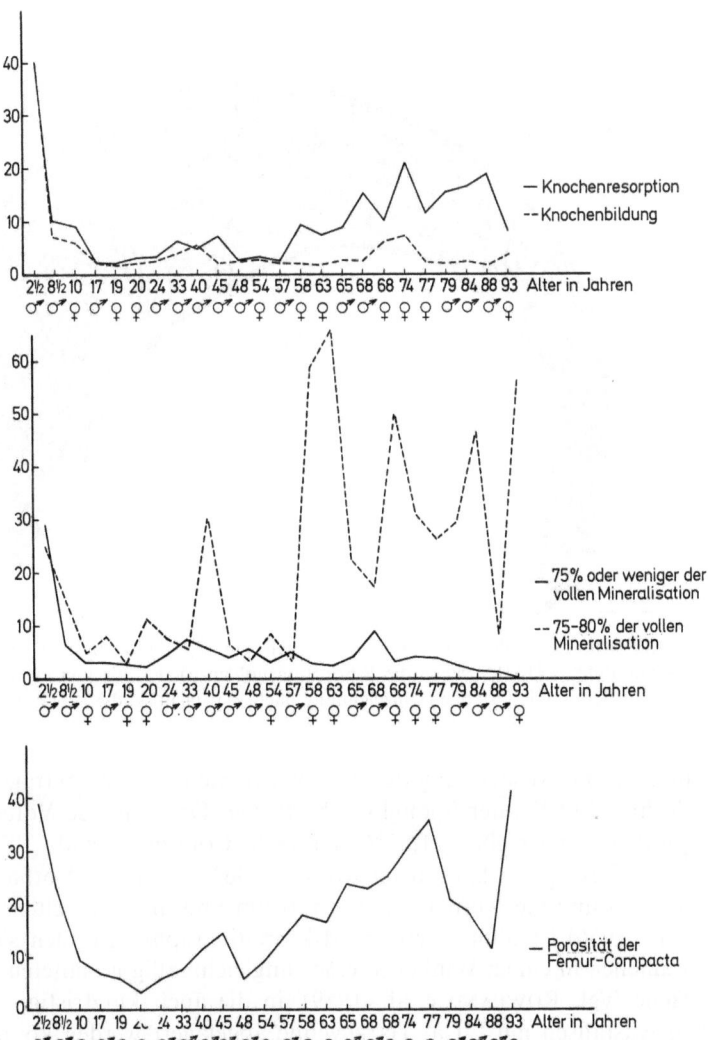

**Abb. 285.** Altersveränderungen des Haversschen Knochens in der Femurkompacta. Oben: Angabe der Knochenresorption und Knochenbildung, Mitte: Angabe der Mineralisation der einzelnen Osteone. Unten: Angabe der Porosität (veränderte Umzeichnung nach JOWSEY, 1960)

wicklung in Zusammenhang gebracht werden können. Die Zahl der stark minera-lisierten Osteone nimmt nach JOWSEY (1960) mit dem Alter zu, ebenso die der verschlossenen Kanäle, vor allem in der Peripherie. Die Hypermineralisation erfolgt kurz nach dem Tod des Gewebes. Bis zum Abschluß des Wachstums liegen Lakunen im peripheren Appositionsgebiet, später in den zentralen Kno-chenabschnitten (Abb. 286; BLUMBERG und KERLEY, 1966; vgl. GARN, 1972). Im Lauf des Lebens nehmen die Osteone zu, die Nicht-Haversschen Kanäle ab. Untersuchungen an der Crista iliaca eines gewaltsamen Todes Verstorbener (15–90 Jahre) ergab an Schwund an Knochenvolumen bei Männern um 6,1%, bei Frauen um 10,3%. Dies entspricht 27% bzw. 42,6% des Knochenvolumens

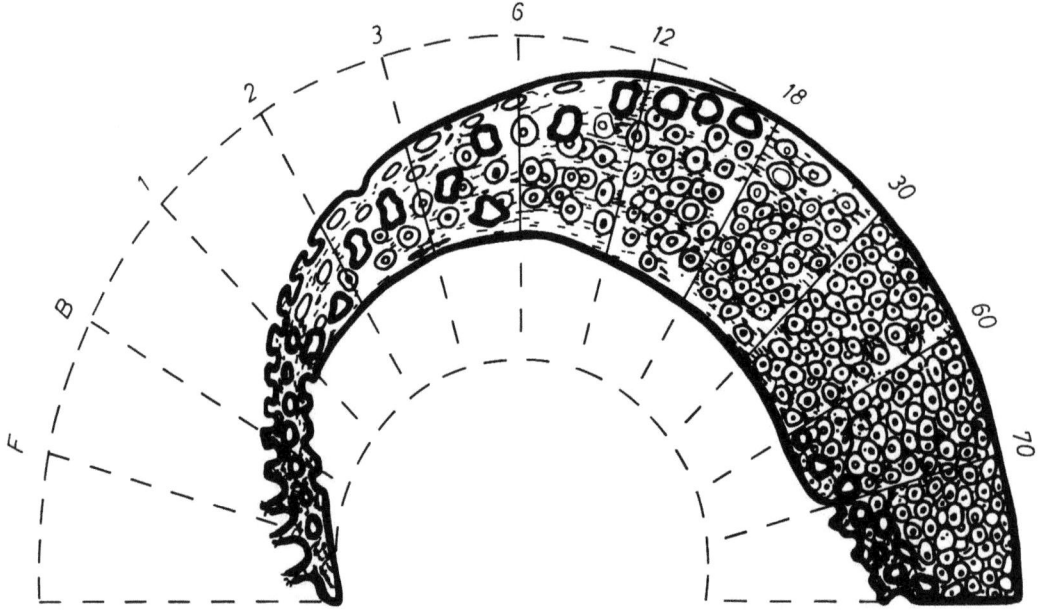

**Abb. 286.** Resorptionsmuster in der Femurrinde vom Fetalleben *(F)* über Geburt *(B)* bis ins hohe Alter. Die dick umrandeten Höhlen geben die Resorptionshöhlen wieder, die konzentrischen dünn gezeichneten Kreise die Osteone (Umzeichnung nach BLUMBERG und KERLEY, 1966)

beim 20jährigen. Die Ausdehnung der osteoklastischen Flächen beträgt bei beiden Geschlechtern 3,63% der Spongiosaoberfläche. Das osteoide Volumen ändert sich mit dem Alter nicht ($\male$ 1,85%, $\female$ 1,05%; COURPRON et al., 1973).

Der Ort der Resorption kann nach JOWSEY (1963) durch das Vorhandensein von Osteoklasten und die Aufnahme von Yttrium und anderen seltenen Erden (JOWSEY et al., 1956) bestimmt werden. Mikroradiographisch finden sich stark verkalkte Lamellen in einem Winkel zu einer ungleichmäßig gestalteten, gekerbten Oberfläche (vgl. ROWLAND et al., 1959), in die auch kurzfristig, vielleicht durch einen Austausch mit $^{45}$Ca, Tetracycline abgelagert werden können. Der Umfang der Knochenbildung liegt zunächst über dem der Resorption; nach dem 30. Jahr überwiegt die Resorption. Nach wie vor ist eine Resorption schwierig nachzuweisen (JOWSEY, 1963). Aus der Häufigkeit von Osteoblasten und Osteoklasten hat JOHNSON (1971) geschlossen, daß ein Gleichgewicht zwischen Knochenbildung und -zerstörung bei dem Verhältnis Osteoblast zu Osteoklast von 150:1 besteht. Dies heißt, daß ein (!) weiterer Osteoklast das Gleichgewicht stört; wenn z.B. 5 Osteoklasten und 50 Osteoblasten vorhanden sind, überwiege die Knochenzerstörung die Knochenbildung. Die Entstehung einer 5000 μm langen Höhle für ein Osteon erfordert 1200 Osteoklasten und dauert 2 Monate. In 20 Monaten könnte dann das Osteon durch 180000 Osteoblasten gebildet werden. Dieser Kalkulation muß jedoch der Nachweis folgen, daß diese Zahl von Zellen in einer bestimmten Zeit auch vorhanden ist (KNESE, 1963c; vgl. MAROTTI et al., 1976).

Mit Hilfe von *Radioisotopen* bzw. *Tetracyclinen* wurde versucht, einen Überblick über Verteilung, Umfang und zeitlichen Ablauf der Strukturentwicklung zu gewinnen. Aus der Verteilung der Radioisotope und Tetracycline wird u.a. die mittlere Lebensdauer eines Osteons oder die Halbwertszeit des Knochenumsatzes errechnet. Diese Termini könnten zu Mißverständnissen führen (MAROTTI, 1963). Es handelt sich bei den Zeitangaben zunächst nur um eine mathematische Formulierung zur Beschreibung der beobachteten Verteilung der Radioisotope (SOLOMON, 1960).

Die Bildungszeit für eine Lakune bei *Hunden* wurde zu $3 \pm 1$ Woche errechnet (MARSHALL et al., 1959a; VASCIAVEO und BARTOLI, 1961). In Längsrichtung soll die Erosionsrate $39 \pm 14 \,\mu m$/Tag, radiär $7,1 \pm 3 \,\mu m$/Tag betragen (JAWORSKI und LOK, 1972). In solchen Resorptionshöhlen können Osteoklasten vollkommen fehlen (DHEM und PIRET, 1975). Die Auffüllung von Lakunen führt zu einem neuen Knochen (metabolic bone), der die *Radioisotope* $^{45}Ca$ und $^{226}Ra$ aufnimmt (hotspots; MCLEAN und ROWLAND, 1963). Mit der Reifung verliert dieser Knochen seine Reaktionsfähigkeit und wird „structural bone" (LACROIX, 1953; VINCENT und HAUMONT, 1960). Aus der Art der radioaktiven Ca-Ablagerungen ist zu schließen, daß Osteone über mehrere Jahre erhalten bleiben (JOWSEY, 1960; ROWLAND, 1964). Als mittlere *Lebensdauer* eines Osteons wurden bei einem 1 Jahr alten *Hund* 2,5 Jahre und bei einem 6jährigen 70 Jahre errechnet. Die Bildung eines Osteons beim erwachsenen Hunde erfordert nach VINCENT (1955) 6 Monate, 3 Monate verstreichen bis zur vollen Mineralisation. $^{45}Ca$ wird bevorzugt in *nicht* voll ausgereiften Osteonen abgelagert (PONLOT, 1960). Nach ARNOLD et al. (1956) nehmen gegenüber altem Knochen sich bildende Osteone das Vielfache an Ca auf, die äußeren Lamellen mehr als die inneren. In 21 Tagen nach der Injektion von Ca sind 20–30% der Osteone voll ausgebildet (JEE und ARNOLD, 1954). Es bestehen beim *Hund* Altersdifferenzen bei der $^{32}P$-Aufnahme (STRANDH, 1961; STRANDH und BENGTSSON, 1961a, b; STRANDH und SOLHEIM, 1963).

Zur Untersuchung der Baugeschichte werden weiter die *Tetracycline* (Übersicht: JOHNSON, 1964) herangezogen, die als fluoreszierende Ablagerung in osteoiden Säumen auftreten (MILCH et al., 1957; FROST et al., 1961, 1966; FROST, 1962, 1963a, 1964c, 1968; RUSH et al., 1966). Zur Bestimmung des Knochenumsatzes wurde ein umfangreiches mathematisches Rüstzeug entwickelt (FROST, 1964c). Für den Knochenumsatz wird ein Zell- und Generationssystem verantwortlich gemacht, an dessen Basis eine Mesenchymzelle steht (FROST, 1963a, 1964a, b, 1965a, b, 1966b; VILLANUEVA und FROST, 1970). Die Autoren gehen davon aus, daß in einem Gleichgewichtszustand ebenso viele neue Resorptionshöhlen wie Osteone entstehen (vgl. JEE, 1964). Die Aktivität der Osteoblasten wird nicht direkt bestimmt. Als Maß der Knochenneubildung werden die osteoiden Säume (s.S. 623) je Volumeneinheit angesehen. Die Zahl der osteoiden Säume ist z.Z. der Geburt hoch, fällt stark zu dem 25.–30. Jahr ab, um dann langsam zum 65. Jahr anzusteigen (FROST und VILLANUEVA, 1961; VILLANUEVA et al., 1963). Die anhand von Tetracyclin-Markierungen errechnete biologische *Halbwertszeit* des Knochens beträgt im 6. Monat für die Rippe 0,2 Jahre, für die Clavicula im Alter von 70 Jahren 8 Jahre (FROST, 1961a). Durch Doppelmarkierung hat FROST (1963c) die Zeit zur Osteonbildung in der Rippe im 7. Jahr auf $46 \pm 37$ Tage, im 43. Jahr auf $79 \pm 63$ Tage kalkuliert. Die Bildungszeit in den langen Extremitätenknochen ist länger. Für einen 57jährigen Mann wurde die Halbwertszeit der gesamten Compacta errechnet: Femur 7,6, Tibia

24,2, Fibula 7,6, Metatarsus 12,6 Jahre (FROST et al., 1960). Die volle Lebenszeit
von Osteonen beträgt 1,98–17,1 Jahre (SEDLIN und FROST, 1963). In der Kinetik
der Osteonbildung ergeben sich bis zum 80. Jahr kaum merkliche Unterschiede
(KELIN und FROST, 1964). In der Rippe sind 7 Stöße (bursts: s.S. 533) von
Osteoblasten für die Osteonbildung erforderlich. Die Osteonbildung soll bei
einer $2^1/_2$jährigen *Katze* 69 Tage, beim adulten *Hund* 30 Tage beanspruchen
(MANSON und WATERS, 1965, 1967). Aus dem Abstand mehrerer aufeinanderfol-
gender Markierungen läßt sich eine Knochenablagerung von 7–15 μm Dicke
je Woche errechnen (HARRIS, 1960; vgl. SISSONS, 1962).

Eine Untersuchung verschiedener Knochen des *Hundes* ergibt eine bestimmte
*Verteilung* der *Tetracyclin*markierung, wie der Vergleich zwischen rechter und
linker Tibia zeigt (MAROTTI, 1963; MAROTTI und MAROTTI, 1963; AMPRINO und
MAROTTI, 1964). Aus dieser Beobachtung wurde geschlossen, daß die Osteonbildung nicht statistisch regellos, sondern topographisch gemäß einer Struktur
2. Ordnung vor sich geht (s.S. 643, vgl. AMPRINO und SISTO, 1946). Bei jungen
*Hunden* erfolgt die Tetracyclineinlagerung zunächst in der Diaphysenmitte, verschiebt sich zu den Epiphysen hin und zeigt dann eine Verteilung wie die Radioisotopen (HARRISON und HARRISON, 1950; BOHR und SØRENSEN, 1950; ARM-
STRONG, 1952; COMAR et al., 1952; LACROIX et al., 1952; LONTIE, 1953; ROGERS
et al., 1953; BAUER, 1954, 1960; ENGFELDT und HJERTQUIST, 1954b; MARSHALL
et al., 1959a, b). Bei jüngeren Tieren ergeben sich erhebliche Unterschiede bei
der Einlagerung von Tetracyclinen zwischen den Skelettelementen, die später
verschwinden. Im Femur und Humerus ist die Stabilität des Knochengewebes
größer als in der Ulna. Knochen mit einem größeren Wachstumsumbau scheinen
später einen größeren inneren Umbau aufzuweisen. Die Mineralisationsrate hat
keine Beziehungen zur Umbaurate (MAROTTI et al., 1972). Die sekundäre Mineralisation (a) nimmt innerhalb eines Osteons mit der Zeit ab, (b) zeigt geringe
Variationen, unabhängig von der Umbaurate in einem Skelettstück und (c)
verringert sich mit dem Alter. Innerhalb eines Osteons bleibt während der Mineralisation der Hydroxyprolingehalt gleich, der Hexosamingehalt wird kleiner;
bei starker Mineralisation nehmen die Nicht-Kollagen-Proteine ab (PUGLIARELLO
et al., 1970).

Der Umbau, besser die *Strukturentwicklung, verläuft nicht regellos* (GEB-
HARDT, 1902; BRASH, 1934; LACROIX, 1960). In bestimmten Teilen von Knochen
kommt es auf lange Zeit nicht zur Resorption, so daß hier eingelagertes radioak-
tives Material erhalten bleibt (LACROIX, 1960). Da die Strukturentwicklung zu
einer Änderung der Struktur 2. Ordnung (s.S. 664) führt, empfiehlt es sich,
die Entwicklung der Osteonstruktur im Anschluß an die Bildung des trabekulären, fetalen Knochens zu verfolgen. Jedoch liegen nur wenige Altersstufenunter-
suchungen über die Struktur des Knochens vor (HEULER, 1928; AMPRINO und
BAIRATI, 1936; AMPRINO und SISTO, 1946; AMPRINO, 1955c; AMPRINO und GO-
DINA, 1956; KNESE, 1958; KNESE und TITSCHAK, 1962; BLUMBERG und KERLEY,
1966). Zum anderen ist festzustellen, ob ein grundsätzlicher struktureller Unterschied zwischen den *primären Osteonen* und den reifen, *sekundären Osteonen*
besteht, was offensichtlich nicht der Fall ist. Neben reinen Faserfilzosteonen
treten Osteone mit einer undeutlichen Lamellierung auf (Abb. 287), die in „geflechtartigen" Knochen eingebettet sind (v. EBNER, 1875; KASSOWITZ, 1879;

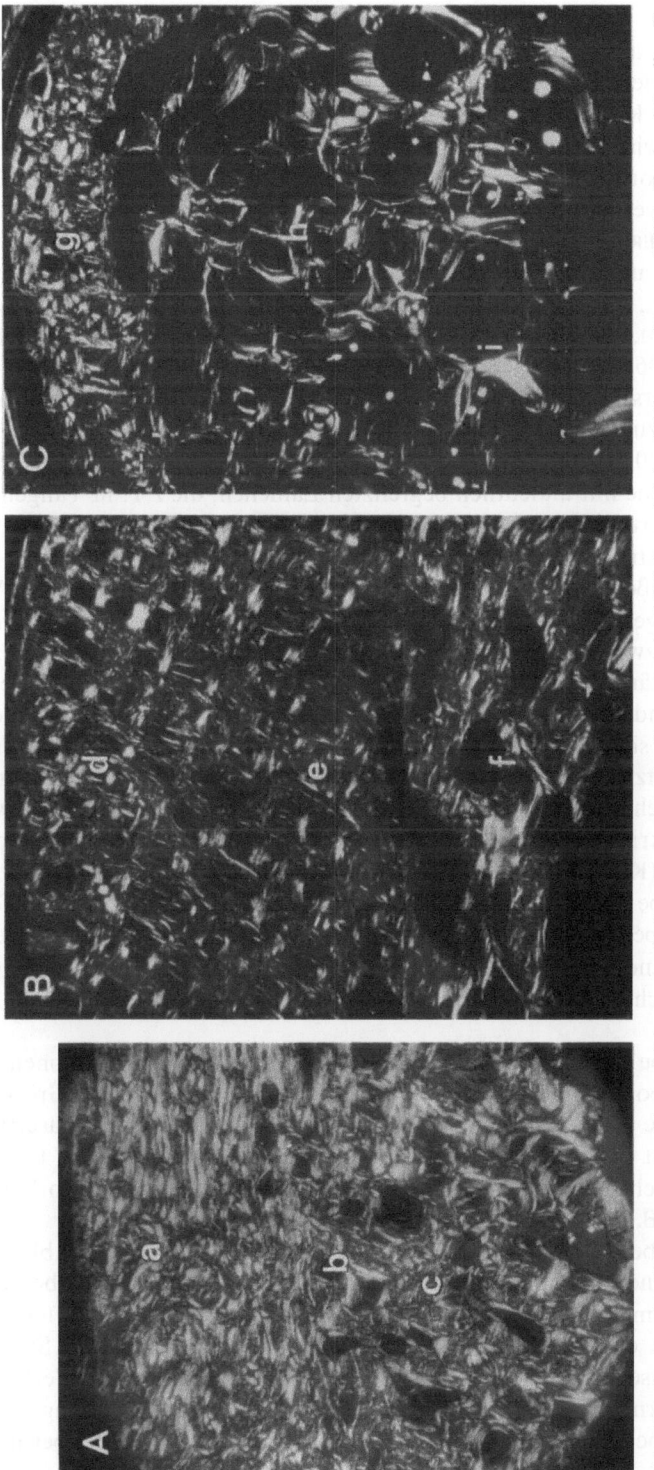

**Abb. 287.** Periostale Kleinstosteone (Osteonbildungsgewebe) und wachsende Osteone. *A*: Mädchen, 1 Jahr 2 Monate, Femur Mitte, Facies lateralis, *B*: Mädchen, 1 Jahr 2 Monate, Tibia distales Drittel, Facies medialis, *C*: Mädchen, 4 Jahre 9 Monate, Tibia proximales Viertel, Facies lateralis. *a*) Periostale Kleinstosteone, eingebettet in Zwischengewebe, das z.T. tangential verlaufende Lamellen enthält, *b*) Schicht von einzelnen Lakunen ohne Wand, *c*) Zwischengewebe, *d*) peripher gelegene wachsende Osteone, die weiter entwickelt sind als die zentral anschließenden Osteone (*e*). *f*) Schicht, die z.T. den Charakter innerer Generallamellen trägt, mit einzelnen großen Lakunen, *g*) wachsende Osteone in einem periostalen Appositionsgebiet, *h*) z.T. unvollständig differenzierte Osteone, *i*) zentral gelegene Lakunen. Polarisiertes Licht, Lupe 24 mm

KOELLIKER, 1889). Die Lamellenabgrenzung wird schrittweise schärfer. Die *Lamellierung* beruhe auf einer Differenzierung, die nicht gleichzeitig mit der Knochenbildung, sondern erst später vor sich geht (KAPSAMMER, 1897). Die Menge des Minerals und Kollagens nimmt im Osteon zu und der Volumenunterschied zwischen beiden wird geringer (YAMAMOTO, 1970). Die Strukturformen mit einer verschieden weit fortgeschrittenen Differenzierung der Lamellen sind derart über den Querschnitt verteilt, daß sich ein *Gefälle* von der Markhöhle zum Periost ergibt (KAPSAMMER, 1897; GEBHARDT, 1902; MEYBURG, 1904; WEIDENREICH, 1923a; DEMETER und MÁTYÁS, 1918; JAFFÉ, 1929; AMPRINO, 1937; KOLTZE, 1951; KNESE et al., 1954a; ERTELT, 1955; AMPRINO und GODINA, 1956; KNESE, 1956a; AUERBACH, 1957; COHEN und HARRIS, 1958; BAHLING, 1958; KNESE und TITSCHAK, 1962).

Ein Gefälle verschieden weit differenzierter Knochenstrukturen besteht nicht nur vom Periost zur Markhöhle, sondern auch im Hinblick auf das *Lebensalter* (KNESE, 1958, 1970c; KNESE und TITSCHAK, 1962; Abb. 287, 288). Beim Kinde überwiegen Osteone mit undeutlich begrenzten Lamellen, die z.T. in Tangentiallamellen eingelagert sind. Die Lamellen sind beim jungen Menschen (18–25 Jahre) vor allem im zentralen Querschnittsanteil schärfer begrenzt, zentral sind die Osteone auch größer, das Gewebe zwischen ihnen tritt an Masse zurück (Abb. 289). Bei voll ausgereifter Knochenstruktur (43 Jahre) ist subperiostal nur wenig Zwischengewebe zwischen den Osteonen anzutreffen, es verschwindet nach zentral zu fast vollständig. Die Osteone sind in ihrer Peripherie scharf begrenzt; zwischen ihnen und anderen Osteonen, z.T. Schaltlamellen als Resten der inneren Generallamellen, sind *Kittlinien* vorhanden, die peripher fehlen. Die Kittlinien sind damit als letzter *Rest* des *Zwischengewebes* anzusehen. Unter Beachtung der verschieden scharfen Lamellierung und der Beziehung zum Zwischengewebe könnten rein deskriptiv folgende Entwicklungsstufen des Osteonknochens unterschieden werden (KNESE und TITSCHAK, 1962).

1. Knochengewebe aus „wachsenden" Osteonen aufgebaut: Diese Gewebeform schließt sich den periostalen Kleinstosteonen unmittelbar an. Die Osteone bestehen aus einer Wand mit wenig Lamellen oder Faserfilzen. Sie sind durch wechselnd dicke Schichten von Zwischengewebe voneinander getrennt (Abb. 287, 288A).

2. Knochengewebe überwiegend aus unvollständig differenzierten Osteonen aufgebaut: Die Osteone haben durch Heranwachsen auf verschiedene Größe im allgemeinen keine Reihenordnung mehr. Ihre Wand besteht aus Faserfilzen und Lamellen mit unscharfer Abgrenzung. Am äußeren Umfang der Osteone schließt sich Zwischengewebe an, seltener sind Kitt- oder Grenzlinien vorhanden (Abb. 277A, 288B, 289).

3. Knochengewebe überwiegend aus reifen Osteonen aufgebaut (Abb. 276, 277B): Die Osteone sind von beachtlicher Größe, ihre Lamellen scharf begrenzt. Zwischen den Lamellensystemen sind Kitt- oder Grenzlinien anzutreffen. Das nicht in Osteone einbezogene Zwischengewebe zeigt eine lamelläre Struktur (Schaltlamellen), selten wird eine Lamellengliederung vermißt. Die Verteilung dieser Strukturformen über den Querschnitt ist derart, daß die Anfangsglieder überwiegend, jedoch nicht ausschließlich subperiostal, die Endglieder aber marknahe liegen.

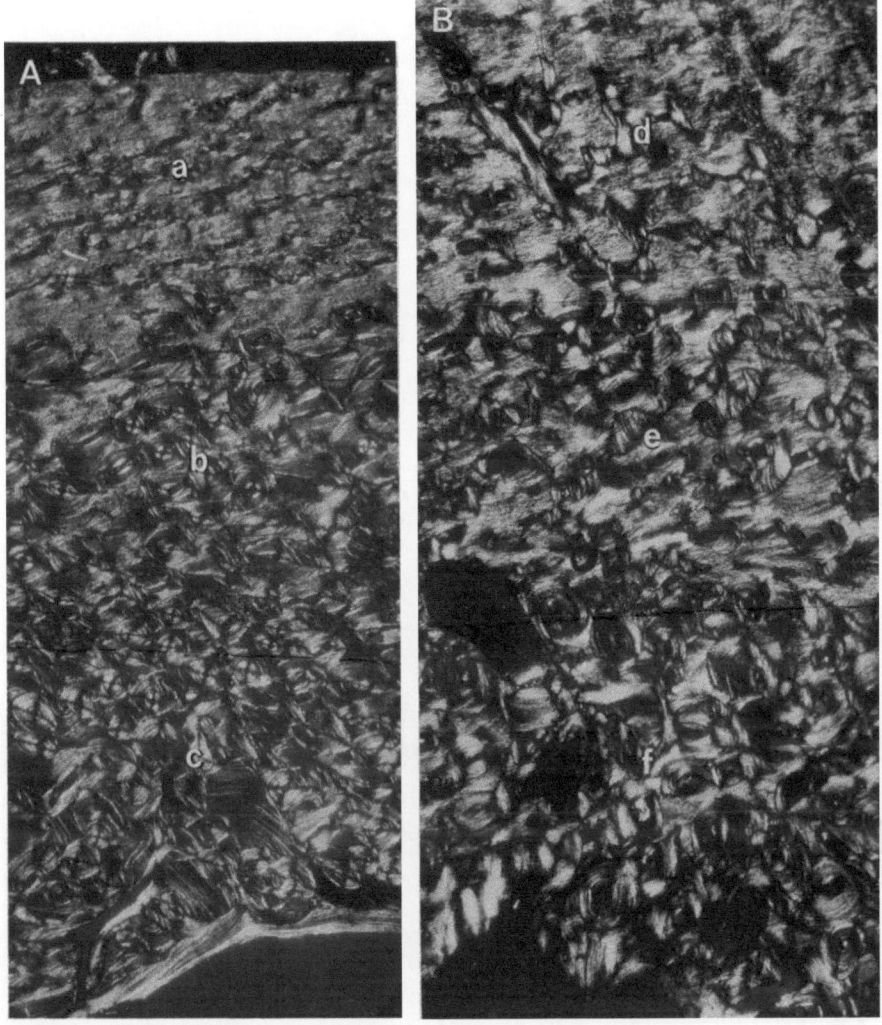

**Abb. 288.** Verschiedene Stadien der Osteonentwicklung, überwiegend auf der Grundlage von Tangen-tiallamellen. *A:* Mann, 18 Jahre alt, Femur proximales Viertel, Facies medialis. *B:* Mann, 25 Jahre alt, Femur-Mitte, Facies anterior. *a)* Periostale Tangentiallamellen mit reihenweise eingelager-ten Gefäßkanälen, die überwiegend noch keine eigene Wand besitzen, *b)* wachsende Osteone, zwi-schen denen sich reichlich Zwischengewebe befindet, *c)* Knochengewebe, überwiegend aus reifen Osteonen aufgebaut, *d)* periphere Tangentiallamellen, in denen sich verschieden große wachsende Osteone befinden mit annähernd radiär verlaufenden Kanälen, *e)* unvollständig differenzierte Osteone, zwischen denen noch reichlich sog. Schaltlamellen vorhanden sind, *f)* zentrales Drittel, aufgebaut auf relativ großen Osteonen, bei denen jedoch im Wandaufbau die sog. Faserfilze gegen-über der lamellären Gliederung überwiegen. Polarisiertes Licht, Lupe 24 mm

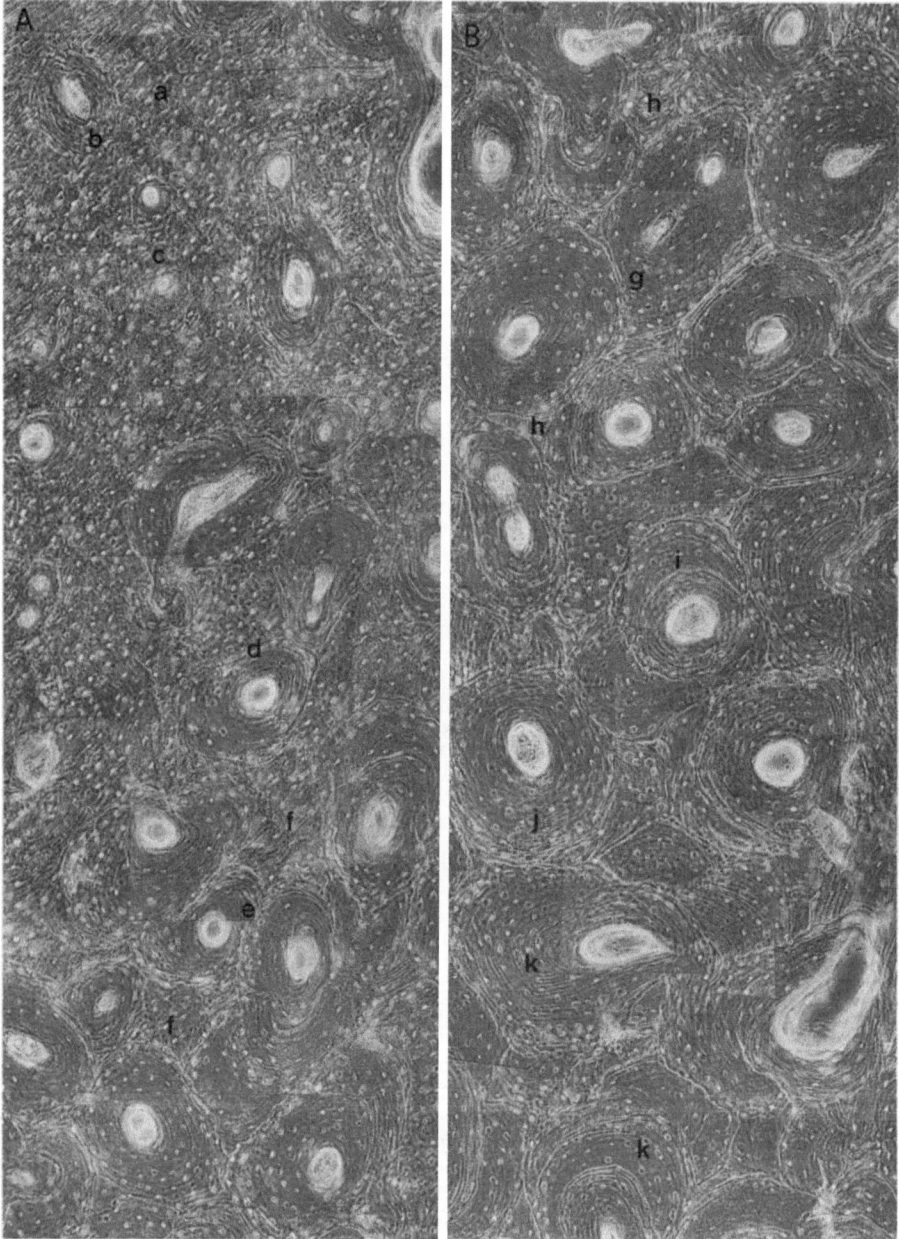

**Abb. 289.** Mann, 25 Jahre alt, Tibia-Mitte, Crista anterior. A: Peripherie, B: zentrale Schnitthälfte. Übergang von wachsenden Osteonen über unvollständig differenzierte Osteone zu reifen Osteonen in Marknähe, die durch Kittlinien voneinander getrennt sind. *a)* Tangentiallamellen, *b)* größeres Osteon innerhalb der Tangentiallamellen, *c)* kleinere Osteone, *d)* wachsendes Osteon, undeutlich abgegrenzt gegen das Zwischengewebe, *e)* Osteone mit beginnender Abgrenzung einer Kittlinie, *f)* sog. Schaltlamellen, *g)* fast reife Osteone, *h)* Reste des Zwischengewebes in Zwickeln, zwischen den sich berührenden Osteonen, *i)* sog. Unterbrechungskittlinie, *j)* Osteon mit verschieden scharf ausgebildeter Kittlinie in der Peripherie, *k)* Osteone, denen sich das Zwischengewebe in bogenförmig geordneten Lamellen anschließt, so daß das Bild der sog. Schalenosteone entsteht. Phasenkontrast. Obj. 16

Vom frühen trabekulären Knochen und dem Auftreten der ersten Kleinstosteone in der späten Fetalzeit bis zur schrittweisen Entwicklung von Osteonen mit zunehmender Differenzierung der Lamellen unter gleichzeitigem Verschwinden des sog. Zwischengewebes ergibt sich für die *Strukturentwicklung* eine *fortlaufende morphologische Reihe*. Aufgrund der bei morphologischen Untersuchungen üblichen Interpolation zwischen einander folgenden Stadien kann man die Strukturreihe als Zeichen einer fortschreitenden Entwicklung ansehen. Die Beziehungen zwischen der fetalen und postfetalen *Angioarchitektur* des Knochens sind nicht endgültig geklärt (s.S. 634). Die Struktur des fetalen und des kompakten Knochens wird jedoch nicht unwesentlich durch den Gefäßbaum bestimmt und die *Kleinstosteone* entstehen um diese Gefäße. Es lag daher die Frage nahe, ob die sekundären Osteone auf diese primären Faserfilzosteone zurückzuführen sind. Bei einer *zentrifugalen* Entwicklung des Osteonquerschnittes in das Zwischengewebe hinein (Knese, 1956a) könnte das Kleinstosteon als *innere flache* Lamelle erhalten blieben, deren Struktur sich von der aller anderen Lamellen unterscheidet (s.S. 639). Eine solche innere Lamelle ist bei 95–96% von 47690 Osteonquerschnitten zu finden (Knese und Titschak, 1962). Die Wahrscheinlichkeit der Bildung einer flachen oder steilen Lamelle bei zentripetaler Ausfüllung eines Haversschen Raumes ist 1:1. Bei 4–5% Osteonen ohne innere flache Lamelle beträgt die Wahrscheinlichkeit der Bildung eines Osteons durch Ausfüllung einer Haversschen Lakune damit nur 9–10%. Folglich muß für 90% der Osteone angenommen werden, daß sie nicht von Lakunen, sondern von Kleinstosteonen aus entstehen. Anhand von Untersuchungen mit Tetracyclinen geben Baylink und Wergedal (1971) an, daß 10% der Knochensubstanz von Zellen in den Gefäßkanälen gebildet wird.

Eine Untersuchung der *Verteilung* der *Kleinst-* oder *Primitivosteone* (Abb. 272) über den Querschnitt zeigt, daß sie in allen Querschnittsbreiten, aber in unterschiedlicher Häufigkeit auftreten. In der Tibia sind 19,6% der registrierten Osteone Kleinstosteone (Auerbach, 1957), davon liegen in der peripheren Querschnittsbreite 44,8%, der mittleren 31,2% und in der zentralen 21%. Von diesen Primitivosteonen der Tibia haben 28,3% eine Wand, die nur aus Faserfilzen aufgebaut ist, bei 19,7% besteht die Wand aus Lamellen und Faserfilzen und bei 52,1% sind zwischen die Lamellen Faserfilze eingeschaltet (vgl. Knese und Titschak, 1962). Man muß aus dieser Verteilung der Kleinstosteone schließen, daß sich benachbarte Osteone nicht völlig synchron entwickeln. Jedes Osteon folgt einem eigenen Entwicklungsrhythmus, worauf die recht verwickelte Verteilung der Osteonformen über den Querschnitt beruht.

Bei einer Untersuchung der Entwicklung der Knochenstruktur ist zu berücksichtigen, daß die *Zahl* der *Gefäßkanäle* bzw. Osteone in einem Querschnitt und die *Knochenmasse* gleichzeitig zunimmt (Abb. 290; Tabelle 24; Knese und Titschak, 1962; eigenes Material und das von Demeter und Mátyás, 1928; vgl. Mátyás, 1955). Die Anzahl der Gefäßkanäle im Querschnitt durch die Mitte des *Femurs* beträgt bei Neugeborenen 465 und beim 40jährigen 5780; die *Zahl* der *Kanäle* ist somit auf das 12,9fache angewachsen. Die *Querschnittsfläche* vergrößert sich im gleichen Zeitraum um das 22fache von 0,23 auf 5,0 cm$^2$. Da die Querschnittsfläche stärker anwächst als die Zahl der Osteone, sinkt die *Flächendichte* von 2023 auf 1157 ab. Die *Vermehrungsrate* der Osteone

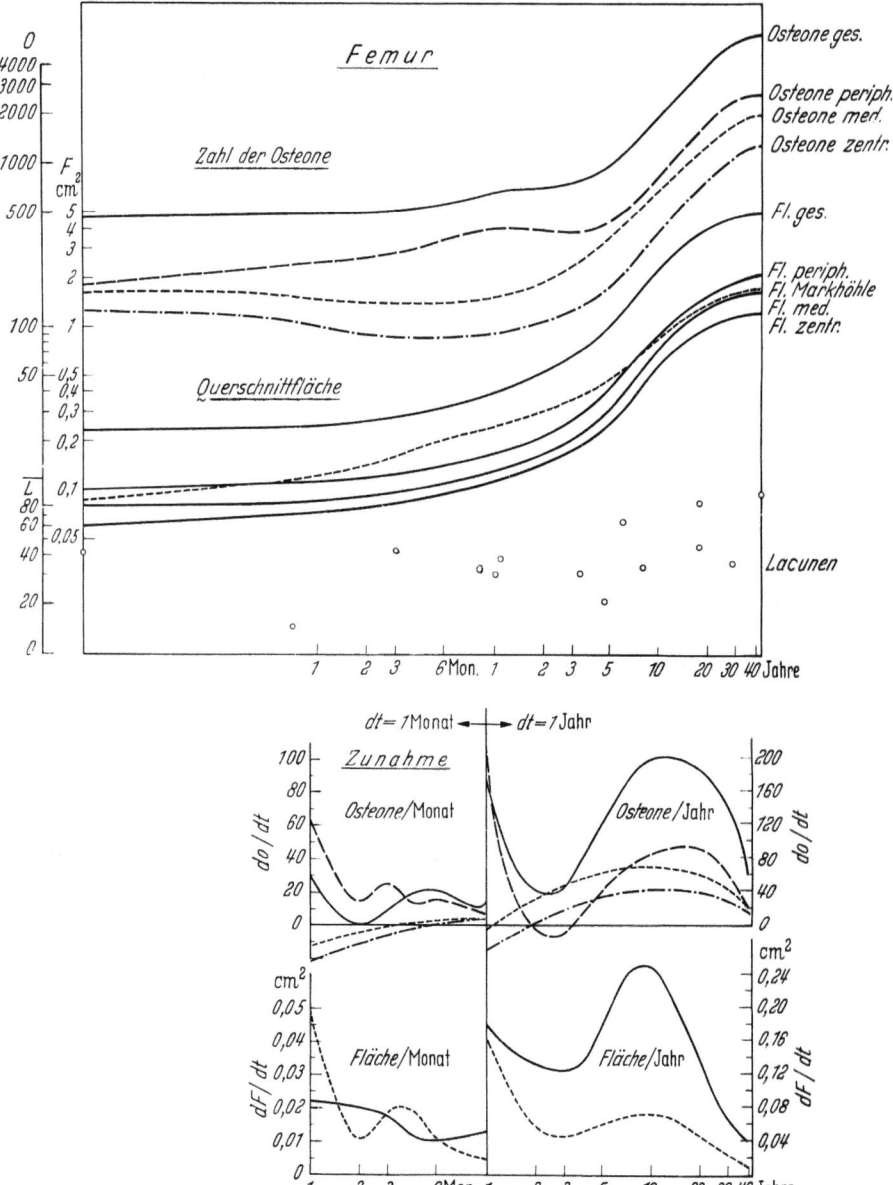

**Abb. 290.** Darstellung der Osteonvermehrung und des Flächenwachstums durch die Mitte des Femurs von der Geburt bis zum 43. Jahr. Aufteilung beider auch für die Querschnittsbreiten. Entwicklung des entsprechenden Markhöhlenquerschnittes. Angabe der absoluten Anzahl der Lakunen. Unterer Teil: Differenzenquotient nach der Zeit für Osteon- und Flächenzunahme. Im ersten Lebensjahr dt = 1 Monat, dann dt = 1 Jahr (aus KNESE und TITSCHAK, 1962

Tabelle 24. Osteonverteilung in der menschlichen Tibia und im Metacarpus von Schweinen. (Nach KNESE und TITSCHAK, 1962)

| | Gefäß-kanäle | | Osteone | | | | | | Lakunen | | |
|---|---|---|---|---|---|---|---|---|---|---|---|
| | | | absolut | | | Flächendichte | | | absolut | | |
| | abs. | FD | p. | m. | z. | p. | m. | z. | p. | m. | z. |
| **Tibia** | | | | | | | | | | | |
| Neonatus | 568 | 2270 | 245 | 202 | 110 | 2227 | 2890 | 1375 | 6 | 1 | 4 |
| 3 Monate | 573 | 2205 | 208 | 220 | 119 | 2310 | 2445 | 1488 | 8 | 8 | 10 |
| 1 Jahr, 2 Monate | 930 | 1723 | 462 | 310 | 92 | 2310 | 1723 | 575 | 17 | 31 | 18 |
| 4 Jahre, 9 Monate | 730 | 901 | 297 | 277 | 93 | 849 | 1026 | 465 | 25 | 23 | 15 |
| 25 Jahre | 2902 | 922 | 1309 | 1030 | 555 | 991 | 962 | 631 | 3 | – | 5 |
| 43 Jahre | 2231 | 970 | 1082 | 469 | 538 | 1411 | 611 | 702 | 11 | 11 | 118 |
| 58,6 Jahre | 2381 | 810 | 721 | 552 | 350 | 950 | 850 | 675 | 195 | 264 | 306 |
| Wildschwein | 2784 | 2841 | 1022 | 1022 | 696 | 3180 | 3270 | 2138 | 8 | 14 | 22 |
| Hausschwein | 2062 | 2455 | 689 | 802 | 522 | 2430 | 2850 | 1950 | 17 | 17 | 17 |

Anmerkung: p. = peripher, m. = medial, z. = zentral, FD = Flächendichte je cm².

beträgt im 1. Lebensjahr 180, im zweiten bis 3. Jahr etwas über 40, steigt dann auf 200 an und mißt im 30. Lebensjahr etwa 145; danach sinkt die Kurve relativ schnell ab. Bei der *Tibia* vergrößert sich die Querschnittsfläche um das 11,76fache (von 0,25 auf 2,94 cm²), die Zahl der Gefäßkanäle um das 4,2fache (von 568 auf 2381) und die Flächendichte der Gefäßkanäle sinkt um das 2,8fache ab (von 2270 auf 810; Tabelle 24). Im peripheren Querschnittsdrittel nimmt die Zahl der Osteone durch die periostale Apposition im ersten Lebensjahr stark zu, wobei die Flächendichte über 2000 Osteone je cm² liegt, wie es für die periostalen Kleinstosteone charakteristisch ist.

Die *quantitativen* Befunde über das Querschnittswachstum von Femur und Tibia zeigen, daß die Vermehrung der Osteone durch periostale Apposition mit dem Querschnittswachstum nicht Schritt hält. Es sind also *zwei* verschiedene *Vorgänge* anzunehmen, die *Apposition* von Knochengewebe und eine *Reifung*. Im Lauf des Lebens sinkt dementsprechend die Flächendichte der Osteone, und der Abstand der Kanäle voneinander wird von etwa 220 µm auf 365 µm vergrößert (vgl. WEIDENREICH, 1923a; FROST, 1961b). Die Durchmesser der Osteone wachsen heran. Auch der Abstand der *Osteozyten* voneinander vergrößert sich (Tabelle 19) und ihre Flächendichte nimmt ab (Abb. 254). Die Reifung und Strukturentwicklung des Knochengewebes betrifft offenbar sämtliche Ordnungsstufen (KNESE und TITSCHAK, 1962; KNESE und v. HARNACK, 1962). Der Ansatzpunkt für die Untersuchung der Strukturentwicklung wird von der Struktur 2. und 3. Ordnung, den Osteonen, in die *molekulare Dimension* verschoben. Veränderungen in einer Ordnung (2. und 3.: Osteonstruktur) sind als ein Abbild von Vorgängen in den niederen Stufen anzusehen. Dieser erweiterte Ansatzpunkt für die Untersuchung der Strukturentwicklung blieb nicht ohne Widerspruch (AMPRINO, 1963; KNESE, 1963b, 1970b), doch läßt sich die Struktur höherer

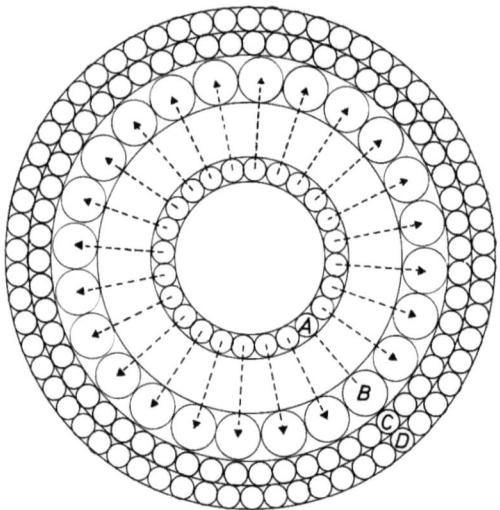

**Abb. 291.** Geometrisches Schema zur Darstellung des Querschnittwachstums durch Osteonreifung, verbunden mit Vergrößerung des Osteonquerschnittes (Ring *A* zu *B*). Apposition von Kleinstosteonen (Ring *C* und *D*; aus KNESE und TITSCHAK, 1962)

Ordnung nicht mehr isoliert von der Molekularbiologie der Komponenten betrachten.

Die Befunde über Osteonvermehrung und Querschnittswachstum lassen auch die Kalkulation zu, wie groß der *Zuwachs an Interzellularsubstanz* bei der Reifung ist. Bei einem Ausgangswert der Flächendichte der Kleinstosteone mit 2500 je cm² und einer Flächendichte der Osteone von 670 im mittleren Lebensalter beträgt der Zuwachs etwa 73%. Dieser Wert erscheint zunächst als relativ hoch, der Zuwachs der Fibrillen bei der Reifung liegt aber höher (etwa 93%). Nach Untersuchungen mit Hilfe von Tetracyclinen soll die Knochenbildung durch Osteozyten nur 1,3% jener durch Osteoblasten betragen (BAYLINK und WERGEDAL, 1971), ein Wert der uns im Hinblick auf die Verringerung der Flächendichte der Osteozyten und Haversschen Kanäle als viel zu klein erscheint. Ob diese auffällige Differenz mit dem bisher nicht genügend geklärten Vorgang der Rekristallisation (s.S. 615) als mögliche Folge der Fibrillenreifung in Zusammenhang steht, wäre zu diskutieren.

Berücksichtigt man bei der Strukturentwicklung die Apposition von Osteonen mit anschließender Reifung der Interzellularsubstanz und Vergrößerung des Abstandes der Haversschen Kanäle voneinander, läßt sich auch ein Schema für die Entwicklung der Struktur 2. Ordnung geben, wobei größere Osteone mehr zentral, marknahe, kleinere subperiostal liegen (s.S. 639). Eine Vergrößerung des Abstandes zweier Kanäle von 200 (Kleinstosteone) auf 350 μm bei reifen Osteonen entspricht einer Vergrößerung des Osteons um das 3fache. Nimmt man in einem Kreisring A (gleich Knochenquerschnitt) einander berührende Kreise als Osteone mit dem Radius a an und verdoppelt deren Durchmesser zum Radius b, so weitet sich der Kreisring zum Ring B (Abb. 291). Dem vergrößerten Umfang des Ringes B wird im Sinne der Apposition ein Ring C mit Kleinstosteonen mit dem Radius a aufgelagert. Die absolute Zahl der Osteone im Ring C ist dann größer als im Ring B. Dies dürfte den Befunden der Osteonstatistik, der größeren Osteonzahl in der Peripherie, entsprechen.

Bei einer *zentrifugalen* Entwicklung von Osteonen auf der Basis von Kleinstosteonen können *Reste* von sog. geflechtartigem oder primärem Knochen zwischen den Osteonen erhalten bleiben, die seit langem bekannt sind (z.B. GEBHARDT, 1902; MEYBURG, 1904; WEIDENREICH, 1923a, 1930; DEMETER und MÁTYÁS, 1928; SCHAFFER, 1930; AMPRINO, 1937; KNESE, 1956a, 1957; KNESE und TITSCHAK, 1962). Die äußere Begrenzung der Osteone ist unterschiedlich gestaltet (TOMES und DE MORGAN, 1853; MÜLLER, 1858; NICOLAS, 1899; LIPP, 1954b, 1956; KNESE und TITSCHAK, 1962). Im Hinblick auf die Reste geflechtartigen Knochens im Osteonknochen wurde früher angenommen, daß ein bereits gebildetes Osteon und die zunächst noch stehengebliebenen Teile des geflechtartigen Knochens durch eine erneute Resorption entfernt werden, worauf wiederum eine neue Osteonbildung erfolgen könne (GEGENBAUR, 1864, 1867; KOELLIKER, 1889; MEYBURG, 1904; AMPRINO, 1937; AMPRINO und GODINA, 1947; LACROIX, 1949a). Auch wurde an einen Abbau älterer Haversscher Systeme gedacht, um die unregelmäßige Form von Osteonquerschnitten zu erklären (GEGENBAUR 1864, 1867; NICOLAS, 1899; PRENANT, 1911a; ZEIGER, 1933; PANKOVICH et al., 1974). Bei diesen Osteon-Querschnittsbildern handelt es sich um die sog. Schalen- bzw. Panzerosteone (Abb. 272, 268; KNESE et al., 1954a; vgl. TOMES und DE MORGAN, 1853).

Dieses Nebeneinander von unterschiedlichen Strukturformen wurde bekanntlich als *Breccien*struktur bezeichnet. Man müßte diese Mischung aber als ein Zeichen noch nicht vollendeter Strukturentwicklung ansehen, wie u.a. die Entwicklung der Kittlinien bzw. -flächen zeigt, wobei die Topographie des jeweiligen untersuchten Strukturelements zu beachten ist (s.S. 664). Die *Kitt-* und *Grenzlinien* sind nämlich als Reste des sog. Zwischengewebes anzusehen (Abb. 289). Die Kittlinie wurde z.T. als Resorptionslinie für eine und als Appositionslinie für die andere Seite des angrenzenden Knochengewebes aufgefaßt (v. EBNER, 1875; vgl. BURKHARDT und PETERSEN, 1928). Kittlinien fehlen beim Kind und sind nur beim Erwachsenen anzutreffen (v. EBNER, 1875) und dort wieder in den marknahen Teilen des Querschnitts. Sie enthalten Fibrillen und Knochenzellen und werden von Knochenkanälchen durchzogen (MAIR, 1929). Einige Kittlinien sollen als Unterbrechungskittlinien auch durch einen Wachstumsstopp gebildet werden (BROESIKE, 1882).

Die Entwicklung der Knochenstruktur von präossalem Gewebe und den Trabekeln an bis zum reifen Knochengewebe läßt sich zwanglos als eine Reihe darstellen, wenn das Knochengewebe als ein Fasergewebe mit angeschlossenen Kristallen angesehen wird und die Reifungsvorgänge in allen Ordnungsstufen mit gleichem Gewicht berücksichtigt werden. Die Osteonbildung geht dann auf verschiedenen Wegen vor sich (KNESE und TITSCHAK, 1962):

1. Intertrabekuläre Spalten des (überwiegend) fetalen Knochens werden zu Haversschen Kanälen eingeengt und von Lamellen umgeben.

2. Die zum größeren Teil, wenn auch nicht ausschließlich, postnatale Apposition von Kleinosteonen führt zu einer genügend großen Anzahl von Osteonen. Die

weitere Differenzierung geht im Hinblick auf den Gefäßkanal in zentrifugaler Richtung in das Zwischengewebe hinein, das zum Bestandteil der Osteonwand wird. Hierbei entstehen auch die sog. Kittlinien.

3. Die zum Teil subperiostal, zum Teil in der Umgebung der Markhöhle gelegenen Tangentiallamellen werden kanalisiert. Die Kanäle erhalten eine lamelläre Wand und werden damit zu Osteonen (vgl. auch AMPRINO und GODINA, 1954). Wie groß dieser Anteil an der gesamten Anzahl der Osteone ist, kann nicht abgeschätzt werden.

4. Lakunen werden in zentripetaler Richtung ausgefüllt. Auf diesem Wege entstehen nach unseren Untersuchungen 5 bis 10% aller Osteone.

Die fortschreitende Lamellendifferenzierung (s.S. 664; Abb. 263) und damit Osteonbildung beruhen auf einer Umgestaltung des *Fibrillencharakters* (s.S. 126) sowie einer intraossalen Osteogenese (s.S. 606) und führen zur Veränderung der *Fibrillenstruktur*. Zum Studium dieser Entwicklung müssen verschiedene Querschnittsanteile eines Skelettelementes (hier Metacarpus, Rinderfet 520 mm SSL) miteinander verglichen werden, damit durch eine gleichartige technische Vorbehandlung eine präparativ bedingte unterschiedliche Erscheinungsform der Fibrillen ausgeschlossen werden kann (vgl. KNESE 1970c). In dem präossalem Gewebe erfolgt eine Dickenzunahme der Fibrillen (Abb. 225, 261). Das erste subperiostale Bälkchen ist aus Mikrolamellen (s.S. 620) von Fibrillen mit einer Dicke von $465 \pm 165$ Å aufgebaut (Abb. 292A–C). Die Fibrillenperiode ($316 \pm 82$ Å bzw. $536 \pm 64$ Å) besteht aus einer breiten Bande (A-bzw. D-Streifen; s.S. 133) mit wenig deutlichen intraperiodischen Streifen und einer nur etwa 70 Å breiten Interbande (B- bzw. H-Streifen). Durch intertrabekuläre Osteoblasten (s.S. 545) werden in der Folge die subperiostal gebildeten Knochenbälkchen von etwas unterschiedlich strukturierten (teils fibrillär, teils mehr homogen; s.S. 623) Säumen umgeben und zu einer Art Zwischengewebe (Abb. 283). Gleichzeitig erfolgt eine Einengung der intertrabekulären Spalten, die schließlich im medialen und zentralen Knochenanteil die Form von rundlichen Kanälen annehmen.

In den markwärts folgenden Bälkchen nehmen die parallel zueinander geordneten Fibrillen an Dicke zu und legen sich dicht aneinander. Gleichzeitig wird die periodische Gliederung undeutlicher. Die Bälkchen sind stark doppelbrechend. An manchen Orten geht bereits die Begrenzung der einzelnen individuellen Fasern zugunsten eines Filamenten- bzw. Faserfilzes verloren, in dem mitunter noch eine periodische Gliederung erkennbar ist. Im übrigen bestehen

---

**Abb. 292.** Rinderfet, 520 mm SSL, Metacarpus. *A–C:* subperiostales Knochenbälkchen, *A* Mikrola-  ▷
mellen, *B:* Fibrillenquerschnitte, *C:* Fibrillenlängsschnitte mit schmaler Interbande, *D–F:* mittleres Drittel des Knochenquerschnitts, *D:* Zwischengewebe mit Knochenkanälchen und Zellfortsätzen, Bildung von parallel gerichteten, gering kontrastierten Kollagenfibrillen, *E:* Fibrillenschichtung im Sinne der gefiederten Lamellen mit bogenförmigen Verbindungen, *F:* Übergang von Mikrofibrillen in undeutlich abgegrenzte Lamellen mit breiter Interbande, *H–I:* zentraler Knochenanteil mit fast ausgereiften Lamellen, *G:* mangelhafte Abgrenzung der Fibrillen gegeneinander, *H:* mehr oder minder deutliche Abgrenzung der Fibrillen, *I:* Fibrillenlängsschnitte mit deutlicher Gliederung in Bande und Interbande. Vergr. *A:* $4400 \times$, *B, C:* $56\,000 \times$, *D:* $5000 \times$, *E:* $3200 \times$, *F:* $18\,000 \times$, *G, H:* $3900 \times$, *I:* $48\,000 \times$

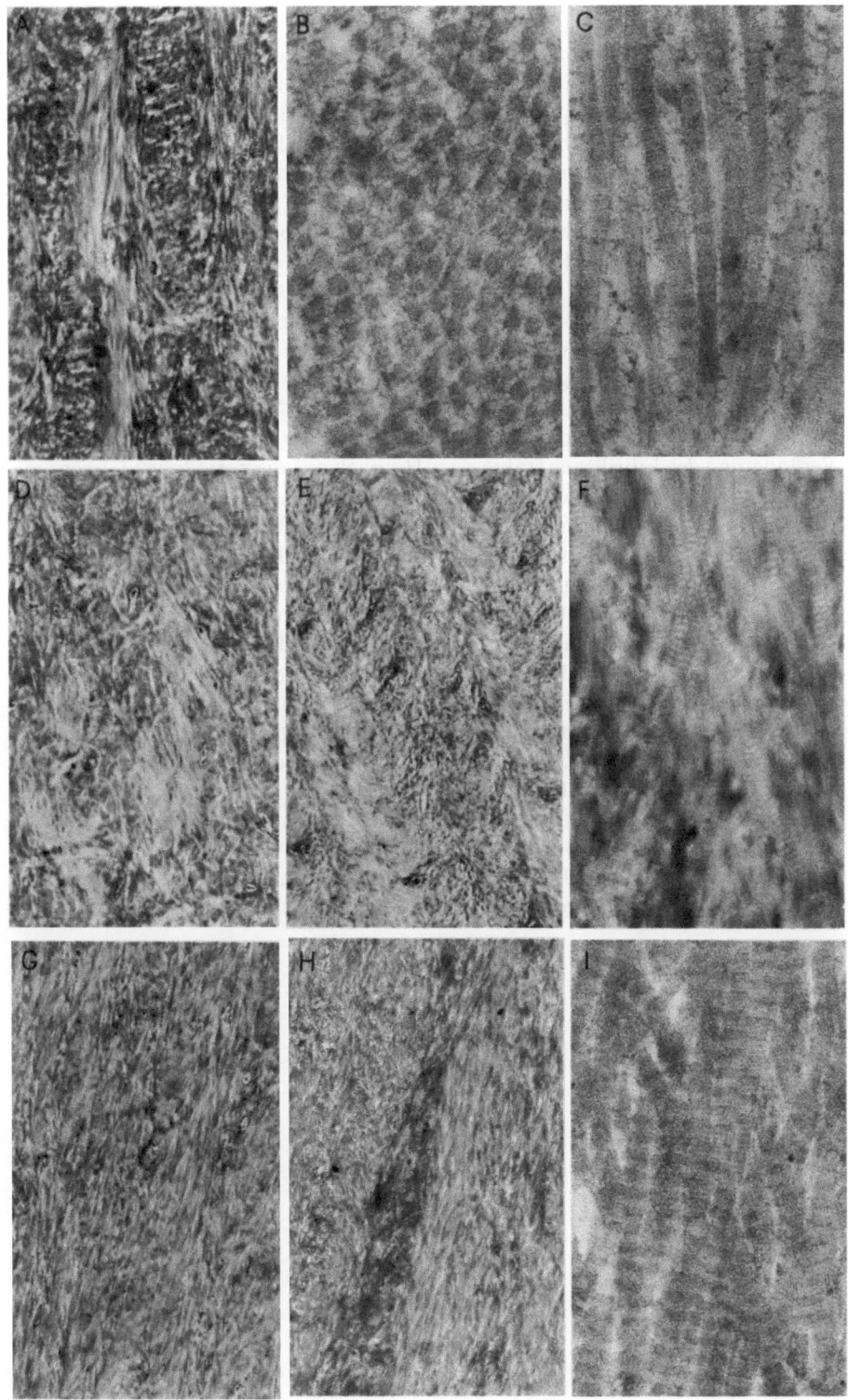

diese Zonen aus mangelhaft kontrastierten gestreckt verlaufenden lamellenarti-
gen Streifen, in die Gruppen von stark kontrastierten Filamenten eingelagert
sind. Das Zwischengewebe bzw. präkollagene Fasernetz (s.S. 653), das im mittleren Drittel des Knochenquerschnittes z.T. als blasse Mittellinie (s.S. 621) erscheint, ist reich an Knochenkanälchen. Aus diesem Faserwerk lösen sich stark
kontrastierte feinste Filamente, die sich zu in Schichten gelagerten undeutlich
begrenzten Fibrillen zusammenfügen (Abb. 292 D–F). Sie erscheinen als helle
Streifen und sind offensichtlich das Äquivalent der polarisationsmikroskopisch
beschriebenen Faserfilze (s.S. 631). Der Charakter dieser Fibrillen ist durch
eine breite Interbande ($287 \pm 77$ Å) und eine schmale Bande ($164 \pm 44$ Å) gekennzeichnet. Diese Faserfilzfibrillen gehen im zentralen, der Markhöhle nahen Querschnittsanteil in die (im vorliegenden Fall fast) reifen, z.T. aber noch nicht
scharf gegeneinander abgegrenzten, Fibrillen über, die in Lamellen um Gefäßkanäle geschichtet „unvollständig differenzierte Osteone" darstellen (s.S. 664; Abb.
292 H–I). Die Zunahme des Fibrillendurchmessers ($530 \pm 280$ Å) ist mit einer
Veränderung des Fibrillencharakters im Hinblick auf die periodische Gliederung
verbunden (Bande: $348 \pm 106$; Interbande: $212 \pm 68$ Å).

Die Entwicklung der Strukturen 4. (Lamellen) und 3. Ordnung (Osteone)
erscheint damit als Ergebnis von Vorgängen im Bereich der molekularen Dimension (Struktur 6. Ordnung; s.S. 627). Die Veränderung des Fibrillencharakters
ist auf die synthetische Aktivität der Osteozyten zurückzuführen (s.S. 604).
Allerdings ist im einzelnen noch zu diskutieren, wie die beobachteten Veränderungen der Fibrillenperiode sich mit den derzeit vertretenen Hypothesen über
die Grundlagen des Fibrillenaufbaus vereinen lassen (s.S. 133). Es bestände
die Möglichkeit, daß auf dem Wege über eine Umordnung der stabilisierenden
sog. Strukturglykoproteine (s.S. 132; Abb. 56), eine differente Parallelordnung
der Tropokollagenmoleküle erfolgt. Die Voraussetzungen hierfür, ein entsprechender Kohlenhydratstoffwechsel der Osteozyten, sind vermutlich gegeben (s.S.
606, 611; Tabelle 16), wobei eine stadienspezifische Synthese der Osteozyten
möglich ist (vgl. COOPER, 1965). Die Frage nach der „Kodierung der Strukturbildung" bleibt jedoch wie bei der Elastogenese (u.a. PARTRIDGE, 1970) offen.

# 12. Die Bildung des Skelettorgans

Eine endgültige Korrelation der Vorgänge bei der Bildung eines Skelettorganes in den verschiedenen Ordnungsstufen ist, z.T. aus methodischen Gründen, noch nicht möglich. Ansätze dazu sind vorhanden. Dabei zeigt sich, daß ein Grundprinzip (Programm) bei der Entwicklung der verschiedenen Skelettstücke verfolgt und nach der Individualität des einzelnen Elementes modifiziert wird. Diese Modifikation ist überwiegend quantitativer Natur und betrifft u.a. den Umfang der periostalen Knochenbildung, die Aktivität der einzelnen Epiphysen oder entsprechender Zonen. Dies zeigen die Befunde an verschiedenen Skelettelementen, am *Femur* (u.a. BARDEEN und LEWIS, 1901; BARDEEN, 1905; PITZEN, 1923; DEMETER und MÁTYÁS, 1928; ZAWISCH-OSSENITZ, 1929; HAINES, 1947; GRAY und GARDNER, 1950; FELTS, 1954; MOSS et al., 1955; BAHLING, 1958; OLIVIER, 1962; GARDNER und GRAY, 1968, 1970), *Humerus* (HAGEN, 1900; LEWIS, 1901; FALDINO, 1921; KÖNIG und KORNFIELD, 1927; HALONEN, 1929; STREETER, 1949; MOSS et al., 1955; BAHLING, 1958; OLIVIER, 1962; GRAY und GARDNER, 1969), an der *Scapula* (u.a. DIJKSTRA, 1923; ZAWISCH, 1954; OLIVIER, 1962; ELMIGER, 1966), und dem *Ilium* (u.a. STRAYER, 1943; HAINES, 1947; GARDNER und GRAY, 1950; ZAWISCH, 1953a; LAURENSON, 1964a, b). Dies gilt auch für die *Clavicula*, über deren Histogenese widersprüchliche Ansichten geäußert wurden (u.a. GEGENBAUR, 1864; FAWCETT, 1913; HANSON, 1920; JOHNSON und GRANT, 1932). Die Clavicula-Epiphysen verknöchern nach TODD und D'ERRICO (1928) nicht vollständig. ZAWISCH (1953b) meint, es trete eine besondere Gewebeform, ein Pseudoknorpel, auf, die sonst beim Menschen nicht vorhanden ist. KOCH (1960) findet die Clavicula rein knorpelig präformiert mit einer geringen Ausreifung des Knorpels, der als eine Art Wabenknorpel erscheint.

Bei der histologischen Gestaltung des *Knorpelmodells* unterscheidet STREETER (1949; Humerus) 5 Phasen. Im sog. Vorknorpel (Phase I) sind die Zellen etwas größer als im Skelettblastem. In der Phase II legen sich die Zellen in Reihen quer zur Längsachse des Skelettstückes. Die Zellen nehmen in der Phase III an Größe zu und werden kubisch. Nach weiterer Vergrößerung der Knorpelzellen (Stadium IV) tritt eine Desintegration oder Verflüssigung der Zellen auf. Die Flächendichte der Zellen wird während dieser Entwicklung (V. Phase) herabgesetzt. Das von einer Zelle mit umgebender Matrix eingenommene Feld in Phase IV entspricht 16 Zellen in der Phase I. Die Zellen im Zentrum des Knorpels und in den künftigen Epiphysen geben eine PAS-positive Reaktion, die Zellen des frühen Säulenknorpels dagegen nicht (Abb. 293). Dieser zentrale

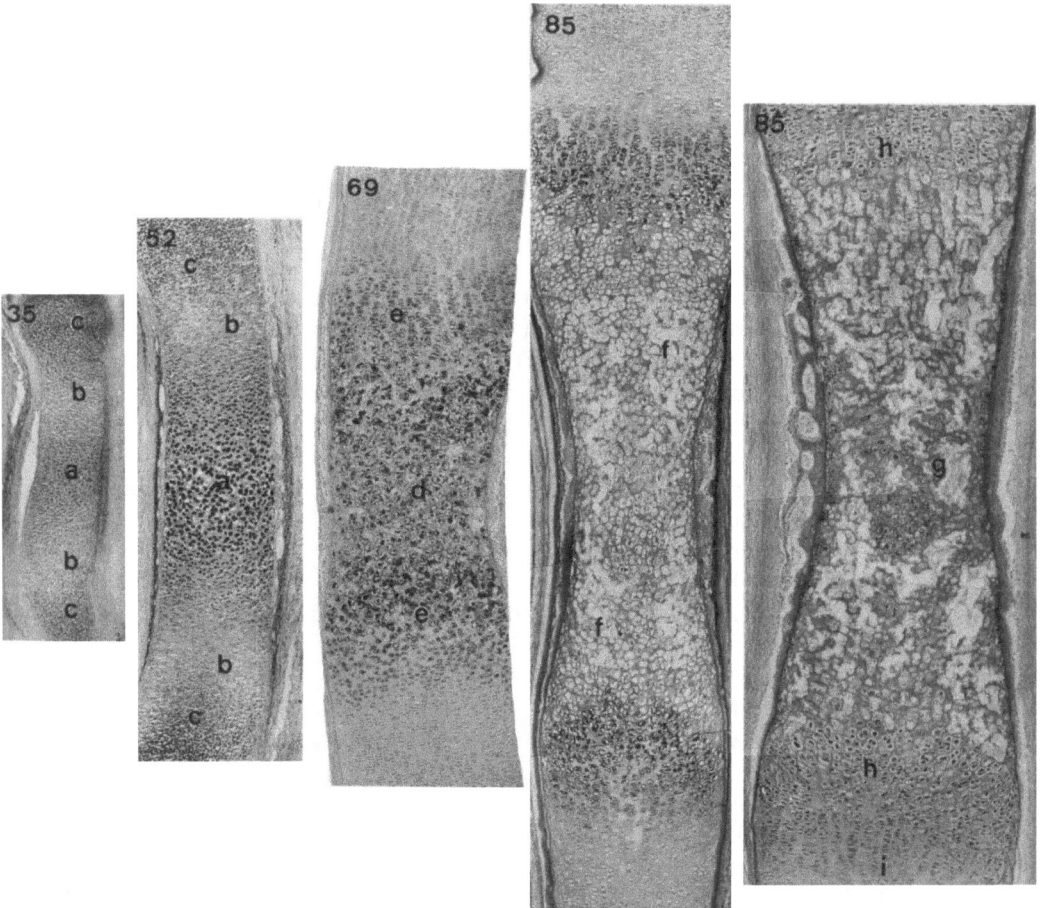

**Abb. 293.** Entwicklung der Markhöhle des Metacarpus bei Rinderfeten von 35, 52, 69, 85, 105 und 130 mm SSL. *a)* Zentraler Anteil des Skelettstücks mit Zellen, die stärker mit Kohlenhydraten beladen sind, *b)* sog. primitiver Säulenknorpel, *c)* Epiphyse, *d)* beginnende Hohlraumbildung mit Verarmung der Zellen an Kohlenhydraten, *e)* Anlage der hypertrophen Region, *f)* größere Hohlraumbildung, *g)* beginnende diaphysär-chondrale Osteogenese, *h)* hypertrophe Region, *i)* Säulenknorpel, *j)* beginnende Abgrenzung der Metaphyse, *k)* fortgesetzte diaphysär chondrale Osteogenese, *l)* ausgebildete Metaphyse, *m)* primäre Markhöhle mit Zentralgefäßen. Fixierung Formol 69, 85 und 105 mm, Alkohol 52 mm, Rossman 35 mm, Lillie 85 mm, Formol-Sublimat + Lillie 130 mm. PAS-Reaktion 35, 69 und 85 mm, BTS-Reaktion 52, 85, 105 und 130 mm. Alle Aufnahmen mit Obj. 10 und gleicher Nachvergrößerung, so daß der absolute Größenvergleich möglich ist. Der Metacarpus 130 mm wurde in zwei Hälften, einer proximalen und einer distalen, wiedergegeben.

Anteil des Knorpels wird in eine proximale und distale Hälfte unterteilt. Damit sind zwei Epiphysen, getrennt von der Markhöhle, entstanden. Die PAS-positiven Zellen liegen nunmehr in der hypertrophen Region und im distalen Säulenknorpel (vgl. SKALKO und COWDEN, 1974).

Die Vorgänge in der Mitte der knorpeligen Skelettstücke wurden im Sinne der Entstehung und Vergrößerung der *Markhöhle* überwiegend als ein destruktiver Prozeß angesehen (KOELLIKER, 1873; STRELZOFF, 1873a, 1876; HEUBERGER,

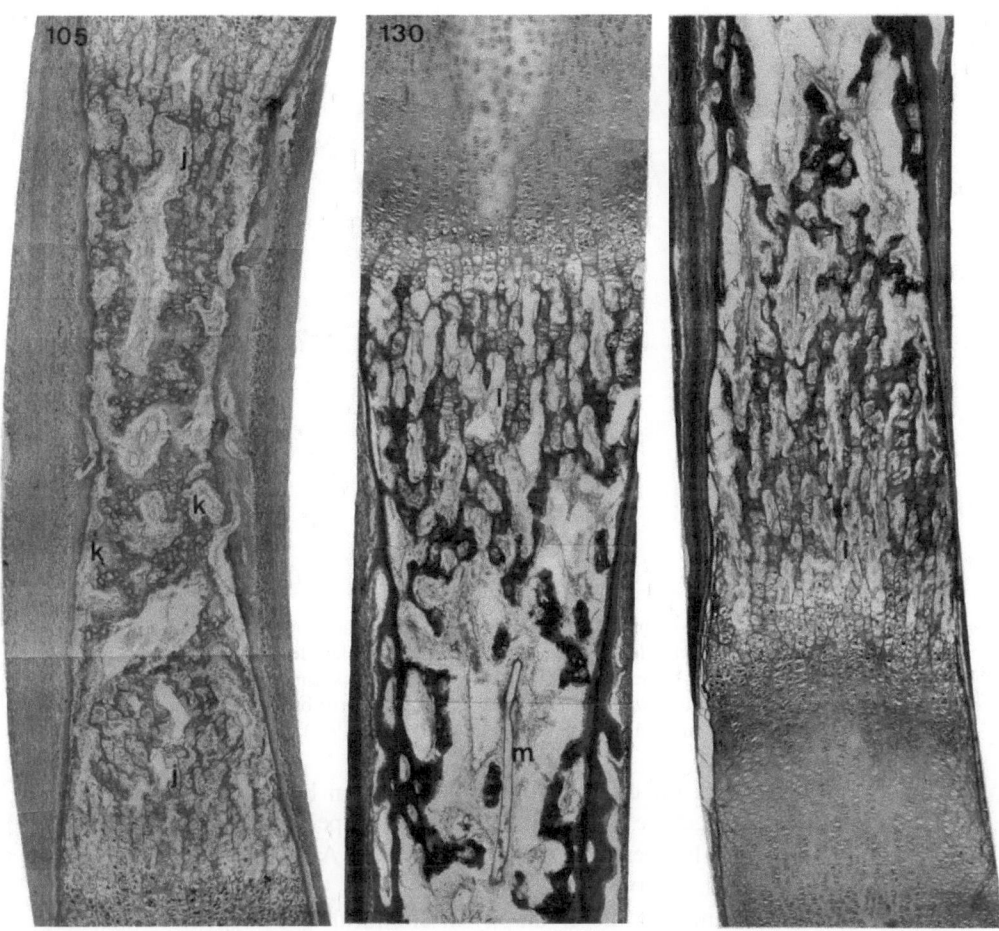

1875; DANTSCHAKOFF, 1909; MAXIMOW, 1910/11; FELL, 1925; PETERSEN, 1930; BRASH, 1934). Jedoch liegen auch Angaben über eine Osteogenese während der Bildung der primären Markhöhle vor (STEUDENER, 1875; STRELZOFF, 1875; KAPSAMMER, 1897; DANTSCHAKOFF, 1909; MAXIMOW, 1910/11). Die Markhöhle entsteht schrittweise. Durch eine Lücke in der ersten perichondralen bzw. periostalen Knochenschale dringt periostales Gewebe zusammen mit Gefäßen als sog. *enchondraler Zapfen* in das Skelettstück ein (Abb. 294). Zunächst werden nur einzelne Knorpelhöhlen eröffnet. Erst wenn gut zwei Drittel des Knorpelstabes von dieser Einwanderung ergriffen sind, bilden sich größere Hohlräume; die knorpeligen Anteile liegen der knöchernen Diaphyse an (Abb. 295). Innerhalb größerer Höhlen vollzieht sich eine *diaphysär-chondrale Osteogenese*, wobei die Markosteoblasten aber keine geschlossene Osteoblastentapete bilden (KNESE, 1957; vgl. GARDNER und GRAY, 1970). Während die primäre Spongiosa durch die enchondrale Osteogenese in Längsrichtung des Skelettstücks gebildet wird, entsteht durch die diaphysär-chondrale Osteogenese eine Auskleidung des Mark-

dorsal

ulnar 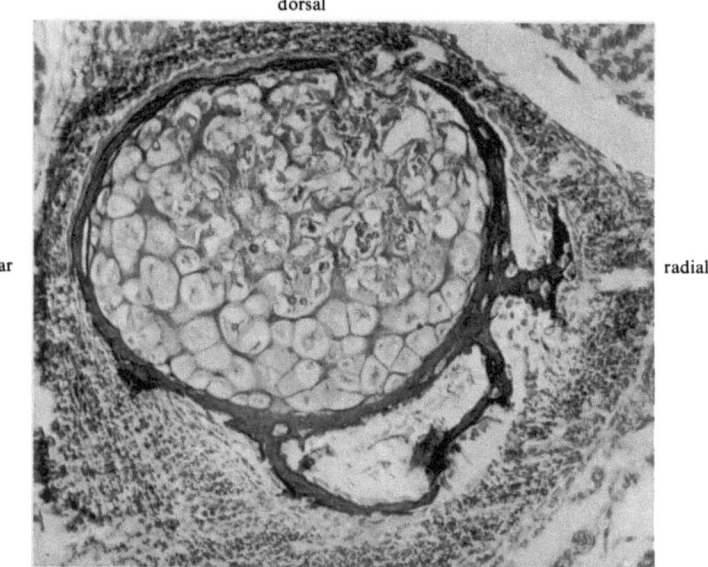 radial

**Abb. 294.** Menschlicher Fet, 34 mm SSL, Ulna distal. Auf der ersten periostalen Schale sind palmar und radial radiäre und tangentiale Bälkchen aufgebaut. Die Höhlen des Knorpelmodells sind zu zwei Dritteln mit osteogenem Gewebe erfüllt. In der Nähe der Lücke im periostalen Knochen hat sich ein System von Spalten entwickelt. Hier erscheinen die Knorpelbalken verdickt und stärker angefärbt. Azan, Obj. 20 (aus KNESE, 1957)

raumes. Im Gegensatz zur enchondralen-metaphysären bleiben bei der diaphysär-chondralen Osteogenese Knorpelzellen und Knorpelhöhlen lange erhalten. Vermutlich entstehen hierbei die Gebilde, die frühere Autoren als *Globuli ossei* bezeichnet haben (vgl. WEIDENREICH, 1930).

Im Zusammenhang mit dieser diaphysär-chondralen Osteogenese entsteht die *perienchondrale Grenzlinie* (STRELZOFF, 1873a). Nach V. EBNER (1875) ist sie die ehemalige äußere Resorptionsfläche des Knochens. Die perienchondrale Grenzlinie ist wohl auf die Knorpelschicht zwischen dem diaphysär-chondralen und dem periostalen Knochen zurückzuführen (KNESE, 1957). Während sich im periostalen Knochenbereich bereits ein ausgedehntes Bälkchenwerk entwickelt hat, sind die Vorgänge der diaphysär-chondralen Osteogenese häufig erst in den ersten Stadien. Dabei ist der Knorpel in der Nähe des periostalen Knochens zunächst unverändert. Wenn die zentrifugal gerichtete diaphysär-chondrale Osteogenese den periostalen Knochen erreicht, wandeln sich die Knorpelreste erst in einzelnen Teilen, schließlich im ganzen in die perienchondrale Grenzlinie um. Diese färbt sich mit Hämatoxylin und zeigt eine PAS-Reaktion, die kräftiger ist als die der Knorpelreste im chondralen Knochen; sie ist weiterhin doppelbrechend (Abb. 296; KNESE, 1957) und stark mineralisiert (WALLGREN, 1957b).

Die Ausbildung der perienchondralen Grenzlinie ist etwa mit dem Abschluß der diaphysär-chondralen Osteogenese verbunden, die bei *menschlichen* Feten von 105 mm SSL erfolgt. Die perienchondrale Grenzlinie ist in einzelnen Teilen bis kurz nach der Geburt zu beobachten (KNESE, 1957; BAHLING, 1958). Die

dorsal

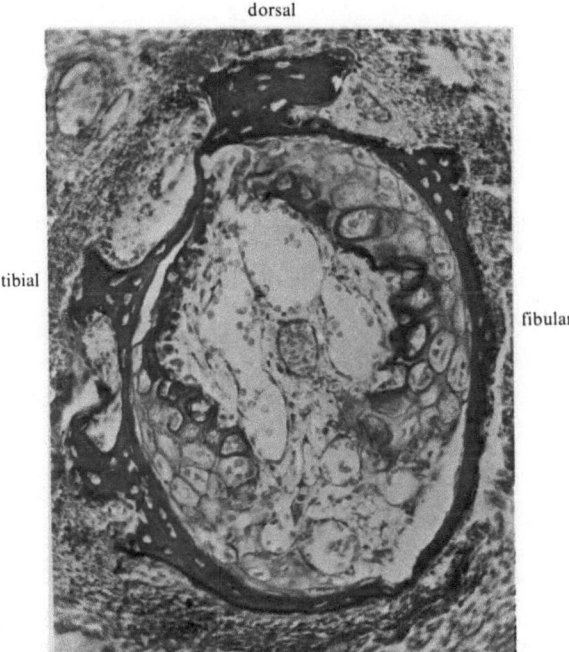

tibial

fibular

**Abb. 295.** Menschlicher Fet, 58 mm SSL, Fibula, Mitte. Beginn der diaphysär-chondralen Osteogenese. Der periostale Knochen wird auf der dorsal-tibialen Hälfte durch Bälkchen weitergebaut. Primitive Markhöhle. Bildung des diaphysär-chondralen Knochens durch Markosteoblasten (tibial) bzw. Umwandlung der Interzellularsubstanz um Knorpelhöhlen. Azan, Obj. 20 (aus KNESE, 1957)

Tatsache, daß die perienchondrale Grenzlinie trotz der Erweiterung der Markhöhle bestehen bleibt, hat STRELZOFF (1873a, 1874, 1876) dazu veranlaßt, die *Erweiterung* der *Markhöhle* auf ein Knorpelwachstum zurückzuführen. Die Markhöhle vergrößert sich unter Erhaltung der perienchondralen Grenzlinie und des anliegenden diaphysär-chondralen Knochens, wie maßstabgerechte Bilder zeigen (Abb. 279, 280). Es ist unwahrscheinlich, daß die Vergrößerung der Markhöhle nur auf einer Resorption beruht (s.S. 676; vgl. BAHLING, 1958). Allerdings ist nicht klar, wie diese Weitung vor sich geht; sie dürfte z.T. durch die gleichzeitige Dickenzunahme der Epiphyse bedingt sein (Abb. 132, 293).

Im diaphysär-chondralen Knochen treten primitive *Lamellensysteme* bzw. Faserfilzosteone auf (Abb. 296; KNESE, 1957). Die von lamellären chondralen Knochen umgebenen Reste der knorpeligen Interzellularsubstanz sind beim *Neugeborenen* noch reichlich vorhanden, beim 3-Monate-*Kind* ziemlich selten und fehlen beim Kind von 1 Jahr und 2 Monaten. Die Reste der Knorpelsubstanz erfahren zunächst Veränderungen, die mit einer Abnahme der metachromatischen Reaktion verbunden sind, reagieren dagegen mit PAS. Im polarisierten Licht ist eine Demaskierung der Kollagenfasern durch eine starke Doppelbrechung zu erkennen.

Im Zusammenhang mit der frühen diaphysär-chondralen Osteogenese ist auch die *endostale Knochenbildung* zu sehen. Ein gesondertes, dem Periost vergleichbares *Endost* (KOELLIKER, 1889), ist nicht vorhanden (PETERSEN, 1924; WEI-

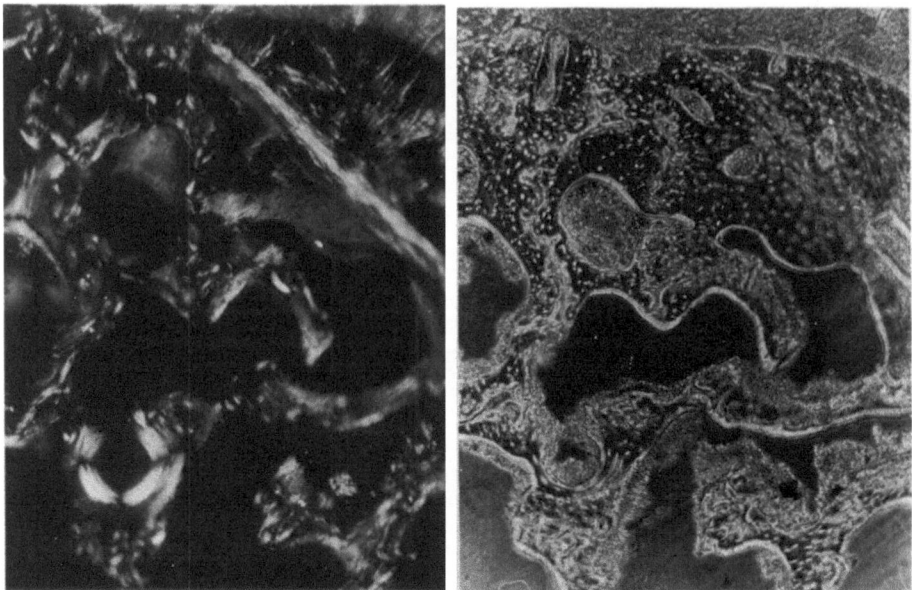

**Abb. 296.** Menschlicher Fet, 282 mm SSL, Tibia, distal. Ausbildung von Kollagenfaserstrukturen in Form von Faserfilzbezirken und Osteonen. Knorpelreste im chondralen Knochen. Perienchondrale Grenze. Periostaler Knochen aufgebaut aus einem präkollagenen Faserwerk mit überwiegend radiärer Ausrichtung der Fasern. Bezirk einer freien chondralen Fläche. Darstellung in polarisiertem Licht und mit Phasenkontrastverfahren, Obj. 10 (aus KNESE, 1957)

DENREICH, 1930). Auch elektronenmikroskopisch ist nur eine diskontinuierliche Lage von Zellen zu finden (LUK et al., 1974a), deren morphologische Zeichen einer Aktivität (granuläres Retikulum) im Vergleich mit den periostalen Osteoblasten nicht stark ausgeprägt sind. Autoradiographisch wurden bei *Ratte* und *Maus* nur wenige mit $^3$H-Thymidin markierte Osteoblasten im Bereich der endostalen Fläche nachgewiesen (MESSIER und LEBLOND, 1960). Im Hinblick auf die *Thymidin*-Markierung nimmt das sog. Endost eine Mittelstellung zwischen Metaphyse und Periost ein (YOUNG, 1962b). Dies gilt sowohl für die Zahl der anfangs markierten Stammzellen als auch die Zahl der Mitosen und der markierten Osteoblasten. Mit Hilfe der Ablagerung von $^{90}$Sr in Tibia und Fibula von *Kaninchen* wurde versucht, den periostalen, epiphysären und endostalen Anteil des Knochens zu bestimmen (OWEN et al., 1955). Eine entsprechende Untersuchung mit Hilfe von Oxytetracyclin haben STENSTRÖM et al. (1977) am Femur der Ratte durchgeführt. Im übrigen wird von einem mehr radiär orientierten Verlauf der Gefäßkanäle im endostalen Gebiet berichtet (PAYTON, 1934; BROOKES, 1971).

Durch die Bildung der Markhöhle wird das ursprünglich einheitliche knorpelige Skelettstück unterteilt, und es sind *zwei* getrennte *Epiphysen*, aber auch verschiedene *Orte* der *Knochenbildung*, entstanden. Die Frage, wie die Osteogenese in diesen verschiedenen Bereichen bei der Bildung des Skelettstücks miteinander korreliert ist, kann nur z.T. beantwortet werden (s.S. 251). Die

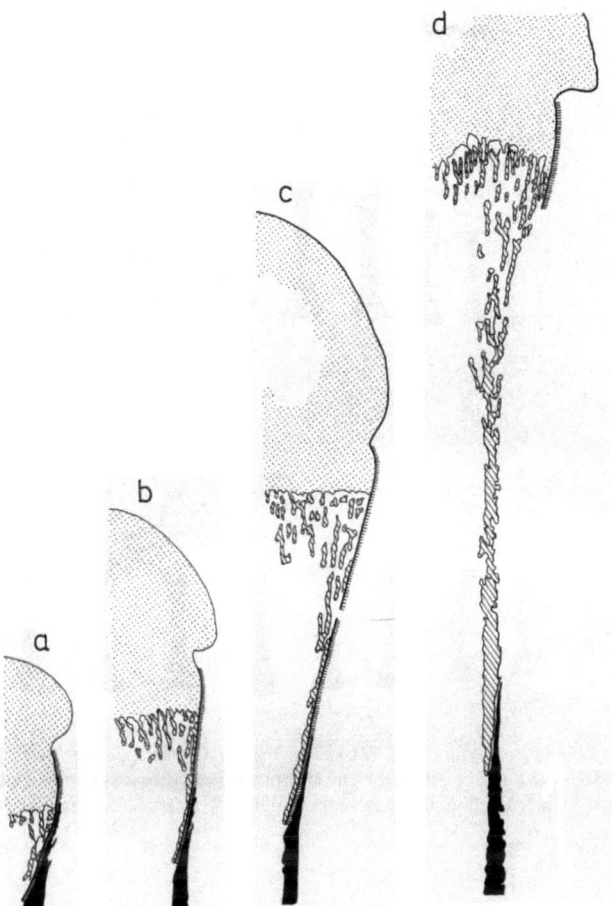

**Abb. 297.** Veränderungen in der distalen Femurmetaphyse von Ratten nach der Geburt. *a)* 1. Tag, die Metaphyse wird vollkommen überdeckt durch den periostalen Zylinder, *b)* 7. Tag, Beginn der Isolierung der Metaphyse von dem periostalen Zylinder, *c)* 14. Tag, der keulenförmigen Metaphyse fehlt eine Abstützung durch periostalen Knochen; Knochenkern ist entstanden, *d)* 21. Tag, die Metaphyse wird in den Schaft eingegliedert. Knorpel punktiert, enchondraler Knochen gestrichelt, perichondraler Knochen, angegeben in der Form einer Zähnelung, periostaler Knochen schwarz (Umzeichnung nach PRATT, 1959)

Bildung der primitiven Diaphyse soll auf einer Induktion durch den Wachstumsknorpel beruhen (LACROIX, 1945a). Obwohl das Längenwachstum des Knochens auf die Vorgänge in der Epiphyse zurückgeführt wird (s.S. 268), konnte erst mit Hilfe von $^{32}$P geklärt werden, daß die primäre Spongiosa als *Trichter* in die Diaphyse eingebaut wird (LEBLOND et al., 1950; Abb. 297), wodurch die Grundlage zur Verlängerung der Diaphyse geschaffen wird. Durch den Einbau der Spongiosa in die Diaphyse entstehen die früher als *Resorptionsflächen* (KOELLIKER, 1873; STEUDENER, 1875; HEUBERGER, 1875; SCHUSCIK, 1918) bzw. *aplastische* (STRELZOFF, 1873a, b, 1874, 1875) oder *freie chondrale* Flächen

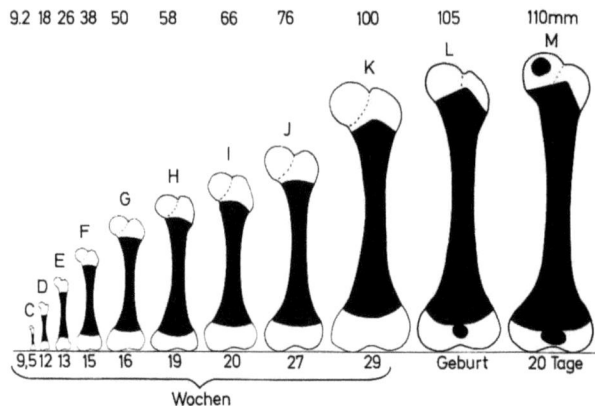

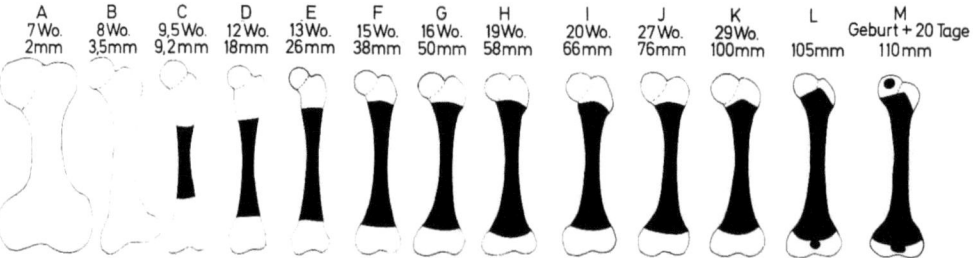

**Abb. 298.** Entwicklung des Femurs des Menschen bis zur Geburt. Untere Reihe: Darstellung von FELTS (1954), wobei alle Femora auf die gleiche absolute Größe gebracht wurden. Obere Darstellung: Umzeichnung, unter Berücksichtigung des Größenwachstums

(KNESE, 1956a, 1957; BAHLING, 1958) bekannten Anlagerungen chondralen Knochens unmittelbar an das Periost. Im Bereich freier chondraler Flächen treten die periostalen Mineraloklasten auf, die wahrscheinlich für die Entfernung der Knorpelmineralien verantwortlich sind (KNESE, 1957, 1972a). Anschließend werden periostale Knochenbälkchen angelagert (vgl. JUSTER, 1975a). Die Knorpelreste in diesem Knochen stellen vermutlich die *basophilen Inseln* von ZAWISCH-OSSENITZ (1929) dar (vgl. RUTH, 1954, 1961). Nach Untersuchungen mit Hilfe eines fluorochrommarkiertem Blutserums nimmt LIPP (1954b) an, daß die Knorpelsubstanz durch Osteozyten abgebaut und durch Knochen ersetzt wird. Die Knorpelreste reagieren PAS-positiv, aber nicht metachromatisch, verschwinden schließlich und werden durch Knochengewebe verdrängt (KNESE, 1957).

  Der Einbau der primären Spongiosa in den Knochenschaft hat dazu geführt, verschiedene *Anteile* der *Diaphyse* nach Untersuchung von *Ratten* und *Hühnchen* zu unterscheiden (Abb. 297; PRATT, 1957, 1959, 1961). Zunächst liegt eine primitive Diaphyse vor. Dann wird die distale Metaphyse in den Schaft eingebaut und von einer „splinting diaphysis" bedeckt. Proximal ist noch die primitive Diaphyse vorhanden. Schließlich bildet die eingebaute Diaphyse den größeren Teil des Schafts und die „splinting diaphysis" dehnt sich aus. Für diese verschie-

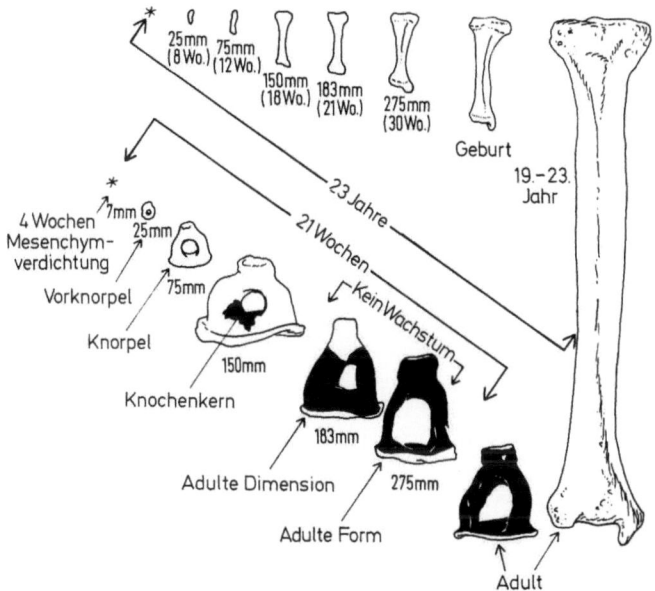

**Abb. 299.** Zeitlicher Vergleich der Entwicklung der menschlichen Tibia, die 23 Jahre beansprucht, und des Stapes, die in 21 Wochen abgeschlossen ist (Umzeichnung nach Anson et al., 1948)

denen Anteile des Schafts werden auch unterschiedliche histologische Charaktere des Knochengewebes angegeben (Pratt, 1959).

Das zunächst einheitlich, monolithisch, angelegte Skelettstück wird während der Entwicklung in mehrere Anteile zerlegt. Diaphyse, Epiphysen, Apophysen, die mit dem Abschluß des Wachstums wieder miteinander verschmelzen (vgl. Knese, 1958). Damit bestimmt eine große Zahl von vermutlich 30–50 Parametern (Bahling, 1958) die weitere Entwicklung eines Skelettstückes, u.a. die Aktivität der Epiphyse, die Menge und Verteilung der periostalen Ablagerungen (Abb. 279, 280). Die Zahl der Stellgrößen ist vermutlich unter Voraussetzung einer *Prozeßsteuerung* sämtlicher Vorgänge der Organogenese und Histogenese um einige Zehnerpotenzen höher anzusetzen. Die Bestimmung der *Parameter* der *Knochenentwicklung* ist durchaus möglich, schwieriger deren Korrelation, wie die Baugeschichte des Knochens zeigt. Von den vielen Parametern, die die Knochenentwicklung bestimmen, bereitet schon die Untersuchung der absoluten *Massen-* und *Größenzunahme* Schwierigkeiten. Häufig wird nur die Formänderung beachtet, aber nicht die gleichzeitige Massenzunahme, wie die Gegenüberstellung der Originalangaben von Felts (1954; Abb. 298) über die Entwicklung des Femurs mit einer maßstabgerechten Umzeichnung demonstrieren. Die Beziehungen des Skelettstücks zur *Umgebung* und dem gesamten Organismus, u.a. durch die Sehnen- und Bandansätze (s.S. 470), wurde bisher bei der Untersuchung der Größen- und Formentwicklung selten berücksichtigt. Aber auch die Zeit spielt bei der Entwicklung der einzelnen Skelettstücke eine erhebliche Rolle. Die Ausgestaltung von Labyrinth und Steigbügel läuft in 5 Wochen, der Tibia in 23 Jahren ab (Abb. 299; Anson et al., 1948).

# Literatur

Die zitierten Arbeiten werden in folgender Form aufgeführt:
1. Ein Autor: Nomen A chronologisch
2. Zwei Autoren: Nomen A, Nomen B alphabetisch nach Nomen B
3. Drei und mehr Autoren: Nomen A et al. chronologisch

ABBOT, J., HOLTZER, H.: Critical number of mitosis and the differentiation of chondroblasts and myoblasts. Anat. Rec. **151**, 439 (1965)

ABBOT, J., HOLTZER, H.: The loss of phenotypic traits by differentiated cells. V. The effect of 5-bromodeoxyuridine on cloned chondrocytes. Proc. nat. Acat. Sci. (Wash.) **59**, 1144–1151 (1968)

ABELSON, P.: Organic constitutents of fossils. In: Treatise on marine ecology and paleoecology. Memoir 67. Geol. Soc. Amer. **2**, 87–92 (1957)

ABERCROMBIE, M.: General review of the nature of differentiation. In: Cell differentiation. A Ciba Foundation Symposium (ed. by A.V.S. DE REUCK and J. KNIGHT) p. 3–17. London: J. and A. Churchill 1967

ACHARD, J.: Physikochemische Untersuchungen am lamellären Knochen. Z. Zellforsch. **23**, 573–588 (1935)

ADAIR, G.S., DAVIS, H.F., PARTRIDGE, S.M.: A soluble protein derived from elastin. Nature (Lond.) **167**, 605 (1951)

ADAMS, E.: Metabolism of proline and of hydroxyproline. In: International Review of Connective Tissue Research (ed. by D.A. HALL and D.S. JACKSON), Vol. V., 1–91, New York, London: Academic Press 1970

ADAMS, J.B.: Biosynthesis of chondroitin sulphates. Nature (Lond.) **184**, 274–275 (1959a)

ADAMS, J.B.: Effect of chondroitin on the uptake of radioactive sulphate into chondroitin sulphate. Biochim. biophys. Acta (Amst.) **32**, 559–561 (1959b)

ADAMS, J.B.: The biosynthesis of chondroitin sulphate. Incorporation of sulphate into chondroitin sulphate in embryonic chick cartilage. Biochem. J. **76**, 520–533 (1960)

ADAMS, J.B.: Sulphate metabolism in avian and mammalian cartilage extracts. Arch. Biochem. **101**, 478–488 (1963)

ADAMSON, L.F., INGBAR, S.H.: Further studies of amino acid transport by embryonic chick bone. J. biol. Chem. **242**, 2646–2652 (1967)

ADAMSON, L.F., GLEASON, S., ANAST, C.S.: Sulfate incorporation by embryonic chick bone. Biochim. biophys. Acta (Amst.) **83**, 262–271 (1964)

ADAMSON, L.F., LANGELUTTIG, S.G., ANAST, C.S.: Amino acid transport in embryonic chick bone and rat costal cartilage. Biochim. biophys. Acta (Amst.) **115**, 345–354 (1966)

ADAMSON, L.F., HERINGTON, A.C., BORNSTEIN, J.: Evidence for the selection by the membrane transport system of intracellular or extracellular amino acids for protein synthesis. Biochim. biophys. Acta (Amst.) **282**, 352–365 (1972)

ADELMANN, H.B.: Prechordal plate. Amer. J. Anat. **31**, 55–101 (1922)

ADELMANN, H.B.: The development of the prechordal plate and mesoderm of *Amblystoma punctatum*. J. Morph. **54**, 1–67 (1932)

AEBY, CH.: Über die Symphysis ossium pubis des Menschen nebst Beiträgen zur Lehre vom hyalinen Knorpel und seiner Verknöcherung. Z. Rat. Med. **4**, 1–77 (1858)

AEBY, CH.: Über Knochenwachstum. Tagebl. 49 Verslg. deutsch. Naturf. Hamurg Beil. 126, (1876)

AKAMINE, R.N., ENGEL, M.B., SARNAT, B.: Histochemical studies of cartilage implants. J. Bone Jt. Surg. **36-A**, 1166–1174 (1954)

ALBAUM, H.G., HIRSHFELD, A., SOBEL, A.E.: Calcification. VIII. Glycolytic enzymes and phosphorylated intermediates in preosseous cartilage. Proc. Soc. Exp. Biol. (N.Y.) **79**, 682–686 (1952a)

ALBAUM, H.G., HIRSHFELD, A., SOBEL, A.E.: Calcification. VI. Adenosinetriphosphate content of preosseous cartilage. Proc. Soc. Exp. Biol. (N.Y.) **79**, 238–241 (1952b)

ALBRIGHT, F.: The effect of hormones on osteogenesis in man. Recent. Progr. Hormone Res. **1**, 293–353 (1947)

ALBRIGHT, F., REIFENSTEIN, E.C.: The parathyroid glands and metabolic bone disease: selected studies Baltimore (Williams and Wilkins) 1948

ALBU, I., GEORGIA, R., STOICA, E., VINCZE, J., GIURGIU, T., POP, V.: Über die Dichte der Knochenkanäle in der Diaphysenkompakta der Röhrenknochen des Menschen. Verh. Anat. Ges. 66. Vers., Zagreb, Erg.-H. Anat. Anz. **130**, 529–540 (1971)

ALBU, I., GEORGIA, R., STOICA, E., GIURGIU, T., POP, V.: Le système des canaux de la couche compacte diaphysaire des os longs chez l'homme. Acta anat. **84**, 43–51 (1973)

ALBU, I., GEORGIA, R., VINCZE, J., STOICA, E., GIURGIU, T., POP, V.: Untersuchungen über den Durchmesser Haverschen Kanäle in der Diaphysenkompakta menschlicher Röhrenknochen. Anat. Anz. **138**, 105–116 (1975)

ALCOCK, N.W.: Calcification of cartilage. Clin. Orthop. **86**, 287–311 (1972)

ALI, S.Y.: The degradation of cartilage matrix by an intracellular protease. Biochem. J. **93**, 611–618 (1964)

ALI, S.Y.: Characterization of cathepsins in cartilage. Biochem. J. **105**, 549–557 (1967)

ALI, S.Y.: Analysis of matrix vesicles and their role in the calcification of epiphyseal cartilage. Fed. Proc. **35**(2), 135–142 (1976)

ALI, S.Y., EVANS, L.: Studies on the cathepsins in elastic cartilage. Biochem. J. **112**, 427–433 (1969)

ALI, S.Y., SAJDERA, S.W., ANDERSON, H.C.: Isolation and characterization of calcifying matrix vesicles from epiphyseal cartilage. Proc. nat. Acad. Sci. (Wash.) **67**, 1513–1520 (1970)

ALLEN, E.R., PEPE, F.A.: Ultrastructure of developing muscle cells in the chick embryo. Amer. J. Anat. **116**, 115–148 (1965)

ALTMANN, K.: Zur Frage der Bauart und der mechanischen Beanspruchung mikroskopischer Muskelsehnen. Z. Anat. Entwickl. Gesch. **124**, 57–68 (1963)

ALTMANN, K.: Zur kausalen Histogenese des Knorpels. Berlin-Göttingen-Heidelberg-New York: Springer Verlag 1964

ALTSCHULER, C.H., ANGEVINE, D.M.: Histochemical studies on the pathogenesis of fibrinoid. Amer. J. Path. **25**, 1061–1077 (1949)

AMADÒ, R., INGMAR, B., LINDAHL, U., WASTESON, Å.: Depolymerisation and desulphation of chondroitin sulphate by enzymes from embryonic chick cartilage. FEBS Lett. **39**, 49–52 (1974)

AMANO, H.: Role of the somitic tissue in the limb development of the urodelan *Amphibia.* Arch. Biol. **71**, 343–366 (1960)

AMBROSE, E.J.: Possible mechanisms of the transfer of the information between small groups of cells. In: Cell Differentiation. A Ciba Foundation Symposium (ed. by A.V.S. DE REUCK and J. KNIGHT) p. 101–115 London: J. & A. Churchill Ltd. 1967

AMPRINO, R.: Transformations histologiques pendant l'accroissement et le remaniement du col du fémur après la naissance. C.R. Ass. Anat. **32**, 19–35 (1937)

AMPRINO, R.: La struttura delle ossa dell'uomo sottratte alle sollecitazioni meccaniche. Considerazioni sul significato funzionale delle strutture della sostanza compatta. Wilhelm Roux' Arch. Entwickl. Mech. Org. **138**, 305–322 (1938)

AMPRINO, R.: Recherches et considérations sur la structure du cartilage hyalin. Acta anat. (Basel) **5**, 123–146 (1948a)

AMPRINO, R.: A contribution to the functional meaning of the substitution of primary by secondary bone tissue. Acta anat. (Basel) **5**, 291–300 (1948b)

AMPRINO, R.: Quelques données sur l'histophysiologie du tissu osseux. C.R. Ass. Anat. **37**, 11–19 (1950)

AMPRINO, R.: Rapporti fra processi di ricostruzione e distribuzione dei minerali nelle ossa. I. Ricerche eseguite col metodo di studio dell'assorbimento dei raggi roentgen. Z. Zellforsch. **37**, 144–183 (1952a)

AMPRINO, R.: Rapporti fra processi di ricostruzione e distribuzione dei minerali nella ossa. II. Ricerche con metodo autoradiografico. Z. Zellforsch. **37**, 241–273 (1952b)

AMPRINO, R.: Distribution of S$^{35}$ Sodium Sulfate in early chick embryos. Experientia (Basel) **11**, 19–21 (1955a)

AMPRINO, R.: On the incorporation of Radiosulfate in the cartilage. Experientia (Basel) **11**, 65–67 (1955b)

AMPRINO, R.: Autoradiographic research on the S$^{35}$ sulphate metabolism in cartilage and bone differentiation and growth. Acta anat. (Basel) **24**, 121–163 (1955c)

AMPRINO, R.: Struttura microscopica e rinnovamento delle ossa. Atti Soc. ital. Patol. **4**, 9–68 (1955d)

AMPRINO, R.: Uptake of S$^{35}$ in the differentiation and growth of cartilage and bone. In: Ciba Foundation Symposium on bone structure and metabolism. p. 89–109. London: J. & A. Churchill Ltd. 1956

AMPRINO, R.: Aspetti della morfogenesi delle estremità nei vertebrati. Monit. zool. ital. Suppl. **70/71**, 7–130 (1962/1963)

AMPRINO, R.: On the growth of cortical bone and the mechanisms of the osteon formation. Acta anat. (Basel) **52**, 177–187 (1963)

AMPRINO, R.: Biological bases of the radioisotope investigation of the skeleton. In: Handbuch der medizinischen Radiologie. (ed. by DIETHELM, O. OLSSON, F. STRNAD, H. VIETEN und A. ZUPPINGER) Band IV, Teil 1, S. 784–847. Berlin-Heidelberg-New York: Springer 1970

AMPRINO, R.: Problèmes anciens et récents de l'histophysiologie du squelette dans l'oeuvre scientifique de Pierre Lacroix. Acta orthop. belg. **39**, 379–392 (1973)

AMPRINO, R.: Developmental ability of the apical mesoderm of the chick embryo limb bud in sectors deprived of the ectodermal ridge. Nova Acta Leopoldina, Neue Folge, Band **41**, Nr. 217, 235–270 (1975a)

AMPRINO, R.: Observations sur les relations ecto-mesodermiques dans la morphogenèse du bourgeon des membres. Arch. Anat. Hist. Embr. nom. et exp. **58**, 29–40 (1975b)

AMPRINO, R.: On the topography of the presumptive skeletal mesenchyme in the early wing bud of chick embryos. Arch. Biol. (Bruxelles) **87**, 1–41 (1976)

AMPRINO, R.: Experimental study on the morphogenetic relationship between ectoderm and mesoderm in the developing chick embryo limb bud. Acta Embryol. Morph. exp. (Palermo) **1**, 51–70 (1977a)

AMPRINO, R.: Further observations on the site of bone prospective areas in the chick embryo wing bud. Acta anat. **98**, 295–312 (1977b)

AMPRINO, R., BAIRATI, A.: Studi sulle trasformazioni delle cartilagini dell'uomo nell'accrescimento e nella senescenza. III. Cartilagini fibrose. Z. Zellforsch. **21**, 448–482 (1934)

AMPRINO, R., BAIRATI, A.: Processi di ricostruzione e di riassorbimento nella sostanza compatta delle ossa dell'uomo. Ricerche su cento soggetti dalle nascita sino a tarda età. Z. Zellforsch. **24**, 439–511 (1936)

AMPRINO, R., ASCENZI, A., BERNARD, B. DE: Proceedings of the VII European Symposium on calcified tissue. Calcif. Tiss. Res. **4**, (Suppl.) 1–161 (1970)

AMPRINO, R., CAMOSSO, M.: Ricerche sperimentali sulla morfogenesi degli arti nel pollo. J. exp. Zool. **129**, 453–494 (1955a)

AMPRINO, R., CAMOSSO, M.: Le rôle morphogénétique de la crête ectodermique apicale du bourgeon des membres de l'embryon de poulet. C.R. Ass. Anat. **42**, 197–203 (1955b)

AMPRINO, R., CAMOSSO, M.: Analisi sperimentale dello sviluppo dell'ala nell' embrione di pollo. Wilhelm Roux' Arch. Entwickl. Mech. Org. **150**, 509–541 (1958a)

AMPRINO, R., CAMOSSO, M.: Experimental observations on influences exerted by the proximal over the distal territories of the extremities. Experientia (Basel) **14**, 241 (1958b)

AMPRINO, R., CAMOSSO, M.: Formazione di duplicità distali in trapianti crociati ala-arto pelvico nell'embrione di pollo. Boll. Soc. ital. Biol. sper. **35**, 1033–1035 (1959a)

AMPRINO, R., CAMOSSO, M.: Observations sur les duplications expérimentales de la partie distale de l'ébauche de l'aile chez l'embryon de poulet. Arch. Anat. micr. Morph. exp. **48**, 261–305 (1959b)

AMPRINO, R., CATTANEO, R.: Phénomènes d'accroissement et de sénescence des tendons dans leur insertion squelettique. C.R. Ass. Anat., 31. Réun. Milan 1–13 (1936)

AMPRINO, R., CATTANEO, R.: Il substrato istologico delle varie modalità di inserzioni tendinee alle ossa nell'uomo. Ricerche su individui di varia età. Z. Anat. Entwickl. Gesch. **107**, 680–705 (1937)

AMPRINO, R., ENGSTRÖM, A.: Studies on X-ray absorption and diffraction of bone tissue. Acta anat. (Basel) 15, 1–22 (1952)

AMPRINO, R., GODINA, G.: La struttura della ossa nei vertebrati. Ricerche comparative negli *anfibi* e negli *amnioti*. Commentat. Pontificia acad. sc. 11, 329–462 (1947)

AMPRINO, R., GODINA, G.: Le renouvellement structurel du tissu osseux des poissons téléostéens. C.R. Ass. Anat. 80, 573–580 (1954)

AMPRINO, R., GODINA, G.: Osservazioni sul rinnovamento strutturale dell' osso in Pesce Teleostei. Publ. Staz. zool. Napoli. 28, 62–71 (1956)

AMPRINO, R., MAROTTI, G.: A topographic study of bone formation and reconstruction. In: Bone and Tooth Symposium. (ed. by H.J.J. BLACKWOOD) p. 21–23. Oxford, London, New York, Paris: Pergamon Press (1964)

AMPRINO, R., SISTO, L.: Analogies et différences de structure dans les différentes régions d'un même os. Acta anat. (Basel) 2, 202–214 (1946)

AMTMANN, E., KUMMER, B.: Die Beanspruchung des menschlichen Hüftgelenks. II. Größe und Richtung der Hüftgelenksresultierenden in der Frontalebene. Z. Anat. Entwickl.-Gesch. 127, 286–314 (1968)

ANDERSEN, H.: Histochemical studies on the histogenesis of the knee joint and superior tibio-fibular joint in human foetuses. Acta anat. (Basel) 46, 279–303 (1961)

ANDERSEN, H., BRO-RASMUSSEN, F.: Histochemical studies on the histogenesis of the joints in human foetus with special reference to the development of the joint cavities in the hand and foot. Amer. J. Anat. 108, 111–122 (1961)

ANDERSON, A.J.: Some studies on the occurrence of sialic acid in human cartilage. Biochem. J. 78, 399–409 (1961a)

ANDERSON, A.J.: The fractionation of human cartilage chondromucoprotein. Biochem. J. 79, 19–20 (1961b)

ANDERSON, A.J.: Some studies on the relationship between sialic acid and the mucopolysaccharide-protein complexes in human cartilage. Biochem. J. 82, 372–381 (1962)

ANDERSON, B., HOFFMAN, P., MEYER, K.: A serine-linked peptide of chondroitin sulfate. Biochim. biophys. Acta (Amst.) 74, 309–311 (1963)

ANDERSON, B., HOFFMAN, P., MEYER, K.: The O-serine linkage in peptides of chondroitin 4- or 6-sulfate. J. biol. Chem. 240, 156–167 (1965)

ANDERSON, C.E.: The structure and function of cartilage. J. Bone Jt. Surg. 44-A, 777–786 (1962)

ANDERSON, C.E., PARKER, J.: Invasion and resorption in enchondral ossification. J. Bone Jt. Surg. 48-A, 899–914 (1966)

ANDERSON, C.E., PARKER, J.: Electron microscopy of the epiphyseal cartilage plate. A critical review of electron microscopic observations on enchondral ossification. Clin. Orthop. 58, 225–241 (1968)

ANDERSON, C.E., LUDOWIEG, J., HARPER, H.A., ENGLEMAN, E.P.: The composition of the organic component of human articular cartilage. Relationship to age and degenerative joint disease. J. Bone Jt. Surg. 46-A, 1176–1183 (1964)

ANDERSON, D.R.: The ultrastructure of elastic and hyaline cartilage of the rat. Amer. J. Anat. 114, 403–433 (1964)

ANDERSON, H.C.: Electron microscopic studies of induced cartilage development and calcification. J. Cell Biol. 35, 81–101 (1967)

ANDERSON, H.C.: Vesicles associated with calcification in the matrix of epiphyseal cartilage. J. Cell Biol. 41, 59–72 (1969)

ANDERSON, H.C.: Calcium accumulating vesicles in the intercellular matrix of bone. Hard tissue growth, repair and remineralization. Ciba Foundation Symposium 11 (new series) p. 213–246. Amsterdam: Elsevier Excerpta Medica – North Holland 1973

ANDERSON, H.C., COULTER, P.R.: Induction of cartilage and bone formation in mice by transplanted FL human tissue culture cells. Fed. Proc. 24, 437 (1965)

ANDERSON, J.C.: Glycoproteins of the connective tissue matrix. International Review of Connective Tissue Research 7, 251–322 (1976)

ANDERSON, N.G., GREEN, J.G.: The soluble phase of the cells. In: Enzyme cytology (ed. by D.B. ROODYN) p. 475–509. London, New York: Academic Press 1967

ANDERSON, N.G., HOFFMAN, P., MEYER, K.: Preliminary notes: A serine-linked peptide of chondroitin sulfate. Biochim. biophys. Acta. (Amst.) 74, 309–311 (1963)

ANDRES, G.: Über Induktion und Entwicklung von Kopforganen aus Unkenektoderm im Molch. (Epidermis, Plakoden und Derivate der Neuralleiste) Rev. suisse Zool. **53**, 502–510 (1946)

ANDREW, A.: The origin of intramural ganglia. II. The trunk neural crest as a source of enteric ganglion cells. J. Anat. (Lond.) **105**, 89–101 (1969)

ANDREW, A.: The origin of intramural ganglia. IV. The origin of enteric ganglia: a critical review and discussion of the present state of the problem. J. Anat. (Lond) **108**, 169–184 (1971)

ANDREWS, A.T. DE B., HERRING, G.M.: Further studies on bone sialoprotein. Biochim. biophys. Acta (Amst.) **101**, 239–241 (1965)

ANGULO, A.W., GONZALES, Y.: The motor nuclei in the errived cord of the albino rat at birth. J. comp. Neurol. **43**, 115–142 (1927)

ANNERSTEN, S.: Experimentelle Untersuchungen über die Osteogenese und die Biochemie des Fracturcallus. Acta chir. scand. **84**, Suppl. 60, 1–181 (1940)

ANNERSTEN, S.: Über die Osteogenese bei der Frakturheilung. Chirurg **13**, 76–82 (1941)

ANNO, K., SENO, N. 1962 zitiert nach CASTELLANI, A.A.: Proteinpolysaccharide complexes containing keratan sulfate. In: The chemical physiology of mucopolysaccharides (ed. by G. QUINTARELLI) p. 107–124. Boston: Little, Brown and Co. 1968

ANSEROFF, N.J.: Die Arterien der langen Knochen des Menschen. Z. Anat. Entwickl. Gesch. **103**, 793–812 (1934)

ANSETH, A.: Studies on corneal polysaccharides. III. Topographic and comparative biochemistry. Exp. Eye Res. **1**, 106–115 (1961)

ANSON, B.J., BAST, T.H., CAULDWELL, E.W.: The development of the auditory ossicles, the otic capsule and the extracapsular tissues. Ann. Otol. (St. Louis) **57**, 603–632 (1948)

ANTONOPOULOS, C.A., GARDELL, S., SZIRMAI, J.A., TYSSONSK, E.R.: Determination of glycosaminoglycans (mucopolysaccharides) from tissue on the microgram scale. Biochim. biophys. Acta (Amst.) **83**, 1–19 (1964)

APPLETON, J.: Ultrastructural observations on early cartilage calcification. The use of chromium sulphate in decalcification. Calcif. Tiss. Res. **5**, 270–276 (1970)

APPLETON, J.: Ultrastructural observations on the inorganic/organic relationships in early cartilage calcification. Calcif. Tiss. Res. **7**, 307–317 (1971)

APPLETON, J.: The ultrastructure of the articular tissue of the mandibular condyle in the rat. Arch. oral. Biol. **20**, 823–826 (1975)

APTER, M.J.: Cybernetics and development. Oxford-London-Edinburgh-New York-Toronto-Paris-Frankfurt: Pergamon Press 1966

AREY, L.B.: Phagocytosis by osteoclasts. Anat. Rec. **13**, 269–272 (1917)

AREY, L.B.: The origin, growth and fate of osteoclasts and their relation to bone resorption. Amer. J. Anat. **26**, 315–345 (1920a)

AREY, L.B.: On the presence of Haversian systems in membrane bone. Anat. Rec. **17**, 59–61 (1920b)

AREY, L.B.: The history of the first somite in human embryos. Contr. Embryol. Carneg. Instn. **27**, 233–269 (1938)

AREY, L.B.: The development of peripheral blood vessels. In: The peripheral blood vessels. (ed. by J.L. ORBISON and D. SMITH.) Chpt. I. p. 1–16. Baltimore: Williams & Wilkins 1963

AREY, L.B.: Human Histology 2. Edition. Philadelphia: W.B. Saunders 1968

ARIËNS KAPPERS, J.: Kopfplakoden bei Wirbeltieren. Ergebn. Anat. Entwickl. Gesch. **33**, 370–412 (1941)

ARMSTRONG, W.D.: Phosphorus metabolism in the skeleton. In: Phosphorus metabolism; a symposium on the role of phosphorus in the metabolism of plants and animals. (ed. by W.D. MCELROY and B. GLASS) Vol. 2, p. 698–731. Baltimore: John Hopkins Press 1952

ARMSTRONG, W.D.: Radiotracer studies of hard tissues. Ann. N.Y. Acad. Sci. **60**, 670–684 (1955)

ARNOLD, J.: Über das Verhalten des Indigcarmins in den lebenden Geweben. Zbl. med. Wiss. Jahrg. **13**, No. 51, 865–867 (1875)

ARNOLD, J.: Zur Kenntnis der Saftbahnen des Bindegewebes. Virchows Arch. path. Anat. **68**, 465–506 (1876)

ARNOLD, J.: Die Abscheidung des indigschwefelsauren Natrons im Knorpelgewebe. Virchows Arch. path. Anat. **73**, 125–146 (1878)

ARNOLD, J.: „Fettkörnchenzellen" und „Granulalehre". Anat. Anz. **18**, 385–391 (1900)

ARNOLD, J.: Supravitale Färbung mitochondrienähnlicher Granula in den Knorpelzellen nebst Bemerkungen über die Morphologie des Knorpelglykogens. Anat. Anz. **32**, 361–366 (1908)

ARNOLD, J.: Über Plasmastrukturen und ihre funktionelle Bedeutung. S. 219–234, Jena 1914

ARNOLD, J., JEE, W.S.S.: Bone growth and osteoclastic activity as indicated by radioautographic distribution of plutonium. Amer. J. Anat. **101**, 367–417 (1957)

ARNOLD, J., TONT, S.A.: Bone water studied by differential centrifugation. Calcif. Tiss. Res. **1**, 68–74 (1967)

ARNOLD, J., JEE, W.S.S., JOHNSON, K.: Observations and quantitative radioautographic studies of calcium 45 deposited in vivo in forming haversian systems and old bone of rabbit. Amer. J. Anat. **99**, 291–313 (1956)

ARNOLD, M.: Modellversuche zur Analyse metachromotroper Substanzen. Histochemie **6**, 1–7 (1966)

ARNOLD, M.: Histochemie. Berlin-Heidelberg-New York: Springer Verlag 1968

ARNOLD, M., HAGER, G.: Versuche zur elektronenmikroskopischen Darstellbarkeit saurer Mucopolysaccharide mit kolloidalen Eisenlösungen. Histochemie **17**, 312–318 (1969)

ARON, H., GRALKA, R.: Stützgewebe und Integumente der Wirbeltiere. In: Handbuch der Biochemie (ed. C. OPPENHEIMER) 2. Auflage, Band 4, S. 222–269 Jena: Verlag von Gustav Fischer 1925

ARONSON, N.N.JR., DE DUVE, C.: Digestive activity of lysosomes. II. The digestion of macromolecular carbohydrates by extracts of rat liver lysosomes. J. biol. Chem. **243**, 4564–4573 (1968)

ASBOE-HANSEN, G.: The mast cell. Int. Rev. Cytol. **3**, 399–435 (1954a)

ASBOE-HANSEN, G.: Connective Tissue in Health and Disease. Copenhagen: Ejnar Munkgsgaard (1954b)

ASBOE-HANSEN, G.: Connective Tissue. Ann. Rev. Physiol. **25**, 41–59 (1963)

ASBOE-HANSEN, G.: Hormones and connective tissue. Copenhagen: Ejnar Munkgsgaard 1966

ASCENZI, A.: La struttura dell'osso umano osservata al microscopio elettronico. Rendic. Ist. sup. san., Roma **12**, 893–902 (1949)

ASCENZI, A.: Die Knochengewebsstruktur untersucht mit dem Elektronenmikroskop. Sci. med. ital. **8**, 701–730 (1955a)

ASCENZI, A.: Some histochemical properties of the organic substance in Neandertal bone. Amer. J. Phys. Anthrop. **13**, 557–566 (1955b)

ASCENZI, A.: The relationship between mineralization and bone matrix. In: Bone and Tooth. (ed. by H.J.J. BLACKWOOD) p. 231–243. New York: Macmillan Co. 1964

ASCENZI, A.: Microscopy and prehistoric bone. In: Science in archaeology. (ed. by D.R. BROTHWELL and E. HIGGS) p. 526–538. Bristol: Thames and Hudson 1969

ASCENZI, A., BENEDETTI, E.L.: An electron microscopic study of the foetal membranous ossification. Acta anat. (Basel) **37**, 370–385 (1959)

ASCENZI, A., BONUCCI, E., BOCCIARELLI, D.S.: An electron microscope study of osteon calcification. J. Ultrastruct. Res. **12**, 287–303 (1965)

ASCENZI, A., BONUCCI, E., BOCCIARELLI, D.S.: An electron microscope study on primary periosteal bone. J. Ultrastruct. Res. **18**, 605–618 (1967)

ASCENZI, A., BONUCCI, E., BOCCIARELLI, D.S.: Fine structure of the bone mineral in different experimental conditions. 4th. Europ. Regional Conf. on Electron Microscopy. p. 431–432. Rome 1968

ASHWELL, G.: Carbohydrate metabolism. Ann. Rev. Biochem. **33**, 101–138 (1964)

ASHWELL, M., WORK, T.S.: The biogenesis of mitochondria. Ann. Rev. Biochem. **39**, 251–290 (1970)

ASKANAZY, M.: Über das basophile Protoplasma des Osteoblasten, Osteoklasten und anderer Gewebszellen. Zbl. Path. **13**, 368–378 (1902)

ASLING, C.W., NELSON, L.E.: Autoradiographic localization of growth hormone-induced proliferation in bone and certain soft tissues. In: Radioisotopes and bone. (ed. by F.C. McLEAN, P. LACROIX and A.M. BUDY) p. 191–196. Oxford: Blackwell Scientific Publ. 1962

ASTBURY, W.T.: Adventures in molecular biology. The Harvey Lectures. Ser. XI, VI, p. 3–44. Springfield (Ill.): Ch. C. Thomas 1950/1951

AUERBACH, E.: Untersuchungen über die Variation der Knochenstruktur, dargestellt an der Tibia. Inaug. Diss. der Med. Fakult. Kiel 1957

AUVERGNAT, R., GUIRAUD, R.: Influence of the pH of the medium of suspension on stimulated respiration of bovine articular cartilage. J. Physiol. (Paris) **54**, 282–283 (1962)

AVERY, G., CHOW, M., HOLTZER, H.: An experimental analysis of the development of the spinal column. V. Reactivity of chick somites. J. exp. Zool. **132**, 409–423 (1956)

AVERY, J.K.: Primary inductions of tooth formation. J. dent. Res. **33**, 702 (1954) (Abstract)

AVERY, J.K., HAN, S.S.: The formation of collagen fibrils in the dental pulp. J. dent. Res. **40**, 1248–1261 (1961)

AYER, J.P.: Elastic tissue. Int. Rev. Connect. Tiss. Res. **2**, 33–100 (1964)

AYER, J.P., FELDMANIS, L.: Lack of antigenicity in elastin isolated with formic acid. Fed. Proc. **17**, 426 (1958)

BACHRA, B.N.: Calcification a problem in molecular biology. Advanc. fluorine Res. dent. caries prev. **4**, 95–101 (1966)

BACHRA, B.N.: Some molecular aspects of tissue calcification. Clin. Orthop. **51**, 199–222 (1967)

BADI, M.H.: Ossification in the fibrous growth plate at the proximal end of the tibia in the rat. J. Anat. (Lond.) **111**, 201–209 (1972)

BAER, J.P.: Der funktionelle Bau der Symphyse im Embryonal- und Kindesalter auf Grund von Untersuchungen im polarisierten Licht. Acta anat. (Basel) **7**, 273–301 (1949)

BAER, M.J.: Patterns of growth of the skull as revealed by vital staining. Hum. Biol. **26**, 80–126 (1954)

BAHLING, G.: Die Entwicklung des Querschnittes der großen Extremitätenknochen bis zum Säuglingsalter. Morph. Jb. **99**, 109–188 (1958)

BAHR, G.F.: Über die Feinstruktur elastischer Fasern. Z. Anat. Entwickl. Gesch. **166**, 134–138 (1951)

BAIRATI, A.: Strutture submicroscopica del connectivo arricciolare. Arch. Sci. biol. **39**, 31–58 (1955)

BAIRATI, A.: Über die submikroskopische Struktur des Kollagens. Sci. med. ital. **4**, 594–651 (1956)

BAIRATI, A.: Submikroskopische Struktur des Kollagen. 3. Silberfärbung der Bindegewebe. Sci. med. ital. (dtsch. Ausg.) **7**, 273–320 (1958)

BAITSELL, G.: A study of the development of connective tissue in the Amphibia. Amer. J. Anat. **28**, 447–475 (1921)

BAITSELL, G.: On the origin of the connective tissue ground substance in the chick embryo. Quart. J. micr. Sci. **69**, 571–589 (1925)

BAKER, B.L., ABRAMS, G.D.: The physiology of connective tissue. Ann. Rev. Physiol. **18**, 61–78 (1955)

BAKER, J.R.: Cytological technique. 3rd. ed. London: Methuen 1950

BAKER, J.R.: Mitochondria and other cell inclusions. London-New York: Cambridge University Press 1957

BAKER, R.C., GRAVES, G.O.: The behaviour of the neural crest in the forebrain region of *Amblystoma*. J. comp. Neurol. **71**, 389–415 (1939)

BAKER, S.L.: The general pathology of bones. In: A textbook of X-ray diagnosis. (ed. by S. SHANKS, P. VERLEY and E.W. TWINNING). London: 1939

BALASUBRAMANIAN, A.S., BACHHAWAT, B.K.: Enzymic transfer of sulfate from 3 phosphoadenosine 5-phosphosulphate to mucopolysaccharides in rat brain. J. Neurochem. **11**, 877–885 (1964)

BALAZS, E.A.: Physical chemistry of hyaluronic acid. Fed. Proc. **17**, 1086–1093 (1958)

BALAZS, E.A.: Amino sugar-containing macromolecules in the tissues of the eye and the ear. In: The amino sugars. (ed. by E.A. BALAZS and R.W. JEANLOZ) Vol. II A, p. 401–460, New York, London: Academic Press 1965

BALAZS, E.A.: Sediment volume and viscoelastic behaviour of hyaluronic acid solutions. Fed. Proc. **25**, 1817–1822 (1966)

BALAZS, E.A.: Discussion in QUINTARELLI, G.: Methods for the histochemical identification of acid mucopolysaccharides: A critical evaluation. In: The chemical physiology of mucopolysaccharides (ed. by G. QUINTARELLI) p. 216–217, Boston: Little, Brown and Co. 1968

BALAZS, E.A.: Aging of connective and skeletal tissue. In: Thule international symposium (ed. by A. ENGEL and T. LARSSON) p. 107–122. Stockholm: Nordiska Bokhandelns Forlag 1969

BALAZS, E.A.: (ed.) Chemistry and molecular biology of the intercellular matrix, Vol. 1, 2 and 3. London and New York: Academic Press 1970a

BALAZS, E.A.: Guide to nomenclature. In: Chemistry and molecular biology of the intercellular matrix (ed. by E.A. BALAZS) Vol. I, p. 29–31. London and New York: Academic Press 1970b

BALAZS, E.A., GIBBS, D.A.: The rheological properties and biological function of hyaluronic acid. In: Chemistry and molecular biology of the intercellular matrix. (ed. by E.A. BALAZS) Vol. 3, p. 1241–1253. New York, London: Academic Press 1970

BALAZS, E.A., ROGERS, H.J.: The amino-sugar containing compounds in bones and teeth. In: The amino sugar (ed. by E.A. BALAZS and R.W. JEANLOZ) Vol. II A. p. 281–307. New York, London: Academic Press 1965

BALAZS, E.A., SZIRMAI, G.A.: Quantitative determination of cationic dyebinding in connective tissue. J. Histochem. Cytochem. **6**, 278–289 (1958a)

BALAZS, E.A., SZIRMAI, G.A.: Dyebinding and mucopolysaccharide content in connective tissue. J. Histochem Cytochem. **6**, 416–424 (1958b)

BALFOUR, F.M.: The development of *elasmobranch* fishes, trunk, skin, muscle-plates, notocord, peripheral, central and sympathetic nervous systems, brain and special sense organs. J. Anat. (Brit.) **11**, 406–490 (1877)

BALFOUR, F.M.: A monograph of the development of *elasmobranch* fishes. London (1878)

BALINSKY, B.J.: Zur Dynamik der Extremitätenknospenbildung. Wilhelm Roux' Arch. Entwickl. Mech. Org. **123**, 565–648 (1931)

BALINSKY, B.J.: Selbstdifferenzierung des Extremitätenmesoderms im Interplantat Zool. Jahrb. Abt. Allgem. Zool. Physiol. Tiere **54**, 327–348 (1935)

BALINSKY, B.J.: Kinematik des entodermalen Materials bei der Gestaltung der wichtigsten Teile des Darmkanals bei den *Amphibien*. Wilhelm Roux' Arch. Entwickl. Mech. Org. **143**, 126–166 (1947)

BALINSKY, B.J.: Korrelationen in der Entwicklung der Mund- und Kiemenregion und des Darmkanals bei *Amphibien*. Wilhelm Roux' Arch. Entwickl. Mech. Org. **143**, 365–395 (1948)

BALINSKY, B.J., WALTHER, H.: The immigration of presumptive mesoblast from the primitive streak in the chick as studied with the electron microscope. Acta Embryol. Morph. exp. (Palermo) **4**, 261–283 (1961)

BALL, J., JACKSON, D.S.: Histological, chromatographic and spectrophotometric studies of toluidine blue. Stain Technol. **28**, 33–40 (1953)

BALLOUGH, P., GOODFELLOW, J.: The significance of the fine structure of articular cartilage. J. Bone Jt. Surg. (Brit.) **50-B**, 852–857 (1968)

BALÓ, J.: Connective tissue changes in atherosclerosis. Int. Rev. Connect. Tiss. Res. **1**, 241–306 (1963)

BALOGH, G., FÖLDES, J.: Die funktionelle Gewebestruktur der Sehnenfurchen. Acta morph. Sci. Hung. **5**, 355–368 (1955)

BALOGH, K.: Decalcification with versene for histochemical study of oxidative enzyme systems. J. Histochem. Cytochem. **10**, 232–233 (1962)

BALOGH, K.: Histochemischer Enzymnachweis im normalen und rachitischen Skelettknorpel. Verh. dtsch. Ges. Path. 47. Tagung. S. 146–150. Stuttgart: Fischer Verlag 1963

BALOGH, K.: Further observation on oxidative enzyme activities in decalcified bone and teeth. J. Histochem. Cytochem. **12**, 485–486 (1964)

BALOGH, K., COHEN, R.B.: Histochemical localization of uridine diphosphoglucose dehydrogenase in cartilage. Nature (Lond.) **192**, 1199–1200 (1961)

BALOGH, K., HAJEK, J.V.: Oxidative enzymes of intermediary metabolism in healing bone fractures. A histochemical study. Amer. J. Anat. **116**, 429–448 (1965)

BALOGH, K., DUDLEY, H.R., COHEN, R.B.: Oxidative enzyme activity in skeletal cartilage and bone. A histochemical study. Lab. Invest. **10**, 839–845 (1961)

BANERJEE, S., GHOSH, P.K.: Hexosamine and hydroxyproline contents of tissues in scurvy. Proc. Soc. exp. Biol. (N.Y.) **107**, 275–277 (1961)

BANFIELD, W.: Aging in connective tissue. In: Connective tissue in health and disease (ed. by G. ASBOE-HANSEN) p. 151–158. Copenhagen: E. Munksgaard 1954

BANGA, I., BALÓ, J.: Studies of the elastolysis of elastin and of collagen. Acta physiol. Acad. Sci. Hung. **6**, 235–252 (1954)

BANGA, I., BALÓ, J.: The structure and chemical composition of connective tissue. In: Connective tissue (ed. R.E. TUNBRIDGE, M. KEECH, J.F. DELAFRESNAYE and G.C. WOOD) p. 254–263, Oxford: Blackwell Sci. Publ. 1957

BANGA, I., BALÓ, J.: Isolation of neutralheteropolysaccharide containing mucoprotein from bovine achilles tendon with the aid of collagenmucoproteinase. Biochem. J. **74**, 388–393 (1960)

BANGA, I., BALÓ, J.: Difference in mode of action between elastase and elastomucoproteinase. Acta physiol. Acad. Sci. Hung. **21**, 301–311 (1962)

BANGLE, R. JR., ALFORD, W.C.: The chemical basis of the periodic acid Schiff reaction of collagen fibers with reference to periodate consumption by collagen and by insulin. J. Histochem. Cytochem. **2**, 67–76 (1954)

BARBIERI, E.: Alcuni aspetti biochimici del processo di ossificazione. Fondation D. Ganassini, Milano, p. 50 (1958)

BARBIERI, E., RONCHETTI, G.C.: Adenosine triphosphate in the metaphyseal cartilage during skeletal growth as compared with other tissues. Atti Soc. lombarda Sci. med. biol. 13, 321–324 (1958)

BARBOUR, E.P., COOK, S.F.: The effects of low phosphorus diet and hypophysectomy on the structure of compact bone as seen with the electron microscope. Anat. Rec. 118, 215–230 (1954)

BARDEEN, C.R.: Studies of the development of the human skeleton. Amer. J. Anat. 4, 265–302 (1905)

BARDEEN, C.R.: Die Entwicklung des Skeletts und des Bindegewebes. In: Handbuch der Entwicklungsgeschichte des Menschen. (ed. by F. KEIBEL und F.P. MALL) 1. Band. S. 296–456. Leipzig: S. Hirzel 1910

BARDEEN, C.R., LEWIS, W.H.: The development of the limbs, body-wall and back in man. Amer. J. Anat. 1, 1–36 (1901)

BARGMANN, W.: Zur Kenntnis der Knorpelarchitekturen. (Untersuchungen am Skeletsystem von Selachiern) Z. Zellforsch. 29, 405–424 (1939)

BARGMANN, W.: Zur Histologie der Saugplatte des Schiffshalters Echeneis naucrates L. Mit Bemerkungen zur Systematik der Stützgewebe. Z. Zellforsch. 139, 149–170 (1973)

BARGMANN, W.: Histologie und mikroskopische Anatomie des Menschen. 7. Aufl. Stuttgart: G. Thieme Verlag 1977

BARGMANN, W., FLEISCHHAUER, K., KNOOP, A.: Über die Morphologie der Milchsekretion. II. Zugleich eine Kritik am Schema der Sekretionsmorphologie. Z. Zellforsch. 53, 545–568 (1961)

BARIL, E.F., HERRMANN, H.: Studies of muscle development. II. Immunological and enzymatic properties and accumulation of chromatographically homogeneous myosin of the leg musculature of the developing chick. Develop. Biol. 15, 318–333 (1967)

BARLAND, P., JANIS, R., SANDSON, J.: Immunofluorescent studies of human articular cartilage. Ann. rheum. Dis. 25, 156–164 (1966)

BARLAND, P., SMITH, C., HAMERMAN, D.: Localization of hyaluronic acid in synovial cells by radioautography. J. Cell Biol. 37, 13–26 (1968)

BARNETT, C.H., LEWIS, O.J.: The evolution of some traction epiphyses in birds and mammals. J. Anat. (Lond.) 92, 593–601 (1958)

BARNETT, C.H., DAVIES, D.V., MacCONAILL, M.A.: Synovial Joints. London: Longmans 1961

BARNETT, C.H., COCHRANE, W., PALFREY, A.J.: Age changes in articular cartilage of rabbits. Ann. rheum. Dis. 22, 389–400 (1963)

BARNICOT, N.A.: Studies on the factors involved in bone absorption. I. The effect of subcutaneous transplantation of bones of the grey-lethal house mouse into normal hosts and of normal bones into grey-lethal hosts. Amer. J. Anat. 68, 497–531 (1941)

BARNICOT, N.A.: The supravital staining of osteoclasts with Neutral-red: their distribution on the parietal bone of normal growing mice, and a comparison with the mutants grey-lethal and hydrocephalus – 3. Proc. roy. Soc. B 134, 467–485 (1947)

BARRACH, H.J., v. DER MARK, K., STEFFEN, G.: Localization of type I and type II collagen in developing limb buds of mammalia. In: New approaches to the evaluation of abnormal embryonic development (ed. D. NEUBERT and H.J. MERKER) S. 145–148. Stuttgart, Thieme Verlag 1975

BARRET, A.J.: Cartilage. Comprehens. Biochem. 26 B, 425–476 (1968)

BARRNETT, R.J., SELIGMAN, A.M.: Histochemical demonstration of protein-bound sulfhydryl groups. Science 116, 323–327 (1952)

BARRNETT, R.J., SELIGMAN, A.M.: Histochemical demonstration of protein-bound alpha-acylamidocarboxyl groups. J. biophys. biochem. Cytol. 4, 169–176 (1958)

BARRON, D.H.: The early development of the motor cells and columns in the spinal cord of the sheep. J. comp. Neur. 78, 1–27 (1945)

BARTELHEIMER, H., HEYDE, W., THORN, W.: D-Glucose und verwandte Verbindungen in Medizin und Biologie. Stuttgart: F. Enke 1966

BARTELMEZ, G.W.: The origin of the otic and optic primordia in man. J. comp. Neurol. 34, 201–232 (1922)

BARTELMEZ, G.W.: Neural crest from the forebrain in mammals. Anat. Rec. 138, 269–281 (1960)

BARTELMEZ, G.W.: The proliferation of neural crest from forebrain levels in the rat. Contr. Embryol. Carneg. Instn. **37**, 3–12 (1962)

BARTELMEZ, G.W., BLOUNT, M.P.: The formation of neural crest from the primary optic vesicle in man. Contr. Embryol. Carneg. Instn. **35**, 55–71 (1954)

BARTELMEZ, G.W., EVANS, H.M.: The development of the human embryo during the period of somite formation including embryo with 2–16 pairs of somites. Contr. Embryol. Publ. Carneg. Instn. **17**, No. 85, 1–67 (1926)

BARTH, A.: Histologische Untersuchungen über die Knochentransplantationen. Beitr. path. Anat. **17**, 65–142 (1895)

BARTH, L.G.: Developmental Physiology. Ann. Rev. Physiol. **19**, 41–58 (1957)

BARTOLI, E., VASCIAVEO, F.: Studio del decorso e della distribuzione dei canali vascolari nella compatta di ossa lunghe di mammiferi. Monit. zool. ital. **66**, (Suppl.) 246–251 (1957)

BARTTER, F.C.: The parathyroids. Ann. Rev. Physiol. **16**, 429–444 (1954)

BASSETT, A.L.: Current concepts of bone formation. J. Bone Jt. Surg. **44-A**, 1217–1244 (1962)

BASSETT, A.L.: Environmental and cellular factors regulating osteogenesis. In: Bone biodynamics (ed. by H.M. FROST) p. 233–244. Boston: Little, Brown & Co. 1964

BASSETT, A.L.: Electro-mechanical factors regulating bone architecture. Calcified Tissues 1965, Proc. Eur. Symp. 3rd, 1965 (ed. by H. FLEISCH, H.J.J. BLACKWOOD and M. OWEN) p. 78–89, Berlin-Heidelberg-New York: Springer 1966

BASSETT, A.L.: Biologic significance of piezoelectricity. Calcif. Tiss. Res. **1**, 252–272 (1968)

BASSETT, A.L., HERRMANN, I.: Influence of oxygen concentration and mechanical factors on differentiation of connective tissues in vitro. Nature (Lond.) **190**, 460–461 (1961)

BASSETT, A.L., MEYER, K.: Mucopolysaccharides production by normal human tendon cells in mass tissue culture. Anat. Rec. **124**, 481 (1956)

BAST, T.H.: Studies on the structure and multiplication of bone cells facilitated by a new technique. Amer. J. Anat. **29**, 139–154 (1921 a)

BAST, T.H.: Various types of amitoses in bone cells. Amer. J. Anat. **29**, 321–338 (1921 b)

BAST, T.H.: Perichondrial ossification and the fate of the perichondrium with special reference to that of the otic capsule. Anat. Rec. **90**, 139–148 (1944)

BATTIG, C.G., LOW, F.N.: The ultrastructure of human cardiac muscle and its associated tissue space. Amer. J. Anat. **108**, 199–230 (1961)

BAUD, C.A.: Observations au microscopie électronique sur les canalicules du tissu osseux compact. Bull. Micr. appl. **10**, 45–48 (1960)

BAUD, C.A.: Morphologie et structure inframicroscopique des ostéocytes. Acta anat. (Basel) **51**, 209–225 (1962)

BAUD, C.A.: La structure inframicroscopique des ostéocytes jeunes et adultes. Acta anat. (Basel) **59**, 380. Abstr. (1964)

BAUD, C.A.: The fine structure of normal and parathormone-treated bone cells. 4th. Europ. Symposium on calcif. tissues (ed. by P.J. GAILLARD, A. VAN DEN HOOFF and R. STEENDIJK) p. 4. Amsterdam-New York-London-Milan-Tokyo-Buenos Aires: Excerpta Med. Found. 1966

BAUD, C.A.: Submicroscopic structure and functional aspects of the osteocyte. Clin. Orthop. **56**, 227–236 (1968)

BAUD, C.A., AUIL, E.: Osteocyte differential count in normal human alveolar bone. Acta anat. (Basel) **78**, 321–327 (1971)

BAUD, C.A., DUPONT, D.: Démonstration histochimique des mucopolysaccharides dans le tissu osseux non décalcifié. Bull. Micr. appl. **11**, 121–125 (1961)

BAUD, C.A., DUPONT, D.: The fine structure of the osteocytes in the adult compact bone. Proc. fifth Int. Congr. Electr. Micr. Philadelphia 2: QQ – 10, 1962

BAUD, C.A., DUPONT, D.: Le remaniement osseux périlacunaire, C.R. Acad. Sci. (Paris) **260**, 1483–1484 (1965)

BAUD, C.A., MORGENTHALER, P.W.: Recherches sur le degré de minéralisation de l'os humain fossile par la méthode microradiographique. Arch. Suisse Anthropol. Gén. **21**, 79–86 (1959)

BAUD, C.A., MORGENTHALER, P.W.: Structure submicroscopique du rebord lacuno-canaliculaire osseux. Morph. Jb. **104**, 476–486 (1963)

BAUD, C.A., MORGENTHALER, P.W.: Étude quantitative des espaces submicroscopiques interfibrillaires dans la substance osseuse. Morph. Jb. **105**, 333–342 (1964)

BAUD, C.A., WEBER-SLATKINE, S.: Aspects microscopiques et submicroscopiques des ostéoblastes du tissu osseux compact. Bull. Micr. appl. **11**, 73–76 (1961)

BAUER, G.C.H.: Rate of bone salt formation in a healing fracture determined in rats by means of radiocalcium. Acta orthop. scand. **23**, 169–191 (1954)

BAUER, G.C.H.: Kinetics of calcium and strontium metabolism in man. In: Bone as a tissue (ed. by K. RODAHL, J.T. NICHOLSON and E.M. BROWN) p. 118–127. New York: McGraw-Hill Book Co. 1960

BAUER, H.: Mikroskopisch-chemischer Nachweis von Glykogen und einigen anderen Polysacchariden. Z. mikr. anat. Forsch. **33**, 143–160 (1933)

BAUER, K.: Intercellularsubstanzbildung und Mesenchymbegriff. Klin. Wschr. **13**, 361–364 (1934)

BAUER, R.: Über die segmentalen Wellen der Chorda dorsalis bei Säugetieren und ihre Deutung. Acta anat. (Basel) **66**, 631–638 (1967)

BAUER, W., ROPES, M.W., WAINE, H.: The physiology of articular structures. Physiol. Rev. **20**, 272–312 (1940)

BAUME, L.J.: The prenatal and postnatal development of the human tempero-mandibular joint. Trans. Eur. orthod. Soc. 1–11 (1962)

BAUSENHARDT, D.: Vergleichend-anatomische Untersuchungen über die „Encoche d'ossification". Verh. Anat. Ges. 48. Vers. Kiel 1950, Erg.-H. Anat. Anz. **97**, 223–230 (1951)

BAUTZMANN, H.: Experimentelle Untersuchungen über die Induktionsfähigkeit von Chorda und Mesoderm bei *Triton*. Wilhelm Roux' Arch. Entwickl. Mech. Org. **114**, 177–225 (1928)

BAUTZMANN, H.: Über Determinationsgrad und Wirkungsbeziehungen der Randzonenteilanlagen (Chorda, Ursegmente, Seitenplatten und Kopfdarmanlagen) bei *Urodelen* und *Anuren*. Wilhelm Roux' Arch. Entwickl. Mech. Org. **128**, 666–765 (1933)

BAYLINK, D., WERGEDAL, J.: Bone formation and resorption by osteocytes. In: Cellular mechanisms for calcium transfer and homeostasis (ed. by G. NICHOLS, Jr. and R.H. WASSERMAN) p. 257–289. New York-London: Academic Press 1971

BAZIN, S., DELAUNAY, A.: Le métabolisme des mucopolysaccharides. Biol. méd. (Paris) **48**, 351–441 (1959)

BEAMS, H.W., KESSEL, R.G.: The Golgi apparatus: structure and function. Int. Rev. Cytol. **23**, 209–276 (1968)

BEAR, R.S.: X-Ray diffraction studies on protein fibers. I. The large fiber axis period of collagen. J. Amer. chem. Soc. **66**, 1297–1305 (1944)

BEAR, R.S.: The structure of collagen fibrils. Advanc. Protein Chem. **7**, 69–160 (1952)

BEATTIE, D.S., BASFORD, R.E., KORITZ, S.B.: Studies on the biosynthesis of mitochondrial protein components. Biochemistry **5**, 926–930 (1966)

BEAU, A., QUÉREUX, P., VASSAL, P.: Les différentes formes du ménisque intra-articulaire de l'articulation sterno-claviculaire. Bull. Ass. Anat. (Nancy) 287–291 (1956)

BECHER, H., HOEGEN, K., PFEFFERKORN, G.: Sublichtmikroskopische-morphologische Untersuchungen des anorganischen Knochenanteils. Acta anat. (Basel) **20**, 105–115 (1954)

BECKER, C.E., DAY, H.G.: Utilization of glucose and synthesis of glucosamine in rat. J. biol. Chem. **201**, 795–801 (1953)

BECKER, W.: Elektronenmikroskopische Untersuchung der Insertion von Sehnen am Knochen. Arch. orthop. Unfallchir. **69**, 315–329 (1971)

BECKERT, R., DOMINOK, G.W.: Der histologisch nachweisbare altersabhängige Fettgehalt in den Knorpelgewebsarten beim Menschen. Z. Altersforsch. **21**, 333–345 (1969)

BECKS, H., KIBRICK, E.A., MARX, W., EVANS, H.M.: The early effect of hypophysectomy and of immediate growth hormone therapy on endochondral bone formation. Growth (Ithaca) **5**, 449–456 (1941)

BECKS, H., SIMPSON, M.E., EVANS, H.M.: Ossification at the proximal tibial epiphysis in the rat. Anat. Rec. **92**, 109–133 (1945)

BECKS, H., ASLING, C.W., COLLINS, D.A., SIMPSON, M.E., EVANS, H.M.: Changes with increasing age in the ossification of the third metacarpal of the female rat. Anat. Rec. **100**, 577–591 (1948a)

BECKS, H., ASLING, C.W., SIMPSON, M.E., EVANS, H.M., LI, C.H.: Ossification at the distal end of the humerus in the female rat. Amer. J. Anat. **82**, 203–229 (1948b)

BEEK, J. JR.: The carbohydrate content of collagen. J. Res. Bur. Stand. **27**, 507–517 (1941a)

BEEK, J. JR.: The carbohydrate content of collagen. J. Amer. Leather Chem. Ass. **36**, 696–710 (1941 b)

BEER, G.R. DE: The development of the vertebrate skull. Oxford: Clarendon Press 1937

BEER, G.R. DE: The differentiation of neural crest cells into visceral cartilages and odontoblasts in *amblystoma*, and a re-examination of the germ layer theory. Proc. Roy. Soc. B. **134**, 377–398 (1947)

BEHNKE, O.: A preliminary report on "microtubules" in undifferentiated and differentiated vertebrate cells. J. Ultrastruct. Res. **11**, 139–146 (1964)

BEHNKE, O., ZELANDER, T.: Preservation of intercellular substances by the cationic dye Alcian blue in preparative procedures for electron microscopy. J. Ultrastruct. Res. **31**, 424–438 (1970)

BÉLANGER, L.F.: Autoradiographic and histochemical studies of the entry and incorporation of sulphur in growing bones and teeth of the rat. Proc. 19th. Intern. Physiol. Congr. Montreal: p. 199–200, 1953

BÉLANGER, L.F.: Autoradiographic visualization of the entry and transit of $S^{35}$ in cartilage, bone and dentine of young rats and the effect of hyaluronidase in vitro. Canad. J. Biochem. **32**, 161–169 (1954)

BÉLANGER, L.F.: Autoradiographic studies of the formation of the organic matrix of cartilage, bone and the tissues of teeth. Ciba Found. Symposium on Bone Structure and Metabolism. London: Churchill 1956

BÉLANGER, L.F.: Autoradiographic studies of sulfate mucopolysaccharide metabolism in cartilage of osteolathyric rats and chicks. Proc. Soc. exp. Biol. **99**, 605–607 (1958)

BÉLANGER, L.F.: Osteolysis: An outlook on its mechanism and causation. In: The parathyroid glands: Ultrastructure secretion and function. (ed. by GAILLARD, R.V. TALMAGE and A.M. BUDY) p. 137. Chicago: Univ. Chicago Press 1965

BÉLANGER, L.F.: Osteocytic resorption: In: The Biochemistry and Physiology of Bone. (ed. by G.H. BOURNE) 2nd. Ed. Vol. III, p. 240–270. New York, London: Academic Press 1971

BÉLANGER, L.F., DROUIN, P.: Osteolysis in the frog; the effects of parathormone. Canad. J. Physiol. Pharmacol. **44**, 919–922 (1966)

BÉLANGER, L.F., MIGICOVSKY, B.B.: A comparison between different mucopolysaccharide stains as applied to chick epiphyseal cartilage. J. Histochem. Cytochem. **9**, 73–78 (1961)

BÉLANGER, L.F., MIGICOVSKY, B.B.: Bone cell formation and survival in $H^3$-thymidine labelled chicks under various conditions. Anat. Rec. **145**, 385–390 (1963)

BÉLANGER, L.F., ROBICHON, J., MIGICOVSKY, B.B., COPP, D.H., VINCENT, J.: Resorption without osteoclasts (osteolysis) In: Mechanisms of hard tissue destruction (ed. by R.F. SOGNNAES) p. 531. Washington, D.C.: Amer. Assoc. Adv. Sci. 1963

BÉLANGER, L.F., SEMBA, T., TOLNAI, S., COPP, D.H., KROOK, L., GRIES, C.: The two faces of resorption. In: Third Europ. Symp. on calcified tissues. (ed. by H. FLEISCH, H.J.J. BLACKWOOD and M. OWEN) p. 1. Berlin-Heidelberg-New York: Springer 1966

BÉLANGER, L.F., BÉLANGER, C., SEMBA, T.: Technical approaches leading to the concept of osteolytic osteolysis. Clin. Orthop. **54**, 187–196 (1967)

BELL, E.T.: On the histogenesis of the adipose tissue of the ox. Amer. J. Anat. **9**, 401–438 (1909)

BELL, E.: Molecular and cellular aspects of development. New York-Evanston-London: Harper & Row 1965

BELL, E., MACKINTOSH, R.: Control of synthetic activity during development. In: Cell Differentiation (ed. by A.V.S. DE REUCK and J. KNIGHT) London: J.A. Churchill Ltd. 163–177, 1967

BELL, E., KAIGHN, M.E., FESSENDEN, L.M.: The role of mesodermal and ectodermal components in the development of the chick limb. Develop. Biol. **1**, 101–124 (1959)

BELLAIRS, R.: Cell death in chick embryos as studied by electron microscopy. J. Anat. (Lond.) **95**, 54–60 (1961)

BELLAIRS, R.: The development of somites in the chick embryo. J. Embryol. exp. Morph. **11**, 697–714 (1963)

BENDITT, E.P., FRENCH, J.E.: Histochemistry of connective tissue. I. The use of enzymes as specific histochemical reagents. J. Histochem. Cytochem. **1**, 315–320 (1953)

BENNETT, G.A., WAINE, H., BAUER, W.: Changes in the knee joint at various ages with particular reference to the nature and development of degenerative joint disease. New York: Commonwealth Found. 1942

BENNINGHOFF, A.: Experimentelle Untersuchungen über den Einfluß verschiedenartiger mechanischer Beanspruchung auf den Knorpel. Verh. anat. Ges. (Jena) 33. Vers. Erg.-H. Anat. Anz. **59**, 194–215 (1924)

BENNINGHOFF, A.: Spaltlinien am Knochen. Eine Methode zur Ermittlung der Architektur platter Knochen. (Studien zur Architektur der Knochen. 1. Teil) Verh. Anat. Ges. 34. Vers. Erg.-H. Anat. Anz. **60**, 189–206 (1925a)

BENNINGHOFF, A.: Der funktionelle Bau des Hyalinknorpels. Ergebn. Anat. Entwickl. Gesch. **26**, 1–54 (1925b)

BENOIT, J.: Étude expérimentale des facteurs de l'induction du cartilage otique chez les embryons de poulet et de truite. Ann. Sci. natur. Zool. (Paris) **12**, 323–385 (1960)

BENOIT, J., CLAVERT, J.: Étude histologique de l'ossification folliculinique chez les oiseaux. Bull. Histol. appl. **20**, 25–42 (1943)

BENOIT, J., CLAVERT, J.: Comportement des ostéoclastes vis-à-vis de travées osseuses non calcifiées, chez le canard domestique. C.R. Soc. Biol. (Paris) **141**, 911–912 (1947)

BENOIT, J., CLAVERT, J.: Différenciation et comportement des ostéoclastes chez les oiseaux. Arch. anat. (Strasb.) **34**, 63–70 (1952)

BENSLEY, S.H.: On presence, properties and distribution of intercellular ground substance of loose connective tissue. Anat. Rec. **60**, 93–109 (1934)

BENSON, P.F., McCANCE, R.A.: The biochemistry of development. London, Philadelphia: Spastics International Medical Publication. Clinics in Developmental Medicine No. 37, 1971

BENSUSAN, B., HOYT, B.L.: The Effect of various Parameters on the rat of formation of fibers from Collagen solutions. J. Amer. chem. Soc. **80**, 719–723 (1958)

BENTLEY, G., GREER, R.B.: The fate of chondrocytes in endochondral ossification in the rabbit. J. Bone Jt. Surg. **52-B**, 571–577 (1970)

BENTLEY, J.P., HANSON, A.N.: The hydroxyproline of elastin. Biochim. biophys. Acta (Amst.) **175**, 339–344 (1969)

BENTLEY, J.P., ROKOSOVA, B.: Metabolic heterogenity of rabbit ear cartilage chondroitin sulfate. In: Chemistry and molecular biology of the intercellular matrix (ed. by E.A. BALAZS) Vol. 2, p. 935–941. New York, London: Academic Press 1970

BERCZY, J.: Zur Ultrastuktur der Extremitätenknospe. Z. Anat. Entwickl. Gesch. **125**, 295–315 (1966)

BERENSON, G.S., LUMPKIN, W.M., SHIPP, W.G.: Study of the time-course production of acid mucopolysaccharides by fibroblasts in a synthetic medium. Anat. Rec. **132**, 585–596 (1958)

BERG, P.L., KROWKE, R., MERKER, H.-J.: Studies on blastema and epithelium of the limb anlage of mouse embryos. In: New approaches in the evaluation of abnormal embryonic development (ed. D. NEUBERT, and H.J. MERKER) S. 151–160. Stuttgart, Thieme Verlag 1975

BERGEN, F. VON: Zur Kenntnis gewisser Strukturbilder („Netzapparate", „Saftkanälchen", „Trophospongien") im Protoplasma verschiedener Zellenarten. Arch. mikr. Anat. **64**, 498–574 (1904)

BERNARD, B. DE., LORENZI, G.L.: Conzentrazione della cocarbossilasi nella cartilagine metafisavia di giovani a dicta cavente di vitamina B$_1$. Arch. Sci. biol. (Bologna) **39**, 308–312 (1955)

BERNARD, C.: De la matière glycogène considérée comme condition de développement de certains tissus, chez le foetus, avant l'apparition de la fonction glycogénique du foie. C.R. Acad. Sci. **48**, 673–684 (1859)

BERNARD, C.: Leçons sur le phénomènes de la vie communs aux animaux et aux végétaux. Paris: Baillière 1878

BERNARD, G.W.: The ultrastructural interface of bone crystals and organic matrix in woven and lamellar endochondral bone. J. dent. Res. Suppl. **48**, 781–788 (1969)

BERNARD, G.W., PEASE, D.C.: An electron microscopic study of initial intramembranous osteogenesis. Amer. J. Anat. **125**, 271–290 (1969)

BERNARDI, G.: The molecular size, shape and weight of mucoprotein from cartilage. Biochim. biophys. Acta (Amst.) **26**, 47–52 (1957)

BERNAYS, A.: Die Entwicklungsgeschichte des Kniegelenkes des Menschen, mit Bemerkungen über die Gelenke im allgemeinen. Morph. Jb. **4**, 403–446 (1878)

BERNFIELD, M.R.: Collagen synthesis during epitheliomesenchymal interactions. Develop. Biol. **22**, 213–231 (1970)

BERNSTEIN, S.A.: Über die Beziehung des Duraendothelioms zum Schädelknochen vom chirurgischen Standpunkt. Langenbecks Arch. klin. Chir. **175**, 638–651 (1933)

BERTELSEN, A.: Experimental investigations into post-foetal osteogenesis. Acta orthop. scand. **15**, 139–181 (1944)

BERTHOLD, H.: Reifungs- und Altersprozesse in der Zytoarchitektonik des Knorpels der Epiphysenfugen. Z. Alternsforsch. **8**, 52–65 (1954)

BERTOLIN, A., MATTUCCI, A.M.: Ricerche cromatografiche sulle mucoproteine del tessuto osseo umano in rapporto alle varie età. Clin. Orthop. **14**, 58–67 (1962)

BERTOLINI, R., WENDLER, D., HARTMANN, E.: Die Entwicklung der Symphysis mentis beim Menschen. Anat. Anz. **121**, 55–71 (1967)

BERTRAND, P.: Notes sur la vascularisation des épiphyses chez le foetus. C.R. Ass. Anat. **18**, 89–94 (1923)

BESCOL-LIVERSAC, J.: Les mucopolysaccharides etudiés par la fixation du radio-sulfate. Ann. Histochim. **4**, 309–365 (1958)

BETTELHEIM-JEVONS, F.R.: Protein-carbohydrate complexes. Advanc. Protein Chem. **13**, 35–105 (1958)

BEVELANDER, G., JOHNSON, P.L.: A histochemical study of the development of membrane bone. Anat. Rec. **108**, 1–21 (1950a)

BEVELANDER, G., JOHNSON, P.L.: A histochemical study of the calcification of the mandible. J. dent. Res. **29**, 665 (1950b)

BEVELANDER, G., JOHNSON, P.L.: Some histochemical observations on the development of membrane bone. Tr. Conf. Metab. Interrelat. 3rd. Conf. p. 25–37. New York: Macy Foundation 1951

BEVELANDER, G., NAKAHARA, H.: The formation and mineralization of dentin. Anat. Rec. **156**, 303–324 (1966)

BEYERLEIN, L., HILLMANN, H.H., ARSDEL, W.: Ossification and calcification from postnatal day eight to the adult condition in the golden hamster. Anat. Rec. **111**, 49–56 (1951)

BHASKAR, S.N., WEINMANN, J.P., SCHOUR, I., GREEP, R.O.: The growth pattern of the tibia in normal and Ia rats. Amer. J. Anat. **86**, 439–477 (1950)

BHASKAR, S.N., WEINMANN, J.P., SCHOUR, I.: The growth rate of the tibia of the rat from 17 days insemination age to 30 days after birth. Anat. Rec. **119**, 231–246 (1954)

BHASKAR, S.N., MOHAMMED, C.I., WEINMANN, J.P.: A morphological and histochemical study of osteoclasts. J. Bone Jt. Surg. **38A**, 1335–1345 (1956)

BHATNAGAR, R.S., PROCKOP, D.J.: Dissociation of the synthesis of sulphated mucopolysaccharides and the synthesis of collagen in embryonic cartilage. Biochim. biophys. Acta (Amst.) **130**, 383–392 (1966)

BHATNAGAR, R.S., KIVIRIKKO, K.I., ROSENBLOOM, J., PROCKOP, D.J.: Transfer of puromycin-containing polypeptides through the plasma membrane of cartilage cells synthesizing collagen. Proc. nat. Acad. Sci. **58**, 248–255 (1967a)

BHATNAGAR, R.S., ROSENBLOOM, J., KIVIRIKKO, K.I., PROCKOP, D.J.: Effekt of cycloheximide on collagen biosynthesis as evidence for a post-ribosomal site for the hydroxylation of proline. Biochim. biophys. Acta (Amst.) **149**, 273–281 (1967b)

BHATNAGAR, R.S., KIVIRIKKO, K.I., PROCKOP, D.J.: Studies on the synthesis and intracellular accumulation of protocollagen in organ culture of embryonic cartilage. Biochim. biophys. Acta (Amst.) **154**, 196–207 (1968)

BIANCHI, G.: Osservazioni sulla cosiddetta „gelatina cardiaca" dell' embrione di pollo. Boll. Soc. ital. Biol. sper. **15**, 194–196 (1940)

BIANCO, L., CASTELLANI, A.A., BERNARD, B. DE, ZAMBOTTI, V.: Presenza di coenzimi e derivati uridinici nella cartilagine preossea. Boll. Soc. ital. Biol. sper. **33**, 1271–1272 (1957)

BIDDER, A.: Osteobiologie. Arch. mikr. Anat. **68**, 137–213 (1906)

BIEDERMANN, W.: Physiologie der Stütz- und Skelettsubstanzen. X. Das Knorpelgewebe XI. Das Knochengewebe. In: Handbuch der vergleichenden Physiologie. (hrsg. von H. WINTERSTEIN) Band III/1, S. 1024–1188 Jena: Gustav Fischer 1914

BIERMANN, H.: Die Knochenbildung im Bereich periostaler-diaphysärer Sehnen- und Bandansätze. Z. Zellforsch. **46**, 635–671 (1957)

BIERMAN, H.R.: Homeostasis of the blood cell elements. In: Functions of the blood (ed. by R.G. MACFARLANE and A.H.T. ROBB-SMITH) p. 349–418 New York and London: Academic Press 1961

BIGGERS, J.D.: Studies on the development of embryonic cartilaginous longbone rudiments in vitro. Symp. on Org. Cult. Studies of development, function and disease. p. 1–19 (1963)

BIGGERS, J.D.: The death of cells in normal multicellular organisms. In: Ciba Foundation Symp. Cellular Injury. (ed. by A.V.S. DE REUCK and J. KNIGHT) p. 329–351 London: J. & A. Churchill 1964

BIGGERS, J.D.: Cartilage and bone. In: Cells and tissues in culture (ed. by E.N. WILLMER) Vol. 2, p. 198–260. New York and London: Academic Press 1965

BILLETT, F., MULHERKAR, L.: The localization of β-glucuronidase in the early chick embryo. J. Embryol. exp. Morph. **6**, 52–56 (1958)

BILLROTH, TH.: Über Knochenresorption. Langenbecks Arch. klin. Chir. **2**, 118–141 (1862)

BINGHAM, P.J., BRAZELL, I.A., OWEN, M.: The effect of parathyroid extract on cellular activity and plasma calcium levels in vivo. J. Endocr. **45**, 387–400 (1969)

BIRBECK, M.S.C., MERCER, E.H.: Cytology of cells which synthesize protein. Nature (Lond.) **189**, 558–560 (1961)

BIRGE, ST.J. JR., PECK, W.A.: Collagen synthesis by isolated bone cells (fetal and newborn rat). Biochem. biophys. Res. Commun. **22**, 532–539 (1966)

BIRKEDAL-HANSEN, H.: Osteoclastic resorption of ³H-proline labelled bone, dentine and cementum in the rat. Calcif. Tiss. Res. **15**, 77–80 (1974)

BIRNSTIEL, M.: Some experiments relating to the homogeneity and arrangement of the ribosomal RNA genes of *Xenopus laevis*. In: Cell Differentiation. A Ciba Foundation Symposium (ed. by A.V.S. DE REUCK and J. KNIGHT) p. 178–195 London: J. & A. Churchill 1967

BISAZ, S., RUSSELL, R.G., FLEISCH, H.: Isolation of inorganic pyrophosphate from bovine and human teeth. Arch. oral Biol. **13**, 683–695 (1968)

BISCHOFF, R., HOLTZER, H.: Inhibition of myoblast fusion after one round of DNA synthesis in 5-bromodeoxyuridine. J. Cell Biol. **44**, 134–150 (1970)

BISGARD, J.D., BISGARD, M.E.: Longitudinal growth of long bones. Arch. Surg. **31**, 568–578 (1935)

BIZZOZERO, G.: Wachstum und Regeneration im Organismus. Wien. med. Wschr. **44**, 697–699/744–747 (1894)

BJELLE, A.O., ANTONOPOULOS, C.A., ENGFELDT, B., HJERTQUIST, S.O.: Fractionation of the glycosaminoglycans of human articular cartilage on ecteola cellulose in ageing and in osteoarthrosis. Calcif. Tiss. Res. **8**, 237–246 (1972)

BLACKWOOD, H.J.J.: Bone and Tooth. Proc. 1st. Europ. Symp. Oxford-London-New York-Paris: Pergamon Press 1964

BLACKWOOD, H.J.J.: Vascularization of the condylar cartilage of the human mandible. J. Anat. (Lond.) **99**, 551–564 (1965)

BLACKWOOD, H.J.J.: Growth of the mandibular condyle of the rat studied with tritiated thymidine. Arch. oral Biol. **11**, 493–500 (1966)

BLECHSCHMIDT, E.: Mechanische Genwirkung. Göttingen: Musterschmidt 1948

BLECHSCHMIDT, E.: Die frühembryonale Lageentwicklung der Gliedmaßen. (Entwicklung der Extremitäten beim Menschen). Z. Anat. Entwickl. Gesch. **115**, 529–540 (1951 a)

BLECHSCHMIDT, E.: Die frühembryonale Formentwicklung der Gliedmaßen. (Entwicklung der Extremitäten beim Menschen). Z. Anat. Entwickl. Gesch. **115**, 597–616 (1951 b)

BLIX, G.: Studies in glycoproteins. Acta physiol. scand. **1**, 29–42 (1940)

BLIX, G.: Glykoproteide. In: Physiologische Chemie I (hrsg. von B. FLASCHENTRÄGER und E. LENNARTZ) S. 751–767. Berlin-Göttingen-Heidelberg: Springer Verlag 1951

BLIX, G., SNELLMAN, O.: Molecular shape and size of hyaluronic acid and chondroitinsulphuric acid. Nature (Lond.) **153**, 587 (1944)

BLIX, G., SNELLMAN, O.: On chondroitin sulfuric acid and hyaluronic acid. Ark. Kemi. Mineral. Geol. **19A**, 1–19 (1945)

BLOOM, C.J.: Secondary calcium phosphate prevents and cures rickets without vitamin D. 2. Calcification studies. Proc. Soc. Exp. Biol. (N.Y.) **29**, 861–863 (1932)

BLOOM, G., KELLY, J.W.: The copper phthalocyanin dye "Astrablau" and its staining properties especially the staining of mast cells. Histochemie **2**, 48–57 (1960)

BLOOM, M.A., BLOOM, W., MCLEAN, F.C.: The role of androgen in the production of medullary bone in pigeons by the administration of sex hormones. Amer. J. Physiol. **133**, 216 (1941)

BLOOM, M.A., DOOM, L.V., NALBANDOV, A.V., BLOOM, W.: Medullary bone of laying chickens. Amer. J. Anat. **102**, 411–453 (1958)

BLOOM, S., GOLDBERG, B., GREEN, H.: The lifetime of messenger RNA for collagen and cell protein synthesis in an established mammalian cell line. Biochem. biophys. Res. Commun. **19**, 317–321 (1965)

BLOOM, W.: Cellular differentiation and tissue culture. Physiol. Rev. **17**, 589–617 (1937)

BLOOM, W., BLOOM, M.A.: Calcification and ossification. Calcification of developing bones in embryonic and newborn rats. Anat. Rec. **78**, 497–523 (1940)

BLOOM, W., FAWCETT, D.W.: A textbook of histology. 9th. Ed. Philadelphia and London: Saunders Company 1969

BLOOM, W., BLOOM, M.A., McLEAN, F.C.: Calcification and ossification. Medullary bone changes in the reproductive cycle of female pigeons. Anat. Rec. **81**, 443–475 (1941)

BLUMBERG, B.S., OGSTON, A.G.: Further evidence on the protein complexes of some hyaluronic acids. Biochem. J. **68**, 183–188 (1958)

BLUMBERG, J.M., KERLEY, E.R.: A critical consideration of roentgenology and microscopy in palaeopathology. In: Human Palaeopathology. (ed. by H.M. FROST) p. 150–168. New Haven and London: Yale University Press 1966.

BLUMENFELD, O.O., PAZ, M.A., GALLOP, P.M., SEIFTER, S.: The nature, quantity, and mode of attachment of hexoses in ichtyocol. J. biol. Chem. **238**, 3835–3839 (1963)

BLUMENKRANTZ, N., ROSENBLOOM, J., PROCKOP, D.J.: Sequential steps in the synthesis of hydroxylysine and the glycosylation of hydroxylysine during the biosynthesis of collagen. Biochim. biophys. Acta (Amst.) **192**, 81–89 (1969)

BLUNTSCHLI, H.: Zur Frage nach der funktionellen Struktur und Bedeutung der harten Hirnhaut. Wilhelm Roux' Arch. Entwickl. Mech. Org. **106**, 301–319 (1925)

BOAS, N.F.: Isolation of hyaluronic acid from the cock's comb. J. biol. Chem. **181**, 573–575 (1949)

BOAS, N.F.: Method for the determination of hexosamines in tissues. J. biol. Chem. **204**, 553–563 (1953)

BODENSTEIN, D.: Studies on the development of the dorsal fin in *Amphibians*. J. exp. Zool. **120**, 213–245 (1952)

BÖHMIG, R.: Die Blutgefäßversorgung der Wirbelbandscheiben, das Verhalten des intervertebralen Chordasegments und die Bedeutung beider für die Bandscheibendegeneration. Zugleich ein Beitrag zur endochondralen Ossifikation der Wirbelkörper. Langenbecks Arch. klin. Chir. **158**, 374–424 (1930)

BOGDASCHEW, N.: Funktionelle Unterscheidungsmerkmale im anatomisch-histologischen Bau der Röhrenknochen bei den Haustieren. Anat. Anz. **79**, 242–258 (1935)

BOHR, H., SØRENSEN, A.H.: Study of fracture healing by means of radioactive tracers. J. Bone Jt. Surg. **32 A**, 567–574 (1950)

BOIS, P., BÉLANGER, L.F., LeBUIS, J.: Effect of growth hormone and aminoacetonitrile on the mitotic rate of epiphyseal cartilage in hypophysectomized rats. Endocrinology **73**, 507–509 (1963)

BOLLET, A.J.: Connective tissue polysaccharide metabolism and the pathogenesis of osteoarthritis. Advanc. intern. Med. **13**, 33 (1967)

BOLLET, A.J., MITCHELL, A.R.: The influence of chondrocyte metabolism on the action of hyaluronidase. Amer. J. med. Sci. **257**, 198–201 (1969)

BOLLET, A.J., NANCE, J.L.: Biochemical findings in normal and osteoarthritic articular cartilage. II. Chondroitin sulfate concentration and chain length, water and ash content. J. clin. Invest. **45**, 1170–1177 (1966)

BOLOGNANI, L.: Hexosamine and hydroxyproline content of fracture callus in normal and aminoacetonitrile treated rats. Proc. Soc. exp. Biol. Med. (N.Y.) **108**, 70–71 (1961)

BOLOGNANI, L., FERRI, G.: Transchetolasi nella cartilagine metafisaria di giovani conigli. Istituto Lombardo (Rend. Sc.) **B 92**, 401–405 (1958)

BOLOGNANI, L., CALDERA, R., DELUIGI, A.: Sialic acid in the skeletal development of chicken embryos. In: Calcified tissues Proc. 4th. Europ. Sympos. (ed. by P.J. GAILLARD, A. VAN DEN HOOFF and R. STEENDIJK) p. 9–10 Amsterdam-New York-London-Milan-Tokyo-Buenos Aires: Excerpta Medical Foundation 1966

BONA, C., STANESCU, V.: Cytoenzymologie du chondrocyte dans le cartilage de conjugaison human en conditions normales et pathologique. Rev. roum. Embryol. Cytol. Sér. Cytol. **3**, 59–74 (1966)

BONA, C., PITIS, M., STANESCU, V., IONESCU, V.: Études histochimiques et enzymologiques sur le cartilage de croissance. Acta histochem. (Jena) **18**, 295–316 (1964)

BONA, C., STANESCU, V., DUMITRESCU, M., GHYKA, G., IONESCU, V.: Histochemical studies on the growing human tibial cartilage. Acta histochem. (Jena) **21**, 98–119 (1965 a)

BONA, C., STANESCU, V., IONESCU, V.: Histochemical studies on tibial growing cartilage in polyepiphyseal displasia. Acta. histochem. (Jena) 21, 284–298 (1965 b)

BONA, C., STANESCU, V., STREJA, D., IONESCU, V.: Histochemical and histoenzymological study of tibial growing cartilage in Hurler's syndrome. Acta histochem. (Jena) 23, 231–248 (1966)

BONNER, W.M., JONSSON, H., MALANOS, C., BRYANT, M.: Changes in the lipids of human articular cartilage with age. Arthr. and Rheum. 18, 461–473 (1975)

BONNET, R.: Beiträge zur Embryologie des Hundes. Anat. Hefte 16, 231–332 (1901)

BONUCCI, E.: Compartamento dell'acido desossiribonuchico e dell'istone nel nucleo delle cellule ossee. Z. Zellforsch. 58, 170–191 (1962)

BONUCCI, E.: Lipid globules in osteogenic cells. A histochemical and electron-microscopic investigation. J. Microscopie 4, 57–70 (1965)

BONUCCI, E.: Fine structure of early cartilage calcification. J. Ultrastruct. Res. 20, 33–50 (1967)

BONUCCI, E.: Further investigation on the organic-inorganic relationship in calcifying cartilage. Calcif. Tiss. Res. 3, 38–54 (1969)

BONUCCI, E.: Fine structure and histochemistry of "calcifying globules" in epiphyseal cartilage. Z. Zellforsch. 103, 192–217 (1970)

BONUCCI, E.: The locus of initial calcification in cartilage and bone. Clin. Orthop. 78, 108–139 (1971)

BONUCCI, E.: The organic-inorganic relationship in bone matrix undergoing osteoclastic resorption. Calcif. Tiss. Res. 16, 13–36 (1974)

BONUCCI, E., CUICCHIO, M., DEARDEN, L.C.: Investigations of ageing in costal and tracheal cartilage of rats. Z. Zellforsch. Abt. Histochem. 147, 505–527 (1974)

BORASKY, R.: Guide to the literature on collagen. Philadelphia. Eastern Regional Laboratory (U.S. Bureau of Agriculture and Industrial Chemistry AIC – 278) 1950

BORCK, C.: Elektronenmikroskopische Untersuchungen an Mäuseembryonen über die Differenzierung des Blastems in den Extremitäten zum embryonalen Vorknorpel. Acta anat. (Basel) 97, 423–434 (1977)

BORGHESE, E.: I lipidi nel processo di ossificazione. Z. Zellforsch. 25, 622–654 (1936)

BORGHESE, E.: I lipidi nel processo di ossificazione. Monit. Zool. 47, 129–131 (1937)

BORGHESE, E.: La fosfatasi alcalina negli stadi più precoci dell'ossificazione. Boll. Soc. ital. Biol. sper. 28, 801–803 (1952)

BORGHESE, E.: Alcune osservazioni sulle fasi più precoci dell'ossificazione encondrale. Arch. ital. Anat. Embryol. 58, 388–409 (1954)

BORGHESE, E.: Organ differentiation in culture. In: The chemical basis of development (ed. by W.D. McELROY and B. GLASS) p. 704–773. Baltimore: John Hopkins Press 1958

BORLE, A.B., NICHOLS, N., NICHOLS, G.: Metabolic studies of bone in vitro. J. biol. Chem. 235, 1206–1214 (1960)

BORMUTH, H.: Die trajektoriellen Strukturen im Knorpel der Haifische auf Grund von Untersuchungen im polarisierten Licht. Z. Zellforsch. 17, 767–797 (1933)

BORN, G.: Zu Carpus und Tarsus der Saurier. Morph. Jb. 2, Heft 1, 1–26 (1876)

BORNSTEIN, P., KANG, A.H.: Comparative biochemical studies of collagen. In: Chemistry and molecular biology of the intercellular matrix. (ed. by E.A. BALAZS) Vol. I, p. 99–107. London and New York: Academic Press 1970

BORS, E.: Die Methodik der intrauterinen Operation am überlebenden Säugetierfoetus. Wilhelm Roux' Arch. Entwickl. Mech. Org. 105, 655–666 (1925)

BOSMANN, H.B.: Cellular control of macromolecular synthesis: rates of synthesis of extracellular Macromolecules during and after depletion by papain. Proc. Roy. Soc. B. 169, 399–425 (1968)

BOSTRÖM, H.: On the metabolism of the sulfate group of chondroitin-sulfuric acid. J. biol. Chem. 196, 477–481 (1952)

BOSTRÖM, H.: Chemical and autoradiographic studies on the sulfate exchange in sulfomucopolysaccharides. Ark. kem. (Stockh.) 6, 43–57 (1953)

BOSTRÖM, H.: On the sulphate exchange of sulpho-mucopolysaccharides, an enzymatic reaction in mesenchymal tissue. In: Connective tissue in health and disease. (ed. by G. ASBOE-HANSEN) p. 97–102. Copenhagen: E. Munksgaard 1954

BOSTRÖM, H., ÅQVIST, S.: Utilization of $S^{35}$ labelled sodium sulphate in the synthesis of chondroitin sulphuric acid, taurine, methionine and cystine. Acta chem. scand. 6, 1557–1559 (1952)

BOSTRÖM, H., GARDELL, S.: Uptake of sulfates in mucopolysaccharides esterified with sulfuric acid and in the skin of adult rats after intraperitoneal injection of $S^{35}$-labelled sodium-sulfate. Acta chem. scand. **7**, 216–222 (1953)

BOSTRÖM, H., JORPES, E.: On the enzymatic exchange of the sulphate group of the animal sulphomucopolysaccharides. Experientia (Basel) **10**, 392–396 (1954)

BOSTRÖM, H., MÅNSSON, B.: Exchange of the acetyl group of chondroitin-sulfuric acid in slices of cartilage. Acta chem. scand. **6**, 1559–1561 (1952a)

BOSTRÖM, H., MÅNSSON, B.: On the enzymatic exchange of the sulfate group of chondroitinsulfuric acid in slices of cartilage. J. biol. Chem. **196**, 483–487 (1952b)

BOSTRÖM, H., MÅNSSON, B.: Factors influencing the exchange of the sulphate group of the chondroitin sulphuric acid of cartilage in vitro. Ark. kem. (Stockh.) **6**, 23–37 (1953)

BOSTRÖM, H., ODEBLAD, E.: Autoradiographic observations on the incorporation of $S^{35}$-labelled sodium sulfate in the rabbit fetus. Anat. Rec. **115**, 505–510 (1953)

BOSTRÖM, H., RODÉN, L.: Metabolism of glycosaminoglycans. In: The amino sugars (ed. by R.W. JEANLOZ and E.A. BALAZS) Vol II B, p. 46–79, New York and London: Academic Press 1966

BOSTRÖM, H., ODEBLAD, E., FRIBERG, U.: A quantitative autoradiographic study of the incorporation of $S^{35}$ in tracheal cartilage. Arch. Biochem. **38**, 283–286 (1952)

BOTH, N.J. DE: The developmental potencies of the regeneration blastema of the Axolotl limb. Wilhelm Roux' Arch. Entwickl. Mech. Org. **165**, 242–276 (1970)

BOURNE, G.: The distribution of alkaline phosphatase in various tissues. Quart. J. exp. Physiol. **32**, 1–19 (1943)

BOURNE, G.H.: The biochemistry and physiology of bone. New York: Academic Press 1956

BOURNE, G.H.: An introduction to functional histology. 2nd. Ed. Boston: Little, Brown and Co. 1960

BOURNE, G.H.: The biochemistry and physiology of bone. Vol III. New York and London: Academic Press 1971

BOURNE, G.H., TEWARI, H.B.: Mitochondria and the Golgi complex. In: Cytology and cell physiology (ed. by G.H. BOURNE), 3rd. Ed., p. 377–421, New York and London: Academic Press 1964

BOWES, J.H., KENTEN, R.H.: The amino-acid composition and titration curve of collagen. Biochem. J. **43**, 358–365 (1948)

BOWES, J.H., KENTEN, R.H.: Some observations on the amino acid distribution of collagen, elastin and reticular tissue from different sources. Biochem. J. **45**, 281–285 (1949)

BOWNESS, J.M.: Metabolism of chondroitinsulphate of puppies. Biochim. biophys. Acta (Amst.) **78**, 295–303 (1963)

BOWNESS, J.M.: Present concepts of the role of ground substance in calcification Clin. Orthop. **59**, 233–247 (1968)

BOYD, E.S., NEUMAN, W.F.: Surface chemistry of bone; ion-binding properties of cartilage. J. biol. Chem. **193**, 243–251 (1951)

BOYD, E.S., NEUMAN, W.F.: Chondroitin sulfate synthesis and respiration in chick embryonic cartilage. University of Rochester Atomic Energy Project, Rochester, N.Y. 1954

BOYDE, A., HOBDELL, M.H.: Scanning electron Microscopy of primary membrane bone. Z. Zellforsch. **99**, 98–100 (1969)

BOYER, C.C.: Chronology of development for the golden hamster. J. Morphol. **92**, 1–37 (1953)

BRACHET, A.: Étude sur la résorption du cartilage et le développement des os longs chez les oiseaux. Mth. int. J. anat. Physiol. **10**, 391–417 (1893)

BRACHET, A.: Recherches sur l'ontogénèse de la tête chez les *amphibiens*. Arch. Biol. **23**, 165–257 (1908)

BRACHET, J.: Étude histochimique des protéines au cours du développement embryonnaire des poissons, des *amphibiens* et des oiseaux. Arch. Biol. **51**, 167–202 (1940)

BRACHET, J.: La localisation des acides pentosenucléiques dans les tissus animaux et les oeufs d'amphibiens en voie de développement. Arch. Biol. **53**, 207–257 (1941)

BRACHET, J.: Embryologie chimique. Paris: Masson & Cie. 1944

BRACHET, J.: Ribonucleinsäure und Proteinsynthese. In: Handbuch der Histochemie (hrsg. von W. GRAUMANN und K. NEUMANN) Bd. III/1 S. 1–42 Stuttgart: G. Fischer 1959

BRACHET, J.: The biochemistry of development. Oxford-London-New York-Paris: Pergamon Press 1960

BRACHET, J.: Biochemical changes during fertilization and early development. In: Cell Differentiation. (ed. by A.V.S. DE REUCK and J. KNIGHT) p. 39–64. London: J. & A. Churchill Ltd. 1967

BRACHET, J., MALPOIX, P.: Marcromolecular syntheses and nucleocytoplasmic interactions in early development. Advanc. Morphogenes. **9**, 263–316 (1971)

BRACK, E.: Über die Wirbelbandscheiben. Virchows Arch. path. Anat. **272**, 61–75 (1929)

BRADAMANTE, Z., KOSTOVIC-KNĚZEVIC, L., SVAJGER, A.: Light- and electron-microscopic observations on the presence of pre-elastic (oxytalan) fibres around the mature cartilage in the external ear of the rat. Experientia (Basel) **31**, 979–980 (1975)

BRADBURY, S., STOWARD, P.J.: The specific cytochemical demonstration in the electron microscope of periodate-reactive mucosubstances and polysaccharides containing vic-glycol groups. Histochemie **11**, 71–80 (1967)

BRADEN, A.W.H.: The reactions of isolated mucopolysaccharides to several histochemical tests. Stain Technol. **30**, 19–26 (1955)

BRADFORD, F.K., SPURLING, R.G.: The intervertebral disc. With special reference to rupture of the annulus fibrosus with herniation of the nucleus pulposus. Springfield, Ill.: Ch. C. Thomas 1947

BRADLEY, S.J.: An analysis of self-differentiation of chick limb buds in chorio-allantoic grafts. J. Anat. (Lond.) **107**, 479–490 (1970)

BRAIN, W.R., GREENFIELD, J.G.: Late infantile metachromatic leucoencephalopathy with primary degeneration of the interfascicular oligodendroglia. Brain **73**, 291–317 (1950)

BRANDENBERGER, E., SCHINZ, H.R.: Über die Natur der Verkalkung bei Mensch und Tier und das Verhalten der anorganischen Knochensubstanz im Falle der hauptsächlichen menschlichen Knochenkrankheiten. Helvet. med. Acta **12**, Suppl. 16, 1–63 (1945)

BRANDT, K., TSIGANOS, C.P., MUIR, H.: Immunology of pig cartilage proteoglycans. In: Chemistry and molecular biology of the intercellular matrix. (ed. by E.A. BALAZS) Vol. 3, p. 1579–1590 New York and London: Academic Press 1970

BRANDT, K., TSIGANOS, C.P., MUIR, H.: Immunological relationships between proteoglycans of different hydrodynamic size from articular cartilage of foetal and mature pigs. Biochim. biophys. Acta (Amst.) **320**, 453–468 (1973)

BRANEMARK, P.I.: Vital microscopy of bone marrow in the rabbit. Scand. J. clin. Lab. Invest. Suppl. 38 (1959)

BRANWOOD, A.W.: The fibroblast. VIII. Response of fibroblasts to injury. Int. Rev. Connect. Tiss. Res. **1**, 1–28 (1963)

BRASH, J.C.: Some problems in growth and developmental mechanics of bone. Edinb. med. J. **41**, 305–319, 363–387 (1934)

BRAUS, H.: Ist die Bildung des Skeletts von den Muskelanlagen abhängig? Eine experimentelle Untersuchung an der Brustflosse von Haiembryonen. Morph. Jb. **35**, 240–321 (1906)

BRAUS, H.: Gliedmaßenpfropfung und Grundfragen der Skelettbildung. I. Die Skelettanlage vor Auftreten des Vorknorpels und ihre Beziehung zu den späteren Differenzierungen. Exp. Beitr. Morph. **1**, 284–430 (1909)

BRAUS, H.: Anatomie des Menschen. Bd. I. Berlin: Springer Verlag 1929

BRAY, H.G., GREGORY, J.E., STACEY, M.: Chemistry of tissues. I. Chondroitin from cartilage. Biochem. J. **38**, 142–146 (1944)

BREDICHIN, J.: Über die Bedeutung der Riesenzellen im Knochen. Zbl. med. Wiss. **5**, 563–564 (1867)

BRESLAU, A.M.: Polysaccharides in microorganisms. In: Handbuch der Histochemie, (ed. by W. GRAUMANN u. K. NEUMANN) Bd. II/1 S. 1–94 Stuttgart: G. Fischer 1962

BRETTSCHNEIDER, H.: Ein Beitrag zur normalen Anatomie der Zwischenwirbelscheibe. Z. mikr.-anat. Forsch. **58**, 381–403 (1952)

BREWER, D.B.: Myxoedema. Autopsy report with histochemical observations on nature of mucoid infiltrations. J. Path. Bact. **63**, 503–512 (1951)

BRIDGES, J.B.: Experimental Heterotopic Ossification. Int. Rev. Cytol. **8**, 253–278 (1959)

BRIGGS, R., KING, TH.J.: The cell. Vol 1. New York and London: Academic Press 1959.

BRIMACOMBE, J.S., STACEY, M.: Mucopolysaccharides in disease. Advan. Clin. Chem. **7**, 199–234 (1964)

BRIMACOMBE, J.S., WEBBER, J.M.: Mucopolysaccharides. Amsterdam-London-New York: Elsevier Comp. 1964

BROCKMANN, A.W.: Wirbelsäule und Becken menschlicher Keimlinge in der Zeit des 2. Embryonal-
monates. Morph. Jb. **87**, 370–438 (1942)

BRODERSEN, J.: Beobachtungen an der Ossifikationsgrenze des Knorpels. I. Die Schrumpfung der
Blasenzellen. Anat. Anz. **41**, 409–415 (1912)

BRODERSEN, J.: Die Färbung frischen Knorpels mit Toluidinblau. Anat. Anz. **47**, 577–595 (1914)

BRODIN, H.: Paths of nutrition in articular cartilage and intervertebral discs. Acta orthop. scand.
**24**, 177–183 (1955)

BROESIKE, G.: Über die feinere Struktur des normalen Knochengewebes. Arch. mikr. Anat. **21**,
695–715 (1882)

BROILI, F.: Über den feineren Bau der verknöcherten Sehnen (verknöcherten Muskeln) von *Tracho-
don*. Anat. Anz. **55**, 465–475 (1922)

BRONNER, F.: Effects of parathyroid extract on metabolism of sulfate in immature rats. Amer.
J. Physiol. **198**, 605–608 (1960)

BRONNER, F., HARRIS, R., MALETSKOS, C., BENDA, C.: Studies in calcium metabolism. The fate
of intravenously injected radiocalcium in human beings. J. clin. Invest. **35**, 78–88 (1956)

BROOKES, M.: Femoral growth after occlusion of the principal nutrient canal in day-old rabbits.
J. Bone Jt. Surg. **39B**, 563–571 (1957)

BROOKES, M.: The vascular architecture of tabular bone in the rat. Anat. Rec. **132**, 25–47 (1958a)

BROOKES, M.: The vascularization of long bones in the human fetus. J. Anat. (Lond.) **92**, 261–267
(1958b)

BROOKES, M.: Cortical vascularization and growth in foetal tubular bones. J. Anat. (Lond.) **97**,
597–609 (1963)

BROOKES, M.: The blood supply of bone. In: Modern trends in Orthopaedics. (ed. by J.M.P.
CLARK) Chpt. 6, p. 91–125 London: Butterworths 1964

BROOKES, M.: The vascular factor in osteoarthritis. Surg. Gynec. Obstet. **123**, 1255-1260 (1966)

BROOKES, M.: The blood supply of bone. London: Butterworth & Co. 1971

BROOKES, M., HARRISON, R.G.: The vascularization of the rabbit femur and tibio-fibula. J. Anat.
(Lond.) **91**, 61–62 (1957)

BROOKES, M., LANDON, D.M.: The juxta-epiphyseal vessels in the long bones of foetal rats. J.
Bone Jt. Surg. **46B**, 336–345 (1964)

BROOKES, M., LLOYD, E.G.: Marrow vascularization and oestrogen-induced endosteal bone formation in mice. J. Anat. (Lond.) **95**, 220–228 (1961)

BROOKS, R.E.: Ruthenium red stainable surface layer on lung alveolar cells; electron microscopic
interpretation. Stain Technol. **44**, 173–177 (1969)

BROWN, D.D.: The genes for ribosomal RNA and their transcription during amphibian development.
Curr. Topics Develop. Biol. **2**, 48–73 (1967)

BRUCH, K.: Beiträge zur Entwicklungsgeschichte des Knochensystems. Neue Denkschrift Allg.
Schweizer Ges. ges. Naturw. **12**, 1–176 (1852)

BRUNISH, R.: The hormonal regulation of acid mucopolysaccharides. In: Hormones and connective
tissue. (ed. by G. ASBOE-HANSEN) p. 11–37 Copenhagen: Munksgaard 1966

BRUNISH, R.J., ROWEN, W., IRVINE, S.R.: Proteins and hyaluronic acid of beef vitreous humor.
Trans. Amer. ophthal Soc. **52**, 369–387 (1954)

BRUNN, A. VON: Beiträge zur Ossifikationslehre. Arch. Anat. Phys 1–17 (1874)

BRUNNER, G., NEUPERT, W.: Turnover of outer and inner membrane proteins of rat liver mitochondria. Febs Letters, **1**, 153–155 (1968)

BRUNETTI, P., JOURDIAN, G.W., ROSEMAN, S.: The sialic acids. III. Distribution and properties
of animal N-acetylneuraminic aldolase. J. biol. Chem. **237**, 2447–2453 (1962)

BRUNO, G.: Sulla origine, sulla funzione e sulla costituzione degli osteoclasti. Z. Zellforsch. **26**,
407–423 (1937)

BRUNS, R.R., TRELSTAD, R.I., GROSS, J.: Cartilage collagen: A staggered substructure in reconstituted
fibrils. Science **181**, 269–271 (1973)

BRUNST, V.: Zur Frage nach dem Einfluß des Nervensystems auf die Regeneration. Wilhelm Roux'
Arch. Entwickl. Mech. Org. **109**, 41–53 (1927)

BRUNST, V.: Über die Bedeutung der Funktion für die definitive Skeletbildung der Extremitäten
bei der Regeneration. Wilhelm Roux' Arch. Entwickl. Mech. Org. **125**, 641–662 (1932)

BRUYN, P.A. DE, KABISH, W.T.: Bone formation by fresh autogenous and homogenous transplants
of bone, bone marrow and periosteum. Amer. J. Anat. **96**, 375–417 (1955)

BRYANT, J.H., LEDER, I.G., STETTEN, D.: The release of chondroitin sulfate from rabbit cartilage following the intravenous injection of crude papain. Arch. Biochem. **76**, 122–130 (1958)

BRYCE, T.H.: Observation on the early development of the human embryo. Trans. Roy. Soc. Edinb. **53**, 533–567 (1924)

BUCHER, O.: Zur Architektur des hyalinen Knorpels. Anat. Anz. **93**, 306–313 (1942)

BUCHER, O.: Histologie und mikroskopische Anatomie des Menschen. 3. Aufl. Bern und Stuttgart: Medizinischer Verlag Hans Huber 1962

BUCHER, O.: Cytologie, Histologie und mikroskopische Anatomie des Menschen. 9. Aufl. Bern-Stuttgart-Wien: Medizinischer Verlag Hans Huber 1977

BUCHER, O., WEIL, J.T.: L'influence d'un extrait osseux (ossopan) sur la consolidation de fractures in vitro. Experientia **7**, 38–40 (1951)

BUCHTHAL, F.: Einführung in die Elektromyographie. München und Berlin: Urban und Schwarzenberg 1958

BUCHTHAL, F., GULD, C., ROSENFALCK, P.: Volume conduction of the spike of the motor unit potential investigated with a new type of multielectrode. Acta physiol. scand. **38**, 331–354 (1956)

BUCHTHAL, F., GULD, C., ROSENFALCK, P.: Multielectrode study of the territory of a motor unit. Acta physiol. scand. **39**, 83–104 (1957)

BUDDECKE, E.: Polysaccharide und Polysaccharid-sulfate des Bindegewebes. In: D-Glucose und verwandte Verbindungen in Medizin und Biologie. (hrsg. von H. BARTELHEIMER, W. HEYDE und W. THORN) S. 573–603 Stuttgart: Ferdinand Enke Verlag 1966

BUDDECKE, E., KRESSE, H.: Mammalian enzymes degrading glycosaminoglycans. In: Connective Tissue Biochemistry and Pathophysiology (ed. R. FRICKE and F. HARTMANN) S. 131–145. Berlin-Heidelberg-New York: Springer 1974

BUDDECKE, E., KRÖZ, W., LANKA, E.: Chemische Zusammensetzung und makromolekulare Struktur von Chondroitinsulfat-Proteinen. Hoppe-Seylers Z. physiol. Chem. **331**, 196–218 (1963)

BUDY, A.M.: Metabolism, excretion and retention of $C^{14}$ labelled estrone in immature mice. Arch. int. Pharmacodyn. **103**, 435–452 (1955)

BUDY, A.M.: Metabolism and distribution of $C^{14}$ labelled estrone in immature mice. J. Pharmacol. exp. Ther. **116**, 10 (1956)

BUDY, A.M.: Skeletal distribution of estrone-16-$C^{14}$. Clin. Orthop. **17**, 176–185 (1960)

BUDY, A.M.: Radioactive oestrogens and bone In: Radioisotopes and bones. (ed. by F.C. McLEAN, P. LACROIX and A.M. BUDY) p. 227–240 Oxford: Blackwell Scient. Publ. 1962

BUDY, A.M., URIST, M.R., McLEAN, F.C.: The effect of oestrogens on the growth apparatus of the bones of immature rats. Amer. J. Path. **28**, 1143–1167 (1952)

BÜRGER, M.: Altern und Krankheit. 4. Aufl. Leipzig: VEB G. Thieme 1960

BUETNER, E.H., TRIFTSHAUSSER, C., HAZEN, S.P.: Collagenase activity of gingival tissue from patients with periodontal diseases. Proc. Soc. exp. Biol. N.Y. Jowa **121**, 1082–1085 (1966)

BUETOW, D.E.: Cellular content and cellular proliferation changes in the tissues and organs of the aging mammal. In: Cellular and molecular renewal in the mammalian body. (ed. by I.L. CAMERON and J.D. THRASHER), 87–107 New York and London: Academic Press 1971

BUJARD, E.: Glycogène et ossification mésenchymateuse. Schweiz. med. Wschr. **79**, 504–505 (1949)

BULLOUGH, W.S.: Mitotic activity in the adult male mouse Mus musculus L. The diurnal cycles and their relation to waking and sleeping. Proc. roy. Soc. B. **135**, 212–233 (1948)

BUNGE, A.: Untersuchungen zur Entwicklungsgeschichte des Beckengürtels der Amphibien, Reptilien und Vögel. Inaug. Diss. Univ. Dorpat, Riga; 1880

BUÑO, W.: Localisation of sulfhydryl groups in the chick embryo. Anat. Rec. **111**, 123–128 (1951)

BUÑO, W.: Études histochimiques portant sur le développement embryonnaire. Gaz. Med. Portuguesa **7**, 197–205 (1954)

BUÑO, W.: Sites of esterase activity in the guinea embryo. Acta anat. (Basel) **60**, 285–297 (1965)

BUÑO, W., DALMONTE, E.: Distribution of esterases in the chick embryo. Riv. Istochim. norm. pat. **8**, 29–36 (1962)

BUÑO, W., GONZALES-MARINO, R.: Location of lipase activity in the chick embryo. Acta anat. (Basel) **16**, 85–91 (1952)

BUNTING, H.: The distribution of acid mucopolysaccharides in mammalian tissues as revealed by histochemical methods. Ann. N.Y. Acad. Sci. **52**, 977–982 (1950)

BUNTING, H.: Histochemical analysis of pathological mineral deposits at various sites. Arch. Path. **52**, 458–469 (1951)

BURCKARD, J., MANDEL, P.: Recherches quantitatives sur les acides nucléiques de l'os du lapin et du rat. C.R. Soc. Biol. (Paris) **152**, 655–657 (1958)

BURCKARD, J., FONTAINE, R., MANDEL, P.: Métabolisme des acides ribonucléiques de l'os de lapin et de rat in vivo. C.R. Soc. Biol. (Paris) **153**, 334–337 (1959)

BURCKARD, J., HAVEZ, R., DAUTREVAUX, M.: Étude des protéines et glycoprotéides de l'os compact du lapin. Bull. Soc. chim. Biol. **48**, 851–861 (1966)

BURKHARDT, L.: Über den Aufbau der menschlichen Osteone. Verh. Anat. Ges. **38**, Erg.-H. Anat. Anz. 67, 97–102 (1929)

BURKHARDT, L., PETERSEN, H.: Über den Umbau der wachsenden Knochen. Z. Zellforsch. 7, 55–61 (1928)

BURSTONE, M.S.: Esterase activity of developing bones and teeth. Arch. Path. **63**, 164–167 (1957)

BURSTONE, M.S.: Acid phosphatase activity of calcifying bone and dentin matrices J. Histochem. Cytochem. **7**, 147–148 (1959)

BURSTONE, M.S.: Histochemical demonstration of cytochrome oxydase activity in osteoclasts. J. Histochem. Cytochem. **8**, 225–226 (1960a)

BURSTONE, M.S.: Hydrolytic enzymes in dentinogenesis and osteogenesis. In: Calcification in biological systems. p. 217–241. Washington D.C.: Amer. Ass. Advanc. Sci. Monograph. 1960b

BURSTONE, M.S.: Histochemical observations on enzymatic processes in bones and teeth. Ann. N.Y. Acad. Sci. **85**, 431–444 (1960c)

BURSTONE, M.S.: Histochemical demonstration of phosphatases in frozen sections with naphthol AS-phosphates. J. Histochem. Cytochem. **9**, 146–153 (1961)

BURSTONE, M.S., KEYES, P.H.: Studies on calcification. I. The effect of inhibition of enzyme activity on developing bone and dentin. Amer. J. Path. **33**, 1229–1235 (1957)

BURTON, D., HALL, D.A., KEECH, M.K., REED, R., SAXL, H., TUNBRIDGE, R.E., WOOD, M.J.: Apparent transformation of collagen fibrils into "elastin". Nature (Lond.) **176**, 966–969 (1955)

BURWELL, R.G.: Studies in the transplantation of bone. VII. The fresh composite homograft-autograft of cancellous bone; an analysis of factors leading to osteogenesis in marrow transplants and in marrow-containing bone grafts. J. Bone Jt. Surg. **46B**, 110–140 (1964)

BURWELL, R.G.: Studies in the transplantation of bone: VIII. Treated composite homograft-autografts of cancellous bone; an analysis of inductive mechanisms in bone transplantation. J. Bone Jt. Surg. **48B**, 532–566 (1966)

BUSCH, F.: Die Knochenbildung und Resorption beim wachsenden und entzündeten Knochen. Langenbecks Arch. klin. Chir. **21**, 150–181 (1877)

BUTLER, W.F.: Metachromasia and alcian blue staining of the intervertebral disc of the cat. J. Anat. (Lond.) **102**, 301–310 (1968)

BUTLER, W.F., SMITH, R.N.: Age changes in the annulus fibrosus of the non-ruptured intervertebral disc of the cat. Res. Vet. Sci. **6**, 280–289 (1965)

BUTLER, W.T.: Structural studies in collagen. In: Chemistry and molecular biology of the intercellular matrix (ed. by E.A. BALAZS) Vol. 1, p. 149–158, New York and London: Academic Press 1970

BUTLER, W.T., CUNNINGHAM, L.W.: Evidence for the linkage of a disaccharide to hydroxylysine in tropocollagen. J. biol. Chem. **241**, 3882–3888 (1966)

BYERS, B., PORTER, K.R.: Oriented microtubules in elongating cells of the developing lens rudiment after induction Proc. nat. Acad. Sci. (Wash.) **52**, 1091–1099 (1964)

BYRNES, E.F.: Experimental studies on the development of limb muscles in amphibia. J. Morph. **14**, 105–140 (1898)

BYWATERS, E.G.L.: The metabolism of joint tissues. J. Path. Bact. **44**, 247–268 (1937)

CABRINI, R.L.: Histochemistry of ossification. Int. Rev. Cytol. **11**, 283–306 (1961)

CABRINI, R.L., SCHAJOWICZ, F., MEREA, C.: Histoenzymologic behaviour of the giant cell of foreign body granuloma as compared with the osteoclast. Experientia (Basel) **18**, 322–323 (1962)

CACIOPPO, F., RECINE, A., PANDOLFO, L., BUZZANCA, P.: Ossidazione dell' acido citrico nella cartilagine metafisaria di ratti rachitici. Boll. Soc. ital. Biol. sper. **34**, 1931–1934 (1958)

CAFFEY, J.: Pediatric X-ray diagnosis. Chicago: Yearbook medical publishers Inc. 1967

CAGLIOTI, V., ASCENZI, A., SANTORO, A.: Correlation of electron microscopy with X-ray diffraction and optical birefrigence in the study of bone. In: Electron microscopy. Proc. Stockholm Conf. (ed. by F.S. SJÖSTRAND and J. RHODIN) p. 234–237 New York: Academic Press 1957

CAGNAZZO, R.: Le beta-glicuronidasi nel processo di ossificazione encondrale. I. Rapporti tra beta-glicuronidasi e mucopolisaccaridi acidi nella cartilagine di acrescimento. Minerva ortop. **14**, 319–323 (1963)

CAIRNS, J.M.: Development of grafts from mouse embryos to the wing bud of the chick embryo. Develop. Biol. **12**, 36–52 (1965)

CAIRNS, J.M., ALLENSPACH, A.: Growth of the embryonic chick wing bud. Amer. Zoologist **2**, 510 (1962)

CAMERON, D.A.: The fine structure of osteoblasts in the metaphysis of the tibia of the young rat. J. biophys. biochem. Cytol. **9**, 583–595 (1961 a)

CAMERON, D.A.: Erosion of the epiphysis of the rat tibia by capillaries. J. Bone Jt. Surg. **43 B**, 590–594 (1961 b)

CAMERON, D.A.: The fine structure of bone and calcified cartilage. A critical review of the contribution of electron microscopy to the understanding of osteogenesis. Clin. Orthop. **26**, 199–228 (1963)

CAMERON, D.A.: The golgi apparatus in bone and cartilage cells. Clin. Orthop. **58**, 191–211 (1968)

CAMERON, D.A.: The fine structure and function of bone cells. In: The biological basis of medicine (ed. by E.E. BITTAR) Vol. 3, p. 391–423, London and New York: Academic Press 1969

CAMERON, D.A., ROBINSON, R.A.: Electron microscopy of epiphyseal and articular cartilage matrix in the femur of the newborn infant. J. Bone Jt. Surg. **40 A**, 163–170 (1958)

CAMERON, D.A., PASCHALL, H.A., ROBINSON, R.A.: The ultrastructure of bone cells. In: Bone biodynamics (ed. by H.M. FROST) p. 91–104. Boston: Little, Brown & Co. 1964

CAMERON, D.A., PASCHALL, H.A., ROBINSON, R.A.: Changes in the fine structure of bone cells after the administration of parathyroid extract. J. Cell Biol. **33**, 1–14 (1967)

CAMERON, I.L.: Cell proliferation and renewal in the mammalian body. In: Cellular and molecular renewal in the mammalian body (ed. by I.L. CAMERON and J.D. THRASHER) p. 46–86. New York and London: Academic Press 1971

CAMPBELL, D., PERSSON, B.H.: Use of track autoradiography in studies on the sulfur metabolism of connective tissue. Preliminary results obtained on adult cartilage. Experientia (Basel) **7**, 304–306 (1951)

CAMPBELL, P.N.: The synthesis of serum albumin by the microsome fraction of the liver. In: Protein biosynthesis (ed. by R.J.C. HARRIS) p. 19–35. New York: Academic Press 1961

CAMPO, R.D.: Protein-polysaccharides of cartilage and bone in health and disease. Clin. Orthop. **68**, 182–209 (1970)

CAMPO, R.D.: Soluble and resistant proteoglycans in epiphyseal plate cartilage. Calcif. Tiss. Res. **14**, 105–119 (1974)

CAMPO, R.D., DZIEWIATKOWSKI, D.D.: A consideration of the permeability of cartilage to inorganic sulfate. J. biophys. biochem. Cytol. **9**, 401–408 (1961)

CAMPO, R.D., DZIEWIATKOWSKI, D.D.: Intracellular synthesis of protein-polysaccharides by slices of bovine costal cartilage. J. biol. Chem. **237**, 2729–2735 (1962)

CAMPO, R.D., DZIEWIATKOWSKI, D.D.: Turnover of the organic matrix of cartilage and bone as visualized by autoradiography. J. Cell Biol. **18**, 18–29 (1963)

CAMPO, R.D., PHILLIPPS, S.J.: Electron microscopic visualization of proteoglycans and collagen in bovine costal cartilage. Calc. Tiss. Res. **13**, 83–92 (1973)

CAMPO, R.D., TOURTELLOTTE, C.D.: The composition of bovine cartilage and bone. Biochim. biophys. Acta (Amst.) **141**, 614–624 (1967)

CANNON, W.B.: Organization for physiological homeostasis. Physiol. Rev. **9**, 399–431 (1929)

CAPPELLIN, M.: Contributo alla citologia funzionale degli osteoblasti. Boll. Soc. ital. Biol. sper. **24**, 1228–1229 (1948 a)

CAPPELLIN, M.: Azione delle fosfatasi ossee sulla osteogenesi in vitro. Sperimentale **99**, 133–145 (1948 b)

CAPPELLIN, M.: Sul significato funzionale delle cellule cartilaginee della linea di coniugazione. Rass. biol. umana **3**, 35–46 (1948 c)

CAPPELLIN, M.: Contributo all'indagine citochimica degli acidi nucleinici negli osteoblasti. Chir. Organi. Mov. **33**, 410–421 (1949)

CAPUTTO, R., BARRA, H.S., CUMAR, F.A.: Carbohydrate metabolism. Ann. Rev. Biochem. **36**, 211–246 (1967)

CAREY, E.J.: Differential growth forces as stimuli to bone and muscle origin. Amer. Assoc. Anat. Rec. **18**, 224–225 (1920)

CAREY, E.J.: Studies in the dynamics of histogenesis. Compression between accelerated growth centers of the segmental skeleton as stimulus to joint formation. Amer. J. Anat. **29**, 93–116 (1921)

CAREY, E.J.: Direct observation on the transformation of the mesenchyme in the thigh of the pig embryo (*Sus scrofa*) with special reference to the genesis of the thigh muscles of the knee and hip joints and of the primary bone of the femur. J. Morph. **37**, 1–77 (1922)

CARLSON, H.: Reactions of rabbit patellary cartilage following operative defects. Acta orthop. scand. **28**, 1–104 (1957)

CARLSTRÖM, D.: Particle size and chemical composition of the crystallites in bone and synthetic apatites. Biochim. biophys. Acta (Amst.) **17**, 603–604 (1955)

CARLSTRÖM, D., FINEAN, J.B.: X-ray diffraction studies on the ultrastructure of bone. Biochim. biophys. Acta (Amst.) **13**, 183–191 (1954)

CARLSTRÖM, D., ENGSTRÖM, A., FINEAN, J.B.: The influence of collagen on the organization of apatite crystallites in bone. Symp. Soc. exp. Biol. **9**, 85–88 (1955)

CARNEIRO, J., LEBLOND, C.P.: Role of osteoblasts and odontoblasts in secreting the collagen of bone and dentine, as shown by radioautography in mice given tritium-labelled glycine. Exp. Cell. Res. **18**, 291–300 (1959)

CARNES, W.H., WEISSMANN, N., RUBIN, P.S.: Nuclear Metachromasy. J. Natl. Cancer Inst. **12**, 240 (1951/52)

CARO, L.G.: Electron microscopic radioautography of thin sections: the golgi zone as a site of protein concentration in pancreatic acinar cells. J. biophys. biochem. Cytol. **10**, 37–45 (1961)

CARO, L.G., PALADE, G.E.: Protein synthesis, storage and discharge in the pancreatic exocrine cells. An autoradiographic study. J. Cell Biol. **20**, 473–495 (1964)

CARTIER, P.: Les constituants minéraux des tissus calcifiés. IV. Les premiers stades de l'ossification. Bull. Soc. chim. biol. (Paris) **33**, 155–160 (1951 a)

CARTIER, P.: Biochimie de l'ossification. Le role de l'acide adénosine triphosphorique dans la minéralisation du cartilage ossifiable. J. Physiol. (Paris) **43**, 677–678 (1951 b)

CARTIER, P.: Mécanisme enzymation de l'ossification. Exposés Ann. biochim. med. **14**, 73–86 (1952)

CARTIER, P., PICARD, J.: La minéralisation du cartilage ossifiable: I. – La minéralisation du cartilage in vitro. Bull. Soc. Chim. biol. (Paris) **37**, 485–494 (1955)

CARVER, J.P., BLOUT, E.R.: Polypeptide models for collagen. In: Treatise on collagen (ed. by G.N. RAMACHANDRAN) Vol. 1 p. 441–523. London and New York: Academic Press 1967

CASPERSSON, T.: Studien über den Eiweißumsatz der Zelle. Naturwissenschaften **29**, 33–43 (1941)

CASSELMAN, W.G.B.: Lead tetra-acetate/Schiff tests in histochemistry. Quart. J. micr. Sci. **95**, 323–325 (1954)

CASSELMAN, W.G.B.: Histochemical technique. New York: John Wiley and Sons 1959

CASTELLANI, A.A.: Proteinpolysaccharides from ossifying cartilage and cornea. In: Structure and function of connective and skeletal tissue. (ed. by S.F. JACKSON, S.M. PARTRIDGE, R.D. HARKNESS and G.R. TRISTRAM) p. 131–137. London: Butterworths 1965

CASTELLANI, A.A.: Protein-polysaccharide complexes containing keratan sulfate. In: The chemical physiology of mucopolysaccharides (ed. by G. QUINTARELLI) p. 107–124. Boston: Little, Brown and Co. 1968

CASTELLANI, A.A., ZAMBOTTI, V.: Studi sulla biochimica dell'ossificazione. – Presenza di succino-deidrasi nella cartilagine metafisaria. Boll. Soc. ital. Biol. sper. **30**, 453–455 (1954)

CASTELLANI, A.A., ZAMBOTTI, V.: Enzymatic formation of hexosamine in epiphyseal cartilage homogenate. Nature (Lond.) **178**, 313–314 (1956)

CASTELLANI, A.A., BERNARD, B. DE, ZAMBOTTI, V.: Glucuronic acid formation in epiphyseal cartilage homogenate. Nature (Lond.) **180**, 859 (1957)

CASTELLANI, A.A., BONFERONI, B., RONCHI, R., FERRI, G., MALCOVATI, M.: La condromucoproteina leggera della cartilagine metafisaria di maiali neonati. J. Biochim. **11**, 192–200 (1962a)

CASTELLANI, A.A., RONCHI, S., FERRI, G., MALCOVATI, M.: Sulphurated mucopolysaccharides of metaphysis cartilage of newborn pigs. Giorn. Biochem. **11**, 181–186 (1962b)

CASTOR, C.W.: Production of mucopolysaccharides by synovial cells in a simplified tissue culture medium. Proc. Soc. Exp. Biol. (N.Y.) **94**, 51–56 (1957)

CASTOR, C.W., PRINCE, R.K., DORSTEWITZ, E.L.: Characteristics of human "fibroblasts" cultivated in vitro from different anatomical sites. Lab. Invest. **11**, 703–713 (1962)

CERVENY, C.: Ein Beitrag zur mikroskopischen Struktur einiger Gesichtsnähte des Schweines im Verlauf der Ontogenese. Acta univ. agricult. Brno. **34**, 45–54 (1965)

CESSI, C., BERNARDI, G.: The kinetics of enzymatic degradation and the structure of proteinpolysaccharide complexes of cartilage. In: Structure and function of connective and skeletal tissue (ed. by S.F. JACKSON, S.M. PARTRIDGE, R.D. HARKNESS and G.R. TRISTRAM) p. 152–156. London: Butterworths 1965

CHACKO, A.W., REYNOLDS, S.R.M.: Architecture of distended and nondistended human umbilical cord tissues with special reference to the arteries and veins. Contrib. Embryol. Carneg. Instn. **35**, 135–150 (1954)

CHANGUS, G.W.: Osteoblastic hyperplasia of bone, a histochemical appraisal of fibrous dysplasia of bone. Cancer (Philad.) **10**, 1156–1161 (1957)

CHAPEVILLE, F., FROMAGEOT, P.: Formation de sulfite, d'acide cystétique et de taurine à partir de sulfate par l'embryon de poulet. C.R. Acad. Sci. (Paris) **244**, 388–391 (1957)

CHAPMAN, J.A.: Morphological and chemical studies of collagen formation. I. The fine structure of guinea-pig granulomata. J. biophys. biochem. Cytol. **9**, 639–651 (1961)

CHAUBE, S.: On axiation and symmetry in transplanted wing of the chick. J. exp. Zool. **140**, 29–78 (1959)

CHEEK, D.B., POWELL, G.K., SCOTT, R.E.: Growth of muscle mass and skeletal collagen in the rat. I. Normal growth. Johns Hopk. Hosp. Bull. **116**, 378–387 (1965)

CHEN, J.M.: Studies on the morphogenesis of the mouse sternum. II. Experiments on the origon of the sternum and its capacity for self-differentiation in vitro. J. Anat. (Lond.) **86**, 387–401 (1952)

CHEN, J.M.: Studies on the morphogenesis of the mouse sternum. III. Experiments on the closure and segmentation of the sternal bands. J. Anat. (Lond.) **97**, 130–149 (1953)

CHEN, J.M.: The effect of insulin on embryonic limb-bones cultivated in vitro. J. Physiol. **125**, 148–162 (1954)

CHEUNG, H.S., HARVEY, W., BENYA, P.D., NIMNI, M.E.: New collagen markers of derepression synthesized by rabbit articular chondrocytes in culture. Biochem. biophys. Res. Comm. **68**, 1371–1378 (1976)

CHÈVREMONT, M.: Notions de cytologie et histologie. 1. Edition, Vol. 1 et 2. Liège: Desoer 1956

CHÈVREMONT, M.: Notions de cytologie et histologie. 2. Edition. Vol. 1 Liège: Desoer 1966

CHIARUGI, G.: Contribuzioni allo studio dello sviluppo dei nervi encefalici nei mammiferi in confronto con altri vertebrati. Firenze, Sez. med. chir. 1–71 (1894)

CHIBON, P.: Analyse experiméntale de la régionalisation et des capacités morphogénétiques de la crête neural chez l'amphibien urodèle *Pleurodeles waltlii* Michah. Mem. Soc. Zool. France **36**, 1–107 (1966)

CHIBON, P.: Marquage nucléaire par la thymidine tritiée des derives de la crête neurale chez l'amphibien urodèle *Pleurodeles waltlii* Michah. J. Embryol. exp. Morph. **18**, 343–358 (1967)

CHIQUOINE, A.D.: Distribution of alkaline phosphomonoesterase in central nervous system of mouse embryo. J. comp. Neurol. **100**, 415–439 (1954)

CHIEVITZ, O., HEVESY, F.: Radioactive indicators in the study of phosphorus metabolism in rats. Nature (Lond.) **136**, 754–755 (1935)

CHOKSHI, H.R.: Biochemical studies on chick embryonic tibiae cultivated in vitro. In: Tissue culture. (ed. by C. V. RAMAKRISHNAN) p. 36–48. The Hague: Dr. W. Junk Publishers 1965

CHOKSHI, H.R., RAMAKRISHNAN, C.V.: Studies on chick embryonic tibiae cultivated in a chemically defined medium. India J. exp. Biol. **5**, 211–215 (1967)

CHRISMAN, O.D., FESSEL, J.M., MILCH, R.A.: Catabolic enzyme activity in normal and tumor cartilage. Arthr. and Rheum. **6**, 266 (1963)

CHRISTENSEN, H.N., LIANG, M.: An amino acid transport system of unassigned function in the Ehrlich ascites tumor cell. J. biol. Chem. **240**, 3601–3608 (1965)

CH'UAN, C.: Mitochondria in osteoclasts. Anat. Rec. **49**, 397–399 (1931)

CHUANG, H.H.: Defekt- und Vitalfärbungsversuche zur Analyse der Entwicklung der kaudalen Rumpfabschnitte und des Schwanzes bei *Urodelen*. Wilhelm Roux' Arch. Entwickl. Mech. Org. **143**, 19–125 (1947)

CHVAPIL, M.: Physiology of connective tissue. Butterworths London. Czechoslovak Medical Press: Prague 1967

CIFERRI, A., RAJAGH, L.V.: The aging of connective tissue. J. Geront. **19**, 220–224 (1964)

CIFONELLI, J.A.: Structural features of acid mucopolysaccharides. In: The chemical physiology of mucopolysaccharides (ed. by G. QUINTARELLI) p. 91–105 Boston: Little, Brown and Co. 1968

CIPERA, J.D., MIGICOVSKY, B.B., BÉLANGER, L.F.: Composition of epiphyseal cartilage. I. Changes in hexosamine and acetone extractable contents of epiphyseal cartilage of rachitic chicks following administration of vitamin D 3. Canad. J. Biochem. **38**, 807–811 (1960)

CIPERA, J.D., WILLMER, Y.S.: Composition of epiphyseal cartilage. III. Differences in enzymatic activities of epiphyseal and articular cartilage of rachitic chicks. Canad. J. Biochem. **40**, 419–423 (1962)

CITOLER, P., CITOLER, K., HEMPEL, K., SCHULTZE, B., MAURER, W.: Autoradiographische Untersuchungen mit zwölf H³- und fünf C¹⁴-markierten Aminosäuren zur Größe des nucleären und cytoplasmatischen Eiweißstoffwechsels bei verschiedenen Zellarten von Maus und Ratte. Z. Zellforsch. **70**, 419–448 (1966)

CLAES, H.: Histologische Differenzierung, Änderung des Volumenverteilungsmusters und morphogenetische Bedeutung der Chorda dorsalis während der Embryonal- und Larvalentwicklung von *Rana temporaria* L. Acta anat. (Basel) **62**, 104–156 (1965)

CLARK, D.A.: Muscle counts of motor units: a study in innervation ratios. Amer. J. Physiol. **96**, 296–304 (1931)

CLARK, E.R., CLARK, E.L.: Microscopic observations on new formation of cartilage and bone in the living mammal. Amer. J. Anat. **70**, 167–200 (1942)

CLARK, F., GRANT, J.K.: The biochemistry of mucopolysaccharides of connective tissue. Biochemical Society Symp. No. 20. Cambridge: University Press 1961

CLARK, S.M., IBALL, J.: The x-ray crystal analysis of bone. Progr. Biophys. **7**, 225–253 (1957)

CLARKE, I.C.: Articular cartilage: a review and scanning electron microscope study. I. The interterritorial fibrillar architecture. J. Bone Jt. Surg. **53B**, 732–750 (1971 a)

CLARKE, I.C.: Surface characteristics of human articular cartilage – a scanning electron microscope study. J. Anat. **108**, 23–30 (1971 b)

CLARKE, I.C.: Articular cartilage: a review and scanning electron microscope study. II. The territorial fibrillar architecture. J. Anat. **118**, 261–280 (1974)

CLAUSEN, B.: Ageing of connective tissue. In: Hormones and connective tissue. (ed. by G. ASBOE-HANSEN) p. 396–422. Copenhagen: Munksgaard 1966

CLAVERT, J.: Étude histologique de l'involution de l'os folliculinique du pigeon. Arch. Anat. micr. Morph. exp. **37**, 41–49 (1948)

CLAVERT, J.: Sur la teneur en acide ribonucléique des cellules de l'os. C.R. Acad. Sci. (Paris) **231**, 988–999 (1950)

CLEARY, E.G., JACKSON, D.S.: Changes in amino acid compostion of bovine ligament elastin with ageing. International Symp. on biochemistry and physiology of connective tissue. Lyon: 1965

CLEARY, E.G., SANDBERG, L.B., JACKSON, D.S.: The changes in chemical composition during development of the bovine nuchal ligament. J. Cell. Biol. **33**, 469–479 (1967)

CLELAND, R.L.: Molecular weight distribution in hyaluronic acid. In: Chemistry and molecular biology of the intercellular matrix. (ed. by E.A. BALAZS) Vol. 2, p. 733–742. London and New York: Academic Press 1970

CLONEY, R.A.: Cytoplasmic filaments and morphogenesis: the role of the notochord in ascidian metamorphosis. Z. Zellforsch. **100**, 31–53 (1969)

COBB, J.D.: Relation of glycogen, phosphorylase and ground substance to calcification of bone. Arch. Path. **55**, 496–502 (1953)

COHEN, A.M., HAY, E.D.: Secretion of collagen by embryonic neuroepithelium at the time of spinal cord – somite interaction. Develop. Biol. **26**, 578–605 (1971)

COHEN, J.: Feathers and patterns. Advanc. Morphogenes. **5**, 1–38 (1966)

COHEN, J., HARRIS, W.H.: The three-dimensional anatomy of Haversian systems. J. Bone Jt. Surg. **40A**, 419–434 (1958)

COHEN, J., LACROIX, P.: Comparison of microradiographic and histologic patterns in bone. Lab. Invest. **2**, 447–550 (1953)

COHEN, J., BERGLUND, F., LOTSPEICH, W.D.: Interrelations during renal tubular reabsorption in the dog among several anions showing a sensitivity to glucose and phlorizin. Amer. J. Physiol. **189**, 331–338 (1957)

COHEN, S.S.: The isolation and crystallization of plant viruses and other protein macromolecules by means of hydrophilic colloids. J. biol. Chem. **144**, 353–362 (1942)

COHN, D.V., FORSCHER, B.K.: Aerobic metabolism of glucose by bone. J. biol. Chem. **237**, 615–618 (1962)

COIMBRA, A.: Radioautographic studies of glycogen synthesis in the striated muscle of rat tongue. Amer. J. Anat. **124**, 361–377 (1969)

COIMBRA, A., LEBLOND, C.P.: Sites of glycogen synthesis in rat liver cells as shown by electron microscope radioautography after administration of glucose-$H^3$. J. Cell Biol. **30**, 151–175 (1966)

COLEMAN, J.R., COLEMAN, A.W., HARTLINE, E.J.H.: A clonal study of the reversible inhibition of muscle differentiation by the halogenated thymidine analog 5-Bromodeoxyuridine. Develop. Biol. **19**, 527–548 (1969)

COLLINS, D.H., McELLIGOTT, T.F.: Sulphate ($^{35}SO_4$) uptake by chondrocytes in relation to histological changes in osteo-arthritic human articular cartilage. Ann. rheum. Dis. **19**, 318–330 (1960)

COLLINS, D.H., GHADIALLY, F.N., MEACHIM, G.: Intra-cellular lipids of cartilage. Ann. rheum. Dis. **24**, 123–135 (1965)

COMAR, C.L.: Skeletal metabolism studies with radiocalcium. In: The role of atomic energy in agricultural research. Proc. of the 4th. annual Oak Ridge summer Symp. August 25–30, 1952 (ed. by C.L. COMAR and S.L. HOOD) p. 225–329. Oak Ridge, Tenn.: Technical Information Service 1953

COMAR, C.L.: Mineral metabolism. Vol. 1, Part B. New York and London: Academic Press 1961

COMAR, C.L., BRONNER, F.: Mineral metabolism. Vol. 1, Part A, New York and London: Academic Press 1960, Vol. 1, Part B, New York and London: Academic Press 1961, Vol. 3, New York and London: Academic Press 1969

COMAR, C.L., LOTZ, W.E., BOYD, G.A.: Autoradiographic studies of calcium, phosphorus and strontium distribution in bone of growing pigs. Amer. J. Anat. **90**, 113–129 (1952)

CONKLIN, J.L.: Staining properties of hyaline cartilage. Amer. J. Anat. **112**, 259–267 (1963)

COOK, S.F., HEIZER, R.F.: The chemical analysis of fossil bone: individual variation. Amer. J. Phys. Anthrop. **17**, 109–115 (1959)

COON, H.G.: The retention of differentiated cell function among clonal and subclonal progeny of precartilage and cartilage cells from chick embryos. (Abstract) Amer. Soc. Cell Biol. **23**, 20A (1964)

COON, H.G.: Clonal stability and phenotypic expression of chick cartilage cells in vitro. Proc. Nat. Acad. Sci. **55**, 66–73 (1966)

COOPER, G.W.: Induction of somite chondrogenesis by cartilage and notochord: a correlation between inductive activity and specific stages of cytodifferentiation. Develop. Biol. **12**, 185–212 (1965)

COOPER, G.W., PROCKOP, D.J.: Intracellular accumulation of protocollagen and extrusion of collagen by embryonic cartilage cells. J. Cell Biol. **38**, 523–537 (1968)

COOPER, R.R., MILGRAM, J.W., ROBINSON, R.A.: Morphology of the osteon. An electron microscopic study. J. Bone Jt. Surg. **48A**, 1239–1271 (1966)

COPENHAVER, W.M.: Bailey's textbook of histology. 15th. Ed. Baltimore: The Williams & Wilkins Co. 1964

CORNAH, M.S., MEACHIM, G., PARRY, E.W.: Banded structures in the matrix of human and rabbit nucleus pulposus. J. Anat. (Lond.) **107**, 351–362 (1970)

CORNER, G.W.: A well-preserved human embryo of 10 somites. Contrib. Embryol. Carneg. Instn. **20**, 81–102 (1929)

CORNING, H.K.: Über die Entwicklung der Kopf- und Extremitätenmuskulatur bei *Reptilien*. Morph. Jb. **28**, 28–104 (1900)

CORVOL, M.T., DUMONTIER, M.F., RAPPAPORT, R.: Culture of chondrocytes from the proliferative zone of epiphyseal growth plate cartilage from prepubertal rabbits. Biomedicine (Express) **23**, 103–107 (1975)

COULSON, W.F., CARNES, W.H.: Cardio-vascular studies on copper-deficient swine. V. The histogenesis of the coronary artery lesions. Amer. J. Path. **43**, 945–954 (1963)

COURPRON, P., MEUNIER, P., EDOUARD, C., BERNARD, J., BRINGUIER, J.P., VIRNON, G.: Données histologiques quantitatives sur le vieillissement osseux humain. Rev. Rhum. **40**, 469–483 (1973)

COURRIER, R.: Action synergique des hormones ovariennes sur la symphyse pubienne des cobayes. Ann. Endocrin. **2**, 124 (1941a)

COURRIER, R.: Sur la mécanisme d'ouverture de la symphyse pubienne en fin de grossesse chez le cobaye. Bull. Acad. Med. (Paris) **125**, 230 (1941 b)

COURTS, A.: Eucollagen. Nature (Lond.) **191**, 1097 (1961)

COVENTRY, M.B., GHORMLEY, R.K., KERNOHAN, J.W.: The intervertebral disc: Its microscopic anatomy and pathology. Part I. Anatomy, development and physiology. J. Bone Jt. Surg. **27B**, 105–112 (1945a)

COVENTRY, M.B., GHORMLEY, R.K., KERNOHAN, J.W.: The intervertebral disc: Its microscopic anatomy and pathology. Part II. Changes in the intervertebral disc concomitant with age. J. Bone Jt. Surg. **27B**, 233–247 (1945b)

COWDRY, E.V.: Ageing of individual cells. In: Cowdry's problems of ageing (ed. by E.V. COWDRY) 2nd. ed., p. 626–633. Baltimore: The Williams & Wilkins Co. 1942

COWDRY, E.V.: Ageing of individual cells. In: Cowdry's problems of ageing. (ed. by A.I. LANSING) 3rd. ed. p. 50–88. Baltimore: The Williams & Wilkins Co. 1952

COWEY, F.K., WHITEHOUSE, M.W.: Biochemical properties of anti-inflammatory drugs. VII. Inhibition of proteolytic enzymes in connective tissue by chloroquine (resochin) and related antimalarial antirheumatic drugs. Biochem. Pharmacol. **15**, 1071–1084 (1966)

COX, R.C., LITTLE, K.: An electron microscope study of elastic tissue. Proc. roy. Soc. B. **155**, 232–242 (1961)

CRAWFORD, G.N.C.: The evolution of the Haversian pattern in bone. J. Anat. (Lond.) **74**, 284–299 (1939)

CREIGHTON, C.: Microscopic researches on the formative property of glycogen. London: A. & C. Black 1896

CRELIN, E.S.: The effects of androgen, estrogen and relaxin on intact and transplanted pelves in mice. Amer. J. Anat. **95**, 47–74 (1954)

CRELIN, E.S.: Fate of fibrocartilage cells in the pubic symphysis of mice treated with estradiol and relaxin. Anat. Rec. **124**, 279 (1956a)

CRELIN, E.S.: Proliferation of interpubic tissue in mice injected with estradiol, relaxin and 17-hydroxycorticosterone. Anat. Rec. **124**, 396 (1956b)

CRELIN, E.S.: Mitosis in adult cartilage. Science **125**, 650 (1957a)

CRELIN, E.S.: Mitosis of mature chondrocytes. Anat. Rec. **127**, 282 (1957b)

CRELIN, E.S.: The development and hormonal response of the autotransplanted interpubic joint in mice. Anat. Rec. **146**, 149–163 (1963)

CRELIN, E.S.: An autoradiographic study of endochondral ossification in vitro. Anat. Rec. **157**, 354 (1967)

CRELIN, E.S., KOCH, W.E.: Development of mouse pubic joint in vivo following initial differentiation in vitro. Anat. Rec. **153**, 161–165 (1965)

CRELIN, E.S., KOCH, W.E.: An autoradiographic study of chondrocyte transformation into chondroclasts and osteocytes during bone formation in vitro. Anat. Rec. **158**, 473–484 (1967)

CREMER, H.D., DITTMANN, G.: Einbau von organischem (Eiweiß-) und anorganischem (Sulfat-) Schwefel in Knorpel, Knochen und Zähne. Biochem. Z. **327**, 377–382 (1956)

CRIPPA, A.: Sulla utilizzazione del tetraacetato di piombo come ossidante in istochimica. Boll. Soc. ital. Biol. sper. **27**, 599–601 (1951)

CRUESS, R.L., CLARK, J.: Alterations in the lipids of bone caused by hypervitaminosis A and D. Biochem. J. **96**, 262–265 (1965)

CURRAN, R.C.: Observations on the formation of collagen in quartz lesions. J. Path. Bact. **66**, 271–282 (1953)

CURRAN, R.C.: The histological demonstration of connective tissue mucopolysaccharides. In: The biochemistry of mucopolysaccharides of connective tissue. (ed. by F. CLARK and J.K. GRANT) p. 24–38. Cambridge: Univ. Press 1961

CURRAN, R.C.: The histochemistry of mucopolysaccharides. Int. Rev. Cytol. **17**, 149–202 (1964)

CURRAN, R.C., GIBSON, T.: The uptake of labelled sulphate by human cartilage cells and its use as a test for viability. Proc. roy. Soc. B. **144**, 572–576 (1956)

CURRAN, R.C., KENNEDY, J.S.: The distribution of the sulphated mucopolysaccharides in the mouse. J. Path. Bact. **70**, 449–457 (1955)

CURRAN, R.C., CLARK, A.E., LOVELL, D.: Acid mucopolysaccharides in electron microscopy. The use of the colloidal iron method. J. Anat. (Lond.) **99**, 427–434 (1965)

CURREY, J.D.: Differences in the blood-supply of bone of different histological types. Quart. J. micr. Sci. **101**, 351–370 (1960)

CURREY, J.D.: Stress concentration in bone. Quart. J. micr. Sci. **103**, 111–133 (1962a)

CURREY, J.D.: Strength of bone. Nature (Lond.) **195**, 513–514 (1962b)

CURREY, J.D.: Metabolic starvation as a factor in bone reconstruction. Acta anat. (Basel) **59**, 77–83 (1964a)

CURREY, J.D.: Three analogies to explain the mechanical properties of bone. Biorheology **2**, 1–10 (1964b)

CURTIS, A.S.G.: Cell contacts: some physical considerations. Amer. Naturalist **94**, 37–56 (1960)

CURTIS, A.S.G.: Control of some cell-contact relations in tissue culture. J. nat. Cancer Inst. **26**, 253–268 (1961)

CURZON, G.: Longitudinal distribution of organic components of bone. Nature (Lond.) **174**, 646–647 (1954)

CZITOBER, H., ESCHBERGER, J.: Calcified Tissue. Facta-Publication. Egermann Verlag Wien 1973

D'ABRAMO, F., LIPMANN, F.: The formation of adenosine- 3'-phosphate-5'-phosphosulfate in extracts of chick embryo cartilage and its conversion into chondroitin sulfate. Biochim. biophys. Acta (Amst.) **25**, 211–213 (1957)

DA COSTA, A.C.: Note sur la crête ganglionaire cranienne chez le cobaye. C.R. Soc. Biol. (Paris) **83**, 1651–1654 (1920)

DA COSTA, A.C.: Sur la constitution et la développement des ébauches ganglionaires craniennes chez les mammifères. Arch. Biol. **42**, 71–105 (1931)

DAHL, B.: La théorie de l'ostéoclasie et le comportement des ostéoclastes vis à vis du bleu trypan et vis à vis de l'irradiation aux rayons X. Acta path. microbiol. scand. Suppl. **26**, 234–239 (1936)

DAHLQVIST, A., OLSSON, I., NORDEN, A.: The periodate-Schiff-reaction: specifity, kinetics and reaction products with pure substrates. J. Histochem. Cytochem. **13**, 423–430 (1965)

DAHMEN, G., HÖHLING, H.J.: Submikroskopische Untersuchungen an gesunden und degenerierten Menisci. Z. Orthop. **96**, 7–27 (1962)

DALCQ, A.: Contribution à l'étude du potentiel morphogénétique chez les Anoures. Arch. Biol. **51**, 387–586 (1940)

DALCQ, A.: Recent experimental contributions to brain morphogenesis in amphibians. 6th. growth symp. p. 85–119, 1946

DALCQ, A.: Sur l'induction de l'épiphyse et sa signification pour la morphogénèse du cerveau anterieur. Arch. Portug. Sci. Biol. **9**, 18–41 (1947)

DALCQ, A., PASTEELS, J.: Une conception nouvelle des bases physiologiques de la morphogénèse. Arch. Biol. **48**, 669–710 (1937)

DALCQ, A., PASTEELS, J.: Potentiel morphogénètique, régulation et «axial gradients» de Child. Bull. Acad. roy. Méd. Belg. **3**, 261–308 (1938)

DALE, G.G., HARRIS, W.R.: Prognosis of epiphyseal separation; an experimental study. J. Bone Jt. Surg. **40B**, 116–122 (1958)

DALLEMAGNE, M.J.: The physiology of supporting tissue. Ann. Rev. Physiol. **12**, 101–118 (1950)

DALLEMAGNE, M.J.: Structure of bone salts. Ciba foundation symposium on bone structure and metabolism. p. 14–32, London: Churchill 1956

DALLEMAGNE, M.J., MÉLON, J.: La calcification des lamelles osseuses constitutives du système haversien. Arch. biol. **56**, 243–259 (1945)

DALTON, A.J.: A study of the golgi material of hepatic and intestinal epithelial cells with the electron microscope. Z. Zellforsch. **36**, 522–540 (1952)

DALTON, A.J.: Golgi apparatus and secretion granules. In: The cell. (ed. by J. BRACHET and A.E. MIRSKY) Vol. II. p. 1–916, New York and London: Academic Press 1961

DALTON, A.J., FELIX, M.D.: Studies on the Golgi substance of the epithelial cells of the epididymis and duodenum of the mouse. Amer. J. Anat. **92**, 227–305 (1953)

DALTON, A.J., FELIX, M.D.: A comparative study of the Golgi-Complex. J. biophys. biochem. Cytol. **2**, 79–93 (1956)

DANCKWARDT-LILLIESTRÖM, G.: Reaming of the medullary cavity and its effect on diaphyseal bone. Acta orthop. scand. Suppl. **128**, 5–153 (1969)

DANIELLI, F.: General cytochemical methods. New York: Academic Press 1958

DANIS, A.: L'ostéogénine existe-t'elle. Étude experimentale. Acta orthop. Belg. **22**, 501–516 (1956)

DANTSCHAKOFF, W.: Untersuchungen über die Entwicklung des Blutes und Bindegewebes bei den Vögeln. III. Über die Entwicklung des Knochenmarkes bei den Vögeln und über dessen Veränderung bei Blutentziehungen und Ernährungsstörungen. Arch. mikr. Anat. **74**, 855–926 (1909)

DAUGHADAY, W.H., REEDER, C.: Synchronous activation of DNA synthesis in hypophysectomized rat cartilage by growth hormone. J. Lab. clin. Med. **68**, 357–368 (1966)

DAVIDSON, E.A.: Metabolism of amino sugars. In: The amino sugars (ed. by R.W. JEANLOZ and E.A. BALAZS) Vol. IIB, p. 2–43. New York and London: Academic Press 1966

DAVIDSON, E.A., MEYER, K.: Chondroitin, a new mucopolysaccharide. J. biol. Chem. **211**, 605–611 (1954)

DAVIDSON, E.A., SMALL, W.: Metabolism in vivo of connective tissue mucopolysaccharides. I. Chondroitinsulfate C and keratosulfate of nucleus pulposus. Biochim. biophys. Acta (Amst.) **69**, 445–452 (1963a)

DAVIDSON, E.A., SMALL, W.: Metabolism in vivo of connective tissue mucopolysaccharides. II. Chondroitinsulfate B and hyaluronic acid of skin. Biochim. biophys. Acta (Amst.) **69**, 453–458 (1963b)

DAVIDSON, E.A., SMALL, W.: Metabolism in vivo of connective tissue mucopolysaccharides. III. Chondroitin sulfate and keratosulfate of cartilage. Biochim. biophys. Acta (Amst.) **69**, 459–463 (1963c)

DAVIDSON, E.A., WOODHALL, B.: Biochemical alterations in herniated intervertebral discs. J. biol. Chem. **234**, 2951–2954 (1959)

DAVIES, D.V.: The staining reactions of normal synovial membrane with special reference to the origin of synovial mucin. J. Anat. (Lond.) **77**, 160–168 (1943)

DAVIES, D.V.: Specificity of staining methods for mucopolysaccharides of the hyaluronic acid type. Stain Technol. **27**, 65–69 (1952)

DAVIES, D.V., YOUNG, I.: The distribution of radioactive sulphur ($S^{35}$) in the fibrous tissues, cartilages and bones of the rat following its administration in the form of inorganic sulphate. J. Anat. (Lond.) **88**, 174–183 (1954)

DAVIES, D.V., BARNETT, C.H., COCHRANE, W., PALFREY, A.J.: Electron microscopy of articular cartilage in the young adult rabbit. Ann. rheum. Dis. **21**, 11–22 (1962)

DAVIES, H.G., ENGSTRÖM, A.: Interferometric and x-ray absorption studies of bone tissue. Exp. Cell. Res. **7**, 243–255 (1954)

DAVIS, C.L.: Description of a human embryo having twenty paired somites. Contr. Embryol. Carneg. Instn. **15**, 1–51 (1923)

DAVIS, G.K., LOOSLI, J.K.: Mineral metabolism (animal). Annual Rev. Biochem. **23**, 459–480 (1954)

DAWES, B.: The development of the vertebral column in mammals as illustrated by its development in *Mus musculus*. Phil. Trans. B. **218**, 115–170 (1930)

DAWSON, A.B.: The age order of epiphyseal union in the long bone of the albino rat. Anat. Rec. **31**, 1–17 (1925)

DAWSON, A.B.: Further studies of the epiphyses of the albino rat skeleton with special reference to the vertebral column, ribs sternum, and girdles. Anat. Rec. **34**, 351–363 (1927)

DAWSON, A.B.: A histological study of the persisting cartilage plates in retarded or lapsed epiphyseal union in the albino rat. Anat. Rec. **43**, 109–129 (1929)

DAWSON, A.B.: The zone of Golgi in the cartilage cells of *Necturus*. Anat. Rec. **48**, 379–397 (1931)

DAWSON, I.M.: Further studies on epiphyseal union in the skeleton of the rat. Anat. Rec. **60**, 83–86 (1934a)

DAWSON, I.M.: Additional evidence of the failure of epiphyseal union in the skeleton of the rat. Studies on wild and captive gray Norway rats. Anat. Rec. **60**, 501–511 (1934b)

DAWSON, L.J.: A study of the development of secondary cartilage on the dentary bone of the mouse. Thesis. University of New England, Armidale: (Australia) 1962

DEAKINS, M.: Changes in the ash, water and organic content of pig enamel during calcification. J. Dent. Res. **21**, 429–435 (1942)

DEAKINS, M., BURT, R.L.: The deposition of calcium, phosphorus and carbon dioxide in calcifying dental enamel. J. biol. Chem. **156**, 77–83 (1944)

DEARDEN, L.C.: Periodic fibrillar material in intracellular vesicles and in electron-dense bodies in chondrocytes of rat costal and tracheal cartilage at various ages. Amer. J. Anat. **144**, 323–337 (1975)

DEARDEN, L.C., BONUCCI, E.: Filaments and granules in mitochondrial vacuoles in chondrocytes. Calcif. Tiss. Res. **18**, 173–194 (1975)

DEARDEN, L.C., BONUCCI, E., CUICCHIO, M.: An investigation of ageing in human costal cartilage. Cell Tiss. Res. **152**, 305–337 (1974)

DEBRUNNER, H.: Über experimentelle Untersuchungen an überlebenden Säugetierembryonen. Arch orthop. Unfall-Chir. **28**, 2–29 (1930)

DECKER, J.D.: Electron microscopy of fibril morphology in developing bone. Anat. Rec. **142**, 225–226 (1962)

DECKER, J.D.: An electron microscopic investigation of osteogenesis in the embryonic chick. Amer. J. Anat. **118**, 591–613 (1966)

DEGGLER, C.: Beitrag zur Kenntnis der Architektur des fetalen Schädels. Z. Anat. Entwickl. Gesch. **111**, 470–489 (1941)

DEINEKA, D.: Die Entwicklung der Knochenzellen im periochondralen Prozeß. Anat. Anz. **46**, 97–126 (1914)

DEINEKA, D.: Développement des cellules osseuses dans le processus enchondral. Arch. russ. anat. **1**, 331–381 (1916)

DEISS, W.P. JR.: The organic composition of the non-cellular compartment of calcified tissues. In: Calcified tissues, 4th. Europ. Sympos. (ed. by P.J. GAILLARD, A. VAN DEN HOOF and R. STEENDIJK) p. 19–23, Amsterdam-London-New York: Excerpta Medica Foundation 1966

DEISS, W.P. JR., HOLMES, L.B., JOHNSTON, C.C.: Bone matrix biosynthesis in vitro. I. Labeling of hexosamine and collagen of normal bone. J. biol. Chem. **237**, 3555–3559 (1962)

DEKHUYZEN, M.C.: Het hyaline kraakbeen, zijn beteeknis en zijn groei. Weekbl. nederl. Tijdschr. Geneesk. **7**, 253–265 (1889)

DE LA HABA, G., HOLTZER, H.: Chondroitin sulfate: inhibition of synthesis by puromycin. Science **149**, 1263–1265 (1965)

DELAUNAY, A., BAZIN, S.: Metabolisme des mucopolysaccharides. Ann. Histochim. **4**, 259–278 (1964)

DELBRÜCK, A.: Zur Enzymologie der Bindegewebe. Enzym. biol. clin. **4**, 84–106 (1964)

DELBRÜCK, A.: Enzyme activity determinations in bone and cartilage. Enzym. biol. clin. **11**, 130–153 (1970)

DELBRÜCK, A., LIPMANN, F.: Zum Mechanismus der Chondroitinsulfatsynthese. Ber. ges. Physiol. **215**, 22 (1960)

DELLING, G., SCHULZ, A.: Beziehungen zwischen Knochenzell-„Aktivität" und altersbedingtem Verlust an Knochenmasse. Verh. dtsch. path. Ges. **57**, 391 (1973)

DEMETER, I., MÁTYÁS, I.: Mikroskopische vergleichendanatomische Studien an Röhrenknochen mit besonderer Rücksicht auf die Unterscheidung menschlicher und tierischer Knochen. Z. Anat. **87**, 45–99 (1928)

DEMPSEY, E.W., LANSING, A.I.: Elastic tissue. Int. Rev. Cytol. **3**, 437–453 (1954)

DEMPSEY, E.W., SINGER, M.: Observations on the chemical cytology of the thyroid gland at different functional stages. Endocrinology **38**, 270–295 (1946)

DEMPSEY, E.W., BUNTING, H., SINGER, M., WISLOCKI, G.B.: The dye binding capacity and other chemohistological properties of mammalian mucopolysaccharides. Anat. Rec. **98**, 417–430 (1947)

DEMPSEY, E.W., SINGER, M., WISLOCKI, G.B.: The increased basophilia of tissue proteins after oxidation with periodic acid. Stain Technol. **25**, 73–80 (1950)

DERGE, J.G., DAVIDSON, E.A.: Protein-polysaccharide biosynthesis. Membrane-bound saccharides. Biochem. J. **126**, 217–223 (1972)

DESSOUKY, D.A., HIBBS, R.G.: An electron microscope study of the development of the somatic muscle of the chick embryo. Amer. J. Anat. **116**, 525–566 (1965)

DETH, J.H.M.G. VAN: Glucose metabolism of the avian egg. Austr. J. exp. Biol. med. Sci. **41**, 128–140 (1963)

DETWILER, S.R.: Experiments on the development of the shoulder girdle and anterior limb of *amblystoma punctatum*. J. exp. Zool. **25**, 499–537 (1918)

DETWILER, S.R.: Transplantation of anterior limb mesoderm from *amblystoma* embryos in the slit-blastopore stage. J. exp. Zool. **52**, 315–324 (1929)

DETWILER, S.R.: On the time of determination of the anterior-posterior axis of the forelimb in *amblystoma*. J. exp. Zool. **64**, 405–414 (1933)

DETWILER, S.R.: An experimental study of the spinal nerve segmentation in amblystoma with reference to the plurisegmental contribution to the brachial plexus. J. exp. Zool. **67**, 395-441 (1934)

DETWILER, S.R.: Observations upon the migration of neural crest cells, and upon the development of the spinal ganglia and vertebral arches in *amblystoma*. Amer. J. Anat. **61**, 63-94 (1937)

DETWILER, S.R.: Experiments on the origin of the ventrolateral trunk musculature in the urodele (*Amblystoma*) J. exp. Zool. **129**, 45-75 (1955)

DETWILER, S.R., DYKE, R.H. VAN: Further observations upon abnormal growth responses of spinal nerves in *amblystoma* embryos. J. exp. Zool. **69**, 137-164 (1934)

DETWILER, S.R., HOLTZER, H.: Inductive and formative influence of spinal cord upon vertebral column. Bull. Hosp. Joint. Dis. **15**, 114-123 (1954)

DETTMER, N.: Elektronenmikroskopische Untersuchungen am elastischen Fasersystem des Ligamentum nuchae. Z. Zellforsch. **45**, 265-279 (1956)

DETTMER, N., SCHWARZ, W.: Die qualitative elektronenmikroskopische Darstellung von Stoffen mit der Gruppe CHOH-CHOH, ein Beitrag zur Elektronenfärbung. Z. wiss. Mikr. **61**, 423-429 (1954)

DETTMER, N., NECKEL, J., RUSKA, H.: Elektronenmikroskopische Befunde an versilberten kollagenen Fibrillen. Z. wiss. Mikr. **60**, 290-297 (1951/52)

DEUCHAR, E.M.: Relation between somite segregation rate and ATPase activity in early chick embryos. J. Embryol. exp. Morph. **8**, 259-267 (1960)

DEUCHAR, E.M.: Free and protein-bound amino acids in tissues of the 48-hour chick embryo. Acta Embryol. Morph. exp. (Palermo) **6**, 1-10 (1963)

DHEM, A., PIRET, N.: Remarques a propos de la resorption osteoclastique. Bull. Ass. Anat. (Nancy) **59**, 157-162 (1975)

DIAMANT, M.: Otitis and pneumatisation of the mastoid bone. Thesis Uni of Upsala med. Fakultät. Lund: Hakan Ohlssons Boktryckeri 1940

DIBBELT, W.: Beiträge zur Histogenese des Skelettgewebes und ihren Störungen. Beitr. path. Anat. **50**, 411-436 (1911)

DICKENS, F., NEIL-MALHERBE, H.: Metabolism of cartilage. Nature (Lond.) **138**, 125-126 (1936)

DICKSON, I.R., HAPPEY, F., PEARSON, C.H., NAYLOR, A., TURNER, R.L.: Variation in the protein components of human intervertebral disk with age. Nature (Lond.) **215**, 52-53 (1967)

DIETHELM, L., OLSSON, O., STRNAD, F., VIETEN, H., ZUPPINGER, A.: Handbuch der medizinischen Radiologie. Bd. IV, Teil 1: Skeletanatomie (Röntgendiagnostik) Berlin-Heidelberg-New York: Springer Verlag 1970

DI FERRANTE, N.: Precipitins in the rabbit produced by protein polysaccharide from bovine nasal cartilage. Science **143**, 250-252 (1964)

DI FERRANTE, N.: Antigenicity of protein-polysaccharide complexes from cartilage. In: The chemical physiology of mucopolysaccharides (ed. by G. QUINTARELLI) p. 81-89, Boston: Little, Brown and Co. 1968

DI FERRANTE, N.: The immunological properties of hyaluronidase-treated bovine proteoglycans. In: Chemistry and molecular biology of the intercellular matrix (ed. by E.A. BALAZS) Vol. 3, p. 1551-1561 London and New York: Academic Press 1970

DI FERRANTE, N., PAULING, M.: Properties of antibodies to a protein-polysaccharide from bovine nasal cartilage. J. Lab. Clin. Med. **63**, 945-952 (1964)

DIGBY, P.S.B.: Semi-conduction and electrode processes in biological material. I. Crustacea and certain soft-bodied forms. Proc. roy. Soc. B. **161**, 504-525 (1965)

DIGBY, P.S.B.: Mechanism of calcification in mammalian bone. Nature (Lond.) **212**, 1250-1252 (1966)

DIJKSTRA, O.H.: De ontwikkeling van het schouderblad bij den mensch. Verslag van de gewone vergaderingen der wissen natuurkundige afdeeling. Kon. Akad. Wet. Amsterdam **32**, 321-332 (1923)

DINGLE, J.T.: Studies on the mode of action of excess of vitamin A. 3. Release of a bound protease by the action of vitamin A. Biochem. J. **79**, 509-512 (1961)

DIRKSEN, T.R., MARINETTI, G.V., PECK, W.A.: Lipid metabolism in bone and bone cells. II. The in vitro incorporation of $^{32}$P orthophosphate and $^{14}$C serine into lipids of bone and bone cell cultures. Biochim. biophys. Acta (Amst.) **202**, 80-90 (1970)

DISALVO, J., SCHUBERT, M.: Interaction during fibril formation of soluble collagen with cartilage proteinpolysaccharide. Biopolymers **4**, 247-258 (1966)

DiSalvo, J., Schubert, M.: Specific interaction of some cartilage proteinpolysaccharides with freshly precipitating calcium phosphate. J. biol. Chem. **242**, 705–710 (1967)

Dische, Z., Danilczenko, A., Zelmenis, G.: The neutral heteropolysaccharides in connective tissue. In: Chemistry and biology of mucopolysaccharides (ed. by G.E.W. Wolstenholme and M. O'Connor) p. 116–139. Boston: Little, Brown & Co. 1958

Dissé, J.: Über die Bildung des Knochengewebes. Sitz. Ges. Naturwiss. Marb. **5**, 111–121 (1908)

Dissé, J.: Die Entstehung des Knochengewebes und des Zahnbeins. Ein Beitrag zur Lehre von der Bildung der Grundsubstanzen. Arch. mikr. Anat. **73**, 563–606 (1909)

Dissé, J.: Über die Bildung der Grundsubstanz des Knochengewebes. Anat. Anz. **38**, 137–143 (1911)

Di Virgilio, G., Lavenda, N., Worden, J.L.: Sequence of events in neural tube closure and the formation of neural crest in the chick embryo. Acta anat. (Basel) **68**, 127–146 (1967)

Dixit, P.K.: Quantitative histochemistry of rachitic rat cartilage enzyme activity during healing induced by vitamin D and starvation. J. Histochem. Cytochem. **17**, 411–417 (1969)

Dixon, A.D.: The early development of the maxilla. Dent. Practit. Dent. Rec. **3**, 331–336 (1953)

Dixon, B.: Regional variation in the cycle time of cells in epiphyseal cartilage. Rev. europ. étud. clin. biol. **15**, 875–878 (1970)

Dixon, T.F., Perkins, H.R.: Citric acid and bone metabolism. Biochem. J. **52**, 260–265 (1952)

Doan, C.A.: The circulation of the bone marrow. Contr. Embryol Carneg. Instn. **13**, 29–36 (1922)

Doberenz, A.R.: Ultrastructure of fossil dentinal collagen. Calcif. Tiss. Res. **1**, 166–169 (1967)

Dodds, G.S.: Row formation and other types of arrangement of cartilage cells in endochondral ossification. Anat. Rec. **46**, 385–399 (1930)

Dodds, G.S.: Osteoclasts and cartilage removal in endochondral ossification of certain mammals. Amer. J. Anat. **50**, 97–127 (1932)

Dodds, G.S., Cameron, H.C.: Studies on experimental rickets in rats. I. Structural modifications of the epiphyseal cartilages in the tibia and other bones. Amer. J. Anat. **55**, 135–160 (1934)

Dönnebrink, K.: Die frühe Histogenese der Wirbelbögen in einer Deckmembran. Inaugural-Dissertation, Med. Fakultät Heidelberg: 1973

Doganges, P.T., Schubert, M.: The use of lanthanum to study the degradation of a proteinpolysaccharide from cartilage. J. biol. Chem. **239**, 1498–1503 (1964)

Dolgo-Saburov, B.A.: Über Ursprung und Insertion der Skeletmuskeln. Anat. Anz. **68**, 80–87 (1930)

Dolgo-Saburov, B.A.: Über einige Eigentümlichkeiten der Knochenstruktur an den Anheftungsstellen der Sehnen. Morph. Jb. **75**, 393–411 (1935)

Dolschansky, L., Roulet, F.: Zur Frage der extracellularen Entstehung der Silberfibrillen. Protoplasma (Wien) **23**, 443–447 (1935)

Dollo, M.L.: Sur les épiphyses des lacertiliens. Zool. Anz. **7**, 65–80 (1884)

Domm, L.V., Leroy, P.: A method for hypophysectomy of rat fetus by decapitation. Anat. Rec. **109**, 395–396 (1951)

Domm, L.V., Leroy, P.: A method for fetal hypophysectomy by decapitation in the rat. Anat. Rec. **123**, 183–199 (1955)

Dondua, A.K.: Cell cycle and differentiation of the chondroskeleton of the chick embryo extremities. Arkh. Anat. Gistol. Embriol. **65**, 37–44 (1973)

Donisch, E.W., Trapp, W.: The cartilage endplates of the human vertebral column (some considerations of postnatal development) Anat. Rec. **169**, 705–716 (1971)

Dorfman, A.: Metabolism of the mucopolysaccharides of connective tissue. In: Connective tissue in health and disease (ed. by G. Asboe-Hansen) p. 81–96 Copenhagen: Ejnar Munksgaard 1954

Dorfman, A.: Metabolism of the mucopolysaccharides of connective tissue. Pharmacol. Rev. **78**, 1–31 (1955/56)

Dorfman, A.: Biosynthesis and metabolism of acid mucopolysaccharides of connective tissues. Fed. Proc. **21**, 1070–1074 (1962)

Dorfman, A.: Polysaccharides of connective tissue. J. Histochem. Cytochem. **11**, 2–13 (1963)

Dorfman, A.: Metabolism of acid mucopolysaccharides. Biophys. J. **4**, Suppl. 155–166 (1964)

Dorfman, A.: Structure of proteinpolysaccharide complex. In: Structure and function of connective and skeletal tissue (ed. by S. Fitton-Jackson, S.M. Partridge, R.D. Harkness and G.R. Tristram) p. 178–180. London: Butterworths 1965a

DORFMAN, A.: The biosynthesis of acid mucopolysaccharides. In: Structure and function of connective and skeletal tissue (ed. by S. FITTON-JACKSON, S.M. PARTRIDGE, R.D. HARKNESS and G.R. TRISTRAM) p. 297–302. London: Butterworths 1965b

DORFMAN, A.: Differential function of connective tissue cells. In: Chemistry and molecular biology of the intercellular matrix (ed. by E.A. BALAZS) Vol. 3, p. 1421–1448. London and New York: Academic Press 1970

DORFMAN, A., MATHEWS, M.B.: The physiology of connective tissue. Ann. Rev. Physiol. 18, 69–88 (1956)

DORFMAN, A., SCHILLER, S.: Effects of hormones on the metabolism of acid mucopolysaccharides of connective tissue. In: Hormone Research. (ed. by G. PINCUS) p. 427–481, London and New York: Academic Press 1958

DORRIS, F.: The production of pigment in vitro by chick neural crest. Arch. Entwickl. Mech. Org. 138, 323–334 (1938)

DORRIS, F.: The behaviour of chick neural crest in grafts to the chorio-allantoic membrane. J. exp. Zool. 86, 205–223 (1941)

DOTY, P., NISHIHARA, T.: The molecular properties and the thermal stability of soluble collagens. In: Recent advances in gelatin and glue research. (ed. by G. STAINSBY) p. 92–99. London: Pergamon Press 1958

DOTY, S.B., SCHOFIELD, B.H.: Electron microscopic localization of hydrolytic enzymes in osteoclasts. Histochem. J. 4, 245–258 (1972)

DOTY, S.B., SCHOFIELD, B.H.: Enzyme histochemistry of bone and cartilage cells. Progr. Histochem. Cytochem. 8, No. 1 (1976)

DOTY, S.B., SCHOFIELD, B.H., ROBINSON, R.A.: The electron microscopic identification of acid phosphatase and adenosinetriphosphatase in bone cells following parathyroid extract or thyrocalcitonin administration. In: Parathyroid hormone and thyrocalcitonin. (ed. by R.V. TALMAGE and L.F. BÉLANGER) p. 169–181. Amsterdam: Excerpta Medica Foundation 1968

DOUGLAS, J.F., KING, G.G.: Conversion of $C^{14}$ labelled glucose to glucuronic acid in guinea pig. J. biol. Chem. 202, 865–871 (1953a)

DOUGLAS, J.F., KING, G.G.: Metabolism of $C^{14}$ labelled d-glucuronic acid in guinea pig and albino rat. J. biol. Chem. 203, 889–894 (1953b)

DOWSON, D.: Modes of lubrication in human joints. In: Lubrication and wear in living and artificial human joints. (ed. by R.J. MILLSON) Proceedings Institution of mechanical Engineers, 181, Part 3 J, 45–54, London: 1966–1967

DRAHN, F.: Über den histologischen Bau der Gleitsehne des Musc. biceps brachii beim Pferd. Arch. mikr. Anat. 96, 39–52 (1922)

DRESNER, E., SCHUBERT, M.: The comparative susceptibility to collagenase and trypsin of collagen, soluble collagens and renal basement membrane. J. Histochem. Cytochem. 3, 360–368 (1955)

DREWS, U., KUSSÄTHER, E., USADEL, K.H.: Histochemischer Nachweis der Cholinesterase in der Frühentwicklung der Hühnerkeimscheibe. Histochemie 8, 65–89 (1967)

DRIESCH, H.: Die Entwicklungsphysiologie von 1902–1905. Ergebn. Anat. Entwickl. Gesch. 14, 603–807 (1905)

DU BOIS-REYMOND, R.: Über Dicke und Festigkeit der Knochen bei großen und kleinen Tieren. Z. wiss. Zool. 132, 1–36 (1928)

DUBREUIL, G.: Vacuoles à lipoides des ostéoblastes des cellules osseuses et des ostéoclastes. C.R. Soc. Biol. (Paris) 69, 189–190 (1910a)

DUBREUIL, G.: Mitochondries des ostéoclastes et des cellules de Bizzozero. C.R. Soc. Biol. (Paris) 69, 71–73 (1910b)

DUBREUIL, G.: Le chondriome des cellules cartilagineuses chez les mammifères et chez l'homme. C.R. Soc. Biol. (Paris) 70, 791–792 (1911)

DUBREUIL, G.: L'ossification chez les mammifères. Lyon chir. 8, 164–202 (1912)

DUBREUIL, G.: Le chondriome et le dispositif de l'activité sécrétoire aux differents stades du développement des éléments cellulaires de la lignée connective descendants du lymphocyte (globules blancs mononuclées de la lymphe et du sang, cellules connectives, cartilagineuses et osseuses) Arch. Anat. micr. Morph. exp. 15, 53–151 (1913a)

DUBREUIL, G.: La croissance des os des mammifères. I. Méthode de précision pour la mesure de la croissance des os. C.R. Soc. Biol. (Paris) 74, 756–758 (1913b)

DUBREUIL, G.: Les cinéses dans le cartilage sérié de la ligne d'ossification chez les mammifères. C.R. Ass. Anat. **29**, 220–222 (1934)

DU BRUL, E.L.: Evolution of the temperomandibular joint. In: The temperomandibular joint (ed. by B.G. SARNAT) p. 3–27. Springfield, Ill.: C.C. Thomas 1964

DUDLEY, H.R., SPIRO, D.: The fine structure of bone cells. J. biophys. biochem. Cytol. **11**, 627–649 (1961)

DÜRKEN, B.: Über frühzeitige Exstirpation von Extremitätenanlagen beim Frosch. Ein experimenteller Beitrag zur Entwicklungsphysiologie und Morphologie der Wirbeltiere unter besonderer Berücksichtigung des Nervensystems. Z. wiss. Zool. **99** (1912)

DUHAMEL, E.: Sur le développement et la crue des os des animaux. Hist. Acad. Roy. Sci. 1742/43

DUNAJ, W.: Behavior of succinate dehydrogenase in the embryonic enchondral ossification in man. Chir. Narzad. Ruchu, **40**, 699–705 (1975)

DUNCAN, D.: The notochord as the source of the earliest fibrillogenesis. Anat. Rec. **127**, 411 (1957)

DULCE, H.J.: Zur Biochemie der Verknöcherung. I. Mineralgehalt und Grundsubstanzzusammensetzung des hyalinen Knorpels, des verknöchernden Knorpels und des Knochens. Hoppe-Seylers Z. physiol. Chem. **319**, 257–271 (1960a)

DULCE, H.J.: Zur Biochemie der Verknöcherung. III. Mineralgehalt, Grundsubstanzzusammensetzung und Enzymaktivitäten im Callusgewebe und im rachitischen Knochen von Ratten. Hoppe-Seylers Z. physiol. Chem. **320**, 1–10 (1960b)

DULCE, H.J.: Zur Biochemie der Verknöcherung. II. Enzymaktivitäten im hyalinen Knorpel, im verknöchernden Knorpel und im Knochen. Hopper-Seylers Z. physiol. Chem. **319**, 272–278 (1960c)

DULCE, H.J.: Der Stoffwechsel des Knochens im Licht neuer physiologisch-chemischer Erkenntnisse. Deutsche Orthopädische Gesellschaft (48. Kongreß Berlin) S. 151–158 (1961)

DULCE, H.J.: Biochemie des Knochens. In: Handbuch der Medizinischen Radiologie (ed. by L. DIETHELM, O. OLSSON, F. STRNAD, H. VIETEN, und A. ZUPPINGER) Bd. IV/1, S. 12–105. Berlin-Heidelberg-New York: Springer Verlag 1970

DULLEMEIJER, P.: Comparative ontogeny and cranio-facial growth. In: Cranio-facial growth in man (ed. by R.E. MOYERS and W.M. KROGMAN) p. 45–75. Oxford-New York-Toronto-Sydney-Braunschweig: Pergamon Press 1971

DUNSTONE, J.R.: Ion-exchange reactions between acid mucopolysaccharides and various cations. Biochem. J. **85**, 336–351 (1962)

DURAN-REYNALS, F.: Exaltation de l'activité du virus vaccinal par les extraits de certains organes. C.R. Soc. Biol. (Paris) **99**, 6–7 (1928)

DURAN-REYNALS, F.: Effect of extracts of certain organs from normal and immunized animals on infecting power of vaccine virus. J. exp. Med. **50**, 327–340 (1929)

DURAN-REYNALS, F.: Tissue permeability and spreading factors in infection; contribution to host-parasite problem. Bact. Rev. **6**, 197–252 (1942)

DURAN-REYNALS, F.: The ground substance of the mesenchyme and hyaluronidase. Ann. N. Y. Acad. Sci. **52**, 943–1196 (1950)

DURIEZ, J., CAUCHOIX, J.: Le rôle des ostéocytes dans la résorption du tissu osseux. Documents et réflexions sur quelques manifestations de lyse péri-ostéocytaire. Presse méd. **75**, 1297–1302 (1967)

DURIEZ, J., FLAUTRE, B.: Lyse péri-ostéocytaire et phénomène de délitement. Presse méd. **76**, 1703–1706 (1968)

DURIEZ, J., GHOSEZ, J.P., FLAUTRE, B.: La résorption ou lyse périostéocytaire et son rôle possible dans la destruction du tissu osseux. Presse méd. **73**, 2581 (1965)

DURIEZ, J., FLAUTRE, B., GHOSEZ, J.P.: Étude microscopique du tissu osseux pagétique. Presse méd. **76**, 431–434 (1968)

DURKIN, J.F., IRVING, J.T., HEELEY, J.D.: A comparision of the circulatory and calcification patterns in the mandibular condyle in the Guinea Pig with those found in the tibial epiphyseal and articular cartilages. Arch. oral. Biol. **14**, 1365–1371 (1969)

DURNING, W.C.: Submicroscopic structure of frozen-dried epiphyseal plate and adjacent spongiosa of the rat. J. Ultrastruct. Res. **2**, 245–260 (1958)

DUSPIVA, F.: Molekularbiologische Aspekte der Entwicklungsphysiologie. Naturwiss. Rundschau **22**, 191–201 (1969)

DUTHIE, R.B., BARKER, A.N.: An autoradiographic study of mucopolysaccharide and phosphate complexes in bone growth and repair. J. Bone Jt. Surg. **37-B**, 304–323 (1955a)

DUTHIE, R.B., BARKER, A.N.: The histochemistry of the preosseous stage of bone repair studied by autoradiography. J. Bone Jt. Surg. **37-B**, 691–710 (1955b)

DUVAL, M.: Précis d'histologie. Paris: Masson et Cie 1897

DUVE, C. DE: Lysosomes, a new group of cytoplasmic particles. In: Subcellular particles (ed. by T. HAYASHI) p. 128–159 New York: The Ronald Press 1959

DYMLING, J., BAUER, G.C.H.: Proceedings of the 6th. Europ. Symp. on calcified tissues. Malmö: Grafo-Tryck 1968

DZIALLAS, P.: Die Entwicklung der Venae diploicae beim Haushunde und ihr Einschluß in das knöcherne Schädeldach. Morph. Jb. **92**, 500–576 (1952)

DZIALLAS, P.: Über Blutgefäße in Knochenkernen des fetalen Schädeldaches. Verh. Anat. Ges. 54. Vers. Freiburg: Erg.-H. Anat. Anz. **104**, 328–333 (1957)

DZIALLAS, P.: Über das Verhalten der Diploevenen zu den Anlagen der Deckknochen des Schädels. Acta anat. (Basel) **34**, 35–52 (1958)

DZIALLAS, P., LIPPERT, H.: Über umwegige Entwicklungsvorgänge an den Wirbelkörpern des Menschen. Morph. Jb. **100**, 747–769 (1960)

DZIEWIATKOWSKI, D.D.: Rate of excretion of radioactive sulfur and its concentration in some tissues of the rat after intraperitoneal administration of labelled sodium sulfate. J. biol. Chem. **178**, 197–202 (1949)

DZIEWIATKOWSKI, D.D.: Radioautographic visualization of Sulfur-35 disposition in the articular cartilage and bone of suckling rats following injection of labelled sodium sulfate. J. exp. Med. **93**, 451–458 (1951)

DZIEWIATKOWSKI, D.D.: Radioautographic studies of $S^{35}$ labelled-sulfate-sulfur metabolism in the articular cartilage and bone of suckling rats. Metabol. Interrel. **4**, 74–99 (1952a)

DZIEWIATKOWSKI, D.D.: Radioautographic studies of sulfate-sulfur ($S^{35}$) metabolism in the articular cartilage and bone of suckling rats. J. exp. Med. **95**, 489–496 (1952b)

DZIEWIATKOWSKI, D.D.: Sulfate-sulfur metabolism in the rat fetus as indicated by sulfur$^{35}$. J. exp. Med. **98**, 119–128 (1953)

DZIEWIATKOWSKI, D.D.: Vitamin A and endochondral ossification in the rat as indicated by the use of sulfur-35 and phosphorus-32. J. exp. Med. **100**, 11–24 (1954a)

DZIEWIATKOWSKI, D.D.: Vitamin D and endochondral ossification in the rat as indicated by the use of sulfur-35 and phosphorus-32. J. exp. Med. **100**, 25–32 (1954b)

DZIEWIATKOWSKI, D.D.: Effect of age on some aspects of sulfate metabolism in the rat. J. exp. Med. **99**, 283–298 (1954c)

DZIEWIATKOWSKI, D.D.: Turnover of $S^{35}$-sulfate in mucosa of gastrointestinal tract of rats as seen in autoradiograms. J. biophys. biochem. Cytol. **2**, 29–32 (1956)

DZIEWIATKOWSKI, D.D.: Autoradiographic studies with $S^{35}$ − sulfate. Rev. Cytol. **7**, 159–194 (1958)

DZIEWIATKOWSKI, D.D.: Intracellular synthesis of chondroitin sulfate. J. Cell Biol. **13**, 359–364 (1962a)

DZIEWIATKOWSKI, D.D.: Autoradiographic studies of bone growth with $S^{35}$-sulphate. In: Radioisotopes and bone (ed. by F.C. MCLEAN, P. LACROIX, and A.M. BUDY) p. 277–292. Oxford: Blackwell Scientific Publ. 1962b

DZIEWIATKOWSKI, D.D.: The role of sulfated protein-polysaccharides in calcification. Clin. Orthop. **35**, 189–201 (1964)

DZIEWIATKOWSKI, D.D.: Role of proteinpolysaccharides in calcification. Birth defects Orig. Artic. Ser. **2**, 31–34 (1966)

DZIEWIATKOWSKI, D.D., LEWIS, H.B.: Glucuronic acid synthesis and glycogen content of liver of rat. J. biol. Chem. **153**, 49–52 (1944)

DZIEWIATKOWSKI, D.D., BENESCH, R.E., BENESCH, R.: On the possible utilization of sulfate sulfur by the suckling rat for the synthesis of chondroitin sulfate as indicated by the use of radioactive sulfur. J. biol. Chem. **178**, 931–938 (1949)

DZIEWIATKOWSKI, D.D., BRONNER, F., DI FERRANTE, N., ARCHIBALD, R.M.: Some aspects of the metabolism of sulfate-$S^{35}$ and calcium-45 in the metaphyses of immature rats. J. biophys. biochem. Cytol. **3**, 151–160 (1957a)

Dziewiatkowski, D.D., Di Ferrante, N., Bronner, F., Okinaka, G.: Turnover of S$^{35}$-sulfate in epiphyses and diaphyses of suckling rats. Nature of the S$^{35}$ labelled compounds. J. exp. Med. **106**, 509–524 (1957b)

Dziewiatkowski, D.D., Tourtellotte, C.D., Campo, R.D.: Degradation of protein-polysaccharide (Chondromucoprotein) by an enzyme extracted from cartilage. In: The chemical physiology of mucopolysaccharides (ed. by G. Quintarelli) p. 63–79 Boston: Little, Brown & Co. 1968

Eakin, R.M., Westfall, J.A.: Fine structure of the notochord of *Amphioxus*. J. Cell Biol. **12**, 646–651 (1962)

Eastoe, J.E.: The organic matrix of bone. In: Biochemistry and physiology of bone. (ed. by G.H. Bourne) p. 81–103. New York: Academic Press 1956

Eastoe, J.E.: Composition of collagen and allied protein. In: Treatise on collagen (ed. by G.N. Ramachandran) Vol. 1, p. 1–72. London and New York: Academic Press 1967a

Eastoe, J.E.: Chemical organization of the organic matrix of dentine. In: Structural and chemical organization of teeth. (ed. by A.E.W. Miles) Vol. II, p. 279–315, New York and London: Academic Press 1967b

Eastoe, J.E.: Chemical aspects of the matrix concept in calcified tissue organisation. Calcif. Tiss. Res. **2**, 1–19 (1968)

Eastoe, J.E., Eastoe, B.: The organic constituents of mammalian compact bone. Biochem. J. **57**, 453–459 (1954)

Eberl-Rothe, G., Sonnenschein, A.: Die ontogenetische Ausbildung des Kniegelenkes beim Menschen. Z. Anat. Entwickl. Gesch. **115**, 251–272 (1950)

Ebert, P.S., Prockop, D.J.: Effects of hydrocortisone on the synthesis of sulphated mucopolysaccharides and collagen in chick embryos. Biochem. biophys. Acta (Amst.) **78**, 390–392 (1963)

Ebner von V.: Untersuchungen über das Verhalten des Knochengewebes im polarisierten Licht. S.-B. Akad. Wiss. Wien, math.-nat. Kl. Abt. III. **70**, 105–143 (1874)

Ebner von V.: Über den feineren Bau der Knochensubstanz. S.-B. Akad. Wiss. Wien, math.-nat. Kl. Abt. III. **72**, 49–138 (1875)

Ebner von V.: Sind die Fibrillen des Knochengewebes verkalkt oder nicht? Arch. mikr. Anat. **29**, 213–236 (1887)

Ebner von V.: Urwirbel und Neugliederung der Wirbelsäule. S.-B. Akad. Wiss. Wien, math.-nat. Kl. Abt. III. **97**, 194–206 (1888)

Ebner von V.: Über die Beziehungen der Wirbel zu den Urwirbeln. S.-B. Akad. Wiss. Wien, math.-nat. Kl. Abt. III. **101**, 245–260 (1892)

Ebner von V.: Die Chorda dorsalis der niederen Fische und die Entwicklung des fibrillären Bindegewebes. Z. wiss. Zool. **62**, 469–526 (1897)

Ebner von V.: Über die Entwicklung der leimgebenden Fibrillen, insbesondere im Zahnbein. S.-B. Akad. Wiss. Wien, math.-nat. Kl. Abt. III. **115**, 281–346 (1906)

Ebner von V.: Über scheinbare und wirkliche Fasern des Zahnbeins. Anat. Anz. **34**, 289–309 (1909)

Eckert-Möbius, A.: Enchondrale Verknöcherung und Knorpelgefäßsystem mit besonderer Berücksichtigung des menschlichen Felsenbeins. Arch. Ohr. Nas. u. Kehlk. Heilk. **111**, 155–246 (1924a)

Eckert-Möbius, A.: Über die Rolle der gefäßhaltigen Knorpelkanäle bei der enchondralen Verknöcherung. Dtsch. med. Wschr. **50**, 1798–1799 (1924b)

Ecoiffie, J., Prot, D., Griffie, R., Catach, D.: Étude du réseau veineux dans les os longs du lapin. Rev. Chir. orthop. **43**, 29–37 (1957)

Edds, M.V. Jr., Sweeny, P.R.: Chemical and morphological differentiation of the basement lamella. In: Synthesis of molecular and cellular structure (ed. by D. Rudnick) p. 111 New York: The Ronald Press Co. 1961

Ede, D.A., Law, J.T.: Computer simulation of vertebrate limb morphogenesis. Nature (Lond.) **221**, 244–248 (1969)

Edwards, J.L., Klein, R.E.: Cell renewal in adult mouse tissues. Amer. J. Path. **38**, 437–451 (1961)

Eeg-Larsen, N.: An experimental study on growth and glycolysis in the epiphyseal cartilage of rats. Acta physiol. scand. **38**, Suppl. 128, 1–77 (1956)

Eggeling, H.V. von: Der Aufbau der Skeletteile in den freien Gliedmaßen der Wirbeltiere. Jena: Gustav Fischer 1911

EHRLICH, P.: Beiträge zur Kenntnis der Anilinfärbungen und ihrer Verwendung in der mikroskopischen Technik. Arch. mikr. Anat. **13**, 263 277 (1877)

EICHELBERGER, L.: Hyaline cartilage; the histochemical characterization of the extracellular and the intracellular compartments. Clin. Orthop. **17**, 77–91 (1960)

EICHELBERGER, E., BROWN, J.D.: The fat, water, chloride, total nitrogen and collagen nitrogen content in the tendons of the dog. J. biol. Chem. **158**, 283–289 (1945)

EICHELBERGER, L., ROMA, M.: Effect of age on the histochemical characterization of hyaline cartilages. Fed. Proc. **12**, 200 (1953)

EICHELBERGER, L., BROWER, T.D., ROMA, M.: Histochemical characterization of inorganic constituents, connective tissue and the chondroitin sulfate of extracellular and intracellular compartments of hyaline cartilages. Amer. J. Physiol. **166**, 328 339 (1951)

EICHELBERGER, L., AKESON, W.H., ROMA, M.: Biochemical studies of articular cartilage. I. Normal values. J. Bone Jt. Surg. **40-A**, 142–152 (1958)

EINARSON, L.: On the theory of gallocyanin-chromalaun staining and its application for quantitative estimation of basophilia. A selective staining of exquisite progressivity. Acta path. microbiol. scand. **28**, 82–102 (1951)

EINBINDER, J., SCHUBERT, M.: Separation of chondroitin sulfate from cartilage. J. biol. Chem. **185**, 725–730 (1950)

EINBINDER, J., SCHUBERT, M.: Binding of mucopolysaccharides and dye by collagen. J. biol. Chem. **188**, 335–341 (1951)

EISENBERG, E., WUTHIER, R.E., FRANK, R.B., IRVING, J.T.: Time study of in vivo incorporation of $P^{32}$ orthophosphate in phospholipids of chicken epiphyseal tissues. Calcif. Tiss. Res. **6**, 32–49 (1970)

EISENSTEIN, R., KUETTNER, K.E.: Organization of extracellular matrix in epiphyseal growth plate. Amer. J. Path. **65**, 515–634 (1971)

EISENSTEIN, R., ARSENIS, C., KUETTNER, K.E.: Electron microscopic studies of cartilage matrix using lysozyme as a vital stain. J. Cell Biol. **46**, 626 631 (1970)

EISENSTEIN, R., LARSSON, S.E., SORGENTE, N., KUETTNER, K.E.: Collagen-proteoglycan relationship in epiphyseal cartilage. Amer. J. Path. **73**, 443–456 (1973)

EKHOLM, R.: Nutrition of articular cartilage; radioautographic study. Acta anat. (Basel) **24**, 329 338 (1955)

ELDEN, H.R.: Physical properties of collagen fibers. Int. Rev. Connect. Tiss. Res. **4**, 283–348 (1968)

ELGENMARK, O.: The normal development of ossification centers during infancy and childhood. Acta paediat. (Uppsala) **33**, 1–79 (1946)

ELLIOTT, H.C.: Studies of articular cartilage. I. Growth mechanisms. Amer. J. Anat. **58**, 127–145 (1936)

ELLIS, S., SIMPSON, M.E., EVANS, H.M.: The effect of growth hormone on tibia glycogen content of the hypophysectomized rat. Endocrinology. **52**, 554 558 (1953)

ELLISON, A.D.: Determination of carbonic anhydrase in the epiphysis of endochondral bone. Proc. Soc. Exp. Biol. (N.Y.) **120**, 415–418 (1965)

ELLISON, M.L., AMBROSE, E.J., EASTY, G.C.: Chondrogenesis in chick embryo somites in vitro. J. Embryol. exp. Morph. **21**, 331–340 (1969)

ELMIGER, P.: Die Frühentwicklung der Scapula beim Menschen. Acta anat. (Basel) **65**, 58–137 (1966)

ELMORE, S.M., SOKOLOFF, L., NORRIS, G., CARMECI, P.: Nature of "imperfect" elasticity of articular cartilage. J. appl. Physiol. **18**, 393–396 (1963)

ELWOOD, W.K., BERNSTEIN, M.H.: The ultrastructure of the enamel organ related to enamel formation. Amer. J. Anat. **122**, 73–94 (1968)

ELZE, C.: Beschreibung eines menschlichen Embryos von ca. 7 mm größter Länge unter besonderer Berücksichtigung der Frage nach der Entwicklung der Extremitätenarterien und nach der morphologischen Bedeutung der lateralen Schilddrüsenanlage. Anat. Hefte, 1. Abt. Bd. 35, Heft **106**, 409–492 (1907)

ENG, W., ESTERLY, J.R.: Histochemical localization of enzymes in cartilage in neonatal and adult rats. Arch. Path. **94**, 291–297 (1972)

ENGEL, M.B.: Mobilization of mucoprotein by parathyroid extract. Arch. Path., **53**, 339 351 (1952)

ENGEL, M.B., FURUTA, W.: Histochemical studies of phosphatase distribution in developing teeth of albino rat. Proc. Soc. exp. Biol. (N.Y.) **50**, 5–9 (1942)

ENGEL, M.B., ZERLOTTI, E.: Changes in cells, matrix and water of calcifying turkey leg tendons. Amer. J. Anat. **120**, 489–525 (1967)

ENGEL, M.B., JOSEPH, N.R., LASKIN, D.M., CATCHPOLE, H.R.: A theory of connective tissue behaviour: its implication in periodontal disease. Ann. N.Y. Acad. Sci. **85**, 399–420 (1960)

ENGFELDT, B., ENGSTRÖM, A., BOSTRÖM, H.: The localization of radiosulfate in bone tissue. Exp. Cell Res. **6**, 251–253 (1954)

ENGFELDT, B., FLEISCH, H., FRANK, R.M., NORDIN, B.E.C., PAUTARD, F.G.E., BAUER, G.H.C., HEANEY, R.P., WILBUR, K.M., SCOTT, D.B., FRIEDMAN, B.A.: Calcified Tissue Research Vol 1–4 (1967/68–1969/70)

ENGFELDT, B., FLEISCH, H., FRANK, R.M., NORDIN, B.E.C., PAUTARD, F.G.E., HEANEY, R.P., RICH, C., WILBUR, K.M., SCOTT, D.B., FRIEDMAN, B.A.: Calcified Tissue Research Vol 5 (1970) ff. Berlin-Heidelberg-New York: Springer

ENGFELDT, B., HJERPE, A.: Glycosaminoglycans and proteoglycans of human bone tissue at different stages of mineralization. Acta path. microbiol. scand. **84**, 95–106 (1976)

ENGFELDT, B., HJERTQUIST, S.O.: The functional relation between the thyroid and parathyroids and the effect of the thyroid on bone tissue. Acta endocr. (Kbh.) **15**, 109–118 (1954a)

ENGFELDT, B., HJERTQUIST, S.O.: Biophysical studies on bone tissue. X. The in vivo and in vitro uptake of radioactive isotopes and ionic exchange reactions in bone tissue. Acta path. microbiol. scand. **35**, 205–216 (1954b)

ENGFELDT, B., HJERTQUIST, S.O.: Note on distribution of dry mass and ash content in hyperfunctioning parathyroid tissues. Acta endocr. (Kbh.) **19**, 72–76 (1955)

ENGFELDT, B., WESTERBORN, O.: An autoradiographic study of the epiphyseal cartilage in papain-treated rabbits after administration of radiosulfate. Acta path. microbiol. scand. **49**, 55–81 (1960)

ENGFELDT, B., ZETTERSTRÖM, R.: Biophysical and chemical investigation on bone tissue in experimental hyperparathyroidism. Endocrinology **54**, 506–515 (1954)

ENGFELDT, B., HULTH, A., WESTERBORN, O.: Effect of papain on bone. 1. A histologic autoradiographic and microradiographic study on young dogs. Arch. Path. **68**, 600–614 (1959)

ENGHUSEN, E.: Über die Bildung der kollagenen Fibrillen. Acta anat. (Basel) **23**, 69–80 (1955)

ENGSTRÖM, A.: Microradiography of normal bones. In: Handbuch der medizinischen Radiologie (hrsg. von L. DIETHELM, O. OLSSON, F. STRNAD, H. VIETEN und A. ZUPPINGER) Bd. IV/1, S. 296–316. Berlin-Heidelberg-New York: Springer Verlag 1970

ENGSTRÖM, A., ENGFELDT, B.: Lamellar structure of osteons demonstrated by microradiography. Experientia (Basel) **9**, 19 (1953)

ENGSTRÖM, A., FINEAN, J.B.: Low angle X-ray diffraction of bone. Nature (Lond.) **171**, 564 (1953)

ENGSTRÖM, A., FINEAN, J.B.: Biological ultrastructure. New York: Academic Press 1958

ENLOW, D.H.: Functions of the Haversian System. Amer. J. Anat. **110**, 269–305 (1962)

ENLOW, D.H.: Principles of bone remodeling. An account of post-natal growth and remodeling processes in long bones and the mandible. Springfield: Thomas 1963

ENLOW, D.H., CONKLIN, J.L., BANG, S.: Observations on the occurrence and the distribution of lipids in compact bone. Clin. Orthop. **38**, 157–169 (1965)

Enzyme Nomenclature: International union of biochemistry on the nomenclature and classification of enzymes. Amsterdam-London-New York: Elsevier Publ. Co. 1965, 1972

EPHRUSSI, B.: Units of biological structure and function. In: Enzymes (ed. by O.H. GAEBLER). New York: Academic Press 1956

ERDHEIM, J.: Über Wirbelsäulenveränderungen bei Akromegalie. Virchows Arch. path. Anat. **281**, 197–296 (1931)

ERNST, M.: Über Untergang von Zellen während der normalen Entwicklung bei Wirbeltieren. Z. Anat. Entwickl. Gesch. **79**, 228–262 (1926)

ERNST, P.: Über den feineren Bau der Knorpelgeschwülste. Beitr. path. Anat. **38**, 67–100 (1905)

ERNST, P.: Die Pathologie der Zelle. X. Bildung und Ernährung der Zwischensubstanzen und ihr Verhältnis zu den Zellen. In: Handbuch der Allgemeinen Pathologie (hrsg. von L. KREHL und F. MARCHAND) Bd. 3/1, S. 227–246. Leipzig: S. Hirzel 1915

ERTELT, W.: Untersuchungen über Körpergröße und Knochenstruktur bei Säugetieren. Zool. Jb. (Anat.) **74**, 588–638 (1955)

ESSNER, E., NOVIKOFF, A.B.: Cytological studies on two functional hepatomas. Interrelations of endoplasmic reticulum, Golgi apparatus, and lysosomes. J. Cell Biol. **15**, 289–312 (1962)

EVANS, H.M.: On the development of the aortae, cardinal and umbilical veins and other blood-vessels of vertebrate embryos from capillaries. Anat. Rec. **3**, 498–518 (1909a)

EVANS, H.M.: On the earliest blood vessels in the anterior limb buds of birds and their relation to the primary subclavian artery. Amer. J. Anat. **9**, 281–321 (1909b)

EVANS, H.M.: Die Entwicklung des Blutgefäßsystems. In: Handbuch der Entwicklungsgeschichte des Menschen. (hrsg. von F. KEIBEL und F.P. MALL) Bd. 2, S. 551–677. Leipzig: S. Hirzel 1911

EVANSON, J.M., JEFFREY, J.J., KRANE, S.M.: Human collagenase; identification and characterization of enzyme from rheumatoid synovium in culture. Science **158**, 499–502 (1967)

EVERETT, N.B., SIMMONS, B.S.: Distribution and excretion of $S^{35}$-sodium sulfate in the albino rat. Arch. Biochem. **35**, 152–156 (1952)

EVERETT, N.B., TYLER, R.W.: Lymphopoiesis in the thymus and other tissues: functional implications. Int. Rev. Cytol. **22**, 205–237 (1967)

EWALD, H.: Der Bau der Osteone des Kronbeins und die Bedeutung für seine statische und mechanische Beanspruchung. Diss. Hannover: 1950

EYLAR, E.H., COOK, G.M.W.: The cell-free biosynthesis of the glycoprotein of membranes from Ehrlich ascites carcinoma cells. Proc. nat. Acad. Sci. (Wash.) **54**, 1678–1685 (1965)

EYMER, H., LANG, F.J.: Anatomische Untersuchungen der Symphyse der Frau im Hinblick auf die Geburt und klinische Deutung der Befunde. Arch. Gynäk. **137**, 866–882 (1929)

EYRE, D.R., MUIR, H.: The distribution of different molecular species of collagen in fibrous, elastic and hyaline cartilages of the pig. Biochem. J. **151**, 595–602 (1975)

EYRING, E.J., ANDERSON, C.E., LUDOWIEG, J.: Phosphate transfer enzymes in cartilage. Arthr. and Rheum. **6**, 208–215 (1963)

FABER, J.: Vertebrate limb ontogeny and limb regeneration: morphogenetic parallels. Advanc. Morphogenes. **9**, 127–145 (1971)

FAHRENBACH, W.H., SANDBERG, L.B., CLEARY, E.G.: Ultrastructural studies on early elastogenesis. Anat. Rec. **155**, 563–576 (1966)

FALDINO, G.: Richerche sullo sviluppo delle articolazioni. Chir. Organi Mov. **5**, 609–651 (1921)

FALLON, J.F., SAUNDERS, J.W. JR.: In vitro analysis of the control of cell death in a zone of prospective necrosis from the chick wing bud. Develop. Biol. **18**, 553–570 (1968)

FAÑANAS: Nota preventiva sobre el aparato reticular de Golgi en el embrion de pollo. Trab. Lab. Invest. biol. (Madr.) **12**, 247–252 (1912)

FANCONI, G.: Die Wirkung des Vitamin D. Klinische Anwendung. Helv. paediat. Acta **14**, 462–471 (1959)

FARQUHAR, M., PALADE, G.E.: Junctional complexes in various epithelia. J. Cell. Biol. **17**, 375–412 (1963)

FAURE-FREMIET, E.: Quelques propriétés du collagène soluble. C.R. Soc. Biol. (Paris) **113**, 715–717 (1933)

FAVILLI, G.: Introduction. In: Chemistry and molecular biology of the intercellular matrix. (ed. by E.A. BALAZS) Vol. I, p. 1–3. London and New York: Academic Press 1970

FAWCETT, E.: Ossification of the lower jaw of man. J. Anat. (Lond.) **39**, 494–495 (1905)

FAWCETT, E.: The development and ossification of human clavicle. J. Anat. (Lond.) **47**, 225–234 (1913)

FAWNS, H.T., LANDELLS, J.W.: The application of collagenase and hyaluronidase to the study of cartilage in histological sections. J. Physiol. (Lond.) **119**, 5–6 (1953a)

FAWNS, H.T., LANDELLS, J.W.: Histochemical studies of rheumatic conditions. 1. Observations on the fine structures of the matrix of normal bone and cartilage. Ann. rheum. Dis. **12**, 105–113 (1953b)

FEINDEL, W.: Anatomical overlap of motor-units. J. comp. Neurol. **101**, 1–17 (1954)

FELL, H.B.: The histogenesis of cartilage and bone in the long bones of the embryonic fowl. J. Morph. **40**, 417–459 (1925)

FELL, H.B.: Experiments on the differentiation in vitro of cartilage and bone. Part I. Arch. exp. Zellforsch. **7**, 390–412 (1928/29)

FELL, H.B.: Osteogenesis in vitro. Arch. exp. Zellforsch. **11**, 245–252 (1931a)

FELL, H.B.: The osteogenic capacity in vitro of periosteum and endosteum isolated from the limb skeleton of fowl embryos and young chicks. J. Anat. (Lond.) 66, 157–180 (1931 b)

FELL, H.B.: Chondrogenesis in cultures of endosteum. Proc. Roy. Soc. B. 112, 417–427 (1933)

FELL, H.B.: The origin and developmental mechanics of the avian sternum. Phil. Trans. B. 229, 407–463 (1939)

FELL, H.B.: The effect of vitamin A on organ cultures of skeletal and other tissues. Tr. Conf. Connective Tissues 4, 142–184 (1953 a)

FELL, H.B.: Recent advances in organ culture. Sc. Prog. 162, 212–231 (1953 b)

FELL, H.B.: The effect of hormones and vitamin A on organ cultures. Ann. N.Y. Acad. Sci. 58, 1183–1187 (1954)

FELL, H.B.: Skeletal development in tissue culture. In: The biochemistry and physiology of bone (ed. by G.H. BOURNE) p. 401–440. New York: Academic Press 1956

FELL, H.B.: The future of tissue culture in relation to morphology. J. nat. Cancer Inst. 19, 643–662 (1957)

FELL, H.B.: Organ culture and the physiology of skeletal tissues. In: Bone and tooth (ed. by H.J.J. BLACKWOOD) p. 311–315. Oxford-London-New York-Paris: Pergamon Press 1964

FELL, H.B., CANTI, R.G.: Observations on the early development of the knee-joint in vivo and in vitro (Abstr.) Arch. exp. Zellforsch. 15, 311 (1934)

FELL, H.B., CANTI, R.G.: Experiments on the development in vitro of the avian knee-joint. Proc. Roy. Soc. B. 116, 316–351 (1934/35)

FELL, H.B., DINGLE, J.T.: Studies on the mode of action of excess of Vitamin A. 6. Lysosomal protease and the degradation of cartilage matrix. Biochem. J. 87, 403–408 (1963)

FELL, H.B., LANDAUER, W.: Experiments on skeletal growth and development in vitro in relation to the problem of avian phokomelia. Proc. Roy. Soc. B. 118, 133–154 (1935)

FELL, H.B., MELLANBY, E.: Effects of hypervitaminosis A on foetal mouse bones cultivated in vitro. Brit. med. J. 2, 535–539 (1950)

FELL, H.B., MELLANBY, E.: The effect of hypervitaminosis A on embryonic limb-bones cultivated in vitro. J. Physiol. (Lond.) 116, 320–349 (1952)

FELL, H.B., MELLANBY, E.: The biological action of thyroxine on embryonic bones grown in tissue culture. J. Physiol. (Lond.) 127, 427–447 (1955)

FELL, H.B., RINALDINI, L.M.: The effects of vitamins A and C on cells and tissues in culture. In: Cells and tissue in culture (ed. by E.N. WILLMER) Vol. 1, p. 659–699. London, New York: Academic Press 1965

FELL, H.B., ROBISON, R.: The growth, development and phosphatase activity of embryonic avian femora and limb-buds cultivated in vitro. Biochem. J. 23, 767–784 (1929)

FELL, H.B., ROBISON, R.: The development and phosphatase activity in vivo and in vitro of the mandibular skeletal tissue of the embryonic fowl. Biochem. J. 24, 1905–1921 (1930)

FELL, H.B., ROBISON, R.: Glycogen in cartilage. Nature (Lond.) 62, 131 (1933)

FELL, H.B., THOMAS, L.: Comparison of the effects of papain and vitamin A on cartilage. II. The effect on organ cultures of embryonic skeletal tissue. J. exp. Med. 111, 719–744 (1960)

FELL, H.B., MELLANBY, E., PELC, S.R.: Influence of excess vitamine A on the sulfate metabolism of bone rudiment grown in vitro. J. Physiol. (Lond.) 134, 179–188 (1956)

FELTS, W.J.L.: The prenatal development of the human femur. Amer. J. Anat. 94, 1–44 (1954)

FELTS, W.J.L.: In vivo implantation as a technique in skeletal biology. Int. Rev. Cytol. 12, 243–302 (1961)

FERNÁNDEZ-MADRID, F.: Biosynthesis of collagen. Biochemical and physiochemical characterization of collagen-synthesizing polyribosomes. J. Cell. Biol. 33, 27–42 (1967)

FERNÁNDEZ-MADRID, F., PITA, F.: Mechanism of action for ascorbic acid in the biosynthesis of collagen. In: Chemistry and molecular biology of the intercellular matrix, (ed. by E.A. BALAZS), Vol. 1, p. 439–448. London, New York: Academic Press 1970

FERNÁNDEZ-MORÁN, H., ENGSTRÖM, A.: Ultrastructural organization of bone. Nature (Lond.) 178, 494 (1956)

FERNÁNDEZ-MORÁN, H., ENGSTRÖM, A.: Electron microscopy and x-ray diffraction of bone. Biochim. biophys. Acta (Amst.) 23, 260–264 (1957)

FERNANDO, N.V.P., MOVAT, H.Z.: Fibrillogenesis in regenerating tendon. Lab. Invest. 12, 214–229 (1963)

FERRER, J.: Histofisiopatología endometrial. Rev. med. Rosario, 45, 208–220 (1955)

FESSLER, H.: Load distribution in a model of a hip joint. J. Bone Jt. Surg. **39-B**, 145–153 (1957)

FESSLER, J.H.: A structural function of mucopolysaccharide in connective tissue. Biochem. J. **76**, 124–132 (1960)

FESSLER, H.: Ascorbic acid stimulation of a mouse fibroblast cell line. In: Chemistry and molecular biology of the intercellular matrix (ed. by E.A. BALAZS) Vol. 1, p. 465–468, London and New York: Academic Press 1970

FEWER, D., THREADGOLD, J., SHELDON, H.: Studies on cartilage. V. Electron microscopic observations on the autoradiographic localization of $^{35}$S in cells and matrix. J. Ultrastruct. Res. **11**, 168–172 (1964)

FICK, A.: Über die Gestaltung der Gelenkflächen. Aus dem wissenschaftlichen Nachlaß des verstorbenen L. FICK. Archiv Anat. Physiol. wiss. Med. Jahrg. 1859, 657–672 (1859)

FICK, R.: Über die Form der Gelenkflächen. Arch. Anat. Phys. A. Anat. Abt. 391–402 (1890)

FICK, R.: Anatomie und Mechanik der Gelenke. In: BARDELEBENS Handbuch der Anatomie des Menschen. Jena: Gustav Fischer, Bd. I/1904, Bd. II/1911

FICK, R.: Über die Entstehung der Gelenkformen. Abh. Preuss. Akad. Wiss. Phys.-Math. Kl. Nr. 2, 1–31 (1921)

FICK, R.: Zur Erinnerung an H. v. Meyer und Bemerkungen über Knochen und Gelenkformung (Eröffnungsansprache) Verh. Anat. Ges. 37. Vers. Erg.-H. Anat. Anz. **66**, 3–14 (1928)

FIELD, H.H.: Bemerkungen über die Entwicklung der Wirbelsäule bei den Amphibien nebst Schilderung eines abnormen Wirbelsegmentes. Morph. Jb. **22**, 340 (1895)

FIETZEK, P.P., KÜHN, K.: The primary structure of collagen. International Review of Connective Tissue Research **7**, 1–60 (1976)

FILATOW, D.P.: Über die Verplanung des Epithels und des Mesenchyms einer vorderen Extremitätenknospe bei Embryonen von Axolotl. Wilhelm Roux' Arch. Entwickl. Mech. Org. **113**, 240 244 (1928)

FILOGAMO, G.: Contributo alla conoscenza della minuta struttura dell'osso. Osservazioni sulla zona d'attacco di tendini allo scheletro. Rendiconti It. lombardo di Sc. e Lett. Cl. di Sc. **78**, 425–448 (1945)

FILOGAMO, G.: La forme et la taille des ostéones chez quelques mammifères. Arch. Biol. **57**, 137–143 (1946a)

FILOGAMO, G.: Forma e lunghezza degli osteoni della compatta delle ossa lunghe nell'uomo. Ric. morf. **22**, 91–98 (1946b)

FILOGAMO, G.: Precisazioni sulla disposizione e sull'orientamento delle fibre collagene degli osteoni nell'uomo, Ric. morf. **22**, 99–104 (1946c)

FINE, A., PERSON, P.: Terminal respiration of cartilage tissues, Biochim. biophys. Acta (Amst.) **78**, 729–732 (1963)

FINE, A., PERSON, P.: Cytochrome oxidase activities of various cartilage tissues during growth and development. Calcif. Tiss. Res. **5**, 85–90 (1970)

FINEAN, J.B., ENGSTRÖM, A.: The low-angle scatter of x-rays from bone tissue. Biochim. biophys. Acta (Amst.) **11**, 178–189 (1953)

FINERMAN, G.A.M., ROSENBERG, L.E.: Amino acid transport in bone. J. biol. Chem. **241**, 1487–1493 (1966)

FINERMAN, G.A.M., DOWNING, S., ROSENBERG, L.E.: Amino acid transport in bone. II. Regulation of collagen synthesis by perturbation of proline transport. Biochim. biophys. Acta (Amst.) **135**, 1008–1015 (1967)

FINERTY, J.C., COWDRY, E.V.: Cells and their behaviour. In: Pathology (ed. by W.A.D. ANDERSON) Vol. 1, 1–12, St. Louis: C.V. Mosby Comp. 1953

FINNEGAN, C.: Observations of dependent histogenesis in salamander limb development. J. Embryol. exp. Morph. **11**, 325–338 (1963)

FIRSCHEIN, H.E.: Collagen turnover in Calcified Tissues. Arch. biochem. biophys. **119**, 119 123 (1967)

FIRSCHEIN, H.E.: Collagen and mineral dynamics in bone. Clin. Orthop. **66**, 212 225 (1969)

FIRSCHEIN, H.E., ALCOCK, N.W.: Rate of removal of collagen and mineral from bone and cartilage. Clin. exp. Metabol. **18**, 115 119 (1969)

FIRSCHEIN, H.E., MILLER, O.P.: Comparison of calcium-48 and carbon-14-proline as indicators of bone metabolism. Nature (Lond.) **212**, 1252–1253 (1966)

FISCHBERG, M., BLACKLER, A.W.: Nuclear changes during the differentiation of animal cells. In: Symposia of the society for Experimental Biology, Cell Differentiation p. 138–156, Cambridge, University Press 1963

FISCHEL, A.: Zur Entwicklung der ventralen Rumpf- und Extremitätenmuskulatur bei Vögeln und Säugetieren. Morph. Jb. **23**, Heft 4, 544–561 (1895)

FISCHEL, A.: Untersuchungen über vitale Färbung. Anat. H. 52/53, 417–530 (1901)

FISCHER, A.: Morphological aspects of animal tissue cells in synthetic media. Acta Anat. (Basel) **5**, 57–71 (1948)

FISCHER, G.: Untersuchungen zur qualitativen Verteilung von Enzymen des Kohlenhydratstoffwechsels in der Humerusepiphyse von Ratten bestimmter Altersgruppen. Acta anat. (Basel) **84**, 19–30 (1973)

FISCHER, G.: Die qualitative Verteilung von Enzymen des Kohlenhydratstoffwechsels im Periost des Humerus von Ratten ausgewählter Altersgruppen. Acta anat. (Basel) **88**, 147–155 (1974)

FISCHER, G.: Untersuchungen zur Verteilung der Glykogenphosphorylase und der Succinatdehydrogenase in der Humerusepiphyse von Ratten verschiedenen Alters. Acta anat. (Basel) **92**, 321–328 (1975)

FISCHER, G.: Die Verteilung der $\beta$-Glukuronidase und der $\beta$-Galaktosidase in der Humerusepiphyse von Ratten bestimmten Alters. Acta anat. (Basel) **96**, 574–581 (1976)

FISCHER, G.: Untersuchungen zur Verteilung von Enzymen des Kohlenhydratstoffwechsels im Periost des Humerus von Ratten ausgewählter Altersgruppen. Acta anat. (Basel) **99**, 455–461 (1977)

FISCHMAN, D.A.: An electron microscope study of myofibril formation in embryonic chick skeletal muscle. J. Cell Biol. **32**, 557–575 (1967)

FISCHMAN, D.A., HAY, E.D.: Origin of osteoclasts from mononuclear leucocytes in regenerating new limbs. Anat. Rec. **143**, 329–337 (1962)

FISHMAN, W.H.: Enzymatic hydrolysis of mucopolysaccharides. In: The Enzymes (ed. by J.B. SUMMER, and K. MYRBÄCK) Vol. 1, P. II, p. 769. New York: Academic Press 1951

FISHER, D., WHITEHOUSE, M.W., KENT, P.W.: Beta-xylosidase and beta-galactosidase activities of mammalian connective tissues and other sources. Nature (Lond.) **213**, 204–205 (1967)

FITTON-JACKSON, S.: Fibrogenesis in connective tissues. Nature (Lond.) **173**, 950–951 (1954a)

FITTON-JACKSON, S.: The formation of connective and skeletal tissues. Proc. roy. Soc. B, **142**, 536–548 (1954b)

FITTON-JACKSON, S.: Cytoplasmic granulates in fibrogenic cells. Nature (Lond.) **175**, 39–40 (1955)

FITTON-JACKSON, S.: The morphogenesis of avian tendon. Proc. roy. Soc. B, **144**, 556–572 (1956)

FITTON-JACKSON, S.: Structural problems associated with the formation of collagen fibrils in vivo. In: Connective Tissue (ed. by R.E. TUNBRIDGE) p. 77–85. Oxford: Blackwell Sc. Publ. 1957a

FITTON-JACKSON, S.: The fine structure of developing bone in the embryonic fowl. Proc. roy. Soc. B, **146**, 270–280 (1957b)

FITTON-JACKSON, S.: Composition of developing bone rudiments of the embryonic fowl. Fed. Proc. **17**, 78 (1958)

FITTON-JACKSON, S.: Fibrogenesis and the formation of matrix. In: Bone as a tissue (ed. by K. RODAHL, J.T. NICHOLSON, and E.M. BROWN) p. 165–250. New York: Mc. Graw-Hill 1960

FITTON-JACKSON, S.: Connective tissue cells. In: The cell. Biochemistry, Physiology, Morphology (ed. by J. BRACHET, and A.E. MIRSKY) Vol. 6. p. 387–520. London and New York: Academic Press 1964

FITTON-JACKSON, S.: Macromolecular order in the ground substance. In: Structure and function of connective and skeletal tissue (ed. by S. FITTON-JACKSON, S.M. PARTRIDGE, R.D. HARKNESS, and G.R. TRISTRAM) p. 156–160. London: Butterworth 1965

FITTON-JACKSON, S.: Factors concerned in the maintenance of the synthetic balance of intercellular molecules. Biochem. J. **104**, 13P (1967)

FITTON-JACKSON, S.: The morphogenesis of collagen. In: Treatise on collagen (ed. by G.N. RAMACHANDRAN) Vol. 2B, p. 1–60. London and New York: Academic Press 1968

FITTON-JACKSON, S.: Morphogenetic influences of intercellular macromulecules in cartilage. In: Chemistry and molecular biology of the intercellular matrix (ed. by E.A. BALAZS) Vol. 3, p. 1771–1778. London and New York: Academic Press 1970

FITTON-JACKSON, S., RANDALL, J.T.: Fibrogenesis and the formation of matrix in developing bone. Ciba Found. Symposium on Bone Structure and Metabolism. London: Churchill 1956

FITTON-JACKSON, S., SMITH, R.H.: Fibrogenesis of connective and skeletal tissues in the embryonic fowl. Symposia of the Soc. for Exp. Biol. **9**, 89–96 (1955)

FITTON-JACKSON, S., SMITH, R.H.: Studies on biosynthesis of collagen. I. The growth of fowl osteoblasts and the formation of collagen in tissue culture. J. biophys. biochem. Cytol. **3**, 897–912 (1957)

FITTON-JACKSON, S., HARKNESS, R.D., PARTRIDGE, S.M., TRISTRAM, G.R. (ed.): Structure and function of connective and skeletal tissue. London: Butterworths 1965

FLANAGAN, B., NICHOLS, G.: Metabolic studies of bone in vitro. IV. Collagen biosynthesis by surviving bone fragments in vitro. J. biol. Chem. **237**, 12, 3686–3692 (1962)

FLANAGAN, B., NICHOLS, G.: The metabolism of cells isolated from bone. Fed. Proc. **22**, 553. (Abstr.) (1963)

FLANAGAN, B., NICHOLS, G.: Metabolic studies of bone in vitro. V. Glucose Metabolism and Collagen Biosynthesis. J. biol. Chem. **239**, 1261–1265 (1964)

FLANAGAN, B., NICHOLS, G. JR.: Metabolic studies of human bone in vitro. I. Normal bone. J. clin. Invest. **44**, 1788–1794 (1965a)

FLANAGAN, B., NICHOLS, G.: Metabolic studies of human bone in vitro. II. Changes in hyperparathyroidism. J. clin. Invest. **44**, 1795–1804 (1965b)

FLEISCH, H.: Role of nucleation and inhibition in calcification. Clin. Orthop. **32**, 170–180 (1964)

FLEISCH, H., BISAZ, S.: Isolation from urine of pyrophosphate, a calcification inhibitor. Amer. J. Physiol. **203**, 671–675 (1962a)

FLEISCH, H., BISAZ, S.: Mechanism of calcification: Inhibitory role of pyrophosphate. Nature (Lond.) **195**, 911 (1962b)

FLEISCH, H., NEUMAN, W.F.: Mechanisms of calcifcation: role of collagen, polyphosphates and phosphatase. Amer. J. Physiol. **200**, 1296–1300 (1961)

FLEISCH, H., BLACKWOOD, H.J.J., OWEN, M. (ed.): Proceedings of the third European symposium on calcified tissues. Berlin-Heidelberg-New York: Springer Verlag 1966a

FLEISCH, H., MAERKI, J., RUSSELL, R.G.G.: Effect of pyrophosphate on dissolution of hydroxyapatite and its possible importance in calcium homeostasis. Proc. Soc. exp. Biol. (N.Y.) **122**, 317–320 (1966b)

FLEISCH, H., STRAUMANN, F., SCHENK, R., BISAZ, S., ALLGÖWER, M.: Effect of condensed phosphates on calcification of chick embryo femurs in tissue culture. Amer. J. Physiol. **211**, 821–825 (1966c)

FLEMING, A.: On a remarkable bacteriolytic element found in tissues and secretions. Proc. Roy. Soc. B **93**, 306–317 (1922)

FLEROFF, N.: Die amitotische Teilung der Knorpelzellen und deren Beziehung zur Histogenese und Strukturfunktion des Knorpelgewebes. Anat. Anz. **68**, 259–297 (1929/30)

FLOREY, H.W., POOLE, J.C.F., MEEK, G.A.: Endothelial cells and cement lines. J. Path. Bact. **77**, 625–636 (1959)

FLORIAN, J.: The early development of man, with special reference to the development of the mesoderm and cloacal membrane. J. Anat. (Lond.) **67**, 263–276 (1933)

FÖLDES, I., NAGY, I.Zs. BENKÖ, K., LEVAI, G., ARY-BALOGH, P.: Elektronenmikroskopische Untersuchungen am postembryonalen Epiphysenknorpel der Albinoratte. Acta morph. neerl.-scand. **13**, 283–299 (1963)

FÖLDES, I., MODIS, L., SÜVEGES, I.: Investigation of the mucopolysaccharides in the proximal epiphyseal cartilage of the rat: a comparison of the methods of histochemical assay. Acta morph. Acad. Sci. hung. **13**, 141–153 (1965)

FÖLDES, I., PETKÓ, M., TÓTH, C.: Histochemical investigation of lipids in the epiphyseal and articular cartilages of rats of different ages. Acta morph. Acad. Sci. hung. **21**, 123–135 (1973)

FOLKE, L.E.A., STALLARD, R.E.: Cellular kinetics within mandibular joints. Acta odont. scand. **25**, 437 (1967)

FOLLIS, R.: Histochemical studies on cartilage and bone. Amer. J. Path. **24**, 685 (1948)

FOLLIS, R.H. JR.: Some histochemical observations on normal and diseased cartilage and bone. Tr. Conf. Metab. Interrelat. **1**, 27–32 (1949a)

FOLLIS, R.H. JR.: Inorganic composition and phosphatase activity of human cartilage in relation to morphological differentiation. Fed. Proc. **8**, 355 (1949b)

FOLLIS, R.H. JR.: Studies on the chemical differentiation of developing cartilage and bone. I. General method. Alkaline phosphatase activity. Bull. Johns Hopkins Hosp. **85**, 360–369 (1949c)

FOLLIS, R.H. JR.: Glycogen in rachitic cartilage and its relation to healing. Proc. Soc. Exp. Biol. (N.Y.) **71**, 441–443 (1949d)

FOLLIS, R.H. JR.: Chemical differentiation of cartilage and bone. II. Sulfatase activity. Proc. Soc. exp. Biol. (N.Y.) **77**, 847–849 (1951a)

FOLLIS, R.H. JR.: Histochemical studies on cartilage and bone. II. Ascorbic acid deficiency. Bull. Johns Hopkins Hosp. **89**, 9–20 (1951b)

FOLLIS, R.H. JR.: Cartilage and Bone matrix: Chemical structure, formation and destruction. Tr. Conf. Metab. Interrelat. **4**, 11–31 (1952a)

FOLLIS, R.H. JR.: Osteogenesis imperfecta congenita: A connective tissue diathesis. J. Pediat. **41**, 713–721 (1952b)

FOLLIS, R.H. JR.: Diseases particularly of bone, associated with derangements of calcium and phosphorus metabolism. Tr. Conf. Metab. Interrelat. **5**, 196–244 (1953)

FOLLIS, R.H. JR.: Calcification of cartilage. In: Calcification in biological systems (ed. by R.F. SOGNNAES) p. 245–259 Washington: Amer. Ass. Advanc. Sci. 1960

FOLLIS, R.H. JR., BERTHRONG, M.: Histochemical studies on cartilage and bone. I. The normal pattern. Bull. Johns Hopk. Hosp. **85**, 281–297 (1949)

FOLLIS, R.H. JR., MELANOTTE, P.L.: Dehydrogenase activity of rat epiphyseal cartilage. Proc. Soc. Exp. Biol. (N.Y.) **93**, 382–384 (1956)

FOLLIS, R.H. JR., TOUSIMIS, A.J.: Experimental lathyrism in the rat; nature of the defeat in epiphyseal cartilage. Proc. Soc. Exp. Biol. (N.Y.) **98**, 843–848 (1958)

FOOTE, C.L., FOOTE, F.M.: Changes in the thyroid gland of hamster embryos hypophysectomy by decapitation. Anat. Rec. **105**, 559–560 (1949)

FOOTE, J.S.A.: The comparative histology of the femur. Smithsonian Miszellaneous collections **61**, Publ. 2232 Washington p. 1–9 (1913)

FORBES, G.B.: Metabolic role of sodium in bone, Helv. paediat. Acta **14**, 506–510 (1959)

FORSCHER, B.K., COHN, D.V.: In vitro carbohydrate metabolism of bone: effect of treatment of intact animal with parathyroid extract. In: Mechanisms of Hard Tissue Destruction (ed. by R.F. SOGNNAES) p. 577 Washington: Amer. Assoc. Advanc. Sci. 1963

FOURMAN, P.: Calcium metabolism and the bone. Blackwell, Sci. Publ. Oxford **1–64**, 240–325 (1960)

FOURMAN, P.: Hyperparathyroidism. Curr. Med. Drugs **4**, 23–34 (1963)

FOWLER, I., WATTERSON, R.: The role of the neural tube in the development of the axial skeleton of the chick. Anat. Rec. **117**, 555 (1953)

FOWLER, L.J., BAILEY, A.J.: Current concepts of the cross-linking in bone collagen. Clin. Orthop. **85**, 193–206 (1972)

FRANCESCHINI, M.: Ricerche polariscopiche sulla disposizione delle fibre collagene nella cartilagine di conjugazione e nei centri di ossificazione. Rass. biol. umana **1**, 78–83 (1946)

FRANCESCHINI, M.: Sull'architettura collagene dei dischi intervertebrali. Atti Acad. Sci. med. nat. Ferr. **26**, 1–5 (1948)

FRANCESCHINI, M.: Ricerche sull'architettura collagene dell'apparecchio capsulo-legamentoso dell'articolazione interpubica, nell'Uomo (Nota 1a–Dal perido fetale alla pubertà.) Z. Anat. Entwickl.-Gesch. **118**, 513–522 (1955)

FRANCESCHINI, M.: L'architettura collagene delle fibrocartilagini (dischi) intervertebrali nelle stazioni eretta ed orizzontale. Ricerche nell'Uomo e nel cane. Quad. Anat. prat. **12**, 336–349 (1957)

FRANCHI, C.M., DEROBERTIS, E.: Electron microscope observations on elastic fibers. Proc. Soc. Exp. Biol. (N.Y.) **76**, 515–518 (1951)

FRANCO-BROWDER, S., RYDT, J. DE, DORFMAN, A.: The identification of a sulfated mucopolysaccharide in chick embryos, stages 11–23. Proc. nat. Acad. Sci. (Wash.) **49**, 643–647 (1963)

FRANCOIS, C.J., GLIMCHER, M.J.: The isolation and amino acid composition of the $\alpha$-chains of chicken-bone collagen. Biochim. biophys. Acta (Amst.) **133**, 91–96 (1967)

FRANCOIS, J., RABAEY, M., VAN DER MEERSSCHE, F.: L'ultrastructure des tissus oculaires au microscope électronique. I. Étude des grains pigmentaires de l'épithélium rétinien. Ophthalmologica (Basel) **126**, 896–900 (1953)

FRANCK, M.D., DUNSTONE, J.R.: Connective tissue protein-polysaccharides. Fractionation of the protein-polysaccharides from bovine nasal cartilage. J. biol. Chem. **242**, 3460–3467 (1967)

FRANK, R.M.: L'ossification de membrane au microscope électronique. 1. Int. Anatomen-Kongr. Straßburg 1960, Ergh. zu Anat. Anz. **109**, 727–729 (1960–1961)

FRANK, R.M.: Étude au microscope électronique de l'ossification en milieu conjonctif. Ann. Histochim. **8**, 25–34 (1963)

FRANK, R.M., NALBANDIAN, J.: Ultrastructure of amelogenesis. In: Structural and chemical organization of teeth (ed. by A.E.W. MILES) Vol. I, p. 399–466. London and New York: Academic Press 1967

FRANK, R.M., FRANK, P.: Autoradiographie quantitative de l'ostéogenèse au microscopie électronique à l'aide de la proline tritiée. Z. Zellforsch. **99**, 121–133 (1969)

FRANK, R.M., FRANK, P., KLEIN, M., FONTAINE, R.: L'os compact humain normal au microscope électronique. Arch. Anat. mic. Morph. exp. **44**, 191–206 (1955a)

FRANK, R.M., FRANK, P., KLEIN, M., FONTAINE, R.: Structure inframicroscopique de l'os compact normal au microscope électronique. C.R. Soc. Biol. (Paris) **149**, 1011–1014 (1955b)

FRANK, R.M., FRANK, P., LANG, M.: Autoradiographie en microscopie électronique de la synthèse protéique des matrices calcifiées. C.R. Soc. Biol. (Paris) **162**, 1397–1400 (1968a)

FRANK, R.M., KLOTZ, G., HÖHLING, H.J.: Microscopie et diffraction électroniques de l'otospongiose. Ann. Oto-laryng. (Paris) **85**, 159–176 (1968b)

FRANZBLAU, C., FARIS, B., LENT, R.W., SALCEDO, L.L., SMITH, B., JAFFE, R., CROMBIE, G.: Chemistry and biosynthesis of crosslinks in elastin. In: Chemistry and molecular biology of the intercellular matrix (ed. by E.A. BALAZS) Vol. 1, p. 617–639. London and New York: Academic Press 1970

FRASCA, P., HARPER, R.A., KATZ, J.L.: Isolation of single osteons and osteon lamellae. Acta anat. (Basel) **95**, 122–129 (1976)

FRAZER, J.E.: The anatomy of the human skeleton. 4th ed. London: J.A. Churchill 1940

FREDERICKSON, R.G., LOW, F.N.: The fine structure of perinotochordal microfibrils in control and enzyme-treated chick embryos. J. Anat. (Lond.) **130**, 347–376 (1971)

FREEMAN, D.J.: Some observations on calcifying cartilage matrix. Arch. Path. **61**, 219–225 (1956)

FRENCH, J.E., BENDITT, E.P.: The histochemistry of connective tissue: II. The effect of proteins on the selective staining of mucopolysaccharides by basic dyes. J. Histochem. Cytochem. **1**, 321–325 (1953)

FREY-WYSSLING, A.: Submicroscopic morphology of protoplasm. Amsterdam-Houston-London-New York: Elsevier Publ. Co. 1953

FRIBERG, U.: Uptake of radiosulfate and radiophosphate in various tissues of normal and vitamin C-deficient guinea pigs. Arkiv f. Kemi **12**, 481–500 (1958)

FRIBERG, U., RINGERTZ, N.R.: An autoradiographic study on the uptake of radiosulphate in the rat embryo. J. Embryol. exp. Morph., **4**, 313–325 (1956)

FRIBERG, U., GRAF, W., ABERG, O.: On the histochemistry of the mast cells. Acta path. microbiol. scand. **29**, 197–202 (1951)

FRIEDENSTEIN, A.J.: Induction of bone tissue by transitional epithelium. Clin. Orthop. **59**, 21–37 (1968)

FRIEDENSTEIN, A.J.: Determined and inducible osteogenic precursor cells. In: Hard tissue growth, repair and remineralization. Ciba foundation symposium 11 (new series) p. 169–185. Amsterdam-London-New York: Elsevier Excerpta Medica 1973

FRIEDENSTEIN, A.J.: Precursor cells of mechanocytes. Inter. Rev. Cytol. **47**, 327–359 (1976)

FRIEDENSTEIN, A.J., PIATETZKY-SHAPIRO, I.I., PETRAKOVA, K.V.: Osteogenesis in transplants of bone marrow cells. J. Embryol. exp. Morph. **16**, 381–390 (1966)

FRIEDRICH, H.: Über Meniscusregeneration. Zbl. Chir. **41**, 2534–2538 (1930)

FRITSCH, S.: Elektronenmikroskopische Untersuchungen zur Eisenhydroxydsolreaktion. Morph. Jb. **111**, 469–474 (1967)

FROBÖSE, H.: Der Aufbau der Skeletteile in den freien Gliedmaßen der anuren Amphibien. Morph. Jb. **58**, 473–566 (1927)

FROMMER, J.: Prenatal development of the mandibular joint in mice. Anat. Rec. **150**, 449–462 (1964)

FROMMER, J., MONROE, C.W., MOREHEAD, J.R., BELT, W.D.: Autoradiographic study of cellular proliferation during early development of the mandibular condyle in mice. J. dent. Res. **47**, 816–819 (1968)

FROST, H.M.: A new bone affection: feathering. J. Bone Jt. Surg. **42A**, 447–456 (1960a)

FROST, H.M.: In vivo osteocyte death. J. Bone Jt. Surg. **42A**, 138–143 (1960b)

FROST, H.M.: Micropetrosis. J. Bone Jt. Surg. **42A**, 144–150 (1960c)

FROST, H.M.: Measurement of osteocytes per unit volume and volume components of osteocytes and canaliculae in man. Henry Ford Hosp. Bull. **8**, 208–211 (1960d)

FROST, H.M.: Human osteoblastic activity – Part II. Measurement of the biological half-life of bones with the aid of tetracyclines. Henry Ford Hosp. Bull. **9**, 87–96 (1961a)

FROST, H.M.: Human Haversian system measurements. Henry Ford Hosp. Bull. **9**, 145–147 (1961b)

FROST, H.M.: Halo Volume-Part IV. Measurement of the diffusion pathway between osteocyte lacuna and blood. Henry Ford Hosp. Bull. **9**, 137–144 (1961c)

FROST, H.M.: Tetracycline labelling of bone and the zone of demarcation of osteoid seams. Canadian J. Biochem. **40**, 485–489 (1962)

FROST, H.M.: Bone remodelling dynamics. Springfield, Ill.: Ch. C. Thomas 1963a

FROST, H.M.: Cell generation systems: a new concept in medicine. Henry Ford Hosp. Bull. **11**, 391–408 (1963b)

FROST, H.M.: Mean formation time of human osteons. Canad. J. Biochem. **41**, 1307–1310 (1963c)

FROST, H.M.: Bone Biodynamics. Boston, Mass.: Little, Brown and Comp. 1964a

FROST, H.M.: Dynamics of bone remodelling. In: Bone Biodynamics (ed. by H.M. FROST) p. 315–333 Boston, Mass.: Little Brown and Comp. 1964b

FROST, H.M.: Mathematical elements of lamellar bone remodelling. Springfield, Ill.: Ch. C. Thomas 1964c

FROST, H.M.: A synchronous group mammalian cells whose in vivo behaviour can be studied. Henry Ford Hosp. Bull. **13**, 161–172 (1965a)

FROST, H.M.: An analysis of the relative complexity of cell system dynamics in bone. Henry Ford Hosp. Bull. **13**, 271–284 (1965b)

FROST, H.M.: Relation between bone tissue and cell population dynamics, histology and tetracycline labelling. Clin. Orthop. **49**, 65–75 (1966a)

FROST, H.M.: Bone as a physiological tool. Henry Ford Hosp. Bull. **14**, 63–70 (1966b)

FROST, H.M.: Tetracycline bone labelling in anatomy. Am. J. phys. Anthrop. **29**, 183–196 (1968)

FROST, H.M., VILLANUEVA, A.R.: Human osteoblastic activity – Part I. A comparative method of measurement with some results. Henry Ford Hosp. Bull. **9**, 76–86 (1961)

FROST, H.M., VILLANUEVA, A.R., ROTH, H.: Tetracycline staining of newly forming bone and mineralizing cartilage in vivo. Stain Technol. **35**, 135–138 (1960)

FROST, H.M., ROTH, H., VILLANUEVA, A.R., STANISAVLJEVIC, S.: Experimental multiband tetracycline measurement of lamellar osteoblastic activity. Henry Ford Hosp. Bull. **9**, 312–329 (1961)

FROST, H.M., VILLANUEVA, A.R., RAMSER, J.R., ILNICKI, L.: Knochenbiodynamik bei 39 Osteoporose-Fällen, gemessen durch Tetracyclinmarkierung. Internist 7, 572–578 (1966)

FROST, H.M., VILLANUEVA, A.R., ILNICKI, L.: Tetracycline-based studies of bone remodelling in primary and secondary hyperparathyroid states in man. In: Parathyroid hormone and thyrocalcitonin (calcitonin) (ed. by R.V. TALMAGE and L.F. BÉLANGER) Proc. 3rd. Parathyroid Conf. Excerpta med. Int. Congr. Ser. **159**, 123–136 (1968)

FUCHS, H.: Über die Entwicklung des Operculums der Urodelen und des Distelidiums („Columella" auris) einiger Reptilien. Verh. Anat. Ges. 21. Vers. Würzburg 1907 Erg.-H. Anat. Anz. **30**, 8–34 (1907)

FUCHS, H.: Über das Vorkommen selbständiger knöcherner Epiphysen bei Sauropsiden. Anat. Anz. **32**, 352–360 (1908)

FÜHRER, F.: Die verschiedenen Formen von Gelenkentzündung in pathologisch-anatomischer Beziehung. Virchows Arch. path. Anat. **5**, 129–161 (1853)

FÜRTH, O., BRUNO, T., BOYER, R., PESCHEK, C.: Zur Kenntnis der Chondroitinschwefelsäure. Biochem. Z. **294**, 153–173 (1937)

FUJII, K., KUBOKI, Y., SASAKI, S.: Aging of human bone and articular cartilage collagen: changes in the reducible cross-links and their precursors. Gerontology **22**, 363–370 (1976)

FULLMER, H.M.: Differential staining of connective tissue fibers in areas of stress. Science **127**, 1240 (1958)

FULLMER, H.M.: A comparative histochemical study of elastic, pre-elastic and oxytalan connective tissue fibers. J. Histochem. Cytochem. **8**, 290–295 (1960a)

FULLMER, H.M.: Effect of peracetic acid on the enzymatic digestion of various mucopolysaccharides: reversal of the PAS staining reaction of mucin. J. Histochem. Cytochem. **8**, 113–121 (1960b)

FULLMER, H.M.: The oxytalan connective tissue fiber in health and disease. Ann. Histochim. **8**, 51–54 (1963)

FULLMER, H.M.: Use of histochemistry in oral histology: In: Oral Histology, Inheritance and Development (ed. by V. PROVENZA) p. 497–529 Philadelphia: Lippincott 1964a

FULLMER, H.M.: The use of histochemistry in oral pathology. In: Textbook of Oral Pathology (ed. by R. TIECKE) p. 749–785 New York: McGraw-Hill 1964b

FULLMER, H.M.: Dehydrogenase in developing bone in the rat. J. Histochem. Cytochem. **12**, 210–214 (1964c)

FULLMER, H.M.: Histochemistry of the connective tissues. Int. Rev. Connect. Tiss. Res. **3**, 1–76 (1965)

FULLMER, H.M.: Enzymes in mineralized tissues. Clin. Orthop. **48**, 285–295 (1966)

FULLMER, H.M., GIBSON, W.: Collagenolytic activity in gingivae of man. Nature (Lond.) **209**, 728–729 (1966)

FULLMER, H.M., LAZARUS, G.: Collagenase in human, goat and rat bone. Israel J. med. Sci. **3**, 758–761 (1967)

FULLMER, H.M., LAZARUS, G.: Collagenase in bone of man. J. Histochem. Cytochem. **17**, 793–798 (1969)

FULLMER, H.M., LILLIE, R.D.: Some aspects of the mechanism of orcein staining. J. Histochem. Cytochem. **4**, 64–68 (1956)

FULLMER, H.M., LILLIE, R.D.: The staining of collagen with elastic tissue stains. J. Histochem. Cytochem. **5**, 11–14 (1957)

FULLMER, H.M., LILLIE, R.D.: The oxytalan fiber: A previously undescribed connective tissue fiber. J. Histochem. Cytochem. **6**, 425–430 (1958)

FULLMER, H.M., LINK, C.C. JR., BAER, M.J.: A stain for bone-illustrating apposition and absorption in two colors. Stain Technol. **39**, 71–73 (1964)

FULLMER, H.M., MARTIN, G.R.: Activity of $D(-)$-$\beta$-hydroxybutyric dehydrogenase in scurvy. Nature (Lond.) **202**, 302 (1964)

FURSTMAN, L.J.: Normal age changes in the rat mandibular joint. J. dent. Res. **45**, 291–296 (1966)

FURTHMAYR, H., TIMPL, R.: Immunochemistry of collagens and procollagens. Int. Rev. Connect. Tiss. Res. **7**, 61–99 (1976)

FURUTA, W.J.: Demonstration of fibers in the decalcified bone matrix by enzymatic digestion. Anat. Rec. **104**, 309–317 (1949)

GAERTNER, R.: Development of the posterior trunk and tail of the embryo chick. J. exp. Zool. **111**, 157–174 (1949)

GAGE, S.H.: Permanent preparations of tissues and organs to show glycogen. Trans. amer. micr. Soc. **28**, 203–205 (1906)

GAHAN, L.C., CONRAD, H.E.: An enzyme system for de novo biosynthesis of glycogen in *Aerobacter aerogenes*. Biochemistry **7**, 3979–3990 (1968)

GAILLARD, P.J.: Gesetzmäßigkeiten beim Wachstum von Gewebekulturen. II. Analyse der Zellbewegung. Protoplasma **25**, 598–613 (1936)

GAILLARD, P.J.: Parathyroid gland tissue and bone in vitro. II. Koninkl. Akad. Wetenschappen, Amst. **58**, 279–293 (1955)

GAILLARD, P.J.: Parathyroid gland and bone in vitro. Schweiz. med. Wschr. **87**, Suppl. 447–450 (1957)

GAILLARD, P.J.: Parathyroid gland and bone in vitro. VI. Develop. Biol. **1**, 152–181 (1959)

GAILLARD, P.J.: Parathyroid and bone in tissue culture. In: Proc. Symp. Advanc. in Parathyroid Res. (ed. by R.O. GREEP and R.V. TALMAGE) p. 20–48. Springfield, Ill.: C.C. Thomas Publisher 1961

GAILLARD, P.J.: A comparative study on the influence of thyroxine and of parathyroid extract on the histological structure of the explanted embryonic radius rudiment. Acta morph. neerl. scand. **5**, 21–36 (1962)

GAILLARD, P.J., VAN DEN HOOFF, A., STEEDIJNK, R. (ed.): Fourth European Symposium on calcified tissues. International congress series No. 120. Amsterdam-New York-London-Milan-Tokyo-Buenos Aires: 1966

GALANTE, J.O.: Tensile properties of the human lumbar annulus fibrosus. Acta orthop. scand. Suppl. **100**, 1–91 (1967)

GALINDO, B., IMAEDA, T.: Electron microscope study of the white pulp of the mouse spleen. Anat. Rec. **143**, 399–415 (1962)

GALJAARD, H.: Histochemisch en interferometrisch onderzoek van hyalien kraakbeen. Thesis, University of Leyden 1962

GALJAARD, H., SZIRMAI, J.A.: Interferometric studies on cartilage sections. J. Histochem. Cytochem. **9**, 611–612 (1961)

GALLERA, J.: Recherches comparées sur le développement du neurectoblaste préchordal transplanté sur l'embryon ou enroté dans l'ectoblaste in vitro (*Triton alpestris*). Rev. suisse Zool. **55**, 295–303 (1948)

GALLERA, J.: Primary induction in birds. Advanc. Morphogenes. **9**, 149–177 (1971)

GALLIE, W.E., ROBERTSON, D.E.: Repair of bone. Brit. J. Surg. **7**, 211 (1919)

GALLOP, P.M., BLUMENFELD, O.O., SEIFTER, S.: Subunits and special structural features of tropocollagen. In: Treatise on collagen (ed. by G.N. RAMACHANDRAN), Vol. 1, p. 339–365. London and New York: Academic Press 1967

GALLOP, P.M., BLUMENFELD, O.O., SEIFTER, S.: Structure and metabolism of connective tissue proteins. Ann. Rev. Biochem. **41**, 617–672 (1972)

GANS, B.J., SARNAT, B.G.: Sutural facial growth of the *Macaca rhesus* monkey: a gross and serial roentgenographic study by means of metallic implants. Amer. J. Orthodont. **37**, 827–841 (1951)

GANSLER, H., ROUILLER, C.: Modifications physiologiques et pathologiques du chondriome. Étude au microscope éléctronique. Schweiz. Z. allg. Path. **19**, 217–243 (1956)

GARANT, P.R., NALBANDIAN, J.: Observations on the ultrastructure of ameloblasts with special reference to the Golgi complex and related components. J. Ultrastruct. Res. **23**, 427–443 (1968)

GARDELL, S.: Microdetermination of connective tissue glycosaminoglycans. In: Structure and function of connective and skeletal tissue (ed. by S. FITTON-JACKSON, R.D. HARKNESS, S.M. PARTRIDGE and G.R. TRISTRAM) p. 225–227, London: Butterworth 1965

GARDNER, E.: Osteogenesis in the human embryo and fetus. In: The biochemistry and physiology of bone (ed. by G.H. BOURNE) p. 359–397. New York: Academic Press 1956 and 1961

GARDNER, E.: The development and growth of bones and joints. J. Bone Jt. Surg. **45-A**, 856–862 (1963)

GARDNER, E.: Osteogenesis in the human embryo and fetus. In: The biochemistry and physiology of bone (ed. by G.H. BOURNE), 2nd. edition, Vol. III. p. 77–118. New York and London: Academic Press 1971

GARDNER, E., GRAY, D.J.: Prenatal development of the human hip joint. Amer. J. Anat. **87**, 163–212 (1950)

GARDNER, E., GRAY, D.J.: Prenatal development of the human shoulder an acromioclavicular joints. Amer. J. Anat. **92**, 219–276 (1953)

GARDNER, E., GRAY, D.J.: The innervation of the joints of the foot. Anat. Rec. **161**, 141–148 (1968)

GARDNER, E., GRAY, D.J.: The prenatal development of the human femur. Amer. J. Anat. **129**, 121–140 (1970)

GARDNER, E., O'RAHILLY, R.: The early development of the knee joint in staged human embryos. J. Anat. (Lond.) **102**, 289–299 (1968)

GARDNER, E., O'RAHILLY, R.: The prenatal development of the skeleton and joints of the human foot. J. Bone Jt. Surg. **41 A**, 847–876 (1959)

GARDNER, M.: Notizen über die Bildung des Knochengewebes. Le Physiologiste russe **4**, 16–40 (1906)

GARN, S.M.: The course of bone gain and the phases of bone loss. Orthop. Clin. North Am. **3**, 503–520 (1972)

GASIC, G., GASIC, T.: Removal of sialic acid from the cell coat in tumor cells and vascular endothelium, and its effects on metastasis. Proc. nat. Acad. Sci. (Wash.) **48**, 1172–1177 (1962)

GATEWOOD, MULLEN, B.P.: Experimental observations on the growth of long bones. Arch. Surg. **15**, 215–221 (1927)

GATTA, R.: Osservazioni sulla struttura e sullo sviluppo della sinfisi pubica. Arch. ital. Anat. Embriol. **33**, 813–843 (1934)

GAUDINO, M.: Interstitial water and connective tissues. In: Connective Tissues (ed. by CH. RAGAN) p. 78–122 Transactions of the fifth Conf. Passaic, N.J.: G. Dixon Press 1954

GAUNT, W.A., MILES, A.E.W.: Fundamental aspects of tooth morphogenesis. In: Structural and chemical organization of teeth (ed. by A.E.W. MILES) Vol. I. p. 151–197. New York and London: Academic Press 1967

GAY, C.V.: The ultrastructure of the extracellular phase of bone as observed in frozen thin sections. Calcif. Tiss. Res. **23**, 215–223 (1977)

GEBHARDT, W.: Über funktionell wichtige Anordnungsweisen der gröberen und feineren Bauelemente des Wirbeltierknochens. I. Allgemeiner Teil. Wilhelm Roux' Arch. Entwickl. Mech. Org. 11, 383–498; 12, 1–52 und 167–223 (1901)

GEBHARDT, W.: Über qualitative und quantitative Verschiedenheiten der gestaltenden Reaktion des Knochengewebes. Verh. Anat. Ges. Halle, 16. Vers. Erg.-H. Anat. Anz. 21, 65–92 (1902)

GEBHARDT, W.: Über funktionell wichtige Anordnungsweisen der feineren und gröberen Bauelemente des Wirbeltierknochens. II. Spezieller Teil. Der Bau der Haversschen Lamellensysteme und seine funktionelle Bedeutung. Wilhelm Roux' Arch. Entwickl. Mech. Org. 20, 187–322 (1906)

GEBHARDT, W.: Über den Skelettbau mit dünnen Platten. Verh. Anat. Ges. Leipzig, 25. Vers. Erg.-H. Anat. Anz. 38, 97–118 (1911 a)

GEBHARDT, W.: Diskussion zum Vortrag: Schaffer: Trajektorielle Strukturen im Knorpel. Verh. Anat. Ges. Leipzig 25. Vers. Erg.-H. Anat. Anz. 38, 169–172 (1911 b)

GEDDES: The origin of osteoblasts and of the osteoclast. J. Anat. Physiol. 47, 159–176 (1913)

GEDIGK, P.: Histochemische Darstellung von Kohlenhydraten. Klin. Wschr. 30, 1057–1065 (1952)

GEGENBAUR, C.: Über die Bildung des Knochengewebes, I. u. II. Jena Z. Naturwiss. 1, 343–369 (1864); 3, 206–246 (1867)

GEGENBAUR, C.: Vergleichende Anatomie der Wirbeltiere. Leipzig: Engelmann 1898

GEGENBAUR, C.: Vergleichende Anatomie der Wirbeltiere mit Berücksichtigung der Wirbellosen. II. Band. Leipzig 1901

GEGENBAUR-FÜRBRINGER: Lehrbuch der Antomie des Menschen. 8. Aufl. Leipzig 1909

GENDRE, H.: Le glycogène dans les cartilages en voie d'ossification. Bull. Histol. Techn. mikr. 15, 165–178 (1938)

GEORGIEV, G.P.: Some aspects of the regulation of gene expression in the animal cell. In: Cell Differentiation. A. Ciba Foundation Symposium (ed. by A.V.S. DE REUCK and J. KNIGHT) p. 148–162. London: J. and A. Churchill Ltd. 1967

GERBER, B.R., SCHUBERT, M.: The exclusion of large solutes by cartilage protein-polysaccharide. Biopolymers 2, 259–273 (1964)

GERBER, B.R., FRANKLIN, E.C., SCHUBERT, M.: Ultracentrifugal fractionation of bovine nasal chondromucoprotein. J. biol. Chem. 235, 2870–2875 (1960)

GERBER, G., GERBER, G., ALTMAN, K.I.: Studies on the metabolism of tissue proteins. I. Turnover of collagen labeled with proline-U-$C^{14}$ in young rats. J. biol. Chem. 235, 2653–2656 (1960)

GERLACH, L.: Über das Verhalten des indigoschwefelsauren Natrons zu den Geweben des lebenden Körpers. Zbl. med. Wiss. Jahrg. 13, No. 48, 817–820 (1875)

GERSH, I.: Polysaccharide complex in individual follicles of the thyroid gland. Fed. Proc. 6, 392 (1947)

GERSH, I., CATCHPOLE, H.R.: The organization of ground substance and basement membrane and its significance in tissue injury, disease and growth. Amer. J. Anat. 85, 457–521 (1949)

GERSH, I., CATCHPOLE, H.R.: The nature of ground substance of connective tissue. Perspect. Biol. Med. 3, 282–319 (1960)

GEY, G.O., BANG, F.B., GEY, M.K.: Responses of a variety of normal and malignant cells to continuous cultivation, and some practical applications of these responses to problems in the biology of disease. Ann. N.Y. Acad. Sci. 58, 976–999 (1954)

GEYER, G.: New histochemical techniques for the demonstration of carboxyl groups in mucosubstances. Histochem. J. 3, 241–250 (1971)

GEYER, G.: Handbuch der Histochemie. Elektronenmikroskopische Histochemie (hrsg. W. GRAUMANN und K. NEUMANN) Stuttgart-New York: Fischer-Verlag 1977

GHADIALLY, F.N., ROY, S.: Ultrastructure of rabbit synovial membrane. Ann. Rheum. Dis. 25, 318–326 (1966)

GHADIALLY, F.N., ROY, S.: Ultrastructure of synovial joints in health and disease. London: Butterworth 1969

GHADIALLY, F.N., MEACHIM, G., COLLINS, D.H.: Extracellular lipid in the matrix of human articular cartilage. Ann. Rheum. Dis. 24, 136–146 (1965)

GIBIAN, H.: Das Hyaluronsäure-Hyaluronidasesystem. Ergebn. Enzymforsch. 13, 1–84 (1954)

GIBIAN, H.: Mucopolysaccharide und Mucopolysaccharidasen. In: Einzeldarst. aus dem Gesamt-Gebiet der Biochemie (hrsg. von O. HOFFMANN-OSTENHOF) Bd. 4, S. 1–319, Wien: 1959

GIBLIN, N., ALLEY, A.: A method for measuring bone growth in the skull. Anat. Rec. 83, 381–387 (1942)

GIBLIN, N., ALLEY, A.: Studies in skull growth. Coronal suture fixation. Anat. Rec. **88**, 143–153 (1944)

GIBSON, W., FULLMER, H.: Demonstration of 5'-nucleotidase activity in decalcified bones and teeth. J. Histochem. Cytochem. **14**, 934–935 (1967)

GIERKE, A.: Das Glykogen in der Morphologie des Zellstoffwechsels. Beitr. path. Anat. **37**, 502–567 (1905)

GIES, W.J.: The preparation of a mucin-like substance from bone. Proc. of the American Physiological Society. Amer. J. Physiol. **3**, VII–VIII (1900)

GIESEKING, R.: Elektronenoptische Beobachtungen an Fibroblasten. Struktur und Stoffwechsel des Bindegewebes. II. Symp. med. Univ.-Klinik Münster, S. 131–150 (1960)

GIESEKING, R.: Mesenchymale Gewebe und ihre Reaktionsformen im elektronenoptischen Bild. Veröffentlichungen aus der morphologischen Pathologie, H. 72, Stuttgart: G. Fischer 1966

GILL, A.B.: Legg-Perthes disease of the hip; its early roentgenographic manifestations and its cyclical course. J. Bone Jt. Surg. **22**, 1013–1047 (1940)

GILLMAN, T.: On some aspects of collagen formation in localized repair and in diffuse fibrotic reactions to injury. In: Treatise on collagen (ed. by B.S. GOULD) Vol. 2B p. 331–409, London and New York: Academic Press 1968

GILLMAN, T., HATHORN, M., PENN, J.: Micro-anatomy and reactions to injury of vascular elastic membranes and associated polysaccharides. In: Connective Tissue (ed. by R.E. TUNBRIDGE) p. 120–135. Oxford: Blackwell 1957

GINSBURG, J.: Observations on the peripheral circulation in hypertrophic pulmonary osteoarthropathy. Quart. J. Med. **27**, 107 (1958)

GINSBURG, V., NEUFELD, E.F.: Complex heterosaccharides of animals. Ann. Rev. Biochem. **38**, 371–388 (1969)

GIRARD, H.: Influence de la papaine sur le tibia embryonnaire de poulet cultivé in vitro. J. Embryol. exp. Morph. **10**, 231–247 (1962)

GIRGIS, F.G., PRITCHARD, J.J.: Effects of skull damage on the development of sutural patterns in the rat. J. Anat. (Lond.) **92**, 39–51 (1958)

GJELSVIK, A.: Bone remodeling and piezoelectricity. I. J. Biomech. **6**, 69–77 (1973a)

GJELSVIK, A.: Bone remodeling and piezoelectricity. II. J. Biomech. **6**, 187–193 (1973b)

GLADSTONE, R.J., HAMILTON, W.J.: A presomite human embryo (Shaw) with primitive streak and chorda canal, with special reference to the development of the vascular system. J. Anat. (Lond.) **76**, 9–44 (1941)

GLADSTONE, R.J., WAKELEY, C.P.G.: Morphology of sternum and its relation to ribs. J. Anat. (Lond.) **66**, 508–564 (1932)

GLÄTTLI, W.: Die Osteoklastenlehre. (Inaug.-Diss. Univ.) Bern, 1947

GLASS, B.: A summary of the McCollum-Pratt Symposium on the chemical basis of development. Symp. on the chem. basis of development. (ed. by W.D. McELROY and B. GLASS) p. 855–922. Baltimore: The Johns Hopkins Press 1958

GLEGG, R.E., EIDINGER, D.: A method for fractionating the carbohydrate components of bone. Arch. Biochem. **55**, 19–24 (1955)

GLEGG, R.E., LEBLOND, C.P.: Pressure as a possible cause of dissolution and redeposition of bone and tooth crystals. Cand. J. med. Sci. **31**, 202–206 (1953)

GLEGG, R.E., CLERMONT, Y., LEBLOND, C.P.: The use of lead tetraacetate, benzidine, o-dianisidine and a "film test" in investigating the periodic acid Schiff technic. Stain. Technol. **27**, 277–305 (1952)

GLEGG, R.E., EIDINGER, D., LEBLOND, C.P.: Some carbohydrate components of reticular fibers. Science **118**, 614–616 (1953)

GLEGG, R.E., EIDINGER, D., LEBLOND, C.P.: Presence of carbohydrates distinct from acid mucopolysaccharides in connective tissue. Science **120**, 839–840 (1954)

GLICK, M.C., STOCKDALE, F.E.: Differences in glycosaminoglycans derived from chick embryo chondrocytes grown in vitro and in vivo. Biochim. biophys. Acta (Amst.) **83**, 61–68 (1964)

GLICK, M.C., LASH, J.W., MADDEN, J.W.: Some enzymatic activities of chick embryo somites associated with the induction of chondrogenesis in vitro. Fed. Proc. **22**, 584 (1963)

GLIMCHER, M.J.: Molecular biology of mineralized tissues with particular reference to bone. Rev. mod. Phys. **31**, 359–393 (1959)

GLIMCHER, M.J.: Specificity of the molecular structure of organic matrices in mineralization. In: Calcification in biological systems (ed. by R.F. SOGNNAES) p. 421–487, American Association for the Advancement of Science: Washington 1960

GLIMCHER, M.J.: The ultrastructural organization of bone and the mechanism of calcification. In: Birth defects: structural organization of the skeleton (ed. by D. BERGSMA and R.A. MILCH) Vol. 2, p. 50. The National foundationmarch of Dimes 1966

GLIMCHER, M.J.: A basic architectural principle in the organization of mineralized tissues. Clin. Orthop. **61**, 16–36 (1968)

GLIMCHER, M.J., KRANE, S.M.: The organization and structure of bone and the mechanism of calcification. In: Treatise on collagen (ed. by G.N. RAMACHANDRAN and B.S. GOULD) Vol. II., Part B p. 67–251, New York: Academic Press 1968

GLIMCHER, M.J., KATZ, E.P., TRAVIS, D.F.: The solubilization and reconstitution of bone collagen. J. Ultrastruct. Res. **13**, 163–171 (1965)

GLOCK, G.E.: Glycogen and calcification. J. Physiol. (Lond.), **98**, 1–11 (1940)

GLÜCKSMANN, A.: Über die Bedeutung von Zellvorgängen für die Formbildung epithelialer Organe (Linse, Augenblase, Neuralrohr usw.). Z. Anat. Entwickl.-Gesch. **93**, 35–92 (1930)

GLÜCKSMANN, A.: Über die Entwicklung der Amniotenextremitäten und ihre Homologie mit den Flossen. Z. Anat. Entwickl.-Gesch. **102**, 498 (1934a)

GLÜCKSMANN, A.: Über die Entwicklung der quergestreiften Muskulatur und ihre funktionellen Beziehungen zum Skelett in der Onto- und Phylogenie der Wirbeltiere. Z. Anat. Entwickl.-Gesch. **103**, 303 (1934b)

GLÜCKSMANN, A.: Studies on bone mechanics in vitro. I. Influence of pressure on orientation of structure. Anat. Rec. **72**, 97–113 (1938)

GLÜCKSMANN, A.: Studies on bone mechanics in vitro. II. The role of tension and pressure in chondrogenesis. Anat. Rec. **73**, 39–54 (1939)

GLÜCKSMANN, A.: The role of mechanical stresses in bone formation in vitro. J. Anat. (Lond.) **76**, 231–239 (1942)

GLÜCKSMANN, A.: Cells deaths in normal vertebrate ontogeny. Biol. Rev. **26**, 59–86 (1951)

GLYNN, L.E., READING, C.A.: Interessante Erscheinungen in der Physiologie des Bindegewebes. In: Chemie und Stoffwechsel von Binde- und Knochengewebe. S. 54–76, 7. Colloq. Gesellsch. f. phys. Chem. April 1956 in Mosbach/Bad. Berlin-Göttingen-Heidelberg: Springer 1956

GODARD, H.: L'os de croissance épiphysaire et les mucopolysaccharides. Arch. Anat. micr. Morph. exp. **40**, 223–245 (1951)

GODMAN, G.C., LANE, N.: On the site of sulfation in the chondrocyte. J. Cell Biol. **21**, 353–366 (1964)

GODMAN, G.C., PORTER, K.R.: Chondrogenesis, studied with the electron microscope. J. biophys. biochem. Cytol. **8**, 719–760 (1960)

GOEL, S.C.: Electron microscopic studies on developing cartilage. I. The membrane system related to the synthesis and secretion of extracellular materials. J. Embryol. exp. Morph. **23**, 169–184 (1970)

GOEL, S.C., JACOB, J.: Reinterpretation of the ultrastructure of cartilage matrix. Experientia (Basel). **32**, 216–217 (1976)

GOERTTLER, K.: Die Bedeutung der funktionellen Struktur der Gefäßwand. I. Untersuchungen an der Nabelschnurarterie des Menschen. Morph. Jb. **91**, Heft 3, 368–393 (1951)

GOERTTLER, K.: Lehrbuch der Histologie und der mikroskopischen Anatomie des Menschen. Stuttgart: G. Fischer 1969

GOETINCK, P.F., PENNYPACKER, J.P., ROYAL, P.D.: Proteochondroitin sulfate synthesis and chondrogenic expression. Exp. Cell Res. **87**, 241–248 (1974)

GOFF, R.A.: The relation of developmental status of limb formation to X-radiation sensitivity in chick embryos. I. Gross study J. exp. Zool. **151**, 177–200 (1962)

GOIDANICH, I.F., MANARESI, C.: La citocromo-ossidasi nella ossificazione encondrale. Chir. Organi Mov. **47**, 265–269 (1959)

GOLDBERG, B., GREEN, H.: An analysis of collagen secretion by established mouse fibroblast lines. J. Cell Biol. **22**, 227–258 (1964)

GOLDBERG, B., GREEN, H.: Collagen synthesis on polyribosomes of cultured mammalian fibroblasts. J. Mol. Biol. **26**, 1–18 (1967)

GOLDEMBERG, S.: Reactions of glycogen synthesis and of glycolysis. In: D-Glucose und verwandte Verbindungen (ed. by H. BARTELHEIMER, W. HEYDE und W. THORN) S. 292–317. Stuttgart: F. Enke 1966

GOLDHABER, P.: Osteogenic induction across millipore filters in vivo. Science **133**, 2065-2067 (1961)

GOLDHABER, P.: Some chemical factors influencing bone resorption in tissue culture. Publs. Amer. Ass. Sci. **75**, 609–636 (1963a)

GOLDHABER, P.: The influence of oxygen tension and embryo extract on bone remodelling in tissue culture. J. Cell Biol. **19**, 27A–28A (1963b)

GOLDHABER, P., BARRNETT, R.: Succinic dehydrogenase in osteoclasts in resorbing bone tissue cultures. J. Dent. Res. **39**, 728. (Abstr.) (1960)

GOLDMAN, ST.: Cybernetic aspects of homeostasis. In: Mineral Metabolism. (ed. by C.L. COMAR and F. BRONNER) V. 1, Part A, p. 63–118 New York-London: Academic Press 1960

GOMORI, G.: Microtechnical demonstration of phosphatase in tissue sections. Proc. Soc. Exp. Biol. (N.Y.) **42**, 23–26 (1939)

GOMORI, G.: Calcification and phosphatase. Amer. J. Path. **19**, 197–209 (1943)

GOMORI, G.: The periodic-acid Schiff stain. Amer. J. clin. Path. **22**, 192–193 (1952)

GOMORI, G.: The histochemistry of mucopolysaccharides. Brit. J. exp. Biol. **35**, 377–380 (1954)

GONZALES, F., KARNOVSKY, M.J.: Electron microscopy of osteoclasts in healing fractures of rat bone. J. biophys. biochem. Cytol. **9**, 299–316 (1961)

GOODWIN, B.C.: Temporal organization in cells. London and New York: Academic Press 1963

GORONOWITSCH, N.: Untersuchungen über die sog. „Ganglienleisten" im Kopfe der Vogel- embryonen. Morph. Jb. **20**, 187–259 (1893a)

GORONOWITSCH, N.: Weiteres über die ektodermale Entstehung von Skelettanlagen im Kopfe der Wirbeltiere. Morph. Jb. **20**, 425–428 (1893b)

GOSLINE, J.M.: The physical properties of elastic tissue. Int. Rev. Connect. Tiss. Res. **7**, 211–249 (1976)

GOSS, R.J.: Regeneration of vertebrate appendages. Advanc. Morphogenes. **1**, 103–152 (1961)

GOSS, R.J.: Principles of regeneration. New York: Academic Press 1969

GOTTE, L., MENEGHELLI, V., CASTELLANI, A.: Electron microscope observations and chemical anal- yses of human elastin. In: Structure and function of connective and skeletal tissue (ed. by S. FITTON-JACKSON, R.D. HARKNESS, S.M. PARTRIDGE, and G.R. TRISTRAM) p. 93–101, London: Butterworth 1965

GOTTE, L., MAMMI, M., PEZZIN, G.: Investigations on the physicochemical and conformational properties of elastin. In: Chemistry and molecular biology of the intercellular matrix (ed. by E.A. BALAZS) Vol. 1, p. 685–690. London and New York: Academic Press 1970

GOTTSCHALK, A.: The chemistry and biology of sialic acids and related substances. Cambridge: Cambridge University Press 1960

GOTTSCHALK, A.: The relation between structure and function in some glycoproteins. Perspect. Biol. med. (Paris) **5**, 327–337 (1962)

GOTTSCHALK, A.: Glycoproteins, their composition, structure and function. B.B.A. Library, Vol. 5, Amsterdam-London-New York: Elsevier publishing company 1966a

GOTTSCHALK, A.: Historical introduction. In: Glycoproteins, their composition, structure and func- tion (ed. by A. GOTTSCHALK) B.B.A. Library, Vol. 5, p. 1–19, Amsterdam-London-New York: Elsevier publishing company 1966b

GOTTSCHALK, A.: Definition of glycoproteins and their delineation from other carbohydrate-protein complexes. In: Glycoproteins, their composition structure and function (ed. by A. GOTTSCHALK), B.B.A. Library, Vol. 5, p. 20–28, Amsterdam-London-New York: Elsevier publishing company 1966c

GOTTSCHALK, A., NEUBERGER, A.: Retrospect and outlook. In: Glycoproteins (ed. by A. GOTT- SCHALK) Vol. 5, p. 594–597, Amsterdam-London-New York: Elsevier publishing company 1966

GOULD, B.S.: Collagen Biosynthesis. In: Treatise on collagen (ed. by B.S. GOULD) Vol. 2A, p. 139–188, London and New York: Academic Press 1968

GOULD, R.P., DAY, A., WOLPERT, L.: Mesenchymal condensation and cell contact in early morpho- genesis of the chick limb. Exp. Cell. Res. **72**, 325–336 (1972)

GRÄPER, L.: Entwicklungsmechanik der Wirbeltierextremitäten. Ergebn. Anat. Entwickl.-Gesch. **27**, 693–786 (1927)

GRÄPER, L.: Die Primitiventwicklung des Hühnchens nach stereokinematographischen Untersuchun- gen, kontrolliert durch vitale Farbmarkierung und verglichen mit der Entwicklung anderer Wirbeltiere. Arch. Entwickl.-Mech. Org. **116**, 382–429 (1929)

GRAFFI, A., SCHNEIDER, E.J.: II. Experimentelle Arbeiten. Die Mitochondrien als wichtige Regula- toren der anaeroben Glycolyse. Z. ärztl. Fortbild. **50**, 760–766 (1956)

GRAHAM, A.F.: Symposium on molecular aspects of differentiation. J. Cell Phys. Comp. Phys. Suppl. 1, **72** (1968)

GRAHAM, E.R.B., GOTTSCHALK, A.: Studies on mucoproteins. I. The structure of the prostic group of ovine submaxillary gland mucoprotein. Biochim. biophys. Acta (Amst.) **38**, 513–524 (1960)

GRANDA, J.L., POSNER, A.S.: Hydrolytic enzymes in different zones of the epiphyseal plate. Orthopedic Research Society Chicago 1968

GRANT, J.C.B.: Method of Anatomy. 5th ed. Baltimore: Williams and Wilkins Co. 1952

GRANT, M.E., HARWOOD, R., SCHOFIELD, J.D.: Recent studies on the assembly, intracellular processing and secretion of procollagen. In: Dynamics of Connective Tissue Macromolecules (ed. P.M.C. BURLEIGH and A.R. POOLE) S. 1–32, Amsterdam-Oxford: North-Holland Publishing Company 1975

GRANT, M.E., JACKSON, D.S.: Carbohydrate content of bovine collagen preparations. Biochem. J. **108**, 587–591 (1968)

GRASSMANN, W.: Kolloquium der Gesellschaft für physiologische Chemie. Chemie und Stoffwechsel von Binde- und Knochengewebe. Berlin-Göttingen-Heidelberg: Springer 1956

GRASSMANN, W.: Chairman's opening remarks. In: Structure and function of connective and skeletal tissue (ed. by S. FITTON-JACKSON, R.D. HARKNESS, S.M. PARTRIDGE and G.R. TRISTRAM) p. 1–2. London: Butterworth 1965

GRASSMANN, W., SCHLEICH, H.: Über den Kohlehydratgehalt des Kollagens. II. Mitteilung zur Kenntnis des Kollagens. Biochem. Z. **277**, 230–328 (1935)

GRASSMANN, W., TRUPKE, J.: Skleroproteine. In: Physiologische Chemie (hrsg. von B. FLASCHENTRÄGER und E. LEHNARTZ) Bd. I. S. 719–736. Berlin-Göttingen-Heidelberg: Springer Verlag 1951

GRASSMANN, W., HANNIG, K., SCHLEYER, M.: Zur Aminosäuresequenz des Kollagens. II. Hoppe-Seylers Z. physiol. Chem. **322**, 71–95 (1960)

GRASSMANN, W., ENGEL, J., HANNIG, K., KÜHN, K.: Zur Bildung von Fibrillen und Long-Spacing Segmenten aus renaturierten Tropocollagenlösungen. Hoppe-Seylers Z. physiol. Chem. **329**, 69–75 (1962)

GRASSMANN, W., HANNIG, K., NORDWIG, A.: Über die apolaren Bereiche des Kollagenmoleküls. Aminosäuresequenzen des Kollagens. Hoppe-Seylers Z. physiol. Chem. **333**, 154–158 (1963)

GRAUMANN, W.: Topogenese der Bindegewebsknochen. Untersuchungen an Schädelknochen menschlicher Embryonen. Z. Anat. Entwickl.-Gesch. **116**, 14–26 (1951)

GRAUMANN, W.: Das Vorkommen von Perjodsäure-Leukofuchsin (PSL)-positiven Substanzen im embryonalen Organismus. Anat. Anz. **99**, 19–20 (1952)

GRAUMANN, W.: Zur Standardisierung des Schiffschen Reagens. Z. wiss. Mikr. **61**, 225–226 (1953a)

GRAUMANN, W.: Die histochemische Reaktion der Knorpelsubstanz mit Perjodsäure und Bleitetraacetat. Mikroskopie **8**, 218–240 (1953b)

GRAUMANN, W.: Die histochemische Perjodatreaktion der Reticulin- und Kollagenfasern. Acta histochem. (Jena) **1**, 116–125 (1954)

GRAUMANN, W.: Kohlenhydrathistochemie der Bindegewebsfasern. Acta histochem. (Jena) **3**, 226–242 (1957)

GRAUMANN, W.: Vergleichende Untersuchungen zur Frage der Spezifität verschiedener Modifikationen der Polysaccharid-Eisenreaktion. Acta histochem. (Jena) **5**, 49–61 (1958a)

GRAUMANN, W.: Weitere Untersuchungen zur Spezifität der histochemischen Polysaccharid-Eisenreaktion. Acta histochem. (Jena) **6**, 1–7 (1958b)

GRAUMANN, W.: Polysaccharide. Ergebnisse der Polysaccharidhistochemie: Mensch und Säugetiere. Handbuch der Histochemie Bd. II, Teil II. Stuttgart: Gustav-Fischer-Verlag 1964

GRAUMANN, W., CLAUSS, W.: Untersuchungen zum cytochem. Gykogennachweis. Versuche zum Diastasetest. Histochemie **1**, 241–246 (1959)

GRAY, D.J.: Length of lacunae and number of canaliculi in bones of several mammals. Anat. Rec. **81**, 163–169 (1941)

GRAY, D.J., GARDNER, E.D.: The human sternochondral joints. Anat. Rec. **87**, 235–253 (1943)

GRAY, D.J., GARDNER, E.: Prenatal changes in the human knee and superior tibiofibular joints. Amer. J. Anat. **86**, 235–288 (1950)

GRAY, D.J., GARDNER, E.: Prenatal development of the human elbow joint. Amer. J. Anat. **88**, 429–470 (1951)

GRAY, D.J., GARDNER, E.: Prenatal development of the human humerus. Amer. J. Anat. **124**, 431–446 (1969)

GRAY, D.J., GARDNER, E., O'RAHILLY, R.: The prenatal development of the skeleton and joints of the human hand. Amer. J. Anat. **101**, 169–224 (1957)

GRAY, H.: GRAY'S Anatomy (1. and 2. Ed.) 33. Ed. (ed. by D.V. DAVIES and F. DAVIES). London: Longmans, Green and Co. Ltd. 1964

GREBNER, E.E., HALL, C.W., NEUFELD, E.F.: Incorporation of D-xylose-$C^{14}$ into glycoprotein by particles from hen oviduct. Biochem. Biophys. Res. Commun. **22**, 672–677 (1966a)

GREBNER, E.E., HALL, C.W., NEUFELD, E.F.: Glycosylation of serine residues by a uridine diphosphate-xylose: protein xylosyltransferase from mouse mastocytoma. Arch. Biochem. **116**, 391–398 (1966b)

GREENLEE, T.K. JR., ROSS, R.: The development of the rat flexor digital tendon, a fine structure study. J. Ultrastruct. Res. **18**, 354–376 (1967)

GREENLEE, T.K. JR., ROSS, R., HARTMAN, J.: The fine structure of elastic fibers. J. Cell Biol. **30**, 59–71 (1966)

GREENSPAN, J.S., BLACKWOOD, H.J.J.: Histochemical studies of chondrocyte function in the cartilage of the mandibular condyle of the rat. In: Calcified Tissues, 3rd. Europ. Sympos. (ed. by H. FLEISCH, H.J.J. BLACKWOOD and M. OWEN) p. 40–45. Heidelberg-Berlin-New York: Springer 1966

GREENWALD, R.A., JOSEPHSON, A.S., DIAMOND, H.S., TSANG, A.: Human cartilage lysozyme. J. clin. Invest. **51**, 2264–2270 (1972)

GREEP, R.O.: The physiology and chemistry of the parathyroid hormone, 13. Relation of the parathyroids to skeletal growth, bone repair, and dental defects. In: The Hormones (ed. by G. PINCUS and K.V. THIMANN) p. 255–299. New York: Academic Press 1948

GREEP, R.O., TALMAGE, R.V. (eds.): The parathyroids. Proc. of a Symp. on Advanc. Parathyroid Res. Springfield, Ill.: C. Thomas 1961

GREEP, R.O., FISCHER, C.J., MORSE, A.: Alkaline phosphatase in odontogenesis and osteogenesis and its histochemical demonstration after demineralization. J. Amer. dent. Ass. **36**, 427–442 (1948)

GREER, R.B., BRENNAN, W.T., MANKIN, J.: Protein synthesis in epiphyseal cartilage. I. Incorporation rates and distribution of glycine-$H^3$ and $Na_2S^{35}O_4$ in vitro. Lab. Invest. **16**, 496–503 (1967)

GREER, R.B., JANICKE, G.H., MANKIN, H.J.: Protein-polysaccharide synthesis at three levels of the normal growth plate. Calcif. Tiss. Res. **2**, 157–164 (1968)

GREGOIRE, R., CARRIERE, C.: Circulation artérielle intraosseuse du fémur et du tibia. C.R. Ass. Anat. **16**, 179–185 (1921)

GREGORY, J.D.: Countercurrent distribution of proteinpolysaccharide degradation products. In: The chemical physiology of mucopolysaccharides (ed. by G. QUINTARELLI) p. 125–138 Boston: Little, Brown and Company 1968

GREGORY, J.D., RODÉN, L.: Isolation of keratosulfate from chondromucoprotein of bovine nasal septa. Biochem. biophys. Res. Commun. **5**, 430–434 (1961)

GREGORY, J.D., LAURENT, T.C., RODÉN, L.: Enzymatic degradation of chondromucoprotein. J. biol. Chem. **239**, 3312–3320 (1964)

GREGORY, J.D., SAJDERA, W.S., HASCALL, V.C., DZIEWIATKOWSKI, D.D.: The proteoglycans of bovine nasal cartilage dissociative extraction. In: Chemistry and molecular biology of the intercellular matrix (ed. by E.A. BALAZS) Vol. 2, p. 843–849. London and New York: Academic Press 1970

GREILING, H.: Bestimmungsmethoden von Mucopolysacchariden und Glycoproteiden. In: D-Glucose und verwandte Verbindungen in Medizin und Biologie (ed. by H. BARTELHEIMER, W. HEYDE und W. THORN) p. 158–182, Stuttgart: Ferdinand Enke Verlag 1966

GREILING, H.: Zur Struktur und zum enzymatischen Abbau von Glykosaminoglykan-Protein. In: Naturwissenschaftliche Forschung medizinischer Fortschritt, Luitpold-Werk München, chem. Pharmazeut. Fabrik, S. 25–30, 1970

GREILING, H., BAUDITZ, W.: Enzymatische Veresterung von Chondroitin mit Sulfat durch ein Ferment aus Rattenleber. Naturwissenschaften **46**, 355–356 (1959)

GREILING, H., STUHLSATZ, H.W.: Struktur und Stoffwechsel von Glykosaminoglykan-Proteinen: I. Die Keratansulfat-Peptide der Rinder-Cornea. Hoppe-Seylers Z. physiol. Chem. **345**, 236–248 (1966)

GREILING, H., STUHLSATZ, H.W.: Glykosaminoglykan-Peptide aus dem humanen Kniegelenkknorpel. Hoppe-Seylers Z. physiol. Chem. **350**, 449–456 (1969)

GREILING, H., HERBERTZ, T., STUHLSATZ, H.W.: Chromatographische Untersuchungen über die Mucopolysaccharidverteilung im hyalinen Knorpel. Hoppe-Seylers Z. physiol. Chem. **336**, 148–162 (1964)

GREILING, H., HERBERTZ, T., KISTERS, R.: Structure and metabolism of proteokeratan sulfate. In: Chemistry and molecular biology of the intercellular matrix (ed. by E.A. BALAZS) Vol. 2, p. 873–877. London and New York: Academic Press 1970

GREULICH, R.C.: Formation of the organic matrix of growing bones visualized by carbon-14 autoradiography. Anat. Rec. **121**, 302 (1955)

GREULICH, R.C.: An autoradiographic study of organically bound carbon-14 in growing epiphyseal cartilage and bone. J. Bone Jt. Surg. **38 A**, 611–626 (1956a)

GREULICH, R.C.: Effect of metachromatic staining on S$^{35}$ content of chondroitin sulfate. Autoradiographic observations. Abstract. Anat. Rec. **125**, 577 (1956b)

GREULICH, R.C.: Organic mass distribution in bone matrix undergoing osteoclastic resorption. Arch. oral Biol. **3**, 137–142 (1961)

GREULICH, R.C., FRIBERG, U.: Histochemical studies of sulfomucopolysaccharides in the organic matrices of mineralized tissues. Exp. Cell. Res. **12**, 685–689 (1957)

GREULICH, R.C., LEBLOND, C.P.: Radioautographic visualization of radiocarbon in the organs and tissues of newborn rats following administration of C$^{14}$-labelled bicarbonate. Anat. Rec. **115**, 559–585 (1953)

GREULICH, R.C., CAMERON, I.L., THRASHER, J.D.: Stimulation of mitosis in adult mice by administration of thymidine. Proc. nat. Acad. Sci. (Wash.) **47**, 743–748 (1961)

GREULICH, W.W., PYLE, S.J.: Radiographic atlas of skeletal development of the hand and wrist. Stanford University Press, Stanford, Calif. 1950

GREULICH, W.W., CRISMON, C.S., TURNER, M.L.: The physical growth and development of children who survived the atomic bombing of Hiroshima or Nagasaki. J. Pediat. **43**, 121–145 (1953)

GRIFFIN, C.J., HARRIS, R.: The fine structure of the developing human dental pulpa. Arch. oral Biol. **11**, 659–666 (1966)

GRILLO, T.A.I., OKUNO, G., PRICE, S., FOA, P.P.: The activity of uridine diphosphate glucose-glycogen-synthetase in some embryonic tissues. J. Histochem. Cytochem. **12**, 275–280 (1964)

GRIMES, A.J.: Synthesis of $^{35}$S-labelled arylsulphates by intact animals and by tissue preparations with particular reference to L-tyrosine O-sulphate. Biochem. J. **73**, 723–729 (1959)

GROBSTEIN, C.: Tissue disaggregation in relation to determination and stability of cell type. Ann. N.Y. Acad. Sci. **60**, 1095–1106 (1955)

GROBSTEIN, C.: Differentiation of vertebrate cells. In: The Cell (ed. by J. BRACHET and A. MIRSKY) Vol. 1, p. 437–496, New York: Academic Press 1959

GROBSTEIN, C.: Transfilter induction of tubules in mouse metanephrogenic mesenchyme. In: Development (ed. by E. BELL) p. 101–113 New York-Evanston-London: Harper and Row 1965

GROBSTEIN, C., HOLTZER, H.: In vitro studies of cartilage induction in mouse somite mesoderm. J. exp. Zool. **128**, 333–357 (1955)

GROBSTEIN, C., PARKER, G.: In vitro induction of cartilage in mouse somite mesoderm by embryonic spinal cord. Proc. Soc. Exp. Biol. (N.Y.) **85**, 477–481 (1954)

GROSS, J.: The structure of elastic tissue as studied with the electron microscope. J. exp. Med. **89**, 699–708 (1949)

GROSS, J.: A study of certain connective tissue components with the electron microscope. Ann. N.Y. Acad. Sci. **52**, 964–970 (1950)

GROSS, J.: The behaviour of collagen units as a model in morphogenesis. J. biophys. biochem. Cytol. 2. Suppl.: 261–274 (1956)

GROSS, J.: Influence of time on the reversible association between large molecules: the collagen system. Nature (Lond.) **181**, 556 (1958a)

GROSS, J.: Studies on collagen formation. III. Time-dependent solubility changes of collagen in vitro. J. exp. Med. **108**, 215–226 (1958b)

GROSS, J.: Collagen. In: The living cell (ed. by D. KENNEDY) p. 187–194. San Francisco and London: W.H. Freeman and Co. 1961

GROSS, J., KIRK, D.: The heat precipitation of collagen from neutral salt solutions: some rate-regulating factors. J. biol. Chem. **233**, 355–360 (1958)

GROSS, J., LAPIERE, C.M.: Collagenolytic activity in amphibian tissues: A tissue culture assay. Proc. nat. Acad. Sci. (Wash.) **48**, 1014–1022 (1962)

GROSS, J., SCHMITT, F.O.: The structure of human collagen as studied with the electron microscope. J. exp. Med. **88**, 555–568 (1948)

GROSS, J., HIGHBERGER, J.H., SCHMITT, F.O.: Some factors involved in the fibrogenesis of collagen in vitro. Proc. Soc. Exp. Biol. (N.Y.) **80**, 462–465 (1952)

GROSS, J., HIGHBERGER, J.H., SCHMITT, F.O.: Collagen structures considered as states of aggregation of a kinetic unit. The tropocollagen particle. Proc. nat. Acad. Sci. (Wash.) **40**, 679 (1954)

GROSS, J.I., MATHEWS, M.B., DORFMAN, A.: Sodium chondroitin sulfate-protein complexes of cartilage. II. Metabolism. J. biol. Chem. **235**, 2889–2892 (1960)

GROSS, P.R.: The control of protein synthesis in embryonic development and differentiation. Curr. Top. develop. Biol. **2**, 1–46 (1967)

GROSS, P.R.: Biochemistry of differentiation. Ann. Rev. Biochem. **37**, 630–682 (1968)

GROSS, W.: Die Typen des mikroskopischen Knochenbaues bei fossilen Stegocephalen und Reptilien. Z. Anat. Entwickl.-Gesch. **103**, 764–781 (1934)

GROSSER, O.: Der Kopffortsatz des Primitvstreifens beim Menschen, seine Differenzierung beim Embryo. Z. Anat. Entwickl.-Gesch. **94**, 275–292 (1931)

GROSSER, O.: Entwicklungsgeschichtliche Grundlagen amniotischer Mißbildungen. Verh. dtsch. path. Ges. **31**, 213–227 (1939)

GROSSFELD, H.: Studies on production of hyaluronic acid in tissue culture. The presence of hyaluronidase in embryo extract. Exp. Cell Res. **14**, 213 (1957)

GROSSFELD, H., MEYER, K., GODMAN, G.C.: Differentiation of fibroblasts in tissue culture, as determined by mucopolysaccharide production. Proc. Soc. Exp. Biol. (N.Y.) **88**, 31–35 (1955)

GROSSFELD, H., MEYER, K., GODMAN, G.C., LINKER, A.: Mucopolysaccharids produced in tissue culture. J. biophys. biochem. Cytol. **3**, 391–396 (1957)

GRÜNDISCH, M.: The mechanism of development of skeleton and joints of limbs. Experiments in vitro on embryonic limbs of chicken. Orv. Ert. **54**, 33–34 (1943)

GUBISCH, W., SCHLAGER, F.: Fermente im Knochen- und Knorpelgewebe. III. Mitteilung $\beta$-D-Glucuronidase. Acta histochem. (Jena) **12**, 69–74 (1961)

GUDDEN, B.: Experimentaluntersuchungen über das Schädelwachstum. München (1874)

GURDON, J.B.: Nuclear transplantation and cell differentiation. In: Cell Differentiation. A Ciba Foundation Symposium (ed. by A.V.S. DE REUCK and J. KNIGHT) p. 65–78. London W.I.: J. and A. Churchill Ltd. 1967

GURI, C.D., BERNSTEIN, D.S.: Rat epiphyseal cartilage: V. Glucose-$C^{14}$ metabolism as related to growth and to various anatomical areas, in vitro. Proc. Soc. Exp. Biol. (N.Y.) **124**, 386–391 (1967)

GURI, C.D., PLUME, S.K., BERNSTEIN, D.S.: Rat epiphyseal cartilage: III. Metabolism of glucose-$C^{14}$ in vitro. Proc. Soc. Exp. Biol. (N.Y.) **124**, 373–379 (1967)

GURR, E.: Methods of analytical histology and histochemistry. London: Leonard Hill (Books) Ltd. 1958

GUSTAFSON, T.: Enzymatic aspects of embryonic differentiation. Int. Rev. Cytol. **3**, 277–327 (1954)

GUSTAVSON, K.H.: The function of hydroxyproline in collagen. Nature (Lond.) **175**, 70–74 (1955)

GUSTAVSON, K.H.: The chemistry and reactivity of collagen. New York and London: Academic Press 1956

GUTMAN, A.B.: Relation of phosphorylase and phosphatase to calcification in cartilage. Tr. Conf. Metab. Aspects Convalesc., 14. meet., 20–24, 1946

GUTMAN, A.B., GUTMAN, E.B.: A phosphorylase in calcifying cartilage. Proc. Soc. Exp. Biol. (N.Y.) **48**, 687–691 (1941)

GUTMAN, A.B., JONES, B.: Inhibition by cyanide of serum alkaline phosphatase in normal man, obstructive jaundice and skeletal disorders. Proc. Soc. Exp. Biol. (N.Y.) **71**, 572–575 (1949)

GUTMAN, A.B., YÜ, T.F.: Further studies of the relation between glycogenolysis and calcification in cartilage. Tr. Conf. Metab. Interrelat. 1. Conf. 11–26 (1949)

GUTMAN, A.B., YÜ, T.F.: A concept of the role of enzymes in endochondral calcification. Tr. Conf. Metab. Interrelat. 2. Conf. 167–190 (1950)

GUTMAN, A.B., WARRICK, F.B., GUTMAN, E.B.: Phosphorylative glycogenolysis and calcification in cartilage. Science **95**, 461–462 (1942)

HAAN, R.L. DE, EBERT, J.D.: Morphogenesis. Ann. Rev. Physiol **26**, 15–46 (1964)

HABUCHI, H., YAMAGATA, T., IWATA, H., SUZUKI, S.: The occurrence of a wide variety of dermatan sulfate-chondroitin sulfate copolymers in fibrous cartilage. J. biol. Chem. **248**, 6019–6028 (1973)

HADDOCK, N.H.: Alcian blue, a new phthalocyanin dyestuff. Research 1, suppl. 15, 685–689 (1948)
HADHÁZY, C., KROMPECHER, ST.: Adaptive shift of tissue metabolism in local hypoxia resulting in higher mucopolysaccharide content. Acta biol. Acad. Sci. hung. 14, 67–75 (1963)
HADHÁZY, C., OLÁH, E.H., LÁSZLÓ, M.B., KOSTENSZKY, K.S.: Untersuchungen über die Knorpelbildung. VI. Anaerobe und aerobe Glykolyse in der regenerierenden Gelenkfläche. Acta biol. Acad. Sci. hung. 13, 31–57 (1962)
HADHÁZY, C., BENKÖ, K., BALOGH, P.A.: Studies on cartilage formation. XII. Electron microscopic investigation on cartilage neoformation. Acta biol. Acad. Sci. hung. 19, 323–338 (1968a)
HADHÁZY, C., RÉTHY, A., MÁNDI, A., SZÖÖR, A.: Causal investigations on cartilage and bone formation. I. The problem; examination of some components of Levander's bone extract. Acta biol. Acad. Sci. hung. 19, 289–304 (1968b)
HADIDIAN, Z., PIRIE, N.W.: The preparation and some properties of hyaluronic acid from human umbilical cord. Biochem. J. 42, 260–265 (1948)
HÄGGQVIST, G.: Über Entwicklungs- und Auflösungsprozesse im Bindegewebe, Knorpel- und Knochengewebe. Acta chir. scand. 65, 180–196 (1929)
HÄGGQVIST, G.: Gewebe und Systeme der Muskulatur. In: Handbuch der mikroskopischen Anatomie des Menschen (hrsg. von W. V. MÖLLENDORFF) Bd. II/3, S. 1–247. Berlin: J. Springer 1931
HAFTER, R., HOERMANN, H.: Der Einfluß von Pepsin auf die Struktur und die faserbildenden Eigenschaften von Kollagen. Hoppe-Seylers Z. physiol. Chem. 330, 169–181 (1963)
HAGEN, W.: Die Bildung des Knorpelskelets beim menschlichen Embryo. Arch. Anat. Physiol. 1–40 (1900)
HAGEN-TORN, O.: Entwicklung und Bau der Synovialmembranen. Arch. mikr. Anat. 21, 591–663 (1882)
HAGERTY, R.F., CALHOON, T.B., LEE, W.H., CUTTINO, J.T.: Characteristics of fresh human cartilage. Surg. Gynec. Obstet. 110, 3–8 (1960)
HAHN, T.J., DOWNING, S.J., PHANG, J.M.: Insulin effect on amino acid transport in bone. Biochim. biophys. Acta (Amst.) 184, 675–677 (1969a)
HAHN, T.J., DOWNING, S.J., PHANG, J.M.: Amino acid transport in adult diaphyseal bone contrast with amino acid transport mechanisms in fetal membranous bone. Biochim. biophys. Acta (Amst.) 183, 194–203 (1969b)
HAINES, R.W.: Cartilage canals. J. Anat. (Lond.) 68, 45–64 (1933)
HAINES, R.W.: The primitive form of epiphysis in the long bones of tetrapods. J. Anat. (Lond.) 72, 323–343 (1937/38)
HAINES, R.W.: The structure of the epiphyses in Sphenodon and the primitive form of secondary center. J. Anat. (Lond.) 74, 80–90 (1939)
HAINES, R.W.: A note on the independence of sesamoid, intratendinous and epiphyseal centers. J. Anat. (Lond.) 75, 101–105 (1940)
HAINES, R.W.: The evolution of epiphyses and of endochondral bone. Biol. Rev. 16, 267–291 (1942)
HAINES, R.W.: The development of joints. J. Anat. (Lond.) 81, 33–55 (1947)
HAINES, R.W.: The early development of the femoro-tibial and tibio-fibular joints. J. Anat. (Lond.) 87, 192–206 (1953)
HAINES, R.W.: The pseudoepiphysis of the first metacarpal of man. J. Anat. 117, 145–158 (1974)
HALBERG, F.: Some physiological and clinical aspects of 24-hour periodicity. Lancet, 73, 20–32 (1953)
HALE, A.J.: The histochemistry of polysaccharides. Int. Rev. Cytol. 6, 193–263 (1957)
HALE, C.W.: Histochemical demonstration of acid polysaccharides in animal tissues. Nature (Lond.) 157, 802 (1946)
HALES, S.: Statical Essays. London: W. Innys 1727
HALL, B.K.: The formation of adventitious cartilage by membrane bones under the influence of mechanical stimulation applied in vitro. Life Sci. 6, 663–667 (1967)
HALL, B.K.: In vitro studies on the mechanical evocation of adventitious cartilage in the chick. J. exp. Zool. 168, 283–305 (1968a)
HALL, B.K.: Histochemical aspects of the differentiation of adventitious cartilage on the membrane bones of the embryo chick. Histochemie 16, 206–220 (1968b)
HALL, B.K.: A histochemical study of the condylar secondary cartilage of the mouse, Mus musculus (Mammalia: Rodentia). Aust. J. Zool. 16, 807–814 (1968c)

HALL, B.K.: Hypoxia and differentiation of cartilage and bone from common germinal cells in vitro. Life Sci. **8**, 553–558 (1969)

HALL, B.K.: Differentiation of cartilage and bone from common germinal cells. I. The role of acid mucopolysaccharide and collagen. J. exp. Zool. **173**, 383–394 (1970a)

HALL, B.K.: Cellular differentiation in skeletal tissues. Biol. Rev. **45**, 455–484 (1970b)

HALL, B.K.: Immobilization and cartilage transformation into bone in the embryonic chick. Anat. Rec. **173**, 391–404 (1972)

HALL, B.K.: Chondrogenesis of the somitic mesoderm. Advances in Anatomy, Embryology and Cell Biology. **53**, 4, Berlin-Heidelberg-New York, Springer 1977

HALL, B.K., SHOREY, C.D.: Ultrastructural aspects of cartilage and membrane bone differentiation from common germinal cells. Aust. J. Zool. **16**, 821–840 (1968)

HALL, C.E., JAKUS, M.A., SCHMITT, F.J.: The structure of certain muscle fibrils as revealed by the use of electron stains. J. appl. Physics **16**, 459–465 (1945)

HALL, C.E.: Visualization of individual macromolecules with the electron microscope. Proc. nat. Acad. Sci. (Wash.) **42**, 801–805 (1956)

HALL, D.A.: Elastin from human tissue and from ox ligament. Nature (Lond.) **168**, 513 (1951)

HALL, D.A.: The reaction between elastase and elastic tissue. Biochem. J. **59**, 459–465 (1955)

HALL, D.A.: Chemical and enzymatic studies on elastin. In: Connective tissue (ed. by R.E. TUN-BRIDGE) p. 238–253 Oxford: Blackwell scientific publications 1957

HALL, D.A.: The production of plasma clearing factor in vitro. Biochem. J. **70**, 5P–6P (1958)

HALL, D.A.: The fibrous components of connective tissue with special reference to the elastic fiber. Int. Rev. Cytol. **8**, 211–251 (1959)

HALL, D.A.: The chemistry of connective tissue. Springfield Ill.: Thomas (1961)

HALL, D.A.: Elastase: a bifunctional enzyme. Arch. Biochem. Suppl. **1**, 239–246 (1962)

HALL, D.A. (ed.): International Review of Connective Tissue Research. Vol. 1 (1963), Vol. 2 (1964), Vol. 3 (1965), Vol. 4 (1968) New York and London: Academic Press

HALL, D.A., GARDINER, J.E.: The reaction between elastase and elastic tissue. I. Preparation and properties of the enzyme. Biochem. J. **59**, 465–470 (1955)

HALL, D.A., JACKSON, D.S. (ed.): International Review of Connective Tissue Research. Vol. 5 (1970), Vol. 6 (1973), Vol. 7 (1976), New York and London: Academic Press

HALL, D.A., REED, R., TUNBRIDGE, R.E.: Structure of elastic tissue. Nature (Lond.) **170**, 264–266 (1952)

HALL, E.K.: Regional differences in the action of the organization centre. Wilhelm Roux' Arch. Entwickl.-Mech. Org. **135**, 671–688 (1937)

HALL, E.K., SCHNEIDERHAN, M.A.: Spinal ganglion hypoplasia after limb amputation in the fetal rat. J. comp. Neurol. **82**, 19–34 (1945)

HALL, K.: The effect of oestrone and progesterone on the histological structure of the symphysis pubis of the castrated female mouse. J. Endocr. **7**, 54–63 (1950)

HALL, K.: An evaluation of the roles of oestrogen, progesterone, and relaxin in producing relaxation of the symphysis pubis of the ovariectomized mouse, using the technique of metachromatic staining with toluidine blue. J. Endocr. **13**, 384–393 (1956)

HALL, M.C.: The locomotor system. Functional histology, Springfield: Thomas 1965

HALLÉN, A.: Hexosamine and estersulphate content of the human nucleus pulposus at different ages. Acta chem. scand. **12**, 1869–1872 (1958)

HALLÉN, A.: The collagen and ground substance of human intervertebral disc at different ages. Acta chem. scand. **16**, 705–710 (1962)

HALLÉN, A.: On the differences in extractability of the proteoglycans. In: Chemistry and molecular biology of the intercellular matrix (ed. by E.A. BALAZS) Vol. 2, p. 903–906. London and New York: Academic Press 1970

HALLER, B.: Über die Abstammung der Ossa supracleithralia von der Epidermis bei der Forelle. Arch. mikr. Anat. **84**, 446–452 (1914)

HALONEN, L.: Röntgenologisch-anatomische Untersuchungen über die Entwicklung der Knochen der freien Extremitäten beim Menschen. I. Die Extremitätenknochen der Feten. Acta Societatis Medicorum Fennicae „Duodecim". Suonalaisen Lääkäriseuran Duodecim in Toimituksia. Tom XI, 1–151 Helsinki 1929

HALMI, N.S., DAVIES, J.: Comparison of aldehyde fuchsin staining metachromasia and periodic acid-Schiff reactivity of various tissues. J. Histochem. Cytochem. **1**, 447–459 (1953)

HAM, A.W.: A histological study of the early phases of bone repair. J. Bone Jt. Surg. 12, 827–844 (1930)

HAM, A.W.: Mechanism of calcification in the heart and aorta in hypervitaminosis D. Arch. Path. 14, 613–626 (1932)

HAM, A.W.: Last 100 years in study of bone. J. Amer. Dent. 21, 3–12 (1934)

HAM, A.W.: Histology. Philadelphia: J.B. Lippincott Co 1950

HAM, A.W.: Some histophysiological problems peculiar to calcified tissues. J. Bone Jt. Surg. 34 A, 701–728 (1952)

HAM, A.W.: Histology. 2nd. Ed. Philadelphia: J.B. Lippincott Co 1953

HAM, A.W., HARRIS, W.R.: Repair and transplantation of bone. In: The Biochemistry and Physiology of Bone (ed. by G.H. BOURNE) p. 475–506. New York: Academic Press 1956

HAM, A.W., HARRIS, W.R.: Repair and transplantation of Bone. In: The Biochemistry and Physiology of Bone (ed. by G.H. BOURNE) Vol. III, p. 337–399, New York and London: Academic Press 1971

HAM, A.W., LEESON, T.S.: Histology 1950, 3. und 5. Ed. 1961 und 1965 Pitmann, London and Lippincott, Philad.

HAMBERGER, C.A., HYDEN, H.: Cytochemical studies on experimental bone fistulae. Acta oto-laryng. (Stockh.) 35, 479–497 (1947)

HAMBURGER, V.: Über den Einfluß des Nervensystems auf die Entwicklung der Extremitäten von Rana fusca. Wilhelm Roux' Arch. Entwickl. Mech. Org. 105, 149–201 (1925)

HAMBURGER, V.: Die Entwicklung experimentell erzeugter nervenloser und schwach innervierter Extremitäten von Anuren. Wilhelm Roux' Arch. Entwickl. Mech. Org. 114, 272–363 (1928)

HAMBURGER, V.: Morphogenetic and axial self-differentiation of transplanted limb primordia of two-day chick embryos. J. exp. Zool. 77, 379–400 (1938)

HAMBURGER, V.: The development and innervation of transplanted limb primordia of chick embryos. J. exp. Zool. 80, 347–390 (1939)

HAMBURGER, V.: Transplantation of limb primordia of homozygous and heterozygous chondrodystrophic "Creeper" chick embryos. Physiol. Zool. 14, 355–364 (1941)

HAMBURGER, V., HAMILTON, H.L.: A series of normal stages in development of the chick embryo. J. Morph. 88, 49–92 (1951)

HAMERMAN, D.J., SCHUBERT, M.: A quantitative study of metachromasy in synovial fluid and mucin. J. Gen. Physiol. 37, 291–300 (1953)

HAMILTON, P.B.: Studies on the nature of the protein components of bone. In: Metabolic Interrelations. Transactions of the fourth Conference. (ed. by E.C. REIFENSTEIN) p. 59–60. Caldwell, N.J. Progress Associated 1952

HAMILTON, W.J.: The early stages in the development of the ferret. The formation of the mesoblast and notochord. Trans. roy. Soc. Edinb. 59, Part I, No 5, 165–194, 1937

HAMILTON, W.J., BOYD, J.D., MOSSMAN, H.W.: Human Embryology. 2. Edition 1952, 3. Edition 1962, Cambridge, Hefer and Sons I

HAMMAR, J.: Primäres und rotes Knochenmark. Anat. Anz. 19, 567–570 (1901)

HAMMETT, F.S.: A biochemical study of bone growth. I. Changes in the ash, organic matter and water during growth. J. biol. Chem. 64, 409–428 (1925)

HAMMOND, W.S., YNTEMA, C.L.: Deficiencies in the visceral skeleton of the chick after removal of the cranial neural crest. Anat. Rec. 115, 393 (1953)

HAMPÉ, A.: Sur la topographie des ébauches présomptives du membre postérieur du poulet. C.R. Acad. Sci (Paris) 243, 870–973 (1956)

HAMPÉ, A.: Contribution à l'étude du développement et de la régulation des déficiences et des excédents dans la patte de l'embryon de poulet. Arch. Anat. micr. Morph. exp. 48, 347–478 (1959)

HANAOKA, H.: The fate of hypertrophic chondrocytes of the epiphyseal plate. An electron microscopic study. J. Bone Jt. Surg. 58, 226–229 (1976)

HANCOX, N.M.: On the occurrence in vitro of cells resembling osteoclasts. J. Physiol. (Lond.) 105, 66–71 (1946)

HANCOX, N.M.: The survival of transplanted embryo bone grafted to chorioallantoic membrane, and subsequent osteogenesis. J. Physiol. (Lond.) 106, 279–285 (1947)

HANCOX, N.M.: Motion picture observations on osteoclasts in vitro. J. Physiol. (Lond.) 110, 205–206 (1949 a)

HANCOX, N.M.: The osteoclast. Biol. Rev. **24**, 448–471 (1949b)

HANCOX, N.M.: The osteoclast. In: The biochemistry and physiology of bone (ed. by G.H. BOURNE) p. 213–247, New York and London: Academic Press 1956

HANCOX, N.M.: The osteoclast. In: Cells and tissues in culture (ed. by E.N. WILLMER) Vol. 2, p. 261–272. London and New York: Academic Press 1965

HANCOX, N.M., BOOTHROYD, B.: Motionpicture and electron microscope studies on the embryonic avian osteoclast. J. biophys. biochem. Cytol. **11**, 651–661 (1961)

HANCOX, N.M., BOOTHROYD, B.: Structure-function relationships in the osteoclast. In: Mechanism of hard-tissue destruction (ed. by R.F. SOGNNAES) p. 497–514. Washington: Amer. Ass. Advanc. Sci. 1963

HANCOX, N.M., BOOTHROYD, B.: Electron microscopy of the early stages of osteogenesis. Clin. Orthop. **40**, 153–161 (1965)

HANDELMAN, C.S., MORSE, A., IRVING, J.T.: The enzyme histochemistry of the osteoclasts of normal and "ia" rats. Amer. J. Anat. **115**, 363–375 (1964)

HANDLEY, C.J., PHELPS, C.F.: The biosynthesis in vitro of chondroitin sulphate in neonatal rat epiphysial cartilage. Biochem. J. **126**, 417–432 (1972)

HANDLEY, C.J., BATEMAN, J.F., OAKES, B.W., LOWTHER, D.A.: Characterization of the collagen synthesized by cultured cartilage cells. Biochim. biophys. Acta (Amst.) **386**, 444–450 (1975)

HANNIG, K., NORDWIG, A.: Amino acid sequences in collagen. In: Treatise on collagen (ed. by G.N. RAMACHANDRAN) Vol. 1, p. 73–98. London and New York: Academic Press 1967

HANSCHKE, M., HEILMANN, H.H.: Über die Lysozymaktivität in Knochen und Knorpel. Beitr. Orthop. Traum. **17**, 618–620 (1970)

HANSEN, F.C.C.: Über die Genese einiger Bindegewebsgrundsubstanzen. Anat. Anz. **16**, 417–438 (1899)

HANSEN, F.C.C.: Untersuchungen über die Gruppe der Bindesubstanzen. I. Der Hyalinknorpel. Anat. Hefte **27**, 535–820 (1905)

HANSEN, H.J.: A pathological anatomical study on disc degeneration in dog with reference to so-called enchondrosis intervertebralis. Acta orthop. scand. Suppl. 11 (1952)

HANSON, F.B.: The history of the earliest stages in the human clavicle. Anat. Rec. **19**, 309–317 (1920)

HANSSON, L.I.: Determination of endochondral bone growth in rabbit by means of oxytetracycline. Acta Univ. Lund. sect. II. **1**, 1–10 (1964)

HANSSON, L.I.: Daily growth in length of diaphysis measured by oxytetracycline in rabbit normally and after medullary plugging. Acta orthop. scand. (Suppl.) **101**, 9–199 (1967)

HANSSON, L.I., AHLGREN, S.A., LINDSTRAND, A.: Deposition of oxytetracycline in perichondral ossification in rabbit. Acta orthop. scand. **43**, 461–468 (1972)

HARALDSSON, S.: The vascular pattern of a growing and a full grown epiphysis. Acta anat. (Basel) **48**, 156–167 (1962)

HARELL, A., BINDERMANN, I., GUEZ, M.: Tissue culture of bone cells: mineral transport calcification and hormonal effects. Isr. J. Med. Sci. **12**, 115–123 (1976)

HARDINGHAM, T.E., MUIR, H.: The specific interaction of hyaluronic acid with cartilage proteoglycans. Biochim. biophys. Acta (Amst.) **279**, 401–405 (1972)

HARDINGHAM, T.E., MUIR, H.: Hyaluronic acid in cartilage and proteoglycan aggregation. Biochem. J. **139**, 565–581 (1974)

HARKNESS, M.L.R., HARKNESS, R.D., JAMES, D.W.: The effect of a protein-free diet on the collagen content of mice. J. Physiol. **144**, 307–313 (1958)

HARKNESS, R.D.: Biological functions of collagen. Biol. Rev. **36**, 399–463 (1961)

HARKNESS, R.D.: Mechanical properties of collagenous tissues. In: Treatise on collagen (ed. by B.S. GOULD) Vol. 2A, p. 247–310 New York and London: Academic Press 1968

HARKNESS, R.D., MARKO, A.M., MUIR, H.M., NEUBERGER, A.: Metabolism of collagen and other proteins of skin of rabbits. Biochem. J. **56**, 558–569 (1954)

HARRINGTON, W.F., HIPPEL, P.H. VON: Formation and stabilisation of the collagen-fold. Arch. Biochem. **92**, 100–113 (1961a)

HARRINGTON, W.F., HIPPEL, P.H. VON: The structure of collagen and gelatin. Advanc. Protein Chem. **16**, 1–138 (1961b)

HARRIS, H.A.: The growth of the long bones in childhood. Arch. intern. Med. **38**, 785–806 (1926)

HARRIS, H.A.: Bone formation and the osteoblast. Lancet **2**, 489–493 (1928)

HARRIS, H.A.: The vascular supply of bone, with special reference to the epiphysial cartilage. J. Anat. (Lond.) **64**, 3–4 (1929)

HARRIS, H.A.: Glycogen in bone cartilage. Nature (Lond.) **130**, 996–997 (1932)

HARRIS, H.A.: Bone growth in health and disease; the biological principles underlying the clinical, radiological and histological diagnosis of perversions of growth and disease in the skeleton. London, Oxford: University Press, 1933

HARRIS, H.A., RUSSELL, A.E.: The atypical growth in cartilage as the fundamental factor in dwarfism and achondroplasia. Proc. Roy. Soc. Med. **26**, 1–9 (1933)

HARRIS, W.H.: A microscopic method of determining rates of bone growth. Nature (Lond.) **188**, 1038–1039 (1960)

HARRIS, W.H., JACKSON, R.H., JOWSEY, J.: The in vivo distribution of tetracyclines in canine bone. J. Bone Jt. Surg. **44 A**, 1308–1320 (1962)

HARRIS, W.R., HAM, A.W.: The mechanisms of nutrition in bone and how it affects its structure, repair and fate on transplantation. In: CIBA foundation symposium on bone structure and metabolism (ed. by G.E.W. WOLSTENHOLME and C.M. O'CONNOR) p. 135–143, London: Churchill 1956

HARRIS, W.R., MARTIN, R., TILE, M.: Transplantation of epiphyseal plates. An experimental study. J. Bone Jt. Surg. **47 A**, 897–914 (1965)

HARRISON, H.E.: Physiology of vitamin D. Helv. paediat. Acta **14**, 434–446 (1959)

HARRISON, H.E., HARRISON, H.C.: The uptake of radiocalcium by the skeleton: The effect of vitamin D and calcium intake. J. biol. Chem. **185**, 857–867 (1950)

HARRISON, R.G.: Experimentelle Untersuchungen über die Entwicklung der Sinnesorgane der Seitewlinie bei den Amphibien. Arch. mikr. Anat. **63**, 35–140 (1904)

HARRISON, R.G.: Experiments on the development of the limbs in amphibia. Proc. nat. Acad. Sci. (Wash.) **1**, 539–544 (1915)

HARRISON, R.G.: Transplantation of limbs. Proc. nat. Acad. Sci. (Wash.) **3**, 245–250 (1917)

HARRISON, R.G.: Experiments on the development of the fore limb of *Amblystoma*, a self-differentiating equipotential system. J. exp. Zool. **25**, 413–461 (1918)

HARRISON, R.G.: On relations of symmetry in transplanted limbs. J. exp. Zool. **32**, 1–136 (1921)

HARRISON, R.G.: The effect of reversing the medio-lateral or transversal axis of the fore-limb bud in the salamander embryo (*Amblystoma punctatum* Linn.). Wilhelm Roux' Arch. Entwickl. Mech. Org. **106**, 469–502 (1925a)

HARRISON, R.G.: The development of the balancer in *Amblystoma*, studied by the method of transplantation and in relation to the connective tissue problem. J. exp. Zool. **41**, 349–427 (1925b)

HARRISON, R.G.: Heteroplastic grafting in embryology. Harvey Lect. 116–157 (1935)

HARRISON, R.G.: Die Neuralleiste. Anat. Anz. **85**, 4–30 (1938)

HARTER, B.T.: Glycogen and carbohydrate-protein complexes in the ovary of the white rat during the oestrous cycle. Anat. Rec. **102**, 349–368 (1948)

HARTING, O.: Recherches micrométriques sur le développement des tissus et des organes du corps humain. Utrecht: Keminck et Hoon 1845

HARTING, P.: Micrometrische bepalingen en microskopische aanteekeningen. Tijdschr. natuurl. Geschied. D. **7**, 165–256 (1840)

HARTMANN, A.: Zur Entwicklung des Bindegewebsknochens. Arch. mikr. Anat. **76**, 253–287 (1910)

HARVEY, S.C., BURR, H.S.: Development of meninges. Arch. neurol. Psychiat. **15**, 545–567 (1926)

HARVEY, S.C., BURR, H.S., CAMPENHOUT, E. VAN: Development of meninges; further experiments. Arch. neurol. Psychiat. **29**, 683–690 (1933)

HARWOOD, R., BHALLA, A.K., GRANT, M.E., JACKSON, D.S.: The synthesis and secretion of cartilage procollagen. Biochem. J. **148**, 129–138 (1975)

HASCALL, V.C.: Physical properties and polydispersity of proteoglycan from bovine nasal cartilage. J. biol. Chem. **245**, 4920–4930 (1970)

HASCALL, V.C., HEINEGÅRD, D.: Aggregation of cartilage proteoglycans. I. The role of hyaluronic acid. J. biol. Chem. **249**, 4232–4241 (1974)

HASCALL, V.C., SAJDERA, S.W.: Proteinpolysaccharide complex from bovine nasal cartilage. The function of glycoprotein in the formation of aggregates. J. biol. Chem. **244**, 2384–2396 (1969)

HASEGAWA, E., DELBRÜCK, A., LIPMANN, F.: Sulfate transfer specifity for chondroitin-sulfates in tissue preparations. Fed. Proc. **20**, 86 (1961)

HASELMANN, H.: Beiträge zur Phasenkontrastmikroskopie. 2. Mitteilung: Strukturprobleme im Lichte der Phasenkontrastmikroskopie. Mikroskopie 6, 9–14 (1951 a)

HASELMANN, H.: Beiträge zur Phasenkontrastmikroskopie. 3. Mitteilung: Eine Methode zur mikrokinematographischen Analyse des histologischen Fixationsvorganges. Mikroskopie 6, 83–91 (1951 b)

HASHIMOTO, M.: Über das gröbere Blutgefäßsystem des Kaninchenknochenmarks. Trans. Soc. path. jap. 25, 371–378 (1935)

HASHIMOTO, M.: Über das kapilläre Blutgefäßsystem des Kaninchenknochenmarks. Trans. Soc. path. jap. 26, 300–307 (1936)

HASLHOFER, L.: Anatomische und mikroskopische Untersuchungen der Gelenke des Beckenringes mit besonderer Berücksichtigung der Veränderung durch Schwangerschaft und Geburt. Zbl. Gynäk. 54, 2317–2327 (1930)

HASLHOFER, L.: Untersuchungen über die Gelenke des Beckenringes mit besonderer Berücksichtigung ihrer Veränderungen durch Schwangerschaft und Geburt. Arch. Gynäk. 147, 179–295 (1931)

HASS, G.M.: Elastic tissue. Arch. Path. 27, 334 (1939)

HASS, G.M.: Pathological calcification. In: The biochemistry and physiology of bone (ed. by G.H. BOURNE) p. 767–809. New York: Academic Press 1956

HAUSCHILD, M.W.: Histologische Untersuchungen über normale und abnormale Synostose der Hirnschädelnähte. Verh. dtsch. Anat. Gesellsch. 85, 85–93 (1921)

HAUSS, W.H., JUNGE-HÜLSING, G.: Über die universelle unspezifische Mesenchymreaktion. Dtsch. med. Wschr. 86, 763–768 (1961)

HAUSSEN, A. VON: Untersuchungen über den Knochenaufbau des Metacarpus verschiedener Schafrassen nebst kritischer Betrachtung über den Knochenaufbau des Röhrbeins bei Lauf- und Schrittpferden. Z. mikr. anat. Forsch. 19, 373–511 (1930)

HAUST, M.D.: Fine fibrils of extracellular space (microfibrils). Their structure and role in connective tissue organization. Amer. J. Path. 47, 1113–1137 (1965)

HAUST, M.D., MORE, R.H., BENCOSME, S.A., BALIS, J.V.: Elastogenesis in human aorta; an electron microscopic study. Exp. Mol. Pathol. 4, 508–524 (1965)

HAVIVI, E.: Lysosomal enzymes in cartilage and new bone in rachitic chicks. In: Calcified Tissue, structural functional and metabolic aspects (ed. by J. MENCZEL and A. HARELL) p. 200–201. New York and London: Academic Press 1971

HAVIVI, E., BERNSTEIN, D.S.: Lipid metabolism in normal and rachitic rat epiphyseal cartilage. Proc. Soc. Exp. Biol. (N.Y.) 131, 1300–1304 (1969)

HAWK, P.B., GIES, W.J.: Chemical studies of osseomucid, with determinations of the conclusion of some connective tissue glucoproteids. Amer. J. Physiol. 5, 387–425 (1901)

HAY, E.D.: The fine structure of blastema cells and differentiating cartilage cells in regenerating limbs of Amblystoma larvae. J. biophys. biochem. Cytol. 4, 583–591 (1958)

HAY, E.D., REVEL, J.P.: Autoradiographic studies on the origin of the basement lamella in Amblystoma. Develop. Biol. 7, 152–168 (1963)

HAYFLICK, L.: Advances in tissue culture methods important to viral disease problems. Postgrad. Med. 35, 503–511 (1964)

HAYTHORN, S.R.: Multinucleated giant cells with particular reference to the foreign body giant cell. Arch. Path. 7, 651 (1928)

HEATH, E.C.: Complex polysaccharides. Ann. Rev. Biochem. 40, 29–56 (1971)

HEIDEMANN, E., RIESS, W.: Über die Dichte von Kollagen. Hoppe-Seylers Z. physiol. Chem. 334, 224–229 (1963)

HEIDENHAIN, M.: Plasma und Zelle. Eine allgemeine Anatomie der lebenden Masse. 2. Lief. Gustav Fischer Verlag, Jena 1911

HEIDSIECK, E.: Der Bau der Skeletteile der freien Extremitäten bei den Reptilien. 1. Mitteilung: Gecconidae und Agamidae. Morph. Jb. 59, 343–492 (1928)

HEIDSIECK, E.: Eine Modellvorstellung vom Knorpel. Anat. Anz. 78, 175–182 (1934)

HEIKEL, H.V.A.: On ossification and growth of certain bones of the rabbit with a comparison of the skeletal age in the rabbit and in man. Acta orthop. scand. 29, 171–184 (1960)

HEINLEIN, H., KRAUSE, S.: Histologische und kolloidchemische Untersuchungen an Menisken. Arch. orthop. Unfallchir. 45, 591–599 (1953)

HEINZ, E.: Kinetic studies on "influx" of glycine-1-$C^{14}$ into Ehrlich mouse ascites carcinoma cells. J. biol. Chem. 211, 781–790 (1954)

HEINZ, E., WALSH, P.M.: Exchange diffusion, transport and intracellular level of amino acids in Ehrlich carcinoma cells. J. biol. Chem. **233**, 1488–1493 (1958)

HEITZMANN, C.: Über die Rück- und Neubildung von Blutgefäßen im Knochen und Knorpel. Wiener med. Jahrbücher 178–194 (1873)

HEKKELMAN, J.W.: The effect of parathyroid extract on the isocitric dehydrogenase activity of bone tissue. Biochim. biophys. Acta (Amst.) **47**, 426–427 (1961)

HEKKELMAN, J.W.: Bone metabolism and the action of parathyroid extract. Thesis. University of Leiden, Leiden (1963)

HELLER, M.: Occurrence of possible secretory granules in osteogenic cells. Anat. Rec. **106**, 204 (1950)

HELLER, M., MCLEAN, F.C., BLOOM, W.: Cellular transformations in mammalian bones induced by parathyroid extract. Amer. J. Anat. **87**, 315–348 (1950)

HELLER-STEINBERG, M.: Ground substance, bone salts, and cellular activity in bone formation and destructions. Amer. J. Anat. **89**, 347–379 (1951)

HELLSTADIUS, A.: A study of new bone formation provoked by subperiostal injections of blood plasma, extract of bone marrow, etc.: An investigation by experiments on animals. Acta chir. scand., **95**, 31–53 (1947)

HELTING, T., RODÉN, L.: Studies on the biosynthesis of the chondroitin sulfate-protein linkage region. Biochim. biophys. Res. Commun. **31**, 786–791 (1968)

HELTING, T., RODÉN, L.: Biosynthesis of chondroitin sulfate. I. Galactosyl transfer in the formation of the carbohydrate-protein linkage region. J. biol. Chem. **244**, 2790–2798 (1969a)

HELTING, T., RODÉN, L.: Biosynthesis of chondroitin sulfate. II. Glucuronosyl transfer in the formation of the carbohydrate-protein linkage region. J. biol. Chem. **244**, 2799–2805 (1969b)

HELWIN, H., PEIL, J.: Phänomenologisch-mathematische Modellierung des Körperlängenwachstums des Menschen durch Zerlegung in Wachstumsschübe und deren quantitativ-analytische Erfassung. Gegenbaurs morph. Jb. **123**, 641–655 (1977)

HENNEBERG, B.: Normentafel zur Entwicklungsgeschichte der Wanderratte (Rattus norvegicus Erxleben). Jena. Gustav Fischer 1937

HENNEGUY, L.F.: Leçons sur la cellule. Paris 1896

HENNEGUY, L.F.: Histogenèse de la corde dorsale. C.R. Soc. Biol. (Paris) **63**, 510–512 (1907)

HENRICHSEN, E.: Alkaline phosphatase and calcification. Acta orthop. scand. Suppl. **34**, 13–82 (1958)

HEPLER, P.K., NEWCOMB, E.H.: Microtubules and fibrils in the cytoplasma of Coleus cells undergoing secondary wall deposition. J. Cell Biol. **20**, 529–532 (1964)

HERBAI, G., LINDAHL, U.: Regional differences in the incorporation rates of $^3$H-acetate and $^{35}$S-sulfate into chondroitin sulfate of mouse costal cartilage in vitro. Acta physiol. scand. **80**, 502–509 (1970)

HERBERTSON, M.A.: The reversibility of the effect of hypervitaminosis A on embryonic limb bones cultivated in vitro. J. Embryol. exp. Morph. **3**, 355–365 (1955)

HERINGA, D.S., LOHR, H.A.: Über die histologische Struktur von Faserstoffen. Vers. Akad. Wet., Wis. en natuurkd. (Amst.) Afd, **35**, Nr. 2 (1926)

HERINGA, G.C.: Retikulin und Kollagen. Z. mikr. anat. Forsch. **34**, 459–483 (1933)

HERRATH, E. v., DETTMER, N.: Elektronenmikroskopische Untersuchungen an Gitterfasern. Z. wiss. Mikr. **60**, 282–289 (1951)

HERRING, G.M.: Mucosubstances of cortical bone. In: Bone and Tooth (ed. by H.J.J. BLACKWOOD) p. 263–268. Oxford-London-New York-Paris: Pergamon Press 1964a

HERRING, G.M.: Chemistry of the bone matrix. Clin. Orthop. **36**, 169–183 (1964b)

HERRING, G.M.: Comparison of bovine bone sialoprotein and serum orosomucoid. Nature (Lond.) **201**, 709 (1964c)

HERRING, G.M.: Studies on the protein-bound chondroitin sulphate of bovine cortical bone. Biochem. J. **107**, 41–49 (1968)

HERRING, G.M., KENT, P.W.: Mucoproteins of ox tracheal cartilage. Brit. J. exp. Path. **39**, 631–634 (1958)

HERRING, G.M., KENT, P.W.: Some studies on mucosubstances of bovine cortical bone. Biochem. J. **89**, 405–414 (1963)

HERRING, G.M., VAUGHAN, J., WILLIAMSON, M.: Preliminary report on the site of localization and possible binding agent for yttrium, americium and plutonium in cortical bone. Hlth. Phys. **8**, 717–724 (1962)

HERRMANN, H., BARRY, S.R.: Accumulation of collagen in sceletal muscle, heart and liver of the chick embryo. Arch. Biochem. **55**, 526–533 (1955)

HERRMANN, H., SCHNEIDER, M.J.B., NEUKOM, B.J., MOORE, J.A.: Quantitative data on the growth process of the somites of the chick embryo: Linear measurements, volume, protein nitrogen, nucleic acids. J. exp. Zool. **118**, 243–268 (1951)

HERRMANN, H., ROTHFELS-KÖNIGSBERG, V., CURRY, M.F.: A comparison of the effects of antagonists of leucine and methionine on the chick embryo. J. exp. Zool. **128**, 339–378 (1955)

HERRMANN, H., LERMAN, L., WHITE, B.N.: Uptake of glycine-I-$^{14}$C into the actomyosin and collagen fractions of developing chick muscle. Biochim. biophys. Acta (Amst.) **27**, 161–164 (1958)

HERRMANN-ERLEE, M.P.: A histochemical investigation of embryonic long bones: the effect of parathyroid hormone on the activity of a number of enzymes. Proc. Konikl. Ned. Akad. Wetensch. C. **65**, 22–40 (1962)

HERRMANN-ERLEE, M.P.: Quantitative histochemistry of the embryonic mouse radius: Influence of the parathyroid extract on the activity of lactic dehydrogenase. J. Histochem. Cytochem. **12**, 481–482 (1964)

HERTIG, A.T., ROCK, J.: Two human ova of the previllous stage having an ovulation age of about 11 and 12 days respectively. Contrib. Embryol. Carneg. Instn. **29**, 127–156 (1941)

HERTIG, A.T., ROCK, J.: Two human ova of the previllous stage having a developmental age of about 8 and 9 days respectively. Contrib. Embryol. Carneg. Instn. **33**, 169–186 (1949)

HERTWIG, O., HERTWIG, R.: Die Coelomtheorie. Jena. Z. Naturwiss. **15**, 1–150 (1881)

HESS, A.: Reactions of mammalian fetal tissues to injury. I. Surgical technique. Anat. Rec. **119**, 35–52 (1954a)

HESS, A.: Reactions of mammalian fetal tissues to injury. II. Skin. Anat. Rec. **119**, 435–448 (1954b)

HESS, A.: Reactions of mammalian fetal tissues to injury. III. Skeletal muscle. Anat. Rec. **120**, 583–598 (1954c)

HESS, A.: Reactions of mammalian fetal tissues to injury. IV. Cartilage. Anat. Rec. **121**, 503–512 (1955a)

HESS, A.: Reactions of mammalian fetal tissues to injury. V. Membrane Bone. Acta anat. (Basel) **25**, 280–285 (1955b)

HESSER, C.: Beitrag zur Kenntnis der Gelenkentwicklung beim Menschen. Morph. Jb. **55**, 489–567 (1926)

HEUBERGER, A.: Ein Beitrag zur Lehre von der norm. Resorption und dem interstitiellen Wachstume des Knochengewebes. Verh. phys. med. Ges. Würzburg **8**, 19–42 (1875)

HEUCK, F.: The osteolytic action of the osteocytes in disorders of bone metabolism. 4th. Europ. Symp. on calcif. Tissues (ed. by P.J. GAILLARD, A. VAN DEN HOOFF and R. STEENDIJK) p. 53. Excerpta Medica Found. 1966

HEUCK, F.: Radiologische Aspekte der Osteoporose. Dtsch. med. Wschr. **92**, 2272–2277 (1967)

HEUCK, F.: Der Knochen bei gastrointestinalen Erkrankungen. In: Aktuelle Gastroenterologie (hrsg. VON H. BARTELHEIMER und HEISIG) S. 174–190. Stuttgart: Georg Thieme 1968

HEUCK, F.: Mikroradiographische Untersuchungen der Mineralisation des gesunden und kranken Knochengewebes. Radiologe **9**, 142–154 (1969)

HEUCK, F.: Comparative investigations of the function of osteocytes in bone resorption. Calcif. Tiss. Res. **4** (Suppl.) 148–149 (1970)

HEULER, K.M.: Besteht eine Korrelation zwischen Alter und Knochenstruktur? Z. Zellforsch. **7**, 41–54 (1928)

HEUSER, C.H.: A human embryo with 14 pairs of somites. Contr. Embryol. Carneg. Instn. **22**, 135–154 (1930)

HEUSER, C.H.: A presomite human embryo with a definite chord canal. Contr. Embryol. Carneg. Instn. **23**, 251–267 (1932)

HEVELKE, G., HEVELKE, H.: Die chemischen Altersveränderungen der menschlichen Zwischenwirbelscheiben. Z. Alternsforsch. **14**, 271–282 (1960)

HEVESY, G.: Skeleton metabolism. In: Radioactive indicators; their application in biochemistry, animal physiology, and pathology. (ed. by HIS) p. 409–444. New York: Interscience Publisher 1948

HEY, C.D., STAINSBY, G.: The enhanced solubility of collagen following alkaline treatment. Biochim. biophys. Acta (Amst.) **97**, 364–366 (1965)

HEYDEN, G., FROM, S.H.J.: Enzyme histochemistry and its application in comparative studies of adenosinetriphosphatase (ATPase) and some oxidative enzymes in bone, cartilage and tooth germs. Odont. Rev. **21**, 129–142 (1970)

HEYNINGEN, H.E. VAN: Secretion of protein by the acinar cells of the rat pancreas as studied by electron microscopic autoradiography. Anat. Rec. **148**, 485–497 (1964)

HIGGS, D.G., REED, R.: Electron microscope studies of reconstituted eucollagen. Biochim. biophys. Acta (Amst.) **78**, 265–277 (1963)

HIGHBERGER, J.H., GROSS, J., SCHMITT, F.O.: The interaction of mucoprotein with soluble collagen: an electron microscope study. Proc. nat. Acad. Sci. (Wash.) **37**, 286–291 (1951)

HILL, J.C.: The cytology and histochemistry of osteoblasts grown in vitro. Arch. exp. Zellforsch. **18**, 496–511 (1936)

HILL, J.P., FLORIAN, J.: The development of head process and prochordal plate in man. J. Anat. (Lond.) **65**, 242–246 (1931a)

HILL, J.P., FLORIAN, J.: Further note of the prochordal plate in man. J. Anat. (Lond.) **66**, 46–47 (1931b)

HILL, J.B., TRIBE, M.: Early development of the cat (*Felis domestica*). Quart. J. micr. Sci. **68**, 513–602 (1924)

HILLEL, E.: Über die Vorderextremität von *Eudyptes chrysocome* und deren Entwicklung. Jena. Z. Med. Naturw. **38**, 725–769 (1904)

HIMMELHOCH, S.R., KARNOVSKY, M.J.: Oxidative and hydrolytic enzymes in the nephron of *Necturus maculosus*. Histochemical, biochemical, and electron microscopical studies. J. biophys. biochem. Cytol. **9**, 893–908 (1961)

HINKEL, C.L.: The effect of roentgen rays upon the growing long bones of albino rats. II. Histopathological changes involving endochondral growth centers. Amer. J. Roentgenol. **49**, 321–348 (1943)

HINRICHSEN, K.: Die Bedeutung der epithelialen Randleiste für die Extremitätenentwicklung. Z. Anat. Entwickl. Gesch. **119**, 350–364 (1956)

HINTZSCHE, E.: Die Osteoblastenlehre und die neueren Anschauungen vom normalen Verknöcherungsvorgang. Ergebn. Anat. Entwickl.-Gesch. **27**, 413–463 (1927a)

HINTZSCHE, E.: Untersuchungen an Stützgeweben. I. Über die Bedeutung der Gefäßkanäle im Knorpel nach Befunden am distalen Ende des menschlichen Schenkelbeines. Z. mikr. anat. Forsch. **12**, 61–126 (1927b)

HINTZSCHE, E.: Untersuchungen an Stützgeweben. II. Über Knochenbildungsfaktoren, insbesondere über den Anteil der Blutgefäße an der Ossifikation. Z. mikr. anat. Forsch. **14**, 373–440 (1928)

HINTZSCHE, E.: Untersuchungen an Stützgeweben. III. Über Umbildungen im jungen menschlichen Hyalinknorpel. Z. mikr. anat. Forsch. **25**, 320–361 (1931)

HINTZSCHE, E., SCHMID, M.: Untersuchungen an Stützgeweben. IV. Weitere Befunde über die Gefäßkanäle im Knorpel. Nach Untersuchungen am Armskelet menschlicher Embryonen. Z. mikr. anat. Forsch. **32**, 1–41 (1933)

HIPPEL, P.H. V.: Structure and stabilization of the collagen molecule in solution. In: Treatise on collagen (ed. by G.N. RAMACHANDRAN) Vol. 1, p. 253–335, London and New York: Academic Press 1967

HIRSCH, C.: Contribution to pathogenesis of chondromalacia of patella; physical, histologic and chemical study. Acta chir. scand. **90**, 1–106 (1944)

HIRSCH, C.: The reaction of intervertebral discs to compression forces. J. Bone Jt. Surg. **37-A**, 1188–1196 (1955)

HIRSCHMAN, A.: Effect of irradiation on the structure and mucoproteins of rat epiphyseal cartilage. Anat. Rec. **154**, 359 (1966)

HIRSCHMAN, A.: Staining of fresh epiphyseal cartilage with toluidine blue demonstration of previously unreported intracellular beta- and gamma-metachromatic granules. Histochemie **10**, 369–375 (1967)

HIRSCHMAN, A., DZIEWIATKOWSKI, D.D.: Proteinpolysaccharide loss during endochondral ossification: Immunochemical evidence. Science **154**, 393–395 (1966)

HIRSCHMAN, A., McCABE, D.M.: Staining of intracellular granules in fresh epiphyseal cartilage by cationic dyes. Calcif. Tiss. Res. **4**, 260–268 (1969)

HIRSCHMAN, A., McCABE, D.M.: The effect of proteolytic enzymes and hyaluronidase on the intracellular beta- and gamma-metachromatic granules and the matrix of rat epiphyseal cartilage. Anat. Rec. **180**, 617–627 (1974)

His, W.: Untersuchungen über die erste Anlage des Wirbeltierleibes. Die erste Entwicklung des Hühnchens im Ei. Leipzig: F.C. Vogel 1868

His, W.: Über die Anfänge des peripherischen Nervensystems. Arch. Anat. Entwickl.-Gesch. Arch. Anat. Phys. A. Anat. Abt. 455–482 (1879)

Hisamura, H.: Biochemical studies on carbohydrates. XXXIX. Carbohydrates in the molecule of osseomucid. J. Biochem. (Tokyo) **28**, 473–478 (1938)

Hisaw, F.L.: Experimental relaxation of the pubic ligament of the guinea pig. Proc. Soc. Exp. Biol. (N.Y.) **23**, 661 (1926)

Hjerpe, A., Engfeldt, B., Glas, J.E.: The nature of mineral deposit in rat costal cartilage. Acta path. microbiol. scand. **81**, 862–865 (1973)

Hjertquist, S.O.: Microchemical analysis of glycosaminoglycans (mucopolysaccharides) in normal and rachitic epiphysial cartilage. Acta Soc. Med. upsalien. **69**, 23–40 (1964a)

Hjertquist, S.O.: The glycosaminoglycans (mucopolysaccharides) of the epiphysial plates in normal and rachitic dogs. Studies using a column procedure with cetylpyridinium chloride. Acta. Soc. Med. upsalien. **69**, 83–104 (1964b)

Hjertquist, S.O., Vejlens, L.: The glycosaminoglycans of dog compact bone and epiphyseal cartilage in the normal state and in experimental hyperparathyroidism. Calcif. Tiss. Res. **2**, 314–333 (1968)

Hjertquist, S.O., Westerborn, O.: The effect of papain on epiphysial cartilage in rachitic rats: Histologic, autoradiographic and microradiographic studies. Virchows Arch. path. Anat. **335**, 143–158 (1962)

Ho, T.Y.: The amino acids of bone and dentine collagens in pleistocene *mammals*. Biochim. biophys. Acta (Amst.) **133**, 568–573 (1967)

Hochstetter, F.: Über den Ursprung der Arteria subclavia der Vögel, Morph. Jb. **16**, 484–493 (1890a)

Hochstetter, F.: Über die Entwicklung der Arteria vertebralis beim Kaninchen nebst Bemerkungen über die Entstehung der Ansa Vieussenii. Morph. Jb. **16**, 572–586 (1890b)

Hochstetter, F.: Über die ursprüngliche Hauptschlagader der hinteren Gliedmaße des Menschen und der Säugetiere, nebst Bemerkungen über die Entwicklung der Aorta abdominalis. Morph. Jb. **16**, 300–318 (1890c)

Hochstetter, F.: Über die Entwicklung der Extremitätenvenen bei den Amnioten. Morph. Jb. **17**, 1–43 (1891)

Hochstetter, F.: Über die Entwicklung und Differenzierung der Hüllen des menschlichen Gehirns. Morph. Jb. **83**, 359–494 (1939)

Hodge, A.J.: Structure at the electron microscopic level. In: Treatise on collagen (ed. by G.N. Ramachandran) Vol. 1, p. 185–204 London and New York: Academic Press 1967

Hodge, A.J., Schmitt, F.O.: The charge profile of the tropocollagen macromolecule and the packing arrangement in native type collagen fibrils. Proc. nat. Acad. Sci. (Wash.) **46**, 186–197 (1960)

Hodgkinson, A., Krudy, E.S., Nordin, B.E.C., Pantard, F.G.E. (ed.): Calc. Tiss. Abstracts. Information Retrieval Ltd. London seit 1969

Höhling, H.-J.: Zur Frage der organischen Matrix in Bezug auf Dentin, Zement (und Knochen). In: Proceedings of the 9th ORCA Congress, p. 265–275, Oxford-London-New York-Paris: Pergamon Press 1963

Höhling, H.-J., Schöpfer, H., Neubauer, G.: Elektronenmikroskopie und Laserbeugungs-Untersuchungen zur Charakterisierung der organischen Matrix im Speichelstein und Hartgewebe. Z. Zellforsch. **108**, 415–430 (1970)

Höhling, H.-J., Kreilos, R., Neubauer, G., Boyde, A.: Electron microscopy and electron microscopical measurements of collagen mineralization in hard tissues. Z. Zellforsch. **122**, 36–52 (1971)

Höhling, H.-J., Ashton, B.A., Köster, H.D.: Quantitative electron microscopic investigations of mineral nucleation in collagen. Cell Tiss. Res. **148**, 11–26 (1974a)

Höhling, H.-J., Steffens, H., Ashton, B.A., Nicholson, W.A.P.: Molekularbiologie der Hartgewebsbildung. Verh. dtsch. path. Ges. **58**, 54–71 (1974b)

Höhling, H.-J., Steffens, H., Stamm, G.: Transmission microscopy of freeze dried, unstained epiphyseal cartilage of the guinea pig. Cell Tiss. Res. **167**, 243–263 (1976)

Hörstadius, S.: Über die Folgen von Chorda-Exstirpation an späten Gastrulae und Neurulae von *Amblystoma punctatum*. Acta Zool. **25**, 1–13 (1944)

HÖRSTADIUS, S.: The neural crest. Oxford: University Press, 1950

HÖRSTADIUS, S., SELLMAN, S.: Experimentelle Untersuchungen über die Determination des knorpeligen Kopfskelettes bei Urodelen. Acta. Nov. Reg. Soc. Sc., Upsaliensis, Series IV, **13**, 1–170 (1946)

HOFER, H.: Der Gestaltwandel des Schädels der Säugetiere und Vögel mit besonderer Berücksichtigung der Knickungstypen und der Schädelbasis. Anat. Anz. **99**, 102–113 (1952)

HOFER, H.: Die cranio-cerebrale Topographie bei den Affen und ihre Bedeutung für die menschliche Schädelform. Homo **5**, 52–72 (1954)

HOFFMAN, P.: Aging of protein polysaccharide of cartilage. J. dent. Res. **46**, 1197 (1967)

HOFFMAN, P.: The chemistry of the protein-polysaccharides of connective tissue. In: The chemical physiology of mucopolysaccharides (ed. by G. QUINTARELLI) p. 33–49. Little, Brown and Company, Boston 1968

HOFFMAN, P., MASHBURN, T.A.: Collagen-proteoglycan interaction in bovine nasal cartilage. In: Chemistry and molecular biology of the intercellular matrix (ed. by E.A. BALAZS) Vol. 2. p. 1179–1199. London and New York: Academic Press 1970

HOFFMAN, P., MEYER, K.: Structural studies of mucopolysaccharides of connective tissues. Fed. Proc. **21**, 1064–1069 (1962)

HOFFMAN, P., MEYER, K., LINKER, A.: Transglycosylation during the mixed digestion of hyaluronic acid and chondroitinsulfate by testicular hyaluronidase. J. biol. Chem. **219**, 653–663 (1956)

HOFFMAN, P., LINKER, A., MEYER, K.: Chondroitin sulfates. Fed. Proc. **17**, 1078–1082 (1958)

HOFFMAN, P., MASHBURN, T.A. JR., MEYER, K., BRAY, B.A.: Protein polysaccharide of bovine cartilage. I. Extraction and electrophoretic studies. J. biol. Chem. **242**, 3799–3804 (1967)

HOFFMAN, P., MASHBURN, T.A. JR., HSU, D., TRIVEDI, D., DIEP, J.: Variable nature of cartilage proteoglycans. J. biol. Chem. **250**, 7251–7256 (1975)

HOFFMANN, A., LEHMANN, G., WERTHEIMER, E.: Der Glykogenbestand des Knorpels und seine Bedeutung. Pflügers Arch. ges. Physiol. **220**, 183–193 (1928)

HOFMANN, N., NEMETSCHEK, TH., GRASSMANN, W.: Über die Querstreifung von Kollagenfibrillen und ihre Veränderung im Elektronenmikroskop. Z. Naturforsch. **76**, 509–513 (1952)

HOLLMANN, S.: Non-glycolytic pathways of metabolism of glucose. New York: Academic Press 1964

HOLMDAHL, D.E.: Die Entstehung und weitere Entwicklung der Neuralleiste (Ganglienleiste) bei Vögeln und Säugetieren. Z. mikr.-anat. Forsch. **14**, 99–298 (1928)

HOLMDAHL, D.E.: Primitivstreifen beziehungsweise Rumpfschwanzknospe im Verhältnis zur Körperentwicklung. Z. mikr.-anat. Forsch. **38**, 409–440 (1935)

HOLMDAHL, D.E.: Die Morphogenese des Vertebratorganismus vom formalen und experimentellen Gesichtspunkt. Wilhelm Roux' Arch. Entwickl. Mech. Org. **139**, 191–226 (1939)

HOLMDAHL, D.E., INGELMARK, B.E.: Der Bau des Gelenkknorpels unter verschiedenen funktionellen Verhältnissen. Acta anat. (Basel) **6**, 309–375 (1948)

HOLMGREEN, H., WILANDER, O.: Beitrag zur Kenntnis der Chemie und Funktion der Ehrlichschen Mastzellen. Z. mikr.-anat. Forsch. **42**, 242–278 (1937)

HOLMGREN, N., STENSIÖ, E.: Cranium und Visceralskelett der Acranier, Cyclostomen und Fische. In: Handbuch Vergl. Anat. Wirbelt. (ed. by L. BOLK, E. GÖPPERT, E. KALLIUS und W. LUBOSCH) Bd. 4, p. 233–500. Berlin und Wien: Urban und Schwarzenberg 1936

HOLTER, H.: Passage of particles and macromolecules through cell membranes. Symp. Soc. Gen. Microbiol. 15. Function and Structure in Microorganisms p. 89–114 (1965)

HOLTFRETER, J.: Morphologische Beeinflussung von Urodelenektoderm bei xenoplastischer Transplantation. Wilhelm Roux' Arch. Entwickl.-Mech. Org. **133**, 367–426 (1935)

HOLTFRETER, J.: Regionale Induktionen in xenoplastisch zusammengesetzten Explantaten. Wilhelm Roux' Arch. Entwickl.-Mech. Org. **134**, 466–550 (1936)

HOLTFRETER, J.: Veränderungen der Reaktionsweise im alternden isolierten Gastrulaektoderm. Wilhelm Roux' Arch. Entwickl.-Mech. Org. **138**, 163–196 (1938a)

HOLTFRETER, J.: Differenzierungspotenzen isolierter Teile der Urodelengastrula. Wilhelm Roux' Arch. Entwickl.-Mech. Org. **138**, 522–656 (1938b)

HOLTFELTER, J.: Mesenchyme and epithelia in inductive and morphogenetic processes. In: Epithelialmesenchymal interactions (ed. by R. FLEISCHMAJER and R. BILLINGHAM) p. 1–30 Baltimore: Williams and Wilkins 1968

HOLTFRETER, J., HAMBURGER, V.: Embryogenesis: Progressive differentiation. Amphibians. In: Analysis of development (ed. by B.H. WILLIER, P.A. WEISS and V. HAMBURGER) p. 230–296. Philadelphia and London: W.B. Saunders Comp. 1955

HOLTROP, M.E.: The origin of bone cells in enchondral ossification. In: Calcified Tissues. 3rd. Europ. Sympos. (ed. by H. FLEISCH, H.J.J. BLACKWOOD and M. OWEN) p. 32–35. Berlin-Heidelberg-New York: Springer 1966

HOLTROP, M.E.: The ultrastructure of the epiphyseal plate. I. The flattened chondrocyte. Calcif. Tiss. Res. 9, 131–139 (1972a)

HOLTROP, M.E.: The ultrastructure of the epiphyseal plate. II. The hypertrophic chondrocyte. Calcif. Tiss. Res. 9, 140–151 (1972b)

HOLTROP, M.E., WEINGER, J.M.: Ultrastructural evidence for a transport system in bone. In: Calcium, Parathyroid Hormone and the Calcitonins (ed. R.V. TALMAGE and P.L. MUNSON) pp. 365–374. Amsterdam: Excerpta Medica 1972

HOLTROP, M.E., RAISZ, L.G., SIMMONS, H.A.: The effects of parathyroid hormone, colchicine, and calcitonin on the ultrastructure and the activity of osteoclasts in organ culture. J. Cell. Biol. 6, 346–355 (1974)

HOLTZ, F., SCHÜTTE, E.: Knochengewebe und Verkalkung. In: Physiologische Chemie (hrsg. von B. FLASCHENTRÄGER und E. LEHNARTZ) 2. Band/1. Teil S. 700–723. Berlin-Göttingen-Heidelberg: Springer Verlag 1954

HOLTZER, H.: An experimental analysis of the development of the spinal column. II. The dispensability of the notochord. J. exp. Zool. 121, 573–591 (1951)

HOLTZER, H.: The development of mesodermal axial structures in regeneration and embryogenesis. In: Regeneration of vertebrates. (ed. by C. THORNTON) p. 15–33. Chicago: University of Chicago Press 1959

HOLTZER, H.: Aspects of chondrogenesis and myogenesis. In: 19. Growth Symposium (ed. by D. RUDNICK) p. 25–87 New York: Ronald Press 1961

HOLTZER, H.: Comments on induction in cell differentiation. In: Induktion und Morphogenese, 13. Colloq. Gesellsch. Physiol. Chemie, p. 217, Berlin: Springer 1963

HOLTZER, H.: Control of chondrogenesis in the embryo. Biophys. J. 4, 239–250 (1964)

HOLTZER, H.: Induction of chondrogenesis: A concept in quest of mechanisms. In: Epithelial-Mesenchymal Interactions (ed. by R. FLEISCHMAJER and R.E. BILLINGHAM) p. 153–164. Baltimore: Williams and Wilkins 1968

HOLTZER, H., ABBOTT, J.: Oscillations of the chondrogenic phenotype in vitro. In: The stability of the differentiated state (ed. by H. URSPRUNG) p. 1–16 Berlin: Springer 1968

HOLTZER, H., BISCHOFF, R.: Mitosis and Myogenesis. In: Physiology and biochemistry of muscle as food (ed. by E. BRISKEY and R. CASSENS) Vol. II. p. 29–51. Madison: University of Wisconsin Press 1970

HOLTZER, H., DETWILER, S.R.: An experimental analysis of the development of the spinal column. III. Induction of skeletogenous cells. J. exp. Zool. 123, 335–369 (1953)

HOLTZER, H., MATHESON, D.W.: Induction of chondrogenesis in the embryo. In: Chemistry and molecular biology of the intercellular matrix (ed. by E.A. BALAZS) Vol. 3, p. 1753–1769, London and New York: Academic Press 1970

HOLTZER, H., MARSHALL, J.M., FINCK, H.: An analysis of myogenesis by the use of fluorescent antimyosin. J. biophys. biochem. Cytol. 3, 705–724 (1957)

HOLTZER, H., ABBOTT, J., LASH, J., HOLTZER, S.: The loss of phenotypic traits by differentiated cells in vitro. I. Dedifferentiation of cartilage cells. Proc. nat. Acad. Sci. (Wash.) 46, 1533–1542 (1960)

HOLTZER, H., CHACKO, S., ABBOTT, J., HOLTZER, S., ANDERSON, A.: Variable behavior of chondrocytes in vitro. In: Chemistry and molecular biology of the intercellular matrix (ed. by E.A. BALAZS) Vol. 3, p. 1471–1484. London and New York: Academic Press 1970

HOLTZER, H., WEINTRAUB, H., MAYNE, R., MOCHAN, B.: The cell cycle, cell lineage, and cell differentiation. Curr. Top. develop. Biol. 7, 229–256 (1972)

HOLTZER, S.: The inductive role of the spinal cord in tail regeneration in the salamander. Biol. Bull. 107, 313–314 (1954)

HOMMES, F.A., LEEUWEN, G. VAN, ZILLIKEN, F.: Induction of cell differentiation. II. The isolation of a chondrogenic factor from embryonic chick spinal cords and notochords. Biochim. biophys. Acta (Amst.) 56, 320–325 (1962)

HOMMES, J.H.: On the development of the clavicula and the sternum in birds and mammals. Tijdschr. Ned. Dierk. Ver. **19**, 10–51 (1924)

HOOFF, A. VAN DEN: Polysaccharide histochemistry of enchondral ossification. Acta anat. (Basel) **57**, 16–28 (1964)

HOOFF, A. VAN DEN, NIE, C.J. VAN, BUITENWEG, D.W.: Histology and polysaccharide histochemistry of heterotopic bone formation. Path. et Microbiol. (Basel) **29**, 17–28 (1966)

HOOGHWINKEL, H.J., SMITS, M.: The specifity of the periodic acid-Schiff technique studied by a quantitative test-tube method. J. Histochem. Cytochem. **5**, 120–126 (1957)

HORN, V., DVOŘÁK, M.Y.: Die Ultrastruktur der funktionellen Knochenkomponenten in der Raster- und Transmissions-Elektronenmikroskopie. Z. mikr.-anat. Forsch. **88**, 836–848 (1974)

HOROWITZ, N.H.: Histochemical study of phosphatase and glycogen in fetal heads. J. dent. Res. **21**, 519–527 (1942)

HORTON, D.: Monosaccharide Amino Sugars. In: The Amino Sugars. (ed. by R.W. JEANLOZ) Vol. IA, p. 1–211, London and New York: Academic Press 1969

HORWITZ, A.L., DORFMAN, A.: Subcellular sites for synthesis of chondromucoprotein of cartilage. J. Cell Biol. **38**, 358–368 (1968)

HOTCHKISS, R.D.: A microchemical reaction resulting in the staining of polysaccharide structures in fixed tissue preparations. Arch. Biochem. **16**, 131–141 (1948)

HOUCK, J.C., GOLDSTEIN, E.R., PATEL, Y.M.: The collagenolytic activity of connective tissue. In: Structure and function of connective and skeletal tissue (ed. by S. FITTON-JACKSON, S.M. PARTRIDGE, R.D. HARKNESS and G.R. TRISTRAM) p. 493–500. London: Butterworth 1965

HOWARD, J.E.: Some current concepts on the mechanism of calcification. J. Bone Jt. Surg. 33A, 801–806 (1951a)

HOWARD, J.E.: Metabolism of calcium and phosphorus in bone. Bull. N.Y. Acad. Med. **27**, 24–41 (1951b)

HOWARD, J.E., THOMAS, W.C., BAKER, L.M., SMITH, L.H., WADKINS, C.L.: The recognition and isolation from urine and serum of a peptide inhibitor to calcification. Johns Hopk. Hosp. Bull. **120**, 119–136 (1967)

HOWELL, D.S.: Calcification mechanisms. Israel J. med. Sci. **12**, 91–97 (1976)

HOWELL, D.S., CARLSON, L.: Alterations in the composition of growth cartilage septa during calcification studied by microscopic X-ray elementar analysis. Exp. Cell. Res. **51**, 185–195 (1968)

HOWELL, D.S., DELCHAMPS, E., RIEMER, W., KIEM, I.: A profile of electrolytes in the cartilaginous plate of growing ribs. J. clin. Invest. **39**, 919–929 (1960)

HOWELL, D.S., PITA, J.C., MARQUEZ, J.F., MADRUGA, J.E.: Partition of calcium, phosphate and protein in the fluid phase aspirated at calcifying sites in epiphyseal cartilage. J. clin. Invest. **47**, 1121–1132 (1968)

HOWELL, W.H.: Observation upon the occurrence, structure and function of the giant cells of the marrow. J. Morph. **4**, 117–130 (1890)

HUBER, L., ROUILLER, C.: Les fibrilles collagènes de l'os (étude au microscope électronique). Experientia (Basel) **7**, 338–340 (1951)

HUBRECHT, A.A.: The development of the germinal layers in *Sorex vulgaris*. Quart. J. micr. Sci. **31**, 499–562 (1890)

HUECK, W.: Über das Mesenchym. Die Bedeutung seiner Entwicklung und seines Baues für die Pathologie. Beitr. path. Anat. **66**, 330–376 (1920)

HUFFER, W.E.: Glycosaminoglycans in the cartilage of developing chick embryo limbs. Calcif. Tiss. Res. **6**, 55–69 (1970)

HUGGINS, C.: The composition of bone and the function of the bone cell. Physiol. Rev. **17**, 119–143 (1937)

HULTH, A.: Experimental retardation of endochondral growth by papain. Acta orthop. scand. **28**, 1–21 (1958a)

HULTH, A.: The growth inhibiting effect by papain on young rabbits. Acta orthop. scand. **27**, 167–172 (1958b)

HULTH, A., OLERUD, S.: Tetracycline labelling of growing bone. Acta Soc. Med. upsalien. **67**, 219–231 (1962)

HULTH, A., WESTERBORN, O.: Experimental production of dwarfs in the rabbit with papain. Exp. Cell Res. **17**, 543 (1959a)

HULTH, A., WESTERBORN, O.: The effect of crude papain on the epiphysial cartilage of laboratory animals. J. Bone Jt. Surg. **41-B**, 836–847 (1959 b)

HULTKRANZ, J.W.: Das Ellenbogengelenk und seine Mechanik. Eine anatomische Studie Jena: Fischer (1897)

HUMPHRY, G.: On the growth of the jaws. Phil. Trans. Roy. Soc., XI Cambridge 1864

HUNGERLAND, H.: Wasserhaushalt. In: Biologische Daten für den Kinderarzt. Grundzüge einer Biologie des Kindesalters (hrsg. von J. BROCK) S. 480–542. Berlin-Göttingen-Heidelberg: Springer 1954

HUNT, S.: Polysaccharide-Protein-complexes in vertebrates. London-New York: Academic Press 1970

HUNT, T.E.: Potencies of tranverse level of the chick blastoderm in the definitive-streak stage. Anat. Rec. **55**, 41–69 (1932)

HUNTER, J.: (1770): zitiert nach DOBSON, J.: Pioneers of osteogeny: John Hunter: 1728–1793. J. Bone Jt. Surg. **30 B**, 361–364 (1948)

HUNTER, J.A.A., FINLAY, B.: Scanning electron microscopy of connective Tissues in health and disease. Int. Rev. Connect. Tiss. Res. **6**, 217–255 (1973)

HUNTER, W.: Of the structure and diseases of articulating cartilages. Phil. Trans. B. **42**, 514–521 (1743)

HURLEY, L.A., MILLER, C.: Demonstration of the marrow vascular space (macrocanicular system) of bone. Technique for production of the three-dimensional plastic anatomic models. Arch. Path. **68**, 615–620 (1959)

HURRELL, D.J.: The vascularisation of cartilage. J. Anat. (Lond.) **69**, 47–61 (1934)

HUTTERER, F.: Degradation of mucopolysaccharides by hepatic lysosomes. Biochim. biophys. Acta (Amst.) **115**, 312–319 (1966)

HUXLEY, J.S.: Constant differential growth-ratios and their significance. Nature (Lond.) **114**, 895–896 (1924)

HUZELLA, T.: Fibrillogramm der Kraftlinien des Kristallisationsprozesses. Z. Kristallogr. **83**, 89–96 (1932)

HUZELLA, T.: Die zwischenzellige Organisation. Gustav Fischer Verlag, Jena (1941)

HYDÉN, H.: The Neuron. In: The Cell (ed. by J. BRACHET and A.E. MIRSKY) Vol. IV. p. 215–323. New York and London: Academic Press 1960

IBALL, J.: The mineralogy of bone. In: Handbuch der medizinischen Radiologie (ed. by L. DIETHELM, O. OLSSON, F. STRNAD, H. VIETEN, A. ZUPPINGER) Vol. IV, p. 1–11, Berlin, Heidelberg, New York: Springer Verlag 1970

ICHIKAWA, M.: Experiments on the *amphibian* mesectoderm. with special reference to the cartilage-formation. Mem. Coll. Sci, Kyoto Imp. Univ. Ser. B. **12**, 312–351 (1937)

IMERLISHVILI, I.A.: Experimental study of the joint cartilage regeneration. Arkh. Anat. (Moskva) **34**, 58–71 (1957)

INGALLS, N.W.: Beschreibung eines menschlichen Embryos von 4,9 mm. Arch. mikr. Anat. **70**, 506–576 (1907)

INGALLS, N.W.: A human embryo before the appearance of myotomes Carnegie. Inst. Wash. Pub. 227, Contrib. Embryol. Carneg. Instn. **7**, 111–134 (1918)

INGALLS, T.H.: Epiphyseal growth: Normal sequence of events at the epiphyseal plate. Endocrinology **29**, 710–719 (1941)

INGMAN, A.M., GHOSH, P., TAYLOR, T.K.F.: Variation of collagenous and non-collagenous proteins of human knee joint menisci with age and degeneration. Gerontologia (Basel) **20**, 212–223 (1974)

IOB, V., SWANSON, W.W.: The extracellular and intracellular water in bone and cartilage. J. biol. Chem. **122**, 485–490 (1938)

IRVING, J.T.: Calcium metabolism. Methuen u. Co. Ltd. New York, John Wiley and Sons Inc. (1957)

IRVING, J.T.: A histological stain for newly calcified tissues. Nature (Lond.) **181**, 704–705 (1958)

IRVING, J.T.: A histological staining method for sites of calcification in teeth and bone. Arch. oral Biol. **1**, 89–96 (1959)

IRVING, J.T.: Histochemical changes in the early stages of calcification. Clin. Orthop. **17**, 92–102 (1960)

IRVING, J.T.: The sudanophil material at sites of calcification. Arch. oral Biol. **8**, 735–745 (1963 a)

IRVING, J.T.: Calcification of the organic matrix of enamel. Arch. oral Biol. **8**, 773–774 (1963b)

IRVING, J.T.: Bone matrix lipids and calcification. In: Calcified Tissues Proc. of the 2nd. Europ. Symp. (ed. by L.J. RICHELLE and M.J. DALLEMAGNE) p. 313–324. Université de Liège 1965a

IRVING, J.T.: Lipids and calciphylaxis. Arch. oral Biol. **10**, 189–190 (1965b)

IRVING, J.T.: Theories of mineralization of bone. Clin. Orthop. **97**, 225–236 (1973)

IRVING, J.T., HANDELMANN, C.S.: Bone destruction by multinucleated giant cells. In: Mechanisms of hard tissue destruction (ed. by R.F. SOGNNAES) p. 515–530. Washington: Amer. Assoc. Adv. Sci. 1963

IRVING, J.T., HEELEY, J.D.: Resorption of bone collagen by multinucleated cells. Calcif. Tiss. Res. **6**, 254–259 (1970)

IRVING, J.T., WUTHIER, R.E.: Further observations on the sudan black stain for calcification. Arch. oral Biol. **5**, 323–324 (1961)

IRVING, M.H.: The blood supply of the growth cartilage. J. Anat. (Lond.) **98**, 631–639 (1964)

IWATA, H., URIST, M.R.: Protein polysaccharide of bone morphogenetic matrix. Clin. Orthop. **87**, 257–274 (1972)

JACKSON, C.M.: Zur Histologie und Histogenese des Knochenmarkes. Arch. anat. Physiol. Anat. Abt. S. 33–70 (1904)

JACKSON, C.M., SMITH, V.D.E.: Effects of deficient water-intake on growth of rat. Amer. J. Physiol. **97**, 146–153 (1931)

JACKSON, D.S.: Chondroitinsulfate as a factor in the stability of tendon. In: Nature and structure of collagen (ed. by J.T. RANDALL and S.F. JACKSON) p. 177–180. London: Butterworths Scientific Publ. 1953

JACKSON, D.S.: The formation and breakdown of connective tissue. In: Connect. Tissue. (ed. by R.E. TUNBRIDGE) p. 62–76. Oxford: Blackwell Scientific Publ. 1957

JACKSON, D.S., BENTLEY, J.P.: On the significance of the extractable collagens. J. biophys. biochem. Cytol. **7**, 37–48 (1960)

JACKSON, D.S., BENTLEY, J.P.: Collagen-glycosaminoglycan interactions. In: Treatise on collagen (ed. by G.N. RAMACHANDRAN) Vol. 2A, p. 189–211. London and New York: Academic Press 1968

JACKSON, D.S., STEVEN, F.S.: Some biochemical considerations of connective tissue proteins in disease. In: The biological basis of medicine (ed. by E.E. BITTAR) Vol. 3, p. 249–266. London and New York: Academic Press 1969

JACOBS, S., MUIR, H.: A heparan sulphate-peptide from human aorta. Biochem. J. **87**, 1–38 (1963)

JACOBSON, B.: The biosynthesis of hyaluronic acid. In: Chemistry and molecular biology of the intercellular matrix (ed. by E.A. BALAZS) Vol. 2, 763–781, London and New York: Academic Press 1970

JACOBSON, W.: Über die Zellvorgänge in den ersten Entwicklungsstadien des knorpel- und knochenbildenden Gewebes. Verh. Anat. Ges. 41. Erg.-H. Anat. Anz. **75**, 186–193 (1932)

JACOBSON, W.: The early development of the avian embryo. II. J. Morph. **62**, 349–370 (1938)

JACOBSON, W., FELL, H.B.: The developmental mechanics and potencies of the undifferentiated mesenchyme of the mandible. Quart. J. micr. Sci. **82**, 563–586 (1940/41)

JAQUES, J.A.: The kinetics of carrier-mediated active transport of amino acids. Proc. nat. Acad. Sci. (Wash.) **47**, 153–163 (1961)

JAFFE, H.L.: Methods for the histologic study of normal and diseased bone. Arch. Path. **8**, 817 (1929)

JAFFE, H.L.: The resorption of bone. A consideration of the underlying processes particulary in pathologic conditions. Arch. Surg. **20**, 355–385 (1930)

JAFFE, H.L.: Hyperparathyroidism (Recklinghausen's disease of bone). Arch. Path. **16**, 63–112, 236–258 (1933)

JAFFE, H.L., BODANSKY, A., BLAIR, J.E.: The influence of age and of duration of treatment on the production and repair of bone lesions in experimental hyperparathyroidism. J. exp. Med. **55**, 131–154 (1932)

JAFFE, H.L., POMERANS, H.M.: Changes in bones of extremities amputated because of arterial vascular disease. Arch. Surg. **29**, 566–588 (1934)

JAKUBOWSKI, S.A.: M.D.S. Thesis, University of Sydney 1967, zit. nach CAMERON 1969

JAKUS, M.A.: Studies on the cornea. I. The fine structure of the rat cornea. Amer. J. Ophthal. **38**, 40–53 (1954)

JANDE, S.S., BÉLANGER, L.F.: Electron microscopy of osteocytes and the pericellular matrix in rat trabecular bone. Calcif. Tiss. Res. **6**, 280–289 (1971)

JANDE, S.S., BÉLANGER, L.F.: The life cycle of the osteocyte. Clin. Orthop. **94**, 281–305 (1973)

JANDE, S.S., CIPERA, J.D., BÉLANGER, L.F.: Ultrastructural changes related to osteocytic osteolysis in bone canaliculi of young chicks. Proc. Int. Congr. Electron Microscopy, 7th. Congr. Grenoble. p. 561–562, 1970

JANNERS, M.Y., SEARLS, R.L.: Changes in rate of cellular proliferation during the differentiation of cartilage and muscle in the mesenchyme of the embryonic chick wing. Develop. Biol. **23**, 136–165 (1970)

JAVOR, P.: Die Knorpelentwicklung im menschlichen Extremitätenskelet in Relation zu den Embryonalstadien. Z. Anat. Entwickl.-Gesch. **145**, 227–242 (1974)

JAWORSKI, Z.F., LOK, E.: The rate of osteoclastic bone erosion in Haversian remodeling sites of adult dog's rib. Calcif. Tiss. Res. **10**, 103–112 (1972)

JEANLOZ, R.W.: The chemistry of mucopolysaccharides. Proc. Third International Congress Biochem., Brussels, 1955, p. 65–72, New York: Academic Press 1956

JEANLOZ, R.W.: The nomenclature of mucopolysaccharides. Arthr. and Rheum. **3**, 233–237 (1960)

JEANLOZ, R.W.: Mucopolysaccharides (Acidic Glycosaminoglycans). Comp. Biochem. Physiol. **5**, 262–296 (1963)

JEANLOZ, R.W., BALAZS, E.A.: The amino sugars. Vol. IIA: Distribution and biological role. New York and London: Academic Press 1965

JEANLOZ, R.W., BALAZS, E.A.: The amino sugars. Vol. IIB: Metabolism and interactions. New York and London: Academic Press 1966

JEANLOZ, R.W., BALAZS, E.A.: The amino sugars. Vol. IA: Chemistry of amino sugars. New York and London: Academic Press 1969

JEANLOZ, R.W., FORCHIELLI, E.: Studies on hyaluronic acid and related substances: preparation of hyaluronic acid derivatives from human umbilical cord. J. biol. Chem. **186**, 495–511 (1950)

JEANLOZ, R.W., FORCHIELLI, E.: Studies on hyaluronic acid and related substances. II. Periodate oxidation. J. biol. Chem. **190**, 537–546 (1951)

JEE, W.S.S.: The influence of reduced vascularity on the rate of internal reconstruction in adult long bone cortex. In: Bone Biodynamics (ed. by H.M. FROST) p. 259–277. Boston: Little, Brown Co. 1964

JEE, W.S.S., ARNOLD, J.S.: Rate of individual Haversian system formation. Anat. Rec. **118**, 315. Abstr. (1954)

JEFFREE, G.M.: Phosphatase activity in bones of hyperparathyroid monkey. Biochem. J. **77**, 2 P (1960)

JEFFREE, G.M.: Phosphatase activity in the limb bones of monkeys (*Lagothrix humboldti*) with hyperparathyroidism. J. clin. Path. **15**, 99–111 (1962)

JEFFREE, G.M.: Enzymes of cells in bone. In: Bone and tooth (ed. by H.J.J. BLACKWOOD) p. 299–309. Oxford-London-New York-Paris: Pergamon Press 1964

JEFFREY, J.J., MARTIN, G.R.: The role of ascorbic acid in the biosynthesis of collagen. II. Site and nature of ascorbic acid participation. Biochim. biophys. Acta (Amst.) **121**, 281–291 (1966)

JENKINS, G.N., DAWES, C.: The possible role of chelation in decalcification of biological systems. In: Mechanisms of hard tissue destruction. (ed. by R.F. SOGNNAES) p. 637–662. Washington: Amer. Assoc. Adv. Sci. 1963

JETHI, A.K., WADKINS, C.L.: Studies of the mechanism of biological calcification. II. Evidence for a multistep mechanism of calcification by tendon matrix. Calcif. Tiss. Res. **7**, 277–289 (1971)

JIBRIL, A.O.: Phosphates and phosphatases in preosseous cartilage. Biochim. biophys. Acta (Amst.) **141**, 605–613 (1967a)

JIBRIL, A.O.: Proteolytic degradation of ossifying cartilage matrix and the removal of acid mucopolysaccharides prior to bone formation. Biochim. biophys. Acta (Amst.) **136**, 162–165 (1967b)

JIBRIL, A.O., LINDENBAUM, A.: Non-dialyzable sialic acid compounds in ossifying and resting calf scapula cartilage. Biochim. biophys. Acta (Amst.) **101**, 236–238 (1965)

JIPP, P.: Die Sehnenstruktur an punktförmigen Muskelansätzen. Morph. Jb. **101**, 236–262 (1960)

JOEL, W., MASTERS, Y.F., SHETLAR, M.R.: Comparison of histochemical and biochemical methods for the polysaccharides of cartilage. J. Histochem. Cytochem. **4**, 476–478 (1956)

JOHANSEN, E., PARKS, H.F.: Electron microscopic observations in the three-dimensional morphology of apatite crystallites of human dentine and bone. J. biophys. biochem. Cytol. **7**, 743–746 (1960)

JOHNSON, A.: On the development of the pelvic girdle and sceleton of the hind limb in the chick. Quart. J. micr. Sci. **23**, 399–411 (1883)

JOHNSON, B., SCHUBERT, M.: Proteinpolysaccharides of human costal cartilage. J. clin. Invest. **39**, 1752–1757 (1960)

JOHNSON, D.M., COMAR, C.L.: Autoradiographic studies of the utilization of $S^{35}$ sulfate by the chick embryo. J. biophys. biochem. Cytol. **3**, 231–238 (1957)

JOHNSON, L.: Form and Function. In: Cranio-facial growth in man. (ed. by R.E. MOYERS and W.M. KROGMAN) p. 251–292. Oxford-New York-Toronto-Sydney-Braunschweig: Pergamon Press 1971

JOHNSON, L.C.: Mineralization of turkey leg tendon. I. Histology and histochemistry of mineralization. In: Calcification in biol. systems (ed. by R.F. SOGNNAES) p. 117–128. Amer. Ass. Advanc. Sci. 1960

JOHNSON, L.C.: Morphological analysis in pathology: the kinetics of disease and general biology of bone. In: Bone biodynamics. (ed. by H.M. FROST) p. 543–654 Boston: Little, Brown and Co. 1964

JOHNSON, L.C.: The kinetics of skeletal remodeling. Birth defects. Original Article Ser. **2**, 66 142 (1966)

JOHNSON, M.L., GRANT, M.P.: The histogenesis of the clavicle in the Albino rat. Anat. Rec. **54**, 375–387 (1932)

JOHNSON, R.H.: The tetracyclines: A review of the literature – 1948 through 1963. J. oral therapeut. pharmacol. **1**, 190–217 (1964)

JOHNSON, R.W.: A physiological study of the blood supply of the diaphysis. Clin. Orthop. **56**, 5–11 (1968)

JOHNSTON, M.C.: Thesis. Univ. of Rochester. The neural crest in vertebrate cephalogenesis. A study of the migrations and derivatives of cranial neural crest and related cells in the embryos of amphibians, birds and mammals. Rochester and New York 1965

JOHNSTON, M.C.: A radioautographic study on the migration and fate of cranial neural crest cells in the chick embryo. Anat. Rec. **156**, 143–155 (1966)

JOLY, M.: A physico-chemical approach to the denaturation of proteins. London and New York: Academic Press 1965

JONES, I.L., LEMPERG, R.: Chondroitin sulphate of calf knee-joint cartilage. Biochim. biophys. Acta (Amst.) **392**, 310–318 (1975)

JONES, S.A., BOYDE, A.: Is there a relationship between osteoblasts and collagen orientation in bone? Israel J. Med. Sci. **12**, 98–107 (1976)

JONES, S.J.: Secretory territories and rate of matrix production of osteoblasts. Calcif. Tiss. Res. **14**, 309–315 (1974)

JORDAN, H.E.: A contribution to the problems concerning the origin, structure, genetic, relationship and function of the giant-cells of hemopoietic and osteolytic foci. Amer. J. Anat. **24**, 225–269 (1918)

JORDAN, H.E.: Further evidence concerning the function of osteoclasts. Anat. Rec. **20**, 281 295 (1921)

JORDAN, H.E.: The experimental production of osteoclasts in the frog. Rana pipiens. Anat. Rec. **30**, 107–121 (1925)

JORDAN, R.H., McMANUS, J.F.A.: Lead tetra-acetate oxidation of 1,2 glycols in histochemistry. J. nat. Cancer Inst. **13**, 228 (1952)

JORDAN-LLOYD, D., MARRIOTT, R.H.: The swelling of structure proteins. The influence of the reticular tissue on the swelling of collagen in water and hydrochloric acid. Proc. roy. Soc. B. **118**, 439–445 (1935)

JORPES, E.: Eine Methode zur Darstellung der Chondroitinschwefelsäure. Biochem. Z. **204**, 354 360 (1929)

JORPES, E., YAMASHINA, I.: Die Mucopolysaccharide und Glykoproteide des Bindegewebes. In: Chemie und Stoffwechsel von Binde- und Knochengewebe. 7. Colloquium der Gesellschaft für physiologische Chemie 12./14. April 1956 in Mosbach/Baden. S. 25–53. Berlin-Göttingen-Heidelberg: Springer 1956

JORPES, J.E., WERNER, B., ABERG, B.: The fuchsinsulfurous acid test after periodate oxidation of heparin and allied polysaccharides. J. biol. Chem. **176**, 277 282 (1948)

JOST, A.: Sur la différenciation sexuelle de l'embryon de lapin. Remarques au sujet de certaines opérations chirurgicales sur l'embryon. C.R. Soc. Biol. (Paris) **140**, 461 462 (1946)

Jost, A.: Expériences de décapitation de l'embryon de lapin. C.R. Acad. Sci. (Paris) **225**, 322–324 (1947)

Jost, A.: Influence de la décapitation sur le développement du tractus génital et des surrénales de l'embryon de lapin. C.R. Soc. Biol. **142**, 273–275 (1948a)

Jost, A.: Le contrôle hormonal de la différenciation du sexe. Biol. Rev. **23**, 201–236 (1948b)

Jost, A.: Recherches sur la différenciation sexuelle de l'embryon de lapin. IV. Organogenèse sexuelle masculine après décapitation du foetus. Arch. Anat. micr. Morph. exp. **40**, 247–281 (1951)

Jost, A.: Hormonal factors in the development of the fetus. Cold Spring Harbour Symp. quant. Biol. **19**, 167–181 (1954)

Jowsey, J.: Age changes in human bone. Clin. Orthop. **17**, 210–218 (1960)

Jowsey, J.: Microradiography of bone resorption. In: Mechanisms of hard tissue destruction. (ed. by R.F. Sognnaes) p. 447–469. Publ. No. 75 of the Amer. Ass. Advanc. Sci. Washington: 1963

Jowsey, J.: Studies of Haversian systems in man and some animals. J. Anat. (Lond.) **100**, 857–864 (1966)

Jowsey, J.: Bone in parathyroid disorders in man. In: Parathyroid hormone and thyrocalcitonin (calcitonin). (ed. by R.V. Talmage and L.F. Bélanger) Proc. 3rd. Parathyroid Conference. Excerpta med., Int. Congr. Ser. **159**, 137–151 (1968)

Jowsey, J., Riggs, B.L., Kelly, P.J.: Mineral metabolism in osteocytes. Proc. Mayo Clin. **39**, 480–489 (1964)

Jowsey, J., Sissons, H.A., Vaughan, J.: The site of deposition of $Y^{91}$ in the bones of rabbits and dogs. J. nucl. Energy **2**, 168–176 (1956)

Jowsey, J., Rowland, R.E., Marshall, J.H.: The deposition of the rare earths in bone. Radiation Res. **8**, 490–501 (1958)

Jurand, A.: The development of the notochord in chick embryos. J. Embryol. exp. Morph. **10**, 602–621 (1962)

Jurand, A.: Ultrastructural aspects of early development of the forelimb buds in the chick and the mouse. Proc. Roy. Soc. B. **162**, 387–405 (1965)

Juster, M., Moscofian, A., Balmain-Oligo, N.: Formation of the skeleton. VIII. Growth of a long bone: periostealization of the metaphysial bone. Bull. Ass. Anat. (Nancy) **59**, 437–442 (1975a)

Juster, M., Plachot, J.J., Guillot, J.P.: Formation du squelette-croissance d'un os long. Sur la croissance du 3e métatarsien du rat. Rev. Chir. Orthop. **61**, 171–177 (1975b)

Juva, K., Prockop, D.J.: An effect of puromycin on the synthesis of collagen by embryonic cartilage in vitro. J. biol. Chem. **241**, 4419–4425 (1966)

Juva, K., Prockop, D.J., Cooper, G.W., Lash, J.W.: Hydroxylation of proline and the intracellular accumulation of a polypeptide precursor of collagen. Science **152**, 92–94 (1966)

Kabat, E.A., Furth, J.: A histochemical study of the distribution of alkaline phosphatase in various normal and neoplastic tissues. Amer. J. Path. **17**, 303–318 (1941)

Kadenbach, B.: Synthesis of mitochondrial proteins. Demonstration of a transfer of proteins from microsomes into mitochondria. Biochim. biophys. Acta (Amst.) **134**, 430–442 (1966)

Kahn, A.J., Simmons, D.J.: Investigation of cell lineage in bone using a chimaera of chick and quail embryonic tissue. Nature (Lond.) **258**, 325–327 (1975)

Kajava, Y.: Beitrag zur Kenntnis der Entwicklung des Gelenkknorpels. Acta Soc. Sci. fenn. **48**, 1–128 (1919)

Kajikawa, K., Tanii, T., Hirono, R.: Electron microscopic studies on skin fibroblasts of mouse, with special reference to the fibrillogenesis in connective tissue. Acta path. jap. **9**, 61–80 (1959)

Kallius, E.: Der Zelluntergang als Mechanismus bei der Histo- und Morphogenese. Verh. Anat. Ges. 40. Erg. H. Anat. Anz. **72**, 10–22 (1931)

Kallman, F., Grobstein, C.: Source of collagen at epithelio-mesenchymal interfaces during inductive interaction. Develop. Biol. **11**, 169–183 (1965)

Kantor, T.G., Schubert, M.: The difference in permeability of cartilage to cationic and anionic dyes. J. Histochem. Cytochem. **5**, 28–32 (1957)

Kao, K.-Y.T., Hitt, W.E., Dawson, R.L., McGavack, T.H.: Connective tissue. VII. Changes in protein and hexosamine content of bone and cartilage of rats at different ages. Proc. Soc. Exp. Biol. (N.Y.) **110**, 538–543 (1962)

KAO, K.-Y.T., VERNIER, C.M., McGAVACK, T.H.: Connetive tissue. IX. Metabolism of collagen in bone of rat. Proc. Soc. Exp. Biol. (N.Y.) **119**, 584–585 (1965)

KAPLAN, D., MEYER, K.: Ageing of human cartilage. Nature (Lond.) **183**, 1267–1268 (1959)

KAPSAMMER, G.: Die periostale Ossifikation. Arch. mikr. Anat. **50**, 315 350 (1897)

KARNOVSKY, M.J.: Simple methods for "staining with lead" at high pH in electron microscopy. J. Cell. Biol. **11**, 729–732 (1961)

KARNOVSKY, M.J., MANN, M.S.: The significance of the histochemical reaction for carboxyl groups of protein in cartilage matrix. Histochemie **2**, 234–243 (1961)

KARRER, H.E.: The fine structure of connective tissue in the tunica propria of bronchioles. J. Ultrastruct. Res. **2**, 96–121 (1958)

KARRER, H.E.: Electron microscope study of developing chick embryo aorta. J. Ultrastruct. Res. **4**, 420–454 (1960a)

KARRER, H.E.: Electron-microscopic observation on developing chick embryo liver. The Golgi-complex and its possible role in the formation of glycogen. J. Ultrastruct. Res. **4**, 149 165 (1960b)

KARRER, H.E.: An electron-microscope study of the aorta in young and in ageing mice. J. Ultrastruct. Res. **5**, 1–27 (1961)

KASAVINA, B.S., ZENKEVICH, G.D.: Mucopolysaccharides in the cartilage and bone tissues during the process of ontogenesis and regeneration. Biokhimiia **25**, 669–674 (1960). Engl. Transl. Biochemistry **25**, 512 (1961)

KASHIWA, H.K.: Calcium in cells of fresh bone stained with glyoxal bis(2-hydroxyanil). Stain Technol. **41**, 49–55 (1966)

KASHIWA, H.K.: Localization of phosphate in bone cells of fresh calvaria by means of a dilute silveracetate solution. Anat. Rec. **162**, 177–186 (1968)

KASHIWA, H.K.: Calcium phosphate in osteogenic cells. A critique of the glyoxal bis(2-hydroxyanil) and the dilute silveracetate methods. Clin. Orthop. Rel. Res. **70**, 200 211 (1970)

KASHIWA, H.K., KOMOROUS, J.: Mineralized spherules in the cells and matrix of calcifying cartilage from developing bone. Anat. Rec. **170**, 119–127 (1971)

KASHIWA, H.K., PARK, H.Z.: Light microscopic localization of labile calcium in hypertrophied chondrocytes of long bone with alizarin red S$^1$. J. Histochem. Cytochem. **24**, 634 642 (1976)

KASHIWA, H.K., LUCHTEL, D.L., PARK, H.Z.: Chondroitin sulfate and electron lucent bodies in the pericellular rim about unshrunken hypertrophied chondrocytes of chick long bone. Anat. Rec. **183**, 359–372 (1975)

KASSOWITZ, M.: Die normale Ossification und die Erkrankungen des Knochensystems bei Rachitis und hereditärer Syphilis. Med. Jb. I. Teil 145–223, 293–457 (1879); II. Teil: Rachitis 315 466 (1881)

KASTEN, F.H.: The chemistry of Schiffs' reagent. Int. Rev. Cytol. **10**, 1 100 (1960)

KASTSCHENKO, N.: Über die Genese und Architektur der Batrachierknochen. Arch. mikr. Anat. **19**, 1–52 (1881)

KASTSCHENKO, N.: Zur Entwicklungsgeschichte des Selachierembryos. Anat. Anz. **3**, 445 467 (1888)

KATCHALSKY, A.: Polyelectrolytes and their biological interactions. Biophys. J. **4** (Suppl.), 9–41 (1964)

KATCHBURIAN, E., KATCHBURIAN, A.V., PEARSE, A.G.E.: Histochemistry of lysosomal enzymes in developing teeth of albino rats. J. Anat. (Lond.) **101**, 783–792 (1967)

KATZ, E.P., LI, S.T.: Structure and function of bone collagen fibrils. J. molec. Biol. **80**, 1 15 (1973)

KAUFMANN, E.: Lehrbuch der speziellen pathologischen Anatomie. Berlin, Reimer 1907

KAUFMAN, E.M., GLIMCHER, M.J., MECHANIC, G.L., GOLDHABER, P.: Collagenolytic activity during active bone resorption in tissue culture. Proc. Soc. Exp. Biol. (N.Y.) **120**, 632 637 (1965)

KAVANAU, J.L.: A model of growth and growth control in mathematical terms. Compensatory organ growth in the immature animal. In: Bone Biodynamics. (ed. by H.M. FROST) p. 353 390. Boston, Mass.: Little, Brown and Co. 1964

KAWAHARA, G., MATSUDA, M., SUGIYAMA, T.K.K., AIHARA, A., WADA, U.: The anatomical observation of the foramen nutricium of long bone (tubal bone) in japanese (further studies): its location, number and direction in the bone. Acta Anat. Nippon. **42**, 133–145 (1967)

KAWASE, O.: Electron microscopic ultrastructure of elastic fiber in aging process. In: Medical and Clinical Aspects of Aging. Proc. Fifth Congr. Int. Assn. Gerontology. p. 523 526 (1962)

KAWIAK, J.: Presence of chondroitin sulphate in chondrocytes. I. Histochemical and autoradiographic observations. Acta histochem. (Jena) **15**, 153–160 (1963a)

KAWIAK, J.: Presence of chondroitin sulphate in chondrocytes. II. Synthesis of chondroitin sulfate in the cells. Acta biochim. pol. **10**, 253–261 (1963b)

KAY, H.D.: Phosphatase in growth and disease of bone. Physiol. Rev. **12**, 384–422 (1932)

KAZZANDER, J.: Über den Ossificationsprozess. Arch. path. anat. Physiol. **87**, 189–193 (1882)

KAZZANDER, J.: Über die Entwicklung des Kniegelenkes. Arch. Anat. Entwickl. Gesch. S. 161–176 (1894)

KEECH, M.K.: Electron microscope study of the lathyritic rat aorta. J. biophys. biochem. Cytol. **7**, 539–546 (1960)

KEECH, M.K.: The formation of fibrils from collagen solutions. IV. Effect of mucopolysaccharides and nucleic acids: an electron microscope study. J. biophys. biochem. Cytol. **9**, 193–209 (1961)

KEFALIDES, N.A.: Comparative biochemistry of mammalian basement membranes. In: Chemistry and molecular biology of the intercellular matrix (ed. by E.A. BALAZS) Vol. 1, p. 535–573 (1970), London, New York: Academic Press (1970)

KEIBEL, F., ELZE, C.: Normentafeln zur Entwicklungsgeschichte des Menschen. Jena: Gustav Fischer Verlag (1908)

KEIBEL, F., MALL, F.: Handbuch zur Entwicklungsgeschichte des Menschen, 1. Band. Leipzig: S. Hirzel Verlag 1910

KEITH, A.: Menders of the maimed. The anatomical and physiological principles underlying the treatment of injuries to muscles, bones and joints. Oxford university press, London 1919

KEITH, A.: Studies on the anatomical changes which accompany certain growth-disorders of the human body. I. The nature of the structural alterations in the disorder known as multiple exostoses. J. Anat. (Lond.) **54**, 101–115 (1919–1920)

KEITH, A.: Concerning the origin and nature of osteoblasts. Proc. Roy. Soc. Med. **21**, 301–308 (1927)

KEITH, A.: Human embryology and morphology. 6 ed. London, Arnold 1948

KELIN, M., FROST, H.M.: Aging and the kinetics of human osteon formation. J. Geront. **19**, 336–342 (1964)

KELLENBERGER, E., ROUILLER, C.: Die Knochenstruktur untersucht mit dem Elektronenmikroskop. Schweiz. Z. allg. Path. **13**, 783–788 (1950)

KELLER, S., MANDL, I.: Comparative studies of some elastolytic breakdown products. In: Structure and function of connective and skeletal tissue (ed. by S. FITTON-JACKSON, R.D. HARKNESS, S.M. PARTRIDGE and G.R. TRISTRAM) p. 119–123. London: Butterworths 1965

KELLEY, R.O.: Ultrastructural features of chondrogenesis in the human hand plate: a cytochemical and autoradiographic study. J. Embryol. exp. Morph. **33**, 387–401 (1975)

KELLY, J.W.: The metachromatic reaction. Handbuch der Protoplasmaforschung II/D/2 Wien, Springer 1956

KELLY, J.W.: The use of metachromasy in histology, cytology and histochemistry. Acta histochem. (Jena) **1**, 85–102 (1958)

KELLY, J.W., BLOOM, G., SCOTT, J.E.: Quaternary ammonium compounds in connective tissue histochemistry. I. Selective unblocking. J. Histochem. Cytochem. **11**, 791–798 (1963)

KELLY, P.J., PETERSON, L.F.: The blood supply of bone. Heart Bull. **12**, 96–99 (1963)

KELLY, P.J., JANES, J.M., PETERSON, L.F.: The effect of beryllium on bone. A morphological study of the progressive changes observed in rabbit bone. J. Bone Jt. Surg. **43A**, 829–844 (1961)

KEMBER, N.F.: Cell division in endochondral ossification. A study of cell proliferation in rat bones by the method of tritiated thymidine autoradiography. J. Bone Jt. Surg. **42B**, 824–839 (1960)

KEMBER, N.F.: Kinetics of population of bone forming cells in the normal and irradiated rat. In: Some aspects of internal irradiation. (ed. by T.F. DOUGHERTY). 309–316, Oxford, London, New York, Paris: Pergamon Press 1962

KEMBER, N.F.: Cell survival and radiation damage in growth cartilage. Brit. J. Radiol. **40**, 496–505 (1967)

KEMBER, N.F.: Growing bones on the computer. Some pitfalls of a computer simulation of the effects of radiation on bone growth. Cell Tiss. Kin. **2**, 11–20 (1969)

KEMBER, N.F.: Cell population kinetics of bone growth: The first ten years of autoradiographic studies with tritiated thymidine. Clin. Orthop. **76**, 213–230 (1971)

KEMBER, N.F.: Comparative patterns of cell division in epiphyseal cartilage plates in the rat. J. Anat. (Lond.) 111, 137–142 (1972)

KEMBER, N.F., SISSONS, H.A.: Quantitative histology of the human growth plate. J. Bone Joint Surg. (Br.) 58-B, 426–435 (1976)

KEMPSON, G.E.: The effects of proteoglycan and collagen degradation on the mechanical properties of adult human articular cartilage. In: Dynamics of Connective Tissue Macromolecules (ed. by P.M.C. BURLEIGH, and A.R. POOLE) p. 277–307, Amsterdam-Oxford: North-Holland Publishing Company 1975

KENT, P.W.: Some biochemical aspects of sulphated mucosubstances. In: The biochemistry of mucopolysaccharides of connective tissue (ed. by F. CLARK and J.K. GRANT) p. 90–108 Cambridge: University Press 1961

KENT, P.W., PASTERNAK, C.A.: Biosynthesis of intestinal mucins. Formation of ''active sulphate'' by cell-free extracts, of sheep colonic mucosa. Biochem. J. 69, 453–458 (1958)

KENT, P.W., WHITEHOUSE, M.W.: Biochemistry of the aminosugars. Butterworths, London 1955

KERKIS, A.Y., KRISTOLYUBOVA, N.B.: The temporal and spatial separation of specific syntheses in the process of chondrogenesis (electron microscopic investigation). Sov. J. Dev. Biol. 5, 264–268 (1975)

KEYES, D.C., COMPERE, E.L.: The normal and pathological physiology of the nucleus pulposus of the intervertebral disc. J. Bone Jt. Surg. 14, 879–935 (1932)

KHAN, T.A., OVERTON, J.: Lanthanum staining of developing chick cartilage and reaggregating cartilage cells. J. Cell. Biol. 44, 433–438 (1970)

KIEFER, R.: Entwicklungsphysiologische Untersuchungen über den Einfluß der Chorda und des Neuralrohres auf die Wirbelbildung bei Anuren. Z. wiss. Zool. 162, 314–327 (1959)

KIENY, M.: Rôle inducteur de mésoderme dans la différenciation précoce du bourgeon de membre chez l'embryon de poulet. J. Embryol. exp. Morph. 8, 457–467 (1960)

KIENY, M.: Étude du mécanisme de la régulation dans le développement du bourgeon de membre de l'embryon de poulet. I. Régulation des excédents. Develop. Biol. 9, 197–229 (1964)

KIMATA, K., OKAYAMA, M., OOHIRA, A., SUZUKI, S.: Heterogeneity of proteochondroitin sulfates produced by chondrocytes at different stages of cytodifferentiation. J. biol. Chem. 249, 1646–1653 (1974)

KIMIZUKA, H., KOKETSU, K.: Binding of calcium ion to lecithin film. Nature (Lond.) 196, 995–996 (1962)

KINCAID, S.A., SICKLE, D.C. VAN, WILSMAN, N.J.: Histochemical evidence of a functional heterogeneity of the chondrocytes of adult canine articular cartilage. Histochem. J. 4, 237–243 (1972)

KIND, H.: Studien zur Frage der Osteolyse. Beitr. path. Anat. 111, 283–312 (1951)

KINGERY, H.M.: On the nature of the osteoclasts. Anat. Rec. 27, 184 (1924)

KIRBY-SMITH, H.T.: Bone growth studies. A miniature bone fracture observed microscopically in a transparent chamber introduced into the rabbit's ear. Amer. J. Anat. 53, 377–402 (1933)

KITCHELL, R.L., WELLS, L.J.: Functioning of the hypophysis and adrenals in fetal rats: Effects of hypophysectomy, adrenalectomy, castration, injected ACTH and implanted sexhormones. Anat. Rec. 112, 561–586 (1952)

KIVIRIKKO, K.I.: Urinary excretion of hydroxyproline in health and disease. Int. Rev. Connect. Tiss. Res. 5, 93–163 (1970)

KIVIRIKKO, K.I.: Biosynthesis of collagen. In: Connective Tissue Biochemistry and Pathophysiology (ed. by R. FRICKE and F. HARTMANN). S. 107–121. Berlin-Heidelberg-New York: Springer 1974

KJAER, I.: Histochemical investigations on the symphysis menti in the human fetus related to fetal skeletal maturation in the hand and foot. Acta Anat. (Basel) 93, 606–633 (1975)

KLAATSCH, H.: Über die Herkunft der Scleroblasten. Ein Beitrag zur Lehre von der Osteogenese. Morph. Jb. 21, 153–240 (1894a)

KLAATSCH, H.: Zur Kenntnis der Beteiligung des Ektoderms am Aufbau innerer Skeletbildungen. Anat. Anz. 9, 170–172 (1894b)

KLAATSCH, H.: Über die Bedeutung der Hautsinnesorgane für die Ausschaltung der Skleroblasten aus dem Ektoderm. Anat. Anz. 10, 122–134 (1895)

KLAAUW, C.J. VAN DER: Cerebral skull and facial skull. A contribution to the knowledge of skull structure. Arch. neerl. Zool. 7, 16–37 (1946)

KLAAUW, C.J. VAN DER: Size and position of the functional components of the skull. Arch. neerl. Zool. 8, 1–559 (1952)

KLEINE, T.O., HILZ, H.: Untersuchungen zur Biosynthese der Chondroitinsulfat-Proteine. I. Charakterisierung der Protein-Polysaccharide aus Kälberrippenknorpel und ihre in-vitro-Markierung mit $^{35}SO^2_4$. Hoppe-Seylers Z. physiol. Chem. **349**, 1027–1036 (1968)

KLEINE, T.O., HILZ, H.: Metabolically different proteoglycans in calf rib cartilage. In: Chemistry and molecular biology of the intercellular matrix (ed. by E.A. BALAZS) Vol. 2, p. 907–919, London and New York: Academic Press 1970

KLEINE, T.O., KIRSIG, H.-J., HILZ, H.: Über die Koordinierung von Protein-, Polysaccharid- und Sulfatester-Synthese im Rippenknorpel von Kälbern. Hoppe-Seylers Z. physiol. Chem. **349**, 1037–1048 (1968)

KLEINE, T.O., KIRSIG, H.-J., HILZ, H.: On the biosynthesis of chondroitin sulfate proteins. III. Metabolic and chemical heterogeneity in calf rib cartilage as revealed by CsCl gradient centrifugation. Hoppe-Seylers Z. physiol. Chem. **352**, 479–487 (1971)

KLESTADT, W.: Über die Glykogenablagerung. Erg. allg. Path. path. Anat. **15**, 349–415 (1911)

KLING, D.H., CAMERON, G.: Morphological and physiological study of tissue cultures of human and mammalian synovial membranes. Anat. Rec. **121**, 472. Abstr. (1955)

KLING, D.H., LEVINE, M.G., WISE, S.: Mucopolysaccharides in tissue cultures of human and mammalian synovial membrane. Proc. soc. exp. Biol. (N.Y.) **89**, 261–263 (1955)

KLINKE, K.: Der Mineralstoffwechsel. In: Biologische Daten für den Kinderarzt (hrsg. von J. BROCK) 2. Band, S. 270–313. Berlin-Göttingen-Heidelberg: Springer-Verlag 1954

KLINTZ, J.H.: Die enchondrale Ossifikation bei den Amphibien (*Salamandra maculosa* Laur.) Arb. zool. Inst. Univ. Wien 19, Heft 2, 165–194 (1911)

KNESE, K.-H.: Kinematik des Kniegelenkes. Gelenkstudien Z. Anat. u. Entwickl.-gesch. **115**, 287–322 (1950)

KNESE, K.-H.: Die periostale Osteogenese und Bildung der Knochenstruktur bis zum Säuglingsalter. Z. Zellforsch. **44**, 585–643 (1956a)

KNESE, K.-H.: Knochenbildung und Knochenaufbau unter Berücksichtigung der Histopathologie. Regensburg. Jb. ärztl. Fortbild. **5**, 177–189 (1956b)

KNESE, K.-H.: Die diaphysäre chondrale Osteogenese bis zur Geburt. Z. Zellforsch. **47**, 80–113 (1957)

KNESE, K.-H.: Knochenstruktur als Verbundbau. Heft 4 der „Zwanglosen Abhandlungen a.d. Gebiet d. normalen und pathologischen Anatomie". Stuttgart: G. Thieme Verlag 1958a

KNESE, K.-H.: Über anatomische Grundlagen der Konstitution. Z. Morph. Anthrop. **49**, 29–42 (1958b)

KNESE, K.-H.: Neuere Untersuchungen über die Knochenbildung und ihre Beeinflussungsmöglichkeiten. Dtsch. Zahnärztl. Z. **14**, 925–932/990–1000 (1959a)

KNESE, K.-H.: Die Ultrastruktur des Knochengewebes. Dtsch. med. Wschr. **84**, 1640–1644/1649–1650 (1959b)

KNESE, K.-H.: The ultra-structure of bone. Germ. med. Mth. **4**, 427–431/411–412 (1959c)

KNESE, K.-H.: Untersuchungen über die Reaktion der Gewebe von Säugetierfeten (*Mesocricetus aureatus*) auf intrauterine operative Eingriffe. Wilhelm Roux' Arch. Entwickl. Mech. Org. **152**, 455–490 (1960)

KNESE, K.-H.: Untersuchungen über das topochemische Verhalten des Mesenchyms beim Hühnchen. Excerpta Medica. Int. Congr. Ser. Nr. 70 (Deuxième Réunion Européene d'Anatomie) Bruxelles/Belgique 1963a

KNESE, K.-H.: Über die Mineralablagerungen in Knorpel- und Knochengewebe unter Berücksichtigung elektronenmikroskopischer Befunde. Acta histochem. (Jena) Suppl. III, 31–56 (1963b)

KNESE, K.-H.: Zell- und Faserstruktur des Knochengewebes. Acta anat. (Basel) **53**, 369–394 (1963c)

KNESE, K.-H.: Knochenbildung und Entwicklung der Knochenstruktur. Verh. dtsch. path. Ges. **47**, 35–54 (1963d)

KNESE, K.-H.: A histochemical study of the polysaccharides in osteogenic areas in bone and tooth. In: Bone and tooth (ed. by H.J. BLACKWOOD) p. 283–287. Oxford: Pergamon Press 1964a

KNESE, K.-H.: Das metachromatische Färbungsmuster bei der Verwendung verschiedener Farbstoffe am gleichen Objekt. 2. Int. Kongr. f. Histo- und Cytochemie (hrsg. von T.H. SCHIEBLER, A.G.E. PEARSE und H.H. WOLFF) S. 174–175, Berlin-Göttingen-Heidelberg: Springer Verlag 1964b

KNESE, K.-H.: Zur Topochemie des Ektomesenchyms. Anat. Anz. **115**, 123–127 (1964c)

KNESE, K.-H.: The early development of the skeletal blastema. In: Calcified Tissues, Proc. 2nd. Europ. Symp. (ed. by L.J. RICHELLE and M.J. DALLEMAGNE) p. 285-290. Liège: 1965a

KNESE, K.-H.: Die Frühentwicklung des Extremitätenmesenchyms beim Hühnchen. VIII. Internat. Anatomenkongreß, Wiesbaden. Zusammenfassung der Vorträge in den Symposien. Stuttgart: Georg Thieme Verlag 1965b

KNESE, K.-H.: Diskussionsbemerkung zu VINCENT, J.: "Données histochimiques sur les sites d'ostéogénèse et de calcification". Arch. Biol. (Liège) 75, Suppl. 841–844 (1965c)

KNESE, K.-H.: Zur Topochemie der Ursegmente. Anat. Anz. 115, (Erg. Heft) 205–210 (1965d)

KNESE, K.-H.: Zytogenese und topochemische Reaktion der frühen und späten epitheloiden Osteoblasten. Z. Zellforsch. 69, 93–128 (1966a)

KNESE, K.-H.: Feinbau und Belastungsmöglichkeiten des Knorpels. Sportarzt und Sportmedizin 17, 444–458 (1966b)

KNESE, K.-H.: Zytologische Aspekte der Knochenbildung. Internist (Berl.) 7, 581–590 (1966c)

KNESE, K.-H.: Cytogenesis of osteoblasts. In: L'ostéomalacie, Symposium Organisé par le Centre du Métabolisme Phospho-Calcique (ed. by D.J. HIOCO) p. 65–75. Paris: Masson et Cie. 1967a

KNESE, K.-H.: Topographic and temporal correlation of processes of osteogenesis discussed according to electronmicroscopic findings. In: Callus Formation, Symp. Biol. of Fracture Healing (ed. by St. KROMPECHER and E. KERNER) Symposia Biologica Hungarica, p. 165–177. Budapest: Akadémiai Kiadó 1967b

KNESE, K.-H.: Analisi al microscopio elettronico della struttura delle cellule periostali. Arch. ital. Anat. Embriol. Suppll. 72 (1967c)

KNESE, K.-H.: Über verdämmernde Zellen im Periost und die Entwicklung der encoche d'ossification. Verh. Anat. Ges. 62. Vers. 1967. Anat. Anz. 121, Erg. H. 561–569 (1968a)

KNESE, K.-H.: The ultrastructure of the hypertrophic cartilage cells. In: Calcified Tissues, 5th. Europ. Sympos. (ed. by G. MILHAUD, M. OWEN and H.J.J. BLACKWOOD) p. 409–415. Paris: Société d'édition d'enseignement supérieur (1968b)

KNESE, K.-H.: Zur Ultrastruktur der Skeletzellen. Hippokrates (Stuttg.) 7, 241–247 (1969a)

KNESE, K.-H.: Zytologische Beobachtungen an Skeletzellen über die Bildung der Kohlenhydrat-Protein-Komplexe. Z. mikr. anat. Forsch. 81, 233–294 (1969b)

KNESE, K.-H.: The ultrastructure of MPS-forming cells. IX. Int. Kongress der Anatomen. 17.-22.8.1970a Leningrad

KNESE, K.-H.: The ultrastructure of resorbing cell borders. Calcif. Tiss. Res. 4, (Suppl.) 78–79 (1970b)

KNESE, K.-H.: Struktur und Ultrastruktur des Knochengewebes. In: Handbuch der Medizinischen Radiologie. (hrsg. von L. DIETHELM, O. OLSSON, F. STRNAD, H. VIETEN und A. ZUPPINGER) Bd. 4/1, S. 317–416. Berlin-Heidelberg-New York: Springer 1970c

KNESE, K.-H.: Mechanik und Festigkeit des Knochengewebes. In: Handbuch der Medizinischen Radiologie. (hrsg. von L. DIETHELM, O. OLSSON, F. STRNAD, H. VIETEN und A. ZUPPINGER) Bd. 4/1, S. 417–539. Berlin-Heidelberg-New York: Springer 1970d

KNESE, K.-H.: Struktur und Ultrastruktur des Knorpels. In: Handbuch der Medizinischen Radiologie (hrsg. von L. DIETHELM, O. OLSSON, F. STRNAD, H. VIETEN und A. ZUPPINGER) Bd. 4/1, S. 678–783. Berlin-Heidelberg-New York: Springer 1970e

KNESE, K.-H.: Umgestaltung des endoplasmatischen Retikulums der Glykoproteine bildenden Skeletzellen. Acta anat. (Basel) 79, 504–525 (1971a)

KNESE, K.-H.: Die Ultrastruktur der Fibroelastica des Periostes verglichen mit Cornea und Sklera. Anat. Anz. 129, 401–420 (1971b)

KNESE, K.-H.: Osteoklasten, Chondroklasten, Mineraloklasten, Kollagenoklasten. Acta anat. (Basel) 83, 275–288 (1972a)

KNESE, K.-H.: Proteoglycane und Glykoproteine im Periost. Acta histochem. (Jena) 44, 77–89 (1972b)

KNESE, K.-H.: Faserkristallisation, chondroide und ossale Mineralisation bei der desmalen Osteogenese und in der Zwischenwirbelscheibe. Acta anat. (Basel) 96, 429–443 (1976)

KNESE, K.-H.: Über die Fixierung intrazellulärer Kohlenhydrate in den Chondrocyten. Acta histochem. (Jena), 59, 139–154 (1977)

KNESE, K.-H.: Kristallisation und Auflösung von Kollagenfibrillen während der Histogenese der Zwischenwirbelscheibe. Acta anat. 100, 328–346 (1978)

KNESE, K.-H., BIERMANN, H.: Die Knochenbildung an Sehnen- und Bandansätzen im Bereich ursprünglich chondraler Apophysen. Z. Zellforsch. 49, 142–187 (1958)

KNESE, K.-H., GEIDEL, H.: Form, Oberfläche und Volumen der Zellkerne des Periosts. Z. mikr. anat. Forsch. **85**, 223–244 (1972)

KNESE, K.-H., HARNACK, M. v.: Über die Faserstruktur des Knochengewebes. Z. Zellforsch. **57**, 520–558 (1962)

KNESE, K.-H., KNOOP, A.M.: Elektronenoptische Untersuchungen über die periostale Osteogenese. Z. Zellforsch. **48**, 455–478 (1958)

KNESE, K.-H., KNOOP, A.M.: Elektronenmikroskopische Befunde über die Mukopolysaccharidbildung. Dtsch. Ges. f. Elektronenmikr. Freiburg/Br. 9. Tagung 18.–21. Oktober, Programm und Autorenref. 1959

KNESE, K.-H., KNOOP, A.M.: Elektronenmikroskopische und histochemische Untersuchungen am Knorpelgewebe über den Ort der Bildung des Mucopolysaccharid-Protein-Komplexes. Z. Zellforsch. **53**, 201–258 (1961a)

KNESE, K.-H., KNOOP, A.M.: Elektronenmikroskopische Beobachtungen über die Zellen in der Eröffnungszone des Epiphysenknorpels. Z. Zellforsch. **54**, 1–38 (1961b)

KNESE, K.-H., KNOOP, A.M.: Chondrogenese und Osteogenese, elektronmikroskopische und lichtmikroskopische Untersuchungen. Z. Zellforsch. **55**, 413–468 (1961c)

KNESE, K.-H., THEWS, G.: Zur Beurteilung graphisch formulierter Häufigkeitsverteilung bei biologischen Objekten. Biometr. Z. **2**, 183–193 (1960)

KNESE, K.-H., TITSCHAK, S.: Untersuchungen mit Hilfe des Lochkartenverfahrens über die Osteonstruktur von Haus- und Wildschweinknochen sowie Bemerkungen zur Baugeschichte des Knochens. Morph. Jb. **102**, 337–458 (1962)

KNESE, K.-H., VOGES, D., RITSCHL, I.: Untersuchungen über die Osteon- und Lamellenformen im Extremitätenskelet des Erwachsenen. Z. Zellforsch. **40**, 323–360 (1954a)

KNESE, K.-H., RITSCHL, I., VOGES, D.: Quantitative Untersuchung der Osteonverteilung im Extremitätenskelet eines 43jährigen Mannes. Z. Zellforsch. **40**, 519–570 (1954b)

KNOPFLI, W.: Beiträge zur Morphologie und Entwicklungsgeschichte des Brustschulterskelettes bei den Vögeln. Jen. Z. Naturwiss. **55**, 577–720 (1919)

KOBAYASHI, S.: Calcification in fish and shell-fish. II. A paper electrophoretic study on the acid mucopolysaccharides and PAS-positive materials of the extrapallial fluid in some molluscan species. Bull. Jap. Soc. Fish. **30**, 893–899 (1964)

KOBAYASHI, S.: Acid mucopolysaccharides in calcified tissues. Int. Rev. Cytol. **30**, 257–371 (1971)

KOBURG, E.: Autoradiographische Untersuchungen zum Nukleinsäurestoffwechsel einzelner Zellarten der Lunge. Verh. dtsch. path. Ges. 44. Tg. S. 160–165 (1960)

KOBURG, E.: Autoradiographische Untersuchungen zum Eiweißstoffwechsel der Zellen des Knorpels und Knochens. Beitr. path. Anat. **124**, 108–135 (1961)

KOBURG, E.: Autoradiographic investigation of protein and nucleic acid metabolism of the cells of cartilage and bone. Ann. Histochim. **7**, 97–101 (1962)

KOCH, A.R.: Die Frühentwicklung der clavicula beim Menschen. Acta anat. (Basel) **42**, 177–212 (1960)

KOCH, W.: Über verknöcherte Sehnen bei *Macropus*. Anat. Anz. **62**, 138–144 (1926/27)

KOCH, W.E.: In vitro development of tooth rudiments of embryonic mice. Anat. Rec. **152**, 513–524 (1965)

KODICEK, E., LOEWI, G.: The uptake of $^{35}$S sulphate by mucopolysaccharides of granulation tissue. Proc. Roy. Soc. B. **144**, 100–115 (1955)

KOECKE, H.U.: Untersuchungen über die regionalen Potenzen der Neuralleiste zur Bildung von Melanoblasten bei der Hausente (*Anas domestica*). Wilhelm Roux' Arch. Entwickl. Mech. Org. **151**, 612–659 (1960)

KOELLIKER, A.: Handbuch der Gewebelehre des Menschen. Leipzig W. Englemann: 1. Aufl. 1850, 5. Aufl. 1867, 6. Aufl. 1889

KOELLIKER, A.: Über die große Verbreitung der „perforating fibres" von Sharpey. Würzburg. Naturwiss. Zeitschr. **1**, 306–316 (1860)

KOELLIKER, A.: Die Verbreitung und Bedeutung der vielkernigen Zellen in Knochen und Zähnen. Verh. physik.-med. Ges., Würzburg, N.F. **2**, 243 (1872)

KOELLIKER, A.: Die normale Resorption des Knochengewebes und ihre Bedeutung für die Entstehung der typischen Knochenformen. Leipzig: F.C.W. Vogel 1873

KOELLIKER, A.: Entwicklungsgeschichte des Menschen und der höheren Tiere. Leipzig: Wilhelm Engelmann 1879

KOELLIKER, A.: Der feinere Bau des Knochengewebes. Z. Zool. **44**, 644–680 (1886)

KOHN, P., WINZLER, R.J., HOFFMAN, R.C.: Metabolism of D-glucosamine and N-acetyl-D-glucosa-mine in the intact rat. J. biol. Chem. **237**, 304–308 (1962)

KOJIMA, M., OGATA, M.: On the nature of the so-called osteoclasts. Tohoku J. exp. Med. **71**, 373–384 (1960)

KOLLATH, W.: Das Wachstumsproblem und die Frage des Zellersatzes in der Vitaminforschung. Arch. exp. path. Pharmakol. **167**, 478–506 (1932)

KOLTZE, H.: Studie zur äußeren Form der Osteone. Z. Anat. Entwickl.-Gesch. **115**, 584–596 (1951)

KÖNIG, K., KORNFELD, W.: Über Symmetrie- und Längenverhältnisse der verknöcherten Skeletteile menschlicher Embryonen. Z. Anat. Entwickl.-Gesch. **82**, 657–693 (1972)

KONIGSBERG, I.R.: The relationship of collagen to the clonal development of embryonic skeletal muscle. In: Chemistry and molecular biology of the intercellular matrix (ed. by E.A. BALAZS) Vol. 3, p. 1779–1810. London and New York: Academic Press 1970

KOPSCH, F.R.: Die Lage des Materials für Kopf, Primitivstreifen und Gefäßhof in der Keimscheibe des unbebrüteten Hühnereies und seine Entwicklung während der ersten beiden Tage der Bebrü-tung. Z. mikr.-anat. Forsch. **35**, 254–328 (1934)

KOPSCH, F.R.: Größe, Form und caudale Grenze des Bezirks der Hirnplatte am ausgebildeten Primitivstreifen des Huhnes. Z. mikr. anat. Forsch. **51**, 230–308 (1942)

KOPSCH, F.R.: Nomina Anatomica 5. Auflage bearbeitet von K.-H. KNESE, Stuttgart: (Thieme) 1957

KÖRBER, F.: Der Carboanhydratase-Gehalt der Knochenzellen und seine mögliche physiologische Bedeutung. Inaug. Diss. Berlin 1964

KORFF, K. V.: Die Entwicklung der Zahnbeingrundsubstanz der Säugetiere. Arch. mikr. Anat. **67**, 1–15 (1906)

KORFF, K. V.: Zur Histologie und Histogenese des Bindegewebes, besonders der Knochen- und Dentingrundsubstanz. Ergebn. Anat. Entwickl.-Gesch. **17**, 247–299 (1907a)

KORFF, K. V.: Die Analogie in der Entwicklung der Knochen- und Zahnbeingrundsubstanz der Säugetiere nebst kritischen Bemerkungen über die Osteoblasten- und Odontoblastentheorie. Arch. mikr. Anat. **69**, 515–543 (1907b)

KORFF, K. V.: Über den Geweihwechsel der Hirsche, besonders über den Knorpel- und Knochenbil-dungsprozeß der Substantia spongiosa der Baststangen. Anat. Hefte **51**, 691–713 (1914)

KORFF, K. V.: Über die Weidenreich'sche Theorie von zwei verschiedenen Bildungsarten der Kno-chen- und Dentin-Grundsubstanz. Anat. Anz. **71**, 65–76 (1930–1931)

KORN, E.D.: Biological membranes. In: Theoretical and experimental biophysics. (ed. by A. COLE) Vol. 2, p. 1–67, New York and London: Marcel Dekker 1969a

KORN, E.D.: Cell membranes: Structure and synthesis. Ann. Rev. Biochem. **38**, 263–288 (1969b)

KÖRNER, F.: Das Myon, das konstruktive Bauelement des Muskels. Z. Anat. Entwickl.-Gesch. **109**, 609–623 (1939)

KORST, J.K. VAN DER, LANSINK, A.G.W., HENRICHS, A.M.A.: Different aging patterns in the solubi-lity and amylasedigestibility of articular and costal cartilage in man. Exp. Geront. **8**, 325–331 (1973)

KOSHER, R.A., LASH, J.W.: Notochordal stimulation of in vitro somite chondrogenesis before and after enzymatic removal of perinotochordal materials. Develop. Biol. **42**, 362–378 (1975)

KOSSA, J. V.: Über die im Organismus künstlich erzeugbaren Verkalkungen. Beitr. Path. Anat. **29**, 163–202 (1901)

KRAMER, H., LITTLE, K.: Nature of reticulin. In: Nature and structure of collagen (ed. by J.T. RANDALL) p. 33–50, London: Butterworths 1953

KRAMER, H., WINDRUM, G.W.: The metachromatic staining reaction. J. Histochem. Cytochem. **3**, 227–237 (1955)

KRANE, S.M., PARSONS, V., KUNIN, A.S.: Studies of the metabolism of epiphyseal cartilage. In: Cartilage degradation and repair (ed. by C.A.L. BASSETT) p. 43–58. Washington: National Re-search Council, National Academy of Sciences 1967

KRATHY, O., SEKORA, A.: Defection of large distances between lattice planes in kangarootail tendons. Molecular structure of fiber proteins. M. makromol. Chem. **1**, 113–121 (1943)

KRAUSS, K.: Beitrag zur normalen und pathologischen Anatomie des Kniegelenkszwischenknorpels. Zbl. allg. Path. path. Anat. **73**, 193–196 (1939)

KRETSINGER, R.H., MANNER, G., GOULD, B.S., RICH, A.: Synthesis of collagen on polyribosomes. Nature (Lond.) **202**, 438–441 (1964)

KREUZER, O.: Über Wachstum und Festigkeit langer Röhrenknochen im Laufe des postembryonalen Lebens am Os femoris von *Cavia porcellus*. Arch. Entwickl.-Mech. Org. **126**, 148–184 (1932)

KRNJEVIC, K., MILEDI, R.: Motor units in the rat diaphragm. J. Physiol. **140**, 427–439 (1958)

KROMPECHER, ST.: Die Knochenbildung. Jena: G. Fischer, 1937

KROMPECHER, ST.: Die Entstehungsbedingungen des Faserknorpels. Anat. Anz. **85**, 229–236 (1938)

KROMPECHER, ST.: Hypoxybiose und Mucopolysaccharidbildung in der Differenzierung und Pathologie der Gewebe sowie über den Zusammenhang zwischen Schilddrüsenfunktion und Mucopolysacchariden. Leipzig: Johann Ambrosius Barth 1960

KROMPECHER, ST.: Local tissue metabolism and the quality of the callus. In: Callus formation symposium on the biology of fracture healing. (ed. by ST. KROMPECHER and E. KERNER) Budapest: Akadémiai Kiadó, 275–300, 1967

KROMPECHER, ST., KERNER, E. (ed.): Callus formation Symposium on the biology of fracture healing. Budapest: Akadémiai kiadó 1967

KROMPECHER, ST., TOTH, L.: Die Konzeption von Kompression, Hypoxie und konsekutiver Mucopolysaccharidbildung in der kausalen Analyse der Chondrogenese. Biophysikalische Versuche als Kritik der „Hydrostatischen" Theorie von Pauwels. Z. Anat. Entwickl.-Gesch. **124**, 268–288 (1964)

KROON, D.B.: Phosphatase and the formation of protein-carbohydrate complexes. Acta anat. (Basel) **15**, 317–328 (1952)

KROON, D.B.: Bone-destroying function of osteoclasts (KOELLIKER'S "brush border") Acta anat. (Basel) **21**, 1–18 (1954)

KROON, D.B.: Effect of parathyroid extract on osteogenic tissue. Acta morph. neerl.-scand. **2**, 38–58 (1958)

KUETTNER, K., GUENTHER, H., RAY, R.D., SCHUMACHER, G.F.B.: Lysozyme in preosseous cartilage. Calcif. Tiss. Res. **1**, 298–305 (1968a)

KUETTNER, K., SOBLE, L.W., EISENSTEIN, R., YAEGER, J.A.: The influence of lysozyme on the appearance of epiphyseal cartilage in organ culture. Calcif. Tiss. Res. **2**, 93–105 (1968b)

KUFF, E.L., DALTON, A.J.: Biochemical studies of isolated Golgi membranes. In: Subcellular particles (ed. by T. HAYASHI) p. 114–127. New York: Ronald Press Company 1959

KUFTINEC, M.M., MILLER, S.A.: Bone growth in the neonatal rat. I. Biochemical aspects of bone protein synthesis. Calcif. Tiss. Res. **11**, 105–111 (1973)

KUHLENCORDT, F., KRUSE, H.-P. (ed.): Calcium metabolism, Bone and Metabolic. Bone Diseases. Berlin-Heidelberg-New York: Springer, 1975

KUHLMAN, R.E.: A microchemical study of the developing epiphyseal plate. J. Bone Jt. Surg. **42A**, 457–466 (1960)

KUHLMAN, R.E.: Enzyme alterations in the epiphyseal plate of the rabbit resulting from aminoacetonitrile administration. J. Bone. Jt. Surg. **43A**, 669 (1961)

KUHLMAN, R.E., McNAMEE, M.J.: The biochemical importance of the hypertrophic cartilage cell area to enchondral bone formation. J. Bone Jt. Surg. **52B**, 1025–1032 (1970)

KÜHN, A.: Vorlesungen über Entwicklungsphysiologie. Berlin-Göttingen-Heidelberg: Springer 1955

KÜHN, B.: Untersuchungen über das menschl. Wadenbein. Anat. Anz. **76**, 289–317 (1933)

KÜHN, K., ZIMMER, E.: Eigenschaften des Tropocollagenmoleküls und deren Bedeutung für die Fibrillenbildung. Z. Naturforsch. **16b**, 648–658 (1961)

KÜHN, K., GRASSMANN, W., HOFMANN, U.: Über die Bildung der Collagenfibrillen aus gelöstem Collagen und die Funktion der kohlenhydrathaltigen Begleitkomponenten. Z. Naturforsch. **24b**, 436–443 (1959a)

KÜHN, K., HOFMANN, U., GRASSMANN, W.: Über die Verteilung der basischen Aminosäuren in der Tropokollagenmolekel. Naturwissenschaften **46**, 512 (1959b)

KÜHN, K., BRÄUMER, K., ZIMMERMANN, B., PIKKARAINEN, J.: The formation and structure of insoluble collagen. In: Chemistry and molecular biology of the intercellular matrix (ed. by E.A. BALAZS) Vol. 1, p. 251–273. London and New York: Academic Press 1970

KÜNZEL, E.: Ein Beitrag zur Frage der Halbgelenke. Verh. Anat. Ges. 53. Vers. Stockholm. Erg. H. Anat. Anz. **103**, 207–218 (1956)

KÜNZEL, E.: Beitrag zur funktionellen Anatomie der Zwischenwirbelscheiben des Hundes mit Berücksichtigung der Discopathien. Berl. Münch. tierärztl. Wschr. **73**, 101–106 (1960)

KÜTTNER: Die Abscheidung des indigschwefelsauerm Natrons in den Geweben der Lunge. Zbl. med. Wiss. Jahrg. **13**, No 41, 689–691 (1875)

KUHN, R., LEPPELMANN, H.J.: Galaktosamin und Glucosamin im Knorpel in Abhängigkeit vom Lebensalter. Justus Liebigs Ann. Chem. **611**, 254–258 (1958)

KULONEN, E., PIKKARAINEN, J.: Comparative studies on the chemistry and chain structure of collagen. In: Chemistry and molecular biology of the intercellular matrix (ed. by E.A. BALAZS) Vol. 1, p. 81–97, London and New York: Academic Press 1970

KUMMER, B.: Untersuchungen über die ontogenetische Entwicklung des menschlichen Schädelbasiswinkels. Z. Morphol. Anthropol. **43**, 331–360 (1952)

KUMMER, B.: Die Biomechanik des Säugetierskelets. In: Handbuch der Zoologie (hrsg. J.G. HELMCKE, H.v.LEUGERKEN, D. STARK). S. 1–80. Berlin: W. de Gruyter und Co. 1959a

KUMMER, B.: Bauprinzipien des Säugerskeletes. Stuttgart: Georg Thieme 1959b

KUMMER, B.: Statik und Dynamik des menschlichen Körpers. In: Handbuch der Arbeitsmedizin. Bd. I, I. München-Berlin-Wien: Urban und Schwarzenberg 1961

KUMMER, B.: Funktioneller Bau und funktionelle Anpassung des Knochens. Anat. Anz. **111**, 261–293 (1962)

KUMMER, B.: Die Beanspruchung des menschlichen Hüftgelenks. I. Allgemeine Problematik. Z. Anat. Entwickl.-Gesch. **127**, 277–285 (1968)

KUMMER, B.: Die Beanspruchung der Gelenke, dargestellt am Beispiel des menschlichen Hüftgelenks. Verh. Orthop. Ges. 55. Kongr. Kassel 1968, S. 301–311. Stuttgart: Enke 1969

KUNIN, A.S., KRANE, S.M.: The effect of dietary phosphorous on the intermediary metabolism of epiphyseal cartilage from rachitic rats. Biochim. biophys. Acta (Amst.) **107**, 203–214 (1965)

KUPFFER, C. v.: Über Sternzellen der Leber. Arch. mikr. Anat. **12**, 353–358 (1876)

KUPFFER, C. v.: Studien zur vergleichenden Entwicklungsgeschichte des Kopfes der Cranioten. II. Entwicklung des Kopfes von *Ammocoetes planeri*. München-Leipzig 1894

KUPFER, G., GEYER, G.: Histochemische Studien an Basalmembranen von einigen Säugetieren. Acta histochem. (Jena) **31**, 24–35 (1968)

KURANARI, T., KIMOTO, E., HARA, M.: Antigenic profiles of proteinpolysaccharide complex from human costal cartilage. I. Antigenicity of sialoprotein moiety. Kurume med. J. **18**, 137–146 (1971)

KUROSUMI, K.: Electron microscopic analysis of the secretion mechanism. Int. Rev. Cytol. **11**, 1–124 (1961)

KUWABARA, H.: Collagen formation in tissue culture of fibroblasts from chick embryo hearts. Jap. J. exp. Med. **29**, 627–634 (1959)

KVIST, T.N., FINNEGAN, C.V.: The distribution of glycosaminoglycans in the axial region of the developing chick embryo. I. Histochemical analysis. J. exp. Zool. **175**, 221–240 (1970a)

KVIST, T.N., FINNEGAN, C.V.: The distribution of glycosaminoglycans in the axial region of the developing chick embryo. II. Biochemical analysis. J. exp. Zool. **175**, 241–257 (1970b)

KWON, D.S., MASON, P., RIGBY, B.J.: Influence of the tendon membrane on swelling and thermal stability. Nature (Lond.) **201**, 159–160 (1964)

KYES, P., POTTER, T.S.: Physiologic marrow ossification in female pigeons. Anat. Rec. **60**, 377–379 (1934)

LABELLA, F.S.: Elastin, a metabolically active lipoprotein. Nature (Lond.) **180**, 1360–1361 (1957)

LABELLA, F.S.: Characterization of Schiff-positive substances in elastic fibers. J. Histochem. Cytochem. **6**, 260–264 (1958)

LABELLA, F.S.: Studies on the soluble products released from purified elastic fibers by pancreatic elastase. Arch. Biochem **93**, 72–79 (1961)

LACK, C.H., ROGERS, H.J.: Action of plasmin on cartilage. Nature (Lond.) **182**, 948–949 (1958)

LACOSTE, A.: Dégénérescence partielle ou globale des ostéoblastes dans les os en croissance. C. R. Soc. Biol. (Paris), **88**, 435–436 (1923)

LACROIX, P.: On the origin of the diaphysis. Anat. Rec. **92**, 433–439 (1945a)

LACROIX, P.: Les mécanismes élémentaires de l'ossification endochondrale. Arch. Biol. **56**, 351–382 (1945b)

LACROIX, P.: Organizers and the growth of bone. J. Bone Jt. Surg. **29**, 292–296 (1947)

LACROIX, P.: Le mode de croissance du périoste. Arch. Biol. (Liège), **59**, 379–390 (1948)

LACROIX, P.: L'organisation des os. Liège 1949a

LACROIX, P.: Les greffes de tissu osseux. Étude histophysiologique. Arch. Biol. **60**, 1–13 (1949b)

LACROIX, P.: Origine, structure et valeur de l'encoche d'ossification de Ranvier. Bull. hist. appl. **26**, 159–169 (1949c)

Lacroix, P.: The organization of bones. London: Churchill 1951a

Lacroix, P.: L'os et les mécanismes de sa formation: Étude morphologique. J. Physiol. (Paris) **43**, 385–424 (1951b)

Lacroix, P.: Sur le métabolisme du calcium dans l'os compact du chien adulte. Bull. Acad. roy. Méd. Belg. **18**, 489–496 (1953)

Lacroix, P.: Radiocalcium and radiosulphur in the study of bone metabolism at the histological level. Second Radioisotope Conf. Vol. 1, 134–137 (1954)

Lacroix, P.: The histological remodelling of adult bone. An Autoradiographic Study. Reprinted from CIBA Found. Symp. on Bone Structure and Metabolism, p. 36–44 (1956)

Lacroix, P.: Ostéogenèse et induction. Bull. Acad. Roy. Méd. Belg. **24**, 638–661 (1959)

Lacroix, P.: Ca-45 autoradiography in the study of bone tissue. In: Bone as a Tissue (ed. by K. Rodahl) p. 262–279, New York-Toronto-London: McGraw-Hill Book Comp. Inc. 1960

Lacroix, P.: Bone and cartilage. In: The cell (ed. by J. Brachet and A.E. Mirsky) Vol. V, p. 219–266, New York and London: Academic Press 1961

Lacroix, P., Devis, R., Schicks, E.: Distribution of radiophosphorus in the long bones of adult rabbits. Experientia (Basel) **8**, 113 (1952)

Laguesse, E.: La première ébauche des fibrilles conjonctives provient-elles du chondriome? Arch. Anat. micr. Morph. exp. **22**, 129–265 (1926)

Lajtha, L.G., Oliver, R., Ellis, F.: Incorporation of $^{32}$P and adenine $^{14}$C into DNA by human bone marrow cells in vitro. Brit. J. Cancer **8**, 367–379 (1954)

Landacre, F.L.: The fate of the neural crest in the head of the urodeles. J. comp. Neurol. **33**, 1–43 (1921)

Landauer, W.: Untersuchungen über Chondrodystrophie. I. Allgemeine Erscheinungen am Skelett chondrodystrophischer Hühnerembryonen. Wilhelm Roux' Arch. Entwickl.-Mech. Org. **110**, 195–278 (1927)

Landois, L.: Über den Ossifikationsprozess. Zbl. med. Wiss. **6**, 273–275 (1865a)

Landois, L.: Über die Ossifikation der Geweihe. Zbl. med. Wiss. **6**, 241–243 (1865b)

Landois, L.: Untersuchungen über die Bindesubstanz und den Verknöcherungsprozeß desselben. Z. wiss. Zool. **16**, 1–26 (1866)

Landsmeer, J.M.F.: Some colloid chemical aspects of metachromasia. Influence of pH and salts on metachromatic phenomena evoked by toluidine blue in animal tissue. Acta Physiol. Pharmacol. neerl. **2**, 112–128 (1951)

Lane, J.M., Miller, E.J.: Isolation und characterization of the peptides derived from the alpha-2 chain of chick bone collagen after cyanogen bromide cleavage. Biochemistry **8**, 2134–2139 (1969)

Lane, J.M., Weiss, C.: Review of articular cartilage collagen research. Arthr. and Rheum. **18**, 553–562 (1975)

Lang, F.J.: Von den mikroskopischen Befunden der Knochenanbildung und ihren Abänderungen unter störenden Einwirkungen. Z. Anat. **75**, 424–434 (1925)

Lang, S.B.: Pyroelectric effect in bone and tendon. Nature (Lond.) **212**, 704–705 (1966)

Langer, K.: Über das Gefäßsystem der Röhrenknochen mit Beiträgen zur Kenntnis des Baues und der Entwicklung des Knochengewebes. Denkschr. d. K. Acad. d. Wiss. Wien Math. Nat. Kl. **36**, 1–40 (1876)

Langer, M.: Über die Entwicklung des Kniegelenkes. Z. Anat. **1**, Abt. **89**, 83–101 (1929)

Langman, J.: Medical Embryology. Baltimore: The Williams and Wilkins Comp. 1963 (First edition)

Lansing, A.I.: Chemical morphology of elastic fibers. In: Connective Tissues, 2nd. Conference 1951 (ed. by C. Ragan), p. 45–84. New York: Josiah Macy Foundation 1952

Lansing, A.I.: Ageing of elastic tissue and the systemic effects of elastase. CIBA Foundation, Colloquia on Ageing, **1**, 88–102. London: J. and A. Churchill 1955

Lansing, A.I., Roberts, E., Ramasarma, G.B., Rosenthal, T.B., Alex, M.: Changes with age in amino acid composition of arterial elastin. Proc. Soc. Exp. Biol. (N.Y.) **76**, 714–717 (1951)

Lansing, A.I., Rosenthal, T.B., Alex, M., Dempsey, E.W.: The structure and chemical characterization of elastic fibers as revealed by elastase and by electron microscopy. Anat. Rec. **114**, 555–575 (1952)

Lanz v., T., Wachsmuth, W.: Praktische Anatomie. 1. Bd., 2. T.: Hals. Berlin-Göttingen-Heidelberg 1955

LANZ v., T., WACHSMUTH, W.: Praktische Anatomie, 1. Bd., 3. T.: Arm. Berlin-Göttingen-Heidelberg: Springer Verlag 1959

LAPIERE, CH.M., ONKELINX, C., RICHELLE, L.J.: Collagen metabolism in skin and bone. In: Biochimie et Physiologie du Tissue Conjunctif (ed. by P. COMTE) p. 505. Société Ormeco et Imprimerie du Sud-Est à Lyon 1966

LAPIERE, CH.M., NUSGENS, B., PIERARD, G., HERMANNS, J.F.: The involvement of procollagen in spatially orientated fibrogenesis. In: Dynamics of Connective Tissue Macromolecules (ed. P.M.C. BURLEIGH and A.R. POOLE) S. 33–50. Amsterdam-Oxford: North Holland Publishing Company 1975

LARSON, R.L., KELLY, P.J., JANES, J.M., PETERSON, L.F.A.: Suppression of the periostal and nutrient blood supply of the femora of dogs. Clin. Orthop. 21, 217–225 (1961)

LARSSON, A.: Light microscopic and ultrastructural observations of the calcifying zone of the mandibular condyle in the rat. Anat. Rec. 185, 171–186 (1976)

LARSSON, S.E., LEMPERG, R.K.: The glycosaminoglycans of the different layers of bovine articular cartilage in relation to age. II. Incorporation of $^{35}$S-sulphate in vitro into different fractions of chondroitin sulphate. Calcif. Tiss. Res. 15, 253–267 (1974)

LASH, J.W.: Tissue interaction and specific metabolic responses: Chondrogenic induction and differentiation. In: Cytodifferentiation and macromolecular synthesis (ed. by D. LOCKE) p. 235–260. New York: Academic Press 1963a

LASH, J.W.: Studies on the ability of embryonic mesonephros explants to form cartilage. Develop. Biol. 6, 219–232 (1963b)

LASH, J.W.: Differential behavior of anterior and posterior embryonic chick somites in vitro. J. exp. Zool., 165, 47–56 (1967)

LASH, J.W.: Phenotypic expression and differentiation: in vitro chondrogenesis. In: The stability of the differentiated state (ed. by W. BEERMANN, J. REINERT and H. URSPRUNG). Berlin-Heidelberg-New York: Springer 17–24, 1968a

LASH, J.W.: Chondrogenesis: Genotypic and phenotypic expression. J. Cell Physiol. 72, (Suppl. 1) 35–46 (1968b)

LASH, J.W., Whitehouse, M.W.: An unusual polysaccharide in the chondroid tissue of the snail Busycon: polyglucose sulfate. Biochem. J. 74, 351–355 (1960)

LASH, J.W., HOLTZER, S., HOLTZER, H.: An experimental analysis of the development of the spinal column. VI. Aspects of cartilage induction. Exp. Cell Res. 13, 292–303 (1957)

LASH, J.W., HOMMES, F.A., ZILLIKEN, F.: Induction of cell differentiation. The in vitro induction of vertebral cartilage with a low-molecular-weight tissue component. Biochim. biophys. Acta (Amst.) 56, 313–319 (1962)

LASHER, R.: Studies on cellular proliferation and chondrogenesis. In: Developmental aspects of the cell cycle (ed. by I.L. CAMERON, G.M. PADILLA, and A.M. ZIMMERMAN) p. 223–241. New York-London: Academic Press 1971

LASHER, R., CAHN, R.D.: The effects of 5-bromodeoxyuridine on the differentiation of chondrocytes in vitro. Develop. Biol. 19, 415–435 (1969)

LASKIN, D.M., ENGEL, M.B.: Bone metabolism and bone resorption after parathyroid extract. Arch. Path. 62, 296–302 (1956)

LASKIN, D.M., SARNAT, B.G., BAIN, J.A.: Respiration and anaerobic glycolysis of transplanted cartilage: Proc. Soc. Exp. Biol. (N.Y.) 79, 474–476 (1952)

LAURENSON, R.D.: The chondrification of the human ilium. Anat. Rec. 148, 197–202 (1964a)

LAURENSON, R.D.: The primary ossification of the human ilium. Anat. Rec. 148, 209–217 (1964b)

LAURENT, T.C.: Studies on hyaluronic acid in the vitreous body. J. biol. Chem. 216, 263–271 (1955)

LAURENT, T.C.: The interaction between polysaccharides and other macromolecules. 9. The exclusion of molecules from hyaluronic acid gels and solutions. Biochem. J. 93, 106–112 (1964)

LAURENT, T.C.: Sterical interaction between polysaccharides and other macromolecules. The transport of substances in polysaccharide media. In: Structure and function of connective and skeletal tissue (ed. by S.F. JACKSON, S.M. PARTRIDGE, R.D. HARKNESS, and G.R. TRISTRAM) p. 252–255. London: Butterworths 1965

LAURENT, T.C.: The exclusion of macromolecules from polysaccharide media. In: The chemical physiology of mucopolysaccharides (ed. by G. QUINTARELLI) p. 153–170. Boston: Little, Brown an Company, 1968

LAURENT, T.C.: Structure of hyaluronic acid. In: Chemistry and molecular biology of the inter-cellular matrix (ed. by E.A. BALAZS) Vol. 2, p. 703–732. London and New York: Academic Press 1970

LAURENT, T.C., GERGELEY, J.: Light scattering studies on hyaluronic acid. J. biol. chem. **212**, 325–333 (1955)

LAURSEN, T.J.S., KIRK, J.E.: Diffusion coefficients of carbon dioxide and glucose for connective tissue membrane for individuals of various ages. J. Geront. **10**, 303–305 (1955)

LAUX, G.: Les actions dynamiques des muscles et des ligaments sur l'architecture des os. Ann. anat. path. **7**, 401–413 (1930)

LAVIETAS, B.B.: Cellular interaction and chondrogenesis in vitro. Develop. Biol. **21**, 584–610 (1970)

LAVIETAS, B.B.: Kinetics of matrixsynthesis in cartilage cell cultures. Exp. Cell Res. **68**, 43–48 (1971)

LAWFORD, G.R., SCHACHTER, H.: Biosynthesis of glycoprotein by liver. J. biol. Chem. **241**, 5408–5418 (1966)

LAYTON, L.L.: Quantitative differential fixation of sulfate by tissues maintained in vitro. I. Sulfate fixation as a function of age for embryonic tissues. Cancer (Philad.) **3**, 725–734 (1950)

LAYTON, L.L., DENKO, C.W., SCAPA, S., FRANKEL, D.R.: Influence of age upon chondroitin sulfate synthesis by the tissues of normal DBA mice. Cancer (Philad.) **5**, 405 (1952)

LAZARIDES, E., LUKENS, L.N.: Collagen synthesis on polysomes in vivo and in vitro. Nature (Lond.) **232**, 37–40 (1971)

LEA, L.M., PONLOT, R.: Sur les autoradiographies au $Ca^{45}$ des os longs en croissance. Les méca-nismes de l'apposition osseuse sous-périostée. Arch. Biol. **69**, 455–465 (1958)

LEA, L., VAUGHAN, J.: The uptake of $^{35}S$ in cortical bone. Quart. J. micr. Sci. **98**, 369–375 (1957)

LEAVER, A.G., SHUTTLEWORTH, C.A.: Studies on the peptides, free amino acids and certain related compounds isolated from ox bone. Arch. oral. Biol. **13**, 509–525 (1968)

LEAVER, A.G., TRIFFITT, J.T., HOLBROOK, J.B.: Newer knowledge of non-collagenous protein in dentin and cortical bone matrix. Clin. Orthop. **110**, 269–292 (1975)

LEBEDINSKY, N.G.: Beiträge zur Morphologie und Entwicklungsgeschichte des Vogelbeckens. Jena Z. Naturwiss. **50**, 647–714 (1913)

LEBLOND, C.P.: Elaboration of dentinal collagen in odontoblasts as shown by radioautography after injection of labelled glycine and proline. Ann. Histochim. **8**, 43–50 (1963)

LEBLOND, C.P.: The time dimension in histology. Amer. J. Anat. **116**, 1–28 (1965)

LEBLOND, C.P., GREULICH, R.C.: Autoradiographic studies of bone formation and growth. In: The biochemistry and physiology of bone (ed. by G.H. BOURNE) p. 325–342. New York and London: Academic Press 1956

LEBLOND, C.P., GREULICH, R.C.: Autoradiographic studies of bone formation and growth. In: The biochemistry and physiology of bone (ed. by G.H. BOURNE) 2 pr., p. 325–358. New York: Academic Press 1961

LEBLOND, C.P., WALKER, B.E.: Renewal of cell populations. Physiol. Rev. **36**, 255–276 (1956)

LEBLOND, C.P., WILKINSON, G.W., BÉLANGER, L.F., ROBICHON, J.: Radio-autographic visualization of bone formation in the rat. Amer. J. Anat. **86**, 289–341 (1950)

LEBLOND, C.P., GLEGG, R.E., EIDINGER, D.: Presence of carbohydrates with free 1,2 − glycol groups in sites stained by the periodic acid-Schiff technique. J. Histochem. Cytochem. **5**, 445–458 (1957)

LEBLOND, C.P., LACROIX, P., PONLOT, R., DHEM, A.: Les stades initiaux de l'ostéogenèse. Nouvelles données histochimiques et autoradiographiques. Bull. acad. Med. **24**, 421–443 (1959)

LEBOUCQ, H.: Études sur l'ossification. I. Évolution du cartilage embryonnaire chez les mammifères. Bull. acad. Med. Belg. II, **44**, (1877)

LEBOUCQ, H.: Recherches sur la morphologie du carpe chez les mammifères. Arch. Biol. **5**, 35–102 (1884)

LEDBETTER, M.C., PORTER, K.R.: A „microtubule" in plant cell fine structure. J. Cell Biol. **19**, 239–250 (1963)

LEE, J.C.: Electron microscopic observations on the formation of mitochondria. J. roy. Micr. Soc. **83**, 229–239 (1964)

LEESON, C.R., THREADGOLD, L.T.: Observations on the histochemistry of the notochord in *Rana pipiens*. Acta anat. (Basel) **43**, 298–302 (1960)

LEESON, C.R., THREADGOLD, L.T.: An electron microscope study of the development of the notochord in the chick. Proc. Canad. Fed. Biol. Soc. **4** (Abstr.) (1961)

LEESON, C.R., THREADGOLD, L.T., CLARE SINCLAIR, N.R. ST.: Histochemical observation upon
the development of the notochord in the chick. Acta anat. (Basel) **46**, 91–97 (1961)

LEESON, T.S., LEESON, C.R.: Observations on the histochemistry and fine structure of the notochord
in rabbit embryos. J. Anat. (Lond.) **92**, 278–285 (1958)

LE GROS CLARK, W.E.: The tissues of the body. Oxford: Clarendon Press: 1939

LEHMANN, F.: Die Morphogenese in ihrer Abhängigkeit von elementaren biologischen Konstituenten
des Plasmas. Rev. suisse Zool. **57**, suppl. i., 141–151 (1950)

LEHMANN, F., YOUNGS, L.M.: An analysis of regulation in the amphibian neural crest. J. exp.
Zool. **121**, 419–442 (1952)

LEHMANN, F.E.: Regionale Verschiedenheiten des Organisators von *Triton*. Wilhelm Roux' Arch.
Entwickl.-Mech. Org. **138**, 106–158 (1938)

LEHMANN, F.E.: Einführung in die physiologische Embryologie. Basel: Birkhäuser 1945

LEHNER, J.: Das Mastzellen-Problem und die Metachromasie-Frage. Ergebn. Anat. Entwickl.-Gesch.
**25**, 67–184 (1924)

LEIDY, J.: On the intimate structure and history of the articular cartilages. Amer. J. Med. Sci.
**17**, 277–294 (1849)

LELKES, G.: Experiments in vitro on the role of movement in the development of joints. J. Embryol.
exp. Morph. **6**, 183–186 (1958)

LELOIR, F.: Nucleoside diphosphate sugars and saccharide synthesis. Biochem. J. **91**, 1–8 (1964)

LELOIR, L.F., FEKETE, M.A. DE, CARDINI, C.E.: Starch and oligosaccharide synthesis from uridine
diphosphate glucose. J. biol. Chem. **236**, 636–641 (1961)

LELOIR, L.F., GOLDEMBERG, S.H.: Synthesis of glycogen from uridine diphosphate glucose in liver.
J. biol. Chem. **235**, 919–923 (1960)

LEMPERG, R.K., LARSSON, S.E., HJERTQUIST, S.O.: Distribution of water and glycosaminoglycans
in different layers of cattle articular cartilage. In: Calcified Tissue (ed. by J. MENCZEL and
A. HARELL) Proc. of the eighth Europ. Symp. on Calc. Tiss. p. 87–89. New York and London:
Academic Press 1971

LEMPERG, R.K., LARSSON, S.E., HJERTQUIST, S.O.: The glycosaminoglycans of bovine articular
cartilage. I. Concentration and distribution in different layers in relation to age. Calcif. Tiss.
Res. **15**, 237–251 (1974)

LEPPELMANN, H.J.: Der Mucopolysaccharidgehalt des Knorpels in Abhängigkeit vom Lebensalter.
Z. Rheumaforsch. **18**, 348–354 (1959)

LEPPERT, F.: Beitrag zur funktionellen Struktur der Trachea und des Kehlkopfes des Pferdes.
Morphol. Jb. **74**, 581–624 (1934)

LERICHE, R., POLICARD, A.: Les problèmes de la physiologie normale et pathologique de l'os.
Paris: Masson et Cie. 1926

LERICHE, R., POLICARD, A.: Position actuelle du problème de l'ostéogénèse; à propos de critiques
récentes. Presse méd. **42**, 169–172 (1934)

LERNER, M.A., BELL, E., DARNELL, J. JR.: Ribosomal RNA in the developing chick embryo.
In: Molecular and cellular aspects of development (ed. by E. BELL) p. 340–342. New York-
Evanston-London: Harper and Row, Publishers 1965

LESER, E.: Über histologische Vorgänge an der Ossifikationsgrenze mit besonderer Berücksichtigung
des Verhaltens der Knorpelzellen. Arch. mikr. Anat. **32**, 213–221 (1888)

LESSHAFT, D.: Grundlagen der theoretischen Anatomie. Leipzig 1892

LESSING, S.: Zur Histologie der Bindegewebsknochen. Z. rat. Med. 3 R. **12**, 314 (1861)

LEUCHTENBERGER, C.: A cytochemical study of pycnotic nuclear degeneration. Chromosoma **3**,
449–473 (1950)

LEUTERT, G.: Über den Bau der Sehne des M. fibularis longus im Bereich des äußeren Fußrandes.
Z. mikr.-anat. Forsch. **61**, 512–532 (1955)

LEUTERT, G.: Über den histologischen Aufbau des Os peronaeum. Z. mikr.-anat. Forsch. **64**, 639–651
(1958)

LEUTERT, G.: Über den Bau der Sehne des Musculus tibialis posterior im Bereich des Malleolus
medialis und des Caput tali. Anat. Anz. **106**, 50–61 (1959)

LEUTERT, G.: Über den Bau der Sehne des Caput longum musculi bicipitis brachii beim Menschen,
Hund und Rind. Z. mikr.-anat. Forsch. **66**, 445–455 (1960a)

LEUTERT, G.: Über die Entwicklung der Struktur der Sehne des Musculus peronaeus longus. Anat. Anz. **106**, 90–95 (1960b)

LEV, R., SPICER, S.S.: Specific staining of sulphate groups with alcian-blue at low pH. J. Histochem. Cytochem. **12**, 309 (1964)

LEVAI, G., MARX, I.: Recent data on the fine structure of chondrocytes. Preliminary report. Acta morph. acad. Sci. hung. **17**, 55–57 (1969a)

LEVAI, G., MARX, I.: Studies on cartilage. III. Phosphotungstic acid (PTA) positive material in chondrocytes. Z. mikr.-anat. Forsch. **80**, 582–588 (1969b)

LEVANDER, G.: A study of bone regeneration. Surg. Gyn. Obst. **67**, 705–714 (1938)

LEVANDER, G.: Über die knochenregeneratorische Fähigkeit des Periosts. Acta chir. scand. **83**, 1–26 (1940a)

LEVANDER, G.: An experimental study of the role of the bone marrow in bone regeneration. Acta chir. scand. **83**, 545–560 (1940b)

LEVENE, C.: The patterns of cartilage canals. J. Anat. (Lond.) **98**, 515–538 (1964)

LEVENE, P.A.: Hexosamines and mucoproteins. London: Longmans, Green 1925

LEVENSON, G.E.: The effect of ascorbic acid on monolayer cultures of three types of chondrocytes. Exp. Cell Res. **55**, 225–228 (1969)

LEVI, G.: Wachstum und Körpergröße. Ergebn. Anat. **26**, 87–342 (1925)

LEVI, G.: Trattato di istologia. Torino: Unione tipogr.-editrice torinense (1927) 4. Aufl. (1954)

LEVI-MONTALCINI, R., ANGELETTI, P.U.: Growth and differentiation. Ann. Rev. Physiol. **24**, 11–56 (1962)

LEVINE, M.D., RUBIN, P.S., FOLLIS, R.H. JR., HOWARD, J.E.: Histochemical studies on calcinosis universalis with respect to the possible relationship between normal and pathological calcification. Tr. Conf. Metab. Interrelat. 1. Conf. p. 41–48 (1949)

LEVINGTOW, L., EAGLE, H.: Biochemistry of cultured mammalian cells. Ann. Rev. Biochem. **30**, 605–640 (1961)

LEVITT, D., DORFMANN, A.: Concepts and mechanisms of cartilage differentiation. Curr. Top. Dev. Biol. **8**, 103–149 (1974)

LEVY, B.M.: Embryological development of the temperomandibular joint. In: The Temperomandibular Joint (ed. by B.G. SARNAT) p. 59–70. Springfield, Ill.: C.C. Thomas 1964

LEWIS, F.T.: A text-book of histology. Blackstone, Philad. (1913)

LEWIS, O.J.: The blood supply of developing long bones with special reference to the metaphyses. J. Bone Jt. Surg. **38B**, 928–933 (1956)

LEWIS, W.H.: The development of the arm in man. Amer. J. Anat. **1**, 145–184 (1901)

LEWIS, W.H.: The relation of the myotomes to the ventrolateral musculature and to the anterior limbs in *Amblystoma*. Anat. Rec. **4**, 183–190 (1910)

LEWKE, J.: Über kataplastische Zellen im Aryknorpel des Kalbes. Z. mikr.-anat. Forsch. **64**, 13–17 (1957)

LEXER, E.: Weitere Untersuchungen über Knochenarterien und ihre Bedeutung für krankhafte Vorgänge. Langenbecks Arch. klin. Chir. **73**, 481–491 (1904)

LEXER, E.: Die Überpflanzung von Knochen, Periost und Mark. Neue dtsch. Chir. **26b**, Teil II, 1–201 (1924)

LEXER, E., KULIGA, P., TÜRK, W.: Untersuchungen über Knochenarterien mittels Röntgenaufnahmen injizierter Knochen und ihre Bedeutung für einzelne pathologische Vorgänge am Knochensystem. Hirschwald, Berlin 1904

LEYDIG, F.: Histologische Bemerkungen über den *Polypterus bichir*. Z. Zool. **5**, 40–74 (1854)

LI, CH.H., EVANS, H.M.: The properties of the growth and adrenocorticotropic hormones. In: Vitamins and hormones (ed. by R.S. HARRIS and K.V. THIMANN) Vol. V, p. 197–231. New York: Academic Press 1947

LIEB, E.: Permanent stain for amyloid. Amer. J. clin. Path. **17**, 413–414 (1947)

LICHTWITZ, A., PARLIER, R.: Calcium et maladies métaboliques de l'os. Tome I. Os et metabolisme du calcium à l'état normal. L'expansion scientifique francaise. Paris: 1964

LIEBERKÜHN, N.: Über die Ossification. I. Arch. Anat. Physiol. 824–864 (1860)

LIEBERKÜHN, N.: Über die Ossification des hyalinen Knorpels. Arch. Anat. Physiol. wiss. Med. Jahrg. 1862, 702–761 (1862)

LIEBERKÜHN, N.: Weitere Beiträge zur Lehre von der Ossifikation. Arch. Anat. 614–634 (1863)

LIEBERKÜHN, N.: Über Knochenwachstum. Arch. Anat. Physiol. 598–613 (1864)

LIEBERKÜHN, N.: Über die Bildung der Knochensubstanz. Sitzgsber. Ges. Naturwiss., Marburg, 54 (1876)

LIEDKE, K.B.: Experiments on the development of trunk muscles in anura (*Rana pipiens*) Anat. Rec. **131**, 97–118 (1958)

LIKINS, R.C., PIEZ, K.A., KUNDE, M.L.: Mineralization of turkey leg tendon. III. Chemical nature of the protein and mineral phases. In: Calcification in biological systems (ed. by R.F. SOGNNAES) p. 143–150. Washington: Amer. Ass. Advanc. Sci. 1960

LILLIE, F.R.: Experimental studies on the development of organs in the embryo of the fowl. II. The development of defective embryos and the power of regeneration. Biol. Bull. **7**, 33–54 (1904)

LILLIE, R.D.: Reticulum staining with Schiff reagent after oxidation by acidified sodium periodate. J. Lab. clin. Med. **32**, 910–912 (1947)

LILLIE, R.D.: Further exploration of the $HJO_4$ Schiff reaction with remarks on its significance. Anat. Rec. **108**, 239–253 (1950)

LILLIE, R.D.: Histochemical comparison of the Casella, Bauer and periodic acid oxidation-Schiff leucofuchsin technics. Stain Technol. **26**, 123–136 (1951)

LILLIE, R.D.: Connective tissue staining. Trans. 3rd. Conf. Connective Tissues. In: Connective Tissues (ed. by CH. RAGAN) 11–37, Josiah Macy jr. Freund. New York (1952)

LILLIE, R.D.: Factors influencing periodic acid Schiff reaction of collagen fibers. J. Histochem. Cytochem. **1**, 353–361 (1953)

LILLIE, R.D.: Histopathologic technic and practical histochemistry. 3. Edition. New York: McGraw-Hill Book Company 1965

LINBERG, B.E.: Zur Pathologie der posttyphösen Rippenchondritis. Virchows Arch. path. Anat. **258**, 367–404 (1925)

LINDAHL, U., RODÉN, L.: The chondroitin-4-sulfate-protein linkage. J. biol. Chem. **241**, 2113–2119 (1966)

LINDAHL, U., WASTESON, A.: Molecular weight of chondroitin sulphate prepared from different regions of rat costal cartilage. In: Chemistry and molecular biology of the intercellular matrix (ed. by E.A. BALAZS) Vol. 2, p. 867–872. London and New York: Academic Press 1970

LINDENBAUM, A., KUETTNER, K.E.: Mucopolysaccharides and mucoproteins of calf scapula. Calcif. Tiss. Res. **1**, 153–165 (1967)

LINDQUIST, B.: Über die chemische Dynamik des Knochenminerals. Helvet. Paediat. Acta **14**, 447–461 (1959)

LINDQUIST, B., BUDY, A.M., McLEAN, F.C., HOWARD, J.L.: Skeletal metabolism in estrogen-treated rats studied by means of $Ca^{45}$. Endocrinology **66**, 100–111 (1960)

LINGHORNE, W.J.: The sequence of events in osteogenesis as studied in polyethylene tubes. Ann. N.Y. Acad. Sci. **85**, 445–460 (1960)

LINN, F.C.: Lubrication of animal joints. II. The mechanism. J. Biomech. **1**, 193–205 (1968)

LINN, F.C., SOKOLOFF, L.: Movement and composition of interstitial fluid of cartilage. Arthr. Rheum. **8**, 481–494 (1965)

LINSENMAYER, T.F.: Temporal and spatial transitions in collagen types during embryonic chick limb development. II. Comparison of the embryonic cartilage collagen molecule with that from adult cartilage. Develop. Biol. **40**, 372–377 (1974)

LINSENMAYER, T.N., TOOLE, B.P.: Biosynthesis of different collagens and glycosaminoglycans during limb development. In: Morphogenesis and Malformation of the Limb (ed. by D. BERGSMA and W. LENZ) Birth Defects: Vol. XIII, 1, p. 19–35. New York: Alan R. Liss, Inc. 1977

LINSENMAYER, F.F., TOOLE, B.P., TRELSTAD, R.L.: Temporal and spatial transitions in collagen types during embryonic chick limb development. Develop. Biol. **35**, 232–239 (1973a)

LINSENMAYER, T.F., TRELSTAD, R.I., TOOLE, B.P., GROSS, J.: The collagen of osteogenic cartilage in the embryonic chick. Biochem. biophys. Res. Commun. **52**, 870–876 (1973b)

LINZ, H., COPPER, L.W.: Tungstate and molybdate toners. An investigation of the production of phosphotungstic acid, phosphomolybdic acid and mixed complex acid toners by precipitation of basic dyes. Ann. Ink. Maker 1939

LINZBACH, A.J.: Quantitative Biologie und Morphologie des Wachstums einschließlich Hypertrophie und Riesenzellen. In: Handbuch der Allgemeinen Pathologie (hrsg. von F. BÜCHNER, E. LETTERER, F. ROULET) Bd. 6/1: Entwicklung, Wachstum, p. 180–306. Berlin-Göttingen-Heidelberg: Springer 1955

LIPP, W.: Histochemische Methoden. R. Oldenbourg: München 1954a

LIPP, W.: Neuuntersuchungen des Knochengewebes. Morphologie, Histochemie und Beeinflussung durch das periphere, vegetative Nervensystem durch Fermente und Hormone. Acta. anat. (Basel) **20**, 162–200 (1954b)

LIPP, W.: Neuuntersuchungen des Knochengewebes (Morphologie, Histochemie und Beeinflussung durch das periphere vegetative Nervensystem durch Fermente und Hormone). II. Histologisch erfaßbare Lebensäußerungen der Knochenzellen. Acta anat. (Basel) **22**, 151–201 (1954c)

LIPP, W.: Neuuntersuchungen des Knochengewebes. III. Histologisch erfaßbare Lebensäußerungen der Osteocyten im embryonalen Knochen des Menschen. Anat. Anz. **102**, 361–372 (1956)

LIPP, W.: Aminopeptidase in bone cells. J. Histochem. Cytochem. **7**, 205 (1959)

LIPP, W.: Blood serum proteins and the formation of bone ground substance. Anat. Rec. **154**, 471–472 (1966)

LIPP, W.: Blood serum proteins and the mineralization of bone groundsubstance. Histochemie **9**, 339–353 (1967)

LIPPERT, H.: Das Wachstum der Wirbelsäule und der Wachstumsplan des menschlichen Organismus. In: Verhandlungen des 1. Europ. Anatomenkongresses, Straßburg 1960 (hrsg. von M. WATZKA und H. VOSS) S. 670–679. Anatomischer Anzeiger, Ergh. zum 109. Band. Gustav Fischer Verlag, Jena 1962

LIPPERT, H., DZIALLAS, P.: Über den Ascensus des Rückenmarks und die Variabilität der Wirbelzahl nach Untersuchungen an menschlichen Feten. Morph. Jb. **102**, 79–92 (1961)

LIPPERT, H., LIPPERT, E.: Über allometrisches Wachstum der Wirbelkörper des Menschen. Z. Anat. Entwickl.-Gesch. **122**, 22–41 (1960a)

LIPPERT, H., LIPPERT, E.: Gestaltwandel und Wachstumsdynamik der menschlichen Wirbelsäule. Z. Anat. Entwickl.-Gesch. **122**, 63–85 (1960b)

LIPPMAN, M.: Glycosaminoglycans and cell division. In: Epithelial-Mesenchymal Interactions (ed. by R. FLEISHMAJER and R.E. BILLINGHAM) p. 208–229. Baltimore: Williams and Wilkins 1968

LISON, L.: Sur la spécificité du réactif de Schiff envers les aldéhydes. Bull. Histol. Techn. micr. **9**, 177–195 (1932)

LISON, L.: Études sur la métachromasie; colorants métacromatiques et substances chromotropes. Arch. Biol. **46**, 599–668 (1935)

LISON, L.: Histochimie et cytochimie animales. Principes et méthodes. Paris: Gauthier-Villars, 2^e édit. 1953, 3^e édit. 1960

LISON, L.: Alcian-blue 8G with chlorantine fast red 5B. Stain Technol. **29**, 131–138 (1954)

LISON, L., PIMM, L.H.: Osteoarthritis of the hip joint. Electron Microscopy Proc. of the Stockholm Conf. (ed. by F.S. SJÖSTRAND and I. RHODIN) p. 233–234 (1956)

LISON, L., PIMM, L.H., TRUETA, J.: Osteoarthritis of the hip: an electron microscope study. J. Bone Jt. Surg. **40B**, 123–131 (1958)

LITTLE, K., KELLY, M., COURTS, A.: Studies on bone matrix in normal and osteoporotic bone. J. Bone Jt. Surg. **44B**, 503–519 (1962)

LIU, T., CAMERON, D.A.: Autoradiographic studies of collagen synthesis in bone. J. dent. Res. **44**, 1191. Abstr. (1965)

LIVINI, F.: Notizie preliminari intorno alla presenza di glicogene in diversi organi di embrioni umani. Monit. zool. ital. **31**, 56–60 (1920)

LÖE, H.: Bone tissue formation. A morphological and histochemical study. Acta odont. scand. **17**, 317–427 (1959)

LOESCHCKE, H.: Untersuchungen über Entstehung und Bedeutung der Spaltbildungen in der Symphyse sowie über physiologische Erweiterungsvorgänge am Becken Schwangerer und Gebärender. Arch. Gynäk. **96**, 525–560 (1912)

LOESCHCKE, H., WEINNOLDT, H.: Über den Einfluß von Druck und Entspannung auf das Knochenwachstum des Hirnschädels. Beitr. path. Anat. **70**, 406–439 (1922)

LOEVEN, W.A.: The binding collagen-mucopolysaccharide in connective tissue. Acta anat. (Basel) **24**, 217–244 (1955)

LOEVEN, W.A.: The enzymes of the elastase complex. Int. Rev. Connect. Tiss. Res. **1**, 183–240. New York and London: Academic Press 1963

LOEWI, G.: Changes in the ground substance of ageing cartilage. J. Path. Bact. **65**, 381–388 (1953)

LOEWI, G.: Localization of chondromucoprotein in cartilage. Ann. rheum. Dis. **24**, 528–535 (1965)

LOEWI, G., MEYER, K.: The acid mucopolysaccharides of embryonic skin. Biochim. biophys. Acta (Amst.) **27**, 453–456 (1958)

LOEWI, G., MUIR, H.: The antigenicity of chondromucoprotein. Immunology **9**, 119–127 (1965)

LOGAN, M.A.: Composition of cartilage, bone, dentin and enamel. J. biol. Chem. **110**, 375–389 (1935)

LOHMANDER, S., ANTONOPOULOS, C.A., FRIBERG, U.: Chemical and metabolic heterogeneity of chontroitin sulfate and keratin sulfate in guinea pig cartilage and nucleus pulposus. Biochim. biophys. Acta (Amst.) **304**, 430–448 (1973)

LOHMANDER, S., HJERPE, A.: Proteoglycans of mineralizing rib and epiphyseal cartilage. Biochim. biophys. Acta (Amst.) **404**, 93–109 (1975)

LOISEL, G.: Formation et évolution des éléments de tissu élastique. J. Anat. et Physiol. **33**, 129–200 (1897)

LOMBARDI, L., PRENNA, G., OKOLICSANYI, L., GAUTIER, A.: Electron staining with uranyl acetate possible role of free amino groups. J. Histochem. Cytochem. **19**, 161–168 (1971)

LONGMORE, R.B., GARDNER, D.L.: Development with age of human articular cartilage surface structure. A survey by interference microscopy of the lateral femoral condyle. Ann. rheum. Dis. **34**, 26–37 (1975)

LONTIE, P.: Comment se distribue dans le squelette le radiocalcium administré au lapin adulte. Rev. belge path. **23**, 118–125 (1953)

LOPASHOV, G.V.: Origin of pigment cells and visceral cartilage in teleosts. C.R. Acad. Sci. (U.R.S.S.) **44**, 169–172 (1944)

LORBER, M.: A study of the histochemical reactions of the dental cementum and alveolar bone. Anat. Rec. **111**, 129–144 (1951)

LORCH, I.J.: Localization of alkaline phosphatase in mammalian bones. Quart. J. micr. Sci. **88**, 367–381 (1947)

LORENZI, L.: Cocarbossilasie β-glicuronidasi nel tessuto osseo. Boll. Soc. ital. Biol. sper. **28**, 1342–1343 (1952)

LORENZI, G.L.: Contenuto di acido piruvico nella cartilagine metafisaria di giovani conigli a differenti età. Minerva orthop. **7**, 183–185 (1956)

LOTHE, K., RÜTTNER, J.R.: Histochemical localization of acid glycosaminoglycans in human articular cartilage. Path. et Microbiol. (Basel), **37**, 227–240 (1971)

LOVÉN, C.: Studier och undersökningar öfver benväfnaden förnämligast med afseende pa dess utveckling. Med. Arch. (Stockholm) **1**, 1–98 (1863)

LOW, F.N.: The extracellular portion of the human blood-air barrier and its relation to tissue space. Anat. Rec. **139**, 105–124 (1961)

LOW, F.N.: Microfibrils: fine filamentous components of the tissue space. Anat. Rec. **142**, 131–137 (1962)

LOW, F.N.: Developing boundary (basement) membranes in the chick embryo. Anat. Rec. **159**, 231–238 (1967)

LOW, F.N.: Extracellular connective tissue fibrils in the chick embryo. Anat. Rec. **160**, 93–107 (1968)

LOWE, I.P., ROBERTS, E.: Incorporation of radioactive sulfate sulfur into taurine and other substances in the chick embryo. J. biol. Chem. **212**, 477–483 (1955)

LÖWE, L.: Kleinere histologische Mitteilungen. C. Über die Umwandlungen der Osteoklasten im Knochenmark nebst Bemerkungen über Knochenwachstum. Arch. mikr. Anat. **16**, 618–625 (1879)

LOWRY, O.H., GILLIGAN, D.R., KATERSKY, E.M.: The determination of collagen and elastin in tissues, with results obtained in various normal tissues from different species. J. biol. chem. **139**, 795–804 (1941)

LOWTHER, D.A.: Chemical aspects of collagen fibrillogenesis. Int. Rev. Connect. Tiss. Res. **1**, 63–125 (1963)

LOWTHER, D.A., TOLLE, B.P., HERRINGTON, A.C.: Interaction of proteoglycans with tropocollagen. In: Chemistry and molecular biology of the intercellular matrix (ed. by E.A. BALAZS) Vol. 2, p. 1135–1153. London and New York: Academic Press 1970

LUBARSCH, O.: Über die Bedeutung der pathologischen Glykogenablagerungen. Virchows Arch. path. Anat. **183**, 188–228 (1906)

LUBEN, R.A., SHERMAN, J.K., WADKINS, C.L.: Studies of the mechanism of biological calcification. IV. Ultrastructural analysis of calcifying tendon matrix. Calcif. Tiss. Res. **11**, 39–55 (1973)

LUBOSCH, W.: Die Bildung des Markknochens beim Hühnchen und bei Säugetieren und das Wesen der enchondralen Ossification in historischer Betrachtung. Morph. Jb. **53**, 49–93 (1924)

LUBOSCH, W.: Grundriß der wissenschaftlichen Anatomie. Leipzig: G. Thieme Verlag 1925

LUBOSCH, W.: Das perennierende Kalkskelet der Wirbeltiere und der fibrilläre Bau der knorpeligen Skeletteile. Z. mikr. anat. Forsch. **11**, 67–171 (1927)

LUBOSCH, W.: Die Osteoblasten und ihre Metamorphose. Z. mikr. anat. Forsch. **12**, 279–346 (1928)

LUBOSCH, W.: Muskel und Sehne. Morph. Jb. **80**, 89–178 (1937)

LUBOSCH, W.: Die permanenten knorpeligen Skeletteile. In: Handbuch der vergl. Anat. d. Wirbeltiere (hrsg. von L. BOLK, E. GÖPPERT, E. KALLIUS und W. LUBOSCH) Bd. V, S. 249–274 (1938)

LUCA, S. DE, SILBERT, J.E.: Biosynthesis of chondroitin sulfate. II. Incorporation of sulfate S$^{35}$ into microsomal chondroitin sulfate. J. biol. Chem. **243**, 2725–2729 (1968)

LUCHT, U.: Acid phosphatase of osteoclasts demonstrated by electron microscopic histochemistry. Histochemie **28**, 103–117 (1971)

LUCHT, U.: Osteoclasts and their relationship to bone as studied by electron microscopy. Z. Zellforsch. **135**, 211–228 (1972a)

LUCHT, U.: Cytoplasmic vacuoles and bodies of the osteoclast. An electron microscope study. Z. Zellforsch. **135**, 229–244 (1972b)

LUCHT, U.: Electron microscope observations of centrioles in osteoclasts. Z. Anat. Entwickl. Gesch. **140**, 143–152 (1973)

LUCHT, U., NØRGAARD, J.O.: Export of protein from the osteoclast as studied by electron microscopic autoradiography. Cell Tiss. Res. **168**, 89–99 (1976)

LUCY, J.A., DINGLE, J.T., FELL, H.B.: Studies on the mode of action of excess of vitamin A. II. A possible role of intracellular proteases in the degradation of cartilage matrix. Biochem. J. **79**, 500–508 (1961a)

LUCY, J.A., WEBB, M., BIGGERS, J.D.: Biosynthesis of pentoses and amino sugars in embryonic chick cartilage cultivated on a chemically defined medium. Biochim. biophys. Acta (Amst.) **54**, 259–265 (1961b)

LUDWIG, E.: Über einen operativ gewonnenen menschlichen Embryo mit einem Ursegmente (Embryo Da 1). Morph. Jb. **59**, 41–104 (1928)

LUFT, J.H.: Electron microscopy of cell extraneous coats as revealed by ruthenium red staining. J. Cell Biol. **23**, 54A–55A (1964)

LUFT, J.H.: The fine structure of hyaline cartilage matrix following ruthenium red fixation and staining. J. Cell Biol. **27**, 61A (1965)

LUFT, J.H.: Fine structures of capillary and endocapillary layer as revealed by ruthenium red. Fed. Proc. **25**, 1773–1783 (1966)

LUFT, J.H.: Selective staining of acid mucopolysaccharides by ruthenium red. 26th Annual Meeting Electron Microscopy Soc. Amer. p. 38–39. Baton Rouge. Louisiana: Claitor, 1968

LUFT, J.H.: Ruthenium red and violet. II. Fine structural localization in animal tissues. Anat. Rec. **171**, 369–416 (1971)

LUK, S.C., NOPAJAROONSRI, C., SIMON, G.T.: The ultrastructure of cortical bone in young adult rabbits. J. Ultrastruct. Res. **46**, 184–205 (1974a)

LUK, S.C., NOPAJAROONSRI, C., SIMON, G.T.: The ultrastructure of endosteum. A topographic study in young adult rabbits. J. Ultrastruct. Res. **46**, 165–183 (1974b)

LUKENS, L.N.: The size of the polypeptide precursor of collagen hydroxyproline. Proc. nat. Acad. Sci. (Wash.) **55**, 1235 (1966)

LUNGHETTI, B.: Contributo allo studio della morfologia e dello sviluppo dei sesamoidi intratendinei. Int. Mschr. anat. Physiol. **26**, 47–82 (1909)

LUPULESCO, A.: Les effets de l'hormone somatotrope et de certains hormones stéroides sur le cartilage de conjugaison. Ann. Endocr. (Paris) **22**, 870–885 (1961)

LUSCHKA, H.: Die Kreuzdarmbeinfuge und die Schambeinfuge des Menschen. Virchows Arch. path. Anat. **7**, 299–316 (1854)

LUSCHKA, H.: Die Halbgelenke des menschlichen Körpers. Berlin: G. Reimer 1858

LUSCOMBE, M., PHELPS, C.F.: The composition and physiochemical properties of bovine nasalsepta protein-polysaccharide complex. Biochem. J. **102**, 110–119 (1967a)

LUSCOMBE, M., PHELPS, C.F.: Action of degradative enzymes on the light fraction of bovine septa protein polysaccharide. Biochem. J. **103**, 103–109 (1967b)

LUST, G., SHERMAN, D.M.: Metabolic and ultrastructural studies on articular cartilage of developing canine hip joints. Cornell Vet. **63**, 94–105 (1973)

LUTFI, A.M.: Mode of growth, fate and functions of cartilage canals. J. Anat. (Lond.) **106**, 135–145 (1970a)

LUTFI, A.M.: The germinal zone of the growth cartilage at the upper ends of the tibia and fibula in *Gallus domesticus*. J. Anat. (Lond.) **106**, 565–576 (1970b)

LUTFI, A.M.: [35]S-sulphate uptake by the growing tibia in the domestic fowl. J. Anat. (Lond.) **107**, 567–576 (1970c)

LUTFI, A.M.: The fate of chondrocytes during cartilage erosion in the growing tibia in the domestic fowl. (*Gallus domesticus*). Acta anat. (Basel) **79**, 27–35 (1971)

LUTFI, A.M.: The ultrastructure of cartilage cells in the epiphyses of long bones in the domestic fowl. Acta anat. **87**, 12–21 (1974a)

LUTFI, A.M.: The role of cartilage in long bone growth; a reappraisal. J. Anat. **117**, 413–417 (1974b)

LUTWAK-MANN, C.: Enzyme systems in articular cartilage. Biochem. J. **34**, 517–527 (1940)

LWOFF, B.: Über die Entwicklung der Fibrillen des Bindegewebes. Sitzgsber. Wien. Akad. Wiss., Math.-naturwiss. Kl. III, **48**, 27 (1889)

MAAS, H.: Über das Wachstum und die Regeneration der Röhrenknochen mit besonderer Berücksichtigung der Callusbildung. Langenbecks Arch. klin. Chir. **20**, 708–770 (1877)

MAATZ, R., HAASCH, K.: Vorgänge bei der Bruchheilung und Pseudarthrosenentstehung. In: Handbuch der medizinischen Radiologie (hrsg. von L. DIETHELM, O. OLSSON, F. STRNAD, H. VIETEN und A. ZUPPINGER) Band IV/Teil 1. S. 540–616. Berlin-Heidelberg-New York: Springer Verlag 1970

MACHADO DE SOUSA, O.: Sur la morphologie du tendon terminal "du M. biceps brachii" et son interprétation fonctionelle. C.R. Ass. Anat. **42**, 975–986 (1955)

MACHLIN, L.J., PEARSON, P.B., DENTON, S.A.: The utilization of sulfate sulfur for the synthesis of taurine in the developing chick embryo. J. biol. Chem. **212**, 469–475 (1955)

MAIR, R.: Untersuchungen über die Struktur der Schädelknochen. Z. mikr. anat. Forsch. **5**, 625–667 (1926)

MAIR, R.: Untersuchungen über das Wachstum der Schädelknochen. Z. Anat. Entwickl.-Gesch. **90**, 293–342 (1929)

MAJNO, G., ROUILLER, C.: Die alkalische Phosphatase in der Biologie des Knochengewebes. Histochemische Untersuchungen. Virchows Arch. path. Anat. **321**, 1–61 (1951)

MAKOWSKY, L.: Experimentelle Studien zur Pathogenese der degenerativen Gelenkknorpelveränderungen. Langenbecks Arch. klin. Chir. **263**, 118–163 (1949)

MALAN, M.E.: The elongation of the primitive streak and the localisation of the presumptive chorda-mesoderm on the early chick blastoderm studied by means of coloured marks with nile blue sulfate. Arch. Biol. **64**, 149–188 (1953)

MALAWISTA, J., SCHUBERT, M.: Chondromucoprotein: new extraction method and alkaline degradation. J. biol. Chem. **230**, 535–544 (1958)

MALINSKY, J.: Histochemical demonstration of carbohydrate in intervertebral discs of human embryos. Acta histochem. (Jena) **3**, 297–307 (1957a)

MALINSKY, J.: Histochemical demonstration of carboydrate in human intervertebral discs during postnatal development. Acta histochem. (Jena) **5**, 120–128 (1957b)

MALINSKY, J.: Histochemistry of carbohydrates and lipids in intervertebral discs during phylogenetic development. Acta histochem. (Jena) **7**, 107–124 (1959)

MALKANI, K., LUXEMBOURGER, M.M., REBEL, A.: Cytoplasmic modifications at the contact zone of osteoclasts and calcified tissue in the diaphyseal growing plate of foetal guinea-pig tibia. Calcif. Tiss. Res. **11**, 258–264 (1973)

MALL, F.P.: On the development of the connective tissues from the connective tissue syncytium. Amer. J. Anat. **1**, 329–365 (1902)

MALLORY, F.B.: Giant cell sarcoma. J. Med. Res. **24**, 463–467 (1911)

MALMGREN, H., SYLVÉN, B.: Biophysical and physiological investigations on cartilage and other mesenchymal tissues. V. Identification of the polysaccharide of bovine nuclei pulposi. Biochim. biophys. Acta, (Amst.) **9**, 706–707 (1952)

MANCINI, R.E.: Histochemical study of glycogen in tissues. Anat. Rec. **101**, 149–159 (1948)

MANCINI, R.E., LUSTIG, E.S., NUNEZ, C.: Radiosulfur intake by mucopolysaccharides of embryonic and cultured connective tissues. Anat. Rec. **124**, 493–494 (1956)

MANDL, F.: Regeneration des menschlichen Kniegelenkzwischenknorpels. Zbl. Chir. **56**, 3265–3268 (1929)

MANDL, I.: Collagenases and elastases. Advanc. Enzymol. **23**, 163–264 (1961)

MANDL, I., KELLER, S., LEVI, M.: Relationship between the antigenicity and chemical composition of components of elastin digests. In: Chemistry and molecular biology of the intercellular matrix (ed. by E.A. BALAZS) Vol. 1, p. 657–664. London and New York: Academic Press 1970

MANFREDI-ROMANINI, M.G.: Osservazioni sull'istochimica della corda dorsale de *Lampetra planeri* Li. Z. Zellforsch. **45**, 280–303 (1956)

MANGANIELLO, V.C., PHILLIPS, A.H.: The relationship between ribosomes and the endoplasmic reticulum during protein synthesis. J. biol. Chem. **240**, 3951–3959 (1965)

MANGOLD, B.: Autonome und komplementäre Induktionen bei *Amphibien*. Naturwissenschaften **20**, 371–374 (1932)

MANGOLD, B.: Über die Induktionsfähigkeit der verschiedenen Bezirke der Neurula von *Urodelen*. Naturwissenschaften **21**, 761–766 (1933)

MANGOLD, O.: Das Determinationsproblem. I. Das Nervensystem und die Sinnesorgane der Seitenlinie unter spezieller Berücksichtigung der *Amphibien*. Ergebn. Biol. **3**, 152–227 (1928)

MANGOLD, O.: Experimente zur Analyse der Zusammenarbeit der Keimblätter. Naturwissenschaften **24**, 753–760 (1936)

MANGOLD, O.: Der Wirbeltierkopf, entwicklungsphysiologisch gesehen. Ber. Naturforsch. Ges. Freiburg/Br. **40**, 5–21 (1950)

MANGOLD, O.: Experimente zur Entwicklungsphysiologie des *Urodelen*kopfes. Verh. Anat. Ges. 54. Jahresverslg. Freiburg/Br. S. 3–53 (1957)

MANGOLD, O.: Molchlarven ohne Zentralnervensystem und ohne Ektoderm. Wilhelm Roux' Arch. Entwickl.-Mech. Org. **152**, 725–769 (1961)

MANKIN, H.J.: Localization of tritiated thymidine in articular cartilage of rabbits. I. Growth in immature cartilage. J. Bone Jt. Surg. **44 A**, 682–688 (1962a)

Mankin, H.J.: Localization of tritiated thymidine in articular cartilage of rabbits. II. Repair in immature cartilage. J. Bone Jt. Surg. **44 A**, 688–698 (1962b)

MANKIN, H.J.: Localization of tritiated cytidine in articular cartilage of immature and adult rabbits after intraarticular injection. Lab. Invest. **12**, 543–548 (1963a)

MANKIN, H.J.: Localization of tritiated thymidine in articular cartilage of rabbits. III. Mature articular cartilage. J. Bone Jt. Surg. **45 A**, 529–540 (1963b)

MANKIN, H.J.: Mitosis in articular cartilage of immature rabbits. Clin. Orthop. **34**, 170–183 (1964)

MANKIN, H.J.: The effect of aging on articular cartilage. Bull. N.Y. Acad. Med. **44**, 545 (1968)

MANKIN, H.J.: The metabolism of articular cartilage in health and disease. In: Dynamics of Connective Tissue Macromolecules (ed. by P.M.C. BURLEIGH and A.R. POOLE). p. 327–356, Amsterdam-Oxford, North-Holland Publishing Company 1975

MANKIN, H.J., BARON, P.A.: The effect of aging on protein synthesis in articular cartilage of rabbits. Lab. Invest. **14**, 658–664 (1965)

MANKIN, H.J., LIPIELLO, L.: Nucleic acid and protein synthesis in epiphyseal plates of rachitic rats. J. Bone Jt. Surg. **51 A**, 862–874 (1969)

MANKIN, H.J., REVAK, C., LIPIELLO, L.: Ribonucleic acid synthesis in the epiphyseal plate of the rat: An autoradiographic study. Bull. Hosp. Jt. Dis. (N.Y.) **29**, 111–118 (1968)

MANNER, G., GOULD, B.S.: Collagen biosynthesis: The formation of an S-RNA-hydroxyproline complex. Biochim. biophys. Acta (Amst.) **72**, 243–250 (1963)

MANNERS, D.J.: The molecular structure of glycogens. Advanc. Carbohyd. Chem. **12**, 261–430 (1957)

MANNERS, D.J.: Enzymic synthesis and degradation of starch and glycogen. Advanc. Carbohyd. Chem. **17**, 371–430 (1962)

MANNHART, H.: Morphometrische Untersuchungen über die Wirkung von Kortisol am Wachstumsknorpel der Ratte. Acta anat. (Basel) **76**, 250–262 (1970)

MANNING, J.P., BUTLER, M.C.: Simultaneous formalin fixation and EDTA decalcification, with carbowax embedding for preservation of acid phosphatase. Stain Technol. **40**, 7–12 (1965)

MANSON, J.D., WATERS, N.E.: Observations on the rate of maturation of the cat osteon. J. Anat. (Lond.) **99**, 539–549 (1965)

MANSON, J.D., WATERS, N.E.: Assessments of the osteon maturation rate in the dog. Arch. oral Biol. **12**, 1577–1591 (1967)

MANSPEIZER, S., TONNA, E.A.: Skeletal cell proliferative rates: studied autoradiographically in mice with increasing doses of tritiated thymidine (H³TDR). Proc. Soc. Exp. Biol. (N.Y.) **126**, 331–335 (1967)

MARCHAND, F.: Über eine Geschwulst aus quergestreiften Muskelfasern mit ungewöhnlichem Gehalte an Glykogen nebst Bemerkungen über das Glykogen in einigen fetalen Geweben. Virchows Arch. path. Anat. **100**, 42–65 (1885)

MARCHAND, F.: Prozeß der Wundheilung. Stuttgart: Enke 1901

MARCHAND, F.: Die Untersuchung der entzündeten Gewebe; Gegner der Auswanderungslehre. In: Handbuch der allgemeinen Pathologie (hrsg. von L. KREHL und F. MARCHAND) 4. Band, S. 299–305. S. Hirzel Verlag. Leipzig 1924

MARCHOK, A.C., HERRMANN, H.: Studies of muscle development. I. Changes in cell proliferation. Develop. Biol. **15**, 129–155 (1967)

MARCULLO, G., LASH, J.W.: Separation of phosphorylated and UDP derivatives of hexosamines and acetylhexosamines by TLC. Ann. Biochem. **18**, 579–582 (1967)

MARINOZZI, V.: Phosphotungstic acid (PTA) as a stain for polysaccharides and glycoproteins in electron microscopy. Electron Microsc. **2**, 55–56 (1968)

MARK, H.: Macromolecules. Proceedings of a Symposium: Connective Tissue: Intercellular Macromolecules. New York 1962 Biophys. J. (Suppl.) **4**, 5–7 (1964)

MARK, K. VON DER, MARK, H. VON DER: Immunological and biochemical studies of collagen type transition during in vitro chondrogenesis of chick limb mesodermal cells. J. Cell. Biol. **73**, 736–747 (1977)

MARKERT, C.L.: Panel Discussion: Present status and perspectives in the study of cytodifferentiation at the molecular level. I. Initial remarks. J. Cell. Physiol. **72**, Suppl. 1, 213–230 (1968)

MARKS, P.A., SHORR, E.: A method for evaluating the relation of glycogen to inorganic salt deposition in surviving cartilage in vitro. Science **112**, 752–754 (1950)

MARLER, E., DAVIDSON, E.A.: Structure of a polysaccharide protein complex. Proc. nat. Acad. Sci. (Wash.) **54**, 648–656 (1965)

MARNEFFE, R. DE: Les vaisseaux des os. J. physiol. (Paris) **43**, 394–399 (1951 a)

MARNEFFE, R. DE: Recherches morphologiques et expérimentales sur la vascularization osseuse. Acta chir. belg. **50**, 469–488; 568–599; 681–704 (1951 b)

MAROTTI, F., MAROTTI, G.: Validità dell'impiego delle tetracicline nella valutazione quantitativa della formazione e del rinnovamento del tessuto osseo. Arch. Putti Chir. Organi Mov. **20**, 1–16 (1963)

MAROTTI, G.: Quantitative studies on bone reconstruction. Acta anat. (Basel) **52**, 291–333 (1963)

MAROTTI, G., FAVIA, A., ZAMBONIN-ZALLONE, A.: Quantitative analysis on the rate of secondary bone mineralization. Calcif. Tiss. Res. **10**, 67–81 (1972)

MAROTTI, G., ZAMBONIN-ZALLONE, A., LEDDA, M.: Number, size and arrangement of osteoblasts in osteons at different stages of formation. Calcif. Tiss. Res. Suppl. **21**, 96–101 (1976)

MAROUDAS, A.: Distribution and diffusion of solutes in articular cartilage. Biophys. J. **10**, 365–379 (1970 a)

MAROUDAS, A.: Effect of fixed charge density of the distribution and diffusion coefficients of solutes in cartilage. In: Chemistry and molecular biology of the intercellular matrix (ed. by E.A. BALAZS) Vol. 3, p. 1389–1401. London and New York: Academic Press 1970 b

MAROUDAS, A.: Glycosaminoglycan turn-over in articular cartilage. Phil. Trans. B. **271**, 293–313 (1975 a)

MAROUDAS, A.: Biophysical chemistry of cartilaginous tissues with special reference to solute and fluid transport. Biorheology **12**, 233–248 (1975 b)

MAROUDAS, A.: Cartilage turnover. Ann. rheum. Dis. **34**, Supp. 55–57 (1975 c)

MAROUDAS, A., BULLOUGH, P., SWANSON, S.A., FREEMAN, D.J.: The permeability of articular cartilage. J. Bone Jt. Surg. **50 B**, 166–177 (1968)

MARSHALL, A.M.: Note on the early stages of development of nerves in the chick. Proc. Roy. Soc. Lond. **26**, 47–50 (1878)

MARSHALL, J.H., JOWSEY, J., ROWLAND, R.E.: Microscopic metabolism of calcium in bone. IV. Ca⁴⁵ deposition and growth rate in canine osteons. Radiat. Res. **10**, 243–257 (1959 a)

MARSHALL, J.H., WHITE, V.K., COHEN, J.: Microscopic metabolism of calcium in bone. I. Three dimensional deposition of Ca$^{45}$ in canine osteons. Radiat. Res. **10**, 197–212 (1959b)

MARSHALL, R.D.: Glycoproteins. Ann. Rev. Biochem. **41**, 673–702 (1972)

MARSHALL, R.D., NEUBERGER, A.: Aspects of the structure and metabolism of glycoproteins. Advanc. Carbohyd. Chem. **25**, 407–478 (1970)

MARTIMO, L.: Osservazioni sullo sviluppo delle articolazioni tra ossa di origine condrale. Fisiol. e Med. **6**, 589–605 (1935)

MARTIN, A.V.W.: Electron microscope studies of collagenous fibers in bone. Biochim. biophys. Acta (Amst.) **10**, 42–48 (1953a)

MARTIN, A.V.W.: Fine structure of cartilage matrix. In: Nature und structure of collagen (ed. by J.T. RANDALL) p. 129–139. New York: Academic Press 1953b

MARTIN, A.V.W.: An electron microscope study of the cartilaginous matrix in the developing tibia of the fowl. J. Embryol. exp. Morph. **2**, 38–48 (1954)

MARTIN, J.H., MATTHEWS, J.L.: Mitochondrial granules in chondrocytes. Calcif. Tiss. Res. **3**, 184–193 (1969)

MARTIN, P., BARBIN, J.Y., AARON, CL.: La corde dorsale des embryons humains de 3,5 et 17,5 mm. Arch. anat. path. **9**, 147–150 (1961)

MARTLAND, M., ROBISON, R.: The possible significance of hexosephosphoric esters in ossification. Part V. The enzyme in the early stages of bone development. Biochem. J. **18**, 1354–1357 (1924)

MARZULLO, G., DESIDERIO, E.: Tissue distribution and development of some cartilage enzymes. Develop. Biol. **27**, 13–19 (1972)

MASAMUNE, H., YOSIZAWA, Z., MAKI, M.: Biochemical studies on carbohydrates CXXXV. Paper partition chromatograms of sugar components in glucidamins and glycoproteins. II. Tohoku, J. exp. Med. **53**, 237–241 (1951)

MASHUGA, P.M.: Funktionelle Strukturen des Blutgefäßsystems und ihre Bedeutung in der Entwicklung des Knorpel- und Knochengewebes. Z. Anat. Entwickl.-Gesch. **122**, 539–555 (1961)

MASSHOFF, W.: Die physiologische Regeneration. In: Handbuch der Allgemeinen Pathologie (hrsg. von F. BÜCHNER, E. LETTERER und F. ROULET) Bd. 6/1: Entwicklung, Wachstum. S. 442–514, Berlin-Göttingen-Heidelberg: Springer Verlag 1955

MASSLER, M., SCHOUR, I.: The growth of the cranial vault in the albino rat as measured by vital staining with Alizarine Red "S". Anat. Rec. **110**, 83–101 (1951)

MATHEWS, J.L., MARTIN, J.H., LYNN, J.A., COLLINS, E.J.: Calcium incorporation in the developing cartilaginous epiphysis. Calcif. Tiss. Res. **1**, 330–336 (1968)

MATHEWS, M.B.: The molecular weight of sodium chondroitin sulfate by light scattering. Arch. Biochem. **61**, 367–377 (1956)

MATHEWS, M.B.: Isometric chondroitin sulphates. Nature (Lond.) **181**, 421–422 (1958)

MATHEWS, M.B.: Macromolecular properties of isometric chondroitin sulfates. Biochim. biophys. Acta (Amst.) **35**, 9–17 (1959)

MATHEWS, M.B.: Sodium chondroitin sulfate-protein complexes of cartilage. III. Preparation from shark. Biochim. biophys. Acta (Amst.) **58**, 92–101 (1962)

MATHEWS, M.B.: The interaction of collagen and acid mucopolysaccharides. A model for connective tissue. Biochem. J. **96**, 710–716 (1965a)

MATHEWS, M.B.: Comparative aspects of supporting tissues. Molecular evolution of connective tissue. A comparative study of acid mucopolysaccharide—protein complexes. In: Structure and function of connective and skeletal tissue (ed. by S. FITTON-JACKSON, R.D. HARKNESS, S.M. PARTRIDGE and G.R. TRISTRAM) p. 181–206, London: Butterworths (1965b)

MATHEWS, M.B.: The macromolecular organization of connective tissue. In: The chemical physiology of mucopolysaccharides (ed. by G. QUINTARELLI) p. 189–197. Boston: Little, Brown and Company 1968

MATHEWS, M.B.: The interactions of proteoglycans and collagen-model systems. In: Chemistry and molecular biology of the intercellular matrix (ed. by E.A. BALAZS) Vol. 2, p. 1155–1169. London and New York: Academic Press 1970

MATHEWS, M.B., DORFMAN, A.: The molecular weight and viscosimetry of chondroitin-sulfuric acid. Arch. Biochem. **42**, 41–53 (1953)

MATHEWS, M.B., GLAGOV, S.: Acid mucopolysaccharide patterns in ageing human cartilage. J. clin. Invest. **45**, 1103–1111 (1966)

MATHEWS, M.B., LOZAITYTE, I.: Sodium chondroitin sulfate-protein complexes of cartilage. I. Molecular weight and shape. Arch. Biochem. **74**, 158–174 (1958)

MATSCHINSKY: Über das normale Wachstum der Röhrenknochen des Menschen. Arch. mikr. Anat. **39**, 151–215 (1892)

MATSUZAWA, T., ANDERSON, H.C.: Phosphatases of epiphyseal cartilage studied by electron microscopic cytochemical methods. J. Histochem. Cytochem. **19**, 801–808 (1971)

MATTHEWS, J.L., MARTIN, J.H., RACE, G.M.: Giant-cell centrioles. Science **155**, 1423–1424 (1967)

MATTHEWS, J.L., MARTIN, J.H., ARSENIS, C., EISENSTEIN, R., KUETTNER, K.: The role of mitochondria in intracellular calcium regulation. In: Cellular mechanisms for calcium transfer and homeostasis (ed. by G. NICHOLS, Jr. and R.H. WASSERMAN) p. 239–255. New York, London: Academic Press 1971

MATTICK, F.: Über das Gefäßsystem und die Knorpelgefäße des fetalen Hüftgelenkes. Z. Anat. Entwickl.-Gesch. **120**, 492–513 (1958)

MATUKAS, V.J., KRIKOS, G.A.: Evidence for changes in protein polysaccharide associated with the onset of calcification in cartilage. J. Cell Biol. **39**, 43–48 (1968)

MATUKAS, V.J., PANNER, B.J., ORBISON, J.L.: Studies on ultrastructural identification and distribution of protein polysaccharide in cartilage matrix. J. Cell Biol. **32**, 365–377 (1967)

MÁTYÁS, J.: Mikroskopische Untersuchungen der biologischen Resorptionen in den Röhrenknochen. Budapest: Akadémiai Kiadó 1955

MAURER, P.H., HUDACK, S.S.: The isolation of hyaluronic acid from callus tissue of early healing. Arch. Biochem. **38**, 49–53 (1952)

Maximow, A.: Experimentelle Untersuchungen über die entzündliche Neubildung von Bindegewebe. Beitr. path. Anat. Suppl. 5 (1902)

MAXIMOW, A.: Untersuchung über Blut und Bindegewebe. III. Die embryonale Histogenese des Knochenmarks der Säugetiere. Arch. mikr. Anat. **76**, 1–113 (1910/11)

MAXIMOW, A.: Bindegewebe und blutbildende Gewebe. In: Handbuch der mikroskopischen Anatomie des Menschen (hrsg. von W. v. MÖLLENDORFF) II/1, S. 232–583. Berlin: Springer 1927

MAXIMOW, A.: Über die Entstehung von argyrophilen und kollagenen Fasern in Kulturen von Bindegewebe und Blutleukozyten. Zbl. Path. **43**, 145–152 (1928)

MAYER, A.: Über den Einfluß des Eierstockes auf das Wachstum des Uterus in der Fetalzeit. Z. Geburtsh. Gynäk. **77**, 279–300 (1915)

MAYER, A.: Experimentelle Untersuchungen über die Entstehung extrauteriner Schwangerschaft und die Möglichkeit operativer Eingriffe beim lebenden Säugetierfoetus. Zbl. Gynäk. **42**, 773–776 (1918)

MAYER, S.: Über die Wirkung der Farbstoffe Violett B und Neutralrot. Lotus **2**, 67–70 (1896)

MAYNARD, L.A., SMITH, R.H.: Mineral metabolism. Ann. Rev. Biochem. **14**, 273–290 (1947)

MAZHUGA, P.M., ZHITNIKOV, A.Y., KHARCHUK, L.N.: Differentiation and reproduction of cells in chondrogenesis. Anat. Anz. **126**, 172–181 (1970)

MCCALL, J.G.: Scanning electron microscopy of articular surfaces. Lancet **2**, 1194 (1968)

MCCALL, J.G.: Ultrastructure of human articular cartilage. J. Anat. (Lond.) **104**, 586–587 (1969)

MCCLUGAGE, S.G. JR., MCCUSKEY, R.S.: Relationship of the microvascular system to bone resorption and growth in situ. Microvasc. Res. **6**, 132–134 (1973)

MCCLURE, F.J.: Mineral metabolism (fluorine and other trace elements). Ann. Rev. Biochem. **18**, 335–354 (1949)

MCCUTCHEN, C.W.: The frictional properties of animal joints. Wear **5**, 1–17 (1962)

MCCUTCHEN, C.W.: Do mineral crystals stiffen bone by straitjacketing its collagen? J. theor. Biol. **51**, 51–58 (1975)

MCDERMOTT, L.J.: Development of the human knee joint. Arch. Surg. **46**, 705–719 (1943)

MCELLIGOTT, T.F., POTTER, J.L.: Increased fixation of sulfur-35 by cartilage in vitro following depletion of the matrix by intravenous papain. J. exp. Med. **112**, 743–750 (1960)

MCELROY, W.D., GLASS, B.: A Symposium on the chemical basis of development. Baltimore: The John Hopkins Press 1958

MCEWEN, W.: The growth of bone; observations on osteogenesis. An experimental inquiry into the development and reproduction of diaphysal bone. Glasgow: J. Maclehose and Sons 1912

MCEWEN, W.: An address on the study of nature as shedding light on the structure and functions of man. The antler of the deer and its relations to the growth of bone. Brit. med. J. **3364**, 91–95 (1923)

McEwen, W.: The growth and shedding of the antler of the deer. Glasgow: J. Maclehose and Sons 1920

McFarlane, M., Patternson, G., Robison, R.: The phosphatase activity of animal tissues. Biochem. J. **28**, 720–724 (1934)

McIndoe, W.M., Davidson, J.N.: The phosphorus compounds of the cell nucleus. Brit. J. Cancer **6**, 200–214 (1952)

McKay, D.G., Adams, E.C., Hertig, A.T., Danziger, S.: Histochemical horizons in human embryos. Anat. Rec. **122**, 125–151 (1955)

McKinney, R.: Studies on fibers in tissue cultures. III. The development of reticulum into collagenous fibers in culture of adult rabbit lymph nodes. Arch. exp. Zellforsch. **9**, 14–35 (1930)

McLean, F.C.: Physiology of bone. Ann. Rev. Physiol. **5**, 79–104 (1943)

McLean, F.C.: The parathyroid glands and bone. In: The biochemistry and physiology of bone (ed. by G.H. Bourne) p. 705–724. New York and London: Academic Press 1956

McLean, F.C.: The parathyroid hormone and bone. Clin. Orthop. **9**, 46–60 (1957)

McLean, F.C.: Introduction: Homeostasis in mineral metabolism. In: Mineral metabolism (ed. by C.L. Comar and F. Bronner) Vol. 1 Part A, p. 1–10. New York and London: Academic Press 1960

McLean, F.C.: Radioisotopes and bone. Oxford: Blackwell Scientific Publications 1962

McLean, F.C.: Recent advances in physiology of bone. J. Bone Jt. Surg. **45 A**, 1314–1320 (1963)

McLean, F.C.: Guest Editorial: Calcified Tissue Research: 1967, Calc. Tiss. Res. **1**, 1–7 (1967/68)

McLean, F.C., Bloom, W.: Calcification and ossification. Calcification in normal growing bone. Anat. Rec. **78**, 333–359 (1940)

McLean, F.C., Budy, A.M.: Connective and supporting tissues: bone. Ann. Rev. Physiol. **21**, 69–90 (1959)

McLean, F.C., Budy, A.M.: Radiation, isotopes and bone. New York and London: Academic Press 1964

McLean, F.C., Rowland, R.E.: Internal remodeling of compact bone. In: Mechanisms of hard tissue destruction (ed. by R.F. Sognnaes) p. 371–382. Washington: Publ. No. 75 of the Amer. Assoc. Advanc. Sci. 1963

McLean, F.C., Urist, M.R.: Bone: An introduction to the physiology of skeletal tissue. Chicago: University of Chicago Press 1955, 2. ed. 1961

McLean, F.C., Urist, M.R.: Bone: Fundamentals of the physiology of skeletal tissue. Chicago: University of Chicago Press 1968

McLoughlin, B.C.: Mesenchymal influences on epithelial differentiation. In: Symposia of the society for experimental biology, Cell differentiation. p. 359–388. Cambridge: University Press 1963

McManus, J.F.A.: Histological demonstration of mucin after periodic acid. Nature (Lond.) **158**, 202 (1946)

McManus, J.F.A.: Histochemistry of connective tissue. In: Connective tissue (ed. by G. Asboe-Hansen) p. 31–53. Copenhagen: Ejnar Munksgaard Publisher 1954

McManus, J.F.A.: The effect of various solvents and other conditions on periodate oxidation of carbohydrates in the PAS-reaction. Ann. Histochim. **7**, 57–60 (1962)

McManus, J.F.A., Mowry, R.W.: Staining methods. London: Harper & Row 1964

McWhinnie, D.J., Saunders, J.W. Jr.: Developmental patterns and specificities of alkaline phosphatase in the embryonic chick limb. Develop. Biol. **14**, 169–191 (1966)

Meachim, G., Collins, D.H.: Cell counts of normal and osteoarthritic articular cartilage in relation to uptake of sulphate (35-$SO_4$) in vitro. Ann. rheum. Dis. **21**, 45–50 (1962)

Meachim, G., Cornah, M.S.: Fine structure of juvenile human nucleus pulposus. J. Anat. (Lond.) **107**, 337–350 (1970)

Meachim, G., Roy, S.: Surface ultrastructure of mature adult human articular cartilage. J. Bone Jt. Surg. (Brit.) **51-B**, 529–539 (1969)

Meachim, G., Denham, D., Emery, I.H., Wilkinson, P.H.: Collagen alignments and artificial splits at the surface of human articular cartilage. J. Anat. **118**, 101–118 (1974)

Mednick, L.W., Washburn, S.L.: The role of sutures in the growth of the braincase of the infant pig. Amer. J. Phys. Anthrop. **14**, 175–192 (1956)

Medoff, J.: Enzymatic events during cartilage differentiation in the chick embryonic limbbud. Develop. Biol. **16**, 118–143 (1967)

MEEK, G.A.: The occurence of mature collagen fibers within the cytoplasm of fibroblasts. J. Anat. (Lond.) **99**, 929 (1965)

MEEZAN, E., DAVIDSON, E.A.: Mucopolysaccharide sulfation in chick embryo cartilage. I. Properties of the sulfation system. J. biol. Chem. **242**, 1685–1689 (1967a)

MEEZAN, E., DAVIDSON, E.A.: Mucopolysaccharide sulfation in chick embryo cartilage. II. Characterization of the endogenous acceptor. J. biol. Chem. **242**, 4956–4962 (1967b)

MEHLER, A.H., KRONBERG, A., GRISOLA, S., OCHOA, S.: The enzymatic mechanism of oxidation reductions between malate or isocitrate and pyrovate. J. biol. Chem. **174**, 861 977 (1948)

MEHNERT, E.: Untersuchungen über die Entwicklung des Os pelvis der Vögel. Morph. Jb. **13**, 259–295 (1887)

MEIKLE, M.C.: The influence of function on chondrogenesis at the epiphyseal cartilage of a growing long bone. Anat. Rec. **182**, 387–400 (1975)

MELCHER, A.H.: Behaviour of collagen and reticulin in inflammation. In: Structure and function of connective and skeletal tissue (ed. by S. FITTON-JACKSON, R.D. HARKNESS, S.M. PARTRIDGE and G.R. TRISTRAM) p. 500–506, London: Butterworths 1965

MELCHER, A.H.: Gingival reticulin; identification and role in histogenesis of collagen fibers. J. dent. Res. **45**, 426–439 (1966)

MENCZEL, J., HARELL, A. (ed.): Proc. 8th. Europ. Sympos. Calcif. Tiss. Jerusalem: 1971 Calcified Tissue. Structural, Functional and Metabolic Aspects. New York-London: Academic Press (1971)

MENDLOWITZ, A.M., LESLIE, A.: The experimental simulation in the dog of the cyanosis and hypertrophic osteoarthropathy which are associated with congenital heart disease. Amer. Heart J. **24**, 141 (1962)

MERGENHAGEN, S.E., WAHL, S.M., WAHL, L.M.: The role of lymphocytes and macrophages in the destruction of bone and collagen. Ann. N.Y. Acad. Sci. **256**, 132–140 (1975)

MERKER, H.J.: Elektronenmikroskopische Untersuchungen über die Fibrillogenese in der Haut menschlicher Embryonen. Z. Zellforsch. **53**, 411–430 (1961)

MERKER, H.J.: Significance of the limb bud culture system for investigations of teratogenic mechanisms. In: New approaches in the evaluation of abnormal embryonic development (ed. by D. NEUBERT and H.J. MERKER) p. 161–199. Stuttgart: Thieme Verlag 1975

MERKER, H.J., STRUWE, K.: Elektronenmikroskopische Untersuchungen zum Problem der Sekretion der bindegewebigen Interzellularsubstanz. Z. Zellforsch. **115**, 212–225 (1971)

MERKOW, L., LALICH, J.J.: Skeletal changes in suckling rats induced by prolonged papain administration. J. Bone Jt. Surg. **43A**, 679–686 (1961)

MERZ, W.A., SCHENK, R.K.: A quantitative histological study on bone formation in human cancellous bone. Acta anat. (Basel) **76**, 1–15 (1970)

MESSIER, B., LEBLOND, C.P.: Cell proliferation and migration as revealed by radioautography after injection of thymidine-$H^3$ into male rats and mice. Amer. J. Anat. **106**, 247–285 (1960)

METZGER, R.P., WILCOX, S.S., WICK, A.N.: Subcellular distribution and properties of hepatic glucose dehydrogenase of selected vertebrates. J. biol. Chem. **240**, 2767–2771 (1965)

MEVES, F.: Über die Strukturen in den Zellen des embryonalen Stützgewebes sowie über die Entstehung der Bindegewebsfibrillen, insbesondere derjenigen der Sehne. Arch. mikr. Anat. **75**, 149–208 (1910)

MEYBURG, H.: Beiträge zur Kenntnis des Studiums der primären in toto konzentrischen Knochenbildung. Arch. mikr. Anat. **64**, 627–652 (1904)

MEYER, A.: Recherches sur l'infrastructure du tissu osseux à l'état normal et au cours de l'ostéoporose posttraumatique. Inaug. Diss. Faculté de Médicine Strasbourg: 1961

MEYER, K.: The chemistry and biology of mucopolysaccharides and glycoproteins. Symp. Quant. Biol. **6**, 91–102 (1938)

MEYER, K.: Mucoids and glycoproteins. Advanc. Protein Chem. **2**, 249–273 (1945)

MEYER, K.: The polysaccharides of mesodermal tissues. Tr. Conf. Metab. Interrelat. **4**, 63–73 (1952)

MEYER, K.: Hyaluronic acid, chondroitin sulphates and their protein complexes. Discuss. Faraday Soc. **13**, 271–275 (1953)

MEYER, K.: The mucopolysaccharides of bone: In: Bone structure and metabolism. Ciba Foundation Symp. (ed. by G.E.W. WOLSTENHOLME and C.M. O'CONNOR) p. 65–74. Boston: Little, Brown and Co. 1956

MEYER, K.: Chondroitin sulfates. In: Polysaccharides in biology. (ed. by G.F. SPRINGER) Transact. 4th. Conf. p. 9–56, New York: Josiah Macy Found. 1959

MEYER, K.: Nature and function of mucopolysaccharides of connective tissue. In: Molecular biology. (ed. by D. NACHMANSOHN) p. 69–76, New York and London: Academic Press 1960

MEYER, K.: Introduction. In: Connective tissue: intercellular macromolecules. (Proc. Symp. New York Heart Assoc.) Biophys. J. **4**, Suppl. 117 (1964)

MEYER, K.: Problems of histochemical identification of carbohydrate-rich tissue components. J. Histochem. Cytochem. **14**, 605–606 (1966)

MEYER, K.: Reflections on "mucopolysaccharides" and their protein complexes. In: Chemistry and molecular biology of the intercellular matrix. (ed. by E.A. BALAZS) Vol. 1, p. 5–24. London and New York: Academic Press 1970

MEYER, K., HAHNEL, E.: The estimation of lysozyme by a viscosimetric method. J. biol. Chem. **163**, 723–732 (1946)

MEYER, K., PALMER, J.W.: On glycoproteins. Polysaccharides of vitreous humor and of umbilical cord. J. biol. Chem. **114**, 689–703 (1936)

MEYER, K., RAPPORT, M.M.: The mucopolysaccharides of the ground substance of connective tissue. Science **113**, 596–599 (1951)

MEYER, K., SMYTH, E.M.: On glycoproteins. VI. The preparation of chondroitinsulfuric acid. J. biol. Chem. **119**, 507–510 (1937)

MEYER, K., PALMER, J.W., SMYTH, E.M.: On glycoproteins. V. Protein complexes of chondroitinsulfuric acid. J. biol. Chem. **119**, 501–507 (1937)

MEYER, K., ODIER, M.E., SIEGRIST, A.E.: Constitution de l'acide chondroitin-sulfurique. Helvet. chim. acta **31**, 1400–1419 (1948)

MEYER, K., LINKER, A., DAVIDSON, E.A., WEISSMANN, B.S.: The mucopolysaccharides of bovine cornea. J. biol. Chem. **205**, 611–616 (1953)

MEYER, K., HOFFMAN, P., LINKER, A.: Mucopolysaccharides of costal cartilage. Science **128**, 896 (1958)

MEYER, K., DAVIDSON, E., LINKER, A., HOFFMAN, P.: The acid mucopolysaccharides of connective tissue. Biochim. biophys. Acta (Amst.) **21**, 506–518 (1956)

MEYER, K., ANDERSON, B., SENO, N., HOFFMAN, P.: Peptide complexes of chondroitin sulphates and keratosulphates. In: Structure and function of connective and skeletal tissue (ed. by S. FITTON-JACKSON, S.M. PARTRIDGE, R.D. HARKNESS and G.R. TRISTRAM) p. 164–168. London: Butterworths 1965

MEYER, K.H.: The chemistry of glycogen. Advanc. Enzymol. **3**, 109–135 (1943)

MEYER, K.H., FULD, M.: 48. Recherches sur l'amidon. XII. L'arrangement des restes de glucose dans le glycogène. Helv. chim. Acta. **24**, 375–378 (1941)

MEYER, M.: Histologische Studien über den Gefäßeinschluß, insbesondere über die Entstehung der sog. durchbohrenden Kanäle und ähnlicher Gebilde in der knöchernen Labyrinthkapsel von menschlichen Föten und Jungkindern. Z. Anat. Entwickl.-Gesch. **69**, 521–557 (1923)

MEYER, M.: Knochenstudien an der menschlichen Labyrinthkapsel: IV. Über eine eigentümliche Art von Knochengewebe beim erwachsenen Menschen. Z. Anat. Entwickl.-Gesch. **83**, 734–751 (1927)

MEYER, P., SICK, H.: Adaptation des tendons au glissement: le bourrelet de glissement. Bull. Ass. Anat. **47**, 558–563 (1961)

MEYER, W., KUNIN, A.S.: Decreased glycolytic enzyme in epiphyseal cartilage of cortisone-treated rats. Arch. Biochem. **129**, 431–437 (1969)

MICHAEL, M.I., FABER, J.: Morphogenesis of mesenchyme from regeneration blastemas in the absence of digit formation in *Amblystoma mexicanum*. Wilhelm Roux' Arch. Entwickl. Mech. Org. **168**, 174–180 (1971)

MIESCHER: De inflammatione ossium eorumque anatome generali. Accedunt observationes de canaliculis corpusculorum ossium etc. Berolini: J. Müller 1836

MIJSBERG, W.A.: Die Funktion der Nähte am wachsenden Schädel. Z. Morph. Anthrop. **30**, 535–551 (1932)

MILAIRE, J.: Contribution à l'étude morphologique et cytochimique des bourgeons de membres chez le rat. Arch. Biol. **67**, 297–391 (1956)

MILAIRE, J.: Contribution à la connaissance morphologique et cytochimique des bourgeons de membres chez quelques reptiles. Arch. Biol. **68**, 429–512 (1957)

MILAIRE, J.: Prédifférenciation cytochimique de diverses ébauches céphaliques chez l'embryon de souris. Arch. Biol. **70**, 587–725 (1959)

MILAIRE, J.: Le rôle de la cape apicale dans la formation des membres des vertébrés. Ann. Soc. Zool. Belg. **91**, 129–145 (1961)

MILAIRE, J.: Histochemical aspects of limb morphogenesis in vertebrates. Advanc. Morphogenes. **2**, 183–209 (1962a)

MILAIRE, J.: Détection histochimique de modifications des ébauches dans les membres en formation chez la souris oligosyndactyle. Bull. Classe Sci. **48**, 505–528 (1962b)

MILAIRE, J.: Étude morphologique et cytochimique du développement des membres chez la souris et chez la taupe. Arch. Biol. **74**, 129–317 (1963)

MILAIRE, J.: Étude histochimique des premiers stades du développement des membres chez le poulet. Bull. Ass. Anat. **51**, 688–698 (1966)

MILAIRE, J.: Histochemical expression of morphogenetic gradients during limb morphogenesis (with particular reference to mammalian embryos). In: Morphogenesis and Malformation of the Limb (ed. by D. BERGSMA, W. LENZ). Birth Defects: Vol. XIII, 1, p. 37–67. New York, Alan R. Liss, Inc. 1977

MILCH, R.A., RALL, D.P., TOBIE, J.E.: Bone localization of the tetracyclines. J. nat. Cancer Inst. **19**, 87–93 (1957)

MILES, A.E.W. (ed.): Structural and chemical organization of teeth. Vol. I and II. New York and London: Academic Press: 1967

MILGRAM, J., ROBINSON, R.A.: An electron microscopic demonstration of unmyelinated nerves in the Haversian canals of the adult dog. Bull. Johns Hopk. Hosp. **117**, 163–173 (1965)

MILHAUD, G., OWEN, M., BLACKWOOD, H.J.J. (ed.): V$^e$ Sympos. Européen: Les tissus calcifiés. Paris: Societé d'édition d'enseignement supérieur 1968

MILLER, E.J.: A comparison of chick bone and cartilage collagens: evidence for a unique type of α-1-chain in cartilage collagen. In: Chemistry and molecular biology of the intercellular matrix. (ed. by E.A. BALAZS) Vol. 1. p. 109–115. London and New York: Academic Press 1970

MILLER, E.J.: Isolation and characterization of a collagen from chick cartilage containing three identical α-chains. Biochemistry **10**, 1652–1658 (1971)

MILLER, E.J.: A review of biochemical studies on the genetically distinct collagens of the skeletal system. Clin. Orthop. **92**, 260–280 (1973)

MILLER, E.J., MATUKAS, V.J.: Chick cartilage collagen: A new type of α-1-chain not present in bone or skin of the species. Proc. nat. Acad. Sci. (Wash.) **64**, 1264–1268 (1969)

MILLER, E.J., MARTIN, G.R., PIEZ, K.A.: The utilization of lysine in the biosynthesis of elastin cross-links. Biochem. biophys. Res. Commun. **17**, 248–253 (1964)

MILLER, E.J., MARTIN, G.R., PIEZ, K.A., POWERS, M.J.: Characterization of chick bone collagen and compositional changes associated with maturation. J. biol. Chem. **242**, 5481–5489 (1967)

MILLER, E.J., LANE, J.M., PIEZ, K.A.: Isolation and characterization of the peptides derived from the alpha-1-chain of chick bone collagen after cyanogen bromide cleavage. Biochemistry **8**, 30–39 (1969)

MILLER, E.J., EPSTEIN, E.H., JR., PIEZ, K.A.: Identification of three genetically distinct collagens by cyanogen bromide cleavage of insoluble human skin and cartilage collagen. Biochem. biophys. Res. Commun. **42**, 1024–1029 (1971)

MILLER, E.J., WOODALL, D.L., VAIL, M.S.: Biosynthesis of cartilage collagen. Use of pulse labeling to order the cyanogen bromide peptides in the alpha I (II) chain. J. biol. Chem. **248**, 1666–1671 (1973)

MILLER, S.C.: Osteoclast cell-surface changes during the egglaying cycle in japanese quail. J. Cell Biol. **75**, 104–118 (1977)

MILLS, B.G., BAVETTA, L.A.: Effect of parathyroid extract on bone collagen fractions. Clin. Orthop. **62**, 240–250 (1969)

MINER, R.W.: Recent advances in the study of the structure, composition and growth of mineralized tissues. Ann. N.Y. Acad. Sci. **60**, 541–806 (1955)

MINOT, C.S.: The segmental flexures of the notochord. Anat. Rec. **1**, 42–50 (1907)

MINOT, C.S., TAYLOR, E.: Normal plates of the development of the rabbit (*Lepus cuniculus* L.). Jena: Gustav Fischer (1905)

MISCHEL, W.: The water and mineral contents of the normal mature umbilical cord. Arch. Gynäk. **192**, 85–95 (1959)

MITCHELL, P.E., HENDRY, N.G., BILLEWICZ, W.Z.: The chemical background of intervertebral disc prolapse. J. Bone Jt. Surg. **43B**, 141–151 (1961)

MITROPHANOW, P.J.: Über Zellgranulationen. Biol. Zbl. **9**, 541–542 (1889/90)

MIYAZAKI, T.: Biochemical studies on carbohydrates. V. A micro method for quantitative estimation of chondroitinsulfuric acid in cartilage. J. Biochem. (Tokyo) **20**, 211–222 (1934a)

MIYAZAKI, T.: Biochemical studies on carbohydrates. VI. Determination of chondroitinsulfuric acid in cartilage and bone. J. Biochem. (Tokyo) **20**, 223–231 (1934b)

MJASSOJEDOFF, S.W.: Über die Metaplasie des Knorpels im Knochengewebe in der Trachea des Huhnes. Zbl. allg. Path. path. Anat. **32**, 531 (1922)

MJÖR, I.A.: The bone matrix adjacent to lacunae and canaliculi. Anat. Rec. **144**, 327–339 (1962)

MOCZAR, E., MOCZAR, M.: Distribution of carbohydrates in the insoluble network of connective tissue. In: Chemistry and molecular biology of the intercellular matrix. (ed. by E.A. BALAZS) Vol. 1, p. 243–250. London and New York: Academic Press 1970

MODELL, W., NOBACK, C.V.: Histogenesis of bone in the growing antler of the cervidae. Amer. J. Anat. **49**, 65–95 (1931)

MODIS, L., SÜVEGES, I., FÖLDES, I.: Histochemical identification of carbohydrates by means of metal colloids. Acta morph. Acad. Sci. hung. **13**, 207–216 (1965)

MÖLLER, W.: Luxation eines nach Exstirpation neugebildeten Kniegelenksmeniscus. Zbl. Chir. **45**, 2790–2792 (1930)

MOFFETT, B.C.: The morphogenesis of joints. In: Organogenesis. (ed. by R.L. DeHAAN and H. URSPRUNG) p. 301–313. New York: Holt, Rinehart and Winston 1965

MOFFETT, B.C., JOHNSON, L.C., McCATE, J.B., ASKEW, H.C.: Articular remodeling in the adult human temporo-mandibular joint. Amer. J. Anat. **115**, 119–142 (1964)

MOHAMMED, C.I.: Growth pattern of the rat-maxilla from 16 days insemination age to 30 days after birth. Amer. J. Anat. **100**, 115–165 (1957)

MOLLIER, G.: Beziehungen zwischen Form und Funktion der Sehnen im Muskel-Sehnen-Knochen-System. Morph. Jb. **79**, 161–199 (1937)

MOLLIER, S.: Die paarigen Extremitäten der Wirbeltiere. II. Das Cheiropterygium. Anat. Hefte I. Beitr. Anat. Entw. Ges. **3**, 1–160 (1894)

MOLLIER, S.: Über Knochenentwicklung. Sitzgber. Ges. Morph. und Physiol. Münch. 1–18 (1910)

MOLNAR, J., ROBINSON, G.B., WINZLER, R.J.: Biosynthesis of glycoproteins. IV. The subcellular sites of incorporation of glucosamine 1-14-C into glycoprotein rat liver. J. biol. Chem. **240**, 1882–1888 (1965)

MOLNAR, Z.: Development of the parietal bone of young mice. I. Crystals of bone mineral in frozen dried preparations. J. Ultrastruct. Res. **3**, 39–45 (1959)

MOLNAR, Z.: Additional observations on bone crystal dimensions. Clin. Orthop. **17**, 38–42 (1960)

MONESI, B., BETTINI, G.: L'indagine istochimica applicata alla fisiopatologia del tessuto osseo. I. Ossificazione normale. Arch. Putti Chir. Organi Mov. **10**, 326–372 (1958)

MONGA, G., CANESE, M.G., BUSSOLATI, G.: Electron microscopical demonstration of sulphated mucopolysaccharides in mouse tracheal cartilage with a diaminobenzidine-osmium tetroxide technique. Histochem. J. **4**, 205–211 (1972)

MONTAGNA, W.: A re-investigation of the development of the wing of the fowl. J. Morph. **76**, 87–113 (1945)

MONTAGNA, W.: Glycogen and lipids in human cartilage, with some cytochemical observations on the cartilage of the dog, cat and rabbit. Anat. Rec. **103**, 77–92 (1949)

MONTREUIL, J.: Glycoprotéides. Chimie et Biochimie. Bull. Soc. Chim. biol. (Paris) **3**, 1–83 (1957)

MONTREUIL, J., BISERTE, G.: Acide sialique et spécifité de la réaction à l'acide periodique-fuchsine de Schiff. Appliquée à l'électrophorèse sur papier. Bull. Soc. Chim. Biol. **41**, 959–973 (1959)

MOODIE, R.L.: Reptilian epiphyses. Amer. J. Anat. **7**, No. 4, 443–467 (1907/08)

MOOG, F.: Cytochrome oxidase in early chick embryos. J. Cell. comp. Physiol. **22**, 223–231 (1943)

MOOG, F.: Localizations of alkaline and acid phosphatases in the early embryogenesis of the chick. Biol. Bull. **86**, 51–80 (1944)

MOOG, F.: The physiological significance of the phosphomonoesterases. Biol. Rev. **21**, 41–59 (1946)

MOOG, F., WENGER, E.L.: The occurrence of a neutral mucopolysaccharide at sites of high alkaline phosphatase activity. Amer. J. Anat. **90**, 339–377 (1952)

MOORE, R.D., SCHOENBERG, M.D.: Studies on connective tissue. I. The polysaccharides of umbilical cord. Arch. Path. **64**, 39–45 (1957)

MOORE, R.D., SCHOENBERG, M.D.: Studies on connective Tissue. VI. Cytoplasm of the Fibroblast. Exp. Cell. Res. **20**, 511–518 (1960)

MOORE, W.J., MINTZ, B.: Clonal model of vertebral column and skull development derived from genetically mosaic skeletons in allophenic mice. Develop. Biol. **27**, 55–70 (1972)

MORGAN, J.D.: Blood supply of growing rabbit's tibia. J. Bone Jt. Surg. **41B**, 185–203 (1959)

MORI, M., TAKADA, K., OKAMOTO, J.: Histochemical studies on the localization and activity of acid phosphatase in calcifying tissues. Effects of the decalcification on the enzymatic activity. Z. Zellforsch. **2**, 427–434 (1962)

MORI, M., ITO, M., FUKUI, S.: Decalcification for histochemical demonstration of hydrolytic and oxidative enzymes. Histochemie **5**, 185–195 (1965)

MORIMOTO, K.: The study on cartilage by electron microscopic autoradiography. J. Jap. Orthop. Ass. **41**, 125–140 (1967)

MORRIS, C.C.: Quantitative studies on the production of acid mucopolysaccharides by replicate cell cultures of rat fibroblasts. Ann. N.Y. Acad. Sci. **86**, 878–915 (1960)

MORRISON, A.: Bone absorption by means of giant cells. Edinburgh Med. J. **19**, 305–311 (1873)

MORRISON, R.I.G.: The breakdown of proteoglycans by lysosomal enzymes and its specific inhibition by an antiserum to cathepsin D. In: Chemistry and molecular biology of the intercellular matrix. (ed. by E.A. BALAZS) Vol. 3, p. 1683–1706. London and New York: Academic Press 1970

MORRISON, R.I.G.: The enzymatic degradation of proteoglycans. In: Connective Tissues Biochemistry and Pathophysiology (ed. by R. FRICKE and F. HARTMANN). p. 150–157. Berlin-Heidelberg-New York: Springer 1974

MORSE, A., GREEP, R.O.: Histochemical observations on the ribonucleic acid and glycoprotein content of the osteoclasts of the normal and "ia" rat. Arch. oral Biol. **2**, 38–45 (1960)

MOSCONA, A.: Patterns and mechanisms of tissue reconstruction from dissociated cells. Symp. Soc. Study Develop. Growth **18**, 45–70 (1960)

MOSCONA, A., MOSCONA, H.: The dissociation and aggregation of cells from organ rudiments of the early chick embryo. J. Anat. (Lond.) **86**, 287–301 (1952)

MOSKALEWSKI, S.: Elastic fiber formation in monolayer and organ cultures of chondrocytes isolated from auricular cartilage. Amer. J. Anat. **146**, 443–448 (1976)

MOSS, J.A.: The carbohydrate of collagen. Biochem. J. **61**, 151–153 (1955)

MOSS, M.L.: Growth of the calvaria in the rat. Amer. J. Anat. **94**, 333–362 (1954)

MOSS, M.L.: Growth of certain human fetal cranial bones. Anat. Rec. (Abstr.) **121**, 344 (1955)

MOSS, M.L.: Altering endocranial relations in the growing rat skull. Anat. Rec. **124**, 425 (1956)

MOSS, M.L.: Premature synostosis of the frontal suture in the cleft palate skull. Plast. reconstr. Surg. **20**, 199–205 (1957)

MOSS, M.L.: Rotation of the cranial components of the growing rat skull and their experimental alteration. Acta anat. (Basel) **32**, 65–86 (1958a)

MOSS, M.L.: Fusion of the frontal suture in the rat. Amer. J. Anat. **102**, 141–166 (1958b)

MOSS, M.L.: The pathogenesis of artificial cranial deformation. Amer. J. phys. Anthrop. **16**, 269–286 (1958c)

MOSS, M.L.: The pathogenesis of premature cranial synostosis in man. Acta anat. (Basel) **37**, 351–370 (1959)

MOSS, M.L.: Experimental induction of osteogenesis. In: Calcification in biological systems (ed. by R.F. SOGNNAES) p. 323–348. New York: Amer. Ass. Advanc. Sci. 1960

MOSS, M.L.: Extrinsic determination of sutural area morphology in the rat calvaria. Acta anat. (Basel) **44**, 263–272 (1961)

MOSS, M.L.: The biology of acellular teleost bone. Ann. N.Y. Acad. Sci. **109**, 337–350 (1963)

MOSS, M.L.: Vertical growth in the human face. Amer. J. Orthodont. **50**, 359–376 (1964)

MOSS, M.L.: Studies of the acellular bone of teleost fish. Acta Anat. (Basel) **60**, 262–276 (1965)

MOSS, M.L.: Bone. In: Histology (ed. by R.O. GREEP) 2nd. Ed. p. 156–173. New York-London-Sydney-Toronto: McGraw Hill Book Co. 1966

MOSS, M.L., BAER, M.J.: Differential growth of the rat skull. Growth **20**, 107–120 (1956)

MOSS, M.L., YOUNG, R.W.: A functional approach to craniology. Amer. J. phys. Anthrop. **18**, 281–292 (1960)

MOSS, M.L., NOBACK, C.R., ROBERTSON, G.G.: Critical developmental horizons in human fetal long bones. Amer. J. Anat. **97**, 155–175 (1955)

Moss-Salentijn, L.: Studies of long bone growth. I. Determination of differential elongation in paired growth plates of the rat. Acta Anat. (Basel) **90**, 145–160 (1974)

Moss-Salentijn, L.: Cartilage canals in the human sphenooccipital synchondrosis during fetal life. Acta anat. (Basel) **92**, 595–606 (1975)

Mourão, P.A., Rozenfeld, S., Laredo, J., Dietrich, C.P.: The distribution of chondroitin sulfates in articular and growth cartilages of human bones. Biochim. biophys. Acta (Amst.) **428**, 19–26 (1976)

Mow, C. van, Lai, W.M., Redler, I.: Some surface characteristics of articular cartilage – I. A scanning electron microscopy study and a theoretical model for the dynamic interaction of synovial fluid and articular cartilage. J. Biomech. **7**, 449–456 (1974)

Mowry, R.W.: Alcian blue technics for the histochemical study of acidic carbohydrates. J. Histochem. Cytochem. **4**, 407 (1956)

Mowry, R.W.: Improved procedure for the staining of acidic polysaccharides by Müller's colloidal (hydrous) ferric oxyde and its combination with the Feulgen and the periodic acid-Schiff reactions. Lab. Invest. **7**, 566–576 (1958)

Mowry, R.W.: Revised method producing improved coloration of acidic polysaccharides with alcian blue 8 GX supplied currently. J. Histochem. Cytochem. **8**, 323–324 (1960)

Mowry, R.W.: The special value of methods that color both acidic and vicinal hydroxyl groups in the histochemical study of mucins. With revised directions for the colloidal iron stain, the use of alcian blue 8 GX and their combinations with the periodic acid-Schiff reactions. Ann. N.Y. Acad. Sci. **106**, 402–423 (1963)

Mowry, R.W., Winkler, C.H.: The coloration of acid carbohydrates of bacteria and fungi in tissue sections with special reference to capsules of *cryptococcus neoformans, pneumococcus* and *staphylococcus*. Amer. J. Path. **36**, 628–629 (1956)

Moyers, R.E., Krogman, W.M. (ed.): Cranio-facial growth in man. Oxford-New York-Toronto-Sydney-Braunschweig: Pergamon Press 1971

Muchmore, W.B.: Differentiation of the trunk mesoderm in *Amblystoma maculatum*. J. exp. Zool. **118**, 137–186 (1951)

Mugiya, Y.: Calcification in fish and shell-fish. V. A study on paper electrophoretic patterns of the acid mucopolysaccharides and PAS-positive, arterials in the otolith fluid of some fish. Bull. Jap. Soc. Sci. Fish. **32**, 117–123 (1966)

Muir, H.: The nature of the link between protein and carbohydrate of chondroitin sulphate complex from hyaline cartilage. Biochem. J. **69**, 195–204 (1958)

Muir, H.: Chemistry and metabolism of connective tissue glycosaminoglycans (mucopolysaccharides). Int. Rev. Connect. Tiss. Res. **2**, 101–154 (1964)

Muir, H.: Protein-Polysaccharides. In: The chemical physiology of mucopolysaccharides (ed. by G. Quintarelli) p. 1–15. Boston: Little, Brown and Co. 1968

Muir, H., Jacobs, S.: Protein-polysaccharides of pig laryngeal cartilage. Biochem. J. **103**, 367–374 (1967)

Muir, H., Bullough, P., Maroudas, A.: The distribution of collagen in human articular cartilage with some of its physiological implications. J. Bone Jt. Surg. (Brit.) **52-B**, 554–563 (1970)

Müller, Ch.: Zur Entwicklung des menschlichen Brustkorbes. Gegenbaurs morph. Jb. **35**, 591–696 (1906)

Müller, E.: Morphologie des Gefäßsystems. Anat. Hefte **70**, 379–576 (1903)

Müller, G.: Über die Vereinfachung der Reaktion nach Hale. Acta histochem. (Jena) **2**, 68–70 (1955/56)

Müller, G.: Über eine Vereinfachung der Reaktion nach Hale. Acta histochem. (Jena) **21**, 404–405 (1965)

Müller, H.: Über die Entwicklung der Knochensubstanz nebst Bemerkungen über den Bau rachitischer Knochen. Z. wiss. Zool. **9**, 147–233 (1858)

Müller, K.H.: Der Einfluß des hypophysären Wachstumshormons auf das Epiphysenwachstum bei der Ratte. Z. Orthop. **99**, 57–63 (1964)

Muller, M., Razemon, P.: Les remaniments successif de l'os foetal. Lyon: C.R. Assoc. 1923

Muller, M.R., Kasahra, M.: Observations on the innervation of human long bones. Anat. Rec. **145**, 13–23 (1963)

Müller, P.K., McGoodwin, E., Martin, G.R.: Studies on protocollagen: identification of a precursor of proto α1. Biochem. Biophys. Res. Commun. **44**, 110–117 (1971)

MULNARD, J.: La phosphatase alcaline dans le développement embryonnaire du rat et de la souris. De la ligne primitive à l'embryon du 11ᵉ jour du rat. C.R. Soc. Biol. (Paris) **148**, 1290–1293 (1954)

MULNARD, J.: Contribution à la connaissance des enzymes dans l'ontogénèse. Les phosphomonoestérases acide et alcaline dans le développement du rat et de la souris. Arch. Biol. **66**, 525–685 (1955)

MUNARON, G.: Osservazioni istofisiche ed istochimiche sul mesenchima intermedio delle articolazioni embrionali e sui suoi derivati. Boll. Soc. ital. Biol. sper. **30**, 919–922 (1954)

MUNSON, P.L., HIRSCH, PH.F., TASHJIAN, A.H.: Parathyroid gland. Ann. Rev. Physiol. **25**, 325–360 (1964)

MURAKAWA, S., RABEN, M.S.: Effect of growth hormone and placental lactogen on DNA synthesis in rat costal cartilage and adipose tissue. Endocrinology **83**, 645–650 (1968)

MURATORI, G., FRANCESCHINE, M.: Sulla morfogenesi dell'articolazione dell'anca del Pollo, con particolare riguardo alla struttura del mesenchima intermedio. Atti Reale Inst. Veneto Sci. **104**, 259–274 (1945)

MURILLO-FERROL, N.L.: About the forming material of the ribs and sternum. An experimental analysis in the chick embryo. Anal. Des. **11**, 391–402 (1963)

MURPHY, W.R., DAUGHADAY, W.H., HARTNETT, C.: The effect of hypophysectomy and growth hormone on the incorporation of labeled sulfate into tibial epiphyseal and nasal cartilage of the rat. J. Lab. clin. Med. **47**, 715–722 (1956)

MURRAY, M.: Ossification, in vitro, of cranial rudiments from the rat. Arch. exp. Zellforsch. **16**, 1–22 (1934)

MURRAY, P.D.F.: An experimental study of the development of the limbs of the chick. Proc. Linnean Soc. N.S. Wales **51**, 187–263 (1926)

MURRAY, P.D.F.: Chorio-allantoic grafts of fragments of the two-day chick with special reference to the development of the limbs, intestine, and skin. Austr. J. exp. Biol. med. Sci. **5**, 237–256 (1928)

MURRAY, P.D.F.: Bones: A study of the development and structure of the vertebrate skeleton. Cambridge: University Press 1936

MURRAY, P.D.F.: The physiology of supporting tissue. Ann. Rev. Physiol. **9**, 103–118 (1947)

MURRAY, P.D.F.: The fusion of parallel long bones and the formation of secondary cartilage. Aust. J. Zool. **2**, 364–380 (1954)

MURRAY, P.D.F.: Cartilage and bone – a problem in tissue differentiation. Aust. J. exp. Biol. med. Sci. **14**, 65–73 (1957)

MURRAY, P.D.F.: Adventitious (secondary) cartilage in the chick embryo and the development of certain bones and articulations in the chick skull. Aust. J. Zool. **11**, 368–430 (1963)

MURRAY, P.D.F., SELBY, D.: Intrinsic and extrinsic factors in the primary development of the skeleton. Wilhelm Roux' Arch. Entwickl. Mech. Org. **122**, 629–662 (1930)

MURRAY, P.D.F., SELBY, D.: Chorio-allantoic grafts of single somites and of the unsegmented paraxial region of the two-day chick embryo. J. Anat. (Lond.) **67**, 563–572 (1933)

MURRAY, P.D.F., SMILES, M.: Factors in the evocation of adventitious (secondary) cartilage in the chick embryo. Aust. J. Zool. **13**, 351–381 (1965)

MUTHIAH, P.L., BRAEUMER, K., KUEHN, K.: Letters: Glycosaminoglycan composition of the proteoglycans from cartilage of young and old animals. Carbohydr. Res. **30**, 211–214 (1973)

MYERS, D.B.: Electron microscopic autoradiography of $^{35}SO_4$ labelled material closely associated with collagen fibrils in mammalian synovium and ear cartilage. Histochem. J. **8**, 191–199 (1976)

MYERS, D.B., HIGHTON, T.C., RAYNS, D.G.: Acid mucopolysaccharides closely associated with collagen fibrils in normal human synovium. J. Ultrastruct. Res. **28**, 203–213 (1969)

MYERS, D.B., HIGHTON, T.C., RAYNS, D.G.: Ruthenium redpositive filaments interconnecting collagen fibrils. J. Ultrastruct. Res. **42**, 87–92 (1973)

MYERS, H.I., WATERMAN, J.M., BLACK, R., FLANAGAN, V.: The relative number of osteoclasts in normal and rachitogenic guinea pig mandibular condyles. Anat. Rec. **133**, 487–499 (1959)

NACHLAS, M.M., TSOU, K., SOUZA, E., CHENG, C., SELIGMAN, A.M.: Cytochemical demonstration of succinic dehydrogenase by use of a new p-nitrophenyl substituted ditetrazole. J. Histochem. Cytochem. **5**, 420–436 (1957)

NAGEOTTE, J.: Formation de pièces squelettiques surnuméraires, provoquée par la présence de greffons morts dans l'oreille du lapin adulte. (Note prélim.) C.R. Soc. Biol. (Paris) **81**, 113–118 (1918)

NAGEOTTE, J.: Sur le caillot artificiel de collagène; signification, morphologie générale et technique. C.R. Soc. Biol. (Paris) **96**, 172–174 (1927)

NAGEOTTE, J., GUYON, L.: Les propriétés physico-chimiques du collagène et leurs conséquences morphologiques. C.R. l'Ass. Anat. (Bruxelles) 408–433 (1934)

NAGY, I., SAVAY, G., CSILLIK, B.: Über die Korrelation zwischen Lipoidgehalt der Knorpelzellen und Ossifikation. Acta Morph. Acad. Sci. hung. **3**, 483–487 (1953)

NAKAMURA, O.: Tail formation in the urodele. Zool. Mag. **50**, 442–446 (1938)

NAMEROFF, M., HOLTZER, H.: The loss of phenotypic traits by differentiated cells. Changes in polysaccharides produced by dividing chondrocytes. Develop. Biol. **16**, 250–281 (1967)

NANNEY, D.L.: Epigenetic control systems. Proc. Nat. Acad. Sci. **44**, 712–717 (1958)

NAUCK, E.T.: Zur Kenntnis der Topographie enchondraler Verknöcherungsherde. Morph. Jb. **77**, 372–381 (1936)

NAUCK, E.T.: Extremitätenskelet der Tetrapoden. In: Handb. vergl. Anat. Wirbelt. (hrsg. von L. BOLK, E. GÖPPERT, E. KALLIUS und W. LUBOSCH) **5**, 71–248. Berlin, Wien: Urban u. Schwarzenberg 1938

NAYLOR, A.: The biophysical and biochemical aspects of intervertebral disc herniation and degeneration. Ann. R. Coll. Surg. **31**, 91–114 (1962)

NAYLOR, A., HORTON, W.G.: Hydrophilic properties of the nucleus pulposus of the intervertebral disc. Rheumatism **11**, 32–35 (1955)

NEALE, R.M.: The alleged transmigration of the long tendons of the biceps brachii. Anat. Rec. **67**, 205–218 (1937)

NEEDHAM, J.: Chemical embryology. Cambridge: University Press 1931

NEEDHAM, J.: On the true metabolic rate of the chick embryo and the respiration of its membranes. Proc. Roy. Soc. B **110**, 46–74 (1932)

NEEDHAM, J.: Biochemistry and morphogenesis. Cambridge: University Press 1942 and 1950

NEMETSCHEK, T., GRASSMANN, W., HOFMANN, U.: Über die hoch unterteilte Querstreifung des Kollagens. Z. Naturforsch. **B 10**, 61–68 (1955)

NESBITT, R.: Human osteogeny explained in two lectures. London 1731 u. 1736 aus dem engl. übersetzt von J.E. Greding, Altenburg: 1753

NETTER, H.: Denaturierung und Strukturwandlung am Eiweiß. Acta histochem. (Jena) **1**, 154–176 (1958)

NETTER, H.: Theoretische Biochemie. Berlin-Heidelberg-Göttingen: Springer Verlag 1959

NEUBERGER, A.: Metabolism of collagen under normal conditions. Symp. Soc. exp. Biol. **9**, 72–84 (1955)

NEUBERGER, A., SLACK, H.G.B.: The metabolism of collagen from liver, bone, skin and tendon in the normal rat. Biochem. J. **53**, 47–52 (1953)

NEUFELD, E.F., GINSBURG, V.: Carbohydrate metabolism. Ann. Rev. Biochem. **34**, 297–312 (1965)

NEUMAN, R.E.: The amino acid composition of gelatins, collagens and elastins from different sources. Arch. Biochem. **24**, 289–298 (1949)

NEUMAN, R.E.: Hydroxyproline content of the developing chick embryo. Proc. Soc. Exp. Biol. (N.Y.) **75**, 37–39 (1950)

NEUMAN, R.E., LOGAN, M.A.: The determination of hydroxyproline. J. biol. Chem. **184**, 299–306 (1950a)

NEUMAN, R.E., LOGAN, M.A.: Determination of collagen and elastin in tissues. J. biol. Chem. **186**, 549–556 (1950b)

NEUMANN, E.: Beitrag zur Kenntnis des normalen Zahnbein- und Knochengewebes. Leipzig: Vogel 1863

NEUMANN, E.: Bemerkungen über das Knorpelgewebe und den Ossifikationsprozeß. Arch. Heilk. **11**, 414–424 (1870)

NEUMANN, W.F.: Blood-bone exchange. In: Bone Biodynamis (ed. by H.M. FROST) p. 393–408. Boston (Little, Brown and Co.) 1964

NEUMANN, W.F., NEUMAN, M.W.: The chemical dynamics of bone mineral. Chicago, Ill.: Chicago University Press 1958

NEUMANN, W.F., DISTEFANO, V., MULRYAN, B.J.: Observations on the role of phosphatase in calcification. Rochester, N.Y.: University of Rochester Atomic Energy Project 1951

NEUMANN, W.F., MARTIN, G.R., MULRYAN, B.J.: A chemical view of osteoclasis based on studies with yttrium. Clin. Orthop. **17**, 124–134 (1960)

NEUMANN, W.F., TEREPKA, A.R., CANAS, F., TRIFITT, J.D.: Cyclic concept in exchange in bone. Calcif. Tiss. Res. **2**, 262–270 (1969)

NEUTRA, M., LEBLOND, C.P.: Synthesis of the carbohydrate of mucus in the Golgi complex as shown by electron microscope radioautography of goblet cells from rats injected with glucose $H^3$. J. Cell Biol. **30**, 119–136 (1966a)

NEUTRA, M., LEBLOND, C.P.: Radioautographic comparison of the uptake of galactose-$H^3$ and glucose-$H^3$ in the Golgi region of various cells secreting glycoproteins or mucopolysaccharides. J. Cell Biol. **30**, 137–150 (1966b)

NEWTH, D.R.: Determination in the cranial neural crest of the axolotl. J. Embryol. exp. Morph. **2**, 101–105 (1954)

NEWTH, D.R.: On the neural crest of the lamprey embryo. J. Embryol. exp. Morph. **4**, 358–375 (1956)

NICHOLAS, J.S.: Notes on the application of experimental methods upon mammalian embryos. Anat. Rec. **31**, 385–394 (1925)

NICHOLAS, J.S.: Exstirpation experiments upon the embryonic forelimb of the rat. Proc. Soc. Exp. Biol. (N.Y.) **23**, 436–439 (1926)

NICHOLAS, J.S.: Limb and girdle. Anat. Develop. **7**, 429–439 (1955)

NICHOLS, G.: In vitro studies of bone resorptive mechanisms. In: Mechanisms of hard tissue destruction (ed. by R.F. SOGNNAES) p. 557–575. Washington: Amer. Assoc. Advanc. Sci. 1963

NICHOLS, G.: Collagen biosynthesis in bone. In: Structure and function of connective and skeletal tissue (ed. by S. FITTON-JACKSON, R.D. HARKNESS, S.M. PARTRIDGE and G.R. TRISTRAM) p. 263–277. London: Butterworths 1965

NICHOLS, G.: Bone resorption and calcium homeostasis. One process or two? Calcif. Tiss. Res. **4** (Suppl.) 61–63 (1970)

NICHOLS, G. JR., WASSERMAN, R.H.: Cellular mechanisms for calcium transfer and homeostasis. New York-London, Academic Press 1971

NICHOLS, G. Jr., HIRSCHMANN, P., ROGERS, P.: Bone cells, calcification, and calcium homeostasis. In: Cellular mechanisms for calcium transfer and homeostasis (ed. by G. NICHOLS, JR. and R.H. WASSERMAN) p. 211–237, New York-London: Academic Press 1971

NICOLAS, A.: Dévelopment et structure des os. Traité anat. hum. **1**, 74–104 (1899)

NICOLAYSEN, R., EEG-LARSEN, N., MALM, O.J.: Physiology of calcium metabolism. Physiol. Rev. **33**, 424–444 (1953)

NICOLET, G.: Analyse autoradiographique de la localisation des différentes ébauches présomptives dans la ligne primitive de l'embryon de poulet. J. Embryol. exp. Morph. **23**, 70–108 (1970)

NICOLET, G.: Avian gastrulation. Advanc. Morphogenes. **9**, 231–260 (1971)

NIESSING, C.: Entwicklung der cranialen Ganglien bei Amphibien. Morph. Jb. **70**, Heft 3/4, 472–530 (1932)

NIEUWKOOP, P.D.: Activation and organization of the central nervous system in amphibians. J. exp. Zool. **120**, 1–108 (1952)

NIEUWKOOP, P.D.: The formation of the mesoderm in urodelean amphibians. II. The origin of the dorso-ventral-polarity of the mesoderm. Wilhelm Roux' Arch. Entwickl. Mech. Org. **163**, 298–315 (1969a)

NIEUWKOOP, P.D.: The formation of the mesoderm in *urodelean amphibians*. I. Induction by the endoderm. Wilhelm Roux' Arch. Entwickl. Mech. Org. **162**, 341–373 (1969b)

NIEUWKOOP, P.D.: The formation of the mesoderm in urodelean Amphibians. III. The vegetalizing action of the Li ion. Wilhelm Roux' Arch. Entwickl. Mech. Org. **166**, 105–123 (1970)

NIEUWKOOP, P.D., UBBELS, G.A.: The formation of the mesoderm in *urodelean amphibians*. IV. Quantitative evidence for the purely "ectodermal" origin of the entire mesoderm and of the pharyngeal endoderm. Wilhelm Roux' Arch. Entwickl. Mech. Org. **169**, 185–199 (1972)

NIKLAS, A., OEHLERT, W.: Autoradiographische Untersuchung der Größe des Eiweißstoffwechsels verschiedener Organe, Gewebe und Zellarten. Beitr. Path. Anat. **116**, 92–123 (1956)

NIMNI, M.E.: Molecular structure and function of collagen in normal and diseased tissues. In: Dynamics of Connective Tissue Macromolecules (ed. by P.M.C. BURLEIGH and A.R. POOLE) p. 51–79. Amsterdam-Oxford: North-Holland Publishing Company 1975

Niu, M.C.: The axial organization of the neural crest, studied with particular reference to its pigmentary component. J. exp. Zool. **105**, 79–114 (1947)

Niu, M.C.: Further studies on the origin of amphibian pigment cells. J. exp. Zool. **125**, 199–220 (1954)

Niven, J.S.: The development in vivo and in vitro of the avian patella. Wilhelm Roux' Arch. Entwickl. Mech. Org. **128**, 480–501 (1933)

Noback, C.R., Robertson, G.G.: Sequences of appearance of ossification centers in the human skeleton during the first five prenatal months. Amer. J. Anat. **89**, 1–18 (1951)

Nogami, H., Urist, M.R.: A substratum of bone matrix for differentiation of mesenchymal cells into chondro osseous tissues in vitro. Exp. Cell Res. **63**, 404–410 (1970a)

Nogami, H., Urist, M.: A morphogenetic matrix for differentiation of cartilage in tissue culture. Proc. Soc. Exp. Biol. (N.Y.) **134**, 530–535 (1970b)

Nordin, B.E.C.: The solubility of powdered bone. J. biol. Chem. **227**, 551–564 (1957)

Nordin, B.E.C.: Hormones and calcium metabolism. In: Calcified tissue Proc. 3rd. Europ. Symp. on calcif. tissues (ed. by H. Fleisch, H.J.J. Blackwood and M. Owen) p. 226–241. Berlin-Heidelberg-New York: Springer Verlag 1966

Nordio, S., DePrà, M.: Relation between calcium-phosphorus metabolism, Krebs cycle and steroids. Helv. paediat. Acta **14**, 518–528 (1959)

Normann, A.W., DeLuca, H.F.: Vitamin D and the incorporation of $(1-^{14}C)$ acetate into the organic acids of bone. Biochem. J. **91**, 124–130 (1964)

Northcote, D.H.: The biology and chemistry of the cell walls of higher plants, algae and fungi. Int. Rev. Cytol. **14**, 223–265 (1963)

Northcote, D.H.: Polysaccharides. Ann. Rev. Biochem. **33**, 51–74 (1964)

Novak, V.: Vascularization of the cartilage. Plpzenský lék Sborn., Suool. **12**, 205–213 (1964)

Novikoff, A.B.: Biochemical and staining reactions of cytoplasmic constituents. In: Developing cell systems and their control. (ed. by D. Rudnick) p. 167–203. New York: Ronald Press Co. 1960

Novikoff, A.B.: Mitochondria (Chondroisomes). In: The cell (ed. by J. Brachet and A.E. Mirsky) Vol. II, p. 299–488. New York and London: Academic Press 1961

Nowikoff, M.: Beobachtungen über die Vermehrung der Knorpelzellen nebst einigen Bemerkungen über die Struktur der „hyalinen" Knorpelgrundsubstanz. Z. Zool. **90**, 205–257 (1908)

Nowikoff, M.: Untersuchungen über die Struktur des Knochens. Z. wiss. Zool. **92**, 1–50 (1909)

Nowikoff, M.: Über den Bau des Knochens von *Orthagoriscus mola*. Anat. Anz. **37**, 97–106 (1910)

Nussbaum, A.: Anatomie der Knochenarterien und Knochencapillaren. Ihre Beziehung zur Entstehung der Gelenkmasse, der Tuberculose und Osteomyelitis. Langenbecks Arch. klin. Chir. **126**, 40–42 (1923)

Nutting, G.C., Borasky, R.: Electron microscopy of collagen. J. Amer. Leather Chemists' Ass. **43**, 96–110 (1948)

Nylen, M.U., Scott, D.B.: An electron microscopic study of the early stages of dentinogenesis. PHS Publication No. 613 U.S. Gov't Printing Office Washington 1958

Nylen, M.U., Scott, D.B., Mosley, V.M.: Mineralization of turkey leg tendon. II. Collagen-mineral relations revealed by electron and X-ray microscopy. In: Calcification in biological systems (ed. by R.F. Sognnaes) p. 129–142. Washington: American Association for Advancement of Science 1960

Öberg, T., Fajers, C.M., Lohmander, S., Friberg, U.: Autoradiographic studies with H³-tyhmidine on cell proliferation and differentiation in the mandibular joint of young guinea pigs. Odont. Revy **18**, 327–344 (1967)

Öbrink, B.: Studies on the electrostatic interaction between collagen and chondroitin 4-sulfate. In: Chemistry and molecular biology of the intercellular matrix (ed. by E.A. Balazs) Vol. 2, p. 1171–1178. London and New York: Academic Press 1970

O'Connel, J.J., Low, F.N.: A histochemical and fine structural study of early extracellular connective tissue in the chick embryo. Anat. Rec. **167**, 425–438 (1970)

O'Connor, R.J.: Carbohydrate metabolism and embryonic determination. Int. Rev. Cytol. **6**, 343–381 (1957)

O'Dell, B.L., Hardwick, B.C., Reynolds, G., Savage, J.E.: Connective tissue defect in the chick resulting from copper deficiency. Proc. Soc. Exp. Biol. (N.Y.) **108**, 402–405 (1961)

O'DELL, D.S.: The use of collagenase in investigating the synthetic balance of the intercellular materials. Exp. Cell Res. **40**, 432–435 (1965)

ODEBLAD, E., BOSTRÖM, H.: An autoradiographic study of the incorporation of sulphur $^{35}$-labeled sodium sulfate in different organs of adult rats and rabbits. Acta path. microbiol. scand. **31**, 339–344 (1952)

ODOR, D.L.: Uptake and transfer of particulate matter from the peritoneal cavity of the rat. J. biophys. biochem. Cytol. **2**, 105–109 (1956)

OGSTON, A.G.: The spaces in a uniform random suspension of fibers. Trans. Faraday Soc. **54**, 1754–1757 (1958)

OGSTON, A.G.: The biological functions of the glycosaminoglycans. In: Chemistry and molecular biology of the intercellular matrix. (ed. by E.A. BALAZS) Vol. 3, p. 1231–1240. London and New York: Academic Press 1970

OGSTON, A.G., PHELPS, C.F.: The partition of solutes between buffer solutions and solutions containing hyaluronic acid. Biochem. J. **78**, 827–833 (1961)

OGSTON, A.G., SHERMAN, F.F.: Effects of hyaluronic acid upon diffusion of solutes and flow of solvent. J. Physiol. **156**, 67–74 (1961)

OGSTON, A.G., STANIER, J.E.: On the state of hyaluronic acid in synovial fluid. Biochem. J. **46**, 364–376 (1950)

OGSTON, A.G., STANIER, J.E.: Further observations on the preparation and composition of the hyaluronic acid complex of ox synovial fluid. Biochem. J. **52**, 149–156 (1952)

OGSTON, A.G., STANIER, J.E.: The physiological function of hyaluronic acid in synovial fluid: viscous, elastic and lubricant properties. J. Physiol. (Lond.) **119**, 244–252 (1953)

OHKURA, T.: Elektronenmikroskopisch-histochemische Untersuchung der sauren Mucopolysaccharide an der Synovialmembran eines Hundes. J. Electron. Micr. (Tokyo) **15**, 167–178 (1966)

OIKARINEN, A., ANTTINEN, H., KIVIRIKKO, K.I.: Hydroxylation of lysine and glycosylation of hydroxylysine during collagen biosynthesis in isolated chick-embryo cartilage cells. Biochem. J. **156**, 545–551 (1976)

OINUMA, S.: Zytologische Untersuchungen der Hyalinknorpelzellen des Menschen. Okajimas fol. anat. **18**, 307–336 (1939)

OKADA, E.W.: Isolationsversuche zur Analyse der Knorpelbildung aus Neuralleistenzellen bei Urodelenkeimen. Mem. Coll. Sci. Univ. Kyoto Ser. B. **22**, No. 1, 23–28 (1955)

OKADA, Y.K., TAKAYA, H.: Experimental investigation of regional differences in the inductive capacity of the organizer. Proc. Imp. Acad. Tokyo **18**, 505–519 (1942)

OKAZAKI, K., HOLTZER, H.: Myogenesis: Fusion, myosin synthesis and the mitotic cycle. Proc. nat. Acad. Sci. (Wash.) **56**, 1484–1490 (1966)

ÖKLAND, F.: Untersuchungen über Osteoblasten in Schliffen und Ausstrichen. Z. wiss. Mikr. **56**, 345–355 (1939)

OLAH, E.H., HADHAZY, C., MANDI, B.: Studies on cartilage formation. IX. Aerobic and anaerobic hexosamine production of articular surface in various stages of regeneration. Acta biol. Acad. Sci. hung. **16**, 25–34 (1965)

OLH, E.H., LÉVAI, G., LACZKÓ, J.: On the mucopolysaccharide content of cartilages in young rabbits. Acta biol. Acad. Sci. hung. **21**, 219–223 (1970)

OLIVIER, G.: Formation du squelette des membres. Paris: Vigot 1962

OLLIER, L.: Traité expérimentale et clinique de la régénération des os et de la production artificielle du tissu osseux. Paris: V. Masson 1867

OLSON, M.D., LOW, F.N.: The fine structure of developing cartilage in the chick embryo. Amer. J. Anat. **131**, 197–216 (1971)

ONESON, J., ZACHARIAS, J.: The role of the carbohydrate moiety in the structure of the collagen fibril. Arch. Biochem. **89**, 271 (1960)

O'RAHILLY, R., GARDNER, E.: The development of the knee joint of the chick and its correlation with embryonic staging. J. Morph. **98**, 49–88 (1956)

O'RAHILLY, R., GARDNER, E.: The initial appearance of ossification in staged human embryos. Anat. Rec. **151**, 394 (1965)

O'RAHILLY, R., MEYER, D.B.: Roentgenographic investigation of the human skeleton during early fetal life. Amer. J. Roentgenol. **76**, 455–468 (1956)

O'RAHILLY, R., GARDNER, E., GRAY, D.J.: The ectodermal thickening in the limbs of staged human embryos. J. Embryol. exp. Morph. **4**, 254–264 (1956)

O'RAHILLY, R., GRAY, D.J., GARDNER, E.: Chondrification in the hands and feet of staged human embryos. Contrib. Embryol. Carneg. Instn. **36**, 183–192 (1957)

OREKHOVITCH, V.N.: Les procollagènes, leur structure chimique et leur rôle biologique. Int. Congr. Biochem. (Paris) **2**, 106 (1952)

OREKHOVITCH, V.N., CHPIKITER, V.O.: Procollagens as biological precursors of collagen and the physico-chemical nature of these proteins. In: Connective tissue. (ed. by R.E. TUNBRIDGE) p. 281–293. Oxford: Blackwell 1957

OREKHOVITCH, V.N., CHPIKITER, V.O., MAZOUROV, V.I., KOUNINA, O.V.: Procollagènes. Classification, métabolisme, action des protéinases. Bull. Soc. Chim. Biol. **42**, 505–518 (1960)

ORR, S.F.D.: Infra-red spectroscopic studies of some polysaccharides. Biochim. biophys. acta (Amst.) **14**, 173–181 (1954)

ORTMANN, R.: Über Placoden und Neuralleiste beim Entenembryo, ein Beitrag zum Kopfproblem. Z. Anat. **112**, 537–587 (1943)

ORTMANN, R.: Use of polarized light for quantitative determination of the adjustment of the tangential fibres in articular cartilage. Anat. Embryol. **148**, 109–120 (1975)

ORVIG, T.: Histologic studies of placoderms and fossil elasmobranchs. I. The endoskeleton, with remarks on the hard tissues of lower vertebrates in general. Arch. Zool. **2**, 321–456 (1954)

ÖSTERLIN, S.E., JACOBSON, B.: The synthesis of hyaluronic acid in vitreous. I. Soluble and particulate transferases in hyalocytes. Eye Res. **7**, 497–510 (1968)

OSTROWSKI, K., WŁODARSKI, K.: Induction of Heterotopic Bone Formation. In: The biochemistry and physiology of bone. (ed. by G.H. BOURNE) Vol. III. p. 299–336. New York and London: Academic Press 1971

OTERO-VILLARDEBO, L.R., LANE, N., GODMAN, G.C.: Some characteristics of cells secreting sulfated mucopolysaccharides. J. Histochem. Cytochem. **12**, 34–52 (1964)

Otis, E.M., Brent, R.: Equivalent ages in mouse and human embryos. Anat. Rec. **120**, 33–63 (1954)

OTTAVIANI, C.: Localizzazione dell'attività succinodeidrogenasica nella cartilagine di accrescimento. (Ricerche istoenzimatiche con un nuovo sale di tetrazolio: il Nitro BT.) Arch. Ortop. (Milano) **74**, 384–389 (1961)

OTTE, P.: Histochemischer Nachweis einer spezifischen 5-Nucleotidase im Gelenkknorpel. Hoppe-Seyler's Z. physiol. Chem. **310**, 103–106 (1958)

OTTE, P.: Physikalisch-chemische Prinzipien als Grundlage einer allgemeinen Arthrologie. Z. Orthop. **95**, 202–212 (1961)

OTTE, P.: Über das Wachstum der Gelenkknorpel. In: Theoretische und klinische Medizin in Einzeldarstellungen (hrsg. von H. SCHAEFER) Bd. 23, S. 7–107. Heidelberg: Hüthig Verlag 1965

OVERTON, J.: Desmosome development in normal and reassociating cells in the early chick blastoderm. Develop. Biol. **4**, 532–548 (1962)

OWEN, M.: Cell population kinetics of an osteogenic tissue. J. Cell. Biol. **19**, 19–32 (1963)

OWEN, M.: Cell differentiation in bone. In: Calcified tissues. Proc. 2nd. Europ. Symp. (ed. by L.J. RICHELLE and M.J. DALLEMAGNE) p. 11–22. Collect. Colloqu. L'université de Liège 1965.

OWEN, M.: RNA synthesis in growing bone. In: Calcified tissues. Proc. 3rd. Europ. Symp. (ed. by H. FLEISCH, H.J.J. BLACKWOOD and M. OWEN) p. 36–40. Berlin-Heidelberg-New York: Springer 1966

OWEN, M.: The origin of bone cells. Int. Rev. Connect. Tiss. Res. **28**, 213–238 (1970)

OWEN, M.: Cellular dynamics of bone. In: The biochemistry and physiology of bone. (ed. by G.H. BOURNE) 2nd. Ed. Vol. III, p. 271–298. New York and London: Academic Press: 1971

OWEN, M., BINGHAM, P.J.: The effect of parathyroid extract on RNA synthesis in osteogenic cells in vivo. In: Parathyroid hormone and thyrocalcitonin (Calcitonin) (ed. by R.V. TALMAGE and L.F. BÉLANGER) Excerpta Medica Found. Inter. Congr. Ser. **159**. p. 216–225, 1968

OWEN, M., MACPHERSON, S.: Cell population kinetics of an osteogenic tissue. II. J. Cell Biol. **19**, 33–44 (1963)

OWEN, M., JOWSEY, J., VAUGHAN, J.: Investigation of the growth and structure of the tibia of the rabbit by microradiographic and autoradiographic techniques. J. Bone Jt. Surg. **37 B**, 324–342 (1955)

OWEN, M., SHETLAR, M.R.: Uptake of 3 H-glucosamine by osteoclasts. Nature (Lond.) **220**, 1335–1336 (1968)

OXENDER, D.L., CHRISTENSEN, H.N.: Distinct mediating systems for the transport of neutral amino acids by the Ehrlich cell. J. biol. Chem. **238**, 3686–3699 (1963)

PADDAY, J.F.: Metachromasy of dyes in solution: In: Chemistry and molecular biology of the intercellular matrix. (ed. by E.A. BALAZS) Vol. 2. p. 1007–1032. New York and London: Academic Press 1970

PADYKULA, H.A.: The localization of succinic dehydrogenase in tissue sections of the rat. Amer. J. Anat. **91**, 107–146 (1952)

PAGE, I.H.: Connective tissue, thrombosis and atherosclerosis. Proc. of a Conf. Princeton, N.J.: New York and London: Academic Press 1958

PAHLKE, G.: Elektronenmikroskopische Untersuchungen an der Interzellularsubstanz des menschlichen Sehnengewebes. Z. Zellforsch. **39**, 421–430 (1954)

PAL, S., DOGANGES, P.T., SCHUBERT, M.: The separation of new forms of the proteinpolysaccharides of bovine nasal cartilage. J. biol. Chem. **241**, 4261–4266 (1966)

PALFREY, A.J., DAVIES, D.V.: The fine structure of chondrocytes. J. Anat. (Lond.) **100**, 213–226 (1966)

PALLADINI, G., LAURO, G.: Observations sur la significativité de la coloration aux Alcians pour les mucopolysaccharides. Histochemie **16**, 15–22 (1968)

PALMA, A.F. DE, MCKEEVER, C.D., SUBIN, D.K.: Process of repair of articular cartilage demonstrated by histology and autoradiography with tritiated thymidine. Clin. Orthop. **48**, 229–242 (1966)

PANKOVICH, A.M., SIMMONS, D.J., KULKAREI, V.V.: Zonal osteons in cortical bone. Clin. Orthop. **100**, 356–363 (1974)

PARAT, M., GODIN, M.R.: Remarques cytologiques sur la constitution de la cellule cartilagineuse: chondriome, vacuome et appareil de Golgi. C.R. Soc. Biol. (Paris) **93**, 320–322 (1925)

PARFITT, A.M.: The actions of parathyroid hormone on bone: relation to bone remodeling and turnover, calcium homeostasis, and metabolic bone disease. Part I of IV parts: mechanisms of calcium transfer between blood and bone and their cellular basis: morphological and kinetic approaches to bone turnover. Metabolism **25**, 809–844 (1976a)

PARFITT, A.M.: The actions of parathyroid hormone on bone: relation to bone remodeling and turnover, calcium homeostasis, and metabolic bone diseases. Part II of IV parts: PTH and bone cells: bone turnover and plasma calcium regulation. Metabolism **25**, 909–955 (1976b)

PARFITT, A.M.: The actions of parathyroid hormone on bone: relation to bone remodeling and turnover, calcium homeostasis and metabolic bone disease. Part III of IV parts; PTH and osteoblasts, the relationship between bone turnover and bone loss, and the state of the bones in primary hyperparathyroidism. Metabolism **25**, 1033–1069 (1976c)

PARK, E.A.: Bone growth in health and disease. Arch. Dis. Childh. **29**, 269–281 (1954)

PARKER, R.C.: Physiologische Eigenschaften mesenchymaler Zellen in vitro. Arch. exp. Zellforsch. **8**, 340–358 (1929)

PARODI, A.J.: Factors affecting the molecular weight distribution of liver glycogen. Arch. Biochem. **120**, 547–552 (1967)

PARSONS, F.G.: Observations on traction epiphysis. J. Anat. (Lond.) **38**, 248–258 (1904)

PARSONS, F.G.: On pressure epiphysis. J. Anat. (Lond.) **39**, 402–412 (1905)

PARSONS, F.G.: Further remarks on traction epiphysis. J. Anat. (Lond.) **42**, 388–395 (1908)

PARTRIDGE, S.M.: The chemistry of connective tissues. The state of combination of chondroitin sulphate in cartilage. Biochem. J. **43**, 387–397 (1948)

PARTRIDGE, S.M.: Elastin. Advanc. Protein Chem. **17**, 227–302 (1962)

PARTRIDGE, S.M.: The part played by oxidation in the synthesis and breakdown of connective tissue. J. Soc. Leath. Trades Chem. **49**, 41–52 (1965)

PARTRIDGE, S.M.: Chondroitin sulfate-protein of bovine cartilage. Fed. Proc. **25**, 994–996 (1966)

PARTRIDGE, S.M.: The chondroitin sulfate-protein complex from bovine cartilage. In: The chemical physiology of mucopolysaccharides (ed. by G. QUINTARELLI) p. 51–62. Boston: Little, Brown & Co. 1968

PARTRIDGE, S.M.: Isolation and characterization of elastin. In: Chemistry and molecular biology of the intercellular matrix. (ed. by E.A. BALAZS) Vol. 1, p. 593–616. London and New York: Academic Press 1970

PARTRIDGE, S.M., DAVIS, H.F.: The chemistry of connective tissue. III. Composition of the soluble proteins derived from elastin. Biochem. J. **61**, 21–30 (1955)

PARTRIDGE, S.M., DAVIS, H.F.: The chemistry of connective tissues. IV. The presence of a non-collagenous protein in cartilage. Biochem. J. **68**, 298–305 (1958)

PARTRIDGE, S.M., ELSDEN, D.F.: The chemistry of connective tissues. VII. Dissociation of the chondroitin sulfate-protein complex of cartilage with alkali. Biochem. J. **79**, 26–32 (1961)

PARTRIDGE, S.M., DAVIS, H.F., ADAIR, G.S.: The chemistry of connective tissues. The constitution of the chondroitin sulphate-protein complex in cartilage. Biochem. J. **79**, 15–26 (1961)

PARTRIDGE, S.M., ELSDEN, D.F., THOMAS, J.: Constitution of the cross-linkages in elastin. Nature (Lond.) **197**, 1297–1298 (1963)

PARTRIDGE, S.M., ELSDEN, D.F., THOMAS, J.: Biosynthesis of the desmosine and isodesmosine cross bridges in elastin. Biochem. J. **93**, 30C–33C (1964)

PARTRIDGE, S.M., THOMAS, J., ELSDEN, D.F.: The nature of the cross linkages in elastin. In: Structure and function of connective and skeletal tissue. (ed. by S. FITTON-JACKSON, R.D. HARKNESS, S.M. PARTRIDGE and G.R. TRISTRAM) p. 8–92. London: Butterworths 1965a

PARTRIDGE, S.M., WHITING, A.H., DAVIS, H.F.: The presence of aggregates containing noncovalently linked protein in preparation of the chondroitin sulphate-protein complex from bovine cartilage. In: Structure and function of connective and skeletal tissue. (ed. by S. FITTON-JACKSON, S.M. PARTRIDGE, R.D. HARKNESS and G.R. TRISTRAM) p. 160–164. London: Butterworths 1965b

PARVIS, V.P.: Glicogeno e ossificazione in embrioni di ratto. Arch. ist. biochim. ital. **10**, 281–288 (1938)

PASTEELS, J.: Analyse des mouvements morphogénétiques de gastrulation chez les oiseaux. Bull. Acad. roy. Med. Belg. **22**, 737–752 (1936)

PASTEELS, J.: Études sur la gastrulation des Vertrébrés méroblastiques. III. *Oiseaux*. Arch. Biol. **48**, 381–488 (1937)

PASTEELS, J.: Recherches sur les facteurs initiaux de la morphogénèse chez les Amphibiens anoures. Arch. Biol. **51**, 335–386 (1940)

PASTEELS, J.: New Observations concerning the maps of presumptive areas of the young amphibian gastrula (*Amblystoma* and *Discoglossus*) J. exp. Zool. **89**, 255–282 (1942)

PASTEELS, J.: Proliférations et croissance dans la gastrulation et la formation de la queue des vertèbres. Arch. Biol. **54**, 1–41 (1943)

PASTERNAK, C.A., HUMPHRIES, S.K., PIRIE, A.: The activation of sulfate by extracts of cornea and colonic mucosa from normal and vitamin-A-deficient animals. Biochem. J. **86**, 382–384 (1963)

PATERSON, C.R., FOURMAN, P.: Collagen synthesis and carbohydrate metabolism of rachitic bone. Biochem. J. **109**, 101–106 (1968)

PATERSON, R.S.: Radiological investigation of epiphyses of long bones. J. Anat. (Lond.) **64**, 28–46 (1929)

PATT, H.M., QUASTLER, H.: Radiation effects on cell renewal and related systems. Physiol. Rev. **43**, 357–396 (1963)

PATTEN, B.: Early embryology of the chick. 4th. Ed. New York-Toronto-London: McGraw Hill Book Co. 1951

PATTEN, B.: Human embryology. New York-Toronto-London: McGraw Hill Book Co. 1953

PATTEN, B.: Foundations of embryology. 2nd. Ed. New York-Toronto-London: McGraw Hill Book Co. 1964

PATTERSON, J.TH.: The order of appearance of the anterior somites in the chick. Biol. Bull. **13**, 121–133 (1907)

PATZSCHKE, E., DELBRÜCK, A.: Über Verteilungsmuster von Enzymen und Metaboliten des energieliefernden Stoffwechsels in Knorpelgeweben. Enzym. biol. clin. **8**, 421–450 (1967)

PAUL, J.: Masking of genes in cytodifferentiation and carcinogenesis. In: Cell differentiation (ed. by A.V.S. DE REUCK and J. KNIGHT) p. 196–207. London: J. & A. Churchill Ltd. 1967

PAULSON, S., SYLVÉN, B., HIRSCH, C., SNELLMAN, O.: Biophysical and physiological investigation on cartilage and other mesenchymal tissues. III. The diffusion rate of various substances in normal bovine nucleus pulposus. Biochim. biophys. Acta (Amst.) **7**, 207–213 (1951)

PAUWELS, F.: Grundriß einer Biomechanik der Frakturheilung. Verh. dtsch. orthop. Ges. **34**, 62–108 (1940)

PAUWELS, F.: Die Bedeutung der am Ellenbogengelenk wirkenden mechanischen Faktoren für die Tragfähigkeit des gebeugten Armes. Sechster Beitrag zur funktionellen Anatomie und kausalen Morphologie des Stützapparates. Z. Anat. Entwickl.-Gesch. **118**, 35–94 (1954)

PAUWELS, F.: Die Struktur der Tangentialfaserschicht des Gelenkknorpels der Schulterpfanne als Beispiel für ein verkörpertes Spannungsfeld. Z. Anat. Entwickl. Gesch. **121**, 188–204 (1959)

PAUWELS, F.: Eine neue Theorie über den Einfluß mechanischer Reize auf die Differenzierung der Stützgewebe. Z. Anat. Entwickl. Gesch. **121**, 478–515 (1960)

PAUWELS, F.: Die Druckverteilung im Ellenbogengelenk, nebst grundsätzlichen Bemerkungen über den Gelenkdruck. Elfter Beitrag zur funktionellen Anatomie und kausalen Morphologie des Stützapparates. Z. Anat. Entwickl.-Gesch. **123**, 643–667 (1963)

PAUWELS, F.: Gesammelte Abhandlungen zur funktionellen Anatomie. Berlin-Heidelberg-New York: Springer 1968

PAYTON, C.G.: The position of the nutrient foramen and direction of the nutrient canal in the long bones of the madder-fed pig. J. Anat. (Lond.) **68**, 500–510 (1934)

PEACH, R., WILLIAMS, G., CHAPMAN, J.A.: A light and electron optical study of regenerating tendon. Amer. J. Path. **38**, 495–513 (1961)

PEACOCK, A.: Observations on the pre-natal development of the intervertebral disc in man. J. Anat. (Lond.) **85**, 260–274 (1951)

PEACOCK, A.: Observations on the postnatal structure of the intervertebral disc in man. J. Anat. (Lond.) **86**, 162–179 (1952)

PEARSE, A.G.E.: Review of modern methods in histochemistry. J. clin. Path. **4**, 1–36 (1951)

PEARSE, A.G.E.: Histochemistry: Theoretical and applied. 2nd. Ed. London: J. & A. Churchill 1960 (Reprinted 1961)

PEARSE, A.G.E.: Enzyme cytochemistry and elucidation of bone cell structure. In: Calcified tissues. 4th. Europ. Sympos. (ed. by P.J. GAILLARD, A. VAN DEN HOOFF, and R. STEENDIJK) p. 85–86. Amsterdam-London-New York: Excerpta Medica Foundation 1966

PEARSE, A.G.E., POLAK, J.M.: Cytochemical evidence for the neural crest origin of mammalian ultimobranchial C cells. Histochemie **27**, 96–102 (1971)

PEARSON, C.H., HAPPEY, F., NAYLOR, A., OSBORN, J.M., TURNER, R.L.: Lysosomal enzymes and proteoglycan degradation in the human intervertebral disc. In: Connective Tissues Biochemistry and Pathophysiology (ed. R. FRICKE and F. HARTMANN) S. 158–165. Berlin-Heidelberg-New York: Springer 1974

PEARSON, K., DAVIN, A.G.: On the sesamoids of the knee joint. Biometrika **13**, 133–175 (1921a)

PEARSON, K., DAVIN, A.G.: On the sesamoids of the knee joint. Part II. Evolution of the sesamoids. Biometrika **13**, 350–400 (1921b)

PEARSON, O.H.: The role of steroids in calcium and phosphorus metabolism. In: Hormones and aging process. (ed. by E.T. ENGLE and G. PINCUS) p. 147–170. New York: Academic Press 1956

PEASE, D.: Histological techniques for electron microscopy. New York and London: Academic Press 1964

PEASE, D.: Polysaccharides associated with the exterior surface of epithelial cells: Kidney, Intestine, Brain. J. Ultrastructure Research **15**, 555–588 (1966)

PECK, W.A., DIRKSEN, T.R.: The metabolism of bone tissue in vitro. Clin. Orthop. **48**, 243–265 (1966)

PECK, W.A., BIRGE, S.J., FEDAK, S.A.: Bone cells. Biochemical and biological studies after enzymatic isolation. Science **146**, 1476–1477 (1964)

PEDRINI, V.: Electrophoretic heterogeneity of proteinpolysaccharides. J. biol. Chem. **244**, 1540–1546 (1969)

PEDRINI, V., PEDRINI-MILLE, A.: Keratan sulfate-protein complexes from human costal cartilage. In: The chemical physiology of mucopolysaccharides (ed. by G. QUINTARELLI) p. 139–151. Boston: Little, Brown and Co. 1968

PELC, S.R., GLÜCKSMANN, A.: Sulphate metabolism in the cartilage of the trachea, pinna and xiphoid process of the adult mouse as indicated by autoradiographs. Exp. Cell Res. **8**, 336–344 (1955)

PERLMAN, R.L., TELSER, A., DORFMAN, A.: The biosynthesis of chondroitin sulfate by a cell-free preparation. J. biol. Chem. **239**, 3623–3629 (1964)

PERRONE, J.C., SLACK, H.G.B.: The metabolism of collagen from skin, bone and liver in the normal rat. Biochem. J. **49** (Proc.) 72–73 (1951)

PERSON, P., FINE, A.: Cytochrome oxidase and succioxidase activity of *Limulus* gill cartilage. Arch. Biochem. **84**, 123–133 (1959)

PETER, K.: Mitteilungen zur Entwicklungsgeschichte der Eidechse. IV. Die Extremitätenscheitelleiste der Amnioten. Arch. mikr. Anat. **61**, 509–521 (1903)

PETER, K.: Die Darstellung der Entwicklung der Knochen. Anat. Anz. **53**, 494–501 (1920/21)

PETERKOFSKY, B., UDENFRIEND, S.: Localization of the site of proline hydroxylation during the cell free biosynthesis of collagen. Biochem. Biophys. Res. Commun. **12**, 257–262 (1963)

PETERKOFSKY, B., UDENFRIEND, S.: Enzymatic hydroxylation of proline in microsomal polypeptide leading to formation of collagen. Proc. nat. Acad. Sci. (Wash.) **53**, 335–342 (1965)

PETERS, A., VAUGHAN, J.E.: Microtubules and filaments in the axons and astrocytes of early postnatal rat optic nerves. J. Cell Biol. **32**, 113–119 (1967)

PETERSEN, H.: Studien über Stützsubstanzen. I. Über die Herkunft der Knochenfibrillen. S.-B. Akad. Wiss. Heidelberg math. nat. Kl. **11**, Abh. Abt. B 1–28 (1919)

PETERSEN, H.: Über den funktionellen Bau der Flügelknochen der Fledermaus (*Vespertilio murinus*) und über das Einknicken von Röhren bei Biegung. Arch. mikr. Anat. **102**, 406–425 (1924)

PETERSEN, H.: Über den Feinbau der menschlichen Skeletteile. Wilhelm Roux' Arch. Entwick.-Mech. Org. **112**, 112–137 (1927)

PETERSEN, H.: Die Organe des Skeletsystems. In: Handbuch der mikroskopischen Anatomie des Menschen (hrsg. von W. v. MÖLLENDORFF) Bd. 2, Teil 2, S. 521–678. Berlin: Springer 1930

PETERSEN, H.: Histologie und mikroskopische Anatomie. München: Bergmann-Verlag 1935

PETERSEN, H., BURKHARDT, L.: Über den Umbau im wachsenden Knochen. Z. Zellforsch. **7**, 55–61 (1928)

PETERSON, M., LEBLOND, C.P.: Synthesis of complex carbohydrates in the Golgi region, as shown by radioautography after injection of labeled glucose. J. Cell Biol. **21**, 143–148 (1964a)

PETERSON, M., LEBLOND, C.P.: Uptake by the Golgi region of glucose labeled with tritium in the 1 or 6 position, as an indicator of synthesis of complex carbohydrates. Exp. Cell Res. **34**, 420–423 (1964b)

PETISCA, J.N.: O disco intervertebrale do cao. Diss. Alfort 1958

PETKÓ, M., FÖLDES, I., LOCSEY, L.: Fluorescence histological study of bone growth in the rat's epiphyseal cartilage. Acta morph. Acad. Sci. hung. **18**, 349–357 (1970)

PETRICONI, V.: Entwicklungsphysiologische Untersuchungen über die Induzierbarkeit von Skelettelementen des Anurenschädels durch flüssigen Organextrakt. Wilhelm Roux' Arch. Entwickl. Mech. Org. **155**, 358–390 (1964)

PETRUSKA, J.A., SANDBERG, L.B.: The amino acid composition of elastin in its soluble and insoluble state. Biochem. biophys. Res. Commun. **33**, 222–228 (1968)

PFEIFFER, C.A.: Development of bone from transplanted marrow in mice. Anat. Rec. **102**, 225–243 (1948)

PFEIFFER, H.H.: Polarisationsmikroskopische Messungen an Kollagenfibrillen in vitro. Arch. exp. Zellforsch. **25**, 92–100 (1943)

PFLUGFELDER, O.: Lehrbuch der Entwicklungsgeschichte und Entwicklungsphysiologie der Tiere. Jena: G. Fischer Verlag 1962

PHILLIPS, R.D., KIMELDORF, D.J.: Acute and long term effects of x-irradiation on skeletal growth in the rat. Amer. J. Physiol. **207**, 1447–1451 (1964a)

PHILLIPS, R.D., KIMELDORF, D.J.: Long-term effects of neutron exposure on bone growth in the rat. Radiat. Res. **23**, 491–499 (1964b)

PIERCE, G.B.: Epithelial basement membrane: origin, development and role in disease. In: Chemistry and molecular biology of the intercellular matrix (ed. by E.A. BALAZS). Vol. 1. p. 471–506. London and New York: Academic Press 1970

PIERCE, J.A., RESNICK, H., HENRY, P.H.: Metabolism of collagen and elastin in the rat. Clin. Res. **12**, 46. (Abstr.) (1964)

PIEZ, K.A.: Characterization of a collagen from codfish skin containing three chromatographically different alpha chains. Biochemistry **4**, 2590–2596 (1965)

PIEZ, K.A.: Soluble collagen and the components resulting from its denaturation. In: Treatise on collagen (ed. by G.N. RAMACHANDRAN) Vol. 1, p. 207–252. London and New York: Academic Press 1967

PIEZ, K.A., LIKINS, R.C.: The conversion of lysine to hydroxylysine and its relations to the biosynthesis of collagen in several tissues of the rat. J. biol. Chem. **229**, 101–109 (1957)

PIEZ, K.A., WEISS, E., LEWIS, M.S.: The separation and characterization of the α- and β-components of calf skin collagen. J. biol. Chem. **235**, 1987–1991 (1960)

PIEZ, K.A., EIGNER, E.A., LEWIS, M.S.: The chromatographic separation and amino acid composition of the subunits of several collagens. Biochemistry 2, 58–66 (1963)

PIGMAN, W.W., GOEPP, R.M.: Chemistry of the carbohydrates. New York: Academic Press 1948

PINARD, A.: Structure et vaisseaux de la diaphyse des os longs chez le foetus humain. Acta anat. (Basel) 15, 188–216 (1952)

PINOT, M.: Étude expérimentale de la morphogenèse de la cage thoracique chez l'embryon de poulet: mécanismes et origine du matériel. J. Embryol. exp. Morph. 21, 149–164 (1969)

PIOCH, W.: Über die Darstellung saurer Mucopolysaccharide mit dem Kupferphthalocyaninfarbstoff Astrablau. Virchows Arch. path. Anat. 330, 337–346 (1957)

PISCHINGER, A.: Die Lage des isoelektrischen Punktes histologischer Elemente als Ursache ihrer verschiedenen Färbbarkeit. Z. Zellforsch. 3, 169–197 (1926)

PITA, J.C., MULLER, F., HOWELL, D.S.: Disaggregation of proteoglycan aggregate during endochondral calcification: physiological role of cartilage lysozyme. In: Dynamics of Connective Tissue Macromolecules (ed. by P.M.C. BURLEIGH and A.R. POOLE) p. 247–258. Amsterdam-Oxford: North-Holland Publishing Company 1975

PITHA, J.: The fine structure of clear fibroblast-like cells in the lamina propria of the small intestine. J. Ultrastruct. Res. 22, 231–239 (1968)

PITZEN, P.: Der menschliche Femur während seiner Entwicklung. Arch. Anthrop. 19, 57–81 (1923)

PLATT, D.: Der Mucopolysaccharidstoffwechsel des hyalinen Knorpels. In: Naturwissenschaftliche Forschung, medizinischer Fortschritt. Luitpoldwerk, 61–77, München 1970

PLATT, D., DORN, M.: Glykosaminoglykanohydrolasen im menschlichen Rippen- und Kniegelenkknorpel. Z. ges. exp. Med. 147, 253–263 (1968)

PLATT, J.B.: Ectodermic origin of the cartilages of the head. Anat. Anz. 8, 506–509 (1893)

PLATT, J.B.: Ontogenetische Differenzierung des Ektoderms in Necturus. Arch. mikr. Anat. 43, 911–966 (1894)

PLATT, J.B.: The development of the cartilaginous skull and of the branchial and hypoglossal musculature in Necturus. Morph. Jb. 25, 375–465 (1898)

PLENK, H.: Über argyrophile Fasern (Gitterfasern) und ihre Bildungszellen. Erg. Anat. 27, 302–412 (1927)

PLOETZ, E.: Präparate bei Bearbeitung der Frage nach der Umwandelbarkeit von „Gleitsehnen" in Zugsehnen. Verh. Anat. Ges. 45. Vers. Erg.-H., Anat. Anz. 85, 266–273 (1937/38)

PLOETZ, E.: Funktioneller Bau und funktionelle Anpassung der Gleitsehnen. Z. Orthop. 67, 212–234 (1938)

POGELL, B.M., GRYDER, R.M.: Enzymatic synthesis of glucosamine-6-phosphate in rat liver. J. biol. Chem. 228, 701–712 (1957)

POLATNICK, J., LA TESSA, A.J., KATZIN, H.M.: Comparison of bovine corneal and scleral mucopolysaccharides. Biochim. biophys. Acta. (Amst.) 26, 361–364 (1957a)

POLATNICK, J., LA TESSA, A.J., KATZIN, H.M.: Comparison of collagen preparations from beef cornea and sclera. Biochim. biophys. Acta (Amst.) 26, 365–369 (1957b)

POLICARD, A.: Sur les types d'ossification au cours du développement des os longs chez les oiseaux. C.R. Soc. Biol. (Paris) 135, 963–965 (1941)

POLICARD, A.: Sur les stades inframicroscopiques du développement des fibres conjunctives. Bull. Micr. appl. 2, 137–147 (1952)

POLICARD, A., ROCHE, J.: La formation de la substance osseuse. Essai de coordination des données histologiques et biochimiques. Ann. physiol. 13, 645–703 (1937)

POLITZER, G.: Die Keimbahn des Menschen. Z. Anat. 100, 331–361 (1933)

POLSTER, J.: Die funktionellen Verteilungsräume der Knochendurchblutung und die Durchblutungswertigkeit von Femur und Tibia. Ergebn. Chir. Orthop. 51, 66–104 (1968)

POMMER, G.: Über die lakunäre Resorption in erkrankten Knochen. S.-B. Akad. Wiss. (Wien) math.-nat. Kl. 83, 17–140 (1881)

POMMER, G.: Untersuchungen über Osteomalacie und Rachitis nebst Beiträgen zur Kenntnis der Knochenresorption und -Apposition in verschiedenen Altersperioden und der durchbohrenden Gefäße. Leipzig: F.C.W. Vogel 1885

POMMER, G.: Zur Kenntnis der mikroskopischen Befunde der Knochenanbildung und ihrer Untersuchungsmethoden. (Nebst Bemerkungen zur Osteoklastenlehre.) Z. Anat. Entwickl.-Gesch. 75, 382–423 (1925)

POMMER, J.: Über die Osteoklastentheorie. Virchows Arch. path. Anat. **92**, 296–363, 449–516 (1883)

PONLOT, R.: L'intérêt du noir Soudan B en histologie des os. Bull. micr. appl. **8**, 125–126 (1958)

PONLOT, R.: Le radiocalcium dans l'étude des os. Bruxelles: S.A. Arscia 1960

PONSETI, I.V., PEDRINI-MILLE, A., PEDRINI, V.: Histological and chemical analysis of human iliac crest cartilage. I. Observations on trunk growth. Calcif. Tiss. Res. **2**, 197–213 (1968)

POOLE, A.R.: The relationship between toluidine blue staining and hexuronic acid content of cartilage matrix. Histochem. J. **2**, 425–430 (1970)

POPOVA-LATKINA, N.V.: Entwicklung der Zwischenwirbelscheiben und der Chorda in der Embryonalzeit beim Menschen. Anat. Anz. **121**, 518–536 (1967)

PORTER, K.R.: Repair processes in connective tissues. Connective tissues, 2nd. Conf. (ed. by Ch. Ragan) p. 126–156. New York: Josiah Macy Found. 1952

PORTER, K.R.: The ground substance; Observations from electron microscopy. In: The cell (ed. by J. BRACHET and A.E. MIRSKY) Vol. II, p. 1–916. New York and London: Academic Press 1961

PORTER, K.R.: Cell fine structure and biosynthesis of the intercellular macromolecules. In: Connective tissue; intercellular macromolecules (Proc. Symp. New York Heart Assoc.) Boston: Little, Brown & Co. 1964

PORTER, K.R.: Morphogenesis of connective tissue. In: Cellular concepts of rheumatoid arthritis. (ed. by C.A.L. STEPHENS and A.B. STANFIELD) p. 6–36. Springfield: Thomas 1966

PORTER, K.R., BONNEVILLE, M.A.: Einführung in die Feinstruktur von Zellen und Geweben. Berlin-Heidelberg-New York: Springer Verlag 1965

PORTER, K.R., BRUNI, C.: An electron microscope study of the early effects of 3'-Me-DAB on the rat liver cells. Cancer Res. **19**, 997–1009 (1959)

PORTER, K.R., MACHADO, R.D.: Studies on the endoplasmic reticulum. IV. Its form and distribution during mitosis in cells of onion root tip. J. biophys. biochem. Cytol. **7**, 167–180 (1960)

PORTER, K.R., PAPPAS, G.D.: Collagen formation by fibroblasts of the chick embryo dermis. J. biophys. biochem. Cytol. **5**, 153–166 (1959)

PORTER, K.R., VANAMEE, P.: Observations on the formation of connective tissue fibers. Proc. Soc. exp. Biol. **71**, 513–516 (1949)

PRADER, A.: Die frühembryonale Entwicklung der menschlichen Zwischenwirbelscheibe. Acta anat. (Basel) **3**, 68–83 (1947a)

PRADER, A.: Die Entwicklung der Zwischenwirbelscheibe beim menschlichen Keimling. Acta anat. (Basel) **3**, 115–152 (1947b)

PRATT, C.W.M.: Observations on osteogenesis in the femur of the foetal rat. J. Anat. (Lond.) **91**, 533–544 (1957)

PRATT, C.W.M.: Postnatal changes in the shaft of the rat's femur. J. Anat. (Lond.) **93**, 310–322 (1959)

PRATT, C.W.M.: The effect of age on the arrangement of fibers in the bone matrix of the femur of the domestic fowl. J. Anat. (Lond.) **95**, 110–122 (1961)

PRENANT, M.: Préparations relatives aux mitochondries. C.R. Ass. Anat. **13**, 333–337 (1911a)

PRENANT, M.: Histologie et anatomie microscopique. Traité d'histologie T II. Paris, **2**, 201–233 (1911b)

PRIEST, R.E., KOPLITZ, R.M.: Inhibition of synthesis of sulfated mucopolysaccharides by estradiol. J. exp. Med. **116**, 565–574 (1962)

PRITCHARD, E.: Physical deformities commonly regarded as due to rickets. Brit. J. phys. Med. **11**, 102–104 (1936)

PRITCHARD, J.J.: A cytological and histochemical study of bone and cartilage formation in the rat. J. Anat. (Lond.) **86**, 259–277 (1952)

PRITCHARD, J.J.: The osteoblast. In: The biochemistry and physiology of bone. (ed. by G.H. Bourne) p. 179–211. New York: Academic Press 1956a

PRITCHARD, J.J.: General anatomy and histology of bone. In: The biochemistry and physiology of bone. (ed. by G.H. BOURNE) p. 1–25. New York: Academic Press 1956b

PRITCHARD, J.J., RUZICKA, A.J.: Comparison of fracture repair in the frog, lizard and rat. J. Anat. (Lond.) **84**, 236–261 (1950)

PRITCHARD, J.J., SCOTT, J.H., GIRGIS, F.G.: The structure and development of cranial and facial sutures. J. Anat. (Lond.) **90**, 73–86 (1956)

PROCKOP, D.J.: Intracellular biosynthesis of collagen and interactions of protocollagen proline hydroxylase with large polypeptides. In: Chemistry and molecular biology of the intercellular matrix (ed. by E.A. BALAZS) Vol. 1, p. 335–370. London and New York: Academic Press 1970

PROCKOP, D.J., KIVIRIKKO, K.I.: Hydroxyproline and the metabolism of collagen. In: Treatise on collagen. (ed. by G.N. RAMACHANDRAN) Vol. 2A, p. 215–240. London and New York: Academic Press 1968

PROCKOP, D.J., UDENFRIEND, S.: A specific method for the analysis of hydroxyproline in tissues and urine. Anal. Biochem. 1, 228–239 (1960)

PROCKOP, D.J., PETERKOFSKY, B., UDENFRIEND, S.: Studies on the intracellular localization of collagen synthesis in the intact chick embryo. J. biol. Chem. 237, 1581–1584 (1962)

PROCKOP, D.J., KAPLAN, A., UDENFRIEND, S.: Oxygen – 18 studies on the conversion of proline to collagen hydroxyproline. Arch. Biochem. 101, 499–503 (1963)

PROCKOP, D.J., PETTENGILL, O., HOLTZER, H.: Incorporation of sulfate and the synthesis of collagen by cultures of embryonic chondrocytes. Biochim. biophys. Acta (Amst.) 83, 189–196 (1964)

PRZYBYLSKI, R.J., BLUMBERG, J.M.: Ultrastructural aspects of myogenesis in the chick. Lab. Invest. 15, 836–863 (1966)

PÜSCHEL, J.: Der Wassergehalt normaler und degenerierter Zwischenwirbelscheiben. Beitr. path. Anat. 84, 123–130 (1930)

PÜSCHMANN, H.: Comparison of joint formation in vivo and in vitro. In: New approaches to the evaluation of abnormal embryonic development (ed. by D. NEUBERT and H.J. MERKER) p. 227–240. Stuttgart: Thieme Verlag 1975

PUGH, D., WALKER, P.G.: Histochemical localization of β-glucuronidase and N-acetyl-β-glucosaminidase. J. Histochem. Cytochem. 9, 105–106 (1961a)

PUGH, D.: The localization of N-acetyl-β-glucosaminidase in tissues. J. Histochem. Cytochem. 9, 242–250 (1961b)

PUGLIARELLO, M.C., VITTUR, F., BERNARD, B. DE, BONUCCI, E., ASCENZI, A.: Chemical modifications in osteones during calcification. Calcif. Tiss. Res. 5, 108–114 (1970)

PUGLIARELLO, M.C., VITTUR, F., BERNARD, B. DE: Analysis of bone composition at the microscopic level. Calcif. Tiss. Res. 12, 209–216 (1973)

PUTSCHAR, W.: Zur Pathologie der Symphyse. Verh. Dtsch. Path. Ges. S. 214–219. Jena: Fischer 1930

PUTSCHAR, W.: Über Fett im Knorpel unter normalen und pathologischen Verhältnissen. Beitr. path. Anat. 87, 526–539 (1931a)

PUTSCHAR, W.: Entwicklung, Wachstum und Pathologie der Beckenverbindungen des Menschen. Jena: Fischer 1931b

PUTSCHAR, W.G.J.: General pathology of the musculo-skeletal system. In: Handbuch der allgemeinen Pathologie (hrsg. von F. BÜCHNER, E. LETTERER und F. ROULET) 3. Band/2. Teil S. 363–488. Berlin-Göttingen-Heidelberg: Springer Verlag 1960

PUTZKE, H.P.: Histochemische Untersuchungen der Tibiaepiphyse der Ratte nach Röntgen- und Kobaltbestrahlung. Acta histochem. (Jena) 15, 241–250 (1963)

PUZAS, J.E., BRAND, J.S.: Collagenolytic activity from isolated bone cells. Biochim. biophys. Acta (Amst.) 429, 964–974 (1976)

QUINTARELLI, G.: Histochemical studies on human mucus-secreting salivary glands. Acta histochem. (Jena) 12, 1–11 (1961)

QUINTARELLI, G.: Histochemical identification of salivary mucins. Ann. N.Y. Acad. Sci. 106, 339–363 (1963)

QUINTARELLI, G.: Methods for the histochemical identification of acid mucopolysaccharides; A critical evaluation. In: The chemical physiology of mucopolysaccharides. (ed. by G. QUINTARELLI) p. 199–218. Boston: Little, Brown & Co. 1968

QUINTARELLI, G., DELLOVO, M.C.: The chemical and histochemical properties of alcian blue. IV. Further studies on the methods for the identification of acid glycosaminoglycans. Histochemie 5, 196–209 (1965)

QUINTARELLI, G., DELLOVO, M.C.: Age changes in the localization and distribution of glycosaminoglycans in human hyaline cartilage. Histochemie 7, 141–167 (1966)

QUINTARELLI, G., DELLOVO, M.C.: The effects of *clostridium histolyticum* collagenase on amino sugar containing compound-collagen complexes. Histochemie 8, 216–218 (1967)

QUINTARELLI, G., DELLOVO, M.C.: The state of aggregation of the intercellular matrix of various cartilage tissues. In: Chemistry and molecular biology of the intercellular matrix. (ed. by E.A. BALAZS) Vol. 3, p. 1403–1407. New York and London: Academic Press 1970

QUINTARELLI, G., SCOTT, J.E., DELLOVO, M.C.: The chemical and histochemical properties of Alcian Blue. Histochemie **4**, 86–98 (1964a)

QUINTARELLI, G., SCOTT, J.E., DELLOVO, M.C.: The chemical and histochemical properties of Alcian Blue. III. Chemical blocking and unblocking. Histochemie **4**, 99–112 (1964b)

QUINTARELLI, G., ZITO, R., CIFONELLI, J.A.: On Phosphotungstic acid staining. J. Histochem. Cytochem. **19**, 641–647 (1971)

QUINTARELLI, G., IPPOLITO, E., RODÉN, L.: Age-dependent changes on the state of aggregation of cartilage matrix. Lab. Invest. **32**, 111–123 (1975)

RABE, F.: Experimentelle Untersuchungen über den Gehalt des Knorpels an Fett und Glykogen. Beitr. path. Anat. **48**, 554–575 (1910)

RABL, C.: Theorie des Mesoderms. Morph. Jb. **19**, 65–144 (1892)

RABL, C.: Gedanken und Studien über den Ursprung der Extremitäten. Z. wiss. Zool. **70**, 474–558 (1901)

RAGAN, C.: Connective Tissues. Transactions I (1951), II (1952a), III (1952b), IV (1953), V (1954). New York: Josiah Macy Jr. Foundation.

RAGAN, C.: Physiology of connective tissue (loose areolar) Ann. Rev. Physiol. **14**, 51–72 (1952c)

RAISZ, L.G.: Inhibition by actinomycin D of bone resorption induced by parathyroid hormone or vitamin A. Proc. Soc. Exp. Biol. (N.Y.) **119**, 614–617 (1965)

RAMACHANDRAN, G.N.: Molecular structure of collagen. Int. Rev. Connect. Tiss. Res. **1**, 127–182 (1963)

RAMACHANDRAN, G.N.: Structure of collagen at the molecular level. In: Treatise on collagen (ed. by G.N. RAMACHANDRAN) Vol. 1, p. 103–183. London and New York: Academic Press 1967

RAMBOURG, A.: Localisation ultrastructurelle et nature du matériel colore au niveau de la surface cellulaire par la mélange chromique phosphotungstique. J. Micr. **8**, 325–342 (1969)

RAMBOURG, A., HERNANDEZ, W., LEBLOND, C.P.: Detection of complex carbohydrates in the Golgi apparatus of rat cells. J. Cell Biol. **40**, 395–414 (1969)

RANDALL, J.T.: Nature and structure of collagen. London: Butterworths Scientific Publications 1953

RANDALL, J.T.: Observations on the collagen structure. Nature (Lond.) **174**, 853–854 (1954)

RANDALL, J.T., FRASER, R.D.B., FITTON-JACKSON, S., MARTIN, A.V.W., NORTH, A.C.T.: Aspects of collagen structure. Nature (Lond.) **169**, 1029–1033 (1952)

RANG, M.: The growth plate and its disorders. Edinburgh and London: E. & S. Livingstone Ltd. 1969

RANKE, O.: Neue Kenntnisse und Anschauungen von dem mesenchymalen Syncytium und seinen Differenzierungsprodukten unter normalen und path. Bedingungen, gewonnen mit der Tanninsilbermethode von N. Achucarro. Sitz. Ber. Heidelberg. Akad. Wiss. Math.-naturwiss. Kl. Abt. B, 4 (1913)

RANKE, O.: Zur Theorie mesenchymaler Differenzierungs- und Imprägnierungsvorgänge. Sitz. Ber. Heidelberg. Akad. Wiss. Math.-naturwiss. Kl. B, 5 (1914)

RANVIER, L.: Traité technique d'histologie. Paris: F. Savy 1875–1882; 2. Ed. 1889

RAO, B.R.: The appearance and extension of neural differentiation tendencies in the neurectoderm of the early chick embryo. Wilhelm Roux' Arch. Entwickl. Mech. Org. **160**, 187–236 (1968)

RASMUSSEN, H.: Parathyroid hormone: nature and mechanism of action. Amer. J. Med. **30**, 112–138 (1961)

RASMUSSEN, H., LUCA, H.D. DE: Calcium homeostasis. Erg. Physiol. **53**, 108–173 (1963)

RASZEJA, F.: Récherches sur l'histogénèse et la structure normale des ménisques du genou. Biol. Bull. **15**, 186–210 (1938)

RAUBER, A.: Elastizität und Festigkeit der Knochen. Leipzig: Engelmann 1876

RAVEN, C.: Zur Entwicklung der Ganglienleiste. Die Kinematik der Ganglienleistenentwicklung bei den Urodelen. Wilhelm Roux' Arch. Entwickl. Mech. Org. **125**, 210–292 (1931)

RAVEN, C.: Zur Entwicklung der Ganglienleiste. II. Über das Differenzierungsvermögen des Kopfganglienleistenmaterials der Urodelen. Wilhelm Roux' Arch. Entwickl. Mech. Org. **129**, 179–198 (1933)

RAVEN, C.: Zur Entwicklung der Ganglienleiste. Wilhelm Roux' Arch. Entwickl. Mech. Org. **132**, 122–146 (1935)

RAVEN, C.: Zur Entwicklung der Ganglienleiste. V. Über die Differenzierung des Rumpfganglienlei-stenmaterials. Wilhelm Roux' Arch. Entwickl. Mech. Org. **134**, 122–146 (1936)

RAVEN, C., KLOOS, J.: Induction by medial and lateral pieces of the archenteron roof. Acta neerl. Morph. **5**, 348–362 (1945)

RAVEN, C.P.: Oogenesis: the storage of developmental information. Oxford, Pergamon Press 1961

RAWLES, M.E.: Skin and its derivatives. In: Analysis of development. (ed. by B.H. WILLIER, P.A. WEISS and V. HAMBURGER) p. 499–519. Philadelphia and London: W.B. Saunders Co. 1955

RAWLES, M.E., KARNOFSKY, D.A.: The chick embryo in biological research. Ann. N.Y. Acad. Sci. **55**, 37–344 (1952)

RAY, C.E.: A sesamoid bone in the jaw musculature of *Gopherus polyphemus* (*Reptilia: Testudininae*). Anat. Anz. **107**, 85–91 (1959)

RAY, R.D., SABET, T.Y.: Bone grafts: cellular survival versus induction. An experimental study in mice. J. Bone Jt. Surg. **45 A**, 337–344 (1963)

RAY, R.D., MOSIMAN, R., SCHMIDT, J.: Tissue culture studies of bone. J. Bone Jt. Surg. **36 A**, 1147–1165 (1954)

RAY, R.D., STEVENS, J., LYON, I., ROWLAND, R.E.: Uptake of $^{45}$Calcium and $^{14}$Carbon-labelled proline by dead and living bone. In: Radioisotopes and bone. (ed. by F.C. McLEAN, P. LACROIX and A.M. BUDY) p. 69–80. Oxford: Blackwell Scientific Publ. 1962

RAY, R.D., KAWABATA, M., GALANTE, J.: Experimental study of peripheral circulation and bone growth. Clin. Orthop. **54**, 175–187 (1967)

REDLER, I., MOW, V.C., ZIMMY, M.L., MANSELL, J.: The ultrastructure and biomechanical signifi-cance of the tidemark of articular cartilage. Clin. Orthop. **112**, 357–362 (1975)

REDMAN, C.M., CHERIAN, M.G.: The secretory pathways of rat serum glycoproteins and albumin. Localization of newly formed proteins within the endoplasmic reticulum. J. Cell Biol. **52**, 231–245 (1972)

REEN, R. VAN: Metabolic activity in calcified tissues; aconitase and isocitric dehydrogenase activity in rabbit and dog femurs. J. biol. Chem. **234**, 1951–1954 (1959)

REEN, R. VAN, LOSEE, F.L.: Organic composition of bone: localisation of isocitric dehydrogenase in femurs. Nature (Lond.) **181**, 1543 (1958)

REGAUD, CL., POLICARD, A.: Sur la signification de la rétention du chrome par les tissus en technique histologique, au point de vue des lipoides et des mitochondries. 1.-Fixation "Morpholo-gique" et Fixation "de Substances". C.R. Soc. Biol. **74**, 449–451 (Paris) 1913

REICHEL, S.M.: Vascular system of the long bones of the rat. Surgery **22**, 146–157 (1947)

REID, E.: Membrane systems. In: Enzyme cytology (ed. by D.B. ROODYN) p. 321–406. London and New York: Academic Press (1967)

REIFENSTEIN, E.C. (ed.): Metabolic interrelations. Transactions I (1949), II (1950), III (1951), IV (1952), V (1953). Caldwell, N.J.: Progress Associates, Inc.

REIFENSTEIN, E.C.: Rational for use of anabolic steroids in controlling adverse effects of corticoid hormones upon protein and osseus tissues. Sth. med. J. (Bgham, Ala) **49**, 933–960 (1956)

REIFENSTEIN, E.C.: Anabolic steroid therapy for the protein deleption osteoperosis inducted corticoid hormones. Clin. Orth. **9**, 75–84 (1957)

REIMER, L.: Elektronenmikroskopische Untersuchungs- und Präparationsmethoden. Berlin-Heidel-berg-Göttingen: Springer Verlag 1959

REINBACH, W.: Die kollagenen Fibrillen in den Kniegelenksmeniscen, die Ursachen ihrer Entstehung und Anordnung. Arch. Orthop. Unfallchir. **46**, 485–498 (1954)

REITER, A.: Die Frühentwicklung der menschlichen Wirbelsäule. I. Die Frühentwicklung der Brust-wirbelsäule. Z. Anat. Entwickl.-Gesch. **112**, 185–220 (1942)

REITER, A.: Die Frühentwicklung der menschlichen Wirbelsäule. III. Mitteilung: Die Entwicklung der lumbal-, sacral- und coccygeal-Wirbelsäule. Z. Anat. Entwickl.-Gesch. **113**, 204–227 (1944)

REITH, E.J.: Collagen formation in developing molar teeth of rats. J. Ultrastruct. Res. **21**, 383–414 (1968)

REITH, E.J., COTTY, V.F.: Autoradiographic studies on calcification of enamel. Arch. oral Biol. **7**, 365–372 (1962)

REITH, E.J., COTTY, V.F.: The absorptive activity of ameloblasts during the maturation of enamel. Anat. Rec. **157**, 577–587 (1967)

REMANE, A.: Wirbelsäule und ihre Abkömmlinge. In: Handbuch der vergleichenden Anatomie der Wirbeltiere (hrsg. von L. BOLK, E. GOPPERT, E. KALLIUS und W. LUBOSCH) Bd. 6, S. 1–205. Berlin und Wien: Urban & Schwarzenberg 1936

RENAULT, CL.: Traité d'histologie practique. Paris: Lecrosnier et Babé 1893

RENAUT, J.: Mitochondries des cellules globuleuses du cartilage hyalin des mammifères. C.R. Acad. Sci. (Paris) **152**, 536–538 (1911)

RENAUT, J., DUBREUIL, G.: La chondrolyse axiale des travées directrices de l'ossification dans les os longs de mammifères et "l'ossification primaire" à leur surface. C.R. Soc. Biol. (Paris) **64**, 928–931 (1908)

RENAUT, J., DUBREUIL, G.: Cytologie, fonction sécrétoire, filiation des ostéoblastes et des cellules osseuses, au stade de l'ossification primaire dans le cartilage préossifié. C.R. Soc. Biol. (Paris) **66**, 74–77 (1909)

RENAUT, J., DUBREUIL, G.: Contingence et conditions de l'incorporation des fibrilles connectives à la substance fondamentale des os. C.R. Soc. Biol. (Paris) **110**, 707–709 (1910)

RENDA, T., D'ESTE, L., BRONZETTI, E.: Recherches histochimiques et histoenzymologiques sur la chondrogénèse vertébrale chez l'embryon de poulet. Ann. Histochim. **20**, 195–203 (1975)

RETTERER, E.: Origine et structure des ostéoblastes et du tissu osseux. C.R. Soc. Biol. (Paris) **5**, 361–363 (1898)

RETTERER, E.: Évolution du cartilage transitoire. J. Anat. Physiol. **36**, 467–565 (1900)

RETTERER, E.: Évolution du tissu osseux. J. Anat. (Paris) **42**, 193–238 (1906)

RETTERER, E.: De l'ossification enchondrale chez le *triton*. C.R. Soc. Biol. (Paris) **80**, 291–294 (1917)

RETTERER, E.: D'ou vient l'os enchondral? C.R. Soc. Biol. (Paris) **81**, 1248–1251 (1918)

RETTERER, E.: Du premier développement de l'os de membrane. C.R. Soc. Biol. (Paris) **83**, 4–6 (1920)

REUCK, A.V.S. DE, KNIGHT, J.: Cell Differentiation. A Ciba Foundation Symp. London: J. & A. Churchill 1967

REVEL, J.P.: Electron microscopy of glycogen. J. Histochem. Cytochem. **12**, 104–114 (1964)

REVEL, J.P.: Role of the Golgi apparatus of cartilage cells in the elaboration of matrix glycosaminoglycans. In: Chemistry and molecular biology of the intercellular matrix. (ed. by E.A. BALAZS) Vol. 3, p. 1485–1502. London and New York: Academic Press 1970

REVEL, J.P., HAY, E.D.: An autoradiographic and electron microscopic study of collagen synthesis in differentiating cartilage. Z. Zellforsch. **61**, 110–144 (1963)

REVEL, J.P., HAY, E.D.: Light and electron microscopic studies of mucopolysaccharides. Anat. Rec. **148**, 326 (1964)

REVEL, J.P., NAPOLITANO, L., FAWCETT, D.C.: Identification of glycogen in electron micrographs of thin tissue sections. J. biophys. biochem. Cytol. **8**, 575–589 (1960)

REYNOLDS, J.J.: Inhibition by calcitonin of bone resorption induced in vitro by vitamin A. Proc. Roy. Soc. **B170**, 61–69 (1968)

REYNOLDS, S.R.M.: The proportion of Wharton's Jelly in the umbilical cord in relation to distension of the umbilical arteries and vein, with observation on the folds of Hoboken. Anat. Rec. **113**, 365–377 (1952)

RHODE, K.: Beiträge zur Frage der Metaplasie des Bindegewebes in Knochen. I. Die Einheilungsvorgänge bei der Transplantation ausgekochter Knochenstücke in Weichteile. Langenbecks Arch. klin. Chir. **128**, 302–333 (1924)

RHODIN, J.A.G.: Organization and ultrastructure of connective tissue. In: The Connective Tissue (ed. by B.M. WAGNER and D.E. SMITH) p. 1–17. Baltimore: Williams and Wilkins Company 1967

RHODIN, J., DALHAMN, T.: Electron microscopy of collagen and elastin in lamina propria of the tracheal mucosa of the rat. Exp. Cell Res. **9**, 371–375 (1955)

RICH, A., CRICK, F.H.: The structure of collagen. Nature (Lond.) **176**, 915–916 (1955)

RICHANY, S.F., BAST, T.H., ANSON, B.J.: The development of the first branchial arch in man and the fate of Meckel's cartilage. Quart. Bull. Northw. Univ. med. Sch. **28**, 331–356 (1956)

RICHELLE, L.J., DALLEMAGNE, M.J. (ed.): Proc. 2nd. Europ. Symp. on calcified tissues. Collection des colloques de l'université de Liège 1965

RICHELLE, L.M., ONKELINX, C.: Recent advances in the physical biology of bone and other hard tissues. In: Mineral metabolism an advances treatise (ed. by C.L. COMAR, F. BRONNER) Vol. III, p. 123–190. New York, London: Academic Press 1969

RICHELLE, L.J., ONKELINX, C., AUBERT, J.-P.: Bone mineral metabolism in the rat. Calcified Tissues 1965, Proc. Eur. Symp. 3rd, 1965 (ed. by H. FLEISCH, H.J.J. BLACKWOOD and M. OWEN) p. 123–132, Berlin-Heidelberg-New York: Springer 1966

RICHELLE, L.J., ONKELINX, C., AUBERT, J.P.: Volumes élémentaires et minéralisation. In: L'ostéomalacie. (ed. by D.J. HIOCO) p. 171–183. Paris. Masson and Cie, 1967

RICHMOND, M.E., LUCA, S. DE, SILBERT, J.E.: Biosynthesis of chondroitin sulfate. Microsomal acceptors of sulfate, glucuronic acid, and N-acetylgalactosamine. Biochemistry 12, 3898–3903 (1973a)

RICHMOND, M.E., LUCA, S. DE, SILBERT, J.E.: Biosynthesis of chondroitin sulfate. Assembly of chondroitin on microsomal primers. Biochemistry 12, 3904–3910 (1973b)

RICHTER, E.: Über den feineren Bau der Sternalrippen bei Säugetieren. Morph. Jb. 52, Heft 2, 221–240 (1922)

RICHTERICH, R.: Enzympathologie. Berlin-Göttingen-Heidelberg: Springer Verlag 1958

RIEDER, S.V., BUCHANAN, J.M.: Studies on the biological formation of glucosamine in vivo. I. Origin of the carbon chain. J. biol. Chem. 232, 951–957 (1958)

RIGAL, W.M.: The use of tritiated thymidine in studies of chondrogenesis. In: Radioisotopes and bone. (ed. by F.C. MCLEAN, P. LACROIX, and A.M. BUDY) p. 197–226. Oxford: Blackwell Scientific Publ. 1962

RIGAL, W.M.: Sites of action of growth hormone in cartilage. Proc. Soc. Exp. Biol. (N.Y.) 117, 794–796 (1964)

RILEY, J.F.: The mast cells. Edinburgh and London: E. & S. Livingstone Ltd. 1959

RINEHART, J.R., ABU'L HAI, S.K.: Improved method for histologic demonstration of acid mucopolysaccharides in tissues. Arch. Path. 52, 189–194 (1951)

RING, P.: Contribution à l'étude de la structure fonctionnelle des bourrelets marginaux et des ménisques des articulations des membres. Arch. Anat. Histol. Embryol. 53, 145–199 (1970)

RING, P.A.: Ossification and growth of the distal ulnar epiphysis of the rabbit. J. Anat. (Lond.) 89, 457–463 (1955a)

RING, P.A.: The effects of partial or complete excision of the epiphyseal cartilage of the rabbit. J. Anat. (Lond.) 89, 79–91 (1955b)

RING, P.A.: Excision and reimplantation of the epiphyseal cartilage of the rabbit. J. Anat. (Lond.) 89, 231–237 (1955c)

RITTER, H.B., OLESON, J.J.: Combined histochemical staining of acid polysaccharides and 1, 2 glycol groupings in paraffin sections of rat tissues. Amer. J. Path. 26, 639–645 (1950)

RIZZOLI, C.: Le basi istochimiche della colorazione dei mucopolisaccaridi nei tessuti con il blu alcian 8 GN. Boll. Soc. ital. Biol. sper. 31, 422–425 (1955)

RIZZOLI, C., MASTROBUONO, M.: Osservazioni istochimiche sulla cartilagine jalina. Boll. Soc. ital. Biol. sper. 29, 1418–1421 (1953)

ROBBINS, P.W., LIPMANN, F.: Identification of enzymatically active sulfate as adenosine-3'-phosphate-5'-phosphosulfate. J. Amer. chem. Soc. 78, 2652–2653 (1956)

ROBB-SMITH, A.H.T.: Normal morphology and morphogenesis of connective tissue. Connective tissue in health and disease. (ed. by G. ASBOE-HANSEN) p. 15–30. Copenhagen: Munksgaard 1954

ROBB-SMITH, A.H.T.: The relationship of reticulin to other collagens. In: Recent advances in gelatin and glue research. (ed. by G. STAINSBY) p. 38–44. London-New York-Paris-Los Angeles: Pergamon Press 1957

ROBERT, A.M., ROBERT, B., ROBERT, L.: Chemical and physical properties of structural glycoproteins. In: Chemistry and molecular biology of the intercellular matrix. (ed. by E.A. BALAZS) Vol. I, p. 237–242. London and New York: Academic Press 1970

ROBERT, L., DISCHE, Z.: Analysis of a sulfated sialofucoglucosaminogalactomannosidoglycan from corneal stroma. Biochem. Biophys. Res. Commun. 10, 209–214 (1963)

ROBERT, L., PARLEBAS, J., OUDEA, P., ZWEIBAUM, A., ROBERT, B.: Immunochemistry of structural proteins and glycoproteins. In: Structure and function of connective and skeletal tissue. (ed. by S. FITTON-JACKSON, R.D. HARKNESS, S.M. PARTRIDGE and G.R. TRISTRAM) p. 406–412. London: Butterworths 1965

ROBERT, L., DARRELL, R.W., ROBERT, B.: Immunological properties of connective tissue glycoproteins. In: Chemistry and molecular biology of the intercellular matrix. (ed. by E.A. BALAZS) Vol. III, p. 1591–1614. New York and London: Academic Press 1970

ROBERTO, M.: A topographic quantitative analysis of the postnatal bone formation in the auditory ossicles of the dog. Acta oto-laryng. (Stockh.) **81**, 16–25 (1976)

ROBERTSON, J.D.: Some features of the ultrastructure of reptilian skeletal muscle. J. biophys. biochem. Cytol. **2**, 369–380 (1956)

ROBERTSON, J.D.: Cell membranes and the origin of mitochondria. In: Regional Neurochemistry. Proc. 4th. intern. neurochem. Sympos. (ed. by S.S. KETY and J. ELKES) p. 497–535. Oxford: Pergamon Press 1961

ROBERTSON, P.B., MILLER, E.J.: Cartilage collagen: Inability to serve as a substrate for collagenase active against skin and bone collagen. Biochim. biophys. Acta Amst. **289**, 247 (1972)

ROBERTSON, W. VAN B.: Concentration of collagen in guinea pig tissues in acute and prolonged scurvy. J. biol. Chem. **187**, 673–677 (1950)

ROBERTSON, W.: Influence of ascorbic acid on $N^{15}$ incorporation into collagen in vivo. J. biol. Chem. **197**, 495–501 (1952)

ROBERTSON, W.: Metabolism of collagen in mammalian tissues. Biophys. J. **4**, 93–106 (1964)

ROBINSON, G.B., MOLNAR, J., WINZLER, R.J.: Biosynthesis of glycoproteins. I. Incorporation of glucosamine-$^{14}$C into liver and plasma proteins of the rat. J. biol. Chem. **239**, 1134–1141 (1964)

ROBINSON, H.C.: The sulphation of chondroitin sulphate in embryonic chicken cartilage. Biochem. J. **113**, 543–549 (1969)

ROBINSON, H.C., DORFMAN, A.: The sulphation of chondroitin sulphate in embryonic chick cartilage epiphyses. J. biol. Chem. **244**, 348–352 (1969)

ROBINSON, H.C., TELSER, A., DORFMAN, A.: Studies on biosynthesis of the linkage region of chondroitin sulfate-protein complex. Proc. nat. Acad. Sci. (Wash.) **56**, 1859–1860 (1966)

ROBINSON, J.B., SARNAT, B.G.: Growth pattern of the pig mandible. A serial roentgenographic study using metallic implants. Amer. J. Anat. **96**, 37–64 (1955)

ROBINSON, R.A.: Electron micrography on bone. Tr. Conf. Metab. Interrelat. 3rd. Conf., 271–289, 1951

ROBINSON, R.A.: An electron microscopic study of the crystalline inorganic component of bone and its relationship to the organic matrix. J. Bone Jt. Surg. **34A**, 389–435 (1952)

ROBINSON, R.A.: Chemical analysis and electron microscopy of bone. In: Bone as a tissue. (ed. by K. RODAHL) p. 186–250. New York-Toronto-London: McGraw-Hill Book Co. 1960

ROBINSON, R.A.: Observations regarding compartments for tracer calcium in the body. In: Bone Biodynamics. (ed. by H.M. FROST) p. 423–439. Boston: Little, Brown and Co. 1964

ROBINSON, R.A., CAMERON, D.A.: Electron microscopy of cartilage and bone matrix at the distal epiphyseal line of the femur in the newborn infant. J. biophys. biochem. Cytol. **2**, 253–260 (1956)

ROBINSON, R.A., CAMERON, D.A.: The organic matrix of bone and epiphyseal cartilage. Clin. Orthop. **9**, 16–29 (1957)

ROBINSON, R.A., CAMERON, D.A.: Electron microscopy of the primary spongiosa of the metaphysis at the distal end of the femur in the newborn infant. J. Bone Jt. Surg. **40A**, 687–697 (1958)

ROBINSON, R.A., CAMERON, D.A.: Bone. In: Electron microscopic anatomy. (ed. by ST. M. KURTZ) p. 315–340. New York and London: Academic Press 1964

ROBINSON, R.A., ELLIOTT, ST.R.: The water content of bone. I. The mass of water, inorganic crystals, organic matrix and „$Co_2$ space" components in a unit volume of dog bone. J. Bone Jt. Surg. **39A**, 167–188 (1957)

ROBINSON, R.A., WATSON, M.L.: Collagen crystal relationship in bone as seen in the electron microscope. Anat. Rec. **114**, 383–410 (1952)

ROBINSON, R.A., WATSON, M.L.: Electron micrography of bone. Tr. Conf. Metab. Interrelat. 5th. Conf., 72–104 (1953)

ROBINSON, R.A., WATSON, M.L.: Crystal collagen relationships in bone as observed in the electronmicroscope. III. Crystal and collagen morphology as a function of age. Ann. N.Y. Acad. Sci. **60**, 596–629 (1955)

ROBISON, R.: The possible significance of hexosephosphoric esters in ossification. Biochem. J. **17**, 286–293 (1923)

ROBISON, R.: Bone phosphatase. Erg. Enzymforsch. **1**, 280–294 (1932)

ROBISON, R., ROSENHEIM, A.H.: Calcification of hypertrophic cartilage in vitro. Biochem. J. **28**, 684–698 (1934)

ROBISON, R., SOAMES, K.M.: The possible significance of hexosephosphoric esters in ossification: the phosphoric esterase of ossifying cartilage. Biochem. J. **18**, 740–754 (1924)

ROCHE, J.: La phosphatase des os et le mécanisme général de l'ossification. Experientia (Basel) **2**, 325–336 (1946)

ROCHE, J.: Le rôle des phosphatases dans le métabolisme du calcium. Ann. Nutrit. (Paris) **1**, 3–30 (1947)

ROCHE, J., DELTOUR, G.: Sur le mécanisme biochimique de l'ossification et le rôle physiologique de la phosphatase des os. C.R. Acad. Sci. (Paris) **216**, 748–750 (1943a)

ROCHE, J., DELTOUR, G.: Mécanisme de la calcification osseuse et théorie des „fixateurs du calcium". Bull. Acad. Méd. (Paris) **127**, 488–492 (1943b)

ROCHE, J., DELTOUR, G.: Recherches sur l'ossification. XIII. Rôle de la phosphatase dans la calcification des os in vitro et théorie des „fixateurs du calcium". Tr. Soc. chim. biol. **25**, 1260–1273 (1943c)

ROCHE, J., DELTOUR, G.: Calcification in vitro et modifications expérimentales de l'affinité de l'os pour les ions $PO_4$ et Ca. C.R. Soc. Biol. (Paris) **137**, 531 532 (1943d)

ROCHE, J., MOURGUE, M.: Premières étapes de l'ossification dans les os embryonnaires et rôle de la phosphatase. C.R. Acad. Sci. (Paris) **214**, 809–811 (1942a)

ROCHE, J., MOURGUE: Recherches sur l'ossification. XII. Premières étapes de la calcification du squelette (os et dents) et rôle de la phosphatase dans l'ossification. Tr. Soc. chim. biol. **24**, 1186–1195 (1942b)

ROCHE, J., FILLIPPI, A., LEANDRI, A.: Recherches sur l'ossification. III. La phosphatase des os longs aux diverses étapes de la croissance. Bull. Soc. chim. biol. (Paris) **19**, 1314–1324 (1937)

RODAHL, K., NICHOLSON, J., BROWN, E. (ed.): Bone as a tissue. New York-Toronto-London: McGraw-Hill Book Co. 1960

RODÉN, L.: Effect of glutamine on the synthesis of mucopolysaccharides in the nucleus pulposus in vitro. Arkiv Kemi **10**, 383 388 (1956)

RODÉN, L.: The protein-carbohydrate linkages of acid mucopolysaccharides. In: The chemical physiology of mucopolysaccharides. (ed. by G. QUINTARELLI) p. 17 32. Boston: Little, Brown and Co. 1968

RODÉN, L.: Structure and metabolism of the proteoglycans of chondroitin sulfates and keratan sulfate. In: Chemistry and molecular biology of the intercellular matrix. (ed. by E.A. BALAZS) Vol. 2, p. 797–821. London and New York: Academic Press 1970

RODÉN, L., ARMAND, G.: Structure of the chondroitin 4-sulfate-protein-linkage region. Isolation and characterization of the disaccharide 3-0-beta-D-glucuronosyl-D-galactose. J. biol. Chem. **241**, 65–70 (1966)

RODÉN, L., SMITH, R.: Structure of the neutral trisaccharide of the chondroitin 4-sulfate-protein linkage region. J. biol. Chem. **241**, 5949–5954 (1966)

RODÉN, L., SCHWARTZ, N.B.: Biosynthesis of connective tissue proteoglycans. In: Connective Tissue Biochemistry and Pathophysiology (ed. by R. FRICKE and F. HARTMANN) p. 73 84. Berlin-Heidelberg-New York: Springer 1974

RODÉN, L., GREGORY, J.D., LAURENT, T.C.: Isolation of glycopeptides from the chondroitin 4-sulfate-protein complex of cartilage. Fed. Proc. **22**, 413 (1963)

RODOVA, H.: Observations on the initial stages of ossification in vitro. J. Anat. (Lond.) **82**, 175–182 (1948)

RÖHLICH, K.: Die Verknöcherung der sekundären Knorpelbildungen der Mandibula bei der weißen Maus. Schicksal der Knorpelzellen bei der enchondralen Ossifikation. Z. Zellforsch. **18**, 346–361 (1933)

RÖNNING, O., PAUNIO, K., KOSKI, K.: Observations on the histology, histochemistry and biochemistry of growth cartilages in young rats. Suom. Hammastääk Toim. **63**, 187 195 (1967)

ROGERS, H.J.: Concentration and distribution of polysaccharides in human cortical bone and the dentine of teeth. Nature (Lond.) **164**, 625–626 (1949)

ROGERS, H.J.: The polysaccharide associated with the organic matrix of bone. Biochem. J. **49**, Proc. 12–13 (1951)

ROGERS, H.J., WEIDMAN, S.M., PARKINSON, A.: A. Studies on the skeletal tissues. II. The collagen content of bones from rabbits, oxen, and humans. Biochem. J. **50**, 537–542 (1952)

ROGERS, H.J., WEIDMAN, S.M., JONES, H.G.: Studies on the skeletal tissues. III. The rate of exchange of the inorganic phosphate in different bones and parts of bones in various species of mammal. Biochem. J. **54**, 37–42 (1953)

Rohr, H.: Autoradiographische Untersuchungen über das Knorpel/Knochenlängenwachstum bei der experimentellen Rattenrachitis. Z. ges. exp. Med. **137**, 248–255 (1963a)

Rohr, H.: Reifung der Knorpelzellen der Epiphysenfuge bei der experimentellen Rattenrachitis. Autoradiographische Untersuchungen mit Tritium-markiertem Thymidin. Z. ges. exp. Med. **137**, 532–540 (1963b)

Rohr, H.: Autoradiographische Untersuchungen über den Wirkungsmechanismus des Cortisons (17-oxy-11-dehydrocorticosteron) auf das enchondrale Knochenlängenwachstum der Ratte. Z. ges. exp. Med. **138**, 150–159 (1964)

Rohr, H.: Die Kollagensynthese in ihrer Beziehung zur submikroskopischen Struktur des Osteoblasten. (Elektronenmikroskopisch-autoradiographische Untersuchungen mit Tritium-markiertem Prolin). Virchows Arch. path. Anat. **338**, 342–354 (1965a)

Rohr, H.: Autoradiographische Untersuchungen über den Kollagenstoffwechsel bei der experimentellen Rattenrachitis. Untersuchungen mit Tritium-Glycin. Z. ges. exp. Med. **139**, 621–632 (1965b)

Rohr, H., Gebert, G.: Untersuchungen über den intrazellulären Syntheseweg des Kollagens der Knorpelzelle der Ratte. Beitr. Path. Anat. **135**, 92–116 (1967)

Rohr, H., Walter, S.: Die Mukopolysaccharidsynthese in ihrer Beziehung zur submikroskopischen Struktur der Knorpelzelle. (Elektronenmikroskopisch-autoradiographische Untersuchung mit Tritium-markierter Glukose). Acta anat. (Basel) **64**, 223–234 (1966)

Rohr, H., Wendt, H.: Elektronenmikroskopisch- autoradiographische Untersuchungen zur Kollagensynthese der Fibroblasten in heilenden Wunden. Arch. klin. exp. Derm. **223**, 605–619 (1965)

Rohr, H., Walter, S., Mahrt, E.: Die Beziehungen der Mucopolysaccharidsynthese zur submikroskopischen Struktur der Zelle (elektronenmikroskopisch-autoradiographische Untersuchungen mit Tritium-markierter Glucose). Verh. dtsch. Ges. Path., 49. Tagung 1965

Rohr, K.: Das menschliche Knochenmark. Anatomie, Physiologie und Pathologie nach Ergebnissen der intravitalen Markpunktion. 3. Aufl. Stuttgart: Georg Thieme Verlag 1960

Rokosová-Čmuchalová, B., Bentley, J.P.: Relation of collagen synthesis to chondroitin sulfate synthesis in cartilage. Biochem. Pharmacol. (Suppl.) **10**, 315–328 (1968)

Rollet, A.: Von den Bindesubstanzen. In: Handbuch der Lehre von den Geweben (hrsg. von Stricker) Leipzig 1871

Rollhäuser, H.: Untersuchungen über den submikroskopischen Bau kollagener Fasern. Morp. Jb. **92**, 1, 1–28 (1952)

Romanini, M.G.: Contributions à l'étude histochimique des mucopolysaccharides. I. Gelée de Wharton et substance métachromatique des vaisseaux. Acta anat. (Basel) **13**, 256–288 (1951)

Romanoff, A.L.: The avian embryo. Structural and functional development. New York: The Macmillan Co. 1960

Romeis, B.: Die Architektur des Knorpels vor der Osteogenese und in der ersten Zeit derselben. Wilhelm Roux' Arch. Entwickl. Mech. Org. **31**, 387–422 (1911)

Romeis, B.: Mikroskopische Technik. München: Leibniz Verlag 1948

Romer, A.: The development of the thigh musculature of the chick. J. morph. Physiol. **43**, 347–385 (1926)

Romer, A.S.: The „ancient history" of bone. Ann. N.Y. Acad. Sci. **109**, 168–176 (1963)

Root, A.W., Harrison, H.E.: Recent advances in calcium metabolism. I. Mechanisms of calcium homeostasis. J. Pediatr. **88**, 1–18 (1976)

Rose, G.G.: The Golgi complex in living osteoblasts. J. biophys. biochem. Cytol. **9**, 463–478 (1961)

Rose, G.G., Shindler, Th.O.: The cytodifferentiation of osteoblasts in tissue culture. J. Bone Jt. Surg. **42A**, 485–498 (1960)

Roseman, S.: Metabolism of sialic acids and D-mannosamine. Fed. Proc. **21**, 1075–1083 (1962)

Rosenberg, L.: Cartilage proteoglycans. Fed. Proc. **32**, 1467–1473 (1973)

Rosenberg, L.: Structure of cartilage proteoglycans. In: Dynamics of Connective Tissue Macromolecules (ed. by P.M.C. Burleigh and A.R. Poole) p.105–128. Amsterdam-Oxford, North-Holland Publishing Company 1975

Rosenberg, L., Schubert, M.: The proteinpolysaccharides of cartilage. Rheumatology **3**, 1–60 (1970)

Rosenberg, L., Johnson, B., Schubert, M.: Proteinpolysaccharides from human articular and costal cartilage. J. clin. Invest. **44**, 1647–1656 (1965)

ROSENBERG, L., SCHUBERT, M., SANDSON, J.: The proteinpolysaccharides of bovine nucleus pulposus. J. biol. Chem. **242**, 4691–4701 (1967)

ROSENBERG, L., JOHNSON, B., SCHUBERT, M.: The proteinpolysaccharide of human costal cartilage. J. clin. Invest. **48**, 543–552 (1969)

ROSENBERG, L., HELLMANN, W., KLEINSCHMIDT, A.K.: Electron microscopic studies of proteoglycan aggregates from bovine articular cartilage. J. biol. Chem. **250**, 1877–1883 (1975)

ROSENBLOOM, J., PROCKOP, D.J. 1969: zitiert nach D.J. PROCKOP 1970

ROSENBLOOM, J., BHATNAGAR, R.S., PROCKOP, D.J.: Hydroxylation of proline after the release of proline-rich polypeptides from ribosomal complexes during uninhibited collagen biosynthesis. Biochim. biophys. Acta (Amst.) **149**, 259–272 (1967)

ROSENBUSCH, J.P., NICHOLS, G.: Parathyroid hormone effects on amino acid transport into bone cells. Endocrinology **81**, 553–557 (1967)

ROSENBUSCH, J.P., FLANAGAN, B., NICHOLS, G.: Active transport of amino acids into bone cells. Biochim. biophys. Acta (Amst.) **135**, 732–740 (1967)

ROSENTHAL, O., BOWIE, M.A., WAGONER, G.: Studies in the metabolism of articular cartilage. I. Respiration and glycolysis of cartilage in relation to its age. J. Cell. Physiol. **17**, 221–233 (1941)

ROSENTHAL, O., BOWIE, M.A., WAGONER, G.: The nature of the dehydrogenatic ability of bovine articular cartilage. J. Cell. Physiol. **19**, 15–28 (1942a)

ROSENTHAL, O., BOWIE, M.A., WAGONER, G.: The dehydrogenatic ability of bovine articular cartilage in relation to its age. J. Cell Physiol. **19**, 333–340 (1942b)

ROSS, R.: The connective tissue fiber forming cell. In: Treatise on collagen (ed. by B.S. GOULD) Vol. **2A**, p. 1–82. London and New York: Academic Press 1968

ROSS, R., BENDITT, E.P.: Wound healing and collagen formation. I. Sequential changes in components of guinea pig skin wound observed in the electron microscope. J. biophys. biochem. Cytol. **11**, 677–700 (1961)

ROSS, R., BENDITT, E.P.: Wound healing and collagen formation. II. Fine structure in experimental scurvy. J. Cell Biol. **12**, 533–551 (1962a)

ROSS, R., BENDITT, E.P.: Wound healing and collagen formation. III. A quantitative radioautographic study of the utilization of proline-$H^3$ in wounds from normal and ascorbutic guinea pigs. J. Cell Biol. **15**, 99–108 (1962b)

ROSS, R., BENDITT, E.P.: Wound healing and collagen formation. IV. Distortion of ribosomal patterns of fibroblasts in scurvy. J. Cell Biol. **22**, 365–389 (1964)

ROSS, R., BENDITT, E.P.: Wound healing and collagen formation. V. Quantitative electron microscopic radioautographic observations of proline – $H^3$ utilization by fibroblasts. J. Cell Biol. **27**, 83–106 (1965)

ROSS, R., BORNSTEIN, P.: The elastic fiber. I. The separation and partial characterization of its macromolecular components. J. Cell Biol. **40**, 366–381 (1969)

ROSS, R., BORNSTEIN, P.: Studies of the components of the elastic fiber. In: Chemistry and molecular biology of the intercellular matrix (ed. by E.A. BALAZS), Vol. 1, p. 641–655. London and New York: Academic Press 1970

ROSS, R., GREENLEE, T.K.: Recent observations on elastic fibers and elastogenesis. Proc. 6th Int. Congr. Electron Microscopy, Kyoto 1966

ROSSI, F., REALE, E.: The somite stage of human development studied with the histochemical reaction for the demonstration of alkaline glycerophosphatase. Acta anat. (Basel) **30**, 656–691 (1957)

ROSSI, F., PESCETTO, G., REALE, E.: La localizzazione della fosfatasi alcalina e il suo tasso nell' embrione umano di 9 mm. Ulteriori contributi istochimici allo studio delle relazioni intercorrenti tra ontogenesi e valori enzimatici nell'uomo. Z. Anat. Entwickl.-Gesch. **116**, 190–201 (1951)

ROSSI, F., PESCETTO, G., REALE, E.: La reazione istochimica per la fosfatasi acida nello studio dello sviluppo prenatale dell' uomo. Z. Anat. Entwickl.-Gesch. **117**, 36–69 (1953)

ROTMAN, E.: Die Rolle des Ektoderms und Mesoderms bei der Formbildung der Kiemen und Extremitäten von *Triton*. I. Wilhelm Roux' Arch. Entwickl.-Mech. Org. **124**, 747–794 (1931)

ROTMAN, E.: Die Rolle des Ektoderms und Mesoderms bei der Formbildung der Extremitäten von *Triton*. II. Wilhelm Roux' Arch. Entwickl.-Mech. Org. **129**, 85–119 (1933)

ROTSTEIN, J., GORDON, M., SCHUBERT, M.: The neutral carbohydrate of bovine nasal cartilage. Biochem. J. **85**, 614–617 (1962)

ROUGET, C.: Note sur les corpuscules des os et sur le développement des os secondaires. J. Physiol. 1, 764–775 (1858)

ROUGET, C.: Des substances amyloides; de leur rôle dans la constitution des tissus des animeaux. J. Physiol. 2, 88–93 (1859)

ROUILLER, C.: Collagen fibers of connective tissue. In: The biochemistry and physiology of bone (ed. by G.H. BOURNE) p. 107–143. New York: Academic Press 1956

ROUILLER, C.: Physiological and pathological changes in mitochondrial morphology. Int. Rev. Cytol. 9, 227–292 (1960)

ROUILLER, C., BERNHARD, W.: „Microbodies" and the problem of mitochondrial regeneration in liver cells. J. biophys. biochem. Cytol. 2, Suppl. 355–359 (1956)

ROUILLER, C., HUBER, L., KELLENBERGER, E., RUTISHAUSER, E.: La structure lamellaire de l'ostéone. Acta anat. (Basel) 14, 9–22 (1952)

ROULET, F.: Studien über Knorpel- und Knochenbildung in Gewebekulturen, zugleich ein Beitrag zur Lehre der Entstehung der sogenannten Grundsubstanzen. Arch. exp. Zellforsch. 17, 1–42 (1935)

ROULET, F.: Über das Verhalten der Bindegewebefasern unter normalen und pathologischen Bedingungen. Ergebn. allg. path. Anat. 32, 1–47 (1937)

ROUX, W.: Gesammelte Abhandlungen über Entwicklungsmechanik. I. und II. Leipzig: Engelmann 1895

ROWEN, J., BRUNISH, R., BISHOP, F.W.: Form and dimension of isolated hyaluronic acid. Biochim. biophys. Acta (Amst.) 19, 480–489 (1956)

ROWLAND, R.E.: Resorption and bone physiology. In: Bone Biodynamics. (ed. by H.M. FROST) p. 335–351. Boston: Little, Brown Co. 1964

ROWLAND, R.E., MARSHALL, J.H., JOWSEY, J.: Radium human bone: the microradiographic appearance. Radiat. Res. 10, 323–334 (1959)

ROY, A.B.: Sulphatase of ox liver. Purification and properties of sulphatase A. Biochem. J. 55, 653–661 (1953)

ROY, E.W., SARNAT, B.G.: Growth in length of rabbit ribs at the costochondral junction. Surg. Gynec. Obstet. 103, 481–486 (1956)

ROY, S., MEACHIM, G.: Chondrocyte ultrastructure in adult human articular cartilage. Ann. rheum. Dis. 27, 544–558 (1968)

RUBASCHEWA, A., PRIWES, M.G.: Blutversorgung der langen Röhrenknochen des Hundes. Z. Anat. Entwickl.-Gesch. 98, 361–374 (1932)

RUBIN, P.S., HOWARD, J.E.: Histochemical studies on the role of acid mucopolysaccharides in calcifiability and calcifications. Tr. Conf. Metab. Interrelat. 2. meet., 155–166 (1950)

RUCKERS, J., REISSLAND, G.: Untersuchungen über den Gewebsstoffwechsel von Stratum synoviale und Gelenkknorpel des Kniegelenkes beim Kaninchen. Z. Rheumaforsch. 19, 135–138 (1960)

RUDALL, K.M.: Proteinpolysaccharide interactions in chitinous structures. In: Structure and function of connective and skeletal tissue (ed. by S. FITTON-JACKSON, S.M., PARTRIDGE, R.D. HARKNESS, and G.R. TRISTRAM) p. 191–206. London: Butterworths 1965

RUDALL, K.M.: Comparative biology and biochemistry of collagen. In: Treatise on collagen (ed. by B.S. GOULD) vol. 2A, p. 83–137. London and New York: Academic Press 1968

RUDNICK, D.: Early history and mechanics of the chick blastoderm. Quart. Rev. Biol. 19, 187–212 (1944)

RUDNICK, D.: Limb-forming potencies of the chick blastoderm: including notes on associated trunk structures. Trans. Conn. Acad. Arts Sci. 36, 353–377 (1945a)

RUDNICK, D.: Differentiation of prospective limb material from creeper chick embryos in coelomic grafts. J. exp. Zool. 100, 1–17 (1945b)

RUDNICK, D.: Prospective areas and differentiation potencies in the chick blastoderm. Ann. N.Y. Acad. Sci. 49, 761–772 (1948)

RUDNICK, D.: Teleosts and Birds. In: Analysis of development (ed. by B.H. WILLIER, P.A. WEISS and V. HAMBURGER) p. 297–314. Philadelphia and London: W.B. Saunders 1955

RUGGERI, A., DELL'ORBO, C., QUACCI, D.: Electron microscopic visualization of proteoglycans with Alcian Blue. Histochem. J. 7, 187–197 (1975)

RUITZ-GIJON, J.: Über die chemische Zusammensetzung der Knochen bei Hungerzuständen. Biochem. Z. 308, 59–63 (1941)

RUNGE, H., BAUR, M., HARTMANN, H.: Zur Physiologie und Pharmakologie des Nabelschnurkreis-
laufes. Arch. Gynäk. **134**, 626–642 (1928)

RUPPRICHT, W.: Zur Morphologie der Knochenzelle. Verh. Ges. dtsch. Naturforsch. 85. Verslg.
Wien, Teil 2/2, 977–978 (1913)

RUSH, R., PIROK, D., FROST, H.M.: „Fractional labeling": the fraction of actively forming osteons
that take tetracycline labels in normal human bone. Henry Ford Hosp. Bull. **14**, 255-263
(1966)

RUSSELL, J.A., WILHELMI, A.E.: Growth (hormonal regulation). Ann. Rev. Physiol. **20**, 43–66 (1958)

RUTH, E.B.: A study of the development of the mammalian pelvis. Anat. Rec. **53**, 207–225 (1932)

RUTH, E.B.: Metamorphosis of the pubic symphysis. II. The guinea pig. Anat. Rec. **67**, 69–79
(1936)

RUTH, E.B.: Metamorphosis of the pubic symphysis. II. The guinea pig. Anat. Rec. **67**, 69–74 (1937a)

RUTH, E.B.: Metamorphosis of the pubic symphysis. III. Histological changes in the symphysis of
the pregnant guinea pig. Anat. Rec. **67**, 409–421 (1937b)

RUTH, E.B.: A note on the fibrillar structure of hyaline cartilage. Anat. Rec. **96**, 93–99 (1946)

RUTH, E.B.: Bone studies. I. Fibrillar structure of adult human bone. Amer. J. Anat. **80**, 35–53
(1947)

RUTH, E.B.: Further observations on histological evidence of osseous tissue resorption. Anat.
Rec. **118**, 347 (1954)

RUTH, E.B.: Basophilic islands in osseous tissue and their relation to resorption. Anat. Rec. **140**,
307 (1961)

RUTISHAUSER, E., MAJNO, G.: Physiopathology of bone tissue. The Osteocytes and fundamental
substance. Bull. Hosp. Jt. Dis. (N.Y.) **12**, 469–490 (1951)

RUTISHAUSER, E., HUBER, L., KELLENBERGER, E., MAJNO, G., ROULLIER, CH.: Étude de la structure
de l' os au microscope électronique. Arch. sci., (Genève) **3**, 175–180 (1950)

RUTISHAUSER, E., ROUILLER, CH., VEYRAT, R.: La vascularisation de l' os: état actuel de nos
connaissances. Arch. Putti di ortop. **5**, 9–40 (1954)

RUTTER, W.J., KEMP, J.D., BRADSHAW, W.S., CLARK, W.R., RONZIO, R.A., SANDERS, T.G.: Regulation of specific protein synthesis in cytodifferentiation. J. Cell Physiol. **72**, Suppl. **1**, 1–18
(1968)

RYMAN, B.E., WHELAN, W.J.: New aspects of glycogen metabolism. Advanc. Enzymol. **34**, 285–443
(1971)

RUYTER, J.H.C.: Studies on an improved lead phosphate technique for the demonstration of non-
specific acid phosphatase in non deparaffinized organ and tissue sections. Histochemistry **3**,
521–537 (1964)

SAARNI, I.: Die intrauterine Entwicklung der Extremitätenknochen des Pferdes. Inaug. Diss. Giessen
1921

SACERDOTTI, C.: Über das Knorpelfett. Virch. Arch. **159**, 152–172 (1900)

SACERDOTTI, C., FRATTIN, G.: Sulla struttura degli osteoblasti. Anat. Anz. **22**, 21–25 (1902/03)

SAGEMEHL, M.: Untersuchungen über die Entwicklung der Spinalnerven. Dorpat 1882

SAJDERA, S.W.: Organization of protein polysaccharides and collagen in cartilage matrix. Doctoral
Thesis. New York: The Rockefeller University 1969

SAJDERA, S.W., HASCALL, V.C.: Proteinpolysaccharide complex from bovine nasal cartilage. A
comparison of low and high shear extraction procedures. J. biol. Chem. **244**, 77-87 (1969)

SAJDERA, S.W., HASCALL, V.C., GREGORY, J.D., DZIEWIATKOWSKI, D.D.: The proteoglycans of
bovine nasal cartilage: Structure of the aggregate. In: Chemistry and molecular biology of
the intercellular matrix (ed. by E.A. BALAZS) Vol. 2, p. 851–858. London and New York:
Academic Press 1970

SAJDERA, S.W., FRANKLIN, S., FORTUNA, R.: Matrix vesicles of bovine fetal cartilage: metabolic
potential and solubilization with detergents. Fed. Proc. **35**, 154–155 (1976)

SALAH ABU BAKR, E.D.: Ossification in the tendo Achilles of the rat: an autoradiographic study.
J. Anat. **102**, 146–147 (1967)

SALOMON, C.D., RAY, R.D.: The autoradiographic distribution and localization of $Ca^{45}$ in unde-
calcified fresh and devitalized rat bone autografts. J. Bone Jt. Surg. **48A**, 1575-1584
(1966)

SALPETER, M.M.: $H^3$-proline incorporation into cartilage: Electron microscope autoradiographic
observations. J. Morph. **124**, 387–422 (1968)

SALPETER, M.M., SINGER, M.: Differentiation of the submicroscopic adepidermal membrane during limb regeneration in adult *triturus*, including a note on the use of the term basement membrane. Anat. Rec. **136**, 27–39 (1960)

SALTER, R.B., HARRIS, W.R.: Injuries involving the epiphyseal plate. J. Bone Jt. Surg. **45A**, 587–622 (1963)

SALTON, M.R.J.: Chemistry and function of amino sugars and derivatives. Ann. Rev. Biochem. **34**, 143–175 (1965)

SANDBERG, L.B.: Elastin structure in health and disease. Int. Rev. Connect. Tiss. Res. **7**, 159–210 (1976)

SANDBERG, L.B., HACKETT, T.N. JR., CARNES, W.H.: The solubilization of an elastin-like protein from copper-deficient porcine aorta. Biochem. biophys. Acta (Amst.) **181**, 201–207 (1969)

SANDBORN, E., KOEN, P.F., MCNABB, J.D., MOORE, G.: Cytoplasmic microtubules in mammalian cells. J. Ultrastruct. Res. **11**, 123–138 (1964)

SANDISON, J.C.: A method for the microscopic study of the growth of transplanted bone in the transparent chamber of the rabbit's ear. Anat. Rec. **40**, 41–49 (1928)

SANDSON, J., HAMERMAN, D.: Isolation of hyaluronateprotein from human synovial fluid. J. Clin. Invest. **41**, 1817–1830 (1962)

SANTO, D.A. DE, COLONNA, P.C.: Embryology of the hip joint. Arch. Surg. **39**, 448–456 (1939)

SANTO, E.: Zur Entwicklungsgeschichte und Histologie der Zwischenscheiben in den kleinen Gelenken. Z. Anat. Entwickl.-Gesch. **104**, 623–634 (1935)

SARCIONE, E.J.: The initial subcellular site of incorporation of hexoses into liver protein. J. biol. Chem. **239**, 1686–1689 (1964)

SARCIONE, E.J., CARMODY, P.J.: Incorporation of D-galactose into liver microsomal protein in vitro. Biochem. Biophys. Res. Commun. **26**, 689–694 (1966)

SARCIONE, E.J., BOHNE, M., LEAHY, M.: The subcellular site of hexosamine incorporation into liver protein. Biochemistry **3**, 1973–1976 (1964)

SARNAT, B.G.: Palatal and facial growth in *Macaca rhesus* monkeys with surgically produced palatal clefts. Plast. reconstr. Surg. **22**, 29–41 (1958)

SARNAT, B.G.: Growth of bones as revealed by implant markers in animals. Amer. J. Phys. Anthrop. **29**, 255–285 (1968)

SAUNDERS, A.M.: Histochemical identification of acid mucopolysaccharides with acridine orange. J. Histochem. Cytochem. **12**, 164–170 (1964)

SAUNDERS, A.M., SILVERMANN, L.: Electron microscopy of chondromucoprotein and the products of its digestion with hyaluronidase and papain. Nature (Lond.) **214**, 194–195 (1967)

SAUNDERS, A.M., MATHEWS, M.B., DORFMAN, A.: Antigenicity of chondroitin sulfate. Fed. Proc. **21**, 26 (1962)

SAUNDERS, J.W., JR.: An experimental study of the distribution, orientation and tract specificity of feather germs in the wing of the chick embryo. Anat. Rec. **99**, 647 (1947)

SAUNDERS, J.W.: The proximo-distal sequence of origin of the parts of the chick wing and the role of the ectoderm. J. exp. Zool. **108**, 363–403 (1948)

SAUNDERS, J.W.: An analysis of the spatial distribution, tract specificity and orientation of feather germs in the humeral tract of the chick wing. Anat. Rec. **108**, 32–33 (1950)

SAUNDERS, J.W., GASSELING, M.T., CAIRNS, J.M.: Effect of implantation site on the development of an implant in the chick embryo. Nature (Lond.) **175**, 673–674 (1955)

SAUNDERS, J.W., CAIRNS, J.M., GASSELING, M.T.: The role of the apical ridge of ectoderm in the differentiation of the morphological structure and inductive specificity of limb parts in the chick. J. Morph. **101**, 57–87 (1957a)

SAUNMERS, J.W., SAUNDERS, L.C., GASSELING, M.T.: The morphogenetic role of cell death in the origin of the external contours of the limbs in the chick. Anat. Rec. **127**, 361–362 (1957b)

SAUNDERS, J.W., GASSELING, M.T., SAUNDERS, L.C.: Cellular death in morphogenesis of the avian wing. Develop. Biol. **5**, 147–178 (1962)

SAVOSTIN-ASLING, I., ASLING, C.W.: Resorption of calcified cartilage as seen in Meckel's cartilage of rats. Anat. Rec. **176**, 345–359 (1973)

SAXÉN, L., TOIVONEN, S.: Primary embryonic induction. London: Logos Press 1962

SAXL, H.: The physiological significance of the reaction between elastin and elastomucase in relation to the production of clearing factor. Gerontologia **1**, 142–163 (1957)

SCAPINELLI, R.: II sesamoide della nuca. Clin. ortop. **12**, 445–456 (1960)

SCAPINELLI, R.: Sesamoid bones in the Ligamentum nuchae of man. J. Anat. (Lond.) **97**, 417–422 (1963)

SCAPINELLI, R.: Studies on the vasculature of the human knee joint. Acta anat. (Basel) **70**, 305–331 (1968)

SCEKELY, K.: Causal histogenetic studies on human embryonic limbs. Erdélyi Muzeum Egyesület, Orv. Ert. **54**, 18–32 (1943)

SCHABADASCH, A.: Beiträge zur synthetischen Erforschung des Mikroaufbaues des Röhrenknochens. Morph. Jb. **76**, 203–258 (1935)

SCHACHOWA: Über intercellulares Knochenwachstum. Extrablatt für die med. Wiss. **11**, 900–902 (1873)

SCHÄFER, G.A.: Notes on the structure and development of osseous tissue. Quart. J. micr. Sci. **18**, 132–144 (1878)

SCHAFFER, J.: Die Verknöcherung des Unterkiefers und die Metaplasiefrage. Arch. mikr. Anat. **32**, 266–377 (1888a)

SCHAFFER, J.: Die Färberei zum Studieren der Knochenentwicklung. Z. Mikr. **5**, 1–19 (1888b)

SCHAFFER, J.: Über den feineren Bau fossiler Knochen. S.B. Akad.-Wiss. Wien, math.-natur. Abt. III **98**, 319–382 (1889)

SCHAFFER, J.: Die Methodik der histologischen Untersuchung des Knochengewebes. Z. Mikr. **10**, 167–211 (1893)

SCHAFFER, J.: Über die Fähigkeit des Periostes Knorpel zu bilden. Wilhelm Roux' Arch. Entwickl. Mech.-Org. **5**, 343–351 (1897)

SCHAFFER, J.: Über den feineren Bau und die Entwicklung des Knorpelgewebes und über verwandte Formen der Stützsubstanzen. 1. Teil. Z. Zool. **70**, 109–170 (1901)

SCHAFFER, J.: Knorpelkapseln und Chondrinballen. Anat. Anz. **23**, 524–541 (1903)

SCHAFFER, J.: Über den feineren Bau und die Entwicklung des Knorpelgewebes und über verwandte Formen der Stützsubstanz. 2. Teil. Z. Zool. **80**, 155–258 (1905)

SCHAFFER, J.: Zur Histologie, Histogenese und phylogenetischen Bedeutung der Epiglottis. Anat. Hefte **33**, 457–490 (1907)

SCHAFFER, J.: Trajektorielle Strukturen im Knorpel. Anat. Anz. **38**, 162–173 (1911)

SCHAFFER, J.: Ossifikationsfragen (Transplantationen und Unterkieferverknöcherung). Wien. klin. Wschr. **29**, 669–674 (1916)

SCHAFFER, J.: Lehrbuch der Histologie und Histogenese (II. Aufl. 1922) III. Aufl. Leipzig: Engelmann 1933

SCHAFFER, J.: Knochen und Zähne. In: Enzyklopädie der mikroskopischen Technik (hrsg. von R. KRAUSE). II. Band, S. 1148–1200. Berlin und Wien: Urban und Schwarzenberg 1926a

SCHAFFER, J.: Knorpelgewebe. In: Enzyklopädie der mikroskopischen Technik (hrsg. von R. KRAUSE), II. Band, S. 1200–1235. Berlin und Wien: Urban und Schwarzenberg 1926b

SCHAFFER, J.: Die Stützgewebe. In: Handbuch der mikroskopischen Anatomie des Menschen (hrsg. von W. VON MÖLLENDORFF) Bd. 2, Teil 2, 1–390. Berlin: Julius Springer 1930

SCHAJOWICZ, F., CABRINI, R.L.: Histochemical studies of bone in normal and pathological conditions with special reference to alkaline phosphatase, glycogen and mucopolysaccharides. J. Bone Jt. Surg. **36B**, 474–489 (1954)

SCHAJOWICZ, F., CABRINI, R.L.: The effect of acids (decalcifying solutions) and enzymes on the histochemical behavior of bone and cartilage. J. Histochem. Cytochem. **3**, 122–129 (1955)

SCHAJOWICZ, F., CABRINI, R.L.: Estudio histoquimico de la fosfatasa ácida en la osificatión endocondral. Rev. soc. argent. Biol. **33**, 257–261 (1957)

SCHAJOWICZ, F., CABRINI, R.L.: Histochemical studies on glycogen in normal ossification and calcification. J. Bone Jt. Surg. **40A**, 1081–1092 (1958a)

SCHAJOWICZ, F., CABRINI, R.L.: Histochemical localization of acid phosphatase in bone tissue. Science **127**, 1447–1448 (1958b)

SCHAJOWICZ, F., CABRINI, R.L.: Histochemical demonstration of acid phosphatase in hard tissues. Stain Technol. **34**, 59–64 (1959)

SCHAJOWICZ, F., CABRINI, R.L.: Histochemical distribution of succinic dehydrogenase in bone and cartilage. Science **131**, 1043–1044 (1960)

SCHAJOWICZ, F., CABRINI, R.L.: Demonstration of a phosphamidasic activity in bone tissue. Acta histochem. (Jena) **17**, 371–376 (1964)

SCHARF, J.H.: Nervensystem, sensible Ganglien. In: Handbuch der mikroskopischen Anatomie des Menschen (ed. by W. v. MÖLLENDORF und W. BARGMANN) IV/3, III Berlin-Göttingen-Heidelberg: Springer 1958

SCHARTUM, S., NICHOLS, G., JR.: Calcium metabolism of bone in vitro. Influence of bone cellular metabolism and parathyroid hormone. J. clin. Invest. **40**, 2083–2091 (1961)

SCHAUER, A.: Die Mastzelle. Stuttgart: Gustav Fischer Verlag 1964

SCHAUINSLAND, H.: Die Entwicklung der Wirbelsäule nebst Rippen und Brustbein. In: Handbuch der vergleichenden und experimentellen Entwicklungslehre der Wirbeltiere (hrsg. von HERTWIG) Vol. 3/2, S. 339–572 (1906)

SCHECK, M., PARKER, J., SAKOVICH, L.: The fine structure of proliferating cartilage cells: structural changes in an experimental model. J. Anat. **119**, 435–452 (1975)

SCHEINTHAL, B.M., SCHUBERT, M.: Fractionation of the degradation products of compounds of protein and polysaccharide from cartilage. J. biol. Chem. **238**, 1935–1940 (1963)

SCHEN, S., VILLANUEVA, A.R., FROST, H.M.: Number of osteoblasts per unit area of osteoid seam in cortical human bone. Canad. J. Physiol. Pharmacol. **43**, 319–325 (1965)

SCHENK, R., WILLENEGGER, H.: Zum histologischen Bild der sogenannten Primärheilung der Knochenkompakta nach experimentellen Osteotomien am Hund. Experientia (Basel) **19**, 593–599 (1963)

SCHENK, R., WILLENEGGER, H.: Zur Histologie der primären Knochenheilung. Langenbecks Arch. klin. Chir. **308**, 440–452 (1964)

SCHENK, R., WILLENEGGER, H.: Morphological findings in primary fracture healing. In: Callus formation: Symposium on the biology of fracture healing. (ed. by ST. KROMPECHER and E. KERNER) p. 75–86. Budapest: Akademiai Kiadó 1967

SCHENK, R.K., SPIRO, D., WIENER, J.: Cartilage resorption in the tibial epiphyseal plate of growing rats. J. Cell Biol. **34**, 275–291 (1967)

SCHENK, R.K., WIENER, J., SPIRO, D.: Fine structural aspects of vascular invasion of the epiphyseal plate of growing rats. Acta anat. (Basel) **69**, 1–17 (1968)

SCHERFT, J.P.: The ultrastructure of the organic matrix of calcified cartilage and bone in embryonic mouse radii. J. Ultrastruct. Res. **23**, 333–343 (1968a)

SCHERFT, J.P.: The resorption of the organic matrix of calcified cartilage as seen with the electron microscope. Calcif. Tiss. Res. **2** (Suppl.) 96–96b (1968b)

SCHERFT, J.P.: An electron microscopic investigation into the possible presence of periodic acid reactive polysaccharides in the matrix of calcified cartilage and bone. Proc. kon. ned. Akad. Welt **73**, 414–421 (1970)

SCHERFT, J.P.: The lamina limitans of the organic matrix of calcified cartilage and bone. J. Ultrastruct. Res. **38**, 318–331 (1972)

SCHERFT, J.P., DAEMS, W.: Single cilia in chondrocytes. J. Ultrastruct. Res. **19**, 546–555 (1967)

SCHIEBLER, T.H.: Metachromasie, Fixierung und Artefaktbildung. V. Symp. f. Histochemie, Acta histochem. (Jena) Suppl. 1 (1958)

SCHILLER, S.: Connective and supporting tissues: Mucopolysaccharides of connective tissues. Ann. Rev. Physiol. **28**, 137–158 (1966)

SCHILLER, S., BENDITT, E.P., DORFMAN, A.: Effect of testosterone and cortisone on the hexosamine content and metachromasia of chick combs. Endocrinology **50**, 504–510 (1952)

SCHILLER, S., MATHEWS, M.B., JEFFERSON, H., LUDOWIEG, J., DORFMAN, A.: The metabolism of mucopolysaccharides in animals. I. Isolation from skin. J. biol. Chem. **211**, 717–724 (1954)

SCHILLER, S., MATHEWS, M.B., CIFONELLI, J.A., DORFMAN, A.: Metabolism of mucopolysaccharides in animal. Further studies on skin utilizing, $C^{14}$ acetate and $S^{35}$, $C^{14}$ glucose sodium sulfate. J. biol. Chem. **218**, 139–145 (1956)

SCHINZ, H.R., ZANGERL, R.: Über die Osteogenese des Skelettes beim Haushuhn, bei der Haustaube und beim Haubensteißfuß. Morph. Jb. **80**, 620–628 (1937)

SCHLAGER, F.: Vorkommen und Lokalisation der $\beta$-D-Galactosidase in Knochen, Knorpel und in benachbarten Geweben der weißen Maus. Acta histochem. (Jena) **8**, 176–184 (1959)

SCHLAGER, F.: $\beta$-D-Glucosidaseaktivität in Knochen, Knorpel, Sehne und Skelettmuskulatur. Acta histochem. (Jena) **9**, 320–328 (1960)

SCHMALBECK, J., ROHR, H.-P.: Die Mukopolysaccharid-Synthese in ihrer Beziehung zur Eiweiß-Synthese in der Brunnerschen Drüse der Maus. (Elektronenmikroskopisch-Autoradiographische Untersuchung mit ³H-Glukose). Z. Zellforsch. **80**, 329–344 (1967)

SCHMALHAUSEN, I.: Über die Beeinflussung der Morphogenese der Extremitäten vom Axolotl durch verschiedene Faktoren Wilhelm Roux' Arch. Entwickl.-Mech. Org. **105**, 483–500 (1925)

816 Literatur

SCHMALHAUSEN, I.: Studien über Wachstum und Differenzierung. III. Die embryonale Wachstumskurve des Hühnchens. Wilhelm Roux' Arch. Entwickl. Mech. Org. **108**, 322–387 (1926)

SCHMALHAUSEN, I., STEPANOWA, J.: Studien über Wachstum und Differenzierung. Das embryonale
Wachstum des Extremitätenskeletes des Hühnchens. Wilhelm Roux' Arch. Entwickl. Mech.
Org. **108**, 721–738 (1926)

SCHMID, F.: Die Handskeletossifikation als Indikator der Entwicklung. Ergebn. inn. Med. Kinder-
heilk. **1**, 176–246 (1949)

SCHMID, F., HALDEN, L.: Die postfetale Differenzierung und Größenentwicklung der Extremitäten-
knochenkerne. Fortschr. Röntgenstr. **71**, 975–984 (1949)

SCHMID, K., MACNAIR, M.B.: Characterization of the proteins of certain postmortem human synovial fluids. J. clin. Invest. **37**, 708–718 (1958)

SCHMIDT, H.: Die funktionelle Struktur der Symphyse im Erwachsenenalter. Anat. Anz. **103**, 135–152
(1956)

SCHMIDT, H.: Histotopochemische Untersuchungen mit dem metachromatischen Farbstoff Kresylechtviolett. Acta histochem. (Jena) **21**, 355–361 (1965)

SCHMIDT, M.B.: Die Verkalkung. Krehl-Marchand, Handbuch der allgemeinen Pathologie 3, Abt.
2. Leipzig: S. Hirzel 1921

SCHMIDT, M.B.: Über die Rolle der Zellen bei der Bildung des Bindegewebsknochens. Virchows
Arch. path. Anat. **316**, 1–10 (1949)

SCHMIDT, W.: Morphologische Aspekte der Stoffaufnahme und intrazellulären Stoffverarbeitung.
Organisation der Zelle II: Sekretion und Exkretion. 2. wissenschaftl. Konf. S. 147–161, Berlin-
Heidelberg-New York: Springer 1965

SCHMIDT, W.J.: Der Feinbau der anorganischen Grundmasse des Knochengewebes. Ber. Oberhess.
Ges. Natur. Heilk. Naturwiss. Abt. **15**, 219–247 (1933)

SCHMIDT, W.J.: Über homogene und sphäritische Verkalkung bei den verschiedenen Arten des
Knochengewebes. Naturwissenschaften **34**, 273–277 (1947)

SCHMIDT, W.J.: Polarisationsoptische Analyse tierischer Zellen und Gewebe. Naturwissenschaften
**7**, 196–203 (1957)

SCHMIDT, W.J.: Grenzscheiden der Lakunen und Kittlinien des Knochengewebes. Polarisationsoptische Analyse kollagenfreier kongorot gefärbter Schliffe. Z. Zellforsch. **50**, 275–296 (1959)

SCHMIDT-EHRENBERG, E.C.: Die Embryogenese des Extremitätenskeletts der Säugetiere. Ein Beitrag
zur Frage der Entwicklung der Tetrapodengliedmassen. Rev. suisse Zool. **49**, 33–130
(1942)

SCHMIDT-MATHIESEN, H.: Ein Beitrag zur Bewertung histochemischer Nachweismethoden für saure
Mucopolysaccharide. Acta histochem. (Jena) **4**, 102–116 (1957)

SCHMIDT-MATHIESEN, H.: Fixierungsartefakte an Mucopolysacchariden und ihre Abhängigkeit vom
Polymerisationsgrad. Acta histochem. (Jena) Suppl. **1**, 244–247 (1958)

SCHMITT, F.O.: Symposium on biomolecular organization and life-processes, chairman's prefatory
remarks. Proc. nat. Acad. Sci. (Wash.) **42**, 789–791 (1956)

SCHMITT, F.O.: Interaction properties of elongate protein macromolecules with particular reference
to collagen (tropocollagen). Rev. mod. Phys. **31**, 349–358 (1959)

SCHMITT, F.O., HODGE, A.J.: The tropocollagen macromolecule and its properties of ordered interaction. J. Soc. Leath. Trade Chem. **44**, 217–247 (1960)

SCHMITT, F.O., HALL, C.E., JAKUS, M.A.: Electron microscope investigations of the structure
of collagen. J. Cell Physiol. **20**, 11–33 (1942)

SCHMITT, F.O., HALL, C.E., JAKUS, M.A.: Fine structure in the fiber axis. Macroperiod of collagen
fibrils. J. appl. physics. **16**, 263–264 (1945)

SCHMITT, F.O., GROSS, J., HIGHBERGER, J.H.: A new particle type in certain connective tissue
extracts. Proc. nat. Acad. Sci. **39**, 459–470 (1953)

SCHMITT, F.O., GROSS, J., HIGHBERGER, J.H.: States of aggregation of collagen. Symp. soc. exp.
Biol. **9**, 148–162 (1955)

SCHMITT, F.O., GROSS, J., HIGHBERGER, J.H.: States of aggregation of collagen in fibrous proteins
and their biological significance. Symp. Soc. Exp. Biol., New York: Academic Press 1958

SCHMITZ-MOORMANN, P.: Biochemische und histochemische Untersuchungen am retikulären Bindegewebe der Milz. Virchows Arch. path. Anat. **334**, 351–366 (1961)

SCHMORL, G.: Über bisher nur wenig beachtete Eigentümlichkeiten ausgewachsener und kindlicher
Wirbel. Arch. klin. Chir. **150**, 420–442 (1928a)

SCHMORL, G.: Zur Kenntnis der Wirbelkörperepiphyse und der an ihr vorkommenden Verletzungen. Langenbecks Arch. klin. Chir. **153**, 35–45 (1928b)

SCHNEIDER, F.: Über die chemische Zusammensetzung des Kollagens. Collegium 1–17 (1940)

SCHNEIDER, G., SCHNEIDER, G.: Qualitative und quantitative Untersuchungen über Stoffverluste bei Formol- und Carnoy-Fixierung von menschlichem Hirngewebe. Acta histochem. (Jena) **28**, 227–242 (1967)

SCHNEIDER, H.: Die Struktur der Sehnenansatzzone und Abnutzungserkrankungen in ihrem Bereich. Münch. med. Wschr. **97**, 1479–1480 (1955)

SCHNEIDER, H.: Zur Struktur der Sehnenansatzzonen. Z. Anat. Entwickl.-Gesch. **119**, 431–456 (1956)

SCHNEIDER, W.C., KUFF, E.L.: On isolation and some biochemical properties of Golgi substance. Amer. J. Anat. **94**, 209–224 (1954)

SCHOENBERG, M.D., MOORE, R.D.: Studies on connective tissue. II. Histochemical differences in the connective tissue polysaccharides of the mature and immature human umbilical cord. Arch. Path. **64**, 167–170 (1957)

SCHOENBERG, M.D., MOORE, R.D.: Studies on connective tissue. III. Enzymatic studies on the formation and nature of the carbohydrate intermediate of the connective tissue polysaccharides in the human umbilical cord. Arch. Path. **65**, 115–124 (1958)

SCHOENBERG, M.D., HINMAN, A., MOORE, R.D.: Studies on connective tissue. V. Fiber formation in Wharton's jelly. Lab. Invest. **9**, 350–355 (1960)

SCHÖNEY, L.: Über den Ossifikationsprozeß bei Vögeln und die Neubildung von roten Blutkörperchen an der Ossifikationsgrenze. Arch. mikr. Anat. **12**, 243–253 (1876)

SCHOTT, H.J.: Vorkommen und Verteilung gebundener Lipide in der Grundsubstanz des hyalinen Knorpels. Verh. Anat. Ges. **57**, 363–371 (1963)

SCHOWING, J.: Mise en évidence du rôle inducteur de l'encéphale dans l'ostéogenèse du cranié embryonnaire du poulet. J. Embryol. exp. Morph. **19**, 83–94 (1968)

SCHRODT, M.J., EISENSTEIN, R., RAY, R.D., KUETTNER, K.E.: Lysozyme in embryonic cartilage: Ontogenic studies. Surg. Forum **19**, 461–462 (1968)

SCHUBERT, M.: Über die Anhaftung der Muskeln am Skelett der Brust- und Bauchflossen bei Selachiern. Anat. Anz. **73**, 113–133 (1931)

SCHUBERT, M.: Intercellular macromolecules containing polysaccharides. In: Connective Tissue: Intercellular macromolecules. (Proc. Symp. 1962) Biophys. J. **4** (Suppl.) 119–138 (1964)

SCHUBERT, M.: Structure and chemistry of ground substance. Proteinpolysaccharides, entanglement and excluded volume. In: Structure and function of connective and skeletal tissue (ed. by S. FITTON-JACKSON, S.M. PARTRIDGE, R.D. HARKNESS, and R.G. TRISTRAM) p. 124–131, London: Butterworths 1965

SCHUBERT, M.: Structure of connective tissues, a chemical point of view. Fed. Proc. **25**, 1047–1052 (1966)

SCHUBERT, M.: Collagen and its properties. In: The biological basis of medicine (ed. by E.E. BITTAR) Vol. 3, p. 211–247. London and New York: Academic Press 1969

SCHUBERT, M., FRANKLIN, E.C.: Interaction in solution of lysozyme with chondroitin sulfate and its parent protein-polysaccharide. J. Amer. Chem. Soc. **83**, 2920–2925 (1961)

SCHUBERT, M., HAMERMAN, D.: Metachromasia; chemical theory and histochemical use. J. Histochem. Cytochem. **4**, 159–189 (1956)

SCHUBERT, M., HAMERMAN, D.: Amino sugar containing compounds in cartilage, tendon, and intervertebral disc. In: The Amino Sugars (ed. by R.W. JEANLOZ and E.A. BALAZS) Vol. IIA, p. 257–279. New York and London: Academic Press 1965

SCHUBERT, M., HAMERMAN, D.: A primer on connective tissue biochemistry. Lea and Febiger, Philadelphia 1968

SCHÜMMELFEDER, W., SCHÜMMELFEDER, N.: Wasserhaushalt der Zwischenwirbelscheiben. Chirurg **20**, 395–397 (1949)

SCHÜTTE, E.: Mineralstoffwechsel. In: Physiologische Chemie (hrsg. von B. FLASCHENTRÄGER und E. LEHNARTZ) 2. Band/1. Teil, S. 608–654. Berlin-Göttingen-Heidelberg: Springer Verlag 1954

SCHÜTTE, E.: Stoffwechsel des Knochengewebes. In: Chemie und Stoffwechsel von Binde- und Knochengewebe. S. 11–102. Berlin-Göttingen-Heidelberg: Springer 1956

SCHULIN, K.: Über das Wachstum der Röhrenknochen. Marburger Sitzungsber. 1875 und Centralblatt **12**, 214. Abstr. (1876)

SCHULIN, K.: Über die Entwicklung und weitere Ausbildung der Gelenke des menschlichen Körpers. Arch. anat. physiol. Anat. Abt. 240–274 (1879)

SCHULTZ, A.: Eine Methode des mikrochemischen Cholesterinnachweises am Gewebeschnitt. Zbl. allg. Path. path. Anat. **35**, 314 (1925)

SCHULTZE, B., OEHLERT, W.: Autoradiographic investigation of incorporation of $^3$H-thymidine into cells of the rat and mouse. Science **131**, 737–738 (1960)

SCHULTZE, O.: Die vitale Methylenblaureaktion der Zellgranula. Anat. Anz. **2**, No. 22, 684–688 (1887)

SCHULTZE, O.: Über embryonale und bleibende Segmentierung. Verh. anat. Ges. 10. Vers. Berlin, Erg.-H. Anat. Anz. **12**, 87–92 (1896)

SCHULTZ-HAUDT, ST.D.: Histochemistry of connective tissue ground substances. Progr. Histochem. Cytochem. **5**, 1–47 (1973)

SCHULZ, K.: Das elastische Gewebe in Periost und Knochen. Anat. Hefte, Abt. 1, Bd. 6 (1895)

SCHUMACHER, G.-H., WOLFF, E.: Zur vergleichenden Osteogenese von *Gallus domesticus* L., *Larus ridibundus* L. und *Larus canus* L. I. Zeitliches Erscheinen der Ossifikationen bei *Gallus domesticus* L. Gegenbaurs morph. Jb. **110**, 359–373 (1967a)

SCHUMACHER, G.-H., WOLFF, E.: Zur vergleichenden Osteogenese von *Gallus domesticus* L., *Larus ridibundus* L. und *Larus canus* L. II. Zeitliches Erscheinen der Ossifikation bei *Larus ridibundus* L. und *Larus canus* L. Gegenbaurs morph. Jb. **110**, 620–635 (1967b)

SCHUMACHER, S.: Zur Anordnung der Gefäßkanäle in der Diaphyse langer Röhrenknochen des Menschen. Z. mikr. anat. Forsch. **38**, 145–160 (1935)

SCHUSCIK, O.: Zur Verknöcherung der menschlichen Phalangen mit besonderer Berücksichtigung der Endphalanx. Anat. Anz. **51**, 118–129 (1918)

SCHUSTER, H.: Zur Entwicklungsgeschichte des Hüft- und Kniegelenkes. Mitth. a.d. embryol. Inst. d.k.k. Univ. in Wien. 199–211 (1878)

SCHWALBE, G.: Über das postembryonale Knochenwachstum. S.B. Jena. Ges. Med. Naturwiss. p. XI–XVI (1877)

SCHWARTZ, E.R., KIRKPATRICK, P.R., THOMPSON, R.C.: The effect of environmental pH on glycosaminoglycan metabolism by normal human chondrocytes. J. Lab. clin. Med. **87**, 198–205 (1976)

SCHWARZ, W.: Heutige Vorstellungen über die ultramikroskopische Struktur des Bindegewebes. In: Struktur und Stoffwechsel des Bindegewebes. II. Symposium (Hrsg. von W.H. HAUSS und LOSSE H.) p. 106–130, Stuttgart: Georg Thieme Verlag 1960

SCHWARZ, W.: Elektronenmikroskopische Untersuchungen an den Chordazellen von *Petromyzon*. Z. Zellforsch. **55**, 587–609 (1961)

SCHWARZ, W., DETTMER, N.: Elektronenmikroskopische Untersuchung des elastischen Gewebes in der Media der menschlichen Aorta. Arch. path. anat. Physiol. **323**, 243–268 (1953)

SCHWARZ, W., MERKER, H.J.: Elektronenmikroskopische Untersuchungen über die Innenversilberung der Sehnenfibrillen. Histochemie **1**, 225–240 (1959)

SCHWARZ, W.: PAHLKE, G.: Elektronenmikroskopische Untersuchungen an der Interzellularsubstanz des menschlichen Knochengewebes. Z. Zellforsch. **38**, 475–487 (1953)

SCHWEICHEL, J.U.: Das elektronenmikroskopische Bild des Abbaues der epithelialen Scheitelleiste während der Extremitätenentwicklung bei Rattenfeten. Z. Anat. Entwickl.-Gesch. **136**, 192–203 (1972)

SCHWIND, J.L.: Heteroplastic experiments on the limb and shoulder girdle of *Amblystoma*. J. exp. Zool. **59**, 265–295 (1931)

SCOTT, B.L.: Thymidine-$^3$H electron microscope radioautography of osteogenic cells in the fetal rat. J. Cell Biol. **35**, 115–126 (1967a)

SCOTT, B.L.: The occurence of specific cytoplasmic granules in the osteoclast. J. Ultrastruct. Res. **19**, 417–431 (1967b)

SCOTT, B.L., PEASE, D.: Electron microscopy of the epiphyseal apparatus. Anat. Rec. **126**, 465–495 (1956)

SCOTT, J.E.: Periodate oxidation p$K_a$ and conformation of hexuronic acids in polyuronides and mucopolysaccharides. Biochim. biophys. Acta (Amst.) **170**, 471–473 (1968a)

SCOTT, J.E.: Patterns of specificity in the interaction of organic cations with acid mucopolysaccharides. In: The chemical physiology of mucopolysaccharides (ed. by G. QUINTARELLI) p. 219–231. Boston: Little, Brown and Co. 1968b

Scott, J.E.: Federation of European connective tissue clubs. Guest Editorial. Connective tissue research and organisation. Calcif. Tiss. Res. **3**, 198–210 (1969)

Scott, J.E.: Critical electrolyte concentration (CEC) in interactions between acid glycosaminoglycans and organic cations and polycations. In: Chemistry and molecular biology of the intercellular matrix (ed. by E.A. Balazs) Vol. 2, p. 1105–1119. London and New York: Academic Press 1970a

Scott, J.E.: Histochemistry of Alcian-blue. I. Metachromasia of Alcian blue, Astrablau and other cationic phthalocyanin dyes. Histochemie **21**, 277–285 (1970b)

Scott, J.E., Dorling, J.: Differential staining of acid glycosaminoglycans (Mucopolysaccharides) by alcian blue in salt solutions. Histochemie **5**, 221–233 (1965)

Scott, J.E., Dorling, J.: Periodate oxidation of acid polysaccharides. III. A PAS method for chondroitin sulphates and other glycosamino-glycuronans. Histochemie **19**, 295–301 (1969)

Scott, J.E., Harbinson, R.J.: Periodate oxidation of acid polysaccharides inhibition by the electrostatic field of the substrate. Histochemie **14**, 215–220 (1968)

Scott, J.E., Harbinson, R.J.: Periodate oxidation of acid polysaccharides. II. Rates of oxidation of uronic acids in polyuronides and acid mucopolysaccharides. Histochemie **19**, 155–161 (1969)

Scott, J.E., Quintarelli, G., Dellovo, C.: The mechanism of alcian blue staining. Histochemie **4**, 73–85 (1964a)

Scott, J.E., Quintarelli, G., Dellovo, C.: Dye binding of tissue polyanions. Histochemie **4**, 86–98 (1964b)

Scott, J.H.: Development of joints concerned with early jaw movement in the sheep. J. Anat. (Lond.), **85**, 36–43 (1951)

Scott, J.H.: The growth of the human face. Proc. Roy. Soc. B **37**, 91–100 (1954)

Scott, J.P.: The embryology of the guinea pig. Amer. J. Anat. **60**, 397–432 (1937)

Scott, R.B., Bell, E.: Protein synthesis during development: Control through messenger RNA. In: Molecular and cellular aspects of development (ed. by E. Bell) p. 343–348. New York-Evanston-London: Harper and Row 1965

Scrutton, M.C., Utter, M.F.: The regulation of glycolysis and gluconeogenesis in animal tissues. Ann. Rev. Biochem. **37**, 249–303 (1968)

Searls, R.L.: Isolation of mucopolysaccharide from the precartilaginous embryonic chick limb bud. Proc. Soc. exp. Med. Biol. (N.Y.) **118**, 1172–1176 (1965a)

Searls, R.L.: An autoradiographic study of the uptake of $S^{35}$-sulfate during the differentiation of limb bud cartilage. Develop. Biol. **11**, 155–168 (1965b)

Searls, R.L.: The role of cell migration in the development of the embryonic chick limb bud. J. exp. Zool. **166**, 39–45 (1967)

Searls, R.L.: Development of the embryonic chick limb bud in avascular culture. Develop. Biol. **17**, 382–399 (1968)

Searls, R.L.: Cellular segregation: A late differentiative characteristic of chick limb bud cartilage cells. Exp. Cell. Res. **73**, 57–64 (1972)

Searls, R.L.: Newer knowledge of chondrogenesis. Clin. Orthop. **96**, 327–344 (1973)

Searls, R.L., Janners, M.Y.: The initiation of limb bud outgrowth in the embryonic chick. Develop. Biol. **24**, 198–213 (1971)

Searls, R.L., Hilfer, S.R., Mirow, S.M.: An ultrastructural study of early chondrogenesis in the chick wing bud. Develop. Biol. **28**, 123–137 (1972)

Serbruyns, M.: De histotopochemie van het glycogeen en de alcalische phosphatase in het embryonnaire en jonge kraakbeen. Natuuw. Tijdschr. (Ghent) **32**, 110–114 (1950)

Sedlin, E.D.: Uses of bone as a model system in the study of aging. In: Bone Biodynamics (ed. by H. Frost) p. 655–666. Boston: Little, Brown & Co. 1964

Sedlin, E.D., Frost, H.M.: The half-life of the osteon: a method of determination. J. Surg. Res. **3**, 82–84 (1963)

Seichert, V.: Differential growth pattern in the chick embryo wing-bud between the 3.5th and 7th day of incubation. Folia morph. (Warszawa) **14**, 325–333 (1966)

Seidel, F.: Entwicklungsphysiologie der Tiere. 1. Band: Ei und Furchung. 2. Band: Körpergrundgestaltung und Organbildung. Berlin: W. de Gruyter u. Co. Sammlung Göschen Bd. 1162 u. 1163, 1953

Seidel, F.: Die Entwicklungsfähigkeiten isolierter Furchungszellen aus dem Ei des Kaninchens *Orytolagus cuniculus*. Wilhelm Roux' Arch. Entwickl.-Mech. Org. **152**, 43–130 (1960)

820                                    Literatur

SEIFERT, C., GIES, W.J.: On the distribution of osseomucoid. Amer. J. Physiol. **10**, 146–148 (1904)
SEKI, M.: Zur physikalischen Chemie der histologischen Färbung. XI. Anwendung der Molybdän-
und Wolframverbindungen. Z. Zellforsch. **24**, 186–203 (1935)
SELMAN, A.J., SARNAT, B.G.: Sutural bone growth of the rabbit snout. A gross and serial roentgenographic study by means of metallic implants. Amer. J. Anat. **97**, 395–408 (1955)
SELMAN, A.J., SARNAT, B.G.: Growth of the rabbit snout after extirpation of the frontonasal
suture: a gross and serial roentgenographic study by means of metallic implants. Amer. J.
Anat. **101**, 273–294 (1957)
SELLMAN, S.: Some experiments on the determination of the larval teeth in *ambystoma mexicanum*.
(ed. by O. OSVALD) Odontologisk Tidskrift **54**, No. 1, 1–128. Göteborg: Elanders Boktryk-
keri Aktiebolag (1946)
SELYE, H.: Mechanism of parathyroid hormone action. Arch. Path. **34**, 625–632 (1942)
SEMBA, T., TOLNAI, S., BÉLANGER, L.F.: Observations on the fine structure of chick embryo osteocy-
tes; effect of parathyroid extract. In: Int. Congr. Electron Micr. Nibonbashi, Tokio: Maruzen
Comp. 1966
SENDROY, J., JR.: Mineral metabolism. Ann. Rev. Biochem. **14**, 407–430 (1945)
SENO, N., MEYER, K., ANDERSON, B., HOFFMAN, P.: Variations in keratosulfates. J. biol. Chem.
**240**, 1005–1010 (1965)
SENO, T.: An experimental study on the formation of the body wall in the chick. Acta anat.
(Basel) **45**, 60–82 (1961)
SENO, T., BÜYÜKÖZER, J.: Cartilage formation in somite grafts of chick blastoderm. Proc. nat.
Acad. Sci (Wash.) **44**, 1274–1285 (1958)
SENO, T., NIEUWKOOP, P.D.: The autonomous and dependent differentiations of the neural crest
in amphibians. Proc. kon. ned. Akad. Wet. Ser. **C 61**, 489–498 (1958)
SENSENIG, E.C.: The origin of the vertebral column in the deermouse *Peromyscus maniculatus
rufinus*. Anat. Rec. **86**, 112–146 (1943)
SENSENIG, E.C.: Note on the formation of cartilage. Anat. Rec. **100**, 615–619 (1948)
SENSENIG, E.C.: The early development of the human vertebral column. Contr. Embryol. Carneg.
Instn. **33**, 23–42 (1949)
SEO, S.: Change in the reaction of tissue to periodic acid Schiff's stain during the development
of the white rat. Kyushu Mem. med. Sci. **5**, 169–183 (1955)
SERAFINI-FRACASSINI, A., SMITH, J.W.: Observations on the morphology of the proteinpolysaccharide
complex of bovine nasal cartilage and its relationship to collagen. Proc. Roy. Soc. B **165**,
440–449 (1966)
SERAFINI-FRACASSINI, A., WELLS, P.J., SMITH, J.W.: Studies on the interactions between glycosaminoglycans and fibrillar collagen. In: Chemistry and molecular biology of the intercellular matrix
(ed. by E.A. BALAZS), Vol. 2, p. 1201–1215. London and New York: Academic Press
1970
SERGI, S., ASCENZI, A., BONUCCI, E.: Torus palatinus in the Neandertal Circeo I. Skull. A histologic,
microradiographic and electron microscopic investigation. Amer. J. phys. Anthrop. **36**, 189–198
(1972)
SEVASTIKOGLOU, J.: The early stages of osteogenesis in tissue culture. A morphologic and biochemical
study. Acta orthop. Scand. Suppl. **33**, 5–94 (1958)
SEVERSON, A.R., TONNA, E.A., PAVELEC, M.: Histochemical demonstration of adenosine triphospha-
tase in osteoclasts. J. Histochem. Cytochem. **15**, 550–552 (1967)
SERVOSS, J.M.: An in vivo and in vitro autoradiographic investigation of growth in synchondrosal
cartilage. Amer. J. Anat. **136**, 479–485 (1973)
SEYER, J.M., BRICKLEY, D.M., GLIMCHER, M.J.: The isolation of two types of collagen from embryo-
nic bovine epiphyseal cartilage. Calcif. Tiss. Res. **17**, 25–41 (1974a)
SEYER, J.M., BRICKLEY, D.M., GLIMCHER, M.J.: The identification of two types of collagen in
the articular cartilage of postnatal chickens. Calcif. Tiss. Res. **17**, 43–55 (1974b)
SHACKLEFORD, J.M.: Ultrastructural and microradiographic characteristics of Sharpey's fibers in
dog alveolar bone. Ala. J. med. Sci. **10**, 11–20 (1973)
SHAPIRO, I.M.: The neutral lipids of bovine bone. Arch. oral Biol. **16**, 411–421 (1971)
SHAPOVALOV, Y.N.: Acid mucopolysaccharides at early stages of connective tissues differentiation
in human embryo. Arkh. Anat. Gistol. Embriol. **47**, 45–49 (1964)
SHARON, N.: Polysaccharides. Ann. Rev. Biochem. **35**, 485–520 (1966)

SHARPEY, W.: In Quains Anatomy, 6. Aufl. (ed. by QUAIN, R., SHARPEY, W.) 1856, 8. Aufl. 1876, London: Walton and Marberly

SHATTON, J., SCHUBERT, M.: Isolation of mucoprotein from cartilage. J. biol. Chem. **211**, 565–573 (1954)

SHAW, J.L., BASSETT, C.A.L.: An improved method for evaluating osteogenesis in vitro. Anat. Rec. **149**, 57–66 (1964)

SHAW, J.L., BASSETT, C.A.L.: The effects of varying oxygen concentrations on osteogeneses and embryonic cartilage in vitro. J. Bone Jt. Surg. **49 A**, 73–80 (1967)

SHEEHAN, J.F.: A cytological study of the cartilage cells of developing long bones of the rat, with special reference to the Golgi-apparatus, mitochondria, neutral-red bodies and lipid inclusions. J. Morph. **82**, 151–199 (1948)

SHELDON, H.: Observations on the production of matrix by bone and cartilage cells. Proc. Eur. Reg. Conf. Electron Microsc. Delft **2**, 786–790 (1960)

SHELDON, H.: Studies on cartilage. IV. On the fine structure of the elastic fiber in elastic cartilage. Z. Zellforsch. **62**, 526–530 (1964a)

SHELDON, H.: Cartilage. In: Electron Microscopic Anatomy (ed. by S.M. KURTZ), p. 295–313. New York: Academic Press 1964b

SHELDON, H., KIMBALL, F.B.: Studies on cartilage. III. The occurence of collagen within vacuoles of the Golgi-apparatus. J. Cell Biol. **12**, 599–613 (1962)

SHELDON, H., ROBINSON, R.A.: Electron microscope studies of crystalcollagen relationship in bone. IV. The occurrence of crystals within collagen fibrils. J. biophys. biochem. Cytol. **3**, 1011–1015 (1957)

SHELDON, H., ROBINSON, R.A.: Studies on cartilage: Electron microscope observations on normal rabbit ear cartilage. J. biophys. biochem. Cytol. **4**, 401–406 (1958)

SHELDON, H., ROBINSON, R.A.: Studies on cartilage. II. Electron microscope observations on rabbit ear cartilage following the administration of papain. J. biophys. biochem. Cytol. **8**, 151–163 (1960)

SHELDON, H., ROBINSON, R.A.: Studies on rickets. I. The fine structure of uncalcified bone matrix in experimental rickets. Z. Zellforsch. **53**, 671–684 (1961)

SHELLING, D.H.: The parathyroids in health and in disease. St. Louis: Mosby 1935

SHEN, G.: Experimente zur Analyse der Regulationsfähigkeit der frühen Gastrula von *Triton*. Wilhelm Roux' Arch. Entwickl.-Mech. Org. **137**, 271–316 (1937)

SHEPARD, N., MITCHELL, N.: The localization of proteoglycan by light and electron microscopy using safranin O. A study of epiphyseal cartilage. J. Ultrastruct. Res. **54**, 451–460 (1976a)

SHEPARD, N., MITCHELL, N.: Simultaneous localization of proteoglycan by light and electron microscopy using toluidine blue O. A study of epiphyseal cartilage. J. Histochem. Cytochem. **24**, 621–629 (1976b)

SHEPARD, N., MITCHELL, N.: The localization of articular cartilage proteoglycan by electron microscopy. Anat. Rec. **187**, 463–476 (1977)

SHERMAN, M.S.: The nerves of bone. J. Bone Jt. Surg. **45A**, 522–528 (1963)

SHERMAN, M.S., SELAKOVICH, W.G.: Bone changes in chronic circulatory insufficiency. J. Bone Jt. Surg. **39A**, 892–901 (1957)

SHERRINGTON, C.S.: Remarks on some aspects of reflex inhibition. Proc. roy. Soc. **B97**, 519–545 (1925)

SHETLAR, M.R., MASTERS, Y.F.: Effect of age on polysaccharide composition of cartilage. Proc. Soc. Exp. biol. (N.Y.) **90**, 31–33 (1955)

SHIM, S.S.: Physiology of blood. Circulation of bone. J. Bone Jt. Surg. **50**, 812–824 (1968)

SHIM, S.S., PATTERSON, F.P., COPP, D.H.: Blood flow through different regions of long bone measured by a bone-seeking radioisotopic method. Surg. Gynec. Obstet. **132**, 58–60 (1971)

SHIMIZU, N., KUMAMOTO, T.: A lead tetraacetate-Schiff method for polysaccharides in tissue sections. Stain Technol. **27**, 97–106 (1952)

SHIMOMURA, J., WEZEMAN, F.H., RAY, R.D.: The growth cartilage plate of the rat rib: cellular differentiation. Clin. Orthop. **90**, 246–254 (1973)

SHIMOMURA, J., YONEDA, T., SUZUKI, F.: Osteogenesis by chondrocytes from growth cartilage of rat rib. Calcif. Tiss. Res. **19**, 179–187 (1975)

SHINGER, H.O., MARINELLI, L.: Distribution of the radioactive sulfur in the rat. Science **101**, 414–415 (1945)

SHIPLEY, P.G., MACKLIN, C.C.: Some features of osteogenesis in the light of vital staining. Amer. J. Physiol. **42**, 117–123 (1916)

SHIPP, D.W., BOWNESS, J.M.: Insoluble non-collagenous cartilage glycoproteins with aggregating subunits. Biochim. biophys. Acta (Amst.) **379**, 282–294 (1975)

SHUFELDT, R.W.: Osteological note upon the young of *Geococcyx californicus*. J. Anat. (Lond.) **21**, 101–102 (1886)

SHULMAN, H.J., MEYER, K.: Cellular differentiation and the aging process in cartilaginous tissues. Mucopolysaccharide synthesis in cell cultures of chondrocytes. J. exp. Med. **128**, 1353–1362 (1968)

SHULMAN, H.J., MEYER, K.: Protein-polysaccharide of chicken cartilage and chondrocyte cell cultures. Biochem. J. **120**, 689–697 (1970a)

SHULMAN, H.J., MEYER, K.: Chemical expression of differentiated function in cultured chondrocytes. In: Chemistry and molecular biology of the intercellular matrix (ed. by E.A. BALAZS) Vol. 3, p. 1457–1470. New York and London: Academic Press 1970b

SICKLE, D.C. VAN: The relationship of ossification to canine elbow displasia. Anim. Hosp. **2**, 24–31 (1966)

SIEBERT, G.: Biochemie der Zellstrukturen. In: Handbuch der Allgemeinen Pathologie, 2. Bd., Die Zelle. p. 1–237. Berlin-Heidelberg-New York: Springer 1968

SIEKEVITZ, P.: The cytological basis of protein synthesis. Exp. Cell Res. **7**, 90–110 (1959)

SIEKEVITZ, P.: The relation of cell structure to metabolic activity. In: The molecular control of cellular activity (ed. by J.M. ALLEN) p. 143–166. New York-Toronto-London 1962

SIEWING, R.: Lehrbuch der vergleichenden Entwicklungsgeschichte der Tiere. Hamburg-Berlin: Paul Parey 1969

SIFFERT, R.S.: The role of alkaline phosphatase in osteogenesis. J. exp. Med. **93**, 415–426 (1951)

SIFFERT, R.S.: The growth plate and its affections. J. Bone Jt. Surg. **48A**, 546–563 (1966)

SILBERBERG, M., SILBERBERG, R.: The difference in the response of skeletal tissues to estrogen in mice of various ages. Anat. Rec. **80**, 347–371 (1941a)

SILBERBERG, M., SILBERBERG, R.: Further investigations concerning the influence of estrogen on skeletal tissues. Amer. J. Anat., **69**, 295–331 (1941b)

SILBERBERG, M., SILBERBERG, R.: Age changes of bones and joints in various strains of mice. Amer. J. Anat. **68**, 69–95 (1941c)

SILBERBERG, H., SILBERBERG, R.: Steroid hormones and bone. In: The biochemistry and physiology of bone (ed. by G.H. BOURNE), p. 623–670. New York: Academic Press 1956

SILBERBERG, M., SILBERBERG, R.: Aging changes in cartilage and bone. In: Structural aspects of ageing (ed. by G.H. BOURNE) p. 85–110. London: Pitman 1961

SILBERBERG, M., SILBERBERG, R.: Steroid hormones and bones. In: The biochemistry and physiology of bone (ed. by G.H. BOURNE) Vol. III, p. 401–479. New York and London: Academic Press 1971

SILBERBERG, M., SILBERBERG, R., HASLER, M.: Early effects of somatotropin on the fine structure of articular cartilage. Anat. Rec. **151**, 297–314 (1965a)

SILBERBERG, R.: Ultrastructure of articular cartilage in health and disease. Clin. Orthop. **57**, 233–257 (1968)

SILBERBERG, R., LESKER, P.: Enzyme activity in aging articular cartilage. Experientia (Basel) **27**, 133–135 (1971)

SILBERBERG, R., SILBERBERG, M.: Skeletal effects of radio-iodine induced thyroid deficiency in mice as influenced by sex, age and strain. Amer. J. Anat. **95**, 263–289 (1954)

SILBERBERG, R., SILBERBERG, M., VOGEL, A., WETTSTEIN, W.: Ultrastructure of articular cartilage of mice of various ages. Amer. J. Anat. **109**, 251–275 (1961)

SILBERBERG, R., SILBERBERG, M., FEIR, D.: Life cycle of articular cartilage cells: An electron microscope study of the hip joint of the mouse. Amer. J. Anat. **114**, 17–47 (1964)

SILBERBERG, R., HASLER, M., SILBERBERG, M.: Submicroscopic response of articular cartilage of mice treated with estrogenic hormone. Amer. J. Path. **46**, 289–305 (1965b)

SILBERBERG, R., STAMP, W.G., LESKER, P.A., HASLER, M.: Aging changes in ultrastructure and enzymatic activity of articular cartilage of guinea pigs. J. Geront. **25**, 184–198 (1970)

SILBERMANN, M., FROMMER, J.: Further evidence for the vitality of chondrocytes in the mandibular condyle as revealed by $^{35}$S-sulfate autoradiography. Anat. Rec. **174**, 503–511 (1972a)

SILBERMANN, M., FROMMER, J.: Vitality of chondrocytes in the mandibular condyle as revealed by collagen formation. An autoradiographic study with ³H-proline. Amer. J. Anat. **135**, 359–369 (1972b)

SILBERMANN, M., FROMMER, J.: Ultrastructure of developing cartilage in the mandibular condyle of the mouse. Acta anat. **90**, 330–346 (1974a)

SILBERMANN, M., FROMMER, J.: Hydrolytic enzyme activity during endochondral ossification of secondary cartilage. Amer. J. Anat. **140**, 369–381 (1974b)

SILBERMANN, M., FROMMER, J.: Initial locus of calcification in chondrocytes. Clin. Orthop. **98**, 288–293 (1974c)

SILBERMANN, M., KADAR, T.: Age-related changes in the cellular population of the growth plate of normal mouse. Acta anat. (Basel) **97**, 459–468 (1977a)

SILBERMANN, M. KADAR, T.: Observations on the growth of the normal male mouse. Acta anat. (Basel) **98**, 253–263 (1977b)

SILBERT, J.E.: Incorporation of ¹⁴C and ³H from labeled nucleotide sugars into a polysaccharide in the presence of a cell-free preparation from cartilage. J. biol. Chem. **239**, 1310–1315 (1964)

SILBERT, J.E.: Biosynthesis of heparin. N-deacetylation of a precursor glycosaminoglycan. J. biol. Chem. **242**, 5153–5157 (1967)

SILBERT, J.E., DELUCA, S.: Formation of chondroitin sulfate by a microsomal preparation from chick embryo epiphyseal cartilage. Biochem. biophys. Res. Commun. **31**, 990–995 (1968)

SILBERT, J.E., DELUCA, S.: Biosynthesis of chondroitin sulfate. III. Formation of a sulfated glycosaminoglycan with a microsomal preparation from chick embryo cartilage. J. biol. Chem. **244**, 876–881 (1969)

SILBERT, J.E., DELUCA, S., SPENCER, A.F.: Biosynthesis of chondroitin sulfate: involvement of an enzyme complex in formation of chondroitin-6-sulfate. In: Chemistry and molecular biology of the intercellular matrix (ed. by E.A. BALAZS) Vol. 2, p. 929–934. London and New York: Academic Press 1970

SIMKISS, K.: Phosphates as crystal poisons of calcification. Biol. Rev. **39**, 487–505 (1964)

SIMON, S.: Beiträge zur Entwicklung des Schultergelenkes beim Menschen. S. B. Akad. Wiss. math.-nat. Kl. (Abt. III) **130/131**, 61–95 (1923)

SIMMONS, D.J.: Cellular changes in the bones of mice as studied with tritiated thymidine and the effects of estrogen. Clin. Orthop. **26**, 176–189 (1963)

SIMMONS, D.J.: Circadian mitotic rhythm in epiphyseal cartilage. Nature **202**, 906–907 (1964)

SIMMONS, D.J.: Chronobiology of endochondral ossification: Chronobiologia 1, 97–109 (1974)

SIMMONS, D.J., KUNIN, A.S.: Autoradiographic and biochemical investigation of effect of cortisone on the bones of the rat. Clin. Orthop. **55**, 201–215 (1967)

SIMPSON, D.R.: Problems of the composition and structure of the bone minerals. Clin. Orthop. **86**, 260–286 (1972)

SIMPSON, M.E., ASLING, C.W., EVANS, H.M.: Some endocrine influences on skeletal growth and differentiation. Yale J. Biol. Med. **23**, 1–27 (1950)

SÍMŮNEK, Z., MUIR, H.: Proteoglycans of the knee-joint cartilage of young normal and lame pigs. Biochem. J. **130**, 181–187 (1972)

SINEX, F.M.: Cross-linkage and aging. Advanc. geront. Res. 1, 165–180 (1964)

SINEX, F.M.: The role of collagen in aging. In: Treatise on collagen (ed. by G.N. RAMACHANDRAN) Vol. 2B, p. 410–443. London and New York: Academic Press 1968

SINGER, M.: Factors which control the staining of tissue sections with acid and basic dyes. Int. Rev. Cytol. 1, 211–255 (1952)

SINOHARA, H., SKY-PECK, H.H.: Soluble ribonucleic acid and glycoprotein biosynthesis in the mouse liver. Biochim. biophys. Acta (Amst.) **101**, 90–96 (1965)

SISSONS, H.A.: Experimental determination of rate of longitudinal bone growth. J. Anat. (Lond.) **87**, 228–236 (1953)

SISSONS, H.A.: Experimental study on the effect of local irradiation on bone growth. In: Progress in radiobiology. Proc. 4th int. Conf. Radiobiology (ed. by J.S. MITCHELL, B.E. HOLMES and C.L. SMITH) p. 436. Edinburgh and London: Oliver and Boyd 1955

SISSONS, H.A.: The growth of bone. In: The biochemistry and physiology of bone (ed. by G.H. BOURNE) p. 443–474. New York and London: Academic Press 1961

SISSONS, H.A.: Age changes in the structure and mineralisation of bone tissue in man. In: Radioisotopes and bone (ed. by F.C. MCLEAN, P. LACROIX and A.M. BUDY) p. 443–465. Oxford: Blackwell Scientif. Pub. 1962

SITSEN, A.E.: Zur Entwicklung der Nähte des Schädeldaches. Anat. Entwickl.-Gesch. **101**, 121–152 (1933)

SJÖSTRAND, F.S., HANZON, V.: Membrane structures of cytoplasma and mitochondria in exocrine cells of mouse pancreas as revealed by high resolution electron microscopy. Exp. Cell Res. **7**, 393–414 (1954)

SKALKO, R.G., COWDEN, R.R.: Histochemical studies of cartilage development in the mouse limb-bud. II. Carbohydrates. Acta Embryol. Morph. exp. (Palermo) **3**, 273–278 (1974)

SLACK, H.G.B.: Metabolism of elastin in the adult rat. Nature (Lond.) **174**, 512–513 (1954)

SLACK, H.G.B.: Some notes on the composition and metabolism of connective tissue. Amer. J. Med. **26**, 113–124 (1959)

SLAVKIN, H.C.: The dynamics of extracellular and cell surface protein interactions. In: Cellular and molecular renewal in the mammalian body (ed. by I.L. CAMERON and J.D. THRASHER) p. 221–276. New York and London: Academic Press 1971

SLAVKIN, H.C., CROISSANT, R.D., BRINGAS, P., MATOSIAN, P., WILSON, P., MINO, W., GUENTHER, H.: Matrix vesicle heterogeneity: possible morphogenetic function for matrix vesicles. Fed. Proc. **35**, 127–134 (1976)

SLEDGE, C.B.: Biochemical events in the epiphyseal plate and their physiologic control. Clin. Orthop. **61**, 37–47 (1968)

SLIJPER, E.J.: Over de doornuitsteeksels van de menschelijke wervelkolom. Ned. T. Geneesk. **90**, 1298–1307 (1946)

SMEENK, D., SLUYS VEER, J. VAN DER, BIRKENHÄGER, J.C., HEUL, R.O. VAN DER: Rate of calcification of the proximal tibial epiphyseal cartilage of rats studied with the aid of tetracycline labelling. In: Calcified Tissues, 2nd Europ. Symp. (ed. by L.J. RICHELLE and M.J. DALLEMAGNE) p. 199–205. Liège: l' Université de Liège 1965

SMITH, D.E.: The tissue mast cell. Int. Rev. Cytol. **14**, 327–387 (1963)

SMITH, D.W., WEISSMAN, N., CARNES, W.H.: Cardio-vascular study on copper deficient swine. XII. Partial purification of a soluble protein resembling elastin. Biochem. biophys. Res. Comm. **31**, 309–315 (1968)

SMITH, J.W.: The arrangement of collagen fibres in human secondary osteones. J. Bone Jt. Surg. **42 B**, 588–605 (1960a)

SMITH, J.W.: Collagen fibre patterns in mammalian bone. J. Anat. (Lond.) **94**, 329–344 (1960b)

SMITH, J.W.: The relationship of epiphyseal plates to stress in some bones of the lower limb. J. Anat. (Lond.) **96**, 58–78 (1962a)

SMITH, J.W.: The structure and stress relations of fibrous epiphyseal plates. J. Anat. (Lond.) **96**, 209–225 (1962b)

SMITH, J.W.: Observations on the water content of bone. J. Bone Jt. Surg. **46 B**, 553–562 (1964)

SMITH, J.W.: The disposition of proteinpolysaccharide in the epiphyseal plate cartilage of the young rabbit. J. Cell Sci. **6**, 843–864 (1970)

SMITH, J.W., SERAFINI-FRACASSINI, A.: The relationship of hyaluronate and collagen in the bovine vitreous body. J. Anat. (Lond.) **101**, 99–112 (1967)

SMITH, J.W., SERAFINI-FRACASSINI, A.: The distribution of the protein-polysaccharide complex in the nucleus pulposus matrix in young rabbits. J. Cell Sci. **3**, 33–40 (1968)

SMITH, J.W., PETERS, T.J., SERAFINI-FRACASSINI, A.: Observations on the distribution of the protein-polysaccharide complex and collagen in bovine articular cartilage. J. Cell Sci. **2**, 129–136 (1967)

SMITH, N.R.: The intervertebral disc. Brit. J. Surg. **18**, 358–375 (1931)

SMITH, Q.T., ARMSTRONG, W.D.: Collagen metabolism of rats in various hormonal and dietary conditions. Amer. J. Physiol. **200**, 1330–1334 (1961)

SMITH, R.H., FITTON-JACKSON, S.: The formation of ($^{14}$C) hydroxyproline from L ($^{14}$C)-proline by collagen forming cells in vitro. Biochem. J. **64**, 8P–9P (Abstr.) (1956)

SMITH, R.H., FITTON-JACKSON, S.: Studies on biosynthesis of collagen. II. The conversion of $^{14}$C L-proline to $^{14}$C-hydroxyproline by fowl osteoblasts in tissue culture. J. biophys. biochem. Cytol. **3**, 913–922 (1957)

SNELLMAN, O.: Biosynthesis of collagen performed in vitro. In: Structure and function of connective and skeletal tissue (ed. by S. FITTON-JACKSON, R.D. HARKNESS, S.M. PARTRIDGE and G.R. TRISTRAM) p. 319–329. London: Butterworths 1965

SNESSAREW, P.: Über die interstitiellen Stützfasern in der Anfangsperiode der Entwicklung des Hühnerembryos. Ergebn. Anat. Entwickl.-Gesch. **29**, 618–737 (1932)

SOBEL, A.E.: Local factors in the mechanism of calcification. Ann. N.Y. Acad. Sci. 60 (5), 713–732 (1955)

SOBEL, A.E.: Remineralization of bones and teeth. Int. dent. J. 11, 363–375 (1961)

SOBEL, A.E., ZUTRAUEN, H.A., MARMORSTON, J.: The collagen and hexosamine content of the skin of normal and experimentally treated rats. Arch. Biochem. 46, 221–231 (1953)

SOBEL, A.E., MARMORSTON, J., MOORE, E.J.: Collagen and hexosamine content of femurs of rats. Proc. Soc. Exp. Biol. (N.Y.) 87, 346–349 (1954)

SOBEL, A.E., BURGER, M., DEANE, B.C., ALBAUM, H.G., COST, K.: Calcification. XVIII. Lack of correlation between calcification in vitro and glycolytic enzymes. Proc. Soc. Exp. Biol. (N.Y.) 96, 32–39 (1957)

SOBOTTA, J.: Beiträge zur Histogenese der sogenannten Ganglienleiste der Wirbeltiere. Z. mikr. anat. Forsch. 38, 660–688 (1935)

SOGNNAES, R.F.: Microstructure and histochemical characteristics of the mineralized tissues. Ann. N.Y. Acad. Sci. 60, 545–572 (1955)

SOGNNAES, R.F. (ed.): Calcification in biological systems. Publication No. 64 of the American Association for the advancement of science. Washington, D.C. 1960

SOGNNAES, R.F. (ed.): Mechanisms of hard tissue destruction. Publication No. 75 of the American Association for the advancement of science. Washington, D.C. 1963

SOKOLOFF, L.: Elasticity of articular cartilage: effect of ions and viscous solutions. Science 141, 1055–1057 (1963)

SOKOLOFF, L.: Elasticity of aging cartilage. Fed. Proc. 25, 1089–1095 (1966)

SOLARINO, G.B.: Sui processi di sintesi proteica nell' osso. I. Comportimento degli acidi nucleinici nell' osteoblasta. Clin. Ortop. 13, 418–428 (1961)

SOLGER, B.: Der gegenwärtige Stand der Lehre von der Knochenarchitektur. Untersuchungen zur Naturlehre des Menschen und der Tiere 16, 187–218 (1899)

SOLHEIM, K.: The glycosaminoglycans (Mucopolysaccharides) of herniated human intervertebral disks. Acta Univ. Lund. II, no. 1, 3–6 (1965)

SOLOMON, A.K.: Compartmental methods of kinetic analysis. In: Mineral Metabolism (ed. by C.L. COMAR and F. BRONNER) Vol. 1, Part A, p. 119–167. New York-London: Academic Press 1960

SPARK, CH., DAWSON, A.B.: The order and time of appearance of centers of ossification in the fore and hind limbs of the albino rat, with special reference to the possible influence of the sex factor. Amer. J. Anat. 41, 411–445 (1928)

SPECKMAN, T.W., NORRIS, W.P.: Bone crystallites as observed by the electron microscope. Science 126, 753 (1957)

SPEE, F.v.: Beobachtungen einer menschlichen Keimscheibe mit offener Medullarinne und Canalis neurentericus. Arch. anat. Entwickl.-Gesch. Arch. Anat. Phys. A. anat. Abt. 159–176 (1889)

SPEE, F.v.: Neue Beobachtungen über sehr frühe Entwicklungsstufen des menschlichen Eies. Arch. anat. Entwickl.-Gesch. Arch. Anat. Phys. A. anat. Abt. 1–30 (1896)

SPENCER, M.C., UHLER, K.: The structure, composition and growth of bone (1930–1953). Armed Forces Medical Library. Reference Division. Washington, D.C. 1955

SPIRA, E., FARIN, I., KARPLUS, H.: The capillary conducting channels in the distal epiphyses of radius and ulna of the rabbit. J. Anat. (Lond.) 97, 255–258 (1963)

SPIRO, R.G.: Characterization of carbohydrate units of glycoproteins. In: Methods in enzymology (ed. by E.F. NEUFELD and V. GINSBURG) Vol. 8, p. 26–52. New York and London: Academic Press 1966

SPIRO, R.G.: Biochemistry of basement membranes. In: Chemistry and molecular biology of the intercellular matrix (ed. by E.A. BALAZS) Vol. 1, p. 511–534. London and New York: Academic Press 1970a

SPIRO, R.G.: The carbohydrate of collagens. In: Chemistry and molecular biology of the intercellular matrix (ed. by E.A. BALAZS) Vol. 1, p. 195–215. London and New York: Academic Press 1970b

SPIRO, R.G.: Glycoproteins. Ann. rev. Biochem. 39, 599–638 (1970c)

SPIRO, R.G., SPIRO, M.J.: Glycoprotein biosynthesis: studies on thyroglobulin. Characterization of a particulate precursor and radioisotope incorporation by thyroid slices and particle systems. J. biol. Chem. 241, 271–282 (1966)

SPICER, S.S.: The use of various cationic reagents in histochemical differentiation of mucopolysaccharides. Amer. J. clin. Path. **36**, 393–407 (1961)

SPICER, S.S.: Histochemical differentiation of sulfated rodent mucins. Ann. Histochim. **7**, 23–28 (1962)

SPICER, S.S.: Diamine methods for differentiating mucosubstances histochemically. J. Histochem. Cytochem. **13**, 211–234 (1965)

SPICER, S.S., JARRLES, H.H.: Histochemical reaction of an aromatic diamine with acid groups and periodate engendered aldehydes in mucopolysaccharides. J. Histochem. Cytochem. **9**, 368–379 (1961)

SPICER, S.S., LEPPI, T.J., STOWARD, P.J.: Suggestions for a histochemical terminology of carbohydrate-rich tissue components. J. Histochem. Cytochem. **13**, 599–603 (1965)

SPRATT, N.T.: Formation of the primitive streak in the explanted chick blastoderm marked with carbon particles. J. exp. Zool. **103**, 259–304 (1946)

SPRATT, N.T.: Regression and shortening of the primitive streak in the explanted chick blastoderm. J. exp. Zool. **104**, 69–100 (1947)

SPRATT, N.T.: Metabolism of the early embryo. Ann. N.Y. Acad. Sci. **55**, 40–50 (1952)

SPRATT, N.T. JR., CONDON, L.: Localization of prospective chorda and somite mesoderm during regression of the primitive streak. Anat. Rec. **99**, 653 (1947)

SPULER, A.: Beiträge zur Histologie und Histiogenese der Binde- und Stützsubstanz. Anat. Hefte **7**, 117–160 (1897)

SPULER, A.: Beitrag zur Histogenese des Mesenchyms. Anat. Anz. **16**, 13–16 (1899)

SPULER, A.: Über die Knochenbildung unter normalen und pathologischen Verhältnissen. Ärzt. Bezirksverein, Erlangen. Münch. Med. Wschr. **61**, 623–624 (1914)

SPURLING, R.G.: The effect of extirpation of the posterior limb bud in the development of the limb and pelvic girdle in chick embryos. Anat. Rec. **26**, 41–56 (1923)

STACEY, M.: Mucopolysaccharides and related substances. Chem. Ind. **62**, No. 12, 110–112 (1943)

STACEY, M.: The chemistry of mucopolysaccharides and mucoproteins. Advanc. Carbohyd. Chem. **2**, 161–201 (1946)

STACEY, M., BARKER, S.A.: Carbohydrates of living tissues. London-Toronto-New York-Princeton-New Jersey: D. van Nostrand Company Ltd. 1962

STĂNESCU, V., BONA, C., IONESCU, V.: Histochemical and cytoenzymological studies on the growing cartilage in de Lange syndrome. Acta histochem. (Jena) **30**, 1–18 (1968)

STARCK, D.: Über einige Entwicklungsvorgänge am Kopf der Urodelen. Morph. Jahrb. **79**, 358–435 (1937)

STARCK, D.: Morphologische Untersuchungen am Kopf der Säugetiere, besonders der *Prosimier*. Ein Beitrag zum Problem des Formwandels des Säugerschädels. Z. wiss. Zool. **157**, 169–219 (1953)

STARCK, D.: Embryologie. Stuttgart: Georg Thieme Verlag 3. Aufl. 1975

STARK, R.J., SEARLS, R.L.: A description of chick wing bud development and a model of limb morphogenesis. Develop. Biol. **33**, 138–153 (1973)

STARK, R.J., SEARLS, R.L.: The establishment of the cartilage pattern in the embryonic chick wing, and evidence for a role of the dorsal and ventral ectoderm in normal wing development. Develop. Biol. **38**, 51–63 (1974)

STARY, Z.: Mucosaccharides and glycoproteins, chemistry and physiopathology. Ergebn. Physiol. **50**, 174–408 (1959)

STARY, Z., BILEN, M.: Über den Mucopolysaccharidgehalt normaler Organe. Klin. Wschr. **34**, 786–787 (1956)

STAUB, W.: Über den funktionellen Bau des elastischen Knorpels. Acta anat. (Basel) **9**, 309–329 (1950)

STEARNS, M.L.: Studies on development of connective tissue in transparent chambers in rabbit's ear. Amer. J. Anat. **67**, 55–97 (1940)

STEEDMAN, H.F.: Alcian-blue 8 GS: A new stain for mucin. Quart. J. micr. Sci. **91**, 477–479 (1950)

STEIN, W.D.: The movement of molecules across cell membranes. London and New York: Academic Press 1967

STEIN, W.H., MOORE, S.J.: Free amino acids of human blood plasma. J. biol. Chem. **211**, 915–926 (1954)

STEINBERG, J., NICHOLS, G.: Synthesis of ribonucleic acid in normal bone in vitro. Biochem. J. **105**, 843–856 (1967)

STEINBERG, J., NICHOLS, G.: A comparative study in bone and kidney of nucleotide and RNA synthesis. Biochim. biophys. Acta (Amst.) **228**, 173–182 (1971)

STEINDLER, A.: The physical property of bone. Arch. Phys. Ther. (Omaha) **17**, 336–345 (1936)

STEINER, H.: Hand und Fuß der Amphibien; ein Beitrag zur Extremitätenfrage. Anat. Anz. **53**, No. 22, 513–542 (1921)

STEINER, K.: Entwicklungsmechanische Untersuchungen über die Bedeutung des ektodermalen Epithels der Extremitätenknospe von Amphibienlarven. Wilhelm Roux' Arch. Entwickl.-Mech. Org. **113**, 1–11 (1928)

STENRAM, U.: The specifity of the gallocyaninchromalaun stain for nucleic acids as studied by the ribonuclease technique. Exp. Cell. Res. **4**, 383–389 (1953)

STENSIÖ, E.A.: The cephalispids of Great Britain. British Museum (Nat. Hist.) London 1932

STENSTRÖM, A., HANSSON, L.I., THORNGREN, K.-G.: Cortical bone remodeling in normal rat. Calcif. Tissue Res. **23**, 161–170 (1977)

STERNBERG, H.: Beschreibung eines menschlichen Embryo mit vier Ursegmentpaaren. Ztschr. ges. Anat. **82**, 142–240 (1927)

STETTEN, D.W., STETTEN, M.R.: Glykogen metabolism. Physiol. Rev. **40**, 505–537 (1960)

STETTEN, M.R.: Some aspects of metabolism of hydroxyproline, studied with aid of isotopic nitrogens. J. biol. Chem. **181**, 31–37 (1949)

STETTEN, M.R., SCHOENHEIMER, R.: Metabolism of 1 (-) proline studied with aid of deuterium and isotopic nitrogen. J. biol. Chem. **153**, 113–132 (1944)

STEUDENER, F.: Beiträge zur Lehre von der Knochenentwicklung und dem Knochenwachstum. Abh. Naturforsch. Ges. Halle 13, 207–236 (1875)

STEVEN, F.S.: Isolation and characterization of polymeric collagen from complex connective tissues. In: Chemistry and molecular biology of the intercellular matrix (ed. by E.A. BALAZS) Vol. 1, p. 43–53. London and New York: Academic Press (1970)

STEVEN, F.S., JACKSON, D.S.: Isolation and amino acid composition of insoluble elastin. Bovine foetal and adult aorta and ligamentum nuchae. Biochim. biophys. Acta (Amst.) **168**, 334–340 (1968)

STEVEN, F.S., JACKSON, D.S., BROADY, K.: Proteins of the human intervertebral disc. The association of collagen with a protein fraction having an unusual amine acid composition. Biochim. biophys. Acta (Amst.) **160**, 435–446 (1968)

STEVEN, F.S., BROADY, K., JACKSON, D.S.: Protein-polysaccharide-collagen complex of human articular and intercostal cartilage. Distribution and amino acid composition of protein fractions. Biochim. biophys. Acta (Amst.) **175**, 225–227 (1969)

STEVENSON, P.H.: Age order of epiphyseal union in man. Amer. J. Phys. Anthrop. **7**, 53–93 (1924)

STEWART, S.F.: The physiological treatment of congenital dislocation of the hip. J. Bone Jt. Surg. **33**, 11–17 (1935)

STIDWORTHY, G., MASTERS, Y.F., SHETLAR, M.R.: The effect of aging on mucopolysaccharide composition of human costal cartilage as measured by hexosamine and uronic acid content. J. Geront. **13**, 10–13 (1958)

STIEDA, L.: Die Bildung des Knochengewebes. Festschrift S. 17, Leipzig 1872

STIEVE, F.E.: Über die Neubildung entfernter Meniscen des menschlichen Kniegelenks. Z. mikr. anat. Forsch. **46**, 436–458 (1939)

STIEVE, H.: Ein $13^1/_2$ Tage altes, in der Gebärmutter erhaltenes und durch Eingriff gewonnenes menschliches Ei. Z. mikr. anat. Forsch. **7**. 295–402 (1926)

STILWELL, D.L., GRAY, D.J.: The microscopic structure of periosteum in areas of tendinous contact. Anat. Rec. **120**, 663–677 (1954a)

STILWELL, D.L., GRAY, D.J.: The structure of bony surfaces in contact with tendons. Anat. Rec. **118**, 358–359 (1954b)

STOCKDALE, F.E., ABBOTT, J., HOLTZER, S., HOLTZER, H.: The loss of phenotypic traits by differentiated cells. II. Behavior of chondrocytes and their progeny in vitro. Develop. Biol. **7**, 293–302 (1963)

STOCKWELL, R.A.: The cell density of human articular and costal cartilage. J. Anat. (Lond.) **101**, 753–763 (1967a)

828                      Literatur

STOCKWELL, R.A.: The lipid and glycogen content of rabbit articular hyaline and non articular hyaline cartilage. J. Anat. (Lond.) **102**, 87–94 (1967b)

STOCKWELL, R.A. Discussion in: SCOTT, J.E.: Patterns of specificity in the interaction of organic cations with acid mucopolysaccharides. In: The chemical physiology of mucopolysaccharides (ed. by G. QUINTARELLI) p. 229–230. Boston: Little, Brown and Company 1968

STOCKWELL, R.A.: The ultrastructure of cartilage canals and the surrounding cartilage in the sheep fetus. J. Anat. (Lond.), **109**, 397–410 (1971a)

STOCKWELL, R.A.: The interrelationship of cell density and cartilage thickness in mammalian articular cartilage. J. Anat. (Lond.) **109**, 411–421 (1971b)

STOCKWELL, R.A., SCOTT, J.E.: Observations on the acid glycosaminoglycan (mucopolysaccharide) content of the matrix of ageing cartilage. Ann. rheum. Dis. **24**, 341–350 (1965)

STOCUM, D.L.: The *urodele* limb regeneration blastema: a selforganizing system. II. Morphogenesis and differentiation of autografted whole and fractional blastemas. Develop. Biol. **18**, 457–480 (1968)

STÖCKLI: Beobachtungen über die Entwicklungsvorgänge am Rumpfskelett des Schweines. Inaug. Diss. Leipzig 1922

STONE, L.S.: Experiments on the development of the cranial ganglia and the lateral line sense organs in *Amblystoma punctatum*. J. exp. Zool. **35**, 421–496 (1922)

STONE, L.S.: Further experiments on the exstirpation and transplantation mesectoderm in *Amblystoma punctatum*. J. exp. Zool. **44**, 95–131 (1926)

STONE, L.S.: Experiments showing the role of migrating neural crest (mesectoderm) in the formation of the head skeleton and loose connective tissue in *Rana palustris*. Wilhelm Roux' Arch. Entwickl.-Mech. Org. **118**, 41–77 (1929)

STOUGHTON, R., WELLS, G.: A histochemical study on polysaccharides in normal and diseased skin. J. invest. Derm. **14**, 37–51 (1950)

STOWARD, P.J.: Histochemical studies of the formazan reaction. II. The conversion of periodate-reactive mucosubstances into diphenyl and phenyl-4'-diazo-3, 3'-demethoxybiphenyl formazans and related derivatives. J. roy. micr. Soc. **87**, 407–435 (1967)

STRANDBERG, L.: The preparation of chondroitin sulphuric acid. Acta physiol. scand. **21**, 222–229 (1950)

STRANDH, J.: Chemical and biophysical studies of microscopic structures in compact bone. Acta univ. upsalien. **3**, 1–16 (1961)

STRANDH, J., BENGTSSON, A.: The uptake of phosphorus in microscopic bone structures in compact bone. Acta Soc. Med. upsalien. **66**, 49–63 (1961a)

STRANDH, J., BENGTSSON, A.: The uptake of calcium in microscopic bone structures in compact bone. Acta Soc. Med. upsalien. **66**, 95–103 (1961b)

STRANDH, J., SOHLHEIM, K.: The change with age of the uptake of phosphorus in microscopic bone structures. Acta Soc. Med. upsalien. **68**, 135–140 (1963)

STRANGEWAYS, T.S.P., FELL, H.B.: Experimental studies on the differentiation of the embryonic tissues growing in vivo and in vitro. I. The development of the undifferentiated limb bud (a) when subcutaneously grafted into the post-embryonic chick and (b) when cultivated in vitro. Proc. Roy. Soc. **B99**, 340–366 (1926)

STRASSER, H.: Lehrbuch der Muskel- und Gelenkmechanik. Berlin 1908, Bd. II, 1913

STRAUCH, L., VENCELJ, H., HANNIG, K.: Kollagenase in Zellen höher entwickelter Tiere. Hoppe-Seyler's Z. physiol. Chem. **349**, 171–178 (1968)

STRAUSS, W.L., RAWLES, M.E.: An experimental study of the origin of the trunk musculature and ribs in the chick. Amer. J. Anat. **92**, 471–509 (1953)

STRAWICH, E.M., NIMNI, E.: Properties of a collagen molecule containing three identical components extracted from bovine articular cartilage. Biochemistry **10**, 3905–3911 (1971)

STRAYER, L.M.: The embryology of the human hip joint. Yale J. Biol. Med. **16**, 13–26 (1943)

STREETER, G.L.: Development of the mesoblast and notochord in pig embryos. Contr. Embryol. Carneg. Instn. **19**, 73–92 (1927)

STREETER, G.L.: Developmental horizons in human embryos (fourth issue). A review of the histogenesis of cartilage and bone. Contr. Embryol. Carneg. Instn. **33**, 149–168 (1949)

STREETER, G.L.: Developmental horizons in human embryos: description of age groups XIX, XX, XXI, XXII and XXIII, being fifth issue of survey of Contr. Embryol. Carneg. Instn. **34**, 165–196 (1951)

STREHLER, B.L.: Molecular biology of aging. Naturwissenschaften **56**, 57–61 (1969)

STRELZOFF, J.: Beiträge zur normalen Knochenbildung. Zbl. med. Wiss. **10**, 449–453 (1872)

STRELZOFF, J.: Über die Histogenese der Knochen. Untersuchungen an dem Path. Inst. Zürich (hrsg. von EBERT) 1. Heft, 1–94 (1873a)

STRELZOFF, J.: Zur Lehre von der Knochenentwicklung. Centralbl. med. Wiss. **11**, 273–278 (1873b)

STRELZOFF, J.: Genetische und topographische Studien des Knochenwachstums. Untersuchungen an dem Path. Inst. Zürich (hrsg. von EBERT) 2. Heft, 59–184 (1874)

STRELZOFF, J.: Über Knochenwachstum. Arch. mikr. Anat. **11**, 33–74 (1875)

STRELZOFF, J.: Ungleichmässiges Wachstum als formbildendes Prinzip der Knochen. Arch. mikr. Anat. **12**, 254–289 (1876)

STRICHT, O. VAN DER: Recherches sur la structure de la substance fondamentale du tissu osseux. Arch. Biol. **9**, 27–51 (1889)

STRICHT, O. VAN DER: Recherches sur le cartilage articulaire des oiseaux. Arch. Biol. **10**, 1–41

STRICHT, O. VAN DER: Contribution à l'étude de la sphère attractive. Bull. Acad. Méd. Belg. (1890) **3**, 182–187 (1892)

STRIDER, W., PAL, S., ROSENBERG, L.: Comparison of proteoglycans from bovine articular cartilage. Biochim. biophys. Acta (Amst.) **379**, 271–281 (1975)

STROMINGER, J.L.: Uridine and guanosine nucleotides of hen oviduct. J. biol. Chem. **237**, 1388–1392 (1962)

STROMINGER, J.L.: Nucleotide intermediates in the biosynthesis of heteropolymeric polysaccharides. Biophysical J. **4**, 139–153 (1964)

STROMINGER, J.L.: Nucleotide derivatives of amino sugars. In: The amino sugars (ed. by R.W. JEANLOZ) I A, p. 375–393. New York and London: Academic Press 1969

STROMINGER, J.L., MAXWELL, E.S., AXELROD, J., KALCKAR, E.: Enzymatic formation of uridine diphosphoglucuronic acid. J. biol. Chem. **224**, 79–90 (1957)

STRONG, R.M.: The development of color in the definitive feather. Bull. Mus. Comp. Zool. Harvard **40**, 147–185 (1902)

STRONG, R.M.: The order, time and rate of ossification of the albino rat (*Mus norvegicus albinus*). Amer. J. Anat. **36**, 313–355 (1925)

STRUDEL, G.: Influence morphogène du tube nerveux et de la chorde sur la différenciation de la colonne vertébrale. C. Rend. Soc. Biol. (Paris) **147**, 132–133 (1953)

STRUDEL, G.: L'action morphogène du tube nerveux et de la chorde sur la différenciation des vertèbres et des muscles vertébraux chez l'embryon de poulet. Arch. Anat. micr. Morph. exp. **44**, 209–235 (1955)

STRUDEL, G.: Induction de cartilage in vitro par l'extrait de tube nerveux et de chorde de l'embryon de poulet. Develop. Biol. **4**, 67–86 (1962)

STRUDEL, G.: Étude de la déplétion enzymatique et de la régénération de cartilage embryonnaire de poulet en culture in vitro. C.R. Acad. Sci. (Paris) **269**, 1985–1988 (1969a)

STRUDEL, G.: Embryologie expérimentale. Déplétion de cartilage vertébral embryonnaire de poulet par un mélange d'enzymes et sa régénération en culture in vitro. C.R. Acad. Sci. (Paris) **269**, 2396–2398 (1969b)

STRUDEL, G.: Embryologie expérimentale. Matériel extracellulaire et chondrogenèse vertébrale. C.R. Acad. Sci. (Paris) **272**, 473–476 (1971)

STUDITSKY, A.N.: Über das Wachstum des Knochengewebes und Periostes in vitro und auf der Allantois. Arch. exp. Zellforsch. **13**, 390–406 (1933)

STUDITSKY, A.N.: Experimentelle Untersuchungen über die Histogenese des Knochengewebes. II. Über die Bedeutung der Wechselwirkung des Knorpelgewebes und des Periostes nach den Ergebnissen der Kulturen in der Allantois. Z. Zellforsch. **20**, 636–657 (1934a)

STUDITSKY, A.N.: Experimentelle Untersuchungen über die Histogenese des Knochengewebes. III. Über die Bedingungen der Differenzierung des Knochengewebes des menschlichen Embryos in der Allantois. Zellforsch. **20**, 658–676 (1934b)

STUDITSKY, A.N.: The interaction of cartilaginous tissue and the periosteum and its role in the endochondral process according to data obtained from grafts transplanted onto the allantois. Dokl. Akad. Nauk. SSSR 1, 202–204 (1934c)

STUDITSKY, A.N.: Experimentalanalyse der Differenzierungsfaktoren primärer Skelette. Z. Zellforsch. **24**, 269–302 (1936)

STUDNIČKA, F.K.: Über das Vorhandensein von intercellulären Verbindungen im Chordagewebe. Zool. Anz. **62**, 286–293 (1897)

STUDNIČKA, F.K.: Schematische Darstellungen zur Entwicklungsgeschichte einiger Gewebe. Anat. Anz. **22**, 537–557 (1903)

STUDNIČKA, F.K.: Über kollagene Bindegewebsfibrillen in der Grundsubstanz des Hyalinknorpels, im Dentin und im Knochengewebe. Anat. Anz. **29**, 334–344 (1906)

STUDNIČKA, F.K.: Über einige Grundsubstanzgewebe. Anat. Anz. **31**, 497–522 (1907)

STUDNIČKA, F.K.: Das Mesenchym und das Mesostroma der Froschlarven und deren Produkte. Anat. Anz. **40**, 33–62 (1911)

STUDNIČKA, F.K.: Die Plasmodesmen und die Cytodesmen. Anat. Anz. **40**, 497–506 (1912)

STUDNIČKA, F.K.: Über den Knochen von *Orthagoriscus*. Anat. Anz. **49**, 177–194 (1917)

STUDNIČKA, F.K.: Untersuchungen am überlebenden Gewebe der Chorda dorsalis der Wirbeltiere. Z. Zellforsch. **3**, 346–376 (1926)

STUDNIČKA, F.K.: Die Entwicklung der Bindegewebsfibrillen (Desmofibrillen). Zugleich ein Kapitel aus der Geschichte der Histologie. Ergebn. Anat. Entwickl.-Gesch. **34**, 402–498 (1952)

STUMP, W.C.: The histogenesis of bone. J. Anat. (Lond.), **59**, 136–154 (1925)

STURM, K.: Die Lage des isoelektrischen Punktes bei den Osteoblasten und Osteocyten. Z. mikr. anat. Forsch. **37**, 595–600 (1935)

STUTZMANN, J., PETROVIC, A.: Nature et aptitudes évolutives des cellules du compartiment mitotique des cartilages secondaires de la mandibule et du maxillaire de jeune rat. Expériences de culture cytotypique et d' homotransplantation. Bull. Ass. Anat. (Nancy), **59**, 523–534 (1975)

SUMMERBELL, D.: A descriptive study of the rate of elongation and differentiation of the skeleton of the developing chick wing. J. Embryol. exp. Morph. **35**, 241–260 (1976)

SUNDBERG, C.: Glycogen in menschlichen Embryonen von 15, 27 und 40 mm. Z. Anat. Entwickl.-Gesch. **73**, 168–246 (1924)

SUNDBERG, R.D., HODGSON, R.E.: Osteoblasts and osteoclasts in films of bone marrow. Rev. belge Path. **24**, 251–255 (1955)

SUNDBERG, R.D., SCHAAR, F.E., POWELL, M., DENBOER, D.: Tissue mast cells in human umbilical cord, and the anticoagulant activity of dried extracts of cords and placentae. Anat. Rec. **118**, 35–56 (1954)

SUNDBLAD, L.: Studies on hyaluronic acid in synovial fluids. Acta Soc. Med. upsalien. **58**, 113–138 (1953)

SUNDÉN, G.: Some aspects of longitudinal bone growth. An experimental study of the rabbit tibia. Acta orthop. scand. Suppl. **103**, Copenhagen, Munksgaard 1967

SURBER: Über das Auftreten und die weitere Ausgestaltung der Verknöcherungspunkte im embryonalen Gliedmaßenskelett des Schweines. Inaug. Diss. Zürich 1922

SURESH, C., GOEL, S.C., JURAND, A.: Electron microscopic studies on chick limb cartilage differentiated in tissue culture. J. Embryol. exp. Morph. **34**, 327–337 (1975)

SUSI, F.R., GOLDHABER, P., JENNINGS, J.M.: Histochemical and biochemical study of acid phosphatase in resorbing bone in culture. Amer. J. Physiol. **211**, 959–962 (1966)

SUTFIN, L.V., HOLTROP, M.E., OGILVIE, R.E.: Microanalysis of individual mitochondrial granules with diameters less than 1000 angstroms. Science **174**, 947–949 (1971)

SUZUKI, S.: Histochemical study of chicken embryo; some observations on development of chicken embryo. J. Orient. Med. (abstr.) **29**, 36 (1938)

SUZUKI, S.: Isolation of novel disaccharides from chondroitin sulfates. J. biol. Chem. **235**, 3580–3588 (1960)

SUZUKI, S., STROMINGER, J.L.: Enzymatic sulfatation of mucopolysaccharides in hen oviduct. I. Transfer of sulfate from 3'-phosphoadenosine 5'-phosphosulfate to mucopolysaccharides. J. biol. Chem. **235**, 257–266 (1960a)

SUZUKI, S., STROMINGER, J.L.: Enzymatic sulfatation of mucopolysaccharides in hen oviduct. II. Mechanism of the reaction studied with oligosaccharides and monosaccharides as acceptors. J. biol. Chem. **235**, 267–273 (1960b)

SUZUKI, S., STROMINGER, J.L.: Enzymatic sulfatation of mucopolysaccharides in hen oviduct. III. Mechanism of sulfation of chondroitin and chondroitin sulfate. J. biol. Chem. **235**, 274–276 (1960c)

SUZUKI, S., TRENN, R.H., STROMINGER, J.L.: Separation of specific mucopolysaccharide sulfotransferases. Biochim. biophys. Acta (Amst.) **50**, 169–170 (1961)

SWEENEY, R.M., WATTERSON, R.L.: Rib development in chick embryos analysed by means of tantalum foil blocks. Amer. J. Anat. **126**, 127–150 (1969)

SWETT, F.H.: The prospective significance of the cells of the four quadrants of the primitive limb disc. J. exp. Zool. **37**, 207–217 (1923)

SWETT, F.H.: Differentiation of the amphibian limb. J. exp. Zool. **47**, 385–439 (1927)

SYLVÉN, B.: Cartilage and chondroitin sulphate. I. The physiological role of chondroitin sulphate in cartilage. J. Bone Jt. Surg. **29**, 745–752 (1947a)

SYLVÉN, B.: Cartilage and chondroitin sulphate. II. Chondroitin sulphate and the physiological ossification of cartilage. J. Bone Jt. Surg. **29**, 973–976 (1947b)

SYLVÉN, B.: The cytoplasma of living tissue mast cells in visual phasecontrast. Exp. Cell Res. **1**, 492–493 (1950)

SYLVÉN, B.: Biophysical and physiological investigations on lumbar disks. J. Bone Jt. Surg. **33A**, 1034 (1951)

SYLVÉN, B.: The ground substance of connective tissue and cartilage. In: Biochemistry and physiology of bone (ed. by G.H. BOURNE) p. 53–74. New York: Academic Press 1956

SYLVÉN, B., AMBROSE, E.J.: Birefringent fibres of hyaluronic acid. Biochim. biophys. Acta (Amst.) **18**, 587 (1955)

SYLVÉN, B., MALMGREN, H.: On the alleged metachromasia of hyaluronic acid. Lab. Invest. **1**, 413–431 (1952)

SYMONS, N.B.B.: The development of the human mandibular joint. J. Anat. (Lond.) **86**, 326–332 (1952)

SZILY, A. VON: Histogenetische Untersuchungen. Anat. Hefte **33**, 225–313 (1907a)

SZILY, A. VON: Die einleitenden Vorgänge zur Bildung der knöchernen Flossenstrahlen in der Schwanzflosse bei der Forelle, zugleich ein Beitrag zur Phylogenese dieser Hartgebilde. Anat. Anz. **31**, 347–364 (1907b)

SZILY, A. VON: Über das Entstehen eines fibrillären Stützgewebes im Embryo und dessen Verhältnis zur Glaskörperfrage. Anat. Hefte **35**, 649–757 (1908)

SZIRMAI, J.A.: Studies on the connective tissue of the cock comb. I. Histochemical observations on the ground substance. J. Histochem. Cytochem. **4**, 96–105 (1956)

SZIRMAI, J.A.: Quantitative approaches in the histochemistry of mucopolysaccharides. J. Histochem. Cytochem. **11**, 24–34 (1963)

SZIRMAI, J.A.: Quantitative histochemistry of glycosaminoglycans. In: Structure and function of connective and skeletal tissue (ed. by S. FITTON JACKSON, R.D. HARKNESS, S.M. PARTRIDGE and G.R. TRISTRAM) p. 223–225. London: Butterworths 1965

SZIRMAI, J.A.: Structure of the intervertebral disc. In: Chemistry and molecular biology of the intercellular matrix (ed. by E.A. BALAZS) Vol. 3, p. 1279–1308. London and New York: Academic Press 1970

SZIRMAI, J.A., DOYLE, J.: Quantitative histochemical and chemical studies on the composition of cartilage. J. Histochem. Cytochem. **9**, 611 (1961)

SZIRMAI, J.A., VAN BOVEN-DE TYSSONSK, E., GARDELL, S.: Microchemical analysis of glycosaminoglycans, collagen, total protein and water in histological layers of nasal septum cartilage. Biochim. biophys. Acta (Amst.) **136**, 331–350 (1967)

TAILLARD, W., MORSCHER, E.: Die Beinlängenunterschiede. Basel und New York: Karger 1965

TAKADA, K.: Enzyme histochemistry in bone tissue. I. Histochemical detection of oxydative enzymes in developing knee joints of rats. Acta histochem. (Jena) **23**, 40–52 (1966)

TAKADA, K., OSANAI, K.: Histochemical detection of succinic dehydrogenase activity in the developing bone and cartilage. Arch. histol. jap. **22**, 265–271 (1962)

TAKADA, K., YOSHIKI, S., OKAMOTO, J.: Histochemistry of various enzymes in developing knee joint of rodent animals. Arch. histol. jap. **22**, 317–327 (1962)

TAKEMITSU, Y.: The effect of age upon sulfate-$S^{35}$ fixation of chondroitin sulfate in cartilage and bone of the normal white rats and $S^{35}$-autoradiographic study of these tissues. Kyushu J. med. Sci. **12**, 251–281 (1961)

TAKUMA, S.: Preliminary report on the mineralization of human dentin. J. dent. Res. **39**, 964–972 (1960a)

TAKUMA, S.: Electron microscopy of the developing cartilaginous epiphyses. Arch. oral. Biol. **2**, 111–119 (1960b)

TAKUMA, S.: Electron microscopy of developing phalangeal bone of the mouse. Bull. Tokyo dent. Coll. **4**, 1–19 (1963)

TALLQVIST, G.: The reaction to mechanical trauma in growing articular cartilage. Acta orthop. scand. **53**, 1–112 (1962)

TALMAGE, R.V.: Action of parathyroids on bone studied with radioisotopes. In: Radioisotopes and bone (ed. by F.C. MCLEAN, P. LACROIX and A.M. BUDY) p. 149–160. Oxford: Blackwell Scientific Publ. **1962**

TALMAGE, R.V.: Morphological and physiological considerations in a new concept of calcium transport in bone. Amer. J. Anat. **129**, 467–476 (1970)

TALMAGE, R.V., BÉLANGER, L.F. (ed.): Parathyroid hormone and thyrocalcitonin (Calcitonin) Proceeding of the 3$^{rd}$ Parathyroid Conference (Montreal 1967) Montreal: Excerpta Medica Foundation 1968

TALMAGE, R.V., MANSON, P.L. (ed.): Calcium parathyroid hormone, and the calcitonins. Amsterdam: Excerpta Medica Foundation 1972

TALMAGE, R.V., WILMER, L.T., TOFT, R.J.: Additional evidence in support of McLean's feedback mechanism of parathyroid action on bone. Clin. Orthop. **17**, 195–205 (1960)

TALMAGE, R.V., COOPER, C.W., PARK, H.Z.: Regulation of calcium transport in bone by parathyroid hormone. Vitam. u. Horm. **28**, 103–140 (1970)

TANAKA, S.: Electron histochemical demonstration on the localization of activities of alkaline and acid phosphatases in the cartilage of mice. Arch. jap. Chir. **34**, 587–590 (1965)

TANCREDI, G., PECORELLI, F.: Content of sialic acid in relation to the function of cartilage. Exp. Med. Surg. **24**, 156–159 (1966)

TANCREDI, G., BIANCHI, M., BISTOCCHI, M.: Oxydative phosphorylation in homogenates of lamb metaphysial and diarthrodial cartilage. Boll. Soc. ital. Biol. sper. **37**, 777–779 (1961)

TANDLER, B., MORIBER, L.G.: Microtubular structures associated with the acrosome during spermiogenesis in the waterstrider, *Gerris remigis* (say). J. Ultrastruct. Res. **14**, 391–404 (1966)

TANZER, M.L., HUNT, R.D.: Osteoclasts: Organization in chick embryo bone. Science **141**, 1270–1276 (1963)

TARLO, L.B.H.: The origin of bone. In: Bone and tooth. Proc. First Europ. Symp. (ed. by H.J.J. BLACKWOOD) p. 3–15. Oxford-London-New York-Paris: Pergamon Press 1964

TARSOLY, E.: Histological and enzyme-histochemical studies on the aging of articular cartilage during testosterone administration in normal and hypophysectomized rats. Verh. anat. Ges. (Jena) **69**, 403–411 (1975)

TAYLOR, A.C.: Microtubules in the microspikes and cortical cytoplasm of isolated cells. J. Cell Biol. **28**, 155–168 (1966)

TAYLOR, A.C., ROBBINS, E.: Observations on microextensions from the surface of isolated vertebrate cells. Develop. Biol. **7**, 660–673 (1963)

TAYLOR, C.B., BAILEY, E., BARTLEY, W.: Studies on the biosynthesis of protein and lipid components of rat liver mitochondria. Biochem. J. **105**, 605–609 (1967)

TAYLOR, H.E., SAUNDERS, A.M.: The association of granulation tissue ground substance with fibroblastic activity. Amer. J. Path. **32**, 617 (1956)

TAYLOR, H.E., SAUNDERS, A.M.: The association of metachromatic ground substance with fibroblastic activity in granulation tissue. Amer. J. Path. **33**, 525–537 (1957)

TELHAG, H., HAVDRUP, T.: Nucleic acids in articular cartilage from rabbits of different ages. Acta orthop. scand. **46**, 185–189 (1975)

TELSER, A., ROBINSON, H.C., DORFMAN, A.: The biosynthesis of chondroitin-sulfate protein complex. Proc. nat. Acad. Sci. (Wash.) **54**, 912–918 (1965)

TELSER, A., ROBINSON, H.C., DORFMAN, A.: The biosynthesis of chondroitin sulfate. Arch. Biochem. **116**, 458–465 (1966)

TEN CATE, A.R.: The distribution of hydrolytic enzymes and lipids in the enamel epithelium of man and the macaque monkey. Arch. oral Biol. **8**, 755–763 (1963)

TEN CATE, A.R., MELCHER, A.H., PUDY, G., WAGNER, D.: The non-fibrous nature of the von Korff fibres in developing dentine. A light and electron microscope study. Anat. Rec. **168**, 491–523 (1970)

TER HORST, J.: Differenzierungs- und Induktionsleistungen verschiedener Abschnitte der Medullarplatte und des Urdarmdaches von *Triton* im Kombinat. Wilhelm Roux' Arch. Entwick.-Mech. Org. **143**, 275–303 (1948)

TERMINE, J.D.: Mineral chemistry and skeletal biology. Clin. Orthop. **85**, 207–239 (1972)

TERMINE, J.D., WUTHIER, R.E., POSNER, A.S.: Amorphous-crystalline mineral changes during endochondral and periosteal bone formation. Proc. Soc. exp. Biol. (N.Y.) **125**, 4–9 (1967)

TERNER, J.Y., GURLAND, J., GAER, F.: Phosphotungstic acidhematoxylin; spectrophotometry of the lake in solution and in stained tissue. Stain. Technol. **39**, 141–153 (1964)

TERRAZAS, R.: Métodos de coloracion de la substancia fundamental cartilaginosa. Riv. trimestr. microgr. **1**, 113–121 (1896)

TETTAMANTI, G.: Preliminary research on the biosynthesis of uridine-diphosphoglucose from glycogen in metaphysial cartilage. Boll. Soc. ital. Biol. sper. **37**, 462–463 (1961)

TETTAMANTI, G., BERTONA, L.: Primi dati sulla estrazione e purificazione della UDPG-glicogeno-transferasi della cartilagine metafisaria e del fegato. Istituto Lombardo (Rend. Sc.) B**96**, 92–96 (1962)

TEUCQ, E.: Reconstitution d'un cartilage de croissance après amputation. Arch. Biol. **59**, 1–6 (1948)

THEILER, K.: Über die Differenzierung der Rumpfmyotome beim Menschen und die Herkunft der Bauchwandmuskeln. Acta anat. (Basel) **30**, 842–864 (1957)

THEWS, G.: Diffusion und Permeation. In: D-Glucose und verwandte Verbindungen in Medizin und Biologie (hrsg. von H. BARTELHEIMER, W. HEYDE und W. THORN) S. 250–276. Stuttgart: Ferdinand Enke Verlag 1966

THIELE, H., LANGMAACK, L.: Strukturbildung durch Ionendiffusion, Symplexionotropie. Z. Naturforsch. **12**b, 14–23 (1957)

THIÉRY, J.P.: Mise en évidence des polysaccharides sur coupes fines au microscopie électronique. J. Microscopie **6**, 987–1018 (1967)

THOMA, R.: Über das interstitielle Knochenwachstum. Zbl. allgem. Path. u. path. Anat. **33**, Nr. 1, 4. (Abstr.) (1922/23)

THOMA, R.: Über die Geschwindigkeit des Volumenwachstums des Knochengewebes. Beitr. path. Anat. **72**, 184–194 (1924)

THOMAS, L.: Reversible collapse of rabbit ears after intravenous papain, and prevention of recovery by cortisone. J. exp. Med. **104**, 245–252 (1956)

THOMPSON, R.C., BALLOU, J.E.: Studies of metabolic turnover with tritium as tracer; metabolically inert lipide and protein fractions from rat. J. biol. Chem. **208**, 883–888 (1954)

THOMPSON, R.C., BALLOU, J.E.: Studies on metabolism turnover with tritium as a tracer. V. The predominantly non-dynamic-state of body constituents in the rat. J. biol. Chem. **223**, 795–809 (1956)

THOROGOOD, P.V., HINCHLIFFE, J.R.: An analysis of the condensation process during chondrogenesis in the embryonic chick hind limb. J. Embryol. exp. Morph. **33**, 581–606 (1975)

THORNTON, P.A.: Bone salt mobilization effected by ascorbic acid. Proc. Soc. exp. Biol. (N.Y.) **127**, 1096–1099 (1968)

THORP, F.K., DORFMAN, A.: The occurrence of intracellular chondroitin sulfate. J. Cell Biol. **18**, 13–17 (1963)

THORP, F.K., DORFMAN, A.: Differentiation of connective tissues. In: Current topics of developmental biology (ed. by A.A. MOSCONA, and A. MONROY) Vol. 2, p. 151–190 New York: Academic Press 1967

THRASHER, J.D.: RNA molecules in cells and tissues, in vivo and in vitro. In: Cellular and molecular renewal in the mammalian body (ed. by I.L. CAMERON and J.D. THRASHER) p. 108–152 New York and London: Academic Press 1971

THYBERG, J.: Electron microscopic studies on the initial phases of calcification in guinea pig epiphyseal cartilage. J. Ultrastruct. Res. **46**, 206–218 (1974)

THYBERG, J., FRIBERG, U.: Ultrastructure and acid phosphatase activity of matrix vesicles and cytoplasmic dense bodies in the epiphyseal plate. J. Ultrastruct. Res. **33**, 554–573 (1970)

THYBERG, J., FRIBERG, U.: Ultrastructure of the epiphyseal plate of the normal guinea pig. Z. Zellforsch. **122**, 254–272 (1971)

THYBERG, J., FRIBERG, U.: Electron microscopic enzyme histochemical studies on the cellular genesis of matrix vesicles in the epiphyseal plate. J. Ultrastruct. Res. **41**, 43–59 (1972)

THYBERG, J., NILSSON, S., FRIBERG, U.: Electron microscopic studies on guinea pig rib cartilage. Structural heterogeneity and effects of extraction with guanidine-$HC_1$. Z. Zellforsch. **146**, 83–102 (1973a)

THYBERG, J., LOHMANDER, S., FRIBERG, U.: Electron microscopic demonstration of proteoglycans in guinea pig epiphyseal cartilage. J. Ultrastruct. Res. **45**, 407–427 (1973b)

THYBERG, J., LOHMANDER, S., HEINEGÅRD, D.: Proteoglycans of hyaline cartilage: Electron-microscopic studies on isolated molecules. Biochem. J. **151**, 157–166 (1975a)

THYBERG, J., NILSSON, S., FRIBERG, U.: Electron microscopic and enzyme cytochemical studies on the guinea pig metaphysis with special reference to the lysosomal system of different cell types. Cell Tissue Res. **156**, 273–299 (1975b)

TICE, L.W., BARRNETT, R.J.: The fine structural localization of glucose-6-phosphatase in rat liver. J. Histochem. Cytochem. **10**, 754–762 (1962)

TICE, L.W., BARRNETT, R.J.: Diazophthalocyanins as reagents for fine structural cytochemistry. J. Cell. Biol. **25**, 23–41 (1965)

TILLING, G.: The vascular anatomy of long bones. Acta radiol. (Stockh.) Suppl. **161**, 6–107 (1958)

TILLMANN, B.: Die Beanspruchung des menschlichen Hüftgelenks. III. Die Form der Facies lunata. Z. Anat. Entwickl.-Gesch. **128**, 329–349 (1969)

TILLMANN, B.: Die Beanspruchung des menschlichen Ellenbogengelenks. Z. Anat. Entwickl.-Gesch. **134**, 328–342 (1971)

TILLMANN, B.: Die Gestalt der Gelenkflächen als Ausdruck ihrer Beanspruchung. Verh. Anat. Ges. 66. Vers. Zagreb, Erg.-H. Anat. Anz. **130**, 483–488 (1972)

TILLMANN, B.: A contribution to the functional morphology of articular surfaces. In: Normale und pathologische Anatomie. (ed. by W. BARGMANN and W. DOERR) Vol. 34, Stuttgart: Georg Thieme 1978

TILLMANNS, H.: Beiträge zur Histologie der Gelenke. Arch. mikrosk. Anat. **10**, 401–440 (1874)

TILLMANNS, H.: Über die fibrilläre Struktur des Hyalinknorpels. Zbl. Chir. 4. Jahrg. **11**, 161–163 (1877a)

TILLMANNS, H.: Über die fibrilläre Struktur des Hyalinknorpels. Arch. f. Anat. u. Physiol. Anat. Abt. 9–21 (1877b)

TIMMINS, P.A., WALL, J.C.: Bone water. Calcif. Tiss. Res. **23**, 1–5 (1977)

TISCHENDORF, F.: Quantitative Beobachtungen über das Verhalten der Havers'schen Lamellen bei Belastung. II. Mitteilung: Untersuchungen über das Knochengewebe. Wilhelm Roux' Arch. Entwickl.-Mech. Org. **146**, 1–20 (1952)

TISCHENDORF, F.: Die mechanische Reaktion der Havers'schen Systeme und ihrer Lamellen auf experimentelle Belastung (nebst Bemerkungen zur Histogenese des lamellären Knochengewebes). Wilhelm Roux' Arch. Entwickl.-Mech. Org. **146**, 661–704 (1954)

TOBIN, C.E.: The influence of adrenal destruction on the prenatal development of the albino rat. Amer. J. Anat. **65**, 151–177 (1939)

TOBLER, T.: Zur normalen und pathologischen Histologie des Kniegelenkmeniscus. Langenbecks Arch. klin. Chir. **177**, 483–495 (1933)

TODD, T., WINGATE: Atlas of skeletal maturation (hand). St. Louis: C.V. Mosby Co. 1937

TODD, T.W.: Preliminary communication on the development and growth of bone and the relations thereto of several histological elements concerned. J. Anat. (Paris) **47**, 177–188 (1913)

TODD, T.W., D'ERRICO, J. JR.: The clavicular epiphyses. Amer. J. Anat. **41**, 25–50 (1928)

TOEPFER, K.: Die Thiazinfarbstoffe. Stuttgart-Portland USA: G. Fischer 1970

TOERIEN, M.J.: Experimental studies on the origin of the cartilage of the auditory capsule and columella in *ambystoma*. J. Embryol. exp. Morph. **11**, 459–473 (1963)

TOMES, J., MORGAN, C. DE: Observations on the structure and development of bone. Phil. Trans. B. **143**, 109–139 (1853)

TOMLIN, D.H., HENRY, K.M., KON, S.K.: Autoradiographic study of growth and calcium metabolism in the long bones of the rat. Brit. J. Nutr. **7**, 235–252 (1953)

TOMLIN, D.H., HENRY, K.M., KON, S.K.: Calcium metabolism in bones and teeth of rats. Brit. J. Nutr. **9**, 144–156 (1955)

TÖNDURY, G.: Über experimentell erzeugte Mikrozephalie bei *Urodelen*. Wilhelm Roux' Arch. Entwickl.-Mech. Org. **136**, 529–562 (1937)

TÖNDURY, G.: Zur Anatomie der Wirbelsäule. Entwicklung, Bau und Altersveränderungen der Zwischenwirbelscheiben. Jahreskurse für ärztl. Fortbild. **35**, 1–9 (1944)

TÖNDURY, G.: Zur Entwicklung funktioneller Strukturen im Bereiche der Zwischenwirbelscheiben. Schweiz. med. Wschr. **24**, 643–645 (1947)

Töndury, G.: Entwicklungsgeschichte und Fehlbildungen der Wirbelsäule. In: Die Wirbelsäule in Forschung und Praxis (hrsg. von H. Junghanns) Bd. 7, S. 7–196. Stuttgart: Hippokrates-Verlag 1958

Tonna, E.A.: Histologic and biochemical studies on the periosteum of male and female rats at different ages. J. Geront. **13**, 14–19 (1958a)

Tonna, E.A.: Enzyme changes in the aging periosteum. Nature (Lond.) **181**, 486 (1958b)

Tonna, E.A.: Post-traumatic variations in phosphatase and respiratory enzyme activities of the periosteum of aging rats. J. Geront. **14**, 159–163 (1959)

Tonna, E.A.: Periosteal osteoclasts, skeletal development and ageing. Nature (Lond.) **185**, 405–407 (1960a)

Tonna, E.A.: Osteoclasts and the aging skeleton. A cytological, cytochemical and autoradiographic study. Anat. Rec. **137**, 251–270 (1960b)

Tonna, E.A.: The cellular complement of the skeletal system studied autoradiographically with tritiated thymidine (H3TDR) during growth and aging. J. biophys. biochem. Cytol. **9**, 813–824 (1961)

Tonna, E.A.: On the distribution of reduced silver grains in autoradiograms of bone and cartilage after $H^3$-amino acid administration. Lab. Invest. **13**, 1238–1242 (1964)

Tonna, E.A.: Skeletal cell aging and its effects on the osteogenetic potential. Clin. Orthop. **40**, 57–81 (1965a)

Tonna, E.A.: Protein synthesis and cells of the skeletal system. Int. Soc. Cell Biol. **4**, 215–245 (1965b)

Tonna, E.A.: A study of osteocyte formation and distribution in aging mice complemented with $H^3$-proline autoradiography. J. Geront. **21**, 124–130 (1966)

Tonna, E.A.: An autoradiographic study of $H^3$-proline utilization by aging mouse skeletal tissues. II. Cartilage cell compartments. Exp. Geront. **6**, 405–415 (1971a)

Tonna, E.A.: An autoradiographic study of $^3H$-proline utilization by aging mouse skeletal tissues. III. Estimation and comparison of the turnover times of different cell compartments. Gerontologia (Basel) **17**, 273–288 (1971b)

Tonna, E.A.: Topographic labeling method using $^3H$-proline in assessment of skeletal growth and remodeling in 5-week-old mice. Lab. Invest. **30**, 161–169 (1974a)

Tonna, E.A.: Electron microscopy of aging skeletal cells. III. The periosteum. Lab. Invest. **31**, 609–632 (1974b)

Tonna, E.A.: Zellkinetik des Knochens und Altern. Verh. dtsch. path. Ges. **58**, 99–104 (1974c)

Tonna, E.A., Cronkite, E.P.: Histochemical and autoradiographic studies on the effects of aging on the mucopolysaccharides of the periosteum. J. biophys. biochem. Cytol. **6**, 171–178 (1959)

Tonna, E.A., Cronkite, E.P.: Autoradiographic studies of changes in $S^{35}$-sulfate uptake by the femoral epiphyses during aging. J. Geront. **15**, 377–382 (1960)

Tonna, E.A., Cronkite, E.P.: Use of tritiated thymidine for the study of the origin of the osteoclasts. Nature (Lond.) **190**, 459–460 (1961a)

Tonna, E.A., Cronkite, E.P.: Autoradiographic studies of cell proliferation in the periosteum of intact and fractured femora of mice utilizing DNA labelling with $H^3$-thymidine. Proc. Soc. Exp. Biol. (N.Y.) **107**, 719–721 (1961b)

Tonna, E.A., Cronkite, E.P.: Utilization of tritiated histidine ($H^3HIL$) by skeletal cells of adult mice. J. Geront. **17**, 353–358 (1962)

Tonna, E.A., Cronkite, E.P.: A study of the persistence of the $H^3$-thymidine label in the femora of rats. Lab. Invest. **13**, 161–171 (1964)

Tonna, E.A., Cronkite, E.P.: Skeletal cell labelling following continous infusion with tritiated thymidine. Lab. Invest. **19**, 510–515 (1968)

Tonna, E.A., Lampen, N.M.: Electron microscopy of aging skeletal cells. I. Centrioles and solitary cilia. J. Geront. **27**, 316–324 (1972)

Tonna, E.A., Pillsbury, N.: Changes in the osteoblastic and mitochondrial population of ageing periosteum. Nature (Lond.) **183**, 337–338 (1959a)

Tonna, E.A., Pillsbury, N.: Mitochondrial changes associated with aging of periosteal osteoblasts. Anat. Rec. **134**, 739–760 (1959b)

Tonna, E.A., Shellabarger, C.J., Cronkite, E.P.: An autoradiographic study of rat femora 9 months after administration of tritiated thymidine. Anat. Rec. (abstr.) **142**, 329 (1962a)

Tonna, E.A., Cronkite, E.P., Pavelec, M.: An autoradiographic study of the localization and distribution of tritiated histidine in bone. J. Histochem. Cytochem. **10**, 601–610 (1962b)

Tonna, E.A., Cronkite, E.P., Pavelec, M.: A serial autoradiographic analysis of $H^3$-Glycine utilization and distribution in the femora of growing mice. J. Histochem. Cytochem. **11**, 720–733 (1963)

Toole, B.P.: Hyaluronate turnover during chondrogenesis in the developing chick limb and axial skeleton. Develop. Biol. **29**, 321–329 (1972)

Toole, B.P., Gross, J.: The extracellular matrix of the regenerating new limb: Synthesis and removal of hyaluronate prior to differentiation. Develop. Biol. **25**, 57–77 (1971)

Toole, B.P., Lowther, D.A.: The effect of chondroitin-sulphate-protein on the formation of collagen fibrils in vitro. Biochem. J. **109**, 857–866 (1968)

Toole, B.P., Trelstad, R.L.: Hyaluronate production and removal during corneal development in the chick. Develop. Biol. **26**, 28–35 (1971)

Törö, J.: Beiträge zur kausalen Genese der Knorpel- und Knochenentwicklung. Anat. Anz. **80**, 285–294 (1935)

Toth, L.Z.J., Balazs, E.A., Eckl, E.A.: Cells of the vitreous body: Cinephotomicrographic studies on the cells of the cortical layer of the vitreous body. Amer. J. Ophthal. **47**, 101–102 (1959)

Toto, P.D., Magon, J.J.: Histogenesis of osteoclasts. J. dent. Res. **45**, 225–228 (1966)

Tourtellotte, C.D., Campo, R.D., Dziewiatkowsky, D.D.: Degradation of chondromucoprotein by an enzyme extracted from cartilage. Fed. Proc. **22**, 413 (1963)

Tousimis, A.J., Follis, R.H.: Ultrastructure of rat epiphyseal cartilage. Fed. Proc. **17**, 460 (1958)

Townsend, F.J., Gibson, M.A.: A histochemical study of glycogen metabolism in developing cartilage and bone. Canad. J. Zool. **48**, 87–95 (1970)

Trelstad, R.L., Hay, E.D., Revel, J.P.: Cell contact during early morphogenesis in the chick embryo. Develop. Biol. **16**, 78–106 (1967)

Trelstad, R.L., Kang, A.H., Igarashi, S., Gross, J.: Isolation of two distinct collagens from chick cartilage. Biochemistry **9**, 4993–4998 (1970)

Trevisan, R.A., Scapino, R.P.: Secondary cartilages in growth and development of the symphysis menti in the hamster. Acta Anat. (Basel) **94**, 40–58 (1976)

Triepel, H.: Über mechanische Strukturen. Anat. Anz. **23**, 480–486 (1903)

Trinkaus, J.P., Gross, M.C.: The use of tritiated thymidine for marking migratory cells. Exp. Cell Res. **24**, 52–57 (1961)

Tristram, G.R.: The Amino Acid Composition of Proteins. In: The Proteins. Chemistry, biological activity, and methods. (ed. by H. Neurath and K. Bailley) Vol. 1, Part A, p. 181–233. New York: Acad. Press 1953

Troitzky, W.: Zur Frage der Formbildung des Schädeldaches. Z. Morph. Anthrop. **30**, 504–539 (1932)

Troupp, H.: Nervous and vascular influence on longitudinal growth of bone. An experimental study on rabbits. Acta orthop. scand. Suppl. **51**, 7–78 (1961)

Trueta, J.: The normal vascular anatomy of the human femoral head during growth. J. Bone Jt. Surg. **39B**, 358–394 (1957)

Trueta, J.: The role of the vessels in osteogenesis. J. Bone Jt. Surg. **45B**, 402–418 (1963)

Trueta, J.: Studies of the development and decay of the human frame. London: Heinemann 1968

Trueta, J., Amato, V.P.: The vascular contribution to osteogenesis. III. Changes in the growth cartilage caused by experimentally induced ischaemia. J. Bone. Jt. Surg. **42B**, 571–587 (1960)

Trueta, J., Buhr, A.J.: The vascular contribution to osteogenesis. V. The vasculature supplying the epiphyseal cartilage in rachitic rats. J. Bone Jt. Surg. **45B**, 572–581 (1963)

Trueta, J., Little, K.: The vascular contribution to osteogenesis. II. Studies with the electron microscope. J. Bone Jt. Surg. **42B**, 367–376 (1960)

Trueta, J., Morgan, J.D.: The vascular contribution to osteogenesis. I. Studies by the injection method. J. Bone Jt. Surg. **42B**, 97–109 (1960)

Trueta, J., Trias, A.: The vascular contribution to osteogenesis. IV. The effect of pressure upon the epiphysial cartilage of rabbit. J. Bone Jt. Surg. **43B**, 800–813 (1961)

Tsaltas, T.T.: Papain-induced changes in rabbit cartilage. J. exp. Med. **108**, 507–513 (1958)

Tsang, Y.C.: Ventral horn cells and polydactyly in mice. J. comp. Neurol. **70**, 1–8 (1939)

Tschernoff, N.D.: Zur Embryonalentwicklung der hinteren Extremität des Frosches. Anat. Anz. **30**, No. 24, 593–612 (1907)

TSCHUMI, P.A.: Versuche über die Wachstumsweise von Hinterbeinknospen von *Xenopus laevis* Daud. und die Bedeutung der Epidermis. Rev. suisse Zool. **62**, 281–288 (1955)

TSCHUMI, P.A.: Die Bedeutung der Epidermisleiste für die Entwicklung der Beine von *Xenopus laevis* Daud. Rev. suisse Zool. **63**, 707–716 (1956)

TSCHUMI, P.A.: The growth of the hind-limb bud of *Xenopus laevis* and its dependence upon the epidermis. J. Anat. (Lond.) **91**, 149–173 (1957)

TSIGANOS, C.P., MUIR, H.: A hybrid protein-polysaccharide of keratan sulphate and chondroitin sulphate from pig laryngeal cartilage. Biochem. J. **104**, 26c–28c (1967)

TSIGANOS, C.P., MUIR, H.: Studies on protein-polysaccharides from pig laryngeal cartilage. Heterogeneity, fractionation and characterization. Biochem. J. **113**, 885–894 (1969)

TSIGANOS, C.P., MUIR, H.: The natural heterogeneity of proteoglycans of porcine and human cartilage. In: Chemistry and molecular biology of the intercellular matrix (ed. by E.A. BALAZS) Vol. 2, p. 859–866. London and New York: Academic Press 1970

TSIGANOS, C.P., HARDINGHAM, T.E., MUIR, H.: Proteoglycans of cartilage: An assessment of their structure. Biochim. biophys. Acta (Amst.) **229**, 529–534 (1971)

TSURUFUJI, S., OGATA, Y.: Biosyntheses of collagen in skin minces in relation to the mechanism of the formation in soluble collagen. Biochim. biophys. Acta (Amst.) **104**, 193–199 (1965)

TUCKER, F.R.: Arterial supply to the femoral head and its clinical importance. J. Bone Jt. Surg. **31B**, 82–93 (1949)

TUNBRIDGE, R.E. (ed.): Connective Tissue. Blackwell Scientific Publications Oxford 1957

TWITTY, V.C.: Developmental analysis of amphibian pigmentation. Growth Symp. **9**, 133–161 (1949)

TWITTY, V.C., NIU, M.C.: Causal analysis of chromatophore migration. J. exp. Zool. **108**, 405–437 (1948)

UDENFRIEND, S.: Formation of hydroxyproline in collagen. Science **152**, 1335–1340 (1966)

UEBERMUTH, H.: Über die Altersveränderungen der menschlichen Zwischenwirbelscheibe und ihre Beziehung zu den chronischen Gelenkleiden der Wirbelsäule. Ber. d. math.-nat. Kl. sächs. Akad. Wiss. Leipzig **81**, Sitzg. vom 22. VII. (1929)

UEBERMUTH, H.: Die Bedeutung der Altersveränderungen der menschlichen Bandscheiben in der Wirbelsäule. Langenbecks Arch. klin. Chir. **156**, 567–577 (1930)

UMANSKY, R.: The effect of cell population density on the developmental fate of reaggregating mouse limb bud mesenchyme. Develop. Biol. **13**, 31–56 (1966)

UNNA, P.G.: Entwicklungsgeschichte und Anatomie der Haut. In: Ziemssens Handbuch der speziellen Pathologie und Therapie. **14**, 1. (1883)

URIST, M.R.: The regulation of calcium and other ions in the serums of hagfish and lampreys. Ann. N.Y. Acad. Sci. **109**, 294–311 (1963)

URIST, M.R.: Recent advances in physiology of calcification. J. Bone Jt. Surg. **46A**, 889–900 (1964a)

URIST, M.R.: Accelerated aging and premature death of bone cells in osteoporosis. In: Dynamic studies of metabolic bone disease (ed. by G.H. PEARSON, and G.F. JOPLIN) p. 127–160. Oxford: Blackwell 1964b

URIST, M.R.: Origins of current ideas about calcification. Clin. Orthop. **44**, 13–39 (1966)

URIST, M.R.: The substratum for bone morphogenesis. Symp. Soc. Dev. Biol. **29**, suppl. 4, 125–163 (1970)

URIST, M.R., IBSEN, K.H.: Chemical reactivity of mineralized (bone) tissue with oxytetracycline. Arch. Path. **75**, 484–496 (1963)

URIST, M.R., MCLEAN, F.C.: Osteogenetic potency and newbone formation by induction in transplants to the anterior chamber of the eye. J. Bone Jt. Surg. **34A**, 443–476 (1952)

URIST, M.R., BUDY, A.M., MCLEAN, F.C.: Species differences in the reaction of the mammalian skeleton to estrogens. Proc. Soc. Exp. Biol. (N.Y.) **68**, 324–326 (1948)

URIST, M.R., ZACCALINI, P.S., MCDONALD, N.S., SKOOG, W.A.: New approaches to the problem of osteoporosis. J. Bone Jt. Surg. **44B**, 464–484 (1962)

URIST, M.R., MACDONALD, N.S., MOSS, M.J., SKOOG, W.A.: Rarefying disease of the skeleton. In: Mechanisms of hard tissue destruction. (ed. by R.F. SOGNNAES) Amer. Ass. Adv. Sci. **75**, 385–446 (1963)

URIST, M.R., MOSS, M., ADAMS, J. JR.: Calcification of tendons. Arch. Path. **77**, 594–608 (1964)

URIST, M.R., WALLACE, T.H., ADAMS, T.: The function of fibrocartilaginous fracture callus. J. Bone Jt. Surg. **47B**, 304–318 (1965)

URIST, M.R., HAY, PH. H., DUBUC, F., BURING, K.: Osteogenetic Competence. Section III. basic sciences and pathology. Clin. Orthop. **64**, 194–220 (1969)

USADEL, K.H., DREWS, U., KUSSÄTHER, E.: Cholinesterase-Aktivität im Primitivknoten, in der Schwanzknospe und bei der Chordaentwicklung des Hühnchens. Histochemie **8**, 219–236 (1967)

UTUSI, M.: Biochemical studies on carbohydrates. Hexosamine compounds in lung. Heparin as a component of glycoproteins. Tohoku. J. exp. Med. **51**, No. 3/4, 215–217 (1949)

VAES, G.: Excretion of acid and of lysosomal hydrolytic enzymes during bone resorption induced in tissue culture by parathyroid extract. Exp. Cell Res. **39**, 470–474 (1965a)

VAES, G.: Hydrolytic enzymes and lysosomes in bone cells. In: Calcified Tissues, Proc. 2nd Europ. Sympos. (ed. by J. RICHELLE and M.J. DALLEMAGNE) p. 51–62. Collect. Colloqu. L'université de Liège 1965b

VAES, G.: Acid hydrolases, lysosomes and bone resorption induced by parathyroid hormone. In: Calcified Tissues, Proc. 3rd Europ. Symp. (ed. by H. Fleisch, H.J.J. Blackwood and M. Owen) p. 56–59. Berlin-Heidelberg-New York: Springer 1966a

VAES, G.: La résorption osseuse et l'hormone parathyroidienne. Bruxelles, A. de Visscher, et Paris: Maloine 1966b

VAES, G.: Subcellular localization of glycosidases in lysosomes. In: Methods in enzymology (ed. by E.F. NEUFELD, V. GINSBURG, J.P. COLOWICK and N.O.KAPLAN) Vol. VIII: Complex carbohydrates p. 509–514. New York: Academic Press (1966c)

VAES, G.: Hyaluronidase activity in lysosomes of bone tissue. Biochem. J. **103**, 802–804 (1967)

VAES, G.: On the mechanisms of bone resorption. The action of parathyroid hormone on the excretion and synthesis of lysosomal enzymes and on the extracellular release of acid by bone cells. J. Cell Biol. **39**, 676–697 (1968)

VAES, G.: Lysosomes and the cellular physiology of bone resorption. In: Lysosomes in biology and pathology (ed. by J.T. DINGLE and H.B. FELL) Vol. 1, p. 217–253. Amsterdam: North-Holland publishing company 1969

VAES, G., JACQUES, P.: Studies on bone enzymes. The assay of acid hydrolases and other enzymes in bone tissue. Biochem. J. **97**, 380–388 (1965a)

VAES, G., JACQUES, P.: Studies on bone enzymes; distribution of acid hydrolases, alkaline phenylphosphatase, cytochrome oxidase and catalase in subcellular fraction of bone tissue homogenates. Biochem. J. **97**, 389–392 (1965b)

VAES, G., NICHOLS, G.JR.: Metabolic studies of bone in vitro. III. Citric acid metabolism and bone mineral solubility; effects of parathyroid hormone and estradiol. J. biol. Chem. **236**, 3323–3329 (1961)

VAES, G., NICHOLS, G. JR.: Effects of a dose of parathyroid extract on bone metabolic pathways. Endocrinology **70**, 546–555 (1962a)

VAES, G., NICHOLS, G.JR.: Oxygen tension and the control of bone cell metabolism. Nature (Lond.) **193**, 379–380 (1962b)

VAES, G., NICHOLS, G.JR.: Metabolism of glycine-1-$C^{14}$ by bone in vitro. Effects of hormones and other factors. Endocrinology **70**, 890–901 (1962c)

VAKAET, L.: A propos du raccourcissement de la ligne primitive du blastoderme du poulet. J. Embryol. exp. Morph. **8**, 6–19 (1960)

VAKAET, L.: Some new data concerning the formation of the definitive endoblast in the chick embryo. J. Embryol. exp. Morph. **10**, 38–57 (1962)

VARGA, L., GERGELY, J.: Double refraction of flow studies on hyaluronic acid prepared from the vitreous body. Biochim. biophys. Acta (Amst.) **23**, 1–6 (1957)

VASCIAVEO, F., BARTOLI, E.: Vascular channels and resorption cavities in the long bone cortex. The bovine bone. Acta anat. (Basel) **47**, 1–33 (1961)

VAUBEL, E.: The form and function of synovial cells in tissue cultures. J. exp. Med. **58**, 63–83; 85–95 (1933)

VAUGHAN, J.M.: The effects of radiation on bone. In: The biochemistry and physiology of bone (ed. by G.H. BOURNE) p. 729–765. New York: Academic Press 1956

VAUGHAN, J.M.: The physiology of bone. Oxford: Clarendon Press 1970

VAUGHAN, J., WILLIAMSON, M.: Preliminary report of a histochemical study of the glycoproteins and mucopolysaccharides in the epiphyseal plate of young rabbits. In: Les Tissus Calcifiés.

Proc. 5th Europ. Symp. 1968 (ed. by G. MILHAUD, M. OWEN and H.J.J. BLACKWOOD) p. 363–368. Paris: 1968

VEIS, A.: Intact collagen. In: Treatise on Collagen (ed. by G.N. RAMACHANDRAN) Vol. 1, p. 367–439, London-New York: Academic Press 1967

VEIT, O.: Kopfganglienleisten bei einem menschlichen Embryo von 8 Somitenpaaren. Anat. Hefte, 1. Abt. **56**, Heft 168/169, 305–320. (1918)

VEIT, O.: Entwicklungsgeschichte und vergleichende Anatomie in ihren Wechselbeziehungen zueinander, erörtert an dem Problem des Wirbeltierkopfes. Anat. Anz. **58**, No. 15/16, 374–393 (1924)

VEIT, O.: Die Veränderung der Zahl der Knochenzellausläufer während der embryonalen Entwicklung. Med. Inaug.-Diss. Freiburg/Br. 1935

VEIT, O.: Über das Problem Wirbeltierkopf. Kempen-Ndrh.: Thomas 1947

VENDRELEY, R., VENDRELEY, C.: La teneur du noyau cellulaire en acide desoxyribonucléique à travers les organes, les individus et les espèces animales. Experientia (Basel) **5**, 327–329 (1949)

VERBOUT, A.J.: Die segmentalen Wellen der Chorda dorsalis. Z. Anat. Entwickl.-Gesch. **133**, 172–183 (1971)

VERNE, J., MAROIS, M.: Un territoire de choix pour l'étude histochimique du tissu conjontif: La symphyse pubienne. Ann. Histochim. **2**, 283–299 (1957)

VERNE, J., WEILL, R., CECCALDI, P.F., CHARPAL, O.: Recherches sur le métabolisme du soufre dans les dents de jeunes rats. C.R. Soc. Biol. (Paris) **146**, 1558–1560 (1952)

VERNE, J., BESCOL-LIVERSAC, J., DROZ, B., OLIVIER, L.: Aspects de le fixation du $^{35}$S dans les cartilages. Corrélations histophysiologiques. Ann. Histochim. **1**, 191–198 (1956)

VERZÁR, F.: The ageing of connective tissue. Gerontologia **1**, 363–378 (1957)

VERZÁR, F.: Aging of the collagen fiber. Int. Rev. Connect. Tiss. Res. **2**, 244–296 (1964)

VERZÁR, F., HUBER, K.: Thermic-contraction of single tendon fibres from animals of different age after treatment with formaldehyde, urethane, glycerol, acetic acid and other substances. Gerontologia **2**, 81–103 (1958)

VIALLETON, L.: Épiphyses et cartilage de conjugaison des Sauropsides. C.R.Acad. Sci. (Paris) **169**, 202–203 (1919)

VIALLETON, L.: Membres et ceintures des vertébrés tétrapodes. Paris: Doin 1924

VICKERSTAFF, T.: The physical chemistry of dyeing. London Imp. Chem. Ind. 1950

VIDEMAN, T.: An experimental study of the effects of growth on the relationship of tendons and ligaments to bone at the site of diaphyseal insertion. I. Experiments with $^{35}$S-Sulphate and oxytetracycline. Ann. Chir. Gynaec. Fenn. **59**, 9–21 (1970a)

VIDEMAN, T.: An experimental study of the effects of growth on the relationship of tendons and ligaments to bone at the site of diaphyseal insertion. II. Determination of growth patterns and inhibition of displacement using metal markers. Ann. Chir. Gynaec. Fenn. **59**, 22–34 (1970b)

VIDEMAN, T.: An experimental study of the effect of growth on the relationship of tendons and ligaments to bone at the site of diaphyseal insertion. III. Autoradiographic study with $^{2}$H-thymidine of the insertion area of the tendon of the pectineus muscle. Ann. Chir. Gynaec. Fenn. **59**, 35–41 (1970c)

VIERNSTEIN, K.: Untersuchungen über den Stoffwechsel des normalen Gelenkknorpels. Z. Orthop. **92**, 4–10 (1959)

VIGNON, E.: Structure et métabolisme du cartilage articulaire. Path. et Biol. (Paris) **19**, 771–785 (1971)

VIGNON, E., ARLOT, M., VIGNON, G.: Étude de la densité cellulaire du cartilage de la tête fémorale en fonction de l'age. Rev. Rhum. Ma. Osteoartic. **43**, 403–405 (1976)

VIGNOLO-LUTATI, U.: Architettura della sostanza ossea compatta del metacarpo di grossi mammiferi e sue trasformazioni con l'età. Riv. Biol. **30**, 294–335 (1940)

VIIDIK, A.: Functional properties of collagenous tissues. Int. Rev. Connect. Tiss. Res. **6**, 127–215 (1973)

VILLANUEVA, A.R., FROST, H.M.: Evaluation of factors determining the tissue-level Haversian bone formation rate in man. J. dent. Res. **49**, 836–846 (1970)

VILLANUEVA, A.R., SEDLIN, E.D., FROST, H.M.: Variations in osteoblastic activity with age by the osteoid seam index. Anat. Rec. **146**, 209–213 (1963)

VILLAR-PALASI, C., LARNER, J.: Glycogen metabolism and glycolytic enzymes. Ann. Rev. Biochem. **39**, 639–672 (1970)

VINCENT, J.: Recherches sur la constitution du tissu osseux compact. Arch. Biol. (Liège) **65**, 531–569 (1954a)

VINCENT, J.: Sur la substance fondamentale des ostéones en formation. C.R. Soc. Biol. (Paris) **148**, 1675–1677 (1954b)

VINCENT, J.: Recherches sur la constitution de l'os adulte. Bruxelles Éditions Arscia 1955

VINCENT, J.: Le remaniement de l'os compact chez le *cercopithèque*. Arch. Biol. (Liège) **68**, 561–579 (1957)

VINCENT, J.: Autoradiographies au Na 22 de l'os compact chez le *cercopithèque*. Bull. Acad. roy. Méd. Belg., VI. ser. **25**, 283–295 (1960)

VINCENT, J.: Autoradiographic studies on bone sodium. In: Radioisotopes and bone (ed. by MCLEAN) p. 265–276. Oxford: Blackwell Scientific Publ. 1962

VINCENT, J.: Données histochimiques sur les sites d'ostéogenèse et de calcification. Second European Anatomical Meeting Brüssel (Sept. 1963) Arch. Biol. 355–390 (1965)

VINCENT, J., DEHM, A.: Étude microradiographique de l'ossification endochondrale. Acta anat. (Basel) **40**, 121–129 (1960)

VINCENT, J., HAUMONT, S.: Identification autoradiographique des ostéones métaboliques après administration de Ca 45. Rev. franç. Étud. clin. biol. **5**, 348–358 (1960)

VINZ, H.: Untersuchungen über die Dichte, den Wasser- und den Mineralgehalt des kompakten menschlichen Knochengewebes in Abhängigkeit vom Alter. Morph. Jb. **115**, 273–283 (1970a)

VINZ, H.: Die Änderung der Materialeigenschaften und der stofflichen Zusammensetzung des kompakten Knochengewebes im Laufe der Altersentwicklung. Nova acta Leopoldina **35**, 7–114 (1970b)

VIRCHOW, R.: Knochen- und Knorpelkörperchen. Würzb. Verh. **1**, 193–197 (1850)

VIRCHOW, R.: Die Identität von Knochen-, Knorpel- und Bindegewebskörperchen, sowie über Schleimgewebe. Verhandl. Physik.-Med. Ges. Würzburg **2**, 150–162 (1851)

VIRCHOW, R.: Das normale Knochenwachstum und die rachitische Störung desselben. Virchows Arch. path. Anat. **5**, 409–507 (1853)

VIRCHOW, R.: Die Cellularpathologie in ihrer Begründung auf physiologische und pathologische Gewebelehre. Berlin: A. Hirschwald 1858

VIRCHOW, R.: Über Bildung und Umbildung von Knochengewebe im menschlichen Körper. Berl. klin. Wschr. **12**, 1–3, 13–16 (1875)

VIS, J.H.: Histological investigations into the attachment of tendons and ligaments to the mammalian skeleton. Proc. kon. ned. Akad. Wet. Ser. **C 60**, 148–157 (1957)

VITTALI, P.H.: Osteocytic activity in metabolic bone disease. Excerpta Med. Intern. Congr. Series 120, 103 (1966)

VITTALI, P.H.: Osteocyte activity. Clin. Orthop. **56**, 213–226 (1968)

VITTUR, F., PUGLIARELLO, M.C., BERNARD, B. DE: Chemical modifications of cartilage matrix during endochondral calcification. Experientia (Basel), **27**, 126–127 (1971)

VOGT, E.C., VICKERS, V.S.: Osseous growth and development. Radiology 31, 441–444 (1938)

VOGT, W.: Gestaltungsanalyse am Amphibienkeim mit örtlicher Vitalfärbung. I. und II. Wilhelm Roux' Arch. Entwickl.-Mech. Org. **106**, 542–610 (1925)

VOGT, W.: Über Wachstum und Gestaltungsbewegungen am hinteren Körperende der Amphibien. Anat. Anz. **61**, 62–75 (1926)

VOGT, W.: Gestaltungsanalysen am Amphibienkeim mit örtlicher Vitalfärbung. Wilhelm Roux' Arch. Entwickl.-Mech. Org. **120**, 384–706 (1929)

VOLKMANN, R.: Zur Histologie der Caries und Ostitis. Langenbecks Arch. klin. Chir. **4**, 437–474 (1863)

VOLPIN, D., CIFERRI, A.: Elastic behaviour of elastin. In: Chemistry and molecular biology of the intercellular matrix (ed. by E.A. BALAZS), Vol. 1, p. 691–698, London-New York: Academic Press 1970

VOSS, H.: Die in Bezug auf den Gefäßgehalt „kritische" Dicke des Knochengewebes. Anat. Anz. **101**, 106–108 (1954)

VUUST, J.: Procollagen biosynthesis by embryonic-chick-bone polysomes. Estimation of the relative numbers of active proalpha 1 and proalpha 2 messenger ribonucleic acids. Europ. J. Biochem. **60**, 41–50 (1975)

VUUST, J., PIEZ, K.A.: Biosynthesis of the $\alpha$ chains of collagen studied by pulse-labelling in culture. J. biol. Chem. **245**, 6201–6207 (1970)

VUUST, J., PIEZ, K.A.: A kinetic study of collagen biosynthesis. J. biol. Chem. **247**, 856–862 (1972)

WADDINGTON, C.H.: The Epigenetics of birds. Cambridge: University Press 1952

WADDINGTON, C.H.: Principles of development and differentiation. New York: Macmillan Co. London: Collier-Macmillan Ltd. 1966

WADDINGTON, C.H., PERRY, M.M.: The ultrastructure of the developing urodele notochord. Proc. Roy. Soc. B 156, 459–482 (1962)

WADDINGTON, C.H., YAO, T.: Studies on regional specificity within the organization center of urodeles. J. exp. Biol. 27, 126–144 (1950)

WADKINS, C.L.: Experimental factors that influence collagen calcification in vitro. Calcif. Tiss. Res. 2, 214–228 (1968)

WAGENEN, G.VAN, ASLING, C.W.: Ossification in the fetal monkey (macaca mulatta). Estimation of age and progress of gestation by roentgenography. Amer. J. Anat. 114, 107–132 (1964)

WAGNER, B.M., SHAPIRO, S.H.: Application of Alcian blue as a histochemical method. Lab. Invest. 6, 472–477 (1957)

WAGNER, B.M., SMITH, D.E.: The connective tissue. Baltimore: The Williams & Wilkins Co. 1967

WAGNER, G.: Die Bedeutung der Neuralleiste für die Kopfgestaltung der Amphibienlarven. Untersuchungen an Chimaeren von Triton und Bombinator. Rev. suisse Zool. 56, 519–620 (1949)

WAGNER, G.: Chimaerische Zahnanlagen aus Triton-Schmelzorgan und Bombinator-Papille. Mit Beobachtungen über die Entwicklung von Kiemenzähnchen und Mundsinnesknospen in den Triton-Larven. J. Embryol. exp. Morph. 3, 160–188 (1955)

WAGNER, G.: Untersuchungen an Bombinator-Triton-Chimaeren. Das Skelett larvaler Tritonköpfe mit Bombinator-Mesektoderm. Wilhelm Roux' Arch. Entwickl.-Mech. Org. 151, 136–158 (1959)

WALDEYER, W.: Über den Ossifikationsprozeß. Arch. mikr. Anat. 1, 354–375 (1865a)

WALDEYER, W.: Über den Ossifikationsprozeß. Zbl. med. Wiss. 6, 113–116 (1865b)

WALKER, B.E., LEBLOND, C.P.: Sites of nucleic acid synthesis in the mouse visualized by radioautography after administration of $C^{14}$-labelled adenine and thymidine. Exp. Cell. Res. 14, 510–531 (1958)

WALKER, D.G.: Citric acid cycle in osteoblasts and osteoclasts. Bull. Johns Hopk. Hosp. 106, 80–99 (1961)

WALKER, D.G.: Elevated bone collagenolytic activity and hyperplasia of parafollicular light cells of the thyroid gland in parathormone-treated grey lethal mice. Z. Zellforsch. 72, 100–124 (1966)

WALKER, D.G., LAPIÈRE, C.M., GROSS, J.: A collagenolytic factor in rat bone promoted by parathyroid extract. Biochem. biophys. Res. Commun. 15, 397–402 (1964)

WALKER, K.V.R., KEMBER, N.F.: Cell kinetics of growth cartilage in the rat tibia. I. Measurements in young male rats. Cell Tiss. Kinet. 5, 401–408 (1972a)

WALKER, K.V.R., KEMBER, N.F.: Cell kinetics of growth cartilage in the rat tibia. II. Measurements during ageing. Cell. Tiss. Kinet. 5, 409–419 (1972b)

WALKER, P.G.: The enzymatic degradation of mucopolysaccharides. In: The biochemistry of mucopolysaccharides of connective tissue. (ed. by I.K. GRANT, F. CLARK, J.K. GRANT) p. 109–125. Cambridge University Press, 1961

WALKHOFF, E.: Die Architektur des menschlichen Beckens im Lichte der Entwicklungsmechanik. Sitzber. Physik, Med. Ges. Würzburg 1–16 (1904)

WALLGREN, G.: Changes in the ultrastructure of human foetal bone during growth. Nature (Lond.) 179, 675–676 (1957a)

WALLGREN, G.: Biophysical analyses of the formation and structure of human foetal bone. Acta Paediat. (Uppsala) 113, (Suppl.) 7–80 (1957b)

WALLIS, K.: Zur Knochenhistologie und Kallusbildung beim Reptil (Clemys leprosa Schweigg.). Z. Zellforsch. 6, 1–26 (1927)

WALLIS, K.: Über den Knochenkallus beim Kaltblüter. Z. Zellforsch. 7, 257–289 (1928)

WALLRAFF, J., BECKERT, H.: Zur Frage der Spezifität des mikroskopisch-chemischen Nachweises von Glykogen und anderen Polysacchariden nach H. Bauer. Z. mikr. anat. Forsch. 45, 510–530 (1939)

WALMSLEY, R.: The development of the patella. J. Anat. 74, 360–368 (1940)

WALMSLEY, R.: Development and growth of intervertebral disc. Edinb. med. J. 60, 341–364 (1953)

WARNER, S.P.: Hydrolytic enzymes in osteoclasts cultured in vitro. J. roy. micr. Soc. 83, 397–403 (1964)

WARREN, A.E.: Experimental studies on the development of the wing in the embryo of gallus domesticus. Amer. J. Anat. 54, 449–486 (1934)

WARREN, L.: The biosynthesis and metabolism of amino sugars and amino sugar containing compounds. In: Glycoproteins (ed. by A. GOTTSCHALK) Vol. 5, p. 570–593. Amsterdam-London-New York: Elsevier Publishing Co. 1966

WARREN, L., SPICER, S.S.: Biochemical and histochemical identification of sialic acid containing mucins of rodent vagina and salivary glands. J. Histochem. Cytochem. **9**, 400–408 (1961)

WARSHAWSKY, H., LEBLOND, C.P., DROZ, B.: Synthesis and migration of proteins in the cells of the exocrine pancreas as revealed by specific activity determination from radioautographs. J. Cell Biol. **16**, 1–24 (1963)

WARWICK, W.T., WILES, P.: The growth of periosteum in long bones. Brit. J. Surg. **22**, 169–174 (1934)

WASHBURNE, S.L.: The effect of the temporal muscle on the form of the mandibles. J. dent. Res. **26**, 174 (Abstr.)(1947)

WASSERMANN, F.: Extramedulläre Blutbildung in Verbindung mit der Entwicklung des Fettgewebes. Ber. über die 88. Vers. d. Naturforscher u. Ärzte Innsbruck. Zbl. Herz u. Gefäßkr. **16**, 329. (Abstr.)(1924)

WASSERMANN, F.: Wachstum und Vermehrung der lebendigen Masse. Handbuch der mikrosk. Anatomie d. Menschen Bd. 1/2, Berlin: Springer 1929

WASSERMANN, F.: Fibrillogenesis in the regenerating rat tendon with special reference to growth and composition of the collagenous fibril. Amer. J. Anat. **94**, 399–438 (1954)

WASSERMANN, F.: The intercellular components of connective tissue: Origin, structure and interrelationship of fibers and ground substance. Ergebn. Anat. Entwickl. Gesch. **35**, 240–333 (1956)

WASSERMANN, F.: Electron microscopic examination of the wall of the lacunae and canaliculi in bone. In: Argonne Nat. Lab. Biol. Med. Res. Division (ANL–6535) p. 129–138. Argonne: National Laboratory 1962

WASSERMANN, F., KUBOTA, L.: Observations on fibrillogenesis in the connective tissue of the chick embryo with the aid of silver impregnation. J. biophys. Biochem. Cytol. **2**, 67–70 (1956)

WASSERMANN, F., YAEGER, J.A.: Fine structure of the osteocyte capsule and of the wall of the lacunae in bone. Z. Zellforsch. **67**, 636–652 (1965)

WATERMANN, R.: Knorpelgefäße bei Fröschen und Hühnern. Anat. Anz. **113**, 387–401 (1963)

WATERMANN, R.: Gefäßdurchtrittöffnungen und Arthrose am Oberschenkel. Z. Orthop. **98**, 486–501 (1964)

WATERMANN, R.: Apophysen und Epiphysen, eine Defensio Galeni. Z. ärztl. Fortbild. **55**, 1–6 (1966a)

WATERMANN, R.: Zur Gefäßversorgung der distalen Femurepiphyse. Z. Orthop. **101**, 247–257 (1966b)

WATSON, D.M.S.: The structure of certain Palaconisoids and the relationships of that group with other bony fish. Proc. zool. Soc. Lond. Part. 3, No. **54**, 815–870 (1925)

WATSON, D.M.S., GILL, E.L.: The structure of certain palacozoic Dipnoi. J. Linn. Soc. Zool. **35**, No. 233, 163–216 (1923)

WATSON, M.L.: Staining of tissue sections for electron microscopy with heavy metals. II. Application of solutions containing lead and barium. J. biophys. biochem. Cytol. **4**, 727–730 (1958)

WATSON, M.L., AVERY, J.K.: The development of the hamster lower incisor as observed by electron microscopy. Amer. J. Anat. **95**, 109–162 (1954)

WATT, J.C.: The deposition of calcium carbonate and calcium phosphate in bone and in calcified areas. Amer. Ass. Anat. Rec. **27**, 190–191 (1924)

WATT, J.C.: The development of bone. (A) The process of development of bone of different types; (B) Normal physiological calcification of the matrix in cartilage and in bone; (C) The problem of the manner of deposition of the calcium salts. Arch. Surg. **17**, 1017–1046 (1928)

WATTERSON, R., FOWLER, L., FOWLER, B.: The role of the neural tube in the development of the axial skeleton of the chick. Amer. J. Anat. **95**, 337–400 (1954)

WAUGH, W.: The ossification and vascularisation of the tarsal navicular bone and their relationship to Kohler's disease. J. Bone Jt. Surg. **40-B**, 765–777 (1958)

WEATHERELL, J.A., WEIDMANN, S.M.: The distribution of organically bound sulphate in bone and cartilage during calcification. Biochem. J. **89**, 265–267 (1963)

WEBBER, R.V., BAYLEY, S.T.: Some observations on the molecular form of chondroitin sulphate. Canad. J. Biochem. **34**, 933–1005 (1956)

WEBER, E.H.: Einige Beobachtungen über Knorpel und Faserknorpel. Arch. Anat. Physiol. **2**, 232–239 (1827)

WEBSTER, D.A., GROSS, J.: Studies on possible mechanism of programmed cell death in the chick embryo. Develop. Biol. **22**, 157–184 (1970)

WEEL, P.B.VAN: Histophysiology of the limb-bud of the fowl during its early development. J. Anat. (Lond.) **82**, 49–57 (1948)

WEGNER, F.: Myeloplaxen und Knochenresorption. Virchows Arch. path. Anat. **56**, 525–533 (1872)

WEIDENREICH, F.: Über formbestimmende Ursachen am Skelett und die Erblichkeit der Knochenform. Wilhelm Roux' Arch. Entwickl.-Mech. Org. **51**, 436–481 (1922)

WEIDENREICH, F.: Knochenstudien. I. Über Aufbau und Entwicklung des Knochens und den Charakter des Knochengewebes. Z. Anat. Entwickl. Gesch. **69**, 382–466 (1923a)

WEIDENREICH, F.: Über den Begriff „Knochen" und die Beziehungen des Knochengewebes zu Bindegewebe und Knorpel. Anat. Anz. **57**, 138–153 (1923b)

WEIDENREICH, F.: Knochenstudien. II. Über Sehnenverknöcherungen und Faktoren der Knochenbildung. Z. Anat. Entwickl. Gesch. **69**, 558–597 (1923c)

WEIDENREICH, F.: Über Differenzierung und Entdifferenzierung. Arch. mikr. Anat. **97**, 227–250 (1923d)

WEIDENREICH, F.: Über Knochenaufbau und Bindegewebsverknöcherung. Münch. med. Wschr. **70**, 315–316 (1923e)

WEIDENREICH, F.: Das Knochengewebe. In: Handbuch der Mikroskopischen Anatomie des Menschen (hrsg. von W. MÖLLENDORFF) Bd. 2. Teil 2. S. 391–520. Berlin: Springer 1930

WEIDMANN, S.M.: Calcification of skeletal tissues. Int. Rev. Connect. Tiss. Res. **1**, 339–377 (1963)

WEIL, J.T.: La consolidation de fractures in vitro et l'influence de l'ossopan. Schweiz. Z. allg. Path. **14**, 205–224 (1951)

WEINMANN, J.P., SCHOUR, I.: Experimental studies in calcification. V. The effect of phosphate on the alveolar bone and the dental tissues of the rachitic rat. Amer. J. Path. **21**, 1057–1067 (1945)

WEINMANN, J.P., SICHER, H.: Bone and bones. Fundamentals of bone biology. St. Louis: Mosby, 1st Ed. 1947, 2nd. Ed. 1955

WEINNOLDT, H.: Untersuchungen über das Wachstum des Schädels unter physiologischen und pathologischen Verhältnissen. Beitr. path. Anat. **70**, 311–341, 345–391 (1922)

WEINSTEIN, H., SACHS, C.R., SCHUBERT, M.: Proteinpolysaccharide in connective tissue: inhibition of phase separation. Science **142**, 1073–1075 (1963)

WEIS-FOGH, T., ANDERSEN, S.O.: Elasticity and thermodynamics of elastin. In: Chemistry and molecular biology of the intercellular matrix. (ed. by E.A. BALAZS) Vol. 1, p. 671–684, London and New York: Academic Press 1970

WEISS, C., ROSENBERG, L., HELFET, A.J.: An ultrastructural study of normal young adult human articular cartilage. J. Bone Jt. Surg. **50-A**, 663–674 (1968)

WEISS, J.B.: Enzymic degradation of collagen. Int. Rev. Connect. Tiss. Res. **7**, 101–157 (1976)

WEISS, L.: The cell periphery metastasis and other contact phenomena. New York: Wiley 1967a

WEISS, L.: Studies on cell deformability. III. Some effects of EDTA on sarcoma 37 cells. J. Cell. Biol. **33**, 341–347 (1967b)

WEISS, P.: Die Funktion transplantierter *Amphibien*extremitäten. Aufstellung einer Resonanztheorie der motorischen Nerventätigkeit auf Grund abgestimmter Endorgane. Wilhelm Roux' Arch. Entwickl.-Mech. Org. **102**, 635–672 (1924)

WEISS, P.: Ganzregenate aus halbem Extremitätenquerschnitt. Wilhelm Roux' Arch. Entwickl.-Mech. Org. **107**, 1–53 (1926)

WEISS, P.: Principles of development. New York: H. Holt & Co. 1939

WEISS, P.: The problem of specificity in growth and development. Yale J. Biol. Med. **19**, 235–278 (1947)

WEISS, P.: Some perspectives in the field of morphogenesis. Quart. Rev. Biol. **25**, 177–198 (1950)

WEISS, P.: Central versus peripheral factors in development of coordination. A. Res. Nerv. Ment. Dis. Proc. **30**, 3–23 (1952)

WEISS, P.: Some introductory remarks on the cellular basis of differentiation. J. Embryol. exp. Morph. **1**, 181–211 (1953)

WEISS, P.: Nervous system (Neurogenesis). In: Analysis of development (ed. by B.H. WILLIER, P.A. WEISS, V. HAMBURGER) p. 346–401. Phailadelphia-London: W.B. Saunders Co. 1955

WEISS, P.: The compounding of complex and cellular units into tissue fabrics. Proc. nat. (Acad.) Sci. (Wash.) **42**, 819–830 (1956)

WEISS, P.: Macromolecular fabrics and patterns. J. cell. comp. Physiol. **49**, (Suppl. 1) 105–112 (1957)

WEISS, P.: Cell contact. Int. Rev. Cytol. **7**, 391–423 (1958)

WEISS, P.: From cell to molecule.. In: The molecular control of cellular activity (ed. by J.M. Allen) p. 3–72. New York: McGraw Hill Book Co. 1962

WEISS, P.: Biosynthesis and morphogenesis. From cell dynamics to tissue architecture. In: Structure and function of connective and skeletal tissue. (ed. by S. FITTON-JACKSON, S.M. PARTRIDGE, R.D. HARKNESS, G.R. TRISTRAM) p. 256–281. London: Butterworths 1965

WEISS, P., AMPRINO, R.: The effect of mechanical stress on the differentiation of scleral cartilage in vitro and in the embryo. Growth **4**, 245–258 (1940)

WEISS, P., FERRIS, W.: Electron-microscopic study of the texture of the basement of larval amphibian skin. Proc. nat. Acad. sci. (Wash.) **40**, 528–540 (1954)

WEISS, P., FERRIS, W.: The basement lamella of amphibian skin. Its reconstruction after wounding. J. biophys. biochem. Cytol. **2**, No. 4, Part 2, 275–281 Suppl. (1956)

WEISS, P., KAVANAN, J.L.: A model of growth and growth control in mathematical terms. J. gen. Physiol. **41**, 1–47 (1957)

WEISS, P., MOSCONA, A.: Type-specific morphogenesis of cartilages developed from dissociated limb and scleral mesenchyme in vitro. J. Embryol. exp. Morph. **6**, 238–264 (1958)

WEISS, P., ROUVIERE, H.: Sur la texture des tendons. Biblogr. Anat. **25**, 29–33 (1914)

WEISSMAN, N., SHIELDS, G.S., CARNES, W.H.: Cardio-vascular studies on copper deficient swine. IV. Content and solubility of the aortic elastin, collagen and hexosamine. J. biol. Chem. **238**, 3115–3118 (1963)

WEISSMANN, B., RAPPORT, M.M., LINKER, A., MEYER, K.J.: Isolation of the aldobionic acid of umbilical cord hyaluronic acid. J. biol. Chem. **205**, 205–211 (1953)

WEISSMANN, G., POTTER, J.L., McCLUSKEY, R.T., SCHUBERT, M.: Turbidity produced by hexamine-cobaltic chloride in serum of rabbits injected intravenously with papain. Proc. Soc. Exp. Biol. (N.Y.) **102**, 584–487 (1969)

WELCKER, H.: Untersuchungen über Wachstum und Bau des menschlichen Schädels. Leipzig: Engelmann 1862

WELCKER, H.: Die Einwanderung der Bicepssehne in das Schultergelenk. Nebst Notizen über Ligamentum interarticulare humeri und Lig. teres femoris. Arch. Anat. Entwickl. Gesch. Anat. Phys. A. Anat. Abt. 20–42 (1878)

WELLS, A.B.: The effect of acute and fractionated doses of x-rays on the growth of the mouse tibia. Brit. J. Radiol. **42**, 364–371 (1969)

WELLS, H.G.: Chemical pathology. 2nd. Ed. Philadelphia: Saunders 1914

WELLS, H.G.: Adipose tissue, a neglected subject. J. Amer. med. Ass. **114**, 2177–2284 (1940)

WELLS, L.J.: Subjection of fetal rats to surgery and repeated subcutaneous injections; method and survival. Anat. Rec. **108**, 309–332 (1950)

WELLS, P.J., SERAFINI-FRACASSINI, A.: Molecular organization of cartilage proteoglycan. Nature (Lond.) **243**, 266–268 (1973)

WELSCH, U.: Über den Feinbau der Chorda dorsalis von *Branchiostoma lanceolatum*. Z. Zellforsch. **87**, 69–81 (1968)

WERNER, H.: Das Schicksal der Zellen des Säulenknorpels im Sternalmark der weißen Ratte. Z. mikr. anat. Forsch. **60**, 573–588 (1954)

WESELOH, G., FIESSELMANN, A.: Zur Lactatdehydrogenase-Isoenzymverteilung im menschlichen Knorpel. Arch. orthop. Unfall-Chir. **83**, 345–351 (1975)

WESTERBORN, O.: The effect of papain on epiphyseal cartilage. A morphological and biochemical study. Acta chir. scand. (Suppl.) **270**, 1–84 (1961)

WESTERBORN, O.: The effect of papain on epiphyseal cartilage. In: Structure and function of connective and skeletal tissue (ed. by S. FITTON-JACKSON, R.D., HARKNESS, S.M. PARTRIDGE, G.R. TRISTRAM) p. 456–458. London: Butterworths 1965

WESTON, J.A.: A radioautographic analysis of the migration and localization of trunk neural crest cells in the chick. Develop. Biol. **6**, 279–310 (1963)

WESTON, J.A.: The migration and differentiation of neural crest cells. Advanc. Morphogenes. **8**, 41–114 (1970)

Weston, J.A., Butler, S.L.: Temporal factors affecting localization of neural crest cells in the chicken embryo. Develop. Biol. **14**, 246–266 (1966)

Weston, P.D., Barrett, A.J., Dingle, J.T.: Specific inhibition of cartilage breakdown. Nature (Lond.) **222**, 285–286 (1969)

Wetzel, M.G., Wetzel, B.K., Spicer, S.S.: Ultrastructural localization of acid mucosubstance in the mouse colon with iron containing stains. J. Cell Biol. **30**, 299–315 (1966)

Wetzel, R.: Untersuchungen am Hühnchen. Die Entwicklung des Keims während der ersten beiden Bruttage. Wilhelm Roux' Arch. Entwickl.-Mech. Org. **119**, 118–321 (1929)

Whedon, G.D.: Steroid hormones in osteoporosis. In: Hormones and the aging process (ed. by E.T. Engle, G. Pincus) p. 221–237. New York: Academic Press 1956

Whistler, R.L., Olson, E.J.: The biosynthesis of hyaluronic acid. Advanc. Carbohydr. Chem. **12**, 299–319 (1957)

Whistler, R.L., Smart, C.L.: Polysaccharide chemistry. New York: Academic Press 1958

White, D., Sandson, J., Rosenberg, L., Schubert, M.: The antigenicity of the protein polysaccharides of human cartilage. J. clin. Invest. **42**, 992–993 (1963)

Whitehead, R.G., Weidmann, S.M.: The effect of parathormone on the uptake of $^{32}$P into adenosine triphosphate and bone salt in kittens. Biochem. J. **71**, 312–318 (1959a)

Whitehead, R.G., Weidmann, S.M.: Oxidative enzyme systems in ossifying cartilage. Biochem. J. **72**, 667–672 (1959b)

Whitehouse, M.W., Lash, J.W.: Effect of cortisone and related compounds on the biogenesis of cartilage. Nature (Lond.) **189**, 37–39 (1961)

Whitson, S.W.: Tight junction formation in the osteon. Clin. Orthop. **86**, 206–213 (1972)

Wiebkin, O.W., Muir, H.: Influence of the cells on the pericellular environment. The effect of hyaluronic acid on proteoglycan synthesis and secretion by chondrocytes of adult cartilage. Phil. Trans. B. **271**, 283–291 (1975)

Wieland, E.: Der angeborene Weich- oder Lückenschädel. Virchows Arch. path. Anat. **197**, 167–239 (1909)

Wigglesworth, V.B.: The role of iron in histological staining. Quart. J. micr. Sci. **93**, 105–118 (1952)

Wijhe, van: Über die Mesodermsegmente und die Entwicklung der Nerven des Selachierkopfes. Verh. kon. Akad. van. Wet. Amsterdam 1883

Wilby, O.K., Ede, D.A.: A model generating the pattern of cartilage skeletal elements in the embryonic chick limb. J. theor. Biol. **52**, 199–217 (1975)

Wilcox, C., Sanger, J.W., Abbott, J.: Quantal mitosis and the induction of vertebral cartilage. J. Cell Biol. (Abstr.) **43**, 157a–158a (1969)

Wilde, C.E.: The differentiation of vertebrate pigment cells. Advanc. Morphogenes. **1**, 267–300 (1961)

Williams, G., Jackson, D.S.: Two organic fixatives for acid mucopolysaccharides. Stain Technol. **31**, 189–191 (1956)

Williams, J.L.: The development of cervical vertebrae in the chick under normal and experimental conditions. Amer. J. Anat. **71**, 153–179 (1942)

Williams, L.W.: The somites of the chick. Amer. J. Anat. **11**, 55–100 (1910–1911)

Williams, P.A., Peacocke, A.R.: The physical properties of a glycoprotein from bovine cortical bone (bone sialoprotein). Biochim. biophys. Acta (Amst.) **101**, 327–353 (1956)

Williams, R.G.: A study of bone growing from autographs of marrow in rabbits. Anat. Rec. **129**, 187–209 (1957)

Williamson, M., Vaughan, J.: A preliminary report on the sites of deposition of Y, Am and Pu in cortical bone and in the region of the epiphyseal cartilage plate. In: Bone and tooth (ed. by H.J.J. Blackwood) p. 71–83. Oxford-London-New York-Paris: Pergamon Press 1964

Willier, B.H.: Ontogeny of endocrine correlation. In: Analysis of development (ed. by B.A. Willier, P.A. Weiss, V. Hamburger) p. 574–619. Philadelphia: W.B. Saunders Co. 1955

Willmer, E.N.: Cytology and evolution. New York and London: Academic Press 1960

Willmer, E.N.: Morphological problems of cell type, shape and identification. In: Cells and tissues in culture (ed. by E.N. Willmer) Vol. 1. p. 143–176. London-New York: Academic Press 1965

Willstätter, R., Rhodewald, M.: Über den Zustand des Glykogens in der Leber, im Muskel und in Leukozyten. (Zur Kenntnis der Proteinbindung physiologisch wichtiger Stoffe.) Hoppe-Seyler's Z. physiol. Chem. **225**, 103–124 (1934)

WILSMAN, N.J., FLETCHER, T.F.: Cilia of neonatal articular chondrocytes incidence and morphology. Anat. Rec. **190**, 871–890 (1978)

WILSMAN, N.J., SICKLE, D.C.VAN: The relationship of cartilage canals to the initial osteogenesis of secondary centers of ossification. Anat. Rec. **168**, 381–392 (1970)

WILSMAN, N.J., SICKLE, D.C.VAN: Histochemical evidence of a functional heterogeneity in neonatal canine epiphyseal chondrocytes. Histochem. J. **3**, 311–318 (1971)

WILSON, A.S., LEGG, P.G., McNEUR, J.C.: Studies on the innervation of the medial meniscus in the human knee joint. Anat. Rec. **165**, 485–491 (1969)

WILTON, A.: Tissue reactions in bone and dentine. London: Kimpton 1937

WIMMER, K.: Die Architektur des Sinus sagittalis cranialis und der einmündenden Venen als statische Konstruktion. Z. Anat. Entwickl. Gesch. **116**, 459–585 (1952)

WINDRUM, G.M., KENT, P.W., EASTOE, J.E.: Constitution of human renal reticulin. Brit. J. exp. Path. **36**, 49–59 (1955)

WINTER, R.: Über die Ossifikation des Rumpf- und Gliedmassenskelettes der Rinderfeten, ein Beitrag zu deren Altersbestimmung. Dissertation, histol.-physiolog. Institut der tierärztlichen Hochschule zu Dresden 1923

WIRTSCHAFTER, Z.T., TSUJIMURA, J.K.: The sesamoid bones in the C3H mouse. Anat. Rec. **139**, 399–408 (1961a)

WIRTSCHAFTER, Z.T., TSUJIMURA, J.K.: The sesamoid bones in Long Evans strain rats. Anat. Rec. **141**, 195–204 (1961b)

WIRTSCHAFTER, Z.T., CLEARY, E.G., JACKSON, D.S., SANDBERG, L.B.: Histological changes during the development of the bovine nuchal ligament. J. Cell Biol. **33**, 481–488 (1967)

WISLOCKI, G.B., SOGNNAES, R.F.: Histochemical reactions of normal teeth. Amer. J. Anat. **87**, 239–275 (1950)

WISLOCKI, G.B., BUNTING, H., DEMPSEY, E.W.: Metachromasia in mammalian tissues and its relationship to mucopolysaccharides. Amer. J. Anat. **81**, 1–37 (1947a)

WISLOCKI, G.B., WEATHERFORD, H.L., SINGER, M.: Osteogenesis of antlers investigated by histological and histochemical methods. Anat. Rec. **99**, 265–296 (1947b)

WJERESZINSKI, A.O.: Vergleichende Untersuchungen über Explantation und Transplantation von Knochen, Periost und Endosteum. Virchows Arch. path. Anat. **251**, 268–280 (1924)

WLADIMIROV, B.: Blood supply of the semilunar cartilages in dog under various functional conditions. Anat. Anz. **129**, 551–561 (1971)

WÖHLISCH, E., MESNIL DE ROCHEMONT, R.DU, GERSCHLER, H.: Untersuchungen über die elastischen Eigenschaften tierischer Gewebe; Elastizitätsmodul, Zerreißfestigkeit, Arbeitsvermögen und elastische Vollkommenheit. Z. Biol. **85**, 325–341 (1926)

WOERDEMAN, M.W.: Eye lens extraction in rat fetuses in utero. Develop. Biol. **7**, 117–129 (1963)

WOESSNER, J.F.: Acid hydrolases of connective tissue. Int. Rev. Connect. Tiss. Res. **3**, 201-260 (1965)

WOESSNER, J.F.: Acid cathepsins of cartilage. In: Cartilage degradation and repair (ed. by C.A.L. BASSETT) p. 99–109. Washington: National Academy of Sciences 1967

WOESSNER, J.F.: Biological mechanism of collagen resorption. In: Treatise on collagen (ed. by G.N. RAMACHANDRAN) Vol. 2, p. 253–330, London and New York: Academic Press (1968)

WOESSNER, J.F.: Cartilage cathepsin D and its action on matrix components. Fed. Proc. **32**, 1485–1488 (1973)

WOHLFAHRT-BOTTERMANN, K.E.: Die Eignung und Anwendung von Phosphorwolframsäure und Thalliumnitrat als Kontrastmittel zur Darstellung cytoplasmatischer Strukturen. Proc. Stockholm Conf. Electr. micr. S. 124 (1956)

WOLBACH, S.B.: Controlled formation of collagen and reticulum. A study of the source of intercellular substance in recovery from experimental scorbutus. Amer. J. Path. Suppl. **9**, 689–700 (1933)

WOLBACH, S.B.: Vitamin A deficiency and excess in relation to skeletal growth. J. Bone Jt. Surg. **29**, 171–192 (1947)

WOLF, J.: Function of chondral membrane on surface of articular cartilage from point of view of its mechanical resistance. Folia morph. (Praha) **23**, 77–87 (1975a)

WOLF, J.: Microvilli and similar prominences on surface of chondral membrane on articular cartilage of man. Folia morph. (Praha) **23**, 154–163 (1975b)

WOLFE, H.J., PUTSCHAR, W.G., VICKERY, A.L.: Role of the notochord in human intervertebral disc. I. Fetus and infant. Clin. Orthop. **39**, 205–212 (1965)

WOLFF, B.: Experimentelle Untersuchung über die Entstehung extrauteriner Schwangerschaft und über die Möglichkeit operativer Eingriffe beim lebenden Säugetierfetus. Beitr. path. Anat. **65**, 423–486 (1919)

WOLFF, E.: Les bases de la tératogénèse expérimentale, des vertébrés amniotes, d'apres les résultats de méthodes directes. Arch. anat. histol. Embryol. **22**, 1–382 (1936)

WOLFF, J.: Über Knochenwachstum. Berl. klin. Wschr. Nr. 6, 7 und 8. 62–64, 76–77 (1868)

WOLFF, J.: Über die innere Architektur der Knochen und ihre Bedeutung für die Frage vom Knochenwachstum. Virchows Arch. **50**, 389–450 (1870)

WOLFF, J. Markierungsversuche am Scheitel-, Stirn- und Nasenbein des Kaninchens. Arch. Path Anat. Physiol. klin. Med. **101**, 572–630 (1885)

WOLFF, J.: Über das Wachstum des Unterkiefers. Virchows Arch. **114**, 493–547 (1888)

WOLFROM, M.L., MADISON, R.K., CRON, M.J.: The structure of chondrosine and of chondroitinsulfuric acid. J. Amer. chem. Soc. **74**, 1491–1494 (1952)

WOLINSKY, I., COHN, D.V.: Bone lysozyme: partial purification, properties and depression of activity by parathyroid extract. Nature (Lond.) **210**, 413–414 (1966)

WOLINSKY, I., GUGGENHEIM, K.: Lipid metabolism of chick epiphyseal bone and cartilage. Calcif. Tiss. Res. **6**, 113–119 (1970)

WOLMAN, M.: Problems of fixation in cytology, histology and histochemistry. Int. Rev. Cytol. **4**, 79–102 (1955)

WOLMAN, M.: The lipids stained by the periodic acid Schiff technic. Stain Technol. **31**, 241–245 (1956)

WOLMAN, M.: Differential staining of acidic tissue components by the improved Bi-Col method. Stain Technol. **36**, 21–31 (1961)

WOLPERS, C.: Kollagenstreifung und Grundsubstanz. Klin. Wschr. **22**, 624 (1943)

WOLPERS, C.: Die Querstreifung der kollagenen Bindegewebsfibrille. Virchows Arch. path. Anat. **312**, 292–302 (1944)

WOLPERS, C.: Das Sarkolemm. Klin. Wschr. **45/46**, 724–726 (1948)

WOLPERS, C.: Elektronenmikroskopie der Plasmaderivate. Grenzgeb. Med. **2**, 527–535 (1949)

WOLPERT, L.: Positional information and the spatial pattern of cellular differentiation. J. theor. Biol. **25**, 1–47 (1969)

WOLSTENHOLME, G.E.W., O'CONNOR, C.M. (ed.): Bone structure and metabolism. Ciba Foundation Symposium. London: Churchill 1956

WOLSTENHOLME, G.E.W., O'CONNOR, C.M. (ed.): Chemistry and biology of mucopolysaccharides. Ciba Foundation Symposium. London: Churchill 1958

WOOD, G.C.: The reconstruction of elastin from a soluble protein derived from ligamentum nuchae. Biochem. J. **69**, 539–544 (1958)

WOOD, G.C.: The formation of fibrils from collagen solutions. 2. A mechanism of collagen-fibril formation. Biochem. J. **75**, 598–605 (1960a)

WOOD, G.C.: The formation of fibrils from collagen solutions. 3. Effect of chondroitin sulphate and some other naturally occurring polyanions on the rate of formation. Biochem. J. **75**, 605–612 (1960b)

WOOD, G.C.: The precipitation of collagen fibers from solution. Int. Rev. Connect. Tiss. Res. **2**, 1–31 (1964)

WOOD, G.C., KEECH, M.K.: The formation of fibrils from collagen solutions. 1. The effect of experimental conditions: kinetic and electron microscope studies. Biochem. J. **75**, 588–598 (1960)

WOOD, W.A.: Carbohydrate metabolism. Ann. Rev. Biochem. **35**, 521–558 (1966)

WOODARD, H.Q.: The elementary composition of human cortical bone. Hlth. Phys. **8**, 513–517 (1962)

WOODARD, H.Q.: The composition of human cortical bone, effect of age and of some abnormalities. Clin. Orthop. **37**, 187–193 (1964)

WOODS, J.F., NICHOLS, G. JR.: Collagenolytic activity in rat bone cells. Characteristics and intracellular location. J. Cell. Biol. **26**, 747–757 (1965a)

WOODS, J.F., NICHOLS, G.: Distribution of collagenase in rat tissues. Nature (Lond.) **208**, 1325–1326 (1965b)

WOODSIDE, G.L., DALTON, A.J.: The ultrastructure of lung tissue from newborn and embryo mice. J. Ultrastruct. Res. **2**, 28–54 (1958)

WOOLLARD, H.H.: The development of the principal arterial stems in the fore-limb of the pig. Contr. Embryol. Publ. Carneg. Instn. **14**, No. 70, 139–154 (1922)

WORTMAN, B.: Enzymic sulfation of corneal mucopolysaccharides by beef cornea, epithelial extract. J. biol. Chem. **236**, 974–978 (1961)

WORTMAN, B.: Variability of keratan sulfate isolated from beef cornea. Biochim. biophys. Acta (Amst.) **83**, 288–295 (1964)

WORTMAN, B., STROMINGER, J.L.: Incorporation of inorganic sulfate $S^{35}$ into sulfated mucopolysaccharides of cornea in vitro. Amer. J. Ophthal. **44**, 291–297 (1957)

WRIGHT, S.T.: Cellular differentiation at the molecular level with special reference to proteins. In: Symp. Soc. Exp. Biol., Cell differentiation p. 18–39. Cambridge: University Press 1963

WRIGHT, V., DOWSON, D., KERR, J.: The structure of joints. Int. Rev. Connect. Tissue Res. **6**, 105–125 (1973)

WUTHIER, R.E.: Lipids of mineralizing epiphyseal tissues in the bovine fetus. J. Lipid Res. **9**, 68–78 (1968)

WUTHIER, R.E.: A zonal analysis of inorganic and organic constituents of the epiphysis during endochondral calcification. Calcif. Tissue Res. **4**, 20–38 (1969/70)

WUTHIER, R.E.: Lipid composition of isolated epiphyseal cartilage cells, membranes and matrix vesicles. Biochim. biophys. Acta **409**, 128–143 (1975)

WUTHIER, R.E.: Lipids of matrix vesicles. Fed. Proc. **35**, 117–121 (1976)

WUTHIER, R.E., KING, P.C.: Profiles of organic and inorganic constituents of mineralizing cartilage and bone. Proc. 44th. gen. meeting Int. Assoc. dent. Res. **15**, 40 (1966)

WUTHIER, R.E., MAJESKA, R.J., COLLINS, G.M.: Biosynthesis of matrix vesicles in epiphyseal cartilage. Calcif. Tissue Res. **23**, 135–139 (1977)

WYCKOFF, R.W.: The fine structure of connective tissue. In: Connective Tissues Trans. 3rd. Conf. p. 38–91. New York: Josiah Macy Jr. Foundation 1952

WYCKOFF, R.W., DOBERENZ, A.R.: The electron microscopy of Rancho la Brea bone. Proc. nat. Acad. Sci. (Wash.) **53**, 230–233 (1965a)

WYCKOFF, R.W., DOBERENZ, A.R.: La collagène dans les dents pléistocènes. J. Microscopie **4**, 271–274 (1965b)

YAEGER, J.A.: Histochemistry of bone matrix during rest and resorption. J. dent. Res. **38**, 1082–1095 (1959)

YAEGER, J.A.: The vacuolar nature of bone ground substance. Arch. oral Biol. **5**, 168–173 (1961)

YAJIMA, T.: Ultrastructural and cytochemical studies on the remodelling of the tracheal cartilage. Arch. histol. jap. **39**, 79–97 (1976)

YAMADA, K.: Dual staining of some sulfated mucopolysaccharides with alcian-blue (pH 1.0) and ruthenium red (pH 2.5). Histochemie **23**, 13–20 (1970)

YAMADA, T.: Der Determinationszustand des Rumpfmesoderms im Molchkeim nach der Gastrulation. Wilhelm Roux' Arch. Entwickl.-Mech. Org. **137**, 151–270 (1939a)

YAMADA, T.: Über bedeutungsfremde Selbstdifferenzierung der präsumptiven Rückenmuskulatur des Molchkeimes bei Isolation. Okajimas Fol. Anat. Jap. **18**, 565–568 (1939b)

YAMADA, T.: Beeinflussung der Differenzierungsleitung des isolierten Mesoderms von Molchkeimen durch zugefügtes Chorda- und Neuralmaterial. Okajimas Fol. Anat. Jap. **19**, 131–197 (1940)

YAMADA, T.: A chemical approach to the problem of the organizer. Advanc. Morphogenes. **1**, 1–53 (1961)

YAMAGISHI, M., YOSHIMURA, Y.: The biomechanics of fracture healing. J. Bone Jt. Surg. **37 A**, 1034–1068 (1955)

YAMAMOTO, K.: Zur polarisationsoptischen Untersuchung der Knochenlamellensysteme des Menschen. I. Mitteilung: Vergleichsstudien an polarisationsoptischen und mikroröntgenographischen Bildern des Knochens von normalen Erwachsenen, Fötussen und Patienten mit 3 Knochenerkrankungen. Arch. histol. jap. **32**, 115–132 (1970)

YARDLEY, J.H., HEATON, M.W., GAINES, L.M., SHULMAN, L.E.: Collagen formation by fibroblasts. Preliminary electron microscopic observations using thin section of tissue cultures. Johns Hopk. Hosp. Bull. **106**, 381–393 (1960)

YASUZUMI, G.: Über die Verschiebung des isoelektrischen Punktes der fixierten Blutzellen. Folia anat. jap. **11**, 267–274 (1933a)

YASUZUMI, G.: Über den isoelektrischen Punkt der tierischen Gewebe; Bestimmungsmethode des isoelektrischen Punktes von Protoplasten und Verschiebung dieses Punktes der Erythrocyten von Kaninchen durch Formaldehyd. Folia anat. jap. **11**, 415–434 (1933b)

YEAGER, V.L., CHIEMCHANYA, S., CHAISERI, P.: Changes in size of lacunae during the life of osteocytes in osteons of compact bone. J. Geront. **30**, 9–14 (1975)

YIELDING, K.L., TOMKINS, G.M., BUNIM, J.J.: Synthesis of hyaluronic acid by human synovial tissue slices. Science **125**, 1300 (1957)

YNTEMA, C.L.: Ear and nose. In: Analysis of development (ed. by B.H. WILLIER, P.A. WEISS and V. HAMBURGER) p. 415–428. Philadelphia and London: W.B. Saunders Co. 1955

YNTEMA, C.L., HAMMOND, W.S.: The origin of intrinsic ganglia of the trunk viscera from vagal neural crest in the chick embryo. J. comp. Neurol. **101**, 515–542 (1954)

YOSHIKI, S.: Histochemistry of various enzymes in developing bone, cartilage and tooth of rat. Bull. Tokyo dent. Coll. **3**, 14–28 (1962)

YOSHIOKA, W., MORI, M., MIZUSHIMA, T., DEGUCHI, S.: Histochemical studies of Glycosidase ($\beta$-glucuronidase, $\beta$-galactosidase and $\beta$-glucosidase) activity in the developing teeth in rat. Arch. histol. jap. **20**, 529–533 (1960)

YOUNG, M.H., CRANE, W.A.: Effect of hydrocortisone on the utilization of tritiated thymidine for skeletal growth in the rat. Ann. rheum. Dis. **23**, 163–168 (1964)

YOUNG, R.W.: The influence of cranial contents on postnatal growth of the skull in the rat. Amer. J. Anat. **105**, 383–416 (1959)

YOUNG, R.W.: Histological and histophysical studies on the effect of parathyroid extract on bone. Anat. Rec. **139**, 289 (1961)

YOUNG, R.W.: Cell proliferation and specialization during endochondral osteogenesis in young rats. J. Cell Biol. **14**, 357–370 (1962a)

YOUNG, R.W.: Autoradiographic studies on postnatal growth of the skull in young rats with tritiated glycine. Anat. Rec. **143**, 1–13 (1962b)

YOUNG, R.W.: Regional differences in cell generation time in growing rat tibiae. Exp. Cell. Res. **26**, 562–567 (1962c)

YOUNG, R.W.: Histophysical studies on bone cells and bone resorption. In: Mechanisms of hard tissue destruction (ed. by R.F. SOGNNAES) p. 471–496. Washington: Amer. Ass. Advanc. Sci. 1963a

YOUNG, R.W.: Nucleic acids, protein synthesis and bone. Clin. Orthop. **26**, 147–160 (1963b)

YOUNG, R.W.: Specialization of bone cells. In: Bone Biodynamics (ed. by H.M. FROST) p. 117–142. Boston: Little, Brown and Co. 1964

ZACHARIADES, P.A.: Recherches sur la structure de l'os normal. C.R. Soc. Biol. (Paris) **9**, 207, 245–246, 597–598, 632–633 (1889)

ZACKS, S.I.: Esterases in the early chick embryo. Anat. Rec. **118**, 509–537 (1954)

ZAMBOTTI, V.: Die Biochemie des Knorpels, der zum Knochen umgebaut wird und die Verknöcherung. Sc. med. ital. **5**, 630–660 (1957)

ZAMBOTTI, V., BOLOGNANI, L.: Chemical composition and metabolism of cartilage and bone. In: Callus formation. Symp. biol. fract. healing (ed. by St. KROMPECHER and E. KERNER) Vol. 7, p. 5–33. Budapest: Akadémiai Kiadó 1967

ZAMSCIANYK, H., VEIS, A.: The isolation and chemical characterization of a phosphate-containing sialoglycoprotein from developing bovine teeth. Fed. Proc. **25**, 409 (1966)

ZAWISCH, C.: Die Verknöcherung der knorpelig vorgebildeten platten Knochen. Acta anat. (Basel) **19**, 384. (Abstr.) (1953a)

ZAWISCH, C.: Die frühe Histogenese der menschlichen Clavicula. Z. mikr. anat. Forsch. **59**, 187–226 (1953b)

ZAWISCH, C.: Die Morpho- und Histogenese der menschlichen Scapula. Acta anat. (Basel) **22**, 300–328 (1954)

ZAWISCH-OSSENITZ, C.: Histologische Untersuchungen über Gefäßeinschluß und Gefäßentwicklung im Knochen. Z. mikr. anat. Forsch. **6**, 76–161 (1926)

ZAWISCH-OSSENITZ, C.: Über Inseln von basophiler Substanz in den Diaphysen langer Röhrenknochen. Z. mikr. anat. Forsch. **10**, 473–526 (1927)

ZAWISCH-OSSENITZ, C.: Die basophilen Inseln und andere basophile Elemente im menschlichen Knochen. I. Allgemeiner Überblick und die Entwicklung des menschlichen Femur. Z. mikr. anat. Forsch. **17**, 41–110 (1929)

ZAWISCH-OSSENITZ, C.: Historischkritisches und Neues zur Frage der Osteoklasten, ihrer Entstehung und der Resorption im Knochen. Z. mikr. anat. Forsch. **27**, 106–210 (1931)

ZBINDEN, G.: Der hyaline Knorpel im elektronenmikroskopischen Bild. Z. wiss. Mikr. **61**, 231–238 (1953a)

ZBINDEN, G.: Über Feinstruktur und Altersveränderungen des hyalinen Knorpels im elektronenmikroskopischen Schnittpräparat und Beitrag zur Kenntnis der Verfettung der Knorpelgrundsubstanz. Schweiz. Z. allg. Path. **16**, 165–189 (1953 b)

ZEIGER, K.: Der Einfluß von Fixationsmitteln auf die Färbbarkeit histologischer Elemente. Z. Zellf. **10**, 481–510 (1930)

ZEIGER, K.: Das Problem der funktionellen Struktur des Knochens. Natur und Museum, **63**, 77–91 (1933)

ZEIGER, K.: Die Methoden der histologischen Technik vom Standpunkt der Kolloidlehre. In: Med. Kolloidlehre (hrsg. von L. LICHTWITZ, R.E. LIESEGANG, und K. SPIRO) S. 973–1016. Dresden und Leipzig: Steinkopff 1935

ZEIGER, K.: Physiochemische Grundlagen der histologischen Methodik. Wissenschaftl. Forschungsberichte Naturw. Reihe 48, XI, Dresden und Leipzig: Steinkopff 1938

ZEIGER, K.: Haftpunkttheorie und histologische Fixation. Z. Zellforsch. **34**, 230–256 (1949)

ZEIGER, K.: Vorgänge bei der histologischen Fixation mit chemischen Mitteln. Acta histochem. (Jena) Suppl. I, 176–204 (1958)

ZELANDER, T.: Ultrastructure of articular cartilage. Z. Zellforsch. **49**, 720–738 (1959)

ZENKEVICH, G.D., KASAVINA, B.S.: The composition of acid mucopolysaccharides of the bone and bone callus during the process of regeneration. Biokhimiya **27**, 279–285 (1962)

ZERLOTTI, E., YAEGER, J.A.: Histochemistry and biophysical histology of the matrices of some mineralized tissues. Clin. Orthop. **51**, 223–254 (1967)

ZIBA, S.: Über die chondrometaplastische Osteogenese bei der enchondralen Ossifikation des menschlichen Felsenbeins. Z. Morph. Anthropol. **13**, 157–174 (1911)

ZIEGLER, E.: 1876 und 1901: zitiert nach MAXIMOW, A.: Experimentelle Untersuchungen über die entzündliche Neubildung von Bindegewebe. Beitr. path. Anat. allgem. Path. Suppl. **5**, 1–262 (1902)

ZIEGLER, P.: Studien über die feinere Struktur des Röhrenknochens und dessen Polarisation. Dtsch. Z. Chir. **85**, 248–263 (1906)

ZILLIKEN, F.: Der chondrogene Faktor aus Hühnerembryonen. In: Induktion und Morphogenese. 13. Coll. physiol. Chem. Mosbach/Bd. Berlin-Göttingen-Heidelberg: Springer Verlag 1963

ZIMNY, M.L., REDLER, I.: Scanning electron microscopy of chondrocytes. Acta anat. **83**, 398–402 (1972)

ZUCKERKANDL, E.: Über die Entstehung der Vorderarmgefäße beim Kaninchen und bei der Katze. Anat. Anz. **8**, 126–129 (1883)

ZUCKERKANDL, E.: Zur Anatomie und Entwicklungsgeschichte der Arterien des Vorderarms. Anat. Hefte **5**, 157–205 (1895a)

ZUCKERKANDL, E.: Zur Anatomie und Entwicklungsgeschichte der Arterien des Unterschenkels und des Fußes. Anat. Hefte **5**, 207–291 (1895b)

ZUGIBE, F.T.: Mucopolysaccharides of the arterial wall. J. Histochem. Cytochem. **11**, 35–39 (1963)

ZUGIBE, F.T., BROWN, K.D., LAST, J.H.: A new technique for the simultaneous demonstration of lipid and acid polysaccharides on the same tissue section. J. Histochem. Cytochem. **7**, 101–106 (1959)

ZULAUF, C.: Die Höhlenbildung im Symphysenknorpel. Arch. Anat. 95–116 (1901)

ZWILLING, E.: Ectoderm-mesoderm relationship in the development of the chick embryo limb bud. J. exp. Zool. **128**, 423–441 (1955)

ZWILLING, E.: Reciprocal dependence of ectoderm and mesoderm during chick embryo limb development. Amer. Nat. **90**, 257–265 (1956a)

ZWILLING, E.: Interaction between limb bud ectoderm and mesoderm in the chick embryo. I. Axis establishment. J. Exp. Zool. **132**, 157–171 (1956b)

ZWILLING, E.: Interaction between ectoderm and mesoderm in duckchicken limb bud chimaeras. J. exp. Zool. **142**, 521–532 (1959)

ZWILLING, E.: Limb morphogenesis. Advanc. Morphogenes. **1**, 301–330 (1961)

ZWILLING, E.: Cartilage formation from so-called myogenic tissue of chick embryo limb bud. Ann. Med. Exp. Fenn. **44**, 134–139 (1966)

ZWILLING, E.: Morphogenetic phases in development. Develop. Biol. (Suppl. 2) 184–207 (1968)

ZWILLING, E., HANSBOROUGH, L.A.: Interaction between limb bud ectoderm and mesoderm in the chick embryo. III. Experiments with polydactylous limbs. J. exp. Zool. **132**, 219–239 (1956)

# Namenverzeichnis

*Kursiv* gedruckte Seitenzahlen beziehen sich auf die Literatur

# Sachverzeichnis

# Handbuch der mikroskopischen Anatomie des Menschen

Bearbeitet von zahlreichen Fachgelehrten
Herausgeber: W.v. Möllendorff
Fortgeführt von: W. Bargmann

## Gesamtübersicht:

**Band 1**
**Die lebendige Masse**

Teil 1
**Allgemeine mikroskopische Anatomie und Organisation der lebendigen Masse**
Bearbeitet: G. Hertwig,
F.K. Studnička, E. Tschopp
Reprint der Erstauflage
Berlin 1929
453 zum Teil farbige Abbildungen. (4) XII, 626 Seiten
Gebunden etwa DM 390,–;
etwa US $ 195.00
ISBN 3-540-07843-6

Teil 2
**Wachstum und Vermehrung der lebendigen Masse**
1929. 464 zum Teil farbige Abbildungen. X, 807 Seiten
DM 360,–; US $ 180.00
ISBN 3-540-01094-7

Teil 3
**Chromosomes**
in Mitosis and Interphase
By H.G. Schwarzacher
1976. 116 figures, 3 tables.
VIII, 182 pages
Cloth DM 136,–; US $ 68.00
ISBN 3-540-07456-2

**Band 2**
**Die Gewebe**
**Epithel-, Stütz- und Muskelgewebe. Bewegungsapparat**
Teil 1
**Epithel- und Drüsengewebe, Bindegewebe, Blut**
Reprint der Erstauflage Berlin
1927. 305 zum Teil farbige Abbildungen, 1 Tabel.
(4) X, 704 Seiten
Gebunden etwa DM 420,–;
etwa US $ 210.00
ISBN 3-540-07844-4

Teil 2
**Stützgewebe, Knochengewebe, Skeletsystem**
1930. 521 zum Teil farbige Abbildungen. VIII, 699 Seiten
DM 340,–; US $ 170.00
ISBN 3-540-01117-X

Teil 3
**Gewebe und Systeme der Muskulatur**
1931. 137 zum Teil farbige Abbildungen. VI, 247 Seiten
DM 170,–; US $ 85.00
ISBN 3-540-01145-5

Teil 4
**Gewebe und Systeme der Muskulatur**
(Ergänzung zu Band 2/3)
1956. 40 Abbildungen.
VII, 119 Seiten
DM 85,–; US $ 42.50
ISBN 3-540-02031-4
Einbanddecke DM 19,80;
US $ 9.90
ISBN 3-540-02032-3

**Band 3**
**Haut- und Sinnesorgane**

Teil 1
**Haut, Milchdrüse, Geruchsorgan, Geschmacksorgan, Gehörorgan**
Reprint der Erstauflage
Berlin 1927. 321 zum Teil farbige Abbildungen.
(4) VIII, 506 Seiten
Gebunden etwa DM 330,–;
etwa US $ 165.00
ISBN 3-540-07845-2

Teil 2
**Auge**
1936. 475 zum Teil farbige Abbildungen. VIII, 782 Seiten
DM 300,–; US $ 150.00
ISBN 3-540-01226-5

Teil 3
**Die Haut. Die Milchdrüse**
(Ergänzung zu Band 3/1)
1957. 359 zum Teil farbige Abbildungen. VIII, 524 Seiten
Gebunden DM 390.–;
US $ 195.00
ISBN 3-540-02160-4

Teil 4
**Das Auge und seine Hilfsorgane**
(Ergänzung zu Band 3/2)
1964. 227 zum Teil farbige Abbildungen. XII, 662 Seiten
Gebunden DM 490,–;
US $ 245.00
ISBN 3-540-03152-9

**Band 4**
**Nervensystem**

Teil 1
**Nervengewebe, das periphe-rische Nervensystem, das Zentralnervensystem**
Bearbeiter: M. Bielschowsky,
S.T. Bok, R. Greving, A. Jakob,
G. Mingazzini, P. Stöhr,
C. Vogt, O. Vogt
Reprint der Erstauflage
Berlin 1928. 880 zum Teil farbige Abbildungen.
(4) X, 1094 Seiten
Gebunden etwa DM 490,–;
etwa US $ 245,00
ISBN 3-540-07846-0

Teil 2
**Plexus und Meningen.**
**Saccus vasculosus**
1955. 176 zum Teil farbige Abbildungen. VI, 195 Seiten
DM 130,–; US $ 65.00
ISBN 3-540-01912-X
Einbanddecke DM 19,80;
US $ 9.90
ISBN 3-540-01913-8

Teil 3
**Sensible Ganglien**
(Ergänzung zu Band 4/1)
1958. 298 zum Teil farbige Abbildungen. VIII, 485 Seiten
Gebunden DM 360,–;
US $ 180.00
ISBN 3-540-02282-1

Teil 4
**Das Neuron. Die Nervenzelle.**
**Die Nervenfaser**
(Ergänzung zu Band 4/1)
1959. 374 zum Teil farbige Abbildungen. XII, 763 Seiten
Gebunden DM 580,–;
US $ 290,00
ISBN 3-540-02406-9

Teil 5
**Mikroskopische Anatomie des vegetativen Nervensystems**
(Ergänzung zu Band 4/1)
1957. 501 zum Teil farbige Abbildungen. XII, 678 Seiten
Gebunden DM 460,–;
US $ 230.00
ISBN 3-540-02161-2

Teil 7
**Hypothalamus**
(Ergänzung zu Band 4/1)
1962. 287 zum Teil farbige Abbildungen. XII, 525 Seiten
Gebunden DM 495,–;
US $ 247.50
ISBN 3-540-02837-4

Teil 8
**Das Kleinhirn**
(Ergänzung zu Band 4/1)
1958. 197 zum Teil farbige
Abbildungen. VIII, 323 Seiten
Gebunden DM 240,–;
US $ 120.00
ISBN 3-540-02283-X

Teil 9
**Allocortex**
Bearbeitet von H. Stephan
1975. 465 zum Teil farbige
Abbildungen. X, 998 Seiten
Gebunden DM 680,–;
US $ 340.00
ISBN 3-540-07037-0

Band 5
**Verdauungsapparat
Atmungsapparat**

Teil 1
**Mundhöhle, Speicheldrüsen,
Tonsillen, Rachen, Speise-
röhre, Serosa**
Reprint der Erstauflage
Berlin 1927. 276 zum Teil
farbige Abbildungen.
(4) VIII, 374 Seiten
Gebunden etwa DM 380,–;
etwa US $ 190.00
ISBN 3-540-07847-9

Teil 2
**Magen, Leber, Gallenwege**
1932. 254 zum Teil farbige
Abbildungen. X, 489 Seiten
DM 280,–; US $ 140.00
ISBN 3-540-01169-2

Teil 3
**Zähne, Darm, Atmungs-
apparat**
1936. 426 zum Teil farbige
Abbildungen. XVI, 908 Seiten
Gebunden DM 400,–;
US $ 200.00
ISBN 3-540-01227-3

Teil 4
**Die Leber-Gallengang-
systeme, Gallenblase und
Galle**
(Ergänzung zu Band 5/2)
Bearbeitet von J. Wallraff
1969. 183 zum Teil farbige
Abbildungen. VII, 384 Seiten
Gebunden DM 290,–;
US $ 145.00
ISBN 3-540-04530-9

Band 6
**Blutgefäß- und Lymphgefäß-
apparat. Innersekretorische
Drüsen**

Teil 1
**Blutgefäße und Herz, Lymph-
gefäße und lymphatische
Organe. Milz**
1930. 299 zum Teil farbige
Abbildungen. VIII, 584 Seiten
DM 280,–; US $ 140.00
ISBN 3-540-1118-8
ISBN 3-540-01118-8

Teil 2
**Innersekretorische Drüsen I:
Schilddrüse, Epithelkörper-
chen. Langerhanssche Inseln**
1939. 152 zum Teil farbige
Abbildungen. VIII, 306 Seite
DM 160,–; US $ 80.00
ISBn 3-540-01269-9

Teil 3
**Innersekretorische Drüsen II:
Hypophyse**
1940. 339 zum Teil farbige
Abbildungen. VIII, 625 Seiten
DM 320,–; US $ 160.00
ISBN 3-540-01284-2

Teil 4
**Innersekretorische Drüsen III:
Thymus, Paraganglien.
Epiphyse. Lymphgefäßapparat**
(Ergänzung zu Band 6/1)
1943. 236 zum Teil farbige
Abbildungen. X, 535 Seiten
DM 300,–; US $ 150.00
ISBN 3-540-01294-X

Teil 5
**Die Nebenniere
Neurosekretion**
1954. 336 zum Teil farbige
Abbildungen. XVI, 1199 Seiten
Gebunden DM 640,–;
US $ 320.00
ISBN 3-540-01811-5

Teil 6
**Die Milz**
Bearbeiter: F. Tischendorf
1969. 325 zum Teil farbige
Abbildungen. VIII, 968 Seiten
Gebunden DM 640,–;
US $ 320.00
ISBN 3-540-04531-7

Band 7
**Harn- und Geschlechtsapparat**

Teil 1
**Exkretionsapparat und weib-
liche Genitalorgane**
1930. 422 zum Teil farbige
Abbildungen. VIII, 574 Seiten
DM 300,–; US $ 150.00
ISBN 3-540-01119-6

Teil 2
**Männliche Genitalorgane**
1930. 245 zum Teil farbige
Abbildungen. VIII, 399 Seiten
DM 280,–; US $ 140.00
ISBN 3-540-01120-X

Teil 3
**Weibliche Genitalorgane
Das Ovarium**
(Ergänzung zu Band 7/1)
1957. 120 zum Teil farbige
Abbildungen. VI, 178 Seiten
DM 130,–; US $ 65.00
ISBN 3-540-02162-0
Einbanddecke DM 19,80;
US $ 9.90
ISBN 3-540-02163-9

Teil 4
**Tube, Vagina und äußere
weibliche Genitalorgane**
(Ergänzung zu Band 7/1)
1966. 121 zum Teil farbige
Abbildungen. VI, 178 Seite
Gebunden DM 295,–;
US $ 147,50
ISBN 3-540-03546-X

Teil 5
W. Bargmann
**Niere und ableitende
Harnwege**
1978. 181 Abbildungen, zum
Teil farbig, in 255 Teilbildern.
VIII, 444 Seiten
Gebunden DM 290,–;
US $ 145.00
ISBN 3-540-08568-8

Springer-Verlag
Berlin
Heidelberg
New York

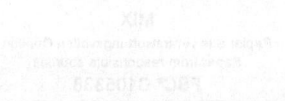

MIX
Papier aus verantwortungsvollen Quellen
Paper from responsible sources
FSC® C105338

If you have any concerns about our products,
you can contact us on
ProductSafety@springernature.com

In case Publisher is established outside the EU,
the EU authorized representative is:
Springer Nature Customer Service Center GmbH
Europaplatz 3, 69115 Heidelberg, Germany

Printed by Libri Plureos GmbH
in Hamburg, Germany